非常规油气勘探与开发

（上册）

孙赞东　贾承造　李相方　等编著

石油工业出版社

图书在版编目（CIP）数据

非常规油气勘探与开发（上、下册）/孙赟东等编著.
北京：石油工业出版社，2011.7
ISBN 978-7-5021-8569-5

Ⅰ．非…

Ⅱ．孙…

Ⅲ．①油气勘探－研究
②油田开发－研究

Ⅳ．TE 34

中国版本图书馆 CIP 数据核字（2011）第 137368 号

出版发行：石油工业出版社
（北京安定门外安华里 2 区 1 号　100011）
网　　址：www.petropub.com.cn
发行部：（010）64523620
经　　销：全国新华书店
印　　刷：北京晨旭印刷厂

2011 年 7 月第 1 版　2011 年 7 月第 1 次印刷
787×1092 毫米　开本：1/16　印张：82.25　插页：26
字数：2200 千字　印数：1—2000 册

定价：398.00 元（上、下册）
（如出现印装质量问题，我社发行部负责调换）

序

当今世界工业基础设施和我们日常生活所依赖的主要能源是石油与天然气。油气资源是战略物资，又是有限资源。我们都知道，也承认，地球上的油气不是无穷无尽的。早在 20 世纪中叶就有人预测石油资源即将耗尽，如 1949 年美国著名的石油地质学家 M. K. Hubbert 就在《Science》上发表文章预测美国将在 1971 年达到石油产量峰值。后来，还有一些机构和专家预测石油生产的峰值将会在 2000 年、2004 年、2010 年达到峰值，如此等等。虽然实际的情况并没有如此悲观，但是不管怎么说，油气产量峰值在 21 世纪上半叶出现将是很有可能的。根据最新的预测数据，全球常规石油产量将会在 2015 年前后达到峰值，常规天然气产量将会在 2040 年前后达到峰值。因此，全球的能源消费结构必将会发生改变，进而直接影响到工业生产和我们的日常生活。常规油气能源产量的下降，必然推动人们对非常规油气的勘探与开发。

非常规油气包括重油、致密砂岩气、煤层气、页岩气、天然气水合物等。由于非常规油气巨大的资源量和随着技术发展而变得越来越低的开发成本，及持续处于高位的国际油价，使非常规油气资源存在着极大的商业开发价值。但是非常规油气无论是在勘探方法还是开采技术上，都要比常规油气困难得多，因此加强针对非常规油气勘探开发技术的研究，是保证 21 世纪油气生产可持续发展的必然选择。在非常规油气资源的开发上，西方发达国家尤其是美国，起步较早，勘探开发技术也最成熟。例如，据国际能源署 2009 年度报告，在占全球总天然气产量的 12％的致密砂岩气、煤层气和页岩气非常规天然气资源中，绝大部分来自于北美，其中美国占据了 75％以上；加拿大和委内瑞拉的重油日均开采量占全球重油开采量的一半以上还多。在我国，五大非常规能源的储量都是非常可观的，但是除了重油和致密砂岩气之外，其他非常规油气的勘探开发技术仍基本处于起步阶段。因此，通过借鉴国外先进技术，把握全球常规非常规油气资源的未来发展趋势，并结合我国实际的情况合理利用这些技术，对我国非常规能源事业的快速发展将是非常必要的。

地质、地球物理、油藏工程的相互融合对于非常规油气资源的有效勘探开发是至关重要的。《非常规油气勘探与开发》就是目前国内外少见的将五大非常规油气资源的关键地质问题、先进勘探手段和开发工程工艺前沿高度融合在一起的专业图书。该书的主要作者是具有几十年油气勘探开发丰富研究和实践经验的专家学者和业界领导，并对非常规能源领域的发展有着开拓的视野和深入的思考。通过融合多年来在非常规能源领域的理论研究和实践经验，对国内外最新的重要文献和数据的归纳分析，应该能够使读者获得当代世界非常规油气勘探开发理论与技术的最新认识，在未来的研究、实践中具有较大的参考价值。

相信此书的出版将为我国非常规油气勘探开发事业的快速发展起到积极的推动作用！

原中国石油工业部部长
俄罗斯自然科学院外籍院士
世界石油理事会中国国家委员会主席
2011 年 7 月于北京

前　　言

　　本书是由中国石油天然气集团公司科技管理部支持编写的《能源可持续性发展研究》系列丛书之一，其编写历时近一年的时间。笔者在调研了 SEG、EAGE、SPE、AAPG 等多个能源领域数据库 2000 余篇代表科技前沿的重要和经典文章的基础上，融入了多年在非常规能源领域尤其是重油、煤层气、页岩气、致密砂岩气、天然气水合物等方面的勘探开发研究成果和实践经验。

　　从目前的能源消费结构看，化石能源大约占世界能源消费量的 88％，其中石油占 35％，煤占 29％，天然气占 24％。世界经济和工业体系对化石能源仍具有很强的依赖性。然而，统计结果显示，常规石油产量已进入下降趋势，勘探新发现越来越少。在这种情况下，非常规油气资源是接替常规能源的最佳选择。

　　现今，非常规资源的资源量巨大，存在很大的商业开发价值。并且随着认识的深入和勘探开发技术的进步，相当一部分的非常规油气能够转变为可利用的消费能源。同时，油价居高不下，在很大程度上刺激了非常规油气资源的开发和研究进展。重油在加拿大和委内瑞拉的分布最为丰富，并已成为这些国家主要的原油供给来源；其他国家如中国、印尼，重油也成为其原油消费的重要补给。在重油生产增长的同时，世界范围对非常规天然气的开发利用也在紧锣密鼓地展开。致密砂岩气的储量是巨大的，也是勘探开发最成熟的非常规气藏，尤其在美国、加拿大和中国，取得了巨大的经济效益，目前其全球总产量占到了所有非常规气总产量的首位。对于煤层气的开发，在税收优惠政策的支持下，美国成为世界上商业化开采煤层气最早和最成功的国家，并在全世界产生了积极的示范作用，从而推动了世界上其他国家（特别是在澳大利亚、中国和印度）煤层气工业化的迅速发展。页岩气的大规模商业开发起源于美国，并在短短几年内其页岩气产量大幅度增长，2010 年页岩气产量占到美国天然气总产量的 13％，而这个数字在 2008 年才是 8％（EIA，2010）。这促使页岩气勘探开发技术成为近两年非常规能源领域研究的热点。当然，也有一种非常规天然气至今还一直安静地蕴藏在海底和北极冻土里，那就是天然气水合物。对于天然气水合物的开发，目前还处于探索阶段，如在美国、加拿大、日本、中国等开展过一些专门的勘探活动，虽然离大规模商业开发还有很长一段距离，但是由于其惊人的地质储量，在未来的某一天它将有可能会成为全球能源供给的重要源泉。那么，针对这些非常规油气资源勘探开发的研究现状如何？前沿技术是什么？本书将努力回答这些问题。

本书共分 6 部分，分别是总论（世界常规非常规能源评价和展望）、重油、致密砂岩气、煤层气、页岩气和天然气水合物。内容涵盖各类非常规油气资源的重要地质问题、前沿地球物理技术、先进的开发技术和工程措施，以及全球资源量和分布、经济评价和环境问题等。相对于常规油气，非常规油气资源的勘探开发更要求地质、地球物理、油藏工程等多学科的综合。因此，本书在编排时始终按照从阐述重要地质问题出发，介绍典型岩石物理特征，到深入探讨地球物理技术在非常规油气勘探开发中的作用，最终落脚于有哪些先进的开发技术和工程手段能最大化地提高开采效率。

本书在中国石油大学（北京）孙赞东教授多年酝酿积累的基础上，历时近一年的时间组织编写完成。中国石油学会理事长贾承造院士对本书的编写工作给予了大力支持，并亲自承担该书的审阅定稿工作；同时，中国石油大学（北京）李相方教授的大力协作也使本书内容更加完整、丰富。孙赞东教授负责拟定全书体系结构、制定编著大纲、分工起草框架，同时执笔前言、第 1 部分、第 2 部分的第 2.5 节、第 2.6 节，指导编著第 2 部分的前 4 节、第 3 部分的前 3 节、第 4 部分的前 4 节、第 5 部分的前 3 节和整个第 6 部分，并组织起博士生、硕士生编写了各工程部分的初稿；李相方教授执笔第 2 部分第 2.7 节的第 2.7.2 小节、第 3 部分第 3.5 节、第 4 部分第 4.5 节的第 4.5.1 小节、4.5.2 小节、4.5.5 小节、第 5 部分第 5.4 节的第 5.4.1 小节、5.4.4 小节、5.4.5 小节，并对所有开发工程部分的结构进行了梳理，同时中国石油煤层气公司的胡爱梅、张冬玲和中联煤层气国家工程研究中心的陈东参与了部分章节编写。孙赞东的 17 名博士生、硕士生开展了前期历时近一年的在地质、地球物理、开发工程、资源评价、环境等领域的大量国内外文献调研和研究工作，并参与了全书各章节的编写，他们分别是王海洋、刘致水、张新超、唐志远、张剑、王丹、杨沛、江姗、王迪、赵俊省、肖曦、王康宁、李颖薇、狄贵东、蔡露露、刘立丰、张远银、朱兴卉。李相方教授的 13 名博士生、硕士生参与了部分开发工程章节的编写，他们是胡素明、李骞、王钒潦、卢小娟、石军太、杜希瑶、张磊、徐兵祥、王威、龚崛、李元生、羊新州、张庆辉。此外，由于此项编写工作浩大繁重，有许多中国石油大学（北京）研究生、博士生通过志愿的方式积极参与其中，承担了许多原始翻译、校对、图件清绘等工作，他们中的代表是温银宇、卢言霞、李振华、高文磊、曾行、武彦、林本卿、张文珠、杨玥、曹力元、姚学辉等，还有许多志愿者参与其中，由于篇幅所限，不能一一列出，在此笔者一并表示感谢。全书由孙赞东教授统稿，并由贾承造院士对全书进行审阅后定稿。

由于笔者水平所限，且非常规能源勘探开发技术的快速发展，错误或不当之处在所难免，恳请专家批评、指正。同时，由于编写时间紧，加上专业跨度大，书中文字粗糙之处，敬请读者谅解。

目　　录

1　世界常规非常规能源评价和展望

2 重 油

3　致密砂岩气

1 世界常规非常规能源评价和展望

　　能源是人类社会赖以生存和发展的重要物质基础。纵观人类社会发展的历史，人类文明的每一次重大进步都伴随着能源的改进和更替。能源的开发利用极大地推进了世界经济和人类社会的发展。而这些能源中主要是石油、天然气、煤炭、水电以及核能，其中，石油、天然气和煤炭占世界初级能源消费量的 89%，油气资源所占比例达到 60%（EIA, 2010；BP, 2010）。石油自从被发现以来，就被当做一种战略资源，成为大国争夺的焦点。因为油气资源不仅是人民日常生活的必需品，作为一种战略资源，还是涉及国家军事，国防安全。其重要性可想而知。

　　统计结果表明，目前常规石油产量已开始显示出下降趋势。根据预测，石油和天然气峰值将会分别在 2020 年前后和 2050 年前后出现。那么，随着常规油气资源的衰竭，非常规油气资源在未来的能源消费结构中必将占据着重要的位置。

　　这里站在宏观的角度全面分析和评价世界主要常规和非常规油气资源的勘探开发状况、技术发展和经济风险等。首先，以现有常规油气资源的信息和数据为基础，应用多因素综合预测法对世界及主要油气区的常规油气产量峰值进行预测。全面分析常规油气资源的影响因素，建立适合常规油气评价的风险—机会—储量三元半定量分析框架，并运用该框架分析对世界主要产油国家和地区的常规油气勘探开发状况、风险、前景进行评价。通过对非常规油气资源全面分析，建立适合非常规油气评价的成本—技术—资源量三元半定量分析框架，对各种非常规油气资源做出战略评价。同时，通过对全球非常规油气资源的储量和勘探开发现状进行介绍，分析其在未来能源消费结构中的重要地位和对国民经济的重要意义，进而引出在重油、致密砂岩气、煤层气、页岩气（包含页岩油）和天然气水合物等非常规能源各领域的勘探开发技术的新进展。最后，综合前述油气数据、人口历史数据以及其他主要能源数据信息，对 21 世纪能源消费总量和构成比例做出预测：化石能源仍将是能源供应的主体，常规油气资源在 21 世纪上半叶是核心能源，下半叶非常规油气能源协同煤炭、核能和可再生能源将会占据未来能源消费结构的核心。

1.1　总　　览

1.1.1　石油——世界新秩序的指挥棒

最早提出石油地缘政治是源于 19 世纪的英国经济大萧条（石油战争，2008）。英国精英分子就如何在迅速变化的世界中维持帝国的统治与权力展开争论，遂引入石油地缘政治。而这种经济萧条恰与欧洲大陆工业经济的蒸蒸日上形成强烈反差，尤其与德意志帝国的对比更加明显。石油已经成为矛盾和冲突的焦点，虽然此时只有少数人对此有所认识。这也是一战爆发的背景。为围剿德国，英国精心策划了一系列地缘政治行动，石油则是部署这些行动的重要因素。与此同时，英国人不动声色地把军队投向石油储量丰富的阿拉伯地区。

一战之后，美国的政治与经济势力明显增强，英帝国的三大权力支柱受到全面威胁。为了确保在经济与政治角逐中的主导地位，英国进一步加紧对石油控制权的争夺。而面对苏联巨大的石油储备，英美各自打起了自己的如意算盘。英美联手组建了石油卡特尔——"七姐妹公司"。

二战之后，世界各国都意识到了石油的战略地位，纷纷采用国有模式经营石油产业，加强对石油生产和销售的控制。

20 世纪中叶，英美两国都遭受了经济衰退和政治动荡的困扰。即便如此，它们仍然千方百计阻挠欧洲走独立自主的经济复兴之路。为避免金融上的毁灭性打击，美国不惜人为地制造石油禁运，操纵大规模反核运动，制造经济增长极限的恐怖气氛，为的是控制石油流通，获得石油涨价的巨额利益。围绕着控制与反控制，欧洲共同体、不结盟运动，以及其他国家与英美金融集团之间展开了一场持久、血腥而不见硝烟的战争。英美政府这种以邻为壑的金融和外交政策不仅没有解决国内的经济问题，反而使第三世界陷入全面债务危机。为了应对国际国内日益恶化的经济局面，美国又一次把赌注押向了石油——入侵伊拉克。所谓的反恐战争，其实就是一场石油的控制权之战。美国试图建立世界新秩序。为维持霸权地位，美国继续四面出击，压制和瓦解各种可能出现的新生力量，日本，亚洲四虎，俄罗斯，巴尔干各国，一切新崛起的潜在力量都是它的敌人。这个国家已经是趋"油"若鹜，极力重新布局石油版图。

2004 年，利比亚对国外开放石油投资，换取美国的认可，侥幸逃生。在石油危机日益严峻的今天，利比亚终究难逃此劫。2011 年 3 月 19 日，美军实施了"奥德赛黎明"（Operation Odyssey Dawn）行动，之后持续的冲突已经惊扰了全球石油市场。

在这场旷日持久的石油战争中，对于美国来说，唯一重要的考虑就是尽可能有保证地、无限制地得到便宜的石油。而今，"美国世纪"已经日渐式微，中国经济正在崛起，但这仍将受到严峻的考验。世界经济不确定性较高，再平衡难度加大。但石油天然气资源仍将是大国政治经济的焦点。所谓谁控制了石油，谁就控制了所有国家，油气资源仍将是世界新秩序的指挥棒。

1.1.2　对油气资源未来的认识

众所周知，油气资源作为非可再生资源，其资源量是有限的。而目前常规油气资源的勘探开发程度较高，预计在 2020 年左右达到产量的峰值，因此未来化石能源的走向成为大家关注的热点问题。

常规油气资源将在未来 10 年内达到产量的峰值，之后产量将趋于平缓并缓慢下降。这就意味着我们必须尽快找到接替能源，非常规油气则成了当之无愧的首选。尽管目前非常规资源勘探开发程度较低，但是其潜力决定它将控制未来油气资源的脉搏。

1.1.2.1 世界主要地区常规油气资源的形势

尽管大部分地区常规油气资源的开发程度都已经很高，但是由于资源本身分布不均，各地区技术水平有差异，整个地球的油气勘探开发程度也是不均衡的。本书中选取主要地区进行论述（详见 1.3 节和 1.4 节）

中东是世界石油资源最丰富的地区。2009 年统计数据显示，其产量占世界石油产量的 32%，储量占世界总储量 60%（BP，2010）。但是也有不利的一面，该地区形势动荡，或者合同条款苛刻，合作难度大。

前苏联地区油气主要集中在俄罗斯和中亚几个油气丰富的国家，与中国有很长的陆地边界，且与中国关系友好，中国应该考虑与其加强合作。

拉丁美洲油气产量和储量高于非洲，总体是个油气出口区。本区大多为发展中国家，需要引进外资，是进行跨国勘探的有利区域。

非洲地区已探明储量和油气产量的排序并不靠前，在全世界所占比例也不算大。但是其地质条件相对简单，勘探和开发程度较低，资源国的经济技术水平较低，与其合作可行性高。

1.1.2.2 非常规能源

非常规油气资源的勘探开发仅处于起步阶段，但是从一些出版物以及报告中得到的数据看，非常规油气资源量很大，开发潜力巨大。通过分析世界不同油气研究机构组织的数据，估算世界范围内非常规油气的证实储量，认为世界非常规石油证实储量为 $5000 \pm 1000 \times 10^8$ bbl，非常规天然气证实储量为 7000 ± 500 Tcf（见本书 1.5 节）。虽然最终可采出非常规油气资源仍是未知数，但随着技术的进步和对地下地质条件了解的加深，预计非常规油气将是未来石油天然气供应的一个巨大的潜在资源。

另外，非常规油气资源在世界各地分布也存在不均衡的问题，例如，页岩油主要分布在美国，油砂油主要分布在加拿大、超重油主要分布在委内瑞拉等。

无论是常规油气资源还是非常规油气资源，其勘探开发都存在技术、政治、经济和风险的问题。本书 1.3 节和 1.4 节将详细介绍按照这几个因素对世界各地区油气资源的评价结果。总之，机遇与挑战并存，风险与机会同在。但是最核心的，还是技术。

1.1.3 非常规能源勘探开发技术的发展

所谓科技是第一生产力。非常规能源的开发仍处于起始阶段，目前研究的重点即非常规能源的勘探开发技术。与常规能源相比较，非常规能源的勘探开采难度更大。

非常规能源尽管分布较为集中，但其地下地质结构复杂，地质学家所掌握的关于常规石油天然气的规律不能完全适用于非常规油气。因此，非常规油气的勘探发现对地质理论的要求更高。

非常规石油和天然气性质比较特殊。和常规石油相比，其最主要特征是高黏度和高密度，这就造成了给开采开发带来很大的困难。因此，它们的开发利用需要额外的加工过程（加氢），使之变成可供常规炼制加工的原料。

非常规能源复杂的地质结构和特殊的物理化学性质也成就了其不易监测的难题。现有的地球物理手段不能满足非常规油气勘探开发的需要。非常规油气资源的特殊的物理响应要求我们采用全新的或者综合的地球物理监测手段来指导其勘探开发。

对于每一种非常规能源，本书将在后面章节中分别就地质手段、地球物理手段，以及开发开采工程方法对其进行详细论述。其主导思想方法就是将地质理论、地球物理手段、开采工艺三者融合，共同指导勘探开发过程。

1.2 油气资源预测模型

1.2.1 油气预测研究现状

油气预测的研究始于 20 世纪早期,一些学者对油气未来的发现状况和产量做出主观定性判断,这是油气资源预测的雏形。近 100 年来,随着人们对油气资源规律认识的提高,油田勘探开发程度的加大,油气预测的研究进展也很快。

1.2.1.1 国外油气预测研究现状

1.2.1.1.1 研究阶段

(1) 个人主观判断阶段 (20 世纪 50 年代)。

这个阶段始于 20 世纪早期,主要是部分地质学家对美国或世界油气资源状况未来趋势的主观判断或估计。1906 年,美国石油地质学家协会 (AAPG) 第三届主席、著名油气专家 I. C. White 曾在白宫会议 (White House Conference) 上就美国油气资源做了发言,他预测美国石油最终可采储量为 10^{10} bbl~2.5×10^{10} bbl 之间,将在 1935—1943 年间用尽 (Yergin,1991)。1919 年,美国地质调查局 (United States Geological Survey,USGS) 总地质师 Dave White 认为:美国的石油将在 9 年内耗尽!(据 Yergin,1991 和 Maugeri,2004) 在 1920 年,著名地质学家 Platt 对美国的石油最终可采储量做出预测,他说:"美国产量的高峰期很快一掠而过,可能是 5 年,也可能只有 3 年"(Maugeri,2004)。这些石油专家对油气资源及生产的悲观论断具有很大的主观性和局限性,被称为"石油末日论者"。反映了油气勘探开发早期人们受技术条件和经济条件的制约,对油气资源地质规律的认识较浅。

(2) 应用数学模型定量预测阶段 (20 世纪 60—80 年代)。

从 20 世纪 50 年代开始,应用数学模型对油气资源趋势预测进行定量研究。Hubbert 是美国著名的石油地质学家,他开创了用模型研究石油峰值的历史。1949 年他在《Science》上发表了文章"Energy from fossil fuels",提出了化石能源的"钟形曲线"(据 Hubbert,1949)。1956 年,Hubbert 准确预测出美国将在 1971 年达到石油产量峰值,并且创建了预测累积产量 (CP) 和最终可采储量 (URR) 的模型,该模型得到广泛应用,被命名为 Hubbert 模型 (据 Hubbert,1967)。

Hubbert 将其模型发展应用于探明可采储量的发现规律和最终可采资源量的预测,在北美及其他地区可采资源量的预测中取得了较好的效果。此后,针对这个模型 Bartlett、Colin J. Campbell、Kenneth S. Deffeyes 等研究者又对 Hubbert 曲线进行分析,并用它预测世界油气资源储量和产量 (Deffeyes,2001;Campbell,Laherrere,1998;Bartlett,1999)。地质学家 Jean Laherrere 认为,除去政治和其他因素的影响,产量增长曲线应当和储量增长呈镜像关系,在这两条曲线的峰值之间,应该是"后相似"的关系 (Laherrère,2000)。另外,他还指出单旋回 Hubbert 曲线可能对美国这种高勘探程度情况适用,而大多数油气田受石油地质条件、勘探开发技术、经济因素和政策法规的影响,其油气储量和产量往往呈现"多峰"的特点,需要用多旋回 Hubbert 模型来拟合与预测。

Al - Jarri 和 Startzman 在 1999 年,将单旋回的 Hubbert 模型发展成为多旋回模型,并用该模型预测了 2000 年天然气的供应情况 (Al - Fattal 和 Startzman,1999;Al - Fattal 和

Startzman，2000）。来自于 Hirsch 的报告中的分析结论显示，石油产量曲线的形状会受减缓或调解的影响（Hirsch，2005）。也有学者应用概率统计学原理建立动态勘探发现模型（Arps 等，1970）。此外，得到广泛应用的预测模型还有龚帕兹（Compertz）模型，和基于概率论和统计学理论的随机模型，如威布尔（Weibull）模型（陈元千和胡建国，1995）、对数正态分布模型等。

（3）综合预测阶段（20 世纪 90 年代以来）。

20 世纪 90 年代以后，发达国家的政府、跨国石油公司和一些学术研究机构开展了大量的油气资源趋势预测的研究（IEA，2010；Maugeri，2004；Hirsch，2005；ASPO，2007；EIA，2005；EIA，2009；Hirsch，2005；Kjärstad 和 Johnsson，2009；Klett 等，2005；Salvador，2005；Patzek，2008；Hirsch，2005）。总体上来说，有以下几个特点：研究涉及内容广泛化，方法手段多样化，考虑的因素复杂化；研究的目的也从学术上的探讨，向为国家或组织、石油公司制定发展战略提供依据转变。例如，美国能源信息署（Energy Information Administration，EIA）从 1982 年以来，根据每年发布的《年度能源展望》（Annual Energy Outlook，AEO），分别对美国国内和全球的能源供给、需求、价格进行中长期预测，得到不同情况下美国可能的能源发展趋势。EIA 在 1993 年成功的开发了国家能源模拟系统（National Energy Modeling System，NEMS），此后就采用这个系统对美国各类能源进行预测。

NEMS 是一个基于计算机的软件系统，它的主要功能是建立美国的能源与经济模型，并进行中长期模拟预测。这个系统综合考虑了宏观经济、世界能源消费市场、资源的可用性及成本、能源技术的发展特征和成本、人口等因素的基础上，对美国能源进行全方位预测分析，从而得到不同市场情况和能源政策对国家能源、环境、经济和安全方面的影响。其预测结果有助于更好的认识美国油气工业在美国经济中的重要地位，并为能源政策的制订提供重要的参考资料。

1.2.1.1.2　研究实例及预测情况

（1）USGS 2000 年世界石油资源评价。

在 USGS2000 世界石油资源评价中，预测了待发现的油气资源量，并采用美国本土石油储量增长经验的模拟模型，预测全球油气储量增长潜力。结果表明，世界范围内已探明常规石油可采储量 1.734×10^{11} t，1995—2030 年已知油气储量增长 1×10^{11} t，未发现储量 1.286×10^{11} t，总计 4.02×10^{11} t（据 USGS，2000）。

（2）EIA 对世界石油产量预测。

EIA 的 John Wood 和 Gary Long 在 2000 年按照 USGS 2000 世界常规石油资源三种预测结果（95％概率下的 2.248×10^{12} bbl、期望值下的 3.003×10^{12} bbl 和 5％概率下的 3.896×10^{12} bbl），考虑四种世界石油产量的年均增长率（0％，1％，2％，3％）预测了 12 种结果（Wood 和 Long，2000）。

（3）石油峰值的研究和预测。

石油峰值是指全球石油产量的顶峰。石油峰值理论从一个全新的角度对储量、产量进行定性和定量的研究（冯连勇等，2006）。

目前全球石油峰值预测按照观点，可以分乐观派和悲观派；按照时间划分，分为四个阶段（图 1.2.1）：

① Pickens，Boone，Deffeyes，Westervelt，Bakhtiari，Herrera，Groppe，Wrobel，

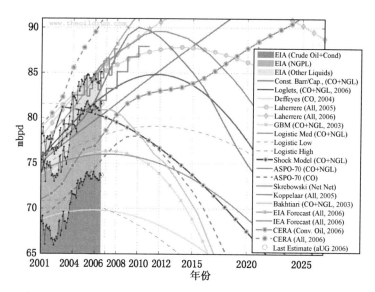

图 1.2.1　世界不同组织对石油峰值的预测（据 Khebab，2008）

参见书后彩页

Bentley，Campbell，Skrebowski，Meling 这些学者认为峰值时间早于 2012 年（Hirsch，2007），主要是一些地质学家和部分经济学者；

②Pang，Koppelaar，Volvo Trucks，de Margerie，Husseini，Merrill Lynch，West，Maxwell，Wood Mackenzie，Total 认为峰值时间应该是在 2012—2022 年之间（Hirsch，2007），主要是一些咨询机构和石油公司；

③UBS，CERA 认为在 2020 年或者 2030 年左右（Hirsch，2007）；

④ExxonMobil，Browne（BP 总裁）、世界石油输出国组织（Organization of petroleum Exporting Countries，OPEC）认为石油峰值不会出现（Hirsch，2007）。

1.2.1.2　中国油气预测研究现状

中国对油气资源趋势预测的研究发展较晚，始于 20 世纪 80 年代，之后发展迅猛，现今已经有了油气领域评价范围极广，涉及矿种很多的资源国情调查，取得了显著成效。

1.2.1.2.1　研究阶段

（1）起始阶段（20 世纪 80 年代前后）。

翁文波先生对油气资源发现趋势的预测研究做出了开创性的工作。1984 年，翁文波出版专著《预测学基础》，认为任何事件都有"兴起—成长—鼎盛—衰亡"的自然过程，基于此理论思想提出了泊松旋回（Poisson Cycle）模型（翁文波，1984）。该模型是我国建立的第一个油气田中长期储量、产量预测模型，通常称为翁氏模型。赵旭东在《用 Weng 旋回模型对生命总量有限体系的预测》一文中，对这个模型进行了推广（赵旭东，1987）。翁先生于 1991 年出版了《Theory of Forecasting》专著，将泊松旋回更名为生命旋回，得到世界广泛认可，称为 Weng 旋回。

（2）预测模型大量发展阶段（20 世纪 80 年代至 20 世纪末）。

在翁先生的基础上，以陈元千教授为代表的一批专家学者发展了预测理论，完成了翁氏模型的理论推导（陈元千，1996），并提出了求解非线性模型的线性试差法，此结果称之为广义翁氏模型，并将其应用于在油气田储量、产量预测及中长期规划方面。

此后，中国的相关研究机构和学者开展了大量的对油气资源发现趋势的研究，由于统计分析与理论研究工作的深入，在预测模型的建立与应用方面，都取得了显著的成绩。陈元千、胡建国、张盛宗等还提出了威布尔（Weibull）模型、胡陈张（HCZ）模型、胡陈（HC）模型、对数正态分布模型、瑞利模型、t 模型、广义 I 型数学模型以及广义 II 型数学模型（陈元千和胡建国，1995；陈元千，1996；陈元千和胡建国，1996；陈元千和胡建国，1996；胡建国和陈元千，1997；胡建国等，1995）。陈玉祥、王新征等将经济学中的龚帕兹模型也应用于石油峰值问题的研究（陈玉祥，张汉亚，1985；王新征等，2004）。

（3）综合预测阶段（21 世纪以来）。

近年来，随着油气对国家经济的重要性逐渐增强，政府部门、石油公司和研究机构逐步开展了油气资源趋势预测的综合研究。对油气储量与产量增长的预测考虑了地质、政治经济等因素，并对油气供需进行综合分析，为国家与石油公司的发展规划提供理论和技术支撑。

1.2.1.2.2　研究实例及预测情况

（1）中国石油趋势预测。

①石油储量的预测。

中国不同机构或学者利用不同方法对今后石油探明储量的增长趋势进行了大量分析，最新研究成果认为未来 20 年我国石油的年均探明地质储量能保证 7×10^8 t～9×10^8 t（表1.2.1）。

表 1.2.1　中国石油探明地质储量预测对比（贾文瑞等，1999；钱基，2004；沈平平等，2000；
张抗等，2002；郑和荣，胡宗全，2004）

机构或学者	预测时间	预测方法	预测值
贾文瑞等	1997 年	翁氏模型	1996—2010 年年均探明储量 7×10^8 t
		费尔哈斯模型	1996—2010 年年均探明储量 6×10^8～7×10^8 t
沈平平等	2000 年	HCZ 模型等	2001—2010 年年均探明储量 6×10^8～7×10^8 t
国家石化局	1999 年	—	2006—2015 年年均探明储量 7×10^8～7.3×10^8 t
郑和荣、胡宗全	2004 年	—	2004—2023 年年均探明储量 9×10^8 t
张抗、周总瑛	2000 年	Logistic 模型	2001—2005 年年均探明储量 7×10^8～7.3×10^8 t
			2006—2010 年年均探明储量 6.4×10^8～7×10^8 t
中国工程院	2004 年	综合法	未来 20 年年均探明储量 7×10^8～9×10^8 t
国土资源部油气战略研究中心	2006 年	综合法	2006—2030 年年均探明储量 9×10^8～10×10^8 t

《中国可持续发展油气资源战略研究》报告认为，中国石油资源尚有较大潜力，20 年内（2005—2024 年）储量将稳定增长，发现石油可采储量 5×10^7 t 以上大油田或油田群的可能性仍然存在（据中国工程院，2004）。

②石油年产量的预测。

中国对石油产量增长趋势也进行了大量的分析预测。《中国可持续发展油气资源战略研究》报告预测，未来 20 年石油产量将逐步形成西部和海上接替东部的战略格局，从而保持全国石油产量的稳定增长。2020 年全国实现原油产量 1.8×10^8～2.0×10^8 t 是有把握的（据中国工程院，2004）。《中国油气资源发展战略研究》报告预测，2010 年为 1.8×10^8～1.9×10^8 t，2015 年为 1.8×10^8～2.0×10^8 t，2020 年为 1.7×10^8～1.9×10^8 t（据油气资源战略研究中心，2005）。

根据第三次全国油气资源评价的结果，预计到 2010 年，年产量从 2006 年的 1.84×10^8 t 跃升到 2×10^8 t。2×10^8 t 的水平可保持 30 年以上，2.1×10^8 t 可持续 20 年；高峰值产量 2.2×10^8 t，25 年累计产出 $(50 \sim 55) \times 10^8$ t。2020 年以前，东部区石油产量仍占全国的一半左右；之后，中西部与海域对全国石油产量的贡献率由目前的 44％增加到 56％，东部由目前的 56％降低到 44％。

（2）中国天然气趋势预测。

周总瑛等（2002）总结了中国不同学者、研究机构对中国近中期天然气储量与产量增长的预测结果（表 1.2.2）。

表 1.2.2　中国学者、研究机构对中国天然气产量增长预测（单位：$10^8 m^3$）（周总瑛等，2002）

机构或学者	预测时间	预测方法	2005 年	2010 年	2015 年	2020 年
甄鹏、钱凯等	1997 年	低方案	—	717.5		946.4
		中方案	—	752.5		1050.4
		高方案	—	832.5		1210.4
万吉业等	1997 年	"储量—产量"双向平衡模型	—	800		1000
贾文瑞等	1999 年	—	500	710		
中国国际工程咨询公司	1997 年	—	—			1030
周凤起	1999 年	低方案	—	700		1000
		高方案	—	750		1500
张抗、周总瑛	2000 年	灰色系统模型	480.5	—	—	—
		解析法	497.2	684.9	913.8	1156.7
		调查法	$500 \sim 555$	$732 \sim 742$	1015	—
		推荐值	$490 \sim 510$	$700 \sim 740$	960	1100
胡朝元	2000 年	—	高峰产值中值为 1230			
国土资源部油气资源战略研究中心	2006	综合法	高峰值预期达 2500～2800			

《中国可持续发展油气资源战略研究》报告认为，我国天然气资源比较丰富，处于勘探早期阶段，大气田将不断发现。估计 2004—2020 年共计可新增天然气可采储量 3.13×10^{12} m^3，年均增加可采储量 $1.839 \times 10^{11} m^3$。到 2020 年底，我国天然气可采储量将达到 5.6×10^{12} m^3。预测中国天然气产量 2010 年达到 $8 \times 10^{10} m^3$，2020 年达到 1.2×10^{11} m^3（中国工程院，2004）。

根据《新一轮全国油气资源评价》结果，2006 年，全国探明天然气达到 $5.8 \times 10^{11} m^3$。预计到 2030 年之前，年均探明天然气 $(4 \sim 4.5) \times 10^{11} m^3$，25 年累计探明 $1.1 \times 10^{13} m^3$。到 2030 年，年均探明储量仍保持在 $3.5 \times 10^{11} m^3$ 以上。天然气产量也进入快速上升阶段，预计 2010 年超过 $10^{11} m^3$，2020 年达到 $1.7 \times 10^{11} m^3$，2030 年接近 $2.2 \times 10^{11} m^3$，并仍将继续增长。高峰期预计在 2040—2050 年，高峰值预期可达到 $(2.5 \sim 2.8) \times 10^{11} m^3$。

1.2.1.3　研究现状分析

20 世纪 50 年代以来，国际能源组织、能源机构、石油公司以及经济学家、地质学者进行了大量的油气储量与产量趋势预测研究工作。其中，USGS及EIA多年来对全球油气资源状况和未来发展趋势进行系统研究，并每年发表预测结果。但该领域缺乏发展中国家的声音。

中国对于油气资源的预测越来越重视，于2003年10月至2007年6月联合政府部门、石油公司、科研单位和技术专家等组织第三次全国油气资源评价，成果颇丰，评价系统也得到了极大的发展和完善。

1.2.1.3.1 预测必须建立在充分认识的基础上

在20世纪中叶就有人预测石油资源即将耗尽，并且"石油资源衰竭论"持续了半个多世纪，随着对油气资源认识的深入，对结果的预测也趋于合理性。20世纪早期的"石油末日论者"的观点已经随着石油工业的发展不攻自破；而近些年的预测结果也表明，悲观论调总是和实际情况不相符。油气峰值研究组织（The Association for the Study of Peak Oil and Gas，ASPO）在1989年认为"石油生产将在1989年达到高峰"，1994年时又认为"2000年前达到生产最高峰"，1997年时又认为2004年是产量高峰，在2000年时他又提出2010年是油气生产高峰，没有一次和实际相符。而乐观的预测则与实际情况较为接近。这是因为，技术进步、认识的深化、资料的增多以及勘探向新区和新领域的发展，预测结果总的趋势是在增加的。主要包括以下几方面的变化：

技术进步和开发成本的降低，许多难以开采的油气资源逐步实现开发利用。例如，过去不能工业开发利用的非常规石油资源—油砂、油页岩和超重油，非常规天然气资源—致密砂岩气、煤层气和页岩气，目前已经实现大规模开发。其中，油砂主要分布在加拿大，超重油主要是委内瑞拉，非常规天然气主要在美国（USGS，2000；CNEB，2008；OGJ，2008；Rogner，1997；WEC，2007）。

过去认为不能达到经济可采要求的储量或资源量，随着成本的降低或外部环境发生改变而实现收益的增加，逐步实现资源的经济开采。历史非经济可采储量向目前经济可采储量的转化，在特定条件下（例如更高的油价）增加的收益能满足投资回报所带来的储量增加。

对资源分布认识的深入，以及新增勘探领域将带来资源量或储量的增加。例如目前在深水区、极地等地区中所新增的油气发现，这些过去的勘探禁区也逐步成为勘探热点。预测的时间阶段越长，其准确性或可靠性就越低。

因此，预测的结果需要随着认识的深入、资料的增加、周围因素的变化而逐步调整和更新。

1.2.1.3.2 预测方法的局限性

现有数学模型难以预测由于勘探新领域突破而带来的储量增长突变。尽管对参与建模的数据具有很高的吻合程度，但对突变性预测较差，所以在预测过程中，它往往仅能较好地反映近期的、趋势性的预测结果。具体到储量发现过程，如果某一年或某一段时间储量发现基本保持一致，则其累积储量保持稳定，这种情况容易预测；如果某一年的储量增长很大，远远偏离正常的增长水平，则在建模过程中这种样本的拟合程度就较差。数学模型的预测结果是一种平稳甚至保守的估计，难以预测储量增长突变的准确年份，而储量突变往往代表着新的勘探领域被拓展，储量增长趋势也会随之而变。

现有方法都企图以单一的模式来解决各类复杂的油气储量增长规律问题。各个油区由于地质条件和勘探方法上的不同，储量增长的规律也不同：有些油区勘探一开始就发现了大油田，甚至特大油田；另一些油区，勘探初期没有什么重大发现，而在勘探一段时间后才找到大规模的储量。实际上各个油区的储量增长曲线类型复杂多样，单一的模式难以满足储量增长预测的需要，应该采用多种方式预测。

目前尚未形成统一的预测方法或模型体系，对于其应用效果也无统一的衡量标准。每种方法受其本身特点的限制，在理论思想、数学表达式、求解方法和最优预测阶段上都有一定的差别，表现为三点：一是同一种方法或模型在不同油区的应用效果不同；二是不同方法或模型在同一个油区的预测结果和效果也不相同；三是对于同一个油气田或油区的多个预测结果，只有结合对油区的地质认识，才可确定出最佳预测结果。

1.2.1.3.3 数据及资料来源

本书中涉及大量的数据，这些历史数据来源于世界范围内许多政府、组织的出版物以及商业杂志。不同来源的类似数据或者在某些情况下接近一致，但并非所有情况都如此。即使同一机构的出版物、同一杂志或组织发表的统计数据，也年年进行修正和更新。因此，统计数据并非全部都是最新的数据。

由于数据的来源不同，表达能源消费量、产量、资源量和储量数据的单位主要有英制热单位（Btu）、桶（bbl）、十亿吨油当量（BOE）、万亿吨油当量（TOE）、立方英尺（ft^3）、万亿立方英尺（Tcf）、立方米（m^3）等。数据转换中产生的误差在当前研究精度所允许的范围内。和预测中存在的不确定性相比，对预测结果并没有显著影响。编者尽可能少用不同单位，便于数据汇编和对比。石油使用的主要单位为 bbl 或 t、天然气则主要是 Tcf。换算系数见附录 1.A 中说明。

全文主要涉及四个方面的数据：常规油气、非常规油气、人口和其他一次能源的数据信息，因此，必须要对各类数据来源作分别说明。

常规油气数据源包括：英国石油公司能源统计年鉴（British Petroleum Statistics Review）（据 BP，2010）、油气杂志数据库（Oil & Gas Journal Database）（据 OGJ，2008）、EIA（据 EIA，2008）、世界能源理事会（World Energy Council，WEC）（据 WEC，2007）、国际能源署（International Energy Agency（IEA），World Energy Outlook）（IEA，2010；IEA，2007）、世界石油展望（World Oil Outlook，WO）（据 WO，2009）、美国中央情报局出版的世界各国概况资料（Central Intelligence Agency（CIA），World Fact book）（据 CIA，2001—2010）。油气年产量数据主要来自于 BP Statistics Review（1965—2007 年），同时参考 EIA 1980—2007 数据。

非常规油气数据源：石油主要是 WEC（WEC，2007；WEC，2004；WEC，2001；WEC，2009）和 USGS（Meyer，2007）的数据。加拿大和美国的详细数据则分别来自于加拿大能源委员会（Canada National Energy Board，CNEB）（据 CNEB，2008）和 EIA（据 EIA，2008）。天然气资源量主要参考 Rogner（Rogner，1997），Yuko Kawata 和 Kuuskraa 的数据（Kuuskraa 和 Cutler，2004），并在他们的数据基础上做了修订和调整；其中美国的数据主要来源于 EIA（EIA，2009）和 IEA（IEA，2010；IEA，2007）。中国非常规油气资源量数据的主要来源是中国国土资源部（The Ministry of Land and Resources P R C，MLR）主持的，国家第三次资源评价（China 3rd National Petroleum Assessment）（据 MLR，2007）。未发现（Undiscovered）油气数据来自于 USGS，其中世界各大地区的数据来自于世界评估更新（World Assessment Update）（据 USGS，2000），美国数据来自于国家评估更新（National Assessment Update）（据 USGS，2008）。

人口及能源消费量数据源：BP Statistics Review（据 BP，2010）、联合国经济社会事物部统计办公室的世界人口展望（Department of Economic and Social Affairs（DESA），World

Population Prospects）（据 DESA，2009）、CIA（据 CIA，2001—2010）、中华人民共和国国家统计局城乡人口统计（National Bureau of Statistics of China，NBS）（据 NBS，1949—2008）。

煤、核能以及水电等资源的数据源：BP Statistics Review（据 BP，2010）、EIA（EIA，2009）和 DESA 的能源方面相关出版物（World Energy Supplies，Yearbook of World Energy Statistics，World Energy Statistics Yearbook）（DESA，1976—1979；DESA，1981—1983；DESA，1984—2002）。另外还有少量公开出版物或报道。

综合前述预测模型的研究，提出以下几个问题：油气资源的产量增长遵循何种规律？储量的变化会对产量造成何种影响？哪些因素会影响储量及产量的变化？为了解决这些问题，我们按照对模型的特征理解，将油气资源预测方法分为三类：

（1）惯性预测法，以历史数据做各种回归，进行惯性外推预测，主要对各个时间序列法模型——又称为生命旋回模型进行了比较详细的分析、比较及优选，主要包括翁氏旋回、逻辑斯谛模型、龚帕兹模型、胡陈张（HCZ）模型、哈伯特（Hubbert）模型、高斯（Gauss）模型等；（2）控制预测法，即考虑储量和产量两个因素，研究影响规划指标的主导因素，设计了储量—产量平衡模型；（3）反馈预测法，考虑发展趋势中的不同情况，做多种方案预测，用于评价选择。

1.2.2 生命旋回模型分析

事物的发展可以划分为出生、成长、鼎盛和衰亡 4 个阶段，从而形成一个完整的生命周期（翁文波，1984）。对于非可再生的化石能源而言，资源总量必然是有限的。对于这类能源而言，其整个过程发展规律应符合生命旋回。采用生命旋回的数学模型进行油气资源趋势预测，其基本思路是利用已知油气储量与产量的历史数据进行拟合，获取有关模型参数，得到计算公式；以年份作为自变量，代入使用公式即可预测未来某一时间段内油气储量与产量数值。下面分别分析其中具有代表性模型的特点并对结合某盆地的 1960—2004 年的产量数据，对模型的特点及应用效果进行对比分析，并优选适宜模型。

下述模型公式中涉及的参数在此统一说明如下：

（1）N_P 为油气田的累计产量，10^4t（油田）或 10^8m³（气田）；

（2）N_R 为油气田的可采储量，10^4t（油田）或 10^8m³（气田）；

（3）t 为开发时间，年；t_0 为开始投产年份，年；t_m 为产量高峰所对应的时间

（4）Q 为油气田年产量，10^4t/a（油田）或 10^8m³/a（气田）；Q_m 为油田年产量高峰值，10^4t 或 10^4t；

（5）a、b、c 为各模型中参数，具体模型意义不同。

1.2.2.1 逻辑斯谛（Logistic）模型

Logistic 曲线最早是比利时数学—生物学家 P. F. Verhust 于 1803 年在研究人口时发现并发表，首先被用来预测人口增长率，即从零增加到中点，然后再减少到零，即所谓的 S 曲线。该模型是一个属于增长类型的模型，在科学研究的许多领域都有应用，并对后世许多数学家和经济学家产生影响。预测油气田的产量与时间的变化关系时，它是一个带峰值的函数。模型被用于勘探开发阶段的新老油气田储量和产量的预测（陈元千等，1996）。Logistic 模型公式为

$$N_P = \frac{N_R}{1 + a\mathrm{e}^{-bt}}$$

(1.2.1)

公式（1.2.1）对时间 t 求导数，得到预测油气田产量的关系式，即

$$Q = \frac{ba N_R \mathrm{e}^{-bt}}{(1 + a\mathrm{e}^{-bt})}$$

(1.2.2)

结合曲线特点来看（图 1.2.2），Logistic 模型起始阶段持续时间较长，上升缓慢，高峰阶段时间短，随后以与起始阶段对称的形态递减。参数 a 控制年储量或年产量高峰出现时间，a 值大，高峰出现较晚，表明预测地区达到产能高峰阶段经历了较长勘探开发时间；a 值小，高峰出现较早，预测地区达到产能高峰阶段时间较短。参数 b 控制曲线的高低平缓，b 值大，曲线较陡，地质含义为储量或产量上升快，但持续时间短；b 值小时，曲线较平缓，表明储量或产量上升慢，但持续时间长。

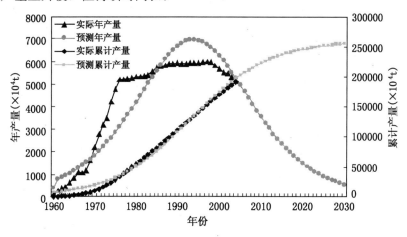

图 1.2.2　逻辑斯谛模型年产量预测结果

1.2.2.2　翁氏（Weng）旋回

翁氏旋回由翁文波先生于 1984 年创立，是中国的第一个预测油气田产量的模型（赵旭东，1987；陈元千，1996；陈元千和胡建国，1996）。

翁氏模型中，假设一件事物 Q 在随时间的变化过程中，正比于 t 的 n 次方函数兴起，又随着 t 的负指数函数衰减，这种过程可以用下列函数表示，即

$$Q = at^b \mathrm{e}^{-t} \qquad t \geqslant 0$$

(1.2.3)

对于油田资源有限体系，其初期、中期、后期开采的全过程，可用翁氏旋回模型表述，即

$$\begin{cases} Q = at^b \mathrm{e}^{-t} \\ t = (t - t_0)/c \end{cases}$$

(1.2.4)

由于式（1.2.4）中的 b 为某一正实数，而不仅仅是正整数，因此，式（1.2.4）又称为广义翁旋回模型（周总瑛等，2001）。

翁旋回为非对称的预测模型，表现为上升比较迅速，但衰减形态较为平缓（图 1.2.3）。式（1.2.4）中，参数 c 控制曲线的张口，c 值大时，曲线张口大，意味着预测地区的勘探开发持续时间长；反之意味着预测地区的勘探开发持续时间短。b 控制曲线的形态，b 值大时，曲线形状较为陡峭，表示预测地区的勘探开发力度大，储量或产量迅速增长达到高峰，

但高峰持续时间很短，储量或产量会快速下降；b 值小时，曲线形状较为平缓，表示预测地区的勘探开发历程较长，储量或产量缓慢上升，达到高峰后能够维持较长时间，之后储量或产量会以更平缓的形态下降。

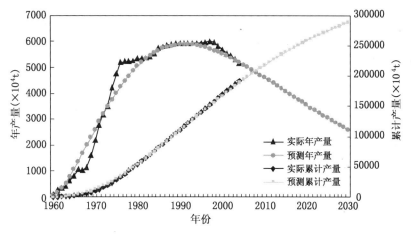

图 1.2.3　翁氏旋回年产量预测结果

1.2.2.3　龚帕兹（Gompertz）模型

Gompertz 模型最早应用于经济学，又称为莫尔（Moor）模型。陈玉祥，张汉亚将该模型应用于石油峰值问题的研究（陈玉祥和张汉亚，1985）。应用于油气储量与产量增长的 Gompertz 模型的一般公式为

$$N_P = N_R e^{ab^t} \qquad (1.2.5)$$

当 $a<0$，$0<b<1$ 时，表示一个体系从形成到最后极限的过程；当 $a<0$，$b>1$ 时，表示一个体系从最大值到零的过程。

对式（1.2.5）中的 t 两边求导，得到产量预测模型，即

$$Q = N_R ab^t (\ln b) e^{ab^t} \qquad (1.2.6)$$

Gompertz 模型的曲线形态依所拟合数据而有所变化，高峰可以早出现，也可晚出现，但下降比较平缓（图 1.2.4）。式（1.2.6）中，参数 a 一般为负数，控制年储量或产量高峰的出现时间。a 值小（绝对值大），高峰出现较晚，表明预测地区达到产量峰值会经历较长勘探开发时间；a 值大（绝对值小），高峰出现较早，预测地区达到产能峰值期较早。b 的取值范围一般为 0~1 之间，b 控制了曲线的高低平缓。b 值变化情况和 Logistic 模型中 b 一致。

1.2.2.4　胡陈张（HCZ）模型

胡建国、陈元千、张盛宗基于累计产量随时间递增的信息特征，结合大量油气田的统计研究成果，推导建立了一个新的预测模型。该模型可以预测油气田的产量、累计产量、可采储量和最高年产量及其发生的时间，并能简化为广泛应用于经济增长预测和资源增长预测的龚帕兹模型，一般将此模型称为 HCZ 模型（胡建国等，1995）。

在油气田开发过程中，油气田的累计产量与开发时间之间，属于增长信息函数的关系。预测油气田产量的模型为

$$Q = N_R e^{-\frac{a}{b} e^{-bt} - bt} \qquad (1.2.7)$$

HCZ 模型也是一个不对称模型，曲线在上升阶段较陡，下降阶段较为平缓（图 1.2.5）。式（1.2.7）中，a 控制曲线高峰出现的时间，a 值大时，峰值向后移，a 值小时，

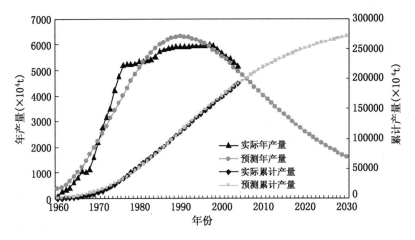

图 1.2.4　龚帕兹模型年产量预测结果

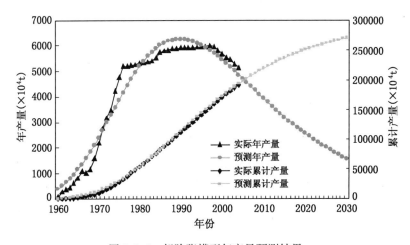

图 1.2.5　胡陈张模型年产量预测结果

峰值向前移。b 控制曲线的形态，b 值大时，曲线张口小，形状更为陡峭，预测地区的勘探开发持续时间短；b 值小时，曲线张口大，形状较为平缓，预测地区的勘探开发持续时间长。

1.2.2.5　哈伯特（Hubbert）模型

Hubbert 利用实际资料拟合 logistic 曲线的方法，得到了可以用于预测累积产量和最终可采储量的模型，即 Hubbert 模型（Hubbert，1967），对称的"钟形曲线"。

Hubbert 模型有 3 个基本的假定（Maugeri，2004）：

（1）需要预测地区的尽可能全面完整的数据，勘探程度越高，预测结果越好；

（2）产量在统计上遵循"中心极限定理"。油田投入开发后，产量从 0 开始随开发时间的延长而上升，并达到一个或多个高峰值；高峰过后，产量则随开发时间的延长而下降，直至资源完全衰竭；

（3）当开发时间趋近于无穷时，产量与时间关系曲线下面的面积，等于油田的最终可采储量。

基于上述假设，油气田的年产量和累积产量可用二次函数表示，即

$$Q = aN_p + bN_p^2 \tag{1.2.8}$$

陈元千教授和美国学者 S. M. Al‑Fattah 分别于 1996 年和 1997 年完成对该模型的理论推导（陈元千等，1996；Al‑Fattal 和 Startzman，1997），得到的 Hubbert 模型的累积产量与开发时间的关系式为

$$N_p = \frac{N_R}{1 + ce^{-a(t-t_0)}} \tag{1.2.9}$$

公式（1.2.9）实际上是逻辑斯谛模型的一种衍生形式。也可表示为（陈元千和田建国，1998）

$$N_p = \frac{N_R}{1 + e^{-b(t-t_m)}} \tag{1.2.10}$$

公式（1.2.10）中，两边对 t 求导，得到产量与时间的关系式为

$$Q = \frac{2Q_m}{1 + \cosh[b(t-t_m)]} \tag{1.2.11}$$

由公式（1.2.11）知，当 $t = t_m$ 时，$N_p = \frac{1}{2}N_R$，即当油气田年产量达到最高（峰值）时，相应的累积产量应等于最终可采储量的 50%（图 1.2.6）。

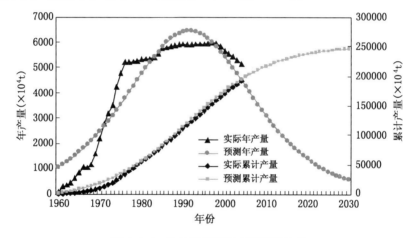

图 1.2.6　哈伯特模型年产量预测结果

公式（1.2.11）中，参数 b 控制了曲线张口的大小。b 值大时，曲线陡峭，张口小，表示预测地区的储量发现或产量增长持续时间短，迅速达到高峰而后迅速下降；b 值小时，曲线平缓，张口大，表明储量或产量平缓增长，缓慢达到高峰而后缓慢下降，有一个较长的生命周期。

1999 年，Al‑Fattah 将单旋回 Hubbert 模型发展成多旋回 Hubbert 模型（Al‑Fattal 和 Startzman，1999），可表示为

$$Q = \sum_{i=1}^{k} \frac{2(Q_m)_i}{\{1 + \cosh[b(t-t_m)]\}_i} \tag{1.2.12}$$

式中：i 为 Hubbert 旋回个数；k 为 Hubbert 旋回总数。

用多旋回 Hubbert 模型预测油气储量和产量时，首先要确定 Hubbert 旋回的个数，除了已出现的高峰，还要预测将来可能出现的高峰个数。这需要掌握丰富的地质资料和勘探开发历程，并对油气田的未来发展趋势有比较正确的认识；然后通过最小二乘法进行非线性拟合，确定单个旋回中 Hubbert 模型的参数，最后将多条 Hubbert 曲线叠加即可得到最终的

预测曲线。

1.2.2.6 高斯（Gauss）模型

Gauss 模型就是正态模型，也可以用于每年的储量或产量预测，其公式为

$$Q = a \cdot e^{-\frac{(t-t_m)^2}{2s^2}}$$ (1.2.13)

公式（1.2.13）中，a 为储量或产量高峰值；s 控制曲线形态，s 值大，曲线张口大，较为平缓，评价单元的勘探开发持续时间长；s 值小时，曲线张口小，形状较为陡峭，评价单元的勘探开发持续时间短。正态分布曲线和哈伯特模型的钟形曲线类似，但是开口要比哈伯特钟形曲线更大些。同样，多条 Gauss 正态曲线叠加，可以得到多旋回 Gauss 预测曲线。

中国在模型研究方面也做出了自己的贡献。翁文波先生在 1984 年创立翁氏旋回，随后陈元千、胡建国、张盛宗等还提出了威布尔（Weibull）模型（陈元千和胡建国，1995）、胡—陈（HC）模型（胡建国和陈元千，1997）、瑞利（Rayleigh）模型（袁自学和陈元千，1996）、广义Ⅰ型数学模型以及广义Ⅱ型数学模型（陈元千和李从瑞，1998）。黄伏生等提出了 t 模型（黄伏生等，1987）。但是总体上，这些模型没有前述几个代表性模型影响力大，应用效果也不是很好。

1.2.2.7 模型对比分析

选取某盆地的 1960—2004 年的石油年产量数据作为分析样本，应用前述 6 种模型对该油气盆地的 2004—2030 年石油产量进行了预测（图 1.2.2～图 1.2.7），对曲线特征和应用效果进行了对比分析，得到以下几点认识：

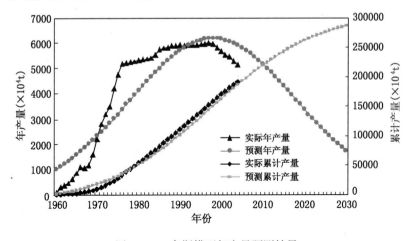

图 1.2.7　高斯模型年产量预测结果

（1）就预测每年的储量或产量的曲线形态而言，Logistic 与 Hubbert 模型的起始阶段持续时间较长，即上升缓慢，但高峰阶段时间短，随后以与起始阶段相对称的形态递减；Gompertz 模型的曲线形态依所拟合数据而有所变化，高峰可以早出现，也可晚出现。

（2）Gauss 模型与 Hubbert 模型很相似。Hubbert 是 Logistic 的衍生模型，遵循中心极限定理（Maugeri，2004）；而 Gauss 模型的实质则是正态分布模型。通过对两个模型中参数的分析，及公式（1.2.1）和公式（1.2.13）的推演，当两条曲线同时达到半宽度时，参数 b 和 s 满足关系公式（1.2.14），特征如图 1.2.8a 所示。

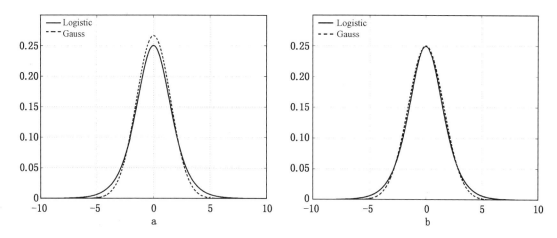

图 1.2.8　逻辑斯谛和高斯模型达到半宽度（a）或半峰值（b）的曲线差异

$$s \approx \frac{1.76275}{b\sqrt{2\ln 2}} \tag{1.2.14}$$

当两条曲线同时达到半峰值时，参数 b 和 s 满足关系式（1.2.15），如图 1.2.8b 所示。

$$s \approx \frac{4}{b\sqrt{2\pi}} \tag{1.2.15}$$

显然，半峰值时曲线之间吻合的更好。因此在预测过程中，可以采用 Logistic 模型的衍生模型 Hubbert 模型，也可以使用 Gauss 模型。

（3）每种模型的高峰出现时间各不相同：因为 Hubbert 与 Gauss 模型的曲线是对称的，最高年产量（峰值）恰好发生在累计采出可采储量一半的时间。Gompertz 模型的高峰出现时间可受模型参数的控制。

（4）现实中，由于油气盆地勘探特点，多数盆地或油气区的储量和产量增长曲线难以呈现对称的形态，Logistic 模型和单旋回的 Hubbert 模型应用效果较差，相比而言 Gompertz 模型下降趋势比较平缓，相对更适合预测油田的储量和产量衰减情况。

（5）以较长的时间段作为储量发现和产量增长曲线的基本时间单元，并进行曲线平滑，大部分含油气盆地（区）的发现过程和产量增长都可以用某一种曲线形态来描述，基本前提是勘探投入充足且不间断。而对多套勘探层系和多个构造单元的区域进行预测时，由于地质条件及勘探开发水平的影响，储量和产量的增长往往呈现"多峰"的特点，多旋回的 Hubbert 或者 Gauss 模型具有更好的应用效果。

1.2.3　储量—产量平衡模型

储量—产量双向平衡控制模型最早由万吉业于 1994 年提出，他把各油气区乃至全国规划的油气产量与储量增长目标有机地联系起来，即规划期内新增可采储量为规划期内累积产量与规划期内剩余可采储量的增减量之和。产量增长规模取决于储量增长规模。其模型表达式如下（其推导过程见附录 1.D 中 1.D.2 部分，递减系数为常数的情形）

$$DN_R = \frac{Q_0\left[D - D^{(t+1)}\right]}{1-D} + (Q_t w_t - Q_0 w_0) \tag{1.2.16}$$

式中：Q_0 为规划期前一年年产量；Q_t 为某年年产量；单位均为 $10^4 t/a$ 或 $10^8 m^3/a$；D 为年

递增指数；w_0 为规划期前一年剩余可采储量的储采比；w_t 为规划期末第 t 年年剩余可采储量的储采比。

该方法的最大优点是把产量与储量变化有机地统一起来，实质上是一种正反演结合模型，可以相互验证，避免两者脱钩而产生错误的结论，这是其他模型无法比拟的。但它的不足之处是把油气产量变化的过程简单化、理想化，即简单的匀速变化过程，忽略其他变化等因素对石油产量的影响。

式（1.2.16）所提供的模型中，通过递减指数 D 和储采比 ω 将储量和产量有机地结合起来，是一种很好的思路。因此，通过对模型的分析，并考虑油田生产的实际情况，在原有模型的基础上，设计了考虑不同递减类型的新模型（具体推导及公式中各个参数的意义见附录 1.D），即当递减系数 n 取不同的值时，可以得到在不同递减模式下两者之间的关系，即在不同递减模式下储量的变化情况。

双曲递减模式下（$0<n<1$）储采比 ω 和递减系数 D 之间的关系为

$$\omega(t) = \frac{\omega_0 \cdot \left[1 - (1+n \cdot D_0)^{\frac{1-n}{n}}\right] - (1-\lambda) \cdot \left\{1 - \left[1+n \cdot D_0 \cdot (t-1)\right]^{\frac{1-n}{n}}\right\}}{\left[1+n \cdot D_0 \cdot (t-1)\right]^{\frac{1-n}{n}} - (1+n \cdot D_0 \cdot t)^{\frac{1-n}{n}}}$$

(1.2.17)

指数递减模式下（$n=0$）储采比 ω 和递减系数 D 之间的关系为

$$\omega(t) = \frac{\omega_0 \cdot (1 - e^{-D_0}) - (1-\lambda) \cdot (1 - e^{-D_0 \cdot (t-1)})}{e^{-D_0 \cdot t} \cdot (e^{-D_0} - 1)}$$

(1.2.18)

调和递减模式下（$n=1$）储采比 ω 和递减系数 D 之间的关系为

$$\omega(t) = \frac{\omega_0 \cdot \ln(D_0 t + 1) - \ln\left[D_0 (t-1) + 1\right] + \lambda \cdot \ln\left[D_0 (t-1) + 1\right]}{\ln(D_0 t + 1) - \ln\left[D_0 (t-1) + 1\right]}$$

(1.2.19)

直线递减模式下（$n=-1$）储采比 ω 和递减系数 D 之间的关系为

$$\omega(t) = \frac{\omega_0 \cdot \left(t - \frac{1}{2}D_0 t\right) - \left[(t-1)\frac{1}{2}D_0(t-1)^2\right] + \lambda \cdot \left[(t-1) - \frac{1}{2}D_0(t-1)^2\right]}{\frac{1}{2}D_0 + 1 - D_0 t}$$

(1.2.20)

但上述递减系数和储采比模型适用于盆地或者油气区储量发生递减时期的预测，主要应用于开发阶段，不适用于油气田储量增长阶段，即适用于油气区、油田产量达到峰值后油气情况的预测。

通过计算测试，本模型在不同递减情形下得到的储采比是可靠且唯一的，从而避免了其他方法的多解性、人为因素和实际生产数据的不稳定性影响。

1.2.4 数据模型

事实上，地球上任何事物的产量增长都遵循以时间为变量三种函数模式之一：高斯型、S 型曲线或指数型（Patzek，2008）（图 1.2.9）。在早期阶段，这三种模式增长速率很接近，非可再生资源（煤、石油、天然气、铁矿石、铜矿等）增长速度和指数形式很接近；但是因为非可再生资源的特点，其增速必然减慢，直到达到最大值，继而开始下降，直至到零。因此，非可再生资源遵循高斯型增长曲线。有人认为，可再生资源（农作物、树木、地热能、风能等）的产量可以无限制的增长，其实不然。可再生资源的增长遵循 S 型曲线，可供可再生资源的环境和条件是有限的，以小麦为例，土壤的承受能力是有限的；以风能为例，风力的总量是有限的。超过其限度，就会造成其基本条件和环境的破坏。消费量的增长满足指数型增长，能源总需求量随着人口的增长是以指数形势上升的，只是各个阶段速率不同。

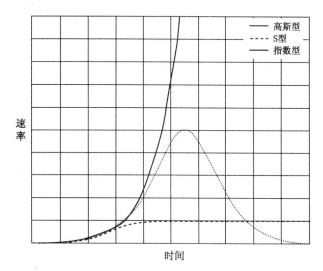

图 1.2.9 产量增长的基本模式

数据模型设计的灵感是得益于设计模型和推导过程中遇到的困难。随着资料了解程度的加深、研究的深入，越来越发现数学模型很难实现对未来不确定性的预测。本质原因是预测过程中影响因素太多，当很多变量同时发生变化时，不确定性使得最终的结果是否准确不得而知。模型在追求预测精度的同时，变得越来越复杂，参数越来越多。如果仅仅考虑最重要的影响因素，那么是否可以实现预测的问题呢？如果知道地下油气储量的总资源量，那就可以认为总量是确定的。那么随着总资源量曲线的下降，总消费量曲线的上升，两者必然会相交，而这一个交点就是总资源量的中点，而这一点达到的产量就是峰值产量。因此，和前面分析的模型相比，数据模型完全是一种回归。

1.2.5 综合预测法

1.2.5.1 方法原理

综合预测法是指从对预测地区的经济、社会以及地质资源潜力分析开始，了解其勘探开发历程，目前所处的勘探开发阶段，分析储量和产量的历史数据情况，以确定其未来产量可能出现的高峰值及时间。是一种多因素综合预测的方法。

如前所述，产量历史中出现的新的峰值来自于勘探技术的改变、管理或制订的规则、经济或政治事件等的影响，使用单旋回 Hubbert 模型难以包含这些因素，而使用多旋回 Hubbert 模型和数据模型分别进行预测，结合储量产量平衡模型中对储采比的认识，分析比较两个模型得到结果，参考储采比控制因素，对油气产量峰值进行预测和评价。

1.2.5.2 实施步骤

（1）油气储量与产量高峰的基本判断。

油气区或盆地的资源量和探明程度、产出程度基本上决定了它未来储量与产量上升或下降的态势。因此，依据盆地目前所处的勘探阶段、资源潜力、历年所发现的储量规模，并根据油气区产量确定盆地的储量发现或产量高峰是否已过，来对峰值出现的时间进行预估计。不同类型盆地储量高峰出现时所处的勘探阶段不同，但一般出现在探明程度 40%～60% 时。产量高峰的判断还要考虑油气开发状况，一般晚于储量高峰 5 年到 20 年。

（2）油气产量曲线拟合。

在确定了盆地储量与产量的高峰后，即可使用多旋回 Hubbert 或多旋回 Gauss 模型进行产量发展曲线的拟合。首先要确定 Hubbert 或 Gauss 旋回的个数，除了已出现的高峰，还要根据未来可能出现的高峰值，选择合适的旋回个数，然后通过最小二乘法进行非线性拟合，精确确定单个 Hubbert 模型有关高峰值、出现时间及表示曲线形态的参数，最后将多条 Hubbert 曲线叠加得到总的预测曲线。

（3）采用储采比控制储量与产量之间的关系。

首先，对预测期内储采比的变化趋势进行预测判断。一般而言，高勘探程度油气区或盆地的储采比呈现下降趋势，而低勘探程度盆地的储采比在储量发现高峰之前快速上升。然后对盆地的储量与产量进行预测，采用储采比控制法控制储量与产量之间的关系。预测期历年的新增可采储量，包括老油田提高采收率增加的可采储量和新增动用储量增加的可采储量。

1.2.5.3 方法特点

和数据模型预测，能够对预测进行有效控制。由于油气区或盆地产量的发展多为多峰的形态，单旋回模型就无法预测出未来新的高峰的出现，而多旋回模型可以把由于不同原因出现的储量与产量高峰一一表现出来，从而对储量与产量增长结构有更清楚的认识；数据模型中对产量增长和消费量增长的认识结合了对油气区经济和技术的考虑，不同参数的选择将得到不同的结果，可以给予不同的解释。

因此，在实际应用中，根据评价单元勘探程度、地质条件和占有资料多少，确立主要的资源评价方法和辅助方法，合理、配套、组合应用，借鉴国外成熟应用的评价方法和国内广泛应用的资源评价方法，进行整合处理，最大限度地提高预测的精度。

1.3 常规油气资源分析及评价

1.3.1 引言

20世纪20年代的"石油末日论"已经被否决了，而现今世界又开始担忧石油产量即将达到峰值、并且在达到峰值后会急速下降。尽管石油工业相关的一些组织的报告声称（IEA，2010；EIA，2009；CGES，2006），近几十年内，有足够的油气资源满足全球的需要，有足够的经济油气资源可供勘探、开发和生产。但还是有一些组织和个人（ASPO，2007；ODAC，2009；Simmons，2006）声称有限的石油资源已经达到产量峰值或即将达到峰值。

现在石油产量并不同于过去，产量的模式不再仅仅是一个周期曲线，由于不确定的不连续性，曲线会出现多个旋回。地质学家 Jean Laherrere 认为，除去政治和其他因素的影响，产量增长曲线应当和储量增长呈镜像关系，在这两条曲线的峰值之间，应该是"后相似"的关系（Laherrère，2000）。Hubbert 模型的成功之处在于预测美国的石油产量峰值的同时，也验证了这个地区的特征：美国是当时世界上勘探开发程度最高的国家。而现今石油和天然气的产量被多个因素影响，例如勘探开发技术、经济环境、政治政策和当地法规等等，因此显示为多个峰值。Al-Jarri 和 Startzman 在1999年，将单旋回的 Hubbert 模型发展成为多旋回模型，并用该模型预测了2000年天然气的供应情况（Al-Fattal 和 Startzman，2000；Al-Fattal 和 Startzman，1999）。来自于 Hirsch 的报告中的分析结论显示，石油产量曲线的形状会受减缓或调解的影响（Hirsch，2005）。

而且，现在主流预测模型都以正态分布特征为基础。这种模型仅仅适用于静态环境分析，对于估计未来"极端事件"发生的可能性时它很难准确估计可能的"极端事件"发生的风险。

现今的预测模型已经不能满足多因素影响的油气资源发展规律的需要，而资源量的预测又是勘探开发以及战略决策的前提，如何能突破预测的瓶颈？

在分析了常规油气资源的影响因素基础上，我们发现所有油气的影响因素都可以归于风险和机会两类。这种分析框架可以使决策者相信，他们可以对潜在的不确定的风险定量分析，以便实现风险管理，并使得那些被低估的风险得以暴露出来。决策者也能更多的关注风险的趋势，去识别和探索那些与不确定情形相关的机会。结合储量信息建立风险—机会—储量分析框架，其结果可以为制定国家油气发展战略、编制油气工业中长期发展规划、指导能源产业政策、制定能源发展战略、提高油气资源对经济社会可持续发展的保障能力提供重要的科学依据。

1.3.2 影响因素分析

常规油气的主要影响因素可以分为政治、经济和技术三个方面。进一步可分为三类：

（1）受政治、经济或技术单因素影响或控制的，例如受经济影响的消费量，受技术影响的勘探发现情况；

（2）受政治、经济或技术任意双因素交互影响或控制的，例如经济和政治共同控制油价的变化，政治和技术共同影响储量数据；经济和技术控制产量和储采比的变化；

（3）政治、经济或技术三者共同影响或控制的因素，例如全球气候变化。

图1.3.1表示了这三个因素之间的关系。

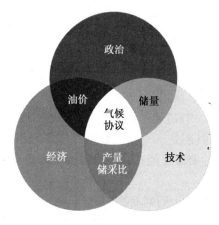

图1.3.1 影响因素分析模式图

1.3.2.1 勘探发现——技术

油气资源发现时间的早晚并不影响地壳中的资源的总量，但是目前资源量的极限仍是未知数。通过对1900—2000年间油气发现和需求曲线的比较，可以从中获得很多有用的信息（图1.3.2）。油气勘探的发现曲线存在很多峰值和急速下降的阶段，反映了发现过程中的不确定性和随机性的特征。

最重大的石油勘探成功归功于OPEC的创立。勘探史上，石油的最重要的发现在中东、俄罗斯和阿拉斯加北坡。全球石油勘探发现的高峰年是1960—1970年间，年平均发现量约为5×10^{10}bbl。尽管如此，如图1.3.2所示，从20世纪80年代初

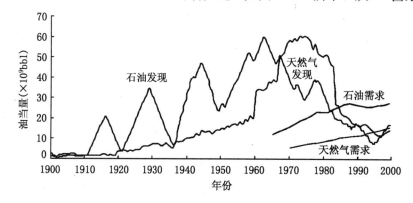

图1.3.2 100年间油气发现史曲线及近期需求曲线（据Longwell，2002）

期开始，年均储量的增加已经开始低于年需求量，这个阶段全球年平均发现量约为1.8×10^{10}bbl~2×10^{10}bbl；20世纪90年代，年均发现储量下降到1×10^{10}bbl（图1.3.2），年发现量曲线已经少于年需求量曲线量的一半。

天然气的情况类似。天然气的需求增速要略高于石油，其主要驱动力是全球提倡清洁能源（图1.3.2）。和石油一样，在过去的100年间，天然气资源的增加量大多数时期远远高于其需要量。天然气发现的高峰期是1960—1980年之间，天然气发现主要集中在俄罗斯、中东、荷兰和印度尼西亚（Longwell，2002）。

在20世纪早期，一些批评家指出，新的石油发现仅仅能替代四分之一的年消费量，下降的趋势始于20世纪60年代中叶，并且新增储量多集中于已经发现的油田中，实际上真正意义新发现的油田很少。如果以5×10^8bbl储量作为大型油田的标准，20世纪90年代这样的油田共发现了76个。依据Klett和Schmoker两位学者2003年的分析数据所示，从1981年到1996年间，世界范围内186个已知大型油田中总储量从6.17×10^{11}bbl增加到7.77×10^{11}bbl，而并没有发现真正意义上的新油田（Klett和Schmoker，2003）。自从2000年起，2002年仅仅发现两个大型油田，而在2003年则一无所获（表1.3.1）。

表 1.3.1　20 世纪 90 年代全球勘探新发现（闫林，2007）

年份	新发现量（10^8 bbl）	年份	新发现量（10^8 bbl）
1992 年	78	1998 年	76
1993 年	40	1999 年	130
1994 年	69.5	2000 年	126
1995 年	56.2	2001 年	89
1996 年	54.2	2002 年	90
1997 年	54.2	2003 年	22.7

　　一些观点认为勘探发现的减少和投资有关，但是在高投资、精细勘探的背景下，新发现却远远低于预期的比例。高油价也是一个因素，油价上涨使得收益提高，虽然这个地区可支持的石油勘探成本的上升了（低油价时期的非经济可采储量转变为经济可采储量），但是诸如钻井深度的增加，地质条件更加恶劣、对环境更加敏感的地区，使得勘探难度更大，收获甚小。

1.3.2.2　储量数据——政治＋技术

　　石油储量数据的可信度问题由来已久，国家石油公司、各大国际石油公司对数据的封锁和瞒报，导致油气市场上的信息扑朔迷离。随着越来越多的文章和报道对石油峰值的关注，持续的高油价，使得这个问题变得越来越严重。今天，当石油工业对需求的供给已经很难像上个世纪那样轻松自如时，在石油产量的增速也明显放缓的情况下，原油市场对准确数据的需求更加迫切，也更加关注。因为市场需要通过准确的数据对需求做出判断，不透明的石油数据会使得对石油供给能力出现误判。

　　自从 1980 年起，OPEC 声明，与其组织成员国相关的石油储量和产量数据不再是公开发布的数据。因为自 1980 年起，OPEC 成员国政治相对不稳定，20 世纪 80 年代的德黑兰解放运动使得油气勘探越来越成为一种国家行为，石油数据也相应地变成一种相对不公开的数据。国际石油公司在国外的勘探和开发活动范围越来越小，所拥有和控制的区块越来越少。世界 80% 的油气储量和三分之二的油气产量数据控制在不同石油生产国的国家石油公司手中，使得世界上的国际组织对油气储量数据难以实现统一管理和分析，这种情形导致世界上的石油数据难以被完全独立的第三方统计分析组织所使用。

　　根据 Salvador 报告中（Salvador，2005）（1950—1979 年）所提供和整理的来源于《油气杂志》中的数据，结合 IEA（IEA，2010）（1980—2008 年）所提供的世界石油储量数据（图 1.3.3），完成世界石油储量图。其增长历史大体可以分为 5 个阶段：

　　（1）从 1950—1974 年的快速增长期：世界上许多地区或国家发现大型油田；

　　（2）1974—1986 年的缓慢增长期，期间有几年储量减少：这个阶段发生两次石油危机，是石油工业的混乱期和调整期；

　　（3）1986—1989 年的二次快速增长期：增长的原因在于波斯湾地区的 OPEC 国家和委内瑞拉的石油储量有了巨大增长，被称为"政治储量"；

　　（4）1989—2002 年的稳定期；

　　（5）2002 年至今的第三次快速增长期。

　　"向上修正"（称为储量增长）已知油田的储量无疑已经被称为世界油气储量估算中的重要因素，这也是石油储量进入后两个稳定期和显著增长阶段的主要原因。通过对不同年份不

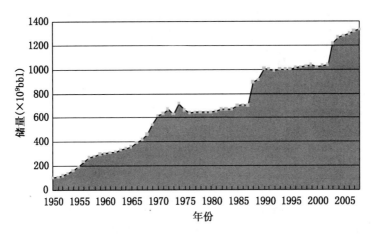

图 1.3.3　世界石油储量增长历史（IEA，2010；Salvador，2005）

同机构的数据对比发现，证实储量在油田的生命期总是会有显著增长。在一些成熟产区，老油田的新增储量高于新油田的发现量。因此，储量增长一旦确定，将成为世界油田最终可采储量值的重要组成部分。表 1.3.2 中展示了 21 世纪初前 5 位的石油生产国和前 5 位石油储量国的数据。OPEC 成员国的产量占世界总产量的 37%，储量占 70%。

表 1.3.2　世界石油储量、产量前 5 名国家或地区（CIA，2001—2010）

石油（储量单位：10^9 bbl，产量单位：10^6 bbl）			
国家或地区	储量	国家或地区	年产量
沙特阿拉伯	264.30	沙特阿拉伯	4011.5.00
加拿大	178.80	俄罗斯	3602.55
伊朗	136.20	美国	2722.90
伊拉克	112.50	伊朗	1443.94
科威特	101.50	中国	1359.63

1950—1979 年间天然气储量数据来源和石油储量数据来源相同（Salvador，2005），结合 BP Statistics Review（BP，2010）中的 1980—2008 年的数据，完成天然气储量图（图 1.3.4）。

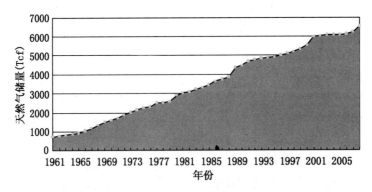

图 1.3.4　世界天然气储量增长历史（BP，2010；Salvador，2005）

由于种种原因，天然气储量不会像石油储量那样受到政治手段和隐蔽经济目的影响，天然气储量对 OPEC 成员国而言不是问题，因为天然气生产没有配额。反之，由于天然气市场不同于原油市场，使得天然气储量数据被低估。表 1.3.3 中展示了 21 世纪初前 5 位的天然气生产国和前 5 位天然气储量国的数据。OPEC 成员国的天然气产量和储量分别占世界总量的 10％和 47％，没有石油集中。

表 1.3.3　世界天然气储量、产量前 5 名国家或地区（CIA，2001—2010）

天然气（单位：Tcf）			
国家或地区	储　量	国家或地区	年产量
俄罗斯	1679.22	俄罗斯	23.16
伊朗	930.86	美国	17.33
卡塔尔	910.39	欧盟	7.60
沙特阿拉伯	231.85	加拿大	6.29
阿联酋	201.5.55	伊朗	3.57

不同的渠道得到的油气证实储量数据存在差异，原因主要在于来源于不同国家的数据分析评价标准、理论和概念的不同。此外，因为缺少具体油田、区块中详细的数据，世界上各大油气研究组织所掌握或统计的数据间存在差异也在所难免。通过图 1.3.5 世界上不同油气研究机构组织的数据展示，更清晰的体现了这一特点。

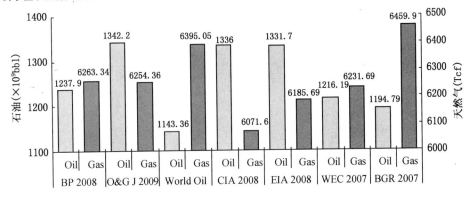

图 1.3.5　不同国际组织的世界油气证实储量

（BP，2010；OGJ，2008；EIA，2008；WEC，2007；WO，2009；CIA，2001—2010；BGR，2007）

本节的数据主要是各大机构提供的证实储量[1]的数据。一方面，证实储量的数据是已经确定的，并且是把握较大的（概率大于 90％的）可以从地下开采出来的储量；另一方面，各个机构提供的数据相差不大。通过前述图 1.3.5 中的数据，主要的差别在于对加拿大的油砂资源的考虑不同。BP Statistics Review 的常规石油证实储量中包括 2.1×10^{10} bbl 的油砂，但没有考虑单独报道的、附加的 1.522×10^{11} bbl 证实储量，因为 BP 认为后一部分证实程度不够。油气杂志中将加拿大的储量明确分为常规和非常规两部分：常规石油 5.392×10^{9} bbl，非常规油砂 1.732×10^{11} bbl。世界石油认为加拿大石油资源应该是确定的 2.267×10^{10} bbl 的

---

[1]　这里的"证实储量"为国外的提法，与国内的"探明储量"有所差别。

常规石油和油砂储量加上加拿大官方所报道的 1.53×10^{11} bbl 的油砂储量。而 CIA 和 EIA 的观点基本上和油气杂志类似，对证实储量的估计较高，将加拿大的油砂资源作为常规石油资源进行统计；WEC 和 BGR（德国资源和地球科学研究机构）的储量估计相对较低，其中都没有包括加拿大的非常规石油证实储量。通过分析，对各个机构的数据中剔除相应的非常规部分后，再求平均值，作为数据模型中证实储量的数据。因此，我们有理由认为，世界常规石油证实储量应为 1.173×10^{12} bbl。

通过对世界石油和天然气的证实储量数据进行了对比分析，世界上剩余油气证实储量数据大体是可信的。在上述国际各大组织中，来自于油气杂志（Oil & Gas Journal），CIA 和 EIA 的数据相对较高，因为其中考虑了加拿大油气证实储量中 1.73×10^{11} bbl 的油砂储量，作为常规油气资源的统计，应该不包这一部分。World Oil 与 BGR 仅仅计算了常规油气剩余证实储量，数据相对较低。综合上述信息，世界常规石油剩余证实储量约为 $12000\pm1000\times10^{8}$ bbl，世界常规天然气剩余证实储量约为 6500 ± 500 Tcf。

1.3.2.3 产量和消费量——经济

世界油气产量和消费量最主要的特点是集中。世界主要石油生产国集中在以下几个地区：中东、美洲、前苏联、西非和北非。石油产量前三名的国家是：沙特、俄罗斯和美国，这三个国家的石油产量占世界总产量的一半；而美国、欧盟和中国作为世界国家和组织中消费量的前三名，其消费量之和也占到世界一半。世界石油产量排名前 20 的国家，其产量之和占世界总产量的 87%（表 1.3.2），而同时消费量前 20 的国家则消费了世界上 97% 的石油（图 1.3.6），消费量大于生产量。从主要消费国来看，消费量和经济密切相关。

天然气的产量和消费量与石油非常类似，世界上主要的产气国家集中在俄罗斯、北美、

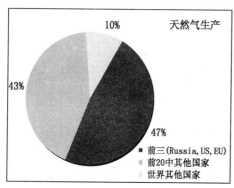

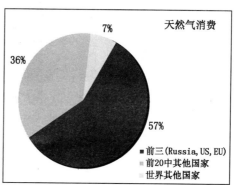

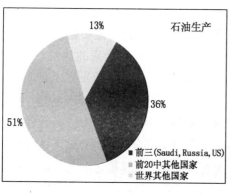

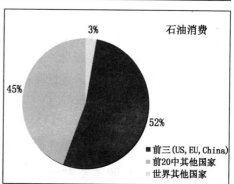

图 1.3.6　世界油气产量和消费量的分布（数据来源：CIA，2001—2010）

中亚和中东地区。世界上天然气产量和消费量前三名的国家和组织是相同的，都是俄罗斯、美国和欧盟：它们生产了世界上47％的天然气，同时消费了世界产量的57％。世界天然气产量排名前20的国家，其产量之和占世界总产量的90％（表1.3.2），而同时消费量前20的国家则消费了世界上93％的天然气，基本持平（图1.3.6）。

时至今日，全球石油产量仍有微小增长。但是，从1965—2007年的年产量数据可以看出，石油产量的增速下降很快（图1.3.7）：从1965—1973年年均9.31％、1973—1979年年均2.54％、1980—1997年年均1.80％、直至1998—2007年年均0.38％。来自于ASPO的分析认为，尽管石油产量还没有达到峰值，但是已经逼近峰值，产量峰值即将来临。

天然气的产量数据在近40年的数据中基本上保持了3％左右的增长率（图1.3.7），没有太大的变化，既体现了天然气勘探的特点，也说明天然气的产量峰值还没有来临，天然气的储量相对较多。

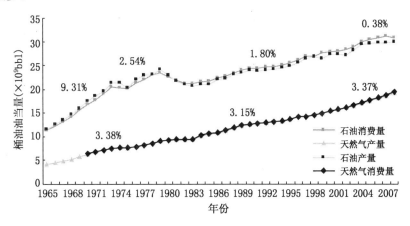

图1.3.7 世界油气产量和消费量数据（BP，2010；CIA，2001—2010）
参见书后彩页

结合图1.3.2的勘探发现—需求曲线和图1.3.7的产量—消费量曲线，不难发现，世界常规石油正在由需求主导变为供给主导。和20世纪下半叶供给充足的情形不同（尽管政治因素引发石油危机），目前的消费量完全受供给量控制，石油产量上升乏力，消费量的增长必须按照供给量进行调整，随之引发的就是油价上扬。

近些年来持续增长的深水勘探是未来一个新的储量增长点，全球在墨西哥湾、南美巴西海域和西非的深水勘探中，找到了许多大型深水油田，这些会使得储量增加；另一方面，采收率的提高（Enhanced Oil Recovery，EOR）也能在一定程度上弥补产量的递减，热力开采（尤其是蒸汽注采）和二氧化碳注采被证明是最有效的手段。Dehaan认为，在21世纪通过提高石油采收率得到的石油将略高于3×10^{12} bbl，其中一半靠热力开采，另一半依靠其他方法采出（Dehaan，1995）。通过提高石油采收率得到的石油将大约在1.8×10^{11} bbl～2.5×10^{11} bbl之间，这种判断的依据是：

（1）品质好的油藏，在实施一次、二次水驱开发后留给后期提高采收率的空间很小；品质差的油藏，提高采收率的方法效果并不明显；

（2）随着钻井和开发技术进步，近20年左右投产的油田，其开采效率更高，一次、二次采出量将占总储量更高比例，提高采收率方法得到的产量将相对较低；

（3）提高采收率应用最有效的油藏应该是重油油藏，目前应用提高采收率方法得到的石油约占世界产量 3% 左右，未来不太可能超过 10%。

OPEC 自 1960 年成立以来，在世界石油生产中扮演了非常重要的角色。OPEC 成员国对世界石油的贡献从 1960 年的 41% 增加到 1973 年的 55%，1985 年下降到 28%，在 20 世纪末又上升到 40%，21 世纪初产量占世界石油产量的 28%。尽管 OPEC 对石油供给的控制能力已经在逐渐变弱，但是波斯湾地区石油储量占世界总储量 2/3、沙特阿拉伯和伊朗两个国家拥有世界可证实储量的 35% 却是不争的事实。石油生产国的限产也是油气生产中的一个问题。

21 世纪，世界石油产量的分布状况将会发生根本变化。目前美国等几个产油大国的石油产量正在不可避免的下降，几乎没有增产的希望；随着深水油气逐步投入开发生产，产量会有所增加；俄罗斯产量的恢复和提升将会弥补一些空缺；而 21 世纪其他产油国产量下降的空缺必须由波斯湾产油国来弥补。

消费量的情况和产量不同。在中东和非洲地区，从 2000—2007 年，石油消费量年增长率达到 3%；21 世纪以来，亚太地区油气增长速度更快，其中的主要驱动力是中国。这三个地区成为油气消费的新增长点（Kjärstad 和 Johnsson，2009），消耗了 2000—2007 年新增油气产量的 70%。"金砖四国"（巴西、俄罗斯、中国和印度），是 21 世纪以来消费量增长的代表国家，其油气消费增长的驱动力来自于经济增长、人口增加、城市化和基础建设迅速发展。例如，汽车销售的大幅增长必然带来石油消费的激增。

1.3.2.4 油价——政治＋经济

长期来看，供需状况直接决定油价波动的方向，因此油价的波动方向总体反映了供求状况。油价变化主要因素应该有以下几个方面：（1）大国因素主导需求：美国、日本、中国等能源依存度和消费量决定需求；（2）OPEC 对供给的影响：OPEC 的产量是世界石油供给的主要来源，但是，限产、地缘政治等多方面的因素导致了供给方面的不确定性；（3）石油期货交易对世界油气市场价格的控制。

图 1.3.8 表示的是 1861—2008 年 7 月世界原油价格的变化情况。整个原油价格数据来源于三部分：1861—1944 年的数据来源是 US average，1945—1983 年是 Arabian Light posted at Ras Tanura，而 1984—2008 年是 Brent 原油期货数据。两条曲线分别展示了当时美元价值（深色）和以 2006 年美元价值换算后的原油价格（浅色）。从曲线上可以看到，如果以 2006 年美元价值来计，在 2000 年以前存在两个高值区：一个是原油发现伊始，产量少价格高；另一个是 1980 年前后伊朗革命等政治动荡对石油供给的冲击，导致石油危机爆发，油价直升。如果以当时美元价格来看，除了 1980 年石油危机时期价格较高外，油价在一百多年内都保持在一个非常低的水平。但自 2004 年，油价迅速上涨。以 2006 年 7 月至 2008 年 7 月的数据为例，油价从每桶 60 美元飚升到 140 多美元。而 2009 年、2010 年原油价格的浮动特点也说明几个问题：（1）低油价时代已经结束，油价将长期保持在一个比较高的水平；（2）世界经济对石油的依赖度空前加强，石油供需关系直接影响世界经济的发展，尤其是大国经济；（3）美国经济衰退，美元贬值，加速了油价上升的速率。

价格是石油市场变化的主要信号，但石油价格发生变化的原因并不相同。油价变化的原因不同，对经济的影响也不一样。1980 年的石油危机与 21 世纪新一轮的国际油价上涨，同样是价格上涨，但不同的原因导致不同的结果。同样的原因对不同主体的影响也不同：国际油价的制造者与接受者经济结构、能源结构与发展阶段不同，导致在高油价下所处的立场和地位有很大差别。但是，供需状况决定油价波动方向，价格形成机制决定波动幅度的特征仍

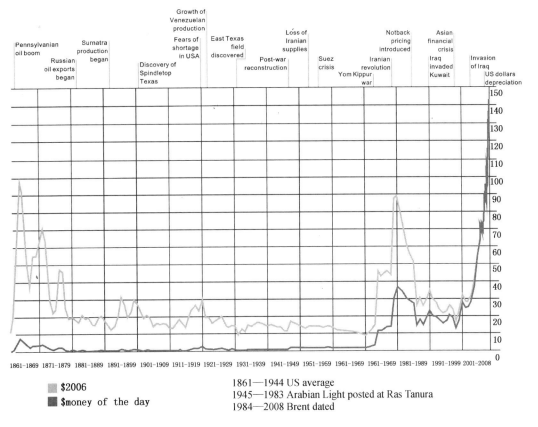

图 1.3.8　1861—2008 年 7 月世界原油价格（据 BP，2010）

将持续。

　　通过分析发现，油价和石油产量之间没有具体的关系，但是在这两者变化率之间却存在着一定的对应关系（图 1.3.9）。从近几十年的两者变化率曲线来看，石油价格的变化率与石油产量的变化率之间存在一定的滞后关系，即石油价格变化率滞后于石油产量变化率。

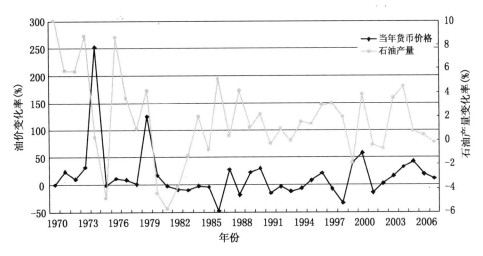

图 1.3.9　油价和产量变化率之间关系（BP，2010）

油价受经济和政治因素的影响，但油价的变化所带来的影响会体现在不同的勘探开发方式中。因此，油气价格的变化还和不同的勘探开发方式的成本之间存在一定关系。但是这种关系并不是单一的，不同的勘探开发方式或对价格的变化的敏感性不同，而且不同的勘探开发因素对价格变化的滞后期也不一样，如图1.3.10所示。

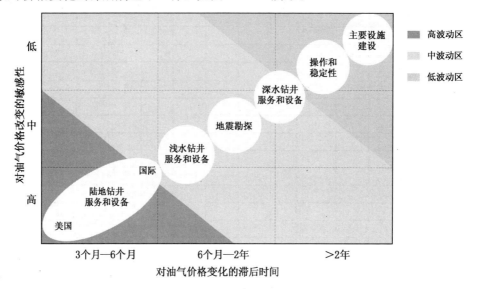

图 1.3.10　勘探开发成本因素和油气价格之间的关系（据 IEA，2010）

其中，主要设施建设和操作及稳定性方面的成本对油气价格变化的敏感度最低，因为其主要涉及设备、材料和劳动力方面，因此它们和经济活动关系更为密切，即单纯经济因素对其影响更大。与之相对，陆地油气田钻井服务和设备成本对油气价格变化的敏感度最高，特别是美国本土。因为目前陆地钻井单井产量普遍较低，因此油气价格的变化将对成本产生巨大影响，且基本上没有滞后期，油价变化将直接体现在钻井活动中。

海上钻井和地震勘探的成本对价格的敏感性介于前述两者之间，其对油价变化的滞后期也相对较长，这种现象的原因是由海上钻井和地震勘探的周期较长所致。但和设施建设等相比，其和油气勘探开发的关系更为密切，敏感度相对要高。

1.3.2.5　储采比——经济＋技术

储采比（Reserve-production ratio，R/PR）反映的是现有储量采出的时间，即石油/天然气产量和石油/天然气储量的历史关系。储采比是经济和技术两个因素结合的体现，因此，前述所提的勘探强度、油价、储量增长、产量都对它有较大影响。从1950—2009年，石油储采比在30～45之间变化，可以划分为6个阶段（图1.3.11）：

（1）1951—1957年，石油储量增长超过产量增长，储采比快速到41；

（2）1957—1965年，石油产量增长快而储量增长慢，储采比迅速降到32；

（3）1965—1973年，石油产量和储量均快速增长，储采比1970年达到高值37，1973年降到低值31；

（4）1974—1986年，石油产量和储量增长均减缓，产量和储量上下波动，期间发生了两次石油危机，储采比在28～36之间变化；

（5）1986—1989年，石油产量增长缓慢，但是储量大幅增长，主要是因为波斯湾和委

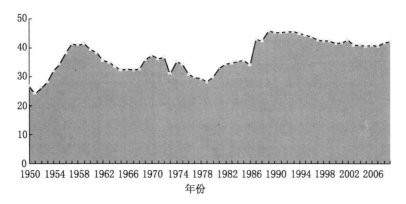

图 1.3.11　世界石油储采比（BP，2010；Salvador，2005）

内瑞拉的"政治储量"所致；

（6）1989—2009 年，石油储采比下降缓慢，在 42～40 之间微小变化。表明石油产量被同一时期的新增石油储量所替代，这是有已知储量的向上修正（储量增长）所致。

其中，（1）～（3）和世界石油储量估算的第一阶段相一致；（4）、（5）分别和石油储量估算的第二、三阶段相一致；（6）反映储量增长第四、五阶段的特征。

和石油储采比变化规律不同，天然气储采比（图 1.3.12）自 20 世纪 60 年代开始至今，一直保持上升的状态，从 60 年代的 40 上升到现在的 60～65。这反映了新的天然气田的发现和开发，使得储量连续增长。虽然期间天然气储采比也有下降的年份，但是随着新气田的发现和已发现气田投入生产，储采比还会继续增加。

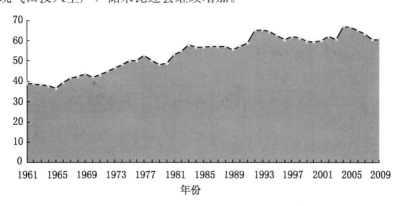

图 1.3.12　世界天然气储采比（BP，2010；Salvador，2005）

对比各大油气区的储采比数据（图 1.3.13）可以看出，天然气储采比普遍高于石油。其中，北美洲油气储采比最低，中东地区储采比最高。

大体分为三个级别：低储采比地区包括北美洲、大洋洲；中储采比地区包括亚洲、拉丁美洲和非洲；高储采比地区为中东、欧洲。其中，欧洲油气储采比高是因为俄罗斯油气资源计算在欧洲地区之内。

因此用储采比作为后面油气预测选区的依据，选取非洲、北美洲、前苏联地区（同时考虑亚洲和欧洲地区）、拉丁美洲、中东地区进行产量峰值预测。

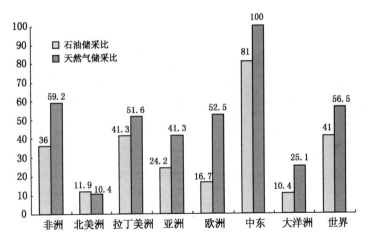

图 1.3.13　世界各大地区石油和天然气储采比（IEA，2010）

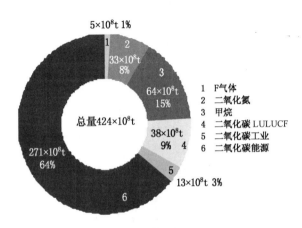

图 1.3.14　2005 年世界人为温室气体排放
（IEA，2010；IPCC，2007）

注 1），F 气体包括氢氟烃（hydrofluorocarbons，HFCs）、氟化碳（perfluorocarbons，PFCs）和六氟化硫（Sulfur hexafluoride，SF6），主要来源是工业排放；CO_2 工业包括非化石能源使用、气体燃烧和工业过程中的排放；CO_2 LULUCF 包括土地使用（land use）、土地使用变化（land-use change）和林业（forestry）排放的 CO_2；CH_4 包括煤炭开采泄漏和捕获的气体

1.3.2.6　气候变化——政治＋经济＋技术

尽管人们已经意识到温室气体排放对全球全球气候的影响，但目前的事实是油气的消费量仍然在高速增长，而且增长的趋势在短期内不会改变。结合全球温室气体排放量来看（图 1.3.14），二氧化碳（CO_2）是温室气体的主体，约占总量的 76％；二氧化氮（NO_2）、甲烷（CH_4）和 F 气体（见图 1.3.14 注释中相关说明）占 24％。京都议定书（Kyoto Protocol）提出，在 2000—2050 年之间，要求在 1990 年排放量的基础上，减少全球温室气体排放 50％～85％（尽管这一目标实现起来阻力重重），实现降低全球气温升幅 2.0℃～2.4℃（IPCC，2007）的目标。而来自于化石能源的 CO_2 排放是人为温室气体最主要的排放源，占世界总量的 64％。因此这一目标的实现必须依靠减少化石能源排放量来达到。

气候问题受经济、政治和技术因素共同控制，实现节能减排，不仅有国家之间政治的博弈，也和经济因素息息相关，同时需要先进的技术发展化石能源的替代能源或提高能源利用效率，因此气候问题的解决需要世界各国共同努力。

化石能源中，石油和煤炭是 CO_2 排放的主体，天然气比例较小。结合 1980—2005 年不同地区化石能源 CO_2 气体排放统计数据（图 1.3.15）来看，世界年均排放量以 2％的速度增长。北美和欧洲排放量占世界比例从 1980 年的 55％下降到 2005 年的 41％，但排放量变化不大；亚太地区排放量增长迅速，主要排放源是中国的煤炭，中国的排放量在 2004 年超过

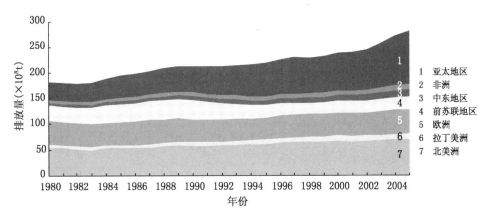

图 1.3.15 世界化石能源消费和燃烧所排放的 CO_2（IEA，2007）

欧盟，2007 年超过美国；而非洲、拉丁美洲和中东地区排放量很小。因此，可以看出排放量和经济密切相关，经济发达国家和经济迅速发展的国家排放量是世界排放量的主体。

随着油气产量峰值的临近、全球对气候问题关注的增强以及能源安全的考虑，长期来看，气候变化对未来化石能源需求增长放缓有潜在的驱动力，必将使得能源结构将更加多元化，油气占整个能源消费量的比例会缓慢下降。高能源消费大国和地区（美国、欧盟和中国）对能源安全和全球温室效应的考虑，将会对能源政策做出新的调整，就像在 IEA 的报告中体现的那样，依据未来可能实现的不同排放目标，不同经济增长的趋势，以及未来可能出现的技术情况对油气能源消费量做出不同的预测（IEA，2010），因此，分析气候因素需综合考虑政治、经济和技术多方面的信息。以目前情况来看，如果世界各国能严格执行京都议定书，并且按照气候变化政府间协作组织（Intergovernmental Panel on Climate Change，IPCC）的目标去努力，全球化石能源的消费必将得到控制，这条路任重而道远。

1.3.3 石油产量综合预测

1.3.3.1 前苏联和中东地区

前苏联地区主要产油国是俄罗斯和哈萨克斯坦两国，2009 年最新数据显示，前苏联地区石油产量占世界总产量 16%，其中最主要的国家是俄罗斯，探明石油储量 790×10^8 bbl，占全世界储量的 6.3%（BP，2010），世界排名第七，国内石油消耗量占其产量 28%。因此，前苏联地区是重要的石油出口地区。目前俄罗斯的能源需求低于前苏联时代的水平，但随着能源需求水平的回升，需求将逐步上升。

结合年产量变化曲线，1987 年前苏联的石油产量达到 4.19×10^9 bbl（6.25×10^8 t），为解体前产量最高值；但此后前苏联解体所引起的经济混乱使石油产量出现下降，一直到 1996 年的 2.62×10^9 bbl（3.53×10^8 t），8 年间下降 41%（图 1.3.16）。自 1999 年以来，由于国际市场油价不断走高，俄罗斯石油公司加大投资，恢复再生产，对现有油井的修复，提高了储量的采收率，使其石油产量连年上升，俄罗斯的石油产量和出口量出现强劲反弹（图1.3.16）。哈萨克斯坦的油气潜力巨大，是前苏联地区另一个重要的石油生产国和出口国，其探明石油储量 3.98×10^{10} bbl（BP，2010）。自 1999 年以来，随着外国投资的涌入，哈萨克斯坦的石油产量增加了一倍多，年产量从 1999 年的 2.3×10^8 bbl（3.013×10^7 t）增加到 2008 年的 5.6×10^8 bbl（7.205×10^7 t）。前苏联地区这两个主要产油国在 1999 年后产量的迅速恢复，使得前苏联地区的产量登上高峰（图 1.3.16）。2010 年统计数据显示，前苏联地区石油产量达到 $6.60 \times 10^8 \mathrm{t}$，同比增长 2.24%。

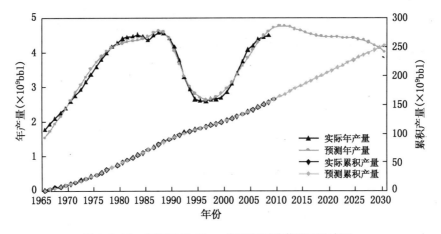

图 1.3.16　多旋回 Hubbert 模型预测前苏联石油产量

　　分析认为，前苏联解体导致该地区的石油产量在 20 世纪 90 年代初减少了许多，后来由于国际油价的上升及该地区经济的发展，石油产量又开始稳步上升。前苏联地区应在 2015 年左右达到石油产量高峰，峰值产量约为 $4.57 \times 10^9 \mathrm{bbl}$。由于该地区石油资源丰富，因此石油产量将在比较长的一段时间内保持在高位运行。

　　中东地区是世界石油资源最丰富的地区。2009 年统计数据显示，占世界石油产量的 32%，占世界原油总储量的 60%（BP，2010）。2010 年，中东地区累计探明石油储量 $1.031 \times 10^{11} \mathrm{t}$，依然拥有全球一半以上的石油储量。更为重要的是，世界石油剩余生产能力大约 90% 均在中东，在世界石油供应中断时，这部分生产能力将起到至为关键的作用。油气资源给这个地区带来财富，使中东地区产油国经济得到迅速发展；也因为石油使这里的人们饱受战争、制裁等带来的灾难和恐怖。中东地区的石油储量主要分布在沙特、伊朗、伊拉克、科威特、阿联酋、卡塔尔和叙利亚等国。

　　结合年产量变化曲线，20 世纪 70 年代后期开始，伊朗革命和两伊战争中，伊拉克的许多油田停产，石油大幅度减产（被称为第二次石油危机），这段时间中东地区石油产量处于低谷状态（图 1.3.17）。两伊战争结束后，中东地区石油产量又呈增长态势，尽管经历了海湾战争、伊拉克战争、伊朗核问题等，两次战争中伊拉克的石油设施遭到更严重的破坏，但其他产油国大幅度提高产量，中东地区石油产量总体上是增长的，石油出口量也保持增长。从 1985 年的产量 $3.885 \times 10^9 \mathrm{bbl}$（$5.17 \times 10^8 \mathrm{t}$），增加到 2008 年的 $9.563 \times 10^9 \mathrm{bbl}$（$1.234 \times 10^9 \mathrm{t}$）（图 1.3.17）。2010 年统计数据显示，中东地区石油产量达 $1.064 \times 10^9 \mathrm{t}$，占全球总产量的 29.53%，但伊拉克和伊朗出现了石油产量下降的局面。中东地区不仅石油资源十分丰富，而且具有优于其他地区的优势。中东地区大油田多，油井产量高，石油生产成本比较低；目前石油储采比为 79.5，在世界各大区遥居首位，石油后备能量充足；地理上位于欧亚交通要道，通往欧洲和远东地区比较便利。当其他国家石油资源趋于枯竭，开采难度增大和开发成本越来越高时，中东地区产油国所占有的资源和勘探开发方面的优势也将越来越大。中东地区仍将是 21 世纪主要的石油供应来源地，在政治和经济上的战略地位十分重要。

　　分析认为，根据对中东地区地质资料和勘探开发历程的了解，综合考虑高油价、限产等

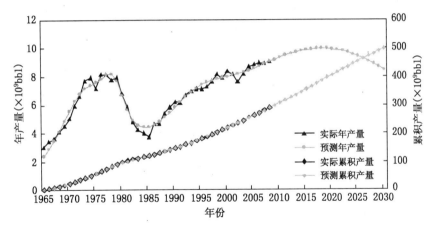

图 1.3.17 多旋回 Hubbert 模型预测中东石油产量

影响因素，预测认为中东地区应在 2020 年左右达到石油产量高峰，约 9.95×10^9 bbl，之后会随之调整缓慢下降，但仍保持高位。

1.3.3.2 非洲地区

非洲油气资源主要集中在北非和西非。陆上资源主要分布在利比亚、尼日利亚、阿尔及利亚等国；从安哥拉至毛里塔尼亚，有 19 个国家控制着约 184×10^4 km² 水深达 4000m 的海域。随着深水勘探技术的进步，在这 19 个国家中，13 个国家发现蕴藏油气资源，但石油储量的 80% 分布在尼日利亚和安哥拉。在安哥拉、刚果、赤道几内亚和尼日利亚的 500～2000m 深的近海，已相继发现重要油田；在喀麦隆、刚果、加蓬、安哥拉、纳米比亚近海更深的水域还有储量更大的油田。海上石油资源的巨大潜能将使未来西非石油产量超过北海、超过伊朗、委内瑞拉和墨西哥石油产量的总和，这一点，将影响未来的石油格局。

最近 10 年，由于技术进步和投资增加，非洲的油气勘查活动活跃，油气储量和产量有较快增长，石油生产成本降低了 50%，非洲在世界油气市场的影响力出现上升趋势。2010年，非洲整体石油探明储量为 1.693×10^{10} t，占世界总探明储量的 8.41%。在石油储量增加的同时，非洲石油产量、出口量也有了大幅度上升。2010 年，非洲地区石油总产量达 4.49×10^8 t，占世界总产量的 12.46%。非洲的石油消费量占世界石油消费量的比重微不足道，仅为 3.35%，因此非洲地区基本上是石油净出口。非洲石油不仅蕴藏丰富、油质好、成本低、易运输，而且远离不安全中心，相对安全。因此，西方各大石油公司竞相在深水领域投入巨资。随着深水勘探开发的深入，产量还会进一步提高。

分析认为，由于非洲地区投资和勘探工作量的增加，石油储量和产量都稳定增长。总体来说，非洲地区的勘探程度还较低，以后发现更大的石油储量几率更大。若以现在已有的数据来计算，并观察曲线的上升特点，发现非洲地区从 1990 年起已经处于快速上升的趋势线上（图 1.3.18）。深水勘探开发周期长，因此 2020 年左右达到石油产量高峰，约 6×10^8 t。非洲产量的变化将对世界油气供应格局产生影响，对非洲经济乃至世界经济影响重大。

1.3.3.3 拉丁美洲地区

委内瑞拉和巴西是拉丁美洲油气资源最主要的生产国。委内瑞拉是 OPEC 成员国，2008 年产量占世界 3.4%，世界第 7 大产油国。在 1973 年第一次石油危机和 1978 年第二次石油危机中，OPEC 石油产量剧减，同时对委内瑞拉限产，导致整个南美地区石油产量下降

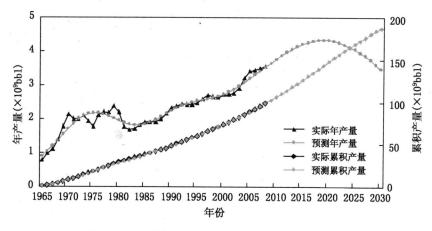

图 1.3.18　多旋回 Hubbert 模型预测非洲石油产量

（图 1.3.19）。巴西是拉丁美洲石油产量增长的后起之秀，20 世纪 90 年代以来，随着深水勘探开发技术的提高和加速，巴西深水区相继发现大型油田，成为拉丁美洲第二大产油国，带动该地区石油产量迅速增长（图 1.3.19）。其他国家如阿根廷、哥伦比亚等国，产量较少但比较稳定。2009 年本地区石油年产量 3.58×10^8 t，2010 年石油年产量 3.71×10^8 t，同比上涨 3.40％。

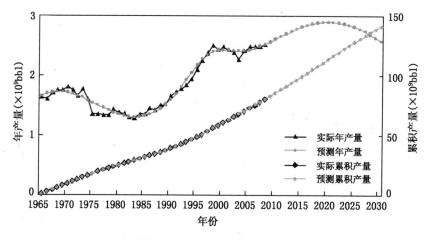

图 1.3.19　多旋回 Hubbert 模型预测拉丁美洲石油产量

　　分析认为，拉丁美洲是美国石油进口的重要组成部分，石油产量不会减产；同时随着巴西深水勘探发现的大型油田的投产建产，将推动拉丁美洲石油产量稳步增长，预计产量将在 2020 年左右达到高峰，约为 2.9×10^9 bbl（约 4×10^8 t），之后会缓慢下降（图 1.3.19）。

1.3.3.4　北美地区

　　北美石油资源集中在三个国家：美国、加拿大和墨西哥。20 世纪 70 年代墨西哥原油产量在世界总产量的比重由 1977 年的 7.7％上升为 1980 年的 9.8％。石油在本国工业总产值中的比重由 1975 年的 6.4％上升为 1982 年的 11.3％，1978—1981 年墨西哥年均经济增长率达 8.4％，出现了"石油繁荣"。加拿大石油产量最近 20 年一直在稳步上升，2008 年，加拿大石油产量 1.182×10^9 bbl（1.57×10^8 t），占世界石油总产量的 3.86％，比 10 年前的产量增长了 31％。美国是世界第 3 大产油国，同时也是世界上最大的石油消费国，而加拿大和墨西哥是石油出口国。2008 年，美国产量为 2.459×10^9 bbl（6.19×10^8 t），占世界石油产量的 7.8％；消费量为 70.88×10^8 bbl（8.85×10^8 bbl），占世界总量的 22.5％；进口石油占世界贸易总量的 25.9％。

2008 年北美地区产量占世界石油产量 15.8％；消费量占世界石油消费量的 27.4％，因此北美地区是石油净进口地区。美国是世界上最早发现石油同时也是最先开发石油的国家，因此技术方面北美地区保持领先，这也是为什么该地区曲线长期保持在高位的原因。美国 1972 年达到石油产量峰值 4.083×10^9 bbl（5.279×10^8 t），北美地区 1984 年达到峰值 55.86×10^8 bbl（7.267×10^8 t）（图 1.3.20）（BP，2010），从那时起石油产量就开始呈现缓慢下降趋势。北美地区先进的石油技术和相对丰富的石油储量，使得该地区在很长一段时间内保持了很平缓的下降趋势（图 1.3.20）。

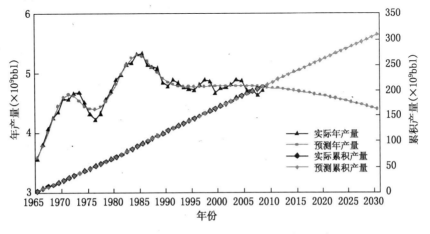

图 1.3.20 多旋回 Hubbert 模型预测北美石油产量

结合曲线特征和北美地区情况分析认为，北美地区的石油格局不会有大的变动，美国作为石油进口国，加拿大和墨西哥作为石油出口国的地位也不会有太多变化。但是北美地区石油产量峰值已过，而且与油气开采相关的环境保护法案非常严格，也在一定程度上限制了该地区产量的增长。未来产量保持缓慢下降的趋势不会有太大改变（图 1.3.20）。

1.3.3.5 中国

近 30 年中国经济持续快速发展，对原油的需求持续膨胀。2008 年，中国探明原油储量 15.5×10^8 bbl（16.27×10^8 t），仅占世界的 1.2％；石油产量为 1.89×10^8 t，占世界总量 4.8％；消费量为 29.2×10^8 bbl（3.76×10^8 t），占世界总量 9.6％，仅次于美国；石油进口量已达到 50％。

从曲线上可以看出，中国石油产量尽管保持连续增长，但增速缓慢（图 1.3.21）；但是，中国的石油消费量在最近 20 年增长速度惊人，和 10 年前相比，增长了 101.28％，相对于产量的缓慢增长，难以实现自给自足。尽管中国经济的迅速发展，但却是以大量消耗能源为代价。和发达国家相比，中国能源利用率很低。在目前预期的年度经济发展速度 7％～8％的情况下，中国能源需求的快速增长还将持续。

受制于石油地质条件，中国的石油可采储量难有较大突破，原油生产很难再有大幅增加。随着经济的发展，中国自我保障能力下降，依赖国外石油的趋势不可逆，中国石油进口

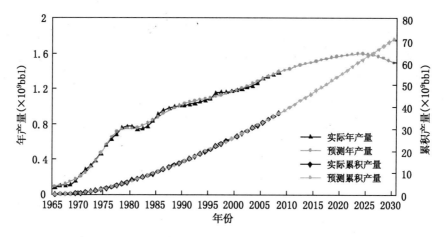

图 1.3.21　多旋回 Hubbert 模型预测中国石油产量

的缺口将进一步加大。但是目前中国的石油产量处于平稳上升阶段，尚未达到高峰值。预测 2010—2030 年中国石油产量总体呈平稳上升趋势，从 2010 年的 2.03×10^8 t 逐步增加到 2023 年左右的峰值的 2.22×10^8 t（图 1.3.21）。在 2025 年后开始缓慢下降，2030 年还能维持 14.66×10^8 bbl（2×10^8 t）的水平，之后将降到 2×10^8 t 以下，进入产量衰减期。

　　未来中国石油可采储量将有一定程度的增长，主要来自三部分：一是通过新区勘探获得新增石油可采储量，二是未动用储量的有效动用，三是老油田通过提高采收率技术增加石油可采储量。以上各部分相加，是保持年产量 2×10^8 t、稳产 20 年的储量保证。同时，国家体制石油公司，还将进一步加大勘探开发的投资力度和工作量，这也是未来中国油气储量与产量保持增长的重要保证。

1.3.3.6　世界

　　图 1.3.22 显示的世界石油模型拟合得很好。世界石油产量和中东石油产量的曲线在增长幅度和变化上是非常相似的，作为世界石油最重要的地区，中东地区在一定程度上支配了世界石油产量的增长。从曲线上可以得出，到从 1965—2030 年，大约生产 16116×10^8 bbl 的石油，其中包括 2008—2030 年生产的 6592×10^8 bbl 的石油。预测结果显示，世界常规石

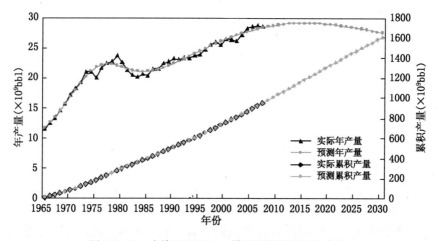

图 1.3.22　多旋回 Hubbert 模型预测世界石油产量

油产量将在 2015 年左右达到峰值，峰值产量 291.4×10⁸ bbl（39.76×10⁸ t）。其中 2013 年到 2017 年间的预测产量和 2015 年比较接近，显示了一个相对平稳的时期，产量基本上保持不变；而从 2018 年开始，产量开始缓慢稳步下降。

对于世界石油产量峰值，应用数据模型也得到峰值时刻。根据对世界石油证实储量的认识，综合考虑技术、政治和经济因素对于未来储量和消费量变化的影响，通过分析 2000 年以后年消费量和储量数据，认为消费量年增长速率为 1.59%，证实储量年增长速率为 2.36%。

图 1.3.23 显示了常规石油在考虑目前确定的证实储量和目前确定证实储量以 2.36% 增长的两种情形下产量峰值时间。结果表明，在不考虑储量增长率的情况下，世界常规石油将会在 2009 年达到峰值；如果考虑证实储量 2.36% 的年增长率，则将会在 2011 年达到峰值。对于不同的情形，达到峰值的产量不同，剩余储量也不相同。其中，数据模型中证实储量不增长的情形结果是对峰值预测的底线，即最悲观的情形，峰值时刻不可能早于 2009 年。

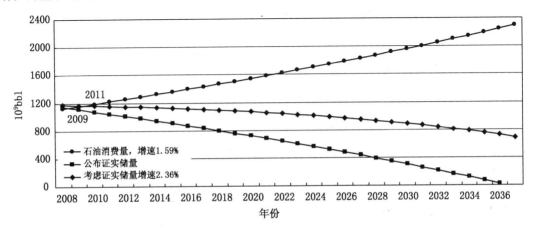

图 1.3.23　常规石油证实储量不同情形下的峰值时间

1.3.4　天然气产量综合预测

20 世纪下半叶，天然气才真正成为世界能源的主要组成部分。对天然气信息的了解远没有石油多，对天然气的储量数据也仅限于证实储量为主。因此，本次主要预测天然气在未来 20 年的产量变化情况。对天然气的认识应该一分为二：一方面，从预测的结果、公开发表的数据、报道等多种渠道获得的信息都显示，天然气储量充足，前景广阔；另一方面，也应该清醒地意识到，天然气如果转换成 TOE，其数量并没有世界上石油资源丰富。因此，随着能源消耗量的逐年增加，天然气新增储量的发现能否满足未来能源的需求，还是一个疑问。

1.3.4.1　前苏联地区

前苏联地区最主要产气国是俄罗斯。2009 年最新数据显示，前苏联地区天然气产量占世界总产量 25.8%，消费量占世界总消费量 20.1%（BP，2010）。俄罗斯天然气储量世界第一，探明天然气储量 1529Tcf，占全世界储量的 23.4%，产量占世界 19.6%，天然气消费量 14.8Tcf，占世界总消费量 13.9%，占其产量 70%（BP，2010）。其他前苏联地区国家诸如哈萨克斯坦、土库曼斯坦、塔吉克斯坦等国，天然气产能上升迅速，并且主要用于出口。因此，前苏联地区是重要天然气出口地区。

结合年产量变化曲线，前苏联的天然气产量在解体前 1990 年达到 26.9Tcf，为解体前产量最高值；此后前苏联解体所引起的经济混乱同样使天然气产量出现下降，一直到 1997 年的 22.2Tcf（图 1.3.24）。随后随着石油产量的恢复，天然气产量也连年增加，前苏联各国产能上升使得天然气产量和出口量出现强劲反弹（图 1.3.24）。

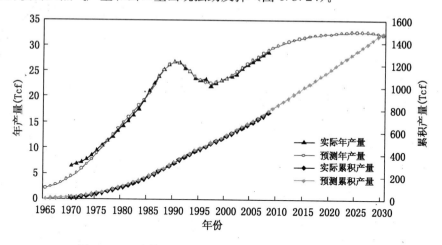

图 1.3.24 多旋回 Hubbert 模型预测前苏联天然气产量

分析认为，前苏联解体导致该地区的天然气产量在 20 世纪 90 年代初减少了许多，后来由于国际油价的上升及该地区经济的发展，天然气产量又开始稳步上升。前苏联地区应在 2025 年左右达到天然气产量高峰，峰值产量约为 32.7Tcf。由于该地区天然气资源丰富，因此其产量将在很长一段时间内保持在高位运行。

1.3.4.2 中东地区

中东地区是世界石油资源最丰富的地区，其天然气储量也同样惊人。2009 年统计数据显示，该地区占世界天然气总储量的 41%（BP，2010），其中最重要的国家是伊朗和卡塔尔，其储量分别占世界的 16% 和 13.8%。更为重要的是，中东地区天然气储采比高于 100（图 1.3.13），说明其剩余生产能力非常强劲。

结合年产量变化曲线，由于天然气储量不会像石油那样受到政治手段和隐蔽经济目的影响，天然气产量对 OPEC 成员国而言不是问题，因为天然气产量没有配额。因此，天然气的产量逐年上升，从 1980 年以来，保持年均增速 3% 左右（图 1.3.25）。2008 数据显示，中东地区天然气产量为 13Tcf，占世界总量的 12.4%；消费量占世界总量 10.8%。

分析认为，根据对中东地区地质资料和勘探开发历程的了解，预测认为中东地区应在 2030 年左右达到天然气产量高峰，约 18.6×10^8 bbl，但未必是峰值。2015 年以后，产量的增速会减缓，但是持续增长的势头不会改变。由于有充足的储量，产量将长期保持高位。

1.3.4.3 非洲地区

非洲天然气资源较少，分布也相对集中，主要天然气产出国是安哥拉和埃及。整个非洲的储量占世界 7.9%，产量占世界的 7%，消费量占世界 3.1%（BP，2010）。其作用远不如石油在世界市场上重要。非洲勘探工作和产量的中心仍主要是石油。

分析认为，随着天然气越来越被重视，非洲产量的变化趋势将和世界总体趋势相同，逐步增长。由于非洲地区产量较低，产量会增长较快；但是其储量相对有限，在经历一段时间增长后将进入平台期（图 1.3.26）。预测非洲产量将在 2025 年左右达到天然气产量高峰，

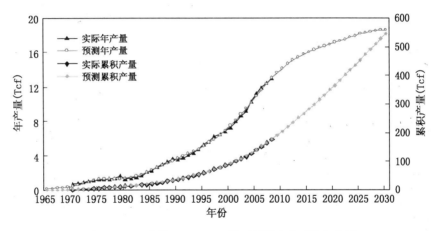

图 1.3.25　多旋回 Hubbert 模型预测中东天然气产量

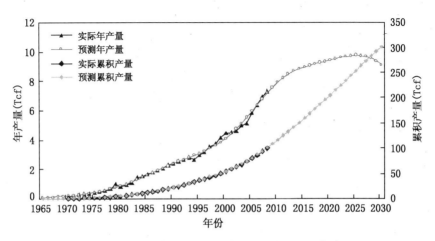

图 1.3.26　多旋回 Hubbert 模型预测非洲天然气产量

约 10Tcf。

1.3.4.4　拉丁美洲地区

拉丁美洲主要产气国有三个：委内瑞拉、阿根廷、特立尼达和多巴哥。2008 年数据显示，拉丁美洲天然气产量占世界 5.2%，为 7.3Tcf；消费量占世界 4.7%。几个主要产气国产量比较稳定，从 1970 年以来稳步增长（图 1.3.27）。

结合预测曲线分析认为，拉丁美洲天然气增长势头还会持续，但是拉美地区储量有限。预测产量将在 2025 年左右达到高峰，约为 9.5Tcf。

1.3.4.5　北美地区

和石油资源一样，北美天然气资源同样集中在美国、加拿大和墨西哥。北美天然气产量在 1973 年达到一个产量峰值，为 24.5Tcf，随后产量下降，到 1986 年下降到 19.8Tcf（图 1.3.28），之后开始逐步恢复，产量增长主要是非常规天然气产量增长。据 EIA 统计，1996—2005 年，美国非常规天然气产量从 2.3Tcf 增加到 8Tcf，2008 年约为 9Tcf（EIA，2008）。

北美地区是仅次于前苏联地区的最重要的产气区。2008 年，北美地区天然气产量为 26.8Tcf，占世界总产量的 26.7%；消费量占世界消费量的 27.6%（BP，2010），基本上与

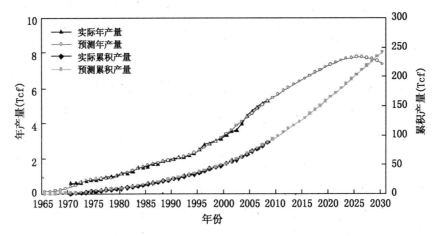

图 1.3.27　多旋回 Hubbert 模型预测拉丁美洲天然气产量

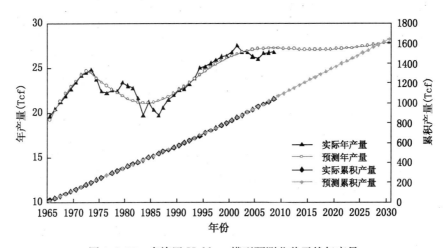

图 1.3.28　多旋回 Hubbert 模型预测北美天然气产量

产量持平。美国天然气产量仅次于俄罗斯，为 19.3%（俄罗斯为 19.6%），同时也是世界上最大的天然气消费国，消费世界上 22% 的天然气。北美地区加拿大和墨西哥的产能基本上可以满足美国产量不足的空缺。

北美地区天然气需求量是产量最主要的驱动力。北美常规天然气储量明显不足，占世界比例不到 5%，先进技术是北美地区产量保持的最重要的因素。但是对于非可再生资源而言，总量是有限的。结合曲线特征和北美地区情况分析认为，北美地区天然气产量将在2010 年左右达到峰值，为 27Tcf 左右。随后将在此水平保持一段时间，稳产时间为 15～20a（图 1.3.28）。

1.3.4.6　中国

中国天然气勘探还处在发展的早期，目前探明程度只有 14%，潜力很大，2006—2030年将是天然气储量与产量高速增长阶段，可能有一系列重大突破。到 2030 年，预计探明地质储量可达 $1.5 \times 10^{13} m^3$（425Tcf）左右，探明率超过 40%。

中国 2008 年底天然气的剩余可采储量 94.96Tcf，当年产量 2.39Tcf，居世界第 9 位，储采比超过 40。2006—2015 年按年均探明天然气地质储量 $5 \times 10^{11} m^3$ 考虑，到 2015 年中国总探明地质储量可达 $10^{14}\,m^3$（283.3Tcf），总可采储量大约 $6.4 \times 10^{12}\,m^3$，以此推断中国 2020 年有条件产气达 $2 \times 10^{11}\,m^3$（5.66Tcf），并在 2030 年保持在 $2 \times 10^{11}\,m^3$ 以上（图 1.3.29）。

预测 2006—2015 年天然气产量增长速度较快，年均增长 $8.7 \times 10^9\,m^3$，并于 2016 年左右超过 $1.5 \times 10^{11}\,m^3$，之后增速有所放缓，2020 年达到 $1980 \times 10^8\,m^3$，2030 年达到 $2500 \times 10^8\,m^3$（8.8Tcf），2030 年之后还将呈上升趋势（图 1.3.29）。至 2030 年中国的天然气产出程度达到 20.58%，正是中国天然气工业大发展时期。天然气将在中国的能源供应中占有重要的地位。

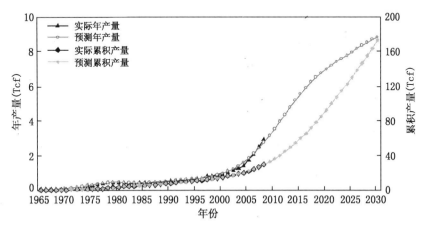

图 1.3.29　多旋回 Hubbert 模型预测中国天然气产量

1.3.4.7　世界

图 1.3.30 所显示的世界天然气产量模型拟合效果优于石油模型。从曲线上可以得出，从 1965—2030 年，大约生产 5431.7Tcf 的天然气，其中包括 2008—2030 年生产的 2764.5Tcf 的天然气。全球天然气产量模型显示了天然气产量增长的趋势，可以大体分为三段：其中从 1965—2010 年，产量增幅较快；从 2011 年开始，到 2028 年，产量增速趋于平缓，曲线形态由陡变缓；从 2028 年以后，产量将会逐步达到峰值并且经历一段平台期。结

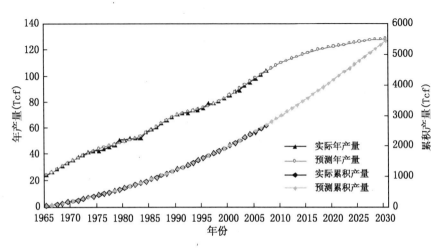

图 1.3.30　多旋回 Hubbert 模型预测世界天然气产量

果显示，世界常规天然气产量将在2040年前后达到峰值，峰值产量135Tcf/a。

天然气的数据模型分析分析方法和石油类似，应用数据模型也得到天然气峰值时刻。天然气证实储量同样来自于不同的组织提供的证实储量数据（图1.3.5），根据对世界天然气证实储量的认识，综合考虑技术、政治和经济因素对于未来储量和消费量变化的影响，通过分析2000年以后年消费量和储量数据，通过分析年消费量和储量数据，认为，天然气消费量年增长速率为2.67%，证实储量年增长速率为2.91%。图1.3.31显示了常规天然气在考虑目前确定的证实储量和目前确定证实储量以2.91%增长的两种情形下产量峰值时间。结果表明，不考虑常规天然气储量增长，则常规天然气产量将在2020年达到峰值，同样这是所有情形峰值预测年份的底线。事实上，不同机构提供的数据显示，天然气产量的增速自20世纪70年代到现在，基本上保持3%的增速，这说明天然气还处在高速增长期，产量峰值还没有到来。如果考虑技术等因素，常规天然气储量保持年2.91%的增长率，则常规天然气产量将在2036年达到峰值。即使是最悲观的情形，峰值时刻不可能早于2020年。

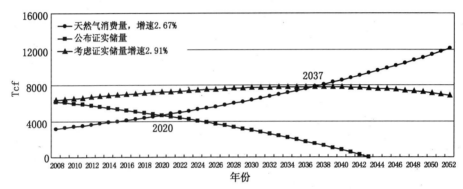

图1.3.31　常规天然气证实储量不同情形下的峰值时间

1.3.5　风险—机会—储量分析框架及评价

1.3.5.1　分析框架建立

机会（Opportunity）和风险（Risk），是不确定性的两面，风险总是与机会并存。石油公司之所以对整个过程中的操作、固定资产和资金细致评价，并希望尽可能的定量化，是因为有很多考虑因素。下面所采用的分析方法，是针对国家和世界主要地区级别的证实储量的分析，这些储量是已有的统计数据，可信度较高。各个国家的证实储量值准确级别因地区而异，对一些油气资源丰富的国家，有些数据还存在一定的不确定性。但是，对于区分不同级别的赋存油气资源（证实的、可能的、大概的），这些证实储量的数据是可信的。

在此，笔者提供了一个对多个单位（国家、油田或区块）快速有效的系统性评价体系。把风险和机会评价各归于5个因素，分别对其赋值。

对于风险分析评价的五个属性，主要集中在政治、商业和政府财政风险方面：（1）政局稳定性；（2）腐败；（3）单独税率请求的行政负担；（4）社区劳资纠纷；（5）衰退和政府财政危机。对于机会分析评价的五个属性，主要集中在技术、操作和金融方面：（1）找到大储量的可能性；（2）勘探开发成本；（3）操作容易程度；（4）是否有权使用股权债务融资；（5）是否有权进入基础设施市场（图1.3.32）。

应用一个简单的评分体系，使得评价过程更快速、更透明。下面应用五个级别来评价风

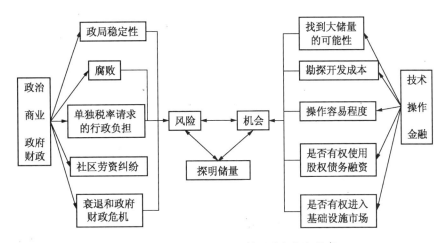

图 1.3.32　风险—机会—储量分析框架构成

险和机会因素。以零点为中心，向两个方向扩展。这样可以涵盖所有不确定的风险和因素的取值。其中 1 分对应低等风险/机会，3 分对应中等风险/机会，5 分对应高风险/机会，2 分和 4 分介于之间（图 1.3.33）。

　　评价展示使用气泡图，用横纵坐标轴分别表示风险和机会，用气泡的大小表示储量，这样就将评价中三个核心因素联系起来。同时这种半定量方案的优势在于，可以通过评分，将不同风险和机会情况区分开。有助于对每个评价单元的分值做出

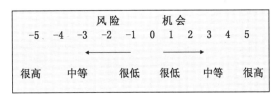

图 1.3.33　风险—机会—储量分析的评分系统

清晰的描述，减少随机性，提高精确度。因此，对于每个数值可以有更精确的定义。

　　如果对于风险和机会两方面中的各五个因素采用 1 分至 5 分的五分制评价，那么风险和机会两个方面的总分值将介于 5 分至 25 分之间。评价后得到的总分减 5 再乘以 5，则总的风险和总的机会得分将转化为 0 分至 100 分的百分制体系，这种体系相对更加容易进行解释和对比。把各大地区的油气国家得分汇总在一起，加权平均后，就可以很容易得到各大地区的评价分值。如何对风险和机会中的五个因素赋值，取决于分析者对于各个国家和地区的油气资源评价和认识。笔者建立风险—机会—储量评价体系，并应用于全球 60 多个油气国家。

1.3.5.2　评价结果

　　图 1.3.34 和图 1.3.36 显示的是全球常规油气证实储量前 20 名的国家的情况。图 1.3.35 和图 1.3.37 显示的全球七大地区的常规油气证实储量。

　　对于石油证实储量前 20 名的国家，以风险得分 10、30 和 60 为界限，可以划分为四个区域。其中，伊拉克属于高风险区（$R > 60$），利比亚、伊朗、委内瑞拉、苏丹、俄罗斯和哈萨克斯坦属于中高风险区（30～60），阿塞拜疆、中国、科威特、巴西、沙特阿拉伯、墨西哥、阿联酋、安哥拉、阿尔及利亚、美国和挪威属于中低风险区（10～30），卡塔尔和加拿大属于低风险区（$R < 10$）。以机会得分 30、50 和 70 为界，可以划分为四个区域。其中伊拉克和利比亚属于低机会区（$O < 30$），伊朗、委内瑞拉、阿塞拜疆、中国和科威特属于中低机会区（30～50），苏丹、俄罗斯、哈萨克斯坦、巴西、沙特阿拉伯、墨西哥、阿联酋、安哥拉、阿尔及利亚、卡塔尔、美国和挪威属于中高机会区（50～70），加拿大属于高机会

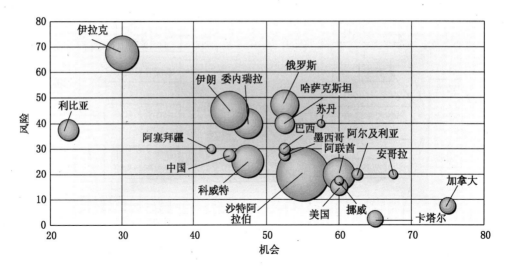

图 1.3.34　石油证实储量前 20 的国家风险—机会—储量分析（BP，2010；CIA，2001—2010）

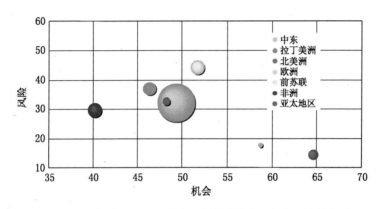

图 1.3.35　全球主要地区石油证实储量风险—机会—储量分析
（BP，2010；CIA，2001—2010）
参见书后彩页

区·($O>70$)。

将七个大区内生产石油的国家评价数据汇总，得到各大地区级的数据。以风险得分 20 和 40 分、机会得分 45 和 55 分为界限，将图划分为四个区域。其中前苏联属于高风险—中等机会地区，非洲属于中等风险—低机会地区，中东、亚太和南美属于中等风险—中等机会地区，欧洲和北美低风险—高机会地区。

对于天然气证实储量前 20 名的国家，采用和石油相同的风险和机会的划分界限。其中，伊拉克属于高风险区（$R>60$），马来西亚、印度尼西亚、伊朗、埃及、土库曼斯坦、乌兹别克斯坦、委内瑞拉、俄罗斯和哈萨克斯坦属于中高风险区（30～60），尼日利亚、中国、科威特、沙特阿拉伯、阿联酋、阿尔及利亚、美国和挪威属于中低风险区（10～30），卡塔尔和澳大利亚属于低风险区（$R<10$）。以机会得分 30、50 和 70 为界，可以划分为四个区域。其中伊拉克属于低机会区（$O<30$），土库曼斯坦、乌兹别克斯坦、伊朗、委内瑞拉、尼日利亚、中国和科威特属于中低机会区（30～50），埃及、俄罗斯、哈萨克斯坦、马来西亚、沙特阿拉伯、阿联酋、印度尼西亚、阿尔及利亚、卡塔尔、美国和挪威属于中高机会区

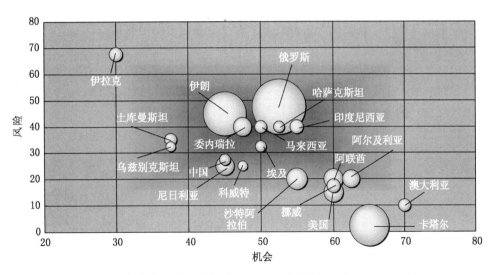

图 1.3.36　天然气证实储量前 20 的国家风险—机会—储量分析（BP，2010；CIA，2001—2010）

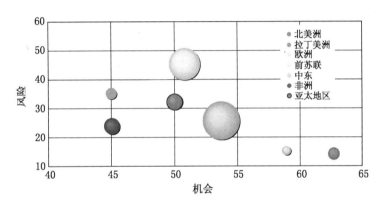

图 1.3.37　全球主要地区天然气证实储量风险—机会—储量分析

（BP，2010；CIA，2001—2010）

参见书后彩页

（50~70），澳大利亚属于高机会区（$O>70$）。

对于天然气七个大区的数据，采用和石油相同的风险和机会划分界限。其中前苏联属于高风险—中等机会地区，非洲、中东、亚太和南美属于中等风险—中等机会地区，欧洲和北美低风险—高机会地区。

风险—机会—储量框架的调整和修改方便，修改评分值，则整个气泡图上的位置也会发生相应的变化。对于各个属性评价的分值，来自对发生的事件、不同的观点或者环境的改变的评价。这些变化可能和特定的公司、战略选择组合和特定情况相关，对于认识全球整体格架也很重要，有时能发现隐藏的或不明显的机会。应用机会和风险的整体分析于石油工业中，最有价值之处在于寻找机会、规避风险。做分析需要有全球观，给机会以存在和利用空间。

机会总是隐藏在风险的背后，不论是多么详细、多么定量化的分析都难以给出定论。只有当机会和风险中的因素单独评价分析，并且结合起来在一个限定的框架中之后，决策者可以在这个分析体系的基础上，识别和探索在各种不确定情形下存在的机会。

结合中国实际情况，综合考虑风险、机会和储量三个方面的因素，根据储量数据以及风险—机会—储量分析框架评价结果，对各大油气区重点国家勘探前景进行分析。

1.3.5.3 非洲油气勘探前景

非洲地区已探明储量和油气产量的排序并不靠前，在全世界所占比例也不算大。但是其地质条件相对简单，勘探和开发程度较低，资源国的经济技术水平较低，与中国关系友好，容易进入。从油气的分布看，大致可以分为四块。

（1）北非地区。

北非地区发育克拉通边缘盆地和中新生代裂谷盆地，是非洲油气生产老区，资源量较丰富，包括利比亚、阿尔及利亚、埃及、突尼斯等国，其中阿尔及利亚石油证实储量位居世界第15位（CIA，2001—2010）。目前已有大量国家进入，对外油气合作比较成功。结合风险—机会—储量评价结果，阿尔及利亚为首选（图1.3.34）。利比亚目前社会动乱，与其合作需要慎重考虑，积极争取合适的合作机会。

（2）中西非地区。

中西非地区发育裂谷盆地，包括苏丹、乍得、中非、尼日尔等国，勘探程度很低。除苏丹外，其他国家没有油气生产。根据目前中国和苏丹苏丹合作实践以及地质条件，苏丹是重点地区，还应该进一步扩大生产。风险—机会—储量评价框架中，是高机会—中风险国家（图1.3.34）。在苏丹以外，应进一步向乍得和尼日尔两国发展。

（3）西非深水地区。

西非的深水区是油气勘探的热点地区，近些年产量迅速上升，拉动非洲油气储量产量迅速增长。油气田位于大陆架和深海区，其中该地区最主要国家是安哥拉，石油证实储量位居世界第11位（CIA，2001—2010）。但是深水勘探难度较大，以参股方式进入开展合作勘探是目前最好的方式。加蓬陆上沉积盆地发育，深水区潜力巨大，应该作为本区勘探首选。

（4）东非海岸地区。

东非海岸地区发育被动大陆边缘盆地，勘探程度极低，也没有重大发现，少有外国公司进入。但从区域地质条件和盆地类型分析，有形成油气田的可能，主要工作应集中于地质研究和评价。

1.3.5.4 中东油气勘探前景

中东是世界石油资源最丰富的地区。2009年统计数据显示，产量占世界石油产量的32%，储量占世界总储量60%（BP，2010）。如果不考虑加拿大的油砂油储量，中东地区的沙特阿拉伯、伊朗、伊拉克、科威特和阿联酋的石油证实储量位居世界前五名。另外，中东地区的勘探开发条件也优于世界上大多数作业区，是全球石油界最诱人的地方。但是，同样存在一些不利因素，这一点同样体现在风险评价分值中，主要包括以下几个方面：

（1）政治上比较动荡。例如，伊拉克目前仍处于战乱中，战争影响还没有结束，签订合同也难以按时执行，未来前途不明朗；

（2）有些资源国不向外国公司开放石油勘探开发合作；

（3）合同条款比较苛刻，谈判难度大。

因此对于中东地区，既要看到积极有利的一面，也要看到不利的一面，要积极争取和寻找合作机会。可以有重点、有针对性地采取以下措施：

（1）可以先与该地区资源相对较差、但比较容易进入的国家进行合作，如阿曼和叙利亚等国家，随着了解逐步深入。

（2）伊朗是中东地区石油证实储量仅次于沙特阿拉伯的国家，目前存在许多待开发的油气田，特别是天然气储量巨大，风险相对伊拉克也较低（图 1.3.34）。另外，还有许多老油田可以开展二次采油。中国和伊朗国家关系较好，应该成为当前努力争取的重点国家。

（3）伊拉克存在大量未开发油田，勘探程度较低，主要的勘探开发区都位于陆上。目前的政治形势使得风险评价较差，难以开展作业。尤其近几年油气产量有下降趋势。但应该密切注意局势发展，力争及早进入伊拉克。

1.3.5.5 前苏联地区油气勘探前景

前苏联地区油气主要集中在俄罗斯和几个中亚油气丰富的国家，并且与中国临近。最重要的国家俄罗斯和哈萨克斯坦与中国有很长的陆地边界，油气进入中国不受第三国影响。中亚国家经济水平相对较低，与中国存在很多互补性，并于中国长期保持良好关系，因此这个地区国家的油气合作始终受到中国石油工业界的重视。但与俄罗斯之间油气合作难度较大，始终未能俄罗斯的油气勘探开发市场。

哈萨克斯坦是中国已经开展油气合作的国家，目标是进一步扩大合作范围和规模。在该地区其油气储量仅次于俄罗斯，石油和天然气证实储量均为世界第 18 位（CIA，2001—2010），以产油为主。国内石油消费量较小，大部分出口，产量增长趋势强劲，勘探形势很好。另一方面，风险—机会—储量评价框架中，是高机会—中风险国家（图 1.3.34）。因此是中亚地区乃至前苏联地区最现实的进行油气勘探开发合作的国家。

1.3.5.6 拉丁美洲油气勘探前景

拉丁美洲油气产量和储量都高于非洲，总体是一个油气出口地区。其中委内瑞拉石油和天然气证实储量分别是世界第 7 和第 9 位（CIA，2001—2010），巴西石油证实储量是世界第 17 位，是本地区最重要的国家。拉丁美洲地区东部发育被动大陆边缘盆地，西侧安第斯山前缘发育弧后前陆盆地，都是良好的油气盆地区。该地区经济技术水平高于非洲，但是总体上为发展中国家，需要引进外资和先进技术，因此也是中国进行跨国勘探的重点地区。但是社会动乱因素的存在，对于对外合作带来一些不利影响。

从资源丰度来看，首推委内瑞拉。委内瑞拉是世界供认的全球最重要的石油产区之一。该国原油多以"重油"（油砂）形式蕴藏于地下。该国新推出的石油国有化政策使得很多外国企业不得不退出委内瑞拉，能盈利的合作机会减少。应该根据项目的评价结果，适当进入。巴西是第二大石油国，但主力油田位于海上深水区的被动大陆边缘盆地中，海上勘探开发技术难度较大，中国应积极开展油气评价寻找陆上合适项目的合作机会。阿根廷是该地区第三大石油国，具有油气勘探开发潜力，但是目前国家石油公司已经私有化（童晓光等，2003），进入难度较大。哥伦比亚是该地区第四大石油国，主要问题是社会动荡，安全问题较大，但机会仍然存在；厄瓜多尔、秘鲁和玻利维亚也存在合作机会，但油气盆地储量相比前几个国家较小，可以作为油气勘探开发合作的进一步扩大地区，也应争取及早进入。

1.4 非常规油气资源技术分析及评价

长期以来，地质学家和石油公司都明白并且承认这样一个事实：大量的非常规油气赋存于地下地质结构复杂的非常规储层中，例如致密砂岩气、油页岩、油砂、煤层气、页岩气和超重油等。这些非常规油气资源分布相对集中，非常规石油尤其明显，主要集中在美国、加拿大、委内瑞拉和世界部分其他地区（USGS，2000；CNEB，2008；OGJ，2008；Rogner H H，1997；WEC，2007）。过去，赋存于这样地质结构复杂的储层中的油气，因为开发成本太高，技术上也存在很多困难，往往被认为无法开发利用、因此无法作为未来常规油气供应的有效来源或接替。

从目前能源消费结构上来看，化石能源大约占世界初级能源消费量的 88%，其中石油 35%，煤 29%，天然气 24%。世界经济和工业体系都非常依赖化石能源。来自于 BP Statistics Review（BP，2010）的结果显示，世界常规石油产量有开始下降的趋势。而应对产量下降问题，寻找接替能源的方法之一就是大力开发非常规油气。

现今，非常规资源的资源量巨大，存在商业开发价值。并且随着了解的增加，勘探开发技术的进步，相当一部分的非常规能源能够转变为可生产的储量。相对于不成熟的可再生能源技术，例如太阳能发电、氢能源、乙醇汽油等，非常规油气能源的技术要更为成熟。而且从现有工业体系来看，非常规油气更容易成为一种常规油气的接替能源。同时，油价居高不下，在一定程度上刺激了非常规油气资源的开发和研究进展。随着技术的进步和对非常规油气资源情况的进一步了解，其开发利用的前景和情况愈加乐观和积极。2007 年，加拿大作为油砂资源最丰富的国家，油砂油的年产量为 5.1×10^8 bbl，并且以每年产量 4% 的速度递增（CNEB，2008）。2005 年，世界石油消费量中的 9% 是来自于非常规石油。在非常规石油增长的同时，世界范围对非常规天然气的开发利用也在紧锣密鼓的展开。2004 年美国数据显示，非常规天然气的产量是天然气总产量的重要组成部分。三种非常规天然气—致密气、煤层气和页岩气的产量之和已达到 5.4Tcf/a，占美国国内天然气生产产量的 27%（Kuuskraa 和 Cutler，2004）。中国、印度、澳大利亚和南非等（作为众多非常规天然气开发利用国家的代表），都在积极开发煤层气资源。但是，就目前的总体形式来看，非常规油气资源的开发和利用仍然非常有限，主要集中在油砂油、超重油、煤层气和致密气的部分区带中。开发利用国家主要是美国。

必须承认，目前对于这些巨大的非常规油气资源的具体资源量、特征和采收率等问题仍然知之甚少。在开发最初的战略制定阶段，对于不同类型非常规油气资源开发成本和技术的评价至关重要。本章中，笔者分别评价了世界上最主要的几大类非常规油气资源；找到评价非常规油气资源的核心因素—储量、成本和技术，并对这三个因素进行分析；在收集并总结现有的资源情况、生产成本和产量数据的基础上，分析现有资源量和储量数据，得出新的认识；总结分析现有的和研发过程中的技术和成本因素，创建成本—技术—资源量分析框架；应用数据模型对所有油气资源进行综合评价。目的在于通过评价非常规油气开发中的核心因素，增加对非常规油气资源的了解，来推动非常规油气的开发和利用。

1.4.1　非常规油气资源特征

非常规石油资源包括油砂、超重油和油页岩，占世界化石能源资源量很大一部分。和常规石油相比，其最主要特征是高黏度和高密度，化学组成上缺乏氢元素，但碳元素、硫元素和其他金属元素含量很高。因此，它们的开发利用需要额外的加工过程（加氢），使之变成可供常规炼制加工的原料。

油砂又称沥青砂，通常是由砂、沥青、矿物质、黏土和水组成的混合物。不同地区油砂矿的组成不同，一般沥青含量 3%～20%。油砂油是指从油砂矿中开采出来的或直接从油砂中提炼出来的未处理的石油，也称为天然沥青（Natural bitumen）或沥青砂油（Tar sand oil）。超重油则是密度变化在 20° API 至 10°API 之间的石油。1982 年委内瑞拉召开的第二届重油及沥青砂学术会议上提出统一的定义和分类标准，达成共识。油页岩一般是指有机质含量高并足以分馏出相当数量石油的岩石（一般为页岩）（Knutson 等，1990），但埋藏的温压条件以及时间没有达到形成石油的标准的细粒沉积岩。它属于高灰分的固体可燃有机岩，灰分含量大于 40%，一般含油率 3.5%～30%（表 1.4.1）。

表 1.4.1　联合国培训署（UNITAR）推荐的超重原油及油砂分类标准

分　类	第一指标	第二指标	
	黏度（mPa·s）	密度（11.5.6℃）	重度（11.5.6℃）（°API）
超重油	100～10000	0.934～1.00	20～10
油砂	大于 10000	大于 1.00	小于 10

据 IEA 估计，世界范围内大约有 $6×10^{12}$ bbl 的非常规石油资源，最终开采储量 $2×10^{12}$ bbl（Besson C，2005）。加拿大西部估计约有 $2.5×10^{12}$ bbl，主要在阿尔伯达（Alberta）；委内瑞拉估计约有 $1.5×10^{12}$ bbl，集中在奥里诺科（Orinoco）重油带；美国、俄罗斯、刚果（前扎伊尔）、中国、巴西、意大利、摩洛哥、约旦、澳大利亚和爱沙尼亚是已知油页岩资源最丰富的国家。俄罗斯大约有 $2740×10^8$ bbl，中国约为 $1000×10^8$ bbl，而美国作为世界上油页岩资源最丰富的国家，其资源量约为 $20850×10^8$ bbl（WEC，2007）。

非常规天然气资源包括致密砂岩气、煤层气和页岩气。致密砂岩气是指气藏储层渗透率太低，储层所含气体的自喷产量低于当前经济条件和现有开采技术的下限值。煤层气是形成于煤层又储集在煤层中的一种自生自储的天然气。页岩气是赋存于页岩中的天然气，渗透率和前两种相比更低。每种资源既有其独特性，也有共同点。它们的共同点是，储层的渗透率都很低。因为是低渗储层，所以常规开发方式下产量很低。最先大量开发的低渗储层主要是砂岩储层，因此开发方式主要是针对砂岩设计。但是，越来越多的非常规天然气也产于碳酸盐岩、页岩和煤层等类型的储层中。一种对于非常规天然气储层的定义是，"储层的产量不能达到工业经济开采标准，除非采用压裂、水平井或者丛式井等增产开发手段"（Holditch S，2006）。

1.4.1.1　非常规资源三角图

资源三角图的概念最早是 Master 于 20 世纪 70 年代引入（Masters，1979）。这是一种很合理的概念模式，基本上所有的非可再生资源都遵循这个三角图的分布，不同级别的资源位于三角图中的不同位置，例如金、银、锌、石油、天然气等。对于每一种非可再生资源，少量的最好品质的资源在三角图的顶部，开发成本低；大量的低品质资源在三角图的底部，开发成本高。图1.4.1所展示的是非常规油气资源三角图。通过评估三角图，可以确定在可预见的未来具有经济潜力的资源。

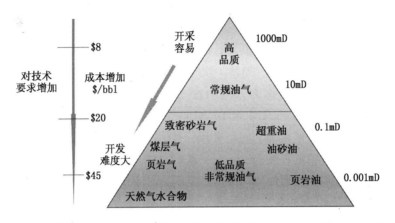

图1.4.1 常规和非常规油气资源三角图（据 Holditch，2006；Masters，1979）

按照油气资源三角图从顶到底，储层质量降低但是数量增加，通常意味着储层渗透率降低。图1.4.1右侧的标尺显示的是油气储层渗透率的标准值，左侧的标尺显示的是不同类型非常规油气的平均开发成本。不同类型的非常规油气资源，其渗透率标准和成本也不同。致密砂岩气、煤层气、超重油和油砂油的开发成本要比页岩油、页岩气和天然气水合物低，尤其是低于天然气水合物的成本（图1.4.1）。

图1.4.2 非常规能源影响因素三角图

1.4.1.2 影响因素三角图

如图1.4.2所示，影响因素三角图体现了三个关键因素政治、经济和技术之间的关系。这些因素围绕着人口需求的增长这个核心因素。政治影响油价、勘探和开发，更好的技术允许石油公司可以更经济的开发非常规油气资源；经济决定供需关系。对于非常规油气而言，技术和成本则是最重要的因素。评估需要知道适用的技术，以及要评估油气盆地中非常规资源的数量和质量。对能源的强劲需求推动了石油和天然气价格上涨。尽管存在开发技术难题，但高油价和需求反过来却促进了这些非常规资源新技术的创新和研发，而新技术又使运作和成本效益得到改善。

1.4.2 重油

重油是"非常规"（能源）中的"常规"（能源），这是因为重油是所有非常规油气资源中勘探开发最早、开发利用程度最高、投资代价也相对较低的一类能源。相对于常规油气来说，重油的高黏、高密度给其勘探开发带来很大的困难。但是，近几年，随着各国重油开采技术和运营管理水平的快速提升，大大降低了重油的开采成本。同时，随着世界经济的快速发展和对石油需求的不断增加，以及常规石油储量的日益减少和持续的高油价刺激，调动了各国重油开发的积极性，使重油产量出现了稳定增长的局面。以加拿大为例，随着政府和企业对其丰富重油资源——油砂的开发投入的不断增加，目前加拿大油砂产量已超过 100×10^4 bbl/d，预计 2015 年加拿大石油总产量将超过 400×10^4 bbl/d，其中油砂产量将占到石油总产量的 75%。从全球角度讲，重油资源的储量是巨大的。根据美国地质调查局（USGS）2010 年的最新的统计结果显示，重油（包括天然沥青）的全球证实储量为 5.478TBO（万亿桶），接近目前全球常规油的估算储量。在可采储量上，根据 2006 年首届世界重油大会的统计结果，重油的可采储量已达到 1.1TBO，比全球常规油可采储量 0.952TBO 还要大。因此，重油的合理开发利用，对于稳定全球能源供应、促进可持续发展必将发挥越来越重要的作用。

1.4.2.1 重要地质问题

　　一般情况下重油矿藏的形成需要四个条件：一是充足的油源供给，二是优势运移通道，三是稠变作用，四是构造运动。通过这四个条件可以更好地理解重油储层的一般特征（如图 1.4.3）。

图 1.4.3　重油形成的条件与重油储层一般特征的关系

　　重油的油源与常规油的油源是相同的。其有三种形成方式：（1）石油在尚未成熟的时候逸出烃源岩，形成重油。此时，重油中的一小部分是由未成熟油组成的。但这种的重油占的比例很小；（2）大部分的重油被认为是从源岩中逸出的轻质和中质原油在运移过程中发生稠变作用形成的；（3）地下无氧条件下发生生物降解，使轻质的石油变重，但是只能发生在温度小于 80℃的油水界面上。因此，从总体上说，重油的形成往往都是已形成的常规油在经历运移、稠变等多种作用后剩下的重质成分。那些由未成熟的烃源岩直接形成的重油毕竟占很少的成分。这可以从一定程度上解释为什么在重油分布的附近总是有常规油气藏的存在，即常规原油与重油之间的伴生"父子"关系。

　　从构造上说，中、新生代的构造运动对重油的形成和分布起着控制作用，特别是阿尔卑斯构造运动对全球重油的分布起到决定性的作用。重油一般分布于中、新生代的造山褶皱带中。全球有两个大的造山褶皱带，即环太平洋带和阿尔卑斯带，都是重油的有利成矿区。这就可以理解为什么世界上重油资源最丰富的国家加拿大和委内瑞拉等都分布于这些构造带上。环太平洋带的其他重油丰富的国家和地区还包括美国的犹他和阿拉斯加、俄罗斯的西伯利亚、中国的渤海湾以及印尼等。环阿尔卑斯带的重油富集国家和地区包括中国西部的准格尔盆地、中东的阿曼和非洲北部的埃及等。

由于重油的高黏性，其在向上运移到地表的过程需要沿着孔隙空间较大的地方进行。在构造运动过程中形成的断层、裂缝、不整合面和其他疏导层等提供了较好的运移通道，但是自身高孔渗的储层更是提供地下原油向上运移的优势通道。因为原油在向上运移过程中，其黏度就开始逐渐增加了，所以它会选择其更易通过的高孔渗区域。这就是为什么一般的重油储层的孔隙度、渗透率往往都比常规油藏高很多的原因，如加拿大阿斯巴卡油砂的平均孔隙度高达 25%~35% 的原因。

在以上三个条件满足的基础上，稠变作用是影响重油形成的直接原因。这个作用不仅在聚集为油藏后会变稠变重，而且在运移阶段也会变稠变重，并一直持续到石油遭到完全的破坏成为固体沥青为止。这个过程是需要在有氧条件下进行的，此时生物降解活动才能进行。因此重油最后所聚集的圈闭应是在氧化区，所以重油油藏一般分布在盆地的边缘的较浅位置。在中国的西部也有深达四、五千米的重油油藏，但这些油藏起初在形成时也是处于离地表较浅的位置，只是后来再次经历多期次的构造运动后被掩埋，并使大部分重油油藏遭到破坏。

此外，原油的分布具有"西稠东稀"的特点，西半球占据有世界重油可采储量的 69% 和油砂可采储量的 82%；于此相对应，东半球轻质油可采储量约占世界的 85%。同时重油在分布上又具有"集中分布"的特点，全球含重油盆地共有 192 个，其中 10 个主要的含重油盆地储有全球绝大部分重油资源。在 Klemme 的盆地分类中，重油储量最丰富的盆地类型是大陆多旋回盆地，包括克拉通边缘盆地和会聚板块边缘盆地。克拉通边缘盆地的天然沥青储量占全球储量的 48%，会聚板块边缘盆地的重油储量占全球的 47%，在弧前盆地很少储有重油（Mayer 等，2007）。重油的这种集中分布的特点为其商业性勘探开发提供了有利的资源基础。

1.4.2.2　关键岩石物理问题

对于常规流体来说，一般可以认为其是不能使横波通过的，即横波模量可视为零。然而，对于重油来说，由于其黏度较大，在储层条件下表现得像固体一样，因此往往有着较高的横波速度。这首先就使得常常在研究常规油气藏岩石物理特性的经典流体替代模型——Gassmann 方程不适用于研究饱和重油岩石的流体替代问题。

然而，随着温度的升高，重油的黏度会随之快速下降，横波速度也逐渐减小，当温度达到较高温度（如 80℃）以上时，重油的黏度会降低很多，开始表现得类似于常规的流体。在这两种极端情况下，波在重油的传播速度是不同的。在低温下（如原始储层条件），重油表现得类似于固体，使得地震波在其中传播的速度一般较高；在高温下（如储层在开采过程中受到加热），其黏度降低，地震波传播的速度随之降低。这一点为后续的基于时移地震资料的热采监测奠定了理论基础。

速度频散和频相关衰减是在常规油气藏岩石物理研究中的一个热点问题，因为它是利用频率信息进行储层和流体预测的理论基础。对于重油储层来说，其速度频散和频相关衰减问题更加复杂，因为它还是明显与温度相关的。

对于上述这些问题，Batzle 等（2006）、Das 和 Batzle（2008）、Das 等（2010）、Makarynska 等（2010）等开展了许多卓有成效的研究，由于它对基于不同地球物理资料的重油储层地震监测有着潜在的较大影响，因此受重油高黏性影响的频散和衰减模拟问题、流体替代问题等，越来越引起人们的重视。

1.4.2.3　重油储层的识别和监测

对于常规油气藏来说，识别和描述是重点，监测主要应用油田勘探开发的后期。而对于重油油藏来说，监测则是重点，识别和描述是作为先行。这是由重油及重油储层的自身特征，及其开采方式所决定的。重油储层一般具有高孔渗、分布广、厚度大的特点，且由于重油一般聚集在盆底的边缘，其分布位置相对浅，所以其识别和描述相对容易些。受重油自身的高黏性的影响，重油的开采方式以加热开采为主，而重油的地震性质会因温度的差异而不同，所以利用时移地震资料进行地震监测对于重油的勘探开发来说是非常重要的。

1.4.2.3.1　重油储层识别和描述

虽然重油储层的识别和描述不是非常困难，但是基于纵波阻抗的常规思路是行不同的，因为疏松高孔渗的砂岩的纵波阻抗与泥岩的纵波阻抗很接近。因此，需要选取针对性的属性和方法以能够区分开泥岩和砂岩储层。同时，因为在重油热采过程中，岩性的变化，横向连续的泥页岩的存在会阻碍油气的自由流动。为此，在布设井位时，注气井和生产井必须放在最优的位置上，特别是要避开非均质体泥页岩，才能有效地提高采收率。因此，搞清楚储层内非均质体的位置和形态对于重油储层的识别和描述来说才是至关重要的。

首先，自然伽马是储层岩性最为直接的指示因子，反演伽马数据体能够了解空间的岩性分布特征。但自然伽马放射性数值并不是弹性参数，不能直接通过地震反演得到。需要通过其他途径，例如神经网络多属性分析方法，综合多种地震、测井信息，迭代得到较准确的自然伽马值，以指示岩性。

其次，由于密度取决于矿物质的组成，具有作为判断岩石性质划分标准的可能性。许多研究表明储层内页岩的密度明显高于周围含油砂岩的密度，因此可以借助于密度对岩性进行区分（Roy 等，2008）。然而保证密度反演结果的可靠性，利用大角度的纵波数据进行约束是一个可行的选择。但必须注意的是远角度数据会受到子波拉伸、各向异性效应、非弹性损失等的影响，信号质量差，因此在广角处理时要考虑上述这些因素。

此外，与单纯利用纵波信息相比，综合纵波和横波信息（v_P/v_S）能够进行更精确的储层描述。但是，野外测量的横波数据是有限的。同时，在有些情况下，地面 PS 波数据近地表衰减严重，比纵波数据的分辨率更低。那么什么方法可以避免利用 PS 波数据又能够利用到横波信息呢？AVO 反演方法可以从叠前纵波数据提取出横波信息，可以作为一个比较实用的选择。基于 AVO 反演结果通过计算流体因子可以更好地实现储层质量（非均质性）的识别和预测研究（Sun，1999）。

1.4.2.3.2　重油储层监测

首先，重油热采过程中，跟踪蒸汽的波及范围，监测研究区温度的分布是重油储层监测过程中地球物理方法的最重要应用。砂岩中蒸汽存在的区域纵波阻抗会降低，而页岩由于其封堵作用蒸汽很难在其中传播，因此了解三维空间蒸汽的分布可以对储层的岩性进行进一步的解释，为井位设计提供依据。同时，通过对蒸汽室前缘的监测，可以为后续的新井位部署（选择蒸汽未波及的储层区）提供参考。

在油藏热采过程中，储层岩石弹性性质发生变化的引起地震反射特征的差异为储层监测奠定了基础。从具体的方法上将，地震属性判别分析法能够对平面的温度分布进行预测；叠后反演结果是三维空间的纵波阻抗，能够对区域的蒸汽分布进行预测；叠前反演能够预测储层的岩性，监测蒸汽室的分布范围。应用这些方法的过程中，很重要的一点是要进行时移分析，这就要保证两次（或多次）采集得到的地震数据之间具有一致性，即做好一致性处理后。

除了热采外，携砂冷采技术在油砂的主要分布区——加拿大的 Alberta，Saskatchewan 等地也有着广泛的应用。这种开发方式会使地下储层形成呈"蚯蚓洞"状的网络，这些网络对于储层渗透率的提高有着非常大的贡献。但是它会引起地层压力的下降，因此新井位的部署一般需要避开这些网络，从而实现更高的开采效果。那么，如何利用地球物理技术去监测这些网络发展的前缘就成了重油冷采监测的一个重油问题。

此外，在重油储层开采过程中，地层中通常呈现高温高压状态，从而导致机械故障如水泥破裂或者套管损失现象的发生。如果没有监测，这些生产问题会导致非常大的清理花费，而且套管损坏使流体注入页岩中，将对施工地区及其周围造成极大的危害，同时导致潜在的法律问题。因此当这些机械故障出现时，有没有有效的地球物理手段可以进行及时地监测呢？被动地震技术和时移方位 AVO 反演技术也许可以帮我们回答一部分问题。

1.4.2.4 代表性重油开发技术和工艺

由于重油和天然沥青的高黏、高密度特征，使得常规油的开采方法对于重油储层的开采是非常有限的。起初，重油的开采主要是对于浅层（小于 75m）分布的油砂，所用的开采方式就像露天采煤一样利用铲车和巨型卡车直接挖掘，也就是露天开采（Mining）。然而这种开采技术所能采出的油砂毕竟是有限的，而且会对生态环境造成极大的破坏。对于深度大于 75m 的重油资源，露天开采就不宜适用了。携砂冷采技术（CHOPS）的出现使这些深部的重油资源得以开发，但是采收率一直比较低，只有约 10％左右，重油的产量也一直不是很高。后来，随着蒸汽吞吐（CSS）、蒸汽驱（SD）等热采技术的出现使得重油的采收率得到大大提升，产量也实现了突破。如蒸汽吞吐技术在 Cold Lake 油田的成功发展和应用，使得其采收率可高达 25％，蒸汽驱技术更是将采收率提高到了 50％（Nasr 和 Ayodele，2005）。伴随着后来蒸汽辅助重力泄油技术（SAGD）、水平井注气体溶剂萃取技术（VAPEX）等的出现，重油的开采技术已逐渐接近了成熟。

但是，重油开采技术的发展有一个很有意思的特点，即新技术的涌现并没有完全取代旧技术的利用，反而出现更多新旧技术的组合应用的情况，如 CSS 和 SD 的衔接应用，CSS 和 SAGD 的交叉应用等。这是因为，重油新技术的出现除了受获得更高采收率的需求刺激外，还受重油储层类型的复杂性的影响，不可能利用某一项技术就能解决所有重油储层的开采问题。这就使得不同发展阶段的开采技术都在同时为不同的重油储层类型的开发做着贡献。图 1.4.4 是列出的不同的重油储层类型所适用的开采技术。

一般对于需要打井开采的重油储层（尤其是油砂）来说，需要采取不同于常规油的特殊完井技术，因为这类储层都基本分布在几百米的垂深范围内，储层大部分是疏松性砂岩，用常规完井方法难以实现好的完井效果，因此面向重油油藏的完井技术通常是指防砂完井技术，目前比较有代表性的防砂完井技术包括多分支完井技术、智能完井技术等。

此外，重油地面改质技术也一直是国内外重油研究的重点。从地下开采出的重油由于其特殊的原油性质，不能直接利用，只有经过改质，将其改造成与普通轻质油一样的原油，才能投入市场，从而拥有与普通轻质油相同的价值。这些技术主要包括脱碳技术和加氢技术。对于这些技术的细节，请参见本书第 2 部分。

1.4.3 致密砂岩气

致密砂岩气在全球分布范围广、储量巨大，对其进行勘探开发的工艺技术与用于常规油气资源的技术存在密切联系，大部分用于常规油气资源勘探开发的工艺技术也同样可适用于致密砂岩气系统，所以经常也将致密砂岩气称之为"非常规中的常规能源"。

2007 年 Raymond 等在世界石油委员会报告中评价认为，世界致密砂岩气藏资源量约为

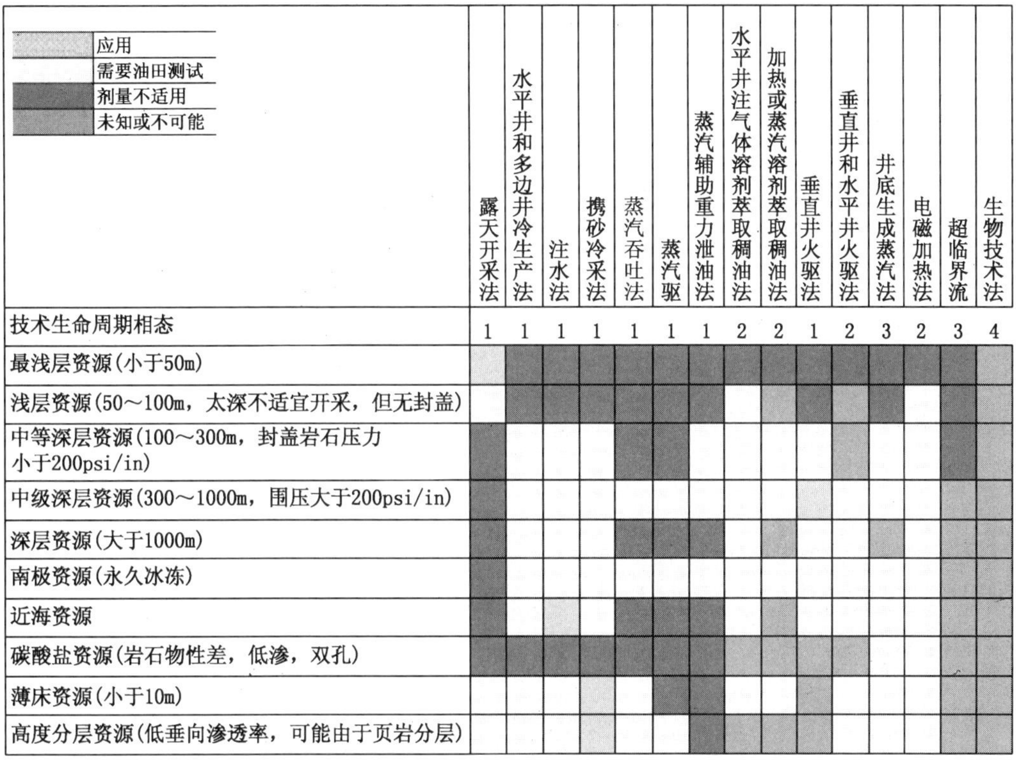

技术生命周期相态	露天开采法	水平井和多边井冷生产法	注水法	携砂冷采法	蒸汽吞吐法	蒸汽驱	蒸汽辅助重力泄油法	水平井注气体溶剂萃取稠油法	加热或蒸汽溶剂萃取稠油法	垂直井火驱法	垂直井和水平井火驱法	井底生成蒸汽法	电磁加热法	超临界流	生物技术法
	1	1	1	1	1	1	1	2	2	1	2	3	2	3	4
最浅层资源(小于50m)															
浅层资源(50~100m，太深不适宜开采，但无封盖)															
中等深层资源(100~300m，封盖岩石压力小于200psi/in)															
中级深层资源(300~1000m，围压大于200psi/in)															
深层资源(大于1000m)															
南极资源(永久冰冻)															
近海资源															
碳酸盐资源(岩石物性差，低渗，双孔)															
薄床资源(小于10m)															
高度分层资源(低垂向渗透率，可能由于页岩分层)															

图例：应用；需要油田测试；剂量不适用；未知或不可能

图 1.4.4　不同类型重油储层适用的工程方法统计（据 Ortiz Volcan 和 Iskandar，2010）

$114\times10^{12}\,m^3$，它分布于世界许多盆地中，主要集中在北美、拉丁美洲、亚洲（包括中国）和前苏联地区，是未来重要的勘探增储领域。根据 2005 年美国能源部的报告，在整个美国，储量在前 100 的气藏中有 58 个是致密砂岩气藏（EIA，2007）。另外，据 EIA2008 年评价结果：致密砂岩气藏的资源量为 $19.8\times10^{12}\,m^3\sim42.5\times10^{12}\,m^3$，为常规气资源量（$66.5\times10^{12}\,m^3$）的 29.8%～63.9%。加拿大国家能源局认为气藏中的原始致密气在 $(89\sim1500)\times10^{12}\,ft^3$ 之间。虽然不同预测者的估计数字有很大不同，但普遍认为在加拿大的致密砂岩中储有庞大体积的天然气。勘探实践表明，中国致密砂岩气藏分布领域广，类型多样，在所有含油气盆地的深部，如四川、鄂尔多斯、吐哈、松辽、准噶尔、塔里木等 10 余个盆地，都具有形成致密砂岩气藏的地质条件。根据最新评价结果，川西坳陷侏罗系与上三叠统天然气资源量为 $(1.8\sim2.5)\times10^{12}\,m^3$，而目前的探明储量约为 $2200\times10^8\,m^3$，仅占资源量的 10% 左右。苏里格气田是近年来发现的大气田，探明天然气地质储量 $6025\times10^8\,m^3$，为目前中国最大的气田，具有极其广阔的开发潜力。总之，致密砂岩气作为一种非常规资源对世界的能源起到了至关重要的作用，其丰富的资源量再加上市场对其前所未有的兴趣把致密砂岩气推到了很重要的地位。

　　虽然致密砂岩气作为非常规能源的一种对世界的能源起到了至关重要的作用，其产量在全球非常规资源量的比例很大，但是由于其复杂的地质特征使经济开发致密砂岩气藏的难度加大，这就需要从气藏的储层特征和成藏机理出发，应用针对性的地球物理技术和开发工艺技术来提高致密气藏的采收率、增加气藏的可动用程度。

1.4.3.1　储层特征和成藏机理的重要方面

　　致密砂岩气通常是指主要从低渗透砂岩储层产出的干气。不同的组织或学者对致密砂岩气藏有不同的定义。致密砂岩储层的定义主要以渗透率的大小为度量。近年来普遍认为渗透率小于 $0.1 \times 10^{-3} \mu m^2$ 的砂岩储层为致密砂岩储层。然而，事实上，致密砂岩气藏的定义是由许多物理因素和经济因素决定的。通过视稳定的径向流公式就可以看出致密砂岩气藏的气流量是许多物理因子的函数，这些因子包括流体性质、油藏温度、渗透率、净产气层厚度、排气半径、井筒半径、表皮系数和非达西流动常数。故单单用渗透率的大小来定义致密气藏的意义并不是很大，更为准确的定义：致密气藏是指需经过大型水力压裂改造措施，或者是采用水平井、多分支井，才能产出工业气流的气藏。

致密砂岩显著的特征就是渗透率很低、孔隙结构复杂，特别是在胶结作用较强或黏土等矿物较多的情况下，孔隙特征尤为复杂，仅用孔隙度和渗透率参数已经不能准确反映致密砂岩的渗流特征，需要更微观的参数来表征致密砂岩储层，于是微孔隙结构现在成为研究致密砂岩气的热点。另外，致密砂岩储层中的裂缝发育也是研究的一个重点，裂缝发育能够有效改善储层的渗透能力，但在致密砂岩储层中如何明确裂缝的形成过程并把它表征出来一直是一个难点，针对此，利用地质力学和成岩作用来模拟致密气藏中的裂缝并对其进行表征。

研究发现除了沉积作用和构造运动之外，成岩作用对砂岩致密化影响是最大的。成岩作用过程中，压实作用和胶结作用较大幅度地降低了储层的孔隙度和渗透率，黏土等矿物的充填也是造成孔隙度和渗透率降低的主要原因，而溶蚀作用和构造运动产生的裂缝则会提高储层渗透率。

尽管致密砂岩气藏是盆地中心气藏的一个重要类型，但是并非所有的致密砂岩气都是盆地中心气（又叫深盆气或根缘气）。通过对盆地中心气藏的演化阶段和圈闭要素进行分析，发现盆地中心气系统的形成和保存的前提条件是两个平衡：一是力学平衡，向上的力（包括气体体积膨胀压力与浮力）和向下的力（包括静水压力与毛管压力）之间的平衡；另一个是气体供给和气体逃逸之间的物质平衡。如果进入油气藏的气体量多于逃逸的气体量，那么气体聚集带的分布范围就将进一步受到力学平衡限制。反之亦然，较少的供给将会导致分布范围的缩小。通过力学平衡可以确定深盆气藏最小埋藏深度，通过物质平衡可以确定深盆气藏的圈闭范围（庞雄奇等，2003；Naik，2010）。许多学者认为致密或低渗透气藏仅仅出现在盆地中心或深盆环境中，但在盆地边缘、丘陵或平原环境中也会发育该类气藏。这是因为构造变形在这些环境中发育的致密砂岩中形成大量天然裂缝系统，从而形成致密气藏。裂缝发育的致密气藏也可能会出现在拉伸、压缩或平移断层和褶皱附近，同时也会出现在砂岩埋藏后的成岩作用晚期阶段。

1.4.3.2 勘探开发中的技术挑战和对策

1.4.3.2.1 地球物理方面

对致密砂岩而言，钻井过程中所遇到的大量气体表明存在天然气。然而，发现这些致密气藏只是资源开采的第一步，更大的挑战是如何识别具有商业价值的、可开采气藏以及评价这些气藏储量。对低渗透的致密含气砂岩系统而言，通常缺乏有意义的实时动态数据，而且很少能从完井措施中直接获取流体样本。因此，就需要以电缆测井数据和分散的岩心数据作为主要依据进行地层评价。致密砂岩测井数据分析结果会由于以下几个常见岩石物理参数的不确定性而变得复杂，如孔隙度和渗透率、电性特性、地层水矿化度以及泥浆滤液侵入程度等。这些复杂的岩石物理参数对产层有效厚度和生产力的评估非常重要，并且非常影响昂贵的完井决策。因此，如何准确测量致密砂岩气藏的岩石物理参数给岩石物理分析带来了很大挑战。

通过致密砂岩岩石物理分析认为，岩石速度、渗透性以及电性特征等都受控于岩石的微观孔隙结构，该类岩石中孔隙微结构可能要比其他因素都重要。因此，对致密砂岩进行岩石物理建模时，必须在模型中加入微裂缝和大纵横比孔隙，以更贴近地下真实岩石。对两种致密砂岩的岩石物理模型，柔性孔隙模型（SPM）和单纵横比孔隙模型（SAR）进行比较分析。其中，SPM 模型认为致密砂岩是由岩石骨架（主要成分）以及球形孔隙（刚性孔隙）和缝状孔隙（柔性孔隙）构成，而 SAR 模型则认为整个孔隙空间是由单一纵横比的近扁球状孔隙构成。通过对 SPM 模型和 SAR 模型进行预测速度比较、流体替代研究等，认为相比 SAR 模型，SPM 模型所代表的孔隙结构更具有实际意义，也更适用于低孔低渗的致密砂岩。

识别和评价致密含气储层是测井解释工作者所面临的一项世界性难题。致密砂岩具有低孔低渗、孔隙结构复杂、围岩影响大等特点，使得大部分测井信号分辨能力差。致密砂岩气层的测井识别要比常规气藏困难得多，许多方法的识别效果都不理想。因此，利用测井手段评价致密砂岩储层时，除了发展改进的气、水流体识别方法外，还需要采用针对性的有效测井手段，建立精确的孔隙度、渗透率和饱和度等模型，测定储层各项物性参数，从而准确评估储层性能和产能级别。

于是采用核磁共振测井（NMR）、阵列感应测井和组合测井技术来进行测井评价，其中核磁共振测井（NMR）能够揭示一系列的储层性质，如与岩性无关的总孔隙度、流体类型、可采流体组分以及渗透率等。但在致密砂岩情况下，利用 NMR 测井识别流体时，由于 NMR 信号微弱，造成传统的在不同等待时间测出的 NMR T_2 谱有可能无法确切解释出流体类型。这里讨论了综合利用 NMRT_1 和 T_2 谱进行流体识别，这为致密砂岩储层的流体识别难题提供了新的解释思路；阵列感应测井可得到 5 条不同横向探测深度的电阻率曲线，参照泥浆性能，通过处理 5 条不同探深的电阻率曲线可得到泥浆侵入剖面，提取较真实的地层电阻率，并通过分析储层的侵入特性了解储层的渗流特性。通过详细介绍了一种新的岩石物理反演算法，可成功地用裸眼井阵列感应测量值计算出渗透率。反演的结果就是计算出一个含气产层内的每个流动小单元的绝对渗透率。

另外，将 NMR（用于流体组分）与其他裸眼井测量结果（用于骨架成分）组合使用，可开发出稳定的岩石物理模型，获得本质上一致的孔隙度—饱和度模型。同时，通过详细介绍如何将 NMR 测井和常规裸眼井或 SCAL（特殊岩心分析）结合，来减少由于每种方法的局限所造成测量参数的不确定性，以更好地评价致密含气储层的岩石物理特性。

对致密含气储层而言，最具挑战性的工作就是在增产改造之前进行气藏评估，其独特的特性经常导致完井及增产措施失败。显然，要想确定致密含气储层的气藏位置、天然气储量，以及储层产能，就必须采取针对性的测量和评价方法。因此，如何综合利用各种测井、岩心资料以及地质信息等来评价致密砂岩气藏是一个巨大的挑战。

成像测井技术在致密含气储层评价方面有重要的应用，其中包括：（1）测量和描述天然裂缝和钻井诱导型裂缝，地层中天然裂缝需要根据裂缝类型、方位及裂缝密度进行分类；（2）对没有天然裂缝发育的碎屑岩储层，识别出最佳压裂区以进行人工压裂增产；（3）获取碎屑岩储层颗粒分选情况信息，对储层进行详细结构分析。同时，这里还说明了致密砂岩的综合地层评价中，利用 NMR 测井 T_2 剖面可以测量岩石孔隙大小分布，水银注入压力剖面可以测量孔喉尺寸分布情况，这两种测量手段都提供了岩石结构的类似信息。

储层中裂缝不仅是气藏资源的储集空间，更是重要的气体运移通道。裂缝预测对井位的部署优化起着至关重要的作用。致密含气砂岩储层的低渗透、复杂的气水接触关系、地层高压以及强非均质性等特点，使得利用常规地震方法识别这类储层中裂缝难度大。因此，在致密含气砂岩情况下，如何更好地利用地震技术进行储层横向预测是油气勘探工作者一直努力的研究方向。

多分量地震技术能够充分利用纵波和转换波信息，其中转换波信息反映了岩石骨架特征和各向异性效应，而纵波信息能反映骨架和流体特性。因此，利用多分量地震技术去识别致密储层裂缝具有一定的优势。这里具体介绍了一体化的裂缝预测工作，主要包括地震曲率等属性分析、纵波方位各向异性以及横波分裂等预测技术，并利用测井资料对裂缝预测结果进行校正。利用所有可能信息进行裂缝预测，这也可用于有效裂缝储层厚度的统计分析，以预测出高裂缝密度区域，及为将来钻井提供最佳布井方案。

致密砂岩气藏开发阶段中储层监测是至关重要的。例如，储层水力压裂时需监测压裂裂缝的生长情况以为下一步工程措施提供依据，这关系着整个压裂改造的成败与否。同时，致密气藏开发时井位优化也是非常重要的。若井位部署不合适而导致井之间连通，这可能会影响井的产气量，造成许多井不具有商业价值，尤其是在低气价格时期。另外，储层耗损区的存在也会对油气开发有不利影响。它会造成不同井或单井之间发生油气串流现象，降低井的最终采收率，而且耗损区也会限制压裂裂缝的生长和延伸，影响水力压裂效果。因此，正确识别储层耗损区能够减少其对新钻井的影响，有助于提高采收率，减少钻井花费。微地震方法和时移地震技术是储层开发阶段中重要的监测手段，那么地球物理工作者所关心的是这些技术是如何用于致密储层监测，以及如何与油藏工程相结合以有助于致密气藏开发和油藏管理。

致密砂岩气藏开发过程中，井下测斜仪和微地震是两种主要的直接测量压裂裂缝的方法。它们都能够测量裂缝的几何形态，但这两种技术利用的是压裂过程中不同方面信息。这里详细介绍了如何利用这两种技术进行压裂裂缝的联合反演，这能很大程度上提高预测的裂缝形态精度及减小预测参数的不确定性。同时，这里还详细介绍了利用微地震来估算地层渗透率，并预测气藏产量。结果表明该方法的预测值和实际值之间相关性很好。

致密气藏的开发过程需采用多种手段以增强其经济可行性，其中时移多分量地震技术就发挥着重要作用。这里介绍了利用时移多分量地震技术监测致密气藏开发中储层泄气区域和压力损耗情况，这有助于井位及完井方案的设计，最终提高气藏采收率，有利于油藏管理。

1.4.3.2.2 钻完井工艺方面

致密砂岩气藏的储层物性差，有时发育裂缝，横纵向分布差异大等地质特征决定了其具有单井产量低、井控范围小、供气范围小，需要大规模钻井以及经济效益低的工程开发特征。对致密砂岩气藏经过近半个世纪的开发以来，所面临的主要问题有：开发先进的钻完井技术；如何能够廉价而有效地压裂气层达到增产目的；如何对气层进行保护。

在致密砂岩储层中，钻井常会发生井漏、卡钻、泥岩垮塌、孔隙压力的不确定致使井轨迹偏离和地层损害和泥浆侵入等问题。于是研发了穿透速率高、更耐用的钻头，这使得更换钻头起下钻的次数减少，这样花在非钻井作业上的时间也就大大降低；新型钻杆技术，如碳纤维钻杆、钛合金钻杆智能钻杆等；在钻井技术上，主要有套管钻井、欠平衡钻井、控压钻井、水平井钻井、定向S形钻井（井簇）和连续油管钻井等，还有实时随钻填点监测，地质导向技术，引导钻头沿油气藏的高产能区钻进。这些技术的综合应用很大程度上提高了致密气藏的采收率，并降低了致密砂岩气藏开发的成本。

因为储层致密，即便进行了压裂，单井的产能也可能很低。经过实践和理论研究形成了一套针对低渗致密砂岩气层的主体压裂工艺技术，它包括大型水力压裂技术，水平井多级压裂，对大套较厚、叠置致密砂岩地层的分层压裂技术，对措施失败井进行再改造的重复压裂技术，而且近几年还开发了通道压裂技术和新型压裂液、支撑剂；以及对压裂成功与否的微地震监测技术。尤其是通道压裂技术，它可以消除支撑剂充填层中存在的多相流、支撑剂破碎、高分子滤饼、凝胶和其他因素的影响。它通过产生稳定的流道重新定义了常规的水力压裂，消除了对支撑剂充填层渗透率的依赖，并具有很强的裂缝诱导能力。

与中、高渗砂岩气藏相比，致密砂岩气藏一般富含黏土矿物，具有孔喉细小、强亲水、毛细管自吸效应强的特点，所以在钻井、完井、生产、增产等作业过程中极易受到损害。生产实践告诉我们：产气层一旦受到损害，要使其恢复到原有状态是相当困难的。产气层受到损害不仅会严重影响生产井的产能和寿命，而且在勘探阶段还可能失去被发现的机会。可见，在致密砂岩气藏的开发过程中，首先需要确定致密气藏的损害机理，在储集层被钻开的时刻起，就应时刻关注储集层的保护问题，进而合理有效地开发低渗致密砂岩气藏。在致密气藏中，对储层伤害的主要原因包括地层岩石受到的机械伤害、泥浆固体颗粒入侵导致天然裂缝封堵、滤液入侵使井眼周围的相渗透率降低、压裂过程中液体滤失到地层中造成的伤害、井眼垮塌而引起的水堵和射孔造成的伤害等。在大孔隙、小孔喉的岩石中颗粒运移也是伤害源之一。一般钻井会钻遇天然裂缝，压裂液也会进入天然裂缝，这会使得天然裂缝或水力裂缝周围的岩石基质的渗透率严重降低。对此，采用完善岩心诊断分析技术、欠平衡钻井技术、低伤害钻井液和压裂液等对致密砂岩气藏进行保护。其中新型压裂液有黏弹性表面活性剂压裂液，含有甲醇的压裂液，液态二氧化碳压裂液和液化油气压裂液，这几种非常规压裂液都可以消除或最小化致密气井中与压裂相关的相圈闭损害。

1.4.3.2.3　开发机理方面

致密砂岩气藏具有渗透率低、孔隙度低、连通性差、非均值性强、高含水饱和度、储量难动用的特点。由于储层的特殊性，致密气藏开发过程中常常会产生滑脱效应、应力敏感、启动压力现象。致密气藏在钻井完井之后，通常需要通过压裂增产措施才能获得具有商业价值的产量。人工压裂裂缝往往具有较高的导流能力，裂缝中渗流表现出高速非达西渗流特征，裂缝的导流能力受闭合压力、有效应力、时间的影响并不是一成不变的，因此裂缝中渗流具有特殊性。

在致密砂岩气藏试井工作中面临的最大的问题是：由于致密砂岩气藏具有极低的渗透率，达到径向流需要很长的时间，因此，实施常规试井既不实际，也不经济。为了从致密砂岩气藏试井中得到尽可能多的信息，针对致密砂岩气藏的特征详细讨论了不稳定试井分析方法、气井产能试井分析方法和受启动压力梯度影响的气井产能试井分析方法。

对于气藏产量递减分析，多采用 J. Arps 递减分析方法，气藏递减符合三种模式：指数递减、双曲递减和调和递减。传统的 Arps 递减分析方法，无法分析致密砂岩气藏压裂井产量递减规律。Ilk 在 Arps 递减的基础上提出了幂指数递减（Power Law decline curve）曲线分析方法，该方法能较好的分析致密砂岩气藏递减规律。

相对于常规气藏而言，致密气藏单井的产量较低，单井控制储量小。只有通过钻更多的新井，才能得到比常规气藏更高的采收率。但是由于致密砂岩储层渗透率横向非均质特点，如果采用大井距会导致产气效率低，并降低最终采收率。而井距越小，气井稳产时间越长，采收率越高，但采用小井距有可能引起井间干扰，降低单一气井的最终累积产量，影响经济效益。因此，井距优选是致密砂岩气藏开发所面临的巨大挑战。目前确定气藏加密井井位的传统方法是进行完整的储集层评价，包括地质评价、地球物理评价、储集层分析和解释。首先根据相关资料建立目标区的地质模型，预测储层静态分布特性，例如：孔隙度、渗透率、构造、调整目标区数值模拟模型，然后用模型预测加密井位处的产量和储量。但是，该种方法对于已经开发数年，拥有数以千计开发井的大型致密砂岩气田，实施完整的储层评价准确不经济也不适用。于是研究出了不需要完整储层评价就可以快速确定加密井井位的方法，其中近年来的方法有动窗法和快速反演法，它们能够对大型致密含气盆地加密钻井和二次完井进行快速经济的评价。这两种方法主要依靠气田广泛获取的井位数据和生产数据，而且可以准确预测规划中的加密井组潜能，可作为大型气田加密项目可靠有用的筛选工具。

全球不断扩大的油气资源需求、科技的进步以及气价的上涨都使得致密气具有很高的经济吸引力。为了推动一些大的致密气田投入商业化生产，仍需在降低成本及提高气体生产速度的科技上下工夫。显然致密气藏的开发需要一个更大的活化指数，改进技术、天然气价格上涨、或许再加上政府的鼓励措施，这些都促使着致密砂岩气藏时代的到来。

1.4.4 煤层气

煤层气又称煤层瓦斯，是赋存于煤层中的非常规天然气资源。在早期煤矿开采中，煤层气被认为是一种有害气体，富集区域常常引起煤矿爆炸等灾害事故，例如我国煤矿中发生的重大、特大生产事故，80％以上都是瓦斯事故。早期主要采用直接排放的方式进行防范措施。但是，CH_4 在空气中具有化学和辐射效应，并且基于原子结构，CH_4 的温室效应能力是 CO_2 的 20～30 倍，直接排放到空气中的危害较大。

随着煤层气工业的发展，煤层气有利的开发价值逐渐被认识到。煤层气洁净、热值高、优质、安全，开发利用前景非常广阔。煤层气中甲烷含量大于 70％，最高达 98％以上。$1m^3$ 煤层气相当于 1kg 石油，可发电 $3kW \cdot h$。另外，煤层气还可用来合成甲醇、合成氨、尿素等，也可直接液化做为汽车燃料，或压缩装罐外运。因此在采煤之前先开采利用煤层气，可以有效避免煤炭生产过程中的甲烷排放，变废为宝，避免资源浪费。而且煤层气的开发利用具有一举多得的功效，既能有效减排温室气体，产生良好的环保效应，又能提高瓦斯事故防范水平，有望从根本上遏止矿井瓦斯灾害以改善煤矿安全生产条件，提高经济效益。

1.4.4.1 煤层气赋存和储层特征

煤层气的吸附赋存和储层中割理的发育特征，都与常规天然气有着本质的差别。首先，煤层气在煤的形成过程中产生，并原地赋存于煤层中。由于煤中常发育较多的微孔隙，因而煤层气主要呈吸附状态赋存，只有少量呈游离态和溶解态存在孔隙空间内或地层水中。其次，煤层具有特殊的双重孔隙结构，分别由基质（包括基质孔隙）和割理组成。煤层基质内常发育大量微孔隙，为煤层气提供吸附场所；而割理则主要为气体提供运移通道（图 1.4.5）。

经过 20 多年的勘探和开发（主要在美国），对煤层气已形成了较为成熟的基础理论和技术方法。但从目前的研究来看，煤层气的勘探开发中还存在着较多的问题，主要集中在储层地质特征和储集机理方面，包括煤层气成因来源、储层孔隙结构、气体吸附特征和储层割理系统等多个关键问题。

（1）低级煤中的煤层气。

以往煤层气的开发多集中在中高级成熟度的煤层中，主要是因为中高级煤形成在较高的温度和压力条件下，而有机质这些条件下往往能够生成更多的气体，使得中高级煤中常常具有较高的气体含量。近年来开始关注较低级或较高级的煤中的煤层气。相对与中高级煤来

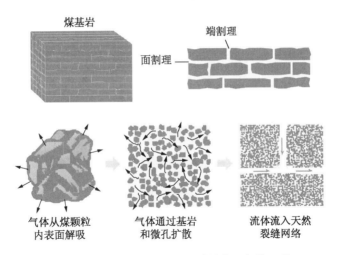

图 1.4.5　煤层气储层双重孔隙结构和气体运移

说，低级煤的典型特征就是成熟度较低。由于低成熟度时有机质的生气量较少，而使得煤层中的含气量普遍低于中高级煤层。但低级煤中生物成因气的发育，又使得在局部地区（盆地）中能够形成具有经济开采价值的含气量。另外，低级煤埋藏浅，其孔隙度和渗透率特征都与中高级煤有明显的差异，这也决定着低级煤能否成为有利开采的开采目标。

（2）煤层气的吸附机理。

在煤层的吸附/解吸方面，近年来的研究除了进一步深化前期对吸附机理的认识外，更进行了较多的实验模拟分析。除此之外，对于超临界吸附和吸附势理论的研究和模拟也成为新的研究方向和趋势。对于煤层气的吸附能力，通常认为煤层吸附气体过程为等温吸附，并利用 Langmuir 等温吸附方程等进行模拟和研究。近年来关于这方面的研究也较多，对不同气体的吸附能力、吸附量、吸附条件，以及吸附/解吸过程中煤岩基质的变化等，都做了大量研究。另外，也有学者指出在超压状态时煤层气的吸附不能够使用 Langmuir 等温吸附过程来描述，为此提出和发展了超临界吸附和吸附势理论。在这些理论和模拟研究中，得到的气体吸附量特征则为勘探和开发提供依据。

（3）煤层的含气量。

煤层的含气量除了受到埋深、温度、压力和煤级的影响之外，还要受到煤岩宏观组分和平衡水分等的影响。近年来有更进一步的研究表明，即使相同煤级的煤中，如果煤岩宏观组分不同，也会导致含气量的变化。这是因为煤岩中的微孔隙的数量与镜质组含量呈正比例关系。镜质组含量高，意味着煤中微孔隙的数量也多，由于微孔隙对气体分子有更强的吸附能力，而使得含气量也增高。这就导致了富含镜质组的亮煤中往往比含镜质组较少的暗煤中的含气量更多。

（4）煤层割理。

煤层中的割理在煤层气的形成、运移过程中起着重要的作用，对煤层气的勘探和开发中有着比较重要的作用和意义。煤基质微孔隙的大小多为纳米级别，几乎没有有效的渗透率，因而煤层割理才是气体从煤基质孔隙中运移到井筒中的重要通道。在开发过程中的地层压力下降后，煤层气从煤中解吸出来，通过割理系统进入井筒中，这就需要割理是开启且相互连通的。煤中割理发育形成了不同的网络几何形态，也使得煤中流体的渗透路线具有一定的方向性，因而研究煤中割理的分布对于提高煤层气产量有很重要的作用。对于煤层割理系统的研究，近年主要集中在割理特征的定量描述方面，并逐渐向精细化方向发展。除此之外，对割理内充填矿物成分及割理成因等的探讨也是目前研究的一个重点。

（5）渗流机理。

在开采过程中，煤层气从煤层中运移到井筒的过程也比较复杂，目前常认为这一过程分三个步骤：①储存压力下降（常由排水）气体从煤基质孔隙的表面解吸；②气体通过微孔构造向较大的孔隙扩散，驱动力为浓度差；③游离气体（达西流）在煤孔隙系统之外的大孔隙中流动，驱动力为压力梯度。

但本书作者在研究中从多相流体流动与传质的普遍原理出发，提出解吸气首先溶解于基质孔隙中的水，以溶解相扩散的方式向割理运移；溶解气达到饱和后，气分子从水中分离出来形成游离气，继而与水一起以气液两相非线性渗流的方式向割理运移。基于这一产气机理，初步建立了基质孔隙中解吸气的扩散渗流模型，以及割理中的气液两相渗流模型。

1.4.4.2 地球物理技术

从国内外的文献调研结果来看，已公开发表的并不太多，而且研究结果也主要集中在美国 San Juan 盆地、加拿大 Alberta 省煤矿、国内的淮南和鄂尔多斯盆地等。值得庆幸的是，地震勘探的新技术和新方法多在煤层中得到了应用。其中所用到的地震勘探技术已不仅仅局限于常规的构造识别和地层解释；一些新的地震属性技术，如 3D 曲率等在煤层的小断裂及渗透性识别中得到了较为广泛的应用；较为成熟的波阻抗反演、AVO、方位 AVO 等储层预测技术也展现了较好的应用效果；多分量技术和 VSP 技术则由于采集方法和技术本身等方面的限制应用相对较少。另外，在国外还有部分的关于煤层气开发动态监测的文献，特别是有关煤层注 CO_2 提高煤层气采收率过程的监测问题，相关文献相对较多。

煤岩具有明显的低速低密度特征，在地震剖面上会出现较强的振幅响应，比较容易识别。但煤岩的弹性属性与吸附气体的性质和吸附量都有很大关系，特别是在开发过程中，注气或排水使得煤岩的速度和密度发生较大改变。而由于吸附气体时煤层基质的胀缩效应等的变化，又使得 Gassmann 流体替代方程等应用于煤岩中时产生了较大误差。另外，煤层还表现出较强的各向异性。针对上述问题，地球物理技术究竟能够在煤层气勘探开发中有哪些问贡献呢？回答这一问题需要从下面几个方面来进行考虑。

（1）流体识别问题。

常规储层中常用 Gassmann 流体替代公式来识别储层不同流体饱和度的弹性属性变化。而煤层气的吸附特性使得 Gassmann 流体替代常常出现误差。这是因为煤基质中吸附着大量的煤层气不能够在煤层孔隙中自由流动，而且由于煤层基质的直径非常小，多为纳米级别，其内部的少量呈游离态的气体也难以流动，这都使得 Gassmann 方程和 Biot 理论不能适用于这部分气体。

对于流体替代的误差问题，目前的研究非常少。刘雯林（2009）给出了近似平均的方法的解决思路，其结果可以初步用于解决煤岩中流体替代产生的误差，并得到了能够凸显煤岩含气量变化的参数特征。其中煤岩中的 CH_4 以分子状态吸附在煤岩基质孔隙的内表面，可以把它看做是煤岩所含矿物的组成部分。基于这种认识，就可以对煤岩和 CH_4 的弹性参数进行平均，得到弹性模量，用来计算速度随 CH_4 吸附量的变化。

煤岩中流体替代出现误差的另一主要原因就是煤岩吸附/解吸气体是发生胀缩效应，使得煤岩基质体积模量等变化，进而表现为孔隙度、渗透率的变化。Lespinasse 和 Ferguson

（2011）将孔隙度、渗透率的变化引入煤岩流体替代中，并模拟了变化过程和特征，并分三个步骤进行研究：煤岩吸附/解吸气体模拟、Gassmann 流体替代和正演模拟。

（2）有利储层发育区的预测。

在常规储层中，流体的变化（特别是含气体时）能够引起较强的 AVO 响应，并表现出明显的亮点特征。但在煤层气储层中，由于煤层对气体的强烈吸附作用，加上浅部地层的低温低压条件，使地下煤层的割理孔隙中常常为含水的。这使得煤层中的地震响应特征与常规储层有较大的差异。

那么，地震方法能否识别煤层气体含量的变化？有限的研究认为，煤层气的含量也影响着煤体本身的弹性属性，在实际应用中发现，含有气体的煤储层的弹性属性往往与含气量的多少有一定的函数关系，含气量越高，储层的速度和密度越低（刘雯林等，2009；孙斌等，2010）。也有学者认为煤体变形能够导致煤层瓦斯突出，而煤体变形处往往裂缝比较发育，因而可以通过预存裂缝发育而识别瓦斯突出（彭苏萍等，2005，2008）。

（3）煤层高渗透区的预测。

煤储层的渗透率主要由煤层中的开启的割理和裂缝提供，这在较多的文献中已经明确指出。而在实际生产中也常常发现，煤储层的高渗透区往往是煤层割理比较发育的地区。由于面割理的发育规模明显大于端割理的发育规模，从而使煤层割理表现出明显的各向异性。这种各向异性特征可以用地震技术进行预测，所用的方法包括 AVO 技术、P 波方位 AVO 技术、多波多分量技术等。另外，从煤层割理的发育特征看，割理密度与应力场形成的局部构造特征有很大联系，从而通过检测小构造特征的曲率等地震技术来进行识别。

（4）煤层气生产过程的动态监测。

生产过程中的排水降压和注气开发也能引起煤层弹性属性的变化。在地面煤层气开采中，所面对的煤层常常是饱含水的，因而开发过程中首先要排水降压，气体才从煤基质中解吸出来，并通过扩散、渗流等过程，从煤基质中进入割理中，逐渐充满割理空间。开发过程中的动态监测的基本原理，就是依据煤层割理孔隙内从含水到含气的变化，使得储层速度降低，从而引起地震振幅和阻抗减小，并在不同时间测量的地震资料中显示出差异。该过程一般通过时移地震技术来监测。

1.4.4.3　煤层气开发中的关键问题

煤层气的储层特征、赋存机理和开采方式等的特殊性决定了煤层气开发井型井网部署、增产技术等的特殊性，也给煤层气藏开发动态分析提出了特殊的要求。下面阐述煤层气开发中的关键问题及认识。

（1）渗流机理。

目前普遍认为，煤层气主要以吸附态赋存于煤基质孔隙中，游离气和溶解气量很少。其产出过程主要为：①通过排水降低割理系统的压力，使吸附气从煤基质微孔的内表面解吸；②解吸气在浓度差的作用下，以扩散方式从微孔向较大的孔隙、裂缝运移；③解吸气进入大孔隙和裂缝后，在压差作用下以达西流的方式向生产井方向流动。

然而，我们认为，现有的煤层气扩散理论忽视了基质孔隙中水的存在。原始煤层的基质孔隙中存在着水，水占据了孔隙通道，阻碍了解吸气的气相扩散过程的发生。吸附气解吸后一部分呈游离态，一部分呈溶解态，其中游离气进入割理的方式不是气相扩散，而是非线性渗流。

（2）多分支水平井技术。

多分支水平井是煤层气开发中一个重要的增产手段。煤层气开发中水平井产量比直井产量一般高4~5倍，最高可达到10倍（Mattews，2005），但其成本是直井的2~3倍，甚至更高（Gentizis，2008）。多分支井的优点是：脱水和排气速率较快，遗留问题少，能从低渗透储层获得经济产量；产气量在短期达到峰值，2~4年可以采出煤层中80%~90%的气体（图1.4.6）。

多分支水平井是一个复杂的系统工程，需要与井眼轨迹精确控制技术、欠平衡技术、两井连通技术、小井眼技术、煤储层保护、井结构设计、两井连通技术等技术进行优化组合，才能达到极大的经济效益。煤层一般很薄，井眼轨迹精确控制技术能确保钻头始终在储层中钻进；欠平衡和小井眼技术能在提高钻速的同时保护煤层；由于煤层的机械强度低，井眼稳定性差，因此还要采取专门的煤层保护措施，如优化钻完井工艺、采用低伤害钻井液和压裂液等；煤层割理和裂缝高度发育，存在很明显的渗透率各向异性，因此井型井网优化是实现煤层气经济高效开发的一个重要环节，并且在进行优化设计时，应从技术可行性和经济可行性两个方面考虑。

（3）洞穴完井。

裸眼洞穴完井是一个集完井与增产措施于一体的完井工艺，是用于煤层改造的独特完井技术。这种完井的方式可以避免固井液、压裂液和施工过程中压力突然改变对煤层造成的伤害，消除了其他完井方法所共有的对煤层的伤害。它的增产效果一般比水力压裂和其他完井方法好很多。但目前，在国内还没有成功应用的实例。

（4）水力压裂。

水力压裂是煤层气增产的首选方法，也是主要措施。美国90%以上的煤层气井是由水力压裂改造的，并且我国产气量在$1000 m^3/d$以上的煤层气井几乎都是通过水力压裂改造而获得的。目前压裂存在的主要问题在于选择既达到压裂效果，对地层伤害又小的压裂液；同时要解决支撑剂易嵌入煤层，压裂后的细微颗粒容易堵塞孔道，压裂液在煤层滤失量大以及不易返排等难题。除此之外，煤层压裂时会诱导形成复杂的裂缝网络系统，重视煤层气井压后裂缝检测及诊断技术，可为煤层气动态分析及数值模拟提供基础参数。

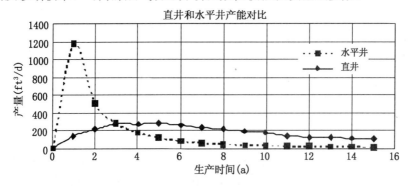

图1.4.6 直井和水平井的CBM产量（据Maricic，2008）

（5）注气提高采收率技术。

煤储层最大的特点是低压、低渗，如何提高煤层气采收率是煤层气开采的关键问题。单纯依靠排水降压方式不但生产周期长，而且采收率不高，即使在生产几十年之后，气的采收率也不会超过50%。因此，全世界许多国家，如美国、加拿大、日本、荷兰等开展了注气提高煤层气采收率项目。我们认为，注气提高采收率的机理分为三种：①注CO_2置换解吸提高采收率：未被吸附的CO_2分子与吸附态的CH_4分子接触时，通过竞争吸附方式将吸附态CH_4分子置换出来，从而使原始呈吸附态的CH_4分子变为游离态；②注N_2降低分压解吸提高采收率：煤对N_2吸附能力比CH_4弱，N_2只能留在裂缝中，但N_2在等压状态下可以通过降低游离CH_4的分压来促使部分CH_4被置换出来（Koperna等，2009）；③注气驱替提高采收率：与注CO_2置换解吸及注N_2降低分压解吸提高采收率理论不同，注入的CO_2虽然不能竞争吸附置换出CH_4分子，但增加了割理系统中的驱替压力。在压差的推动下，CO_2驱替出割理系统中的水，降低了煤岩系统中的压力，促使CH_4分子从煤基质表面大量解吸，从而提高产量和采收率。注气比抽水排采的采收率提高了$60\% \sim 80\%$（Jadhav，2007）。

1.4.4.4 煤层气商业化发展

煤层气有着巨大的发展潜力，其资源量在世界范围内比较大，可替代其他正在减少的常规能源。煤层气的资源量与煤炭资源量有很大的关系。截至2005年底的煤炭世界证实储量为847×10^9t，而全球煤层气资源量可超过260×10^{12}m^3（IEA，2008）。从煤层气开采资源量统计结果来看，主要集中在俄罗斯、加拿大、中国、美国、澳大利亚等国家。我国煤层气资源量也非常丰富，具有较大的工业开采潜力。根据我国新一轮煤层气资源评价结果，埋深2000m以浅的煤层气地质资源量约为36.81×10^{12}m^3，与陆上常规天然气资源量38×10^{12}m^{3}基本相当，显示出我国煤层气产业良好的开发前景。

煤层气的商业化开发产生了巨大的经济效益。目前进行煤层气大规模商业开采的国家，主要有美国和澳大利亚，其他国家也在开展煤层气勘探工作，如捷克、波兰、俄罗斯、英国、加拿大和印度等。近年来美国的煤层气工业取得了巨大的成功，这是许多有利因素的结果，如煤层气盆地发育、天然气价格上涨、覆盖稠密的分布网络，以及常规天然气能源生产下降形成的低竞争等因素（Chakhmakhchev，2007）。对于油气的强烈需求推动了世界上其他国家（特别是在澳大利亚、中国和印度）煤层气工业化的迅速发展。而其他国家尚未大规模开采煤层气的主要原因有：（1）煤层气开发前期投入资金大，如果没有税收上的优惠，难以吸引投资；（2）除美国外其他国家没有解决煤层气开发的整套技术问题；（3）完成煤层气的地质评价到投入工业开采需要较长时间。

1.4.5 页岩气

页岩气（Shalegas）是指还保留在生油岩中的天然气。作为新能源之一，它既是常规天然气的潜在替代能源，也是一种清洁环保能源。页岩气的生烃方式为有机热演化成因和生物成因；气体组成以甲烷为主，含少量乙烷、丙烷等；具有自生、自储、自盖的特点。页岩气分布广泛，一般当泥岩或页岩储层有机碳含量大于2%，镜质组反射率大于0.4%时，均认为具有形成工业价值气藏的基础条件。页岩气由吸附和游离气组成，其中吸附气约占总气量的$20\% \sim 80\%$。页岩气储层致密，孔隙度一般为$4\% \sim 6\%$，渗透率小于0.001×10^{-3}μm^2。开发方式通常采用排气降压解析的思路进行。

1.4.5.1 页岩气与煤层气的异同

煤层气和页岩气无论从宏观上的成藏特征、多孔介质类型以及开采方法和技术，还是从微观的天然气赋存特征、基质孔隙尺度以及基质吸附气的解吸和流动特征方面，都具有类似性，也有一定的区别，而且页岩气的开发很大程度上借鉴于开发历史较早的煤层气的经验，从而研究符合页岩气和煤层气的统一的微观吸附、解吸特征以及开发流动规律,具有重要意义。

页岩气和煤层气的赋存方式都为吸附气、游离气和溶解气三类。对于页岩气来说,吸附气一般介于20%~85%,游离气介于25%~30%,溶解气一般小于0.1%;对于煤层气来说,吸附气一般介于80%~90%,游离气一般介于8%~12%,溶解气一般小于1%。煤中,气体主要吸附在煤孔隙中。而页岩气吸附气主要吸附在干酪根和黏土颗粒表面,游离态气体储存于天然裂缝或者粒间孔隙中,溶解气溶解于干酪根、沥青及水中。

在煤层气藏中,控制产气量的重要参数包括煤层厚度、煤的成分、含气量、气体成分。煤层气产量主要取决于渗透率和气体饱和度。页岩气藏中资源储量和产量的控制要素与煤层气藏中类似。

页岩气和煤层气都属于双孔介质,即同时具有基质和裂缝,但由于储层的不同,也存在一定的差异。页岩气藏的基质孔隙直径一般介于5~1000nm,而煤层气藏的基质孔隙直径一般介于0.4~2960nm,其渗透率都小于1×10^{-3}mD,因此两者的基质特征差别不大。页岩气藏的裂缝渗透率一般介于0.01~0.1mD,而煤层气藏的裂缝渗透率一般介于0.1~100mD,因此煤层气藏的裂缝渗透率明显高于页岩气藏的裂缝渗透率,这就导致自然情况下页岩气藏的产量较低。

煤层气的开发首先需要进行排水降压,以解吸出吸附气;而页岩藏中基本不存在可动水,仅存在束缚水,因此开发过程中不需要进行排水,而是通过采出游离气达到降压的目的,解析出吸附气。所以,页岩气的开发与煤层气开发的中后期阶段很类似,即煤层气排水后的开发阶段。因此在页岩气的开发中简单照搬煤层气的产气机理、渗流模型是不正确的。

目前,煤层气与页岩气在美国都得到较好的发展,取得了明显的效益,这主要归功于科技进步,包括对储层的认识、评价及勘探技术,水平井钻井技术,特殊完井技术,水力压裂技术及其他的一些先进的技术。我国煤层气的地质研究已有很长的一段时间,但是气藏开发的相关技术、装备及队伍还略显薄弱;而我国页岩气无论在地质理论还是在开发技术上都处于起步阶段。

1.4.5.2 页岩气在美国的发展历史及现状

现今仅美国对页岩气进行了大规模的商业开发,加拿大进行了一定程度的开发。页岩气的开发历史可以追溯到19世纪的美国阿巴拉契亚盆地,距今已有190年的历史。页岩气的大规模开采是在20世纪90年代之后,实际上是美国Fort-Worth盆地的Barnett页岩的开发获得了成功。如今,页岩气的产量已经占据了美国总的天然气总产量的20%(图1.4.7),而在10年前,这个数字不过才在2%左右。

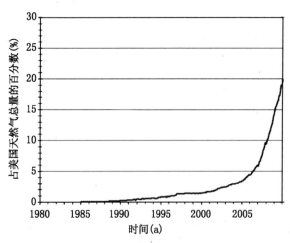

图1.4.7 美国页岩气产量占总天然气产量的百分比(据Sutton等,2010)

页岩气的大规模商业开发,使美国页岩气产量在短短几年内大幅度增长,这对世界经济、政治局势产生了重要影响。在最近三年内,美国和加拿大的天然气价格从2008年的9美元每MBtu

（Million british thermal units）降低到 2009 年 9 月的 3 美元每 MBtu（IEA，2009）。当然，经济危机对价格的影响是较大的，但页岩气使得天然气供应量大增对价格的影响也是不可忽视的。

1.4.5.3　页岩气藏勘探开发中的主要问题

Daniel Miller 曾经说过，Barnett 页岩不是天然裂缝发育的页岩，而是可以造缝的页岩（Roth 和 Thompson，2009）。这一语道破了页岩气开发的关键，美国页岩气的开发公司一般认为，页岩气开发的难点在完井技术。

但是，由 Barnett 页岩的经验可知，并非每个区块的开采都是经济的，在初始核心区—Newark East，由于开发较早，认识较为清楚，其产量也较高。而延伸区产量较低。在 Barnett 页岩的井中，仅有约 40% 的井是盈利的（WEO，2009），而其余 60% 的井是无利可图的。在该盆地的 9 个县里边，只有 2 个县的净利润较高（WEO，2009）。在开采技术与手段相似的情况下，是什么造成了这种问题呢？很显然，页岩气的开发也需要好的勘探技术。只有使用合适的勘探方法与地质评价方法找到最有利的区域，才能够得到较好的经济效益。

纵观页岩气的整个生产周期，大致可以分为勘探，评估，开发，生产，再生产等过程。每一步都需要多学科综合才能有效的开发。比较重要的技术学科有地质力学、地质化学、岩石物理、地震学、油气藏工程等。以下对页岩气勘探与生产中的主要问题做一简述。

1.4.5.3.1　页岩气的储层评价

页岩气致密、低孔低渗的特征使得不能使用孔隙度和渗透率作为评价的手段。由于其是源岩，因此总有机碳含量、热成熟度、矿物及天然裂缝等成为的关键因素，一般情况下，是制作一定的标准，当储层中的页岩复合一定的条件时，即可认为其具有经济开发价值。此外，识别脆性页岩与热成熟度对评价页岩有重要作用。针对储层评价，需要测井技术，岩心测量技术。

1.4.5.3.2　页岩气的勘探

页岩的勘探不被人重视，大都认为，只要地层达到一定的条件，通过钻井、水力压裂等措施，就可以生产出天然气。实则不然，在页岩的钻井中，需要选择最有利的压裂条件的井位置，并且使用地震技术对页岩气的范围的圈定也是必要的。实际上，地震技术大都用来对钻、完井进行指导。页岩的岩石物理测量及分析对页岩的勘探至关重要，通过地球物理寻找裂缝发育区及适合工程压裂的脆性区是高产的重要条件。

1.4.5.3.3　页岩气的工程开发

页岩气开发的关键是工程技术。正是钻、完井技术的不断进步带动了页岩气的开发，钻井技术及压裂技术可以极大的增大气体的泄流面积。开发过程中，要尽量降低钻井成本、优化完井与压裂过程，尽量增强压裂效果，在此过程中还要保证对环境的影响最小。还有压裂液中的添加剂，压裂过程中的监测，生产中的问题等对页岩气的经济效益都有较大的影响。

此外，在极低的孔隙度和渗透率的页岩中，页岩的渗流机理还不明确，但是有一些认识，有人认为气体在基质中是由于压差的作用而进行运移（Schepers，2009），也有人认为气体是由于浓度差的原因而以扩散的形式在基质中运移（Rushing，2008）。2010 年，Sondergeld 描述了页岩气藏中不同的流动状态和孔隙类型。气体在基质中以扩散的方式运移，而在天然裂缝系统中的流动为达西流。对于孔隙半径较小的区域，气体以努森扩散的方式流动，而对于孔隙半径相对较大的区域（天然裂缝系统）中的气体以达西流的方式流动。

1.4.5.4 页岩气发展的关键技术

1.4.5.4.1 储层评价与地球物理技术

实验室的岩心测量对页岩气的勘探与评价是至关重要的。通过不同测量设备研究页岩的孔隙度、渗透率、饱和度、力学性质和有机质等特征，可以非常精确的了解页岩的岩石物理特征、地球化学特征，为页岩的评估提供最准确的参数，而测井方法在页岩地层评价中起到了重要作用，通过与储层的近距离接触，能够真实准确的反映储层的相关特征，而且具有相对较高的分辨率。通过多种测井方法综合应用，能够对页岩气储层进行全面评估。除了在直井中进行地层评价以外，测井方法在研究储层的横向复杂特征方面也具有一定的用途，这主要体现为水平井的随钻测井技术（LWD）。在水平钻井的过程中同时测井，能够更加精确刻画储层的横向变化，对优化钻井方案和后期的压裂方案都有帮助，从而提高页岩气的开采量。由图1.4.8可以看到在页岩气的开发与评价中测井及测井评估的重要性。

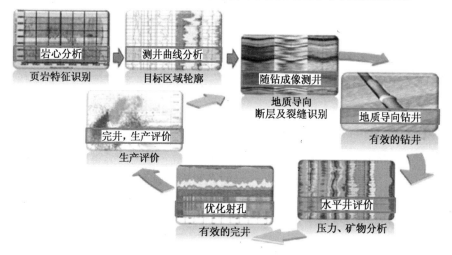

图 1.4.8　新型的钻井流程图

测井在此流程中起到识别目标区域，识别断层与裂缝，指导钻井，进行矿物识别与分析，指导完井，对生辰进行评价，最终可以避免钻井危险，提高钻井速率（据 Tollefsen，2010）

地震技术具有比较强的宏观控制能力，测井和地震技术的有效结合能够实现对储层特征全面的认识。就在开发过程中来说，地震技术所起到的作用比较明确的有三点：确定井轨迹；确定压裂区域，避免压裂裂缝进入不稳定地层及水层，导致能量浪费和压裂危险；确定压力方向，以使钻井方向沿着最小应力方向钻进（Roth 和 Thompson，2009）。

首先，在确定了具有开发价值的页岩层段后，水平井钻井轨迹的设计是决定页岩气采收率的关键。为了能够保证水平井钻遇页岩气储层的"甜点"区域，需要对这些"甜点"位置的空间分布进行预测，从而保证页岩气的高产。并据此设计井轨迹，使得井轨迹准确穿过这些区域（图1.4.9）。

地震技术预测有利压裂区域具有明显优势，它能够反映的储层特征范围较广，而且在测井等先验信息作为约束的条件下，能够预测得到比较可靠的储层分布，从而划定比较有利的压裂区域。评价一个区域是否有利于压裂，主要考虑三个方面的因素：页岩的脆性、原始微裂缝的发育和地层的应力场分布，这就需要运用 AVO 和 AVAZ 等地震方法技术。勘探开发实践表明：高脆性、原始裂缝较发育以及水平闭合压力较小的区域是比较理想的压裂区。

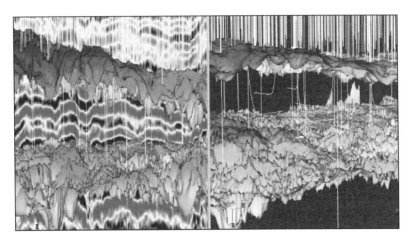

图 1.4.9 利用地震资料确定井轨迹（Roth 和 Thompson，2009）

参见书后彩页

除此之外，使用常规的地震属性技术可以识别储层的横向非均质性，这对避免压裂裂缝进入不稳定地层及水层有较好的作用，这样可以使得压裂能量不致浪费，同时也可减少危险，提高产量。比如使用相干和曲率可以轻松地避开大的断裂体，保证井轨迹处于较稳定的区域内。根据曲率、相干等属性，及方位角各向异性速度，通过综合显示地震属性数据，及微地震数据，评估最大应力和裂缝方向，明确应力各向异性，以指导钻井方向，这也就定位了水力压裂裂缝的方向，及生长模式。

1.4.5.4.2　水平井技术

现今的页岩气开发其实质是降压开采，但它所采取的方式是自然降压，即通过钻完井技术扩大页岩的暴露面，降低页岩的压力，使得游离气流出，压力降低，吸附气自然解吸。因此，页岩气开发的关键就是如何尽量扩大页岩的暴露面积。为此使用了大量的较为先进的工程开发方法。最主要的是水平井和水力压裂技术。

相对于直井来说，经压裂的水平井能够成千倍的增加页岩的暴露面积（Bader AI - Matar 等，2008）。一般水平井的价格是垂直井的 2～3 倍，但有时能够增加产量 15～20 倍。如图 1.4.10 所示，在 Barnett 页岩中，使用水平井的产量普遍高于垂直井数倍。

水平井为水力多段压裂提供了根本的基础，水平井钻井技术的不断发展为页岩气的开发做出了巨大贡献。在页岩中，由于地层较薄，机械承受能力较低，水平井钻井面临着严峻的挑战。快速、高效的钻进及钻具控制是保证钻井经济性的必然要求。控制压力钻井（MPD）（包括欠平衡技术（UBD））有，连续油管钻井技术，小井眼钻井技术，及这些技术与随钻测井（LWD）相结合形成的地质导向钻井技术不断推动钻井朝着智能化、经济化方向发展。当然，适合地层要求的钻具也是必备的。好的钻井方法与适合的钻具的组合是实现经济效益最大化的重要手段与保证。

在钻井中，除材料之外，影响钻井费用高低的主要因素是钻井时间，所以优化钻井的主要方法是减少钻井时间。在钻井实施中，服务公司都尽量减少多次起下钻具，现在有些已经可以做到用一个井下组合，一个钻头完成造斜，增斜及水平段的钻井。定向钻井已经是比较普通的钻井技术。随钻测井（LWD）、随钻测量（MWD）在钻井过程中发挥了及其重要的作用，通过该技术的使用，减少了钻井的数量，减少了总成本，提高了产量与经济回报。钻井液的优化对机械钻速的提高和减少环境影响起到关键作用，不同的盆地，不同的页岩，甚

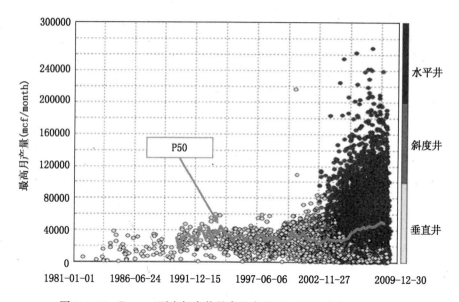

图 1.4.10　Barnett 页岩气多井最高月产量图（据 Tollefsen，2010）

绿色线显示了平均产量，2002 年之前的井大都是垂直井，2004 年后的井大都是垂直井。参见书后彩页

至同一口井的不同层段都需要合适的钻井液。

1.4.5.4.3　水力压裂技术

现在普遍认为，未经压裂的水平井一般不产气（除非井筒穿过了大量的裂缝），所以，虽然 1992 年就在 Barnett 页岩中进行了第一次的水平钻井，但是由于没有进行压裂，导致水平井的产量还不如垂直井，这也直接导致了最后被证明是页岩气开采的关键技术的水平井的推迟使用（Montgomery 等，2007）。水力压裂技术先于水平井在页岩中使用，也是这种技术直接推动了页岩气的开发。在 Barnett 页岩中，先后使用了泡沫压裂，凝胶压裂，水力压裂，重复压裂，同步压裂等压裂技术。其中，凝胶压裂到水力压裂的过度节约成本 50%～60%，效果却明显好于凝胶压裂，在页岩中可以形成复杂的裂缝网络（图 1.4.11）。自 1998 年以来水力压裂一直是页岩气开采的主要压裂方式，并且已经被业界公认为是页岩气开发的必备手段。

对于开采数年，产量下降的井，大都使用重复压裂技术进行多次压裂，即对老井进行再一次压裂，在原来没有裂缝的位置造缝，将还留在页岩基质中的吸附气释放出来。重复压裂后的产气量往往比初次压裂后的产量还高（Montgomey，2005），Barnett 及 Marcellus 页岩中有些井已经进行过十次以上的压裂。

同步压裂是目前最新的压裂技术，实质上，它是对数口水平井进行同步压裂，使其形成连通的裂缝网络。据 Woodford 页岩的经验来看，同步压裂在增加页岩气最终产量上的作用不大，但是能够提高产气速率，节省费用（Waters，2009）。

压裂液中的添加剂及支撑剂的选择对压裂的成功与否起到关键的作用，常用的添加剂有凝胶、交联体聚合物、减阻剂、破胶剂、表面活性剂等；较常见的支撑剂有砂，低密度的陶瓷颗粒，矾土凝结砂，现在逐渐发展起来一种以树脂处理过的经高温加工过的胡桃壳为主的超轻支撑剂，对压裂的质量会有较大的帮助。

压裂过程中监测必不可少，近井的温度与示踪剂检测法，生产测井等依然常用；测斜仪

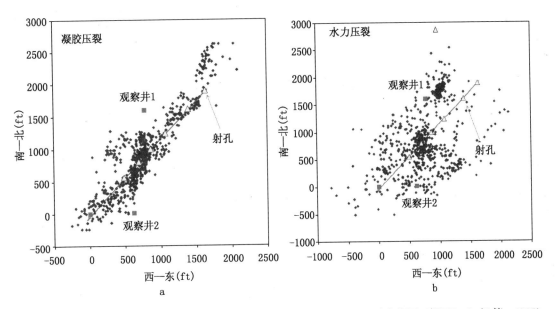

图 1.4.11　使用凝胶进行压裂（a）与使用水进行压裂（b）得到的微地震成像图（据 Warpinski 等，2005）
参见书后彩页

和微地震在压裂过程中起到的监控作用越来越大，尤其是微地震技术，即可在压裂过程中进行实时监测，又可以管理压裂过程和进行压裂后的分析。

1.4.5.4.4　完井技术及其他

完井方法的关键是使用合适的处理液及处理工具，在不破坏储层的情况下尽量快速、高效的完成完井作业。对于稳固的页岩，许多作业者选择裸眼完井，这样，对储层改造中使用的封隔器就有一定的要求。各大石油公司都有自己独特的先进的封隔技术。较为先进的有针对裸眼井的膨胀封隔器。还有比较先进的一次性滑套封隔处理系统。

开发过程中还使用到许多先进的其他技术，比如储层模拟技术、诱导裂缝数值模拟技术、产量分析技术等。这些对页岩气开发都极为重要，储层模拟是使用数值方法，模拟压裂过程中及其后储层中的压力变化，为设计压裂处理提供参考。裂缝模拟技术可以预测裂缝在三个方向上的几何伸展，即预测裂缝的长度、高度以及可能的延伸方向等，允许地质学家和工程师通过设置不同的参数来进行压裂设计（支撑剂的体积、类型、流体及添加剂）来评估裂缝在储层中的发生、传播。

1.4.6　天然气水合物

天然气水合物（又称"可燃冰"）是甲烷等烃类气体和水在低温高压环境下形成的类冰状结晶化合物。1m³ 的天然气水合物常温常压下可以分解出约 164m³ 天然气。自然界中天然气水合物的主要成分是甲烷，燃烧对环境几乎没有任何污染，是一种高效清洁的能源。

天然气水合物最早引起人们的广泛关注是在 20 世纪 30 年代，美国在阿拉斯加布设的天然气运输管道经常发生堵塞，工程师将管道剖开后发现堵塞管道的是奇怪的"冰块"，并且具有很强的燃烧能力，当时做了大量的研究、尝试了很多的办法（像对流体加热、添加化学试剂等）用于消除堵塞管道的天然气水合物。

随着自然界中天然气水合物在加拿大 Mallik 三角洲、俄罗斯西伯利亚冻土带等区域相继被发现，人们意识到天然气水合物很可能在自然界广泛分布。他们推测，在自然环境下，如果满足一定的温度压力条件、在气源和水充足的条件下水合物就有可能形成。此后，人类投入了大量的精力用于全球天然气水合物的勘探，地球上的水合物矿藏不断被发现。其中最著名的有由多个国家和机构联合发起的人类历史上最伟大的三次海洋钻探计划（深海钻探计划 DSDP，大洋钻探计划 ODP，综合大洋钻探计划 IODP）。三次海洋钻探在揭示全球海底地质变迁和构造运动的同时也推动了水合物的研究，尤其是对世界陆缘不同站点取心和测井数据为水合物研究提供了重要资料。除此之外，许多国家和地区（比如：美国、加拿大、日本、中国、印度、韩国等）相继启动了一系列的水合物专项研究计划，对具体盆地的水合物资源进行评价，其中较为典型有美国阿拉斯加北斜坡带、墨西哥湾以及日本 Nankai 海槽的实地取心和地质调查分析。

自然界中天然气水合物赋存于海底沉积物和永久冻土带中。从全球水合物资源分布来看，天然气水合物在海底储层的资源量占总资源量的 98％左右，图 1.4.12 显示经钻探证实和通过地震资料识别的全球水合物资源分布。自然界中水合物资源非常丰富，据统计，全球天然气水合物的含碳量约为其他已探明化石能源（煤，石油，天然气）含碳量的两倍。天然气水合物是迄今为止所知的最具价值的海底能源矿产资源，很可能在 21 世纪成为煤、石油、天然气之后的替代能源。

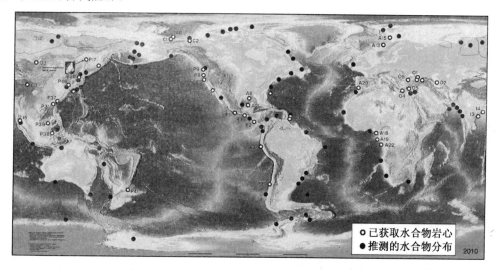

图 1.4.12　全球天然气水合物分布预测图

白色点区域大部分为通过实施科学钻探取心发现，黑色点区域为地震成像 BSR 以及测井预测

资料来源 Kvenvolden K A 和 Loren T D, 2010. A global inventory of natural gas hydrate occurrence，USGS. http://walrus.wr.usgs.gov/globalhydrate/index.html

1.4.6.1　水合物勘探开发面临的巨大挑战

天然气水合物作为一种巨大的潜在能源，对面临能源危机的人类来讲，无疑具有极大的吸引力，天然气水合物的研究引起了空前重视。然而，由于水合物的特殊性质，水合物的勘探开发面临着巨大挑战。

在勘探方面，地震资料似海底反射（BSR）是用来证明海底存在水合物的最常见证据。然而，BSR 只是由于上下沉积层速度差异形成，有 BSR 并不一定代表存在水合物。并且，对断裂和泥火山等构造有关的水合物矿藏，其 BSR 特征往往不明显或者不存在。在这种情况下，人们尝试了大量其他技术用于水合物的勘探测试，宗旨是："尝试所有可能途径，看最后有什么收获"，经过长期积累，一些勘探技术（比如：电磁勘探、地化勘探和海底微地貌探测等）起到了意想不到的效果。当然，最直接有效的方法还是通过钻探的测井记录和取心分析，然而，受水合物赋存所需温度压力条件限制，很难保证实验室测井资料和岩心分析结果能真实反应原位地层信息，保温保压取心和随钻测井技术的发展为水合物研究提供了有利条件。

在开发方面，水合物的特殊性质决定其主要赋存于冻土带和深海海底，水合物开采面临的挑战有以下几个方面：首先，开采成本过高问题并没有得到很好解决，注热法、降压法和注化学试剂法普遍存在的问题是代价太高，水合物开采还需要大量探索和研究寻找持续有效、有生命力的开采方式；其次，对天然气水合物的形成机理及分解的动力学机制并不十分理解；并且，伴随水合物开采还有其他潜在的风险，比如：可能破坏海底沉积物的稳定性，引发海底滑坡和海啸等地质灾害，甲烷气体的大量泄露会造成环境污染，进入海水消耗掉大量氧气造成水生动物的大面积死亡，进入大气引发温室效应等问题。目前，世界各国对天然气水合物的开采研究都采取非常谨慎的态度。

1.4.6.2 水合物成藏系统

随着勘探技术的进步，水合物相关的一些新的和细节信息得以发现，更新了对水合物成藏理论的认识。之前，地震 BSR 被作为海洋中水合物存在的标志；近期勘探引入了油气成藏系统的观点对水合物成藏进行评价，包括气源、运移通道、储集空间以及盖层和封堵。水合物成藏系统包含所有这些要素并且需要合适的温度压力条件以及水的来源而更为复杂。

（1）水合物的稳定性。

水合物稳定性主要受温度和压力的影响。温度主要取决于地温梯度的变化，压力主要是静水孔隙压力梯度，然而储层中也有一些过压力区域的存在导致水合物稳定带增厚。其他因素，像水合物气体成分、孔隙水盐度也会影响水合物稳定的相平衡条件，如乙烷、丙烷的存在让水合物可以在更高温度下存在，从而增加水合物稳定带厚度，孔隙水盐度的增加让水合物更容易分解而降低水合物稳定带厚度。

（2）气源。

大部分深海沉积物中水合物气源为生物成因，但在墨西哥湾、Mallik 三角洲、黑海等一些地区也存在热成因气源。生物成因的甲烷通常比热成因甲烷具有更低的碳同位素。两者在气体成分上也有差别，生物成因气体一般为纯净的甲烷，由微生物醋酸根发酵或者对 CO_2 还原生成；热成因气体成分比较复杂，包含乙烷、丙烷以及一些更大类型的气体分子。

（3）储层特征。

Sloan 和 Koh（2008）总结了水合物有四种储层类型：（1）弥散型；（2）结核型；（3）充填裂缝或者作为薄层；（4）大量型（主要为直接堆积在海底表面）。总体上，只要有充足的气源和水的供应，水合物就有可能形成，然而，最有价值的储层还是分布于粗颗粒沉积物中。Bosswell 和 Collett（2006）建立了水合物资源分布金字塔，论述水合物不同的储层类型、各种类型在自然界中的含量、各类储层品质和开发难度等的细节信息。

1.4.6.3 水合物勘探开发技术新进展

（1）取心及其岩心分析技术。

水合物在压力温度变化超出稳定的相边界条件时随即发生分解。因此，理想的水合物取心技术应该做到保温保压，而实际上只能做到保压，岩心温度的变化只是被控制到尽可能小。以保温保压取心为目标开发的 PCS，PTCS 以及 HYACE 取心技术采用不同的工作原理，在适用性上各有优缺点。

水合物岩心分析技术主要包括岩性地球化学成分分析以及岩心恢复两个方面。岩心地球化学分析包括孔隙水离子浓度分析、气体成分判别、甲烷含量测试几个方面。岩性恢复主要为岩心热成像分析（IR）技术，通过对刚获取的岩心进行红外扫描获取温度分布数据，从而对水合物分解产生的冷点进行恢复。

（2）测井技术。

测井技术在水合物勘探中占据非常重要地位。水合物测井技术主要有电缆测井以及随钻测井，前者是在钻井结束之后进行，后者是在钻井过程中测量。随钻测井是在钻井过程中直接测量，可以避免受钻井液浸泡和井筒清理等行为对井筒周围地层性质的影响，并且能得到海底浅层的测井信息，而这部分地层常常发育有天然气水合物层。然而，随钻测井的垂向分辨率不如电缆测井。

测井技术通过对储层弹性性质异常区域的分析识别水合物。比如，利用纵、横波速度以及电阻率升高等特征，还有其他一些辅助判别依据（像伽马，孔隙度和密度测井）用于识别岩性特征。通过核磁共振（NMR）、声波衰减，以及电阻率的裂缝成像测井综合分析可以进一步判断水合物的存在。

（3）岩石物理模型。

通过理论岩石物理模型可以建立起水合物饱和度与储层物理性质（纵、横波速度，电阻率）的联系。建立模型的途径很多，最直接的办法是建立起估算参数与实测数据的经验关系式。然而，经验关系式只适用于井筒周围区域；另外一种途径是使用时间平均或者是权重时间平均方程，这类分析并没有深入考虑水合物饱和度变化对储层弹性性质影响的确切机理，只是建立水合物饱和度与沉积物弹性性质变化的模型，建模方法包括有效介质理论和三相 Biot 理论。

（4）地震勘探技术。

水合物勘探最普遍使用的地球物理技术是地震处理和成像技术。海上勘探中，地震 BSR 经常被用作水合物存在的标志。然而，目前主要以深层油气勘探为目标（尤其在 Mallik 地区、阿拉斯加北斜坡带、墨西哥湾）的海上三维地震资料在研究水合物时候还存在一些明显缺陷：

首先，这些数据的采集并不是以浅层成像为目的，存在频率低，面元过大的缺点；未来水合物地震采集技术必然朝着高频率，小面元以提高垂向和横向分辨率。

其次，声波地震资料不能解决水合物在地层中的赋存状态问题。水合物不同的赋存状态对应不同的岩石弹性性质，当水合物分散于孔隙流体时，储层纵波速度增加而横波速度基本不变，当水合物作为骨架支撑或者胶结沉积颗粒时，储层纵、横波速度均会增加。海底地震勘探技术（OBS，OBC）将检波器直接置于海底，可以得到转换横波信息，成为水合物勘探的未来发展方向之一。

此外，由于地震 BSR 存在多解性问题，通过 BSR 并不能得到地层中水合物的饱和度信息。假设存在两种物理模型：第一种，上覆高饱和度水合物层和下覆低饱和度游离气层；第二种，上覆低饱和度水合物层和下覆游离气层。由于储层含少量游离气就可以引起储层速度的巨大变化，上述两类模型的 BSR 响应特征可能近似。因此，在水合物勘探过程中，很难判别 BSR 异常是高饱和度的水合物引起或者是游离气引起。对不同地区，水合物饱和度研究将借助于区域岩石物理分析和地震正演的分析研究，此外，还可以依据海洋电磁和地化探测的方法。

（5）海洋电磁勘探技术。

海洋可控源电磁法（m－CSEM，marine control－source electromagnetic）是一种通过在近海底或海底人工激发并接收电磁场信号测量海底地层电阻率的方法。近 10 年来，已成功地将其应用于海洋油气的勘探以及海底浅层地质构造成像。这项技术最初仅限于学术研究，并没有工业应用。20 世纪 90 年代，随着人类油气勘探从陆地走向海洋，在深海环境下勘探面临着诸如地震技术的不完善，深海探井造价昂贵等的技术上及经济上的挑战，使得人们不得不寻求以别的方式采集数据体，以求获得更多的信息，降低勘探风险。海洋 CSEM 作为对油气的直接探测逐渐走向深海油气勘探工业应用。随着技术的不断发展与进步，在 2000—2002 年，海洋 CSEM 被证明能够成功的对目标层进行电阻率评价，深度可达到几千米深。海洋 CSEM 技术的快速发展使其与三维地震相结合成为目前海洋油气勘探的重要手段（Constable 和 Srnka，2007）。

天然气水合物作为在一种在未来极具潜力的海洋油气资源，受其特殊的温度压力条件限制，一般存在于海底表面或海底浅部地层，与周围孔隙海水相比具有很高的电阻率。这使得它非常适合于使用 CSEM 进行勘探。此外，海洋 CSEM 技术还可以得到天然气水合物的体电阻率，并能计算出水合物的含量，能够识别地震上所不能识别的部分水合物沉积，有效地提高了钻探成功率，降低勘探风险，节约勘探费用。

（6）水合物生产模拟技术。

试采研究是现阶段为水合物走向未来商业化开采之路的重要手段。水合物开采考虑的是首先打破水合物相平衡条件，造成水合物的分解，再用常规气藏的开采方法进行采集。2007 年由日本、美国、德国等联合发起的对加拿大西北部 Mallik 地区的联合试采实验中，通过对钻井注入热水的方法虽然成功的开采出了天然气，但是存在明显缺陷，整个开发过程热利用效率低，大部分能量被用于水合物分解无关的围岩。

此外，人们对天然气水合物藏开采提出了很多有价值的开采模型，并进行了大量的模拟实验研究，具有代表性的天然气水合物生产模拟技术主要包括：（1）由 Moridis 等（2003）开发的 TOUGH＋HYDRATE 代码；（2）由东京大学和日本能源公司开发的 MH－21HYDRATES 代码；（3）由大西洋西北国际实验室开发的 STOMP－HYD 代码；（4）水合物商业开发软件 CMG－STARS（STARS 计算机模拟组，2008）；（5）Hydrate Res Sim（基于 TOUGH 早期版本的开放源代码）；（6）由 Hong 和 Pooladi－Darvish（2005）开发的 Hydrsim 模拟软件（部分基于 CMG－STARS）。所有这些代码都设计成为信息交互方式，目的是提高对实验研究和实际生产的模拟能力。

Mallik 地区的生产测试（注热法、降压法和小范围的动力学测试）提供了大量数据用于长期开采的模拟和预测研究。通过与 Mallik 地区 2002 年实测数据的拟合，Hankock 等（2005）和 Kurihara 等（2005）发现水合物储层在降压后的响应特征与传统的高孔隙度低渗透率储层类似。然而，在水合物的形成和分解的热力学和动力学机理尚不清楚的情况下，模型的研究并不能完整的模拟天然气水合物的开采过程。

1.4.7 非常规资源量、储量重新统计

1.4.7.1 资源量估算

从公开出版的报告来看，不同组织和个人得到的非常规天然气资源量评价数据存在较大差别。最早的全球非常规天然气资源量评价结果是 Kuuskraa 和 Meyers 在 20 世纪 80 年代

早期所做，他们估计，美国和加拿大的非常规天然气资源量大约为2000Tcf，其中技术可采资源量为570Tcf。世界其他地区的非常规天然气技术可采资源量为850Tcf。第二个对非常规天然气的综合评价结果，是在美国科罗拉多州的"全球天然气资源研讨会（Workshop on Global Gas Resources）"上提出的。Rogner在1997年，发表了他关于全球非常规天然气资源量评价的最新结果（Rogner，1997）。根据他的研究，世界上煤层气、页岩气和致密砂岩气总资源量是32598Tcf。这个数据和USGS的数据相比，是他们1993年提出的19829Tcf的1.6倍，是2000年提出的15401Tcf的2.1倍。Yuko Kawata和Kazuo Fujita（2001），在2001年，修正了Rogner的数据，并对相同分区体系给出了新的评价结果。

在充分分析来自于不同组织和个人的数据后，笔者对世界非常规油气区做了重新划分，并在前人基础上提供了一个关于世界非常规油气资源量的重新评估结果（表1.4.2和图1.4.13）。新的油气区和地理区域上的大洲更为一致，分别为：拉丁美洲、北美洲、欧洲、非洲、中东、亚洲（不含中国）、前苏联、大洋洲和中国。对于非常规石油资源量的估算主要来自于WEC和USGS（WEC，2007；Meyer，2007）。而其中加拿大和美国的详细数据则分别来自于CNEB（2008）和EIA（2008）。对于非常规天然气资源量的重新估算主要参考Rogner、Yuko Kawata和Kuuskraa的数据（Kuuskraa，2004），以及美国最新的关于非常规天然气证实储量的数据（EIA，2009；EIA，2008），并在他们的数据基础上做了合并和修改。关于中国非常规油气资源量的详细估算数据，其主要来源是中国国土资源部主持的，国家第三次资源评价结果（MLR，2007）。

表1.4.2　全球非常规油气资源量估算

地　区	非常规石油（$\times 10^9$ bbl）			非常规天然气（Tcf）		
	页岩油	油砂油	超重油	煤层气	页岩气	致密砂岩气
北美洲	2100.47	1731.61	2.97	3143	4000	1425
拉丁美洲	82.42	0	2258.19	40	2203	1350
欧洲	99.79	2.11	14.28	290	570	450
非洲	159.24	12.97	0.5	40	290	835
中东	38.17	0	0	0	2650	835
亚洲（不含中国）	10.98	4.49	8.84	488	3700	660
前苏联	287.27	761.1	0.17	4123	650	940
大洋洲	31.75	0	0	490	2400	730
中国	87.81	16.55	8.88	802	300	490
世界	2897.9	2528.83	2293.83	9416	16763	7715

非常规石油在各个大油气区分布非常不均匀。页岩油和油砂油主要分别分布在美国和加拿大，超重油主要集中在拉丁美洲的委内瑞拉（图1.4.13）。就非常规天然气的资源量分布而言，分为两个级别：北美洲、前苏联和亚洲（包括中国）是第一集团，有大量的煤层气、页岩气和致密砂岩气；拉丁美洲和中东属于第二集团。和非常规石油相比，非常规天然气的分布情况有利于其安全有效的开发利用。

1.4.7.2　储量及产量估算

笔者考虑世界非常规石油和天然气1860—2007年的累积消费量数据，将历史数据划分

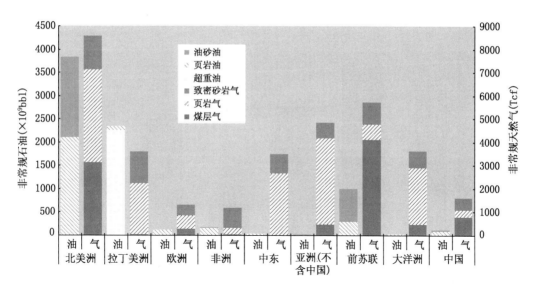

图 1.4.13 全球非常规油气资源量估算
参见书后彩页

为两个部分：1860—1997 年和 1998—2007 年。前一个阶段的数据主要来自于文献中的数据，其中非常规石油的消费量为 470×10^8 bbl，非常规天然气的消费量 28Tcf（Rogner，1997；Kuuskraa，2004；Nakicenovic，Riahi，2001；Kuuskraa，1998）。1998—2007 年间的数据按照不同类型的非常规油气，分类统计。

页岩油生产国家为中国、巴西和爱沙尼亚，且 2005 年日产量为 68.4×10^4 t（WEC，2007；Dyni，2006）。考虑页岩油的 API 为 20（6.75bbl/t），世界 2005 年页岩油的产量为 16.9×10^8 bbl。尽管不知道每年具体的产量数据，但是可以认为这些国家的产量是稳定、并且稳步增长的。因此，估算这 10a 间年产量递增率为 5%，则这期间页岩油的总产量为 151.1×10^8 bbl。

根据资源分布特征，油砂油和超重油最主要的生产国分别是加拿大和委内瑞拉。加拿大油砂储量占世界总量的 70%，主要沉积富集在 Athabasca、Cold Lake 和 Peace River。在 2006 年和 2007 年间，原地开发油砂油产量为 9.6×10^8 bbl。1998—2005 年底，油砂油累积产量为 50.4×10^8 bbl，因此，10a 间总量为 60×10^8 bbl。

超重油富集沉积在委内瑞拉 Orinoco 带，占世界已知超重油储量的 98%。如前所述，可采资源量为 2720×10^8 bbl。WEC 和 USGS 分别对 Orinoco 带进行评价，公布可采储量数据分别为 586×10^8 bbl 和 513×10^8 bbl。1998—2005 年底，超重油累积产量为 163.85×10^8 bbl。2008 年，委内瑞拉官方报道称，Orinoco 重油带日产量已经达到 60×10^4 bbl（2.2×10^8 bbl /a）。因此，10a 内总产量为 169.85×10^8 bbl。

根据加拿大能源委员会 2007 年的报告，现有油砂油的证实储量为 275×10^8 m³（1734×10^8 bbl），再根据加拿大油砂资源占世界资源的比例可知世界范围油砂油的确定储量应为 2529×10^8 bbl（图 1.4.14）。综合分析来自于不同组织的超重油数据，以及委内瑞拉重油资源量的情况，可知世界范围内超重油的证实储量应为 68.8×10^8 bbl（图 1.4.14）。

美国的油页岩资源最为丰富，但并没有真正进入商业开发阶段。根据油页岩常规开发技术分析可知，资源量转化为储量的平均比例是 7%，从油页岩中提取页岩油的平均比例是 6%。因此，世界页岩油的证实储量为 2028.5×10^8 bbl（图 1.4.14）。

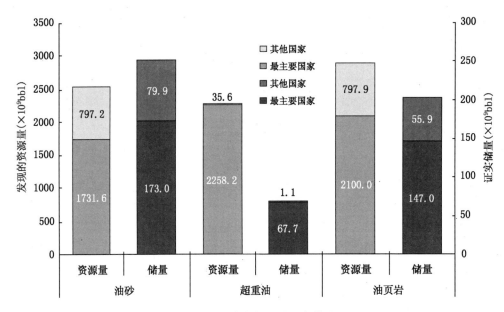

图 1.4.14　非常规石油证实储量

综合分析现有的非常规天然气的数据和技术资料，目前主要非常规天然气生产国是美国。其中，煤层气和页岩气的大规模生产只有美国，因此世界这两类非常规天然气产量即美国产量。通过对比 2000 年、2004 年和 2007 年美国天然气产量（图 1.4.15），致密砂岩气是主体，占美国非常规天然气总产量 70%。美国非常规天然气的产量约占世界总产量的 75%。从 1998—2007 年，美国的总产量约为 62.5Tcf。因此，世界非常规天然气的总产量约为83.3Tcf。根据非常规天然气资源量数据，假定资源量和可采储量的转化比例为 20%，则储量为 6778.8Tcf。表 1.4.3 中列出了从 1860—2007 年全球非常规油气消费量和证实储量信息。

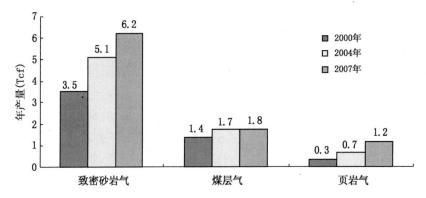

图 1.4.15　美国非常规天然气产量

表 1.4.3　世界非常规油气资源消费量和证实储量表

时　期	消费量（×10⁸ bbl/Tcf）			证实储量	
	1860—1998 年	1999—2007 年	1860—2007 年		
非常规石油	47	38.1	85.1	525	
非常规天然气	28	83.3	111.3		6778.8

通过收集、对比和分析世界上不同油气研究机构组织的数据，笔者在计算 1861—2007 年非常规油气的消费量，估算世界范围内非常规油气的证实储量之后，认为世界非常规石油证实储量为 $5000 \pm 1000 \times 10^8 bbl$，非常规天然气证实储量为 $7000 \pm 500 Tcf$。尽管最终可采出非常规油气资源仍是未知数，但是，这些有用的数据是基础，并且随着技术的进步和对它们的了解，预期非常规油气将是未来石油天然气供应的一个巨大的潜在资源。

1.4.8　成本—技术—资源量分析框架及评价

1.4.8.1　分析框架建立

成本（Cost）和技术（Technology），是影响非常规油气资源不确定性的两个方面，两者存在相互制约的关系。笔者所采用的分析方法，是针对世界主要地区级别的非常规油气资源量的成本—技术—资源量评价，综合考虑了非常规油气的成本、技术和资源量三个因素。

世界非常规石油资源地区分布集中，对资源量情况的掌握较确切，因此评价非常规石油的最主要因素是技术和成本。超重油和油砂油分别主要集中在委内瑞拉和加拿大，在此笔者评价其最主要的两类技术——就地开采和露天开采。页岩油开采方法较多并且应用于不同国家，因此评价这些国家所特有的技术。而非常规天然气资源分布主要集中在北美、前苏联、亚洲，其次是大洋洲、南美和中东，因此主要评价这些地区的非常规天然气资源。

笔者设计了一个对多个单位（国家或地区）快速有效的系统性评价体系，虽不复杂，却严谨细致。把技术和成本评价各归于四个因素，分别对其赋值。

成本分析评价的四个属性，目的在于评价政治、商业和政府财政成本方面：（1）操作；（2）交通；（3）单独税率请求的行政负担；（4）对环境的影响。技术分析评价的四个属性，主要集中在技术、操作和金融方面：（1）资源开发程度；（2）技术发展；（3）操作容易程度；（4）能源利用效率。具体构成模块见图 1.4.16。

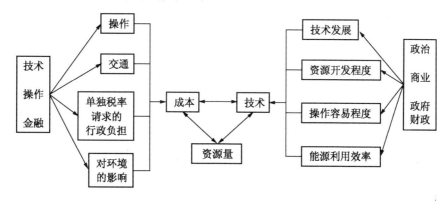

图 1.4.16　成本—技术—资源量分析框架构成

在此，应用一个简单的评分体系，使得评价过程更快速、更透明。下面应用五个级别来评价技术和成本因素（图 1.4.17）。以零点为中心，向两个方向扩展。这样可以涵盖所有不确定的技术和因素的取值。其中 1 分对应低等技术/成本，3 分对应中等技术/成本，5 分对应高等技术/成本，2 分和 4 分介于之间。

评价展示使用气泡图，用横纵坐标轴分别表示成本和技术，用气泡的大小表示非常规油气资源量，这样就将评价中三个核心因素联系起来。在气泡图上，这种半定量方案的优势在于，可以将不同成本和技术情况区分开。有助于对每个评价单元的分值做出清晰的描述，减

图 1.4.17 成本—技术—资源量分析的评分系统

少随机性，提高精确度。同时，对于每个数值可以做出更精确的定义。

如果对于技术和成本两方面中的各五个因素采用 1 分至 5 分的五分制评价，那么技术和成本两个方面的总分值将介于 4 分至 20 分之间。评价后得到的总分减 4 再乘以 25/4，则总的技术和总的成本得分将转化为 0 分至 100 分的百分制体系，这种体系相对更加容易进行解释和对比。把各大地区的油气国家得分汇总在一起，加权平均后，就可以很容易得到各大地区的评价分值。如何对技术和成本中的四个因素赋值，取决于分析者对于各个国家和地区的油气资源评价和认识。

1.4.8.2 评价结果

在全球范围内应用这种简单的分析体系，资源的主要持有国家可以应用技术—成本指标进行评估，从而得到有关其资源量评估的结果。针对这点，图 1.4.18 展示了对于油砂油、页岩油和超重油资源主要拥有国美国（页岩油）、加拿大（油砂油）、委内瑞拉（超重油）、中国（页岩油）、巴西（页岩油）、爱沙尼亚（页岩油）和澳大利亚（页岩油）的技术分析结果；图 1.4.19 展示了南美（页岩气和致密砂岩气）、北美（页岩气、致密砂岩气和煤层气）、亚洲（页岩气、致密砂岩气和煤层气）、前苏联（煤层气）、中东（页岩气）和大洋洲地区（页岩气）的页岩气、致密砂岩气和煤层气的评价结果。

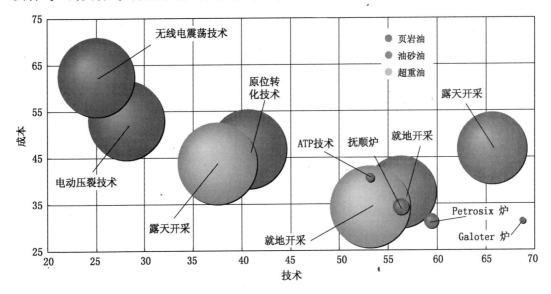

图 1.4.18 非常规石油成本—技术—资源量分析

如图 1.4.18 所示，笔者分析了页岩油在美国（就地转化技术、电动压裂技术和无线电频率技术）、中国（抚顺炉）、巴西（Petrosix 炉）、澳大利亚（ATP 技术）和爱沙尼亚（Galoter 炉）所采用的主要技术。就美国所采用的三项技术而言，就地转化技术（ICP）未来前景光明，而目前最经济的露天开采干馏技术则是爱沙尼亚的 Galoter 炉。对于加拿大的油砂油而言，就地开采技术成本低于露天开采，但是后者技术更为成熟。对于委内瑞拉的超重油，就地开采技术更先进并且成本低于露天开采。

对于非常规天然气资源，笔者分析了致密砂岩气在北美、南美和亚洲的情况；煤层气在北美、前苏联和亚洲的情况；页岩气在北美、南美、亚洲、大洋洲和中东的情况。具体结果见图 1.4.19。通过成本—技术—资源量分析，三种非常规天然气之间存在阶梯关系：最优为致密砂岩气，其次为煤层气，第三为页岩气。在美国近 40 年非常规天然气开发历史中，致密砂岩气的核心开发技术可以提高成功率和经济效益。许多技术在世界范围内被广泛应用，使得许多地区的致密砂岩气的开发变得更加经济。从数量上考虑，页岩气在三种非常规天然气中资源量最大。目前，页岩气仅在北美实现工业开采，且成本高于致密砂岩气。但是，煤层气的开发对采煤安全和环境保护具有优势，并且利用得更好。因此，降低煤层气和页岩气的开发成本，使得它们的开发利用更为经济可行，迫在眉睫。现在，天然气价格的上涨和钻井技术的改进将刺激煤层气和页岩气在全世界范围的开发利用。

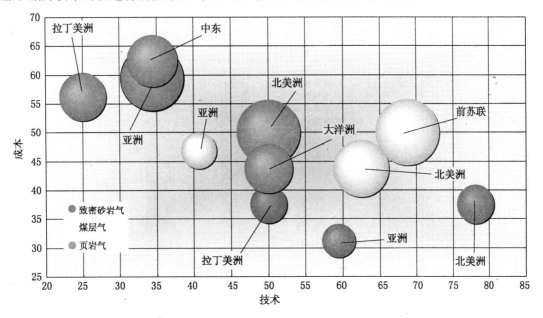

图 1.4.19 非常规天然气成本—技术—资源量分析

对于三种非常规石油资源，提高价值、降低成本并减少对环境影响的技术将会对产量日益增长的油砂、超重油和页岩油的开发产生最积极的影响。有很多种方法都在试图达到这样的目标，但是并没有一种可以适用于各种非常规石油资源开发的简单且易于操作的方法。对于三种非常规天然气资源，致密砂岩气是最有前景的资源，煤层气优于页岩气。其中致密砂岩气占非常规气的主体，但是，天然气价格的上涨和钻井技术的改进将刺激煤层气和页岩气在全世界范围的开发利用，21 世纪煤层气和页岩气的发展前景广阔。

1.5 世界油气能源峰值预测及分析

完成对石油天然气储量、产量的预测后，考虑总资源量的下降曲线与总消费量的上升曲线的交点，即年产量的峰值。峰值过后，油气产量开始下降，更加不能满足消费需求。如果不尽早采取缓解措施，可能会使人类社会进入前所未有的困境。

1.5.1 油气资源峰值预测

1.5.1.1 全球油气资源情况

根据前面所述相关内容，对世界常规油气和非常规油气证实储量和产量整体统计如下（图1.5.1.1和表1.5.1）。

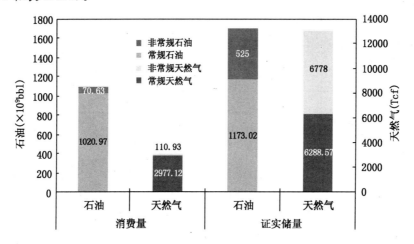

图1.5.1 油气资源总消费量和证实储量

表1.5.1 油气资源消费量和证实储量

时期	消费量（石油：×10⁹bbl；天然气：Tcf）						证实储量（单位与消费量相同）
	1860—1998年		1999—2007年		1860—2007年		
常规石油	782	—	238.97	—	1020.97		1173.02
非常规石油	47	—	23.63	—	70.63		525
石油总量	829	—	262.61	—	1091.61		1698.02
常规天然气	—	2228	—	749.12	—	2977.12	6288.57
非常规天然气	—	28	—	82.93	—	110.93	6778
天然气总量	—	2256	—	832.05	—	3088.05	13066.57

统计时间考虑世界常规和非常规石油和天然气1860—2007年的数据。历史数据划分为两个部分：1860—1998年和1999—2007年。前一个阶段的数据主要来自于文献中的数据，其中常规石油的消费量为7820×10⁸bbl，常规天然气的消费量为2228Tcf（Rogner，1997；Kuuskraa，2004；Nakicenovic和Riahi，2001）。1999—2007年的消费量数据来自于BP Statistics Review，石油是2626.1×10⁸bbl，天然气是832.05Tcf（BP，2010）。

世界油气资源中还有一部分资源必须考虑，那就是对于证实储量之外的潜在储量。对此，笔者采用了 2000 年 USGS 评价更新系统（World assessment update）（USGS，2000）中提供的潜在石油和天然气数据，石油和天然气资源量分别是 10231.3×10^8 bbl（石油和液化天然气资源之和，液体能源）和 5518.62Tcf。其中美国的数据来于 2008 年 USGS 最新评估（National assessment update）（USGS，2008）（表 1.5.2）。

表 1.5.2　潜在油气资源统计（USGS，2000；USGS，2008）

地　区	潜在石油资源 （$\times 10^9$ bbl）	潜在液化天然气资源 （$\times 10^8$ bbl）	潜在天然气资源 （Tcf）
中东和北非	229.50	81.88	1368.57
撒哈拉沙漠以南的非洲	71.51	0.04	231.5.29
欧洲	22.29	13.67	312.36
前苏联	117.49	59.02	1612.30
北美洲（不含美国）	86.97	12.34	260.91
北美洲	134.47	12.34	733.81
拉丁美洲	109.21	21.06	496.42
亚洲和大洋洲	29.78	11.5.38	379.34
南亚	3.58	2.60	119.61
世界	804.80	218.33	5518.62

证实储量和未发现资源量之和，笔者称为未来石油总资源量（Future total oil resource）和未来天然气总资源量（Future total gas resource）。

1.5.1.2　数据模型预测不同情形下油气峰值

结合数据模型的认识，峰值时刻即累积产量（Cumulative production，NP）和剩余可采储量（Remaining recoverable reserves，NRR）相等的时刻，这一时刻同时也是总可采储量达到一半的时刻。因此有

$$N_P = N_{RR} = \frac{1}{2} N_R \tag{1.5.1}$$

根据前面所述相关的数据结果，应用数据模型对不同情形下的油气峰值进行预测。对于未来储量和消费量的变化率，在此主要参考 2000 年以后的数据。通过分析年消费量和储量数据，得到石油的消费量和证实储量年增长速率平均值分别为 1.59% 和 2.36%；天然气消费量和证实储量年增长速率平均值分别为 2.67% 和 2.91%。峰值时刻的预测结果如图 1.5.2 和图 1.5.3 所示。表 1.5.3 对所有情形进行了总结。

如图 1.5.2 所示，对于常规石油的两种情形，在前述 3.3.7 中已经进行说明。对于总的石油证实储量，即考虑已统计数据的常规和非常规石油，那么，同样有两种情形：不考虑石油储量增长，则石油产量的峰值年份将是 2016 年；考虑石油证实储量增长，则石油产量的峰值年份将是 2021 年；考虑未来石油资源，即石油资源总量为已有证实储量和潜在资源之和，则石油产量将在 2022 年达到峰值。总体来看，石油峰值将在 2020 年前后到来。

图 1.5.3 展示不同情形下天然气峰值时刻。同样，对于常规天然气的有两种情形，在前述 3.4.7 中已经进行说明。对于总的天然气证实储量，即考虑已统计数据的常规和非常规天

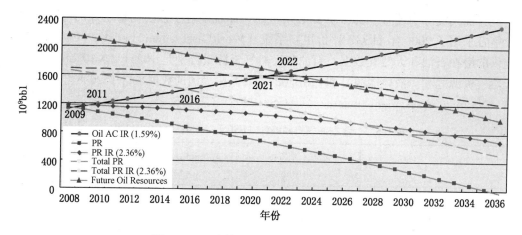

图 1.5.2　不同情形下的石油产量峰值时间

AC—累积消费量，AC IR—消费量增速；PR—常规证实储量，PR IR—常规证实储量增速；Total PR—非常规和
常规证实储量之和，Total PR IR—非常规和常规证实储量之和增速；Future Resource—未来资源量。参见书后彩页

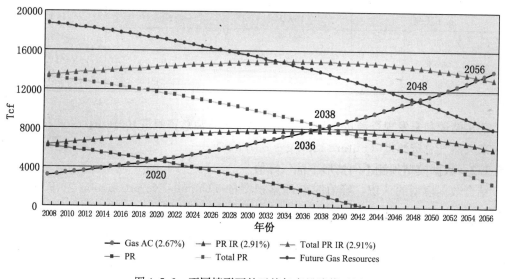

图 1.5.3　不同情形下的天然气产量峰值时间
参见书后彩页

然气，那么，同样有两种情形：不考虑天然气储量增长，则天然气产量的峰值年份将是
2038 年，和非常规天然气后一种情形时间接近，这是因为 30a 后天然气消费量已经远远高
于现在水平；考虑天然气储量增长，则天然气产量的峰值年份将是 2048 年。如果考虑未来
天然气资源，即天然气资源总量为已有证实储量和潜在资源之和，则天然气产量将在 2056
年达到峰值。

　　另外，根据前述储量—产量平衡模型对储采比的分析可知，石油/天然气储采比小于 12
是一个相对重要的界限，这个界限被认为是一个国家、地区或油田产量的警戒线。表 1.5.3
展示前述数据模型预测中不同情形下达到产量峰值年份的储采比和警戒线年份的储采比及
时间。

表 1.5.3　不同情形下峰值时间

类型	考 虑 情 形	峰值时间		R/P～12 的年份	
		年份	R/P值		
石油	常规证实储量	2009	36.14	2024	12.62
	常规证实储量 2.36％增速	2011	37.01	2037	12.9
	非常规和常规证实储量之和	2016	52.74	2034	12.3
	非常规和常规证实储量之和 2.36％增速	2021	53.63	2048	12.41
	未来资源量	2022	68.5	2043	12.35
天然气	常规证实储量	2020	32.13	2031	13
	常规证实储量 2.91％增速	2036	34.36	2059	12.67
	非常规和常规证实储量之和	2038	33.77	2051	12.83
	非常规和常规证实储量之和 2.91％增速	2048	31.5.35	2071	13.23
	未来资源量	2056	36.7	2062	12.17

1.5.2　预测结果分析及对峰值的认识

1.5.2.1　峰值存在的客观性

尽管对于常规油气资源从多旋回 Hubbert 模型和数据模型中得到的预测结果并不完全相同，存在偏差，但是数据模型在不同情形下的预测峰值的结果是可信的。世界石油/天然气峰值是客观存在的，化石能源的非可再生性决定了石油峰值到来的必然性。世界上许多国家的油气工业发展史都表明了油气峰值的客观存在及其必然性。据 Energy files Ltd 统计，目前世界上已有 63 个国家跨过石油峰值（王月和冯连勇，2009）。

总体来说，对常规油气资源的两种模型估算都是比较悲观的。其中一个原因是对常规能源总量的估计比较苛刻，仅以现在各大油气组织发布的最可靠的证实储量数据为依据。而且在选用的这些数据中，没有包含非常规油气资源所提供的产量，没有考虑未来可能增加的储量，因此可以说对于常规油气证实储量的预测是相对保守估计，油气储量的供给会高于这个预期。

而数据模型后几种情形中，分别考虑了非常规油气和未发现油气，或考虑技术因素的条件下增加了储量增长系数的因素，得到的峰值年份则是相对较为可信的。但是，不得不看到，油气需求增长的趋势还在持续，与之对应的供应能力却无法满足强劲的增长需求。

1.5.2.2　技术进步延缓峰值的来临

在石油行业中，勘探发现率、采收率、炼制率和利用率是四个关键比率，四者的乘积就是最终可利用的地下油气资源的百分比（李士伦等，2002）。而制约这四个关键比率的核心因素就是技术因素。

储量的缓慢增长和储量转化成产量依赖于技术上的革新，这正是技术因素在油气储量产量数据中的体现。对技术而言一些潜在的储量增长点，例如非常规油气资源向常规油气储量的转化，提高采收率技术，深水勘探和极地远景资源等因素，在油气综合预测中 Hubbert 模型和数据模型均考虑了这一点；Hubbert 模型中在对未来峰值认识的基础上，通过调整曲线的相关参数来控制未来可能出现的峰值；而数据模型中的储量增长参数也是技术因素的体现。

在过去的几十年里，世界石油储量和产量稳步增长，这是人类科学认识和科技进步的体现。但是科技进步不可能改变峰值到来的事实，只能在一定程度上延缓峰值的来临。从全球来看，2005—2008 年油气产量和储量均上升了 2%（BP，2010；CIA，2001—2010），这主要来自天然气和加拿大油砂的综合贡献。世界范围内的石油储量只增加了 1%，而且这部分的增长主要是加拿大产量增长拉动所致，即油砂产量的增长。2006 年，石油储量因修订、扩充和发现以及提高采收率共增加了 128×10^8 bbl，稍高于该年的产量（王月和冯连勇，2009）。2009 年 12 月 21 日，美国《油气杂志》发布全球石油产量和油气储量年终统计，受金融危机影响，2009 年全球石油（包括原油及凝析油）需求不振，全年石油产量估算同比下降 3.2% 至 35.25×10^8 t。全球石油估算探明储量 $1851.5.23 \times 10^8$ t，保持小幅增长 0.9%。天然气估算探明储量 1.87×10^{14} m³，同比增长 5.7%。2010 年，石油天然气储量及产量又有小幅增长。但是随着油田开发技术的不断进步，石油产量的增加容易麻痹人们对油田开采速度的敏感性和淡化其对油田生产走向顶峰的自然趋势的认识。

1.5.2.3 峰值来临增强对非常规油气的重视

随着技术的进步，未来几十年非常规能源产量将呈现快速增长的趋势。据 EIA 的报告显示（EIA，2009），2010—2030 年，全球非常规能源产量将保持快速增长。其中，非常规石油产量将从 4.51×10^6 TOE 增长到 1.050×10^7 TOE，增长率为 133%。非常规石油产量的增长将是弥补常规石油产量下降的关键。非常规天然气的生产国主要是美国，目前，其非常规天然气产量占其天然气总产量已经达到 40%，未来随着其他国家对非常规天然气技术的掌握和利用，其产量将会迅速提升。同时，随着技术革新，各种非常规油气资源的开采成本将进一步降低。

1.5.3 技术因素分析及峰值研究意义

结合前述数据模型的预测结果，不论哪一种情形的预测结果，石油的峰值将在 2020 年前后来临。因此石油峰值的研究更为关注。综合前述常规、非常规石油的信息和数据，以及附录 1.B 中关于煤炭的相关信息，认为对石油峰值产生影响的主要技术因素有以下几个：

（1）运输效率（Transportation efficiency），原因无需多言；

（2）提高采收率（Enhanced oil recovery，EOR）：该技术已经广泛应用；

（3）气液化（Gas to liquid，GTL）：气液化目前已经在国际市场实现商业化，并且产量增长迅速，可以像石油一样便于运输；

（4）油砂油和超重油：已分别在加拿大和委内瑞拉实现商业开发；

（5）页岩油：中国、巴西和爱沙尼亚长期保持生产，原位开采技术实现突破，已经进入商业化阶段；

（6）煤炭液化（Coal to liquid or Coal liquefaction，CTL）：煤炭资源量、储量和产量巨大，煤炭液化技术发展迅速，接近商业化阶段。

1.5.3.1 运输效率

用于交通运输的石油比重占石油总量很大比例。以 2003 年数据为例，美国交通能源消耗量占其石油总量的 68%，差不多占世界总量的 40%（日本、德国、法国和英国分别占世界总量的 10%、9%、5% 和 5%）（EIA，2003）。由于美国平均能耗在发达国家中最高且汽油价格较低。因此，可以按照美国的能耗标准作为世界各国交通平均能耗的标准。根据 Robert L. Hirsch 对美国不同类型汽车节能标准的研究（Hirsch 等，2005），认为可以假设美国在实施节能法令后 3a 能达到节能效率 30%，在实施节能法令后 10a，可以达到 5×10^5

bbl/d，15a 后达到 $1.5×10^6$ bbl/d，20a 后达到 $3×10^6$ bbl/d。在此基础上，可以实现世界能耗的估计，在实施节能法令后 10a，可以达到 10^6 bbl/d，15a 后达到 $3×10^6$ bbl/d，20a 后达到 $6×10^6$ bbl/d（图 1.5.4）。

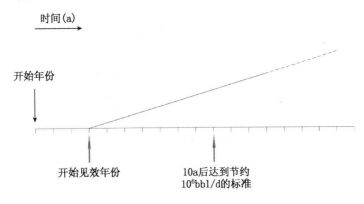

图 1.5.4　运输效率产生影响的预测

1.5.3.2　提高采收率

目前，提高采收率技术中，最成熟最有效的技术是通过向常规储层中注入 CO_2 而提高采收剩余油。但是提高采收率技术需要精细的准备、大量资本投入、用于储层开发的专业设备以及 CO_2 的准备等，因此，参考 Robert L. Hirsch 的研究报告中的假设模型（Hirsch，2007），在此假设其从设计到大规模商业应用见效时间是 5a 后，在应用十年后能实现提高采收率 3‰ 的效果。因此，关于提高采收率影响的预测如图 1.5.5 所示，开始商业见效 10a 后，将达到 $3×10^6$ bbl/d 的标准。

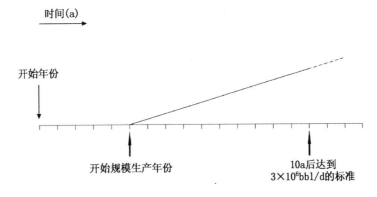

图 1.5.5　提高采收率产生影响的预测

1.5.3.3　气液化

气液化和液化天然气不同（Liquefied natural gas，LNG）不同，后者是利用天然气在低温下（−163℃）可以液化的特点，利用低温实现液化。气液化是在高温高压下通过化学反应过程，使得天然气结构发生变化，变成液态烃的过程。Shell 公司 2005 年的研究报告中称，2010 年气液化的产量将达到 $5.85×10^7$ bbl/d（Shell，2005），Robert L. Hirsch 预测在正常情况下 2015 年将达到 10^6 bbl/d（Hirsch 等，2005）。在此假设其从设计到大规模商业应用见效时间是 3a 后，10a 后的产量达到 $2×10^6$ bbl/d（图 1.5.6）。

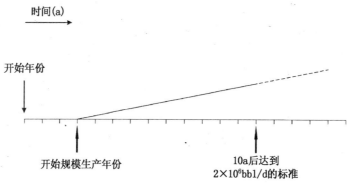

图 1.5.6　气液化产生影响的预测

1.5.3.4　油砂油和超重油

综合前述对油砂油和超重油技术、成本以及产量的分析,油砂油和超重油的生产在实施设计后 3a 就可以实现大规模生产;参考 WEC(WEC,2007;WEC,2004;WEC,2009)和美国国家能源技术实验室(National Energy Technology Laboratory,NETL)的相关报告。

(Hirsch 等,2005)及前述对产量的估算,在此我们假设委内瑞拉超重油生产和加拿大油砂油在 13a 后(即商业生产 10a 后),将分别达到 5×10^6 bbl/d 和 3×10^6 bbl/d 的标准(图 1.5.7)。

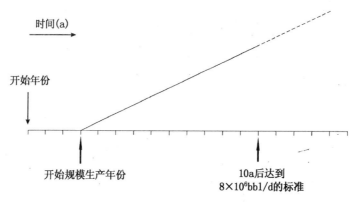

图 1.5.7　油砂油和超重油生产影响的预测

1.5.3.5　页岩油

由前述分析可知,油页岩资源量和储量巨大,但是产量却较低,因此世界各大组织对于油页岩的大规模商业生产都较为悲观。但是结合 WEC 和 Shell 公司最新的报告以及前述关于油页岩开发成本、技术等的分析,目前油页岩已经达到可以商业开采的阶段。但是考虑页岩油开发的特殊性,需要较长时间加热才能实现开发,因此假设页岩油开发从设计到实现商业开发需要 4a 时间。根据美国能源部关于页岩油的研究报告中相关数据(DOE,2004)以及目前 Shell 在科罗拉多商业开发的相关数据,假设商业开发 10a 将达到 2×10^6 bbl/d 的标准(图 1.5.8)。

1.5.3.6　煤炭液化

煤炭气化或者液化是煤炭清洁利用的重要手段,煤炭液化的研究始于 20 世纪 50 年代。

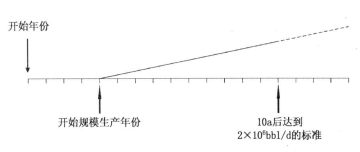

图 1.5.8　页岩油生产影响的预测

此处对煤炭液化的假设参考 NETL 的研究报告中的数据，认为从设计开始到能够大规模应用最快需要 4a 时间。根据附录 1.B 中关于煤炭数据的统计，该技术主要应用于美国、前苏联、中国、印度和澳大利亚，这几个国家的煤炭储量占世界 90%；根据相关国家煤炭液化技术的进展情况，假设煤炭液化在开始商业化运营 10a 后可以达到 5×10^6 bbl/d 的标准（图 1.5.9）。

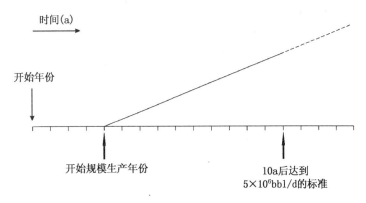

图 1.5.9　煤炭液化产生影响的预测

综上所述，各项主要技术对油气峰值影响的预测如图 1.5.10 所示。各种技术再实现商业化差不多需要 3～5a 的准备时间，从开始实施到约 15a 后，总的贡献量约为 2.3×10^7 bbl/d 至 2.5×10^7 bbl/d。

1.5.3.7　预测峰值的意义

综合前述预测结果，假设 2015 年达到石油峰值，考虑两种情形：

（1）在石油峰值达到当年开始采取缓解措施；

（2）在石油峰值达到前 10a 时开始采取缓解措施；

其中，年消费量数据的选取参考 1995—2035 年的数据，考虑数据模型中平均增长率 1.59% 的情形，完成供需曲线的制作。图 1.5.11 和图 1.5.12 分别是情形（1）和情形（2）的情况。

由于石油产量达到峰值后开始当年开始采取缓解措施，并不能马上见效，上述各种提高石油产量的技术并不能马上见效，至少存在 3～5a 的准备时间，从而导致石油短缺，并且这

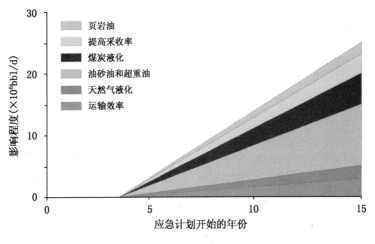

图 1.5.10　总的影响预测

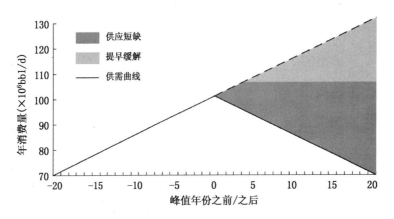

图 1.5.11　在石油峰值达到时开始采取缓解措施

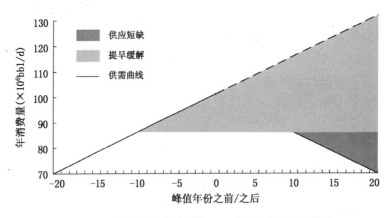

图 1.5.12　在石油峰值达到前 10a 时开始采取缓解措施

一问题将长期存在（图 1.5.11）；反之，如果在石油未达到峰值前 10 就采取缓解措施，则上述提高石油产量的技术在石油产量达到峰值开始下降的时候，能很好的接替上，即使出现石油短缺的问题，也是比较容易解决的（图 1.5.12）。当然，如果更早开始着手采取缓解措施，石油短缺的问题将可能不会出现，并且有足够的时间发展新的能源作为石油能源的替代产品。

预测的核心目的是给世人以足够的时间以应对，而这一点需要长期不懈的努力。如果应对时间太短、准备的时间太晚，世界能源供需关系将会失衡，供应出现的缺口，将直接转化为经济发展上的困境。因此，有效的预测意味着可以在问题出现前做出正确的决定。

1.6 全球能源认识与展望

1.6.1 能源供需预测要素及分析

预测是对未来的估计，而未来不可能是完全确定的，因此预测的正确性是无法估计的，只有等待和观察。正如 Francis Bacon 在《论预言》(Of Prophecies) 中所写的："所有预言都不值得重视，只能当作冬夜炉火旁的闲谈笑料（Dreams and predictions ought all to be despised；and ought to serve but for winter talk by the fireside.）"。预测难以完美。

历史因素和未来发展会影响对 21 世纪能源消费和来源的预测。不同历史因素的组合以及未来发展的不同选择，得到的 21 世纪能源消费结构也将不同。由于不可预测事件（战争、能源可用量、政治操纵价格等）的存在，最后的结果将可能有巨大的变化。分析认为，主要影响因素有以下五个：能源可用量、人口增长、经济发展、技术进步和人与环境之间的关系。下面具体分析五个因素，并对其进行评价和合理预测。

1.6.1.1 能源可用量

结合前述油气资源与附录 1.B 信息，对能源资源量、储量认识和评价的结果最终表明，21 世纪能源总量超过预期的需求量。相反，随着对能源的认识的提高，世界大部分能源的评估数量将会随着后续评价而增长，这一点，对比不同年份不同组织所出版的报告中可以看出（IEA，2010；BP，2010；IEA，2007；CIA，2001—2010）。研究的目的在于更便利的获取，更经济的利用，且对环境危害降到最低。能源的消费应该仍是初级能源和次级能源两大类：初级能源主要有各种气态或液态的化石能源，次级能源则是电能。

石油仍将是 21 世纪上半叶液态燃料的主要来源。常规石油产量已经逼近峰值，但非常规石油资源的巨大的资源量，将是能源供应的巨大保证。如果煤转化成液体的技术商业化，则用于交通运输的液态燃料将更能得到保证。天然气以及煤炭的资源量巨大，从这些能源中获得的液态燃料将在常规石油产量下降后填补空缺。

电力增长的需求将主要由煤炭、天然气、水能和核能为来源的发电厂来满足。非常规能源诸如太阳能、风能、地热能等，将来可以用于发电，但是他们的贡献应该在 21 世纪下半叶才会逐步显著。

以最近 10a 世界煤炭平均产量为基础进行估算，世界煤炭的证实储量可以保证持续生产 200a 以上；如果出现新技术，提高回采率，煤炭地质储量的 40%～50% 可以采出，那么煤炭的枯竭年份将更长；即使未来产量大幅的增长，煤炭仍然是 21 世纪潜在的充足能源。煤炭的问题主要集中在操作和环境方面：煤炭开采受限，运输和使用过程中有污染，燃烧时会排放大量的有害气体和微粒。21 世纪清洁煤的技术（Clean coal technologies）是煤炭发展的关键，如果煤炭能转化成液体（Coal to liquid，CTL），作为运输和发电的燃料，大部分的问题将得到解决。煤炭的丰富储量是其作为 21 世纪能源的重要保证。

核能在短期内（20～30a）作为发电的能源不被看好。WEC、EIA 预测，核能对电力生产的贡献保持或者减少（EIA，2009）：目前发达国家远离核能的趋势不会逆转，当现有的核电站达到服役期限而退休时，不会新建新的核电站以平衡减少的核电量；相反，发展中国家的核电站发电量会迅速增加。从长远来看，核能的前景及 21 世纪中后期在电力生产中的作用，主要取决于政府、公众和政治家对核工业的看法。最近 20a，主要核电国家对核电的消极方面关注太多，对它的优点（诸如无污染、大规模有潜力的发电能源）关注太少。如果针对化石燃料的环境保护能发展为 21 世纪全球重要政策，那么核能极可能复兴。能源需求进一步增长，政府和公众都意识到选择核能的意义时，核能必将在 21 世纪下半叶成为主要发电能源。

水能是清洁发电能源，但是由于环境、社会、建设和经济的障碍，水电的前景并不乐观。发达国家强烈反对建设水坝的呼声从 20 世纪 70 年代一直持续到今天，水能发电对社会和环境的负面影响备受关注。即使作为世界水能发电量第一的中国，建设世界上最大的三峡水电站也论证几十年。但是对能源需求的强烈意志，最终战胜了给环境和社会带来的负面影响。结合附录 1.B 中对于水能发电的认识，未来水电发展主要集中在对能源需求旺盛、且具有发展条件的发展中国家，例如中国、巴西和印度。水能发电量持续增长的势头不会改变。水能在 21 世纪发展情况不会有太大变化：对全球总发电量贡献介于 15％～20％之间，对能源的贡献量约为 5％。

前述关于油气储量以及附录 1.B 中关于煤炭储量的数据体现了化石能源分布的集中性，这一点必将导致一定能源形式在特定地区的高成本。为满足 21 世纪能源需求，有必要协调技术、经济、政治和环境条件之间的矛盾，建立综合评价体系；同时也依赖不同能源（主要是煤、石油、天然气、水能和核能）之间的平衡。

尽管地理的、环境的、政治的和经济的因素可能会在某段时间内限制某些地区和国家的能源可用性和消费等，但能源的可用性不会限制全球范围能源的供给，提高能源市场的全球化也将会保证这一点。

1.6.1.2　人口增长

快速的人口增长对发展中国家的经济发展通常存在不利影响，是导致贫困和目前发达国家与发展中国家之间经济差距的重要原因（Birdsall N 等，2001）。过度的人口增长对环境有严重的消极影响，降低人口出生率配以政府合理的政策，对经济发展有很积极的作用，可以减少贫困。高出生率加剧了收入分布的不平衡，无法减少贫困现象。

分析附录 1.C 中人口与能源消费的历史数据，认为 20 世纪 80 年代是人口增长的转折点。全球已经意识人口问题到并达成共识：人口不能无限制的膨胀，必须限制。近 30 年大多数国家生育率显著降低，因此联合国经济社会事物部统计办公室，美国中央情报局，美国人口调查局等相关机构，就假设了未来人口增长率缓慢下降。取其预测中值，世界人口数量将在 2100 年达到 8×10^9～1.3×10^{10}（CIA，2001—2010；DESA，2009）。但是，从开始限制人口增长到实现人口限制增长需要很长一段时间。人口要素，很大程度上是由世界上人口的年龄分布决定的，发展中国家很大一部分人口正处于生育年龄，这点决定了人口增长率短期不可能快速降低。根据 20 世纪 1988 年以后的增长率数据进行了拟合，从结果来看，线性拟合效果较好（图 1.6.1）。

根据线性拟合得到的公式进行计算，世界人口从 2010 年算起，将在 61～62a 后增长率接近零，即实现人口数量的稳定。也就是大约在 2070 年，世界人口将达到相对稳定。

当然，数据拟合是作为预测的参考，在数据拟合的结果基础上，以此为依据完成了三种可能的世界人口增长预测方案（图 1.6.2）。即到 2100 年，世界人口分别达到 1.04×10^{10}、1.1×10^{10}、1.15×10^{10}（分别称为低、中、高方案）。

不论是高、中、低三种方案的哪一种，世界人口在 21 世纪结束前都达到平稳，其增长

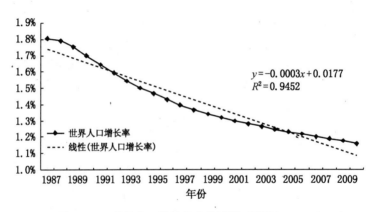

$$y = -0.0003x + 0.0177$$
$$R^2 = 0.9452$$

图 1.6.1　世界人口增长率变化情况（DESA，2009）

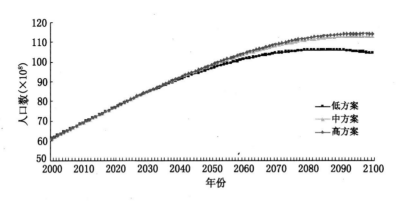

图 1.6.2　21 世纪世界人口数量预测

率达到零值。其中，中方案和高两方案结果较为接近，$1.1 \times 10^{10} \sim 1.15 \times 10^{10}$ 应该是一个比较准确的预测值。因此，如果取中值，21 世纪结束时全世界人口应该达到 1.13×10^{10} 左右。

考虑世界总人口 1.14×10^{10} 的情形，分别预测发达国家和发展中国家或地区的人口数量和比例。1950—2100 年，发达国家和发展中国家人口比例变化情况如表 1.6.1 和图 1.6.3 所示，数量见图 1.6.4。

表 1.6.1　150a 内人口比例变化情况

年　份	发达国家	发展中国家
1950	32.10%	67.90%
1975	21.5.78%	74.22%
2000	19.54%	80.46%
2025	11.5.95%	84.05%
2050	13.64%	86.36%
2075	12.21%	87.79%
2100	11.44%	88.56%

发达国家人口比例由 1950 年的 32% 下降到 2000 年的 19.5%，预测 2100 年将减少到 11%，发展中国家的人口比例由 1950 年的 68% 上升到 2000 年的 80.5%，预测 2100 年将增

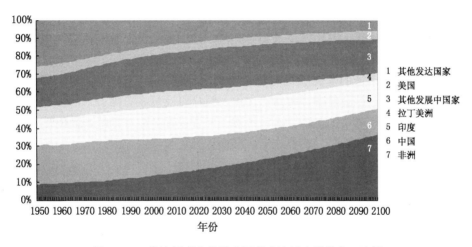

图 1.6.3　发达国家和发展中国家或地区占世界人口比例

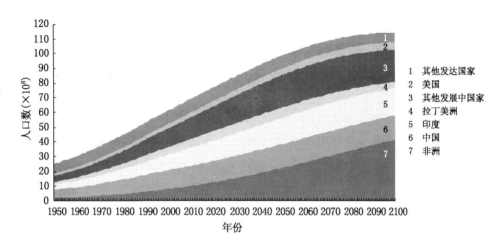

图 1.6.4　世界人口数量预测（总人口 1.13×10^{10} 情形）

加到 89%。发达国家的人口数量从 2010 年的 1.237×10^{9} 下降到 21 世纪末的 1.192×10^{9}，发展中国家将会增长到 1.025×10^{10}。

21 世纪末，非洲人口占世界人口的比例将从 21 世纪初的 13.23% 增长为 36.46%；中国将从 20.45% 下降到 14.49%；印度比例基本不变，由 16.83% 变为 16.01%；拉丁美洲的比例将从 8.41% 下降到 3.71%；其他发展中国家的比例将从 20.50% 下降为 18.91%。

从数量上看，非洲将会从 2010 年的 1.033×10^{9} 增加到 4.173×10^{9}，成为世界上人口最多的地区；中国人口数量将在 2080 年左右达到峰值，为 1.683×10^{9}，而后缓慢下降到 21 世纪末的 1.658×10^{9}；印度人口将在 2025 年超过中国，成为世界上人口最多的国家，人口数为 1.488×10^{9}，其后在 2075 年左右达到峰值，为 1.928×10^{9}，而后下降到 21 世纪末的 1.832×10^{9}；拉丁美洲的人口将从 2010 年的 5.88×10^{8} 增加到 2044 年达到峰值 7.02×10^{8}，而后下降到 21 世纪末的 4.24×10^{8}；21 世纪末其他发展中国家人口数量将在 2073 年达到峰值 2.338×10^{9}，而后缓慢下降到 21 世纪末的 2.164×10^{9}。

百分比和数量数据反映了这些发展中国家或地区在 21 世纪人口增长的趋势：非洲人口持续快速增长；印度人口增速仅次于非洲；中国人口达到稳定；拉美人口在中期增长，后期人口数量有所下降；世界其他发展中国家人口数量稳步增长。而美国的人口数量在21世纪仍然保持一定的速率增长，其增速将远高于其他发达国家，主要是因为移民带来大量的人口增长。21世纪末，美国人口将达到 5.5×10^8。

诚然，世界人口未来的发展变化可能会与预测不同，因为未来存在的不确定性难以模拟。不可预测的事件（社会经济、政治、文化、医疗以及气候等因素）的发生，可能限制人口的增长，也可能使人口增加；结合起来考虑，两者或许会相互抵消，而使得预测结果符合实际。当前世界上某些地区仍存在着战争、瘟疫、饥荒和杀戮，但如果人们努力减缓人口增长，就会限制这些灾难在更大的范围内发生。这些灾难往往正是由于人口拥挤、食物、淡水和能源的匮乏所致，而这些恰恰是人口过多所产生的直接后果。

结合附录 1.C 中对于人均能源消费情况的分析，基于不同国家和地区人均能源消费量的特点，对不同国家和地区，研究结果及预测如下：

（1）加拿大和美国是全球人均能源消费量最高的国家。随着哥本哈根会议的召开，也由于对能源减排问题的呼声在全球范围越来越高，北美地区将更有效使用能源。但是人均能源消费量只会缓慢下降，不会有太大的改变。预测到21世纪末，加拿大和美国的人均能源消费量能降低到 6TOE/人/年。

（2）除美国和加拿大以外的发达国家能源利用效率高于北美地区，因此预测21世纪末人均能源消费量不会像前者那样明显下降，在进一步提高能源利用率的同时，维持目前能源消耗水平。另外，前苏联解体国家的经济增长，将带动能源人均消耗量的增加。因此，预测其他发达国家的能源消耗水平将由21世纪初的 4.4TOE/人/年降为 3.7TOE/人/年，全部发达国家的人均能源消耗水平将由21世纪初的 15.4TOE/人/年降为 4.3TOE/人/年。

（3）中国的经济发展势头表明在接下来的一段时期，人均能源消费量将保持相对高速增长；而后随着经济技术水平的提高和人民生活质量的改善，人均能源增速将逐步放缓，预测在21世纪末将达到 2.7TOE/人/年。

（4）印度和中国的情况类似，但是印度人口增速在21世纪将逐渐超过中国，成为世界上人口最多的国家。这将减缓其人均能源消费量的增速，预测印度在21世纪末人均能源消费量将达到 1.4TOE/人/年。

（5）拉丁美洲拥有丰富的自然资源，随着技术的逐步进步，将逐步改善并提高整体能源消费水平。同时，人口负担较小，是人均能源消费量实现较快速度增长的保证。预测21世纪末人均能源消费量将达到 2.5TOE/人/年。

（6）非洲在21世纪将成为人口最多的地区，与此同时，非洲落后的经济水平以及疾病、灾害等困扰，都是能源消费增长的障碍。因此，预测21世纪末非洲人均能源消费量为 0.6TOE/人/年。

（7）全球人均能源消费量在21世纪末将达到 1.8TOE/人/年。

人口数量不是预测21世纪发达国家和发展中国家能源需求的唯一决定性因素。除人口数量之外，与能源需求预测相关的其他因素有：经济发展程度以及因此而带来的生活标准的提高或是降低、能源消费效率以及政府颁布能源政策时对环保的关注程度。同时，人口城市化进程的加快也是决定能源需求的重要因素。估计到2050年，75%的世界人口将居住在城市里，城市人均能源消费量（尤其是发达国家）会比全国的平均值高很多。因此全球能源消费的长期预测将主要依靠发展中国家未来的人口增长率和对未来人均能源消费趋势的准确估计。

图 1.6.5 是以可靠的历史数据为基础，再考虑可能的实际情况所做出的年均能源消费量预测。预测结果显示，21 世纪末，世界年总能源消费量为 2.07×10^{10} TOE（约为 1.45×10^{11} bbl 油当量）。发达国家为 5.2×10^9 TOE，约占总消耗量的 25%：其中，美国和加拿大消耗量为 3.72×10^9 TOE，其他发达国家为 1.48×10^9 TOE。发展中国家中，非洲 2.82×10^9 TOE，中国 4.6×10^9 TOE，印度 2.47×10^9 TOE，拉丁美洲 1.06×10^9 TOE，其余发展中国家 4.54×10^9 TOE。

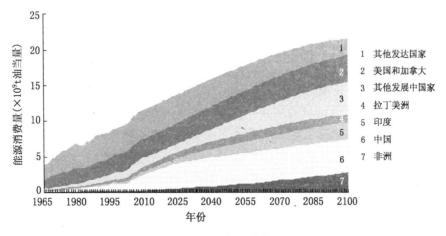

图 1.6.5　世界能源消费量预测

1.6.1.3　经济发展

对发达国家的经济发展和能源消费的评估具有一定的可信度，如图 1. C. 2 和图 1. C. 9 所示，21 世纪发达国家的人口应该在很小的范围内变化。21 世纪发展中国家将拥有绝大多数的世界人口，预测它们未来的经济发展情况则较为困难。与此同时，发达国家和发展中国家在经济发展程度、人均收入、人均能源消费量和总体生活水平方面又存在着巨大的差距。这种差距，在 21 世纪可能继续变小，但变小的速率将会越来越低。21 世纪末，差距仍将存在，其中存在几个方面的限制因素：

（1）发展中国家的人口增长率仍然较高；

（2）没有足够的资金来源来建立大规模的能源基础设施；

（3）生产成本或运输成本的提高所引起的运输燃料和电能价格的上涨；

（4）为保护环境，政府制定限制燃烧各种气体的管理政策和税费政策。

经济发展的重大变革不会在一夜之间完成，它们一般是渐变的而且需要很长时间。这种改革需要国民素质的提高、政治环境稳定、好的投资环境和自由贸易等多方面的支持。能源工业的全球化可能也是一个必要因素。

目前，发展中国家有超过 2×10^9 的人口生活在贫困线以下，支付不起商业能源的使用费用，而只能依靠当地古老的传统能源，如木材、农业废料和煤。更应该值得注意的是，在世界上的许多地区，贫困人口数量一直在增加。目前，世界近一半的人口（3×10^9）的人均日生活费不足 2 美元。在残酷的剥削下，现在仍有 1/4 世界人口（1.5×10^9）的人均日生活费不足 1 美元（Salvador A，2005）。

目前，对于第三世界国家 4.8×10^9 人口中 50% 的人来说，基本卫生设施、充分的教育或医疗保健还没有实现；近 1/3 的人口缺乏清洁的饮用水；约 1/4 的人口没有足够的住房；

有近 2×10^9 人无法享用电力。随着发展中国家人口的持续增长，供电不足的问题将日益严峻。

20％的世界人口控制了 80％的资源，国家间的经济差距将越来越大。发达国家和个别发展中国家（例如中国、巴西等）之间经济发展和人均能源消费的差距，在 21 世纪可能会逐步缩小；然而缩短大部分发展中国家和发达国家之间经济发展和人均能源消费的差距，在 21 世纪是不现实的，并且目前生活在贫困线附近的几十亿贫困人口的后代在未来 50～100a 里过上比较舒适的生活也可能只是梦想。

1.6.1.4　技术进步

能源的生产和使用方面的更有效或更新的技术发展，对于评估 21 世纪能源消费和能源的总可用量有关键作用。正如布什 2005 年在他的演讲中所说的："技术是通向能源独立的车票"。不可预测的、全新的技术进步将会使得基于过去趋势的预测变得毫无意义。

尽管有诞生这些可以根本改变能源供应和消费的新技术的可能，但根据技术发展的轨迹分析，这种可能性较小。20 世纪能源开采、供给和使用系统的演化并没有给研发、引进和接受全新的运输和发电系统带来多大帮助。工业革命并没有带来全新的能源使用模式，20 世纪有关未来生产和使用能源的新技术的发展的预测，现在看起来过于乐观、太不现实。能源领域的技术进步也并不像预测的那么快。虽然重大的革命性技术已经在其他领域（医药、电信、空间探测等）有所突破，但是这种技术创新在能源领域还未显现。

尽管目前各种可再生能源研究如火如荼，但是必须清醒地认识到，它们即使有突破或者飞跃，其贡献量有限，即使所能提供的电力是现在比例的几十倍，也是世界能源总消费量很少的一部分。目前能源领域可称得上的变革性技术的是核聚变，但就目前发展情况来看，21 世纪实现这一技术难度很大。

但是，即使有革命性的技术出现，也必须认识到其实施的困难性：

现在的能源供给系统和基础设施的使用寿命很长；

能源供给和消费新技术推广和商业化（尤其是完全新的技术），需要大量的启动资金；

用新的技术和设施取代传统的能源基础设施需要很长时间。

以中国为例，如果要摆脱以煤为主的能源结构，至少需要几十年。这一点在 20 世纪早期发达国家工业化过程中也是如此。建设全新的能源基础设施所需要庞大资金，而且全新的能源系统在发展中国家推广尤其困难。虽然新技术可以提高能源使用效率，指导人们去获取新的能源，更清洁的能源，但是，财力的不足也将遏制发展中国家有效地利用新能源技术。

到 21 世纪中叶，将会有多少交通工具不使用从化石能源（煤、石油和天然气）中提炼的液态燃料（汽油或柴油）作为引擎的驱动燃料呢？到 21 世纪末又有多少呢？如果大部分交通运输以电力驱动，那么世界上要在目前发电量的基础上，额外生产多少电量，并用什么方法发电呢？混合式交通工具目前已经出现，是运输技术改革方向；如前所预测，油气勘探开发技术（例如提高采收率技术）的革新，为未来能源消费的贡献量有限。

因此，全新的技术并不会成为影响未来能源供需的重要因素。通过改进现有的技术来提高能源使用效率是明智的选择。例如中国，以生产 10^8 美元 GDP 所消耗标准煤是 1.203×10^5t，是日本的 7.2 倍、德国的 15.62 倍、美国的 3.52 倍、世界平均水平的 3.28 倍（朱训，2003）。说明提高能源利用效率有很大空间。这种技术的改进，不仅可以进一步提供充足的能源供给，也可以更广泛地提高发展中国家居民的生活水平和促进经济增长。技术改进主要包括两方面：设计更高效的机械或使现有系统的能源使用效率显著提高。

提供清洁、环保、避免全球变暖的能源，将成为传统技术改进发展的重中之重（例如，用污染更少的手段使用煤发电—超临界、超超临界火电机组）。由于煤炭资源的巨大储量，如何清洁用煤将成为未来重要的技术改进方向。另一个同样重要的目标是把煤和天然气转变为液态燃料技术（GTL 和 CTL 技术）。这类技术目前已经可行，但是仍需要进一步改进以使其更加高效且成本更低。这样的发展对 21 世纪任何一种能源供给模式都将产生极大的影响。

石油是运输用液态燃料的主要来源，而可再生能源（地热能、太阳能和风能等）只能用来发电。如果石油无法提供充足的液态燃料，煤和天然气将是主要液态燃料来源。由于未来几十年化石燃料的使用不可避免，因此 CO_2 的捕获收集和储藏技术（Carbon capture and sequestration，CCS）在 21 世纪必将前景广阔。另外，增加油田产量、降低生产成本的开发新技术也将会迅速发展。

新能源技术（完全新的技术或改进的现有技术）被接受和使用的前提是必须能够提供有效而且可靠的能源，价格是关键因素。政府可以通过税收政策和研究基金促进有利于环境的能源技术的研发。

1.6.1.5 人与环境

气候变化对未来油气消耗增长放缓有潜在的驱动力，特别是京都议定书提出的，在 2000—2050 年间，达到减少全球 CO_2 气体排放 50％～85％（尽管这一目标实现起来阻力重重），并实现减少全球气温升幅 2.0～2.4℃（IPCC，2007）的目标。

尽管油气消费量处在增长趋势，但是随着油气产量峰值的来临、全球对气候变暖关注的增强以及能源安全的考虑，长期来看，对油气的需求的增长将逐步减缓，能源将更加多元化，油气占整个能源消费量的比例会缓慢下降。高能源消费大国和地区（美国、欧盟和中国）对能源安全和全球温室效应的考虑，将会对的能源政策产生新的调整（IEA，2010）。无论是否行动过，只要努力去保护环境，就会彻底影响世界各国社会和政府对能源的选择、环保的积极性和政策。这样的积极性和政策也能对人口增长率和重点发展的新技术产生重大影响。

要做到"环保"，就要求尽量将更多的化石燃料（石油、天然气，尤其是煤）转换成其他更清洁的能源，以及尽量开发出有益环境的使用方法，新技术是实现这一愿望的关键。事实上，节约也被认为是一种能源，因为它延长了已有能源的使用期限。

最后，政府的能源政策和法规，如限制 CO_2 排放，要求提高运输燃料的使用效率，提高燃料和电力税费，以及建立经济激励机制更有效地节约和使用各类能源等措施，对有利于更有效地保护环境。这些政策将鼓励对改进技术、产生新技术方面的投资，以及促进局部的、区域的和全球范围内的能源供给向灵活、方便、清洁的方向发展。

然而，环境保护的程度和阻止全球变暖的工作是有限的。人们需要消费能源来维持适当的生活水准或生存底线，加之世界人口的持续增长，特别是在发展中国家将提高生活标准时，全球能源消费的增长将不可避免。尤其是当两种最清洁、稳定的电力来源（核能和水能）一直被一些环境组织和其他环境保护支持者强烈反对时，化石燃料将不可避免地继续作为提供运输燃料和电力的来源。为了满足运输燃料的需求，只能选择石油、天然气或煤作为燃料主要来源。

1.6.2 不同情形能源消费与未来需求预测

设计 21 世纪的能源消费和供给不同情景中有两点基本假设：（1）准确的历史信息是预测的基础；（2）每种情景的基本参数选择都以五个紧密联系的因素为基础，只是不同情形中因素的重要性不同。

发展中国家的能源消费和人口增长是关键因素。21 世纪发展中国家将占世界人口的 80%～90%。世界人口将会继续增长，虽然增长率已经降低。目前发展中国家和发达国家之间在经济发展、收入水平、人均能源消费和总体生活质量等方面的巨大差距将在 21 世纪缩小，但发展中国家稳定的人口增长将使得这些差距仍然会在整个世纪中持续存在。另外，大部分能源需求的增长将来自发展中国家，增长量将是评估 21 世纪能源需求的基本要素，不同的评估在不同的情景之间产生了基本差异。

第二重要的因素是世界各国对环境保护的关注程度。如果能制定减少环境破坏的措施并严格执行，或不再纵容目前的能源浪费，那么能源消费和供给将发生根本变化。

新技术或技术进步在不同情景的参数选择中为次要作用。任何全新技术将不会成为影响 21 世纪能源消费和供给的重要因素，相对而言现有技术的进步更为重要。更有效的运输、更清洁的内燃机引擎、更高效清洁的电厂、煤的清洁使用以及煤和天然气的 CTL 和 GTL 技术等，将大大提高能源利用效率。

世界能源消费量将在 21 世纪持续增长，电力在能源消费总量中的比例也会上升。化石能源（石油、天然气和煤）仍将是 21 世纪能源消费的主要来源，液态和气态的用于运输和发电的燃料是能源使用量最大的两项。随着对环境的日益关注，核能、水能和部分可再生能源在发电中的比例也将逐步有所增加；运输燃料仍将主要是石油，因为目前没有其他能源可以替代它们。

21 世纪能源使用会转向更高质量、更方便、更高效、更灵活，并且更环保的清洁燃料，电力和天然气是首选。能源分布的任何重大变化都必须克服消费者在选择和接受方面的惯性思维，并且要花费大量时间来建立全新的基础设施。改变得越彻底，需要适应的时间就越长。

多年来，人们一直生活在现有的能源供给体系（发电站和炼油厂）中，所以在 21 世纪上半叶不可能根本改变这种现状。在 21 世纪的大部分时间里，石油仍将是汽车的最主要的燃料来源，也是一种重要能源。它比天然气和煤都更容易生产、运输、储存和使用。它的使用只受制于常规和非常规（超重油、油砂和油页岩）石油的可采资源量。尽管非常规石油资源量巨大，但是常规石油峰值即将来临已经是不争的事实。发现新储量、更有效利用非常规石油和提高采收率是最重要的途径，通过它们才能确保 21 世纪石油的稳定获取。在 20 世纪的后 30 年，发电站已经逐渐减少用石油燃料，到 21 世纪上半叶，可能彻底淘汰石油发电（当然，富油国除外）。

结合对常规和非常规天然气（煤层气、致密砂层气、页岩气和天然气水合物）资源量和储量的认识，天然气将是未来主要的能源之一。它比石油和煤炭更环保，且储量更丰富，发电效率更高。将来，新型发电站将会大量的使用天然气发电。假如天然气价格没有过度上涨，并且天然气液化技术能使它成为有经济竞争力的可运输燃料，那么 21 世纪天然气无疑将成为能源供给的主要力量。

21 世纪初煤在初级能源中比例回升，说明煤炭仍将是 21 世纪的一种重要能源。煤炭利用的核心是开采、运输和燃烧过程中产生的环境污染问题。世界上煤的资源量丰富，分布广泛，供给充足，这将激励人们发展 CTL 或 CTG 技术，从而使煤成为一种既有商业竞争力又符合环保要求的能源。当 21 世纪下半叶石油和天然气产量开始下降时，"清洁煤"技术的发展将使煤炭能够替代天然气发电，替代汽油成为主要的运输能源，人们将逐渐放弃煤的直接燃烧利用应该成为 21 世纪的必然趋势。

核能主要用于发电，虽然很有发展潜力，但由于目前巨大的政治和社会压力，在 21 世纪上半叶，它所占的比例将逐步减少。许多核能发电的主要国家还在发电的核电站在未来的数十年内，将逐渐停产关闭；发展中国家诸如中国，虽然提倡积极发展核电，但是发电量相对还处在一个较低水平。核能的应用在 21 世纪下半叶是否能复兴取决于三个因素：即大众对核能的接受程度，核能发电的减少将加大对化石燃料的依赖等严峻现实，以及为降低 CO_2 排放，各国政府颁布新的发展核电的政策。建立新一代核电站，开发更先进核废料安全处置技术，将有助于提高公众对核电的接受程度，并可以帮助核电在发电领域扮演一个更重要的角色。

尽管建设新的水电大坝受到强烈的反对，首期投资巨大，选址局限性大，但是，在 21 世纪，水电在电力市场将维持适度的地位。地热、太阳能和风能等"非氢"可再生能源将主要用于发电，但都不能成为未来的主要能源。尽管目前风能是最有希望的（McElroy 等，2009），但在短期内，也不能指望它在电力能源市场上有大的作为。这些"非氢"可再生能源的发展前景很大程度上由成本所决定。

综上所述，在 21 世纪上半叶，各种能源在全球能源消费中的份额跟现在不会有太大的变化：化石燃料（石油、天然气和煤）仍将是主要的运输燃料和发电能源，不可能被其他能源所代替。如果天然气和煤的液化技术发展成熟，使得价格具有竞争力的话，那么这些液体燃料的消费量将会迅速增加。水电和核电将占据其余能源供给的大部分。

到 21 世纪下半叶，化石能源中的石油将慢慢走向衰竭，天然气将达到峰值。假如多数国家真正意识到废气排放对环境的影响，从而采取措施保护环境，那么在 21 世纪的下半叶，将会看到：核能复兴，水电得到大力发展，天然气和煤液化得到的清洁燃料开始占领市场，可再生能源的发展越来越快，甚至还可能出现用于能源生产和利用方面的革命性科学技术。

为了加大环境保护的力度，政府可以鼓励并直接资助清洁能源开发和使用技术方面的研究，制定适当的价格和税收政策（如高汽油税、限制排放 CO_2、提高汽车燃油效率等）来限制化石能源的使用，并督促人们选择更干净、更环保的能源类型。

情景延伸的时间越久远，预测的结果就越不准确。虽然世界能源地理分布不均，未来的价格可能出现波动，有可能会限制世界上某些地区对能源的消费，但是，毫无疑问，在 21 世纪仍将有充足的能源来满足需求。因此，预测 21 世纪消费者将使用的能源形式（运输燃料和电力）比较容易，而估算未来能源需求的绝对数值、所需的能源供应量或能源消费的地区分布则比较困难。

对于未来的能源价格波动，新技术出现的可能性，政府为保护环境和阻止全球变暖所采取的措施或政策，以及这些政策对消费者选择能源的影响等方面的预测都是相当不确定的。但是，笔者对未来的能源情景预测总体是乐观的。

回想 20 世纪的重大事件，再看看现在每天的报纸和电视新闻，所有内容都传达一种信息：在 21 世纪政治和经济动乱、战争和瘟疫将不能完全避免，尽管世界人民都在为此积极努力。一方面，有利的地缘政治、能源市场的全球化和大众对环境保护的认可是可预见的；另一方面，现有技术的进步将可能使清洁的燃料和安全、低污染的运输车辆成为可能。在 21 世纪下半叶，发展中国家的人口增长速度将会开始下降或者保持平稳，人们的生活水平将会得到提高，但仍和目前发达国家存在较大差距。唯一的不确定因素是能否出现更清洁和廉价的能源，以及高效利用能源的全新技术。

1.6.2.1　情形1

情景 1 预测 21 世纪末全球人口数量达到 1.1×10^{10}，其中 9.9×10^9 生活在发展中国家，消耗能源量将占世界总量的 75%；1.1×10^9 在发达国家，能源消耗量占世界总量的 25%。发展中国家的人均能源消费会逐渐增长，预计世界年总能源消耗量约为 1.3×10^{11} BOE（图 1.6.6）。

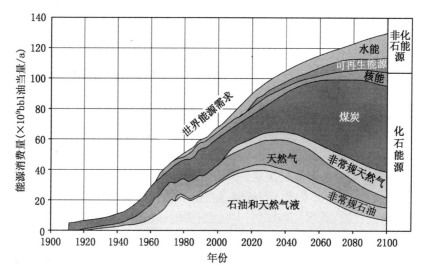

图 1.6.6　21 世纪能源消费构成情形 1

发展中国家的人口和能源消费情况是决定全球能源消费总量的关键。发达国家人均消费量（和人口水平）的变化对全球的能源消费总量影响较小。21 世纪化石燃料将提供全球初级能源消费量的 75%～80%。石油的年产量高峰将出现在 2015—2025 年之间，天然气产量峰值约在 2040 年左右。煤炭和非常规油气的产量都将持续增加，到 21 世纪末，煤炭将占据全球 40% 左右的能源消费市场。增加的煤炭产量将用来填补其他化石燃料日益减少的空白。

此种情形中，其他的能源（水能、核能、地热、太阳能和风能）对 21 世纪的能源消费市场结构不会有太大影响。用于发电的初级能源将主要由煤和天然气提供。核能利用量和发电量在 21 世纪下半叶也许会略有回升。

1.6.2.2　情形2

情形 2 认为，21 世纪世界人口将增长更快。按附录 1.C 中人口增长预测的高方案中的增长速度，到 2100 年会达到 1.15×10^{10}，其中 1×10^{10} 生活在发展中国家，消耗能源量将占世界总量的 80%；1.5×10^9 生活在发达国家，能源消耗量占世界总量的 20%。基于这些假设条件，到 21 世纪末全球年总能源消费量将达 1.45×10^{11} BOE。非常规油气的开发力度将会加大，非常规油气尤其是非常规天然气的产量还会增长，其在能源总量中所占比例也会有所增加；常规石油和天然气的峰值时间不会有太大改变。煤炭产量将会继续增长，以弥补能源的空缺，做出更多贡献。

水能所占的比重在 21 世纪下半叶会适度增长，核能的利用将在 21 世纪下半叶实现复兴。可再生能源的贡献有限，不会对全球的能源消费结构产生重大影响（图 1.6.7）。

为保护大气环境并避免全球变暖，政府部门、能源工业和世界民众等方面所采取的努力将主要体现在以下几个方面：发展清洁煤应用技术，以"放心"地使用煤；鼓励发达国家高

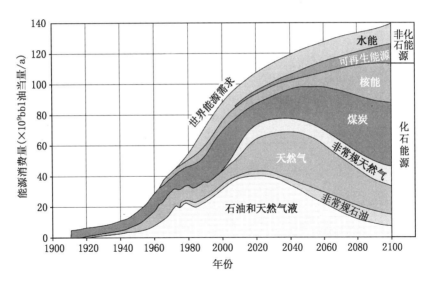

图 1.6.7　21 世纪能源消费构成情形 2

效节约使用能源；让公众接受水电和核电，尽管存在一些缺点，但却是潜在的环保能源。

1.6.2.3　情形 3

　　情形 3 中人口数量和人均能源消费量的参数与情形 1 相同，即全球人口数量到 21 世纪末达到 1.1×10^{10}，其中 9.9×10^9 生活在发展中国家，消耗能源量将占世界总量的 75%；11×10^9 在发达国家，能源消耗量占世界总量的 25%。世界年总能源消耗量约为 1.3×10^{11} BOE。21 世纪上半叶，化石燃料（石油、天然气和煤）的消费量将占全球能源结构的 80% 左右，和现在能源结构情况基本一致；到 21 世纪下半叶则会逐渐下降，21 世纪末将占 60%。尽管清洁煤应用技术会有所发展，但在 21 世纪的下半叶，煤所占比例的增加不会像情形 1 所认为的那样大幅增长以填补能源的空缺。到 21 世纪末，煤炭将仅占全球能源消费结构的 30%，常规油气产量逐步下降，非常规能源开发有限。

　　水力的贡献基本保持现有比例不变，21 世纪中叶以后，核能实现复兴，可再生能源技术得以突破，两者之和将占能源消费总量 60% 左右，并将作为电力能源市场的主要能源（图 1.6.8）。

　　除石油外，天然气、水力、核能以及其他可再生能源所占的比例都将有所提高。本情形认为，可再生能源将在 21 世纪下半叶后占据能源消费市场中的一席之地。

1.6.3　能源发展与前景

　　论文结合基本的历史信息，做出了三种关于能源消费和供给的预测。尽管无法预知未来是否符合预测的结果，但图 1.6.9 所示的模型说明了能源体系的演化过程。

　　从图 1.6.9 左上角"增长与依赖开始"。在经济发展的过程中，能源的使用量都会不断增加，无论这个经济体是依赖何种能源。事实上，每当一种新能源或能源载体在社会中生根，就会涌现大量新产品和服务以利用这些新机会。例如电力的发展促进无数电子设备的问世。

　　逐步的，主要能源越来越稀少，压力开始形成。许多因素造成压力升高，包括对环境的关注、地缘政治竞争、社会趋势、政策决定、商业行为等。有时候这些影响因素会自行重新

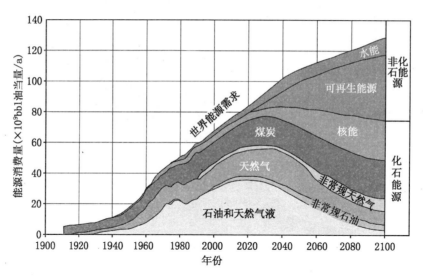

图 1.6.8　21 世纪能源消费构成情形 3

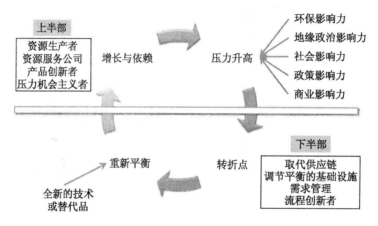

图 1.6.9　能源的演化周期（据 Terzakian，2009）

平衡，而不会带来太大的痛苦。但就目前本论文所分析及得到的结论看，世界已经接近能源演化周期的转折点，其影响将深入到每个家庭之中。即使是相对可控的转折期，如 20 世纪 70 年代发生的石油危机，对全球的影响也长达 15a，直到保护性政策出台并商业利用核能，能源的供需才得以重新平衡。相比而言，现在能源的勘探、开采和输送市场变得越来越困难，成本越来越高，地缘政治问题从中作梗，环保压力也与日俱增。因此，世界目前所面临的能源困境可能会持续更长时间、更棘手、更难以控制。

认清世界能源目前状况及所处阶段，结合论文分析的内容和信息，笔者提出以下是几点建议：

（1）降低人口增长速度，特别是第三世界国家。过于庞大的人口数量为这些国家带来了贫穷、饥饿、失业、战争和瘟疫；它还加速了对不可再生能源的消耗和环境的破坏，形成了恶性循环。

（2）全面推进能源节约，节约就是创造新能源。鼓励人们更节约、更有效地使用运输燃料和电力。一方面推进能源结构的调整和技术进步，如提高运输效率；另一方面鼓励社会节能，更多地乘坐公共交通工具，发展更便捷的公共交通系统。

（3）加快能源技术进步。一方面鼓励并大力发展更高效、更环保的能源使用技术，如各种可再生能源，作为化石能源的重要补充；另一方面加快对目前还未能开发使用能源的研究，如煤炭液化或气化的商业化，油页岩的环保商业开发，开发天然气水合物等技术。

（4）鼓励发展核电和水电。建设安全可靠的核电站，全力发展水电。

（5）提高和加深对于目前所面临处境的认识，加强能源领域的国际合作，逐步解决问题。能源安全是全球性问题，每个国家都有合理利用能源资源促进自身发展的权利，绝大多数国家都不可能离开国际合作而获得能源安全保障。要实现世界经济平稳有序发展，需要国际社会推进经济全球化向着均衡、普惠、共赢的方向发展，需要国际社会树立互利合作、多元发展、协同保障的新能源安全观。

从长远来看，油气资源日益枯竭而价格不断上涨是必然趋势，人类的生活方式必将随之改变，电力在生活中的地位将越来越重要。21 世纪，满足电力需求最明智的策略是，适度使用各种燃料—天然气、煤、水电和核能。21 世纪世界总发电量的来源应该是煤炭、天然气、水能和核能，其中煤炭的贡献为 40％左右，水能、天然气和核能各贡献 20％左右。

因为目前还没有全新的技术或者简单的燃料替代品可以解决目前的问题。在此期间，每个人都将承受因转变而造成的不确定性或者困难，直到新的能源平衡出现为止。

1.7 启 示

1.7.1 世界常规非常规油气资源量及峰值的总体估计

在调研国内外油气资源预测研究方法和研究思路的基础上，深入分析现有各类模型的差异，优选或建立合适的预测方法或模型，应用于常规和非常规油气资源产量峰值的预测。取得结果如下：

（1）认为常规石油剩余证实储量约为 $12000 \pm 1000 \times 10^8$ bbl，世界常规天然气剩余证实储量约为 6500 ± 500 Tcf；

（2）对非常规油气资源重新评价结果为，全球非常规石油资源量达 7720.56×10^9 bbl，而非常规天然气资源量达 33894Tcf。

（3）世界石油最终可采量为 $27000 \pm 1000 \times 10^8$ bbl，世界天然气为 19000 ± 500 Tcf。

（4）应用数据模型对不同情形下世界油气峰值时刻进行预测，考虑常规和非常规石油证实储量，产量峰值年份将是 2016 年；考虑已有证实储量和潜在资源之和，则产量将在 2022 年达到峰值；考虑常规和非常规天然气证实储量，产量的峰值年份将是 2038 年；考虑已有证实储量和潜在资源之和，产量将在 2056 年达到峰值。综合分析，认为 2020 年前后和 2050 年前后将分别达到石油和天然气峰值。

在综合前述油气数据、人口历史数据以及其他主要能源数据信息的基础上，认为化石能源仍将是能源供应的主体，常规油气资源在 21 世纪上半叶是核心能源，下半叶非常规油气能源、煤炭、核能和可再生能源在不同情形下会有不同的发展，水能比例基本不变。21 世纪世界发电量将由煤炭、水能、天然气和核能提供，其中煤炭贡献量为 40% 左右，水能、天然气和核能各占 20% 左右。

1.7.2 非常规油气资源勘探开发建议

如前所述，石油产量将在 10a 的时间左右达到峰值，天然气产量将在 40a 左右的时间达到峰值，这其中非常规石油天然气潜力很大，前景光明。我们应该在寻找接替能源的同时，加强非常规油气资源的勘探开发力度，争取取得可以延缓峰值到来的重大突破，而这需要多方面的努力。

（1）非常规油气资源尽管资源量丰富，有很大的勘探开发空间。但是非常规油气资源的性质决定了其勘探开发的技术要求远高于常规石油天然气，我们需要更多的研究关于常规油气资源的地质规律及开发理论，更多的勘探井、开发井来提供大量地下信息等。地质学家、科研人员、技术人员应该深化非常规油气资源的勘探开发，针对每一种非常规资源的特征展开详细研究，例如综合勘探开发利用油页岩，加强煤层气基础理论研究等，充分挖掘非常规石油天然气的潜力，争取在常规油气资源达到峰值后，能提供强有力的接替补充作用。

（2）非常规能源的有效开发利用同样离不开政府部门及相关组织的重视与支持。世界各国政府及能源组织、油公司应该认识到非常规油气资源的巨大潜力，增加研究勘探和开发技术的投资，并提供有利的政策支持。

当然，常规能源的勘探开发仍有很长的一段路要走，摆在我们面前的难题也有很多，比如深水勘探开发难度大，等等。我们仍要继续加大对常规油气资源的勘探开发利用。

1.7.3　结束语

在目前的油价基础上，非常规能源开发尚处于起步阶段，常规油气资源仍占日常生活所需及工业发展的主导地位。但是正如本部分开头所述，人类社会每一次大的进步都将伴随着能源的改进。非常规能源代替常规能源是未来石油资源发展的必然趋势。由常规能源向非常规能源的过度必将引起石油工业界的一场重大革命，而这场革命既需要技术工作者的大胆创新，又需要管理者加大资金投入，充分重视。科学技术是第一生产力，对于非常规能源勘探开发必须以强大的技术为支撑，相关人员要敢于打破思维定式，多学科渗透，深入研究。

附录 1. A　单位及换算关系

表 1. A. 1 和表 1. A. 2 分别为这里涉及的石油和天然气主要单位换算关系。

表 1. A. 1　石油主要单位换算表

源数据格式	目的数据（数字为所乘系数）			
	t（Tonnes）	bbl（Barrels）	gal（US gallons）	t/a（Tonnes/year）
1t（Tonnes）	1	7. 33	307. 86	—
1bbl（Barrels）	0. 1364	1	42	—
1gal（US gallons）	0. 00325	0. 0238	1	—
1bbl/d（Barrels/day）	—	—	—	49. 8

表 1. A. 2　天然气主要单位换算表

源数据格式	目的数据（数字为所乘系数）				
	BCM	BCF	10^6 TOE	10^{12} BTU	10^6 BOE
1 BCM	1	31. 5. 3	0. 90	31. 5. 7	6. 60
1 BCF	0. 028	1	0. 025	1. 01	0. 19
1×10^6 TOE	1. 11	39. 2	1	39. 7	7. 33
1 trillion BTU	0. 028	0. 99	0. 025	1	0. 18
1×10^6 BOE	0. 15	1. 5. 35	0. 14	1. 5. 41	1

　　Tcf（trillion cubic feet）—万亿立方英尺；BCF（billion cubic feet）—十亿立方英尺；MCF（million cubic feet）百万立方英尺；BCM（billion cubic meters）—十亿立方米；MCM（million cubic meters）百万立方米；BTU（British thermal units）—英制热量单位；million tonnes oil equivalent—百万 TOE；million barrels oil equivalent—百万 BOE。

附录 1. B 其他主要一次能源数据

1. B. 1 煤炭储量及产量

美国是世界上最大的发达国家，也是能源消费代表国家。从美国能源发展史来分析煤炭变化情况具有意义和代表性。大约自 1885 年开始，煤炭代替木头成为主要能源，20 世纪上半叶，石油和天然气逐步成为世界上最主要的能源；20 世纪下半叶，煤炭的用量又再次增长，在能源消费结构中的作用再次增强（图 1. B. 1）。

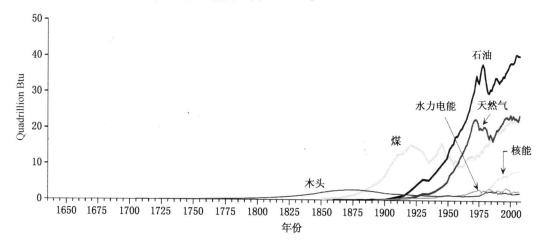

图 1. B. 1　美国初级能源消费历史（1635—2008 年）（EIA，2009）

BTU（British thermal units）—英制热量单位，Quadrillion—10^{12}。参见书后彩页

相对煤而言，石油易于生产、运输、存储和使用，天然气也被称为未来的清洁能源，但是煤是目前为止最便宜、最丰富的化石燃料。以 2008 年数据为例，煤炭消费量占世界初级能源的 29%，石油占 35%，相差不大；可煤炭储采比为 122，石油为 42（BP，2010），足见煤炭资源丰富。

在人类使用历史上，煤炭可以用来发电、用做热源或被转化为气体或液体燃料。但是煤炭目前的最大问题是开采、运输和燃烧过程中产生的严重环境污染。因此，20 世纪煤炭用途发生重大变化，由初期作为工业、运输和燃料使用转变为发电（世界大约 85% 的煤炭直接用于发电）。

世界煤炭资源主要分布在北纬 30°以北，南半球只有澳大利亚和南非拥有相对可观的煤炭储量。结合世界不同组织或机构提供的煤炭证实储量数据来看，对煤资源的掌握比较准确，基本上没有太大变化。1990—2000 年的数据基本上介于 10320×10^8 t～10800×10^8 t 之间；2000—2003 年的数据为 984010^8 t，2008 年数据为 8260×10^8 t（IEA，2010；BP，2010；WEC，2007；EIA，2009；WEC，2009）。储量的减少和煤炭消费量增长有关。即使如此，将煤炭的储量折算成 TOE，也是石油的 3 倍。

世界煤炭主要分布在三个国家：美国（28.9%）、前苏联（27.4%）和中国（13.9%），这三个国家集中世界上 70% 左右的储量。如果加上澳大利亚（9.2%）、印度（7.1%）和南非（3.7％），其总和是世界证实储量的90％（图1.B.2）。

和煤炭储量数据一样，煤炭资源量估算值变化不大，2009年世界煤炭资源量估算值为110000×10^8 t（WEC，2009），是石油资源量的近20倍。即使假设只有50％的煤炭资源产出，大量的煤炭资源也可以保持几百年供给。

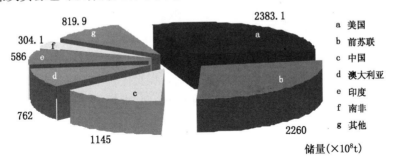

图1.B.2　世界煤炭证实储量（BP，2010）

煤炭大规模利用是从1885年左右开始，但是煤的使用历史超过2000年。1900年为止，世界约90％～95％的商业能源来自于煤炭。此后，煤炭占世界能源消费量的比例稳步下降，逐渐被石油取代：1925年，83％；1950年，55％；1960年，46％；1980年，27％；2000年，25％。到21世纪初略有回升，2008年，29％。

1925年之前，美国、英国和德国是世界煤炭主要生产国，产量占总量80％（Landis，1993）；1950年以后，前苏联，美国和德国是世界主要煤炭生产国，产量占总量62％；1970年起，中国煤炭产量大幅增长，前苏联，美国、中国和德国产量之和占世界70％；21世纪90年代初，德国和前苏联产量逐年下降，中国产量保持增长，四国之和占世界总产量比例略有下降，为62％；2000年起，中国产量大幅增长，年增速10％左右，四国之和比例达到67％（图1.B.3）。

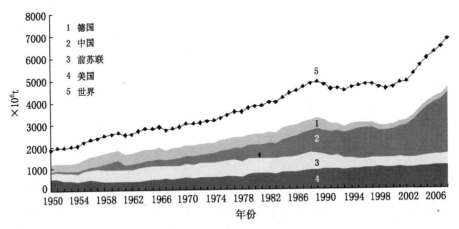

图1.B.3　主要煤炭生产国煤炭产量变化
（BP，2010；DESA，1976—1979；DESA，1981—1983；DESA，1984—2002）

图1.B.4展示了世界煤炭累积产量，1950年以前的累积产量之和参考Hubbert估算数据为基础（Hubbert K M，1949），1950年之后的数据来源是英国石油公司能源统计回顾和

联合国经济社会事物部统计办公室的能源统计年报。截止到 2008 年，煤炭累积产量为 $3073.5 \times 10^8 t$，占已知世界煤炭证实储量的 27%，占已知资源量估算值约 2.8%。

1985 年起，中国超过美国成为世界第一产煤大国；2008 年中国产量 $27.8 \times 10^8 t$，占世界总产量 41%。

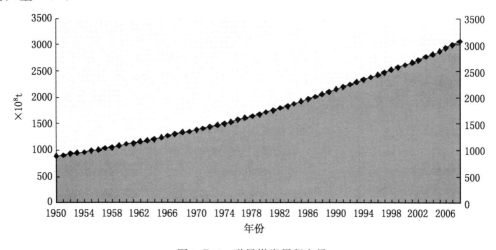

图 1.B.4　世界煤炭累积产量

(BP，2010；DESA，1976—1979；DESA，1981—1983；DESA，1984—2002)

1.B.2　核能的发展与发电

所有来自于原子核的能源都称为核能。主要有裂变和聚变，前者为目前可行性技术，后者从目前的发展来看，21 世纪可能很难实现商业化。

虽然核能是不产生燃烧物污染环境的大规模电力供应来源，但是核能存在的潜在性危险，诸如核废料处理和产生核武器的可能性等。世界范围内，核能的前景是一个高度争议的问题：一方面，21 世纪应该发展核能满足能源需要；另一方面，长期使用这种能源危险且不经济。

核能的发展是第二次世界大战中曼哈顿计划的结果（Beck P W，1999）。核能作为一种重要能源来源始于 1970 年前后，原因主要有两方面：（1）核能技术在 20 世纪 60 年代显著发展，（2）20 世纪 70 年代的石油危机和化石能源的短缺进一步推动了核能工业的扩张。

美国是世界上最早核能商业化的国家，1957 年美国将核潜艇改装成核电站，是世界上第一个商业核反应堆。法国、英国、德国、日本、前苏联也在 20 世纪 60—70 年代开始大规模发展核工业和核电站。1979 年美国三英里岛（Three Mile Island）核反应堆事故使得美国核能发电事业受到影响，但是西欧、前苏联和日本并没有因为美国的问题而气馁，积极发展利用核电。20 世纪 80 年代，核能又成为有前途的能源供应来源的重要组成部分。但 1986 年切尔诺贝利核电站事故使得公众对核能工业的持续发展失去信心，即使像法国和日本认为核能可行的国家也产生了置疑。对核能的忧虑在 20 世纪 90 年代开始显著增加，表现在以下几个方面：

（1）西欧不再建设新核电站；

（2）在美国、法国和前苏联运行的高速增殖核反应堆相继关闭（Salvador A，2005）；

（3）2000 年 6 月，德国计划在未来 20a 的时间内逐步停止对核能的使用；

（4）发达国家对电力生产控制放宽和逐步私有化，以及核电站较差的经济竞争能力使其逐步失去市场。

全球运行的核电站从 1970 年 81 个迅速增加到 1987 年 408 个，但是在 1987 年到 2001 年，仅增加了 33 个。

和西欧、美国以及前苏联各个国家不同，韩国和中国对核能的发展正好相反。在上述国家逐步减少核能发展的同时，正是中国和韩国核能的大力发展期，并已经跻身核能利用前十国行列（图 1.B.5）。在拥有核电站的国家中，核能对总发电量的贡献从 1970 年 3% 上升到 1980 年 12%，1985 年为 25%。20 世纪 70 年代开始，美国、法国、日本、德国和俄罗斯这五个国家核电占全球总量 70% 多；2008 年的统计数据中，这五个国家核电消费量之和仍高达 68%（图 1.B.5）。

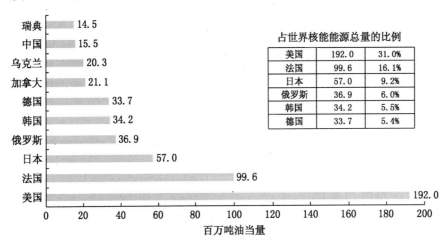

图 1.B.5　2008 年世界前 10 名核能源生产国（BP，2010）

世界核能发电量在 20 世纪 70 年代迅速增长，80 年代加速发展，90 年代增长减缓（图 1.B.6）。核能主要消费国美国、法国、日本、德国和前苏联的核能发电量发展趋势基本类似。

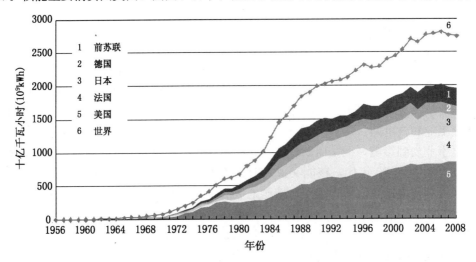

图 1.B.6　核能发电量历史统计

（BP，2010；DESA，1976—1979；DESA，1981—1983；DESA，1984—2002）

韩国和中国是成为核电工业后起之秀。石油危机对韩国经济的冲击，使得政府痛下决心大力发展核电，并且迅速走上自主创新发展的道路，逐步降低成本、提高安全性。2005 年，韩国核电机组利用率达到 96.5％，世界第一（中国能源报，2010）；2008 年，韩国核能所提供能源达到 $34.2×10^6 BOE$（$1510×10^8 kWh$）。

中国核能工业起步较晚，1993 年正式投入发电，中国沿海地区对能源的需求促进核能较快发展，可以分为三个阶段：80 年代中期至 90 年代中期，起步阶段；90 年代中期至 2004 年，小批量发展阶段；2004 年至今，加快发展阶段。2007 年，中国《核电中长期发展规划（2005—2020 年）》，首度将"适度发展核电"改为"积极发展核电"，表明中国发展核电的决心。截至 2008 年底，中国运行的核电站数为 11 座，总发电量 $684×10^8 kWh$，占中国电力总量 1.6％，在建核电站 7 座。

1.B.3 水能发电

水的流动提供了一种最清洁、最有效的发电方式。广泛分布于世界各地的水电被认为是一种有吸引力的能源，环境清洁、永不枯竭、高效且具有经济竞争力。但是事实情况也并非如此。主要的问题有以下几个方面：

（1）水坝建设淹没广大的河流上游地区，影响着当地民众的生活质量、社会和文化发展；

（2）水坝对河流上下游地区和环境有很多负面影响；

（3）水电站的寿命是有限的，并非永不枯竭，大型水坝的平均寿命是 35a 的时间（Salvador A，2005）；

（4）有利于建设大型水坝的位置在数量上是有限的，并且全球分布不均；

（5）大型水坝的建设需要大量的启动资金，并且经济回报并非总是很好。

20 世纪，世界水能发电量稳步增长，但是在全球发电能源中的所占比例却不断减少。20 世纪 20 年代，水电发电量占世界总量 40％；50 年代，降至 30％；80 年代，只有 20％～21％；90 年代，维持在 18％；21 世纪初，继续下降到只有 15％（图 1.B.7）。

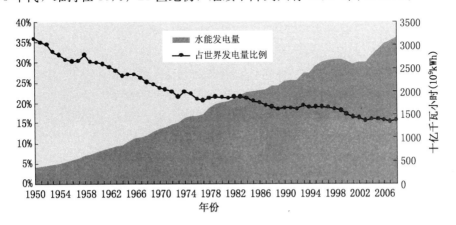

图 1.B.7　世界水能发电情况和占世界发电量比例的变化
（BP，2010；DESA，1976—1979；DESA，1981—1983；DESA，1984—2002）

图 1.B.8 显示了世界最主要五个水力发电国家的发电情况。1950 年以来，美国、加拿大、巴西、前苏联和中国五个国家的发电量占世界水力发电总量的 50％～57％。

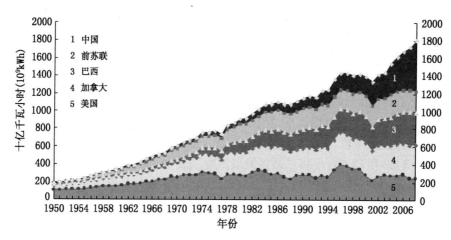

图 1. B. 8　美国、加拿大、巴西、前苏联和中国的水力发电量情况
（BP，2010；DESA，1976—1979；DESA，1981—1983；DESA，1984—2002）

　　从水能发电量统计数据来看，美国水能发电量基本不变、增长缓慢；加拿大水能发电量稳步增长，90 年代后期趋于稳定；前苏联地区稳定增长，后期变化不大；巴西和中国增长迅速，特别是 1970 年以后，进入水电发展的高速期。目前，中国水能发电量世界第一。

附录 1. C 人口与能源消费历史数据

1. C. 1 世界人口历史数据

人类出现直至 18 世纪，人口增长相当缓慢。18—19 世纪，开始加速；20 世纪，增长更快。20 世纪 50 年代后，飞速增长。数据表明，世界人口在 1815 年达到 10^9，用了超过 $10^6 a$ 的时间；1927 年达到 2×10^9，用了 112a；1960 年达到 3×10^9，用了 33a；1974 年达到 4×10^9，用了 14a；1988 年达到 5×10^9，用了 13a；1999 年达到 6×10^9，用了 12a。最新世界人口显示，2008 年达到 6.7×10^9（CIA，2001—2010；DESA，2009），预计将在 2011 年达到 7×10^9。人口的增长在 1960 年后由指数增长变为线性增长，20 世纪下半叶增加的近 4×10^9 人口中，每增长 10^9 人口大约用 12~14a（图 1. C. 1）。

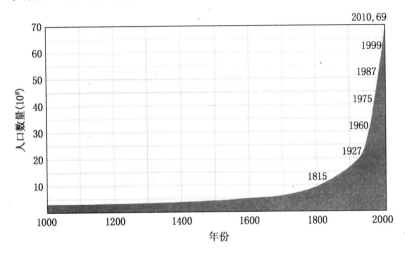

图 1. C. 1 世界人口历史

对世界人口增长的关注可以追溯到 Niccolo Machiavelli（1469—1527）和 Walter Raleigh 爵士（1552—1618）时代。然而直到 1798 年 Thomas Robert Malthus《论人口原理》以及 1972 年 Meadows 等《增长的极限》一书的发表，才使得该议题引起世界范围的关注（Salvador A，2005）。Malthus 声称，如果人类不经常被大自然以"积极的抑制"，如饥荒、瘟疫等加以限制，那么将没有充足的食物满足人口的增长；Meadows 在 1972 年也做出过类似的警告，如果人类保持从 18 世纪以来的平均增长速率，地球上支撑生命的系统将崩溃。

Malthus 和 Meadows 都是立足全球分析和认识人口的增长问题，没有注意特定的地区和国家集团之间的差别。世界不同地区和国家人口增长特点各不相同，因此他们的结论并没有反映出问题的本质。但是，该书的这一缺陷在罗马俱乐部的第二份报告《人类处于转折点》（Mankind at the turn point：The second report to the Club of Rome）中做出修正。和 Mearovic 与 Pestel 一样，Meadows 也认为，避免地球生命支撑系统的崩溃，只能通过减缓人口增长和降低人均不可再生能源的消费量来实现。

世界人口的增长存在差异性，且人口增长率与人口增长趋势和能源消费密切关联。无论从人口统计学角度还是从社会、经济、政治或文化的角度来看，区域之间都存在差异性，这些差异对人口的发展趋势影响显著。本论文将世界上国家分为两大类：发达国家和发展中国家。其中发达国家包括：美国、加拿大、澳大利亚、新西兰、日本、欧盟成员国（27 个，1991 年德国统一，之前是两个国家，之后按照一个国家统计）、挪威、瑞士、冰岛、科威特、俄罗斯、南非、阿联酋。余下的为发展中国家。尽管不同组织、不同出版物或不同学者对两者划分标准并非完全相同，但相对世界总人口而言，划分方面有争议的国家的人口所占比例非常小，对论文研究的数据并无实质影响。

20 世纪 60 年代，世界人口增长率达到峰值 2.1%，这一增长率可以让人口在 33 年内翻一倍。20 世纪 70 年代的人口增长率有所下降，但是到 80 年代晚期又达到一个峰值，之后逐步下降到 20 世纪末期的 1.4%，直到 2008 年的 1.188%（CIA，2001—2010）。

从图 1.C.2 中数据可以看出，发达国家人口增长缓慢，在近 40a 中基本上处于略微下降状态并趋于平稳。自 1950 年以来，只有三个国家，加拿大、澳大利亚和新西兰的人口数翻倍。发达国家人口增长的情况的差异，原因主要在于社会、经济、文化和政治因素所造成的错综复杂的影响。例如，美国人口的增速高于西欧，喜欢大家庭生活的移民流入是其人口增长的主要原因。

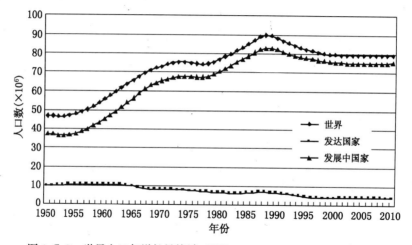

图 1.C.2　世界人口年增长量统计（CIA，2001—2010；DESA，2009）

发展中国家情况大为不同。从 1950—2000 年，发展中国家的人口从 17.17 亿增长到 49.20 亿，增长了 187%；2008 最新的统计数据显示，发展中国家人口为 56.17 亿，相比 1950 年增长了 230%，在 2000 年的基础上又增长了 14%。20 世纪 50—70 年代的指数增长已经减缓，自 20 世纪 80 年代以来接近线性增长。发展中国家人口增长量在 1988—1989 年达到峰值，为 8200 万/年。世界人口峰值与之类似，在 1988 年达到峰值 8900 万，且两者趋势基本无异。而图 1.C.3 中发展中国家人口占世界人口比例从 1950 年的 68% 到 2000 年的 80%，继而到 2008 年的 82% 也说明，世界人口年增长量的 95% 的贡献来自于发展中国家。而中国、印度、拉丁美洲和非洲又是发展中国家阵营中最核心的部分，对人口增长的控制作用明显。

图 1.C.4 显示世界上最主要国家（中国和印度）和地区（非洲和拉丁美洲）的人口增长历史数据。1950 年，这四个国家或地区的人口合计占发展中国家总人口数 52%，2000 年占 59%，2008 年占 61%。这四个国家或地区的人口增长率可以代表其余发展中国家的人口

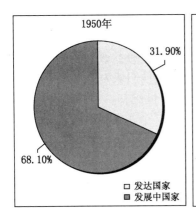 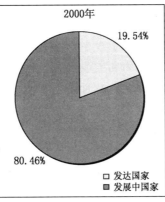 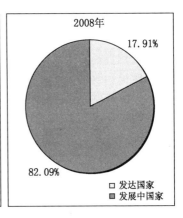

图 1. C. 3　发达国家和发展中国家人口比例变化（CIA，2001—2010；DESA，2009）

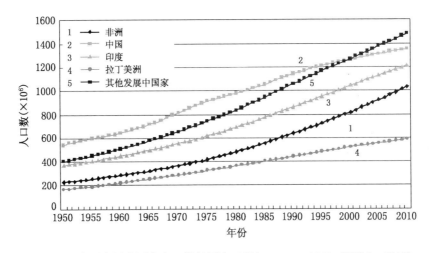

图 1. C. 4　主要发展中国家人口增长历史（CIA，2001—2010；DESA，2009）

增长率，可以作为未来趋势预测的基础。

发展中国家的人口增长情况各不相同：一些国家增长率较高，大多数发展中国家的人口增长率都在下降。以中国为例，20 世纪 50—60 年代人口呈指数增长，后来增长率因计划生育政策的实施而明显下降，中国的人口生育率从 20 世纪 50 年代的 6% 下降至 1.8%，人口增长量也从 20 世纪 70 年代的 2.2×10^7 降至 2000 年左右的 10^7。拉丁美洲的人口增长率也呈现下降趋势；印度人口增长量从 20 世纪 50 年代的 7×10^8 升至 1992 年的 1.8×10^7，并保持在了 $1.7 \times 10^7 \sim 1.8 \times 10^7$ 的水平；非洲人口数仍然保持指数增长，其特点是饥饿和疾病导致的高死亡率和高人口出生率并存，人口增长趋势没有改变，在撒哈拉南部地区尤其严重。其余发展中国家增长率总体呈下降趋势，从 1990 年的 2% 下降到现今 1.43%。

分析认为，发展中国家人口增长率缓慢下降原因主要有以下三个：

（1）政府认识到人口过度对国家经济、社会、文化、城市化等方面带来的巨大压力，因此采取相应的政策减缓人口增长率，例如中国的计划生育政策，使得中国减少至少 4×10^8 人口。但是从另一角度而言，破坏了人口平衡，加速人口老龄化。

（2）对女性的重视和尊重，以及受教育程度的改善也为人口增长率降低作出了贡献。有专家曾提出教育是最好的节育手段。女性的精力更多的投入到社会工作中，使得这近40a生育率下降已成定势。

（3）城市化和工业化也在降低人口生育率方面发挥了较大作用。随着越来越多的人从农村走入城市，城市带给他们的客观压力和主观意识上的认识，使得他们认为少生孩子是相当必要的。这使得城市人口生育时间推迟，从而降低了出生率。21世纪初，世界上有近一半人口（超过3×10^9）居住在城市。世界上20个最大的城市，有17个在发展中国家。

1.C.2 人均能源消费历史

图1.C.5和图1.C.6显示了1965—2008年世界上主要能源的消费量和消费结构。化石能源（石油、天然气和煤）提供了世界能源消费量的大部分；水电和核能在能源消费结构中慢慢占据了一定的比例，并对能源供给做出了少量贡献：水电所占百分比介于5.3%～6.7%之间，核能在70年代投入商业应用以来稳步增长，1993年达到6%，并保持这一比例到2004年，而后略有下降，维持在5.5%左右的水平。

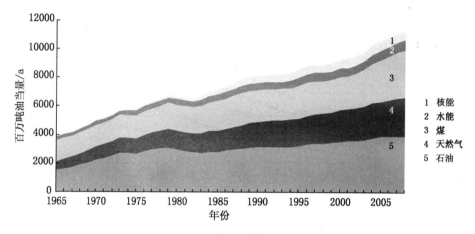

图1.C.5 世界能源消费量历史（BP，2010）

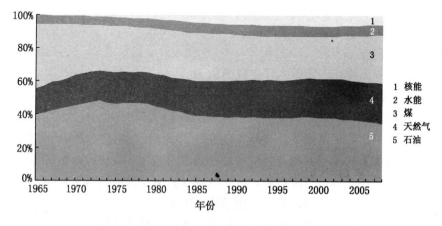

图1.C.6 世界能源消费结构演化（BP，2010）

从图1.C.7和图1.C.8所展示的1980年和2008年能源消费结构图中可以清晰的看出，化石能源不仅在过去，而且在未来相当长一段时间仍将处于主导地位，其中石油所占的能源比例略有下降，但天然气所占比例有所上升，煤炭因为便利性相对较差的原因，在较长时间内所占比例将会相对稳定在 27%～30% 之间。20 世纪 70 年代是核能商业化利用的开始，核能所占比例明显上升，水电比例保持不变，依旧是重要的补充能源。

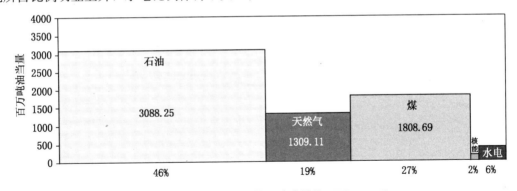

图 1.C.7　1980 年初级能源消费结构（BP，2010）

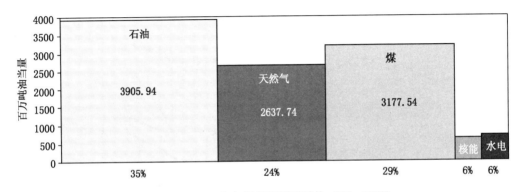

图 1.C.8　2008 年初级能源消费结构（BP，2010）

可再生能源和非常规油气能源目前在世界能源消费中起次要作用。生物燃料（木材、畜牧业、可燃烧的农业作物等）虽然是最古老的能源来源并且仍在广泛使用中，但是其能源使用量很难用数据证实，因此这部分不在统计范围之内。

综合过去半个世纪的能源消费和人口的历史数据，得到人均能源消费量（图 1.C.9 和图 1.C.10），对全球、发达国家、发展中国家阵营，主要发达国家——美国、加拿大、日本，以及主要发展中国家或地区——中国、印度、非洲和拉丁美洲分别统计。

通过对统计数据的分析，得到以下一些认识：

（1）世界人均能源消费量平稳增长，从 1965 年的 1.1TOE/人/年增加到 2008 年的 1.7TOE/人/年；

（2）发达国家人均能源消费量＞世界人均能源消费量＞发展中国家能源消费量，但是两者之间的差距在缩小，由 1965 年的 13 倍减少到 2008 年的 9 倍；

（3）发达国家人均能源消费量增长有限，过去的半个世纪内缓慢增长，相对稳定，在 1990 年后基本处于停滞状态，期间略有下降。1965 年为 3.5TOE/人/年，1990—2008 年基本保持在 5.3TOE/人/年；不包括加拿大和美国的发达国家 21 世纪初期人均消费量为 4.4TOE/人/年。

（4）部分发达国家的人均能源消费曲线反映了其能源消耗量的特点。日本的能源消费量

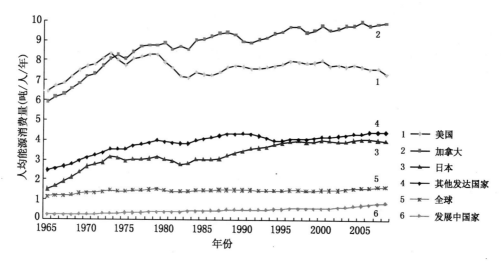

图 1. C. 9　发达国家及全球人均能源消费增长历史（BP，2010）

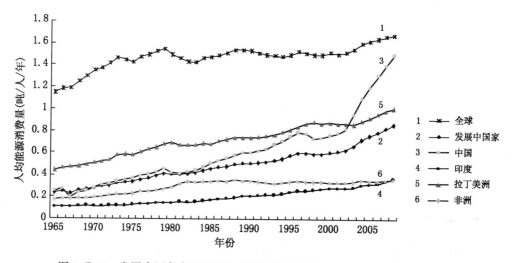

图 1. C. 10　发展中国家或地区及全球人均能源消费增长历史统计（BP，2010）

早期受世界第二次大战的影响，后期迅速增长；美国和加拿大与发达国家人均能源消费水平相差最大，这两个国家能源消费水平是其他发达国家的 3~4 倍，是其他发展中国家的 15~20 倍，近 30 年来相差最大的是加拿大。

（5）发展中国家能源消费量极其有限，增长缓慢，期间还略有下降。总体来看，大多数发展中国家或地区能源消费量增长近于停滞状态，且总体水平极低，但中国是一个例外。印度和非洲水平最低，2008 年还仅为 0.4TOE/人/年；拉丁美洲相对较高，为 1.0TOE/人/年；中国在 21 世纪人均能源消费量开始快速增长，在 2008 年已经达到 1.5TOE/人/年，接近全球 1.7TOE/人/年的水平，但是和发达国家的平均水平相比仍然存在巨大差距。考虑其人口数量和增长，其能源消费总量增长非常巨大，中国将成为 21 世纪一个新的能源增长点。正确估计中国在世界经济和能源中的地位非常关键，其经济的增长将对未来的能源消费预测产生一定程度的直接影响。

（6）以上数据表明：世界能源人均消费量在 20 世纪 70 年代早期还有一定程度的快速增

长，但是从 70 年代至今，能源的消费量增速减缓，基本上保持缓慢匀速微量增长走势。

20 世纪 70 年代以后，人均能源消费水平没有持续快速上升，主要原因在于技术进步使得能源利用效率明显提高以及节能方面所做努力日显成效。这个趋势也将成为进行 21 世纪能源消费预测的一个重要依据。

21 世纪发达国家和发展中国家整体人均能源消费量都不会大幅度增长，这一点基本可以肯定，但是进行预测必须考虑中国因素的存在。作为一个巨大的经济体和人口单位，其能源消费量的增长将不容小觑。随着中国经济的崛起，经历较长时间能源消费量迅速增长这一点已经清晰显现在 21 世纪初期中国人均能源消费曲线上。以中国石油消费量的增长和城镇人口的增长的曲线为例（图 1.C.11），1978 年是两者关系发生变化的转折点。而这一年，正是中国实施改革开放的开始。随着改革开放带动经济的增长，使得城镇人口（也即城市化进程）和能源消费快速增长，中国的能源消费能力和城镇人口数量也呈现正比关系。最新报道显示，2008 年中国的城镇人口已经达到 6.07×10^8，占总人口数 45.7%，即将超过农村人口（NBS，1949—2008）。这也意味着，中国的城镇人口数量或城市化进程正处在一个高速时期，那么能源消费量的增长必然不会减速，会持续一个高速增长期。

而后随着经济发展达到一定阶段，中国的人均消费量还将会增长，但其增速必然会逐步放缓，其成因应该和 20 世纪 70 年代后世界人均能源消费水平增速放缓的原因相似或一致。中国的地位和作用将对整体预测结果的准确性产生直接影响。

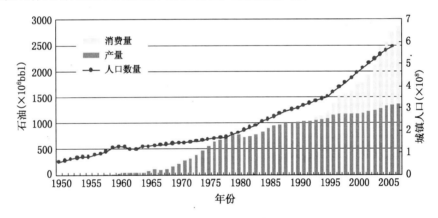

图 1.C.11　中国石油消费量和城镇人口的变化（MLR，2007）

附录 1. D 储量—产量平衡模型推导

油气田的累计产量、油气田的可采储量和油气田剩余可采储量可以表示为

$$\Delta N_p = \int_0^t Q(t) \cdot \mathrm{d}t \tag{1.D.1}$$

$$\Delta N_{RR} = Q(t) \cdot \omega(t) - Q(0) \cdot \omega(0) \tag{1.D.2}$$

$$\Delta N_R = \Delta N_P + \Delta N_{RR} = \int_0^t Q(t) \cdot \mathrm{d}t + [Q(t) \cdot \omega(t) - Q(0) \cdot \omega(0)] \tag{1.D.3}$$

1. D. 1 考虑递减指数 D 是常数的情况

当递减指数为常数的时候，则 t 年后的产量递减为

$$Q(t) = Q(0) \cdot D^t \tag{1.D.4}$$

则有

$$D = [Q(t)/Q(0)]^{\frac{1}{t}} = \mathrm{cons} \tag{1.D.5}$$

将式（1. D. 5）代入式（1. D. 1），则

$$\Delta N_p = \int_0^t Q(t) \cdot \mathrm{d}t = \int_0^t Q(0) \cdot D^t \cdot \mathrm{d}t = \frac{Q(0)}{\ln D}(D^t - 1) = \frac{Q(0)}{\ln\left[(Q(t)/Q(0))^{\frac{1}{t}}\right]} \cdot \left(\frac{Q(t) - Q(0)}{Q(0)}\right) \tag{1.D.6}$$

对于储采比 ω，有

$$\omega = \frac{(N_R - N_P)}{Q} = \frac{N_{RR}}{Q} \tag{1.D.7}$$

则剩余可采储量 N_R 为

$$\Delta N_R = \Delta N_P + \Delta N_{RR} = \frac{Q(0)}{\ln\left[(Q(t)/Q(0))^{\frac{1}{t}}\right]} \cdot \left(\frac{Q(t) - Q(0)}{Q(0)}\right) + (Q(t) \cdot \omega(t) - Q(0) \cdot \omega(0)) \tag{1.D.8}$$

$$\Delta N_R = \Delta N_P + \Delta N_{RR} = \frac{Q(0) \cdot (D^t - 1)}{\ln D} + (Q(t) \cdot \omega(t) - Q(0) \cdot \omega(0)) \tag{1.D.9}$$

式（1. D. 9）即万吉业提出的储量—产量递减模式（万吉业，1994）。

1. D. 2 考虑不同情况的递减模型

当递减指数 n 取不同的数值时，油气田产量递减满足不同的模式。分别有指数递减、调和递减、直线递减和双曲递减。Arp（1945，1956）提出的公式是所有递减模型的基础。

$$D = KQ^n = -\mathrm{d}Q/\mathrm{d}t/Q \tag{1.D.10}$$

根据递减指数的定义，递减系数 D 可以表示为

$$D = -\frac{1}{Q} \cdot \frac{\mathrm{d}Q}{\mathrm{d}t} \tag{1.D.11}$$

则有

$$\frac{D}{D_0} = \left(\frac{Q(t)}{Q(0)}\right)^n \tag{1. D. 12}$$

$$D_0 = \left(\frac{1}{nt}\right)\left[\left(\frac{Q(0)}{Q(t)}\right)^n - 1\right] \tag{1. D. 13}$$

当 $n=0$ 时，递减模式为指数递减，有

$$Q(t) = Q(0) \cdot e^{-D_0 \cdot t} \tag{1. D. 14}$$

当 $n=1$ 时，递减模式为调和递减，有

$$Q(t) = Q(0) \cdot (1 + D_0 \cdot t)^{-1} \tag{1. D. 15}$$

当 $n=-1$ 时，递减模式为直线递减，有

$$Q(t) = Q(0) \cdot (1 - D_0 \cdot t) \tag{1. D. 16}$$

当 $0 < n < 1$ 时，递减模式为双曲递减，有

$$Q(t) = Q(0) \cdot (1 + n \cdot D_0 \cdot t)^{1/n} \tag{1. D. 17}$$

将式（1. D. 13）代入式（1. D. 1），即双曲递减时的阶段内累积产量为

$$\Delta N_p = \int_0^t Q(t) \cdot \mathrm{d}t = \int_0^t Q(0) \cdot (1 + n \cdot D_0 \cdot t)^{-1/n} = \frac{Q(0)}{D_0(n-1)}\left[(1 + nD_0t)^{\frac{n-1}{n}} - 1\right] \tag{1. D. 18}$$

或为

$$\Delta N_p = \frac{Q(0)}{D_0(n-1)}\left[(1 + nD_0t)^{\frac{n-1}{n}} - 1\right] = \frac{ntQ_0 \cdot \left[\left(\frac{Q(0)}{Q(t)}\right)^{n-1} - 1\right]}{\left[\left(\frac{Q(0)}{Q(t)}\right)^n - 1\right] \cdot (n-1)} \tag{1. D. 19}$$

由于式（1. D. 19）为超越函数，用迭代法求解（姜汉桥，1993）

$$f(n) = ntQ_0(z^{n-1} - 1) - (z^n - 1) \cdot (n-1) \cdot \Delta N_p, z = \frac{Q(0)}{Q(t)} \tag{1. D. 20}$$

则可以构造函数

$$F(n) = \sum_{j=2}^k f_j(n) = \sum_{j=2}^k \left[nt_jQ_0(z^{n-1} - 1) - (z^n - 1) \cdot (n-1) \cdot \Delta N_{pj}\right] \tag{1. D. 21}$$

通过递归关系求解递减指数 n，有

$$n_{k+1} = n_k - \frac{F(n_k)}{F(n_k) - F(n_{k-1})}(n_k - n_{k-1}) \tag{1. D. 22}$$

同样的，有

$$f_j(D_0) = \left(\frac{Q(0)}{Q(t)}\right)^n - 1 - D_0 \cdot n \cdot t \tag{1. D. 23}$$

$$F(D_0) = \sum_{j=2}^k f_j(D_0) = \sum_{j=2}^k \left[\left(\frac{Q(0)}{Q(t)}\right)_j^n - 1 - D_0 \cdot n \cdot t_j\right] \tag{1. D. 24}$$

$$D_{0k+1} = D_{0k} - \frac{F(D_{0k})}{F(D_{0k}) - F(D_{0k-1})}(D_{0k} - D_{0k-1}) \tag{1. D. 25}$$

1. D. 3 储采比 ω 和递减系数 D 之间的关系

将储量和产量的关系变成递减系数 D 和储采比之间的关系，有

$$\omega(t) = \frac{N_{R0} - \int\limits_0^{t-1} Q(t)\mathrm{d}t + \int\limits_0^{t-1} \Delta N_R(t)\mathrm{d}t}{\int\limits_{t-1}^{t} Q(t)\mathrm{d}t} \tag{1. D. 26}$$

引入储采平衡常数 λ，则

$$\int\limits_0^t \Delta N_R(t)\mathrm{d}t = \int\limits_0^t \lambda \cdot Q(t)\mathrm{d}t \tag{1. D. 27}$$

将式（1. D. 27）代入式（1. D. 26）中，得到储采比，即

$$\omega(t) = \frac{\omega_0 \cdot \int\limits_0^t Q(t)\mathrm{d}t - \int\limits_0^{t-1} Q(t)\mathrm{d}t + \int\limits_0^{t-1} \lambda \cdot Q(t)\mathrm{d}t}{\int\limits_{t-1}^{t} Q(t)\mathrm{d}t} \tag{1. D. 28}$$

将式（1. D. 17）代入式（1. D. 28）中，得到双曲递减下储采比 ω 和递减系数 D 之间的关系，即

$$\omega(t) = \frac{\omega_0 \cdot \left[1 - (1 + n \cdot D_0)^{\frac{1-n}{n}}\right] - (1 - \lambda) \cdot \left\{1 - \left[1 + n \cdot D_0 \cdot (t-1)\right]^{\frac{1-n}{n}}\right\}}{\left[1 + n \cdot D_0 \cdot (t-1)\right]^{\frac{1-n}{n}} - (1 + n \cdot D_0 \cdot t)^{\frac{1-n}{n}}} \tag{1. D. 29}$$

将式（1. D. 14）代入式（1. D. 28），得到指数递减模式下储采比 ω 和递减系数 D 之间的关系，即

$$\omega(t) = \frac{\omega_0 \cdot (1 - e^{-D_0}) - (1 - \lambda) \cdot (1 - e^{-D_0 \cdot (t-1)})}{e^{-D_0 \cdot t} \cdot (e^{-D_0} - 1)} \tag{1. D. 30}$$

将式（1. D. 15）代入式（1. D. 28），得到调和递减模式下储采比 ω 和递减系数 D 之间的关系，即

$$\omega(t) = \frac{\omega_0 \cdot \ln(D_0 t + 1) - \ln[D_0(t-1) + 1] + \lambda \cdot \ln[D_0(t-1) + 1]}{\ln(D_0 t + 1) - \ln[D_0(t-1) + 1]} \tag{1. D. 31}$$

将式（1. D. 16）代入式（1. D. 28），得到直线递减模式下储采比 ω 和递减系数 D 之间的关系，即

$$\omega(t) = \frac{\omega_0 \cdot \left(t - \frac{1}{2}D_0 t\right) - \left[(t-1) - \frac{1}{2}D_0(t-1)^2\right] + \lambda \cdot \left[(t-1) - \frac{1}{2}D_0(t-1)^2\right]}{\frac{1}{2}D_0 + 1 - D_0 t} \tag{1. D. 32}$$

公式中所涉及参数物理含义如下：

（1）ω—储采比；$\omega(0)/\omega_0$—初始储采比；$\omega(t)/\omega_t$—某一时刻储采比，t 为开发时间，单位年（a）；

（2）λ—储采平衡常数；

（3）D—递减系数；D（0）/D_0—初始递减系数；D（t）/D_t—某一时刻递减系数，t 为开发时间，单位年；

（4）n—递减指数；

（5）Q—油气田年产量 Q（0）—油气田初始年产量，Q（t）—某一时刻油气田年产量，t 为开发时间，单位年；

（6）N_P—油气田的累计产量；N_R—油气田的可采储量，N_{RR}—油气田剩余可采储量。

参 考 文 献

Al－Qodah Z. 2000. Adsorption of Dyes Using Shale Oil Ash. Water Research. 34 (17): 4295～4303

Attanasi E D. 1991. The 1995 National Assessment of United States Oil and Gas Resources: The Economic Component. USGS Open File－Report, 95～75

Ayers W B J. 2002. Coalbed gas systems, resources, and production and a review of contrasting cases from the San Juan and Powder River basins. AAPG Bulletin, 86 (11): 1853～1890

Abu－Shanab M M and Hamada G M. 2001. Improved porosity estimation in tight gas reservoirs from NMR and density logs. SCA International Symposium

Arps J J, Mortada M and Smith A E. 1970. Relationship between proved reserves and exploration effort. SPE 45th Annual Fall Meeting. Houston

Arro H, Prikk A and Pihu T. 2003. Calculation of qualitative and quantitative composition of Estonian oil shale and its combustion products. Fuel, 82 (18): 2179～2191

Al－Fattal SM and Startzman R A. 1997. Worldwide Petroleum－Liquid Supply and Demand. JPT, 49 (12): 1329～1338

Al－Fattal S M and Startzman R A. 1999. Analysis of Worldwide Natural Gas Production. SPE 57463: 1～14

Al－Fattal S M and Startzman R A. 2000. Forecasting world natural gas supply. SPE 62580: 1～11

ASPO. 2007. Personal communication with Kjell Aleklett. The Association for the Study of Peak Oil and Gas

Bartlett A A. 1999. An analysis of U. S. and world oil production patterns using Hubbert－Style curves. Mathematical Geology

Batzle M, Hoefmann R, and Han D－H. 2006. Heavy oils－seismic properties. The Leading Edge, 25 (7): 750～756

Beck P W. 1999. Nuclear energy in the twenty－first century: Examination of a contentious subject. Annual Review of Energy and the Environment, 24: 113～137

Behura J, Batzle M, Hofmann R, et al. 2009. The shear properties of oil shales. The Leading Edge, 28: 850～851

Besson C. 2001. Resources to Reserves, Oil & Gas Technologies for the Future. International Energy Agency

BGR. 2007. Reserves, Resources and Availability of Energy Resources. Annual Report

Biglarbigi K. 2007. Oil Shale Development Economics. EFI Heavy Resources Conference. Edmonton

Biglarbigi K. 2007. Potential Development of United States Oil Shale Resources. EIA Energy Outlook Conference. Washington, DC

Biglarbigi K. 2008. Economics of Oil Shale Development in the United States. SPE ATCE, Paper No. 11650

Biglarbigi K. 2008. Unlocking Ten Trillion Barrels of Global Oil Shale Resources. SPE Distinguished Lecturer Program

Birdsall N, Kelley A C and Sinding S W. 2001. Population matters－Demographic change, economic growth, and poverty in the developing world. Oxford, England, Oxford University Press

Bowder K A. 2007. Barnett shale gas production, Fort Worth basin: issues and discussion. AAPG Bulletin, 91 (4): 523～533

BP. 2002～2010. BP Statistical Review of World Energy 2001－2009. London, British Petroleum

Brendowk. 2003. Global oil shale issues and perspectives. Oil Shale, 20 (1): 81～92

Bunger J W, Crawford P M and Johnson H R. 2004. Is oil shale America's answer to peak oil challenge? .

Oil & Gas Journal, 8: 16-24

Cameron C. 2006. Energy Demands on Water Resources. Report to Congress on the Interdependency of Energy and Water, Draft, Sandia National Laboratories

Campbell C J and Laherrere J H. 1998. The end of cheap oil. Scientific American, 78~83

Carter S D, Rob T L and Rabel A M. 1990. Processing of eastern US oil shale in a multistage fluidized bed system. Fuel, 69 (9): 1124~1127

CGES. 2006. The oil market - key questions. Centre for Global Energy Studies

Chen M and Dong L. 2007. Studies on Experiment of Instant Pyrolysis Oil Shale of Small Size for Shale Oil. Clean Coal Technology, 13 (5): 35~37

Chopra S and Lines L. 2008. Introduction to this special section: Heavy oil. The Leading Edge, 27 (9): 1104~1106

CIA. 2010. World Fact book 2000—2009. Central Intelligence Agency

CNEB. 2008. An Energy market Assessment: Canadian Energy Overview 2007. Canada National Energy Board

Crawford P M. 2008. Advances in World Oil Shale Production Technologies. SPE ATCE

Crawford P M, Biglarbigi K and Knaus E. 2009. New approaches overcome past technical issues. Oil & Gas Journal, 1 (4): 44~47

Curtis J B. 2002. Fractured shale - gas systems. AAPG Bulletin, 86 (11): 1921~1938

Das A and Batzle M. 2010. Frequency dependent elastic properties and attenuation in heavy - oil sands: comparison between measured and modeled data. 80th SEG Annual Meeting, 2547~2551

Deffeyes K S. 2001. Hubbert's Peak: The Impending World Oil Shortage. Princeton, New Jersey, USA, Princeton University Press

Dehaan H J. 1991. New development in improved oil recovery. London, Special Publication 84. Geological Society London

DESA. 1976—1979. World Energy Supplies 1950 - 1978. United Nations Department of Economic and Social Affairs

DESA. 1981—1983. Yearbook of World Energy Statistics 1979 - 1981. United Nations Department of Economic and Social Affairs

DESA. 1984—2002. World Energy Statistics Yearbook 1982 - 2001. United Nations Department of Economic and Social Affairs

DESA. 2009. World Population Prospects. United Nations Department of Economic and Social Affairs

Ding S and Pham T. 2002. Integrated approach for reducing uncertainty in the estimation of formation water saturation and free water level in tight gas reservoirs - case studies. SCA International Symposium

DOE. 2004. Strategic Significance of America's Oil Shale. Department of Energy

DOE. 2007. Oil Shale and Other Unconventional Fuels Activities. US Department of Energy

DOE. 2008. Secure Fuels From Domestic Resources. US Department of Energy

DOI. 2007. Programmatic Environmental Impact Statement. US Department of Interior, Bureau of Land Management

Domenico S N. 1974. Effect of water saturation on seismic reflectivity of sand reservoirs encased in shale. Geophysics, 39 (6): 759~769

Duncan D C and Swanson V E. 1961. Organic - Rich Shales of the United States and World Land Areas. US Geological Survey

Dung N V. 1990. Yields and chemical characteristics of products from fluidized bed steam retorting of condor and Stuart oil shale effect of pyrolysis temperature. Fuel, 69 (3): 367~371

Dyni J R. 2003. Geology and resources of some world oil shale deposits. Oil Shale, 20 (3): 193~252

Dyni J R. 2006. Geology and Resources of Some World Oil－Shale Deposits. Scientific Investigations Report 2005－5294, U. S. Geological Survey

EIA. 2003. Transportation Energy Data Book－World Petroleum Consumption by Fuel database. Energy Information Administration & Oak Ridge National Laboratory

EIA. 2001. International Energy Statistics. Energy Information Administration

EIA. 2001. International Energy Statistics. Energy Information Administration

EIA. 2007. International Energy Outlook 2006. Energy Information Administration

EIA. 2008. Annual Energy Outlook. Energy Information Administration

EIA. 2008. International Energy Outlook 2007. Energy Information Administration

EIA. 2008. Sources of Foreign Reserve Estimates. Energy Information Administration

EIA. 2009. Annual Energy Review 2008. Energy Information Administration

EIA. 2009. International Energy Outlook 2009. Energy Information Administration

EIA. 2009 Coalbed Methane Proved Reserves. Energy Information Administration http: //tonto. eia. doe. gov/dnav/ng/ng _ enr _ cbm _ a _ epg0 _ r51 _ bcf _ a. htm

EIA. 2009. Coalbed Methane Production. Energy Information Administration http: //tonto. eia. doe. gov/dnav/ng/ng _ enr _ cbm _ a _ epg0 _ r51 _ bcf _ a. htm

EIA. 2009. Shale Gas Proved Reserves. Energy Information Administration http: //tonto. eia. doe. gov/dnav/ng/ng _ enr _ cbm _ a _ epg0 _ r51 _ bcf _ a. htm

EIA. 2009. Shale Gas Production. Energy Information Administration http: //tonto. eia. doe. gov/dnav/ng/ng _ enr _ cbm _ a _ epg0 _ r51 _ bcf _ a. htm

EIA. 2009. Natural Gas Prices. Energy Information Administration http: //tonto. eia. doe. gov/dnav/ng/ng _ pri _ sum _ dcu _ nus _ m. htm

Gannon A J and Wright B C. 1998. Progress in continuing oil shale project studies. Fuel, 67 (10): 1394~1396

Grinberg A, Keren M and Podshivalov V. 2000. Producing electricity from Israel oil shale with PFBC technology. Oil Shale

Hanni R. 1996. Energy and Valuble Material by－product from Firing Estonian Oil Shale. Waste Management, 16 (1－3): 97~99

Harada K. 1991. Research and development of oil shale in Japan. Fuel, 71 (9): 1121~1121

Hawkins J M. 1992. Estimating Coalbed Gas Contest and Sorption Isotherm Using Well Log Data. SPE 24901

Head I M, Jones D M, and Larter S R. 2003. Biological activity in the deep subsurface and the origin of heavy oil. Nature, 426 (20): 344~352

He Y. Song Y. 2005. Oil shale synthesis Utilization. Coal Processing & Comprehensive Utilization, 1 (1): 53~56

Hirsch R L. 2001. The Shape of World Oil Peaking: Learning from Experience. The Atlantic Council of the United States

Hirsch R L. 2005. The Inevitable Peaking of World Oil Production. Atlantic Council Bulletin, XVI (3): 1~1

Hirsche K, Hampson D, Peron J, et al. 2005. Simultaneous inversion of PP and PS seismic data－a case history from western Canada. EAGE/SEG Research Workshop

Hirsch R L. 2007. Peaking of World Oil Production: Recent Forecasts. National Energy Technology Laboratory (NETL), 10~21

Holditch S. 2006. Tight Gas Sands. SPE Paper 103356, Distinguished Author Series

Hou X L. 1998. Prospect of oil shale and shale oil industry. Proceedings International Conference on oil shale and shale oil

Hubbert K M. 1949. Energy from fossil fuels. Science, 109: 103~109

Hubbert K M. 1967. Degree of Advancement of Petroleum Exploration in the United States. AAPG Bulletin, 51 (11): 2207~2227

IEA. 2007. World Energy Outlook 2006. International Energy Agency

IEA. 2010. World Energy Outlook 2009. International Energy Agency

IPCC. 2007 Fourth Assessment Report. Intergovernmental Panel on Climate Change

Kattai V and Lokk U. 1998. Historical review of the kukersite oil shale exploration in Estonia. Oil Shale, 15 (2): 102~110

Kawata Y and Fujita K. 2001. Some Predictions of Possible Unconventional Hydrocarbons Availability Until 2100. SPE Asia Pacific Oil and Gas Conference and Exhibition

Khebab. 2008. Peak Oil Update - December 2006: Production Forecasts and EIA Oil Production Numbers. The Oil Drum http: //www. theoildrum. com/tag/update

King G E. 2010. Thirty years of gas shale fracturing what have we learned SPE 133456

Kjärstad J and Johnsson F. 2009. Resources and future supply of oil. Energy Policy, 37: 441~464

Klett T R and Schmoker J W. 2003. Tectonic Setting of the World's Giant Oil & Gas Fields. AAPG Memoir No. 78: 107~122

Klett T R, Gautier D L and Ahlbrandt T S. 2005. An evaluation of the U. S. Geological Survey World Petroleum Assessment 2000. AAPG Bulletin, 89 (8): 1033~1042

Knutson C F, Dana G F and Kattai V. 1990. Development s in oil shale in 1989. AAPG Bulletin, 74 (10B): 372~379

Kuuskraa V A. and Cutler J C. 2004. Natural Gas Resources, Unconventional. Encyclopedia of Energy, 257~272

Kuuskraa V A. and Koperna G. 1998. Barnett shale rising star in Fort Worth basin. Oil & Gas Journal, 5 (4): 67~70

Laherrère J H. 2000. Learn strengths, weaknesses to understand Hubbert curve. Oil & Gas Journal, 98 (16): 63~74

Landis E R and Weaver J N. 1993. Studies in Geology 38: Hydrocarbons from Coal. Studies in Geology. AAPG Special Publication, 1~12

Li G P, Purdue G, Weber S, et al. 2001. Effective processing of nonrepeatable 4 - D seismic data to monitor heavy oil SAGD steam flood at East Senlac, Saskatchewan, Canada, CHOA: 307~315

Lines L, Chen S, Daley P F, et al. 2003. Seismic pursuit of wormholes. The Leading Edge, 22 (5): 459~461

Lines L and Daley P F. 2007. Seismic detection of cold production footprints in heavy oil extraction. Journal of Seismic Exploration, 15: 333~344

Longwell H J. 2002. The future of the oil and gas Industry: past approaches, new challenges. World Energy, 5 (3): 100~104

Maugeri L. 2004. Oil: Never Cry Wolf - Why the Petroleum Age Is Far from over. Science, 304: 1114~1111

Makarynska D, Gurevich B, Behura J, et al. 2010. Fluid substitution in rocks saturated with viscoelastic fluids. Geophysics, 75 (2): P. E115~E122

Masters J A. 1979. Deep Basin Gas Trap, Western Canada. AAPG Bulletin

Maxwell S C and Urbancic T I. 2001. The role of passive microseismic monitoring in the instrumented oil field. The Leading Edge, 20 (6): 636~639

Maxwell S C, Du J, Shemeta J, et al. 2007. Monitoring SAGD steam injection using microseismicity and tiltmeters. SPE paper 110634

McElroy M B, Lu X and Nielsen C P. 2009 Potential for Wind－Generated Electricity in China. Science, 325: 1378~1380

McCallister T. 2000. Impact of Unconventional Gas Technology in the Annual Energy Outlook 2000. Energy Information Administration

McKinzie B, Vinegar H and Day M. 2008. Successful test of a frozen ground barrier to flow. Shell Exploration & Production

McKinzie B. 2010. The future of oil shale. The Oil Drum

Meyer R F, Attanasi E D and Freeman P A. 2007. Heavy Oil and Natural Bitumen Resources in Geological Basins of the World

Meyer R F, Attanasi E D and Freeman P A. 2007. Heavy Oil and Natural Bitumen Resources in Geological Basins of the World. Open File－Report 2007－1084, USGS

Milici R C. 1993. Autogenic gas (self sourced) from shales－An example from the Appalachian basin, in D. G. Howell, ed, The future of energy gases. U. S. Geological Survey Professional Paper 1570: 253~278

MLR. 2007. 第三次国家资源评价 (China 3rd National Petroleum Assessment). 北京, 中华人民共和国国土资源部 (The Ministry of Land and Resources P. R. C)

Nakicenovic N and Riahi K. 2001. An Assessment of Technological Change across Selected Energy Scenarios. World Energy Council Research Report

Nasr T N and Ayodele O R. 2005. Thermal techniques for the recovery of heavy oil and bitumen. SPE International Improved Oil Recovery Conference, SPE 97488

NBS. 1949—2008. 人口统计年鉴. 中华人民共和国国家统计局 (National Bureau of Statistics of China)

NPC. 2007. Facing the Hard Truths about Energy. National Petroleum Council, 197~200

ODAC. 2009. Preparing for Peak Oil: Local Authorities and the Energy Crisis. Oil Depletion Analysis Centre

OGJ. 2008. Venezuela's Heavy Oil Production in Orinoco Basin Exceeds 600 ths. bbl/d. Oil & Gas Journal

OGJ. 2008. New estimates boost worldwide oil, gas reserves. Oil & Gas Journal, 12 (3): 20~22

OGJ. 2009. Slump trims forecasts for Canadian oil sands. Oil & Gas Journal, 3 (1): 20~23

ODAC. 2009. Preparing for Peak Oil: Local Authorities and the Energy Crisis. Oil Depletion Analysis Centre

Ortiz Volcan J L and Iskandar R A. 2010. A methodology to assess uncertainties and risks in heavy oil projects. SPE Latin American & Caribbean Petroleum Engineering Conference, SPE 139345

Palmer I. 2010. Coalbed methane completions: A world view. International Journal of Coal Geology, 82 (3－4): 184~191

Patzek T W. 2008. Exponential growth, energetic Hubbert cycles, and the advancement of technology. Archives of Mining Sciences of the Polish Academy of Sciences, 1~22

Petzet A. 2010. Orinoco's recoverable figure 513 billion bbl, USGS says. Oil & Gas Journal, 2 (2): 36~37

Qian J and Wang J. 2006. World Oil Shale Retorting Technologies. International Conference on Oil Shale, paper No. rtos－A118

Roberts M J, Rue D and Lau F S. 1992. Pressurized fluidized bed hydroretorting of six eastern shale in batch and continues laboratory scale reactors. Fuel, 71 (3): 335~340

Roberts M J, Rue K and Lau F S. 1992. Pressurized fluidized－bed hydroretorting of raw and beneficiated eastern oil shale. Fuel, 71 (12): 1433~1439

Rogner H H. 1997. An assessment of world hydrocarbon resources. Annual Review Energy Environment, 22: 217~262

Roy B, Anno P, and Gurch M. 2008. Imaging oil-sand reservoir heterogeneities using wide-angle prestack seismic inversion. The Leading Edge, 1102~1201

Rump, Bairagi R, Fraser J, et al. 2004. Multilateral/Intelligent wells improve development of heavy oil field-A case history. IADC/SPE Drilling Conferences, IADC/SPE 87207

Russell B H, Hedlin K and Hilterman F J. 2003. Fluid-property discrimination with AVO: A Biot-Gassmann perspective. Geophysics, 68 (1): 29~39

Salvador A. 2005. Energy: A historical perspective and 21st century forecast. AAPG Studies in Geology, No 54. AAPG Special Publications, 7~32

Salvador A. 2005. Energy: A historical perspective and 21st century forecast. AAPG Studies in Geology, No 54. AAPG Special Publications, 134~131

Shell. 2001. Gas to liquid products. Shell Frontier Oil and Gas Inc http://www.shell.com/home/content/shellgasandpower-en/products_and_services

Shell. 2006. E - ICP project plan of operation oil shale research and development project. Shell Frontier Oil and Gas Inc

Shell. 2007. Technology to secure our energy future - mahogany research project. Shell Frontier Oil and Gas Inc

Simbeck D. 2006. Emerging unconventional liquid petroleum options. EIA Energy Outlook and Modeling Conference. Washington, DC

Simmons M. R. 2006. Twilight in the desert - The coming Saudi oil shock and the world economy (沙漠中的黎明：沙特石油危机将至与世界经济). Wiley

Sondergeld C H, Newsham K E, Comisky J T. 2010. Petrophysical consideration in evaluating and producing shale gas resources. SPE 131768

Sponchia B, Emerson B, and Johnson J. 2006. Intelligent multilateral wells proved significant benefits in environments ranging from heavy-oil shallow onshore wells to difficult subsea well construction. The 2006 Offshore Technology Conference, OTC 17867

Sun J, Wang Q and Sun D. 2007. Integrated Technology for Oil Shale Comprehensive Utilization and Cycling Economy. Modern Electric Power, 24 (5): 57~67

Sutton R P, Cox S A, Barree R D. 2010. Shale Gas Plays: A Performance Perspective. Tight Gas Completions Conference, SPE 138447

Tenenbaum. 2009. The risk of tar sands development on environment. Environmental Health Perspectives/EHP, 2009

Terzakian P. 2009. 每秒千桶——即将到来的能源转折点：挑战与对策. 北京：中国财政经济出版社, 6~172

Tonn R. 2002. Neural network seismic reservoir characterization in a heavy oil reservoir. The Leading Edge, 21 (3): 309~312

Tracy L and Grills P. 2001. Magnetic ranging technologies for drilling steam assisted gravity drainage well pairs and unique well geometries - acomparison of technologies. SPE 79001, 1~8

US Department of Energy, Office of Fossil Energy, National Technology Laboratory, Ground Water Protection Council. 2009. Modern shale gas-development in the United States: A Primer

USGS. World Assessment Update. U. S. Geological Survey. 2000. http://energy.cr.usgs.gov/oilgas/wep/assessment_updates.html

USGS. National Assessment Update. U. S. Geological Survey. 2008. http://energy.cr.usgs.gov/oilgas/

noga/assessment _ updates. html

Vanorio T，ukerji T and Mavko G. 2008. Emerging methodologies to characterize the rock physics proper-ties of organic－rich shales. The Leading Edge，27：780～787

Warpinski N R，Kramm R C，Heinze J R，et al. 2005. Comparizon of single and dual microseismic map-ping techniques in the Barnett shale. SPE 95568

WEC. 2001. Survey of Energy Resources 2001. London：World Energy Council，93～91

WEC. 2004. Survey of Energy Resources 2004. London：World Energy Council，75～77

WEC. 2007. Survey of Energy Resources 2007. London：World Energy Council，106～130

WEC. 2007. Survey of Energy Resources 2007. World Energy Council，106～130

WEC. 2009. Survey of Energy Resources Interim Update 2009. London：World Energy Council，2～7

WEC. 2009. Survey of Energy Resources Interim Update 2009. London：World Energy Council，17～19

WO. 2009. World Oil Outlook 2008. World Oil

Wong P M. 2003. A novel technique for modeling fracture intensity：a case study from the pinedale anti-cline in Wyoming. AAPG Bulletin，87（11）

Wood J and Long G. 2000. Long Term World Oil Supply（A Resource Base/Production Path Analysis）. EIA. http：//www. eia. doe. gov/pub/oil _ gas/petroleum/presentations/2000/

Wood T. 2006. Water Resources for Oil Shale. Oil & Gas Journal

Xiong H，Resources B and Holditch S A. 2006. Will the Blossom of Unconventional Natural Gas Develop-ment in North America Be Repeated in China？. International Oil & Gas Conference and Exhibition in China

Xu Y and Chopra S. 2008. Deterministic mapping of reservoir heterogeneity in Athabasca oil sands using surface seismic data. The Leading Edge，27（9）：1186～1191

Yergin D. 1991. 石油？金钱？权力？（The Prize：The Epic Quest for Oil，Money and Power）. 新华出版社，192～191

陈玉祥，张汉亚. 1985. 预测技术与应用. 北京：机械工业出版社，83～89

陈元千. 1996. 广义翁氏预测模型的推导与应用. 天然气工业，16（2）：22～26

陈元千，胡建国. 1995. 预测油气田产量和可采储量的 Weibull 模型. 新疆石油地质，16（3）：250～251

陈元千，胡建国. 1996. 对翁氏模型原建模的回顾及新的推导. 中国海上油气（地质），10（5）：317～324

陈元千，胡建国，张栋杰. 1996. Logistic 模型的推导及自回归方法. 新疆石油地质，17（2）：150～151

陈元千，李从瑞. 1998. 广义预测模型的建立与应用. 石油勘探与开发，25（4）：38～41

陈元千，田建国. 1998. 哈伯特二次函数的推导与应用. 新疆石油地质，19（6）：102～106

邓力健. 2004. 新场气田致密砂岩储层储渗体差异识别技术. 河南石油，18（1）：11～11

杜玉成，刘燕琴. 2003. 某油页岩尾渣制备优质煅烧高岭土的研究. 矿冶，12（1）：56～59

冯利娟，朱卫平，刘川庆. 2010. 煤层气藏与页岩气藏. 国外油田工程，26（5）：24～27

冯连勇，赵林，赵庆飞. 2006. 石油峰值理论及世界石油峰值预测. 石油学报，27（5）：139～142

谷江锐，刘岩. 2009. 国外致密砂岩气藏储层研究现状和发展趋势. 国外油田工程，25（7）1～1.5

胡建国，陈元千，张盛宗. 1995. 预测油气田产量和可采储量的新模型. 石油学报，16（1）：79～86

黄伏生，赵永胜，刘青年. 1987. 油田动态预测的一种新模型. 大庆石油地质与开发，6（4）：55～62

黄跃，徐天吉，程冰洁. 2010. 转换波叠后联合反演技术在川西须家河组气藏的应用. 天然气工业，30（4）：38～41

侯俊胜，尉中良. 1996. 自组织神经网络在测井资料解释中的应用. 测井技术，20（3）：197～200

贾承造. 2004. 中国石油发展战略. 当代石油石化，12（12）：13～11

贾承造 . 2007. 油砂资源状况与储量评估方法 . 北京：石油工业出版社，26～52

贾承造 . 2007. 煤层气资源储量评估方法 . 北京：石油工业出版社，38～60

贾文瑞，徐青，王燕灵 . 1999. 1996—2010 年石油工业发展战略 . 北京：：石油工业出版社，197～250

蒋海，杨兆中，胡月华 . 2008. 低压致密气藏压裂液损害关键因素分析 . 石油天然气学报，30（5）：324～329

姜汉桥 . 1993. 确定产量递减指数的改进方法 . 石油大学学报（自然科学版），17（1）：53～51

李军 . 2006. 红台低压致密气藏压裂技术配套与应用 . 新疆石油天然气，2（4）：59～63

李相臣，康毅力 . 2008. 煤层气储层破坏机理及其影响研究 . 中国煤层气，5（1）：35～37

刘雯林 . 2009. 煤层气地球物理响应特征分析 . 岩性油气藏，21（2）：113～111

刘立力 . 2004 中国石油发展战略研究 . 石油大学学报（社会科学版）. 2004，20（1）：1-6

刘招君，杨虎林 . 2009 中国油页岩 . 北京：石油工业出版社 . 2009，127-140

牛嘉玉 . 2002. 稠油资源地质与开发利用 . 北京：科学出版社

彭苏萍，杜文凤，苑春方 . 2008. 不同结构类型煤体地球物理特征差异分析和纵横波联合识别与预测方法研究 . 地质学报，82（10）：1311～1322

钱基 . 2004. 关于中国油气资源潜力的几个问题 . 石油与天然气地质，25（4）：363～369

钱家麟，王剑秋，李术元 . 2006. 世界油页岩综述 . 中国能源，28（8）：16～19

乔磊，申瑞臣，黄洪春 . 2007. 煤层气多分支水平井钻井工艺研究 . 石油学报 . 2007，28（3）：112～111

饶孟余，杨陆武，张遂安 . 2007. 煤层气多分支水平井钻井关键技术研究 . 天然气工业，27（7）：52～51

沈平平，赵文智，窦立荣 . 2000. 中国石油资源前景与未来 10 年储量增长趋势预测 . 石油学报，21（4）：2～6

沈燕华 . 2008. 非常规原油改质技术 . 当代石油石化，16（11）：18～25

童晓光，窦立荣，田作基 . 2003. 21 世纪初中国跨国油气勘探开发战略研究 . 北京：石油工业出版社，238～240

万吉业 . 1994. 石油天然气"资源量—储量—产量"的控制预测与评价系统 . 石油学报，15（3）：51～60

王东浩，郭大立，计勇 . 2008. 煤层气增产措施及存在的问题 . 17（12）：33～31

王敦则，蔚远江，覃世银 . 2003. 煤层气地球物理测井技术发展综述 . 石油物探，42（1）：126～131

王剑，崔秀奇，杨国军 . 2010. 煤层气多分支水平井施工工艺 . 煤炭工程，2：30～31

王晓泉，陈作，姚飞 . 1998. 水力压裂技术现状及发展展望 . 钻采工艺，21（2）：28～33

王新征，孙建芳，邱国清 . 2004. Compertz 预测模型的建立与应用 . 油气地质与采收率，11（4）：42～43

王杏尊，刘文旗，孙延罡 . 2001. 煤层气井压裂技术的现场应用 . 石油钻采工艺，23（2）：58～62

王月，冯连勇 . 2009. 对石油峰值的几点认识 . 天然气技术，3（1）：4～8

魏明安 . 2002. 油页岩综合利用途径探讨 . 矿冶，11（2）：32～34

翁文波 . 1984. 顶测论基础 . 北京：石油工业出版社，79～89

乌洪翠，邵才瑞，张福明 . 2008. 深部煤层气测井评价方法及其应用 . 煤田地质与勘探，36（4）：25～33

肖其海 . 1995. 油页岩灰填充母料的研制 . 塑料科技，2：5～8

闫林 . 2007. 后半 bbl 石油—全球经济战略重组 . 北京：化学工业出版社，43～41

油气资源战略研究中心 . 2001 中国油气资源发展战略研究 . 北京：国土资源部

于廷云，孙桂大 . 1994. 抚顺油页岩灰分检测与利用的可能性 . 抚顺石油学院学报，14（1）：12～14

袁自学，陈元千 . 1996. 预测油气田产量和可采储量的瑞利（Rayleigh）模型 . 中国海上油气（地质），10（2）：101～101

张杰，金之钧，张金川 . 2004 中国非常规油气资源潜力及分布 . 当代石油石化 . 2004，12（10）：17～19

张抗，周总瑛，周庆凡 . 2002. 中国石油天然气发展战略（第三版）. 北京：地质出版社，87～131

张秋民，关君，何德民 . 2006. 几种典型的油页岩干馏技术 . 吉林大学学报（地球科学版），36（6）：

1019～1026

张新民，庄军，张遂安．2002．中国煤层气地质与资源评价．北京：科学出版社，28～36

张亚蒲，杨正明，鲜保安．2006．煤层气增产技术．特种油气藏，13（1）：95～98

赵旭东．1987．用 Weng 旋回模型对生命总量有限体系的预测．科学通报．1987，32（18）：1406～1409

郑和荣，胡宗全．2004．隐蔽油藏勘探潜力与中国石油储量增长趋势．当代石油石化，12（6）：12～11

中国工程院．2004．中国可持续发展油气资源战略研究．北京：中国工程院中国能源报

中国能源报．2010．韩国核电发展大事记．中国能源报，3：8

周总瑛，张抗，唐跃刚．2002．中国天然气生产现状与前景展望．资源产业，3：22～26

周总瑛，张抗，周庆凡．2001．油气储量、产量及需求量的常用预测方法．新疆石油地质，22（5）：444～447

朱亚杰．1984．油页岩科学研究论文集．东营：华东石油学院

朱训．2003．关于中国能源战略的辩证思考．自然辩证法研究，19（8）：4～12

附录参考文献

Beck P W. 1999. Nuclear energy in the twenty－first century：Examination of a contentious subject. Annual Review of Energy and the Environment，24：113～137

BP. 2002—2010. BP Statistical Review of World Energy 2001－2009. London，British Petroleum

CIA. 2010. World Fact book 2000－2009. Central Intelligence Agency

DESA. 1976—1979. World Energy Supplies 1950－1978. United Nations Department of Economic and Social Affairs

DESA. 1981—1983. Yearbook of World Energy Statistics 1979－1981. United Nations Department of Economic and Social Affairs

DESA. 1984—2002. World Energy Statistics Yearbook 1982－2001. United Nations Department of Economic and Social Affairs

DESA. 2009. World Population Prospects. United Nations Department of Economic and Social Affairs

EIA. 2009. International Energy Outlook 2009. Energy Information Administration

Hubbert K M. 1967. Degree of Advancement of Petroleum Exploration in the United States. AAPG Bulletin，51（11）：2207～2227

Landis E R and Weaver J N. 1993. Studies in Geology 38：Hydrocarbons from Coal. Studies in Geology. AAPG Special Publication，1～12

Salvador A. 2005. Energy：A historical perspective and 21st century forecast. AAPG Studies in Geology，No 54. AAPG Special Publications，7～32

Salvador A. 2005. Energy：A historical perspective and 21st century forecast. AAPG Studies in Geology，No 54. AAPG Special Publica tions，134～131

WEC. 2007. Survey of Energy Resources 2007. World Energy Council，106～130

WEC. 2009. Survey of Energy Resources Interim Update 2009. London：World Energy Council，2～7

姜汉桥．1993．确定产量递减指数的改进方法．石油大学学报（自然科学版），17（1）：53～51

万吉业．1994．石油天然气"资源量—储量—产量"的控制预测与评价系统．石油学报，15（3）：51～60

2 重　　油

重油是"非常规"（能源）中的"常规"（能源），这是因为重油是所有非常规油气资源中勘探开发最早、开发利用程度最高、投入代价相对较低的一种能源。目前全球重油资源的储量依旧是惊人的。在证实储量上，根据美国地质调查局 2010 年的最新的统计结果显示，仅重油（包括天然沥青）的全球证实储量就达到 5.478TBO（万亿桶），接近目前全球常规油的估算储量。在可采储量上，根据 2006 年首届世界重油大会的统计结果，重油（包括天然沥青）可采储量加在一起约为 1.1TBO，比全球常规油可采储量 0.952TBO 还要大。这充分说明，随着常规石油资源的衰竭，重油资源将是未来原油生产的重要接替战场。重油的分布相对比较集中，主要分布于西半球的加拿大和委内瑞拉。含重油地层的分布相对简单，例如主产区的加拿大和委内瑞拉的重油大多分布于浅层（小于 1000m）、高孔高渗的盆地边缘的地层中，当然也有少数例外情况，例如中国西部的重油就分布在深埋超过 5000m 的古老地层中。重油储层识别和描述的重点不在于区分储层和非储层，因为重油储层厚度大、高孔渗的特征很容易与上覆泥岩盖层区分，其重点在于如何识别出重油储层内部夹杂的泥岩非均质体，因为它们的存在给重油储层生产中井位部署和开采方案的设计都造成很大障碍。重油储层的监测，尤其是对热采过程中蒸汽前缘的监测，首先多基于时移地震资料并综合叠前、叠后多属性分析等手段；其次还包括对冷采过程的地球物理监测问题、开发过程中环境危害的监测问题，以及相应的地球物理解决方法。最后，所有重油勘探与开发的成败都归结于最终的开发问题。不同的开发手段适用于不同类型的重油储层，从而获得不同的采收效率和开采成本。因此，如何经济有效地将重油从地下开采出来并通过改质后实现其经济和社会价值才是最终的目的。此外，重油生产过程中造成的尾料堆积、地下水污染，以及燃烧开采过程排放出的大量的 CO_2 造成的环境问题也是我们必须面对的一个重要挑战。

首先，针对地质问题，这里详细阐述了重油的成因（尤其是生物成因）和沉积盆地类型；在对全球重油资源量和分布的最新数据进行统计分析之后，具体介绍了加拿大、委内瑞拉、中国、美国等主要重油生产地区的地质概括和储层特征。其次，针对地球物理问题，在对重油储层的基本黏弹性质、频散与衰减模拟和流体替代等关键岩石物理问题和技术总结分析的基础上，引出了重油储层的地球物理识别和描述，以及冷热采的监测问题。再次，针对开发和工程技术问题，系统介绍了重油开发历程中涌现出的各种主要的开采技术，并对比分析了它们的适用条件、优缺点和当前应用状况；并就重油开发利用的两个特殊技术需求，即防砂完井和地面改质技术的新进展进行了简要介绍。最后，对比介绍了固定收益率和不固定收益率两种假设情况下不同重油开采技术供应成本的经济评价方法和结果，并就重油生产过程中造成的油砂尾料堆积、地下水污染、全球气候变暖等环境问题进行了说明，并针对油砂尾料的一种处理新技术进行了详细介绍。

2.1　重油基础知识和资源量

2.1.1　定义和分类

各国对重油资源的分类并不完全一致。美国和加拿大等国定义重油为 API 度在 10～20 之间且黏度小于 10000cP 的石油，而将 API 度小于 10 并且黏度大于 10000cP 的原油称为油砂油（或天然沥青）；前苏联将重油定义为黏度介于 50cP 到 2000cP 之间、相对密度为 0.935～0.965、油含量大于 65% 的高粘油，而将高于上述界限的石油均称之为沥青（软沥青、地沥青、硫沥青等）（据贾承造，2007）；委内瑞拉常常把重油称为超重油，根据美国地质调查局的定义是 API 度小于 10、黏度小于 10000cP 的原油（有人指出实际上委内瑞拉的超重油与加拿大油砂仅有的区别是前者的稠变程度没有后者高，即黏度相对较小，这可能与委内瑞拉处于更温暖的环境有关）；我国的重油只稠不重，通常在命名上我们习惯将"重油"称为"稠油"，一般指地层条件下黏度大于 50cP 的原油。

由于世界各国对重油资源定义上的巨大差异，所以，1982 年 2 月在委内瑞拉召开的第二届国际重油和油砂学术会议上提出了相对统一的定义和分类标准。重油的定义是在原始油层温度下脱气原油黏度为 100～10000cP 或者在 15.6℃（60 ℉）及 0.1MPa 下密度为 934～1000kg/m³ 的原油；油砂油的定义则是黏度大于 10000cP 或者在 15.6℃（60 ℉）及 0.1MPa 下密度大于 1000kg/m³ 的天然沥青。由于此次会议是由联合国培训研究署（UNI-TAR）举办的，所以这个分类又称为"联合国培训研究署标准"（见表 2.1.1 所示）。

表 2.1.1　联合国培训研究署（UNITAR）推荐的重质原油及沥青分类标准

分　类	第一指标	第二指标	
	黏度（mPa·s）	密度（15.6℃）	重度（15.6℃）（API）
重质油	100～10000	0.934～1.00	20～10
沥青	大于 10000	大于 1.00	小于 10

然而上述标准并不能考虑到储量巨大的委内瑞拉的超重油资源，因为其黏度虽介于 100～10000cP 之间，但是 API 度却小于 10。因此，为了清晰期间，本书在遵循 UNITAR 分类标准的基础上，参考 USGS 的定义，综合考虑 API 度和黏度将重油或重质油定义为 API 度在 10～20 之间、黏度在 100～10000cP 之间（油藏温度条件下）的原油；超重油定义为 API 度小于 10、黏度在 100～10000cP 之间（油藏温度条件下）的原油；油砂油（或天然沥青）定义为 API 度小于 10、储层温度条件下黏度大于 10000cP 的原油。本书为了叙述方便，又定义了一个广义重油的概念，即将 API 度小于 20、黏度大于 100cP 的原油都称为重油，作为上述重质油、超重油和油砂油的统称，对应于英文中的 Heavy oils。

2.1.2　重油组分和品质

2.1.2.1　重油组分

轻质油、中质油、重油和油砂在石蜡、环烷烃和芳香烃等烃类组分上有很大的不同。轻质油经过稠变作用，形成富含沥青类分子和非烃类化合物的重油。沥青类分子决定了重油的比重和黏度，其比重减少会显著影响石油的流变特性和芳香性（据 USGS，2007）。

轻质油、中质油、重质油和油砂的性质在附表 2.B 中列出，从中可以看出它们各自的特点。从轻质油到天然沥青，比重、焦炭量、地沥青量、沥青质含量、沥青与胶质的综合含量、残余量、流动点、黏度，以及铜、铁、镍、钒、氮、硫的含量均增加，而埋深、汽油含量、气油比以及各种各样的有机质都会减小。

2.1.2.2 重油品质

重油的采收率非常依赖油的品质。相对于轻质油来说，重油的 GOR 比较低，所以储层能量较弱；重油富含沥青质，导致黏度很差；由于沥青质是极性分子，容易吸附到黏土矿物上，会导致大量的剩余油。以上三点也是重油的采收率不如轻质油高的根本原因。因此在重油生产过程中非常需要评价重油的品质。

从成分上看，重油的 API 度、黏度、沥青含量、金属和硫的含量以及总酸值（TAN）共同决定了重油的品质。而从重油生成过程来看，烃源岩特征、成熟度、生物降解和注入历史等多个方面也对重油的品质有影响。下边分别对两类影响重油品质的因素中的重点进行分析，包括 API 度、含硫量、总酸值、流量和黏度、烃源岩、以及生物降解和新油源的注入等方面。

（1）API 度。

其中，API 度是在这些影响重油品质的因素中最重要的一个。如果原油的 API 度很小，那么原油的品质就很差，市价也相应较低。原油的品质直接影响原油的价格，因为其影响原油的炼制产品和炼制费用。一般来说，低品质的原油只能炼制少量的轻质产品，而轻质产品的价格要远高于重质产品，如图 2.1.1 所示。低品质原油要经过更多的工序才能生产出轻质产品。比如说，墨西哥 Maya 地区酸性很高的重油（3.4% 的硫和 21.3°API）在开采过程中的剩余油就很多，超过了 35%。与此相比，WTI 州轻质原油（West Texas Intermediate，0.3% 的硫和 39.1°API）的剩余油比 Maya 的少了一半。这个差异反过来又造成了 Maya 出产的轻质油产品比 WTI 的少之又少。当两者原油和成品油的差异都考虑进来的时候，一桶 Maya 原油的价值只相当于一桶 WTI 的 76%，如图 2.1.2 所示。

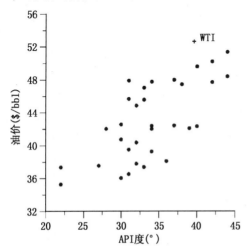

图 2.1.1　油价与 API 度的关系（据 Katz 等，2006）

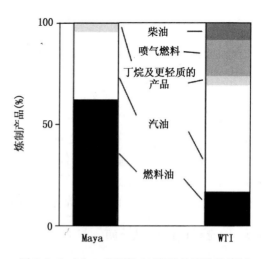

图 2.1.2　Maya 的原油和 WTI 的原油的炼制产品的比较（据 Katz 等，2006）

（2）含硫量。

重油的含硫量不仅会影响 API 度（如图 2.1.3 所示），而且影响油的价格。含硫量高的原油只有经过除硫工序后才能进行炼制。原油在开采的时候硫就被留在泵中，最后会以不同的相态析出。在 2004 年，美国每天消耗的柴油达 410×10^4 bbl，含硫量高和含硫量低的柴油价格相差 4.8 美分/gal，因此，两者价值差异巨大。另外，由于现在对环境问题的重视，成品油中的硫也需要降低。美国环境保护局（EPA）在 2006 年重新制定了柴油含硫标准（15ppm 对比 500ppm）。欧洲市场则规定 10ppm 是正常的。这些降低原油中硫含量造成的额外处理费用降低了酸性原油的价值。

（3）总酸值。

总酸值（TAN）也影响着重油的石油价值。一般来说，高的 TAN 值对应低的 API 度，如图 2.1.4 所示。大量的有机酸会造成不可忽视的腐蚀作用，因此必须通过混合或者加碱活剂的方法来减少腐蚀作用。两种方法都会增加成本，从另一个方面降低了原油的价值。

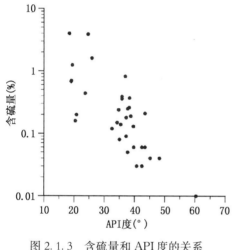

图 2.1.3　含硫量和 API 度的关系
（据 Katz 等，2006）

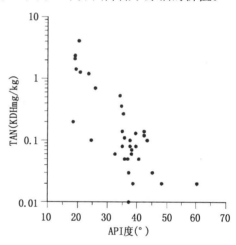

图 2.1.4　TAN 和 API 度的关系
（据 Katz 等，2006）

（4）流量和黏度。

流量和黏度共同影响着重油的品质。生产中，流量要达到工业油流标准，才能有较高的采收率。黏度是影响流量和单井产量的关键因素。虽然相同 API 度的原油在不同温度下具有不同的黏度，但是低品质原油在同等温度下一般表现为高黏度，如图 2.1.5 所示。另外，深水低温环境会增加油的黏度。Mehta 等认为油层温度每降低 5.5℃，油的黏度会升高一倍。

流量保障（Flow Assurance）是为了保证油田能够达到需要的流量而做的设计和操作规程。油中很多组分都会影响流量保障，但是有三种组分与油的品质有关：沥青质，石蜡和油垢。低 API 度的原油通常会有较高的沥青质含量，如图 2.1.6 所示。虽然沥青质是溶解在油层中的，但是在开发过程中，原油经过温度或压力的变化后可能会发生凝聚作用，形成的固体会在井孔到地面的管线设施中造成阻塞。如果低品质石油是经过生物降解产生的，那么造成阻塞的可能就更大。石蜡的成因目前还没有完全研究清楚。它可以有很多来源，如陆生植物、深水藻类和细菌、蜡脂和原始低分子物质的齐聚反应。石蜡也常溶解在油层中，但是当温度和压力变化后也可能发生凝聚作用。另外微弱的生物降解就会提高富蜡石油的流动性

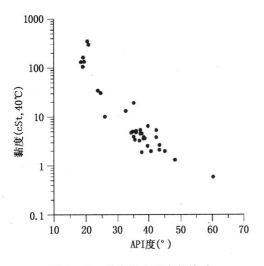

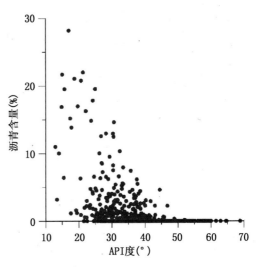

图 2.1.5　黏度和 API 度的关系　　　　　　　　图 2.1.6　沥青含量和 API 度的关系
（据 Katz 等，2006）　　　　　　　　　　　　（据 Katz 等，2006）

并导致正烷烃减少，并使黏度降低。如果原油中的酸过多的话，将会产生油垢。某些有机酸在特定的卤水和 pH 值下会产生不溶性的环烷酸钙。这些不溶成分的凝聚会导致有机金属垢的形成，也会对开发造成阻滞。

（5）烃源岩。

相对于泥质烃源岩，碳酸盐岩生成的原油具更高的含硫量，原因是碳酸盐岩中的铁元素较少，于是导致硫元素成为干酪根的一部分，而没有形成黄铁矿。这样富硫的干酪根在低成熟阶段就生成了富硫的原油，这一过程如图 2.1.7 所示。

在原有的气相色谱图中也可以看出，烃源岩影响着重油的品质，如图 2.1.8 所示，图中

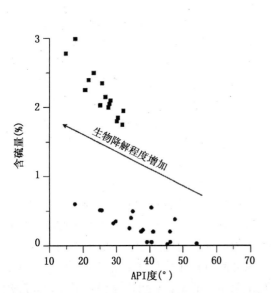

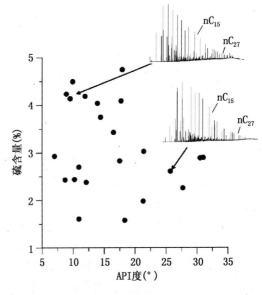

图 2.1.7　墨西哥湾泥质烃源岩和碳酸盐岩烃源岩的　　图 2.1.8　Coban 地层原油含硫量和 API 度的
含硫量与 API 度的关系的对比（据 Katz 等，2006）　　　　关系以及色谱图（据 Katz 等，2006）

显示随着含硫量的升高，石油的 API 度会升高，非烃组分的含量会下降，原油品质则相对变好。一般情况下，深水环境的烃源岩比大陆架上相同地层烃源岩的成熟度低，这是因为其盖层很薄、沉积物和水的界面温度很低、海洋热流值低。因此，在深水环境中生成的油就具有低的 API 度和较多非烃组分。

（6）生物降解和新油源的注入。

重油形成过程中最重要的环节就是生物降解。这一过程主要消耗掉了轻质的、低黏度的液态烃类，留下了重质的残余组分。生物降解降低了 API 度、饱和烃和正烷烃含量，增加了硫和沥青质的含量，其中遗留下的饱和烃主要是环烷烃（见图 2.1.9）。在生物降解的初级阶段，生物降解掉了轻烃和正烷烃，这可能对石油的生成具有最大的影响。除了组分变化外，酸值和生物降解也有很大的关系。这种酸是由烃经生物氧化作用形成的。由生物降解作用带来的风险，应该通过检查自烃类聚集后的地温史来确定，而不是取决于现今的地温状况，低于临界温度的时间越长，生物降解发生的风险和强度就越大。

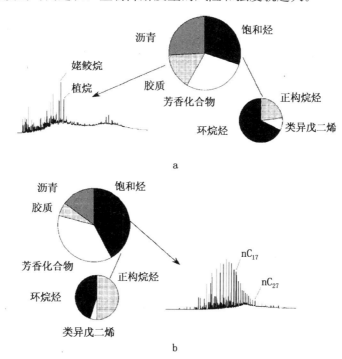

图 2.1.9　气相色谱图和饱和烃的组成（据 Katz 等，2006）

如前所述，生物降解作用持续的时间和储层被盖层封堵后是否发生了新油源的注入，共同决定了生物降解的程度和油的品质（见图 2.1.10）。油的注入能够部分的解释浅部储层没有被降解这一现象，而且深水油层也很可能接受了油的注入并减缓了生物降解作用。例如尼日尔三角洲的深水油样就显示了油的注入对生物降解作用的缓解。该区的油层温度一直没有超过 80℃，但是油样的石油化学性质却发生了改变（见图 2.1.11）。其油样中含有一系列能够提炼出汽油的烃类，还具有较高的姥植比（Pr/Ph），这是生物降解程度不严重的标志，但是油样中还明显的缺失了环烷烃包络线和高分子量烷烃，表明曾经受到过较强程度的生物降解作用。另一个支持生物降解曾经发生过的证据是油样中普遍存在 25 - 降藿烷。这些地化差异说明该地区有多期油的注入并与生物降解油混合。这些重新注油的过程降低了生物降

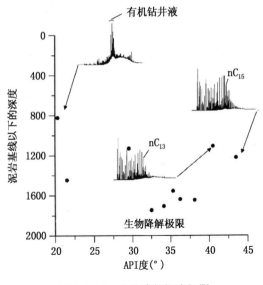

图 2.1.10 生物降解深度极限
（据 Katz 等，2006）

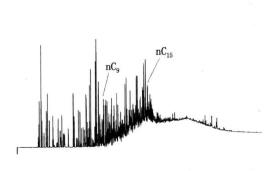

图 2.1.11 Niger 三角洲深水油的气相色谱图
（据 Katz 等，2006）

解的程度，提高了油的品质。

至少有两种机理可以解释重新注入时期最轻质的烃的富集：一是相态分离作用导致轻质烃的注入；二是更成熟烃的注入。在尼日尔地区，现有的数据支持重新注入是油中轻质组分注入的结果而不是更成熟烃注入的结果。因为油中重质组分和轻质组分的成熟度是一样的，说明两种组分形成于同一生油时期。一些芳香烃和生物标志物也支持相态分离，如在浅层更高 API 度的油含有大量的三环萜烷（见图 2.1.12）。如果确实是轻烃组分注入这一机理在起作用，那么断裂运动史就是影响原油品质的重要因素。

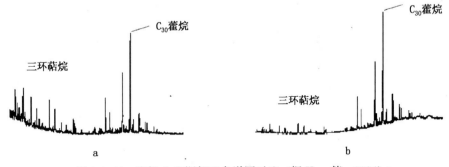

图 2.1.12 浅部 A 和深部 B 色谱图对比（据 Katz 等，2006）

复杂多阶段的原油注入史并不总是能够提高原油的品质。比如在墨西哥湾，当碳酸盐岩和泥岩烃源岩都存在时，不同烃源岩产出的油混合后，会降低油的品质。如果碳酸盐岩产生的高硫低 API 度的油注入页岩产生的油中，油的品质就会比原始的低。

2.1.3 资源量分布

据美国地质调查局 2010 年的最新的统计结果显示，重油（含天然沥青）的全球证实储量就达到 5.478TBO，接近目前全球常规油的估算储量。但全球重油和油砂的资源分布非常不均匀，西半球占据世界重油可采储量的 69% 和油砂可采储量的 82%。重油主要分布于加拿大（油砂）和委内瑞拉（超重油），其储量接近整个沙特阿拉伯的石油储量，其他主要国家包括美国（阿拉斯加、加利福亚、尤他）、墨西哥、俄罗斯、中东（阿曼、科威特）、中国、挪威（北海）、印度尼西亚等。

根据 2006 年首届世界重油大会的统计结果（图 2.1.13），重油（含天然沥青）可采储量约为 1.1TBO，比目前全球常规油可采储量 0.952TBO 还要大，这充分说明随着开发技术的进步和能源的需求增加，重油资源将是未来原油生产的重要接替战场。图 2.1.14 是全球重油资源可采储量在各个地区的分布图。

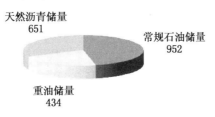

图 2.1.13　全球不同类型原油的可采储量（单位：BBO）
（据首届世界重油大会，2006）

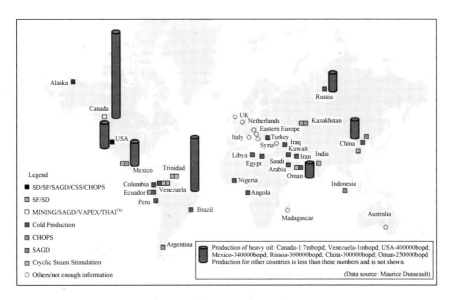

图 2.1.14　全球重油资源可采储量的分布图（据 Chopra 和 Lines，2008）
参见书后彩页

2.2 重油的形成与富集

重油的形成时期和有利的成矿区带都具有比较明显的规律。从构造上说，中、新生代的构造运动对重油的形成和分布起到控制作用，特别是阿尔卑斯构造运动对全球重油的分布起到决定性的作用。重油一般分布于中、新生代的造山褶皱带中。全球有两个大的造山褶皱带，即环太平洋带和喜马拉雅－阿尔卑斯带，都是重油的有利成矿区。世界上重油资源丰富的国家，如加拿大、委内瑞拉等都分布于这些构造带上。从盆地上讲，盆地中心部位一般是生油区，沿生油区的内缘分布的圈闭多形成常规油田，在盆地边缘地区形成重油带。从地层上说，绝大部分的重油储存于白垩系和古近—新近系地层中，在古生界也有所分布。从物性上看，重油一般分布在高孔、高渗的储层中。重油与常规原油有"父子"关系。因为常规原油减去散失量和稠变损失量才是重油总量，而且稠变损失量往往很大，所以重油形成的地方必须有足量的常规原油。重油储层的分布区，往往有气藏的分布，这是因为在重油的形成过程中，轻质组分和天然气逸出并存储于适合的圈闭之中，如在加拿大油砂分布带常存在少量的天然气。

在重油的成因方面，主要从石油变稠、变重的各种作用及过程来进行分类，总体包括三种类型，分别为未成熟油气逸出烃源岩形成重油，常规储层中油气稠变形成重油和生物降解作用形成重油。从目前国内外的文献来看，研究重点均集中在生物降解作用形成重油的成因类型上，因此本文将此作为重点进行分析，从多个方面对其阐述。

重油分布的盆地类型也是目前研究的一个重点。本文从不同盆地类型的地质特征，对重油形成过程、形成条件的影响，和各类型盆地的重油资源量等多个方面进行阐述，描述了各类盆地中重油的富集特征。

2.2.1 重油成因

石油不仅在聚集为油藏后会发生稠变作用，而且在运移阶段中也会变稠变重。破坏过程一直持续到石油遭到完全的破坏成为固体沥青为止。所谓稠变作用，是指石油经初次运移进入储层，并在之后的各个阶段中，变稠、变重的各种作用。稠变作用可以分为运移阶段和油藏阶段。在两个阶段中起主要作用的都是水洗、生物降解和游离氧氧化作用。其中，大部分重油为生物降解形成的（Head 等，2003）

2.2.1.1 成因类型概述

重油的成因类型有多种，总结起来主要包括如下三种：

（1）石油在未成熟阶段逸出烃源岩，形成重油。此时，重油中的一小部分是由未成熟油组成的。这种成因也称为原生成因，在重油中所占的比例很小。

（2）从源岩中逸出的轻质和中质原油在运移过程中发生稠变作用形成重油。如果圈闭被抬升到氧化区，生物降解、水洗和轻烃挥发等作用会将原油转变为重油。显然，此时的生物降解是在有氧条件下进行的。

（3）研究发现在地层缺氧条件下也会发生生物降解，使轻质的石油变重，但是只能发生在温度小于80℃的油水界面附近。

重油有两种运移方式，包括古油藏中的原油运移或者随地层直接抬升到浅部地区，以及烃源岩生成的原油直接运移到盆地隆起区或者浅部地区。这些原油沿着断层、裂缝、不整合面和其他疏导层运移，在特定的区域聚集或散失，遭受生物降解、水洗和氧化作用，形成重油。一般情况下重油有四个成藏条件：一是充足的油源供给，二是优势运移通道，三是稠变作用，四是构造运动。

2.2.1.2 生物降解作用

生物降解是一种生物化学过程，它不同于水洗和轻烃挥发等物理过程，对石油成分的改变也具有其特殊性。它表现为烃类同系物的降解、特定的同分异构体的选择性降解和有机酸的产生，这些现象都与实验室内的生物降解实验相吻合（Head 等，2003）。

2.2.1.2.1 生物降解对石油性质的影响

生物降解对原油和天然气组分和物理性质的影响已经研究得很清楚了。生物降解（C_{6+}）的氧化作用降低了石油的饱和烃、芳香烃和 API 度，增加了比重、硫含量、酸性、黏度和金属离子含量。这些变化对石油的开发和炼制造成了负面影响，最终降低了石油的价值。

在生物降解过程中的烃类遭到选择性破坏，硫、氧、氮化合物也会被降解。饱和的芳香性羧酸以及苯酚等新化合物都产自于烃类降解，复杂多样的酸性非烃类物质也是由石油中的芳香杂环产生的。这些由杂原子和杂环组成的酸是重油储运和炼制过程中产生腐蚀问题的主要原因。

轻烃和气体（$C_2 \sim C_5$）也会遭受生物降解：丙烷降解十分迅速，正丁烷比异丁烷更易受到生物降解（图 2.2.1）。$C_2 - C_5$ 烃的生物降解增加了甲烷含量，随着在生物降解过程中石油烷烃含量的减少，降低了石油溶解气的能力，从而减少了溶解气油比的值（图 2.2.1）。湿气组分减少和生物降解产生的甲烷可能导致以甲烷为主的气顶气的产生。大的干气气顶与生物降解油常常共生，这一现象很可能就是生物降解产生的。在生物降解中几乎没有甲烷氧化的直接证据，但是我们在发生生物降解作用的储层中，能够提取出以厌氧甲烷氧化剂为特征的弧形 16S rRNA 的基因序列，这表明无氧环境下的甲烷氧化作用也会在地下生物降解过程中发生。

2.2.1.2.2 重油组分的混合性

重油组分是石油生成、运移、聚集以及随后的稠变作用几个过程的综合结果。一般烃源岩中的油注入到圈闭中需要几百万年甚至几千万年的时间。在这期间，从烃源岩的驱替到圈闭的聚集，石油组分发生了渐进性的变化。这一变化一般与长时间的稠变作用有关，而且在时间上也与石油运移过程中的相态分离作用和在圈闭中的混合作用不同。未降解油和降解油的混合决定了生物降解油的组分和物理性质，也使得准确划分生物降解油等级的地球化学方案难以实现。尽管如此，几个已使用的方案已经广泛、成功地运用到石油勘探中去，像 Volkman 等（1983）的方案以及 Peters 和 Moldowan（1993）的方案都是石油生物降解程度的标准化描述。这些方案都非常依赖生物标志、化合物的组成；然而，石油品质的重大变化都发生在环状生物标志烃发生显著改变之前。更加实用的是 Wenger 等（2001）的方案，他们定义了五个较为宽泛的降解程度（从轻度到重度）并作为图 2.2.1 的框架。

2.2.1.2.3 生物降解过程的原油损失量

所有的生物降解油都是混合油，因此，估计石油在降解过程中的损失量就不再简单了。大多数抗生物降解作用的微量元素，如石油的钒、镍含量，在生烃和排烃阶段，浓度都会发生几个数量级的变化。所以当注入油的成熟度不同时，生物降解过程中的金属含量的变化就

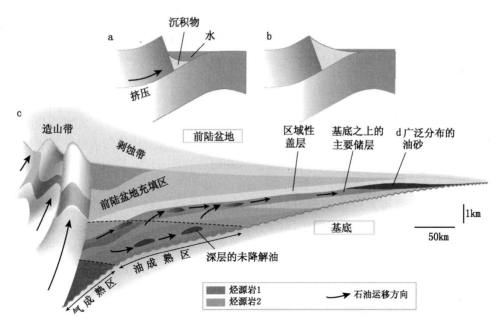

图 2.2.1　生物降解作用对石油组分的影响及对生物降解阶段的划分（据 Head 等，2003）

不能准确指示石油的损失量了。在一个联系生物降解的定性指标与石油损失量估计的尝试中，研究人员分析了大量的石油组成和抗降解物质的浓度变化。分析过程基于注入—降解模型，结果表明遭受严重生物降解作用的石油一般会损失多达 50% 的 C_{6+} 组分；而有相同降解程度的海相石油只损失大约 10%～20% 的原始油含量。研究还发现构造的再组合控制了石油组分的后续改变。微生物腐殖质对生物降解抵消作用的程度还不清楚，但是确实有微生物腐殖质增加的情况发生。

2.2.1.2.4　生物降解的控制因素

大多数石油（油、气）都聚集在高孔高渗的沉积岩中。一般来说，在油饱和区，油作为连续相约占孔隙总体积的 80%，作为非连续相的水充填了孔隙中剩余部分。而在水饱和区，地层水的饱和度为 100%。自由水对生物活动来说是必须的，生物降解原则上可以在油藏中的任何地方发生。在油藏形成的初期，如果有油水接触面存在的话，也可发生生物降解。油田中石油组分的渐变与生物降解有关，表现为在油水接触面附近石油降解程度最高，或者有高降解程度的剩余油。这表明大部分生物降解作用发生在油柱的底部（见图 2.2.2）。这是因为油水接触面为微生物的生存提供了非常好的条件。上面的油柱提供了大量的电子供体，下面的水柱则通过流动或扩散提供生物生存所需的无机盐。这一理论可以通过细菌或杆菌中的 16S rRNA 更容易在沉积岩中的油水接触面附近发现这一现象所证实。

生物降解油在深度约 4km 的地层中也有发现，大部分的生物降解油藏都在深度约 2.5km 的地下沉积岩中。当地层温度低于 80℃时，随着温度的降低，生物降解发生的可能性就越大，并且这种可能性与油的种类无关。当油藏温度接近 80℃时，石油遭受严重生物降解的可能性几乎为 0；在地温约为 50℃的油层，70% 都发现了生物降解油。因此我们可以认为，生物降解随温度的升高而减弱，在温度达到 80℃时停止。生物降解油在温度高于80℃的沉积储层中很少见，这表明低温盆地储层中的生物降解油是最近才注入和降解的，当时的埋深与现在相近。

	轻质油				重油	
	主要质量损失(50%) ➡				结构重组/次要质量损失小于20%	
TAN (mg KOH每g油)	0.2	0.5	1.0	1.5	2.0	2.5+
API度(°API)	36	32	31	28	20	5~20
气油比(kg气每kg油)	0.17	–	0.12	0.08	0.06	大于0.04
气体湿度(%)	20		10		5	2
含硫量(%)	0.3	0.4	0.5	–	1.0	1.5+
C15+饱和烃含量(%)	75	70	65	60	50	35

	生物降解程度						
Peters和Moldowa的分类	0	1	2	3	4	5	6~10
Wengeret al分类	无	轻微	轻度	中度	重度		严重

分组	化合物
C_1–C_5 气体	甲烷‡
	乙烷
	丙烷
	异丁烷
	正丁烷
	戊烷
C_6–C_{15} 烃类	正烷烃
	异烷烃
	类异戊二烯的烷烃
	苯系物 芳香烃
	烷基苯
C_{15}–C_{35} 烃类	正烷烃,异烷烃
	类异戊二烯的烷烃
	萘(C_{+10})
	菲,硫芴
	屈
C_{15}–C_{35} 生物标志物	正常甾烷
	C_{30}–C_{35} 藿烷
	C_{27}–C_{29} 藿烷
	三芳甾族化合物
	单芳甾族化合物
	伽马蜡烷
	多萜
	C_{21}–C_{22} 甾烷
	三环萜烷
	重排甾烷
	重排藿烷
	25-降藿烷‡
N	烃基咔唑
O	羟基酸‡

- - - - - - 少量减少 ‡ 生物降解过程中产生又被破坏
———— 大量的转化
➡ 移除
⋯⋯> 产甲烷及其可能的降解

图 2.2.2 重油生物降解微观示意图（据 Head 等，2003）

并不是所有的低温储层都含有降解油。这可能是因为储层刚刚被注入新鲜的油源，也可能因为储层是新近从深部高温地下抬升上来的。Wilhelms 等提出了巴氏灭菌模型（图 2.2.3）。该模型认为在储层被油注入并随后抬升到低温环境之前，在深埋较深，温度为 80~90℃ 的时候经历了巴氏灭菌，这暗示了大规模地质运动在塑造深层生物圈分布时的重要作用。这个模型的另一个重要暗示是储层在抬升过程中，地层表面的流体和微生物很难运移到巴氏灭菌后的地下储层中。这也暗示在温度低于 80℃、现今正遭受生物降解的储层中，微生物早就存在着。它们在储层深埋过程中存活下来并不断进化。即使是在充满氧气的地表条件下的粗粒储层中，氧气也会被有机质的矿化作用迅速消耗掉。因此大部分地下的沉积物都是缺氧的，厌氧菌群占主导地位。不稳定有机质的消耗导致沉积物以剩余的不易降解的有机碳和厌氧生物菌群为特征。随着沉积物和潜在储层的逐渐深埋，并随着埋深和温度的增加，不易降解的有机质能够经生物作用转化形成醋酸盐。异养生物菌群在石油到达储层以前就是这样生存的。

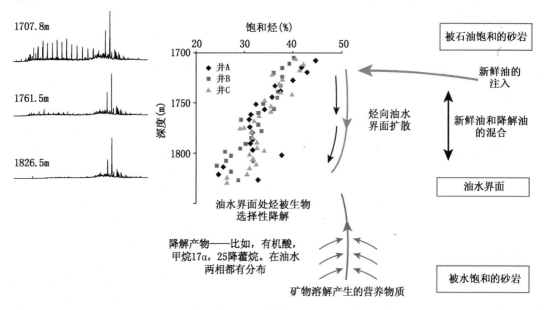

图 2.2.3　古生物巴氏灭菌模型（据 Head 等，2003）

2.2.1.2.5　生物降解速率

一般认为储层中的生物降解是在较长的时间上发生的，生产过程中注入海水后，分解硫酸盐的过程开始加剧，然而地下环境中的生物降解是一个缓慢的过程。我们用石油注入模型计算生物降解速率，通过观察和计算石油的组分变化，石油柱的组成递变、混合油中降解油和非降解油的比值来确定石油的净降解速率。这三种不同的处理方法都得出在储层温度为 $60\sim70℃$ 时生物降解的第一级速率在 $10^{-6}\sim10^{-7}a^{-3}$ 之间，计算过程中假设生物降解只在油柱最底部的 2% 处发生。从世界范围内温度在 $40\sim70℃$ 的油藏中的生物降解程度来看，油柱底部烃类消耗量的数量级常为 $10^{-4}kg\cdot m^{-2}a^{-1}$。

形成长度为 100m 且只遭受轻微生物降解的油柱，需要花费 $1\sim2Ma$ 的时间。因此在石油组分因生物降解而发生连续递变的地方，实际上其降解往往已经间断性的发生了很多个百万年。据估计，降解所有的正烷烃大约需要 $5\sim15Ma$，具体时间受石油的性质控制。Head 等（2003）估计要降解到像加拿大油砂那种程度，至少需要 35Ma. 石油降解和石油聚集在时间尺度上是相似的，并且生物降解的程度和石油的物理性质又常受油田注入历史和混合程度的影响。

生物降解的速率不受电子供体的影响，但是受营养物质和氧化剂供应量的影响。这表明营养物质和电子受体是控制地下生物降解速率和程度的主要因素，虽然很可能水柱中扩散出来的营养物质已经足够了。类似于无机成岩作用，生物降解可能是非化学作用，因为只包括了烃类、营养物质和氧化剂这些物质的运输过程。这一系统过程甚至能在封闭的油藏尺度内发生，也不需要地层水的流动，虽然水的流动能够加强矿物质的溶解和营养物质的供应。因此，储层形态就成了决定生物降解速率和位置的决定性因素。比如，在充满油的储层中如果下部有封闭，导致水柱很短，这时油一般不会被大范围的降解，即使是附近的油柱遭受了严重的生物降解。这可以解释为什么在活跃组分全部降解之前生物降解就停止了这一现象。

在发生生物降解的储层中，烃类消耗速率的数量级为 10^{-6} mmol·l^{-1} d^{-1}，与含水储层的氧化作用速率相近。Head 等（2003）认为在营养物质有限的储层中的生物降解速率较慢，根本不能支持高于 80℃ 的温度下微生物快速的生物化学物质的再合成过程。这一温度比目前公认的生物生存的最高温度 113℃ 要低，比最近报道的最高纪录 121℃ 要小很多。然而，大部分能够适应高温环境的细菌和古细菌都生活在富含电子供体、营养物质和电子受体的地方，例如热液排气系统等。这样的环境才能维持高的新陈代谢率，并维持易变的生物分子的再生。这与深部石油储层的环境形成了鲜明的对比，在那里生物的新陈代谢率保持在较低水平。

高温作用下，超高温古细菌不能进行饥饿生长，但易热变的细胞组分能够再生，这也是超嗜热生物能够在超高温下生长的重要原因。储层中的隔离菌群比来自热液排气系统的隔离菌群更能适应饥饿。但是如果考虑到石油在高温环境下的降解要在极端环境下进行，细菌和古细菌不能在这样的储层中生存就不会令人惊讶了。Head 等（2003）因此认为是低的新陈代谢率，而不是生物大分子的稳定性，控制了生物降解温度的上限。我们可以把这一理论推广到深层贫养的地壳环境的生物。烃类降解生物圈的温度基准同样是地球生命的温度基准。

Larter 等（2006）提出了通量—温度模型。该模型认为生物降解的主要影响因素是温度、被分解的化学成分、油水界面与油体积的相对关系，次要因素是水柱对油柱的相对体积、先前的生物降解程度和水的含盐度。该模型能够更准确的确定生物降解速率。

2.2.1.2.6　石油降解的维持

（1）氧化剂的来源。

石油中的烃是被喜氧生物降解的，这一认识主导了地下石油降解机制很多年。Head 等（2003）通过实验证实比较深的海相盆地中的生物降解油田经常包含卤水，表明深层的水很少被浅层的淡水所冲洗。北海最大的生物降解油聚集区，Troll 油田，其地层水含盐度等于甚至高于海水含盐度。据 Head 等最近的研究，即使是含淡水的浅层油藏（小于 500m），生物群落也是厌氧的。地下油气系统中专性厌氧菌的大范围出现也有强有力的证据来证明。

大气水的冲洗并不能说明高活性的氧气会在运移到深层的储层过程中保存下来。因为即使很小浓度的有机成分都会快速地将水中的氧消耗掉。因此几乎可以确定深层石油的生物降解过程是无氧代谢过程而不是有氧代谢过程。最先从油田水中分离出来的是厌氧细菌，而且厌氧细菌和古细菌在地下油气系统中广泛分布。另外，多种多样的降解饱和烃和芳香烃的无氧降解过程都已经建立起来了。烃类无氧降解的代谢特征，比如 2-萘甲酸在 Head 等所调查的大部分储层中都确认存在，包括加拿大的油砂。虽然厌氧细菌在很多油田中被广泛报道，但是它们都不属于烃类的无氧降解过程。只有一种厌氧烃类降解细菌具有在最深的生物降解油储层中生存的能力，因此可以确定烃类降解细菌能够适应深部的储层。

在地下深处，与铁离子减少和甲烷生成相联系的缓慢的无氧过程占主导地位。或者，当储层中有丰富的硫酸盐时，其与硫酸盐的减少有关。该过程产生的高硫化氢浓度会最终终止生物降解过程。甲烷生成是无氧过程特有的现象，同时也是无硫环境下生物降解的产物。由较轻的同位素构成的甲烷经常与热成因甲烷混合。在甲烷生成作用过程中，还形成了部分与油砂伴生的天然气，这一类似的过程也常在煤层中发生。

生物降解产生的甲烷中 $\delta^{13}C$ 可能在 $-45‰$ 至 $-55‰$ 之间，但是与生物降解有关的 CO_2 范围较大，并且比较重（$\delta^{13}C$ 达到 15‰），意味着存在一个完全的还原 CO_2 生成甲烷的封闭体系。

产甲烷细菌是油气系统中生物菌群的固有成员。虽然部分文献报道油气系统中发现了消耗乙酸的甲烷菌，但一般都把产甲烷细菌描述为将 CO_2 还原生成甲烷的细菌。放射性示踪实验表明还原 CO_2 生成甲烷的过程比分解乙酸生成甲烷的过程要普遍的多，并且油层中的高压力更倾向于发生体积减小的反应，如还原 CO_2 生成甲烷的过程。在没有足量硫酸盐的条件下，生物降解生成的 CO_2 的最终产物是甲烷。大多数发生生物降解的储层很少有碳酸盐岩固结物，尽管有大量的碳被氧化了。在发生生物降解作用的储层中，CO_2 的含量不到降解生成气体总含量的 10%，并且常常比周边的未发生生物降解作用的油田的 CO_2 含量低。这些油田实际只含有极少量的 CO_2。虽然最初形成甲烷的氢很可能来自于水，但其更丰富的来源可能是矿化物的水解作用，有机质的成熟，甚至来自非环或环烷－芳香组分的芳香化（图 2.2.4）。

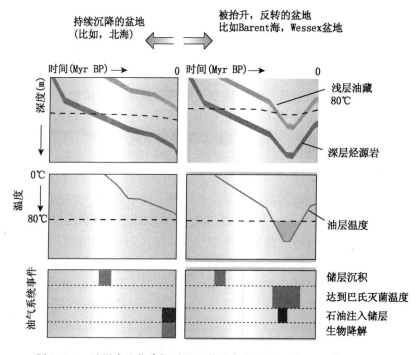

图 2.2.4　油层中生物降解过程和菌群产生过程（据 Head 等，2003）

（2）石油降解的维持：无机营养物质。

虽然不能通过输送氧气来支持储层中烃类的降解，但是地层水流动很可能会加强矿物质的溶解，并释放出像磷酸盐这样的营养物质，同样会加强微生物的活动。地表的生物降解经常因为氮和磷的缺乏而受到限制，但是在储层中氮基本上不可能缺乏，因为在储层中氮和铵离子一样丰富，而且石油中还有双氮气体和杂环芳香氮。芳香氮组分会在严重降解的时候发生降解，但是在油气系统发生生物降解的生物圈内，由储层矿物释放的铵离子是主要的氮来源。磷含量仍然是制约生物降解的因素。在关键性的研究中，Bennett 等证实了被石油污染的水的地球微生物学、矿物转化和地层水化学的关系。生物活动会大范围的扰乱地层水化学，并大范围的扰乱地层水的平衡，释放出有限的营养物质。在被石油污染的含水层，长石遭受了厌氧微生物的侵蚀；本地的细菌生活在含钾的长石中或者沿着磷灰石生长。碎屑岩储层中的磷主要在长石中，长石的溶解可能与石油的生物降解有关。实际上我们认为由储层或页岩中矿物溶解得到的有限的营养物质是地下生物降解速率的决定因素。

2.2.2 重油分布盆地类型

世界重油油藏主要分布在北美和南美前陆盆地的浅层油藏中。前陆盆地是位于褶皱山系前缘与毗邻克拉通之间的沉积盆地，也是世界上油气资源最丰富的盆地。很多著名的含油气盆地，如西加拿大盆地、东委内瑞拉盆地、波斯湾盆地、落基山盆地等都是前陆盆地。前陆盆地形成于挤压构造环境，一般是造山运动的产物。在盆地发育早期，盆地沉积物的物源主要来自于克拉通方向；当冲断体出露海平面之上时，物源主要来自于冲断体本身。如果原始地台的地层中本来就富含烃源岩或者前陆盆地内部的沉积物就是烃源岩，伴随着盆地的沉积，规模巨大的生油过程就开始了。当油气生成后，石油就会沿着倾斜的地层侧向运移，从源岩处一直到有可能是几百公里之外的盆地边缘的构造或地层圈闭中。运移的通道一般有三种：不整合面、断层和储层。实际上前陆盆地中圈闭分布较为广泛，一些轻质油会在运移的途中就会形成圈闭，当然这只发生在盆地的深层。在盆地的边缘，较新的沉积地层一般会呈不整合覆盖在基岩上，形成的储层一般具有埋藏浅、地层温度低并且是连通系统的特点。因此这里的储层非常适合微生物生存。这里的石油为地下生物提供了食物，久而久之，地层圈闭就聚集了大量的重油。

含油气盆地的分类有多种。例如，最早之一的 Kay 分类法，为后期的板块构造理论奠定了基础。Klemme（1977，1980a，1980b，1983，1984）基于盆地成因和固有的地质特征总结了各类与重质油或沥青相关的含油气盆地（图2.2.5）。其分类方法比较简单而且对理解重油的形成很有帮助（John，1984；Meyer 等，2007）。而且，通过上一节的阐述，我们已知大部分重油都是由常规原油经各种稠变作用后形成的，所以影响常规原油形成的因素也与后期重油

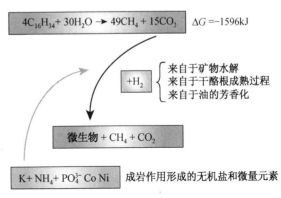

图 2.2.5　Klemme 五种与重质油或沥青相关的含油气盆地类型（据 Mayer 等，2007）

的形成有关。下面将详细介绍 Klemme 的沉积盆地类型及其与重油形成和富集的关系。

2.2.2.1 内克拉通盆地（Ⅰ型）

该类盆地中的重油圈闭的形成往往与中央隆起有关，比如 Cincinnati 隆起或者西伯利亚地台的隆起。在克拉通之上的小盆地也会出现一些圈闭，比如 Michigan 盆地。这些洼陷的成因不是很清楚，尽管其中的大部分在前寒武纪时期就开始形成了。从岩性上看，碎屑岩沉积物通常多于碳酸盐岩沉积物，因而该类盆地中形成的重油储层多为碎屑岩储层。一般来看，该类盆地中重油储层的采收率很低并且盆地中几乎没有大油田。

根据 USGS（2007）对全球各个含油气盆地的研究中（Meyer 等，2007），含有重质油

的Ⅰ型盆地有六个，且地质储量少于3BBO，而且这些重质油中的93％出现在Illinois盆地中。含天然沥青的Ⅰ型盆地大约有四个，地质储量为60BBO，其中99％的储量赋存于东西伯利亚的Tunguska盆地和Illinois盆地。Tunguska盆地占据了西伯利亚地台的大部分区域，其边缘为克拉通边缘盆地，也就是盆地类型Ⅱ。为了方便起见，所有的资源都划归Tunguska盆地。该地区的资源潜力大于52BBO，但是很难进行开采。

2.2.2.2 陆内多旋回盆地（Ⅱ型）

2.2.2.2.1 克拉通边缘盆地（ⅡA型）

这类盆地一般形成于克拉通边缘，呈线性、不对称状，常从拉张型地台或者凹陷开始发育，并以收缩性的陆外缘结束，常形成以高的物源供给为特征的多旋回盆地。圈闭一般存在于一些大的隆起或者块状抬升区域，也可以存在于低位体系域或高位体系域。

ⅡA型盆地相对于重质油来说具有比较重要的意义。在USGS（2007）对全球各个含油气盆地的研究中（Meyer等，2007），28个盆地中有158BBO的重质油。3个ⅡA型盆地，西加拿大盆地、Putumayo和Volga-Ural盆地，储量为123BBO，占到了ⅡA型盆地的78％。

与此相比较，24个ⅡA型盆地的沥青储量为2623BBO，将近占到世界沥青储量的48％。西加拿大盆地的沥青储量为2334BBO，占到约89％。加拿大的远景资源量为703BBO，大部分赋存于Peace River和Athabasca油区，也被称为碳酸盐岩三角（Carbonate Triangle）。加拿大的油区主要集中于以下几个地区：Athabasca（油砂出露地表或者在地层的浅部）以及Cold Lake和Peace River（油砂赋存在地下）。俄罗斯的Volga-Ural盆地（263BBO）和美国的Uinta盆地（12BBO）的储量比上述盆地少得多，但是沥青储量仍然可观。Volga-Ural盆地有很多油田，但是每个油田都比较小。Uinta盆地的沥青资源相对更集中一些，但是所处的地区远离运输和炼制设备，开采比较困难。

2.2.2.2.2 克拉通增生边缘（ⅡB型）

该类型的盆地是克拉通增生边缘的复合型的大陆凹陷。在结构上与ⅡA型盆地相似，不同点是它们由断裂而不是由凹陷发育而来。在USGS（2007）对全球各个含油气盆地的研究中（Meyer等，2007），大约有3/4的ⅡA型和ⅡB型盆地被证明具有产油能力，储量占到油气总储量的1/4。13个ⅡB型盆地具有一定数量的重质油（193BBO）。两个含油量最大的盆地都在俄罗斯，一个是西西伯利亚盆地，另一个是Timan-Pechora盆地。但是，这两个盆地和其他含重质油的ⅡB型盆地，对常规油和中质油更具实际意义。5个ⅡB型盆地含油砂资源，储量为29BBO，但只有Timan-Pechora盆地含有大量的油砂资源，储量为22BBO，且油砂只分散在很多小的油藏中。

2.2.2.2.3 会聚型板块边缘（ⅡC型）

这些盆地沿着聚合板块边缘的地壳碰撞带分布，有时它们下倾为小型洋盆。虽然他们的最终形态是挤压盆地，成为拉伸的不对称的前渊，但是它们的前身是凹陷或者地台。该盆地类型可以根据最终的形态分为三类：ⅡCa型，闭合状；ⅡCb型，沟槽状；ⅡCc型，开启状。虽然这类盆地刚开始的时候是开启的小型海洋盆地（ⅡCc型），但是大陆板块的崩塌也会使之闭合（ⅡCa型），并形成大型、线性、不对称的盆地，其物源来自于盆地两侧，非常像ⅡA型盆地。随后的版块运动倾向于破坏闭合的盆地，留下一个很窄并且弯曲的前缘，也就是ⅡCb型的盆地。在开启或者闭合盆地中相对比较高的烃类储量可能与不正常的地热梯度有关，这样会强化烃类的成熟度和长距离的斜向运移。圈闭大部分与背斜隆起构造有关，要么是抬升隆起，要么是挤压褶皱，并且大部分都与盐溶作用有关。

ⅡC 型盆地只占盆地面积的 18%，但是油气资源量却占到了全球的近一半。ⅡCa 型盆地与ⅡA 盆地在结构上很相似，是ⅡC 型三种盆地中最重要的含重质油盆地。在 USGS（2007）对全球各个含油气盆地的研究中（Meyer 等，2007），15 个含重质油的盆地的储量为 1610BBO，其中，阿拉伯盆地、东委内瑞拉盆地和 Zagro 盆地占到了 95%。其中，东委内瑞拉盆地在包含大量的重质油和油砂资源的同时，还具有巨大的轻质和中质原油储量。ⅡCa 型盆地具有大量的油砂资源，6 个盆地中含有 2507BBO 的油砂资源。其中 83% 都在委内瑞拉南部的 Orinoco 重油带中。另一个ⅡCa 型的油砂聚集区位于 North Caspian 盆地（421BBO）。

14 个ⅡCb 型的盆地具有重质油资源（32BBO），并还含有少量的油砂资源。其中大部分都在 Caltanisetta 和 Durres 盆地，位于 Adriatic 海岸。Durres 盆地的资源集中于 South Adriatic，且在平面图上标明也为 South Adriatic。

12 个ⅡCc 型的盆地的重质油储量为 460BBO。到目前为止最大的 Campeche 盆地、墨西哥的 Tampico 和美国的 North Slope 盆地，占到了 89%。Campeche 油田，事实上是很多相关油田的聚集，距离墨西哥湾 Yucatan Peninula 海岸 65 英里。North Slope 盆地，位于阿拉斯加北海岸，环境恶劣，并存在永久冻土，这使得重质油和沥青的热采变得很困难。East Texas、Gulf Coast 和 Mississippi Salt Dome 盆地只占到该盆地类型重质油储量的 5%。ⅡCc 型的盆地只有少量的油砂（24BBO），其中 North Slope 和 South Texas Salt Dome 两个盆地具有商业开发潜力。

2.2.2.3 内陆裂谷盆地（Ⅲ型）

2.2.2.3.1 克拉通和增生带裂谷（ⅢA 型）

该类型的盆地是小的、线性的内陆盆地，形状不规则，在克拉通和增生的大陆边缘地区由于断裂和凹陷而出现，其中三分之二是沿着古变形带形成，三分之一是在前寒武纪的地台发育的。盆地内裂缝外延，且引导地块运动，因此常发育复合型圈闭。石油一般沿水平方向运移，距离也比较短。断裂盆地数量很少，只占到世界盆地类型的 5%，但是它们中的一半都是产油的且采收率很高。

在 USGS（2007）对全球各个含油气盆地的研究中（Meyer 等，2007），一共有 28 个含重质油的ⅢA 型盆地，总储量为 222BBO。中国的渤海湾盆地占到 63%，苏伊士湾占到 11%，Northern North Sea 占到 10%。除此之外，大部分的ⅢA 型盆地只含有少量的沉积物。有 5 个ⅢA 型的盆地含有 22BBO 的沥青资源，其中的一半都在 Northern North Sea 盆地。

2.2.2.3.2 大陆边缘裂谷（ⅢB 型）

ⅢBa 型盆地是会聚型克拉通火山岛弧后盆地，规模较小，呈线性分布具形状不规则。相对ⅢA 型盆地，ⅢBa 型盆地的重质油储量很小。17 个盆地含有 49BBO 的重质油，其中 83% 的都在 Central Sumatra。另外，Bone Gulf 盆地赋存有 4BBO 油砂，在 Cook Inlet 和 Tonga 盆地也发现有少量的油砂资源。

ⅢBb 型盆地与会聚型克拉通边缘裂谷有关。在克拉通边缘地带，走滑断层和俯冲带破坏岛弧而成。该类型盆地也属于面积小、线性和不规则的盆地。14 个含重质油的ⅢBb 型盆地的重质油储量是 134BBO。尽管其储量对世界无关紧要，但是对 California 的石油工业却非同一般。California 的 7 个这样的盆地——Central Coastal，Channel Island，Los Angeles，Sacramento，San Joaquin，Santa Maria 和 Ventura，一共含有 129BBO 的重质油，约占

ⅢBb 型盆地的重质油储量的 96%。9 个含有油砂的ⅢBb 型盆地的油砂储量为 4BBO，其中的一半在 Santa Maria。

ⅢBa 型盆地和ⅢBb 型盆地占世界盆地面积的 7%，但是只有 1/4 的盆地具有产油能力，这些盆地只占世界盆地总数的 2%，但是产油气量却占到 7%，因此这些盆地的采收率也很高。

ⅢBc 型盆地是面积很小的，拉伸、不规则的盆地。这些盆地占据了从大洋俯冲带到克拉通之间的区域，或者是两个板块之间的断裂带。这些盆地从中等大小的走滑断层经随后的抬升形成。这些盆地占世界盆地总面积的 3.5%，油气产量占世界油气总产量的 2.5%。

ⅢBc 型盆地的重质油储量较大（351BBO），虽然这样的盆地共有 9 个，但是 Maracaibo 的储量占到 92%。不仅如此，Maracaibo 的油砂储量也占到 5 个含油砂盆地油砂总储量（178BBO）的 95%。在所有的盆地类型中，ⅢBc 型盆地被单一的盆地所主导。

2.2.2.3.3　被动陆缘裂谷（ⅢC 型）

这类盆地，也称为拉张型的盆地，是外延的、拉伸的、不对称盆地。一般沿着大洋板块边缘分布呈发散状占据厚的大陆板块边缘与薄的大洋板块边缘的中间地带。它们一般从抬升时期开始发育，物源来自于大陆。ⅢC 型盆地，占据世界盆地总面积的 18%，大部分位于滨岸带或者在水深 5000ft 处。这也使得该类盆地的开发很慢。但是由于传统易于开采盆地的开发已经基本达到极限，以及世界对石油需求的不断增加，其开发过程已开始加速。

在 USGS（2007）对全球各个含油气盆地的研究中（Meyer 等，2007），28 个含重质油的ⅢC 型盆地的储量为 158BBO，但是滨岸的 Campos 盆地占到了 66%。大陆边缘盆地在历史上应该经历过抬升过程，常规油因此受到降解。重质油也有可能处于未成熟—低熟阶段，仅仅经历了初次运移和稍后的抬升。然而根据目前的研究成果，盆地的地史分析并不支持这样的观点。石油可能在深处遭受到生物降解。在一个拉张型的盆地，沉积物聚集得很快，深部的石油也会开始降解。

ⅢC 型盆地的沥青含量很小（7 个盆地共有 47BBO），并且几乎所有的都是油砂资源，没有重质油资源。Ghana 盆地的 38.3BBO 的油砂资源是可开采的，这个数据还是保守估计，有待进一步的评价。

2.2.2.4　三角洲盆地（Ⅳ型）

三角洲盆地是三角洲沿着大陆边缘形成的延展凹陷，呈环形到直线形分布，且显示较高的物源供给与沉积区域面积之比。结构上，它们是具有沉积中心的凹陷，并且沿着分散和汇聚的克拉通边缘分布。虽然截止到 1980 年，三角洲盆地只占世界盆地总面积的 2.5%，但是却生产了 6% 的油气。结合最近的深水区域的勘探结果，该类型的盆地更多的含有常规资源。

然而重质油含量较少，三个含重质油的Ⅳ型三角洲盆地只生产少量的重质油（37BBO），没有油砂储量，这与该类型盆地具有很高的物源供给与沉积区域面积之比，以及有机物质的快速沉积具有很大关系。

2.2.2.5　弧前盆地（V 型）

弧前盆地位于火山弧的大洋边缘，成因有延伸和压缩两种，形状呈直线或者不对称状。从结构看上是俯冲的产物。弧前盆地数量很少，产油性也不高。Barbados 盆地发现有少量的重质油，Shumagin 盆地含有沥青，但是储量不清楚。事实上弧前盆地没有重质油和油砂资源，因为盆地不产生大量的石油资源，没有多少可供降解的物质。

2.3 重油典型区域地质

2.3.1 加拿大

2.3.1.1 概述

加拿大油砂的地质储量为 252BBO，其中露天油砂储量为 15.1BBO，地下油砂储量为 236.9BBO（据钟文新等，2008），占世界可采油砂资源的 81%（据 USGS，2003）。油砂资源主要分布在阿尔伯达盆地东北部的 Athabasca、Cold Lake 和 Peace River 三个矿区，储量为 173BBO（据 USGS，2010），油砂总面积达 $1.41 \times 10^4 km^2$（据钟文新等，2008），如图 2.3.1 所示。据估计，阿尔伯塔有超过 1/4 的油砂储存在碳酸盐中。

图 2.3.1　加拿大油砂资源地理位置（据 USGS，2010）

阿尔伯达油砂分为两类：白垩系油砂和白垩系底不整合面之下古生界碳酸盐岩中的重质油和油砂，其中大部分分布在盆地东翼的下白垩统 Mannville 地层及相对应的层系中，处在不整合面之上。在盆地东北部，白垩系直接覆盖在泥盆系灰岩之上；西部地区，白垩系在古生界之上；Peace River 地区，白垩系覆盖在泥盆系至二叠系之上。在白垩系沉积之前，该区属于北美内陆地块。

Mannville 地层包括 McMurray 组、Clearwater 组和 Grand Rapids 组。McMurray 组早期为低水位的河流相沉积，物源来自于东北部前寒武系和西部的隆起区，部分高地并没有接受沉积。在沉积后期，北海从北部侵入，形成三角洲和海相沉积。Clearwater 组为海侵沉积，以海相页岩为主，局部滨岸地区发育砂岩。Grand Rapids 组属于海退沉积，海陆过渡相发育。Mannville 地层为一套亚热带地区沉积，陆相和海相植物繁盛，后期发育几百米厚的海陆过渡相沉积，整体上向西南缓倾。

白垩系油砂的分布主要受沉积相控制。Mannville 地层的沉积物大部分未固结，以原始孔隙度和渗透率为主。底水仅在少数几个油藏发现，因此沥青饱和度大致为孔隙度和渗透率的函数。所以沉积微相能很好地反应油砂在该层的展布特征。

加拿大阿尔伯塔盆地的区域地质剖面如图 2.3.2 所示。阿尔伯塔克拉通主要包含一个大的不整合和单斜，共同将古生代沉积和中生代沉积分隔。盆地西接落基山褶皱带，东北部超覆于前寒武纪地盾，西南延伸至 Saskatchewan，由于古构造及风化剥蚀作用，沉积地层沿

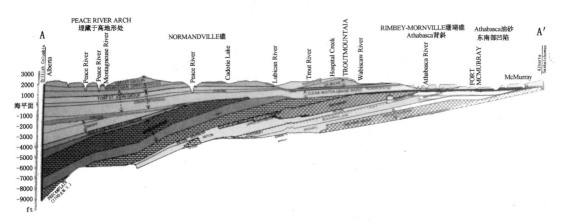

图 2.3.2　加拿大阿尔伯塔盆地的区域地质剖面（修改自 Deroo，1977）

西部褶皱带向北部和东北部地区逐渐减薄（Chopra 等，2010）。

　　从下泥盆统到侏罗系，阿尔伯塔克拉通主要为一套发育于被动大陆边缘稳定大陆架上的海相碳酸盐岩和碎屑岩沉积，包括泥盆系的生物礁及其与之相关的沉积。此阶段末期，西向的造山运动形成了阿尔伯塔 Foothills 地区厚层的连续沉积。在新近纪末期，加拿大 Cordillera 地区的地层抬升，海相沉积让位于陆相沉积，沉积物从西部抬升区搬运至北部，而后沉积下来。这一时期的构造抬升形成了一个深度大、范围广的前陆盆地。在白垩纪早期，侵蚀基准面的骤降造成上侏罗统到泥盆系沉积物的侵蚀，逐渐形成一个东西向的地层不整合。

　　加拿大 Cordillera 地区在随后的抬升中，从晚白垩世到古近纪形成的厚层沉积物覆盖在不整合之上，其地层可见河流相砂岩、页岩和砾岩沉积。具有渗透性的沉积物提供烃类和底水向上运移的毛细管，最终运移到储层中，也就是现在沥青所在的地方。随着加拿大 Cordillera 地区的继续抬升，邻近的西部平原开始向下弯曲，形成了阿尔伯塔向斜，开始接收大量的来自落基山的碎屑岩沉积物。新近纪时期，加拿大 Cordillera 地区继续抬升，第四纪沉积物遭到剥蚀。

　　广泛分布的泥盆系 Grosmont 组石灰岩和白云岩以及与之相关的生物礁覆盖了阿尔伯塔中东部的大部分地区。之后，这些地层被上泥盆统的 Winterburn 和 Wabamun 组以及与之对应的地层覆盖。Grosmont 组遭受剥蚀地层的上倾边缘位于 Fort McMurray 地区油砂矿西南 130km 处，其被 McMurray 组上部的地层所覆盖。这些碳酸盐岩中的石油与油砂中的油具有相同的化学特征，说明碳酸盐岩中的石油来自于油砂。

　　普遍接受的油砂成因与上白垩统页岩中从东到西的运移模式有关。例如，Peace River 地区富含有机质且成熟度高，而白垩系页岩发育于 Peace River 地区地层下倾方向，这表明石油经历了长距离的运移（Peace River 约 80km，Athabasca 约 380km）。除了上白垩统的页岩作为烃源岩外，其他页岩也被认为对油藏的形成作出了贡献。一般认为：烃类从盆地的深层生成，沿着上倾方向长距离运移并且在盆地东部附近的浅部地层圈闭中聚集。随着时间推移，在水洗和生物降解的作用下，轻质原油会转变为沥青。聚集在盆地边缘的石油降解程度高于盆地中心（API 度为 8），且向盆地中心方向逐渐降低。（西南方向 250mile 的 Bellshill Lake 的石油为 26°API）。

　　阿尔伯塔可开采天然沥青主要储存于 Athabasca、Peace River 和 Cold Lake 地区未固结的下白垩统砂岩中。其中 Athabasca 和 Peace River 油砂不整合于泥盆系和 Mississippi 系的碳酸盐岩储层之上，虽然具有沥青资源量，但是并没有进行商业开采。图 2.3.3 表示加拿大阿尔伯塔各地区、各地层的天然沥青原始储量。Athabasca 原地和露天均可开采的 Wabiskaw‑McMurray 组以及 Grosmont 组是目前最大的沥青沉积矿藏储层。另外，如 Grand Rapids、Clearwater 和 Bluesky/Gething 等储层也含有大量的沥青资源。

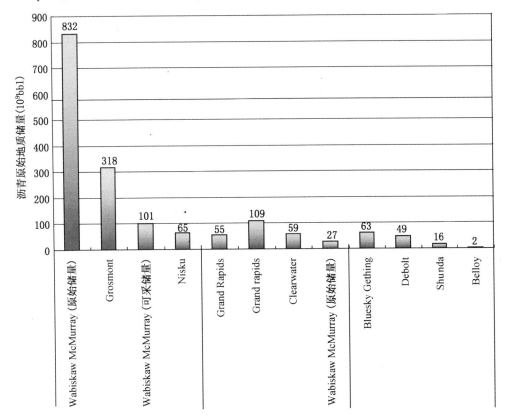

图 2.3.3　加拿大阿尔伯塔盆地不同地区不同层段的天然沥青原始地质储量
(据 Hein 和 Marsh，2008)

2.3.1.2　白垩系油砂

2.3.1.2.1　Athabasca 油砂

　　Athabasca 油砂是阿尔伯塔盆地内最大的油砂区，也是唯一出露于地表的油藏（图 2.3.4），已实现大规模的露天开采。McMurray 组是 Athabasca 的产层，整个组几乎全部含油。该组平均厚度在 40m 至 60m 之间，岩性主要为未胶结的细粒至中粒石英砂，并有页岩夹层。较纯净砂岩的孔隙度在 25%～35% 之间，含油率 10%～18%。Athabasca 油藏位于不整合面之上的凹陷之上。McMurray 地堑的沉积物主要来自东部和东北部，属于河流—三角洲相沉积。由于河道或分支河道具大型交错层理，经后期改造作用，成为主要的含油层段。油藏东侧有陡倾的油水接触面分布。Clearwater 组海相页岩是全区的盖层。

　　（1）油砂储层地质。

　　McMurray 地层下部河流相沉积物主要沿下白垩统不整合面沉积，大部分含底水，为 Athabasca 主要储层。另外，McMurray 组下部的辫状河砂岩也可作为良好储层。Athabasca 储层主要为河道砂和砂坝沉积，具有高孔高渗、高度不连续性和内部屏障少的特点。席状砂

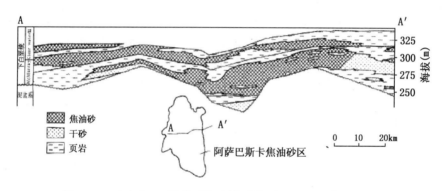

图 2.3.4　Athabasca 油砂区构造剖面图（据 Mossop 等，1980）

可以通过河谷充填沉积相连接；河谷外砂体来源于原地沉积。整体上，储层在 McMurray 组下部低水位时期形成。

上覆于 McMurray 组上部的地层属于海侵时期沉积，为 Athabasca 沥青含量最高的储层，属于河口和河道—点砂坝复合沉积体。该储层也包括未被侧向延伸的页岩所遮挡的河口和河道砂厚层（达 58m）。其他区域显示了河道侧向加积的点坝砂体向上逐渐变细，成为点沙坝顶、裂缝展布带和洪泛区，中间有分选好、稍倾斜的泥质夹层。侧向加积的河口坝几何形态可以在露头上看到，地下的情况可以从地震和测井资料识别出来。

McMurray 组上部的曲流河河道—点砂坝复合沉积体孔隙度低，与 McMurray 组下部的河流相席状砂相比，渗透性和连续性稍低。泥岩在河道和点沙坝处以角砾岩填隙物的形式出现，在废弃河道处以不连续的厚层形式出现，两种情况都会对蒸汽驱和液体流动产生阻碍作用。很多进行商业开采的油藏都有泥岩显示。

McMurray 组最上部的泥岩层（一般小于 1m）向上逐渐变为纯的砂岩层（通常不大于 5m）。Joslyn 附近的露头，地层沉积物很薄，但是范围很大，一般被描述为裂缝展布的席状砂和平坦的潮汐沉积物。这些沉积物可能是良好的小型薄油砂储层，被分选很好的水平滨岸相地层所包围。其他局部地区出现向上逐渐变粗的泥岩层，对油砂与气顶或底水之间的联系造成障碍。河口和河道砂在 Athabasca 的 Wabiskaw – McMurray 组上部的储层中形成良好的厚油砂储层。McMurray 组中更年轻的部分，由于砂岩层更薄且出现了更多的连续水平泥质层，不能作为目的储层。

（2）层序地层框架。

阿尔伯塔东北部的 Wabiskaw – McMurray 地层有许多不整合（T 和 E 界面），都是相对基准面上升或者下降的反映，图 2.3.5 是 Athabasca 地区 Wabiskaw – McMurray 地层层序（据 Hein 和 Cotterill，2006）。这些地层的层序界面主要是在整个 Wabiskaw – McMurray 地层海进期海平面上升和沉积过程中盐溶构造相互作用的结果。最明显的不整合界面是 McMurray 组的顶和底（Pz 和 E10）。下白垩统下部的不整合面对石油的运移和保存有很大的影响。McMurray 组下部为低水位期辫状河沉积，被海侵期煤层覆盖，最好的河流相地层保存于凹陷不整合处，底水在沥青储层之下。其顶层为主要的侵蚀面（E05）。在这之后是一个海平面快速上升期，由于广泛的河口水浸，产生了较大的半咸水水体。

McMurray 组上部的地层由曲流河、河道和点坝沉积组成，是 McMurray 组最重要的沥青储层。河道系统的标志是极端的横向非均质性，尽管没有泥岩层（如废弃河道填充，洪泛

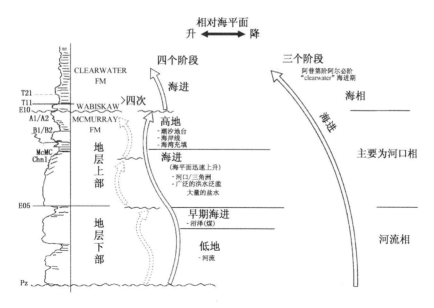

图 2.3.5　Athabasca 地区 Wabiskaw－McMurray 地层序列（据 Hein，2006）

沉积）长距离的连续分布。因此 McMurray 组储层具有一定的非均质性。这种非均质性与储层形成时的层序地层框架和沉积特征有很大关系。随着海侵的进行，McMurray 组上部的河道和点坝沉积垂向加积变为岸上和洪泛区的溢岸沉积。在 McMurray 组上部最顶部出现了广泛的潮坪沉积，局部为半咸水海湾、障壁岛和深水海湾充填沉积。这一点可由底部侧向连续沉积且向上逐渐变粗的泥岩准层序组（A1，A2）来证明。在下切情况下，准层序组泥岩被侵蚀，沥青储层可能与上部水层和气层接触。在 SAGD 操作下，上覆的水层和气层可能成为热量散失的场所。持续的海侵造成了下伏的 Wabiskaw D 组侵蚀形成下切谷的层序充填序列。Wabiskaw D 组下切谷充填被区域性的 Wabiskaw D 页岩覆盖，其底部是 T10.5 界面，在 E10 和 T11 界面之间。T10.5 被解释为 Wabiskaw－McMurray 海侵期与最大海泛面相关的海侵面或者侵蚀面。

2.3.1.2.2　Cold Lake 油砂

Cold Lake 油砂富集在 Mannville 的三组地层中，如图 2.3.6 所示。储层埋深为 300～600m。McMurray 组岩性为细粒至中粒石英砂岩，具页岩夹层。油层分布范围有限，以河流相沉积为主。Clearwater 组的岩性为海相砂岩和海相页岩，主力产层是海相砂岩，其平面分布稳定，非均质性弱，储层平均厚度为 10～15m，孔隙度在 18％～35％之间，含油率在 14％～16％之间。Grand Rapids 组在该油区被分为上段和下段。岩性为海相和陆相的砂、泥岩互层，非均质性强，分布不稳定，不利于开采。Cold Lake 地区的圈闭主要是地层圈闭，古生界凸起则是受构造因素的控制，倾斜油水接触面很常见。

2.3.1.2.3　Peace River 油砂

Peace River 地区的主要产层位于 Gething－Bluesky 组，该层与 Athabasca 油区的 McMurray 组相对应，储层埋深 300～750m。Gething 组东南部为陆相沉积，向北东方向逐渐过渡为海相沉积，岩性主要为砂岩和泥质砂岩，最大含油率为 12％。Bluesky 组为北海早期水进砂岩沉积，厚度不超过几米，富含海绿石。其圈闭的形成主要是由砂岩向古生界凸起的地层超覆引起的，且 Spirit River 组页岩作为其盖层，如图 2.3.7 所示。

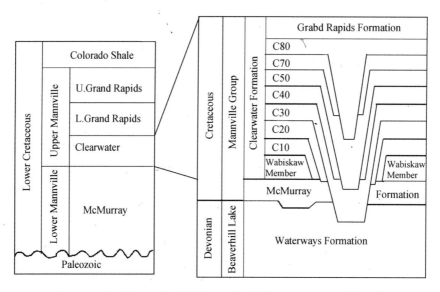

图 2.3.6　Cold Lake 油砂区 Mannville 地层 Clearwater 组层序细分
（据 McCrimmon 和 Cheadle，1977；Sun 等，1999）

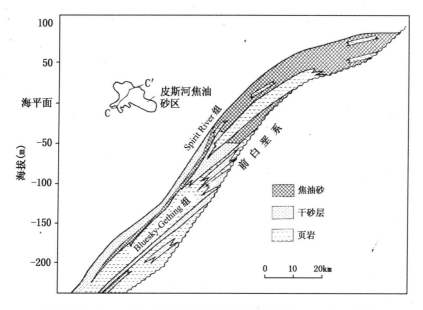

图 2.3.7　Peace River 河油砂区构造剖面图（据 Mossop 等，1980）

2.3.1.3　Grosmont 组碳酸盐岩重油储层

加拿大除砂岩中赋存重油资源外，还有部分储存于碳酸盐岩中。这些重油资源富集于上泥盆统的 Grosmont 和 Wabamum 组以及下石炭统 Pekisko 组碳酸盐岩中，这些碳酸盐岩位于两种之间的不整合面之下，岩性为白云岩和白云质灰岩，夹钙质页岩。重油主要富集在岩层中的裂缝发育带和古风化壳带。本节将以 Barrett 和 Hopkins（2010）对阿尔伯塔东北部的上泥盆统 Grosmont 组碳酸盐岩重油储层地质特征的研究成果，介绍重油碳酸盐岩储层的重要地质问题。

Grosmont 组碳酸盐岩储层含 318BBO 的天然沥青资源，厚 120m，上部为页岩，下部为 Woodbend 组的 Ireton 地层。根据沉积时间，该地层分为 A、B、C 和 D 四个单元。这个分类与 Cutler 的 LG、G1、G2 和 G3 相对应。上部 Grosmont D 地层，是一个加积型的沉积单元。Grosmont 组上部 Grosmont C 和 D 两个地层单元包含了绝大部分的天然沥青资源。在 Saleski，天然沥青矿以较高孔隙度和高饱和度为特征，厚度达 45m，孔隙度超过 12％（图 2.3.8）。

2.3.1.3.1　Grosmont C 和 D 地层的储层地质特征

（1）Grosmont C 地层。

Grosmont C 地层又可分为 3 个更小的单元，从下到上依次为底部的泥质白云岩、中部渗透层（Vuggy）和上覆地层（图 2.3.9）。

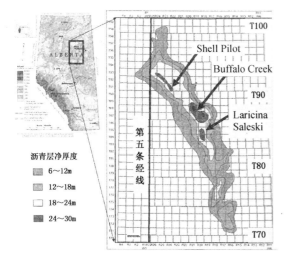

图 2.3.8　Grosmont 天然沥青资源的地理位置（据 Barrett 和 Hopkins，2010）　　图 2.3.9　Laricina Saleski 地区 7－26－85－19W4 测井曲线（据 Barrett 和 Hopkins，2010）

Grosmont C 地层底部（7－26－85－19W4 井 381～394.3m 处）主要为泥质白云岩，其间夹薄层页岩（图 2.3.10）。最下部 8.5m 地层微孔隙发育，富含泥质，并可见潜穴和腕足类动物化石。最上部的 5m 含有分散的晶簇，属于广阔的海相沉积环境且生物扰动强烈，储层质量不高。

Grosmont C 中部是由白云质粒状灰岩组成的多孔近水平渗透层（7－26－85－19W4 井 368～381m 处）。该地层广泛分布不规则的晶簇，直径为 0.5～1.5cm，它们由发育较短的近垂直裂缝连通。裂缝密集区可形成孔隙度很高的马赛克状角砾岩。

在脱盐不是很严重的地区，可能观察到近似垂直的宽度为 0.4～1.0cm 的洞（见图 2.3.11）。从 7－26－85－19W4 井的岩心的 CT 扫描结果显示，很可能是水平的 Thalassanoides 的洞，为生物活动的产物，常常发育在潮下等水动力比较弱的环境中。

Grosmont C 上部为纯净的、分选较好的层状白云质粒状灰岩，窗格构造和叠层纹理常见，表明该地区为潮汐沉积环境，粒内孔隙（来自于碳酸盐岩颗粒和碎屑的盐析）和粒间孔隙（白云岩晶体之间的空隙）都很发育。另外，层内还有一些遭受不同程度溶蚀的角砾岩夹层。

Grosmont C 和 D 间的泥灰岩（7－26－85－19W4 井 359.5～361m 处）分隔开了 Gros-

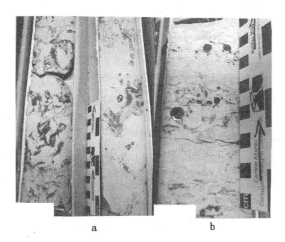

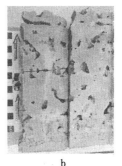

图 2.3.10　Grosmont C 地层底部含泥岩石的
取心资料（据 Barrett 和 Hopkins，2010）
a—井 10－22－85－19W4（409m）处受生物扰动的白云
岩中近似垂直的线状洞；b—井 10－22－85－19W4
（415.25m）处两个富含腕足类动物的地层

图 2.3.11　来自 Grosmont C 地层多孔岩相的
岩心资料（据 Barrett 和 Hopkins，2010）
a—井 7－26－85－19W4 中岩心的 CT 照片显示了水平的
洞；b—来自井 10－17－84－19W4（443m）的含泥白云
岩骨架中的盐析 Thalassanoides 洞

mont C 和 D 两个地层，夹层包含不规则的页岩小颗粒和白色云质泥岩，其中上层为 0.5～
1m 厚的绿色含硅质碎屑页岩和白云质粒状灰岩互层（图 2.3.12）。根据泥裂构造，可推测
沉积环境为浅水环境且经常暴露于地表，在岩性上与 Grosmont D 地层单元的中部很相近。

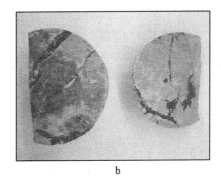

图 2.3.12　来自 C～D 泥灰岩的岩心（据 Barrett 和 Hopkins，2010）
a—灰白色页岩和浅色到深色的含沥青的多孔白云岩地层呈纹层交互，泥裂表明
沉积过程中暴露到地表；b—井 7－26－85－19W4 中相同泥裂的俯视图

（2）Grosmont D 地层。

Grosmont D 地层也可被分为下部、中部和上部三个地层单元（见图 2.3.13）。

Grosmont D 地层下部（7－26－85－19W4 井 347.5～359.5m 处）是一个被沥青饱和的
大孔隙地层。在 Saleski 地区，该地层含白云质的棱角状碎屑岩，其外部是由被沥青饱和的
分散状细粒白云岩所构成的岩石骨架。一些零星的夹层内有残余的窗格构造和不同粒度的纹
理构造，显示这一地层为潮汐地台沉积。

Grosmont D 中部（7－26－85－19W4 井 338.3～347.5m 处）岩性比较复杂。其下部为
白云质灰岩，中部为双孔层孔虫—浮石，上部是白云泥质灰岩和绿色硅质碎屑岩的薄互层。

Helminthopsis 虫孔在白云质灰岩中也有分布。

Grosmont D 中部广泛分布有中等数量的粒内和粒间孔隙。双孔层孔虫—浮石相因为叠层石的盐析而分布有潜穴孔隙。

Grosmont D 上部（7-26-85-19W4 井 331~338.3m 处）为黏土含量较低、被沥青饱和、纹理状的白云质颗粒灰岩，其中夹微粒至粗粒的薄层。窗格构造和叠层纹理构造常见。Grosmont D 地层的上部被认为是潮间和潮上沉积环境。主要的孔隙类型是粒内和粒间孔隙。厚达 3m 的溶塌角砾岩经常出现。

Grosmont C 和 D 地层单元裂缝发育良好。一般情况下裂缝长度很短（常小于10cm）、为非平面的、近似垂直的裂缝，在沥青发育处开启或者闭合。裂缝因为溶蚀作用变宽，特别是在 Grosmont C 地层的多孔单元中表现尤为明显。裂缝闭合现象较少发生，并通过数量来弥补长度的不足，使垂向的渗透率变大。

这些很短的、不规则形态的和随机走向的裂缝不是构造运动的产物，而是早白垩世淡水溶蚀的产物。

（3）Grosmont 地层中的大孔隙区域。

Saleski 地区 Grosmont 地层的 C 和 D 旋回的一个显著的特征是出现了大孔隙。中子孔隙度测井测得这一地区的孔隙度超过 25%。大孔隙主要集中在 Grosmont C 的多孔地层和 Grosmont C 地层的上部、Grosmont D 地层的上部和下部，厚度达 12m。测井资料显示在很长的距离内孔隙都有联系。图 2.3.13 显示了 7-26-85-19W4 井的大孔隙区域。

大孔隙区域分两种类型：溶蚀角砾岩区域和常规的白云岩储层。在岩心中，溶蚀角砾岩区域因为高的沥青含量而呈黑色。白云岩碎屑呈棱角状，也会有沥青斑的显示。角砾岩从马赛克角砾岩（碎屑支撑）到骨架/沥青支撑的角砾岩（由碎屑与骨架的比值确定）（图 2.3.14）都有分布。

常规的岩心分析方法不适用于骨架/沥青支撑的溶塌角砾岩区域，因为其处于固结状态。它们大部分的孔隙为角砾岩骨架中的粒间孔隙，孔隙度往往大于 40%，渗透率超过 10Darcy。

大孔隙区域的常规的白云岩储层，具有较大的骨架的孔隙度，孔隙类型包括空穴、粒间孔隙和窗格孔，常被溶塌角砾岩区域交互或者临近该区域，是很重要的储层单元。

Saleski 地区 Grosmont 地层大孔隙区具有特殊的岩石物理特征。Barrett 和 Hopkins（2010）发现地层除了有很高的孔隙度外，电阻率也常常超过 100Ω·m，甚至常见超过 2000Ω·m。另外，声波测井资料也显示为速度较低的区域，常低于 1250~2000m/s。但是也有研究者认为这些数据是测量误差引起的，并归因于井的冲洗带影响。而且从密度测井

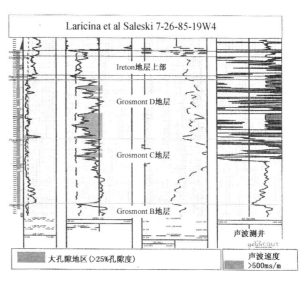

图 2.3.13 Laricina 等地区的测井资料，来自井 7-26-85-19W4，显示 Grosmont C 和 D 地层的大孔隙区域
（据 Barrett 和 Hopkins，2010）

资料上看，可以排除是井眼坍塌的影响。但 Barrett 和 Hopkins（2010）研究认为声波速度是有效的，不过不是多孔白云岩的速度，而与该地区沥青的速度很接近。这说明在被沥青饱和、骨架支撑的角砾岩地区，声波测井的速度更接近沥青的速度而不是白云岩的速度。

图 2.3.14　被沥青饱和的角砾岩相（据 Barrett 和 Hopkins，2010）

a—碎屑支撑的角砾岩；b—富碎屑骨架支撑的角砾岩；c—骨架和沥青共同支撑的角砾岩

2.3.1.3.2　碳酸盐岩角砾岩区的形成

在 Grosmont 储层形成过程中有两期重要的成岩作用，白云化作用也不止一期，但是一般认为在 Mississippi 期就结束了。孔隙很可能在这一时期发育，但是与现在的发育程度不同。

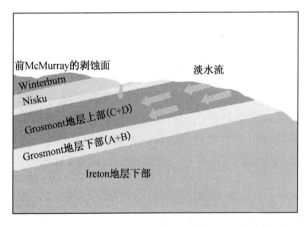

图 2.3.15　在白垩纪 Grosmont 隐伏露头暴露到淡水渗流时孔隙发育模型（据 Barrett 和 Hopkins，2010）

储层发育的第二阶段是在前 McMurray 地层剥蚀以前。泥盆纪的隐伏露头暴露到地表水中。地表水沿着隐伏露头边缘渗透到 Grosmont 层中，并且沿着断层和裂缝向下渗透（图 2.3.15）。以前的储层发育促进了 Grosmont 地区地下水的流动。

灰岩和白云岩在低温下更容易溶解，而且两者的溶解度与水的含盐度的关系正好相反。海平面之上的近地表环境最适合碳酸盐岩的溶解，这是因为大气降水通常呈酸性，能够提高灰岩和白云岩的溶解度。

Grosmont 地层中大部分与角砾岩无关的孔隙是由选择性盐析形成的。粒内孔隙和空穴孔隙是骨架颗粒、化石和虫孔被选择性移除的产物（图 2.3.16 和图 2.3.17）。通常那些被选择性盐析的物质比残余物更容易溶解。

白云石比方解石的抗风化能力更强。Barrett 和 Hopkins 的研究中指出较高方解石含量的碳酸盐岩在淡水中很不稳定，且用一些证据来说明受白云化作用的方解石在大气成岩作用

图 2.3.16　井 10 – 17 – 84 – 19W4（437m）中　　图 2.3.17　白云岩切片的显微照片，来自于井 10 –
碳酸盐岩因盐析作用造成的粒内孔隙　　　　　　26 – 85 – 19W4（367.69），Grosmont C Vuggy
（据 Barrett 和 Hopkins，2010）　　　　　　　　层的上部（据 Barrett 和 Hopkins，2010）

中被溶解，包括岩性数据、薄切片数据和镜下数据等。

　　岩性数据：Grosmont C 和 D 地层单元有很低的方解石含量。一般情况下在经历了白云化作用之后还会有一些方解石残余。测井资料和岩心资料都表明岩石密度和纯白云岩的一样。

　　薄切片数据：图 2.3.17 是 7 – 26 – 85 – 19W4 井 Grosmont C 多孔地层单元薄切片的显微镜照相。白云岩晶体有两种发育模式，有大的不规则晶体和离散的菱形白云岩。白云化作用会消耗方解石生成白云石晶体。若在白云石晶体发育过程中遭到干扰，则会形成离散的白云石晶体，晶体之间的部分则不会白云化。之后方解石构成的岩石骨架遭受溶解，留下难以风化的白云岩被孔隙包围。

　　扫描电子显微镜和 X 射线衍射数据：从两口井得到的 5 个样本资料（井 10 – 26 – 85 – 19W4 和井 6 – 34 – 85 – 19W4）来检测溶塌角砾岩区域的内部沉积物。扫描电子显微镜的结果显示沉积物中有部分白云石晶体颗粒（图 2.3.17）。X 射线衍射对沉积物的分析表明白云石的含量很高，方解石几乎看不到（图 2.3.18）。造成这一现象的原因是对方解石的选择性溶解，剩下了白云石晶体。

　　图 2.3.19 可以明显看出岩石的溶蚀最可能是由于水的溶解造成的。由白云岩构成的厚角砾岩的产生，就需要白云岩和方解石的这种无差别的风化，这只能在大孔隙中且具有较多流动的水的条件下才能发生。在 Saleski 地区的溶蚀效果很明显，这是因为在 Grosmont 地层的上部没有碳酸盐岩发育，而且溶解的物质被运移到地面或者在地下，会重新凝结成碳酸盐岩。

　　上述过程可以归为岩溶动力学范畴。大气降水造成碳酸盐岩区域的化学溶蚀，并导致了地下排水系统的发育。

　　溶蚀排水会造成碳酸盐岩内部溶洞的发育。当地下流动通道汇集成一个单一的通道时，溶洞就开始发育。

　　目前有一些假设认为溶洞对重油储层质量造成负面影响。其中有人就认为溶洞形成了较窄但分布范围广的流动系统。而且溶洞内常充填洞壁表面上剥落的角砾岩混合而成的泥质沉积物。这些假设一般认为孔洞系统相对不稳定并且容易崩塌，因而造成虽然溶洞发育但岩石储层质量比较低的情况。

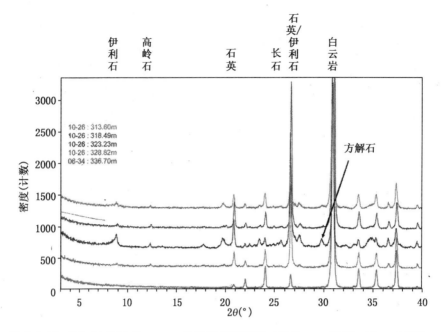

图 2.3.18　Saleski 地区 Grosmont 的 X 射线衍射图（据 Barrett 和 Hopkins，2010）

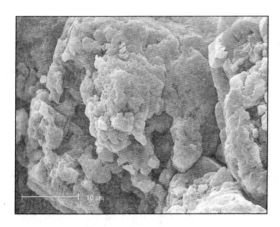

图 2.3.19　水对白云岩颗粒的溶蚀，是图 2.3.17
的特写（据 Barrett 和 Hopkins，2010）

这些假设在溶蚀的石灰岩区域基本是正确的，但是在白云岩区域就不太合理了。在 Saleski 地区，Grosmont 地层的上部有受地层控制的孔隙发育（图 2.3.20），孔隙度最大的地区属于潮汐相沉积。在孔隙系统中角砾岩发育是由于多孔地层的地下水流动造成的。在孔洞系统中发现了未固结的、多孔分散的白云岩沉积物。地震资料和井的数据都没有显示洞有崩塌的现象。

2.3.2　委内瑞拉

2.3.2.1　概述

委内瑞拉的超重油资源占世界总储量的 98%，其中 Orinoco 重油产区是世界上最大的超重油油藏，占世界超重油藏的 90%，超重油的可采储量为 513BBO（据 USGS，2009），其地理位置如图 2.3.21 所示。分为四个油区：BOYACA（原名 MACHETE）、JUNIN（原名 ZUATA）、AYACUCHA（原名 HAMACA）和 CARABOBO（原名 CERRO NEGRO），如图 2.3.22 所示。

Orinoco 重油带的主要产层为古近系和新近系的碎屑砂岩，特别是中新统砂岩。产层最小埋深 91m，最大埋深 1828m，油藏厚度约 3～91m。孔隙度大于 32%，渗透率大于 $3\mu m^2$，初始含油饱和度大于 82%。油藏固结程度低，非均质性强。重度为 7～10°API，平均含硫量 3.5%，含镍量约 100×10^{-6}，钒 400×10^{-6}，黏度一般小于 20000Ps，原始溶解气油范围 0.251～0.629m^3/m^3，饱和压力为 2.756～6.890MPa，可形成泡沫油（据穆龙新等，

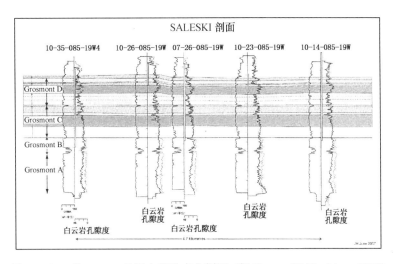

图 2.3.20 Grosmont 地层上部的南北剖面（据 Barrett 和 Hopkins，2010）
它显示了储层是连续的

2008）。

东委内瑞拉盆地以古生界火成岩为基底。中生界的沉积从侏罗纪开始，与晚侏罗世到始新世的构造作用有关，沉积了巨厚的碳酸盐岩和砂泥岩。从始新世末开始的沉积具有三期水进—水退旋回。旋回一包括 La Pascua、Roblecito 和 Chaguaramas 组，旋回二和旋回三包括 Chaguaramas 上部、Oficina 和 Freites 组。旋回二和三又细分为 5 个次一级地层单元。单元一为三角洲砂

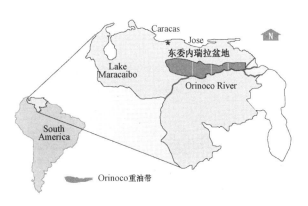

图 2.3.21 委内瑞拉重油地理位置（据 USGS，2010）

体，是该区的主要产层。单元二和单元三是海相页岩，其中单元二是单元一的盖层。储层圈闭类型为岩性上倾尖灭圈闭和地层不整合圈闭，有些地区为断层—岩性圈闭（图 2.3.23）。

Orinoco 重油带的烃源岩位于北部 Maturin 和 Guarico 的深凹陷，是富含有机质的白垩系泥岩；储层为古近系、新近系的河流和三角洲相砂岩，局部地区为白垩系砂岩，其中中新统 Oficina 的砂岩储量占总储量的 80% 以上；盖层主要由中新统 Oficina 组泥岩和 Freites 组泥岩组成；主要为岩性和地层圈闭，也有一些断层圈闭；从中新世中期开始，石油从北部的生油凹陷运移到南部的隆起；重油区离板块碰撞区较远，断层一般不发育，断距小，泥岩盖层厚，保存条件较好。

总体上看，Orinoco 重油带构造比较简单。重油带位于东委内瑞拉盆地边缘隆起带，南部是圭亚那地盾，北部是大 OFICINA 油区。地层向北倾斜，倾角较小。该带断裂较少，由 Hato Viejo 断裂分成两个单元。东部发育三组断裂系统：第一组是东西向的，第二组是北东向的，第三组是北西向的。Oficina 地层直接覆盖于火成岩基底上。西部为东西向和北东——南西向断层，与白垩系和古生界地层呈不整合接触。显然，重油带属岩性油气藏，基本不受断层控制，所以呈连片分布。

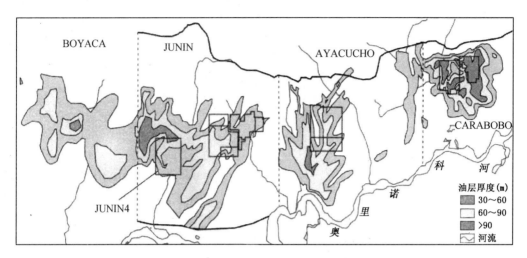

图 2.3.22　委内瑞拉重油油层总体分布图（据穆龙新，2009）

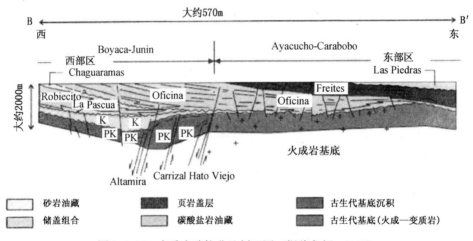

图 2.3.23　东委内瑞拉盆地剖面图（据穆龙新，2009）

2.3.2.2　JUNIN 油区

（1）地理位置和地质背景。

本小节以委内瑞拉的 JUNIN 油田为例说明委内瑞拉的重油地质，主要基于 Kopper、Kupecz 和 Curtis 等（2001）的成果。JUNIN 油田，像其邻近的油田一样，产层主要为下中新统河流、滨岸和海相 Oficina 地层（图 2.3.24）。早中新世，大量的富石英沉积物沿河流体系向盆地北部搬运沉积。经过河流体系的强烈冲刷、侵蚀及搬运，形成的碎屑物质在盆地沉积了一系列凝结的、混合的、多层及单层砂体，其间分布细粒泥质夹层。

（2）油田数据库。

复杂数据库的获取和储层特征的精确描述对 FININ 油田的成功发展非常重要。连续采集得到的数据导入数据库，并整合到正在进行的钻井工程中。下面的数据库是 Oficina 储层的特征描述的一部分（表 2.3.1）。

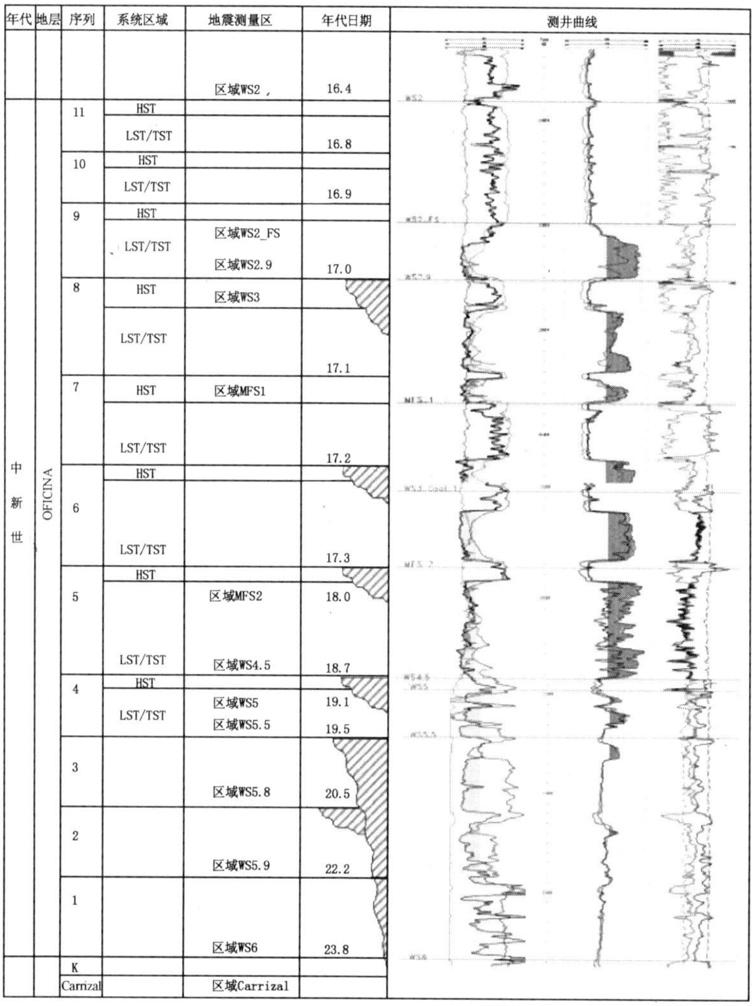

年代	地层	序列	系统区域	地震测量区	年代日期	测井曲线
中新世				区域WS2	16.4	
	OFICINA	11	HST			
			LST/TST		16.8	
		10	HST			
			LST/TST		16.9	
		9	HST			
			LST/TST	区域WS2_FS		
				区域WS2.9	17.0	
		8	HST	区域WS3		
			LST/TST		17.1	
		7	HST	区域MFS1		
			LST/TST		17.2	
		6	HST			
			LST/TST		17.3	
		5	HST	区域MFS2	18.0	
			LST/TST	区域WS4.5	18.7	
		4	HST	区域WS5	19.1	
			LST/TST	区域WS5.5	19.5	
		3		区域WS5.8	20.5	
		2		区域WS5.9	22.2	
		1		区域WS6	23.8	
		K Carrizal		区域Carrizal		

图 2.3.24 地层柱状图（据 Kopper，2001）

表 2.3.1 用于研究的数据（据 Kopper，2001）

电缆测井	149 口垂直井
随钻测井	184 口井（298 个横向）
三维地震	291km2
校检炮速度测试	18 口井
VSP	3 口井
整芯分析	8 口井（4 口在油田内，4 口在油田外）
合成地震图	137
井壁岩心	51 口井，2229 个样品
生物地层	17 口井，335 个样品
地球化学	23 口井，243 个井壁岩心，12 个油样，6 个气样

整合这些信息并将其放到层序地层背景中，可以对储层沉积的复杂性有一个更好的理解，而且可以使水平钻井最为有效。

（3）储层特征。

FININ 油区的储层特征描述可以认为经历了两个阶段。最初的阶段基于油区内的 7 口井，储层内的 8 口井，18 口区域垂直探井，油区外的 4 口岩心井和少量的二维地震资料。这些解释是油田钻井开发计划的基础。随后用相同的数据进行随机模拟。应该注意这些用来做基础设计的原始井，可以广泛用于油区钻井中，并证明可以指示油田中最厚的砂体的分布。但是这种对厚层的、横向广泛分布的砂体的初始解释模型具有片面性。随后的钻探表明，这些储层相互连通，但厚度变化十分复杂并且应该被区分开来。储层描述的第二阶段包括表 2.3.1 中的详细数据并加入以下研究：进一步的三维地震数据，附加岩心的砂体描述，岩相，生物地质，地球化学，地震属性，封闭能力，成熟度和压实，岩石物理，随机模拟非均质性以及连通性研究，所有的这些研究都融入到层序地层的骨架中。

（4）地球化学。

对从井壁岩心中获得的油气及样品进行地球化学研究，并用来确定每个沉积序列是否有流体均一性（例如黏度，硫含量，API 比重，气体组成），来评价划分方案，并确定气体来源（生物成因和热演化成因）。通过将生物标志化合物参数与数据库联系起来，可以用来确定重油黏度和 API 比重的近似值。

石油主要来源于海相碳酸盐岩或钙质页岩烃源岩，然而，某些井中显示有较多的碎屑源岩伴有陆相有机质。多数碎屑源石油含有较少的硫、较高的 API 比重，而且主要存在于层序 6～9 砂体中（图 2.3.25）。

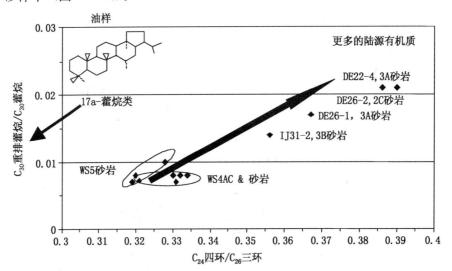

图 2.3.25　图中表明层序 9 和 8 中的砂体与层序 5 和 4 中砂体对比得出的石油的不同。
反映有机质或沉积环境的生物标志化合物只显示出微小的变化（据 Kopper，2001）

从井壁岩心中得到的生物标志化合物数据分析表明，不同的砂层具有不同的黏度和 API 比重。然而，不同砂体中均含有饱和烃和芳香烃生物标志化合物，表明热演化成熟度的等级和样品的生物降解程度较为相似，因此猜想可能是除生物降解外的其他的成因机制在影响着黏度和比重。水洗作用的级别就可能是石油化学性质变化的一个控制因素，因其能够优先除去原油中的芳烃化合物。当芳烃化合物溶解于石油中分子量较大的非烃化合物（胶质和沥青）中时，能够明显降低石油的黏度，因此当芳香烃化合物消失后，剩余油的有效黏度就增大了。

虽然水洗作用的级别会影响石油的品质，但其与钻井的生产率并没有直接的关系。事实上，产出油的流体化学性质和平均生产率之间并没有很好的相关性，这是因为钻井中产出的石油实际上是多个油藏（不同黏度/流动性的区域）的混合产物。如果在垂向上和横向上石油的黏度都有显著的差异性（从井壁岩心分析可得），或者如果砂层中石油黏度的差异性使得层流的横剖面积变小，那么这种黏度的变化应该会影响到生产率。

黏度和 API 度预测值的精确度或者不确定度可以通过对井壁岩心中提取生产样品的同一层段的精确分析来确定。然而，由于水洗作用的级别在空间上和垂向上都有差异，油田不同位置的同一套储层段的性质可能不同。问题在于用随钻测井所得的数据不能精确地测量水平方向上黏度/流动性的差异。目前某些公司正开发典型的随钻测井（LWD）核磁共振工具来应用到重油中。这种典型技术的应用可以得到水平井中更好的产量与黏度/流动性的相关性，而且可以更好的预测 FININ 油田不同区域砂体的生产情况。

（5）生物地层。

通过对 17 口井的 335 个样品中孢粉植物群和钙质超微化石的研究得到了古生态和时间层序模型。从实际地质资料看，尽管典型的河流相的范例很少，然而所有的层序地层骨架都已经被描绘出来。而且从数据上分析来看，结果偏向为海侵体系域/高位体系域中的砂泥岩。古地理恢复的结果表明了古环境从三角洲相一直过渡到完全的海相。根据井壁岩心资料的分析，大部分古环境都在海相成因的三角洲相之内。这个解释的偏离既是由于采样也是由高度恢复的沉积物中的古生物化石造成的。上述分析说明大多数的储层砂体是上三角洲平原中的河流系统沉积而来的。另外，一些样品包含大量的红树花粉和甲藻包囊也说明沉积是海相潮汐作用形成的。从西北到东北海岸线的转变为：东北是深海的古环境，西北是内陆。图 2.3.26 给出了现代 Orinoco 河三角洲的局部定量模拟资料。注意 FININ 资料库中表现出来的区域规模，相对于模拟的三角洲分布区域来说较小。

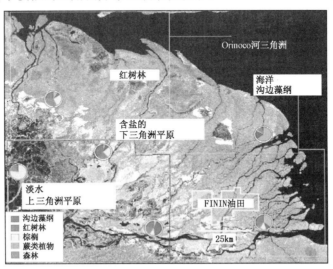

图 2.3.26　Orinoco 河流三角洲的复合雷达图（据 Kopper，2001）

观测到的侧向岩相和垂向岩相之间的联系，暗示了广泛分布的侧向相带转变，特别是从低位体系域到高位体系域的转变。图 2.3.27a 和图 2.3.27b 分别展示了层序 5 中高位体系和低位体系的古环境。在低位体系域中，根据河道和沼泽的古环境，将大多数地区解释为三角洲平原。上三角洲平原和下三角洲平原的分界线在油田的北部。但在油田南部的一个异常点发现地层中包含大量的红树花粉。而且在测井和三维地震资料识别出的潮道的边缘地层中也发现了这些花粉。

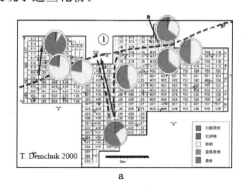 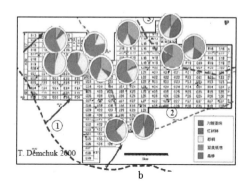

图 2.3.27　Orinoco 河流三角洲的古环境（据 Kopper，2001）

a—低位古环境；b—高位古环境；虚线代表上三角洲平原和下三角洲平原的边界和可能的海岸线；南部的
红树花粉表征相对较深的潮道；箭头表示沉积物运移的方向；箭头表示沉积物运移的方向

　　至少有 5 个主要的洪泛面是由花粉孢子和甲藻来确定的。层序 5 的最大洪泛面（18.0Ma）被认为是最具有海相特征的古环境（图 2.3.27）。FININ 油田最东北部分解释为在这个时期由内到中的浅海相古环境（0～50m 深），古海岸线位于油田的最南部。

　　FININ 油田的钙质超微化石在世界地质年代表的校正中提供了很多有用的信息。比如对 Hardonbl 等地区的循环追踪最终表明区域层序界限 4，5，6 是与距今 19.5，18.7，17.3Ma 层序相对应的。层序 7 到 11 与本地旋回对应于早中新世剩余的 0.9 个 Ma。层序 4，5，6 对于沉积物的混合表现出较低的适应性，而层序 7～11 在没有混合的时候表现出较高的适应性。

　　（6）地震属性。

　　图 2.3.28 显示油田的区域构造分布和地震剖面（图 2.3.28 中 b，c 位置显示）。将洪泛面和层序边界相对应的地震相与地层测试井资料联系，可以绘制整个油田的区域沉积平面图。

　　层序边界：层序边界具有典型的侵蚀特点，标志性特征为受河流侵蚀作用产生的下切谷底。层序边界变化范围为最小 25m 最大 200m。FININ 油田的一些地区中，层序边界一定程度的切割并侵入下伏地层中，使得局部上一套或数套层序缺失（图 2.3.28a，图 2.3.28b，图 2.3.28c）。应该注意这种层序界面间的侵蚀作用及相互联系，使得不同储层砂体间直接接触。

　　洪泛面：相反，洪泛面很少存在明显的古地貌特征，并且很少有代表古海平面的数据。最大洪泛面标志着低位体系域/海侵体系域的顶面（LST/TST）。当层序边界之上没有严重的侵蚀时，这些连续的平面相对容易追踪并绘图（图 2.3.28）。很多最大洪泛面（主要有WS5，MFS2 及 WS2，且在区块中相互关联）常作为基准面被广泛应用，并用来提取地震属性。

　　属性提取：目的层的沉积剖面包括固结差的沉积物（砂岩、粉砂岩和页岩），具有最小的阻抗差。尽管有这些基本限制，但地震数据体已成为沉积相特征空间解释的一个重要部分，反过来，这也是开展目标计划的基础。因此用地震数据切片来显示沉积相。切片可以为时间切片，也可以是沿解释的地层切片（图2.3.28b）。基于切片的地震属性可以显示随地质时间变化时沉积体系的水平运动和特征（河道、沙坝等）。

相干性数据体已广泛应用到地层信息提取和沉积相预测中（图2.3.28c）。其原理是利用地震道间的相似性或相关系数。沉积特征由振幅和相干性显示的形状可以识别出来。但是，砂体的厚度变化使得没有固定的地震子波。含有较少量砂体的层序，如层序6～9，通过识别水平方面特征的突变性可以很好的确定出边界。相反，含有较多的混杂砂岩的层序，如层序4和5，经过改造的河道区域会具有更杂乱的特征。从而可以识别出这些区域具有低相干性，并反映出下切谷和点砂坝发育特征。其中一些非常明显的特征，如个别废弃河道，也可以通过相干属性识别出来（图2.3.28）。

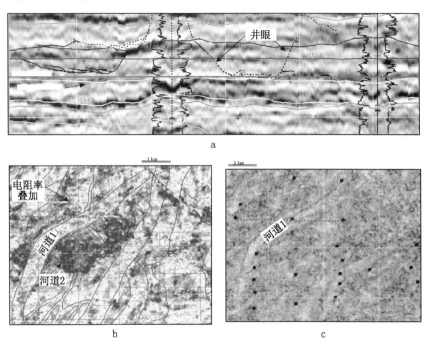

图2.3.28　总结沉积相特征描述（据 Kopper，2001）

a—地震剖面，位置如振幅图 b 和相干性切片 c 中所示。该图已被调整用来显示在恒定时间下解释出的 MFS2 地层，也显示了其他主要的地层，还显示了两口层状井中伽马和电阻率曲线；b—地震振幅切片，振幅的样式表明了层序 5 的砂体形态特点，河道 1 横切 SW－NE 向；c—相干性切片显示了地震响应或子波形状的侧向变化，暗色区域相干性低

（7）沉积和层序地层。

FININ 油田储层由细粒到粗粒石英砂岩组成，分选好、疏松，由92％的石英，5％的长石，2％的黏土和1％的重矿物组成。

砂岩一般具有突变剥蚀的下接触面，具有块状构造，并且粒度向上变细（图2.3.29和图2.3.31）。块状砂岩在各砂岩层中杂乱分布，且电阻率曲线在垂向上发生变化。这些砂体被解释为河道砂和侧向加积的点砂坝（图2.3.31）。除了被其他河道切割或者被上覆地层削截之处，其他地区上部逐渐变为粉砂岩。

同样侧向加积的非储层岩性主要有粉砂岩和煤，解释为很薄、分布受限的决口扇沉积，具有大量的水道充填和泛滥平原沉积特征（图2.3.31，图2.3.32）。其上覆沉积为薄层海相到微咸水粉砂岩。

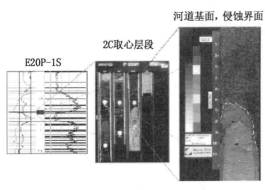

图2.3.29　E20P-1井层序9中取心
层段的岩心和测井解释
近距摄影图显示层序底部的剥蚀界面，油浸的中粒未固结
砂岩上覆于层状粉砂岩上（据Kopper，2001）

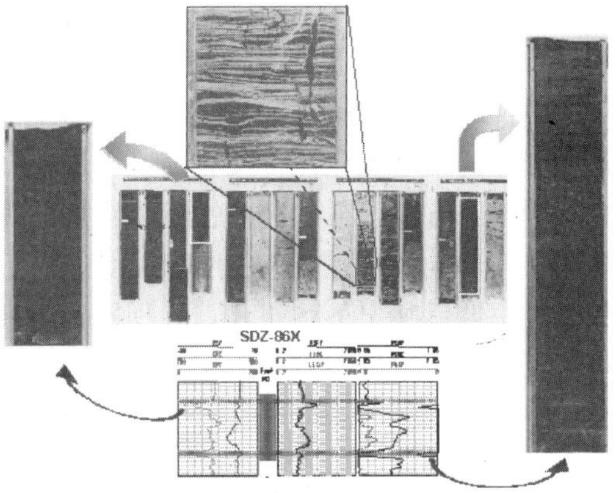

图2.3.30　SDZ-86X井层序9中取心
层段的岩心和测井解释
近距摄影A和B是煤层，在井中的位置如箭头所示。注意
典型的低密度值出现在煤层中近距摄影C是代表潮汐的
层状粉砂岩/细粒砂岩（据Kopper，2001）

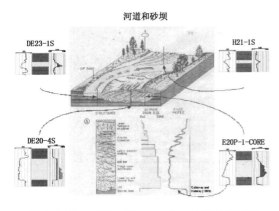

图2.3.31　层序9层段的河道和点坝沉积模型
（据Kopper，2001）

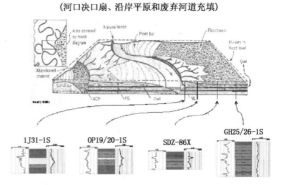

图2.3.32　层序9测井中的滨岸沉积模式
（据Kopper，2001）

　　FININ油田Oficina地层中的11套层序解释结果如图2.3.33所示。这些层序的解释是基于岩心、测井相、测井叠加样式、生物地层数据及区域的地震剖面。生物地层数据与确定年代的循环图有相互关系。组合测井指示了层序的典型测井响应。块状砂岩一般都出现在低位/海侵体系域中每个层序的底部。大多数情况下，砂岩直接上覆于侵蚀的层序边界。低位/海侵体系域中砂岩的叠加样式表明在垂向上向最大洪泛面方向，砂岩厚度变小，粉砂岩夹层厚度变大。生物地层数据证实向最大洪泛面方向，粉砂岩受海相影响逐渐变大，而且层序5的最大洪泛面是油田Oficina地层中受海相影响最大的。高位体系域沉积通常比较薄。这些较薄沉积由缓慢速率的沉积物和上部层序界限的侵蚀构成。这些层序被认为代表了一系列侵蚀河谷和河谷充填沉积。

　　正如前面提及到的，尽管FININ油田的Oficina地层的沉积环境以河流相为主，但是层序 5 中的泛滥平原大多数受海洋影响。值得注意的是层序 5 中代表的海侵体系的沉积相和沉积环境表现出了更多的海洋影响，并且包含了 Oficina 地区其他部分所没有的储层砂体。它包括了夹杂有粉砂岩和煤的分流河道砂，以及较厚的纹层状互层且有韵律的潮道砂。这些砂体表现出比其他层序中的河控砂较低的 Kv/Kh 值。在层序 5 的最大洪泛面之上，沉积环境是受河流相控制的。

可以在层内规模上看出储层砂体的复杂性（图 2.3.34），经过潮道迁移、剥蚀、再改造作用形成了复杂的内部几何结构。层序边界的剥蚀可以下切到下伏地层深处（图 2.3.33，图 2.3.34）。由于地层的复杂性，将大面积中的单个砂体联通起来是不切实际的。

（8）整合的储层特征的实例。

来自于层序 9 中的一个很具有代表性的实例（17.0Ma，图 2.3.35）。所有具有生产能

混合河道沉积，层序WS4.5-MFS2(18.7ma)

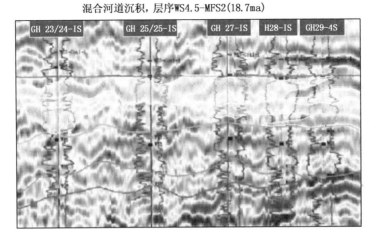

图 2.3.33　过 GH23/24-1S，GH25/26-1S，GH27-1S，H28-1S，
GH29-4S 井的地震测线（据 Kopper，2001）

解释表层明层序 5 中的砂岩具有杂乱的特点

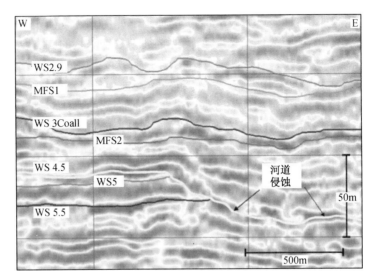

图 2.3.34　在 WS4.5 处的河流侵蚀将油田东南部的 30m 地层切掉，使 WS5 和
WS5.5 消失。侵蚀使得不同层序间具有连通性（据 Kopper，2001）

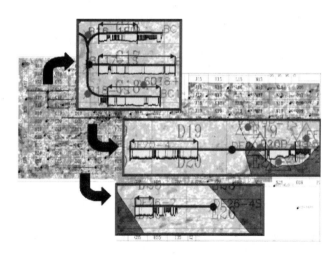

图 2.3.35　水平井穿透层序 9 剖面

层序内的水平井剖面如箭头间所示。底图是从洪泛面
提取的 +6～6 毫秒地震振幅（据 Kopper, 2001）

力的层序（层序 4～9）都是用相同的方式进行研究的。

从 FININ 油田得到的两套岩心来自层序 9（E20P－1 和 SDZ－86X），从典型的储层及非储层沉积取样。E20P 岩心中的储层砂岩显示了将下伏层序 8 中的粉砂岩剥蚀掉而形成的一个不规则的下接触面（图 2.3.29）。砂岩颗粒中等大小、块状、油浸，具有侵蚀底面和典型的向上变细的层序特点（从 GR 和电阻率测井中可以看出），可以解释为河流相中的河道沉积（图 2.3.31）。从类似相中得到的生物地层数据与该解释相吻合。

相反，SDZ－86X 岩心代表了非储层层段。它包含层状的粉砂岩到细粒砂岩，有粉砂质黏土岩和煤夹层（图 2.3.30）。煤层约为 0.5～1ft 厚，下伏黏土岩含有植物根系。解释得出当地古土壤在沉积物聚集超过同沉积沉降的地方发育，这说明沼泽植物生长具有区域性。静水条件允许黏土和有机物质沉积。近河道处，粉砂岩和细粒的砂岩可能由漫滩洪水、决口水道及决口扇引进。在其他地方，可能的潮汐束（图 2.3.32）表明其中有些潮汐的影响，可能通过潮汐水道与海洋连通。因此，解释出在低滨海平原中沉积环境包括沼泽，浅层微咸潟湖，决口河道/决口扇沉积（图 2.3.32）。相似沉积相中的生物地层数据可以证实这一解释结论。

利用岩心伽马测井，将取心井段校正到测井中。在 E20P－1 井岩心中，对应取心井段的伽马和电阻率测井显示底部突变接触面及向上变细的特征（GR 变大，电阻率变小），这与在岩心中观测到的相似。因此，岩心数据的河道解释与测井特征相一致，测井相可以代替非岩心井解释。该层序中另外一个特殊的测井特征是具有块状的伽马射线形态和不同的电阻率。电阻率急剧转换表明个别砂体叠积在一起，将这些解释为侧生的点砂坝沉积，如图 2.3.31 所示。将测井中具有相似特征（底部突变，向上变细）的较薄的砂岩解释为位于河道侧缘（图 2.3.31），该解释由地震数据所证实。非储层沉积中的粉砂岩和煤夹层也可以由测井识别出来。解释出的决口扇具有典型的细粒沉积并且向上变粗的形态，煤层在体积密度测井曲线中具有典型的低密度尖峰波形（图 2.3.33）。

利用两个典型地层的垂直井和水平井控制、三维地震数据及振幅切片来完成测井相制图（图 2.3.36）。面积分布对于确定沉积环境也非常重要。河道砂、侧生点砂坝及决口扇沉积都具有特有的区域形态，层序 9 的沉积环境解释与测井相及图中分布具有一致性。层序 9 中具有代表性的振幅切片由洪泛面中 +6～－6ms 和洪泛面中 +12～+24ms 中选出。+6～－6ms 时间切片的沉积环境的横向分布的解释如图 2.3.36 所示。应该注意河道沉积具有不同的方位（如标记为撕裂河道的河道体系）。河道体系主要的变化解释为是沿断层小规模综合沉积运动的结果。后标记的层序 9，是一套较新的河道，主要填充页岩，横切并剥蚀层序 9 的砂岩（图 2.3.35）。

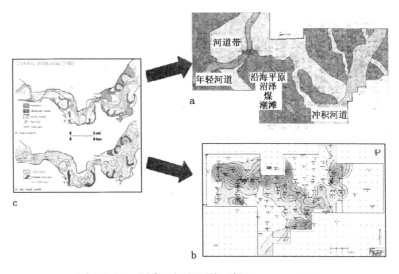

图 2.3.36　层序 9 沉积环境（据 Kopper，2001）

a—解释得出的上层序 9 的沉积环境，解释是基于岩心、生物地层、测井相、三维地震数据和地震振幅提取的综合；b—层序 9 的纯砂岩等厚图；c—阿肯色河谷现代下切谷沉积，注意 FININ 油田层序 9 河道带具有相似的规模，也解释为河谷充填沉积

图 2.3.36 显示了层序 9 中的砂岩分布与解释的沉积环境成图的对比。应该注意砂岩的分布像河道带一样受解释区域的限制，还要注意这些带外没有大量的砂岩分布。如前面所述的注意事项，我们已经解释出该层序和其他层序中的砂岩由于低位体系域/海侵体系域中的河流主控的沉积而沉积于一个主要的剥蚀面之上。剥蚀地区被解释为低位古河谷，认为聚集的砂岩是河谷充填。一个可能的模拟来自于现代的阿肯色河谷（美国），它与层序 9 的古河谷具有相似的规模尺度，以及相似的相分布和河谷内的砂岩聚集。

2.3.3　美国

2.3.3.1　概述

美国重油资源比较丰富，资源量在 100BBO 以上。重油资源最丰富的州是加利福尼亚州，资源量占 50％以上，其次为阿拉斯加州，详细情况见图 2.3.37 和表 2.3.2 所示。美国重油资源的地区差异较大，加州重油储量大，埋藏浅，油层厚，丰度高。在阿拉斯加州，重油油藏埋藏相对较深，规模比较大。

美国重油资源的技术可采和经济可采资源量不具有典型的代表性，因为在多种开采方式下技术可采和经济可采的采收率很难估计。概算资源量（Measured in‑place resources）是从区域面积和含油饱和度来估算露天储层的储量。远景储量（Speculative in‑place resources）一般可以看作是露天油藏的地下扩展，估计它的储量有非常大的不确定性。美国油砂资源主要分布于犹他州和阿拉斯加州，见表 2.3.3。

犹他州油砂资源最丰富的盆地是 Uinta 盆地；该州的油砂集中于 10 个大型油藏。犹他州地形变化较大，所以大部分油藏在地表出露。最大的油藏 Sunnyside，资源量超过 6BBO，第二大油藏 P.R. Spring 的资源量超过 4BBO，都赋存在始新世 Green River 地层中。而 Tar Sand Triangle 油藏位于犹他州东南部，资源量约为 3BBO。

图 2.3.37　美国重质油和油砂分布（据 Hein 修改，2006）

黑点表示大的矿区，白点表示较小的矿区

表 2.3.2　美国各州重油资源统计表（据牛嘉玉，2002）

州	原始资源量
加利福尼亚	54.2
阿拉斯加	25.0
得克萨斯	3.6
怀俄明	3.6
俄克拉何马	3.1
阿肯色	1.9
路易斯安那	1.2
堪萨斯	0.5
其他地区	0.7
总计	100.1

表 2.3.3　美国各州油砂储量（数据来源 USGS，2006；单位：BBO）

州　名	概算资源量	远景资源量	总资源量
犹他	11.850	6.830	18.680
阿拉斯加	15.000	0	15.000
阿拉巴马	1.760	4.600	6.360
得克萨斯	3.870	1.010	4.880
加利福尼亚	1.910	2.560	4.470
肯塔基	1.720	1.690	3.410
俄克拉何马	0	0.800	0.800
新墨西哥	0.130	0.220	0.350
怀俄明	0.120	0.025	0.145
总计	36.36	17.735	54.095

Hein（2006）把美国（确切的说是北美）的重质油和油砂油藏分为两个类型：处在前陆盆地边缘的大型油藏和与盖层缺失有关的中小型油藏。除此之外，还有第三种类型，称为密西西比谷地型（Mississippi Valley - type，MVT），也与前陆盆地边缘的大型油藏有关。下文主要通过这三种类型油藏来讲解美国的重油地质特征。

2.3.3.2 与盆地边缘或不整合有关的大型重质油和油砂油藏

美国一些巨大的重质油和油砂油藏（Alaska，Utah 等）赋存在大型前陆盆地浅部的上倾尖灭或边缘地带。在 Utah 盆地发现很多油砂和渗漏。它们大部分沿着 Laramie 造山运动的构造带分布。造山运动使 Colorado 地台呈现单斜和褶皱形态。Uinta 和 Paradox 盆地的上倾尖灭处也发现了油砂。两个最大的油砂储层都在始新世的 Green River 地层中，一个在 Sunnyside 附近，另一个在 P. R. Spring。在 Sunnyside，油砂沿着 Roan 陡崖暴露，在 Uinta 盆地边缘形成了南西倾的背斜（图 2.3.38a）。Sunnyside 油砂储存在 Green River 和 Colton 地层中，储层岩性为始新统和古新统砂岩。烃源岩是湖泊相的 Green River 页岩和油页岩。在 Uinta 盆地边缘的浅层油藏（图 2.3.38a）形成前，烃类已经在前陆盆地地层中运移了很长距离（16～40km）。第三大油砂矿区是 Tar Sand Triangle，在 Utah 州西南部的 Paradox 盆地边缘，储层为二叠系 White Rim 砂岩。Utah 州其他值得一提的油砂矿区还有三个：Asphalt Ridge，沿着 Utah 盆地东北部边缘的构造带分布；Capitol Reef，沿着 San Rafael 隆起东北部边缘分布（图 2.3.38a）；Circle Cliffs，位于 Utah 州东南部的 Henry 山脉火成岩侵入的西南部（图 2.3.38b）。

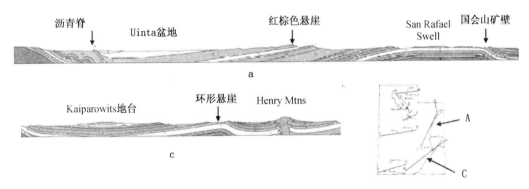

图 2.3.38 Utah 州剖面图（据 Hein，2006）

2.3.3.3 与断层—不整合有关的中小型重质油和沥青砂油藏

在中陆地区、盆岭地区和美国西部的 California 边缘发现了一些中小型的重质油和油砂油藏。大部分中小型的重质油和油砂矿藏都位于局部构造运动发育、地层抬升和盖层受到侵蚀破坏的区域。California 的油砂主要分布在 California Borderland 地层的上倾尖灭处、倾斜处和西部边缘。在这些地方，断层接近甚至出露地表，使地下的烃与大气、海水或地下水相联系（图 2.3.39）。还有一些重质油分布在轻烃之下的例子，像 Ventura 背斜，油藏底部的水降解了石油，降解程度随埋深增加而增加。California 的烃源岩主要来自中新统 Monterey 页岩和硅藻土，沉积环境为缺氧的深海盆地。储层岩性主要为中新统—第四系砂岩，也包括一些发育裂缝的 Monterey 页岩和硅藻土。圈闭类型为断层—地层圈闭和构造圈闭。在 Utah 州的盆岭地带，油藏主要赋存在中新统—第四系的河流—湖泊相砂岩和裂缝型火山岩中。大部分盆地都是不对称的，东部很深，并且盆地内发育多条大断裂。主要形成构造型圈闭，包

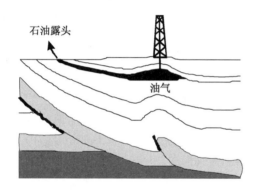

图 2.3.39　California 州油砂模式图
（据 Hein，2006）

括背斜圈闭，断鼻圈闭和断块圈闭。令人惊奇的是，Great Salt Lake 一个主要的油藏赋存在裂缝高度发育的上新统 West Rozel 玄武岩中，使该地区的油沿着湖岸不断地向湖区渗漏，其烃源岩则为含大量有机质的新近系深湖页岩。

2.3.3.4　Mississippi 型矿化作用

上述两种油藏之外的重质油和油砂油藏一般是未变形的并且与 Mississippi 型矿藏有关。美国中陆地区的重质油和油砂油藏，位于 O-zarks、Mississippi 河谷的上游和 Appalachian 地区。该地区产量最大的并且是文献描述最多的是 Ozarks 的 MVT 矿藏，位于 Ouachita 褶皱带的北部，覆盖面积大于 400000km² （图 2.3.40）。Ozarks 主要包括 Tri－State、Viburnum 倾斜、Central Missouri 和 Old Lead Belt。该地区最大的重质油油藏位于 Kansas 和 Missouri 的 Eastburn 地区，与 Tri－State 的矿脉相吻合，就像 Oklahoma 北部的重质油和油砂藏一样。研究表明这里矿化作用广泛发育，并受 Arkoma－Black Warrior 前陆盆地 Appalachian－Ouachita 造山运动期间的热液作用的影响。相似的，Mississippian 河谷上游地区的富含矿物的流体，在 Ouachita 造山运动中被盆地南缘的构造抬升所驱动，穿过 Illinois 和 Michigan 盆地运移。发育于矿物中的沥青可以很好的说明这一现象，具体的实例有：美国中西部的志留系矿脉中发现了沥青；Chica-go 市区的采石场中发现了奥陶系和志留系的石油/沥青；Illinois 南部的 Mississippian Tar Springs Sandstone 也有类似发现；Michigan 西南部至少有两个志留系 Niagran 矿脉中含沥青，而倾斜井则表明深部具有低 API 度石油的潜力。造成上述现象的原因可能与区域抬升和剥蚀有关的尖峰状矿脉盖层的破坏有关。最近在 Kentucky 进行的非常规勘探虽然只有少

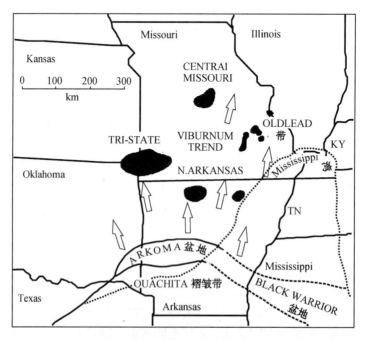

图 2.3.40　美国 Ozark 州 MVT 区域位置图（据 Hein，2006）

量的钻井，但是已表明 Appalachian 和 Illinois 盆地都具有重质油和油砂资源的潜力。

2.3.4　中国

2.3.4.1　概述

中国的重油资源比较丰富，地质储量为 79.8×10^8 t，可采储量为 19.1×10^8 t（据钟文新等，2008），重油储量较多的是辽河油区、胜利油区和克拉玛依油区，见图 2.3.41。重油多为中、新生代陆相沉积，储层具有埋藏深、构造复杂、非均质性严重的特点。

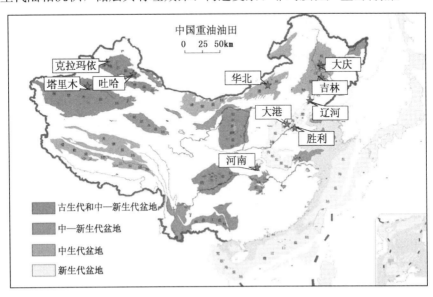

图 2.3.41　中国重油分布及所处的地层年代（据 Z. Shouliang，2005）

中国油砂远景储量为 59.7 亿吨，可采储量为 22.6 亿吨。油砂资源主要分布在中国西部，包括准噶尔盆地、塔里木盆地、羌塘盆地、鄂尔多斯盆地、柴达木盆地和四川盆地，松辽盆地也有分布，如表 2.3.4 所示。其中准噶尔盆地和塔里木盆地的油砂资源量较大。油砂埋藏深度在 $0 \sim 100$ m 和 $100 \sim 500$ m 的油砂资源分别占 31% 和 69%（据钟文新等，2008）。

表 2.3.4　中国油砂资源分布（据中国国土资源报，2008）

大　区	地质资源量（$\times 10^8$ t）	比例（%）	可采资源量（$\times 10^8$ t）	比例（%）
西部	32.9	55.1	13.6	60.3
青藏	9.7	16.2	2.3	10.2
中部	7.3	12.2	2.8	12.4
东部	5.3	8.9	1.97	8.7
南方	4.5	7.5	1.98	8.7
全国	59.7		22.65	

Niu 和 Hu（1999）很好地总结了中国的重油地质问题。构造运动受西伯利亚板块向南方向的挤压，北—北东向的挤压与印度板块的碰撞，和北西—西方向的俯冲消减和与太平洋板块的碰撞这些因素的控制。中国西部受到西伯利亚板块印度板块北—南方向的挤压，在喜

山期，盆地边缘褶皱带大规模的抬升破坏了前喜马拉雅的石油储层。在准噶尔、塔里木盆地西北和北部边缘，石油运移到浅的储集层中形成了古生代和中生代重质油和沥青砂，同样，中国西北部的其他中生代石灰岩大型裂缝中的重质油和沥青矿脉亦是如此。中国东部受到太平洋板块的影响，自侏罗纪开始，裂谷盆地有沿北东和北东—东方向的发展趋势。同裂谷期是烃类形成聚集的主要时期，许多张性断层在这一阶段再生形成（Ng－Q）。早期聚集的烃类运移至浅的储集层，特别是向上倾斜的盆地边缘。因此在同裂谷期，中国东部在古近纪形成丰富的重油储集层。另外中国东南部古生代石油储层受印度板块后期构造运动的影响（白垩系晚期和古近系抬升和剥蚀两个阶段）。因为有机质有较高的热成熟度，中国东南部以广泛分布阿尔卑斯构造运动形成的古生代和中生代重质油和沥青矿脉为特点。

2.3.4.2 中国西部的重油储层地质特征

中国西部与印度板块在中生代发生强烈的碰撞挤压，产生区域性抬升，烃类经历了横向的运移，古油藏遭受一定的泄露和破坏。同时，他们也形成了不同大小的被沥青覆盖的重质油洼陷和沥青砂。例如，准噶尔盆地是早期海西运动末期形成的多期叠合盆地（图2.3.42），在晚二叠纪期间，累计沉积了厚度达2000～4000m的湖相烃源岩。在三叠纪，接受了2000m的巨厚区域性超覆沉积物，为烃源岩成熟提供了有利条件。二叠到三叠纪湖相沉积体西北边缘是大规模的河流相砂砾岩体，这个砂砾岩体直接穿插进超厚的生油岩体深部。在侏罗系到白垩系，湖盆继续接受沉积，这时烃类开始生成并在地层圈闭中运移聚集。喜马拉雅运动使早期的逆掩断层重新恢复活动，导致了第四纪西北边缘的抬升。侏罗系和白垩系被断层断开和侵蚀。先期存在的古油洼在一定程度上被抬升到地表，形成了分布广泛的边缘沥青砂沉积（包括沥青湖和矿脉）。沥青封闭能力比较强，在沥青封闭之外，重质油洼陷主要的封闭机制是地层超覆不整合。储层埋藏深度一般小于600m，储层温度在16～27℃之间，原油遭受了中度的生物降解和水洗作

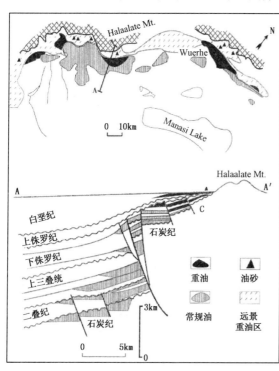

图 2.3.42 准格尔盆地西北边缘重油和
常规油的分布（据 Niu 和 Hu，1999）

用，深度的生物降解和水洗一般出现在地表。二环倍半萜烯、正甾烷和藿烷被分解。在中国西部，不同规模的重质油和沥青砂之间有其他相似的情况，在柴达木、四川、吐鲁番盆地，这些都是由新构造运动产生。

2.3.4.3 中国东部的重油储层地质特征

在中国东部经历了新构造运动（Ng－Q）的含油气盆地中常有正断层，早期聚集的烃源岩常沿着断层运动，使烃源岩重新分布形成新的油洼。由于其形成的时间有先后顺序，改造程度常随着深度而变化。例如，孤岛油田是一个隆起，在晚三叠纪得到进一步抬升。上三

叠系受到不同程度的侵蚀，顶部完全被侵蚀掉。上三叠统覆盖在中古生界和古近系地层，形成了一个窄的披覆背斜。在古圈闭中的油气运移和聚集到上古近统和新近系，形成了二次油气储集。油气从深部到浅部改造作用是增强的，所以新近纪重油储层形成于比较浅的地层中（图 2.3.43）。

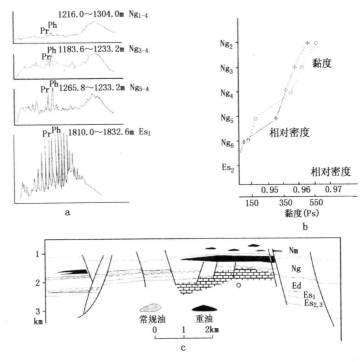

图 2.3.43　孤岛油田重油储层的形成（据 Niu 和 Hu，1999）

中国东部还有一部分重油是由未成熟油形成的。对于高有机质丰度然而没有进入生油门限的未成熟烃源岩，在沉积物压实和排烃过程中，产生了一定数量的未成熟油。这种油饱含沥青和极性化合物。油中甾烷 $C_{29}20S/(20S+20R)$ 和 $C_{29}BB/(aa+BB)$ 的比都小于 0.4。例如，在辽河洼陷高升重油田，地球化学分析的结果表明重油一般是未成熟或者低成熟的。储层主要在古近系沙三段和沙四段。古近纪末，这个区域遭受抬升被侵蚀，重油储层的埋藏深度变化范围为 1300～1500m（图 2.3.44）。

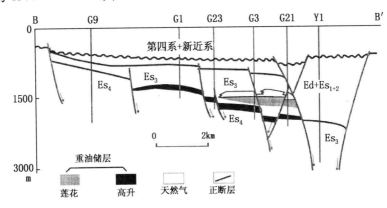

图 2.3.44　高升油田中的重油分布（据 Niu Jiayu 和 Hu Jianyi，1999）

2.4　重油储层岩石物理

重油由于其高黏度、高密度特征使得常规的开采手段不能有效地将其从地下开采出来，通常需要利用热采措施。若要利用地震监测手段去了解这些过程，就需要知道重油储层岩石和流体的基本岩石物理性质。

一般在低温情况下，重油的黏度是非常大的，表现得像固体一样，且有较高的横波速度。但是，随着温度的升高，重油的黏度就会随之下降，横波速度也逐渐减小，当温度达到100℃以上时，重油的黏度和横波速度就会降低很多，甚至表现得类似于常规的流体。因此，当研究重油的岩石物理性质时，必须首先弄清楚所研究物理量所处的温度条件。此外，重油的弹性性质也与频率、温度也明显相关的，体积模量和剪切模量都会随着频率、温度的变化而变化。基于上述原因，适用于常规流体的经典流体替代模型——Gassmann 方程，对于重油储层来说是明显不适合的，因为 Gassmann 方程模拟的弹性性质与温度、频率都没有直接的关系。重油的组分包括饱和烃、芳烃、树脂和沥青，不像轻油，重油的横波性质与密度间没有确定的关系，但是明显依赖于重油的化学组分（Hinkle 等，2008）。针对于这些问题，主要基于 Batzle 等（2006）、Han 等（2008）、Das 和 Batzle（2008）、Hinkle（2008）及Makarynska 等（2010）、Das（2010）等人的研究成果，这里将首先简要地介绍重油的黏性、弹性和相性质，然后将阐述重油的频散和衰减问题，最后是与重油油藏监测密切相关的理论基础问题——重油储层的流体替代理论。

2.4.1　黏度、弹性和相性质

重油的基本岩石物理性质很大程度上取决于它的成分和温度。在生物降解重油过程中，直链烷烃被破坏，留下复杂的重质组分。因此，通常适用于轻油流体性质如黏度、密度、汽油比、始沸点等的实验数据或经验关系式往往不适用于描述重油。

重油的黏度很高，性质类似于固体。这种半固体或类似于玻璃的性质使这种材料有很强的剪切模量，也既能有效地使横波在其中传播。速度和模量的变化依赖于温度和频率。因此，对于这些重油，在超声波（$10^4 \sim 10^5$ Hz）、声波测井（10^4 Hz）和地震（$10 \sim 100$ Hz）频带的测量值会有完全不同的值。尤其是在热采过程中，当温度变化超过了临界温度时，将超声波频带测量数据外推到地震频率内是很困难的。

2.4.1.1　黏度

无论是从工程角度还是从地球物理角度，重油的黏度都是其重要的特性之一，因为它往往成为重油开采过程中的一个限制因素，同时也对地震特征有很强的影响。

黏度主要受重油的比重和温度的影响，Beggs 和 Robinson（1975）推导建立了一个目前仍然在用的根据比重（或密度）和温度计算重油黏度的经验关系式，见公式（2.4.1）。但是，研究表明，重油的黏度还明显受着组分的影响（Hinkle 等，2008），还包括压力、频率、气体含量等因素。因此，目前仍然没有一个非常有效的模型去估算重油的黏度（Han 等，2008），更多的是基于实验室测量的结果拟合出区域的重油样品的经验关系式。

$$\lg_{10}(\eta + 1) = 0.505y(17.8 + T)^{-1.163} \tag{2.4.1}$$

式中：η 为黏度，cP；T 为温度，℃；ρ_0 为标况下的密度，g/cm^3。

图 2.4.1 是 Dusseault（2006）根据不同油田的重油样品的黏度在不同温度下的测量数据分别拟合出的经验关系式。从图中可以看出，重油黏度在储层温度下一般较高，然后随着温度的增加而降低。注意，在储层温度范围内（即暂不考虑温度的影响），不同地区间黏度的变化还是很大的，可以从 1000cP 变化到 10000000cP。这应该主要是 API 度（或密度）在起作用，本质上则主要是这些地区的重油样品的组分的差异造成的。

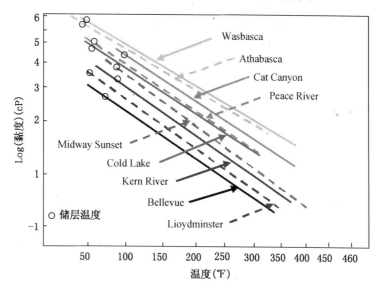

图 2.4.1　不同地区重油样品的黏度随温度变化的趋势（据 Dusseault 等修改，2006）

图 2.4.2 和图 2.4.3 是 Hinkle 等（2008）在对其他几个地区包括加拿大、委内瑞拉和美国的阿拉斯加、得克萨斯、犹他地区的重油样品的黏度相应的 API 度、沥青与脂肪烃含量下的测量结果。虽然这些地区与图 2.4.1 中所研究地区不完全相同，但是对于说明我们在图 2.4.1 给出的解释应该是具有参考意义的。很明显，在图 2.4.2 和图 2.4.3 显示的各个地区的 API 度、沥青与脂肪烃含量是不同的，对它们的黏度测得的值存在较大差异，由于其

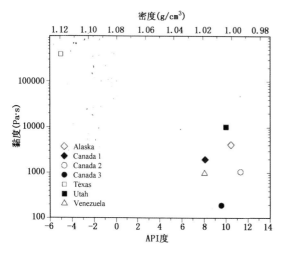

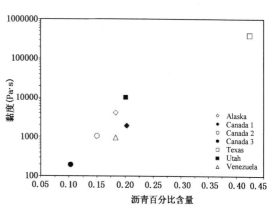

图 2.4.2　不同地区重油样品的黏度在其相应 API 度下的测量结果（据 Hinkle 等，2008）　　图 2.4.3　不同地区重油样品的黏度在其相应沥青与脂肪烃含量下的测量结果（据 Hinkle 等，2008）

测量条件（包括温度和测量频率）是相同的，所以这些差异应该主要是 API 度或沥青与脂肪烃含量的不同所造成的。但是，需要注意的是重油的黏度与密度（或 API 度）之间并没有像轻质原油那样有很好的线性或非线性的关系。

需要注意的是，频率也会对重油黏度测量值造成影响，且是与温度相关的。如图 2.4.4 是 Hinkle（2008）对阿拉斯加重油样品的测量结果。从图中可以看出，在一定温度条件下，重油的黏度会略微随着频率的增加而降低，在较低的温度下这种变化趋势更明显。

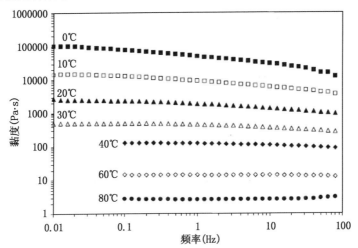

图 2.4.4 不同地区重油样品的黏度在其相应沥青与
脂肪烃含量下的测量结果（据 Hinkle 等，2008）

2.4.1.2 弹性

2.4.1.2.1 纵波性质

重油纵波性质是与其组成成分、压力和温度等都有关系的。例如，在一个很重的油样（API 度为 5）里采集到的 P 波波形（如图 2.4.5 所示），两个波分别是在 −12.5℃和 +49.3℃下记录的。可以看出，随着温度的增加，波的传播时间的增加是很明显的，同时在高温下地震波的衰减也明显增加，说明在重油中存在着较大的衰减和频散现象。

低温下，重油会突破"玻璃化"点，使得速度与温度表现出非线性的关系，如图 2.4.6

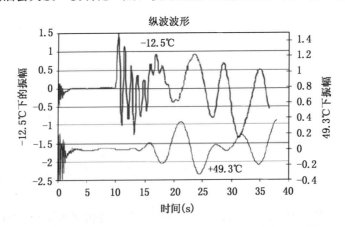

图 2.4.5 重油在不同温度下的超声纵波波形变化（据 Batzle 等，2006）

所示。该图所用的是一种 API＝7 的不含气的高黏度重油，可以看出其纵波速度几乎与压力无关，但是却与温度有很大关系。温度从 20℃ 升到 150℃ 会使速度降低 25%。当温度在 90℃ 以上，速度随温度升高而突然线性降低，这种变化在轻油中也很常见。然而，70℃ 以下时，非线性变化特征是很明显的。温度继续降低直至达到它的玻璃化点，此时的重油就会表现的像固体一样。

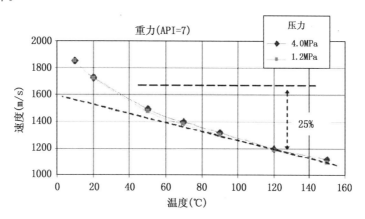

图 2.4.6　重油纵波速度随温度、压力的变化（据 Batzle 等，2006）

2.4.1.2.2　横波性质

不像常规流体（盐水和轻质油）那样，重油在室温下表现的像固体，在较高温度下又表现得像液体。换句话说，在室温下，重油可以传播横波，但是在更高的温度下剪切模量会达到零。然而，在所有的温度下，重油的体积模量都是非零的，并且相比剪切性质的变化，体积模量的变化范围要小。因此，剪切信息对于重油来说更加特殊，从而吸引更多研究人员的注意。

当重油的温度达到其玻璃化点时，黏度会变得很高，以至于它有了不可忽略的剪切模量。这种变化可以通过在流体中测量到剪切波（横波）而检测出来。在图 2.4.7 中，低温（－12.5℃）下，会显现出了一个很强的横波，此时重油可被视作是一种固体或玻璃体；当温度增加时，横波速度不但会降低，而且振幅也会强烈降低，此时原油只是近于固体。如果我们确实将重油假设为一种固体，则可以求出这种重油的有效的体积和剪切模量（图 2.4.8）。这两种模量都随温度增加而近似线性降低。然而，剪切模量在大约 80℃ 的时候减小到 0。类似这样的特征作为温度的函数也会在塑料聚合物中看到。正如我们所知，黏度很高的流体可以传播横波。此外，除了温度这个主要因素外，剪切模量同时也是与频率有密切关系。因为频散和衰减是耦合的，这种频散会在流体内引起较大的地震衰减。

可以用 Maxwell 黏弹性模型来描述重油的特征。横波阻抗 Z 可以写成黏度 η、流体密度 ρ、有效高频剪切模量 G_∞ 和频率 ω 的函数，即

$$Z = \left(\frac{i\eta\omega\rho}{1 + i\eta\omega/G_\infty} \right)^{1/2} \tag{2.4.2}$$

如果定义松弛时间 τ 作为黏度和剪切模量的比，即

$$\tau = \frac{\eta}{G} \tag{2.4.3}$$

那么

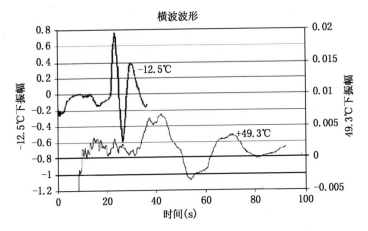

图 2.4.7 重油在不同温度下的横波波形变化（据 Batzle 等，2006）

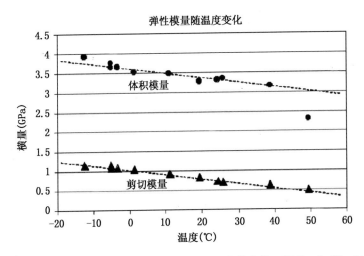

图 2.4.8 重油的体积模量和剪切模量随温度的变化变化（据 Batzle 等，2006）

$$Z = \left(\frac{ig\rho\omega\tau}{1 + i\omega\tau} \right)^{1/2} \qquad (2.4.4)$$

横波速度 v_S 可以由一般的关系式得出，即

$$v_S = |Z^*| / \rho \qquad (2.4.5)$$

重油的低频剪切模量可以用应力—应变技术直接测出。尽管 Maxwell 模型给出一个合适的趋势，但是发散曲线太陡了。另一种常用来描述弛豫过程的方程是 Cole - Cole 关系式。该式中用到了衰减机制中的发散时间和传播因子 β，决定了发散时间的分布。一个常量 M，实部为 M'，虚部为 M''，$M = M' + iM''$，且满足

$$M' = M_0 + \frac{1}{2}(M_\infty - M_0)\left\{ 1 + \frac{\sinh(1 - \beta)y}{\cosh(1 - \beta)y + \sin(\pi\beta/2)} \right\} \qquad (2.4.6)$$

和

$$M'' = \frac{\frac{1}{2}(M_\infty - M_0)\cos(\pi\beta/2)}{\cosh(1 - \beta)y + \sin(\pi\beta/2)} \qquad (2.4.7)$$

其中 $y = \ln(\omega\tau)$。

由此，将会得到一个一般的衰减公式

$$\frac{1}{Q} = \frac{M'}{M'} \tag{2.4.8}$$

2.4.1.3 相性质

储存重油的砂岩（油砂）几乎表现的像是在油基质中流动的砂岩颗粒一样。随着温度的改变，颗粒的接触形式会与油的性质一起改变。即使是非常少量的气体也会对地震数据有很大的影响。开采过程中压力变化的结果是孔隙压力从任一方向都可以穿过泡点曲线（图2.4.9所示）。因此，重油热采过程的一个主要监测对象——蒸汽室的特征是穿过泡点后的结果。因此，岩石物理性质应是流体、岩石和开采过程等因素共同决定的。

首先，我们通过降低压力或升高温度来测试重油对超过限度值的压力和温度的响应。图2.4.10所示以 API 度为7的重油为例模拟的体积模量和压力间的关系。当压力在泡点压力之上时，重油体积模量很高，达 2600～2800MPa，这与水的体积模量接近。然而，在压力降低到泡点压力之下后，气从油中析出，体积模量几乎降到 0。同样的作用也发生在密度上，尽管影响程度很小。因此，重油的地震特性是与油藏条件和生产历史密切相关的。尽管局部的工程分析表明气的溶解量不重要，但这只是在基于油藏工程为目的时才可能如此认为的。

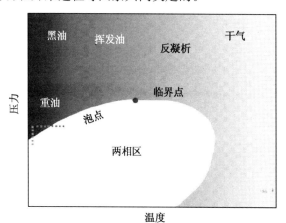

图 2.4.9　烃的相特征图解（注意重油所处的相位置），通过改变压力（垂直虚线）或改变温度（水平虚线）可以突破泡点线（据 Batzle 等，2006）

温度也有很大的影响，通过改变温度也可以穿过相的边界（如图2.4.10中的水平线）。图2.4.11所示为体积模量与温度的变化关系。起初，随着温度的增加，体积模量逐渐降低；

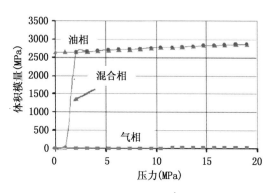

图 2.4.10　一重油样品（$API = 7$，$GOR = 2L/L$，$T = 20℃$）的体积模量随压力变化的特征（据 Batzle 等，2006）

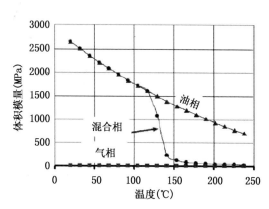

图 2.4.11　一重油样品（$API = 7$，$GOR = 2L/L$，$T = 20℃$）的体积模量随温度变化的特征（据 Batzle 等，2006）

当在大约 120℃ 时，即达到泡点温度后，体积模量的降低也会与压力变化时一样非常迅速。很明显，模量波动如此之大，要进行地震监测，在了解了重油地震性质的同时，还要对重油的相性质有清楚的认识。

一种重油样品（$API = 8.8$）的泡点压力与溶解气油比的关系如图 2.4.12 所示（注意这些泡点值是在气压和气体含量比典型的轻油低很多的情况下测得的）。从图中可以看出，在同样的压力和温度条件下，重油含的气要少很多。泡点的观测值和计算值之间的差异是很明显的。在每种汽油比下，测得的泡点压力相对于 Standing（1992）或 De Ghetto 等（1995）由公式模拟出的泡点压力都要高，因此这些经验关系式都过高估计了可能会溶解的气体量或低估了泡点压力。

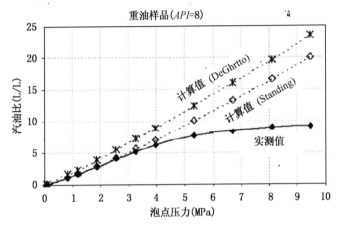

图 2.4.12　不同气油比下重油样品（$API = 8$）所对应的泡点压力
（据 Batzle 等，2006）

2.4.2　频散和衰减

充填重油的岩石并不遵守对于多孔介质建立的理论，重油显示出是一个纯黏性与纯弹性的性质的混合，也即是黏弹性。重油有着不可忽略的剪切模量，使其可以支持横波的传播。由于重油在高频低温下表现为固体，并且在低频高温下表现为牛顿液体（Das 和 Batzle，2008），这造成了其温度依赖的频散和衰减特征。

对于饱含重油岩石的弹性性质模拟的研究不是很多，而且大多研究中模拟的结果并未与测量数据进行比较，或者模拟的结果是基于简单颗粒－流体复合介质得到的，并只是与超声波测量数据进行了比较。Batzle 等（2006）从低频带到超声波频带测量了 Uvalde 含重油碳酸盐岩岩样的弹性性质与频率、温度间的关系；Das 和 Batzle（2008）在测量了两种不同重油岩样的频率与弹性性质基础上，利用 Cole - Cole 模型和 Hashin - Shtrikman（HS）边界理论进行了模拟；Das 和 Batzle（2010）通过与实测结果对比，又测试了 Cole - Cole 模型在模拟油砂横波衰减大小的适用性。本小节将主要基于这些研究成果，阐述重油岩样的频散和衰减的测量和模拟问题。

2.4.2.1　不同岩样的频散和衰减测量

含重油碳酸盐岩岩石和油砂的性质有很大不同，包括孔隙度、渗透率、胶结程度等。图 2.4.13a 中为德克萨斯州 Uvalde 含重油碳酸盐岩一岩样的扫描电子显微照片。碳酸盐岩由胶结的方解石颗粒以及充填于孔隙空间内的重油组成，其颗粒本身是多孔的，故总孔隙度可以分为颗粒内孔隙度和颗粒间孔隙度。Uvalde 碳酸盐岩的孔隙度约为 25%，渗透率约为 550mD。图 2.4.13b 为加拿大油砂的扫描电子显微照片。这类岩石是由未固结的石英颗粒与高黏性重油一起组成，其典型孔隙度在 36% 到 40% 之间。

图 2.4.13　不同类型重油岩石的扫描电子显微照片（据 Batzle 等，2006）

a—Uvalde 含重油碳酸盐岩岩样；b—加拿大油砂岩样

　　Uvalde 重油剪切模量的频率依赖特征可以运用 Cole‒Cole 模型进行模拟。图 2.4.14a 是利用 Cole‒Cole 模拟的不同温度下的剪切模量随频率的变化特征及其与实测结果的对比。图中，黑色三角代表测得的数据，实线代表 Cole‒Cole 的模拟得到的近似曲线。比较 20℃ 时的测量结果和模拟结果，可知剪切模量会随着频率的增加而呈非线性的增加，同时相同频率下，较高的温度对应着较低的剪切模量。图 2.4.14b 是在不同温度下测得的 Uvalde 岩石的纵横波速度随频率的变化特征。可以看出，纵横波速度均呈现随温度增加而降低、随频率增加而增加的特征。

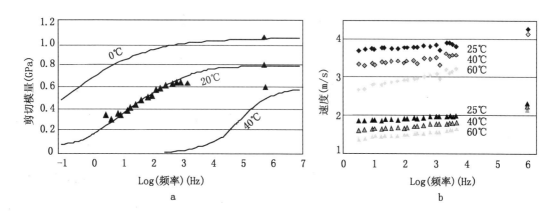

图 2.4.14　Uvalde 重油及饱和重油岩石的弹性性质的频率、温度依赖性（据 Batzle 等，2006）

a—Uvalde 重油剪切模量的温度、频率的相关性，图中实线代表利用 Cole‒Cole 模型模拟
得到的结果；b—Uvalde 重油岩样的纵横波速度的温度、频率相关性

　　图 2.4.15 显示了 Das 和 Batzle（2010）对加拿大油砂样品测量得到的频率依赖的剪切模量和衰减（逆质量因子），同时利用 Cole‒Cole 模型进行模拟。从图中可以看出，模拟的结果与重油的剪切模量在不同频率下的测量结果可以较好地吻合。

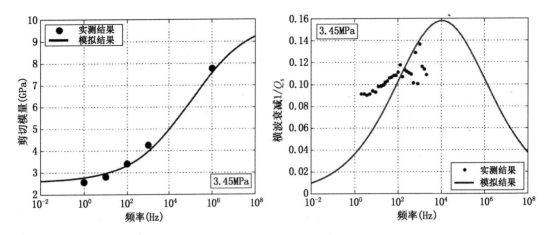

图 2.4.15　加拿大油砂样品的剪切模量和横波衰减与频率相关性的实测结果和
利用 Cole‐Cole 模型模拟得到的结果（据 Das 和 Batzle，2010）

2.4.2.2　不同岩样的频散和衰减模拟

第一个模型是 HS 边界理论。此方法是根据组分各自体积分数的权重估算出两相混合物的有效体积和剪切模量范围（最大值为上边界，最小值为下边界）。HS 边界可以扩展用于估算多相混合物的弹性模量，只是需要多次计算，但每次仍是考虑两相的情况。通过采用 HS 表达式中的复数模量代替实部模量，该边界理论就可以用于黏弹性材料的弹性性质估算。

Das 和 Batzle（2008）利用 HS 边界理论和重油复数模量计算了 Uvalde 碳酸盐岩样品和加拿大油砂样品的复数有效体积模量（$K^* = K' + iK''$）和剪切模量（$G^* = G' + iG''$）。据此，利用虚部与实部的比值可以得到纵横波衰减大小，即逆质量因子 Q_P^{-1}、Q_S^{-1}。

$$Q_P^{-1} = \frac{K''}{K'} \qquad Q_S^{-1} = \frac{G''}{G'} \qquad (2.4.9)$$

第二个模型是广义 Gassmann 方程，其优点是把孔隙空间充填的重油的剪切模量考虑进去。采用这些公式计算的饱和剪切模量与采用 Gassmann 方程得到的结果不同，在干燥的实例中存在明显的差别。

该方程的具体表达式为

$$K_{sat}^{*-1} = K_{dry}^{-1} - \frac{(K_{dry}^{-1} - K_{gr}^{-1})^2}{\varphi(K_{if}^{-1} - K_\varphi^{-1}) + (K_{dry}^{-1} - K_{gr}^{-1})} \qquad (2.4.10)$$

$$\mu_{sat}^{*-1} = \mu_{dry}^{-1} - \frac{(\mu_{dry}^{-1} - \mu_{gr}^{-1})^2}{\varphi(\mu_{if}^{-1} - \mu_\varphi^{-1}) + (\mu_{dry}^{-1} - \mu_{gr}^{-1})} \qquad (2.4.11)$$

式中：K_{sat} 和 μ_{sat} 是饱和岩石的体积模量和剪切模量；K_{dry} 和 μ_{dry} 是干燥骨架的体积模量和剪切模量，可从一种固体与空气的混合物的平均 HS 边界特性中得到；K_{gr} 和 μ_{gr} 是固体颗粒的体积模量和剪切模量；K_φ 和 μ_φ 是与孔隙空间相关的体积模量和剪切模量；K_{if} 和 μ_{if} 是孔隙空间内含物的体积模量和剪切模量。

2.4.2.2.1　Uvalde 含重油碳酸盐岩频散和衰减的模拟

图 2.4.13 中 Uvalde 重油岩样的扫描电子显微照片显示了方解石颗粒内孔隙的存在，这显然会造成颗粒的有效体积和剪切模量小于纯方解石的情况。假设粒内孔隙为 5％，且假设其是干燥的，利用 HS 边界可以分别计算得到这种颗粒的体积模量和剪切模量。因为粒内孔

隙是在岩石颗粒内部的，坚硬的方解石矿物包裹着柔软的孔隙空间，因此颗粒的有效模量将接近最大值，即上边界。因此对于颗粒的有效模量选取最大值的 70% 作为估算值。为了计算颗粒间孔隙空间饱含的混合流体的体积模量，考虑混合流体为双相混合（重油和空气），其重油的饱和度为 0.9，采用上 HS 边界进行估算。通常用于计算流体混合物有效体积模量的 Ruess 边界并不适合于此处的计算，因为在 20℃时 Uvalde 重油仍是固体，此类流体的特征只在高温下才存在。图 2.4.16 比较了在 20℃和 1000psi（–7MPa）围压下的实测体积模量、剪切模量和实际测得数据的对比。从图中可以看出，平均 HS 线与实测数据靠的最紧。图 2.4.17 是对应的实测纵横波速度与模拟的纵横波速度的对比。

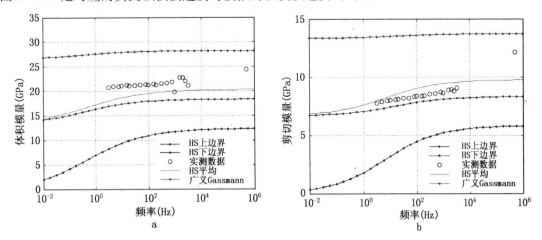

图 2.4.16　Uvalde 饱含重油样品的弹性模量随频率变化的实测结果（℃）和模拟结果

（将重油当作一种充填流体时）（据 Das 和 Batzle，2008）

a—体积模量与频率间相应关系；b—剪切模量与频率间相应关系

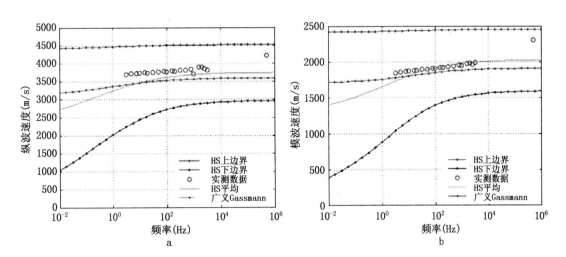

图 2.4.17　Uvalde 饱含重油样品的速度随频率变化的实测结果（20℃）和模拟结果

（将重油当作一种充填流体时）（据 Das 和 Batzle，2008）

a—纵波速度与频率间相应关系；b—横波速度与频率间相应关系

　　上述是将重油作为一种充填孔隙的流体进行的模拟。然而，如果将其视为岩石骨架的一部分（如作为一种黏附在颗粒表面上的胶结物质）时，重油对岩石骨架的弹性性质是有贡献的。为了模拟这样的情况，分开计算骨架（颗粒和重油）和流体相的体积模量和剪切模量。

首先，采用平均 HS 边界和5％的胶结物饱和度计算岩石骨架的性质。图 2.4.18 给出了在这种假设下的频相关弹性模量的模拟结果与实测结果的对比。此时，弹性模量的模拟值比将重油视为一种孔隙流体时略小，也即重油作为骨架一部分时，降低了骨架的体积模量和剪切模量。另外一个观察到的情况是在低频带下模拟得到的体积模量和剪切模量相对比较小。这是因为在低频带下，重油表现得更像流体，这就意味着它有着更低的剪切模量，因此其对骨架有效体积和剪切模量的降低有着更大的贡献。图 2.4.19 是相应的频相关的纵横波速度的模拟结果与实测结果的对比。

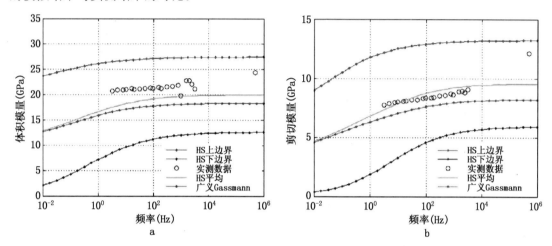

图 2.4.18　Uvalde 饱含重油样品的弹性模量随频率变化的实测结果（℃）和模拟结果
（将重油当作骨架一部分时）（据 Das 和 Batzle，2008）
a—体积模量与频率间相应关系；b—剪切模量与频率间相应关系

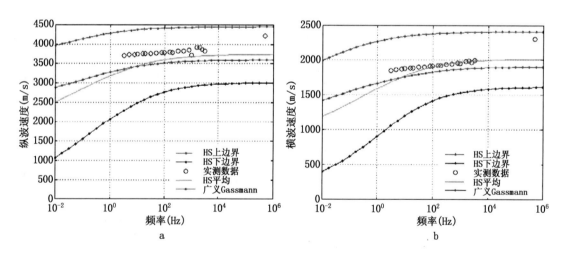

图 2.4.19　Uvalde 饱含重油样品的速度随频率变化的实测结果（20℃）和模拟结果
（将重油当作骨架一部分时）（据 Das 和 Batzle，2008）
a—纵波速度与频率间相应关系；b—横波速度与频率间相应关系

根据公式（2.4.9），由计算得到的有效复数剪切模量可以得到横波衰减。图 2.4.20 显示了对于上面讨论过的两种情况下的横波衰减的模拟结果和实测结果对比。从图中可以看

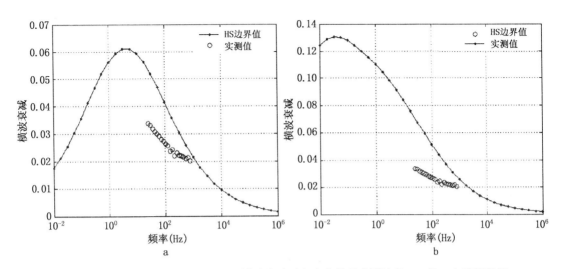

图 2.4.20　Uvalde 饱含重油样品的横波衰减随频率变化的实测结果（20℃）和模拟结果

（据 Das 和 Batzle，2008）

a—将重油视为一种充填流体时的结果；b—将重油视为骨架一部分时的结果

出，利用这种方法模拟出衰减值比实测值要高。

2.4.2.2.2　加拿大油砂频散和衰减的模拟

通过将油砂作为一种均匀各向同性的石英颗粒与重油的混合物进行建模，并将考虑孔隙内流体看作由重油和空气组成的双相介质（重油饱和度 0.9），可以比较容易地计算得到 HS 边界。同时也采用 Leurer 和 Dvorkin（2006）对黏性胶结的未固结沉积岩石提出的黏弹性模型计算出该油砂岩样的弹性模量和速度。图 2.4.21 显示了两种模型模拟结果的对比。从图中可以看出，Leurer - Dvorkin 黏弹性模型计算得到的模量值整体上比 HS 平均得到的值略低，但是在假设重油为充填流体时，两者的相近程度没有在假设重油为骨架一部分时的高。图 2.4.22 是相应的频相关的纵横波速度的模拟结果与实测结果的对比。

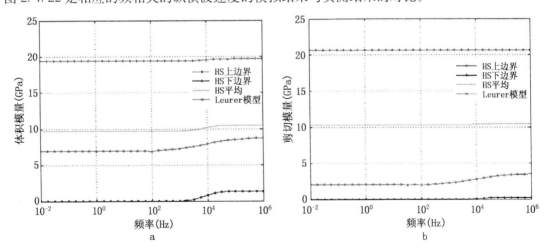

图 2.4.21　将重油当作充填流体时，利用 HS 边界、Leurer - Dvorkin 模型进行油砂弹性模量

随频率变化的模拟结果对比（据 Das 和 Batzle，2008）

a—体积模量模拟结果；b—剪切模量模拟结果

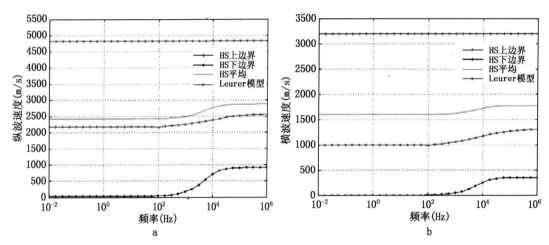

图 2.4.22　将重油当作充填流体时，利用 HS 边界、Leurer - Dvorkin 模型进行油砂速度
随频率变化的模拟结果对比（据 Das 和 Batzle，2008）

a—纵波速度模拟结果；b—横波速度模拟结果

2.4.3　流体替代

用 Gassmann 方程进行流体替代是分析解释地震速度和振幅的常用方法（Smith 等，2003）。给定孔隙、骨架、岩石的流体性质，Gassmann 方程可以用来预测准静态条件下岩石的体积模量。相应的动态模量可从孔隙弹性的 Biot 理论中得到，Biot 理论将 Gasssmann 理论推广到有限频率中。Gassmann - Biot 理论一个重要结果是岩石的剪切模量与骨架的剪切模量是相同的，也即流体的存在并不影响到岩石的剪切模量。

但是对于饱和重油岩石来说则不是这样的。通过前面两节的介绍，已知重油往往表现为明显的黏弹性特征，且模量是频率和温度依赖的。由于重油在高频低温下表现为固体，并且在低频高温下表现为牛顿液体（Das 和 Batzle，2008）。在这两种极端情况下，波在重油的传播速度是随频率变化的，即频散的，同时表现出很强的衰减。在储层温度条件下，重油的黏度是很高的，往往具有一定的剪切性质，这使得 Gassmann - Biot 方程不适用于研究饱和重油岩石的流体替代问题。

Han 等（2007b）通过实验对 Gassmann 方程在饱和重油岩石中的适用性进行了比较分析。指出，当温度降低到小于 60℃时，重油的弹性性质就开始发散，则 Gassmann 方程的预测结果不再与实测结果匹配。重油的这种黏弹性特征违背了 Gassmann 理论的假设。

目前，已经提出了几种对饱和重油岩石建立等效弹性模型的方法（Tsiklauri 和 Beresnev，2003；Leurer 和 Dvorkin，2006；Ciz 和 Shapiro，2007 年；Das 和 Batzle，2008 年；Gurevich 等，2008）。在此基础上，Makarynska 等（2010）提出了一种基于饱和黏弹性流体岩石的等效介质理论。该方法可有效用于实际的等效频率和温度依赖的重油岩石的预测，本节将基于此阐述重油储层的流体替代问题。

2.4.3.1　方法理论

2.4.3.1.1　等效介质模型

流体是影响岩石地震属性的一项重要参数。如前所述，普通孔隙流体对岩石弹性常数的影响可以利用 Gassmann - Biot 理论从干岩石和流体的抗压缩性来预测。一种可行的用于解决从岩石组分和微结构进行岩石剪切模量预测的方法就是基于等效介质理论。该理论允许计算由两种或两种以上弹性组分构成的混合介质的等效弹性性质。不像 Gassmann – Biot 理论，等效介质理论需要对基质和孔隙空间的几何尺寸进行描述。此外，在足够低的频率时，这些理论可以将它们看作具有频率依赖模量的岩石颗粒，从而使得这些理论可以应用于混合黏弹性介质，这即是所谓的弹性—黏弹性类推或对应原理。因此，等效介质理论是可以用于描述重油岩石的岩石物理性质的。

为了估计整个岩石的黏弹性大小，可以利用基于自适应理论的 CPA 方法，该方法是 KT 模型的自适应近似。它是用于对非均质材料骨架模量的可靠估计。其核心是基于弹性波散射理论通过替换未知的背景介质来模拟各向同性的包裹体之间的相互作用。

CPA 的一个重要特征是它假设组成成分是对称的，即每一组分是平等考虑的，这意味着没有单一成分充当主要成分。CPA 利用已知的固体基质、孔隙流体和孔隙纵横比来计算多孔岩石的等效性质。CPA 的隐式表达式为

$$\varphi(K_f - K)P^f + (1 - \varphi)(K_s - K)P^s = 0 \tag{2.4.12}$$

$$\varphi(G_f - G)Q^f + (1 - \varphi)(G_s - G)Q^s = 0 \tag{2.4.13}$$

式中：φ 是孔隙度；K_f 和 G_f 分别是孔隙流体的体积模量和剪切模量；K_s 和 G_s 是颗粒基质的体积模量和剪切模量；P 和 Q 是 Wu 张量的常量（Wu，1966）。这个张量成分取决于孔隙的纵横比、孔隙内含物的体积和剪切模量以及岩石颗粒组分的等效模量。对于任意纵横比的类球体包裹体是用 Wu 张量的表达式来描述典型砂岩的颗粒或孔隙的几何形状。详细的表达式很繁杂，详见 Berryman（1980）或 Mavko 等（1998）。

公式（2.4.12）和公式（2.4.13）是耦合的，可以通过迭代的方式进行求取，即

$$K_{n+1} = \frac{\varphi K_f P_n^f + (1 - \varphi)K_s P_n^s}{\varphi P_n^f + (1 - \varphi)P_n^s} \tag{2.4.14}$$

$$G_{n+1} = \frac{\varphi G_f Q_n^f + (1 - \varphi)G_s Q_n^s}{\varphi Q_n^f + (1 - \varphi)Q_n^s} \tag{2.4.15}$$

2.4.3.1.2　重油的复数剪切模量

利用 CPA 计算饱和重油岩石的等效性质，需要知道其温度和频率依赖的复数剪切模量。对于黏弹性材料，剪切模量 G 是复数，代表材料作为弹性介质时储存能量和作为黏性流体时损耗能量的综合能力，其表达式为

$$G = G' + iG'' \tag{2.4.16}$$

式中：G' 为储存模量；G'' 为损耗模量。

重油频率依赖的复数剪切模量可以近似为 Cole – Cole 的经验频散方程（Gurevich 等，2008）。复数剪切模量涉及高低频极限、角频率、弛豫时间等。弛豫时间的长短取决于流体黏度。Han 等（2008）指出重油的这种温度依赖性可以描述为三个主要相阶段：液态、类固态和固态。

在公式（2.4.14）和公式（2.4.15）中所用的剪切模量就是频率和温度依赖的复数模量，这样就为实现重油岩石的流体替代奠定了基础。

2.4.3.1.3　利用 CPA 进行流体替代

如果孔隙纵横比 α 已知，就可以利用迭代公式（2.4.14）和公式（2.4.15）计算岩石的有效弹性模量。因此，就可以将岩石结构近似为具有相同孔隙纵横比的椭球体。然而，实际岩石的孔隙几何是要复杂得多的，往往是由许多大小和尺寸都不同的孔隙所组成。此时可以用不同孔隙纵横比的椭球体来模拟不同尺寸的岩石孔隙。

对于一个给定的岩样，在干岩石体积模量已知的情况下，逆向利用 CPA 模型是可以推测到等效孔隙纵横比的。同样地，在已知饱和流体岩石的体积模量时，逆向利用 CPA 模型也是可以推测到等效孔隙纵横比的。相应地，在已知横波模量的情况下，也是可以推测到的。

一旦孔隙纵横比确定后，就可以正向利用 CPA 模型计算岩石饱和任意其他流体时的等效弹性模量。对于饱含重油岩石，利用 CPA 模型进行流体替代应包括三个步骤：

（1）在已知干岩石或饱和岩石的体积模量或剪切模量时，估算出岩石的等效孔隙纵横比；

（2）实验室测量频率和温度依赖的复数剪切模量。如果在所需的温度和频率范围内无有效的测量数据，则可以利用一些经验关系式，如 Cole - Cole 模型、Beggs - Robinson 模型和频率温度叠加原理插值得到；

（3）正向利用 CPA 模型计算出饱和黏弹性介质的岩石的等效复数弹性模量，进而得到相应的纵横波速度和衰减。

2.4.3.2　实验数据验证

Batzle 等（2006）、Behura 等（2007）、Das 和 Batzle（2008）都公布了对美国得克萨斯州 Uvalde 地区的重油岩石进行了弹性性质实验室测量的数据。

Uvalde 地区的岩石是饱和高黏度重油的碳酸盐岩，其 API 度是 5，孔隙度约为 25%，渗透率约为 550mD。测量 Uvalde 地区的重油岩石的储层模量，并且提取重油在 0.01~100Hz 频率范围和 30~200℃ 的温度范围的测量数据，绘于图 2.4.23 中。从图中可以看出，饱和重油岩石的模量显然受频率和温度的影响，尤其当温度小于 150℃ 时，岩石储层模量 G' 随频率变化的特征更明显；随着温度的上升，其储层模量迅速下降，类似于剪切模量发生迅速下降。在较高的温度下，储层模量 G' 的这种频率依赖性就减弱了。一般来说，由于不同的温度下，重油表现为不同的特征（低温下呈类固体；高温下呈牛顿液体），因此可以得出结论，随着温度和频率变化的重油的弹性性质受孔隙流体性质的强烈影响。

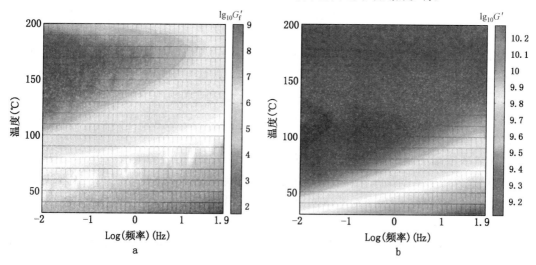

图 2.4.23　实验测量得到的频率和温度依赖的 Uvalde 重油储存模量 G'_f（a）及饱和重油岩石的储存模量 G'（b）（据 Makarynska 等，2010）

2.4.3.2.1　单孔隙纵横比下模拟结果的验证

首先在单孔隙纵横比假设下利用 CPA 方法模拟饱和重油的 Uvalde 地区岩石的有效弹性性质。然后将预测的结果和实验数据进行对比。进行全频率范围和 30℃ 到 200℃ 温度范围内的模拟。模拟时岩石基质（方解石）的体积模量取 60GPa、剪切模量取 30GPa、密度取 2.71g/cm³。Uvalde 地区干燥岩石的剪切模量没有可用的实测数据，所以根据测量得到的温度和频率依赖的重油和饱和岩石的剪切模量的值首先逆推得到 G_{dry}。在分析中，假设在高温和低频下，重油表现为牛顿液体并且对岩石的等效剪切模量没有影响。据此，由图 2.4.24 的实验室数据显示当温度高达 120℃时，Uvalde 地区岩石的剪切模量是 1.45GPa 的常数，由于在此高温下孔隙流体对岩石剪切模量无影响，可推知干岩石剪切模量的值就近似等于 1.45GPa。

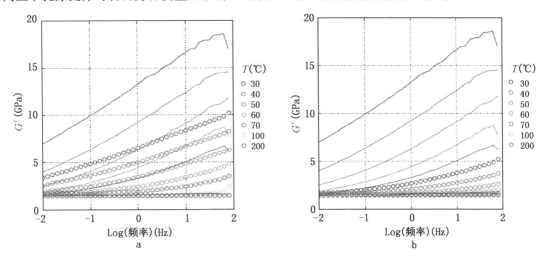

图 2.4.24　利用不同模型模拟得到的温度和频率依赖的饱和重油岩石的储存模量（圆圈符号）和
实验室测量结果（曲线）的对比（据 Makarynska 等，2010）
a—单一纵横比假设下的 CPA 模型模拟结果；b—广义 Gassmann 方程模拟结果

　　这样，就可以利用公式（2.4.14）和公式（2.4.15）由已知的值 G_{dry} 再确定出孔隙纵横比 a 的值。然后正向利用 CPA 模型就可以计算出饱和重油的 Uvalde 地区岩石的频率和温度依赖的等效剪切模量。此外，Ciz 和 Shapiro（2007）提出了一个拓展黏弹性的 Gassmann 模型，该模型模拟结果与实测结果的对比见图 2.4.24 所示。从图中可以看出，无论是单孔隙纵横比假设下的 CPA 模型还是拓展黏弹性的 Gassmann 方程，模拟出的模量都比实测结果要小，尤其是在低温时，两种方法都不能正确地反映出频率和温度依赖的岩石剪切模量的值。

　　对于孔隙度和流体对岩石弹性性质影响的模拟，经常会使用二元孔隙空间结构，即将孔隙划分为两种：一种是较硬的孔隙，占据大部分的孔隙空间；另一种是较柔顺（软）的孔隙，处于颗粒接触处，这种孔隙对岩石弹性模量的压力依赖性起着作用。在高频时，流体并没有足够的时间流动来平衡在两种孔隙类型之间的孔隙压力，即软孔隙与硬孔隙及它们各自孔隙之间两种类型之间是相互孤立的，没有沟通。如果一块岩石饱和黏弹性流体，这种影响甚至还会在相对较低的频率下发生。这些软孔隙的存在使得饱和重油岩石出现了额外的纵横波频散（Mavko 和 Jizba，1991）。单一纵横比假设下的 CPA 模型模拟结果与实测结果有较大偏差，岩石基质中软孔隙的存在可能是导致这种结果的一个主要原因。

2.4.3.2.2　两种纵横比孔隙模拟

　　为了考虑双孔隙的影响，Makarynska 等（2010）在公式（2.4.14）和公式（2.4.15）中引入了软孔隙度项，即

$$K_{n+1} = \frac{\varphi_s K_f P_n^{fs} + \varphi_c K_f P_n^{fc} + (1-\varphi) K_s P_n^s}{\varphi_s P_n^{fs} + \varphi_c P_n^{fc} + (1-\varphi) P_n^s} \tag{2.4.17}$$

$$G_{n+1} = \frac{\varphi_s G_f Q_n^{fs} + \varphi_c G_f P_n^{fc} + (1-\varphi)G_s Q_n^s}{\varphi_s Q_n^{fs} + \varphi_c Q_n^{fc} + (1-\varphi)Q_n^s}$$
(2.4.18)

式中：φ_s 是硬孔隙，它占了孔隙空间的大部分；φ_c 是在颗粒与颗粒间软孔隙度，并且 $\varphi = \varphi_s + \varphi_c$。

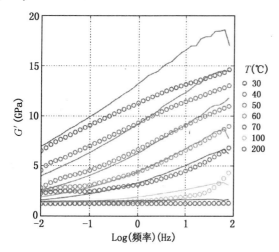

图 2.4.25　利用双孔隙横比假设下的 CPA 模型模拟的温度和频率依赖的饱和重油岩石的储存模量 G'（圆圈符号）与实验测量结果（曲线）的对比（据 Makarynska 等，2010）

现在这个问题似乎更加复杂，因为公式（2.4.18）必须要转化成三个未知的参数：软孔隙度、软孔隙纵横比和硬孔隙纵横比。对于模拟过程，利用在 50℃、0.08Hz 和 15.85Hz 下测得的干燥剪切模量和饱和剪切模量。假定可以用 0.8 的纵横比来描述颗粒的几何尺寸并保持不变。上述三个未知参数的拟合的结果是 $\varphi_c = 0.1$，$a_c = 0.004$，$a_s = 1$。然后，利用得到的这些参数来预测频率和温度依赖的 Uvalde 饱和重油岩石的剪切模量 G'。结果与图 2.4.25 的测量值作比较。观察 CPA 模拟结果和实测数据可以看到两者具有很好的一致性，只有当温度低到 30℃ 时出现较明显的偏差。

最后，根据得到的复数剪切模量，由公式（2.4.18）可以计算出相应的横波衰减。图 2.4.26 是横波衰减的模拟结果与实测结果的对比。可以看出，两者基本上是一致的。

总之，Makarynska 等（2010）提出的这种方法是可以较好地反映不同温度和频率下的饱和重油岩石的性质的，并可以当作一种进行饱和重油岩石流体替代的近似模型。

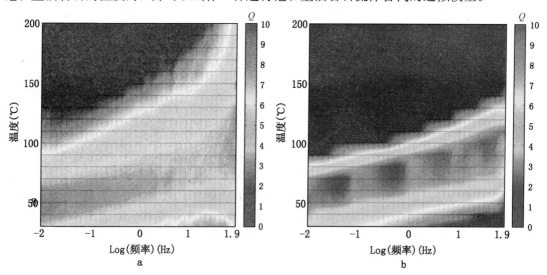

图 2.4.26　利用双孔隙横比假设下的 CPA 模型模拟的温度和频率依赖的饱和重油岩石的横波衰减 Q 的模拟结果（a）与实验结果（b）的对比（据 Makarynska 等，2010）

参见书后彩页

2.5 储层识别与描述

大部分重油储存在砂岩中,其上覆一般为相对较厚的泥页岩,储层内部常发育薄层的泥页岩。重油储层识别的任务主要是区分砂岩和泥页岩,储层描述的任务主要是对储层内部非均质性体(夹杂的泥页岩)的位置和形态进行刻画。无论是储层识别还是储层描述,都是建立在砂岩和页岩在自然伽马、密度、v_P/v_S 和流体因子等测井参数和岩石物理参数的差异基础之上的。因此,这里首先介绍了重油储层的基本特征,对砂岩和泥页岩的一些弹性特征差异进行分析,为后续储层识别和描述奠定基础。

储层内部薄层泥页岩的存在增强了储层内部的非均质性,对重油热采过程中油气的自由流动产生阻碍作用,对采收率产生一定的影响。为了确定最佳的井位,就要避开储层内部非均质体发育的区域,因此,重油储层非均质体的识别是重油储层研究的关键,也是目前地球物理方法识别和描述重油储层的聚焦点之一。其中所涉及的地球物理方法主要包括神经网络多属性分析、纵波叠前反演、纵横波联合反演等。通过这些地球物理方法的应用实现储层非均质性的预测。

2.5.1 重油储层特征

2.5.1.1 重油储层弹性特征

重油储层弹性特征研究对于储层识别和描述很重要,通过对比分析储层和非储层(砂岩和泥页岩)的弹性特征差异,能够为储层识别和描述提供依据。不仅如此,如果对蒸汽注入前后重油储层弹性特征的变化进行研究,也能够为储层监测提供参考。

反映储层弹性特征的参数主要有纵横波速度、纵横波阻抗和拉梅常数等,研究这些弹性参数的大小和范围有助于识别和描述储层的岩性、蒸汽的分布范围。在此,我们以加拿大冷湖油田的实际数据为例,介绍重油储层的弹性特征。

冷湖油田的下白垩统 Clearwater 组是最具经济价值的重油沥青储层。Clearwater 组地层在地下 420m,油砂的总厚度为 40~75m,平均净厚度为 45m。沥青的百分含量为 0%~12%,平均约为 10%。储层的平均孔隙度为 32%,渗透率为 0.5~4D,在储层温度和压力条件下,沥青的黏度为 $10^4 \sim 10^6$ cP。

2.5.1.1.1 重油储层纵横波速度关系

图 2.5.1 是来自冷湖的速度测井曲线(以 B5-28 井为例),其中主要包括了垂向上的四个地层层段。浅层 Glacial till 地层是饱含水的差固结或未固结的砾岩或泥岩,Colorado 地层是由压实和固结的致密页岩组成的,Grand Rapids 地层主要是由砾岩组成,包含页岩或泥岩的夹层,除了油砂存在的地方外,都是压实良好的地层,Clearwater 组大部分是未固结的油砂,厚度为 30~50m。

利用测井曲线的 v_P 和 v_S 制作交会图(图 2.5.1b),离散点可以划分成三个不同的线性趋势,分别用红色、绿色和粉色来表示。从该三个不同趋势中提取出的线性关系分别代表 Glacial till 地层、Colorado 页岩以及 Grand Rapids 和 Clearwater 砂岩的泥岩基线。蓝色散点并不具有明显的线性趋势,它们代表的是钙化高速薄层。由于该四个地层受到不同程度的压实作用,其 v_P 和 v_S 间并没得到统一的线性关系。而当利用基于流体因子识别砂岩和泥岩

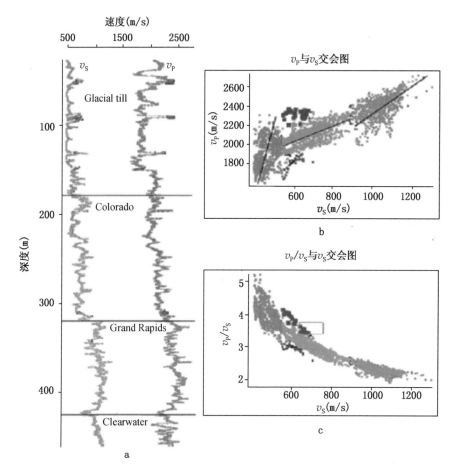

图 2.5.1　重油储层纵横波速度特征（以 B5－28 井为例）

a—纵波速度和横波速度测井曲线；b—v_P 与 v_S 的交会图；c—v_P/v_S 与 v_S 的交会图。

红色点代表的数据大部分取自浅层的 Glacial till 地层；绿色大部分取自 Colorado

页岩，粉色取自 Grand Rapids 组和 Clearwater 组砂岩。参见书后彩页

或页岩时，需要一个针对所有地层的统一关系式，因此要试图建立适用于所有地层的 v_P 和 v_S 关系式。如果用 v_P/v_S 与 v_S 做交会图，对于来自所有深度的岩石，就能够提取出统一的呈幂指数趋势衰减的函数关系（如图 2.5.1c，通过最小平方最佳拟合得到）。

$$\frac{v_P}{v_S} = 291 v_S^{-0.6967} \tag{2.5.1}$$

利用 v_S 求解 v_P，进一步推导可以得到：

$$v_P = 291 v_S^{0.3033} \tag{2.5.2}$$

该关系式将在后续基于流体因子识别储层非均质体的方法中被用到，对于该部分内容将在 2.5.2.3 中详细讨论。

图 2.5.2 是钻遇蒸汽的井上速度数据（以冷湖地区 BB－13A 井为例），该井打到了热蒸气区（图中所示的红色区域）。对于没有蒸汽注入的区域，其 v_P 和 v_S 交会图和 v_P/v_S 与 v_S 交会图的特点与 B5－28 井的速度规律（图 2.5.1）非常相似。但取自热蒸气区的速度存在明显差异，热蒸气区的速度值明显偏离了最佳拟合的幂指数衰减趋势线（图 2.5.2c），这表明将幂指数衰减趋势线作为该区的泥岩基线，可以将蒸汽侵入区从围岩中很好地区分出来。

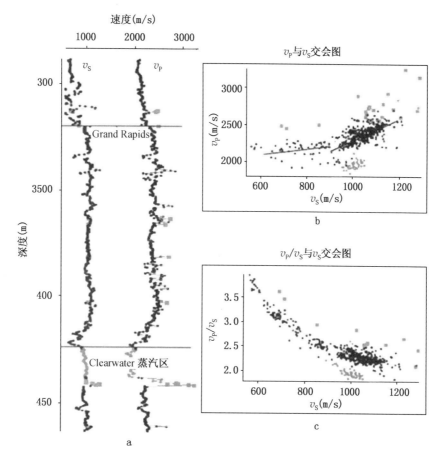

图 2.5.2　钻遇蒸汽的井上速度数据（以冷湖地区 BB‐13A 井为例）

a—纵波速度和横波速度测井数据；b—v_P 与 v_S 的交会图；c—v_P/v_S 与 v_S 的交会图。

红色区域是蒸汽侵入的区域，粉色区域是致密条带。取自 Colorado

页岩（Grand Rapids 组上方）的数据点很少。参见书后彩页

2.5.1.1.2　拉梅常数特征

不同的弹性参数在判别岩性和流体时具有不同的敏感性。纵横波速度是常用的参数，但是在有些情况下可能并不是最敏感的参数。拉梅常数是包含速度和密度特征的弹性参数，在识别流体时敏感性可能会更高。拉梅常数 λ 和 μ 与速度的关系为

$$\lambda = \rho(v_P^2 - 2v_S^2) \tag{2.5.3}$$

$$\mu = \rho v_S^2 \tag{2.5.4}$$

式中：ρ 代表密度。

图 2.5.3 是蒸汽侵入的储层纵横波速度与拉梅常数特征对比（以冷湖地区 BB‐13A 井为例）。从图中可以看出：纵波速度 v_P 对蒸汽侵入的储层敏感度更高，可以作为流体的指示因子；而横波速度对页岩更加敏感，如图 2.5.3b 中页岩顶部区域，可以看到横波速度 v_S 的变化更大。相比于纵波速度 v_P 和横波速度 v_S，纵横波速度比 v_P/v_S 对岩性和流体的都更加敏感（见图 2.5.3c），因而作为岩性和流体的指示因子，其效果应该更佳。

μ 对岩性的敏感度与横波速度相似，λ 对蒸汽侵入的区域比纵波速度更加敏感。λ/μ 对岩性和流体成分的敏感度比 v_P/v_S 高（见图 2.5.3c）。在储层层段内 λ/μ 在蒸汽区（图

2.5.3b 红色）和非蒸汽区（图 2.5.3b 中的绿色）有更高的对比度，此外，它对砂岩和页岩的对比度比 v_P/v_S 也高（Clearwater 组上部的灰色到深蓝色）。因此，λ/μ 可以作为很好的流体（蒸汽区）和岩性（砂岩或页岩）的指示因子。

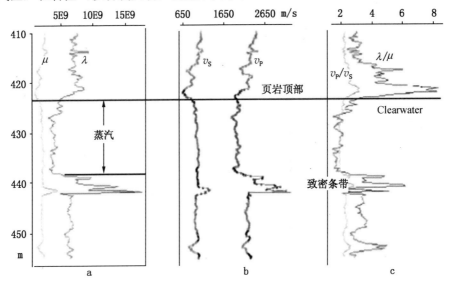

图 2.5.3　速度（v_P 和 v_S）和拉梅常数（λ 和 μ）对蒸汽侵入区的
敏感性对比（以 BB-13A 井为例）

a—λ 和 μ 曲线，b—v_P 和 v_S 曲线，c—v_P/v_S 和 λ/μ 曲线。参见书后彩页

2.5.1.1.3　重油储层纵横波阻抗特征

用纵波阻抗判别页岩和砂岩通常是很困难的，这是因为这两种岩性的阻抗差不够大。图 2.5.4 表示的是纵波阻抗（I_P）和横波阻抗（I_S）的交会图（以冷湖油田垂直井 OV11-17

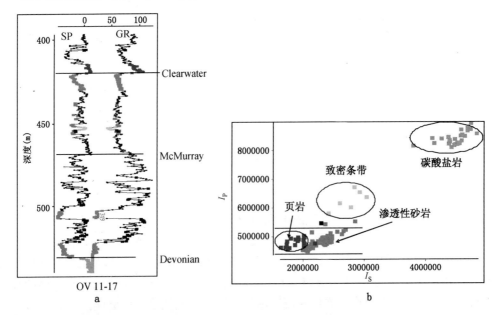

图 2.5.4　纵波阻抗（I_P）和横波阻抗（I_S）的交会图（以冷湖油田垂直井 OV11-17 为例）

a—SP 和自然伽马测井；b—纵波阻抗（I_P）和横波阻抗（I_S）的交会图

为例），从中可以看出页岩和砂岩具有相似的纵波阻抗范围，而横波阻抗的差异却很大。因此，利用横波阻抗能够帮助区分页岩和砂岩。

2.5.1.2 重油地震剖面特征

2.5.1.2.1 纵波数据剖面特征

图 2.5.5 是重油储层纵波数据的叠后偏移剖面（以冷湖油田为例）。由于纵波阻抗在砂岩和页岩中差别不大，Clearwater 组的顶界面很难识别。另外，该区的密度变化不大，在蒸汽存在的区域，纵波速度下降，因而根据纵波阻抗的下降可以从剖面上可以明显地识别出蒸汽室所在的区域。

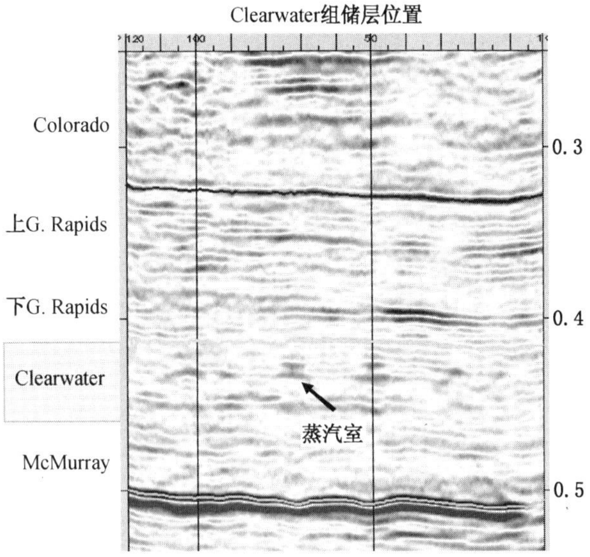

图 2.5.5　重油储层剖面特征

2.5.1.2.2 地面三分量数据剖面特征

1997 年在冷湖地区布设了 2-D 地震测线和 VSP 测线（如图 2.5.6 所示），用三分量检波器记录地震数据，下面我们对地面地震和井孔地震中的 PP 波和 PS 波数据进行综合分析。

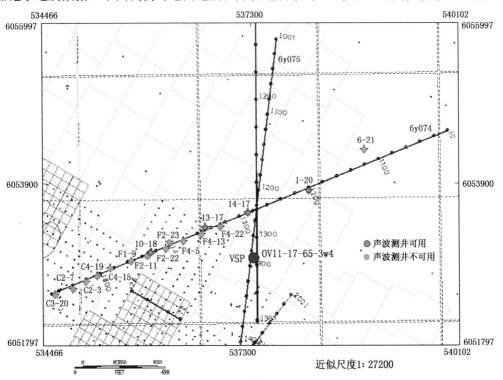

图 2.5.6　三分量地震采集的测线位置（测线 6y074 和 6y075）和 VSP 井 OV11-17-65-3w4 位置

图 2.5.6 中深灰色标注的井有声波测井资料，图 2.5.7 和图 2.5.8 是该地区最终解释的 PP 波偏移叠加剖面。用有声波测井资料的井作为控制点，并综合大部分井位置处的地层厚

度对剖面进行解释，在密集的井点资料控制下，地层边界解释的精度较高。从图 2.5.7 和
2.58 中可以看出，在 PP 波偏移叠加剖面上，重油储层 Clearwater 组的顶部地层并没有出
现强烈的反射特征，原因就在于重油储层与其上覆页岩地层的纵波阻抗差异很小。如果综合
PP 波和 PS 波数据以及后面将要提到的多分量 VSP 数据，对转换波 PS 剖面进行解释，如
图 2.5.9 和图 2.5.10。由于横波阻抗在页岩和砂岩中差异较大，在这两个剖面上能够观察
到 Clearwater 储层顶部的强反射特征。但是，PS 波偏移叠加剖面的分辨率相对于 PP 波偏
移剖面的分辨率低，地层边界不如 PP 波数数据清晰，主要是因为 PS 波受近地表衰减作用
的影响更加明显。图 2.5.11 显示了 PP 波和 PS 波数据的振幅谱，从图中可以明显看出 PP
波数据的频带宽度比 PS 数据高很多，因此，PP 波数据的分辨率更高。

2.5.1.2.3　三分量 VSP 数据剖面特征

在测线 6y075 南部的 OV11-17 井中使用三分量检波器采集了近偏移距和远偏移距的 VSP

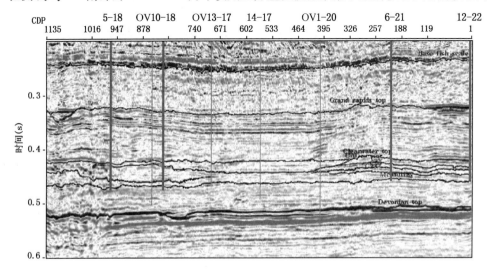

图 2.5.7　冷湖地区 6y074 测线解释的 PP 波剖面，细线标注的井有声波测井资料

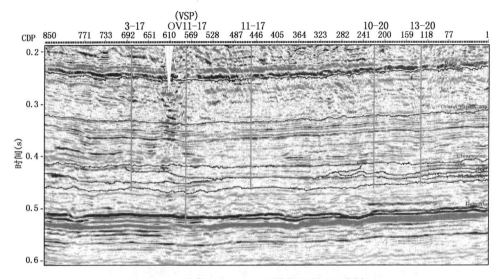

图 2.5.8　冷湖地区 6y075 测线解释的 PP 波剖面

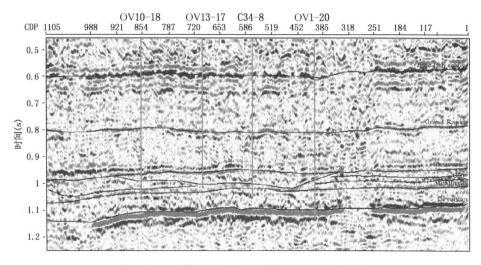

图 2.5.9　冷湖地区 6y074 测线解释的 PS 波剖面

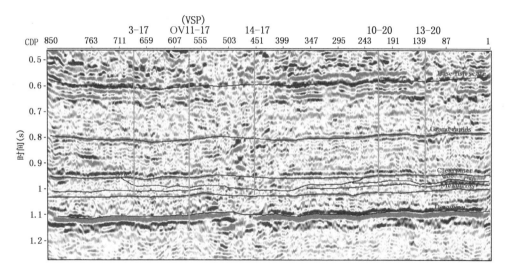

图 2.5.10　冷湖地区 6y075 测线解释的 PS 波剖面

数据。由于目标层的深度是 400m，将远偏移距数据的偏移距设定为 125m。

对零偏移距 VSP 数据进行处理能够获得纵波的走廊叠加数据，其频率成分可以达到 200Hz，比地面地震数据的分辨率稍高。图 2.5.12 显示了零偏移距 VSP 的 PP 波数据和地面 PP 波数据的综合解释结果。通过 VSP 能够将测井与地震数据 Clearwater 组的地层边界联系起来。通过联合解释，走廊叠加数据与地面地震数据吻合度较高。同地面 PP 波数据一样，因为纵波阻抗差异较小，VSP 数据在 Clearwater 顶界面也没有形成强反射。图 2.5.13 表示的是远偏移距 PS 转换横波数据与地面 PS 转换横波数据的综合显示图。VSP 转换横波的频率成分比地面数据的稍高。由于在地层边界处横波阻抗的差异比纵波的大，PS 转换波在 Grand Rapids 顶、Clearwater 组顶和 McMurray 组顶都产生较强的反射能量。同时，由于 VSP 横波数据的分辨率较高，地层边界能够更好的划分。

根据上述讨论，我们可以得出以下的结论：（1）横波数据可以帮助我们识别出纵波不能识别的反射界面。利用转换波信息进行岩性识别，将页岩从砂岩中区分开来是可行的。（2）

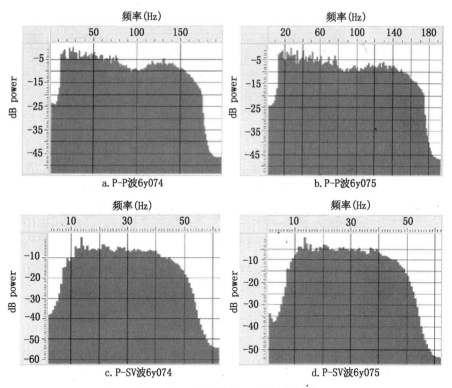

a. P-P波6y074   b. P-P波6y075

c. P-SV波6y074   d. P-SV波6y075

图 2.5.11　PP 波和 PS 波的振幅谱

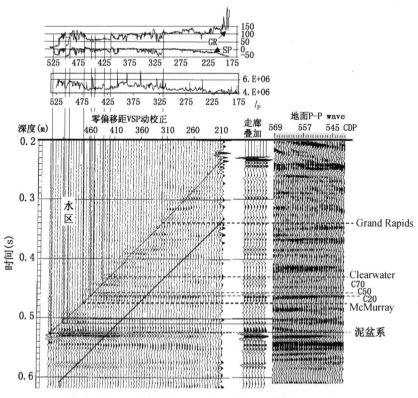

图 2.5.12　零偏移距 VSP 数据与地面数据联合解释

I_P—纵波阻抗

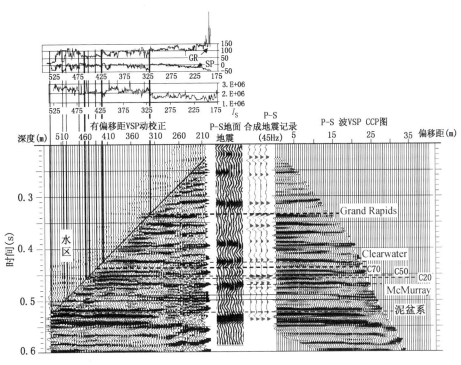

图 2.5.13　远偏移距 VSP 转换波数据与地面 PSV 数据联合解释

I_S—横波阻抗

综合 PP 和 PS 波数据可以帮助我们识别流体区域。（3）由于地面吸收衰减，地面地震的 PS 波数据分辨率不够高。而井孔地震的转换横波数据分辨率较高，这是由于 VSP 的转换波数据经历的地表衰减少，其分辨率甚至比 PP 数据的还要高。

2.5.2　重油储层识别方法

通过地震剖面很难直接将重油储层勾勒出来，要实现重油储层的识别以及储层内部非均质体的预测，就要计算常用的区分砂岩和页岩的岩性指示因子，在 2.5.1.1 节中，通过研究重油储层的弹性特征，已经涉及到一些岩性指示因子，例如纵横波速度比和横波阻抗等，除此之外，自然伽马以及密度参数也是很好的岩性指示因子。本节将主要介绍神经网络多属性分析方法、PP 波叠前广角密度反演方法和基于流体因子的识别方法，进行储层内部非均质体的研究。

2.5.2.1　基于自然伽马的识别方法

2.5.2.1.1　自然伽马预测方法简述

自然伽马是最为直接的岩性指示因子，它代表地层的放射性大小。在通常情况下，砂岩的放射性低而泥岩的放射性高，因此两者的自然伽马强度差异很大，这也就为利用自然伽马进行储层识别奠定了理论基础。由于自然伽马不是弹性参数，不能通过地震反演直接得到，需要通过其他途径，例如神经网络多属性分析方法等，建立起放射性与弹性参数之间的关系，综合多个地震和测井弹性参数，计算得到自然伽马数值，以指示岩性。

神经网络分析目的是综合井信息和已知的地震数据体来估计未知的数据体。神经网络分析可以用来预测密度、自然伽马和 v_P/v_S 等。以 BP 神经网络为例进行说明，模型的基本结构单元是神经元感知器，可以在网络之间相互联系。多层感知器最简单的形式是由输入层、隐藏层和输出层组成。每个层中的所有神经元感知器都被连接到下一层中的神经元感知器。通过输入地震属性数据体，对神经网络进行训练。通过多次训练，将网络的输出与目标的输出进行比较，通过调节神经元感知器处的权值将差别降低到最小。

2.5.2.1.2 自然伽马预测实例分析

Tonn（2002）运用自然伽马对重油储层的非均质性问题进行了实例研究，以下基于该实例进行说明。研究区是加拿大 Alberta 省东北部的 Christina Lake 的热力采油区，重油储层位于下白垩统的 McMurray 地层，其深度大约 400m。在研究区内钻探了 28 口井，所有的井都有自然伽马测井和纵波测井资料，有些井也有横波测井资料。只选择与地震数据能够建立良好井震关系的井，来研究地震数据与岩性之间的关系。这项研究的目标是用地震属性来预测伽马响应，即从三维地震数据体出发，通过运算得到三维伽马数据体。

（1）单属性与自然伽马交会分析。

为了将自然伽马与地震属性建立关系，需要研究自然伽马与地震弹性参数之间的关系。最简单的情况，是将伽马响应与地震振幅相关联。图 2.5.14a 是所选的井中地震振幅与伽马值的交会图。从图中可以明显看出地震振幅与伽马值没有相关性，因此地震振幅不能作为岩性（伽马值）的指示因子。图 2.5.14b 是纵波阻抗值与伽马值交会图。从地震纵波阻抗值中，能够区分高伽马值与低伽马值的区域，但是误差在正负 20 个 API 单位内，误差太大。

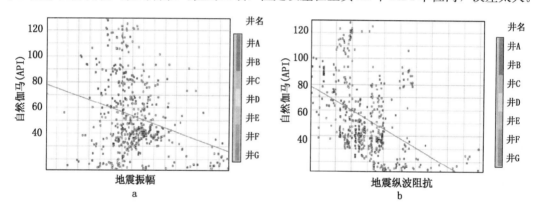

图 2.5.14　自然伽马与地震振幅（a）和地震纵波阻抗（b）的交会图（据 Tonn，2002）

（2）神经网络多属性分析方法。

基于神经网络多属性分析可以进行伽马预测。首先要选取训练数据集合：选取具有良好井震关系的井，在井内和井周围提取地震道，这些地震道连同这些井中记录的自然伽马测井曲线共同组成训练数据集合。例如，从每个井周围选取最近的九个地震道，这九个地震道被送入神经网络，使实际输出与期望输出（自然伽马测井）达到最佳匹配。

验证试验是确定神经网络是否运行良好的关键，验证试验分两步进行。首先，将研究区域的关键井分成训练井和验证井。对于该实例研究，每六口训练井中的一口被拿出来，作为验证井用于初次的验证测试。当这一步网络运行状态良好以后，开始进行工区所有井的测试。每次测试过程中将一口井排除在外，留作验证测试，当神经网络测试的结果与这口井上的信息一致时说明针对这口井的测试是成功的。直到所有井通过神经网络测试后，这个网络才可以接受。

训练过程应用了核心区域的 15 口井，另外 22 口井用于测试。研究中测试许多不同的神经网络结构，并且探索许多形式的神经网络输入属性集合。经过测试，能够获得最好结果的神经网络中隐藏层含有 11 个节点。当输入数据是偏移叠加数据、纵波阻抗和横波阻抗数据时，井震吻合程度最高。绘制自然伽马预测值与已知伽马值的交会图检查网络质量（图 2.5.15），图中显示预测的自然伽马值为蓝色，实测自然伽马值为红色，可见两者相关性较好。

（3）预测结果分析。

这项研究的目的是选择最优的蒸汽辅助重力泄油（SAGD）水平井位置，即寻

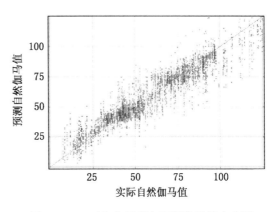

图 2.5.15　已知伽马值与预测伽马值交会图
（据 Tonn，2002）
已知数据用红色显示，预测数据用蓝色显示。
参见书后彩页

找纯净的砂岩体。在工区中钻了三口垂直井来测试预测结果的准确性。图 2.5.16 是沿着水平井提取的预测伽马剖面，上面显示了水平井和三口垂直井的自然伽马测井曲线。如图所示，预测伽马值与伽马测井值相关性较好。但受地震分辨率的限制，垂直井测井曲线上的砂岩与页岩之间的高频率变化没用从预测值中分辨出来。水平井成功地穿过了纯净的砂岩，这些伽马值都小于 60 个 API。通过神经网络多属性分析方法，可以利用地震参数计算预测非地震参数，从而识别重油储层中的页岩非均质体。

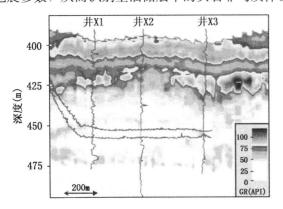

图 2.5.16　垂直井 X1~X3 和 SAGD 水平井对伽马
测井曲线和预测伽马值（据 Tonn，2002）

2.5.2.2　基于密度反演的识别方法

由于储层密度与孔隙度呈线性关系，因此密度可以作为流体饱和度的潜在地震指示因子。考虑到密度取决于矿物质的组成，它也能作为判断岩石性质的标准。储层内部的页岩密度明显高于含油砂岩的密度，这就为利用密度进行储层识别和储层内部非均质性研究提供了理论依据。

2.5.2.2.1　广角密度反演

AVO（振幅随偏移距变化）分析试图通过把振幅作为偏移距的函数或者更进一步作为反射角度的函数来分析提取岩性参数。基于 Aki 和 Richards 公式可以进行密度反演。正演模拟分析则表明，当介质上下的密度差异不大时，需要用大角度入射的地震数据，才能使反射系数变化足够大，反演结果才会足够稳定（Roy 等，2008）。而大角度入射的地震数据经过处理后往往会受到动校拉伸和各向异性等因素的影响，需要采取合适的处理方法来克服这些因素的影响，从而减小对反演结果的负面作用。本文基于 Roy 等（2008）给出的实例，对广角密度反演进行介绍。

（1）研究区背景。

对加拿大 Alberta 地区 Fort McMurray 东南部大约 60km 的 Surmont 沥青储层进行研究。该沥青储层位于下白垩统的 McMurray 组，储层埋藏较深（400m），难以开采。为使原

油能够顺利产出，应用蒸汽辅助重力泄油技术（SAGD）向储层中注入蒸汽对储层进行加热。在储层上方布设一口蒸汽注入井，在它之下靠近储层底部布一口水平井。向注入井注入蒸汽，在地层中会出现高温蒸气室。这时原油的黏度会降低，热量使原油能够更加自由的流动。在重力的帮助下，密度较低的蒸汽上升；高密度的沥青和水通过下方的水平生产井被连续的开采出来。但是厚度大于 3m 的非均质性页岩的发育（图 2.5.17）可能会对蒸汽效果造成影响，进而影响采收率，因此对非均质体页岩的预测将有利于井位布设。

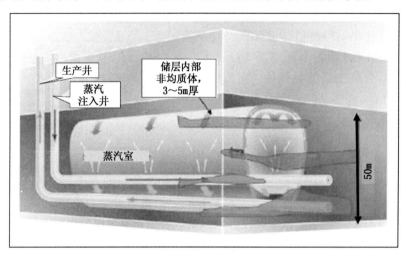

图 2.5.17　储层内部非均质体（例如厚度大于 3m 的页岩）
会对气室的增加造成障碍（据 Roy 等，2008）

图 2.5.18a 是本区密度和自然伽马的交会图，从图中可以看出密度与自然伽马存在相关性。图 2.5.18b 是速度和自然伽马的交会图，图中表明速度与自然伽马不具有相关性。基于测井数据的岩石物理分析，表明在 Surmont 储层中，储层内部的页岩密度明显高于周围含油砂岩的密度，因此可以通过密度对可以很好地区分砂岩和页岩。

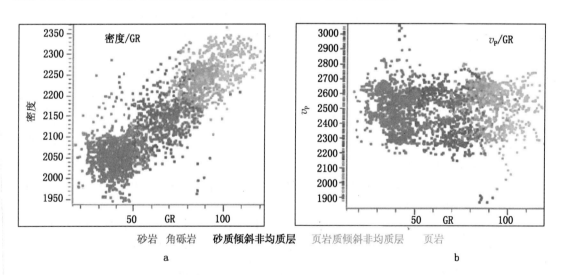

图 2.5.18　密度与自然伽马的交会图（a）和纵波速度与自然伽马的交会图（b）（据 Roy 等，2008）

（2）反射系数正演模拟。

通过正演模拟可以定性分析密度反演对于数据入射角范围的要求。基于 Aki 和 Richards 公式［方程（2.5.5）］得到的 PP 反射系数随入射角的变化公式为

$$r(\theta) \approx c_1\left(\theta;\frac{\overline{v_\mathrm{S}}}{v_\mathrm{P}}\right)\frac{\delta Z_\mathrm{P}}{Z_\mathrm{P}} + c_2\left(\theta;\frac{\overline{v_\mathrm{S}}}{v_\mathrm{P}}\right)\delta\sigma + c_3\left(\theta;\frac{\overline{v_\mathrm{S}}}{v_\mathrm{P}}\right)\frac{\delta\rho}{\rho} \tag{2.5.5}$$

式中：$r(\theta)$ 是纵波的反射系数，它是纵波阻抗 Z_P，泊松比 σ 和密度 ρ 的函数；c_1，c_2，以及 c_3 都是背景横波纵波速度比和反射角 θ 的函数。在砂页岩边界上阻抗和泊松比保持不变。

根据上式做出反射系数随入射角的变化曲线，如图 2.5.19a 和图 2.5.19b。图 2.5.19a 说明在 10% 的密度差异下，大于 50° 入射角的数据振幅变化比较明显，因此需要使用大于 50° 入射角的数据进行密度反演；在 20% 的密度差异下（图 2.5.19b），需使用大于 45° 入射角的数据进行密度反演。在 Surmont 沥青储层中测得的多数砂岩和页岩的密度差大约为 10%，因此，大于 50° 入射角的数据才能使得反演的解足够稳定。

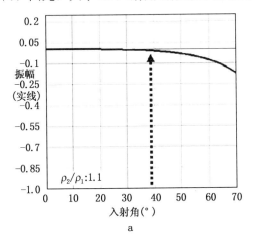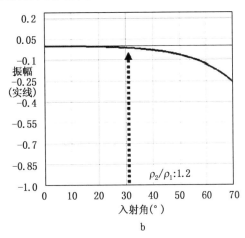

图 2.5.19　其他参数恒定时，砂岩与页岩密度差为 10% 的反射系数随入射角度变化曲线（a）；其他参数恒定时，砂岩与页岩密度差为 20% 的反射系数随入射角度变化曲线（b）（据 Roy 等，2008）

（3）广角密度反演特殊数据处理。

广角数据很难通过传统的流程进行处理和反演。近偏移距数据含有多次波和面波，信噪比低；中偏移距数据质量相对较好；远偏移距数据受到子波拉伸和各向异性效应的影响，信号质量差。广角处理要考虑一些特殊的关键因素，包括各向异性成像、子波拉伸校正非弹性损失补偿等。以下分别对这些技术的应用效果进行阐述。

①各向异性成像。

图 2.5.20 对比分析了基于柯西霍夫叠前时间偏移的各向同性和各向异性成像效果，对于两种不同的成像方法，对小角度数据，都采用了双曲速度场，针对大角度数据各向异性成像应用了各向异性参数，使得大于 40 度角时反射波拉平效果更好。此外，各向异性成像的另一个优势是其多次波的去除效果更好，这是因为各向同性成像的剩余动校正降低了拉东域中初至波与多次波的差异，导致去除多次的效果不好。

②子波拉伸校正。

由动校正造成的子波拉伸不仅会降低叠加数据的分辨率，还会对大角度数据的 AVO/AVA 反演带来困难。Roy 等（2005）引入了一种子波拉伸的校正方法。校正曲线随偏移距

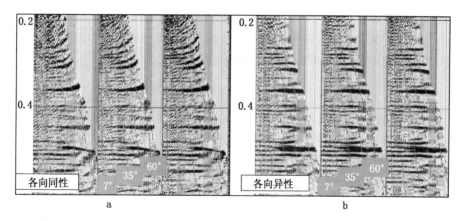

图 2.5.20　叠前道集的各向同性成像（a），以及相同道集的各向异性成像（b）

（据 Roy 等，2008）

的增加而收敛的曲线如图 2.5.21 所示。就反射角 θ 而言，子波拉伸用如下形式来描述

$$\frac{\partial t}{\partial \tau}\Big|_x = \cos\theta \tag{2.5.6}$$

公式（2.5.6）是从射线方程推导出的，这是在各向同性假设条件下，子波拉伸的近似值，适用于层状介质。双曲线的截距时差 $d\tau$ 在偏移距 x 时降低到 dt。根据公式（2.5.6），子波拉伸的值只与反射角的余弦有关。子波拉伸度随入射角增加呈非线性增加趋势，从 $20°$ 反射角下 6% 的子波拉伸度，增加到 $60°$ 反射角下的 50% 的子波拉伸度。在成像算子应用过程中，通过拉伸校正将偏移距 x 时的截距时差 dt 重新校正回 $d\tau$。

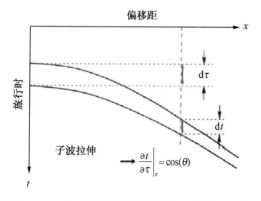

图 2.5.21　校正曲线随偏移距增加而收敛的示意图

（据 Roy 等，2008）

在任意偏移距下，拉伸值与反射角的余弦相关

图 2.5.22 是用未进行子波拉伸校正和拉伸校正后的角道集进行密度反演的结果对比分析。图 2.5.22a 是沥青储层井中的测井记录，图 2.5.22b 和图 2.5.22d 分别显示了没有进行拉伸校正和进行拉伸校正后的叠前角道集数据，d 中的大角度数据显示了更高的时间分辨率。图 2.5.22c 和图 2.5.22e 显示了密度估计结果。通过与图 2.5.22a 中的测井曲线进行对比，对子波拉伸进行校正的结果图 2.5.22e 反演的密度精度更高。

③非弹性损失补偿。

对沥青流体和岩石的高频实验室测量表明，沥青流体或岩石会使地震波产生极大的衰减（Batzle 等，2006）。地震波在沿着长的射线路径，通过饱含黏弹性流体（如沥青）的疏松地层时，会引起地震波能量的明显衰减。图 2.5.23a 和 b 分别是目标层附近 $10°$ 叠加和 $45°$ 叠加数据振幅谱（200ms 时窗），可以看出大角度数据的频带宽度明显降低了。用大角度数据进行反演，需要对地震数据的频率损失进行校正，使同一子波能够在整个孔径范围内有效，校正频率损失的同时能够提高地震数据的分辨率。

图 2.5.24 显示了不同数据振幅谱的频带宽度，a～d 数据分别为：$45°$ 叠加数据，子波拉

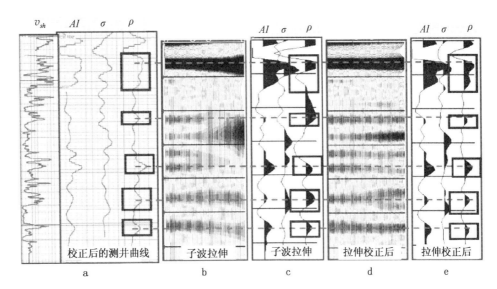

图 2.5.22　砂岩储层的测井曲线，v_{sh}（泥质含量），AI（声波阻抗），σ（泊松比），ρ（密度）
（a）；反演前角道集，大角度存在子波拉伸（b）；图 b 中数据叠前反演的结果（c）；b 中数据子
波拉伸校正后的道集（d）；图 d 中数据叠前反演结果（e）（据 Roy 等，2008）
对比图 a 和 c 中的黑色矩形所示区域，反演的密度受到很大的子波拉伸的影响；AI 并没有受到子波拉伸的
影响。对比图 a 和 e 中的黑色矩形所示区域，对密度的估计与密度测井结果吻合

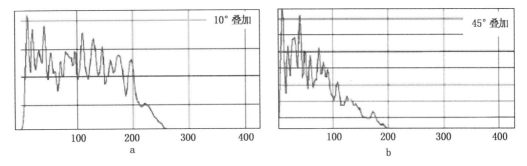

图 2.5.23　10°叠加数据地震数据的带宽（a），以及 45°叠加数据地震数据的带宽（b）（据 Roy 等，2008）
b 中地震数据的带宽明显降低。这一损失是由于地震波在衰减介质中传播时存在衰减

伸校正后的 45°叠加数据、子波拉伸校正和 Q 补偿后的 45°叠加数据、Q 补偿后的 10°叠加数据。从中可以看出，经过 Q 补偿后，频带宽度进一步提高了（对比图 2.5.24b 和 c；图 2.5.23a 和图 2.5.24d）。Q 补偿的目标是将大角度叠加与小角度叠加数据的频带宽度进行匹配，为反演打好基础。

（4）广角密度反演效果。

图 2.5.25 对比了利用入射角范围分别是 5°～60°和 5°～40°的数据得到的反演密度剖面。将穿过沥青层段的井数据（自然伽马曲线）叠合到反演的密度剖面上。结合井数据，可以解释在储层上方的可能是页岩体。用 5°～60°数据进行反演，从上覆页岩到沥青储层都得到了较好的成像。

图 2.5.26 显示了反演的密度剖面。由电阻率曲线可识别含油储层。图中，左边的井，在 460ms 左右处被 3ms 厚的高密度页岩体分割（反演图像显示该层段比周围储层密度高）。

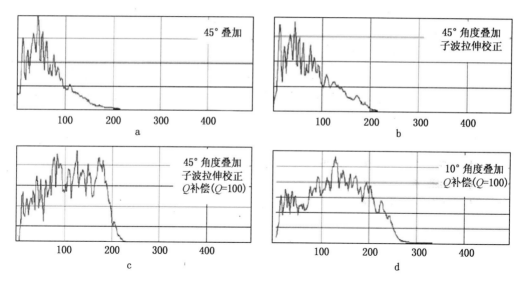

图 2.5.24　45°叠加数据的频带宽度（a）；经过子波拉伸校正后的 45°叠加数据的频带宽度（b）；对 b
中数据进行 Q 补偿后的频带宽度（c）；10°叠加数据 Q 补偿后的频带宽度（d）（据 Roy 等，2008）

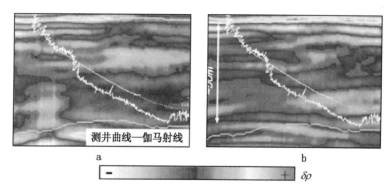

图 2.5.25　入射角 5°~60°数据反演的密度剖面，插入的伽马曲线显示了
低密度的砂岩被一非储层高密度单元所覆盖（a）；入射角 5°~40°
数据反演的密度剖面，反演效果较差（b）（据 Roy 等，2008）

测井数据证实了这个单元是厚度为 3m 的高密度页岩。在其封堵作用下，下部的蒸汽可能不会对其上部的沥青储层进行加热。

（5）结论。

用广角数据进行反演是纵波密度反演的关键，并且要对广角数据进行合适的预处理。各向异性成像对于保留超过 40°角的纵波反射信息至关重要。此外，广角成像会引入大量的子波拉伸，通过子波拉伸校正把 60°入射角时的形变校正到了大约 13%（和 30°角时的拉伸相同）。对频率损失进行 Q 补偿，提高了成像的分辨率，使储层内部 3m 的非均质体也可以分辨。

2.5.2.2.2　基于叠前 PP 反演和 PS 反演求得密度梯度

多分量地震数据采集和处理新技术的出现使得横波数据质量大大提高，这使得人们有机会利用这些地震数据来估计所需的信息。Aki 和 Richards（2002）推导的 PSV 转换波反射系数方程为

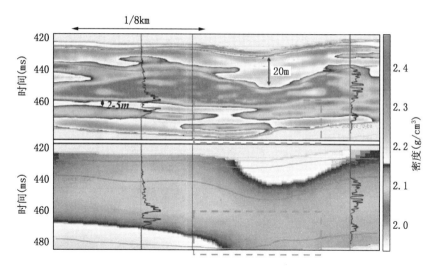

图 2.5.26　密度反演剖面（a）；测井插值的低分辨率密度模型（b）（据 Roy 等，2008）

图上显示了两口井电阻率测井曲线

$$R_{PS} = \frac{-pv_P}{2\cos j}\left[\left(1 - 2v_S^2 p^2 + 2v_S^2 \frac{\cos i}{v_P}\frac{\cos j}{v_S}\right)\frac{\Delta\rho}{\rho} - 4v_S^2\left(p^2 - \frac{\cos i}{v_P}\frac{\cos j}{v_S}\right)\frac{\Delta v_S}{v_S}\right] \quad (2.5.7)$$

　　PP 振幅响应依赖于纵波速度梯度、横波速度梯度和密度梯度。与 PP 波 AVO 不同，PSV 转换波反射系数公式更加简单，反射系数大小只取决于横波速度梯度和密度梯度。人们可以直接从保幅处理的 PS 地震道集中，应用 PS 转换波 AVO 来估计储层岩石的密度。这个方法相对于 P 波 AVO 方法的优势在于利用小偏移距数据就可以进行密度反演，因为在入射角相同的情况下转换波的反射角要比纵波的小得多。一般来说，所需的 PS 转换波的偏移距比相应的 P 波偏移距小三分之二以上。

　　Gray 等（2004）对加拿大长湖地区的沥青储层进行了密度反演，进而对储层的非均质性进行了研究，下面以该项研究为例来说明密度梯度的求取。在加拿大长湖工区中，白垩系McMurray 组的沥青储层位于 180～250m 深度范围内。长湖工区应用了 SAGD 技术对储层进行开采，页岩非均质体的预测对于开采很重要。对研究区 63 口井的岩石物理分析表明，密度与自然伽马的相关性很高（0.83）。这个实例研究目的是从常规纵波数据和 PS 转换波数据的 AVO 反演中提取密度等属性信息。测试属性与相应测井信息的相关性，最后将最好的属性用于神经网络对自然伽马进行预测。这里我们侧重于分析密度反演的效果。

　　选取穿过 SAGD 水平井对的测线进行测试。叠前纵波数据的三参数 AVO 方程的最小平方拟合能够对纵波阻抗梯度、横波阻抗梯度和密度进行估计。叠前 PS 转换波数据的最小平方拟合能够估计横波阻抗和密度。将这些属性与测井信息进行对比，计算的密度梯度和纵波阻抗梯度与井数据吻合度很好（见图 2.5.27 和图 2.5.28）。同时，这两个属性在储层区域（260～320ms）彼此相关度很高。这是因为纵波速度在 McMurray 组的变化不大，因此密度是 McMurray 区阻抗差异的主要诱因。

　　从 PS 叠前数据中导出的密度梯度（图 2.5.29），显示了储层层段内的强反射振幅。与测井信息对比，相关性较低。这可能是 PS 数据的频率较低导致的。

2.5.2.3　基于流体因子的识别方法

　　与单纯利用纵波信息相比，综合纵波和横波信息能够进行更精确的储层描述。但是，野

— 221 —

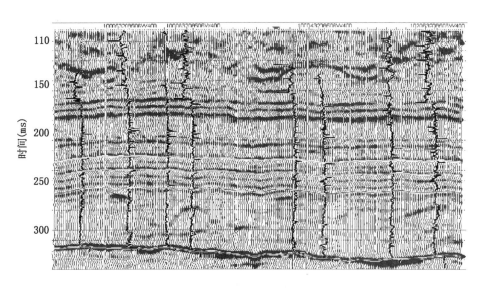

图 2.5.27　用三参数 AVO 反演方程计算的密度梯度与密度测井的对比图（据 Gray 等，2004）

波峰与密度的相关性较高

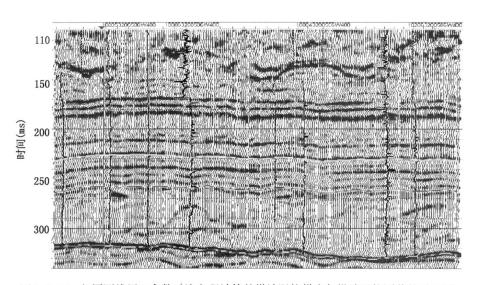

图 2.5.28　相同测线用三参数反演方程计算的纵波阻抗梯度与纵波阻抗测井的对比图

（据 Gray 等，2004）

储层层段内纵波阻抗的增加与图 3 中密度梯度相关性较高

外采集的横波数据是有限的。同时，在有些情况下，地面 PS 波数据近地表衰减严重，比纵波数据的分辨率更低。通过 AVO 属性迭代的方法能够从叠前纵波数据提取横波信息，通过计算流体因子，能够进行储层质量（非均质性）研究。本节以冷湖地区为实例介绍该方法及其应用效果。

2.5.2.3.1　流体因子和储层非均质性研究

根据 Castagna 等（1985）定义的泥岩基线，Smith 和 Gidlow（1987）定义了如下的流体因子，即

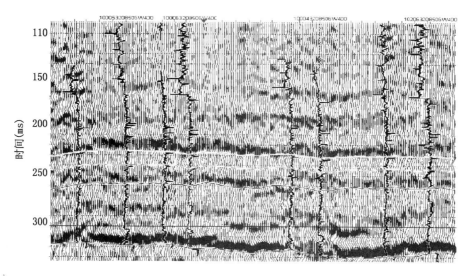

图 2.5.29　相同测线的 PS 地震道集计算的密度梯度与密度测井的对比图（据 Gray 等，2004）

应用 PSV 波反射系数方程的方程

$$\Delta F = \frac{\Delta v_P}{v_P} - 1.16 \frac{v_S}{v_P} \frac{\Delta v_S}{v_S} \tag{2.5.8}$$

冷湖地区的泥岩基线可以采用如下的形式，即

$$v_P = C v_S^g \tag{2.5.9}$$

在方程（2.5.9）两端取微分，可以得到

$$\Delta v_P = C a v_S^{g-1} \Delta v_S \tag{2.5.10}$$

将方程（2.5.10）两端分别与方程（2.5.9）两端相除，可以得到如下的纵横波速度梯度形式，即

$$\frac{\Delta v_P}{v_P} = a \frac{\Delta v_S}{v_S} \tag{2.5.11}$$

冷湖地区重油储层相对较浅，页岩的横波速度很低，页岩可能会偏离这条线。对于储层非均质性研究来说，定义冷湖的流体因子为

$$\Delta F = \frac{\Delta v_P}{v_P} - a \frac{\Delta v_S}{v_S} \tag{2.5.12}$$

通过纵波反射系数可以重新定义流体因子，以便于反演，以下介绍具体的推导过程。反射系数随入射角的变化是 AVO 分析的基础。这里用到的方程是 Aki 和 Richards（1980）给出的 PP 波反射系数（R_{PP}）的近似公式，即

$$R_{PP}(\theta) \approx \frac{1}{2}(1 - 4 v_{Sa}^2 p^2) \frac{\Delta \rho}{\rho_a} + \frac{1}{2\cos^2\theta} \frac{\Delta v_P}{v_{Pa}} - 4 p^2 v_{Sa}^2 \frac{\Delta v_S}{v_{Sa}} \tag{2.5.13}$$

式中：$\Delta \rho = \rho_2 - \rho_1$ 是界面处的密度差；$\Delta v_P = v_{P2} - v_{P1}$ 是界面上的纵波速度差；$\Delta v_S = v_{S2} - v_{S1}$ 是界面上的横波速度差；$\rho = (\rho_2 + \rho_1)/2$ 是平均密度；$v_{Pa} = (v_{P2} + v_{P1})/2$ 是平均纵波速度；$v_{Sa} = (v_{S2} + v_{S1})/2$ 是平均横波速度；$\theta = (\theta_2 + \theta_1)/2$ 是入射角 θ_1 和透射角 θ_2 的平均值，约等于入射角 θ_1；$p = \frac{\sin\theta_1}{v_{P1}} = \frac{\sin\theta_2}{v_{P2}}$ 是射线参数。

不需要省略任何项，Aki 和 Richards 公式可以进一步推导为

$$R_{PP}(\theta) \approx (1 + \tan^2\theta)R_P - 8\frac{v_S^2}{v_P^2}R_S\sin^2\theta - \left(\frac{1}{2}\tan^2\theta - 2\frac{v_S^2}{v_P^2}\sin^2\theta\right)\frac{\Delta\rho}{\rho} \qquad (2.5.14)$$

其中，R_P 和 R_S 近似为

$$R_P \approx \frac{1}{2}\left(\frac{\Delta v_P}{v_P} + \frac{\Delta\rho}{\rho}\right) \qquad (2.5.15)$$

$$R_S \approx \frac{1}{2}\left(\frac{\Delta v_S}{v_S} + \frac{\Delta\rho}{\rho}\right) \qquad (2.5.16)$$

R_P 和 R_S 可以看做零偏移距反射系数。为了将流体因子与 R_P 和 R_S 建立联系，通过近似式（2.5.15）和（2.5.16）进一步推导可得

$$\Delta F \approx 2(R_P - aR_S) - (1-a)\frac{\Delta\rho}{\rho} \qquad (2.5.17)$$

冷湖地区储层密度差异很小，可以将与密度有关的第二项省略。通过 AVO 反演求取 R_P 和 R_S，就可以对流体因子进行求取。

2.5.2.3.2 反演问题和模拟

AVO 属性迭代的反演方法与常规的 AVO 反演方法有所不同，在该方法应用中，将反射振幅视为反射系数，不对子波进行剥除。迭代的过程能够使横波的反演精度得到提高。在一个 CDP 有三个偏移距的情况下，通过求解方程（2.5.14），我们可以求出纵波反射系数 R_P，横波反射系数 R_S 和密度梯度 $\Delta\rho/\rho$。但是，每个未知数对应的系数可能会不同。例如，对于 $\theta = 20°$ 和 $v_P/v_S = 2.0$，未知数的系数分别是 1.13247，0.23396 和 0.00775；第一个常数是第三个常数的 146 倍。因此，在大部分情况下，求解方程（2.5.14）是没有必要的，因为这个方程是病态的。当 $\Delta\rho/\rho$ 比较小时，最后两项可以去掉，方程变为

$$R_{PP}(\theta) \approx (1 + \tan^2\theta)R_P - 8\frac{v_S^2}{v_P^2}R_S\sin^2\theta \qquad (2.5.18)$$

在方程（2.5.18）中，如果知道 R_P 和 R_S 前面的两个常数 a_{i1} 和 a_{i2}（θ 可以通过射线追踪得到，i 代表偏移距号），假设某个时间样点的反射系数 R_{PP} 是在这个时间点和偏移距（与 θ 对应）上的振幅，并且存在 n 个偏移距，就可以得到下面的线性系统

$$\begin{bmatrix} a_{11} & a_{12} \\ a_{21} & a_{22} \\ \vdots & \vdots \\ a_{i1} & a_{i2} \\ \vdots & \vdots \\ a_{n1} & a_{n2} \end{bmatrix}\begin{bmatrix} R_P & R_S \end{bmatrix} = \begin{bmatrix} R_{PP1} \\ R_{PP2} \\ \vdots \\ R_{PPi} \\ \vdots \\ R_{PPn} \end{bmatrix} \qquad (2.5.19)$$

用 A，R 和 R_{PP} 来描述上述矩阵，在 CDP 点上覆盖次数大于 2 次的情况下，求解 R_P 和 R_S 的反演问题（2.5.19）是超定的。求解矩阵的广义逆，方程（2.5.19）可以用以下方式求解，即

$$\boldsymbol{R} = (\boldsymbol{A}^T\boldsymbol{A})^{-1}\boldsymbol{A}^T\boldsymbol{R}_{PP} \qquad (2.5.20)$$

在反演前，需要入射角 θ 和纵横波速度比 v_P/v_S 作为输入。其中入射角 θ 通过射线追踪可以得到，初始的 v_P/v_S 可以根据研究区的经验关系得到。用每次计算得到的 R_P 和 R_S 进一步计算求取纵波阻抗和横波阻抗，并求取纵横波阻抗的比值，作为纵横波速度的下一次的输入，进一步求取方程（2.5.20）。如此循环迭代，可以提高射线追踪的精度，并能够使横波反射系数 R_S 的计算精度提高。计算出的 R_P 和 R_S 可以对流体因子进行求解，对砂岩和泥岩

或页岩进行识别。

2.5.2.3.3 反演结果分析

图 2.5.30 是冷湖地区 AVO 反演得到的"流体因子"剖面，同时给出了 OV10－18 井自然电位和电阻率测井曲线。绿色和黄色代表砂岩，可以是储层（高电阻率）或水区（低电阻率），蓝色、褐色和白色指示页岩或者泥岩区。很清楚可以看出，流体因子可以识别储层（C70 地层的一部分和 C50 地层的上部），在这些区域电阻率呈现高值。同时，流体因子剖面与 McMurray 水区吻合度很高，在该区自然电位曲线出现了渗透率异常，而电阻率曲线没有异常。

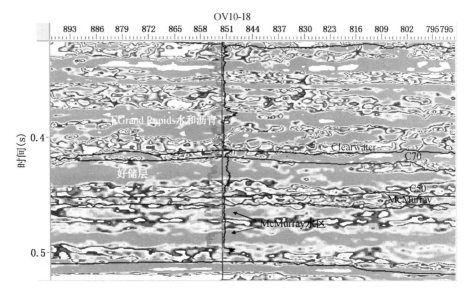

图 2.5.30　在垂直井 OV10－18 附近的部分 6y074 测线的流体因子

红色曲线是 SP 测井曲线，黑色曲线是电阻率测井曲线。参见书后彩页

在这个实例研究中，从 Aki 和 Richards 公式基础上进一步推导得到的公式能够用于冷湖储层的 AVO 反演。通过定义适合于该区的泥岩基线，储层非均质性可以利用流体因子来描述。

为了保证反演的稳定性，偏移距范围要足够大。经过验证，在反演过程中，目的层段的临界角（或最大反射角）能够达到 $65°$，反演中能够用到超过 700m 偏移距的数据。但是，由于动校正拉伸和浅层的各向异性，应用的最大反射角是 $38°$，储层深度上偏移距大约为 400m 到 500m。

2.6 储层监测技术和应用

地震储层监测是指用地震资料监测油藏内部动态性质变化的过程。要提高现有油气田的采收率就必须有效地监测油藏内流体的流动,制定合理的开发方案。在油藏开发过程中,储层岩石弹性性质发生变化,引起地震反射特征的变化,这为储层监测奠定了基础。这里主要介绍重油地震监测方法,包括热采过程中的时移地震储层监测技术、冷采过程中的监测方法、用于描述和监测储层参数的电磁方法,另外在环境灾害监测方面介绍了时移方位 AVO 对应力异常进行监测以及被动地震监测方法。

2.6.1 热采时移地震储层监测

2.6.1.1 时移地震技术简介

时移地震(Time – Lapse)技术是在储层动态监测过程中,在同一地点以一定的时间间隔进行重复采集,通过特殊的处理技术、差异分析技术和三维可视化技术,来描述生产储层的流体动态变化(流体饱和度、压力、储层温度变化等),追踪流体前缘,为改进或调整开发方案提供依据的技术(Lumley,2001)。如果每次采集的是 3D 地震数据,时移地震也可以称为四维地震,时间作为第四维度。将第一次采集的数据作为参考数据(这里称为基线数据),重复采集的数据称为监测测线数据。

除了四维地震外,时移地震观测方法还可以分为以下几类:(1)重复性的二维地面地震采集,其特点是成本低,易实现,效果也较好;(2)地面—井孔 VSP,目前国外已有三分量及九分量时移 VSP;(3)井孔—井孔井间地震采集等。也有一些非地震监测技术的新进展,包括时移电磁测量,重力测量等。本书中热采时移地震储层监测中主要讲述四维地震技术。

以往对油藏的动态监测或管理主要是依据井所提供的开发动态资料或综合静态三维地震资料,然而这些资料还不足以反映储层内流体运动及性质的变化,从而不能正确评估开发的效果。而时移地震方法恰恰弥补了这一方面的不足。自 20 世纪 90 年代时移地震用于重油储层监测以来,该技术的应用取得了巨大的进展。最初该方法一直处于试验和理论的完善阶段。虽然在具体操作和成本方面时移地震具有极大的难度和风险性,但它提供的油藏信息和提高采收率带来的经济回报促使该项技术得到了很大推广和应用。

2.6.1.2 时移地震资料采集和处理

2.6.1.2.1 时移地震资料采集

地震采集的可重复性是时移地震的基础。研究表明,潮汐、潜水面、噪声、近地表性质、炮点和检波点位置的微小变化等因素都会对时移地震数据应用产生极大的不利影响。有些采集造成的不利影响可以通过改进观测系统、固定检波器排列位置等方法解决。但有些影响可能不能通过采集的方法来解决,相反,需要在时移地震数据处理中进行有效的消除(Lumley,2001)。

如何确定两次地震测量之间的时间间隔是采集的一个关键问题。对于热采重油监测来说,以蒸汽吞吐法(CSS)开采为例,说明地震采集要有合适的时间范围。从概念上讲,CSS 开采有三个阶段:(1)蒸汽注入阶段。蒸汽注入储层当中,此时储层压力很高,以至于会产生水平裂缝使地层膨胀。在压力很高时,储层中的气体溶解在沥青液体当中,储层中的液态成分比较多；（2）焖井阶段，蒸汽对黏稠的油进行加热，储层压力逐渐降低；（3）生产阶段，在这个阶段，储层的压力降低，当降低到临界值2～3MPa（冷湖地区的压力临界值）以下，天然气（甲烷）会从沥青中析出，油和水被抽到地表。

对于蒸汽吞吐法热采监测来说，地震波能够识别储层区主要有三个原因：（1）储层压力在适当的范围（2～3MPa，冷湖地区的压力临界值）的时候，天然气（甲烷）会从沥青中析出，这时纵波速度会降低。特别的，对于冷湖数据来说，油砂中的纵波速度会从2300m/s（0%的含气饱和度）降低到1850m/s（2%～5%含气饱和度）；（2）增加岩石温度会降低岩石速度；（3）在高温低压的储层中，在加热区中存在水蒸气，这也会导致类似于含气时的地震响应。

时移地震研究的是地下储层流体变化所引起的地震响应的变化，其本质为波阻抗的变化，即速度和密度的变化。为了监测蒸汽在储层中的分布，地震采集的时间应该在生产阶段即储层压力降低到临界值以下的阶段（如冷湖地区2～3MPa）进行，此时纵波速度会降低，对于生产监测更加有利。图2.6.1是两个CSS开采循环的储层压力曲线，虚线标注的时窗是地震采集的时间范围。

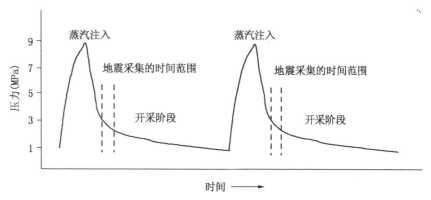

图2.6.1　储层压力状态和3D地震采集时间范围示意图

2.6.1.2.2　时移地震资料处理

地震监测很大程度上依赖于测线的"可重复性"，理想情况下，几次测量之间的数据差异应该只包括储层性质的变化。然而，在实际情况下，几乎不可能获得完全重复的时移地震数据。前人的研究表明（Ross和Altan，1997），如果处理没有做好，即使是零时重复测试（例如测试中布设了海上3D测线，间隔只有一天，同一个施工组并且施工的观测系统没有受到储层动态变化的影响）也会在两次数据中产生可以看到的能量差。

地质条件是多变的，不同研究项目所面临的地质目标的差异决定了应该选用具有针对性的处理流程。尽管如此，四维地震的处理仍不外乎以下基本流程：数据重排（网格重新定义）、预处理、地表一致性反褶积、单道零相位反褶积、地表一致性振幅补偿、各种静校正、详细的速度分析、NMO和CDP叠加、反褶积、道内插、偏移、互均衡等。选择每一步的处理参数时，要努力确保各次参数之间的相互一致。

2.6.1.3　判别分析、时移数据相互标定和数据归一化

在实验室中，当油砂被加热以后，纵波速度会极大地下降（Wang和Nur，1989）。这就为用地震数据判断储层状态和监测重油生产提供了基础。由于温度和压力是控制流体相态（液态或者气态）的两个关键因素，对于储层温度和压力的理解是很关键的。地震属性判别

分析能够对储层的温度状态进行判别，进而为确定加密钻井的位置提供依据。

2.6.1.3.1　工区背景介绍

　　冷湖生产工区（CLPP）平面如图 2.6.2 所示。图中显示了工区的位置以及各个井组的分布，网格划分出冷湖生产工区的井组。同时图上标注了 20 世纪 90 年代的 3D 地震采集工区和 80 年代的 3D 地震采集工区。热采重油监测技术应用的研究目前多在该工区完成的。本节内容基于 B2B4B5B6 工区进行实例分析。

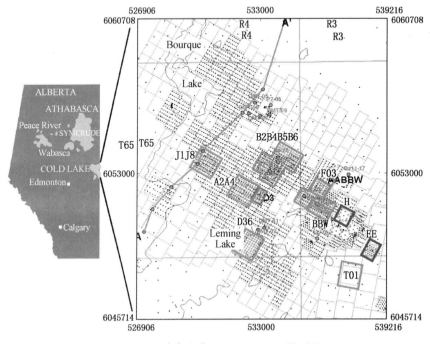

图 2.6.2　冷湖生产工区（CLPP）平面图

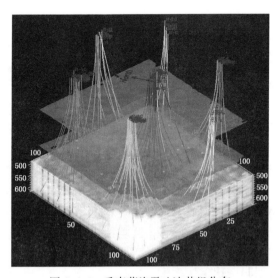

图 2.6.3　垂直蒸汽吞吐法井组分布

　　我们将井组（Pad）定义为由井组成的有规律的区块。冷湖地区典型的井组是由 20 口井组成的区块，维度是 485m × 668m，20 口沿着一定方向排列的井构成了这样的一个储层生产单元。图 2.6.3 是垂直蒸汽吞吐井（CSS）井组分布的三维显示结果。

　　在冷湖 B 生产区域中，有两种类型的井：蒸汽吞吐井和蒸汽注入井 IOI（Injector Only Infill）。在蒸汽吞吐井中，蒸汽循环注入储层中，对储层进行加热，重油和沥青黏度降低，进而在相同井中被开采出来。IOI 注气井只将蒸汽注入储层当中，对储层进行加热。在 10 个循环的蒸汽吞吐法重油开采之后，只开采了 50% 的储层，为此钻了 46 口 IOI 注气井作为加密井来提高采收率。图 2.6.4 是 CSS 井和 IOI 井的工区平面图。

蒸汽分布图能够显示平面上的温度分布特征，为加密钻井提供参考。1996 年完钻的 IOI 注气井根据 1995 年的平面蒸汽分布图，来选择钻井位置（Eastwood，1996，见图 2.6.5），这些井大部分在温度较低的储层位置完钻（蓝色）。根据加密井的井数据能够了解井的冷热状态，进而验证所计算的蒸汽分布图的准确性。

图 2.6.4　B5 井组地面照片
显示了 CSS 井（左下方）和 IOI 井（右上方）的位置

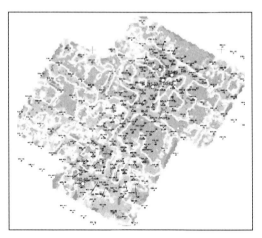

图 2.6.5　1995 年 B2B4B5B6 井组蒸汽分布图
黑色细线代表 IOI 注气井在储层段内部的井轨迹，
粉色—热储层，蓝色—冷储层。参见书后彩页

蒸汽注入会对储层含油饱和度和地层温度造成影响。图 2.6.6 给出了 1995 年完钻的两口井，从岩心分析得到的含油饱和度和地层温度曲线（B5-33 是热蒸汽注入的位置，B5-28 是冷位置）。两井都和钻于 1985 年的 B5-08 井（该井最先进行了蒸汽吞吐法重油开采）进行对比。对于 B5-33 井，在生产阶段温度可高达 140℃，由于温度较高，含油饱和度比 B5-08 低（图 2.6.6a）。对于井 B5-28，地层最高温度约为 25℃，与参照井 B5-08 含油饱和度差别较小（图 2.6.6b）。

为了了解蒸汽分布情况，进一步评价 IOI 注气井的效果，1997 年又进行了一次数据采集。最终目标是，对比 IOI 注气井完钻后 1997 年的数据和完钻前 1995 年的数据，建立生产数据与地震属性的联系，进而用地震属性对全区的温度分布进行判别。接下来主要介绍判别分析、时移地震数据归一化和相互标定的过程。

2.6.1.3.2　地震属性判别分析

通过建立判别模型，利用地震属性判别分析可以对储层的冷热状态进行判别，这对了解储层的状态意义重大。

（1）地震属性的选择。

判别模型建立之前，首先要对地震属性进行选择。工区数据中共有 47 个振幅属性和 35 个频率属性，只选择重要的属性进行判别分析。地震属性的选择标准将在下面进行介绍。

从岩石物理方面来说，地震波能够识别储层主要有以下三个原因：①储层压力在适当的范围（2~3MPa，冷湖地区的压力临界值）时，天然气（甲烷）会从沥青中析出，纵波速度降低。对于冷湖数据来说，油砂中的纵波速度会从 2300m/s（0% 的含气饱和度）降低到 1850m/s（2%~5% 的含气饱和度）。②增加岩石温度会降低岩石速度。③在高温低压的储层中，在加热区中存在水蒸气，这也会导致类似含气的地震响应。鉴于此，选择与振幅变化

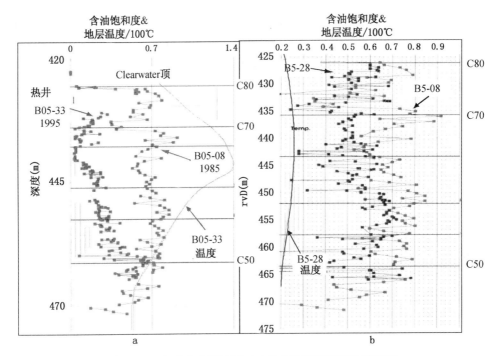

图 2.6.6　加拿大冷湖地区三口井含油饱和度和地层温度

a—热井 B05－33（红色）和 B05－08（绿色）饱和度比较；b—冷井 B05－28（蓝色）和
B05－08（红色）饱和度比较。参见书后彩页

（亮点）有关的属性如峰值振幅和平均绝对振幅等。另外，由于频率域的属性与蒸汽区的地震衰减有关，最好选择频率域的属性如中心频率等。

从数学角度来说，属性的选择要计算满足的稳定性。虽然属性之间或多或少都会存在相关性，但高冗余（高度相关）的属性应该去掉。另外，要从众多地震属性中挑选出与研究目标关系最密切、反应最敏感的少数优势属性。

（2）地震属性判别分析。

判别分析是通过计算后验概率进行的监督分类过程，以井数据作为监督。在冷湖地区储层监测中有两种井（热井和冷井），在判别分析前，要在井的监督下，将井的温度状态与地震道上提取的地震属性进行训练，选取出井震吻合度高的属性来进行全区的判别分析。图 2.6.7a 显示了部分地震 CDP 面元网格，同时标注出了不同温度状态的井（热和冷）。通常，选取地震道位于井周围一定半径的范围内。半径大小是由井周围储层特点来决定的。例如，蒸汽吞吐井经过很多次蒸汽注入循环后，能够加热的储层半径可能大于 10m。图 2.6.7b 是从原始地震网格（图 2.6.7a）中提取出的训练地震道。通过建立判别模型，选取出井震吻合程度高的地震属性用于全区的判别分析。

判别分析的训练结果如表 2.6.1 所示，在第 1 组冷类训练井的训练过程中，95 口冷类训练井中有 93 口被划分为冷类，另外 2 口井被划分为热类，井震吻合率是 97.89%。对于第 2 组的训练来说，95 口热类训练井中有 87 口被划分为热类，吻合率是 91.58%。最后，将判别分析用于全区，如表 2.6.2 所示，在 11455 口观测井中有 8914 口被划分为冷类，而 541 口被划分为热类，吻合率为 77.82%。判别分析的结果可能会受到地震数据处理质量和训练半径选取大小的影响。

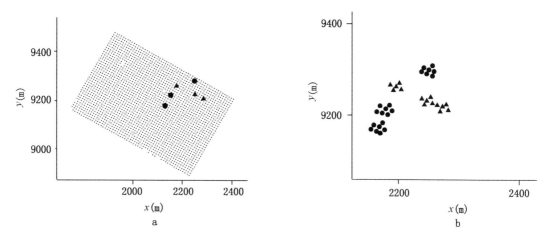

图 2.6.7　地震网格和标定井（a）；训练用到的地震网格（b）

a 中▲代表热井，●代表冷井；b 中▲代表热位置，●代表冷位置

表 2.6.1　训练数据的判别分析结果

	第Ⅰ类（冷）	第Ⅱ类（热）	总体
第 1 组（冷类训练井）	93	2	95
百分比	97.89	2.11	100
第 2 组（热类训练井）	8	87	95
百分比	8.42	91.58	100

表 2.6.2　整个区域的判别分析

	第Ⅰ类（冷）	第Ⅱ类（热）	总体
观测井数量	8941	2541	11455
百分比	77.82	22.18	100

2.6.1.3.3　时移数据相互标定

分析冷湖地区 B 井区（也叫做 B2B4B5B6 井组）的时移地震数据（1995 年的测线数据和 1997 年的测线数据）来说明数据相互标定的概念及应用效果。

（1）地震数据相互标定的概念。

图 2.6.8 是时移地震数据相互标定的概念示意图。相互标定也可以叫做交叉训练，是统计分析的一部分。举例来讲，将 1995 年井标定集合（选出的用来进行判别分析的一组井点位置）作为训练井以训练地震属性，当训练结果与已知井状态吻合率可以接受时，将这个训练集合（由井标定集合和地震属性组成）应用到 1997 年地震数据的判别分析中。这时 1995 年储层状态是已知的，1997 年的地震数据是可用的，而 1997 年储层的条件是未知的。将测线 A 的训练集合应用到测线 B 的判别分析中，两次的判别函数不发生变化。

（2）井标定集合。

①1995 年的井标定集合。

根据 1995 年钻井结果和储层特点（很多 CSS 井是热井），定义 1995 年的井标定集合（见图 2.6.9），在这些井点位置储层的温度（冷热）状态是已知的。如图 2.6.9 所示，大部

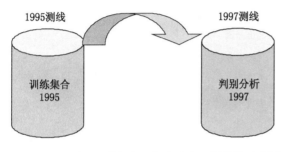

图 2.6.8 时移地震数据相互标定或交叉训练的示意图

分蒸汽吞吐井是热井。B02 和 B05 井组的冷标定井由钻井结果确定，B04 和 B06 井组的冷标定井是通过迭代过程来决定的。迭代方法如下：首先，用已知的一些冷井和热井作为井标定集合，选取地震属性进行初步的判别分析得到蒸汽的空间分布图。其次，选取蒸汽分布图中的冷点（伪井点），对这些冷点取地震剖面进行质量控制，确保这些点确

实是位于"冷点"，即没有蒸汽分布，没有振幅亮点，没有频率降低或衰减。对于 1995 年和 1997 年地震数据，都应用了 B04 和 B06 井组冷的伪井。所有的工区边缘的蒸汽吞吐井都不纳入井标定集合，因为在工区的边缘地震数据质量会降低（覆盖次数降低，信噪比降低）。

②1997 年的井标定集合。

对于 1997 年的井标定集合，定义的方法有所不同。经过了一个循环的蒸汽注入，IOI 蒸汽注入井已经不再是冷井。而 1997 年地震采集的目的就是通过蒸汽分布图监测 IOI 井的温度状态。因此，在 1997 年的井标定集合中，排除了 IOI 井。由于 B02 和 B05 井组是 IOI 注气研究区，其中的冷点都被排除，冷标定井只存在于 B04 和 B06 井组中。图 2.6.10 是 1997 年井标定集合的示意图。

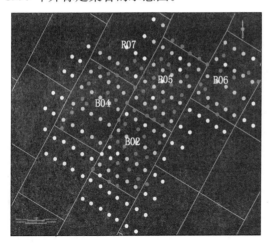

图 2.6.9 1995 年的井标定集合

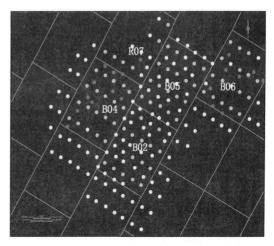

图 2.6.10 1997 年的井标定集合

（3）地震属性相互标定的应用效果。

①1995 年地震数据的判别分析。

分别用 1995 年和 1997 年的井标定集合对 1995 年的地震数据进行判别分析。用 1997 年的井标定集合对 1995 年的地震数据进行判别分析的方法是：根据 1997 年井标定集合的冷热状态，训练 1995 年的地震属性，当训练的井震吻合度足够高时，用选出的属性进行全区的判别分析。

用 1995 年井标定集合对 1995 年的数据进行标定后，蒸汽分布如图 2.6.11a 所示。但当用 1997 年的井标定集合对 1995 年的地震数据进行标定时，结果误差很大（图 2.6.11b）。根据 1995 年的蒸汽分布图，两口蒸汽注入井（B2－29 和 B2－35）完钻后，从井上资料确

认是冷点，但用 1997 年的井标定集合进行判别分析时，这两个井点都是热点（见图 2.6.11b）。

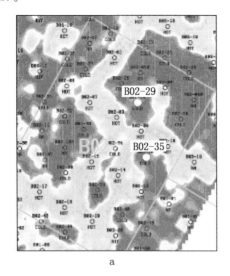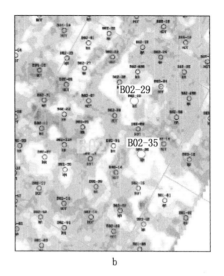

图 2.6.11　B02 井组 1995 年蒸汽分布图（a）；用不同的井
标定集合得到的差异平面图（b）

为了找出这种误差的原因，对比 1995 年的标定数据体和 1997 年的标定数据体。首先，1995 年的标定数据体冷井的状态更加确定，因为大部分的冷井是从钻井结果得到的（IOI 井完钻后可以知道是否为冷点）。其次，在统计学中，1995 年标定井中的，热井和冷井的比例是 82∶78，相对均衡；而 1997 年的标定数据体中，热井和冷井的比例为 75∶18，相对不均衡，这也是造成误差的原因之一。

②1997 年地震数据的判别分析。

IOI 井注气后，将 1997 年的井标定集合对 1997 年的地震数据进行标定，蒸汽分布如图 2.6.12 所示。该图蒸汽分布不合理。首先，在工区的北部出现了蒸汽分布，而实际在这些地区没有钻井。其次，蒸汽遍布全区，这在一轮蒸汽注入后是不成立的。虽然蒸汽分布图的结果很不理想，但在训练过程中，地震属性判别分析训练结果与井状态的吻合度非常高。冷的标定井有 99.12% 的吻合率（18 口井），热的标定井有 85.88% 的吻合率（75 口井）。

下面测试用 1995 年的井标定集合对 1997 年地震数据进行标定后的判别分析效果。1997 年的地震属性用 1995 年的井标定集合进行标定后，蒸汽分布图更加合理。与图 2.6.12 相比，图 2.6.13 显示蒸汽在北部仍然存在，但是更少了。

上述例子说明，正确的训练数据体的选择对于判别分析非常关键。在判别分析训练的过程中，最好每个类别井标定点数能够均衡。此外，选择适当的井标定集合需要很多经验和背景知识，包括地质、地球物理和工程等。

此外，在进行时移数据相互标定之前，为了使判别分析的结果更好，需要进行数据的归一化处理，使不同时间采集的地震数据振幅能量，相位等能够相互匹配。下面我们来介绍时移数据归一化处理的方法。

2.6.1.3.4　时移数据归一化处理

（1）时移数据归一化处理原理简介。

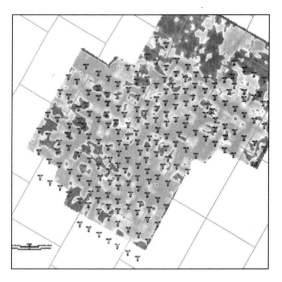
图 2.6.12　1997 的蒸汽分布图
用 1997 年的井标定集合进行监督后得到

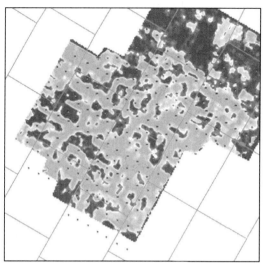
图 2.6.13　1997 年的蒸汽分布图（该图红框太粗）
用 1995 年的井标定集合进行监督后得到

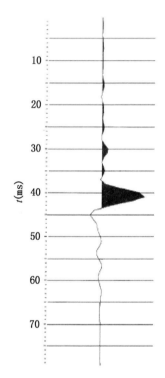

图 2.6.14　用于时移地震
数据归一化的滤波算子

为了使不同时间采集的地震数据振幅能量和相位等能够相互匹配，需要进行时移地震归一化滤波。在这个研究中，应用了 Wiener - Levinson 滤波。时移地震数据之间的匹配滤波算子是一个类似于子波的脉冲，滤波算子的长度应该包含脉冲的主要变化（相位和振幅）。图 2.6.14 显示了 80ms 长度的归一化滤波算子。脉冲的幅度显示两个道（测线）之间的振幅调整值，另外，脉冲不是零相位，也表明两个道（测线）之间的相位能够调整。地震数据的归一化可以单独或者同时应用于相位或振幅。详细的讨论见下文。

（2）时移数据归一化处理方法。

在滤波理论下，时移地震数据归一化可以通过多种方式来完成：

①全区匹配算子：对两次测线中每个叠后 CDP 滤波，取滤波算子的平均值，其中，相位和幅度均被调整。

②CDP - CDP 匹配算子：对两次测线中每个叠后 CDP 对进行滤波，每一道的相位和振幅都进行归一化，道与道之间可能不同。

③炮点相位匹配算子：滤波使 A 测线的炮点道集的每一道，与其相对应的测线 B 的叠加 CDP 道集的相位进行匹配，其中只进行相位的归一化。

④炮点相位匹配和 CDP - CDP 的匹配算子：把上述的方法③和②组合起来。

⑤CDP - CDP 增益匹配算子：对两次测线中相应的每个 CDP 道集对进行滤波，只实现了振幅的调整。

⑥多道算子：从一部分 CDP 道集推出一个滤波算子，将其应用到全区数据的归一化中。

滤波包括以下原则：

①用于滤波设计的剖面应避免采集脚印。

②集中于重复性最好的数据部分。

③排除两次数据储层位置的差异部分。

④应用储层以上的信息而不是储层以下的信息，因为两次数据中储层位置发生的变化可能会影响储层下的地震剖面。除了一些特殊的资料，如在 Alberta 冷湖地区，储层非常浅（420~470m 之间），在这种情况下，可以应用储层下的部分地震剖面。

⑤滤波算子应该有合理的长度，至少包含几个地震子波长度，以避免局部的地质信息的干扰。

（3）时移数据归一化处理应用效果分析。

图 2.6.15 是 1997 年地震数据的一条 inline 剖面（inline91）。这个剖面可以分为三个主要区域：第一部分是 200ms 以上的浅层区域。由于覆盖次数的变化，在这个区域地震剖面变化显著，道与道之间振幅差异很大，并且存在很强的采集脚印。第二部分是动态变化的区域，由储层部分和周围区域组成（图 2.6.15 中黑色虚线圈出的方框内），这些区域蒸汽室随时间发生了变化。在设计归一化滤波时窗时，这个区域应该被排除（400~550ms）。第三部分是在时窗 300~1000ms 之间，不包括储层变化的区域。在该区域数据具有很好的重复性，可用来进行滤波设计。在归一化滤波设计好后，数据归一化在整个 0~1000ms 时窗中进行。

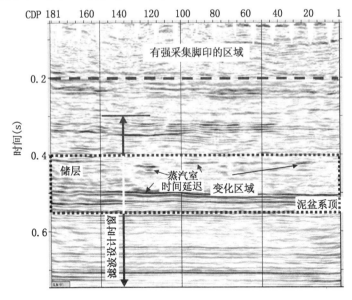

图 2.6.15　用来说明归一化滤波设计时窗的时移地震剖面

差异剖面可以用来检验两次测量之间的可重复性。图 2.6.16a 显示了用没有进行数据归一化的 1995 年偏移叠加剖面减去 1997 年偏移叠加剖面后的差异剖面结果。可以看出，在两次测线之间的变化区域（包括蒸汽区和泥盆系顶部）能量很强，同时，在变化区的上部和下部的剩余能量也很强。图 2.6.16b 显示了应用了 CDP-CDP 归一化滤波后的两次测线差异剖面。可以明显看出，通过简单的 CDP-CDP 归一化滤波，两剖面的差异在变化区域的上部和下部都极大地降低了（对比图 2.6.16a 和图 2.6.16b）。

下面尝试用不同的归一化算子计算蒸汽分布图的效果：

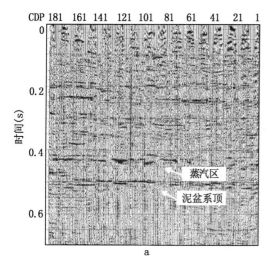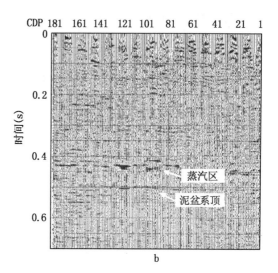

图 2.6.16　不进行归一化滤波的 1995 年和 1997 年偏移叠加剖面的差异剖面（a）；
经过 CDP-CDP 滤波后的 1995 年和 1997 年偏移叠加剖面的差异剖面（b）

①图 2.6.17 是 97 年的蒸汽分布图，对时移数据应用了相互标定和叠后 CDP-CDP 数据归一化。图中可以看出，在北部没有井或蒸汽的地区随机噪声更弱了，但北部还有噪声存在，因此需要进一步提高剖面质量。

②炮点相位匹配滤波是一个在时移地震叠前道集和叠后 CDP 道之间进行匹配滤波的算子。在这个过程中，只对相位进行归一化。通过这种滤波方法得到的 1997 年的蒸汽分布图如图 2.6.18 所示。对比图 2.6.17 和图 2.6.18，可以看出叠前炮点相位匹配滤波算子的结果并没有更好。

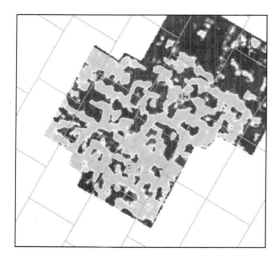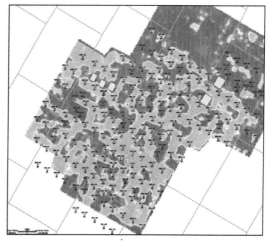

图 2.6.17　1997 年蒸汽分布图
将 1995 年的训练集合应用到 1997 年的判别分析中，
进行了 CDP-CDP 地震数据归一化

图 2.6.18　1997 年的蒸汽分布图
粉色表示热储层，蓝色表示冷储层。将 1995 年的训练集合应用到 1997 年的判别分析中，应用了炮点相位匹配和叠后 CDP-CDP 匹配的地震数据归一化。黄色方块代表叠后多道匹配算子提取的位置。参见书后彩页

③在 1995 年和 1997 年蒸汽分布图中储层没有发生变化的区域提取叠后多道匹配滤波算子（图 2.6.18 中的黄色方块）。应用这个算子后，1997 年蒸汽分布图质量提高了（图 2.6.19）。北部区域的"噪声"几乎全部被移除了。

图 2.6.20 是放大的北部区域的 B02 井组，显示了不同的匹配滤波算子之间的对比结果。总体上，所有的结果都显示 IOI 蒸汽注入后的蒸汽通道变宽了（图 2.6.20b，c，d）。根据工程上的生产数据（压力、温度和气体饱和度），黄色圈所在的位置没有蒸汽分布。但是，没有经过归一化的数据的蒸汽分布图中在这三个区域出现了一些噪声（图 2.6.20b）。因此归一化对于提高预测的精度很重要。

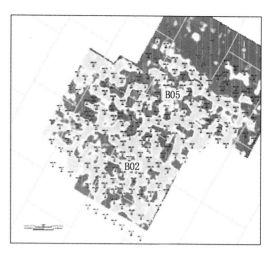

图 2.6.19　1997 年的蒸汽分布图

将 1995 年的训练集合应用到 1997 年的判别分析中，进行了叠后多道匹配算子地震数据归一化

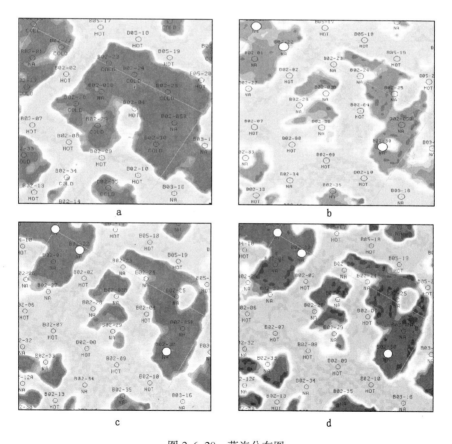

图 2.6.20　蒸汽分布图

a—1995 年蒸汽分布图；b—1997 年没有归一化的资料；c—1997 年炮点相位匹配和 CDP 匹配归一化滤波；d—1997 年多道算子的归一化滤波。参见书后彩页

在该实例研究中，应用不同的井标定集合进行判别分析得到的蒸汽分布图差异很大。在训练过程中，不同类型的监督井数量最好能够均衡。时移相互标定能够发挥作用，与数据单独的判别分析相比，时移相互标定的蒸汽分布图的结果更加一致和稳定。数据的归一化是相互标定的前提。在归一化算子的选择过程中，在两次时移数据蒸汽分布图中储层没有发生变化的部分提取的叠后多道匹配算子得到的结果最好，叠前数据归一化是不必要的。

2.6.1.4　非冗余属性——主成分属性

地震数据中提取的常规地震属性，例如平均振幅、等时线、峰值振幅、中心频率等在很多情况下能够反映出储层的性质。但是，这些属性不一定能够包含地震数据的全部变化信息。同时，这些属性具有一定程度的相关性，因此，需要特殊的方法对这些冗余的性质进行处理。

相比之下，从主成分分解中计算的地震属性是不相关的，并且分解得到的完整序列的主成分能够反映地震数据的全部变化信息。在冷湖地区 A02/A04 井组地震监测项目中，主成分属性分析比传统属性分析的结果更好，判别函数与井控制的吻合率是 90%，蒸汽分布图与工程上的压力平衡数据更加吻合。

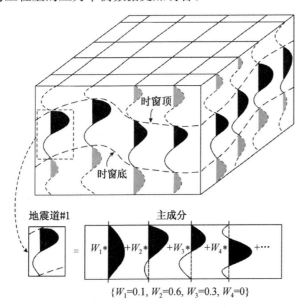

图 2.6.21　地震数据主成分属性概念的示意图

在应用主成分属性进行时移相互标定的过程中，为保证一致性，对合并的时移数据进行分析。从合并的数据中提取主成分波形，用相同的主成分波形，从每个数据体中计算属性。这种技术的应用使结果更为可靠。

2.6.1.4.1　主成分属性的概念

主成分属性（principal components attributes，PCA）是从地震数据的主成分分解得到的属性。图 2.6.21 是主成分属性概念的示意图。地震道是由一系列波形组成的，这些波形就是主成分。地震道可以用一系列波形的加权线性叠加进行重构，这些权值就是主成分属性。

我们考虑 N 个地震道 $[x_t(t)$，$i=1$，…，N 且 $t=1$，…，$M]$ 来形成协方差矩阵，即

$$C = X^T X \tag{2.6.1}$$

这个矩阵是 N 阶对称方阵。用奇异值分解（SVD）分解矩阵如下：

$$C = RLR^T \tag{2.6.2}$$

矩阵 L 是由矩阵 C 的特征值组成的对角矩阵；矩阵 R 的列元素是与这些特征值对应的特征向量。定义第 i 个主成分为

$$p_i(t) = \sum_{j=1}^{N} r_{ij} x_j(t) \tag{2.6.3}$$

式中：r 是与第 i 个特征值相对应的特征向量。每个主成分是输入地震道的线性叠加，这些权值（特征向量）就是主成分属性。地震道的重构是上述过程的逆过程，也就是：

$$x_i(t) = \sum_{j=1}^{N} r_{ji} p_j(t) \qquad (2.6.4)$$

每个主成分的能量值与和它相对应的特征值的大小是一致的。特征值是每个主成分体现地震数据信息的相对重要性的指示因子。与非常小的特征值对应的主成分对组成原始数据的贡献非常小，甚至可以忽略。因此，地震道的总能量可以看做是特征值的和。定义矩阵 $\boldsymbol{C}$ 的第 i 个特征值为 λ_i，主成分 p_i 的贡献率定义为 $\lambda_i / \sum_{j=1}^{N} \lambda_j$，通常要求提取的主成分的数量 m 满足 $\sum_{i=1}^{m} \lambda_i / \sum_{j=1}^{N} \lambda_j > 0.85$，也就是说前 m 个主成分的累计贡献率已达到 85%，能够表达原始地震数据的绝大部分信息。在属性分析中最重要的特性是所有的主成分是正交的。换句话说，它们是彼此独立的，并且主成分属性（特征向量）也是彼此独立的。在统计分析中，它们并不相关，也不冗余。

2.6.1.4.2 主成分属性与常规属性的对比分析

（1）属性交会图。

常规属性分析的根本缺点是属性包含了冗余的信息，当在判别分析中应用有限数量的属性时，这些属性不能反映地震数据的所有变化信息。图 2.6.22 是常规属性的交会图，属性之间存在线性相关性。与常规属性相比，主成分属性是彼此正交的，主成分属性的交会图类似于"云状"，彼此之间没有线性相关性（图 2.6.23）。

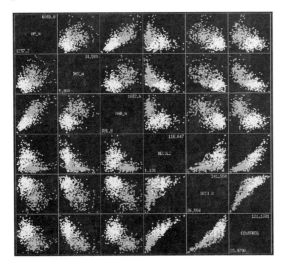 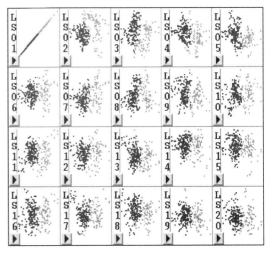

图 2.6.22 六个常规属性交会图
显示了属性之间的相关性

图 2.6.23 第 1 个主成分属性与 20 个
主成分属性的交会图
显示了属性之间没有相关性

（2）数据频带宽度和主成分属性数量对判别分析的影响。

将 A2/A4 工区的地震道分解成 32 个主成分波形，并提取出相应的主成分属性（特征向量）。Clearwater 组主成分波形的等级及其包含的变化信息在表 2.6.3 中列出。如果将大于 62Hz 的频率数据去除，只需要 12 个属性就能包含滤波后数据 99.99% 的变化信息（见表 2.6.3）。将 25Hz 以上频率成分去除，为了捕获 99.99% 的变化信息，只需要 6 个属性即可。数据的带宽越窄，前面几个属性捕获的信息的百分比越高。

表 2.6.3　Clearwater 地层主成分波形贡献率等级统计分析

波形	100%频率成分		高截频 62Hz		高截频 25Hz	
	贡献率	累计贡献率	贡献率	累计贡献率	贡献率	累计贡献率
1	11.400	11.400	26.177	26.177	48.239	48.239
2	11.050	22.450	20.952	47.129	31.084	79.323
3	10.043	32.493	13.720	60.849	11.821	91.144
4	8.758	41.251	10.818	71.667	7.596	98.740
5	7.990	49.241	8.788	80.455	1.155	99.895
6	6.434	55.675	7.391	87.864	0.100	99.995
7	5.772	61.447	5.497	93.343	0.005	100.000
8	5.335	66.782	4.111	97.454		
9	4.821	71.603	1.860	99.314		
10	4.694	76.297	0.541	99.855		
11	4.194	80.491	0.116	99.971		
12	3.806	84.297	0.024	99.995		
13	3.651	87.948	0.005	100.000		
14	3.361	91.309	0.001	100.001		
15	3.225	94.534				
16	2.438	96.972				
17	1.521	98.493				
18	1.127	99.620				
19	0.315	99.935				
20	0.058	99.993				

接下来测试数据的频率成分对储层监测（蒸汽分布图成像）的影响。为了获得高频成分的数据，要把检波器埋在地表以下 10m，不过这会极大地增加采集的成本（大约每个检波器需要花费 100 美元）。在判别分析中需要多少个主成分属性来获得最好的蒸汽分布图？是不是频带越宽（高频成分多），分析结果越好，或是低频数据已经足够用于冷湖地区的储层监测？这些问题会影响数据采集成本，因为如果低频成分数据是可以接受的，就不需要将检波器埋得太深。下面的讨论会回答上面的两个问题。

用高截频是 25Hz 的数据进行判别分析。结果表明，随着主成分属性数量的增加，井震吻合度在冷类型和热类型中都会增加（见表 2.6.4）。25Hz 数据的第 7 个属性只能包括 0.005% 的变化信息（见 2.6.1），可能会成为噪声干扰而不会增加判别分析的准确性，如表 2.6.4 所示，7 个属性的井震吻合程度甚至比 6 个属性的还要低。

表 2.6.4　高截频 25Hz 数据的井震吻合率统计

类别	应用的属性个数						
	7	6	5	4	3	2	1
热	82.1	84.7	84.7	83.4	80.2	75.8	74.5
冷	80.1	77.6	78.1	76.8	78.1	76.0	72.7

当全频带成分的数据用于判别分析时，统计特征的趋势与上述趋势一致，即增加判别分析中主成分属性的数量，井震吻合度会增加，除了最后两个主成分属性（包括 0.007% 的变化信息）与上述趋势有所不同。与表 2.6.4 中所示趋势不同，这两个属性的增加使吻合率增加了（见表 2.6.5）。这个表说明，当主成分属性包含低的数据变化信息时，并不总是形成噪声干扰。它可能会反应储层性质的有效变化。

表 2.6.5　全频率成分数据的井震关系统计

类别	用到的属性个数		
	22	20	16
热	89.17	88.54	83.44
冷	83.88	82.64	79.75

从上述分析和表 2.6.6 中可以观察到，主成分属性判别分析的训练过程中，全频带数据比高截频滤波后的数据的井震吻合度更高。完整的属性序列（属性个数最多）井震吻合度最好。主成分属性相比于常规属性来说，井震吻合度更高。

表 2.6.6　常规属性和主成分属性井震吻合程度的统计

类别	常规属性	主成分属性		
	全频率成分 7 个属性	全频率成分 22 个属性	高截频 62Hz 的 14 个属性	高截频 25Hz 的 7 个属性
热	79.75	89.17	82.80	82.17
冷	74.69	83.88	79.34	80.17

2.6.1.4.3　主成分属性的应用效果分析

A02/A04 地震监测中的主成分属性的判别分析比常规属性分析的结果更好（图 2.6.24）。主成分属性判别模型训练时井震吻合度为 89%，空间的蒸汽分布与工程上的压力平衡数据更加吻合。对比图 2.6.24a 和 b 可以看出，蒸汽分布在东北方向（A04 - 10）有异常（气室）的存在，与实际的注气状态吻合。

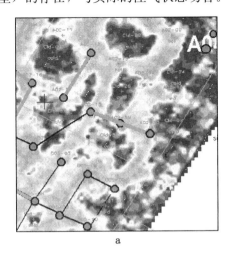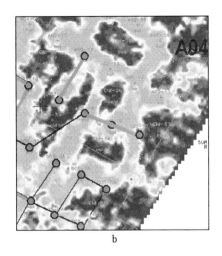

图 2.6.24　A2/A4 井组的常规属性判别分析结果（a）；全频带数据应用 22 个主成分属性的判别分析结果（b）

在蒸汽注入井附近钻了三口水平井来提高采收率（图 2.6.25b 蒸汽分布图中绿色线条代表井轨迹。高温位置由于储层的含水饱和度升高电阻率变低。图 2.6.25a 是分别用常规属性和主成分属性得到的 D3－H3 井地层温度分类（温度范围冷—热分别对应值 0～1）与电阻率的叠合图。主成分属性与电阻率的吻合度比常规属性更高。

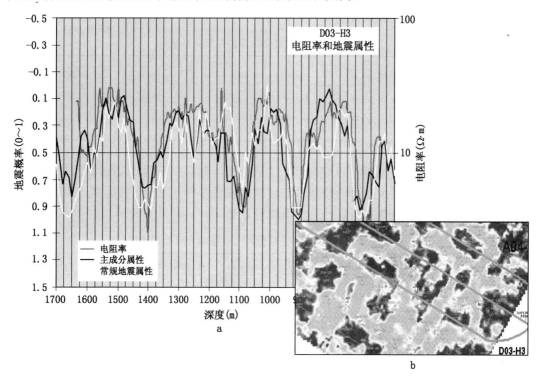

图 2.6.25　水平井 D03－H3 常规属性和主成分属性得到的冷热储层的地震概率与电阻率，
冷～热：0～1（a）；A2/A4 井组的蒸汽分布图，上覆水平井轨迹（b）。参见书后彩页

2.6.1.4.4　主成分属性的时移相互标定

为了说明主成分属性的时移相互标定，对 B02 井组进行分析。图 2.6.26 是 32 个地震波形的有限序列，分别利用 1995 年和 1997 年 B02 井组地震数据分解得到。可以看出图 2.6.26a 和 b 两次数据得到的主成分（也就是波形）差异很大，没有一致性。

储层监测的本质是通过过去的储层状态（已知的）来推知现在的储层状态（未知的）。地震数据可以作为预测储层状态的桥梁，因此在分析中时移相互标定是必要的。为了进行时移相互标定，通过将 1995 年和 1997 年的两个数据合并在一起进行主成分分析。图 2.6.27显示了从合成数据体的主成分分解中得到的 32 个地震波形。用这些地震波形提取 1995 年和1997 年地震数据的主成分属性。用相同的地震波形并不意味着从不同的数据提取的属性是一样的。用从 1995 年数据和 1995 与 1997 年的合并数据分别进行主成分分解后得到的主成分属性，对 1995 年的数据进行判别分析，结果没有差别，最终的蒸汽分布图几乎相同（图2.6.28 和图 2.6.29）；但是，对于 1997 年的数据，当在判别分析中用相互标定时，结果差别很大。图 2.6.30 和图 2.6.31 是 1997 年的蒸汽分布图。图 2.6.31 是利用合成数据主成分分解的波形提取主成分属性后判别分析的结果。主成分属性的时移相互标定可以通过先将时移地震数据合并后，再进行主成分分解，用得到的主成分波形分别对不同时间的数据提取属

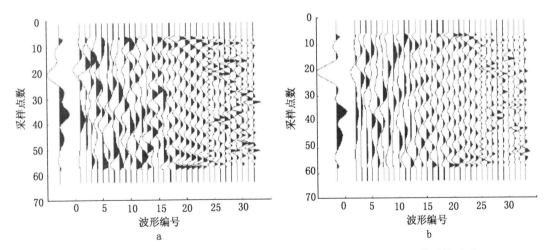

图 2.6.26　B2 井组 1995 年数据主成分分解的 32 个有限序列地震波形和其平均波形（a）；
1997 年数据主成分分解的 32 个有限序列地震波形和其平均波形（b）
不同的数据体中波形差异很大，平均波形是通过这 32 个波形的平均得到的

性后，再分别进行判别分析。

2.6.1.4.5　讨论和结论

（1）主成分属性分析适用于多变量统计分析如判别分析，主成分属性分析简化了属性选择的过程。判别分析中不需要考虑冗余信息，因为主成分属性是彼此正交的，它们没有相关性。

（2）完整序列的主成分属性井震吻合度最高，能够囊括 100% 的地震数据变化信息。最后几个级别的属性可能形成噪声，但也可能包括储层性质的有效信号。与高截频滤波的地震数据对比，全频率成分的数据的判别分析结果最好。未来研究的方向是找到能够给出足够的判别分析结果的频带上限。

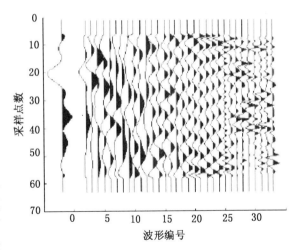

图 2.6.27　1995 年和 1997 年测线数据合并后
主成分分解的 32 个有限序列地震波形
平均波形（左侧）是通过计算这 32 个波形的平均值得到的

（3）在时移分析中进行时移数据间的相互标定时，由于主成分属性与数据体有关，对每次数据分别进行地震波形分解后，再进行判别分析是不能进行相互对比的，因为分解的地震波形在测线间没有对应关系。从合成数据分解的波形中提取的主成分属性可以帮助我们避免这个问题。测线之间的相互标定变得有效，可以得到更加精确的蒸汽分布图。

2.6.1.5　时移叠后地震反演

储层加热的过程导致注入井附近和被蒸汽前缘波及的储层含气饱和度增加，地震波速度降低，因此在蒸汽区域能够观测到低阻抗异常。以此为基础，时移叠后反演的波阻抗反演结果可以监测蒸汽的分布位置。波阻抗三维数据体能够为蒸汽注入的位置和分布范围提供重要的数据。这些数据能够帮助我们确定重力作用区域和裂缝的发育区域。此外，它为后续施工，井位部署提供参考依据。下面讨论时移叠后地震反演在重油储层监测中的应用效果。

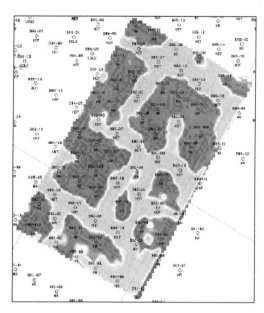

图 2.6.28　B2 井组的蒸汽分布图
利用 1995 年数据地震波形分解后提取的属性
对 1995 年数据的判别分析结果

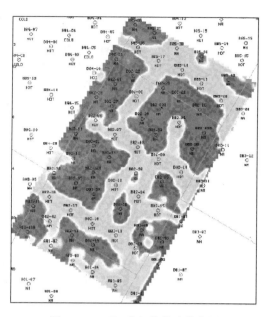

图 2.6.29　B2 井组的蒸汽分布图
利用 1995 年数据和 1997 年数据合并进行地震波形分解后
提取的属性对 1995 年数据的判别分析

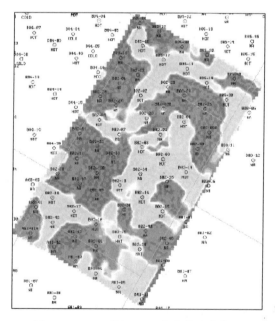

图 2.6.30　B2 井组 1997 年的蒸汽分布图
利用 1995 年和 1997 年数据进行独立的主成分分解后
提取的属性。应用了相互标定（1995 年的训
练集合，应用于 1997 年的判别分析中）

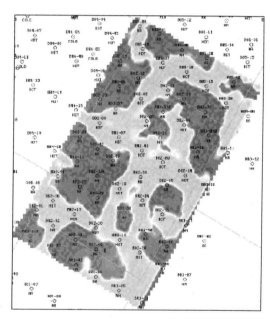

图 2.6.31　B2 井组 1997 年数据的蒸汽分布图
将 1995 年和 1997 年数据合并进行主成分分解后
提取的属性（波形通过将时移地震数据合
起来后提取得到）。应用了相互标定

2.6.1.5.1　反演结果和解释

　　为了对三维空间的蒸汽分布进行成像，这里讨论叠后反演方法。将从 B2456 井区数据得到的数据体用于反演中。图 2.6.32 是在 B2456 井组声波和密度测井可用的井（红点）与

1995 年蒸汽分布图的叠合。本节主要讨论对反演结果的解释。包括将地层结构或者岩性边界与蒸汽的运移联系起来，研究蒸汽垂直分布的模式。

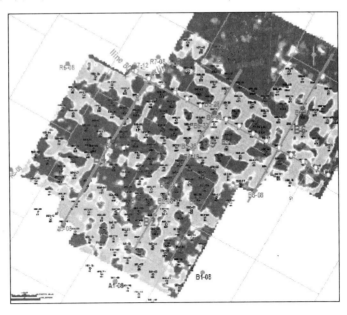

图 2.6.32　B2B4B5B6 井组声波和密度测井可用的井（红点）
与 1995 年蒸汽分布图的叠合
参见书后彩页

　　用 STRATA 反演软件进行时移地震反演，应用一种广义线性反演算法。反演的直接输出是地震阻抗。

　　图 2.6.33 是 1995 年测线数据沿着 crossline90（图 2.6.8 N－S 方向）穿过井 B5－08 和井 B2－08 的垂直分布图。首先，它与图 2.6.32 给出的蒸汽分布图在蒸汽室的横向分布上是一致的。在图 2.6.32 蒸汽分布图中定义的冷区域附近可能会有水平裂缝存在，这些裂缝为蒸汽室之间的蒸汽流动提供通道。当然，作为通道，这些区域不会像蒸汽室一样热，也不可能完全是冷的区域（如图 2.6.33 所示的 B5－18 到 B2－8 之间的区域）。在蒸汽注入阶段，由于压力增大，注入的流体可能会产生水平裂缝，并使地层发生膨胀。

　　为了将输出与储层冷热的物理意义对应起来，用 Gardner 公式将地震阻抗转化成速度，因为速度对储层的冷热具有更直接的指示作用（变化范围大约是 1800m/s 到 2400m/s）。图 2.6.34 给出了 3D 反演的速度体的时间切片。时窗范围是以储层中部的 430ms 为中心，时窗大小是 5ms。将速度 2050m/s 作为冷热储层的分界线。图 2.6.34 也表明，冷热状态的速度分布符合正态分布（图 2.6.34 的右下角）。空间的蒸汽分布规律与图 2.6.32 用地震属性分析得到的蒸汽分布规律是一致的。由于速度切片提取的时窗范围主要取自储层中部，当与从整个储层段提取的蒸汽分布图对比时（图 2.6.32），存在一些差异。蒸汽室可能会受到岩性障碍的限制，从而控制着蒸汽的垂直分布。由于这个原因，在水平切片上，B6 井组部分区域没有蒸汽室的分布。

　　图 2.6.35 是地震剖面和反演的阻抗 crossline 剖面（如图 2.6.32 所示的 crossline41）。蒸汽边界是 Clearwater 组内部 C70 的地层边界。C70 地层的上部是质量好的储层，下部储

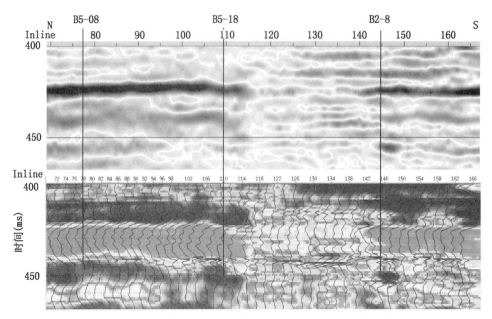

图 2.6.33　1995 年沿井 B5 - 08 到 B2 - 18（crossline90）的垂直剖面

上部是地震数据，下部是反演结果。绿色代表热储层，浅层蓝色代表冷储层。参见书后彩页

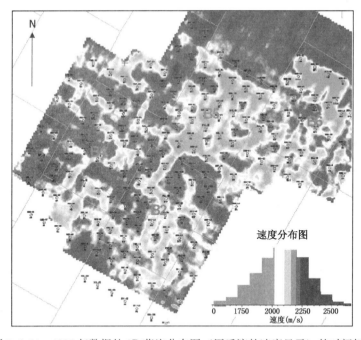

图 2.6.34　1995 年数据的 3D 蒸汽分布图（用反演的速度显示）的时间切片

层泥质含量较高。这个泥质边界可能没有足够的阻抗差作为纵波数据的强反射层。但是当边界上下存在蒸汽时，它会成为一个好的反射边界（见图 2.6.35 上部的地震剖面）。从图中可以看出，主要的岩性边界位于 B6 - 08 井附近。在这口井的南部，蒸汽室位于下部的地层，在这口井的北部，蒸汽室在位置稍高的层中。看起来蒸汽穿透了地层的边界（见图 2.6.35 下部的反演阻抗剖面）。

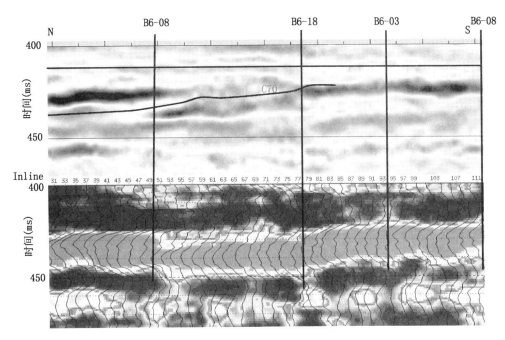

图 2.6.35　1995 年测线沿 crossline41 的垂直蒸汽分布图

显示了蒸汽室和岩性边界

图 2.6.36 是与 1995 年的切片类似的 1997 年的时间切片，与图 2.6.19 显示的蒸汽分布图具有可比性。

冷湖地区的主要储层单元是 C50 地层（见图 2.6.37）。如图 2.6.37 所示，地层 C50 沿

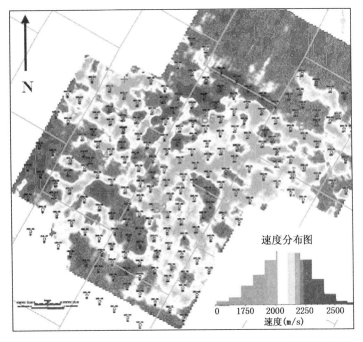

图 2.6.36　1997 年三维蒸汽分布数据（反演的速度）的时间切片

以 430ms 为中心，平均 5ms 的垂直时窗

着 crossline41 向北发生了尖灭。地层 C50 等厚图说明地层 C50 的厚度从 B6-08 井向北部工区的边界从 30m 降低到 15m 或者更低。相比之下，地层 C70 的厚度增加速度很快。地层 C70 的厚度从 B6-08 井向北部工区的边界从 10m 增加到 20m（见图 2.6.38）。

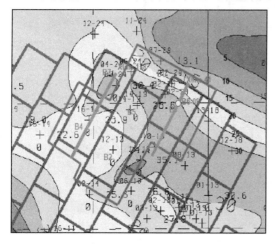

图 2.6.37　B2456 工区 Clearwater 组 C50 地层的等厚线（据 Feldman）

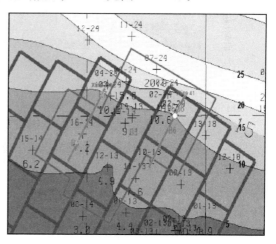

图 2.6.38　B2456 工区 Clearwater 组 C70 地层的等厚线（据 Feldman）

Crossline138 是穿过了 B4 和 B7 井组的南北方向的剖面（见图 2.6.32）。图 2.6.39 是测井数据和地层边界图（图 2.6.39 下方）与垂直蒸汽分布图（上方）的对比。在垂直分布图中，蒸汽室斑驳分布在储层中。在 C30 地层、C40 地层、C50 地层和 C70 地层中，C50 组的砂岩最纯。蒸汽室的边界与 C50 地层的边界有一致性。很明显，C30 地层和 C40 地层中的泥质成分阻止了蒸汽的渗透。在 C50 地层中，蒸汽穿透部分边界。C70 地层位于 C50 地层

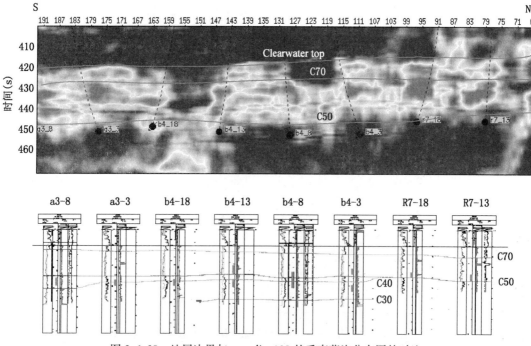

图 2.6.39　地层边界与 crossline138 的垂直蒸汽分布图的对比

的上方，这个地层的下方泥岩成分高，上部砂岩成分高。泥质层段对于蒸汽的运移有一定的阻碍作用，但在某些区域蒸汽仍然穿透了这个地层的上部。垂直蒸汽分布图验证了测井定义的地层边界。在垂直蒸汽分布图中可以观测到 C70 地层向北变厚的趋势。

2.6.1.5.2 讨论和结论

通过叠后反演进行储层监测时，不需要进行时移数据的互均化滤波，因为子波是从每个数据体中单独提取的，子波中包含了不同时间采集的数据的相位、频率、振幅等变化信息。

叠后数据本质上削弱了 AVO 效应，这会影响到最后的反演结果。当 AVO 效应强的时候，最后的反演结果会存在误差。

反演结果（阻抗或速度）能够得到三维空间的蒸汽分布，比多属性判别分析得到的平面蒸汽分布图信息更加丰富。此外，蒸汽室的边缘或者小的蒸汽通道也能够在图中分辨出来。垂直分布图表明地层边界对蒸汽的运移有很大的影响。高泥质含量的地层会限制或者减缓蒸汽在水平或者垂直方向上的运移。

2.6.1.6 时移叠前反演

2.6.1.6.1 时移叠前反演方法概述

时移叠前反演对不同时间采集的数据反演出 v_P/v_S 比值，能够对储层的岩性和蒸汽的分布进行描述和监测。与单纯叠后纵波阻抗相比，时移叠前反演可以提高储层及流体的识别精度。

与常规的叠前反演不同，对于时移叠前反演来说，为了使两次反演的结果能够匹配，需要对基线数据和监测测线数据的反演进行时移校正。

时移叠前反演的基本流程如图 2.6.40 时移叠前反演的流程图所示。首先对基线数据进行叠前反演，基本步骤是（1）根据测井数据和层位数据建立初始模型，以对反演进行约束；（2）对每个分角度叠加道集进行弹性反演；（3）同时约束稀疏脉冲反演。再对监测测线数据进行叠前反演，与基线数据反演的不同之处在于：为了使两次反演的结果能够匹配，需要在

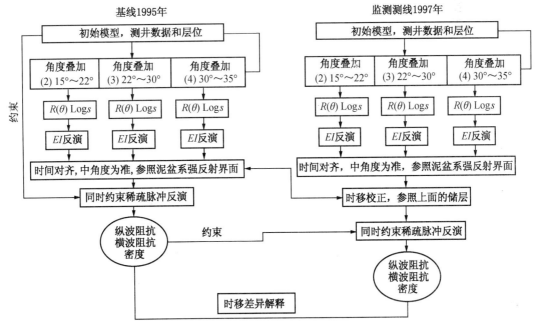

图 2.6.40　时移叠前反演的流程图

监测测线数据的约束稀疏脉冲反演前进行时移校正；另外在监测测线数据的约束稀疏脉冲反演的过程中，用基线数据的纵波阻抗、横波阻抗和密度对反演进行约束。

2.6.1.6.2　时移叠前反演效果分析

在冷湖地区应用了时移叠前反演，在进行叠前 AVO/AVA 反演之前，先对每个角度部分叠加剖面分别提取子波。图 2.6.41 时移子波对比，红色是 1995 年的子波，黑色是 1997 年的子波，从图中可以看出，不同时间提取的子波存在差异。

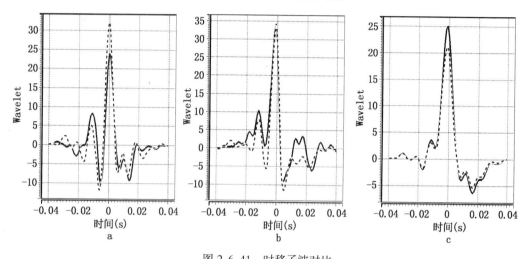

图 2.6.41　时移子波对比

1995 年（虚线），1997 年（实线）；a—角度 2（15°~22°）；b—角度 3（22°~30°）；c—角度 4（30°~35°）

反演的结果主要有纵波阻抗、横波阻抗、密度。通过计算可得 v_P/v_S。图 2.6.42 和图 2.6.43 是反演得到的 1995 年和 1997 年的 v_P/v_S 剖面。通过 v_P/v_S 可以很好的识别砂岩储层，同时识别出砂岩中的蒸汽封隔单元。如图 2.6.42 所示，在 1995 年的剖面中，蒸汽分布比较分散。与此对应，1997 年的剖面上蒸汽分布比较集中，气室和储层砂岩的位置都能够清楚地勾勒出来。

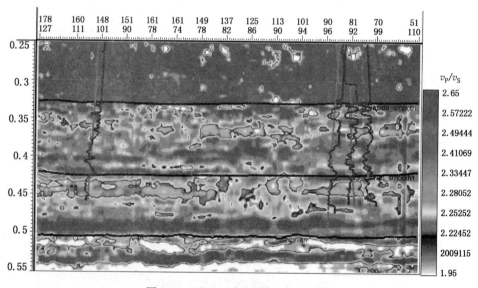

图 2.6.42　1995 年反演的 v_P/v_S 剖面

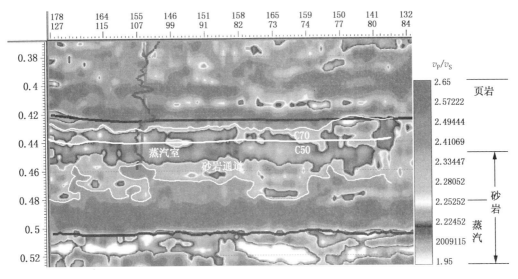

| 178 | 164 | 155 | 146 | 151 | 158 | 165 | 159 | 150 | 141 | 132 |
| 127 | 115 | 107 | 99 | 91 | 82 | 73 | 74 | 77 | 80 | 84 |

图 2.6.43　1997 年反演的 v_P/v_S 剖面

图 2.6.44 是 1997 年 v_P/v_S 三维可视化显示，蒸汽在三维空间的分布（蓝色）可以很好的显示出来。

通过以上的讨论可知，时移叠前反演方法可以对储层进行识别，同时能够对储层中的蒸汽分布位置进行监测。

2.6.2　冷采重油监测

与热采相对应，冷采技术也是一种重油开采方式。冷采技术在加拿大 Alberta，Saskatchewan 等地得到了成功的应用。虽然一次采油采收率相对低一些，但重油冷采所需要的能量相比热采方法（如 CSS 或 SAGD）来说低得多，并且在采收阶段需要的烃类也少得多。

国外对重油的冷产监测进行了一系列的研究。Lines 等（2003）尝试了探

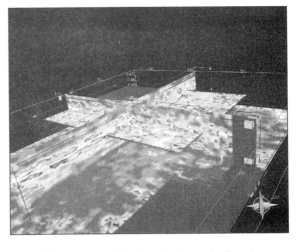

图 2.6.44　1997 年 v_P/v_S 三维可视化显示
参见书后彩页

测蚯蚓洞（在油砂的开采过程中，会形成高孔隙度，高渗透率的通道，称为"蚯蚓洞"）的空间分布，而不是对单个蚯蚓洞进行成像。Chen 等（2004）应用 Gassmann 方程计算了冷产前和冷产后的重油储层弹性参数，并讨论了时移地震探测泡沫油和蚯蚓洞的可行性。Zou 等（2004）对 Alberta 东部冷产区的时移地震测线进行了分析，讨论了与重油冷采有关的时移地震响应变化。Lines 和 Daley（2007）说明了 3D 深度偏移可以勾勒出在 Fresnel 分辨率范围内的冷产区域。以下基于 Lines 等（2008）进行的冷采重油监测研究进行分析。

2.6.2.1　蚯蚓洞、泡沫油以及冷采技术介绍

冷采是不需要对储层进行加热的一种采油机制，通过使用螺杆泵（一种利用螺杆的旋转来吸排液体的泵，它最适于吸排黏稠液体），将油、水、气和砂同时开采出来。开采过程中，

储层压力会降低到泡点压力（温度一定时、压力降低过程中开始从液相中分离出第一批气泡时的压力）以下，气体以气泡的形式被分离出来。这些气泡被困在黏度极大的油中，形成类似于泡沫的物质，称为"泡沫油"。泡沫油演化的现象类似于剃须膏中产生泡沫，所不同的是困住泡沫的是黏稠的油而不是肥皂。图 2.6.45 是冷采过程的力学机制的示意图。

图 2.6.46 是加拿大西部油田的一个蚯蚓洞模型示意图。蚯蚓洞的形态类似于树枝（Yuan 等，1999）。蚯蚓洞的典型尺寸是 100～200m，在连续生产数年后周长可变为 10～20cm。图 2.6.47 是 Calgary 帝国石油研究实验室的泡沫油样本图。

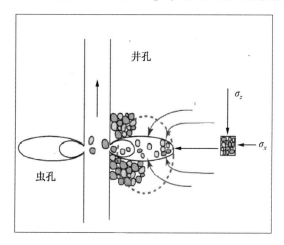

图 2.6.45　冷采过程的力学机制示意图
（据 Taurus 公司的 Jen Wang 和 Tony Settari）
在重油冷采的过程中，螺杆泵将砂，油，水和气从钻孔中抽出；同时，会形成高孔隙度，高渗透率的通道，即"蚯蚓洞"

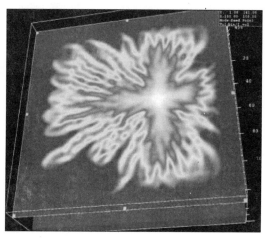

图 2.6.46　蚯蚓洞的深度切片
（据 Lines 等，2008）
取自 Saskatchewan 地区 Plover Lake 地区，井孔位于亮黄区域的中心，橙黄色区域是高孔渗区域，地震速度很低，蓝色区域是没有被蚯蚓洞影响到的油砂。参见书后彩页

蚯蚓洞和泡沫油是重油冷采的主要驱动因素。在重油开采中，蚯蚓洞形成的孔隙吼道产生的效果类似于天然水平井。泡沫油有以下作用：产生内部驱动力，将油、气、水和砂子所形成的砂浆驱向井筒；泡沫油中的气泡流经孔隙喉道时，将对喉道起堵塞作用，导致局部压力梯度升高，从而使局部拖曳力增加，达到激励地层出砂的目的；井筒中流动的泡沫油密度很低，这使得高黏度重油更加容易携砂（曾玉强等，2006）。在冷采初期一般出砂量很高，重油采收率较低。但是，在几个星期的连续开采以后，出油量可能会很高，含砂量会呈指数规律降低。可以认为，这种高的采收率是蚯蚓洞通道和泡沫油驱动共同作用的结果。

冷采是一种压力驱替的过程中。当压力衰竭时，冷采过程自然终止，此时地层砂不再扰动，不再随泡沫流体流向井筒。如果在衰竭区域钻新井，产量会降低。因此勾勒出衰竭区域来优化钻井策略非常重要。图 2.6.48 说明了这个问题，在制定钻井方案前，需要勾画出衰竭区域以使新井具有生产力，用最少的井实现最大的采收率。因此需要运用地震方法勾勒出这些冷采的衰竭区域。

2.6.2.2　冷产区域的地震分辨率

图 2.6.49 是时移地震剖面的对比。将 1989 年和 2000 年分别在 Alberta 省 Provost 附近采集的地震数据进行对比。箭头所示区域表明，Mannville 层和 Rex 层地震振幅和旅行时发

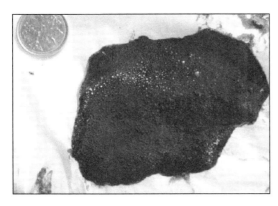

图 2.6.47 泡沫油的样品图（据 Chen 等，2004）

这个图最初来自于 Imperial Oil Research
Laboratory 和 David Greenridge

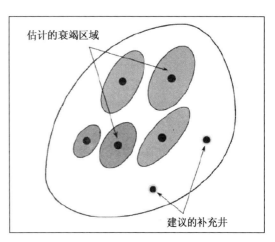

图 2.6.48 冷采的衰竭区域示意图
（据 Lines 等，2008）

加密钻井时，需要在这些衰竭区域外钻新井以优化生产

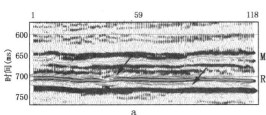

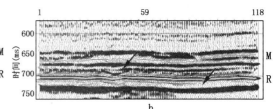

图 2.6.49 时移地震剖面对比（据 Lines 等，2008）

a—1989 年采集；b—2000 年采集。箭头所示的区域表明振幅发生了变化，
并且走时由于储集区地震速度的降低发生了延迟

生了变化。

图 2.6.50 将蚯蚓洞网络的速度模型（图 2.6.50a）与 3D 的深度偏移剖面的深度切片
（图 2.6.50b）进行了对比。受地震分辨率限制，深度切片（图 2.6.50b）成像模糊。但可以
看出，成像结果能够勾勒出冷采区域的边界。

以上分析表明，时移地震在冷采监测中能够发挥作用。此外，研究表明储层的压力降低
会使 v_P/v_S 降低 10%～15%。进一步我们需要研究重油冷采过程中，用 v_P/v_S 进行生产监测
是否可行。

2.6.2.3 冷采岩石物理模型

Gassmann 方程通过用已知的固体基质，骨架以及孔隙流体的体积模量来预测饱含流体
的多孔介质的体积模量，用以下的形式，即

$$K^* = K_d + \frac{(1 - K_d/K_m)^2}{\dfrac{\phi}{K_f} + \dfrac{1-\phi}{K_m} - \dfrac{K_d}{K_m^2}} \tag{2.6.5}$$

式中：K^*、K_d、K_m、K_f 和 φ 分别是饱和的孔隙岩石的体积模量、骨架岩石的体积模量、
基质体积模量、流体体积模量和孔隙度。假设饱和岩石的剪切模量 μ^* 不会受流体饱和度的
影响，则有

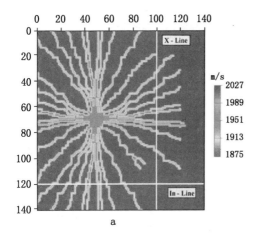 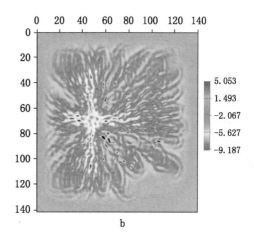

图 2.6.50　蚯蚓洞网络的速度模型（a）；地震频带范围的 a 的地震图像（b）（据 Lines 和 Daley，2007）
这个图说明地震分辨率是受菲涅尔带限制的。虽然整体上蚯蚓洞区域模糊，
但冷采区域的边界可以通过地震成像勾勒出来

$$\mu^* = \mu_d \tag{2.6.6}$$

式中：μ_d 是干的骨架的剪切模量。

对于均质各向同性弹性介质来说，纵波和横波速度分别为

$$v_{\mathrm{P}} = \sqrt{\frac{K^* + 4\mu^*/3}{\rho^*}} \tag{2.6.7}$$

$$v_{\mathrm{S}} = \sqrt{\frac{\mu^*}{\rho^*}} \tag{2.6.8}$$

式中：ρ^* 是饱和岩石的密度，可用下式计算，即

$$\rho^* = \rho_m(1-\phi) + \rho_f\phi \tag{2.6.9}$$

式中：ρ_m 和 ρ_f 是储层条件下固体颗粒和流体混合物的密度。

公式（2.6.5）～（2.6.9）建立了岩石模量和地震速度的关系。但 Gassmann 公式假设流体的黏度是 0，这对低温环境下的重油是不成立的。这可能会影响上述公式计算储层速度的准确性（Han 和 Batzle，2004）。

Zhang（2007）分析了 Saskatchewan 地区 Plover Lake 冷采工区的重油储层，将公式（2.6.5）和公式（2.6.6）中计算的体积模量和剪切模量，与通过公式（2.6.7）和公式（2.6.8）用偶极声波速度计算出的弹性模量进行了对比。他发现与用偶极声波测井得到的值相比，Gassmann 估计的体积模量和剪切模量分别相差不到 10% 和 3%。因此，即使是冷采的低温环境下，Gassmann 公式对重油砂层的弹性模量的描述仍然是合理的。

岩石物理测量能够给出储层参数物理性质与地震性质（速度和振幅）之间的关系。图 2.6.51 显示了 Alberta 大学的 Schmitt 实验室的岩石物理仪器（a），实验室对岩石的地震测量已经进行了 20 多年了。岩心（b）被放在发射器（c）之间来产生地震记录（d）。

2.6.2.4　冷采的储层模拟

图 2.6.52 是重油冷采的储层模型示意图。冷采之前的储层模型（a）显示孔隙度随机分布特征，大多数孔隙度范围都是 20%～40%。经过 10a 的冷采后，位于模型中间的一口井孔隙度很高，大于 60%。高孔隙度区域会引起地震响应的变化，通过时移地震技术能够测

得蚯蚓洞的分支方向。

经验表明，时移地震和岩石物理学可以在储层的孔隙度描述方面发挥作用。下一个研究的目标是用地震和岩石物理数据来描述储层流体，特别是重油黏度。

通过以上介绍，可以总结出以下几点：（1）在重油冷采期间产生的蚯蚓洞和在提取油和砂的同时产生泡沫油将会改变储层的流体性质。这种改变能够通过地震数据检测出来。（2）对于 API 范围是 $10 \sim 20$，对 $20^{\circ}C$ 的重油来说，剪切模量很小，可以忽略。Gassmann 方程可以帮助我们分析和理解重油层在冷采前后的地震响应。（3）v_P/v_S 比值

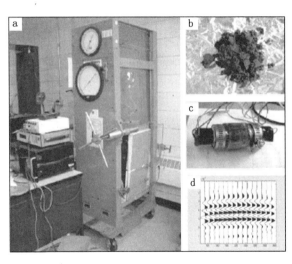

图 2.6.51 岩石物理仪器（a）用来测量岩心（b）的地震速度，将岩心放在发射器（c）之间产生地震响应（d）（据 Lines 等，2008）

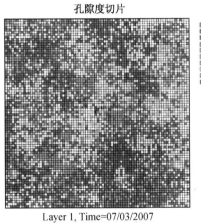

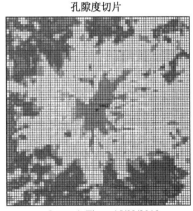

图 2.6.52 在油藏开采前冷采的孔隙度模型（a）；经过 10a 开采后的孔隙度模型（b）
（据 Lines 等，2008）

是流体体积模量和孔隙度的函数。对孔隙度高的未固结砂岩来说，孔隙流体对最终的 v_P/v_S 比值有很大影响。重油冷采之后，流体体积模量会急剧减小，并且减小幅度也能够探测出来。

2.6.3 重油储层参数监测

由于地震速度在含油饱和与含水饱和的地层中差异很小，地震方法在探测储层流体的时候往往非常困难。而地层电阻率与储层孔隙度，流体饱和度等储层性质紧密相关，这就为利用电磁方法监测储层奠定了物理基础。因此基于这些特殊的性质，井间电磁成为一种较有效的储层参数监测技术。

2.6.3.1 井间电磁方法监测储层参数的理论基础

Engelmark（2010）对冷采和热采过程中，含水饱和度、盐度、温度和孔隙度对电阻率

的影响进行了分析。用电磁方法对重油的冷采过程进行监测，影响电阻率的因素只有储层的含水饱和度。图 2.6.53 是由 R_t/R_0 定义的电阻率指数随含水饱和度变化的曲线，R_t 是在给定含水饱和度下的电阻率，R_0 是 100% 含水时的电阻率。岩石中泥质的存在会将变化的趋势向下拉（如图 2.6.53 中的箭头所示），这是因为泥岩的导电性能比砂岩要好，当含水饱和度不变时，增加泥质含量会使电阻率变低。如果岩石的基质是部分亲油性的（与一般的碳酸盐岩中的情况相同），变化趋势会在左侧，这比亲水性岩石的电阻率高，如图 2.6.53 中所示的箭头所示。

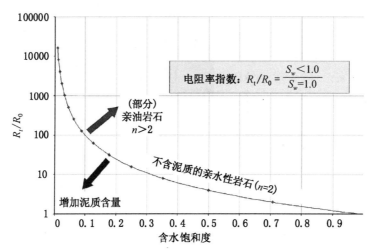

图 2.6.53　不含泥质的亲水性岩石电阻率指数随含水饱和度的变化（据 Engelmark，2010）
菱形点代表电阻率指数

然而，对于重油热采（如 SAGD）的监测与冷采不同，在 Archie 公式的基础上进行推导，电阻率 R_t 用其他的参数表示，可得

$$R_t = \frac{a \cdot R_w}{\phi^m \cdot S_w^n} \tag{2.6.10}$$

式中：a 是岩石基质曲率，与岩性有关；R_w 是地层水的电阻率；ϕ 是孔隙度；m 是胶结指数；S_w 是含水饱和度；n 是饱和度指数。参数 a，ϕ 和 m 是岩石基质的性质，R_w 和 S_w 是流体参数，n 与湿润度有关（湿润度受矿物，孔隙形状和颗粒—流体界面的影响）。

热采对电阻率的影响主要通过以下四种方式：（1）温度的增加；（2）含水饱和度 S_w 的增加；（3）盐度的降低；（4）随着孔隙度增加，从弱胶结到未固结砂岩的岩石基质模型的变化。

温度的影响非常大，如图 2.6.54 所示。这种变化趋势基于方程（2.6.11），方程（2.6.11）在所有电缆测井公司给出的图表中都能查到。

$$R_2 = R_1 \cdot \left[(T_1 + 21.5)/(T_2 + 21.5) \right] \tag{2.6.11}$$

将地层水看作 NaCl 溶液，假设地层水矿化度为常数，地层水电阻率会随着温度的升高而下降。这是因为随温度升高，溶液中的离子迁移速度随之加大，在外加电场的作用下溶液的导电能力加强，地层水电阻率变低。R_1 和 T_1 是原地的电阻率和温度，R_2 是在温度 T_2 时估计的孔隙水电阻率。当温度从 10℃ 增加到 42℃ 时，电阻率降到了原值的一半。进一步的加热显示，在温度是 104℃ 时，孔隙水的电阻率降低到 1/4。当温度升高到 230℃ 时，电阻

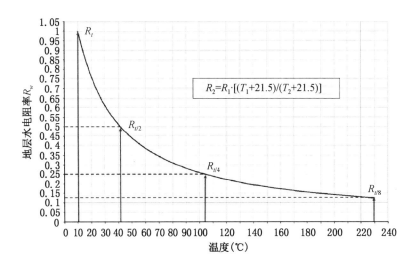

图 2.6.54　孔隙水的电阻率 R_w 随温度增加的变化曲线（据 Engelmark，2010）

R_t 是岩石电阻率

率降低到了原来值的 1/8。因此，温度的增加是热采监测过程中电阻率降低的主要原因。

　　当注入的蒸汽冷凝时，孔隙空间中蒸馏水会增加，这会增加含水饱和度，但同时也会使水的盐度降低。尽管重复的冷凝和采油的循环会使原始的盐度降低，从而使电阻率升高，但在短期内由于含水饱和度的增加会使电阻率降低。盐度的降低在注气井附近比较明显。随着盐度增加电阻率降低的曲线如图 2.6.55 所示。

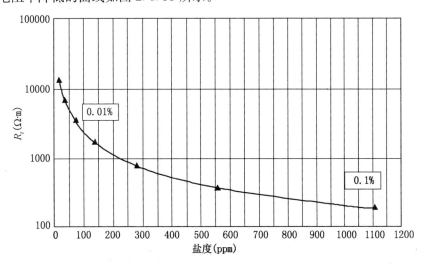

图 2.6.55　对于盐度较低的孔隙水，孔隙水电阻率随盐度的变化（据 Engelmark，2010）

　　最后，在热循环水对颗粒胶结物的溶解作用的影响下，岩石的基质会发生变化。岩石基质的变化可以通过监测井来评价，通过对原地砂岩储层的正演来说明这种效应。对于弱固结的砂岩来说，$a = 0.845$，$m = 2.02$，如图 2.6.56 所示。然后，在长期的暴露于蒸汽和热水的情况下，蒸汽室可以通过未固结的砂岩模型来表征，$a = 0.62$，$m = 2.15$。这种变化本身会使电阻率降低 15％。但除了矿物损失外，蒸汽室的岩石体积会扩张，这可以通过地表测斜仪检测出来。这种扩张可以通过 Archie 公式中的孔隙度增加来描述。除了温度，含水饱

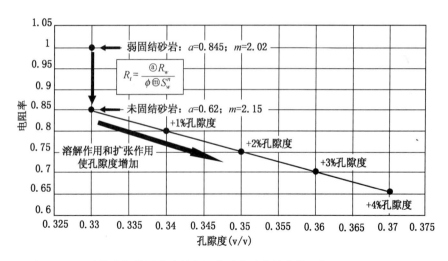

图 2.6.56　矿物溶解作用造成的电阻率随孔隙度的变化（据 Engelmark，2010）

蒸汽室的发育引起的溶解作用和体积扩张通过孔隙度的增加来表征

和度和盐度的影响外，孔隙度的增加会进一步降低电阻率。

2.6.3.2　井间电磁技术监测储层参数的应用实例

上一节关于电阻率随含水饱和度、温度、盐度和孔隙度变化的介绍为我们利用电磁方法监测重油储层参数奠定了理论基础，接下来我们将通过一个实例说明该方法在具体监测中的使用方法和结果。这个实例研究是基于 Hoversten 等（2004）对 California 中部 Kern River 油田的相关研究成果。Hoversten 等（2004）利用测井数据指出地层电导率与孔隙度、含水饱和度和泥质含量有关，而与地层温度并没有一个很好的函数关系（由于地层水的离子含量很低）。为了对储层参数进行描述，其提出利用速度成像和电磁电导率成像两种方法相结合，解释孔隙度、含水饱和度和储层单元内的温度变化，据此可以解释蒸汽在不同的储层单元中的分布情况。

2.6.3.2.1　工区背景介绍

研究区位于 California 中部的 Kern River 油田。地质剖面的上部 600m 内是砂岩和粉砂岩互层。在储层的 115～400m 的深度范围内，砂岩和粉砂岩的渗透率、厚度及方向处处都在变化。这些变化控制着生产井段间的流体流动。三个含油饱和度较高的层段是 G（170～190m），K（213～250 m）以及 R（280～335 m）。这些井段孔隙度较高。

两口观测井 T04 和 T05 都是垂直井，相隔 114m，被常规的蒸汽注入井包围，在数据采集时，注蒸汽已经进行了好多年了。在 1998 年 9 月数据采集开始前，两口井都已经完井，测井也已经完成了。T04 位于一个"冷点"，井间地震测量时，T04 井上方两个储集单元 G 和 K 相对于周围井的温度较低。在两口井之间采集了井间地震和电磁数据。

2.6.3.2.2　储层参数测井数据

T04 和 T05 的测井数据包括电导率（σ）、声波速度（v_P）、孔隙度（ϕ）、黏土含量（C）、含水饱和度（S_w）和温度（F）。图 2.6.57 是 T04 井 170～260m 的井段（包括单元 G 和 K）内，电阻率和速度与 S_w、ϕ、C 以及 F 的交会图。总体上，电导率与含水饱和度、孔隙度和泥质含量高度相关。由于地层的孔隙水中离子含量低，电导率与温度缺乏相关性。在这个井段中纵波速度与含水饱和度、孔隙度、泥质含量或温度不存在相关性。

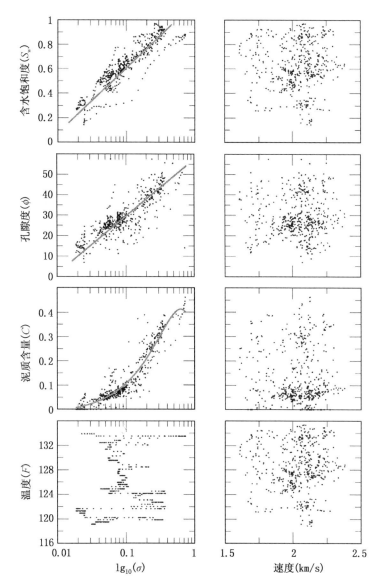

图 2.6.57 深度范围 170~260m 的电导率和速度分别与含水饱和度、
孔隙度、泥质含量以及温度的交会图（据 Hoversten 等，2004）
S_w 的线性拟合是 $S_w = 0.48\lg_{10}$ $(\sigma) + 1.1$；ϕ 的线性拟合是 $\phi = 25.4\lg_{10}$ $(\sigma) +$
55.8；泥质的多项式拟合是 $C = -1.07\lg_{10}$ $(\sigma)^2 + 1.36\lg_{10}$ (σ) $- 0.017$

　　尽管 T04 井 170~260m 的井段深度内纵波速度与含水饱和度、孔隙度或泥质含量不存在相关性，低于 280m（单元 R 及以下）处纵波速度与温度之间具有相关性（图 2.6.58 所示）。

2.6.3.2.3　数据分析

（1）地震层析成像和井间电磁反演。

　　基于美国矿务局开发的 GeoTomCG 层析成像反演软件，反演得到了基于直射线假设的 v_P 速度层析成像图。图 2.6.59 是井间地震剖面与速度层析成像的综合显示。后面将对地震剖面与储层参数之间的关系进行讨论。根据来自 TomoSeis 公司的层析成像模型反演软件，

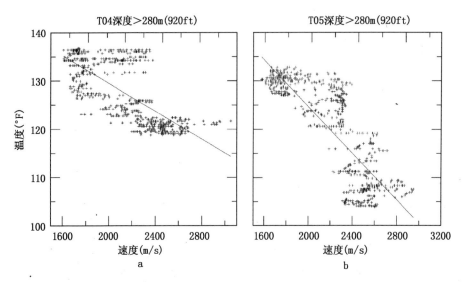

图 2.6.58　1999 年 T04 井和 T05 井的纵波速度—温度交会图（据 Hoversten 等，2004）

a—T04 井的线性拟合 $F = -0.0369 v_P + 432.14$；b—T05 井的线性拟合 $F = -0.0356 v_P + 432.46$

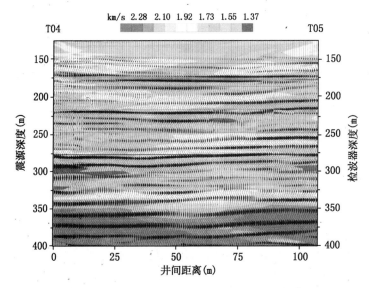

图 2.6.59　层析成像速度模型与井间地震反射剖面的叠合图

（据 Hoversten 等，2004）

得到了图 2.6.60a 所示的速度层析成像剖面（考虑了各向异性），经验证，该层析成像结果比图 2.6.59 所示的层析成像结果更加精确。

将电磁数据直接输入电磁反演代码得到接收井和发射井之间的电导率 σ 剖面，电导率剖面如图 2.6.60c，与来自 TomoSeis 程序（图 2.6.60b）的速度层析成像剖面很接近。

图 2.6.60a 和图 2.6.60d 所示的井温测井给出了 1998 年，1999 年，2000 年三次测井的井温曲线。自从井间试验开始以后（1998 年 9 月），储层单元 R 就变热了。2000 年 3 月蒸汽穿透了 T04 的单元 G，而当时 T04 的单元 K 仍处于冷的状态。大体上，这三个储集层井段与周围的井段相比 v_P 和 σ 较低。

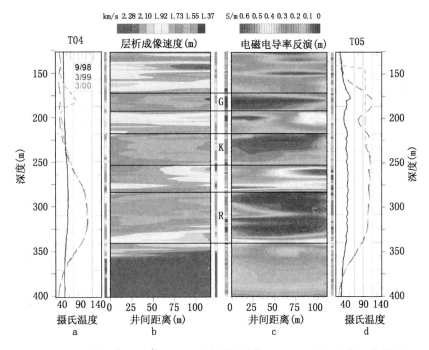

图 2.6.60　T04 井的井温测井（a）；速度层析成像（b）；电磁电导率反演结果（c）；

T05 井的井温测井（d）（据 Hoversten 等，2004）

（2）建立电磁数据与储层参数的联系。

前面我们讨论了电导率与孔隙度、含水饱和度之间存在线性或二阶多项式关系，基于此，将电导率图像（图 2.6.60c）转化为孔隙度和含水饱和度剖面（图 2.6.61）。

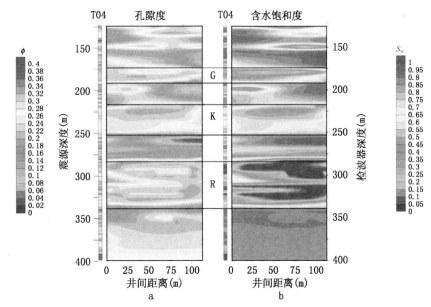

图 2.6.61　由电导率图像转换得到的孔隙度（a）；由电导率图像转换得到的

含水饱和度（b）（据 Hoversten 等，2004）

a 的左侧显示 T04 井的孔隙度测井值；b 的左侧显示 T04 井的含水饱和度测井值。

三个主要的储集层井段被标为 G、K 和 R

2.6.3.2.4 储层参数监测

储层参数监测的目的是综合地震剖面、层析成像速度剖面、电导率剖面、孔隙度剖面和含水饱和度剖面对储层内部的状态进行监测。当储层单元孔隙度高，电导率低，含水饱和度低时，说明蒸汽的含量高。此外在井间地震剖面上反射同相轴的连续性可以为阻抗界面的连续性提供直接指示，其连续或中断能够反应储层内部孔隙度和含水饱和度的变化。

底部储层单元 R，孔隙度最高（图2.6.61a），中部的页岩将其分成上部和下部两个高孔隙度区域。从电导率图像（图2.6.60c）和含水饱和度图像（图2.6.61b）可以看出，储层单元 R 电导率低，含水饱和度非常低，这说明了该单元蒸汽含量高。速度图像（图2.6.60b）显示储层单元 R 在三个储集单元中水平方向纵波速度值较低，且最为连续，其上部的部分区域速度最低。在整个储层单元 R 的上半部分，反射剖面上（图2.6.59）具有强的横向连续的峰谷（274m 以下）。在剖面的下半部分，连续性较差，速度较高。由于速度与温度有关，可以推测储层单元上半部分较为连续，而下半部分连续性较差，阻碍了蒸汽的运移。

上部储层单元 G，直到2000年3月蒸汽才发生渗透（见图2.6.60井温曲线），上半部分相比于下半部分来说，孔隙度偏低，含水饱和度也偏低。这与单元 R 的情况相反（在 R 中含水饱和度低时对应的孔隙度较高）。图2.6.61b孔隙度图像显示，在距离 T04 井 90～110m 之间孔隙度降低，图2.6.59 中的反射连续性在这个区域发生了中断。这意味着接近 T05 的单元 G 内部非均质性较强，减缓了的蒸汽的移动。在试验时期的单元 G 的含水饱和度比 R 中的高，意味着蒸汽含量比 R 低。

中间储层单元 K，蒸汽在2000年3月还未到达 T04 井（见图2.6.60井温曲线），含水饱和度比单元 G 和 R（图2.6.61b）都高，这说明该储层单元蒸汽含量较低。孔隙度图像（图2.6.61a）中，储层单元 K 在距离 T04 井 0～60m 之间的区域孔隙度都较高。在 60m 处，下半单元的孔隙度开始降低，在到达 T05 的时候，底部孔隙度与储层单元 K 顶部相同。孔隙度降低的这个区域的位置，与 T05 井附近的单元 K 下部地震反射的中断（图2.6.59）相对应。在这个区域，可能有着快速的横向相变，对蒸汽的流动造成障碍。

在该项研究中，利用速度成像和电磁电导率成像两种方法相结合，解释孔隙度、含水饱和度和储层单元内的温度变化，据此可以解释蒸汽在不同的储层单元中的分布情况。三个储层单元相比于周围的粉砂岩来说速度和电导率都偏低。

2.6.4 开采过程环境灾害监测

2.6.4.1 基于被动地震的监测技术

2.6.4.1.1 被动地震技术概述

被动地震勘探是利用地震检波器记录岩层中微地震活动所产生的地震波，然后运用地震学方法来反演微地震的活动特征的一种方法。在重油储层开采过程（如循环注蒸汽 CSS）中，地层中呈现高温高压状态，往往会导致机械故障如水泥破裂或者套管损失。如果没有监测，这些生产问题会导致非常大的清理整顿开销，另外会导致潜在的法律问题。而当这些机械故障出现时，可以通过被动地震检波器来检测到。

被动地震信号总体上与地震信号记录和处理方式相同。通过地震探测算法分析连续的信号来确定脉冲能量产生的时间，得到微地震记录。总体上，微地震记录与包含纵波和横波的地震信号相同，所不同的是，微地震信号的纵波和横波的相对振幅，与地层的形变机制和与形变机制相对应的辐射模式图有关（辐射模式图在下文的实例中进行解释）。总体上，微地震事件可以通过信号的特点识别出来（Maxwell，2001）。

蒸汽注入引起地表扩张或沉降，其形变可能很明显。测斜仪能够监测地表形变，进而跟踪蒸汽注入。测斜仪广泛的应用于岩土工程，可以进行斜坡稳定性测量。此外，这种仪器也经常与地震检波器结合监测火山爆发。测斜仪的关键的特征是其监测微小形变的能力，这可以通过测量形变的倾斜度来达到目的，因而远比测量绝对形变本身精确多了。测斜仪的核心是一个含有气泡的玻璃管，气泡处于可导电的液体中，当气泡移动的时候，电阻率也会发生改变，通过记录电阻率值，将其转化读出倾角数据。在应用中，将测斜仪放在地球表面来探测重力向量的方向。将记录的倾角数据通过转化得到形变大小，检测地表的沉降或上升。区域中测斜仪的排列分布能够测量出反映区域高度变化的数据体。也可以通过放在井孔中的测斜仪来确定压实或扩张发生的精确的深度。

Tan 等（2007）讨论了被动地震信号分类技术，并在冷湖进行了应用。Maxwell 等（2008）将被动地震与测斜仪结合起来对蒸汽注入进行监测。微地震和测斜仪结果结合后能够系统的解释力学响应特征，下面将以此为实例阐述被动地震在储层监测中的应用。

2.6.4.1.2　被动地震在重油开发中的应用

这个实例的目的是综合运用微地震（microseismic）和测斜仪（surface tiltmeter）监测 SAGD 蒸汽注入阶段的力学响应特征。这些井的深度约为 500m，水平井段约为 1000m。对一口垂直井进行微地震监测，垂直井与 SAGD 井对的端部（toe）相距 60m，监测时间是蒸汽注入期间的 6 个星期。微地震监测之前和之后，布设了 20 个测斜仪监测地表形变（图 2.6.62）。

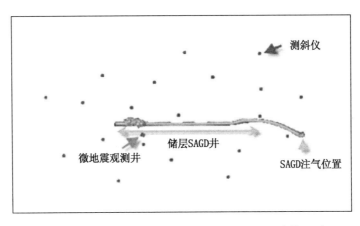

图 2.6.62　SAGD 井、微地震观测井、微地震事件和测斜仪的位置图（据 Maxwell 等，2008）

钻孔沿着储层大约有 1000m

（1）微地震监测结果。

在 6 个星期的记录期间内记录了大约 2000 个微地震事件，这些事件集中于注入井周围的区域，需要将背景地震噪声降低到极低的水平才能探测到。然而，只有在检波器附近几百米内事件的信噪比才足够大，微地震事件才能被识别出来。

图 2.6.63 是微地震事件位置的垂直剖面。如图所示在井前端（toe）位置附近事件聚集成群，但是都集中到观测井的左侧，而在井的右侧没有记录到任何微地震事件。由于微地震

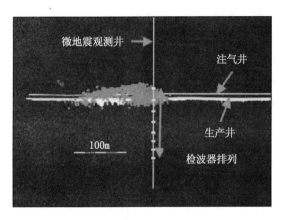

图 2.6.63　井前端（toe）微地震位置的
垂直剖面（据 Maxwell 等，2008）
垂直观测井显示了检波器排列，微地震事件被蓝色符号和
红色符号所代表。参见书后彩页

事件幅度的探测范围局限到几百米，所以微地震事件会沿着钻孔出现，在大偏移距下不能探测到。例如，地震活动有可能出现在井根部（heel），但是与观测井相距太远无法观测到。图 2.6.63 中微地震事件用两种颜色表示。每种颜色代表一种不同的事件类型，并分别有着独特的信号特征。这里将蓝色显示的微地震事件称作事件类型Ⅰ，红色的称为事件类型Ⅱ。

图 2.6.64 是两种事件类型的微地震记录，从上到下按记录的深度排列起来。蓝色、红色和绿色分别代表垂直和两个水平的检波器记录的信号，分别记录垂直横波、纵波和水平横波。由图 2.6.64 可以

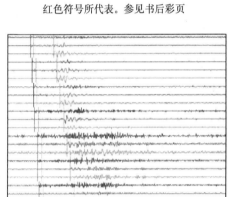

a

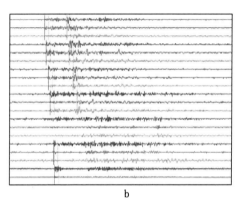

b

图 2.6.64　事件类型Ⅰ的典型地震图（a）；事件类型Ⅱ的典型地震图（b）（据 Maxwell 等，2008）
蓝色，红色，绿色分别代表垂直的和两个水平的检波器。参见书后彩页

看出，事件类型Ⅱ垂直横波的振幅较大。

选取质量高的地震资料，同时测量这两种事件的纵波与垂直横波的振幅比值（p/sh）以及水平横波与垂直横波的振幅比值（sh/sv）（图 2.6.65）。选取一个小区域进行试验，在这个小区域内微地震事件只有这两种类型。信号属性的区别表明两种事件的辐射模式图存在明显的差别。事件类型Ⅰ可能与蒸汽注入引起的储层断裂运动有关，然而事件类型Ⅱ也许与不同的来源有关系。

如图 2.6.65 所示，事件类型Ⅱ的放射状模式特征与套管损坏的辐射模式图一致，这与储层中剪切破坏的辐射模式图有着明显的区别。套管损坏可能是金属尾管受热膨胀导致井孔变形的结果。将与套管损坏有关的微地震事件称为"套管形变事件"，而与储层中剪切破坏引起的裂缝活动有关的事件将被称为"剪切形变事件"。

（2）测斜仪监测结果。

图 2.6.66 是在微地震监测的 6 周内，测斜仪测得的地表变形结果。这里有两个不连续的明显地表抬升：一个在井前端附近（北部），另外一个在井根部（南部），其幅度更大（15mm）。在图像上部也有一个沉降区域，可以假设这与来自其他临近井（这些额外的井对

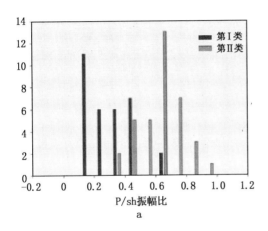
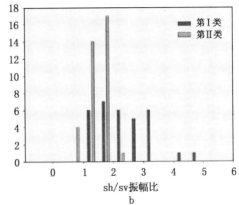

图 2.6.65　两种事件类型的纵波和水平横波振幅比值的柱状图（a）；
水平与垂直横波的振幅比值柱状图（b）（据 Maxwell 等，2008）

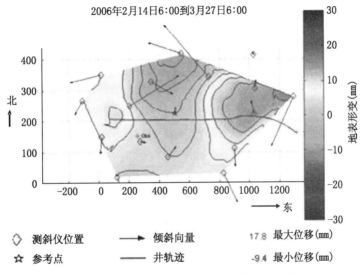

图 2.6.66　测斜仪记录的地表变形结果（据 Maxwell 等，2008）

图中显示了拟合的地表变形和 SAGD 井轨迹

没有显示）的流体流失有关。在井轨迹的中间部分没有观测到相对海拔变化。

将测斜仪记录的数据进行反演来推出与地层上升有关的储层体积应变。在反演的过程中，将沿着钻孔的储层区域选为反演的主要区域，主要是由于两个原因：①项目的监测目标集中在这口井上；②监测阶段是 SAGD 生产的预热阶段，蒸汽不会运移到距离井太远的位置。通过消除数据中来自于其他井的噪声（与这个监测过程无关的变形数据）进行聚焦。图 2.6.67 是沿钻孔的应变反演结果。应变集中在井前端和井根部，与地表变形中观测到的结果一致。同时在井端部（图 2.6.67b，图 2.6.68 中是其放大图）应变区域附近观测到微地震事件。微地震事件也可能出现在井根部，但是距离观察井的距离太远而探测不到。这些数据表明加热阶段蒸汽沿着井分布不均匀。这个实例研究证明了综合监测的潜力。

为了度量微地震和地表形变的大小，需要计算累积的地震张量（表示地震的能量或强度）。图 2.6.69 是蒸汽通过井孔注入井前端过程中注入参数（速率、压力和累积体积）随时

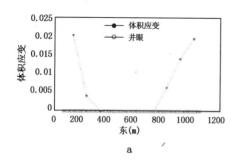 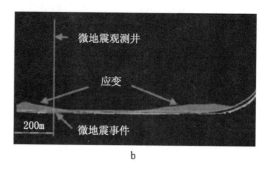

图 2.6.67　沿着井眼反演的体积应变（a）；SAGD 井对的剖面显示（b）（据 Maxwell 等，2008）
显示了在井前端和后端的异常（深绿色）。参见书后彩页

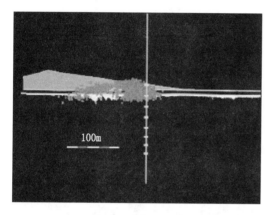

图 2.6.68　井对前端应变和微地震事件的剖面显示
（据 Maxwell 等，2008）
参见书后彩页

间变化的曲线，同时也显示了这两种事件类型的累积地震张量，以及井前端的地表上升形变。事件类型 II 完井变形的累积张量，在 2006 年 2 月 27 日前近似以常速率增长，到 2 月 27 日增长的速率降低，这种效果可能与套管受热膨胀的速率降低有关。

对于事件类型 I，在前面几天地震张量增加的速率很快，然后速率变慢，大约到 2 月 25 日后增加的速率又变快，直到 2 月 27 日，张量增长的速率减缓。在每次张量快速释放后的几天里，都会出现快速的地表上升。可能的原因是储层快速的地震形变与裂缝的发育相对应，储层变形后在裂缝中会出

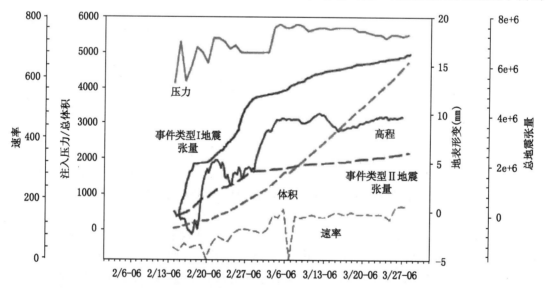

图 2.6.69　蒸汽注入参数（速率，压力，和累积体积），地震张量，
地表形变随时间变化的曲线（据 Maxwell 等，2008）

现蒸汽的渗透。这些蒸汽会在接下来的几天里对一个较大的储层区域进行加热，这就导致了地表上升。

通常注入的压力不足以形成新的断裂，我们假设在储层中的地震形变与裂缝中应力导致的剪切破坏有关。这些诱导裂缝能够提高区域的渗透率，即如果地震与已经存在的裂缝上的剪切变形有关，这个剪切作用可能会导致裂缝张大；而如果地震形变是由于新裂缝的产生而产生的，会在没有裂缝的区域提高渗透率。不管机制如何，地震变形的出现表明渗透率会提高，蒸汽室会扩大。在该区域中测斜仪观测到的快速上升也证实了这个假设。

与蒸汽加热有关的变形会导致渗透率和孔隙度的改变。因此，将形变分析融入流体模拟中对于解释储层状态非常重要。

总体上，这个实例研究表明：

（1）在SAGD蒸汽注入的过程中可以记录地震形变，然而，需要一个高敏感度的被动地震排列来记录小的微地震活动。

（2）观测到的两个不同类型微地震事件，与未固结的套管受热膨胀引起的地震形变和蒸汽室周围的诱导裂缝引起的地震形变有关。

（3）地表倾角测量仪记录了SAGD井前端和根部的地表上升。

（4）将地表变形数据进行反演来推出体积应变的变化，体积应变的变化集中在井附近的区域，显示了在井前端和井根部的应变的上升。

（5）微地震和体积应变表明蒸汽在井中没有均匀分布。

（6）地震形变增加后几天会出现快速的地表上升。

（7）从倾角测量仪数据中反演得到的体积应变与微地震事件结合能够为与地质力学有关的储层模拟提供参考。

2.6.4.2 基于时移方位AVO反演的监测技术

方位AVO反演能够反演出储层应力异常产生的各向异性特征。在重油储层开采过程中，由页岩膨胀导致的套管损坏是施工中必须处理的棘手问题。在冷湖油田某工区生产过程中，套管损坏使流体注入页岩中，对施工地区及其周围造成了极大的危害，甚至在一定区域内导致了生产施工暂停。对此，我们尝试利用时移方位AVO反演的方法对油侵造成的应力异常区域进行反演，进而对地下环境灾害进行监测。

2.6.4.2.1 工区概况

图2.6.70是该工区的生产工区位置图。问题井A井在Colorado页岩顶部大约200m深度上出现了套管损坏，在其附近钻了一口替代井B井。在该替代井中也出现了套管损坏，并在245m深度上（Colorado页岩上部）的页岩地层中发现了油，可以猜测油在A井中穿过损坏的套管进入页岩中。在以A井为中心的1000m范围内，施工停止了（见图2.6.72中的黄色区域）。在施工开始之前，需要进一步探测出油侵页岩的位置。利用时移方位AVO反演的方法探测页岩中由于油的出现而导致的应力异常。框内区域是1994年的工区和2002年3D工区；矩形虚线是2002年提高覆盖次数的区域。

图2.6.71是1994年三维地震数据216ms的时间切片。由于页岩膨胀，在08井组出现了很强的振幅扰动。历史上，由蒸汽引起的页岩膨胀曾经在08井组出现，这使这个井组所有的井遭受了套管损坏，蒸汽和油喷出地表，造成了严重的环境问题，损失很严重。

A井（见图2.6.72）的套管在大约200m深度上遭受损坏，作为替代井，B井在附近完钻。B井在约245米深度上的页岩里面发现了油（Colorado页岩上方）。

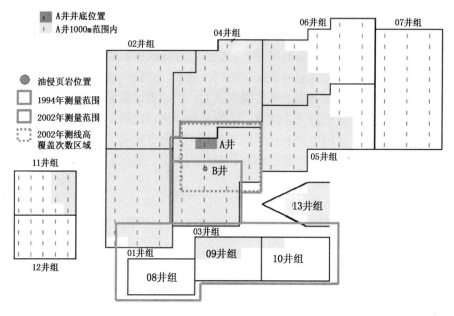

图 2.6.70　工区位置图

图中显示了套管损坏并出现了油侵页岩的井（A）的位置，灰色区域是施工暂停的区域（在 A 井 1km 半径以内）。框内区域是 1994 年的工区和 2002 年的工区；矩形虚线是高覆盖次数的区域

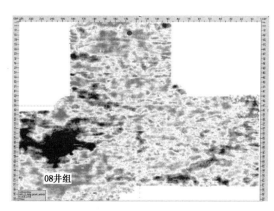

图 2.6.71　1994 年三维地震数据 216ms 的时间切片

图 2.6.73 是 B 井的测井曲线。测量深度 261m（与真正的垂直深度 245m 等价）处有一个扰动区域。SP 和 GR 测井显示了低值，井陉曲线显示井孔扩张，密度和声波测井显示在该深度上存在一个泥质条带。

2.6.4.2.2　时移方位 AVO 反演方法

假设介质是水平横向各向同性介质（HTI）介质，反演是通过将各向异性速度与振幅结合起来进行的，反演的结果包括应力（裂缝）密度和应力（裂缝）方向。

首先，对于每个时间采样点，提取各向异性速度信息（Vladimir 和 Ilya，1998）。在各向异性速度信息提取的过程中，应用一种能够对每个方位角上速度自动拾取的算法，计算出速度椭圆。用计算出的各向异性速度对 CDP 道集进行动校正，使振幅信息的扭曲程度最低。然后，基于各向异性振幅信息，提取各向异性参数，如裂缝（应力）方向和密度（Ruger，1997，1998），这就是联合反演算法。与方位 AVO 反演相比，联合反演算法可以降低分析误差（误差值更小），使结果更加精确。从各向异性分析中得到的裂缝密度是各向异性程度，是一种相对密度。

2.6.4.2.3　时移方位 AVO 反演分析

冷湖地区时移 3D 地震数据对于方位 AVO 反演来说非常适合，因为数据是宽方位角采集的。在数据处理后，将叠前数据划分为方位角道集，方位角间隔是 22.5°，能够为各向异性分析做准备。

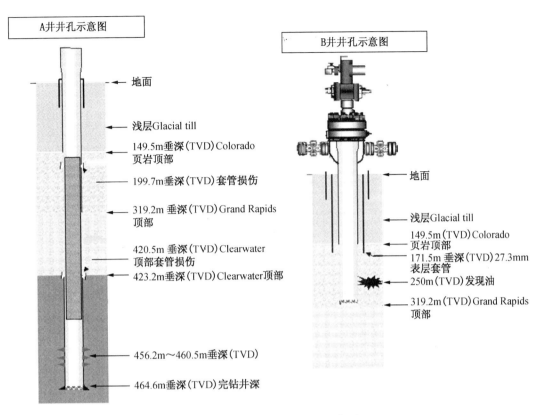

图 2.6.72 A 井和 B 井孔示意图

在 A 井中，套管损坏出现在垂深（TVD）199.7m（Colorado 页岩上部）和 420.5m（Clearwater 储层上部）。替代井 B 井在附近完钻，在垂深（TVD）245m（Colorado 页岩中上部）发现了油侵页岩

在各向异性情况下，不进行各向异性动校正会引起振幅扭曲，进而会影响方位 AVO 反演的效果。联合反演考虑了方位的速度差异，可以有效地减小这种误差。图 2.6.74 显示了在单个 CDP 上，应用联合反演和方位 AVO 振幅反演的结果对比。尽管联合反演和简单的振幅反演结果相似，可以看出联合反演的结果分辨率更高，并且更加稳定。

图 2.6.75 是 1994 年的地震数据在 Colorado 页岩地层内深度大约是 245m（见图 2.6.72）的反演结果。图中显示了两种各向异性参数：箭头方向代表应力（或裂缝）方位，箭头的长度代表应力（或裂缝）的密度（各向异性强度）。从图中可以看出，在 1994 年数据采集时，没有应力异常或裂缝的发育，箭头的平

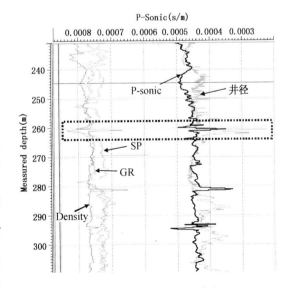

图 2.6.73 B 井的测井曲线

测量深度 261m（与真正的垂直深度 245m 等价）处有一个扰动区域。SP 和 GR 测井显示了低值，井径曲线显示井孔扩张，密度和声波测井显示在相同深度上一个泥质条带存在

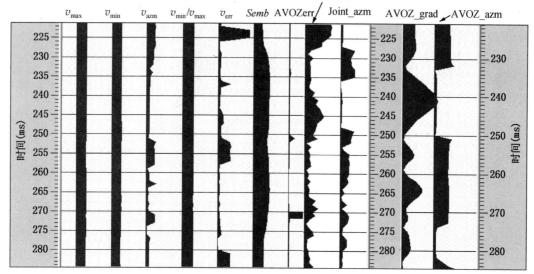

图 2.6.74　单个 CDP 道集进行联合反演（左侧）和方位 AVO 反演（右侧）的结果对比

联合反演得到的裂缝（或应力异常）密度（（Joint_aniso_grad）比方位 AVO 反演的密度（AVOZ_grad）更加稳
定。两种方法反演的裂缝（应力异常）方向（Joint_azm 和 AVOZ_azm）很相似。但联合反演的结果分辨率更高。
V_{max} 和 V_{min} 是输入速度的范围。V_{azm} 是只通过速度各向异性反演的裂缝方向。S_{emb} 代表速度叠加道集的能量

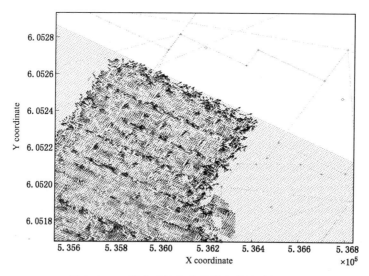

图 2.6.75　联合反演各向异性参数的时间切片

1994 年 Colorado 页岩地层深度 245m（时间大约 240ms）应力方向（箭头）和密度
（箭头长度）叠合图，没有应力异常，但有采集脚印

行特征是采集脚印造成的。1994 年该区域还没有出现应力异常，反演结果与实际情况吻合。
图 2.6.76 是 2002 年同样深度上的分析结果，可以看出应力出现了异常。油侵页岩会引起局
部的各向异性强度发生变化，红色曲线勾勒出了这些异常区，其中，B 井（圆圈所示）位于
油侵页岩造成的应力异常区域。

　　接着对 2002 年的数据进行分析，在图 2.6.77（该时间切片取自于下 Colorado 地层）中

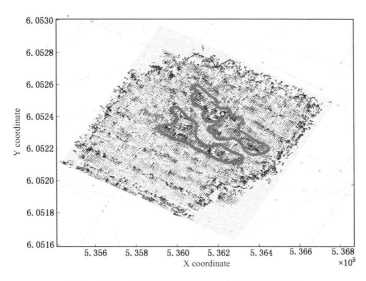

图 2.6.76　联合反演各向异性参数的时间切片

2002 年 Colorado 页岩地层 245m（时间大约 240ms）应力方向（箭头）和密度（箭头长度）叠合图，应力异常区域用黑色显示。油侵页岩在 B 井发现，该井用圆圈标出

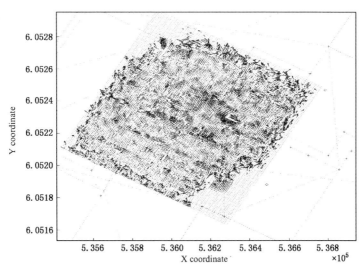

图 2.6.77　联合反演各向异性参数的时间切片

2002 年中下 Colorado 页岩（时间大约 260ms）应力方向（箭头）和密度（箭头长度）叠合图。B 井用红色圆圈代表，但是从 240m 深度上投影得到的，因此由于井轨迹的偏离，不代表真实的交叉点位置

也观测到了小的异常特征。而在 Grand Rapids（见图 2.6.78）和 Clearwater 储层（图 2.6.79）中没有观测到异常。在工区的边缘和南部区域出现了采集脚印，这些区域是工区的低覆盖次数区域。从这些时间切片中，可以推测地层在 1994 年以后发生了变化，2002 年由于页岩中油的出现产生了应力异常。

　　图 2.6.80 给出了 2002 年叠后数据的相干切片。分别是取自于叠后数据 238ms 和 270ms 的水平切片，与图 2.6.76 对比，显示了构造异常区（中部的黑色区域）与各向异性分析的应力异常位置相似的趋势。

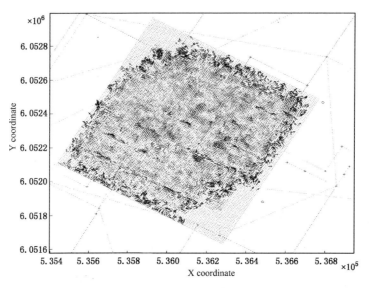

图 2.6.78　联合反演各向异性参数的时间切片

2002 年 Grand Rapids 地层顶部（时间大约 300ms）应力方向（箭头）和密度
（箭头长度）叠合图，没有应力异常的显示。B 井用红色圆圈代表，但是从
240m 深度上投影得到的，由于井轨迹的偏离，不代表真实的交叉点位置

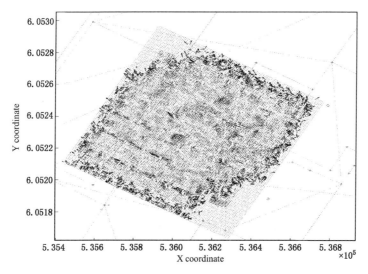

图 2.6.79　联合反演各向异性参数的时间切片

2002 年 Clearwater 储层内部（时间大约 440ms）应力方向（箭头）和密度（箭
头长度）叠合图，没有应力异常的显示。B 井用图上红色圆圈代表，但是从
240m 深度上投影得到的，因此由于井轨迹的偏离，不代表真实的交叉点位置

　　当在垂直剖面上对各向异性密度进行成像时（图 2.6.81），这种异常范围是很小的。图
2.6.81 是沿着 inline21 测线（测量区域的北部）的各向异性密度剖面。最强的异常在 Colo-
rado 页岩北部存在。

　　在该工区中，套管损伤后原油进入了页岩当中，对生产造成了很大的危害，通过时移方
位 AVO 算法对储层的应力异常特征进行监测。从 2002 年采集的地震数据可以看出，在

Colorado 页岩地层发现了应力异常，与页岩中发现油的位置是吻合的，说明时移方位 AVO 在环境灾害监测中是可行的。需要注意的是，HTI 各向异性假设是对地下介质的一种近似，实际上，裂缝（或应力异常）可能并不是完全垂直的，在这种情况下，反演的结果（裂缝的密度和方向）是对真实地下情况的近似。

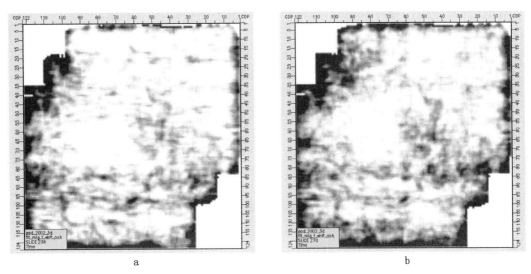

a   b

图 2.6.80　2002 年测线叠后数据 238ms 相干切片（a）；2002 年测线叠后数据 270ms 相干切片（b）
显示了构造异常区（中部的黑色区域）与各向异性分析的应力异常区（见图 2.6.76）相似的趋势

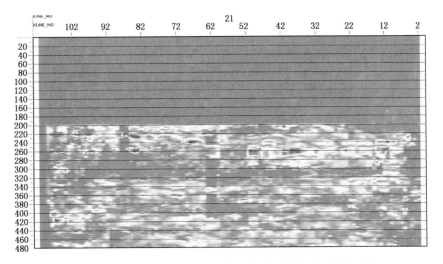

图 2.6.81　2002 年测线应力异常（各向异性密度）的剖面图

2.7 重油开采技术

通过上面的介绍，我们已经很清楚重油在当前及今后能源市场上的重要地位，但是如何经济有效地将其开采出来才是真正的落脚点。由于重油和天然沥青的高黏、高密度特征，使得常规油的开采方法对于重油储层的开采是有很大局限性的。起初，重油的开采主要是对于浅层（小于75m）分布的油砂，所用的开采方式就像露天采煤一样利用铲车和巨型卡车直接挖掘，也就是露天开采。然而这种开采技术所能采出的油砂毕竟是有限的，而且会对生态环境造成极大的破坏。对于深度大于75m的重油资源，露天开采就不宜适用了。携砂冷采技术的出现使这些深部的重油资源得以开发，但是采收率一直比较低，只有约10％左右，重油的产量也一直不是很高。后来，随着蒸汽吞吐、蒸汽驱等热采技术的出现使得重油的采收率得到大大提升，产量也实现了突破（如图2.7.1所示）。如蒸汽吞吐技术在Cold Lake油田的成功发展和应用，使得其采收率可高达25％，蒸汽驱技术更是将采收率提高到了50％（Nasr等，2005）。伴随着后来蒸汽辅助重力泄油技术、水平井注气体溶剂萃取技术等的出现，重油的开采技术已逐渐接近了成熟。

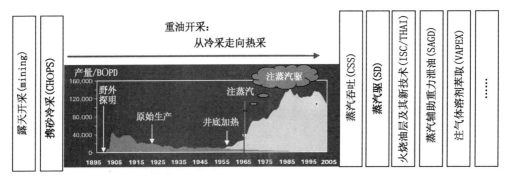

图2.7.1　重油开采技术从冷采走向热采的进程和产量变化（产量变化以Chevron对Kern River重油开采的结果为示意）

2.7.1 露天开采及携砂冷采技术

2.7.1.1 露天开采技术（Open - pit Mining）

对于埋藏深度在75m以内的油砂矿，可以在去除掉薄薄的覆盖层后，利用巨型铲车像挖煤一样将油砂挖掘出来，这种开采方式大约适合于世界范围内10％的油砂矿，尤其在加拿大Athabasca地区最为常见，因为其大都是浅层油砂，有的甚至只埋藏在地下10m处。如图2.7.2是加拿大最大油砂开采公司之一——Suncor的露天开采巨型铲车。

露天开采的整个过程大致可以分为四个环节：露天挖掘、重油沥青提取、重油沥青改制和废物处理。其开采工艺见图2.7.3。

在所开出来的油砂中，沥青原油约占10％～12％，矿物质（包括砂和黏土）约占80％～85％，还有4％～6％的水。大规模的露天开采经历了从使用轮式巨型挖掘机和传送带到现在使用巨型电动铲车和巨型运送卡车的转变过程。由于这种开采方式几乎可以将浅层的所有油砂都挖掘出来，所以单就采收率来说是几乎可以达到100％的。但是从中真正能提炼出的原油是非常少的，有数据统计，每 2t 的油砂仅能提炼出一桶原油，一辆满载的大型油砂运输卡车（约 400t）也只能产出 200bbl 原油。此外，这种露天开采对挖掘矿区的生态环境将会造成严重破坏，油砂改质（提炼原油）产生的尾料如不能很好地处理也将会对周边的环境包括地下水系统造成不可忽略的影响，因此这些矿区的政府和相关部门往往要求这类开采方式需要在严格的环境影响处置体系和监管下进行。

图 2.7.2　露天开采巨型铲车（照片由 Suncor 公司提供）

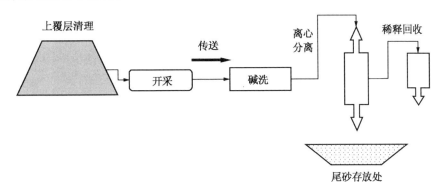

图 2.7.3　露天开采流程示意图

露天开采的经济可行性主要取决于剥采比、油砂含油率、设备选型、油价和生产成本（贾承造，2007）。具体来说：

（1）剥采比。对于规模较大的油砂矿，满足经济开采的剥采比应在 1∶1 至 1.5∶1 之间；对于规模较小的油砂矿，一般要求剥采比达到 2.5∶1 至 3∶1。

（2）含油率。在加拿大阿尔伯塔，当油砂含油率低于 6% 时，一般不予开采；中国新疆克拉玛依含油率低于 5% 的油砂一般不予开采；中国内蒙古图牧吉含油率低于 8% 的油砂不予开采。各个地区的含油率开采门限应综合考虑其资源储量及开采技术和成本。但在开采富矿时，可以对矿进行筛分，适当掺和低含油率油砂，以提高资源利用率。

（3）设备选型。大型挖掘设备及大吨位运输车已成为提高露天开采效率的首选设备。特别是冬季结冰期间，挖掘难度增大，对开采设备及运输设备提出了更高的要求。

（4）油价和生产成本。自 1967 年 Suncor 公司和 1978 年 Syncrude（加拿大主要的两家油露天开采公司）分别开始露天开采以来，开采技术不断更新，生产成本（包括操作费、维持投资和再生产回收费）已经降低了 50%。目前，Suncor 公司生产成本为 11.4 $/bbl，Syncrude 公司生产成本为 9.5 $/bbl。从 1988 年以来，平均油价基本都在 40 $/bbl 以上，尤其是近几年油价持续走高，甚至在 2011 年突破了 100 $/bbl。虽然这里面有许多不稳定因素，但平均油价稳定在 40 $/bbl 以上应该是没有问题，而这个油价对于低成本的油砂露天开采方式来说是始终有较大利润空间的。

随着科学技术的不断发展，目前已经开发出更为有效的开采方法。现有技术包括：

（1）大型卡车和挖掘机已替代过去作为露天开采主要方法的手轮式挖掘机和拉索挖掘机。连续探测矿藏质量的智能系统是该技术最大特点。

（2）用水力运输管道系统代替了传送带系统，使油砂达到管输要求，并简化了把沥青和油砂分离开来的萃取过程，从而大幅度提高效率。

（3）可移动式矿区采矿技术将是未来主要的突破性技术。这项技术就是将整个采出的矿藏运到提炼厂，然后再把地层砂返回到采矿区。这项技术生产操作范围小，降低项目费用并能满足大提炼厂的需求。

2.7.1.2 携砂冷采技术（CHOPS）

2.7.1.2.1 概述

携砂冷采（CHOPS）是一种主要的将砂和油同时开采以提高采收率的非加热开采技术（Tremblay 和 Sedgwick，1999），适用于具有一定流动能力的高孔高渗重油油藏。该技术最早是源于 20 世纪 60～70 年代加拿大 Husky 石油公司对疏松性砂岩重油储层的"不防砂的常规开采"方式。到了 20 世纪 80 年代末 90 年代初，"携砂冷采"这一概念才被正式提出。携砂冷采可极大地提高油井常规采油生产能力。对于通常没有生产能力或产能很低的重油油藏，携砂冷采的单井产量可达 5～15t/d，有的产量可增加几十倍。

该技术在生产过程中不采取任何防砂措施，射了孔后直接开采。冷采的机理比较复杂，主要是在压差作用下，溶解在重油中的少量气体析出，聚集于沙质颗粒表面形成"泡沫油"，

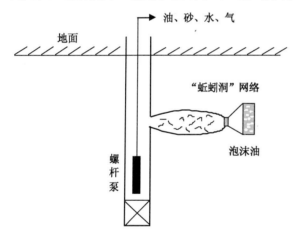

图 2.7.4 重油携砂冷采机理示意图

这些泡沫油的持续增多就会伴着疏松的高孔高渗油砂储层的砂质颗流向井筒，从而砂、油、水和气体被同时开采出来。这些混合物质的采出，就在储层的原位置留下了通道，随着压差的持续存在，这些通道持续增长，从而形成通常所说的"虫孔"或"蚯蚓洞"网络。这个过程的机理示意图如图 2.7.4 所示。

相对于井筒位置，油藏位置越深处的压力越大，其与井筒间的压差越大，因此蚯蚓洞会向油藏深部持续增长，最终形成类似于天然水平井的可供重油及砂粒流动的通道。因此，冷采过程形成的蚯蚓洞将会极大地提高油层孔隙度，甚至将其提高到 50% 以上，渗透率也可从 $1～2\mu m^2$ 提高到几百平方微米，所产生的蚯蚓洞直径可达 10～30mm，并持续向垂直于井筒的两层的油层延伸，形成一种类似于水平井的重油流动的天然通道。

携砂冷采投资少、见效快，经过初期半年到一年的出砂，就会达到高峰产量。但是，由于它是利用天然能量进行的衰竭式开采，所以采收率一般不高，约在 10%～15%，而且有关携砂冷采的接替技术目前尚不成熟，如果转注蒸汽或注水开发，由"蚯蚓洞"带来的窜流问题不好解决，所以若想获得较高的采收率，携砂冷采这种开发方法的选择就要慎重考虑。因此，搞清携砂冷采适合的油藏类型是非常重要的。表 2.7.1 列出的是适合携砂冷采油藏的关键参数。

表 2.7.1 携砂冷采适合的重油油藏条件

油 藏 特 性	条 件
储层岩石特性	胶结疏松砂岩、黏土含量低
孔隙度（%）	大于 25
绝对渗透率（μm^2）	大于 0.5
含油饱和度（%）	大于 60
溶解气油比（m^3/m^3）	大于 5
临界气体饱和度	10%
地下原油黏度（mPa·s）	1000~500000
地下原油密度（g/cm^3）	0.92~0.99

2.7.1.2.2 泡沫油和溶解气

泡沫油在出砂冷采（CHOPS）中是一个很重要的现象，能不能产生泡沫油是出砂冷采成功与否的关键（Maini，2001）。

"泡沫油"一词起初用来指加拿大和委内瑞拉溶解气驱所得到的富含稳定气泡的油样。在这些油样中，油是连续相，泡沫的含量很大。当把一个装满泡沫油的容器密封好后放在实验室里两三天，等泡沫逸散后，会发现油的体积不到容器体积的 20%。产生泡沫油的储层在生产上也表现为出乎意料的高产和高采收率（计量时去除泡沫的影响）。渐渐地，生产的时候越来越多地用到了泡沫油的这一特性。最后泡沫油这一词就用来指多孔介质中的两相流，以区别普通的两相流。

泡沫油是重油特有的现象。它与 Darcy 两相流不同，它流动时水相不需要成为连续相，而是以分散相流动。泡沫油产生的条件有三个：黏滞力大于毛细管压力；重力不能很快地使两相分异；表面化学特性使气泡不能聚集。所以能不能产生泡沫油要看储层岩石和流体特性以及开采过程。当油层内压力变化较快，压力梯度较大时，第一个条件就会满足。如果孔隙结构很孤立，气泡在重力作用下可以运动，那么泡沫油就可能分为两相流动。对第三个条件的研究还不充分，但是一般认为它会起到一定的作用。所以，从储层特征来看，渗透率较高，原油黏度较大，油和气泡的表面张力较小并且分选也较好的未固结砂岩储层比较容易产生泡沫油。

泡沫油中存在两种不平衡现象。一种是溶解气和自由气的不平衡，这种不平衡实际上也就是过饱和现象，表现为溶解气释放的滞后和实际泡点比理论泡点低。这一不平衡受动态的气泡核的形成与气体的扩散有关。气泡核是在过饱和状态下随机形成的，过饱和的程度不同，形成气泡核的时间也不同。这一不平衡现象在实验室时间比较短的条件下经常发生，因为与野外实际油田相比，实验室里的反应时间要短得多。

另一种不平衡现象与岩层中的流体分布有关。在一般含有两相流的油层中，黏滞力与毛细管力的比值较小，毛细管力控制了流体的分布。因此，我们能够得出流体的分布满足界面自由能最小这一假设。这一假设的一个推论是流体静止和流动时的流体分布是不变的，不会受压力梯度的影响。另一个推论是只有在气体是连续相的时候它才会流动，孤立的气泡会被毛细管压力束缚住。然而，这一假设在泡沫油中就不正确了。对于重油油层来说，由于重油的高黏度和高压力梯度的作用，油层中毛细管的数目已经能够使孤立的气泡流动了，这样就产生了分散相的流动。这一不平衡受油的表面张力、绝对渗透率和压力梯度的影响。与前一种不平衡相比,这种不平衡与时间的关系不大,而与毛细管的数目关系密切,并通常被认为其对重油的高采收率有更大的影响。

为了解释泡沫油能大大提高采收率这一现象,需要做一个假设,即大部分气泡会被阻滞在油层中,并把这一假设称作"泡沫油流"。有了这一假设,就不用考虑储层是否产生了连续气相。一种机理认为当临界气体饱和度上升时,大部分气体就会被阻滞。但是一般情况下临界气体饱和度是岩石流体系统的一个固有特性,被定义为"在多孔且毛细管力占主导的介质中,气相能够保持连续的最小气体饱和度"。因此对这种由于气体饱和度上升增强阻滞作用的假设就需要用其他机理来解释。

一种可信的机理是,由于重油黏度很高,流体的分布不再由毛细管力控制。这种情况下会产生一种与普通 Darcy 两相流不同的流体,至少有一部分气体是以分散的气泡的形式运动的。以前对泡沫油流的讨论都是基于"微气泡"这一概念的。这种微气泡只能在有大量的气泡核和一个能阻止微气泡增大的情况下产生。

另一个假说认为泡沫油里面有很大的气泡随油运移,运移过程中气泡破裂产生了分散的气泡。泡沫油驱和常规溶解气驱的区别是泡沫油驱的压力梯度必须足够大才能使油流动。表 2.7.2 比较了普通溶解气驱和泡沫油驱的异同。两种气泡都是在过饱和的情况下产生的。气核会在孔隙的粗糙面产生,并生成大量的小气泡,但是他们中只有一小部分会变大并贴到孔隙壁上,原因是毛细管力会对气泡的增大起阻碍作用。

表 2.7.2　泡沫油驱和溶解气驱对比（据 Brij，2001）

	溶解气驱	泡沫油驱
相同点	压力下降产生过饱和现象	压力下降产生过饱和现象
	孔隙壁的粗糙面上出现气泡核	孔隙壁的粗糙面上出现气泡核
	一些气泡分离并且在空隙里长大	一些气泡分离并且在空隙里生长
不同点	气泡继续在孔隙中长大	气泡长到一定体积后开始随油流动
	不同孔隙中的气泡相互连接	移动的气泡继续分解为小气泡
	气泡相互连接形成连续气相	大的气泡分解为小气泡,分散相流实现
	当气相流动时 GOR 迅速增大	GOR 仍然很低
	油藏能量下降,采收率很低	采收率仍然很高

在开始阶段,两种过程是很相似的,但当气泡变得比孔隙大后开始不同。普通溶解气会继续被阻滞,并且继续变大,逐渐占据几个孔隙,最终成为连续的气相。但是泡沫油中的气泡长到一定的体积后就随着油开始流动了,但需要注意一点,油流动的速度和气泡流动的速度是不同的。气泡的大小由毛细管力和黏滞力的相对大小决定。流动中的气泡逐渐增大,但是增大的气泡有破裂的趋势。气泡的增大和破裂构成一对平衡,使分散的气相能够稳定存在。所以,泡沫油的 GOR（气油比）较小,采收率比较高。但是,必须指出的是,泡沫油流和普通两相流之间并没有明确的界限。

2.7.1.2.3　蚯蚓洞的增长及模拟

除了泡沫油外,理解蚯蚓洞的增长对于研究冷采的过程也是非常必要的。蚯蚓洞的增长过程大致可以分为三个阶段,每个阶段相应地对应着携砂冷采不同阶段的生产情况。首先,在蚯蚓洞初期形成阶段,由于泡沫油的形成还比较有限,出砂量较少,产油量也相对较低,产出液含砂量低；其次，蚯蚓洞快速增长时，出砂量随之增多，原油也大量产出，含砂量很高；最后，蚯蚓洞缓慢扩展阶段，此时已形成开放通道，产油量趋于稳定，而含砂量逐渐下降。

Lau 等（2001）系统地研究了蚯蚓洞在不同情况和不同阶段下的增长机理，本节将主要基于此进行探讨这个问题。

首先，蚯蚓洞的增长需要满足一定的环境条件。Tremblay 等（1998）根据实验得出了如下几条结论：（1）蚯蚓洞顶端的压力梯度需要足够大以能够驱动砂岩颗粒；（2）沿着蚯蚓洞延伸方向的压力梯度也应足够大，以能够运送从顶端去除下来的砂质颗粒；（3）与死油实验结果不同，活油系统中气泡的扩张将会极大地降低在蚯蚓洞顶端测得的临界压力梯度；（4）蚯蚓洞往往发育在地层中的疏松砂岩中，这些砂岩将含有更多的油。总结起来说，一般高压、富含溶解气的疏松性砂岩油藏中更容易发育蚯蚓洞，因此如果这个推论成立，则蚯蚓洞的增长过程将至少是可以定性预测的。

蚯蚓洞的增长是以向地层深处为优势方向的。在射孔后井筒内的压力与地面发生沟通，所以压力为地面大气压，而地层内的压力仍非常大，这时在所射孔眼内外就形成了较大的压力梯度，油砂中的溶解气就会在砂质颗粒表面形成气泡，由于同时伴随着黏稠的沥青，所以又称为泡沫油，随着泡沫油的增多就会驱使一部分油砂颗粒经所射孔眼流入井筒，然后在机械作用下这些包含了砂粒的泡沫油就会从井中抽取上来。随着生产的继续，这些被抽取上来的含砂粒泡沫油在地下储层中就遗留下了空隙，随着生产的继续，这些空隙继续在流入压力梯度下向径向和深处增长。然而，径向和深处增长的程度是不一样的。由于蚯蚓洞前端区域的球形几何状的流入压力梯度比沿蚯蚓洞壁的径向流入压力梯度更加持久，所以沿着蚯蚓洞壁的流入压力梯度会很快降到可以驱动砂质颗粒的临界值以下，此时砂粒将停止从井壁上脱落，则蚯蚓洞直径的生长将逐渐减缓，直至稳定。但是，由于蚯蚓洞前端的压力梯度在球形流形态下较持久地保持，且不断膨胀到富砂区的新的溶解气仍然很高，从而前端的去砂过程持续进行，因此，蚯蚓洞的增长以向深处延伸为优势方向进行，如图 2.7.5 所示蚯蚓洞从初始形成到持续向深处增长的示意图（据 Lau 等，2001）。

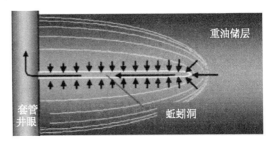

图 2.7.5　蚯蚓洞从初始形成到持续向深处增长的示意图（据 Lau 等，2001）

此外，由于弱固结砂储层中的砂粒更容易被泡沫油驱除，因此蚯蚓洞前端在压力梯度下应当有朝向优质砂发展的趋势，就好像它们将高压带、优质砂作为寻找目标一样。而且，由于每个生长的蚯蚓洞都是一个压力低点并且它们的生长受高压点的吸引，所以在生产阶段一个蚯蚓洞不可能与另一个蚯蚓洞合并。恰恰相反，它们会以枢纽状的形态伸展开来。

在某种程度上，冷采井的蚯蚓洞网络与植物的根部系统很相似。像侧根在地下伸展并且吸取水分，蚯蚓洞渗透到油藏中并且驱出油藏中的重油。对于植物，主根用来运输通过侧根聚集起来的水分和营养物质。对于冷采，则是直井收集蚯蚓洞网络中的流体并将它们运输到地表。

（1）未开发油藏中蚯蚓洞的发展。

未开发的均质油藏中压力分布是一致的，蚯蚓洞可能朝向所有的高压方向生长，图 2.7.6 表现了两口同时期所钻冷采井（井 A 和 B）初始蚯蚓洞原理图。当蚯蚓洞前端达到水系边界的时候就停止生长，因为这个区域没有足够的压力来引导生长。

（2）扩边或加密井中蚯蚓洞的发展。

当新井打在现有井网的内部或者外部时，它们不会遇到早期井各向同性的压力环境，那么生长方式就可能不匀称。如图 2.7.7 所示，井 C 和 D 的蚯蚓洞生长应该更朝向东部未枯竭的区域，直到它们接触到油藏边界或者含水砂岩层。当遇到含水砂岩层时蚯蚓洞的生长会停止，因为水体将开始支配砂粒的流动。

图 2.7.6　未开发重油油藏蚯蚓洞的发展（据 Lau 等，2001）

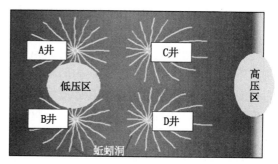

图 2.7.7　扩边井中蚯蚓洞的发展（据 Lau 等，2001）

基于以上假设，当蚯蚓洞向东发展到达活动含水砂岩层时，井 C 和 D 就会出水。即使关闭这些问题井出水仍然不会停止。井 C 和 D 的蚯蚓洞压力由于水侵而上升并且开始形成压力源。如果井 A 和 B 仍然在生产，就会将井 C 和 D 的蚯蚓洞作为自己新的生长方向。在短时间内（如几个星期或者几个月），井 A 和 B 的一些蚯蚓洞将会被引导连通井 C 和 D 的蚯蚓洞从而使井 A 和 B 产生出水问题，而测井曲线和地质图都没有显示井 A 和 B 接近水源。这个问题可能继续蔓延到该地区的其他生产井。

对于加密井，蚯蚓洞可能由于缺少好的压力支持而生长很缓慢，因而，加密井的产油量不如早期开发井。图 2.7.8 显示了井 E 完钻后的一种可能情况。在井网加密过程中，通过注入钻井液提高地层压力吸引周围蚯蚓洞生长并连接周围加密井。在成熟的冷采油田中加密水平井所做出的努力是无效的，水平井眼中流动的重油可能通过附近蚯蚓洞的低压被排出从而导致低产。

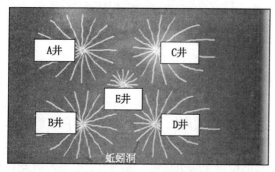

图 2.7.8　加密井中蚯蚓洞的发展（据 Lau 等，2001）

（3）利用蚯蚓洞模型模拟冷采参数。

一直以来，冷采模拟工作大多是基于传导率乘数来模拟出砂导致的孔隙度变化。尽管油田生产历史能匹配上，然而这种模拟技术存在着一个致命的缺陷。如果假设的径向流不能与普遍所观察到的蚯蚓洞发展相比较，则在这种径向流中，储层流体是被假设为从原来的储层岩石中渐渐地流向周遭渗透率得以提高的岩石中，并最后流入井眼（渗透率无限大）。根据普遍的蚯蚓洞概念，储层流体应该流入多孔储层岩石或者高流通能力的蚯蚓洞系统中，则在这两种介质中的两股流体应表现为不同的流动特征，同时应该是彼此平行发展的，不会相交。基于径向流假设预测出的流体和压力分布是不可能完全避免这一点的，因此这种模型对于解决油田冷采问题的实际能力是有限的。

在目前的模拟研究中，主要目标是确立一种一般模型，从而可以用来研究与蚯蚓洞相关的问题以及后续的采收率技术问题。同时，必须能描述出典型的蚯蚓洞模式和生长行为，且应能处理连续以及周期的注水方式。

通过初步的调查以后，离散化的井眼模拟技术被认为是最适当的一种方法。选用一种被称作放热油藏模拟器（ExoTherm Reservoir Simulation）进行模拟研究。

图 2.7.9 描述的是双井冷采中的蚯蚓洞系统。为了模拟蚯蚓洞系统的特征，在每口垂直井周围离散布置了 16 口水平井，这些井的起始端统一合并于垂直井眼处，则这些井将在同样的井底流压下进行生产。为了更能模拟蚯蚓洞的增长模式，在生产初期只有靠近垂直井眼的水平井的前半部分是打开的，随着生产的继续，远离垂直井眼的水平井后半部分才被打开。

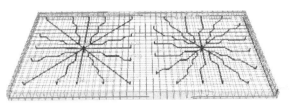

图 2.7.9　模拟建立的双井冷采蚯蚓洞模型（据 Lau 等，2001）

在进行模拟之前，首先进行了一些校准从而确保模拟所用的重油岩石和流体参数设置的合理性，这些参数如表 2.7.3 所示。

表 2.7.3　模拟时所用的油藏和模型参数

油藏和模型参数	数　值
有效厚度	6m
平均孔隙度	30%
平均绝对渗透率	2300mD
含油饱和度	85%
含水饱和度	15%
含气饱和度	0%
溶解气油比	$9m^3/m^3$
临界气体饱和度	10%
原油黏度（油藏温度下）	2100mPa·s
死油密度（油藏温度下）	$992m^3/kg$
模型维数	400m×200m×6m
网格维数	10m×10m×1m
井数	2
排水面积	4ha/well
蚯蚓洞数	16/well
蚯蚓洞直径	22cm
蚯蚓洞最大长度	85～120m
蚯蚓洞生长率	0.1～0.4m/d

图 2.7.10 为实际的油田数据和相应的模拟结果的产油和产水的对比。从图中可以看出，模拟的结果与实际的生产状态是比较一致的，从而说明了这种模拟方法的合理性。模型校准过程中的关键点是：①假设每口生产共发育 16 个蚯蚓洞，蚯蚓洞的增长速率从起初的 0.3m/d 逐渐变化到大约 15 个月后的 0.1m/d；②典型重油 PVT 数据中地层体积系数被用来估计死油和溶解气混合物的压缩因子，原始溶解气油比大约为 9m³/m³；③以 10% 的临界含气饱和度来计算气泡诱捕效应。

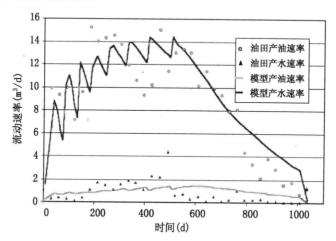

图 2.7.10 流体产率模拟结果与油田实际生产数据对比（据 Lau 等，2001）

在模拟研究过程中发现对于每口生产井来说为了获得较高的产油率，大量的蚯蚓洞系统是必须的，但也要考虑需要处理的数据量大小。例如在该项研究中，通过综合考虑产油率和所需处理的数据量，决定采用 16 个蚯蚓洞的开采方案。

蚯蚓洞的持续生长是匹配实际生产水平的必要条件，但非流动边界区附近的蚯蚓洞段对于产量的增长没有太大的贡献。这是因为相邻生产井的蚯蚓洞前端会随着增长而靠近（即它们都朝向非流动边界生长），在非流动边界处压力会急剧下降。油藏中没有足够的压力和气体膨胀支撑，这些蚯蚓洞前端将不能再延伸，即会停止生长。

图 2.7.11～图 2.7.13 分别展示了冷采三年后油藏的压力、含油饱和度和含气饱和度的分布。"辐射状"的流体饱和度模式是蚯蚓洞生产的标志。通过与油藏实际生产状态的对比，蚯蚓洞模型是能够很好地实现冷采过程的储层可视化模拟的，是研究与蚯蚓洞相关的生产问题的有力工具，同时也是提高采收率的一项重要技术。

图 2.7.11 冷采三年后模拟得到的油藏压力分布（据 Lau 等，2001）

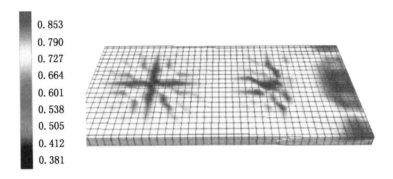

图 2.7.12　冷采三年后模拟得到的含油饱和度分布（据 Lau 等，2001）

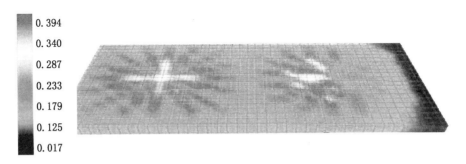

图 2.7.13　冷采三年后模拟得到的含气饱和度分布（据 Lau 等，2001）

2.7.2　蒸汽吞吐和蒸汽驱技术

2.7.2.1　蒸汽吞吐技术（CSS）

2.7.2.1.1　概述

蒸汽吞吐法（CSS）于 1959 年偶然发现于西委内瑞拉地区，但是在加拿大取得了最大成功。加拿大广为人知的成功应用蒸汽吞吐法开采油砂的是 Cold Lake 油田，它开始于 1964 年的实验油田项目和 Pikes Peak 的 Husky 的循环注气工艺（Moritis，2004）。

蒸汽吞吐的主要机理是利用高压向井下注入高温蒸汽，通过一定时间的焖井，加热近井地带原油，使其黏度降低，增加可流动性，然后放喷，用常规方式采油；进行一定时间的开采后，当油压降低后，再重复进行上述过程，即注汽—焖井—放喷，这也是它之所以称之为循环注汽或蒸汽吞吐的原因。图 2.7.14 所示为蒸汽吞吐开采过程的三个阶段的示意图。这三个阶段具体来讲是：

①注汽阶段：将一定干度的高温蒸汽注入油层，注入温度一般在 250～350℃之间，注入量取决于油层厚度，一般在 40～100t/m，注入量越大，加热半径越大。

②焖井阶段：蒸汽注入完成后关井，蒸汽携带的热量会加热地层原油，降低原油黏度，从而增加原油的流动能力。焖井时间一般在 2～7d，目的是使注入近井地带油层的蒸汽尽可能扩展，扩大蒸汽带及蒸汽凝结带（即热水带）加热地层及原油的范围，使注入热量分布较均匀。

③生产阶段：焖井完成后，在起初的生产阶段，由于地层压力大，冷凝水及加热的原油大量排出，即可以自喷生产，此时要装较大油嘴自喷来防止油层出砂，出现产油高峰；随着采出进行，由于油层中注入热量的损失及产出液带出的热量，被加热的油层逐渐降温，流向

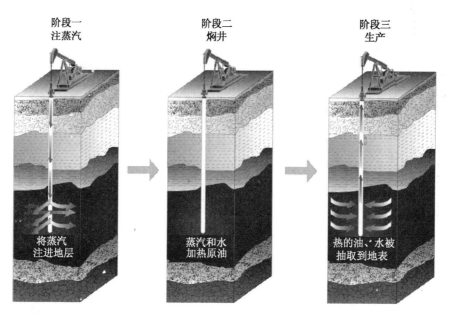

将蒸汽
注进地层

蒸汽和水
加热原油

热的油、水被
抽取到地表

图 2.7.14　蒸汽吞吐技术原理示意图（据 Fair 等，2008）

近井地带及井底的原油黏度逐渐增高，原油产量逐渐下降，当井底流压接近地层压力时，必须采取抽取措施，从而使大部分的油被采出。

当产量降到某个界限时（经济极限产量或极限井口原油温度），结束该周期生产，重新进行下一周期蒸汽吞吐。第二次注汽、焖井及开井回采。如此多周期吞吐作业，最后转入蒸汽驱开采。一般每个周期的采油期由几个月到一年左右。一般蒸汽吞吐周期可达 5～7 次，国外虽有高达 22 次的报导，但超过 10 次的也很少见。

蒸汽吞吐法的主要优点是可以快速产油，尤其适用于高黏度的重油储层，但是对于汽溶性的低黏低压储层，该方法则不适用。蒸汽吞吐的采收率一般没有其他热采方式高，约 15%～25%，同时这种开采方式需求较多的水资源，放喷时会造成大量的 CO_2 逸散。在应用范围上，加拿大、美国和委内瑞拉均有采用，但目前往往是通过与其他开采方式相结合进行，如通常的与蒸汽驱结合，以及与 SAGD 结合（Coskuner，2009）实现更高的热利用，从而大幅提高采油效率。

2.7.2.1.2　增产机理

油层中原油加热后黏度大幅度降低，流动阻力大大减小，这是主要的增产机理。向油层注入高温高压蒸汽后，近井地带相当距离内的地层温度升高，将油层及原油加热。虽然注入油层的蒸汽优先进入高渗透层，而且由于蒸汽的密度很小，在重力作用下，蒸汽将向油层顶部超覆，油层加热并不均匀，但由于热对流及热传导作用，注入蒸汽量足够多时，加热范围逐渐扩展，蒸汽带的温度仍保持井底蒸汽温度（250～350℃）。蒸汽凝结带，即热水带的温度虽有所下降，但仍然很高。形成的加热带中的原油黏度将从几千到几万毫帕秒降低到几个毫帕秒。这样，原油流向井底的阻力大大减小，流动系数成几十倍地增加，油井产量必然增加许多倍。

对于压力高的油层，其弹性能量在加热后也充分释放出来，成为驱油能量。受热后的原油产生膨胀，原油中如果存在少量的溶解气，也将从热原油中逸出，产生溶解气驱的作用。

这也是重要的增产机理。在蒸汽吞吐数值模拟计算中即使考虑了岩石压缩系数、含气原油的降黏作用等，生产中实际的产量仍往往比计算预测的产量高，尤其是第一周期，这说明加热油层后，放大压差生产时，弹性能量、溶汽驱及流体的热膨胀等作用发挥相当重要的作用。

对于厚油层，热原油流向井底时，除油层压力驱动外，还受到重力驱动作用，如在浅层、低压及油层厚度大的美国加州重油油田重力驱动是主要的增产机理。

当油井注汽后回采时，随着蒸汽加热的原油及蒸汽凝结水在较大的生产压差下采出过程中，带走了大量热能，但加热带附近的冷原油将以极低的流速流向近井地带，补充入降压的加热带。由于吸收油层、顶盖层及夹层中的余热而将原油黏度降低，因而流向井底的原油数量可以延续很长时间。尤其对于普通重油（黏度10000mPa·s内），在油层条件下本来就具有一定的流动性，当原油加热温度高于原始油层温度时，在一定的压力梯度下，流向井底的速度加快。

地层的压实作用是不可忽视的一种驱油机理。委内瑞拉马拉开波湖岸重油区，实际观测到在蒸汽吞吐开采30a以来，由于地层压实作用，产生严重的地面沉降（达20~30m）。据研究，地层压实作用产生的驱出油量高达15%左右。该油区由于地层压实作用多产出原油。

蒸汽吞吐过程中的油层解堵有助于增产。重油油藏在钻井完井、井下作业及采油过程中，入井液及沥青胶质很容易堵塞油层，造成严重的油层损害。一旦造成油层损害后，常规采油方法，甚至采用酸化、热洗等方法都很难清除堵塞物。这是由于固形堵塞物受到重油中沥青胶质成分的黏结作用，加上流速很低时，很难排出，不像轻质原油油藏那样在采油初期那样强的"自洁"解堵作用。早在20世纪60年代，美国加州许多重油油田蒸吞吐采油历史表明，蒸汽吞吐后的解堵增产油量高达20倍左右。

油层中的原油在高温蒸汽下产生蒸馏作用和某种程度的裂解，使原油轻馏分增多，黏度有所降低，因此可有助于原油的生产。由国内胜利油田选择单家寺5口蒸汽吞吐井回吐过程中系统取样分析的结果得出，先采出的原油变轻，随着时间的推移逐渐变重，尤以第一个月内变化的幅度较大。单10-25-9井，回采第11天的原油密度（20℃）由0.9710g/cm³增加到第205天的0.9805g/cm³；相应的原油黏度（50℃脱气）由2911mPa·s升到10351mPa·s，变化达3.5倍。单10-11-15井，原油密度，黏度变化也是如此，原油分子量也逐渐增加（刘文章，1998）。

在油层中，注入湿蒸汽加热油层后，在高温下，油层对油与水的相对渗透率起了变化，砂粒表面的沥青胶质极性油膜破坏，润湿性改变，原来油层由亲油或强亲油，变为亲水或强亲水。在同样水饱和度条件下，油相渗透率增加，水相渗透率降低，束缚水饱和度增加。而且热水吸入低渗透率油层，替换出的油进入港流孔道，增加了流向井筒的可动油。

对于某些有边水的重油油藏，在蒸汽吞吐采油过程中，随着油层压力下降，边水向开发区推进。如胜利油区单家寺油田及辽河油区欢喜岭锦45区，在前几轮吞吐周期，边水推进在一定程度上补充了压力，即驱动能量之一，有增产作用。但一旦边水推进到生产油井，含水率迅速增加，产油量受到影响。而且随着油层条件下，油水黏度比的大小不同，其正、负效应也有不同，但总的看，弊大于利，尤其是极不利于以后的蒸汽驱开采，应控制边水推进（刘文章，1998）。

此外，分布在蒸汽加热带的蒸汽，在回采过程中，蒸汽将大大膨胀，部分高压凝结热水由于突然降压闪蒸为蒸汽。这也具有一定程度的驱动作用。

从总体上讲，蒸汽吞吐开采属于依靠天然能量开采，只不过在人工注入一定数量蒸汽，加热油层后，产生了一系列强化采油机理，而主导的是原油加热降黏的作用。蒸汽吞吐开采效果的技术评价指标主要有：（1）周期产油量及吞吐阶段累积采油量；（2）周期原油蒸汽比（即采出油量与注入蒸汽量（水当量）之比）及吞吐阶段累积油汽比；（3）采油速度，年采油量占开发区动用地质储量百分数；（4）周期回采水率及吞吐阶段回采水率，回采水率即为采出水量占注入蒸汽的水当量百分数；（5）原油生产成本；（6）吞吐阶段原油采收率，即阶段累积产量占动用区块地质储量的百分数；（7）油井生产时率及油井利用率；（8）阶段油层压力下降程度。

2.7.2.1.3 油藏条件对开采效果的影响

重油黏度、油层有效厚度、净总厚度比、原始含油饱和度、渗透率油层非均质性以及边、底水能量大小等油藏地质条件都会对蒸汽吞吐的开采效果造成不同程度的影响（据刘文章，1998）。

（1）重油黏度的影响。

重油黏度对蒸汽吞吐开采效果影响很大，其主要原因在于：①原油黏度越高，其流动能力越差，在天然能量驱动下，产油量低，开采效果越差；②原油黏度随温度的增高而降低，蒸汽吞吐开采热波及的范围有限，油藏原油黏度越低，形成的泄油半径越大，供油量也较大。相反，原油黏度越高，泄油半径则较小。当原油黏度高到难以流动时，冷油很难进入泄油区，因而采出油量有限；③在相同的截止产量条件下，蒸汽吞吐开采随着压力、温度的下降，原油黏度越高，吞吐周期短，周期采油量少。

（2）油层有效厚度的影响。

在油层有效厚度不同，其他油藏地质条件相近的情况下，一般油层厚度越大，吞吐产量越高，周期越长，周期产量越大，油汽比越高，开发效果越好。油层薄，顶底盖层及夹层热损失大。此外，油层薄，注汽速度较低，井筒及地面热损失大，吞吐开采产量低、油汽比低。统计表明，随油层厚度增加，周期生产时间长，油汽比、周期采油量和平均日产油量等明显提高。

（3）净总厚度比的影响。

对于砂泥岩交互沉积的互层状油藏，由于夹层的存在，在蒸汽吞吐开采中，会引起热损失的增加。用净总厚度比的概念定量描述，其定义为油藏有效厚度（净厚度）占油藏总厚度的比。净总厚度比越小，注入蒸汽的热量相当一部分损失在夹层中，注入蒸汽热效率降低，从而导致加热半径减小，蒸汽吞吐开采效果变差。根据国外经验和研究结果表明，一般净总厚度比小于 0.4 的油藏不适宜于蒸汽吞吐开采。

（4）原始含油饱和度的影响。

一般，原始含油饱和度降低，蒸汽吞吐开采效果变差，峰值产量低。这主要由两方面原因引起：①油饱和度越小，可流动油越少，油水两相流动，水相相对渗透率增大，产水量增多，产油量减少；②由于水的比热大于油的比热（约大一倍），使注入蒸汽的加热半径相对减小，最终也导致泄油半径减小，蒸汽吞吐开采效果交差。研究认为，蒸汽吞吐开采经济有效的原始含油饱和度应高于 0.5。

（5）油层渗透率的影响。

重油油藏一般多为疏松的砂岩油藏，物性好，渗透率较高，则油层流动系数越大，油层吸汽能力强，产油能力高，因而蒸汽吞吐的开采效果好。

油藏渗透率非均质性对蒸汽吞吐的开采效果同样有较大影响。在油层中存在高渗透率层时，注入蒸汽将优先进入高渗层而导致层间吸汽不均，在蒸汽吞吐的初期，吞吐效果较好（因加热带扩大），但对后续的吞吐和蒸汽驱产生不利的影响，油层储量动用不均，从而影响整个油田的开采效果。

（6）边、底水的影响。

边、底水的存在将会对重油热采带来不同程度的影响，这种影响主要表现在边水侵入、底水锥进。其影响程度一是取决于边、底水能量大小，即活跃程度，二是取决于生产井离水体的距离远近。具有活跃边、底水的重油油藏，在热采过程中，由于水体导热性能好以及水、油黏度悬殊，对蒸汽吞吐和蒸汽驱将带来不利的影响。

2.7.2.1.4 注汽参数对开采效果的影响

对不同类型油藏，在现有工艺技术条件下，为了提高蒸汽吞吐开采效果，必须进行工艺参数的优化（据刘文章，1998）。

（1）蒸汽干度。

蒸汽干度是影响吞吐开采效果的重要工艺参数。对于埋藏较深的重油油藏，在注蒸汽开采中，井筒热损失较大，井底蒸汽干度较低。一般，蒸汽干度越高，在相同的蒸汽注入量下，热焓值越大，加热的体积越大，蒸汽吞吐开采效果越好；此外，由于热饱和蒸汽的特性，在相同压力下，干度越高，比容越大；但随压力升高，同样的干度下，比容减小。因此，在注入压力高达 $12\sim15MPa$ 下，同样的注入量，蒸汽干度越高，油藏的加热体积越大，增产效果越好。因此，为了提高蒸汽吞吐的开采效果，应尽可能地提高井底蒸汽干度。

（2）周期注入强度。

对于一个具体的重油油藏，蒸汽吞吐开采周期注入量有一个优选范围。一般蒸汽注入量越大，加热范围增加，产量越高；但是，注汽量越大，加热体积增加的速度减缓，产量增长的幅度减小，吞吐油汽比下降，且过大的周期注汽量将导致井底压力增高，影响蒸汽干度的有效提高，同时由于注汽时间增长，油井停产作业时间延长，可能产生井间干扰，因此，周期注入量有一个优选值。

刘文章（1998）利用三维三相数模模拟了在注汽压力为15MPa、注汽速度为 8 t/h、油层纯厚度为 44m 等条件下不同注汽量（分别为 1000t、2000t、3000t、3500t、4000t 和 5000t）时的蒸汽吞吐开采效果。表 2.7.4 是生产一个周期的开采结果。可以看出，周期注汽量越高加热半径越大，产油量越高，但油汽比降低；当注汽量过小时，产油量则较低，开采效果差。

表 2.7.4 不同周期注入量下的蒸汽吞吐开采效果（据刘文章，1998）

注汽量（t）	加热半径（m）	累积产油（t）	油汽比
1000	4.23	3080	3.08
2000	5.93	4385	2.18
3000	6.65	5051	1.68
4000	7.45	5370	1.34
5000	10.2	6717	1.12

一般注汽量按油层每米有效厚度来选定，即注汽强度，最优的经验值是 $80\sim120t/m$。但对于薄油层和非均质严重的互层状油藏，初期的注汽强度应适当低些，尤其是油层浅压力低的油藏，注汽量过大，回采产量将降低。对于多周期吞吐作业，需逐周期增加注汽量，以

扩大加热范围，一般推荐的注蒸汽周期增加量为10%~15%。

（3）注汽速度。

一般，注汽速度越高，开采效果相对较好，但不同注汽速度下的生产动态很接近、开采效果的差异较小。这主要因为，在蒸汽吞吐阶段，注汽时间较短，向顶、底层的热损失比其蒸汽驱阶段来说小得多，因此，注汽速度对蒸汽吞吐影响较小。提高注汽速度有利于缩短油井停产时间，又有利于提高增产效果。而且，注汽速度降低，将增加井筒的热损失，导致井底于度的降低，从而降低吞吐开采效果。这是决定注汽速度不能太低的主要原因。另一方面，注汽速度也不能太高，它主要取决于三个方面：①油层本身的吸汽能力（油层的吸汽能力取决于水、汽渗透率，油层厚度，原油黏度，油层压力和注汽压力），注汽速度如超过油层的吸汽能力，蒸汽难以注入油层；②破裂压力，如注汽压力超过地层破裂压力，易发生汽窜，影响开采效果；③受锅炉最高工作压力的限制，提高注汽速度也将是困难的。

因此，选择合理的注汽速度必须从以上几方面考虑。注汽速度不能太低，太低则井筒热损失率太大而导致井底蒸汽干度过低；又不能太高，太高使注汽压力超过地层破裂压力，而发生蒸汽窜进，反而降低开采效果。一般而言，在尽可能采用高质量隔热油管的条件下，将注汽速度选在100t/d以上，注汽速度不宜超过油层破裂压力，以蒸汽锅炉最高工作压力为上限。

（4）焖井时间。

一般认为，在注完蒸汽后关井一段时间，使注入油层中的蒸汽充分与孔隙介质中的原油进行热交换，使蒸汽完全凝结成热水后再开井生产，可避免开井回采时携带过多的热量从而降低热能利用率。但是，焖井时间也不宜太长，否则，注入蒸汽向顶底层的热损失将增加。深层重油油藏油层压力较高、井底蒸汽度小于70%的情况下，焖井时间不宜过长，一般为2~3d，最长不超过7d。为提高吞吐效果，尽可能在注汽后尽快做好投产准备，争取利用油层压力较高的条件自喷投产，这有助于排除油层中存在的油管破损堵塞。对于浅油层油藏，所推荐的焖井时间也不应过长，一般不宜超过3d。

2.7.2.2 蒸汽驱技术（SD）

2.7.2.2.1 概述

蒸汽吞吐采油只能采出各个油井附近油层中的原油，在油井与油井之间还留有大量的死油区，此时蒸汽驱采油技术就派上了用场。蒸汽驱的基本原理是把高温蒸汽作为载热流体和驱动介质，由注入井连续不断地往油层中注入，蒸汽不断地加热油层，从而大大降低了地层原油的黏度，注入的蒸汽在地层中变为热的流体，将原油驱赶到生产井的周围，并被采到地面上来，如图2.7.15所示。该过程类似于常规油开采的水驱过程，只是为了降低重油的黏度以增加其流动性从而将驱替物水换成了具有较高温度的蒸汽。

该技术之所以可以成为蒸汽吞吐后提高重油采收率的主要手段之一，是因为它使高压、低压蒸汽脉冲周期性作用于地层，迫使蒸汽由高渗层、高渗段、高渗带，进入低渗

图2.7.15　蒸汽驱示意图
（据加拿大油砂技术研究局修改）

层、低渗段、低渗带，从而扩大蒸汽的波及体积。且当不同的井组之间交替改变注采周期时，地下的压力场不断变化，使注入蒸汽冷凝后的热水不断改变流动方向，提高了蒸汽波及系数，利用其可以扩大波及体积，从而提高驱油效率，达到提高最终采收率的目的。大量研究表明，蒸汽驱可将最终采收率提高到 50%～60%（Nasr 等，2005）。

然而，这种方法需要持续注入大量的蒸汽，加热的范围也仅限注汽井和邻近生产井之间，热利用效率不高。且要求生产井和注入井的距离比常规井距小，加上需注入大量的蒸汽，从而生产成本较高。该技术最广泛的应用是在美国加利福尼亚、委内瑞拉，由于加拿大天然沥青的超高黏性使得该方法在加拿大的应用有一定限制。

2.7.2.2.2　蒸汽驱油采油机理和操作条件

（1）采油机理。

在理想情况下，随着蒸汽从注入井向生产井的逐步推进，蒸汽驱会形成三个区：蒸汽区、热水区和油水区。三个带的温度逐渐降低，且由于重力分离作用，蒸汽往往向油层顶部超覆，如图 2.7.16 所示。蒸汽区是在注入井的周围形成的，其温度接近蒸汽温度，此时会有轻烃被蒸发以驱动原油，然后冷凝成可溶油的液体，同时蒸汽还提供一定的汽驱能量。蒸汽在不断的推进过程中，随着距离的增加，油层的温度不断降低，最后蒸汽变成了热水，形成了热水区。在热水区前缘，原油受热膨胀降黏并与冷水混在一起形成油水带，并继续在热水的驱动下到达生产井，然后被采出。

在上述分析基础上，综合国内外大量的室内实验及现场生产实践，将蒸汽采油机理概括如下：

①降黏作用。

温度升高时原油黏度降低，是蒸汽驱开采重油的最重要的机理，主要是随着蒸汽的注入，油藏温度升高，油和水的黏度都要降低，但水黏度的降低程度与油相比则小得多，其结果是改善了水油流度比；在油的黏度降低时，驱替效果和波及效率都得到改善，这也是热水驱、蒸汽驱提高采收率的原因所在。

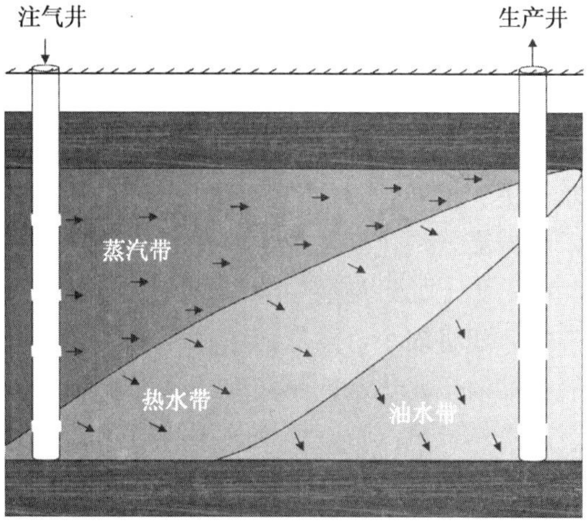

②蒸汽的蒸馏作用。

高温高压蒸汽降低了油藏液体的沸点温度，当温度等于或超过系统的沸点温度时，混合物将沸腾，引起油被剥蚀，使油从死孔隙向连通孔隙转移，增加了驱油的机会。

图 2.7.16　蒸汽驱过程形成的三个区带及其温度分布（深色代表高温，浅色代表低温）和流体流动方向（箭头）

③热膨胀作用。

随着蒸汽的注入，地层温度升高，油发生膨胀，产生一定的驱油作用，这一机理可采出 5%～10% 的原油，取决于加热带的温度、原油组分及原始含油饱和度等。

④油的混相驱作用。

水蒸气蒸馏出的馏分，通过蒸汽带和热水带被带入较冷的区域凝析下来，凝析的热水与油一块流动，形成热水驱。凝析的轻质馏分与地层中的原始油混合并将其稀释，降低了油的密度和黏度，随着蒸汽前缘的推进，凝析的轻质馏分也不断向前推进，其结果形成了油的混相驱。由混相驱而增加的采收率，在 $3\%\sim5\%$。

⑤溶解气驱作用和乳化驱作用。

气驱作用发生于热水带和油水带，它是热能转变为机械能的驱油作用。当蒸汽带前缘的温度较高时，原油中的溶解气分离出来。这种释放出的气体，包括油层中在汽驱过程中生产的 CO_2，由于体积膨胀，产生驱油作用，因而增加采收率。

对重油进行蒸汽驱开采时，在油层中往往会出现原油被乳化的现象，乳化的程度取决于蒸汽推进的速度及凝结过程中释放出的能量。乳化液的黏度高于油或水的黏度，其能够增加汽驱过程中的油层压力，可以在一定程度上堵塞疏松砂岩的高渗透层和蒸汽窜流通道，迫使蒸汽进入低渗透层，从而降低热水带的蒸汽指进强度，提高汽驱采收率。

⑥重力分离作用。

由于蒸汽的相对密度远小于原油及水，因而在蒸汽驱过程中，必然发生汽水分离。进入油层的蒸汽超覆于油层顶部，并向平面方向扩展；而蒸汽凝结水则从油层下部向前推进。由于被蒸汽加热的原油骤然降黏、变轻及膨胀，促使在油层上部的蒸汽向前推进的速度快于热水带。

（2）操作条件。

与蒸汽驱不同的是，蒸汽驱要加热的对象是整个油藏，并且注入的蒸汽还要作为驱替介质不断驱替原油。因此，蒸汽开采油气自身的规律和要求，即要在油层中形成蒸汽带，并不断保持蒸汽带向前扩展，蒸汽驱才能取得较好的效果，而且提高蒸汽驱开采效果的关键是尽力扩大蒸汽带在纵向上和平面上的波及范围。总的来说，蒸汽驱开发方案设计及实施操作中，需要满足以下条件（刘文章，1998）：

①注入油层的蒸汽干度要足够高（至少大于 50%），以保证在油层中形成蒸汽带，并不断推进、扩展。湿饱和蒸汽中的热能包括两部分，即水相中的显热与汽相中的潜热，蒸汽的干度越高，汽化潜热越大，并在连续补充下，保持形成的蒸汽带不断扩展、驱替原油至生产井中采出。如果油层中蒸汽带的汽化潜热能的补充量不足以抵消蒸汽带的热损失量，则蒸汽带的体积将缩小，蒸汽前缘将停止推进，而只有凝结热水向前扩展。由于相同温度下，蒸汽的驱油效率比热水的驱油效率高许多（约高一倍以上）。因此能否实现有效蒸汽驱的关键在于能否保证蒸汽带能够连续不断地在油层中由注汽井向生产井扩展。

②采注比要大于 1.0，以保证注采井间形成的降压梯度能使蒸汽前缘推进至生产井。首先在注蒸汽开发设计时及由蒸汽吞吐开采蒸汽驱前，要选择合适的井网形态及注采井数比例。其次，再所选定的注采系统条件下，优选最优的注汽速度，以保证热损失最小，热能利用最高。此外，要采用举升能力足够大的机泵，并将泵下到油层射孔段下部。当注入速度与排液速度向匹配时，开发效果好，油汽比高。

③优化注汽速度或注汽强度，提高热能利用。最优的注汽速度或注汽强度不仅与油藏地质条件（如油层厚度、非均质性、原油黏度等）有关，而且与所选定的开发系统（井网，井距）有关，因此注汽速度的选择与注汽强度结合起来考虑更为合理。美国 Kern 河油田蒸汽驱实践得出的注汽强度经验值为 $1.5\sim1.9m^3/(d\cdot ha\cdot m)$，此时对应的油汽比最高。但不同类型油藏注汽强度的优选值不同。对于薄油层，由于向顶、底岩层的热损失大，因而要求的最优注汽强度最高，而油层厚度变大，最优注汽强度变小，对于中等厚度（$20\sim30m$）的油藏，最优注汽强度应高于 $1.5m^3/(d\cdot ha\cdot m)$。

④生产井排液速度要保持采注比大于 1.0。在蒸汽驱开采过程中，在优选的蒸汽干度及

注汽速度下，每个开发单元（油藏，区块，试验区）的排液速度大小直接涉及注采关系的变化，影响蒸汽带体积的大小，进而影响到蒸汽驱开采效果的好坏，经济效益的高低，最终决定能否采用优化的注汽速度。

2.7.2.2.3　蒸汽驱油汽水的运移规律

对于预先进行过多轮次吞吐的重油油藏在转入蒸汽驱开采时，首先要把握蒸汽吞吐末期剩余油的分布规律才有利于利用蒸汽驱进一步挖潜剩余油。对此我们以辽河油田齐 40 块为例进行模拟研究。图 2.7.17 为模拟得到的蒸汽吞吐末期的剩余油分布。从图中可以看出，经过多个轮次的蒸汽吞吐后，注汽井与生产井周围剩余油饱和度降低，注采井间剩余油分布不规则，对角井间是剩余油的富集区，基本为原始的油藏含油饱和度。

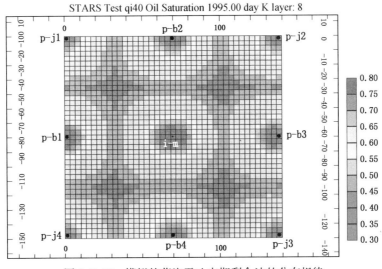

图 2.7.17　模拟的蒸汽吞吐末期剩余油的分布规律

（1）热连通结束时的含油饱和度分布。

对于 70m 的反九点蒸汽驱井网，由于注入地层中的蒸汽首先沿油层的上部向上倾方向运移，当蒸汽驱进行到 7 个月左右时，位于上倾方向的边井井底周围开始升温实现了热连通，而此时对于其余的生产井热量还未波及生产井井底，因此，在井间还存在着大量的剩余油。图 2.7.18 为第一口生产井热连通结束时油层平面和纵向含油饱和度分布。

（2）蒸汽驱替阶段剩余油分布。

随着注入蒸汽越来越多，热量逐渐向下部油层扩展，但是由于油层倾角较大，蒸汽的超覆作用严重，导致对底部油层的驱动很缓慢，剩余油饱和度较高。另外，由于边井距离注汽井较近，产量上升较快，但是其剩余油饱和度底，因此产量下降也快；角井恰好相反，见效慢，但是后期产量维持较好。图 2.7.19 为蒸汽驱进入驱替阶段 1.5a 时平面和纵向上的含油饱和度分布。

（3）蒸汽突破后的剩余油变化。

蒸汽突破以后，注入油层中的蒸汽沿上倾方向的生产井溢出，导致上倾方向的油层动用越来越慢；与此同时，由于热水驱的作用，下倾方向的生产井产量会呈上升的趋势，下部油层的移动会逐渐扩大。最终含油饱和度较高的部位是油层上部的下倾方向和油层下部的上倾方向，如图 2.7.20 所示。

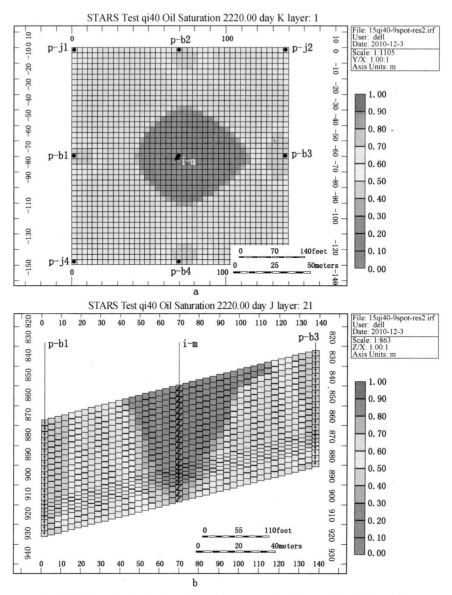

图 2.7.18　第一口生产井热连通结束时油层平面和纵向含油饱和度分布

a—平面剩余油分布；b—纵向剩余油分布

2.7.2.2.4　蒸汽驱的生产特征

当生产井的动态由于注汽而发生明显的转机时即称为汽驱见效。对于水驱油田，其见效特征大致归纳为"三升一降"，即产液量上升，产油量上升，地层压力上升及气油比下降。对于蒸汽驱开采的重油油藏，其开采特征分为明显的三个阶段：热连通阶段、驱替阶段和突破与调整阶段。需要说明的是，由于油藏条件和注采参数等的差异，不同的井组每个阶段持续的时间不尽相同。以中国东部油田 A 区块 B 井组为例，其蒸汽驱过程中的生产曲线如图2.7.21 所示。

（1）阶段性明显。

该井组 2006 年 12 月转驱，由于蒸汽驱前进行了近 20a 的蒸汽吞吐开采，使油藏大幅度降压（小于 2MPa），因此转驱初期的生产压差较小；此外，尽管注汽井和生产井井底周围

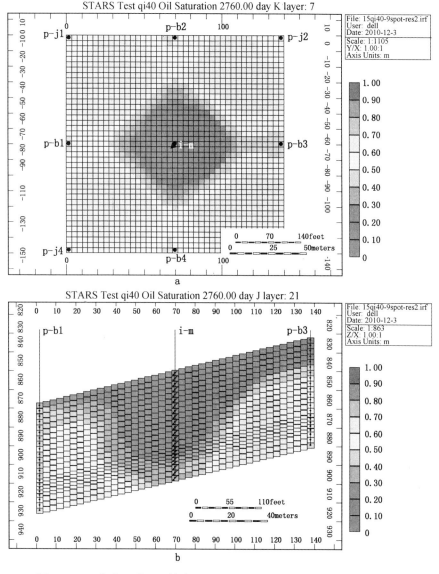

图 2.7.19　蒸汽驱进入驱替阶段 1.5a 时平面和纵向上的含油饱和度分布
a—平面剩余油分布；b—纵向剩余油分布

经过了吞吐预热，使得油层温度较高，但是远离井筒的地层温度仍然较低，导致油井产液量和产油量都处于低峰期。此时采注比小于 1.0，油层压力逐渐回升，称为蒸汽驱的热连通阶段。

随着蒸汽驱过程的进行，由于生产压差增大，产液量逐渐提高。当热前缘推进至生产井附近时，油层温度大幅度上升，采油量大幅度上升，含水率下降，油井见到明显汽驱效果，并且保持了较高的产液量。该趋势一直保持到 2009 年 5 月，这一阶段称为蒸汽驱的驱替阶段。

随着汽驱程度的不断提高，受油藏非均质性和单井提液的影响，驱替前缘不规则发展，逐步进入蒸汽突破阶段。特别是对于倾角较大的油藏，加剧了蒸汽的超覆，造成上倾方向的采油井更易突破。当蒸汽突破至生产井以后，高温蒸汽直接被生产井采出，采出液的温度明

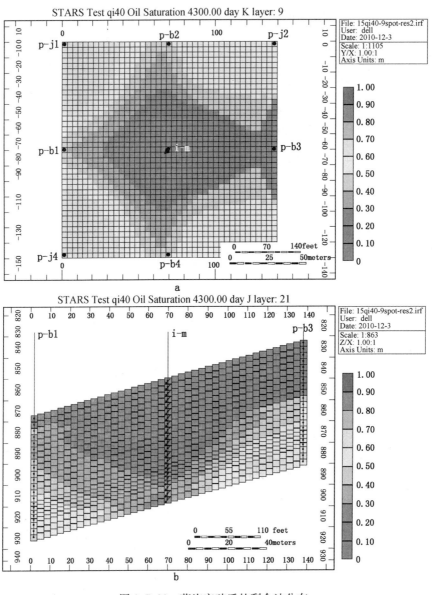

图 2.7.20　蒸汽突破后的剩余油分布

a—平面剩余油分布；b—纵向剩余油分布

显升高，部分可达110℃以上，含水率明显上升，产液量和产油量迅速下降。此时进入蒸汽驱的突破阶段。

（2）边角井的生产动态具有显著差异。

在反九点井网中，边井和角井离注汽井的距离有所差异，再加上油层倾角的影响，导致边井和角井的生产动态差异较大，如图2.7.22所示。边井见效时间较早，在转驱后半年产量开始上升，并保持了较好的趋势，直至2009年6月（转驱两年半），此时蒸汽波及了生产井的井底，注入蒸汽开始突破，导致产量开始下降。

角井见效时间较晚，在2008年7月（转驱后一年半）产量才表现出上升的状态，目前该井组转驱已达4a，角井仍然表现出了较好的生产趋势（如图2.7.23所示），说明蒸汽还

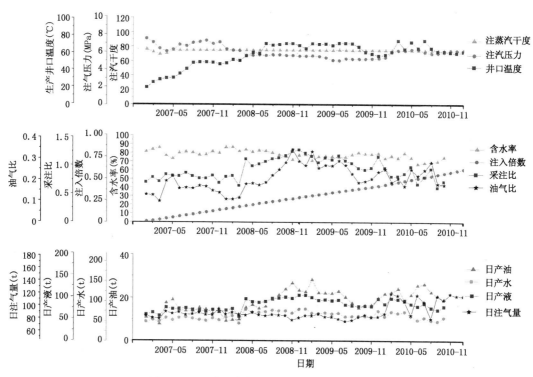

图 2.7.21 中国东部油田 A 块 B 井组生产曲线

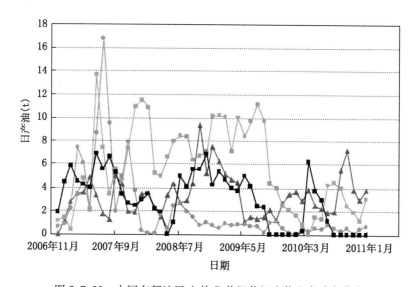

图 2.7.22 中国东部油田 A 块 B 井组井组边井生产动态曲线

未波及到生产井的井底，继续蒸汽驱开采还能获得较好的经济效益。

（3）目前生产动态特征分析方法存在问题。

目前油汽比、采注比参数是基于同一时间点注采参数计算的，其不存在因果关系，即注蒸汽开发具有延迟效应，现有评价方法不合理。

日注汽与日产油、日产水注采关系曲线滞后，油汽比值中的油与汽不存在因果对应关系，采注比值中的采出量与注汽量不存在因果对应关系。

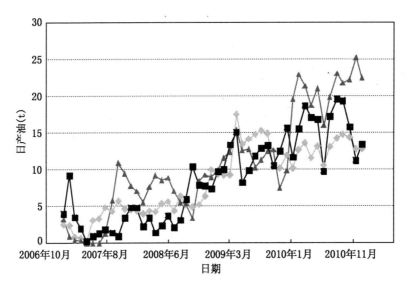

图 2.7.23　中国东部油田 A 块 B 井组井组角井生产动态曲线

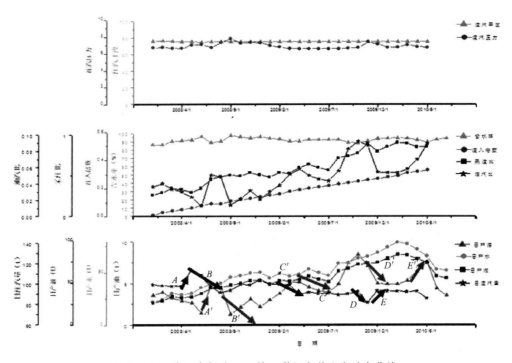

图 2.7.24　中国东部油田 A 块 B 井组角井生产动态曲线

　　通过注入与产出指标在时间上的平移后，日注汽与日产油、日产水注采关系曲线不存在滞后，油汽比值中的油与汽存在因果对应关系，采注比值中的采出量与注汽量存在因果对应关系。

　　（4）蒸汽驱阶段划分指标数据处理方法。

　　日注汽与日产油、日产水等注采指标随时间上下波动变化很大，变化趋势不明显，阶段性不显著。

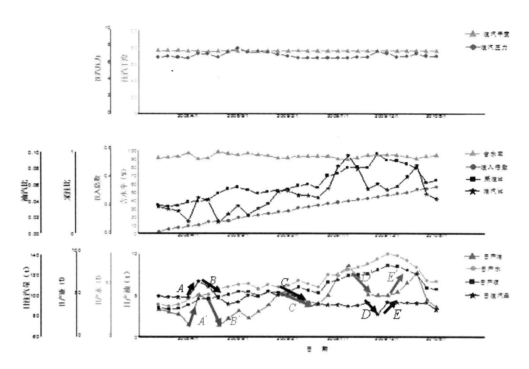

图 2.7.25 中国东部油田 A 块 B 井组角井生产动态曲线

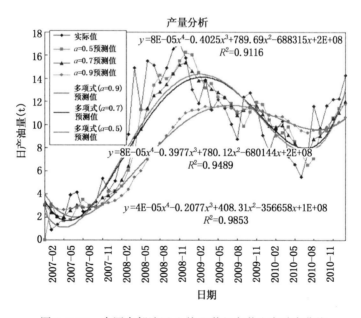

图 2.7.26 中国东部油田 A 块 B 井组角井生产动态曲线

通过简单经指数平均值处理后，各指标曲线更加平滑，趋势更加明显，反应了指标主要变化趋势，消除异常波动。

2.7.2.2.5 蒸汽驱后期开发方式探讨

国内外研究结果表明，重油开发进入中后期，由于注入热量的加大，蒸汽的超覆严重。油井热利用率低。蒸汽的注入导致近井地带形成死油区，继续注入蒸汽只会降低开发效果，因而应根据油藏的实际特征寻求合理的转换开发方式。结合国内外重油蒸汽驱的开发现状，目前蒸汽驱中后期主要有以下几种开发方式。

（1）间歇汽驱。

间歇蒸汽驱，就是蒸汽驱注汽井采取注汽一段时间再关井一段时间的非连续注汽，此时采油井一般仍采取连续开采方式生产。这种注汽井周期性地向油层中注入蒸汽的非常规蒸汽驱方式，在油层中造成不稳定的脉冲压力状态，使之经历地层升压和降压两个过程，从而促进毛管渗吸驱油作用，扩大注入蒸汽的波及效率，达到降低含水、提高油层采收率之目的。同时，间歇蒸汽驱可大幅度提高蒸汽驱采注比，实现蒸汽驱过程中降压开采。另一方面，间歇蒸汽驱还可以减缓和抑制汽窜，改善重油蒸汽驱开采效果。

间歇汽驱这种非常规蒸汽驱开采方式改善汽驱效果的机理主要表现在以下几个方面（凌建军，1996；李彦平等，2001）：

①实施间歇蒸汽驱有利于提高蒸汽驱采注比，降低油藏压力，使注入蒸汽膨胀、比容增大，蒸汽波及体积大幅度提高。

间歇蒸汽驱可实现蒸汽驱过程排液能力超过注汽速度，使采注比显著提高，一般可达到1.2 以上（张锋等，2002），油层压力大幅度下降。采取间歇蒸汽驱方式后，停注期间汽窜通道周围的原油不断涌入通道中，使通道中含油饱和度升高，流动阻力增大，平面波及范围扩大。伴随着停注期间油藏压力大幅度下降，下一轮注汽压差增大，低渗透层吸汽状况也将得到改善。通过间歇蒸汽驱，蒸汽波及体积将大幅度增加。

②采用间歇蒸汽驱可大幅度提高注汽井的注汽速度，降低了注入蒸汽的热损失，蒸汽干度提高，大大地提高了蒸汽的驱油效率。

③采用间歇蒸汽驱方式，可较好地发挥毛细管力和重力的作用。

（2）热水驱。

重油热水驱与常规注水开采原理基本相同，注热水主要作用是增加油层驱动能量，降低原油黏度，减小流动阻力，改善流度比，提高波及系数，提高驱油效率，此外，原油的热膨胀有助于提高采收率，从而优于常规注水开发。热水驱基本上是一种热水和冷水非混相驱替原油的驱替过程。注热水比注常规水提高重油采收率的主要原因是提高地层温度降低原油黏度。其提高采收率的机理在于（吕广忠等，2004）：

①降低黏度和改善流度比。温度升高一般会引起油水黏度比减小，对于重油该比值降低更加显著。在这种情况下，贝克莱—列维勒特理论清楚地表明，即使在含油饱和度和相对渗透率没有改变的情况下，升高温度也能引起水的前沿推进速度降低，提高水突破时油田的采收率；

②残余油饱和度的变化及相对渗透率的改变。试验证明，当温度增加时，残余油饱和度显著降低。一般情况下，温度增加会引起相对渗透率向有利的方向改变；

③液体和岩石的热膨胀。注热水必定会引起地下原油和岩石的热力学膨胀，这对于地层压力的恢复起到一定的作用，从而提高原油采收率；

④可以防止高黏油带的形成。蒸汽驱替高黏原油一个突出的技术难题是，被高温蒸发降黏的原油不断积聚，地层中形成一个特殊的高含油饱和度"油带"。这个"油带"在向油井流动过程中逐渐冷却，原油黏度升高，形成不流动油带，导致地层正常驱替渗流通道被堵塞，蒸汽驱方案失败。热水驱对油层加温比较缓慢平和，不形成高含油饱和度油带堵塞地层。

热水驱存在的问题：①热水比冷水黏度低，在非均质油藏中易发生水突破；②驱油效率和波及效率低，油田增产效果相对缓慢。

为弥补热水驱的不足，可在注热水前加入一个聚合物小段塞然后冷水顶替。聚合物具有较高的黏度，能够调节油田中水的流动方向，特别在非均质油藏中，聚合物能够使水均匀推进，防止水的指进。在注热水的过程中，能够使热水的突破时间大大延长，使油藏均匀受热，这在油田的实际生产中是有具体例子的。在注聚合物后面加一段冷水是防止聚合物的热降解。该实施方案可以有效控制热水的流动度，方案成功把握要大得多，不失为一种可行的治本方案。

（3）段塞汽驱。

重油段塞驱可以有效提高蒸汽波及体积和驱油效率以及热利用率，改善油层渗流特征，达到提高蒸汽驱开采效果的目的。主要机理体现在以下几个方面（丁曾勇等，1998）：（1）高压、低压蒸汽脉冲周期性作用于地层，有利于低渗透带剩余油的挖潜；（2）常规蒸汽驱由于持续注汽，容易在注采井间形成沿注采井主流线和相对高渗带突进。而段塞驱在停注期间，可以有效地控制注入水向高相对渗透部位的突进，扩大了主通道的波及面积，对于低相对渗透带进行有效的开采，驱替范围较大，饱和度和温度前缘均匀推进，提高了蒸汽的波及范围。

2.7.3 蒸汽辅助重力泄油技术（SAGD）

2.7.3.1 概述

在 20 世纪 70 年代末期，加拿大帝国石油公司的在重油开采项目中引入了一种上下平行的双水平井工程热采技术，这即是蒸汽辅助重力泄油技术的最初应用提出。目前，SAGD 技术已被越来越多的重油开发人员所熟知，全球各地的重油产区也几乎都已将这项技术结合各自储层特点而投入到开发应用，成为主导的重油开发技术。

SAGD 的主要机理是以蒸汽作为热源，依靠沥青及凝析液的重力作用开采重油。具体来说，是在靠近油层底部钻一对上下平行相距约 5m 左右的水平井，蒸汽由上部的注入井注入油层，注入的蒸汽向上及向侧面移动，加热降黏的原油在重力作用下流到生产水平井，然后再举升生产，图 2.7.27 是该技术的原理示意图。这个过程是一个逆流重力泄油过程，因此主要依赖于上升的蒸汽与液体相（降黏的重油）之间的密度差异以及储层的垂向渗透率。

SAGD 是一种非常有应用前景且经济有效的重油开发工艺。相较于传统开采手段 5%～15% 的采收率及其他提高采收率技术 18%～30% 的采收率，SAGD 技术可

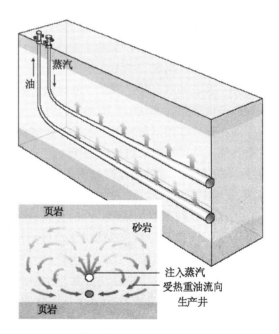

图 2.7.27 蒸汽辅助重力泄油技术（SAGD）的原理示意图（据 Curtis 等，2002）

以开采出原始地质储量的 55%～80%（Tracy Grills，1998）。同时，SAGD 技术的日产量可达 200～400bbl，而非热采手段往往只有不到 100bbl 的日产量。这两个因素使得 SAGD 技术的重油开采成本降低 30%，而钻完井的花费基本占到总花费的 20%。但是，SAGD 技术的成功实施是有条件的，即并不是所有的重油储层都是适合于 SAGD 开采的，SAGD 技术最适合用于原始地层条件下无流动能力的高黏度超重油的开发。表 2.7.5 列出了适合 SAGD 技术实施的重油储层筛选标准。

表 2.7.5　适合 SAGD 技术实施的重油储层筛选标准（据 Curtis 等，2002）

评价指标	筛选标准
油层深度（m）	小于 1000
连续油层厚度（m）	大于 20
孔隙度（%）	大于 20
水平渗透率（μm^2）	大于 0.5
垂直与水平渗透率之比	大于 0.35
净总厚度比	大于 0.7
含油饱和度（%）	大于 50
原油黏度（mPa·s）	大于 10000

　　SAGD 技术是在工程的具体实践中发展而来的一种热采工艺，而 Butter 及其合作者的系列文章（Butter 等，1981；Butter 和 Stephens，1981；Butter 等，1982；Butter，1992；Butter，1998）使得 SAGD 技术推向了重油开采巅峰。1978 年帝国石油公司在加拿大 Cold Lake 油田钻了第一口 SAGD 工艺的水平井；1987 年加拿大油砂技术研究局（AOSTRA）在 Fort McMurrary 附近的 UTF 试验场钻了三组横向上以 50m 为间隔的 SAGD 双水平井；1995 年第一个商业性 SAGD 项目在 Saskatchewan 的 Senlac 油田实施，共钻了三组水平井；目前，SAGD 已成为全球各大重油油田开发中的最具代表性的一项热采工艺。该技术 1998 年引入中国以后，出现了中国式的 SAGD 技术，即创造性地将原来的 SAGD 双水平井改造成了直井—水平井组合开采方式（刘亚明，2010），即在油层底部钻一口水平井，在其上方钻一口或多口直井，蒸汽由上部的注入井注入油层，注入的蒸汽向上及向侧面移动，加热降黏的原油在重力作用下流到生产水平井。如此一来，由于减少了一口水平井，降低了成本，同时垂直注入井操作起来也比较方便，但缺点就是采收率相对较低，蒸汽扫油范围小，吞吐周期短。SAGD 技术在我国辽河油田获得了最大的成功，现今单井蒸汽辅助重力泄油（SW-SAGD）技术因其适应性强、成本低、热损失量小而越来越受到青睐。

2.7.3.2　SAGD 技术泄油机理

　　研究 SAGD 技术的泄油机理对于更好地应用这项技术提高重油的采收率是非常有意义的。关于蒸汽腔内的泄油方式，Butler（1992）指出包含两种：一是垂向（顶部）泄油；另一是斜面泄油。针对双水平井及直井与水平井组合 SAGD 的两种常用布井方式，王选茹等（2006）利用数值模拟方法及 Surfer 制图软件制作出重力过程中泄油初期、高峰期及泄油后期不同泄油阶段蒸汽腔截面的温度场、压力场、剩余油饱和度场的场图，直观、形象地描述了 SAGD 的蒸汽腔形成及扩展过程以及不同泄油阶段蒸汽腔形状及泄油机理，并对两种常有布井方式的重力泄油效果进行了比较。由于国内外对 SAGD 泄油机理的研究虽然很多，但大都是文字描述，而利用蒸汽腔截面长度说明蒸汽腔发育的各个阶段的泄油特征的研究还鲜有报道。

该项研究以辽河油田杜84区块一典型重油油藏井组单元为实例，并建立其三维均质模型。储层参数：水平渗透率为1.9μm²，垂直渗透率为1.14μm²，孔隙度为24%，原始含油饱和度为65%，油层中部深度为960m，油层温度为42℃（此时测得的原油黏度位229086.8mPa·s），原始地层压力为12.5MPa。显然，通过将这些储层参数与表2.7.7的SAGD工艺筛选标准进行对比，可以看出，该套油藏是满足利用SAGD工艺进行油藏开发条件的。

设计SAGD水平采油井位于靠近油层底部的区底部区块中心处，注汽井分别为水平注汽井和三口垂直注汽井，并都位于水平采油井的垂上方，水平井段长300m。模拟选用CMG数值模拟软件的STARS热采模型。

2.7.3.2.1 双水平井布井方式下的泄油机理

双水平井SAGD布井方式下，制作蒸汽腔刚刚形成重力泄油初始阶段、蒸汽腔完全发育的重力泄油高峰阶段、蒸汽腔到达油层顶部后的重力泄油后期三个泄油阶段的蒸汽腔截面温度场、压力场、剩余油饱和度场场图，如图2.7.28a，b，c所示。从图中可以看出：（1）重力泄油初期蒸汽腔刚刚形成（图2.7.28a），蒸汽腔内温度相对较低，原油流动性较差。在蒸汽腔中心区域重力泄油作用较明显，热交换以热对流为主，而在蒸汽腔中心以外区域原油温度较低，不具有可流动性，热交换以热传导为主；（2）随着蒸汽持续注入和重力泄油的进行，在顶部泄油和斜面泄油的共同作用下，蒸汽腔向顶部和侧向进一步扩展，蒸汽腔内温度也进一步增高，进入蒸汽腔完全发育的重力泄油高峰阶段（图2.7.28b，d，e）。此时蒸汽控制区内的温度、压力及剩余油饱和度分都较均衡，只有在蒸汽腔边界处温度略高、剩余油饱和度略低，这是由于注汽井注入的高干度蒸汽首先聚集在蒸汽腔内边界处以加热原油，必将导致蒸汽腔内边界处的温度略高，剩余油饱和度略低；（3）蒸汽腔到达油层顶部后，顶部泄油将不存在，而斜面泄油成为唯一的泄油方式（图2.7.28c，f），蒸汽腔向底部及侧向发展，蒸汽腔向顶部的热损失增大；（4）重力泄油过程中蒸汽腔内蒸汽控制区的温度场、压力场、剩余油饱和度场分布都比较均衡，说明重力泄油过程中注采井间不存在生产压差，而是原油自身的重力在发挥泄油作用；（5）泄油高峰期蒸汽腔截面压力场为明显的"蘑菇状"剖面（图2.7.28d），但温度场及剩余油饱和度场均为顶部及底部窄，中部成"圆柱"状剖面（图2.7.28b，e）。

2.7.3.2.2 直井与水平井组合布井方式下的泄油机理

直井与水平井组合SAGD布井方式下，制作重力泄油三个阶段的蒸汽腔截面场图分别如图2.7.29所示。

从图中可以看出：（1）重力泄油初期（图2.7.29a，e），蒸汽腔在垂向上发展较快，即重力泄油初期顶部泄油占主要部分，蒸汽腔首先向顶部发展到达油层顶部，而后侧面泄油占主要部分，蒸汽腔侧向扩展，最终各个蒸汽腔形成连接，达到沿水平井段的平面泄油。在蒸汽腔到达油层顶部时（图2.7.29b，d），蒸汽首先将油层顶部孔隙介质中的原油置换出来，直至蒸汽腔与油层顶部隔热层直接接触。在蒸汽腔到达顶部隔热层之后（图2.7.29c，f）顶部泄油将不再存在，而斜面泄油成为唯一的泄油方式，蒸汽腔向油层底部及侧向扩展；（2）

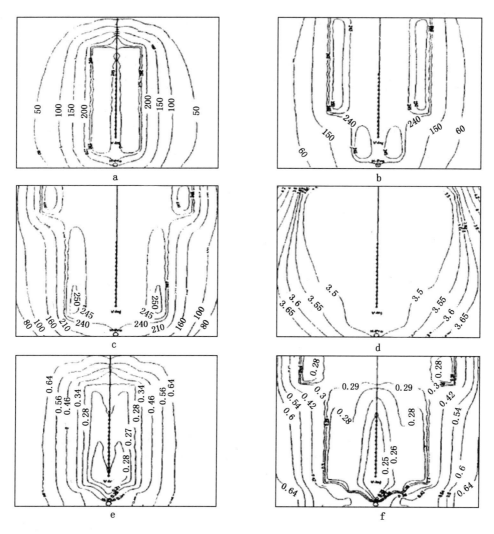

图 2.7.28　双水平井布井方式 SAGD 不同泄油阶段的渗流机理（据王选茹等，2006）

a—泄油初期蒸汽腔截面温度场图（单位：℃）；b—泄油高峰期蒸汽腔截面温度场图（单位：℃）；c—泄油末期蒸汽
腔截面温度场图（单位：℃）；d—泄油高峰期蒸汽腔截面压力场图（单位：MPa）；e—泄油初期蒸汽腔截面剩余
油饱和度场图；f—泄油末期蒸汽腔截面剩余油饱和度场图

不同泄油阶段，蒸汽腔内蒸汽聚集区域内的温度、压力都很均衡，只有在靠近蒸汽腔内边界处的温度相对较高，这是由于注汽井注入的高干度的蒸汽首先聚集在蒸汽腔边界处以加热原油，另外也说明注采井间不存在生产压差，重力泄油作用是蒸汽腔扩展及原油不断采出的主要动力；（3）从温度和剩余油饱和度场图可以看出：蒸汽腔内垂直井射孔井段周围由于蒸汽的持续注入而导致其周围的剩余油饱和度较低，同时在蒸汽腔内边界处由于蒸汽聚集在此处以加热孔隙介质中的原油而导致蒸汽腔内边界处的剩余油饱和度也略偏低。泄油初期蒸汽腔到达油层顶部之前蒸汽腔的形状为两端半圆的"圆柱"状剖面，蒸汽腔到达油层顶部后形状为顶部较宽、底部较窄的"锥柱"状剖面；（4）由于在泄油初期注汽井间没有形成连通，蒸汽腔侧向扩展相对较慢，所以只有在注采井点间的单点泄油，在各注汽井蒸汽腔间连通起来之后，沿着水平井段的泄油面积变大，由单点泄油转为沿着水平井段的平面泄油。

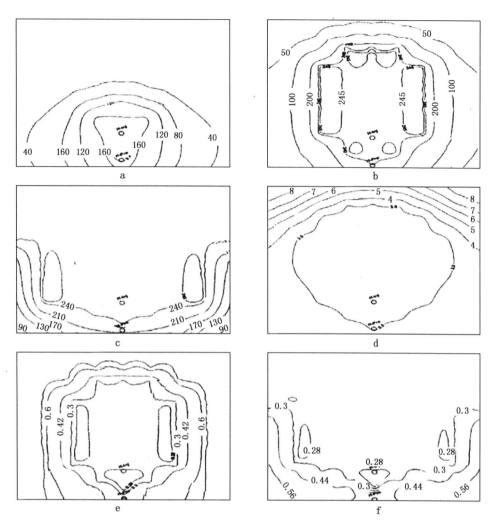

图 2.7.29　直井与水平井组合布井方式下 SAGD 不同泄油阶段的渗流机理（据王选茹等，2006）
a—泄油初期蒸汽腔截面温度场图（单位：℃）；b—泄油高峰期蒸汽腔截面温度场图（单位：℃）；c—泄油末期蒸汽
腔截面温度场图（单位：℃）；d—泄油高峰期蒸汽腔截面压力场图（单位：MPa）；e—泄油高峰期蒸汽腔截面剩余
油饱和度场图；f—泄油末期蒸汽腔截面剩余油饱和度场图

2.7.3.2.3　两种布井方式下的开采效果对比

两种布井方式下 SAGD 工艺开发效果（日产油量和阶段累积采出程度）的对比如图 2.7.30 所示。从图中可以看出：（1）双水平井 SAGD 好于直井与水平井组合 SAGD 的开发效果，表现为高峰期日产油量高、高峰产油期长，且阶段累积采出程度及最终采出程度都较高；（2）结合机理分析，可以看出直井与水平井组合 SAGD 布井方式的蒸汽腔垂向上升速度更快些，但是泄油初期蒸汽腔侧向扩展相对较慢，且直井的单点注汽也导致泄油初期并不是沿着水平井段均有泄油，所以该布井方式的阶段累积采出程度及日产油量都相对较低，而且各垂直注汽井的蒸汽腔形成连接后的连接点处也存在着蒸汽未触及区域，导致最终采出程度相对较低；（3）两种布井方式都获得较好的开发效果，双水平井 SAGD 高峰期日产油量高达 65t/d，最终采出程度达 65% 左右，而直井与水平井组合 SAGD 的高峰期日产油量也达 55t/d，最终采出程度也高达 60%。因此，对于高黏度重油 SAGD 是很有应用前景的开发方式。

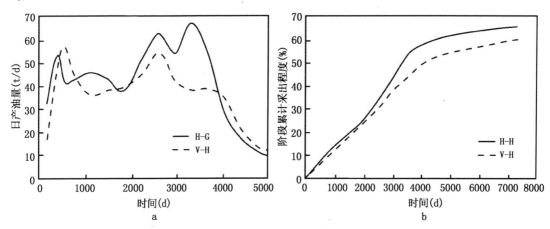

图 2.7.30　两种布井方式下 SAGD 开发效果对比（据王选茹等，2006）

a—阶段日产油量；b—阶段累计采出程度

2.7.3.3　SAGD 开采过程中的地质应力作用

在 SAGD 过程中，由于蒸汽的注入，提高了原始油藏的压力和温度，因此会改变岩石的应力，造成蒸汽腔内部以及外部易发生剪切破坏。同时孔隙度、渗透率和水的传导加速了这一进程。通过对储层中地质应力变化的研究，可以帮助我们制定合时的油藏蒸汽压力。相应地，孔隙度、渗透率、流动性等地质性质的增加将改变蒸汽腔的形成模式。岩石的应力直接影响着蒸汽腔的扩展，并且蒸汽腔的扩展是油藏深度和构造载荷的函数，通过预测 SAGD 蒸汽腔的增长模式，可以用于优化井距及井的方向。此外，由于油砂几乎没有任何胶结，因此它们的强度完全取决于颗粒之间的接触关系，这些接触是通过有效应力来维持的，任何有效应力的减小都会导致强度的降低，因为 SAGD 过程增加了地层流体压力，降低了有效应力并削弱了油砂强度。而且在开采过程中，一旦个别砂粒旋转和移动，总体积（膨胀）的增加会导致孔隙度的增加，相应地，绝对渗透率增加可达 10 倍，油砂的这种不寻常的特点使得地质应力的研究在 SAGD 过程中非常重要。

在综合前人大量研究的基础上，Collins（2005）系统地阐述了 SAGD 开采过程中的地质应力作用，包括取心过程的岩心膨胀、剪切效应、注入压力确定、储层变形和地面举升等，下面将据此阐述 SAGD 过程中的地质应力问题。

2.7.3.3.1　取心时的岩心膨胀作用

在取心过程中，会发生明显的砂心扰动现象，因为岩心是被剪短后放进岩心桶中的 PVC 岩心衬里（即岩心管）中的。岩心中流体在原始状态下是欠饱和的，但是由于在地面条件下压力下降，会变成饱和，因此，溶解气能够对重油产生不连续的泡点。因为重油太黏不太容易驱替，而允许气体凝聚和气窜，泡沫在孔隙中发生膨胀，而油砂的疏松结构不能支持气体膨胀，因此岩心膨胀填充了岩心管，永久性地破坏了颗粒与颗粒间的接触。

在传统的取心方法中，岩心的径向膨胀会产生 15% 的体积应变，仅这一点就能导致渗透率增加一个数量级。另外，一旦岩心膨胀填满岩心管，气体不能逃逸，也将产生就地膨胀，导致岩心增长。在现场上，岩心已经被观察到挤出岩心管。岩心扰动的其他迹象包括：横向和轴向岩心膨胀、岩心管内部轴向挤压、岩心的径向打开、钻井引起的岩心剪切破坏、钻井引起的岩心锥拧断、泥岩部分遍布的裂缝网、钻井引起的岩心褶皱、岩心冒泡并发生气体逸散。

一般为了消除岩心的轴向膨胀可以使用穿孔的岩心管，但是不能消除径向膨胀。岩心的重新压缩是无效的，它只能恢复 50％的体积应变，并且重新压缩不能重建原始的结构，即使是在原位加上很高的应力。

对于岩心的储存，一旦岩心被带到地面，两头被封顶，岩心需要立即冻结，冰冻其中的原生水。更重要的是，冻结时降低沥青的温度和压力，使其回到未饱和的状态。基于这个原因，应该尽早冰冻岩心（例如，使用干冰），并且在它运输和储存保持冰冻状态是很重要的，这样能防止气体的溢出和造成岩心扰动。

一般地，当冷冻的岩心到达岩心实验室时，它已经膨胀到填满了岩心管。然后径向锯开使其暴露容易拍摄。切开岩心管，除去岩心中残留的应力，并且暴露的岩心表面可以融化，这两种方法均可以使气体重新开始凝析。

因此为了获取高质量的岩心以进行地质应力实验，必须使用特殊的取心技术，以将岩心膨胀作用最小化。

获得油砂最好的方法是利用一种叫做三重管的有线系统，这种系统可以非常快的获得较短（1～2m）的岩心，且不会产生钻柱脱扣。因为气体凝析是一个与时间相关现象，含沥青的岩心的快速获得和迅速冰冻会避免大部分气体的析出。然而，含有沥青的油砂气体的析出非常快，快速的获得岩心可能会加剧岩心扰动。取心过程必须很快，尤其是在地面上排出钻井泥浆的时候，从而防止岩心黏着物进入岩心管内部，并防止它在自身重量压缩下发生岩心破坏。

取心应该采取低侵入取心手段，包括不规则岩心切割、扩展取心筒鞋、面向泥浆的管口设计、低泥浆流速防水侵技术、泥浆颗粒桥接孔喉技术、疏松砂岩的岩心捕捉器和无缝内层岩心管。

通过不规则切割岩心，其目的是使岩心暴露一次，并且只有这一次，将侵入的泥浆过滤到岩心。对于含沥青的岩心，过滤入侵的泥浆非常简单，因为沥青在油藏条件下不易流动。

对于地质应力取心方法，PVC 内部管的孔隙应该为零，也就是内部直径比岩心直径大0.06in（1.5mm），这样就严重地限制了岩心侧向膨胀，有效地保护了岩心的结构。将利用地质应力方法取得的冰冻岩心放在这些内层岩心管中运到实验室。因为这些岩心管的孔隙为零，岩心本身不能明显地膨胀，并且岩心通过岩心管的约束强度变大。

此外，需要注意对岩心拍照或者取样时不能将其从岩心管中拿出来。始终确保岩心在零下 40℃的冰冷的实验室储柜中保持冰冻状态，以防止气体析出。岩心不允许解冻，穿着防冻装置，技术人员在零下 20℃的冰冷的实验室准备岩心，以排除或者减少气体的析出，此时可以将岩心从岩心管中取出，并在机械工厂修剪成一样尺寸的样本。在样本准备阶段，样本被周期性的密封，并侵入冷缸里（如液氮），保证样本深度冰冻状态。将这种尺寸的样本安装在测试的仪器上，并给它加上合适的围压就可以进行测试了。这种测试过程中，这些样本与实际地下状态的偏差指数应该很低，在 5％左右。

2.7.3.3.2 剪切作用

当油砂样本被剪切时，会产生膨胀，在样品上会有很明显的剪切面。图 2.7.31 显示了油砂在围压为 20kPa 下进行三轴测试的结果。亮的区域表示有较高孔隙度和渗透率的低密度剪切面，且从一个剪切面到另一个剪切面具有连通性，这一点的重要性在于剪切造成了一个双孔双渗体系，从而提高了储层的产量，因此剪切作用明显地加强了 SAGD 过程。

有几个非常明显的蒸汽腔前缘发生剪切的现场证据，并且产生了有利的影响。这种剪切可以很容易在油藏条件下通过井的压力和温度变化而观测到。

图 2.7.32 显示了温度和压力对于稳定的蒸汽腔前缘在不同时间的变化。该方法的热前缘是规则的并且传导是可以预测的。从图中还可以看出理论上的压力前缘与传导热前缘是相关的。然而，实际压力前缘要早到达数月，并且作者的结论是压力前缘在温度前缘前方的 8～10m 的距离，说明压力前缘的初始时间改变不能和正常前缘一样扩散，因为在原始油藏温度下温度还没有增加。

图 2.7.31　某油砂在围压为 20kPa 下进行三轴测试的结果

（据 Wong，2004；Collins，2005）

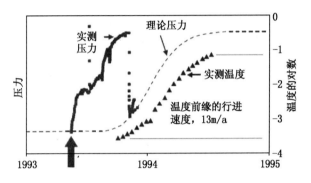

图 2.7.32　温度和压力对于稳定的蒸汽腔前缘在不同时间的变化

（据 Birrell，2001；Collins，2005）

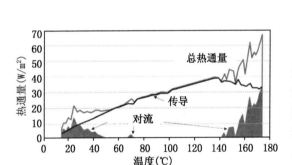

图 2.7.33　蒸汽前缘的对流和传导

（据 Birrell，2001；Collins，2005）

SAGD 蒸汽腔热通量前缘的研究表明，传导和对流是热量转移到冷储层的主要因素。图 2.7.33 显示了一个固定点的热通量侵入蒸汽腔。传统的思维表明只有热源转化为冷的蒸汽室前缘才是传导的过程，但是在早期的时候对流转移热源占主导作用。在温度低于 50℃时沥青是不流动的。另外，在蒸汽腔入侵的晚期，对流再次变得非常重要。该图表明即使是沥青不流动的时候对流依然存在。对流曲线显示对流热传导是由零散的热入侵组成的。对流热传导在温度超过 140℃后成为对总的热量一个主要贡献，达到这个温度时沥青可以非常容易地流动。

油砂地层和蒸汽腔前缘的剪切比较明显的迹象有：（1）压力突然增加，并且超过热前缘；（2）热流体在蒸汽腔之前进入冷的油砂；（3）热流体入侵是零星、随机、短暂的，干扰程度较高；（4）流动路径重新活动，或者在路径周围新的路径产生；（5）储层孔隙度、渗透率和流体流动能力的永久性加强。

2.7.3.3.3 最大地质应力下的注入压力计算

可以从剪切破坏之前的剪切错位中获得有利影响，一旦储层发生剪切破坏，此时可以受到最大的地质应力作用。已知岩石应力、压力和储层岩石强度，可以计算得到岩石储层发生剪切破坏时的注入压力。

在 SAGD 过程中岩石应力是驱动的主要的因素。对于高应力差的油藏中，岩石已经偏离了破坏包络线，此时很小的注入压力就能导致岩石破坏。在加拿大西部，因为洛基山脉的插入，岩层有非常高的应力差：垂直于洛基山脉轴水平应力非常高，并且超过垂向应力。图 2.7.34 显示了加拿大西部油砂压力随深度变化的典型轮廓线。在较浅深度的垂向应力是最小主应力，并且不能变成最大主应力，除非对于很深的工程。地层压力曲线可以作为静水压力线，但是由于露出地层的河谷（可渗透地层）的侧向排驱，压力曲线所示压力是偏低的。

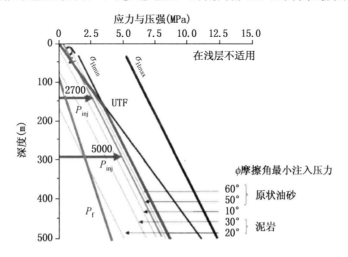

图 2.7.34　最大地质应力时的注入压力（据 Collins，2002；2005）

知道岩石应力和岩层强度属性，可以计算产生剪切破坏的注入压力。这将最大化 SAGD 过程中的地质影响。一般，干净的油砂的摩擦角为 50°～60°，泥岩的摩擦角度低于 30°。

在 AOSTRA 的 UTF（加拿大石油公司多佛尔项目）一期工程中，初始的 SAGD 注入压力大约为 2700kPa。在项目相对较浅的 140～162m 深度范围内，已经足够可以导致油砂剪切破坏。类似的，JACOS Hangingstone 项目的注入压力为 5000kPa，压力是通过小型的测试预先确定的，这样是为了量化岩石应力和确定在 SAGD 过程中地质应力的提高。

一般地，为了最大化加拿大西部油砂的地质应力的影响，注入压力有一个简单的经验公式，即

$$P_{inj} \geqslant 15(kPa/m) \cdot z(mTVD) + 500kPa \tag{2.7.1}$$

式中：P_{inj} 是达到剪切破坏时的注入压力，MPa；z 是垂直深度，m。

最优的地质注入压力比目前很多操作者考虑的压力要高。较高的蒸汽注入压力需要较高的汽油比（SOR）。低汽油比是更经济的，许多实施者正在考虑较低的注入压力。然而，这种方法仅仅减少注入地层的热量。一个比较合理的方法应该是减少净能量，其中必须包括从产出流体中回收热量。回收的热量可以达到注入热量的二分之一到三分之二，因为在较高的注入压力下可以回收更多的热量。传统的思想关于在较低的压力下所产生的热效益往往是被夸大的。

此外，理想的目标是既不减少热注入量，也不减少净注入热量，在不浪费资源的情况下最大化生产的效益。这样，最合理的做法是最大化净现值，注入压力随之而变化。这种评估必须包括资本支出和运营成本，它能考虑注入压力的变化。而低压 SAGD 支持者忽略了地质应力影响并假定渗透率独立于注入压力。

在开始时注入压力应该足够高，以使注入井和生产井周围的地层发生剪切作用。这将通过一个负的表皮系数增加井的产能，通过创造一个高扰动区域增强井的连通性，加速井间的热量对流，并且在新的干扰区通过增加水的饱和度大幅增加流体的流动能力。同时，在高的蒸汽压力还会产生附带的降低黏度效果。

随着蒸汽腔的增长，蒸汽腔的顶端将会指示当前最大注入压力。在任一给定岩层，应力在较浅深度是较低的，因此破裂压力也较低。因为蒸汽柱的静水压力梯度远小于破裂压力梯度，蒸汽腔上升时必须降低注入压力，否则蒸汽将冲破地层。注入压力的减少对于依赖蒸汽压力举升流体到地面产生明显影响。特别地，随着项目的成熟和蒸汽到达盖层，在关井期，生产管柱中充满了不能闪蒸的流体，这是关井期应该特别关注的（产出的水的闪蒸会导致泄压）。

随着蒸汽的上升，注入压力应该逐渐减少，但是应该保持在破裂压力 500kPa 之内。这将保证地质剪切作用继续。但是有一个蒸汽顶端高度的安全边缘（20m），一旦蒸汽上升到最后高度，压力保持不变直到突破，此时，注入压力降低，可以恢复岩石基质中存储的热量。到了这个阶段，油藏应该被充分地剪切以保证高产量。压力下降对于增加孔隙度和渗透率没有太大影响，因为前期这些的改变是永久性的、不可逆的。

但是，需要注意的是漏失带的存在，因为漏失带与油藏有潜在的接触。漏失带是高传导区，能够允许油藏流体的逃离，或者水的流入。当蒸汽腔突破到汽顶时需要平衡汽顶的蒸汽压力，这会减少流向汽顶的蒸汽，并且减少汽顶的衰竭，从而导致含水区的入侵。蒸汽与在上面的含水区接触是很糟糕的，即使在平衡压力下操作，因为含水区会进入蒸汽腔并且阻止其继续扩展。此外，油藏和任何底水的接触面压力必须平衡，包括凝析水的静水力学影响和在蒸汽下的热沥青。水的入侵会使这个过程减弱，并且热水的流出不仅仅是能量的损失，也使热沥青通过管道损失。在经济极限之内，如果通过水的对流导致不断地热损失保持沥青能够流动的温度，沥青堵塞底水是不确定的。因此，需要采取一些操作以使油藏和漏失带间的流体对流最小化。首先，确保初始蒸汽注入压力比较高，然后逐渐降低，和之前一样，直到临近突破；其次，部分继续下降，直到油藏和漏失带间的压力在突破点匹配；然后，维持平衡压力，使得注入压力在工程结尾时不会继续下降。

2.7.3.3.4 剪切面方向的影响

剪切的影响对所有油藏来说并不是统一的。由于油藏的三个方向的主应力，首先剪切的方向将会改变。例如，在加拿大西部，有三个级别的 SAGD 油藏：浅的、中深的和深的（是由垂向应力、最小水平应力和最大水平主应力的相对大小决定的）。

（1）浅 SAGD 工程。

浅 SAGD 工程是指垂向应力为最小主应力的 SAGD 项目（例如 UTF 项目，Mackay 河项目，Firebag 项目和 Joslyn Creek 项目）。一旦剪切导致足够的注入压力，剪切面的主要方向是相对于水平面的 ±15°到 20°。这些平面在最大主应力方向是倾斜的，在加拿大西部油砂的方向为 NE - SW。

多种倾斜得的剪切面将会横切水平井。类似的这些平面都远离井的位置，由一个剪切面网络将它们连接起来。图 2.7.35a 将这些剪切面理想化为了一对对角的成"X"形的剪切面。事实上，这些不一定是成对的，也不总是在井眼交叉，他们的形状也可能不呈直角。

两种不同的情形显示：水平井钻平行和垂直于最大主应力方向 σ_{Hmax}。

平行于 σ_{Hmax} 的井。这些剪切平面会加速井的开启，因为其横切了注入井和生产井，蒸汽室在纵向上会有一个明显的增长，而汽腔的高宽比受剪切面低弯曲度的影响而较低。

垂直于 σ_{Hmax} 的井。井的开启会略微有些慢，因为任意一个剪切面将不会同时横切注入井和生产井，蒸汽室在横向上会有一个明显的增长，这可以允许较大的井距。汽腔的高宽比也会比较低。

（2）中深 SAGD 工程。

中深 SAGD 工程的垂向应力是主应力。导致剪切平面占主导方向的是垂向面，排成 $\pm 15°$ 到 $20°$ 的最大水平应力方向。而且，平面束将存在于整个油藏，并将通过剪切面连接井，图 2.7.35b 理想化了这些剪切面（呈"X"形）。

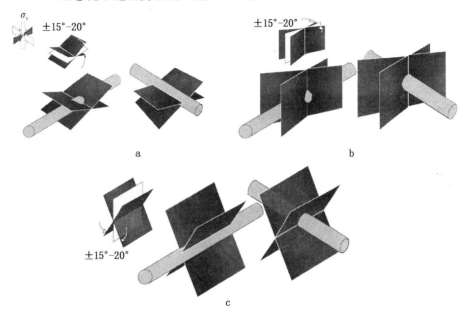

图 2.7.35　不同类型 SAGD 工程分别对应的剪切面方位据（据 Collins，2005）
a—浅 SAGD；b—中深 SAGD；c—深 SAGD

平行于 σ_{Hmax} 的井。这些剪切平面将导致井的快速启动，平面横切生产井和注入井，汽腔在垂向上将迅速增长，每天增长可达一米。整体上，蒸汽腔在垂向上和纵向上优先扩展。由于垂向的剪切面的影响，汽腔高宽比较大。

垂直于 σ_{Hmax} 的井。井的开启也会很快，因为剪切面会在生产井和注入井之间发生交叉，垂向汽腔的增长也会很快。此时，蒸汽的横向增长将很快，允许大的井距，汽腔的高宽比也比较大。

（3）深 SAGD 工程。

深 SAGD 工程的垂向应力是最大主应力方向。剪切面的主导方向和垂向面大约 $\pm 15°$ 到 $20°$，与最大水平主应力方向排列，理想化的结果如图 2.7.35c 所示。并且，平面束将存在于整个油藏，并将通过剪切面连接井。

平行于 σ_{Hmax} 的井。这些剪切面将会导致井的快速开启，因为几乎垂直的横切面加强了生产井和注汽井在垂向上的连通，垂向汽腔增长也非常快。整体上，汽腔在垂向上和纵向上优先增长，因此汽腔的高宽比也较大。

垂直于 σ_{Hmax} 的井。井开启的速度也会很快，具有较快的垂向增长。蒸汽腔横向增长较快，允许更大的井距。如果垂向增长超过了横向增长，则同样可以有较高的高宽比。

2.7.3.3.5　理论与实际蒸汽腔增长的差异

传统方法认为，蒸汽腔上升到油藏的顶部之后，像反三角形一样侧向传播。这个过程一直持续到蒸汽腔与邻近井接触，此时，每个三角形底部的一侧继续变平。但这种现象往往是在实验室中观察到的，在油藏模拟中也会出现，但是在实际操作中不是这样的。

一个最完整的记录 SAGD 蒸汽的过程是 UTF 相阶段试验项目。这项试验项目包括三口井，间隔 25m，并且水平井的完井深度为 55m。有 26 个垂直观察井，分布在模拟的 55m×7m 模板上。油藏间隔非常窄，在深度为 140～162m 之间。22m 的有效厚度顶层是纯净的油砂，储存在跨槽床。下半部分是一个大块的，没有结构的纯净的河道砂。钻开之后，在注入井和生产井之间发现一套 1.4m 厚的大块泥岩。

大多数的观测井集中沿着"岩土横截面"，并横切在三个井上。这提供了一个很好的方法用来测量蒸汽腔的侧向成长。蒸汽腔没有立即上升到油砂的顶部，或者到纯净的油砂通道顶部。相反的，成长特点是菱形的（图 2.7.36）。

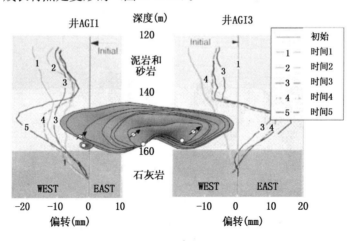

图 2.7.36　横向应力膨胀（据 Ito & Suzuki，1996；Collins，2005）

2.7.3.3.6　油藏变形

油砂的剪切和膨胀导致油藏体积的增加。这增加了向外位移，远离蒸汽腔。在 UTF 相试验中，侧向位移用精确的回转仪在斜井中测量。图 2.7.36 中位移曲线表明随着时间的推移位移向外增加。当蒸汽腔最大时发生最大的侧向位移，并且在那个高度蒸汽腔是最宽的。油藏的剪切变形是真实的，对于实际的商业性工程应该会更大。

垂向应力能够用安装在油砂上的变形测量仪进行测量。图 2.7.37 显示了蒸汽腔形成大约两年时的垂向应力。井 BE2 在 SAGD 井对之间，约距 SAGD 井 35m 的距离，在这个地方没有任何温度的改变，这些冷油砂测量的垂向应力保存可长达 7 个月。同时在 140m 到 162m 的油藏厚度增大，进而导致了表面的隆起。

此外，油藏的膨胀和剪切位移在地面看起来像发生移动和旋转，这即是地面举升现象。

地面举升数据可以在地表测量得到，它是地面应力累积变化的结果。如果能获得质量较高的举升数据，可以很好地控制SAGD过程和未来钻井，因篇幅所限，在此不作详述，可参见Collins等（2005）。

2.7.3.4 SAGD井身结构优化

在目前的重油热采工艺中（如SAGD），一般所打的水平井为了钻井和布置的方便都是整齐相互平行的井，然而这是不符合流体流动能力分布规律的（Gates等，2009）。流体流动能力与储层渗透率成正比，与流体黏度成反比。储层的渗透率是相对固定的，而且对于高孔渗的油砂储层一般变化也不会太大，但是流

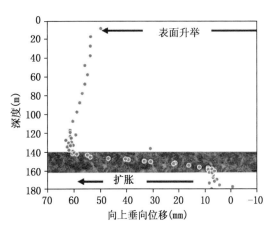

图2.7.37 UTF项目中从93年9月到94年4月
（7个月）监测到的油藏变形
（据Rourke等，1994；Collins，2005）

体黏度就不一样了。它随着注入蒸汽的加热，会发生迅速的降低，而蒸汽的扩展并不是整齐沿着水平方向进行的，这就使得在热采储层中流体的黏度大小不是沿着常规的水平井结构那样整齐地水平展布的，也即是水平井的常规井结构是不符合流体流动能力规律的。Gates等（2008；2009）研究了热采储层中流体的流动能力分布规律，并据此优化了水平井井结构形状，提出了一种优化的J-型水平井井结构设计模型，在同样进行重力驱采油下（此时这种优化的井结构被称作JAGD），其相对于SAGD可以利用较少的蒸汽采出更多的原油，而且环境影响和能耗都较小。下面，我们将基于Gates（2009）介绍的这种优化的J-型水平井井结构并分析JAGD相比于常规蒸汽井结构设计的SAGD的开采效果。

2.7.3.4.1 JAGD井结构设计及开采过程

SAGD过程采用的是上下平行的水平井，上部的井注汽，下部的井产油。生产井位于油藏底部以上的2～3m处，注汽井位于平行于生产井以上的5～10m处。这种井结构设计是对于理想储层（无垂向流体流动、均质渗透率和流体组分，并且无顶部汽/水区或底部水区）的一种理想化的设计。根据前面的说明，随着蒸汽的注入，黏度会发生非整齐水平方向的变化，因此如果井结构能够跟随着黏度的变化方向而设计，那将始终开采到有较高流动性的流体，这显然会大大地提高采收效果。Gates等（2008）就设计出了考虑黏度变化方向的J-型井重力辅助热采工艺（即JAGD），这种热采的过程如图2.7.38所示。在这个过程中，水平注汽井位于黏度相对比较低的储层上部，生产井则是沿着注汽井的下方布置，但井身结构近似呈J型。

在这个特殊的井身结构设计中，注汽井和生产井的前端相距只有几米远，以使在开始主生产之前，井前端的区域就能够通过相互连通而被加热，从而增加重油的流动性。同时，由于生产井和注汽井前端区域靠近，相对于SAGD来说，两者之间的重油储层很容易被加热，因此，JAGD的循环注汽阶段相对于SAGD来说时间短、能耗少。当井前端的油可以流动后，蒸汽向上去加热上部的储层，被降黏的重油在重力作用下进入下部的生产井，并形成持续增长的蒸汽腔，之后的过程就类似于SAGD的开采过程了。然而，在JAGD过程中，在蒸汽腔的下部，冷凝下来的可流动的原油在生产井周围聚集形成一个液体池，从而阻止了注入的蒸汽被从生产井中抽出，而这种现象是SAGD过程中经常出现的。JAGD的主要优

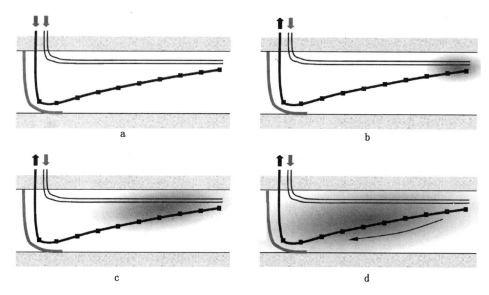

图 2.7.38 J-型井重力辅助热采工艺（即 JAGD）的各个阶段（据 Gates 等，2008）

a—循环注气；b—生产早期，在井前端处形成蒸汽室；c—生产中期，蒸汽室向井对末端推动；

d—生产末期，蒸汽室在整个生产井周围形成

点是：

（1）提高采出原油的品质：由于 JAGD 生产井的前端靠近注汽井，因此起初其采出的原油的黏度都会比较低，API 度也较大；而 SAGD 生产井因处于储层底部，离注汽井较远，所以其起初采出的原油已经过了一段距离的冷凝；同时，由于 JAGD 井身结构是沿着蒸汽腔布置得，所以在后续的开采过程中，其生产出的原油也始终是具有较高流动性、较大 API 度和较低黏度的品质相对高的重油。

（2）降低蒸汽的消耗：由于 JAGD 井开采的是储层上部的黏度低的重油，因此将这些原油开采出来所需的能量（蒸汽）相对于将生产井布置于储层底部的 SAGD 要少。

（3）J-型井身结构是很符合地质规律的：由于 J-型井是倾斜的，所以整个生产井几乎可以贯穿整个油藏，这样整个蒸汽和可动油的分布范围都会比通常的 SAGD 过程要广；并且，由于蒸汽腔起初在储层的顶部形成，因此在有底水的油藏中，可以减缓蒸汽腔与底水区的接触，从而延长了有效采收时间。

（4）有效控制蒸汽陷阱：对于 JAGD 来说，由于注气井和生产井间距离较短，所以在生产井周围形成液体池的速度更快，而液体池具有很好的阻止蒸汽从生产井中被抽出（蒸汽陷阱）的作用，因此它比 SAGD 来说可以更好控制蒸汽陷阱的发生。

（5）多种重力泄油方向：降黏后可流动的重油会从蒸汽腔与井交叉的方向、蒸汽腔的顶部、蒸汽腔边缘向上或向下进入生产井。

2.7.3.4.2 JAGD 开采效果分析

Gates 等（2009）以加拿大 Athabasca 油砂的典型油藏为例进行了 JAGD 和 SAGD 开采效果的对比模拟。模拟所用的油藏模型的初始参数（包括孔隙度、水平渗透率、原始含油饱和度、原油组分和黏度分布）如图 2.7.39 所示。同时，采用了 Larter 等（2008）和 Gates 等（2008）提出的方法对原油黏度分布进行了完善。在这个方法中，采用两个类原油组分——TOIL 和 BOIL，分别代表顶部和底部原油。由图 2.7.39d 和图 2.7.39e 看到，TOIL

的摩尔分数向油藏顶部和模型末端方向是最高的。产生的井底黏度变化的长度约为1000m，从水平井的返出岩屑看到这是典型的黏度分布范围（Gates等，2008）。图2.7.39g表明，该油藏模型中，垂向的BOIL与TOIL黏度比最大为2.2。因此，该油藏的原油黏度空间非均质性为中等程度，油藏厚度为36m，且油藏顶部的初始温度和压力分别是10℃和2000kPa。

油藏数值模拟采用的是CMG公司的STARS油藏热采模拟软件。在SAGD模型中，两井段均为700m长，生产井高出油藏底部2m，注汽井高出生产井5m。在JAGD模型中，注汽井低于油藏顶部3m，两井段"脚趾（前端）"的井距为5m，而生产井的"脚跟部（末端）"高出油藏底部2m。对于SAGD模型和JAGD模型，均使用线加热器进行蒸汽循环达三个月。蒸汽循环之后，注蒸汽井的注入压力为3000kPa，生产井的最大蒸汽产出速率被限定在2m³，以达到凝气控制的目的。

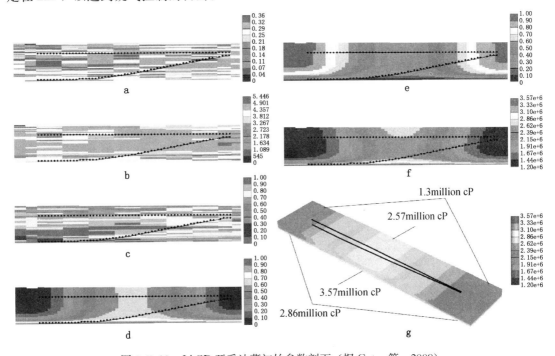

图2.7.39　JAGD开采油藏初始参数剖面（据Gates等，2009）

a—初始孔隙度二维剖面；b—初始渗透率二维剖面；c—初始含油饱和度二维剖面；d—初始底部原油（BOIL）摩尔分数二维剖面；e—初始顶部原油（TOIL）摩尔分数二维剖面；f—初始原油黏度二维剖面；g—原油相黏度三维剖面

SAGD和JAGD的开采效果参数（累积注采比、累积注汽量、累积产出量、原油日产量）对比于图2.7.40中。图2.7.40a对比了SAGD方法和JAGD方法的累积注采比（cSOR）。结果表明，16a生产过程中，大部分时间，JAGD的累积注采比（cSOR）值约为SAGD方法的cSOR值的75%；若将中等程度的黏度非均质性考虑在内，这种差异更明显（据估计，对于顶底部原油黏度比大于10的典型沥青质油藏，cSOR值的差异会更大）。图2.7.40b和图2.7.40c为SAGD和JAGD的累积蒸汽注入量和累积原油产出量对比。结果表明，SAGD和JAGD这两种方法中，注入的蒸汽量基本相同，但JAGD方法的产油量会更多一些；在开始生产的前四年中，两种方法获得的油量基本相等，但是过了这时间点之后，JAGD方法的产油量超过了SAGD方法。图2.7.40d对比了这两种方法的日产油量（产油速率）。在开始生产的前两年中，JAGD 方法的速率比 SAGD 方法的速率小，这是因为在生产过程早期，JAGD 方法中形成的蒸汽腔与 SAGD 方法相比较小。然而，过了这两年之后，由于 JAGD 方法形成的蒸汽腔足够大，并且产出的油均为油藏顶部的低黏度油，在这两点共同作用下，该方法的产油速率高于 SAGD 方法的产油速率。在此之后，由于 JAGD 方法也开始产出一些位于油藏底部的高黏度原油，二者在产油速率上的差距逐渐缩小，但是 JAGD 方法的产油速率仍然高于 SAGD 方法的产油速率。

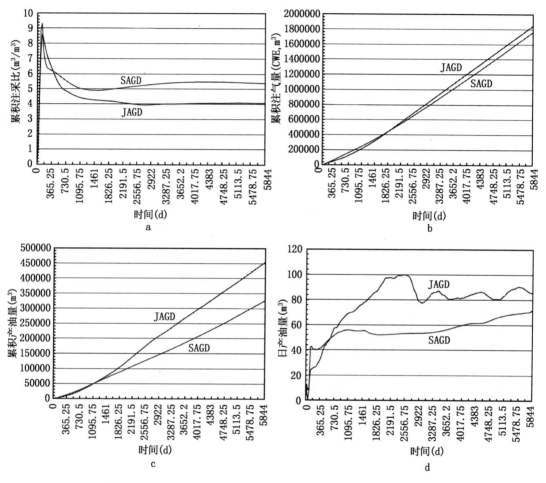

图 2.7.40　JAGD 和 SAGD 开采效果对比（据 Gates 等，2009）

a—累积注采比—时间；b—累积注气量—时间；c—累积产出量—时间；d—原油日产量—时间

图 2.7.41 展示了采用 SAGD 和 JAGD 方法时，在 150℃ 的等温面下开采 16a 之内的含油饱和度分布。利用该等值面可以估计蒸汽腔的范围。结果表明，在生产开始后，SAGD 方法形成的蒸汽室沿着整个井段扩散，且蒸汽腔在"趾部"（前端）和"脚跟部"（后端）扩大速度较快，这是因为这些地方的油相黏度较低。而 JAGD 方法形成的蒸汽腔是从井段的"脚跟部"开始扩大的，蒸汽腔在此处增长最快，这是因为蒸汽腔在此形成并且此处的原油黏度最低，最终 JAGD 方法的蒸汽波及面积比 SAGD 方法的要大。

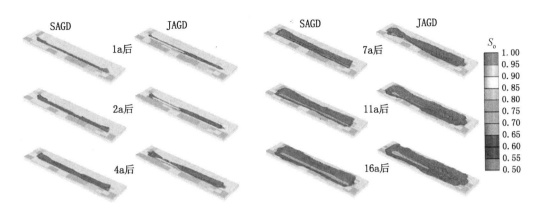

图 2.7.41　JAGD 和 SAGD 的蒸汽腔发展对比（据 Gates 等，2009）

2.7.3.5　SAGD 变体技术

2.7.3.5.1　快速蒸汽辅助重力泄油技术（Fast-SAGD）

SAGD 面临的一个新的挑战就是如何尽可能地在横向和纵向上扩大蒸汽腔的大小（But-ler 和 Yee，2002）。最近，为了解决这个问题，一种叫做快速蒸汽辅助重力泄油（Fast-SAGD）的新工艺方法被提出来了（Polikar 等，2000；Gong 等，2002；Shin 和 Polikar，2006a，2006b，2007）。

在快速蒸汽辅助重力泄油（Fast-SAGD）工艺过程中，需要在蒸汽辅助重力泄油（SAGD）井底部钻一口平行于它的补偿水平井。

补偿水平井应该位于蒸汽辅助重力泄油井 50～80m 远的地方，并且和蒸汽辅助重力泄油井的海拔高度一致。这个方法需要操作蒸汽辅助重力泄油井使得蒸汽腔达到很高的液面，这样就可以在比蒸汽辅助重力泄油井更高的压力下，在补偿水平井中运用蒸汽吞吐方法。向补偿 CSS 井中注蒸汽的目的就要加速蒸汽腔横向上的增长和运移。一旦 SAGD 井之间的注入区域加热的温度足够高，而同时理想状况下，两个蒸汽腔开始接触，这时补偿井就转化为生产井，SAGD 井继续生产。Fast-SAGD 文章的作者公布了热模拟分析的结果，他们先是在 Cold Lake 地区油藏中进行了初步分析，然后又在 Athabasca 和 Peace River 油藏进行分析。结果表明：在理想模型下，沥青的生产率大幅度提高，同时按照蒸汽比计算，和常规 SAGD 方法相比，能源效率也好了很多。

鉴于这些好的实验结果，有人建议应该进行原地实验。SAGD 方法的关键就是确定有效运行参数使得运行成本最低。而储层平均地质特征非常重要，储层非均质性会严重地影响蒸汽腔的一致性和增长，还会影响数值模拟和实际油田中的整体采收率，以及平面和垂向渗透率的变化（Mclennan 等，2006；Baker 等，2008）。为了更好地描述热传导长度大小和水平井的轴向非均质性，就必须要求数值模拟的网格足够精细。

以往，快速蒸汽辅助重力泄油研究完全依靠相对较简单的二维均质层状模型，并通过大量实验证明了数值模拟研究对于二维均质砂岩储层的准确性。综上所述，研究结果可以应用于各种复杂的实际油藏。

Coskuner（2009）探讨了 Fast-SAGD 工艺对于 Cold Lake 地区 Husky 能源基地的 Caribou Lake 油田中含沥青质的 Clearwater 地层的适用性。其油藏数值模拟使用的是 Com-puter Modelling 集团的简化三轴坐标系统，这样可以提高热模拟效率。三维模型得到的储层物性分布结果表明，Fast-SAGD 方法比常规的 SAGD 方法要好，但是比 CSS 方法要差。正如油田实际的性能数据分析所示，在 Cold Lake 地区的 Clearwater 地层试验中，CSS 方法要比常规 SAGD 方法好很多（Scott，2002）。然而，Fast-SAGD 方法仍然无法提供足够的性能来超越 CSS 方法。Fast-SAGD 方法的问题就在于补偿蒸汽吞吐井是在比 SAGD 过程中的蒸汽腔更高的压力下完成的。这样的结果就是，蒸汽吞吐井中的蒸汽更早的到达 SAGD 中的蒸汽腔，以防止补偿中过早的停止工作。虽然 SAGD 井之间的补偿生产井持续的蒸汽注入可以使得剩余油聚集，延缓原油开采时间，但是这样一来整个开采效率就慢下来了。

2.7.3.5.2 混合蒸汽辅助重力泄油技术（HSAGD）

为了使 SAGD 技术取得更好的开发效果，Coskuner（2009）提出了一种叫做混合蒸汽辅助重力泄油（Hybrid SAGD，简写 HSAGD）的新工艺。HSAGD 工艺借用了 Fast-SAGD 的井分布，但是这两种井的开发方式完全不同。也就是说，最初的蒸汽吞吐井就是在 SAGD 的注入井和补偿生产井两种井之间交错开采。因为这些井是在同一个压力下进行，所以这些井之间的蒸汽趋势就大大减弱了。最初的交错式的蒸汽吞吐方式更像是早期的研究，结果也证明了水平井和蒸汽吞吐井的交错排列方式比水平排列方式效果好（Koci 和 Mohiddin，2007）。

在目前研究的第三个周期，一旦各口注入井的蒸汽腔开始接触，通过向 SAGD 注入井中持续的注入蒸汽，SAGD 工艺过程就开始了，并且从 SAGD 生产井和补偿水平井不断地产出原油。结果表明，对于 Clearwater 地层来说，混合蒸汽辅助重力泄油的工艺方法比蒸汽吞吐工艺方法更好。

应该指出的是，当年蒸汽吞吐工艺在工业上应用结束的时候，很多文章提到的 SAGD 工艺方法与 HSAGD 工艺有很大的不同。HSAGD 工艺中的蒸汽辅助重力泄油过程是在几次蒸汽吞吐周期以后开始的（目前来说是三个周期）。从经济效益上来说，单独的蒸汽吞吐方式仍然有经济价值，但是 HSAGD 工艺可以在短时间内产出更多的沥青，从而就增加了整个项目的经济效益。下面我们将以 Goskuner（2009）的研究成果来具体介绍一下地质建模和油藏数值模拟研究。

该项研究是以加拿大 Cold Lake 油田的 Caribou 地区的松散的白垩系的 Clearwater 地层为实例的。Clearwater 地层包括大量的叠置的深切古谷，这些古谷属于西北部的前积作用形成的沉积体系。油藏属性见表 2.7.6。在 Caribou 地区的工业开发模式很有可能出现在古谷系统，此处称之为 B 谷。B 谷的沉积体系为海侵沉积以及潮汐河道沉积，这些沉积物就形成了沥青质油藏。B 谷的沉积序列比深切的、泥质的细粒状的非储层三角洲前缘沉积体系还要早。B 谷沉积物覆盖的近海页岩使得 Clearwater 地层和上覆的 Grand Rapids 地层分开，而覆盖的深海页岩使得 Clearwater 地层和下覆的 Wabiskaw/McMurray 地层分开。

表 2.7.6　Cold Lake 油田 Caribou 地区 Clearwater 组重油储层物性表

储 层 物 性	参　数　值
油层深度（m）	450～480
产层总厚度（m）	20～32
孔隙度（%）	25～35
水平渗透率（μm²）	0.5～4.5

储 层 物 性	参 数 值
垂直渗透率（μm²）	0.1～1.5
油藏温度（℃）	15
油藏压力（kPa）	2800
含油饱和度（%）	50～75
原油黏度（mPa·s）	20000～350000
原油比重（API）	10～18
原始气油比（m³/m³）	8
原油地层体积系数（m³/m³）	1.018

B 谷的两个主要沉积相是低能潮汐砂坝和高能河道。这些在加拿大东部地区很常见，但是在此所研究的开发区里并不多见。潮汐砂坝主要岩石类型是平面层状砂岩，还包括厚度为 0.1～10cm 的层状泥岩隔夹层。而低能潮汐砂坝里的泥岩在横向从厘米到米的有效范围内的并没有表现出垂直渗透率的隔断，直接把垂直渗透率降到一个明显的程度。潮汐河道的成分中页岩明显增加，但砂岩还是主要成分。高能潮汐河道中的泥岩的主要成分为碎屑岩，对垂向渗透率的影响很小。

（1）地质模型。

首先通过对所研究区域 Clearwater 地层的地质统计，建立精细三维油藏地质模型。Husky 油田的全部 15 个小层都是以 6×5 的矩形方式建模。该地区钻了 150 多口井，并进行了测井。其中 98 口井的岩心数据可以用。另外，在该区的东南部最初计划开发的地区有三维地震数据。

加载到地质模型中的井数据包括有效孔隙度、含水饱和度和岩心描述记录等岩石物性参数。岩心孔隙度和渗透率二者的关系以无偏差方式建模，而油藏模拟模型范围内的地层垂向渗透率是通过模型中每一相的较小的渗透率模型计算得到的。

整个地区的地质模型最初是以 50m×50m×0.5m 的大小建立的，大约有 200 万个网格数。从整个地质模型中选取一块所要研究的地质区域，通过所选区域的地质条件和方差图分析重新模拟，将所选模型粗化成数值模拟要求的 25m×2m×2m 的网格大小。

根据整个模型的统计模型，相模型的建立是通过多次的概率相同的随机实现生成的。在每一层、每个相中，孔隙度和含水饱和度属性模型都是利用序贯高斯模拟方法确定的，并赋值到每次实现中。最后，水平渗透率和垂直渗透率都是通过小模型方法得到。鉴于垂直渗透率是在重力泄油过程中最重要的参数，所以提出了分级工艺方法，就是在垂向渗透率分布的基础上，每次实现分级进行。这样数值模拟研究就在和真实的情况最相似的情况下实现。

（2）数值模拟模型。

选择一块具有平均储层性质的区域进行模拟。在所选区域，通过对蒸汽吞吐、蒸汽辅助重力泄油、快速蒸汽辅助重力泄油和混合蒸汽辅助重力泄油这几种开采工艺详细的数值模拟研究，确定哪种工艺是最好的方法。每一种数值模拟方法和最优化的过程的具体步骤这里就不讨论了，主要在于描述这种新的 HSAGD 方法，并和其他的已有的开采技术进行比较。

原始的油藏数值模拟模型有 26 万的网格，相当于这个地区的四分之一的面积，即 800m×800m 的区域。为了减少运行时间，将对称元素提取出来。HSAGD 和 Fast－SAGD 包括两对完整的 SAGD 井，在这两口井之间还有一口完整的 CSS 井，以及在外边界上的两口不完整的 CSS 井（图 2.7.42a）。而对于单独的 CSS 模型包括三口完整的 CSS 井和两口不完整的 CSS 井（图 2.7.42b）。对于单独的 SAGD 模型只包括两对 SAGD 井（图 2.7.42c）。因此，在 SAGD 井组之间隔 100m 布一口井进行数值模拟（即补偿 CSS 井和 SAGD 井组之间 50m 的位置）。也就是说，这个模型长 800m，宽 200m。SAGD 注入井位于生产井 5m 以上，沥青层 2m 以上的地方。所有井的长度都是 700m。研究的井组单元的评价物性见表 2.7.7。

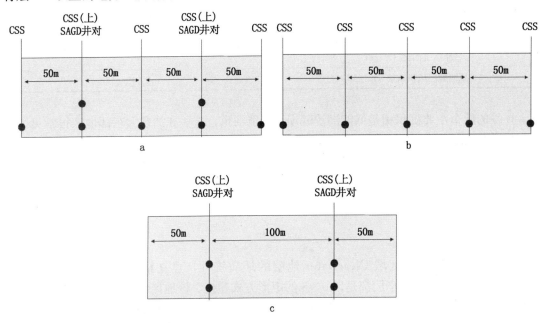

图 2.7.42　不同工艺数值模型的井位部署（据 Goskuner，2009）

a—HSAGD 和 Fast-SAGD 数模模型的井位部署；b—CSS 数模模型的井位部署；c—SAGD 数模模型的井位部署

表 2.7.7　数模模型评价物性参数值（据 Goskuner，2009）

物性参数	数　值
孔隙度（%）	24.8
水平 i 方向渗透率（μm^2）	1.146
水平 j 方向渗透率（μm^2）	1.228
垂直渗透率（μm^2）	0.591
含油饱和度（%）	72

在高低不同的温度下，根据对大量的 Caribou Lake 岩心的实验得到相对渗透率的测量结果，建立相对渗透率与温度的关系。实验室测得的渗透率滞后现象很明显，因此在油藏数值模型中也考虑了这种现象。

地质应力会以膨胀的方式影响沥青热采过程（2.7.3.3 节已阐述）。此处数值模拟研究所提到的这种影响将在数模模拟器中以 Beattie 等（1991）的膨胀—再压缩模型体现，具体参数见表 2.7.8。

虽然油藏中的膨胀过程属于剪切应力，但是一旦最大有效应力和最小有效应力的比值达到某个临界值时，岩石将损坏，裂缝就会出现。微裂缝数据表明的最小水平应力比垂直应力

表 2.7.8　膨胀—再压缩模型参数值

模 型 参 数	数　　　值
油藏压力（kPa）	2800
膨胀起始压力（kPa）	9000
再压缩起始压力（kPa）	5000
剩余膨胀分数	0.45
最大孔隙度比	1.25

要高，因此热采过程中出现的裂缝是水平方向的，这一点在 Cold Lake 地区的石油行业中得到普遍认可。这是基于给定的瞬时网格压力，将水平渗透率因子应用于断裂地层模型中来模拟断裂过程。假设断裂层沿井筒的水平方向延伸20m，则所研究的最大渗透率因子定为20。

（3）模拟结果分析。

每种方案的运行条件及开采结果分别见表 2.7.9 和表 2.7.10 所示。每种方案持续运行直到累计蒸汽—油比达到经济极限 $4m^3/m^3$ 或者瞬时蒸汽—油比为 $7m^3/m^3$ 时停止。对于单独的 CSS 方案，直到周期蒸汽—油比小于 $7m^3/m^3$ 时停止运行。根据商品的价格和资本的价值，这些值可能是不同的，并且足以在不同方案之间进行相同性能的对比。

表 2.7.9　四种开采工艺方案运行条件对比（据 Goskuner，2009）

工艺方法	SAGD 井的注入压力（kPa）	CSS 井的注入压力（kPa）	SAGD 以后的 CSS 的开始时间（a）	CSS 以后的 SAGD 的开始时间（a）	SAGD 井注入速率（m³/d）	CSS 井注入速率（m³/d）
SAGD	4000	无	无	无	400	无
CSS	无	11500	无	无	无	1000
HSAGD	4000	11500	无	三个 CSS 周期	400	1000
Fast–SAGD	4000	11500	1	无	400	1000

表 2.7.10　四种开采工艺结果对比（据 Goskuner，2009）

工艺方法	蒸汽注入量（m³）	产油量（m³）	产水量（m³）	蒸汽—油比（m³/m³）	原油采收率（%）	井的开采年限（a）
SAGD	1.866E+06	4.678E+05	1.857E+06	4	62.9	20.2
CSS	2.070E+06	5.565E+05	2.000E+06	3.7	74.9	11.1
HSAGD	2.002E+06	5.715E+05	1.906E+06	3.5	76.9	11.5
Fast–SAGD	2.031E+06	5.479E+05	1.973E+06	3.7	73.7	14.7

如表 2.7.9 所示，Fast–SAGD 方法的 CSS 周期注水压力为 11500kPa。而在 Fast–SAGD 工艺 CSS 周期测得的 CSS 井的注水压力为 8500kPa，累计沥青产量也要比达到经济极限时要少。也就是说，在 Fast–SADG 方案下，并没有出现非常有意义的结果变化。

所有方案的蒸汽注入速率见图 2.7.43。值得注意的是，CSS 周期以后的 Fast–SAGD 方案和 HSAGD 方案的蒸汽注入速率是不同的。SAGD 方案中来自 CSS 井的蒸汽在油藏中循环较短，并在运行 29 个月的时候突破 SAGD 蒸汽腔。图 2.7.44 显示了蒸汽突破时的

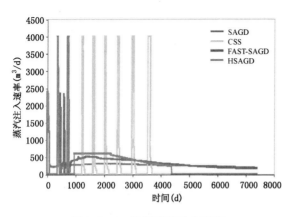

图 2.7.43　阶段蒸汽注入速率
（据 Goskuner，2009）

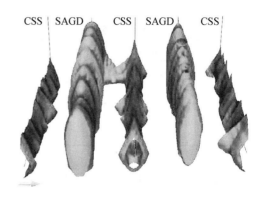

图 2.7.44　Fast－SAGD 方案蒸汽突破点时的
100℃等温面（据 Goskuner，2009）

100℃的等温面。

　　此外，CSS 井和 SAGD 井在不同的压力下运行可能会破坏储层的一致性，这种问题在二维均质热采模型中是观察不到的。因此，在真实油藏条件下，SAGD 井组和补偿井之间的区域不能均匀加热。一旦来自 CSS 井的蒸汽突破到 SAGD 的蒸汽腔，蒸汽仅仅通过 SAGD 注入井被注入，生产井下蒸汽圈闭控制的注入压力就会变小，因为与蒸汽接触的油藏体积和 HSAGD 方案比起来相当的小，所以最大注入压力也变小了。

　　所有运行方案的采油速度见图 2.7.45。在稳产期，HSAGD 方案能达到更高的采油速度。由于 HSAGD 方案早期 CSS 阶段在更高的压力（大于破裂压力）下运行，这种最初的优势使得整个方案比 Fast－SAGD 都要好。由于在 HSAGD 方案中更大的油藏体积可以在短时间内得到加热，因此在开采期限的大多数时间里，HSAGD 采油速度都会大于 Fast－SAGD 方案的采油速度。模拟结果表明，HSAGD 方案的平均采油速度比单独的 CSS 方案要高。

　　四种不同方案的瞬时（蒸）汽油比和累积（蒸）汽油比见图 2.7.46 和图 2.7.47。结果表明，HSAGD 方案比 Fast－SAGD 方案早三年达到经济极限汽油比（7m³/m³）。

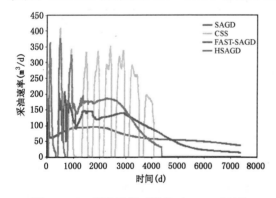

图 2.7.45　采油速率（据 Goskuner，2009）

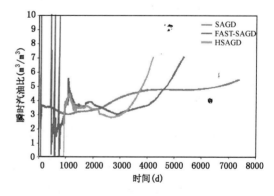

图 2.7.46　瞬时汽油比（据 Goskuner，2009）

　　运行结束时，HSAGD 方案的累积汽油比（3.5m³/m³）比 Fast－SAGD 方案的汽油比（3.71m³/m³）更低。所有方案的累积采油量见图 2.7.48。结果表明，HSAGD 方案可以在

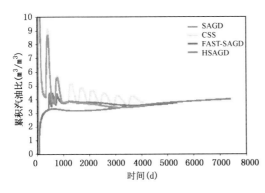
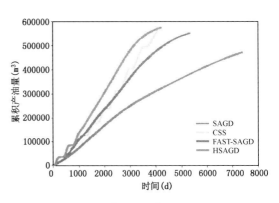

图 2.7.47　累积汽油比（据 Goskuner，2009）　　　图 2.7.48　累积产油量（据 Goskuner，2009）

更短的时间内产出更多的油。和 Fast - SAGD 方案相比 HSAGD 方案用少于 5.7％的蒸汽，在少于 3a 的时间里多产出了 4.3％的油。这种差别在任何时间都有说服力。比如说，当 HSAGD 方案达到开采年限时（11.5a），会比 Fast - SAGD 方案在同样时间内多采出 17％的油。因此，在 Cold Lake 地区的 Clearwater 油藏，HSAGD 方案将比 Fast - SAGD 方案更好、更适合。

　　然而，在 Cold Lake 地区 Clearwater 油藏，这两种工业操作工序都需要 CSS 方法。工业生产上已经用 CSS 方法替代 SAGD 方法了，从图 2.7.48 中也可以清楚地看到 CSS 要比 SAGD 表现得更好。然而，如果拿 CSS 方法和 HSAGD 方法相比，尽管最终采收率和开采年限大致相同，但是 HSAGD 方法可以在更短的时间产出更多的油。例如，在第四个单独的 CSS 周期结束时（即首次注汽 5a 以后），在大约相同的蒸汽—油比的情况下，HSAGD 方法能比单独的 CSS 方法多产 47.6％的油。此外，我们也要认识到油田的 CSS 井的实际井距可能要比我们研究中的 50m 的井距大。因此，实际的 CSS 方法的采收率可能更低，HSAGD 方法的实际效果可能比我们得到的结果还要好。

　　但是，需要注意的是，HSAGD 方法的成本要比 CSS 方法的成本高，因为多了两口井。此外，因为需要额外的蒸汽分离设备，所以 HSAGD 方法的地面设备更复杂、更昂贵，这是因为根据发动机的效率，当 SAGD 方法注入 100％的蒸汽时，CSS 方法只能注入 70％～80％。因此，使用 HSAGD 方法还是使用 CSS 方法，取决于地面设备和早期产油量的钻井成本与净现值的比。

2.7.4　火烧油层（In - situ Combustion）及其新工艺

2.7.4.1　传统火烧油层技术概述

　　传统的火烧油层是采取两口垂直井，一口井用于注汽，另一口用于生产。其基本原理是将空气注入井中，然后利用各种点火方式把油层点燃，并继续向油层中注入氧化剂助燃形成移动的燃烧前缘，燃烧掉的一部分油产生高温，使原油受热降黏、蒸馏，使高温下地层水、注入水蒸发，裂解生成的氢气与注入的氧气合成水蒸气，携带大量的热量传递给前方的油层，把原油驱向生产井。

　　火烧油层技术早在 20 世纪 20 年代就被提出，但是其从开始到现在一直都未能与其同时代发展起来的注蒸汽技术在工程项目实施上相比，这主要是受制于以下几个方面：一是火烧油层作为一种枯竭式开采方式，为了能够提供足够的热量将原油降黏并驱向生产井，需要持续地烧掉规模不能小视的一部分原油；二是由于燃烧在油层内部，对现场操作和管理要求比较严格，需要较高的技术水平以保证项目设计和运行的顺利进行；三是从经济角度讲，火烧油层项目的总体投资费用要比注蒸汽高。

但是火烧油层技术由于其特有的优势，使其仍然没有被淘汰，反而引起油田开发人员对其进行更深层次的研究。它的这些特有优势主要是：（1）具有注空气保持油层压力的特点，其面积波及系数比蒸汽驱要高（五点井网汽驱约为45％，火驱可达70％）；（2）有相当于水驱的面积波及系数，但驱油效率比水驱高得多；（3）具有蒸汽驱、热水驱的作用，但火驱的热效率更高，且产物的轻质组分因热裂解反应而更多些；（4）有二氧化碳驱的性质，但其二氧化碳是原油高温氧化反应的产物，无需制造设备；（5）具有混相驱降低原油界面张力的作用，但比混相驱有高得多的驱油效率和波及系数；（6）热源是运动的，所以火驱井网，井距可以比蒸汽驱、化学驱更灵活。

关于火烧油层深层次研究有很多，如富氧燃烧工艺、添加金属盐类助燃、添加泡沫减少气窜、注过氧化氢提高采收率、直井压力循环火烧油层，水平井辅助火烧油层工艺等，这些技术的进步均对火烧油层的发展起到了积极的推动作用，但其中最为突出的是利用水平井作为生产井进行火烧油层工艺的出现。这是因为在传统的火烧油层工艺中一直是直井对直井模式的，这种模式往往由于热量在采注井之间的长距离运输造成的各种各样的问题而使火烧油层的优势得不到充分的发挥，最终影响其采收率。造成的问题主要包括（Xia 等，2003）：（1）由于汽、油间的密度差异造成的重力分离或气窜；（2）由于储层的非均质性引起的指进现象；（3）不理想的油气流度比；（4）若氧气供应不足，一旦变成低温氧化就很难再进入高温氧化。如果要求油藏中所有原油被采出，且达到经济最大化，就需要发展先进的、高效率的提高原油采收率技术。新的火烧油层的关键技术在于：燃烧前缘的油流到井筒的路径要足够小。从端部到根部注空气技术（THAI）的出现就克服了传统火烧油层工艺中使用垂直注入井与生产井进行长距离驱替的缺点，使得火烧油层技术的研究又在这个新的工艺基础上活跃起来。

2.7.4.2 火烧油层技术新工艺——THAI

早在1993，Greaves 等就提出了将火烧油层的生产井由垂直井改为水平井的理念，之后Greaves 和 Al－Shamali（1995；1996）又分别探讨了利用水平井进行火烧油层试验的过程。继而，Greaves 和 Xia（1998）、Greaves 等（1999；2001）系列文章的发表，最终确立了利用"THAI"这个概念来表示这种运用了水平井作为生产井的火烧油层新工艺，即从端部到根部注空气技术。Xia 等（2003）又从"长短距离驱替"的角度解释了这种新工艺。我们将基于上述研究，对这项新工艺进行阐述。

THAI 作为一种新的提高采收率方法，结合了火烧油层和先进的水平井技术。该工艺将垂直生产井改为水平生产井的做法，不仅扩大了井眼与油层的接触面积，更重要的是由于移动原油不必经过较长的冷油区，重油受热后由于重力作用向下流而直接进入生产井，从而加速了井筒到油藏的热传递，大大降低注气强度和抽油强度，明显地提高了采出效率。该新的开采手段实现了重油的原位升温降黏和非混相空气驱，已成为非常具有应用前景的火烧油层技术新工艺的代表。其原理示意图如图2.7.49所示（据 Greaves 等，2001；Xia 等，2003）。在油田应用中，由于安全考虑，常用2个直井作为注入井的组合，而在室内实验研究中，常用水平井组合（Xia 等，2003）。

从图2.7.49中可以看出，在 THAI 技术实施过程中，重油储层根据其所处的位置可以

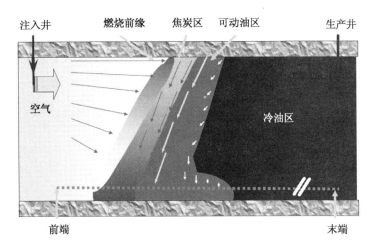

图 2.7.49　从端部到根部空气注入的火烧油层技术（THAI）的原理示意图

（据 Greaves 等，2001；Xia 等，2003）

划分为四个区：靠近蒸汽注入前缘的燃烧区、可以提供持续燃烧的焦炭区、重油降黏（改质）流入生产井的移动区以及未受到加热影响的冷油区。这个实施过程的稳定进行依赖于两个关键因素（Xia 等，2003）：（1）燃烧前缘稳定的氧气供应量，保持 450～650℃高温燃烧；（2）冷油区的黏稠度要高，能够对注入的空气形成一种天然的遮挡，保证高的空气利用率。

　　THAI 提高重油油藏采收率的基本原理与传统的火烧油层类似，通过燃烧残渣、焦炭产生热量，提高原油的温度，降低原油黏度，从而提高原油的流动性。燃烧反应的燃料来自于燃烧前缘的重质组分（沥青质，树脂质及芳香族化合物）的热分解反应。

　　火烧油层在高温氧化状态下发生的化学反应有（Greaves 等，2001）：

$$热裂解（热解作用）:重质残油 \rightarrow 轻质油 + 焦炭 \tag{2.7.2}$$

$$焦炭的氧化作用:焦炭 + 氧气 \rightarrow CO + CO_2 + H_2O \tag{2.7.3}$$

$$重质残油的氧化作用:重质残油 + 氧气 \rightarrow CO + CO_2 + H_2O \tag{2.7.4}$$

在驱替了较轻的化合物后，留在油层基岩上的重质残油和热裂解的重质终馏分含高分子量化合物，这些化合物有非常高的常态沸点。按照以上反应，最终采出的油比原始原油轻。在燃烧管试验或现场试验中，常规火烧油层工艺中没有明显地出现 THAI 过程中重油的热力改质效应。THAI 之所以表现了热改质效应，其原因是出现在燃烧前缘的流体流动状态与常规的火烧油层相比完全不同。

　　另一方面，THAI 中的驱替路径与传统的火烧油层也完全不同。在传统的火烧油层工艺中，流动的原油集中在油层较冷的下游区域之后最终到达垂直生产井。而在 THAI 工艺中，由于下游流体的黏度较高，且油藏温度较低，燃烧前缘的原油将直接被推进正下方的水平井段。因此，THAI 如同 SAGD（下一节将介绍）一样，是一种"短距离驱油"开采工艺替，而传统的火烧油层是"长距离驱油"的。

　　在传统的火烧油层工艺中，流体（气体、蒸汽、水和流动的原油）按照从垂直注入井向垂直生产井的方向通过地层，由于气体和油之间的密度差往往造成重力分离或气窜，这在传统的火烧油层工艺中往往是不可避免的。而 THAI 工艺可以有效地控制或消除气窜的影响。Greaves 等（2001）在 Wolf 湖重油油田做了三维容器 THAI 试验（细节下文将介绍），通过对填砂模型的事后剖析表明，燃烧前缘最前部的燃烧区域是填砂模型的顶部，位于水平生产井的上面。因此，这种明显的气窜情况在整个试验中是稳定的。由于 THAI 的燃烧前缘在水平生产井段中从"末端"向"始端"的传播非常稳定，因此有可能获得非常高的采收率。Greaves 等（1999；2001）、Xia 等（2003）都分别总结了 THAI 技术的主要潜在优点，本书将其综合列于表 2.7.11 中。

表 2.7.11　THAI 工艺提高重油采收率的潜在优点

● 气体超覆被控制在燃烧前缘上下

● 充足的注入汽避免了低温氧化反应，维持高温氧化模式

● 所有流动的液体和燃烧气体均由预计的水平井段产出

● 由于无气体窜流，驱油效率高

● 由于热裂解的存在，该方法可以产出大量轻质油

● 没有硫黄及重金属对环境的污染

● 在原始油藏，主要是超重油油藏，可动油带的存在降低了油藏非均质性的影响

● 由于裂解油和加热油的开采，以及燃烧区的高渗透率使得注汽量增加

● 注—采井的连通不需对产层提前进行注蒸汽加热处理，可在火烧油层的点火阶段和用直井线性驱前缘的初始阶段实现

● 一旦操作严格按照规定，前缘追踪能力也会提高

● 对于经济合理的开发，或者固定的井网形式，可以减少井的数量

一般情况下，相对于其他热采方式，THAI 技术的原地采收率往往比较高，可以达到原地原油（OOIP）的 80%～85%（Greaves 等，2001）。在 THAI 工艺中，除了直井注汽，还可以将注入井改为水平井，其延伸方向与生产井垂直，该方法最大的优点就是增加了燃烧前缘与空气的接触面积，强化了热力开采（Greaves 等，2001），目前这已成为 THAI 工艺的标准布井方式，如图 2.7.50 所示。

近几年，还出现了在生产井周围注入催化剂的方法（Ayasse 等，2002），使得降黏后的原油进一步改质，由此可以在较低的抽油强度下获得更优质的原油。需要注意的是，点火温度、点火有效性、注汽强度、布井方式、压力、注水方案等因素也会对提高 THAI 技术的采收率起到很重要的作用（李伟超，2008）。目前该技术只有在加拿大有商业性应用，这除了与各国技术发展不平衡有关外，还与重油的黏性差异有关，因为 THAI 技术要求重油的黏度要能足够大，对注入的空气形成一种天然的遮挡，保证高的空气利用率。

2.7.4.3　THAI 工艺三维燃烧容器试验

为了揭示 THAI 工艺的重要特征，Xia 等（2003）进行了一个三维燃烧容器试验。该试验采用的燃烧室是一个 0.4m×0.4m×0.1m 的不锈钢容器，容器分为上、中、下三层，共装入 76 对发热电偶，分别被放置在距离顶部 0.02m、0.05m 和 0.08m 处；采用的布井方式为水平井 THAI 工艺标准布井方式，即水平井注汽、水平井生产（HIHP）。为了达到近似的绝热条件，对控制系统进行了一个改进，即在容器周围布有 6 个胶带加热器用来进行温度调节，这样可以补偿由容器壁散掉的热量，起到了绝热的作用，由计算机根据测量的砂样及器壁温度来自动控制实验温度的调节。整个实验装置如图 2.7.51 所示。

利用该装置分别完成一组干式和一组湿式燃烧实验。两个实验中，都用 Wolf Lake 原油（API 度约为 10.5，并进行了干燥处理）作为典型的重油进行实验，表 2.7.12 为燃烧的试验条件。实验中，注入井旁边放了一个电热元件用来点火，是一个缠绕的镍镉线，由稳压器

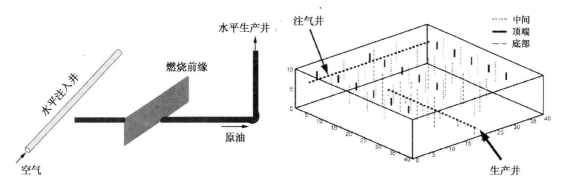

图 2.7.50 双水平井 THAI 工艺标准布井方式　　图 2.7.51 THAI 工艺三维燃式试验装置图
（据 Xia 等，2003）

进行控制。点火器提供的热量约为 1000kJ，代表了燃烧过程产生的总能量的 5％～10％左右。表 2.7.13 所示为两种实验的主要结果。

表 2.7.12　三维燃烧室实验条件（据 Xia 等，2003）

项　　目	干式燃烧	湿式燃烧
砂性质	SiO_2 W50 和 3％的黏土	
原油性质	Wolf Lake 原油	
孔隙度（％）	38.5	38.5
原始含油饱和度（％）	75	75
束缚水饱和度（％）	20	20
束缚气饱和度（％）	5	5
初始温度（℃）	20	20
燃烧方式	干	湿
空气注入量（$m^3/m^2×h$）	9.0	9.0
水的注入速度（ml/min）	0	5.0
水气比（$×10^3 m^3/m^3$）	0	0.83
井网布置	直接线性驱	直接线性驱
回压（psig）	20	20

注：湿式燃烧即代表在具体的水气比条件下连续的气水的混合注入。

表 2.7.13　两个三维燃烧室实验结果（据 Xia 等，2003）

项　　目	干式燃烧	湿式燃烧
耗时（h）	14.25	12.5
点火时间（h）	2.25	2.0
注汽时间（h）	12.0	10.5
干燥时长（h）	12.0	9.0
潮湿时长（h）	0	1.5
最高温度（℃）	550	620

项　目	干式燃烧	湿式燃烧
生成的气体（%，平均）：		
CO_2	12.74	12.13
CO	4.10	4.25
O_2	1.96	2.15
$CO/(CO_2 + CO)$	0.243	0.259
H/C（燃料中的氢碳比）	0.490	0.671
O_2/燃油消耗（Sm^3/kg）	1.93	2.00
消耗掉的 O_2	90.7	89.8
消耗掉的燃料（% OOIP）	9.31	8.17
气油比（Sm^3/m^3）	1080	920
原油采收率（% OOIP）	85.0	86.5
燃烧前缘移动速度（cm/h）	2.5	3.0
残余油（% OOIP）	6.8	6.0

2.7.4.3.1　干式燃烧

图 2.7.52 为砂样的峰值温度随时间的变化曲线。180min 以后，温度稳定在 550℃ 左右，并在驱动结束阶段开始缓慢下降。很明显，燃烧很充分，一直维持到实验结束，燃烧前缘的油层下游的含气饱和度没有明显的降低。

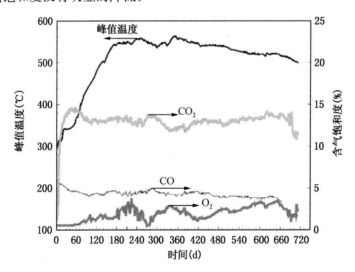

图 2.7.52　干式燃烧法中的温度曲线及产出气体的含量（据 Xia 等，2003）

图 2.7.53 为砂样的水平与垂直中段部分的温度变化曲线。180min 时，燃烧前缘正好处于水平生产井的趾端（前端）部分。360min 时，燃烧区的前缘（500℃的水平曲线）位于水平生产井的中部，大约在砂样的中间。处于燃烧前缘的流动油区域不断变大，是因为在砂样顶部的燃烧区域也正不断扩大，在实验的后半段，从垂直温度曲线更能看清楚这一点。在燃烧前缘到达水平生产井趾端以后，这种"顶部燃烧效应"将一直持续着。

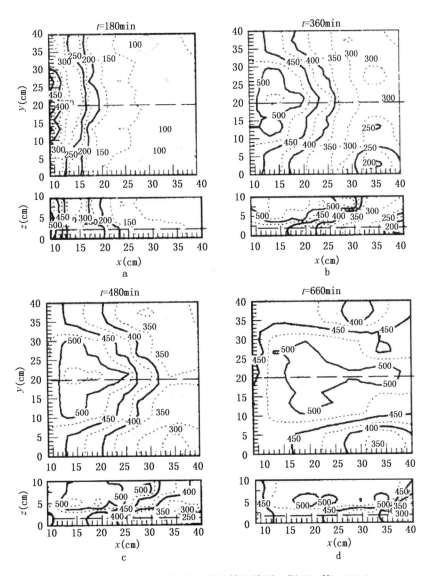

图 2.7.53 干式燃烧法中的等温线图（据 Xia 等，2003）

THAI 实验成功的基础是：燃烧发生在砂样的顶部，且不会导致气体窜流到井中（这种现象常发生在传统的火烧油层中）。注入的空气（氧气）由于重力分异作用往往会向上运移至油层上部。因此，大部分的注入气都在离生产井较远的高温区燃烧掉了，不会突破进入下面的生产井中。

THAI 实验结果表明，氧气的利用率很高，平均为 90.7%。从图 2.7.53 中可以看出，产出气中 CO_2 的浓度平均值在 12.7，比化学计量值要低，而 CO 的值较高，达到 4.1%。这些值说明了燃烧现象，如同在地层中发生的一样，而不仅是一维燃烧管得到的理想化数据。尽管在不完全燃烧混合气中 O_2 的含量低于 2%，但是 O_2 浓度在朝向水平井根部方向是稳定升高的。在实际应用中，当氧气产量开始增加，原油产量开始降低时，应该停止注汽，结束燃烧。

图 2.7.54 为燃烧期间的生产率曲线。从图中可以看出，原油产量的峰值发生在 300min

时，但是当可动原油区接近水平井根部时原油产量开始稳定下降。总的来说，原油采收率非常高，达到原油地质储量（OOIP）的85%。

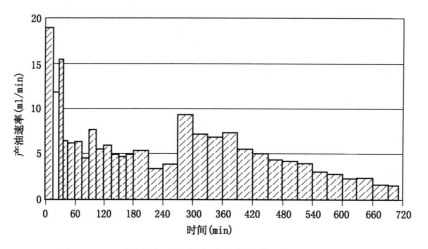

图 2.7.54 干式燃烧法中的产油速度曲线（据 Xia 等，2003）

2.7.4.3.2 湿式燃烧

由图 2.7.55 可以看出，此过程包括两个连续注水阶段，也就是湿式燃烧。第一个注水阶段开始于点火装置刚熄灭的时候，也就是 180min 时，第二阶段较短，开始于 350min 时。注水注汽的比率为 $0.83m^3/(1000m^3)$，根据传统的火烧油层分析得知，这代表了标准的湿式燃烧条件。然而，在第一、第二注水阶段时，温度峰值分别降了 40℃ 和 20℃，似乎此时水汽比太高而难以得到标准的湿式燃烧模式。很明显，由温度曲线中可以看出，THAI 三维实验中在燃烧前缘不会出现稳定蒸汽段，就像在传统的一维火烧油层实验中出现的一样。实验产生的蒸汽，通过可动油带，伴随着其他流体直接存在于整个过程中，这与传统的火烧油层是完全不同的。大约在 390min 时停止注水，之后温度峰值从 530℃ 上升到 600℃。

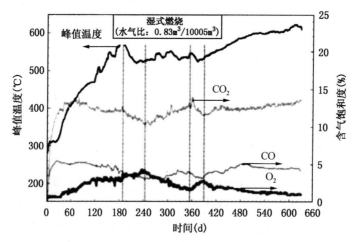

图 2.7.55 湿式燃烧法中的温度曲线及产出气体的含量（据 Xia 等，2003）

图 2.7.56 所示的等温线图表明：燃烧前缘在砂样顶部传播，与干式燃烧法中的情况一样。注入井的入口处温度较低，因此温度曲线不对称。如果没有此影响，燃烧区正前方区域

的等温线将会向侧面延伸。由 350℃ 到 475℃，可以认为是与图 2.7.49 所示的可动油区一致。在该区域，驱动前缘的高温气体（包括汽化油、蒸汽、惰性气体）和原油，流入附近的水平井段。

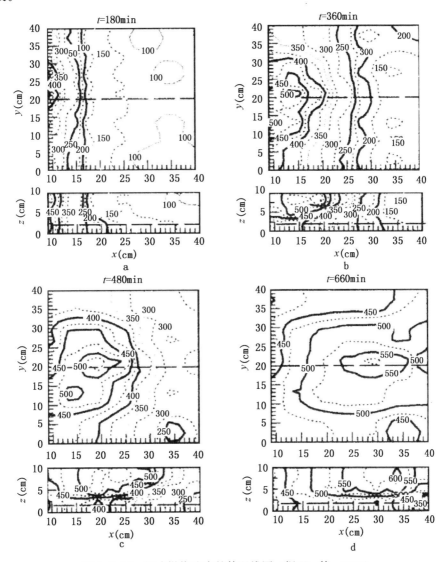

图 2.7.56　湿式燃烧法中的等温线图（据 Xia 等，2003）

　　由于实验装置不是完全隔热的，砂样边缘逐渐冷却，因此等温线侧向延伸进一步减小。燃烧区域的温度曲线的复合属性（500℃ 的等温线），在 360min 和 480min 时都保持一致，直到燃烧前缘到达容器壁处。因此，三分之一油层有等温线的凹陷区，等温线刚刚延伸至中线以外。实验的中间阶段最具代表性，由于实验条件为非理想状态（非绝热），其受向下流动的原油影响也较小。在实验的稳定阶段得到的稳定的燃烧前缘温度曲线，是控制气体窜流条件的证据。此部分的燃烧温度也是最高的，并且注入气也是向此部分流动。因此，此部分耗氧率也很高。

　　火烧油层实验能否顺利进行完全取决于燃料，这些燃料直接位于燃烧面上，直接决定了注入气体的流向（气体窜流也是原因之一）。所有泄油区域的流动液体都被直接驱到位于燃烧前缘前面的水平井的射孔段，从而避免气窜发生。图 2.7.52 中所示的产出气体组分图与干式燃烧法得到的很相似。但是，在湿式燃烧过程中，产出的 CO_2 和 CO 的量减少了，O_2 的量增加了。这种现象是由湿式燃烧期燃烧温度降低引起的。注水结束后，CO_2 开始升高，O_2 开始下降，直到实验结束 O_2 的含量都在不断下降，最后降至 1％左右。同时伴随着燃烧强度的轻微提高，CO_2 含量逐渐上升，超过 13％。这些变化是在第二次注水之后，伴随着温度峰值升高而发生的。

此外，这个实验得到的原油采收率非常高，达到地质储量的 86.5％。由于几乎 100％的填砂管都受到了 450℃高温的影响，因此这个值也并不惊人。图 2.7.57 表明，注入水使初期产油量上升，第一阶段注水结束后，又引起了产油的降低，第二个湿式燃烧阶段后又开始升高。

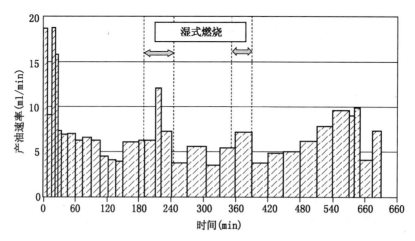

图 2.7.57　湿式燃烧法中的采油速度图（据 Xia 等，2003）

2.7.4.3.3　事后剖析成像

图 2.7.58 所示是实验后砂样截面的情况。图中的水平距离（x）是以从注入端为起点的。湿式燃式试验中在 $x=9$ 和 $x=14cm$ 处的两张照片显示已经完全燃烧，没有残余油或者燃料剩下。沿着容器的边部，逐渐深入到砂样内部，含残余油的黑色区域面积也随之增大。从图中可以明显看出，在主要燃烧区域，也就是燃烧前缘的推进区域，处于填砂管的上部，在生产井的上方。这种气窜条件很稳定但不会引起氧气突破，即使燃烧区域的底部已经很接近水平井了，这意味着燃烧带下游的油层被高温气体驱动。面对 450℃以上的高温，几乎所有沸点低的流体都被气化了，并且被驱到生产井中。同时，沸点较高的烃类将会热裂解成轻的组分和焦炭。裂解得到的烃类组分也会被产出，只有固体焦炭附着在砂样上。

图 2.7.59 是含残余油的未燃烧区域随砂样间距离的变化曲线。残余油约为砂样重量的 2％。干式燃烧试验的砂样中的残余油约为地质储量的 6.8％，湿式燃式约为 6.0％。从表 2.7.14 中可以看出：油和水的总量是满足物质平衡的，误差接近 1％。

1998 年 Freitag 和 Exelby 用一个燃烧管做了火烧油层实验，研究了该方法提高重油采收率的机理。他们做了两类实验：（1）湿式就地燃烧实验；（2）包含 CO_2 与 N_2 的混合气体驱，基本与燃烧实验的产出气的组分一致。同时，点火器被用来汽化注入水，形成蒸汽驱，沿着燃烧管前进，从某种意义上讲这与本燃烧实验有些相似。同样利用 Wolf Lake 原油进行实验，他们发现蒸馏作用对整个重油就地燃烧驱替起到作用不大。也就是说，高温的燃烧气

水平距离为9cm

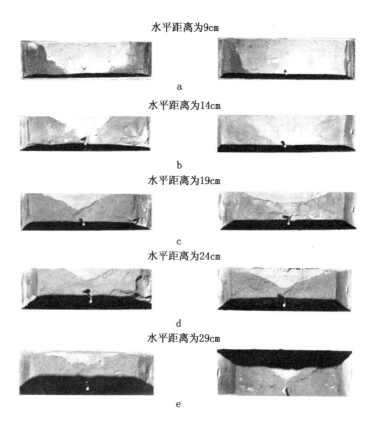

a

水平距离为14cm

b

水平距离为19cm

c

水平距离为24cm

d

水平距离为29cm

e

图 2.7.58　干式燃烧（左）和湿式燃烧（右）实验后的剖面照片（据 Xia 等，2003）

体和汽化的原油组分的热量驱动是提高采收率的主要机理。燃烧前缘驱替带的残余油饱和度只有 1%～2%，而高热蒸汽驱替带的残余油饱和度为 50%。

Al-Shamali（1986）对 Wolf Lake 原油进行的蒸馏模拟实验表明，500℃时蒸馏后的残余油饱和度为 50%。Wolf Lake 原油的蒸馏特征以及被高温蒸汽驱动过后的残余油量清楚显示：如果没有热裂解发生，未燃烧砂样将含有很高的残余油饱和度。此外，同时在干式及湿式燃烧实验中，完全燃烧的砂样体积只有总体积的 38%～43%。考虑到采收率为地质储量的 85%，这说明，就地燃烧产生的高温前缘对于提高重油采收率的作用不可小觑。

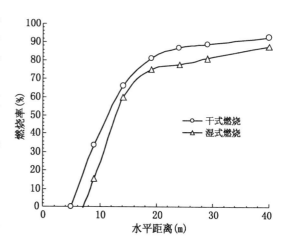

图 2.7.59　未燃烧区域占填砂管的比例随离注入端距离的变化关系图（据 Xia 等，2003）

2.7.4.3.4　原地改质结果分析

THAI 的另一个优点是它可以利用热裂解反应和蒸馏反应来完成原油的热改质。因为燃烧前缘前面的可动流体被直接驱进水平井的射孔段，而不是被驱到冷油区，这种情况通常发生在传统的就地燃烧法中。图 2.7.60 所示的是实验产出的原油 API 值随时间的变化曲线。

表 2.7.14 燃烧过程中的物质平衡（以湿式燃烧为例）（据 Xia 等，2003）

注入（kg）		产出（kg）	
砂样中原始油量	4.6	产油量	3.98
砂样中原始水量	1.23	燃料消耗量	0.376
注水量	0.405	残余油/残余焦炭	0.276
燃烧生成的水	0.178	产水量	1.705
总计	6.41	总计	6.34

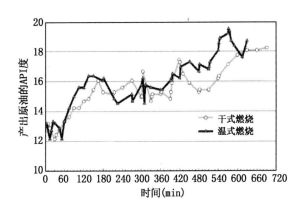

图 2.7.60 THAI 工艺实验中的原油的就地热改质
（据 Xia 等，2003）

两个实验的变化趋势整体相似，只有湿式实验在后期阶段的值有点高，总体来说，产出原油的 API 值要比实验前原油高 5～7，这一点对原油的经济价值来说是非常重要的。

由于储层物性、裂解反应及原油燃烧，还有多孔介质中的多相流等因素让就地燃烧法变得非常复杂。先前研究就地燃烧法的实验都是使用燃烧管，其得到的信息本质上是一维上的，因此这种方法不能说明三维特征的情况。

实验结果显示，THAI 中温度很高的燃烧前缘对于驱油起到了两方面的作用：（1）降低了重油的黏度，提高其流动性；（2）使高沸点，难以流动的组分裂解成分子较小，黏度较低可以流动的组分。裂解反应不但对气体向上流动有益，而且，对于整个就地燃烧实验的过程来讲都是很重要的，因为可以提高原油采收率。

Freitag 和 Exelby（1998）提供的数据显示燃烧前缘的泄油区域的残余油饱和度较高（30%～50%），采用 Wolf Lake 原油进行燃烧管实验可获得约为 55%～60% 的采收率。控制好气窜可获得 100% 的热驱替效率。

通过燃烧前缘可动油的短距离驱替，几乎可使重油完全改质，这使得 THAI 方法要明显优于其他提高采收率的热采方法。

2.7.5 水平井注气体溶剂萃取法（VAPEX）

2.7.5.1 概述

水平井注气体溶剂萃取法（VAPEX）是一种将蒸发溶剂注入水平井中以提高重油开采效率的技术，其基本原理是基于在吸收溶剂存在的情况下重油和沥青黏度会降低。类似于 SAGD，在 VAPEX 工艺中也包含着上下相邻的两个水平井，注入井位于生产井的顶部，生产井打在不渗透上覆岩层和下伏岩层中间重质油和沥青油藏中。在压力略小于或等于饱和蒸汽压下注射一种汽化溶剂到注入井。注入后的汽化剂通过分子扩散、表面扩散、毛细管作用等被吸收在储层内部，形成了一个蒸发汽腔，使得重油或沥青的黏度大大降低并出现脱蜡现象，在重力作用下这些降黏的重油或沥青进入到下面的生产井中被很容易地提取出来（Upreti 等，2007），图 2.7.61 所示为 VAPEX 的原理示意图。

该方法是由 Butler 等（1991）利用水和丙烷气混合对 Tangleflags North 重油的实验室尺度储层模型进行模拟开采时提出的，其实验结果表明，VAPEX 的原油采收率高于单纯只用热水驱的采收率。Butler 等（1995）在随后的研究中发现，在油藏条件下，仅在接近丙烷气体露点下的采收率更高。这些结果揭示了蒸汽萃取不仅适用于厚油藏的重质油和沥青的开采，也适用于薄油藏的开采。自从这技术出现以来，蒸汽萃取经历了从实验室规模的研究到实验设备研究和商业项目的稳步发展。

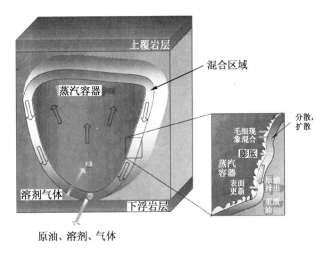

图 2.7.61　水平井注气体溶剂萃取技术（VAPEX）的原理示意图（据 Upreti 等，2007）

除了上述所指 VAPEX 具有相对于其他热采方法更高的采收率及同样适用于薄油藏开发外，VAPEX 相对于其他开采手段来说还具有很多优点：首先，VAPEX 的开采成本很低，不需要花费大量的费用在加热水或蒸汽上，同时也不需要花费大量的资金去处理随原油一起产出的废水。其次，VAPEX 能耗低、环境影响小，有数据（Dunn 等，1989；Singhal 等，1997）显示，采出同样的原油，VAPEX 的能耗只占 SAGD 能耗的 3%，并可以降低 80% 的 CO_2 逸散。再次，相对于液体溶解剂，蒸发溶解剂具有更大的驱动力且更容易被回收，Dunn 等（1989）的实验表明 VAPEX 过程中的 90% 的蒸发溶解剂可以被回收利用。此外，由于 VAPEX 实施的压力是接近或略低于饱和蒸汽压的（Upreti 等，2007），所以会对重油和沥青在原地就开始发生很好的改质作用，从而使得采出的原油的品质较高，降低了地表进一步改质的花费。最后，VAPEX 在高含水、贫油区域，岩石低热导率构造和底部含水的重质油和沥青油藏中有很好的适应性，因为伴随着驱替液或上覆岩层和下伏岩层能量的损失，驱替和热力采油过程方法既不经济又对环境不友好，也就是说 VAPEX 比其他方法更能适应存在含水层和汽顶等复杂油藏（Karmaker 和 Maini，2003）。

蒸汽萃取的一个局限是在重质油和沥青开采中与溶剂的相溶较慢，导致启动时间长和重质油和沥青的初始开采速度低。为了说明这个局限性，在 Atlee Buffalo 油藏，一个横向分离平行注射和生产井设备得到成功试验。这个设备增加了溶剂注射的质量传递区域。通过这种方法，单位时间可达到 $70 m^3/d$ 的平均生产速度，可得到大于 50% 的重质油和沥青的采收率。然而，评价油藏上油井各种装置的效果和蒸汽萃取中不同溶剂与气体混合的原油生产初始速度的效果仍需要进一步的研究。

该项技术目前尚处于现场试验阶段，但是近几年由于加拿大几个石油公司对 VAPEX 技术的积极发展，加速了其向商业化应用的步伐。例如，Nexen 公司在 Plover 湖地区、帝国石油在 Cold Lake 地区、Encana 在 Foster Creek 地区、中石油在 Fort McMurray 地区以及 Baytex 能源公司在 Saskatchewan 的 Carruthers North 地区都建立了自己的 VAPEX 野外现场试验场（Upreti 等，2007）。

2.7.5.2 影响 VAPEX 开采效果的因素

影响蒸汽萃取的重要因素有黏度，重油的脱沥青影响，重油中溶剂的扩散，蒸汽萃取溶剂的选取，油藏的渗透性和地质特征。下面将分别讨论这些因素，并且从细节上说明如何影响蒸汽萃取。

2.7.5.2.1 重油的黏度

重油的黏度取决于它们的化学成分、温度、压力和溶解气的浓度。很显然，影响重油采收率的最大障碍是它们天然的高黏度。降低黏度和增大流动性是所有采收率研究的共同目标。这个目标通过蒸汽萃取注射溶剂使其溶解在油中来降低重油的黏度来实现。

重油的黏度跟温度有很强的关系。我们发现，当温度从 20℃升高到 200℃，每次升高 40℃（也有的每升高 10℃），Athabasca 重油（天然沥青）的黏度从 900Pa·s 降低到 0.01Pa·s。Das 和 Bulter（1996）给出了 Peace River 沥青的黏度和温度两者之间的关系为

$$\log_{10}\log_{10}(\mu_b + 0.7) = 9.523535 - 3.57231\log_{10}(T + 273.15)$$

相对于温度，压力对重油黏度的影响是微不足道的。然而，当气体溶解在重油中，重油的压力或者与压力有关的气体浓度对黏度的影响也是相当重要的。像二氧化碳、甲烷、乙烷、一氧化碳和氮气等气体也能明显地降低沥青的黏度。比如当压力从大气压升到 5MPa 时，在 25℃时含有饱和二氧化碳的沥青黏度从 50Pa·s 降低到 0.5Pa·s（Upreti 等，2007）。根据沥青中吸附的气体模型的数量，这些气体中乙烷降低黏度的效果最明显，然后依次是二氧化碳、甲烷、一氧化碳和氮气。

Jin（1999）使用 Peace River 的沥青和溶剂丁烷在溶解浓度为非零时说明了天然沥青的黏度的独立相关性，即

$$\mu_{mix} = 1.669 \times 10^3 C_s^{-2.12} = 9.4655 \times 10^{-4} \omega_s^{-2.12} \qquad (2.7.5)$$

式中：ω_s 表示溶剂的质量分数。

此实验表明，在室温（23±2℃）下，当丁烷的质量分数从 10%升高到 17%，沥青黏度从 0.15 迅速降低到 0.0Pa·s。

以上实验结果帮助决定重油油藏蒸汽萃取所使用的溶剂。例如，我们可以寻找到在给定的油藏温度和压力下最大限度降低重油黏度的溶剂，这些分析需要用到溶解度和黏度相关性数据。考虑到重油、合成油和天然油的性质，需要进一步研究确定在油藏中有溶剂条件下，原油黏度的全面表达式。其中尤其重要的是流动性和沥青质的再分配问题，后面我们将讨论。

2.7.5.2.2 溶剂气体的扩散

在蒸汽萃取过程中，重油中溶剂气体的扩散是最主要的，分子扩散现象是气体吸附和混合在重油中并降低黏度的原因。因此，蒸汽萃取中扩散很重要。对于蒸汽萃取的操作过程，需要精确的重油体系中溶剂气体扩散数据来确定。这些数据包括：注入油藏中气体的数量和流动速率、重油的黏度下降范围、储层的降黏和达到希望得到的流动性所需要的时间以及油藏中活油（溶解了气体的原油）的产率。

已经有一些研究者使用流体样品不同次数的萃取物成分分析的直接方法（Schmidt 等，1982）和根据体积、压力、溶剂挥发速率、油气表面活性和核磁共振等参数变化的间接方法（Yu，1984）等来确定重油中不同溶剂的扩散系数。

实验要求的重油溶剂的扩散率为 10^{-9} 到 $10^{-11} m^2/s$。另一方面，溶剂液体的扩散率要求高一点，一般为 $10^{-7} m^2/s$（Upreti，2000）。Oballa 和 Butler（1989）在研究重油中苯的扩

散时发现浓度受扩散率的影响很大。根据 Upreti（2000）提供的结果确定跟扩散率的相关程度，结果表明在气体浓度达到峰值之前，扩散率随气体浓度的增加而增加；在给定的气体浓度和压力下，扩散率随温度的升高而增大；在给定的温度和气体浓度下，扩散率随压力的增大而增大。这些发现中大部分跟气体的扩散率成非线性关系，在考虑温度、压力和重油中注射的气体数量时，对蒸汽萃取操作的最优设计和操作起着决定性的作用。更多研究需要确定分子大小和不同温度下扩散的溶剂气体的蒸汽压力的影响。

2.7.5.2.3　溶剂气体的弥散

弥散（Dispersion）或者有效的扩散是通过扩散和对流流动作用的流体的混合作用。所以，弥散是在重力导致液体对流流动时蒸汽萃取直接相关的动力过程。Darcy 定律描述了在多孔隙材料的宏观条件下，弥散通过典型的多孔隙油藏的蒸汽萃取在很大程度上影响重油的采收率。当流体流过多孔隙材料时，由于弥散质量传递变得强烈。很多研究者已经报道过这种效应，表明在高黏度重质油和沥青质的弥散和低黏溶剂强烈的降低原油的黏度时蒸汽萃取效果显著。目前，得到了高黏和低黏流体之间的弥散很少，这是因为黏度的变化，这种现象在蒸汽萃取中经常出现。还有，这种流体流动在自重的蒸汽萃取中是横向的，但是没有一个结果可以用来处理这种条件下的弥散。

Das（1995）已经得到了在分子扩散基础模型预测到的排水速率相符的 Hele-Shaw 模型中的实验原油开采速度。然而，在含砂多孔隙材料中开采速度比预测的速度要快很多，由于汽化溶剂的扩散，随着重油黏度降低，降黏原油在重力作用下被排出来。这其中，在分子扩散混合条件下，有一些因素提高了蒸汽萃取的生产速度。这些因素包括多孔隙材料（相对于二维平面的扩散）界面区域增长的对流、气体溶解率的提高（精密的毛细管中的溶剂蒸汽浓度），跟溶剂接触的表面区域的继续修复（因为降黏原油被排出）以及溶剂在溶剂容器中弥散分布和溶剂油界面的毛细现象，这些现象一起影响的结果和分子扩散可能被蒸汽萃取中的弥散所取代。

Das 和 Butler（1996）根据早期 Hayduk 和 Cheng 提出的以下相关关系，得到气体的扩散 D 和在蒸汽萃取实验中重油的黏度 μ 存在一定的关系，即

$$D = \alpha\mu^{-\beta} \tag{2.7.6}$$

式中：μ 单位是 Pa·s；α 和 β 是两个参数；D 的单位是 m^2/s。

Das 和 Butler（1996）使用一种小尺寸的 Hele-Shaw 蒸汽萃取实物模型计算出 Peace River 含有丙烷和丁烷沥青的蒸汽萃取物。他们发现 α 的最优值是：丁烷为 4.13×10^{-10}、丙烷为 1.306×10^{-9}。对于这两种气体，β 的最优值是 -0.46，表明了气体扩散随在非线性条件下气体和沥青的混合黏度的下降而升高。

Boustani 和 Maini（2001）在 Hele-Shaw 模型中测试了蒸汽萃取并且根据三种不同的相关关系估计了 Panny 沥青中丙烷的扩散率是溶剂浓度的函数。Das 和 Butler（1996）在确定实验的最优值时还发现了有效扩散率的相关性，数量级比 Hayduk 和 Minhas（1982）估计的相关性要高。通过 Taylor 团队在 Hele-Shaw 模型中的有效相似井壁的扩散计算，Boustani 和 Maini（2001）使用 Hayduk 等（1973）的相关关系得到模型预测和他们实验结果更加吻合的结果。

Cuthiell 等（2004）通过电脑图像扫描仪测试了 Lloydminster 原油扩散在砂岩和二氧化硅包覆中的液态苯溶剂的活性。他们还模拟了假设溶剂扩散系数时重要的溶剂驱替特性。为了模拟溶剂驱替的不稳定黏性，他们使用了交替多孔隙二维空间网格。他们每改变一次水平

方向就改变十次竖直方向的弥散率。通过不同的溶剂弥散参数值，他们从模拟中出现在截断误差的数值弥散率解决了实物弥散。他们在最近的研究中（Cuthiell 等，2006），通过在其中一个黏性指示实验中的汽化异丁烷测试了重质油的采收率，这个仿真拟合在含气原油毛细压力下比气体弥散率和接近分子扩散的横向屈服系数要精确，纵向弥散系数数量级比横向的要高。

Das（2005）的实验结果表明浓度跟蒸汽萃取中溶剂气体有关。同时发现这个过程不能用一个单一的弥散系数模型充分表示。因为扩散和黏度包含受溶剂浓度影响很大的弥散现象，浓度的相关性是合理的。

最近，Kapadia 等（2006）通过蒸汽萃取的实验数据确定了与浓度相关的 Cold Lake 沥青中丁烷的弥散率。他们做出了一个描述重质油和沥青采收率的更大更现实的三维实物模型。为了描述实验中在多孔隙介质上沥青的萃取量，用到了一个具体的数学模型，在 19～22℃和 0.21～0.23MPa 条件下，蒸汽萃取物含量随时间和空间减少。丁烷的最优弥散值及其吸收率就可以确定下来，这时模拟值和刚采出来的原油的实验值均方根相对误差达到最小。弥散值由以下方程确定，即

$$D = 5.56 \times 10^{-5} \omega \qquad (2.7.7)$$

式中：ω 表示 Cold Lake 沥青中丁烷的质量分数。这个弥散率的数量级高出之前得到的丁烷分子扩散的四阶。

2.7.5.2.4 重油的脱沥青现象

根据 SARA 分数，重油组分可分为饱和烃、芳香烃、环烷烃和沥青质四类，这将影响其采收率和运输。在这些组分中，石油行业比较关心沥青质，因为它们会沉淀下来并影响压力、温度和组分的变化。在油田蒸汽萃取操作过程中，施工现场中的沥青质可能储藏在井筒附近或内部，这将导致生产油井的堵塞。

沥青质是复杂的含有可以从石油和页岩油中得到的能溶解在二氧化碳、吡啶、四氯化碳和苯中却不溶于低分子乙烷烃的镍、铁和钒等高质量分子。由于重油中沥青质的高含量而具有高黏度，这将给运输方面造成一系列复杂的问题而且需要用轻组分系数或者转化使其变得可输送（Mokrys 和 Butler，1993）。

脱沥青中不同异构烷烃的溶解有效性不同，一般乙烷得到最大的沥青质沉淀量，其次是丙烷，然后丁烷、戊烷和己烷的沥青质沉淀量依此减弱。Das 和 Butler（1994）在 Hele - Shaw 模型中的蒸汽萃取实验中发现在溶剂注射压力接近或者略高于油藏温度下的溶剂蒸汽压力时出现脱沥青现象，这能降低黏度。从他们的实验中观察到在脱沥青开始需要一个特殊的最小溶剂浓度（一个临界值）并推断不同溶剂的值。他们在 20℃时用高于蒸汽压力的丙烷来研究 Cold Lake 沥青和 Lloydminster 重质油，并发现沉淀沥青需要的最小浓度分别是重量的 20% 到 30%。

Das 和 Butler（1998）在蒸汽萃取实验中观察到所有沥青质中只有其中的一少部分占用了总孔隙的 20%。所以，根据他们的发现，沉淀的沥青可能不会阻塞井壁。Das 等人（2003）在研究中证实了脱沥青不能阻止原油从油藏中流出来的。当然，由于黏度的降低，脱沥青的生产速度可以提升 10%～20%。还有，他们观察到，在一个特殊的温度下，如果压力低到大约为 5psi，沥青就不能沉淀出来。

Jin（1999）和 Oduntan 等（2001）也得到类似结论。他们观察到蒸汽萃取过程中脱沥青不是阻碍多孔隙材料中原油生产和发生在油井生产末段障碍的主要因素。Butler 和 Jiang

（2000）已经得到了一些沥青也在原油附近沉淀下来——由于高溶剂浓度形成溶剂界面。Ramakrishnan（2003）在他的实验中也得到类似结论并且假设沥青能通过溶剂界面附着在稀释原油中并被带到地面。Nghiem 等（2001）在预测了相特性和模仿含有丙烷的 Lindbergh 原油萃取物的蒸汽萃取流动现象方面做了相关的努力，并根据实验观测结果作出了沥青沉淀的断面图。

2.7.5.2.5　溶剂的选择和注入

通常情况下，溶剂选择标准依赖于以下因素：平衡压力、分子质量、密度差、溶解率、扩散率和油藏温度和压力。在接近露点时，蒸汽萃取中经常使用低分子质量的汽化溶剂作为开采介质。这种做法几个好处（Das，1995；Das 等，1998）：（1）由于在露点附近汽化溶剂能够得到最大的溶解率，在油藏温度的蒸汽压附近加入汽化溶剂是很有利的；（2）在油藏温度的蒸汽压附近注射溶剂能够形成脱沥青并且降低黏度，这比只用稀释更能提高生产速度；（3）使用汽化溶剂能够得到重质油和沥青的高密度差，并且产生更高的重力驱动力；（4）经济方面，汽化溶剂较液体溶剂可以减少萃取油藏的溶剂残留量；（5）该方法对原油生产和闪蒸分离的回收更简便高效。此外，使用溶剂混合剂是另一个重要因素，因为轻烃混合剂比纯溶剂要便宜而且能够显著的降低蒸汽萃取的费用。

Das 和 Butler（1994，1996）提出丙烷和丁烷是蒸汽萃取中非常有效的溶剂而且证实了丙烷的扩散比丁烷快。Butler 和 Jiang（2000）利用液体溶剂（纯丙烷，纯丁烷或者混合剂）和 20～30 网格的 Ottawa 砂岩（220D 和 33%～35%的孔隙度）和来自 Atlee Buffalo 油田的原油，研究了温度、压力、注射速度、溶剂类型、溶剂混合、井距等对溶剂选择的影响。丙烷较丁烷可以得到更高的生产速度。然而，丙烷和丁烷的混合（体积比为 50∶50）比单独使用丁烷有效，跟丙烷效果差不多。其在注射速度研究中分别以 20 和 30mL/h 的均匀速度注射混合溶剂。结果显示注射速度提高 50%后生产速度只升高 11%，这表明混合溶剂的注射速度对提高生产速度并不是很重要。另一个实验，他们研究了高初试溶剂注射速度下的效果，允许高原油生产和低溶剂量注射初始速度先高后低，这种注射方法比匀速注射的效果更佳。

还可以利用像甲烷和二氧化碳等非冷凝气体作为蒸汽萃取中溶剂的载气。非凝析气体的注射速度应该足够低，以便将原油驱出占据油所在空间，使剩余油达到最小。Butler 和 Jiang（2000）研究了当丁烷（甲烷几乎是匀速注射）在原油生产中注射速度为 10mL/h 和 20mL/h 时的效果。结果显示，当注射速度加倍，由于溶解在原油中的溶剂量上升，生产速度提高大约 70%。

Talbi 和 Maini（2003）做的另一个实验，在 600psi 时二氧化碳和丙烷的混合溶剂比甲烷和丙烷的混合溶剂能更多的萃取原油。然而，在 250psi 的低压，前者混合溶剂对提高原油的生产作用不大。实验中的丙烷用 40mL/h 的匀速泵送。对于这两种混合剂，在高压下随着非凝析气体的集聚，原油生产率下降，丙烷的浓度也将降低。他们利用一个含有原油和玻璃球的实物模型，这个模型的渗透率为 640 达西和孔隙度大约为 35%。

Mokry 和 Butler（1993）研究了 Cold Lake 沥青和 Lloydminster 原油在蒸汽萃取中溶剂注射压力的采收率效果。他们的实验利用丙烷气体作用溶剂，发现原油和沥青的采收率在压力接近露点压力时最大。这些压力对轻质油和改质重质油和沥青的采收率有效果。高压导致沥青沉淀，从而降低开采速率。这种在开始以后注射压力周期性变化提高了重质油和沥青的采收率。

以上关于溶剂注射的研究引发了关于提高蒸汽萃取效果提高的高潮。对于溶剂组分和注射的措施可通过理论确定或者蒸汽萃取操作的最大效率实验确定。这当然是个有很大发展潜力的领域。

2.7.5.2.6 地质因素

蒸汽萃取是一个包括发生在大宏观领域的微观的过程。Das 和 Butler（1994）用汽化丁烷作为溶剂测试了蒸汽萃取并发现丙烷材料能将重质油和沥青开采速度提高到 3～5 倍。发现这种脱沥青和在施工现场的改质重质油和沥青要少于用丙烷作为溶剂的情况。Waterloo 大学研究者（Jin，1999；Oduntan 等，2001；Ramakrishnan，2003）研究了描述流相在使用二维微观实物模型的丙烷介质的相互作用的蒸汽萃取物这个过程的小尺寸现象，这在玻璃杯中被侵蚀。

图 2.7.62 显示了 Oduntan 等（2001）在蒸汽萃取过程中得出的不同时刻溶剂蒸汽和孔隙的相互关系。可以观察到，溶剂蒸汽在表面孔径跟重油接触。这些孔径包围着蒸汽，重油的黏度就下降。低黏度稀释原油在重力驱动下被排出，因此将丁烷蒸汽的孔径显现出来（图 2.7.62b）。所以，这一系列现象：重油的排出和表面更新被触发。稀释原油很快地从竖直末段排出，实物模型接连地显现出来了竖直边沿，原因是末段顶部表面更新速度更快并且没有原生油的集聚暴露在溶剂蒸汽中，而模型的竖直边沿的另一端被排出的稀释油所覆盖，所以表面更新和显现较慢。还有，注意到一些蒸汽在界面下被直接俘获（图 2.7.62c）和因为毛细作用孔径开裂（图 2.7.62d）。这种现象通过增加原油表面的暴露加大了重油跟溶剂的混合并且加快了稀释原油的排出和生产速度。

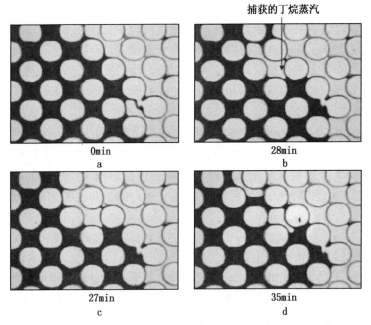

图 2.7.62 多空材料中重质油和沥青表面丁烷蒸汽（据 Oduntan 等，2001）

由于小尺寸的相互作用现象，通过蒸汽萃取的重油的经济采收率跟油藏地质关系密切。这些地质参数将包括渗透率、各向异性、原油饱和度残余量、排水（或富油气层）高度和倾斜度等。

（1）油藏的渗透率和各向异性。

当溶剂气体注射到油藏里，它被局限在一些孔隙空间中，这是由于毛管力的作用使得溶剂气体占据的空间有限。因此，油藏的渗透率和各向异性在蒸汽萃取操作中很重要。

Butler 和 Mokrys（1989）做了个实验：在竖直 Hele－Shaw 模型中，利用苯溶剂研究了 Athabasca 和 Suncor Coker Feed 重油。他们通过模拟确定了原油生产速度是渗透率平方根的函数，因为低渗透率（不超过 10D）是丙烷介质在天然油藏中的特性。后来 Oduntan 等人（2001）得出了渗透率 K 在 25～192D 范围内，重质油和沥青的生产体积流量为

$$Q = 5.8 \times 10^{-10} K^{0.47} \tag{2.7.8}$$

式中：Q 的单位是 m^3/s。

Butler 和 Mokrys（1989）在更高的渗透率中发现了排出速度跟渗透率的平方根不成线性关系，但是逐渐接近一个上限值。实际上，在渗透率高达 220～640D 时这种影响已经不重要了（Karmaker，K.；Maini）。

Jiang 和 Butler（1995）做了很多实验，利用二维实物模型（14ft 宽、9ft 高和 1.25ft厚）和两个不同尺寸的具有不同渗透率的砂岩的水平（217D 的 20～30 网格和 43.5D 的 30～50网格）地层研究了连续的和非连续的低渗透率地层的影响。他们利用丁烷作为溶剂来研究Tangleflags North 油田和 Llotdminster 油田。发现低渗透率地层原油的生产速度比含有高渗透率的均匀地层低。由于生产压差和推进速度不同，低渗透率地层剩余重油比高渗透率层的多。发现当复合低渗透率层存在时，从底部的溶剂注射可以提高重油的采收率。

Dduntan 等人（2001）利用一个 84cm 长的实物模型，高渗透率（192D）和低渗透率（85D）的地层区域分析油藏非均匀性。还用到了一些不同地层组合的不同模型。前面六种组合模型用这种方法来达到一个平均为 118D 的渗透率。第七个模型的渗透率最大，为125D。结果显示前面六种模型得到所有的生产速度没多大的区别。第七种模型中地层的数量增加。发现不均匀介质下的生产速度比相同渗透率的尺寸均匀相同材料要低。低渗透率地层中得到的残余油饱和度比高渗透率低层的高。

（2）排水高度。

排水或者产油层高度是油藏中重质油和沥青质生产的深度。Oduntan 等人（2001）利用不同长度（21～247cm）相同横截面的矩形通道来研究排水高度对原油生产速度的影响。对于一个给定的排水高度，他们观察到在采油量为 80％～90％ 之间采油速度不变。发现所有的采收率大约为原油地质储量的 85％～92％。容积比流动速度跟排水高度的平方根成比例。对于渗透率为 136D 和孔隙度为 38％油藏介质，在 45°倾角，模型单位长度的容积比流动速度 q 为

$$q = 3.9 \times 10^{-7} h^{0.55} \tag{2.7.9}$$

式中：h 表示排水高度，单位 m；q 的单位为 $m^3/s \cdot m$。在排水高度下原油生产率升高的原因跟对流扩散的增加有关。Yazdani 和 Maini（2005）最近做了个研究，发现这个特征更加显著而且估算 q 是 h 的 1.1 到 1.3 的指数幂。根据蒸汽萃取实验他们的关系由不同高度（2.7.5～60.1cm）、孔隙度（0.35～0.37）和渗透率（220～640D）矩形和圆柱形实物模型计算得到。

（3）倾斜角度。

倾斜角度是油藏中含气原油在自重下生产排出时的角度。Ramakrishnan（2003）利用一个渗透率为 156D、倾角分别为 45°、75°、80°和 90°的均匀的实物模型研究了倾角在产油速度中的影响。结果显示产油速度随倾角的增大而增大。由于竖直方向 90°是重力最大的实

际情况，产油速度达到最大。

（4）残余油饱和度。

Oduntan 等（2001）做了个实验，他们利用丁烷作为溶剂在倾角为 45°的矩形通道中研究蒸汽萃取后剩余油沿物理模型长度的分布。他们选择了带有七个不同渗透率小层的均匀模型和非均匀模型。残余油饱和度在均匀模型中为 3%~5%，它在整个波及区域中都是一个常数。在清扫后观察到的结果，施工现场环境下的残余油饱和度要求稍微高点，空隙体积在 5%~8%之间。Ramakrishnan（2003）在用丙烷作为溶剂的类似实验中，发现在均匀模型中残余油饱和度为 10%~13%。由于用丙烷沥青沉淀较多，这个研究得到更高的残余油饱和度。

对于非均匀模型，Jiang 和 Butler（1995）更早的发现低渗透率中的残余油饱和度比高渗透率地层的要高。Oduntan 等（2001）得到类似的结论。由于低渗透率底层的更小的孔隙尺寸，前进黏度更低，这是残余油饱和度高的主要原因。

Oduntan 等（2001）在这些实验中还测试了不同产油层高度下的残余油饱和度。他们观察到，不考虑采油高度，在实物模型底部（6~7cm）不存在原油开采。这个结果是由毛细管压力比边界孔隙压力小造成的。

2.7.5.3 VAPEX 采油速度预测

Butler 和 Mokrys（1989）利用 Hele-Shaw 模型得到了预测含气原油每开采一个蒸汽萃取生产井的单位长度的体积流量方程为

$$Q = \sqrt{2kg\phi\Delta S_o N_s h} \tag{2.7.10}$$

式中：k 表示渗透率；g 是重力加速度；ϕ 表示孔隙度；h 表示排水高度；ΔS_O 表示溶剂波及区域的原油饱和度的变化量。N_s 表示无量纲数，即

$$N_s = \int_{c_{s,\min}}^{c_{s,\max}} \frac{\Delta\rho D_s(1-c_s)}{\mu c_s} dc_s \tag{2.7.11}$$

式中：c_s 为溶剂体积分数；$\Delta\rho$ 重质油和沥青和溶剂密度差；D_s 为溶剂扩散率；μ 为重质油和沥青的混合黏度。

Butler 和 Mokrys（1989）通过在一个竖直 Hele-Shaw 模型利用苯作为溶剂对 Athabasca 和 Suncor Coker Feed 沥青做了一些研究。实验结果跟方程（2.7.10）的预测值吻合得很好，这符合重质油和沥青油藏油田的低渗透率多孔介质的结果。

Dunn 等人（2003）通过多孔介质预测含气原油产油速度，研制了一个跟方程（2.7.10）类似的模型。他们利用乙烷和二氧化碳作为汽化溶剂萃取 Athabasca 沥青做了实验测试。这个实验的产油速度超过了他们模型的预测值。为了拟合这个速度，他们必须利用比参考文献中的值高很多的扩散系数。认为产油速度的实验值较高的原因是对流弥散。Boustani 和 Maini（2001）也认同这个现象。

后来，为了研究多孔介质，Das（1995）也对方程（2.7.10）进行改进。由 ϕ 引进了胶结系数 Ω，改进的方程为

$$Q = \sqrt{2Kg\phi^\Omega\Delta S_o N_s h} \tag{2.7.12}$$

对于疏松岩石，可选 1.3 作为胶结系数 Ω 的值。

为了引进平均渗透率的影响，Jiang（1996）进一步改进了模型，即

$$Q = \sqrt{2\overline{K}g\phi^\Omega\Delta S_o N_s h} \tag{2.7.13}$$

式中：$\overline{K}$ 是考虑排水高度的平均渗透率，即

$$\overline{K} = \frac{1}{h} \int_0^h K \mathrm{d}y \qquad (2.7.14)$$

为了检验方程（2.7.12）的预测结果，Das 和 Butler（1998）开展了 Peace River 沥青和 Athabasca 沥青的蒸汽萃取实验。他们利用丁烷作为溶剂。在这个实验中还发现采油速度的实验值明显比预测值高很多。他们认为实验值较高的原因是多孔介质能够延伸到界面区域和通过毛细湿润和表面更新引起的瞬时界面的质量传递和膜的排出。实验得到了比分子扩散系数高 3～10 倍的有效扩散（重质油和沥青的弥散）系数，并用来拟合他们实验结果并考虑方程（2.7.12）的预测值。这些发现表明弥散在蒸汽萃取开采中重要的影响。得到精确的蒸汽萃取预测值，必须用到实验中的分散数据。为了得到更精确的含气原油生产速率需要进一步的研究和建立模型。

蒸汽萃取开采的递增因子能从实验范畴的实物模型到油藏油田得到重要开采参数的预测值。预测油田性能的实验数据的推断值经常利用调节开采过程的基本方程的无量纲分析得到的因素来得到。根据无量纲分析和动量守恒，Lim 等（1996）在单位时间孔隙的体积分数方面推导了几何尺寸 λ、时间 t 和采油速度 q。

$$\frac{\lambda_f}{\lambda_m} = \left[\frac{\mu_e D_e}{\rho_e g K}\right]_f \left[\frac{\mu_e D_e}{\rho_e g K}\right]_m^{-1} \qquad (2.7.15)$$

$$\frac{t_f}{t_m} = \left[D_e \phi \left(\frac{\mu_e}{\rho_e g K}\right)^2\right]_f \left[D_e \phi \left(\frac{\mu_e}{\rho_e g K}\right)^2\right]_m^{-1} \qquad (2.7.16)$$

$$\frac{q_f}{q_m} = \left[\frac{1}{f D_e}\left(\frac{\rho_e g K}{\mu_e}\right)^2\right]_f \left[\frac{1}{f D_e}\left(\frac{\rho_e g K}{\mu_e}\right)^2\right]_m^{-1} \qquad (2.1.17)$$

式中：下标 m 和 f 分别表示实验实物模型值和油藏油田值；μ_f 是实际的黏度；ρ_f 是溶剂和重油混合物密度；D_e 是实际混合物气体扩散率；k 和 ϕ 分别是渗透率和孔隙度；f 是重质油和沥青的流量分数。

Butler 和 Jiang（2000）通过 Hele-Shaw 模型推导出了这个比例因子，其中考虑下列因素：（1）一个实物模型和油田中油藏有相似的几何形状；（2）模型和油藏有相同的孔隙度和原油饱和度；（3）模型中用到的油跟油藏有相同的特性；（4）忽略不含没有溶剂的原油流动，低黏原油在重力作用在被排出。

该比例因子为

$$\frac{Q_m}{Q_f} = \frac{h_m^2 L_m}{h_f^2 L_f} \qquad (2.7.18)$$

其中 Q_m 和 Q_f 是累积采油量，h_m 和 h_f 是排水高度，L_m 和 L_f 分别是实物模型中油井和油田油藏的长度。油田油藏总的生产时间 t_f 跟实物模型生产时间 t_m 的关系为

$$\frac{t_f}{t_m} = \frac{h_f^2}{h_m^2} \qquad (2.7.19)$$

对于模型和油田油藏不同的渗透率 k_m 和 k_f，方程（2.7.10）跟每单位油井长度的采油速度服从以下关系，即

$$\frac{Q_f}{Q_m} = \sqrt{\frac{K_f h_f}{K_m h_m}} \qquad (2.7.20)$$

然而，Karmaker 和 Maini（2003）在最近的一个试验研究中得到以下关系，即

$$\frac{Q_f}{Q_m} = \left(\frac{h_f}{h_m}\right)^n \sqrt{\frac{K_f}{K_m}} \qquad (2.7.21)$$

其中 n 随着油藏（排水）高度上升减小的上升的分散率的综合影响系数，值在 $1.1 \sim 1.3$ 间。

2.7.6 电磁加热技术

2.7.6.1 概述

向油藏中注蒸汽是应用最广泛的热力采油方法。设计良好的注蒸汽方案在开采原油中是非常重要的，但是对于低吸水性油藏、薄含油层和黏度极高油藏会限制注入蒸汽的性能。电磁加热可作为一种预热手段为注入蒸汽提供优先通道，这可使蒸汽注入过程中热量损失减少到最小，从而提高了蒸汽注入操作水平。电磁加热方法根据使用频率的差异可以分为低频率电阻加热和高频率电磁加热（微波加热）。在过去的研究中电磁加热已经体现出了一些不错的苗头，尽管几乎没有电磁加热的现场应用研究，但相比其他的热力增产方法，电磁加热仍是一种比较边缘的技术，但其潜力已在几十年前得到了认可。如 Pizarro 和 Trevisan（1989）给出了在巴西 Rio Panan 重油油田的低频电加热现场试验的数据，数据表明给相距 328 英尺的相邻油井用平均功率 30kW 的电加热 70d，日产量由 1.2bbl/d 提高到 10bbl/d；Warren 等人（1996）对水驱 Saskatchewan 重油油藏进行了大量的微波加热（915MHz）的驱油措施，最终使得累积产油量由冷采方法的 18% 提高到 25%，这主要归因于油黏度降低从而使油水流度比增大和水指现象减少。最近的电磁加热法研究还包括 Sahni 等（2000）在直井和水平井中进行的高、低频电磁加热的数值模拟、Ovalles 等（2002）对三种不同 API 度（24，11，7.7）的重油油藏进行的微波功率和频率的敏感性模拟研究、Hascakir 等（2008）关于储层物性、加热时间等对微波加热采收效果的模拟等。此外，电磁加热也被运用到了环境的治理中，在美国劳伦斯利弗莫尔国家实验室进行的低频电磁加热试验（Newmark 等，1994），利用电能和蒸汽注入来加热修复受污染的地层；Edelstein 等（1994）开展了利用无线电频治理土壤污染的试验，通过电频加热大大地加速了土壤中污染物的释放和运移，并利用中空的电极抽出可移动的污染物。本节将主要基于上述前人研究结果，阐述低频电阻加热和高频微波加热开采重油的原理，并分别对开采效果进行分析。

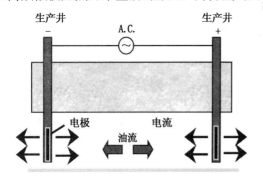

图 2.7.63　低频电阻加热原理示意图
（据 Sahni 等，2000）

2.7.6.2　低频电阻加热技术

低频电阻加热的原理是当低频交流电流穿过油藏时，电能转化成热能。其最简单的构型中，两个相邻的生产井可分别充当阴极和阳极，两个电极之间存在电势差，地层水充当电路，同时为了保持电路的稳定性，地层温度必须低于水在地层压力下的沸点。该电路示意图如图 2.7.63 所示。

Sahni 等（2000）设计了一个数值模型去考察低频电阻加热开采重油的效果。该数值模型是一个笛卡儿的三维模型，网格数 $24 \times 24 \times 18$，水平向网格是等间距的（14.32ft），垂向间距是变化的，中间砂岩 30ft 厚，而上下层的砂岩是 10ft 厚，且这三层砂岩之间被不渗透的 5ft 的页岩层所分割（图 2.7.64a 所示），模型其他参数如下：假设重油为单组分，分子量是 400，API 度是 14.1；在原始温度 95 ℉下，重油黏度是 9541mPa·s，其与温度的关系如图 2.7.59b 所示；模型中砂岩层的孔隙度为 0.36，水平渗透率为 2500mD，垂向渗透率为 1250mD，原始含油饱和度为 50%，原始含水饱和度为 50%；在地层顶深 800ft 位置，油藏初始压力为 360psia；油藏倾斜度是 10°；两个水平电极分别放置在垂向 $z=9$ 的水平横向 $x=1$ 与 $x=24$（沿着模型的边缘）处。假设水平井为电极。预热的进行环境是电势 300V，两相交流电，60Hz；在模拟期间，保持恒定的蒸汽注入速率是 200bbl/d 冷凝水当量，蒸汽干度是 0.7，注入器的坐标是 $x=13$，$y=16$；发生器的运作是在一个恒定的底部流压下，限定在 14.7psia 下；注入器在 4 到 9 小层，而发生器贯穿第九小层（$x=1$ 到 $x=24$）；相对渗透率曲线用幂定律类型关系来定义，$Sw_c=0.45$、$So_{rg}=0.12$、$So_{rw}=0.23$、$Sg_c=0.0$、$K_{rocw}=0.8$、$K_{ruro}=0.12$、$K_{ngro}=0.45$、$N_w=N_{og}=N_{ow}=N_g=2$。

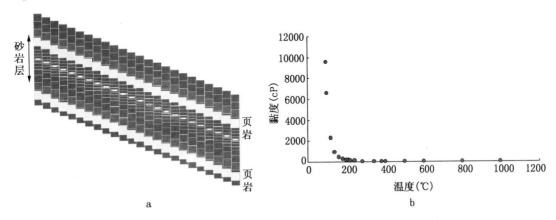

图 2.7.64　模型原始参数：油藏横截面、黏度—温度关系（据 Sahni 等，2000）
a—油藏模拟横截面；b—模型原油黏度和温度之间的关系

利用上述模型对低频电阻加热进行了 6 个月的模拟。在第 6 个月末，第 9 层的温度分布（包含水平电极）如图 2.7.65a 所示。电阻加热产生近井筒效应，在两极附近温度接近 400 °F。经过 6 个月的预热，在距离井 100ft 的地方温度大约是 170 °F（或者比油藏原始温度 95 °F 提高了 75 °F）。

经过 6 个月的预热，蒸汽通过位于 $x=13$，$y=16$ 处的中心注入器注入。在电预热之后，再经过 2 个月和 1 年的蒸汽注入后的温度分布如图 2.7.65b 和图 2.7.65c 中所示。相比之下，不经过预热的油藏，经过 1a 的蒸汽注入后的温度分布如图 2.7.65d 所示。通过模拟结果，电预热为油藏提供了一个更加均衡和广泛的加热，这表现在初始的高速生产和模拟中的更高的累积产油量（如图 2.7.66 所示）。电极长度、功率大小及预热时间对于特定的项目可进行优化。

注意，在电阻加热模拟中，适当处理含水饱和度对加热的影响是一个重要的考虑因素。油藏中随着温度的升高，引起沸腾，电阻率增大，这样使得电流减小，加热强度迅速降低（与电流的平方成比例），因此在油藏压力下需要保持温度低于沸点以便能使受热区分布得更广。

页岩的存在（假设其含水饱和度为 100%）也对加热有重要的的影响。存在泥岩的模型在垂向横截面上的温度分布如图 2.7.67a 所示，与图 2.7.67b 相比（不存在泥岩），前者受热区域明显较长。这是因为拥有更高导电能力的泥岩能将电流在油藏中传导的更远，从而使得受热区域增大。考虑含水泥岩，可最优化电极的位置使得整体受热效果最好。

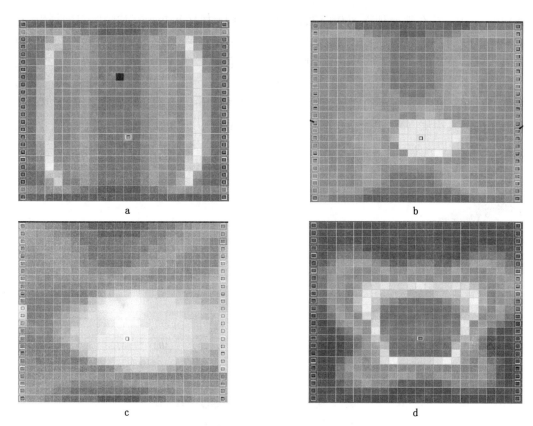

图 2.7.65 利用低频电阻进行预热油藏在蒸汽注入不同时间内的温度分布和未进行预热直接蒸汽
注入的油藏的温度分布图（据 Sahni 等，2000）

a—预热 6 个月后的温度分布图；b—预热 6 个月、注蒸汽 2 个月后的温度分布图；c—预热 6 个月、注蒸汽
1 年后的温度分布图；d—未经预热直接蒸汽注入冷油藏 1a 后温度分布图

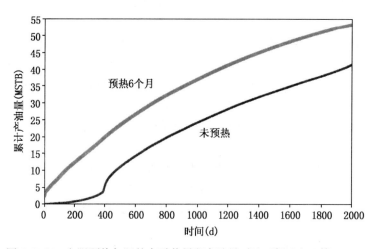

图 2.7.66　电阻预热与否的水平井累积产油量对比（据 Sahni 等，2000）

2.7.6.3　高频微波加热技术

微波的穿透深度通常很小，但对于相对流动的油藏流体，微波能量能不断地加热这些朝
生产井方向流动的流体。微波天线一般放置在靠近生产井的钻孔里，图 2.7.68 是微波加热

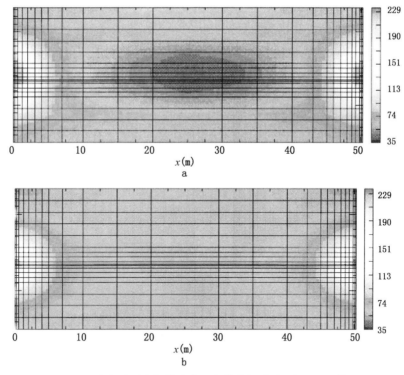

图 2.7.67　泥岩夹层对电加热油藏温度分布的影响（据 Sahni 等，2000）

a—存在泥岩隔层的模型在电加热 12 个月后 $x-z$ 方向的温度分布图；b—无泥岩隔层的
模型在电加热 12 个月后 $x-z$ 方向的温度分布图

过程示意图。

　　微波能量分布可以通过天线方程的解析
解获得。这里提出的解是表示单一点源的解，
完整的天线包含一系列点源的线性排列。网
格 i（每单位体积每单位时间）通过第 k 个点
源所吸收的能量 P_i^k 可以根据网格的坐标及其
与点源的关系计算得出，即

$$P_i^k = \frac{2P_o^k \alpha^2}{V} \left(\frac{1}{2\alpha^2} - \left(r^2 + \frac{r}{\alpha} + \frac{1}{2\alpha^2} \right) e^{-2\alpha r} \right)$$

$$(2.7.22)$$

式中：α 为网格 i 的衰减量；r 为网格 i 的等
效半径（与网格 i 具有相同体积的球体半

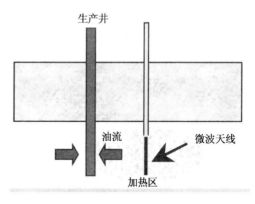

图 2.7.68　高频微波加热原理示意图
（据 Sahni 等，2000）

径）；P_o^k 在线性排列中的第 k 个点源所具有的天线能量；V 为网格块 i 的体积。

　　Sahni 等（2000）利用一个叫做 TERASIM 的三维三相有限差分模型软件进行了微波加
热开采重油的模拟研究。设计的网格模型也是采用笛卡儿三维坐标系，利用 $17 \times 17 \times 34$ 的
网格模拟 2.5acre 的区域，厚度大概 1100ft。油藏中间横截面的渗透率和初始含油饱和度如
图 2.7.69a 所示。模拟的油藏是非均质多层油藏，孔隙度高达为 0.47，但渗透率很低。模
型其他参数如下：原始温度 100 ℉下，原油黏度是 33.11mPa·s，黏度与温度的关系如图
2.7.69b 所示；在地层顶深 806ft 的位置，油藏初始模拟压力为 194psi，微波天线所在的底

层，初始压力是 1300psi 左右；微波天线假设长度为 30ft，放置在距离生产井 30ft 的位置；微波源频率 0.915GHz，但其功率和数目是变化的。

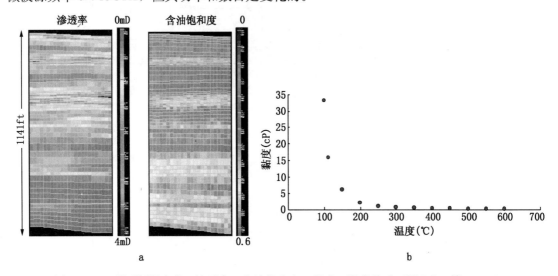
a   b

图 2.7.69　模型原始参数：渗透率、含油饱和度、黏度—温度关系（据 Sahni 等，2000）
a—模型原始渗透率和含油饱和度分布；b—模型原油黏度和温度之间的关系图

研究设计了四种情形，分别是 30kW 点源在第 30 层中（深度 1800ft）、45kW 点源在第 30 层中（深度 1800ft）、60kW 点源在第 30 层中（深度 1800ft）、60kW 点源在第 30 层中（深度 1800ft）并设置第二个 60kW 点源在第 25 层中（深度 1642ft）；发生器的运作是在一个恒定的底部流压下，限定为 90psi。此外，微波天线（频率 = 0.915GHz）放置在距离生产井 30ft 的地层的底部。加热底层有个明显的优势，体现在以下因素：更高的压力，油藏模型在底层具有更好的初始含油饱和度，且重力泄油有助于提高采收率。

利用 TERASIM 微波模拟器所进行的模拟显示靠近微波源处的温度升高至 400 °F 左右（或者比原始油藏温度 100 °F 升高了 300 °F），经过五年的加热后，距离点源 60ft 的位置温度在 200 °F 左右，温度分布图如图 2.7.70 所示，最终，采油微波加热（设计方案）和不采用微波加热（基础方案）进行生产的累积产油量如图 2.7.71 所示。可以看出，方案 6（在

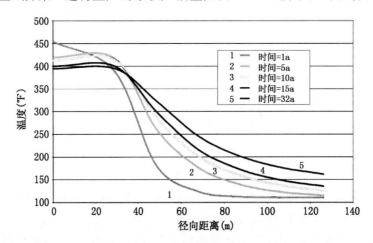

图 2.7.70　温度随距离微波源长度和加热时间的变化特征（据 Sahni 等，2000）

第 25 层和第 30 层均放置了 60kW 的微波源）在生产 10a 后累积产油量比基础方案增加了 80％。

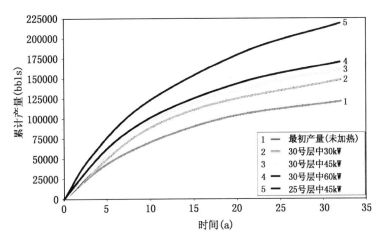

图 2.7.71　不同功率和数目的微波加热方案及与基础方案（未进行
微波加热）的累积产油量对比（据 Sahni 等，2000）

2.8 防砂完井与地面改质技术

防砂完井和地面改质是重油开发特有的两种重要配套技术，这是由大多数重油储层的高孔、高渗特征及重油的高黏、高密度决定的。这里将在简要介绍传统单井防砂完井技术的基础上，重点探讨多分支完井、多分支智能完井和深水重油储层的防砂问题；对于地面改质，则着重于探讨近几年发展起来的各种各样的改质新工艺。

2.8.1 防砂完井技术

一般对于需要打井开采的重油储层（尤其是油砂）来说，需要采取不同于常规油的特殊完井技术，因为这类储层都基本分布在几百米的垂深范围内，储层大部分是疏松性砂岩，用常规完井方法难以实现好的完井效果，因此探讨面向重油油藏完井技术通常是指防砂完井技术。

2.8.1.1 传统单井防砂完井技术

这里所指的传统单井防砂完井技术是相对于多分支井而言的，也是目前通常的重油开发中所用到的完井技术。目前，国内外重油油田防砂完井方法主要有两大类型：机械防砂和化学防砂（顿铁军等，2000）。机械防砂由于它对地层适应性强，无论产层厚薄、渗透率高低、夹层多少都能有效地实施，并且其防砂效果好、成功率高、有效期长，因此机械防砂发展更快。而化学防砂适用于渗透率相对均匀的薄层段，在粉细砂岩地层中的防砂效果要优于机械防砂，但化学防砂对地层渗透率有一定的伤害作用，成功率不如机械防砂，此外还存在老化现象、相对成本较高等缺点。

关于这两种常用防砂完井方法国内在这方面做个很好的总结，如中国石油天然气总公司的"八五"重点科技攻关成果《井下防砂技术的应用和发展》以及孙川生等（1998）、顿铁军等（2000）、姜伟（2006）等的研究成果，因此本小结将主要基于上述成果简要阐述传统单井防砂完井技术。

2.8.1.1.1 机械防砂

机械防砂的现场主要采用绕丝筛管砾石充填、割缝衬管、金属纤维筛管、裸眼割缝管和裸眼膨胀管等防砂完井技术。

（1）绕丝筛管砾石充填防砂完井技术。

绕丝筛管由筛筒、接头、扶正器和基管等部件组成，筛筒是用特殊截面的不锈钢丝在专用设备上采用先进工艺技术烧焊制造而成的。该技术的防砂原理是通过防砂管柱将砾石砂浆送入套管与筛管的环形空间，借助于筛管阻挡砾石进入井筒，而砾石层则充当砂墙，成为阻挡地层出砂的可靠屏障，从而达到既保持油井高产又能控制地层出砂的目的。

这种防砂技术的优点是防砂可靠、有效期长；对油层伤害小、渗流面积大、油井采油指数高；适应强，可通过砾石防不同粒径的地层砂。缺点是施工复杂、车组动用多、现场指挥困难；施工费用高；只能地面选择砾石直径、一旦防砂失败，不易补救，打捞十分困难。

（2）割缝管防砂完井技术。

割缝衬管是在管壁上利用铣刀在铣床上铣削而成，其缝宽度取决于能通过衬管的砂粒粒径大小，因此，针对不同砂粒，可选择不同的割缝宽度来进行防砂，从而达到防止地层出砂的目的。由于铣刀强度的限制，0.3mm以下的割缝宽度难以加工，因此割缝衬管只适用于中—粗粒径油砂储层。根据割缝管剖面来看，可分为平行割缝和梯形割缝，目前通常采用横向梯形割缝结构。

这种防砂技术的优点是加工制造简单、成本低、内径大、打捞简单、施工容易；缺点是缝隙尺寸易受腐蚀而变大，导致防砂效果差，流通面积相应较小，"自洁"能力较弱。

（3）裸眼膨胀管完井技术。

依赖于井下测量和旋转导向工具的进步以及完井技术的逐步成熟，裸眼膨胀管完井技术得以迅速发展，该项技术包括膨胀尾管挂完井技术和膨胀筛管完井技术。前者主要是通过投球将水泥注入然后憋压坐挂，由于膨胀尾管取代了通常的卡瓦式尾管挂，使得注水泥与坐挂可一次完成。对于在完井过程中存在多套油水体系及泥岩夹层的情况，可以采用膨胀筛管完井技术，该技术除了类似于割缝管完井技术无需砾石充填、减少完井花费外，最主要的是能够减小生产压差，增大油井过流面积，并能明显延长油气井寿命。

（4）金属纤维筛管防砂完井技术。

金属纤维筛管的基本结构主要由基管、保护管、内外网、不锈钢纤维充填层等组成。不锈钢纤维的作用是选择性过滤作用，其防砂参数主要是金属纤维的尺寸、厚度、压缩系数等。正确选择防砂参数是防砂成败的关键。液体携带的大部分砂被外层金属纤维网挡住，在筛管外形呈稳定的砂拱，地层出的砂也主要靠这个砂拱来阻挡过滤，中部的金属纤维由于其排列是无规则的，具有一定的弹性，它可以阻挡和大量吸附透过外网进来的砂，从而起到挡砂的作用。该方法具有施工工艺简单、成本低廉、成功率高，抗腐蚀能力强，孔渗性好，使用寿命长，适用范围广等特点。

此外，又出现了TBS整体烧结式金属纤维筛管防砂技术。这种筛管是用长纤维不锈钢金属丝做原料，将其制作成具有一定密集度的过滤元件，利用高温烧结技术将其烧结在无缝钢管壁上，它主要由基管、过滤罩、不锈钢金属纤维所组成。它相对于普通的金属纤维筛管来说，具有强度高、内部通径大、易打捞等特点。不锈钢金属纤维是主要的防砂过滤元件，其作用是防止地层砂的运移，它的形状、填充量、固结程度、排列方式及孔密等参数是防砂的关键技术。

2.8.1.1.2 化学防砂

化学防砂主要采用化学药剂与地层砂表面进行化学反应，充填骨架，从而达到固砂的目的。目前采用的化学防砂技术主要有：三氧固砂剂、YL971有机硅增效固砂剂、分散性树脂防砂技术等。

（1）三氧固砂剂。

三氧固砂剂是一种新型抗高温（350℃）化学固砂剂，其主要成分是氢氧化钙、碳酸钙、甲基三乙基有机硅烷低聚物，以及分散剂、增乳剂等。这种固砂剂主要是通过甲基三乙基有机硅烷低聚物遇水分解生成硅醇，硅醇与砂发生胶结，胶结后的产物经过氧化物引发再聚合，其聚合的目的是增加胶结物的分子量，增大与砂的胶结面积，从而达到固砂的目的。同时，组分中的氢氧化钙、碳酸钙不仅具有载体作用，而且与地层砂也有一定胶结能力。

三氧固砂剂价格低廉，施工工艺简单，适用于套管变形无法实施机械防砂的油井，或地层砂岩骨架未遭破坏的井。

（2）YL971有机硅增效固砂剂。

该固砂剂不仅能改变黏土表面的电荷性质，而且固砂剂中的主体成分硅氧聚合物还能与地层中的硅氧结构矿物发生反应，形成牢固的化学键。同时，固砂剂分子之间在油层的条件下能发生交联作用，形成牢固的网状体形结构，这样既稳定了胶结物，又固结了疏松砂粒，从而达到固砂的目的。

（3）树脂防砂技术。

分散性高温树脂是一种以改性呋喃树脂为主的高温树脂，再添加高温抗老化剂。由于官能团中含有一定比例的亲水基团，在紊流状态下分散于水中，不结团沉降，当一定比例的树脂在水的携带下挤入所需防砂井段时，树脂便自动均匀地分散在砂粒表面及接点处。在一定条件下，树脂聚合并固化，在套管外地层中形成一个阻砂井壁，水则作为增孔剂，保持一定的地层渗透率。

该试剂性能指标包括：使用温度为 40～350℃；抗压强度 5～15MPa；原始渗透率保留值达 70%～80%。适用条件为地层渗透率大于 0.3μm^2；防砂最小粒径 0.06mm。树脂固化温度在 40～350℃，并随温度升高，固化效果越好，所以选择注气前防砂。对泥质含量较高的油井，在防砂前采用高温防膨剂进行处理，效果更好。

2.8.1.2　多分支防砂完井技术

在含重油的砂岩储层中，砂质颗粒具有固有的在重油中呈悬浮状态的特征，因此必须实施有效的防砂完井技术，确保砂质颗粒可以随重油一起采出到地表，又能很容易地实现分离。目前多分支钻井技术在许多重油油藏的开发项目中都得到了广泛应用，并获得了最大化的储层产出。Cavender（2004）系统地总结了各级多分支完井技术在防砂中的效果，本节将主要据此阐述多分支井的防砂问题。

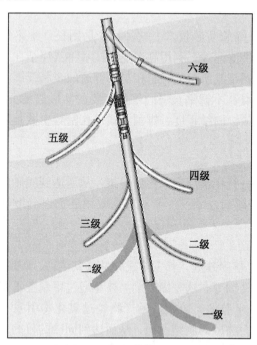

图 2.8.1　TAML 多分支井分级（据 Cavender，2004）

多分支井的分级是以多分支的技术进步（TAML）而进行划分的，如图 2.8.1 所示。

在 TAML 的分级中，一级多分支井是裸眼连接的，主井眼也是裸眼的。由于其不能保证射孔井眼处的稳定性，所以在连接区域它不能起到防砂的目的。该种多分支井多应用于裂缝性碳酸盐岩或纯石灰岩地层。

二级多分支井也是裸眼连接的，但是其主井眼是固定的套管井。这种连接方式可以从连接处向侧向地层深处开设一段裸眼部分，也可以在分支处设置一个下落尾管。这两种情况下，主井眼的侧向连接都是暴露于该连接处的地层里的，这些地层的岩性需要具有足够的压实能力才能支撑连接处的稳定。因此，这种多分支井一般布设于碳酸盐岩或稳定的页岩沉积（如油页岩）中。

三级多分支井跟二级多分支井一样也是从水泥胶结的套管主井眼钻开一个侧向分支，不同的是利用一个尾管挂将割缝尾管挂扣在主井眼与分支井眼的连接处，也即是分支井筒也是类似进行了套管完井的。但是尾管挂装置并不能在连接处起到实际的隔离作用，因为它不能有效地固定住侧向分支井筒。而且受到尾管挂尺寸的限制，会对三级连接可能用到的完井操作存在一定影响。此外，由于三级系统的连接不具有压力封堵性，所以它也同样只适用于碳酸盐岩或稳定的页岩地层中，以免受到砂粒生产或井眼垮塌的影响。

四级多分支井与二、三级多分支井类似，其分支也是在水泥胶结的套管主井眼上钻开的，但是其连接装置是一个水泥胶结的侧向尾管。这种尾管可以整体或分段地安置在对割缝尾管起到保护作用的外部的封隔器以上。这种水泥胶结的侧向尾管可以有效地控制砂质颗粒和流体的流动，并且在主井眼里的侧向残留物可以通过水洗或回收的措施清除掉。当水洗工作完成后，这种四级结构可以在连接处的尾管内安置大外径的分支井筒。因此，四级多分支完井对于重油油藏的开发来说是很理想的，通过水泥胶结生产出的砂粒与重油可以实现很好的分离。

五级多分支井通过在连接处使用一种特殊的完井方法可以起到很好的压力封堵效果。这个特殊完井方法就是将封隔器与双油管相连以达到三个方向都起到压力封堵的效果，从而保证无论是分离的还是混合的流体都能到达地表。由于其密封性好，所以可以维持较高的压差，这为分离地层流体（重油）和固体颗粒提供了很好的环境。由于流体的分离是通过完井方法获得的，所以五级连接完井系统现在又应用于了二级、四级和六级多分支井中。尤其是在水泥胶结的四级结构中，目前通常都用到了这种五级连接完井方法。

六级多分支井通过直接下套管以达到压力封堵效果。这种系统往往在套管柱的底部实施。一旦套管和连接器胶结了之后，就可以将各个分支依次钻开了，同时在连接处安装上水泥胶结的侧向尾管和尾管挂装置。如果连接是在地层内部进行的，那么水泥胶结尾管应由割缝尾管代替。在连接区域的压差是变化的，并依赖于连接装置的类型和尺寸大小。

在 TAML 的多分支井分级中，面向对象的多分支系统可以实现不同的程度的防砂效果。选取合适系统的的关键是搞清楚目标连接处的地层岩性。如果连接的稳定性是不能保证的，或者在连接处附近有边水的存在，就需要考虑换一个连接深度和岩性层段，或者在连接处安装可以起到压力封堵效果的多分支工具（封隔器）。

如果在连接处的地层出现产砂或产水的情况时，就需要在连接处安装合适的压力封隔器以起到封堵的效果。压力封隔器分为低压分离和高压分离工具。当这些工具在发挥一定程度的压力分离作用时，伴随着的是流体的分离等，这些需要在整个开采过程中都考虑到。

2.8.1.3 多分支井智能完井技术

多分支系统从两个或多个井眼中获取产量，智能井系统能够控制产量。这两个互补的技术的结合使以后的井能以最大的油藏效率和生产效率生产。其砂控方式与多分支井相同，这里主要介绍多分支井和智能井结合后在一套储层发生水淹后的选择性完井问题，这同样在出砂非常严重以致需要关闭一套储层又不影响其他层开采时有借鉴意义。

尽管多分支井和智能井技术在工业中已经应用多年，但是直到最近才出现有双重功效的井。近些年滞后的原因之一是对每项技术的预知风险和将两种技术结合时整个方案风险性的担忧。但是现在许多多分支井和智能井系统发展到了低风险的阶段，这两项技术高度灵活的组合在很多井况中的兼容是可行的。Rump 等（2004）发表论文首次介绍了利用分支井与智能完井结合的新工艺开发重油油田的实例，Sponchia 等（2006）系统性地介绍了一到六级多分支井和智能完井结合的工艺和方法。分支井提供了两个以上的井眼，而智能完井提供了良好油井开发控制与管理，这都为提高油田采收率及改善管理效率创造了条件。这也是今后重油油田开发的主要形式之一。

多分支井的安装是很有意义的，因为其避免了开钻更多的生产单井，多分支井可以大大节省费用，由于没有关闭生产层和相关的起下钻操作，进一步降低了费用，同时由于增加了油井分支，因此照样可以增加产量。同时鉴于高额的油井连接装置费用，在完井时可以进行选择性完井，即通过主井眼与分支井之间窗口处的阀门（液压控制的套筒）有效地控制每个分支的启用与否，如一个储层段发生了水淹，而其他储层段仍然具有一定储量，此时就可以自动控制将水淹层的分支井通过一个阀门将其关闭，只开启其他储层段，这样水淹层的出现不会影响其他层段的开发，并对封隔层和生产层进行实时油藏压力监测，从而将智能完井技术融入多分支井中去。

Rump（2004）首次公布了结合多分支井和智能完井技术的应用实例，该实例是在阿曼的 Mukhaizna 油田，如图 2.8.2 所示。编号为 M64 井位于 Mukhaizna 油田顶面开发主力区的西南边缘，该井的 MG 储层发生了水淹，影响了上 UG2 储层的开发，然而由于 MG 储层较低的地质储量，使得该油田管理公司不敢轻易开发 UG2 储层，为此其服务公司 Bake Hughes 公司采取了在 UG2 储层打一个分支井，并采取了选择性完井方法，即利用阀门关闭 MG 储层处的分支井，只启用 UG2 储层，直至 MG 储层恢复可采状态。另外，在 MG 储层生产被封隔时，利用压敏管柱来监测 MG 储层的压力变化，从而实时获取没有人工干预的压力数据，从而为后期的注蒸汽计划提供依据。同时，对 UG2 储层进行生产试井和压力恢复测试，这些数据可以确定上下生产层间的生产配置分隔，并确定出出水层的位置。

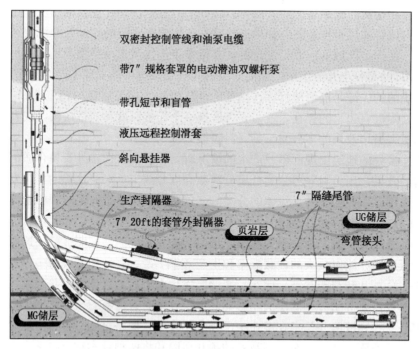

双密封控制管线和油泵电缆
带7″规格套罩的电动潜油双螺杆泵
带孔短节和盲管
液压远程控制滑套
斜向悬挂器
生产封隔器
7″20ft的套管外封隔器
7″隔缝尾管
UG储层
页岩层
弯管接头
MG储层

图 2.8.2 多分支井和智能完井结合的工程实例（据 Rump 等，2004）

Mukhaizna 油田 MG 储层水淹被封隔，UG2 储层生产

2.8.1.4 深水重油储层防砂完井技术

Bianco 等（2006）对加拿大海上疏松性重油油藏的完井技术及效果进行了仔细研究。其研究证实采用该技术人为控制出砂量可以降低中低表皮系数，而不会像携砂冷采中出砂那

么多。然而，由于水平井段的砂积累导致作业成本增加或加大人工举升难度，因此采用该技术要做经济性评估。该技术已在加拿大、特立尼达岛和委内瑞拉得到广泛应用。

用钢绕丝筛管的方法进行裸眼完井通常也称为筛管单独完井或单一筛管完井，在重油应用方面没有井筒割缝完井常见，主要原因是相比之下其开销要大一些。钢绕丝筛管方法设计了能够防砂的裸眼井段，与裸眼割缝完井相比有更高的油涌区域并且可能对防塌有更高的机械强度。这种防砂完井设计可能对需要高效率井和高机械强度的海上石油发展是一个不错的选择。然而，钢绕丝筛管完井相对于割缝完井更易经受点载荷破坏。如果砂岩，在井间相近的分布，且细砂含量较低，则钢绕丝筛管防砂效果会更好。但是如果砂体很细并且分布很不均匀，就会导致出砂。在这种情况下，我们更希望在水平区域有砂积累，这样可以保证井眼清洁。

膨胀单一筛管作为新技术并已成功应用到陆上和海上项目中。尤其喀麦隆油田和中国的渤海湾的海上重油开采都是成功应用的例子。膨胀的基本是高质筛管，在基本管道膨胀时缩到最小的井眼和筛管之间的环面。这样管道内径就达到最大值，井眼周围的膨胀区域和出砂的环面区域就无法自由移动，由此增强了井眼周围的渗透性并增加了井产量。

砾石充填水平裸眼完井是海上完井方法中最常见的。因为砾石充填裸眼完井需要泵，一些能危及其应用的情况包括：过度的液失量、井筒周围地层非均质性、流体静力学平衡压力失衡而导致的井口坍塌等。在巴西，砾石充填裸眼完井应用高质筛管，并在裂缝梯度大于 0.57psi/ft，井长大于 1000m 和原油 API 度高于 16 的海上储层成功应用。用来携带砂砾的液体是含有添加剂的盐水泥浆。然而，当需要更低的梯度或延长井长的情况下，应用一个或多个以下方法：轻的支撑剂、分流阀、多样的 α-波技术。另一个要点是对在活性页岩区域引起砾石移置的油基携带液的需要，常见于超深浊水储层。因此，最大的顾虑是与砾石填充裸眼完井技术应用限制有关的，尤其是对近海重油防砂。

钢绕丝筛管完井相对简单，安装危险程度低且钻进内径大。但是，无论哪个方法，都要考虑安装的长久性，尤其在见水后碎屑开始大量涌出，增大了举升系统的操控风险。用 α、β 波的砾石填充裸眼完井接近了装置的极限，尤其在长井中。碎屑运移、沥青质或大量沉淀物导致的砾石充填进而导致生产力的低下，也是需要考虑的。

根据以上讨论，裸眼膨胀管完井应是近海重油开采最理想的解决办法。与砾石填充完井和绕丝筛管完井相比，膨胀管完井在相同的钻头尺寸下能达到更大的内径、不用考虑泵措施和长久性问题。

通过分析市场上不同的技术方法，包括威德福的 ESS、哈里伯顿的 PoroFlex、贝克休斯的 EXPress，但是所有这些都不能达到 9.1/2′ 的钻头尺寸，需要发展新的产品。可行性研究表明，贝克休斯的 EXPress 筛管膨胀技术在短期内是比较可行的。

2.8.2 地面改质技术

重油地面改质技术一直是国内外重油研究的重点。从地下开采出的重油由于其特殊的原油性质，不能直接利用，只有经过改质，将其改造成与普通轻质油一样的原油，才能投入市场，拥有与普通轻质油相同的价值。如从委内瑞拉 Orinoco 重油带生产的超重油，重度通常在 8°API 左右，必须改质为重度在 16~33°API 之间的合成原油，才有经济意义。主要的重油改质方法包括脱碳技术和加氢技术（沈燕华，2008）。

2.8.2.1 脱碳技术

脱碳技术主要分为热裂化和溶剂脱沥青技术。得到的固体焦炭，可以通过气化生产合成气。延迟焦化或溶剂脱沥青与气化组合，可以减少制氢对石脑油或天然气的需要，并可使低价值的沥青或焦炭产生的废物减至最少。

2.8.2.1.1 热裂化

在重油的改质技术中，热裂化是主要技术，它通过脱除焦炭、金属、部分硫和氮，将重油裂解成含有大量的乙烯、甲烷和 α-烯烃的合成原油，异构烃类和烯烃含量较少。该工艺通常将 15% 的原料转化为焦炭，产品收率低，液体产品芳烃含量高。常用的有加拿大 Ivanhoe 能源公司开发的 HTL 工艺（Heavy to Light 原油重变轻改质工艺）和 TRU 石油公司开发的一项油砂沥青/重质原油加工专利技术。

（1）原油重变轻 HTL 工艺。

Veith 等（2006）阐述了这项工艺，该工艺能把重油转化为可运输、部分改质的合成原油，并把改质的副产品在现场转化为能源，可使重油生产商不需要购买输送重油的稀释剂，不需要购买天然气来发生水蒸气。该工艺采用一种连续、短接触时间的热转化工艺，反应在中温和常压条件下进行，使用热砂循环床在没有空气的情况下，迅速加热原料，并将其转化成高价值产品。实验表明，采用 HTL 工艺可将来自加拿大 Athabasca 焦油砂矿区 8°API 的沥青改质为 16°API 的合成原油，液体收率可达 90%。

该工艺已在美国加州重油改质工业化验证装置（CDF）上成功运转，并达到预期目标。Ivanhoe 能源公司已与 Talisman 能源公司签署初步协议，购买在 Alberta 省 Athabasca 矿区的三座油砂矿，为重油改质专利技术建设第一套工业装置提供原料。

（2）TRU 工艺。

该工艺的加工流程如下：将油砂沥青原料随添加剂一道进入热裂化反应器，对反应产物进行蒸馏，得到的瓦斯油和添加剂混合物进汽提塔，塔底渣油进溶剂脱沥青塔。汽提塔顶得到 5.7×10^4 bbl/d 瓦斯油（比重 24°API，黏度小于 20mPa·s），塔底得到的添加剂循环使用。脱沥青塔塔顶得到的溶剂循环使用；塔中得到 2.9 万桶/日脱沥青油混合以后得到 8.6×10^4 bbl/d 比重 19°API 和黏度小于 100mPa·s 的合成原油。这种合成原油金属（镍、钒、铁和钠）含量、总酸值（TAN）和硫含量也大大降低，完全符合管输规格（小于 350mPa·s，比重 19°API）要求。该工艺的目标市场是加工加拿大 Athabasca 油砂沥青和世界其他国家的重油资源。试验所用的原料是加拿大 Lloydmister 和 Mackay River 重油，其他国家的沥青和重油如委内瑞拉 Orinoco 超重原油、美国加州 Kern River 重质原油等都可以加工。

2.8.2.1.2 溶剂脱沥青

溶剂脱沥青是通过溶剂把重油中很难转化的沥青质、稠环化合物及对加工过程中有害的重金属、含硫化合物、含氮化物等进行脱除，脱碳率较高，脱沥青油可以作为催化裂化和加氢裂化等的进料。新超临界溶剂抽提技术能够选择性脱除重质原油或沥青中的固体物沥青，得到高质量的脱沥青油，采收率达到 84%，该工艺的优点是投资和操作费用较低。

2.8.2.2 加氢技术

加氢技术是指在反应器中，在一定温度和氢气与催化剂的参与下，使原料油与氢气进行反应，原料被转化为各种馏分油，从而提高油品质量或者得到目标产品的一种工艺技术。重油加氢工艺目前应用比较成熟的主要是固定床、移动床、沸腾床和悬浮床。固定床加氢工艺是在反应器的不同床层装填不同类型的催化剂，以脱除重油中金属杂原子以及硫、氮元素，对其重组分进行改质。移动床加氢工艺是先将劣质原料中的大部分金属除去，然后再将加氢油直接送至固定床反应器进行加氢反应。沸腾床加氢裂化工艺，催化剂在反应器内呈一定的膨胀或沸腾状态，运行中可以将催化剂在线置换。沸腾床加氢裂化工艺的特点是催化剂在运行期间可以进行置换，在处理劣质渣油时可以保持长周期运行，并可使重油裂解产生轻质产品。悬浮床加氢工艺是在 1940 年由煤液化技术发展而来的，悬浮床反应器所用催化剂的粒度较细，呈粉状，悬浮在反应物中，可有效抑制焦炭生成。悬浮床加氢工艺依靠较高的反应温度和反应压力使原料深度裂解，获得较多的轻油产品，对所处理的原料的杂质含量基本没有限制。主要的加氢工艺有 LC - Fining（雪佛龙鲁姆斯公司的沸腾床渣油加氢裂化工艺）、H - Oil（烃油法）、EST（埃尼公司的渣油悬浮床加氢裂化技术）、(HC) 3（Headwaters 公司的重油催化加氢裂化工艺）、GHU（Genoil 公司的加氢转化改质技术）、HDH（委内瑞拉 Intevep 公司的加氢裂化及加氢精制组合技术）、VRSH（雪佛龙公司的减压渣油悬浮床加氢裂化技术）和 Orcrude（Ormat 公司的超重油改质组合技术）工艺等。

2.8.2.2.1 LC - Fining 工艺

LC - Fining 工艺是雪佛龙鲁姆斯全球公司开发的沸腾床渣油加氢裂化工艺（姚国欣等，2008）。该工艺的特点体现在沸腾床反应器上。原料从底部进入反应器，向上流动到达反应器的出口。在反应器中，在氢气和催化剂的参与下，原料被转化为各种馏分油。经过大量的技术改进，如反应器串联、脱除"生焦前身物"以及低压净化氢气等，该工艺已可以加工高硫渣油、天然沥青、油砂和煤焦油等。目前，采用该工艺加工油砂沥青减压渣油的工业装置共 5 套，加工能力 975×10^4 t/a，分别是加拿大合成原油公司 1 套、壳牌加拿大公司 3 套、加拿大西北公司 1 套。

与下游加氢处理或加氢裂化装置实现一体化，降低装置投资和操作费用是 LC - Fining 工艺的一项重要技术进展，目前已实现工业化。壳牌加拿大 Scotford 油砂沥青改质工厂 2003 年投产，建有两套减压渣油加工能力各为 4×10^4 bbl/d 的 LC - Fining 装置，加工来自 Athabasca 沥青的超重质减压渣油。

2.8.2.2.2 H - Oil 工艺

H - Oil 工艺是最早开发的渣油沸腾床加氢技术，工艺较为复杂，初期技术不够成熟，曾于 1976 年在 Humble 炼厂发生爆炸事故影响了该工艺的发展，到 20 世纪 80 年代只建设了 3 套 H - Oil 工业装置（姚国欣等，2008）。经过多年技术改进，20 世纪 90 年代又新建了 4 套工业装置。H - Oil 沸腾床加氢裂化装置由两台反应器并联共用一个产品分离系统。加氢裂化生成油经过分离冷却后进常压和减压蒸馏塔，得到石脑油、喷气燃料和瓦斯油，再进行加氢处理。加氢裂化未转化的减压渣油用作延迟焦化装置的原料。

加拿大 Husky 石油公司建在 Lloydminster 附近的 Bi - Provincial 重质原油改质工厂采用 H - Oil 技术。该厂设计用 6400m³/d 的 Lloydminster 和 Cold Lake 的重质原油与 530m³/d 直馏馏分油（来自 Llodmister 的 Husky 沥青厂），生产 7300m³/d 合成原油。改质工厂的原料油是重质原油与稀释剂（为降低黏度便于管输）的混合油。沸腾床加氢裂化和延迟焦化是转化重质原油渣油的装置。直馏馏分油、加氢裂化馏分油和焦化馏分油加氢处理后与少量石脑油调和得到合成原油，管输到美国和加拿大东部炼厂进一步加工。改质工厂的产品除合成原油外，还生产 400t/d 石油焦和 235t/d 液态硫黄。

2.8.2.2.3 EST 工艺

EST 工艺是埃尼公司的渣油悬浮床加氢裂化技术，是渣油转化和非常规原油改质的一项重大技术创新（沈燕华，2008）。EST 工艺采用纳米级的加氢催化剂和一种原创性的工艺流程，可使原料油完全转化为有用的产品或改质为密度较低（高 AIP 度）的合成原油，且不产生残渣副产品（如石油焦或重燃料油）。

EST 的主要特点之一是有很好的原料灵活性。在几年间已经加工了多种不同的原料油（常规原油的渣油、超重原油和沥青），在各种方案中都验证了渣油全部转化为轻、中和重馏分油、很少排出尾油的可靠性。而且，在各种方案中都能确保很好的脱金属、脱残炭和脱硫性能及适当的脱氮性能。另一个特点是能生产低硫和低芳烃高质量的减压瓦斯油。这种减压瓦斯油在市场需要时可以通过加氢裂化或催化裂化进一步转化为柴油或汽油，确保产品的灵活性。

2.8.2.2.4 （HC）3 技术

（HC）3 技术是 Headwaters 公司开发的一种重油催化加氢裂化工艺（沈燕华，2008）。采用该工艺可将重油、渣油、油砂沥青等劣质原料转化成高质量的合成原油。该技术具有产品质量稳定、原料灵活性大、选择性高、转化率可调节（高达 95％）、反应器处理量高、装置操作安全性好等优点。

（HC）3 技术的催化剂为有机金属液体，能方便地溶解在低温液体渣油中（即可在加氢裂化装置进料加热炉的上游加入）。在催化剂到达反应器之时，它就已均匀地分散在重油之中，无需受到与固体负载催化剂有关的几何学限制，催化改质反应就可进行。离开（HC）3 反应器的产品由被转化的物料和稳定的燃料油（渣油）产品组成，这种转化的物料很适合于固定床馏分油加氢处理，焦炭前身物比原先的原料少得多。（HC）3 工艺过程采用连续的返混式反应器，操作温度和压力与其他加氢裂化技术相似。该反应器建设成本和操作费用也比常规的膨胀床系统低，但转化率要高得多，下游设备的结垢也极少。因为（HC）3 工艺能方便地与现有的膨胀床和固定床反应器组合在一起，从而使炼油厂可从相同处理量的重油中生产较多的轻质馏分油，或者使用较低成本的进料生产相同的产品。按与膨胀床和固定床技术相同的基准计算，（HC）3 催化剂成本（加工每桶油所用催化剂的费用）可与固体催化剂相媲美。然而，将（HC）3 的效益与较低的投资成本组合在一起，可降低单位催化剂成本。

2.8.2.2.5 GHU 技术

GHU 技术是 Genoil 公司开发的一种催化加氢裂化工艺，它可改进重质油、沥青和炼厂渣油改质的经济性（沈燕化，2008）。这种创新技术克服了传统的与固定床反应器相关联的无效传热和传质障碍。通过采用烃类与氢气之间专有的混合设施，可使 GHU 过程在较低温度和压力下达到高转化率。GHU 技术基于催化加氢裂化，加氢裂化反应使大分子和其他杂原子分子转化成环烷基石油馏分，而氮、硫和重金属可减少或去除。高氢分压使芳香烃基团聚合和缩合减少，通过加氢和控制烃类分子量，液体体积产率可达 103％～106％。在加拿大 Alberta 省 Genoil 重油改质装置（GHU）的试验结果已达到生产合成原油的要求。试运转结果表明，脱硫率达到 91.6％，脱氮率达到 45.9％，脱金属率达到 86.4％。这项技术还能使重质原油与渣油混合油的比重由 12°API 升到 22°API。预计在分出重质部分后合成原油的比重可以达到 27～30°API。

2.8.2.2.6 HDP Plus 技术

HDH Plus 技术是目前世界上最先进的非常规原油改质技术之一，为委内瑞拉国家石油公司所有（沈燕华，2008）。该技术是加氢裂化及加氢精制的组合技术，对于重质原油及炼厂渣油，可达到 90％～95％的高转化率及 115％的高收液率。此技术的特点是：在温度 250～

500℃、压力 5～30MPa 的条件下对浆液状的原油进行加氢，使用的添加剂为粒径小于 90μm 的微粒及粒径为 100～1000μm 的粗粒子两种微粒。该技术在 2006 年被委内瑞拉国家石油公司已应用于 EI Palito 炼油厂及 Puerto La Cruz 炼油厂的改造。

2.8.2.2.7 VRSH 技术

VRSH 技术，即减压渣油悬浮床加氢化，是 Chevron 公司开发的一种重油改质新工艺（沈燕华，2008）。该工艺可以把比重度小于 10°API 的重油转化为主要由汽油、喷气燃料和柴油组成的混合油，原料油的转化率可高达 100％。采用该工艺，重油或减压渣油与专用的催化剂制成淤浆，与氢气混合后在 413～454℃和 14～21MPa 条件下通过几台反应器进行循环。少量催化剂通过侧线连续分离、再活化后返回再用。预计这种工艺的成本与加工重油或渣油的 LC-Fining（沸腾床加氢裂化工艺）相当。

当前各种改质沥青和超重质原油的加工工艺都有缺陷。延迟焦化目标产品收率低，环境问题较难解决；溶剂脱沥青的沥青市场难以开发；加氢技术投资大、操作费用高；延迟焦化与加氢组合方案，需要用天然气，焦炭要堆放，液体收率低；溶剂脱沥青（或延迟焦化）、气化和加氢组合的方案投资大。选择何种加工工艺，应根据具体原料性质、市场状况、与上游油矿和下游装置的一体化可能性、投资、操作费用、氢气资源等因素确定。

因此，今后沥青和超重质原油改质技术的发展应重点解决好以下几点（沈燕华，2008）：（1）充分利用沥青和超重质原油回收阶段进行部分改质；（2）充分利用改质厂内部产生的渣油等低价值物料生产其他替代能源和氢气，这对改质厂的工艺选择有很大影响；（3）以一体化的方式解决改质厂产生的主要环境问题；（4）在目前规划中解决未来原油质量变化趋势，而不是将来被动应付；（5）在更远的未来，可能还要考虑采用燃料电池甚至氢能的问题，届时加氢裂化、气化与合成气转化将可能成为沥青和超重质原油的主流改质技术。

2.9 重油开发经济评价及环境问题

石油的勘探开发带有很大的风险性，投资回报是所有投资者最关心的问题。而重油成功开发所需投入的成本往往比常规原油要高得多，那么在如此高的前期投入成本下，能否获得较好的回报，是投资人决策时都时刻关心的问题。因此，这里将首先阐述不同开采方式的经济成本和重油开发的风险评价方法。另一个重油开发面临的重要问题是环境污染，因为重油的高黏性以及所含较多的硫、重金属等，其整个开采过程都可能会给地表的生态环境、地下的水资源等造成极大的破坏和污染，因此在大力开发重油的同时，如何应对由此带来的各种环境问题已经摆在我们面前。

2.9.1 重油开发经济成本评价

不同开发方式的经济成本评价主要是评价它们的供应成本。所谓供应成本，是指能够收回资本支出、操作成本、矿区使用费、温室气体排放费和税费，并达到一定的投资收益率的固定金额。计算供应成本的时要先知道资本支出、操作成本、矿区使用费、温室气体排放费、税费和投资收益率等，它们的和就是供应成本。加拿大能源研究所（CERI）分别于2004年和2009完成了固定收益率和不固定收益率两种情况下的油砂开发的经济效益和成本评价，本节将据这两项研究成果进行对比阐述。

2.9.1.1 固定收益率时开发经济成本评价

供应成本就是在美元价格不变的情况下，收回所有的资本开支、经营成本、特许权使用费和税收，以并赚取指定的投资回报。

CERI 接下来计算的估计成本，是用2003年的美元价格表示的。他们用类似于确定工业投资利润的现金流通模式计算了供应成本。但是与工业上的区别就是这些解决固定美元价格（供应成本）模型需要有利的项目经济效益。

在假设年折扣率为10%的情况下计算供应成本。这相当于在通货膨胀率为2%的情况下年名义投资利润的12%。此折扣率稍高于加拿大油砂工业税后成本花费（应该是10%或者更少）。

计算了沥青生产的原料的供应成本（无论是原地采出或者通过提取），在适当情况下，在原采出油田进行产品的升级和转换。在市场环境下，为了定位这些价值，在 Alberta 市场中心原油价格和 Cushing，Oklahoma 的国际原油交易期货价格（WTI）计算了供应成本（例如混合沥青和合成原油）。

2.9.1.1.1 供应成本计算模型假设条件

这里计算供应成本的假设见表2.9.1至表2.9.3。

表 2.9.1 银行利率水平假设（据 CERI，2004）

参　数	基　础　值	敏　感　性	来　源
起始年	2003		
折现率（%/年，现值）	10.0	+ / - 2%	
通胀率（%/年)）	2.0	—	CERI 分析
汇率（美元/加元）	0.75	+ / - 0.05	CERI 分析

表 2.9.2　税赋水平假设（据 CERI，2004）

参　数	基　础　值	敏　感　性
联邦所得税	21.0	—
联邦附加税	4.0	—
联邦资本税	—	—
为评估在加拿大的采矿开支联邦税收抵免	—	—
联邦资源税津贴	—	—
联邦皇室税减扣	100%	—
省所得税	11.5	—

表 2.9.3　天然气和电价假设（据 CERI，2004）

参　数	基　础　值	敏　感　性	来源/评论
纽约期货交易所天然气（美元/百万热单位）	4.25	+/-25%	CERI 分析
纽约商品期货交易所 - AECO 基础	0.50	—	基于历史数据
AECO 天然气（美元/百万热单位）	3.75	—	
AECO 天然气（加元/百万热单位）	5.00	—	
AECO 天然气（加元/千兆焦）	4.74	—	
现场 - AECO 基础（加元/千兆焦）	0.00	—	
现场天然气（加元/千兆焦）	4.74	—	购买价格
形成电力（加元/兆瓦时）	40.00	+/-25%	购买价格

　　计算供应成本的时候认为项目是在税收意义上"独立"的（也就是说，不会对母公司造成税务损失）。税务转移可能导致更低的供应成本；但是，一些公司不会全额纳税，不会从中转中获利，但是其他的公司却会。CERI 相信经独立的处理税务后的供应成本更具有代表性，它包括了经济的所有方面。

　　（1）特许权使用费。

　　特许权使用费的计算是在 Alberta 油砂特许权使用费条例基础上进行的。这个规则适用于所有在油砂上的投资，无论是在新的工程还是旧的工程基础上扩展的新工程。

　　在工程的派息日之前，特许权使用费为工程总收入的 1%。在工程的派息日之后，特许权使用费相当于净收入的 25%，或者总收入的 1%。

　　拿到特许权只要达到以下标准：①所有工程的组成必须有一个 Alberta 的一个能源和公用事业局（Alberta Energy and Utilities Board，EUB）的批准；②项目是在共同的管理下运作；③项目的所有部分位于 50km 的直径范围内并且可以完整的运作；④项目的每一部分，在经济上是合理的。

　　（2）天然气和电价。

　　油砂工业是能源密集型。迄今为止，天然气一直是热量主要的来源和沥青生产氢气的原料。沥青和合成油的生产成本对天然气的价格非常敏感。供应成本对电价的敏感度比较小。

　　北美天然气价格一直很不稳定，特别是 2000/2001 冬天以来。1999—2003 年这 5a 期间，纽约商业交易所天然气价格平均为 $3.87/MMBtu，在 2003 年价格特别高，平均达到

US＄5.55/MMBtu。在最近的加拿大天然气供需关系研究中，CERI认为北美天然气价格将会超过2002年观察的价格（NYMEX ＄3.25/MMBtu），但是那个价格在2003年初期的时候又不稳定了。供应成本汇总是在NYMEX天然气价格＄4.25/MMBtu（2003）基础上形成的。

CERI公布了对最近2003年10月电价的预测数据。在CERI的参考实例中，Alberta在2004—2020年的平均价格估计达到＄45.68/MWh（2003）；但是这个实例是基于比估计价更高的天然气价格进行的。在报告里的供应成本计算是基于Alberta电价＄40/MWh（2003）进行的。天然气和电价的假设总结在表2.9.3中。

2.9.1.1.2　就地回收成本

CERI研究最常用的开采技术的供应成本——CHOPS、注蒸汽（CSS）、蒸汽重力排驱（SAGD）。CSS和SAGD都是热采，会把蒸汽注入地下的油砂区。蒸汽对沥青进行加热，降低它的黏度，使之可以用井下泵或气顶方法采到地面。蒸汽的产生有两种方法，一是一次性蒸汽加热，二是蒸汽回收加热，都需要消耗大量的天然气产生蒸汽。

（1）就地项目对天然气的需求。

像上面所说的，热采需要大量的天然气。在同行业中普遍使用的方法生产一桶沥青需要1000立方英尺的天然气；但是，天然气需求在很大程度上依赖开采技术、储层质量和产生蒸汽的效率。CERI的分析表明此惯例是适合于大多数开采方法，但是对于低能经营来说就太低了。CERI的分析表示，一个典型的、平均SOR为2.5（干）的SAGD项目，需要1.02Mc/b燃料；典型的SOR平均为2.8（干）的CSS项目需要1.14Mcf/b的燃料。但是，CSS工程通常使用伴生气以满足其一部分的燃料需求（15%）。结果，CSS工程大约需要1.0Mc/b的天然气。

（2）初采成本。

在Alberta应用初采技术生产近100Mb/d的沥青。历史上，初采主要应用在Cold Lake油砂矿。最近，随着水平和多侧向钻井技术的发展，初采也应用于Athabasca和Peace River的油砂岩。Cold Lake和Athabasca的沥青产量在2000年达到高峰，2001年和2002年处于平稳期，2003年开始下降。

因为Cold Lake地区技术的成熟，我们来评估Cold Lake地区初采的供应成本。假设有50口井，性能参数如下：

每口井最大产量	90b/d
每口井储量	125Mb
工程寿命	10a

假设50口井工程成本估算如下：

	加元（百万）（2003）
地质和地球物理耗费和土地租赁费	3.2
钻井和完井	12.9
井场设施	4.9
总的成本	21.0

运营和维护费用的单位经营成本估计在每桶7.5加元，管理费用为每桶0.35加元。因此总的操作开支为每桶每年7.85加元。

（3）循环注蒸汽（CSS）成本。

下面讲 Cold Lake 日产 30000b 的 CSS 工程的成本。

	加元（百万）（2003）
G&G 和地层测试井	11
最初的井数和集油管线	253
主要设备	309
总的成本	573

设备的单位成本是每桶每天 19100 美元。在工程初期的时候就会增加井和辅助设备以达到设计的生产能力。假设 Cold Lake 地区日产 3000 桶的 CSS 项目里，15 个增加井和 24 个辅助设备会在 30a 的工程寿命中添加进来，并假设假设每口井会生产 60×10^4 bbl。如果假设每个井对（包括地质和地球物理调查、地层测试井和集油管线）的资本投资为 320 万加元，那么额外的资金加起来会达到 3.2 亿加元；主要设备每年的维护费用为 300 万加元。这样算起来在这个项目 30a 的寿命中总的资本投资将会达到 11.37 亿加元。

在 CSS 项目里最大的开支就是作为燃料的天然气成本。通常情况下，蒸汽和油的比例在 CSS 早期是非常理想的，在生产井的生命末期，汽油比就会恶化。一般来讲，平均汽油比达到 3.5 是比较典型的。在平均汽油比为 3.5 的项目中，每桶沥青需要花费天然气 1.14Mcf。但是 Cold Lake 的 CSS 项目通常能够满足所需天然气的 15%。这就使天然气消耗减少到了每桶 0.97Mcf，单位成本成本价格就减少到了 4.83 加元每桶。

CSS 的电力消耗比较小，接近每桶 10kWh。因此单位电力成本每桶 0.4 加元。假设的 30000b/d 的 CSS 项目将会有每桶 2.40 加元的其他经营及维修和行政成本。包括天然气消耗的总的经营成本将达到 7.63 加元每桶。

（4）蒸汽辅助重力驱油。

计算结果基于日产 30000bbl 的 Athabasca SAGD 项目。

	加元（百万）（2003）
初始 G&G 和地层测试花费	11
初始井对（30），井排和集油管线	93
中央工厂	260
总的成本	364

设备的单位成本是每 b/d 12100 美元。在工程寿命内为了维持设计产量需要一些额外的井对。以 Athabasca 日产 30000bbl 的 SAGD 项目来说，在 30a 的寿命期内，需要增加 100 个井对——假设每口井会生产 250×10^4 bbl，每口井（包括地质和地球物理调查、地层测试井和集油管线）的投入为 320 万加元，则总的额外投入为 3.2 亿加元。主要设备每年的维护费用为 300 万加元。总的来说，在 30a 的寿命内，资本耗费为 7.74 亿加元。

在 SAGD 项目里，最大的开支是作为燃料（产生蒸汽）的天然气成本。假设日产 30000 桶、蒸汽—油比为 2.5 的 Athabasca 油砂项目，每桶沥青消耗 1.02Mcf（百万立方）天然气。这就使天然气成本为每桶 5.10 加元。

SAGD 消耗接近每桶 10kWh 的电能。这使得单位电力成本每桶为 0.4 加元。假设的 30000b/d 的 SAGD 项目将会导致致每桶 2.40 加元的其他经营及维修和管理成本，包括天然气的总的经营成本将达到每桶 7.9 加元。

2.9.1.1.3 开采和萃取成本

开采和萃取成本在每天每桶 10000 加元到每天每桶 18700 加元之间，平均为每桶每天

15000加元。低成本对应的是老项目的扩张，高成本对应的是绿地投资。CERI研究采取的是18000加元每桶每天来估计成本的。

得到的信息表明总的开采成本在每桶4.2~4.8加元之间，不包括天然气和电力成本。天然气成本估计在每桶0.25~0.3Mcf（百万立方）之间。电力成本估计在每桶12kWh。

CERI计算的供应成本的基础是经营成本为每桶4.2~4.8加元，取每桶4.5加元。每桶消耗天然气0.25~0.3Mcf之间，消耗电力为每桶12kWh。这些成本就得到了总的成本6.23加元每桶。

2.9.1.1.4 综合开采萃取和改质技术的成本

据估计，综合开采萃取和改质技术的成本范围为每天每桶33400到38700加元，平均为每天每桶35700加元。CERI采用的单位成本为36000加元。据估计，采用加氢裂化和加氢处理装置技术将多承担20%的成本。

工程项目人员推算综合开采萃取和改质技术的成本，合成原油每桶成本在8.7~9.7加元之间（不包括电和气的成本）。天然气需求估计在每桶0.4~0.75Mcf之间，电力需求估计每桶20~25kWh。

CERI计算一个假设的产能为100b/d的一个项目的供应成本。操作成本为每桶9.88加元，每桶消耗天然气0.44Mcf和电力22kWh。总的成本为每桶12.95加元。

2.9.1.1.5 原位开采成本

（1）冷采（CHOPS）。

CERI以假设的Cold Lake油砂区50口井的项目计算了CHOPS的供应成本。该油区的情况是，在开始的两年里，50口井将会每天生产4500bbl沥青，然后产量就会快速下降，10a后就会停产，得到625×10^4bbl。如前所说，起初估计的成本是2100万美元。总的操作成本估计为每桶7.85美元。在这些估计下，计算的供应成本是一桶14.51美元。供应成本组成见表2.9.4。

表2.9.4 Cold LakeCHOPS项目计划沥青产量4500b/d供应成本（据CERI，2004）

供应成本（现值 加元/桶，2003）	折 现	未折现
投资回报率	包含	1.18
固定资本	4.82	3.36
运行工作资本	0.08	0.01
天然气	0.00	0.00
其他运营成本	8.24	8.43
废弃成本	0.03	0.07
特许使用权费	0.67	0.74
所得税	0.66	0.73
总计成本	14.51	14.51

（2）循环注蒸汽（CSS）。

循环注蒸汽开采沥青的供应成本是用Cold Lake油砂区假设的30000b/d产量来计算的。早期产量达到每天45000bbl的高峰期，然后在其后的32年里就一直下降。平均沥青产量接近 25000b/d。如前所说，初始成本估计在 5.73 亿美元。总的操作成本估计在每桶 7.63 加元。在这些假设下，计算的供应成本是每桶 17.99 加元。供应成本组成见表 2.9.5。

表 2.9.5　Cold LakeCSS 项目计划沥青产量 30Mb/d 供应成本（据 CERI，2004）

供应成本（现值 加元/桶，2003）	折　现	未折现
投资回报率	包含	2.81
固定资本	8.57	3.96
运行工作资本	0.15	0.02
天然气	4.07	4.86
其他运营成本	2.68	3.07
废弃成本	0.01	0.08
特许使用权费	1.21	1.56
所得税	1.31	1.63
总计成本	17.99	17.99

（3）蒸汽辅助重力驱油（SAGD）。

SAGD 的沥青开采成本的计算是用假设的每天 30000bbl 的 Athabasca SAGD 项目来估算的。这个项目的储层质量和期望的产量在这一地区是非常典型的。

估计的初始成本是 3.64 亿加元，或者是每天 12100 加元。总的操作成本估计达到每桶 7.9 加元，天然气成本占到的 65%。

在这些假设下，计算的供应成本是每桶 15.64 加元。供应成本组成见表 2.9.6。

表 2.9.6　Athabasca SAGD 项目里计划产量 30Mb/d 沥青供应成本（据 CERI，2004）

供应成本（现值 加元/桶，2003）	折　现	未折现
投资回报率	包含	2.45
固定资本	5.29	2.46
运行工作资本	0.10	0.02
天然气	5.30	5.05
其他运营成本	2.91	2.85
废弃成本	0.01	0.05
特许使用权费	0.93	1.33
所得税	1.10	1.44
总计成本	15.64	15.64

2.9.1.1.6　露天开采和萃取的供应成本

此供应成本计算是以假设的产量为 100000b/d 的 Athabasca 项目为基础的。估计的初始成本是 18 亿美元，也即是每桶每天 18000 美元。总的经营成本（包括天然气成本）估计为每桶 6.23 美元。天然气成本是（一桶 1.25 美元）占到 20%。在这些估计下，计算的供应成本是每桶 15.48 加元，稍低于假设的 Athabasca SAGD 项目的计算成本（每桶 15.64 加元）。供应成本组成见表 2.9.7。

表 2.9.7 **Athabasca 采油项目计划产量 100Mb/d 的供应成本**（据 CERI，2004）

供应成本（现值 加元/桶，2003）	折 现	未折现
投资回报率	包含	3.40
固定资本	6.50	2.16
运行工作资本	0.12	0.02
天然气	1.25	1.25
其他运营成本	5.06	5.01
废弃成本	0.01	0.04
特许使用权费	1.17	1.73
所得税	1.85	1.36
总计成本	15.48	15.48

2.9.1.1.7 综合露天开采和改质项目的供应成本

假设 Athabasca 项目每天生产 115000bbl 沥青和 100000bbl 合成油，全是由露天开采、萃取和改质生产出的。对此估计的初始成本是 36 亿加元，也即是每桶每天 36000 加元。总的经营成本估计是每桶合成油 12.95 加元，包括天然气成本和电力成本。天然气成本（2.2 加元每桶）占到总成本的 17%。在这些估计下，计算的合成油供应成本是每桶 30.50 加元。供应成本组成见表 2.9.8。

表 2.9.8 **计划产量 100Mb/d 的综合的采油升级工程合成油供应成本**（据 CERI，2004）

供应成本（现值 加元/桶，2003）	折 现	未折现
投资回报率	包含	7.17
固定资本	13.00	4.33
运行工作资本	0.23	0.04
天然气	2.22	2.20
其他运营成本	10.93	10.81
废弃成本	0.01	0.09
特许使用权费	1.35	1.99
所得税	2.76	3.88
总计成本	30.5	30.5

2.9.1.1.8 降低供应成本的机会

此处介绍的供应成本代表那些典型的绿地投资，其不反映潜在的成本降低机会。例如：（1）通过共同使用基础设施和其他设施和规模经济，现有项目的扩大可能带来的协同作用；（2）业界一直在调查过去几年里发生的大量资金成本的超支原因，希望采取一些措施降低成本。加拿大 Suncor 公司在 Voyageur 项目中采用了分阶段扩张的策略。Suncor 也在 Firebag 项目中采取在不同的施工阶段应用同一支施工队的策略，从而降低了成本。应用分阶段的方法，工程、采购和施工成本的节约应该是可能的；（3）对于综合露天开采、萃取和改质项目，由于前期投入了大量的努力，并在节省成本方面取得了较大进展，这种综合项目的目标是使单位成本达到每桶 10 加元或更少；（4）供应成本的计算一般是基于 10% 的实际内部收益率（IRR）基础上的，如果对于较长期的项目，业界可以接受低 10％ IRR，则所需的供应成本可能会更低些。

2.9.1.1.9 原油和天然气价格敏感性

为了继续取得成功，油砂工业必须战胜面临的许多挑战，其中一个比较重要的挑战就是不确定的原油和天然气价格，其对油砂工业的影响如图 2.9.1 所示。

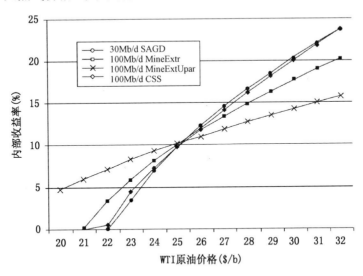

图 2.9.1 内部收益率与原油价格的关系（据 CERI，2004）

值得一提的是在综合露天开采、萃取和改质的项目中，经济收益率与原油价格是最不敏感的，最敏感的是热采项目（如 CSS、SAGD）。然而，如果天然气价格遵循原油价格变化，则上述曲线不会是那么陡。供应成本受天然气价格的影响如图 2.9.2 所示。可以理解的是，热采（CSS 和 SAGD）工程受天然气价格的而影响是最敏感的。

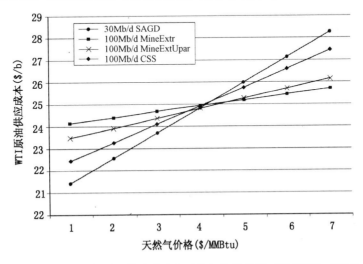

图 2.9.2 WTI 等效的供应成本与天然气价格关系（据 CERI，2004）

2.9.1.2 不固定收益率的开发经济成本评价

加拿大能源研究所（CERI）在 2009 年的报告中提出了新的计算供应成本的模型。在上一节的模型中，认为油砂投资有固定的收益率（10%），而在新模型中认为油价随开发方式的不同而变化，也就是新模型下不同的开发方式具有不同的投资收益率。CERI 计算供应成本的方法与工业界、政府部门和非政府部门的计算方法都不同。当 Alberta 从具有固定矿区使用费的系统转移到由 WTI 计量原油价格的系统的时候，CERI 的新模型就可派上用场了。

2.9.1.2.1　供应成本计算模型假设条件

新的计算供应成本的方法考虑了油价的因素，在给定了一个油价趋势的前提下，并建立起它与建设成本费、操作成本费等的关系后，就可以进行不固定收益率的经济供应成本估算。

在新模型中有几种假设，包括：（1）从 2009 年到 2043 年，电力的价格会以每年 2.5 个百分点上升；（2）开采所用的天然气价格与油砂价格的比值是 10∶1；（3）轻质和重质油每桶价格相差 15 加元；（4）交通运输费以每年 2.5% 速率增长；（5）企业所得税稳定在联邦的 19% 和州的 10%。详细的情况如表 2.9.9 所示。

表 2.9.9　CERI 模型假设

	单　位	原位开采项目（SAGD 为例）	露天开采和提炼项目	露天开采、提炼和改质综合项目	仅改质
工程设计参数					
日产量	bbl/d（沥青）	30000	100000	115000	
日产量	Bbl/d（合成原油）				100000
生产年限	a	30	30	30	30
平均利用率	%	77.00	92.00	92.00	92.00
资本支出					
初始	million $	797.9	8275.2	11643.1	5316.5
初始	$/bbl	26597.5	82752.3	101244.3	53164.6
维持资本（年平均）	million $	36.5	274.0	192.7	176.0
人工资本	$/d	45	45	45	45
操作成本					
固定成本（年平均）	million $	61.2	167.7	342.8	175.1
变化成本	$/bbl	6.8	8.4	13.2	4.8
能量消耗					
天然气					
适用的矿区使用费	GJ/d	32100	54000	62100	
无适用的矿区使用费	GJ/d			20871	81436
电费					
适用的矿区使用费	MWh/d	300		1128	
不适用的矿区使用费	MWh/d				448
销售的电费额	MWh/d		728		
其他的工程假设					
废弃和再利用在最资产中的比例	%	2%	2%	2%	2%

注：资金和操作成本基于 2008 年的研究成果，该表已经将 2008 年的数据转化为 2009 年的。

建设成本决定未来的油砂资源供应成本。油砂工程的建设和操作周期与固定收益率情况下的相比也做了稍稍的调整，从而可以反映出更长的建设周期。例如，如果一个油砂项目是从 2010 年 1 月 1 日开始建设的，那么其在 2013 年 1 月 1 日应可以投产，这个项目会一直持续到 2043 年。假设条件中还包括油砂开采的资金和操作成本，为了反映 2009 年及其以后的价值，表 2.9.9 中已将 2008 年的数据根据通胀率转化为了 2009 的数据。

2.9.1.2.2　油价变化对供应成本的影响分析

（1）油价变化对建设成本的影响。

估计油价变化对油砂建设成本的影响（即油砂建设成本的通货膨胀率）是很困难的，因为原因缺乏可用的过去相关资料。CERI 通过研究 Nelson－Farrar 通胀炼制—建设成本指数的变化，以求能近似计算出油砂建设成本的通胀变化。

应用这一建设成本指数主要有两点原因。首先，这个成本指数不是因油砂才出现的；其次，很多与炼制有关的建设费用同样适用于油砂工程。劳动力成本（技术性的和普通的工作）占总建设成本的 60%，材料和设备（钢铁，建筑材料和各种各样的设备）占余下的 40%。

CERI 假设油价和建设成本之间是线性正相关的。定性地认为这种假设是合理的，因为油价的坚挺依赖于繁荣的经济活动，经济增长就会使资本增加的可能。为了能够从定量角度验证这一理论的合理性，CERI 基于历史 WTI 点和 Nelson－Farrar 通胀炼制—建设成本指数建立了一个简单的单变量统计模型。如果这个关系是具有经验意义的，那么建设成本指数是可以预测的，进而油砂建设成本都可以在油价预测趋势下得到。建设成本指数随时间的变化可以视为油砂建设成本的通胀表现。

验证这个模型的数据包括 WTI 油价和 Nelson－Farrar 通货膨胀炼制—建设成本指数数据分别从美国国际能源局（US EIA）和油气期刊（the Oil and Gas Journal）得到，时间跨度为 1996 年的 3 月到 2009 年的 6 月。

从 2009 年到 2030 年的 WTI 价格预测来自于 EIA。从 2030 年到 2043 年，CERI 假设 WTI 价格以每年 3% 的速度增长。因为数据是按年选取的，因此其代表的是每年的平均值，同时月价也等效为预测期限内的年 WTI 价格。

图 2.9.3 为历史拟合的建设成本指数与 WTI 价格的关系图。从图中可以看出，建设成本指数与 WTI 之间确实有很强的正相关性。根据 CERI 的模型，建设成本指数 78% 的变化都可由油价变化来解释。基本上，每桶油价上升 1 美元，建设成本指数增加 9.3。

据此，基于该模型 CERI 预测了从 2009 年一直到 2043 年的 Nelson－Farrar 通胀炼制—建设成本指数，如图 2.9.4 所示。该图显示在 2008 年 10 月到 2009 年 10 月的炼制—建设成本存在一个 15% 的通货紧缩；之后，从 2009 年末到 2043 年，建设成本增加了 68%，年平均通胀率为 1.5%。

（2）油价变化对汇率的影响。

影响汇率的因素有很多。当油价在 2008 年 6 月超过 \$134/bbl 达到峰值的时候，人们偶然发现汇率与油价具有一定的关系。以美元和加元来说，当油价升高时，美元相对于加元的价值就会下降。

CERI 利用已知的历史 WTI 价格和加元—美元的汇率数据拟合了一个线性的统计模型，如图 2.9.5 所示。上述历史数据源自 1996 年 3 月到 2009 年 6 月间的美国 EIA 的 Oklahoma 州 Cushing 市每月的 WTI 价格数据和来自加拿大统计局的汇率数据。从图中可以看出，加

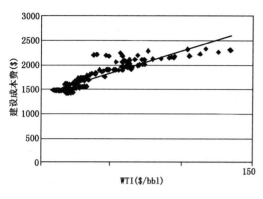

图 2.9.3　建设成本指数与油价的历史
拟合关系（据 CERI，2009）

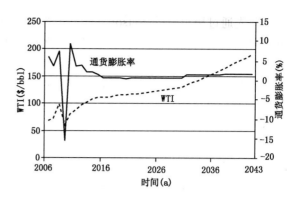

图 2.9.4　历史上和预测的 WTI 价格和建设
成本通胀率（据 CERI，2009）

元—美元的汇率与油价的关系是具有一定的负相关关系的。如果忽略其他因素，75％的汇率变化可以由油价的变化来解释。从定量上看，原油的 WTI 价格每增加 1 ＄/bbl，美元相对于加元就会贬值 ＄0.0059。

　　据此，CERI 利用该模型预测了从过去的 2006 年一直到 2043 年间的在一定 WTI 价格变化下的加元—美元的汇率，如图 2.9.6 所示。从图中可以看出，如果不受财政及货币政策的影响，加元兑美元的汇率到 2013 年为 0.99，到 2025 年为 0.87，到 2043 年底达 0.39。然而，现实的情况是，由于汇率稳定的重要性，加拿大政府不可能允许汇率发生如此大的变化，一个更实际的结果是政府利用财政和货币政策使加元紧跟美元，因此，最后在实际的成本估算中，CERI 假设加元兑美元的汇率一直为 1。

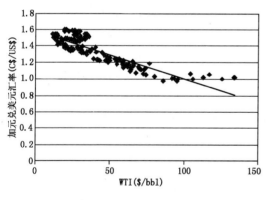

图 2.9.5　加元对美元的汇率与油价的关系
（CERI，2009）

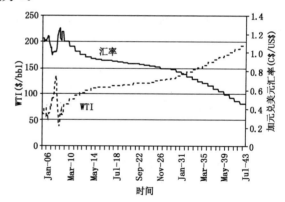

图 2.9.6　历史上和预测的 WTI 价格与加元—
美元汇率的关系（CERI，2009）

　　（3）油价变化对炼制操作成本的影响。

　　操作成本占油砂项目总供应成本的很大一部分。然而，目前并没有一个现成的指标去衡量操作成本随时间的变化关系。为了能够估算出油砂操作成本的通货膨胀率，需要建立一个可行的计算方法。虽然石油的炼制并不能完全反应油砂改质过程，但是这两个过程所需要的设备差不多，都属于能源密集型的。基于此，利用 Nelson-Farrar 炼制—操作成本指数来度量油价对整个油砂操作成本的影响。此时，这些成本包括：燃料、电力、劳力、投资、维护和化学费用。

首先通过历史上的 Nelson‐Farrar 炼制操作成本指数（数据源自 EIA）与对应的原油价格（Oklahoma 州 Cushing 市的每月公布的 WTI 数据）拟合出它们之间的关系。这些数据取自 1996 年 3 月到 2009 年 6 月间。这个关系也是一个线性的，如图 2.9.7 所示。该图表明操作指数变化的 80% 可以由油价的变化来解释。一桶原油每增加 1 美元，操作成本指数就会增加 3 个点。

然后，就可以在一个一定的油价趋势下，根据上述关系预测出一段期限内的 Nelson‐Farrar 炼制操作成本指数，如图 2.9.8 所示。从图中可以看出，从 2009 年 12 月到 2043 年 12 月，操作成本增长可达 83%。排除掉通胀紧缩基年（2008—2009）的影响，从 2010 年 10 月到 2043 年 10 月的年平均通货膨胀率达 1.7%。

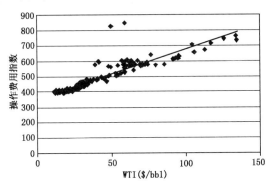

图 2.9.7　操作成本指数与油价的关系
（CERI，2009）

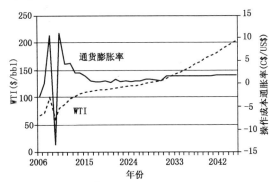

图 2.9.8　历史上的和预测的 WTI 价格与操作费用通货膨胀率（CERI，2009）

2.9.1.2.3　供应成本预测结果

为了得到更合理的当前重油不同开采方法的供应成本，预测的油价变化趋势是必要的。此时，实际地案例分析就显得非常重要，因为它允许我们在相同油气价格体系下对比不同开采方法的供应成本差异。

图 2.9.9 是预测的从 2009 年到 2039 年 30a 间的油价走势（数据来自 EIA 和 CERI）。在这个油价增长趋势下，油砂的开发将一直是高利润的，对于油砂投资者来说具备一个非常好的投资前景。

表 2.9.10 是在上述油价趋势下不固

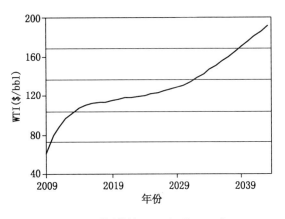

图 2.9.9　预测的从 2009 年到 2039 年 30a 间的油价走势（CERI，2009）

定收益率时计算出的不同开采方法的供应成本。假设 SAGD 项目、露天开采项目及露天—改质综合项目同时在 2009 年开始实施，则通过油价的对比，SAGD 项目在 2013 年基本可实现收支平衡，露天开采项目和露天—改质综合项目需要在第五个年头即 2014 年实现收支平衡，之后油砂投资才会见到收益。

在油砂项目开发中，阿尔伯塔省政府严格对每桶原油征收 $26 美元的矿区特权收益税（royalty revenues）。这个费用对于露天开采来说，占到了其总供应成本的 16%，对于露天—改质综合项目来说占到了 23%（较高的采收率支付较高的特权收益税）。

图 2.9.10　油砂开发对地表生态环境造成严重的破坏
（照片由加拿大环境保护部提供）

在整个油砂项目生命周期内，不同开采项目的投资收益率（ROR）是不同的。原位开采项目最高，达 23％；其次是只进行露天开采的收益率，达 18％；最低的是露天—改质综合项目，为 11％。然而，由于在资源紧缺时，往往会遇到原油供应商抬高售价的情况，最终的投资收益率往往会比理想情况下的低些。

2.9.2　环境问题及对策

重油资源的储量是巨大的，为缓解今后很长一段时间世界轻质油市场的紧俏具有重要的贡献，但是在重油储层尤其是油砂储层开发的整个过程中都会对环境造成一系列的危害：

首先，是整个开采过程对地表生态环境的危害。据加拿大环境部估计油砂工业的勘探开发破坏的森林占到全国被各种形式所毁森林的 8％，如图 2.9.10 所示。

表 2.9.10　不同开发方式下的供应成本（据 CERI，2009）

参　　数	SAGD（23％收益率）	露天开采 & 改质（11％收益率）	露天开采（18％收益率）
电力销售额	$0.0	$0.0	− $0.8
温室气体排放费	$2.3	$2	$1.3
矿区使用税	$20.4	$26	$18.4
所得税	$10.9	$11.4	$0.0
电费	$1.2	$1.4	$0.0
其他操作费	$8.9	$9.5	$8.3
燃料费	$12.3	$10.1	$6.2
维持操作所需资金	$2.8	$1.7	$2.4
固定资产投资	$38.6	$53	$60
供应成本	$97	$116	$112.1
与 WTI 等效的供应成本	$134	$119	$130

其次，当油砂被挖掘出来后，通过加氢及脱碳，即 2.8.2 节中介绍的地面改质后，重油中的轻质组分通过管道即可输送到炼油厂进行炼油，而剩余的水和固体物质包括一小部分未被提炼出的沥青就会被丢弃矿场，大量堆积后形成尾料池，如图 2.9.11 所示。据加拿大环境防护署的报告，阿尔伯塔北部地区尾料池加一块儿的面积已达 130 多平方公里。有些大的尾料池仅筑土堤坝把它和连接加拿大西北部主要水域 Mackenzie 的 Athabasca 河分隔开，这

些水域的水通常含有砷、汞、PAHs 和其他一些来自沥青的有毒物质，因此这些地区的地下水资源时刻受着威胁。

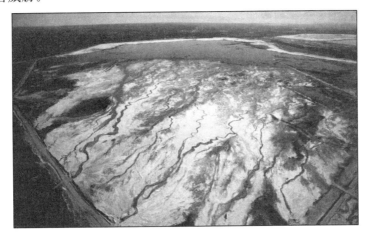

图 2.9.11　加拿大阿尔伯塔 North McMurray 北面油砂
尾料池的空中俯视图（Tenenbaum，2009）

最后，重油的生产尤其是到了炼化阶段，为了精炼出具有市场价值的轻质原油需要燃烧大量的天然气，由此产生大量温室气体。是油砂开发利用会引发全球性环境问题的主要因素（据加拿大石油生产商协会副主席 Stringham 于 2011 年在 cippe2011 国际石油石化装备产业发展论坛上的发言）。究竟油砂开发所引起的这些环境问题有多大？我们该如何面对和处理这些问题？是我们在一味追求高的资源开发量时越来越需要面对和必须解决的问题。

2.9.2.1　主要环境问题

2.9.2.1.1　重油提取和精炼过程对温室效应的影响

Tenenbaum（2009）对油砂开发所产生的高碳可能会加剧全球气候变暖的问题进行了分析，并报道了许多学者对这个问题的观点和认识，我们归纳如下。

总的来说，一个共识是重油的开发利用会释放出比常规原油高很多（约 30%～70%）的温室气体，同时大部分温室气体的排放都是发生在重油提取和精炼时燃烧大量天然气的过程中，只有一小部分温室气体释放和石油生产工艺相关。

举例来说，关于重油提取和精炼过程对大量天然气的需求，加拿大石油生产协会工作组副主席 Stringham 曾指出油砂最主要的全球问题来源于每天燃烧 800 百万立方英尺天然气（约占加拿大每天所有天然气消耗的 10%）以提取和精炼重油时所产生的大量温室气体。在 2006 年度《加拿大油砂与全球能源需求》的报告中，阿尔伯塔能源研究所主任 Eddy Isaacs 这样写道，每立方米沥青的液化、抽取和净化需要消耗 $176m^3$ 天然气。

关于重油提取和精炼过程对温室气体排放的贡献，根据《国会研究服务》的 2008 年度报告，在今后两年里温室气体排放增加的一半将来自油砂，并且油砂产生的温室气体将占其全国温室气体释放总量的 8%。Dyer 说从长远来看问题更严重，即使不超过政府预期，来自油砂的温室气体到 2020 年也将增加 3 倍。

也有人对于油砂生产利用对温室气体排放总量的贡献持不同意见。例如，由于 1990 年加拿大温室气体释放为 594Mt（兆吨），而实际上 2006 的释放量已达 721Mt，阿尔伯塔环境保护发言人 Bourdeau 说"加拿大温室气体的排放量远远超过了京都承诺目标 163Mt，油砂一共才释放了 33Mt 吨温室气体，因而油砂不是让处于京都承诺对立面的唯一因素，还有许多其他因素。"

2.9.2.1.2 油砂尾料对环境的影响

Tenenbaum（2009）也搜集调研了大量关于油砂尾料给环境尤其是地下水资源造成污染进而影响水生生物和人类健康的报道和实例，本小节选取了一些比较有代表性的报道和实例介绍如下。

Treeline 生态研究所的生态学家 Kevin P Timoney 于 2007 年发表的一篇题为《阿尔伯塔齐帕维安族地区水和沉淀物质量与公共卫生关系问题》的研究报告中指出，由于齐帕维安地区（坐落于 Athabasca 油砂矿的最北端）位于金属和其他污染物易于堆积的沉积盆地，其水和沉积物中砷、汞和 PAHs 的浓度非常高，而它们正是沥青中含量较多的有毒物质。Timoney 对当地鱼类研究显示角膜白斑、雌鲱鱼和所有雄蛙鱼体内都含有超出美国规定的汞摄入量。

Glen Van Der Kraak 是加拿大圭尔夫大学（University of Guelph）综合生物学系的教授，他的研究显示长期处于油砂废水中的鱼出现内分泌紊乱和生殖生理的受损。例如，其与合作者于 2008 年发表在《Aquatic Toxicology》杂志上的文章中指出通过实际观察测量他们发现暴露于尾料池废水的金鱼比对照组的血浆中睾丸激素和雌二醇水平都有明显的降低。Van DerKraak 认为这些毒性主要可能是由经常出现在尾料池水中的环烃酸类混合物引起的。

John O' Connor 在 2002—2007 年间在齐帕维安族地区行医，他报道了该地区 900 人中有 6 例胆道癌病，首次提出了人类胆道癌的警告。这种罕见胆道肿瘤的发病率通常仅为十万分之二。过去 30a 中，阿尔伯塔胆道癌的发病率一直在上升，并且原居民族社区比其他社区人群的发病率高 2~3 倍。

除了这些短期的影响外，油砂开采现场和尾料池周围环境修复所面临的挑战是长期的，而这一点往往被忽略。E. A. Johnson 是 Calgary 大学生物学教授，是《2008 年度生态和生物保护》一书的合作者，他说，目前对于环境的修复常常是小项目，仅几公顷面积，但是现在实际面临的问题可能是需要整个地区的重建，包括从中心层开始，地下水、土壤等等。同时还应重建排水系统、地下水流，而我们对这些还远远没有注意到，根本不清楚这个问题的复杂性和长久性。根据阿尔伯特政府 2008 年发布的《阿尔伯塔油砂、资源和责任》报告，截至 2008 年 3 月，大约有 65km² 的土地在修复中，然而只有 1.04km² 被政府认可已被修复。

2.9.2.2 降低环境危害的可行性措施

在当前能源紧缺及高油价趋势下，完全停止油砂的开发利用是不可能的，也是不可取的，因为那将引起油价的更大上涨。如何既能满足油砂开发的需要，又能将油砂开发利用对环境造成的危害降到最小，才是我们需要认真思考的。

2.9.2.2.1 技术和政策引导并行减少温室气体排放

不管怎么说，油砂的开发和利用确实对温室效应的增强起到了不可忽略的作用。因此，在开发利用的同时，需要采取必要的工程甚至政策措施减少其对温室气体排放的贡献，而目前确实有一些措施在进行着（Tenenbaum，2009）。

在技术方面，碳捕捉和储藏技术（CCS）被誉为解决温室气体排放的最佳方案。该项技术的核心是将 CO_2 运送到地下深层进行储藏。2008 年 4 月，阿尔伯塔省政府成立了一个以 Syncrude 前总裁 Jim Carter 领导的委员会，旨在制定可广泛推行 CCS 的行动准则。2008 年

7月，政府承诺投资20亿加元，从2009年春季开始建设一批影响深远的CCS设施，以期到2015年每年温室气体排放量能降低500万吨。然而，尽管许多专家相信CCS在理论上可行，但是由油砂行业这种大规模建设还从来没有先例验证。

在政策方面，加拿大要求所有油砂开发商都必须受《阿尔伯塔气体排放特别法》的制约，强迫减少温室气体排放。该特别法要求油砂开发商或CO_2年排放量达$10 \times 10^4 t$的其他企业应降低"排放强度"或降低每单位产品的CO_2排放量，并在2003—2005年所测值的基础上减少12％。对于减排无法达标的企业可以购买抵消配额，如在阿尔伯特省内支付植树造林，或者为排放每吨CO_2支付15美元给省气候变化和排放管理联合基金会。Bourdeau说，这一项目才运行半年，就已降低了260万吨的CO_2排放。尽管12％的目标是一次性减少，企业如果达不到，就要每年购买抵消配额或技术基金。

由于完全停止油砂的开发利用是不可取的，又不能任由油砂无节制开发的进行，除了在工程和具体政策上，一些强制性的行政审批手段此时就可以派上用场，即减少甚至停止发放新的油砂开发项目许可证。全球自然资源保护委员加拿大项目主任 Susan asey - Lefkowitz 也曾指出，加拿大和阿尔伯特政府应该评估油砂已经对土壤、环境和居住在那里的居民的影响，并努力修复部分已造成的危害；如果要继续开发，必须找出环境能够承受的可持续开发技术。

2.9.2.2.2 利用清洁装置处理油砂尾料

对于油砂尾料的处理方法有很多。例如，通过2.7.3节的介绍，我们知道SAGD技术目前已成为一种非常具有代表性的重油热采技术，其采收率可高达60％～70％。SAGD井水平段一般都比较长，在水平井钻进过程应用了一种特殊的钻井液，它除能稳定储层、冷却钻头和悬浮尾料外，还能防止沥青黏附钻柱和堵塞振动筛。分离出的岩屑是由砂、沥青和剩余的钻井液组成的，通常这些被污染了的砂屑都被储存在钻井现场的大容器里，与一些物质（例如锯屑）混合后运往处理中心。进一步融合之后这些砂子可被处理或再利用，如与土壤混合后可以做地面处理；与建筑材料混合后这些砂子可为道路和住宅建设做出贡献。

另外一种方案是在地面上对尾料进行清洁处理，而这些尾料往往才是影响环境最主要的物质。通过有效的尾料处理可以降低尾料中的沥青含量，使尾料排放时不再被归类为有害废物，有利于环保，并鼓励回收和再利用。针对这种技术方面的处理，Nilsen等（2008）提出了一种油砂钻井废弃物（尾料）处理的新工艺。该工艺提供了一种简单、高效的工艺流程，经处理后砂子非常干净，可以被安全地弃置在现场；同时，该工艺也可将有效的沥青组分回收，以提高采收率。本小节将基于此阐述尾料清洁处理的方法和优势。

（1）尾料清洁工艺的发展。

以一种专门为SAGD钻井作业设计的钻井液为例，它是一种被水湿表面活性剂乳化的水基钻井液。这些表面活性剂用于水湿沥青和其他亲油基的表面，由表面电荷产生的排斥力防止随钻过程中沥青的堆积和表面活性剂的沉降。流体湍流能够破坏乳液，立刻导致沥青的软化和溶解，使之附着在底部的钻具组合和工具的接头上。由于钻井液中表面活性剂的存在，振动筛中回收的砂粒被沥青包裹在中间，这些砂粒被认为是亲水的。在这种情况下，在油滴和砂粒的表面存在一层薄薄的水膜，使沥青在不需要有机溶剂或化学品的帮助下即从砂粒中分离出来。

水分离技术在露天开采作业中广泛应用。在整个分离过程中，适量的尾料和水混合产生气泡，沥青颗粒附着在这些气泡上被带到表面，进而被采出。同样可以用加热法使沥青上浮到水面之上。在热能的作用下，粒子组分的运动更加活跃，增大了粒子间的平均距离，即所谓的热膨胀（图 2.9.12）。沥青的热膨胀系数比水大，导致在 77℉（25℃）时沥青的密度大于水，而当温度达到 158℉（70℃）时情况恰好相反。

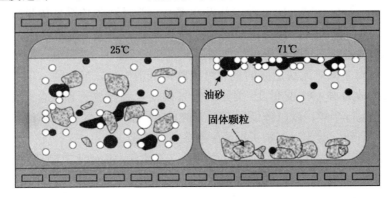

图 2.9.12　油砂分离中的热膨胀效应（据 Nilsen 等，2008）

在此基础上，开发了一种使用水和热能来清理尾料的简单、高效节能、连续的处理系统。在这个过程中被沥青污染的尾料与热水混合成泥浆，此过程分两步完成：第一步，利用水力旋流除砂器产生的重力将砂子从沥青中分离出来。第二步，经过多次淘洗将砂子中残留的污染物彻底清除。清洗后的砂子可以直接洒到土壤上、埋存或者用于某些工业用途。一般只要油或者沥青成分得到严格控制，这些砂子就可以用以上方法直接被处理到土壤中。以加拿大 Alberta 为例，只有当总烃（TPH）含量小于 0.1% 才被批准采用直接洒到土壤中的处理方法。一般的做法是在直接洒之前用干净的土壤与尾料 1∶3 混合。也就是说在混合之前砂子里的总烃含量不大于 0.4% 就可以接受。实际清洗过程中也以此为标准来进行如果这些尾料被作为工业材料应用，例如道路和住宅建设，那么对其处理要求为 5% TPH。同样，这些砂子在作此应用之前也必须先与相应的建筑材料混合。

（2）尾料淘洗工具的发展。

最初，科学家们在实验室内对加拿大 Alberta 尾料淘洗工艺的可行性进行了研究。将尾料和热水放在同一烧杯中搅拌，观察沥青分离度。结果显示，如果有足够的剪切力，热水可使沥青从砂粒中分离出来并浮到表面被回收。淘洗后的砂粒堆积在烧杯底部。实验表明，剪切和加热对确保清洗效率起着至关重要的作用。

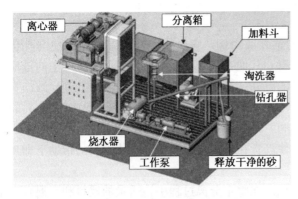

图 2.9.13　尾料清洗装置结构（据 Nilsen 等，2008）

尾料淘洗装置见图 2.9.13，淘洗工艺流程见图 2.9.14。尾料先被灌入供液罐和漏斗并用热水 1∶1 混合、稀释，预热和软化沥青，以增加流动性。漏斗与喷射器相连，沥青在喷射器中进行充分的搅拌、良好的混合并将尾料以泥浆的方式进行运移。螺杆泵控制并维持整个喷射器系统的给料和处理速度。热水通过喷射器泵入，在喷射器内形成一个真空环境，从而将尾料吸入。此时，热水流和尾料岩屑流充分混合，提供足够的剪切力打破沥青团，足够的热量软化沥青。回压驱使混合物流入旋流除砂器中，砂子在离心力的作用下与水分离。底流包含砂粒和一些残余沥青进入二次淘洗和分离过程。顶流包含工艺处理用水和分离出来的沥青。

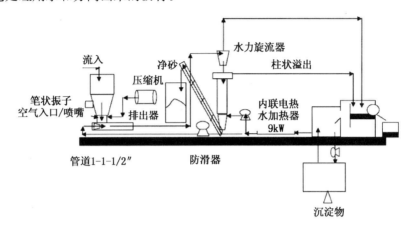

图 2.9.14　沥青砂清洗流程（据 Nilsen 等，2008）

旋流除砂器中的底流流入淘洗塔中进行第二步分离处理。使用漏斗来有效地控制旋流器的溢流进入淘洗塔的速度。从淘洗塔的底部往上流的热水能加热沥青，并使之上浮到淘洗塔顶部。清洁砂沿着淘洗管的外边缘流向底部。为防止大量的细砂和黏土被溢出的水带出，淘洗管的设计很关键。

斯托克斯定律表明，一个粒子的沉降速度或终端速度取决于加速度、粒径、固体相和液体相之间的密度差和介质的黏度（ASME，2005）为

$$v_S = \left[C_g D_E^2 (\rho_S - \rho_L) \right] / \mu \qquad (2.9.1)$$

式中：v_S 为粒子沉降速度，ft/s；C 为常数，取值为 2.15×10^{-7}；g 为重力加速度，ft/s²；D_E 为粒径，μm；ρ_S 为固体相比重；ρ_L 为液体相比重；μ 为介质黏度，mPa·s。

如果淘洗塔中向上流动的热水使粒子速度大于沉降速度，那么这些粒子将不会在淘洗塔中沉降。可以通过选取合适的淘洗塔尺寸来控制向上的水流量。先导试验表明，尾料中接近 90％ 的固体颗粒的直径均大于或等于 32μm，因此设计的淘洗塔中水上升速度要小于 32μm 直径粒子的沉降速度。剩下的清洁砂可以从塔底洗出，由其他固体输送系统处理。

从旋流除砂和淘洗塔中出来的水和沥青混合物流入一个分离罐中。分离罐被一个挡板隔开。挡板的一边是一个聚乙烯桶，它对沥青具有很强的亲和力，用一个刮刀来清除沥青，进而从水表面回收沥青成分。挡板的另一边是一个堰板，清洁水从挡板下方再经过堰板到达热处理用水储罐。如果需要，可以通过聚合物处理和离心处理来清除任何细小悬浮物和残余沥青。这些储水罐都很小，以便罐内水能到喷射器中再循环。根据储罐的规格，能够用于循环利用的水为 400L。整个处理系统为一个环闭系统，能量能够得到最大化利用。

（3）尾料清洁装置评估。

尾料清洁工艺的目的是要处理小批量的尾料。图 2.9.15 显示了一个典型的处理前后样品的图片。尾料主要来自三种不同 SAGD 作业，分别是 Alberta，加拿大（被标记 A、B 和 C）和沿河道走向钻进的水平定向钻井（HDD）作业。表 2.9.11 给出了标准的样品构成。Alberta 的尾料中沥青含量多数高达 77％～85％，固体含量在 6％～20％之间，一些 Alberta

的样本（C_2，C_{4-6}）包含很高的固体量（高达95%）和0~7%的低沥青含量。HDD样本也具低量的沥青含量，通常为1%。高含量的固体（61%~80%）分别由细粉砂，黏土，泥岩组成。这代表清洗设备必须能够处理这些固体含量变化不定的尾料。

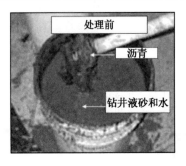

图2.9.15　尾料处理前后对比图（据Nilsen等，2008）

表2.9.11　样品构成表（据Nilsen等，2008）

| Alberta SAGD尾料 | | | | | HDD尾料 | | | | |
样品编号	深度（m）	水（%）	砂（%）	沥青（%）	样品编号	深度（m）	水（%）	砂（%）	沥青（%）
A1	747	—	—	—	HDD1	—	19	80	1
A2	865	—	—	—	HDD2	—	21	78	1
A3	1015	—	—	—	HDD3	—	19	80	1
A4	1180	8	15	77	HDD4	—	20	79	1
A5	1320	9	18	73	HDD5	—	20	79	1
B1	1007	11	11	78	HDD8	—	36	58	6
B2	1250	5	10	85	HDD9	—	21	78	1
C1	958~1020	11	6	83	HDD10	—	22	77	1
C2	1190	5	71	24	HDD15	—	19	80	1
C3	1250	20	0	80	HDD17	—	22	77	1
C4	未知	5	91	4	HDD18	—	32	64	4
C5	未知	2	91	7	HDD20	—	23	76	1
C6	未知	5	95	0	—				
C7	1321	11	11	78	—				
C8	1329	7	10	83	—				

　　进行测试确定最佳处理流量，其与尾料处理流量相关。通过调节泵的注入频率来控制流经喷射器的水流量，将水流量在8.6~30gal/min间改变来确定最佳处理流量。对Alberta的尾料和HDD尾料的处理都是用目测的水力旋流器和淘洗塔中上部溢流和底部潜流流量范围来进行的。每个样品的流速都被调整以保证混入处理水中的固体量减到了最小并达到了淘洗塔中固体沉降速度的目的。

　　温度的控制对沥青的软化、热扩散和漂浮的驱动力有很大的影响。如果处理时温度太低，沥青的清洁效率将会降低。分别对Alberta和HDD尾料进行处理，温度从150 ℉（65℃）变化到170 ℉（77℃），来分析温度对回收砂中含油量的影响。

除此之外，在处理被开采的尾料时用氢氧化钠进行热水提取来增加酸碱度是很常见的方法，酸碱度变异也许能协助尾料的清洗。热回收循环水的 pH 值在使用酸的情况下能降低到5，在使用氢氧化钠的情况下增加到11。在处理 Alberta 的尾料的过程中，对 pH 值的影响进行了监测。

　　每次测试后分析清洁砂的含油量都使用了美国石油协会（API）建议的标准。当石油浓度较低时，测量是不准确的，它仅仅只能用来作为参考。一些样品使用 Dean Stark 蒸馏萃取方法（Alberta Research Council，1983）来更加准确测试含油量，证实符合了 0.4%TPH 处理标准。

　　（4）尾料清洁装置最优操作条件。

　　尾料清洁装置最优操作条件的确定，见下面的具体讨论。

　　①流量的优化。

　　系统的流量测量和尾料处理速度显示出对于一个给定的尾料处理速度，系统处理能力是尾料流量的 8 倍（图 2.9.16）。然而，喷射器中必须要有足够的流体来推动尾料从漏斗进入到处理装置中，并且实际的供给量取决于沥青比重和黏度的变化。焦油含量高的沥青黏度很大，他们的处理速度低。相比而言，HDD 尾料包含细小颗粒和少量沥青使得其黏度更小，更易流动。

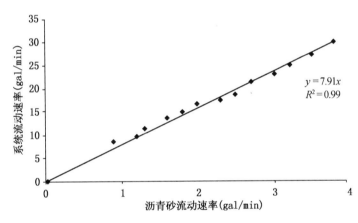

图 2.9.16　系统处理能力与尾料流量关系图（据 Nilsen 等，2008）

　　整个系统的流量影响了下游分离过程的效率。旋流除砂器进口管的流量支配着旋流器内粒子的加速度，因此决定着由斯托克斯定律（公式 7.23）界定的颗粒沉降速度（V_s）。分馏点随着水力旋流器内流量和压力的增加而改善，使大量的固体到淘洗塔中。然而这样的好处将被淘洗塔进口处的震动抵消。当发生这种情况时，细粒子不会在淘洗器中沉积，将会随着水溢出流进分离罐中。

　　因此，最佳的流量是由样品决定的。Alberta 尾料的处理速度是 21.5gal/min。对 HDD 尾料而言，为了防止细颗粒进入淘洗器中，在大多数的检测中流速必须降低为 15gal/min。

　　②温度的影响。

　　处理工艺的温度在 150℉（65℃）到 170℉（77℃）之间变化，以流量的形式测出清洁的 Alberta 尾料的含油量（图 2.9.17）。工艺温度在 150℉（65℃）时，流量低于 15gal/min 的情况下，必须保持足够的处理时间以利于热传递和岩屑清洁。随着工艺温度的提高，最大处理流量也有所增加，同时维持清洁砂的总含烃量低于 TPH 规范的 0.4%。在 160℉

（71℃）时，要求流量须小于 16.7gal/min。在 165℉（74℃）时，工艺速度可提高至 18.8gal/min，随着温度升高到 170℉（77℃），工艺速度进一步上升至 21.4gal/min。

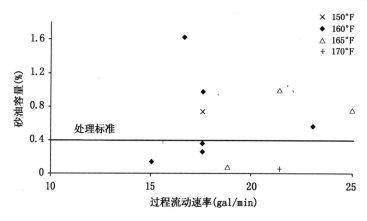

图 2.9.17　Alberta 尾料不同温度条件下砂含油量与
处理流量关系图（据 Nilsen 等，2008）

HDD 样品也可在工艺温度范围之外处理。图 2.9.18 显示在不同处理条件下，清洁砂岩的样品经 Dean Stark 方法 8 处理后，油浓度显著降低到 TPH 处理要求的 0.4% 以下。数据显示 HDD 尾料的清洁比 Alberta 尾料更容易，这很可能是由于这些样品的初始沥青含量低。受岩屑中颗粒含量的限制，为防止颗粒从淘洗塔中溢出，平均流量应降低到 15gal/min 以下。

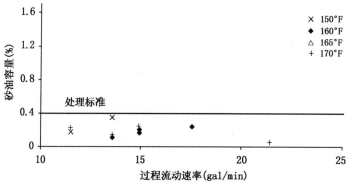

图 2.9.18　HDD 尾料不同温度条件下砂含油量与
处理流量关系图（据 Nilsen 等，2008）

③pH 值的影响。

Alberta 尾料可在流量为 21.4gal/min，温度 170℉（77℃）和处理水的 pH 值呈中性的工艺规范下进行处理。pH 值降低至 5 会导致回收的砂粒中残余油含量达 1.19%。pH 值增加至 11 使回收的砂粒中残余油含量降低（蒸馏器测量为 0.02%）。然而，无论酸性和碱性条件下都会导致尾料乳化进入处理水中，使其无法回收。随着这些乳化水在环闭系统中的循环利用，整个处理系统的污染程度将增加，使处理水的黏度增大，清洗效率降低。调节 pH 至中性后导致沥青破乳，使它又可以被分离出来。这些结果表明，在中性 pH 条件下进行处理是最佳的，因为它消除了对 pH 值的调整过程，降低了酸碱腐蚀的风险，控制了用于循环和再利用的水质。

（5）尾料清洗的前景。

尾料清洗装置设计简单，高效节能。该装置包含活动部件少，只需使用热水即可。热水处理过程是清洗工艺的核心，它是一个封闭的循环运作方式，能降低能源和水的消耗。对于处理速度为 1gal/min 的尾料，在启动过程中需要 7.7kW 的功率将工艺水从 20℃ 加热至 70℃，然后只需维持 7.3kW 的功率来保持水温。由聚合物和沉降式离心机组成的内部水处理系统，可用于去除沥青和细小颗粒物，以保证处理水能不断地循环和再利用。

如今环境法规不断增加，这项技术对油砂钻井作业非常重要。尾料回收工艺已经在其能源消耗、温室气体排放和对周围环境的影响上受到了批评。有人估计，即使从太空上看，Athabasca 油砂将很快成为加拿大导致全球变暖的最大的贡献者和全球最大的尾矿池分布（Edemariam，2007）。现有的对尾料的处理方法包括用卡车将尾料运到商业钻井废物厂进行处理。该设施通常很远，一般来回约 12h。在不包括堆填收费的情况下相关的运输成本也很高。当在一个作业区钻多个井段时，如果能在现场处理尾料可以节省大量的运输成本。该清洁装置适用于立即捕获钻机现场振动筛中的尾料，可纳入现有的固控设备，避免过多的中转设备。该装置的设计是可移动的，所以它可以通过陆路运输从一个钻井点搬迁到下一个，而且其耐寒性可以保证其在 Alberta 北部地区的全年候服务。

目前的油砂生产量约占加拿大西部的原油产量的一半，预计将从 2006 年的 110×10^4 bbl，增长到 2015 年的约 340×10^4 bbl 和 2020 年的约 440×10^4 bbl（CAPP，2007）。考虑到油砂产量的预期增长，更多的资源将集中在新技术和必要的处理工艺开发上，以减轻对环境的影响。测试结果表明被沥青污染的尾料可在清洗过后重复使用，而不是作为废品处理。此外，从尾料中回收沥青能够提高整体生产效率，给投资者增加额外的收入。

附录 2. A　单位换算

由于这里撰写时所引用的文献较多，不同文献对单位的定义不一样，在转化的过程中有可能会出现误差，从而失去原文的意，所以文中并未对其进行统一，现将这些单位及其转换关系列于表 2. A. 1 中，读者可根据需要应用。

表 2. A. 1　重油常用单位换算关系表

这里所用常用单位	其他常用单位	转换公式
API 重度		
°API 重度	S 比重（sp gr），（g/cm³）	$= (141.5/(\text{sp gr})) - 131.5$
原油中的沥青		
重量百分数（wt%）	康拉特逊残碳值（CCR）	$= 4.9 \times (\text{CCR})$
原油产量		
桶（bbl），（石油，1bbl = 42gal）	立方米（m³）	$= 0.159 \text{m}^3$
	公吨（t）	$= 0.159 \times (\text{sp gr}) \times t$
原油中焦炭含量		
质量分数（wt%）	康拉特逊残碳值（CCR）	$= 1.6 \times (\text{CCR})$
气油比		
立方英尺/一桶油（ft³ gas/bbl oil）	立方米气/立方米油（m³ gas/m³ oil）	$= 0.18 \times (\text{m}^3 \text{ gas/m}^3 \text{ oil})$
渗透率		
毫达西（mD）	平方微米（μm²）	$= 0.986 \times 10^{-3} \mu\text{m}^2$
压力		
磅/平方英尺（psi）	千帕（kPa）	$= 6.89 \text{kPa}$
	兆帕（MPa）	$= 0.00689 \text{MPa}$
	巴（bar）	$= 0.0689 \text{bar}$
	千克每立方厘米（kg/cm²）	$= 0.0703 \text{kg/cm}^2$
温度		
华氏温度（℉）	摄氏温度（℃）	$= (1.8℃) + 32$
摄氏度（℃）	华氏温度（℉）	$= 0.556 \times (℉ - 32)$
黏度（绝对或动力学）		
厘泊（cP）	帕斯卡秒（Pa·s）	$= 0.001 \text{Pa·s}$
	兆帕秒（mPa·s）	$= \text{mPa·s}$

附录 2. B　重油基本物理和化学性质

重质油、油砂与其他类型原油包括常规原油、中质原油的 API 度、黏度及化学组分有很大区别。美国地质调查局（USGS）研究了全球 131 个常规原油盆地、74 个中质原油盆地、127 个重质油盆地和 50 个含油砂盆地的 API 度、黏度大小及各种化学组分的百分含量，见表 2. B. 1。通过此表，可以看出，从常规原油、中质原油、重质油到油砂，API 度、黏度逐渐增加，重质烃类组分（如沥青、焦炭、氮、氧、硫等）、金属矿物（铝、铜、铁、镍等）和各种残留物的含量逐渐增加，轻质组分（如 C_1 - C_4、碳、氢）和各种挥发物的含量程降低趋势。

表 2. B. 1　常规原油、中质原油、重质油和油砂基本物理、化学性质对比（据 USGS，2007）

属　　性	单　位	常规原油（131 盆地，8148 沉积物）	中质原油（74 盆地，774 沉积物）	重质油（127 盆地，1199 沉积物）	油砂（50 盆地，305 沉积物）
API 度	°API	38. 1	22. 4	16. 3	5. 4
黏度（77°F）	cP	13. 7	34	100947. 00	1290254. 10
黏度（100°F）	cP	10. 1	64. 6	641. 7	198061. 40
黏度（130°F）	cP	15. 7	34. 8	278. 3	2371. 60
康拉特逊 碳数	Wt%	1. 8	5. 2	8	13. 7
焦炭	Wt%	2. 9	8. 2	13	23. 7
沥青	Wt%	8. 9	25. 1	38. 8	67
碳	Wt%	85. 3	83. 2	85. 1	82. 1
氢	Wt%	12. 1	11. 7	11. 4	10. 3
氮	Wt%	0. 1	0. 2	0. 4	0. 6
氧	Wt%	1. 2		1. 6	2. 5
硫	Wt%	0. 4	1. 6	2. 9	4. 4
蒸汽压	psi	5. 2	2. 6	2. 2	—
闪点	°F	17	20. 1	70. 5	—
酸度	mgKOH/g	0. 4	1. 2	2	3
倾点	°F	16. 3	8. 6	19. 7	72. 9
C_1 - C_4	Vol%	2. 8	0. 8	0. 6	
石脑油	Vol%	31. 5	11. 1	6. 8	4. 4
石脑油	Sp gr	0. 76	0. 769	0. 773	0. 798
残留物	Vol%	22. 1	39. 8	52. 8	62. 2
残留物	Sp gr	0. 944	1. 005	1. 104	1. 079
沥青质	Wt%	2. 5	6. 5	12. 7	26. 1
胶质沥青质	Wt%	10. 9	28. 5	35. 6	49. 2
铝	ppm	1. 174	1. 906	236. 021	21040. 03

属　　性	单　位	常规原油（131盆地，8148沉积物）	中质原油（74盆地，774沉积物）	重质油（127盆地，1199沉积物）	油砂（50盆地，305沉积物）
铜	ppm	0.439	0.569	3.965	44.884
铁	ppm	6.443	16.588	371.05	4292.96
汞	ppm	19.312	15	8.74	0.019
镍	ppm	8.023	32.912	59.106	89.137
铅	ppm	0.933	1.548	1.159	4.758
钛	ppm	0.289	0.465	8.025	493.129
钒	ppm	16.214	98.433	177.365	334.428
残留碳	Wt%	6.5	11.2	14	19
残留氮	Wt%	0.174	0.304	0.968	0.75
残留镍	ppm	25.7	43.8	104.3	—
残留硫	ppm	1.5	3.2	3.9	—
残留钒	ppm	43.2	173.7	528.9	532
残留物黏度	cP	1435.80	4564.30	23139.80	—
所有的苯系的挥发物	ppm	10011.40	5014.40	2708.00	—
所有挥发性的有机物	ppm	15996.30	8209.20	4891.10	—

附录 2. C 重油资源量及分布

每年美国地质调查局（USGS）都会发布全球各个盆地的重油储量的数据，是研究全球重油资源量和分布的重要参考。表 2. C. 1 和表 2. C. 2 分别列出了截至 2008 年底全球各地区的天然沥青和超重油的资源量、储量和累积产量。

表 2. C. 1　全球各地区天然沥青的资源量、储量和可采储量（据 USGS，2010）（单位：百万桶，MBO）

	油田数目	已发现资源量	远景资源量	地质资源量	可采储量	累积产量	剩余可采储量
Angola	3	4648		4648	465		465
Congo（Brazzaville）	2	5063		5063	506		506
Congo（Democratic Rep.）	1	300		300	30		30
Madagascar	1	2211	13789	16000	221		221
Nigeria	2	5744	32580	38324	574		574
整个非洲	9	17966	46369	64335	1796		1796
Canada	231	1731000	703221	2434221	176800	6400	170400
Trinidad&Tobago	14	928		928			
United States of America	204	37142	16338	53479	24	24	
整个北美	449	1769070	719559	2488628	176824	6424	170400
Colombia	1						
Venezuela	1						
整个南美	2						
Azerbaijan	3	<1		<1	<1		<1
China	4	1593		1593	1		1
Georgia	1	31					
Indonesia	1	4456		4456	446	24	422
Kazakhstan	52	420690		420690	42009		42009
Kyrgyzstan	7						
Tajikistan	4						
Uzbekistan	8						
整个亚洲	80	426771		426771	42460	24	42436
Italy	16	2100		2100	210		210
Russian Federation	39	295409	51345	326754	28380	14	28367
Switzerland	1	10		10			
整个欧洲	56	297519	51345	348864	28590	14	28577
Syria（Arab Rep.）	1						
整个中东	1						
Tonga	1						
整个大洋洲	1						
全球	598	2511326	817273	3328598	249670	6462	243209

表 2. C. 2   全球各地区超重油的资源量、储量和可采储量（据 USGS, 2010）（单位：百万桶，MBO）

	油藏数目	近海油藏数目	已发现资源量	远景资源量	地质资源量	可采储量	累积产量	剩余可采储量
Egypt（ArabRep.）	1		500		500	50		50
整个非洲	1		500		500	50		50
Mexico	2		60		60	6	5	1
Trinidad & Tobago	2		300		300			
United States of America	54	1	2609	26	2635	235	216	19
整个北美	58	1	2969	26	2995	241	221	20
Colombia	2		380		380	38	8	30
Cuba	1	1	477		477	48		48
Ecuador	3		919		919	92	50	42
Peru	2		250		250	25	18	7
Venezuela	33	2	1922007	189520	2111527	72556	14702	57854
整个南美	41	3	1924033	189520	2113553	72759	14778	57981
Azerbaijan	1		8841		8841	884	759	125
China	12		8877		8877	888	137	750
Uzbekistan	1							
整个亚洲	14		17718		17718	1772	896	875
Albania	2		373		373	37	3	34
Germany	1							
Italy	31	6	2693		2693	269	179	90
Poland	2		12		12			
Russian Federation	6		177		177	6		6
United Kingdom	2	2	11850		11850	1085	1009	76
整个欧洲	44	8	15105		15105	1397	1191	206
Iran（Islamic Rep.）	1	1						
Irapq	1							
Israel	2		2		2	<1		<1
整个中东	4	1	2		2	1		1
全球	162	13	1960327	189546	2149873	76220	17086	59133

　　根据 Klemme 的盆地分类标准，USGS（2007）统计了全球五大含重油和天然沥青盆地（具体见正文 2.2.2 节）的资源量、重油性质、埋深、储层参数和温度等，如表 2. C. 3 和表 2. C. 4 所示。表中可以看出，闭合状会聚型板块边缘盆地（IICa 型）是重质油聚集的主要盆地类型，几乎占到了五大盆地类型重质油地质资源量的一半，约 47%；克拉通边缘盆地（IIA 型）和闭合状会聚型板块边缘盆地（IICa 型）是天然沥青聚集的主要盆地类型，占到了五大盆地类型天然沥青地质资源量的绝大部分，达 93%。

表 2.C.3　五大含重油盆地类型（Klemme 分类法）的资源量、重油性质、埋深、储层参数和温度等（据 USGS，2007）（单位：十亿桶，BBO）

盆地类型	地质资源量（BBO）	已发现资源量（BBO）	API 度	黏度（Cp@100℉）	埋深（ft）	储层厚度（ft）	孔隙度（%）	渗透率（mD）	温度（℉）
I	3	2	15.9	724	1455	11	15.3	88	122
IIA	158	157	16.3	321	4696	36	22.8	819	102
IIB	181	181	17.7	303	3335	96	27.2	341	82
IICa	1610	1582	15.5	344	3286	150	24	242	144
IICb	32	32	15.4	318	3976	161	16.9	2384	126
IICc	460	460	17.8	455	6472	379	19.6	1080	159
IIIA	222	222	16.3	694	4967	279	24.9	1316	159
IIIBa	49	49	19.2	137	558	838	24.9	2391	122
IIIBb	134	134	15.8	513	2855	390	31.9	1180	116
IIIBc	351	351	13.5	2318	4852	142	20.1	446	145
IIIC	158	158	17.2	962	7227	273	25.1	868	159
IV	37	37	17.9	—	7263	1195	27.9	1996	155
V	<1	<1	18	—	1843	135	30	—	144
合/平均	3396（合）	3366（合）	16	641	4.213	205	23.7	621	134

表 2.C.4　五大含天然沥青盆地类型（Klemme 分类法）的资源量、重油性质、埋深、储层参数和温度等（据 USGS，2007）（单位：十亿桶，BBO）

盆地类型	地质资源量（BBO）	已发现资源量（BBO）	API 度	黏度（Cp@100℉）	埋深（ft）	储层厚度（ft）	孔隙度（%）	渗透率（mD）	温度（℉）
I	60	8	—	—	20	317	5.5	100	—
IIA	2623	1908	6.8	185407	223	53	0.4	611	173
IIB	29	26	4.5	—	—	209	13.1	57	113
IICa	2509	2319	4.4	31789	806	156	29.8	973	174
IICb	5	5	6.8	—	8414	1145	4.7	570	181
IICc	24	23	5	1324	3880	82	32.4	302	263
IIIA	22	22	8.7	—	4667	882	30.3	1373	85
IIIBa	4	4	—	—	—	—	—	—	—
IIIBb	3	3	6.7	500659	3907	586	28.6	2211	89
IIIBc	178	178	9.5	1322	8781	52	34	751	139
IIIC	47	14	7.3	—	900	103	23.1	2566	117
IV	0	0	—	—	—	—	—	—	—
V	0	0	—	—	—	—	—	—	—
合/平均	5505（合）	4512（合）	4.9	198061	1345	110	17.3	952	158

　　表 2.C.5 是统计的中国东部、中部、西部七个主要油砂聚集盆地的矿带、层位、产状、岩性、古油藏形成期和成矿期。从表中可以看出，我国油砂的成矿期主要是在燕山期和喜山期，明显受印支—燕山构造运动的影响。

表2.C.5　中国油砂分布、岩性和成藏期统计表

大区	盆地	矿带	层位	产状	类型	岩性	古油藏形成期	成矿期
东部	松辽	图牧吉	K_1	东倾单斜，地层倾角一般小于2°	油砂	细砂岩，胶结差		燕山期—喜马拉雅期
	二连	吉尔嘎朗图	K_1	走向55°，倾角40°	油砂	砂岩	燕山期	喜马拉雅期
		巴达拉湖	K_1		油砂	砂岩	燕山期	喜马拉雅期
中部	四川	厚坝	J	走向40°～50°，倾角30°～45°	油砂	石英砂岩，胶结	加里东期	喜马拉雅期
		天井山	D_1	倾角50°～60°	油砂	石英砂岩	印支期	喜马拉雅期
	鄂尔多斯	东胜	K_1	倾角3°～5°	油砂	长石质砂岩	燕山期	喜马拉雅期
		庙湾—四郎庙	T_3	走向近30°～35°，NW倾向	油砂	细砂岩	燕山期	燕山晚期—喜马拉雅期
西部	准噶尔	乌尔禾	K_1	倾向155°，倾角2°	油砂	细砂岩，砂质砾岩	燕山期	燕山晚期—喜马拉雅期
		—白碱滩	$J_3—K_1$	倾向东南，倾角20°～30°	油砂	砂岩	燕山期	燕山晚期—喜马拉雅期
		黑油山	T_2	倾向南东，倾角2°～10°	油砂	粗砂岩，砂砾岩	印支—燕山期	燕山晚期—喜马拉雅期
		红山嘴	K_1	倾向南东，倾角1°～3°	油砂	砂砾岩	燕山期	燕山晚期—喜马拉雅期
		东缘砂丘河	J_1	倾角一般为5°～25°	油砂	砂砾岩	燕山期	燕山晚期—喜马拉雅期
		南缘喀拉扎	J_2	倾向175°～190°，倾角55°～60°	油砂	砂岩，砂砾岩	燕山期	燕山晚期—喜马拉雅期
	吐哈	台	J_2	北翼缓（3°～25°），南翼陡（30°～75°），走向105°～113°	油砂	砂、泥岩互层		燕山期
	柴达木	油砂山	N	倾角55°～60°	油砂	细、中砂岩	喜马拉雅期	喜马拉雅期
		干柴沟	E_3、N_2	走向120°～140°，倾角20°～60°	油砂	砂砾岩	喜马拉雅期	喜马拉雅期

附录 2.D　重油岩石物理性质

2.D.1　不同类型重油的黏度与重油化学组分及密度间的关系

　　Hinkle 等（2008）测量了阿拉斯加、加拿大、得克萨斯、犹他、委内瑞拉等地区的重油样品的黏度与其化学组分和密度间的关系，发现黏度随着沥青含量、脂肪烃含量的增加而近似线形增加，但与密度的关系却不是很明显，如图 2.D.1 至图 2.D.4 所示。表 2.D.1 为这些地区重油油样的化学组分百分比和密度参数。

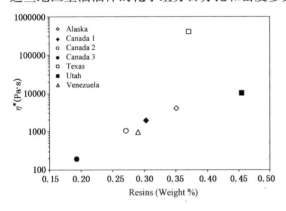

图 2.D.1　重油黏度与脂芳烃含量间的关系
（据 Hinkle 等，2008）

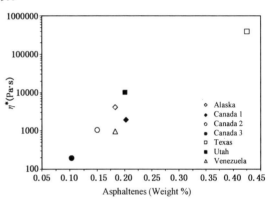

图 2.D.2　重油黏度与沥青含量间的关系
（据 Hinkle 等，2008）

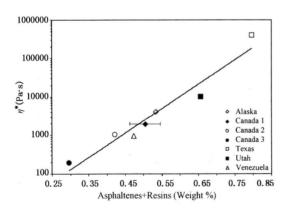

图 2.D.3　重油黏度与沥青＋脂肪烃总含量间的关系
（据 Hinkle 等，2008）

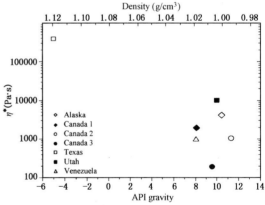

图 2.D.4　重油黏度与密度（API 度）间的关系
（据 Hinkle 等，2008）

表 2.D.1　不同地区重油油样的密度及化学组分含量百分比（据 USGS，2010）（单位：MBO）

样品来源	饱和烃（wt%）	芳香烃（wt%）	脂肪烃（wt%）	沥青（wt%）	密度（g/cm³）	API 重度
阿拉斯加	23	22	35	18	0.997	10.4
加拿大 1	18	33	30	20	1.014	8.09

样品来源	饱和烃（wt%）	芳香烃（wt%）	脂肪烃（wt%）	沥青（wt%）	密度（g/cm³）	API重度
加拿大2	18	27	27	15	0.991	11.3
加拿大3	15	23	19	10	1.003	9.56
得克萨斯	4	17	37	43	1.119	−5.00
犹他	19	14	46	20	1.000	8.05
委内瑞拉	19	32	29	18	1.013	8.05

2.D.2　重油黏度与温度、频率间的关系

重油的黏度除了受化学组分的影响外，还明显受温度和测量频率的影响。如图 2.D.5 是 Hinkle（2008）对加拿大一种重油样品（各组分比重：饱和烃为 18%；芳香烃为 33%；树脂为 30%；沥青为 20%。密度为 1.014g/cm³；API 度为 8.09）在同一频率、不同温度下测量的黏度与温度间的关系。从图中可以看出，随着温度倒数（1/T）的增加，即温度（T）的降低，重油的黏度基本呈线性增加趋势（0~80℃范围内）。

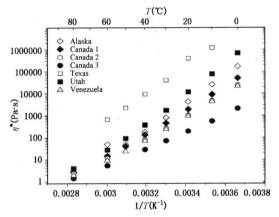

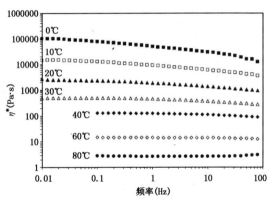

图 2.D.5　重油剪切模量与温度间的关系　　　　图 2.D.6　重油剪切模量与频率间的关系
（据 Hinkle 等，2008）　　　　　　　　　　　（据 Hinkle 等，2008）

2.D.3　重油的剪切模量与化学组分的关系

重油的剪切性质与重油的黏度一样是重油区别于常规原油的重要信息之一。图 2.D.7 是 Hinkle（2008）测量的不同地区的重油油样（同附录 2.D.1）同沥青和芳香烃含量间的关系。从图中可以看出，随着沥青和芳香烃含量的增加，将不同地区重油油样的剪切模量都不相同，但连在一起基本处于一条直线，且处于 0.45~0.85GPa 之间。

2.D.4　重油纵横波速度与温度、频率间的关系

图 2.D.8 是 Batzle 等（2006）测得的 25℃、40℃和 60℃下 Uvalde 重油（API 度为 5）在不同测量频率下测得的纵横波速度的数值。从图中可以看出，在同一测量频率下，重油的纵横波速度随着温度升高而降低；在同一测量温度下，重油的纵横波速度随着频率的增加而增加，在千赫兹以内时这种增加的幅度不是很明显，但是对比超声波频率（10⁶Hz）和地震

频率（10～100Hz）的纵横波速度值可以看出它们差异很大，这就说明在实验室利用超声波测量得到的纵横波数据是不能直接用于地震频带的研究的，而需要经过频散校正。

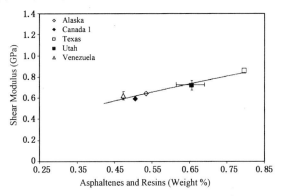

图 2. D. 7　重油剪切模量与沥青＋树脂总含量间的关系
（据 Hinkle 等，2008）

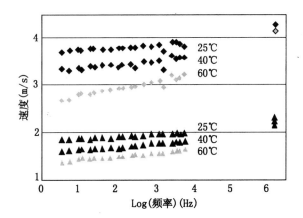

图 2. D. 8　重油纵横波速度与温度、频率间的关系
（据 Batzle 等，2006）

附录 2.E 重油储层识别和监测中的地球物理方法评价

我们总结了在重油储层识别和描述中常用的几种方法（自然伽马、密度、流体因子）的特点、适用性、响应特征、计算方法和主要的研究人员，如表 2.E.1 所示。

表 2.E.1 重油储层非均质体预测方法对比

岩性指示因子	特　　点	适 用 地 区	参数响应特征	参数计算的地球物理方法	主要的研究人员
自然伽马	最直接的岩性指示因子，但不是地震方法可以直接计算的弹性参数	Alberta 省东北部的 Christina 湖等	泥页岩 GR 放射性值高，砂岩 GR 低	神经网络多属性综合分析	Tonn，2002
密度	根据纵波反演估算密度需要大孔径反射角来约束，涉及子波拉伸校正，各向异性校正等	Athabasca 油砂储层，加拿大 Alberta 地区 McMurray 组东南部大约 60km 的 Surmont 沥青储层等	泥页岩密度较高，砂岩较低	三项 AVO 反演，P – SV 联合反演	Roy 等，2008；Gray 等，2004
流体因子	根据本地测井资料，定义流体因子对储层非均质性和蒸汽流动进行监测	冷湖地区	页岩可能会偏离泥岩基线。通过定义流体因子，可以对储层中的非均质性进行描述	AVO 反演	Sun，1999

我们总结了在重油储层监测中常热采、冷采、储层参数监测及环境灾害监测等几个方面的主要方法特点、原理和相关研究人员，如表 2.E.2 所示。

表 2.E.2 重油监测方法及关键步骤

	主要方法	特 点	原 理	主要研究人员
采集	—	潮汐、潜水面、模糊的噪音条件、近地表性质、炮点和检波点位置的微小变化，都会对地震数据产生较大的不利影响。有些采集造成的不利固定可以通过时移地震数据等方法来解决，例如将检波器排列固定位置来解决，但有些影响可能不能通过采集的方法来解决，例如地下水位变化、相反，需要在时移地震数据处理中进行有效的消除	—	Lumley, 2001
处理	空间标定	为了对重复采集的数据作比较，必须把它们的面元校正成相同的位置和大小	—	Li 等，2001
	振幅均衡	保持同一次测量数据中的相对幅振幅系，便于进行 AVO 分析	与常规处理流程相同	Li 等，2001
	互均衡（Cross-equalization）	互均衡滤波包含 4 个基本元素：时间校正、均方根能量均衡、频率带宽均一化相位匹配	(1) 时间校正使不同时间测量的储层地区时间同相轴有可比性；(2) 带宽和相位均幅来来长不同的震源子波；(3) 不同测线之间的处理和采集均衡。这样 4D 互均衡消除了测线的处理和采集差异，使叠后数据具有可重复性，时移测线之间的对比可以解释为与流体有关的变化	Ross 等，1997；Li 等，2001
	判别分析、时移数据相互标定、数据标准化	地震属性分析的目的是综合利用多个属性，试图从地震资料中提取隐藏在数据里更多的信息	地震属性判别分析能够对蒸汽的平面分布进行预测；将测线 A 的地震属性训练集应用到测线 B 的判别分中，这个过程被称为交叉标定或交叉训练。这个过程为时移地震分析带来一致性。为了相互标定，必须进行时移地震资料归一化	Sun, 1999
	非冗余属性：主成分属性	从地震资料的主成分分解计算得到的地震属性是不相关的。在地震资料中一整套主成分包括地震数据所有的属性。相对于常规属性而言，主成分属性与蒸汽浸所吻合率更高，蒸汽分布图与实际的钻井资料更加吻合	主成分属性（principal components attribute, PCA）是从地震数据中得到的属性。地震道可以用一系列波形的加权性叠加来表示，这些权值就是主成分属性。通过主成分分析的判别分析能够预测储层温度分布特征	Sun, 1999

注：以上所有行均属于"热采时移地震方法"。

主要方法		特　点	原　理	主要研究人员
热采时移地震方法	叠后地震反演法	储层加热的过程导致注入井附近和蒸汽前缘放及到的储层之间含气饱和度增加。在监测线上可能观测到低阻抗异常。叠后反演方法过程中的封闭单元,解释储层位置和岩性不均匀体	方法原理与常规叠后反演方法相同	Sun, 1999; Vedanti, 2009
	时移叠前地震反演法	叠前反演计算得到的 v_P/v_S 等参数可以对储层砂岩进行识别,对蒸汽的流动进行监测	方法原理与常规叠前反演方法相同,所不同的是为了使两次反演的结果能够匹配,需要进行时移校正	Sun, 1999
冷采时移地震方法	冷采	冷采是不需要对储层进行加热的一种采油机制,通过使用螺杆泵(一种利用螺杆的旋转来吸取液体的泵,它最适于吸排粘稠液体),将油、水、气和砂同时开采出来。开采过程中,储层压力会降低到泡点压力(温度一定时)以下,气体以气泡的形式被分离出来。这些气泡被困在粘度较大的油中,形成类似于泡沫状的物质,称为"泡沫油"。泡沫油演化的现象类似于刮须膏皂中产生泡沫,所不同的是困住泡沫的是黏稠的油而不是肥皂。另一方面,在油砂的开采过程中,会形成高孔隙度、高渗透率的通道,称为"蚯蚓洞"	冷采过程储层压力降低,会引起地震振幅的变化和走时的延迟。这种变化可以通过地震方法检测出来。Gassmann方程可以用以理解重油层在冷采前后的地震响应	Chen 等, 2004; Lines 等, 2003; Lines 等, 2008
储层参数监测	电磁	电导率与储层的孔隙度,黏土含量及含水饱和度有关。利用电磁反演方法可以对储层集参数监测,进而监测蒸汽参数监测,弥补地震方法在储层参数监测方面的不足	通过电磁数据采集,利用电导率等参数的岩石物理关系,计算得到孔隙度、含水饱和度分布,这些数据与地震剖面结合可以监测蒸汽的分布,横向上岩相的不连续变化等	Hoversten 等, 2004
	被动地震	被动地震能够监测储层中应力变化时产生的微地震事件。对储层中套管破坏,剪切破坏进行预测	被动地震信号总体上与地震信号记录和处理方式相同,其纵波和横波的相对振幅与地层的形变识别有关,微地震事件可以通过信号的特点识别出来	Maxwell 等, 2008
环境灾害监测	时移方位 AVO 反演	方位 AVO 反演能够探测裂缝(应力)引起的介质的各向异性特征。对冷湖地区时移三维地震数据体进行方位 AVO 反演来探测套管损坏造成的蒸汽注入引起的浅层应力异常	首先,对于每个时间采样点,提取各向异性速度信息。在各向异性方位角提取信息的过程中,应用一种能够对每个方位角自动拾取最优速度的算法。其次,用各向异性速度对方位 CDP 道集进行动校正,使振幅的扭曲曲线最圆。最后,基于方位振幅信息,提取各向异性参数	Sun, 2003

附录 2.F 开采技术

表 2.F.1 是总结的露天开采、携砂冷采法、蒸汽吞吐法、蒸汽驱、蒸汽辅助重力泄油法、从端部到根部注气法和水平井注气体溶剂萃取稠油法等主要的几种重油开采技术的适用情况、采收能力、能耗/环境影响和目前主要应用范围。通过该表，读者可以很容易对重油多种多样的开采技术有一个大致的了解，这对于开展更深入的研究和方案选择有一定帮助。

表 2.F.1 不同开采方法的适用情况、采收率、能耗与环境影响和主要应用国家的对比

开采方法	适用情况	采收能力	能耗/环境影响	主要应用国家（地区）
露天开采法（Mining）	靠近地表（<75m）的大套油砂储层	高	造成大量 CO_2 逸散，且严重影响地表生态环境	加拿大、挪威（北海）
携砂冷采法（CHOPS）	含有足够溶解气的疏松薄油砂储层	低（<10%）	低能耗，低污染	加拿大、美国、墨西哥、中亚
蒸汽吞吐法（CSS）	高黏度超重油（沥青）	低—中	消耗大量热能和水资源，并造成大量 CO_2 逸散	加拿大、美国、委内瑞拉
蒸汽驱（SD）	黏度不是太高的重油	低—中	消耗大量热能和水资源	美国、委内瑞拉
蒸汽辅助重力泄油法（SAGD）	高黏度超重油（沥青），需要一对靠近储层位置的上下布置水平井	高	消耗大量天然气和水资源，并造成大量 CO_2 逸散	加拿大、美国、中国、印尼
从端部到根部注气法（THAI）	需要一口与空气注入竖直井相沟通的水平井（保证原地燃烧）	中—高	低能耗，但可造成包括 CO_2 在内的燃烧废气大量逸散	加拿大
水平井注气体溶剂萃取稠油法（VAPEX）	高黏度超重油（沥青），需要一对靠近储层位置的上下布置水平井	高	大大降低能耗和污染	加拿大（试验）

参 考 文 献

Aherne A and Birrell G. 2002. Observations relating to non - condensable gasses in a vapour chamber: Phase B of the Dover Project, R2R2R Joint CIM/SPE/CHOA Conference, Calgary, Alberta, SPE79023/ PS2002 - 519

Aki K and Richards P G. 2002. Quantitative Seismology, 2nd Edition, University Science Books

Aki K and Richareds P G. 1980. Quantitative Seismology: Theory and Methods

Ali S M F. 2003. Heavy oil - evermore mobile. Pet. Sci. Eng. 37: 5~9

Al - Shamali M. 1993. Heavy oil recovery by forward in - situ combustion. MPhil. Thesis, University of Bath

API RP 13B - 2: Recommended Practice for Field Testing Oil - Based Drilling Fluids, 4th edition. American Petroleum Institute (March 2005)

ASME Shale Shaker Committee. Drilling Fluids Processing Handbook. Gulf Professional Publishing. 2005

Attanasi E D and Meyer R F. 2010. 4. Natural Bitumen and Extra - Heavy Oil. USGS Open - File Report: 123~150

Baker R, Fong C, and Li T. 2008. Practical considerations of reservoir heterogeneities on sagd projects. International Thermal Operations and Heavy Oil Symposium, SPE 117525

Barrett K R and Hopkins J C. 2010. Review of Geology of a Giant Carbonate Bitumen Reservoir, Grosmont Formation, Saleski, Alberta. Heavy oils: Reservoir Characterization and Production Monitoring, 155~163

Batzle M, Hoefmann R, and Han D - H. 2006. Heavy oils - seismic properties. The Leading Edge, 25 (7): 750~756

Beattie, C. I. , Boberg, T. C. and McNab, G. S. , Reservoir Simulation of Cyclic Steam Stimulation in the Cold Lake Oil Sands; SPE Reservoir Engineering, Vol. 6, No. 2, pp. 200 - 206, May 1991

Beggs H D and Robinson J R. 1975. Estimation of the viscosity of crude oil systems. Journal of Petroleum Technology, 27: 1140~1141

Behura J, Batzle M, Hofmann R, et al. 2007. Heavy oils: Their shear story. Geophysics, 72 (5): E175~E183

Berryman J G. 1980. Long - wavelength propagation in composite elastic media: II. Ellipsoidal inclusions. Journal of the Acoustical Society of America, 68: 1980~1831

Birrell G. 2001. Heat transfer ahead of a SAGD steam chamber: A study of thermocouple data from phase B of the Underground Test Facility (Dover project) . Petroleum Society of CIM'S Canadian International Petroleum Conference, CIPC2001 - 88

Boustani A and Maini B B. 2001. The role of diffusion and convective dispersion in vapor extraction process. J. Can. Pet. Technol. , 40: 68~77

Bray U B and Bahlke W H. 1938. Vapor Extraction of Heavy Oil and Bitumen. Sci. Pet. 3: 1966~1979

Butler R M and Jiang Q J. 2000. Steam and Gas Push (SAGP) - 3: Recent Theoretical Developments and Laboratory Results. Can. Pet. Technol, 39: 48~56

Butler R M and Mokrys I J. 1989. Solvent analog model of steam - assisted gravity drainage. AOSTRA J. Res. 5, 17~32

Butler R M and Mokrys I J. 1989. The role of diffusion and convective dispersion in vapor extraction process. AOSTRA J. Res. , 5: 17~32

Butler R M and Stephens D J. The gravity drainage of steam heated heavy oil to parallel horizontal wells. Journal of Canadian Petroleum Technology, 9096, April - June, 1981

Butler R M and Yee C T. 2002. Progress in the in situ recovery of heavy oils and bitumen. Journal of Canadian Petroleum Technology, 41 (1): 31～40

Butler R M, Mcnab G S, and Luo H Y. 1981. Theoretical studies on the gravity drainage of heavy oil during in situ steam heating. Canadian Journal Chemical Engineering, 59, 455460

Butler R M, Mokrys I J, and Das S K. 1995. The solvent requirements for VAPEX recovery. The International Heavy Oil Symposium, SPE 30293

Butler R M, Mokrys I J. 1991. A new process (VAPEX) for recovering heavy oils using hot water and hydrocarbon vapour. JCPT, 30 (1): 97～106

Butler R M. Steam - assisted gravity drainage: Concept, development, performance and future. Journal of Canadian Petroleum Technology, 31 (8): 44 - 50, 1992

Butler R M. A method for continuously producing viscous hydrocarbons by gravity drainage while injection heated fluids. UK Pat. Appl GB 2053328 (1980) also US 4344485 (1982) and Can. 1130201 (1982)

Butler R M. SAGD comes of AGE. Journal of Canadian Petroleum Technology, 37 (7): 9～12, 1998

Butter R M and Stephens D J. 1981. The gravity drainage of steam heated heavy oil to parallel horizontal wells. Journal of Canadian Petroleum Technology, 90～96

Butter R M. 1981. Theoretical studies on the gravity drainage of heavy oil during in situ steam heating. Canadian Journal Chemical Engineering, 59: 455～460

Butter R M. 1982. A method for continuously producing viscous hydrocarbons by gravity drainage while injecting heated fluids. UK Pat. Appl GB 2053328 (1980) also US 4344485 (1982) and Can. 1130201 (1982).

Butter R M. 1992. Steam - assisted gravity drainage: concept, development, performance and future. Journal of Canadian Petroleum Technology, 31 (8): 44～50

Butter R M. 1998. SAGD comes of AGE! . JCPT, 37 (7): 9～12

Buza J W. 2008. An Overview of Heavy and Extra Heavy Oil Carbonate Reservoirs in the Middle East. IPTC

Canadian Association of Petroleum Producers. Crude Oil Forecast, Markets and Pipeline Expansions. (June 2007)

Canadian Natural Resources Limited, CNRL Primrose and Wolf Lake Expansion Project, Volume I, Section A, Project Description; Alberta Energy and Utilities Board Application, Calgary, AB, October 2000

Castagna J P, Batzle M L, and Eastwood R L. 1985. Relationship between compressional - wave and shear - wave velocities in clastic silicate rocks. Geophysics, 50: 571～581

Chen S, Lines L, and Daley P. 2004. Foamy oil and wormhole footprints in heavy oil cold production reservoirs, CSEG Recorder

Christopher J, Schenk, Troy A. Cook, Ronald R. Charpentier, et al. An Estimate of Recoverable Heavy Oil Resources of the Orinoco Oil Belt, Venezuela. USGS, 2009

Ciz R and Shapiro S A. 2007. Generalization of Gassmann's equations for porous media saturated with a solid material. Geophysics, 72 (6): A75～A79

Collins P M. 1994. Design of the monitoring program for AOSTRA'S underground test facility, Phase B pilot, JCPT, 33 (3): 46～53

Collins P M. 2005. Geomechanical effects on the SAGD process. SPE International Thermal Operations and Heavy Oil Symposium, SPE/PS - CIM/CHOA 97905

Collins P M. Geomechanical effects on the SAGD process. 2005 SPE International Thermal Operations and Heavy Oil Symposium, SPE/PS - CIM/CHOA 97905

Collins P M. Injection pressures for geomechanical enhancement of recovery processes in the Athabasca oil sands. SPE International Thermal Operations and Heavy Oil Symposium and International Horizontal Well Technology Conference, Calgary, Alberta, Canada, SPE/PS - CIM/CHOA 79028

Coskuner G. 2009. A new process combining cyclic steam stimulation and steam – assisted gravity drainage: hybrid SAGD. JCPT, 48 (1): 8~13

Cuthiell D, Kissel G. , Jackson C, et al. 2006. Viscous Fingering Effects in Solvent Displacement of Heavy Oil. J. Can. Pet. Technol. , 45, 29~38

Cuthiell D, McCarthy C, Fruenfeld T, et al. 2003. Can Institute Recovery Compete with Open Pit Mining in the recovery Processes. J. Can. Pet. Technol. , 42: 41~49

Das A and Batzle M. 2008. Modeling studies of heavy oil in between solid and fluid properties. The Leading Edge, 27 (9): 1116~1123

Das A and Batzle M. 2010. Frequency dependent elastic properties and attenuation in heavy – oil sands: comparison between measured and modeled data. 80th SEG Annual Meeting, 2547~2551

Das S K and Butler R'M. 1994. Effect of Asphaltene Deposition On the Vapex Process: A Preliminary Investigation Using a Hele – Shaw Cell. J. Can. Pet. Technol. , 33: 39~45

Das S K and Butler R M. 1996. Enhancement of Extration Rate In the Vapex Process By Water Injection. Can. J. Chem. Eng, 74: 985~992

Das S K and Butler R M. 1998. Mechanisms of The Vapour Extraction Process For Heavy Oil and Bitumen. J. Pet. Sci. Eng. , 21: 43~59

Das S K, Butler R M. Investigation of Vapex process in a packed cell using butane as a solvent. Presented at the Canadian SPE/CIM/CANMET International Conference on Recent Advances in Horizontal Well Applications, March 20 – 23, 1994, Calgary, Canada, Paper No. HWC 94 – 47, 1994

Das S K. Diffusion and dispersion in the simulation of VAPEX Process, SPE 97924, SPE International Thermal Opertations and Heavy Oil Symposium, Calgary, Canada, November 1 – 3, 2005

Das S K. In Situ Recovery of Heavy Oil and Bitumen Using Vaporized Hydrocarbon Solvents. Ph. D. Thesis, University of Calgary, Calgary, Canada, 1995

De Ghetto. 1995. Pressure – Volume – Temperature correlations for heavy oils and extra heavy oils. SPE 30316

Dusseault M B. Comparing Venezuelan and Canadian Heavy Oil and Tar Sands. Paper 2001 – 061, Canadian International Petroleum Conference, Calgary, June 12 – 14. 2001

Dusseault. 2006. Mechanics of heavy oil. Short Course of US Society of Rock Mechanics

Eastwood J E. 1996. Case history: Drilling 46 wells based on seismic monitoring at Cold Lake: CSEG

Edemariam A. 2007. Mud, Sweat and Tears. The Guardian

Elkins L F, Morton D and Blackwell W A. 1972. Experimental Fireflood in a Very Viscous Oil – Unconsolidated Sand Reservoir, S. E. Pauls Valley Field, Oklahoma. SPE 4086, paper presented at the 1972 Annual SPE Meeting, San Antonio, Texas, October 8~11

Engelmark F. 2010. Using Multitransient electromagnetic surveys to characterize oil sands and monitor steam – assisted gravity drainage. in: Chopra S, Lines L R, Schmitt D S, et al. ed. Heavy oils: Reservoir Characterization and Production Monitoring. SEG Geophysical Developments Series No. 13: 301~307

Fair D R, Trudell C L, Boone T J, et al. Cold Lake heavy oil development – A success story in technology application. International Petroleum Technology Conference, IPTC 12361

Freitag N R and Exelby D R. 1998. Heavy oil production by in situ combustion – distinguishing the effects of the steam and fire front, JCPT, 37 (4): 25~32

Gates I D, Kenny J, Hernandez – Hdez, et al. 2008. Steam injection strategy and energies of SAGD, SPE Reservoir Evaluation and Engineering, 10 (1): 19~34

Gates I D, Larter S R, Adams J J. 2009. Optimal well placement for heavy oil and bitumen reservoirs with vertical and lateral oil mobility distributions. 15th European Symposium on Improved Oil Recovery, P18

Gong J, Polikar M, and Chalaturnyk R J. 2002. Fast SAGD and geomechanical mechanisms. Petroleum Society's Canadian International Petroleum Conference, CIPC 2002 – 163

Gray D, Anderson P and Gunderson J. 2004. Examination of wide – angle, multi – component, AVO attributes for prediction of shale in heavy oil sands: A case study from the Long Lake Project, Alberta, Canada. 74th SEG Annual Meeting

Greaves M and Al – Shamali O. 1995. Wet in situ combustion (ISC) process using horizontal wells. 6th UNITAR International Conference on Heavy Oil and Tar Sands, 90~112

Greaves M and Al – Shamali O. 1996. In situ combustion (ISC) process using horizontal wells. JCPT, 35 (4): 49~55

Greaves M and Xia T X. 1998. Preserving downhole thermal upgrading using 'toe – to – heel' ISC – horizontal wells process. 7th UNITAR International Conference on Heavy Oil and Tar Sands, 1837~1842

Greaves M, El – Sakr A, Xia T X, et al. 2001. THAI – A new air injection technology for heavy oil recovery and in situ upgrading. JCPT, 40 (3): 1~10

Greaves M, Ren S R and Xia T X. 1999. New air injection technology for IOR operations in light and heavy oil reservoirs. SPE Asia Improved Oil Recovery Conference, SPE 57295

Greaves M, Saghr A M, Xia T X, et al. 2001. THAI – New air injection technology for heavy oil recovery and in situ upgrading. JCPT, March 2001, 40 (3): 38 – 41

Greaves M, Tuwil A A, and Bagci A S. 1993. Horizontal producer wells in situ combustion (ISC) processes, JCPT, 32 (4): 58~67

Grills T. 1998. Emerging technologies for SAGD drilling and production. JCPT, 37 (5): 11~12, 19

Gurevich B, Osypov K, Ciz R et al. 2008. Modeling elastic wave velocities and attenuation in rocks saturated with heavy oil. Geophysics, 73 (4): E115~E122

Gwynn J W. Taking another Look at Utah's Tar Sand Resources. Survey Notes (January 2007) 8

Han D and Batzle M. 2004. Gassmann's equation and fluid – saturation effects on seismic velocities. Geophysics, 69 (2): 398~405

Han D – H, Yao Q, and Zhao H – Z. 2007a. Complex properties of heavy oil sand. 77th SEG Annual Meeting, 1609~1613

Han D – H, Zhao H – Z, and Yao Q. 2007b. Velocity of heavy oil sand. 77th SEG Annual Meeting, 1619~1623

Hayduk W and Minhas B S. 1982. Correlation for Prediction of Molecular Diffusivities in Liquids. Can. J. Chem. Eng. , 60: 295~299

Hayduk W, Castaneda R, Bromfield H, et al. 1973. Self – diffusion and viscosity of some liquid as a function of temperature. AIChE J. , 19: 859~861

Head I M, Jones D M, and Larter S R. 2003. Biological activity in the deep subsurface and the origin of heavy oil. Nature, 426 (20): 344~352

Hein F J and Cotterill D K. 2006. The Athabasca Oil Sands — A Regional Geological Perspective, Fort McMurray Area, Alberta, Canada. Natural Resources Research, 15 (2): 85~102

Hein F J. 2006. Heavy Oil and Oil (tar) Sands in North America: An Overview & Summary of Contributions. Natural Resources Research

Hinkle A, Shin E – J, Liberatore M W, et al. 2008. Correlating the chemical and physical properties of a set of heavy oils from around the world. Fuel, 87: 3065~3070

Hoversten G M, Milliganz P, Byun J, et al. 2004. Crosswell electromagnetic and seismic imaging: An examination of coincident surveys at a steam flood project. Geophysics, 69 (2): 406~414

Hyne N J. Non – Technical Guide to Petroleum Geology, Exploration, Drilling and Production, 2nd edition. Pennwell，2001

Imperial Oil Resources. 2003. Application for Approval of the Cold Lake Expansion Projects - Nabiye and Mahihkan North - Supplemental Information Update; Alberta Energy and Utilities Board Application, Calgary, AB, April

Ito Y and Suzuki S. 1996. Numerical simulation of the SAGD process in the Hangingstone oil sands reservoir. 47th ATM of the Petroleum Society of CIM

Jiang Q, Butler R M. 1995. Experimental Studies on Effects of Reservoir Heterogeneity on VAPEX Process, 46th Annual Technical Meeting of The Petroleum Society of CIM, Paper 95 - 21

Jiang Q. 1996. Recovery of Heavy Oil and Bitumen Using VAPEX Process in Homogeneous and Heterogeneous Reservoirs. Ph. D. Thesis, Department of Chemical and Petroleum Engineering, University of Calgary, Calgary, Canada

Jin W. 1999. Heavy Oil Recovery Using the Vapex Process. Master's thesis, University of Waterloo, Waterloo, Ontario, Canada

Kapadia R, Upreti S R, Lohi A, et al Chatzis, I. J. Pet. Sci. Eng. 2006, 51, 214~222. determination of gas dispersion in vapor extraction of heavy oil and bitumen

Karmaker K and Maini B B. Experimental Investigation of Oil Drainage Rates in VAPEX Process for Heavy Oil and Bitumen Reservoirs. SPE 84199, Annual Technical Conference and Exhibition, Denver, CO, October 5 - 8, 2003

Karmaker K, Maini B B. Applicability of Vapor Extraction Process to Problematic Viscous Oil Reservoirs. SPE 84034, Annual Technical Conference and Exhibition, Denver, Colorado, October 5 - 8, 2003

Katz B J and Robison V D. 2006. Oil quality in deep - water settings: Concerns, perceptions, observations, and reality. AAPG

Koci P F and Mohiddin J G. Peace River Carmon Creek Project - Optimization of Cyclic Steam Stimulation through experimental design. SPE Annual Technical Conference and Exhibition, SPE 109826

Koopmans M P, Larter S R, Zhang C M, et al. 2002. Biodegradation and mixing of crude oils in ES3 reservoirs of the Liaohe basin, northseatern China. AAPG BULLETIN, 86 (10): 1833~1843

Kopper R, Kupecz J, Curtis C, et al. 2001. Reservoir Characterization of the Orinoco Heavy Oil Belt Miocene Oficina Formation, Zuata Field, Eastern Venezuela Basin. SPE, 69697

Larter S R, Wilhelms A, Head I M, et al. 2003. The controls on the composition of biodegraded oils in the deep subsurface: Part 1, Biodegradation rates in petroleum reservoirs. Organic Geochemistry, 34: 601~ 613

Larter S, Huang H P, Adams J, et al. 2006. The controls on the composition of biodegraded oils in the deep subsurface: Part II - Geological controls on subsurface biodegradation fluxes and constraints on reservoir - fluid property prediction. AAPG BULLETIN, (6): 921~938

Lau E C. 2001. An integrated approach to understand cold production mechanisms of heavy oil reservoirs. Petroleum Society's International Petroleum Conference, Paper 2001 - 151

Leurer K C and Dvorkin J. 2006. Viscoelasticity of precompacted unconsolidated sand with viscous cement. Geophysics, 71 (2): T31~T40

Lines L and Daley P F. 2007. Seismic detection of cold production footprints in heavy oil extraction. Journal of Seismic Exploration, 15: 333~344

Lines L, Agharbarati H, Daley P F, et al. 2008. Collaborative methods in enhanced cold heavy oil production. The Leading Edge, 27: 1152~1156

Lines L, Chen S, Daley P F, et al. 2003. Seismic pursuit of wormholes. The Leading Edge, 22 (5): 459~461

Lines L. 2002. Seismic monitoring of hot and cold heavy oil production, 72rd SEG annual meeting, 793～799

Lumley D E. 2001. Time－lapse seismic reservoir monitoring. Geophysics, 66 (1): 50～53

Maini B. 2001. Foamy－oil flow. University of Calgary. SPE

Makarynska D, Gurevich B, Behura J, et al. 2010. Fluid substitution in rocks saturated with viscoelastic fluids. Geophysics, 75 (2): P. E115～E122

Mavko G and Jizba D. 1991. Estimating grain－scale fluid effects on velocity dispersion in rocks. Geophysics, 56: 1940～1949

Mavko G, Mukerji T, and Dvorkin J. 1998. The rock physics handbook: Tools for seismic analysis in porous media. Cambridge: Cambridge University Press

Maxwell S C and Urbancic T I. 2001. The role of passive microseismic monitoring in the instrumented oil field. The Leading Edge, 20 (6): 636～639

Maxwell S C, Du J, and Shemeta J. 2008. Passive seismic and surface monitoring of geomechanical deformation associated with steam injection. The Leading Edge, 27 (9): 1176～1184

Mayer R F, Attanasi E D, and Freeman P A. 2007. Heavy oil and natural bitumen resources in geological basins of the world. USGS Open－File Report 2007－1084

McLennan J A, Deutsch C V, Garner D, et al. Permeability Modeling for SAGD Process Using Minimodels. SPE Annual Technical Conference and Exhibition, SPE 103083

Meyer R F and Attanasi E D. 2003. Heavy oil and Natural Bitumen－Strategic Petroleum Resources. USGS

Meyer R F, Attanasi E D, and Freeman P A. 2007. Heavy oil and Natural Bitumen Resources in Geological Basin of the World. USGS

Mokrys I J and Butler R M. 1993. Closed－Loop Propane Extraction Method For The Recovery Of Heavy Oils And Bitumens Underlain By Aquifers: The Vapex Process. J. Can. Pet. Tech., 32: 26

Moritis G. 2004. Oil sands drive Canada's oil production growth. Oil and Gas Journal, 2004, 43～52

Nasr T N and Ayodele O R. 2005. Thermal techniques for the recovery of heavy oil and bitumen. SPE International Improved Oil Recovery Conference, SPE 97488

Niu J Y and Hu J Y. 1999. Formation and distribution of heavy oil and tar sands in China. Marine and Petroleum Geology, (16): 85～95

O'Rourke J C, Chambers J I, Suggett J C, et al. 1994. UTF project status and commercial potential. Paper 94－40, 48th ATM of the Petroleum Society of CIM and AOSTRA, Calgary, Alberta

Oballa V and Butler R M. 1989. An Experimental Study Of Diffusion In The Bitumen－Toluene System. J. Can. Pet. Technol., 28: 63～69

Oduntan A R, Chatzis I, Smith J, et al. 2001. Heavy Oil Recovery using the VAPEX Process: Scale－up Issues. Petroleum Society's Canadian International Petroleum Conference, Calgary, Canada, June 12－14, Paper 2001～127

Oduntan A R. Heavy Oil Recovery Using the VAPEX Process: Scale－Up and Mass Transfer Issues. Master's thesis, University of Waterloo, Waterloo, Ontario, Canada, 2001

Peters K E and Moldowan J M. 1993. The Biomarker Guide. New York: Prentice Hall

Polikar M, Cyr T J, and Coates R M. 2000. Fast－SAGD: Half the wells and 30% less steam. SPE/CIM International Conference on Horizontal Well Technology, SPE 65509

Ramakrishnan V. In Situ Recovery of Heavy Oil by VAPEX Using Propane. Master's thesis, University of Waterloo, Waterloo, Ontario, Canada, 2003

Ross C P and Altan M S. 1997. Time－lapse seismic monitoring: Some shortcomings in nonuniform processing. The Leading Edge, 16 (6): 1021~1027

Roy B, Anno P, and Gurch M. 2008. Imaging oil - sand reservoir heterogeneities using wide - angle pres-tack seismic inversion. The Leading Edge, 1102~1201

Roy B, Anno P, Baumel R, et al. 2005. Analytic Correction for Wavelet Stretch due to Imaging. 75th SEG Annual Meeting, 234~237

Rüger A. 1997. P - wave reflection coefficients for transversely isotropic models with vertical and horizon-tal axis of symmetry. Geophysics, 62: 713~722

Rüger A. 1998. Variation of P - wave reflectivity with offset and azimuth in anisotropic media. Geophys-ics, 63: 935~947

Rump P, Bairagi R, Fraser J, et al. 2004. Multilateral/Intelligent wells improve development of heavy oil field - A case history. , IADC/SPE Drilling Conferences held in Dallas, USA, 2004, IADC/SPE 87207

Schenk C J, Pollastro R M, and Hill R J. 2006. Natural Bitumen Resources of the United States. USGS

Schmidt T, Leshchyshyn T H, Puttagunta V R. Diffusivity of CO_2 into Reservoir Fluids. Presented at the 33rd Annual Technical Meeting of the Petroleum Society of CIM, June 6~9, 1982, Calgary, Canada

Scott G R. 2002. Comparison of CSS and SAGD performance in the Clearwater formation at Cold Lake. SPE International Thermal Operations and Heavy Oil Symposium and International Horizontal Well Technology Conference, SPE 79020

Shin H and Polikar M. 2006. Experimental investigation of the Fast - SAGD process. Petroleum Society's 7th Canadian International Petroleum Conference, CIPC 2006 - 087

Shin H and Polikar M. 2006. Fast - SAGD application in the alberta oil sands areas. Journal of Canadian Petroleum Technology, 45 (9), pp. 46 - 53, September 2006

Shin H and Polikar M. 2007. Review of reservoir parameters to optimize S7 and fast - sagd operating con-ditions. Journal of Canadian Petroleum Technology, 46 (1): 35~41

Smith G C and Gidlow P M. 1987. Weighted stacking for rock property estimation and detection of gas. Geophysical Prospecting, 35: 993~1014

Smith G E. Fluid Flow and Sand Production in Heavy Oil Reservoirs Under Solution Gas Drive. SPE 15094, paper presented at the 56th California Regional meeting of the Society of Petroleum Engineers held in Oakland, CA, April 2 - 4, 1986

Smith T M, Sondergeld C H, and Rai C S. 2003. Gassmann fluid substitutions: A tutorial. Geophysics, 68: 430~440

Speight J G. The Chemistry and Technology of Petroleum, 4th edition. CRC Press. 2006

Sponchia B, Emerson B, and Johnson J. 2006. Intelligent multilateral wells proved significant benefits in environments ranging from heavy - oil shallow onshore wells to difficult subsea well construction. The 2006 Offshore Technology Conference held in Houston, USA, OTC 17867

Standing M B. 1962. Oil systems correlations. in: Frick, ed. Petroleum Production Handbook. New York: McGrwa - Hill Book Co. v. 2

Sun Z. 1999. Seismic Methods for Heavy Oil Reservoir Monitoring and Characterization. PhD thesis, Uni-versity of Calgory

Sun Z. 2003. Time - lapse 3D azimuthal AVO inversion for stress anomaly mapping at Cold Lake, 3D Symposium February 17~21

Tan J, Bland H, and Stewart R. 2007. Passive seismic event - classification techniques applied to heavy oil production from Cold Lake, Alberta. 77th SEG Annual Meeting, 1261~1265

Thomas S. 2008. Enhanced oil recovery: An overview. Oil & Gas Science and Technology, 63 (1): 9~19

Tonn R. 2002. Neural network seismic reservoir characterization in a heavy oil reservoir. The Leading Edge, 21 (3): 309～312

Tremblay B, Sedgwick G, VU D. 1999. A review of cold production in heavy oil reservoirs. EAGE－10th European Symposium on Improved Oil Recovery

Tsiklauri D and Beresnev I. 2003. Properties of elastic waves in a non－Newtonian (Maxwell) fluid－saturated porous medium. Transport in Porous Media, 53: 39～50

Upreti S R, Lohi A, Kapadia R A, et al. 2007. Vapor extraction of heavy oil and bitumen: A review. Energy & Fuels, 21: 1562～1574

Upreti S R. Experimental Measurement of Gas Diffusivity in Bitumen: Results for CO_2, CH_4, C_2H_6, and N_2. Ph. D. Thesis, Department of Chemical and Petroleum Engineering, University of Calgary, Calgary, Canada, 2000

Veith E. Releasing the value of heavy oil and bitumen: HTL upgrading of heavy oil to light oil. World Heavy Oil Conference, Beijing, 2006

Vladimir G and Ilya T. 1998. 3－D description of normal moveout in anisotropic inhomogeneous media. Geophysics, 63: 1079～1092

Volkman J K, Alexander R, Kagi R I, et al. 1983. Demethylated hopanes in crude oils and their applications in petroleum geochemistry. Geochim. Cosmochim. Acta, 47: 785～794

Wang Z and Nur A. 1989. Effect of temperatures on wave velocities in sands and sandstones with heavy hydrocarbons. in: Nur A and Wang Z. ed. Seismic and Acoustics Velocities in Reservoir Rocks: SEG, 188～194

Wenger L M, Davis C L, and Isaksen G H. 2001. Multiple controls on petroleum biodegradation and impact in oil quality. SPE 71450

Wong R C K. 2004. Effect of sample disturbance induced by gas exsolution on geotechnical and hydraulic properties measurements in oil sands. Petroleum Society of CIM'S Canadian International Petroleum Conference, CIPC2004－071

Wu T T. 1966. The effect of inclusion shape on the elastic moduli of a two－phase material. International Journal of Solids Structure, 2: 1～8

Xia T X, Grevaves M, Turta A T, et al. 2003. THAI－A 'short－distance displacement' in situ combustion process for the recovery and upgrading of heavy oil. Trans IChemE, 81: 295～304

Yazdani J A and Maini B B. 2005. Effect of Height and Grain Size on the Production Rates in the Vapex Process: Experimental Study. SPE Reservoir Eval. Eng. , 8: 205～213

Yu, C S L. The Time－Dependent Diffusion of CO_2 in Normal－Hexadecane at Elevated Pressures. Master's thesis, University of Calgary, Calgary, Canada, 1984

Yuan J Y, Tremblay B, Babchin A. 1999. A wormhole network model of cold production in heavy oil. SPE International Thermal Operations and Heavy Oil Symposium SPE paper 54097

Z. Shouliang, Z. Yitang, W. Shuhong, et al. 2005. Status of Heavy－Oil Development in China. SPE 97844

Zhang W, Youn S and Doan Q. 2005. Understanding Reservoir Architectures and Steam Chamber Growth at Christina Lake, Alberta, by Using 4D Seismic and Crosswell Seismic Imaging. SPE International Thermal Operations and Heavy oil Symposium, SPE 97808

Zhang. 2007. Application of v_P/v_S and AVO modeling for monitoring heavy oil cold production. Master's thesis, University of Calgary

Zou Y, Lines L R, Hall K, et al. 2004. Time－lapse seismic analysis of a heavy oil cold production field, Lloydminster, Western Canada. 74th SEG Expanded Abstracts, 1555～1558

Curtis C, Kopper R, Decoster E, et al. 2002. Heavy - oil reservoirs. Oilfield Review, 14 (3): 30～52

姚国欣. 渣油沸腾床加氢裂化在超重油改质厂的应用. 当代石油石化, 2008, 16 (1): 23～27

刘文章. 1998. 热采稠油油藏开放模式. 北京: 石油工业出版社

李彦平. 2001. 间歇蒸汽驱技术及其在河南油田的应用. 成都理工学院学报, 28 (4): 405～408

吕广忠, 陆先亮. 2004. 热水驱驱油机理研究. 新疆石油学院学报, 16 (4): 37～40

沈燕华. 2008. 非常规原油改质技术. 当代石油石化, 16 (11): 18～25

李伟超, 吴晓东, 刘平. 2007. 从端部到跟部注空气提高采收率的新方法. 西南石油大学 (自然科学版), 30 (1): 78～80

曾玉强, 任勇, 张锦良等. 2006. 稠油出砂冷采技术研究综述. 新疆石油地质, 27 (3): 366～369

贾承造等. 2007. 油砂资源状况与储量评估方法. 北京: 石油工业出版社

刘亚明. 2010. 重油研究现状及展望. 中国石油勘探, (5): 69～76

穆龙新, 韩国庆. 2009. 奥里诺科重油带构造成因分析. 地球物理学进展, 24 (2): 488～493

牛嘉玉, 刘尚奇等. 2002. 稠油资源地质与开发利用. 北京: 科学出版社

吴奇等. 2002. 国际稠油开采技术论文集. 北京: 石油工业出版社

张厚福等. 1999. 石油地质学. 北京: 石油工业出版社

钟文新, 陈明霜. 2008. 世界重油资源状况分析. 石油科技论坛, (5)

附录参考文献

Attanasi E D and Meyer R F. 2010. 4. Natural Bitumen and Extra - Heavy Oil. USGS Open - File Report: 123～150

Gray D, Anderson P and Gunderson J. 2004. Examination of wide - angle, multi - component, AVO attributes for prediction of shale in heavy oil sands: A case study from the Long Lake Project, Alberta, Canada. 74th SEG Annual Meeting

Hinkle A, Shin E - J, Liberatore M W, et al. 2008. Correlating the chemical and physical properties of a set of heavy oils from around the world. Fuel, 87: 3065～3070

Li G P, Purdue G, Weber S, et al. 2001. Effective processing of nonrepeatable 4 - D seismic data to monitor heavy oil SAGD steam flood at East Senlac, Saskatchewan, Canada. CHOA: 307～315

Lines L, Agharbarati H, Daley P F, et al. 2008. Collaborative methods in enhanced cold heavy oil production. The Leading Edge, 27: 1152～1156

Lines L, Chen S, Daley P F, et al. 2003. Seismic pursuit of wormholes. The Leading Edge, 22 (5): 459～461

Lumley D E. 2001. Time - lapse seismic reservoir monitoring. Geophysics, 66 (1): 50～53

Maxwell S C, Du J, and Shemeta J. 2008. Passive seismic and surface monitoring of geomechanical deformation associated with steam injection. The Leading Edge, 27 (9): 1176～1184

Mayer R F, Attanasi E D, and Freeman P A. 2007. Heavy oil and natural bitumen resources in geological basins of the world. U. S. Geological Survey Open - File Report 2007～1084

Ross C P and Altan M S. 1997. Time - lapse seismic monitoring: Some shortcomings in nonuniform processing. The Leading Edge, 16 (6): 1021～1027

Roy B, Anno P, and Gurch M. 2008. Imaging oil - sand reservoir heterogeneities using wide - angle prestack seismic inversion. The Leading Edge, 1102～1201

Sun Z. 1999. Seismic Methods for Heavy Oil Reservoir Monitoring and Characterization. PhD thesis, University of Calgory

Sun Z. 2003. Time - lapse 3D azimuthal AVO inversion for stress anomaly mapping at Cold Lake. Exxon-Mobil Proprietary, 3D Symposium February 17～21

Tan J，Bland H，and Stewart R. 2007. Passive seismic event – classification techniques applied to heavy oil production from Cold Lake，Alberta. 77th SEG Annual Meeting，1261~1265

Tonn R. 2002. Neural network seismic reservoir characterization in a heavy oil reservoir. The Leading Edge，21 (3)：309~312

Vedanti N and Sen M. 2009. Seismic inversion tracks in situ combustion：A case study from Balol oil field，India. Geophysics，(74) 4，B103~B112，8

3 致密砂岩气

致密砂岩气作为非常规能源的一种，对世界常规能源的接替起到了至关重要的作用。目前其产量占世界各类非常规能源产量的比例很大，而且还有巨大的储量没有开发出来。致密砂岩气丰富的资源量再加上市场较大的油气需求，将其推到了很重要的地位。

致密砂岩显著的特征是渗透率低（小于或等于 0.1mD）、孔隙结构复杂，特别是在胶结作用较强或黏土等矿物较多的情况下，孔隙特征更为复杂，仅用孔隙度和渗透率参数已经不能准确反映致密砂岩储层的特征，而是需要更微观的参数来表征，于是微孔隙结构成为研究致密砂岩气的热点。另外，致密砂岩储层中的裂缝也是研究的一个重点。裂缝发育能够有效改善储层的渗透能力，但在致密砂岩储层中如何明确裂缝的形成过程并把它表征出来一直是一个难点。在致密砂岩形成过程中，除了沉积作用和构造运动之外，成岩作用对其影响最大。在成岩作用过程中，压实作用和胶结作用较大幅度地降低了储层的孔隙度和渗透率，黏土等矿物的充填也是孔渗降低的重要原因，而构造运动产生的裂缝和溶蚀作用则会提高储层渗透率。尽管致密砂岩气藏是盆地中心气藏（又叫深盆气或根缘气）的一个重要类型，但是并非所有的致密砂岩气都是盆地中心气。在常规的岩性、地层气藏发育的部位，也可能有致密砂岩气藏的发育。

致密砂岩储层如此复杂的地质特征使得储层的渗流特征、弹性及物性特征有别于常规砂岩储层，加之极强的非均质性，使得致密砂岩岩石物理分析研究具有很大的挑战性，常规的孔隙度、渗透率以及饱和度等公式适用性差，利用测井手段识别致密砂岩中的气层特别困难、精确评估致密砂岩储层难度大。对此许多学者进行了岩石物理分析及建模方法、测井评价、储层横向预测，以及在开发过程中利用微地震、时移地震等进行储层动态监测的研究。

致密砂岩气藏的储层物性差，有时发育裂缝，横纵向分布差异大等地质特征决定了其具有单井产量低、井控范围小、供气范围小，需要大规模钻井以及经济效益低的工程开发特征。为了提高致密气藏的采收率，形成了水平井、多分支井与欠平衡钻井相结合的钻井技术，以大型水力压裂、分层压裂、多级压裂和通道压裂等为主体压裂增产技术，先进的井网加密技术和贯穿整个开发过程的气层保护技术。为了更进一步明确致密砂岩的渗流特性，又对近几年有关滑脱效应、启动压力和应力敏感性的新理论进行了介绍。上述现象会影响试井资料的分析，多位学者对在不同流态下试井问题和致密气产能问题进行了剖析。

致密砂岩气藏的储层的渗透率级别在毫达西，储层地质特征十分复杂，因此经济开发致密砂岩气藏的难度大。这里围绕着致密砂岩的成岩过程、储层特征及成藏机理等关键地质问题，具体讨论岩石物理分析及建模方法、测井评价、储层横向预测以及开发过程中微地震、时移地震监测等技术的应用。在工程方面，以储层保护技术为主线贯穿钻完井增产的整个过程，主要介绍水平井、多分支井与欠平衡钻井相结合的钻井方法及以提高产量为目标的新型压裂技术、井网加密技术等，并针对致密砂岩的渗流机理新理论、试井分析、动态储量分析与计算方法等几个至关重要的问题进行详细阐述。

3.1 致密气的资源分布

致密气包括致密砂岩气、火山岩气、碳酸盐岩气。世界致密气资源丰富，是未来重要的勘探增储领域，2007 年 Raymond 等在世界石油委员会报告中评价认为致密砂岩气资源量约为 $114 \times 10^{12} \mathrm{m}^3$（蔡希源，2010）。致密气藏存在于世界许多盆地中，主要集中在北美、拉丁美洲、亚洲和前苏联（图 3.1.1），其开发活动主要集中于美国、加拿大和中国。除此外，其他国家也正如火如荼地研究着致密气。例如，澳大利亚、阿尔及利亚、阿曼、委内瑞拉、阿根廷、巴西、埃及和其他一些欧洲国家。致密砂岩气作为非常规资源的一种，对世界的能源起到了至关重要的作用，近年来，其产量几乎占了全球非常规资源量的约 70%（Khlaifat 等，2011）。图 3.1.2 显示了全球致密气可采资源量分布情况。

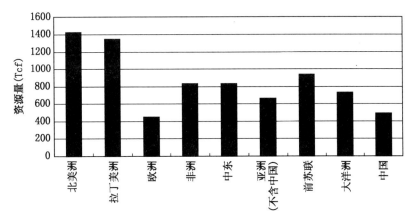

图 3.1.1 致密砂岩气在全球的分布

（修改于 Rogner，1997；Kawata 和 Fujita，2001；WEC，2007；CNEB，2008）

3.1.1 美国致密气藏资源现状

美国致密砂岩气资源潜力大，是目前唯一一个实现了大规模商业开发致密砂岩气的国家（Shahamat 和 Gerami，2009）。致密气藏首先在美国西部的 San Juan 盆地开发（Law，2002；Naik，2010；Khlaifat 等，2011）。接着，East Texas、Piceance、Green River 和 Denver-Julesberg 等盆地也相继发现了致密气藏。根据 2005 年美国能源部的报告，在整个美国，储量在前 100 的气藏中有 58 个是致密砂岩气藏（据 Baihly 等，2009）。另外，据 EIA2008 年评价结果：致密砂岩气藏的资源量为 $19.8 \sim 42.5 \times 10^{12} \mathrm{m}^3$，为常规气资源量 $66.5 \times 10^{12} \mathrm{m}^3$ 的 29.8%～63.9%。自 1990 年以来，美国致密气产量快速增长，2008 年产量达 $1757 \times 10^8 \mathrm{m}^3$，占美国天然气总产量的 30.2%，在非常规中占 62.9%。到 2009 年 1 月份，美国 EIA 估计现存的技术可采的致密砂岩气是 310 Tcf，占整体可采气的 17%（Khlaifat 等，2011）。图 3.1.3 是美国含有致密气的盆地，图 3.1.4 是美国致密气的产量比例。随着技术的进步和天然气价格的抬升，美国致密气在其整个天然气中的比例会持续的增加。

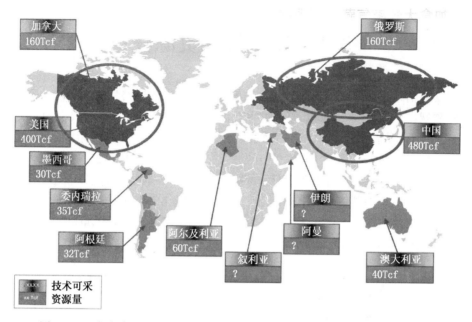

图 3.1.2　全球致密气可采资源量分布情况（据第 19 届世界石油大会，2008）

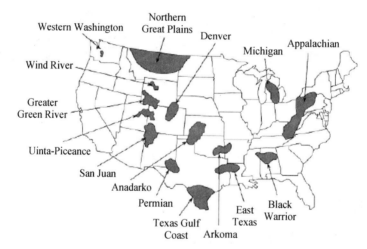

图 3.1.3　美国致密气藏的分布（据 Holditch，2005）

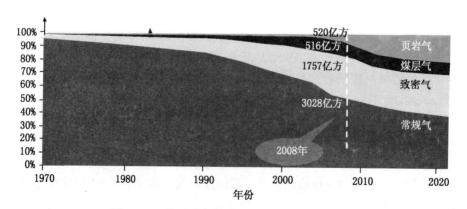

图 3.1.4　美国致密气的产量比例（EIA，2009）

3.1.2 加拿大致密气藏资源现状

截至 2006 年，非常规天然气对于加拿大天然气总消费量的贡献大约为 25％，并且预计到 2025 年非常规天然气的贡献量能增长到 40％（Aguilera，2008）。加拿大国家能源局认为气藏中的原始致密气在 $(89 \sim 1500) \times 10^{12} ft^3$ 之间。加拿大非常规天然气学会会长 Gatens 在 2004 年 11 月的 CSUG（加拿大社会非常规天然气）会议上认为有大于 $500 \times 10^{12} ft^3$ 致密气资源。加拿大石油生产者协会（CAPP 系统）网站（2007 年）表明，该国能源局估计加拿大有 $300 \times 10^{12} ft^3$ 致密气。其他研究结果（2006 年 PTAC）表明在加拿大西部沉积盆地可能包含 $1500 \times 10^{12} ft^3$ 的致密气（包括浅层气），如图 3.1.5。虽然不同预测者的估计数字有很大不同，但专家们普遍认为在加拿大的致密砂岩中储有庞大体积的天然气。

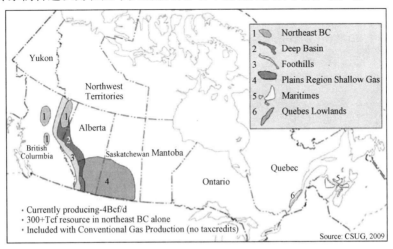

图 3.1.5　加拿大西部致密砂岩气藏的位置（据 CSUG，2009）

3.1.3 中国致密气藏资源现状

中国 80％的天然气藏位于致密气藏中（TOTAL，2007）。中国自 1971 年发现川西中坝气田之后，也逐步系统地开始了对致密砂岩含气领域的研究。勘探实践表明，我国致密砂岩气藏分布范围广，类型多样，在所有含油气盆地的深部，如四川、鄂尔多斯、吐哈、松辽、准噶尔、塔里木等 10 余个盆地，都具有形成致密砂岩气藏的地质条件。近年来，随着勘探技术的进步，在四川和鄂尔多斯的勘探实践证明了致密砂岩蕴藏有丰富的天然气资源，不仅可以富集成藏，而且可以形成大型、特大型气田，只是这些气田的评价和勘探技术与常规油气勘探相比具有明显不同（蔡希源，2010）。2009 年，中国致密气年产量约为 $150 \times 10^8 m^3$（胡文瑞，2010）。表 3.1.1 是 2009 年对中国非常规天然气资源量与产量的统计。图 3.1.6 是中国致密气（根缘气）资源分布情况（张金川等，2007）。

表 3.1.1　中国非常规天然气资源量与产量统计（据胡文瑞，2010）

名　称	资源量（$10^{12} m^3$）	产能（$10^8 m^3$）	备　注
煤层气	36.8	25.0	鄂尔多斯、沁水盆地等
页岩气	100.0	0.3	重庆、四川、云贵等
致密砂岩气	12.0	150.0	鄂尔多斯、四川等
天然气水合物	131.8	0	南中国海、青藏高原

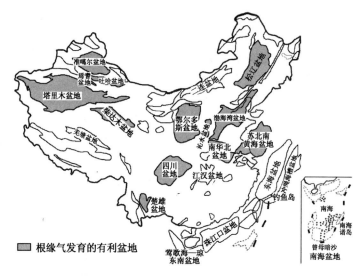

图 3.1.6　中国陆区根缘气发育的有利盆地分布图（据张金川等，2007）

　　根据最新评价结果，川西坳陷侏罗系与上三叠统天然气资源量为 $1.8 \times 10^{12} \mathrm{m}^3 \sim 2.5 \times 10^{12} \mathrm{m}^3$，而目前的探明储量约为 $2200 \times 10^8 \mathrm{m}^3$，仅占资源量的 10% 左右。在四川盆地已发现并开发中坝、平落坝、九龙山、合兴场、新场、洛带、新都、邛西、马蓬等气田，但仍有大量的资源有待发现。川中地区遂南、南充、八角场气田均在须家河组致密砂岩气藏生产工业天然气。鄂尔多斯盆地北部已发现苏里格、榆林、长北、大牛地等致密砂岩气田。苏里格气田是近年来发现的大气田，探明天然气地质储量 $6025 \times 10^8 \mathrm{m}^3$，为目前中国最大的气田，具有极其广阔的开发潜力（宁宁等，2009）。

　　除了美国、加拿大和中国，还有约旦的 RH 气田，它是迄今为止约旦境内发现的唯一一个气田。1986 年发现，这个气田生产干气和少量水分（凝析气），其致密砂岩的孔隙度为 $7\% \sim 15\%$，渗透率为 $0.1 \times 10^{-3} \mu \mathrm{m}^2$，其中存在天然裂缝。另外，TB 是伊朗的一个致密气藏，位于该国西部，天然气原始地质储量大约为 45Tcf，平均渗透率大约为 $(0.01 \sim 0.1) \times 10^{-3} \mu \mathrm{m}^2$，孔隙度 $3\% \sim 7\%$（Shahamat 和 Gerami，2009）。总之，致密气藏在全球的很多盆地都有分布，潜在资源量巨大。

3.2 致密砂岩储层地质特征及成藏机理

致密砂岩气资源量丰富，前景可观，但是致密砂岩气藏地质条件极其复杂，这给致密砂岩气藏的勘探和开发带来了非常严峻的挑战。本部分从致密砂岩储层地质特征、致密砂岩的形成过程和气藏类型及其成藏机理进行调研和研究。

致密砂岩显著的特征是渗透率很低、孔隙结构复杂，特别是在胶结作用较强或黏土等矿物较多的情况下，孔隙特征尤为复杂，仅用孔隙度和渗透率参数已经不能准确反映致密砂岩的物性特征，需要更微观的参数来表征致密砂岩储层，于是微孔隙结构现在成为研究致密砂岩气的热点。另外，致密砂岩储层中的裂缝发育也是研究的一个重点，裂缝发育能够有效改善储层的渗透能力，但在致密砂岩储层中如何明确裂缝的形成过程并把它表征出来一直是一个难点。

在致密砂岩形成过程中，除了沉积作用和构造运动之外，成岩作用对砂岩致密化的影响最大。在成岩作用过程中，压实作用和胶结作用较大幅度地降低了储层的孔隙度和渗透率，黏土等矿物的充填也是孔渗降低的重要原因，而溶蚀作用和构造运动产生的裂缝则会提高储层渗透率。

此外，国内外都提出了较多的描述气藏的概念，例如深盆气藏、盆地中心气藏、连续型气藏、根缘气藏等。本部分对这些气藏的定义、特征分别进行了详述。对于致密砂岩气藏的其他特征，如生、储、盖、圈、运、保等油气藏特征，则融入各种气藏特征的描述中。

3.2.1 致密砂岩储层特征

和常规砂岩储层一样，致密砂岩储层可以处于深层或浅层、高压或低压、高温或低温环境下，可以是毯状的或透镜状的，也可以含有一个或多个储层，有的存在天然裂缝，也有的不存在天然裂缝（Holditch，2006；Aguilera 和 Harding，2007；Rushing 等，2008；Aguilera，2008）。但是，致密砂岩储层的岩石致密，非均质性强，有效孔隙度低，渗透率很低，岩石微观结构复杂多样，毛管压力和束缚水饱和度高，并且黏土矿物含量较高，有时还存在复杂的天然裂缝，这些因素都对致密砂岩储层发育有不同程度的影响。下面重点阐述了近些年针对致密砂岩储层的新研究和认识。

3.2.1.1 孔隙度

在常规砂岩储层中，有效孔隙度通常只比总孔隙度稍低，然而，致密砂岩储层中，强烈的成岩作用导致有效孔隙度值比总孔隙度要小很多（Rushing 等，2008）。致密砂岩的成岩作用改变了原生孔隙结构并减少平均孔喉直径，导致弯曲度和孤立孔隙或不连通孔隙数目增加，从而导致岩石中微观孔隙结构和孔隙类型变得复杂。

3.2.1.1.1 孔隙微观结构

致密砂岩储层中孔隙和喉道几何形状、大小、分布及其相互连通关系十分复杂。微观孔隙结构直接影响储层的储集和渗流能力，并最终决定着致密砂岩气藏产能的大小。不同区块的致密砂岩储层虽然有大致相同的渗透率、孔隙度，但它们的微观结构特征却可能有很大的差异，这种差异会影响致密砂岩气藏的流体分布以及有效开发。因此，研究低渗透致密砂岩储层的微观孔隙结构特征具有重要的意义。

（1）平均孔喉值。

致密砂岩气、页岩气的勘探实践和"连续谱"概念的提出（Nelson，2009）模糊了传统概念中储集层与盖层的界限，用于表述常规储集层的孔隙度和渗透率已不能很好地描述致密储集层的特征，平均孔喉值无疑是描述致密砂岩储集层的另一个关键参数。

Nelson（2009）提出了"连续谱"的概念，在分析了172块来自世界不同盆地、不同年代和不同岩性样品的压汞数据和常规物性数据之后指出：常规储集层的孔喉值（直径）通常大于$2\mu m$，致密含气砂岩储集层介于$2\sim0.03\mu m$，而页岩则介于$0.1\sim0.005\mu m$；沥青、环烷烃、链烷烃和甲烷等分子则形成了连续谱的另一部分：从沥青分子的$0.01\mu m$变化到甲烷分子的$0.00038\mu m$。通过分析这些数据的平均孔喉大小，得到一个近似连续的孔喉直径谱。然后，又列出了黏土矿物颗粒、烃类、水、汞和3种气体（氮气、氦气和甲烷）分子的直径，将这些分子直径与硅质岩颗粒之间的平均孔喉直径放到同一个对数坐标中，就得到了一张跨越7个数量级的连续谱（图3.2.1）。图3.2.1展示的来自East Texas盆地的Bossier致密砂岩样品是美国典型的致密砂岩储集层，其孔喉直径介于$0.1\sim1\mu m$，其中无效储集层（用正方形表示）的孔喉大小可低至$0.01\mu m$。该连续谱展示了常规碎屑岩储层、致密含气砂岩储层、页岩的孔喉值，以及微观液体和气体分子直径的连续分布情况。通过对全球不同地区砂岩样品的孔喉直径和含油气情况的大量统计，可以得到它们之间的统计规律。

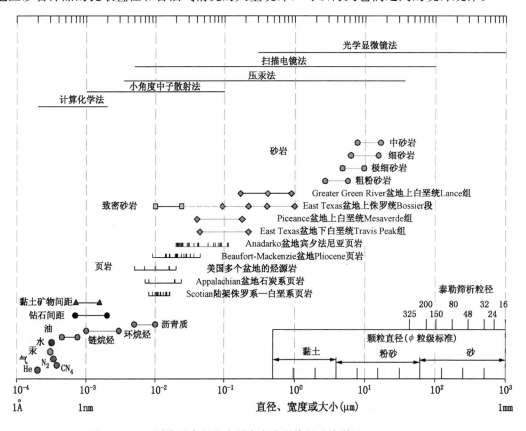

图3.2.1 不同分子直径和碎屑岩中孔喉值的连续谱（Nelson，2009）

对于图中孔喉直径与渗透率的关系，很多学者都认为渗透率与孔喉直径的平方再乘以孔隙度因子成正比（Nelson和Batzle，2006）。这可以用由Katz和Thompson（1986）研究的关系式近似表示：$K \approx 4.48 d^2 \phi^2$，$\phi$ 为孔隙度；K 为渗透率；d 为孔喉直径。

基于这一理论，把连续谱用于四川盆地须家河组的致密砂岩储层。具体做法是对四川盆地须家河组 19 口井的 512 块岩心样品，利用压汞法得到门槛压力（或称临界注入压力）和中值压力。然后，分别将门槛压力和中值压力换算成最大孔喉半径和中值半径，并将其投点到 Nelson 连续谱上（徐兆辉等，2011）。结果发现该组储集层横跨常规砂岩和致密砂岩，但绝大部分都落在连续谱的致密砂岩范围之内。根据之前所提到的孔隙度、渗透率与孔喉直径的关系，通过大量的统计，拟合出须家河组储集层物性间相互关系，这对致密砂岩储层的认识有重大意义，也为四川盆地及世界其他地区的致密砂岩储集层的研究提供了一种新的思路。

（2）主流喉道半径和喉道分布特征。

对于特低渗致密气藏储层，尽管岩心的孔隙度、渗透率在相同级别，但其粒间孔隙结构却不尽相同，利用常规孔、渗参数去反映低渗、特低渗储层的储集和渗流能力存在一定局限性（朱光亚等，2010）。对于中高渗气藏储层而言，为了明确储层微观孔隙结构特征，通常使用常规压汞测试毛管压力的办法来定量计算孔喉半径，研究其分布特征。表征储层微观孔隙结构的参数以孔喉中值半径和平均孔喉半径最为常见，这两种参数与储层渗透率都有很好的对应关系。然而对于低渗致密气藏储层而言，上述两种参数与渗透率的相关性较差（朱光亚等，2010）。

主流喉道半径（定义累计喉道分布为 95％时，对应的储层喉道半径为主流喉道半径）既可以表征储层孔喉分布特征，又可以准确地反映储层渗流能力。因此，在对低渗、特低渗气藏储层微观孔隙结构进行评价时，主流喉道半径是更为科学的评价参数。这可以从压汞实验数据，以及主流孔喉与渗透率的关系中看出。图 3.2.2 是通过恒速压汞实验得到的不同半径喉道分布频率和累计分布频率图。图 3.2.2a 表明，渗透率小于 $0.1 \times 10^{-3} \, \mu m^2$ 的岩心中平均喉道半径在 $1 \mu m$ 以下，喉道半径集中于 $0.7 \mu m$ 左右；渗透率为 $0.1 \sim 1 \times 10^{-3} \, \mu m^2$ 的岩心平均喉道半径在 $1 \sim 3 \mu m$，喉道半径分布相对展宽；渗透率大于 $1 \times 10^{-3} \, \mu m^2$ 的岩心中平均喉道半径在 $3 \mu m$ 以上，喉道半径的分布比前两类岩心宽得多，既有小于 $1 \mu m$ 的小喉道，也有 $10 \sim 15 \mu m$ 这样比较大的喉道，且后者的比例随渗透率增加所占比例变大。图 3.2.2b 表明，随着渗透率的增大，喉道的累计分布相应展宽。从图 3.2.3 可以看出，低渗透和特低渗透岩心的主流喉道半径与渗透率的相关程度明显高于中值喉道半径等常规参数与渗透率的相关程度，说明在低渗透和特低渗透气藏中，主流喉道半径对渗透率起主要的控制作用，主流喉道半径越大，渗透率越高；反之，主流喉道半径越小，气藏渗透率就越低。

3.2.1.1.2 孔隙类型

致密砂岩储集孔隙包括原生孔隙和次生孔隙。原生粒间孔隙为岩石骨架颗粒之间的孔隙，而次生孔隙则主要由不稳定矿物的溶蚀，及晶间微孔隙和裂缝孔隙组成，其中晶间微孔隙主要与黏土和泥质有关，它也能由胶结物的次生加大产生的孤立孔隙形成，裂缝孔隙度主要由岩石物质中的微裂缝产生。在致密砂岩储层中，储集空间的组合类型多为粒间孔隙和溶蚀孔隙组合，或者为粒间孔隙、溶蚀孔隙与微裂缝组合。

基于对 Frontier、Mesaverde 和 Travis Peak 地层致密含气砂岩的研究，总结出致密砂岩可以有以下 3 方面特征：（1）在成岩过程中原生孔隙被破坏；（2）大多孔隙是次生溶蚀孔隙；（3）砂岩颗粒上相邻的石英次生加大间的缝状孔是流体流动的通道。总之，次生溶蚀孔是致密砂岩主要的储集空间（Soeder 和 Chowdiah，1990；Nelson，2009；Shrivastava 和

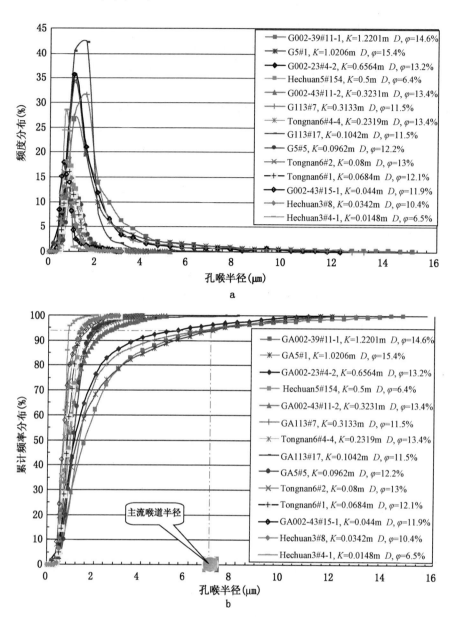

图 3.2.2　不同渗透率岩样的喉道分布特征（据 Zhu 等，2010）
岩样均来自四川盆地须家河组的致密砂岩；a—不同渗透率岩样的喉道分布频率图；
b—不同渗透率岩样的喉道累计分布频率图

Lawatia，2011），即致密砂岩储层的孔隙类型是以次生孔隙为主（图 3.2.4）。

3.2.1.1.3　孔隙度与上覆应力及渗透率的关系

上覆应力增加对于低渗透致密砂岩储层孔隙度的影响相对较小。通过对美国 Wyoming 州的 Greater Green River 盆地的致密砂岩储层孔隙度和渗透率关系的研究发现，孔隙体积压缩主要发生在第一个 2000psi，之后再增加上覆压力时孔隙体积变化很少（图 3.2.5）。在低渗透砂岩储层中围压对孔隙体积变化的影响较小，这一事实反映了这些低渗透岩石具有良好的胶结和坚硬的骨架，而且那些确实发生体积压缩的孔隙在总孔隙体积中所占比例很小（Shanley 等，2004）。

对于常规储层，其孔隙度与渗透率具有明显的正相关关系，而对致密砂岩储层则不然。高孔隙度致密储层中，其复合孔隙喉道长度短且连通性好，孔隙度与渗透率相关程度较高，但低孔渗致密储层孔隙吼道复杂、连通性差，孔渗相关性低。如图 3.2.6 所示，对于须家河组致密砂岩储集层，当孔隙度低于 13% 时，孔渗关系呈现分散的趋势（徐兆辉等，2011）。虽然低孔隙度致密储层的孔渗关系可能会很分散，但在校正滑脱效应之后，孔渗之间也会表现出一定的相关性。

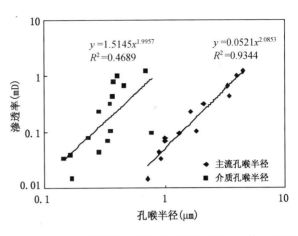

$$y = 1.5145x^{1.9957}$$
$$R^2 = 0.4689$$

$$y = 0.0521x^{2.0853}$$
$$R^2 = 0.9344$$

图 3.2.3　主流喉道半径与渗透率关系图（据 Zhu 等，2010）
岩样均来自四川盆地须家河组的致密砂岩

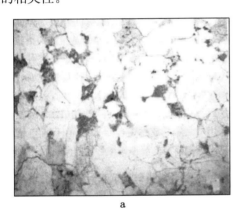
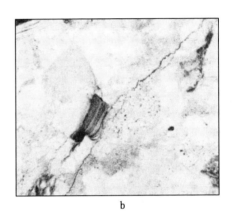

a

b

图 3.2.4　致密砂岩储层的孔隙组合类型（据张哨楠，2008）
照片比例尺：长边为 2mm；a—粒内溶孔、粒间溶孔和残余粒间孔隙的孔隙空间组合（红色部分为铸体），鄂尔多斯盆地定北 6 井，井深 3717.0m；b—粒内溶孔、高岭石晶间微孔和微裂缝的孔隙空间组合，
鄂尔多斯盆地定北 5 井，井深 3749.9m

3.2.1.2　渗透率

渗透率是表示在一定压差下，岩石允许流体通过的能力，决定了流体流动的难易程度。有效孔隙度、黏度、流体饱和度和毛管压力是控制油气藏有效渗透率的重要参数。除了这些与流体性质相关的参数，与岩石有关的参数也同等重要（Naik，2010）。一般来说，大多致密砂岩储层的岩石低孔、低渗，即使黏度较低，气体也不能轻易地循环流动（Shehata 等，2010），使致密砂岩渗透率较低。在致密砂岩中还广泛分布着大量的小孔隙（图 3.2.7）（Metz，2009），与连接孔隙的喉道一起形成了复杂的系统，也使致密含气砂岩渗透率很低。

另外，在低渗透致密砂岩储层中，实测气相渗透率比实验室测得的常规气体渗透率小 10～10000 倍。这种变化主要是由于气体滑脱效应、上覆地层应力以及局部含水饱和度对有效渗透率的影响造成的（Shanley 等，2004）。其中滑脱效应或者 Klinkenberg 校正考虑了气体在实验室低压条件与地下高压条件下性质的不同。一般来说，所用的渗透率都是经过 Klinkenberg 校正之后的。

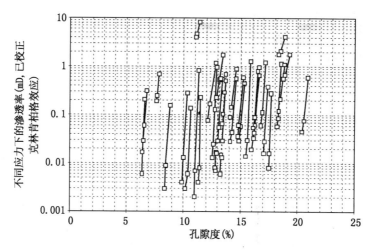

图 3.2.5　孔隙度和渗透率受变化的净上覆应力的影响（据 Shanley 等，2004）
图中共有 35 个岩样。对每个岩心样本，采用了三个级别的净上覆应力：围压、2000psi 的
上覆应力、4000psi 的上覆应力。数据来自 Wyoming 州西南部 Moxa 地区的 Frontier 地层

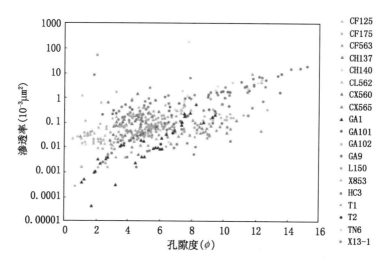

图 3.2.6　须家河组储集层孔隙度与渗透率关系（徐兆辉等，2011）

3.2.1.2.1　上覆应力对渗透率的影响

对于致密砂岩气藏，应力是孔隙度和渗透率的重要影响因素。然而，同一应力场下孔隙度的变化要比渗透率的变化小得多（Rushing 等，2008）。也就是说，对于致密砂岩气藏，上覆应力对渗透率的影响更大。图 3.2.5 可完全证明这一事实，它显示的是不同上覆应力条件下各岩样孔隙度和渗透率的变化，表明了上覆应力变化对孔隙度和渗透率的影响。从图 3.2.5 可看出随着上覆应力增加，低渗透率储层渗透率显著下降，而且，这种效应在储层渗透率为 $0.5 \times 10^{-3} \mu m^2$ 或者更小的时候更明显。

在一项对应力影响渗透率的研究中，Davies（1999）对比了未固结的高孔渗砂岩和低渗透含气砂岩。在未固结的砂岩储层中，随着上覆应力增加，渗透率降低最明显的是孔隙度和渗透率初始值最高的砂岩。在低渗透含气砂岩中，随上覆应力增加，渗透率主要受到孔喉的影响下降较快。Byrnes 和 Keighin（1993）发现在低渗透率储层中，孔隙喉道随着上覆应力

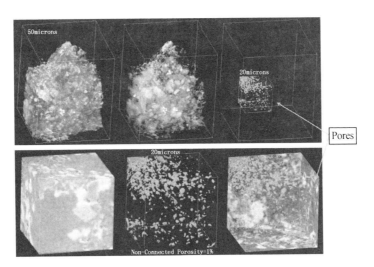

图 3.2.7　致密砂岩中的小孔隙（μCT 技术识别结果）

（据 Metz 等，2009）

的增加可以减少 50%～70%。

3.2.1.2.2　含水饱和度对渗透率的影响

在上覆应力作用下，低渗透砂岩储层中，气体的渗透率比常规储层小很多，只有 0.001～1mD，这种现象很常见。同样，地层水有效渗透率也是如此，因为在高含水饱和度的低渗透储层中水是不能够流动的。低渗透储层与常规储层有如此大的差别，因此，用于常规储层的临界水饱和度（水停止流动时的饱和度）、临界气饱和度（气体开始流动的饱和度）以及束缚水饱和度（增加孔隙压力时含水饱和度变化很小时的饱和度）等概念都需要进行重新定义。对于低渗透储层中气体相对渗透率的研究发现，在含水饱和度为 40%～50% 时，气体的渗透率下降的最快。在低渗致密砂岩气层中，如图 3.2.8 所示，气水都不能流动的含水饱和度范围比较广。

图 3.2.8 对常规储层和低渗透储层的性质进行了比较。在常规储层中，如果以相对渗透率 2% 作为基准，其大于 2% 的单相或者两相流体的渗透率变化范围很大，临界水饱和度和束缚水饱和度的值几乎是一样的，在这种情况下，很少有被水开采出，这说明储层是处于或者接近束缚水饱和度。然而在低渗透储层中含水饱和度的变化范围却很大，对于相对渗透率小于 2% 的流体，其临界水饱和度和束缚水饱和度的值相差很大。在这种储层中，缺少水的产出不能够推断出储层处于束缚水饱和度状态（Shanley 等，2004；Naik，2010）。事实上，Byrnes 早在 1994 年就已经提出了用"渗透率盲区"的概念用来描述气水渗透率不能被忽略的含水区域。然而，由于对这种关系缺乏深入的研究，导致了对低渗透储层中烃类系统研究的误解。

以上研究表明：（1）低渗透储层中缺少水的产出不能推断出储层处于束缚水饱和度状态，只能说明含水饱和度低于临界水饱和度。低渗透储层中含水饱和度的变化范围很大。（2）气体相对渗透率的曲线很陡，含水饱和度很小的变化都会导致相对渗透率发生明显的改变。（3）含水饱和度超过 50% 的地区不可能有很高的气体渗透率。（4）由于这些渗透率关系，在能够证明岩石渗透率的变化影响测试结果之前，试井都要认真仔细的进行。没有产出流体的试井中，孔隙度和渗透率与那些产出大量气体的储层是相同的。（5）由于低渗透储层

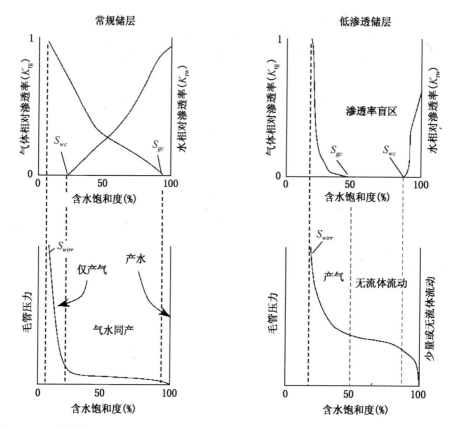

图 3.2.8　常规储层和低渗透储层中，相对渗透率与毛管压力相关关系（Shanley 等，2004）
图中：S_{wc} 为临界含水饱和度；S_{gc} 为临界含气饱和度；S_{wirr} 为束缚水饱和度。图中已标出临界含水饱和度，临界含气饱和度及束缚水饱和度。在常规储层中，临界水饱和度和束缚水饱和度是基本相等的。在低渗透储层中，两者相差很大。在常规储层中，气水能够流动的含水饱和度变化范围很广。在低渗透储层中，较宽的含水饱和度下，气和水都不能自由移动。在一些渗透率非常低的储层中，即使含水饱和度很高也没有可以移动的水

在高含水饱和度时对有效渗透率的影响很小，这些高含水储层中产出的天然气不能成为有效的资源。当然，由于对低渗透储层有效渗透率的特殊性质缺乏认识，有可能会导致一些误解从而不能够很好地了解地下信息。

3.2.1.3　复杂的气水关系

　　致密砂岩储层气水关系非常复杂，一般来说，存在 4 种类型气水关系：上气下水型、下气上水型、气水界面倾斜型和气水混杂型（邹才能，2009）。在这些低孔渗储层气水关系类型中，"上气下水"是正常的气水关系，多见于低孔渗背景中相对高孔渗部位或凹陷中心外围的上倾部位高孔渗段。在致密砂岩气藏中典型的是下气上水型，即气水倒置型（如图 3.2.9），其上倾方向气水关系倒置、下倾方向无气水接触（无底水）。天然气储集在地层下倾较低部位，而上倾较高部位是水，两者之间不存在一般意义上的封堵或遮挡条件，也没有明显的气水界面，而是存在一定宽度的气水过渡带。在这个过渡带中，储层和流体的性质逐渐变化，如沿上倾方向，地层渗透率增大、地层水矿化度明显降低、地层电阻率明显减小等。而且，由于致密砂岩储层中复杂的气水关系，可能导致圈闭中为纯气、纯水、气水混杂或干层，这也使得在勘探过程中出现高低产井并存的现象。

3.2.1.4 胶结物和黏土矿物

致密含气砂岩相对丰富的小孔隙也是其低渗透性的原因。其中，黏土矿物的存在是形成小孔隙的因素之一，同时大范围的胶结作用也是形成低孔渗的重要原因。因此，要明确致密含气砂岩中胶结物、黏土矿物的成分及其来源，这可以很大程度上提高对致密砂岩储层的认识并提高成功勘探及开发钻井方案的成功率。

3.2.1.4.1 胶结物

在致密砂岩储层中，胶结物的主要成分有硅质、钙质和自生黏土。当砂岩中的胶结物由自生黏土组成时，其基质渗透率会极低，并处于微达西级别（Naik，2010）。致密砂岩储层中硅质的胶结作用较为普遍，其主要以石英次生加大的形式存在（如图 3.2.10）。胶结物对裂缝的孔隙大小有着较大的影响，成岩作用过程中，石英胶结物和岩石裂缝之间有着复杂的关系，石英胶结物影响着岩石裂缝系统形成过程中的岩石力学属性，从而影响裂缝开度的分布和簇状聚集。另

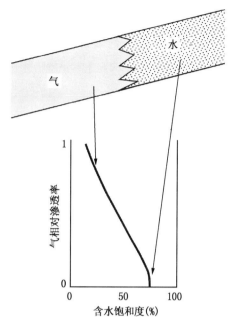

图 3.2.9　连续岩性单元中水锁导致下倾方向的含气区被上倾方向的含水区封闭（据 Shanley 等，2004；Naik，2010）

外，胶结物还通过部分或完全堵塞运移通道，影响着裂缝系统内流体流动状态。

具体来讲，在部分胶结裂缝中发现的高度非均质的石英胶结物厚度是石英晶体生长速率的函数（Lander 等，2008）。石英晶体生长速率不仅表现出明显的各向异性，同时石英生长速率还与温度有关。石英生长速率与裂缝开启速率的相互制约关系决定了胶结物能否完全充填裂缝，并且能够决定石英胶结桥能否部分充填偶尔撑开的裂缝（图 3.2.11）。所有这些可能性都可以在地下或露头中的富石英砂岩标本中见到（Olson 等，2009），在致密砂岩中更能出现这种现象。

3.2.1.4.2 黏土矿物

低渗透致密砂岩储层中的泥质含量较高，并且伴随着大量的黏土矿物。其中，黏土矿物可分为两种类型：碎屑黏土矿物（随碎屑颗粒一起沉积）和自生黏土矿物（成岩过程中从地层水中沉淀出或由碎屑黏土蚀变而成）。致密砂岩孔隙喉道中黏土的组成、分布和结构对致密砂岩的渗透率影响很大。致密砂岩储层中黏土矿物的存在会减小渗透率和原生孔隙度，而减小程度取决于黏土类型、结构以及在孔隙中位置（Aguilera，2008；Shahamat 和 Gerami，2009）。

碎屑黏土在致密含气砂岩中以层状，碎屑状，颗粒包壳，洞穴充填或孔壁附着，及分散状等形式出现。一般只有后 3 种形式会降低渗透率。颗粒包壳一般会部分或全部的覆盖着厚度不规则的黏土层的边缘；洞穴充填或孔壁附着黏土会部分充填孔隙，并不规则地分布在砂岩中；分散黏土一般作为孔隙充填物会分布在整个砂体中，通过堵塞砂岩的喉道从而降低砂岩的孔隙度和渗透率。

在致密含气砂岩中，常见的自生黏土矿物有绿泥石、层间蒙脱石和伊利石等。自生绿泥石一般形成于富铁环境中，属于孔壁附着或包壳黏土矿物。因为这些黏土没有完全覆盖住碎

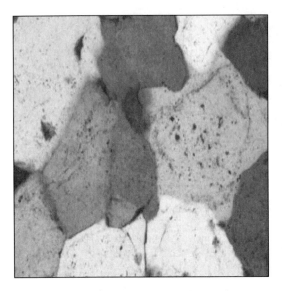

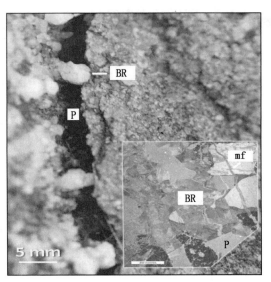

图 3.2.10　石英次生加大堵塞孔隙
（据 Mousavi 等，2007）

Travis Peak 地层，深度是 9560.4ft（图片来自
Austin 的 Texas 大学）。参见书后彩页

图 3.2.11　张开裂缝间的石英胶结桥
（据 Olson 等，2009）

三叠纪—侏罗纪 La Boca 地层中的砂岩。彩色小图为阴极
发光桥架图，BR 为桥，P 为孔隙。彩图显示了镶嵌于
桥架石英胶结（蓝）、孔隙和胶结充填微裂缝中的
含石英颗粒裂缝封堵材质。参见书后彩页

屑颗粒表面，于是就会在许多颗粒上形成石英次生加大，这会降低原生孔隙度。一般情况下，绿泥石在单晶间存在高的微孔隙度。随着地层的埋深、温度的增加，原来由蒙脱石组成的孔壁附着黏土会转化成层间蒙脱石或伊利石，如果埋深继续增大，它会完全转化成自生伊利石矿物。伊利石也可以从高岭石转化而成，实际上，伊利石既不是由母岩碎屑也不是由自生黏土形成的。伊利石晶粒可以是纤维状的、片状的或盘状结构。伊利石纤维很容易打破，并在孔喉中聚集，从而使渗透率降低。片状的或盘状结构的伊利石通过阻塞孔喉也会降低渗透率。与绿泥石类似，伊利石也有微孔隙，它能增加总的孔隙体积（Rushing 等，2008）。

　　尽管发生成岩作用的黏土矿物仅仅组成了致密砂岩的一小部分，但是由于它们比表面积高，对致密砂岩储层也造成了很大影响（Stroker 和 Harris，2009）。一般可以通过薄片岩石物理分析、X 射线衍射、显微扫描和 K - Ar 年代测定技术（K - Ar dating）对其进行分析和研究。

3.2.1.5　储层中的裂缝

　　裂缝既是致密砂岩中流体运移的主要通道，也是主要的油气储集空间，因此裂缝不仅控制着油气藏的分布，而且是致密砂岩油气藏开发方案研究的重点内容。下面主要对致密砂岩储层裂缝与应力的关系、微裂缝的特征和成因以及如何通过地质力学和成岩作用来描述裂缝进行说明。

3.2.1.5.1　应力引起裂缝形成和变化

　　岩石中的裂缝是由超过岩石破裂压力的应力所引起的。储层局部地区因区域变形而产生自然应力聚集和扰动，从而形成天然裂缝。同时，古应力对天然裂缝的产生起着较大的作用，古应力的方向与大小可以随时间而改变。地壳运动引起的褶皱、断裂和上覆岩层的剥蚀使得其上的岩层膨胀、抬升都是使应力最小面发生破裂的原因；而页岩失水、火成岩冷却、沉积岩变干燥、古喀斯特作用和溶蚀垮塌所引起的岩石体积收缩等因素也都诱使了天然裂缝的产生（Aguilera，2008）。天然裂缝对流体流动会产生影响，但在致密砂岩中，其作用往往是有利的。

地层中的天然裂缝可分为构造型（褶皱或断层）、区域型和收缩型裂缝。其中，构造裂缝是由施加在岩石上的外力产生的，属于天然裂缝的主要类型。经过多年的勘探开发发现，致密砂岩气藏中天然气主要来自构造型裂缝。而收缩裂缝是由内应力的变化形成的。

内应力来自周围沉积环境的改变，包括由热—弹性收缩引起的应力变化。如果致密砂岩体没有发生较大的构造运动，只是发生了微弱的变形而产生裂缝，这些裂缝则是由砂岩体内应力所产生的。图 3.2.12a 中描述了致密砂岩中的收缩裂缝和缝状孔隙形成过程。图 3.2.12b 展示了砂岩颗粒受到压实作用直至达到最大埋深，整个过程孔隙几乎全部被损坏，剩余的孔隙是孤立的。在这个非弹性形变过程中，净平均应力连续增加，其中砂岩脱水、孔隙度和渗透率降低、有烃的产生和运移。图 3.2.12c 描述的过程开始于地层抬升作用，最终使砂岩层形成了致密砂岩储层。在抬升过程中由冷凝作用引起颗粒半径减小了 0.04%。该过程以弹性作用为主，净平均应力连续降低，并在易碎岩石中形成断层和裂缝，从而导致圈闭几何形态的改变和渗透率的增加。以上过程解释的是在由褶皱和断层引起的构造裂缝范围内的收缩型裂缝的形成。同时，在致密含气砂岩中也常见这种裂缝。

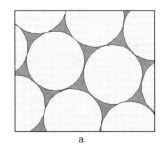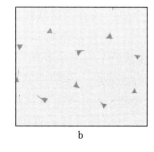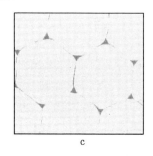

图 3.2.12　致密砂岩中热膨胀内应力循环形成收缩裂缝示意图（Aguilera，2008）
a—原始颗粒充填状态；b—当埋深最大时大多数孔隙被破坏；c—岩石冷却和地层抬升产生颗粒边缘裂缝

以上说明应力可以产生裂缝，但是应力的作用也可以造成对有效的裂缝的破坏。单钰铭（2010）通过对含裂缝致密砂岩的力学变形和渗透能力的实验，分析了不同类型裂缝的变形规律和渗透率变化特征。结果发现应力作用下致密砂岩的裂缝变形特征与裂缝类型及其表面结构有关，裂缝面的结构也同时控制了裂缝渗透率的量级及其变化规律。此外，裂缝变形有明显的塑性特征并与受载历史有关，裂缝闭合变化有不可逆性。实验结果表明，在致密砂岩储层中，对含不同充填物的裂缝，其渗透能力依各自的特征随应力增大而变差。

3.2.1.5.2　微裂缝特征和成因

按规模可将低渗透砂岩储层中的裂缝分为宏观裂缝和微观裂缝两种类型（曾联波，2007）。宏观裂缝是指可以在岩心上直接观察和描述的裂缝，其张开度通常大于 $50\mu m$；微观裂缝需借助于显微镜来观察和描述，其张开度通常小于 $50\mu m$，主要在 $20\mu m$ 以内。微观裂缝的开度与孔喉直径处于同一量级，虽然其渗流作用不如宏观裂缝，但它却极大地改善了储层的孔隙结构和整体性能，对特低渗透致密砂岩储层的储渗具有重要意义。微观裂缝一般用测井等常规手段无法识别而被忽视，但从裂缝的演化来看，微观裂缝可能是宏观裂缝的雏型，制约着宏观裂缝的形成与扩展。因此，研究微观裂缝的分布特征及其发育规律，对低渗透致密砂岩储层评价及宏观裂缝发育规律的认识具有重要指导作用。

根据微观裂缝分布特征，可将微裂缝分成三种类型：粒内缝、颗粒边缘缝和穿粒缝（Zeng，2010）。表3.2.1对这三种裂缝的分布、长度范围、开度范围和成因进行了说明。在对四川盆地上三叠系致密砂岩储层中的微裂缝研究时发现几乎所有钻井薄片中都发育粒内缝和粒缘缝，而且两种微裂缝具有较高的裂缝密度和较小的尺寸，虽对渗透率的影响相对较小，但提供了主要的储集空间（Zeng，2010）。

表3.2.1 致密砂岩中不同类型微裂缝特征（Zeng，2010）

微裂缝类型	粒 内 缝	粒 缘 缝	穿 粒 缝
分布	发育于石英或长石颗粒内部，两侧颗粒呈线性接触	沿颗粒边界发育，两侧颗粒呈线性接触	穿过颗粒或碎屑
长度	几十微米左右	几十微米左右	从几百微米到几厘米
开度	小于 $10\mu m$	小于 $10\mu m$	小于 $40\mu m$，多为 $10\sim20\mu m$
成因	成岩作用和构造运动	成岩作用	构造运动、成岩作用和超压

粒内缝主要为石英的裂纹缝和长石的解理缝，在石英或方解石矿物颗粒内发育，没有切过矿物颗粒边缘（图3.2.13）。此类裂缝的规模小，在局部高密度发育。粒缘缝与颗粒边缘伴生或共生，一般发育在矿物颗粒之间，沿着矿物颗粒边缘分布，其两侧的颗粒呈线性接触（图3.2.13），因而通常也称为粒间缝。该类裂缝规模小，延伸短，开度一般小于 $10\mu m$，在一些溶蚀处可达 $20\mu m$。粒内缝和粒缘缝不但是主要的气体存储空间，也是连通微孔隙的通道，这有助于增加超低渗透性存储的连通性。和粒内缝和粒缘缝相比，穿粒缝的规模较大，延伸较长，它不受矿物颗粒限制，通常穿越数颗矿物颗粒以上（图3.2.14）。穿粒缝的开度一般小于 $40\mu m$，主要为 $10\sim20\mu m$，当溶蚀发育后的开度可达 $40\mu m$ 以上。

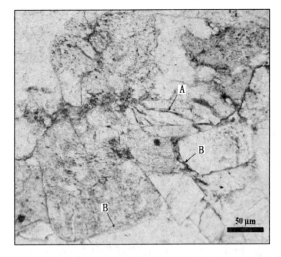

图3.2.13 薄片中的粒内缝和粒缘缝（据Zeng，2010）
薄片来源为中国四川邛西气田，深度3514.5m，透光镜下
鉴定结果；A为粒内缝，位于破碎石英颗粒内部；
B为粒缘缝，沿着颗粒边缘分布

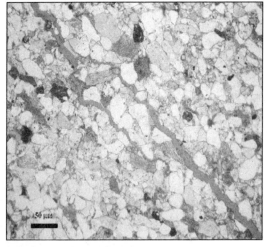

图3.2.14 薄片中的穿粒缝（据Zeng，2010）
薄片来自中国四川邛西气田，深度3373.1m

三种微裂缝的成因不完全相同。粒内缝和粒缘缝为强烈的机械压实作用和后期构造挤压作用形成的。穿粒缝的成因包括构造作用、成岩作用及异常高压等三种成因类型。从上述成因来看，构造作用是微裂缝形成的主要成因，在构造作用下形成的微裂缝广泛分布在各种岩性的岩石当中，方向性明显，并常有矿物充填（图 3.2.15）；与异常高压有关的微裂缝主要表现为延伸短、中间宽、向两侧尖灭的透镜状，通常被沥青质或碳质充填（图 3.2.16）；成岩作用形成的微裂缝主要发育在岩性界面上，尤其在泥质岩类界面发育，通常顺层面分布，并具断续、弯曲、尖灭、分支等特征（图 3.2.17）。

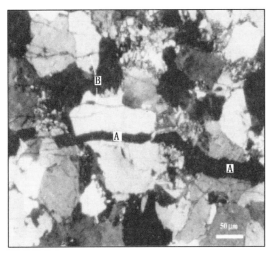

图 3.2.15　构造作用形成的裂缝特征
（据 Zeng，2010）

薄片来自中国邛西气田，深度 3350.4m；A 为原生微裂缝，充填沥青；B 为次生微裂缝，平行于原生微裂缝

图 3.2.16　与超压有关的微裂缝特征
（据 Zeng，2010）

薄片来自中国邛西气田，深度 3450.3m；A 为沥青；B 为方解石

3.2.1.5.3　综合地质力学和成岩作用对裂缝进行描述

如何对致密砂岩储层中裂缝特征进行描述一直是地球科学家们长期面临的挑战。在二维或多维空间，露头模拟可以较完整地观察裂缝网络的几何形态（Hennings 等，2000；Laubach 和 Ward，2006）。另外，还有多种裂缝诊断技术建立在钻井数据之上，包括从传统的裂缝岩心描述（Nelson，1985）到微裂缝的岩心薄片观察（Laubach，1997；Laubach 和 Gale，2006），再到较大规模裂缝的电阻率和声波测井响应（Zemanek 等，1970；Asquith 和 Krygowski，2004；Barton 等，2009）。在地球物理方面，可从裂缝对波传播的影响推

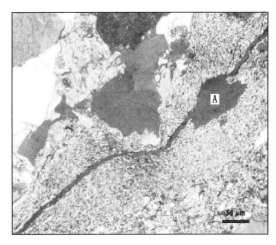

图 3.2.17　成岩作用形成的裂缝（据 Zeng，2010）

薄片来自中国邛西气田，深度 3253.2m；裂缝沿层理面分布，平行于板状矿物；A 为沿成因作用形成的裂缝发育的溶蚀孔

断裂缝性质（Sayers，2007）。在某些情况下，对应力状态的量化（大小和方向）分析也可用来描述裂缝特征。

在上述基础上，Olson 等（2009）把力学机制和成岩作用结合起来描述裂缝特征，发现在远低于上覆应力的孔隙压力下以及很小的拉伸应变下都可产生开启型裂缝，从而形成具有一定的流动能力和低裂缝孔隙度的裂缝网络，而且在小的地质事件中便可以形成这些裂缝。而若不是观察到这些裂缝，这些地质事件多数不会被注意到。此外，这些裂缝是否保持开启以及裂缝中流体的可流动性很大程度上由成岩作用的热驱动沉淀反应所决定，而不一定是由现今应力状态所决定。

图 3.2.18 是通过对裂缝力学分析之后所建立的裂缝延伸模型模拟的结果，它模拟的是胶结良好的砂岩。其中图 3.2.18a～c 阐释了负载方向的轻微改变所导致的裂缝几何模式的多样性。图 3.2.18d～f 是对这三个不同的模拟中裂缝开度分布的描述。在这三种情况中，裂缝总数为 100 条，初始总长为 0.1m，然后受到双轴应变而延伸。模拟结果中，裂缝的几何形态可为随机多边形模式（图 3.2.18a，d），也可为网格状模式（图 3.2.18b，e），或为一组平行的裂缝模式（图 3.2.18c，f）。这三个模拟结果之间的差异，是由于初始水平应变改变而形成的各向异性导致的。在这三种情形中 y 方向的初始应变皆为零，但 x 方向的初始应变有差异。图 3.2.18a，d 中 x 方向的初始应变为零，图 3.2.18b，e 中 x 方向的初始应变为 -1×10^{-4}，图 3.2.18c，f 中 x 方向的初始应变为 -2×10^{-4}。结果表明应变状态的微小差异（10^{-4} 应变级别）就可很大程度地改变裂缝几何形态（Olson 等，2009）。

模拟结果同时说明延伸的开启型裂缝模式也可由很小的应变增量（10^{-4} 数量级）产生。如果不是根据所产生的裂缝模式，如此小的应变会很难被察觉到。模拟得到的裂缝所受到的应变，与致密砂岩中实测的小裂缝对应的应变是一致的（Hooker 等，2009）。

对于上述模拟结果，为了研究不同裂缝模式对流体流动性质的影响，运用有限差分法把 x 和 y 方向的有效渗透率定量化，计算的结果表明在部分充填的裂缝中极不均匀的石英胶结物厚度与石英晶体生长速率息息相关。为了估计石英胶结物生长速率对裂缝渗透率的影响，Laubach（2003）提出了一个在许多富石英砂岩中的经验观察的门限值，如果动态开度低于此门限，裂缝会被胶结物完全充填并堵塞；如果高于此门限，裂缝仅被部分胶结或完全开启。该门限值也可以通过选取石英的最小生长速率来估算，这样如果裂缝张开速率大于石英晶体最大生长速率的裂缝段，仅会形成自形石英薄层。为了证明准动态胶结（synkinetic cement）对流体流动的影响，Olson 等人（2009）还在特定的门限值范围内重新计算了网格状裂缝模式（图 3.2.18e）的渗透率，发现由于图 3.2.18e 中裂缝开度大小不同，导致在较高门限值下渗透率急剧下降，而且，尽管渗透率下降了将近三个数量级，但是 x 方向的有效渗透率仍然明显的高于基质渗透率。这些考虑了准动态胶结作用得到的渗透率值在致密砂岩或致密的裂缝型碳酸盐岩中更具有代表性（Philip，2005）。这样通过地质力学原理进行了裂缝延伸模拟，再结合致密砂岩层中裂缝内的石英胶结作用，可以更好地来描述其中的裂缝特征。

虽然明确了天然裂缝的成因及其特征，并且肯定天然裂缝对致密砂岩气藏至关重要，但是关于天然裂缝在低渗透致密砂岩气藏开采中是否增加天然气产量的研究还很不充分。比如，在 Piceance 和 San Juan 盆地，多位研究者收集了很多的资料证明天然气产量和天然裂缝系统间存在积极的关系。而在其他盆地，例如 Greater Green River 盆地，这种作用却不是很明显。也就是说，在 Greater Green River 盆地，无法建立气体产量和天然裂缝之间的相关关系。虽然如此，但是许多研究中证实了天然裂缝确实增加了水流速率，而且会影响水力压裂所产生的裂缝位置（Shanley 等，2004；Aguilera，2008）。正如 Shahamat 和 Aguilera（2008）所说，尽管天然裂缝使得对致密储层的地质分析和试井解释变得更困难，但是

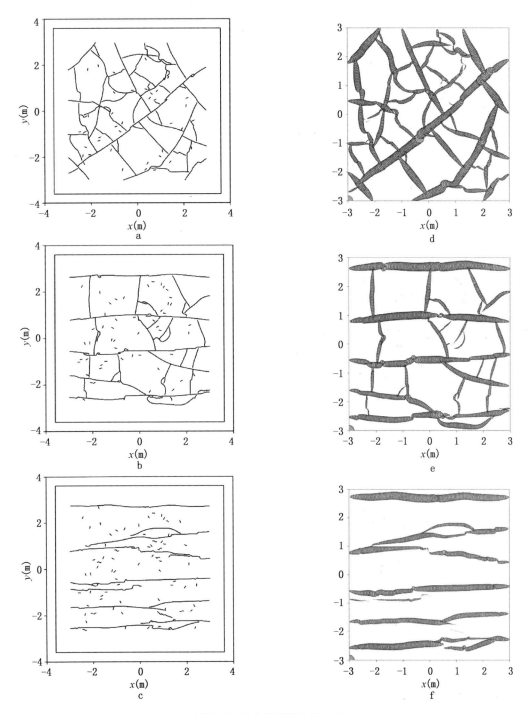

图 3.2.18　裂缝网络形成的模拟结果（Olson，2009））

由半无限弹性介质中 100 条初始裂纹产生的垂直裂缝网络，(x, y) 面积大小为 7.2m×7.2m；图 a～c 中实线为裂缝
类型区域边界；裂缝限制在 6m×6m 的网格内；仿照较薄厚度的实际地层，裂缝的固定高度限制为 1m，但模型在 z
方向厚度不限。轮廓图（a～c）和裂缝三维分布图（d～f）是根据初始应变各向异性的三种不同条件下得到的结果。
其中图（a，d）为各向同性的初始应变；图（b，e）为平行 x 方向的约束应变 $\varepsilon_{xx} = -1\times10^{-4}$；图（c，f）为初始应
变 $\varepsilon_{xx} = -2\times10^{-4}$。裂缝开度分布图（d～f）以每个裂缝单元的中心为中心，并以平均开度为直径进行绘制。图中比
例尺见每个图左下角的四分之一圆，其直径代表 1×10^{-3}m，约比实际放大 150 倍

它们的存在确实对生产有至关重要的作用，在对低渗透致密砂岩气藏的开发过程中不应该被忽略掉，而且对其研究任重而道远。

3.2.1.6　毛管压力

低渗透致密砂岩储层一般有较高的毛管压力，束缚水饱和度变化也比较大，其主要是由于致密砂岩中复杂而微细的孔喉结构造成的。在润湿相饱和度达 50％情况下，通过压汞法、高速离心（水浸）法测得的毛管压力一般大于 1000psi（6.9MPa），表明岩石具有很小的孔隙喉道，大部分孔喉直径小于 0.1μm（Shanley 等，2004）。在原始地层条件下，高毛管压力一般导致中等偏高的含水饱和度。不论是在致密砂岩储层还是在常规储层中，高的含水饱和度都会减少或者阻塞油气流。

毛管压力的测量对研究孔隙结构和孔喉的分布是有利的，特别是在致密砂岩储层中。对于常规储层，通常采用多孔板法、高速离心法和高压汞注入法（MICP）来测量毛管压力。但是，由于致密含气砂岩的毛管压力一般较高，不适宜采用多孔板法和高速离心法。另外，虽然高压汞注入法的速度快且能很好地确定岩石孔喉尺寸和分布效果，但是该方法使用接触角和表面张力参数来测量毛管压力，这对于极低含水饱和度和极高毛管压力的致密含气储层也是不合适的。于是研发了蒸汽解吸附法来测量致密砂岩储层中的毛管压力。通过用由蒸汽解吸附法、离心法、多孔板法和 MICP 法对 Bossier 致密含气砂岩的毛管压力进行测量，结果发现蒸汽解吸附法是在高毛管压力致密砂岩气储层中获得精确低含水饱和度的可靠方法（Dernaika，2010）。

通过以上对致密砂岩储层的孔渗性、胶结物和黏土矿物、裂缝及毛管压力等的研究总结出致密砂岩储层的基本地质特征，并使之与常规储层进行了对比，总结于表 3.2.2。

表 3.2.2　致密砂岩储层的基本地质特征及其与常规储层的对比（修改自张哨楠，2008）

地 质 特 征	致密砂岩储层	常规砂岩储层
渗透率（$10^{-3}\mu$m²）	小于 0.1	大于 0.1
孔隙度（％）	3～12，一般小于 10	12～25
孔隙类型	常见次生孔隙，部分粒间孔隙	原生孔隙为主（粒间孔隙），部分次生孔隙
孔隙连通性	差，孔隙延伸相对较长，呈丝带状	好或者极好，孔隙延伸短
含水饱和度（％）	45～70	30～50
束缚水饱和度（％）	高，变化范围一般在 45～70	较低，一般为 25～50
毛管压力	较高	低
自生黏土矿物及杂基含量	较高—高	较低
储层岩石类型	碎屑不稳定成分含量高；石英含量 60％～90％；常见岩石碎屑，黏土，长石碎屑和云母；偶见碳酸盐颗粒	碎屑稳定成分含量高；富含石英，少量长石和岩石碎屑
密度（g/cm3）	2.65～2.74，平均 2.68～2.71	2.65
储层压力	异常欠压或超压	通常正常或欠压
测井评价结果	不准确，真孔隙度难以确定	在低黏土含量储层评价中通常准确
埋藏深度	深	浅—中等
成岩作用	成岩历史复杂	成岩历史相对简单

3.2.2 致密砂岩形成过程

究竟是哪种因素致使砂岩致密一直是很重要的问题。Nelson（2009）指出致密含气砂岩的孔喉直径大小约 2～0.03μm，在岩石中广泛分布小孔隙，而且连接孔隙的孔喉组合关系复杂。更进一步讲，是许多的地质过程共同导致了小孔隙广泛分布和孔隙结构复杂，包括细粒到超细粒沉积物的初始沉积、孔隙中存在着各种类型的分散泥质和黏土、以及后期成岩作用的改造。图 3.2.19 直观地阐释了这一过程（Shrivastava 和 Lawatia，2011）。而从大的方面讲，沉积作用、构造运动和成岩作用是使储层变得致密的原因，其中沉积作用是形成低渗透储层的最基本因素；成岩作用是形成低渗透储层的关键；而构造作用一般将致密砂岩储层改造成低孔低渗或低孔高渗储层。

3.2.2.1 沉积因素和构造作用的影响

与沉积因素有关的主要结构单元有如颗粒大小、分选、物源、矿物成分、流体状态和沉积环境等，它们都是使砂岩变致密的重要原因。这些地质因素在沉积后生作用过程中变得更为重要，这是因为层序地层和成岩作用之间是互相有联系的。砂岩的颗粒骨架、基质和胶结物的组成，都与沉积物源、沉积作用和成岩作用等地质作用相互联系。储层特征在原生过程中已经形成，其特征则

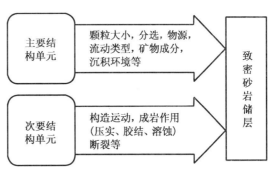

图 3.2.19 致密砂岩储层的组成单元
（Shrivastava 和 Lawatia，2011）

主要取决于物源、颗粒大小、填充物、分选，以及与岩石结构和矿物成分运移等有联系的其他地质特征等。根据沉积环境能量高低的不同和流体状态，砂岩储层中形成了不同的、控制着流体性质的沉积构造。生物扰动同样选择性的影响致密砂岩结构。一般来说，高能环境有利于形成孔渗好的储层；在低能环境下，沉积颗粒细、分选差的岩石，进而形成了低孔渗的储层。然而，虽然储层特征会受到沉积后生作用的影响，但在很大程度上，它还是受原生作用的控制。其中层序地层格架不仅在勘探阶段对识别砂体的分布有很大作用，还能够帮助认识致使储层致密的成岩作用。

致密砂岩的形成过程中，区域构造运动和局部构造作用都起到了重要的作用。温度和压力梯度都主要受构造作用的影响，盆地内的区域构造趋势，控制着地下压力分布的基本框架，应力机制可以看做构造运动的函数（Shrivastava 和 Lawatia，2011），这有助于理解并进一步解释超压和盆地中心气藏系统的复杂特征。岩浆活动、盐丘穿刺等都会使砂岩更加致密。一些情况下，成岩作用改变岩石，使其更易发生破裂，并因此发生成岩后的构造变化。构造运动和成岩作用共同影响着砂岩的致密化，而且区域地质构造还会影响所有致密岩层的水平应力，水平应力反过来又会影响断裂运动、岩石强度、钻井参数、水力裂缝延伸、岩层的自然断裂以及井眼的稳定性等（Holditch，2006）。

3.2.2.2 成岩过程的改造作用

成岩作用可以是一个物理过程也可以是一个化学过程，或者是几个不同过程的综合作用。在一定的温度和压力下，矿物和孔隙流体之间复杂的相互作用会发生成岩作用。在致密砂岩储层中，成岩作用非常重要，因为它是致使致密砂岩储层低孔低渗的主要原因（Rushing 等，2008；Shahamat 和 Gerami，2009）。早期成岩作用直接与局部沉积环境和沉积物成分有关，而晚期成岩作用范围更广，经常由于区域流体运移模式而经过多相边界。在致密砂岩中普遍发现的主要成岩作用为机械和化学压实作用，胶结作用，矿物的溶解或者淋滤作用及黏土的生成（Rushing 等，2008）。

3.2.2.2.1 压实作用降低储层孔隙度和渗透率

压实作用可以很大程度地降低储层的孔隙度和渗透率。压实过程中储层岩石发生脱水作用，使砂岩的孔隙度减小，岩层变得致密。石英、长石和岩屑的相对含量与压实程度有很大的关系，石英颗粒的抗压能力最强，长石次之，岩屑的抗压强度最小。一般来说，岩石颗粒的重排、韧性和塑性变形、易碎物质断裂和剪切等都会导致机械压实作用。异常高的孔隙压力却可以减缓这种机械压实作用；化学压实作用是由化学反应而引起的颗粒大小和几何形态的改变。机械和化学压实作用都会降低渗透率和原生孔隙度（Rushing 等，2008）。图3.2.20 所示，为压实作用下砂岩变致密的实例。

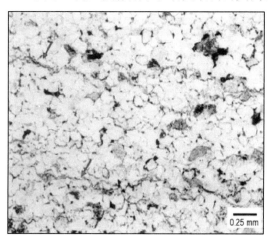

图 3.2.20　压实作用使孔隙空间缩小

（Mousavi 等，2007）

数据来自 Anderson 盆地的 2 号井

（图片来自，Austin Texas 大学）

3.2.2.2.2 溶蚀作用对储层的影响

成岩作用中的另一个影响致密砂岩储层特征的作用为溶蚀作用。溶蚀作用可以改善致密砂岩储层，特别是深层储层性质。在一般的储层中，溶蚀作用可以在纵向上形成几个次生孔隙发育带。在低孔低渗情况下，大量的孔隙是由矿物颗粒、岩石碎片和骨架胶结物的后生溶蚀作用产生的。这种类型的孔隙称为次生孔隙，通常表现为孤立的孔或"微孔洞"，其中矿物的溶解也属于化学成岩作用。石英溶解的主因是压溶作用，它是由于岩石颗粒相互接触时应力集中所引起的，它可以致使在相邻孔隙中硅质溶解、分散、对流而进行再沉淀，同时也会降低孔隙度。压溶作用仅在较高的温度下发生。另一类矿物溶解是指某些矿物颗粒和胶结物的淋滤作用，它常会增加原生孔隙或产生次生孔隙。岩石中可能存在残余矿物颗粒和岩石碎片，这些残余矿物颗粒是不完全溶蚀的结果。但是，通过溶解岩石颗粒而产生次生孔隙的沉积后作用，也能通过骨架胶结物和黏土沉淀而使孔隙度降低。

3.2.2.2.3 胶结作用对砂岩变致密的影响

致密砂岩储层普遍受到胶结作用的改造，从而导致储层物性变差。胶结作用是一个化学过程，在胶结过程中矿物携带现存的岩石颗粒和岩石碎屑一起从孔隙流体中沉淀下来。致密砂岩储层中常见的胶结物是硅质和钙质胶结物。硅质胶结物主要以石英的次生加大方式出现（如图 3.2.21），随着埋深中温度和压力的增加硅质胶结物会继续增长（Rushing 等，2008）。极端情况下，石英次生加大能充填所有的孔隙空间，这会迅速降低砂岩储层的孔渗性。一般来说，硅质胶结会和致密砂岩储层的裂缝紧密地联系在一起。硅质胶结通过在裂缝形成时影响岩石的力学性质来影响裂缝系统。裂缝的形成反过来又可以影响裂缝开度的分布等，并且胶结作用可以通过部分或者完全堵塞裂缝孔道来影响裂缝系统的流动性质（Naik，2010），这会降低致密砂岩气层地渗透率进而导致储层致密。

沉积作用后不久，钙质胶结物开始沉淀，并易于充填颗粒间的孔隙空间。图 3.2.22 显示了由于方解石的胶结作用而使粒间孔隙变小，渗透率降低。另外，自生黏土矿物也作为胶结物而把岩石颗粒胶结在一起。大多胶结物都会降低孔隙度和渗透率（Rushing 等，2008）。然而，自生黏土包壳可以抑制石英次生加大，这可以有效地减少次生加大所占据的粒间孔隙空间，从而保护了粒间孔隙。必须注意的是自生颗粒包壳仅仅减少或阻止石英次生加大，并没有影响碳酸盐、亚硫酸盐或沸石胶结物的沉淀（Pittman 等，1992）。

图 3.2.21　石英胶结主要填充粒间孔
（据 Tobin 等，2010）
美国 Wyoming 州 Wamsutter 油气田 Champlin261 A－13
井晚白垩系 Almond 组电子成像薄片

图 3.2.22　川中广安地区须家河组四段致密砂
岩方解石胶结相（邹才能等，2009）
广安 125 井，2557.19 m，细—中粒岩屑
砂岩，视域Ⅰ（正交偏光）

3.2.2.2.4　矿物填充降低孔隙度和渗透率

在低能条件下或者在浊流条件下，由于水体能量不高或沉积水体浑浊，碎屑颗粒间杂基含量比较高，成为泥质砂岩。由于粒间孔隙被杂基所占据，孔隙间的流体交换不顺畅，无论早期还是晚期的溶蚀性流体都很难进入到孔隙中，因此粒间孔隙或者粒内孔隙都不发育；在泥质杂基中因成岩作用的关系可能发生重结晶或者微弱的溶蚀，形成杂基内的溶蚀微孔隙（张哨楠，2008）。如图 3.2.23 所示，岩石中泥质杂基含量比较高，在杂基重结晶后可以形成黏土矿物晶间微孔。图中储层的孔隙全部为微孔隙，孔隙由杂基的溶蚀和重结晶形成。

自生黏土矿物的大量沉淀也可形成致密砂岩储层。此类储层可以是结构成熟度和成分成熟度均比较高的砂岩，也可以是结构成熟度较高而成分成熟度不高的砂岩（张哨楠，2008）。如图 3.2.24 所示，岩石类型为石英砂岩，硅质岩碎屑含量比较高，岩石的分选性好，颗粒之间没有任何黏土杂基存在；但是在埋藏过程中由于自生的伊利石堵塞了颗粒间的喉道，喉道间的连通主要依靠伊利石矿物间的微孔隙，这使得岩石的渗透率极低。然而相对于孔隙度的降低，渗透率的变化更加明显，主要形成中孔、低渗的致密储层。

一般来说，压实作用形成了储层低孔渗的成岩背景；胶结作用使岩石致密化；长石或岩屑溶解作用形成相对高孔渗有利储层。而且，几种成岩作用机制可以同时进行，共同作用形成致密砂岩储层。同时储层的压力和温度也会影响成岩作用的类型、大小和程度。许多成岩

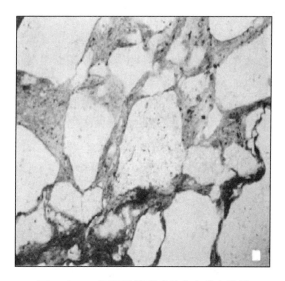

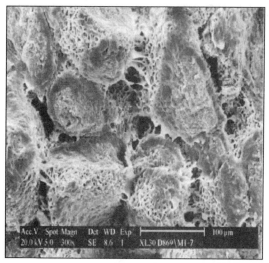

图 3.2.23　泥质砂岩形成的致密砂岩储层
（据张哨楠，2008）

鄂尔多斯盆地定北地区定井，井深 3828.6m，杂基的
溶蚀形成微孔隙，红色为铸体，显示微孔隙的存在

图 3.2.24　石英砂岩中黏土矿物的包壳
（据张哨楠，2008）

扫描电镜照片——塔里木盆地满西 1 井，井深 5287.8m，
由于黏土在孔隙喉道中的沉淀，使得储层的渗
透率迅速降低，而孔隙度则降低不大

作用的速率会随着温度的增加而成倍增加。而且，温度的升高会提高矿物的溶解能力而使孔隙中饱含水，进而使胶结物沉淀。另外，储层压力增大的影响首先就是发生机械压实作用，这种作用会降低原生孔隙的体积。然而，有时候异常高的孔隙压力会通过降低施加在单个颗粒的应力来减缓机械压实作用（Rushing 等，2008）。总而言之，沉积作用、构造作用和成岩作用共同形成了致密含气砂岩。

3.2.3　致密砂岩气藏类型

目前国外关于能够存在致密砂岩气藏的地质背景有两种不同的观点。一种认为致密砂岩气藏主要是发育于盆地中心或者是连续的大面积天然气藏（Law，2002）；另一种认为大多数的致密气藏是位于常规构造、地层或复合圈闭的低渗透储层中（Shanley 等，2004）。同时，国内不同的学者对致密砂岩气藏的认识也有很大的提升，如张金川（2003）提出根缘气的概念，姜振学等人（2006）根据砂岩气藏变致密的时间把其分为"先成型"深盆气藏和"后成型"致密气藏，邹才能（2009）等深化了连续气藏的概念。

3.2.3.1　盆地中心气藏

1976 年在加拿大西部 Alberta 盆地发现了巨型的深盆气藏（Masters，1979）。1986 年，Rose 等在研究 Raton 盆地时，首先使用了"盆地中心气藏"（Basin Center Gas）的术语。盆地中心气藏是致密砂岩气藏的重要组成部分。而且盆地中心气是当今时代一种非常重要的具有巨大经济潜能的非常规气藏，在美国每年高达 15％的天然气产量来自于盆地中心气（Law，2002），而且这个比例随着先进技术的涌现和天然气价格的提高而在逐年增加。在盆地中心气系统中天然气聚集与常规气系统的天然气聚集有一些差异。主要有直接型和间接型盆地中心气藏两种类型，在盆地中心气系统的埋藏史和地热史中，由于烃源岩不同使得两种类型的盆地中心气藏具有截然不同的特征，从而进一步影响勘探策略。

3.2.3.1.1　盆地中心气藏的基本类型和特征

　　盆地中心气藏是区域饱含气、压力异常（或高或低）、常缺少下倾方向气水接触和渗透率低的气藏，图3.2.25是其模式示意图。其主要包含直接型盆地中心气藏和间接型盆地中心气藏（Law，2002），区分依据为气藏烃源岩的差异，其中直接型盆地中心气藏具倾向生气的烃源岩，间接型具倾向生油的烃源岩。直接型和间接型盆地中心气藏通常覆盖几百平方英里，它们可由几英尺厚的单一、孤立的储层构成，也可以由几百英尺厚的垂向叠置的储层构成。前者主要是直接型盆地中心气藏，而后者多为间接型盆地中心气藏。

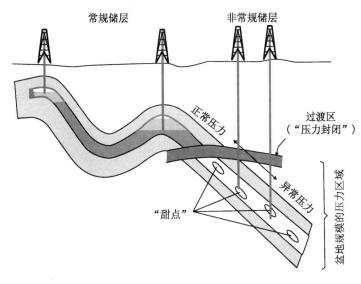

图3.2.25　盆地中心气藏的模型示意图（据 Naik，2010）

　　两种类型的盆地中心气藏的区别会导致两种系统具有极其不同的特征，其特征对比见表3.2.3。盆地中心气藏两种类型的源岩对勘探战略具有不同的影响特征，但从已有研究来看，大多数盆地中心气藏是直接型的。

表3.2.3　直接型和间接型盆地中心气藏系统（BCGS）特征（据 Law，2002；Naik，2010）

特　　点	直接型 BCGS	间接型 BCGS
源岩类型	倾向产气的烃源岩	倾向产油的烃源岩
实际地下条件的渗透率（$\times 10^{-3} \mu m^2$）	小于 0.1	小于 0.1
气体运移距离	气体运移距离近	气体运移距离有远有近
储层压力	欠压或超压状态	更可能是欠压状态
生烃机制	压力生烃机制	压力油裂解机制
封堵条件	相对渗透率或毛管封堵	岩性封闭
封堵	封堵层多变、不稳定、完整	封堵层长期稳定、完整性
顶部自然边界	顶部多切割构造带或地层边界	顶底一致，呈层状
热成熟度	通常大于 0.7% R_o	最大值超过 $1.3\% \sim 1.4\%$ R_o
烃类聚集位置	下倾方向，上部为水	下倾方向，上部为水

3.2.3.1.2 盆地中心气藏的演化阶段

通过对盆地中心气藏的特征和发展进行了详细分析，分析结果显示盆地中心气藏系统可分为两种类型和四个成藏演化阶段（Law，2002）。图3.2.26显示了盆地中心气藏的两种类型和油藏形成过程中的四个阶段。

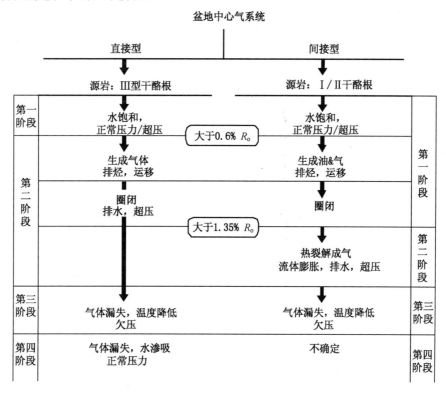

图3.2.26 显示了直接型和间接型盆地中心气藏系统的油藏形成阶段（据Law，2002）

（1）第一阶段。

在直接型盆地中心气系统和间接型盆地中心气系统的早期埋藏和热催化过程中，大部分储层是在正常压力下，其孔隙中100%饱含水。这个阶段中颗粒骨架的压实作用十分重要。对于直接型气系统来说，第一阶段的结束以热催化天然气的初步生成为标志，相对间接型气系统则是发生了从油到气的热裂解。

油藏在第一阶段的某些情况下可能处于超压状态。Law和Spencer（1998）提出在盆地中心气藏的早期埋藏阶段，形成一个公认的盆地中心气藏之前，某些沉积环境下，沉积物快速沉降，不均衡的压实作用可能成为超压形成的主要机制。然而，当地层随着埋深以及埋藏温度增高而发生变化时，不均衡的压实机制可能被生烃作用和主要由气体及少量或无水的孔隙流体所组成的不稳定超压机制所代替。

（2）第二阶段。

直接型系统倾向产气烃源岩，并且烃源岩紧靠低渗透的储层。烃源岩和储集层随着埋深增加和温度的增高，烃源岩开始生气。随着天然气的生成、运移和聚集，气体开始进入邻近的亲水性砂岩中。由于这些砂岩具有较低的孔隙度，因此天然气生成和聚集的速率大于其逸散的速率，最终，新生成的天然气聚集在储层孔隙中。随着天然气的聚集，孔隙中的自由水被排出，从而形成了超压、气体饱和而无自由水的气藏。盆地中心气系统中显示出超压阶段的实例包括 Greater Green River 盆地、Wind River 盆地、Big Horn 盆地、美国落基山地区的 Piceance 盆地和 New Zealand 的 Taranaki 盆地。

与直接型系统不同的是，间接型系统倾向产油烃源岩。间接型系统的储层质量比直接型系统的要好。在这种情况下，油气生成、运移并聚集在构造、地层圈闭中，而这些油气处于离散状态、受浮力作用聚集在一起，并且具有下倾方向气水界面。随着埋深和温度的增加，聚集的石油开始裂解为天然气，并且伴随着流体体积和压力的显著增加。通常认为当镜质组反射率（R_o）达到 1.35% 时，石油开始转化为天然气，然而一些证据显示这种转化也可能在更高的成熟度时发生，这一内容将在下一部分进行讨论。随后，烃源岩中由于热裂解生成的天然气可能被排出并运移到低渗透率的储层中。在这些情况下，发生流体体积和压力变化，超过亲水孔隙的毛管压力，就像直接系统中的孔隙压力一样，超压迫使孔隙中的自由水排出，天然气取而代之，从而形成超压的盆地中心气藏。

（3）第三阶段。

当直接系统和间接系统处于超压状态时（第二阶段），它们向第三个阶段的转化是完全相同的。当直接系统和间接系统由超压状态转化为欠压状态时，就进入了第三个阶段。通过第二阶段的超压状态后，两种系统都经历了一段时间的抬升剥蚀以及热流扰动。在埋深和温度发生变化的过程中，或在这个过程之后，一些天然气发生逸散，从而造成超压油气藏温度降低。气体的逸散以及温度的降低，最终导致欠压盆地中心气藏的形成。这一过程中，认为气体逸散的作用比温度降低更加重要。研究发现落基山脉常规圈闭中的天然气来自于盆地中心气藏，这说明气体逸散通过相对渗透率差异和毛管压力封存而发生。在第三阶段，处于欠压的直接系统包括 San Juan 盆地，Raton 盆地和 Denver 盆地的白垩系岩层。处于欠压的间接系统包括 Appalachian 盆地的下志留统储层，Jordan 东部的奥陶系储层以及 Algeria Ah-net 盆地的寒武系、奥陶系储层。

（4）第四阶段。

第四阶段只是理论上的说法，但是它更适合于直接系统，因为间接系统的盖层质量比直接系统要好。在第四阶段中，气体不断地从毛管压力封闭的盖层中逸出，并且伴随着水分缓慢地再次进入欠压状态、饱和气体的储层中。这种情况下是以欠压储层最终会达到正常压力并含水的储层为假设，从而完成压力循环。

3.2.3.1.3 盆地中心气藏的成藏要素

（1）烃源岩。

烃源岩质量是区分直接类型和间接类型最根本的因素，并会进一步影响两种系统之间的差异。直接类型盆地中心气藏的烃源岩类型主要为腐殖煤层和碳质页岩，例如 Rocky Mountain 盆地的白垩系地层以及欧洲石炭系的地层。间接类型的烃源岩主要为富氢的页岩，例如 Appalachian 盆地的奥陶系地层和中东及北非的志留系地层。

前人的研究结果表明，Wyoming 州 Greater Green River 盆地的煤层中能够产生液态烃类，并进一步热裂解为天然气，储存于煤层中。进一步研究认为由于石油向天然气转化时造成流体体积增大，造成高压，在煤层内形成裂缝，从而有利于气体的排出，并经过运移储集于低渗透的储层中。Greater Green River 盆地低渗透储层中大部分的天然气来自煤层中的腐殖型、Ⅲ型干酪根以及上白垩统的碳质页岩，这些源岩主要位于 Lance、Almond 和 Rock spring 组地层中。

（2）储层。

盆地中心气藏的储层可分为直接型和间接型储层，其通常具有较低的孔隙度（小于13%）和渗透率（小于$0.1×10^{-3}\mu m^2$）（Spencer，1985，1989）。它们由砂岩、粉砂岩以及小部分的碳酸盐岩所组成。盆地中心气藏的储层沉积环境范围很广，从海洋到陆地。储层为天然气饱和，很少或无自由水，而且位于含水层的下倾方向（图3.2.27），而在常规天然气系统中的情况刚好相反。

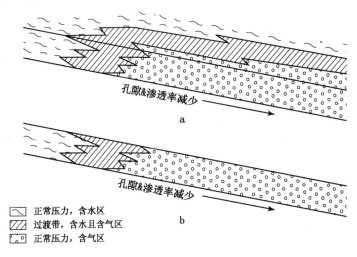

图3.2.27 直接型和间接型气系统正常压力含水层、气水过
渡带及异常压力含气层（据 Law，2002）

　　盆地中心气藏的储层多为透镜状储层和席状储层。其中透镜状储层，例如河道砂岩，通常具有较低的孔隙度和渗透率。而席状储层，例如辫状河、三角洲前缘以及风成砂，具有相对较高的孔隙度和渗透率。在厚层、垂向叠置的直接型盆地中心气藏的储层中，含水夹层并不罕见。如 Wyoming 州西部上白垩统的席状砂岩储层是一个含水层与含气层的互层，Wyoming 州西部上白垩统 Frontier 组和 Blair 组的砂岩和页岩，加拿大 Alberta 盆地的盆地中心气藏，以及美国 Colorado 州 Mesaverde 组 Rollins 和 Trout Creek 段地层均为席状的含水层。而且，水也可能是沿着裂缝和断层流入盆地中心的气藏较厚的储层中，进而使储层产水的。

　　（3）盖层。

　　盆地中心气藏的盖层对气藏的边界特征有很大影响。在直接型盆地中心气藏中，饱含气的储层沿着垂向发生变化，穿过地层边界，沿上倾方向进入气水过渡带，最后转变为压力正常、饱含水的储层（图3.2.27）。在间接型盆地中心气藏中，饱含气的储层沿着上倾方向进入气水过渡带；然而并不存在垂向过渡带的边界，在异常压力储层和正常压力、饱和水的储层之间存在一个突变的边界（图3.2.27）。这些边界特征与盖层的完整性有关，盆地中心气藏的盖层机制主要包括岩性封闭，水封闭和毛管压力封闭。毛管压力封闭通常发生在孔隙喉道较小，并有两种以上流体相态的储层中。在这种情况下，每种流体的渗透率都有所降低。

　　在直接型盆地中心气藏中，由于盖层的特性不同就产生了一个关于盖层完整性的问题（Law，2002）。根据对埋藏史和地温史的重构，在 Rocky Mountain 白垩系到第三系的盆地中心气藏中，毛管压力封闭的有效作用时间范围约为25～40Ma，这对于该地区形成的大部分其他盆地中心气藏而言是无效的时间段。然而由于盖层的泄露特性，使盖层在足够长的时间里，逐渐退化并变成无效的盖层。如果这种观点是正确的，那么就可以认为大部分盆地中心气藏都经历了几百万年的储层形成过程。从更加宽泛的意义上说，人们更希望在盆地中心气藏中看到年轻的岩石而不是古老的岩石。现在已知的盆地中心气藏储层主要为白垩系地层，这在很大程度上是因为研究主要针对白垩系和第三系的地层，而在白垩系以前的地层中没有对于盖层完整性的详细研究。值得一提的是在间接系统中，区分垂向盖层，顶部盖层和上倾盖层却是很重要的。

（4）烃类的生成、排出和运移。

当热成熟度超 0.6% 时，烃类开始从盆地中心气藏的烃源岩中排出；当热成熟度达到 0.73% 时，开始从腐殖型煤层中生成气体，而生气高峰的热成熟度为 0.8%～0.9%。在 Greater Green River 盆地，直接型盆地中心气藏顶部的热成熟度为 0.7%～0.9%，意味着产气的烃源岩层的成熟度可能等于或者大于 0.7%～0.9%。在间接型盆地中心气系统中，当镜质组反射率为 1.75% 时，石油开始裂解为天然气（Law，2002）。

通常，在直接型盆地中心气藏中烃类的运移距离很短，可能只有几百英尺或更短，但这并不绝对，当盆地中心气藏顶部发生破裂时，沿着断层和裂缝发生垂向运移的距离远远大于几百英尺，例如 Wyoming 州西部的 Jonah 气田。在间接型盆地中心气藏中，烃类的运移距离变化较大，这与常规石油系统的运移距离类似，如在 Clinton - Medina 盆地中心气藏中，垂向运移距离大约为 305m。在直接型中，气体是烃类运移的主要相态；而在间接型中，油气主要以液态形式进行运移的。

（5）圈闭形成。

在传统观念中，构造和地层圈闭的形成是石油系统形成的重要过程。在直接型盆地中心气藏系统中，圈闭形成是次要的；而在间接系统中，圈闭形成却是十分重要的。在直接型系统中，气顶切过构造和地层边界（Law，1984；Spencer，1985；Law 和 Spencer，1993），因此并不依赖于构造和地层圈闭的形成。怀俄明西部 Jonah 气田是直接型系统的一个很好的例子。气田的横向边界由断层界定（Montgomery 和 Robinson，1997；Warner，1998，2000）气田顶部为上白垩统 Lance 组的粉砂质泥页岩盖层。在间接型盆地中心气藏在发展过程中，传统的构造和地层圈闭对于油气藏的形成是至关重要的，就像常规的浮力作用下油气聚集的油气藏。间接型系统的形成时间比直接型要晚些，相当于常规油气藏中石油热裂解为天然气的阶段，同时伴随有孔隙流体体积和孔隙压力的显著增加。石油并不一定只是离散型的聚集，也可能分布于整个储层中。在这种情况下，当石油热裂解为天然气时，圈闭中聚集的石油体积不足以形成足够大的孔隙压力，因而无法形成盆地中心气藏。因此，有效圈闭的形成，圈闭形成时间与气体生成、排出、运移时间的先后关系，都是间接型系统形成的重要过程。

从对盆地中心气藏的演化阶段和圈闭要素进行分析之后，可以看出盆地中心气系统的形成和保存的前提条件是两个平衡：一是力学平衡，向上的力（包括气体体积膨胀压力与浮力）和向下的力（包括静水压力与毛管压力）之间的平衡；另一个是气体供给和气体逃逸之间的物质平衡。如果进入油气藏的气体量多于逃逸的气体量，那么气体聚集带的分布范围就将进一步受到力学平衡限制。反之亦然，较少的供给将会导致分布范围的缩小。通过力学平衡可以确定深盆气藏最小埋藏深度，通过物质平衡可以确定深盆气藏的圈闭范围（庞雄奇等，2003；Naik，2010）。

虽然盆地中心气藏内部充满各种岩性地层，但受地层物性差异分布影响，气体可在局部优势层段富集，形成含气较为集中的"甜点"，它可能是构造型或岩性圈闭，伴随着异常压力，经常出没于"盆地中心气藏"的上边界，很大程度上制约着盆地中心气藏的产能。"甜点"是指在低渗背景下具有相对高孔隙度和渗透率的储集层，并且在特定的深度具有比致密砂岩更高的价值。"甜点"的形成有三种成因，分别为原生孔隙（主要受沉积作用控制）残留造成的高孔渗地层发育带，次生孔隙（主要受次生作用控制）发育形成的高孔渗地层发育带和构造与成岩裂隙控制的高孔渗地层发育带，三者均可形成巨大的局部天然气富集量。在美国目前的盆地中心气研究中，一般将"甜点"分为孔隙型和渗透型两种。孔隙型甜点要求孔隙度大于 8%，而渗透型甜点不但要求孔隙度大于 8%，而且要求渗透率大于 0.1×10^{-3} μm^2。渗透型甜点发育的岩石特点为低石英含量和高岩屑含量。尽管一些天然气系统在整个盆地区域都有商业开采价值，比如 Colorado. 州和新 Mexico 的 San Juan 盆地，但大多气系统却在整个盆地都没有商业开采价值。因此，在盆地中心气系统里必须识别"甜点"。

3.2.3.2 根缘气藏

根缘气是紧邻气源岩的致密砂岩储层中呈根状分布的天然气聚集，即致密砂岩储层中的天然气遵从就近聚集原则，天然气与气源岩分布大面积紧密相连。根据成藏机理分析，根缘气藏具有如下特征：（1）没有产生浮力的边底水，表现为游离相天然气对地层孔隙水的活塞式排驱过程；（2）根缘气藏成藏具"储层致密、气源充足、源储相通、储盖一体"的特征，致密储层与源岩的大面积接触是成藏时必要的机理条件；（3）成藏驱动力主要是生烃膨胀力；（4）与常规圈闭气存在机理和分布上的连续过渡，总体上表现为"暂时驻留"的动态特征，但在稳定保存时可以表现为"静态"特点。（5）原生的地层流体压力为高异常；（6）埋藏深度对其成藏具有一定的影响；（7）在物质组成上与常规气没有本质差别，根缘气藏分布于区域上的低位势区和高势能区，而常规圈闭气藏则相反。多信息加权叠加、复相关分析、动力平衡、能量守恒和聚散平衡可用于根缘气藏的分布预测；（8）扩散作用对根缘气藏的保存具有较大影响，但并不是其根本特征（张金川，2003）。

根缘气藏是一个动态成藏过程，存在着转化为常规圈闭气藏的趋势。在储层致密的前提条件下，常规圈闭天然气藏的形成首先经由根缘气藏阶段。张金川（2006）进一步阐述了根缘气藏的特征：

（1）根缘气藏存在着多种气水分布模式，表现为不同程度的气水分异关系，即在典型根缘气藏与典型常规圈闭气藏之间存在着大量的过渡机理类型天然气藏，三类气藏同时存在，不同类型气藏之间的界限不分明或长井段的气水同产。

（2）根缘气藏的形成在机理上需要气水的活塞式排驱，需要存在非连续的流体动力学条件以阻止浮力作用的产生。在成藏地质条件上，即表现为致密储层与其源岩在空间上的紧密相连。由此，与气源岩紧邻的致密储层是发育根缘气藏的重要场所。

（3）气藏的根属性表现类型多样，或为致密储层底部的含气性、砂泥岩互层或夹层中的普遍含气性、或没有边底水发育等，尤其是致密储层底部的饱含气性，表明了浮力作用没有产生或受到了极大地限制，是该类气藏典型的识别标志。

致密砂岩气这一术语不考虑相关成藏机理和存在特征，因而也无所谓机理识别问题，只要储层致密，一律采用特殊技术。而采用根缘气概念模式则具有易于早期识别的特点，因为根缘气研究方法主要根据致密砂岩底部含气特点，它不需要考虑及研究天然气的输导及常规圈闭等问题，只要确定了气源岩、致密砂岩储层以及两者之间大面积直接接触的有效性，就能够预测根缘气发育条件的成立。基于成藏阶段变化导致的气藏含气性和含气饱和度不同的特点，易于形成基于单井资料的早期识别方法（张金川，2007）。

3.2.3.3 非深盆类型的致密砂岩气藏

并非所有的致密砂岩气藏都是盆地中心气藏类型（BCGA）（Shanley 等，2004；Naik，2010）。许多学者认为致密或低渗透气藏仅仅出现在盆地中心或深盆环境中，但实际上，在盆地边缘、丘陵或平原环境中也会发育该类气藏。这是因为构造变形在这些环境中发育的致密砂岩中形成大量天然裂缝系统，从而形成致密气藏。裂缝发育的致密气藏也可能会出现在拉伸、压缩或平移断层和褶皱附近，同时也会出现在砂岩埋藏后的成岩作用晚期阶段。

通过对 Greater Green River 盆地许多气田的研究，Shanley 等人（2004）认为类似 Greater Green River 盆地的低渗气藏不属于深盆气藏或连续聚集的气藏。他们明确地表达了与深盆气藏或连续聚集气藏不一致的观点，认为真正的连续气藏仅可在那种以吸附为主导作用导致气体滞留的碳氢系统中发现，比如煤层气和页岩气。基于此，Shanley 等人认为现有资源的估算很可能是偏高的。后来，Naik（2010）又加强了这一观点。

Shanley 等人（2004）通过对 Wyoming 西南地区 Greater Green River 盆地的低渗气藏的研究，明确地陈述了 Greater Green River 盆地的低渗地层不属于天然气产量取决于"甜点"的连续气藏或深盆气藏，而是常规圈闭中的低渗、品质较差的储层。他们研究了 Greater Green River 盆地中所有的第三系和白垩系低渗气藏，发现所有的这些气藏圈闭均为常规的构造、地层和复合圈闭，证实该盆地"既不是饱和天然气的盆地，也不是近似束缚水饱和度的盆地；产水是普遍的、广泛的"。Shanley 等人用于解释他们理论的模型被称为"渗透率盲区"。

图 3.2.28 所示为常规储层与低渗透储层中，毛管压力、相对渗透率在不同圈闭位置时的关系。图中描述的常规储层与低渗透储层均为薄层，且在构造上倾方向尖灭。在常规储层中（图 3.2.28a），产水面下倾至自由水界面，在中部气与水都有产出，并且向上倾方向产水量逐渐减少，至上倾尖灭部位只有气体产出。在低渗透储层中（图 3.2.28b），只有在邻近自由水界面的低构造部位才会产出大量水。多数情况下，水的相对渗透率很低，以至于即使在接近或低于自由水界面时，都很少或没有水产出。而在自由水界面之上，在一个相对较大的范围内，储层中都很少或没有流体产出。在接近于上倾尖灭处，只有气体产出，而没有水产出。

3.2.3.4 "先成型"和"后成型"致密砂岩气藏

姜振学等人（2006）认为前人主要按孔渗性的好坏把致密砂岩气藏分为好（致密）、中（很致密）、差（超致密）3 类，这种分类没有把握致密砂岩气的成藏机理，忽略了源岩生排烃高峰期天然气充注史与岩石致密演化之间的动态关系，于是，在考虑这些内容的基础上把致密砂岩分为两种类型分别研究，包括储层先期致密深盆气藏型与储层后期致密气藏型，这种分类方法把对致密砂岩气藏的认识推到一个新的高度。

如果储层致密化过程发生在源岩生排烃高峰期且天然气充注之前，即储层先致密后有烃类生产注入（要求孔隙度小于 12%，渗透率小于 $1 \times 10^{-3} \mu m^2$）（图 3.2.29a），则称为储层先期致密深盆气藏型（简称"先成型"深盆气藏）；如果储层致密化过程发生在源岩生排烃高峰期天然气充注之后，即储层后致密（图 3.2.29b），则称为储层后期致密气藏型（简称"后成型"致密气藏）。下面总结了两种类型致密砂岩气藏的特点（表 3.2.4）。

3.2.3.5 "连续型"油气藏

油气藏可分为常规圈闭油气藏和非常规圈闭油气藏，非常规圈闭油气藏又可分为连续型油气藏与非连续型油气藏。常规圈闭油气藏指单一闭合圈闭油气聚集，圈闭界限清楚，具有

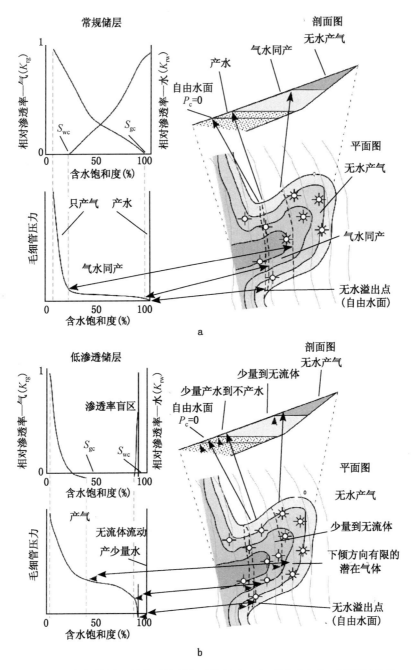

图 3.2.28 常规储层和低渗透储层中毛管压力、相对渗透率在不同圈闭位置
时的关系（据 Shanley 等，2004；Naik，2010）

a—常规储层；b—低渗透储层

统一油气水边界与压力系统。"连续型"非常规油气藏与常规圈闭油气藏本质区别在于圈闭界限是否明确、范围是否稳定、是否具有统一油气水界面与压力系统；也可以说前者是"无形"或"隐形"圈闭，以大规模储集体形式出现，后者是"有形"或"显形"圈闭，圈闭边界明确。也有学者认为可把整个聚集连片的储集体（致密砂岩、煤岩、泥页岩、冻土带等）内的油气视为单个大油气藏。

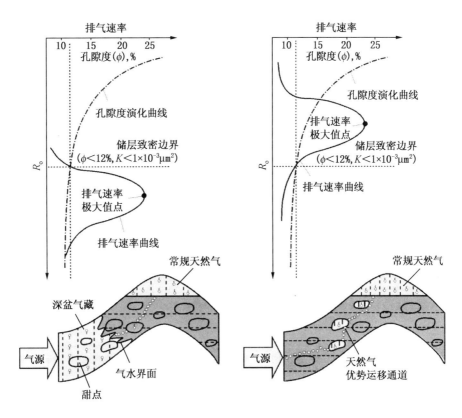

图 3.2.29 "先成型"（a）和"后成型"（b）致密砂岩气藏的概念模式（据姜振学等，2006）

表 3.2.4 两种类型致密砂岩气藏成藏特征及条件对比表（据姜振学等，2006）

特 征	条件	"后成型"致密气藏	"先成型"深盆气藏
分布	位置特征	分布在隆起上部或构造高点	分布在凹陷低部位或斜坡带
	气水关系	气上水下，正常气水关系	气下水上，气水倒置
源岩	类型	不限（源岩生气、水溶释放、原油裂解等）	煤系地层为主，$R_o \geqslant 1.3\%$
	供气特征	供气量大，供气时间短	供游离气量大，气源充足
储层	孔渗性	孔渗性比较差	$\phi \leqslant 12\%$，$K \leqslant 1 \times 10^{-3} \mu m^2$
	类型/倾向	不限	砂岩/倾角 $\leqslant \%15°$，越平缓越有利
生储盖组合	源—储	可近源也可远源，源储异地，互不相干	源储一体，存在气根
	储—盖	顶部封盖，越严越好	顶底联合封盖，越严越好
气层压力		较高的异常地层	压力异常压力（有超压，也有负压）
成因类型		"后成型"气体大量注入在致密储层形成之前	"先成型"气体大量注入时储层已经先致密

在分析国内外各种油气藏勘探和研究现状，并基于油气分布共性本质特征的认识与成藏特征，邹才能等（2009）阐述了"连续型"非常规圈闭油气藏的内涵（图 3.2.30）。实际上，国外很早就注意到"连续型"气藏的特征，最早认知的"连续型"气藏属于致密砂岩气藏，1927 年发现于美国的 San Juan 盆地。1976 年在加拿大西部 Alberta 盆地发现了巨型的深盆气藏。1986 年，Rose 等在研究 Raton 盆地时，首先使用了"盆地中心气藏"的术语。

20 世纪 90 年代以后，中国国内还出现过深盆气藏、深部气等概念。1995 年美国地质调查局（USGS）提出了"连续油气聚集"的概念，突出强调连续气藏是受水柱影响不强烈的大气藏，气体富集与水对气体的浮力无直接关系，并且不是由下倾方向气水界面圈定的离散的、可数的气田群组成。2003 年，张金川提出"根缘气藏"概念。美国地质调查局在 2006 年提出深盆气藏、页岩气、致密砂岩气、煤层气、浅层砂岩生物气和天然气水合物等 6 种非常规圈闭天然气，统称为连续气。

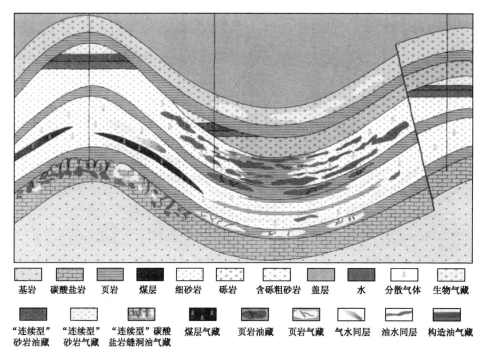

| 基岩 | 碳酸盐岩 | 页岩 | 煤层 | 细砂岩 | 砾岩 | 含砾粗砂岩 | 盖层 | 水 | 分散气体 | 生物气藏 |

| "连续型"砂岩油藏 | "连续型"砂岩气藏 | "连续型"碳酸盐岩缝洞油气藏 | 煤层气藏 | 页岩油藏 | 页岩气藏 | 气水同层 | 油水同层 | 构造油气藏 |

图 3.2.30　不同类型连续油气藏分布模式图（据邹才能等，2009）

参见书后彩页

连续油气聚集是那些具有巨大储集空间和模糊边界的油气聚集，其存在不依赖于水柱压力，它与传统意义的单一闭合圈闭油气藏有本质区别（表 3.2.5），也可称之为连续型非常规圈闭油气藏或非常规油气藏。"连续型"强调油气分布连续或准连续；"油气藏"指油气聚集场所，也可称连续型油气"场"，主要发育于非常规储集体系之中，缺乏明显圈闭界限，无统一油气水界面和压力系统，含油气饱和度差异大，油气水常多相共存，与常规圈闭油气藏的形成机理、分布特征、技术方法等有显著不同。邹才能等（2009）进一步提出了"连续型"油气藏的分类方案（表 3.2.6）。

3.2.4　小结

以上通过对致密砂岩气藏的储层特征、致密化过程及成藏机理的研究和总结，对致密砂岩气藏有了相对全面的了解，这都是致密砂岩气勘探开发的地质基础。然而，到目前为止，虽然对致密气藏的开发已经进行了 40 多年，可是致密砂岩气藏的可动用储量还是很低。这就要求我们对致密砂岩储层有更新的认识。其中包括：（1）开发更合适的资源预测模型进行资源评价，这需要更多的地质认识并进行风险分析，并且在新的模型中要考虑"甜点"的大小。

表 3.2.5   "连续型"非常规油气藏与常规油气藏主要区别（据邹才能等，2009）

油气藏类型	分布特征	储集层特征	源储特征	圈闭特征	运移方式	聚集作用	渗流特征	流体特征	资源特征	开采工艺
"连续型"非常规油气藏	盆地中心、斜坡等大范围"连续"分布，局部富集	盆地中心、斜坡等大范围"连续"分布，局部富集	自生自储为主	无明显界限的非闭合圈闭	多为一次运移	主要靠扩散方式聚，浮力作用受限	非达西渗流为主	流体分异差，饱和度差大，油、气、水与干层易共存，无统一油气水界面与压力系统	资源丰度较低，储量按井控区块计算	开采工艺特殊，需针对性技术
常规圈闭油气藏	圈闭相对独立，非连续分布	常规储集层	多种源储关系	界限明显的常规闭合圈闭	二次运移	靠浮力聚集	达西渗流	上油（气）下水，界面明显	储量按圈闭要素计算	常规技术为主，易开采

表 3.2.6   "连续型"油气藏分类表（据邹才能等，2009）

序号	分类依据		主要类型
1	储集岩类型		低—特低孔渗（致密）砂岩油气藏、页岩油气藏、碳酸盐岩连通孔缝洞型油气藏、火山岩孔缝油气藏、煤层气藏等
2	油气成因		热成因油气藏、生物成因油气藏、混合成因油气藏
3	生储盖组合	生储组合	自生自储油气藏（煤层气、页岩油气等）、非自生自储油气藏（致密砂岩油气等）
		油气来源	自源型油气藏（煤层气、页岩油气等）、他源型油气（致密砂岩油气等）
4	油气赋存状态		吸附型油气藏、游离型油气藏、混合型油气藏
5	连续性特征		成藏过程连续型气藏、成藏空间连续型油气藏、开采过程连续型油气藏

（2）致密砂岩产水与产气的关系，以及它们的关系与地质参数联合在一起如何能更好地理解致密砂岩气藏的形成和演化。虽然 Nelson（2009）通过对 Wyoming 州 Wind River 和 Greater Green River 盆地的产水和产气关系有所研究，但是还没有得出确定的结论。（3）由于"甜点"很大程度上制约着盆地中心气藏的产能，故对"甜点"的地质主控因素和分布特征的研究要更进一步，并区分它与常规气田的差别。（4）致密砂岩气藏复杂的地质情况使得对致密砂岩储层中裂缝的研究难上加难。这些问题都给致密气藏的勘探和开发带来了不同程度的挑战（5）"渗透率盲区"是这一个概念可用于描述低渗透储层的特征，并且可以解释盆地中心地区的很多现象。然而如何将这些概念和常规储层的研究方法结合起来，以及如何运用它们来研究地下的资料仍然是未知的。结合这些概念可能比用常规储层的研究方法能够更好的了解岩石的物理性质。

3.3 致密砂岩气藏地球物理方法应用

3.3.1 岩石物理

在全球范围内，致密砂岩储层中蕴藏着巨大的气藏资源。为了准确地评估和开发致密砂岩气藏，需要从测井、岩心、钻（录）井以及试井等资料中获取数据。相对常规气藏而言，评价致密砂岩气藏需要的基础数据更多。由于致密砂岩具有低孔、低渗以及孔隙结构复杂等特性，无论在实验分析还是测井解释过程中，均会由于岩石物理参数偏差而导致整个致密砂岩气藏评估的诸多不确定。因此，要准确获得致密含气砂岩的岩石物理参数，岩石物理研究是非常关键的，同时也具有很大的挑战性。

3.3.1.1 岩石物理挑战

对致密砂岩而言，钻井过程中所遇到的大量气体表明存在天然气。然而，发现这些致密气藏只是资源开采的第一步，更大的挑战是如何识别具有商业价值的、可开采气藏以及评价这些气藏储量。大多数的常规油气藏产量信息是通过压力和对储层流体的动态测量（如RFT、MDT或者DST测试）评估的。但对低渗透的致密含气砂岩系统而言，通常缺乏有意义的实时动态数据，而且很少能从完井措施中直接获取流体样本。因此，就需要以测井数据和岩心数据作为主要依据进行地层评价。

目前，由于缺乏对相应的低渗透砂岩系统的研究，岩石物理学家仍然在致密含气砂岩中应用阿尔奇公式。而阿尔奇在墨西哥湾的经典工作研究对象是一个高孔高渗系统，阿尔奇公式的运用也只有在一定有利条件下、一定精度约束下才是可行的。对于致密含气砂岩，仍需要努力明白"有利条件"和"精度约束"是什么。事实上，许多致密气藏明确地显示了非阿尔奇现象，因此利用阿尔奇公式计算出的岩石物理参数会引入一定程度的误差及不确定性。

致密含气砂岩的测井数据分析结果会因为几个常见岩石物理参数的不确定性而变得复杂，这些参数主要有：孔隙度和渗透率、颗粒密度、电性特性、地层水矿化度以及泥浆滤液侵入程度（这不仅给电缆测井数据分析带来难度，同时也使岩心样品分析复杂化）。这些岩石物理参数都很复杂且相互关联，准确测量致密砂岩气藏的这些岩石物理参数给岩石物理分析带来了很大挑战。

3.3.1.1.1 孔隙度

致密砂岩气藏孔隙度通常在3%到12%左右，多为原生孔隙和次生孔隙的组合。致密岩石中存在类似球状的大孔隙结构和缝状孔隙，球状孔隙结构控制着岩石主要的孔隙空间大小，连通岩石原生及次生孔隙的缝状孔喉所占的孔隙空间较少。

在这类伴有复杂孔隙结构的致密气藏中，测量的岩心孔隙度往往具有相对小的不确定性。当岩石中含有黏土成分时，岩石的烘干过程一定要注意。在湿度控制条件下烘干的岩样中泥质结构相对保持，孔隙度也稍低于常规条件下烘干的岩样孔隙度。致密气藏中孔隙度通常较低，在将岩心孔隙度校正到电缆测井算出的孔隙度时，需考虑很小的密度变化所造成的影响。例如某地层的岩石颗粒密度为 $2.56g/cm^3$ 至 $2.72g/cm^3$，此时若将岩石颗粒密度取作常数来计算孔隙度，那么所造成的不确定性将远远超过实验室本身测量所具有的偏差，因此，需开发一个可变颗粒密度（基于岩心样品统计）的孔隙度模型以计算校正过的电缆测井孔隙度值。

现今测井工业的精度规范还未完整地建立起来。在低孔隙度岩石中，一般的测井仪器测量的一个孔隙度单位有 $10\%\sim20\%$ 的误差。这里需要强调的是，声波孔隙度不应该被当作致密气藏最准确的孔隙度资料，因为致密砂岩中孔隙结构的几何形状对速度有极大的影响（Smith 等，2009）。最后还需要注意的是，确保使用的测井仪器已经过生产商的校正，以测出正确的岩石参数。

3.3.1.1.2 渗透率

致密砂岩是指那些渗透率低（小于 $0.1\times10^{-3}\mu m^2$）的岩石，且需要增产措施才能采出具有商业价值的天然气。致密砂岩气藏中的渗透率通常受控于连通岩石原生及次生孔隙的复杂缝状孔喉结构，这些缝状孔隙（微裂缝）也导致岩石渗透率对压力很敏感。若想成功开采致密气藏，就需要掌握储层流体动力学机制，就需将注意力集中于渗透率的各个方面，这里的渗透率包括有效渗透率和相对渗透率。

致密砂岩的渗透率应在净有效压力条件下测量，由于岩石中有缝状孔隙（微裂缝）存在。受压力影响，岩层的绝对渗透率值有 1 到 2 个数量级的减小是很常见的，同时有效渗透率也可能比绝对渗透率小 3 个数量级。北美岩心渗透率通常不是在油藏压力条件下测量的，测量所用的压力较小，由于未经过压力校正，导致渗透率测量值偏高，甚至一些在油藏压力下测量的渗透率也是值得怀疑的。使用这些岩心数据时，没有单一的解决方法可以弥补分析中的不足或是由于压力所造成的误差。因此，使用渗透率时必须考虑该渗透率值是否经过压力校正，否则测量结果就会过于乐观。

Shanley 等人（2004）指出气体渗透率受盐水饱和度的影响而进一步降低（相对渗透率）。有效渗透率和相对渗透率测量的不确定性会对可采天然气储量有很重要的影响。以 Greater Green River 盆地为例，仅仅由于油藏模拟中相对渗透率不确定，导致估算的储层可采气藏量有 30% 的偏差。许多致密气藏覆盖范围广，所以这种不确定的渗透率会造成储层可采天然气储量存在很大的误差。致密含气砂岩储层的流体模拟实验表明，测量的有效渗透率和相对渗透率具有最大的不确定性。

3.3.1.1.3 电性参数

不管是基于阿尔奇公式还是泥质砂岩公式（由阿尔奇公式衍生），电缆测井数据分析时都需要估算饱和度指数（n）和胶结指数（m），这些参数的较小改变会引起含水饱和度很大变化。致密气藏中相对渗透率和含水饱和度是相关的，含水饱和度截止值通常用于推断产层段。含水饱和度的不确定性会影响到储层产量的正确估计，一般 m 或 n 值的减小会降低含水饱和度值，这也就增加了气藏储量和相对渗透率值。在纯砂岩或泥质砂岩中，分析方法本身也会造成估算的 n 值变化。对相同的岩样进行离心和蒸汽解吸，二者所得到的饱和度指数（n）可能会有高达 20% 的差别。这种变化会影响可采储量被人为地"增加"或"减少"。

储层评价技术试图将电性参数确定为单一值，这可能导致计算的含水饱和度有偏差，特别在超低孔隙度的致密含气砂岩中。Byrnes 等人（2009）通过实验研究表明，胶结指数（m）是关于孔隙度的函数，它会随着孔隙度的改变而变化，如 m 值会随着孔隙度和矿化度的减小而降低。

对低孔低渗的致密砂岩储层来说，其电性参数应综合多种资料仔细分析。这些指数对产层有效厚度和生产力的评估非常重要，并且非常影响昂贵的完井决策。对于致密砂岩气藏而言，获取准确、可信的储层电性参数是至关重要同时也很有挑战性的。

3.3.1.1.4 岩心测量

为了估算储层含水饱和度，就必须确定地层水电阻率。在致密含气砂岩中，要想获得真实的地层水矿化度尤其困难，主要是因为岩心样品中孔隙空间小，所对应的地层水体积也就很少。只能直接从岩心样品中获取少量的地层水，这也就可能导致测量结果的不可信。如图 3.3.1 所示的实验结果表明，当所取地层水体积大于一定值时，测得的地层水矿化度保持恒定；而随着获取水样的体积减少，所测得的矿化度值就越高，这也就减小了计算的含水饱和度值。另外，获得的地层水样品通常会被稀释或被天然气的凝析作用所污染，这也更加影响了利用地层水测量致密储层相关物性参数的精度。

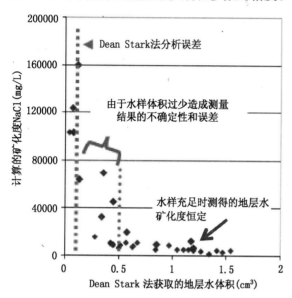

图 3.3.1 Dean Stark 法获取的地层水体积和计算的矿物度交会图（据 Miller 等，2010）

最近出现了通过 Dean Stark 分析法以得到重构的地层水矿化度。在该过程中，钻井液被用作追踪剂来测量吸入的钻井流体体积。由 Dean Stark 方法得到地层水总体积，这可与核磁共振测得的黏土束缚水比较。总的吸入水体积和黏土束缚水量之差被认定可反映储层原位含水饱和度。地层水电阻率是根据提取的地层水测得的，该过程中一系列操作步骤所具有的不确定性均对其结果有影响。

传统地层评价方法中，由电缆测井数据获得的含水饱和度通常与岩心测量结果作比较。由于致密气藏中岩心孔隙度低，导致实验室条件下测定的含水饱和度具有相当大的不确定性，要想得到真实的含水饱和度值也是相当困难的。

3.3.1.1.5 毛细管压力和束缚水饱和度

在常规油气藏的地层评价、油藏模拟和渗透率估算过程中，准确测量毛细管压力是非常关键的。考虑传统毛细管压力测量方法及其在基于电缆数据的地层评价中应用，通常预测的是储层的首次油气充填状态。如果储层不处于首次油气充填阶段，或者由于油气充填而导致孔隙结构发生变化时，这些假设条件便不再适用。许多致密含气储层都经历过复杂的抬升、倾斜和成岩作用。Tobin 等人（2010）关于油气系统模拟的研究表明，在初始的油气填充阶段，致密含气储层的孔隙度和渗透率大小要高于现今值。而许多致密含气储层已不处于首次油气充填阶段，它们的孔隙结构也由于油气充填而发生变化。因此，通常的毛细管压力测量和电缆测井分析技术在致密含气砂岩便不再适用了。

致密气藏中束缚水饱和度相当依赖于测量所用的分析方法。在实验室条件下，由于岩心含水饱和度的测量误差会导致计算的气柱高度存在很大的不确定性。同样，由压汞法（HP-MI）计算出的束缚水饱和度也会存在很大的不确定性。再以 Greater Green River 盆地为例，图 3.3.2 为其测量的毛细管压力和储层条件下的润湿相流体饱和度交会图，图中两块空间上相对靠近的岩样的气柱高度值竟会有两个数量级的差距，这种结果是不可接受的，将这种不确定的储层参数应用到油气田的开发过程中会造成无法解释的错误结果。

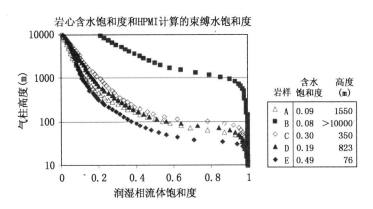

图 3.3.2　气柱高度与润湿相流体饱和度交会（据 Miller 等，2010）
饱和度是通过岩心测得的，所有岩样都来自储层内几百英尺范围，
图中气柱高度有如此大的变化是不真实的

致密砂岩气藏的岩石物理特性是很复杂的。总体上，岩心孔隙度能相对代表储层条件下的孔隙度值。由于孔隙度低，利用电缆测井数据估算孔隙度时对岩石颗粒密度的很小变化都非常敏感。储层渗透率随压力的变化也相关，因此需在储层压力条件下测量渗透率值，尤其是对于渗透率小于 $0.01 \times 10^{-3} \mu m^2$ 的岩石来说，其渗透率测量结果可能过于乐观，或许增加了 1 到 2 个数量级。由于准确获取地层水电阻率和电学参数（m 和 n）困难，导致整个储层评价存在很大的不确定性。因此，无论是对储层的实验分析还是测井解释过程中，都需要对细节加以注意，以最低限度地减小测量的不确定性。实验室研究方法仍有很多问题，必须努力恢复储层现场条件。同时，考虑油气充填前后的盆地演化历史对储层参数的解释是非常有益的。

3.3.1.2　岩石物理问题分析

3.3.1.2.1　矿物和孔隙分析

致密含气储层的储集能力和流体特性与岩石的沉积、成岩作用关系密切。勘探这类储层需要对储层特征有综合的研究和认识，以认清储层哪些特性控制着气藏产量。致密气藏储层中有原生孔隙和次生孔隙，其孔隙连通性受控于黏土成分和缝状孔隙，这就使得该类储层对上覆地层压力和含水饱和度的变化十分敏感。

在 3D 孔隙范围内，利用 X-CT 三维成像技术和岩心可视化技术可以识别和定量的测得致密砂岩的原生孔隙和次生孔隙，对致密砂岩进行综合描述。三维成像技术能够对孔隙、岩石颗粒结构、原生孔隙和次生孔隙间的内部连通性进行详细刻画。扫描电镜（SEM）照片能够测定并定量化岩石的次生孔隙结构。在同一抛光平面上测量的储层矿物分布能识别不同的微孔隙相。将上述测量信息结合起来，能够测定单个黏土矿物成分对岩石微孔隙、孔隙连通性和相应岩石物理响应的贡献作用，也就能更加清楚地掌握储层的产量信息。

致密含气砂岩的孔隙包括碎屑颗粒间的原生晶间孔隙和次生孔隙，这些次生孔隙可以存在于部分溶解矿物（如长石）、微孔隙碎屑颗粒、骨架以及成岩胶结物之中。因此，致密含气砂岩中可认为存在可采出流体、黏土束缚水、毛细管束缚水和非泥质微孔隙地层水等流体类型。区分并定量各种孔隙类型对于掌握储层的产量信息是非常关键的。

致密砂岩储层中，控制流体流量、含水饱和度、可采的孔隙空间以及烃类流动速率的是孔喉结构，而并非整个孔隙空间，因此，孔隙度本身并不能精确评价储层岩石质量，尤其是对那些成岩作用强的致密含气砂岩（Rushing 等，2008）。在颗粒型泥质砂岩中，假定孔隙是以晶间微孔隙形式发育的，这种孔隙结构与碎屑成岩（再结晶的）黏土有关。一般来说，自生绿泥石单晶间发育有高微孔隙，自生伊利石平面可能也发育微孔隙。在没有经历广泛成岩作用的砂岩储层中，蒙脱石作为一种常见的微孔隙胶结物，具有复杂的桥状孔隙结构，影响了大多数的有效孔隙空间（Nadeau，1998）。通常，致密砂岩中气体的主要运移通道是颗粒周边细窄的缝状孔喉，它们连通着原生和次生孔隙空间（Dutton 等，1993）。但是在典型储层压力条件下，缝状孔隙会受到压缩，只占了整个孔隙空间很少一部分（Miller 等，2007），在缺乏围压环境的实验室条件下，估算出的缝状孔隙分布往往过于乐观。

综合利用 3D X－CT 成像技术、常规扫描电镜和带有 X 射线微分析的扫描电镜技术，能够分析致密砂岩中原生及次生微孔隙的相对分布，以更清楚掌握该类岩石的岩石物理特性和产量信息。Arns 等人（2003）采用 3D X－CT 分析技术能对 5mm 直径的砂岩岩心进行成像，图 3.3.3a 为某干岩样成像的 z 平面切片。成像之后，为了增强岩心孔隙度成像，向岩样中注入 X 射线放射性流体（含 CsI），这些流体可以从大孔隙中排驱掉，但会残留在微孔隙中。对注过流体的岩样进行微 CT 成像，如图 3.3.3b 所示。对"干"、"湿"两种岩样进行 3D 匹配后，图 3.3.3a、b 可直接进行比较，较亮的区域含有 CsI 流体，也就代表该处有微孔隙发育。图 3.3.3c 说明了两张图的不同之处可用于测量有效微孔隙度，岩石注入放射性流体前后，未发生衰减变化的地方代表固体矿物成分，中间灰色部分为微孔隙。将两图对比出的 X 射线衰减量直接校成孔隙度值，则该致密含气砂岩含 0.8%（均不连通）大孔隙和 8.4% 的微孔隙，那么通过微 CT 技术计算的总孔隙度为 9.2%，该岩心样品用压汞毛细压力（MICP）测量方法算出的孔隙度为 9.1%。扫描电镜技术（SEM）能够清晰直观地观察

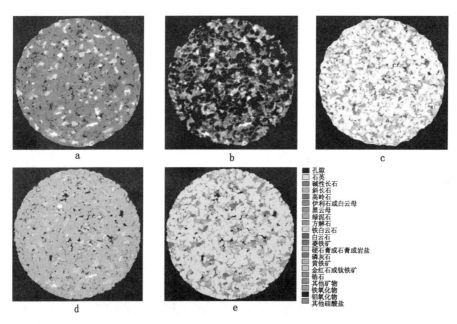

图 3.3.3　某致密含气砂岩岩样 3D 层析图像的 z 平面切片（据 Golab 等，2010）

a—干岩样层析图像；b—微孔隙中存在 CsI 流体（较亮区域）的湿岩样层析图像；c—显示 a、b 两图的差异，岩样可分成孔隙（黑色）、固体颗粒（白色）和微孔隙空间（灰色阴影），微孔隙度是基于该成像结果和 SEM 成像结果的比较计算出来的；d—SEM 成像图片；e—储层现场矿物分析。

FOV＝5.75mm。参见书后彩页

到储层岩石的微观结构特征。对岩心样品的 3D 观测面进行抛光处理，再进行扫描电镜观测，如图 3.3.3d 所示。扫描电镜对砂岩的成像精度更高（可探测到纳米级别），并能评价孔隙中充填的物质、识别微孔隙区域。

Gottlieb 等（2000）利用矿物和岩石自动分析系统（QEMSCAN）对岩心的抛光面进行扫描，能够根据化学组分精确识别出岩石矿物成分。这种岩石自动分析系统包含扫描电镜（SEM），该扫描电镜综合了多个 X 射线探测器和脉冲处理技术。回散射电子（BSE）和能量色散（EDS）X 射线谱能够用于获取数字矿物和结构图。这些岩样被分解成一系列区块，每个区块都当作一个单独的部分去测量，相邻区块连接在一起给出了扫描区域的矿物成分图。根据图 3.3.3e 抛光剖面的矿物分布图，可以直接校正矿物组分以估算岩石微孔隙度。

致密含气砂岩的储集性能、流体特征与岩石孔隙连通性密切相关。利用 3D 成像技术，可以直接探测岩石中张开微孔隙的连通性。图 3.3.4 的层析图像描述了岩石中张开的孔隙体系（孔隙大于 $2\mu m$），这种大小的孔隙是不连通的。这与图 3.3.5 的压汞法测量结果一致，它表明可连通孔隙直径是小于 $1\mu m$ 的。测得岩样的微孔隙分布之后，便可研究微孔隙发育区的连通性能，尤其是张开的孔隙和与伊利石、蒙脱石及其他黏土成分有关的微孔隙的连通性能。如根据图 3.3.4c、d 可以推断该岩石内孔隙连通性是非常好的。

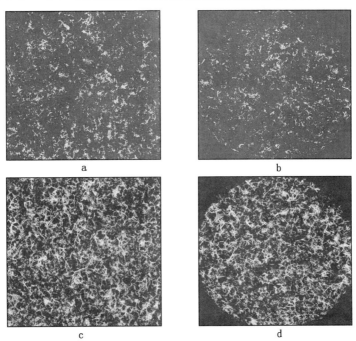

图 3.3.4　某致密含气砂岩的孔隙体系（据 Golab 等，2010）

图中，a 和 c 是 x 平面切片，b 和 d 为 z 平面切片。a 和 b 两图代表大孔隙，
c 和 d 为微孔隙。FOV = 5.75mm。参见书后彩页

对于致密含气砂岩，通常认为细窄的缝状孔喉是气体主要的运移通道。但 Golab 等（2010）指出泥质充填的微孔隙可能才是致密砂岩中气体运移的最重要通道。他们认为缝状孔隙在整个孔隙空间所占的体积是很少的，而且这些孔隙厚度也是最低的。分析岩样的高分辨率扫描电镜图像，发现颗粒周边的大多缝状孔喉厚度都小于 200nm，这种孔喉大小要比 MICP 法测定的孔喉尺寸小得多（如图 3.3.5），这些孔喉通道是不能称为微孔隙的。围压下

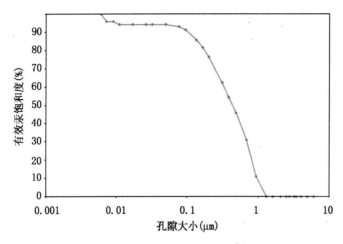

图 3.3.5　有效汞饱和度和孔隙大小交会，孔隙大小是
根据 MICP 分析测得（据 Golab 等，2010）

MICP 分析也得到一个相似的孔喉大小分布关系，表明岩石颗粒周边缝状孔隙更趋于闭合。因此，Golab 等猜测致密砂岩中大部分流体都通过微孔隙，微孔隙才是气体运移的最重要通道。

3.3.1.2.2　物性及弹性分析

随着测井和岩心评价技术的发展，致密砂岩中岩石物理性质的认识程度也不断加深，这种致密岩石的速度—孔隙度关系复杂，相比岩层孔隙度，其弹性性质更受控于孔隙结构。Rojas（2005）通过测井数据反演，指出岩石微裂缝可能会定向排列，这导致了速度各向异性，甚至渗透率和电阻率也有各向异性效应。因此，测定致密砂岩的弹性参数时必须考虑岩石微观结构的影响。尽管已有很多工作研究了致密砂岩中的速度，但却很少给出岩石组分、颗粒分布、孔隙度以及孔隙微结构之间的定量关系。

利用测井资料计算致密砂岩孔隙度，并进行岩心校正。结果发现，虽然测井孔隙度很小（小于 6%），但其纵波速度变化范围却异常大（近 1km/s）。常规岩石物理分析时，假设速度是随孔隙度变化的，显然这一点在致密砂岩中并非完全适用的。图 3.3.6a 是致密砂岩速度与测井孔隙度交会图，可看出速度与孔隙度的相关性很差（$R^2 = 0.37$）；图 3.3.6b 为速度与岩心孔隙度的交会，该图表明速度与岩心孔隙度之间没有任何相关性。对某区附近多口井资料进行孔隙度—速度交会（图 3.3.7），图中在同一孔隙度下纵波速度变化很大（2km/s），将整个数据拟合成 A、B 两组，A 组在孔隙度为 0 处对应的石英骨架速度为 6.08km/s，而 B 组对应速度为 5.2km/s，这表明利用测井速度计算岩石孔隙度是存在很大偏差的。同时，通过分析致密砂岩矿物成分，也未发现其与速度之间的对应关系。既然速度不随岩石组分变化，那就需考虑其他因素对速度的影响。很多学者（Smith，2010；Ruiz 和 Cheng，2010）认为这种速度与孔隙度间的不相关性是由于岩石内孔隙结构高度变化的结果，骨架中少量微裂缝便可能导致速度的较大变化。

Xu 等（2006）指出岩石速度随压力的变化可用于指示微裂缝发育情况。图 3.3.8 是八块致密砂岩岩样的速度随有效压力变化情况，有效压力增加时，对应的纵波速度也很快大幅度增大。对于孔隙度低于 5% 的岩石，这种速度随压力的变化情况是很异常的，最好的解释是压力引起岩石骨架中大量微裂缝的闭合，而且微裂缝密度越高，对速度的影响也就越大。

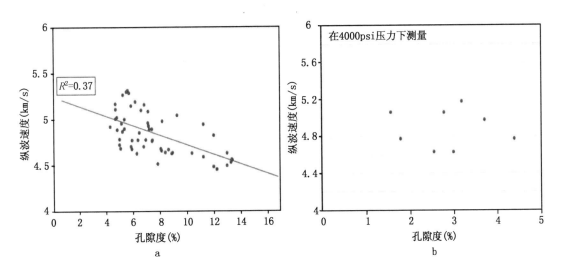

图 3.3.6　某目的层孔隙度与速度的变化关系（据 Smith 等，2009）

a—测井孔隙度与速度的关系；b—岩心孔隙度与速度的关系

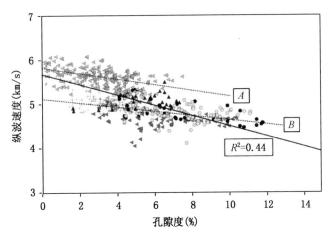

图 3.3.7　某目的层多井纵波速度与测井孔隙度交会图（据 Smith 等，2009）

从图中可看出：（1）速度和孔隙度之间相关性差（$R^2 = 0.44$）；（2）P 波速度变化范围

大；（3）图中数据可明显分为两组（A 和 B），A 组数据插值得到的石英骨架速度为

6.08km/s，而 B 组对应速度为 5.2km/s。这表明利用测井速度计算孔隙度难度大

图 3.3.9 是致密砂岩岩样的岩心和岩相照片，从图中可看出岩石中存在多尺度的裂缝。图 3.3.9a 岩心照片中显示了与层理近乎平行的小裂缝，像这种大小的裂缝在致密储层中是很常见的，不过并非所有裂缝都胶结。图 3.3.9b 为薄切片显微照片，可看出岩石骨架中有大纵横比孔隙（$\alpha \approx 1$）和小纵横比孔隙（如裂缝）存在，其中缝状孔隙可能在颗粒内部或粒间发育。仔细观察该图和其他薄切片，可以发现一些微裂缝经历了成岩胶结作用。同时，岩样电子显微照片分析也表明地下至少存在一些张开的微裂缝。

下面将分析致密含气砂岩（小于 $0.1 \times 10^{-3} \mu m^2$）的物性特征。当地层围压从 1000psi 增至 3000psi 时，岩石孔隙度没有发生明显变化（图 3.3.10a），而渗透率却减小近 50%（图 3.3.10b）。这说明致密砂岩中存在两种类型的孔隙，它们分别控制着储层的不同性质，刚性的类球状孔隙控制岩石的储集性能，而柔性的缝状孔隙主导岩石的渗流特性。压力增大

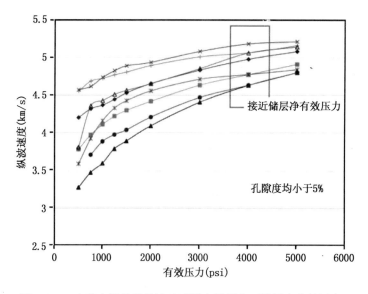

图 3.3.8　实验室测量的纵波速度随有效压力（储层净有效压力）
变化关系（据 Smith 等，2009）

所有岩样孔隙度均小于 5%。有效压力从低到高变化时，岩石速度快速大幅度
增加，这种现象很可能由于微裂缝的闭合引起。同时注意 4000psi 处纵波
速度大的变化范围，这种速度的较大变化最有可能是由低孔隙岩石中
微裂缝密度的高度变化所致

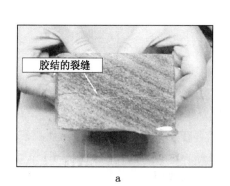

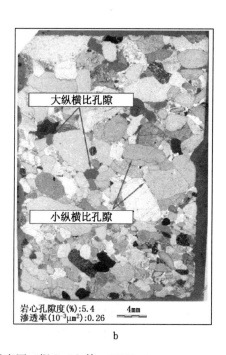

a　　　　　　　　　　　　　　　　b

图 3.3.9　岩心和薄切片图片示意图（据 Smith 等，2009）

a—岩心样品中存在胶结裂缝，这表明地下岩石中裂缝是普遍发育的，这一点可能就造成测井测量时
纵波速度变化范围大；b—目的层薄切片图。该岩样中既有大纵横比孔隙，又有小纵横比孔隙

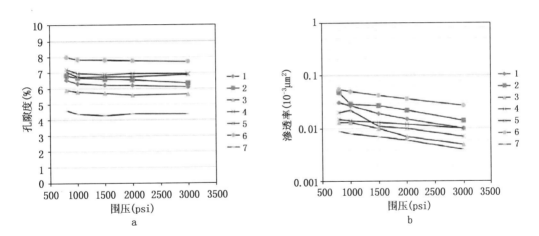

图 3.3.10　孔隙度和渗透率随围压的变化关系（据 Smith 等，2010）

a—围压增加时孔隙度（4%～8%）几乎未改变；b—围压增加时渗透率值（小于 $0.1 \times 10^{-3} \mu m^2$）则大幅度减小

时岩石孔隙度几乎没变化，这也说明主导岩石渗流特性的缝状孔隙所占体积很小。

3.3.1.2.3　电性分析

胶结指数（m）通常不是由实验室直接测量得到，而是根据阿尔奇公式以及测得的孔隙度、地层因子 F 估算出来。m 值常用于推断孔隙空间连通性，低 m 值代表孔隙结构高度连通（常指高孔隙岩石），高 m 值则表明孔隙连通性差（一般指低孔隙岩石或孔洞型碳酸盐岩）。然而，近期研究表明致密砂岩中 m 值可能低于预期值，它会随着孔隙度的减小而降低。Byrnes 和 Cluff（2009）分析这种现象认为，虽然致密岩石孔隙度减小，但其缝状孔隙分布却增多。致密砂岩中有缝状孔隙或微裂缝发育，这一点也可以从声波和超声波测量中体现出来。

对致密储层的电性特征了解越清楚，就越有利于估算储层含水饱和度和井产量。图 3.3.11a，b 分别为地层因子 F 和胶结指数 m 随有效压力的变化情况。与渗透率和速度一样，电性参数 F 和 m 随压力的变化也一定受控于岩石的缝状孔隙结构，而且它们有可能只

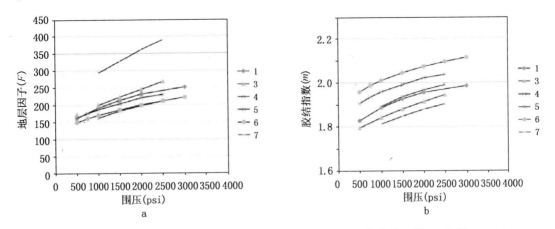

图 3.3.11　地层因子（F）和胶结指数（m）分别随围压的变化关系（据 Smith 等，2010）

由于 F 是 R_w 恒定（0.2Ω·m）时测定的，而 m 值测定时孔隙度恒定，所以 F 及 m 随压力的变化都是由净有效压力增大导致岩石连通性变差而造成的。既然压力变化过程中总孔隙度几乎不变，且假定岩石矿物不随压力变化，那么岩石连通性变化肯定是在岩石围压增大过程中微裂缝逐渐闭合造成的

受微裂缝影响。尽管在任何给定压力下，岩石黏土成分或其他导电矿物（如黄铁矿）都可能会影响岩石的导电性能，但 F、m 随压力的变化一定是由于岩石孔隙结构的逐步闭合所致。而且重要的是，在近 1000psi 压力下所测的岩石孔隙度几乎是不改变的，这一点也可说明微裂缝所占空间体积是很小的。

既然致密砂岩中速度和电性参数随压力的变化情况都受控于微裂缝，那么猜想是否能得到纵波速度和电性参数之间的某种关系。然而，通过图 3.3.12 观测表明，无论是地层因子 F 还是胶结指数 m 都与纵波速度无关。这是因为，微裂缝无论连通与否都对速度有影响，而只有连通的微裂缝才能影响岩石的传输性能（电阻率、渗透率等）。因此，致密砂岩中速度受控于整个微裂缝密度，而电阻率却只与连通的微裂缝有关。基于这个本质差异，也就很可能无法利用测量的速度去约束 m 值了。

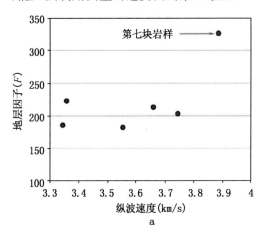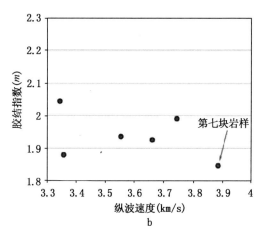

图 3.3.12　地层因子（F）和胶结指数（m）分别随纵波速度的变化关系（据 Smith 等，2010）

从该图中可以看出微小的裂缝会对岩石传输性能和声波特性造成很大的影响。然而电性参数与纵波速度的不相关表明这二者是依赖于微裂缝的不同方面性质。电阻率只与连通的缝状孔隙有关；而速度与整个缝状孔隙有关，不论裂缝连通与否

以上分析很清楚地说明：致密砂岩的速度、渗透性以及电性特征都受控于岩石的微观孔隙结构。要想正确地对致密砂岩进行岩石物理建模，须充分考虑其微观孔隙结构，通过添加不同类型孔隙的办法建立岩石物理模型。

3.3.1.3　岩石物理建模

常规地震数据分辨率达不到致密含气砂岩结构分析的要求，同时致密砂岩复杂的微观结构和矿物成分又使得孔隙中的气体更难被发现。若掌握这些致密岩石的弹性及其他性质，就可进行一些可行性研究，如在地震尺度上分析流体、矿物和岩石微观结构的影响。如果能用理论近似方法建立与岩石特殊微结构一致的岩石物理模型，那么该模型就有可能用于勘探油气目标区。

与常规的多孔可渗透砂岩相比，低孔低渗致密砂岩的弹性性质有着明显不同，Smith 等人（2009）就说明了这样一个事实，致密含气岩石中，其速度—孔隙度交会图上零孔隙度截距所对应的速度值就低于岩石骨架速度。Smith 等人认为这是由于岩石中存在微裂缝的原因，并建议使用单一或多类型的裂缝去模拟这些岩石特性。计算孔隙度低且孔隙连通差的岩石的弹性模量时，可以使用几种不同的有效介质近似理论（O'Connell 和 Budiansky，1974；Kuster 和 Toksöz，1974；Berryman，1980；Norris，1985）。不同于 Smiths 等人采用 Kuster –

Toksöz 模型，Ruiz 和 Cheng（2010）采用自洽（SC）模型（Berryman，1980）进行致密砂岩的岩石物理建模研究。Ruiz 和 Cheng 分析的是压实胶结好的低孔低渗砂岩，岩石中可能存在随机分布的微裂缝，或者低于测井分辨能力的裂缝。由于可用的测井信息中不包括偶极横波测井数据，也就无法得到地层的各向异性信息，因此假设介质是各向同性的。Smith 等认为如果能得到交叉偶极横波测井资料，那么这些模型就可用于各向异性岩石中。岩石物理模型中假定颗粒和孔隙结构都是随机分布的，孔隙纵横比（α）介于 0 和 1 之间。

为了计算致密含气砂岩的弹性性质，Ruiz 和 Cheng（2010）是在 Smith 等人思想的基础上将岩石孔隙分成柔性孔隙和刚性孔隙两部分。柔性孔隙孔隙度（ϕ_{soft}）是指纵横比 $\alpha = 0.01$ 孔隙所占体积，而刚性孔隙孔隙度（ϕ_{stiff}）则是球状孔隙（$\alpha = 1$）的体积大小。岩石骨架弹性参数是根据 Hashin–Shtrikman（1963）多矿物分析法中上、下边界取平均（HSA）计算出来的。假定岩石微观结构后，将 SC 模型计算速度和声波测井速度匹配，以计算柔性孔隙孔隙度。算出柔性孔隙孔隙度后，再进行流体替换分析，利用有效介质近似法进行流体替代，并和 Gassmann 方程计算结果比较。通过灵活改变柔性孔隙孔隙度和刚性孔隙孔隙度的大小，几乎可与所有测井数据吻合。

Ruiz 和 Cheng（2010）提出的柔性孔隙模型（SPM）认为致密砂岩是由岩石骨架（主要成分）以及球形孔隙（刚性孔隙）和缝状孔隙（柔性孔隙）构成，这两种类型孔隙都随机分布于岩石中（如图 3.3.13），岩石总孔隙度是这两种类型的孔隙之和。对纵横比小的缝状孔隙，最重要参数是裂缝密度（O'Connell 和 Budiansky，1974）。精确选择岩石物理模型中孔隙纵横比也很重要，选择纵横比为 1 的球形孔隙作为刚性孔隙，这是由于各种类型孔隙中球形孔隙的刚度最大（Mavko 等，2009）。ϕ_{total}、ϕ_{soft} 和 ϕ_{stiff} 之间的关系用式（3.3.1）表示

$$\phi_{total} = \phi_{soft}(\alpha = 0.01) + \phi_{stiff}(\alpha = 1) \tag{3.3.1}$$

要计算 ϕ_{soft}，首先需利用 HAS 方法算出岩石骨架的有效弹性模量，然后利用 SC 模型算出图 3.3.13 所假定岩石的有效弹性模量。该过程需将声波测井速度（v_P^{obs}）和理论 SC 模型计算速度（v_P^{th}）进行匹配，然后算出每个测井深度 Z_i 的柔性孔隙孔隙度，这里柔性孔隙和刚性孔隙纵横比都保持不变，唯一改变的是柔性孔隙孔隙度值。柔性孔隙孔隙度是根据 v_P^{obs}

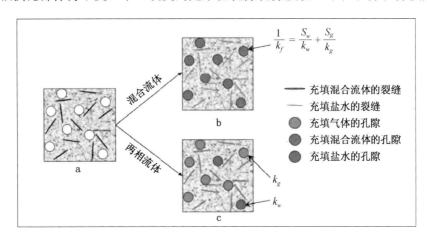

图 3.3.13　对 SPM 模型进行不同的流体替代示意图（据 Ruiz 和 Cheng，2010）

a—SPM 模型；b—被盐水和气体混合物充填的柔性孔隙和刚性孔隙，该流体混合物的有效体积模量 k_f 是 k_w 和 k_g 的等应力平均；c—柔性孔隙中充填盐水，而刚性孔隙则部分被水充填，部分由气体充填。参见书后彩页

和 v_P^0 误差最小算出的，作为柔性孔隙孔隙度的函数，这二者误差通常小于 1%。计算柔性孔隙孔隙度时也计算了 v_S^0，因此在横波速度未知时也可将其预测出来。

计算出柔性孔隙孔隙度后，再进行流体替代。如图 3.3.13，将不同流体（盐水或气体）充填到各孔隙中，这种流体填充方式与储层烃类和含水饱和度（S_h（z）、S_w（z））、岩石润湿性及其他储层物理条件有关。流体替代时认为 S_h（z）和 S_w（z）是可测得的输入参数，所以需要指定流体在岩石孔隙中的分布情况，最简单就是将孔隙流体的有效模量（k_f）看作储层盐水体积模量（k_w）和烃类模量（k_h）的等应力平均（图 3.3.13b）。

SPM 模型类似于 Ruiz 和 Dvorkin（2010）提出的单纵横比孔隙模型（SAR），SAR 模型认为整个孔隙空间是由单一纵横比的近扁球状孔隙构成。SAR 方法将测量数据和根据有效介质理论（如 SC 或 DEM 模型）算出的理论值进行匹配，并计算满足匹配条件的孔隙纵横比值。尽管 SPM 模型的物理实现过程与地下实际岩石并不同，但 Ruiz 和 Cheng 发现理论模型和实际数据的弹性性质是等效的，这样就可以用理想化的模型模拟地下真实岩石，以研究不同测井性质之间的关系。比起 SAR 模型中单一孔隙结构，SPM 模型的球状刚性孔隙可以认为是粒间孔隙，而缝状柔性孔隙对应于颗粒接触关系。这样，相比 SAR 模型，SPM 模型所代表的孔隙结构就更具有实际意义。

利用 SPM 模型进行速度预测和流体替代分析，并与 SAR 模型结果比较。以委内瑞拉某油田测井资料为例，其可用信息有 v_P 和 v_S（Grateol 等，2004），岩石的两种孔隙都充填了盐水，并认定盐水的矿化度（40000ppm）、密度及体积模量在整个测井层段都保持不变。盐水的体积模量和密度是根据 Batzle 和 Wang（1992）在特定温度和压力条件下测得的。岩石总孔隙度是根据测得的体密度和矿物组分密度计算出的。SPM 和 SAR 模型预测 v_P、v_S 时，都是利用已知的一种速度（v_P 或 v_S）去预测另一速度。为了说明两种模型的适用性，将它们的预测速度 v_P、v_S 和实测速度进行交会，如图 3.3.14 所示。尽管 SAR 和 SPM 模型预测结果都与实际结果吻合度高（数据集中于 1∶1 线），但 SPM 模型预测结果还要更好一些，SAR 模型预测的 v_P 值过低、v_S 值又过高。因此，SPM 模型更适用于低孔低渗的致密砂岩。

另一种测试 SPM 模型适用性的方法是观测计算的柔性孔隙 ϕ_{soft}（z）。图 3.3.15 为两条柔性孔隙孔隙度曲线，它们分别根据测井的纵波和横波资料计算出。从图中可看出，这两条柔性孔隙孔隙度曲线之间存在较小差异，且这差异主要来于原始纵波和横波测井资料的不同，这说明了利用 SPM 模型计算岩石柔性孔隙孔隙度是非常适用的。同时，图中两条曲线都表明，柔性孔隙大小与石英成分含量之间是存在定性关系的。总体上，这两条测井曲线结果相当一致，这也表明 SPM 模型法能够测得稳定且可重复的结果。

SPM、SAR 模型和 Gassmann 方程都可用于流体替换。Gassmann 方程可用于估算多孔介质中孔隙流体改变所造成的低频弹性模量的变化（Mavko 等，2009）。在低地震频率下，孔隙压力通过孔隙空间保持平衡。Gassmann 方程假设：岩石骨架模量均匀、孔隙空间各向同性、岩石完全饱和且所有孔隙均连通，但它没有对孔隙结构作出假设。包裹体模型（如 SC 和 DEM 模型）能够估算多孔介质中孔隙流体变化所造成的高频弹性模量的改变，但它只在均匀介质中适用，对岩石微结构和孔隙形态作出理想化假设，对孔隙结构也有假设条件限定。这种模型模拟的是高频饱和岩石，其中流体被当做独立的部分，所以不同的流体能够随机置于孔隙空间中。不能确定声波测井频率是否在 Gassmann 方程的有效频带内，这与孔隙连通性和流体黏度有关。因此，为了考虑孔隙连通性低或差的岩石中流体的影响，有效介

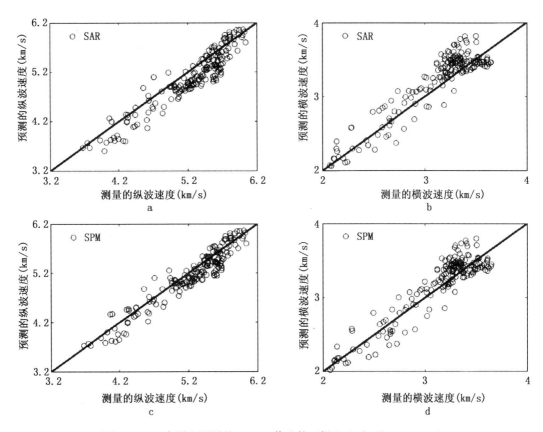

图 3.3.14 实测和预测的 v_P、v_S 值比较（据 Ruiz 和 Cheng，2010）

SAR 模型预测与实测的 v_P（a）和 v_S（b）交会；SPM 模型预测与实测的 v_P（c）和 v_S（d）交会

质模型比 Gassmann 方程更适用。

利用以下几种方法进行流体替代：Gassmann 方程、SAR 模型和 SPM 模型。后两种情况中，柔性孔隙孔隙度都是通过自洽（SC）模型计算得到的。考虑两种饱和状态：（1）岩石完全饱和盐水；（2）岩石饱和 80% 气体和 20% 盐水构成的混合流体。假设孔隙中盐水和气体是以最佳比例混合，混合流体有效模量（k_f）是储层中盐水和气体模量（k_w 和 k_g）的等应力平均。流体替代结果如图 3.3.16 所示。用 Gassmann 方程流体替换时，完全饱和岩石（空心圆）和部分饱和岩石（实心圆）性质差异不大，这也是意料之中的，因为岩石孔隙度低。然而，由于 SAR 模型及 SPM 模型中加入了缝状孔隙，预期会得到两种饱和状态岩石性质上的差异。根据交会图也可看出，SAR 模型和 SPM 模型预测结果之间存在微弱但很重要的差异。SPM 模型预测出部分饱和岩石具有更低的泊松比和声波阻抗，在声波阻抗—密度交会图上，SPM 模型预测的两种不同饱和岩石之间的性质差异更大一些。

岩石物理模型中孔隙形态及体积恰当时，包裹体模型可以模拟真实岩石的弹性性质，如已知岩石组分类型和含量以及随深度变化的储层物理条件时，SPM 模型和 SAR 模型都能够精确预测 v_P、v_S 速度趋势。通过调试模型中柔性孔隙孔隙度大小或孔隙形态参数，可以获得岩石的弹性特性。解释到的柔性孔隙孔隙度和孔隙纵横比大小也许不唯一，因为是通过精确匹配已知参量来预测未知参数，在这过程中并没有考虑观测数据的不确定性。作为一种理

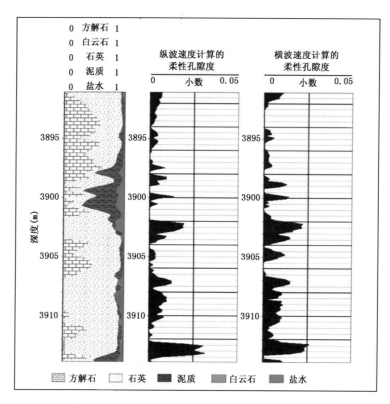

图 3.3.15　分别根据测井纵波和横波资料计算的两条柔性孔隙孔隙度曲线

（据 Ruiz 和 Cheng，2010）

第1道，矿物和孔隙度（盐水充填）；第2道，SPM 模型利用测量 v_P 值及预测的 v_P 值算出

柔性孔隙孔隙度；第3道，SPM 模型利用测量 v_S 和预测 v_S 结果算出的柔性孔隙孔隙度

想化的弹性模型，SPM 模型的优势在于能通过柔性孔隙孔隙度这个单一参量去匹配复杂多矿物岩石特性，进而预测低孔低渗致密砂岩的各类特性。

致密砂岩岩石物理建模时除了考虑孔隙结构对岩石弹性及物性等影响外，Smiths 等人（2009）还讨论了岩石微裂缝所导致的各向异性效应，他们也是将致密砂岩孔隙分成柔性缝状孔隙和刚性球状孔隙，但采用 Kuster - Toksöz 有效介质模型进行分析。

分析某致密含气砂岩的交叉偶极子声波资料，发现上部目的层段出现大于 3％～9％ 的横波各向异性，而下部目的层却完全表现为各向同性（见图 3.3.17）。图 3.3.18 所示为利用 Kuster - Toksöz 模型预测纯砂岩（$V_{clay} \leqslant 20\%$）的干体积模量和剪切模量，该模型假定岩石孔隙（扁球状）是随机分布且各向同性的，孔隙纵横比不一。图 3.3.18 中值得注意的是，岩石的干体积模量和剪切模量是沿孔隙纵横比曲线定向分布的，这可能就表明了岩石中存在局部定向排列的裂缝，因为对于垂向传播的纵波而言，它对水平裂缝最敏感，而垂向传播的横波则由于其水平偏振特性对垂直裂缝敏感。

采用 Sayers 和 Kachanov（1995）理论描述致密含气砂岩中裂缝的分布方位。为了计算某包含 N 条裂缝的空间中弹性波速度，引入弹性刚度张量分量，笛卡儿坐标系 x_1 x_2 x_3 下，弹性刚度张量分量可通过二阶裂缝张量 α_{ij} 算出，即

$$\alpha_{ij} = \frac{1}{V} \sum_{r=1}^{N} B^{(r)} n_i^{(r)} n_j^{(r)} A^{(r)} \tag{3.3.2}$$

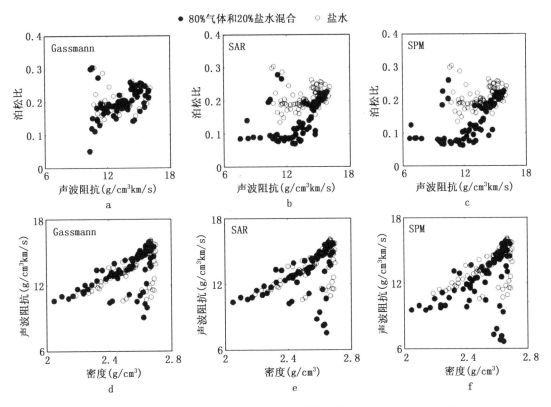

图 3.3.16　根据测井结果进行流体替代的结果（据 Ruiz 和 Cheng，2010）

空心圆是盐水饱和，实心圆是部分气饱和（80％气和 20％水）。（上图）泊松比—声波阻抗交会图，分别利用
Gassmann 方程 a，SAR 模型 b 和 SPM 模型 c；（下图）对应上图三种方法得到的声波阻抗—密度交会

式中：$B^{(r)}$ 是空间 V 中第 r 条裂缝的屈服应力；$A^{(r)}$ 是裂缝面积；$n_i^{(r)}$ 是笛卡儿坐标系下单位法向量 $n^{(r)}$ 到第 r 条裂缝平面的方向余弦。二阶裂缝张量反演过程中，利用 Hill 平均法考虑黏土成分对骨架弹性模量的影响。将 x_3 方向看作垂直方向，x_1 方向平行于垂直传播的快横波偏振方向，而 x_2 方向平行于垂直传播的慢横波偏振方向。某致密砂岩反演出的 α_{11}、α_{22} 和 α_{33} 如图 3.3.19a 所示，从该图可看出 α_{11} 和 α_{22} 是大于 α_{33} 的，这表明大部分裂缝是垂直排列的。图 3.3.19b 是裂缝张量 α_{11} 与 α_{22} 之差，可看出微裂缝的排列情况是随深度而变的，并且裂缝平面的方向更趋于快横波方向（x_1 方向）。

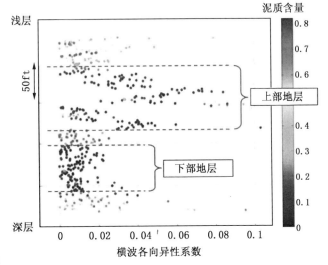

图 3.3.17　由交叉偶极子声波数据算出的横波各向异性
（据 Smith 等，2009）。参见书后彩页

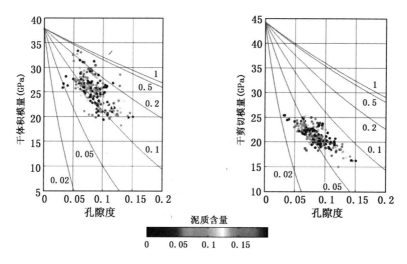

图 3.3.18　Kuster－Toksöz 模型正演结果（据 Smith 等，2009）

假定模型是纯石英骨架（$K_m = 38$GPa，$G_m = 44$GPa）。图中不同曲线代表
不同孔隙纵横比（0.02～1），用不同尺寸孔隙同时模拟 k_{dry}、μ，
该图表明储层中裂缝可能定向排列。参见书后彩页

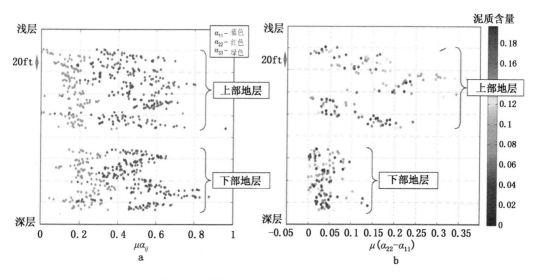

图 3.3.19　随深度变化的裂缝张量分量（a），以及 α_{22} 与 α_{11} 之差随深度变化
情况（b）（据 Smith 等，2009）。参见书后彩页

　　通过致密砂岩的岩石物理分析，表明该类岩石中孔隙微结构可能要比其他因素都重要。对该类岩石进行岩石物理建模时，必须考虑微裂缝对岩石骨架的影响，这样才能正确解释纵、横波速度。岩石骨架中微裂缝的存在可能会削弱岩石刚度，导致速度降低，这也可利用有效介质理论预测出来。要想同时模拟岩石中纵横波速度，不能只采用单一类型的孔隙，必须在模型中加入微裂缝和大纵横比孔隙，以更贴近实际井数据。通过测井数据反演，表明岩石中微裂缝可能会定向排列，这导致了速度各向异性，这种各向异性效应也许在岩石的渗透率或电阻率方面也很明显。

3.3.2 测井技术应用

3.3.2.1 致密砂岩气藏的测井响应

致密含气砂岩是指地下含有天然气的、孔隙度低（一般小于 10%）、渗透率低（小于 $0.1 \times 10^{-3} \mu m^2$），勉强能使天然气渗流的砂岩层，其普遍特征是储层埋藏较深、岩性致密。这类储层毛细管压力高、常规测井曲线上表现为高含水饱和度，但由于岩石孔隙喉道甚小，束缚水所占比例大导致水并不活跃。由于致密砂岩储层物性差、孔隙结构复杂等特点，致使声波测井对含气的响应有限，气层声波时差值变化不明显；中子、密度测井受含气影响造成的异常特征受到削弱。总体而言，致密砂岩储层的气层测井响应特征不明显。

3.3.2.2 致密砂岩气层的测井识别

识别和评价致密含气储层是测井解释工作者所面临的一项世界性难题。含气致密砂岩储层不同于常规气藏，其埋藏较深，在压实作用下孔隙空间变小、孔隙结构复杂，流体所占岩石体积含量降低，使得致密气层的测井识别比常规气层要困难得多。

3.3.2.2.1 常规测井方法识别气层

致密砂岩储层中气层识别要比常规气藏困难得多，许多方法的识别效果都不理想。常规测井手段直观识别气层是以中子—声波、中子—密度曲线重叠法最为常用。但对致密含气砂岩，中子、密度及声波测井等对气体的响应弱化，造成这些方法漏判、误判率高，尤其是在地层中裂缝发育造成气体分布不均时。例如，纵波时差差比法利用了"挖掘效应"原理，将"挖掘效应"定量化为一参数（DT），利用 DT 的大小识别气层；视流体识别指标法是根据气层在密度和声波时差测井曲线上的不同响应特征，建立地层视流体识别指标（PF）以定量识别气层。上述两种方法通常联合使用，可以达到一种直观识别效果。但这两种方法在识别致密砂岩气层时，常会出现一些相反的情况，即当二者显示地层含气时可能不是气层，而地层含气时 DT、PF 值又指示不含气，所以也常常造成一些误判和漏判。

人工智能方法识别致密砂岩气层时，最常用的是人工神经网络法，其中又以 BP 模型最为常用。人工神经网络法对气层的识别实际上也属于一种模式识别，但它与模糊模式识别的主要区别在于其标准模式的数量原则上可以无限多。以我国川西北地区典型的致密砂岩储层为例，单从某一测井响应看其气层显示是不明显的，总体测井响应表现为"四低一高"，即低—中自然伽马、低声波时差、低中子、低—中电阻率以及高密度。对该地区某气田 11 口井进行气层识别研究，结果发现，神经网络法可以很好地区分气层、水层和干层，而其他方法就无法达到这一点，因为它们对气层的识别大都为一刀切的做法，即该层参数大于（或小于）某个值则为气层，否则为干层（或水层），判别方式过于单一。

致密砂岩气层的识别是一项困难的工作。利用常规测井手段识别气层时，应杜绝只使用一种方法，应综合运用多种方法，互相参考，互相校正，以期提高识别精度。

3.3.2.2.2 核磁共振测井识别气体

核磁共振测井（NMR）在过去 10a 间已经发展成为一种非常有效的探测储层特性的地球物理测井方法（Kenyon, 1997）。它能够揭示一系列的储层性质，如与岩性无关的总孔隙度、流体类型、可采流体组分以及渗透率等。将 NMR 测井信息和其他电缆测井资料相结合，可以获得更加可靠的关于射孔段和水力压裂方案设计的决策，并且能够更准确评价可采天然气（Dodge, 1998）。

NMR 的一个很重要应用在于，它能在不考虑岩石骨架的前提下识别孔隙流体。NMR

识别流体是利用孔隙流体间的弛豫特性以及自扩散系数的差异。基于弛豫的流体识别技术是利用流体之间的 T_1 差异（Prammer 和 Akkurt 等，1995），这种方法采集了两种不同等待时间内的 CPMG 衰减谱。如果先将每个采集的 CPMG 衰减谱转换为相应的弛豫时间分布谱，然后将其提取出来就称为差谱法（DSM）。或者将实际的 CPMG 衰减分开，然后将剩余的回波串转换为弛豫时间谱就称为时域分析（TDA）。TDA 法比 DSM 稳定，尽管 CMPG 衰减的提取增加了差信号的噪声。基于 DSM 识别流体要求流体的 T_1 分布谱不能够重叠，因而也就限制了其在天然气和低密度油中的应用。相反，移谱法（SSM）利用了孔隙流体分子扩散性的差异，通过比较由不同的回波间隔获得的 T_2 弛豫谱而实现。Akkurt（1998）利用改进的增强扩散法（EDM）将基于扩散的流体识别方法扩展到黏度变化范围更大的流体。

储层条件下天然气的体积弛豫时间一般在几秒范围内。然而，由于分子的快速自扩散，再加上 NMR 测井仪器的梯度磁场大大减小了气相测量的横向弛豫时间，这就通常造成天然气的弛豫时间移动到束缚流体的弛豫时间谱区域，从而增加了利用 NMR 数据识别气体信号的难度。致密含气储集层的 NMR 测井资料的采集和解释更是面临着很大的挑战，该类储层较低的地层孔隙度加之天然气较低的含氢指数，导致信号测量几乎达到 NMR 测井仪器的探测极限，另外天然气较高的扩散系数也导致信号快速衰减。因此，对复杂程度有所增加的致密储集层而言，传统的 NMR 解释在实际现场应用中不是很理想。

在 T_2 谱中，由于甲烷具有高扩散性，导致其特性曲线经常被水的特性曲线所掩盖。为了在水的 T_2 谱中区分出气，传统的分析方法是在不同等待时间内获取多个 T_2 测量值，这是在不同极化程度上的测量。T_2 谱中，通过不同等待时间的测量值差异就有可能识别出流体类型，但对低孔低渗的致密储层而言，由于其 NMR 信号很小，不同等待时间测出的 T_2 有可能无法解释出确切的流体类型。T_1 测量的优势在于它对扩散不敏感，在 T_1 谱上，通过时间，气信号可以明显地从水信号中区分出来，因此，T_1 测量的应用为致密储集层的流体识别难题提供了新的解释思路。作为一种流体识别方法，Mullen 等（2005）研究了综合利用 T_1、T_2 谱以获取更完整的储层流体类型信息，并且该方法已被证明具有实用价值。图 3.3.20 是对基本概念的最好描述，这个图描述了油、气和水的极化时间，水的极化时间相对油和气来说相当快。由于 T_1 极化时间可用于计算不同储层的流体，因此综合利用原始的 T_1 和 T_2 谱对地层评价是非常实用的。

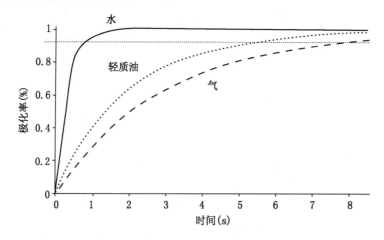

图 3.3.20　水、油和气的极化时间特性（据 Coates 等，1999）

可能有学者会有如此疑问，在井眼区域由于钻井液的侵入导致总显示水信号。在致密砂岩井眼中，通常不会出现这种情况。在渗透率非常低的储层中 [（0.001~0.020）×10⁻³ μm²]，侵入的少，渗透的多。此外，在低渗透致密砂岩中冲刷100％的天然气是非常困难的，流体渗透效果与侵入相比是非常浅的（小于3in），心轴型NMR测井仪的探测深度通常超过了渗透的深度。因此，识别低渗透致密砂岩中流体类型，T_1谱的成功率很高。利用软件模拟的不同流体的T_1和T_2响应可通过图表来表示。图3.3.21是一个典型的致密砂岩例子，T_2谱中观察到气的响应非常接近于水，然而T_1谱中气和水非常好地分开。

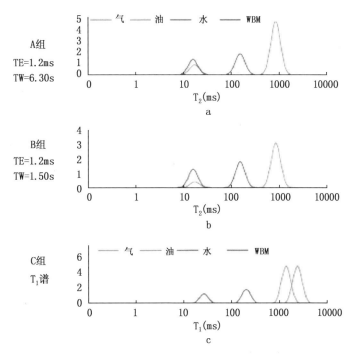

图 3.3.21　某典型致密砂岩中 T_1、T_2 谱中油、气和水响应

（据 Mullen 等，2005）

a—等待时间为 6.3s 的 NMR T_2 响应谱；b—等待时间为 1.5s 的 NMR T_2 响应谱；

c—高密度油和密度为 0.65 气的 NMR T_1 谱，气信号移至 BVI 峰值。参见书后彩页

这种解释观念的实际应用可分为三个步骤。第一步，运行 NMR 作业（Bonnie 等，2001），计算不同井眼流体（水、钻井液滤液、油和气）的 T_1 和 T_2 时间；第二步是把这些时间标识在 T_1 和 T_2 记录谱测井曲线上；第三步把上述信息与 NMR 的 T_2 岩石分析结合起来，进而解释出储层流体类型。

最后，在解释致密含气砂岩的 T_1 和 T_2 谱时，须记住以下几点：（1）在井眼附近区域，冲刷100％气是非常困难的。因此如果 T_1 谱指示仅有水，而 T_2 体积分布计算出低含水饱和度，那么可猜想这个区域是湿区或 R_w 值有少量的偏差；（2）通常在 T_2 谱 BVI 窗中可观察到气信号，所以如果 T_1 谱指示有气，那么该储层就含气；（3）如果 T_1 谱指示砂岩既有水又含气，那么这个时间谱非常重要，它有可能表明是浅侵入的结果，或是一个"冒泡的"水区，这需要通过其他测井分析方法来确定；（4）如果从含气区域中识别出了含水区，那么这一点是值得注意的。在解释这种现象时，砂岩侵入深是一种观点，但这需要通过钻探来确定流体中无水存在，那么在 T_1 谱中见到的水信号可能是原生水。

3.3.2.3 测井资料综合解释技术

致密砂岩气藏由于其低孔低渗特性、孔隙结构复杂、围岩影响大等特点使得测井计算渗透率、饱和度及孔隙度的精度不高，解释符合率偏低，建立渗透率和饱和度模型较为困难。而对这种低渗透的致密储层而言，研究的核心就是计算储层孔隙度、建立精细的孔渗模型和饱和度模型进而评估储层性能和产能级别。利用常规测井以及地面资料来精细评价致密储层难度大，因此需要采用针对性的有效测井手段，建立精确的渗透率、饱和度模型等，以测定储层各项物性参数，进一步开展压前储层评价，使致密气藏储层描述向高精度发展。

相比常规气藏，评价致密砂岩气藏所需的数据更多。为了准确评估和开发致密气藏，地质学家和工程师需要充分利用各种测井资料中有用信息，同时结合岩心、钻井资料等提高储层基础数据估算精度也是非常有必要的。

3.3.2.3.1 核磁共振测井

核磁共振测井测量的是氢核的衰减信号，即横向弛豫时间谱。通过分析 NMR 数据，不仅可以判别储层流体性质，定量提供孔隙度、渗透率、含水饱和度、束缚水饱和度和烃等参数，还能利用 T_2 谱分布去研究岩石的孔隙结构，从而达到直接且直观地评价储层的目的。通过深入分析 NMR 的 T_2 谱，可研究出测井评价储层孔隙结构的全新方法，这也许是 NMR 测井在低渗透储层中的最大用途，亦为其最大优点。因此，核磁共振测井可针对性地应用于致密砂岩储层中，以此提升测井技术评价致密含气储层的深度。

精确解释 NMR 测井资料和后续评价多种储层性质参数过程，都依赖于对总流体的核磁性质以及它们与周围岩石骨架相互作用的性质所作出的假设。根据含气储层电阻率指数和界面张力的测量结果，一般假设天然气在孔隙空间中为典型的非润湿相，因此，在对 NMR 测井资料进行解释时，通常假设含气储层的 NMR 弛豫时间就是总气体相的弛豫时间。然而Winkler 等（2006）通过实验测量表明，孔隙空间中天然气的弛豫时间要比想象的短的多。这一测量结果意味着不能简单地对致密含气砂岩的 NMR 测井资料进行解释，否则将会导致错误地解释目的层中流体，并对总孔隙度和束缚水饱和度作出错误的评价。

假定甲烷信号为非润湿相，它的体积弛豫时间预计为几秒，然而 Winkler 等将甲烷注入致密岩石后测量，发现结果却非常出乎意料。如图 3.3.22 所示，弛豫时间谱的分布范围很大，从仅仅几个毫秒到最大约 600ms。通过计算饱和气与部分盐水饱和时的 T_2 谱之间的差信号，获得甲烷信号的 T_2 谱，如图 3.3.23 所示。分析这两张图可知，在致密含气储层获取的 NMR 测井数据中，来源于气层的信号并不像想象中分布在较小的范围内且具有较长的弛豫时间，而是分布在 T_2 谱的几十倍范围内，弛豫时间比体积弛豫时间快得多。

Winkler 等（2006）通过岩心测量来刻度束缚流体和自由流体的截止值，以用于测井获得的 T_2 谱分析，共测量七块岩样以确定代表性的束缚流体截止值。图 3.3.24 给出 Pinedale油田某岩样在完全饱和盐水状态下的横向弛豫谱（曲线②和曲线③），同时给出了离心到束缚水饱和状态下的横向弛豫谱（曲线①和曲线④）。从图中可看出，T_2 截止值范围从较低的 9.8ms 上升到 22ms，所有岩样的平均值大约为 16ms，这个数值远远低于通常在 NMR 测井解释中应用的 33ms。弛豫时间的减小反映了所研究的致密含气岩石增强的表面弛豫，从而突出了实验刻度的重要性。

以 Pinedale Anticline 气田两口井为例，介绍将实验室 NMR 数据应用到致密含气砂岩NMR 电缆测井解释中的应用实例。利用低频低梯度场、短 T_E 的电缆测井仪器，确保由于扩散而缩短的天然气信号的弛豫时间仍然长于束缚流体弛豫时间。为了探测天然气，测井仪

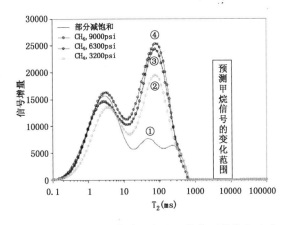

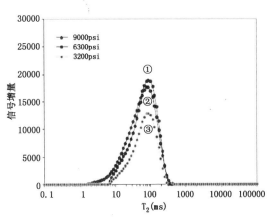

图 3.3.22　岩样在束缚盐水饱和状态下的横向弛豫
时间谱（曲线①）与不同压力下注入甲烷的横向弛
豫时间谱（曲线②、③及④）（据 Winkler 等，2006）

图 3.3.23　不同压力下提取的气体信号
（据 Winkler 等，2006）
甲烷的弛豫时间与几秒长的体积弛豫时间
并不相同，仅为几个毫秒到 300ms

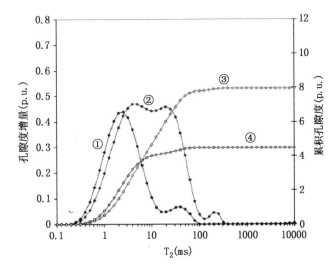

图 3.3.24　Pinedale 油田岩心的横向弛豫谱（据 Winkler 等，2006）
曲线②和曲线③代表岩样在饱和盐水状态下的横向弛豫谱，曲线①和曲线④
代表离心到 500psi 充气盐水当量毛管压力下的束缚水饱和状态的
横向弛豫谱。算出的该岩样的 T_2 截止值大约为 10ms

器采用双等待时间（T_w）采集模式。在时间间隔内利用内部的联合反演算法对所有的 NMR
测井数据进行分析（Slijkerman 等，1999）。

在最初的测井数据解释中假定横向弛豫截止值为 33ms，并且天然气为非润湿相，其弛
豫时间为体积弛豫时间，利用这些假定获得的解释结果如图 3.3.25。

基于上述假设的 NMR 测井解释过高估计了总孔隙度，尤其在气层，并且在只有天然气
的层段中解释出了大量可动水，这种解释结果是不可靠甚至错误。约束前面 NMR 数据的反
演结果，使天然气可能的弛豫时间窗降低至 1s 以下（而不使用原始测井解释假定的体积弛
豫时间 6～10s），自由流体截止值也利用基于实验室刻度的 16ms 去代替缺省的 33ms，使

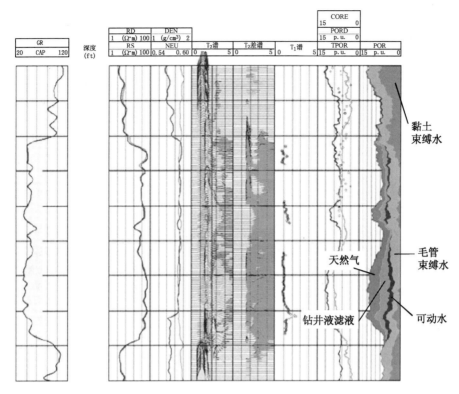

図 3.3.25　致密含气储层 NMR 测井的原始解释结果（据 Winkler 等，2006）

第 1 道，自然伽马测井曲线；第 2 道，深度，10ft 间隔；第 3 道，深、浅电阻率；第 4 道，密度、中子测井曲线；第 5 道，在完全恢复状态下的 T_2 谱（$T_w = 10s$），利用 33ms 的截止值进行对比；第 6 道，双等待时间下的差谱；第 7 道，T_1 弛豫时间；第 8 道：岩心孔隙度（点）与可同 NMR 总孔隙度相比较的密度孔隙度的对比结果；最后一道，NMR 流体孔隙度。参见书后彩页

NMR 测井结果与油田数据更好地吻合。解释结果如图 3.3.26，第二次解释时原来解释为天然气的信号现在解释成钻井液滤液（柴油钻井液）。事实上，这个分析表明尽管仪器已经钻探到整个侵入地层，但是在 NMR 测井仪器的探测范围内根本不存在天然气。因此，没有对 NMR 孔隙度测井进行天然气含氢指数校正。

二次 NMR 测井解释利用了实验室测得的 T_2 截止值和气相弛豫时间，使得 NMR 算出的总孔隙度与岩心孔隙度达到最佳匹配，而且解释显示没有可动水存在，证实了地层处于束缚水饱和状态。因此，在致密含气砂岩的 NMR 测井解释过程中，引入非常短的地层天然气弛豫时间和束缚或可动流体截止值的岩心刻度值后，大大改进了测井解释结果。

对致密含气储层的气饱和岩心进行实验室 NMR 测量，结果表明这些水润湿储层岩石的孔隙空间中，甲烷的 NMR 弛豫并不表现为体积弛豫，这种现象可能与从气相经过很薄的束缚水层面到岩石表面的磁传递有关。同时，Winkler 等的实验结果还表明，在内部梯度磁场中，甲烷分子的自扩散导致其横向弛豫增强，因此在 NMR 测井评价中需要将这种增强考虑进去。对于致密含气砂岩，这些影响尤其明显，因为这些岩石具有更大的表面积进行磁传递，并且具有更小的孔隙尺寸而易于产生内部梯度磁场。

3.3.2.3.2　阵列感应测井

阵列电法尤其是阵列感应测井评价致密砂岩具有以下优点（胡文海等，2004）：（1）通

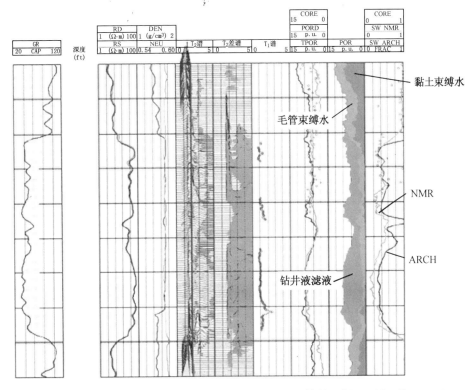

图 3.3.26 与图 3.3.25 同一井的 NMR 测井二次解释结果（据 Winkler 等，2006）

约束前面 NMR 的反演结果，大大降低了天然气的弛豫时间。另外，自由流体截止值取为 16ms

（所有道与图 3.3.25 相同；最后一道为含水饱和度，点代表岩心）。参见书后彩页

过采集信息的处理可得到 3 种不同纵向分辨力的电阻率资料，其中最小分辨率为 30.48cm，分辨率高；（2）阵列感应测井具有 5～6 种不同的探测深度，可得到 5 条不同横向探测深度的电阻率曲线，最大探测深度为 304.8cm。参照泥浆性能，可通过电阻率曲线之间的差异关系确定储层流体性质和判断大致的渗透能力，尤其是通过深入的理论方法研究与岩石物理分析，预期可得到研究储层孔隙结构和评估产能的有效新方法；（3）通过处理 5 条不同探深的电阻率曲线可得到泥浆侵入剖面，提取较真实的地层电阻率，并通过分析储层的侵入特性了解储层的渗流特性。因此，阵列感应测井在低孔低渗的致密砂岩储层中有着重要应用。

Salazar 等（2005）提出了一种新的岩石物理反演算法，它成功地用裸眼井阵列感应测量值计算出渗透率。反演方法结合了非混相两相驱替的物理学基础和侵入的水基钻井液滤液与原生水之间的混合盐度。反演的结果就是计算出一个含气产层内的每个流动小单元的绝对渗透率。阵列感应测量结果展示了单个产气层在纵向上的明显不均匀性，鉴于此，描述一个产气层时，就在设计算法中考虑到了层数及各层厚度的影响，同时逐渐增加流动小单元能够更好地拟合一定垂直分辨率范围内的阵列感应测量值。逐层渗透率的准确再现主要受是否能优先得到以下信息的限制，如：侵入时间、钻井液滤液侵入速度、上覆岩层压力、毛细管压力以及相对渗透率。灵敏度分析表明：即使相对渗透率、毛细管压力、孔隙度以及阿尔奇方程中参数有小的变化时，计算的渗透率值也能正确再现阵列感应测量值。此外，计算的渗透率值与其他井同一含气地层的岩心渗透率值之间一致性很好。

岩心数据是用来构建岩石物理模型，此模型可用于模拟钻井液滤液侵入的物理特性，这样一种模型是对现有系列的电缆测井进行刻度，特别是阵列感应测井。用一个二维化学驱模拟程序来模拟钻井液滤液侵入过程，模拟程序包括钻井液滤液和地层水之间的混合盐度影响。电阻率横剖面是根据含水饱和度和矿化度横剖面获得，它们又是利用阿尔奇方程获得，这些横剖面是用于模拟横穿地层的阵列感应成像测井仪（AIT）测量值。

每一层的渗透率评价都被看做一个非线性的最小化问题。只用每个流动单元的平均绝对渗透率连续进行钻井液滤液侵入模拟，模拟所要求的所有剩余岩石物理参数，既可以由测井曲线计算出，也可以由岩心测量值外插得到。一个修正的 Timur – Tixier 渗透率方程（Balan 等，1995）可用于计算绝对渗透率初始值，在钻井液滤液侵入模拟中可逐步调整这个绝对渗透率初始值直至测量的阵列感应曲线与模拟的阵列感应曲线之间的匹配度可接受为止。最后，由 AIT 视电阻率曲线自动反演出渗透率。

要对钻井液滤液侵入过程的模拟进行初始化，就必须要知道渗透率初始估计值。而岩心测量值只能从附近气田的同一地层中得到，将这类测量值用于构建渗透率初始值。考虑用几种方法计算渗透率的最佳初始估计值（Balan 等，1995；Haro，2004），最后选择通用的 Timur – Tixier 公式来计算渗透率最佳初始估计值。相应地，给出渗透率（k）、孔隙度（ϕ）和束缚水饱和度（S_{wir}）的关系，即

$$k = A \frac{\phi^B}{S_{wir}^C} \tag{3.3.3}$$

式中：A、B、C 是常数，由线性回归分析确定。可以从过载压力为 2000psi 处的岩心测量值中得到经过 Klinkenberg 校正的渗透率和孔隙度。同一岩心的气—水毛细管压力曲线可用于计算束缚水饱和度，该方法的渗透率计算公式为

$$k = 0.04 \frac{\phi^{1.83}}{S_{wir}^{2.3}} \tag{3.3.4}$$

方程（3.3.4）的多线性回归相关系数为 60%，利用该公式从测井曲线计算出渗透率。

已知渗透率初始估计值后，再进行阵列感应电阻率正演模拟。正演问题包括模拟水基钻井液滤液侵入局部饱和气地层的二相流动过程，模拟结果主要为含水饱和度和矿化度的空间分布。根据阿尔奇方程可将含水饱和度转换为电阻率。另一方面，利用 Dresser Atlas 方程（Bigelow，1992）可从矿化度的空间分布计算出等效水电阻率 R_w 值，计算方法如式（3.3.5），即

$$R_w = \left(0.0123 + \frac{3647.5}{[NaCl]^{0.955}} \right) \left(\frac{81.77}{T + 6.77} \right) \tag{3.3.5}$$

式中：T 为储集层温度（℉）；[NaCl] 为矿化度（mg/l）。测得地层电阻率空间分布用于阵列感应测量值的正演模拟。正演模拟需要麦克斯韦方程的频域解，麦克斯韦方程的数值解是由 Druskin 等（1999）提出的 SLDMINV 有限差分运算法求得，此软件通过 Lanczos 谱分解法（Alpak 等，2003）提供了对阵列感应测量值的多频模拟。

阵列感应测量值的渗透率反演由于受物理条件限制而成为一个二次目标函数的最小化问题，使用的函数为式（3.3.6），即

$$C(x) = \frac{1}{2} \left[\mu \{ \| e(x) \|^2 - \chi^2 \} + \| (x - x_p) \|^2 \right] \tag{3.3.6}$$

式中：χ^2 为目标数据误差；$e(x)$ 为数据残差矢量，这个矢量由测量值与模拟值之间的标准差构造的，例如式（3.3.7），即

$$\| e(x) \|^2 = \sum_{j=1}^{M} \left| \frac{S_j(x)}{m_j} - 1 \right|^2 \qquad (3.3.7)$$

式中：M 是测量的次数；m_j 表示第 j 个测量值；S_j 为未知模型参数向量 x 对应的模拟测量值；向量 x 由 $x = [x_1, \cdots, x_N] T$ 得来，其中 N 为未知参数的个数。在式（3.3.6）中，正标量因子 μ 作为一个调整参数（也称为拉格朗日乘数），用来表示目标函数两个附加项的相对重要性。

Salazar 等（2005）的研究中测量向量包括 AIT 视电阻率值（以 0.25ft 间隔采样的），每个采样深度点有 5 个视电阻率值，而在 −27.75ft 到 +43.25ft 的深度段内总共有 277 个采样点，所以输入测量值总数一共是 1385。考虑到测量噪声，方程（3.3.6）中目标误差设定为 0.01，其中未知参数向量 x 包括各层绝对渗透率。假定渗透率反演时层界面位置是已知的。此外，反演模型参数采用非线性变换（Habashy 和 Abubakar，2004）被限制在它们的物理边界内。目标函数的最小化是由高斯—牛顿方法完成的，该方法强迫回溯线沿下降方向搜索算法，这保证了迭代中的数据误差是单调递减的，并选择将拉格朗日乘数适当地与目标函数的 Hessian 矩阵的条件数联系起来（Alpak 等，2004）。

以受水基钻井液滤液侵入的低渗透致密砂岩层为例，来测试以上所述的渗透率反演方法。为了说明流动单元的纵向不均匀性，这里将流动单元分成 8 个水平层，进行钻井液滤液侵入和阵列感应测量值的模拟。图 3.3.27 描述了含水饱和度、矿化度和电阻率的横剖面图，它由钻井液滤液侵入模拟得到。当渗透率很高时，侵入前端到达地层径向方向更深的区域。图 3.3.28 中则比较了模拟的 AIT 曲线和测量的 AIT 曲线，其中模拟的 AIT 曲线是用渗透

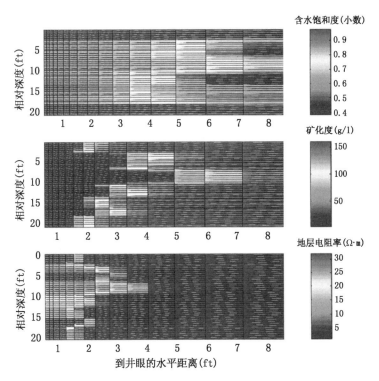

图 3.3.27　模拟的纵向不均匀流动单元的含水饱和度、矿化度和电
阻率的横剖面图（据 Salazar 等，2006）

侵入时间为 5d；地层渗透率为由岩石物理分析得到的渗透率初始估计值

率初始估计值得到的。正如所见，模拟的 AIT 曲线和测量的 AIT 曲线之间的匹配性是不可接受的。后来观测表明用正演模拟一直没有达到绝对渗透率的最好评价。所以，需要改变各层渗透率来使模拟的电阻率曲线和测量的电阻率曲线一致性更好。

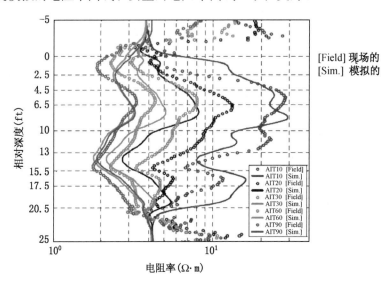

图 3.3.28　阵列感应测量值的数字模拟：多层非均匀地层的初始
储集层性质和流体性质（据 Salazar 等，2006）

（1）计算各层渗透率。

继续调整层渗透率值以提高模拟的 AIT 曲线和测量的 AIT 曲线之间的匹配性，这种调整是以电阻率曲线的垂直变化为指导的。钻井液滤液侵入模拟是在每次手工调整之后进行的，接着进行阵列感应测量值的数字模拟，这个过程要重复很多次，直到模拟的 AIT 曲线和测量的 AIT 曲线之间匹配可接受为止。图 3.3.29 为地层渗透率几经变动后的含水饱和度、矿化度和电阻率的横剖面图。图 3.3.30 对模拟的 AIT 曲线和测量的 AIT 曲线进行了比较。可以观察到，模拟的最深电阻率曲线（AIT90）和最浅电阻率曲线（AIT10）与它们各自的测量的电阻率曲线的一致性很好，然而，中等探测深度电阻率曲线的一致性是无法接受的。总结得出的结论是，为了提高模拟的电阻率曲线和测量的电阻率曲线之间的一致性，需要进行渗透率自动反演。

（2）渗透率反演。

反演分为两步：首先，将人工调整电阻率匹配所得到的渗透率值作为渗透率初始估计值。为了达到反演的收敛，必须进行 6 次高斯—牛顿迭代。利用反演得到的渗透率重新计算钻井液滤液流量，然后再作为下一步迭代反演的新的初始估计值。表 3.3.1 描述了经过 7 次迭代之后，由反演的第二步得到的各层渗透率值及与 Timur - Tixier 渗透率初始值比较时相应的百分比变化。反演的渗透率及渗透率初始估计值的偏差在 0.5～4 个数量级范围内。表 3.3.1 中给出了每个渗透率计算值的不确定大小的定性指示（最右列），这是根据模拟的视电阻率曲线对渗透率变化的灵敏度所得出的。

图 3.3.31 是反演得到的电阻率横剖面图，而图 3.3.32 则比较了模拟的电阻率曲线和测量的电阻率曲线。尽管大多数模拟的 AIT 曲线（在几个层内）与测量的 AIT 曲线一致性很好，但要评估那些不确定性为中到高的层的更接近真实的绝对渗透率值，还需要做其他工作。

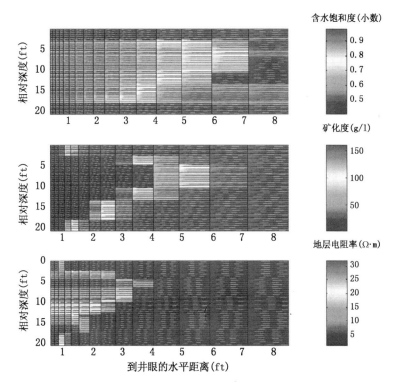

图 3.3.29　模拟的纵向非均匀产层的含水饱和度、矿化度和电阻率的
横剖面图（据 Salazar 等，2006）

侵入时间为 5d；人为调整地层渗透率使模拟的 AIT 曲线与测量的 AIT 曲线间一致性可接受

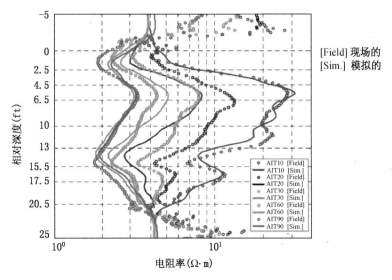

图 3.3.30　阵列感应测量值的模拟：人为调整各层渗透率以使模拟的
AIT 曲线与所测的 AIT 曲线一致性可接受（据 Salazar 等，2006）

（3）不确定性分析。

为了评估钻井液滤液侵入流量的不确定性，还需要进行灵敏度分析。当平均流量为初始流量的两倍时，反演出的绝对渗透率降低两个数量级。但是，如果流量为初始流量的 5 倍和

表 3.3.1　由阵列感应测量值反演求出的多层地层渗透率，列中描述渗透率相对于渗透率
初始值的百分比变化（据 Salazar 等，2006）

电阻率匹配的 K（$10^{-3}\mu m^2$）	变化的百分比（%）	反演的 K（$10^{-3}\mu m^2$）	变化的百分比（%）	不确定性
0.015	−340	12.3	18.200	高
0.406	−150	5.31	423	低
0.689	−20	7.08	757	低
0.814	−600	43.1	656	中等
0.428	−40	120	19.900	高
0.096	−40	84.0	62.400	高
0.080	−140	0.1836	−4	低
0.014	−190	0.0004	−99	低

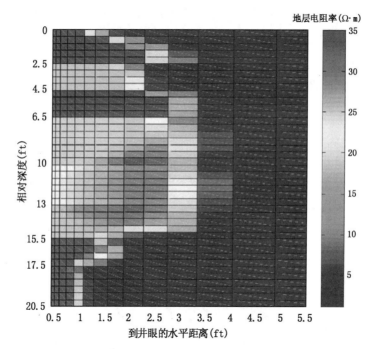

图 3.3.31　由阵列感应曲线反演的模拟纵向不均匀层的电阻率横剖面
（侵入时间是 5d）（据 Salazar 等，2006）

10 倍时，反演的渗透率值依然降低了两个数量级。对于纵向不均匀地层来说，计算流量时不可能会出现如此大的误差，因为它主要受地层渗透率控制。Salazar 等发现如果侵入时间不到 0.5d，那么一个层的渗透率变化要求流量有相应的变化，因此，流量变化 10％ 几乎不影响渗透率的计算值。

　　Salazar 等（2005）以复杂致密砂岩气层为例，讨论了由阵列感应测量值估算岩层绝对渗透率，这种估算是基于钻井液滤液侵入过程的模拟。该方法需要详细了解井眼环境变量，包括上覆岩层压力、温度、钻井液性质及侵入时间，精确模拟钻井液滤液的侵入过程还需了解流体性质和岩石—流体性质，对其中一些性质的不甚了解就需要以一种系统的方式定量计算它们对渗透率评价的影响。通过增加单产层内小流动单元数量的方法从阵列感应曲线中计

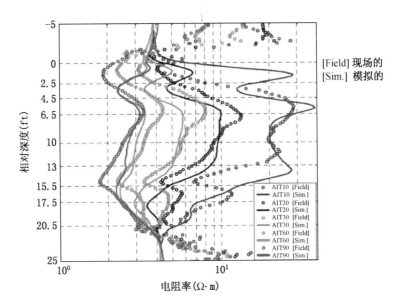

图 3.3.32　由绝对渗透率反演得到的纵向不均匀产层的测量的 AIT
曲线和模拟的 AIT 曲线的图形比较（据 Salazar 等，2006）

算渗透率，该方法可以通过评估孔隙度、毛细管压力和相对渗透率对模拟的阵列感应测量的影响来进一步精细调整它们的假设值，尤其是 5 条 AIT 曲线的平均值和幅度差。

通过阵列感应测量值反演计算到的渗透率值大约比用标准岩石物理公式算出的渗透率值高 500%，只有邻近围岩的层，其反演的渗透率小于渗透率初始估计值。Salazar 等估算渗透率的方法是基于利用 AIT 感应测量值处理所得出的视电阻率曲线。渗透率估计值的分辨率和精确度很可能会随着使用"原始"电压来取代视电阻率曲线而得到改善。同样地，除了 AIT 测量值，渗透率估计值的分辨率和精确值也可能会随着使用微电阻率测量值而得到改善。

3.3.2.3.3　组合测井技术

大部分测井仪器测量得到的信号主要反映的是岩石骨架信息，这在致密含气砂岩情况下变得复杂且分辨能力差。NMR 仪器的测量信号主要来自具有最小骨架效应的流体组分。通过 NMR（用于流体组分）与其他裸眼井测量结果（用于骨架成分）组合使用可构造出稳定的岩石物理模型，获得本质上一致的孔隙度—饱和度模型。

对于含水饱和度的计算，大部分的岩石物理模型需要知道 R_w、胶结指数（m）和饱和度指数（n）（以及 $PHIT$、V_{day} 和 CEC）。在致密含气砂岩中，求取 m 和 n 是非常困难和费时的，这是由于：（1）对岩样的清洗会破坏岩石骨架结构；（2）非常低的渗透率使得分析所测的饱和度范围很窄。由于储层中 100% 含水的情况并不多见，因此利用 Pickett 曲线图分析获得 m 和 R_w 值常常失真。而且，有明显证据表明，地层水矿化度在一给定的致密含气储层的砂体之间会发生变化。同时，利用试水资料确定 R_w 值存在疑问，这是因为它已被所产天然气的凝析作用形成的低矿化度水所污染。利用一套包括 NMR 的测井系列，通常可测出储层条件下的 m 和 n（有时 R_w 也可）。Merkel（2006）给出实例说明需要哪些 NMR 测量用于分析，以及如何同其他裸眼井数据组合来确定相互一致的孔隙度—饱和度模型。

Merkel（2006）以 Piceance 盆地致密含气砂岩为例，该储层矿物成分复杂，常包括不定含量的长石、云母、方解石和白云石，且这种复杂性随蒙脱石、绿泥石和高岭石等四种主要黏土类型的出现而增强。该盆地某地层段包括两个含气砂段，其原始测井曲线如图 3.3.33 所示，该图 a 中显示的三组合测井数据表明，通过 GR、SP、电阻率和密度—中子交会（采用一种砂岩骨架值）可识别产层段，在该测井曲线上能看出储层砂岩段没有侵入。该研究中所用 NMR 仪器探测深度浅（对于这些砂体 3in），测量相反会受井眼垮塌等因素影响，这从该图 b 中 5632ft 和 5700ft 深度处可以看出这点。图 3.3.33b 的第 3 道给出了 T_2 共反射元分布，每个共反射元序号（N_o）可根据 $T_2 = 2^{(N_o+1)}$ 转换成平均 T_2 时间（ms），检测共反射元组合使人们能够将化学束缚水和饱和气体积与有效孔隙中液体区别开。图 3.3.33b 的第 4 道反映出总孔隙体积中液体的分布，该图说明，大约在 5690ft 处砂岩相当纯净，而且有几乎为常数的束缚体积水（MBVI）。

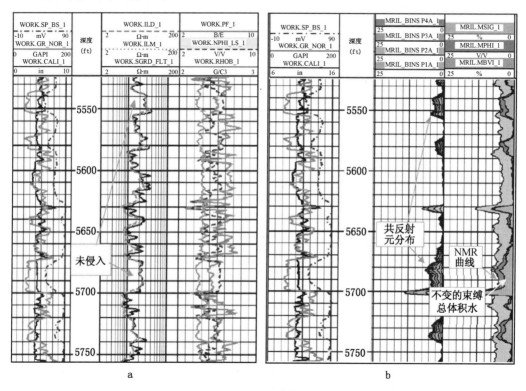

图 3.3.33　Piceance 盆地某地层含气砂岩的测井数据（据 Merkel 等，2006）

测井三组合曲线图 a；在图 a 中识别出的含气砂岩的 NMR 测井响应 b

（1）组合测井确定 m 和 R_w。

上文已经提出致密含气砂岩中，由于 100% 水层并不常见，利用 Pickett 曲线图或 R_{wa} 分析确定地层水矿化度时导致矿化度计算值低（高 R_w）。利用试水资料也会造成估算的矿化度低于真实地层水矿化度。这些情况下，将异常高的 R_w 计算值代入含水饱和度模型中，必然得到高含水饱和度值，这对含气储层的原始天然气储层 OGIP 估算不利。

利用侵入现象几乎或根本看不到层段的深电阻率测量值，联合由仅含束缚水的共反射元计算出的 NMR 孔隙度，可以考虑利用 Pickett 曲线图分析 100% 含水时的电阻率 R_0 线，这样就给出了 R_w 和 m。将该方法应用于某地区四口井中，图 3.3.34 为应用实例。在常规的 Pickett 绘图分析中，将 R_0 线选做 $PHIT—R_t$ 数据的下部边界，而图 3.3.34 中 NMR 孔隙度指的是有效孔隙度而非总孔隙度，并且大部分岩石是非阿尔奇式，所以，应将该数据的上部边界确定为 R_0 线。

将该方法应用于四口井的许多砂岩层中，发现其地层水电阻率存在垂向和侧向上的变化，对于 m 为一持续常数 1.85（直线倒斜）而言，这是不正确的。由于图 3.3.34 中孔隙仅含水，如果建立的 R_0 线并非对应 100% 水饱和度，那么该直线就变得毫无意义了。然而，一旦建立了 R_0 线，由密度—中子分析得到的总孔隙度替代 y 轴，以给出受控于 n 的含水饱和度线。

（2）组合测井确定 n。

测量致密含气砂岩岩心的 n 值相当困难，而且容易出现误差。对于微达西范围内的岩石，建立一个模拟储层压力（NCS）条件下的平衡饱和度剖面既费

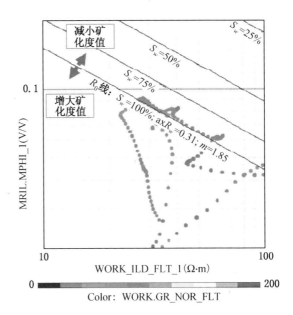

图 3.3.34　改进的 Pickett 图（据 Merkel 等，2006）
该图利用深电阻率和 NMR 孔隙度绘制出
R_0 线，并给出 R_w 和 m 值

时又耗资。而且，用模拟储层盐水清洗和烘干这些需再次饱和的岩样常常会改变其黏土结构，从而影响到其电性特征。许多致密含气砂岩储层是在束缚水饱和度条件下。Buckles（1965）在其 1965 年发表的文章中指出，在许多储层砂岩中，矿物成分和（或）孔隙类型并不能改变束缚水饱和度值，而且其孔隙度为式（3.3.8），即

$$\phi S_{wi} = BVWI = 常数 \tag{3.3.8}$$

为很好地利用该关系式，对阿尔奇公式重新整理成式（3.3.9），即

$$BVWI^n = R_w / \{R_t \phi^{(m-n)}\} = C \tag{3.3.9}$$

因此有以下表达式（3.3.10），即

$$\lg(\phi) = \{1/(n-m)\} \lg(R_t) + C' \tag{3.3.10}$$

式（3.3.10）表明，在束缚水饱和度条件下，Pickett 图中数据应该位于该图的第一象限内，并且呈一条直线。式（3.3.10）表明这些数据的斜率应是 $1/(n-m)$，即当 $n=m$ 时，该值是无限大（垂向上）；当 $n<m$ 时，斜率是负值；当 $n>m$ 时，斜率是正值。而且，当这条直线与 R_0 直线（$S_w=100\%$）相交时，其相交点为 $BVWI$（束缚水孔隙度）。

图 3.3.35 给出了束缚水条件下 Pickett 图的一个应用实例。负的斜率值表明 $n<m$，当 $m=1.85$ 时，n 计算值为 1.72，并且可以看到，与 R_0 直线相交处 $BVWI=5.1$。它给出了由 NMR 测井曲线或未饱和岩心数据计算出的 $BVWI$ 的半独立互校值。对 Merkel（2006）所研究的四口井而言，计算的 m 值十分统一，约为 1.85，n 值也十分稳定，大约为 1.71。而该储层的岩心数据给出的 n 估计值过高，过高的 n 计算值减少了 OGIP 大小，由此产生负面的经济效应。

相对致密含气砂岩岩心的 n 值测量时存在的固有复杂性和不精确性问题，上述组合测井计算方法具有许多优点：（1）它可计算多个采样深度而非单个岩样（或许多岩样平均）的 n 值；（2）可在储层温度和压力条件下计算 n 值，而不是实验室恢复原态条件下；（3）可随测

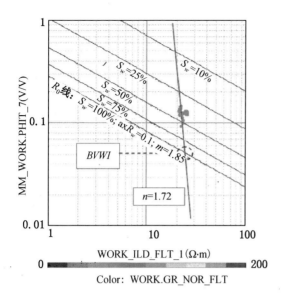

图 3.3.35　测定 n 和 $BVWI$ 的 Pickett 图
（据 Merkel 等，2006）

井即时分析而不用等上数月；（4）n 值计算曲线具备了用以计算它的测井曲线的垂向分辨率，而不是一个岩样的值。

（3）测井岩石物理分析。

利用图 3.3.33a，b 原始测井曲线可开发出综合岩石物理模型。通过检测图 3.3.36 给出的密度—中子—PE—GR 数据区间，首先近似确定出矿物成分。图 3.3.36 的交会图显示中心大约为 12p. u. 的含气砂岩、白云岩胶结、伊利石—绿泥石黏土和密度为 $2.66 \sim 2.70 \mathrm{g/cm^3}$ 的视储层岩石骨架。为了获得 m、R_w 值，图 3.3.37 给出了下部砂岩段（5675 ～ 5695ft）数据绘制而成的、已改进的 NMR—电阻率的 Pickett 图。该图的形式与图 3.3.34 相同，给出的 m 值相似，但 R_w 值不同，R_0 直线之上出现垂向上较高孔隙度偏移，说明用 NMR 仪器能看到轻微的侵入现象，而深电阻率仪却不能。

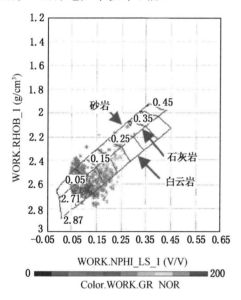

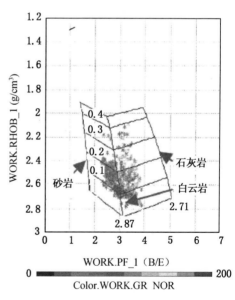

图 3.3.36　由图 3.3.33a 中数据绘出密度—中子—PE—GR 空间交会图（据 Merkel 等，2006）
利用该交会图可以获得该层段矿物成分初始近似值

利用估算的参数和对矿物成分的基本了解（图 3.3.36），开发出了一种基于矿物成分的最小误差（概率）岩石物理模型，而不使用确定性模型。岩相工作和 XRD 分析（Pitman 等，1989）结果令人失望地发现，储层岩石中的矿物成分要比测量结果多，由此需要反演来生成待定骨架。围绕这个问题，将 NMR 有效孔隙度（$MPHI$）和 NMR 束缚流体体积（$MBVI$）这两条曲线作为输入，且如同长石组那样将云母组并在一起。分析中包括的唯一黏土矿物看上去有最大的测井响应值，因此认为是伊利石和绿泥石。测井矿物骨架点一旦建立，便可转换该骨架，而且记录数据和合成的理论曲线之间的差变得最小。使用概率而不是确定模型的另一个优点是前者可提供误差分析并指出任一模型的不稳定性。

图 3.3.38 给出了利用输入的多种参数产生的 Piceance 盆地 Williams Fork 层段的岩石物理模型。在该图中，第 1 道是矿物成分，第 3 道是孔隙度和总体积流体，第 4 道是含水饱和度。

Merkel （2006） 的研究表明，NMR 与其他裸眼井资料组合可测定致密含气砂岩中 R_w、m、n 和 BVWI （束缚水孔隙度） 值，而在储层条件下根据岩心、岩屑或油井测试资料来确定一些

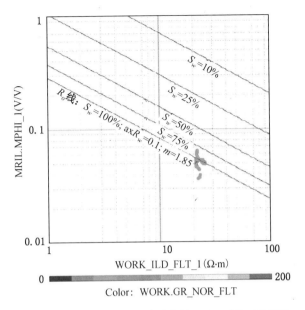

图 3.3.37 电阻率—NMR 孔隙度的 Pickett 图，可确定 R_0 直线和 m （据 Merkel 等，2006）

（或全部）参数很难。许多岩石物理模型参数之间是相互联系的，并能用于综合模型的互检。概率岩石物理模型同时还考虑到在反演中使用 NMR 测量数据，给出了误差分析，并能确定出模型的稳定性。

致密砂岩储层具有低孔低渗、矿物成分复杂等特点，使得只利用常规裸眼井测井方法测定储层的岩石物理参数非常困难。而非常规测井方法如 NMR 测井，它不同于常规的中子和密度孔隙度测井，能在不考虑岩性情况下测定岩石孔隙度，其放射源和弛豫时间能够计算出其他岩石物理参数，如渗透率、毛细管压力、孔隙大小分布以及流体类型。采用 NMR 测井或将其与常规裸眼井或 SCAL （特殊岩心分析）结合，能够减少由于每种方法的局限所造成测量参数的不确定性，以更好地评价非均质致密含气储层的岩石物理特性。

Hamada 等 （2008） 以某致密含气泥质砂岩储层为例，说明了常规裸眼井测井结合 NMR 测井应用的优势，主要研究内容包括：（1）联合密度测井和 NMR 测井，测定与岩性无关的孔隙度 ϕ_{DMR}；（2）利用 NMR 测井方法测量岩石渗透率 K_{BGMR}，它是基于侵入带气体的动态运移和体积含量变化；（3）根据 NMR 测井 T_2 弛豫时间分布计算毛细管压力，并用于计算地层饱和度，尤其是在过渡带区域。尽管在油基泥浆滤液侵入的强非均质性含气致密储层中，NMR 测井应用面临很大挑战，但其测量结果还是让人欣慰的，大大减少了测量的岩石物理参数的不确定性。

（1）密度—NMR 测井孔隙度 ϕ_{DMR}。

传统计算地层孔隙度的方法主要有密度测井和中子测井，但这些测井方法计算孔隙度时需要进行环境校正，并且受岩性和地层流体影响。计算出的孔隙度是总孔隙度，孔隙空间中流体包括可动流体、毛细管束缚水以及黏土束缚水。然而，NMR 测井能够测量与岩性无关的孔隙度，孔隙中只含可动流体和毛细管束缚水。对非均质致密砂岩储层而言，其岩性复杂且未知，这种情况下 NMR 测井方法作为一种精确计算地层孔隙度的方法是值得推荐的。Freedman 等人 （1998） 提出将密度测井和 NMR 测井结合，以测定经过气体校正的地层孔

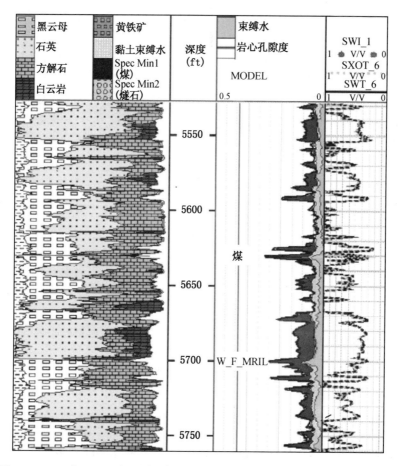

图 3.3.38 Williams Fork 地层上部的岩石物理模型,包括图 3.3.33 (a)、(b)、
图 3.3.36 和图 3.3.37 中给出数据 (据 Merkel 等, 2006)

隙度 (ϕ_{DMR}) 和冲刷带含水饱和度 (S_{xo})。识别和评价致密含气泥质砂岩时,密度—NMR
交会方法要优于密度—中子交会,这是由于泥质砂岩中热中子吸收导致中子孔隙度读数太
高,结果气层被漏判。另外,NMR 孔隙度不受泥质和岩石矿物影响,因此密度—NMR
(DMR) 技术能够更可靠地指示和评价泥质砂岩中气体。以下是 ϕ_{DMR} 的推导过程。假定密度
和 NMR 测井测量的都是同一含气冲刷带,其中 NMR 孔隙度定义如下:

含气冲刷带 NMR 孔隙度响应可用式 (3.3.11) 表示,即

$$\phi_{NMR} = \phi S_{gxo} HI_g P_g + \phi HI_L (1 - S_{gxo}) \tag{3.3.11}$$

假设流体含氢指数 (HI_L) $=1$,则有如下式 (3.3.12) 关系,即

$$\phi_{NMR} = \phi \times \left[1 - S_{gxo}(1 - HI_g P_g) \right]$$

$$\frac{\phi_{NMR}}{\phi} = 1 - S_{gxo}(1 - HI_g P_g) \tag{3.3.12}$$

式中:ϕ_{NMR} 为测得的 NMR 孔隙度;ϕ 为经过气体校正的岩石孔隙度;HI_g 为气体含氢指数;
HI_L 为流体含氢指数 (水和泥浆滤液);S_{gxo} 为冲刷带气体饱和度;$P_g = 1 - \exp(-W/T_{l,g})$
为气体极化因子;W 为等待时间;$T_{l,g}$ 为气体纵向弛豫时间。

含气冲刷带密度孔隙度响应可用式 (3.3.13) 表示,即

$$\rho_b = \rho_m(1-\phi) + \rho_L\phi(1-S_{gxo}) + \rho_g\phi S_{gxo} \tag{3.3.13}$$

则有如下式（3.3.14）关系，即

$$\phi_D = \frac{\rho_m-\rho_b}{\rho_m-\rho_L} = \frac{\rho_m-\left[\rho_m(1-\phi)+\rho_L\phi(1-S_{gxo})+\rho_g\phi S_{gxo}\right]}{\rho_m-\rho_L} = \phi\left[1+S_{gxo}\left(\frac{\rho_L-\rho_g}{\rho_m-\rho_L}\right)\right]$$

$$\frac{\phi_D}{\phi} = 1 + S_{gxo}\left(\frac{\rho_L-\rho_g}{\rho_m-\rho_L}\right) \tag{3.3.14}$$

式中：ρ_b 为体密度；ρ_L 为流体密度（水和泥浆滤液）；ϕ_D 为密度测井算出的视孔隙度；ρ_g 为气体密度。

再计算经过气体校正的孔隙度 ϕ。假设常数 α、β 如下式（3.3.15）关系，即

$$\alpha = (1-HI_gP_g) \qquad \beta = \frac{\rho_L-\rho_g}{\rho_m-\rho_L} \tag{3.3.15}$$

将公式（3.3.15）代入式（3.3.13）、（3.3.14）中，得到

$$\frac{\phi_{NMR}}{\phi} = 1 - \alpha S_{gxo}$$

$$\frac{\phi_D}{\phi} = 1 + \beta S_{gxo} \tag{3.3.16}$$

由式（3.3.16）得到地层真孔隙度表达式（3.3.17），即

$$\phi = \left(\frac{\alpha}{\alpha+\beta}\times\phi_D + \frac{\beta}{\alpha+\beta}\times\phi_{NMR}\right) = A\times\phi_D + B\times\phi_{NMR}$$

$$\phi_{DMR} = A\times\phi_D + B\times\phi_{NMR} \tag{3.3.17}$$

A、B 为常数，且 $A+B = \frac{\alpha}{\alpha+\beta} + \frac{\beta}{\alpha+\beta} = 1$。

以下介绍 ϕ_{DMR} 孔隙度的校正。利用一种曲线拟合方法校正目标层的 A、B 常数。假设岩心孔隙度等同于气体校正过的 ϕ_{DMR}。那么，公式（3.3.17）可以写成式（3.3.18），即

$$\frac{\phi_{core}}{\phi_{NMR}} = A\times\frac{\phi_D}{\phi_{NMR}} + B \tag{3.3.18}$$

该线性公式的截距值为 B，斜率为 A。注意到 $S_{gxo}=0$ 时，岩石孔隙中完全充填流体（泥浆滤液和束缚水），那么 NMR 孔隙度读数和密度孔隙度都应该是正确的，均等于岩心孔隙度。那么趋势线将在一点相交，该点处有 $\phi_{core}/\phi_{NMR} = \phi_D/\phi_{NMR} = 1$。Hamada 等（2008）研究的致密砂岩储层中，计算视密度孔隙度 ϕ_D 时流体密度最佳拟合成 0.9g/cm^3，该值综合了地层水密度和泥浆滤液密度（OBM），趋势拟合线斜率 A 取 0.65，y 轴截距 B 为 0.35，结果 DMR 孔隙度表达式为式（3.3.19），即

$$\phi_{DMR} = 0.65\phi_D + 0.35\phi_{NMR} \tag{3.3.19}$$

Hamada 等将 ϕ_{DMR} 计算结果应用到某实际三口井中，结果显示 ϕ_{DMR} 值与岩心孔隙度相当一致。因此，该方法也被认为是与岩相无关的孔隙度模型，计算出的孔隙度结合 Timur-Coates 公式能够精确地计算气层渗透率。DMR 孔隙度方法在校正气体影响时，避免使用了储层条件下的流体密度和气体含氢指数，而且它的另一个优势是能够提高测井速度。

（2）气体的磁共振渗透率 K_{BGMR}。

NMR 渗透率是利用 NMR 孔隙度和平均 T_2 弛豫时间的经验关系式计算出来的。现有两种常用的渗透率模型，Kenyon 模型和 Timur-Coates 模型。Kenyon 模型渗透率会受气体和油基泥浆滤液（非润湿相）的影响。Timur-Coates 渗透率模型在储层含气情况下非常适用，但它受 BVI 截止值和油基泥浆滤液润湿性的变化影响。在非均质致密含气泥质砂岩

中，受岩相变化、岩层致密以及同一岩相 T_2 谱变化大等因素影响，Timur – Coates 模型计算出的渗透率并不令人满意。同时，Kenyon 模型和 Timur – Coates 模型计算渗透率时均受烃类影响，需要开发出新的渗透率计算模型。

气体磁共振渗透率（K_{BGMR}）是计算含气储层渗透率的一种新技术，它在油基泥浆和水基泥浆情况下测量值相同，因为它与泥饼形成、侵入停止后气体再次进入冲刷带有关，受地层渗透率、气体流动性、毛细管作用以及重力作用等影响，气体的运动是动态的。由于重力作用不变，毛细管作用主要取决于渗透率，气体流动性也是与渗透率有关的，同时气体黏度保持不变，所以再次充填的气体体积直接受渗透率的影响。

冲刷带气体体积可用如下方法进行计算：（1）差谱法（ΔT_w），即在不同等待时间（T_w）内多次采集；（2）测量扩散性，利用流体扩散性和 T_2 谱进行二维流体分析。利用式（3.3.20）计算冲刷带气体体积，即

$$V_{g,xo} = \frac{DPHI - \dfrac{T_{NMR}}{(HI)_f}}{\left[1 - \dfrac{(HI)_g \times P_g}{(HI)_f}\right] + \lambda} \qquad (3.3.20)$$

式中：$V_{g,xo}$ 为冲刷带气体体积；$DPHI$ 为采用泥浆滤液密度的地层密度孔隙度；T_{NMR} 为总 NMR 孔隙度；$(HI)_f$ 为流体含氢指数；$(HI)_g$ 为气体含氢指数；$P_g = 1 - \exp(-W/T_{l,g})$ 为气体极化函数；W 是等待时间；$T_{l,g}$ 为气体纵向弛豫时间；$\lambda = \dfrac{\rho_f - \rho_g}{\rho_m - \rho_f}$。利用 DMR 孔隙度从密度测井响应中作简单变换，得到校正过的气体孔隙度如式（3.3.21），即

$$S_{gxo} = \frac{(\phi_D - DMR) \times (\rho_m - \rho_L)}{DMR \times (\rho_L - \rho_g)} \qquad (3.3.21)$$

将气体孔隙度除以总孔隙度 $DMRP$ 进行标准化后等于 S_{gxo}，其表达式为（3.3.22），即

$$S_{gxo} = \frac{DMRP - \phi_{NMR}}{DMRP} \qquad (3.3.22)$$

再根据 S_{gxo} 和渗透率之间相关性得到渗透率公式，如 Hamada 等人（2008）研究实例中渗透率计算公式（3.3.23），即

$$K_{BGMR} = 0.18 \times 10^{(6.4 \times S_{gxo})} \qquad (3.3.23)$$

该渗透率计算公式是与岩相无关的，且这个相关的绝对误差统计分析因子约为 2，这种不确定性结果是可以接受的。对同一储层的岩心进行渗透率不确定性评估，统计分析绝对误差因子与岩相有关，约为 1.5～3。通过实际井分析，K_{BGMR} 与岩心渗透率之间的一致性好。

（3）毛细管压力 P_c。

弛豫过程实际上是并行的，横向弛豫时间 T_2 可写成如下式（3.3.24），即

$$1/T_2 = (1/T_2)_B + (1/T_2)_S + (1/T_2)_D \qquad (3.3.24)$$

式中：$(1/T_2)_B$ 为体分布；$(1/T_2)_S$ 为面分布；$(1/T_2)_D$ 为场梯度分布的扩散。

在快速扩散限制下，T_2 可以写成以下式（3.3.25），即

$$1/T_2 = (1/T_2)_B + (1/T_2)_S$$
$$1/T_2 = (1/T_2)_B + \rho S_{pore}/V_{pore} \approx \rho S_{pore}/V_{pore} \qquad (3.3.25)$$

在该限制条件下，T_2 受两个因素影响：（1）面弛豫 ρ 和孔隙尺寸特征 $r_{pore} = V_{pore}/S_{pore}$；（2）体弛豫时间 T_2，它比流体面弛豫时间大得多。因此，式（3.3.25）中第一项可被忽略，所以 $T_2 \approx r_{pore}/\rho$。由于岩相、孔隙形状和类型的不同，面弛豫 ρ 会有较大变化，则标准 T_2 截

止值（砂岩 33ms）也就不总是适用了。

与润湿性有关的储层岩石毛细管作用和岩石表面张力削弱了流体间的密度差异，改变了之前流体间的明显分界面。毛细管压力（P_c）受岩石和流体的界面张力（σ）、孔隙半径（r）和以角度（θ）定义的岩石润湿性等因素的影响，具体为式（3.3.26），即

$$P_c = 2\sigma\cos\theta/r \qquad (3.3.26)$$

由于孔隙半径（r）与 T_2 时间和岩石面弛豫（ρ）有关，上式（3.3.26）可写成

$$P_c = 2\sigma\cos\theta/T_2\rho \qquad (3.3.27)$$

对于给定的储层岩石（$2\sigma\cos\theta/\rho$）是常数 C，因此，式（3.3.27）可写成 $P_c = C/T_2$，则

$$\mathrm{Log}P_c = \mathrm{Log}C + \mathrm{Log}(1/T_2) \qquad (3.3.28)$$

目前的问题出现在含气孔隙上，它在 NMR 测井上没有体现，且被油基泥浆滤液侵入替代了孔隙中部分束缚水体积。为了避免出现这两个问题，模型的校正必须基于完全充填流体孔隙的 NMR 响应，再与 SCAL 分析出的毛细管压力进行相关研究。考虑式（3.3.28），在上述假设下 $\log P_c$ 和 $\log(1/T_2)$ 具有线性关系，在 NMR 对流体充填孔隙有响应的区域有可能存在直线拟合关系。线性拟合条件下，该直线的插值对束缚水饱和区域和含气孔隙都有效。J－Leveret 函数利用 C/T_2 替换 P_c，进而对 T_2 值和由 NMR 得到的等效 S_{w_eq} 进行数据平均，即

$$J_{\mathrm{NMR}} = \frac{1}{T_2}\sqrt{\frac{perm(k)}{por(\phi)}}$$

$$S_{w\_eq} = S_{wi} + c_1\left[\frac{c}{T_2 \times \sigma\cos\theta} * \sqrt{\frac{perm(k)}{por(\phi)}}\right]^{C_2} \qquad (3.3.29)$$

式中：c_1、c_2 是常数；σ 为表面张力；θ 是接触角度。如当 $\sigma\cos\theta = 50$ 时，某饱和度—压力函数如式（3.3.30）所示，即

$$S_w = 0.01 + 0.5 \times \left[\frac{P_c}{50}\sqrt{\frac{k}{\phi}}\right]^{-0.8} \qquad (3.3.30)$$

Hamada 等（2008）将研究结果应用于某实际 B 井中以说明压力校正结果，该井采用油基泥浆滤液，其 S_w 和 $1/T_2$ 之间的趋势拟合线如式（3.3.31），即

$$S_w = -0.01 + 0.06 \times \left[\frac{1}{T_2}\sqrt{\frac{k}{\phi}}\right]^{-0.8} \qquad (3.3.31)$$

为了得到式（3.3.30）、（3.3.31）中 P_c 和 $1/T_2$ 之间的线性关系，将由 NMR 数据得到的等效 S_w 增加 0.02（2%）以校正泥浆滤液影响，则得到

$$P_c = 708\frac{1}{T_2}, \quad C = 708 \qquad (3.3.32)$$

考虑到油基泥浆情况下上述两值的算术平均，取 $C = 800$，则 P_c 和 $1/T_2$ 之间如式（3.3.33），即

$$P_c = 800\frac{1}{T_2} \qquad (3.3.33)$$

将 B 井由 NMR 近似算出的毛细管压力与岩心 SCAL 分析的毛细管压力进行对比，结果如图 3.3.39 所示，二者之间的一致性非常好。

Hamada 等（2008）以致密含气砂岩储层为例，说明了常规裸眼井与 NMR 测井相结合以测量岩石物理参数的应用，主要得出以下结论：（1）ϕ_{DMR} 模型是经过气体校正且与岩相无关的，它根据两种孔隙度测井响应进行简单的数学推导而来。计算出的 DMR 孔隙度值不确

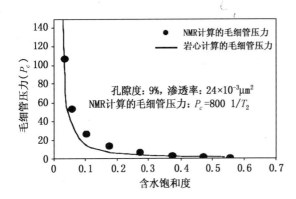

图 3.3.39　B 井 NMR 计算的毛细管压力 P_c 及
岩心 P_c 值比较（据 Hamada 等，2008）

定性小，因为单个未知量的影响已在 DMR 转换过程中得以补偿或消除。

（2）K_{BGMR} 渗透率与岩相无关，它原理简单，在含气井中是一种新的渗透率计算方法。在含气储层和油基泥浆条件下，K_{BGMR} 模型避免使用 BVI 值和 T_2 截止值，减小了计算结果的不确定性；K_{BGMR} 模型只在含气储层中有效，在过渡带不再适用（需进一步研究），这主要是由于受到侵入带流体流动的影响，尤其是泥浆滤液流体性质发生变化时。

（3）根据 T_2 分布作出的毛细管压力近似假设能适用于含气井以及一些受气体和泥浆滤液影响的情况。通过 J - Leveret 函数可以对数据进行平均和回归，以定量化油基泥浆滤液所造成的 T_2 谱时移量。P_c 和 T_2 间的近似关系式是 $P_c = C$（$1/T_2$），其中常数 C 稍微受岩相、储层品质和钻井液类型影响。在过渡带，由 T_2 谱得到的曲线能够用于计算含水饱和度。根据岩心曲线并结合 T_2 谱，可以校正岩石孔隙大小分布。

通过上述综合测井技术的分析可知，对于致密含气砂岩储层，将常规测井手段和非常规测井手段（如 NMR 测井）以及岩心分析技术相结合，能够大大提高测量的各种岩石物理参数的精度，进而更精确地评估储层性能和产能级别，进一步开展压前储层评价，使储层描述向高精度发展。

3.3.2.3.4　其他可选技术

致密含气砂岩具有低孔低渗、岩石结构复杂等特点，利用常规测井资料和地面分析资料来精确评价储层难度较大，采用其他的一些高精度、高分辨率测井手段有助于评价致密气藏，其他可选的测井技术如下：

（1）高精度数控测井。

致密砂岩孔隙度低，因而要求孔隙度测井采集技术的精度更高，以保证测量的真实性，这一点要求明显高于中高孔隙度的储层。目前在低孔低渗储层的部分探井和评价井中已应用了高精度数控测井。

（2）横波测井。

偶极声波不仅可以提供精度和分辨率较高的纵横波速度与斯通利波，而且可测量全波列的幅度信息，从而分析储层的孔渗特征、裂缝分布、产能级别以及提供压裂参数，可广泛应用到低孔低渗致密储层的评价中。

（3）随钻测井。

如果可能的话，在钻井过程中进行测井，即随钻测井，可以克服泥浆侵入引起的干扰。或者采用欠平衡钻井，发展欠平衡测井技术，可以克服泥浆侵入影响，真实探测到原状地层信息。

（4）模块地层动态测试器。

地层动态测试测井技术可以测压、取样和进行光学流体分析，是一种直接、准确的地层流体识别技术，增强了测井发现一些可疑气层和疑难气层的能力，并可快速地评价油气藏的特征。但是，地层模块动态测试技术必须要做好测前设计，并要注意低孔低渗储层的超压影响。

3.3.3　综合地层评价

　　独特的致密气藏特性经常导致完井及增产措施失败，因此，对于致密含气储层而言，最具挑战性的工作就是在增产改造之前进行气藏评估。相对于常规气藏储层，致密气藏由于受其低孔低渗、矿物成分不确定以及结构非均质性等影响，储层评价难度大。在完井前致密气藏储层的地层评价是为了确定最佳水力压裂区，而不是确定储层的静态参数（如孔隙度、饱和度等）。专家们经常围绕着致密含气储层的以下几点目标进行工作：（1）确定气藏位置；（2）确定气藏的流动性；（3）确定储层特征参数（如孔隙度、饱和度等）。也有人表述为：在没有天然气指示的情况下，如何进行水力压裂？显然，要想确定致密含气储层的气藏位置、天然气储量，以及储层产能，就必须采取针对性的测量和评价方法，这种储层的地层评价主要包括以下方面内容：岩性（矿物成分）、结构分析、沉积环境、现今压力分布以及构造历史（包括裂缝类型和方位）。要想成功评价这种储层，必须结合地质、岩石物理和地质力学等学科，获取这些信息的数据有测井、岩心、试井、钻井记录和邻井产量信息等。

3.3.3.1　岩石物理评价

3.3.3.1.1　岩性评价

　　致密砂岩的岩性评价主要包括岩石骨架成分、泥质含量、泥质矿物成分等分析，该类储层的矿物组成可能相当复杂，也有可能仅由相当简单的矿物构成，但仍表现出复杂的结构特征及相应的低渗透率。Claverie 和 Hansen（2009）以两块来自北非的低渗透岩样为例，说明致密砂岩岩性的不确定性和复杂性。这两块岩样的矿物成分以及孔隙度相差较大，但它们都有非常低的渗透率，都需要通过水力压裂改造才具有商业开采价值。如图 3.3.40，Hamra 石英砂岩（阿尔及利亚；奥陶系）中石英颗粒占 98%，石英的过度胶结造成岩石密度为 2.65g/cm³，地下 3500m 深处孔隙度小于 5%，渗透率在（0.1～2）×10^{-3} μm^2 之间，而 Acacus 岩石（突尼斯；志留系）矿物成分复杂，有石英、粒状绿泥石和菱铁矿胶结，岩石密度为 2.82g/cm³，地下 3500m 深处孔隙度高达 14%，但渗透率却也只有 0.9×10^{-3} μm^2。

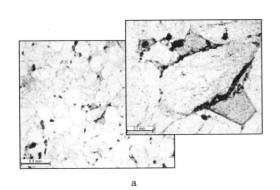
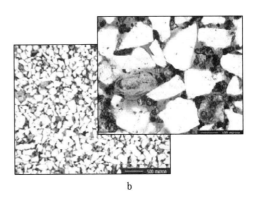

a　　　　　　　　　　　　　　　　b

图 3.3.40　Hamra 石英岩石（阿尔及利亚）及 Acacus 岩石（突尼斯）岩心镜下扫描图
（据 Claverie 和 Hansen，2009）

两种致密砂岩有相似的低渗透率（小于 1×10^{-3} μm^2），但二者矿物成分及结构相差较大。a—Hamra 石英岩石（阿尔及利亚）；石英成分占 98%，且过度胶结，ρ_{ma} = 2.65g/cm³，R_t = 500Ω·m，ϕ = 2.3%，K_{gas} = 0.12×10^{-3} μm^2；b—Acacus 岩石（突尼斯）；有石英、粒状绿泥石，菱铁矿胶结，ρ_{ma} = 2.82g/cm³，R_t = 2Ω·m，ϕ = 14%，K_{gas} = 0.12×10^{-3} μm^2

上述两种致密砂岩岩样的岩性评价都极具挑战性。尽管 Hamra 石英砂岩矿物成分简单并且没有泥质成分，但它的低孔隙度造成了气藏储量评估的不确定性。同时，由于石英的过度压实、胶结以及孔隙吼道的近乎闭塞，导致岩石孔隙结构复杂，计算渗透率时常规的孔隙度—渗透率经验公式就不再适用。Acacus 岩石的复杂岩性不仅影响了岩石颗粒密度，还影响了岩石渗透性。粒状绿泥石是在埋藏早期、沉积压实之前形成的，这造成岩石在 3500 米深处有 10%～25% 的孔隙度。然而，这些绿泥石也堵塞了孔喉通道，减小了岩石渗透率。富含铁的绿泥石（也有菱铁矿胶结）增加了颗粒密度，同时也形成了电流运移通道使得岩石电阻率较小，这种砂岩储层的密度测井值为 2.82g/cm³（Hamra 石英岩石密度 2.65g/cm³），电阻率值也很低，只有 2Ω·m（含水砂岩电阻率为 1Ω·m）。

为了进一步说明矿物成分对致密砂岩特性的影响，Claverie 和 Hansen（2009）选择两块白垩系岩心样品，分析了围压对孔隙度和渗透率的影响、空气盐水注入毛细管压力和水银注入毛细管压力以及骨架和流体之间的亲和性。这两块致密砂岩拥有相似的孔隙度、渗透率和泥质含量，但岩石结构和矿物成分不同。它们的岩心样品显示二者总泥质含量相近（7%～8%），但其中是砾岩中的高岭石，另外一种是细粒砂岩颗粒中的伊利石。而且，一块岩心泥质成分之外是纯石英（97%），而另一块细粒均匀砂岩中包含 9% 的菱铁矿、斜长石、含铁白云石以及黄铁矿，所以石英只占 83%。

实验分析了两块砂岩岩心孔隙度和渗透率随围压变化情况。在 5000psi 围压下，砾岩孔隙度减小至 72%，渗透率减小至 11%；而细粒砂岩岩样在相同围压下，其孔隙度只减小至 95%，渗透率降至 70%。尽管该砾岩胶结程度较好，但在地层有效压力较高的情况下，砾岩渗透率也要降低。同时，研究两岩样在润湿相（水）饱和度变化时所对应的空气盐水注入毛细管压力和水银注入毛细管压力的变化情况。空气盐水注入毛细管压力损耗剖面表明，砾岩的束缚水饱和度（55%）高于细粒砂岩的束缚水饱和度（37%），两种岩样在过渡带的自由水压力达到了 120psi。

向岩石孔隙中注入不同成分的盐水，并记录岩石渗透率的变化情况，以测试岩石骨架和流体的亲和性。随着越来越多的盐水注入砾岩中，其渗透率平稳降低，但它对注入的淡水并不敏感。正好相反，细粒砂岩渗透率对注入的盐水不敏感，但当注入淡水后，其渗透率很快就降至 20% 左右。驱掉岩石中注入的淡水之后，岩石渗透率并没有恢复至原值，由此可以看出，淡水与岩石矿物之间的化学作用减小了渗透率（黏土膨胀），而不是细颗粒之间的机械作用造成的。

这些储层岩石的特殊岩心分析表明，尽管两块致密砂岩有相似的孔隙度、泥质含量和渗透率，但它们的动态特性也可能相差较大，骨架矿物成分、泥质含量以及岩石结构的差异均会造成相同压力下流体体积、束缚水饱和度以及对侵入流体敏感性的不同。为了描述致密含气砂岩的特性参数，尤其是预测动态条件下参数的变化，就需要掌握更多的岩石矿物和结构信息。核俘获光谱技术能够提供精确的岩性和骨架参数信息，这就能够更直观简单地将电导率模型、渗透率模型和密度、中子和电阻率测井结合起来，以进行岩石物理评价（Herron 等，2002）。元素浓度法能够用于精确计算各矿物组分权重，包括硅酸盐（石英）、碳酸盐（方解石、白云石以及菱铁矿）、长石、云母、黏土类（高岭石、海绿石、伊利石以及蒙脱石）、蒸发岩类（盐岩、硬石膏）、硫化物（黄铁矿）和煤等，这种元素浓度法也能用于计算骨架颗粒密度、中子孔隙度以及 k-lambda 渗透率（k-lambda 测量动态连通孔隙的有效半径）。对于致密含气砂岩储层，尽管碎屑岩矿物成分和岩石结构之间具有较好的相关性，但只根据矿物分析去评价致密含气储层的动态流体特性是不够的，还需要进行裂缝和岩石结构分析。

3.3.3.1.2 岩石结构评价

除了裂缝之外，岩石的结构变化是影响储层产量的第二大因素。这种结构上的变化可能与岩石矿物成分相关，也可能无关。当岩石结构变化不是由于矿物成分改变所引起时，只进行详细的岩性分析是不够的，必须利用测井信息进行岩石结构分析，使用的测井技术包括井中微电阻率成像测井与 NMR 测井。结构变化的类型和检测算法是随岩性变化而变。在碳酸盐岩储层中，产量的主控因素是次生孔隙的大小及其连通性，而碎屑岩储层中控制岩石结构变化的主要因素是颗粒尺寸以及颗粒的分选程度。这些因素的情况都可以利用高分辨率微电阻率成像测井测量出来。

对于碎屑岩储层，利用微电阻率成像测井测量岩石颗粒的分选程度。第一步是在井眼周围每隔一小段距离（1~3in，与所用的成像仪器类型有关）计算一个电阻率成像谱。这些数据点可显示成单个电阻率直方图或连续变化的电阻率密度测井曲线，这种变化的密度测井曲线显示了井眼微电阻率的密度变化。谱的颜色由绿变红，表示微电阻率密度增加。绿色越浅，电阻率传播范围越大，而红色越深则电阻率传播范围越小。计算谱之前，井眼成像图必须是展平的。如果在井眼成像图上有任何视倾角存在，则必须从成像图上除掉该倾角。在二维情况下，利用这种变化的密度测井曲线能够方便地观察大量数据（如图 3.3.41）。

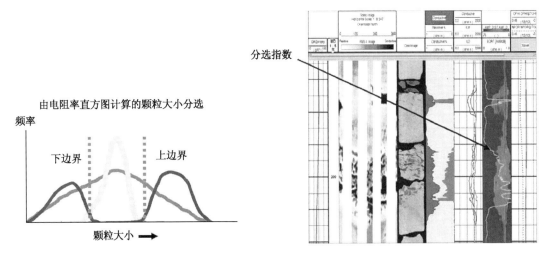

图 3.3.41　分选指数或颗粒尺寸图（a）和根据 SandTex 程序算出碎屑岩结构变化（b）

a—分选指数或颗粒尺寸被划分成三类：分选好（蓝色），分选差（绿色）以及双峰分选（黄色）；b—程序显示了井眼附近电阻率的连续分布图。该直方图就类似于一个颗粒大小直方图，可以计算出连续的非均质指数（分选指数）

（据 Claverie 和 Hansen，2009）。参见书后彩页

下一步就是根据电阻率成像直方图的百分数分布去计算颗粒非均质指数（简单起见，将非均质指数和分选程度定为同一概念）。在碎屑岩岩心中，井眼成像测井上微电阻率变化等同于颗粒尺寸的变化，分选级别分成：分选好、差以及双峰分选。利用井眼微电阻率成像百分数分布去计算分选程度，如式（3.3.34）：

$$分选指数 = \frac{75\%对应值 - 25\%对应值}{50\%对应值} \tag{3.3.34}$$

以这种形式，计算的分选指数将与绝对电阻率值无关，无论在电阻率高或低地层中均有一个相似的响应。在这种微电阻率直方图模式和百分比限制下，岩石分选好的峰值和边界都能被计算出来。

最后一步是将高分辨率成像数据和其他测井数据结合起来，进行岩相描述。在这个过程中，加入其他外部信息，并开始解释岩石结构。外部其他信息（通常显示有关泥质含量）用于区分四种主要岩相，如图 3.3.42 所示：主要有砂岩（黄色）、非均质砂岩（橙色）、非均质泥岩（绿色）和页岩（灰色）。再根据颗粒分选曲线截止值将每种岩相分成子类别，这些子类别详细分类说明了结构组分，如果只用一种常规测井数据测得的岩相可能就是另外一种特征了，例如砂岩可根据分选程度划分为分选好、分选中等和分选差。颗粒分选曲线中截止值个数是与岩石特性和划分所需的详细程度有关。有关成像测井数据的描述和由测井得到的岩相可以通过与岩心数据匹配进行验证和调整。

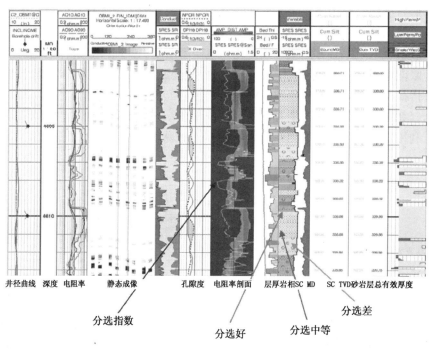

井径曲线　深度　电阻率　　静态成像　　孔隙度　电阻率剖面　层厚岩相SC MD　SC TVD砂岩层总有效厚度

分选指数　　　　　分选差

分选好　　分选中等

图 3.3.42　碎屑岩岩石结构计算（据 Claverie 和 Hansen，2009）

所示岩相有：砂岩（黄色）、非均质砂岩（橙色）、非均质泥岩（绿色）及页岩（灰色）。用分选指数曲线截止值划分岩相：分选差（鹅卵状）、分选中等（点状）及分选好（空白处）。参见书后彩页

核磁共振测井能够在不考虑岩石矿物成分的基础上测量致密储层的结构特性。由核磁共振测井计算出的孔隙尺寸分布能够用于估计毛细管束缚水含量、岩石渗透率，甚至拟毛细管压力剖面。其中该拟毛细管压力剖面能够在不考虑地层电阻率和电性（阿尔奇）参数的条件下，校正成一个连续的含水饱和度剖面。

当孔隙充填润湿性流体时，NMR 横向弛豫时间 T_2 能够计算出孔隙尺寸分布情况。在含油储层中，水基泥浆滤液或者油基泥浆滤液侵入时，T_2 剖面上可动流体体积受油的体弛豫时间影响而失真（可动流体 T_2 代表油侵入的黏度，而不是孔隙尺寸），但束缚流体部分受泥质孔隙和毛细管孔隙的大小影响。对于用水基泥浆钻井液的致密含气储层，T_2 分布通常能够很好地表示孔隙尺寸的分布，因为 NMR 信号测量的是侵入带信息。NMR 的 T_2 剖面是测量岩石中孔隙大小分布，而水银注入压力剖面测量的是孔喉尺寸分布情况，尽管存在这点差

异，这两种测量手段都提供了岩石结构的类似信息，如图 3.3.43 所示。注入压力越高，对应的 NMR T_2 时间就越短，这也表明岩石的毛细管孔隙和孔喉越小，这些毛细管孔隙和孔喉中存有束缚水。为了更精确地测量岩石结构，建议在记录 NMR 信号时使用专用脉冲序列，其回波间距短（$200\mu s$）。注入压力包括吸入压力（能驱动润湿流体的最小水银注入压力），它的值越低，也就对应越高的 NMR T_2 值。这里的水银注入压力和 NMR 拟毛细管压力剖面之间的相关性是通过比较它们各自的吸入压力和束缚水饱和度值来评判的。

将样品离心到预先设定的等效压力，并在岩石 100% 盐水饱和及部分盐水饱和两种情况下，测量岩心样品的 NMR T_2 剖面，如图 3.3.43b 所示。当可动水从岩样中驱除后，NMR 视孔隙度减小，只有黏土束缚水、毛细管束缚水含量以及 T_2 分布保持不变。在采样井深处，饱和压力的大小经过调整后能够与毛细管压力相匹配。调整之后，岩心饱和测得的束缚水含量就能表示取心处真实的束缚水含量和毛细管压力。实验研究表明，两块岩样在 100% 盐水饱和、部分盐水饱和以及 100% 油饱和情况下，NMR T_2 剖面上束缚水和自由水之间的 T_2 截止值相似（20ms），尽管它们的岩石结构和矿物成分有很大差异。

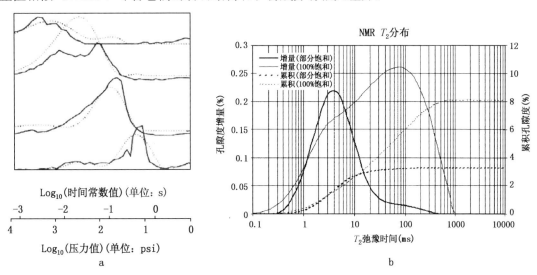

图 3.3.43　NMR T_2 分布（点）和 Hg 注入压力剖面（连续曲线）（a）（参考 Straley 等，1997）；
低孔（8%）低渗（$0.83\times10^{-3}\mu m^2$）砂岩中（离心前后）NMR T_2 剖面（b）
（参考 Worldwide Core Catalog）（据 Claverie 和 Hansen，2009）

Claverie 和 Hansen（2009）根据 NMR T_2 剖面计算出岩样的拟毛细管压力剖面，他们认为 NMR T_2 剖面上管状孔隙半径等同于岩石毛细管半径。这样利用估算的 NMR 面弛豫 ρ_2、相交角度 θ、面张力 γ、流体密度差（$\rho_w - \rho_g$）以及自由水柱高度 h 等参量，就可以得到 P_c 与 T_2 之间的关系式。将 T_2 值（ms）校正到 P_c（psi）域后，就能够计算毛细管压力和含水饱和度的连续剖面，如图 3.3.44 所示。

NMR 测井估算碎屑岩渗透率的优势在于它充分利用岩石孔隙和孔喉结构之间的明显关系，因此，对于大部分泥质砂岩 NMR 测井能够提供精确的渗透率值。低孔隙度砂岩中孔喉流通受限甚至直接被堵塞，这时孔隙和孔喉之间的关系也许就与常规砂岩中有所不同，那么渗透率计算公式就需要做一些修改，或者进行一些新的变形。建议利用地层测试器进行流体性质的动态测定。最近推出的地层测试器使用了一种电机实验驱动装置和活塞，它能够记录

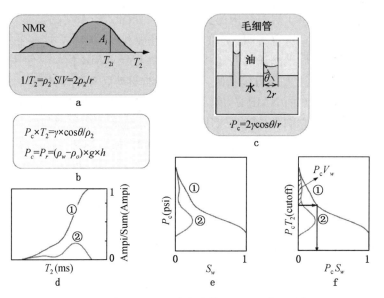

图 3.3.44　据 NMR T_2 分布计算出拟毛细管压力剖面

(据 Claverie 和 Hansen，2009)

毛细管中 NMR T_2 及 P_c 都与 NMR 孔隙尺寸和毛细管半径 r 有关 (图 a，b、
c)；每个采样深度累积 T_2 剖面 (图 d 中曲线①) 被校成 $P_c - S_w$ 剖面
(图 e 中曲线②)，从该剖面中可以算出拟毛细管压力和 S_w 值

到低至 $0.01 \times 10^{-3} \mu m^2$ 的渗透率值，水力控制的配套地层测试器能够记录到的渗透率可达
$0.05 \times 10^{-3} \mu m^2$。NMR 孔隙尺寸分析技术能够在不考虑矿物成分基础上，对地层结构进行
分析。NMR 拟毛细管压力剖面和饱和度、束缚水饱和度以及渗透率是致密含气储层流体的
重要动态参数。在孔隙结构复杂的砂岩中，考虑岩石孔隙大小的 NMR 渗透率计算方法可能
需进一步的研究发展。

3.3.3.2　地层应力及裂缝评价

致密含气储层中，不管是天然裂缝还是人工诱导裂缝，都是控制气藏产量的主要因素。
在井眼内识别的裂缝可分成钻井诱导型裂缝和天然裂缝两种类型，天然裂缝又根据其分布方
位和类型（岩性边界、连续性、闭合或局部闭合等）进一步分成不同类型。裂缝密度和长度
能够在任何钻井液井眼中测量，水基泥浆钻井中利用微电阻率成像测井能够计算出每条裂缝
或裂缝体系的孔径、孔隙度（有时甚至裂缝渗透率）。井眼中天然裂缝通常分成两种主要类
型：张开和闭合。张开的裂缝通常根据其连续性、岩性边界或者裂缝局部闭合等分成不同的
类型，这些裂缝再根据它们的主要方位进一步细分。对于张开的裂缝，最重要的测量信息是
地层中裂缝孔径、密度以及长度。这里需要注意的是，由井眼成像测井测得的井眼裂缝密度
并不等同于地层裂缝密度，要想得到地层中的裂缝密度，必须根据裂缝走向、倾角以及井眼
方位信息来校正井眼裂缝密度。只有当井垂直于裂缝体系时，井眼中测量的裂缝密度才等于
地层裂缝密度，这种情况通常只出现于水平井中。对于裂缝方位或类型不同的各套裂缝体系
都需要进行单独校正。

在井眼中利用成像测井和声波测井能够测出地层的现今压力分布情况。井眼成像测井能
够测得由压力所引起的地层变形、破裂，井眼地层变形、破裂体现在切向、轴向以及径向上
压力的变化。这些地层的形变可分成宽井壁破裂、窄井壁破裂、高角度雁列式裂缝和拉伸断

裂裂缝。根据这些地层变形、破裂情况能够推断出现今地层压力分布情况，进而识别出临界压力下的裂缝体系，这有可能对产气有利。垂直井中，井壁破裂方向指示着最小水平应力方向，钻井诱导的人工裂缝走向是最大水平应力方向，如图 3.3.45 所示。

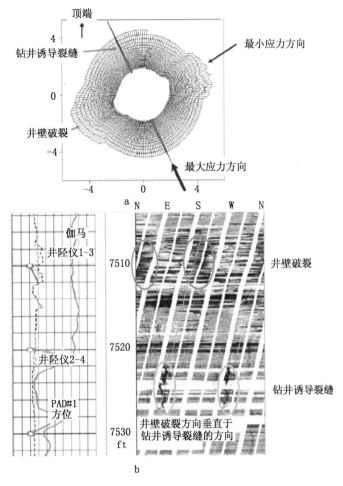

图 3.3.45　三维多臂测井仪平面显示图（a）和垂直井眼中，
井壁破裂、钻井诱导裂缝的成像测井显示（b）
（据 Claverie 和 Hansen，2009）
图 a 给出了井壁破裂、钻井诱导裂缝方位与现今地层应力分布之间关系

　　最大水平应力方向决定着人工诱导裂缝的传播方向，同时也能指示临界压力状态下天然裂缝的走向。图 3.3.46a 是根据方位分类的两套裂缝体系，该图说明了测定地层裂缝密度以及确定处于临界压力下的裂缝体系的重要性。不同的井眼轨迹会得到不同的（甚至错误的）地层裂缝密度。图 3.3.46a 中红色裂缝密度小于蓝色裂缝密度，但是红色裂缝是处于临界压力下的，因为它们与现今最大地层应力方向平行。在这种压力状态下，红色裂缝趋于张开，而蓝色裂缝趋于闭合。因此，地层裂缝密度的计算最好能与现今应力分布情况结合起来，以识别天然裂缝是否对储层产气有利，这种地层应力与天然裂缝之间的变化关系也导致了水力压裂方案设计的复杂性。

　　成像测井技术在致密含气储层评价方面有重要的应用：（1）测量和描述天然裂缝和钻井诱导型裂缝，地层中天然裂缝需要根据裂缝类型、方位及裂缝密度进行分类；（2）对没有天

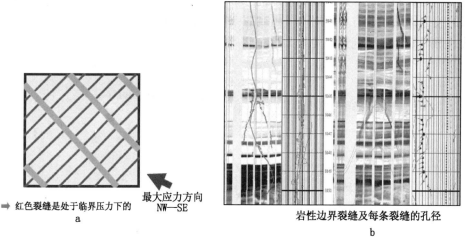

红色裂缝是处于临界压力下的
a

最大应力方向
NW—SE

岩性边界裂缝及每条裂缝的孔径
b

图 3.3.46　两种不同裂缝的关系（a）；岩性边界裂缝及每条裂缝算出的孔径（b）
（据 Claverie 和 Hansen，2009）
参见书后彩页

然裂缝发育的碎屑岩储层，识别出最佳压裂区以进行人工压裂增产；（3）获取碎屑岩储层颗
粒分选情况信息，对储层进行详细的结构分析。成像测井技术通过测量人工裂缝的方位和井
壁破裂情况，为了解地层现今应力分布情况提供线索，有助于进行人工水力压裂。将现今地
层应力分布情况和天然裂缝类型及方位信息结合起来，能够帮助识别临界压力下（以及趋于
张开的）裂缝。这些成像结果也有助于了解砂体的分布位置，这就使得在水力压裂措施设计
过程中，能够结合砂体位置和最大水平应力方向信息进行综合考虑。

3.3.3.3　储层沉积环境评价

在对致密砂岩设计人工增产措施时，储层的沉积环境也是一个需要考虑的非常重要的因
素。掌握沉积相类型及其沉积位置能够使储层改造措施更加合理，以防止出现压裂裂缝横向
延展至储层之外。成像测井技术能够结合其他有用信息综合确定沉积相类型、单个砂体分布
范围。如果两个储层具有相同的岩石物理参数（孔隙度、渗透率、高度和裂缝遮挡层），但
它们沉积方位不同，那么同样的增产改造措施也会产生不同的结果。如图 3.3.47 所示，如
果砂体位置平行于地层最大应力方向，那么储层中会产生一条大型人工裂缝。但如果地层最
大应力方向垂直于砂体方位，那么相同的压裂设计方案会导致裂缝伸展至储层范围之外，也
就可能导致早期人工压裂工作的失败。因此，即使两砂体具有相同的岩石物理参数，在压裂
措施设计过程中也必须将它们的沉积相和方位考虑进去。

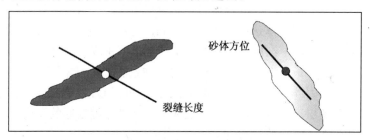

砂体方位

裂缝长度

图 3.3.47　沉积环境和沉积相方位与现今地层应力方向关系
（据 Claverie 和 Hansen，2009）

3.3.4　地震技术应用

3.3.4.1　多波多分量地震成像技术

低孔低渗的致密含气砂岩储层拥有大量的气藏资源，但往往其地震成像质量难以满足钻井要求。致密砂岩和泥质围岩之间往往仅有很小的声波阻抗差，这导致地震响应非常微弱，尤其存在层间多次反射和其他地震干扰时。Harris 和 O'Brien（2008）研究了 East Texas 盆地某致密砂岩，测井数据表明该致密砂岩速度高于泥质围岩，但密度又低于泥岩，这就导致砂泥岩之间声波阻抗差小。基于岩石性质的地震正演模拟表明，砂泥岩界面上 P 波反射系数很小，但不为零。根据偶极子声波测井资料分析，该处砂泥岩的弹性性质差异较大，如泊松比曲线上，致密砂岩泊松比为 0.15，而泥质围岩泊松比达 0.25。同时，地震正演结果也表明，非零入射角处 P-S 波地震响应要强于 P-P 波。因此，通过岩石性质分析和地震正演表明，对于致密含气砂岩，多分量地震成像技术也许比单纯的纵波成像更有优势。

为了分析致密含气砂岩的地震响应及评价几种可用的成像技术，共采集 3D 常规 P 波资料、3D3C 地震资料以及多偏移距—多分量 VSP 资料。Harris 和 O'Brien（2008）比较分析了几种地震资料的成像结果，他们得出以下认识：（1）无论是在信噪比还是同相轴连续性方面，3D 采集的 P 波成像剖面都要优于 2D 采集的纵波剖面；（2）三分量检波器接收的 P-P 波成像剖面与常规 P-P 波成像效果整体相似，但具体细节上存在细微差别，并且很难判别哪种采集方式对应的 P-P 波成像保真度更高；（3）从远偏移距 VSP 地震资料成像效果来看，P-S 转换波成像效果要优于 P-P 波。

对远偏移距（2424m）VSP 地震资料进行成像，该远偏资料有明显的 P-S 转换波且转换波能量强、频带宽，其 P-P、P-S 波深度域成像结果如图 3.3.48 所示，该图体现出了

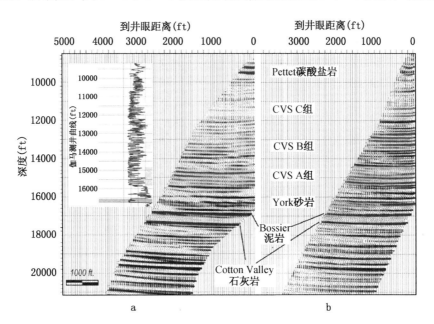

图 3.3.48　远偏 VSP 资料的 P-P（a）和 P-S（b）波的 Kirchhoff 深度偏移成像剖面

（据 Harris 和 O'Brien，2008）

图中插入的伽马测井曲线和成像剖面是同一深度比例，VSP 资料和测井数据都经过了基准面差异校正。

图中 York 组砂岩是勘探目的层，其上覆 CVS A、B 和 C 组砂岩表现出了强地震波转换效应

致密砂岩中明显的地震波模式转换响应。对比图 3.3.48 的 P-P、P-S 波深度域成像剖面，其中 Bossier 泥岩、Cotton Valley 石灰岩和 York 砂岩的成像效果相当，但对 CVS A、B 和 C 组致密砂岩层而言，两种波成像效果相差较大。相比 P-P 波成像，P-S 波剖面上波组 CVS A 和 B 的同相轴更清晰、能量更强，波组信息更丰富；波组 CVS C 的两种成像结果对比更为明显，P-S 剖面上它有很强的地震响应，而 P-P 波剖面上其地震响应非常微弱。因此，从致密砂岩层 CVS A、B 和 C 组的成像来看，井下 VSP 转换 P-S 波成像效果要优于 P-P 波。

　　Harris 和 O'Brien（2008）研究的主要目的是评价 P-S 转换波对致密含气砂岩成像的可行性。图 3.3.49 是地面接收的 P-P 波和 P-S 波成像结果比较，这两种波都是利用加速度计接收的。观察该图中深层成像，P-S 波对近 3km 深的 Pettet 碳酸盐岩层成像效果差，而该层在 P-P 波剖面上却对应于连续强能量同相轴。同样，P-S 剖面上 Pettet 和 York 层之间的致密砂岩成像效果也非常差，但很惊奇的是，再往深的 5～6km 深处岩层成像却清晰连续。特别值得注意的是，在 P-P 和 P-S 成像剖面上，侏罗纪盐层及其上方若干连续同相轴成像都很好且互相一致，这也证明了 P-P 和 P-S 数据之间匹配的正确性。图 3.3.49 中一个连续的 P-S 反射同相轴与 P-P 剖面 York 砂岩层相对应，这表明从 5km 深处致密含气砂岩储层中，利用地面多分量地震采集可以观察到 P-S 转换波，这个结果是很有前景的。

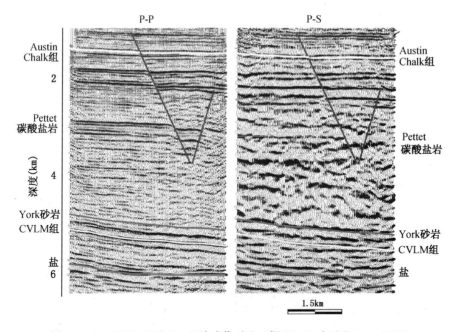

图 3.3.49　3D P-P 和 P-S 波成像对比（据 Harris 和 O'Brien，2008）

　　广泛的地震数据采集有助于表征致密砂岩的地震响应，还能够研究各种成像手段的适用性。研究发现，尽管致密含气砂岩和泥质围岩的声波阻抗差小，但不为零，因此有些致密砂岩层能够利用 3DP-P 波进行成像。但对致密砂岩储层而言，成像的最终目的是对地层进行成图，这对现有的 3DP-P 波成像来说仍有一定的挑战性。利用地表接收的 P-S 转换波能够对地下某些岩层清晰成像，但某些层段成像效果差，这使得地层识别存在不确定性。Harris 和 O'Brien（2008）分析了 VSP 地震资料成像效果，从致密砂岩层中可看出明显的地震波模式转换效应，这表明利用 P－S 转换波对致密砂岩进行成像是可行的。对于地面接收的 P－S 转换波成像，若地下目的层太深则会限制该项技术的应用，但对其他盆地浅目的层（小于 2.5～3km）而言，地面多分量转换波成像技术也许是适用的。因此，对于地面接收的 P－S 转换波不能很好成像的深层目标区域，3DVSP 转换波也许能进行很好地成像。采集3D3CVSP 资料，对局部致密含气砂岩储层而言，也许就能够进行很好的构造及地层成像。

3.3.4.2 全波场地震属性分析识别气层

利用地震全波场信息对复杂储层进行综合解释，能很大程度上减少气层识别的不确定性。全波场地震解释技术利用了多分量地震的优势，同时综合了 P 波和 P－S 转换波属性信息。P 波数据能提供多种 P 波属性，包括波形、振幅、频率、相位、衰减特性、频散特性、相干性、曲率以及能量比率等；P－S 转换波能独立测量上述各类属性，并且它对岩石骨架更敏感。全波场地震属性分析结合叠前和叠后、P 波和 P－S 转换波属性，提供了多种岩石特征信息。经过多年的发展应用，P 波地震属性分析的应用已渐趋于成熟，但受 3D3C 地震资料采集、处理技术等限制，P－S 转换波地震属性的应用相对缓慢，但随着新技术的快速发展，综合利用全波场地震属性信息成为可能。

3.3.4.2.1 纵波属性识别气层

（1）吸收和速度频散属性。

P 波吸收和速度频散属性（AVD）能够用于气体识别，如式（3.3.35），AVD 是 P 波吸收和速度频散的函数，即

$$AVD = f(Abs, \Delta V) \tag{3.3.35}$$

式中：Abs 是地震波在地下传播时能量吸收衰减量；ΔV 为目的层速度频散量。AVD 属性分析能有效识别孔隙型和裂缝性储层，也能够识别出储层中气层。储层含气时，地震波能量吸收和速度频散现象很严重，气层会造成强 AVD 异常，反之则不会显示 AVD 异常。

（2）两相介质中地震波吸收属性。

两相介质吸收理论认为地震波在低阻抗气层中传播时，不同频段内波传播能量是变化的。储层含气时，地震波能量向低频移动，低频成分能量增加，高频信号能量衰减。这种属性特征可能有助于识别致密储层中气层。图 3.3.50 是我国新场气田某致密砂岩目的层两相介质 P 波吸收属性图（Cai 等，2009），图中 X856、X851 及 X853 井都产气，这些井低频能量增强，而高频成分能量衰减明显。

（3）多尺度吸收属性。

P 波在黏弹性介质中传播时，地震波振幅会呈指数衰减（Aki 和 Richards，1980），也就是通常所说的品质因子（Q）。P 波多尺度吸收属性是在变化的尺度内，通过振幅变换得到 Q 值，高 P 波吸收值可用于指示含气区域。

（4）频谱分解属性。

利用频谱分解技术能够将时间域地震数据转换到频域，分析指定时段内 P 波频率特性，该技术能够用于描述地层构造、层序和储层参数的较大变化。将频谱分解技术应用于实际资料中，它能够识别与气有关的低频阴影。

3.3.4.2.2 全波场地震属性识别气层

（1）P 波/P－S 转换波叠前瞬时反演属性。

当弹性波传至一个弹性界面时，Zoeppritz 方程能够阐述产生的 P－P、P－S 转换波能量关系，AVA 曲线反映了岩性参数和各向异性系数的变化。将这种关系应用到叠前 P－P、

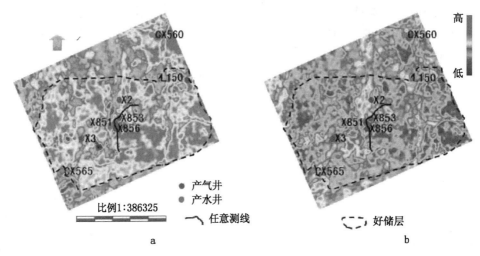

图 3.3.50　某目的层 P 波两相介质吸收属性的分布（据 Cai 等，2009）

a—低频能量增强；b—高频能量衰减。参见书后彩页

P-S 转换波数据中，建立一个初始模型，然后利用广义线性反演方法进行 AVA 曲线的交互拟合。这样就可得到 P-P、P-S 波速度、密度、各向异性系数以及弹性波阻抗信息，进而识别岩性、检测气体及预测储层质量。

（2）叠后共同反演属性。

利用 P-P、P-S 转换波 AVA 关系，并结合全波测井信息、地质信息以及两种波的叠后数据进行联合反演，可以得到 P-P、P-S 转换波阻抗、速度、剪切模量和拉梅常数。共同反演之前，应消除 P-P、P-S 转换波数据之间的时间、能量以及波形差异，只有当这些量匹配之后，才能利用该方法去预测气体存在与否。

纵波受气体影响明显，所以纵波属性非常重要。利用 P 波属性识别气层的方法很多，但大多都具有不确定性，因为气和水的纵波响应差异微弱。P-S 转换波对岩石骨架敏感，因此，P-S 转换波地震属性能够用于测定岩石特性。综合利用 P 波和 P-S 转换波属性，能够提供丰富且灵敏的岩性和气体识别参数，分析这些特征参数，能够较好地应对非常规致密气藏预测过程中的各类挑战。

3.3.4.3　常规 AVO 反演技术

致密砂岩孔隙度低，渗透率近零，天然气存在于岩石天然裂缝和孔隙中。要想开发出有商业价值的致密气藏，就必须进行水力压裂改造使得已存在的天然裂缝和岩石孔隙连通，而成功地压裂改造依赖于地层的岩石力学脆性，其高低决定着是否能够产生诱导裂缝。将简化的 AVO 方法应用于致密砂岩储层中，能够从地震数据中提取岩性和岩石力学参数。致密砂岩某种程度上具有与页岩气相似的性质，因此 Goodway 等人（2010）将工业开采程度较高的 Barnett 页岩力学特性作为类比，来帮助利用 AVO 方法识别类似页岩气藏的致密砂岩储层，工程上把注意力集中在识别 Barnett 页岩层的最佳力学特性。Grigg（2004）得出的页岩高杨氏模量（E）和低泊松比（ν）的经验线性公式，如式（3.3.36）所示，即

$$\frac{E}{1+\nu} = 2\mu \qquad (3.3.36)$$

从上式可看出，杨氏模量 E 增加和泊松比 ν 减少均会导致刚度 μ 值增加。若把刚度 μ 当成杨

氏模量 E 和泊松比 ν 的组合，那么这个线性关系是比较好理解的，因为刚度的增加会使得岩层能支撑更多的天然或诱导裂缝。

致密砂岩与页岩一样，岩石支撑天然或诱导裂缝的能力非常重要。从工程角度出发考虑岩石力学特性，分析认为岩石支撑裂缝的能力受控于最小水平闭合压力（见式（3.3.37）），Goodway 等人（2010）将该压力定义成打开一个已存在的裂缝或薄弱面所需的最小压力，它与 E 和 ν 有关。

$$\sigma_{xx} = \frac{\nu}{1-\nu}\left[\sigma_{zz} - B_V P_P\right] + B_H P_P + \frac{E}{1-\nu^2}(e_{xx} + \nu e_{yy}) \tag{3.3.37}$$

这个闭合压力公式也可以写成更常用的 λ 和 μ 的形式，即

$$\sigma_{xx} = \boxed{\frac{\lambda}{\lambda + 2\mu}}\left[\boxed{\sigma_{zz} - B_V P_P} + \boxed{2\mu e_{yy}\left(\frac{e_{yy}^2 - e_{xx}^2}{e_{yy}^2}\right)}\right] + B_H P_P \tag{3.3.38}$$

式中：σ_{xx} 为水平（最小闭合）应力；σ_{zz} 为上覆岩层应力；$\sigma_{yy} = \mu e_{yy}$ 为最大水平应力；e_{xx}、e_{yy} 分别为 x 和 y 应变；P_P 为孔隙压力；B_V 和 B_H 分别为垂直和水平孔隙弹性常数。

式（3.3.38）中对最小水平闭合压力的影响主要可以分为三个部分：上覆地层静压力（第二个框）、水平方向的最大主应力（第三个框）和水平方向上的孔隙压力。往往认为最佳压裂区位于低 $\lambda\rho$、中 $\mu\rho$ 区域，该处具有最小闭合压力，但遗憾的是，对于式（3.3.37）、（3.3.38）中比值 $\lambda/\lambda + 2\mu$，现在还不清楚究竟是分子值低或是分母值高，或者是二者共同影响造成的整个比值低，但通过实验观察发现，分子中 λ 是控制最小闭合压力的主控因素。同时还有一点值得注意，根据式（3.3.36）的 Grigg 经验公式，杨氏模量 E 值高则代表更佳的压裂区，但在式（3.3.37）中杨氏模量高则会增加式中最后一项构造项值，这会导致最小闭合压力增大。

对致密含气储层，基于井资料和最小闭合压力地震关系分析的基础上，可利用常规 AVO 反演方法对 3D 数据体提取岩石力学参数或地震弹性属性。这个 3D 数据体是 CMP 角道集的加权叠加（Fatti 等，1994），在对 Aki 和 Richards 公式（1980）重新调整的基础上，反演估算出纵波阻抗差分数 $\Delta I_P/I_P$ 和横波阻抗差分数 $\Delta I_S/I_S$。利用某 3D 多方位多偏移距工区中的地震数据来验证最小闭合压力成图方法，所用 AVO 反演流程包括提取 $\Delta I_P/I_P$ 和 $\Delta I_S/I_S$，进而反演出 $\lambda\rho$ 和 $\mu\rho$。图 3.3.51 是某 $\lambda\rho$、$\mu\rho$ 交会图，其目的层为上覆于页岩之上的致密含气砂岩。从该图可看出相比含气页岩（灰色区域），致密含气砂岩 $\mu\rho$ 值较高（橙黄色区域），这主要是因为致密砂岩刚度增加，但它与含气页岩都处于同一相似的低 $\lambda\rho$ 范围内。低 λ 值对岩石最小闭合压力的影响可从图 3.3.51 中反映出，这个关键的岩石力学参数能够将有利含气砂岩、页岩从背景韧性泥岩（深灰色区域）和碳酸盐岩（蓝色区域）中区分出来。在交会图上，最好的砂泥岩储层分别对应于红色和白色箭头，这两个方向指示的 $\mu\rho$ 变化是相反的。对于致密含气砂岩，其最佳压裂区对应于 $\lambda\rho$ 和 $\mu\rho$ 均减小的方向，该方向也对应孔隙发育较好的地方，这与常规砂岩储层类似。然而，含气页岩层由于其脆性影响，最佳压裂区对应于刚度 $\mu\rho$ 增加的方向。在极限情况下，最好的含气页岩与致密含气砂岩在 $\lambda\rho$、$\mu\rho$ 交会图上对应同一位置。

常规 AVO 反演技术能够识别致密砂岩储层的最佳岩石力学参数。反演结果表明，致密砂岩的最佳压裂区对应于 $\lambda\rho$ 和 $\mu\rho$ 均减小方向，与常规砂岩储层一样，$\lambda\rho$ 和 $\mu\rho$ 均减小方向指示着孔隙发育较好的区域。因此，利用常规 AVO 反演能够找到致密砂岩的最佳压裂区，这样有助于科学合理布井。

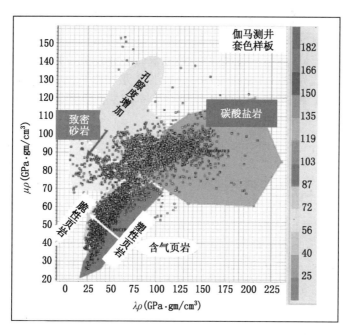

图 3.3.51　测井提取的 $\lambda\rho$ 和 $\mu\rho$ 交会图，显示了含气致密砂岩、含气
页岩、塑性页岩和碳酸盐岩的分布（据 Goodway 等，2010）

参见书后彩页

3.3.4.4　多分量地震裂缝预测技术

储层中裂缝不仅是气藏资源的储集空间，更是重要的气体运移通道。裂缝预测对井位的部署优化起着至关重要的作用。裂缝识别与描述技术有很多，主要有地震各向异性裂缝预测、地震属性分析预测、构造正反演与应力应变分析预测技术等。致密含气砂岩储层往往具有低孔低渗、气水接触关系复杂、地层高压以及储层非均质性强等特点，这就使得利用常规地震方法识别这类储层的裂缝难度大。多分量地震技术能够充分利用 P 波和转换波信息，其中转换波信息反映了岩石骨架特征和各向异性效应，P 波信息能反映骨架和流体特性。因此，利用多分量技术识别致密储层裂缝具有一定的优势。

3.3.4.4.1　全波场属性分析预测裂缝

图 3.3.52 是川西盆地某致密砂岩储层的 P 波相干切片（Tang 等，2009）。利用 P 波相干属性可清楚显示主裂缝、小裂缝及断层附近裂缝组的分布，这些特征用常规构造解释是很难识别的。产量信息表明，相干切片上混沌区往往具有最高的产气能力，成像测井结果也表明该区具有高裂缝密度。

3D 曲率属性可通过如下方法计算：选择 P 波数据体中以一点为中心的子数据体，在中心点处自动识别峰值或零交叉点，结合相邻道利用最小平方法或其他拟合方法求解二阶微分，以求得中心点处的曲率。图 3.3.53 是某 P 波曲率的 3D 分布图，图中高曲率值指示着裂缝体系发育。

3.3.4.4.2　P 波方位各向异性探测裂缝

P 波方位各向异性裂缝预测方法利用振幅、速度、旅行时及 AVO 属性等信息预测裂缝的方位及密度（尤其是垂直或高角度裂缝），其预测结果通常对应于微观的裂缝。

AVAZ 裂缝预测技术是基于 P 波振幅随方位角的变化（Jenner，2001）。图 3.3.54 为某

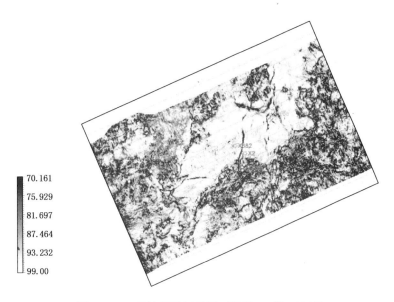

70.161
75.929
81.697
87.464
93.232
99.00

图 3.3.52　P 波相干切片图（据 Tang 等，2009）

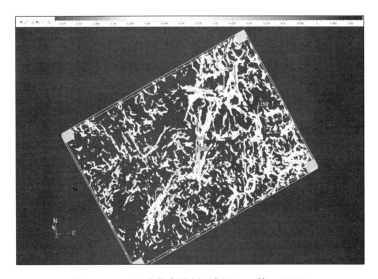

图 3.3.53　P 波曲率结果（据 Tang 等，2009）

储层利用 AVAZ 方法预测的裂缝分布情况，图中井 X2、X853、X3 位于预测的高裂缝密度区，这些裂缝主要是单一方向的。尽管井 X851、X856 位于双向裂缝发育区，且具有高产能，但它们在图 3.3.54 中显示为低裂缝密度区，这主要是由于 AVAZ 方法对网状裂缝体系的成像并非有效。理论上，由于振幅在各个方向上只有较小差异，使用 AVAZ 或 AVOAZ 技术很难在双向裂缝存在情况下，真实地反映裂缝发育情况。

P 波传播速度方位各向异性（VVAZ）纵向分辨率比 AVAZ 方法低，但它能可靠反映整个宏观的各向异性特征，该 P 波方位裂缝预测方法是极为重要的。图 3.3.55 是川西盆地某储层的 3D3C P 波 VVAZ 分析结果，图中井 X851 和井 X856 附近 $v_{快}$ 和 $v_{快} - v_{慢}$ 值都很低，这表明裂缝是双向的，而井 X853 附近的红色区域 $v_{快}$ 和 $v_{快} - v_{慢}$ 值都高，表明了裂缝是单向平行的，图中较长线段的蓝色区域表示没有裂缝发育。

图 3.3.54　利用 P 波 AVAZ 方法探测裂缝（据 Tang 等，2009）

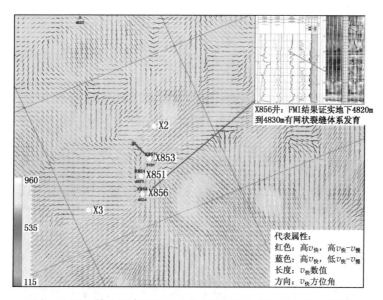

图 3.3.55　利用 P 波 VVAZ 方法探测裂缝（据 Tang 等，2009）

参见书后彩页

3.3.4.4.3　横波分裂识别裂缝

当波通过各向异性介质（如裂缝）时，横波会发生分裂。当质点振动方向与裂缝方向平行时，传播速度快；当质点振动方向与裂缝方向垂直时，传播速度慢。通过识别快横波传播方向可准确确定裂缝走向，而快、慢横波传播时差则可指示裂缝密度。

Tang 等人（2009）研究的某转换波地震记录上有证实裂缝发育的重要信息。图 3.3.56 为径向分量和横向分量的分方位地震道集。图中 6 个道集上，每一道代表 $10°$ 方位角的变化，所以每个道集里有 36 道或者说有 36 个方位。左边 3 个图是径向分量分方位后的数据，从图中可看出，径向分量记录的时间和振幅随方位角有明显变化，正弦形态是存在裂缝等各向异性介质的典型标志，正弦的时差为 ΔT。右边 3 个图是横向分量分方位数据，由图可见，在目的层横向分量有较强的能量，这表明地层各向异性严重。每隔 $90°$ 的极性反转指示着 $10°$ 范围内的快波和慢波方向，这也提供了准确的裂缝方位信息。

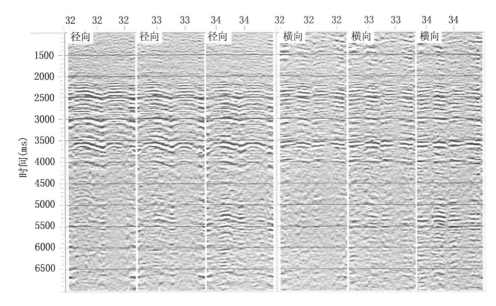

图 3.3.56 径向和横向分量分方位地震道集（据 Tang 等，2009）

快慢横波传播时差可指示裂缝密度。通过横波分裂现象，可计算出快横波偏振方向和快慢横波时差。快慢横波时差与裂缝相对发育程度有关，时差越大，裂缝相对越发育。下面介绍两种计算快慢横波时差的方法：

相对时差法，其计算步骤如下：（1）通过角度扫描以及时差信息获得区域各向异性方向（快横波方向）；（2）将径向分量数据和横向分量数据旋转到快横波和慢横波方向；（3）对快、慢横波进行互相关，以计算角度和时间延迟；（4）通过计算时间延迟梯度，以获得时间延迟的变化率。图 3.3.57 是某储层的相对时差图，该图表明高产井主要分布于时间延迟大的区域。图 3.3.58 是该储层的快横波方向指示图，该图显示裂缝方位大部分接近东西方向，这与根据井眼崩落信息估算的主应力方向有关。

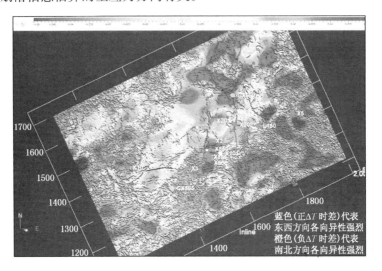

图 3.3.57 变化的时间延迟率（据 Tang 等，2009）

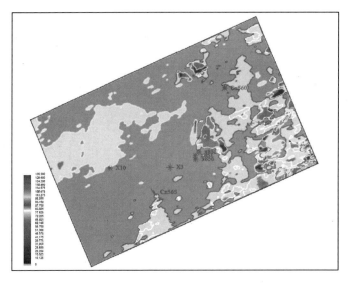

图 3.3.58　储层的快横波方位指示图（据 Tang 等，2009）

还可以利用分层法计算横波分裂时差。横波分裂对 3D3C 地震数据的影响可通过分层法进行估计和校正，这种校正是很有必要的，并且校正量能为裂缝预测提供有用信息。图 3.3.59 显示井 X851 的裂缝主方向是东西方向（对应的方位角大约为 90°），井 X851 处时间延迟量达到 40~50ms。如此大的时间延迟反映了储层中有裂缝发育，这与钻井结果一致。

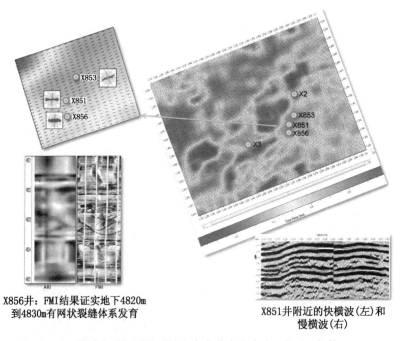

X856井：FMI结果证实地下4820m
到4830m有网状裂缝体系发育

X851井附近的快横波(左)和
慢横波(右)

图 3.3.59　横波分裂探测的裂缝发育方位角和密度（据 Tang 等，2009）

3.3.4.4.4　裂缝体系建模及可视化

裂缝体系建模是通过裂缝模拟建立一个 3D 地质体模型，并计算裂缝孔隙度和渗透率，这直接有助于指导勘探、生产和开发，也有利于水平井、分支井、大斜度井的设计。通过裂缝模拟可以计算储层渗透率和孔隙度，并为储量估算和井位优化提供依据。P 波和转换波地震记录上，往往振幅微弱且不连续区域对应于高产井，这种区域很可能是储层高裂缝密度和好的产气区。为了显示数据体中微弱且不连续振幅分布情况，通过对地质体内部储层连通性及形状进行可视化，这样就能够对弱振幅区进行针对性处理。

图 3.3.60 是某不相干异常体的 3D 可视化，该图清楚显示了 3D 空间下不连续反射分布，这种不连续反射对水平井 X10-1H 的设计极为重要。设计水平井时应该考虑最大限度地穿过不连续反射区域，即穿透更厚的储层裂缝发育区。

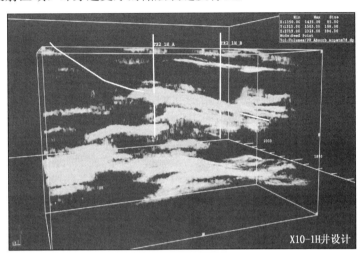

图 3.3.60　某储层内部连通体（据 Tang 等，2009）

Tang 等人（2009）描述了利用全波场地震信息并结合地质和产量信息，可以增强储层横向预测精度，更精确识别出有效裂缝分布和估算天然气藏储量。综合这些裂缝预测技术的预测成果用以新勘探井位的部署，例如四川新场气田综合采用这些技术后，整体上钻井成功率由之前的 50% 提高至 80%。

裂缝预测存在难度，任何方法都有优缺点。仅靠一种方法确定裂缝分布会产生不确定性解，因此需要汇集各种技术进行裂缝预测。一体化裂缝预测工作包括地震曲率等属性分析、P 波方位各向异性预测、横波分裂预测和构造正反演与应力应变分析等，并利用测井资料对裂缝预测结果进行校正。不同储层裂缝预测参数应有所不同，因为不同的地质构造及岩性对应的断层发育程度也不同。利用所有可能信息进行裂缝预测，这也可用于有效裂缝储层厚度的统计分析，以预测出高裂缝密度区域，及为将来钻井提供最佳布井方案。

3.3.5　开发阶段中地球物理方法应用

3.3.5.1　微地震技术的应用

3.3.5.1.1　微地震预测水力压裂裂缝

致密砂岩气藏开发过程中，微地震方法是一项重要技术。通过微地震监测，不仅能够掌握致密储层压裂中产生的微裂缝信息，还能够算出压裂时地层的渗透率。当今石油工业中，井下测斜仪和微地震是两种主要的直接测量压裂裂缝的方法，它们都能够测量裂缝的几何形态，但这两种技术利用的是压裂过程中不同方面信息。利用这两种技术进行压裂裂缝的联合反演，不论它们位于不同的观测井中或是同一口井（含测斜仪和微地震探测器），都能够提高预测的裂缝形态精度及预测参数的不确定性。

测斜仪是非常灵敏的形变测量装置，它测量的是位移梯度的变化，这比测量位移本身简单得多。倾斜传感器的敏感程度是在超微弧度级别上。当水力压裂裂缝产生时，裂缝周边岩石产生形变，这可以被三种类型的测斜仪测量出来（地面测斜仪、井下测斜仪和改造井测斜仪）。这些形变测量装置能够测量压裂过程中的一些信息，将这些信息和裂缝形变模型结合起来，进行地球物理反演，能够推断裂缝的方位、形态以及多平面生长情况，有时也能得到裂缝中心所在的深度信息。井下测斜仪阵列是放在靠近裂缝的邻井中，它们能够测量裂缝大小。改造井测斜仪阵列是放在改造井中，主要是获得裂缝高度信息。

水力压裂及裂缝流体泄露会导致岩石应力及孔隙压力的变化，这些变化会诱发微地震，微地震裂缝监测技术便是基于这种微地震的。微地震沿着已经存在的薄弱面（如天然裂缝、沉积平面或者断层等）滑移，并释放地震能量，这些能量能够被地震检波器接收。要想应用微地震成像技术，就必须在邻井中裂缝所在深度附近安装三轴检波器或加速度传感器，并进行检波器定位、记录地震信号、从地震记录中找到微地震信号并对其定位，定位这些同相轴需要知道纵横波的初至以及两种波的质点运动情况。同相轴定位时采用回归算法或网格搜索法，并假定速度场是已知的。测定精确速度场是分析过程的关键所在，且是获得最终结果的基本元素。通常速度是通过偶极子声波测井获得，并且它们可利用射孔即时测量进行更新。这样微地震数据就能够估算出裂缝方位、形态以及裂缝的复杂程度。

主成分分析法（PCA）是一种多变量分析统计技术，其目的是减少数据体维度。利用PCA法，数据体中相关变量能够转换成主成分变量。这些变量不相关但有序，所以前几个变量就代表了原来变量中的大部分。将PCA法应用到微地震云中，主分量及其方向能够通过微地震数据协方差矩阵的特征值及特征向量获得。最前的两个主分量代表着微地震数据的主要部分，它与裂缝长度和高度信息有关，而且裂缝方向（方位和倾角）能够通过主成分分量方向测得。采用PCA方法处理微地震云能够掌握云图信息，并从中提取裂缝方位和大小信息。将同相轴位置转换到包括主分量方向的坐标系下时，各个同相轴坐标互相独立。假设每个微地震同相轴坐标都服从正态分布，那么每个同相轴落入理论裂缝椭圆的可能性就可以计算出来。通过计算发现，如果裂缝的半长和半高取作主分量方向的两倍标准差时，同相轴落入椭圆的可能性为86.5%；如果取作三倍时，那么这个可能性增至98.8%。但会有几个异常点对裂缝大小的计算结果有很大的影响。

之前测斜仪和微地震的联合反演都采用一种分布方法，微地震同相轴分布在模型裂缝的周围。反演的误差主要包括测斜仪数据与理论数据之间的误差、微地震同相轴位置与通过裂缝模型正演结果之间的误差。联合反演就是在满足测斜数据和微地震数据约束的前提下，最大限度地减小误差，以求得最佳裂缝形态参数。Du等人（2008）采用上述主分量分析（PCA）法提取微地震云的特征信息，而非分布法，将误差信息代入到目标函数中，这样可得到既满足测斜数据约束又满足微地震约束的最佳裂缝方位和大小。

对于测斜数据，考虑其倾斜量的大小，则理论数据和实际观测数据之间的残差为式（3.3.39），即

$$r_i = T_i^{obs} - T_i^{theo} \qquad i = 1, 2, \cdots, NumTM \qquad (3.3.39)$$

考虑测斜方向，则理论数据和实际观测数据之间残差如式（3.3.40），即

$$\begin{aligned} r_{xi} &= T_{xi}^{obs} - T_{xi}^{theo} \\ r_{yi} &= T_{yi}^{obs} - T_{yi}^{theo} \end{aligned} \qquad i = 1, 2, \cdots, NumTM \qquad (3.3.40)$$

式中：*NumTM* 是分析所用的测斜仪数目。对微地震数据，其理论数据和实际观测数据之间残差可以写成式（3.3.41），即

$$r_i = Azimuth - Azimuth^{ms}$$
$$r_i = Dip - Dip^{ms}$$
$$r_i = L_f - L_f^{ms} \qquad (3.3.41)$$
$$r_i = H - H^{ms}$$
$$r_i = 微地震同相轴中心与裂缝平面之间的距离$$

式中：*Azimuth* 为裂缝方位角；*Dip* 为裂缝倾角；*L* 为裂缝长度；*H* 为裂缝高度。该式中有两个残差量与裂缝方位有关，两个量与裂缝大小有关，另一个残差是裂缝平面与微地震云中心的距离。

对于测斜仪数据和微地震数据的联合反演，将减小式（3.3.42）中的误差函数 $f(x)$，即

$$\min f(x) = \frac{1}{2} \sum_i r_i(x)^2 \qquad (3.3.42)$$

式中：x 是微地震同相轴定位分析中所用的描述裂缝方位、大小和速度的矢变量。为了解决上述最小问题，这里采用了自适应非线性最小平方算法。

以 Jonah 致密气田为例（Du 等人，2008），该气田水力压裂裂缝监测技术包括微地震、井下测斜仪和地面测斜仪，因此可以很好地进行压裂裂缝联合反演试验。研究井下测斜仪和微地震数据联合反演以获取裂缝几何参数，研究所用的三口井（水力压裂改造井、井下倾斜仪观测井和井下微地震观测井）中，井下测斜仪阵列位于改造井东部 133m 处，微地震监测井位于改造井东南方向的近 245m 处。在这个实际应用中，微地震阵列离改造井位置更远，且井下测斜仪阵列和微地震阵列都位于水力压裂产生裂缝的一侧，这就使得很难利用这两种技术去监测西北方向裂缝情况，因此，假设裂缝相对改造井是对称的。利用 PCA 方法从微地震中得到裂缝半长，其与射孔点和微地震云中心之间的距离再加上两倍最大主分量后的值是相等的。以该气田水力压裂的 A 期为例，说明联合反演技术的实际应用，在 A 期（图 3.3.61、图 3.3.62），微地震数据清楚指示了一个垂直裂缝的方位角和倾角。若只用井下倾

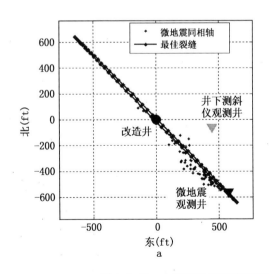

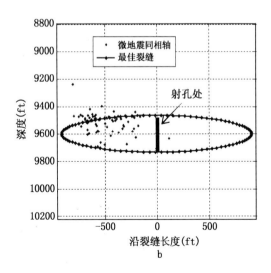

图 3.3.61 A 期理论裂缝椭圆及微地震同相轴关系（据 Du 等，2008）

a—裂缝椭圆与微地震同相轴平面图；b—裂缝椭圆与微地震同相轴侧面图

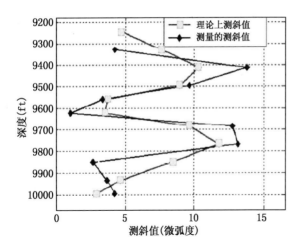

图 3.3.62　A 期实际测斜数据和根据理论裂缝
参数计算的测斜数据比较（据 Du 等，2008）

斜数据，则算出的裂缝长度要短；只采用微地震数据，测得的裂缝更小。二者联合反演后，计算的裂缝要比单独使用井下倾斜数据测出的裂缝长 250ft、高 100ft，同时比只使用微地震数据测得的裂缝短 50ft。联合反演计算出的深度更接近于射孔深度。裂缝参数如表 3.3.2 所示。

井下测斜仪通常不能提供精确的裂缝方位（若方位已知，它能够提供更精确的裂缝大小信息），但它能对裂缝高度及可能的宽度信息进行高质量预测；微地震技术通常能提供精确的裂缝方位信息，但它不能指示裂缝宽度信息，对裂缝高度的预测也具有一定的不确定性，这种情况在地下速度不明确的情况下就更明显。无论这两种测量装置是在不同观测井中，或来自于既有测斜仪又有微地震传感器的混合阵列中，二者的联合反演都能提高裂缝形态预测精度，减少各参数的不确定性。

表 3.3.2　A 期裂缝参数对比表（微地震列数据利用 PCA 方法计算得到）（据 Du 等，2008）

A 期	联合反演	井下测斜仪	微地震
方位角	−45°	−39°	−45°
倾角	86°	89°	88°
中心深度	9598	9618	9507
长度（ft）	907	641	892
高度（ft）	274	186	322
宽度（ft）	0.016	0.021	未知

3.3.5.1.2　微地震预测渗透率及产气量

利用微地震可以预测水力压裂中的渗透率和气产量信息。在致密储层中进行水力压裂改造，主要是为了在地层中产生裂缝，从而增加地层渗透率及储层产量。目前，压裂裂缝的形态和方位信息主要是通过微地震估算得到，同时微地震技术还能估算压裂时地层渗透率。致密储层产气量主要受控于两个因素：地层天然渗透率和水力压裂裂缝形态。目前地层渗透率 K_r 主要是通过孔隙度—渗透率经验关系式算出的，该 K_r 值肯定比地下真实渗透率值要低。因为，该经验关系式是基于岩心测量的，而岩心中不存在地下那种大尺度的裂缝和裂纹。现在发展了一种利用微地震信息去估算储层渗透率的方法（Shapiro 等，2006；Dinske 等，2009；Shapiro 和 Dinske，2009）。该技术称为"$r-t$"法，它利用微地震云增长速率估算渗透率，测量的是微地震同相轴和流体注入点之间距离 r 随时间 t 的变化情况。Grechka 等人（2010）还介绍并尝试了另外一种扩散公式，它同样能计算地层渗透率。尽管这两种方法利用的是微地震不同信息，但它们估算出的渗透率值通常一致。

第一种方法（Shapiro 等，2006）通过计算某点处注入的流体引起的微地震云变化速率来估算地层渗透率。微地震的空间演化提供了计算渗透率所需的表观扩散率，这个扩散率是通过观测的微地震同相轴距离 r 与对应时间 t 的关系推断出来的，因此，按照 Shapiro 等（2006）将这种方法称为 r-t 法。

第二种方法假设流体是在一个已经存在的水力压裂裂缝面上扩散的，它基于一维扩散方程反演来计算渗透率。微地震数据用于估算裂缝周围储层的侵入宽度，而裂缝周围的孔隙压力已受压裂改造作用发生变化。Grechka 等人（2010）称这种渗透率估算方法为反演法。

根据 r-t 法，储层现场地层渗透率 K_{r1} 如式（3.3.43）（Economides 和 Nolte，2003；Shapiro 等，2006）：

$$K_{r1} = \frac{\pi \eta_r}{\phi_r c_r} \left(\frac{C_l}{\Delta p} \right)^2 \tag{3.3.43}$$

式中：c_r 和 η_r 分别指储层中气体的压缩系数和黏度；ϕ_r 为储层孔隙度；C_l 为流体泄露系数；其中 Δp 表达式为

$$\Delta p = p_i - p_R \tag{3.3.44}$$

上式是储层平均注入压力 p_i 和储层远源区压力 p_R 之差。假设注入压力 p_i 等于张开的压裂裂缝中压力，这个假设是合理的，因为水力压裂改造过程中，裂缝和地层的渗透率差（差几个数量级）使得裂缝完全处于受压状态。泄露系数 C_l 与平均注入速率 q_i、裂缝高度 h_f 和扩散响应 D 有关，即

$$C_l = \frac{q_i}{8h_f \sqrt{2\pi D}} \tag{3.3.45}$$

扩散响应是从微地震活动的向前运动面得到，即

$$r_{\mu s}(t) = \sqrt{4\pi D(t - t_s)} \tag{3.3.46}$$

式中：t_s 是流体开始注入时间；$r_{\mu s}(t)$ 是 t 时刻射孔中点和微地震向前运动面之间的距离。将式（3.3.45）代入式（3.3.43）中，得

$$K_{r1} = \frac{\eta_r}{128\phi_r c_r D} \left(\frac{q_i}{h_f \Delta p} \right)^2 \tag{3.3.47}$$

很显然，必须要根据微地震数据去估算扩散响应 D，而 h_f 既可以从微地震中获得，也可近似看成射孔层厚度。

第二种反演方法假设压裂裂缝面上的注入流体是在一维情况下运动，从而根据扩散公式推算出来的。渗透率的计算公式为

$$K_{r2} = \eta_r \beta \frac{u_l}{\Delta p} \tag{3.3.48}$$

其中 β 表达式为

$$\beta = \frac{w_r - w_f}{2} \tag{3.3.49}$$

式中：u_l 是水力压裂裂缝面上平均漏气速率；w_f 是裂缝宽度；w_r 是裂缝附近区域宽度。为了计算式（3.3.48），需要估算 β 和 u_l。式（3.3.49）中定量 w_r 可粗略近似成微地震云宽度 $w_{\mu s}$，即

$$w_r \approx w_{\mu s} = 2\alpha_{\mu s} r_{\mu s} \geqslant w_f \tag{3.3.50}$$

式中：$\alpha_{\mu s}$ 是观测到的微地震响应的纵横比。最后一个不等式是由于微地震云的大小差异（约 $10^{+1} \sim 10^{+2}$ m）造成的，压裂裂缝宽度一般在 $10^{-3} \sim 10^{-2}$ m（Economides 和 Nolte，2003）。忽略 w_f，并将式（3.3.49）、（3.3.50）代入式（3.3.48）中，可得

$$K_{r2} = \eta_r \alpha_{\mu s} \frac{r_{\mu s} u_l}{\Delta p} \qquad (3.3.51)$$

平均流体泄露速率 u_l 可根据短时间 Δt 内渗入地层的流体量 V 来表示，即

$$V = 4h_f r_{\mu s} u_l \Delta t \qquad (3.3.52)$$

在假设流体是不可压缩且只有微量的流体存于裂缝中的情况下，该流量 V 是等于相同时间段内注入流体的体积，即

$$V = q_i \Delta t \qquad (3.3.53)$$

结合式（3.3.51）、（3.3.52）以及式（3.3.53），得

$$K_{r2} = \frac{\eta_r \alpha_{\mu s} q_i}{4h_f \Delta p} \qquad (3.3.54)$$

将式（3.3.47）和式（3.3.54）分别应用到实际数据之前，先来比较一下各种误差条件下方法的稳定性。尽管上述讨论的两种渗透率估算方法都有一定相似的假设条件，它们都假设相比渗入地层的流体体积，存在于压裂裂缝中的流体量是可以忽略的，并且利用达西定律描述一维流体扩散过程，本质上都是依靠微地震数据提取扩散过程中的相关几何参数。但这两种方法利用的是微地震的不同方面信息，进而也就得到不同的渗透率估算表达式。$r-t$ 方法利用的是根据微地震向前运动面推断出的视扩散率 D，而 D 在反演方法中是不需要的，反演方法中关键变量是微地震云的纵横比 $\alpha_{\mu s}$。D 和 $\alpha_{\mu s}$ 值都是根据记录的微地震数据估算出来的，不同的微地震同相轴对 D 和 $\alpha_{\mu s}$ 值的估算是有影响的。因此，渗透率估算的不确定性不仅来自于两种方法本身的不同，还随着压裂改造期次而变化。

公式（3.3.47）中渗透率估算精度可能不如公式（3.3.54），这是由于公式中井底流体注入压力 P_i 与储层远源区压力 P_R 之间压力差 Δp，很重要的一点是，这里井底流体注入压力 P_i 通常计算的是井头压力，而不是直接计算井底压力。这个计算误差可能会相当大，根据前人测量结果知 3km 深处计算的压力误差可能会达到 4.8MPa。P_i 的这种不精确性可能会导致下面讨论的压力差 Δp 有 20%～25% 的误差，式（3.3.54）中分母出现的 Δp 值误差可能会导致最终估算的渗透率 K_{r2} 有 20%～25% 的误差，相比而言，式（3.3.47）中 K_{r1} 与 $(\Delta p)^2$ 成反比，这就可能给 K_{r1} 的估算值带来约 40%～50% 的误差。

另一方面相比 K_{r2}，K_{r1} 估算值受微地震同相轴位置估计不准所引入的误差要小一些。对于典型的微地震工区，这种微地震同相轴位置误差在径向上可能距离井下检波器 5m 范围内，垂向和方位方向上 20m 范围内（Eisner 等，2009）。公式（3.3.47）中的主要影响因素是扩散系数 D，扩散系数的估算是通过拟合微地震同相轴和射孔点间的距离 $r_{\mu s}$，当 $r_{\mu s}$ 在 100～300m 范围内，同相轴位置误差对估算的 D 和最终 K_{r1} 的影响要小于 $(\Delta p)^2$ 不确定所带来的影响；但这种同相轴位置误差对纵横比 $\alpha_{\mu s}$（也就包括 K_{r2}）的影响程度要大，这是因为 $\alpha_{\mu s}$ 值总是小于 1，而且根据记录的微地震数据其纵横比 $\alpha_{\mu s}$ 可能会低至 0.11。因此，K_{r2} 值对 Δp 值的弱敏感性弥补了其对同相轴位置误差的强敏感性。

考虑了导致 K_{r1} 和 K_{r2} 差异的多种因素后，可看出在不清楚各影响因素的误差究竟有多大前，是无法判别究竟哪种渗透率估算方法更好。应该在完成数据分析之后，再考虑渗透率估算方法的稳定性及好坏。

Grechka 等人（2010）以 Pinedale 气田微地震数据为例，说明上述两种方法如何应用到实际资料以有助于油田开发。利用公式（3.3.47）和（3.3.54）估算致密砂岩储层现场渗透率值。在这两个方程中，首先根据已知的储层油藏工程信息给定一些具体参数值，如气体的

黏滞系数 $\eta_r = 3 \times 10^{-5} \mathrm{Pa \cdot gs}$、压力系数 $c_r = 1.5 \times 10^{-9} \mathrm{Pa^{-1}}$ 以及地层的孔隙度 $\phi_r = 0.07$，其他定量信息通过压裂数据和微地震数据测得。以改造井 Vible8-11D 为例来说明渗透率的估算，图 3.3.63 是该井第 9 压裂期的相关数据，如 $\Delta p = 28 \mathrm{MPa}$（图 3.3.63a）、$q_i = 0.13 \mathrm{m^3/s}$（图 3.3.63b），$r-t$ 图（图 3.3.63c）上有明显的向前运动面，根据该图虚线可估算出视扩散系数 D 范围约 $0.48 \sim 0.53 \mathrm{m^2/s}$。早期观测到的五个近线性时差的微地震同相轴表示产生了压裂裂缝，再利用 Shapiro 等（2006）提出的方法估算平均裂缝宽度，算出的裂缝宽度大约为 3mm，这也和文献中（Economides 和 Nolte，2003）其他方法测量结果一致。图 3.3.63d，e，f 是三个微地震云的投影，从图中可看清微地震变化特征。图中不同颜色代表微地震同相轴产生时间（点状），可看到早期同相轴（蓝色）出现在射孔区域附近，并传播至射孔中点（星状）以上 100m 地层中，后来的同相轴出现在更浅层中，并沿层内传播。通常，微地震数据所表现出的特征是很直观、很容易理解的。

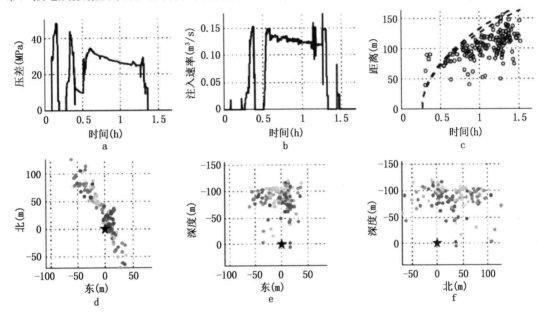

图 3.3.63　改造井 Vible8-11D 第 9 压裂期的相关数据示意图（据 Grechka 等，2010）

a—式（3.3.45）中流体注入点与储层的压力差（单位：MPa）；b—流体注入速率（单位：$\mathrm{m^3/s}$）；c—微地震的 $r-t$ 图，图中 $r-t$ 虚线可以近似合理地追踪出公式（3.3.46）中描述的微地震运动前面位置；d~f—井 Vible8-11D 第 9 压裂期微地震同相轴相对射孔中点（星状）的位置，图中微地震的颜色代表其出现时间先后，冷色时间较早，暖色较晚。参见书后彩页

应用公式（3.3.47）和（3.3.54）估算地层渗透率，估算的渗透率平均值列于表 3.3.3 中。尽管 K_{r1} 和 K_{r2} 值（分别由 $r-t$ 方法和反演方法测得）一般不同，但二者彼此相关，表 3.3.3 计算出的两种渗透率值相关性 $R^2 = 0.72$。

表 3.3.3　Vible8-11D 井和 Vible1-11D 井估算的储层条件下地层渗透率 K_{r1} 和 K_{r2}（据 Grechka 等，2010）

渗透率	Vible8-11D 井期次						Vible1-11D 井期次		
$(10^{-6}\mu\mathrm{m}^2)$	9	10	11	12	13	14	15	16	17
K_{r1}	20	84	6	9	15	119	37	5	11
K_{r2}	47	60	4	3	44	145	29	20	41

再利用之前测定的微地震数据和渗透率值来预测气产量。假设在充填气的储层中，地层渗透率高也就反映其产气率高，并且水力压裂裂缝面积 A_f 越大，对应的气产量也就越高。最后，根据达西定律，驱动气体流动的动力是压力差，即

$$\Delta p_g = p_R - p_g \tag{3.3.55}$$

也就是某一储层深处压力 P_R 与气柱压力 P_g 差。因此，Grechka 等认为产气量 Q_g 有式（3.3.56）所示正比关系，即

$$Q_g \sim K_r A_f \Delta p_g \tag{3.3.56}$$

为了定量这个正比关系，需将式（3.3.56）右边项乘以系数 G，以使得该式左右两边值相等，因此便得到关系式（3.3.57），即

$$Q_g = G K_r A_f \Delta p_g \tag{3.3.57}$$

式中：系数 G 还未知。

以 Vible 井在 9～17 压裂期的气产量数据，以水力压裂后的前 100d 日产气量作为需要预测的量。下面就来确定系数 G 值，可以确定 G 值的量有很多，这里选择利用式（3.3.57）中 Q_g 去拟合最佳产气期的产量，以确定出 G 值，然后再将其应用到其他产气期。利用 $K_r = K_{r1}$ 计算出式（3.3.57）右边项，根据第 14 产气期算出的 G 如式（3.3.58），即

$$G = \frac{Q_g^{(\text{期}14)}}{K_{r1}^{(\text{期}14)} A_f^{(\text{期}14)} \Delta p_g^{(\text{期}14)}} \tag{3.3.58}$$

图 3.3.64 是产气量预测结果，图中最佳产气期——第 14 期预测值和实际值就能精确吻合上，从图中可以看出式（3.3.57）和式（3.3.58）是能够预测产气量 Q_g 的，除了第 9、10 期外，也正是这两期才导致图 3.3.64b 中的低相关系数 $R^2 = 0.56$。再将表 3.3.3 中 K_{r2} 代入式（3.3.57）和（3.3.58）中，产量预测结果如图 3.3.65 所示。尽管预测的相关性 $R^2 = 0.84$ 比利用 K_{r1} 预测结果要好，但第 10 产气期仍表现出很差的异常。为了搞清楚第 10 产气期预测失败的原因，通过观察微地震记录发现，第 10 期有两种颜色的微地震同相轴位于同一层，这明显表明第 10 期压裂层已经在第 9 期压裂过了。因此，利用两种渗透率方法分别估算出的渗透率值 $84 \times 10^{-6} \mu m^2$ 和 $60 \times 10^{-6} \mu m^2$（表 3.3.3），指的是已经水力压裂过的地

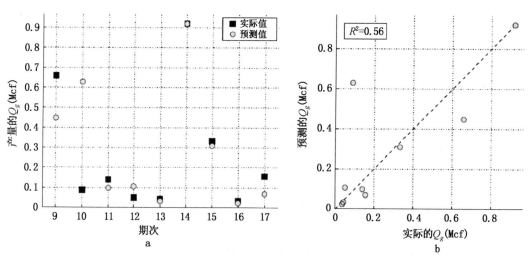

图 3.3.64　Vible 井第 9 - 17 期实际日产气量与预测值示意图（据 Grechka 等，2010）

a—井 Vible 第 9 - 17 期实际日产气量与预测值；b—实际 Q_g 值和用公式 15 预测值交会图，$K_r = K_{r1}$

层渗透率，而非原始地层渗透率。过高估计的渗透率值造成图 3.3.64a 和图 3.3.65a 中产量 Q_g 值过于乐观，除去这第 10 期的影响，两图中预测值与实际值的相关系数将会达到 $R^2 = 0.92$。

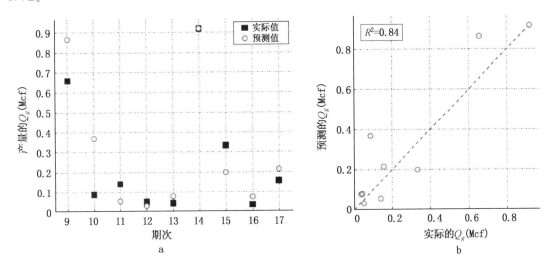

图 3.3.65　与图 3.3.64 内容相同，除了所采用的 $K_r = K_{r2}$（据 Grechka 等，2010）

比较 $r-t$ 法和反演法估算致密含气砂岩的储层渗透率，以及观察估算出的渗透率值有利于预测储层产气量。研究结果表明，这两种方法估算出的渗透率在个别期次会有较大出入，但一般都相差不大。二者的差异来自于利用微地震估计的诸多影响因素的误差，主要是由于地震速度模型和数据中噪声影响而造成的微地震同相轴位置的不准、错误的井底和储层压力值、不精确的储层孔隙度、气体黏度和压缩系数的影响，同时对水力压裂裂缝几何形态的简单假设也会引入误差。尽管一些测量误差可以通过一些方法来减小，如更多的测量手段（如井底压力计）或者采用更好的装置及方法（同步压裂和检波计时器），但与裂缝形态和面积相关的不确定性仍旧存在。

3.3.5.2　时移多分量地震监测应用

致密气藏的开发过程需采用多种手段以增强其经济可行性，其中时移多分量地震技术在开发阶段就发挥着重要作用。Davis 和 Benson（2009）在 Rulison 气田研究表明，时移多分量地震技术能够监测致密气藏开发中储层的压力耗损情况，有助于设计井位及完井方案，最终提高气藏采收率。致密气藏开发阶段井位优化是非常重要的，钻井和完井费用很高，因此经济因素是必须要考虑的。如果井之间是连通的，这可能会影响井的产气量，造成许多井不具有商业价值，尤其是在低气价格时期。储层耗损区的存在会对油气开发有不利影响，它会造成不同井或单井之间发生油气串流现象，降低井的最终采收率。同时，耗损区也会限制压裂裂缝的生长和延伸，影响水力压裂效果。因此，正确识别储层的耗损区能够减少其对新钻井的影响，有助于提高采收率，减少钻井花费。

在 Rulison 气田利用多分量时移地震监测压力耗损情况，主要目的是关注所钻的新井是否会遇到与储层连通的枯竭带。采集三个 4D9C 地震工区后，就可以用以评估时移多分量地震监测压力损耗的能力。对一口新钻井和来自另一试点区的井进行区域压力测试，并结合了时移慢横波（S_2）异常以及压力损耗信息（图 3.3.66）。横波数据经过处理可用于横波分裂计算，其中快横波（S_1）平行于张开的天然裂缝传播，而慢横波（S_2）质点运动方向垂直于主导的张开裂缝体系。在 2003 年 9 月和 2004 年 11 月分别对表现出慢横波时移异常的区域进行压力测试，压力测试结果表明这些区域对应于压力损耗区。在裂缝介质的压力监测过程中，横波是非常关键的，因为压力下降造成有效压力变化时，横波对地层刚度变化更敏感。在 Rulison 气田，由于时移地震工区间的良好重复性，低至几百 psi 的压力损耗都能被监测出来。通过时移地震监测压力损耗是可行且经济有效的。

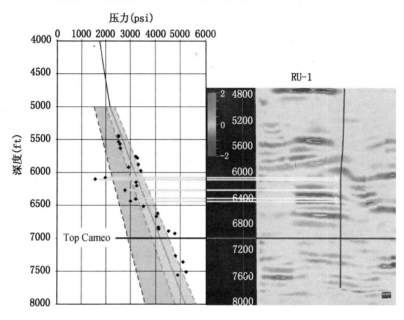

图 3.3.66　某口井的区域压力测试结果和时移横波阻抗剖面（据 Davis 和 Benon，2009）

通过某口井的区域压力测试，证实时移横波阻抗异常区域为压力损耗区

基于 2003—2004 年时移地震结果，在 2006 年进行二次监测。图 3.3.67 和图 3.3.68 是深度域纵波与慢横波速度比（v_P/v_{S2}）时移异常切片，从图中可以看出两深度层损耗区。在图 3.3.67 的 6200ft 深度切片上，可以看到泄气异常区的空间分布，时移异常即表示泄气量多，该图表明工区中间位置储层连通性更好。解释认为该处连通性好是与受断层控制的裂缝型砂体有关，该断层横切工区中间区域，断层附近的剪切断裂增加了该区的气体渗透率。这样就识别出了储层"甜点"，甜点处的井都达到了预期的高最终采收率（EUR）。

正如时移地震结果所示，"甜点"处储层连通性更好，所以可能 20acre 的井距就足以采出甜点处气藏，但远离"甜点"处可能需要 10acre 井距。在 6500ft 深度切片上（图 3.3.68），有另一个砂体层段，它表现出完全不同的泄气特征，可能由于该处受成岩作用影响储层渗透性变差，或没有裂缝发育，或者两种因素都存在。由河流相砂体结构、天然裂缝和成岩作用等引起的储层非均质性对气藏的开采有重大影响，图 3.3.68 所示 v_P/v_{S2} 时移切片上，井位置并不总在异常区的中心位置，这也体现了储层非均质性对油气开采的影响。

时移多分量地震技术能够监测储层泄气区域和压力损耗情况，这有助于致密气藏的开发。储层描述能够通过优化井位和选定完井区域，更加有利于油藏管理。

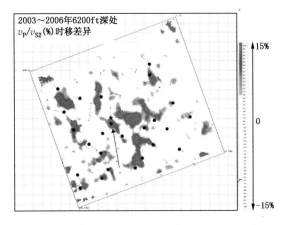

图 3.3.67　与储层泄气情况有关的时移 v_P/v_{S2} 异常
（据 Davis 和 Benon，2009）

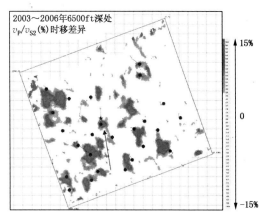

图 3.3.68　在 6500ft 深处的时移 v_P/v_{S2} 差异
（据 Davis 和 Benon，2009）

3.4 致密砂岩气藏钻完井技术

针对致密砂岩气藏储层物性差、储量大、单井产量低、供气范围小、经济效益低等地质与开发特征，世界各地都展开了提高致密砂岩气体采收率的研究和实际生产，并取得了明显的成效。目前，致密砂岩气开发方面的先进技术首先体现在先进的钻井和完井技术，主要包括：水平井、复杂结构井的钻完井技术、小井眼钻井、连续油管钻井及欠平衡钻井技术等；还有压裂新技术以及相关装备和软件等，如压裂过程中微地震信息对人工裂缝进行三维监测等技术。通过研究致密砂岩储层性质就可以改善钻、完井设计、优化增产措施、采取有效的储层保护措施减少对地层的伤害，从而降低成本、增加效益。下面针对致密气藏的应用和开发技术进行介绍。

3.4.1 钻井技术

在致密砂岩气藏中，典型的钻井问题有：（1）井漏：尽管岩石基质渗透率低，井漏问题在致密砂岩储层中依然很重要。它主要是由于天然裂缝和油田衰竭的原因造成的；（2）卡钻：在衰竭地层中，一定程度的过平衡就可能导致卡钻；（3）泥岩垮塌：在多套储层中，砂岩中夹有泥岩层，且井筒穿过泥岩层，这种情况下时常发生泥岩垮塌。另外，当井漏引起泥浆比重下降时，也会发生泥岩垮塌；（4）孔隙压力的不确定性致使井眼轨迹偏离：尤其在多层叠置的地层，预计的井眼轨迹可能会穿过枯竭层到原始地层或高储层压力地区；（5）地层损害和泥浆侵入：尤其在钻井的时候，由于岩石孔喉小和毛细管压力高，致密气层易发生液体滞留；（6）低的钻进速率和钻头摩擦：许多致密气藏在坚硬的岩石区，就会导致低的钻进速率和钻头发生摩擦损坏（Holditch，2008）。这些问题使得用于常规储层的钻井方法在致密储层中会受到一定的限制。

近年来，安全性钻井、实施储层保护、改善钻探设备的可移动性、减少旋钻时间等措施使得钻井技术有了巨大的进展（Shehata，2010）。具体来讲，在钻头方面，新生产的钻头穿透速率高，更耐用，这使得更换钻头起下钻的次数减少，这样花在非钻井作业上的时间也就大大降低；新型钻杆技术，如具有很高强度、挠性和耐用性，有质量轻、耐腐蚀强的碳纤维钻杆和钛合金钻杆，可大容量、高速度传输井下数据的智能钻杆等；在钻井技术上，主要有套管钻井、欠平衡钻井、控压钻井、水平井钻井、定向S形钻井（井簇）和连续油管钻井等，还有实时随钻"甜点"监测，地质导向技术，引导钻头沿油气藏的高产能区钻进。这些技术的综合应用很大程度上提高了致密气藏的采收率，并降低了致密砂岩气藏开发的成本。通过大量的调研，并结合致密砂岩气藏本身的地质特点，主要介绍以下几种钻井技术。

3.4.1.1 水平井钻井

致密含气砂岩是一种不经过压裂或不采用水平井、多分支井就不能产出工业性气流的砂岩储层（Holditch，2006）。而且在采用多项新技术的条件下，水平井是开发致密砂岩气藏的最有效方法（Baihly，2009）。美国、俄罗斯、加拿大钻水平井实践证明，虽然钻水平井的费用是直井的1.5~4倍，但利用水平井开发致密气藏还是经济的。比如，最近水平井在东Texas和Louisiana北部Bossier和Cotton Valley的致密砂岩气藏中得到了应用，取得了较好的经济效益。在Texas北部Panhandle地区，超过70%的井都是水平井，这很大程度上增加了天然气产量。并且通过对致密砂岩气藏静态与动态描述来指导水平井钻井设计与施工，增加了钻井的成功率并降低了钻井风险。其原因在于水平井生产剖面具有很强的泄气能力，特别是水平井分段压裂、水平井与欠平衡钻井相结合的技术，能够成倍地提高采收率。图 3.4.1 说明了在裂缝型致密气藏，水平井比垂直井产气量高（Holditch，2009），进一步证明了上述观点。

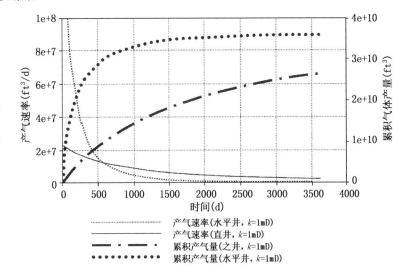

图 3.4.1　低渗透砂岩气藏垂直井和水平井的生产剖面（据 Gorucu 和 Ertekin，2011）

水平井设计涉及内容有水平井经济参数、地层参数、水平井方位角、产量数据、水力裂缝参数。在方案制定过程中，一些邻井资料很有用，但是，需要强调的是并不是每一个致密砂岩区域都适合用水平井来完井，这需要考虑选择的方法是否满足经营者的经济要求。

致密砂岩气藏中水平井设计应该考虑的参数：

（1）经济参数：确定邻近直井的钻井与完井成本，估算水平井各种方案的施工成本（不同的钻井参数，如钻头尺寸与钻速对应不同的钻井方案）。如果需要压裂作业，那么其费用也要进行评价、包括压裂液、支撑剂及泵压等参数（Daniel，2005）。还需要对钻井工具与完井工具进行分析，以评价各种水平井工艺。

（2）地层参数：要确定致密砂岩气层是否适合水平井开采，先要解决以下几个问题：致密气层范围是否足够大；气层是否连续或有尖灭现象；是否有倾斜隔层或断层穿过气层；某些部位的气层砂岩是否已页岩化。如果这四项问题较突出，那么水平井施工风险程度较高，这时要利用气藏模型才可找出这些问题的部分或全部答案（Tewari 等，2006；Goggin 等，2005）。

（3）水平井方位角：致密砂岩气藏的软件模拟结果（包括产量模拟数据）表明，致密砂岩气藏最适合横向裂缝（Sask 等，2007；Soliman 等，1996；Surjaatmadja 等，2006），而非垂向裂缝。致密砂岩气藏的起缝位置通常在地层最小水平应力方向上，而且在其最大水平应力方向上，裂缝得到延伸。为了确定这两种应力分布的方位角方向，需要利用直井的水力裂缝监测资料先确定较远地层（相对于水平井地层）的裂缝方位角，然后根据水平井的相关资料，以保证水平井方向平行于地层最小应力方向。如果不能保证这一点，必须采取一些补救措施以防止井壁不稳定等钻井问题。

（4）气水生产特性：水平井方位确定后，要预测气水流动特性，利用邻井的套管井与裸眼井地层测井曲线与生产测井曲线可以确定气层、水层及其流动特性。水层可能对水平井的天然气产能产生严重的负面影响（Aguilera，2008）。对于直井，因为水比天然气密度大，所以水可能因重力作用而流入裂缝。因此，水更容易在更低的射孔区域产出，天然气就会在高导流的水力裂缝中流动。图3.4.2和图3.4.3分别展示了直井和水平井的多相流沿着水力裂缝的流动，并且说明了两种情况下流体怎样汇聚的。图3.4.3中在上部砂岩区域的天然气被中部的含水层隔离。而在图3.4.2中就不存在这个问题，因为图3.4.2中的上部砂岩区域的天然气有直接到射孔段的通道。水可以看做是阻碍上部砂岩区域的天然气生产的一道屏障，因此辨别水层与其临近的天然气产层至关重要。在气水比（GWR）低于10000scf/bbl的砂岩气藏，在生产测井曲线上常看到气体从上部射孔段产出而水从下部射孔段产出。同时，部分水会囤积在井底，致使井筒内会形成一段水柱（Magalhaes等，2007）。对有水力裂缝的水平井段，裂缝高度是一个重要参数。无论水平井段在气层内还是在水层内，如果水平段附近还有水层，那么裂缝高度控制不当时会导致该井大量产水。

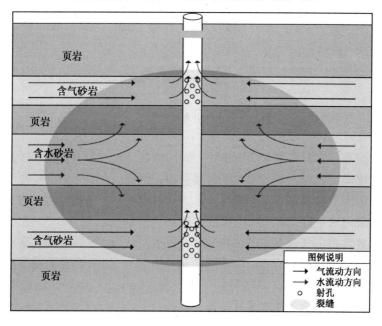

图3.4.2　直井井眼中的流动分离（据Baihly等，2009）

致密砂岩气藏中水平井钻井过程中需要注意以下几点：

（1）保证井眼轨迹始终在气层中钻进。水平井水平段在致密砂岩气层中的位置、延伸长度和方向是决定水平井产能的关键因素，因此在水平井钻井过程，保证水平井段的轨迹在气层中至关重要。如果水平井眼轨迹偏离设计轨迹会带来以下几种不利后果：①水平段的钻进终止，不过可以采取补救措施重新进入气层；②减少了分段压裂次数；③提高了压裂泵压，因为轨迹偏离气层进入的新层段岩石硬度可能较高（如页岩层），需要下入更高强度的套管。

图3.4.4显示了整个井眼有黏土附着的情况。凡曲线呈黑褐色并且短的，表示井筒超出区域。根据设计的横向长度钻了多少，作出是否花费更多的资源试图再次找到设计区域或停止横向钻进的决定。超出设计区域的后果是横向裂缝数目及横向裂缝系统泄气面积的减少。图3.4.4中以浅绿色突出显示的第二阶段和以绿色突出显示的第五阶段表示压裂阶段可能出

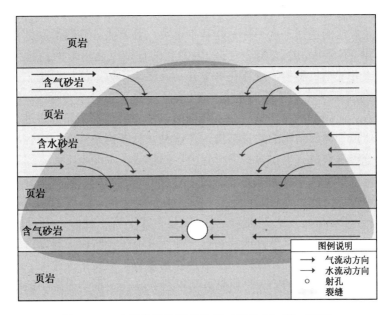

图 3.4.3　水平井眼的流动分离（据 Baihly 等，2009）

现了一些麻烦。最后，因为压裂区域全部或部分在页岩层，所以可能会导致超出泥岩的区域水力裂缝无法起裂。这时就需要强度更大的套管来承受施工压力，从而使水力裂缝起裂。

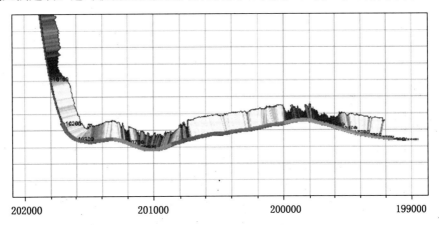

图 3.4.4　用黏土含量曲线上覆的水平井筒及裂缝间隔内突出显示（据 Baihly 等，2009）

参见书后彩页

（2）保证水平井段弯曲度与平滑性。水平井段弯曲度不容易测量，但是它能严重影响压裂施工效果（Recham 和 Bencherif，2004），井段弯曲越大，产生的附加地层力也越大，从而需要更高的起缝压力，即压裂施工泵压将大于设计泵压。另外，井段弯曲大还会导致生产问题：气水两相流体流过弯曲井段的低部位时，气水两相将自动分离，从而降低气产量。保持较低的水平井段弯曲度可避免产生地应力异常现象，从而使地层容易产生裂缝并因此提高气井产量。

钻井方法有多种，当钻至水平段时，必须根据水平井眼圆度与平滑性的要求而选择合适的钻井方法，因为分段压裂时，水平井段的封隔器要产生有效的封隔效果，否则，在分段压裂时，已压裂过的层段将会被再次压裂。

（3）水平钻井方法的选择。水平井钻井基本上有三种方法：旋转滑动钻井、连续油管钻井与旋转导向钻井（RSS钻井）。第一种方法因为它的日钻机速率最低，而且它使用的是最常用的用于钻垂直井的钻机类型，所以在水平井钻井中应用较广泛。但是它有以下缺点：钻井周期长，钻头磨损不平衡，扩眼时间长，在某些情况下可能引起套管或完井管柱遇卡（Tewari等，2006；Malik等，2006）。如果结合第二种与第三种钻井方法进行钻井施工，那么将钻出一个类似枪管内部结构的井身结构，在这种井身结构条件下，很容易下入套管及完井工具，而且在分级压裂时，也很容易进行封隔器操作或注水泥施工。

（4）井眼稳定性也是钻井施工中要考虑的。对致密砂岩地层，井壁不易坍塌，但是也能发生井眼不稳定现象。因此，要根据以下资料确定地应力方向：井壁岩心、各向异性声波测井与图像测井资料（Rushing等，2008）。实际作业中并不需要对油田中的每一口井都开展上述工作，但是需要对第一口水平井或其邻近直井获取上述资料以指导以后的水平井施工。

对于致密砂岩气藏，除以上几点外，水平井段钻井施工提高钻进速度、减少每天钻井费用和减少地层伤害是非常重要的。欠平衡钻井可能会在在一定程度上减小地层伤害和钻井费用。并且在钻进过程中要保证井眼质量（Aguilera，2008），尤其要求井身有较高的圆度及平滑度，而且要保证水平井段轨迹的弯曲度最小，因为这些参数对后续的压裂施工影响很大。在钻井过程中，还要进行应力测井与图像测井，以获取高应力地层资料或异常地层资料，从而为水平井分段压裂设计提供依据。

随着水平井综合能力和工艺技术的发展，特别是水平井的轨迹设计技术、MWD、LWD和导向技术的发展，促生了多种水平井新技术，比如：大位移井钻井技术、分支井钻井技术、大位移水平井钻井技术等，这些技术都有利于进一步开发致密砂岩气藏和其他的非常规油气藏。

3.4.1.2 多分支井

多分支井钻井技术是利用单一井眼（主井筒）钻出若干个分支井的新技术。目前，国外常用的多分支系统主要有非重入多分支系统、双管柱多分支系统、分支重入系统和分支回接系统等。分支井的连接技术是分支井所特有的，目前分支井完井作业技术难度最大的问题是支井眼与主井眼的密封连接问题，因此分支井研究的主要方面集中在分支井完井中的主、支井眼连接技术。多分支井技术与水平井和定向井技术的差异主要表现在：多分支井有多个井底目标，各个分支井眼与主井眼都有特殊的连接装置。为了实现井下安全生产、作业必须使连接处有足够的机械支撑和水力密封能力，而且有选择性进入任意分支井眼的能力，以便进行后续增产或修井作业。多组天然裂缝的致密砂岩气藏中，多分支钻井能取得很好的效果。而且随着多分支钻井技术的发展，分支数目也在不断增加。

多分支井技术在Alison致密砂岩气田取得了显著效果。ALison气田位于英国北海海域，该气田的产层为Rotliegends致密砂岩储层。总体上，储层物性较差，渗透率为0.30.7mD。由于断裂作用，该储层被分隔成两块。1996年，Phillips石油公司在这里钻了第一口多分支A3ZY，并获得了成功。这口开发井共钻进了4个分支井眼，其产量（如图3.4.5）高于该油田发现井压裂后的产量（2×10^7SCFD）（Bokhari等，1996）。

目前，多分支井技术已成熟配套，实现了系列化和标准化，可满足各类油气藏的开发需要，在降低开发成本、提高采收率等方面见到了很好的效果。又如，2003年Halliburton对Texas西部的高温高压致密的多分支气井进行了选择性压裂，多分支井结构，节省了

＄1million（据 www. halliburton. com）。

随着钻井技术的发展和开采的需要，多分支井数目也在不断增加。在鱼骨井之后，又提出了最大储层接触（maximum reservoir contact，MRC）钻井技术（图3.4.6）。目前世界上多家公司正在探索该技术在低渗透气藏开发中的应用。MRC钻井技术在低渗透气藏中，有其独特和明显的优势：一是在低渗透气藏中水平井眼作为水力压裂的替代选择，可起到横穿油气藏的流道的作用，从而大大提高储层的

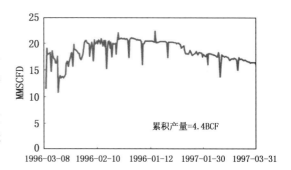

图 3.4.5 多分支井 A3ZY 的产量图
（据 Bokhari 等，1996）

泄气能力；二是水平井改变了井筒与气藏的接触方式，从而改变了井眼附近流动状态，减小了流动阻力，其生产剖面具有很强的泄流能力；三是水平井大大提高了钻遇裂缝体系的几率，从而降低了钻井的风险系数，单井与储层接触面积大，产量高，井数少，实现少井高产。

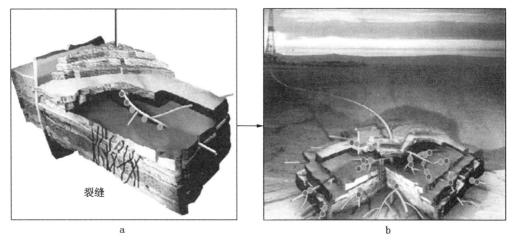

裂缝

a   b

图 3.4.6 目前的 MRC 井（a）和未来的 MRC 井（b）（来源：Schlumberger）

3.4.1.3 欠平衡钻井

在传统的钻井中，要求泥浆的比重超过地层压力，以避免井喷。然而在致密砂岩中，由于储层易受侵害，泥浆侵入可能会导致严重的地层损害。同时，致密气藏地质构造复杂，其中包括天然裂缝（会使液体漏失）、褶皱和断层（很难预测应力，这会使得压裂变得困难，或流体损失从断层从而导致早期脱砂）、河道砂体、煤和页岩夹层（这会使液体漏失到割理或导致不理想的裂缝传播路径）（Aguilera 和 Harding，2007）。而欠平衡钻井在致密砂岩气藏钻井中得到了广泛的应用，它能够对储层起到较好的保护作用。这是因为在欠平衡钻井时，常用的泥浆被替换为惰性气体或者泡沫液，使气藏的静水压力小于地层压力。这消除了气藏中液体的入侵，从而消除了对致密气储层的伤害。钻头附近的井下传感器收集和发送信息到地面，这样就可以导向钻头穿过油藏最好的部分从而提高成功率。

目前，欠平衡钻井已经成为钻井技术发展的热点，更多的是它与水平井、多分支井及小井眼钻井技术相结合。而且根据钻井液的不同，欠平衡钻井可分为气体钻井、雾化钻井、泡

沫钻井、充气钻井、淡水或卤水钻井液钻井、常规钻井液钻井和泥浆帽钻井。美国欠平衡钻井占总钻井数的比例已达到30%。

从2005年开始，Shell公司将欠平衡钻井技术与致密砂岩气的动态气藏特征描述相结合，即在欠平衡钻井过程中收集气藏参数，并将这些信息用于实时完井、增产等阶段。该过程称为欠平衡气藏描述（UBD-RC）。目前，已经在7个国家10个项目中应用了该技术。UBD-RC的目的在于：（1）在钻井过程中实时采集与时间有关的井数据，以及与深度有关的数据，将这些数据与常规的井数据和地质信息结合，能得到气体和渗透率分布等信息；（2）深入了解储层动态特征——流体特征及其分布和原始渗透率；（3）将UBD-RC与3D气藏建模结合；（4）在了解动态的气藏特征之后，能节省气藏评估时间和成本。

图3.4.7是应用UBD-RC的实例，图中是一些具有相同水平段长度的井的初始产量与气藏品质的关系。气藏品质是用平均孔隙度和气体饱和度的乘积来表示。在该实例中，完全欠平衡钻井的产量是过平衡钻井的4到5倍。但是，欠平衡钻井过程可能因遭受地层流体侵入或其他原因会转变为了过平衡钻井（Ramalho等，2009）。

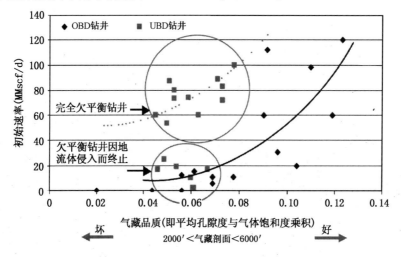

图3.4.7　产气速率与气藏性质关系图（据Ramalho等，2009）

Shell公司在Dutch海上K-Block的UBD-RC的另一个应用实例。在该欠平衡钻井过程中，得到了气体流速信息，最大气体流速达到了7000ft³/d，气压控制在500~700psi之间（如图3.4.8）。最大的意外是，根据这口井信息，之前认为最好的产层实际上不产气。因此，节省了完井、压裂等费用（Ramalho等，2009）。

阿曼的Fahud Salt盆地也将欠平衡钻井技术用于对深部致密气藏的开发。由于欠平衡钻井通过检测到气体的流动特征，从而简化了岩石物理评价的过程。并且在钻井过程中，它能提前收集到更重要的信息，从而减少了后期完井、气藏测试等风险（Bowling等，2010）。

然而，欠平衡钻井并不总是在致密砂岩气藏中有效，它可能会引起难以预计的损失。欠平衡钻井在致密气藏中影响产量的原因包括液相滞留、反向浸渍以及流体间的相互作用、逆流自吸效应、覆盖和破碎、冷凝物析出及富气携带、颗粒运动和固体沉淀等（Aguilera，2008；Aguilera和Harding，2007）。故对致密储层，进行欠平衡钻井时要准确收集数据、分井段进行设计、充分准备高质量的泡沫、准确计算控制参数以及严格控制井口回压，来尽量达到预期效果。

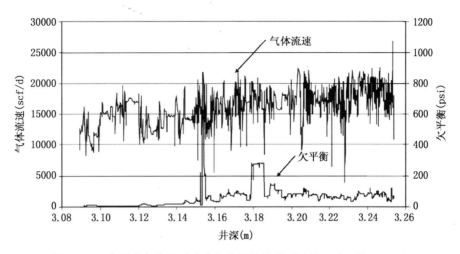

图 3.4.8 欠平衡气体流动速度与井深的关系（据 Ramalho 等，2009）

3.4.1.4 小井眼钻井

小井眼钻井技术已成为继水平井钻井技术后的又一研究热点。截至目前，世界上已钻成小井眼井上万口，国外已开始用连续管钻小井眼。国外目前普遍认可的小井眼的定义是由 Millhiem（1989）提出的：超过 90％的井段是用小于 7in（177.8mm）的钻头打的井眼为小井眼。

因为小井眼井钻机的轻便性、较少的资金投入、较低的运输费用和日作业费用，所以与常规井相比，小井眼钻井可省 15％～20％的费用。小井眼钻井占地面积少、对空气的污染少、废液废气排放少，可最大限度地减少对环境的影响。小井眼钻井技术最典型的应用是在后勤保障十分困难的边远地区钻勘探井和在较小井眼的老井中的二次钻入。此外，小井眼钻井技术也用于生产井、超深井、老井侧钻、水平井和多底井钻井。小井眼钻井技术也存在局限性和一些问题，如：钻杆柱失效、工具接头失效、井温监测较困难、钻速低、钻深有限、井眼的完整性和井壁稳定性问题以及小井眼用工具的缺乏等。

小井眼钻井技术正在不断发展和完善，近年来已经逐渐形成了两个钻小井眼的工业性模式：一是 Shell/EastmanTeleco 利用井下高速马达的方法，另一个是利用改型的矿用钻机的方法。小井眼适用于用钻头、水力助推器、测井工具、导向工具以及早期井涌监测系统等的开发应用，使其更安全、快速、经济。目前，小井眼的发展趋势是：带顶部驱动的小井眼钻机、小尺寸大功率井下动力钻具、采用高灵敏度井控专家系统控制和预防井喷、采用连续取心钻机进行小井眼取心作业、采用高强度固定齿的新型钻头等，并朝着更小尺寸配套的方向发展。目前已有可用于 76.2mm 井眼的全套钻井和井下配套工具，以及多种连续取心和混合型钻机（张志强，2009）。此外，连续油管钻井与小井眼钻井技术的结合使其更高效。

20 世纪 90 年代以来 BP 公司就将小井眼技术作为它的勘探战略技术手段，大大降低其钻井成本。BP 在它的小井眼勘探项目中节省的费用已经超过了 40％。比如，在瑞典地区小井眼开采浅油气藏，已钻 207 口井，井深 198.2～2438.4m、井眼尺寸最小 2½in，钻井成本降低了 75％。

对于致密砂岩气藏来说，尽管经过压裂后产气量有所提高，但它的经济效益还是很小。而小井眼技术却能降低成本，这是它广泛应用于致密砂岩钻井的主要原因之一。

3.4.1.5 连续油管钻井

连续油管钻井增加了钻进速度，并提高了耐久性。由于在起下钻时没必要断开或重连钻杆，故进出井眼的速度很快。连续油管钻井的装备小且轻，而且钻杆能够迅速转动。优势：钻进速度快、井场占地少、钻机便于移动。

连续油管钻井结合地质导向、旋转导向、MWD、LWD、欠平衡技术以及其他配套技术，在水平井钻井中的作用越来越明显。20 世纪 80 年开始应用于常规钻井，20 世纪 90 年代广泛应用于多分支井、老井重钻（包括老井加深，侧钻）、过油管钻井、小井眼钻井和欠平衡钻井技术。与传统技术比较，CT 技术由于其经济合算、操作高效及有益环保等特点，单就钻井而言，CT 技术在侧钻水平井及小井眼钻井中已获得成功。

由于 CO_2 与水结合会产生碳酸，对普通连续油管会产生腐蚀性，ConocoPhillips Lobo 气田对连续油管进行了改进。Lobo 气田是南 Texas 的一个很成熟的致密气田，产量已经超过了 8Tcf。自 2004 年以来，ConocoPhillips 已经采用了 90 多个防腐蚀性连续油管（CRCT：corrosion resistant coiled tubing）来代替普通 CT。CRCT 使得产气速率提高了 5mmcfd，并且降低了作业事故的发生率和维修费用。

致密砂岩气藏开发中，CRCT 的关键技术在于（Poppenhangen 等，2010）：（1）CRCT 能延迟井筒积液的溢出，从而能提高产气量；（2）CRCT 有效避免了井筒遭受 CO_2 腐蚀；（3）根据气体增产量，采用系统节点分析法（systems nodal nanlysis）和综合产量建模（IPM：integrated production modeling）方法来预测未来产量；（4）不要往 CRCT 井中加载液体，因为它们很难卸载；（5）CRCT 没有生产油管也能很好的运作；（6）CRCT 维修和运作的费用比人工气举法少；（7）CRCT 可以与起泡剂和井口压缩机一起运作；（8）需要注意的是，从 CRCT 中排出或注入液体时，要确保这些液体在地面和井下都能与金属配伍；（9）CRCT 能重复使用。

图 3.4.9 是 ConocoPhillips Lobo 气田使用 CRCT 后的产量，平均每口井的产气速率增加了 5mmcfd 或 56mcfd，并且该气田 CRCT 数目还在不断增加。

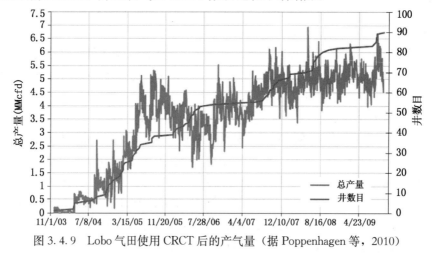

图 3.4.9　Lobo 气田使用 CRCT 后的产气量（据 Poppenhagen 等，2010）

3.4.2　压裂技术

目前，改造致密砂岩气层的主要压裂工艺技术有：大型水力压裂技术；水平井多级压裂技术；对较厚、叠置致密砂岩地层的分层压裂技术；压裂失效井进行再改造的重复压裂技术。而且近几年还开发了新型压裂技术和新型压裂液、支撑剂，以及监测压裂是否成功的微地震技术。

3.4.2.1 通道压裂技术（Channel Fracturing）

通过提高支撑剂的韧性和圆度、降低支撑剂的破碎和凝胶滞留、改善破胶剂来产生裂缝通道，进而革新了常规水力压裂技术。裂缝通道是由具体的泵入计划、射孔方案、压裂液设计和纤维技术共同作用产生。裂缝导流能力的增加、有效裂缝半长的增加都能提高油气的采收率。在更先进的水力压裂中，流体不是流经支撑剂充填层而是流经由支撑柱形成的通道。支撑柱的支撑使通道具有有效的无限导流能力、并能降低裂缝面损伤（Ahmed 等，2011）。这些新方法可以消除支撑剂充填层中存在的多相流、支撑剂破碎、高分子滤饼、凝胶和其他因素的影响（图 3.4.10）。总之，它通过产生稳定的流道重新定义了常规的水力压裂，消除了对支撑剂充填层渗透率的依赖，并具有很强的裂缝诱导能力。

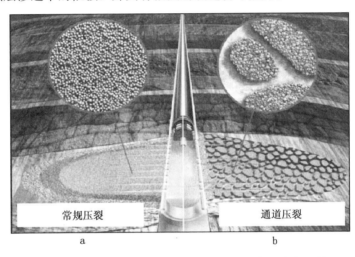

图 3.4.10　常规水力压裂产生裂缝（a）和新的水力压裂
产生的通道裂缝（b）（据 Ahmed 等，2011）

其中，通道裂缝的产生过程如下：首先，支撑剂以短脉冲的形式增加来产生通道。然后，产生的通道还要沿着裂缝增长的方向发展，这就要求不均匀射孔，即形成射孔簇。与常规水力压裂射孔相比，此射孔技术覆盖了更大部分的裂缝高度，如图 3.4.11 所示。

然而，这项技术不适合于低杨氏模量或有较高的闭合应力（大于 8000psi）的地层。而且杨氏模量与应力的比值必须大于 400 才可以应用该技术（Ahmed 等，2011）。该技术各方面的选择标准：（1）流体选择：在含有支撑剂的各个阶段，流体中必须有纤维；（2）支撑剂选择：在这项新技术里除了压裂后期外，对支撑剂没有限制，因此，用高质量的支撑剂也没什么益处；（3）纤维添加：这项新技术里必须要添加纤维，因为它能够改善支撑剂改的运移特性，并降低支撑剂的分散程度及沉降速度；（4）添加剂：聚合物用量不能低于在常规压裂中的用量。

2010 年，Schlumberger 对 Wyoming 盆地的 Jonah 气田的 Lance 地层开发时用了该技术。该地层主要是河流相砂体，孔隙度范围是 6%～9%，渗透率范围是 0.0005～0.01mD，压裂效果显著。压裂井在压裂 180d 之后的产气量比相邻井（用常规压裂方法进行压裂）的产量多 24%（www.slb.com/HiWAY）。另外，Ahmed 等人（2011）对同一口井采用了两

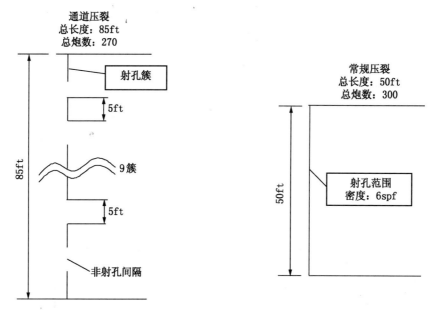

图 3.4.11　水力压裂过程中有利于形成张开通道的射孔方案（据 Ahmed 等，2011）

种压裂方法。利用常规压裂方法的井初始产气速率是 10.5mmscf/d，而利用新型压裂技术的井的初始产气速率是 14.5mmscf/d，气体产量增加了 27.5%，如图 3.4.12。这充分说明新型压裂技术优于传统的压裂技术。

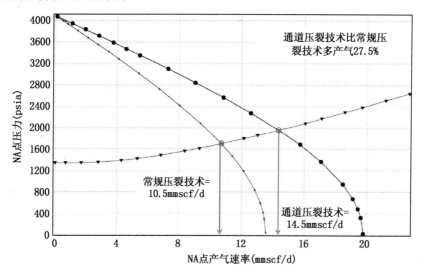

图 3.4.12　两种压裂方法的压后对比（据 Ahmed 等，2011）

3.4.2.2　水力喷射压裂

水力压裂是提高致密气井产能的最佳技术之一（Gupta 等，2008），它也是目前致密气藏开发中最常使用的技术。美国最早将水力压裂技术应用到 San Juan 盆地的致密含气砂岩层。它是利用地面高压泵组，将液体以大大超过地层吸收能力的排量注入井中，在井底憋起高压。当此压力大于井壁附近的地应力和地层岩石抗张强度时，便在井底附近地层产生裂缝。继续注入带有支撑剂的携砂液，裂缝向前延伸并填以支撑剂，这样增加了地层的渗透率和裂缝的导流能力，进而达到了增产的目的。水力压裂增产可以提高致密气藏单井产能的主要原因是产生一个较长的导流裂缝，从而改变了天然气流入井筒的流线（Holditch，2005）。当然，如果水力压裂产生的裂缝能连通天然裂缝，则增产效果会更明显。同时，水力压裂对井底附近受损害的气层有解堵的作用。

根据岩石、地层和流体特性，水力压裂可分为水力支撑压裂、清水压裂和混合压裂（Rushing 和 Sullivan，2003）。其中水力压裂一般不用在致密砂岩气藏中，而清水压裂技术在过去的十年中被广泛的应用于非常规气藏中。这是因为前者产生的裂缝宽而短，而后者产生的裂缝虽很小但却很长，如图 3.4.13（Reinicke 等，2010）。

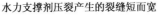
水力支撑剂压裂产生的裂缝短而宽

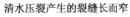
清水压裂产生的裂缝长而窄

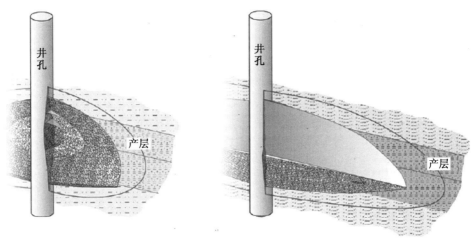

图 3.4.13　致密气藏中水力裂缝的产生（据 Reinicke 等，2010）

在加拿大，在致密砂岩中的许多水平井都是裸眼完井，例如 Cardium 地层。然而，这些井的流速比预期的小，有时甚至达不到经济流速。这可能是由于致密砂岩储层的纵向非均质性、低的水平渗透率、更低的垂直渗透率，以及近井筒伤害（Aguilera 和 Harding，2007）。水力压裂可以通过井筒上的垂直支撑裂缝连通整个气藏的厚度从而帮助缓解这一流速小的问题。

当前较新的压裂技术就是连续油管水力喷射压裂技术，它一个循环就起到了射孔、压裂和封隔气层的作用，其工作过程如图 3.4.14 和图 3.4.15 所示（McDaniel，2005）。它是在套管中的油管上安装水力喷射装置来腐蚀射孔眼，并通过套管和油管之间的套管环将压裂液泵入。该方法通过喷射器以高达 700ft/s 的速度向地层或套管泵入压裂液。然而，由于压裂液中含有砂或其他摩擦性支撑剂，这可导致在套管或井壁上出现洞。喷射器喷射出的压裂液具有很高的动能，能在套管和地层之间打孔。压裂液的速度是泵压的函数，而一个 1.75in 或 2in 的连续油管就能为整个过程提供足够的速率。射孔大约需要 5～15min，这取决于具体的参数。连续油管水力喷射射孔技术能够在范围很宽的套管尺寸下应用，而且该技术能通过逆流排出多余的支撑剂，同时也降低了压裂时间。

为了获得更好的结果，Holditch 等人建议采用以下两个压裂模式：（1）对于已伤害但有天然裂缝或渗透率高的井，可以在沿着水平井的一些特定位置进行一些小型压裂工作；（2）对于无天然裂缝、低渗透的井，可以通过一些大型压裂措施得到一个较大的储层接触面，从

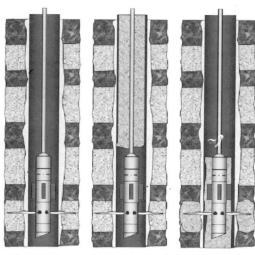

| 喷水射孔和
初始破裂作用 | 在环空带之下压裂 | 在井附近眼产生
支撑剂充填层 | 将井底钻具移到
剩余支撑剂上方 | 反循环洗井 | 喷水射孔和
初始破裂作用 |

图 3.4.14 水力喷射射孔—环形压裂方法：
射孔区域、压裂、设置凝胶/砂塞

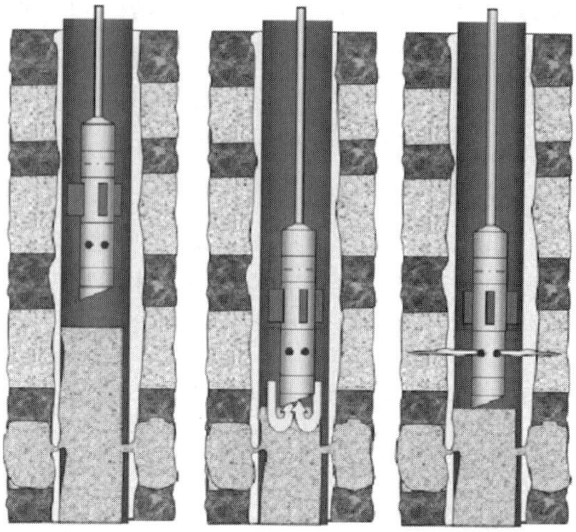

图 3.4.15 水力喷射射孔—环形压裂连续进行
提升井底装置，冲洗到下一区带；再水喷射孔
并重复此过程，接着设置凝胶/砂塞
（据 McDaniel，2005）

而扩大导流面积，提高天然气产量（Aguilera 和 Harding，2007）。

3.4.2.3 水平井多级压裂

水平井多级压裂可以对水平层段进行选择性改造，提高水平井段整体的渗流能力。同时，在对水平井多级压裂时，要想获得较好的增产效果，需要通过数值模拟等方法对其进行优化，设计出优化参数，最终提高水平井的产气率。在致密砂岩气藏中，如果两个或两个以上的产层被很厚的纯页岩层（例如等于或大于 50ft）分隔，而且这个页岩层有足够大的地层应力来抑制裂缝的延伸，则设计增产措施时应考虑多级压裂（Holditch，2006）。

3.4.2.3.1 压裂封隔工艺

对致密砂岩气藏的水平井进行分级压裂时，目前主要有以下四种不同的压裂封隔工艺，分别介绍如下：

第一种是不停泵连续分段压裂方法。该方法需要在压裂的时候将不同种类的化学剂或者机械导流泵入（Samuelson 等，2008）地层。该工艺的优点：不停泵连续压裂；地层与井筒之间的裂缝连通性好。该工艺的缺点：分段压裂失败时，一部分气层将得不到压裂，导致实际产量远低于设计产量，这时如果要对该井再次进行压裂施工，那么作业成本将急剧上升。

以 Texas 东北部的 Cleveland 地层为例，Cleveland 地层是典型的致密砂岩地层，其孔隙度为 4%～14%、渗透率为 0.03～1.1mD，主要是纯净的砂层夹杂一些薄的泥岩层。在开发该地层的致密砂岩气时，为了提高单个水平井的产量和经济效益，采用了裸眼水平井的不停泵连续分段压裂，结果产量比预期的要高（Samuelson 等，2008），如图 3.4.16。其中黑色表示的是常规射孔—压裂—封隔的水平井产量，浅灰色表示不停泵连续分段压裂的水平井产量，折线色表示二者的差别比。

第二种是对套管水泥固井的水平井段进行射孔—压裂—封隔。第一级压裂在水平井段的最远位置，最后一级压裂在水平井段的最近位置（相对于直井段而言）。常用的封隔器类型

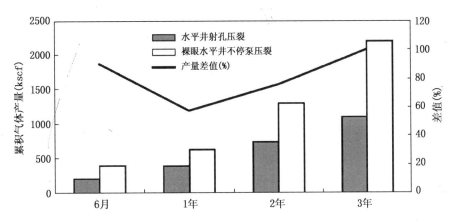

图 3.4.16　生产前 3a 用常规压裂与不停泵连续分段压裂的水平井产量对比

（据 Samuelson 等，2008）

有复合式、可回收式与填砂式。前两个类型属于机械封隔器，能产生很好的封隔效果（Samuelson 等，2008），但是很难在水平井段进行准确的位置封隔、回收与打磨。利用这两种封隔器每完成一级压裂，需要在地面再拆装一次压裂设备，从而导致较长的工期及较高的成本。利用砂式封隔器进行施工时，工期短，成本低，但是封隔效果不好，从而导致在进行某级压裂时，会对前级已压裂气层再次进行压裂。该工艺的另一个优点是对水平井段的任何部位都能进行准确定位射孔。而此方法的一个挑战是如何在整个水平井段将水泥固牢。

事实上，要将水平井段的每一部分都固井并使之相当牢靠是很困难的（Pherson，2000），经常会见到某一井段根本没有固井的而一些井段重复固井。因此常产生两种压裂现象：设计的压裂层段未压裂，压裂过的层段再次压裂。微地震水力压裂监测资料可以证实这种推断。产生上述压裂现象的原因是：在套管与地层之间的环空中，有一段空间无水泥，而且该段空间有一个地应力相对最低的地层部位，当压裂液进入该段空间后，这一地应力低的地层将产生裂缝，但是这个起缝位置不一定是方案设计值；当地层应力高于水泥强度时，水泥将产生裂缝，该裂缝又在水泥中延伸，当压裂液到达低应力（相对于水泥强度）地层时，这一地层将得到压裂，但该层也不一定是设计的压裂层。

第三种工艺是下入带多个滑套的套管，再进行水泥固井与分级压裂。每个滑套控制一次压裂，开始时滑套都处于关闭状态。当一个小直径圆球投入井后（在水平井段，由压裂液携带圆球）落入球座，再启动一个控制器使该滑套打开，这时开始第一级压裂（Rytlewski 和 Cook，2006）。第一级压裂完成后，另一个较大直径的圆球把第二个滑套打开，并开始第二级压裂。当所有分级压裂完成后，对压裂液进行返排施工，这时圆球自溶消失或被压裂液携带离位。该工艺的优点：压裂级数可达到很高，在多级压裂施工过程中，不需要对地面设备进行拆装，而且压裂工期短。缺点：环空中有水泥亏空现象，从而导致未压裂或重复压裂现象，这一点与上述第二种工艺过程中出现的问题类似；另外该压裂过程中可能出现脱砂现象，若出现则需要利用连续油管设备进行冲砂作业，这容易使滑套受损，从而使水平井施工成本急剧上升。

第四种工艺是把带有机械和化学封隔器的套管下入水平井段，而且不对水平井段进行水泥固井，然后利用这些封隔器进行分级压裂作业（Seale 等，2006）。该方法与上述第三种工艺方法类似：投球座封。该工艺方法的关键点：水平井段的裸眼井筒形状必须是圆形，以保证封隔器的有效封隔。该方法的优点类似于上述第一种方法的优点：通过裂缝，井筒与地层之间的连通性最好，这也意味着多条裂缝可以沿着裸眼井部分起裂和延伸。但是，该工艺方法的缺点与上述第三种工艺方法的缺点类似：在压裂过程中出现脱砂现象时，需要采取连续油管作业以清除砂粒支撑剂，从而导致施工成本剧增，工期的延长容易损坏套管上的封隔器。如果裸眼井段的圆度达不到要求或封隔器受损，那么未设计层段也会产生裂缝，或设计层段产生重复压裂现象。

上述的每种工艺都在不同的致密砂岩气藏有应用，这取决于具体致密气层的地质特点。然而，必须注意的是水平井段的弯曲导致了地应力的重新分布，二者之间的定量关系仍在研究中。对致密砂岩气藏，如果分级压裂的封隔效果不好，那么整体压裂的施工成功率常低于75％。开展应力测井与图像测井工作可确定近井高应力地层段。如果能获得较准确的各项地层参数，并制定出较合理的分级压裂方案，包括合理的封隔工艺，那么水平井段的分级压裂成功率可达到95％以上（Baihly 等，2009）。

此外，Easywell 公司研制出一种遇油气水自动膨胀的智能封隔器，即自动膨胀封隔技术，它适用于任何体系的钻井液环境，更加可靠，是比较经济有效的层段隔离技术。它要求在不增加套管柱数目的前提下，井底生产设备要用可膨胀的管子。在致密气藏完井时膨胀封隔器完井新技术能解决层间封隔难的问题（Antonio，2007）。这主要是因为该封堵器对于不规则的井眼结构也能起到很好的封隔效果，避免了胶结和射孔，而且能够降低井下危险，安装也简单，既适用于套管井也适用于裸眼井，这些都使得该技术适用于敏感性致密气藏。

3.4.2.3.2 水平井多级压裂优化

在致密砂岩气藏水平井中，压裂产生的裂缝数目和水平井段的长度一直受到广泛的关注（Bagherian 等，2010）。虽然一般认为裂缝越多越有利于生产，但是总是存在基于储层产率和累计产量的一个最优化裂缝数目。可以通过 3D 模拟技术来优选敏感性参数和评价综合经济效率，从而寻求最优裂缝数目和其水平长度。

尽管分析产气率随时间的变化曲线有助于确定水平井中最优的裂缝数目，但是累计产气量随时间的变化可以给我们更加明确的指示。于是在以上知识的基础上，Bagherian 等（2010）在确定水平井的最优裂缝数目时又引入了 K 值曲线，K 值曲线要比累计产量曲线更加直观，更加好用。其中，K 定义为

$$K_i = \frac{(Q_c^i - Q_c^{i-1})}{(\log(t_i) - \log(t_{i-1}))} = \frac{q_i \times (t_i - t_{i-1})}{\log\left(\frac{t_i}{t_{i-1}}\right)}$$

式中：Q_c^{i-1} 和 Q_c^i 分别是 t_{i-1} 和 t_i 时间的累积产量；q_i 是 t_i 时间的井底流速。

图 3.4.17 总结了不同长度水平井段的井的 K 值随时间的变化情况。从图中可以看出，含有不同裂缝数目井的生产情况与 K 值有很好的对应关系。以 2000ft 水平井段长度的井为例，当裂缝数目为 1 到 5 之间时，K 值是时间的函数，随时间增加而增长，并且裂缝数目越多，同一时间的 K 值越大。当裂缝数超过 6 时，情况开始发生变化。K 值在达到饱和点后曲率发生变化开始下降，曲线甚至会下降到 5 条裂缝的曲线之下。这个例子说明 K 值可以作为裂缝最优数目的指示指标。在这个例子中，随着裂缝数目的增加，K 值在达到饱和点之后的下降幅度也不断增大。K 值曲线在存在大量裂缝的情况时会变得很陡，可以解释为在生产初期裂缝周围排采较快。K 值的突然下降说明裂缝的影响已经可以忽略，储层的性质成为主要因素。因此，通过分析 K 值，可以很容易得到裂缝对生产的影响，以及产量下

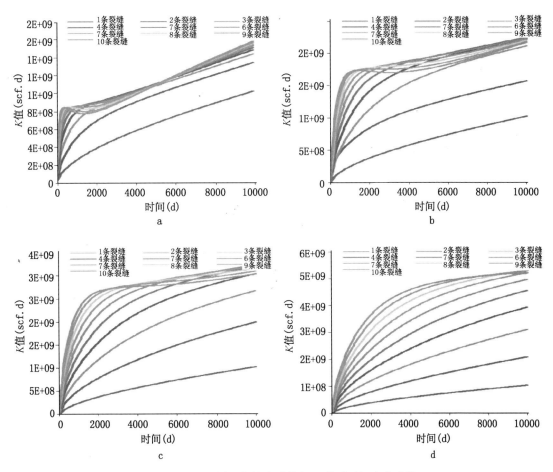

图 3.4.17　不同长度的水平井段 K 值随时间变化曲线

a—1000ft；b—2000ft；c—3000ft；d—4000ft（据 Bagherian 等，2010）

降后的储层动态特征。

为了给出最优裂缝数目，除了分析所有会影响井生产的物理参数之外，Bagherian 等人认为还必须考虑天然气价的影响。累计净收益曲线应该和产率曲线，累计气产量曲线以及 K 值一起综合分析，以求得到最优的裂缝数目。

3.4.2.4　直井分层压裂

开发致密气层的一个重要的挑战就是如何在降低成本的情况下对较厚的、多层的生产层完井，因为许多致密砂岩气藏不是孤立的。如何一次下井就能同时对多套生产层进行压裂增产一直是开发致密砂岩气藏的热点问题之一。分层压裂工艺技术能很好地解决这一问题。其工艺原理是对已射开的多个气层通过一次管柱及井下工具组合入井，压裂施工时通过封隔器的封隔及井下转层工具的开启来实现由下往上的逐层压裂，来提高纵向上小层动用程度，最终实现一井双层或多层合采。其关键是实现封隔和转层；主要技术方法有连续油管分层压裂和封隔器分层压裂（图 3.4.18）；封堵方式有填砂、桥塞、用跨隔式封隔器封堵。

连续油管压裂可以用在多级压裂中，实现在一个井眼中通过一次起下钻处理多个层，减少了起下钻过程，缩短了作业时间，降低储层伤害及费用，并避开水层。连续油管压裂的主要好处是它允许选择性增产压裂，这在总体上可以改善产能、储量和净现值。该方法也能最大限度地减少对环境的影响。连续管压裂技术方面比较有代表性的有斯伦贝谢公司的 CoilF-RAC 系统和贝克休斯公司的 Fastfrac 系统。连续油管压裂技术通过使支撑剂可以在储层中选择性地定位来提高井产量（Gulrajani 等，1999），图 3.4.19 对比分析了连续油管压裂和常规压裂情况。

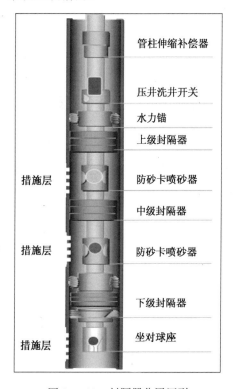

图 3.4.18　封隔器分层压裂

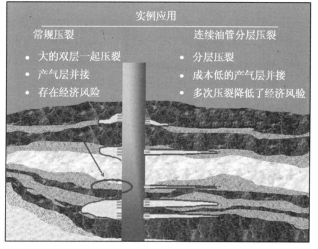

图 3.4.19　对比分析了连续油管分层压裂和常规分层压裂情况（据 Schlumberger）

　　不管是在新井进行完井还是修井，连续油管分层压裂方法都具有创新性。当再结合专门的井底装置时，它可以有效地不用修井操作的情况下隔离目的层。例如，在 Alberta 东南部的 Tilley 气田使用了连续油管压裂技术就取得了很好的效果（Stromquist 等，2002）。然而，储层在低压情况下，较厚的地层（大于 75ft）不能用连续油管压裂，因为较厚的储层需要一个获得最优增产的较高速率，高速率会对油管不利（Ogueri，2007）。

　　分层压裂时着重考虑的因素主要有层数、隔层厚度及各层应力差。国外直井分压裂技术以连续油管加跨隔式封隔器分压技术为主，单井可连续分压 10 - 20 层，一次排液。在 Jo-nah 气田运用连续油管压裂技术，能够在 36h 内完成 11 级水力压裂施工，将施工时间由 5周缩短至 4 天，同时产量增加 90% 以上（雷群等，2010）。

3.4.2.5　重复压裂

　　生产的实践证明，重复压裂是目前致密砂岩气层增产的主体技术之一。根据渗流力学的观点，重复压裂所产生的裂缝必须满足两个条件：（1）重复压裂产生的裂缝比初次压裂裂缝要长；（2）导流能力较初次压裂的要高。另外，重复压裂面临的是改造过的地层，其有以下特点：一方面使地应力发生变化，有可能产生新的裂缝；另一方面使产层与上下隔层的应力差增大，有助于裂缝向地层深部延伸。而且气井重复压裂的费用要比第一次压裂的高，这就要求必须做好选井工作。

重复压裂的选井条件有：有一定的地质储量，这是重复压裂成功的物质基础；初次压裂不成功的井；初次压裂规模较小、裂缝导流能力低、有效缝长较短的井；初次压裂液质量差、破胶不彻底的井。

美国天然气研究院开发了成本低廉且成功率高的二次增产选井方法，并进行了验证。这种方法调查的技术包括生产统计法、虚拟智能法和标准曲线法。把这些技术都应用到了 Green River，Picenance，East Texas 和 South Texas 盆地四个油田现场。应该说明的是每种技术都有它自身的优点。生产统计法快捷、费用低，目前被广泛采用。而标准曲线法耗费人力，解释有一定的偏差，但它的理论正确，所以在工程角度上选井有一定优势。但这两种技术都没有考虑影响二次增产选井工程中的许多因素，如油田地质变化等。虚拟智能法是唯一能够应用所搜集的资料来选择二次增产措施井的方法（Reeves 等，2000）。

虽然这些选井方法对上述盆地是适用的，但是对差别很大的油藏条件和油田实际情况，这些方法的推广应用要根据具体的现场分析进行。一般通过研究前期选井、造缝机理等，再进行重复压裂。重复压裂能否形成新裂缝，主要取决于储层压力、构造压力变化等多种因素综合引起的地应力场变化。选井之后，要把握好重复压裂的时机，它是提高致密气田的经济效益的重要因素。然后再对压裂后的井产量进行评价。一般来说，只要选井合理、并把握良好的重复压裂时机、再根据目的层的特点选择合适的压裂液和支撑剂，将产生良好的经济效益。例如，Wattenberg 气田的 Codell 致密层，对其进行了重复压裂，压裂后应力方向发生了改变、裂缝半长显著增加、产量也明显增加（图 3.4.20 和图 3.4.21）（Roussel，2010）。

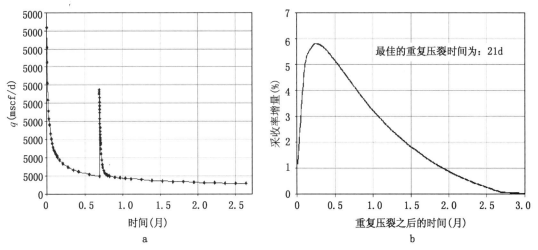

图 3.4.20　重复压裂前后产气量（据 Roussel，2010）
a—压裂前后产气速率；b—重复压裂后气体增加的产量

3.4.3　气层保护技术

与中、高渗砂岩气藏相比，致密砂岩气藏一般富含黏土矿物，具有孔喉细小、强亲水、毛细管自吸效应强的特点，所以在钻井、完井、生产、增产等作业过程中极易受到损害。生产实践告诉我们：产气层一旦受到损害，要使其恢复到原有状态是相当困难的。产气层受到损害不仅会严重影响生产井的产能和寿命，而且在勘探阶段还可能失去被发现的机会。可见，在致密砂岩气藏的开发过程中，首先需要确定致密气藏的损害机理，在储集层被钻开的

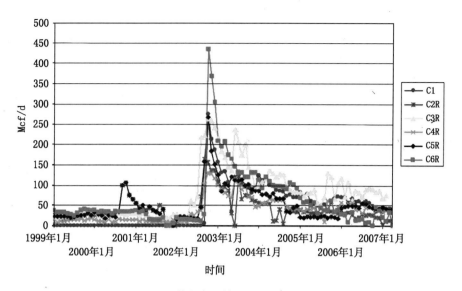

图 3.4.21　Codell 井的产量结果对比（据 Wolhart，2007）

时刻起，就应时刻关注储集层的保护问题，进而合理有效地开发低渗致密砂岩气藏。

3.4.3.1　气藏损害机理

在致密气藏中，对储层伤害的主要原因包括地层岩石受到的机械伤害、泥浆固体颗粒入侵导致天然裂缝封堵、滤液入侵使井眼周围的相渗透率降低、压裂过程中液体滤失到地层中造成的伤害、井眼垮塌而引起的水堵和射孔造成的伤害等（Behrmann 等，2000）。在大孔隙、小孔喉的岩石中颗粒运移也是伤害源之一（Civan，2000）。一般钻井会钻遇天然裂缝，压裂液也会进入天然裂缝，这会使得天然裂缝或水力裂缝周围的岩石基质的渗透率严重降低（Bahrami 等，2011）。致密砂岩的特性决定了致密砂岩气藏对地层伤害更为敏感。因此，由于岩石本身的低渗特性以及与高渗层相比低渗层对毛管滞留、岩石与流体及流体与流体之间的相容性更为敏感这一事实，使得低渗层只能容忍极小的伤害（Bennion，1996）。总的来说，造成致密砂岩气藏生产能力下降的主要地层损害分为两种类型：（1）地层的机械损害机理；（2）地层的化学损害机理。下面对其分别介绍，同时也介绍了近几年有关致密气层损害的新的理解。

3.4.3.1.1　地层的机械损害机理

（1）外部固体颗粒入侵。

天然和人造固体颗粒的入侵出现在静液柱过平衡条件下钻井、完井或生产作业中：由于在低渗气藏中孔隙喉道很小，对地层任意程度的钻井液固体颗粒侵入一般是观察不到的，除非有钻头造出的小裂缝或小颗粒存在。

（2）磨光和压碎。

在致密气藏的裸眼完井中，尤其是在采用纯气体作为钻井液时，会出现磨光、压碎或井筒磨损的问题。由于气体不善于传热，若循环泥浆中没有流体存在，则在钻头和岩石之间将会产生很高的温度，引起钻头的磨损。这种现象在这些地方所取的岩心表面及空气钻井的岩心表面都可观察到。如钻井液固体颗粒的侵入，由于所处位置极深，没有明显证据表明在裸眼完井中是否出现磨光现象，由管道薄弱和起下钻引起的压碎一般是机械破坏，这是由于管道与扶正器、安装环之间的摩擦和运动造成的。它紧靠地层表面，造成像黏土颗粒、钻屑等固体颗粒侵入井筒附近的地层表面，而且伤害位置在裸眼完井中难以确定。这种损害比较小，在没有进行增产措施的裸眼井完井时，可以不予考虑。

（3）流体滞留。

到目前为止，损害致密砂岩气层机理中最常见的是流体滞留问题（Aguilera 和 Harding，2007）。它是由水、钻井液中的碳氢化合物、在生产时地层中碳氢化合物流体共同组成，这种现象一般作为水相或碳氢化合物在基质中的捕集。

图 3.4.22 阐明了低渗透气饱和基质中相捕获的基本原理（Bennion 等，2000）。可以看到在这种气藏中，孔隙系统的液体原始饱和度低，从而在孔隙系统中存在最大的流动交替区域，并使渗透率处于最高水平。如果水基钻井液进入地层（图 3.4.22 中间所示）可以看到，在冲洗带含水饱和度高，气相饱和度很低。一旦流体逆流洗井，就没有足够的毛细管压差来克服毛管压力效应从而导致孔隙介质中被捕获的液体的饱和度更高（图 3.4.23）。多孔介质里的气—水相渗透率曲线形态决定了随着饱和度的增加渗透率的下降程度。图 3.4.24 和图 3.4.25 描述了利于和不利于形成水相圈闭的岩石几何形态。在图 3.4.24 中，孔隙系统包含了大量的微孔隙。而且，毛细管自吸作用会把入侵的水吸到孔隙系统中的最致密部分。虽然储层可能处于水饱和状态，但是气体的有效渗透率的改变也不会很大，因为孔隙系统的堵塞部分是无效孔隙。只有当被捕获的含水饱和度上升到足够大以至于开始侵入中、大孔隙时，才能观察到气体渗透率大幅度下降。因此，具有这种孔隙几何形态的岩石可能对水基相极不敏感，因为在初始"被捕获"含水饱和度的大幅度上升，却在没有伴随渗透率严重下降的情况下，这种几何形态是允许的。图 3.4.25 给出了孔隙系统与上述系统形成的鲜明的对比。图中孔隙系统主要由微孔隙组成，孔隙大小更加随机化，更加均匀。在这种情况下，甚至在被捕获的液体饱和度稍有增加，就会影响致密基质中气体流动的能力并可能导致初始含水饱和度稍有增加，有效渗透率大幅度下降。

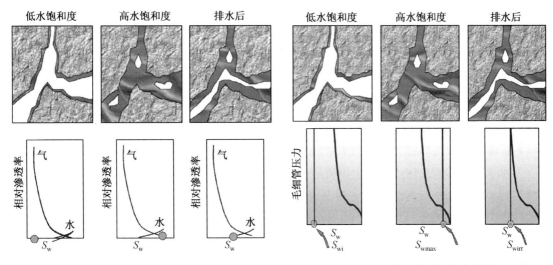

图 3.4.22　低渗透率气藏中相捕获机理　　　图 3.4.23　毛细血管压力对相捕获的影响示意图
　　　　（据 Bennion 等，2000）　　　　　　　　　　（据 Bennion 等，2000）

为了避免此类伤害，Bennion 等人建议在钻井和完井作业中完全避免水基液的引入。这意味着气体钻探或油基泥浆钻井的使用。然而，油基液亦可滞留从而降低渗透率。

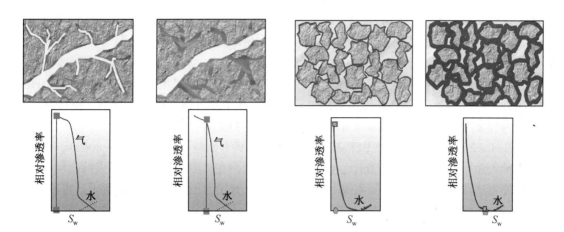

图 3.4.24　对相捕获有利的相对渗透率和岩石
几何形态（据 Bennion 等，2000）

图 3.4.25　对相捕获不利的相对渗透率和岩石
几何形态（据 Bennion 等，2000）

3.4.3.1.2　地层的化学损害机理

致密砂岩储层一般富含黏土矿物，而黏土矿物的类型、含量、产状直接决定储层伤害的类型和程度。黏土矿物自身的敏感性以及黏土的存在，导致致密砂岩储层有多种类型损害的根源。致密砂岩储层极易受到损害，且损害消除非常困难，所以认识黏土矿物的作用并有效地控制其行为就成了控制地层损害的重要技术发展方向。在一些以碎屑岩为主的地层中，渗透率也由大量的黏土存在而降低。而且致密砂岩气层中存在许多不同类型的黏土：水敏性黏土如蒙脱石、混合黏土层在浅层致密气藏也有出现。这种情况在加拿大西部的一些储层中就有。如 Viking，Basal Colorado，Billy River 和 Milk River 地层。当这些黏土遇到水或低盐度水时就会膨胀成黏土颗粒；黏土的体积膨胀有时达 500%，这几乎对整个渗透率都有损害。其他类型的黏土如高岭土对静电反凝絮作用的敏感性，在盐度和 pH 值突变的地方会使黏土分散成颗粒，这些颗粒遇到喉道就会引起桥堵、堵塞，从而造成渗透率的永久性降低。

同时，储层中非黏土敏感性矿物也会诱发气层损害，例如，有些致密砂岩气藏中有非黏土敏感性矿物：铁方解石、铁白云石、菱铁矿、赤铁矿和火山碎屑。铁方解石、铁白云石、菱铁矿、赤铁矿等为盐酸敏感性矿物，与 HCl 反应释放出 Fe^{2+}，Fe^{3+}。在富氧流体中，Fe^{2+} 还会转化为 Fe^{3+}。当液体 pH 值升高到一定程度时，会生成铁絮状沉淀而堵塞喉道，造成储层损害。一些高含钙和镁的矿物对 HF 较为敏感，如方解石、白云石、钙长石、钙沸石等与氢氟酸反应后，作用生成不溶解的氟化物，滞留在孔隙中降低渗透率；同时一些氧化硅及硅酸盐矿物，如石英、长石、黏土等，与氢氟酸作用后，在一定条件下可形成氟硅酸盐、氟铝酸盐及硅凝胶沉淀物，堵塞喉道，降低渗透率；火山碎屑物质中 Fe^{2+}、Mg^{2+} 等二价元素离子会给气层酸化带来伤害源，黄铁矿对储层潜在的损害是酸敏和碱敏。这些现象都会最终影响致密气井的产能。除了有害的黏土和其他矿物的影响，化学吸附作用和流体与流体的相互作用也会对致密气层有损害作用。

3.4.3.1.3　气层损害机理新认识

对于常规的油气藏，往往通过应用数值模拟软件，对储层和裂缝进行联合建模，从而评价储层的增产效果。通过数值模拟的方法，就能够给开发人员提供一个增产措施后油气井产能的参考。然而对于致密气藏而言，在数模中导入裂缝模拟软件给出的裂缝特征及储层参数，应用上述方法计算产能，得到的计算结果往往偏大（Cramer，2005）。导致产能评价出现的偏差的原因有很多种，Brittle（2004）等人通过研究认为，导致计算偏差的原因是致密气藏中水平方向渗透率和储层压力很难确定，然而这些参数恰好是影响数值模拟评估产能是否准确的最主要因素。此外，对于压裂改造后的生产井而言，由于需要的试井时间较长，使得确定水平方向渗透率和储层压力这两个参数更是难上加难。除了对水平渗透率的计算有偏差外，致密气藏压裂增产措施后，生产井的清液周期较长，也是导致对增产井模拟出现偏差的一个主要因素。气井压裂后的一段时间内（几天、几个星期或几个月），由于压裂井的清液，并不会出现产量峰值，而是伴随着清液进行而缓慢增加。裂缝面的伤害、储层水锁、压裂液的滤失、裂缝上的交联冻胶返排以及这些因素的综合作用都会造成一个较长清液的周期，使得这种清液过程往往能够达到几个星期或几个月。

到目前为止，学术界并没有对每一种因素的影响程度进行详细论述（Wang 等，2009）。在过去的几十年里，大多数学者都把研究集中在各因素对潜在产能的影响。下面介绍有关相圈闭机理的新认识，比如相对渗透率降低、非均质性对裂缝面返排的影响。致密砂岩储层具有高的毛细管压力、"渗透率盲区"现象和非均质性等特征。然而，在以往的分析中，并没有考虑储层内岩石本身特征对气井产能的影响。Shaoul 等人（2011）通过对压裂后的致密砂岩气井（0.001mD）进行数值模拟发现，单一因素影响下，高的毛管压力并不会对储层的产气量造成较大伤害，但会造成产水量大幅下降。图 3.4.26 是在其他条件均相同的情况下，不同的毛细管压力对致密气产量的影响，可以看出，毛管力对气相流速的影响集中在压裂后的前 10d。这个地方需要特别提醒注意的一点是，在考虑毛管力模型中，由于滤失的压裂液被吸入储层中，从而降低裂缝面附近储层的含水饱和度。而在压裂两年后，由常规产能模型、不考虑毛管力的产能模型、考虑毛管力的产能模型模拟得出的产量关系几乎没有差别。

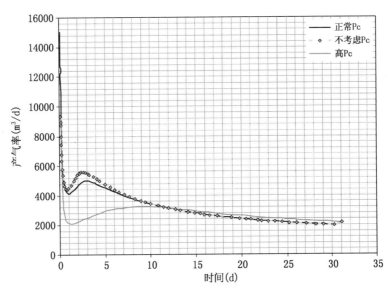

图 3.4.26 不同毛管压力曲线下的产气量对比图（据 Shaoul 等，2011）

同时通过建立包含渗透率盲区的储层模型，发现相对渗透率盲区对气藏开发产生了较大的影响。其中，图 3.4.27 是相对渗透率盲区的相渗曲线，在盲区内，存在着较低但是有限

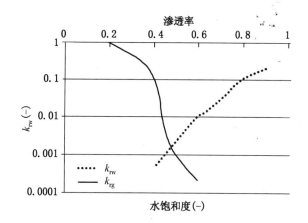

图 3.4.27 相对渗透率盲区的相渗曲线

（据 Shaoul 等，2011）

的液相流动。图 3.4.28 显示的是投产后 2.5a 时间内的气井的产气量。值得关注的现象是，在相对渗透率盲区的方案中，并没有出现类似于常规压裂气井的投产后，出现瞬时产量峰值的现象。在投产后的两年的时间里，相对渗透率盲区效应造成的产气量下降了约为 60%。

Shaoul 等人（2011）又通过试井分析的方法、气藏数值模拟的方法、其他简单的图版拟合方法，分析不同伤害机理（渗透率盲区效应、裂缝面伤害、支撑剂伤害）对产量的伤害程度。图

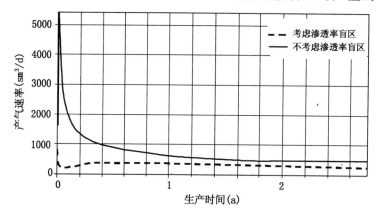

图 3.4.28 相对渗透率盲区的储层的产气量曲线（修改自 Shaoul 等，2011）

3.4.29 是分别对正常相渗下的常规模型、考虑毛管压力的模型、考虑渗透率盲区的模型和考虑裂缝面损伤的模型计算其投产后前 100d 的累积产气量与采收率之间的关系。从图 3.4.29 中可以看出，不同模型的投产前 100d 的总体采收率存在较大差别。考虑"正常的"相渗数据下的常规模型结果表明，其能获得 80% 的采收率，但是对于其他三种模型，采收率减小为 45%～50% 之间。图 3.4.29 是各种储层伤害模型之间的差别，可以看出，裂缝面伤害对产量伤害最大，而相对渗透率盲区对产量的伤害与之不相上下。

　　虽然通过建立数值模拟模型，对气藏进行产量预测，并结合压裂后的气、水产量之间的数据，能够判断出储层伤害的类型，但是在实验领域内，还需进一步探索渗透率盲区现象。需要在实验室内模拟驱替和自吸循环等实验，验证低渗透砂岩中是否存在"渗透率盲区"这一现象，因为到目前为止，实验室内并没有证明关于"渗透率盲区"的现象（Shaoul，2011）。同时，饱和度滞后效应可能是造成渗透率盲区的主要因素。因此，对致密砂岩气层的损害机理的研究任重而道远。

3.4.3.2 气层保护措施

　　目前，对气层的保护除了模拟地层条件下的储集层损害程度和机理的研究外，主要还有地层孔隙压力和破裂压力的准确预测和随钻监测研究，储集层岩性和物性的预测和随钻监测

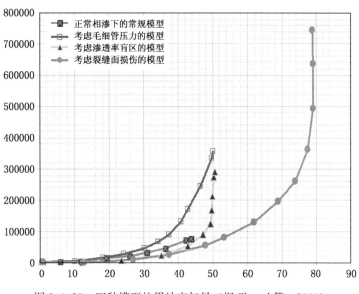

图 3.4.29 四种模型的累计产气量（据 Shaoul 等，2011）

图中图例：
正常相渗下的常规模型
考虑毛细管压力的模型
考虑渗透率育区的模型
考虑裂缝面损伤的模型

研究，保护气层效果好、适用范围广、负面影响小的钻井液、完井液及添加剂研究，和射孔、储集层改造技术的完善和提高等。

下面着重介绍保护致密砂岩气层所采取的一些技术对策。除了完善岩心诊断分析技术，还可采用欠平衡钻井技术、钻井液技术、优化射孔技术（如采用负压射孔和深穿透射孔）、低伤害压裂液技术等对致密砂岩气藏进行保护。根据致密砂岩地层受损害的主要因素，在这里主要介绍钻井液和低伤害压裂液。

3.4.3.2.1 钻井液

致密砂岩储层孔喉细小、黏土改造作用强、强亲水且原始含水饱和度低；采用钻井液钻开储层可能造成较为严重损害，且难以解除，严重影响气井产能。为了减少钻井液对致密地层的伤害要使用无固相盐水钻井液和气体类钻井液。这是由于无固相盐水钻井液本身不含固相，因此，不会发生外来固相浸入地层孔道问题。而气体类钻井液（包括气、雾、泡沫液和充气泥浆），具如下特点：（1）无固相或固相密度低、液量少，对井底形成的压差小，避免了固相浸入地层。（2）钻速快，减少了对气层的浸泡时间。（3）携屑能力好，又是一次性使用，既能把岩屑及时携带出井，又不会把岩屑固相携入井内。气体钻井液的优点使得它成为是保护致密砂岩气层的最有效技术。

必须注意的是不宜使用油基泥浆打开低渗致密砂岩气藏：其一，由于大多数储层的沉积岩是亲水性的，而油基泥浆中含有氧化沥青及阳离子表面活性剂，这些组分对地层有强烈的油润湿性，使原来粘附在岩石表面的微粒会脱落进而造成微粒运移堵塞。其二，由于油基泥浆由一定比例的油和水组成，易形成稳固的乳化液滴，堵塞地层孔道。其三，增加油相，会进一步降低气层的有效渗透率，再加上固相堵塞和形成的胶结物等相互交错影响，会加剧对气层的损害。

根据 Coskuner（2004），对致密气藏，总结出钻井液选择原则：（1）钻井液要经济，健康，安全，环保；（2）钻井液应该与储层流体兼容，不会产生沥青沉淀和其他不溶物质；（3）钻井液应该能保持黏土或其他细粒物质的稳定。而且，应该避免由于不同添加剂而导致的井眼附近的润湿性变换；（4）钻井液不能伤害井下设备，如电机和泵的弹性；（5）要提前用储层流体和钻井液进行储层条件下的漏失和渗透率的恢复测试；（6）用基液进行渗透率恢复测试，来检测滤失液严重入侵地层的情况下能否恢复渗透率。只有遵循以上原则，才能更好地保护致密砂岩气层。

3.4.3.2.2 低伤害压裂液

保护和提高致密砂岩气藏采收率的关键因素之一是使用低伤害压裂液。因此，要在加强对致密砂岩储层特性的综合研究和分析工作的基础上研制和选用新型压裂液、支撑剂和添加剂来保护气藏。要求新型低伤害压裂液体系具有好的流变性、携砂能力、低滤失、破胶快、低伤害、低摩阻、易返排的综合性能，使之满足储层压裂改造的需要。同时，尽量减少水相成分对地层的侵入量，加快压裂液的破胶返排，缩短压裂液在地层中的滞留时间，提高压裂液返排率，才能最大限度地减轻水相圈闭损害，提高压裂改造效果。

由于压裂液的选择不当或压裂中出现的机械问题，在对致密气藏进行压裂处理时，裂缝周围流体的滞留和裂缝渗透率的损害会对地层造成很大的伤害。压裂规模越小，对裂缝渗透率的伤害越大。在一些情况下，考虑使用油基液、气体或纯二氧化碳，可减小伤害。在对流体滞留高度敏感的特低渗层，用交联水基液可成功地减小流体损失。

在选择添加剂时，应充分考虑防止添加剂中不溶的部分对气层造成堵塞，也应考虑压裂可以解堵，以消除产层伤害，避免永久堵塞。

Shaoul 等人（2011）在分析压裂后产水的变化时，逐渐发现了渗透率盲区现象，所以可以考虑采用无水的压裂方法对致密气藏进行压裂。关于无水压裂的方法有：氮气压裂、CO_2 泡沫压裂、液态 CO_2 压裂、轻质石油凝胶压裂等。

针对致密砂岩储层的特点研究出了适宜的新型压裂液有：新一代高温深井压裂液——交联泡沫液。这种压裂液是由聚合物、热稳定剂和化学交联剂配制成的新型水基冻胶液。最适用于致密砂岩层的是大型水力压裂。其特点是低残渣、低伤害、易于反排、摩阻小等；泡沫压裂液对于致密砂岩地层的改造也特别有效，而且也能防止产层污染。针对不同地层要选用不同的基液配制稳定泡沫。如：（1）对高度水敏性砂岩地层用低 pH 值的甲醇、柴油及强抑制性盐水作为基液；（2）对中度及轻度水敏性砂岩地层用柴油，KCL 盐水作基液；（3）对一般砂岩地层用盐水或淡水作为基液，并加入适量的黏土稳定剂。另外还有黏弹性表面活性剂（VES）压裂液，含有甲醇的压裂液，液态二氧化碳压裂液和液化油气压裂液，这几种压裂液都可以消除或最小化致密气井中与压裂相关的相圈闭损害（Gupta，2009）。

下面主要介绍新型的无聚合物压裂液和低聚合物压裂液以及适用于超高温高压地层的新型高密度压裂液。

（1）无聚合物压裂液。

黏弹性表面活性剂压裂液有非常高的零剪切黏度，而零剪切黏度是评价支撑剂运输能力的必要参数（Asadi 等，2002）。因此，黏弹性表面活性剂压裂液可以用较低的负载运输支撑剂。VES 系统可分解为几部分：虫状胶束，薄层状结构或囊状结构。VES 压裂液操作简单，只需要一种或两种添加剂而不需要水合物聚合物和抗微生物剂，故进入盐水中的表面活性剂浓缩物就可以连续地计量。由于在某些 VES 系统中表面活性剂有亲水趋势，因此在处于亚束缚水饱和度状态和存在液相圈闭的地层中它们也是可以使用的，即对地层没有损害，而且当液体与气体接触或底层水稀释时，便出现破胶。VES 压裂液适用的温度范围是 $160 \sim 200$°F。

应用：在南 Texas 的 Olmos 地层，它是典型的致密砂岩地层，分别用都含有二氧化碳的黏弹性表面活性剂（VES）压裂液、瓜胶压裂液和羧甲基羟丙基瓜尔胶（CMHPG）压裂液对该地层进行压裂，结果如图 3.4.30 所示，很明显，VES 基二氧化碳压裂液的压裂效果比聚合物基二氧化碳压裂液要好（Semmelbeck 等，2006）。

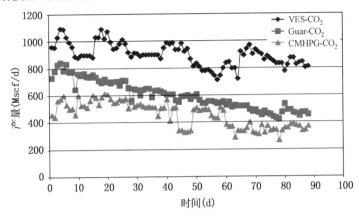

图 3.4.30   不同压裂液下的前 90 天的气体产量对比（据 Semmelbeck 等，2006）

（2）低聚合物压裂液。

Gupta 等（2008）针对致密气井开发了一种新型压裂液：低 PH 高屈服强度的羟甲基瓜尔胶衍生物压裂液（LPH HY CMG Fluid），它是基于高屈服强度、有效的羟甲基瓜尔胶衍生物和交联时间可调的锆类交联剂而形成的。其聚合物含量很低，利用聚合物（即高屈服强度、有效的羟甲基瓜尔胶衍生物）和锆类交联剂的交联提高其黏度。在实验室针对其流变性能、液体滤失和诱导能力进行了评价，发现该压裂液优于常规的压裂液，并且已经应用于现场，并取得了很好的效果。

如 Wyoming 州的 Frontier 地层含有一系列的砂岩—粉砂岩—泥质砂岩，表现为较强的非均质性，其渗透率范围是 0.001～0.1mD，是致密砂岩地层。储层大多是由石英次生加大胶结，小部分由方解石胶结物胶结而成。地层中是膨胀性层间伊利石/蒙脱石，高岭石，绿泥石和伊利石。其中层间伊利石/蒙脱石和伊利石是造成该地层完井和增产措施失败的原因。该区块以前用不同的压裂液进行压裂如乳化剂，压裂液交联水基压裂液和泡沫压裂液，目前采用低 pH 值 30～35ppt CMPHG 的聚合物体系，并加有锆类交联剂和增能气体，20/40 目的砂和中等强度的陶粒支撑剂用于压裂，压裂结果对比如图 3.4.31 所示。

（3）纤维基压裂液。

纤维基压裂液能够使支撑剂分布更广。同时，纤维压裂支撑剂能够在压裂液中产生一个纤维基网络，为支撑剂的运移、悬浮和定位提供了一个机械方法。而且，即便在高温情况下，用低黏度液体可以使支撑剂运移。斯伦贝谢公司于 2006 年把纤维基压裂液用于东 Texas 的 CottonValley 致密砂岩地层来增加致密气层的产量，结果发现相对于常规的光滑水压裂液，用该压裂液后气体的日产量增加了 7 倍。如图 3.4.32 所示，纤维基压裂液有明显的优势（www.slb.com/fiberfrac）。

（4）新型高密度压裂液。

在高温高压致密气藏，如 Saudi Arabia 地区（温度超过 300℉，压力达到 20000psi），常规的压裂液不能在此温压条件下工作，于是开发了新型高密度压裂液，它主要是以高密度

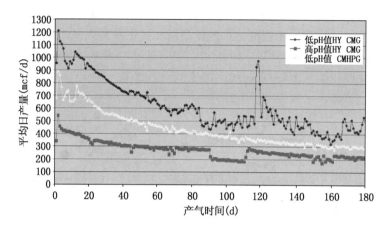

图 3.4.31 不同压裂液情况下平均日产量对比（据 Gupta 等，2008）

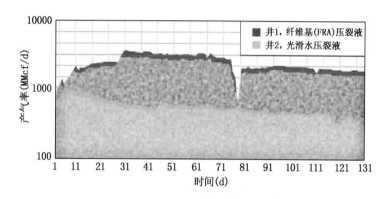

图 3.4.32 同一口井用不同的压裂液后的产量对比

（来源：www.slb.com/fiberfrac）

盐水（12.3lb/gal）作基液，并混合新型的交联液，该压裂液在超过 300°F 的高温下也处于稳定状态（Sierra，2010）。

总之，压裂液的选择非常之重要，主要取决于裂缝的大小、地层性质、隐含的捕集相及可用的井底压降和经济状况。针对致密气藏开发的非常规压裂液很大程度上提高了致密气井的产能。然而由于致密气层复杂的地层特征，针对致密气藏压裂液的研究仍然任重而道远。

压裂施工后，要尽快对产层进行返排作业，以降低压裂液对地层的伤害程度并提高裂缝导流能力（Baihly，2009）。气藏采收率和产能是有效裂缝长度和裂缝导流能力的函数，泵入越多的支撑剂，就能生产更多的天然气，并有足够的导流能力用于压裂液的返排。然而，在致密砂岩气藏中，由于各种因素，压裂液返排效果往往不好。这些因素其中之一是裂缝损害，而裂缝受到损害又可以分为两类：裂缝内部受到损害；储层内部受到损害。前者可由支撑剂破碎、嵌入，裂缝面受到伤害或裂缝被化学物质和聚合物充填等而导致的损害，这是因为聚合物可残留在裂缝中。而后者的损害可由过度漏失、黏土膨胀、相渗透率改变或毛细管效应而引起的。当然还有其他原因会影响压裂液返排，如压降、裂缝的几何形态、非达西流效应、裂缝的诱导能力、储层的非均质性、地层温度、压裂液黏度、凝胶滞留和操作步骤等（Wang 和 Holditch，2009）。

为了进一步明确哪种因素是影响压裂液返排的关键，Wang（2008）发表了关于在中等深度和温度的致密气藏中多参数如何影响压裂液返排的论文（Wang 2008a，2008b）。以最常用的凝胶，如，与钛酸盐以及硼酸盐交联的 HPG 和 CMHPG 为对象，选择中等的气藏深度和压力（200°F＞井底温度＞270°F），在这个温度下，凝胶不会自动破胶—必须在压裂液中加入破胶剂。在这种条件下，他主要系统地关注了以下几种情况：（1）单相流动—理想状况；（2）两相流动—地层和裂缝水的影响；（3）支撑剂破裂—影响裂缝的传导率；（4）滤饼—降低裂缝宽度；（5）静态屈服应力—影响启动压力。

其中，单相流动的设想是理想状况，代表着气藏在支撑裂缝长度下生产且压裂液对气体流动不产生影响，两相流动情况是考虑气藏地层中流动流体和裂缝周围和裂缝内部不断增长的水饱和度的影响，接下来两种影响倾向于降低裂缝的导流能力，最后，模拟了静态屈服应力的影响，这是由返排过程中在裂缝中未破胶或者部分破胶的压裂液带来的。模拟未破胶或者部分破胶的情况时，利用一个三相模型，其三相分别为气相、压裂液滤液和凝胶，压裂液滤液是压裂液中滤失入油藏的那部分，假设其性质同地层水性质相同，凝胶是压裂液滤失之后留在裂缝中的部分，即使添加了破胶剂，裂缝中凝胶仍然是浓缩的聚合物，且大部分情况下，即使破胶后的凝胶依然存在静态屈服应力，该应力在压裂液返排时引起问题。

图 3.4.33 给出了一个气体流量随时间变化的结果，该方案中：裂缝长度 $L_f = 528ft$，压力 $p_r = 3720psi$，孔隙度 $k = 0.1mD$，束缚饱和度 $S_{wi} = 0.4$，裂缝高度 $h = 100ft$。在单相情况下，初始流量大约 6MMcf/d，在两相且压裂液不存在凝胶应力的情况下，初始流量大约 3MMcf/d 且需要一周的时间来完成返排，当在两相模拟中加入支撑剂破碎和滤饼的情况下，初始流量大约为 2MMcf/d 且需要一个月的时间完成返排，最后，如果裂缝中流体有 20Pa 的静态屈服应力的话，初始流量小于 1MMcf/d 且压裂液永远无法返排完全。图 3.4.33 给出了这五种模拟方案的累积产气量，可以清楚的看出，凝胶应力的存在将会使模拟井在 10a 时间里减少大约 50％的产量。

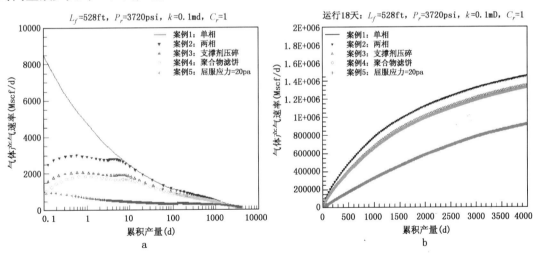

图 3.4.33　不同情况产气速率（a）和累积产气量（b）（$L_f = 528ft$，$P_r = 3720psi$，$k = 0.1mD$，$C_r = 1$，$S_{wi} = 0.4$，$h = 100ft$）（据 Holditch，2009）

因此，可以明确储层中多相流体流动、压裂支撑剂破碎、凝胶滞留在裂缝中且不发生破胶是影响压裂液返排的重要原因。同时，Holditch 等人（2009）证明由于压裂后裂缝中残留的凝胶在破胶或者部分破胶的情况下导致的屈服应力是影响压裂液返排的主导因素。

同时，在油藏温度为 270°F 或者更低的情况下，交联凝胶压裂措施的失败会使压裂进入一个进退两难的困境，如果加足够的破胶剂，凝胶可以顺利返排，但是很难成功地实施，而如果不能合理的添加破胶剂，凝胶不会破胶，流体不能顺利返排。而对于低于 270℉ 的地层，为了优化致密砂岩气藏的压裂措施，现场需要研究更好的压裂液和破胶剂系统，使大浓度的支撑剂深入水力裂缝的内部，并使流体破胶到较低的黏度（屈服应力为 0），使压裂液顺利返排，不对裂缝面和裂缝产生伤害。总之，压裂液的选取非常重要，在选择之前要先通过岩心、试井、测井、地质力学等数据综合分析来配置、优选压裂液。

3.5　致密气藏开发技术

随着石油地质勘探程度的加深和油气田开发技术的提高，发现的油气田埋深逐渐增大，油气藏的渗透率和孔隙度越来越低。目前在已发现的储层中，低渗透、特低渗储层占了相当大的比例。致密气藏开发效果差和经济效益差，如何搞好这类既特殊又复杂的气藏的开采与开发，改善其开发效果，提高其采收率，对世界石油天然气工业的持续、稳定发展具有重要意义。

致密砂岩气藏具有渗透率低、孔隙度低、连通性差、非均质性强、含水饱和度高、储量丰度低、储量难动用的特点。由于储层的特殊性，致密气藏开发过程中常常会产生滑脱效应、应力敏感、启动压力现象。致密气藏直井在钻井完井之后，通常需要通过增产措施才能获得具有商业价值的产量。大型水力压裂可使天然气产量获得最大经济价值。人工压裂裂缝往往具有较高的导流能力，裂缝中渗流表现出高速非达西渗流特征，裂缝的导流能力受闭合压力、有效应力、时间的影响并不是一成不变的，因此裂缝中渗流具有特殊性。

相对于常规气藏而言，致密气藏单井的产量较低，单井控制储量小。只有通过钻更多的新井，才能得到比常规气藏更高的采收率。致密气藏加密井位的优选以及加密井动态分析制约着致密气藏的开发。

目前的较为成熟的商业软件未考虑启动压力、滑脱效应等因素的影响，同时在雕刻裂缝时，往往忽略压裂裂缝应力敏感以及裂缝时效性对储层产能的影响。

这里主要针对上述问题进行分析总结。

3.5.1　致密砂岩气藏开发机理研究

3.5.1.1　致密砂岩气藏滑脱效应研究

致密砂岩气田的开发在世界油气田开发中发挥着越来越重要的作用，随着生产的需要，人们开始把低渗透油气藏中流体的低速渗流规律作为研究重点。致密砂岩气藏岩石孔隙吼道小，气体在小孔道中流动时，气体壁面处流动速度不为零，当气体分子的平均自由程接近孔隙尺寸时，介质壁面处各分子将处于运动状态，这种现象称之为气体分子的滑脱现象。

3.5.1.1.1　滑脱效应存在机理

滑脱效应受多种因素影响而存在，包括分子滑流、分子扩散以及压差渗流等。

（1）毛细管壁处气体分子的滑流。

对于气体来说，因为气固之间的分子作用力远比液固之间的分子作用力小得多，在管壁处的气体分子仍处于运动状态，并不全部黏附于管壁上，相邻层的气体分子由于动量交换，可连同管壁处的气体分子一起沿管壁定向流动，这就增加了气体的流量。由于液体渗流时在孔壁上的不流动液膜占去了一部分流动通道，而相对于气体渗流时，岩石孔道提供了更大的孔隙流动空间。因此，岩石的气测渗透率较液测渗透率大，形成所谓的气体"滑脱现象"。

（2）毛细管内部气体分子的扩散。

气体渗流时总是伴随产生气体分子的扩散，这种扩散减少了沿程压力损耗，使气体通过岩心更加容易。气体分子扩散的驱动力是浓度梯度，扩散阻力是毛细管壁，而不是分子之间的作用力。对于一定的多孔介质而言，孔道半径是不变的，而分子平均自由程随压力的降低而增大，分子间的碰撞机会减少，使得气体分子能在更大的范围进行扩散，流动变得容易。同时，孔道直径越小，压力越低，滑脱效应越明显。与中、高渗气藏相比，低渗透致密气藏孔道微细的特点造成了气体滑脱效应较强的现象。

（3）气体在压差下的渗流。

气体分子在压力场作用下克服气体分子之间的黏滞力，遵循达西定律，是线性的；在浓度场作用下，气体分子做无规则运动，遵循 Fick 第二扩散定律，是非线性的。气体滑脱效应影响作用下气体的渗流是压力场和浓度场综合作用下分子运动叠加的结果。当压力较低时，分子间力占主导作用，当压力较高时，气体分子之间的黏滞力占主导作用。

3.5.1.1.2　滑脱效应的计算和测量

（1）滑脱效应的计算。

致密砂岩气藏渗透率的计算方法主要有常规法和压汞法（Huet，2007）。

常规法计算公式为

$$K_g = K_\infty \left(1 + \frac{b}{\bar{p}} \right) \tag{3.5.1}$$

式中：K_g 为气测渗透率；K_∞ 为等效液体渗透率；$\bar{p}$ 为岩心进出口平均压力；b 为滑脱因子，其表达式为

$$b = \frac{4C\lambda\bar{p}}{r} \tag{3.5.2}$$

$$\lambda = \frac{1}{\sqrt{2}\pi d^2 n} \tag{3.5.3}$$

式中：r 为毛管半径；C 为近似于 1 的比例常数；λ 为对应于平均压力下气体分子平均自由程；d 为分子直径；n 为分子密度。

Huet（2007）提出用压汞法来计算致密气藏克式渗透率，其计算方程为

$$k = 1.3718 \times 10^6 \frac{1}{(p_d)^2} \left[\frac{\lambda}{\lambda + 2} \right]^{1.3732} (1 - S_{wi})^{1.2167} \phi^{1.3798} \tag{3.5.4}$$

该方程计算出的渗透率和实测渗透率很接近，说明这种方法能很准确的用来计算渗透率。

（2）滑脱效应的测量。

考虑滑脱效应的渗透率测量方法主要有稳态法和非稳态法两种，其测量原理和测量结果都不相同。Rushing（2004）通过研究认为：对同一样品用非稳态法测得的渗透率总是比用稳态法测得的渗透率高，即便是稳态法测量时已经经过了滑脱效应和惯性效应的修正。如图 3.5.1 所示。

同时，Rushing（2004）通过研究发现：对同一样品用非稳态法测量出的渗透率结果都非常相近，如图 3.5.2 所示。这种相近意味着稳态法与非稳态法测量结果之间的差异不是由简单的随机测量误差导致，而更有可能是一种系统的现象。除此以外，这种误差可能归因于非稳态法基础理论的错误。

3.5.1.1.3　滑脱效应影响下致密砂岩气藏渗流特征及产能

（1）考虑滑脱效应的致密气藏渗流特征。

气体在低渗致密介质中渗流因滑脱效应而附加了一种滑脱动力，造成气体视渗透率增大，表现为低速、低压力平方梯度时，气体渗流曲线为一上凸型曲线，见图 3.5.3。

由上图可知：

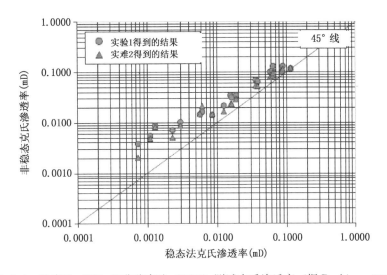

图 3.5.1　稳态法（SS）和非稳态法（USS）测试克氏渗透率（据 Rushing，2004）

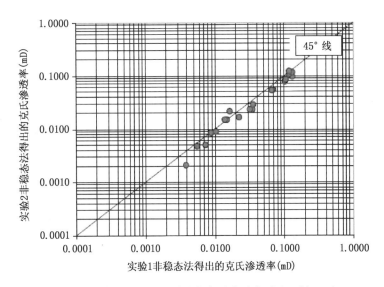

图 3.5.2　两个用非稳态法（USS）测试的克氏渗透率对比（据 Rushing，2004）

①实验流速范围内，渗流曲线由平缓过渡的两段组成：

Ⅰ—较低渗流速度下的上凸型非线性渗流曲线段，表现为当压力平方梯度或者压力梯度较低时，气体渗透率随压力平方梯度的增大而增大。说明气体渗流受滑脱效应的影响增加，气体分子之间黏滞力的影响逐渐减小。

Ⅱ—较高渗流速度下的线性渗流段。

②渗流曲线呈现低速非达西渗流特征，其直线段的延伸在流速轴上有一正截距，即存在一个"拟初始流速 V_d"，该值是滑脱动力大小的量度。

③上凸型曲线段与直线段的交点是上凸型非线性渗流向线性渗流转变的标志，称之为临界点，该点由"临界压力平方梯度 $(\Delta p^2/L)_c$"和"临界流速 V_c"共同控制。

对应的克氏回归曲线特征为：岩样在饱和气体条件下和在残余水状态下或者束缚水条件下的克氏回归曲线趋势一致，均由低平均压力下的直线段Ⅰ和较高平均压力下的直线段Ⅱ两

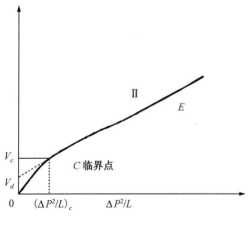

图 3.5.3　滑脱效应示意图

段组成。气体在较低速度下与较高速度下的渗流不完全一致，气体在较低压力梯度下作低速非线性渗流的Ⅰ段内，渗透率随压力梯度的下降幅度比气体在较高压力梯度下作拟线性渗流的Ⅱ段内渗透率的下降幅度要大，说明气体在较低速度下的渗流要比在较高速度下的渗流受滑脱效应的影响更加明显。

（2）考虑滑脱效应的致密气藏产能。

考虑滑脱效应的气井产能方程（徐兵祥，2010）如下。

①稳态层流状态下产能方程。

考虑滑脱效应的稳态层流状态下气井产能方程为

$$q_{\text{sc}} = \frac{774.6Kh(p_e^2 - p_{wf}^2)(1+\omega)}{T\bar{\mu}\bar{Z}\left(\ln\dfrac{r_e}{r_w} + S\right)} \quad (3.5.5)$$

式中：ω 定义为滑脱效应影响因子，其表达式为

$$\omega = \frac{b}{\bar{p}} \quad (3.5.6)$$

这里取 $\bar{p} = (p_e + p_{wf})/2$。

②稳态紊流状态下产能方程。

考虑滑脱效应的稳态紊流状态下气井产能方程为

$$(p_e^2 - p_{wf}^2) = \frac{A}{(1+\omega)}q_{\text{sc}} + \frac{B}{(1+\omega)^{1.5}}q_{\text{sc}}^2 \quad (3.5.7)$$

其中

$$A = \frac{1.291 \times 10^{-3}T\bar{\mu}\bar{Z}}{Kh}\left(\ln\frac{r_e}{r_w} + S\right) \quad (3.5.8)$$

$$B = \frac{2.282 \times 10^{-21}\beta'\gamma_g T\bar{Z}}{r_w h^2} \quad (3.5.9)$$

$$\beta' = 7.644 \times 10^{10}/K^{1.5} \quad (3.5.10)$$

③拟稳态条件下产能方程。

考虑滑脱效应的拟稳态条件下气井产能方程为

$$p_R^2 - p_{wf}^2 = \frac{A}{(1+\omega)}q_{\text{sc}} + \frac{B}{(1+\omega)^{1.5}}q_{\text{sc}}^2 \quad (3.5.11)$$

其中

$$A = \frac{1.291 \times 10^{-3}T\bar{\mu}\bar{Z}}{Kh}\left(\ln\frac{0.472r_e}{r_w} + S\right) \quad (3.5.12)$$

$$B = \frac{2.282 \times 10^{-21}\beta'\gamma_g T\bar{Z}}{r_w h^2} \quad (3.5.13)$$

因为拟稳态时地层平均压力近似等于边界压力，这里取 $\bar{p} = (\overline{p_R} + p_{wf})/2$。

由以上方程可以看出，气体滑脱效应对产量的影响取决于岩心的克氏渗透率和气藏的平均压力（罗瑞兰，2007）。气体滑脱效应对产量的影响理论上如图 3.5.4 所示。

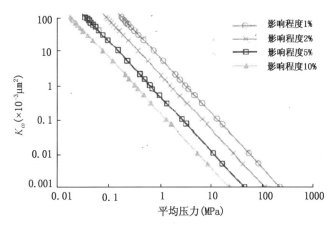

图 3.5.4　滑脱效应对产能的影响（据罗瑞兰，2007）

从图 3.5.4 可看出：滑脱效应对气藏产量的影响程度大小由渗透率和气藏压力共同决定，渗透率越低，气藏压力越低，滑脱效应越显著，影响程度曲线由右向左方平行移动，滑脱效应对生产的影响主要体现在低压下的致密储层渗流中。而实际气藏的开发过程中，地层压力都较高，滑脱效应不明显。

由以上结论可知：对于致密气藏来说，滑脱效应在其开发后期会产生较明显的影响，有利于生产。另外，通过计算不同滑脱系数 b 下气井产量随生产压差的变化如图 3.5.5，可以看出，相同生产压差下，随着 b 的增大，气井的产量越大。在高流压阶段，产量受 b 影响并不明显；而在低流压阶段，产量受 b 影响较大。即滑脱效应对低压气藏产能影响很显著（程时清，2009）。

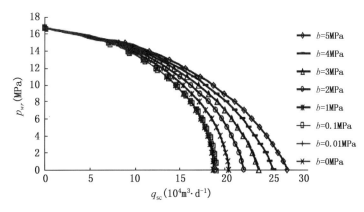

图 3.5.5　不同滑脱效应下纯气相流入动态曲线对比（据程时清，2009）

3.5.1.2　致密砂岩气藏启动压力研究

依呷等（2005）认为渗透率 $K < 1 \times 10^{-3} \mu m^2$ 或者束缚水饱和度 $S_{wc} > 20\%$，气体在低渗气藏中渗流时存在启动压力梯度；张正文（2005）指出含水饱和度大 40% 或气体有效渗透率小于 0.3mD 气藏储层中，气体渗流需要考虑启动压力的影响。张烈辉等人（2008）通过实验得出 K 在 $(0.042 \sim 201.8) \times 10^{-3} \mu m^2$ 之间均存在启动压力。

国内外大量研究证明，渗透率较低，含水饱和度较高的状态下，气体渗流时必须考虑启动压力的影响，启动压力的存在使得气体的渗流曲线呈现下凹型的非线性渗流。

低渗、特低渗透储集层中可能存在两种启动压力：（1）低速非达西渗流介质造成的启动压力；（2）由于地层堵塞和永久形变造成的启动压力。

3.5.1.2.1　致密砂岩气藏启动压力存在的机理与判别依据

致密砂岩气藏普遍具有低孔、低渗、高含水饱和度的特点，气、水赖以流动的通道很窄，在细小的孔隙喉道处易形成水化膜（张琰等，2000），地层孔隙中的气体从静止到流动必须突破水化膜的束缚，作用于水化膜表面两侧的压力差达到一定值是气体开始流动的必要条件，而且在气体流动过程中也必须存在一定的压力梯度，否则孔隙喉道处的水化膜又将形成，气体停止流动（冯曦等，1998）。当启动压力存在时，在相同产量下，启动压力影响表现出井底压力更低，相同井底压力下，表现出产量更低，总之表现出对开发不利，同时还直接影响井距计算。应用启动压力梯度规律，能计算出单井最大泄气半径，得出合理的井距。

（1）启动压力存在机理。

①界面张力理论。

低渗透储层因低渗、低孔隙度，孔道细小，故孔喉作用增强，加上微观孔隙结构复杂，比表面积大，从而引发的界面效应强烈。低渗透储层气体渗流具有非达西特征的主要原因可能是固气界面分子力的强烈作用（吴凡等，2006）。由于低渗透岩心的孔隙系统基本上是由小孔道组成的，气体与固体之间的界面张力影响显著，在流动过程中出现不可忽视的阻力。只有当驱动压力梯度大于气固界面张力时，该孔道中的气体才开始流动，因此，气藏启动压力在微观上是固气界面的张力。

②吸附层解释。

低渗气藏常常具有亲水性，极易形成残余水。残余水的分布状态主要受分子表面作用力的影响，而分子表面作用力的大小是由岩石孔隙空间结构决定的。气藏形成后期滞留在岩石孔隙中的地层水主要以水膜水、毛细管水以及充填在孔隙角落和弯曲处的水等几种形式存在于岩石中。气泡存在于孔隙中央部位，地层水被气泡排挤到孔隙壁周围通过分子引力牢固地吸附在孔隙壁上，形成水膜水。在孔隙喉道壁上，由于卡断和绕流，水膜水充填了整个孔隙喉道，形成毛管水，毛管水堵塞孔道使孔隙喉道进一步降低，孔隙连通性变差，致使渗透率急剧下降。水膜水和毛细管水对气体流动产生堵塞作用，即所谓的"阈压效应"，具体表现为：喉道两端的水膜水在初始状态阻碍气体通过，一旦气体冲破喉道水膜水束缚后，续流气体通过这一喉道处就不再有堵塞效应，在气体渗流曲线上表现为存在启动压差；毛管水始终占据喉道空间，使得气体只能以气泡形式通过，对气体渗流产生持续的附加阻力，在气体渗流曲线上表现为临界压力梯度。

③力学解释。

对于低渗透和特低渗气藏地层来说，由于储层的孔隙系统以小孔喉为主，气体在其中流动时，每个孔道都有不同的启动压力梯度，并且气体在每个孔道中流动所克服的毛细管力大小也不同，只有驱动压力梯度大于某孔道的启动压力梯度时该孔道中的气体才开始流动。

气体在多孔介质中的连续流动需要克服以下毛管力：

a. 当气泡从静止状态流动时，首先需要克服第 1 种毛细管压力 P_{c1}。

$$P_{c1} = \frac{2\sigma}{r}(\cos\theta - 0.5) \tag{3.5.14}$$

式中：σ 为界面张力，mN/m^2；θ 为润湿接触角，rad；r 为毛细管半径，m。P_{c1} 指向毛细管

壁，使液膜最后保持一定的平衡厚度。对于流动方向上作用力的大小，还要乘以气泡水膜的摩擦阻力系数。

b. 当气泡在驱动压力下克服 P_{c1} 流动时，气泡弯液面产生变形，从而产生第 2 种毛细管压力 P_{c2}。

$$P_{c2} = \frac{2\sigma}{r}(\cos\theta_1 - \cos\theta_2) \qquad (3.5.15)$$

式中：θ_1、θ_2 为弯液面两端的润湿接触角，rad。

c. 当气泡流动通过孔道窄口时，还要克服气泡遇阻变形所产生的第 3 种毛细管压力 P_{c3}，即贾敏效应。当气泡前沿端变形到与孔道最窄处一样大时，P_{c3} 值为最大。

$$P_{c3} = \frac{2\sigma}{r} \qquad (3.5.16)$$

P_{c1}，P_{c2} 和 P_{c3} 是气泡在半径为 r 的毛细管中流动时，在不同的 3 个阶段受到的 3 种不同的毛细管阻力。气泡若在毛细管中连续流动，上凹型曲线中，必须满足下面的条件，即

$$\lambda \geqslant \max(P_{c1}, P_{c12}, P_{c3}) = \frac{2\sigma}{r} \qquad (3.5.17)$$

式中：λ 为气体启动压力梯度，MPa/m。

（2）启动压力判别依据。

低速渗流阶段，渗流曲线呈现上凹型曲线形态和不通过原点的特征，以及克氏渗透率曲线出现不同特征段，这是存在启动压力的主要依据。

阮敏等（1999）通过此分析提出了判别启动压力大小的参量压力数：

$$\lambda_N = \frac{\dfrac{\mu^2}{\rho}}{K \cdot \dfrac{r}{R}} = \frac{\upsilon \cdot \mu}{K \cdot \dfrac{r}{R}} = \frac{\mu^2}{K\rho} \cdot \frac{R}{r} \qquad (3.5.18)$$

可以看出分子 $\upsilon \cdot \mu$（υ 为流体的运动黏度，μ/ρ）表示的是流体的物理性质，它表征了流体在通过多孔介质时的黏滞阻力；分母 $K \cdot r/R$ 则表征了多孔介质的综合渗流能力，λ_N 是对流体通过多孔介质难易程度的一个度量。

当 $\lambda_N > 5$ 时，渗流呈现非达西流特征；当 $\lambda_N < 2$ 时，渗流呈现达西线性流特征。限于资料，对 λ_N 值在 2～5 之间的渗流未能作出分析，有待以后研究完善。

3.5.1.2.2 考虑启动压力的致密砂岩气藏渗流特征

受启动压力影响的致密砂岩气藏中，气体渗流曲线具有图 3.5.6 所示的一般特征：渗流曲线由平缓过渡的 2 段组成，Ⅰ 为较低压力平方梯度下的下凹型曲线段，Ⅱ 为较高压力平方梯度下的拟线性段；由曲线段向拟线性段的转变也存在临界点，该点对应的压力平方梯度和流速分别称为"临界压力平方梯度 λ_c"和"临界流速 V_c"；直线段向横轴延伸，与横轴交点称为"启动压力平方差 λ"，该点是毛细管力大小的量度。

图 3.5.6 中，A 点对应的是最大毛管半径的流动压力和流量关系点，B 点对应的是平均毛管半径的流动压力和流量关系点，基本代表了气体渗流过程中孔隙喉道的平均启动压力梯度，C 点对应的是气体能在其中流动的最小毛管半径的流动压力和流量关系点，A、B 两端点对应的压力分别称为真实启动压力和拟启动压力，D 点对应的是渗流由非达西渗流到拟线性渗流的过渡点，直线 DE 对应的渗流过程称为拟线性渗流，曲线 AD 对应的渗流过程称为非线性渗流（刘晓旭，2006）。

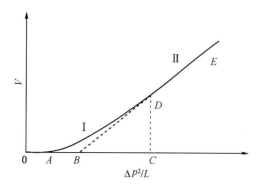

图 3.5.6　气体低速非达西渗流示意图

渗流曲线特征：

①非线性部分曲线形态不同，岩样在低速不含水时，是上凸型曲线。当岩样束缚水较高或者含水饱和度较高时，渗流曲线总趋势为上凹型曲线。曲线形态与低渗油藏中液体低速非达西渗流曲线形态相似。

②岩样含水时的渗流曲线同样由平缓过渡的两段曲线组成，即低速渗流下的上凹型曲线和较高渗流速度下的拟线性渗流直线段。存在临界点，对应的压力是气体能在其中流动的最小毛管半径的流动压力（刘晓旭，2006）。

③含水率越高，非线性段越长，渗流曲线位置越低，并且越靠近压力平方梯度轴。

④直线段向横轴延伸，在压力平方梯度轴上都有一正截距，称为"拟启动压力梯度"，并且含水率越高，拟启动压力梯度越大。

3.5.1.2.3　启动压力的影响因素

（1）渗透率对启动压力的影响。

在束缚水条件下，熊昕东（2007）等人发现气体的启动压力随气藏的有效渗透率的增加而减小，吴凡（2001）等人针对大牛地致密低渗透气藏岩心研究也分析得出：气体渗透率与启动压力梯度之间的关系呈指数关系，王昔彬（2005）指出启动压力梯度和平均渗透率倒数呈线性规律时的拟合精度最高。

（2）含水饱和度对启动压力的影响。

致密砂岩气藏中，含水饱和度低时，启动压力梯度也低，高含水下临界压力梯度高，且随着岩心含水饱和度的增加，气藏的启动压力梯度增加（贺伟，2000；Yang，2008）。依呷等（2005）通过一系列实验也得出：在绝对渗透率相同的情况下，随着含水饱和度的增大，启动压力梯度不断增大。

同时，对于水敏性储层，水的存在使储层中黏土矿物在渗流过程中的发生膨胀与迁移，堵塞了多孔介质的部分孔道，增加流体流动阻力，降低渗透率，从而使启动压力梯度增加。

对于含有束缚水的多孔介质中，毛管力对气体的流动有重要的影响（Yang，2008），实验同时表明，孔喉越大，启动压力梯度越小，与含水饱和度成正比，与渗透率成反比。当含水饱和度大于 20%，启动压力梯度可以忽略不计。

（3）地层压力对启动压力的影响。

一般油气层具有弹性变形和塑性变形两种类型，对于岩石矿物成熟度低的较低渗透率储层来说，压应力变形以塑性变形为主，因此压力对渗透率较低的储层启动压力影响较大。地层压力的增高造成启动压力增加，但启动压力与地层压力的差值在降低，这主要是由于与应力敏感相似的原因，即地层内部压力的提高，将增大岩心中流体渗流的孔隙大小，流动的流体百分数增大，降低了渗流阻力（吕成远，2002）。对于低渗透油气田来说，随渗透率的下降，启动压力大幅上升，应早期采取措施，保持地层压力。

启动压力梯度随着围压的增大而增加。这种变化与岩石颗粒的受压变形有关。岩芯承受的有效应力增加以后，颗粒间胶结物受挤压缩，岩石发生弹塑性变形，孔隙体积和喉道半径随之减小；随着上覆压力的继续增大，岩石颗粒受压发生弹性形变，但此时孔喉半径的减小幅度要小于前一过程。岩石孔喉的减小将导致边界流体比重增加、渗流阻力增大。开采过程中要保持充足的地层能量，以防止储层骨架发生较大的形变（郝斐，2008）。

（4）渗流中的物理过程和化学反应对启动压力的影响。

储层岩石中多含有黏土矿物，不同的黏土矿物表现不同程度的水敏。黏土矿物在渗流过程中的膨胀与迁移，堵塞多孔介质的部分孔道，增加流体流动阻力，降低渗透率，从而增加启动压力梯度。同时，组成黏土的薄晶片具有吸引极性分子的能力，地层水在其中渗流时会发生物理化学作用，在孔壁上更易形成牢固的水化膜而堵塞孔道。气藏投入开发以后，地层压力不断降低，岩石颗粒膨胀致使孔隙空间和孔隙喉道减小，地层水分布状态发生变化也是产生气体"阈压效应"，造成气体低速非达西渗流的原因之一。

3.5.1.3 致密砂岩裂缝高速非达西研究

Abdelaziz（2011）等根据 SFE2 - 8707 - plug No. 2 的实验数据对存在裂缝和不存在裂缝的渗流进行对比，认为在致密砂岩气藏中，未经压裂的储层生产压力降主要是黏滞力消耗的，高速非达西惯性力所消耗的压力降很小，利用线性回归法可以计算出惯性系数 β。表3.5.1 是不同上覆压力下存在裂缝和不存在裂缝的例子。从表 3.5.1 中可以看出，产量和上覆压力都相同的情况下，有裂缝的的储层的惯性系数 β 比无裂缝的大，而且随着上覆压力的增加，惯性系数越来越大。这说明在裂缝中的高速非达西非常明显，不能忽略。而且随着上覆压力增加，裂缝中的高速非达西越严重。

表 3.5.1　存在裂缝与不存在裂缝的情况下渗透率与系数 β 的比较数据表

上覆岩石压力 （MPa）	不存在裂缝		存在裂缝	
	k （μd）	β （cm^{-1}）	k （μd）	β （cm^{-1}）
13. 89	31. 577	7. 74E + 11	32. 539	1. 26E + 12
20. 76	24. 931	8. 75E + 11	27. 001	1. 42E + 12
27. 68	20. 491	9. 17E + 11	23. 561	1. 71E + 12

多孔介质中高速非达西的影响用系数 β 描述，而在致密砂岩气藏裂缝中的高速非达西是用有效裂缝渗透率和雷诺数结合起来表征高速非达西的影响。

3.5.1.3.1　有效裂缝渗透率和雷诺数

Cornerl 和 Henry 等对 Forchheimer 方程进行了修正，得到的新方程（Henry，2004，Cornerl，1953）为

$$\frac{\Delta p}{\Delta L} = \frac{\mu_g}{k_f} + \beta_p g v^2 \tag{3.5.19}$$

式中：湍流系数 $\beta = \dfrac{a}{k_f \phi_p^c}$；$k_f$ 为裂缝中渗透率；ρ_g 为气体密度；v 为气体速度；μ_g 为气体黏度。

当气体速度较小时，方程的第二项可以忽略不计。但是特别对于黏度很小的气体，当气体速度很高时，第二项变得很重要。

将（3.5.19）式和不考虑非达西的渗流方程同时除以 $\mu_g v$，则渗流方程为

$$\begin{cases} \dfrac{\Delta p}{\Delta L \mu_g v} = \dfrac{1}{k_f} \\ \dfrac{\Delta p}{\Delta L \mu_g v} = \dfrac{1}{k_f} + \dfrac{\beta \rho_g v}{\mu_g} \end{cases} \tag{3.5.20}$$

比较式（3.5.20）中的两个方程得到裂缝中有效渗透率为

$$\frac{1}{k_{f-eff}} = \frac{1}{k_f} + \frac{\beta \rho_g \nu}{\mu_g} = \frac{1}{k_f}\left(1 + \frac{\beta k_f \rho_g \nu}{\mu_g}\right) \tag{3.5.21}$$

$$k_{f-eff} = \frac{k_f}{\left(1 + \frac{\beta k_f \rho_g \nu}{\mu_g}\right)} \tag{3.5.22}$$

则在裂缝中的雷诺数为

$$N_{Re} = \frac{\beta k_f \rho_g \nu}{\mu_g} \tag{3.5.23}$$

根据式（3.5.21）和式（3.5.22）得到描述裂缝中高速非达西影响的裂缝中的渗透率为

$$\frac{k_{f-eff}}{k_f} = \frac{1}{1 + N_{Re}} \tag{3.5.24}$$

3.5.1.3.2 裂缝中高速非达西湍流系数

Thauvi 和 Mohanty（1998）通过孔隙网络模型来描述高速流动，并研究了非达西系数与其他参数（渗透率、孔隙度和迂曲度）之间的关系（Thauvin 和 Mohanty，1998），他们认为非达西系数是多孔介质的性质，并且仅与孔隙结构有关，从非达西系数 β 的相关关系式中可以看出，随着孔隙平均喉道半径的增加，渗透率、孔隙度都会增加，孔隙迂曲度会减小，渗透率增加较快，其他两个量的变化很小。因此，孔隙度和迂曲度对非达西系数的影响非常小甚至可以忽略不计。故在式（3.5.19）中湍流系数公式只需要表示成渗透率的函数。

Pascal 等人（2008）通过低渗透水力压裂井的不同速率测试，提出了一个数学模型来确定裂缝长度与非达西系数，基于他们的分析，定义了如下关系式，即

$$\beta = \frac{4.8 \times 10^{12}}{K^{1.176}} \tag{3.5.25}$$

式中：K 的单位为 mD，β 为 1/cm。

Henry（2004）通过研究不同的温度下的几种流体在支撑裂缝中的非达西系数，提出了下面的公式，即

$$\beta = bK^{-a} \tag{3.5.26}$$

式中：K 为裂缝的渗透率，mD；β 为 1/ft；a 和 b 取决于支撑剂的类型，并且取值如表 3.5.2 所示。

表 3.5.2　Forchheimer 方程中 a、b 取值

粒径（目）	a	b
8~12	1.24	17423.61
10~20	1.34	27539.48
20~40	1.54	1104070.39
40~60	1.6	69405.31

根据不同的填充颗粒的大小，就可以得到裂缝中的湍流系数。两种公式都是针对于水力压裂的裂缝中的高速非达西提出的，有一定的借鉴意义。

3.5.1.4 致密砂岩气藏应力敏感研究

气藏往往采用衰竭式开采，随着地层压力下降，作用于岩石骨架上的有效应力（上覆岩层压力与流体压力的差值）将增大，导致岩石发生介质变形，其渗透率、孔隙度将减小，从而影响流体的渗流特性，造成气井产能减少。这种油气层渗透率随着有效应力的变化而变化的现象为地层的应力敏感性。

致密砂岩气藏往往具有应力敏感性（Vairogs，1971；Lorenz，1999；Friedel，2004；Friedel，2007）。应力敏感程度与黏土含量、岩石非均质性、天然裂缝发育程度、初始渗透率、压缩系数、胶结物成分以及孔隙结构（Davies，1998）等储层参数有关（何秋轩，2002）。致密砂岩产生应力敏感的根本原因是应力状态改变导致承载骨架颗粒与孔喉结构间的原始关系发生了变化，进而引起渗流通道的变化。岩石的孔隙结构包括孔隙体和喉道体两部分，前者为拱形结构，抗挤能力较强，变形较小；而后者为反拱形结构，其在有效应力下极易变形，使喉道半径急剧减小，甚至闭合。

在应力敏感性储层中，岩石的渗透率随有效应力的变化呈以下几种变化形式（苏云河，2008）：

$$k = k_i e^{-\alpha k(p_i - p)} ; k = k_i (p_i - p)^{-\beta_k} ; k = k_0 (\sigma - p)^{-m} \qquad (3.5.27)$$

式中：P、P_i、σ 为目前、原始及上覆地层压力，MPa；k_0 为空气渗透率，μm^2；m 为系数；k、k_i 为目前及原始地层压力下的渗透率，μm^2；β_k、α_k 为渗透率变化系数，MPa^{-1}。

流体与岩石之间存在着十分复杂的相互作用。一方面岩石应力的变化影响流体的流动，另一方面渗流特性的变化又进一步改变岩石的应力场。因此研究不同有效应力下的储层物性（渗透率、孔隙度）变化规律，对气井产能的评价，以及合理工作制度的确定具有重要的意义。

3.5.1.4.1 实验研究

目前应力敏感实验评价（郑荣臣，2006）有下面几种：（1）围压应力敏感性实验；（2）气藏内压应力敏感性实验；（3）变出口端回压应力敏感实验。不同的应力敏感性实验方法评价结果差异很大，主要原因在于不同实验方法反映的储集层应力变化过程不同。围压应力敏感性实验没有考虑岩石基质膨胀而造成的渗透率下降，不能真实代表气藏应力变化过程。气藏内压应力敏感性试验和变出口端回压应力敏感性实验方法，分别考虑了基质膨胀和轴向应力对渗透率的影响作用，能够反映致密低渗气藏开采过程中气藏应力敏感性特征，因此致密砂岩气藏储集层应力敏感实验应采用此两种方法进行比较和综合评价储集层的应力敏感性特征。

表 3.5.3 不同试验方法应力敏感性对比（据郑荣臣，2006）

加压方法	渗透损害率（%）（净上覆压力<40MPa）	敏感程度	渗透率损害率（%）（净上覆压力≥40MPa）	敏感程度
方法（1）	36.88	中等偏弱	1.96	无
方法（2）	/	/	11.94	弱
方法（3）	/	/	19.95	弱

3.5.1.4.2 应力敏感试井分析

目前试井中求解应力敏感问题时一般主要应用拟压力变换后的有限差分方法（Raghavan R，1967；Pedrosa，1977）、摄动方法（Pedrosa，1991）、迭代的方法（Ambastha，1996）、有限元方法（王延峰，2004）。

目前国内外研究者针对应力敏感性油气藏主要应用常规试井解释理论来研究应力敏感（Raghavan，1967；Friedel，2009）。应力敏感可致使致密砂岩气藏的初始产能减小30％（Ostensen，1983）。采用不考虑应力敏感渗流模型分析不稳定压力动态会产生巨大偏差（蒋海军，2000）。应力敏感性油气藏试井存在下面几个明显的特征（孙贺东，2007）：（1）压降和压力恢复结果不一致；（2）双对数导数图依赖于时间、流量，压力导数曲线压降阶段持续上升，压力恢复阶段持续下降；（3）表皮系数值异常，表皮系数对产量敏感；（4）应力敏感效应容易和外边界影响混淆；（5）应力敏感性油气藏试井渗透率的解释受多种因素的影响，主要包括自然裂缝、非均质性、非达西效应、凝析与反凝析以及流体性质变化等。

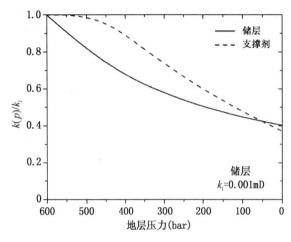

图 3.5.7　储层渗透率与裂缝导流能力随着有效应力的
变化情况（据 Friedel，2007）

3.5.1.4.3　裂缝应力敏感性分析

致密砂岩气藏储层具有应力敏感性，压裂裂缝也同样具有应力敏感性（Friedel，2007），有效应力的增大，使得裂缝发生闭合，裂缝有效长度减小，从而导致裂缝导流能力降低。图 3.5.7 为储层渗透率与裂缝渗透率随着有效应力的变化曲线。储层渗透率的变化符合下述公式（Dobrynin，1962；Autorenkollektiv，1985），即

$$\frac{k}{k_{const}} = \left[\frac{(\sigma-p)const}{(\sigma-p)}\right]^{\alpha}$$

(3.5.28)

式中：σ 为应力；P 为地层压力；k_{const} 为初始渗透率；$(\sigma-p)_{const}$ 初始条件下应力与地层压力的差值；α 为常数，为实验测试所得。

从图 3.5.8 和图 3.5.9 可以看出致密砂岩气藏中储层的应力敏感不可忽视。产量大幅度递减主要是由储层的应力敏感造成的。发生应力敏感时，产量的递减程度用 α 表示，储层原

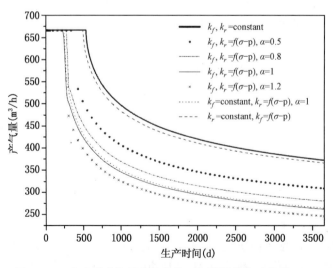

图 3.5.8　应力敏感储层产量曲线（气藏原始渗透率为 0.01mD）
（据 Friedel，2007）

始渗透率为 0.01mD，定产生产时，产量为 670m³/h，稳产期 600d，当 $\alpha = 1$ 时，裂缝发生闭合时，10a 之后产量递减了 29%。如图 3.5.8 和图 3.5.9 所示。

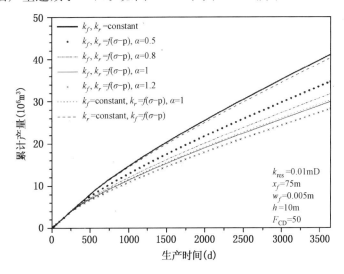

图 3.5.9　应力敏感储层累计产量曲线（据 Friedel，2007）

当储层渗透率为 0.1mD 时，定产阶段以 3750m³/h 生产 600d，当 $\alpha = 0.5$，裂缝具有应力敏感时，产量递减为 15%。

Wustrow 和 Bahnsen Rotliegend 储层一口生产井，目标层厚 200m，储层有 21 个小层，净毛比为 30%，平均孔隙度为 9%，原始地质储量为 650MM m³。由于产量较低，生产数年后进行压裂，裂缝半长为 65m，宽度为 6mm，高度 90m，具体参数见表 3.5.4。

表 3.5.4　生产井具体参数

泄 流 面 积	1000m×500m
井深间隔	4389.3～4470.2m
原始地层压力	678 bar
天然气地质储量	680MM m³
生产历史	1997 年 5 月～2001 年 11 月
压裂时间	1998 年 5 月
总产气量	203 Mio m³（19.6Mio m³）
网格大小	25m×25m

压前、压后均进行了压力恢复测试：压裂前储层渗透率为 0.15mD，压后渗透率为 0.1mD。分别用这两个参数进行拟合时，效果较差，如图 3.5.10 所示。

针对实际生产数据利用以下几种情况进行拟合：（1）无应力敏感（渗透率、裂缝半长不变）；（2）渗透率变化，裂缝半长不变；（3）渗透率变化的同时裂缝随着时间闭合。结果见图 3.5.11，第三种情况拟合效果最好。压力恢复测试显示储层也同样存在应力敏感，如图 3.5.12 所示。

3.5.1.4.4　应力敏感误差分析

我们经过大量的调研研究认为目前应力敏感评价存在着以下几个问题：

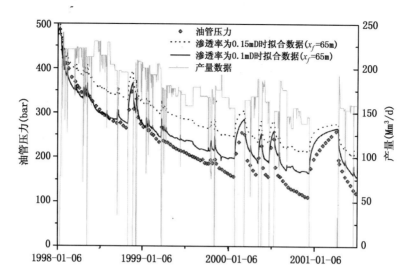

图 3.5.10　目标井定渗透率时的历史拟合曲线（据 Friedel，2007）

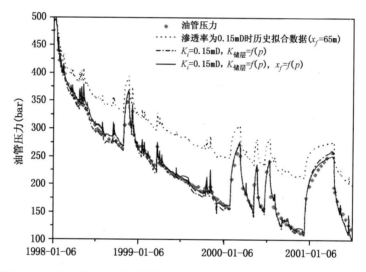

图 3.5.11 考虑应力敏感和裂缝闭合的历史拟合曲线（据 Friedel，2007）

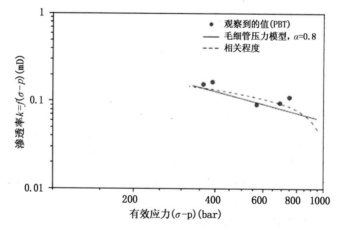

图 3.5.12　渗透率应力敏感和最优变形拟合

（1）实验岩心误差。

在地层条件下，岩心所受围压与内压为地层压力，岩心处于压缩状态，当岩心取到地面以后，岩心围压与内压均变为大气压，所受压力状态改变，应力得以释放，岩心孔隙体积膨胀变大；岩心所受围压降低后，基质颗粒的应力向外释放，基质颗粒向外会产生膨胀。综合这两方面的影响因素，岩心在地面条件下会比在地下条件下更为疏松，这就会增大实验结果的误差（图3.5.13）。

（2）应力敏感实验装置误差。

目前进行应力敏感实验时，岩心径向加围压方向与橡胶筒接触，轴向上通过刚性柱塞加流体压差。这种实验方法的误差在于岩心在由橡胶制成的岩心套中受压变形，如图3.5.14所示，流体压力 $P_1 > P_2 > P_3$，而岩心的围压始终为 P 保持不变，导致岩心尺寸在实验过程中发生较大改变 $R_1 > R_2 > R_3$。在真实储层中由于上覆岩层的内应力可以屏蔽大部分的上覆压力，上覆压力不会直接作用于有效储层中，而试验中的围压是恒定不变的加在橡皮套筒上，而橡

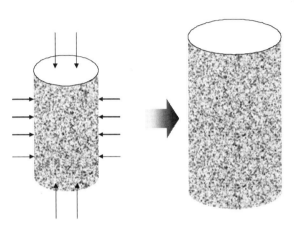

图3.5.13　岩心变形示意图

皮套筒抗弯性很弱，导致岩心所受到的压力很大，因此，目前的实验结果夸大了应力敏感的影响。

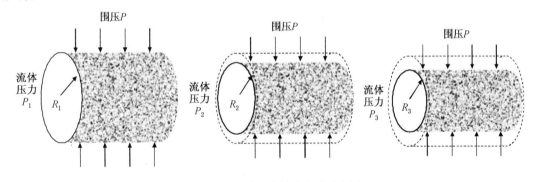

图3.5.14　岩心套筒中变形示意图

（3）上覆岩石压力的计算公式存在较大误差。

目前关于储层上覆岩石压力的计算公式为

$$P_R = P_{air} + \rho_r g h \tag{3.5.29}$$

式中：P_{air} 为大气压，MPa；ρ_r 为上覆岩石的密度，Kg/m^3；h 为储层的深度，m。

如果研究的对象是流体，或者研究区域无穷大，这个结论是对的。而我们实际研究的对象是具有抗弯、抗剪能力的岩石，都具有一定的内应力，并且气井在生产过程中压降漏斗是有限的，即上覆压力是作用在有限压力降区域，因此，压降漏斗以外的区域对供气半径内的上覆岩石具有一定的约束力，即上覆岩石的自身重力可以被压降漏斗之外区域的约束力及构造应力通过内应力相互抵消一部分（如图3.5.15所示）。

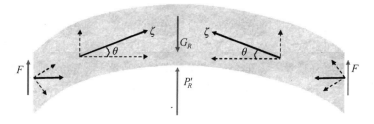

图 3.5.15　上覆岩石单层受力分析示意图

根据图 3.5.15 可以看出，上覆岩层压降漏斗之外区域所受约束力及构造应力可以通过岩石的内应力来平衡其自身的重力，岩石的内应力可以分解为水平方向与垂直方向的力，垂向上的分力 $P_V = \zeta\sin\theta$，岩石的重力、岩石内应力以及下方的支撑应力在垂向上满足关系式，即

$$P'_R + \zeta\sin\theta = G_R \tag{3.5.30}$$

式中：G_R 为岩层的重力，MPa；P'_R 为岩层下方支撑应力，MPa；ζ 为岩石内应力，MPa；F 为压降漏斗之外区域的约束力，MPa。

可见，储层之上的所谓上覆压力，并不是完全靠储层来平衡，并且在岩石内应力平衡岩层自身重力的过程中，岩石内应力也不是恒定的，在岩石内应力达到自身的破裂压力之前，内应力是可以随岩石所受净载荷的增大而增大的，如图 3.5.16 所示。

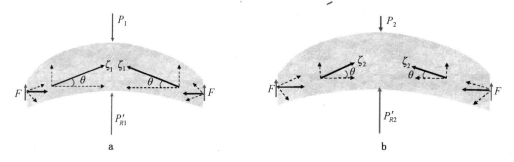

图 3.5.16　不同外界载荷下上覆岩石受力平衡示意图

如图 3.5.16 所示，对于岩石所受载荷 P_1、P_2，存在关系式，即

$$P_1 > P_2 \tag{3.5.31}$$

根据岩石受力平衡关系式

$$P'_{R1} + \zeta_1\sin\theta = P_1$$
$$P'_{R2} + \zeta_2\sin\theta = P_2 \tag{3.5.32}$$

两式相减，可以得出

$$P'_{R1} - P'_{R2} = (P_1 - P_2) - (\zeta_1\sin\theta - \zeta_2\sin\theta) \tag{3.5.33}$$

由于 $\zeta_1 > \zeta_2$，即

$$P'_{R1} - P'_{R2} < (P_1 - P_2) \tag{3.5.34}$$

从式（3.5.34）可以看出，岩石内应力可以随着载荷的增大而增大，增加的载荷并不能完全作用于下方的支撑上。

对于储层以上的整个地层来说，大部分上覆压力（储层以上部分重力）不是完全靠下面的储层来平衡的，因此，分析储层有效应力的分布情况要考虑储层周围的约束和岩石内应力的支撑作用，如图 3.5.17 所示，如果不考虑周围有约束支撑来进行应力敏感分析会有很大误差，得出的结论夸大应力敏感的影响。

在考虑上覆各岩层存在内应力时，上覆岩层产生的向下的作用力为岩石自身重力产生的应力与岩石内应力的合力，该合力可以表示为

$$P'_{Ri} = \rho_{ni}gh_i - \zeta_i \qquad (i = 1,2,3,\cdots,n) \qquad (3.5.35)$$

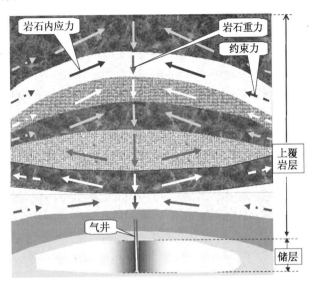

式中：P'_{Ri} 为各岩层的向下作用力，MPa；ζ_i 为各岩层向上的内应力，MPa；ρ_{ni} 为各岩层的密度，kg/m^3；h_i 为各岩层的厚度，m。

根据式（3.5.35）可以看出，如果 $\zeta_i \geqslant \rho_i gh_i$ 则岩层自身的重力将完全被内应力平衡，不会产生向下的作用力；如果 $\zeta_i < \rho_i gh_i$，则内应力 ζ_i 只能平衡一部分的重力作用，

图 3.5.17　上覆各层岩石力学分析示意图

因此，储层的上覆岩层压力不能简单的采用 $P_R = P_{air} + \rho_r gh$ 来计算。

对于投产目的层段的有效储层来说，上覆岩石压力应为地层中各岩层合力的叠加，表达式为

$$P'_R = \sum_{i=1}^{n} P_{Ri} = \sum_{i=1}^{n} (\rho_{ni}gh_i - \zeta_i) \qquad (i = 1,2,3,\cdots,n) \qquad (3.5.36)$$

令 $\bar{\omega} = 1 - \dfrac{\sum\limits_{i=1}^{n} \zeta_i}{\rho_r gh}$，$\bar{\omega}$ 为上覆岩石压力修正系数。

则上覆岩石压力的表达式可改写为

$$P_R = P_{air} + \left(1 - \dfrac{\sum\limits_{i=1}^{n} \zeta_i}{\rho_r gh}\right) \rho_r gh = P_{air} + \bar{\omega}\rho_r gh \qquad (3.5.37)$$

根据式（3.5.37）可以看出，在初始状态时岩石天然应力处于平衡状态，可以认为 $\bar{\omega} = 1$，当气藏开始开发后，孔隙压力不断降低，上覆岩石压力修正系数 $\bar{\omega}$ 的取值范围是 $0 < \bar{\omega} < 1$，可见在岩石内应力的作用下，有效储层上覆岩石压力大大低于上覆岩石自身的重力。上覆压力系数 $\bar{\omega}$ 随着深度的增大而逐渐增大，因此，位于较浅层位的储层的上覆压力系数 $\bar{\omega}$ 较小，上覆压力的影响也就很小，只有当储层达到一定深度时上覆压力作用才会比较明显，这就是在山体钻隧道不会引起山体整体坍塌的原因，如果发生坍塌，只是隧道上方部分坍塌。

根据这里第一节的描述，储层多孔介质的受力有孔隙流体压力，多孔介质骨架应力以及上覆岩石压力，各种力的作用如图 3.5.18 所示。

根据图 3.5.18 所示，在气井生产过程中，储层中孔隙流体压力、储层颗粒之间的骨架

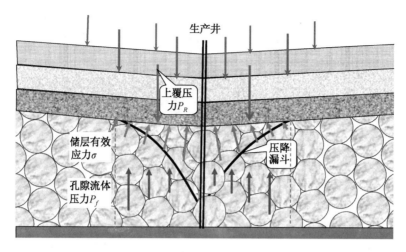

图 3.5.18　储层力学分析示意图

应及上覆压力之间的力学平衡关系为

$$P_R A = P_f \phi A + \sigma(1 - \phi) A \tag{3.5.38}$$

也就是

$$P_R = P_f \phi + \sigma(1 - \phi) \tag{3.5.39}$$

代入上覆岩石压力，可改写为

$$P_{air} + \bar{\omega}\rho_r g h = P_f \phi + \sigma(1 - \phi) \tag{3.5.40}$$

式中：$\bar{\omega}$ 为上覆岩石压力修正系数，$\bar{\omega} = 1 - \dfrac{\sum\limits_{i=1}^{n} \zeta_i}{\rho_r g h}$ ，$i = 1$，2，3，$\cdots$，n；ρ_r 为上覆各层岩石的密度，kg/m^3；h 为上覆各层岩石的厚度，m；P_f 为储层孔隙流体压力，MPa；σ 为储层颗粒骨架有效应力，MPa；P_{air} 为大气压，MPa；A 为储层受力面积，m^2。

　　在气藏开发过程中，随着孔隙流体压力 P_f 的降低，岩层所承受的净载荷逐渐增大，由于上覆岩石构造应力的存在，上覆岩层的内应力 ζ 也可以随净载荷的增大而增大，因此，上覆压力修正系数 $\bar{\omega}$ 随着气藏的开发是逐渐减小的。

　　假设气藏未开发前上覆压力的修正系数为 1，此时，有效储层中存在力学平衡关系式，即

$$P_{air} + \rho_r g h = P_e \phi + \sigma(1 - \phi) \tag{3.5.41}$$

当气藏开发到时间 t 时的修正系数为 $\bar{\omega}$，此时孔隙流体压力值为 P_f，此时，有效储层中存在力学平衡关系式，即

$$P_{air} + \bar{\omega}\rho_r g h = P_f \phi + \sigma_t(1 - \phi) \tag{3.5.42}$$

将式（3.5.41）与式（3.5.42）联立，可得有效应力的增大值为

$$\sigma_t - \sigma = \frac{(P_e - P_f)\phi - (1 - \bar{\omega})\rho_r g h}{1 - \phi} \tag{3.5.43}$$

式中：σ_t 为 t 时刻储层多孔介质骨架应力，MPa；P_e 为原始地层压力，MPa。

　　（4）不同储层物性与开发阶段应力敏感类型不同。

应力敏感根据不同的储层物性及开发阶段，可以分为可控应力敏感与不可控应力敏感。对于储层物性较差的气井来说，压力传导慢，要获得有经济效益的产量，一定要放大生产压差，近井地带压力快速降低，压降主要集中在近井地带，此时整个储层的压力下降不明显，应力敏感只是发生在近井地带。对于全气藏来说，在开发早期压降漏斗范围较小，井间存在未波及区域，压力主要在各井的近井地带比较明显，整个气藏压力下降不明显。在这种情况下，这种应力敏感可以通过调整生产压差来控制近井地带压力的下降幅度，称为可控应力敏感。对于物性相对较好的气藏，生产压差较小即可满足生产需要，此时，近井地带的压力相比地层压力的压差较小。对全气藏来说，在比较完善的井网的控制下，气藏开发进行到一定的程度后，整个气藏压力均匀下降，采出程度越高气藏压力下降越大。在这种情况下，如果发生应力敏感，则应力敏感发生在整个储层中，这也是气藏开发的必然趋势，可称为不可控应力敏感。

（5）应力敏感与增产措施有效期的区分。

对于低渗储层来说，往往要进行压裂等储层改造措施才能获得较好的产能。而人工裂缝受技术条件的制约都存在一定的有效期，当生产时间超过该有效期以后裂缝的导流能力会降低（Olson，1985），如图 3.5.19 所示。

而低渗气井裂缝导流能力是影响气井产能的一个极其重要的因素。影响裂缝导流能力的因素主要有：

①地应力与地层孔隙压力；
②支撑剂物理性能；
③支撑剂在砂岩上的嵌入；
④有效地应力作用时间。

因此，在气井的开发过程中，如果出现储层物性、气井产能等降低的现象，是由生产时间超过压裂有效期引起的，并非是发生应力敏感导致的，不能将裂缝的有效期与应力敏感混淆。

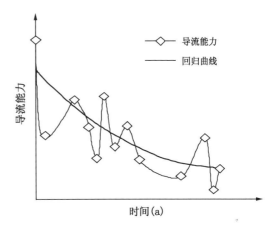

图 3.5.19　裂缝导流能力与时间关系曲线示意图

3.5.1.4.5　应力敏感否定说

关于低渗致密储层应力敏感的存在性，国内有学者提出了质疑，李传亮（2005）提出低渗气藏不存在应力敏感的观点，认为中高渗储层由于胶结比较疏松，疏松岩石存在一定的结构变形（图 3.5.20），主要指骨架颗粒排列方式的改变而导致的岩石整体变形，在结构变形过程中，骨架颗粒的体积不发生变化，变化的是骨架颗粒的排列方式。结构变形实际上是岩石的压实变形。本体变形实际上就是岩石的压缩变形。因此疏松岩石易产生应力敏感。而低渗透储层胶结比较好，岩石不易变形，因此，低渗储层岩石压缩系数要比中高渗储层岩石小，以此得出 Hall 图版（如图 3.5.21）是错误的。

李传亮（2007）推导得出了岩石应力敏感指数与压缩系数之间的关系，认为不同类型储层的应力敏感程度由储层岩石的可压缩性决定，中高渗储层的岩石比较疏松，可压缩性较强，因此应力敏感程度就会较高，低渗气藏岩石较致密，可压缩性弱，不存在应力敏感。提出了应力敏感指数的概念，并建立了岩石应力敏感指数与压缩系数之间的关系式，根据关系式验证了实际低渗油气藏储层岩石的压缩系数很小，因此，应力敏感程度很小。

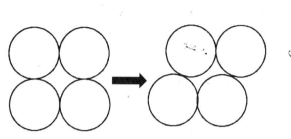
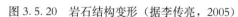

图 3.5.20 岩石结构变形（据李传亮，2005）

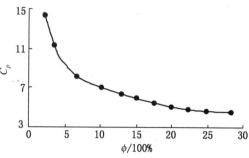

图 3.5.21 Hall 图版（据李传亮，2005）

3.5.2 致密砂岩气藏气井试井技术

气井试井方法主要分为不稳定试井方法和产能试井方法。不稳定试井的主要目的是确定地层压力、渗透率、表皮等参数，为产能预测做准备工作；而产能试井的主要目的是为了气藏的产能评价做准备。本节主要介绍三个部分：致密砂岩气藏不稳定试井分析方法、致密砂岩气藏气井产能试井分析方法和受启动压力梯度影响的气井产能试井分析方法。

3.5.2.1 致密砂岩气藏不稳定试井分析方法

3.5.2.1.1 致密砂岩气藏不稳定试井特点

在石油工业上，将渗透率小于 0.1mD 的气藏（Law 和 Curtis，2002）定义为"致密气藏"，但是在试井中却没有一个清楚的界定，因为试井分析除了取决于渗透率外，还受地层系数、裂缝尺寸、裂缝清洗度、流动时间和恢复时间等其他因素的影响。

Garcia（2006）通过对加拿大阿尔伯塔盆地致密气藏试井数据分析，得到致密气藏试井的特点为：

（1）地层渗透率低，传统测试和分析方法不适应；

（2）在测试过程中，有效压裂裂缝长度（取决于压裂尺寸和测试时间内的清洗度）影响压力响应；

（3）当观察到径向流时（不充分清洗导致），可得出合理的原始气藏压力值；

（4）当未进入径向流阶段时，估算的气藏压力可能偏低；

（5）如果压力恢复后仍是稳定线性流，外推压力恢复试井曲线，可能得到合理的气藏压力，但也有可能使得预测的气藏压力偏高。同时，如果流动时间很短，压力恢复试井 Horner 曲线得到的 p^* 非常接近于原始气藏压力 p_i，但是，如果流动时间长，那么得到的 p^* 偏离 p_i 较大；

（6）对于致密砂岩气藏，如果气藏压力未知，并且压力恢复时间较短，那么压力恢复试井解释结果误差较大；

（7）如果气藏压力估算错误，会导致试井分析和模拟得到的气藏参数解释错误；

（8）如果气藏压力已知，即使压力恢复时间很短，解释的气藏参数的可靠性增加，在这种情况下，气藏参数的错误估算就不能归于 p_i 的错误估算；

（9）对不同时期进行的压力恢复试井的目标井来说，生产时间较短的压力恢复试井可得到更可靠的气藏压力。而生产时间较长的压力恢复试井（测试或清洗期间）得到的结果可能是合理的，但也可能是错误的。

总之，若致密砂岩气藏的气井在压裂前进行试井，压力恢复时间不能太短，否则试井解释不精确，估算的气藏压力、通过分析和模拟获得的气藏参数和储量计算都会出现极大的偏差。为了获得比较准确的地层压力，压力恢复的时间应该达到径向流动，此时可以通过外推曲线得到比较可靠的气藏压力。

3.5.2.1.2 致密砂岩气藏压裂井不稳定试井渗流特征

Pankaj 和 Kumar（2010）认为气藏压裂后，流体在储层中的流动可分为 5 个阶段：裂缝线性流动、双线性流动、储层线性流、拟径向流动和径向流动，如图 3.5.22 所示。

Blasingame（2010）认为气藏压裂后，流体在储层中的流动可分为 5 个阶段：裂缝线性流、双线性流、椭圆流、拟径向流动和径向流动。

下面主要分析线性流、双线性流以及椭圆流的特征。

（1）线性流。

低渗透压裂井早期的生产数据会呈现线性流的特征。因此，在双对数图上部分产量数据随时间下降，下降斜率为0.5。线性流特征出现的条件为：产量或压力恒定和裂缝具有无限导流能力。此外，在线性流阶段，双对数图上累计产量与时间呈直线增加，增加斜率约为

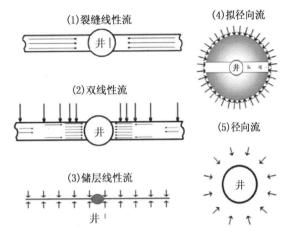

图 3.5.22　流体在裂缝中的流动流程图
（据 Pankaj 和 Kumar，2010）

0.50。一般认为线性流应该在几天或者几个月内结束，不过实际的气田数据显示，线性流可能持续四年或者更久（Stright 等，1983）。Holditch（2006）基于一些合理的假设，研究得出了水力压裂井线性流结束的时间。

致密砂岩气田的实际生产数据显示，很多气井的线性流时间较长（Stright 等，1983；Wattenbarger 等，1998；Shiraz，2009；Arévalo‑Villagrán 等，2002；Stotts 等，2007）。试井与等时试井类似，只是其每次生产时间和压力恢复时间也要相等。线性流的时间是通过水力压裂缝特征来预测，而不只是通过拟径向流来预测（Wattenbarger 等，1998；Stotts 等，2007）。线性流受压裂井的裂缝影响，而线性流较长主要由储层几何形态或者储层物性引起（Stright 等，1983；Arévalo‑Villagrán 等，2002）。长期线性流是多数致密砂岩气藏生产的主要流动阶段。

①狭长或条带状的储层。

条带状储层长度是宽度的两倍，这种几何形态的储层呈现出线性流特征。Stright 等（1983）认为对于一个狭窄的储层，长宽比在 50/1 或者更大时才会有显著的线性流。对于一定长度的储层，随着宽度减小，线性流阶段时间越长。此外，正方形储层中，水力压裂裂缝如同狭窄储层中的井筒。因此，水力压裂裂缝是致密储层中观察到线性流特征的主要影响因素之一，此种条件下，裂缝半长 X_f 一般是无限大的（图 3.5.23）（Stright，1983；Arévalo‑Villagrán 等，2003）。Stright 等（1983）对长期线性流期间的典型曲线进行了拟合，提出了最小裂缝长度的概念，该方法得到的裂缝长度比根据数值模拟拟合反演得到的值大得多。

②各向异性引起的线性流。

未进行大规模压裂改造的致密砂岩气井，也会出现长期线性特征（Stright 等，1983；

Wattenbarger 等，1998；Arévalo‐Villagrn 等，2002），这种特征不是由压裂引起的，可能是由地层构造过程中渗透率的各向异性引起的。而产生渗透率各向异性的原因很多，其中最重要的一个原因是天然裂缝。这些天然裂缝往往平行于水力压裂裂缝平面，此时，即使裂缝长度有限时也会引起线性流（Stright 等，1983；Wattenbarger 等，1998；Arévalo‐Villagrán 等，2003）。图 3.5.24 为正方形边界储层中具有天然裂缝的压裂直井示意图，天然裂缝平行于水力压裂裂缝，生产井位于压裂裂缝的中心，压裂裂缝对称分布。假设在 x 和 y 方向的有效渗透率可以计算。x 和 y 方向的公式各自如下，即

$$k_x = \frac{(d_A - w_A)k_m}{d_A} + 7.8445 \times 10^{12} \frac{w_A^3}{d_A} \qquad (3.5.44)$$

$$k_y = \frac{d_A k_m}{(d_A - w_A)} \qquad (3.5.45)$$

式中：W_A 为裂缝系统中的裂缝宽度，L；k_m 为基质渗透率，L^2；d_A 为裂缝系统泄气面积的半径，L。

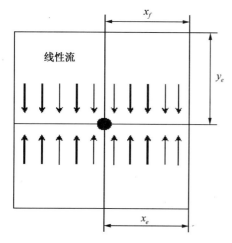

图 3.5.23　矩形储层中的一口水力压裂井顶视图
（裂缝中的流动仅为线性流）
（$X_f = X_e$）（据 Arévalo‐Villagrán 等，2003）

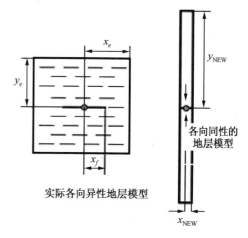

图 3.5.24　天然裂缝的各向异性效应转化成
一个薄层的等价各向同性系统
（据 Arévalo‐Villagrán 等，2003）

各向异性系统可以通过一定的数学变化转化为等价的各向同性的矩形渗流。图 3.5.24 显示了储层中的渗流的方向性，该方法往往会将储层变为一个等价的"细长"储层。各向异性的渗透率进行等价的转换之后，x 轴和 y 轴的方向会变成一个具有 x_{NEW} 和 y_{NEW} 尺寸的独立系统，等效各向同性系统中有效渗透率计算公式如下

$$\bar{k} = \sqrt{k_y \times k_x} \qquad (3.5.46)$$

x 和 y 方向上的尺寸将会变成

$$x_{\text{NEW}} = x_e \sqrt{\frac{\bar{k}}{k_x}} = x_e \left(\frac{k_y}{k_x}\right)^{\frac{1}{4}} \qquad (3.5.47)$$

$$y_{\text{NEW}} = y_e \sqrt{\frac{\bar{k}}{k_y}} = y_e \left(\frac{k_x}{k_y}\right)^{\frac{1}{4}} \qquad (3.5.48)$$

式中：k_x 为 x 方向上的渗透率，L^3；k_y 为 y 方向上的渗透率，L^3；$\bar{k}$ 为等价渗透率，L^3；x_f 为裂缝半长，L；x_{NEW} 为等效各向同性沿 x 轴的距离，L；x_e 为 x 方向的储层边界；y_{NEW}

为等效各向同性沿 y 轴的距离，L；y_e 为 y 方向的储层边界。

上述变化主要是把图 3.5.24 左侧的正方形系统转换成该图右侧的一个矩形系统。该储层中的任何井位都很可能呈现长期线性流（Arévalo‐Villagrán 等，2003）。

③裂缝中的垂向线性流。

裂缝具有较高的渗透率（Arévalo‐Villagrán 等，2003）。在这种情况下，高渗透条带中的压降速度快，会导致周围低渗储层气体流入高渗透条带，从而形成"垂向线性流"。图 3.5.25 为致密砂岩气藏裂缝中的渗流模式。

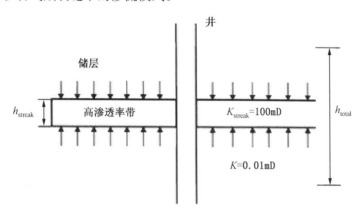

图 3.5.25　显示了致密气藏中进入高渗透率条带的垂向渗流图

（据 Arévalo‐Villagrán 等，2003）

（2）双线性流。

Arévalo‐Villagrán 等（2002）对双线性流动阶段的特征进行了分析，认为在断层或两个平行边界之间的直井（或水平井）生产时会出现双线性流。

双线性渗流形成与断层或沉积特征有关。比如说在具有渗透性的断层附近的垂直井，或者是具有一定导流能力的裂缝周围的垂直井；具有双孔特性的裂缝型储层周围的水平井，或者在具有双孔特性层状储层以及线性储层中的水平井。这些情况都会导致双线性流的发生。在致密砂岩气藏中经常出现双线性流，并且能够持续很多年。

（3）椭圆流。

在低渗（小于 0.01mD）和致密（小于 0.001mD）储层中，在长期观测和实践中建立起了椭圆流的概念。从概念上讲，椭圆流是双线性流和（或者）地层线性流结束以及拟径向流开始前的一个过渡阶段；从某种意义上讲，椭圆渗流是致密储层系统（Cheng 等，2007；Amini 等，2007）中主要的流动形态。同时，圆形各向异性储层中也会出现椭圆流（Amini 等，2007）。椭圆流的持续时间由储层和水力压裂裂缝的特征来决定，能持续几个月，甚至几年（Amini 等，2007）。因而，理解椭圆流以及椭圆流对井生产的影响对致密砂岩气藏的开发评价至关重要。

对于无限导流能力水力压裂缝，等压线呈现焦点在裂缝末端的具有共焦点的椭圆。对于有限导流能力裂缝，由于裂缝中存在压降，裂缝端部的等压线不是椭圆状，但是离裂缝末端较远的地方，等压线几何形态基本是椭圆状。Cheng（2007）得到了无限导流能力裂缝井中椭圆流的近似解，该方法可以模拟线性流到拟径向流的压力变化特征。

（4）流态判定以及椭圆流参数计算。

①判断流态。

Ali 等（2010）对储层中流体的流态进行研究时认为，水力压裂直井一共会呈现 5 种不同的流态，包括裂缝中的线性流，双线性流，储层中的线性流，椭圆流，拟径向流，该观点与 Pankaj 等（2008）的一致。在双对数坐标中做拟压力和拟压力导数和时间的关系曲线时可得：线性流的直线段斜率是 1/4；储层中的线性流的直线段斜率是 1/2；椭圆流的线性流结束之后，如果储层中并没有出现线性流，那么则是在双线性流的末期。对于无限导流能力裂缝，在双对数图上椭圆流初期的斜率大于 1/4 小于 1/2。在椭圆流的末期，它的斜率变的大于 1/2 或趋向于 0。

②椭圆流参数计算。

由于椭圆流的长半轴、短半轴以及泄气面积相对于其他流态的计算比较困难，Ali 和 Badazhkov 等（2008）对椭圆流的参数给出了详细的计算步骤。

a. 无限导流能力裂缝参数计算步骤如下：

Ⅰ. 定义两个无因次压力为

$$P_D = \ln\left(\frac{A+B}{X_f}\right) \tag{3.5.49}$$

$$P_D = \frac{kh}{1422q_g(T+460)}\Delta P_p \tag{3.5.50}$$

Ⅱ. 假设储层的渗透率和裂缝半长已知，计算椭圆流的半轴长 x_f、A 和 B。

$$B = 0.02634\left(\frac{kt}{\varphi\mu C_t}\right)^{0.5}$$

$$A = \sqrt{B^2 + x_f^2} \tag{3.5.51}$$

式中：B 为无限导流能力椭圆流域短轴，ft；A 为无限导流能力椭圆流域长轴，ft。

Ⅲ. 将 Δp_p 和 $\ln(A+B)$ 画在坐标轴上，并拟合成直线。

Ⅳ. 估算储层渗透率和裂缝半长，并由直线段的斜率和截距得出

$$k = \frac{1422q_g(T+460)}{mh} \tag{3.5.52}$$

$$x_f = \exp\left[\frac{ikh}{-1422qg(T+460)}\right] \tag{3.5.53}$$

式中：m 为椭圆流拟合直线的斜率。

Ⅴ. 重复步骤Ⅱ，迭代计算 k 和 x_f 直至收敛。

Ⅵ. 计算出泄气面积为

$$Area = \pi AB$$

b. 有限导流能力裂缝参数计算步骤如下：

Ⅰ. 定义参数为

$$C_{fD} = \frac{k_f w}{k x_f} \tag{3.5.54}$$

$$R = \frac{x_f}{x_{fe}} = \frac{\pi}{2C_{fD}} + 1 \tag{3.5.55}$$

$$p_D = \ln\left[\frac{(A+B)}{x_{fe}}\right] = \ln\left[\frac{R \times B + \sqrt{(R \times B)^2 + x_f^2}}{x_f}\right] \tag{3.5.56}$$

$$p_D = \ln\left[\frac{(A'+B')}{x_f}\right] \tag{3.5.57}$$

式中：C_{fD} 为无量纲导流能力系数；k 为渗透率，mD；k_f 为裂缝渗透率，mD；x_f 为水力压裂裂缝半长，ft；x_{fe} 为等效水力裂缝半长，ft。

Ⅱ. 假设储层渗透率、裂缝半长和裂缝导流能力已知，计算 A' 和 B'：

$$B' = R \times B$$

$$A' = \sqrt{B'^2 + x_f^2} \qquad (3.5.58)$$

式中：A' 为有限导流能力椭圆流域长轴，ft；B' 为有限导流能力椭圆流域短轴，ft；

Ⅲ. 将 Δp_p 和 $\ln (A' + B')$ 画在坐标轴上，并拟合成直线。

Ⅳ. 估算储层渗透率和裂缝半长，由直线段的斜率和截距得出，根据公式 3.5.52 和公式 3.5.53。

Ⅴ. 重复步骤Ⅲ，迭代计算 k 和 x_f 直至收敛。

Ⅵ. 画出 Δp_p 和 t1/4 的关系图，拟合出一条经过原点的直线，得出此时的斜率 m_b。

Ⅶ. 由 m_b 和第 Ⅴ 步得出的 k 和 x_f 估算出裂缝导流系数：

$$wkf = \left[\frac{443.2(T + 460)}{hm_b} \right]^2 \left(\frac{1}{\varphi\mu c_t k} \right)^{0.5} \qquad (3.5.59)$$

式中：m_b 为双线性流拟合直线的斜率。

Ⅷ. 反复迭代得出 C_{fD}，R，A' 和 B'。直到 $k_f\omega$ 收敛。

Ⅸ. 计算泄气面积为

$$Area = A'B'$$

通过以上方法，可以估算出储层的渗透率、裂缝半长和裂缝导流系数。

（5）压裂井无因次时间与流态的关系。

有限导流能力裂缝直井渗流时间可以用无因次时间来定义

$$t_D = 0.000246kt/(\phi\mu C_t L_f^2)^2 \qquad (3.5.60)$$

Lee 等（1981）认为当 t_D 在 0.0225～0.1156 之间时出现线性流动。拟径向流动直到 t_D 在 2～5 时才会发生，并且其发生时间取决于无因次导流能力的大小。在达到线性流动之前，流动方式通常被描述成双线性流动。在线性流动末期和拟径向流动阶段之间，这种流动模式通常被称为过渡阶段。表 3.5.5 显示的是一个典型气藏达到线性流动和拟径向流动需要的实际时间。对于典型的致密气藏而言，线性流动可能持续几个月甚至几年。如表 3.5.5 所示，在拟径向流动开始之前，不能用半解析分析法来处理数据。对于致密气藏中有限导流裂缝井早期不稳定流动阶段的数据的解释，应采用达西定律的解析或数值解法。

表 3.5.5　水力裂缝井达到线性流和拟径向流需要的时间

岩层渗透率（mD）	裂缝半长（ft）	线性流动开始（d）	线性流动结束（d）	拟径向流动开始（d）
	100	341	1752	4545
0.001	500	8623	43788	113636
	500	8523	43788	113636
	100	34	175	455
0.01	500	852	4379	11364
	1000	3409	17515	45455

岩层渗透率（mD）	裂缝半长（ft）	线性流动开始（d）	线性流动结束（d）	拟径向流动开始（d）
0.1	100	3	18	45
	500	85	438	1136
	1000	341	1752	4345
1	50	0.1	0.4	1.1
	100	0.3	1.8	4.5
	250	2.1	10.0	28.4

假定：孔隙度 = 0.1；黏度 = 0.02cP；压缩率 = 0.002（lb/in²）$^{-1}$

除了解析解之外，Lee 等（1981）认为有限差分模型也可以用于解释致密气藏具有有限导流能力的压后生产数据。该方法的步骤是首先利用解析模型进行数据解释，估算储层渗透率、裂缝半长以及裂缝导流能力，然后再把这些值输入到有限差分模型中。有限差分模型可以考虑以下各种因素的影响，如非达西流、裂缝闭合度以及地层压实，其中的关键在于利用瞬变流动模型来解释瞬变流动数据，而如果用拟径向流模型来解释线性流数据，则有可能得出错误的解释结果。

3.5.2.1.3 致密砂岩气藏双孔双渗不稳定试井模型

Shahamat 等（2008）通过引入单孔单渗不稳定试井模型（Lee，1987），且通过定义双孔基质中的三个特殊参数，对双孔双渗不稳定试井模型进行了研究。双孔双渗模型及其求解方法与单孔单渗不稳定试井模型相似，具体过程可见文献（Lee，1987）。

Shahamat 等（2008）定义的三个特殊参数为

$$\omega = \frac{(\phi c_t)_f}{(\phi c_t)_f + (\phi c_t)_m} \qquad (3.5.61)$$

$$\lambda = \frac{\alpha k_m r_w^2}{k_f} \qquad (3.5.62)$$

$$\lambda_f = \frac{\alpha k_m L_f^2}{k_f} \qquad (3.5.63)$$

式（3.5.61）为裂缝储容比，式（3.5.62）和式（3.5.63）分别为天然裂缝窜流系数和压裂裂缝窜流系数，L_f 为裂缝半长。在双孔介质中，以上参数的范围为：ω 范围在 $10^{-4} \sim 10^{-2}$；λ 的范围在 $10^{-9} \sim 10^{-3}$；由于裂缝长度比井筒半径大很多，所以在裂缝中的窜流系数 λ_f 比天然裂缝大得多。

定义井的变流量方程为

$$\left(\frac{p_i - p_{wf}}{q_g}\right) = \frac{70.6 \times B_g \times \mu}{k_g \times h}\left\{\ln\left(\frac{k_g \times t}{1688 \times \mu \times c_t \times \phi \times r_w^2}\right) + 2 \times S_a\right\} \qquad (3.5.64)$$

式中：$S_a = S + D \times q_g$，$D = \frac{9.106 \times 10^{-5} \times \gamma_g}{k_g^{1/3} \times \mu_g \times r_w}$。

定义压前和压后试井的井筒存储系数分别为

$$C_D = \frac{0.8936 \times C}{\phi \times c_t \times h \times r_w^2} \qquad (3.5.65)$$

$$C_{fD} = \frac{0.8936 \times C}{(S_{ft} + S_{mt}) \times L_f^2} \simeq \frac{0.8936 \times C}{\phi_t \times c_{ft} h_{mt} L_f^2} \qquad (3.5.66)$$

其中

$$C = c_{ub} \times V_{ub} \tag{3.5.67}$$

利用井筒存储系数和 Appendix 典型曲线方程（Lee，1986），可以绘制关于 C_D 的曲线，该曲线与 $C_D = 0$ 的交点即为筒存储效应消失时的无因次时间点。用同样的方法绘制 L_e/r_w 的曲线，该曲线与 L_e/r_w 取无穷大时曲线交点即边界影响开始的无因次时间点。

致密砂岩气藏中大部分气井在压恢测试时，生产时间很短，压力恢复时间很长。为了设计一口压裂井的压力恢复测试，必须清楚井筒存储效应消失的时间和外边界影响开始的时间。同样的方法可以获得井筒存储效应消失的时间和外边界影响开始的时间，唯一的不同就是用裂缝半长 L_f 代替 r_w。基于 Appendix 典型曲线方程，可分析有限和无限导流能力裂缝压力曲线。与压前测试类似，绘出的 C_{fD} 曲线与 $C_{fD} = 0$ 曲线的交点就是井筒存储效应消失的时间点。能够利用距离的比值 L_e/r_f 来评价边界影响开始的时间点。为了获得比较清楚的测试结果，测试持续时间必须大于井筒存储时间，只有这样气井才算是真正的关井。

图 3.5.26 为压裂前在单孔介质中受径向流影响的压力和压力导数曲线，早期曲线斜率为 1，为井筒存储效应影响段。图 3.5.27 至图 3.5.29 反应了井筒存储系数 ω 变化、封闭边界和定压边界的影响。

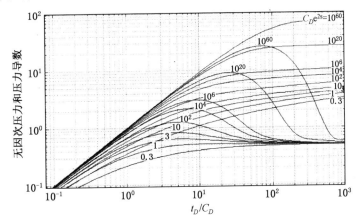

图 3.5.26 考虑井筒存储效应和表皮的径向流无因次压力和压力导数曲线

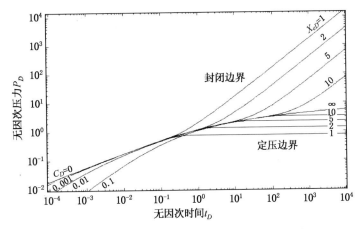

图 3.5.27 考虑边界影响的无限导流能力垂直裂缝井的井筒存储效应（$\omega = 1$）

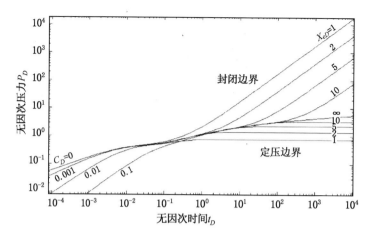

图 3.5.28　考虑井筒存储效应和表皮的径向流无因次压力和压力导数曲线 （$\omega = 0.1$）

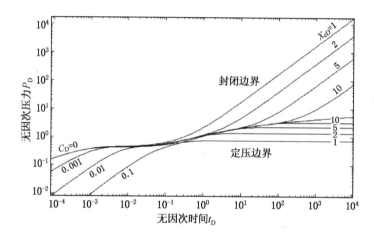

图 3.5.29　考虑井筒存储效应和表皮的径向流无因次压力和压力导数曲线 （$\omega = 0.01$）

（1）压前不稳定试井设计。

压前试井的目的是为了获得地层的渗透率以及原始地层压力，为了减少天然气的浪费，测试的生产时间应该小于 1d，关井时间应该小于 3d。

①评价井的性质和储层物性。

选择合适的产量进行生产，确保生产稳定；估算地层压力 $\bar{p}$ 和井底流压 p_{wf}（$\Delta t = 0$），且计算平均压力 $p_{av} = (\bar{p} + p_{wf})/2$；然后估算在平均压力下的体积系数、黏度以及岩石压缩系数；估算渗透率 k_g、厚度、孔隙度、λ、λ_f、ω、生产指数 J 或者 S_a；令气体压缩系数 $c_{ub} = c_g$ 并且算术平均计算井口与井底平均温度；应用方程（3.5.67）估算井筒存储系数。

②评价井筒存储效应消失的时间。

从方程（3.5.65）中获得无因次井筒存储系数，利用 Matlab 编程，获得曲线 C_D 与 $C_D = 0$ 的交点 $t_{D,ubs}/C_D$。用下面的程序获得该点：

$$d = \left[t_D, \overline{P_{us}}(s, C_D = 0), \overline{P_{us}}(s, C_D \neq 0) \right]$$

$$Tolerance = 0.02；$$

$$For\ i = 1 : n$$

$$\Delta \overline{P} = abs(1 - (d(i,2))/d(i,3))$$
$$if\ \Delta \overline{P} < Tolerance$$
$$t_{D,ubs} = d(i,1);$$
$$break$$
$$end$$
$$end$$

其中误差 tolerance 越小，$t_{D,ubs}/C_D$ 越精确。

根据 matlab 计算得到的 $t_{D,ubs}$ 确定井筒存储效应消失的时间：

$$t_{ubs} = \frac{\phi \times \mu \times c_t \times r_w^2}{0.0002637 \times k_g} \times t_{D,ubs} \qquad (3.5.68)$$

③评价径向流开始的时间。

设压力传播半径为 r_i，并且令 $r_i \cong r_e$，则径向流开始的时间为

$$t_{\min} = \frac{948\phi \times \mu \times c_t \times r_i^2}{k_g} \qquad (3.5.69)$$

式中：$r_i >= 4 \times L$。

④边界影响出现的时间 t_{end}

根据 Aguilera 曲线方程，得到 L_e/r_w 曲线与取无限大时的 L_e/r_w 曲线，将两曲线分开的点 $t_{D,end}/C_D$ 作为边界影响出现的时间，用下面的程序获得该点：

$$d = [t_D, \overline{P_{us}}(s, X_{eD} = \infty), \overline{P_{us}}(s, X_{eD})];$$
$$Tolerance = 0.02;$$
$$For\ i = 1:n$$
$$\Delta \overline{P} = abs(1 - (d(i,2))/d(i,3))$$
$$if\ \Delta \overline{P} < Tolerance$$
$$t_{D,end} = d(i,1);$$
$$break$$
$$end$$
$$end$$

则

$$t_{ubs} = \frac{\phi \times \mu \times c_t \times r_w^2}{0.0002637 \times k_g} \times t_{D,end} \qquad (3.5.70)$$

⑤开井生产时间和关井时间的选择

开井时间和关井时间应该大于 $4 \times t_{wbs}$ 和 $t_{\min}$，如果最大关井时间小于 $t_{\min}$，则 $4 \times t_{wbs}$ 需要进行井下关井，否则试井解释参数不清楚，同时当 $t_{wbs} > t_{end}$ 时也需要进行井下关井。

⑥评价半对数直线的斜率

$$m = \frac{162.6 \times q_g \times B_g \times \mu}{k_g \times h} \qquad (3.5.71)$$

⑦改变 ω 的值，分析其对 t_{wbs} 和 t_{end} 的影响。

（2）压后不稳定试井设计。

压后试井的主要目的是为了获得裂缝的参数，评价压裂的效果。关井前最长生产一个月，关井 2 个星期。在进行压后试井设计时，压前测试中获得的渗透率是至关重要的。只有从压前测试中获得渗透率，压后测试设计才能充分的进行。与压前测试一样，其步骤为：

①评价井的性质和储层物性。

压后不稳定试井解释过程与压前不稳定试井解释过程相同。

②估算井筒存储效应结束的时间 t_{wbs}。

从方程（3.5.66）中可得裂缝中的无因次井筒存储系数 C_{fD}，仅将误差 tolerance 改为 0.005，用与压前测试同样的方法确定 $t_{DLf_{ubs}}$，如下

$$t_{ubs} = \frac{\phi \times \mu \times c_t \times L_f^2}{0.0002637 \times k_g} \times t_{DLf_{ubs}} \tag{3.5.72}$$

③评价拟稳态径向流所需时间 t_{prf}（$t_{DLf} = 3$），如果这个时间很长，则在最长的渗流时间段内，无因次时间为 $t_{DLf_{max}}$。

$$t_{prf} = \frac{1.14 \times 10^4 \times \phi \times \mu \times c_t \times L_f^2}{k_g} \tag{3.5.73}$$

$$t_{DLf_{max}} = \frac{0.0002637 k_g}{\phi \times \mu \times c_t \times L_f^2} \times t_{max} \tag{3.5.74}$$

④边界影响出现的时间 t_{end}。

对于均匀对称裂缝中间一口井，利用 Aguilera 曲线方程计算出 $t_{DLf_{end}}$，t_{end}，只是误差改为 0.01。如果一口井离边界 L 较近，则评价 t_{end} 的方程为

$$t_{min} = \frac{948 \times \phi \times \mu \times c_t \times L^2}{k_g} \tag{3.5.75}$$

⑤开井生产时间的选择和关井时间的选择。

生产时间必须超过 t_{ubs}，并且最小等于 $4 \times t_{prf}$，尽可能地延长生产的时间来清洗裂缝。关井时间必须超过 $4 \times t_{prf}$，最大的关井时间为 Δt_{max}。

⑥不管是否达到拟径向流，压后测试时，半对数图上曲线斜率的计算方法与压前测试的一样。

⑦改变 ω 和 λ_f，看其对 t_{end}，$t_{DLf_{end}}$ 的影响。

（3）参数对试井曲线的影响。

利用上述步骤和 Lee（1987）提出的方法，改变 ω 和 λ_f，在半对数坐标上绘制曲线。结果表明 ω 和 λ_f 的改变对外边界距离没有影响（图 3.5.30）。井筒存储效应结束的时间受 α 和 λ 的影响。天然裂缝越少，ω 越小，井筒存储效应结束得越早。λ_f 的越大，双孔的特性出现得越早，井筒存储效应结束得越早（图 3.5.31，图 3.5.32）。

3.5.2.1.4 考虑裂缝高速非达西的致密砂岩气藏不稳定渗流模型

考虑裂缝高速非达西的模型与双孔双渗模型基本相同，只是用裂缝中的有效渗透率代替原来的渗透率，并且用有效井眼半径代替 r_w，如下式所示，即

$$r'_w = r_w e^{-s_{f-eff}} \tag{3.5.76}$$

Rahman（2008）根据 3.5.1.3.1 节的高速非达西的表征方法，计算了考虑裂缝和高速非达西的表皮因子，其步骤如下所示：

（1）根据裂缝有效渗透率与基质渗透率之比和体积比，得到裂缝支撑剂的数量，即

$$N_{prop} = \frac{2k_{f-eff}}{k} \frac{V_{prop}}{V_{res}} \tag{3.5.77}$$

式中：V_{prop} 为裂缝的体积；V_{res} 为气藏体积。

（2）计算有效裂缝导流能力 $k_{f-eff} w_{fp}$、无因次裂缝导流能力 F_{CD-eff} 以及 F_{eff}，即

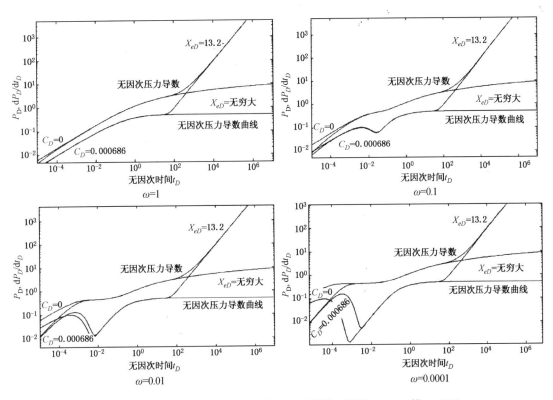

图 3.5.30 不同 ω 下的无因次压力和压力导数（据 Shahamat 等，2008）

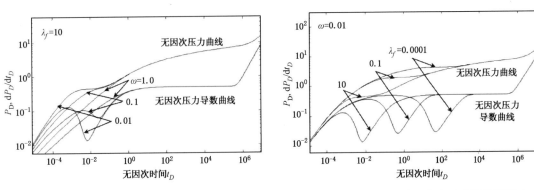

图 3.5.31 ω 对无因次压力和压力导数的影响
（$\lambda_f = 10$）（据 Shahamat 等，2008）

图 3.5.32 λ_f 对无因次压力和压力导数的影响
（$\omega = 0.01$）（据 Shahamat 等，2008）

$$F_{eff} = \frac{1.65 - 0.328u + 0.116u^2}{1 + 0.18u + 0.064u^2 + 0.005u^3} \tag{3.5.78}$$

其中：$u = \ln(F_{CD-eff})$，$F_{CD-eff} = \dfrac{k_{f-eff}w_{fp}}{kx_f}$

（3）计算有效表皮和有效等效井筒半径，即

$$S_{f-eff} = F_{eff} - \log(x_f/r_e) \tag{3.5.79}$$

$$r_{w-eff} = r_w \times e^{-s_{f-eff}} \tag{3.5.80}$$

（4）用 r_{w-eff} 代替 r_w，计算不稳定产量 q_t，即

$$q_t = \frac{kh\left[p_i^2 - p_{wf}^2\right]}{1637\mu_g z_g T}\left[\log t + \log \frac{k}{\phi\mu_g C_t r_w^2} - 3.23 + 0.869s'\right]^{-1} \qquad (3.5.81)$$

式中：$s' = s + Dq_g$。

（5）裂缝中的气体速度为

$$v_g = \frac{500 B_g q_t}{h_f w_{fp}} \qquad (3.5.82)$$

式中 x_f 为裂缝长度；w_{fp} 为支撑裂缝宽度；h_f 为裂缝穿过储层的厚度。

（6）出现非达西的雷诺数为

$$N_{Re} = 1.83 \times 10^{-16} \frac{\beta k_f \rho_g \nu_g}{\mu_g} \qquad (3.5.83)$$

（7）计算雷诺数的误差：$Error = \left|\dfrac{N_{Re-new} - N_{Re-old}}{N_{Re-old}}\right| \times 100$。当误差大于 0.01％时，重复步骤（1）至误差小于 0.01％时，计算终止。

（8）随时间的变化，重复以上步骤（1）～（7），可得到不稳定试井的产量。

上述步骤即为裂缝中高速非达西的处理方法，该方法可以最大限度地减小高速非达西的影响。将计算得到的考虑高速非达西影响的表皮代入到模型中，就可以得到考虑裂缝中高速非达西的渗流模型。

3.5.2.1.5 致密砂岩气藏试井中存在的问题

在致密砂岩气藏试井工作中所面临的最大问题是：由于致密砂岩气藏具有极低的渗透率，达到径向流需要很长的时间。因此，实施常规试井既不实际，也不经济。为了从致密砂岩气藏试井中得到尽可能多的信息，Lee（1987）提出一套压前和压后试井的流程。整个流程最关键的是需要一个准确的原始压力值。Lee（1987）所用的是传统方程，并且提出应确定最优化的压前气井产量。基于经验，如果储层非常致密（0.001～0.1mD），用土酸、KCl 水溶液或 N₂ 处理可得到压前气井产量。

但是，Lee 的方法仍然无法解决试井时间过长的问题，并需要压后试验评价，特别是当储层的渗透率小于 0.1mD 时，就更需要压后评价。研究人员利用脉冲压裂注入实验中评价渗透率的方法来解决关井时间过长这个问题。例如，Gu 等（1993）建立了瞬时点源控制方程，当注入时间比关井时间短时，可以称注入物为瞬时源。这种方法与冲击试验类似，不同之处在于冲击试验不能产生裂缝，而脉冲试验有望在井筒周围产生裂缝。Mayerhofer 和 Conomides（1995）研发了一种方法，且介绍了一个实例。通过一个小型压裂试验来说明如何计算渗透率、泄气半径和废弃压力。他们通过建立一个可以识别不稳定流动时期的双对数判别图来进行分析，并由此可计算气体渗透率，结果的可靠性可通过与压力的匹配来证实。通常，一口井要钻穿几个透镜状的单砂体，随着开发钻探的进行，有些没钻遇的透镜体还保持原始地层压力，而有的透镜体则由于生产而压力下降很多。压裂后，压力下降多的透镜体会影响整个压裂的评价。为了减小这种影响，Craig 等（2000）介绍了一个实例。在该例子中，用多重诊断压裂注入试验来确定裂缝的破裂压力，评价气相渗透率，优化多次压裂作业。

致密砂岩气藏中试井分析较新的方法是射孔流入试验分析法，即 PITA（Perforation Inflow Test Analysis）。Rahman 等（2005，2006）介绍了该方法提出的背景和气田应用实例，用该方法可以计算气藏原始压力、有效渗透率和表皮系数。

3.5.2.2 致密砂岩气藏气井产能试井分析方法

3.5.2.2.1 致密气藏试井方法分析

在石油工业上产能试井的方法很多。最常用的产能试井方法有四种，分别是：回压试井、等时试井、修正等时试井以及一点法试井。这些试井方法的目的是为了获得最为精确的无阻流量和获得最高的经济效益。Khalifa（2010）在致密气藏中分析上面四种方法的特点如下：

（1）回压试井方法不需要关井，对于高渗透率储层，由于压力恢复快，该方法适用性强，但是对于低渗储层而言，达到稳定渗流的时间很长，适用性差。

（2）等时试井在每次试井中需要 3～4 个逐渐增大的产量，并且要求测试时间相同，关井压力恢复到地层压力时，再进行下次测试，且最后一个产量必须达到稳定渗流。但是对于低渗储层而言压力恢复的时间较长，地层压力的获得比较困难。

（3）修正等时试井与等时试井类似，只是其每次测试的开井时间和关井压力恢复时间相等，而且最后一个产量必须达到稳定渗流。

（4）单点法测试只需要一个产量和一个稳定的井底流压，克服了长时间测试和多点测试的缺陷，但其缺点是必须知道气井的供气能力。

分析四种方法的特点发现，稳定渗流条件是每种方法必须具备的条件，是影响产能评价精确度的主要因素。根据渗流基本原理，圆形泄气面积储层，达到稳定渗流的时间为

$$t_s = 948 \times \frac{\phi \mu_g C_t r_e^2}{k} \tag{3.5.84}$$

式中：t_s 需要的稳定渗流时间；ϕ 岩石孔隙度；μ_g 气体的黏度；C_t 总岩石压缩系数；k 储层渗透率；r_e 泄气半径。

Khalifa（2010）通过分析以上 4 种方法，认为在致密砂岩气藏中回压方法是误差最大，如果最后一个产量能达到稳定渗流，那前三种方法基本可以等同。考虑测试时间和经济效益的影响，修正等时试井是最实用的方法，该方法获得的无阻流量最为准确，误差最小。故在致密砂岩气藏中，最好的试井方法为修正等时试井。

3.5.2.2.2 修正等时试井方法简介

目前致密气藏应用的修正等时试井是 Katz 等人于 1959 年提出的，每一工作制度下关井时间和开井测试时间相等。由于该方法解释结果基本可靠，操作简洁，测试时间短，修正等时试井方法被广泛用于中国鄂尔多斯北部（简称鄂北）大牛地气田、长庆气田、徐深气田等致密气藏中。结合中国的实际情况，中国在现场应用修正等时试井时，进行了一些调整：

（1）在第 4 次开井后，增加了一次关井，可以多取一个关井压力恢复资料；

（2）延时开井后，增加了终关井测试。

示意图如图 3.5.33 所示。

利用修正等时试井资料代入产能方程中可得到方程组，即

$$\begin{cases} p_i^2 - p_{wf1}^2 = Aq_{g1} + Bq_{g1}^2 \\ p_{us1}^2 - p_{wf2}^2 = Aq_{g2} + Bq_{g2}^2 \\ \cdots \\ p_{us3}^2 - p_{wf4}^2 = Aq_{g4} + Bq_{g4}^2 \end{cases} \tag{3.5.85}$$

为了计算 A，B，Q_{AOF} 三个参数值，将上式整理成

$$\frac{p_e^2 - p_{wf}^2}{q_g} = A + Bq_g \tag{3.5.86}$$

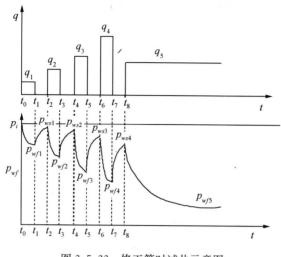

图 3.5.33　修正等时试井示意图

显然，$\dfrac{p_e^2 - p_{wf}^2}{q_{sc}}$ 与 q_{sc} 之间成线形关系，斜率为 B 值，利用延续流量的测量值可获得 A 值。根据获得的系数 A 和 B 就可以得到气井的无阻流量（Q_{AOF}）。

3.5.2.3　受启动压力梯度影响的气井产能试井分析方法

　　渗流实验表明，当存在一定的含水饱和度时，致密砂岩气藏气体渗流可能存在启动压力梯度。在试井工作中，低渗透试井往往表现为不易出现径向流直线段或不出现径向流直线段，其压力波传播的特点是流体动边界不断向外扩展。启动压力梯度的存在导致气体渗流偏离达西定律，（拟）压力导致双对数曲线不成水平直线段，压力半对数曲线也不成直线，利用常规试井解释模型将得出不可靠的结果。为了建立与实际生产相符合的试井模型，我们从渗流力学出发，建立了考虑启动压力梯度的不稳定试井模型，并提出了考虑启动压力的产能试井资料处理方法。

3.5.2.3.1　考虑启动压力的渗流模型

　　张百灵（2004），李跃刚（1993）指出，致密砂岩气藏渗流模型的建立需要在模型假设的基础上，根据气体不稳定渗流微分方程、边界条件以及初始条件等，还需要动量、质量及能量守恒方程，同时描述储层多孔介质和其中的流体的状态方程也是必不可少的。

　　（1）模型假设条件。

　　致密砂岩气层中考虑启动压力影响下的气体非达西渗流的基本假设条件如下：

　　①气层是均质地层，且各向同性；

　　②气体的渗流为相等温度下的渗流，也就是各点的温度是始终保持不变的；

　　③渗流方程考虑启动压力的影响；

　　④气体的渗流为单相气体渗流。

　　（2）模型的建立。

　　只有当压力梯度大于某个起始压力梯度，流体才能克服岩石表面吸附层的阻力以及岩石表面吸附束缚水的堵塞开始流动于 1924 年首次提出。随后一些学者都引用起始压力梯度或临界压力梯度的概念，提出描述这种非达西低速渗流的运动方程（杨学云，2008），即

$$v = \begin{cases} -\dfrac{k}{\mu}\nabla P\left(1 - \dfrac{\lambda_B}{|\nabla P|}\right) & |\nabla P| > \lambda_B \\ 0 & |\nabla P| < \lambda_B \end{cases} \tag{3.5.87}$$

　　根据气体拟压力的定义，可以定义"拟启动压力梯度"，即

$$\lambda_{\psi B} = \frac{2\bar{P}}{\mu Z}\lambda_B \tag{3.5.88}$$

　　无因次拟启动压力梯度 $\lambda_{\psi BD}$ 可以表示为

$$\lambda_{\psi BD} = \frac{khr_w}{0.01273T|q_{sc}|}\lambda_{\psi B} \tag{3.5.89}$$

根据式（3.5.87）可以直接写出致密砂岩均质气藏定产量生产的不稳定试井模型，模型的无因次基本方程可以表示为

$$\frac{1}{r_D}\frac{\partial}{\partial r_D}\left[r_D\,\frac{\partial \psi_D}{\partial r_D}\right]+\frac{1}{r_D}\lambda_{\psi BD}\,\mathrm{e}^{-s}=\frac{\partial \psi_D}{\partial t_D} \qquad (3.5.90)$$

初始条件

$$\psi_D(r_D,t_D)\big|_{t_D=0}=0 \qquad (3.5.91)$$

内边界条件

$$\begin{cases} C_D\dfrac{d\psi_{wD}}{dt_D}-\dfrac{\partial \psi_D}{\partial r_D}\bigg|_{r_D=1}=1+\lambda_{\psi BD}\,\mathrm{e}^{-s}\\[2mm] \psi_{wD}=\psi_D\big|_{r_D=1} \end{cases} \qquad (3.5.92)$$

外边界条件

$$\psi_D\big|_{r_D\to\infty}=0 \qquad (3.5.93)$$

式中：ψ_D，ψ_{wD} 为无因次拟压力、井底无因次拟压力；$\psi_D=\dfrac{kh}{0.01273Tq}\Delta\psi$；$\psi(p)$ 为拟压力，$\mathrm{MPa^2/mPa\cdot s}$；$\psi(p)=\displaystyle\int_{p_0}^{p}\frac{2P}{\mu Z}\mathrm{d}P$；$t_D$ 为无因次时间，$t_D=\dfrac{3.6kt}{\phi\mu C_t r_w^2}$；$r_D$ 为无因次距离，$r_D=\dfrac{r}{r_w}$；C_D 为无因次井筒储存常数，$C_D=\dfrac{0.159C}{\phi hC_t r_w^2}$；$S$ 为表皮系数；C 为井筒储存常数，$\mathrm{m^3/MPa}$；λ_B 为启动压力梯度，$\mathrm{MPa/m}$。

（3）模型的求解。

Bourdartor（1998）等指出，上述方程的求解必须要通过拉普拉斯变换和格林函数方法，方程的具体求解结果为

$$\overline{\psi_D}=\frac{(1+d)K_0(r_D\sqrt{g/C_D})}{g\left[\sqrt{g/C_D}K_1(\sqrt{g/C_D})+gK_0(\sqrt{g/C_D})\right]}+\int G(r_D,\tau)\,\mathrm{d}\tau \qquad (3.5.94)$$

$$d=\lambda_{\psi BD}\,\mathrm{e}^{-s}+\frac{\pi\lambda_{\psi BD}\,\mathrm{e}^{-s}}{2}I_1(\sqrt{g/C_D})-\frac{\pi\lambda_{\psi BD}\,\mathrm{e}^{-s}}{2\sqrt{g/C_D}}gI_0(\sqrt{g/C_D}) \qquad (3.5.95)$$

式中：g 为拉普拉斯变量；$\overline{\psi_{wD}}$ 为拉普拉斯空间井底无因次拟压力，$\overline{\psi_{wD}}(g)=\displaystyle\int_0^{\infty}\psi_{wD}\,\mathrm{e}^{-gt_D/C_D}\mathrm{d}(t_D/C_D)$；$G(r_D,\tau)$ 为格林函数；

$$G(r_D,\tau)=\begin{cases}\dfrac{\lambda_{\psi BD}\,\mathrm{e}^{-s}}{g}K_0(r_D\sqrt{g/C_D})I_0(\tau\sqrt{g/C_D}) & (1<\tau<r_D)\\[3mm]\dfrac{\lambda_{\psi BD}\,\mathrm{e}^{-s}}{g}K_0(\tau\sqrt{g/C_D})I_0(r_D\sqrt{g/C_D}) & (r_D<\tau<\infty)\end{cases} \qquad (3.5.96)$$

当 $r_D=1$ 时，得井底无因次拟压力解为

$$\overline{\psi_{wD}}=\frac{(1+d)K_0(r_D\sqrt{g/C_D})}{g\left[\sqrt{g/C_D}K_1(\sqrt{g/C_D})+gK_0(\sqrt{g/C_D})\right]}+\frac{\pi\lambda_{\psi BD}\,\mathrm{e}^{-s}}{2g\sqrt{g/C_D}}I_0(\sqrt{g/C_D}) \qquad (3.5.97)$$

3.5.2.3.2 产能方程的建立

（1）不稳定渗流产能方程。

将式（3.5.97）进行拉普拉斯逆变换，转换到常空间上的解为（Pore 等，1958）

$$\psi_{wD}=\frac{1}{2}(\ln t_D+0.809)(1+\lambda_{\psi BD})+\lambda_{\psi BD}+S+Dq_g \qquad (3.5.98)$$

将式（3.5.98）转换为有量纲的形式，即

$$\psi(P_e) - \psi(P_{wf}) = \frac{2\bar{P}\lambda r_w}{\mu\bar{Z}}\left(0.4045 + \frac{1}{2}\ln\frac{3.6kt}{\phi\,\overline{\mu C_t}r_w^2} + \sqrt{\frac{3.6\pi kt}{\phi\,\overline{\mu C_t}r_w^2}}\right)$$

$$+ \frac{42.42TP_{sc}q_g}{khT_{sc}}\left[\lg\frac{8.085kt}{\phi\overline{\mu}C_t r_w^2} + 0.87S + 0.87Dq_g\right] \tag{3.5.99}$$

令

$$A_t = m\left[\lg\frac{8.085kt}{\phi\,\overline{\mu C_t}r_w^2} + 0.87S\right]$$

$$C_t = \frac{2\bar{p}\lambda r_w}{\mu\bar{Z}}\left(0.4045 + \frac{1}{2}\ln\frac{3.6kt}{\phi\,\overline{\mu C_t}r_w^2} + \sqrt{\frac{3.6\pi kt}{\phi\,\overline{\mu C_t}r_w^2}}\right) \tag{3.5.100}$$

$$m = \frac{42.42Tp_{sc}\overline{\mu Z}}{khT_{sc}} \tag{3.5.101}$$

$$B = 0.87mD \tag{3.5.102}$$

$$D = 2.191\times10^{-18}\frac{\beta\gamma_g k}{\mu h r_w} \tag{3.5.103}$$

式（3.5.99）可转换为

$$\psi(p_e) - \psi(p_{wf}) = A_t q_g + B q_g + C_t \tag{3.5.104}$$

同样可写成压力平方的形式，式（3.5.104）变为

$$p_e^2 - p_{wf}^2 = A_t q_g + B q_g + C_t \tag{3.5.105}$$

式中

$$C_t = 2\bar{p}\lambda r_w\left(0.4045 + \frac{1}{2}\ln\frac{3.6kt}{\phi\,\overline{\mu C_t}r_w^2} + \sqrt{\frac{3.6\pi kt}{\phi\,\overline{\mu C_t}r_w^2}}\right) \tag{3.5.106}$$

目前考虑启动压力梯度影响的产能方程都认为 C_t 仅为时间 t 的函数，即，不同测试流量下，只要时间相同，则地层的平均压力 $\bar{p}$ 相同，启动压降相同。由式（3.5.106）可以看出，启动压力梯度反映在产能方程上为产生启动压降 C_t，C_t 的大小不仅与时间 t 有关，而且与平均地层压力 $\bar{p}$ 有关，而 $\bar{p}$ 为产量 q_g 与时间 t 的函数，即

$$\bar{p} = f(q_g, t) \tag{3.5.107}$$

尤其对于测试时间较短、供气半径较小的气井影响更为明显。现以修正等时试井为例，对目前产能方程的误差进行分析。

假设气井产能测试流量为 q_i（$i = 1, 2, 3, 4$），满足关系式

$$q_1 < q_2 < q_3 < q_4$$

则各测试井底流压满足关系式

$$P_{wf1} > p_{wf2} > p_{wf3} > p_{wf4}$$

对应就有

$$\bar{p}_1 > \bar{p}_2 > \bar{p}_3 > \bar{p}_4$$

若是认为地层平均压力 $\bar{p}$ 与产量无关，则满足 $C_t^4 < \overline{C}_t < C_t^1$，即

$$(p_e^2 - p_{wf1}^2 - \overline{C}_t)/q_{sc1} > (p_e^2 - p_{wf1}^2 - C_t^1)/q_{sc1}$$

$$(p_e^2 - p_{wf4}^2 - \overline{C}_t)/q_{sc4} < (p_e^2 - p_{wf4}^2 - C_t^4)/q_{sc4}$$

反映在产能曲线上，表现如图 3.5.34 所示。

可见，将启动压降 C_t 当作只是时间的函数处理，会导致产能曲线斜率变小，甚至出现负斜率，增大了试井解释的误差。

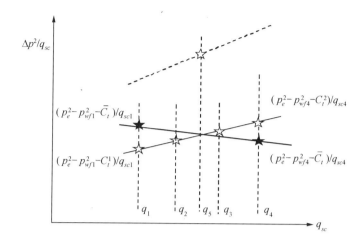

图 3.5.34 $\Delta p^2/q_{sc}$ 与 q_{sc} 产能曲线异常分析

令

$$f(t) = \lambda r_w \left(0.4045 + \frac{1}{2} \ln \frac{3.6kt}{\phi \mu C_t r_w^2} + \sqrt{\frac{3.6\pi kt}{\phi \mu C_t r_w^2}} \right) \tag{3.5.108}$$

近似认为：

$$\overline{p} = \frac{(p_e + p_{wf})}{2} \tag{3.5.109}$$

将式（3.5.108）、(3.5.109) 代入式 (3.5.106)，得

$$C_t = (p_e + p_{wf}) f(t) \tag{3.5.110}$$

将式（3.5.110）代入式 (3.5.105)，得

$$p_e^2 - p_{wf}^2 = A_t q_g + B q_g + (p_e + p_{wf}) f(t) \tag{3.5.111}$$

式 (3.5.111) 可进一步转换为：

$$\left(p_e - \frac{f(t)}{2} \right)^2 - \left(p_{wf} + \frac{f(t)}{2} \right)^2 = A_t q_g + B q_g \tag{3.5.112}$$

从式（3.5.112）可以看出，由于 $f(t)$ 仅为时间的函数，因此相同的测量时间下，函数 $f(t)$ 可认为是常数。

（2）稳定渗流产能方程。

现考虑一定压外边界，中心为一气井，将启动压力梯度 λ 引入到渗流微分方程以后，可以得到考虑气井非达西流动的二次方程为

$$\frac{\mathrm{d}p}{\mathrm{d}r} - \lambda = \frac{\mu}{k}v + \beta \rho v^2 \tag{3.5.113}$$

将渗流速度转换为地面标准状况下为

$$v = \frac{q_r}{2\pi rh} = \frac{q_{sc}}{2\pi rh} \frac{p_{sc}}{Z_{sc} T_{sc}} \frac{ZT}{p}$$

$$\rho = \frac{pMr_g}{ZRT} \tag{3.5.114}$$

二次方程（3.5.113）可变为

$$\frac{\mathrm{d}p}{\mathrm{d}r} - \lambda = \frac{\mu}{k} \frac{q_{sc}}{2\pi rh} \frac{p_{sc}}{Z_{sc} T_{sc}} \frac{ZT}{p} + \beta \frac{pr_g M}{ZRT} \left(\frac{q_{sc}}{2\pi rh} \frac{p_{sc}}{Z_{sc} T_{sc}} \frac{ZT}{p} \right)^2$$

$$= \left(\frac{p_{sc}q_{sc}}{Z_{sc}T_{sc}}\right)\frac{\mu ZT}{2\pi kh}\frac{1}{r p} + \frac{Mr_g\beta ZT}{pR}\left(\frac{q_{sc}p_{sc}}{2\pi hZ_{sc}T_{sc}}\right)^2\frac{1}{r^2} \tag{3.5.115}$$

将式（3.5.115）两边进行积分变换

$$\int_{p_{wf}}^{p_e} p\,\mathrm{d}p = \lambda\int_{r_w}^{r_e} p\,\mathrm{d}r + \left(\frac{p_{sc}q_{sc}}{Z_{sc}T_{sc}}\right)\frac{\mu ZT}{2\pi kh}\int_{r_w}^{r_e}\frac{\mathrm{d}r}{r} + \frac{Mr_g\beta ZT}{R}\left(\frac{q_{sc}p_{sc}}{2\pi hZ_{sc}T_{sc}}\right)^2\int_{r_w}^{r_e}\frac{\mathrm{d}r}{r^2}$$

$$\tag{3.5.116}$$

目前，一般均认为 μ、Z 在积分范围内是常数，取平均值，可移出积分号。对式（3.5.116）两边积分，得

$$p_e^2 - p_{wf}^2 = 2\lambda\int_{r_w}^{r_e} p\,\mathrm{d}r + \left(\frac{p_{sc}q_{sc}}{Z_{sc}T_{sc}}\right)\frac{\bar{\mu}\bar{Z}T}{2\pi kh}\ln\left(\frac{r_e}{r_w}\right) + \frac{Mr_g\beta\bar{Z}T}{R}\left(\frac{q_{sc}p_{sc}}{2\pi hZ_{sc}T_{sc}}\right)^2\left(\frac{1}{r_w}-\frac{1}{r_e}\right)$$

$$\tag{3.5.117}$$

代入法定计量单位，标准状态取 $T_{sc}=293\mathrm{K}$，$p_{sc}=0.101325\mathrm{MPa}$，式（3.5.117）可改写为

$$p_e^2 - p_{wf}^2 = 2\lambda\int_{r_w}^{r_e} p\,\mathrm{d}r + \frac{1.291\times10^{-3}q_{sc}T\bar{\mu}\bar{Z}}{kh}\left(\ln\frac{r_e}{r_w}+Dq_{sc}\right) \tag{3.5.118}$$

式中：D 为惯性或紊流系数；$D=2.191\times10^{-18}\frac{\beta r_g k}{\mu h r_w}$；$\lambda\int_{r_w}^{r_e} p\,\mathrm{d}r$ 为由启动压力梯度的存在而引起的附加压降。

根据 Hawhins 的表皮系数表达式，可以得出由表皮 S 引起的拟压力降（李士伦，2000），即

$$\Delta p_{skin}^2 = \frac{1.291\times10^{-3}q_{sc}T\bar{\mu}\bar{Z}}{kh}S \tag{3.5.119}$$

将表皮效应产生的压降合并到总压降中，则可得到非达西稳定流动的产能方程为

$$p_e^2 - p_{wf}^2 = 2\lambda\int_{r_w}^{r_e} p\,\mathrm{d}r + \frac{1.291\times10^{-3}q_{sc}T\bar{\mu}\bar{Z}}{kh}\left(\ln\frac{r_e}{r_w}+S+Dq_{sc}\right) \tag{3.5.120}$$

令

$$A = \frac{p_{sc}}{Z_{sc}T_{sc}}\frac{\bar{\mu}\bar{Z}T}{2\pi kh}\ln\left(\frac{r_e}{r_w}\right)$$

$$B = \frac{Mr_g\beta\bar{Z}T}{R}\left(\frac{p_{sc}}{2\pi hZ_{sc}T_{sc}}\right)^2\left(\frac{1}{r_w}-\frac{1}{r_e}\right)$$

则式（3.5.120）可变为

$$p_e^2 - p_{wf}^2 - \lambda\int_{r_w}^{r_e} p\,\mathrm{d}r = Aq_{sc} + Bq_{sc}^2 \tag{3.5.121}$$

可以看出，附加压降 $\lambda\int_{r_w}^{r_e} p\,\mathrm{d}r$ 并非为一常数，而与地层压力分布有关，即与产量 q 相关。

由于无法获得 p 与 r 的函数关系式，对由启动压力梯度引起的附加压降 $\lambda\int_{r_w}^{r_e} p\,\mathrm{d}r$ 进行积分时，采用常规的积分方法无法求解，必须采用定积分的近似计算法，以获得近似解。

如图 3.5.35 所示，$\int_{r_w}^{r_e} p\,\mathrm{d}r$ 的积分可以看成面积的叠加 $A=A(\mathrm{I})+A(\mathrm{II})$，采用梯形近似积分法，可得

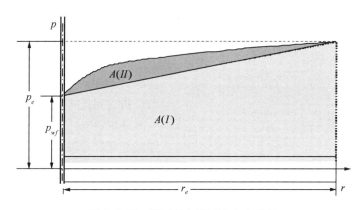

图 3.5.35　平面径向流压力分布曲线

$$\lambda \int_{r_w}^{r_e} p \, \mathrm{d}r \approx A(I) = \lambda \left(\frac{p_e + p_{wf}}{2} \right) (r_e - r_w) \tag{3.5.122}$$

由于 $r_w \ll r_e$，可忽略 r_w

$$\lambda \int_{r_w}^{r_e} p \, \mathrm{d}r = \lambda \left(\frac{p_e + p_{wf}}{2} \right) r_e = C(p_e + p_{wf}) \tag{3.5.123}$$

式中：$C = \dfrac{\lambda r_e}{2}$

将式（3.5.123）带入方程（3.5.121）中，可得到考虑启动压力梯度的产能方程为

$$p_e^2 - p_{wf}^2 - C(p_e + p_{wf}) = A q_{sc} + B q_{sc}^2 \tag{3.5.124}$$

方程（3.5.124）可进一步转化为

$$(p_e - C/2)^2 - (p_{wf} + C/2)^2 = A q_{sc} + B q_{sc}^2 \tag{3.5.125}$$

3.5.2.3.3　试井资料处理方法

利用修正等时试井资料代入式（3.5.125）可得到方程组

$$\begin{cases} (p_e - C/2)^2 - (p_{wf1} + C/2)^2 = A q_{sc1} + B q_{sc1}^2 \\ (p_{us1} - C/2)^2 - (p_{wf2} + C/2)^2 = A q_{sc2} + B q_{sc2}^2 \\ \quad\quad\quad \cdots \\ (p_{us3} - C/2)^2 - (p_{wf4} + C/2)^2 = A q_{sc4} + B q_{sc4}^2 \end{cases} \tag{3.5.126}$$

为了计算 A，B，C 三个参数值，将式（3.5.126）整理成

$$\frac{(p_e - C/2)^2 - (p_{wf} + C/2)^2}{q_{sc}} = A + B q_{sc} \tag{3.5.127}$$

显然，$\dfrac{(p_e - C/2)^2 - (p_{wf} + C/2)^2}{q_{sc}}$ 与 q_{sc} 之间成线性关系，可以采用试算法进行求解，分别假设不同的 C 值，做出对应的 $\dfrac{(p_e - C/2)^2 - (p_{wf} + C/2)^2}{q_{sc}}$ 与 q_{sc} 的曲线，当 $\dfrac{(p_e - C/2)^2 - (p_{wf} + C/2)^2}{q_{sc}}$ 与 q_{sc} 满足线性关系时，所对应的 C 即所求值，斜率为 B 值，利用延续流量的测量值可获得 A 值，处理方法流程如所示。

3.5.3　致密砂岩气藏动态分析方法

无论何种储层、何种驱动方式和开采方式的气藏，开发过程一般会经历产量上升段、产

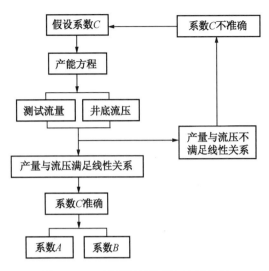

图 3.5.36　试井资料处理方法示意图

量稳定段、产量递减阶段。

稳产阶段时，气井产量不变，井底压力以及井口油套压下降，当压力波传播到边界时，气井产量发生递减。对于气藏递减分析，目前多采用 Arps 递减分析方法，气藏递减符合三种模式：指数递减、双曲递减和调和递减。

同时对于低渗、非均质性强、低丰度的致密气藏来说，由于单井产气能力低，要形成一定产量规模或达到一定的开发速度，需要加密新井来提高采收率。加密井井位的优选对致密气藏的开采与开发具有重要意义。

本节主要介绍致密气藏递减规律以及井网加密技术。

3.5.3.1　致密砂岩气藏产量递减分析

在致密砂岩气藏中，气井产量小，井周围地区气体的流速很小，因此可以不考虑非达西流的影响。Fraim（1987）根据这一特点，以 Fetkovich 曲线为基础，结合物质平衡方程与气井的拟稳态产能方程，推导并建立了适合致密砂岩气藏产量递减分析的图版拟合方法，并针对因产量或井底压力波动引起的拟合误差，提出了相应的有效性检验方法。

Fraim 引入了标准化时间，并把黏度和压缩系数作为地层平均压力的函数而不是井底压力的函数。标准化时间既用于边界控制流分析，也可用于瞬态流分析，但是没有考虑非达西流。该方法可以用图版曲线拟合任意形状气藏气井的指数递减曲线，并可比较准确地确定出地质储量、地层系数和 k/ϕ 值。

根据定容封闭性气藏物质平衡方程以及不考虑高速非达西的拟稳态产能方程得出致密砂岩气藏产量递减公式：

$$\ln\left(\frac{q}{q_i}\right) = \frac{-2J_g(\bar{p}/z)_i}{G(\mu c_g)i} \int_0^t \frac{(\mu c_g)_i}{\mu(\bar{p})C_g(\bar{p})} \mathrm{d}t \qquad (3.5.128)$$

引入标准化时间后，定容封闭性气藏衰竭式开发，递减规律认为是指数递减，标准化时间定义为

$$t_n = \int_0^t \frac{(\mu C_t)_i}{\mu(\bar{P})C_t(\bar{P})} \mathrm{d}t \qquad (3.5.129)$$

式中：t、t_n 分别为真实时间和标准化时间，d；μ 为原始条件下的黏度，cP；c_{gi} 为原始条件下的气体压缩系数，MPa^{-1}；$\mu(\bar{p})$ 为压力 $\bar{p}$ 下气体黏度，cP；$c_g(\bar{p})$ 为压力 $\bar{p}$ 下气体压缩系数，MPa^{-1}；$\bar{p}$ 为平均地层压力，MPa。

其中采气指数表达式为

$$J_g = \frac{1.987 \times 10^{-5} k_g h}{\frac{1}{2}\ln\left(\frac{2.2458A}{C_A r_w^2}\right)} \frac{T_{sc}}{p_{sc}T} \qquad (3.5.130)$$

式中：J_g 为采气指数，$10^4 m^3/DMPa^2 cP$；k_g 为气相渗透率，mD；h 为有效厚度，m；C_A

为形状因子；r_w 为井筒半径，m；A 为气井控制面积，m^2；T、T_{sc} 为地层温度和标准状态温度，K；p_{sc} 为标准状态压力，MPa。

该方法通过生产历史图版拟合法得出原始地质储量 G，地层系数 kh 以及 k/φ 等参数，由于 Fraim 产量递减方法需要人为反复拟合才能满足一定的精度要求，且用这一方法确定的地质储量和递减参数若不满足有效性检验，则需要重新调整产量与井底压力等参数，这样又需要重复原来的图版拟合过程。因此，用 Fraim 提出的产量递减分析图版拟合方法，所需拟合时间长，拟合精度也受人为影响。同时该方法的局限性还在于没有考虑高速非达西、启动压力以及应力敏感的影响，且拟合过程中包含有不稳定阶段数据，拟合度较差。传统的递减方法不能对致密砂岩气进行分析。一般来说，双曲递减只能在边界控制流范围内适用，并且双曲递减 b 值的变化范围是 0 到 1。而且大多数致密砂岩气藏的生产井基本处于不稳定阶段，只有在生产末期才会达到边界控制流，b 的数值通常大于 1，这时候用传统递减方法分析的价值不大。

实际上，致密砂岩气藏需要压裂改造才能有产能，压裂直井或者各向异性非均质性储层将会出现椭圆渗流（Ilk，2008）。多层合采储层（Fetkovich，1996）和低渗致密非均质储层中（Blasingame，2005）瞬态流与过渡流阶段比较长，常常出现递减指数 $b>1$ 的现象，并且递减指数 b 是随着时间发生变化的，所以利用初始阶段递减分析的结果，常常导致估算的储层剩余气储量偏大。所以传统的 Arps 递减分析方法，无法分析致密砂岩气藏压裂井产量递减规律。Ilk 在 Arps 递减的基础上提出了幂指数递减（Power Law decline curve）曲线分析方法，该方法能较好的分析致密砂岩气藏和页岩气藏递减规律。

递减率定义为

$$D_\infty = \frac{1}{q} \times \frac{\mathrm{d}p}{\mathrm{d}t} \tag{3.5.131}$$

指数递减比定义

$$D = D_\infty + D_1 t^{-(1-n)} \tag{3.5.132}$$

幂指数递减产量递减公式为

$$q = q_i \exp\left[-D_\infty t - D_i t^n\right] \tag{3.5.133}$$

（3.5.131）、（3.5.132）、（3.5.133）式中的 q_i 为 $t=0$ 时刻的产量，即初始产量；D_1 为在一个单位时刻递减常数（$t=1$ 天）；D_∞ 为初时刻的递减常数；D_i 为递减常数，$D_i = D_1/n$；n 为时间指数；q 为累计产量。

幂指数递减双对数坐标示意图见图 3.5.37。

由上图可以看出：对于双曲递减来说，只有在到达边界控制流的时候才能适用。在双对数坐标上，早期递减率 D 与产量的值保持恒定，后期呈幂指数递减。而对于 Powe Law 指数递减来说，对瞬态流到边界控制流的阶段均适用，递减指数 D 在后期保持恒定，而后期 D_∞ 为 0，产量呈指数递减。

该方法的优点：

（1）只需要产量数据，不需要压力数据；

（2）递减指数 b 随着时间连续变化，是一个递减函数；

（3）D_∞、D_i、n 比 A_{rps} 中的 D 和 b 更好预测；

（4）致密气藏渗流属于椭圆控制流；

（5）可以分析多层合采气藏的递减规律，但是对于有层间窜流的储层无法准确描述；

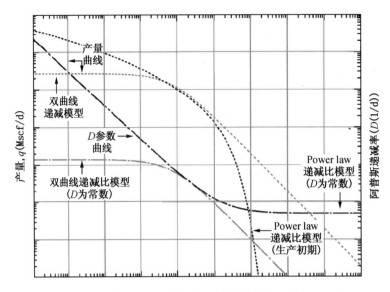

图 3.5.37　双曲与幂指数递减和递减率示意图（据 Ilk，2008）

（6）可以有效地评价瞬态流，过渡流和边界控制流阶段，不会夸大采收率；

（7）q_i 较容易获得，对采收率有较大的影响；

（8）b 与储层的产气机理有关，水驱气藏 b 在 0.5～1.0 之间。双对数坐标 $D—t$ 曲线可以得出，径向流阶段并不是严格的直线关系，线性流才呈严格的直线关系。

该方法的缺点：

（1）井间干扰对递减影响较大；

（2）数据点的敏感性比较大；

（3）流型、工艺措施、增产措施对递减的影响较大；

（4）n、D_∞、D_i、q_i 任何一个发生变化，其余三个也要相应变化；

（5）q_i、D_i 通常较大，有时候不是可用参数；

（6）长期生产过程中 n、D_∞ 的变化比较敏感，拟合 n 和 D_∞ 需要不断的重复，耗费时间长；

（7）有层间窜流的储层无法准确描述。

3.5.3.2　井网加密技术

3.5.3.2.1　井网类型

对于低渗、非均质性强、低丰度的致密砂岩气藏来说，由于单井产气能力低，要形成一定产量规模或达到一定的开发速度，需要比常规气藏更多的井数，但伴生的矛盾是：气层薄，储量丰度低，单井控制储量要达到经济下限值以上，不允许密井网。从另一方面看，由于一定开采时间内，致密砂岩气层有效泄气范围有限，稀井网将影响储量动用程度和最终采收率，而同时气藏开发井网研究的内容还与开发策略有关。因此，寻求合理的井网类型是致密气藏开发的关键。

（1）矩形井网。

在气藏依靠弹性能量开采和确知水力裂缝方位的情况下，一般采用该种井网类型。矩形井网对井排方向、井距的选择至关重要，沿着水力裂缝有利方位布井，井排与水力裂缝方位一致时可取得较好的生产效果（刘正中，2005）。

（2）不规则井网。

开发井网部署要综合考虑储层展布形态、发育特点、物性变化等诸多因素，力求最大限度地控制地质储量。对于砂体分布复杂，物性变化较快，以孤立砂体为主的储层采用不规则井网生产，既有利于发现新的储层，也有利于提高采收率。

确定有效泄气面积和优化井距是致密气藏开发方案的两个重要方面。精确确定有效泄气面积是井距优化的基础。产量一时间分析曲线、物质平衡方程和产能分析都用于估算生产井泄气面积。对于致密砂岩气藏，由于其渗透率横向非均质特点，采用大井距会导致产气效率低，并降低最终采收率。而井距越小，气井稳产时间越长，采收率越高，但采用小井距有可能引起井间干扰，降低单一气井的最终累积产量，影响经济效益。因此，井距优选是致密砂岩气藏开发所面临的巨大挑战。

对于透镜体式气藏，在最大经济效益和最高最终采收率的前提下，合理井距可通过以下三方面确定。第一方面，在井网类型优化过程中建立三维地质模型，模拟过程中采用地面岩层数据、地下岩心数据和当地加密井生产数据。气藏和沉积微相大小根据砂体的规模以及砂体对储集的贡献做精确评价。第二方面，通过气井产量动态分析，计算出有效泄气面积、可采储量和影响范围三个参数。第三方面，基于对平均投入、累积产量、影响范围和最终采收率的协调分析确定合理井距（He，2010）。

目前合理井距的确定方法有（张波，2010；朱新佳，2010）：储量丰度计算法、经济评价方法、单井产能法、合理采气速度法、储量法。

对于已经开发数年的致密砂岩气田，由于渗透率低，单井控制面积小，加密井是提高致密砂岩气藏采收率的关键方法和手段。致密砂岩气藏的井位优选以及井网加密技术是老气田发展的重要技术。

3.5.3.2.2 井网加密技术

对于透镜状砂体储层，砂体规模较小时，要适当地加密钻井来提高采收率。而对于规模较大的砂体，因其本身的渗透率较低，裂缝性储集层渗透率的各向异性和储层的非均质性显著，也需要对井网进行加密。美国的经验证明，加密钻井具有扩大储量、提高储量动用程度、增加产量的优点，能增加有效波及面积、增加储层横向连通性、有利于加强楔形边缘气藏的开采，提高气井的采收率（Driscol，1974；Gould 和 Munoz，1982；Gould 和 Sarem，1989），已经成为开发致密砂岩气藏主体技术之一。

井网加密过程中最大的问题是如何优化井网井距。目前确定气藏加密井井位的传统方法是进行完整的储集层评价，包括地质评价、地球物理评价、储集层分析和解释。首先根据相关资料建立目标区的地质模型，预测储层静态分布特性，例如：孔隙度、渗透率、构造、调整目标区数值模拟模型，然后用模型预测加密井位处的产量和储量。但是，该种方法对于已经开发数年，拥有数以千计开发井的大型致密砂岩气田，不经济也不适用。下面主要介绍几种不需要完整储层评价就可以快速确定加密井井位的方法。

（1）动窗法。

动窗法由 McCain（1993）提出，该方法以物质平衡方程和拟稳定渗流方程为基础，假设气藏所有属性参数在单一窗口区域内是不变的，每个窗口内符合线性回归方程（Guan，2002）。

$$BY = f(VBY, \frac{Gp}{A}, A) \tag{3.5.134}$$

式中：BY 为最优年，代表连续生产产量最佳的 12 个月；VBY 为原始状态下的最优年，即井在原始条件下的 BY。在计算本地区衰竭前的最佳年时，通过 BY - 开井时间的二元回归把衰竭效应排除。VBY 代表拟稳定流动方程中的 kh；G_p/A 为单井控制面积内的累积产量；A 为单井控制面积。

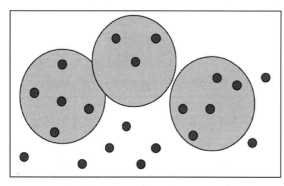

图 3.5.38 动窗法示意图

展示了窗口如何移动，黑点是井位，大圆是移动区域

图 3.5.38 是动窗法简图，它包含了多个窗口，每个窗口中都存在数口井。窗口的回归系数由每个窗口中的生产井的回归参数决定。这些窗口有尺寸限制，例如 12.15km²，一般要包含 5 到 20 口井。如果窗口中的井数低于最小值，例如 3 到 5 口，就使用整个区域的回归参数代替局部回归参数。

一旦确定了每个窗口的回归方程系数，就可以估算加密的动态。该方法可以预测加密井的 BY（去除老井的影响），动窗法分析已经具有数以千计加密生产井的生产区域，具有评价时间短的特点。

Milk 气藏位于加拿大西部沉积盆地内，埋深较浅，目前单井平均控制面积为 0.65km²。Hudson 等（2001）在短时间内使用快速统计方法确定了加密钻井的潜力、目标区新井井位，目前目标区有 900 口井，面积为 809km²。通过对新钻的生产井动态进行历史拟合证明这项技术是有效的，同时有效单井控制面积从 0.65km² 降为 0.32km²。使用这项技术钻探 896 口加密井可以增加可采储量 $89 \times 10^8 m^3$。除此之外，动窗法技术在美国东 Texas 的 Cotton Valley 油气田、San Tuan 盆地的 Mesaverde 气藏、Permian 盆地的 Morrow 储层及奥斯汀的白垩纪储层加密井潜能定量评价中得到成功应用。

Guan 等（2006）系统地评价了动窗法技术的准确性，认为该技术能够准确地预测目标区加密井组的动态，误差通常在 10% 以内。但是，由于储层压力衰竭造成单井产能大幅度的下降，预测单口加密井潜能时，误差高达 50%。同时，不管是单井还是井组，加密井动态预测的准确性随着储层非均质性的增强而降低；加密井井组动态的准确性随着窗口中加密井个数的增长而降低。通过分析动窗法动态预测误差高于 50% 的井，其原因为储层非均质性强，井网密度大以及单井控制面积大。

动窗法可以快速准确的预测井组加密井动态，在使用时应该结合早期的加密方案，将气田分为若干个较小区块来预测区块加密井组动态。该技术的局限性是，假设对大多数储层每个窗口中的储层均质是合理的，这对于物性变化剧烈的储层是不合适的。当新井的产能低于旧井的产能时，无法确定是能量衰竭还是岩性变化引起的产量下降。该技术主要用于致密砂岩气藏。因为储层平均渗透率对动态预测的准确性有很大的影响，高渗透气藏中使用这项技术时，误差就会增加。

（2）快速反演法。

Gao 和 McVay（2004）提出了快速反演法，它是加密钻井或二次完井井位选择的另一种方法，该方法把油藏数值模拟和自动历史拟合结合起来。其中，油藏模型作为正演模型，它依据油气藏动静态数据计算相应井产量。然后，计算敏感度系数，反演历史生产数据，用敏感度系数来估算油气田渗透率。最后，利用估算的渗透率和数值模拟确定加密井的生产动态。

由于快速反演法以油藏数值模拟为基础，结合初始化数据（例如储层分布特征、PVT性质、油气藏压力），快速获得加密钻井潜能的近似值，故不需要进行详细的油气藏描述。

由于这个方法的目的是确定范围较大和井数较多的地区加密钻井或二次完井的潜能。不同于范围较小、储层性质较精确的传统单储层研究，该方法确定的是范围超出单个储层的、渗透率分辨率较低的油气藏。这种方法和传统油气藏研究的另一个不同点是拟合井底流压，快速反演法主要依赖于可获得的井位和生产数据。该方法的主要流程如下：建立正演模型，计算敏感度系数，建立反演模型，计算加密井动态。然后，在系统的每个网格块中重复上述过程，这样就会在油气藏所有可能的网格位置上生成由新井带来的新增可采储量的分布，从而为井位优选提供依据。

为验证加密潜能预测的准确性，将它应用到北美大型含气盆地中一个面积约为 9 个小镇的实际生产数据中。模拟参数：54×54×1 的模拟网格，渗透率 0.1mD，其他的油气藏参数参见表 3.5.6。

表 3.5.6　油气藏实例中用到的参数（净厚度 15ft）

井　　数	212
孔隙度（%）	15
气藏原始地层压力（psia）	1100
井底流压（psia）	250
表皮系数	-3
井眼半径（ft）	0.3

拟合 1962 年到 2000 年 12 月 31 日的生产数据，并对 2001 年 1 月 1 日到 2004 年 1 月 31 日的预测数据和实测数据进行对比。回归过程包括 1962 个参数和 1180 个实测数据。通过对 2000 年 12 月 31 日前的生产数据的历史拟合得到估算渗透率，然后使用这个渗透率来预测截止到 2004 年 1 月 31 日的油气藏动态。在此期间有 49 口新井投入生产。图 3.5.39 到图 3.5.41 为三个不同井组的动态预测。图 3.5.39 是对现有井的预测，也就是 2001 年 1 月 1 日前投产的井。图 3.5.40 是加密井预测，这些井在 2001 年后投产并且在现有井附近。图 3.5.41 是扩边井，这些井是 2001 年后最先投产的井。

如图 3.5.40 和图 3.5.41 所示，对加密井动态的预测要比扩边井准确。这是因为加密井可以通过现有井得到较为准确的渗透率分布。实例显示：利用现有井生产数据能定量描述油气藏特征，快速反演法能准确预测加密井井组的生产潜能。该方法是基于井位和生产数据进行快速筛选的评价方法，对于井组分析适应性好，单井

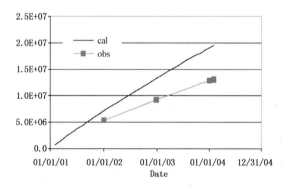

图 3.5.39　对现有井的预测（据 Guan，2007）

的预测时会产生较大误差，尤其是扩边井或生产数据不充分的地区。对扩边井或生产数据不充分的井的预测只有在引入其他类型的数据如地震数据后才能更好预测。

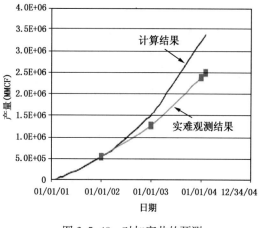

图 3.5.40 对加密井的预测

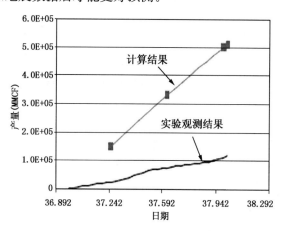

图 3.5.41 对扩边井的预测

总之，动窗法和基于油藏模拟的快速反演法能够对大型致密含气盆地加密钻井和二次完井进行快速经济的评价。这两种方法主要依靠气田广泛获取的井位数据和生产数据，而且可以准确预测规划中的加密井组潜能，可作为大型气田加密项目可靠有用的筛选工具。

加密过程中要注重静动态描述技术的有效结合，井网加密条件与加密时机对加密效果有很大的影响。雷群（2010）认为加密条件为：井间无干扰、有效泄气面积小于目前井网控制面积。

（3）生产数据确定加密井区的简便方法。

Luo（2010）年提出了一种利用生产数据确定加密井区的方法。他认为均质储层中加密井的产量影响老井的产量，且加密井初始产量与老井目前产量较为接近，加密井使得老井产量递减加速，此时加密井对应的产量称之为加速产量（acceleration production）。生产曲线特征如图 3.5.42。

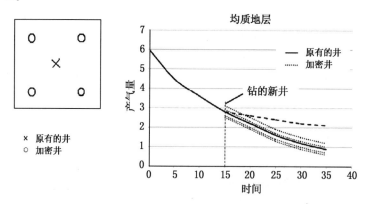

图 3.5.42 均质气藏 5 口生产井

对于非均质储层，井间连通性差，老井产量不受加密井的影响，加密井产量为新增产量（incremental production），当加密井产量都为新增产量时，经济效益最佳。实际生产中，加密井产量往往在这两种极限情况之间（图 3.5.43）。

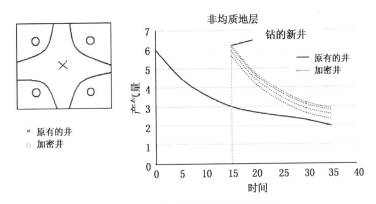

图 3.5.43　非均质储层 5 口生产井

该方法的关键点在于寻找产量或者累计产量时间的线性关系，从而预测可采储量，根据线性偏移情况判断并确定加速产量还是新增产量。致密砂岩气藏压裂井中，裂缝导流能力决定了储层中流体的流动类型（Guppy，1981）。低导流能力时或者早期渗流阶段，裂缝中出现双线性流，流动不受裂缝端部效应的影响。高导流能力时，基本为线性流。

定压生产时，低导流能力压裂生产井，累计产量与时间的关系为

$$Gp_{sc,bi} = \frac{m(p_i) - m(p_{wf})}{8887.68} \frac{h}{T} \sqrt{k_f b_f} (k\varphi(\mu c_t)_i)^{0.25} t^{0.75} \qquad (3.5.135)$$

可见该方法中 $\dfrac{Gp_{sc,bi}}{m(p_i) - m(p_{wf})} \sim t^{0.75}$ 呈直线关系，从而得到可采储量以及剩余储量。

高导流能力压裂生产井，累计产量随着时间的变化关系为

$$Gp_{sc,l} = \frac{m(p_i) - m(p_{wf})}{7772.42} \frac{h}{T} x_f \sqrt{k_f b_f} (k\varphi(\mu c_t)_i)^{0.5} t^{0.5} \qquad (3.5.136)$$

可见 $\dfrac{Gp_{sc,l}}{m(p_i) - m(p_{wf})} \sim t^{0.5}$ 呈直线关系。

进入递减阶段时，产量递减有三种递减形式：指数递减，双曲递减，调和递减。

将其用指数递减表示为

$$G_{pa} = \frac{q_i - q_a}{D} \qquad (3.5.137)$$

累计产量与产量呈直线关系。

Wamsutter 致密砂岩气藏位于美国 Wyoming 州，是美国致密砂岩气藏储量最大的气田，该气田渗透率低，目前的单井控制面积为 80acre，加密井网的单井控制面积为 40acre。可采储量的泡状图如图 3.5.44。

根据（3.5.135）、（3.5.136）和（3.5.137）确定线性关系，Wamsutter 气田主要出现的是线性流与双线性流，因此采用公式（3.5.135）与（3.5.137）。选取的研究区域可以是任

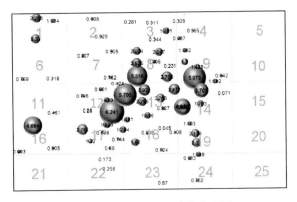

图 3.5.44　研究区块井位分布图

意形状的，但是必须确保研究区域中至少有 10 口井，才能保证统计的结果是准确的。研究区域可以是单个的也可以是多个的。研究区域越大，加密井区误差越大，区域越小加密井区越精确。图 3.5.44 将整个区块分为 25 个区域，选取多个研究区域进行研究，方向既有南北方向也有东西方向。分析区域为 7-8-9 与 7-12-17 两个小区域。将选定区域的生产井按投产顺序进行排列，然后将其任意分为 3~5 个井组。表 3.5.7 为分组结果，井组的多少与井距有关，井距越小，需要的井组越少，井距越大，需要的井组越多。该实例选取 3~5 组比较合适。

表 3.5.7 分组数据

	API	开 始 日 期
第一组	49007217380000	9/1/1982
	49007209470000	10//1/1984
	49007209460000	10/1/1984
第二组	49007211620000	10/1/1990
	49007213380000	1/1/1991
	49008213560000	9/1/1994
	49007213910000	2/1/1995
	49007213900000	2/1/1995
第三组	49007214350000	11/1/1997
	49007216850000	8/1/1998
第四组	49007220870000	9/1/2002
	49007223920000	8/1/2003
	49007224500000	1/1/2004
	49007224510000	9/1/2004
	49007229360000	7/1/2006

利用上述线性关系得到单井可采储量与实际的可采储量相符合，因此该方法比较合理。当得出第一个井组的线性关系之后，可以用加密井获得的线性关系矫正和观测，从而确定加密井的可采储量以及新增可采储量，如图 3.5.45 所示。

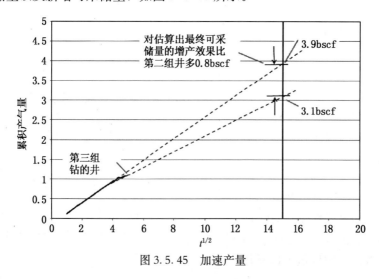

图 3.5.45 加速产量

计算出各井组的加速产量与新增可采储量，绘制不同井距下的加速产量以及新增可采储量如图 3.5.46。

可见，井距越大，可采储量越小，井距越小加速产量以及新增产量减小。可以根据外推小井距时的加速产量和新增产量进行预测，如图 3.5.47。

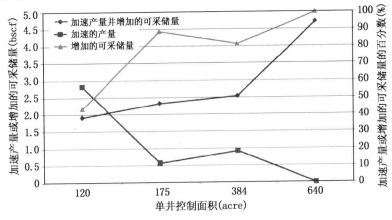

图 3.5.46　加速产量以及新增产量

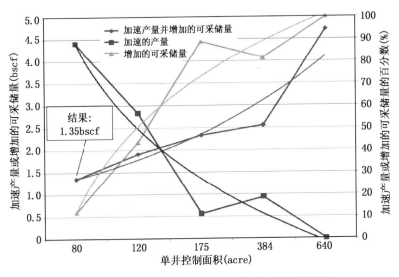

图 3.5.47　外推小井距时的加速产量以及新增储量

同样方法可以得到其他井组的加速产量以及新增产量，见表 3.5.8。

表 3.5.8　加密井区潜力对比

·	总量（bscf）	%（加速产量）	%（增加可采储量）
EW－7，8，9	1.350	88%	12%
EW－12，13－14	2.300	43%	57%
EW－17，18，19	2.140	84%	16%
NS－7，12，17	0.900	70%	30%
MS－8，13，18	1.750	91%	9%
NS－9，14，19	2.150	64%	36%

潜力最大的加密井区为那些可采储量与新增可采储量较大的区域。通过分析可得东西方向 12，13，14 以及南北反向 9，14，19 区域为优选加密井区。

Wong（2010）提出了一种利用生产数据来计算新增可采储量和加速可采储量的新方法，即改进的 Blasingame 方法。新增的可采储量是指由加密井采出的额外气量，这部分气量不能由现有的老井采出。由于新打的井的影响，使气体更快的从现有的老井采出来的一部分气量称为加速的可采储。该方法适用于均质储层，局部非均质储层，随机非均质储层的加密井分析，该方法的流程如下：

①老井多井分析：用目前生产井的生产数据进行多井递减曲线分析。老井（A）、1 口加密井（B）和两口加密井（C）的典型曲线如图 3.5.48。主要在于估算老井控制储量以及加密井的控制储量 B，C。

a. 加密之前老井的 EUR = A；

b. 加密第一口井后老井的 EUR = B；

c. 加密第二口井后老井的 EUR = C。

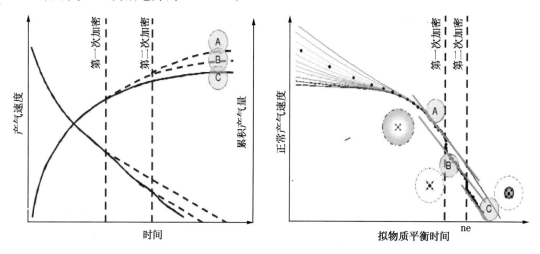

图 3.5.48　步骤（1）老井多井分析

②老井 + 加密井多井分析：主要分析第一口加密井之后，与第二口加密井后的典型曲线，如图 3.5.49 所示。

a. 第二次加密之前，老井和第一口加密井的 EUR = D；

b. 第二次加密之后，老井和第一口加密井的 EUR = E。

③整个井组多井分析：老井以及加密井作为一个系统 F，分析其可采储量。整个井组的 EUR = F，如图 3.5.50 所示。

④EUR 评价：通过以上关键步骤，计算出每一个情况下的气井可采储量。

a. 加密一口井的增加可采储量 = D - A；

b. 加密一口井的加速可采储量 = A - B；

c. 加密两口井的增加可采储量 = F - D；

d. 加密两口井的总加速可采储量 = D - E；

e. 从老井获得的加密两口井的加速可采储量 = B - C；

f. 从加密第一口井到加密两口井的加速可采储量 = [D - E] - [B - C]。

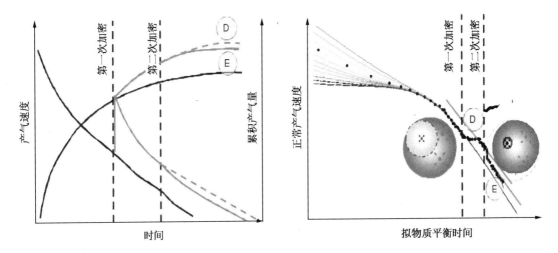

图 3.5.49　步骤（2）老井+加密井多井分析

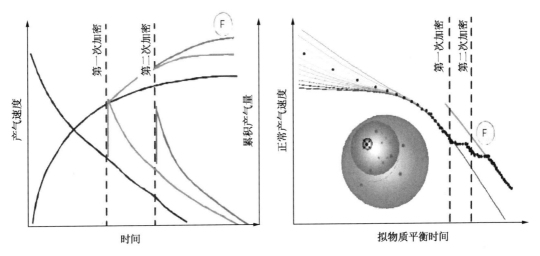

图 3.5.50　步骤（3）整个井组多井分析

　　正确地应用改进的 Blasingame 分析流程将得到每种情况下的新增可采储量和加速可采储量，该方法要求满足下面条件：

　　a. 要有很好的气井产量和压力数据。数值模拟和实际情况研究证明每月的平均生产数据就可以满足需要，前提是生产状况稳定，停工期短。

　　b. 已有的井要在加密开始之前达到边界控制流。这能保证不会低估 A 和 D，否则将会导致由加密井估计的增加可采储量过高。

　　c. 选择那些和周围的井组完全隔离的气藏系统。可以减小井间干扰，增加分析的准确性。

　　该方法对于区域内单井较少的生产区域分析结果好，但是对于生产数据较多的生产井该方法不适应，因此致密砂岩气藏中加密井井位优选快捷、迅速的方法优选选用动窗法和快速反演法。

3.5.4 致密气藏数值模拟技术

3.5.4.1 数值模拟软件在致密气藏中的适应性分析

由于致密砂岩气藏渗流机理的特殊性，在渗流理论和数值模拟技术方面存在以下几个问题：

（1）如何考虑综合考虑裂缝的应力敏感性与岩石的应力敏感性特征，这两个应力敏感程度不同，如何在数值模拟中体现？

（2）如何考虑流体的非线性渗流特征（启动压力，滑脱效应）？

（3）如何更好地刻画裂缝内的渗流特征，包括裂缝内的高速非达西特征？同时人工压裂裂缝的导流能力也不是一成不变的，因此也必须考虑压裂时效性对产能的影响。

目前的商业化数值模拟软件，如 Eclipse 软件、CMG 软件等，部分软件模拟岩石的应力敏感特征，以及气体的高速非达西渗流特征。但是针对低速非达西渗流特征（启动压力、滑脱效应），仍没有成熟的数值模拟软件。

3.5.4.2 数值模拟中裂缝的雕刻技术

关于致密砂岩气藏数值模拟中如何考虑低速非达西渗流特征、应力敏感条件下的数值模拟技术，郭平（2009）在《低渗透致密砂岩气藏开发机理研究》中已经有了陈述，在此不再累述，在此主要针对如何更好地刻画裂缝以及裂缝内的渗流理论进行分析。

传统上，单井的完井优化与整个油田的数值模拟分别属于两个独立不同的领域。在致密砂岩气藏中通过采用新技术：微地震水力裂缝识别技术（Maxwell，2002）、瞬态产量递减分析（Poe，1999a；2000b）以及裂缝参数优化技术（Mack 和 Warpinski，2000），得到包含水力压裂裂缝维数（高度、长度、方位角）和传导能力（传导性、支撑剂分布）的分布图，从而有效地将完井领域与油气田数值模拟紧密结合起来（Sobernheim，2005），进一步深入描述裂缝对低渗致密砂岩气藏的影响。

（1）裂缝的等效处理。

致密气藏中数值模拟的难点在于如何刻画天然裂缝或者人工裂缝以及如何有效的反应裂缝中的渗流特征（Iwere，2004）。商用软件一般采用局部加密网格来反映裂缝的特征。对于拥有数以千计大型油气藏，油气藏数值模型一般比较大，网格数也较多，利用局部加密网格方法（LGR）处理裂缝时，其运算速度较慢，运算时间较长，不利于整体开发方案的设计，也不利于油田开发方案的下一步实施。下面为裂缝的几种处理方法：

①常规方法：利用局部加密网格（LGR）模拟水力压裂裂缝（包括缝长、缝宽、裂缝导流能力）；

②对于等效的网格或者裂缝采用几何平均来估算初始渗透率（k_{eff}），并不断的修正使其符合裂缝渗流特征。裂缝初始有效渗透率的计算公式如下：

$$k_{eff} = \frac{K_f / A_{\text{Fracture Area}}}{A_{\text{matrix}}} \tag{3.5.138}$$

式中：K_f 为裂缝渗透率，mD；$A_{\text{Fracture Area}}$ 裂缝等效控制面积；A_{matrix} 基质等效网格；k_{eff} 等效网格渗透率，mD。

③等效网格或者裂缝孔隙度用裂缝体积（k_{eff}）与基质孔隙体积（PORV）的比值来估

算，之后不断的修正使其满足裂缝渗流特征。

④利用表皮来代替裂缝（Ozkan，2002）：

$$S = (K_m/K_f - 1)\ln(r_s/r_w) \tag{3.5.139}$$

式中：均匀等速流时，$r_s = X_f/e$；K_m 为基质渗透率，mD；K_f 为裂缝渗透率，mD；r_w 为井筒半径，ft；X_f 为裂缝半长，ft。

图 3.5.51 中黑色曲线为局部加密网格（LGR）方法得出的曲线。可见用有效渗透率、有效渗透率与有效孔隙体积结合的方法和 LGR 得出的曲线相同。有效表皮方法得到的生产曲线效果最差，该方法需要网格步长大于 Peaceman 压力的等效半径（Peaceman，1983）。

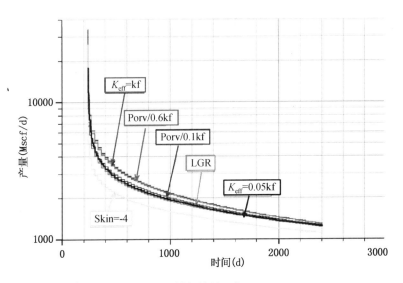

图 3.5.51　裂缝模拟结果（据 Iwere，2004）

利用上述方法模拟裂缝生产 60 年的压力和产量，如图 3.5.52 和图 3.5.53 所示，可见用等效渗透率或者等效渗透率和等效孔隙度来代替裂缝的方法得到的产量与 LGR 方法得到的结果一致，同时压力分布也完全相似。对于多井系统，上述方法也同样适用。因此，在进行大型数值模拟计算时，可以用等效岩石属性的方法对裂缝进行赋值，该方法既经济又有效。用来代替裂缝的有效网格数通过裂缝注入诊断技术测试可以获得。

裂缝的渗透率随着有效应力变化，在数值模拟中主要靠修改 LGR 的渗透率来实现，储层渗透率的变化主要靠修改网格的传导系数来实现。

（2）裂缝导流能力的时效。

实际生产中，垂直裂缝井在裂缝不同位置的导流能力是不同的。一般来说，离井筒越近，其导流能力越大；离井筒越远，其导流能力越小。裂缝导流能力随着缝长的变化规律有指数变化、双曲递减、直线递减等，如图 3.5.54 所示（Soliman，1986；牟珍宝，2006）。因此加密时不应该将其等效为一个常数。

同时人工压裂裂缝的导流能受闭合压力、温度、时间、支撑剂嵌入、非达西流、多相流、应力循环和压裂液残渣堵塞等影响（金智荣，2007），裂缝的导流不是一成不变的，具有时效性，裂缝导流能力随着时间呈负指数变化，如图 3.5.55 所示（俞绍诚，1987；管保山，2009）。

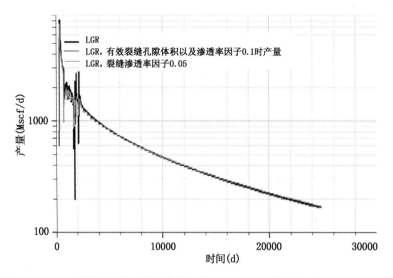

图 3.5.52　不同裂缝条件下模拟条件生产 60a 以上生产动态（据 Iwere，2004）

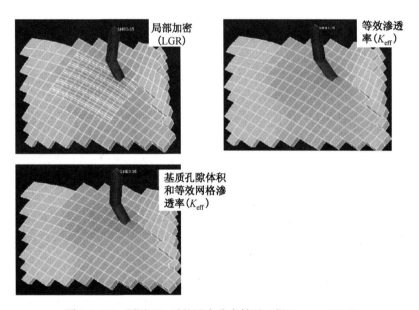

图 3.5.53　预测 60a 后的压力分布情况（据 Iwere，2004）

　　裂缝对致密砂岩气藏的产能贡献比较大，因此数值模拟过程中应该考虑到裂缝随着位置变化及裂缝的长期导流能力。目前的数值模拟软件不能解决上述问题，关于裂缝时效性的处理方法主要为有限元方法（蒋廷学，2002；李勇明，2006；任勇，2005）。

　　上述分析可以看出未来数值模拟发展的方向主要有两个方面：（1）精细化数值模拟技术；（2）大型化和整体化模拟技术。经过将近 40 年的发展，数值模拟技术已经日臻成熟，应用范围也在逐渐扩大。与油气藏模拟相关的技术发展迅速（刘玉山，2002），网格技术由原来的矩形网格发展到角点网格、PEB 网格，油藏模拟模型更逼近复杂的油藏地质模型；线性代数方程组的解法领先于其他数值计算领域；并行技术发展已进入工业化阶段；油田大规模的数值模拟技术已逐步开展，并行技术使得大型模拟成为可能。

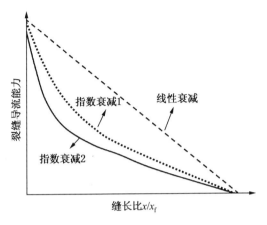

图 3.5.54　裂缝导流能力分布图
（牟珍宝，2006）

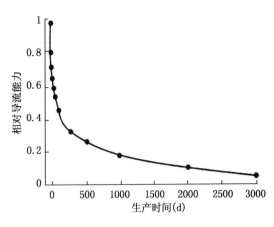

图 3.5.55　导流能力随着时间变化的曲线
（俞绍诚，1987）

附录 3.A "连续型"油气藏国内外研究进展

人们很早就开始了对"连续型"气藏的研究，最早认知的"连续型"气藏属于致密砂岩气藏。表 3.A.1 主要总结了国内外不同学者对"连续型"气藏的认识过程。其中所涉及的地区主要是美国、加拿大和中国。

表 3.A.1 "连续型"油气藏国内外研究进展（据邹才能，2009）

类 别	序号	概 念	作 者	年代	针 对 地 区
中国研究进展	1	天然气水合物	贺承祖	1982	海底与永久冻土层
	2	煤层气	戴金星	1986	国内 14 个煤矿和 3 口煤层气中深井
	3	致密砂岩气	许化政	1991	东濮凹陷
	4	深盆气藏	金之钧，张金川等	1996	吐哈盆地台北凹陷
	5	根缘气藏	张金川	2003	鄂尔多斯、吐哈、四川盆地
	6	页岩气	张金川	2003	吐哈盆地吐鲁番坳陷水西沟群
	7	深盆油	侯启军	2005	松辽盆地（南部）
	8	向斜油	吴河勇	2006	松辽盆地（北部）
	9	连续型油气藏	邹才能	2009	中国相关油气区
国外研究进展	1	油苗发现	Drake	1859	宾夕法尼亚州泰特斯维尔（Titusville，Pennsylvania）
	2	"开放式"油气藏	Wilson	1934	预测将不会存在潜力
	3	煤层气	Joseph C.	1967	美国西部圣胡安盆地（San Juan basin）
	4	天然气水合物	Katz D. L.	1971	辛普森角、普鲁德霍湾等气田
	5	深盆气藏	Master J. A.	1976	加拿大 Alberta 盆地艾尔姆华士深盆气藏田
	6	致密气	Law B. E.	1979	美国西部地区盆地
	7	盆地中心气藏	Rose	1986	美国 Raton 盆地
	8	连续油气聚集	Schmoker J. W.	1995	美国油气资源评价区带
	9	页岩气	Tyler A.	1995	美国油气资源评价区带

附录 3.B 致密砂气藏对比及实例特征

表 3.B.1 主要总结了中东和北非的重要的致密气田的名称、位置、致密地层的地质年代、地层岩性、储层物性及相应的勘探开发技术。

表 3.B.1 中东和北非最大的致密气田（据 Shehata 等，2010）

国家	气田名	气田位置	地质年代	地层岩性	储层物性		应用的技术
					孔隙度（%）	渗透率（$10^{-3}\mu m^2$）	
阿曼	Huge Khazzan 和 makarem 气田	阿曼中部，saih Rawl 气田西部	奥陶系	砂岩	7	0.1	宽方位地震 定向钻井 欠平衡钻井 水力压裂
沙特阿拉伯	Gawaher 气田	西北部	奥陶系或志留系	砂岩	12	大于 1	3D 地震 水平钻井 多期水力压裂
沙特阿拉伯	Mushayab 气田		奥陶系	砂岩	4~6	0.001~0.008	水平钻井 压裂水平井 多期水力压裂
埃及	Obaiyed 气田	西部沙漠	中侏罗纪	砂岩	7~13	0.1~600	水力压裂 定向钻井
埃及	Abugharadig 气田	西部沙漠	上白垩纪	砂岩	8.5	0.01~200	定向钻井 水力压裂
阿尔及利亚	Teguentour 气田	阿尔及利亚西南部	志留系到早泥盆纪	砂岩	20.1	小于 1	欠平衡钻井 水平钻井 压裂水平井 多期水力压裂
阿尔及利亚	Krechba 气田	阿尔及利亚西南部	志留系到下泥盆纪	砂岩	8.5	小于 1	2D 地震 水平钻井 地质导向 多期水力压裂
阿尔及利亚	In Salah 气田	阿尔及利亚西南部	志留系到下泥盆纪	砂岩	10		3D 多方位地震 核磁共振测井 定向钻井 水力压裂 支撑剂改进技术

国家	气田名	气田位置	地质年代	地层岩性	储层物性		应用的技术
					孔隙度（%）	渗透率（$10^{-3}\mu m^2$）	
伊拉克	Akkas气田	伊拉克西北部	上奥陶系	砂岩	7.6	0.13	宽方位地震 欠平衡钻井 定向钻井 多期水力压裂
约旦	Risha气田	约旦东北部	上奥陶系	砂岩和粉质黏土	3~7	小于0.124	定向钻井 水力压裂
叙利亚	Arak气田		石炭纪	有页岩夹层的砂岩	13	大于1	2D地震 定向钻井 连续钻井技术 酸化增产技术

表 3. B. 2 是从历年的 SPE 文章中所介绍的实例总结出不同国家的各个盆地的致密砂岩地层进行压裂增产时计算的最优裂缝半长的实际值以及通过软件计算出的最优裂缝半长值的对比情况。

表 3. B. 2　各气田计算的最优裂缝半长对比（据 Holditch 等，2008）

#	SPE期刊号	盆地名	地层	井名	渗透率（mD）	设计的裂缝半长（ft）		偏差（%）
						实际值	推荐值	
1	67299	南Texas	Vicksburg	#1	0.0900	500	492	2
2	67299	南Texas	Frio	#B	0.800	400	407	2
3	36471	西Texas	Wolfcamp	Mitchell 6#5	0.010	600	578	4
4	36471	西Texas	Wolfcamp	Mitchell 5B#6	0.010	600	578	4
5	36471	西Texas	Wolfcamp	Mitchell 5B#7	0.010	600	578	4
6	36471	西Texas	Wolfcamp	Mitchell 5a#8	0.010	600	578	4
7	36471	西Texas	Wolfcamp	Mitchell 11#6	0.010	600	578	4
8	67299	南Texas	Frio	#A	0.150	400	472	18
9	11600	南Texas	Wilcox Lobo	1	0.100	750	488	35
10	30532	德国	Rotliegendes	Soehlingen Z10	0.010	350	578	65
11	35196	Permian	Penn	McDonald 15－10	0.023	240	546	128
12	36735	Permian	Canyon	Couch #7	0.010	200	578	189
13	36735	Permian	Canyon	Henderson 32－9	0.010	200	578	189
14	35196	Permian	Canyon	Henderson 6－2	0.054	170	512	201

四川盆地西部须家河组分布着典型的致密含气砂岩，它是研究致密砂岩的重要实验区。其中表 3. B. 3 总结了川西须家河组不同岩样的孔隙结构参数的最小、最大、中间值和平均值。

表 3. B. 3　川西须家河组致密砂岩孔隙结构参数（据 Ye 等，2011）

	样品个数	最　小	最　大	平均值	中　值
T_3x^4					
孔隙度（%）	394	0. 66	12. 33	5. 12	5. 32
渗透率（$10^{-3}\mu m^2$）	377	0. 001	352. 78	0. 14	0. 12
P_{50}（MPa）	309	1. 41	150	19. 14	21. 03
R_{50}（μm）	309	0. 005	0. 53	0. 039	0. 038
分选系数	398	0. 46	5. 66	2. 31	2. 07
歪度	398	− 2. 47	3. 02	0. 24	0. 024
变异系数	398	0. 03	2. 67	0. 25	0. 17
T_3x^2					
孔隙度（%）	378	0. 31	6. 82	3. 02	2. 88
渗透率（$10^{-3}\mu m^2$）	323	0. 002	509. 8	0. 057	0. 045
P_{50}（MPa）	223	3. 94	150. 6	21. 39	19. 6
R_{50}（μm）	223	0. 005	0. 19	0. 035	0. 04
分选系数	378	0. 5	5. 29	2. 14	1. 78
歪度	378	− 2. 67	3. 94	0. 089	0. 025
变异系数	378	0. 03	3. 66	0. 26	0. 14

附录3.C 测井识别手段对比

识别和评价致密含气储层是测井解释工作者所面临的一项难题。因为含气致密砂岩储层不同于常规气藏，其埋藏较深，在压实作用下孔隙空间变小、孔隙结构复杂，流体所占岩石体积含量降低，使得致密气层的测井识别比常规气层要困难得多。表3.C.1常用测井手段及其主要用途。其中在致密砂岩气层识别过程中核磁共振测井应用非常广泛。

表3.C.1 常用测井手段及其主要用途

测井方法	主要用途
阵列感应测井	测量高分辨率电阻率
岩性密度测井	测量体密度
加速孔隙度测井	测量超热中子孔隙度
自然伽马谱测井	测量钾、钍、铀
组合声波测井	测量纵波时差
地层微扫描成像测井	测量岩石结构、层序和净砂体厚度
地层测试测井技术	测量地层压力和流体
钻进式井壁取心器	测量岩石物理性质
核磁共振测井	测量可动流体孔隙度、束缚总流体体积、渗透率、孔隙尺寸分布和流体识别

附录 3.D　工程措施对比

开发致密气层的一个重要的挑战就是如何在降低成本的情况下对较厚的、多层的产层完井。因为许多致密砂岩储层的厚度达到几百或几千英尺，用于完井的技术是非常复杂的，最优技术的确定更是难上加难。表 3.D.1 总结了目前常用在较厚、多层致密砂岩储层的限流完井技术、视限流完井技术、连续油管水力喷射射孔完井技术、组合流压裂塞完井技术等的优缺点和限制条件。表 3.D.2 列出了各种完井技术的效率因子范围和经过软件计算的效率因子值。

表 3.D.1　不同完井技术的对比情况（据 Ogueri，2007）

导流技术	优　点	缺　点	限　制
限流法	在深井中成本低；可以同时对多层进行完井；可以相对低的泵入速度将流体泵入更多套地层	完井时有些层可能被漏掉；设计不精确；射孔磨损可能致使射孔摩擦降低	在所有层的压裂的压力相当；需要高的射孔差来超过射孔区域的最高压裂压力；由于支撑剂降低射孔摩擦力
外部套管射孔系统	可对旁路或未压裂地层进行增产措施；可以迅速、低成本对单层进行完井；在压裂中隔离仪器可对较低层进行隔离	必须进行胶结；井眼环境要好进而使套管穿过整个井	需要大的井眼；只有在连续油管上使用专门的工具时隔离仪器才可撤离
组合压裂塞	长时间内无产层闭合；压裂后它可很容易钻穿地层；由于不用压井它增加了井产量并降低了完井时间	对任意时间长度如果有一个层被废弃，就不能用这个方法了；必须要钻穿塞子产生可用的井眼	如果测试单层砂体不能用该方法
连续油管压裂	一次起下钻就可进行多期压裂；为支撑剂提供了更准确的位置；不用设备维修、桥塞和井头隔离工具	不能应用于深井；成本高	限制深度（大于 10000ft 时，不用）；限制注入速率
松岛法	节约成本；不需要钻井装备；用连续油管可容易清除液体	精确确定砂塞位置难；回流时隔离砂塞移动可能对地表设备造成损害；在清液时砂塞移动可使连续油管卡住	起初流体流经塞子时会泄漏，故需要添加漏失剂来封住塞子
用连续油管进行水力喷射压裂	可以在很宽范围的套管尺寸下应用该方法；弯曲度问题可以降到最小；通过逆流排出多余的支撑剂；压裂时间降低	不能在深井中应用；用球座很难封住椭圆形的射孔；连续油管的成本高	在井口来自支撑剂携带液的冲击力会对连续油管造成摩擦损害；它不能获得长的支撑裂缝；经过重复多次喷射，喷射器性能会降低
应用球座的视—限流法	一期压裂就可以对压力近似相等的多层进行压裂；相对于限流法在合理的马力下可降低射孔压差	相对于限流法，其经济效益低；在井眼中不能控制球座位置	一旦泵入停止球就悬浮；需要足够的注入速率使球向下油管和套管进行射孔

表 3. D. 2　各种完井技术及其效率因子（据 Ogueri，2007）

导 流 技 术	有效因子范围	推荐的有效因子
限流法	0.25～0.5	0.33
伪限流法	0.33～0.67	0.40
松岛法	0.33～0.75	0.50
带封隔器的连续油管	0.5～0.9	0.75
组合压裂塞	0.6～0.9	0.80
外部套管射孔	0.75～1.0	0.85
连续油管喷射压裂	0.5～0.7	0.60

致密砂岩气井在完井和生产之前都要进行压裂，因此，射孔方案设计的目的就是要优化水力压裂，进而增加气井的采收率。其中射孔相位角是对水力压裂的结果影响最大的射孔参数之一。表 3. D. 3 是从历年的 SPE 文章中所介绍的实例总结出不同国家的各个盆地的致密砂岩地层的深度、渗透率等参数以及通过软件计算出的射孔相位值和实际施工的射孔相位值。

表 3. D. 3　射孔相位选择的实例（据 Holditch 等，2008）

#	SPE 期刊号	盆地名	地层	井名	射孔相位（°） 实际值	推荐值 60°	推荐值 180°	实际垂深（ft）	渗透率（mD）	杨氏模量（MMpsi）	天然裂缝发育程度	地层出砂量	水平压力对比
1	94002	南 Texas	Vicksburg	1	60	0.67	0.2	9310	0.1	3.3	低	否	适中
2	95337	Pemlan	Canyon	A	60	0.51	0.27	5834	0.01	5.5	低	否	适中
3	95337	Pemlan	Canyon	B	60	0.51	0.27	5930	0.01	5.5	低	否	适中
4	39951	南 Texas	Vicksburg	B	60	0.58	0.35	9900	0.01	3.5	低	否	适中
5	76812	南 Texas	Wilcox Lobo	B	60	0.61	0.33	7800	0.01	2.5	低	否	适中
6	50610	Lllizi Algeria	Tin Fouye	1	60	0.56	0.26	4500	10	5	低	否	适中
7	77678	日本	Minami Nagaoka	MHF#1-1	60	0.49	0.4	14000	0.1	5	适中	否	适中
8	36471	西 Texas	Wolfcamp	Mitchell 5B#6	90	0.47	0.4	7700	0.01	5	适中	否	适中
9	36471	西 Texas	Wolfcamp	Mitchell 5B#7	90	0.47	0.4	7950	0.01	5	适中	否	适中
10	36471	西 Texas	Wolfcamp	Mitchell 5B#8	90	0.47	0.4	7850	0.01	5	适中	否	适中
11	36471	西 Texas	Wolfcamp	Mitchell 5a#8	90	0.47	0.4	7950	0.01	5	适中	否	适中
12	36471	西 Texas	Wolfcamp	Mitchell 11#6	90	0.47	0.4	9800	0.01	5	适中	否	适中
13	36735	Permian	Canyon	Henderson 32-9.	120	0.51	0.27	6400	0.01	5.5	低	否	适中
14	35735	Permian	Canyon	Couch #7	120	0.51	0.27	6500	0.01	5.5	低	否	适中
15	21495	东 Texas	Upper Travis Peak	SFE#2	180	0.35	0.47	8300	0.006	7	适中	否	适中

支撑剂是影响裂缝导流能力的重要因素，也是影响致密气井的产能的关键因素。表 3.D.4 是从历年的 SPE 文章中所介绍的实例总结出不同国家的各个盆地的致密砂岩地层压裂时所选择的支撑剂类型、实际的 API 目值以及通过软件计算出值的对比情况。

表 3.D.4 多个盆地选择的支撑剂对比（据 Holditch 等，2008）

#	SPE 期刊号	盆地	地层名	井 名	支撑剂类型		传导系数 C_r	砂岩关闭压力梯度 (psi/ft)	支撑剂浓度 (psf)	API 目		实际垂深 (ft)	渗透率 (mD)
					实际值	推荐值				实际值	推荐值		
1	30532	德国	Rotliegen-des	Soehlin gen Z10	ISP，RCISP	1	10	0.64	4.00	20/40	20/40	15687	0.010
2	36735	Permian	Canyon	Couch ♯7	砂	1	10	0.83	0.50	20/40	20/40	6500	0.010
3	36735	Permian	Canyon	Hender son 32 - 9	砂	1	10	0.83	0.50	20/40	20/40	6400	0.010
4	35196	Permian	Canyon	Hender son 6 - 2	砂	1	10	0.67	0.50	20/40	20/40	6260	0.054
5	35196	Permian	Penn	McDon ald 15 - 10	砂	1	10	0.73	0.73	20/40	20/40	3608	0.023
6	36471	西 Texas	Wolfcamp	Mitchell 6♯5	砂，预固化的 RCS	1	10	0.71	0.71	20/40	20/40	7700	0.010
7	36471	西 Texas	Wolfcamp	Mitchell 5B♯6	砂，预固化的 RCS	1	10	0.78	0.78	20/40	20/40	7950	0.010
8	36471	西 Texas	Wolfcamp	Mitchell 5B♯7	砂，预固化的 RCS	1	10	0.74	0.74	20/40	20/40	7850	0.010
9	36471	西 Texas	Wolfcamp	Mitchell 5a♯8	砂，预固化的 RCS	1	10	0.70	0.70	20/40	20/40	7950	0.010
10	36471	西 Texas	Wolfcamp	Mitchell 11♯6	砂，预固化的 RCS	1	10	0.82	0.40	20/40	20/40	9800	0.010
11	103591	西 Texas	Canyon	1	RCS	2	10	0.87	2.00	20/40	20/40	5499	0.073
12	103591	南 Texas	Frio	2	RCS	2	10	0.63	2.00	20/40	20/40	9363	0.018
13	67299	Greem River	Frontier Bear River	167	LWP	2	10	0.73	0.65	20/40	20/40	7500	0.050
14	67299	南 Texas	Vicksburg	♯1	LWP	1	8	0.77	1.80	20/40	20/40	9350	0.090
15	76812	南 Texas	Wilcox Lobo	A	RCS	1	5	0.71	2.00	16/30	16/30	7800	0.100
16	76812	南 Texas	Wilcox Lobo	B	RCS	1	5	0.71	2.00	16/30	16/30	7800	0.100
17	11600	南 Texas	Wilcox Lobo	1	砂	1	5	0.71	2.00	20/40	20/40	10000	0.100
18	67299	南 Texas	Frio	♯A	LWP	2	1	0.74	2.00	20/40	20/40	9000	0.150
19	67299	南 Texas	Frio	♯B	RCS	2	1	0.74	3.00	20/40	20/40	9000	0.800
20	27722	南 Texas	Vicksburg	Slick♯7 3	RCS	4	1	0.80	2.00	20/40	20/40	10000	0.100

#	SPE期刊号	盆地	地层名	井名	支撑剂类型		传导系数 C_r	砂岩关闭压力梯度（psi/ft）	支撑剂浓度（psf）	API目		实际垂深（ft）	渗透率（mD）
					实际值	推荐值				实际值	推荐值		
21	94002	南 Texas	Vicksburg	1	RCS	3	1	0.78	2.00	20/40	20/40	9310	0.100
22	39951	南 Texas	Vicksburg	B	RCS	4	1	0.80	2.00	20/40	20/40	10000	0.100
23	99720	南 Texas	Vicksburg	A	矾土粒	4	20	0.80	2.00	20/40	20/40	10000	0.005
24	82241	南 Texas	Vicksburg	SMA _ 1	矾土粒	4	35	0.80	2.00	20/40	20/40	9500	0.008
25	82241	南 Texas	Vicksburg	Norm _ 1	矾土粒	4	35	0.80	2.00	20/40	20/40	9500	0.003

参 考 文 献

Aguilera R and Harding T. 2007. State of the Art of Tight Gas Sands Characterization and Production Technology. The Petroleum Society's 8th Canadian International Petroleum Conference, CIPC 2007~208

Aguilera R. 2008. Role of natural fractures and slot porosity on tight gas sands. SPE Unconventional Reservoirs Conference, Keystone, Colorado, USA, SPE 114174

Ahmed M, Mehran, Shar A H, et al. 2011. Optimizing production of tight gas wells by revolutionizing hydraulic fracturing, SPE 141708

Aki K and Richards P G. 1980. Quantitative seismology: Theory and method. W. H. Freeman & Co., New York

Akkurt R, Guillory A J, Vinegar H J, et al. 1995. NMR Logging of Natural Gas Reservoirs. 36th Annual Logging Symposium Transactions: Society of Professional Well Log Analysts, Paper N

Akkurt R, Mardon D, Gardner J S, et al. 1998. Enhanced Diffusion Expanding the Range of NMR Direct Hydrocarbon Typing Applications. 39th Annual Logging Symposium Transactions: Society of Professional Well Log Analysts, Paper GG

Alpak O F, Dussan V, Habashy E B, et al. 2003. Numerical simulation of mud filtrate invasion in horizontal wells and sensitivity analysis of array induction tools. Petrophysics, 44 (6): 396~411

Alpak O F, Habashy T M, Torres-Verdín C, et al. 2004. Joint inversion of pressure and time-lapse electromagnetic logging measurements. Petrophysics, 45 (3): 251~267

Antonio L, Barrios O, Martinez G. 2007. Swelling packer technology eliminates problems in difficult zonal isolation in tight-gas reservoir completion, SPE 107578

Arns C H, Sakellariou A, Senden T J, et al. 2003. Petrophysical properties derived from X-ray CT images. APPEA Journal, 43: 577~586

Asquith G and Krygowski D. 2004. Basic well log analysis. AAPG Methods in Exploration Series 16

Bagherian B, Sarmadivaleh M, et al. 2010. Optimization of multiple-fractured horizontal tight gas well. SPE 127899

Bahrami H, Rezaee R. 2011. Evaluation of damage mechanisms and skin factor in tight gas reservoirs. SPE 142284

Baihly J, Grant D, Fan L, Bodwadkar S. 2009. Horizontal wells in tight gas sands a method for risk management to maximize success, SPE 110067

Balan B, Mohagheh S, and Armeri S. 1995. State of-the-art in permeability determination from well log data: Part 1-A comparative study, model development. SPE Eastern Regional Conference and Exhibition held in Morgantown, West Virginia, SPE 30978

Barton C, Moos D, and Tezuka K. 2009. Geomechanical wellbore imaging: Implications for reservoir fracture permeability. AAPG Bulletin, 93 (11): 1551~1569

Batzle M and Wang Z. 1992. Seismic properties of pore fluids. Geophysics, 57 (11): 1396~1408

Bennion D B, Thomas F B, Bietz R F. 1996. Low permeability gas reservoirs: problems, opportunities, and solutions for drilling, completion, stimulation and production. SPE 35577

Berryman J. 1980. Long-wavelength propagation in composite elastic media. Journal of the Acoustical Society of America, 68: 1809~1831

Bigelow E. 1992. Introduction to wireline log analysis. Western Atlas International, Inc., Houston, Texas

Blasingame A, Rushing J A. 2005. A production-based method for direct estimation of gas-in-place and reserves. SPE 98042

Bonnie R, Marschall J M, Siess C P, et al. 2001. Advanced forward modeling helps planning and interpreting NMR logs. The 76th Annual Technical Conference and Exhibition held in New Orleans, SPE71735

Bourdartor G. , 1998. Well testing: interpretation methods, Editions Technip, Paris

Britt L K, Jones J R, Heidt J H, et al. 2004. Application of after – closure analysis techniques to determine permeability in tight formation gas reservoirs. SPE 90865

Buckles R S. 1965. Correlating and Averaging Connate Water Saturation Data. The Journal of Canadian Petroleum Technology, 4 (1): 42~52

Byrnes A P and Keighin C W. 1993. Effect of confining stress on pore throats and capillary pressure measurements, selected sandstone reservoir rocks. AAPG Annual Meeting

Byrnes A, and Cluff R M. 2009. Analysis of critical permeability, capillary pressure and electrical properties for Mesaverde tight gas sandstones from western U. S. basins. DOE Contract DE – FC26 – 05NT42660

Cai X Y, Xu T J, Tang J M, et al. 2009. Research and application of gas detection techniques using full – wave attributes in southwest China. First Break, 27 (11): 91~96

Calvez L, Klem J H, Bennett R C, et al. 2007. Real – time monitoring of hydraulic fracture treatment: a tool to improve completion and reservoir management, SPE 106159

. Claverie M, and Hansen S M. 2009. Mineralogy, Fracture and Textural analysis for formation evaluation in tight gas reservoir. International Petroleum Technology Conference 13832, presented at the 2009 IPTC held in Doha, Qatar

CNEB. 2008. An Energy market Assessment: Canadian Energy Overview. Canada National Energy Board

Coskuner G. 2004. Drilling induced formation damage of horizontal wells in tight gas reservoirs. Journal of Canadian Petroleum Technology. 43 (11): 13~18

Cramer D D. 2005. Fracture skin: a primary cause of stimulation ineffectiveness in gas wells. SPE 96869

Davies J P and Davies D K. 1999. Stress – dependent permeability: characterization and modeling. Society of Petroleum Engineers Annual Technical Conference, SPE56813

Davis T L and Benson R D. 2009. Tight – gas seismic monitoring, Rulison Field, Colorado. The Leading Edge, 28 (4): 408~411

Dernaika M R. 2010. Combined Capillary Pressure and Resistivity Index Measurements in Tight Gas Sands Using Vapor Desorption Method, SPE132097

Dinske C, Shapiro S A, and Rutledge J T. 2009. Interpretation of microseismic resulting from gel and water fracturing of tight gas reservoir. Pure and Applied Geopghysics, 167 (1 – 2): 169~182

Dodge W S, Guzman – Garcia A, Noble D A, et al. 1998. A Case Study Demonstrating How NMR Logging Reduces Completion Uncertainties in Low Porosity, Tight Gas Sand Reservoirs. 39th Annual Logging Symposium Transactions: Society of Professional Well Log Analysts, Paper VV

•Dongbo H, et al. 2010. Well spacing optimization for tight sandstone gas reservoir. CPS/SPE International Oil & Gas Conference and Exhibition in China held in Beijing, China, SPE 131862

Driscoll V J. 1974. Recovery optimization through infill drilling concepts, analysis and field results. the Fall Meeting of the Society of Petroleum Engineers of AIME, Houston, TX, SPE 4977

Druskin V, Knizhnerman L, and Lee P. 1999. New spectral Lanczos decomposition method for induction modeling in arbitrary 3D geometry. Geophysics, 64 (3): 701~706

Du J, Warpinski N R, Davis E J, et al. 2008. Joint Inversion of downhole Tiltmeter and Microseismic Data and its Application to Hydraulic Fracture Mapping in Tight Gas Sand Formation. American Rock Mechanics Association 08 – 344

Dutton S, Clift S, Hamilton D, et al. 1993. Major Low – Permeability Sandstone Gas Reservoirs in the Continental United States. Bureau of Economic Geology, University of Texas, Austin

Economides M J and Nolte K G. 2003. Reservoir Stimulation. John Wiley, Hoboken, N J, 5. 1~5. 14

Eisner L, Duncan P M, Heigl W M, et al. 2009. Uncertainties in passive seismic monitoring. The Leading Edge, 28 (6): 648~655

Eller J G, et al. 2002. A Case history: use of a casing – conveyed perforating system to improve life of well economics in tight gas sands, SPE Western Regional/AAPG Pacific Section Joint Meeting, Anchorage, Alaska, SPE 76742

Ertekin T, King G R, Sewheerr F C. Dynmaie gasslippage: a unique dual mechnaism ap proaehtohte flow of gasintight fomrations. SPE 12045

Estes R K, Fulton P F. 1996. Gas slippage and permeability measurements. trans, AIME, 1956, (207): 338~342

Fetkovich M J, Fetkovich E J, Fetkovich M D. Useful concepets for decline – curve forecasting, reserve estimation, and analysis. SPE 28628

Firozzbadi A, Katz D L. 1979. An analysis of high velocity gas flow through porous media, J. pet. Tech. , Fed: 211~216

Fraim M J. 1987. Gas reservoir decline – curve analysis using type curves with real gas. SPE14238

Freedman R, Minh C C, Gubelin G, et al. 1998. Combining NMR and density logs for Petrophysical Analysis in Gas – Brearing Formations. 39th SPWLA Annual Meeting held in Colorado, Paper Ⅱ

Gao H, Mcvay D A, 2004. Gas infill well selection using rapid inversion methods. SPE Annual Technical Conference and Exhibition, Houston, TX, SPE 90545

GAO H, Mcvay D A. 2004. Gas infill well selection using rapid inversion methods. SPE Annual Technical Conference and Exhibition, Houston, SPE 90545

Garcia J P, et al. 2006. Well testing of tight gas reservoirs. SPE gas Technology Symposium held in Calgary, SPE 100576

Garner J J, et al. 2004. A case history of optimizing casing – conveyed perforating and completion systems in tight gas reservoirs, Kenai Gas Field, Alaska. SPE Annual Technical Conference and Exhibition, Houston, Texas, SPE 90722

Garner J J, Thompson J, Mack D J, et al. 2004. A case history of optimizing casing – conveyed perforating and completion systems in tight gas reservoirs, Kenai Gas Field, Alaska. SPE Annual Technical Conference and Exhibition, SPE 90722 – MS

Goggin D J, Gidman J, Ross S E. 2005. Optimizing horizontal well locations using 3D scaled – up geostatistical reservoir models. SPE Annual Technical Conference and Exhibition, Dallas, SPE 30570

Golab, Knackstedt A, Averdunk H, et al. 2010. 3D porosity and mineralogy characterization in tight gas sandstones. The Leading Edge, 28 (12): 1476~1483

Goodway B, Perez M, Varsek J, et al. 2010. Seismic petrophysics and isotropic – anisotropic AVO methods for unconventional gas exploration. The Leading Edge, 28 (12): 1500~1508

Gorucu S E, Ertekin T. 2011. Optimization of the design of transverse hydraulic fractures in horizontal wells placed in dual porosity tight gas reservoirs. SPE 142040

Gottlieb P, Wilkie G, Sutherland D, et al. 2000. Using quantitative electron microscopy for process mineralogy applications. JOM, Journal of the Minerals, Metals and Materials Society, 52: 24~25

Gould T L, Munoz M A. 1982. An Analysis of Infill Drilling. SPE Annual Technical Conference and Exhibition, New Orleans, SPE 11021

Gould T L, Sarem A M S. 1989. Infill drilling for incremental recovery. Journal of Petroleum Technology, 41 (3): 229~237

Graterol J, Ruiz F, and Aldana M. 2004. Estudio de la estabilidad de hoyo y calculo de la ventana de lodo de perforacion a partir de evaluacion geomecánica y petrofisica con registros de pozo (parte 2) . 12th Bianual International Meeting, Sociedad Venezolana de Ingenieros Geofisicos (SOVG), paper 062

Grechka Y, Mazumdar P, and Shapiro S A. 2010. Predicting permeability and gas production of hydraulically fractured tight sands from microseismic data. Geophysics, 75 (1): B1~B10

Grigg M. 2004. Emphasis on mineralogy and basin stress for gas shale exploration. SPE meeting on Gas Shale Technology Exchange

Guan L, Mcvay D A, Jensen J L, et al. 2002. Evaluation of a statistical infill candidate selection technique. SPE Gas Technology Symposium, Calgary, AB, SPE 75718

Guan L, Mcvay D A, Jensen J L, et al. 2004. Evaluation of a statistical method for assessing infill production potential in mature, low – permeability gas reservoirs, Journal of Energy Resources Technology, 126 (3): 241~245

Guan L, Mcvay D A, Jensen J L. 2006. Parameter sensitivity study of a statistical technique for fast infill evaluation of tight gas reservoirs. Journal of Canadian Petroleum Technology, 45 (5): 55~59

Gulrajani S N, Olmstead C C. 1999. Coiled tubing conveyed fracture treatments: evolution, methodology and field application, SPE Eastern Regional Meeting, Charleston, West Virginia, SPE 57432

Gupta D V S, Le H V, Batrashkin A, et al. 2008. Development and field application of a low pH, efficient fracturing fluid for western siberian oil and gas wells. SPE Russian Oil and Gas Technical Conference and Exhibition, SPE 116835 – MS

Gupta D V S, et al. 2008. Development and field application of a low ph, efficient fracturing fluid for tight gas fields in the Greater Green River Basin, Wyoming, SPE 116191

Gupta D V S, Jackson T L, Evans J B, et al. 2009. Development and field application of a low ph, efficient fracturing fluid for tight gas fields in the Greater Green River Basin, Wyoming. SPE Production & Operations, SPE 116191 – PA

Habashy T M and Abubakar A. 2004. A general framework for constrained minimization for the inversion of electromagnetic measurements. Progress in Electromagnetic Research, PIER 46: 265~312

Hamada G M, Abushanab M A, and Oraby M E. 2008. Petrophysical evaluation of tight gas sand reservoirs using NMR and conventional openhole logs. SPE 114254, presented at the 2008 SPE Asia Pacific Oil & Gas Conference and Exhibition held in Perth, Australia

Haro C F. 2004. The perfect permeability transform using logs and core. SPE 89516, presented at the SPE Annual Technical Conference and Exhibition, Houston, Texas

Harris R and O'Brien J. 2008. Imaging tight gas sandstones in the East Texas Basin. First Break, 26 (3): 57~68

Hashin Z and Shtrikman S. 1963. A variational approach to the elastic behavior of multiphase materials. Journal of the Mechanics and Physics of Solids, 11: 127~140

Hennings P H, Olson J E, and Thompson L B. 2000. Combining outcrop and three – dimensional structural modeling to characterize fractured reservoirs: An example from Wyoming. AAPG Bulletin, 84: 830~849

Herron M M. 2002. Real – Time Petrophysical Analysis in Siliciclastics from the Integration of Spectroscopy and Triplecombo Logging. SPE 77631, presented at the SPE Annual Techinical Conference & Exhibition, San Antonio

Holditch S A, Bogatchev K Y. 2008. Developing tight gas sand adviser for completion and stimulation in tight gas sand reservoirs worldwide, SPE 114195

Holditch S A, Tschirhart N R. 2005. Optimal stimulation treatments in tight gas sands, SPE 96104

Holditch S A. 2005. Tight Gas Reservoirs. Class Notes, PETE 602, Dept. of Petroleum Engineering,

Texas A&M University, College Station, Texas

Holditch S A. 2009. Stimulation of tight reservoirs worldwide, Offshore Technology Conference, Houston, OTC 20267

Holditch S A. Tight gas sands. 2006. Journal of Petroleum Technology, SPE 103356 - MS, 58 (6): 86 - 93

Hooker, J. H., J. F. W. Gale, and L. A. Gomez, et al. 2009. Aperture - size scaling variations in a low - strain opening - mode fracture set, Cozzette Sandstone, Colorado: Journal of Structural Geology, 31, 707~718

Hudson P J, Matson P J. 1992. Hydraulic fracturing in horizontal wellbores. the Permian Basin Oil and Gas Recovery Conference, Midland, Texas, USA, SPE 23950

Ilk D. 2008. Exponential vs hyperbolic decline in tight gas sands understanding the origin and implications for reserve estimates using arps' decline curves. SPE 116731

Iwere F O, Moreno J E, Apaydin O G, et al. 2004. Numerical simulation of thick, tight fluvial sands. SPE International Petroleum Conference, Puebla, Mexico, SPE 90630

Jahanbant A, Pooladi - Darvish M, Santo M. Well testing of tight gas reservoirs. SPE Gas Technology Symposium. SPE 100576 - MS, 2006

Jenner. 2001. Azimuthal Anisotropy of 3D Compressional wave seismic data, Weyburn field, Saskatchewan, Canada. PhD dissertation, Colorado School of Mines

Jiang T X, Wu Q, Wang X G, et al. 2002. The study of performance prediction of treatment wells in low permeability and abnormal high pressure gas reservoirs, SPE 77463

Jones F O, Owens W W. 1980. A laboratory study of low permeability gas sands. SPE 7551

Kabir M, Ingham S, Sibley D, et al. 2006. Application of a maximum reservoir contact (MRC) well in a thin, carbonate reservoir in Kuwait, SPE 100834

Kang Y L, Luo P Y, et al. 2000. Employing both damage control and stimulation: a way to successful development for tight gas sandstone reservoirs. SPE 64707

Katz A J and Thompson A H. 1986. Quantitative prediction of permeability in porous rock. Physical Review B, 34 (11): 8179~8181

Kawata Y and Fujita K. 2007. Some Prediction of Possible Unconventional Hydrocarbon Availability Until 2100. SPE68755, SPE Asia Pacific Oil and Gas Conference, Jakarta

Kenyon W E. 1997. Petrophysical Principles of Applications of NMR Logging. The Log Analyst, 38 (2): 21~43

Khlaifat A and Qutob H. 2010. Unconventional Tight Gas Reservoirs - Future Energy Source. Materials in Jordan, Amman, Jordan

Khlaifat A, Qutob H and Barakat N. 2011. Tight Gas Sands Development is Critical to Future World Energy Resources. SPE 142049

Kuster G, and Toks? z M. 1974. Velocity and attenuation of seismic waves in two - phase media: part 1. Theoretical formulations. Geophysics, 39 (5): 587~606

Kuuskraa V A, Ammer J. 2004. Tight gas sands development - how to dramatically improve recovery efficiency. GasTIPS 15

L. Guan, H. GaoO, Y. Du, et al. 2007. New methods for determining infill drilling potential in large tight gas basins, Journal of Canadian Petroleum Technology. 46 (10): 23~27

Lander R H, Larese R E, and Bonnell L M. 2008. Toward more accurate quartz cement models—The importance of euhedral vs. non - euhedral growth rates. AAPG Bulletin, 93: 1537~1564

Laubach S E and Gale J. Obtaining fracture information for low - permeability (tight) gas sandstones from sidewall cores. Journal of Petroleum Geology, 2006, 29: 147~158

Laubach S E and Ward M W. 2006. Diagenesis in porosity evolution of opening - mode fractures, Middle

Triassic to Lower Jurassic La Boca Formation, NE Mexico. Tectonophysics, 419: 75~97

Laubach S E, Olson J E, and Gale J. 2004. Are open fractures necessarily aligned with maximum horizontal stress? Earth and Planetary Science Letters, 222: 191~195

Laubach S E. 1997. A method to detect natural fracture strike in sandstones. AAPG Bulletin, 81: 604~623

Laubach S E. 2003. Practical approaches to identifying sealed and open fractures. AAPG Bulletin, 87: 561~579

Law B E and Curtis J B. 2002. Introduction to Unconventional Petroleum Systems: AAPG Bulletin, 86: 1851~1852

Law B E and Spencer C W. 1993. Gas in tight reservoirs—an emerging source of energy, in D. G. Howell, ed. , The future of energy gases: U. S. Geological Survey Professional Paper 1570, 233~252

Law B E and Spencer C W. 1998. Abnormal pressures in hydrocarbon environments: AAPG Memoir 70, 1~11

Law B E. 1984. Relationships of source rocks, thermal maturity and overpressuring to gas generation and occurrence in lowpermeability Upper Cretaceous and lower Tertiary rocks, Greater Green River basin, Wyoming, Colorado, and Utah, in J. Woodward, F. F. Meissner, and J. L. Clayton, eds. Rocky Mountain Association of Geologists Guidebook, 469~490

Lee W J. 1987. Pressure – transient test design in tight gas formations. J. PetTech, 39 (10): 1185~1195. SPE – 17088 – PA

Li K W. Quarterly Report for October December 2000 Stan ford Geo thermal programmer, DE – FG07 – 99ID13763

Luo S, Kelkar M, et al. 2010. Infill drilling potential in tight gas reservoirs, SPE Annual Technical Conference and Exhibition held in Florence, SPE 134249

Mack M G, Warpinski N R. 2000. Mechanics of hydraulic fracturing, Chapter 6 in reservoir stimulation, M. J. Economides and K. G. Nolte, John Wiley & Sons

Magalhaes F, Zhu D, Amini S, Valko P. 2007. Optimization of fractured – well performance of horizontal gas wells. The International Oil Conference and Exhibition in Mexico, Veracruz, Mexico, SPE 108779 – MS

Malik M, Tewari RD, Naganathan S. 2006. Rotary steerable systems result in step change in drilling performance—a case study. IADC/SPE Asia Pacific Drilling Technology Conference and Exhibition, Bangkok, Thailand, SPE 103842 – MS

Masters J A. 1979. Deep basin gas t rap, West Canada [J] . AAPG Bulletin, 63 (2): 152~181

Mavko G, Mukerji T, and Dvorkin J. 2009. The rock physics handbook. Cambridge: Cambridge University Press

Maxwell S C, et al. 2002. Microseismic imaging of hydraulic fracture complexity in the Barnett Shale. SPE Annual Technical Conference and Exhibition held in San Antonio, Texas, SPE 77440

McDaniel B W. 2005. Review of current fracture stimulation techniques for best economics in multilayer, lower – permeability reservoirs. SPE 98025

McPherson S A. 2000. Cementation of horizontal wellbores. SPE Annual Technical Conference and Exhibition, SPE 62893

Merkel R. 2006. Integrated petrophysical models in tight gas sands. 47th SPWLA, Paper P presented at the SPWLA Annual Technical Conference

Mike Metz, Gabriela Briceno, and Qian Fang, et al. 2009. Properties of Tight Gas Sand From Digital Images. SPE Annual Technical Conference and Exhibition, SPE123751

Miller M, Lieber B, Piekenbrock G, et al. 2007. Low permeability gas reservoirs—how low can you go?

Canadian Well Logging Society

Mohammed K, Ivan Y, Horacio S, et al. 2010. Comparison of different deliverability testing techniques in low permeability gas reservoir and its impact on the absolute open flow (AOF) estimation. SPE 130552 - MS

Montgomery S L and Robinson J W. 1997. Jonah field, Sublette County, Wyoming: gas production from overpressured Upper Cretaceous Lance sandstones of the Green River basin: AAPG Bulletin, 81: 1049~1062

Mousavi M A and Bryant S A. 2007. Geometric Models of Porosity Reduction Mechanisms in Tight Gas Sands. SPE107963

Mullen, Gegg J, and Bonnie R, et al. 2005. Fluid typing with T1 NMR: Incorporating T1 and T2 measurements for improved interpretation in tight gas sands and unconventional reservoirs. 46th SPWLA, Paper III presented at the SPWLA Annual Technical Conference

Nadeau P H. 1998. An experimental study of the effects of diagenetic clay minerals on reservoir sands. Clays and Clay Minerals, 46 (1): 18~26

Naik G C. 2010. Tight Gas Reservoirs – An Unconventional Natural Energy Source for the Future

Nelson P A. Geologic analysis of naturally fractured reservoirs: Houston, Texas, Gulf Publishing Co., 1985

Nelson P H and Batzle M L. 2006. Single - phase permeability, in J. Fanchi, ed. Petroleum engineering handbook: General engineering: Richardson, Texas, Society of Petroleum Engineers, 1: 687~726

Nelson P H. 2009. Fluid Production from Tight - Gas Systems, Greater Green River and Wind River Basins, Wyoming. AAPG Search and Discovery Article #110105

Nelson P H. Pore - throat sizes in sandstones, tight sandstones, and shale. AAPG Bulletin, 2009, 93 (3): 329~340

Newsham K E, Rushing J A. 2002. Laboratory and field observations of an apparent sub capillary equilibrium water saturation distribution in a tight gas sand reservoir. SPE 75710, presented at the SPE Gas Technology Symposium, Calgary, Alberta, Canada

Norris A. 1985. A differential scheme for the effective moduli of composites. Journal of the Mechanics and Physics of solids, 59 (8): 1464~1487

O'Connell R and Budiansky B. 1974. Seismic velocities in dry and saturated cracked solids. Journal of Geophysical Research, 79 (35): 5412~5426

Ogueri O S. 2007. Completion methods in thick multilayered tight gas sand. Masters Thesis, Texas A&M University, College Station

Olson J E, Laubach S E, and Lander R H. 2009. Natural fracture characterization in tight gas sandstones: Integrating mechanics and diagenesis. AAPG Bulletin, 93 (11): 1535~1549

Ozkan E. 2002. Horizontal wells course notes, Petroleum Engineering Department, Colorado School of Mines, Fall

Pankaj P, Kumar V. 2010. Well testing in tight gas reservoir: today's challenge and future's opportunity. SPE Oil and Gas india conference and Exhibition held in Mumbai, India, SPE 129032

Peaceman D W. 1983. Interpretation of well - block pressuresin numerical reservoir simulation with nonsquare grid blocks and anisotropic permeability. SPE Journal, SPE 10528 - PA

Philip Z G, Jennings J W, Olson J E, et al. 2005. Modeling coupled fracture - matrix fluid flow in geomechanically simulated fracture networks. Society of Petroleum Engineers Reservoir Evaluation and Engineering, 8: 300~309

Pitman J K, Spencer C W, and ollastro R M. 1989. Petrography, Mineralogy, and Reservoir Characterization of the Upper Cretaceous esaverde Group in the East - Central Piceance Basin, Colorado. U. S. Geological Survey Bulletin

Poe B D, Jr, et al. 1999. Advanced fractured well diagnostics for production data analysis. 1999 Annual Technical Conference and Exhibition, Houston, TX, SPE 56750

Poe B D, Jr. 2000. Production performance evaluation of hydraulically fractured wells. SPE/CERI Gas Technology Symposium held in Calgary, Alberta, Canada, SPE 59758

Prammer M G, Akkurt R, Cherry R, et al. 2003. New Direction in Wireline and LWD NMR. 43th SPW-LA, Paper DDD, presented at the SPWLA Annual Technical Conference

Ramey H, Jr, Kumaar A, et al. 1973. Gas well test analysis under waterdrive condition, American Gass Association Monograph

Recham R, Bencherif D. 2004. Analysis and synthesis of horizontal wells in Hassi R'Mel Oil Rim, Algeria. SPE International Thermal Operations and Heavy Oil Symposium and Western Regional Meeting, Bakersfield, California, USA, SPE 86924 - MS

Reeves S R, Bastian P A, et al. 2000. Benchmarking of restimulation candidate selection techniques in layered, tight gas sand formations using reservoir simulation. SPE 63096

Reeves S R. 1999. Restimulation technology for tight gas sand wells, SPE 56482

Reinicke A, Rybacki E, Stanchits S, et al. 2010. Hydraulic fracturing stimulation techniques and formation damage mechanisms—Implications from laboratory testing of tight sandstone - proppant systems. Helmholtz Centre Potsdam, GFZ German Research Centre for Geosciences, Telegrafenberg, 14473Potsdam, Germany

Roberto F, Aguilera, Pontificia, et al. 2008. Natural gas production from tight gas formations: A global perspective. 19th World Petroleum Congress, Spain, Forum 13: Non - conventional gas (CBM, hydrates gasification of coal/heavy - oil bottoms)

Rogner H H. 1997. An assessment of world hydrocarbon resources. Annual Review Energy Environment, 22: 217~262

Rojas E. 2005. Elastic rock properties of tight gas sandstones for reservoir characterization at Rulison Field, Colorado. M. Phil. thesis, Colorado School of Mines

Rose P R, Everett J R, and Merin I S. 1986. Potential basin centeredgas accumulation in Cretaceous Trinidad Sandstone, Raton basin, Colorado, in C. W. Spencer and R. F. Mast, eds. , Geology of tight gas reservoirs. AAPG Studies in Geology 24, 111~128

Roussel N P, Sharma M M. 2010. Role of stress reorientation in the success of refracture treatments in tight gas sands, SPE 134491

Ruiz and Cheng A. 2010. A rock model for tight gas sand. The Leading Edge, 28 (12): 1484~1489

Ruiz F and Dvorkin J. 2010. Predicting elasticity in nonclastic rocks with a differential effective medium DEM model. Geophysics, 75 (1): E41~E53

Rushing J A, Newsham K E, Fraassen K C V. 2003. Measurement of the two - phase gas slippage phenomenon and its effect on gas relative permeability in tight gas sands. SPE 84297

Rushing J A, Sullivan R B. 2003. Evaluation of hybrid water - frac stimulation technology in the bossie rtight gass and play, SPE 84394

Rushing J A, Newsham K E, and Blasingame T A. 2008. Rock typing—Keys to understanding productivity in tight gas sands. SPE 114164

Rytlewski G L, Cook J M. 2006. A study of fracture initiation pressures in cemented cased - hole wells without perforations. SPE 100572

Salazar M, Alpak F O, Verdin C T, et al. 2005. Automatic estimation of permeability from array induction measurements: Applications to field data. 46th SPWLA, Paper FF presented at the SPWLA Annual

Technical Conference

Sampath K, Keighin C W. 1982. Factors affecting gas slippage in tight sandstones. SPE 9872

Samuelson M L, Akinwande T, Connell R, et al. 2008. Optimizing horizontal completions in the clevelandtight gas sand. SPE 113487

Sayers C M and Kachanov M. 1995. Microcrack－induced elastic wave anisotropy of brittle rocks. Journal of Geophysical Research, 100 (B3): 4149~4156

Sayers C. 2007. Introduction to this special section: Fractures. The Leading Edge, 26: 1102~1105

Schlumberger, Schlumberger Limited Drilling industry articles [EB/OL] . [2009 - 04 - 30], http: // www. slb. com/content/services/resources/articles/drilling asp?

Seale R, Athans J, Themig D. 2006. An effective horizontal well completion and stimulation system. SPE 101230

Semmelbeck M E, Deupree W E, Plonski J K V, et al. 2006. Novel CO_2－emulsified viscoelastic surfactant fracturing fluid system enables commercial production from bypassed pay in the Olmos Formation of South Texas. SPE Gas Technology Symposium, SPE 100524

Shahamat M S and Aguilera R. 2008. Pressure－Transient Test Design in Dual－Porosity Tight Gas Formations. The CIPC/SPE Gas Technology Symposium 2008 Joint Conference, SPE 115001

Shahamat M S and Gerami S. 2009. Tight Gas Reservoirs: Opportunities, Characteristics and Challenges. First International Petroleum Conference & Exhibition Shiraz, Iran

Shahamat M S and Gerami S. 2009. Tight Gas Reservoirs: Opportunities, Characteristics and Challenges. First International Petroleum Conference & Exhibition

Shahamat M S, Aguilera R. 2008. Pressure－transient test design in dual－porosity tight gas formations. CIPC/SPE Gas Technology Symposium 2008 Joint Conference, Calgary, SPE 115001

Shahamat M S, Gerami S. 2009. Tight gas reservoirs: opportunities, characteristics and challenges. First International Petroleum Conference & Exhibition Shiraz, Iran

Shanley K W, Cluff R M, and Robinson J W. 2004. Factors controlling prolific gas production from low－permeability sandstone reservoirs: Implications for resource assessment, prospect development, and risk analysis. AAPG Bulletin, 88 (8): 1083~1121

Shanley K W, Cluff R M, Robinson J W. 2004. Factors con trolling prolific gas product ion from low permeability sandstone reservoirs: implications for resource assessment, prospect development, and risk analysis. AAPG Bulletin, 88 (8): 1083~1121

Shaoul J, Delft S, Zelm L V, et al. 2011. Damage mechanisms in unconventional gas well stimulation－a new look at an old problem. SPE 142479

Shapiro S A and Dinske C. 2009. Fluid－induced seismicity: Pressure diffusion and hydraulic fracturing. Geophysical Prospecting, 57 (2): 301~310

Shapiro S A, Dinske C, and Rother E. 2006. Hydraulic－fracturing controlled dynamics of microseismic cloud. Geophysical Research Letters, 33, L14312

Shehata A, Aly A, Ramsey L. 2010. Overview of tight gas field development in the middle east and north africa region. North Africa Technical Conference and Exhibition, SPE 126181

Shehata A, Aly A, and LRamsey L. 2010. Overview of Tight Gas Field Development in the Middle East and North Africa Region. SPE126181

Shrivastava C and Lawatia R. 2011. Tight Gas Reservoirs: Geological Evaluation of the Building Blocks. The SPE Middle East Unconventional Gas Conference and Exhibition, SPE142713

Slijkerman W F J, Looyestijn W J, Hofstra P, et al. 1999. Processing of Multi－Acquisition NMR Data. SPE567668

Smith T M, Sayers C M, and Sondergeld C H. 2009. Rock propertiesin low-porosity/low-permeability sandstones. The Leading Edge, 28 (1): 48~59

Smith, Sondergeld C, and Tinni A O. 2010. Microstructural controls on electric and acoustic properties in tight gas sandstones, some empirical data and observations. The Leading Edge, 28 (12): 1470~1474

Sobernheim D W, et al. 2005. Integrating rigorous completions optimization into full field geocellular and simulation modeling, SPE W estern Regional Meeting held in Irvine, SPE 94012

Soeder D J and Chowdiah P. 1990. Pore geometry in high and low-permeability sandstones, Travis Peak Formation, East Texas. SPE17729

Soliman M Y, East L, Ansah J, Wang H. 2008. testing and design of hydraulic fractures in tight gas formations, SPE 114988

Soliman M Y. 1986. Numerical models estimates fracture production increase. Oil and Gas, J Oct

Spencer C W. 1989. Review of characteristics of low permeability gas reservoirs in Western United States. AAPG Bulletin, 73 (5): 613~629

Spencer. 1985. Geologic aspects of tight gas reservoirs in the Rocky Mountain region. Journal of Petroleum Technology, 37: 1308~1314

Stroker T and Harris N. 2009. K-Ar Dating of Authigenic Illites: Integrating Diagenetic History of the Mesaverde Group, Piceance Basin, NW Colorado. AAPG Search and Discovery Article #110107

Stromquist M L, Boulton K, Pangracs S. 2002. New completion techniques improve production rates in a maturing gas reservoir. SPE Gas Technology Symposium, Alberta, Canada, SPE 75685

Tang J M, Huang Yue, Xu Xiangrong, et al. 2009. Application of converted-wave 3D/3-C data for fracture detection in a deep tight-gas reservoir. The Leading Edge, 28 (7): 826-837

Tewari R D, Malik M, Naganathan S. 2006. Stepping on development of small and medium size oilfields through horizontal wells—the way ahead. Presented at the SPE Asia Pacific Oil and Gas Conference and Exhibition, Adelaide, Australia, SPE 101129

Tobin R C, McClain T, Lieber R B, et al. 2010. Reservoir quality modeling of tight gas sands in Wamsutter Field: Integration of diagenesis, petroleum systems and production data. APPG Bulletin, 94 (8): 1229~1266

Torsten Friedel, et al. 2007. Comparative analysis of damage mechanisms in fractured gas wells. European Formation Damage Conference held in Scheveningen, The Netherlands, SPE 107662

TOTAL Company. 2007. Tight gas reservoirs, Technology Incentive resources, E&P

Turkarslan G, McVay D A, Bickel J E. 2010. Integrated reservoir and decision modeling to optimize spacing in unconventional gas reservoirs. CSUG/SPE 137816

Wang J Y. 2009. Modeling fracture fluid cleanup in tight gas wells. SPE 119624

Wang J, Holditch S A, McVay D. 2009. Modelling fracture fluid cleanup in tight gas wells. SPE 119624

Wang Y L, Holditch S A, McVay D. 2008. Simulation of gel damage on fracture fluid cleanup and long-term recovery in tight gas reservoirs. SPE 117444

Wang Y L. 2008. Simulation of fracture fluid cleanup and its effect on long-term recovery in tight gas reservoirs. A Doctor of Philosophy Dissertation in Petroleum Engineering at Texas A&M University

Warner E M. 1998. Structural geology and pressure compartmentalization of Jonah field, Sublette County, Wyoming, in R. M. Slatt, ed. Compartmentalized reservoirs in Rocky Mountain basins. Association of Geologists, 29~46

Warner E M. 2000. Structural geology and pressure compartmentalization of Jonah field based on 3-D seismic data and subsurface geology, Sublette County, Wyoming. The Mountain Geologist, 37 (1): 15~30

WEC. 2007. Survey of Energy Resources 2007. World Energy Council. , 106~130

Winkler M，Freeman J J，Quint E，et al. 2006. Evaluating tight gas reservoir with NMR - The perception，the reality and how to make it work. 47th SPWLA，Paper BB presented at the SPWLA Annual Technical Conference

Wong J R，Ltd S，Shrivastava R，et al. 201Squeezing blood from a stone—distinguishing incremental from accelerated recovery in moderate to tight gas infill development using production data only. SPE Annual Technical Conference and Exhibition held in Florence，SPE 133822

Wu H and Pollard D. 2002. Imaging 3 - D fracture networks around boreholes. AAPG Bulletin，86：593～604

Xu X，Hofmann R，Batzle M，et al. 2006. Influence of pore pressure on velocity in low - porosity sandstone：Implications for time - lapse feasibility and pore - pressure study. Geophysical Prospecting，54（5）：565～573

Zemanek J，Glenn E，Norton L J，et al. 1970. Formation evaluation by inspection with borehole televiewer：Geophysics，35：254～269

Zeng L B. 2010. Micro - fracturing in the Upper Triassic Sichuan Basin tight gas sandstones：Tectonic，overpressure，and digenetic origins. AAPG Bulletin，94（12）：1811～1825

Zhu G Y，Liu X and Gao S，et al. 2010. New Formation Evaluation Parameters of Low Permeability Water Bearing Gas Reservoirs and Its Application. The CPS/SPE International Oil& Gas Conference and Exhibition，SPE 131952

蔡希源. 2010. 深层致密砂岩气藏天然气富集规律与勘探关键技术 - 以四川盆地川西坳陷须家河组天然气勘探为例. 石油与天然气地质. 2010，31（6）：708～714

陈代询，王章瑞. 2000. 致密介质中低速渗流气体的非达西现象. 重庆大学学报（自然科学版），23增刊

程时清等. 2002. 低速非达西渗流流动边界问题的积分解. 力学与实践. 24（3）：15～17

单钰铭. 2010. 致密砂岩中裂缝的变形特性及对渗流能力的控制作用. 成都理工大学学报（自然科学版）. 37（4）：457～462

冯文光，葛家理. 1985. 单一介质、双重介质非定常非达西低速渗流问题. 石油勘探与开发. 12（1）：56～62

关德师，牛嘉玉. 中国非常规油气地质. 北京：石油工业出版社. 1995

管保山，王欣. 2009. 低渗透气藏压裂改造技术研究. 河北廊坊：中国石油勘探开发研究院廊坊分院

胡文海等. 2004. 隐蔽油气藏勘探技术发展对策研究. 北京：中国石油经济技术研究中心

胡文瑞. 2010. 中国非常规天然气资源开发与利用. 大庆石油学院学报. 34（5）：9～16

姜振学，林世国，庞雄奇等. 2006. 两种类型致密砂岩气藏对比. 石油实验地质. 28（3）：210～214

蒋叔豪，孙庆新. 1985. 偏微分方程数值解. 浙江大学出版社：200～206

蒋廷学，郎兆新，单文文，等. 2002. 低渗油藏压裂井动态预测的有限元方法. 石油学报，23（5）：53～58

金智荣等. 2007. 支撑裂缝导流能力影响因素实验研究与分析. 钻采工艺，30（5）：36～38，41

雷群等. 2010. 美国致密砂岩气藏开发与启示. 天然气工业，30（1）：45～48

李传亮. 2007. 滑脱效应其实并不存在. 天然气工业，27（10）：85～87

李道品. 1997. 低渗透砂岩油田开发. 北京：石油工业出版社

李宁，唐显贵，张清秀，曾术梯. 2003. 低渗透气藏中气体低速非达西渗流特征实验研究. 天然气勘探与开发，26（2）

李士伦等. 2000. 天然气工程. 石油工业出版社：117～129

李跃刚. 1993. 指数式产能方程预测气井产能偏大的因素分析. 试采技术，（3）：102～106

李云省，曾渊奇，田建波等. 2003. 致密砂岩气层识别方法研究. 西南石油学院学报，25（1）：25～28

刘吉余，马志欣，孙淑艳. 2008. 致密含气砂岩研究现状及发展展望. 天然气地球科学. 19（3）：316～

319

刘晓旭，胡勇，李宁，朱斌．2007．低渗砂岩气藏气体特殊渗流机理实验研究与分析．特种油气藏，14（1）

刘晓旭，胡勇，朱斌，李宁，赵金洲．2006．气体低速非达西渗流特征参数分析与计算．断块油气田，13（6）

刘玉山，杨耀忠．2002．油气藏数值模拟核心技术进展，油气地质与采收率，9（5）：31～34

罗瑞兰，程林松，朱华银等．2007．研究低渗气藏气体滑脱效应需注意的问题．天然气工业，27（4）

苗顺德，吴英．2007．考虑气体滑脱效应的低渗透气藏非达西渗流数学模型．天然气勘探与开发，30（3）

牟珍宝，樊太亮．2006．圆形封闭油藏变导流垂直裂缝井非稳态渗流数学模型．油气地质与采收率（6）：66 - 69 + 109 - 110

宁宁，王红岩，雍洪等．2009．中国非常规天然气资源基础与开发技术．天然气工业，29（9）：9～12

庞雄奇，金之钧，姜振学等．2003．深盆气成藏门限及其物理模拟实验．天然气地球科学．14（3）：207～214

任勇等．2005．压裂井裂缝导流能力研究．河南石油，（1）：46～48

苏煜城，吴启光．1989．偏微分方程数值解法．北京：高等教育出版社：125～128

王娟等．2000．农 X 气藏数值模拟技术研究及应用．天然气工业，20（增刊）：88～92

吴凡，孙黎娟，乔国安，赵晓林，陈冬玲．2001．气体渗流特征及启动压力规律的研究．天然气工业，21（1）

吴英，宁正福，姚约东．2004．低渗气藏非达西渗流实验及影响因素分析．西南石油学院学报，26（6）：35～38

徐兆辉，汪泽成，徐安娜等．2011．四川盆地须家河组致密砂岩储集层特征与分级评价．新疆石油地质，32（1）：26～28

杨晓宁．2005．致密砂岩的形成机制及其地质意义：以塔里木盆地英南 2 井为例．海相油气地质．10（1）：31～36

姚约东，李相方，葛家理．2004．低渗气层中气体渗流克林贝尔效应的实验研究．天然气工业，24（11）：100～102

依呷，唐海，吕栋梁．2005．低渗气藏启动压力梯度研究与分析．海洋石油，26（3）

俞绍诚．1987．陶粒支撑剂和兰州压裂砂长期裂缝导流能力评价．石油钻采工艺，9（5）

曾联波，李跃纲，王正国等．2007．邛西构造须二段特低渗透砂岩储层微观裂缝的分布特征．天然气工业．27（6）：45～47

张百灵．2004．致密气藏产能分析方法研究：（博士论文）．成都：西南石油学院

张波，李君，赖海涛．2010．苏里格低渗气田井网井距计算方法探讨，29（6）：42～44

张金川，徐波，聂海宽等．2007．中国天然气勘探的两个重要领域．天然气工业．27（11）：1～6

张金川．2003．根缘气（深盆气）的研究进展．现代地质．17（2）：210

张金川．2006．从"深盆气"到"根缘气"．天然气工业．26（2）：46～48

张俊，郭平．2006．低渗透致密气藏的滑脱效应研究．断块油气田，13（3）

张哨楠．2008．致密天然气砂岩储层：成因和讨论．石油与天然气地质．29（1）：1～11

张正文，2005．低渗气藏生产过程中储层伤害机理及对气井动态渗流规律影响研究，西南石油学院，

张志强，郑军卫．2009．低渗透油气资源勘探开发技术进展．地球科学进展，24（8）：854～864

赵继涛，梁冰，孙维吉．2007．低渗储层中气体非达西渗流机理．辽宁工程技术大学学报，26 增刊

朱光亚，刘先贵，高树生等．2010．须家河组低渗砂岩气藏储层微观孔隙结构特征．天然气工业．（2）：47～51

朱光亚，刘先贵，李树铁，黄延章，郝明强．2007．低渗气藏气体渗流滑脱效应影响研究．天然气工

业，27（5）

朱新佳.2010.苏里格气田苏53区块合理井网井距研究.石油地质与工程，24（1）：73～75

朱益华，陶果，方伟，王胜奎.2007.低渗气藏中气体渗流Klinkenberg效应研究进展.地球物理学进展，22（5）

邹才能，陶士振，袁选俊等.2009."连续型"油气藏及其在全球的重要性：成藏、分布与评价.石油勘探与开发.6（36）：669～682

邹才能，陶士振，张响响等.2009.中国低孔渗大气区地质特征、控制因素和成藏机制.中国科学D辑：地球科学.39（11）：1607～1624

附录参考文献

Dodge W S，Guzman – Garcia A G，Noble D A，et al. 1998. A case study demonstrating how NMR

Holditch S A，Bogatchev K Y. 2008. Developing tight gas sand adviser for completion and stimulation in tight gas sand reservoirs worldwide，SPE 114195

Logging reduces completion uncertainties in low porosity，tight gas sand reservoirs. 39th SPWLA Annual Meeting held in Colorado，Paper VV

Ogueri O S. 2007. Completion methods in thick multilayered tight gas sand. Masters Thesis，PHD thesis，Texas A&M University，College Station

Shehata A，Aly A，Ramsey L. 2010. Overview of tight gas field development in the middle east and north africa region. North Africa Technical Conference and Exhibition，SPE 126181

Shehata A，Aly A，Ramsey L. 2010. Overview of tight gas field development in the middle east and north africa region. North Africa Technical Conference and Exhibition，SPE 126181

Ye S，Lu Z，and Li R. 2011. Petrophysical and capillary pressure properties of the upper Triassic Xujiahe Formation tight gas sandstones in western Sichuan，China. Petroleum Science，8：34～42，DOI 10.1007/s12182 – 011 – 0112 – 6

邹才能，陶士振，袁选俊等.2009."连续型"油气藏及其在全球的重要性：成藏、分布与评价.石油勘探与开发.6（36）：669～682

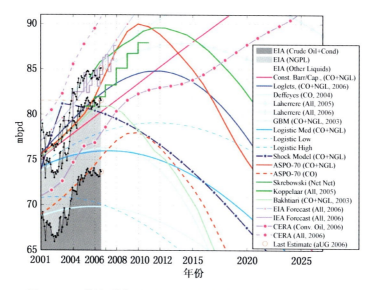

图 1.2.1　世界不同组织对石油峰值的预测（据 Khebab，2008）

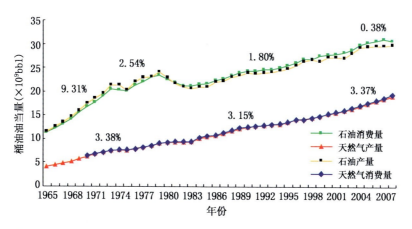

图 1.3.7　世界油气产量和消费量数据（BP，2010；CIA，2001—2010）

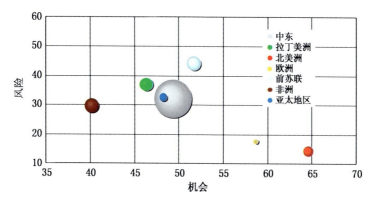

图 1.3.35　全球主要地区石油证实储量风险—机会—储量分析
（BP，2010；CIA，2001—2010）

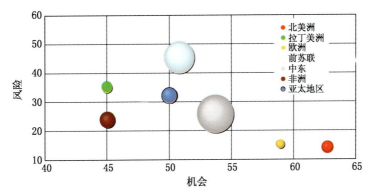

图 1.3.37 全球主要地区天然气证实储量风险—机会—储量分析
（BP，2010；CIA，2001—2010）

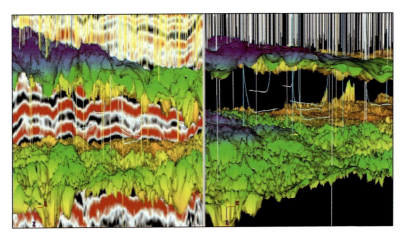

图 1.4.9 利用地震资料确定井轨迹（Roth 和 Thompson，2009）

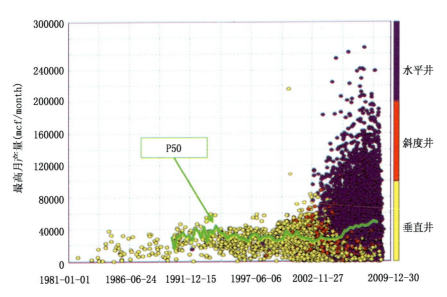

图 1.4.10 Barnett 页岩气多井最高月产量图（据 Tollefsen，2010）
绿色线显示了平均产量，2002 年之前的井大都是垂直井，2004 年后的井大都是垂直井

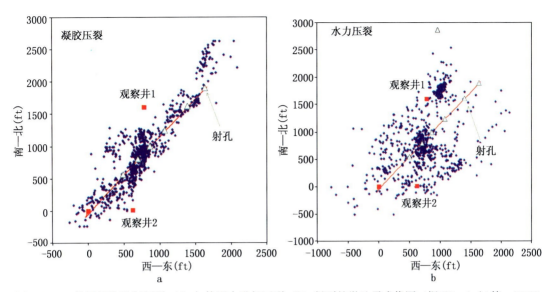

图 1.4.11　使用凝胶进行压裂（a）与使用水进行压裂（b）得到的微地震成像图（据 Warpinski 等，2005）

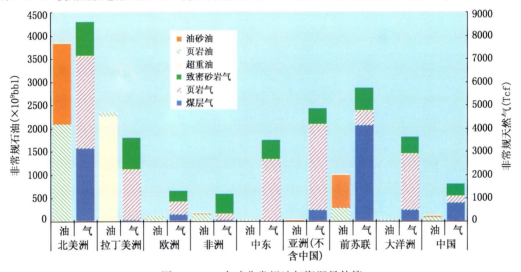

图 1.4.13　全球非常规油气资源量估算

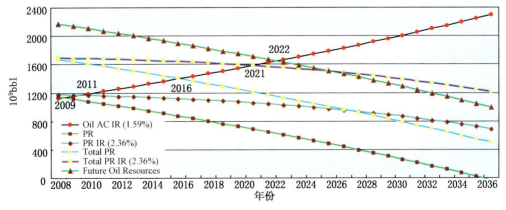

图 1.5.2　不同情形下的石油产量峰值时间

AC—累积消费量，AC IR—消费量增速；PR—常规证实储量，PR IR—常规证实储量增速；Total PR—非常规和
常规证实储量之和，Total PR IR—非常规和常规证实储量之和增速；Future Resource—未来资源量

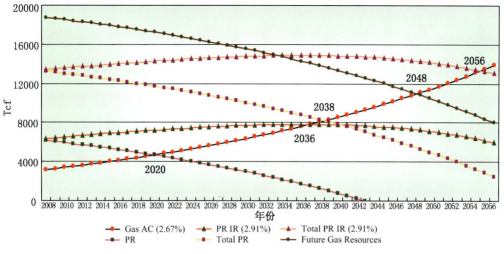

图 1.5.3　不同情形下的天然气产量峰值时间

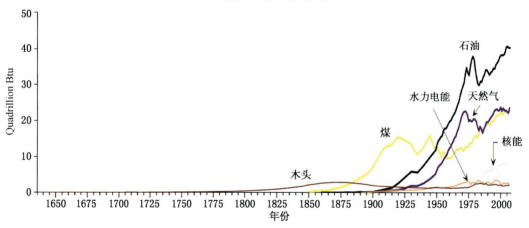

图 1.B.1　美国初级能源消费历史（1635—2008 年）（EIA，2009）

BTU（British thermal units）—英制热量单位，Quadrillion—10^{12}

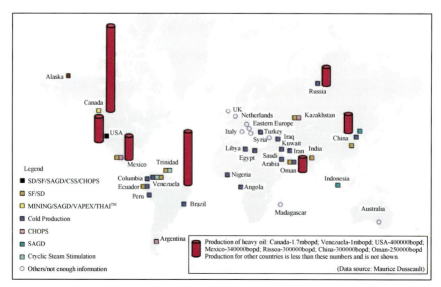

图 2.1.14　全球重油资源可采储量的分布图（据 Chopra 和 Lines，2008）

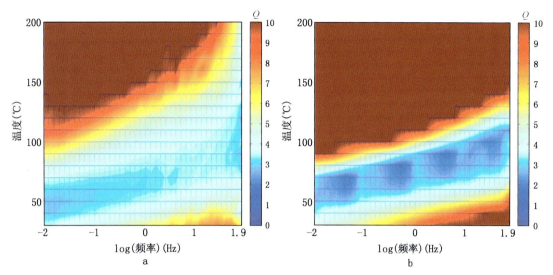

图 2.4.26　利用双孔隙横比假设下的 CPA 模型模拟的温度和频率依赖的饱和重油岩石的横波衰减 Q 的模拟结果（a）与实验结果（b）的对比（据 Makarynska 等，2010）

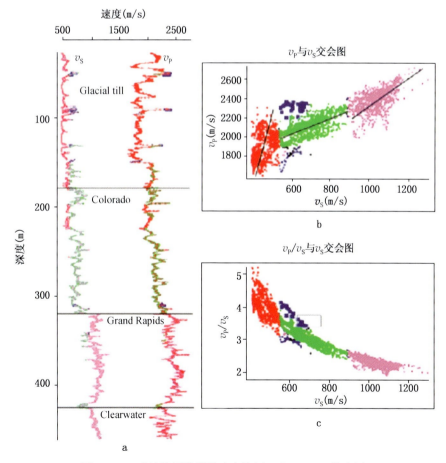

图 2.5.1　重油储层纵横波速度特征（以 B5－28 井为例）

a—纵波速度和横波速度测井曲线；b—v_P 与 v_S 的交会图；c—v_P/v_S 与 v_S 的交会图。

红色点代表的数据大部分取自浅层的 Glacial till 地层；绿色大部分取自 Colorado

页岩，粉色取自 Grand Rapids 组和 Clearwater 组砂岩

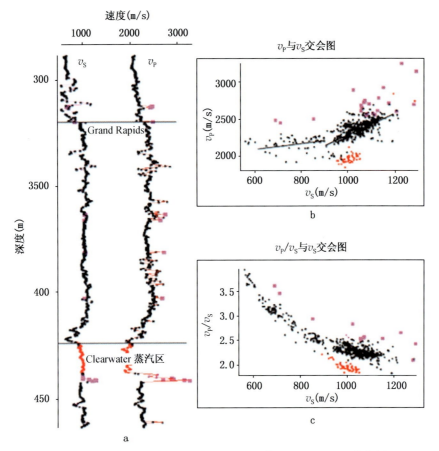

图 2.5.2　钻遇蒸汽的井上速度数据（以冷湖地区 BB－13A 井为例）

a—纵波速度和横波速度测井数据；b—v_P 与 v_S 的交会图；c—v_P/v_S 与 v_S 的交会图。

红色区域是蒸汽侵入的区域，粉色区域是致密条带。取自 Colorado

页岩（Grand Rapids 组上方）的数据点很少

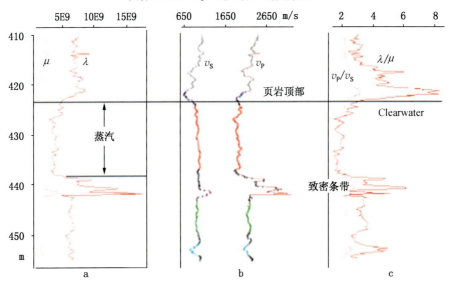

图 2.5.3　速度（v_P 和 v_S）和拉梅常数（λ 和 μ）对蒸汽侵入区的敏感性对比（以 BB－13A 井为例）

a—λ 和 μ 曲线，b—v_P 和 v_S 曲线，c—v_P/v_S 和 λ/μ 曲线

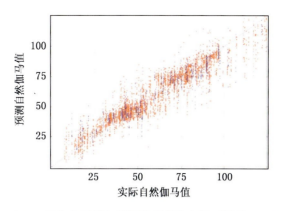

图 2.5.15　已知伽马值与预测伽马值交会图（据 Tonn，2002）

已知数据用红色显示，预测数据用蓝色显示

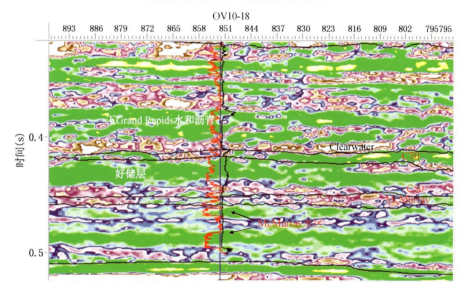

图 2.5.30　在垂直井 OV10－18 附近的部分 6y074 测线的流体因子

红色曲线是 SP 测井曲线，黑色曲线是电阻率测井曲线

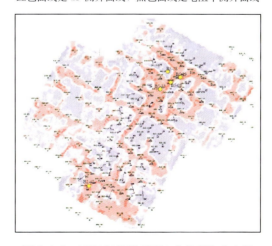

图 2.6.5　1995 年 B2B4B5B6 井组蒸汽分布图

黑色细线代表 IOI 注气井在储层层段内部的井轨迹，粉色—热储层，蓝色—冷储层

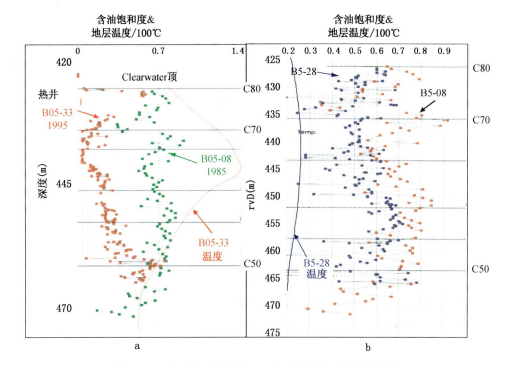

图 2.6.6　加拿大冷湖地区三口井含油饱和度和地层温度

a—热井 B05-33（红色）和 B05-08（绿色）饱和度比较；b—冷井 B05-28（蓝色）和
B05-08（红色）饱和度比较

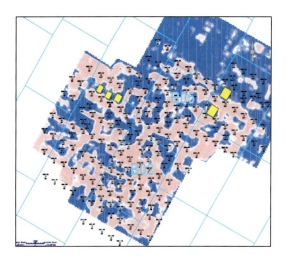

图 2.6.18　1997 年的蒸汽分布图

粉色表示热储层，蓝色表示冷储层。将 1995 年的训练集
合应用到 1997 年的判别分析中，应用了炮点相位匹配和
叠后 CDP-CDP 匹配的地震数据归一化。黄色方块代表
叠后多道匹配算子提取的位置

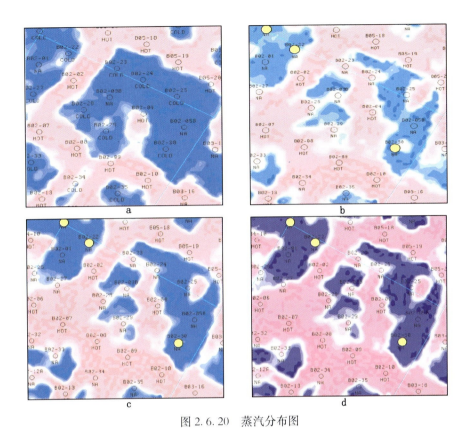

图 2.6.20　蒸汽分布图

a—1995 年蒸汽分布图；b—1997 年没有归一化的资料；c—1997 年炮点相位匹配和 CDP
匹配归一化滤波；d—1997 年多道算子的归一化滤波

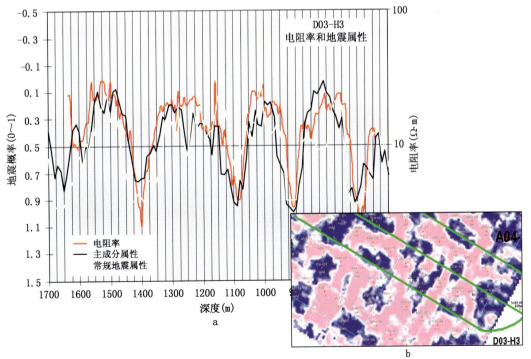

图 2.6.25　水平井 D03－H3 常规属性和主成分属性得到的冷热储层的地震概率与电阻率，
冷～热：0～1（a）；A2/A4 井组的蒸汽分布图，上覆水平井轨迹（b）

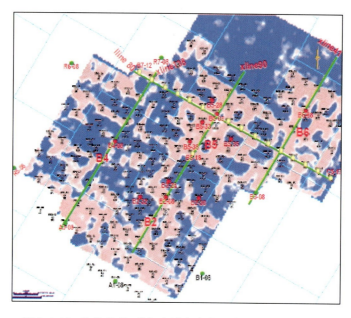

图 2.6.32　B2B4B5B6 井组声波和密度测井可用的井（红点）
与 1995 年蒸汽分布图的叠合

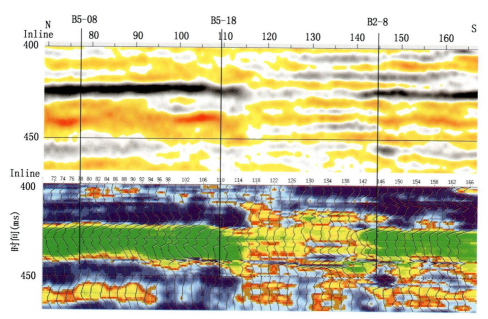

图 2.6.33　1995 年沿井 B5－08 到 B2－18（crossline90）的垂直剖面
上部是地震数据，下部是反演结果。绿色代表热储层，浅层蓝色代表冷储层

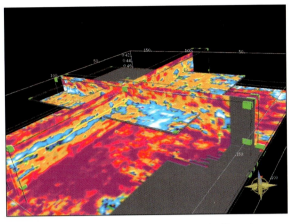

图 2.6.44 1997 年 v_P/v_S 三维可视化显示

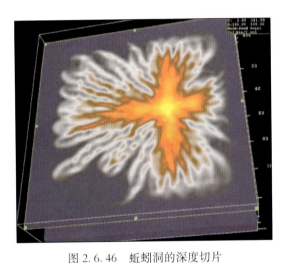

图 2.6.46 蚯蚓洞的深度切片
（据 Lines 等，2008）

取自 Saskatchewan 地区 Plover Lake 地区，井孔位于亮黄区域的中心，橙黄色区域是高孔渗区域，地震速度很低，蓝色区域是没有被蚯蚓洞影响到的油砂

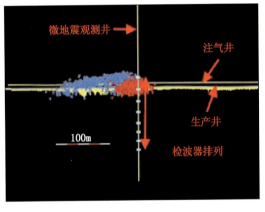

图 2.6.63 井前端（toe）微地震位置的垂直剖面
（据 Maxwell 等，2008）

垂直观测井显示了检波器排列，微地震事件被蓝色符号和红色符号所代表

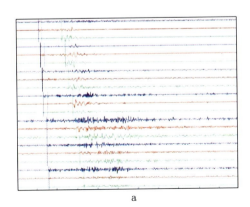

a

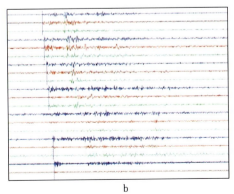

b

图 2.6.64 事件类型 I 的典型地震图（a）；事件类型 II 的典型地震图（b）（据 Maxwell 等，2008）
蓝色，红色，绿色分别代表垂直的和两个水平的检波器

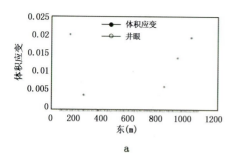 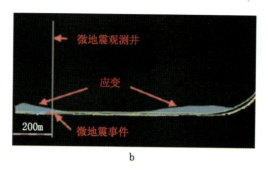

图 2.6.67　沿着井眼反演的体积应变（a）；SAGD 井对的剖面显示（b）（据 Maxwell 等，2008）
显示了在井前端和后端的异常（深绿色）

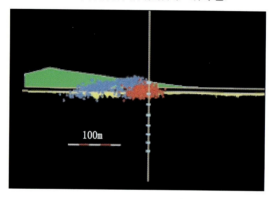

图 2.6.68　井对前端应变和微地震事件的剖面显示
（据 Maxwell 等，2008）

 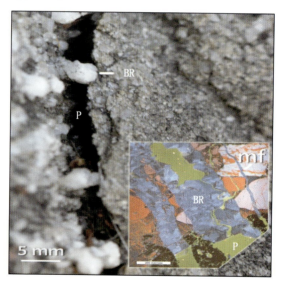

图 3.2.10　石英次生加大堵塞孔隙
（据 Mousavi 等，2007）
Travis Peak 地层，深度是 9560.4ft（图片来自
Austin 的 Texas 大学）

图 3.2.11　张开裂缝间的石英胶结桥
（据 Olson 等，2009）
三叠纪—侏罗纪 La Boca 地层中的砂岩。彩色小图为阴极
发光桥架图，BR 为桥，P 为孔隙。彩图显示了镶嵌于
桥架石英胶结（蓝）、孔隙和胶结充填微裂缝中的
含石英颗粒裂缝封堵材质

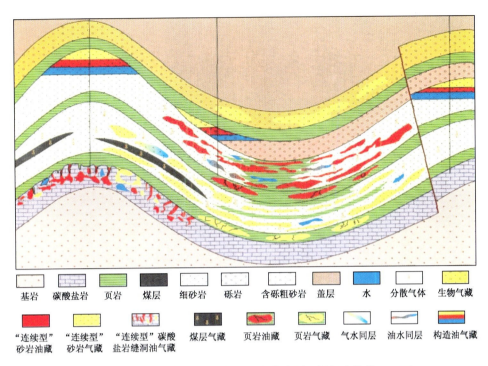

图 3.2.30　不同类型连续油气藏分布模式图（据邹才能等，2009）

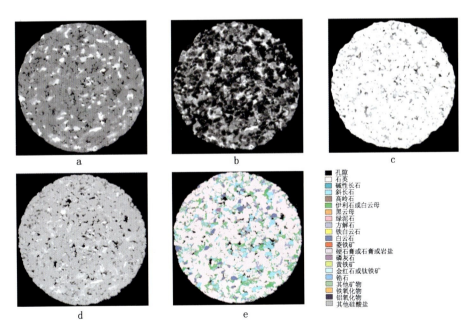

图 3.3.3　某致密含气砂岩岩样 3D 层析图像的 z 平面切片（据 Golab 等，2010）

a—干岩样层析图像；b—微孔隙中存在 CsI 流体（较亮区域）的湿岩样层析图像；c—显示 a、b 两图的差异，岩石可分成孔隙（黑色）、固体颗粒（白色）和微孔隙空间（灰色阴影），微孔隙度是基于该成像结果和 SEM 成像结果的比较计算出来的；d—SEM 成像图片；e—储层现场矿物分析。

FOV = 5.75mm

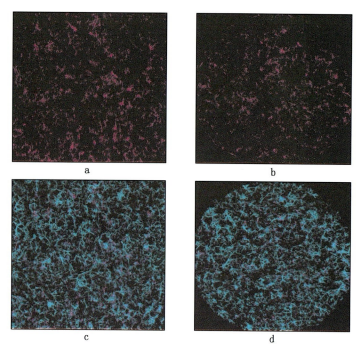

图 3.3.4　某致密含气砂岩的孔隙体系（据 Golab 等，2010）

图中，a 和 c 是 x 平面切片，b 和 d 为 z 平面切片。a 和 b 两图代表大孔隙，
c 和 d 为微孔隙。FOV = 5.75mm

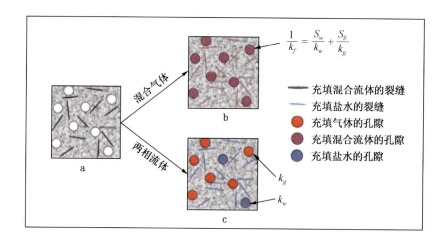

$$\frac{1}{k_f} = \frac{S_w}{k_w} + \frac{S_g}{k_g}$$

■ 充填混合流体的裂缝
■ 充填盐水的裂缝
● 充填气体的孔隙
● 充填混合流体的孔隙
● 充填盐水的孔隙

图 3.3.13　对 SPM 模型进行不同的流体替代示意图（据 Ruiz 和 Cheng，2010）

a—SPM 模型；b—被盐水和气体混合物充填的柔性孔隙和刚性孔隙，该流体混合物的有效
体积模量 k_f 是 k_w 和 k_g 的等应力平均；c—柔性孔隙中充填盐水，而刚性孔
隙则部分被水充填，部分由气体充填

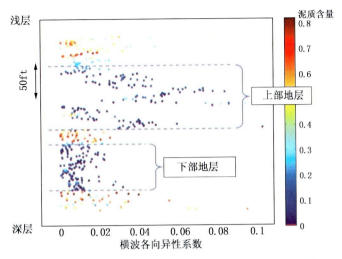

图 3.3.17　由交叉偶极子声波数据算出的横波各向异性（据 Smith 等，2009）

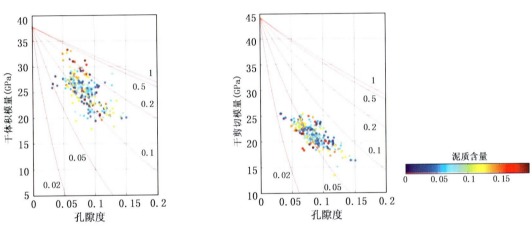

图 3.3.18　Kuster-Toksöz 模型正演结果（据 Smith 等，2009）

假定模型是纯石英骨架（$K_m = 38$GPa，$G_m = 44$GPa）。图中不同曲线代表不同孔隙纵横比（0.02～1），
用不同尺寸孔隙同时模拟 k_{dry}、μ，该图表明储层中裂缝可能定向排列

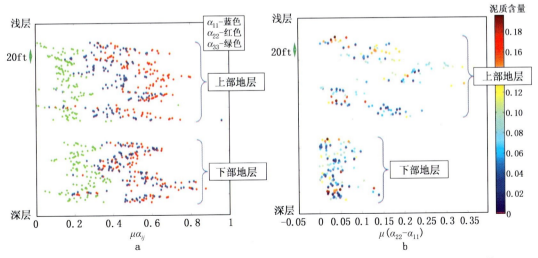

图 3.3.19　随深度变化的裂缝张量分量（a），以及 α_{22} 与 α_{11} 之差随深度变化情况（b）（据 Smith 等，2009）

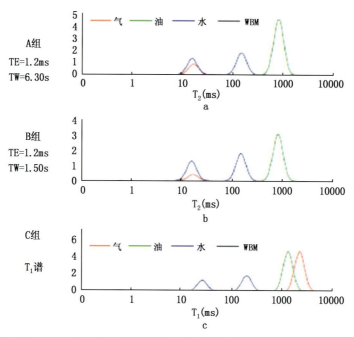

图 3.3.21　某典型致密砂岩中 T_1、T_2 谱中油、气和水响应（据 Mullen 等，2005）

a—等待时间为 6.3s 的 NMR T_2 响应谱；b—等待时间为 1.5s 的 NMR T_2 响应谱；

c—高密度油和密度为 0.65 气的 NMR T_1 谱，气信号移至 BVI 峰值

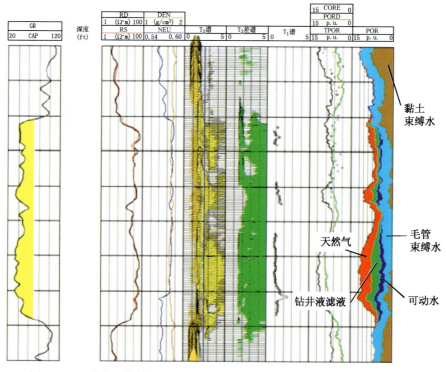

图 3.3.25　致密含气储层 NMR 测井的原始解释结果（据 Winkler 等，2006）

第 1 道，自然伽马测井曲线；第 2 道，深度，10ft 间隔；第 3 道，深、浅电阻率；第 4 道，密度、中子测井曲线；第 5 道，在完全恢复状态下的 T_2 谱（$T_w = 10s$），利用 33ms 的截止值进行对比；第 6 道，双等待时间下的差谱；第 7 道，T_1 弛豫时间；第 8 道：岩心孔隙度（点）与可同 NMR 总孔隙度相比较的密度孔隙度的对比结果；最后一道，NMR 流体孔隙度

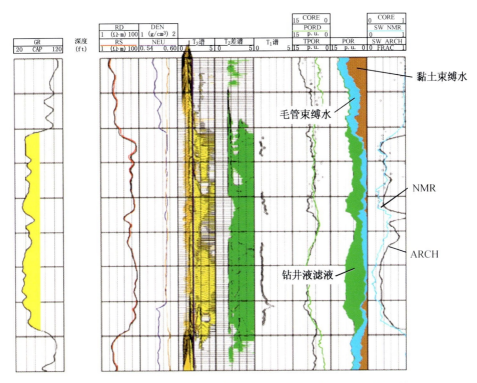

图 3.3.26　与图 3.3.25 同一井的 NMR 测井二次解释结果（据 Winkler 等，2006）

约束前面 NMR 的反演结果，大大降低了天然气的弛豫时间。另外，自由流体截止值取为 16ms

（所有道与图 3.3.25 相同；最后一道为含水饱和度，点代表岩心）

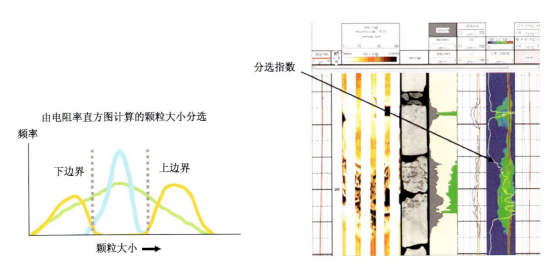

图 3.3.41　分选指数或颗粒尺寸图（a）和根据 SandTex 程序算出碎屑岩结构变化（b）

a—分选指数或颗粒尺寸被划分成三类：分选好（蓝色），分选差（绿色）以及双峰分选（黄色）；b—程序显示了井眼
附近电阻率的连续分布图。该直方图就类似于一个颗粒大小直方图，可以计算出连续的非均质指数（分选指数）

（据 Claverie 和 Hansen，2009）

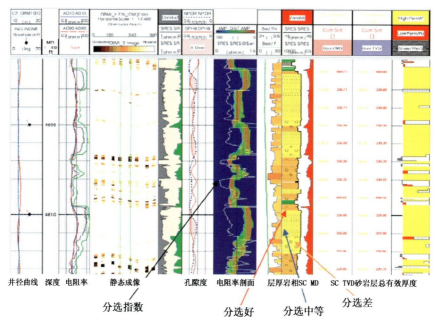

井径曲线　深度　电阻率　　　静态成像　　　　孔隙度　电阻率剖面　层厚岩相SC MD　　SC TVD砂岩层总有效厚度

分选指数　　　　　　　分选好　　分选中等　　分选差

图 3.3.42　碎屑岩岩石结构计算（据 Claverie 和 Hansen，2009）

所示岩相有：砂岩（黄色）、非均质砂岩（橙色）、非均质泥岩（绿色）及页岩（灰色）。用分选指
数曲线截止值划分岩相：分选差（鹅卵状）、分选中等（点状）及分选好（空白处）

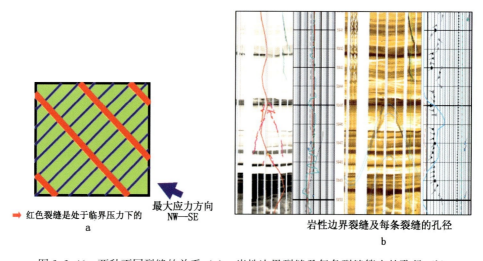

→ 红色裂缝是处于临界压力下的
a

最大应力方向
NW—SE

岩性边界裂缝及每条裂缝的孔径
b

图 3.3.46　两种不同裂缝的关系（a）；岩性边界裂缝及每条裂缝算出的孔径（b）
（据 Claverie 和 Hansen，2009）

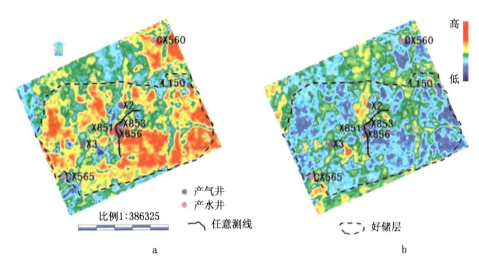

图 3.3.50　某目的层 P 波两相介质吸收属性的分布（据 Cai 等，2009）

a—低频能量增强；b—高频能量衰减

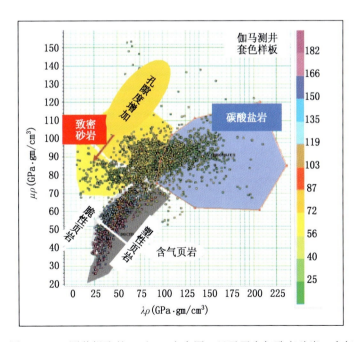

图 3.3.51　测井提取的 $\lambda\rho$ 和 $\mu\rho$ 交会图，显示了含气致密砂岩、含气
页岩、塑性页岩和碳酸盐岩的分布（据 Goodway 等，2010）

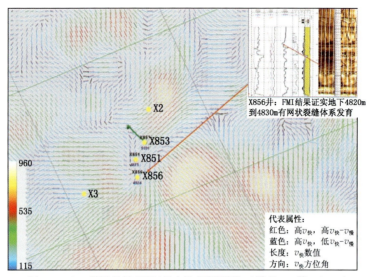

图 3.3.55　利用 P 波 VVAZ 方法探测裂缝（据 Tang 等，2009）

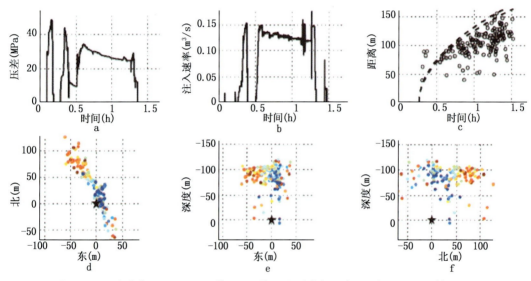

图 3.3.63　改造井 Vible8－11D 第 9 压裂期的相关数据示意图（据 Grechka 等，2010）

a—式（3.3.45）中流体注入点与储层的压力差（单位：MPa）；b—流体注入速率（单位：m³/s）；c—微地震的 $r－t$ 图，图中 $r－t$ 虚线可以近似合理地追踪出公式（3.3.46）中描述的微地震远动前面位置；d～f—井 Vible8－11D 第 9 压裂期微地震同相轴相对射孔中点（星状）的位置，图中微地震的颜色代表其出现时间先后，冷色时间较早，暖色较晚

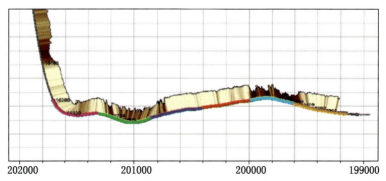

图 3.4.4　用黏土含量曲线上覆的水平井筒及裂缝间隔内突出显示（据 Baihly 等，2009）

非常规油气勘探与开发

（下册）

孙赞东　贾承造　李相方　等编著

石油工业出版社

图书在版编目（CIP）数据

非常规油气勘探与开发（上、下册）/孙赞东等编著．
北京：石油工业出版社，2011.7
ISBN 978 - 7 - 5021 - 8569 - 5

Ⅰ．非…

Ⅱ．孙…

Ⅲ．①油气勘探 - 研究
　　②油田开发 - 研究

Ⅳ．TE 34

中国版本图书馆 CIP 数据核字（2011）第 137368 号

出版发行：石油工业出版社
　　　　　（北京安定门外安华里 2 区 1 号　　100011）
　　　　　网　　址：www. petropub. com. cn
　　　　　发行部：（010）64523620
经　　销：全国新华书店
印　　刷：北京晨旭印刷厂

2011 年 7 月第 1 版　2011 年 7 月第 1 次印刷
787×1092 毫米　开本：1/16　印张：82.25　插页：26
字数：2200 千字　印数：1—2000 册

定价：398.00 元（上、下册）

目　　录

4　煤　层　气

5 页 岩 气

6　天然气水合物

4 煤 层 气

任何有煤的地方几乎都有煤层气。煤层气洁净、热值高、优质、安全，开发利用前景非常广阔，它在全世界范围内有着巨大的发展潜力，可替代其他正在减少的常规能源。煤层气又称煤层甲烷、煤层瓦斯等，是一种自生自储式的非常规油气资源。其主要成分为甲烷（CH_4），与煤炭伴生、多以吸附状态储存于煤层内。CH_4 在空气中有一定的化学和辐射效应，基于原子结构，CH_4 的温室效应能力是 CO_2 的 20 倍以上，直接排放到空气中的危害较大。因此煤层气的开发利用具有一举多得的功效，既能有效减排温室气体，产生良好的环保效应，又能提高瓦斯事故防范水平，具有安全效应。

本部分主要针对煤层气这种非常规能源进行研究，因而在地质部分重点阐述了煤层气与常规天然气在形成、赋存和运移等方面的差异，煤层气在煤层中的富集分布规律，以及与煤层气运移有较大关系的煤层割理系统。在工程部分，还对本书作者提出的煤层气渗流方面的新观点进行详细阐述。

由于在以往的煤矿工业中，已有大量的文献对煤层形成的沉积、构造等地质特征，以及煤的成熟演化、物质组成等进行了详尽的研究。因而本部分对这些与煤层本身有关的地质特征等不再进行阐述，而是把重点放在与煤层气有关的煤层属性特征的阐述上。

从煤层气储层的特征来看，具有典型的双重孔隙结构：煤基质孔隙具有较大的比表面积，使煤层气主要以吸附的方式赋存；煤层割理则主要为煤层提供渗透通道。各种勘探开发技术都紧紧围绕着这种典型的储层地质特征开展，包括储层属性和含气量的测量，以及地球物理勘探方法对高含气量和高渗透区的预测等。开发过程中气、液相态的转变，则为时移地震监测注气和排水开发动态提供了理论基础。

本部分研究内容涉及地质、岩石物理、测井、地震、开发工程等众多学科领域。研究过程中首先概述世界煤层气资源的分布和产业发展情况，然后从气体吸附、割理发育、渗流机理等煤层气基本特征出发，描述了储层孔、渗参数和弹性属性的变化，分析了测井、地震技术对含气性和割理发育区的预测及时移地震对开发过程的监测，阐述了开发过程中的多分支水平钻、完井、水力压裂及注气增产等工艺方法。在基础理论方面，还提出了对渗流机理的新认识。最后在对各部分内容总结的基础上，提出了煤层气勘探和开发技术的发展方向。

4.1　世界煤层气资源概述

　　煤层气资源和煤资源有直接关系。世界上煤炭的储量比较丰富，且在世界上的分布也比较分散。截至 2005 年底的世界煤炭证实储量为 $847 \times 10^9 t$（图 4.1.1a）（IEA，2008）。从资源量来看，世界上煤炭证实储量最多的国家为美国，其次为中国、俄罗斯和澳大利亚（图 4.1.1b）。美国、俄罗斯和中国三个国家的煤炭证实储量约占总证实储量的 61%。澳大利亚是世界上最大的煤出口国，其资源量约占世界总证实储量的 9%；印尼为世界第二大煤炭资源出口国，其资源量不到世界总证实储量的 1%。世界上煤炭资源中大约有一半为烟煤和无烟煤，且这两种等级的煤含有较高的能量。另外，据国际能源署（IEA，International Energy Agency，2008）统计，世界上因埋深太深而无法开采的煤炭资源，估计约有 86～283TCM。在这些煤层中也吸附着大量的煤层气。

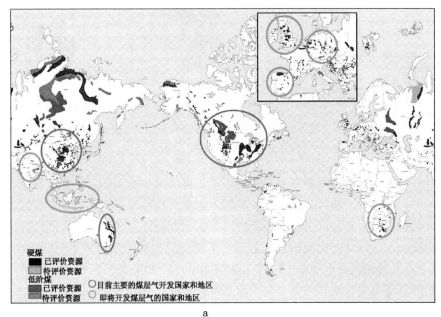

a

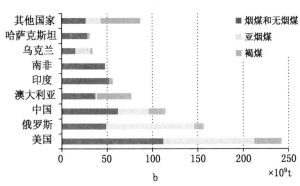

b

图 4.1.1　世界煤炭资源分布（a 图据 Hildebrand，2009；b 图据 IEA，2008）

a—世界硬煤（高级煤）和低级煤资源的分布和主要煤层气开发国家和地区分布；

b—世界煤炭资源较丰富的国家及其煤炭等级。参见书后彩页全球煤层气资源量可超过 $260 \times 10^{12} \text{m}^3$，煤层气已经工业化开发的国家超过 12 个，主要为美国、加拿大、澳大利亚、印度和中国（图 4.1.2）。而其他国家，包括博茨瓦纳、智利、法国、印尼、意大利、新西兰、波兰、俄罗斯、乌克兰和越南等，煤层气产量比较小，甚至仅处于试验研究阶段。

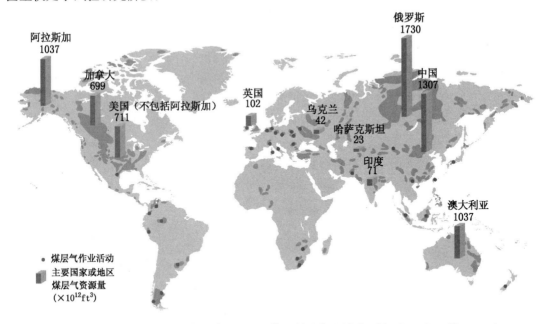

图 4.1.2　世界上主要煤层气国家和地区的资源量及作业活动（据 Al‑Jubori 等，2009）

参见书后彩页

目前进行煤层气大规模商业开采的国家，主要有美国和澳大利亚，其他国家也在开展煤层气勘探工作，如捷克、波兰、俄罗斯、英国、加拿大和印度等。近年来，美国的煤层气工业取得了巨大的成功，这是许多有利因素的结果，如煤层气盆地发育、天然气价格上涨、密集覆盖的管线分布、以及常规天然气能源生产下降形成的低竞争等因素（Chakhmakhchev，2007）。对于油气的强烈需求推动了世界上其他国家（特别是在澳大利亚、中国和印度）煤层气工业化的迅速发展。而其他国家尚未大规模开采煤层气的主要原因有：（1）煤层气开发前期投入资金大，如果没有税收上的优惠，难以吸引投资；（2）除美国外其他国家没有解决煤层气开发的整套技术问题；（3）完成煤层气的地质评价到投入工业开采需要较长时间。

煤层气的开发也产生了较多的经济问题。由于煤储层多为致密而难以开采，往往需要水力压裂等增产措施。通常情况下，水平井和多分支井也用于提高产量和优化储层排水等方面。这些都措施都需要比常规储层投入更多的成本。另外，多数煤层在生产前要先排水，形成大量的废水。对废水的处理不但使开采过程的复杂性增加，还产生了额外的投资和环境保护等问题。

煤层气的输送也形成了较大的成本，特别是在天然气价格较低的时候。因此在一些煤层气资源远离天然气管道网络的地区，形成了不同的经济开发模式，包括直接应用于当地的发电站、直接供给住宅区和商业消费区、作为压缩天然气输送到住宅区和运输用户中（印度）、作为未来液化气出口（澳大利亚）（IEA，2009，2010）。

4.1.1 美国

美国是煤层气开发最成功、技术最成熟、产业化规模最大的国家。煤层气资源的商业化开发利用，在全世界产生了积极的示范作用。美国下 48 州的煤层气主要赋存在 1500m 以浅的煤层中，近 85% 分布在西部 Rocky Mountain 地区中生代和新生代的含煤盆地内，其余 15% 则分布在东部阿巴拉契亚含煤盆地和中部石炭系含煤盆地内。

美国煤层气的经济开发开始于 1980 年。开发的高点位于 2004 年，产量达 $500\times10^8 m^3$，约占总天然气产量的 10%。美国的证实储量从 1989 年的 $1041\times10^8 m^3$，逐步增加到 2007 年的 $6194\times10^8 m^3$，但至 2009 年证实储量下降至 $5261\times10^8 m^3$（图 4.1.3）（EIA，2009a，2009b，2011），这个数据不包括阿拉斯加州的产量。最新调查表明，阿拉斯加估计储量在约在 $30\times10^8 m^3$ 以上，但还没有进行开采。

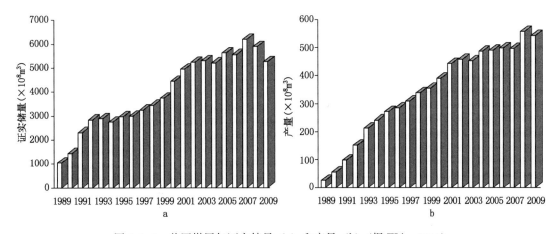

图 4.1.3　美国煤层气证实储量（a）和产量（b）（据 EIA，2011）

美国目前主要的煤层气生产基地有 Black Warrior 盆地、San Juan 盆地和 Powder River 盆地，三个主要盆地产量占煤层气总产量的 90%，其中 San Juan 盆地产量最大，2000 年产量约为 $0.283\times10^8 m^3$，占当年美国煤层气产量 81%（EIA，2009）。从产量增长来看，美国煤层气 1989 年产量仅为 $26\times10^8 m^3$；随后大幅增长，1999 年产量为 $355\times10^8 m^3$，占同年天然气总产量的 4.8%；2001 年产量为 $442\times10^8 m^3$，占同年天然气总产量的 7%；2007 年产量达到 $496\times10^8 m^3$（EIA，2009a，2009b）。

各种新技术的发展也是煤层气工业化发展的推动力。有经济价值的煤层气生产开始于 1980 年，依靠税收优惠政策和新的勘探开发技术，美国的煤层气工业迅速发展。地震技术、水平钻井技术、水力压裂技术和盆地模拟技术的发展，降低了储层评价和商业开采中的风险。美国的煤层气生产从最初仅仅在 San Juan 盆地中，到目前在 Colorado、New Mexico 和 Wyoming 等多个盆地中开发和生产（IEA，2008）。

美国煤层气工业取得的巨大成功至少有以下 5 个因素（Chakhmakhchev，2007）：（1）具有较多的厚煤层、高含气量和储层特征好的含煤盆地；（2）天然气价格居高不下；（3）基础建设好，具有密集的油气管线网络；（4）常规油气产量的下降导致竞争较小；（5）水处理问题，可以通过污水回注、地面排水或者蒸发等方式来处理。

4.1.2 澳大利亚

澳大利亚是世界上第四大产煤国和最大的煤出口国。除美国外，澳大利亚煤层气工业化程度最高。澳大利亚在1996年正式生产煤层气，但直到2002年，澳大利亚的煤层气产量才仅约$5.66\times10^8m^3$，主要产地为Queensland省的Bowen盆地和Galilee盆地（图4.1.4a）。之后，澳大利亚借鉴美国成功开发煤层气的经验，开展与自身地质情况相结合的勘探开发工作，迅速加快了煤层气产业化的发展。到2005年，该国煤层气产量占全国总天然气产量的7%以上（IEA，2008）。2006年澳大利亚开采煤层气的钻井达1100口，产量达$18\times10^8m^3$，已进入商业化开发阶段。国际油公司包括Shell、Petronas和BG等，已在澳大利亚进行了大量的投资。

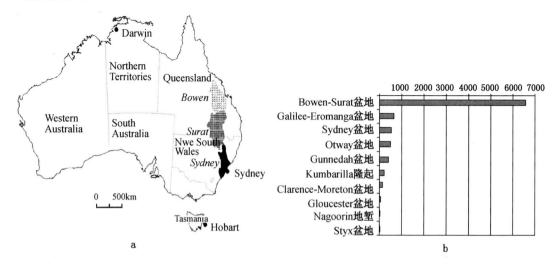

图4.1.4 澳大利亚主要煤层气盆地和资源量

a—澳大利亚主要煤层气盆地的分布示意图（据Faiz和Hendry，2006）；b—主要盆地和地区的
煤层气资源量分布（2P法估计）（据Chakhmakhchev，2007）

澳大利亚拥有约30个含煤盆地，多为二叠系—中生界煤层。煤炭资源量为$1.7\times10^{12}t$，煤层平均含气量为$0.8\sim16.8m^3/t$，煤层埋深普遍小于1000m，渗透率多为$1\sim10mD$。澳大利亚的Baralaba煤矿的煤层气产量约占Bowen盆地煤层气储量的14%，其煤层厚度为6m。煤层有较高的气体含量，达$9\sim25m^3/t$（干煤岩、无灰分时测得），但渗透率一般较低。Walloon组煤层主要为低级煤，镜质组含量约$0.44\%\sim0.56\%$，但是已证实其中有大量的生物成因煤层气，类似美国的Powder River盆地。该地区的煤层气成分主要为干气，埋深一般不超过300m（1000ft）。

澳大利亚的煤层气资源主要分布在东部沿海地带，主要位于Queensland和New South Wales两个省。据澳大利亚天然气协会（AGA，Australian Gas Association）估计（2002年），澳大利亚煤层气总地质资源量约220Tcf，比常规天然气资源量多140Tcf（Chakhmakhchev，2007）。基于HIS数据，澳大利亚的证实储量估计接近9Tcf。其中Queensland和New South Wales两省的剩余可采天然气储量，用近似的2P法估计，约60%为煤层气。Galilee-Eromanga盆地、Sydney盆地、Otway沿岸和Gunnedah盆地等都具有约500BCF的储量，而新发现的Bowen-Surat盆地则具有约7Tcf的储量（图4.1.4b）。

澳大利亚煤层气产量正在稳定增长，2008 年产量为 $35 \times 10^8 \mathrm{m}^3$，达到总天然气产量的 8%（IEA，2009）。煤层气资源量也在增长迅速，2007 年资源量是 2005 年的 2 倍，而 2008 年达到了 2007 年的 2 倍。目前澳大利亚的煤层气资源量是全国总资源量的 9%，是陆上资源量的 40%。随着澳大利亚东部天然气市场的发展，煤层气产量和资源量都将保持着快速的增长速率。由于陆上常规油气产量的下降，澳大利亚计划进一步发展煤层气工业，并将其作为液态天然气出口的原料。

4.1.3 加拿大

加拿大具有可观的煤层气资源量，17 个煤盆地和含煤区的资源量约为 $17.9 \times 10^{12} \sim 76 \times 10^{12} \mathrm{m}^3$，其中 Alberta 省是加拿大最主要的煤层气资源区，主力产层则分布在 Mannville、Ardley 和 Horseshoe Canyon 等地层中（图 4.1.5）。

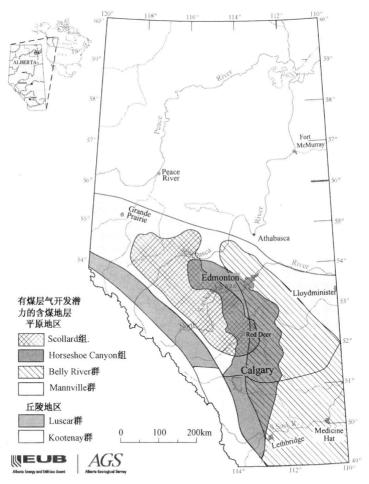

图 4.1.5 加拿大 Alberta 省有煤层气勘探开发潜力的
含煤地层的分布（据 Beaton 等，2006）
参见书后彩页

加拿大煤层气的工业开发起步比较晚，1987—2001 年，加拿大仅有 250 口煤层气生产井，其中仅 4 口单井日产气量达到 $2000 \sim 3000 \mathrm{m}^3$。2000 年以来，加拿大根据本国以低变质煤为主的特点，开展了一系列技术研究工作，多分支水平井、连续油管压裂等技术取得了重大进展，降低了煤层气开采成本；加上常规天然气储量和产量下降，供应形势日趋紧张，天然气价格不断上升，给加拿大煤层的发展带来了机遇。

2003年，EnCana和MGV公司合作，开发煤层气钻井1015口，试采气$5.1\times10^8 m^3$；2006年，煤层气钻井超过3000口，煤层气井累计超过6500口，年产量达$55\times10^8 m^3$。2007年之前的钻井数超过了10500口，产量在2008年超过了0.3Tcf，该产量占加拿大总天然气产量的5%以上（IEA，2008）。

4.1.4 中国

据我国国土资源部油气资源战略研究中心的统计结果，我国煤层气的勘探、开发和利用，主要经历了3个发展阶段：（1）矿井瓦斯抽放发展阶段（1952—1989年）；（2）现代煤层气技术引进阶段（1989—1995年）；（3）煤层气产业逐渐形成发展阶段（1996年后）。目前的勘探开发成果主要有：（1）到2005年底，全国煤层气探明储量$268.64\times10^8 m^3$，年产能达$1.7\times10^8 m^3$；（2）煤层气产量以煤矿井下抽采为主，地面钻井抽采处于勘探和小范围生产试验阶段；（3）煤层气基础地质理论研究取得较大进展；（4）煤层气勘探开发技术取得了实质性进展。

在资源量方面，新一轮全国煤层气资源评价对全国陆上42个主要含煤盆地（群）、121个含气区带进行评价，并筛选评价了22个重点煤矿区煤层气资源。评价结果表明，我国埋深2000m以浅的煤炭资源量为$59523.58\times10^8 t$，煤层气评价面积$374953.44 km^2$，煤层气地质资源量为$36.81\times10^{12} m^3$，地质资源丰度$0.98\times10^8 m^3/km^2$。埋深1500m以浅的煤层气可采资源量$10.87\times10^{12} m^3$（图4.1.6）。截至2006年底，相关公司已经登记的煤层气区块共56个，总面积达$6.58\times10^4 km^2$，其中国家储委认定的探明面积为$576 km^2$，探明储量$1023.08\times10^8 m^3$（翟光明等，2008）。全国煤层气地质资源量大于$1\times10^{12} m^3$的盆地有8个：伊犁、吐哈、鄂尔多斯、滇黔桂、准噶尔、海拉尔、二连、沁水盆地，合计资源量达$28.01\times10^{12} m^3$（赵庆波等，2008）。

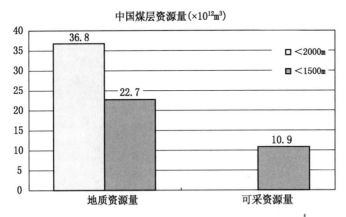

图4.1.6 中国煤层气地质资源量和可采资源量
（数据来自国土资源部油气资源战略研究中心，2009）

我国煤层气产业化已进入快速发展阶段。自2006年《国家中长期科学和技术发展规划纲要（2006—2020年）》将大型油气田及煤层气开发列为16个重大专项之一以后，我国的煤层气产业也随之步入了快速发展的轨道。但与国外相比，我国煤层气的探明率和年产量比较低。如何进一步推动我国煤层气产业的发展已成为当前业界关注的热点话题之一。截至2009年底，全国共施工各类煤层气井近 4000 口，建成煤层气地面开发产能 $25 \times 10^8 m^3/a$，外输能力达 $40 \times 10^8 m^3/a$。在我国煤层气勘探开发上，有四个独特的特点（李景明，2010）：首先是立足大型含煤盆地。中国石油在煤层气开发上就是以鄂尔多斯、准格尔等大型含煤盆地为重点，保障丰富的资源。其次是将"游击战"转变为"阵地战"。自 2006 年以来，中国石油和中联煤以沁南为阵地开采煤层气，这是一个重要转变，有利于提高开采效率、节约成本。再其次是立足低成本适用技术。煤层气具有低压、低产特点，投资大产出少，必须降低成本。最后是勘探开发先易后难。贵州、江西、淮南、淮北等地的煤层气勘探开发相对较难，沁水、鄂尔多斯等地开采起来相对容易。

近几年，我国煤层气勘探和开发的重点区块主要有阜新盆地刘家试采区块、辽宁铁法区块、辽宁沈阳北及其外围、山西省南部沁水煤层气田、鄂尔多斯盆地东部大宁—吉县地区与韩城—合阳地区、准噶尔盆地东南缘（昌吉、白杨河、大井、沙帐南）等。其中开发效果最好的有阜新盆地刘家试采区块和山西沁水煤层气田（赵庆波等，2008）。

4.1.5 其他国家

印度也拥有丰富的煤炭资源，而且多数都适合煤层气开发。一些传统开采方法无法触及的深层煤藏的煤层气也有待开发。1997 年，印度政府制定了煤层气开发政策，并划分了多个勘探区块，但是其商业化开采却始于 2007 年（Al-Jubori 等，2009）。

俄罗斯在煤层气开发方面，潜力巨大却尚未发挥。根据资料来源的不同，俄罗斯的煤层气储量估计为 $(17 \sim 80) \times 10^{12} m^3$，但是到 2009 年初为止，俄罗斯总共才钻了几口井，用以评估煤层气的商业开采潜力。俄罗斯开展了一些煤层气试验计划，但是其未来的经济发展将受到限制，与常规天然气生产之间形成较大的竞争关系（IEA，2009）。

4.2　煤层气储层地质特征

通常情况下，煤层气主要富集在埋深为 50～1500m 的煤层中，但部分地区也富集在埋深达到 2500m 的煤层中。煤层气是在煤化过程中不断产生的，其烃源岩和储集层都为煤层，属自生自储资源，但不排除非煤源岩气体进入煤层的可能性。煤层气富集不需要类似常规储层中的圈闭存在，也因吸附储存的特征而没有明显的气—水界面。只要有较好的盖层条件，能够维持相当的地层压力，无论在储层的构造高部位还是低部位，都可以形成煤层气的富集，但煤层气富集的非均质性还是明显受到构造的控制。

煤储层是由孔隙、裂隙组成的双重孔隙结构介质。煤基质内发育大量的微孔隙，虽然总孔隙度不高，通常为 10% 左右，但微孔比例高，导致比表面积较大，1g 煤的比表面积通常可达 100～400m^2/m^3，意味着煤储层能够吸附大量气体。在渗透性方面，煤层主要依靠内部发育的大量割理来提供渗透率，这是因为煤基质孔隙通常为纳米级别，几乎没有渗透性的原因。煤层中的割理常呈两组相互正交并垂直于层面的形态出现，长度范围从几厘米到几百米不等。由于煤层气的吸附，实际地下储层常处于欠压状态，这样初始的煤层割理中多为饱含水的状态。

煤层气在煤层中的赋存和运移机理不同于常规储层中的气体。煤层气主要以吸附状态赋存于煤层中，一般超过煤层总含气量的 90%，只有少部分气体呈游离态或溶解态赋存于煤层中。目前，描述煤层气吸附状态主要采用等温吸附方程等。气体吸附量的多少（一定条件下最大吸附量即为煤层在该条件下的吸附能力），主要受到煤级、煤岩组成、孔隙结构以及地层温度、压力等因素的影响。煤储层对煤层气的吸附，也使得其容纳气体的体积远远超过自身基质孔隙和裂隙孔隙的体积，并且在相同地层条件下，其含气量一般要远远超过常规储层的含气量。

在煤层气的生产过程中，气体要经过解吸—煤基质中的扩散—煤层割理中的流动—进入井筒这一复杂过程。对该过程的描述有多种假想的理论和模型，目前常用的主要有双重孔隙模型，以及较新的三重孔隙模型等。

4.2.1　煤层气成因和气体成分

煤层气的成因机制主要有生物成因和热成因两种。煤层主要表现为 III 型干酪根，属于倾气性有机质，演化过程中形成的烃类以 CH_4 为主。图 4.2.1 显示了生物成因和热成因煤层气的形成过程和气体成分特征，其成分包括 CH_4、CO_2、重烃气（C_2H_6、C_3H_8 等）、N_2、H_2、H_2S 等，并且与煤变质类型和煤化作用过程都有很大关系。在生物成因阶段，伴随 CH_4 的生成，还形成了大量 CO_2；而在热成因阶段，伴随着 CH_4 的产出，腐泥煤中还生成大量重烃气，而腐殖煤中则生成更多的 CO_2。

煤层气的各种成因过程分别在煤化过程的不同阶段产生。受地质背景和煤化作用过程的影响，煤层气的形成过程具有明显的阶段性。根据气体的同位素分馏效应可计算各类成因的气体所占的比例。另外，煤层气的成因类型常常使用气体组分的稳定同位素含量来进行判别，主要有 $^{13}C/^{12}C$ 和 D/H 两种。常采用 Whiticar 图版法来判别煤层气的成因类型。图 4.2.2 是 Pashin（2008）统计的世界上部分煤层气盆地的气体成因类型分布图，显示了不同成因煤层气盆地的稳定同位素含量值范围。

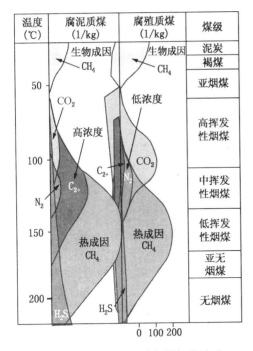

图 4.2.1 煤层气形成与煤级的关系
（据 Clayton, 1998 等）

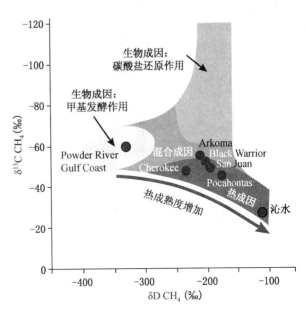

图 4.2.2 稳定同位素判别煤层气成因类型
（据 Pashin, 2008）

4.2.1.1 煤层气的成因类型

4.2.1.1.1 生物成因

生物成因的煤层气主要形成在煤化作用早期阶段。大量生物成因煤层气的形成条件主要有：缺氧环境，低硫酸盐浓度，低温，充足的有机质，高 pH 值，较大的孔隙度，以及快速的沉积作用等。通常生物成因煤层气持续形成在有机质埋藏后的几万年之内。

原生生物成因的 CH_4，生成在相对低温且埋藏较浅时（$R_{o,max}<0.3\%$）。前人证实，原生生物成因气可以保存在煤中（吸附或游离），或者溶解在分子水中，并成为煤结构的一部分。次生生物成因气则可以形成各种中低级煤中（$R_{o,max}<1.7\%$）。其形成环境一般是在浅层煤层中，通常经过埋藏、煤化作用后，受地质作用抬升至地表附近，或者遭受不同程度的剥蚀，能够与大气降水进行交换，从而使携带细菌的水进入。这意味着生物成因气的产生需要依靠盆地的水文地质条件，其重点是地下水（携带细菌）在煤层割理中的运移。在成熟度稍高且已形成部分热成因气的煤层中，如果地层抬升而形成次生生物成因气，那么两种气体将混合在一起，这就形成了叠加成因气。

近年来对次生生物成因煤层气的研究较多。美国 Powder River 盆地最先发现次生生物成因煤层气并大量开发（Scott 等，1994）。澳大利亚煤层气中的次生生物成因气也是近年来的研究重点，在 Sydney 和 Bowen 盆地都有发育（Smith, 1996；Boreham, 1998；Faiz 和 Hendry, 2006, 2009；Li 等，2008）。图 4.2.3 显示了 Sydney 盆地的生物成因气形成过程，当晚白垩世抬升作用发生时，大部分热成因的重烃气从浅层煤层中释放出，剩余的重烃成分则被微生物改造，形成次生生物成因的 CH_4 并补充到浅层的煤层中。从区域上来看，次生生物成因气主要发育在盆地边缘地带。

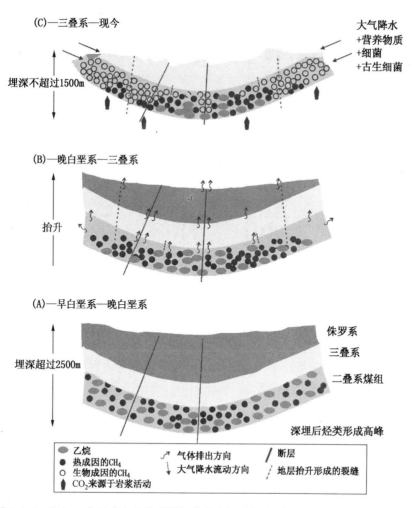

图 4.2.3　Sydney 盆地次生生物成因气形成过程示意图（据 Faiz 和 Hendry，2006）

图中（A）阶段煤层深埋后（大于 2500m）生产大量烃类；（B）阶段地层抬升，在盆地边缘部位，乙烷等重烃类成分排出煤层；（C）阶段地层进一步抬升，由于煤层水和大气降水交换，细菌等随地层水运动，沿煤层裂缝进入煤层，形成次生生物成因的煤层气，并赋存于煤层中。注意该阶段除了较高分子的乙烷等降解生成 CH_4 外，还可能有深层岩浆等热液活动的 CO_2 进入煤层，并在细菌作用下转化成 CH_4

4.2.1.1.2　热成因

热成因煤层气是目前已开采和发现的煤层气藏中的主要成因类型。热成因煤层气一般形成于高挥发性烟煤或更高煤级的煤中（$R_o > 0.6\%$）。在煤化作用的中后期阶段，温度和压力逐渐升高，煤中富氢富氧的挥发性物质脱出释放，煤变得富碳，CH_4、CO_2 和 H_2O 是脱挥发性组分作用过程的的重要伴生产物（图 4.2.1）。Rice（1993）指出，在 R_o 值为 0.6% 左右时煤层中开始产生热成因烃类，到 0.7% 时热解的烃类量才能达到具有经济开采价值的产量。Faiz 和 Hendry（2006）则进一步指出，煤中的羧基组分在 R_o 超过 0.7% 后迅速减少，因此 CO_2 在高级煤中的生成量相对较低。如果煤层的煤化作用进一步发生，则主要生成液态和气体烃类，其中缺失了 H_2。在高挥发性烟煤级段，液态烃和重烃气的形成达到顶峰，但在 R_o 超过 1.2% 后迅速减少，而 CH_4 的形成则增加。在较高的温度和成熟度时，前期形成的长链烃类和液态烃类发生热裂解，形成 CH_4，增加 CH_4 的生成总量。热成因的煤层气将在煤埋藏过程中持续形成，直到盆地抬升使煤层出露地表，地层温度下降到一定程度时才停止。

4.2.1.2 煤层气中的气体成分及 CO_2 来源

煤层气的主要气体组分是 CH_4，其他成分还有重烃气（C_{2+} 含量从 0 到 70%）和 CO_2（含量从 0 到 99%），偶尔还含有少量比例的 N_2、O_2、H_2、He 等。通常情况下，在高挥发性烟煤到更高级煤层中富集的煤层气，其主要成分为 CH_4，次之是高分子量的烃类和 CO_2。有时在腐泥煤中还有少量的 H_2S 形成（图 4.2.1）。不过尽管 H_2S 形成量与 CO_2 接近，但在水中有更高的溶解度。其他气体如 N_2 等，由于分子直径较小、易挥发且被吸附能力相对较低，容易从煤中逸散。这些溶解于煤层水中或在煤中逸失的气体，会在煤化作用程度的增加和煤层的进一步压实过程中，成为挥发性物质而从煤层中逸失。

在煤层气的各种成分中，除了最重要的 CH_4 外，CO_2 的含量和来源也影响着煤层气的质量。CO_2 在细菌的还原作用下与 H 结合，能够形成 CH_4 并富集在煤层中。部分学者认为，煤层气还可能形成于无机成因，其原因是形成 CH_4 的 CO_2 还有其他来源：（1）碳酸盐岩受热分解产生；（2）与硅酸盐岩的水解有关的碳酸盐岩的溶解过程中产生；（3）有机质在细菌降解过程中产生；（4）细菌作用使烃类氧化的过程中产生；（5）从岩浆活动区或地壳中运移而来。这些途径形成的 CO_2 与水中的 H 结合，形成的 CH_4 即为无机成因的煤层气。这类煤层气的稳定同位素特征与常规煤层气的特征有较大差异，常常能够反映煤层气形成时的地层水文特征。

事实上，煤层中常常发育着的碳酸盐岩岩脉，这表明煤层曾经受到过岩浆—热液活动的影响。一些高温热解实验结果也显示（Boreham 等，1998），在煤化作用过程中的释放 CO_2 阶段，碳酸盐岩矿物将增加煤中有机碳含量，使形成的 CO_2 与其他来源的 CO_2 混合，从而形成复杂的气体成分比例。

4.2.2 储集空间和赋存机理

煤岩是由植物遗体转变成的有机岩石，是一种多孔疏松介质。植物原始细胞结构的差异及其保存完整程度的不同，造成煤基岩块中孔隙类型、大小和结构的差异。煤化过程中也会改变煤岩的原有孔隙，形成新的孔隙。

煤层中的孔隙包括基质孔隙和裂缝孔隙，但裂缝孔隙一般较小，常小于煤层总孔隙体积的 5%，因而孔隙度主要由基质孔隙提供。煤层基质的孔隙直径非常小，多为纳米级别（通常小于 30nm），但连通性一般较好。虽然煤层的孔隙度不高（一般不超过 20%），但比表面积却较大。根据国土资源部油气资源战略研究中心（2009）统计，1g 煤的比表面积可达 $100\sim400m^2/m^3$，这表明煤层对气体具有强烈的吸附作用。

事实上，煤层气是以吸附、游离和溶解三种形式赋存于煤层中，并以吸附气为主，通常要占煤层气总体积的 80%～90% 以上。大量气体吸附在煤基质的孔隙中，吸附的气体量远远大于煤层本身的孔隙体积。根据气体的分子直径，一般认为低于 2nm 的微孔和亚微孔对煤层气的吸附能力最强，超过 50nm 的大孔中则主要赋存着游离气。需要注意的是，煤层中常发育大量割理和裂缝，但这些裂隙本身的孔隙度却很低，通常为煤层孔隙度的 0.5%～2.5%，对煤层气储存的影响不大，主要为煤层提供渗透率。

对于煤层气的吸附能力，通常认为煤层吸附气体过程为等温吸附，并利用 Langmuir 等温吸附方程等进行模拟和研究。近年来关于这方面的研究也较多，对不同气体的吸附能力、吸附量、吸附条件，以及吸附/解吸过程中煤岩基质的变化等，都做了大量研究。另外，也有学者指出在超压状态时煤层气的吸附不能够使用 Langmuir 等温吸附过程来描述，为此提出和发展了超临界吸附和吸附势理论。

煤层的吸附能力也是研究的一个重点，由此得到的煤层含气量也是煤层气工业中的一个重要指标。通常情况下煤层气的含气量受温度、压力、煤级、煤岩成分、煤岩宏观组分和煤岩内的平衡水分等的影响。实际上，一定条件下煤层含气量的最大值即为煤层在该条件下的吸附能力，也就是说，煤层气储层的吸附能力也受到上述条件的影响和制约。

4.2.2.1 煤储层孔隙分类

煤岩孔隙的分类，主要依据的是孔径与气体的相互作用特征，以及气体分子与孔隙直径的关系。国外研究中常常使用国际纯粹化学和应用化学联合会（IUPAC）的分类方案（见表 4.2.1）。该方案考虑了不同气体分子的直径与煤岩孔径的关系，能够较好地描述气体在煤层中的吸附特征。国内则多采用 Ходот（1966）对煤层孔隙的分类方案（表 4.2.1），并使用压汞毛管压力法来测量煤层中的孔隙，以及使用低温液氮吸附法测量煤孔隙的比表面积。其中压汞毛管压力曲线一般可以较好地描述孔隙半径大于 3.75nm 的煤层孔隙的结构特征（美国近年来的压汞仪的分辨率已达到了 3.2nm），反映出样品中不同孔喉直径所对应的孔隙容积分布状况，所得到的孔隙度是煤的视孔隙度。低温液氮吸附法则可以测得不同相对压力下的吸附量，得到的吸附等温线，利用不同模型计算出表面积和孔径分布，如 Langumir 方程、BJH 模型等。该方法的测试结果主要反映煤中微孔和小孔的孔隙结构特征。

表 4.2.1　煤层气储层常用的孔隙分类标准

研　究　者	分类标准（孔隙直径 nm）			
国际纯粹化学和应用化学联合会（IUPAC，1972）	小于 0.8（亚微孔）	0.8~2（微孔）	2~50（中孔）	大于 50（大孔）
Ходот（1966）		小于 10（微孔）	10~100（小孔或过渡孔）	100~1000（中孔）	大于 1000（大孔）

煤的孔径分类为研究煤中气体吸附和运移特征提供了重要信息。一般认为，大孔发生气体强烈层流和紊流渗透，中孔发生气体缓慢层流渗透，过渡孔可发生气体毛细管凝聚、物理吸附及扩散，微孔则是发生气体吸附的主要场所。

4.2.2.2 煤储层孔隙度和比表面积

煤岩孔隙度是煤中空余空间所占的体积比例。由于煤基质的吸附，煤的孔隙中可以填充更多的流体，并随着流体类型变化而变化。煤在地下的自然状态中包含着大量平衡水分，也将占据部分孔隙结构的空间。因而气体所占的体积分量实际上是剩余体积。

煤岩孔隙度与煤级和显微组成有较大关系。随着煤化程度的增加，煤层进一步被压实，挥发性物质释放，使得煤层孔隙度降低。因而低级煤中具有较高的孔隙度，而中高级煤中的孔隙度较低（图 4.2.4a）。从图 4.2.4b 中也可以看出，低级煤的孔隙度在 5%~25% 之间，但中高级煤的孔隙度则在 0~10% 之间。但是煤岩中次生孔隙的发育能够形成中孔和微孔，这意味着高级煤中的孔隙结构将增加孔隙度。如图 4.2.4b 中显示，煤岩在煤级较高时的孔隙度反而增加。另外，孔隙度同样受控于煤岩显微组分，其中镜质组中发育较多微孔，而惰质组主要发育中孔和大孔。但是，煤岩中次生孔隙的发育能够形成中孔和微孔，这意味着较高阶煤的孔隙度会有所增加。

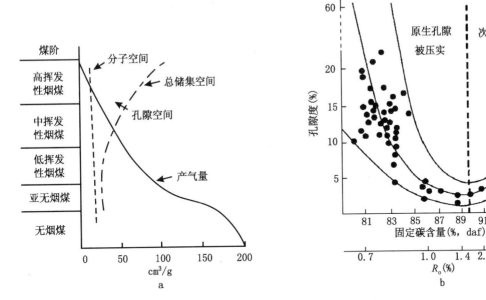

图 4.2.4 煤层气储层的孔隙度（a 据 Rice，1993；b 据 Rodrigues 和 Lemos de Sousa，2002）
a—煤层生气量随煤级升高而增加，但由于压实和脱挥发性物质作用，储层的储集空间随煤级升高而减小；b—煤岩孔隙度随固定碳含量和成熟度的增加而变化。在中—低煤级煤中，原生孔隙在煤级升高过程中被压实，使孔隙度降低。在高煤级煤中，则由于次生孔隙的发育而使孔隙度增加

虽然实际测量结果显示煤的孔隙度都比较小，但是却有较大的储气能力，这是因为煤基质有较大的表面积。煤的表面积包括外表面积和内表面积，其中外表面积所占比例极小，因而表面积大小主要靠内表面积提供。内表面积常用比表面积表示，即单位重量煤所具有的表面积。煤的比表面积大小与煤的分子结构和孔隙结构有关。粗略估计，微孔表面积占煤岩总有效吸附表面积的 95％以上。

各种直径孔隙所包含的表面积同孔隙容积有一定关系，一般煤岩中微孔的体积不到煤总孔隙体积的 55％，而其表面积却占整个表面积的 97％以上，这说明微细孔隙发育的煤，尽管孔隙度值不高，却可以有相当发育的内表面积。煤孔隙的表面积相当大，采用 CO_2 做介质测得煤的比表面积大体为 $50\sim200cm^2/g$，这也正是煤对煤层气有着强烈吸附能力的原因所在（Rodrigues 和 Lemos de Sousa，2002）。

4.2.2.3 煤层气的赋存机理和影响因素

在煤层气的三种赋存状态中，吸附气常赋存于煤基质的微孔结构中，并且吸附着的 CH_4 的密度接近液态 CH_4 的密度（图 4.2.5）。研究表明，气体在煤中的吸附包括三种机制（White 等，2005）：（1）物理吸附混合在煤的内表面；（2）混合吸收在分子结构中；（3）混合吸收在孔隙中。CH_4 主要以吸附的形式存储在煤孔隙的表面上。气体分子可以通过煤和气体分子间的范德华力维持吸附状态，或者作为捕获分子保存在煤中类似孔隙结构的分子网格内部。

煤中游离态和溶解态的气体由于所占比例较少，在生产中常常被忽略。但是目前的研究表明，游离态的气体在低级煤（$R_o<0.6\%$）中占有较大的比例，这是由于低级煤的孔隙体

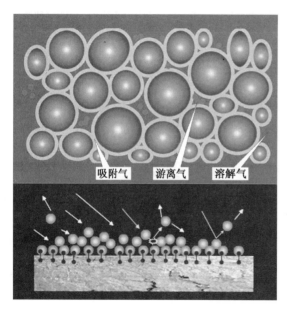

吸附气　游离气　溶解气

图 4.2.5　煤层气赋存状态和气体吸附示意图

积相对较大的原因（Bustin，2009）。这种类型的煤层气常常赋存在煤层初始未完全水饱和时，例如加拿大 Alberta 的 Horseshoe Canyon 干煤层就属于这种类型。

CO_2 和 CH_4 能够少量溶解于水。溶解的气体即为溶解态煤层气，其溶解规律可以通过亨利定理来描述。Cui 等（2004）指出 $CO_2 - CH_4$ 混合气体被吸附之前，分别在饱含水的煤层中随地下水一起流动，并通过孔隙水向上渗透通过煤层。在对这些过程的研究中，得到了典型情况下的一致性分析近似值和数字模拟溶解值。结果表明，饱含水煤层中的 CH_4 和 CO_2 的运移，主要受控于它们在煤中的吸附平衡和水中的溶解度。尽管在低于 50℃ 时，CO_2 的溶解度是 CH_4 的 20 倍，但是通过煤层后的 CO_2 只有 CH_4 的几倍，这是因为煤对 CO_2 有更强的吸附能力造成的。

4.2.2.4　煤层气的等温吸附特征

4.2.2.4.1　气体的等温吸附特征

气体等温吸附量的获得通常包括重力法，压力（体积）法，气相色谱法等（White 等，2005）。重力法通过微平衡技术测量样品浮力，得到样品的重量变化，进而求出样品吸附的气体量。压力法直接计算吸附气体的体积，在考虑气体压缩因子的情况下，可以测定不同压力条件下的气体体积。气相色谱法则通过气体示踪曲线来获得气体的吸附量。这几种测量方法的精度依据则与各自的测量设备和实验条件有关。

固体介质内赋存的气体量受多种因素影响，包括样品质量、温度、压力、以及固体和气体间的自然状态。固体介质对给定气体的吸附可以表示为恒定温度下压力的函数。将该对应关系在坐标轴中描述出，就形成了等温吸附曲线，其形状可以描述出气体的吸附过程、孔隙度和有效吸附表面积。根据 IUPAC 的分类标准，可以把主要以物理吸附为主的等温吸附过程分为 6 类（图 4.2.6）。类型 I 描述了无孔隙固体表面的单分子层吸附过程，或者主要为微孔隙填充的吸附过程，常用 Langmuir 类型等温吸附曲线来描述。煤层对 CO_2 和 CH_4 的吸附主要表现为 I 类吸附特征。

4.2.2.4.2　气体等温吸附方程

最早描述气体动力学特征并且迄今仍在广泛应用是 Langmuir 理论。该理论认为被吸附气体和吸附剂之间的平衡是

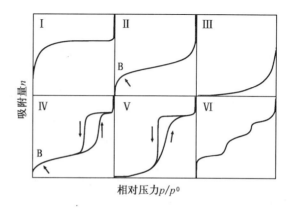

图 4.2.6　等温吸附线的 6 种类型，煤层气的等温吸附属于 I 类型（据 White 等，2005）

动态的，即分子在吸附剂表面空白区凝结的速率等于分子从已占领区域重新蒸发的速率。该理论假定吸附介质表面为均质的，任一区域的吸附能量是相等的，因而气体分子在煤中的吸附是单分子层吸附的。

BET 多分子层理论模型是由 Brunauer、Emmett、Teller 于 1938 年在 Langmuir 等温吸附方程的基础上提出来的，它除了保留 Langmuir 等温方程中的动态平衡、固体表面是均匀的、被吸附分子间无作用力的假设，并假设第一层中的吸附依靠固体分子与气体分子间的范德华力，而第二层以上的吸附则依靠气体分子间的范德华力（图 4.2.5）。多分子层吸附理论认为气体的吸附是多分子层的，但并不是第一层吸附满时再进行第二层吸附，而是每一层都可能有空吸附位，也就是说，吸附的层是不连续的。

实际上，目前使用最多的就是 BET 模型。但在已有的研究中表明，热力学模型能更好的与混合气体吸附等温线匹配，如 Dubinin－Radushkevich（D－R）和 Dubinin－Astakhov（D－A）模型。但最近的研究则表明，IAS/D－A 理论能够更为精确的描述 CO_2 选择性的吸附过程，特别是在描述 CO_2 吸附过程随压力的变化特征上。Clarkson 和 Bustin（2000）认为 IAS/D－A 模型比 ELM 模型更准确，因为 IAS 模型非常依赖气体等温线的选择。Pan 和 Connell（2009）利用 Fruitland 和 Bulli 两个煤层的实际数据，比较了 IAS，ELM 和二维状态方程模型（2D EOS）的模拟结果，发现 IAS 和 ELM 模型的结果相近，而二维状态方程模型的结果则跟上述两者均不同（表 4.2.2）。

表 4.2.2　不同吸附模型模拟气体吸附时的精确程度（%AAD）分析表（修改自 Pan 等，2009）

	成分	Fruitland 煤层（319.3K）		Bulli 煤层（303.2K）	
单成分气体吸附	模型	Langmuir	2D EOS	Langmuir	2D EOS
	CH_4	2.8	0.5	9.9	0.8
	CO_2	3.6	2.3	10.0	1.3
	成分	Fruitland 煤层（319.3K）			Bulli 煤层（303.2K）		
混合气体吸附	模型	ELM	IAS	2D EOS	ELM	IAS	2D EOS
	CH_4	13.7	10.4	8.5	23.9	12.9	6.8
	CO_2	7.3	7.2	4.8	20.6	15.1	9.3
	全部	4.6	4.8	3.2	6.8	6.7	3.5

4.2.2.4.3　煤层对不同气体的吸附特征

通常情况下，CH_4、CO_2 和 N_2 在煤中的等温吸附如图 4.2.7 所示。每种气体的吸附量都随着压力增加而增加。在相同压力下，煤中 CO_2 的吸附量最多，CH_4 次之，N_2 最少。这也是多年来得到的普遍认识。在注 CO_2/N_2 提高煤层气采收率过程中，煤层气成分因储层的压力下降而变化。变化的程度则依赖于煤层对 CH_4，CO_2 和 N_2 的等温吸附特性。但在注入混合气体时，每种气体成分的含量与单成分气体的吸附量并不成正比关系，其中 CO_2、乙烷和轻质烃类在煤中有更高的分子作用力。

Yu 等（2008）认为煤层对气体的吸附是一个动态的过程，传统的等温吸附测量是静态测量方法，没有考虑生产过程中的压力驱动和浓度驱动信息。Yu 等（2008）为此研制了实验设备实现在驱动条件下的气体吸附实验，该设备能够测量气体注入和解吸过程中的压力和气体体积变化，并能够测量气体解吸后的剩余量；对 CO_2 注入驱替 CH_4 的过程进行了实验

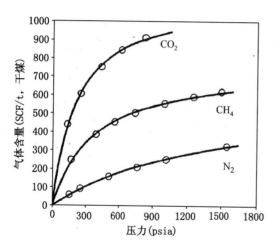

图 4.2.7　煤层对不同气体的吸附能力
（据 White 等，2005）

室的测量，发现吸附体积量与 CO_2、CH_4 的体积分数之间的变化关系。

4.2.2.5　超临界吸附特征和吸附势理论

近年来关于超临界吸附特征和吸附势理论的研究较多。该理论以及相应的数学模型早已提出，国内外也都有一些公开发表的研究成果，指出在超压状态时煤层气的吸附不能够使用 Langmuir 等温吸附过程来描述，为此提出和发展了超临界吸附和吸附势理论。本部分根据部分研究者的综述或跟踪研究，对超临界吸附特征和吸附势理论进行阐述。

4.2.2.5.1　超临界吸附特征

超临界吸附指气体在其临界温度以上在固体表面的吸附，它与亚临界吸附（前述的等温吸附过程）相比无论在表征还是在机理上都有显著的不同（陈润等，2009）。超临界吸附的吸附量不再是压力的单增函数，而是存在一个最大值，最大值以后，随着压力的升高吸附量反而下降。关于超临界吸附等温线存在最大值这一现象在化工界已经达成了共识，实验测得的吸附量是 Gibbs 所定义的过剩吸附量，其表达式为

$$n = n_t - V_a \rho_g = V_a (\rho_a - \rho_g) \tag{4.2.1}$$

式中：n_t 为绝对吸附量；V_a 为吸附相体积；ρ_a 为吸附相密度；ρ_g 为气相密度。

压力较低时，过剩吸附量是压力的函数。随着压力的升高，主体相密度不断增大。当压力达到某一值，主体相密度随压力的增长速率与吸附相密度随压力增大速率相等，此时等温吸附线出现最大值，继续升高压力，吸附量下降。

超临界温度条件下，气体在固体表面的吸附机理发生了根本的变化，不能简单地用亚临界吸附的校正模型进行处理；且在超临界条件下，气体不可能被液化，因此用假定的液相密度替代吸附相密度也是行不通的。目前，有关超临界吸附的机理，主要用吸附势理论、分子模拟技术、密度函数理论等进行研究。

4.2.2.5.2　吸附势和吸附空间的计算

长期以来，主要用 Langmuir 模型来描述煤层气的吸附特征，但在高温高压条件下模拟吸附模拟时，所测得的含气量往往高于实际气田的含气量，即测得的吸附等温线具有明显的滞后现象，表明 Langmuir 模型不适合在高压环境下模拟等温吸附实验（刘曰武等，2010）。为此，Polanyi 提出的吸附势理论在这种情况下得到了应用。吸附势理论是从固体存在着吸附势能场出发，描述多分子层吸附的理论模型。它和 Langmuir 吸附模型、BET 多分子层吸附理论的最大差别在于，它认为在固体表面上有一个吸附势场，距离固体表面越远，吸附势能越低。因此，吸附层的密度也和距离表面的远近有关。

吸附势理论认为气体与固体之间的吸附作用力为色散力，因此吸附与温度无关，吸附势在吸附空间的分布曲线是唯一的，该曲线称吸附特性曲线。苏现波等（2006，2008）将 Polanyi 吸附势理论引入到煤吸附 CH_4 能力的预测，为定量评价煤层气的聚散历史、煤层气成藏机理研究提供了一种新途径。由吸附势理论建立的吸附势与压力的关系为

$$\varepsilon = \int_{P_i}^{P_0} \frac{RT}{P} dP = RT \ln \frac{P_0}{P_i} \qquad (4.2.2)$$

式中：P 为平衡压力，MPa；ε 为吸附势，J/mol；P_0 为气体饱和蒸汽压力，MPa；P_i 为理想气体在恒温下的平衡压力，MPa；R 为普适气体常数，取值为 8.3144J/(mol·K)；T 为绝对温度，K。

当煤层气组分在煤体表面的吸附处于临界温度之上时，临界条件下的饱和蒸汽压力便失去了物理意义。为此采用 Dubinin 建立的超临界条件下虚拟饱和蒸汽压力的经验计算公式

$$P_s = P_c \left(\frac{T}{T_c} \right)^2 \qquad (4.2.3)$$

式中：P_c 为气体的临界压力，MPa；T_c 为气体的临界温度（表4.2.3），K。

把式（4.2.3）代入式（4.2.2），可得

$$\varepsilon = \int_{P_i}^{P_0} \frac{RT}{P} dP = RT \ln \frac{P_s}{P_i} \qquad (4.2.4)$$

表 4.2.3　CH_4 和 CO_2 的临界温度和临界压力参数（据苏现波等，2008）

物理化学参数	CH_4	CO_2
临界温度（K）	190.6	304.2
临界压力（MPa）	4.62	7.39

吸附空间是指煤中可供气体吸附的场所，可以根据等温吸附数据来计算，即

$$w = V_{ad} \frac{M}{\rho_{ad}} \qquad (4.2.5)$$

式中：w 为吸附空间，cm^3/g；V_{ad} 为实测吸附量，mol/g；M 为气体的分子量，g/mol；ρ_{ad} 为气体吸附相密度，g/cm^3，由如下经验公式计算，即

$$\rho_{ad} = \frac{8P_c}{RT_c} M \qquad (4.2.6)$$

式中：R 为普适气体常数，在该式的取值为 8.205cm^3·MPa/(mol·K)

在采用上述公式计算不同煤样、不同压力下的吸附空间时，必须先将实测的标准状态下的吸附量换算成摩尔体积，同时分别计算 $^{13}CH_4$、$^{12}CH_4$、CH_4、CO_2 在煤孔隙表面的吸附空间。由此可见，$^{12}CH_4$、$^{13}CH_4$ 吸附空间的不同是由于分子量的不同而造成的。

将上述公式计算的气体的吸附势和与之对应的吸附空间作图，获取吸附（解吸）特性曲线。特性曲线可由三阶多项式拟合定量表达

$$\varepsilon = a + bw + cw^2 + dw^3 \qquad (4.2.7)$$

式中：a、b、c、d 为常数。

4.2.2.5.3　吸附势的实验模拟结果

苏现波等（2008）分别以德国 Argonne premium 煤、潞安煤和晋城煤为代表，利用吸附势理论模拟了气体的吸附/解吸过程，并分析了吸附势曲线特点和对注 CO_2 开采的影响结果（图4.2.8和图4.2.9）。

在德国 Argonne premium 煤的吸附/解吸过程中，相同压力条件下，CO_2 和 CH_4 的解吸量均大于其吸附量，且在1~2.5MPa之间时，CH_4 吸附/解吸量差异最为显著（图4.2.8a）。造成了在这一区间 CH_4 和 CO_2 的解吸特性曲线近乎重合，低压和高压区间 CO_2 的吸附势和吸附

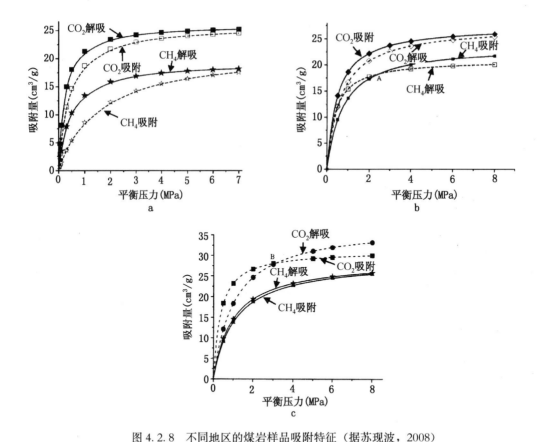

图 4.2.8　不同地区的煤岩样品吸附特征（据苏现波，2008）

a—CH$_4$ 和 CO$_2$ 在德国 Argonne premium 煤（R_o = 1.16%）中的吸附/解吸等温线；b—CH$_4$ 和 CO$_2$ 在潞安煤（R_o = 1.68%）中的吸附/解吸等温线；c—CH$_4$ 和 CO$_2$ 在晋城煤（R_o = 4.27%）中的吸附/解吸等温线

空间均大于 CH$_4$，且有逐渐增大的趋势（图 4.2.9a）。说明该地区煤层在储层压力大于 2.5MPa 或者小于 1MPa 条件下，有利于 CH$_4$ 和 CO$_2$ 之间的分馏，而在 1～2.5MPa 储层压力下不利于分馏。由此可见，该地区煤层储层压力在 1～2.5MPa 区间不利于注 CO$_2$ 驱 CH$_4$；在低压（小于 1MPa）和高压（大于 2.5MPa）条件下均有利，且储层压力越高或越低越有利。因此对这类储层进行注 CO$_2$ 提高 CH$_4$ 采收率时，应避开 1～2.5MPa 压力的储层。

在潞安煤的吸附/解吸过程中，CO$_2$ 的吸附/解吸等温线一致，CH$_4$ 的吸附/解吸等温线交叉于 A 点，对应的吸附压力为 2.5MPa（图 4.2.8b），这一交叉点对应于特性曲线上的 A′点（图 4.2.9b）。在相同的压力条件下，由该点向高压阶段 CO$_2$ 的吸附势普遍大于 CH$_4$，向低压阶段则相反；即，在高压（大于 2.5MPa）阶段，煤对 CH$_4$ 和 CO$_2$ 吸附所产生的分馏效应明显，在低压（小于 2.5MPa）阶段分馏效应则减弱。这意味着储层压力在 2.5MPa 以下，CH$_4$ 的产出量相对减少，CO$_2$ 则相对增加；在 2.5MPa 以上，CH$_4$ 产出量相对增加，CO$_2$ 则下降。因此针对这类储层进行注 CO$_2$ 提高 CH$_4$ 采收率时，在储层压力大于 2.5MPa 时，注 CO$_2$ 强化 CH$_4$ 产出效果最佳。

在晋城煤的吸附/解吸过程中，CH$_4$ 的吸附/解吸等温线一致；CO$_2$ 的吸附/解吸等温线交叉于 B 点，对应的压力在 2.5MPa 左右。由该点向低压阶段 CO$_2$ 吸附量相对减少，解吸量相对增加（图 4.2.8c）。该点对应于特性曲线上的 B′点（图 4.2.9c）。在 B′点到低压阶段，在相同压力的条件下，CO$_2$ 吸附势均低于 CH$_4$。即 CH$_4$ 的产出量相对减少，CO$_2$ 相对

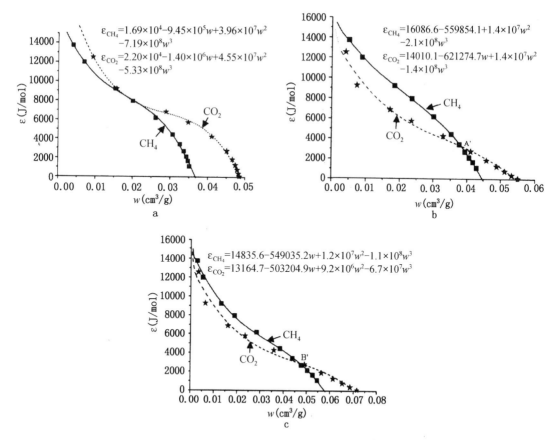

图 4.2.9　不同地区的煤岩样品解吸特征及计算的吸附势（据苏现波，2008）

a—CH_4 和 CO_2 在德国 Argonne premium 煤（$R_o = 1.16\%$）中的解吸特性曲线；b—CH_4 和 CO_2 在潞安煤
（$R_o = 1.68\%$）中的解吸特性曲线（$R_o = 1.68\%$）；c—CH_4 和 CO_2 在晋城煤（$R_o = 4.27\%$）中的解吸特征曲线

增加。也就是说，在储层压力大于 2.5MPa 时，煤对 CH_4 和 CO_2 吸附所产生的分馏效应明显。在储层压力小于 2.5MPa 时，随着压力的减小，分馏效应减弱。这一现象在图 4.2.9c 中也有明显的表现，压力低于 2.5MPa 时 CO_2 的浓度急剧增加，CH_4 浓度急剧下降。因此针对这类储层进行注 CO_2 强化 CH_4 产出时，在储层压力大于 2.5MPa 时效果最佳。

4.2.2.6　影响煤层气赋存的地质因素

4.2.2.6.1　温度和压力

煤岩吸附能力随温度的变化较为复杂，这是由于随着温度升高，吸附的相态和体积在发生变化的原因。但在低温时，不同吸附相态的变化较小而可以忽略。

煤岩的等温吸附过程显示了煤层的吸附能力随压力升高而增加，随温度升高而降低。在较高温度条件下 Langmuir 系数降低，引起等温线初始陡度降低，结果导致等温线在较高温条件下变得更平直而且煤吸附的气体也变少（图 4.2.6）。Levy 等（1997）的测量结果表明，压力恒定为 5MPa 且温度在 20～65℃范围内时，温度每升高 1℃，煤层对 CH_4 的吸附能力下降 $0.12m^3/t$。在 Bustin 和 Clarkson（1998）对温度影响煤层吸附能力的研究中，也得到了与 Levy 等（1997）所描述的趋势很相似的结果（图 4.2.10）。

煤层埋深对煤层的吸附能力有很大的影响，但其实质是温度和压力的共同作用结果。埋深增加，压力和温度增加，从而引起煤层的吸附能力变化。在埋深小于 1000m 的范围内，

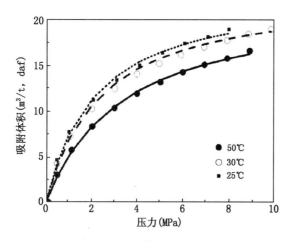

图 4.2.10 Bowen 盆地烟煤样品的等温吸附测量结果
（据 Bustin 和 Clarkson，1998）

煤样属性：平衡水分 = 1.4%，挥发性物质含量 = 24.1%，
固定碳含量 = 67.0%，灰质 = 7.5%

煤层的吸附能力是随埋深增加而增加的。由于较深地层处压力、温度均较高，压力升高增加吸附能力，而温度升高则减弱吸附能力，两者共同作用可能使较大埋深条件下煤对 CH_4 的吸附量与深度之间关系发生变化。

4.2.2.6.2 煤级

煤的吸附能力随煤级的增加而增高，但在超无烟煤级段，煤的含气量却又迅速降低。随着煤级的增加，煤基质中的微、中孔增多，而大孔减少，从而表现出总孔隙度降低，而吸附能力增强的特征。粗略估计，微孔表面积占煤岩总有效吸附表面积的 90% 以上（Bustin 和 Clarkson，1998）。另外，煤的物理、化学性质在煤级增高过程中改变，也使煤与 CH_4 的亲合力增强，从而形成了更高的吸附能力。

Bustin 和 Clarkson（1998）对澳大利亚 Sydney 盆地中煤层吸附能力与煤级的研究中指出，该地区 R_o 在 0.88%～1.15% 范围的煤层中，煤吸附量与煤级之间的相关关系最好（R_o 为 0.65%；样品数量为 22 个）（图 4.2.11）。但是，相同煤级煤岩的吸附能力的变化，要比不同煤级煤岩之间的吸附能力变化的程度大，这表明仅根据煤级来估计储层能力会形成较大的误差。

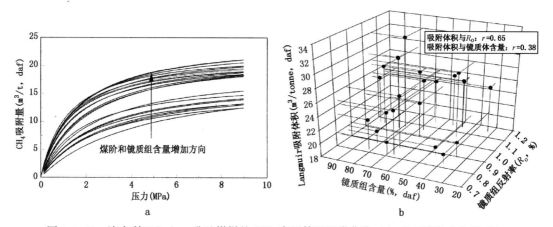

图 4.2.11 澳大利亚 Sydney 盆地煤样的 CH_4 高压等温吸附曲线（a）和吸附能力与镜质组
含量、镜质组反射率之间的关系（b）（据 Bustin 和 Clarkson，1998）

Bustin 和 Clarkson（1998）对加拿大一系列煤级的煤岩样品进行了孔隙表面积测量，测量数据使用 D－R 公式处理，结果见图 4.2.12。该测量结果与 Gan 等（1972）、Levy 等（1997）等其他人的结论一致，即微孔容积在固定碳含量（与煤级一致）为 80%～90% 时有降低的趋势，而在固定碳大于 90% 时有显著的提升。但测量结果也显示，孔隙体积分布与孔隙结构并没有明显的随煤级的变化规律。

4.2.2.6.3 煤的物质组成

煤的物质组成包括挥发性组分、固定碳含量和矿物质等。其中，煤层含气量随着挥发性组分产率的增加而减小、随着固定碳含量增加而增加；挥发性组分产率与固定碳含量之间的关系是互为消长的；高矿物含量不利于煤层气的赋存，使煤的吸附能力、含气量降低。

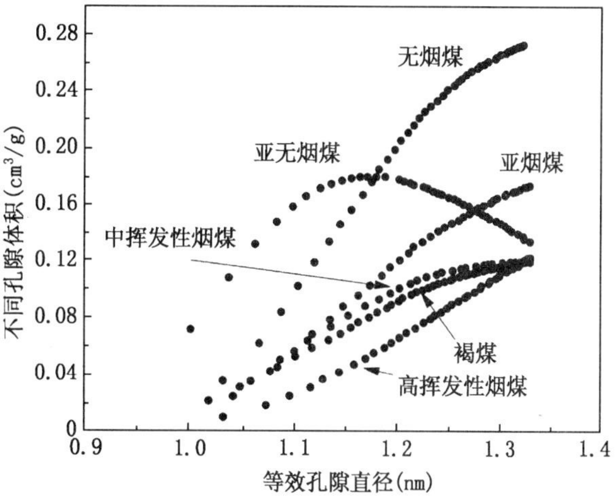

Bustin 和 Clarkson（1998）对 Alberta、Gates、Bulli 和 Wongawilli 四个煤组煤的吸附能力进行了分析，结果表明所有四组煤层的 CH_4 吸附量随着微孔隙体积和镜质组含量增加而增加，随着灰分产率和矿物含量的增加而减少。

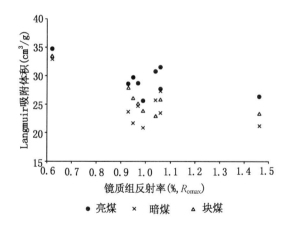

图 4.2.12　不同煤级孔隙体积与孔隙直径关系（D-A模型模拟结果）（据 Bustin 和 Clarkson，1998）

图 4.2.13　亮煤、暗煤和块煤的吸附能力对比（据 Laxminarayana 和 Crosdale，2002）

另外，Laxminarayana 和 Crosdale（2002）对印度的 Jharia，Bokaro，和 Godavari Valley 三个煤田的煤岩样品吸附能力的测量中也得到了同样的结果（图 4.2.13）。对高—中挥发性烟煤样品进行的气体吸附量测试结果表明，矿物质含量、水分、煤级和煤岩宏观组分是影响 CH_4 吸附量的重要因素，而且灰分产率和矿物含量对吸附能力的影响程度超过了煤级和煤岩宏观组分的影响。灰分和矿物的稀释作用降低了煤对 CH_4 的吸附能力，其含量每增加 1%，含气量降低约 0.32 cm^3/g。

4.2.2.6.4 煤岩宏观成分

煤岩宏观成分指肉眼可观察到的煤的岩石学基本成分，包括镜煤、亮煤、暗煤和丝炭。在同一煤层中，亮煤通常比暗煤有较高的 CH_4 吸附能力（图 4.2.13）。Crosdale 等（1998）指出，亮煤富含镜质组，特别是胶质镜质体；而暗煤主要为惰质组，特别是半丝质体。孔隙结构分析显示，暗煤的总孔隙体积比亮煤大。从对比结果来看，亮煤具有较大的内表面积，说明亮煤比同煤层中的暗煤具有更高的微孔隙，从而能够对 CH_4 有更高的吸附能力。

气体吸附能力随镜质组含量的增加而增加，这意味着煤的气体吸附能力中基质成分占主要的控制作用。煤岩宏观成分随煤岩类型和煤基质成分变化而变化，这种变化这对气体的吸附能力影响较小。这与澳大利亚同地质时期的煤层的特征相反。

亚烟煤和中挥发性烟煤，含有较少的非活性惰质组含量的暗煤，有较大的气体吸附能力，这是因为该类煤具有较高的微孔体积。因而活性惰质组成为评价暗煤中煤层气资源的一个标志。CH$_4$吸附和微孔隙度之间为接近正比例的关系，并且两者都随煤级而增加，煤级是重要的因素。微孔隙度与镜质组含量，特别是结构镜质体含量呈正比例关系。

对富惰质组煤样（溶解气体）和贫惰质组煤样（物理吸附）中CH$_4$的吸附过程进行了对比，指出富惰质组煤样中需要独立评价其产煤层气潜能。在低煤级时，暗煤比亮煤具有更高的气体吸附能力；但在高煤级时，亮煤则比暗煤有更强的气体吸附能力。

4.2.2.6.5 平衡水分

煤层内平衡水分的增加同样降低煤层吸附CH$_4$的能力（Bustin和Clarkson，1998）。由于平衡水分含量随煤级和煤岩物质组成的变化而变化，进而使CH$_4$的吸附量也发生变化。由于低级煤的平衡水分含量比较大，因而低级煤的CH$_4$吸附量也受水分影响较大。

对澳大利亚煤层和美国煤层的研究显示，CH$_4$的吸附量随着平衡水分含量的增加呈线性降低趋势。但是，通常情况下得到的储层吸附能力与平衡水分的关系，都是在30℃时测定的平衡水分含量。由于在测量时并没有考虑实际储层温度对吸附能力的影响，因而测定结果会有一定误差（Bustin和Clarkson，1998）。

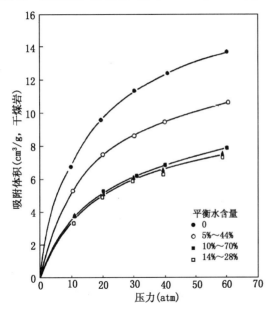

图4.2.14 美国Illinois州6号煤层的CH$_4$在温度为30℃时的等温吸附特征（据White等，2005）

煤中的平衡水分含量对CH$_4$的吸附能力影响非常大，如图4.2.14所示。煤对CH$_4$的吸附能力明显地随着压力增高而增加。在干煤层盆地中，煤层对CH$_4$的吸附能力比在含水煤层中大很多（White等，2005）。

4.2.3 煤储层的割理系统

在煤层气研究中，常利用双重孔隙结构来描述储层的基本结构。该模型认为煤储层由煤层基质和割理组成，其中煤层基质主要提供煤层气的储存空间，却被煤层中发育的各种裂隙分隔。常用"割理"（cleat）一词来描述这些裂隙。国外多认为割理是煤中天然存在的裂隙，一般呈相互垂直的两组出现，且与煤层层面垂直或高角度相交，但不发育在相邻的其他岩性地层中（Law，1993；Laubach等，1998；Solano-Acosta等，2007；Dawson和Esterle，2010；Paul和Chatterjee，2011）。通常情况下，连续性较强、延伸较远的一组称为面割理；面割理之间断续分布的一组称为端割理。这两组割理将煤体切割成一系列菱形或立方体基质块。割理多集中分布在光亮煤分层中，割理面平整，无擦痕，具张性特征。煤层中的割理一般延伸几厘米，但也有少量延伸较远，长度可达几十米。在露头或岩心中，常见割理表现为一组近似平行的特征，并在区域上具有一致的趋势（图4.2.15）。

在国内也对煤层的割理进行了详细的研究和分类（刘洪林等，2000；张慧等，2002；Su等，2001；苏现波等，2002；刘洪林等，2008；姚艳斌等，2010b）。其中苏现波等（2002）在国家自然科学基金项目"华北地区煤中裂隙的类型与成因"中，以我国华北中西部地区石炭—二叠系的主要煤层为研究对象，对煤中裂隙的类型、成因进行了系统研究，将

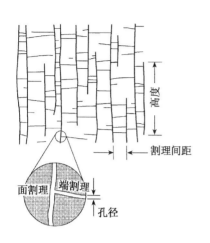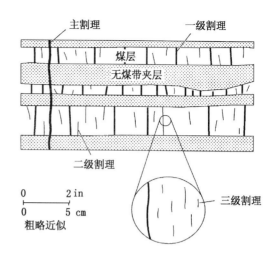

图 4.2.15 煤层割理发育特征示意图（据 Laubach 等，1998）

煤中裂隙区分为割理、外生裂隙和继承裂隙 3 类 7 型，指出割理是由煤体基质收缩张力、流体压力和构造应力的共同作用形成的，且在这些作用下形成了割理的几何形态的差别和空间组合的多样性。在割理的闭合机理方面，指出存在两种机制：次生显微组分（渗出沥青质体）充填和胶合。

在这些研究中均表明，煤层中的割理在煤层气的形成、运移过程中起着重要的作用，对煤层气的勘探和开发中有着比较重要的作用和意义。根据 Laubach 等（1998）的总结，煤中超过 95% 的气体储存在煤基质微孔隙中，但这些微孔隙的大小多为纳米级别，几乎没有有效的渗透率，因而渗透率主要靠煤中的割理系统提供。煤层割理是气体从煤基质孔隙中运移到井筒中的重要通道，同时与地层应力也有较大联系（Solano - Acosta 等，2007）。在开发过程中的地层压力下降后，煤层气从煤中解吸出来，通过割理系统进入井筒，这就需要割理是开启且相互连通的。煤层割理发育形成了不同的网络几何形态，也使得煤层中流体的渗流路线具有一定的方向性，因而研究煤中割理的分布对于提高煤层气产量有很重要的作用。

4.2.3.1 割理的定量描述

煤层割理特征的定量描述是近年来的研究重点。实际上，割理发育特征以及与区域裂缝和构造线之间的联系，都潜在地与煤层渗透率和煤层气富集的潜在区域有较大联系，但在煤层气和割理特征之间的联系上，却一直处于一个模糊的概念之中，并缺少对割理特征及其多样性的客观和定量的评价方法。因而近年来多位学者在割理的定量描述方面进行了较多的研究，包括割理的长度、高度、间距（密度）、空间类型以及方位等。需要注意的是，在这些研究中还有大量的利用煤层气井中参数对割理的定量描述技术，包括岩心描述技术和测井技术等。关于这些技术方法的原理和应用，将在后续章节中详细阐述。

4.2.3.1.1 割理的长度和高度

煤层割理的长度和高度一般只有几厘米，其开度通常是难以识别的。美国 New Mexico 州 San Juan 盆地 Fruitland 组煤层割理长度和高度范围在几毫米到几米之间，在实际地层条件下煤层割理的宽度约在 0.001～20mm 范围内（Laubach 等，1998）。但是许多公布出来的割理宽度数据都是通过露头研究或显微镜观察得到的，不能够代表地层围压条件下的实际数据。如果割理空间被矿物充填，一般也会有可观宽度的缝隙在局部被保留（未充填部分），在美国西部白垩系煤层割理中，这种缝隙宽度甚至达到 0.5cm。这种情况下的割理开度比露头或岩心中观察到的更大。

在 Paul 和 Chatterjee（2011）对印度 Jharia 煤田的研究中，给出了煤岩中面割理、端割理和割理间距的示意图（图 4.2.16）。而在不同割理的定量描述中，Dawson 和 Esterle（2010）对澳大利亚 Queensland 省 Bowen 盆地的煤层割理的分类描述比较典型。在其研究中，分别对暗煤割理、单层镜煤割理、多层镜煤割理组、贯穿多套煤层的主割理等不同情形下的割理间距进行分析，指出不同煤级中煤层割理的间距与割理高度之间有较大的联系。

在计算割理间距和高度时，Dawson 和 Esterle（2010）给出了一种煤层割理高度的估算方法：在给定煤层和割理高度的情况下计算平均割理间距，可以在完全垂直于割理走向的方向上进行计算，计算中得到一组割理两端的距离，并将该距离除以 $n-1$ 个割理数，就得到了平均割理间距；对于给定煤岩类型的煤层来说，如果煤岩条带厚度变化在 0.5mm 之内，就认为割理高度大致一致。对一些煤层厚度变化较大，特别是在煤层尖灭处的情况下，如果割理包含在镜煤层中时，割理出现的频率也将变化较大。

实际上，最简单的割理是存在于镜煤条带中，但不延伸至上、下暗煤层中的割理，其割理高度就直接趋近于煤岩条带的厚度。如果割理贯穿至少一个镜煤条带并延伸至顶/底的暗煤条带时，就称之为主割理。这种割理具有最宽的割理间距，在样品中较少出现。另一类较多发育的割理出现在镜煤内部，贯穿多个连续出现的镜煤条带，其间并无暗煤条带出现，并且割理高度与镜煤条带的顶底界面一致。相反，很少有贯穿多个连续出现的暗煤条带的割理。

图 4.2.17 显示了对不同煤级中的割理间距、割理高度和煤岩类型条带组合之间的关系

图 4.2.16 煤岩中的面割理和端割理，割理方向和割理间距（据 Paul 和 Chatterjee，2011）
样品来自印度 Jharia 煤田，煤样中显示面割理和端割理呈相互垂直的两组相交。参见书后彩页

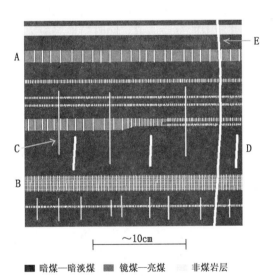

图 4.2.17 煤中割理高度分类示意图
（据 Dawson 和 Esterle，2010）
图中：A 为割理出现在单个镜煤中，上下皆为暗煤；B 为割理包含于多个小层叠加的镜煤组内，镜煤组上下皆为暗煤；C 为主割理，横穿了多个镜煤和暗煤；D 为割理存在于镜煤中，并为穿过镜煤；E 为较大的主割理或断裂，穿过了多套岩层

■ 暗煤—暗淡煤   ■ 镜煤—亮煤   □ 非煤岩层

进行研究的结果，表明可以将割理区分为四种类型。研究中还指出：小间距的割理会出现在所有煤级的煤层中；割理间距的分布与割理高度存在着一定关系，并且该关系在不同割理分类中是变化的；割理间距多数情况都与割理高度呈正比例关系。

4.2.3.1.2 割理的方位与区域构造应力场的关系

煤层割理形成的渗透率除了受割理大小、割理密度和割理内填充矿物影响外，还受到割理类型转换特征的影响，即开启式割理到断层的转变。煤层中的断层很容易识别，而且一些煤层中还含有较多小规模的断层，这些断层一般在割理形成之后才形成（Laubach，1998）。因此割理密度和大小随着位于断层和褶皱位置的不同而不同，其中割理类型的突变点，可以根据其所处断裂的不同位置而预测出。通常能够从露头特征来认识盆地尺度范围的割理的区域特征，这是因为割理常表现为区域性的变化特征，如图 4.2.18 所示，在区域上几百平方公里范围内的煤层割理具有一致的方向，由此分为多个不同的割理类型区域，区域之间交界处的割理方向明显表现出两组不同类型，其一是原始割理方向，其二是被构造运动改变了的方向。

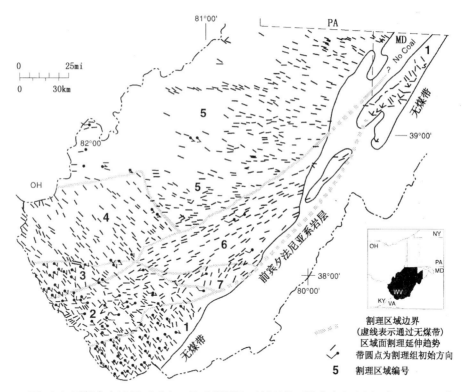

图 4.2.18　Virginia 西部宾夕法尼亚系和二叠系煤层的面割理的区域分布和边界（据 Laubach 等，1998）

煤层割理的空间分布特征与区域构造特征有一定的联系，这能够很好地了解煤层的裂隙网络结构，从而了解潜在的煤层气运移通道。同时，两者之间的对比还反映了古构造应力场与现今构造应力场之间的差异。通过对这一差异的分析，就能够得到区域应力场的变化特征。这些变化特征对割理的成因也有一定的指示作用。

Solano－Acosta 等（2007）展示了美国 Indiana 州 Illinois 盆地宾夕法尼亚系煤层的割理特征与构造线之间的联系，并分析了两者的关系对煤层气开发潜力区预测的作用。在其研究中，把煤层中的割理和裂缝定义为大型、中型和微型三种类型（表 4.2.4），然后分别测量其方位、间距和网络结构等。对于规模最大的大型割理来说，在野外是很容易被识别和测量的。相对地，中型割理则有更多较精细的特征，虽然可用裸眼分辨，但是还需要选取大块样本在实验室进行研究。对于最小规模的微型割理来说，其特征只能在镜下识别。其中区域构造线通过对卫星摄影照片的解析得到。

表 4.2.4　煤层内生割理的分类（据 Solano - Acosta 等，2007）

割理分类	相对割理间距	内生割理分类[①]
大型割理	分米级别	Group 1：一般穿过整个厚煤层
	厘米级别	Group 2：切割煤组
中型割理	毫米级别	Group 3：切割单个煤岩条带
微型割理	微米级别	Group 4：局部位于地层间或透镜状镜煤中

①—Solano - Acosta 等（2007）引用 Ammosov 和 Ermin（1963）定义的内生割理分类。

图 4.2.19a 展示了从卫星摄影照片解析得到的区域构造线分布特征，通过商业软件（Geoplus Petra®）的数字化分析技术，得到区域构造线的优势方向，能够较大程度地降低解释偏差。通过对区域构造线方向的计算机研究发现，该区域存在两个优势正交方位：一个

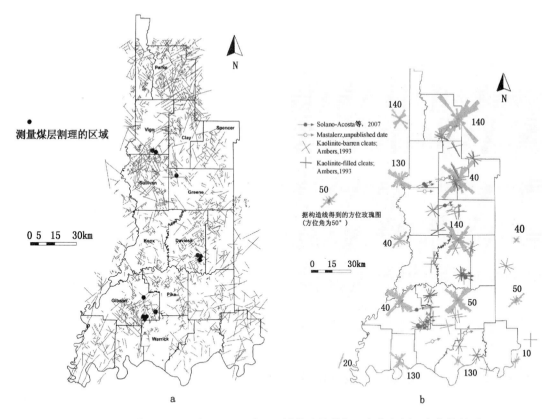

图 4.2.19　美国 Indiana 州 Illinois 盆地区域构造线特征、方位和割理方位的关系
（据 Solano - Acosta 等，2007）

a—从卫星摄影照片解析得到的区域构造线分布特征，显示两个优势的平均正交方位：44°和315°；b—区域构造线、
断裂、割理的方位玫瑰花图。区域构造线玫瑰花图以 20km 的网格计算得到。区域构造线优势方位与割理和
断裂的优势方位基本一致，局部的差异则显示了古、今构造应力场得变化

44°的平均方位角，还有一个是315°的共轭方向图4.2.19b。区域构造线的优势方向和共轭方向的平均值，均在图中以玫瑰花图的形式显示出，其中区域构造线的玫瑰花图是以20km的网格统计得到的。

图4.2.19b中的数据表明，区域构造线倾向于与煤层割理和断层的方向基本保持一致。有些地方的割理和裂缝会发生偏移而不与区域构造线保持一致，则是由于区域构造运动和古应力场变化造成的。图中Gibson郡的Springfield煤组中，自生矿物充填的面割理方位与区域构造线优势方位（45°～50°）一致，说明割理形成时的古应力场与现今应力场一致。相应的端割理方位主要为325°，且发育较少，表明该方向的应力作用使得端割理首先发生闭合，但也可能是端割理根本没有形成过。图中Daviess郡区方解石充填的面割理方位为40°，由于端割理不太发育，使构造线与割理方位之间的联系缺乏有效证据，但该地区构造线的共轭组方位（50°）却与矿物充填的面割理方位一致。不同煤组的割理平均方位在Gibson郡和Daviess郡分别为45°和50°，这与区域地质构造线方位（40°）较一致，说明二者之间有一定的联系。Daviess郡Lower Block煤组数据表明，面割理优势方位为89°，端割理优势方位为1.5°。与此割理组有联系的早期割理组，被高岭石矿物充填并保存下来，并显示优势方位为20°～25°。相应的端割理发育程度较差，并显示优势方位则为300°～330°。这些割理中明显受到了割理闭合作用的影响。

构造线与割理方位的特征表明，随时间而改变的构造运动影响着Illinois盆地煤层割理的方位。由此可以推断该盆地煤层中大多数割理也受到构造因素的控制，但割理方位与构造线的不匹配也表明了割理在煤化过程中还受到的内在应力的影响。

4.2.3.1.3 割理间距的特征和影响因素

煤层中割理间距非常小，多为毫米级别，通常在煤岩岩心中观测得到。割理间距要受到煤级、煤岩成分及煤层厚度（割理高度）等多种因素的影响。Laubach等（1998）指出割理间距随煤岩宏观组分和灰分产率的变化而变化。亮煤（镜煤）普遍具有较小的割理间距，而低灰分产率煤中的割理间距也相对较小。其中平均割理间距受煤级影响，随着褐煤到中挥发性烟煤的转变而减小，并在无烟煤中增大。Su等（2001）则根据大量实际观测资料的结果，指出割理平均间距与煤级有三种关系：（1）随煤级增高呈偏正态分布；（2）随煤级增高而增加，在$R_{o,max}=1.3\%$时达到极大值，之后保持稳定；（3）随煤级升高而增加，在$R_{o,max}=1.3\%$时达到极大值，而后在1.3%～4%之间缓慢降低，当$R_{o,max}$超过4%后不再变化。

在随后对割理间距的分析中，多位学者也都指出割理和煤级分布关系接近钟型，在煤级为中挥发性烟煤时达到最大值。其中Solano - Acosta等（2007）根据多人的研究成果，对割理间距和煤级的关系进行了分析，其结果如图4.2.20所示。图中显示割理频率和煤级的关系呈钟形分布，在中挥发性烟煤煤级时（$R_o=1.3\%$）达到最大值。Solano - Acosta等（2007）也进一步指出，在Ammosov和Eremin（1963）、Laubach等（1998）、Pashin等（1999）和Su等（2001）的研究中，其结果都相互吻合，割理的发育随煤级升高而逐渐增加，直到R_o为1.3%（中挥发性烟煤）时开始变化，并随煤级的继续增加而稳定形成或逐渐衰减（直到闭合）。

4.2.3.1.4 煤层割理空间发育特征

煤层割理的尺寸、开度、连通性等特征在局部和区域上常常有较大变化，这将对煤层气有利储层的预测和开发生产都产生较大的影响。煤层割理大多是开启的。只发育闭合割理的情况比较少见，一般是邻近区域发育有较大的断裂，由于滑脱作用使得前期存在的割理闭合

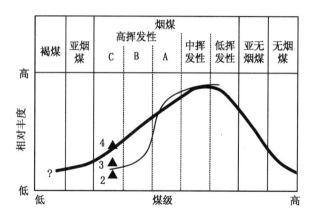

图 4.2.20　煤中割理丰度与煤级关系（据 Solano‑Acosta 等，2007）

多人研究结果都显示割理和煤级的关系呈钟形分布；Ammosov 和 Eremin（1963）是对前苏联煤层中面割理的统计
结果；Pashin 等（1999）是对美国 Black Warrior 盆地的煤层割理的统计结果；黑色三角则为 Solano‑Acosta
等（2007）对美国 Indiana 州煤层割理研究结果；数字表示割理级别分类，同表 4.2.4

而形成的，也或者是受到比较特殊的的埋藏条件影响而形成的。

　　煤层割理分布的网络几何形态和连通性可以控制割理的渗透率。如果煤层中所有裂缝是
独立的，即如果裂缝没有渗透率的话，煤层中流体的流动速率会被基质渗透率限制，这是因
为煤基质几乎没有渗透率。煤层在面割理方向的渗透率是其他方向的 3～10 倍，这一特征表
明需要进行割理方向和连通割理长度的优选（Laubach 等，1998）。从局部尺度来看，割理
连通性是由割理的相互切割和相互终止形成的。割理组合类型的平面特征显示这种连通网络
是由许多不同尺寸的割理实现。而割理网络垂向的连通性则通常受小割理在煤层界面的终止
所限制，这种终止常发生在煤层类型界面或煤层与非煤层界面上。

4.2.3.2　割理成因和闭合机制

4.2.3.2.1　割理的形成机制

　　关于割理的形成机制，目前普遍认为是受到构造应力、内张力和流体压力共同的作用结
果。实际上割理主要是在煤化作用过程中形成的，较多研究结果也都显示了割理丰度与煤化
作用程度有较为明显的联系（图 4.2.20）。Laubach 等（1998）在总结他人基础上指出，割
理主要沿着零剪切压力方向发育，该方向常垂直于最小主压应力方向，即垂直割理方向为最
大水平挤压应力方向。割理（或其他开启裂缝）形成时的条件可以使用断裂力学来进行描
述，因为割理发育特征还受到煤层局部构造特征的影响，例如处于断裂、褶皱等构造发育部
位的煤层中，割理的发育就受到该部位局部应力场的影响（Laubach 等，1998；Solano‑
Acosta 等，2007）（图 4.2.21）。在 Su 等（2001）对我国西北地区煤层割理的研究中，得到
的结论与目前比较认可的割理成因机制一致，主要是受内张力、流体压力和构造应力等的共
同作用：

　　（1）构造应力：煤作为一种低杨氏模量、高泊松比的特殊沉积岩石，在微弱的构造应力
作用下即可发生相对强烈的变形。因此，叠加在内张力和流体压力之上的构造应力场决定了
煤中割理的几何形态。图 4.2.22 中面割理沿最大挤压应力方向延伸，端割理则沿最小主应
力方向影响延伸，从而形成规则的网状割理。当构造应力场各向同性或非均质性较弱时，形
成规则网状割理。如果主应力差较大，则形成线性连续或孤立状割理（II1）。剪切应力作用
下形成 S 型割理（II2）。多期构造应力场作用下形成复杂的割理类型（III）。图 4.2.23 则显

示了构造应力形成的割理的镜下图版。

（2）内张力作用：在泥炭化作用和煤化作用过程中，植物遗体在微生物、温度、压力的作用下发生凝胶化作用，变成塑性、半塑性的物质，并且伴随着大量流体的生成。随着流体的生成与产出，煤基质发生收缩产生内张力，形成不规则的网状割理，类似于熔岩冷却和泥裂纹产生的裂隙。此类割理多发生在贫煤之前的煤化作用阶段。

（3）流体压力的作用：煤中流体（包括气体和液体）的来源有两个：煤化作用过程中形成的流体（气态和液

图 4.2.21　煤层割理在小背斜轴部的方位变化
（据 Solano - Acosta 等，2007）

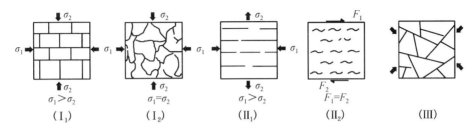

图 4.2.22　构造应力形成割理和裂缝示意图（据 Su 等，2001）
图中 σ_{max} 为最大应力；σ_{min} 为最小应力；P_f 为流体压力

态）和外来补给的地下水。这些流体赋存在煤的基质孔隙、割理或外生裂隙内。当流体压力满足图 4.2.24 所示的条件时，将导致裂隙的形成与扩展，流体压力与构造应力的耦合决定了割理的发育程度和延伸方向。

4.2.3.2.2　煤化作用后期阶段

煤层在埋深和地热史影响下的复杂构造演化过程中，常常发生割理闭合现象。脱水作用、"液化"作用、区域到局部的构造运动等，都能够在有机质沉积后并从褐煤到无烟煤的转化过程中，影响着裂缝的产生和改造。但是在不同煤级煤层中却能够出现相类似的割理类型，例如褐煤和低煤级的烟煤等，这表明，上述地质作用除了使裂缝产生之外，还能够使裂缝发生闭合现象。Su 等（2001）指出，芳构化与缩聚作用是导致煤结构变化的主要因素，也是造成割理闭合的主要因素。其中芳构化作用是造成割理闭合的主因，其次则是缩聚作用。渗出沥青质体充填也能引起割理的闭合，这往往发生在低煤级阶段。渗出沥青质体实际上是煤化作用过程中形成的一种固体石油沥青，一般形成于亚烟煤到高挥发性烟煤级段。实际上，割理被这些次生显微组分充填造成闭合是有限的，并多出现在稳定组分发育的煤中。

4.2.3.2.3　割理内的充填矿物

割理缝隙中常常发育自生矿物质，如方解石、黏土等，也有少数充填碎煤粒等，这些充填物既能够作为探讨割理成因的一个证据，又对割理的渗透率有一定的影响。Pitman 等（2003）利用 $\delta^{13}C$ 含量研究了 Black Warrior 盆地 Pottsville 组煤层割理中的矿物成分，发现主要为方解石和黄铁矿。这些矿物对储层的渗透率会产生影响，并导致形成了储层的非均质

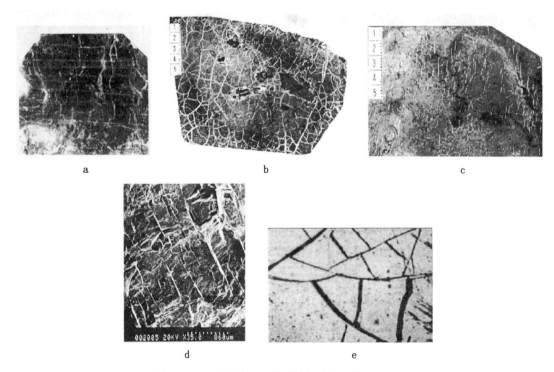

图 4.2.23 煤中割理网络图版（据 Su 等，2001）

反射光薄片，170×；a—规则网状割理类型，样品来自山西柳林地区，山西组二叠系；b—不规则网状割理类型，
充填方解石，样品来自河南济源下冶，太原组上石炭统；c—孤立 S 型，填充方解石，样品来自山西晋城，山西
组下二叠统；d—孤立直线型延伸割理，样品来自河南平顶山，山西组下二叠统；e—多期叠加型，样品来自河
南焦作，山西组下二叠统

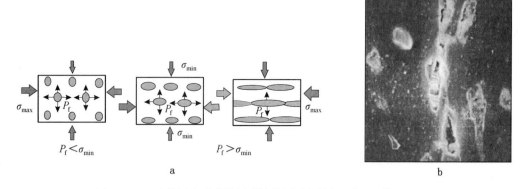

图 4.2.24 流体压力形成煤层裂缝的原因和特征（据 Su 等，2001）

a—煤层流体压力形成裂缝示意图；b—镜下照片显示流体压力形成裂缝

性。割理中的矿物成分占据部分割理空间，标志着割理曾经长期开启，并且割理中的流体性
质发生过变化。割理的形成时间也可以由割理缝隙间的矿物来测定。Su 等（2001）研究指
出，晋城和济源的无烟煤割理中主要充填方解石，焦作的煤层中则部分充填方解石，平顶山
煤层中部分充填方解石，部分层段则未充填任何矿物（图 4.2.25）。如果割理的矿化作用发
生在次生显微组份充填或胶合作用之前，则割理不会发生闭合。有效应力和流体压力同样影

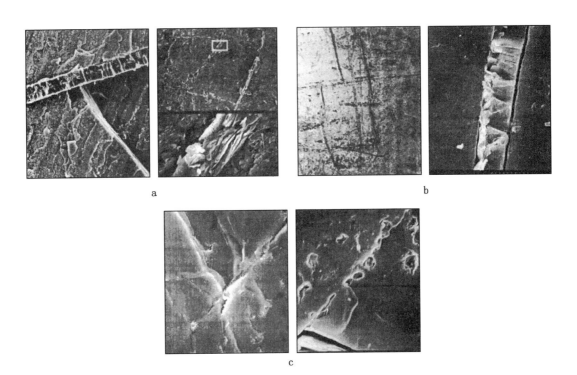

图 4.2.25　不同割理充填物图版（据 Su 等，2001）
a—面割理充填方解石等矿物；b—割理充填次生基质组分；c—割理胶合作用

响割理闭合。如果割理内流体压力超过有效应力，割理的张开度则增加，不会发生闭合。

刘洪林等（2008）以沁水煤田为例，也对煤层割理、割理填充物类型、充填方式、自生矿物形成时代等进行了研究，总结了填充物形成的先后顺序，并根据填充物的形成时代、煤层埋藏史等归纳出了割理形成的三种机制：埋藏增压机制、岩浆诱发机制和抬升卸压机制。

刘洪林等（2008）在对沁水盆地范围内煤储层割理填充物的研究，发现填充物基本上可分为两类：以高岭石和伊利石为主的黏土矿物，以及以碳酸钙胶结物为主的碳酸盐岩矿物；而自生黄铁矿较少见。研究中还采用 X 衍射仪和扫描电镜等对煤样割理中充填的伊利石进行分离和提纯，以减少钾长石和云母等富钾矿物的影响，然后用于 K-Ar 同位素值测定。测得的年代范围显示，最老的样品年龄距今 240Ma 左右，年轻的则距今 60Ma 左右。这些自生矿物的形成时间分为三个阶段，分别代表着割理的三种形成机制：

第一阶段的伊利石生成时间约距今 245Ma，时代是三叠纪，形成于埋深在 1000～1500m，煤层 R_o 为 0.5%～1.0%，此时煤层被迅速埋藏，煤层形成一定数量和规模的割理系统，并且割理被自生的伊利石矿物所充填。

第二阶段为大规模的伊利石形成时期，发生在距今 150Ma，地层温度达 150～230℃。该时期也是燕山期岩浆侵入活动最为活跃的时期。

第三阶段伊利石形成时间在距今 65～100Ma，异常古地热场恢复正常，构造抬升引起煤层埋深变浅，煤层温度急剧降低，煤层中的 CH_4 气体、地层水体积比发生收缩，产生部分割理，为伊利石充填。

三个阶段中早期和晚期伊利石化学组成较为相似，反映了伊利石化事件波及范围很广，伊利石形成与煤层快速埋藏、岩浆活动、埋深变浅等密切相关，同时与地下水的活动有关。

另外根据沁水盆地及盆内不同地区经历的构造运动、地层原始厚度和煤层埋藏深度恢复结果分析，认为晚古生代地层的埋藏历史模式呈"W"型，经历了 4～5 个发展阶段，割理系统和伊利石矿物的形成与构造运动、煤层热演化历程呈现良好的对应关系

4.2.3.3　割理对煤层气储层渗透率的影响

煤层气储层具有明显的双重孔隙结构，其渗透率主要靠煤层中发育的大量割理提供，这是因为煤基质的孔隙直径非常小，多为纳米级别，基本无渗透能力。前边地质部分已经分析了煤层割理密度与煤级的关系，其结果表明中煤级的煤层具有最大的割理密度，而高煤级和低煤级的煤中割理密度则较差。煤层气储层的渗透率也符合这一规律，在中煤级的煤层中，渗透率最高可超过 15mD，而在高煤级和低煤级的煤层中渗透率则较差，特别是在低级煤中，渗透率常低于 1mD。关于煤层气储层渗透率的详细评价标准可见本篇附录。

在开发过程中的地层压力下降后，煤层气从煤中解吸出来，通过割理空间进入井筒中，这就需要割理是开启且相互连通的。煤中割理的发育形成了不同的网络几何形态，也使得煤中流体的渗透通道具有方向性，因而研究煤中所有割理的分布对于提高煤层气产量有很重要的意义。

煤层气储层的渗透率一般极低，通常还有较大的变化范围。对于裂缝型的煤层气储层来说，大量连通的割理发育常常意味着较高的渗透率。渗透率可以由割理的开度、间距来决定。Solano－Acosta 等（2007）计算了美国 Indiana 州煤层中面割理开度、割理间距和渗透率之间的关系（图 4.2.26）。计算过程中把煤层中出现的割理分为微割理、中割理和大割理三个分布区：（1）微割理分布区，煤层具有较低的渗透率，气体的运移受扩散作用影响；（2）中割理分布区，割理开度为 4～50μm，为煤层气生产提供了最合适的渗透率；（3）大割理分布区，主要以大的裂缝为主，形成较大的的渗透率，但会导致过多的水产出，从而对煤层气生产不利。

另外，煤层割理在煤层气开发工程中比较重要，这是因为割理的特性能够增强或者减弱煤层的力学强度，进而影响到井筒稳定性、完井成功率和一些模拟技术。煤层割理在水平钻

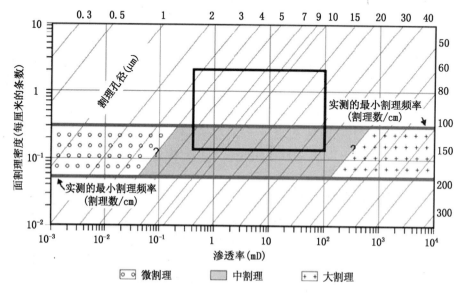

图 4.2.26　Indiana 煤层中面割理间距、渗透率和割理开度之间的关系（据 Solano－Acosta 等，2007）

图中矩形框为 Solano－Acosta 等（2007）引用 Scott（2002）在 San Juan 盆地研究中指出的有利范围

井、裸眼洞穴井、水力压裂等工程工艺过程中都会产生影响，特别是在水平井和水力压裂工程等提高煤层气产量的措施中，常常需要与煤层中割理的方向相适应。煤层割理对工程工艺的具体影响将在工程部分进行详细阐述。

4.2.4 储层地质模型

煤层的吸附特征和双重孔隙结构对开发过程也有较大影响。不论是开发过程中的气体运移特征，还是不同开发阶段中储存参数的变化，都给煤层气储层的勘探、开发和动态监测过程带来了较多的问题。

目前常认为煤层气在运移至井筒过程中有三个过程（Clarkson 和 Bustin，2010）：（1）储存压力下降（常由排水）气体从煤基质孔隙的表面解吸；（2）气体通过微孔构造向较大的孔隙扩散，驱动力为浓度差；（3）自由气体（达西流）在煤孔隙系统之外的大孔隙中流动，驱动力为压力梯度。本书作者在研究中对这一过程形成了新的认识，这将在后边工程工艺部分详细介绍。

在对煤层气储层特征的研究中，提出了多种假想的地质模型。这些模型在煤层气储层模拟过程中得到了应用和发展，不但能够描述煤层气开发过程中的气体运移、流体相态等特征，还能够描述煤储层孔隙度、渗透率和流体饱和度等的变化，同时还常常描述煤储层本身的弹性属性的变化。这些变化正是地球物理技术能够识别和预测储层变化的基础。

4.2.4.1 单孔模型

模型假设储层由基质孔隙和割理组成。在基质孔隙中，气体的吸附态—游离态界面处的气体处于平衡状态，可以用等温吸附来给出吸附态和游离态气体的边界关系模型。该模型忽略气体的扩散作用，假定气体是在游离状态时的压力下在煤层割理中运移，煤层基质中的气体浓度和等温吸附得到的吸附量是相等的。这种假想的模型常在早期研究中使用，目前则多利用考虑气体渗流特征的地质模型。

4.2.4.2 双重孔隙模型

双重孔隙模型是目前最常用的地质模型。该模型认为煤层由基质孔隙和割理/裂缝孔隙组成，与单孔介质模型相比，考虑了气体从基质孔隙到裂缝孔隙中的运移过程。该模型认为在开发过程中，气体首先从基质孔隙内解吸，然后经渗流过程从基质孔隙中运移到割理/裂缝孔隙中，再以与常规天然气相同的运移方式，从割理/裂缝孔隙中流向井筒。

模型使用形状因子 σ 来描述基质孔隙（Mora 和 Wattenbarger，2009；Ranjbar 和 Hassanzadeh，2011）。该参数与煤基质的几何形状有关，同时还要考虑基质的几何长度条件，即相邻裂缝之间的距离或距离的一半。由于这种长度值难以确定，因此利用更为容易确定的有效扩散率来代替。有效扩散率即为扩散系数与平均流动长度的平方之比，控制了气体从基质孔隙到裂缝孔隙的质量流动速率。Mora 和 Wattenbarger（2009）研究了形状因子和其他人的孔隙方程，用数值模拟方法测试了形状因子，并给出了固定流速和固定压力的边界条件下的计算公式。

双重孔隙模型能够很好的解释煤层气开发过程中储层内流体的阶段性变化特征。由于煤层气和水在割理系统中的双相流动，煤层气生产过程中常发生复杂的变化。在 Ayers（2002）对美国 San Juan 盆地煤层气生产过程的研究中详细描述了这些特征（图 4.2.27）。当排水降压时，储层压力下降，气体从煤层中解吸出来，进入相邻的割理中，并以达西流体形式（双相流动）流入井筒。这一过程中，不断解吸出来的气体使割理中的气体含量增加，含水饱和度下降，这导致气的相对渗透率增加，而水的相对渗透率减少，导致钻井中产水量下降而产气量上升。在接下来的第二阶段，煤层气井的产量将保持在一个比较稳定的值，而不像普通常规油藏中的油气井那样，产气量下降较快，这是因为相同孔隙度的情况下，煤层气储层的含气量由于吸附特性而高于常规油藏。随着煤层气井中压力进一步下降，气体解吸量减少，导致气体产量也减少，从而进入开发的第三阶段，直到产量下降到工业开采标准下而报废。

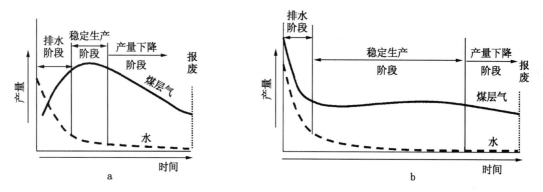

图 4.2.27　煤层气开发不同阶段及储层中流体的变化（据 Ayers，2002）

a—通常情况下煤层气储层中生产井的生产曲线；b—高地层压力（通常为低渗透率）区域的煤层气井生产曲线

4.2.4.3　三重孔隙模型

近年来对煤储层提出了三重孔隙结构的地质模型，也叫双重扩散模型。该模型更适合像煤层这样的多重孔隙形状的介质，其原理是假设扩散过程分为两步：气体在微孔系统中的表面扩散，和气体在中孔—大孔系统中的孔隙扩散（图 4.2.28）。在双重扩散模型中，气体吸附在微孔和中孔中，大孔内主要是游离态气体的储存空间，并为吸附在微孔—中孔内的气体和割理—裂缝系统中游离态的气体之间提供了扩散通道。

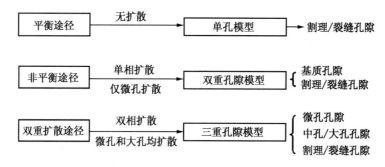

图 4.2.28　煤层气储层主要地质模型对比（据 Wei 等，2007）

4.3 储层岩石物理

煤层的岩石物理特征与常规储层有较大差异，比较明显之处在于：煤岩吸附/解吸气体时的基质胀缩效应，煤层割理发育引起的各向异性，煤岩明显的低速低密度等特征。

煤层的孔隙度一般较低，并且与煤级有较大关系，其中低级煤的孔隙度在 $5\%\sim25\%$ 之间，但中高级煤的孔隙度则在 $0\%\sim10\%$ 之间。煤层的孔隙表面积比较大，因而能够对各类气体有较强的吸附能力。煤层基质的微孔隙和微裂隙较小，只有纳米级别，几乎没有渗透能力，这样煤层的渗透率主要靠煤层割理来提供。除了压力使割理压缩性（闭合程度）变化外，煤层吸附气体时的胀缩效应也会对割理的压缩性产生影响。另外，煤层的渗透率还表现出强烈的各向异性特征。

前人对于煤层的弹性属性的研究较少。相对于常规储层来说的，煤层比较明显的弹性特征就是低纵横波速度和低密度特征。煤层的面割理和端割理发育规模不同，面割理常表现出较大尺度和规模的发育特征，从而使煤层表现出较强的速度各向异性。国外有关于煤岩孔隙度、纵横波速度和各向异性等属性的超声波测量结果，在本章最后给予列出。

实际地下煤层中，由于煤层的强烈吸附特征，使得实际地面开发中所面对的煤层的割理孔隙内常充填水，由于割理发育程度不同引起的泊松比等弹性属性的变化就比较明显。但实际上，国内研究发现不同煤层中含气量的不同也能引起煤岩弹性属性的变化。另外，生产过程中的排水降压和注气开发也能引起煤层弹性属性的变化。不过遗憾的是，目前文献中对这些方面的研究比较少，许多情况还处于探索研究阶段。

4.3.1 煤岩吸附/解吸气体时的胀缩效应

煤基质在吸附气体时会发生膨胀（Swelling），在气体解吸后发生收缩（Shrinkage）。吸附不同气体的膨胀张量也不相同。煤基质的膨胀和收缩程度，不仅对煤层裂缝渗透率产生严重的影响（Clarkson 和 Bustin，2010），还对煤岩表面积、孔隙度、渗透率和吸附量等产生影响（White 等，2005）。研究表明煤岩膨胀程度与解吸气的体积成正比，而煤岩胀缩对渗透率的影响则依赖于煤层的力学性质（Clarkson 和 Bustin，2010）。

4.3.1.1 煤基质发生胀缩效应的机理

煤岩胀缩效应的实质是其弹性属性变化的结果。煤岩不是刚性的，而是一种类似聚合体网络（Polymer like network）的物体，通常会受到接触到的气体或其他溶剂的影响（White 等，2005）。Pan 等（2007）通过理论模型描述了煤岩孔壁表面能量与体积膨胀的关系。注入的 CO_2 置换了吸附在孔壁上的 CH_4 后，孔壁表面自由能降低，导致孔壁表面积膨胀增大，因此发生体积膨胀。在 McCrank 和 Lawton（2009）对 Ardley 煤层中注 CO_2 的研究中指出，孔隙介质的弹性模量与孔壁的表面能成正比关系，因而在该地区煤层中 CO_2 的吸附使孔隙表面能减少，导致煤岩骨架的刚性降低，进而使得煤层的声波阻抗降低。另外，煤基质的胀缩效应除了与煤岩吸附能力有较大联系之外，还与煤基质成分有较大的关系。

4.3.1.2 胀缩效应的各向异性特征

较多学者在研究煤基质胀缩效应时指出，煤岩的胀缩效应在不同方向上的变化不同，具有各向异性特征。在一定压力和温度条件下，CO_2 表现为煤中的有机溶剂，可以降低温度，使煤从玻璃质的易碎物质转变为塑性物质。在 Larson（2004）的研究中指出，这种煤的物理结构的改变与煤分子的改变有关，即 CO_2 溶解入煤基质后，煤的微分子结构变得松散并重新排列。煤结构初始为紧张且横向连通排列的，而在 CO_2 溶解之后放松。煤在最初处于 CO_2 之中后，膨胀方向通常垂直于煤层，但是如果煤层解吸后再次处于 CO_2 之中后，其膨胀则是各向同性的。初始的各向异性作为一个证据，证明了煤分子结构是处于垂直于煤层的状态中的，这一特征是在煤化作用中产生。McCrank 和 Lawton（2009）也指出在实验室常压条件下，煤岩在初始应力释放之后，分子结构成为各向同性，在之后的气体吸附中则显示为各向同性膨胀。另外，煤分子应力释放之后的结构重组也导致了弹性模量的降低。

另外，White 等（2005）在对大孔隙的褐煤煤样收缩机制的研究中发现，煤岩的收缩作用在初期变化较快，因而在压力作用下会产生裂隙。煤岩基质的收缩并非是等方向的，而是各向异性的。尽管已有研究表明，煤岩收缩形成的裂隙沿着煤岩条带发育，而已有的裂隙则垂直煤岩条带方向发育，但是关于煤层收缩和煤岩条带方向之间并没有必然的联系。

4.3.1.3 胀缩效应程度的测量

煤基质吸附气体时发生膨胀，解吸气体后则发生收缩。膨胀和收缩的量级随着压力、温度和气体性质的不同而变化。对煤层胀缩效应的测量和模拟，主要是伴随着对 CO_2 埋存和提高煤层气采收率等方面的研究而开展的。理论分析和实验研究表明，吸附不同气体引起煤基质的膨胀的大小顺序为 $H_2 < N_2 < CH_4 < CO_2 < H_2S < SO_2$（Clarkson 和 Bustin，2010）。煤岩的膨胀和收缩在初次吸附/解吸气体过程中，会表现出明显的各向异性特征，即不同方向的胀缩量不同。高级煤具有较高的吸附能力，也表现出最大的膨胀量，而在解吸过程中则有最大的收缩量。在吸附不同气体时，初次吸附/解吸 CO_2 发生的胀缩是可逆的，而初次吸附/解吸 CH_4 的胀缩是不可逆的。吸附 CH_4 时的不可逆膨胀，会使得煤基质的体积稍微增加。

（1）煤层吸附不同气体时胀缩效应具有不同的可逆性。

煤层吸附 CH_4 后的胀缩效应过程是不可逆的，而吸附 CO_2 的胀缩效应过程是可逆的。Rodrigues 和 Lemos de Sousa（2002）在使用多种气体对煤层孔隙度测量中指出，CO_2 能够使煤分子结构发生较大程度的胀缩效应，因而在测定剩余体积时出现负值异常。由于煤基质对 CO_2 的吸附能力较强，因此吸附的 CO_2 的气体体积比煤的剩余体积要高得多。表 4.3.4 中结果显示了吸附 CO_2 过程引起的膨胀效应和解吸 CO_2 引起的收缩效应是可逆的，并不改变煤构造本身。CH_4 的吸附过程同样引起胀缩效应，但是其结果不可逆，该过程的不可逆程度受煤级和平衡水分的影响。表 4.3.4 的结果中显示 CH_4 同样引起胀缩效应，但是比 CO_2 引起的程度小，并且是不可逆的，只能增加煤的体积。

（2）煤岩膨胀张量可在实验室测量。

煤岩膨胀张量的模拟测量较多，但公开发表的实验室测量结果却较少。Pan 等（2010）利用三轴多气体应力渗透率实验设备对煤岩样品进行不同气体吸附和渗透率测量，得到了煤岩膨胀效应的实际测量结果。另外，Pan 等（2010）还对其实测结果与膨胀模型模拟的结果进行了对比分析。使用的膨胀模型（Pan 和 Connell，2007）是建立在能量守恒的基础上，假设由吸附作用引起表面能量的变化与固体煤的弹性能量变化相等，从而膨胀应变可以由等温吸附和煤岩地质力学属性来表示。结合 Langmuir 等温吸附的 Pan 和 Connell（2007）模型的表达式如下：

$$\varepsilon = \mathrm{RTL}\ln(1+BP)\frac{\rho_s}{E_s}f(x,\upsilon_s) - \frac{P}{E_s}(1-2\upsilon_s) \qquad (4.3.1)$$

式中：ε 为膨胀应变；R 为通用气体常数；T 为温度；L 和 B 为 Langmuir 吸附常数；ρ_s 为煤基质密度；E_s 和 υ_s 分别为煤基质杨氏模量和泊松比；χ 为煤结构参数；f 为构造的函数。

其中模型模拟使用表 4.3.1 的参数值，将该模型应用于膨胀效应，并用表 4.3.2 显示的参数值进行类 Langmuir 方程拟合。实验中通过测量煤岩两个正交方向的径向位移量来得到胀缩张量。其测量的 CH_4 和 CO_2 的吸附作用造成煤岩膨胀应变的结果如图 4.3.1 所示。从图中可以看出 CH_4 和 CO_2 测量的膨胀效应还表现出了微弱的各向异性。

表 4.3.1　Pan 和 Connell 膨胀模型参数表（据 Pan 等，2010）

ρ_s (g/cm³)	E_s (GPa)	υ_s	χ
1.6	1.08	0.4	0.5

表 4.3.2　类 Langmuir 膨胀模型参数表（据 Pan 等，2010）

成　分	ε_υ（-）	P_ε（MPa）
CH_4	0.030	12.0
CO_2	0.052	16.0

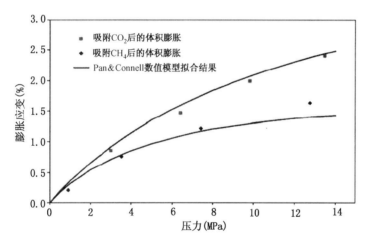

图 4.3.1　煤层吸附 CH_4 和 CO_2 后的膨胀特征（据 Pan 等，2010）

4.3.2　储层孔隙度和渗透率的测量

煤层气的吸附特性使得在煤储层参数与该特性有着较大的联系。因而对煤储层参数的测量中，除了沿用常规储层的参数测量方法外，还要根据煤层对不同气体的吸附特性，来测量和描述吸附不同气体过程中储层参数的变化情况。利用吸附特性测量的储层参数主要有孔隙度和渗透率，但在测量过程中，煤储层的其他参数，如胀缩效应、力学性质、割理压缩系数、相对渗透率等都得到了测量和计算。

4.3.2.1　煤岩孔隙度的体积法测量

地质部分已经详细描述了煤岩孔隙度的特征。实际上，对于煤层来说，孔隙度一般较低，低级煤的孔隙度在 5%～25% 之间，中高级煤的孔隙度则在 0～10% 之间。在煤层孔隙度的测量方法中，常用压汞法或液氮法来进行测量。但是考虑到煤岩对煤层气的吸附特征，可以使用气体体积法来测量煤层的孔隙度。由于煤层对不同气体的吸附能力也不相同，因此测量过程中常使用不同分子直径的气体来建立气体与孔隙的的关系。在测量过程中一般还要考虑气体的压缩因子的影响。

Rodrigues 和 Lemos de Sousa（2002）通过测定不同分子尺寸的气体（He，N_2，CO_2 和 CH_4）（表 4.3.3）的吸附量，得到了比较精确的孔隙度和吸附量结果。测量过程中根据孔隙度大小，把煤层孔隙度分为微孔孔隙度和大孔孔隙度，并测量得到了煤岩样品的剩余体积（Void volume），测量结果见表 4.3.4。

表 4.3.3　煤层气体积法测量中常用到的气体分子的直径

气　体	分子式	分子直径（nm）
氦	He	0.186
氮气	N_2	0.300～0.410
甲烷	CH_4	0.400
二氧化碳	CO_2	0.510～0.350

表 4.3.4　不同气体测量的煤岩孔隙与剩余体积（据 Rodrigues 和 Lemos de Sousa，2002）

样品	实验次数	气体（cm^3）							
		He		N_2		CH_4		CO_2	
		V_c	V_v	V_c	V_v	V_c	V_v	V_c	V_v
A	1	80.83	114.29	77.21	117.81	47.57	147.34	−94.11	289.03
	2	81.11	114.01	76.92	118.1	47.73	147.18	−92.44	287.36
	3	80.63	114.49	77.32	117.7	49.18	145.74	−94.38	289.3
B	1	83.37	111.75	75.22	119.8	46.53	148.39	−75.52	270.44
	2	83.6	111.52	75.41	119.61	50.98′	143.94	−73.44	268.36
	3	83.55	111.57	74.98	120.04	55.46	139.45	−74.35	269.27

测量结果表明，当用 He 测量剩余体积时，在解吸过程中没有发生煤的收缩，这是因为 He 不被煤层吸附，其结果可以作为剩余体积的标准。而 N_2 测定煤的剩余体积结果与 He 测得的结果差异较小，取决于煤层对 N_2 较小的吸附量。表 4.3.4 中在三次测试中 He 和 N_2 的体积测量结果中并没有较大的变化，也证明了这一点。而 CO_2 和 CH_4 的测量中，测量结果表明了煤对这两种气体的强烈吸附作用。两种气体对煤结构（主要是镜质组）有较强的亲和性，取决于分子组成和分子间的作用力：范德华力和氢键力。

表 4.3.4 中结果证明了吸附 CO_2 过程引起的膨胀效应和解吸 CO_2 时引起的收缩效应是可逆的，并不改变煤构造。在用 CO_2 测量煤体积时出现异常负值，这是由于 CO_2 与煤结构有较强的亲和力造成的。这同样证明了 CO_2 在煤结构保留有较大体积。CH_4 的吸附过程同样引起胀缩效应，这是一个不可逆过程，随煤中的煤级和平衡水分而变化。表 4.3.4 中显示煤岩剩余体积减少，说明煤体积受 CH_4 影响而增加。

Rodrigues 和 Lemos de Sousa（2002）进一步增加了 N_2/He，CH_4/He，和 CO_2/He 比率，结果表明这些值随 N_2、CH_4 和 CO_2 对煤结构的亲和力的增加而增加。在考虑 CO_2/

CH_4 比率时，还在压力低于 0.2MPa 时进行测量，得到结果表明 CO_2 对煤的亲和力是 CH_4 的两倍。这些结果清楚的阐述了在煤层气开发过程中，可以用注入 CO_2 来提高 CH_4 的采收率。

4.3.2.2　煤层渗透率的测量

煤储层渗透率的大小不能够单靠岩心或测井资料测量，这是因为渗透率会随着开发阶段情况的不同而变化。特别是在排水开采过程中，随着地层压力的下降和气体解吸后引起的基质收缩，导致割理的压缩系数减小。这样割理孔隙的增加就使得煤层的渗透率增加，即随着开采时间的延长，渗透率有变好的趋势。但在已有研究中发现注气提高采收率后，注入的 CO_2 会导致割理压缩系数增加（Pan 等，2010），这使得煤层渗透率的变化稍显复杂，但这种变化不会影响渗透率总体增加的趋势。

测量煤层渗透率的方法有数值模拟和实验室测量两种，其重点都是建立合适准确的煤层渗透率模型。在渗透率的测量中，基质胀缩效应、割理可压缩性、各向异性渗透率和相对渗透率等都是研究的重点。

4.3.2.2.1　影响煤岩渗透率的因素

（1）割理密度和方向影响渗透率的大小和方向。

煤层的渗透率与割理的发育有直接关系。割理发育密度大的地方，常常具有一定的渗透率，而割理不发育地区的渗透率则较差。由于面割理的连通性比端割理要好很多，且面割理的孔隙多变，导致煤层的渗透率是各向异性的。通常煤层渗透率的各向异性方向常与面割理方向一致，其各向异性程度达到 2∶1 至 4∶1（Clarkson 和 Bustin，2010）。

（2）割理开度影响渗透率大小。

割理开度的改变将严重影响煤层的绝对渗透率。煤层中割理开度的改变有两个物理过程（Clarkson 和 Bustin，2010）：有效压力改变和基质收缩。对于前者，因为煤层割理的孔隙体积具有强的可压缩性，通常割理的压缩性系数为 10^{-4}psi^{-1}，有效应力随孔隙压力的衰减而增加，并导致割理开度减小，进而减小绝对渗透率。对于后者，在煤层气的开发过程中，随着煤层气的解吸作用，煤基质收缩并引起割理开度增加，从而增加绝对渗透率。

（3）胀缩效应影响渗透率大小。

煤基质胀缩效应使割理孔隙增大或缩小，继而影响煤层的渗透率。胀缩效应对渗透率的影响常发生在煤层气地面开发过程中。随着煤层排水降压和气体的解吸产出，地层压力衰减导致煤层的渗透率发生变化。其中气体解吸作用导致煤层骨架收缩，使割理裂缝张开，提高了煤层的渗透率；而流体压力的减小，使得煤层的有效压力升高，从而使割理受到压缩而降低渗透率。这两种作用是相互竞争的，产生的效果相反，因此生产过程中渗透率的增减就取决于基质的收缩和裂缝闭合的程度（Wu，2010）。

4.3.2.2.2　煤岩渗透率分析的数值模型

前人在对煤层气储层模拟并定量描述储层渗透率时，从煤层的胀缩效应、渗透率的各向异性等方面出发，建立多个预测储层渗透率的模型。Palmer 和 Mansoori（P&M）以及 Shi 和 Durucan（S&D）是比较常用的煤层渗透率模型。这两个模型在煤层气储层模拟上得到了广泛的应用，这是因为这两个模型考虑到了应力—渗透率响应，并考虑了吸附/解吸引起的煤层胀缩的影响（Pan 等，2010）。

（1）P&M 模型模拟渗透率。

P&M 模型除了同其他渗透率模型一样考虑了地质力学的影响外，还假设煤层具有单轴应变，并受到垂向恒定的应力作用（Palmer 和 Mansoori，1998；Palmer 等，2007，2009）。这些假设可以得出简洁的割理孔隙度变化关系，计算过程中考虑了孔隙压力和煤层胀缩效应的作用。

P&M 模型是基于应变的模型，所以模型孔隙度的变化通过体积应变来定义，并直接从孔隙度的变化来计算相对渗透率的变化。P&M 关系是在各向同性的线弹性假设条件下得到，并在上覆地层压力不变的假设下，能够确定应变大小。因此，预测出来的孔隙度变化很小，然后通过渗透率和孔隙度之间的立方关系，变换得到渗透率的变化。

（2）S&D 模型模拟渗透率。

S&D 模型是另一个广泛应用于煤储层渗透率评价的模型。该模型考虑渗透率的变化主要从应力变化途径而非孔隙度变化途径来建立。S&D 模型基于理想化的束状—火柴棍状来表述煤层，并使用基于应力的方程，把水平有效应力的变化同割理和孔隙的压缩系数联系起来，其中水平有效应力的改变是由体积的改变引起的。

该基于应力的模型通过预测水平应力的变化来计算孔隙度和渗透率的变化，但是没有考虑任何直接膨胀/收缩产生的应变的影响。另外，Biot 系数的设定使净压力的变化等于上覆压力和孔隙压力之差（Shi 和 Durucan，2004，2005），并且在 S&D 模型中，渗透率是随着平均应力的变化呈指数增加的（Cui 和 Bustin，2005）。

（3）各向异性渗透率模型模拟渗透率的各向异性。

Connel 和 Detournay（2009）使用了一个耦合模型来研究煤层渗透率，模型设计时假设受到单轴应变和固定垂向应力。在该模型假设条件下的实例中，当单轴应变的假设条件不是误差的主要来源时，上覆地层受应力作用而形成的拱起，将导致固定的垂向应力假设条件与引入的误差之间产生偏离。

煤层在力学性质和渗透率上都是高度各向异性的，因而不能用固定孔隙度变化量来描述渗透率，尤其是在描述裂缝的方位渗透率时。气体的吸附对裂缝渗透率的各向异性有影响，因而建立模型时在不同方向上的边界条件应该是不一样的（Wang 等，2009）。煤层产出 CH_4 时受到煤层骨架和裂缝之间的相互作用的控制。Liu 和 Rutqvist（2009）对这种相互作用进行了解释。Wu 等（2010）在上述基础上建立了新的裂缝渗透率模型，定义了方向渗透率和应变之间的关系，并且将这个模型应用于针对煤层变形的全耦合模型，可以更加清楚的描述气体在骨架系统中和裂缝系统中的的流动和运移特征。

4.3.2.2.3 煤岩渗透率的实验室测量

近年来常根据煤层气的吸附特性，利用吸附不同气体时的特征来测量煤岩渗透率。在煤储层渗透率测量中，Pan 等（2010）的测量结果具有一定的代表性。测量过程中使用三轴多气体应力渗透率实验台，测量岩心样品来自澳大利亚 Syndey 盆地南部 Bulli 煤层的烟煤。分别使用了 He、CH_4 和 CO_2 三种气体进行实验，并在温度为 45℃时测量得到储层的渗透率、割理压缩系数、力学模量等。

对于不同孔隙压力下的渗透率测量，以使用气体 He 在恒定孔隙压力、且在围压和孔隙压力差为 3.0MPa 时测得的渗透率结果作为标准，如图 4.3.2a 所示。He 的测试结果表明随着孔隙压力增加，储层渗透率略有减小。因为煤岩对 He 的吸附能力很弱，在测量过程中的煤岩骨架的膨胀和相关的割理开度变化可以忽略。因此利用 He 测得的渗透率的减小可以认为是由 Klinkenberg 效应引起的。

使用 CH_4 测得的渗透率结果如图 4.3.2b 和图 4.3.3b 所示。从图中可看出在恒定压差

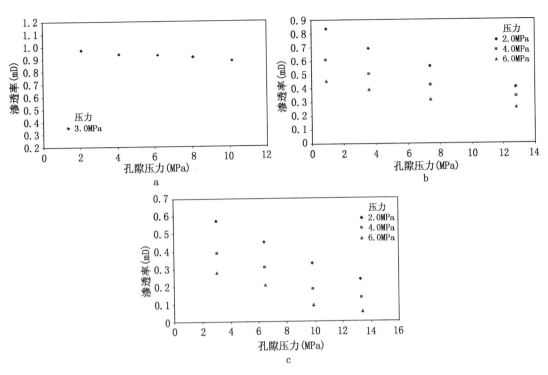

图 4.3.2 不同孔隙压力下（围压差不变）测量得到的渗透率（据 Pan 等，2010）

a—He 测量的渗透率；b—CH₄ 测量的渗透率；c—CO₂ 测量的渗透率

情况下，CH_4 测得的渗透率随孔隙压力增大而减小，其形成因素有三个：（1）Klinkenberg 效应的作用，特别是在低压区域；（2）三轴应力作用下，煤基质膨胀引起割理体积减小；（3）恒定压差下的有效应力增大。

实验结果表明有效应力对渗透率的影响也很重要，这可以从固定孔隙压力而改变围压时测得的渗透率结果中（图 4.3.3b）看出。测量中固定孔隙压力后，改变围压大小即可改变有效压力与压差。图 4.3.3b 中显示，在孔隙压力为 0.9MPa，压差从 2.0MPa 到 6.0MPa 时渗透率几乎降低了 50%。但是在孔隙压力为 12.8MPa，压差从 2.0MPa 到 6.0MPa 时渗透率降低量为 25%。CH_4 测得的渗透率比 He 测得的小，这是受 Klinkenberg 效应和煤层吸附 CH_4 后的膨胀的影响。

使用 CO_2 测得的渗透率如图 4.3.2c 所示。在相同孔隙压力条件下，CO_2 测得渗透率比 CH_4 的略低。这也是 Klinkenberg 效应和差异膨胀造成的结果。并且渗透率在恒定压差为 2MPa，孔隙压力从 3.0MPa 到 13.0MPa 变化时，减小超过 50%；渗透率在恒定压差为 6MPa，孔隙压力从 3.0MPa 到 13.0MPa 时减小超过 70%。CO_2 测得的渗透率降低值比 CH_4 的大，是因为在煤层中 CO_2 吸附膨胀作用更强。

4.3.2.2.4　割理压缩系数的测量

在对不同气体吸附时的渗透率测量中，割理压缩系数的测量也是一个重点。Pan 等 (2010) 在实验室测量煤岩渗透率时指出，由于煤层吸附气体时的基质膨胀，使得渗透率的测量比较复杂，特别是在围压或者孔隙压力不同的情况下，测得的结果也不同。

He，CH_4 和 CO_2 测得的渗透率与压差之间关系分别见表 4.3.5 和图 4.3.4。从图 4.3.4 中可看出增大 CH_4 孔隙压力渗透率略有降低，增大 CO_2 孔隙压力渗透率会增大。由

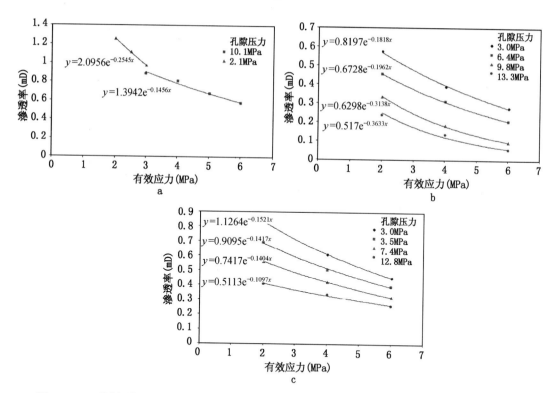

图 4.3.3　不同有效应力下（孔隙压力不变，围压变化）测量得到的渗透率（据 Pan 等，2010）
a—He 测量的渗透率；b—CH_4 测量的渗透率；c—CO_2 测量的渗透率

孔隙压力 2.1MPa 时不同气体测得的渗透率可知，相对于 He 测量的结果，CH_4 和 CO_2 的测量结果都明显偏低，这说明煤岩岩心可能未固结好。因此由这些方法测得的可压缩性会过高。He 在孔隙压力 10.1MPa 时测得的割理压缩系数为 0.05，这与 CH_4 测得的结果类似。

表 4.3.5　割理压缩系数测量结果（Pan 等，2010）

孔隙压力（MPa）	c_f（MPa^{-1}）	孔隙压力（MPa）	c_f（MPa^{-1}）	孔隙压力（MPa）	c_f（MPa^{-1}）
He		CH_4		CO_2	
2.1	0.0848	0.9	0.0507	3.0	0.0606
10.1	0.0485	3.4	0.0472	6.4	0.0654
		7.5	0.0468	9.8	0.1046
		12.8	0.0366	13.3	0.1211

　　同时还应注意，尽管孔隙压力恒定，由有效应力引起的割理孔隙体积的改变会造成气体渗透率的 Klinkenberg 效应变化，而这些测量方法中的气体渗透率是相对较高的。因此 Klinkenberg 效应的影响是相对较小的。所以当孔隙压力恒定时，这些测量方法中影响渗透率的主要因素是有效应力。

4.3.2.2.5　渗透率的各向异性和模拟测量

　　由于面割理和端割理的渗透方向和能力各不相同，从而导致煤在不同方向的渗透能力也不相同，这就引起了煤层的渗透率各向异性特征。煤层对不同气体的吸附也会导致煤层渗透率的各向异性效应，特别是当各个方向上的胀缩效应不同时，各向异性效应就更强烈。

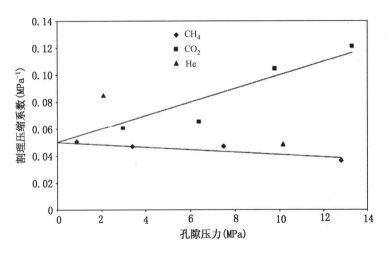

图 4.3.4　不同气体吸附/解吸时测得的割理压缩系数图（据 Pan 等，2010）

Chaianansutcharit 等（2001）研究了各向异性渗透率和压力干涉效应对储层生产情况的影响，指出由于胀缩效应，气体渗流速率随着开采时间呈双峰特征。通过该特征能够判断储层各向异性渗透特性和流体在储层中的扩散特征。

对煤层各向异性渗透率的研究主要通过建立模型试验测量。Wu（2010）建立了一个裂缝渗透率模型，该模型能够考虑煤层渗透率和张量的方向性，与煤体变形机制、气体在基质中的渗流与运移、以及气体在裂缝系统中的渗流和运移等方面比较匹配。建立的模型中，岩石骨架的孔隙压力对裂缝渗透率的影响最明显，因此通过一系列的假设得到骨架中的压力：（1）裂缝中的压力是常数；（2）骨架中的孔隙度为常数；（3）骨架中的渗透率也是常数。

利用建立的渗透率模型，Wu 等（2010）考虑了裂缝间距和实际地层压力两个因素，分别进行了各向异性渗透率的二维模拟，并指出煤层性质和测量流程的变化都受边界条件、裂缝分布和裂缝—基质相互关系的控制。测量中的每个过程都对后期过程的初值和发展有较大影响。这些重要的非线性响应受有效应力控制，并可以通过严格的力学性质的影响和运移系统耦合起来。

4.3.3　煤岩超声波速度的测量

在实验室对煤岩岩石物理测量中，已有的文献中显示有较多的测量结果，但公开数据的实验室测量却不多，国内主要有彭苏萍等（2004）对煤岩和其他岩类的速度数据进行了对比和分析（表 4.3.6）。在国外文献中则主要有 Yao 和 Han（2008）对不同煤岩岩性超声波速度的测量，以及 Morcote 等（2010）对不同煤级煤岩的超声波速度的测量。这些测量包括了在不同温度、压力条件下的测量结果。为此在超声波速度测量方面主要借鉴这两篇文献的研究结果。

表 4.3.6　淮南煤田岩石物理参数统计（据彭苏萍等，2004）

岩　性	密度（g/cm³）	纵波速度（m/s）	横波速度（m/s）
砂岩	2.39～2.75/2.61	2136～5875/4353	1306～3561/2713
粉砂岩	2.32～2.76/2.55	2688～5353/4062	1654～3263/2561
砂质泥岩	2.49～2.73/2159	2120～5551/3619	1306～3364/2132

岩　性	密度（g/cm³）	纵波速度（m/s）	横波速度（m/s）
泥岩	2.33～2.73/2.59	2529～5767/4000	1597～3460/2538
煤	1.21～1.52/1.36	680～3674/1891	433～1658/937

注：属性值前边是分布范围，后边是多个样品的平均值。

4.3.3.1 不同岩性煤岩的速度

Yao 和 Han（2008）对不同岩性和多旋回地层的煤岩样品的实验室超声波测量。对煤组和围岩，如粉砂质煤岩、粉砂页岩和泥质煤岩等样品，进行实验室的超声波速度、密度和属性测量。计算了速度和各向异性的压力效应、温度效应和饱和度效应。其分析结果与测井曲线进行对比，并进行了误差分析。

（1）测量样品准备。

Yao 和 Han（2008）的实验中使用了 9 块煤岩岩心，并切割抛光以进行超声波速度测量。表 4.3.7 是这些岩心测量结果的总结，包括样品代号、取心井名、取样深度、岩性、孔隙度、饱含水状态的密度以及饱含水状态的超声波速度等。测量是在 200bar（20MPa）的压差下进行的。v_{P0} 是纵波垂直煤层传播时测量得到的速度；v_{S90v} 是横波沿着煤层传播时测量得到的速度，其偏振方向垂直煤层。如果假定煤层为 VTI 介质，则等效于横波速度传播方向垂直于煤层。

表 4.3.7 不同岩性样品的实验室超声波测量结果（据 Yao 等，2008）

样品	钻井	取样顶部深度（m）	取样底部深度（m）	岩性	盐水饱和密度（g/cm³）	孔隙度（%）	v_{P0}（km/s）	v_{S90v}（km/s）
772	A	2578.84	2578.90	Coal?	1.73	4.9	2.56	1.25
765	B	2745.58	2745.69	Coal	1.37	4.7	2.32	1.22
766	B	2745.88	2746.00	Shaly Coal	1.38	7.4	2.41	1.13
770	C	3063.66	3063.79	Silt Shale	2.85	14.7	3.76	2.05
771	C	3064.53	3064.66	Coal	1.36	12.0	2.43	1.09
769	C	3065.33	3065.44	Silty Coal	1.63	N/A		1.15
768	C	3068.44	3068.59	Coal	1.44	11.1	2.42	1.08

（2）超声波测量的孔隙度和速度。

煤样 768，771 的孔隙度通过 He 孔隙度测定仪（He porosimeter）测量得到，煤样 772，770，765，766 则通过注入水达到饱和后，注入体积除以总体积得到。测量得到的煤样孔隙度值范围为 4.7%～14.7%。

对于煤样 765，766，768，771，772，测量了原始状态和饱含水状态的 5 个分量的速度，测定的压力范围为 50～200bar。对于粉砂质煤样 769，和粉砂页岩样品 770，仅测定了 v_P 和 v_S 在不同压力下的响应。图 4.3.5 显示了饱含水状态时测得的速度和密度的交会，结果显示不同岩性的速度和密度变化是区分煤岩同围岩的首要因素。煤中的散射主要是煤中混合了其他矿物质而形成的，如表 4.3.7 所示，有两个煤样的密度超过 1.5g/cm³，其中一个是 769 号粉砂质煤，另外一个是 772 号煤样，内部具有明显的泥质薄层。

（3）纵波速度和横波速度。

图 4.3.6 显示了所有饱含水样品在不同压力下的速度。实验结果显示样品速度受压力影响不大。在压力从 50bar 到 200bar 变化的过程中，v_P 的速度增量分别在 $1.97\%\sim3.83\%$ 之间，v_S 的速度增量在 $2.68\%\sim7.28\%$ 之间。作为对比，粉砂页岩样品的速度增量最大。由于煤是由基质和割理组成的，而不是像砂岩或泥页岩那样由颗粒组成，因而基于粒状接触模型的压缩效应不能很好的应用于煤层。

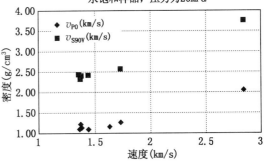

图 4.3.5　粉砂页岩和煤层的速度、密度有较大的差异（据 Yao 等，2008）

（4）各向异性。

煤层内在的割理系统显示了较强的各向异性。从 5 个分量的速度测量结果来看，计算出来的 Thomsen 参数，除了 769 号样品外，都在 v_{P0} 和 v_{P45} 时显示了差异。P 波各向异性和 S 波各向异性显示在图 4.3.7a 和图 4.3.7b 中，所有 5 个煤样显示了强烈的速度各向异性。P 波各向异性比 S 波各向异性强。而且饱含水样品的各向异性随压力变化不明显。同时也测量和计算了不含水状态的各向异性系数，发现不但具有更高的各向异性系数值，而且具有更高的压力敏感性（图 4.3.7c）。注意到样品 722 有较高的各向异性系数值，在用可视化设备检查该样品时发现，其内部含有少量泥页岩夹层，厚度为毫米级别，这是导致该样品各向异性更强的原因。

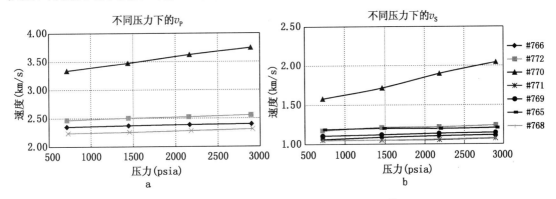

图 4.3.6　不同围压下煤岩速度的变化不大（据 Yao 等，2008）

a—纵波速度；b—横波速度

（5）温度对速度的影响。

许多实验室测量都是在常温下进行的，但地下煤层温度常常达到 90℃，因而对煤样 771 测量了饱含水状态下，温度从 22℃ 到 90℃ 变化时的速度，并且在温度下降到 23℃ 过程中，又进行了重复测量。测量的速度结果和计算的 Thomsen 各向异性参数显示在图 4.3.8a 和图 4.3.8b 中。图中显示温度增加导致 v_{P90} 和 v_{S90} 减少超过 15%，而 v_{P0} 和 v_{P45} 减少了 8%。在实验温度范围内，这些变化几乎为线性的。这为井数据和岩心测量之间提供了相关标准。图 4.3.8b 显示了煤层内在的各向异性随温度增加而明显减小。这是因为煤的有序结构形成的各向异性具有一个主要的方向，当温度升高时，这些结构趋向于变得更加杂乱，因而降低了方向效应。

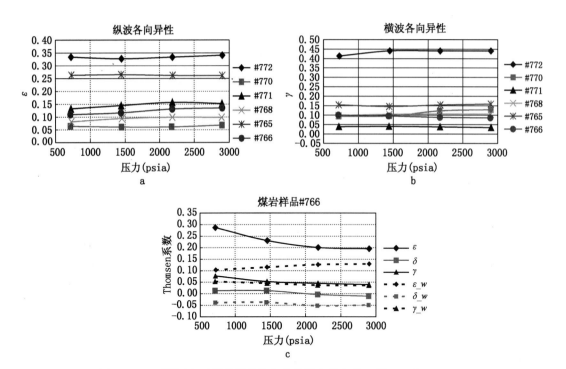

图 4.3.7　不同压力下煤岩样品的各向异性参数变化（据 Yao 等，2008）

a—P 波各向异性；b—S 波各向异性；c—不含水状态和饱含水状态下的各向异性参数

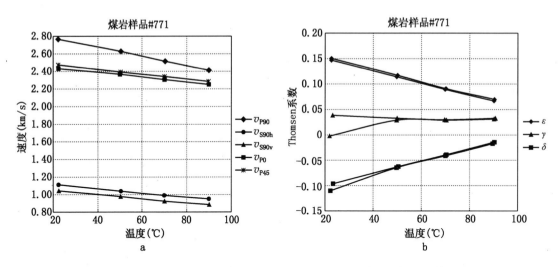

图 4.3.8　不同温度下饱含水样品的速度和各向异性测量结果（据 Yao 等，2008）

测量结果在饱含水情况下测得；a—煤岩样品井 771 速度随温度变化；b—各向异性系数随温度升高并降低的变化过程

（6）不含水状态和饱含水状态的测量结果。

对煤样 768 分别在不含水状态和饱含水状态下测量，得到的速度和计算的各向异性结果见图 4.3.9。其他煤样也有类似的特征。从这些结果中可以看出，煤样在饱含水时 P 波速度明显增加，S 波速度稍微减少，且各向异性特征也有明显减小。

（7）岩性的非均质性对测量结果的影响。

薄煤层中常发育薄层状的页岩或泥岩夹层，厚度较小，常为毫米级别。实际上对于实验

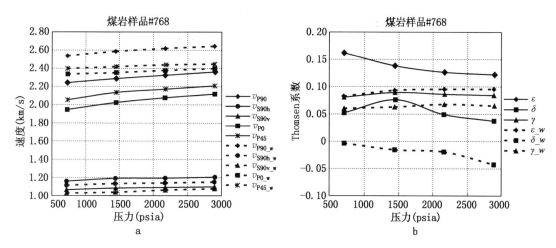

图 4.3.9　不含水状态和饱含水状态下测量的速度和各向异性（据 Yao 等，2008）

图为煤岩样品井 768 的测量结果；a—速度随压力的变化；b—各向异性系数随压力的变化

室测量的样品，很难得到纯岩性的岩心，因此测量结果随着传感器位置的不同而变化。样品 772 就有这样的特征，其体积密度为 $1.68g/cm^3$，既不同于典型的煤岩，也不同于页岩，说明岩心是混合着煤和页岩的。其 v_{P90} 值非常高，接近页岩的速度，而 v_{P0} 和 v_{P45} 值则接近于煤岩的值。类似的，v_{S90h} 和 v_{S90v} 同样显示了较大的变化，不能用正常的各向异性来解释。测量得到的有效参数具有较大尺度，可能是由于煤的特性占主导的原因。

4.3.3.2　不同煤级煤岩的速度

Morcote 等（2010）对不同级煤岩样品进行实验室超声波测量，该测量首次研究了不同成熟度的煤岩样品动态弹性属性，并测量了这些属性随着围压的变化特征。测量过程中围压从 0 到 40MPa 变化。实验测量样品共 9 块岩心（详细信息见表 4.3.8）。实验过程中分别从两个方向上对煤岩岩心进行测量：平行（90°）和垂直（0°）于煤岩层理面。粉末状的烟煤样品则在 0.6MPa 的条件下预先压实后进行的测量。所有岩心在测量前，都在 60℃ 条件下进行了 48h 的烘干处理。

表 4.3.8　不同煤级煤岩样品的超声波测量方法和结果（据 Morcote 等，2010）

样品	地　区	煤级	测量方向（相对煤岩层理面）	密度（g/cm³）	孔隙度（%）
BKll	Breckenridge－KY	烛煤	平行	1.14	1.8
BKpp	Breckenridge－KY	烛煤	垂直	1.11	2
HOpp	Hopkins－KY	烟煤	垂直	1.34	4.6
SCll	Spring Canyon－UT	烟煤	平行	1.32	4.9
SCpp	Spring Canyon－UT	烟煤	垂直	1.3	4.1
BMll	Buck Mountain－CO	亚无烟煤	平行	1.56	4.4
BMpp	Buck Mountain－CO	亚无烟煤	垂直	1.57	3.5
Bric	Briceño－Colombia	无烟煤	不确定	1.67	1.5
Gib	Gibson－IN	烟煤（粉末）		1.2	20

（1）孔隙度的测量方法和测量结果。

样品孔隙度用 He 孔隙度计来测量，其原理是 He 几乎不被煤岩吸附，在给定压力下注入的气体体积即为煤岩孔隙体积。煤岩骨架体积和孔隙体积可以遵循 Boyle's 定律。这样，煤岩的骨架体积就可以用样品总体积去除 He 体积来确定。表 4.3.8 为测得的孔隙度和密度。煤岩有较低的孔隙度，其范围为 1.5%～4.9%。但烟煤粉末样品的孔隙度达到了 20%，与煤岩样品相比，具有异常高值。

对样品加压测量之前，进行密度和孔隙度的测量。干煤岩密度范围为 1.11～1.67g/cm³。烛煤的干岩石密度最低，而腐殖煤（烟煤，半无烟煤和无烟煤样品）具有较高的干岩石密度，即干岩石密度随煤级的增加而增加。

（2）纵横波速度的测量方法和测量条件。

P 波和 S 波速度通过脉冲激发来测得，分别从平行和垂直于煤岩层理面的方向进行测量。在无明显层理的样品中（烟煤粉末），其速度是在任意方向上进行测量的。纵波速度从信号初至中拾取得到，横波速度从快横波的波峰处拾取得到。测量操作中的误差分析结果显示大约有 1% 的误差。系统的延迟时间在 2MPa 时测定。脉冲波旅行时的接收计量方式采用常用的测量不同压力条件下的铝制汽缸得到。测量过程中的围压在 40MPa 之内变化，加压和卸压过程中，围压增量为 5MPa。在较低的围压下（0～2.5MPa），为了精确计算，选取增加量为 0.5MPa。

（3）超声波速度测量结果。

不同煤级的煤岩样品的速度测量数据表明：在超声波沿垂直和平行煤岩层理面方向传播时测得的速度是不同的，且围压对速度也有一定的影响。测量数据也反映了煤级和弹性属性之间有重要的关系：当煤级增加时，煤岩速度增加。

平行于煤岩层理面的速度比垂直于煤岩层理面的速度要高，且两个方向的速度都随围压的增加而增加（图 4.3.10）。在无烟煤样品中具有明显可见的层理构造，而在烟煤粉末样品中既没有明显的层理面，也没有特殊的内部结构，因而无烟煤样品具有最高的速度，而烟煤粉末样品具有最低的速度。

当压力低于 5MPa 时，速度受围压影响较大；在压力较高时，速度受压力影响较小。烟

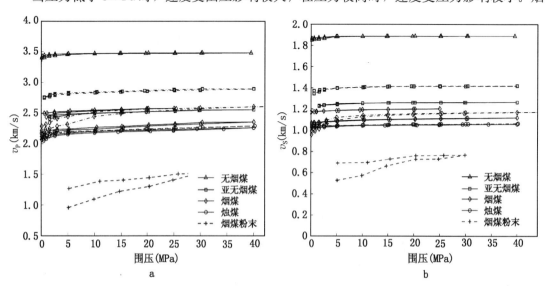

图 4.3.10　不同围压下煤岩的纵、横波速度（据 Morcote 等，2010）

平行于煤岩层理面的速度用实线表示，垂直时用虚线表示的。图中可见纵波速度随着煤级的升高而增加

煤粉末样品的速度受压力的影响最大,其速度随压力升高,能够达到大约35%的增加量。

在岩石样品中,平行于煤岩层理面的速度的增量在4%到20%之间,垂直于煤岩层理面的速度的增量在3%到12%之间。围压从0逐渐增加到40MPa,形成了增压和卸压的循环过程。在卸压过程时,速度几乎沿着加压过程的的轨迹减小。除烟煤粉末样品外,其他样品的速度都具有这样的变化趋势。因而岩石样品表现出较低程度的滞后现象(沉积物在交变应力作用下,应变落后于应力的现象),而烟煤粉末样品则表现出较大程度的滞后现象。

(4) 动态的干体积模量和干剪切模量。

干体积模量和干剪切模量随着围压和煤级的增加而增加,如图4.3.11所示。在计算岩石模量时,首先假定在不同围压下密度是不变的。对于低孔隙度的岩石(如煤岩),在围压作用下,孔隙度的变化主要与微孔隙的闭合有关,因此这些变化很小。由于密度变化使测量结果产生的误差小于1%,可以忽略不计。与热成熟度对弹性模量的影响相比,围压对计算出的弹性模量的影响相对较小,即使在小于5MPa时也出现同样现象。在较高的压力下,弹性模量的变化更小,接近弹性模量变化的渐近线。弹性模量出现较大的变化主要与煤级有关,即烟煤和烛煤的模量比半无烟煤和无烟煤的小。

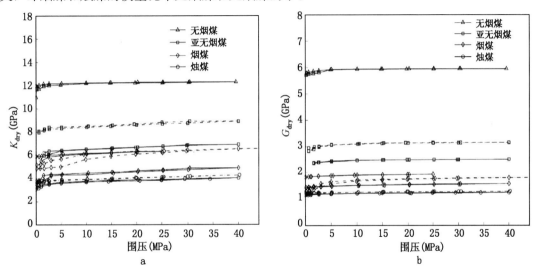

图4.3.11 不同围压下的干体积模量 (a) 和干剪切模量 (b) (据 Morcote 等,2010)

(5) 对测量结果的纵、横波速度关系分析。

图4.3.12显示了对不同煤级干岩石的测得的纵横波速度数据,并近似拟合出线性关系,即

$$v_S = 0.5774 * v_P - 0.2088 \qquad (4.3.2)$$

该关系为干岩样速度的变化趋势,适用岩样包括从高孔隙度的烟煤粉末样品到低孔隙度的无烟煤样品。横波速度为零时,该式得到0.361km/s的纵波速度。

Morcote 等 (2010) 的数据是在干岩石条件下测量得到的,纵横波速度关系见图4.3.13,图中的数据还包括 Greenhalgh 和 Emerson (1986),Yu 等 (1991,1993),和 Castagna 等 (1993),Yao 和 Han (2008) 的测量数据。综合这些数据后的煤岩纵横波速度线性关系近似为:

$$v_S = 0.4811 * v_P + 0.00382 \qquad (4.3.3)$$

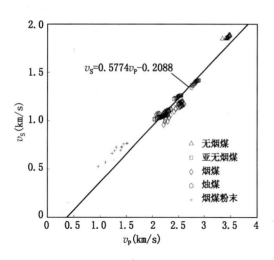

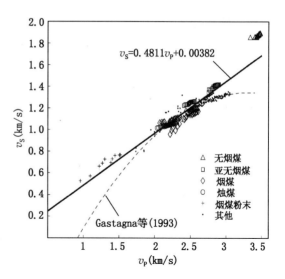

图 4.3.12　不同煤级煤岩的纵波速度和横波
速度关系（据 Morcote 等，2010）

图 4.3.13　不同煤级的煤岩的纵、横波速度关系
（据 Morcote 等，2010）

实线对应所有数据的拟合，包括干岩速度和含水煤岩速度。
图中也显示 Castagna 等（1993）对部分烟
煤岩样品的二次拟合曲线

值得注意的是，Morcote 等（2010）的数据是在干岩石条件下测量得到的，而其他数据则既有干岩石条件下的，又有饱含水条件下的。Castagna 等（1993）对部分数据用二项式拟合为

$$v_S = -0.232 * v_{P2} + 1.5421 * v_P - 1.214 \tag{4.3.4}$$

式（4.3.2）和（4.3.3）可以作为高孔隙度干岩石的纵横波速度关系，同时可以作为烟煤粉末样品中的纵横波速度比标准；而式（4.3.4）更适用于预测高孔隙度的饱含水煤岩的纵横波速度比。不过，式（4.3.4）不适用于预测半无烟煤和无烟煤的纵横波速度比。

纵横波速度比虽然随着煤级的增加有减小趋势，但这种变化趋势在较低围压时是不明显的，而在围压高于 10MPa 时，才有相应的变化（图 4.3.14）。另外，无烟煤的纵横波速度比最低，而烟煤的纵横波速度比最高。

（6）纵波和横波速度的各向异性特征。

分别使用沿平行和垂直于煤岩层理面的方向测定的煤岩速度计算 Thomsen's 参数，可以得到纵波和横波的各向异性参数。图 4.3.15 显示了纵、横波速度的各向异性参数随围压的变化特征。如前所述，围压小于 5MPa 时，各向异性特征受围压的影响较大；围压较高时，烟煤和亚无烟煤表现出了较强的各向异性特征。需要注意的是，烟煤在围压较低时，各向异性参数值随围压升高而迅速增加。

（7）超声波测量结果的分析与讨论。

上述研究中表明，声波速度在低于 5MPa 时受围压影响较大，而在较高围压影响较小。该结果与 Yu 等（1991）公布的一致，不过在后来的研究中 Yu 等（1993）把这个界限提高到了 10MPa。孔隙空间和微裂隙会增加岩石塑性，从而使煤岩纵、横波速度减小。逐渐增加的围压导致煤岩微裂隙或微孔隙的闭合，从而引起速度迅速增加。而随着围压的不断增加，岩石骨架本身逐渐向弹性转变，因而弹性属性逐渐增加。

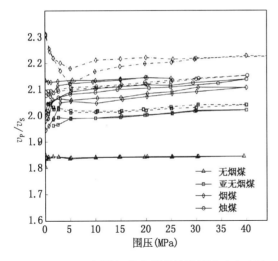
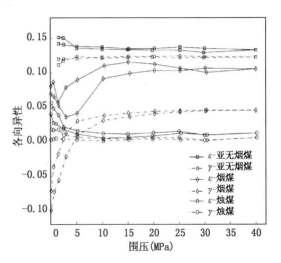

图 4.3.14　不同煤级煤岩样品的纵横波速度比随
围压变化特征（据 Morcote 等，2010）
P 波各向异性为实线；S 波各向异性为虚线

图 4.3.15　不同煤级煤岩样品的各向异性随
围压的变化特征（据 Morcote 等，2010）
P 波各向异性为实线；S 波各向异性为虚线

从煤岩样品（除烟煤粉末样品外）的弹性属性随围压的变化特征可以看出，样品的弹性特征是可逆的。换句话说，减小围压（卸压阶段）后，速度的减小几乎是沿着速度在加压阶段时的变化轨迹而变化，几乎不表现出滞后现象。另外，由于压实作用的程度较轻，烟煤粉末样品表现出较大的滞后现象。

干煤岩样品纵横波速度之间的线性经验关系式（4.3.2），适用于较大范围的煤级、孔隙度和有效围压。围压低于 5MPa 时，纵横波速度关系随压力变化较大。因此在低围压的时候，纵横波关系式（4.3.2）在应用时要慎重。另外，经验纵横波关系式（4.3.3）是从这次研究和前人研究的所有数据中得到的，包括干煤岩样品数据和含流体煤岩样品数据。

亚无烟煤和烟煤表现出较高的纵波和横波速度各向异性，该结果并非依靠裂缝的发育。如果裂缝的方向是随机的，那么在围压增加时，速度的增加应该与裂缝方向无关。如果岩石具有非随机的方向，那么速度将会显示各向异性。裂缝随围压增加而闭合时，速度各向异性减小。图 4.3.15 显示：当围压增加到 5MPa 时，裂缝就已经闭合，但当压力增加到 40MPa 时，样品还是会表现出明显的各向异性。

煤岩弹性属性具有压力依赖性（Pressure dependence），最简单的解释是煤岩中有松散的裂隙和粒间孔隙。具有平行于地层的水平裂隙时，地层各向异性会增强。压力升高使裂隙闭合，导致各向异性的减弱。另一方面，竖直开启的裂缝则会减弱层状地层对各向异性的影响。理论上，大量的竖直裂缝会形成负值的 γ 和 ε，这种情况下，水平方向的速度要小于竖直方向的速度。当压力导致竖直的裂缝闭合后，各向异性参数受层理结构的影响增加，最终会使 γ 和 ε 由负值变为正值。

4.3.4　煤岩弹性属性的影响因素和变化特征

4.3.4.1　弹性模量的实验室测量

对于煤岩弹性模量值及其随压力、吸附气体不同等的变化来说，实验室测量的结果比模拟测量的结果更加真实可靠。Pan 等（2010）通过实验室分析，测量了多种气体不同孔隙压力下煤岩模量变化，测得的体积模量测量结果表明，吸附 CH_4 和 CO_2 时得到的测量结果比较相近。Pan 等（2010）也指出，在其他学者的研究结果中表明，CO_2 的吸附作用会造成煤向塑性转变，但在实验室对煤层样本的研究中却没有明显的证据表明煤向塑性转变，每种煤都有自己特定的 CO_2 吸附塑性变形响应。实验测量中还对煤岩进行了三次载荷和应变测试。泊松比则可由测得的体积模量和杨氏模量计算得出。测量结果显示平均体积模量为1620MPa，平均杨氏模量为791MPa，计算得到平均泊松比为 0.418。

4.3.4.2 裂缝密度对泊松比的影响

煤层的泊松比会随煤层中裂隙密度的增加而增加。由于实际地下煤层多为含水层，因而裂缝密度引起的泊松比的变化就尤为重要。Ramos 和 Davis（1997）指出在 Fruitland 煤层中的裂缝密度的变化同样对纵波反射系数有很强的影响，而这些变化则控制着砂岩—煤互层中泊松比差的变化。竖直岩心的实验室测量表明，裂缝密度从低到高变化，使得在裂隙发育的煤层中的泊松比值比裂缝不发育的煤层中的值增加 40%。

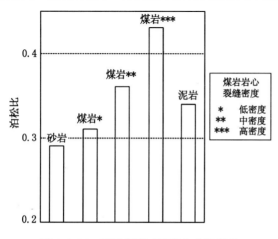

图 4.3.16　裂缝密度对煤岩和砂泥岩的
泊松比的影响（据 Peng 等，2007）

Peng 等（2006）对 Ramos 和 Davis（1997）的结论进行研究，指出其结果是在实验室中测定的，其测量的岩心可能会改变地层条件下裂缝和裂缝特征，因而得到的泊松比值与实际地下煤层的泊松比值之间有一定的差异（图 4.3.16）。其原因在于，煤层裂缝密度的增加，导致剪切模量 μ 的降低，从而导致泊松比值的增高，因而 Ramos 和 Davis（1997）结果中揭示煤层的裂缝/裂缝密度与泊松比的关系，仍适用于地下煤层。

煤层泊松比值还受到裂缝中流体类型的影响，如果裂缝/裂缝的部分空间被游离态的煤层气或其他气体占据时，煤层的泊松比值将会降低。但是，绝大多数煤层都是富含水的，因而只有在极少数煤层裂缝中充填气体的时候，或者是开采中排水后充满气体的阶段，煤层的泊松比会表现为低值。气体含量增加降低泊松比，裂缝密度发育增加泊松比。在实际煤层中两种结果相互作用，究竟哪种结果占优，需要根据实际情况来分析。

4.3.4.3 含气量对弹性属性的影响

煤岩的含气量不同也引起煤岩速度的下降。虽然这种变化是显而易见的，但相应的研究却不多。从已有的文献来看，国外更关注的是在生产过程中裂缝孔隙内流体饱和度的变化，以及引起的速度等弹性属性的变化。而在国内研究中，除了同样对储层裂缝较为关注外，还关注了煤层含气量引起的弹性属性的变化（刘雯林，2009；孙斌等，2010）。

孙斌等（2010）在对鄂尔多斯盆地大宁—吉县地区 5♯煤层的研究中发现，该地区煤层厚度在横向上变化较大，相应的煤层含气量也变化较大，因而用钻井资料交会的方法拟合弹性属性同煤层含气量的关系（图 4.3.17），并将拟合结果用于 AVO 分析中。对拟合结果的分析认为，煤层气在煤储层中呈双相富存的特征，90%以上煤层气以吸附态存在于微孔隙的表面积，而微孔隙的表面积是煤层气富集的主要影响因素。微孔隙的发育及数量必然影响煤层的密度，导致密度减小。又由于速度和密度存在一定的正比例关系，即密度的减小会导致速度的降低。因此含气量与弹性参数呈负相关关系，符合煤层气富集的普遍规律。需要注意的是，这种拟合的结果相对比较粗略，仅仅能够定性的描述含气量与弹性属性的对应变化关系。

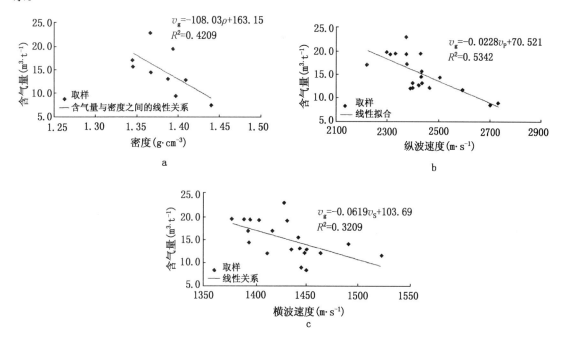

图 4.3.17　煤岩弹性属性与含气量交会图（据孙斌等，2010）

图中数据来自鄂尔多斯盆地大宁—吉县 5♯煤层的测井资料；a—煤岩含气量与密度交会图；b—煤岩含气量与纵波速度交会图；c—煤岩含气量与横波速度交会图；交会结果显示纵、横波速度和密度都与煤层的含气量呈负相关关系

4.3.4.4　生产过程中煤岩弹性属性的变化

煤层弹性属性在排水降压过程中的变化，主要表现在煤层压力下降、气体解吸引起的胀缩效应、割理内流体性质变化等方面。在排水降压过程中，当压力下降到煤基质吸附气体的饱和压力之下后，气体开始解吸出来，并逐渐充填割理孔隙。这一过程还伴随着煤基质解吸气体后的收缩效应，同时压力的变化又导致割理孔隙发生变化，从而都会引起煤层弹性属性的变化。

煤层割理孔隙内从饱含水状态逐渐转变为饱含气体状态，导致煤层纵波速度明显下降。Richardson（2003）展示了 Ardley 煤在实验室条件下从最初的饱含水到完全排水后的情况下，纵波速度近似下降 27％，密度近似下降了 18％。但是 McCrank 等（2007）指出，完全干燥的煤是不会出现在实际储层环境中，因为当煤层排水后，割理系统中会充填 CH_4，这意味着地下煤岩的岩石特性难以在实验模拟环境观测到。

但是，排水过程中压力下降之后，煤层内吸附着的大量气体解吸出来。煤层中气体的解吸引起煤基质收缩，这使得煤岩的弹性属性发生变化。另外，排水降压过程中，孔隙压力下降可能导致裂缝闭合，并减少煤层阻抗的下降。Davis 等（2007）在研究中指出，煤层中压力的衰减，在构造裂缝发育部位形成了时移地震异常，该部位的煤层也对应力最敏感。当煤层压力在完井和生产过程中降低后，裂缝系统倾向于闭合。这一情况只能通过时移地震来观测到，因为裂缝是在时间推移过程中，随有效应力的变化而呈动态变化的。

开发过程中实施注 CO_2 提高采收率的工艺措施时，煤层弹性属性会发生变化，主要表现在两个方面：（1）注入的 CO_2 替换了割理孔隙内的水，流体性质的变化引起弹性属性变化；（2） CO_2 置换了吸附着的 CH_4 ，煤层吸附两种气体时的胀缩效应程度不同，引起煤层弹性属性变化。另外，注入 CO_2 后对储层孔隙压力也有一定的保持。如果在注入 CO_2 的同时进行排水降压，那么在这一过程中煤层弹性属性的变化，将不同于仅有排水降压时煤层弹性属性的变化。

4.3.4.5 煤岩的速度各向异性

煤层发育大量割理，从而表现出各向异性特征。Gray（2005）在对加拿大 Alberta 煤层进行三维地震研究中，指出该地区煤层中存在着各向异性，并计算了各向异性特征。研究中指出，煤层割理是最可能引起各向异性的原因。因而地震方位各向异性可能指出了煤的分布，并且指出了煤层中渗透率的优势方向。这是因为当地震波通过一组垂直或近垂直的裂缝时，如果裂缝间距小于地震波波长，那么在地震数据中就能观察到方位各向异性特征。煤层割理满足这些条件。煤层割理分别由占主导地位的面割理和次要地位的端割理组成。其中面割理比较连续，延伸较长；而端割理通常不连续，且终止于面割理，因而煤层各向异性的特征主要表现为面割理形成的各向异性特征（图 4.3.18）。

图 4.3.18 面割理和端割理的发育程度不同导致
煤层的各向异性（据 Gray，2005）

图中可见面割理方向为左上—右下，发育程度较强；端割理垂直面割理，方向从右上—左下，发育程度较弱；因而煤层各向异性主要表现为面割理形成的各向异性特征

另外，围压对各向异性的影响表现在压力增加使割理闭合的特征上，这一特征在烟煤和褐煤中表现的较为明显。Morcote 等（2010）在实验室用超声波速度测量煤岩的弹性参数时指出，在围压小于 5MPa 时，煤层表现出强烈的各向异性，但在围压超过 5MPa，割理已经闭合的情况下，煤岩仍表现出强烈的各向异性，这是由于煤岩条带造成的。在较高压力条件时，煤岩的各向异性受样品的煤岩条带影响较大，其方向则受煤中的碳质矿物影响。随着煤级升高，越来越多的碳质矿物排列成薄层状，并导致孔隙空间减小。

利用各种识别煤层各向异性的地球物理方法，可以预测煤层割理发育密度和方位，有利于寻找煤层气富集区和高渗带。目前用来检测煤层各向异性的地球物理方法主要有方位 AVO 技术和多波多分量技术。下一章节将详细介绍各种煤层各向异性预测的地球物理方法的原理和结果。

4.3.5 煤岩中的流体替代

4.3.5.1 煤岩中应用流体替代时的误差分析

Gassmann 方程和 Biot 理论通过假设储层孔隙中流体的变化，来计算出不同流体饱和情况下的弹性模量，进而计算出不同情况下的岩石速度。Akintunde（2004）在研究煤层开发过程中裂缝孔隙中流体变化时，使用实验室测量的纵波数据建立理论纵波模型，并对模型数据处理，得到能够反映 Power River 盆地的地质储层条件的结果（图 4.3.19）。模拟过程中，把干岩石的纵波数据代入 Gassmann 方程，得到含有不同 H_2O/CH_4 饱和度的流体的属性。Gassmann 方程得到的结果显示纵波变化了 5%～15%，变化程度依据孔隙压力和 H_2O/CH_4 饱和度含量而定。

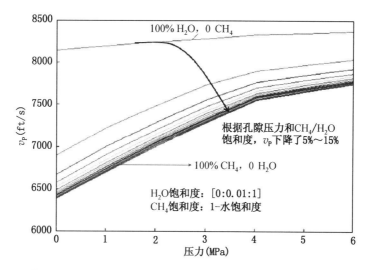

图 4.3.19　煤岩中不同流体饱和度的 Gassmann 流体替代结果（据 Akintunde，2004）
理论速度模型模拟结果，显示纵波速度随压力和 H_2O/CH_4 饱和度变化的

　　实际上，由于储层本身的特殊性质（胀缩效应、割理闭合等）的影响，Gassmann 方程和 Biot 理论在煤层气储层中的应用受到一定限制。Peng 等（2006）在分析影响煤层气 AVO 特征的因素时指出，煤基质中吸附着大量的煤层气不能够在煤层孔隙中自由流动，而且由于煤层基质的直径非常小，多为纳米级别，其内部的少量呈游离态的气体也难以流动，这使得 Gassmann 方程和 Biot 理论不能适用于这部分气体。

　　在煤层气开发过程中的储层研究也揭示了 Gassmann 方程和 Biot 理论对煤层气储层的不适用性。在开发监测中常常要考虑流体替代的情况，这是因为在排水阶段煤层裂缝中含水，而稳定生产阶段煤层割理中含气。而且在注 CO_2 提高采收率的开采过程中，CO_2 置换出煤基质中的 CH_4，引起煤岩基质骨架弹性模量的变化，从而使 Gassmann 公式不能够适用。McCrank（2009）在对加拿大 Alberta 省的 Ardley 煤组的研究中指出，煤吸附 CO_2 膨胀，在一定围压下测量得到煤的线张量增加 1%～2%，因此 Gassmann 方程假定岩石骨架不受流体替代的影响，不能描述 CO_2 与煤层间复杂的相互作用。在用 Gassmann 流体替代公式进行注 CO_2 模拟中，模拟结果显示当煤层中的水被 CO_2 替换之后，纵波阻抗降低了 3.9%，这个结果小于时移地震资料和测井资料计算的结果（约 10%），这说明 Gassmann 流体替代不能够模拟实际结果。

4.3.5.2　平均法计算弹性模量并用于流体替代

　　对于流体替代的误差问题，目前的研究非常少。刘雯林（2009）给出了近似平均的方法的解决思路，其结果可以初步用于解决煤岩中流体替代产生的误差，并得到了能够凸显煤岩含气量变化的参数特征。其中煤岩中的 CH_4 以分子状态吸附在煤岩基质孔隙的内表面，可以把它看作是煤岩所含矿物的组成部分。基于这种认识，就可以对煤岩和 CH_4 的弹性参数进行平均，得到弹性模量，用来计算速度随 CH_4 吸附量的变化。刘雯林（2009）利用 Hill

平均方法给出了煤基岩体积模量和气体体积模量的平均计算公式，即

$$K = \frac{1}{2}\left\{\left[\frac{f_g}{K_g} + \frac{1-f_g}{K_c}\right]^{-1} + \left[K_g f_g + (1-f_g)K_c\right]\right\} \quad (4.3.5)$$

式中：f_g 为煤岩吸附气所占百分比；K_g 为吸附气的体积模量，GPa；K_c 为煤岩的体积模量，GPa。其中：

$$f_g = 0.72x/1000$$
$$K_g = 0.00014 + 0.00946D + 0.00145D^2$$
$$K_c = \rho_c\left(v_P^2 - \frac{4}{3}v_S^2\right)$$

式中：0.72 为地表温度和大气压力下 CH_4 密度，kg/m^3；x 为 1t 煤中吸附的气体体积，m^3/t；D 为煤层埋藏深度，km；ρ_c 为煤岩密度，v_P 为煤岩纵波速度，v_S 为煤岩横波速度。

速度的计算也通过平均法得到，即

$$\rho = f_g\rho_g + (1-f_g)\rho_c \quad (4.3.6)$$

式中：ρ_g 为 CH_4 密度，g/cm^3；其中：

$$\rho_g = 0.0016 + 0.05D + 0.00135D^2$$

在刘雯林（2009）的研究中，剪切模量计算中并未涉及吸附气体的特征。从煤层气体吸附特征来看，煤层气分子间紧密排列，呈近似液态的状态赋存于煤岩基质孔隙表面，因而其剪切模量可以近似忽略。选取表 4.3.6 的近似数据进行计算，其中 $\rho_g = 0.065g/cm^3$，$\rho_c = 1.4g/cm^3$，$v_P = 2km/s$，$v_S = 1km/s$，得到 $K_c = 3.73GPa$，$\mu = 1.4GPa$。由于煤层气含量常见值为 $3.6\sim37.0m^3/t$，瓦斯突出部位最高可达 $113\sim130m^3/t$，从而可以得到不同含气量的煤岩的岩石物理参数（表 4.3.9）。

表 4.3.9 平均法模拟得到的不同含气量煤岩的弹性属性（据刘雯林，2009）

煤层气含量 x (m³/t)	煤层气含量百分比 f_g (%)	体积模量 K (GPa)	体积模量降低百分比 (%)	密度 ρ (g/cm³)	纵波速度 v_P (m/s)	速度降低百分比 (%)	不同盖层振幅放大倍数		横波速度 v_S (m/s)	泊松比
							低速	高速		
5	0.36	2.7	28	1.4	1806	10	6.6	3	1000	0.279
10	0.72	2.4	36	1.39	1751	12.5	5.5	2.7	1004	0.255
20	1.44	2.16	42	1.38	1708	14.6	4.8	2.6	1007	0.234
30	2.16	2.05	45	1.37	1691	15.5	4.6	2.5	1011	0.222
40	2.88	1.99	47	1.36	1683	15.9	4.5	2.5	1015	0.214
50	3.6	1.94	48	1.35	1679	16	4.4	2.4	1018	0.209
60	4.3	1.91	49	1.34	1678	16	4.4	2.4	1022	0.205
100	7.2	1.81	52	1.3	1681	16	4.4	2.4	1038	0.192
130	9.36	1.75	53	1.28	1680	16	4.4	2.4	1046	0.183

在表 4.3.9 的计算结果中显示，煤层气含量变化引起的纵波速度降低百分比为 10%～16%，这个速度变化量已经能够使煤层气的地球物理响应达到可检测的程度。另外，刘雯林（2009）还提出直接使用反射振幅来检测煤层气富集区。如果盖层速度选取 $v_1 = 2100m/s$ 为低速盖层，$v_2 = 2500m/s$ 为高速盖层，计算出的不同煤层气含量的振幅放大倍数为 $2.5\sim5.0$。其中反射振幅变化量要比速度变化大 $1.5\sim4.0$ 倍，说明使用振幅变化量更难能凸显煤

层气引起的响应特征。

计算的横波速度随着煤层气含量增加而增加，变化量大致在 0.4%～1.5%，最大在 4% 左右。如果选取典型煤岩的速度（v_P = 2000 m/s，v_S = 1000 m/s），那么计算的泊松比 σ = 0.333。但随着煤层气含量的增加，泊松比降低到 0.279～0.183，其改变量达到 16%～45%，可以成为预测煤层气富集的重要参数。

4.3.5.3 孔隙度、渗透率的变化用于流体替代

煤岩中流体替代出现误差的另一主要原因就是煤岩吸附/解吸气体时发生胀缩效应，使得煤岩基质体积模量等变化，进而表现为孔隙度、渗透率的变化。Lespinasse 和 Ferguson (2011) 将孔隙度、渗透率的变化引入煤岩流体替代中，并模拟了变化过程，并分三个步骤进行研究：煤岩吸附/解吸气体模拟、Gassmann 流体替代和正演模拟。

在其研究中，使用 F. A. S. T. CBM 软件进行煤岩吸附/解吸气体的模拟，模拟过程中假定煤层为各向同性介质，网格点间的储层属性值取平均值；沿用 S&D 等温吸附方程并使用 P&M 煤岩渗透率模型模拟基质胀缩效应引起的孔隙度和渗透率的变化。在对生产过程的模拟中，计算了储层从初始状态到生产 8a 后的状态变化（流体饱和度变化），并考虑了储层压力下降且气体解吸过程中，相对渗透率对生产情况的影响。在估算不同模拟阶段中储层的地震响应时，把孔隙度和流体饱和度的变化均代入 Gassmann 公式，来计算不同生产阶段的煤岩弹性属性，并利用纵、横波速度和密度在不同阶段的值进行正演模拟。

图 4.3.20 为根据不同生产阶段的弹性属性进行正演模拟后得到的合成地震记录，初始阶段为 100% 盐水饱和，生产开发 8a 后变为 82% 盐水和 18% CH_4，生成合成地震记录时首先选取的是 30Hz 的 Ricker 子波。模拟的目标地层包括两个薄煤层，厚度分别为 3.65m 和 1.67m，深度约 990m。对比前后两个阶段的模拟结果，发现 P 波在 100% 盐水饱和时的速度为 2370m/s，而在开发生产后下降为 1670m/s。在结果中还发现密度也有小幅度的下降，而横波速度则有小幅度的增加。

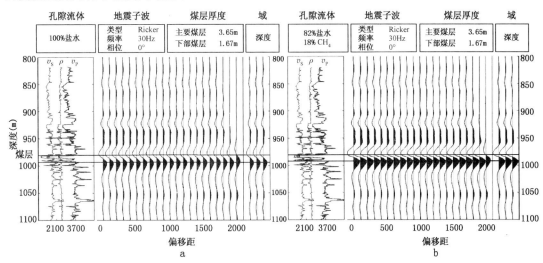

图 4.3.20　煤层气储层的正演模拟（据 Lespinasse 和 Ferguson，2011）

图中为模拟不同生产阶段的正演模拟结果，合成地震记录选取 30Hz 的 Ricker 子波；a—初始阶段地震剖面，煤层割理中 100% 饱和盐水；b—生产开发 8 年后的结果，煤层割理中 82% 盐水和 18% CH_4；模拟的弹性属性由 Gassmann 流体替代获得，计算过程中考虑了气体吸附/解吸过程中的胀缩效应，引起的割理压缩和割理孔隙变化特征

4.4　地球物理方法

煤层气储层的地球物理方法主要有煤层测井解释、煤层割理预测、储层开发动态监测三个方面。目前在煤层气储层中使用的测井方法，基本上是在常规油气藏和煤田中应用的方法，还没有专门为探测煤层气储层而设计新的测井方法（张松杨，2009）。在测井储层评价技术上，主要针对煤层气储层的特点，在煤级识别、煤层评价、测井效果评价及生产过程检测等方面进行研究。

从国内外的文献调研结果来看，已公开发表的并不太多，而且研究结果也主要集中在美国 San Juan 盆地、加拿大 Alberta 省煤矿、国内的淮南和鄂尔多斯盆地等。值得庆幸的是，地震勘探的新技术和新方法多在煤层中得到了应用。其中所用到的地震勘探技术已不仅仅局限于常规的构造识别和地层解释；一些新的地震属性技术，如 3D 曲率等在煤层的小断裂及渗透性识别中得到了较为广泛的应用；较为成熟的波阻抗反演、AVO、方位 AVO 等储层预测技术也展现了较好的应用效果；多分量技术和 VSP 技术则由于采集方法和技术本身等方面的限制应用相对较少。另外，在国外还有关于煤层气开发动态监测的文献，特别是有关煤层注 CO_2 提高煤层气采收率过程的监测问题，相关文献相对较多。

还有部分文献的研究集中在煤层气储层的高分辨成像、薄层识别等方面，这是因为地面煤层气开发所面对的煤层多为薄层的缘故。另外在对煤层气储层的压力分布、变化的预测上也有一些研究。进行这些方面的研究主要有高分辨率地震成像、正演模拟、波阻抗反演和地震属性等。

4.4.1　煤层气测井技术

煤层气储层的测井方法及储层评价技术存在着较多的困难。煤层气储层不但具有复杂的双重孔隙结构，而且煤层气只有少量以游离态存在，大部分以吸附态存在于煤层基质的微孔隙中。吸附气在测井曲线上的响应，与常规油气储层中气体的响应有很大差异。煤层气储层的特征是非均质性和各向异性较强，也使得储层特征与测井响应之间的关系呈现明显的非线性特征。另外，目前应用于煤层气储层测井的孔隙度解释模型（体积模型）都是针对孔隙性砂岩或孔隙性碳酸盐岩建立的，由于煤层复杂的双重孔隙结构，使得对煤层气储层结构的评价难度增加。

从常规测井曲线来看，煤层气储层具有"三高三低"的特征，即高电阻率、高声波时差、高中子孔隙度，和低体积密度、低自然伽马、低自然电位。其原因如下：由于煤层的岩性较纯，泥质和其他盐类含量较低，而纯煤的电阻率较高，加上煤层割理孔隙体积较低，孔隙内流体的电导率也由于含盐度低而较高，使得煤层的电阻率偏高；煤层和泥浆间的电化学作用很弱，因而自然电位低；煤层中缺乏天然放射性元素，则使得自然伽马较低；煤的基质密度低，从而体积密度显示为低值；煤本身具有较高的含氢量，在中子测井中读数较高；煤中的有机质及其孔隙中的流体和其他物质都属于低速介质，所以煤在声波测井中显示高声波时差。

测井资料在煤层气方面的应用可以归纳为两类：一类是基础研究，为煤层气储量计算、压裂提供各类参数，包括煤层厚度、工业参数、含气量、物性参数以及岩石力学参数，测井数据解释结果与化验、试井、排采等数据非常接近，测井解释成果可为煤层气的勘探与开发提供可靠的理论依据；对煤层气完井的固井质量可以利用声幅测井、声波变密度测井、自然伽马测井、磁定位测井做出可靠的解释；另一类是测井地质应用，诸如地质研究、地层对比、煤层精细地质构造以及断层分布、沉积环境、地应力、煤层结构特征及裂缝发育程度的判定与分析，特别是综合测井资料对水平井的钻进导向也非常重要。

对煤层气储层中应用的常规测井方法和应用效果分析，在本书附表中有详细介绍，在这里不再赘述。本部分主要对国内外煤层气测井方面的一些新设备、新技术和方法进行详细介绍。在描述新方法和技术的同时，还对常规测井特征、方法和结果进行对比分析。

4.4.1.1 岩心解吸和含气量的分析方法

煤层含气量的测量在煤层气资源评价和生产应用中都有重要的作用。目前国内利用岩心测量煤层含气量的方法和标准，主要是在参照美国矿业局直接法（USBM）的基础上制定的《煤层气含量测定方法》（GB/T 19559—2008）及《地堪时期煤层瓦斯含量测定方法》（GB/T 23249—2009）。两个标准中明确规定了直接法和间接法测量的步骤和标准，在本文中不再一一赘述。

除了标准的岩心解吸量测量方法外，还有一些其他方法对岩心解吸特征和解吸气体量进行测量和描述，包括加温快速解吸法、测井曲线拟合测量含气量法、视频照相描述气体解吸过程和新型地层评价测井系统等。

4.4.1.1.1 加温快速解吸法计算含气量

煤层气勘探和开发中常常需要迅速、准确的确定煤岩的含气量。直接法和间接法测量煤层气含量时，测试周期一般长达几周甚至几个月。而利用碎煤岩方法虽然能够得到煤岩的含气量，但不能够得到含气量随时间、压力等的变化特征。如果测量含气量时不考虑温度因素，可以采用煤层气加温解吸法（庞湘伟，2010）。加温解吸法能够迅速、准确的得到煤岩的含气量，可以将测定周期缩短为几小时至几天，并适用于大多数测试煤层，其两个关键措施分别为缩短解吸气体积计量间隔和提高解吸温度。

（1）缩短解吸气体积计量间隔。

观测时间间隔的长短对解吸速率有明显影响。解吸初期解吸罐内气体多，压力大，罐内外的压力悬殊，按 GB/T 19559—2008 规定，解吸初期 8h 之内有明确的观测（读数）时间间隔要求，此后多为每天观测 1 次。随着时间的推移，解吸速度减慢，罐内外的压力差逐渐变小，因而可按解吸速率和气量的大小，灵活掌握计量时间间隔，以保持解吸罐内部处于低压状态。图 4.4.1 为同一煤层、煤体结构和煤岩煤质大体相同的不同煤样，解吸第 1h 之内，采用 5min 读数间隔和 10min 读数间隔测得的解吸量对比。5 组煤样对比结果表明，5min 间隔测得的解吸量比 10min 间隔多 1~3 倍。由此可见，缩短读数间隔，即连续观测可以大幅度地加速解吸。解吸全过程均连续观测，即可以大幅度地缩短测定时间，尤其对气量大的无烟煤、煤体结构破坏严重的粒煤和粉煤等。

连续观测使得解吸罐内部压力与环境气压保持基本平衡，煤心内气体解吸不受围压的阻碍，得以连续不断的逸出。读数间隔长（几个小时或 1 天）会造成解吸罐内部压力增高，不利于气体解吸，尤其在测定初期，煤样气饱和度大，罐内压力过大，解吸速率受到抑制，气含量测定周期随之加长。

（2）提高解吸温度。

煤层气的解吸过程是温度的函数，解吸温度能够影响测定周期的长短。解吸时间的长短与解吸温度密切相关，二者呈负相关关系。图 4.4.2 以晋城无烟煤的自然解吸时间为例显示了解吸时间与温度的关系。图中实验数据表明，煤层温度小于 20℃时，解吸时间长达 200

余天；煤层温度大于40℃时，解吸时间为40～50d，30℃以上的煤层解吸时间多为60～80d。因而在高温解吸法中，通过提高解吸温度，来减少解吸的时间。提高解吸温度是快速解吸的有效措施，从煤层温度、煤的变质温度、安全操作三个方面考虑，加温解吸法快速解吸水浴温度一般设定为50℃。

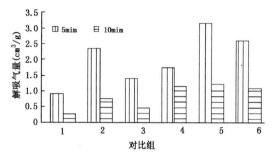

图 4.4.1　不同读数间隔测得的解吸气量对比图
（据庞湘伟，2010）

图中显示，相同解吸时间内，5min 测量间隔得到含气量
大于 10min 测量间得到的含气量，说明测量时间
间隔缩短，将增加煤岩的解吸速率

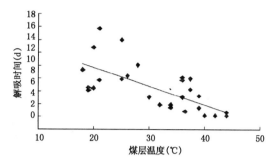

图 4.4.2　煤岩解吸时间与实验温度关系
（据庞湘伟，2010）

图中数据来自晋城无烟煤岩心解吸时间和温度的统计；
数据结果表明解吸时间随煤层温度升高而降低

（3）实验过程。

基于上述两个关键措施，煤层气加温解吸法的实验过程可分为三个阶段：恒温自然解吸、加温快速解吸、残余气解吸。其中恒温自然解吸是在保持煤层原地温度条件下的解吸过程。加温快速解吸则是借助恒温水浴，解吸温度高于煤层原地温度条件下的解吸，一般将快速解吸的水浴温度设定为50℃，从而能够提高解吸速率。残余气解吸过程则是在解吸速率降低到一定值后，经开罐、干燥、粉碎等，测得残余的解吸气体。

（4）结果评价。

提高解吸温度，需要考虑以下几个因素：①我国大多数煤储层的温度为20～35℃，快速解吸温度应高于大多数煤储层的温度；②快速解吸应以不改变煤的化学性质为原则，故解吸温度不应高于煤的变质温度。煤级不同，变质温度不同，解吸温度可以根据煤级而定，也可以按低级煤的变质温度而定。为了方便操作和适于推广，选择了褐煤到长焰煤的变质温度（即50℃）；③煤层气解吸需要的恒温条件一般由水浴箱提供，如果水浴温度太高，与环境温度差别大，温度不容易恒定，恒温条件难以保证；④从安全操作考虑，水温过高，水蒸气也大，容易造成烫伤，不利于安全操作，因而综合考虑将水浴温度设定50℃为宜。

在进行加温解吸时，既可以将三个时段全部在野外现场进行，也可以根据实际情况，将三个阶段在室内室外分别进行。庞湘伟（2010）根据太原组、山西组、延安组和龙潭组等地层中的煤岩样品进行加温解吸实验，实验结果以自然解吸法的测定结果为基准进行对比，发现该方法的准确率一般大于90%（误差±10%），说明该方法结果稳定可靠。通过快速解吸和自然解吸的结果对比也发现，快速测定法不改变解吸气的组成及其含量。

加温解吸法的优势体现在节省了大量的解吸计量时间。表4.4.1显示了气含量快速测定与自然解吸所用时间的对比。自然解吸时间一般要几周到几个月，快速测定时间为几小时到几天。同一测定方法，含气量测定周期因煤级和煤体结构的不同而长短不一。就快速测定而言，低级煤一般为1～3d，中、高级煤一般为3～7d。相同煤级，粒度越小，解吸速率越快，

表 4.4.1 快速测定法与自然解吸法解吸时间对比（据庞湘伟，2010）

对比样组编号	快速测定时间（d）	自然解吸时间（d）	对比样组数量
WY	3～7	37～157	12
PM	3～6	30～85	9
SM	2～6	140～161	2
FM	1～3	51～98	3
QM	0.5～4	16～66	4
CY	0.3～3	16	4

测定周期越短。有些气含量很低的碎粒煤、糜棱煤，快速测定在 1d 之内或数小时内即可结束。

4.4.1.1.2 含气量的测量和计算

利用测井资料进行含气量的识别是一个难点。这是因为煤层气呈吸附状态赋存于煤层中，吸附的特征对多种测井资料的响应均比较复杂，这就使得很难利用测井资料直接解释。目前工业生产中解决这一问题的方法主要采用等温吸附线法、气体状态方程、多元回归分析和神经网络方法等。

Fu 等（2009）针对淮南和淮北煤田中的煤岩，利用地质统计学方法，通过钻井资料识别煤岩含气量。研究中指出，游离态 CH_4、吸附态 CH_4 和煤岩基质的物理属性各不相同。煤层中煤层气的富集将影响煤层的地球物理属性，并取决于煤中的有机质、矿物成分和平衡水分等。对于游离态的 CH_4 气体，电阻率在 $10^4 \sim 10^9 \Omega \cdot m$ 之间变化，密度则为 $0.716 \times 10^{-3} g/cm^3$，声波时差通常能够到达 $2260 \mu s/m$；吸附态的 CH_4 的密度介于气态和液态之间，是气体分子同孔壁表面之间距离的函数；与煤层气不同的是，纯烟煤基岩的电阻率只有 $100 \sim 500 \Omega \cdot m$，密度为 $1.25 \sim 1.35 g/cm^3$，声波时差则约 $400 \sim 560 \mu s/m$。因此烟煤的物理属性将受到煤中含气量的影响，这就为使用测井信息估算含气量提供了可行依据。把不同深度、不同类型的煤岩样品的实测含气量（通过岩心分析测得）和各深度段对应的多种测井曲线值共同列出，根据数据变化特征，拟合含气量与不同类型的测井资料的相关关系（表 4.4.2），并以此来估算含气量。最后以宿南向斜的实际资料结果表明，实测含气量和拟合含气量之间有良好的相关性（图 4.4.3）。

表 4.4.2 含气量与不同测井曲线的拟合关系（据 Fu 等，2009）

煤田	煤层气井	预测含气量公式[3]（cm^3/g）	样品数量	相关系数	F[4]	$F_{0.1}$
淮南煤田	新集 CQ2 井[1]	$V_g = 0.0113D + 0.0096R + 0.0198\Delta t - 12.5526$	12	0.9426	21.24	2..92
	顾桥 CQ3 井[1]	$V_g = 0.0058D - 0.0016R - 3.7689\rho + 0.0101\Delta t - 1.5921$	8	0.9667	10.71	5.34
淮北煤田	桃园 CQ4 井[1]	$V_g = 0.0675D - 0.0017R - 11.3363\rho - 0.0006\Delta t - 22.8843$	6	0.9516	1264.9	55.8
	芦岭 CQ5 井[1]	$V_g = -0.0128D + 0.0025R - 10.384\rho - 0.0305\Delta t - 41.1014$	8	0.9664	10.62	5.34
	宿南向斜模拟井[2]	$V_g = 0.0091D + 0.0127R - 0.0057r - 0.0081rr + 3.2133$	32	0.6240	6.24	2.17

[1]—基于数字测井数据；[2]—基于模拟曲线；[3]—D 为测量深度，R 为电阻率，ρ 为密度，Δt 为声波时差，r 为自然伽马曲线；[4]—F 为 F 检验中的 F 分布，$F_{0.1}$ 值是 F 分布在 10% 的特征水平。

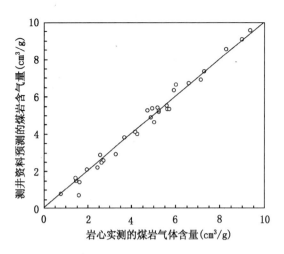

图 4.4.3 测井资料预测的煤岩含气量同岩心
实测结果对比（据 Fu 等，2009）

煤岩样品来自淮北煤田宿南向斜的煤层气井；图中可见
样品实测值与拟合值基本一致

4.4.1.1.3 视频显微照相设备描述解吸过程

对于岩心吸附特征和解吸过程，目前多用可视化设备来监测其特征。La-Reau 等（2007）利用一套可视化显微照相设备来观察气体从煤中的解吸过程，捕捉煤岩在排水过程中的煤—水界面特征，并能够将结果应用于煤层气储层的模拟，以得到详细的煤层气储层特征。该视频显微照相设备主要包含两个部分（图 4.4.4）：（1）高压样品室。煤样品在其中可以保持储层条件，包括温度、压力、含盐度等，并能够实现三个步骤的操作：对不饱和煤样品的精细保存；使用气体质量流量计（可以计量容器内增加的 CH_4 分子数量）和气驱泵维持增压状态等；（2）视频显微镜照相机，在捕捉聚焦过程中可以使用样品室的可视化窗口观察煤岩表面。

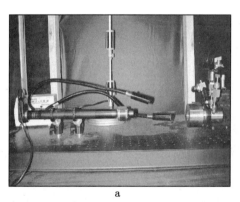

a

b

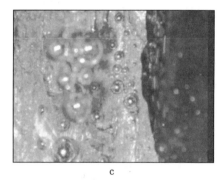

c

图 4.4.4 视频显微照相设备描述气体从煤层中的解吸过程（据 LaReau 等，2007）

煤岩样品从钻井中取出后，保持地下储层条件置入设备中，并通过降压观测煤层气的解吸过程；a—视频显微
照相设备的照片；b—对不饱和亚烟煤样品初始时间的照相；c—降压解吸后 1min 后的照相；
气泡为捕捉到的解吸气体在煤—水界面特征

视频显微镜由两部分组成（图 4.4.4）：CCD 成像仪（CCD imager plane）和配备了可变放大镜的伸缩聚焦望远镜（Close focus telescope）。由于储层特征和生产因素在进行评价时的相对效果会发生改变，因而当样品在足够时间内达到平衡后，再使用视频显微镜来捕捉样品在降压并解吸气体的过程。该结果也可用于检验煤层气储层排水降压过程中的储层参数的变化。

4.4.1.2　地层评价

4.4.1.2.1　新型电缆传输地层评价测井设备

电缆地层评价工具在常规储层中已应用了 50a 以上，广泛用于获取地层压力、渗透率、流体样品和其他储层特征。常规的压力瞬变分析同样可以用于解释煤层气储层压力下降和恢复的瞬间变化。在排水开采过程中，井下可视化工具也被用于预测地层流体类型并判断地层解吸压力。

Schlachter（2007）描述了新型电缆地层评价测井设备，并应用于加拿大 Alberta 煤层气储层中，获得了较好的效果。该地区目前的 450Mcf/d 产量中，有 90% 来自 Alberta 浅层的 Horseshoe Canyon 干煤层（渗透率范围为 1~100mD），剩余产量来自 Mannville 和 Ardley 层。研究的目标层段为 Mannville 煤组和部分下白垩统的地层。煤层发育相对较薄，并被 30~50m 厚的岩层分割。Alberta 平原地区煤层深度大部分超过 1000m，煤级在亚烟煤到高挥发性烟煤之间。煤层厚度大多为 3m 或更薄，构造变形程度较弱，因而发育闭合割理，且在初始地层压力下比丘陵地区煤层更易预测。

（1）设备原理和特征。

图 4.4.5a 为这种新型的电缆传输地层评价测井设备示意图，图中显示可以通过增压和降压来单独测量每个煤层，在增压过程中测量流体类型，获得流体样品，并记录压力瞬时数据。其特点主要有：①液压泵使封隔器膨胀，并从两封隔器间的井筒内泵出钻井液，使地层中流体填充该部分井筒，在此过程中进行流体性质测试并取样。②独立地层封隔器会在指定深度膨胀，并在测试完毕后会减压收缩，然后在下一个测试地层再次膨胀和收缩，这样就能够对每个地层分别进行测试。③测井过程中应用可视化流体分析仪，可以用于分析流体类型，并把钻井液同地层流体分离。④流体样品室用来获取地层流体样品，并在保持地层压力的条件下带至地表。

图 4.4.5b 为可视化流体分析仪原理图。图中分光计可以把水从其他流体中分离；折射计则把气体从液体中分离，从而分别测量钻井液和地层水的电阻率。注意煤层气中除了 CH_4 外，还有其他气体如 CO_2 和 N_2，因此需要使用可视化流体分析仪。该仪器可以把烃类气体同其他气体分离开来。

（2）测量结果的分析和评价。

在可视化气体分析过程中，需要考虑煤层的特殊性质。因为煤层气多为吸附状态，当储层为欠压时，地层压力高于煤层吸附气体的临界压力，因而地层中饱含水。但气体分析仪需要接触其表面来测量，含气量太低的话，就无法测量。因而，测量过程中的降压过程，需要降低到煤层气储层的临界解吸压力之下，这样才能得到解吸出来的气体，并用于测量和取样。

在抽水降压、关闭并随后升压的过程中测得的实际地层中的流体属性，可以用压力瞬变分析（PTA，pressure transient analysis）来解释，例如用布德（Bourdet）的双对数曲线分析或霍纳（Horner）的半对数曲线分析。同一过程中测得的煤层属性结果，也可以用 PTA

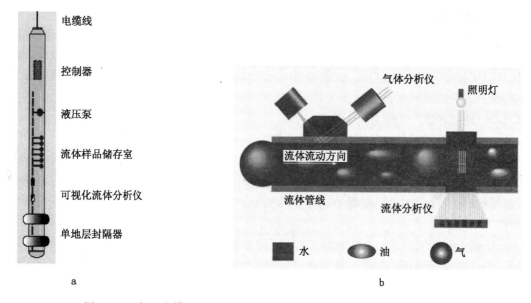

图 4.4.5　新型电缆地层评价测井设备示意图（修改自 Schlachter，2007）

a—电缆传输地层评价工具，两个单地层封隔器可以通过加压、降压过程重复开启，分别封隔每个煤层的顶底，来对煤层单独测量；通过流体泵完成加压、降压过程；流体泵可以抽出封隔器内钻井液，使测量室内充填地层中流体，从而排除钻井液对测量结果的影响；b—可视化流体分析仪示意图，包括可视化流体分析仪和分光仪，可以识别从封割器内抽出的流体的性质

法进行解释。但是在此过程中煤层中的闭合割理可能会开启，从而使 PTA 分析结果显示为裂缝型储层的结果。

在煤层气储层评价中应用 PTA 法解释之前，需要注意降压和增压过程中的流体类型问题。如果两相流体，例如气相和液相，同时出现在降压和增压过程中，将会使 PTA 结果变得复杂或者无效。因此建议在对电缆工具采集的数据进行 PTA 解释时，如果煤层为饱含水的湿煤层时，不要使压力太低而形成过多解吸的气体。可以在实际测量之前，使用较小的数值来测试气体临界吸附压力。排液降压的速率也因此降低，来避免湿煤层中产生过多的气体。

Schlachter（2007）在使用 PTA 法的实例中，发现所研究的煤层气储层的解释结果中，显示出持续的球形流体边界。煤层具有割理系统和不渗透的基质，如果割理在瞬变压力过程中是开启的，就会在 PTA 分析结果中得到裂缝型的导数类型（Fractured derivative）。在升压阶段，则会观察到水通过闭合的或部分开启的割理系统时产生的渗透率。因而在煤层气储层中使用 PTA 并非无效的，而是需要更多研究或者地面资料的支持。煤层气储层具有这种特殊的 PTA 响应，也据此可以用来计算煤层的渗透率和压力。

4.4.1.2.2　NMR 和 X - CT 定量表征煤的孔裂隙

在精细定量描述煤层的孔隙特征方面，核磁共振技术（NMR）和 X - CT 扫描技术得到了应用。该技术从煤层孔裂隙的无损化、精细化、定量化表征的角度出发，应用低场核磁共振技术和微焦点 CT 扫描技术进行煤的孔裂隙精细评价，能够分析对渗透率影响较大的孔裂隙参数，包括煤的孔裂隙类型、有效孔隙度、孔径结构分布和孔裂隙的空间配置 4 个方面。该技术相对于传统的液氮法或压汞法，其优点主要在于能够在测量时保持煤层孔裂隙的"原位性"和"完整性"，减少传统方法测量时对煤原始孔裂隙的破坏，并避免形成人为的二次破坏裂隙（姚艳斌等，2010a）。

测量过程中一般将煤岩样品预先制作成一定规格并进行实验测量。为了得到多种煤岩的孔裂隙数据，应根据实际情况选取涵盖多种类型及多种成熟度的煤岩样品。姚艳斌等（2010a）对鄂尔多斯盆地、沁水盆地和红阳煤田的煤岩样品测量中，设计了 4 个系列的实验方法，分别为孔隙度和渗透率测试，核磁共振横向驰豫时间（T_2）谱分析测试，微焦点 X 射线 CT 扫描（μCT）分析和压汞孔隙结构分析。

（1）核磁共振谱（T_2 谱）识别孔隙类型和发育程度。

低场核磁共振方法，即采用较低的磁场强度，通过对储层流体中 ^{1}H 的核磁信号进行检测，获取孔裂隙中流体的横向驰豫时间（T_2）谱，用于分析储集岩的物性和渗流特征。煤中的孔裂隙水中 ^{1}H 核的横向驰豫时间与孔隙半径成正比，因此孔隙越大驰豫时间越长，而孔隙越小驰豫时间越短。低场核磁共振技术可用于煤岩的主要理论依据如下（Yao 等，2009）：①该方法研究煤中的孔裂隙与研究砂岩的孔裂隙的原理类似；②煤是一种弱磁性物质，且在低场条件下，即使煤中存在微量顺磁性矿物，也不会给测量结果造成影响；③在低场条件下，煤中固态的 ^{13}C 核和 ^{1}H 核信号将会被屏蔽掉，不会对检测结果造成影响。

裂隙、中大孔和微小孔（小于 0.1μm）可以根据核磁共振谱上的谱峰特征来区分。中大孔和裂隙在煤的核磁共振谱上常呈现不同的谱峰，因而能够明显区分开来。而微小孔与中大孔的区分，则通过对比饱和水和束缚水两种状态下的 T_2 谱来实现。其中束缚水和饱和水的 T_2 谱分别为离心前后测得的结果。在采用的 200psi 的离心压力对煤样离心时，根据 Washburn 方程，同时考虑煤与水之间的表面张力及接触角大小，可计算出该压力所对应的孔喉半径约为 0.1μm，这就是说，100% 水饱和煤样的 T_2 谱反映了所有可探测的孔裂隙信息，而束缚水煤样的 T_2 谱仅反映了全部微小孔和部分中大孔的信息（姚艳斌等，2010a）。图 4.4.6 是以饱含水的无烟煤样得到的 T_2 谱，从图中的驰豫时间由小到大可依次识别出微小孔、中大孔和裂隙 3 个峰：①微小孔的峰主要分布在 T_2＝0.5～2.5ms 之间，其典型特点是离心前后的两个 T_2 谱几乎没有差别；②中大孔的峰主要分布在 T_2 为 20～50ms 之间，其峰值一般较微小孔的峰要小，该峰的典型特点是离心后的部分谱峰消失；③裂隙峰主要分布在 T_2＞1000ms 段，该峰特征仅见于部分裂隙发育的样品中，而且该峰在经离心实验后的 T_2 谱中消失不见。图 4.4.6 中显示结果表明，该煤样中以微小孔峰最发育，其次是中大孔峰，裂隙峰仅在部分样品中可见。

煤中各级孔裂隙的发育特征也可通过核磁共振 T_2 谱波峰个数、分布、连续性和形态来反映。在图 4.4.6 中还有如下特征：①该样 3 个谱峰分别反映了 3 种孔裂隙类型，其中微小孔的孔峰最大，说明微小孔最发育；②微小孔峰在离心前后谱形态变化不大，说明微小孔隙连通性差，导致束缚在微小孔孔壁的束缚水不能够通过离心实验离出；③中大孔峰的峰值较小，且在离心后部分谱峰消失，说明中大孔发育中等，且具备一定的连通性，可使部分自由流体离出；④裂隙峰经离心后原来的峰消失，说明裂隙的连通性最好，非常有利于流体的运移；⑤微小孔和中大孔的两峰之间不连续，说明这两类型孔隙间的连通性差；而中大孔和裂隙两峰间的连续性好，说明这两类孔隙间的连通性好。

在姚艳斌等（2010a）的实验结果中，还显示了通过核磁共振 T_2 谱测得的孔隙度与煤变质程度的关系，即随着煤变质程度的增加，从褐煤到焦煤级段，煤中微小孔减少，而中大孔增多，到瘦贫煤级段，煤的微小孔急剧增加，无烟煤主要以微小孔为主（图 4.4.7）。

（2）结合测量孔隙度的常规技术和核磁共振 T_2 谱分析技术可得到有效孔隙度。

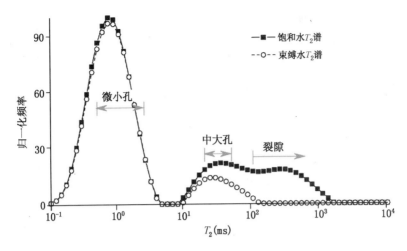

图 4.4.6　典型核磁共振 T_2 谱特征中反映的孔裂隙分布（据姚艳斌等，2010a）

煤岩样品为红阳煤田石炭系煤层煤样的核磁共振谱 T_2 特征，样品 R_o 为 2.7%；图中显示根据谱峰分布，能够区分微小孔、中大孔；根据饱和水和束缚水的 T_2 谱特征对比，能够区分中大孔和裂隙；图中波峰大小可表示孔隙发育程度；煤样中微小孔最为发育

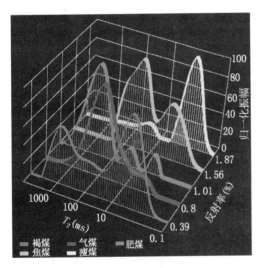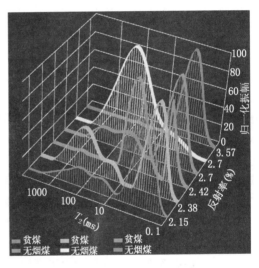

图 4.4.7　不同成熟度煤岩的核磁共振 T_2 谱特征（据姚艳斌等，2010a）

图中显示不同成熟度煤样（饱和水状态下）的核磁共振 T_2 谱分别反映的孔隙度特征；从褐煤到焦煤，煤中微小孔减少，而中大孔增多；从焦煤到瘦贫煤，微小孔急剧增加；无烟煤主要以微小孔为主。参见书后彩页

　　煤储层是一种低孔、低渗储层。煤层气要经过煤的各级孔隙和裂隙系统产出，因此孔裂隙的发育程度是决定渗透率高低的主要因素。通常，反映孔裂隙总体发育情况的指标为总孔隙度，其定义为煤中所有孔隙部分所占煤体总体积的比例。总孔隙度简称为孔隙度，它不仅包括煤中的连通性孔隙，也包括封闭性孔隙。一般用氦气法、水饱和称重法和压汞法可以测得。煤的有效孔隙度是指煤中有利于可动流体（包括气和水）流动的那部分连通性孔隙的孔隙度。鉴于有效孔隙度对煤层气储层渗透率的重要性，确定煤的有效孔隙度的大小成为评价煤储层孔渗优劣的重要指标之一。

　　结合常规测得的煤岩总孔隙度和核磁共振 T_2 谱分析技术，可以准确获得煤的有效孔隙度。这需要对煤样先后进行饱和水和束缚水两种状态下的 T_2 谱分析。首先，在 100％饱和水状态下对煤样分析后，可获得一个驰豫幅度随驰豫时间变化的 T_2 谱。可将该 T_2 谱转化为一个累计驰豫幅度随驰豫时间变化的累计 T_2 谱（图 4.4.8）。根据核磁共振原理，T_2 谱代表了[1]H 在一定测试时间内的共振幅度值，为无量纲。因此，可将饱和水状态下累计 T_2 谱的最高幅度值标定为总孔隙度。其次，在束缚水状态下对煤样分析后又获得一个 T_2 谱。同样，将该 T_2 谱转化为一个累计驰豫幅度随驰豫时间变化的累计 T_2 谱。经归一化处理，可将束缚水状态下的累积 T_2 谱的最高幅度值标定为束缚水孔隙度。最后，根据标定的总孔隙度和束缚水孔隙度的大小，二者的差值即为有效孔隙度。

在典型的 T_2 谱中，一般存在将 T_2 谱划分为可动流体部分和束缚流体部分的分界值：大于该值部分的 T_2 谱代表了可动流体，而小于该值部分的 T_2 谱代表了束缚流体，或称为不可动流体。可动和不可动流体的 T_2 截止值，用 T_{2C} 表示，即为有效孔隙度和束缚水孔隙度的界限阈值。如图 4.4.8 所示，当总孔隙度一定时，若有效孔隙度越高，则 T_{2C} 越靠近 T_2 横轴的左侧，即 T_{2C} 值越小。因此，确定了样品的总孔隙度和 T_{2C} 值即可获得样品的有效孔隙度。对于 T_{2C} 的计算方法，首先对离心前后的 T_2 谱分别作累积孔隙率曲线；其次，从离心后的 T_2 谱累积孔隙率曲线最大值处（即束缚水体积）作 x 轴平行线，与饱和水累积孔隙率曲线相交；最后，由交点引垂线到 x 轴，其对应的值即为 T_{2C}。

（3）核磁法测定煤的孔径分布结构。

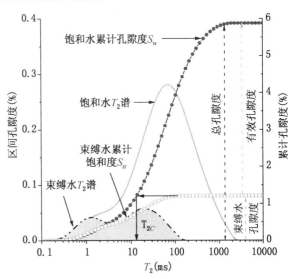

图 4.4.8　束缚水孔隙度和有效孔隙度通过 T_{2C} 值的求取方法示意图（据 Yao 等，2010）

图中孔隙度值选取红阳煤田煤样，R_o 为 2.7％；图中 100％饱和水累计孔隙率和束缚水累计孔隙率均由核磁共振 T_2 谱转化得到，其最大值分别代表总孔隙度和束缚水孔隙度，两者之差为有效孔隙度；饱和水累计孔隙率曲线上，与束缚水累计孔隙率最大值相同处所对应的 T_2 时间，即为有效孔隙度与束缚水孔隙度的界限阈值 T_{2C}

煤岩压汞法获得的煤样各孔径段分布直方图与煤核磁共振 T_2 谱峰的分布具有很强的相似性（Yao 等，2010），即：若压汞结果中微小孔比例越高，则对应的 T_2 谱中微小孔的谱峰和谱面积越大；若压汞结果中大孔部分越高，则其对应的 T_2 谱中大孔和裂隙谱峰和谱面积越大，因而可将核磁共振的 T_2 谱标定为孔径分布曲线。但是线性对应关系对煤这种具有特殊孔隙结构的岩石的实用性非常差，因此姚艳斌等（2010a）提出使用基于 T_{2C} 值的方法（T_{2C} 法），其基本原理为：对于所有的煤样，饱和水和束缚水 T_2 分析所确定的 T_{2C} 值所对应的孔隙半径是一定的。假设 T_{2C} 值所对应的孔隙半径 r 为常数，则第 i 个驰豫时间 T_{2i} 所对应的孔径 r_{ci} 可表示为

$$r_{ci} = rT_{2i}/T_{2C} \qquad (4.4.1)$$

根据离心实验 T_{2C} 值所对应 r 值大小，即可求得各个不同时间段的 r_{ci} 值，并进而构建出基于核磁共振 T_2 谱分析的视孔径分布特征。在对不同煤岩样品进行测量的结果中，姚艳斌

等（2010a）指出基于核磁共振 T_2 谱构建的孔径分布结果与实测的压汞孔径结果具有高度的一致性。而且进一步比较发现，微小孔部分（小于 $0.1\mu m$）的估计的精度远比大孔部分（大于 $0.1\mu m$）的要高，且核磁法获得的超大孔（大于 $1\mu m$）比例均比压汞法获得的值要低。从两种方法的原理来看，压汞法在压汞的初始阶段，进汞压力的瞬间增加使得进汞量激增，这时毛管压力与进汞量 2 个参数之间的匹配性较差，从而在实验结果上就反映为大孔的孔径段中，孔隙比例较大的假象；相比较，核磁方法并不破坏煤的原始的孔隙结构，因此其计算的结果更为可信。但总体上，煤的孔径结构可通过低场核磁共振方法来评价，但这种方法在应用上仍存在精度较低的问题。

（4）X-CT 扫描技术识别孔裂隙形态。

煤的孔裂隙可通过 X-CT 扫描技术来精细定量研究。其基本原理为利用 X 射线穿透煤样，收集由于煤中物质的吸收而衰减了的射线强度（其值大小可用 CT 数表示），CT 数的大小可反映煤体结构内部各组分的详细信息。可以将煤看成是由有机质基质、孔隙（未被充填的孔隙和裂隙）和无机矿物所构成的三元介质。由于三元介质在密度和有效原子数大小方面存在较大差异，这导致它们的 CT 数截然不同，因此可通过 CT 数的大小来定量识别该三元介质（Yao 等，2009）。

根据 X-CT 原理，可利用 μCT 技术实现对煤中孔裂隙和矿物的发育形态、大小、方位及空间分布关系的精细定量描述。实现过程需要对煤岩样品进行 μCT 扫描分析，得到多次扫描的灰度图像，随后对各个样品进行了三维重构分析。图 4.4.9 是 Yao 等（2009）对红阳煤田的煤样进行 μCT 技术的三维重构的部分结果。其中俯视图切片中用二元黑白图像像素的大小来代表 CT 数的大小：孔隙部分的 CT 数较低，表现为深黑色；矿物部分的 CT 数较高，表现为亮白色；而煤基质的 CT 数介于二者之间，表现为灰色。图中所示的煤岩中的矿物、有机基质和孔隙的 CT 数分别约在大于 2200HU、400～2200HU 和小于 400HU 之间，但该 CT 数随煤岩样品不同而有一定差别。图中显示煤岩受岩浆接触变质影响，发育大量成排的气孔和裂隙，同时可见部分裂隙被矿物所充填。

（5）煤的孔裂隙的空间配置。

煤岩中由于割理的发育，常常具有高度的空间非均质性，而优势裂隙总是发育于某一方位。采用 μCT 技术，不仅可以无损化、定量化地确定各组裂隙的大小和方向等信息，而且可以直观地将这些特征以三维可视化的方式显示出来。

为了模拟煤岩体的孔隙、裂隙和矿物等在空间的展布特征及相互接触关系，需要进行 CT 三维重构，其基本原理是，分别根据矿物和孔裂隙的各自的 CT 数分布区间，在空间建立二者独立模型，将二者综合在一个三维坐标中，即可实现煤岩体的三维重构工作。一般通过 CT 技术建立的三维模型主要有三维表面蒙皮模型、三维立体模型和三维 CAD 模型三种。表面模型代表了分析目标在煤样的表面的分布信息，而立体模型则代表了分析目标在样品内部的分布特征。这里以表面模型和立体模型为例来说明 CT 技术在煤的孔裂隙三维定量及可视化中的应用。

图 4.4.10 是姚艳斌等（2010a）利用 μCT 技术得到的煤的表面模型和立体模型结果。图中清楚显示了两组彼此正交的裂隙的发育，主裂隙平行于轴向，裂隙最宽处可达 2.5mm 左右。孔隙在煤中的发育并不均匀，而在裂隙周边较发育。该样的矿物较少，呈浑圆状孤立分布于煤的基质中。该样的裂隙较发育，且裂隙很少被矿物所充填，这是造成该样的空气渗透率值较高的主要原因。

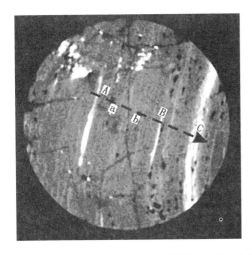
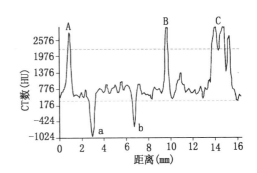

图 4.4.9　煤岩中孔裂隙和矿物的俯视图及 CT 数识别（据 Yao 等，2009）

煤岩样品为红阳煤田石炭系煤样，样品镜质组反射率为 2.7%；俯视图中二元黑白图像像素的大小代表 CT 数：孔隙部分的 CT 数较低，表现为深黑色；矿物部分的 CT 数较高，表现为亮白色；而煤基质的 CT 数介于二者之间，表现为灰色；CT 数分布图中，a、b 处低 CT 数值，指示煤岩孔隙；A、B、C 处高 CT 数值，指示煤岩中的矿物亮条带

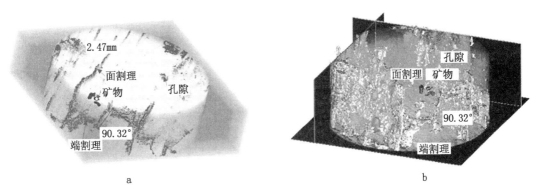

图 4.4.10　煤岩的孔裂隙和矿物的三维表面（a）和立体（b）模型图（据姚艳斌等，2010a）

图中为鄂尔多斯盆地侏罗系煤层煤样，R_o 为 0.39%；图中煤基质设为透明，割理和孔隙以橙色表示，矿物分别用黑色（a）和红棕色（b）表示。参见书后彩页

4.4.1.2.3　浅电阻率计算渗透率

　　煤层气工业中测井数据的应用通常有煤层识别、煤层厚度计算、地层气体估算等。Yang 等（2005）利用 Drunkards Wash Unit（DWU）地区的煤层气测井资料进行储层评价，研究过程中提出了利用渗透率指示器对煤层割理和渗透率进行评价。该地区的煤层气储层位于上白垩统 Ferron 砂岩层内，形成的薄互层由河流—三角洲相的砂岩、泥岩和煤层组成。储层深度范围为 1100～3500ft，煤级主要为高挥发性烟煤 B，平均厚度约 20ft。研究时从三个方面开展：（1）在聚焦电极测井法（Focused electrode tool）得到的浅电阻率基础上，提出新方法计算渗透率指示器；（2）在椭圆井眼法（Enlarged well bores）中把电阻率曲线作为重要的参数来区分煤层与非煤层；（3）基于煤层和测井参数的关系，建立综合的井曲线截止系统和计算分析模型，来区分 DWU 地区的多种煤岩类型。

　　煤层气工业中已显示了煤层具有较高的电阻率和较低的电导率。其原因在于：（1）高级煤中的灰分（主要为矿物质）含量较低；（2）割理孔隙的总体积只有1‰～3‰；（3）煤层水中的含盐度一般比常规储层中更低。由于割理孔隙体积低且含盐量也低，因而煤层割理孔隙内的流体的导电率几乎可以忽略。Yang等（2005）在研究电阻率曲线响应时指出，对于生产过程的两个不同阶段的煤层（干、湿煤层），最小割理孔隙体积严重影响着电阻率曲线。

在开发的早期阶段，井筒中为含盐度较低的水，测得的井筒流体的电阻率值在2～10Ω·m之间。之后，由于KCL流体注入井筒来保护煤层气储层，井筒流体的电阻率减少到0.1～1Ω·m。由于井筒内流体的变化，可以在聚焦电极工具得到的浅电阻率测井结果中看到，同一煤层不同流体之间的电阻率相差几百到几千欧姆米（图4.4.11）。该结果表明，虽然割理空间内的流体体积较小，但是煤层的电阻率与割理孔隙体积和割理内流体的含盐度有很大的关系。

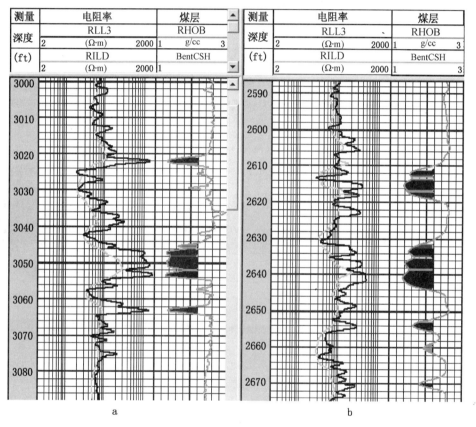

图4.4.11　井筒流体不同时的浅电阻率数据对比（据Yang等，2005）

a—井筒中为含盐度较低的流体时测得的曲线；b—井筒中注入KCL流体时测得的曲线；

图中可以看到注入KCL流体后的井筒中浅电阻率值明显降低

在联系电阻率曲线、割理孔隙体积和流体含盐度之前，需要考虑电阻率曲线工具类型。DWU地区的浅电阻率是通过聚焦电极电阻率工具测量的。该方法限制了测量深度（约12in），表明浅电阻率主要反映地层侵入带的电阻率，这些地方的地层流体常被井筒内流体取代，从而形成误差。与感应电阻率相反，电极电阻率曲线不会受到煤层中孤立导体的影响，而是主要测量连续导体的电阻率，例如煤层割理系统中的流体。

基于上述讨论，聚焦电极法得到的浅电阻率受到了连续分布的割理孔隙体积和井筒内流体的含盐度的影响。对于给定的割理孔隙体积值的地层，浅电阻率受到流体含盐度控制。同样，如果流体含盐度不变，浅电阻率将受到割理孔隙体积的控制。而且，高的割理孔隙体积意味着煤层气储层的渗透率高，这样浅电阻率同储层的渗透率联系了起来。Yang 等（2005）最后指出可以仿照阿尔奇公式（Archie's Law）中的"地层因子"这一词语定义了地层水电阻率和地层电阻率之间的比值。

4.4.1.3　弹性属性分析和割理成像

传统的密度、GR 和电阻率测井曲线可以描述不同的煤层气储层属性，但是这些曲线在描述煤层割理时，会受到次生矿物发育、煤层的自然状态和井孔条件等方面的影响，并且不能完全描述割理密度。Mohammad 等（2008）对印度 Jharkhand 的煤层气井测井数据进行研究，其中使用了 8 个煤层的样品，使用微电阻率成像测井和声波测井方法描述割理的发育。该地区煤层密度在 $1.45 \sim 1.55 \text{g/cm}^3$ 之间，声波时差值范围为 $122 \sim 130 \mu \text{s/ft}$。

4.4.1.3.1　电阻率成像测井分析

井孔电子成像测井具有较高的分辨率（英寸级别），成像数据能够有效的可视化识别割理和裂缝网络，并且同样能够通过倾角数据测量割理和裂缝方向。倾角数据分析能够鉴定主要和次级的割理组、方向及三维空间分布关系。自然裂缝、力学诱导裂缝及其几何形态能够通过成像测井来清楚的区分。自然裂缝在成像测井结果中显示为比较连续的特征，通常为多个方向，并表现为多变的形态。井孔卸压或钻井诱导裂缝形成特定方向，这将依据于地层中的现今局部应力及井筒方向而定。

成像测井分析能够识别煤层的主要裂缝（面割理）和次级裂缝的倾角和走向。煤层单个条带中的大量的小尺度裂缝，以及贯穿切割多个条带的大尺度裂缝，均可以在成像测井图像中看到。Mohammad 等（2008）展示了成像测井资料中拾取的割理方向的实例，如图 4.4.12 所示，图中蝌蚪图指示了面割理的倾角和走向。

定量裂缝分析中，常使用成像测井描述裂缝属性，例如轨迹长度、密度、孔径和孔隙度等。割理分析中，成像测井资料首先通过浅电阻率测井曲线校正，然后通过一些建立的关系来计算割理开度，这些电阻率关系包括：冲洗带电阻率、泥浆电阻率，以及在充填导电泥浆的开启割理中通过的过剩电流。

4.4.1.3.2　声波时差曲线分析

通常在煤层气储层中应用全波形声波数据，是为了得到地层应力剖面、识别煤层等。但全波形声波数据分析同样有助于描述割理。煤是一种软岩石，单极波中不能得到横波时差，因而只能通过偏分离校正 STC 法从偶极挠曲波中提取得到。Mohammad 等（2008）发现，密度校正井具有纵波时差变化，而纵波时差和横波时差相对应的关系，可以通过 v_P/v_S 来研究（图 4.4.13）。

斯通利波对井筒中的地层界面比较敏感。开启割理和高渗透率的存在影响慢度，并导致斯通利波的衰减。斯通利波反射率分析被用于检测割理电导率。然而，在割理高度发育的煤层中，大部分能量发生衰减，并且反射能力可以忽略。在这种情况下，透射系数（STTC）测量的能量衰减，能够更好的指示割理或裂缝的密度。低透射系数和低反射系数（STRC）表明具有非常高的衰减。这种衰减是由于高割理密度引起的。

4.4.1.3.3　综合声波和成像测井数据分析

Mohammad 等（2008）从声波数据分析割理密度，结果显示深层煤层具有高的 v_P/v_S 值。不同煤层的 v_P/v_S 和纵波时差交会结果，及其与割理密度成像和斯通利波成像之间的关

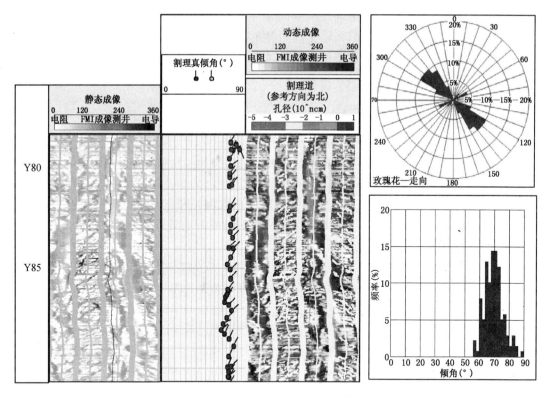

图 4.4.12　成像测井结果中煤层主要裂缝（面割理）分析图示（据 Mohammad 等，2008）
图中为印度 Jharkhand 深层煤层的成像测井结果；分析结果表明煤层中割理较为发育；蝌蚪图
描述了面割理的倾角和走向：多数倾角超过 65°，走向为 NW－SE

系见图 4.4.13。高割理密度的深层煤层的 v_P/v_S 值范围为 2.65～3，中层煤层 4 和 5 的 v_P/v_S 值范围为 2.45～2.65，浅层煤层 1、2 和 3 的 v_P/v_S 值低于 2.25。成像测井结果同样显示深层煤层具有高的割理密度。割理密度的变化与相同纵波时差得到的 v_P/v_S 值具有较强的相关关系。全井 STTC 测量结果显示上述三个煤层段的值范围分别为 0.65～0.75，0.75～0.85 和 0.85～0.95，表明斯通利波透射系数与 v_P/v_S 值的变化趋势一致。图 4.4.13 中结果表明，实测结果、电阻率成像测井和声波测井显示了相似的割理密度结果。斯通利波透射系数分析则提供了一个新的途径来测量煤层的割理。基于上述研究，可以定量测量煤层中割理密度的变化。

4.4.2　煤层气地震勘探方法

　　近年来，随着地震勘探技术的发展，常规油气储层的地震预测技术越来越成熟，但是在煤层气储层预测中（包括煤矿工业的煤层预测），地震技术的应用相对较少。煤层气储层的双重孔隙结构和煤层气的吸附赋存特征，以及煤层本身的低速、低密度特性，和由于割理发育而具有的各向异性，都显示出其与常规油气储层之间存在较大的差异。这些差异使得煤层气储层的地震勘探开发难度更大。

　　在对煤层气勘探开发的地震技术文献的调研中发现，目前煤层气地震勘探的关键问题主要集中在含气性预测、渗透率预测和开发动态监测三个方面。含气性的预测主要是使用各种波阻抗反演和 AVO 等技术，其原理就是根据煤储层因含气量不同而具有不同的 AVO 响应，

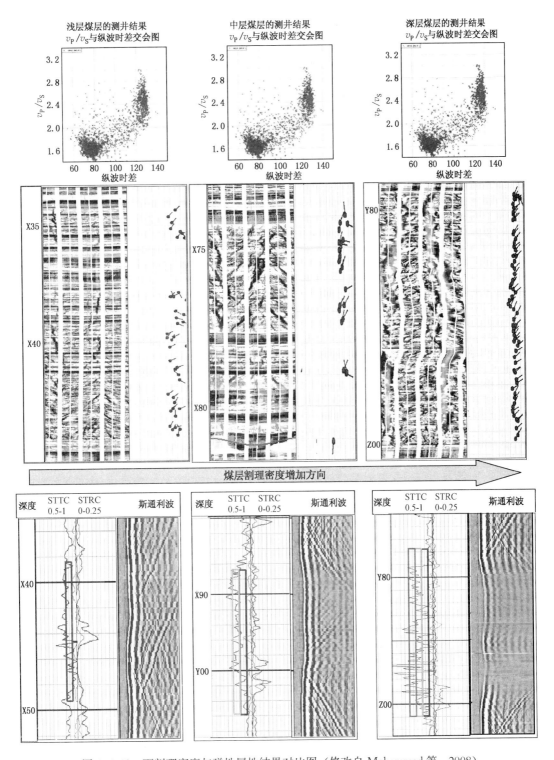

图 4.4.13　面割理密度与弹性属性结果对比图（修改自 Mohammad 等，2008）

v_P/v_S 与纵波时差交会图中，红色部分为煤层的 v_P/v_S，三个交会图中纵波时差值近似，而 v_P/v_S 值则有差异；与成像测井结果的对比显示，v_P/v_S 随着割理密度增加而增加；斯通利波反射系数（STRC）和透射系数（STTC）显示分别为成像测井结果中的下部；STTC 值的蓝色、橙色和绿色框表示的值范围分别为 0.95～0.85，0.85～0.75 和 0.75～0.65。参见书后彩页从而在阻抗、速度特征或叠前属性结果中表现出异常。在储层渗透性预测方面，主要认为煤层割理发育的区域就是煤层气储层高渗透带，从而将此问题转变为预测煤储层各向异性的问题。所用的方法包括 AVO 技术、P 波方位 AVO 技术、多波多分量技术和曲率属性等，此外，对煤层的各向异性的各种正演模拟也是目前研究较多的方面。在开发动态监测方面，主要是利用各种类型的时移地震资料来监测排水开采或注气排水开采的不同阶段的储层特征的响应，根据这些响应差异来识别储层变化。开发监测中所用到的地震资料类型除了常规地面地震资料外，还包括 VSP 资料、多分量资料等。

4.4.2.1 AVO 技术识别煤储层有利目标区

煤层气储层中的含气量多少是煤层形成过程中多种因素影响的结果，包括温度、压力、煤岩组分、煤级、煤层厚度、煤体结构、割理特征和煤层埋深等。在这些因素控制下的煤层气的含量差异，使得煤层表现出明显的非均质性，同时还影响着煤层的弹性属性，如速度、密度等。同时，煤储层的割理发育预示着良好的渗透能力，同时也影响着 AVO 响应特征。Ramos 和 Davis（1997）最早对煤层的 AVO 特征进行分析，认为 San Juan 盆地多数煤层都是含水的，其纵横波速度比和泊松比都随割理密度发育程度增加而增加，其 AVO 响应主要是由割理密度引起的。国内也有较多关于煤层气储层 AVO 响应的分析（彭苏萍等，2004，2005，2008；Peng 等，2006；杜文凤等，2008），主要认为煤体本身的特征（如构造煤等）影响了速度变化，由于构造煤处裂缝一般比较发育，因而其 AVO 响应还是由于割理或裂缝的发育引起的。煤层气的含量也影响着煤体本身的弹性属性，在实际应用中发现，含有气体的煤储层的弹性属性往往与含气量的多少有一定的函数关系，含气量越高，储层的速度和密度越低（刘雯林等，2009；孙斌等，2010）。

这里把煤层气储层 AVO 研究实例中的关键性问题列出并进行分析。需要指出的是，不论是根据煤层割理密度本身对 AVO 响应特征的影响，还是这种根据含气量拟合或者平均近似得到煤层含气量与 AVO 响应之间的关系，都存在着较多的误差，这是由于煤层本身的复杂性（胀缩效应，割理发育等）引起的。关于该问题目前还没有相应的文献进行探讨，但笔者认为解决的办法还应该从煤层本质的岩石物理属性出发进行研究。

4.4.2.1.1 裂缝密度变化引起的 AVO 异常响应

煤层裂缝（包括割理和外生裂缝）密度变化对煤储层弹性属性有较大的影响，能够引起 AVO 响应特征的变化。这一变化是由 Ramos 和 Davis（1997）在美国 San Juan 盆地 Fruitland 煤组的 AVO 研究中提出的。这也是国外少数公开发表的 AVO 应用实例之一。其研究目的区的地质特征是煤层裂缝多充填水，只有在局部围压较低的区域才由于吸附饱和而充填气。煤层气主要产出在薄层（约 1~6m 厚）煤层中，并与砂岩等形成薄互层，但煤层厚度和连续性在横向上变化都不大。

研究中通过测井曲线建立煤层的 AVO 水平层状介质模型，所用到的弹性参数由测井数据计算得到，其中 Hamilton3 井的声波和密度测井数据如图 4.4.14a 所示。用 P 和 S 波声波测井数据，以及实验室测定的纵横波速度比关系，来得到全井的横波速度数据。通过实验室中测量不同竖直或水平取心的岩样，来确定不同流体饱和度和裂缝密度的速度数据。测量结果显示，饱含盐水的低、中、高裂缝密度的岩心的纵横波速度比分别为 1.97、2.15 和 2.34，同样岩心在空气中测量的纵横波速度比则分别为 1.85、1.89 和 1.95。这些实验数据表明煤层的纵横波速度比（同样情况对泊松比）随着裂缝密度增加而变大，但当裂缝孔隙内充填气体时则减小。而且，在空气中测定的岩心纵横波速度比随着裂缝密度的变化而变化的程度，要比裂缝中饱含水时的变化程度小。

图 4.4.14b 显示了煤—砂岩界面的 P 波反射系数随裂缝密度变化的正演结果。由于模型中假设裂缝是竖直的，因而裂缝密度的变化对垂直入射的 P 波反射系数基本上没有影响。但是对于中等入射角，不超过 50°的范围内，AVO 梯度随着裂缝的密度增加而增加。当模型改为各向同性介质时，则只能通过减小煤层泊松比的方式来模拟煤层裂缝密度的变化，这时增大界面上的泊松比差，AVO 梯度同样增加（较大的泊松比差对应较大的 AVO 梯度）。如果保持泊松比差不变，而改变上覆岩层（砂岩）和下伏岩层（煤层）速度差，得到的结果是，当速度差增加，各个入射角度的反射系数均提高（包括截距）。

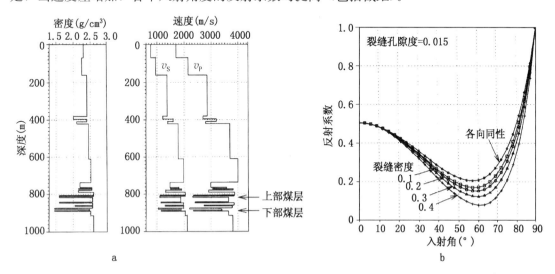

图 4.4.14　煤层气储层的 AVO 正演模拟（据 Ramos 和 Davis，1997）

a—目标煤层的测井数据，密度、纵波速度、横波速度；b—煤层—砂岩界面 P 波反射系数与入射角度、
煤层裂缝密度的关系；模拟结果表明，随着裂缝密度增加，在中等入射角时的 AVO
反射系数变化增加，AVO 梯度也随裂缝密度增加而增加

上述煤储层弹性属性分析和 AVO 正演结果表明，在煤层中含气量横向变化不大的情况下，才能够在全部研究区域利用这种 AVO 的分析结果，即 AVO 梯度随裂缝密度增加而变大。在一些构造作用较强而发生煤体变形的地区，或者煤储层含气量在横向上变化较大的地区，使用上述结果时就应当受到限制。

4.4.2.1.2　煤层 AVO 响应识别瓦斯突出

原生煤体结构受到构造作用破坏后，常常形成构造煤，主要以薄层状分布于煤层顶底板及夹矸附近（俗称软分层）或以条带状分布于构造形迹附近。构造煤不仅使煤储层渗透性降低，而且常导致煤层瓦斯突出。煤体破坏程度越严重，煤的强度越低，瓦斯突出危险性就越大。彭苏萍等（2005，2008）从煤体构造变形的角度出发，认为煤层气富集区和瓦斯突出区是两个在本质上截然不同的概念，在地理位置上两者常分布在不同区域，从而在进行煤层气经济开采和煤矿瓦斯突出防治中也应采用不同的措施。其中煤层瓦斯突出大多发生在煤体破碎的构造煤中，煤体破坏程度越严重，煤的强度越低，突出危险性越大。而煤层气富集地区的煤体尽管其中有大量的裂隙存在，但煤体结构仍保持完好，煤体的强度比突出煤体要大得多。瓦斯突出煤体与煤层气富集煤体在超声波参数、弹性参数、强度参数、电阻率等物理特性上也存在着明显的差异。

由于瓦斯突出与煤体的构造变形有较大联系，且 AVO 的响应特征也与煤体结构和顶底板岩性特征有较大的关系，因而可以通过 AVO 对不同煤体结构的响应特征不同，来预测瓦斯突出的分布区域。彭苏萍等（2008）较为详细的分析了不同煤体结构和煤层顶底板岩性不同时，其 AVO 响应特征的变化。模拟过程中选取局部瓦斯（煤层气）富集煤层中的数据（表 4.4.3），进行 AVO 理论模型正演计算，研究煤层顶面振幅随入射角（偏移距）变化的特征。表中使用的煤层顶板砂岩和泥岩的纵波速度、横波速度、密度数据来自淮南某煤矿钻井岩心实验室测定的资料，煤层参数则是参考已有的文献数据。

表 4.4.3　不同煤型煤岩 AVO 模拟时的参数（修改自彭苏萍等，2005）

		v_P（m/s）	v_S（m/s）	ρ（g/cm³）	σ	v_P/v_S
煤层	原生煤Ⅰ	2400	1259.4	1.500	0.310	1.91
	构造煤Ⅱ	1960	1090	1.390	0.276	1.80
	构造煤Ⅲ	1500	681.39	1.350	0.370	2.20
	构造煤Ⅴ（软分层）	650	195.98	1.250	0.450	3.32
顶板	泥岩	3170	1585	2.360	0.333	2.00
	砂岩	3601	2172	2.562	0.214	1.66

在 AVO 模型分析中，首先研究具有不同煤体结构的煤层 AVO 特征，而不考虑薄层调谐效应的影响。模型中煤层厚度设计为 50m，设计了原生煤Ⅰ、构造煤Ⅱ、构造煤Ⅲ、构造煤Ⅴ等四种煤体结构的煤层；顶板和底板设计为砂岩、泥岩两种，顶板和底板的厚度各为 100m；选择 58Hz 零相位 Ricker 子波进行计算，结果见图 4.4.15。

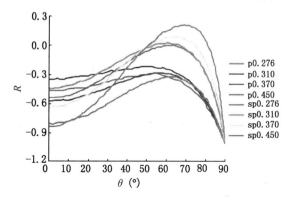

图 4.4.15　不同煤型煤岩在顶底板不同时模拟得到
AVO 响应（据彭苏萍等，2008）

图中 p 表示顶板为砂岩的模型的 AVO 响应；sp 表示顶板为泥岩的模型的 AVO 响应；数字表示模型中煤岩的泊松比值，对应的煤岩类型与表 4.4.5 中数据一致。参见书后彩页

由图 4.4.15 中的 AVO 响应特征分析可以得到以下结论（彭苏萍等，2008）：（1）顶板岩性对 AVO 特征有很大影响，图中的曲线明显地按照顶板岩性（砂岩、泥岩）分为两组；（2）当入射角小于 15°时，振幅随入射角的变化不明显；入射角在 15°～40°之间时，反射系数随入射角明显变化，对 AVO 分析最有意义；（3）对于不同破碎程度煤体，其反射系数随着入射角变化的梯度有很明显差异，因此，可以使用 AVO 探测煤体结构局部破碎，进而可能探测瓦斯局部富集；（4）无论是砂岩顶板还是泥岩顶板，软分层（即非常破碎的构造煤）的 AVO 特征都是突出的，这有利于使用 AVO 技术预测煤体结构变化以及瓦斯富集情况。

基于这种煤层 AVO 响应同顶底板岩性的关系，Peng 等（2006）在淮南地区的煤层瓦斯勘探中使用了 AVO 技术，其分析结果表明 AVO 梯度异常不但能够显示断裂附近的割理发育区，也能够显示褶皱轴部的割理发育区。图 4.4.16 显示了研究目标区的煤层底界的

AVO 梯度属性，从上覆的时间构造图中看出在倾斜地层上有一个规模较小的向斜和两个小背斜，其中蓝色虚线表示褶皱的轴部，棕色粗线表示断层，浅绿色的矩形表明的是满覆盖次数区，其内的梯度异常才比较可靠。图中还显示出三个主要的梯度异常发育区：A 异常，B 异常和 C 异常。钻井资料分析表明，这些 AVO 异常为有利的煤层气富集区，而且强梯度异常出现在背（向）斜轴部的位置，并与背（向）斜轴部曲率的大小相关。这是因为裂缝更易发育于背斜和向斜的轴部，特别是沿着轴线方向。当然，向斜和背斜也可能不是由区域应力挤压形成的，而是继承了古地形形成的，这种情况下，固结成岩作用的结果，同样使得在褶皱轴部有较高的裂缝密度。进一步分析表明，A 异常区是测区内主要的异常区，它出现在中部向斜的轴部，沿向斜同相轴，南西部异常强，北东部异常相对较弱。该向斜轴部的形态，北东部相对宽缓，南西部曲率较大。B 和 C 异常区都出现在背斜的倾没（转折）端。根据上述 AVO 正演结果，可以将图中强负梯度异常区的位置分别解释为煤体破碎、软分层发育、瓦斯富集的位置。

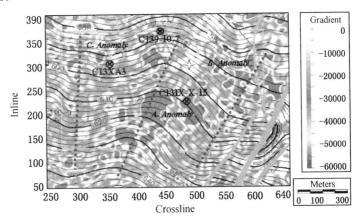

图 4.4.16　淮南某区块煤层底界面的 AVO 梯度异常显示瓦斯富集区

（据 Peng，2006）

图中黑线代表等 T_0 构造线，蓝色虚线表示褶皱轴部，棕色粗线表示断层，淡蓝色矩形表明满覆盖次数勘探区边界；图中梯度异常低值（绝对值大）处为瓦斯富集区，共有 A、B、C 三处异常区域（图中的 A - Anomaly、B - Anomaly 和 C - Anomaly）。参见书后彩页

在彭苏萍等（2005）的研究结果中，煤层中瓦斯富集部位煤的波阻抗总是低于围岩，泊松比一般高于围岩，这使瓦斯富集部位的 AVO 属性具有顶板反射为负截距、正梯度，底板反射为正截距、负梯度的简单特征。例外的情况是，当煤层围岩是成岩程度很低的泥岩或疏松砂岩，围岩的泊松比很大时，瓦斯富集部位煤的泊松比可能小于或近似等于围岩的泊松比。与常规天然气在圈闭顶部富集的特性比较，煤层瓦斯的局部富集特性增加了使用 AVO 技术的必要性，然而，当煤层的厚度和顶板岩性变化时，也增大了解释 AVO 异常的困难程度。

4.4.2.1.3　拟合弹性属性与含气量的关系预测含气量

在已有的煤层气储层含气性预测研究中，孙斌等（2010）在鄂尔多斯盆地大宁—吉县地区的下二叠统山西组煤层中运用 AVO 方法进行了含气量预测。首先根据测井数据将每口井的含气量同弹性属性交会分析，从而得到纵、横波速度和密度同随含气量变化的函数。根据拟合的参数就能得到不同含气量下预测的弹性属性值，如表4.4.4所示，纵波速度、横波速度和密度都与含气量呈反比关系，随着含气量的增加，而有较大幅度的下降。

根据表4.4.4得到的含气量同弹性属性的关系，选用实际钻井资料进行AVO正演，在两口钻井相同煤层的正演结果中显示，不同含气量煤层的AVO响应有较大差别。图4.4.17a的AVO正演结果中钻井产气量大于$1000m^3/d$；而图4.4.17b中钻井的产气量小于$1000m^3/d$。两口钻井的AVO响应特征显示，不同含气量的煤层中的顶、底板反射界面的响应特征相似，其中顶板均对应地震剖面的负同相轴，反射振幅随偏移距的增加而减小；而底板反射界面对应的是地震剖面的正同相轴，其反射振幅也随偏移距的增加而减小。所不同的是，高含气量的钻井中的顶、底板的振幅变化绝对值均高于低含气量钻井，这意味着高含气量的钻井中对应着较大的截距、负梯度异常。

表4.4.4　鄂尔多斯盆地大宁—吉县地区煤岩中不同含气量对应的弹性参数（修改自孙斌等，2010）

假设的V_g（m^3/t）	预测的ρ（g/cm^3）	预测的v_P（m/s）	预测的v_S（m/s）	v_P/v_S
20	1.325	2215.8	1352.0	1.64
15	1.371	2435.1	1432.8	1.70
10	1.418	2654.4	1513.6	1.75
5	1.463	2873.7	1594.3	1.80

需要指出的是，上述AVO分析结果比较适用于煤层含气量横向变化较大的地区，图4.4.17中也显示两口井中的煤层厚度变化较大，从而引起含气量的较大变化。对该情况进行研究的孙斌等（2010）也指出，这种拟合的关系值应当谨慎使用，因其不完全能够定量的表示煤层中含气量与弹性属性之间的变化关系，不过可以用来定性的描述两者关系。

4.4.2.2　煤储层的各向异性预测

煤储层的渗透率主要由煤层中的开启的割理和裂缝提供，这在较多的文献中已经明确指出。而在实际生产中也常常发现，煤储层的高渗透区往往是煤层割理比较发育的地区。由于面割理的发育规模明显大于端割理的发育规模，从而使煤层割理表现出明显的各向异性。这种各向异性特征可以用地震技术进行预测。因而煤储层的渗透率预测问题，就转变为煤层各向异性的预测问题。

从煤层割理的发育特征看，割理密度与应力场形成的局部构造特征有很大联系，从而通过检测小构造特征的地震技术，如曲率等，也能够间接的预测割理发育区，从而得到煤储层的高渗透带。

4.4.2.2.1　方位AVO正演

当地震波通过一组垂直或近垂直的裂缝时，如果裂缝间距小于地震波波长，那么地震数据中就能观察到方位各向异性特征。煤层割理满足地震监测裂缝的条件，因为面割理的发育规模和程度都大于端割理，形成了占主导地位的各向异性，能够通过地震识别出来（Gray，2005）。当地震波传播方向与煤层面割理方向之间有不同夹角时，弹性参数随之而变。通过计算这些参数的变化得到地震方位各向异性特征，可以预测面割理的走向。

Al-Duhailan和Lawton（2010）在对加拿大Alberta地区煤层气储层的方位AVO特征分析时，分别对煤层进行了AVO正演和方位AVO正演，并分析了两种正演结果的特征。利用Mannville煤层生产井的测井资料建立正演模型。通过测井曲线得到的合成地震记录能

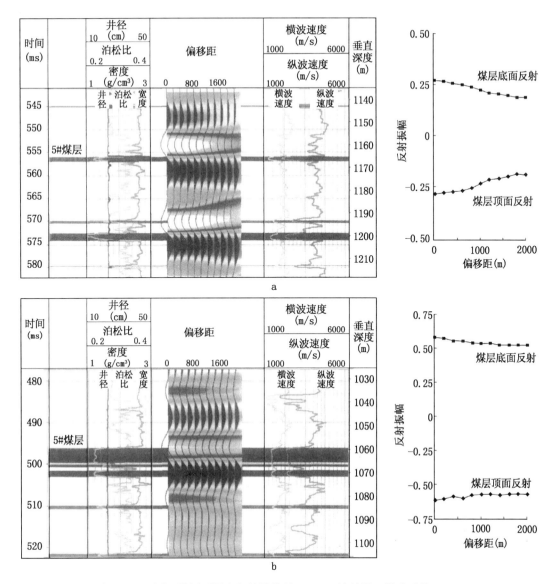

图 4.4.17　同一煤层不同含气量钻井的 AVO 正演结果（据孙斌等，2010）

AVO 正演数据来自为鄂尔多斯盆地大宁—吉县地区 5♯煤层中不同含气量的钻井中；a—含气量较高的钻井；b—含气量较低的钻井；两钻井中 5♯煤层顶、底板反射振幅随偏移距的变化见右图，正值为底板反射，负值为顶板反射；对比两图可见，a 图中高含气量煤层的顶、底板 AVO 振幅变化量均较大，表明具有较高的梯度绝对值

够显示煤层顶底界面的反射特征；简单的两层地质模型则可以显示 AVO 的曲线特征；而通过给定煤层以特定的 Thomsen 参数，就建立了煤层顶部单界面模型就显示了方位各向异性特征。在模型正演过程中假设煤层为 HTI 模型，并得到 P 波反射系数。

对煤层顶、底界面的方位 AVO 正演，包括模拟反射系数在不同方位角情况下的特征，其中方位角指 P 波炮-检平面与 HTI 介质水平对称轴之间的夹角。模拟过程中各向异性是垂直于对称轴并竖直排列的煤层割理引起的。如果煤层上部或下部假定为各向同性介质，就可以通过给定 Thomsen 参数而模拟得到煤层的方位各向异性。对煤层给定的 Thomsen 参数值，是典型的薄层并饱含流体的煤层参数值（见表 4.4.5）。

表 4.4.5　方位 AVO 正演所用参数表（据 Al—Duhailan 和 Lawton，2010）

	α	β	ρ	ε	δ	γ
上部地层	3531	1696	2528	0	0	0
煤层	2351	959	1406	0	—0.19	0.3
下部地层	3780	1815	2554	0	0	0

　　方位 AVO 的正演结果表明，方位角地震剖面中的反射振幅值随入射角的增加而降低。不同方位角时，反射振幅大小和 AVO 梯度均有不同，其中反射振幅从 10°入射角度时（偏移距约 0.5m 处）开始出现明显差异。结果中不同方位角时煤层顶部的反射振幅随偏移距的变化如图 4.4.18 所示。图中显示近偏移距时不同方位角的振幅变化不明显，而远偏移距时的变化明显。从图 4.4.18 中还可以观察到振幅绝对值在 90°方位角时（垂直于对称轴）达到最大。这意味着，当 P 波炮检平面平行面割理时，AVO 梯度是最小的；当炮检平面垂直面割理时，AVO 梯度是最大的。

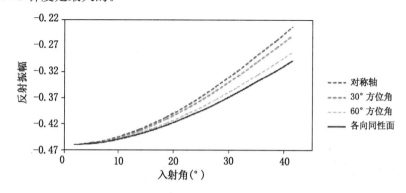

图 4.4.18　方位 AVO 正演结果中煤层顶界面的反射振幅随偏移距变化

（据 Al－Duhailan 和 Lawton，2010）

图中曲线为不同方位角面的反射振幅随偏移距的变化，从上到下依次为对称轴、30°方位角、
60°方位角和各向同性面；图中结果表明炮检平面与对称轴夹角约接近，
反射振幅随偏移距的变化越大，即 AVO 梯度越大

4.4.2.2.2　P 波方位 AVO 预测煤层各向异性

　　Gray（2005）在加拿大 Alberta 的煤层气储层中也应用了纵波方位 AVO 技术，并说明了煤层的各向异性很可能是由割理发育引起的，以及方位 AVO 技术在检测煤层由割理引起的各向异性的可行性。图 4.4.19 清楚地显示了 Mannville 煤组的 P 波各向异性在横向上的变化特征。密度测井曲线向左侧偏离，同时具有明显地震各向异性的部位，即为 Mannville 组的上部煤层。Mannville 组中部煤层也有较高的各向异性值显示，不过各向异性高值区与煤层在反射时间上不完全重合，这可能是地震子波在薄煤层中的调谐效应引起的。

　　图 4.4.19 下部古生界地层中显示出的各向异性，为该地区碳酸盐岩地层的响应；而在 Mannville 组显示的各向异性，则是煤层的响应。古生界的碳酸盐岩地层受到挤压，因而高度发育裂缝或各向异性的孔洞，如规则排列的晶间洞等，这使得古生界地层中也显示出各向异性。但是 Mannville 组古生界地层之上的碎屑岩地层中发育的煤层，表现的各向异性程度最强。

　　图 4.4.19b 和 c 分别显示了 Mannville 组上部煤层和中部煤层的各向异性横向分布特

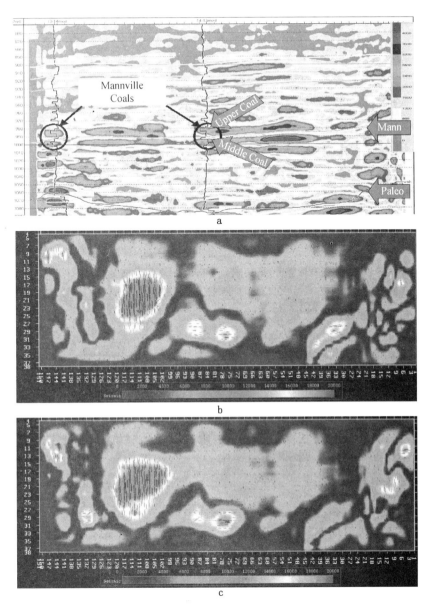

图 4.4.19　煤层气储层的各向异性响应（据 Gary，2005）

a—各向异性剖面特征；b—Mannville 组上部煤层各向异性横向分布特征；c—Mannville 组中部煤层
各向异性横向分布特征；上部煤层和中部煤层在平面上的差异，反映了两个
煤层各向异性特征的差异。参见书后彩页

征，各向异性的强弱表明煤层各向异性强度在横向上的变化。而且，不同层间的各向异性分布，也显示了煤层与煤层间各向异性的变化特征。由于煤层各向异性最可能是煤层割理形成的，因而这些结果还表明了煤层中不同区域的割理发育程度不同。但是如果煤层割理的发育程度在横向上的变化不大，那么各向异性的变化就是煤层本身引起的，也就是说煤层在横向上不是连续分布的。这种情况下，预测的各向异性强弱程度就指示了煤层在横向上的分布。

同样，由于该方法针对 HTI 介质进行测量，那么各向异性较强处即为各向异性的优势方向处。因而在图 4.4.19b 和 c 中的线条就显示了 HTI 介质的各向同性面方向（即各向异性方向)。这也可以推断出该区域有一个主割理发育方向。图中结果还表明该区域内存在一个优势的渗透率方向,而且该渗透率方向与各向异性方向是一致的。

4.4.2.2.3　变源距 VSP 资料的方位 AVO 梯度特征

Al-Duhailan 和 Lawton(2010)对加拿大 Alberta 地区的变源距 VSP 资料进行了方位 AVO 分析,来预测煤层中割理的发育。该地区变源距 VSP 资料的采集过程中,震源分别在正东、东南和正南三个方向移动,这样可以直接测量并对比 Mannville 煤层顶部的方位 AVO 响应。在每个方向上震源位置 10 处,震源间隔 140m,离井口最大偏移距为 1400m。井中的三分量检波器共 64 个,分为相互间隔 15.1m 的 4 组,每组 16 个,其测量范围连续覆盖了 468~1420m 的测量深度范围。测得的 VSP 资料均经过了同样的旋转和波场分离等处理流程。

分别采用不同频率的地震子波进行 VSP 正演,正演模型为各向同性模型,其目的是描述 VSP 资料受调谐效应的影响。模拟的 VSP 正演结果中,煤层顶界的振幅和梯度随偏移距而变化。不同频率下,煤层顶界的 AVO 响应和梯度均有差异,其中主频越低,AVO 梯度越高。单一界面模型的 AVO 响应不受子波频率影响,相比于不同频率的多层模型,其AVO 反射振幅值和梯度值均比较小。

VSP 资料的正演模拟显示 AVO 梯度值在浅层有突变,这是由于检波器深度不同引起的。在 VSP 测量中,对于射线追踪技术在同一震源和偏移距下得到的入射角度,浅部检波器一般要小于深检波器。具有相同偏移距时,深、浅检波器却有不同的反射点和射线路径,而且从井口偏移距转换为震源—地面检波器偏移距时,也会出现类似差异特征。

图 4.4.20 为消除调谐效应影响的实测 VSP 资料的 AVO 梯度与各向同性模型 AVO 梯度的对比。方位 AVO 梯度值均高于各向同性模型得到的 AVO 梯度值,且在正东方向的 VSP 资料的 AVO 梯度明显不同于其他两个方向的 AVO 梯度值。

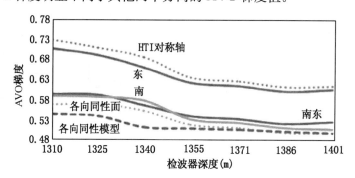

图 4.4.20　变源距 VSP 实测地震资料的方位 AVO 梯度

(据 Al-Duhailan 和 Lawton,2010)

图中数据为加拿大 Alberta 地区的 VSP 资料;各 AVO 梯度均为 1423m 深度的
煤层顶界的响应;实线为实测不同方位的 VSP 资料的 AVO 梯度;细虚线分别
表示 HTI 对称轴方向和各向同性面方向;最下方较粗虚线为假设煤层是各向
同性时模拟的 AVO 梯度响应;不同方位的 AVO 梯度表明,东方向的实测地
震资料的 AVO 梯度值与 HTI 对称轴方向较一致,而钻井资料也表明煤层顶部
面割理方位与正东方向接近

图 4.4.20 中还显示了利用方位 AVO 方程计算得到的 HTI 对称轴方向和各向同性面方向。其中正东方向的 VSP 资料的 AVO 梯度值接近于 HTI 对称轴方向的梯度值,而其他两

个方向的 AVO 梯度值则接近于各向同性面方向。这些结果表明利用变源距 VSP 资料的方位 AVO 技术可以有效地识别出面割理的发育方向。对煤层顶界面的方位 AVO 正演结果，表明垂直面割理方向的 AVO 梯度值最大，平行面割理方向的 AVO 梯度值最小。实测 VSP 资料显示正东方向的 VSP 资料具有最大的 AVO 梯度值，说明正东方向与面割理走向之间的夹角最大（接近 90°）。

4.4.2.2.4　多波多分量技术的应用

在多波多分量资料中，横波在各向异性地层中分裂成快、慢波，从而使横波资料的地震响应出现各种异常，包括横波资料的偏振、反射时间、振幅等的响应等。这些异常响应特征与地层裂缝发育有关，能够用来识别地层裂缝的方向和密度。这也是多分量地震资料能够用于裂缝检测的理论基础。在这些异常响应中，横波偏振显示了地层应力变化特征，其结果能够与地质构造解释得到的结果匹配；反射振幅则反映了地震速度和储层压力的变化，预测其变化特征还需要岩心样品分析得到的岩石物理数据。

在早期的研究中，Shuck 等（1996）对美国 San Juan 盆地的九分量 3D 地震资料进行研究，这也是少数的煤层多分量资料的研究之一。在其研究中主要使用旅行时法和振幅法（速度法）得到的 Fruitland 组煤层的最强各向异性值，这也是多分量地震勘探中常用的方法，并指出了旅行时的方法在识别厚煤层时较为准确，而振幅法则适用于识别较薄的煤层。Thomsen 等（1995）也指出多分量技术在煤层裂缝检测中面临着薄层影响的问题，因为煤层在垂向上往往形成互层状的含煤层序，由于薄层的相消干涉而使得地震振幅难以解释。因此定义了一个无量纲的参数 R_a，来描述薄煤层旋回的平均各向异性。R_a 是旋转为 45° 后的慢道振幅值与旋转为 0° 时的快道振幅值的比值。该参数能够描述薄煤层的各向异性，是因为旋转为 45° 时的慢道振幅完全依赖于方位各向异性，而旋转为 0° 时的快道振幅则完全不依赖于各向异性特征，仅依赖于薄层特征（如总厚度等）。

从近年来的文献来看，对煤层中多分量的研究比较少。CREWES 小组在加拿大 Alberta 省的煤层气盆地内进行的研究较多，并且多从时移地震检测的角度分析煤层的 VSP 和多分量地震资料的特点。彭苏萍等（2008）则使用了纵、横波联合反演的方法来识别煤层中的瓦斯突出。其中纵波波阻抗反演是利用三分量中的 z 分量叠后偏移数据和测井资料通过模型约束反演方法获得的。横波波阻抗反演则借助纵波模型约束反演的思路进行，具体做法是：首先对井位处的纵波数据和转换波数据进行相关对比，然后通过对 PP 域和 PS 域相同煤层的层位进行匹配处理，将转换波数据以 PP 域的时间刻度来表示，在此基础上，采用纵波模型约束反演方法，利用纵、横波速度约束转换波地震数据获得横波波阻抗。

4.4.2.2.5　曲率属性预测小构造

曲率属性可以检测较小规模的构造。各种类型的地层曲率属性，可以很好地检测储层中的小规模的断层和褶皱，这一方法同样适用于煤层中。由于煤层中的割理和裂缝的发育与局部应力关系密切，而煤层中较小规模的褶皱、断层等发育部位，正是受局部应力作用产生的，因而在这些地区中比较发育割理和裂缝。

曲率属性描述了地层倾角度数和倾角方位的变化。3D 曲率属性表示了两个相互正交且均正切于曲面的圆的半径变化。由于曲率 k 为这些圆半径的倒数，k_{min} 表示正切于曲面的圆具有最大的半径，k_{max} 则表示具有最小半径（Chopra 和 Marfurt，2007）。图 4.4.21 形象的描述了 3D 曲率和地质层位（曲面）之间的关系。沿地震层位计算曲率属性，需要将层位拟合为二次曲面，用 $Z(x, y)$ 表示，并离散化为数据点窗口，然后计算该二次曲面的一阶和二阶

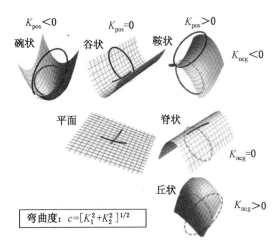

$$K_{pos}<0 \qquad K_{pos}=0 \qquad K_{pos}>0$$

碗状　　　　谷状　　　鞍状

$$K_{neg}<0$$

平面　　　　　脊状

$$K_{neg}=0$$

丘状

$$K_{neg}>0$$

弯曲度：$c=[K_1^2+K_2^2]^{1/2}$

图 4.4.21　3D 曲率特征和计算方法示意图

（据 Fisk，2010）

图中定义了 3D 二次曲面的最正曲率 k_{pos} 和最负曲率 k_{nog}。向斜构
造具有负值的最正曲率和最负曲率；背斜具有正值的 k_{pos} 和 k_{nog}；
平面则具有零值的 k_{pos} 和 k_{nog}

导数，就可以得到主要的曲率属性值。曲率数据体的计算方法和沿层计算方法类似，但是通过估算主测线和联络测线方向的倾角来代替一阶导数（Marfurt，2010）。Chopra 等（2009）则指出最正曲率属性和最负曲率属性能够最有效的描述较小的挠曲和褶皱，进而预测地层裂缝发育。在计算 3D 曲率属性时，常用主测线和联络线方向的振幅变化梯度值来代替一阶导数值。

在近年来利用曲率属性预测煤层气储层的小构造的实例中，基于地震层位曲面的曲率属性和基于 3D 地震数据的属性体都得到了应用。Marroquín 和 Hart（2004）在 San Juan 盆地 Fruitland 组煤层中，利用曲率属性检测地震剖面、时间切片或地层切片中无法直接识别的小级别的构造特征，并结合基于地震属性的煤层厚度预测图，得到了与煤层气生产数据比较吻合的构造图。在 Marroquín 和 Hart（2004）的研究中发现，网格面元越小，得到的曲率属性计算结果越精确，但是噪声影响也越大。因而要根据实际情况选择最好的面元大小进行计算。分别用 1、3、5 和 7 的网格面元来计算煤层顶部反射层的曲率属性，共计算了 11 种属性值。得到的结果表明，网格面元为 1 时得到的属性结果中噪声太多，但随着网格面元的增大，曲率属性值范围向盆地内缩小，并且描述的结果也越来越趋向于区域化。因此在网格选取中，Marroquín 和 Hart（2004）选择 3×3 的面元来进行计算，并根据结果发现曲率最大、走向、和倾角属性表现的特征最符合地质规律。

从对地震曲率近年来的应用中看，3D 曲率属性体和 3D 玫瑰图方法用的比较多。这两种方法在煤层气储层的小构造预测中也得到了应用。Fisk 等（2010）在澳大利亚 Queensland 省的 Bowen 盆地利用 3D 曲率属性和 3D 玫瑰图来描述煤层构造特征和煤层裂缝分布，并指出该地区位于构造运动的边缘带，多组煤级为烟煤的薄煤层形成较厚且横向连续分布的地层。地层在横向上的非均质性特征较强，仅几公里间隔的相邻井之间，产量的变化就达到了 50%～57%，而且这种变化特征在整个研究区都比较常见。因而通过预测煤层中小构造的发育，进一步预测面割理和端割理的方向，这对生产特征的描述、钻井轨迹的设计和完井方式的选择等都是很重要的。

在 3D 曲率属性体的基础上，Fisk 等（2010）还通过计算 3D 玫瑰图来描述煤层割理的方向。其研究区地震资料的道间距为 25m×12.5m，而在计算 3D 玫瑰图时，将地震数据按照 250m×250m 的面元大小来分别计算每个面元内的特征。玫瑰图中，地层中每个花瓣的大小通过计算脊状分量或者谷状分量值的和来得到，然后把每个得到的和标准化，即得到每个花瓣的大小。玫瑰瓣的走向则通过最小曲率走向的值来确定，代表褶皱的轴部走向。图 4.4.22 是计算的煤层顶部界面的 3D 玫瑰图，显示了该层位的割理方位。图中显示在较高产量的井 A 和 C 处表现出较强的双向趋势，分别由裂缝系统或强烈发育的面割理和端割理引起的。图中也显示出在低产井 H 和 F 处的玫瑰图为单向趋势。

4.4.2.3 开发动态监测方法

在地面煤层气开采中，所面对的煤层常常是饱含水的，因而开发过程中首先要排水降压，气体才从煤基质中解吸出来，并通过扩散、渗流等过程，从煤基质中进入割理中，逐渐充满割理空间。一般储层割理系统中含水时称为湿煤层，而在煤层气稳定生产阶段，割理系统中主要含气体，称为干煤层。煤层在干、湿煤层阶段能够表现出不同的弹性特征。另外，煤层气注气开采（Enhanced coalbed methane，ECBM）过程（包括 CO_2 埋存）也是目前的研究重点，许多地方已经进行了试点实验。在提高煤层气采收率的增产过程，注入的气体还常常包括 N_2、CO_2、混合气体

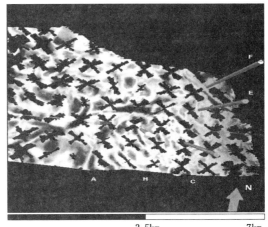

图 4.4.22　沿地震层位的 3D 玫瑰图特征
（据 Fisk，2010）

图为澳大利亚 Queensland 省 Bowen 盆地二叠—三叠系煤层顶部反射层的 3D 玫瑰图。图中高产的 A、C 井附近显示出强双向趋势，低产的 H、F 井附近则显示出单向趋势。参见书后彩页

等。注入的气体能够替代割理孔隙内的水，并置换出吸附的 CH_4，这一过程会导致煤岩弹性属性变化。

开发过程中的动态监测的基本原理，主要是依据煤层割理孔隙内从含水到含气的变化，使得储层速度降低，从而引起地震振幅和阻抗减小，并在不同时间测量的地震资料中显示出差异。该过程一般通过时移地震技术来监测。一般把开采前的地震数据作为监测标准，称为基线数据（Baseline data）；在开发过程中的不同时间段，再次（或多次）采集地震数据，这些数据称为监测数据（Monitor data）。研究中常把基线数据和监测数据相减，获得两数据之间的变化（振幅、速度、阻抗等），对各种变化异常进行分析，就能够获取储层在开发过程中的变化。

4.4.2.3.1 时移地震正演模拟

时移地震正演模拟中，一般根据测井数据，给定速度下降量，并观察速度下降后的合成地震记录与原始记录之间的差异。Richardson（2002）利用加拿大 Alberta 省上白垩统 Ardley 煤组的数据进行了时移正演模拟，模拟过程中假设速度和密度的变化都为 5%，得到的合成地震记录与原始记录有明显的差异，表明利用时移地震能够监测到煤层中速度和密度的变化。其正演模拟的原理和过程如下：（1）利用该地区多口钻井的数字偶极测井数据，包括横波、纵波和密度数据，建立正演地质模型；（2）得到初始地层的合成地震反射记录；（3）假设注 CO_2 及排水后储层纵波速度和密度的下降量为 5%，然后分别得到三种不同情况下的合成地震记录：密度下降而速度不变，速度下降而密度不变，速度和密度均下降；（4）将速度和密度下降前后的合成地震记录相减，就可以在得到的振幅差剖面中，观察到模拟的煤层注 CO_2 和排水后的地震反射的变化。

需要指明的是，模拟过程中 Richardson（2002）并未考虑注 CO_2 和排水过程中的复杂变化，而只是简单认为经过这一复杂过程后，速度和密度都发生了变化。其结果表明，煤层的速度变化能够通过时移地震监测到。在模拟结果中，只改变煤层密度（下降 5%）时，煤

层声波阻抗降低且显示了不同的地震响应。这种改变不影响围岩地层的地震响应。模拟结果显示振幅的变化量很小，但是可以检测到。在两次模拟的地震剖面中可见振幅不同，但数量级较小。这种振幅的变化显示在了差异剖面中。而注 CO_2 和排水不仅导致煤层密度下降，还导致速度下降。如果密度和速度均降低 5%，时移前后的模拟结果中将会出现更大的变化，如图 4.4.23 所示，煤层反射率改变，下部同相轴出现下拉效应，而且煤层 C 的反射同相轴，在时移前后表现出了最大的变化。

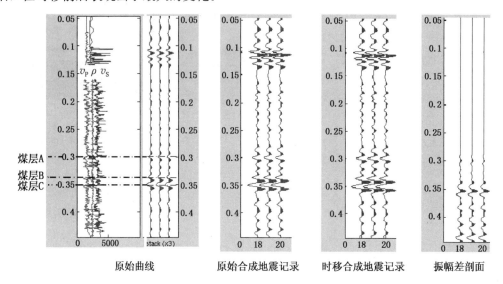

原始曲线　　　原始合成地震记录　　　时移合成地震记录　　　振幅差剖面

图 4.4.23　时移地震正演模拟结果（据 Richardson，2002）

时移合成地震记录为速度和密度均降低了 5% 的地震剖面；振幅差剖面中显示了模拟结果同原始
记录之间的振幅变化量，同时显示了煤层及其下方的地层均出现了下拉效应

生产过程中干、湿煤岩的速度发生变化，同时，变化也将表现在煤层的 AVO 反射系数上。如果两个阶段的 AVO 响应能够区分开的话，就可以在模型模拟中被观察到。McCrank 和 Lawton 等（2007）利用 Alberta 的 Pembina 煤层气田的资料进行了进行了时移 AVO 模拟。其实验模拟的基本原理同 Richardson（2002）的模拟过程相似，分别假定干、湿煤层的纵波速度和密度都减小 10%，而横波速度则不受水饱和度变化的影响。计算 AVO 反射系数时，使用了卡尔加里大学 CREWES 研究小组开发的 Zoeppritz Explorer 软件，能够显示 PP 波和 PS 波反射系数同入射角度的函数关系。

图 4.4.24 为时移 AVO 正演模拟结果。其中图 4.4.24a 显示了湿煤层情况下的 Ardley 下部煤层组顶界面的 R_{PS} 波和 R_{PP} 波，该结果假定了平均纵波、横波速度和密度是从测井数据（也就是湿煤岩）中得到的。图 4.4.24b 显示了干煤层情况下的 Ardley 下部煤层组顶界面的 R_{PP} 波和 R_{PS} 波（假定纵波和密度降低 10%，横波无变化）。湿煤岩和干煤岩的垂直入射 R_{PP} 波及 R_{PS} 波梯度的变化都很明显。其中垂直入射的 PP 波的反射系数和 PS 波梯度，均在干煤层中表现出相对较高的值。

4.4.2.3.2　物理模型模拟注气过程

使用物理模型模拟的优势在于：波的传播过程是真实的，不是基于某种算法，而是基于实际的物理定律。在利用物理模型进行试验时，虽然与数值模拟同样都需要已知地下介质情况，但却不需要处理数值模拟时的一些问题，例如波动方程本身的近似（高频近似、声波代

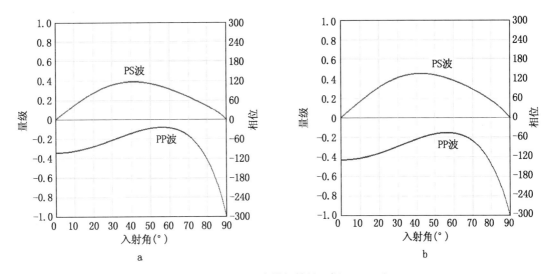

图 4.4.24　时移 AVO 正演模拟结果（据 McCrank，2007）

模拟的地层和测井资料为 Alberta 省 Lower Ardley 煤层组的数据；a—湿煤层时的 AVO 响应；b—干煤层时的
AVO 响应；图中显示垂直入射的 PP 波的反射系数和 PS 波梯度，均在干煤层中表现出相对较高的值

替全弹性波、2D 代替 3D 等），边界问题，算法局限性（对于连续真实情况的的离散）。

Sijacic 等（2008）根据波兰 RECOPOL 计划中的地质特征，在实验室建立物理模型，模拟了 ECBM 的 CO_2 注入过程。实验仪器的主要组成部分是信号产生系统、震源、接受器、数据采集系统和物理模型本身。超声波频率通过小型变压器来实现。使用水下检波器作为检波器，具有高敏感性和小尺寸等特点。利用震源激发并利用检波器接受，就可以得到模型的超声波测量结果。

物理模型模拟注入 CO_2 注入过程的难点，就在于如何选取材料来代替不同流体饱和度下的实际地层特征。实验中分别选用了三种材料和思路来模拟注气过程，并分别测量了速度特征。

（1）环氧树脂薄层（Epoxy raisin）。

Sijacia 等（2008）实验时使用三个环氧树脂薄片样品分别代表三种煤层特征，速度分别为 2990m/s、2650m/s、2300m/s。考虑煤层经过生产和注入 CO_2 后的速度变化，认为 2650m/s 的样品能够近似代表含水时的煤层，而 2300m/s 速度的样品最能代表饱含 CO_2 的煤层。

模型中包含三个煤层，分别用薄环氧树脂层代替，类似三明治夹在砂岩或泥岩中间。这种地层结构模型的超声波速度响应，可以很容易的通过识别超声波速度结果中的初至而在共偏移距道集中识别出来。模拟结果显示，经过环氧树脂薄片后的地震波初至，能够同没有经过薄片的初至清楚的区分开。该测量的重点就是区分环氧树脂和岩性在初至反射中的边界。实验室测量证实，较高的速度有利于准确识别初至，但薄片（地层）太薄时的低速层的初至波难以拾取。

使用该材料进行实验的缺点在于，需要替换环氧树脂层来代表不同饱和度流体的储层。这是因为在时移实验中，重复测量非常重要。在实验室通过替换环氧树脂层来模拟 CO_2 的注入时，为了实现注入过程，部分模型和震源需要先移走后再放回原位，这就容易引起时移资料测量的误差。

（2）多孔砂岩（Porous sandstone）。

为了不移动任何物品进行物理模拟，通过对储层实际注入 CO_2 或者流体来代替上述更换环氧树脂层的过程。因此可以选用多孔砂岩层来代替不渗透的环氧树脂层，在砂岩中不断注入流体并测量，就可以模拟注入 CO_2 的过程。

使用多孔砂岩材料进行模拟的优点在于在测量过程中不移动模型和震源进行测量，但也有较多的缺点。Sijacia 等（2008）在实验中发现，多孔砂岩材料的缺点是难以获取高品质的测量数据，这是由于强吸附的多孔砂岩层的材料本身的问题。该砂岩层的反射信号非常弱且信噪比难以改善，而且高速基岩层的强信号影响了低速层和有吸附能力的砂岩层的弱信号。当多孔砂岩被封盖且注入气体后，不同的初至就难以在能量弱、噪声多的信号中识别出来。

（3）熔结玻璃（Sintered glass）。

注入测量实验的目的是监测注入流体的龙头，以及测试所用的监测方法能否精确的估计出干、湿样品的速度差异。实验主要的要求是样品是多孔的，且通过该样品的信号质量较好。因此，Sijacia 等（2008）的实验中选择使用熔结玻璃颗粒，具有 $80\mu m$ 的颗粒直径和 12D 的渗透率。这样得到的信号的信噪比非常高，而且干、湿样品的速度容易被识别。

图 4.4.25a 显示了玻璃样品层的共偏移距道集。初至时差为 $10\mu s$，速度差异约 200m/s。图 4.4.25b 显示了注入过程的时间线。在震源和检波器中的一个固定位置进行测量，该位置约位于玻璃层的中部。通过 1 ml/min 的速度泵入水。每分钟重复一次埋存后的超声波测量。图 4.4.25b 显示了当流体龙头到达传感器时，玻璃样品的速度是增加的。同样，干、湿样品的初至的时间差估计为 $10\mu s$，说明速度变化约为 200m/s。

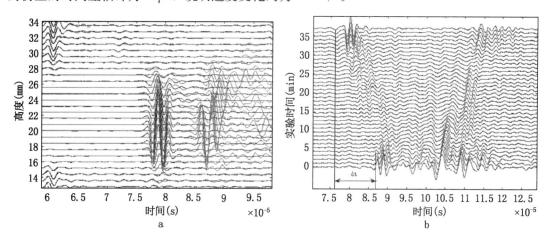

图 4.4.25　实验室物理模型对注气过程的模拟结果（据 Sijacic 等，2008）

a—饱含不同流体的熔结玻璃介质的超声波速度响应，初至时间较短的为饱含水样品，时间较长的为饱含 CO_2 样品，计算速度差异约 200m/s；b—对注气过程的模拟过程，从饱含气状态开始逐渐注水并测量超声波速度响应；图中曲线为样品中心处的超声波响应特征，纵轴表示实验时的注水时间

Sijacic 等（2008）通过物理模型的时移实验指出，通过地震或超声波测量实现 CO_2 注入过程的监测是可行的；初至时间的不同得以检测，并用以区分干、湿煤层样品。当注入流体的龙头到达时，导致初至波振幅减小，其原因还不清楚，并且之后速度保持不变。因此，对于完全水饱和的样品和流体龙头刚到达时的样品，观测到的结果是一致的。

4.4.2.3.3 时移地震监测 CO_2 注入进度

CO_2 的注入会引起煤层岩石物理性质的改变，从而应该在反演结果上显示出来。McCrank 等（2009）对加拿大 Alberta 省 Ardley 煤进行的注 CO_2 进程进行了监测分析。叠后反演结果显示低阻抗异常沿倾斜地层向上推进，并沿目标煤层显示出有潜力的流体运移路径。研究的目的层 Lower Ardley 煤组的阻抗均低于 $6 \times 10^6 kg/m^2 s$，容易被识别出。图 4.4.26 显示了 Lower Ardley 煤组沿层阻抗平面分布，声波阻抗值范围在 $5.0 \sim 6.0 \times 10^6 kg/m^2 s$。图中南部边界区域显示为较高的阻抗值范围，是由于该区域的煤层减薄而泥岩夹层增厚造成的。

图 4.4.26 中还显示了阻抗值低于 $5 \times 10^6 kg/m^2 s$ 的区域（约 $1800m^2$），位于注入井北东方向。从图 4.4.27 时间构造图上看，该区域位于煤层的上倾方向。这种

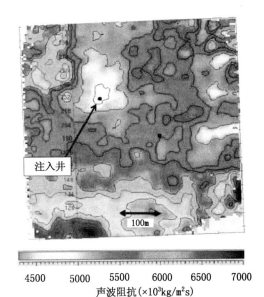

图 4.4.26 沿 Lower Ardley 煤组地震层位的最小声波阻抗分布图（据 McCrank 等，2009）

图中注入井附近阻抗较低范围，可能为注入的气体取代煤层中的水后，导致阻抗的降低。参见书后彩页

阻抗值降低也可能是岩性变化引起的，但是该区域位于期望得到 CO_2 注入进度的位置，其方向位于注入井的地层上倾一侧，其方向与水利压裂改造的裂缝一致，更可能是 CO_2 注入进度的响应。

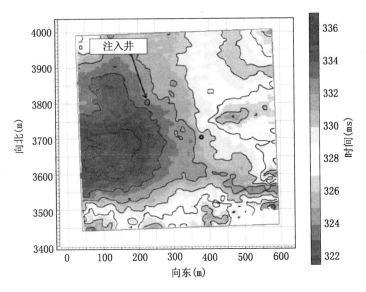

图 4.4.27 沿 Lower Ardley 煤组地震层位的时间构造图
（据 McCrank 等，2009）

注入井东北侧（右上方）为构造高部位区域，与图 4.4.26 中低阻抗区域一致，可以作为 CO_2 沿此区域运移的证据。参见书后彩页

从注入井的声波阻抗曲线中，也可以得到注入 CO_2 之间的测井数据的高截止滤波后的最小阻抗，其中 Lower Ardley 煤组的阻抗值均高于 $5×10^6 kg/m^2 s$。测井曲线阻抗值与反演结果阻抗值之间的差异，再次显示了在注入 CO_2 之后，附近的注入井中的阻抗值均降低了，其中 Myneer 煤层的阻抗值降低了约 10%。该结果与纵波阻抗的变化特征一致。

McCrank 等（2009）也指出 Gassmann 流体替代不能模拟出实际效果。研究的 Mynheer 煤层初始状态是水饱和的。假定大孔隙内（割理孔隙）的水被注入的 CO_2 替换，这是合理的，也因此得到了属性值的异常。为此进行 Gassmann 流体替代模拟，从工程分析结果可以得到裂缝孔隙约为 1%，分析过程中使用了测井数据及其他已公开发表的关于水、CO_2 和煤层的模量值。模拟结果显示水饱和煤层的平均声波阻抗为 $4.61×10^6 kg/m^2 s$，而气态 CO_2 饱和的煤层的值为 $4.43×10^6 kg/m^2 s$。这表明煤层中的水被 CO_2 替代之后，阻抗将会降低 3.9%，该降低程度小于地震反演中观测到的阻抗值的降低。

4.5　开发工程和工艺

煤层气的储层特征、赋存机理和开采方式等具有显著的特殊性，这决定了煤层气开发井型井网部署、钻（完）井和压裂等技术的特殊性，也给煤层气藏开发动态分析提出了特殊的要求。

4.5.1　煤层气解吸扩散渗流机理及数学模型

随着煤层气藏开发进程加快，关于煤层气解吸扩散渗流机理产生了重大分歧。为了更好地理解煤层气解吸扩散渗流机理，本节除了展示国内外研究现状，也特地介绍了其他学科关于多相流体传质与流动的基本原理，以便帮助该问题的理解。

4.5.1.1　多相流体传质与流动

李汝辉的《传质学基础》（1987）、拉姆著的《气体吸收》（1985）以及科斯乐《扩散——流体系统中的传质》（2002）等对多相流体传质与流动进行了阐述。

4.5.1.1.1　多相流体传质与流动基本概念与类型

在两种以上的组元构成的混合物系中，如果其中处处浓度不同，那么各组元将由浓度大的地方向浓度小的地方迁移，减少浓度的不均匀性，这一过程即质量传递现象，简称传质。

Bird 曾把传质现象总结为八种类型：

（1）浓度梯度引起的分子（普通）扩散；

（2）温度梯度引起的热扩散；

（3）压力梯度引起的压力扩散；

（4）除重力以外的其他外力引起的强迫扩散；

（5）强迫对流传质；

（6）自然对流传质；

（7）湍流传质；

（8）相际传质。

从机理上可将以上八种传质现象分为两类：前 4 种为分子传质，后 4 种为对流传质。实际上，对流也总是伴随扩散，反之亦然。但是，其主要驱动方式是一定的。

多相流体的相际传质是建立在两相可溶或易溶的基础上，而对于一定温度和压力下，微溶或不溶的两相，则主要在压差驱动下发生两相流动，而不是浓度差驱动。多相流体中发生传质和流动现象的关系如图 4.5.1 所示。

（1）单相流体扩散传质。

单相流体中的传质称为扩散传质。根据扩散驱动力的不同，单相流体扩散传质可分为压力扩散、热扩散、强迫扩散和分子扩散四种。

热扩散是由于温度梯度引起的。如果混合物中存在温差，则必然产生热通量并建立起浓度梯度。在二组元混合物中，由于温差作用，使一种分子由低温区向高温区迁移，另一种分子由高温区向低温区迁移。此种现象称为 Soret 效应或热扩散。一般温度梯度条件下，热扩散很微弱，可以忽略不计。

压力扩散是由于混合物中存在压力梯度引起的。如在垂直管流中，二元混合物中的轻组

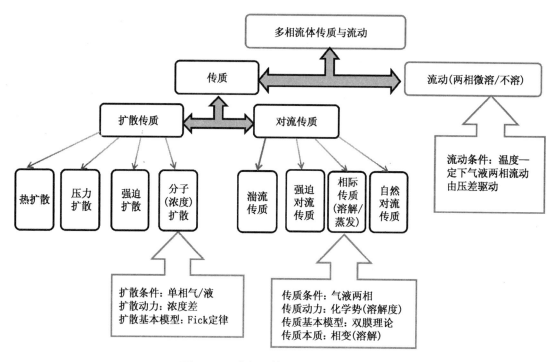

图 4.5.1　多相流体流动与传质关系图

元向项部迁移，重组元向底部迁移。另外混合气体在离心机中的分离操作就是依据压力扩散原理。

强迫扩散是由于除重力以外的其他外力作用引起的扩散。强迫扩散发生在外力对不同组元作用不同的条件下。在电场作用下电解液中的离子扩散就是一例。

分子扩散是在静止流体或层流流体二元混合体系中任意组元分子由高浓度区向低浓度区自发运动的过程。从分子运动学的角度来说，气体扩散实际上是气体分子做随机运动的结果，浓度梯度是分子扩散的驱动力，分子随机运动是分子扩散的条件。并且，只要其他形式的扩散存在的地方，就必然同时发生分子扩散。

（2）气液两相流体对流传质（溶解/蒸发）。

对流传质是相对运动的两相流体间的传质，包括湍流传质、强迫对流传质、自然对流传质和相际传质四种。湍流传质比层流传质复杂，且依赖于边界条件。

气液相际传质是我们最常讨论的一种，相际传质的驱动力是化学势（溶解度）。气液两相相际传质发生时，每一相都存在浓度梯度并发生扩散，扩散物质从一相的主体通过相界面扩散到另一相的主体中。而在每一相中，传质的驱动力是该相主体浓度与该相在界面处的浓度之差。

在相界面上，宏观物理、化学性质发生"突跃"变化，即相变，如液体的蒸发、吸收、干燥等。气液相际传质本质是相变，即气体溶解于液体或者液体蒸发进入气体的过程，所以受溶解度的影响较大。

（3）气液两相流动。

气液两相如果微溶或不溶，相际传质非常微弱，甚至可以忽略，这样两相可以在多种力的作用下产生流动。这种流动可以是管流，也可以是渗流等。气液两相流动是大家非常熟悉的，气驱动力不是两相浓度差。

4.5.1.1.2 单相流体分子（浓度）扩散理论

（1）单相流体扩散机理。

单相扩散是指在单一相内没有混合（机械混合或对流）时的净传递。同相中的分子扩散是同相传质的特例，也是最常见的传质现象。通常我们可以采取下述两种方法分析该过程：第一，用 Fick 定律以及扩散系数来对过程进行基础和科学化的描述；第二，用传质系数这个近似工程化的概念进行更为简便的描述。一般同相中的扩散过程，我们用 Fick 扩散系数来描述，而传质系数则多用于界面扩散，即两相的相际传质过程。二元气体双容积法扩散原理如图 4.5.2 所示。

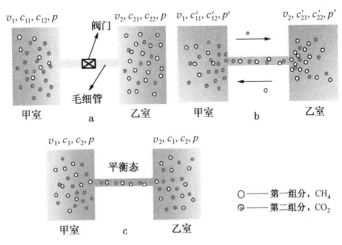

图 4.5.2　二元气体双容积法扩散示意图
a—初始状态；b—$t = t_1$ 时刻；c—$t = t_2$ 时刻

在初始状态下，图 4.5.2a 中，甲室装有甲烷，而乙室装有二氧化碳，中间一毛细管相连，初始状态可以认为毛细管相连的阀门关闭；在 $t = t_1$ 时，阀门打开，在浓度梯度的作用下，两种组分开始通过毛细管发生扩散，扩散方向相反，如图 4.5.2b 所示，毛细管发生的扩散看做准稳态扩散，符合 Fick 第一定律；在 $t = t_2$ 时，两侧气体组分浓度相等，均达到平衡浓度 c_1、c_2，扩散停止，整个体系平衡，如图 4.5.2c 所示。

（2）单相气体扩散模型。

一般根据诺森数选择单相气体在多孔介质中扩散模型。诺森数表达式如下

$$K_n = \frac{d}{\lambda} \tag{4.5.1}$$

式中：d 为孔隙的平均直径，m；λ 为气体分子的平均自由程，m。

①Knudsen 型扩散。

当 $K_n \leqslant 0.1$，为 Knudsen 型扩散。孔隙直径远远小于气体分子的平均自由程，如图 4.5.3 所示。这种情况自由的甲烷气体分子之间的碰撞机会较小，而分子和孔隙壁的碰撞起了主导作用。

②Fick 型扩散。

当 $K_n \geqslant 10$，为 Fick 型扩散。气体分子的平均自由程远远小于孔隙直径，如图 4.5.4 所示。这种情况碰撞主要发生在自由的气体分子之间，而分子和孔隙壁的碰撞机会相对来说比

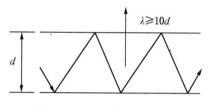

图 4.5.3 Knudsen 型扩散

图 4.5.4 Fick 型扩散

较小。

③过渡型扩散。

当 $0.1 < K_n < 10$，为过渡型扩散。气体分子的平均自由程与孔隙直径相接近，如图 4.5.5 所示。这种情况游离气体分子之间的碰撞与分子跟孔隙壁之间的碰撞都很重要。

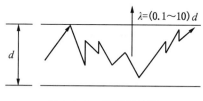

图 4.5.5 过渡型扩散

（3）单相液体扩散理论。

由于液体内分子与分子之间很紧密，并强烈地受到临近分子力场的影响，液体的扩散系数 D 值比稀薄气体中的小 10000 倍以上，大部分接近于 $10^{-5} \mathrm{cm}^2/\mathrm{s}$。计算扩散系数的液体状态理论是相当理想化的，没有一种理论能够圆满地提供扩散系数 D 的计算式。估算液相扩散系数 D 常用 Stokes – Einstein 方程，即

$$D = \frac{RT}{6\pi\mu r_A} \tag{4.5.2}$$

式中：R 为波尔兹曼常数；μ 为溶剂黏度；r_A 为"球形"溶质的半径。

4.5.1.1.3　气液两相流体相际传质（溶解/蒸发）理论

（1）气液两相流体相际传质机理。

气液相际传质即气相溶解到液相使得两相质量发生传递，或液相蒸发成气相。相际传质的驱动力是某一组元在气液相间不平衡的化学势，气相组元首先在膜内扩散，再通过界面进入液相主体，此过程是相态变化的过程，也即溶解的过程。

（2）气液两相流体溶解传质模型。

气液两相流体溶解传质理论是基于流体动力方程和对流扩散方程的，对于介质运动（沿 y 轴）的垂直方向上（沿 z 轴）的一维扩散，对流扩散方程可写为：

$$\frac{\partial c}{\partial t} = D \frac{\partial^2 c}{\partial z^2} - w \frac{\partial c}{\partial y} \tag{4.5.3}$$

在相界面处的边界条件为

$$\beta\Delta = -D\left(\frac{\partial c}{\partial z}\right)_{z=0} \tag{4.5.4}$$

式中：w 为介质速度；Δ 为浓度差推动力。

①薄膜理论。

这是一个最原始、最简单的传质模型，相际传质的机理是通过边界两边的两个有效薄膜的分子扩散，完成相变（溶解）。薄膜理论假设在壁面上有一个厚度为 Z_f 的假想层流层，叫做"有效薄膜"，传质是在有效薄膜两侧浓度差的驱动下的纯分子扩散，传质的总阻力为两个有效薄膜的扩散阻力之和。

Lewis 等（1923）进一步提出了气液相际传质的双膜理论，此理论建立在上述薄膜理论基础之上，图 4.5.6 是液相从气相中吸收 A 组元时的双模理论模型。基本要点如下：

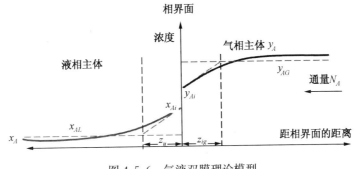

图 4.5.6　气液双膜理论模型

在气液两相系统相界面的两侧，每一相都有一稳定的有效薄膜（气膜或液膜），在任何流体动力学条件下，该有效薄膜具有层流性质；

在各相的有效薄膜内，传质方式为分子扩散，并且每一相的传质阻力都集中在各自的有效薄膜之中；

在两相主体中，不存在传质阻力，其浓度均匀一致无浓度梯度；

在相际传质时，传输组元由某相主体通过该相的有效薄膜、相界面和另一相的有效薄膜，进入另一相的主体。

假设是稳定的传质过程 $\left(\dfrac{\partial c}{\partial y} = 0\right)$，则 $w\dfrac{\partial c}{\partial y}$ 项可忽略，该式改写为：

$$D\frac{\partial^2 c}{\partial z^2} = 0 \tag{4.5.5}$$

②穿透理论。

Higbie（1935）针对接触时间很短，不能建立平衡的两相瞬态传质问题提出了穿透模型。此模型假设在接触时间 t 内，液体微元内发生不稳态扩散，或者说溶质在微元体内沿 z 向穿透，可近似用一维不稳态扩散方程表示：

$$\frac{\partial c}{\partial t} = D\frac{\partial^2 c}{\partial z^2} \tag{4.5.6}$$

③表面更新理论。

Danckwerts（1951）指出：穿透理论假设每个液体旋涡在液面暴露与气相的时间相同，这是个特例。研究者假设具有均匀浓度的液体旋涡由湍流核心移至液体表面，并在表面上停留一段随机时间，在此时间内做不稳态分子扩散，之后又离开液面移向湍流核心，并进行掺混，从而把它从表面吸收的气体分子分散在湍流核心之中。与此同时，其他旋涡移向液面。移向表面的旋涡在表面与气体接触的时间各不相等。这样的假设适用于接触时间很短，气体向液体渗透的深度与液层厚度相比很小的情况。

（3）气液两相流体溶解传质举例。

气液相际传质实验原理如图 4.5.7 所示。

在图 4.5.7a 中，初始状态，甲室装有水，乙室装有氨气和甲烷混合气体，不施加压力，两相平衡，相际传质还没发生。在 $t = t_1$ 时，施加 p_1 的压力，右侧氨气分子和甲烷分子将在化学势的驱动下，通过"双膜"，向左侧水中溶解（传质），且由于溶解度的差异，甲烷相比

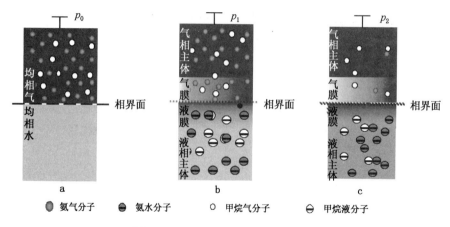

图 4.5.7　两相传质（相变）示意图

a—初始状态；b—$t = t_1$ 时刻；c—$t = t_2$ 时刻

氨气扩散至液相主体的分子少，如图 4.5.7b 所示。在 $t = t_2$ 时，压力增加到 p_2，相际传质进一步进行，在一定的压力和温度条件下，两组分在液体中的溶解度一定，当液体饱和时（化学势等同），传质停止，系统达到平衡，如图 4.5.7c 所示。

4.5.1.1.4　气液两相（微溶/不溶）流动理论

在一定温度和压力下，若气相微溶于或不溶于液相，气液对流不会发生相际传质，或者传质微弱。而最主要的，是在压差驱动下的气液两相流，且存在明显气液界面，如图 4.5.8 所示（鲁钟琪，2002）。

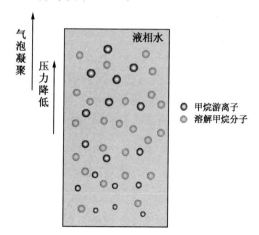

图 4.5.8　垂直管中气液两相流示意图

（1）气液两相流型图。

如图 4.5.9 所示，在水平流动中主要有 a 泡状流、b 弹状流、c 分层流、d 波状流、e 塞状流和 f 环状流 6 种流型。

在泡状流型中，由于重力的影响，气泡大都位于管子上部。当气体流量增加时，小气泡合并成弹状流型。分层流发生于气液两相的流量较小时，气液两相分开流动，两相之间存一平滑的分界面。当气相流量较高时，两相分界面上出现波状流。气相流量再增大会形成塞状流，但此时气塞偏向管子上部。当气相流量很高而液相流量较低时就会出现环状流。

（2）气液两相均相流动模型。

根据经验，可把两相介质看成均值介质，介质的参数取两相平均参数，然后再根据单相均匀介质建立两相流基本方程，这种方法叫做均相模型处理法，它属于经验模型范畴。两相流均相模型的动量方程形式为

$$-\frac{\partial p}{\partial z} = \frac{2\tau_0}{R} + G\frac{\partial U}{\partial z} + \rho_{on}g \tag{4.5.7}$$

此处用 U 和 ρ_{on} 代替单相方程中的 u 和 ρ。因为两相均匀流动，流速相等，所以 $U = Q/$

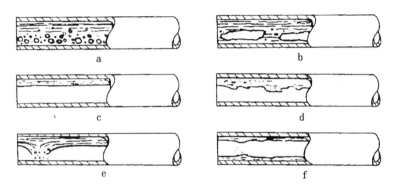

图 4.5.9 水平向右的水平管流模型

$A = u$，$\rho_{om} = \rho_{tp}$。τ_0 也需要按两相参数处理，其中 R_e 与 μ 都需取描述两相流的平均数值。

（3）气液两相分相流动模型。

分相模型就是把两相分成两种单相流动（气相和液相）（图 4.5.10）。分相模型也是一种经验模型。

其连续性方程为

$$\frac{d}{dz}\left[\rho_l u_l (1 - \alpha) A\right] + \frac{d}{dz}\left[\rho_g u_g \alpha A\right] = 0$$

$$(4.5.8)$$

分相模型中各项本身的方程存在界面效应，当分相方程合并成两相方程后，界面效应将不再存在，这是分相模型的缺陷，它只能研究流道的整体特性或流道的对外效果。

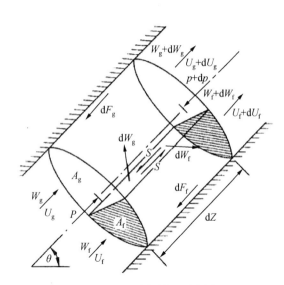

图 4.5.10　分相模型示意图

（4）气液两相二流体流动模型。

二流体模型的建立是从每项的诺维—斯托克斯方程开始的。设 k 为代表相的角码，相的数目再多时，k 可取 1，2，3，…，可以写出每一项的诺维—斯托克斯方程组，即

连续性方程为

$$\frac{\partial \rho_k}{\partial t} + \nabla \cdot (\rho_k u_k) = 0 \tag{4.5.9}$$

动量方程为

$$\frac{\partial \rho_k u_k}{\partial t} + \nabla (\rho_k u_k) = -\nabla (p_k I - T_k) + \rho_k g_k = -\nabla (p_k I) + \nabla T_k + \rho_k g_k \tag{4.5.10}$$

能量方程为

$$\frac{\partial \rho_k}{\partial t}\left(ek + \frac{u_k^2}{2}\right) + \nabla\left[\rho_k\left(e_k + \frac{u_k^2}{2}\right)u_k\right] = -\nabla q_k + \nabla\left[(-p_k I + T_k)u_k\right] + \rho_k g_k u_k \tag{4.5.11}$$

式中：u_k 为相速度向量；p_k 为相标量；I 为单位张量；T 为剪应力张量；g_k 为重力加速度向量；e_k 为比热力学能标量。

如上所建立的两相流解析数学模型，称为二流体模型，共有九个方程，是最复杂的方程组，可以用来分析流场的局部特性。

4.5.1.2 煤层气解吸扩散渗流数学模型

4.5.1.2.1 基质孔隙中原始气水分布特征

（1）原始煤层水的分布。

原始煤储层孔隙通常饱和水，有少量游离气与溶解气。在割理、裂隙及大孔隙含有可动水，在小孔隙含有束缚水。水在煤储层呈连续相，如图 4.5.11 所示。

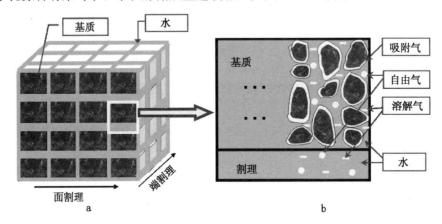

图 4.5.11　原始煤层气水分布

a—煤的双重孔隙系统；b—煤层流体

（2）煤层气赋存机理。

煤层中气体以三种形式赋存：煤岩颗粒表面的吸附气、孔隙空间内的游离气与溶解气。

煤层气主要以吸附态和游离态存在于煤层基质孔隙中。对于欠饱和煤层，基质孔隙中只有吸附气；而对于饱和煤层，基质孔隙中不仅有吸附气，还存在游离气。气体被吸附在煤表面，煤表面上吸附着一层或多层甲烷分子，而水附着在吸附层上。固体煤、吸附相的甲烷和液态水三者构成了一个系统，共同维持着煤层压力和相态平衡。

4.5.1.2.2 基质孔隙中解吸游离气扩散理论

目前普遍认为 King（1990），傅学海等（2004）煤层气产出过程主要为：（1）通过排水降低割理系统的压力，使吸附气从煤基质微孔隙内表面解吸；（2）解吸形成的游离气在浓度差的作用下，以扩散方式从微孔向较大的孔隙、裂缝运移，并满足 Fick 定律等；（3）解吸气进入大孔隙和裂缝后，在压差作用下以达西流的方式向生产井方向流动。

目前人们普遍认为，解吸气主要气相扩散的方式从基质运移至割理，并根据 Knudsen 数（即煤基质孔隙直径和分子运动平均自由程的比值），将气相扩散分为 Fick 型、过渡型和 Knudsen 型。

Fick 定律表达式为

$$q_{gn} = \frac{8\pi D V_m}{s_f^2}(C_m - C(p)) \qquad (4.5.12)$$

式中：q_{gn} 为煤基质中甲烷扩散量，m^3/d；D 为扩散系数，m^2/d；V_m 为基质体积，m^3；s_f 为割理间距，m；C_m 为基质内气浓度，m^3/t；$C(p)$ 为基质割理边界平衡气浓度，m^3/t。

然而，基于多相流体传质与流动原理，由于煤层气微溶于孔隙水，因此，这种解吸扩散

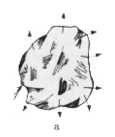 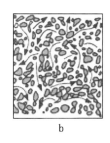 

a   b   c

图 4.5.12　煤层气产出过程

a—从煤颗粒表面解吸；b—以扩散方式从基质运移至割理；

c—以渗流方式从割理流向生产井

理论是不符合实际的。

4.5.1.2.3　基质孔隙中解吸溶解气扩散理论

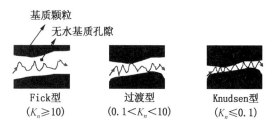

图 4.5.13　解吸气在煤基质孔隙中的气相扩散过程分类

事实上，尽管煤储层溶解气较少，但是，这种溶解气可以在浓度差驱动下在孔隙水中扩散。且在整个开发过程中，由于储层中水可以以束缚水方式存在而使得在储层成为连续相，这种溶解扩散的作用也许重大，尚待研究。

（1）解吸气溶解过程与溶解机理。

储层压力降低到临界解吸压力以后，原先的吸附平衡状态被打破，吸附在煤颗粒表面的气体部分被解吸出来，溶解在水中。

煤层气 80%～90% 以上组分是甲烷（傅雪海等，2007），甲烷在水中的溶解机理包括间隙填充与水合作用。如图 4.5.14a 所示，水分子之间存在着一定的间隙，甲烷分子可以填充于这些间隙之中。另外，甲烷分子与水分子存在相互作用，付晓泰等（1996）称这种作用为水合作用。赵燕云等（2004）认为氢键起重要作用，电子给予体氧原子与电子接受体氢原子共同形成氢键，如图 4.5.14b。

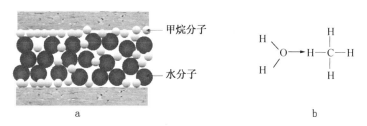

图 4.5.14　甲烷在水中的溶解机理

a—间隙填充；b—水合作用

（2）基质孔隙内气泡形成过程。

吸附气分子解吸后首先溶于吸附面附近的溶液中，使之在吸附面附近达到一定程度的过饱和，当这种局部过饱和程度超过吸附面上成核所需的临界值时，气泡在吸附面上成核并长大。煤基质孔隙内气泡形成可分为 4 个过程（李新海等，1994；Frank 等，2007；Li 等，

2002）：溶解和扩散；气泡成核与长大；气泡滑移、聚并；气泡脱离界面。

①溶解过程。

解吸气分子不断溶解在吸附表面附近水中，但由于甲烷在煤层条件下溶解度低（傅雪海等，2004），且溶解传质速度慢，吸附表面附近水中溶解气很快达到"过饱和"状态。

②气泡成核与长大。

根据气泡成核理论，水溶液"过饱和"后，在系统过剩自由能的驱动下溶解气分子不断聚集，越过自由能垒，产生相分离，形成独立的气核。煤岩壁—水界面处成核所需自由能较小，故气分子首先在界面处成核，为异相成核。界面上形成稳定气核后，一方面气体分子在溶液中向气泡表面传递，经气泡表面进入气泡，使气泡不断获得气体分子而长大；另一方面解吸气分子直接进入气泡，使气泡长大。

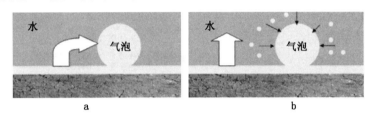

图 4.5.15　气泡长大过程

a—解吸气分子直接进入气泡；b—解吸气分子自水溶液进入气泡

③气泡滑移、聚并。

当气泡相距较远时，彼此之间没有相互作用，但当它们之间的距离小于一定程度时就会突然产生相向运动而聚并在一起。小气泡在界面上会先后发生滑移到聚并的过程。

④气泡脱离界面过程。

当气泡越来越大时，外因作用（譬如压力梯度、浮力、水动力等）就很容易促使其离开吸附表面。随着煤层压力的降低，越来越多的吸附气解吸形成气泡。当气泡量足够多时，聚并连结在一起，形成连续气相。

（3）甲烷在水中的溶解度。

甲烷气体溶解为间隙填充和水合作用机理，由于水分子间隙小，气体分子填充量有限；加上甲烷在煤层温度下水合作用程度低，可知甲烷在水中的溶解度不大。

气体在水中的溶解度满足亨利定律，即

$$C = k \cdot p \tag{4.5.13}$$

式中：$1/k$ 为亨利常数，MPa；C 为浓度，mol/mol。

甲烷在纯水中的亨利常数如表 4.5.1（Cussler 等，2002）。

表 4.5.1　甲烷在纯水中的亨利常数

温度（℃）	20	25	30	35	40	50
$1/k$，MPa	3810	4180	4550	4920	5270	5850

图 4.5.16 是甲烷在纯水中的溶解度曲线（其中甲烷体积已经转换成标况条件下体积），由图可知，温度为 20～50℃、压力为 1～6MPa 时，甲烷的溶解度为 0.2～2m³/m³，表明甲烷在纯水中的溶解度很低。由于煤层水含有一定矿化度，矿化度越大溶解度越小，因此甲烷

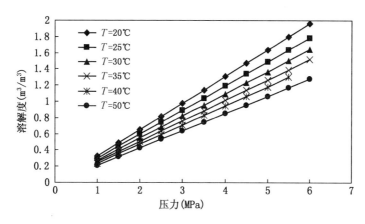

图 4.5.16 甲烷在水中溶解度

在煤层水中的溶解度比图中计算值更低。

（4）溶解气的扩散模型。

上述计算的是甲烷在封闭空间静态水中的溶解能力，可知：甲烷在静态水中的溶解度很低。然而实际煤层开采是个动态过程，煤层割理中的水一直在流动，压力也在不断降低，煤层甲烷的溶解是在一个开放系统中进行的。煤层气井排水降压后，近井地带形成一个压力漏斗区。压力降低一方面使得吸附气不断解吸出来溶于基质孔隙水中，另一方面使得割理水中的溶解气达到过饱和状态而逸出。溶解气的扩散与流动过程如下：

①原始状态下溶解气分子均匀分布在基质孔隙与割理水中。

原始条件下煤层充满着水，吸附气、溶解气以及水保持着相态平衡，溶解气均匀分布在基质和割理水相中。由于基质和割理水中的溶解气没有浓度差，溶解气不会发生扩散。

②溶解气分子从基质孔隙扩散进入割理。

随着排水降压的进行，且压力降到解吸压力之后，吸附气从煤表面脱附并溶解在水中。基质孔隙水中的溶解气浓度增大，使得基质和割理水中溶解气浓度出现差异，溶解气在浓度差的作用下从基质扩散进入割理。

扩散气量可用菲克定律进行描述，即

$$q_D = D_{gw} V_m \sigma (C_{um} - C_{wf}) \tag{4.5.14}$$

式中：C_{um} 为基质水中溶解气浓度，m^3/m^3；C_{wf} 为割理水中溶解气浓度，m^3/m^3；D_{gw} 为溶解气分子在水中的扩散系数，m^2/s；V_m 为基质孔隙体积，m^3；σ 为基质颗粒形状因子，m^{-2}；q_D 为扩散气量，m^3/s。

③溶解气分子从割理水中逸出。

随着割理中压力的进一步降低，割理水中的气体溶解度降低，溶解在水中的气体分子由于达到过饱和状态而逸出，形成气泡。气泡沿着割理压差方向流入井筒。此时割理水中溶解气浓度进一步降低，基质割理水中溶解气浓度差增大，扩散速度增加。气体不断的解吸出来，溶解在水中，且在浓度差的作用下源源不断的扩散进入割理。

图 4.5.17 为气体在不同压力下的溶解度。当压力满足

$$P_i > P_{f1} > P_{f2}$$

K——对应压力下的溶解度满足

$$S_{P_i} > S_{P_{f1}} > S_{P_{f2}}$$

可知，压力降低，气体的溶解度降低，从而导致割理水中溶解气的逸出。

综上所述，煤层气井生产过程中，随着储层压力的降低，气体先后发生解吸、溶解、扩散及逸出的过程，溶解气的扩散及流动可能是气井产量的一个来源。

4.5.1.2.4　基质孔隙中解吸游离气非线性渗流理论

事实上，基质孔隙中解吸游离气以非线性渗流的方式进入割理系统。

随着气体不断解吸、成泡，基质孔隙中气泡数量越来越多，气泡聚并形成连续流动通道进入割理和井筒，如图 4.5.18 所示。

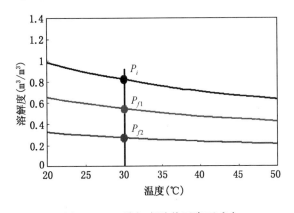

图 4.5.17　溶解度随着压降而减小

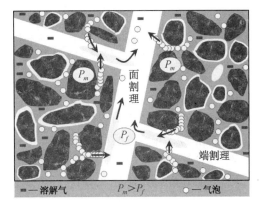

图 4.5.18　煤基质孔隙中解吸气流动过程示意图

单个气泡的流动不属于扩散，气泡和连续气相的流动是由基质—割理压力差引起的，并属于渗流过程。

（1）基质孔隙内气体渗流不满足达西定律。

达西公式适用于描述单相流体、黏度为常数、以黏滞流的方式在多孔介质连续通道中流动，满足

$$v_{mg} = \frac{k}{\mu} grad(P_m) \tag{4.5.15}$$

对于气泡而言，由于单个气泡在孔隙空间内没有形成连续的流动通道，且并不满足黏滞流，因此气泡的流动不满足达西公式；对于连续气相流动而言，基质孔隙中存在气水两相，因此气相流动并不是一个简单的黏滞流过程。常规油气藏一般采用相渗曲线的方法来描述多相流动过程，而煤层中气泡的聚并、膨胀以及运移过程非常复杂，并不能用相渗实验进行模拟，达西公式并不适用。

（2）基质中游离气的流动属于非线性渗流。

基质孔隙存在着气泡、连续气相和水，气泡或连续气相主要受到以下几个力的作用：由于气水密度差而产生的浮力、基质—割理间压力差、黏滞力、毛管力、界面张力。

其中，浮力与基质—割理间压力差是气相流动的动力。煤层气井排水降压阶段，割理中压力下降的很快，而基质中压力仍保持着一个相对较高的值，这时基质—割理之间便形成了压力差。气泡在浮力作用下向上运动，在压差作用下流入割理；连续气相受压差控制流入割理。此时黏滞力、毛管力、界面张力为流动阻力，气体要流入割理首先得克服这些阻力的作用。当基质—割理间压差还不足以克服这些阻力时，基质孔隙中气体不能流动。因此，存在一个最小的压力梯度，即启动压力梯度。只有当基质—割理间压差足够大时，基质孔隙中气

体才能流动。

另外，低渗油气藏一般要考虑滑脱效应，而煤层中滑脱效应的影响表现出阶段性特征。煤层气开发早期，储层中液相为连续相，此时没有滑脱效应；煤层气开发中后期，气体越来越多，并逐渐在基质或割理中形成连续相，此时滑脱效应的影响不可忽略。

综上所述，基质孔隙中气体的流动存在一个启动压力梯度，同时要考虑滑脱效应的影响，其流动属于复杂的非线性渗流过程。其中以气体渗流为主，也包含气相扩散。气体的流动受气泡大小、孔隙尺寸、毛管力和界面张力等影响，可以用下面的函数来表示，即

$$V_{mg} = f_1(\alpha, D_g, C_m - C_f, \sigma_{gw}, \mu_g, P_m - P_f) \tag{4.5.16}$$

孔隙结构因子 α 为

$$\alpha = f_2(d_\phi, \lambda, \cdots) \tag{4.5.17}$$

式中：C_m 为基质孔隙内气相浓度，m^3/m^3；C_f 为割理中气相浓度，m^3/m^3；D_g 为相扩散系数，m^2/s；σ_{gw} 为气水界面张力，$N \cdot m$；μ_g 为气体黏度，$Pa \cdot s$；P_m 为基质压力，MPa；P_f 为割理压力，MPa；d_ϕ 为基质孔隙直径，m。

煤基质孔隙气体流动过程复杂，其中涉及到流体相变过程与压力变化，建立一个新的模型比较困难，需要进一步的理论与实验研究。

4.5.1.2.5 割理中气液两相渗流理论

（1）基本假设。

①煤层是由基质系统和裂隙系统组成的特殊双重介质；

②裂隙系统均质各向异性；

③煤层可压缩且在原始状态下被水 100% 所饱和，不含游离气及溶解气；

④流体流动为等温过程，游离气为真实气体。

（2）数学模型。

当不考虑基质收缩效应时，由运动方程、连续性方程以及真实气体状态方程可得气、水相的流动方程分别为

$$\nabla \cdot \left[\alpha \frac{k_f k_{rg}}{\mu_g B_g} \nabla (p_{fg} - \rho_{fg} gH) \right] + q_{vm} - q_{vg} = \frac{\partial}{\partial t} \left(\frac{\phi_f S_g}{B_g} \right) \tag{4.5.18}$$

$$\nabla \cdot \left[\alpha \frac{k_f k_{rw}}{\mu_w B_w} \nabla (p_{fw} - \rho_{fw} gH) \right] - q_{vw} = \frac{\partial}{\partial t} \left(\frac{\phi_f S_w}{B_w} \right) \tag{4.5.19}$$

当考虑基质收缩效应时，由运动方程、连续性方程以及真实气体状态方程可得割理中气、水相的流动方程分别为

$$\nabla \cdot \left[\alpha \frac{k_{f0} k_{rg}}{\mu_g B_g} e^{-b_1(p_{f0} - p_f)} \nabla (p_{fg} - \rho_{fg} gH) \right] + q_{vm} - q_{vg} = \frac{\partial}{\partial t} \left(\frac{\phi_f S_g}{B_g} \right) \tag{4.5.20}$$

$$\nabla \cdot \left[\alpha \frac{k_{f0} k_{rw}}{\mu_w B_w} e^{-b_1(p_{f0} - p_f)} \nabla (p_{fw} - \rho_{fw} gH) \right] - q_{vw} = \frac{\partial}{\partial t} \left(\frac{\phi_f S_w}{B_w} \right) \tag{4.5.21}$$

式中：α 为单位转换系数，p_l 为裂隙系统中 l 相压力，Kr_l 为 l 相的相对渗透率，μ_l 为 l 相的黏度，B_l 为 l 相的体积系数，ρ_l 为 l 相的密度，ϕ_f 为裂隙孔隙度，K_f 为裂隙渗透率，S_l 为裂隙系统中 l 相饱和度，t 为时间，q_{vl} 为井点所在网格单位体积储层的 l 相产量，$l = g$、w，H 为标高，q_{vm} 为单位体积储层中解吸气进入裂隙系统的速率，其表达式为

$$q_{vm} = -\rho_c \frac{\partial V_m}{\partial t} \tag{4.5.22}$$

辅助方程为

$$p_c = p_g - p_w \tag{4.5.23}$$

$$S_w + S_g = 1 \tag{4.5.24}$$

式中：p_c 为裂隙系统中气水两相间的毛管压力。

初始条件为

$$p_{fg}\big|_{t=0} = p_0 \tag{4.5.25}$$

$$S_w\big|_{t=0} = S_{w0} \tag{4.5.26}$$

$$V_m\big|_{t=0} = V_{m0} \tag{4.5.27}$$

内边界条件为

$$p_g\big|_{r_w} = p_{wf}(t) \tag{4.5.28}$$

外边界条件分为两种情况，其中定压外边界条件为

$$\Phi_g\big|_{\Gamma} = const \tag{4.5.29}$$

而封闭外边界条件为

$$\frac{\partial \Phi_g}{\partial n}\bigg|_{\Gamma} = 0 \tag{4.5.30}$$

式中：S_{w0} 为裂隙系统初始含水饱和度；V_{m0} 为初始煤层含气量；p_{wf} 为井底流动压力。

当不考虑基质收缩效应时，裂隙中气液两相渗流模型的解析解可参见 4.5.5.1 小节。

4.5.2 煤层气开发井型井网优化方法

井型井网优化是实现煤层气经济高效开发的重要环节，在进行优化设计时，应从技术可行性和经济可行性两个方面考虑。技术可行性主要取决于地质因素（如裂缝发育特征、渗透率、煤层气含量、煤层气资源丰度等），以及开发因素（如压裂裂缝半长、导流能力、井网方位、井网密度等）；从经济可行性看，煤层气开采是否具有商业价值，主要取决于规模化的产量、产气率的高低、是否具有竞争力的市场价格及开发成本。本节介绍了压裂直井的井网和井距、以及多分支井结构参数的优化方法。对于压裂直井的井网井距优化，首先进行了不同开发因素（压裂裂缝半长和导流能力）下的井网井距适应性优选，得出裂缝参数对低渗透煤层气藏井距影响显著；然后进行了不同地质因素（渗透率及其各向异性）下的井网适应性优选，创建了煤层气压裂直井井网优选图版，应用该图版可以指导优选煤层气藏开发井网。

4.5.2.1 不同压裂裂缝的直井井网井距适应性优选

压裂使得裂缝方向压力传递很快，而垂直裂缝方向压力传递速度仍取决于煤岩孔渗特性，传递速度较慢，致使煤层气藏渗流状况发生改变，这直接影响网井距的优化。从国内外学者研究的结果看，影响直井井网的因素主要有压裂半长、煤层渗透率、储层压力、煤层破裂压力、煤层闭合压力、煤层压力梯度、水动力条件等。

4.5.2.1.1 煤层气压裂直井渗流特征

直井压裂后，其裂缝方向为煤层主应力方向，该方向平行于煤层主裂隙方向。若井网设计沿裂缝方向作为井间连线，则：

（1）裂缝方向。煤层气渗流受该方向物性参数的影响，同时在很大程度上受压裂裂缝的控制；

（2）垂直裂缝方向。煤层气渗流主要取决于该方向煤层物性参数。

显然，裂缝方向煤层气渗流能力显著高于垂直裂缝方向，这直接影响到煤层气井网井距

的优化。

4.5.2.1.2 压裂裂缝参数对煤层气井产能影响

压裂是实现低渗煤层气井产能的一个重要措施，压裂裂缝参数包括压裂裂缝长度与裂缝导流能力，二者共同影响着煤层气井产量。采用 CMG 软件 GEM 模块模拟裂缝参数对煤层气井产能的影响，其中煤层孔隙度为 2%，煤层气吸附饱和度为 70%、裂隙渗透率为 1.5mD。

（1）裂缝穿透比。

裂缝穿透比指的是裂缝长度与井距之间比值，该值大小显然影响煤层气产能。裂缝穿透比增加，煤层气井产气能力也会相应增加。

图 4.5.19 表示不同裂缝穿透比（0.3，0.5，0.7，0.9）时煤层气井产气曲线，此时裂缝导流能力 0.2D·m。可以看出：裂缝穿透比越大，煤层气井初期产气量越高，产气峰值越大；到煤层气井后期产量递减阶段，产气量曲线几乎重合，说明穿透比对煤层气井生产后期产量影响不大。

对应不同裂缝穿透比时煤层气井 15a 采出程度见图 4.5.20，随着穿透比的增加，采出程度增加，但增加的幅度变小（穿透比从 0.8 到 0.9 时采出程度增加不明显）。当裂缝穿透比超过 0.6 时，裂缝穿透比每增加 0.1，采出程度增加值低于 0.5%，此时裂缝穿透比对采出程度影响不明显。因此，存在一个最优的裂缝穿透比。

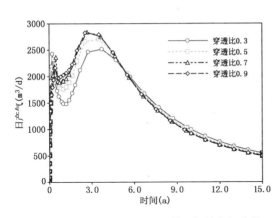 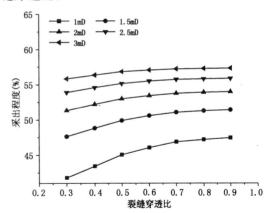

图 4.5.19　不同裂缝穿透比煤层气井产气曲线　　图 4.5.20　不同渗透率时裂缝穿透比对采出程度影响

对于不同渗透率情况，裂缝穿透比对气井采出程度影响有所差别。渗透率较低时（1mD），由于裂缝导流能力与煤岩渗透率差异较大，裂缝穿透比对产气的影响较明显。在穿透比为 0.3～0.6 范围内，采出程度变化很大，而穿透比大于 0.6 时，影响显得稍小一些；当渗透率较高时（3mD），裂缝穿透比对煤层气井产气影响总体要小一些。

（2）裂缝导流能力。

同样，裂缝导流能力对煤层气产量影响也很大。图 4.5.21 为不同裂缝导流能力（0.05D·m、0.1D·m、0.2D·m、0.3D·m、0.4D·m）时煤层气井产气曲线，此时裂缝半长为 70m。可以看出：导流能力越大，初期产气总体较高，产气峰值也越高；而后期产气几乎重合，说明导流能力对后期产量影响不大。

对应不同导流能力时煤层气井 15a 采出程度见图 4.5.22，当裂缝导流能力较低时，随着导流能力的增加，采出程度增加很明显，但增加的幅度（即直线的斜率）沿直线下滑，当裂缝导流能力增加到 0.2D·m 时，导流能力每增加 0.1D·m，采出程度增加值低于 5%。

对于不同渗透率情况时，导流能力对气井采出程度影响应有所差别，但总体趋势一致。1~3mD 曲线几乎平行，随着渗透率增加，曲线稍微变陡，说明渗透率较高时导流能力影响越明显。

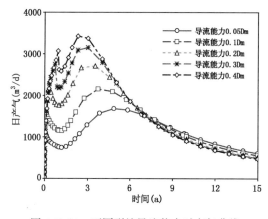

图 4.5.21　不同裂缝导流能力时产气曲线

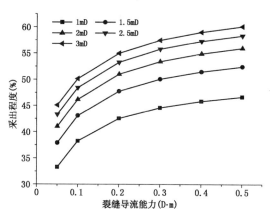

图 4.5.22　不同渗透率时裂缝导流能力
对采出程度影响

4.5.2.1.3　压裂裂缝参数与井距关系

综上分析，裂缝穿透比与导流能力对煤层气井产气峰值影响很大，大穿透比、高导流能力时，煤层气产气峰值大、采出程度高，但煤层气增产量并不成比例增加。因此，裂缝穿透比、导流能力要与井距相匹配，给定一个裂缝长度和导流能力时可优化出井距。这里以煤层气开采 15a 采出程度达到 50% 时的井距作为评价指标，运用 CMG 软件，选择正方形井网探讨裂缝参数与井距的关系（煤层气吸附饱和度为 70%）。

（1）裂缝长度与井距。

裂缝长度与井距成正相关关系，裂缝长度越长，井距也可适当放大。

图 4.5.23 表示不同渗透率煤层在裂缝半长分别为 40m、60m、80m、100m 时 15a 采出程度达到 50% 时的井距。此时裂缝导流能力为 0.2D·m。

由图 4.5.23 可以看出：

渗透率越大，井距可以越大，渗透率为 2mD 时井距为 350m 左右，渗透率为 10mD 时井距为 500m 左右。

裂缝半长越长，井距也越大，而不同煤层渗透率时裂缝半长的影响有所差异：当渗透率较小（1mD）时，裂缝半长对井距的影响较大，裂缝半长为 40m 时，井距为 285m，裂缝半长为 100m 时，井距为 325m；当渗透率较大（10mD）时，井距均为 510m，该情况裂缝长度对井距几乎没有影响。

（2）裂缝导流能力与井距。

裂缝导流能力与井距也成正相关关系，裂缝导流能力越大，井距可适当放大。

图 4.5.24 表示不同渗透率煤层、裂缝导流能力分别为 0.05D·m、0.1D·m、0.2D·m、0.3D·m、0.4D·m 时 15 采出程度达到 50% 时的井距。此时裂缝半长为 60m。

由图 4.5.24 可以看出：随着裂缝导流能力增加（0.05 到 0.4），井距增大，渗透率为 2mD 时，井距从 295m 增加到 340m；但渗透率为 10mD 时，裂缝导流能力的影响很小。

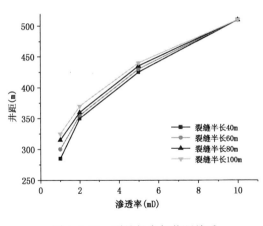

图 4.5.23　裂缝长度与井距关系

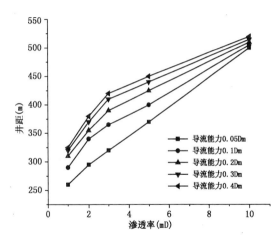

图 4.5.24　裂缝导流能力与井距关系

4.5.2.1.4　煤层气压裂直井井网优化方法

以上研究表明：裂缝方向井距受压裂的影响，井距可适当放大，而垂直裂缝方向井距主要受该方向煤层物性的影响，井距应适当缩小。因此，对于煤层气压裂直井，选择矩形或菱形井网比较合适。其中，矩形长边沿裂缝方向，短边沿垂直裂缝方向，矩形长宽比受裂缝参数、储层渗透率的影响；菱形井网长对角线沿裂缝方向，短对角线沿垂直裂缝方向，对角线长度比同样受裂缝参数、储层渗透率的影响。

选取我国某煤层气区块储层参数运用 CMG 软件 GEM 模块进行模拟，煤层有效渗透率为 1.6mD，裂隙孔隙度 2%，煤层厚度平均为 6m，裂缝半长 60m，裂缝导流能力为 0.2D·m。

由表 4.5.2 可知，矩形井网选择井距范围为 200～350m，不同的组合为 350m×350m、350m×300m、350m×250m、350m×200m。

表 4.5.2　不同井网指标对比

井　　　网		15a 采出程度（%）	采出程度增加值（%）
矩形井网	350m×350m	45.21	—
	350m×300m	52.15	6.94
	350m×250m	56.37	4.22
	350m×200m	60.18	3.81
菱形井网	700m×700m	27.24	—
	700m×600m	34.82	7.58
	700m×500m	42.21	7.39
	700m×400m	51.03	8.82
	700m×300m	56.98	5.95

对于菱形井网，选择菱形对角线长度大致为表 4.5.2 中井距的两倍，范围选择 300～700m，不同的组合为 700m×700m、700m×600m、700m×500m、700m×400m、700m×300m。

评价指标采用 15a 采出程度和采出程度增加值（随井距缩小，采出程度增加的值），模拟结果见表 4.5.2。

由表 4.5.2 可以看出：矩形井网 350m×300m 时采出程度为 52.15%，而采出程度增加值 6.94% 较高，矩形井网时该井距较合适。菱形井网 700m×400m 时采出程度为 51.03%，采出程度增加值 8.82% 较高，菱形井网时该井距较合适。但菱形井网初期产气量较矩形井网要低，菱形井网与矩形井网的优化需要进一步进行经济分析。

综上研究认为：

（1）对于压裂直井而言，裂缝参数对煤层气井距影响显著，尤其针对低渗透煤层。裂缝改变了煤层气藏渗流特征，进而影响煤层气井产量及采出程度。

（2）矩形井网与菱形井网体现了裂缝方向井距与垂直裂缝方向井距优化特征，属于推荐井网。以实际储层参数为例，模拟结果显示：在给定的优化指标下，选择矩形井网 350m×300m，或者菱形井网，对角线长度为 700m×400m。

4.5.2.2　不同储层条件下煤层气直井井网适应性优选

由于煤储层的非均质性，地质条件，水文条件复杂等因素，导致煤层气作业理论和施工工艺与应用相对复杂，煤层气生产井井网布置方法就是一个难题。煤层气生产井井网布置取决于诸多因素，包括煤层渗透率、储层压力、煤层破裂压力、煤层闭合压力、煤层压力梯度、水动力条件等（冯培文，2008）。布设井网可以扩大压降影响的范围，各井之间压力变化的干扰会对煤层气的解吸非常有利（杨曙光等，2010）。对于低渗透率煤层，在部署煤层气井井网时，还须要考虑煤层渗透率的各向异性（李明宅，2005）。目前，对煤层气直井开发井网的选择认识还不是太清楚，缺乏针对不同储层条件煤层气藏的井网优选方法。为了高效开发煤层气藏，提高煤层气藏的采收率，需提出不同储层条件下煤层气藏的合理井网。针对不同渗透率、不同各向异性的煤层气藏，基于数值模拟的方法，对正方形井网、矩形井网以及菱形井网三种不同井网进行模拟，得出适合不同井网开发的储层渗透率和各向异性的范围。

4.5.2.2.1　煤层气直井井网优选方法

应用数值模拟技术，使用 CMG 组分模拟器对煤层气直井开发中正方形、矩形和菱形三种井网进行适应性优选。模拟采用双孔单渗模型，基质孔隙和割理为储存空间，割理为渗流通道，基质孔隙不参与渗流。结合国内的煤储层的实际情况，压裂裂缝半长在 60~80m，因此模拟中裂缝半长采用 75m。美国对于渗透率小于 6mD 的煤层，最大井距一般为 300m（钱凯等，1997），若渗透率高于 6mD，井距可大于 300m。由于研究的渗透率范围较广（0.4~20mD），选取具有代表性的井距（350m），正方形井网情况下单井井网控制面积为 122500m²。为了保证三种井网开发的效果具有可比性，保持三种井网的单井控制面积相同（122500m²），矩形井网的长宽比为 3∶2，菱形井网的边长夹角为 60° 和 120°。三种井网的示意图如图 4.5.25。

模拟煤层厚度为 1m，地层压力为 2.8MPa，割理孔隙度为 3%，割理中的原始含水饱和度为 100%，含气量为 15.1m³/t，兰氏体积为 28m³/t，兰氏压力为 2.4MPa，临界解吸压力为 2.8MPa。模拟主裂缝方向渗透率 k_x（即面割理渗透率）分别为 0.4、0.8、1.6、3、6、12 和 20mD，各向异性系数 k_y/k_x 分别为 0.033，0.1，0.167，0.33，0.5，0.67 和 1。共模拟了 7（不同渗透率）×7（不同各向异性系数）×3（正方形、矩形和菱形井网）= 147 套方案，均以 0.3MPa 的定井底流压生产，优化指标为 15a 后的累产量。

4.5.2.2.2　煤层气直井井网优选结果

为当渗透率为 20mD、1.6mD 和 0.4mD，三种井网在不同各向异性煤层中 15a 累产气量的对比图。图 4.5.26 为正方形井网与菱形井网开发效果对比图。图 4.5.27 为矩形井网与

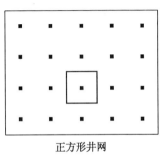 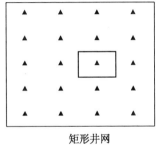 

正方形井网   矩形井网   菱形井网

图 4.5.25 井网示意图

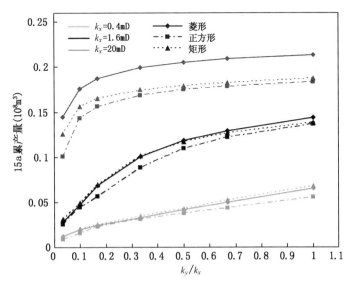

图 4.5.26 不同面割理方向渗透率煤储层三种井网开发效果对比
参见书后彩页

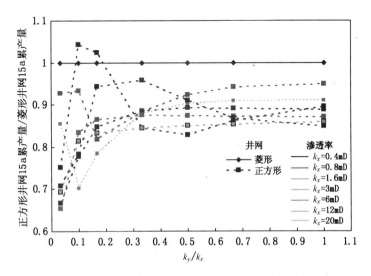

图 4.5.27 正方形井网与菱形井网开发效果对比
参见书后彩页

菱形井网开发效果图。图 4.5.26 和图 4.5.27 的纵坐标大于 1，表明该井网的开发效果好于菱形井网的开发效果；纵坐标小于 1，表明该井网的开发效果差于菱形井网的开发效果。

模拟结果表明：当渗透率在 0.4～20mD 范围内，正方形井网开发效果低于矩形井网和菱形井网（见图 4.5.26 和图 4.5.27）。当渗透率大于 6mD，菱形井网的开发效果都好于正方形井网和矩形井网（见图 4.5.28）。当渗透率小于 0.4mD，距形井网的开发效果都好于正方形井网和菱形井网（见图 4.5.26 和图 4.5.28）。当渗透率介于 0.8～3mD，各向异性系数小于某一临界值，距形井网的开发效果好于菱形井网，各向异性系数大于该临界值，菱形井网的开发效果好于距形井网（见图 4.5.28）。如渗透率为 0.8mD，该临界值为 0.9，渗透率为 1.6mD，该临界值为 0.4，如渗透率为 3mD，该临界值为 0.06。

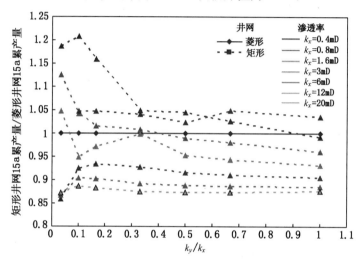

图 4.5.28　矩形井网与菱形井网开发效果对比

参见书后彩页

通过研究，首次创建了煤层气压裂直井井网优选图版（如图 4.5.29）。应用该图版可以指导煤层气藏开发中优选合理井网。对于一个特定的煤层气藏，根据面割理方向的渗透率和各向异性系数，应用该图版可以优选出使该煤层气藏开发效果最优的井网。

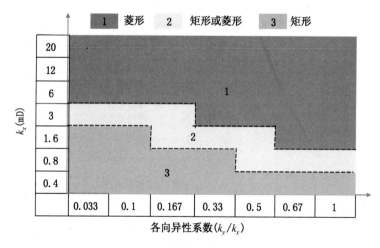

图 4.5.29　基于某特定煤层气藏渗透率各向异性的直井井网优选图版

4.5.2.2.3 煤层气直井井网优选结果的理论分析

对于煤层气藏开发中的井网优选，应首先均衡压力在面割理方向和端割理方向的干扰时间，使压力均衡下降，达到解吸、扩散、渗流的目的。无论渗透率多高，正方形井网由于在面割理和端割理方向的干扰时间相差较大（面割理方向很快达到干扰，而端割理方向很慢才达到干扰），开发效果都低于矩形井网和菱形井网。

排除正方形井网后，菱形井网和矩形的井网的对比与渗透率和各向异性程度有关。

高渗情况下，压力在面割理方向的传播很容易，但在端割理方向的传播相对较难，因此应尽可能的增加端割理方向的干扰。在同样大小的单井控制面积下，菱形井网的排距小于矩形井网的排距，因此菱形井网在端割理方向的干扰强于矩形井网，菱形井网的开发效果优于矩形井网的开发效果。

低渗情况下，压力在面割理和端割理方向的传播都较慢，但在面割理方向的传播要好于端割理方向，因此在均衡压力在面割理方向和端割理方向的干扰时间的基础上，应尽可能的增加面割理方向的干扰。在同样大小的单井控制面积下，矩形井网的井距小于菱形井网的井距，因此矩形井网在面割理方向的干扰程度要强于菱形井网，矩形井网的开发效果优于菱形井网的开发效果。

中渗情况下，视各向异性系数的不同，矩形井网与菱形井网的过度带有所差异。各向异性系数较低的情况下，应尽可能的关注面割理方向的干扰；各向异性系数较高的情况下，应尽可能的关注端割理方向的干扰。

4.5.2.3 多分支井结构参数优化设计

多分支井是高效开采煤层气的一种重要手段，在实际应用中，由于煤层气地质条件、地形地貌特征和工艺技术水平等，多分支井的结构多种多样，按主支划分，有单主支的，也有双主支、三主支等情况；按分支数目划分，可以有 3～10 个分支。不同的主支和分支组合起来，有相当多的情形（包括羽状水平分支井）。

最优的多分支井结构由分支间距、分支数量、分支长度、分支角度共同决定。多分支水平井的产气量随分支数目的增加而增加，但是增加的幅度逐渐减小。这是因为随着分支数目的增加，总的有效控制面积增加，产气量提高，但是分支之间的间距也逐渐减小，单个分支的有效控制面积减小，使得产气量增加的幅度也逐渐减小，所以并不是分支数目越多越好；分支长度越长，产量越高，但随分支长度的增加，累积产气量的增加幅度减小，成本增加；分支角度越大，有效泄压面积越大，产气量相应增加，但是在增加泄压面积的同时，可能会影响分支与裂缝的连通性。因此，要综合考虑产量和成本来决定分支长度和数目（Maricic 等，2008）。此外，由于煤层一般情况下具有渗透率各向异性特征，根据水平井渗流机理，水平井筒与最大渗透率方向的夹角越大，水平井产能指数越大，所以水平井主井眼和各分支应尽可能多的与最大渗透率方向成一定夹角。图 4.5.30 是单分支井情况下，最理想的钻井方向，即垂直于面割理方向。

在进行多分支井结构优化设计时，应尽可能使主支之间、主支与分支之间达到压力干扰，实现单井控制面积内的整体均匀降压，使得产气量、稳产期和采收率最优。在多分支井结构优化设计中，主要依据以下几个性能指标进行衡量：（1）产气量和累计产气量；（2）采气速度；（3）采收率；（4）井间压力干扰时间；（5）内部收益率。

基于以上原则，下面对多分支井结构参数进行优化设计。

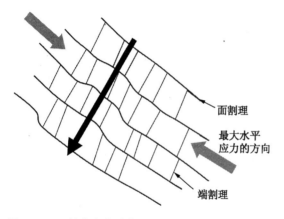

图 4.5.30 单分支水平井的理想钻井方向（垂直于面割理方向）（据 Mohammad，2008）

面割理

最大水平应力的方向

端割理

4.5.2.3.1 单主支分支水平井参数设计

平面渗透率各向异性程度用 k_x/k_y 的比值来表示，分支总长度与主支长度的比值用 L_0/L 表示。优化计算时，取 $k_x/k_y = 1 \sim 10$，$L_0/L = 0.5 \sim 8$。

对井眼走向的优化结果表明：当分支总长度小于主支长度时，应使主支方向垂直于主裂隙方向，分支角度取 $60°$ 最好，如表 4.5.3。当分支总长度大于主支长度时，使分支方向垂直于最大渗透率方向，主支和分支的角度为 $45°$ 时，效果最好，如图 4.5.31。

表 4.5.3 不同渗透率各向异性程度下的分支井采收率

算　例		$K_x/K_y = 1$	$K_x/K_y = 2$	$K_x/K_y = 3$	$K_x/K_y = 5$	$K_x/K_y = 10$
采收率	30°	25.28	31.64	37.39	43.33	52.08
	45°	29.55	35.97	41.27	48.55	54.06
	60°	34.24	40.05	44.49	48.92	55.47
	90°	35.04	39.72	43.37	47.11	53.03

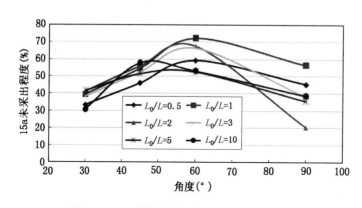

图 4.5.31 不同分支长度下的采出程度曲线

对分支数目和分支长度的优化结果表明：当分支总长度与主支长度比值（L_0/L）$= 0.5 \sim 1$ 时，分支数目为 3 时效果最好，如图 4.5.32；$L_0/L = 2 \sim 8$ 时，分支数目为 5 时效果最好，如图 4.5.33。

4.5.2.3.2 多主支分支水平井参数设计

和单主支分支水平井相比较，多主支分支水平井的影响参数又增加了一个主支夹角，使得主支走向更趋复杂。在参数设计时，为了便于对比，一般需要保持不同井型的控制面积和水平段进尺相同，下面用实例说明这一问题。

根据某地区地质条件，选取适当的渗透率、孔隙度、煤层气吸附饱和度等地质参数，如表 4.5.4。

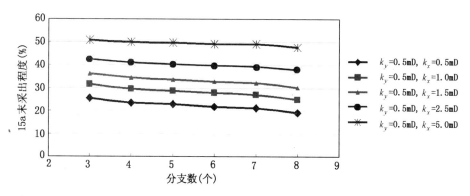

图 4.5.32 $L_0/L = 0.5 \sim 1$ 时，不同分支数目下的采出程度曲线

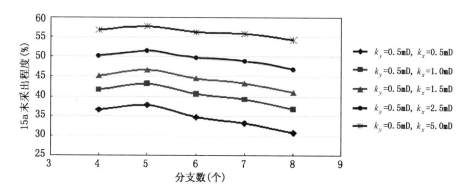

图 4.5.33 $L_0/L = 2 \sim 8$ 时，不同分支数目下的采出程度曲线

表 4.5.4 分支井研究所用基础数据表

参 数	数 值	参 数	数 值
面割理渗透率（mD）	1.6	兰氏压力（MPa）	2.4
端割理渗透率（mD）	0.8	兰氏体积（$m^3 \cdot t^{-1}$）	28.426
z 方向渗透率（mD）	1.0	煤岩密度（g/cm^3）	1.5
厚度（m）	6	解吸时间（d）	10
原始压力（MPa）	2.8	裂隙孔隙度（%）	1.5
临界解吸压力（MPa）	1.4	水黏度（cP）	1
煤岩压缩系数（MPa^{-1}）	3.46×10^{-2}	初始含水饱和度	0.99
割理间距（条/5cm）	5~9		

利用上述优化方法，通过分析比较认为，最优的主支条数为 2 条，主支之间的夹角以 30°为最佳，主支与分支之间的最优夹角为 45°，分支最佳间距为 200m，最优分支条数为 4 条。这一结果和实际相符合。

4.5.2.3.3 利用净现值方法进行多分支水平井的参数设计

Maricic（2008）利用净现值方法对多分支水平井的参数设计进行了研究。研究的复杂结构井类型包括单分支，双分支，三分支及四分支鱼骨状多分支井，如图 4.5.34。在这些结构中，水平井的总长度及分支间距也在研究范围。

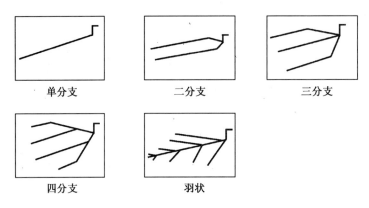

单分支   二分支   三分支

四分支   羽状

图 4.5.34　Maricic 所研究的分支井结构

相关参数设置如表 4.5.5 所示，该均质模型用笛卡儿坐标将 320 英亩的排水区域分为 30×30 的正方形网格，每个网格边长大小为 120ft。无论储层模型选择哪种水平段形状，其垂直段的长度在本研究中是相同的。

表 4.5.5　煤层气数值模拟器地质模型的输入参数

输 入 参 数	数　值
厚度（ft）	4
气体储量（scf/t）	350
Langmuir 体积常数 V_L（scf/t）	480
Langmuir 压力常数 P_L（psi）	1675
压力（psi）	450
深度（ft）	1000
基质块孔隙（小数）	0.005
裂缝孔隙（小数）	0.08
渗透率，i（mD）	0.0001
渗透率，k（mD）	0.0001
渗透率，j（mD）	0.0001
裂缝长度，i（ft）	0.05
裂缝长度，j（ft）	0.05
裂缝长度，k（ft）	0.05
基质水饱和度（%）	0.5
裂缝水饱和度（%）	100
裂缝渗透率，i（mD）	8
裂缝渗透率，k（mD）	8
裂缝渗透率，j（mD）	2
温度（℉）	75

输 入 参 数	数 值
岩石密度（g/cm³）	1442
煤—解吸时间（d）	231
灰分含量（fr）	0.05
生产时间（a）	15
井底压力（psi）	30
压力梯度（psi/t_f）	0.43

根据模拟输出的气体采收率结果，计算原始气体储量为 820MMscf 及原始含水量为 520000bbl，将各种井型的气采收率与井总水平段长度关系绘制出来。对于双分支、三分支和四分支及羽状分支井的气采收率在图 4.5.36 至图 4.5.39 中分别展示出来。

图 4.5.40 是五种井结构的最佳生产方式结果的相互对比情况，表明四分支水平井在分支间距为 680ft，水平井段长度为 8000ft 时是气体采收率最高的方式之一（约 36%）。羽状分支井采收率更高，约达 38%，但是其水平段的总长度达到 18000ft。如果这两种结构水平井的水平段长度相同，都是 8000ft 的话，显然四分支井的采收率要高出 5% 到 10%。

虽然较长的水平段可以增加总的气体采收率，但是因此增加的水平段钻井所需费用应该加入到选取最佳井结构的参考之

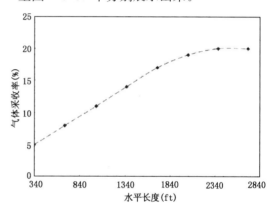

图 4.5.35　单分支井结构的气体采收率
（据 Maricic 等，2008）

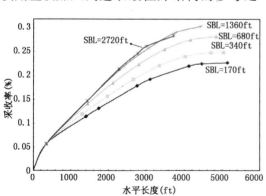

图 4.5.36　双分支水平井采收率
（据 Maricic 等，2008）

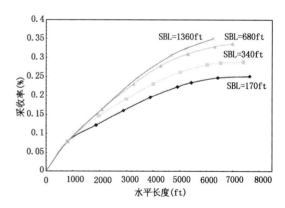

图 4.5.37　三分支水平井采收率
（据 Maricic 等，2008）

中。图 4.5.41 显示了推荐方案——四分支水平井的净现值。曲线为相关水平段长度和分支间距下的结果。该曲线结果表明最佳的井结构是分支间距为 680ft，水平段长度为 3100ft 的四分支井。

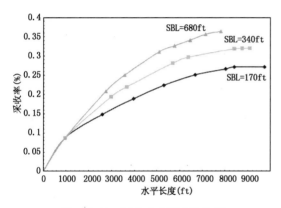

图 4.5.38　四分支水平井采收率
（据 Maricic 等，2008）

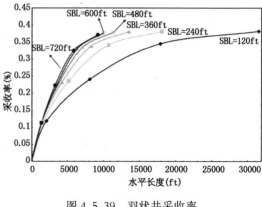

图 4.5.39　羽状井采收率
（据 Maricic 等，2008）

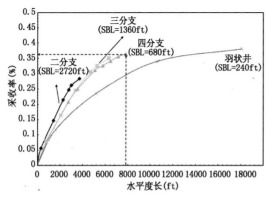

图 4.5.40　最佳生产方式下的气体采收率对比
（据 Maricic 等，2008）

4.5.3　煤层气钻完井技术

4.5.3.1　多分支井钻井技术

与直井相比，多分支井具有储层裸露面积大，单井产量高，控制面积大，节约开发成本等优势。美国 CDX GAS LLC 公司（简称 CDX）发明并采用羽状水平井体系新技术进行完井和生产，该项技术适用于煤层厚度薄、煤层厚度稳定、煤层结构完整、煤岩具有一定强度的地质条件，具有产量高、采收率高、控制面积大、不受地形环境影响的优点。CDX 公司从 1999 年才开始进行羽状

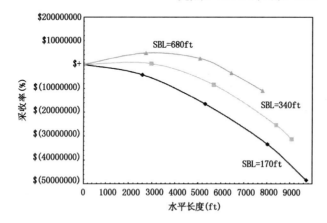

图 4.5.41　四分支井时的净现值（据 Maricic 等，2008）

分支水平井技术研究与试验，到 2004 年底已钻煤层气羽状分支水平井 200 余口，形成了煤层气羽状分支水平井钻井、开采设计与施工的一系列工程技术，近两年被美国环保局和天然气产业部门指定为开发煤层气的推广技术。我国煤层气多分支井研究还处于初期阶段。

煤层气多分支井钻井技术包括欠平衡钻井技术、侧钻技术、地质导向技术、水平井与垂直井连通技术、井壁稳定及煤层保护技术等，它是一项施工难度较高的系统工程。

4.5.3.1.1 多分支井欠平衡钻井技术

欠平衡钻井是指钻井过程中钻井液液柱压力低于地层孔隙压力，允许地层流体流入井眼、循环出并在地面得到有效控制的一种钻井方式。早期的欠平衡技术钻井所采用的循环介质主要是空气，后来相继采用氮气、雾、天然气、泡沫等轻质低密度钻井液。随着欠平衡钻井的进一步发展，如承受高压的旋转防喷器的出现，现在又发展了用液体钻井液（如清水）对高压地层进行欠平衡钻井技术，如边喷边钻、钻井液帽钻井、不压井钻井等技术。

煤储层普遍具有低压、低渗的特点，为了保护储层，适合煤储层的钻井液体系主要有充空气、泡沫流体、地层水。充空气钻井液是将空气注入钻井液内形成以气体为离散相、液体为连续相的充气钻井液体系，主要适合于地层压力系数为 $0.7\sim1.0\mathrm{g/cm^3}$ 的储层，而且不受地层大量出水的影响（乔磊等，2007）。美国煤层气十分重视开发对环境的影响，美国多数煤层气井使用欠平衡钻井技术，最大限度的降低对煤层的破坏。

欠平衡钻井适合于直井和多分支井。国外欠平衡技术主要用于钻多分支井，因为分支井段暴露在地层中时间长，更易导致钻井液的漏失。水平井欠平衡技术采用多分支井主井眼与洞穴井相结合的双井筒结构，当主井眼与洞穴直井连通后，通过直井往分支井中环空内注气，降低分支井环空内液柱压力实现其在煤层中欠平衡钻进。煤层气多分支水平井常用的注气方法为洞穴井井筒注气法（图4.5.42a）和油管注气法（图4.5.42b）（乔磊等，2007）。洞穴井井筒注气法技术简单，成本低，适用于浅层煤层气（埋深小于500m的煤层）的开发。油管注气法是在洞穴井完钻之后，下入注气油管和井下封隔器，然后压缩气体通过油管进入到水平井的环空。这种注气方式适合于煤层埋藏较深的洞穴井。即使在注气量很小的情况下，由于注气油管直径较小，压缩空气能在短时间内进入水平井环空，从而改善了气液两相流的均匀性，使欠平衡技术更容易控制。另外，油管注气法容易进行欠压值很小的欠平衡作业（欠压值为 $0.5\sim1\mathrm{MPa}$ 时），有利于维持煤层井壁的稳定性，从而实现既保护煤层又安全钻进的目的（乔磊等，2007）。

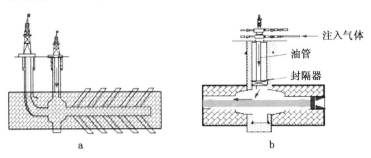

图4.5.42　两种注气法

a—洞穴井井筒注气法示意图；b—油管注气法示意图（据乔磊等，2007）

为了保证充气欠平衡能安全钻进，还须规范欠平衡的施工工艺。例如，接单根时过量的注气容易导致水平井直井段泥浆的排空，从而诱发井喷、地层坍塌等钻井事故。因而，当注气压力低于安全注气压力时，应立即停止注气。安全注气压力由注气量、井身结构和泥浆密度等因素共同决定。环空有大量气体返出时，严禁接单根，必须停止注气，待空气全部返出时才可以接单根。在起、下钻作业时，上提下放钻杆应平稳，尤其在煤层段应缓慢上提，防止井眼坍塌。

4.5.3.1.2　地质导向技术

保持在煤层中顺利钻进是煤层气井成功的关键因素，因为多数煤层比较薄，且裂缝发育，构造复杂，钻进时可能错过最佳层段，而地质导向技术能保证水平井在煤层段内的钻遇率。地质导向系统包括具有钻前模拟、显示测量信息和钻进中根据实时数据不断修正模型等功能的软件（Meszaros，2007）。主水平井眼造斜段采用导向钻井技术，通过测量伽马值、电磁波信号强度、综合录井等多方面信息，建立煤层地质导向模型，从而可以用来监测井眼轨迹方位、井斜、钻头位置、地层岩性等参数，并通过调节井下马达上的造斜装置的方向来实现定向控制。

Meszaros（2007）指出，带井斜伽马射线测量工具的井底部钻具有较好的地质导向能力。井底钻具组合（BHA）通过钻头上方的短节来测量近钻头伽马射线和动态井斜，从而提高了底部钻具组合的地质导向能力。为了获得较好的效果，该工具与公司的传感器、产层导向软件和地质导向软件相结合。该工具可以作为两个独立的短节使用。下部短节包括井斜和伽马射线测量传感器。测量数据通过电磁短传技术从下部短节内的近钻头传感器向上传输到上部短节。电磁传输方式可以在电阻率为 $5\Omega \cdot m$ 的地层中向上传输 18.3m。上部短节接收测量数据，并将数据传输给系统，通过此系统将数据传输到地面。上部短节与 MWD/LWD 系统相连接，成为工具的一部分。这种设计使两个独立的短节可以与容积式马达或三维旋转导向工具配套使用。近钻头井斜和伽马射线测量工具的组合是其他工具不能相比的。近钻头井斜和伽马传感器从钻头到测点的距离分别为 0.28m 和 0.56m（图 4.5.43）。

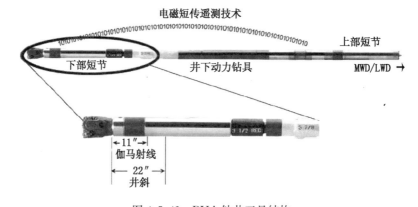

图 4.5.43　BHA 钻井工具结构
由钻头、下部近钻头短节、泥浆马达和上部近钻头短节组成的底部钻具结构，
及伽马射线探测和井斜测量测点到钻头的距离（据 Meszaros，2007）

无论是开泵还是关泵，下部短节都能够连续进行动态数据采集，伽马射线传感器和三轴加速度测斜仪能够连续不断进行采样。上部和下部短节之间采用双向通信方式。下部短节将数据传输到上部短节。上部短节使用微调通信方式传输数据，并在两个短节之间定时转换无线通信方式。状态编码也可以传输到地面，这样现场工程师就可以对两个短节之间的通信状况进行监测。上部短节和下部短节的最高耐温可达 150℃，耐压 20000psi（1psi＝6.89kPa）。

近钻头动态井斜和伽马射线数据的连续测量，可以随钻确定井眼轨迹和钻头位置。近钻头传感器能够提供即时的岩性和井斜数据，有助于大斜度井和水平井着陆，并能确定套管下入深度和优化井眼方位。在水平井应用中，近钻头井斜测量能够精确确定钻头处底部钻具组合的造斜或降斜趋势，减小井眼的扭曲严重程度，从而保持井眼轨迹的光滑。由于井眼轨迹弯曲度的减小，降低了井眼的扭矩和摩阻，增强了水平段的延伸能力。近钻头井斜测量能够消除纵向的不确定性，准确计算相对于目的层实际垂深，这样有助于对井眼方位的评价。近钻头伽马射线传感器通过探测钻头处的地层变化来确定地质方位。通过测量和确认钻头处影响井眼轨迹的各种因素的变化，可以实现更精确更有效的地质导向。

由于煤层比较薄，在很多情况下自然伽马随钻测井工具在煤层气井中不是很有效，它仅能探测出钻头是否在目的层，而定向深探测电阻率法精度相对较高，如斯伦贝谢公司研发的PeriScope仪器，它能绘制出地层边界图，克服了伽马仪器的局限性，并且它对井眼周围及钻头前的区域径向成像范围可达 4.6m，成像图提供了探测钻头距煤层和边界的相对位置，从而指导钻井系统的前进方向（Johnston 等，2009）。

4.5.3.1.3　多分支井主井眼与直井连通技术

采气的直井是先于主水平井施工的，并在煤层段用特殊的工具造洞穴，便于主水平井眼穿过。在两井连通前必须做到以下两点：（1）对直井进行多点测量或陀螺测量，确定裸眼洞穴点的坐标和井深位置；（2）在裸眼洞穴以下井段打水泥塞，将裸眼洞穴下部井眼封住，再进行连通工作，这样钻头通过裸眼洞穴时就不会因重力作用而进入下部井眼。

在两井连通过程中，采用的是近钻头电磁测距法（RMRS 技术），即在直井裸眼洞穴中放入特制的旋转磁场定位系统。钻具组合通常为：钻头＋永磁短节＋马达＋无磁钻挺＋随钻测斜仪＋钻杆。具体做法是：在连通过程中，直井中下入探管，在主水平井中的钻头和马达之间接入一根强磁短节来发射磁场，由直井中旋转磁场定位系统接收，并及时把接收到的磁场强度值信息传送到计算机中，根据采集的信息判定钻头钻进的方向和井眼位置，实时计算出当前测点的闭合方位，并

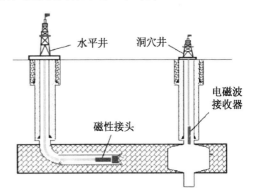

图 4.5.44　两井连通示意图（据乔磊等，2007）

预测与直井连通点位置的方位，然后对随钻监测的 LWD 进行不断调整钻进中钻头方位、井眼轨迹，直至连通直井洞穴的中心位置。一般在 100m 之内，就可以接受到发射的信号，距离越近，反映愈明显。在解决直井洞穴时，根据防碰原理，可以利用专用的轨迹计算软件进行柱面扫描，判断水平井与洞穴中心的距离，从三维视图上分析轨迹接近洞穴过程中的变化趋势（乔磊等，2007）。

4.5.3.1.4　井眼的稳定性及煤层保护

（1）井眼的稳定性。

预测钻井或生产过程中井眼的稳定性，对钻井和生产决策有很大影响，可以让作业者有时间采取预防措施，从而避免或减少经济损失。通过预测也可以确定水平井是否需要下衬管，减少煤层气井的生产压差可以减缓煤层破坏，减轻微粒运移对地层和裂缝的堵塞以及对井眼的充填，并降低对泵和压缩机设备的损坏。水平井的稳定性主要依赖于原地应力（上覆压力、等效水平应力、储层压力等）、煤的强度和井筒的倾斜度。此外，井的方位角也对水平井的稳定有影响，但是一般认为可以忽略，因为水平地层应力在大多数情况下仅来自一个方位。随着深度增加，上覆压力越大，井筒也就越不稳定。Palmer 等（2005）分析了钻井

过程对煤层的破坏和井眼稳定性的影响。

井眼稳定性（WBS）和地层破坏影响着煤层气井，特别是水平井钻井和生产的经济效益。如果泥浆密度太高，会导致煤层拉伸破裂；如果泥浆密度太低，又会导致剪切破裂。预测井眼稳定性的方法是将一定钻井条件下的原地应力与煤层强度进行比较。由应力不变量确定的破坏包络线很容易进行这些计算，它们是正应力和剪应力的量度。另一种方法是，根据一个简单的强度参数，如无侧限抗压强度（UCS），来估计煤层的破坏包络线（即不同负载条件下的破坏），该方法是基于已有的煤层强度数据推导出来的通用破坏包络线。最后一步是估计 UCS：根据大量室内实验，建立 UCS 与煤阶或 HGI（哈氏可磨性指数）的关系（Palmer 等，2005）。上述方法已经用于预测美国五个煤田的斜井和水平井的井眼稳定性（见表 4.5.6 和表 4.5.7）。

表 4.5.6　不同煤阶的最小无侧限抗压强度（据 Palmer 等，2005）

煤阶	挥发性物质含量比例	估计的最小 UCS（psi）
无烟煤	小于 14	1780
低挥发性褐煤	14～22	490
中挥发性褐煤	22～31	497
高挥发性褐煤 A	31～39	1050
高挥发性褐煤 B	39～42	4800
高挥发性褐煤 C	42～55	5930
褐煤	大于 55	9400

表 4.5.7　美国五个煤层气盆地原地应力（据 Palmer 等，2005）

盆地名	深度（ft）	孔隙压力梯度 [（lb/in²）/ft]	上覆压力梯度 [（lb/in²）/ft]	破裂压力梯度 [（lb/in²）/ft]
Black Warrior	1000～1500	0.45	1.00	0.66～0.69
Cherokee	1900～2100	0.45	1.00	0.78～0.80
San Juan	2700～2900	0.45	1.00	0.63～0.65
Piceance Cameo	4500～4800	0.45	1.00	0.73～0.76
Piceance	7200～7400	0.45	1.00	0.81～0.82

所举实例说明了在美国煤层气中遇到的情况，但不建议将这些结果推广应用，因为井眼稳定性受地区应力和强度的影响很大。实例给出了按深度排列的五个盆地的典型原地应力（上覆应力、相等的水平应力和储层压力）。煤的强度随煤级而变，假设每个盆地都遇到了所有煤级的煤。具体而言，对所考虑的各种煤级（即 LV、MV、HVA、HVB），以 VM-daf%（无干灰分挥发物（%），根据组分分析确定）为基础，用根据文献中现有的数据推导出来的关系式来估计 UCS 的下限，然后采用专用方法估计煤的破坏包络线（FE）。

表 4.5.6 中每种煤级的 UCS 值都是岩心测量值中的最小值。因为煤的非均质性非常强，任何一个煤层的变化都可能非常大，因此取最小值是合理的。同时，假设从岩心尺寸（1～2in）到井眼尺寸（直径约 10in）强度不变化。正常情况下，井眼 UCS 要比岩心 UCS 低（对砂岩 TWC 强度，一般比值为 0.6），但对此不予考虑，因为已经通过把 UCS 取为岩心测

量的最小值而将 UCS 值降低了。

钻井过程中的井壁稳定性可以采用标准的井眼稳定性预测模型评价，但要根据煤层进行调整。井眼稳定性取决于原地应力、煤的强度和井斜角。对 LV、MV 和 HVA 煤层，存在着井眼稳定性随深度增加而降低的某种趋势，但也有例外。随着压力衰竭，安全泥浆密度窗口减小。在构造松弛的盆地，安全泥浆密度窗口随井斜角增加而减小。

（2）煤层的保护。

传统的钻井工艺并不完全适用于煤层气钻井，因为在煤层中钻井时易造成井眼坍塌。Baltoiu 等人（2008）总结了煤中钻井与常规储层钻井的不同：

①煤层的割理和裂缝特别发育，传统的方法是用抑制性钻井液（盐水或抑制性水）快速地钻穿煤层，用较高的泵排量清洗井眼，发生井眼稳定问题之前下套管固井。在裂缝高度发育的煤层，这种方式往往造成卡钻或者井底装备的损失。

②在穿过煤层时，由于煤的微渗透性阻碍瞬时滤失（类似于页岩中的滤失），因此在煤表面无法形成"滤饼"。在裂缝发育的煤层中钻进时，当使用水/盐水或常规钻井液，这些液体会侵入裂缝网络中，并携带两种东西进入：a. 压力——根据不可压缩液体的 Bernoulli 原理，在各个方向上都会立刻产生压力；b. 颗粒——煤屑颗粒和其他液体中的颗粒。

③欠平衡钻井意味着井底压力要大于地层压力。但是，当液体进入微裂缝网络时，井周围的地层压力等于井底压力，使得裂缝内部的煤碎片上、下的压力均衡，煤碎片落入井筒中。滤失到煤层中的液体越多，压力均衡发生的地方就越深，煤层塌陷越严重。这种塌陷形成的煤块一般为较大的块状，直径可达 $10 \sim 13cm$。煤层塌陷往往在短时期内发生，且体积很大。传统的方法是增加泥浆的密度来保持井的稳定，增加排水量和流体黏度来清理井筒，混入常规的防漏物质（LCM）以减少漏失以及操纵钻柱通过井眼内的缩径段。

详细分析后发现，这些方法中没有一个达到了预期的目的。当添加重晶石或碳酸钙来增加泥浆密度时，井底压力矢量只是在短期内增大。然而此时，煤层中一部分裂缝将会被撑开，更多的液体将渗透进去。数小时内，井底压力（BHP）将逐渐减小到等于地层压力（FP），之后，煤层将还会发生塌陷。增加泵排量和液体黏度将通过压力损失增加井底压力（BHP），但同时，井底周围液体的渗透能力增加，因此更多的液体还是会渗透进煤层中。在裂缝发育的煤中，较高的水力剖面是不需要的。然而，常规储层中常用的增加泵排量和泥浆黏度来清理井眼的方法在煤层中不再需要。因为煤的比重很低，范围大约是 1.2 到 1.5，因此煤层气井可以用比重较低的水基液进行清洗。影响井眼清理效果的不是崩落的煤块重量，而是煤块的大小、体积和崩落速度。此外，加入常规的防漏物质并不起作用，特别是含有刚性颗粒时，它们起到支撑作用，导致更多的滤失。另外，如果较硬的颗粒形成桥堵，它们将会渗入到裂缝内部，从而导致渗透率严重降低。常规的防漏物质（比如纤维，胶棉，木屑等）因体积大，不能形成有效的架桥。

④在煤层不能应用的另外一种常规方法是：当地面出现坍塌迹象时（这些迹象包括扭矩、阻力增加、压力增加、缩颈和返出减少等）操作钻杆。这些坍塌与钻杆移动和移动产生的水力作用有关。这个过程包含加速操作钻杆通过复杂的井段，同时开泵和旋转以清除坍塌的煤形成的砂桥。靠钻杆移动产生的压力波动和抽吸以及钻头的活塞作用，将对裂缝性煤层产生破坏性影响，并且经常导致更严重的坍塌而造成卡钻，损失昂贵的定向钻井装备。

基于上述造成井眼不稳定的机理，Baltoiu 等人（2008）结合在 Mannville 钻煤层气井实例，提出钻水平煤层气井时新的操作。

①钻机首选顶部驱动，由于其具有比常规钻机更好的控制钻杆速度的能力。

②已经证明，控制钻井速度小于 15m/h 比快速的"进和出"方法更好。当机械钻速（ROP）受到控制时，井下不稳定的征兆是可以发觉的，并在产生严重的钻井事故前及时纠正。

③起下钻速度控制在 0.5 m/s，减少波动和抽汲。

④理想钻头满足三个标准：a. 无喷嘴；b. 倒划眼能力；c. 产生大煤屑。因为控制钻井速度在相对低的机械钻速，所以喷嘴是不需要的。倒划眼能力是成功钻井的关键。当井眼不稳定征兆第一次被地面上注意到的时候，推荐在降低泵排量的情况下倒划眼通过复杂地层。然后在正常排量下扩眼，并同时调整泥浆性能。在正确使用泥浆的情况下，一般不需要增加泥浆密度和泥浆流变性。可以推断，大钻屑的产生与地层伤害有关。细煤有非常大的表面积，带有化学电荷，并能进入裂缝内部引起严重的地层伤害。细煤有与钻井液成分结合的能力，降低了钻井液在钻新井中的作用并引起其他钻井风险。

⑤建议在钻水平井时做较多的滑动和较少的转动，并推荐较低的钻头转速。

（3）新型钻井液。

煤层气储层对钻井液性能的要求有：①具有较好的封堵性能，尽量阻止钻井液侵入到储层；②钻井液密度要合适。钻井液密度对煤层井壁稳定性有较大的影响。若钻井液密度过低，因煤层抗拉强度和弹性模量，会引起构造应力释放，使煤层沿节理和裂缝崩裂和坍塌。若钻井液密度过高，在压差作用下钻井液进入煤层，不仅会将煤层中裂缝撑开使煤层结构破裂，而且会对煤层造成伤害，直接影响到煤层气的解吸、扩散、运移及后期排采；③较低的表面张力，减小"水锁"效应对气体流动的影响；④合适的 pH 值；⑤抑制黏土膨胀的能力，黏土矿物的膨胀会加剧井壁的不稳定。

目前，用于钻进煤层气储层的常用钻井液有：优质膨润土钻井液、低固相聚合物钻井液、空心玻璃漂珠钻井液、清水钻井液、无黏土钻井液等。除此之外，还有以下几种新型钻井液体系：

①泡沫钻井液体系：泡沫通过在形成架桥，减少钻井液进入储层。缺点是：生产泡沫的设备昂贵；在井底压力下，比较容易被破坏而失去封堵能力。

②Aphron 钻井液体系（Growcock，2006）：它是由三层表面活性剂所包裹的气核，在表面活性剂中间有一层黏度较高的稠化水层，最外层表面活性剂极性端朝外，使得 Aphron 与周围水基流体相溶。Aphron 能有效抑制钻井液侵入煤层，主要机理是：由于压力差和较高的剪切速率，Aphron 物质比基液流动得更快，使得它们能聚集在最前面。在摩擦过程中会产生气泡，形成架桥，使得钻井液剪切速率急剧减小，黏度增大。此外，Aphron 钻井液也能起到保护煤层的作用。因为它与地层流体存在很好的匹配性，并且与裂缝表面的作用力很小，易清理。

③超低渗透钻井液体系：它适用于封堵微裂缝性储层，该钻井液体系的核心处理剂是 FLC2000，它是由部分水溶和部分油溶的各种聚合物组成的混合物，具有宽的 HLB 值。将 FLC2000 加入到水基钻井液中时，聚合物聚集形成"胶束"，在过平衡压力下，"胶束"立即在煤岩孔喉处形成一个低渗透的封堵层。2005 年，北美一口煤层气井采用该超低渗透钻井液体系，完成 150m 水平井段，顺利钻至设计井深，没有出现严重的泥浆漏失和井壁失稳现象（张振华等，2011）。

④Baltoiu（2008）提出一种新型钻井液，该钻井液已经被加拿大 Alberta 的九个生产队

成功地应用于 30 多口的煤层气水平井钻井上，其中包括 750m 到 1200m 的水平侧支，均达到了设计深度。如果在煤层上不能形成"滤饼"，那么应该在裂缝、面割理和构造裂缝上形成一连串致密的超低渗透表面桥塞。钻井液达到这种效果主要是充分利用煤的表面强大的电荷实现的。新开发的钻井液有两个方案：一个是结合天然聚合物、膨润土和其他专利产品，主要针对套管完井。另一个是由一组天然聚合物和其他的专利产品组成的，主要针对裸眼完井。第二种液体可以通过破胶剂清除。当密度要求较高时，液体用盐水配制，不需要引入硬颗粒到体系中就能实现所要求的密度。在钻进过程中，液体中的聚合物黏附在裂缝的终端形成"桥头"，然后与液体中的其他产品结合，穿过裂缝形成表面桥，在石油行业有时也称为"纽扣"，这些垫层是多层纤维。现场已经证明了这种桥的纤维性。当水力学数值增加时，它可能有 $3\sim4m^3$ 的液体漏进井眼，回收即可。通过在裂缝上产生这些低渗桥，钻井液维持了井壁一个稳定的正压力（$\Delta P = BHP - FP$）（图 4.5.45）。如果井底压力始终大于地层应力，井筒的不稳定性将会减轻。

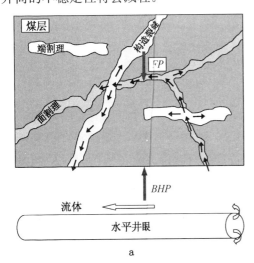 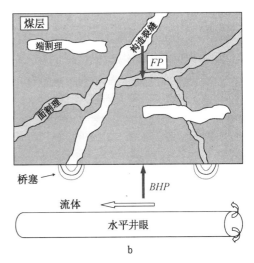

图 4.5.45　常规钻井液与新型钻井液

a—常规钻井液：钻井液侵入割理后，随着时间的延长井底压力（BHP）逐渐减小到等于地层应力（FP）；

b—新型钻井液：横穿面割理和裂缝能形成纤维桥，维持 BHP 高于 FP，

从而减轻了对井筒稳定性的影响。（据 Baltoiu 等，2008）

4.5.3.2　煤层气井完井技术

煤层气完井技术是在常规油气井完井技术的基础上，根据煤层的特殊物理性质和煤层气的流动产出特性发展起来的。目前，煤层气井应用较多的完井方式有裸眼洞穴完井、裸眼扩径完井、套管完井和多层混合完井等。

4.5.3.2.1　裸眼洞穴完井

裸眼洞穴完井是一个集完井与增产措施于一体的完井工艺，是目前煤层气储层开发应用最多的完井方式之一，这种完井的方式可以避免固井液、压裂液和施工过程中的压力突变对煤层造成的伤害。

（1）增产机理。

裸眼洞穴完井是通过周期性改变井底压力，使煤层裂隙受到反复波动的压力作用而造成洞穴的完井方式，其作用周期分为两个部分：前半段，向井内注入气液混合物，使井底压力

接近破裂压力，保持稳定一段时间；后半段，迅速卸压使井底压力小于煤层抗剪强度，完全卸压即完成一个周期。周期中增压过程使得煤层产生裂缝，卸压导致剪切变形造成煤层块体脱落或者坍塌，形成洞穴。在形成洞穴过程中，压性和张性应力的周期性变化导致煤层的应力场重新分布，产生张性和剪切性裂缝。随着"造洞穴作用"的不断进行，各种作用向煤层深部延伸，其主要是裂缝向深部横向和纵向扩展，形成"洞穴效应"。煤层有效渗透率得到大幅度提高，煤层气解吸和流动阻力降低，产量自然大幅度增加。

（2）洞穴完井特征。

在实际应用中洞穴完井主要具有以下特征（黄勇等，2008）：

①实际洞穴有效直径。实际洞穴的有效直径通常难以通过仪器测量，因而主要通过取出到地表的煤、岩屑的堆放的体积来推算，实际洞穴的有效井径一般为 3～4m，形状不规则，表面参差不齐。洞穴可增大煤层裸露面积，为煤层气的解吸运移提供了良好的条件。

②在井筒周围形成一定范围的破碎带。由于实际洞穴的效应，使洞穴以外的煤层发生张性和剪切破裂，形成了更大范围的破碎带，从而使煤层内一些处于封闭、半封闭状态的原始微裂缝相互沟通，提高了煤层的渗透率。

③保护了煤层原生结构。由于采用空气、空气泡沫钻井，并利用空气加清水通过瞬间释放压力造穴，真正意义上达到了保护煤层原生结构，避免了常规完井工艺中钻井（泥浆可能污染煤层）、固井（水泥浆污染煤层）、压裂（压裂液中的固体颗粒可能污染煤层）等对煤层的破坏。

（3）适应性。

①较好的储层条件。必须是裂隙发育完好的煤储层（渗透率通常大于 20mD），同时也必须以内生裂隙为主，外生裂隙为次，并且要求含气量大于 $10m^3/t$。

②较好的围岩特征。煤层上下顶、底板封闭性好，机械强度高，煤层顶底板不能有断层或漏失层段。

③煤层特征。煤层厚度大，块煤、稳定、无夹矸。

④钻孔。井壁稳定，区域地层相对稳定。

⑤在超高压、含气量高的高渗透率煤层，洞穴完井的应用效果最为理想，优于压裂增产井。

（4）施工工艺。

洞穴完井作为一种新的现代完井工艺，与常规裸眼完井有很大的区别，具有独特的施工工艺和技术要求。

①造穴时必须安放防喷器；

②对各种高压管线进行地面试压，保证施工安全；

③不能将钻具一次性下到井底，避免井内地层大量积水，导致空压机无法开启，钻具下入到底部后，保持长时间循环，保证将井底沉渣循环干净；

④关闭封井器，憋压要求大于煤层破碎压力后方可放压，释放压力要求迅速。

（5）应用情况。

该完井方式最早应用于 San Juan 盆地超压地层中，在圣胡安盆地富集区，90％以上的井都采用洞穴完井（Jenkins 等，2008）。图 4.5.46 是 San Juan 盆地一个按照声波测井完成的裸眼洞穴完井例子。裸眼洞穴完井的产气、产水速率比压裂增产井高出十多倍（Palmer，1992；Mavor，1992）。

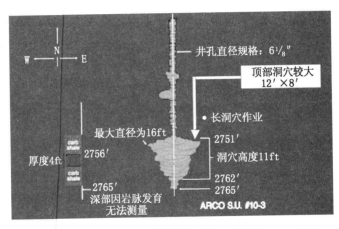

图 4.5 46　San Juan 盆地裸眼洞穴完井（据 Palmer，2010）

　　San Juan 盆地、Fairview 和 Spring Gully（最后的两个位于澳大利亚 Bowen 盆地）。裸眼洞穴完井在 3 个煤层气区块获得了商业性成功：San Juan 大多数裸眼洞穴完井都存在最佳生产层，最佳生产层的累计平均值产气量十分理想。裸眼洞穴完井也在 Piceance、Warrior、和 Arkoma 盆地，以及波兰、中国、印度等国家的某些煤层气盆地都进行了尝试，但是没有取得持续的成功。在某些情况下，因煤层会垮塌，因此这些井不能持续较高的产气量。在 Piceance 和 Arkoma 盆地，起初的产气量的确很高（比通过水力压裂完井后还要高），但是在几天之后就下降得非常快。这种现象可能是由于洞穴坍塌或煤层颗粒堵塞引起渗透率的损失，裸眼洞穴完井过于剧烈，导致煤层破裂时产生大量的煤屑；在洞穴完井之后井眼会变得不稳定，而且井眼中产出大量的水，也会恶化井眼情况。

　　Palmer（2010）提出可以尝试在水平井中造洞穴。200ft 长的水平井段（存在裂缝网络）在井下扩眼至 20in 之前，用封隔器隔离。这部分井段成功受到压力冲击之后，洞穴将延伸到 6ft，甚至达到了岩石盖层暴露在煤层裂缝顶部的程度，产气率提高到原始水平井的 3 倍之多。

　　裸眼洞穴完井和水力压裂都是煤层气开发中非常重要的两种增产措施，Palmer（2010）对比了它们的增产效果，如表 4.5.8 所示。

表 4.5.8　对比裸眼洞穴完井和水力压裂技术（据 Palmer，2010）

	裸眼洞穴完井	套管井压裂
凝胶剂污染	小	大
压力污染	小	大
颗粒填充污染	大	小
井产能	好（在主要油气带）	差（在主要油气带）
成本	高	低
稳定性	低	高
可靠性	低	高
环保性	严重	好

　　Spring Gully 有 3 个煤层气开采区，2450ft 埋深，煤层厚度变化范围为 16~26ft。气体储量约为 525scf/ton。渗透率估计为 1~1000mD，历史拟合为 200~800mD（Pitkin，

2006)。2006 年中期的生产井，孔洞裸眼井产量为 410bpd 和 875Mcfd，而压裂井的产量为 478bpd 和 710Mcfd。裸眼洞穴井比压裂井多产出 23% 的气，少产出 14% 的水，但裸眼洞穴完井的成本更高，每口井从 300000 美元到 1200000 美元不等。

当渗透率超过 20mD 时，洞穴完井效果会好于水力压裂增产措施，但是洞穴完井的成本不断增加，而水力压裂的成本一直在下降，同时还发现水力压裂对环境污染小。洞穴完井对压力和渗透率的降低有潜在影响，因为造洞穴会导致压力释放，洞穴内部的拉伸断裂和外部的剪切破坏均导致压力下降。但是，水力压裂会导致压力增加，因为被支撑剂支撑的裂缝会挤压煤层。洞穴周边的渗透率会增加，但是裂缝附近的渗透率会减少。渗透率变化很明显，因为在裂缝高度发育的煤层中渗透率依赖于压力的大小。

4.5.3.2.2　裸眼扩径完井

裸眼扩径完井是 20 世纪 90 年代开发美国 Power River 盆地浅层煤层气时发展起来的，该方法是裸眼完井方法的一种改进，主要应用于渗透率相当高（大于 100mD），埋深比较浅的煤层。完井过程中首先钻至煤层上方下入套管，然后钻过煤层并扩孔。

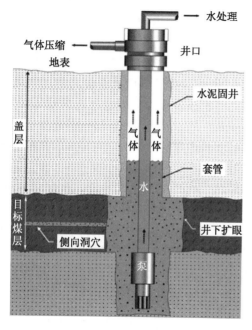

图 4.5.47　裸眼扩径完井

（来源：www.ch4.com.au）

裸眼扩径完井在 Power River 盆地的应用取得了成功，主要是由于：

（1）煤层的渗透率很高；

（2）煤层很厚且连续；

（3）煤层很浅，导致钻井的花费不高；

（4）完井非常简单；

（5）所使用的增产措施简单，费用不高。

裸眼扩孔完井过程中不使用任何支撑剂，仅用清水即可。与洞穴完井相比，裸眼扩孔完井由于没有支撑剂的使用，煤粉产出易导致运移通道堵塞；而洞穴完井会使洞穴直径 5 倍左右范围内的地应力降低，扩大了煤层的裸露面积，提高了自然裂隙的渗透率，煤粉的运移和堵塞并不能降低对渗透率的提高，所以相对而言，洞穴完井能更好的提高单井产量。但是对于极高渗透率煤层，裸眼扩孔完井的优势在于施工作业快，钻井费用低，完井方法也比较简单；而且扩孔作业的煤层比较精确，并不像洞穴作业时压力波动那样，有时会对两层甚至更多的煤层进行作业，有可能导致某一煤层洞穴作业无效。

4.5.3.2.3　套管完井

套管射孔压裂完井是煤层气井最常用的一种完井方式，适用于中低渗煤层气井完井（Sunil 等，2007）。我国多数西部煤层盆地的煤层气井都是采用下套管并压裂的完井工艺（马永峰等，2003）。下套管完井工艺可以避免裸眼完井工艺所带来的问题，其主要优点是：

（1）可对不同的煤层实行单独完井；

（2）钻井时不会出现井壁不稳定问题；

（3）使用钻井液钻井时可对大规模的水浸和气侵进行有效控制；

（4）在煤层下部留 1 个"口袋"可使排水作业更有效，并可取得最高的气产量。

套管完井方式要求进行固井，为了避免在固井过程中对地层造成的损害，因此通常采用低密度水泥浆、泡沫水泥浆和低失水水泥浆等以降低固井对地层造成的损害。但在减少地层损害方面收效甚微。唯一行之有效的解决方法就是使用封隔器，如在煤层上部和下部使用套管外封隔器以防止水泥浆和煤层接触。就可以分段对煤层进行射孔和压裂。在下套管的井中进行水力压裂主要是基于以下 4 个方面的考虑：

（1）绕过近井受污染的区域；

（2）通过在煤层中建立好的导流通道增加产量并加速排采；

（3）传递压力的递减趋势，从而降低煤粉的排放；

（4）在井眼和煤层自然裂隙之间建立有效的连接通道。

在制定固井方案时，需要特别考虑煤层的割理系统，割理在煤层中形成天然裂缝系统，在固井作业过程中，进入裂缝系统中的水泥浆影响层间隔离的质量，阻碍未来水和气的产出。煤层的机械强度低，在水泥压力下可能会坍塌。因此，用于煤层气井的固井水泥浆密度比一般标准水泥的密度低得多。但是，单纯降低水泥浆密度并不能保证固井效果。注入的水泥必须能够形成一个密封体，起到层间隔离的作用，并且在实施压裂作业过程中具有足够的耐压强度，能够保持完整性。有时采用两阶段操作法——先注入重量轻的领浆，然后再注入较重的尾浆，即使这样仍然可能出现不希望的结果。用于减轻水泥浆重量的水泥混合剂可能使水泥浆耐压强度低于储层的承受能力，而且耐压强度高的尾浆常常使地层发生破裂。水泥浆漏失到产层会使浅煤层遭到损害。对固井水泥浆进行了精心设计以解决传统两阶段作业法中出现的一些问题。

Mohammad 等（2010）将煤层气井中破裂压力梯度分为三类，认为不同的破裂压力梯度范围应选用不同的泥浆体系：

（1）破裂压力梯度大于 0.7psi/ft：第一类破裂压力梯度对泥浆的要求最低。14.5ppg 含有防漏失材料的泥浆体系就能达到好效果。这类 14.5ppg 水泥体系不需要添加很贵的轻质成分或化学试剂，因此很便宜。

（2）破裂压力梯度 0.65～0.7psi/ft：该类井对泥浆要求很高。压力梯度接近 0.65psi/ft 时，常规的 14.5ppg 水泥易渗入裂缝中，即使添加防漏材料也易造成水泥漏失。因此，必须借助轻质水泥和一些操作上的技术来减轻水泥漏失。当压力梯度趋近与 0.68psi/ft 时，11.5ppg 水泥效果更好，因为 12.5ppg 水泥水渗入裂缝中。然而，11.5ppg 水泥在大多数情况下抗压强度差，和套管固结效果差。12.5ppg 水泥固结好，但是会进入裂缝，并引起裂缝内部压力增加，从而导致煤层破裂。

（3）破裂压力梯度 0.6～0.65psi/ft：该类井适合 10.5～11.0ppg 水泥体系，这些水泥体系中要含有 50％的轻质成分。它们可能抗压强度和抗拉强度都比较差，与套管固结程度不如其他水泥体系，并且还会影响后续的水力压裂作业。总之，上述所有的水泥体系都要求漏失小、失水量小。

下面是目前几种最新的水泥体系：

（1）斯伦贝谢公司研发的 LiteCRETE 体系（Johnston 等，2009）：它综合了水泥浆的低密度和早期高耐压强度的特点，在煤层气固井中应用方面非常有效。即使这些轻质水泥浆也会出现漏失到煤层裂缝网络中的情况：裂缝系统越完善，漏失量越大。作业者可在前置液中添加桥堵材料，以弥补和封堵裂缝，但其充填情况不好控制。CemNET 纤维（也是斯伦贝谢研发的）是常规堵漏材料的替代物（图 4.5.48）。CemNET 纤维尺寸经过优化，可封堵连通裂缝和割理，它们在整个地层内形成网络系统，煤层割理中的水泥浆阻碍水和气进入井筒，影响压裂增产效果，而 CemNET 纤维在近井筒区域形成席状屏障，阻止水泥浆进入割理。因为这种添加剂属于惰性物质，因此不与地层流体发生反应，对地层损害较轻，甚至没有损害。CemNET 添加剂不会降低水泥的耐压强度，也不会延长水泥的凝固时间。在最近的一个煤层气项目中应用了 LiteCRETE 体系和 CemNET 体系，显著提高了作业成功率。成功率（即泵送的水泥顶或维持的水泥返回量）在全年钻井过程中达到了 80%。而前一年的成功率是 40%。作业公司将多余的水泥用量从 25% 减少到 15%。在两年时间内，水泥浆比重累计下降了 1.6lb/gal（192kg/m³）。实行单阶段水泥固井作业也使成本大幅下降。LiteCRETE 和 CemNET 体系的成功固井和层间隔离，使增产成功率从常规水泥浆固井的 20% 提高到 70%。

水泥浆流入割理   CemNET 屏障

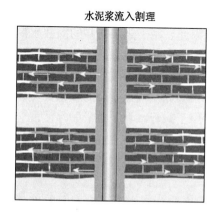
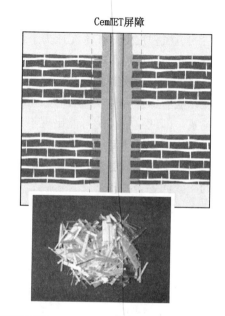

图 4.5.48　CemNET 纤维

煤层割理中的水泥浆阻碍水和气进入井筒，影响压裂增产效果（左）。CemNET 纤维（插图）在近井筒区域形成席状屏障，阻止水泥浆进入割理（右）。CemNET 纤维不会降低水泥凝固后的耐压强度，可添加到前置液或水泥浆中。把 CemNET 纤维直接添加到水泥浆中有助于在最容易发生压裂液漏失的煤层中进行适当充填。（据 Johnston 等，2009）

（2）触变水泥体系：触变水泥在搅动时很稀，一旦搅动停止就会变稠，形成水泥石结构。因此，在煤层气井中触变水泥非常奏效。触变水泥静止时有自身承载能力，并且它们会将自身重力转移到套管壁和地层上，而不会施加到井底。除此之外，其他优点还有（Mohammad 等，2010）：

a. 由于水泥的高黏性，不会渗入软煤层和裂缝中；

b. 由于流体静压的存在，需要进行分阶段水泥固井，由于触变水泥自身承载的特性（产生失重现象），减小了流体静压，因而不需要分阶段固井；

c. 不再需要灌浆筒，它取决于水泥浆液柱的高度和破裂压力梯度；

d. 套管和地层加固得更好，水泥胶结测井和变密度测井效果更佳；

e. 防止煤层中发生井漏。

（3）泡沫水泥体系：煤层气井破裂压力梯度小，固井时要求水泥浆密度低。除了常规轻质水泥体系外，就是低密度泡沫水泥体系。泡沫水泥体系（包括水泥浆、起泡剂、泡沫稳定剂和 N_2 气）一般含有密集的微小气泡，是在高的压缩强度下由水泥形成的，它们不会堆积或运移，渗透率低，强度高。煤层气井中选用低密度水泥，主要有两个原因：低密度水泥能阻止水泥渗入裂缝网络中；高的抗压强度有利于后续的射孔和压裂作业。泡沫水泥的其他优点是：防止井漏；阻止气体运移。泡沫水泥体系最主要的缺点是操作复杂。

除了从改善水泥浆性能上克服煤层气固井难点，还得从固井技术上来克服。目前，煤层气井中应用最多的固井技术有双级固井技术和绕煤层固井技术。双级固井技术就是将长封固段改为两级短封固段施工，分级箍位于煤层顶部。待一级水泥凝固以后，再注入二级水泥。双级固井减少了单级封固段的长度，每次注入的水泥量也减少了，因此降低了环空的液柱压力，从而可以防止固井时对煤层的损害。此外，每级封固段长度减少了，水泥浆柱失重也较小，可以防止气窜的发生。绕煤层固井技术是在套管串中主力煤层部位安装绕煤层固井工具。在注水泥过程中，当水泥返到目的煤层底部时，利用套管串上安装的绕煤层固井工具将水泥浆引入井内，在非目的煤层部位又将水泥浆引到环空。这种方法避免了水泥浆与煤层的接触，减小了对煤层伤害。对于单煤层或主煤层较厚的多煤层，采用绕煤层固井是一种较好的方法。

其他配套的煤层气固井技术（Mohammad 等，2010）：

①扶正器首先大小要合适。根据井径曲线和有利目标区域的位置放入扶正器。从井底开始，每 40ft 放入一个扶正器，之后每 120ft 放入一个扶正器，直到水泥段顶部（前提是在直井固井中）。扶正气的数目与置放方法必须按 API 规范进行。目的是保证封固段的套管居中，确保煤层段固井质量。

②隔离液的用量必须既能冲洗井壁，又不对煤层产生破坏。

③在注水泥的整个过程中，必须测量出泥浆返回量来监测泥浆的环流过程，从而通过改变泵排速率来防止井漏。需要指出的是，套管中水泥的自由落体可能会影响返回量的测量。如果井处于真空条件下，泥浆的返回速率会超过顶替速率；如果不处于真空条件下，泥浆返回速率会降到低于顶替速率。

④固井中其他重要的套管附件：a. 弓形弹簧扶正器——当放入的位置适当时，使水泥均匀分布，保证套管—井壁环空的平衡，使得封固段套管居中。b. 灌浆筒——固井中最简单的工具。灌浆筒安装在套管的外侧，间隔一般为 40m。要保证水泥浆向上而不向下流动，并且要具有一定的胶凝强度能产生失重现象。c. 分级箍——煤层气封固段过长时，一般采用双级固井技术，把长封固段改为短封固段，其分级箍位于煤层顶部。待一级水泥凝固以后，再注入二级水泥。每次注入水泥量减少，降低了环空的液柱压力，从而防止固井时对地层的破坏。

4.5.3.2.4 多层完井

前面提到的几种完井方式主要考虑的是单煤层完井，而在煤层薄、层数多、地层压力小的情况下，常采用多层完井方式。多层完井方式能降低煤层气的开发成本，提高作业效率。多煤层完井技术是在单煤层完井技术的基础上，根据全井各煤层的特点和上下围岩的性质，有针对性地选择套管射孔完井、套管＋裸眼完井、套管射孔＋裸眼洞穴完井等混合完井方式

（图 4.5.49）。一般来说，上部煤层通常采用套管射孔完井，下部煤层选用裸眼完井或裸眼洞穴完井。美国 Powder River 盆地多采用多层混合完井方式，一口井的钻井和完井工作在一星期之内就可以完成，并且在短期内达到了 30Mscf/D 的最高产量，而未采用多层完井前，一年内才能达到 1Mscf/D 的最高产量（Jenkins 等，2008）。

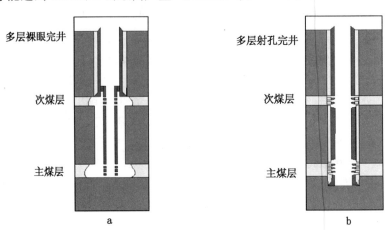

图 4.5.49 两种多煤层完井方式

a—全部裸眼完井；b—全部射孔完井

目前，多层完井采用一次起下完井，不仅缩短了钻进时间，还节约了成本。一次起下完井工具的主要部分包括：衬管顶部封隔器中带有回接插口、裸眼井封隔器、压裂管、压力驱动管（和压裂管一样，都是为压裂和排气提供通道）、井眼控制阀。这种完井方式可以用于洞穴井和裸眼井，目前用于裸眼井的更多。

4.5.3.3 钻完井方式的选择

煤层渗透率是煤层气经济有效开发的关键，虽然大储量和厚储层很有利于开发，但超低渗透率（小于 1mD）却阻碍了开发。美国许多具有商业价值的煤层气区块的渗透率可达 3～30mD，极少煤层气藏渗透率低于 1mD。但是许多浅层煤层和大多数更深的煤层渗透率均少于 1mD。加拿大就是个低渗煤层气藏的例子。Horseshoe Canyon 煤层气具有商业开发价值，因为它的渗透率基本在 0.1～100mD。另外该煤层很干，在干煤层中产气量要比湿煤层中的产气量高 10 倍。然而，在 Mannville 煤层（Alberta）和英国的 Columbia 的很多煤层中，除个别区块渗透率大于 5mD，大部分渗透率为 1mD 甚至更低，因此，这些煤层水平井开采的气产量仍然差强人意。

由于煤储层最大的特点是渗透率低，煤层气完井方式的选择最主要考虑的是煤层渗透率。Palmer（2010）详细讨论了如何基于煤层渗透率选择完井方式，他在对美国煤层气研究过程中，综合考虑了成本、产量和技术因素，指出水平井主要用于低渗透率区，垂直井压裂技术主要用于中等渗透率区，而洞穴完井主要用于高渗透率区（图 4.5.50）。此外，Palmer（2010）还将渗透率范围分为四个等级，每个等级分别采用不同的完井方式。

4.5.3.3.1 渗透率低于 3mD——多分支水平井裸眼完井

根据渗透率的差别，可以采取不同的完井方式，如图 4.5.51 所示。

当煤层气渗透率低于 3mD 时，通常采用分支井开采，井型可以是三角形（干草叉）、四边形或者羽状形。在 Appalachian 盆地，由于该地区渗透率很低，而且地势崎岖。羽状多分支井越来越多（自 1989 年已有 209 口），在 Arkoma 盆地（自 2000 年 51 口）和 Cahaba 盆地也是如此。

此外，在小于 3mD 的渗透率煤层中可以尝试另外两种完井方式，不过尚未经过实例证明：

（1）短径向井：由直井可以迅速地钻出几个 1～2in 直径的径向井。目前钻短径向井还不是很成熟。

（2）分支压裂：在垂直井中压裂后，选出适合二次压裂的水平分支（不同煤层或同一煤层的不同方位）（McMillan 和 Palanyk，2007）。

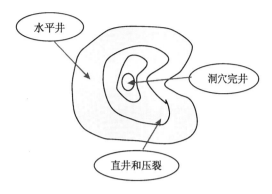

图 4.5.50　假想的煤层气田渗透率理想的等值线图

在测量很多直井孔洞渗透率之后，建立的等值线图。

高渗透率区域采用洞穴完井，低渗透率区域采用

单分支或多分支水平井（据 Palmer，2010）

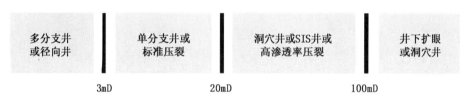

图 4.5.51　基于渗透率的煤层气完井方式（据 Palmer，2010）

4.5.3.3.2　渗透率范围为 3～20mD——单支水平井或直井压裂

美国大多数具有商业开采价值的煤层气区块的渗透率都属于这个等级。在最好的煤层气储层中采用单支水平井就能大大提高产量。例如，在 8 个煤层中进行直井压裂，平均产气率为 147Mcfd。之后，单支水平井钻到最底部煤层（物性最好的），这时平均产气率可以增加到 400Mcfd，此时 $Q_h/Q_v = 1.7$，式中 Q_h 表示仅在一个煤层气储层中单支水平井的产气量，Q_v 表示 8 个煤层中水力压裂后的总产气量。

Palmer 总结得出美国和加拿大几个盆地的 Q_h/Q_v 比值一般为 3～10。在最好的煤层气储层中采用单支水平井，与在所有煤层气储层中采用直井压裂的效果大致相当，换句话说，如果直井产量能达到 100Mcfd，在最好的煤层气储层中采用水平井产气量就能达到 300～1000Mcfd。如果考虑成本的话，单分支水平井还是很有利的，因为在美国单支水平井的成本比直井压裂低两倍。

此外，对于单支水平井钻井，Cameron 等（2007）还建议：用过平衡或者欠平衡钻井可以减少表皮污染以及井涌问题；最好穿过节理面，因为气体沿着面割理比沿着端割理更容易流动（面割理更成熟且更具连续性）；不要把一口井钻得太长，起初 1000～2000ft 可能较好；不要在下倾方向钻井（干气井除外）；不要尝试波动大的井，因为它破坏了长井筒的效益；小井眼井更好（干气除外）。

4.5.3.3.3　渗透率范围为 20～100mD——洞穴完井或 SIS 井或高渗透率压裂

裸眼洞穴完井之所以能增产，一方面是因为扩大了井眼，另一方面是因为对洞穴壁的部分区域煤岩造成了剪切破坏，提高了渗透率（Palmer 和 Cameron，2003）。裸眼洞穴完井技术在 Bowen 盆地的 Fairview 煤储层得到了成功应用（Nelson，2008）。该煤层埋深 2600ft，

渗透率范围为 5~1750mD，最低渗透率区通常需要通过压力冲击造洞，而高渗透率煤层则不需要（因为井筒中较低压力足够破坏煤层）。在气体产出后，Fairview 的裸眼洞穴完井更加成功，估计是因为基质收缩引起了渗透率增加。

Surface-In-Seam（SIS）井在澳大利亚比较常见。图 4.5.52 是 SIS 井几何形态框架图（Field，2004），井从地面开始钻进，然后沿着煤层，到达直井产气井，并与之相交。每一煤层中，通常钻两个"人"字形分支井，并与同一产气井相交；每一个分支 4000ft 长，相隔 48°的角度。每个水平段用割缝塑料衬管完井，产气井上装有可控泵。

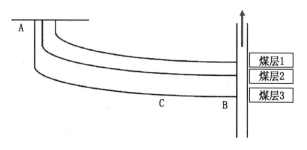

图 4.5.52　SIS 水平井（水平井和直井呈人字形）
（据 Palmer，2010）

2001 年初，Bowen 盆地 Moranbah 区块钻了 100 口 SIS 井。该区渗透率范围是 3~300mD，目标煤层有两个，单层厚度大约为 12~65ft。没有与直井压裂作比较，但与单分支井作了比较，双侧向 SIS 井的产气量是多个单支水平井产气量的平均值（这说明一个 SIS 井的产气量应该是两个单支水平井的总产气量）。试验中，一个"人"字型 SIS 井的分支总长度为 6000ft，它的初期产量大于 1MMcfd。

SIS 井的优势在于：当图 4.5.52 在中的点 C 处发生堵塞时，在点 A 注射流体很容易就排出。关于 SIS 井的更多钻井技术 Speck（2008）和 MacDonald（2006）已经作详细介绍。图 4.5.53 是目前澳大利亚煤层中侧钻水平分支长度统计图，最长水平分支长度可达 8530ft，尽管最长水平分支是在深度小于 1000ft 的煤层中。MacDonald 还指出了新的发展方向：6′的水平段井眼直径能提高采气率（仅干气有效，见 Cameron 等，2007）；控压钻井；在一个煤层中钻多分支水平井（目前已经投入使用）。

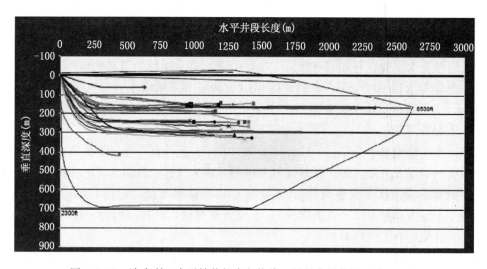

图 4.5.53　澳大利亚水平钻井长度包络线。最长水平井段可达 8530ft
（据 MacDonald，2006；Palmer，2010）
参见书后彩页

最后是煤层气高渗透率压裂处理，这实际上有些不恰当，因为高渗透率压裂目前还未在煤层气储层开发中真正使用。墨西哥海湾常规油气开发中很早就使用了高渗透率压裂技术（即压裂充填），该区砂岩储层的渗透率大于 20mD。这些压裂充填物要求很短，长 50ft，有很好的导流能力，这是优化完井方式所需要的。也就是说，高渗透率压裂方法要求煤层的渗透率大于 20mD，而煤层几乎达不到如此高的渗透率。Vincent（2002）讨论了此种完井方式，并对如何提高高渗透率煤层中裂缝导流能力给出了一些建议：

（1）增加裂缝宽度：提高固井质量；定向射孔；低的射孔成本（不易破坏煤层）；好的射孔设备（封隔器或投球）；用 X－L 凝胶压裂液；采用堵塞多级钻杆或腐蚀阻塞物的支撑剂。

（2）采用传导性更好的支撑剂：16/30 目的支撑剂，而不是 20/40 目的支撑剂（例如 Bowen 盆地采用清水压裂）；增加尾随在后的支撑剂的目数；注入轻质陶瓷支撑剂来减少非达西效应。

（3）损害更小的压裂液：在实验室进行渗透率恢复测试；低载荷，低残留 X－L 凝胶（例如 DeltaFrac）；塑性表面活性剂（例如清洁压裂液（ClearFrac））。

（4）支撑剂悬浮或裂缝尖端脱砂（TSO）以增加裂缝宽度：假如使用如水或泡沫等低黏度压裂液，先泵入 2ppg，然后增加到 4ppg，再增加到 6ppg，在压裂的最后 10％阶段则增加到 8ppg；如果使用线性凝胶，只需要 6ppg，所以就不用再增加；泵入小颗粒的凝胶压裂液，减少前置液量和增加早期的侵蚀性支撑剂。

（5）高黏度凝胶剂加上高浓度的支撑剂：泵入 8～10ppg 的 DeltaFrac 和 SandWedge 可减少颗粒运动/堵塞（但并不是对所有的煤层气井都起作用）。

4.5.3.3.4　渗透率超过 100mD——裸眼扩径或洞穴完井

实际上，在 Powder River 盆地所有井都会扩眼至 12in。扩眼可以增加气体的流速，并且增加了井眼半径，从而可以清除钻井污染和克服压力损失（井眼周围压力集中导致面割理渗透率降低）。

扩眼可以将对渗透率/表皮的污染范围减小到直径为 12in 井眼之内，裸眼洞穴完井也可以使井眼半径扩大 6ft（也可以清除对渗透率/表皮的损害）。并且，裸眼洞穴完井可以将高渗透率煤层范围的半径扩大至 40～60ft。只要颗粒运动/填塞不降低渗透率，那么裸眼洞穴完井应该有很高的产气量，当然成本也会很高。用裸眼洞穴完井技术来替代扩眼完井适合于澳大利亚煤层气开发。

澳大利亚的一家公司尝试了大直径扩眼操作（Nelson，2008）。他们认为，不管采用什么方式，只要扩大了井眼，剪切破裂带就是高渗透率区。在现场，造穴可以通过两种形式完成：压力波动下的裸眼洞穴完井（压降 0.45psi/ft）和更大的扩眼操作（48in 或 72in）。

这说明增产之后产气井都有负表皮因子。大直径扩眼的优势操作比普通裸眼洞穴完井更快且便宜，而且，扩眼只需针对目的层就行，与压力波动不同，压力波动需要同时对几个煤层进行操作（对单一煤层使用裸眼洞穴完井可能无效）。美国多次使用过大直径扩眼技术，尤其是在由 CDX 设计的羽状型主井眼中使用较多。

除上述 4 种情况外，Palmer（2010）还专门针对直井，总结了基于渗透率选择完井方式的方法（图 4.5.54）。当煤层为超高渗透率（即大于 100mD）时，采用井下扩眼和洞穴完井方式；高渗透率时（20～100mD），采用高渗透率压裂技术（尚未在煤层气开发方面应用）和洞穴完井技术；低渗透率时（3～20mD），借助各种压裂技术（如多段压裂、限流法压裂、机械分流法压裂）来改善煤储层渗透率，提高采收率。当渗透率过小（小于3mD）时，采用羽状水平井。

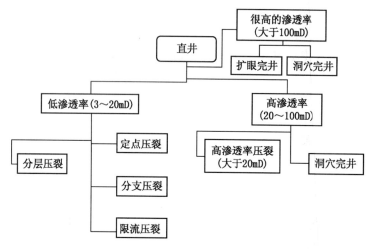

图 4.5.54　基于渗透率选择直井完井方式（据 Palmer，2010）

对单一煤层和不饱和煤层，不适合采用洞穴完井

　　假如直井中各煤层的渗透率都可测量，就可以根据渗透率值，对每个煤层选择不同的完井方式（见图 4.5.55 和表 4.5.9），即采用混合完井。

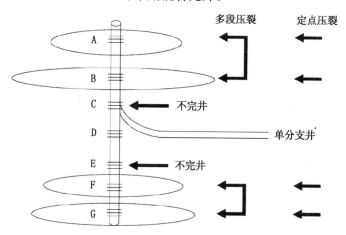

图 4.5.55　综合完井方式图（据 Palmer，2010）

表 4.5.9　假设单井直井中测量出裂缝渗透率后得出的不同裂缝的 kH 等级（据 Palmer，2010）

煤　层	kH（mD－ft）	完井方式
D	256	水平井
A	75	压裂
G	58	压裂
F	25	压裂
B	13	压裂
E	6	不完井
C	2	不完井

高渗透率煤层可以不完井；低渗透率煤层可考虑用水平井完井；中等渗透率煤层可以采用水力压裂完井。

4.5.4 煤层气井压裂技术

绝大多数煤储层渗透率都很低，井眼圆柱侧面积作为排气面积远远不够，为了有效开发煤层气，必须采取人工增产措施改善储层物性条件。目前，水力压裂改造措施是国内外煤层气井增产的一个重要手段。美国 90% 以上的煤层气井采用水力压裂来增产，压裂之后产量提高了 5 倍到 20 倍（White 等，2005）。经压裂后的煤层，井眼周围可出现众多延伸较远的具有高导流能力的裂缝，使得在进行排水降压时井孔周围出现大面积的压力下降，由于降压产生的解吸面积增大，保证了煤层气能迅速并相对持久地排泄，具有较好的增产效果。

4.5.4.1 煤层压裂特征

尽管目前煤层气开采中已成功采用了水力压裂技术，但其增产效果一般不如砂岩气层压裂（Olsen 等，2003）。这主要是因为煤层气开采中的压裂效果与常规油气压裂存在一些差异，例如煤层的杨氏模量比一般的砂岩或石灰岩储层低（一般小一个数量级），天然裂缝发育，各向异性强，因此煤层压裂后难以形成长的裂缝，且形成的裂缝往往复杂、不规则。此外，在煤层气压裂中，还容易出现注入压力高、压裂裂缝复杂、砂堵、压裂失效、压裂液的返排及煤粉堵塞等比较特殊的问题，具体如下：

（1）砂堵。

煤层微裂隙和割理发育，压裂液滤失严重，加之煤层较常规砂岩压裂排量大、砂量大、液量大，故易出现砂堵。

（2）注入压力高。

在煤层气储层压裂施工中，常出现注入压力过高的现象。修书志等（1999）通过总结国内外煤层气压裂实践，指出其可能的原因有：①煤粉及煤碎屑会堵塞裂缝，并聚集起来阻挡压裂液前缘，改变裂缝的延伸方向；②形成弯曲裂缝；③形成多裂缝网络；④缝端出现煤粉；⑤井眼附近孔隙压力上升；⑥井眼失稳或射孔产生碎屑，煤碎屑会阻碍裂缝的产生。

其中，孔隙弹性效应在井眼附近产生碎屑、井眼附近及外围形成的弯曲裂缝和多裂缝网络可能是处理压力过高的主要原因。

（3）煤粉堵塞。

煤岩是易破碎的，在压裂施工中由于压裂液的水力冲蚀作用及与煤岩表面的剪切与磨损作用，煤岩会破碎产生大量的煤粉及大小不一的煤碎屑。由于它们是疏水性的，不易分散于水或水基溶液（如压裂液），从而极易聚集起来阻塞压裂裂缝的前缘。在压裂液中加入润湿剂和分散剂能使煤粉由疏水性的转变为亲水性的，并且有助于分散与悬浮煤粉于压裂液中，阻止煤粉的聚集，保证压裂施工的顺利进行。

（4）压裂失效。

煤层水力压裂压后问题严重，一方面，煤的机械强度弱，极易破碎形成煤粉，嵌入部分的煤多被压成煤粉，对裂缝内流体渗流有阻碍作用；而支撑剂在裂缝中嵌入严重，对裂缝导流能力伤害严重，同时使裂缝导流能力进一步下降。

另一方面，煤层的杨氏模量较常规的砂岩杨氏模量小，易形成较宽的水力裂缝，而煤层的闭合压力一般较低，近井筒处的支撑剂易返出。

（5）裂缝形态复杂。

根据实践经验，Holditch 等（1993）将煤层压裂裂缝形态分为 4 种：①对于浅煤层，会产生水平裂缝；②对于薄煤层序列，会产生一条平面垂直裂缝；③单一厚煤层，压裂裂缝完全被限制在煤层内，同时可能产生复杂裂缝系统；④压裂初期，裂缝被限制在煤层内，到压裂后期，裂缝开始垂直向界外扩张。

煤层不同于常规砂岩气藏储层，天然裂隙（割理）发育，且弹性模量小、泊松比大。煤层井下模拟结果表明，煤层的裂缝扩张及其复杂，呈现大量的不规则裂缝，裂缝形态的随机性很大，没有明显的方向性。

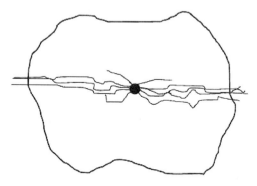

图 4.5.56　煤层气水力压裂改造产生的复杂裂缝示意图（平面图）（据 Clarkson，2010）

长久以来，大家都了解到煤层水力压裂能够产生复杂的裂缝形态（图 4.5.56）。过去对于裂缝复杂性已做过很多研究，当水力压裂裂缝与岩石介质中不整合相交时，例如割理或天然裂缝，以及当煤层中的剪切滑脱阻碍垂直高度增加时，就会产生裂缝的复杂性问题。一般而言，当前的裂缝模拟器，在假设所有岩层弹性地耦合在一起的前提下进行工作的，因此诱导至裂缝形变的压力很容易地传导至下一层。而煤层水力压裂裂缝中与岩石中已有的裂缝（例如割理或天然裂缝）连接或交叉的剪切滑脱会破坏这种弹性耦合，进而可能阻碍高度的增加或产生复杂裂缝（图 4.5.57）。

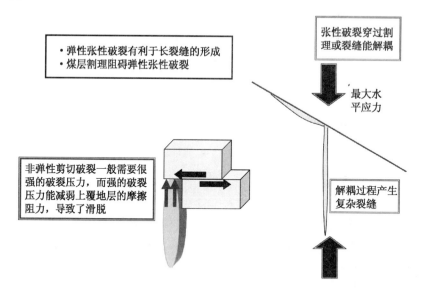

图 4.5.57　复杂裂缝的形成机理（据 Olsen 等，2007）

Olsen 等（2007）分析了煤层中产生复杂裂缝的主要原因。
①剪切力滑脱失效分析。
垂直井的环向应力表示为

$$\sigma_t = 3\sigma_H - \sigma_h - P_w \tag{4.5.31}$$

式中：σ_H 最大水平应力，单位 MPa；σ_h 为最小水平应力，单位 MPa；P_w 为井底压力，单位 MPa。

当某一分界面能沿着岩层滑动时可以描述如下，即

$$|\lambda| = \lambda_0 + K_f(\sigma_n - P_r) \tag{4.5.32}$$

式中：λ_0 为分界面的固有切变强度，单位 psi；K_f 为摩阻系数；σ_n 为上覆岩层压力，单位 psi；λ 为剪切应力，单位 psi；P_r 为储层压力，单位 psi。

在此式中，$(\sigma_n - P_r)$ 为作用在岩层分界面上有效的垂直压力。当一条垂直裂缝到达此层面时，假设从裂缝到层面存在水力传导率。方程（4.5.32）可以改写成

$$|\lambda| = \lambda_0 + K_f(\sigma_n - \lambda) \tag{4.5.33}$$

裂缝中的压力既对分界面施加了剪切应力又降低了岩层的上覆垂向应力，在某一煤层造缝实例中，破裂压力梯度非常高，此煤层存在 90％的上覆岩层。方程（4.5.33）对于剪切失效给予了说明（图 4.5.58）。这个观点在澳大利亚的回填观察中得到了证实，Jeffrey 得出了高施工压力和裂缝复杂性的具有正相关性的结论。

当煤层中存在剪切失效时，弹性裂缝系统不再存在。这意味着任何剪切应力滑脱层在裂缝压力降低时都不会再滑动回去，留下较低水平的闭合压力区域。任何留在剪切破坏区域的支撑剂都有可能引起支撑剂或煤屑的产出。这也为 Black Warrior 和 Powder River 盆地无支撑剂水力压裂的成功案例提供了深入的理解。

人们做了许多观察，同时也定义了诸多关系来预测煤层中形成的裂缝何时会局限在煤层内，以及何

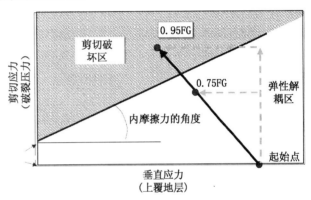

图 4.5.58　莫尔—库伦剪切破坏包络线（据 Olsen 等，2007）
大的压裂梯度既能增加剪切应力，也能减小
垂直应力，从而导致剪切破坏

时会突破到相邻层段中去，观察者将高破裂压力和容积联系在一起，尽管许多人认为较高的破裂压力是由于容积所致，而非容积由高破裂压力引起。

②裂缝穿过割理解耦。

当裂缝与节理或割理相交时，可能存在两种情况：一种可能是穿过节理并以弹性耦合的方式继续；另一种可能是改变原有的走向，沿着节理或割理的方向并在此方向上扩张。Warpinski 和 Teufel 指出，当破裂压力较低且水平应力各向异性较强烈时，或者当裂缝以较大的角度与割理相交时，裂缝更趋向于以弹性方式穿过节理。按照割理的方式形成的诱导裂缝以锯齿形分布时，其效率可能要比平面内弹性叠加的裂缝要低，但是裂缝长度效率降低值不会低于 30％。到目前为止，最重要的是要确定诱导水力裂缝附近的割理或天然裂缝系统发生了何种变化。当产生能够剧烈降低裂缝长度有效性的裂缝综合体和复合裂缝时，相邻割理或裂缝系统是否会扩张。Nolte 和 Smith 对相交的天然裂缝何时扩张的控制参数进行了首次描述：

$$P_{net,fo} = (\sigma_{H,\max} - \sigma_{h,\min}/(1-2v)) \tag{4.5.34}$$

式中：$\sigma_{H,\max}$ 为最大水平应力；$\sigma_{h,\min}$ 为最小水平应力；v 为泊松比。

如果将参数 σ_h 代入水力裂缝中任何给定点的压力，方程变为

$$P_{net,fo} = (\sigma_{H,max} - P_f/(1-2v))$$ (4.5.35)

式中：P_f 为裂缝内压力（任意给定点）。

通过上述方程，可以计算裂缝系统内天然裂缝（割理）中任意一点的净闭合压力。例如，若一条诱导水力裂缝末端天然裂缝（割理）的净闭合压力达到零，则诱导裂缝很可能沿着天然裂缝（割理）方向偏离，而非平面方向。如果相反，天然裂缝（割理）的净闭合压力为一典型正值，当诱导裂缝末端穿过时，裂缝末端将沿着最大水平应力方向保持平面内的延伸。然而，随着诱导裂缝长度的增加，同时裂缝系统内压力的增加，沿着裂缝方向上会有一点的净闭合压力值为零，在此点上这些互相交叉的天然裂缝（割理）将扩张，并且会产生复杂裂缝。由于诱导裂缝中的最高压力值出现在井筒附近，因此可能会发生天然裂缝（割理）的扩张，先是在井筒附近，随后延伸到远离井筒的区域。在此过程中，液体漏失到诱导裂缝系统中的速度极有可能增大，由于支撑剂筛选作用经常会导致支撑剂压裂改造的过早结束。对这种现象最常用的改善方法是加大泵入速度（与一般的碎屑岩改造相比，煤层气压裂改造一直有非常高的压裂泵入速度）。但增加泵入速度同时将会增加诱导裂缝中的压力，进而反过来加速天然裂缝（割理）的扩张和膨胀。最终结果是由于较高的泵入速度所产生的强力导致更多的支撑剂被置入裂缝中，但是有更高的破裂压力会引起的复杂性增加，进而不大可能会对裂缝从井筒延伸开来产生任何较大的改进。

③多孔弹性效应增加裂缝的复杂性。

煤层中多孔对裂缝复杂性也有很大影响。与典型的砂岩储层岩石相比，煤层中的割理孔隙度较低，而且煤层割理通常被水充满，具有不可压缩的性质。由于这些条件的存在，在一段时间内，诱导水力裂缝中液体的漏失会显著增加煤层割理中孔隙压力值，该压力值的升高会对水力诱导裂缝相邻的煤层压力产生两个影响：

a. 能够减小有效上覆压力 σ_v；

b. 可增加最小水平应力 σ_h；

垂向应力的改变和孔隙压力的变化通常存在如下关系，即

$$\Delta\sigma_v = \alpha\Delta P_p$$ (4.5.36)

对最小水平应力而言关系式为

$$\sigma_h = \nu/(1-\nu)\sigma_v + [1-\nu/(1-\nu)]\alpha P_p$$ (4.5.37)

在上述两个方程中 α 为多孔弹性常量，在 0 到 1 之间变化，其值由孔隙几何尺寸和岩石力学性质决定。煤层 α 值的严格特征在此处不予讨论，但充分证据表明裂缝到煤层的漏失能显著增加 σ_h 值或煤层的闭合压力，而且在大部分天然裂缝发育的实例中，其值为 1 或在 1 左右。在新墨西哥 San Juan 盆地的 Fruitland 煤田，从一次典型的裂缝改造中可以看出，初次泵入时的启动压力梯度为 0.8psi/ft，而最终压力梯度为 1.2psi/ft。随着闭合压力的增加，诱导裂缝的延伸压力也随之升高。当裂缝压力达到 σ_v 时，岩层及 T 形或复杂水平裂缝剪切失效的可能性变大。此外，当裂缝压力达到或超过 $\sigma_{H,max}$ 时，垂向剪切和天然裂缝（割理）扩张的可能性增大。对于传播诱导水力裂缝，使其深入储层来说，煤层是一种非常低效的介质。

4.5.4.2 煤层气水力压裂工艺

虽然大多数煤在自然状态下都具有裂隙，但为了以工业性气流流量进行生产，通常需要对煤层进行水力压裂。大多数常规压裂技术都可应用于煤层压裂，但在有些煤储层中压裂效

果不佳，现已开发了多种专门应用于煤层气井的压裂方法。

4.5.4.2.1 常规水力压裂技术

目前煤层改造和避开表皮效应最常用的方法是水力压裂技术，该技术能够使岩石产生高导流能力的裂缝从而提高采收率。它主要通过水来使岩石破裂，留下残余裂缝导流能力。该技术通常只适用在较浅的深度，因为过大的上覆压力会导致诱导裂缝完全闭合。在某一区域中，诱导水力压裂在不使用任何液体的情况下完成。美国90%以上的煤层气井都经过了压裂改造。煤层气压裂技术主要有：水力携砂压裂、限流压裂、分层压裂等。加拿大Alberta的Horseshoe Canyon煤田是一个低压低渗的干煤田，任何液体在煤层中的侵入都会极大地降低气体的相对渗透率，不利于煤田的经济开发。因此，在此区域中，高速的氮气被注入到煤层中，在岩石里产生诱导裂缝和避开伤害。在大部分实例中，支撑剂（通常是砂）随同压裂液一同注入，用来保持停泵和压力放空后裂缝的开启。

但是常规水力压裂技术改造低渗煤层的效果不总是很理想，主要是由于支撑剂在煤层压裂裂缝周围形成一高应力区，大幅降低了裂缝周围煤体的渗透性，尽管通过裂缝，储层的导流能力提高了，但在裂缝周围形成一个屏障区，阻碍了煤层气流动。因此，采用了连续油管压裂、间接压裂和分层压裂等更高效的压裂技术。

4.5.4.2.2 连续油管多段压裂技术

连续油管是国外20世纪90年代发展起来的热门技术，美国的San Juan盆地将该技术用于煤层气开发试验项目中，证实了连续油管技术在煤层气开发应用中的优势和潜力（Noynaert等，2007）。由于连续油管无需接单根，能够保持井底压力稳定，不会对地层产生外来的压力波动，并且连续不停地循环钻井液，井内欠平衡状态成为稳态流动状态，从而形成"真正的"欠平衡状态。煤层气开发中连续油管钻井技术具有以下特点：（1）作业安全性高；（2）能连续循环钻井液，对煤层破坏小；（3）由于没有接头，在起下钻时不需要上、卸扣，在安全维持井眼压力和循环的同时，能够大大缩短起下钻时间，作业效率高；（4）操作简便，污染小，施工效果好。

连续油管压裂技术是在射孔压裂技术成功之后，为了改进其中一些工艺而开发的。目前已开始利用连续油管进行多煤层压裂（Rodvelt等，2001），其方法是在一次施工中对多个煤层进行压裂，并逐一进行返排。这样可减少残液与地层的接触时间，从而提高新生裂缝的导流能力。与常规压裂技术相比，连续油管压裂技术能缩短钻井时间，提高产量，减小环境污染，还可减少施工量（Spady等，1999）。图4.5.59显示了美国Raton盆地中14口煤层气井应用连续油管压裂技术后的产量，与常规压裂技术相比，产量提高了1.5倍，并且缩短了完井时间（Rodvelt等，2001）。在Raton盆地，用连续管的多级精确定位压裂完井成本要比用传统方法进行多级压裂便宜。连续油管压裂在加拿大多煤层地区广泛应用超过了5000口井，产生了较好的效果。目前，斯伦贝谢公

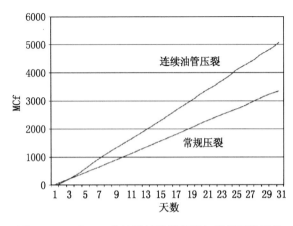

图4.5.59 Raton盆地连续油管压裂与常规压裂后的煤层气产量对比（据Rodvelt等，2001）

司还专门为煤层气开采研发出了利用连续油管输送氮气的极端正压增产技术，这种技术以高压、高速、低摩阻损失的方式输送氮气，提高了压裂作用的效率（Johnston 等，2009）。

典型的连续油管压裂井底钻具组合主要由以下几个部分组成（图 4.5.60）（Lonnes 等，2005）。

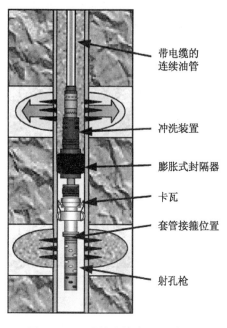

图 4.5.60　连续油管多层压裂工具
（据 Lonnes 等，2005）

带电缆的连续油管

冲洗装置

膨胀式封隔器

卡瓦

套管接箍位置

射孔枪

4.5.4.2.3　间接压裂技术

水力压裂改造技术在过去 20 年中已发展成为煤层气井主要完井方式之一。然而，煤层的直接压裂存在不足，因为煤层的割理以及天然裂缝中较高的破裂压力会导致剪切力滑脱效应的产生和形成低效率的非水平裂缝，与传统的碎屑岩压裂改造相比，它们会使其改造效果明显变差。2003 年，间接压裂技术被引入用来显著改善煤层气藏压裂效果，它是通过在煤层相邻的碎屑岩中以较低压力形成裂缝，然后使得这些诱导裂缝与煤层相连，进而达到提高煤层改造效果的目的。

间接垂直压裂（IVFC）于 2003 年首次应用于煤层气的改造，结果表明对于传播裂缝并使裂缝从井底延伸，未压裂的碎屑岩具有更好的效果。在许多情况下，与煤层相邻的或两个煤层之间的低压力砂岩或粉砂岩可以成为裂缝从井底有效延伸的更高效的介质，但会使相邻的两个煤层交错生产。该技术第一次在北海应用就取得了成功。IVFC 压裂对于煤层完井非常有效，其主要原因有两点（Olsen 等，2007）：

（1）煤层的垂向渗透率通常优于水平渗透率，尤其当考虑天然裂缝时，因此，需要一种间接的压裂方式，不需要完全穿透煤层来有效排除气体；而且，煤层中由渗透率引起的漏失会使得支撑剂进入断面并形成传导率高的流动通道；

（2）砂岩或粉砂岩具有更低的破裂压力梯度，进入煤层的压力也低，这使得一个弹性耦合断面能够进入煤层中，且沿着裂缝延伸方向连通性良好。

Piceance 盆地 Cameo 煤层有 4 口井采用了间接压裂（IVFC），其中两口井仅对 Cameo A 煤层直接射孔，剩余两口井对煤层的上半部分采用了校正射孔设计，使得孔眼贯穿至上覆的碎屑岩层。

A 井：Cameo A 煤层厚 25～40ft，位于较厚但无产气能力的海相 Rollins 层之上。A 井完井时，整个煤层都被射穿，而且 Cameo A 层采用了 200kg 的 20/40 目凝胶压裂液加砂支撑剂进行了改造。裂缝破裂压力梯度为 0.82psi/ft，而且在改造之后所得到的净裂缝压力仅为 150psi。由于所获得的裂缝压力低，因此在 30′煤层中，裂缝改造处于控制之中是不大可能的，而且使得裂缝向下延伸到亲水的 Rollins 海相岩层。

B 井：同样对 25ft 厚的煤层直接射孔，但根据对 A 井压裂的经验，B 井采用更加光滑的水力压裂液，改造中加入了 100kg 的 20/40 目支撑剂。在该井压裂过程中，所建立的压力值差异显著。施工过程中，起始破裂压力梯度为 0.8psi/ft，但是改造过程末期的净压力值为 2500psi，此压裂过程中的高净压值表明煤层中的容积是相似的，但是高净破裂压力值也远远超过了上覆压力 σ_v。经验表明，有可能产生低效率的复杂裂缝。

C 井和 D 井：剩下的两口井采用了优化的射孔策略，不仅对煤层，同时也对目标碎屑岩层进行射孔。在 C 井中，使用了 170kg 的砂和凝胶压裂液来保证有足够的净压值，使得裂缝同时连接上下煤层，末净压值为 800psi，对一条同时连接两个煤层的 60ft 高的缝来说正合适。井 C 位于一个较厚的基底煤层内，其上为砂岩岩层，其下为 Rollins 海相砂岩。射孔设计将煤层上半部分射穿，同时深入上覆岩层 20ft。改造过程采用较平滑的水力压裂液，目的是降低向上的增长，135kg 20/40 目支撑剂以 600psi 的末净压裂压力泵入。图 4.5.61 显示了四口井开发三年的累积产量。两口直接煤层压裂的井产量低于 $0.35×10^8$ scf，而两口采用 IVFC 完井方法的每口井累积产量超过 $2.5×10^8$ scf。间接压裂的产量几乎是直接压裂的 8 倍。

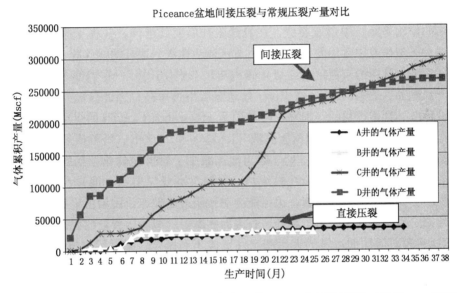

图 4.5.61　四口井的产量对比（A、B 井直接压裂，C、D 井间接压裂）（据 Olsen，2007）

并不是所有的煤层都适合间接压裂，例如 Uinta 盆地 Ferron 煤层采用间接压裂并没有达到增产的目的。Olsen（2007）针对如何有效进行间接水力压裂，提出了一些建议：

①优化煤层气压裂的问题之一，是掌握无效复杂压裂何时发生。一般而言，煤层越厚，裂缝压力越高（考虑到 $\sigma_{H,max}$ 和 σ_v），进而产生无效复杂裂缝的可能性也越大。对于厚度较小且裂缝压力较低的煤层，例如在 Raton 和 Uinta 盆地的煤层，不仅煤层弹性耦合，并且裂缝可能已经发育至相邻的碎屑岩层中。有一些增产措施可以通过射孔操作来引导裂缝发育的方向。但是大型的，更合理的增产措施可能无法实施。

②要想获得有效的压裂改造，必须理解岩层的力学性质以及压力分布特征。传导水力裂缝最有效的是低泊松比和弹性模量相对较高的岩层。选择一个岩层作为有效裂缝传导岩层，然后使用一个压裂模拟器设计提供足够大的净压裂压力，让裂缝高度发育到能够将目标煤层连接起来。这个环节并不需要针对储层岩石，具有合适力学性质的低孔隙度的砂岩或粉砂岩，可以作为裂缝连通煤层的非常有效的切入点。对需要产生裂缝的地方进行射孔操作，使裂缝连通至煤层。

③对于受挤压程度较高的构造和高层状煤层，应避免使用间接水力压裂技术。对挤压构造而言，其压力侧视图通常是反过来的，而且煤层通常比相邻层的压力更低。对于不能确定是否存在挤压构造的开发实例，可以在间接压裂射孔的同时，直接对煤层进行射孔，来避免此情况的出现。

④避免多孔弹性诱导裂缝压力膨胀。煤层压裂过程中过度漏失对有效压裂是非常不利的，不仅表现在裂缝能量降低和过早出现砂堵等，而且还表现在压裂液漏失使的 $\sigma_{h,min}$、σ_v 显著增加。当出现这种问题时，极有可能产生低效的复杂裂缝。最近，人们较为关注冻胶压裂液对煤层割理及裂缝周围产生的二次破坏，因此操作人员偏向于低破坏性的压裂液。然而，这些低破坏性的压裂液会极大地加速压裂液的漏失，进而促进复杂裂缝的增长并导致所形成的裂缝长度更短。为了克服这个问题，应该采用更有效的桥堵封隔器来降低液体漏失，从而使得平面裂缝尽可能延伸最远。

4.5.4.3 水力压裂液

压裂液的作用是地层中形成裂缝，在裂缝张开后使其延伸，并将支撑剂携带入裂缝之中。在煤层气压裂作业中常用的压裂液有：清水或活性水、聚合物线性胶、聚合物交联凝胶以及泡沫压裂液（常用的有氮气和二氧化碳泡沫）（表 4.5.10），它们都不同程度的应用于煤层气生产。例如，美国的 Powder River 盆地煤层渗透率高，因此仅需要采用裸眼完井和清水压裂液就能达到增产目的。加拿大阿尔伯达 Horseshoe Canyon 的煤层几乎不产水，为防止煤层被破坏，采用的是 N_2 泡沫压裂液（Jenkins 等，2008）。线性凝胶液的氮气泡沫在具有商业开采价值的煤层气田很常见，因为泡沫减少了对煤层的化学伤害。除了 San Juan 盆地，低残余 X-L 的线性凝胶液比较成功。在澳大利亚煤层中，油包水压裂液是最常见的。但是，即使是泡沫体系压裂液，也可能会对地层造成破坏，因为由于压裂液中一般都含有表面活性剂（表面活性剂是为了降低岩石表面的摩阻、减弱压裂液的表面张力，提高返排能力），而这些表面活性剂对煤的天然润湿性造成不利影响，降低脱水速度（Johnston 等，2009）。

表 4.5.10　常用压裂液

压裂液类型	优　点	缺　点
活性水压裂液	成本低，对煤层伤害小	黏度低，携砂能力低，裂缝导流能力低，废水处理量大
聚合物线性胶	造缝能力较强，降低施工摩阻	对煤层破坏大
聚合物交联凝胶	黏度高，造缝能力强，滤失小	难返排，对煤层伤害大
泡沫压裂液	对煤层伤害低，造缝能力强，黏度高，滤失小，易返排	成本高，工艺难度大

4.5.4.3.1 活性水压裂液

采用高压泵快速注入，注入成分是：清水、活性剂、黏土稳定剂和杀菌剂。对煤层伤害小，成本低，但其携砂能力差，形成的诱导裂缝长度短，管路摩阻大，施工难度较大。在 Black Warrior 盆地，1987 年前 50% 的井采用淡水或咸水压裂液，之后，逐渐被聚合物压裂液所代替，但是清水压裂液对煤层伤害特别小，因此仍在广泛使用。

4.5.4.3.2 凝胶压裂液

线性凝胶压裂液：与清水相比，它所造成的有效裂缝更长，并且有助于减少液体滤失。

但它不仅导致煤层膨胀，还堵塞裂缝。主要成分是：胍胶、杀菌剂、活性剂、破胶剂和交联剂。

交联凝胶：交联凝胶和线性凝胶都属于聚合物压裂液，都具有伤害煤层的特点，都导致渗透率降低约70%。尽管添加KCL（或盐）和一些表面活性剂后，能有所改善，但还是会导致渗透率降低约60%。它最大的优势是携带支撑剂能力强，造缝能力强。交联凝胶比线性凝胶黏度更大，但它比线性凝胶更难破胶，更难返排，易堵塞裂缝，对煤层伤害最大。一般情况下，大多数煤层在压裂前已经抽过水，几乎不可能通过抽水将滤失的压裂液彻底排出，因为此时引起残余压裂液流动的毛细血管压力过小。即使残留的凝胶压裂液能够通过长时间的抽水将其清理干净，但它引起的煤层膨胀是不可逆的（Olsen等，2003）。

4.5.4.3.3 泡沫压裂液

泡沫压裂液是20世纪70年代以来发展起来的一项压裂工艺技术，其主要适用范围为低压低渗和强水敏储层，易返排、低滤失、高黏度、携砂能力强，此外，由于泡沫压裂液中气相约占65%~85%，且气体仅微溶于地层流体中，因此对储层伤害小。泡沫压裂主要分为N_2泡沫、CO_2泡沫和空气泡沫压裂液。由于N_2泡沫密度小于CO_2泡沫，并且它可以与一切基液配伍，因此国外大都采用N_2泡沫压裂。氮气泡沫压裂工艺在美国、加拿大已普遍应用于煤层气压裂增产中。

此外，除了上述常用压裂液外，近几年发展了一种新型无聚合物压裂液，即粘弹性压裂液（Saumel等，1997；Fredd等，2004；Slaheddine等，2005），它是将粘弹性表面活性剂加入到盐溶液中形成的高黏度液体，与聚合物压裂液相比，它对煤层破坏性小，能消除煤粉堵塞，对煤层渗透率影响小，并且压裂后易被地层流体稀释，容易清理（Chen等，2006）。形成该粘弹性压裂液的表面活性剂种类多，如阴、阳离子表面活性剂、两性离子表面活性剂等。当与水混合，表面活性剂被盐水激活形成胶粒状，而这些胶粒状又形成交错网络从而增加了黏度、剪切稀释能力。粘弹性压裂液将煤层渗透率的影响减小到20%~30%（Chen等，2006）。

4.5.4.3.4 压裂液优选

选择适当的压裂液是保证压裂处理成功的关键。压裂液滤失易导致煤层膨胀，堵塞裂缝，降低了煤层的渗透率，因此要选择造缝能力强、滤失小、高黏度、易返排、与储层具有良好的配伍性等特点的压裂液。

聚合物压裂液对煤层造成伤害的机理是：（1）引起煤层的膨胀：这是由于煤层中包含大量的黏土矿物，如蒙脱石、伊利石、高岭石、方解石、海绿石等，当它们碰到滤失的水基压裂液后就会引起煤层膨胀，导致渗透率大幅降低，并且由膨胀引起渗透率降低是不可逆的。为了减轻煤层的膨胀，一般往压裂液中添加表面活性剂和KCL（或盐），从而尽量保证黏土矿物不膨胀。添加的KCL浓度依赖于煤层，一般要通过水敏性测试来确定KCL的浓度，一般不少于4%（Chen等，2006）。（2）造成裂缝的堵塞：聚合物凝胶压裂液造成的裂缝堵塞最严重，添加表面活性可以改善凝胶压裂液的返排性，减小煤层中残余压裂液，从而减小对裂缝的堵塞。煤层的膨胀和裂缝的堵塞都严重降低了煤层的渗透率。

在压裂液优选中，要充分考虑到压裂液的防膨性、滤失性、携砂能力、吸附能力、伤害率等。不仅要求压裂液应满足煤层的防膨、降滤、返排、降阻、携砂等技术要求，以降低伤害程度；而且还要满足大排量、大规模压裂施工，以达到形成较长裂缝，提高单井产量的目的。

4.5.4.4 煤层气裂缝诊断及检测技术

Mayerhofer 等（2008）指出，复杂裂缝网络的产生与高速水力压裂有关。因此，很有必要对新的水力压裂技术进行投资，用以检测复杂裂缝的几何特征、判断裂缝的延展方位、长度和高度、判断支撑剂导流能力和压裂增产效果。裂缝几何特征复杂，部分是由于自然裂缝网络会愈合，该特性与其他储层非均质性在地层压力状态（地层压力大小和方向）下的表现一样。预测煤层裂缝几何特征的技术却存在缺失。煤层气的优化水力压裂作业比较困难，先进的裂缝检测能够在开采过程中给予帮助，现在已经能够实时测量裂缝如何发育。通过检测压裂前裂缝发育情况，建立裂缝模型，并在压裂过程中实时校正裂缝模型，指导压裂过程；压裂之后也要通过裂缝检测来判断新生人工裂缝是否朝着有利方向延伸，从而可以预测煤层渗透率、煤层气产量等。

目前，煤层气开发中常用的裂缝检测技术有测斜仪、微地震、井温测井、示踪剂测井和微电位监测法等，这里主要介绍测斜仪和微地震检测技术。

4.5.4.4.1 测斜仪

测斜仪安置在地面，能测量裂缝方位角和倾角；测斜仪置入邻井中，可以测量裂缝尺寸（主要是高度和长度）。最新的技术是压裂施工井中的测斜仪成像技术，将测斜仪放入作业井中即可，不需要再放入邻井中，它能非常精确地检测出裂缝高度。当裂缝检测技术和其他一些技术，如裂缝建模、裂缝工程设计、产量数据分析、油藏工程等相结合时，能发挥更大的作用。由于复杂地表环境以及缺少合适的用于监测井底倾角和微震测量的偏心监测井，一般就使用测斜仪，并且将作业井中测斜仪的结果与裂缝模型和裂缝工程相结合（Wolhart 等，2004）。图 4.5.62 是由分别放在地面、压裂施工井中和邻井中的测斜仪测得的地层变形模式。

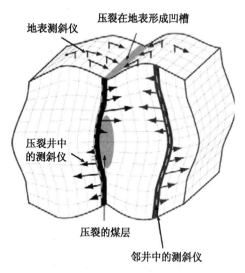

图 4.5.62　测斜仪测量示意图
（据 Stutz 等，2002）

作业井测斜仪成像（TWTM）过程中，在压裂前，将 3～15 个测斜仪下入作业井中。测量工具和磁性或弓形弹簧扶正器也成对下入井中。在压裂之后，测斜仪记录下感应倾角，并且通过常规单导线测井电缆将数据传送到地面。即使测斜仪处于流体中，由于裂缝产生时引起的震动较大，能覆盖流体运动引起的感应信号。首先，通过测斜仪测得倾角，然后根据实时测得的裂缝高度，建立裂缝模型（Wolhart 等，2004）。

TWTM 是在作业井中进行的，因此只能提供裂缝发育的高度。裂缝的半长必须通过一个"高度"校正模型推测出来。Wolhart 等人（2004）指出，一个适当的校正模型必须满足如下条件：与实际测得的裂缝高度发育情况（通过 TWTM 测得的）相符合；符合测得的裂缝净压力；了解岩石特性；对所有井都有一致的裂缝模型建立标准。紧接着，他们指出如何建立裂缝模型。

裂缝模型是根据裂缝几何尺寸/裂缝压力关系建立的，不需要岩石压力、杨氏模量和漏失系数等岩性参数。净压力的历史拟合过程非常复杂，但是可以将用于拟合的大量参数可以简化为少量参数，从而简化拟合过程。这些拟合参数分为两类：一类用来控制整个模型净压力的大小，另一类控制裂缝压力降的斜率。

影响净压力大小的模型参数有：

（1）产气层和邻层的闭合应力；（2）裂缝尖端效应，即裂缝发育时的尖端阻力；（3）压裂支撑剂增加了沿着裂缝的摩擦阻力损耗，导致对井施加的压力更高。

影响净压力斜率的模型参数有：

（1）地层的渗透率；（2）压裂液的造壁系数；（3）支撑剂阻尼系数，由于在高压下裂缝张开，会引起漏失。

4.5.4.4.2 微地震技术

微地震监测人工裂缝技术是利用压裂施工中地层岩石破裂产生的微地震波，测定裂缝方位及几何形态等重要参数，即对微地震信息经过叠加和成图处理形成反映水力压裂缝大小的图像，它是时间、总翼长、翼不对称性、裂缝高度和裂缝方位的函数。压裂过程中，如果裂缝向前延伸一步，地层中的压力变化如同锯齿形，压力变化到锯齿的峰值时，裂缝就向前延伸，而每向前延伸一次，所产生的震动能量会以弹性波的形式向外界匀速传播。在监测井中安装检波器，就可以接收到弹性波。微地震检测技术在煤层气压裂和完井过程，特别是在多分支水平井压裂中有很好的应用前景（Clarkson，2010）。

测斜仪和微地震检波器都既能在井中（观测井中）测量也能在地面测量。煤层气压裂后产生的信号一般很弱，地面的微地震检波器离事件发生的位置太远而不能接收到足够强的信息，从而成像不可靠。但是，由于地面噪声少，压裂后地层的变形还是能记录到一部分，因此地面测斜仪记录效果较好。如果微地震检波器放置在井中，监测井应该离压裂井更近些。同样的，测斜仪也应该距压裂层段近些，保证资料的高信噪比。这是因为井中的噪声比地面严重。地面测斜仪成像结果中噪声范围是 1～5nanoradian（相当于每 1000km 倾斜 1mm）；井中测斜仪成像结果中噪声范围从 0.5～1.0microradian。因此，微地震检波器和测斜仪器都需要距压裂井尽可能的近。

与其他储层相比，在煤层气储层的压裂过程中，利用微地震检测裂缝还存在一些难题（Zimmer，2010）：

（1）与其他地层相比，煤层中产生的微地震信号最弱，这是因为压裂过程中煤层很软，易垮塌，不能承受太大的地层压力。为了在有背景噪声的情况下，检测出这些弱事件，检波器必须尽量离微地震事件发生的位置近。并且，应该要尽可能减少背景噪声，因此要保证检波器和套管与围岩耦合好。如果在耦合好的情况下，最好将检波器放置在目标层上方，这样记录到的同相轴位置会更准确。

检波器安置的距离取决于原始信号的强度和背景噪声水平。图 4.5.63 表示的是煤层中记录到的微地震事件大小与距离（检波器与事件发生位置的距离）的关系。

从图 4.5.63 还可以看出记录到的最大值在 -3 左右。随着检波器距离的增加，只有较大的事件被记录下来。因为当较小的事件传到检波器时，信号已完全被背景噪声湮没。能记录到的最小值在一定程度上还受岩石性质影响，但主要由背景噪声水平决定。

记录到的最大值由压裂参数、完井方式和地层性质共同决定。在典型的致密页岩储层中，接收到的信号大小范围是 -1 到 -1.5，即使在很远的距离也能接收到。而对于典型的煤层气井，产生的微地震信号很弱，在 -3 左右。因此，煤层中产生的弱信号只能在相对小的距离内才能接收到。

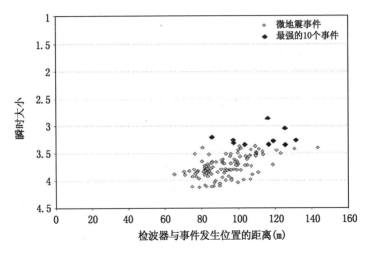

图 4.5.63　记录到的事件大小与距离的关系

表明煤层气储层中产生的典型微地震事件一般很弱。(据 Zimmer，2010)

(2) 煤层气储层中裂缝检测的另一个难题是，煤层与围岩速度存在很大差异，这些差异会影响事件发生位置的确定。一般事件发生的位置通过记录到的 P 波和 S 波的旅行时计算得到。而为了将记录的旅行时转化为空间坐标，必须提供速度模型。初始速度模型可以通过测井曲线和地质资料来建立，但一般还需要用已知事件发生的位置（如射孔炮点）来校正模型。在一般情况下，速度随深度变化比较平缓，但煤层速度与围岩速度差异大，它急剧下降。

针对以上问题，Zimmer（2010）也提出了相应的解决办法：

(1) 为了保证微地震数据成像有效，一般要求检波器排列在微地震事件发生位置的几百米之内。并且，要尽量减少噪声的干扰。叠加一般可以用来提高资料的信噪比。检波器背靠背放置，将接收到的信号叠加，能够将信噪比提高到 70%。不过这就要求通过测井电缆的传输频带足够高，能够支持多个检波器运作。该方法一般需要光纤电缆，因为普通电缆无法承受高于 1/4ms 的高采样率。而光纤电缆能承受同样的采样率情况下的 22 个三分量检波器，因此它更具优势。

(2) 煤层气地层很薄，并且与围岩速度差异大。煤层中发生的每个事件都能利用定位算法转换为数字点汇，由于煤层薄且速度低，使得这些点总是集中在煤层内，即使实际事件发生在围岩中。这种现象是因为地震信号频带有限所引起的。地震波传播过程中，接收到的信号是几个波长内的弹性地层介质的平均效应，并没有将煤层当作单一的地层。而定点算法将薄煤层当作一个单一地层，煤层速度很低，对事件定位的影响特别大，从而导致假象的产生，例如使得实际围岩中发生的事件在结果中也显示在煤层中。为了克服这些问题，建立速度模型时煤层速度不要过于低。在任何情况下，都必须注意假象的产生，避免将微地震事件错误地定位。如果建立的速度模型中煤层速度很明显，可以借助摄动模型来帮助微地震事件准确定位，因为此时事件的定位依赖于整个速度模型，煤层速度对事件定位的影响得到了削弱。

很多定位算法需要排列中至少有几个检波器能拾取 P 波和 S 波的初至。当微地震信号比较弱时就有困难，因为经常只有一个相位能看清楚。如果检波器排列足够大，并且距事件发生的位置很近时，可以用单一相位的曲率（如时差）来定位事件的位置。这种方法类似于

Kirchoff 偏移，但仅适用于事件发生位置与检波器排列的距离不大于近似的检波器排列长度的情况。

图 4.5.64 是微地震结果和测斜仪结果相结合的实例，两者的结合能提供更可靠的信息。

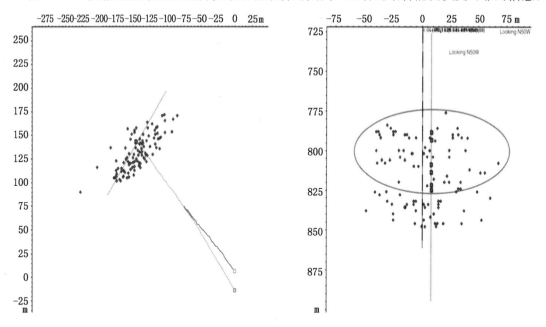

图 4.5.64　微地震和测斜仪结果联合的实例

微地震成像确定事件位置，地面测斜仪提供方位角信息，井中倾斜仪提供裂缝高度和半长信息。尽管微地震
检波器和测斜仪反应完全不同的岩石性质，但是它们的结果在各自的误差范围内（据 Zimmer，2010）

4.5.5　煤层气开发动态分析

煤层气藏开发动态分析包含的内容较多，本节着重介绍了其中一些关键内容的分析方法，如气井压力传播规律、气液两相渗流试井分析、动态储量评价、未来的产量和采收率预测等。本节内容基于排水降压解吸非线性渗流理论，鉴于目前该渗流方程求解困难，所介绍方法假设解吸后气体直接进入割理系统，暂未考虑基质孔隙与割理系统的压差，由此会引起一定误差。

4.5.5.1　煤层气井压力传递规律研究

4.5.5.1.1　常规气藏气井压力传递规律

常规气藏气井以定产气量生产，其气井压力传递数学模型如下所述。

（1）连续性方程。

常规气藏储层中水为束缚水，因此建立数学模型时无需考虑水相。当气井以定产气量进行生产，其渗流控制方程为

$$\nabla\left(\frac{K_g}{B_g\mu_g}\nabla P\right)=\frac{\partial}{3.6\partial t}\left(\frac{\phi}{B_g}\right) \tag{4.5.38}$$

式中：K_g 为束缚水下的气相渗透率，μm^2；B_g 为天然气的体积系数；μ_g 为地层条件下气的黏度，MPa·s；ϕ 为割理孔隙度，%；t 为流动时间，h；P 为地层压力，MPa。

将式（4.5.38）写成压力的偏微分形式，并用压缩系数来表示，然后在式（4.5.38）两

边同时乘以 B_g，可得

$$B_g \nabla\left(\frac{K_g}{B_g\mu_g}\nabla P\right) = \phi(C_f + C_g)\frac{\partial P}{\partial t} \tag{4.5.39}$$

式中：C_f 和 C_g 分别为页岩和气体的压缩系数，MPa^{-1}。

定义综合压缩系数 C_t 为

$$C_t = C_f + C_g \tag{4.5.40}$$

式（4.5.39）可以整理为

$$B_g \nabla\left(\frac{K_g}{B_g\mu_g}\nabla P\right) = \frac{C_t\phi}{3.6}\frac{\partial P}{\partial t} \tag{4.5.41}$$

式（4.5.41）的微分算子可以进行如下扩展：

$$B_g \nabla\left(\frac{K_g}{B_g\mu_g}\nabla P\right) = \frac{K_g}{\mu_g}\nabla^2 P + B_g \nabla\left(\frac{K_g}{B_g\mu_g}\right)\nabla P \tag{4.5.42}$$

将式（4.5.42）代入式（4.5.41）可得

$$\nabla^2 P + \frac{\mu_g}{K_g}B_g \nabla\left(\frac{K_g}{\mu_g B_g}\right)\nabla P = \frac{1}{3.6}\frac{\mu_g C_t\phi}{K_g}\frac{\partial P}{\partial t} \tag{4.5.43}$$

代入 B_g 的公式，则式（4.5.43）中

$$\frac{K_g}{\mu_g B_g} = \frac{K_g}{\mu_g Z}\frac{Z_{sc}T_{sc}}{P_{sc}T}P \tag{4.5.44}$$

假设气相的黏度与偏差因子的乘积（即 $\mu_g Z$）可视为常数。因此令

$$\alpha = \frac{K_g}{\mu_g Z}\frac{Z_{sc}T_{sc}}{P_{sc}T} = \frac{K_g}{\mu_{g0} Z_0}\frac{Z_{sc}T_{sc}}{P_{sc}T} \tag{4.5.45}$$

将式（4.5.44）和式（4.5.45）代入式（4.5.43）并进行整理可得

$$\nabla^2 P^2 = \frac{1}{3.6}\frac{\mu_g C_t\phi}{K_g}\frac{\partial P^2}{\partial t} \tag{4.5.46}$$

方程（4.5.46）的形式与均质无限大油藏的渗流方程形式基本相似，区别仅在于：对于油藏，式中的 P 为一次方；而对于页岩气藏，式中的 P 为二次方。因此，结合式（4.5.46）和初始条件、边界条件，就可直接写出对应的解析解。

在极坐标系中，式（4.5.46）可转化为

$$\frac{\partial^2(P^2)}{\partial r^2} + \frac{1}{r}\frac{\partial(P^2)}{\partial r} = \frac{1}{3.6\eta}\frac{\partial(P^2)}{\partial t} \tag{4.5.47}$$

式中：$\eta = \dfrac{K_g}{\mu_g\phi C_t}$。

（2）渗流微分方程的初始、边界条件。

渗流微分方程（4.5.47）的初始条件为

$$P^2(r,0) = P_i^2 \tag{4.5.48}$$

外边界条件为

$$P^2(\infty,t) = P_i^2 \tag{4.5.49}$$

式中：P_i 为原始地层压力，MPa。

由于定产气量生产，因此内边界条件为

$$\lim_{r\to r_w}\left[r\left(\frac{K_g}{\mu_g B_g}\right)\frac{\partial P}{\partial r}\right] = \lim_{r\to r_w}\left(r\alpha P\frac{\partial P}{\partial r}\right) = \lim_{r\to r_w}\left(\frac{1}{2}r\alpha\frac{\partial P^2}{\partial r}\right) = \frac{q_g}{178.2\pi h} \tag{4.5.50}$$

因此内边界条件可转化为

$$\lim_{r \to r_w} \left(r \frac{\partial P^2}{\partial r} \right) = \frac{2q_g}{172.8\pi h \alpha} \tag{4.5.51}$$

（3）渗流微分方程的压力解析解。

采用波尔兹曼变换，即令

$$y = \frac{r^2}{14.4\eta t} \tag{4.5.52}$$

因此

$$\frac{\partial(P^2)}{\partial r} = \frac{\mathrm{d}(P^2)}{\mathrm{d}y} \frac{\partial y}{\partial r} = \frac{\mathrm{d}(P^2)}{\mathrm{d}y} \frac{r}{7.2\eta t} \tag{4.5.53}$$

$$\frac{\partial^2(P^2)}{\partial r^2} = \frac{\partial}{\partial r}\left(\frac{\partial(P^2)}{\partial r}\right) = \frac{\partial}{\partial r}\left(\frac{\mathrm{d}(P^2)}{\mathrm{d}y}\frac{r}{7.2\eta t}\right) = \frac{\mathrm{d}^2(P^2)}{\mathrm{d}y^2}\left(\frac{r}{7.2\eta t}\right)^2 + \frac{\mathrm{d}(P^2)}{\mathrm{d}y}\frac{1}{7.2\eta t} \tag{4.5.54}$$

$$\frac{\partial(P^2)}{\partial t} = \frac{\mathrm{d}(P^2)}{\mathrm{d}y} \frac{\partial y}{\partial t} = -\frac{\mathrm{d}(P^2)}{\mathrm{d}y} \frac{r^2}{14.4\eta t^2} \tag{4.5.55}$$

将式（4.5.53）～（4.5.55）代入式（4.5.47）并整理得：

$$y \frac{\mathrm{d}^2(P^2)}{\mathrm{d}y^2} + (1+y)\frac{\mathrm{d}(P^2)}{\mathrm{d}y} = 0 \tag{4.5.56}$$

令 $P^{2\prime} = \mathrm{d}P^2/\mathrm{d}y$，式（4.5.56）可变为：

$$y = \frac{\mathrm{d}(P^{2\prime})}{\mathrm{d}y} + (1+y)P^{2\prime} = 0 \tag{4.5.57}$$

分离变量后积分得

$$P^{2\prime} = C\frac{\mathrm{e}^{-y}}{y} \tag{4.5.58}$$

由内边界条件可知

$$r\frac{\partial P^2}{\partial r} = r\frac{\mathrm{d}P^2}{\mathrm{d}y}\frac{\partial y}{\partial r} = 2y\frac{\mathrm{d}P^2}{\mathrm{d}y} = \frac{2q_g}{172.8\pi h\alpha} \tag{4.5.59}$$

所以

$$\frac{\mathrm{d}P^2}{\mathrm{d}y} = \frac{q_g}{172.8\pi h\alpha}\frac{1}{y} = C\frac{\mathrm{e}^{-y}}{y} \tag{4.5.60}$$

在 $r = r_w$ 时，r_w 很小，因此可近似取 $r \to 0$，则 $y \to 0$，从而得到

$$C = \frac{q_g}{172.8\pi h\alpha} \tag{4.5.61}$$

因此式（4.5.58）变为

$$P^{2\prime} = \frac{q_g}{172.8\pi h\alpha}\frac{\mathrm{e}^{-y}}{y} \tag{4.5.62}$$

对式（4.5.62）积分，积分上、下限为

$$t = 0, y = \infty, P^2 = P_i^2$$

$$t = t, y = \frac{r^2}{14.4\eta t}, P^2 = P^2(r,t) \tag{4.5.63}$$

得出

$$\int_{P_i^2}^{P^2(r,t)} \mathrm{d}(P^2) = \frac{q_g}{172.8\pi h\alpha} \int_{\infty}^{\frac{r^2}{14.4\eta t}} \frac{\mathrm{e}^{-y}}{y}\mathrm{d}y \tag{4.5.64}$$

$$P^2(r,t) = P_i^2 - \frac{q_g}{172.8\pi h\alpha} \int_{\frac{r^2}{14.4\eta t}}^{\infty} \frac{e^{-y}}{y} dy \qquad (4.5.65)$$

因此，常规气藏定产气量时的压力分布为

$$P^2(r,t) = P_i^2 - \frac{q_g}{172.8\pi h\alpha}\left[-E_i\left(-\frac{r^2}{14.4\eta t}\right)\right] \qquad (4.5.66)$$

α 的表达式见式（4.5.45）。

以上小节是常规气藏气井压力传播数学模型，下面推导煤气层藏气井的压力传播数学模型。由于煤层基质孔隙、割理和裂缝中充满液态水，煤层气的扩散只能通过溶解相在液态水中扩散，而溶解相的煤层气比例只占所有煤层气藏储量的1％左右，因此在建立煤层气压力传播数学模型时，可以不考虑扩散的影响，此外由于煤层气从基质微孔到割理的流动是诸多力相互作用的复杂的非线性流，要得出其表达式有很大的难度，因此我们在研究煤层气压力传播时暂不考虑其过程的影响，简化地认为基质微孔起着气源的作用，煤层气只在裂隙中渗流。基于以上假设，重新划分了煤层气藏的开发阶段，并针对各个阶段建立了新的煤层气藏压力传播数学模型。

4.5.5.1.2 过饱和煤层气藏气井压力传递规律

过饱和煤层气的开采阶段划分和相应的模型见图4.5.65所示，按工艺可划分为两个开采阶段：排水降压阶段和定压采气阶段；按流体分布可划分为两个阶段：气水两相流动阶段和单相气流动阶段；整个开发过程分布模型逐次为：定产水降压模型、定井底流压产气模型（气水两相区）、气水拟稳态模型（气水两相区）和单相气拟稳态模型。

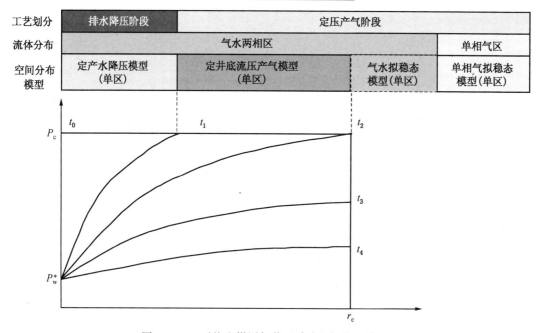

图4.5.65　过饱和煤层气井开采阶段划分及其模型

对于过饱和煤层气藏，不存在单相水流动阶段，其气水两相区流动阶段的开始时间为煤层气井开井的时间，结束时间地层压力低于临界解吸压力。气水两相流动阶段可用三个不同的模型来描述：定产水降压模型、定井底流压产气模型和气水拟稳态模型。定产水降压模型的开始时间为当井底流压等于临界解吸压力的时间点，结束时间为当井底流压等于设定的井底流压。定井底流压产气模型的开始时间为当井底流压等于设定的井底流压，结束时间为当压力波前缘传至边界或干扰半径处的时间点。气水拟稳态阶段的开始时间为当压力波前缘传至边界或干扰半径处的时刻，结束时间为地层压力降至临界解吸压力的时刻。

单相气流动阶段的开始时间为当地层压力降至临界解吸压力的时刻，结束时间为煤气藏废弃的时刻。此阶段的渗流及压力传递可用单相气拟稳态模型来描述。

（1）定产水降压阶段压力传递数学模型。

①连续性方程。

对于过饱和煤层气藏的定产水降压阶段，开井时就会出现气、水两相渗流，气、水两相的渗流控制方程分别为

$$\nabla\left(\frac{KK_{rg}}{B_g\mu_g}\nabla P\right) = \frac{\partial}{3.6\partial t}\left(\frac{S_g\phi}{B_g}\right) + \frac{q_d}{B_g} \text{（气相）} \tag{4.5.67}$$

$$\nabla\left(\frac{KK_{rw}}{B_w\mu_w}\nabla P\right) = \frac{\partial}{3.6\partial t}\left(\frac{S_w\phi}{B_w}\right) \text{（水相）} \tag{4.5.68}$$

式中：K 为割理绝对渗透率，μm^2；K_{rg}、K_{rw} 分别为气相和水相的相对渗透率；B_g、B_w 分别为气和水的地下体积系数；μ_g、μ_w 分别为地层条件下煤层气和水的黏度，$mPa \cdot s$；S_g、S_w 分别为割理中的含气和含水饱和度；ϕ 为割理孔隙度，%；t 为流动时间，h；P 为地层压力，MPa；q_d 为煤层气由单位体积煤基质块向割理扩散的速度，$m^3/（m^3 \cdot h）$。

在平衡解吸的条件下，单位体积煤基质块解吸出的气总量 V_d 为

$$V_d = V_m b\rho_B \left(\frac{P_i}{1+bP_i} - \frac{P}{1+bP}\right)_{P+dP}^{P} = V_m b\rho_B \left(\frac{P}{1+bP}\right)_P^{P+dP} \tag{4.5.69}$$

q_d 可表示为

$$q_d = B_g \frac{\partial V_d}{\partial t} = B_g \frac{\partial V_d}{\partial P} \frac{\partial P}{\partial t} = \frac{P_{sc}ZT}{PZ_{sc}T_{sc}} \frac{V_m b\rho_B}{(1+bP)^2} \frac{\partial P}{\partial t} \tag{4.5.70}$$

式中：P_{sc} 为标准状态下压力，MPa；Z 为偏差因子；Z_{sc} 为标准状态下偏差因子；T_{sc} 为标准状态下的温度，K；T 为煤岩温度，K；V_m 为煤层气等温吸附线的体积常数，m^3/t；b 为等温吸附线压力常数，MPa^{-1}；ρ_B 为煤基质块密度，g/cm^3。

Seidle（1992）定义煤基质块的解吸压缩系数 C_d 为

$$C_d = \frac{B_g\rho_B V_m b}{\phi(1+bP)^2} = \frac{P_{sc}ZT\rho_B V_m b}{PZ_{sc}T_{sc}\phi(1+bP)^2} \tag{4.5.71}$$

将式（4.5.71）代入式（4.5.70）可得

$$q_d = C_d\phi \frac{\partial P}{\partial t} \tag{4.5.72}$$

将式（4.5.67）和式（4.5.68）写成压力的偏微分形式，并用压缩系数来表示，然后在式（4.5.67）两边同时乘以 B_g，式（4.5.68）两边同时乘以 B_w，并将两式左右分别对应相加，最终可得

$$B_g\nabla\left(\frac{K_g}{B_g\mu_g}\nabla P\right) + B_w\nabla\left(\frac{K_w}{B_w\mu_w}\nabla P\right) = \phi\left[S_g(C_f+C_g)+S_w(C_f+C_w)\right]\frac{\partial P}{\partial t} + C_d\phi\frac{\partial P}{\partial t}$$

$$\tag{4.5.73}$$

式中：K_g、K_w 分别为气相、水相渗透率，$10^{-3}\mu m^2$；C_f、C_g、C_w 分别为煤岩、气体、水相压缩系数，MPa^{-1}。

定义割理系统的综合压缩系数 C_t 为

$$C_t = C_d + C_f + C_g S_g + C_w S_w \tag{4.5.74}$$

式（4.5.73）可以整理为

$$B_g \nabla \left(\frac{K_g}{B_g \mu_g} \nabla P \right) + B_w \nabla \left(\frac{K_w}{B_w \mu_w} \nabla P \right) = \frac{C_t \phi \partial P}{3.6 \partial t} \tag{4.5.75}$$

式（4.5.75）的第一、二项的微分算子可以进行如下扩展，即

$$B_g \nabla \left(\frac{K_g}{B_g \mu_g} \nabla P \right) = \frac{K_g}{\mu_g} \nabla^2 P + B_g \nabla \left(\frac{K_g}{B_g \mu_g} \right) \nabla P \tag{4.5.76}$$

$$B_w \nabla \left(\frac{K_w}{B_w \mu_w} \nabla P \right) = \frac{K_w}{\mu_w} \nabla^2 P + B_w \nabla \left(\frac{K_w}{B_w \mu_w} \right) \nabla P \tag{4.5.77}$$

令气相和水相的流度为

$$\lambda_i = \frac{K_i}{\mu_i} (i = g, w) \tag{4.5.78}$$

因此气水两相的总流度为

$$\lambda_t = \frac{K_g}{\mu_g} + \frac{K_w}{\mu_w} \tag{4.5.79}$$

另外，令地面气水产量比（简称气水比）为

$$GWR = \frac{K_g}{\mu_g B_g} \frac{\mu_w B_w}{K_w} \tag{4.5.80}$$

则可得

$$B_g \nabla \left(\frac{K_g}{B_g \mu_g} \right) \nabla P = B_g GWR \nabla \left(\frac{K_w}{\mu_w B_w} \right) \nabla P + B_g \frac{K_g}{\mu_g B_g} \nabla GWR \nabla P \tag{4.5.81}$$

由于在排采的初始两相流阶段，GWR 很低，因此，假设 $\nabla WGR \nabla P$ 可以忽略不计，并将式（4.5.76）～式（4.5.81）代入式（4.5.75）可得

$$\nabla^2 P + \nabla \ln \left(\frac{K_w}{\mu_w B_w} \right) \nabla P = \frac{1}{3.6} \frac{C_t \phi}{\lambda_t} \frac{\partial P}{\partial t} \tag{4.5.82}$$

下面对式（4.5.82）进行简化，式（4.5.82）中的水相渗透率在早期排水阶段变化很小，而且水的黏度和体积系数皆变化很小，因此式（4.5.82）可简化为

$$\frac{K_w}{\mu_w B_w} = C_1 \tag{4.5.83}$$

式中：C 为常数。

将式（4.5.82）代入式（4.5.81）并进行整理可得

$$\nabla^2 P = \frac{1}{3.6} \frac{C_t \phi}{\lambda_t} \frac{\partial P}{\partial t} \tag{4.5.84}$$

方程（4.5.84）的形式与均质无限大油藏的渗流方程形式相似。因此，结合式（4.5.84）和初始条件、边界条件，就可直接写出对应的解析解。

②渗流微分方程的初始、边界条件。

渗流微分方程（4.5.84）的初始条件为

$$P(r, 0) = P_i \tag{4.5.85}$$

外边界条件为

$$P(\infty, t) = P_i \tag{4.5.86}$$

式中：P_i 为原始地层压力，MPa。

煤层气开采早期以定产水量 q_w 生产，对应的内边界条件为

$$\lim_{r \to r_w}\left[r\left(\frac{K_w}{\mu_w B_w}\right)\frac{\partial P}{\partial r}\right] = \lim_{r \to r_w}\left(C_1 r \frac{\partial P}{\partial r}\right) = \frac{q_w}{172.8\pi h} \qquad (4.5.87)$$

式中：h 为煤层厚度，m；C_1 定义见（4.5.83）式。

③渗流微分方程的压力解析解。

将式（4.5.84）的解析解写为

$$P(r,t) = P_i - \frac{q_w}{345.6\pi C_1 h}\left[-E_i\left(-\frac{r^2}{14.4\eta t}\right)\right] \qquad (4.5.88)$$

其中，$\eta = \dfrac{\lambda_t}{\phi C_t}$。

当 $r = r_w$ 时，对应的井底流压解析解为

$$P_w(t) = P_i - \frac{q_w}{345.6\pi C_1 h}\left[-E_i\left(-\frac{r_w^2}{14.4\eta t}\right)\right] \qquad (4.5.89)$$

由于煤层气藏的综合压缩系数 C_t 比常规气藏的综合压缩系数大（煤层气藏多一个 C_d 项），压力传递速度 η 比常规气藏的小，因此，煤层气藏气井的压力下降较慢，压力传递速度也较慢。

假设经过 t_1，井底流压达到给定的井底流压 P_w^*，则 t_1 可以通过下式计算得出，即

$$P_w^* = P_i - \frac{q_w}{345.6\pi C_1 h}\left[-E_i\left(\frac{r_w^2}{14.4\eta t_1}\right)\right]$$

因此经过 t_1，煤层中的压力剖面为

$$P(r,t_1) = P_i - \frac{q_w}{345.6\pi C_1 h}\left[-E_i\left(-\frac{r^2}{14.4\eta t_1}\right)\right]$$

（2）定井底流压产气阶段压力传递数学模型。

①连续性方程。

定井底流压产气阶段，水的产量相对较小，令地面水气产量比（简称水气比）为

$$WGR = \frac{K_w}{\mu_w B_w}\frac{\mu_g B_g}{K_g} \qquad (4.5.90)$$

则可得

$$B_w \nabla\left(\frac{K_w}{B_w \mu_w}\right)\nabla P = B_w WGR \nabla\left(\frac{K_g}{\mu_g B_g}\right)\nabla P + B_w \frac{K_g}{\mu_g B_g}\nabla WGR \nabla P \qquad (4.5.91)$$

由于在定井底流压的两相流阶段，尤其是在产气峰值及之后，WGR 很低，因此，假设 $\nabla WGR \nabla P$ 可以忽略不计，并将式（4.5.76）～（4.5.79）、（4.5.90）和（4.5.91）代入式（4.5.75）可得

$$\nabla^2 P + \nabla \ln\left(\frac{K_g}{\mu_g B_g}\right)\nabla P = \frac{1}{3.6}\frac{C_t \phi}{\lambda_t}\frac{\partial P}{\partial t} \qquad (4.5.92)$$

下面对式（4.5.92）进行简化，式（4.5.92）中

$$\frac{K_g}{\mu_g B_g} = \frac{K_g}{\mu_g Z}\frac{Z_{\scriptscriptstyle sc} T_{\scriptscriptstyle sc}}{P_{\scriptscriptstyle sc} T}P \qquad (4.5.93)$$

Seidle（1992）通过对煤层气井的数值模拟研究，得出在排采期间，割理系统中排水前缘（饱和度突变处）自井筒向外围不断延展，在前缘后的含气饱和度基本保持稳定；当排水前缘达到边界后，在整个井控区域内的气相饱和度逐渐上升。但在一定的时间段内，气水两相区的饱和度梯度可以忽略，所以在波及的两相区范围内，K_g 可视为常数；另外，由于煤

层气藏一般属于低压气藏，所以气相的黏度与偏差因子的乘积（即 $\mu_g Z$）也可视为常数。因此，在一定的时间段内可令

$$\alpha = \frac{K_g}{\mu_g Z} \frac{Z_{sc} T_{sc}}{P_{sc} T} = \frac{K_g}{\mu_{g0} Z_0} \frac{Z_{sc} T_{sc}}{P_{sc} T} \tag{4.5.94}$$

将式（4.5.93）和式（4.5.94）代入式（4.5.92）并进行整理可得

$$\nabla^2 P^2 = \frac{1}{3.6} \frac{C_t \phi}{\lambda_t} \frac{\partial P^2}{\partial t} \tag{4.5.95}$$

方程（4.5.95）的形式与均质无限大油藏的渗流方程形式基本相似，区别仅在于：对于油藏，式中的 P 为一次方；而对于产气阶段的煤层气藏，式中的 P 为二次方。因此，结合式（4.5.95）和初始条件、边界条件，就可直接写出对应的解析解。

在极坐标系中，式（4.5.95）可转化为

$$\frac{\partial^2 (P^2)}{\partial r^2} + \frac{1}{r} \frac{\partial (P^2)}{\partial r} = \frac{1}{3.6\eta} \frac{\partial (P^2)}{\partial t} \tag{4.5.96}$$

式中：$\eta = \dfrac{\lambda_t}{\phi C_t}$。

②渗流微分方程的初始、边界条件。

渗流微分方程（4.5.96）的初始条件为

$$P^2(r, t_1) = \left\{ P_i - \frac{q_w}{345.6\pi C_1 h} \left[-E_i\left(-\frac{r^2}{14.4\eta t_1} \right) \right] \right\}^2 \tag{4.5.97}$$

外边界条件为

$$P^2(\infty, t - t_1) = P_i^2 \tag{4.5.98}$$

式中：P_i 为原始地层压力，MPa。

由于该阶段定井底流压生产，因此内边界条件为

$$P^2(r_w, t - t_1) = (P_w^*)^2 \tag{4.5.99}$$

③渗流微分方程的压力解析解。

采用波尔兹曼变换，即令

$$y = \frac{r^2}{14.4\eta(t - t_1)}, t > t_1 \tag{4.5.100}$$

因此

$$\frac{\partial (P^2)}{\partial r} = \frac{\mathrm{d}(P^2)}{\mathrm{d}y} \frac{\partial y}{\partial r} = \frac{\mathrm{d}(P^2)}{\mathrm{d}y} \frac{r}{7.2\eta(t - t_1)} \tag{4.5.101}$$

$$\frac{\partial^2 (P^2)}{\partial r^2} = \frac{\partial}{\partial r}\left(\frac{\partial (P^2)}{\partial r} \right) = \frac{\partial}{\partial r}\left(\frac{\mathrm{d}(P^2)}{\mathrm{d}y} \frac{r}{7.2\eta(t - t_1)} \right) = \frac{\mathrm{d}^2 (P^2)}{\mathrm{d}y^2}\left(\frac{r}{7.2\eta(t - t_1)} \right)^2 + \frac{\mathrm{d}(P^2)}{\mathrm{d}y} \frac{1}{7.2\eta(t - t_1)}$$
$$\tag{4.5.102}$$

$$\frac{\partial (P^2)}{\partial t} = \frac{\mathrm{d}(P^2)}{\mathrm{d}y} \frac{\partial y}{\partial t} = -\frac{\mathrm{d}(P^2)}{\mathrm{d}y} \frac{r^2}{14.4\eta(t - t_1)^2} \tag{4.5.103}$$

将式（4.5.101）～（4.5.103）代入式（4.5.96）并整理得

$$y \frac{\mathrm{d}^2 (P^2)}{\mathrm{d}y^2} + (1 + y) \frac{\mathrm{d}(P^2)}{\mathrm{d}y} = 0 \tag{4.5.104}$$

令 $P^{2\prime} = \mathrm{d}P^2 / \mathrm{d}y$，式（4.5.104）可变为

$$y = \frac{\mathrm{d}(P^{2\prime})}{\mathrm{d}y} + (1 + y)P^{2\prime} = 0 \tag{4.5.105}$$

分离变量后积分得

$$P^{2\prime} = C\,\frac{\mathrm{e}^{-y}}{y} \tag{4.5.106}$$

式中：C 为积分常数。对式（4.5.106）积分，积分上、下限为

$$t - t_1 = 0, y = \infty, P^2 = \left\{ P_i - \frac{q_w}{345.6\pi C_1 h}\left[-E_i\left(-\frac{r^2}{14.4\eta t_1} \right) \right] \right\}^2$$

$$t - t_1 = t - t_1, y = \frac{r^2}{14.4\eta(t - t_1)}, P^2 = P^2(r, t - t_1)$$

得出

$$\int_{\{P_i - \frac{q_w}{345.6\pi C_1 h}[-E_i(-\frac{r^2}{14.4\eta t_1})]\}^2}^{P^2(r, t-t_1)} \mathrm{d}(P^2) = C\int_{\infty}^{\frac{r^2}{14.4\eta(t-t_1)}} \frac{\mathrm{e}^{-y}}{y}\mathrm{d}y$$

$$P^2(r, t - t_1) = \left\{ P_i - \frac{q_w}{345.6\pi C_1 h}\left[-E_i\left(-\frac{r^2}{14.4\eta t_1} \right) \right] \right\}^2 - C\int_{\frac{r^2}{14.4\eta(t-t_1)}}^{\infty} \frac{\mathrm{e}^{-y}}{y}\mathrm{d}y \tag{4.5.107}$$

代入内边界条件——式（4.5.99），解出 C 得

$$C = \frac{\left\{ P_i - \frac{q_w}{345.6\pi C_1 h}\left[-E_i\left(-\frac{r^2}{14.4\eta t_1} \right) \right] \right\}^2 - (P_w^*)^2}{-E_i\left(-\frac{r_w^2}{14.4\eta(t - t_1)} \right)} \tag{4.5.108}$$

将式（4.5.108）代入式（4.5.107）即得出定压产气阶段的压力分布，即

$$P^2(r, t - t_1) = \left\{ P_i - \frac{q_w}{345.6\pi C_1 h}\left[-E_i\left(-\frac{r^2}{14.4\eta t_1} \right) \right] \right\}^2$$

$$- \frac{\left\{ P_i - \frac{q_w}{345.6\pi C_1 h}\left[-E_i\left(-\frac{r^2}{14.4\eta t_1} \right) \right] \right\}^2 - (P_w^*)^2}{-E_i\left(-\frac{r_w^2}{14.4\eta(t - t_1)} \right)}\left[-E_i\left(-\frac{r^2}{14.4\eta(t - t_1)} \right) \right] \tag{4.5.109}$$

④渗流微分方程的产气量解析解。

将式（4.5.109）对 r 求导，得出

$$\frac{\partial}{\partial r}(P^2(r, t - t_1)) = 2\left\{ P_i - \frac{q_w}{345.6\pi C_1 h}\left[-E_i\left(-\frac{r^2}{14.4\eta t_1} \right) \right] \right\}\left(\frac{q_w}{172.8\pi C_1 h}\frac{\mathrm{e}^{-\frac{r^2}{14.4\eta t_1}}}{r} \right)$$

$$+ \frac{\left\{ P_i - \frac{q_w}{345.6\pi C_1 h}\left[-E_i\left(-\frac{r^2}{14.4\eta t_1} \right) \right] \right\}^2 - (P_w^*)^2}{-E_i\left(-\frac{r_w^2}{14.4\eta(t - t_1)} \right)}\left(\frac{2\mathrm{e}^{-\frac{r^2}{14.4\eta(t - t_1)}}}{r} \right)$$

$$+ \frac{2\left\{ P_i - \frac{q_w}{345.6\pi C_1 h}\left[-E_i\left(-\frac{r^2}{14.4\eta t_1} \right) \right] \right\}\left(\frac{q_w}{172.8\pi C_1 h}\frac{\mathrm{e}^{-\frac{r^2}{14.4\eta t_1}}}{r} \right)}{-E_i\left(-\frac{r_w^2}{14.4\eta(t - t_1)} \right)}\left[-E_i\left(-\frac{r^2}{14.4\eta(t - t_1)} \right) \right] \tag{4.5.110}$$

煤层气定井底流压开发，产气量 q_g 可以通过下式计算

$$\lim_{r \to r_w}\left[r\left(\frac{K_g}{\mu_g B_g} \right)\frac{\partial P}{\partial r} \right] = \lim_{r \to r_w}\left(\frac{\alpha}{2}r\frac{\partial P^2}{\partial r} \right) = \frac{q_g}{172.8\pi h} \tag{4.5.111}$$

将式 (4.5.110) 代入式 (4.5.111) 并整理得

$$q_g = \alpha \left\{ \begin{array}{l} \left\{ P_i - \dfrac{q_w}{345.6\pi C_1 h} \left[-E_i\left(-\dfrac{r_w^2}{14.4\eta t_1} \right) \right] \right\} \left(\dfrac{2q_w}{C_1} e^{-\frac{r_w^2}{14.4\eta t_1}} \right) \\[3mm] + 172.8\pi h \dfrac{\left\{ P_i - \dfrac{q_w}{345.6\pi C_1 h} \left[-E_i\left(-\dfrac{r_w^2}{14.4\eta t_1} \right) \right] \right\}^2 - (P_w^*)^2}{-E_i\left(-\dfrac{r_w^2}{14.4\eta (t-t_1)} \right)} e^{-\frac{r_w^2}{14.4\eta (t-t_1)}} \end{array} \right\}$$

$$(4.5.112)$$

由式 (4.5.112) 可知，产气量与 α 值有关，而由式 (4.5.94) 可知，α 值又与气相相对渗透率有关，而气相相对渗透率又与气相饱和度有关。在定压生产阶段，可以按时间划分为多个生产阶段，单个生产阶段内的气相渗透率不发生变化，不同生产阶段的气相渗透率不同，因此 α 值不同，产气量不同。随着煤层气井的开发，在定井底流压产气阶段，α 值随着气相饱和度的逐渐增加而增加，产量增加，而随着压力的传递，产量又逐渐降低，那些因素导致煤层气井的产气量会出现增产—稳产—降产的现象。

4.5.5.1.3　欠饱和煤层气藏气井压力传递规律

欠饱和煤层气的开采阶段划分和相应的模型见图 4.5.66 所示，按工艺可划分为两个开采阶段：排水降压阶段和定压采气阶段；按流体分布可划分为三个阶段：单相水流动阶段、气水两相—单相水两区流动阶段和单相气流动阶段；整个开发过程分布模型逐次为：单相水流定产水降压模型、气水两相流定产水降压模型（两区）、气水两相流定井底流压产气模型（两区）、气水拟稳态模型（两区）和单相气拟稳态模型。

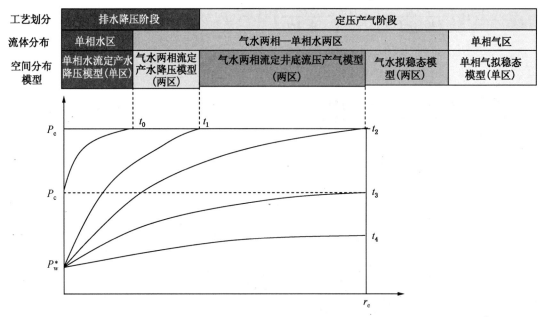

图 4.5.66　欠饱和煤层气井开采阶段划分及其模型

对于欠饱和煤层气藏，单相水流动阶段的开始时间为煤层气井开井的时刻，结束时间为当井底流压降至临界解吸压力的时刻。单相水流动阶段应尽量控制产水量不要过大，使井底流压缓慢降低，保证压力波前缘传播较远，扩大干扰半径。此阶段的渗流及压力传递较为简单。

气水两相—单相水两区流动阶段的开始时间为当井底流压低于临界解吸压力的时刻，且地层压力大于或等于临界解吸压力，结束时间为地层压力低于临界解吸压力的时刻。气水两相流动阶段可用三个不同的模型来描述：气水两相流定产水降压模型（两区）、气水两相流定井底流压产气模型（两区）和气水拟稳态模型。气水两相流定产水降压模型的开始时间为当井底流压等于临界解吸压力的时刻，结束时间为当井底流压等于设定的井底流压的时刻。气水两相流定井底流压产气模型的开始时间为当井底流压等于设定的井底流压的时刻，结束时间为当压力波前缘传至边界或干扰半径处的时间点。气水拟稳态阶段的开始时间为当压力波前缘传至边界或干扰半径处的时间点，结束时间为地层压力降至临界解吸压力的时刻。

单相气流动阶段的开始时间为当地层压力降至临界解吸压力的时刻，结束时间为煤气藏废弃的时刻。此阶段的渗流及压力传递可用单相气拟稳态模型来描述。

（1）单相水流定产水降压阶段压力传递数学模型。

①连续性方程。

对于欠饱和煤层气藏的单相水流阶段，渗流控制方程为

$$\nabla\left(\frac{K_w^{\max}}{B_w\mu_w}\nabla P\right)=\frac{\partial}{3.6\partial t}\left(\frac{S_w^{\max}\phi}{B_w}\right) \tag{4.5.113}$$

将式（4.5.113）写成压力的偏微分形式，并用压缩系数来表示，然后在式（4.5.113）两边同时乘以 B_w，式（4.5.114）两边同时乘以 B_w，最终可得

$$B_w\nabla\left(\frac{K_w^{\max}}{B_w\mu_w}\nabla P\right)=\phi(C_f+S_w^{\max}C_w)\frac{\partial P}{3.6\partial t} \tag{4.5.114}$$

式（4.5.115）的微分算子可以进行如下扩展，即

$$B_w\nabla\left(\frac{K_w^{\max}}{B_w\mu_w}\nabla P\right)=\frac{K_w^{\max}}{\mu_w}\nabla^2 P+B_w\nabla\left(\frac{K_w^{\max}}{B_w\mu_w}\right)\nabla P \tag{4.5.115}$$

式（4.5.115）中 $K_w^{\max}/uB_w=C_0$ 为常数，因此可转化为

$$B_w\nabla\left(\frac{K_w^{\max}}{B_w\mu_w}\nabla P\right)=\frac{K_w^{\max}}{\mu_w}\nabla^2 P \tag{4.5.116}$$

因此式（4.5.116）可变化为

$$\nabla^2 P=\frac{1}{3.6\eta}\frac{\partial P}{\partial t}$$

$$\eta=\frac{K_w^{\max}}{\phi\mu_w C_t}$$

$$C_t=(C_f+S_w^{\max}C_w) \tag{4.5.117}$$

②渗流微分方程的初始、边界条件。

渗流微分方程（4.5.117）的初始条件为

$$P(r,0)=P_i \tag{4.5.118}$$

外边界条件为

$$P(\infty,t)=P_i \tag{4.5.119}$$

式中：P_i 为原始地层压力，MPa。

煤层气开采早期以定产水量 q_w 生产，对应的内边界条件为

$$\lim_{r\to r_w}\left[r\left(\frac{K_w^{\max}}{\mu_w B_w}\right)\frac{\partial P}{\partial r}\right]=\lim_{r\to r_w}\left(C_0 r\frac{\partial P}{\partial r}\right)=\frac{q_w}{172.8\pi h} \tag{4.5.120}$$

③渗流微分方程的压力解析解。

将式（4.5.117）的解析解写为

$$P(r,t) = P_i - \frac{q_w}{345.6\pi C_0 h}\left[-E_i\left(-\frac{r^2}{14.4\eta t}\right)\right] \tag{4.5.121}$$

式中：$\eta = \dfrac{K_w^{\max}}{\phi\mu_w C_t}$。

当 $r = r_w$ 时，对应的井底流压解析解为

$$P_w(t) = P_i - \frac{q_w}{345.6\pi C_0 h}\left[-E_i\left(-\frac{r_w^2}{14.4\eta t}\right)\right] \tag{4.5.122}$$

假设经过 t_0，井底流压达到解吸压力 P_c，则 t_0 可以通过下式计算得出

$$P_c = P_i - \frac{q_w}{345.6\pi C_0 h}\left[-E_i\left(-\frac{r_w^2}{14.4\eta t_0}\right)\right] \tag{4.5.123}$$

因此经过 t_0，煤层中的压力剖面为

$$P(r,t_0) = P_i - \frac{q_w}{345.6\pi C_0 h}\left[-E_i\left(-\frac{r^2}{14.4\eta t_0}\right)\right] \tag{4.5.124}$$

（2）气水两相流定产水降压阶段压力传递数学模型。

①气水两相区连续性方程。

对于欠饱和煤层气藏，定产水时井底流压从解吸压力下降到设定的井底流压 P_w^* 的渗流数学模型与过饱和煤层气藏渗流数学模型相似，区别之处在于：欠饱和煤层气藏定产水时，井底流压从解吸压力下降到设定的井底流压 P_w^* 的渗流数学模型是两区模型，内区为气水两相流区，外区为单相水流区。内区渗流数学模型与过饱和煤层气藏定产水降压段的渗流数学模型相同，见式（4.5.84）。

②气水两相区渗流微分方程的初始、边界条件。

初始条件为

$$P(r,t_0) = P_i - \frac{q_w}{345.6\pi C_0 h}\left[-E_i\left(-\frac{r^2}{14.4\eta t_0}\right)\right] \tag{4.5.125}$$

内区外边界条件为

$$P(r_1, t - t_0) = P_c \tag{4.5.126}$$

内区内边界条件为

$$\lim_{r \to r_w}\left[r\left(\frac{K_w}{\mu_w B_w}\right)\frac{\partial P}{\partial r}\right] = \lim_{r \to r_w}\left(C_1 r \frac{\partial P}{\partial r}\right) = \frac{q_w}{172.8\pi h} \tag{4.5.127}$$

式中：P_c 为临界解吸压力，MPa。

③气水两相区渗流微分方程的压力解析解。

采用波尔兹曼变换，即令

$$y = \frac{r^2}{14.4\eta(t - t_0)},\ t > t_0 \tag{4.5.128}$$

因此

$$\frac{\partial P}{\partial r} = \frac{\mathrm{d}P}{\mathrm{d}y}\frac{\partial y}{\partial r} = \frac{\mathrm{d}P}{\mathrm{d}y}\frac{r}{7.2\eta(t - t_0)} \tag{4.5.129}$$

$$\frac{\partial^2 (P^2)}{\partial r^2} = \frac{\partial}{\partial r}\left(\frac{\partial P}{\partial r}\right) = \frac{\partial}{\partial r}\left(\frac{\mathrm{d}P}{\mathrm{d}y}\frac{r}{7.2\eta(t - t_0)}\right) = \frac{\mathrm{d}^2 P}{\mathrm{d}y^2}\left(\frac{r}{7.2\eta(t - t_0)}\right)^2 + \frac{\mathrm{d}P}{\mathrm{d}y}\frac{1}{7.2\eta(t - t_0)}$$

$$\tag{4.5.130}$$

$$\frac{\partial P}{\partial t} = \frac{\mathrm{d}P}{\mathrm{d}y}\frac{\partial y}{\partial t} = -\frac{\mathrm{d}P}{\mathrm{d}y}\frac{r^2}{14.4\eta(t-t_0)^2} \qquad (4.5.131)$$

将式（4.5.129）～（4.5.131）代入式（4.5.84）并整理得

$$y\frac{\mathrm{d}^2P}{\mathrm{d}y^2} + (1+y)\frac{\mathrm{d}P}{\mathrm{d}y} = 0 \qquad (4.5.132)$$

令 $P' = \mathrm{d}P/\mathrm{d}y$，式（4.5.132）可变为

$$y\frac{\mathrm{d}P'}{\mathrm{d}y} + (1+y)P' = 0 \qquad (4.5.133)$$

分离变量后积分得

$$P' = C\frac{\mathrm{e}^{-y}}{y} \qquad (4.5.134)$$

式中：C 为积分常数。

由内区内边界条件——式（4.5.128）得出

$$\lim_{r \to r_w}\left[r\left(\frac{K_w}{\mu_w B_w}\right)\frac{\partial P}{\partial r}\right] = \lim_{r \to r_w}\left(C_1 r\frac{\partial P}{\partial r}\right) = C_1\lim_{r \to r_w}\left(r\frac{\partial P}{\partial r}\right)$$

$$= C_1\lim_{r \to r_w}\left(r\frac{\mathrm{d}P}{\mathrm{d}y}\frac{\partial y}{\partial r}\right) = C_1\lim_{r \to r_w}\left(2y\frac{\mathrm{d}P}{\mathrm{d}y}\right) = \frac{q_w}{172.8\pi h} \qquad (4.5.135)$$

因此，

$$\frac{\mathrm{d}P}{\mathrm{d}y} = \frac{q_w}{345.6\pi C_1 h}\frac{1}{y} = \frac{C}{y}\mathrm{e}^{-y} \qquad (4.5.136)$$

在 $r = r_w$ 时，r_w 很小，因此可近似取 $r \to 0$，则 $y \to 0$，从而求出

$$C = \frac{q_w}{345.6\pi C_1 h} \qquad (4.5.137)$$

将式（4.5.137）代入式（4.5.134）得

$$P' = \frac{q_w}{345.6\pi C_1 h}\frac{\mathrm{e}^{-y}}{y} \qquad (4.5.138)$$

对式（4.5.138）积分，积分上、下限为

$$t - t_0 = 0, y = \infty, P = P_i - \frac{q_w}{345.6\pi C_0 h}\left[-E_i\left(-\frac{r^2}{14.4\eta t_0}\right)\right]$$

$$t - t_0 = t - t_0, y = \frac{r^2}{14.4\eta(t-t_0)}, P = P(r, t - t_0)$$

得出

$$\int_{P_i - \frac{q_w}{345.6\pi C_0 h}\left[-E_i\left(-\frac{r^2}{14.4\eta t_0}\right)\right]}^{P(r, t-t_0)} \mathrm{d}(P) = \frac{q_w}{345.6\pi C_1 h}\int_{\infty}^{\frac{r^2}{14.4\eta(t-t_0)}}\frac{\mathrm{e}^{-y}}{y}\mathrm{d}y$$

$$P(r, t - t_0) = P_i - \frac{q_w}{345.6\pi C_0 h}\left[-E_i\left(-\frac{r^2}{14.4\eta t_0}\right)\right] - \frac{q_w}{345.6\pi C_1 h}\int_{\frac{r^2}{14.4\eta(t-t_0)}}^{\infty}\frac{\mathrm{e}^{-y}}{y}\mathrm{d}y$$

$$= P_i - \frac{q_w}{345.6\pi h}\left\{\frac{\left[-E_i\left(-\frac{r^2}{14.4\eta t_0}\right)\right]}{C_0} + \frac{\left[-E_i\left(-\frac{r^2}{14.4\eta(t-t_0)}\right)\right]}{C_1}\right\} \qquad (4.5.139)$$

令在 r_1 处，压力等于临界解吸压力，因此

$$P(r_1, t-t_0) = P_c = P_i - \frac{q_w}{345.6\pi h} \left\{ \frac{\left[-E_i\left(-\frac{r_1^2}{14.4\eta t_0} \right) \right]}{C_0} + \frac{\left[-E_i\left(-\frac{r_1^2}{14.4\eta(t-t_0)} \right) \right]}{C_1} \right\}$$

$$(4.5.140)$$

因此，每一时刻 t 所对应的 r_1 就可以通过式（4.5.140）计算得出。

井底流压的变化可表示为

$$P(r_w, t-t_0) = P_w = P_i - \frac{q_w}{345.6\pi h} \left\{ \frac{\left[-E_i\left(-\frac{r_w^2}{14.4\eta t_0} \right) \right]}{C_0} + \frac{\left[-E_i\left(-\frac{r_w^2}{14.4\eta(t-t_0)} \right) \right]}{C_1} \right\}$$

$$(4.5.141)$$

因此，井底流压降至设定的井底流压 P_w^* 时，所对应的时间 t_1 为

$$P(r_w, t_1-t_0) = P_w^* = P_i - \frac{q_w}{345.6\pi h} \left\{ \frac{\left[-E_i\left(-\frac{r_w^2}{14.4\eta t_0} \right) \right]}{C_0} + \frac{\left[-E_i\left(-\frac{r_w^2}{14.4\eta(t-t_0)} \right) \right]}{C_1} \right\}$$

$$(4.5.142)$$

④单相水区连续性方程。

外区单相水渗流数学模型与单相水流定产降压阶段渗流数学模型相同，见式（4.5.117）。

⑤单相水区渗流微分方程的初始、边界条件。

初始条件为

$$P(r, t_0) = P_i - \frac{q_w}{345.6\pi C_0 h} \left[-E_i\left(-\frac{r^2}{14.4\eta t_0} \right) \right] \qquad (4.5.143)$$

外区外边界条件为

$$P(\infty, t-t_0) = P_i \qquad (4.5.144)$$

外区内边界条件就等于内区外边界条件，见式（4.5.126）。

⑥单相水区渗流微分方程的压力解析解。

以上述同样的方法得到

$$P' = C\frac{e^{-y}}{y} \qquad (4.5.145)$$

式中：C 为积分常数。对式（4.5.145）积分，积分上、下限为

$$t-t_0 = 0, y = \infty, P = P_i - \frac{q_w}{345.6\pi C_0 h} \left[-E_i\left(-\frac{r^2}{14.4\eta t_0} \right) \right]$$

$$t-t_0 = t-t_0, y = \frac{r^2}{14.4\eta(t-t_0)}, P = P(r, t-t_0)$$

得出

$$\int_{P_i - \frac{q_w}{345.6\pi C_0 h}\left[-E_i\left(-\frac{r^2}{14.4\eta t_0} \right) \right]}^{P(r, t-t_0)} \mathrm{d}(P) = C\int_{\infty}^{\frac{r^2}{14.4\eta(t-t_0)}} \frac{e^{-y}}{y}\mathrm{d}y$$

$$P(r, t-t_0) = P_i - \frac{q_w}{345.6\pi C_0 h} \left[-E_i\left(-\frac{r^2}{14.4\eta t_0} \right) \right] - C\int_{\frac{r^2}{14.4\eta(t-t_0)}}^{\infty} \frac{e^{-y}}{y}\mathrm{d}y \quad (4.5.146)$$

代入内边界条件——式（4.5.126），解出 C 得

$$C = \frac{P_i - \dfrac{q_w}{345.6\pi C_0 h}\left[-E_i\left(-\dfrac{r^2}{14.4\eta t_0}\right)\right] - P_c}{-E_i\left(-\dfrac{r_1^2}{14.4\eta(t-t_0)}\right)} \qquad (4.5.147)$$

将式（4.5.147）代入（4.5.146）得出气水两相流定产水降压阶段外区的压力分布，即

$$P(r,t-t_0) = P_i - \frac{q_w}{345.6\pi C_0 h}\left[-E_i\left(-\frac{r^2}{14.4\eta t_0}\right)\right]$$

$$-\frac{P_i - \dfrac{q_w}{345.6\pi C_0 h}\left[-E_i\left(-\dfrac{r^2}{14.4\eta t_0}\right)\right] - P_c}{-E_i\left(-\dfrac{r_1^2}{14.4\eta(t-t_0)}\right)}\left[-E_i\left(-\frac{r^2}{14.4\eta(t-t_0)}\right)\right]$$

$$r > r_1, t_0 < t < t_1 \qquad (4.5.148)$$

t_1 时刻对应的外区压力剖面为

$$P(r,t_1-t_0) = P_i - \frac{q_w}{345.6\pi C_0 h}\left[-E_i\left(-\frac{r^2}{14.4\eta t_0}\right)\right]$$

$$-\frac{P_i - \dfrac{q_w}{345.6\pi C_0 h}\left[-E_i\left(-\dfrac{r^2}{14.4\eta t_0}\right)\right] - P_c}{-E_i\left(-\dfrac{r_1^2}{14.4\eta(t_1-t_0)}\right)}\left[-E_i\left(-\frac{r^2}{14.4\eta(t_1-t_0)}\right)\right], r > r_1$$

$$(4.5.149)$$

（3）气水两相流定井底流压产气阶段压力传递数学模型。

① 气水两相区连续性方程。

对于欠饱和煤层气藏，定井底流压产气渗流数学模型与过饱和煤层气藏定井底流压产气阶段渗流数学模型相似，区别之处在于欠饱和煤层气藏定井底流压时的渗流数学模型是两区模型，内区为气水两相流区，外区为单相水流区。内区渗流数学模型与过饱和煤层气藏定井底流压的渗流数学模型相同，见式（4.5.95）。

② 气水两相区渗流微分方程的初始、边界条件。

初始条件为

$$P(r,t_1) = \begin{cases} P_i - \dfrac{q_w}{345.6\pi h}\left\{\dfrac{\left[-E_i\left(-\dfrac{r^2}{14.4\eta t_0}\right)\right]}{C_0} + \dfrac{\left[-E_i\left(-\dfrac{r^2}{14.4\eta(t_1-t_0)}\right)\right]}{C_1}\right\}, r < r_1 \\[3em] P_i - \dfrac{q_w}{345.6\pi C_0 h}\left[-E_i\left(-\dfrac{r^2}{14.4\eta t_0}\right)\right] - \dfrac{P_i - \dfrac{q_w}{345.6\pi C_0 h}\left[-E_i\left(-\dfrac{r^2}{14.4\eta t_0}\right)\right] - P_c}{-E_i\left(-\dfrac{r_1^2}{14.4\eta(t_1-t_0)}\right)} \cdot \\[3em] \left[-E_i\left(-\dfrac{r^2}{14.4\eta(t_1-t_0)}\right)\right], r > r_1 \end{cases}$$

$$(4.5.150)$$

内区外边界条件为

$$P(r_1,t-t_1) = P_c \qquad (4.5.151)$$

内区内边界条件为

$$P(r_w,t-t_1) = P_w^* \qquad (4.5.152)$$

③气水两相区渗流微分方程的压力解析解

采用同样的方法，得出

$$(P^2)' = C\frac{e^{-y}}{y} \tag{4.5.153}$$

式中：C 为积分常数。

对式（4.5.153）积分，积分上、下限为

$$t - t_1 = 0, y = \infty, P^2 = [P(r,t_1)]^2$$

$$t - t_1 = t - t_1, y = \frac{r^2}{14.4\eta(t-t_1)}, P^2 = P^2(r,t-t_1) \tag{4.5.154}$$

得出

$$\int_{[P(r,t_1)]^2}^{P^2(r,t-t_1)} d(P^2) = C\int_{\infty}^{\frac{r^2}{14.4\eta(t-t_1)}} \frac{e^{-y}}{y} dy$$

$$P^2(r,t-t_1) = [P(r,t_1)]^2 - C\int_{\frac{r^2}{14.4\eta(t-t_1)}}^{\infty} \frac{e^{-y}}{y} dy \tag{4.5.155}$$

当 $r = r_w$ 时，$P_w = P_w^*$，则可解出 C：

$$C = \frac{[P(r,t_1)]^2 - (P_w^*)^2}{\int_{\frac{r_w^2}{14.4\eta(t-t_1)}}^{\infty} \frac{e^{-y}}{y} dy} \tag{4.5.156}$$

将式（4.5.156）代入（4.5.155）可得

$$P^2(r,t-t_1) = [P(r,t_1)]^2 - \frac{[P(r,t_1)]^2 - (P_w^*)^2}{\int_{\frac{r_w^2}{14.4\eta(t-t_1)}}^{\infty} \frac{e^{-y}}{y} dy} \int_{\frac{r^2}{14.4\eta(t-t_1)}}^{\infty} \frac{e^{-y}}{y} dy$$

$$= [P(r,t_1)]^2 - \frac{[P(r,t_1)]^2 - (P_w^*)^2}{\left[-E_i\left(-\frac{r_w^2}{14.4\eta(t-t_1)}\right)\right]} \left[-E_i\left(-\frac{r^2}{14.4\eta(t-t_1)}\right)\right] \tag{4.5.157}$$

令 $r = r_1$ 处，$P = P_c$，可得

$$P^2(r_1, t-t_1) = (P_c)^2 = [P(r_1,t_1)]^2 - \frac{[P(r_1,t_1)]^2 - (P_w^*)^2}{\left[-E_i\left(-\frac{r_w^2}{14.4\eta(t-t_1)}\right)\right]} \left[-E_i\left(-\frac{r_1^2}{14.4\eta(t-t_1)}\right)\right] \tag{4.5.158}$$

因此，每一时刻 t 所对应的 r_1 就可以通过式（4.5.158）计算得出。

④气水两相区渗流微分方程的产气量解析解。

因为初始条件（即 t_1 时刻）内区的压力分布可用式（4.5.150）中 $r < r_1$ 的表达式表示。将式（4.5.157）对 r 求导后乘以 r，并令 $r = r_w$ 得出

$$\left[r\frac{\partial}{\partial r}(P^2(r,t-t_1))\right]_{r=r_w} = 2\left\{P_i - \frac{q_w}{345.6\pi h}\left[\frac{\left[-E_i\left(-\frac{r_w^2}{14.4\eta t_0}\right)\right]}{C_0} + \frac{\left[-E_i\left(-\frac{r_w^2}{14.4\eta(t_1-t_0)}\right)\right]}{C_1}\right]\right\}$$

$$\times \left(\frac{q_w}{172.8\pi h}\left(\frac{e^{-\frac{r_w^2}{14.4\eta t_0}}}{C_0} + \frac{e^{-\frac{r_w^2}{14.4\eta(t_1-t_0)}}}{C_1}\right)\right)\left(1 + \frac{\left[-E_i\left(-\frac{r_1^2}{14.4\eta(t-t_1)}\right)\right]}{\left[-E_i\left(-\frac{r_w^2}{14.4\eta(t-t_1)}\right)\right]}\right)$$

$$+ \cfrac{\left\{P_i - \cfrac{q_w}{345.6\pi h}\left[\cfrac{\left[-E_i\left(-\cfrac{r_w^2}{14.4\eta t_0}\right)\right]}{C_0} + \cfrac{\left[-E_i\left(-\cfrac{r_w^2}{14.4\eta(t_1-t_0)}\right)\right]}{C_1}\right]\right\}^2 - (P_w^*)^2}{-E_i\left(-\cfrac{r_w^2}{14.4\eta(t-t_1)}\right)} 2e^{-\frac{r_w^2}{14.4\eta(t-t_1)}}$$

$$(4.5.159)$$

煤层气定井底流压开发，产气量 q_g 可以通过下式计算，即

$$\lim_{r \to r_w}\left[r\left(\frac{K_g}{\mu_g B_g}\right)\frac{\partial P}{\partial r}\right] = \lim_{r \to r_w}\left(\frac{\alpha}{2}r\frac{\partial P^2}{\partial r}\right) = \frac{q_g}{172.8\pi h} \qquad (4.5.160)$$

将式（4.5.159）代入式（4.5.160）并整理得

$$q_g = \alpha q_w \left\{P_i - \cfrac{q_w}{345.6\pi h}\left[\cfrac{\left[-E_i\left(-\cfrac{r_w^2}{14.4\eta t_0}\right)\right]}{C_0} + \cfrac{\left[-E_i\left(-\cfrac{r_w^2}{14.4\eta(t_1-t_0)}\right)\right]}{C_1}\right]\right\}$$

$$\times \left(\cfrac{e^{-\frac{r_w^2}{14.4\eta t_0}}}{C_0} + \cfrac{e^{-\frac{r_w^2}{14.4\eta(t_1-t_0)}}}{C_1}\right)\left(1 + \cfrac{\left[-E_i\left(-\cfrac{r_1^2}{14.4\eta(t-t_1)}\right)\right]}{\left[-E_i\left(-\cfrac{r_w^2}{14.4\eta(t-t_1)}\right)\right]}\right)$$

$$+ 172.8\pi h\alpha \cfrac{\left\{P_i - \cfrac{q_w}{345.6\pi h}\left[\cfrac{\left[-E_i\left(-\cfrac{r_w^2}{14.4\eta t_0}\right)\right]}{C_0} + \cfrac{\left[-E_i\left(-\cfrac{r_w^2}{14.4\eta(t_1-t_0)}\right)\right]}{C_1}\right]\right\} - (P_w^*)^2}{-E_i\left(-\cfrac{r_w^2}{14.4\eta(t-t_1)}\right)} e^{-\frac{r_w^2}{14.4\eta(t-t_1)}}$$

$$(4.5.161)$$

由式（4.5.161）可知，产气量与 α 值有关，而由式（4.5.94）可知，α 值又与气相相对渗透率有关，而气相相对渗透率又与气相饱和度有关。当定压生产阶段，可以按时间划分多个生产阶段，单个生产阶段内的气相渗透率不发生变化，不同生产阶段的气相渗透率不同，因此 α 值不同，产气量不同。随着煤层气井的开发，在定井底流压产气阶段，α 值随着气相饱和度逐渐增加而增加，产量增加，而随着压力的传递，产量又逐渐降低，综合因素导致煤层气井的产气量会出现增产—稳产—降产的现象。

④单相水区连续性方程。

外区单相水渗流数学模型与单相水流定产降压阶段渗流数学模型相同，见式（4.5.117）。

⑤单相水区渗流微分方程的初始、边界条件。

初始条件为

$$P(r,t_1) = P_i - \frac{q_w}{345.6\pi C_0 h}\left[-E_i\left(-\frac{r^2}{14.4\eta t_0}\right)\right]$$

$$- \cfrac{P_i - \cfrac{q_w}{345.6\pi C_0 h}\left[-E_i\left(-\cfrac{r^2}{14.4\eta t_0}\right)\right] - P_c}{-E_i\left(-\cfrac{r_1^2}{14.4\eta(t_1-t_0)}\right)}\left[-E_i\left(-\frac{r^2}{14.4\eta(t_1-t_0)}\right)\right] \qquad (4.5.162)$$

外区外边界条件见式（4.5.144）。

外区内边界条件就等于内区外边界条件，即

$$P(r_1, t - t_1) = P_c \tag{4.5.163}$$

⑥单相水区渗流微分方程的压力解析解。

以上述同样的方法得到

$$P' = C \frac{e^{-y}}{y} \tag{4.5.164}$$

式中：C 为积分常数。

对式（4.5.145）积分，积分上、下限为

$$t - t_1 = 0, y = \infty, P = P_i - \frac{q_w}{345.6\pi C_0 h}\left[-E_i\left(-\frac{r^2}{14.4\eta t_0}\right)\right]$$

$$- \frac{P_i - \frac{q_w}{345.6\pi C_0 h}\left[-E_i\left(-\frac{r^2}{14.4\eta t_0}\right)\right] - P_c}{-E_i\left(-\frac{r_1^2}{14.4\eta(t_1 - t_0)}\right)}\left[-E_i\left(-\frac{r^2}{14.4\eta(t_1 - t_0)}\right)\right]$$

$$t - t_1 = t - t_1, y = \frac{r^2}{14.4\eta(t - t_1)}, P = P(r, t - t_1) \tag{4.5.165}$$

得出

$$\int_{P_i - \frac{q_w}{345.6\pi C_0 h}\left[-E_i\left(-\frac{r^2}{14.4\eta t_0}\right)\right] - \frac{P_i - \frac{q_w}{345.6\pi C_0 h}\left[-E_i\left(-\frac{r^2}{14.4\eta t_0}\right)\right] - P_c}{-E_i\left(-\frac{r_1^2}{14.4\eta(t_1 - t_0)}\right)}\left[-E_i\left(-\frac{r^2}{14.4\eta(t_1 - t_0)}\right)\right]}^{P(r, t - t_1)} = C \int_\infty^{\frac{r^2}{14.4\eta(t - t_1)}} \frac{e^{-y}}{y} dy$$

$$P(r, t - t_1) = P_i - \frac{q_w}{345.6\pi C_0 h}\left[-E_i\left(-\frac{r^2}{14.4\eta t_0}\right)\right]$$

$$- \frac{P_i - \frac{q_w}{345.6\pi C_0 h}\left[-E_i\left(-\frac{r^2}{14.4\eta t_0}\right)\right] - P_c}{-E_i\left(-\frac{r_1^2}{14.4\eta(t_1 - t_0)}\right)}\left[-E_i\left(-\frac{r^2}{14.4\eta(t_1 - t_0)}\right)\right]$$

$$- C \int_{\frac{r^2}{14.4\eta(t - t_1)}}^\infty \frac{e^{-y}}{y} dy \tag{4.5.166}$$

代入内边界条件——式（4.5.162），解出 C 得

$$C = \frac{P_i - \frac{q_w}{345.6\pi C_0 h}\left[-E_i\left(-\frac{r^2}{14.4\eta t_0}\right)\right] - \frac{P_i - \frac{q_w}{345.6\pi C_0 h}\left[-E_i\left(-\frac{r^2}{14.4\eta t_0}\right)\right] - P_c}{-E_i\left(-\frac{r_1^2}{14.4\eta(t_1 - t_0)}\right)}}{-E_i\left(-\frac{r_1^2}{14.4\eta(t - t_1)}\right)} \cdot$$

$$\frac{\left[-E_i\left(-\frac{r^2}{14.4\eta(t_1 - t_0)}\right)\right] - P_c}{-E_i\left(-\frac{r_1^2}{14.4\eta(t - t_1)}\right)} \tag{4.5.167}$$

将式（4.5.167）代入（4.5.166）即得出气水两相流定井底流压产气阶段的压力分布，即

$$P(r, t - t_1) = P_i - \frac{q_w}{345.6\pi C_0 h}\left[-E_i\left(-\frac{r^2}{14.4\eta t_0}\right)\right]$$

$$- \frac{P_i - \frac{q_w}{345.6\pi C_0 h}\left[-E_i\left(-\frac{r^2}{14.4\eta t_0}\right)\right] - P_c}{-E_i\left(-\frac{r_1^2}{14.4\eta(t_1 - t_0)}\right)}\left[-E_i\left(-\frac{r^2}{14.4\eta(t_1 - t_0)}\right)\right]$$

$$-\dfrac{P_i-\dfrac{q_w}{345.6\pi C_0 h}\Big[-E_i\Big(-\dfrac{r^2}{14.4\eta t_0}\Big)\Big]-\dfrac{P_i-\dfrac{q_w}{345.6\pi C_0 h}\Big[-E_i\Big(-\dfrac{r^2}{14.4\eta t_0}\Big)\Big]-P_c}{-E_i\Big(-\dfrac{r^2}{14.4\eta(t_1-t_0)}\Big)}}{-E_i\Big(-\dfrac{r_1^2}{14.4\eta(t-t_1)}\Big)}\cdot$$

$$\dfrac{\Big[-E_i\Big(-\dfrac{r^2}{14.4\eta(t_1-t_0)}\Big)\Big]-P_c}{-E_i\Big(-\dfrac{r_1^2}{14.4\eta(t-t_1)}\Big)}\int_{\frac{r^2}{14.4\eta(t-t_1)}}^{\infty}\dfrac{e^{-y}}{y}dy \ ,r>r_1,t_1<t<t_2 \qquad (4.5.168)$$

假设经过 t_2，压力波传播至边界 r_e，因此 t_2 可通过下式进行计算，即

$$P(r_e,t_2-t_1)=P_i-\dfrac{q_w}{345.6\pi C_0 h}\Big[-E_i\Big(-\dfrac{r_e^2}{14.4\eta t_0}\Big)\Big]$$

$$-\dfrac{P_i-\dfrac{q_w}{345.6\pi C_0 h}\Big[-E_i\Big(-\dfrac{r_e^2}{14.4\eta t_0}\Big)\Big]-P_o}{-E_i\Big(-\dfrac{r_1^2}{14.4\eta(t_1-t_0)}\Big)}\Big[-E_i\Big(-\dfrac{r_e^2}{14.4\eta(t_1-t_0)}\Big)\Big]$$

$$-\dfrac{P_i-\dfrac{q_w}{345.6\pi C_0 h}\Big[-E_i\Big(-\dfrac{r_e^2}{14.4\eta t_0}\Big)\Big]-\dfrac{P_i-\dfrac{q_w}{345.6\pi C_0 h}\Big[-E_i\Big(-\dfrac{r_e^2}{14.4\eta t_0}\Big)\Big]-P_c}{-E_i\Big(-\dfrac{r^2}{14.4\eta(t_1-t_0)}\Big)}}{-E_i\Big(-\dfrac{r_1^2}{14.4\eta(t_2-t_1)}\Big)}\cdot$$

$$\dfrac{\Big[-E_i\Big(-\dfrac{r_e^2}{14.4\eta(t_1-t_0)}\Big)\Big]-P_c}{-E_i\Big(-\dfrac{r_1^2}{14.4\eta(t_2-t_1)}\Big)}\times\int_{\frac{r_e^2}{14.4\eta(t_2-t_1)}}^{\infty}\dfrac{e^{-y}}{y}dy \ ,r>r_1 \qquad (4.5.169)$$

4.5.5.1.4 煤层气藏压力传递数学模型简化求解方法

（1）模型简化方法。

当 $\dfrac{r^2}{14.4\eta t}\leqslant 0.01$ 时，幂积分函数 $-E_i\Big(-\dfrac{r^2}{14.4\eta t}\Big)$ 可表示为

$$-E_i\Big(-\dfrac{r^2}{14.4\eta t}\Big)=\ln\Big(\dfrac{14.4\eta t}{r^2}\Big)-0.5772=\ln\Big(\dfrac{8.085\eta t}{r^2}\Big) \qquad (4.5.170)$$

（2）含气饱和度与平均压力的关系表达式。

为了求取含气饱和度与平均压力的关系表达式，由于气在储层中是以吸附的方式赋存，解吸出气部分产出，剩余的气在割理中形成气相饱和度，在开发过程中直接求解含气饱和度与平均压力的关系比较困难，因此，首先计算含水饱和度与平均压力的关系，所用的方法为水相物质平衡，然后间接得出含气饱和度与平均压力的关系表达式。

应用水相物质平衡，产出水量（地下）等于原始水量＋侵入水量＋水的膨胀量＋部分煤岩的膨胀量—剩余水量，即

$$W_P B_w = Ah\varphi_i S_{wi}+W_e+Ah\varphi_i S_{wi}C_w(P_i-P)+Ah\bar{\varphi}\bar{S}_w C_f(P_i-P)-Ah\bar{\varphi}\bar{S}_w$$

$$(4.5.171)$$

随着储层压力的降低，割理孔隙度会有所减小；但与此同时，由于气体解吸导致的基质收缩效应，割理孔隙度又会有所增大。在双重作用下，割理孔隙度的变化较小，加之煤层气藏属于吸附性气藏，孔隙空间的大小对于储量计算的影响不大，因此可近似地将 $\varPhi$ 恒等于

其初始值 Φ_i，因此式（4.5.169）可转化为

$$W_P B_w = \pi r_e^2 h \varphi_i S_{wi} + W_e + \pi r_e^2 h \varphi_i S_{wi} C_w (P_i - P) + \pi r_e^2 h \varphi_i \bar{S}_w C_f (P_i - P) - \pi r_e^2 h \varphi_i \bar{S}_w$$

(4.5.172)

解出水的饱和度公式为

$$\bar{S}_w = \frac{S_{wi}\left[1 + C_w(P_i - P)\right] + (W_e - W_P B_w)/\pi r_e^2 h \varphi_i}{1 - C_f(P_i - P)}$$

(4.5.173)

式（4.5.169）～（4.5.172）中的压力 P 为平均地层压力 P_{ave}，表达式为

$$P_{ave} = \frac{\displaystyle\int_{r_1}^{r_e} P(r,t)\mathrm{d}r + \int_{r_w}^{r_1} P(r,t)\mathrm{d}r}{\pi(r_e^2 - r_1^2)h + \pi(r_1^2 - r_w^2)h}$$

(4.5.174)

式（4.5.173）中的压力 $P(r,t)$ 在内区（$r_w < r < r_1$）和外区（$r_1 < r < r_e$）是不同的，某一时刻 t 的压力分布表达式见上述各渗流数学模型的压力解。

因此，气的饱和度为

$$\bar{S}_g = 1 - \bar{S}_w$$

(4.5.175)

（3）计算流程。

①给定时间步长 Δt；

②计算经过 i 倍 Δt 的压力剖面；

③应用求得的压力剖面，应用式（4.5.174）计算经过 i 倍 Δt 的平均地层压力，应用式（4.5.172）计算经过 i 倍 Δt 的含水饱和度，应用式（4.5.175）计算经过 i 倍 Δt 的含气饱和度；

④应用计算所得的经过 i 倍 Δt 的含水饱和度和含气饱和度，计算经过 i 倍 Δt 的水相相对渗透率和气相相对渗透率；

⑤应用计算所得的经过 i 倍 Δt 的水相相对渗透率和气相相对渗透率，令 $i = i + 1$，应用步骤（b）计算经过 $i + 1$ 倍 Δt 的压力剖面。

⑥重复步骤③～⑤。

计算流程见图4.5.67。

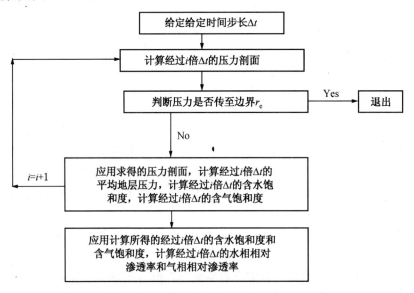

图4.5.67　煤层气藏基质—割理中解吸出的游离气渗流数学模型求解流程图

4.5.5.1.5 实例应用

以饱和煤层气藏为例,应用上述压力传播数学模型,分析煤层气藏压力传播规律。实例所需的参数见表4.5.11。

表4.5.11 实例所需参数表

参　数	数　值	单　位	参　数	数　值	单　位
P_i	2.8	MPa	Z	0.96	
P_w^*	0.5	MPa	T	313.15	K
k	0.001	$\mu\mathrm{m}^2$	φ	0.03	
K_{rw}	1		P_{ave}		
μ_w	0.7	mPa・s	C_d	0.174253	MPa^{-1}
B_w	1		S_g	0.1	
h	15	m	S_w	0.9	
ρB	1.65	g/cm^3	C_f	0.02	MPa^{-1}
V_m	15	m^3/t	C_g	0.33	MPa^{-1}
V_p	4	MPa	C_w	0.0001	MPa^{-1}
b	0.25	MPa^{-1}	C_t	0.227343	MPa^{-1}
q_w	7	m^3/d	η	0.209459	
C	0.001429		r_w	0.1	m

通过计算得出定产水降压阶段的压力剖面图,如图4.5.68所示。经过12h,井底流压降至0.5MPa,定产水降压阶段结束。

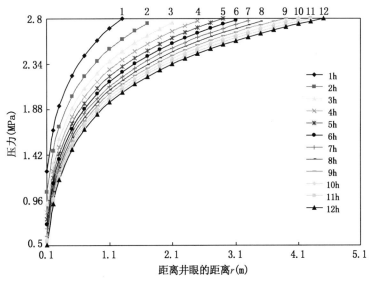

图4.5.68 定产水降压阶段的压力剖面图

定井底流压产气阶段的压力剖面如图4.5.69所示。经过约365d即1a,压力波传至边界250m。

通过以上研究,可得出以下认识:

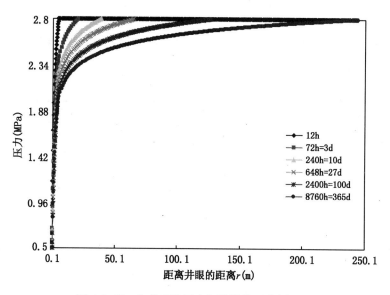

图 4.5.69　定井底流压产气阶段的压力剖面图

由于煤层气藏的综合压缩系数 C_t 比常规气藏的综合压缩系数大（煤层气藏多一个 C_d 项），压力传递速度 η 比常规气藏的小，因此，煤层气藏气井的压力下降较慢，压力传递速度也较慢。煤层气压力传递规律的研究为煤层气直井井网井距的优化提供重要依据。

煤层气产量与 α 值有关，α 值又与气相相对渗透率有关，而气相相对渗透率又取决于气相饱和度的大小。随着煤层气井的开发，在定井底流压产气阶段，一方面产气量会随着 α 值的增加而增加；另一方面产气量又随着压力的传递而逐渐降低。综合两方面因素导致煤层气井的产气量会出现增产—稳产—降产的现象，与常规气藏定井底流压生产时产气量逐渐下降的现象截然不同。

4.5.5.2　气液两相渗流试井分析方法

目前，煤层气井通常在投入排采前进行注入—压降试井，以避免在试井过程中出现两相渗流，增加试井解释的复杂性。但在排水采气期间，气—水两相渗流问题不可避免，两相渗流在排采的早期就会出现，而且井控范围内的两相区流动形态也不同于常规的水驱气藏，因此，我们通过研究，将 AI - Khalifah 等（1987）的油藏压力平方法引入到煤层气藏气液两相渗流试井的分析解释中。

4.5.5.2.1　气液两相渗流微分方程

（1）渗流微分方程的推导。

对于气—水同产的煤层气井，气、水两相的渗流控制方程分别为

$$\nabla\left(\frac{KK_{rg}}{B_g\mu_g}\nabla P\right) = \frac{\partial}{3.6\partial t}\left(\frac{S_g\phi}{B_g}\right) + \frac{q_{ai}}{B_g}\text{（气相）} \qquad (4.5.176)$$

$$\nabla\left(\frac{KK_{rw}}{B_w\mu_w}\nabla P\right) = \frac{\partial}{3.6\partial t}\left(\frac{S_w\phi}{B_w}\right)\text{（水相）} \qquad (4.5.177)$$

式中：K 为割理绝对渗透率，μm^2；K_{rg}、K_{rw} 分别为气相和水相的相对渗透率；B_g、B_w 分别为气和水的体积系数；μ_g、μ_w 分别为地层条件下气和水的黏度，$mPa \cdot s$；S_g、S_w 分别为割理中的含气和含水饱和度，%；ϕ 为割理孔隙度，%；t 为流动时间，h；P 为地层压力，MPa；q_{ai} 为煤层气由单位体积煤基质块向割理扩散的速度，$m^3/(h \cdot m^3)$。

在平衡解吸的条件下，q_{ai} 可表示为

$$q_{ai} = \frac{P_{sc} Z T}{P Z_{sc} T_{sc}} \frac{V_m b \rho_B}{(1 + bP)^2} \frac{\partial P}{\partial t} \qquad (4.5.178)$$

式中：P_{sc} 为标准状态下压力，MPa；Z 为偏差因子；Z_{sc} 为标准状态下偏差因子；T_{sc} 为标准状态下的温度，K；T 为煤岩温度，K；V_m 为煤层气等温吸附线的体积常数，m^3/t；b 为等温吸附线压力常数，MPa^{-1}；ρ_B 为煤基质块密度，g/cm^3（Seidle，1992）。

结合煤基质块的解吸压缩系数 C_d（Seidle，1992），即

$$C_d = \frac{B_g \rho_B V_m b}{\phi (1 + bP)^2} \qquad (4.5.179)$$

可将式（4.5.178）简化为

$$q_{ai} = C_d \phi \frac{\partial P}{\partial t} \qquad (4.5.180)$$

将式（4.5.176）和式（4.5.177）写成压力的偏微分形式，并用压缩系数来表示，然后在式（4.5.176）两边同时乘以 B_g，式（4.5.176）两边同时乘以 B_w，并将两式左右分别相加，最终可得

$$B_g \nabla \left(\frac{K_g}{B_g \mu_g} \nabla P \right) + B_w \nabla \left(\frac{K_w}{B_w \mu_w} \nabla P \right) = \phi \left[S_g (C_f + C_g) + S_w (C_f + C_w) \right] \frac{\partial P}{\partial t} + C_d \phi \frac{\partial P}{\partial t}$$

$$(4.5.181)$$

式中：K_g、K_w 分别为气相、水相渗透率，$10^{-3} \mu m^2$；C_f、C_g、C_w 分别为煤岩、气体、水相压缩系数，MPa^{-1}。

定义割理系统的综合压缩系数 C_t 为

$$C_t = C_d + C_f + C_g S_g + C_w S_w \qquad (4.5.182)$$

式（4.5.181）可以整理为

$$B_g \nabla \left(\frac{K_g}{B_g \mu_g} \nabla P \right) + B_w \nabla \left(\frac{K_w}{B_w \mu_w} \nabla P \right) = \frac{C_t \phi \partial P}{3.6 \partial t} \qquad (4.5.183)$$

式（4.5.183）的第一、二项的微分算子可以进行如下扩展，即

$$B_g \nabla \left(\frac{K_g}{B_g \mu_g} \nabla P \right) = \frac{K_g}{\mu_g} \nabla^2 P + B_g \nabla \left(\frac{K_g}{B_g \mu_g} \right) \nabla P \qquad (4.5.184)$$

$$B_w \nabla \left(\frac{K_w}{B_w \mu_w} \nabla P \right) = \frac{K_w}{\mu_w} \nabla^2 P + B_w \nabla \left(\frac{K_w}{B_w \mu_w} \right) \nabla P \qquad (4.5.185)$$

令气相和水相的流度为

$$\lambda_i = \frac{K_i}{\mu_i} \qquad (i = g, w) \qquad (4.5.186)$$

因此气水两相的总流度为

$$\lambda_t = \frac{K_g}{\mu_g} + \frac{K_w}{\mu_w} \qquad (4.5.187)$$

另外，令地面水气产量比（简称气水比）为

$$WGR = \frac{K_w}{\mu_w B_w} \frac{\mu_g B_g}{K_g} \qquad (4.5.188)$$

则可得

$$B_w \nabla \left(\frac{K_w}{B_w \mu_w} \right) \nabla P = B_w WGR \nabla \left(\frac{K_g}{\mu_g B_g} \right) \nabla P + B_w \frac{K_g}{\mu_g B_g} \nabla WGR \nabla P \qquad (4.5.189)$$

由于在排采的两相流阶段，尤其是在产气峰值及之后，WGR 很低，因此，假设 ∇WGR ∇P 可以忽略不计，并将式（4.5.184）～式（4.5.189）代入式（4.5.183）可得

$$\nabla^2 P + \nabla \ln\left(\frac{K_g}{\mu_g B_g}\right)\nabla P = \frac{1}{3.6}\frac{C_t \phi}{\lambda_t}\frac{\partial P}{\partial t} \tag{4.5.190}$$

（2）渗流微分方程的简化。

下面对式（4.5.190）进行简化，式（4.5.190）中

$$\frac{K_g}{\mu_g B_g} = \frac{K_g}{\mu_g}\frac{T_{sc} P}{ZT P_{sc}} = \frac{K_g}{\mu_g Z P_{sc}}\frac{T_{sc}}{T}P \tag{4.5.191}$$

根据对煤层气井的数值模拟研究，在排采期间，割理系统中排水前缘（饱和度突变处）自井筒向外围不断延展，在前缘后的含气饱和度基本保持稳定；当排水前缘达到边界后，在整个井控区域内的气相饱和度逐渐上升，如图 4.5.70 所示。

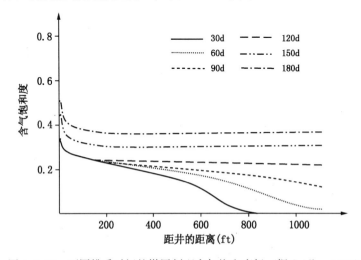

图 4.5.70　不同排采时间的煤层割理含气饱和度场（据 Seidle，1992）

从图 4.5.70 可知，在压力降落或压力恢复试井期间，气—水两相区的含气饱和度梯度可以忽略，所以在试井期间两相区范围内，K_g 可视为常数；另外，由于煤层气藏一般属于低压气藏，所以气相的黏度与偏差因子的乘积（即 $\mu_g Z$）也可视为常数。因此，在试井期间可令

$$\alpha = \frac{K_g}{\mu_g Z}\frac{T_{sc}}{P_{sc}T} = \frac{K_g}{\mu_{gi} Z_i}\frac{T_{sc}}{P_{sc}T} \tag{4.5.192}$$

将式（4.5.191）和式（4.5.192）代入式（4.5.190）并进行整理可得

$$\nabla^2 P^2 = \frac{1}{3.6}\frac{C_t \phi}{\lambda_t}\frac{\partial P^2}{\partial t} \tag{4.5.193}$$

方程（4.5.193）的形式与均质无限大油藏的渗流方程形式基本相似，区别仅在于：对于油藏，式中的 P 为一次方；而对于煤层气藏，式中的 P 为二次方。因此，结合式（4.5.193）和初始条件、边界条件，就可直接写出对应的解析解。

（3）渗流微分方程的求解。

渗流微分方程（4.5.193）的初始条件为

$$P^2(r,0) = P_i^2 \tag{4.5.194}$$

外边界条件为

$$P^2(\infty, t) = P_i^2 \tag{4.5.195}$$

由于测试期间是定井底流量的，因此内边界条件为

$$\lim_{r \to r_w}\left[r\left(\frac{K_g}{\mu_g B_g}\right)\frac{\partial P}{\partial r}\right] = \lim_{r \to r_w}\left(r\alpha P\frac{\partial P}{\partial r}\right) = \frac{q_g}{178.2\pi h} \tag{4.5.196}$$

将式（4.5.196）转换成压力平方的形式，则有

$$\lim_{r \to r_w}\left(\frac{1}{2}r\alpha\frac{\partial p^2}{\partial r}\right) = \frac{q_g}{172.8\pi h} \tag{4.5.197}$$

参照无限大油藏渗流方程的解析解，易知煤层气藏渗流微分方程式（4.5.193）的解析解为

$$P_i^2 - P^2(r, t) = \frac{1}{2}\frac{q_g}{172.8\pi\alpha h}\left[-E_i\left(-\frac{r^2}{14.4\eta t}\right)\right] \tag{4.5.198}$$

令

$$m = 4.242 \times 10^{-3}\frac{q_g}{\alpha h} \tag{4.5.199}$$

当 $\phi C_t r^2 / (14.4\lambda_t) < 0.01$ 时，式（4.5.196）可近似地转化为

$$P_i^2 - P_{wf}^2(t) = m\left[\lg t + \lg\left(\frac{\lambda_t}{\phi C_t r_w^2}\right) + 0.9077 + 0.8686S\right] \tag{4.5.200}$$

4.5.5.2.2　压力平方试井解释方法

对于压力降落试井，若测试时间为 1h，则根据式（4.5.200）可得表皮系数为

$$S = 1.1513 \times \left[\frac{P_i^2 - P^2(\Delta t = 1)}{|m|} - \lg\left(\frac{\lambda_t}{\phi C_t r_w^2}\right) - 0.9077\right] \tag{4.5.201}$$

而对于压力恢复测试，首先根据式（4.5.200）可得

$$P_{ws}^2(\Delta t) = P_i^2 + m\lg\frac{\Delta t}{t + \Delta t} \tag{4.5.202}$$

然后可得表皮系数为

$$S = 1.1513\left\{\left[\frac{P_{1hr}^2 - P_{wf}^2(\Delta t = 0)}{|m|}\right] - \lg\left(\frac{\lambda_t}{\phi C_t r_w^2}\right) - 0.9077\right\} \tag{4.5.203}$$

由式（4.5.192）和式（4.5.199）可得气相渗透率 k_g 为

$$K_g = 4.242 \times 10^{-3}\frac{q_g \mu_{gi} Z_i T P_{sc}}{mh T_{sc}} \tag{4.5.204}$$

由式（4.5.186）可得水相渗透率 K_w 为

$$K_w = WGR\frac{\mu_w B_w}{\mu_g B_g}K_g \tag{4.5.205}$$

4.5.5.2.3　方法应用

（1）试井数据。

为了验证该方法的有效性，首先用 Eclipse 模拟煤层气藏在两相渗流期间的试井过程，然后用该方法对这些试井数据进行解释。测试中 Eclipse 使用的主要参数如表 4.5.12 所示。

该井以定井底流压 0.6895MPa 累计排水 60d，然后转为以 15.9m³/d 的产水量排水 30d，接着再次转为以 5663m³/d 的地面产气量生产 10d，最后地面关井进行压力恢复测试。关井前后的井底流压如图 4.5.71 所示。

表 4.5.12 输入 Eclipse 软件的基本参数

外边界半径 R_e（m）	割理绝对渗透率 K（$10^{-3}\mu m^2$）	煤密度 ρ_B（g·cm^{-3}）	兰氏压力系数 b（MPa^{-1}）	煤层初始压力 P_i（MPa）	煤层厚度 h（m）	表皮系数 S
180	1	1.65	0.2032	4.826	15	0

割理孔隙度 ϕ	解吸气扩散系数 D（m^2·h^{-1}）	兰氏体积系数 V_m（m^3·t^{-1}）	初始含水饱和度 S_{wi}	井筒半径 r_w（m）	井筒体积 V_{ubs}（m^3）	
0.01	0.0039	15.588	1	0.075	6	

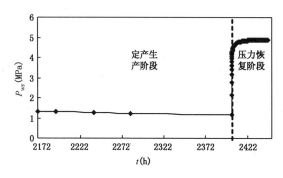

图 4.5.71 煤层气藏气水两相渗流试井井底流压

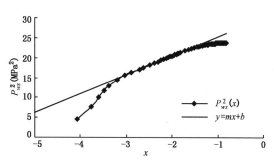

图 4.5.72 压力平方试井解释方法直线分析图

（2）试井解释。

在半对数图绘制出压力恢复期的 p_{us}^2（Δt）与 $x = \lg\Delta t/（t + \Delta t）$ 的关系曲线，如图 4.5.72 所示。其中，图中直线的斜率 m 为 4.752，纵坐标截距 b 为 30。

根据气体的 PVT 表，可以计算出在初始状态下，μ_{gi} 为 0.0134mPa·s，B_{gi} 为 0.0207，Z_i 为 0.8942。根据式（4.5.199）可计算出 K_g 为 $0.44\times10^{-3}\mu m^2$。根据模拟使用的相渗曲线，可以查出 K_g 对应的 S_g 为 0.276。从 Eclipse 模拟的结果中可查得近井网格的 K_g 介于 $（0.4\sim0.45）\times10^{-3}\mu m^2$ 之间，S_g 介于 $0.26\sim0.28$ 之间。可以看出，通过压力平方方法解释的 K_g 结果与模拟结果之间吻合的很好。

另外，通过计算可得水相渗透率 K_w 为 $0.5\times10^{-3}\mu m^2$，综合压缩系数 C_t 为 0.0402MPa^{-1}，气水两相综合流度比 λ_t 为 $1.03\times10^{-3}\mu m^2/mPa·s$，通过这些参数，可进一步得出表皮系数 S 为 0.12。表皮系数的计算结果与输入数模软件的表皮系数值（$S_{input} = 0$）也基本一致。

因此，通过验证表明，所建立的煤层气藏气—水两相渗流试井解释方法——压力平方法，可用于分析煤层气井场实际的气—水两相渗流试井数据和表皮系数等。该法只需近似地忽略两相区气相饱和度的梯度，不需要忽略压力梯度的变化，在解释过程中也不需要相对渗透率曲线，方法限制性小，且解释结果精度较高。

4.5.5.3 动态储量评价方法

动态储量计算方法是利用油气藏的压力、产量、累积产量等随时间变化的动态数据来计算储量的方法。对于煤层气藏，由于储层物性的复杂性，以及气体赋存和排采机理的特殊性，使得的动态储量评价方法较少，目前物质平衡法是煤层气动态储量评价中应用较多的方法。

4.5.5.3.1 物质平衡法

1990 年，King 针对煤层气藏的吸附/解吸特性，率先建立了相应的物质平衡方程，并通过引入视气体体积偏差因子（Z^*），将该方程线性化为视平均地层压力（P/Z^*）和累计产气量（G_P）之间的直线方程。根据该直线方程计算储量时，King 提出先采用迭代法确定煤岩体积，再计算煤层气地质储量。此后，Seidle（1999）指出 King 的迭代方法较为复杂，于是对 King 的方法做了改进，使根据 $P/Z^* \sim G_P$ 直线在横坐标上的截距可直接确定地质储量。后来 Ahmed（2006）和陈元千（2008）还提出了另一种线性化的物质平衡方程，根据该直线的斜率可确定吸附气的原始地质储量，根据直线的横截距可确定游离气的原始地质储量。

我们认为，前人在煤层气藏物质平衡法的推导中，忽视了原始煤层气藏的地解压差（原始地层压力与临界解吸压力的差值）特征，以及开采过程中的非均匀解吸特征，因此开展了改进性研究。

（1）基本物质平衡方程。

煤层气主要以吸附态赋存于煤层，并含有少量游离气，溶解气可忽略。开发到任意时刻，累积产量等于初始吸附气和游离气的总量减去储层中剩余的吸附气和游离气的总量（King，1990），用数学式可表示为

$$G_P = G_{ai} + G_{fi} - G_a - G_f \qquad (4.5.206)$$

式中：G_p 表示累计采出气的体积，m^3；G_{ai} 表示初始时的煤层基质吸附气的体积，m^3；G_{fi} 表示初始时煤层割理中游离气的体积，m^3；G_a 表示当前煤层剩余吸附气的体积，m^3；G_f 表示当前煤层割理中剩余游离气的体积，m^3。所有气体体积均转换为地面标准状态下体积。

（2）初始吸附气和游离气体积的表达式。

初始状态下的吸附气体积 G_{ai} 可以表示为

$$G_{ai} = Ah(1 - \phi_i)C_i \qquad (4.5.207)$$

式中：A 表示煤层面积，m^2；h 表示煤层厚度，m；ϕ_i 表示的初始割理孔隙度；C_i 表示初始时下的吸附气含量，即初始时单位体积煤岩的吸附气在标准状态下的体积，m^3/m^3。

考虑到煤层气藏的吸附欠饱和特征，对于式（4.5.207）中的 C_i，采用临界解吸压力下的 Langmuir 等温吸附方程进行表征，即

$$C_i = \frac{V_L b P_d}{1 + b P_d} \qquad (4.5.208)$$

式中：V_L 为兰氏体积常数，即单位质量煤样所吸附的气体的最大体积（转换为地面标准条件下），m^3/m^3；b 为兰氏压力常数，即兰氏体积的 $1/2$ 时所对应的压力的倒数，MPa^{-1}；P_d 为煤层的临界解吸压力，MPa。

应该强调的是，这一推导步骤不同于此前研究者的，前人用原始地层压力下的 Langmuir 方程来表征原始吸附气含量，忽视了煤层气藏的地解压差（原始地层压力与临界解吸压力之差）特征，以下图 4.5.73 中的 A 点为例，该点所代表的煤层气藏的原始压力为 P_i，原始吸附气含量为 C_i，而通过等温吸附实验测得，在原始储层压力 P_i 下，煤的最大吸附气含量为 C_{iL}，如 A_1 点所示。由于 C_i 小于 C_{iL}，所以需要通过排水降压，当煤层压力降至临界解吸压力（如图中 A_2 点所示）时，吸附气才能发生解吸。原始地层压力与临界解吸压力之差即为地解压差。

将式（4.5.208）代入式（4.5.207）可得

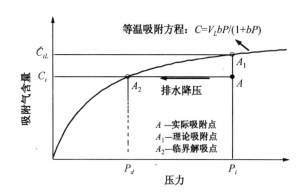

图 4.5.73 吸附欠饱和煤层气藏的
等温吸附曲线示意图

$$G_{ai} = Ah(1 - \phi_i)\frac{V_L b P_d}{1 + b P_d}$$

(4.5.209)

初始时煤层割理中的游离气转换为地面条件时的体积 (G_{fi}) 可表示为

$$G_{fi} = \frac{Ah\phi_i(1 - S_{wi})Z_{sc}T_{sc}P_i}{P_{sc}TZ_i}$$

(4.5.210)

式中：P_{sc} 为地面标准状态下的压力，MPa；S_{wi} 为煤层割理中的初始含水饱和度，小数；T 为煤层温度，℃；T_{sc} 为地面标准状态下的温度，℃；Z_i 为原始地层温度压力下的偏差因子，无量纲；Z_{sc} 为地面标准条件下的偏差因子，无量纲。

(3) 考虑非均匀解吸的当前吸附气和游离气体积表达式。

煤层气藏开发一段时间后，在储层中会形成"压降漏斗"，如图 4.5.74 所示。由于近井地带压力相对较低，因此在近井地带的解吸气量比远井地带的多。当关井测量平均煤层压力时，尽管近井和远井地带的压力可以达到平衡，但是近井地带已经解吸的气体难以返回基质微孔被再次吸附。

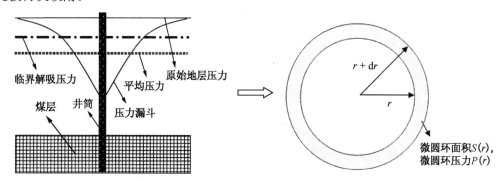

图 4.5.74 煤层气藏压力漏斗及截取的微圆环示意图

从上分析可知，当前时刻储层中剩余吸附气的体积为

$$G_a = \int_{r_w}^{r_e} S(r) \cdot h \cdot [1 - \phi_{\_P(r)}] \cdot C_{\_P(r)} \mathrm{d}r = \int_{r_w}^{r_e} S(r) \cdot h \cdot [1 - \phi_{\_P(r)}] \cdot \frac{V_L b P(r)}{1 + b P(r)} \mathrm{d}r$$

(4.5.211)

式中：$S(r)$ 是距井 r 处微圆环的面积，m^2；$P(r)$ 为微圆环内的压力，MPa；$C_{\_P(r)}$ 为微圆环内单位体积煤所吸附的气的体积，m^3/m^3；$\phi_{\_P(r)}$ 为微圆环内煤岩的割理孔隙度，小数。

为了便于后续的物质平衡方程线性处理，通过引入修正系数 α，将式（4.5.211）转化为

$$G_a = \int_{r_w}^{r_e} S(r) \cdot h \cdot [1 - \phi_{\_P(r)}] \cdot \frac{V_L b P(r)}{1 + b P(r)} \mathrm{d}r = \alpha Ah(1 - \phi)\frac{V_L b \overline{P}}{1 + b\overline{P}}$$

(4.5.212)

式中：ϕ 为整个储层的平均割理孔隙度，小数；$\overline{P}$ 为整个储层的平均压力。与目前方法推导的过程相比，推导时式（4.5.212）增加了修正系数 α。

当前时刻煤层割理中的剩余游离气的体积 G_f 可表示为

$$G_f = \frac{Ah\phi(1-S_w)Z_{sc}T_{sc}\overline{P}}{P_{sc}TZ} \tag{4.5.213}$$

式中：S_w 为当前时刻煤层割理中的平均含水饱和度，小数。

（4）基本物质平衡方程的线性化。

首先，将式（4.5.210）、（4.5.211）、（4.5.212）和（4.5.213）代入式（4.5.206）可得：

$$G_P = \frac{Ah(1-\phi_i)V_L bP_d}{1+bP_d} + \frac{Ah\phi_i(1-S_{wi})Z_{sc}T_{sc}P_i}{P_{sc}TZ_i} - \frac{\alpha Ah(1-\phi)V_L b\overline{P}}{1+b\overline{P}} - \frac{Ah\phi(1-S_w)Z_{sc}T_{sc}\overline{P}}{P_{sc}TZ} \tag{4.5.214}$$

然后应考虑储层割理孔隙度随压力降低时的动态变化。随着储层压力的降低，割理孔隙度会有所减小；但与此同时，由于气体解吸导致的基质收缩效应，割理孔隙度又会所有增大。在双重作用下，割理孔隙度的变化较小，加之煤层气藏属于吸附性气藏，孔隙空间的大小对于储量计算的影响不大，因此可将式（4.5.214）ϕ 近似等于其初始值 ϕ_i，并且在等号右边的第四项中近似乘以系数 α，即

$$G_P = \frac{Ah(1-\phi_i)V_L bP_d}{1+bP_d} + \frac{Ah\phi_i(1-S_{wi})Z_{sc}T_{sc}P_i}{P_{sc}TZ_i} - \frac{\alpha Ah(1-\phi_i)V_L b\overline{P}}{1+b\overline{P}} - \frac{\alpha Ah\phi_i(1-S_w)Z_{sc}T_{sc}\overline{P}}{P_{sc}TZ} \tag{4.5.215}$$

由于煤层气藏的初始游离气量几乎为零，即式（4.5.215）中第二项几乎等于零，但为了便于后续的线性化，并不删除该项，而是将该项中的压力近似化处理，将压力 P_i 近似处理为 P_d，有所减小；但 $(1-S_{wi})$ 被近似处理为 $(1-S_{wd})$，又有所增大，加之第二项本身很小，故该处理将对精度几乎没有影响，因此可得

$$G_P = \frac{Ah(1-\phi_i)V_L bP_d}{1+bP_d} + \frac{Ah\phi_i(1-S_{wd})Z_{sc}T_{sc}P_d}{P_{sc}TZ_d} - \frac{\alpha Ah(1-\phi_i)V_L b\overline{P}}{1+b\overline{P}} - \frac{\alpha Ah\phi_i(1-S_w)Z_{sc}T_{sc}\overline{P}}{P_{sc}TZ} \tag{4.5.216}$$

式中：S_{wd} 为储层压力降至临界解吸压力 P_d 时的平均含水饱和度，小数。为了进一步简化上式（4.5.216），引入平均地层压力 $\overline{P}$ 下的视气体体积偏差因子，即

$$Z^* = 1 / \left[\frac{(1-\phi_i)P_{sc}TV_L b}{\phi_i Z_{sc}T_{sc}(1+b\overline{P})} + \frac{1-S_w}{Z} \right] \tag{4.5.217}$$

类似地可得临界解吸压力下 Z_d^* 的表达式。式中含有当前割理平均含水饱和度（S_w）这个随时间变化的参数，根据水的物质平衡方程可得 S_w 的计算式，即

$$S_w = S_{wi}[1 + C_w(P_i - \overline{P})] + (W_e - W_P B_w)/Ah\phi_i \tag{4.5.218}$$

式中：W_e 为当前时刻的累积水侵量的地下体积，m^3，由于煤层气藏通常为气水同层，没有边底水，故暂且考虑无水侵的情况；W_P 为当前时刻的累积产水量的地面体积，m^3。

将式（4.5.217）代入式（4.5.216）可得

$$G_P = \frac{Ah\phi_i Z_{sc}T_{sc}}{P_{sc}T}\left(\frac{P_d}{Z_d^*} - \frac{\alpha\overline{P}}{Z^*} \right) \tag{4.5.219}$$

从上式（4.5.219）易知初始地质储量 G_i 为

$$G_i = \frac{Ah\phi_i Z_{sc}T_{sc}}{P_{sc}T}\frac{P_d}{Z_d^*} \tag{4.5.220}$$

所以结合（4.5.219）和（4.5.220）两式可得

$$\frac{\overline{P}}{Z^*} = \frac{1}{\alpha}\frac{P_d}{Z_d^*}\left(1 - \frac{G_P}{G_i}\right) \tag{4.5.221}$$

式（4.5.221）即为当前视平均地层压力（$\overline{P}/Z^*$）和当前累积产气量（G_P）之间的直线方程，在实际应用中，可根据某几个时刻的数据，在直角坐标系中进行描点、线性拟合，然后根据拟合直线在横坐标上的截距确定原始地质储量，如图4.5.75所示。

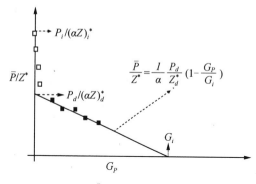

图 4.5.75　改进后煤层气藏 P/Z^* 与 G_p 关系示意图

对比可发现：煤层气藏 P/Z^* 与 G_P 的变化规律在排水降压期和产气期截然不同。利用该方法计算储量时，应拟合产气期的数据点，根据横坐标截距即可确定原始地质储量，且通过纵截距还可确定临界解吸压力，这比实验确定的临界解吸压力更能反映煤储层的平均水平。

若忽视了原始煤层气吸附饱和度，以及开采过程中的非均匀解吸现象，则建立的线性化物质平衡方程为

$$\frac{\overline{P}}{Z^*} = \frac{P_i}{Z_i^*} - \frac{P_i}{Z_i^* G_i}G_P \tag{4.5.222}$$

式（4.5.222）所代表的直线在横坐标上的截距为原始地质储量，在纵坐标上的截距则为视原始储层压力，如下图4.5.76所示。图中的（G_P，P/Z^*）符合单一的直线规律，并不符合煤层气藏的实际规律。

（5）认识与建议。

对于煤层气藏物质平衡法（压降法）进行了一些改进，对于原始吸附气含量，采用临界解吸压力下的 Langmuir 方程进行表征，而非原始地层压力下的 Langmuir 方程，这使得该方法更符合煤层气的原始吸附特征；在开采过程中，由于存在非均匀解吸的现象，因此引入了修正系数，这使得该方法更符合煤层气开采过程的解吸特征。但是，仍然存在以下三个重大问题：

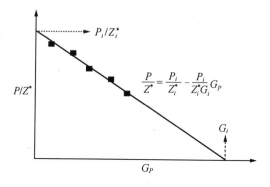

图 4.5.76　目前物质平衡法的 P/Z^* 与 G_P 关系示意图

①缺乏平均地层压力限制了以上研究的物质平衡法（即压降法）的应用。

该方法要求做几次关井测试，确定几个平均地层压力。但是，煤层气储层通常具有低孔低渗、易于出粉等特点，关井测压不但需要很长的时间才能恢复压力平衡，影响正常生产，而且关井造成的压力扰动会导致煤粉产出，严重时可能导致气井废弃。因此，在实际生产中，通常不关井测压，因此缺乏平均地层压力数据，进而限制了压降法的应用。

建议重点研究和应用煤层气井（藏）的流动物质平衡法，具体可参考 Clarkson 于 2007 年发表的 "Production data analysis of CBM wells" 一文。

②目前缺乏多层合采时的煤层气藏物质平衡法。

国内外多层合采煤层气藏的实例较多。由于各层之间的物性存在差异，因此任意时刻各层的开采程度也存在差异，在这种情况下如何分层评价动态储量，或者将多层组合为整体评价动态储量，将具有较大的研究难度与意义。

③通过等温吸附实验确定的 Langmuir 体积和压力误差较大影响压降法的精度。

在运用物质平衡法评价动态储量时，需要用到平均地层压力、累积产气量和累积产水量等动态数据，以及兰氏体积常数、兰氏压力常数和割理孔隙度等静态参数。由于这些静态参数是通过测井、试井和实验等手段确定的，存在一定的误差和随机性，尤其是通过等温吸附实验确定的 Langmuir 体积和压力误差较大。

目前该实验所确定的压力与煤粉含气量的对应关系，不能准确地反映开采过程中，储层平均压力与剩余吸附气含量的对应关系，其原因有两点：第一，实际开采是解吸的过程，与吸附实验过程是相反的，吸附和解吸是有一定程度的不可逆性的；第二，吸附实验用的平衡水煤粉，气体将吸附在水膜的表面，这与实际煤层气赋存方式很可能不同，气水赋存方式的差异必定使得实验确定的兰氏常数与实际存在差异，进而影响物质平衡储量法的计算精度。

建议开展干煤样等温吸附实验，然后注入水，使煤样孔隙中充填水，然后进行等温解吸实验，在物质平衡方程中，应采用等温解吸实验拟合线的 Langmuir 体积常数和压力常数。将这种实验条件下测得的 Langmuir 常数用于物质平衡法（压降法），将有利于提高储量计算的精度。

4.5.5.3.2 产量递减分析法

在煤层气井经历了产气高峰和稳产期并出现递减后，利用实际生产的数据资料，研究气产量的特征和规律，然后进行外推估算剩余生产期限和储量，这即产量递减分析法。

一般来说，常规天然气井的初期单井日产量较高，并且很快达到峰值，然后进入递减阶段且衰减得较快，有效生产年限较短（通常为 7～8a）；而煤层气井初期单井日产量较低，需要经历较长时间的"排水—降压"的过程，才能使吸附气发生解吸，一般排采 3～4a 后产气量才达到高峰，并在一定时间内基本上保持稳产，然后进入产量递减阶段，由于产量递减相对较慢，煤层气井的有效生产年限比较长（通常为 15～20a）。两种气井的生产特征区别（一般规律）如下图 4.5.77 所示。

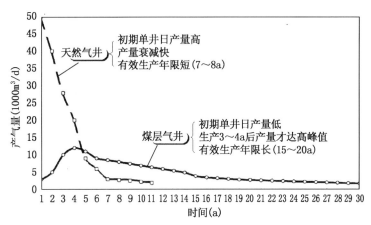

图 4.5.77 煤层气井与常规天然气井的生产特征比较

以美国的马蹄铁峡谷某煤层气区块的产量递减分析为例，对该方法做一些分析。从图中可以看出，根据前 15a 的历史生产数据仍然难以准确确定递减指数，选取指数为 0，0.3，

0.6 的递减曲线时，都能和历史数据拟合得较好。假设真实的递减指数为 0，而如果研究人员在进行历史数据拟合时选取了指数为 0.6 的递减曲线，那么将使得可采储量和地质储量的计算值比真实值严重偏大。

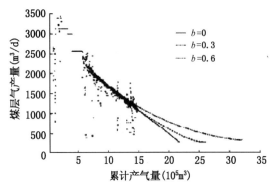

图 4.5.78　美国马蹄铁峡谷某煤层
气区块产量递减分析

从以上例子可知，产量递减分析法在煤层气藏动态分析中应用作用不大，分析认为主要原因有两点：

（1）煤层气井进入产量递减阶段所需时间较长。煤层气主要以吸附态形式赋存于煤储层，需要经历较长时间的"排水—降压"的过程，才能使吸附气发生解吸，这使得它的产量高峰来得很晚，并且将保持较长的高产稳产期，因此，产量递减阶段得很晚；

（2）即使煤层气井（藏）进入了产量递减阶段，产量递减也比较缓慢，其主要原因有两个，第一，煤层气主要呈吸附态，当储层压力不断地降低，吸附气则不停地解吸，这使得储层压力降低得比较缓慢；第二，煤储层渗透率通常很低，这使得气产量总体上保持较低的水平，即使是产气高峰也比常规气井低很多，所以煤层气井的产量递减得比较缓慢。

总之，由于煤层气藏产量递减阶段出现得较晚，并且即使煤层气井（藏）进入了产量递减阶段，产量递减速度也比较缓慢，因此较早、较准确地确定产量递减指数比较困难，这使得常规产量递减分析法在煤层气藏中不太适用。

Ilk（2008）年在 Arps 递减的基础上提出了幂指数递减（Power law decline curve）曲线分析方法，该方法能够较好的分析煤层气藏、致密砂岩气藏和页岩气藏等在的递减规律，具有重要的参考价值，详见"Exponential vs hyperbolic decline in tight gas sands understanding the origin and implications for reserve estimates using arps' decline curves"一文。

4.5.5.4　产能预测方法

煤层具有双重介质与两相渗流特点，运用解析方法预测煤层气井产能困难，目前多数采用数值模拟法，但该方法需要储层参数多，历史拟合过程复杂。Aminian（2004），Pratikno（2003），Gerami（2008）借鉴常规油气藏生产数据分析方法，提出了煤层气典型曲线产能预测方法；Sanchez（2004），Arrey（2004）等对典型曲线进行了参数敏感性分析，拟合得到不同参数与产气峰值的相关关系式；Enoh（2007）在总结前人成果的基础上编写了煤层气产能预测软件。目前国外针对该方法的理论研究较多，该方法简单、快捷，但现场实际应用的较少，无法评价其应用价值；国内在该方面尚未见报道。因此，我们对典型曲线法进行理论验证，并在某区块煤层气井中进行了实际应用和验证。

4.5.5.4.1　典型曲线法理论基础

（1）无因次定义。

煤层气理论生产曲线如图 4.5.79，气井经过一段时间的排水降压（定排水量），之后开始产气（定流压生产）。随着压力降低，产气量增加，当上升到一定峰值后，气井产量递减。

为了得到典型曲线形态，取下列无因次定义

无因次时间为

$$t_D = \frac{t q_{\text{gmax}}}{G_i} \tag{4.5.223}$$

无因次产量为

$$q_D = \frac{q_g}{q_{\text{gmax}}} \tag{4.5.224}$$

式中：q_{gmax} 代表产气最大值；G_i 原始地质储量。计算公式为

$$G_i = 0.001 A h \rho V_i \tag{4.5.225}$$

式中：A 为控制面积，m^2；h 为煤层厚度，m；ρ 为煤密度，kg/m^3；V_i 为原始含气量，m^3/t。

无因次产气量与无因次时间关系如图 4.5.80，该曲线即煤层气典型曲线。

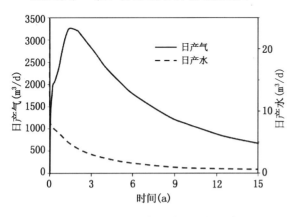
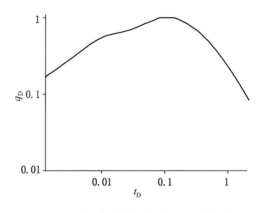

图 4.5.79　煤层气井气水产量变化示意图　　图 4.5.80　煤层气井典型曲线（双对数坐标）

（2）参数敏感性分析。

采用 CMG 软件模拟并分析不同参数对典型曲线形态的影响，参数包括：兰氏压力 P_L、兰氏体积 V_L、控制面积、裂隙压力、裂隙孔隙度、裂隙渗透率、解吸压力、吸附时间、井底流压、表皮系数。

结果表明：裂隙压力、吸附时间、裂隙孔隙度、解吸压力、井底流压、表皮系数、V_L 对典型曲线影响不大，曲线基本重合；而不同 p_L 时典型曲线差别较大，如图 4.5.81 所示。

4.5.5.4.2　煤层气产能预测方法

（1）未投产井产量预测方法。

煤层气储量 G_i 可根据容积法求得，但 q_{gmax} 则不好求取。

ADMINIAN（2005）建立了产气峰值的相关式，即

$$(q_{\text{gmax}})_D = \frac{0.7276 \cdot q_{\text{gmax}}(1.8T+32)\mu_c Z_c}{kh(p_c^2 - p_{wf}^2)}\left[\ln\frac{r_e}{r_w} - 0.75 + S\right] \tag{4.5.226}$$

式中：μ_c 为解吸压力时气体黏度，mPa·s；Z_c 为解吸压力时压缩因子；k 为渗透率，mD；h 为煤层厚度，m；p_c 为解吸压力，MPa；p_{wf} 为井底流压，MPa；r_e 为边界半径，m；r_w 为井筒半径，m；S 为表皮系数。

Bhavsar（2005）给出了无因次产气峰值与各参数的关系式，即

$$(q_{\text{gmax}})_D = 4.1977S - 3.481p_C - 21.47\phi + 2.9523V_L + 1.7259p_L + 108.78 \tag{4.5.227}$$

式中：ϕ 为孔隙度，%。

根据式（4.5.226）、式（4.5.227）可求得产气峰值，其中表皮系数则要考虑压裂的影

响。采用 CINCO-LEY 等提出的表皮系数和无因次裂缝导流能力关系进行换算。

储量和产气峰值确定以后，便可进行产能预测，流程如下：

（1）根据储层参数计算 G_i 值；

（2）根据无因次产气峰值与煤层参数的关系，确定无因次产气峰值 $(q_{gmax})_D$；

（3）由无因次产气峰值确定产气峰值 q_{gmax}；

（4）给定时间 t，根据无因次定义，求得 t_D；

（5）由典型曲线 q_D 与 t_D 关系确定 q_D，根据定义求得 q，从而求出 q 随时间 t 的变化。

兰氏压力为 1.5MPa 时 q_D 与 t_D 关系见图 4.5.82，不同兰氏压力时关系式见表 4.5.13。

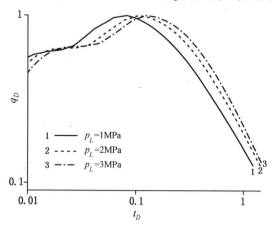

图 4.5.81　不同 p_L 时典型曲线　　　　图 4.5.82　$p_L = 1.5$MPa 时典型曲线分段拟合

表 4.5.13　不同兰氏压力时无因次产量与时间关系式

p_L （MPa）	拟合关系式（y 代表 q_D，x 代表 t_D）	
	产量上升期（$t_D > 0$）	产量递减期（$t_D < 1.5$）
1	$y = -4 \times 10^7 x^6 + 2 \times 10^7 x^5 - 3 \times 10^6 x^4 + 173225 x^3 - 5702.9 x^2 + 94.208 x + 0.0139$	$y = 0.0869 x^5 + 0.8153 x^4 - 3.7419 x^3 + 5.6273 x^2 - 3.9245 x + 1.2968$
1.5	$y = -10^7 x^6 + 6 \times 10^6 x^5 - 10^6 x^4 + 99131 x^3 - 4048.9 x^2 + 80.68 x + 0.0185$	$y = 0.39 x^5 - 1.0559 x^4 + 0.0079 x^3 + 2.4775 x^2 - 2.9077 x + 1.2738$
2	$y = -10^7 x^6 + 5 \times 10^6 x^5 - 944830 x^4 + 83575 x^3 - 3635.3 x^2 + 77.012 x + 0.0193$	$y = 0.3102 x^5 - 1.1004 x^4 + 0.7624 x^3 + 1.4015 x^2 - 2.4427 x + 1.2678$
2.5	$y = -6 \times 10^6 x^6 + 3 \times 10^6 x^5 - 660394 x^4 + 64021 x^3 - 3058 x^2 + 70.97 x + 0.0204$	$y = 0.2206 x^5 - 0.8851 x^4 + 0.7936 x^3 + 1.0251 x^2 - 2.2181 x + 1.2704$
3	$y = -2 \times 10^6 x^6 + 2 \times 10^6 x^5 - 384544 x^4 + 43374 x^3 - 2384.9 x^2 + 63.287 x + 0.0217$	$y = 0.2206 x^5 - 0.8851 x^4 + 0.7936 x^3 + 1.0251 x^2 - 2.2181 x + 1.2704$

（2）已投产井产量预测方法。

对于已有历史生产数据的井，可通过典型曲线拟合储量和产气峰值。步骤如下：

①已知实际生产数据 q-t 关系，绘制 q-t 双对数坐标曲线；

②将此 q-t 曲线在典型曲线 q_D-t_D 上移动，可求出 q_{gmax}、G_i 值。

已知产气峰值和储量后，便可由典型曲线关系进行产气量预测。

4.5.5.4.3　方法应用

选取某区块煤储层参数，利用典型曲线方法进行产能预测，并与数值模拟结果相比较，验证典型曲线产能预测方法的可靠性。储层参数如表 4.5.14。

表 4.5.14　某区块煤层参数

参数	值	参数	值
单井控制面积（m²）	350×350	井底流压（MPa）	0.35
裂隙渗透率（mD）	2	兰氏压力（MPa）	2.14
裂隙孔隙度（%）	2	兰氏体积（m³·t⁻¹）	22.18
原始裂隙压力（MPa）	2.8	裂缝半长（m）	50
解吸压力（MPa）	1.4	裂缝导流能力（mD·m）	200
层厚（m）	6	储层温度（℃）	28
解吸时间（D）	15	气相黏度（mPa·s）	0.01

根据表 4.5.14 吸附常数，可计算含气量为

$$V_i = \frac{V_L p}{p_L + p} = \frac{22.4\text{m}^3/\text{t} \times 1.4\text{MPa}}{2.4\text{MPa} + 1.4\text{MPa}} = 8.25\text{m}^3/\text{t}$$

计算的储量为

$$G_i = 0.001 A h \rho V_i = 0.001 \times 350 \times 350 \times 6 \times 1500 \times 8.25 = 9.096 \times 10^6 \text{m}^3$$

采用 Cinco-Ley 方法将无因次裂缝导流能力换算成表皮系数等效的表皮系数 $S = -5.4$，无因次产气峰值计算为

$$(q_{g\max})_D = 107.54$$

则产气峰值为

$$q_{g\max} = 2568\text{m}^3/\text{d}$$

数模结果与典型曲线预测结果见图 4.5.83。

由图 4.5.83 可以看出：两种方法的产气曲线趋势类似，用典型曲线预测的产气峰值出现时间较晚。分析认为：采用表皮系数等效裂缝导流能力使得产气峰值出现时间推迟。

对比了两种方法得到的产气峰值与 15a 累产量，如表 4.5.15 所示，二者误差均不超过 10%，因此，典型曲线方法可用于预测煤层气产能。

综上研究表明：

（1）裂隙压力、吸附时间、孔隙度、解吸压力、井底流压、表皮系数、兰氏体积对典型曲线形态影响不大，曲线基本重合；而不同兰氏压力时典型曲线差别较大。

（2）对于已投产井，基于典型曲线拟合生产数据，可准确地确定该井控制储量。

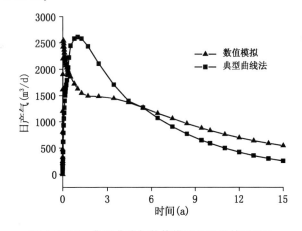

图 4.5.83　典型曲线与数值模拟的预测结果对比

表 4.5.15　典型曲线与数值模拟的预测结果对比

项　目	产气峰值（$m^3 \cdot d^{-1}$）	累产量（$10^6 m^3$）
数值模拟	2544	5.79
典型曲线	2598	5.59
误差	2.1%	3.4%

4.5.5.5　采收率评价方法

我国勘探开发煤层气的时间还不长，尚无法获得真正意义上的煤层气采收率资料，煤层气的采收率基本上是通过预测得到的。预测采收率的主要方法有数值模拟法、类比法、等温吸附曲线法、解吸法、产量递减法、物质平衡法等。研究表明，每一种方法都存在着局限性。因此，求取采收率时，需要考虑相关影响因素，综合预测采收率，使预测结果更加合理、科学和准确。

4.5.5.5.1　各种方法原理

（1）数值模拟法。

该方法是预测煤层气采收率的重要方法，也是现阶段应用最多的方法。依据煤层气的产出机理，通过建立模型（包括：地质模型、确定边界条件、煤层气的流动状态、源汇项及井的工作状态、数学模型）、敏感性分析（包括：气产量与含气量、表皮系数、孔隙度、渗透率、兰氏体积、吸附时间、井底压力等参数的敏感性分析）、历史拟合（获得气、水产量、压力等拟合曲线）等工作，在计算机中利用专门软件（数值模拟器，如 Comet-II、COAL-GAS、ECLIPSE 和 CMG 等），对已获得的储层参数和早期的试采生产数据进行匹配拟合，最后获取煤层气井的预计产能和采收率。其预测结果实用性比较好，有利于指导煤层气的勘探开发工作。但是，需要的基础数据比较多，对数据参数的误差比较敏感。

气藏数值模拟数据文件建立所需的参数，大部分都比较容易获取，较难确定的参数为煤层渗透率、裂隙孔隙度、气及水的相对渗透率曲线等。煤层渗透率通常通过试井测试得到，裂隙孔隙度、气及水的相对渗透率曲线也可通过实验获得。但受测试环境、测试手段和测试方法等因素的影响，测试得到的数据往往不能真实地反映储层的实际情况。得到这些数据准确可靠的方法，是通过气井产能的历史拟合。

（2）等温吸附曲线法。

等温吸附曲线法是煤层气地质工作者比较常用的方法，该方法操作简单，方便易行。应用该方法计算煤层气采收率所需的数据少，而且容易得到。等温吸附曲线法的理论基础是，煤对甲烷的吸附服从朗格缪尔（Langmuir）方程，且煤层气的吸附和解吸过程是一个可逆过程。试验表明，压力增高，煤对甲烷的吸附能力增强；当煤吸附了一定数量的甲烷后，压力降低，甲烷开始解吸，煤层的吸附量减少。等温吸附曲线法表述的煤层气采收率计算公式为

$$E_R = 100 \times (G - V_u)/G \qquad (4.5.228)$$

式中：E_R 为煤层气采收率（%）；G 为原始煤层气含量（m^3/t）；V_u 为废弃压力下的煤层气吸附量（m^3/t）。

废弃压力下的煤层气吸附量（V_u）通过 Langmuir 方程计算，其公式为

$$V_a = V_L \times P_a/(P_a + P_L) \qquad (4.5.229)$$

式中：V_L 为 Langmuir 体积（m^3/t）；P_L 为 Langmuir 压力（MPa）；P_a 为废弃地层压力（MPa）。

等温吸附曲线法实质上是气含量降低估算法中的一种优化方法。该方法计算采收率采用的废弃气含量是根据废弃压力和等温吸附曲线确定的，而不是通过直接估算得到，因此理论性更强。应用该方法计算煤层气采收率，首先要确定评价区的煤层气含量、Langmuir 体积、Langmuir 压力以及废弃压力。

在运用等温吸附曲线法时，需要确定的两个参数为兰氏体积和兰氏压力。通常在煤田勘探或煤层气勘探程度较高的地区，可采用实际测试资料；在勘探程度低或没有实测资料的地区，可以采用预测的方法确定。

应用等温吸附曲线法计算煤层气采收率的关键是确定废弃压力。目前，废弃压力的确定主要有以下几种方法：

原始储层压力法：根据煤层气开发的经验，获取煤层气整个开发过程中储层压力的降低幅度，据此估算废弃压力。该方法比较适合于煤层气开发程度高、气井排采时间长的地区。按美国的经验，在市场条件较好的情况下，煤层气田实现整体压降 85% 是可行的。因此，在进行煤层气采收率预测时，可按原始储层压力的 15% 作为废弃压力进行计算。目前，我国煤层气勘探开发程度还比较低，气井的排采时间也都比较短，而且排采多不正常，因此，该方法的应用条件不成熟。

综合分析法：根据煤层气开发区原始煤储层压力状况、煤层气产出机理以及其他地区煤层气开发的经验，并综合分析煤层气排采储层压力降低的幅度，来确定煤层气开发的废弃压力。国内不同学者采用该方法确定的废弃压力差别并不大，多为 0.2~0.5MPa 左右。在确定废弃压力时，应考虑煤层埋藏深度、渗透率、裂隙孔隙度等多种地质因素的影响。在煤储层渗透率高、裂隙发育、煤层埋藏浅的地区进行煤层气开发时，煤储层压力可以有效地降低，致使废弃压力比较低，煤层气采收率增高。

类比法：在具有与本地区煤层气地质条件基本相似，且开发程度较高地区的前提下，可采用类比法确定废弃压力。目前，中国煤层气勘探程度普遍较低，应用该方法确定废弃压力具有一定的难度，通常不能从类比的地区直接得到废弃压力。

大气压力法：直接采用大气压力作为煤层气排采的废弃压力。该方法比较简单，是一种理想条件下的煤层气采收率确定方法，其计算结果的可靠程度不高。

（3）类比法。

类比法是利用已开发的煤层气藏采收率的经验值，考虑所研究气藏的具体储层条件和工程条件，近似地确定所研究的气藏的煤层气采收率的方法。

表 4.5.16 国内外煤层气盆地储层特征以及开发井网对比

盆　　地	开采深度	渗透率（mD）	含气量（m³/t）	井距（m）	采收率（%）
San Juan	150~450	30~50	12.7~20	800×800	65
Power River	150~500	10~500	0.6~5	400×400~600×600	70
Uinta，Wyoming	400~1370	5~20	4~13	800×800	50
Raton	150~1200	1~10	3~14	800×800	55
Black Warrior	500~1200	6~20	6~20	400×400~600×600	50~60
Alberta	200~800	10~25	3~9	600×800	50
沁水	250~1000	0.01~3	5~27	300×300~400×400	54
阜新	550~850	0.47	2.3~16.2	500×450	/

由于不同煤层气藏的地质条件差压较大，而且开发的技术、手段及经济条件等不尽一致。因此，应用该方法确定煤层气采收率局限性很大，预测的可采程度较低。

（4）产量递减法。

产量递减法是通过研究煤层气井的产出规律、分析气井的生产特性和历史资料来预测可采储量。气井投入开发生产阶段，至少连续生产 5a 后才能使用这种方法预测采收率。一般是煤层气井经历了产气高峰开始稳产并出现递减后，利用递减曲线对未来产量进行计算，进而获得预测采收率。我国现阶段尚无法利用这种方法预测采收率。

（5）物质平衡法。

物质平衡法是物质守恒定理在可采储量计算中的具体运用。其实质是假定在煤层气藏开发过程中，物质的总量是不变的，即某个煤层气藏的原始储量等于采出量与地下剩余储量之和。物质平衡法适合于煤层气开发阶段已完成排采过程的气井，不适用于边缘井。其缺点是需要的参数多，包括静态参数、等温吸附参数、PVT、流体物性、气水产量、压力变化等，但预测结果的可靠性比较高。根据我国的煤层气勘探开发现状，目前还不能利用这种方法预测采收率。

4.5.5.5.2　各方法的适用性

单从地质因素角度考虑，可以用解吸实验法或等温吸附曲线法来计算煤层气藏的采收率；如果需要综合考虑开发技术及经济因素的影响，则只能通过数值模拟的方法来计算或预测；对于没有生产数据的地方，可以使用类比法或物理模拟法来获取煤层气藏的采收率（郑玉柱等，2005）。

类比法确定的煤层气采收率的可靠性，很大程度上取决于研究者对研究区和类比区的认识程度，以及研究者自身的技术水平和经验。解吸法、气含量降低估算法和等温吸附曲线法确定的煤层气采收率，是一种理想条件下的结果，应用这 3 种方法计算煤层气采收率，考虑的因素都比较少，而且多偏重于对煤层气含量的考虑。气藏数值模拟法是基于煤层气产出机理来模拟储层条件下的煤层气采收率，其可靠程度最高。气藏数值模拟法的主要缺点在于其适用范围窄、需要的数据多、操作复杂（张培河等，2006）。

适合我国现阶段进行煤层气采收率预测的方法有数值模拟法和等温吸附曲线法。按气藏分别赋予采收率值与采用综合平均采收率相比，可采储量计算结果有差异。为了提高可采储量的计算精度，建议储量计算区内按煤层气藏分别赋予采收率，而不采用同一个采收率值（李明宅等，2008）。

4.5.6　煤层气藏提高采收率技术

煤储层最大的特点是低压、低渗，如何提高煤层气的采收率是煤层气开采的关键问题。单纯依靠排水降压方式生产不但周期长，而且采收率不高，即使在生产几十年之后，气的采收率也不会超过 50%。因此，全世界许多国家开展了注气提高煤层气采收率的研究和试验应用，如下表 4.5.17 所列。近几年，又提出了其他提高二次采收率的方法，如利用微生物提高煤层气采收率的方法等。

4.5.6.1　注气提高采收率技术

在 ECBM 项目中，可注入的气体种类很多，如 CO_2、N_2、烟道气、压缩气、蒸汽和其他工业废气等（White 等，2005）。目前人们普遍认可的注气提高采收率机理为：（1）注 CO_2

表 4.5.17 注气试验项目（据 Mazzotti 等，2009）

位　　　置	项目名称	开始年份	注入气体类型	注入井数	产出井数	注入气体量
Fenn - Big Valley，加拿大	Alberta CO$_2$/ECBM	1999	CO$_2$	1		0.19kt
			13%CO$_2$+87%N$_2$			0.11kt
			53% CO$_2$+47% N$_2$			0.12kt
			N2			≈0.1kt
南沁水盆地，中国		2004	CO$_2$	1		0.19kt
Ishikari 煤田，日本	JCOP	2004	CO$_2$	2		0.15kt
Upper Silesian 盆地，波兰	RECOPOL	2004	CO$_2$	2		0.76kt
San Juan 盆地，美国	Coal - Seq	1995	N$_2$	多口		—
		1995	CO$_2$	多口		370kt
San Juan 盆地北部，美国	Allison Unit CO$_2$ - ECBM	1996	CO$_2$	4	9	57×10^6 m^3
Dawson River Site，Southern Bowen basin，澳大利亚	CO$_2$ - ECBM		CO$_2$	1	1	
			CO$_2$/CO$_2$ - N$_2$ 混合	4	1	
				16	25	
Silesian，波兰	RECOPOL	2001	CO$_2$	1	2	—
荷兰	NOVEM		CO$_2$			
Kushiro，Ishikari，Joban，Miike，SakitoMatsushima，日本	METI	2002				

时，由于其吸附能力强于 CH$_4$，主要通过竞争吸附作用，将煤层气置换解吸出来，以达到提高采收率的作用；（2）注 N$_2$ 时，由于其吸附能力弱于 CH$_4$，通过注 N$_2$ 可降低基质孔隙中 CH$_4$ 的分压，促使吸附气发生解吸以提高采收率。

4.5.6.1.1 注 CO$_2$ 置换解吸提高采收率机理

煤对常见气体的吸附能力由强到弱依次为：CO$_2$、CH$_4$、N$_2$，如图 4.5.84 所示。

在正常地层压力下，煤对 CO$_2$ 的吸附能力是 CH$_4$ 的 3～4 倍。注气置换提高采收率理论认为：未被吸附的 CO$_2$ 分子与吸附态的 CH$_4$ 分子接触时，通过竞争吸附方式将吸附态 CH$_4$ 分子置换出来，从而使原始呈吸附态的 CH$_4$ 分子变为游离态。

一方面，未被吸附的其他气体分子和水分子，在分子间的范德华力作用下，不停地争取被吸附的机会，以达到动态平衡状态；另一方面，气体分子的热力学性质决定了这些被吸附的气体分子在不停地争脱范德华力束缚，从吸附状态变为游离态。

4.5.6.1.2 注 N$_2$ 降低分压解吸提高采收率机理

由图 4.5.84 可以看出：N$_2$ 的吸附能力低于 CH$_4$，而且 N$_2$ 的吸附速度也比 CH$_4$ 的吸附速度慢，所以 N$_2$ 不能与 CH$_4$ 进行竞争吸附，即 N$_2$ 不能从煤的基质微孔隙中把 CH$_4$ 置换出来。

注入 N$_2$ 增产的机理是 N$_2$ 在等压状态下可以通过降低游离 CH$_4$ 的分压来促使部分 CH$_4$ 被置换出来（Koperna 等，2009）。

4.5.6.1.3 注气驱替提高采收率机理

与注 CO$_2$ 置换解吸及注 N$_2$ 降低分压解吸提高采收率理论出发进行分析。我们认为，注

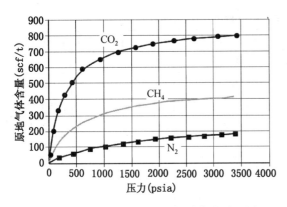

图 4.5.84 CO_2、CH_4、N_2 吸附能力对比图
（据 Koperna 等，2009）

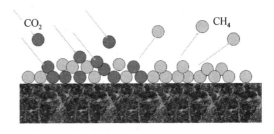

图 4.5.85 CO_2 与 CH_4 在气固系统
竞争吸附置换原理图

气提高煤层气采收率的机理是驱替，下面从煤岩的割理和基质孔隙中都充满了水，吸附在煤岩基质表面上的 CH_4 分子被水膜包围，注入的 CO_2 分子不能穿过水膜，进入基质孔隙中煤基质表面接触，因而无法将 CH_4 分子置换出来。CH_4 分子在基质表面的吸附特征（如下图 4.5.86 所示）。

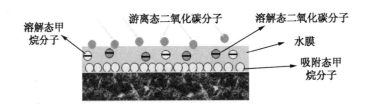

图 4.5.86 CO_2 与 CH_4 在气液固系统作用机理图

注入的 CO_2 虽然不能竞争吸附置换出 CH_4 分子，但增加了割理系统中的驱替压力。在压差的推动下，CO_2 驱替出割理系统中的水，降低了煤岩系统中的压力，促使 CH_4 分子从煤基质表面大量解吸，从而提高产量和采收率。

4.5.6.1.4 注气工艺技术

（1）注气井试井。

一般在正式注气前要进行试井，White（2000）介绍了以下几种试井方法：

①升排量注入与压降测试：升排量注入与压降测试是为了测试注气井的破裂压力（Earlougher 等，1977），升排量注入与压降测试简单、成本低且时间短。具体做法是：a. 首先以一系列不断递增的稳定排量向煤层注入设计液体，最少分四次注入，一般情况下6～7次为最佳，每个阶段的稳定注入时间为 10～30min，注入过程中应连续监测注入压力，并记录各注入阶段的稳定排量和压力；b. 在进行注入的同时，现场实时绘制出各阶段稳定压力与稳定排量的关系曲线；c. 当图上出现两条斜率不同的相交直线后（每条直线上至少应有 3 个数据点），则可以停止注入，这两条直线的交点即为煤层的破裂压力；d. 注入结束后，停泵关井测其压力降落曲线，一般关井时间为 30-60min，以确保地层闭合；⑤回放压力计数据，分析升排量注入期数据，获得井底的破裂压力，分析压降期数据以求取地层的闭合压力。

②注入/压降（IF）测试：注入试井是为了测量关井之后地层压力的下降程度。当注入的气体和储层中的流体不同，压降测试的解释就更加困难。注入/压降测试是评价煤层气和其他低渗透率储层性质的最普通的方法。由 IF 测试可以得到很多信息，包括地层渗透率、地层压力和表皮系数等地层参数。具体做法是：用管柱将封隔器、压力计等测试工具下入井内预定位置后连接地面设备、管线，启动地面注入泵，以恒定排量（此排量要小于地层破裂排量）将设计液体注入煤层，关井测压降，可反复连续进行多次测试。将压力计监测的压力与地面排量数据相结合，用试井软件进行处理获得地层参数。

③霍尔曲线图：霍尔法试井的前提是注入流量稳定不变。利用达西定律的积分公式可知，霍尔曲线图是求和曲线，近似于压力对总注水量的积分。根据注水井霍尔法，可以推导出针对注入 CO_2 或 N_2 井的霍尔曲线方程。从本质上讲，流体的达西定律压力平方公式对时间的积分，可以用于求注气井的霍尔曲线。

（2）注气模式

注气开采煤层气的生产模式分先注后采或边注边采两种生产模式。

①先注后采。

先注后采提高煤层气采收率的机理为：

a. 注入气体经过一段时间的渗流、扩散，进入到煤的微孔系统之内后，破坏了原先甲烷在煤中的吸附平衡，注入气体在煤中与甲烷发生混合气体的竞争吸附或降低分压解吸，使部分甲烷被置换或降压解吸出来；

b. 解吸出来的甲烷破坏了原先甲烷建立在微孔内部与表面之间的相互扩散平衡，解吸出的甲烷向煤的大孔和裂隙中扩散，达到新的扩散平衡状态后原先游离的甲烷气体浓度升高，分压增大；

c. 当达到新的平衡后，整个煤层部分区域的压力升高，系统的能量增加。

②边采边注。

边采边注提高煤层气采收率的机理是：

a. 注入气体的主要部分参与大孔裂隙中的渗流运动，维持了煤层压力，保证了煤层气的长期流动能力。只有少部分发生扩散置换或降低分压作用，与上述模式产生的效果相同，但整体不占主要作用；

b. 因为采气过程中整个渗流空间的压力在较大范围内会保持不变，注入气体后降低了煤层气渗流空间中甲烷气体的压力，更多的甲烷气体在更低的分压力之下则会被解吸出来，解吸的程度加深，解吸速率加快；

注入的气体在两种模式下都可使得比注气前有更多的吸附甲烷解吸出来，从而提高采气过程的回收率，但两者的作用机理不完全相同，并且都不同程度的维持或增加了储层的流动能量。

（3）注气参数。

注气提高煤层气采收率通常采用五点式井网，另外，三点式、七点式井网也有不同程度的应用。注气井一般用不绣钢或玻璃纤维管等不易腐蚀的材料，如果注入的 CO_2 气体是干燥的，也不必选用抗腐蚀材料。注入井一般下套管至 106.68m，然后在煤层中钻井，对产气套管进行固井和射孔。为了减小对输送气体到非储层的裂缝通道的破坏，一般不进行酸化和压裂处理（Stevens，1998）。注气的钻头装置必须能承受至少 2000psi（136.1atm）。

为了定量计算 ECBM 中注气量，吸气系数（J）可通过以下公式计算（Seidle，1995）

即

$$J = \frac{Q_{inj}}{k_g h \left[m(P_{inj}) - m(P_{avg}) \right]} \tag{4.5.230}$$

式中：J 是吸气系数（单位是 mD·ft·psi²）；Q_{inj} 是注气速率（MCFD）；k_g 是气体的有效渗透率（mD）；h 是煤层厚度（单位 ft）；$m(P_{inj})$ 表示的是气体的假设压力（单位 psi²/cp，P_{inj} 是井底注气压力（关井时的压力））；$m(P_{avg})$ 是由测井数据计算的平均储层压力。吸气系数用来估算 CO_2 注入时的压力和流动速率。

CO_2 的注入主要取决于煤层的渗透率和储层压力。实验表明，煤层的渗透率随深度呈指数减小。煤层吸附 CO_2 导致煤基质膨胀，从而减小了渗透率。相反，注入 CO_2 使得储层压力升高，裂缝中的围压降低，因而渗透率增大。最大注气速率是两个竞争阶段的综合影响。随着深度平方的增加，注入气的压力也增加，而渗透率呈指数规律下降。随着深度的增加，注气速率开始增加至最大值，最终还是下降，受指数衰减的主导影响（Seidle，2000）。

4.5.6.1.5 ECBM 中 CO_2 的封存

（1）适合 CO_2 封存的条件。

并非所有的煤层都适合封存 CO_2。封存 CO_2 最理想的是厚度大，埋藏深，含气量高，孔隙度和渗透率高的煤储层，并且有连续的盖层，褶皱少，断层位于构造稳定区域。因为大的褶皱和断层易使 CO_2 或 CH_4 泄露到地表。煤层最好是在水平方向上连续，垂直方向上为孤立层。煤层的盖层应该是水平延展的半隔水层（如页岩）或者含水隔水层（如盐水层），这样煤层中含 CO_2 的水就不能转移到上覆的浅煤层中，从而避免气体泄漏。下边界的渗透率最小为 1~5mD，这样使得水能够流到煤层中。表 4.5.18 列出了最具有 CO_2-ECBM 潜力的煤层气区块。

Stevens 等人（1998）初步提出了封存 CO_2 的标准，在数值模拟的基础，这些标准一直在不断地完善。

表 4.5.18　世界上 CO_2-ECBM 有前景的 13 个煤区块排序表（White 等，2005）

含煤盆地（地区）	国家	潜力分级[①]						总分值	盆地潜力等[①]	注 CO_2 提高 CH_4 的产量[②]	CO_2 埋存潜力[③]
		储层潜力	资源集中程度	ECBM 产能	开发投资	气体销售市场	CO_2 可用性				
San Juan	美国	5	5	5	5	4	5	29	1	13.0	1400
Kuznetsk	俄罗斯	5	4	4	3	4	4	24	3	10	1000
Bowen	澳大利亚	5	4	4	4	4	3	24	4	8.3	870
鄂尔多斯	中国	4	3	3	4	2	2	18	13	6.4	660
Sumatra	印尼	4	3	3	3	4	4	21	8	3.5	370
Uinta	美国	2	3	5	5	4	5	24	2	2.2	230
Western Canada	加拿大	4	2	3	4	3	3	19	9	1.6	170
Sydney	澳大利亚	4	4	3	3	4	4	22	7	1.4	150
Raton	美国	2	3	5	5	5	5	23	5	0.8	90
Cambay	印度	3	5	3	4	5	3	23	6	0.7	70

含煤盆地（地区）		潜力分级①						总分值	盆地潜力等①	注CO_2提高CH_4的产量②	CO_2埋存潜力③
	国家	储层潜力	资源集中程度	ECBM产能	开发投资	气体销售市场	CO_2可用性				
Donetsk	乌克兰/俄罗斯	1	5	2	3	4	4	19	11	0.3	30
中国东北	中国	2	4	2	3	4	4	19	12	0.2	20
Damodar Valley	印度	2	3	2	4	4	4	19	10	0.1	10
							高潜力盆地总潜力值			48.5	5070

注：①潜力等级值：1 为最低，5 为最高；②估计注入 CO_2 后提高的 CH_4 产量；③估计 CO_2 的埋存量。

①均质性、孤立储层：煤层应该为水平层，且垂直方向在与其他煤层隔离，这有助于防止注入的 CO_2 溢出。理想情况下，煤层最好被不透水的岩石包围。

②构造简单：煤层最好有小断层和褶皱。张开断层和张开节理为 CO_2 的运移提供通道，而封堵的断层只会将煤储层分成互不连通的多段。

③合适的渗透率：当渗透率不低于为 1～5mD，ECBM 技术才最有效。如果煤层厚、有好的吸收能力，更低的渗透率也可以。

④最佳深度：浅煤层压力小，吸收 CO_2 的能力也就有限。深煤层压力大，导致渗透率低于可接受的范围。

⑤气饱和条件：对于 ECBM 技术来说，饱含 CH_4 的煤层当然要好于不饱含气的煤层。而从封存 CO_2 角度出发，不饱含气的煤层更有利于 CO_2 封存，此时选择煤层的标准也就大不相同，还要考虑水文条件。例如，水在煤层中流动可能会将 CO_2 排挤出来，并将其运移出煤储层。因此，当封存 CO_2 时，一个地质年代内的水文条件必须考虑。

当选择煤层时还要考虑该煤层是否被开采过，或者有可能被开采。如果该煤层被开采过，可能会引起上覆煤层塌陷，导致上覆盖层裂缝发育，不再适合封存 CO_2。

Pashin 等发展了封存 CO_2 的地质模型，在对 Alabama 和美国东南部 Balck Warrior 煤层气富集区潜心研究后，他们也提出了自己的标准，认为具有封存 CO_2 潜力的地质因素包括：地层学、构造地质学、水文地质学、煤炭的吸附能力，此外，还有非地质因素，如技术和基础设施等。

（2）封存 CO_2 的成本。

未开采的煤层中封存 CO_2 的成本主要受气源影响，还包括气体收集、处理、压缩和运输等成本。据估计，常压下每立方米的 CO_2 压缩到 1500lb（102.07atm）每天需要 0.212kW 电。通常，碳捕捉成本在 CO_2 封存的整体经济中影响很大（Wong 等，2000）。

CO_2 - ECBM 中封存 CO_2 的成本：Stevens 等对总储量为 5×10^8 scf 的 100 口煤层气井进行 CO_2 - ECBM 经济评价。该项目位于 San Juan 盆地，煤层埋深为 3100ft，厚为 50ft。此盆地距壳牌的 Cortez 管道 10mile。假设是 CO_2 源，地层压力梯度为 0.5ppg/ft，温度为 49℃。一半的注气井是新钻的，间距 320acre，采收率高于初始采收率的 25%。CO_2 注入体积与 CH_4 产出体积比假设为 2∶1。二氧化碳成本为约合 0.25～0.35 ＄/Mcf。在以上假设条件下，CH_4 价格是 0.89～1.09 ＄/Mcf。

Wong 等（2000）比较了不同来源的 CO_2 压缩和输送成本（表 4.5.19）。来自储层中的 CO_2 没有封存价值。CO_2 浓度越低，采收费用自然就越高。来自燃煤电厂的废气中二氧化碳的浓度（约 13%），除了比燃气涡轮机的（约 3%）高，比其他来源的 CO_2 浓度都低。单乙醇胺（MEAN）的化学吸收获得 CO_2 的方法一般用于商业上的 CO_2 采集中，它的成本最高（Wong 等，2000）。目前，已经开发出新的胺（KS-1 和 KS-2），比 MEA 的腐蚀性和降解少，因此更受欢迎。由表 4.5.19 可知，CO_2 气体可从氢、天然气和合成气体处理工厂回收，与从煤发电厂采集的相比，该方法处理和输送成本更低。这些来源可能成为封存的首选对象。

表 4.5.19　不同来源的 CO_2 及其成本（Wong 等，2000）

CO_2 来源	成本（\$/Mscf）
产 CO_2 的油气井	0.65
氢气供应厂	0.50
天然气加工厂	0.68
合成气工厂	0.77
燃煤发电厂 胺类—FG 胺类—KS-1 和 KP-1 胺类—AMP	2.13 0.33~1.33
燃气轮机 胺类—FG	2.89

Wong 等（2000）对 CO_2-ECBM 中的 100 口井进行了初步经济分析，该 CO_2-ECBM 项目是针对 Alberta 平原 4200ft 深 30ft 厚的煤层，采用 5 点式井网，井间距为 320ft。作如下假设：在 2000psig 的管道中输送浓度 95% 的 CO_2 气体成本为 1.00\$/Mscf，并给出该区典型的钻井、完井、模拟和维护等费用，以及 12% 的实际回报率用于折现流量分析，总的 ECBM 回收率为 72%，CO_2 注入与 CH_4 产出量的净体积比为 2∶1。在以上前提下，煤层气的价格为 2.89\$/Mscf。重新完井的成本并不高，CO_2 的运输和采集等成本才是最重要的因素。

注烟道气 ECBM 中封存 CO_2 的经济：N_2-ECBM 与 CO_2-ECBM 有所不同，一般情况下，注入 N_2 和产出 CH_4 的体积比是 0.5~1，并且在没有政府补贴的情况下，N_2 采集比 CO_2 便宜，但是由于产气井中过早出现 N_2，这就增加了分离气体的成本。而烟道气中 N_2 与 CO_2 体积比适中，能使封存 CO_2 与开采收益达到平衡。Wong 等（2000）借助商业油藏模拟软件对 Alberta 平原地区五点式井网和 100 口井烟道气-ECBM 也进行了初步的经济评估。假设输送压力为 2000psig（137.1atm）的气体成本为 50\$/Mscf，以及防止 N_2 从生产井逸出的成本为 0.49\$/Mscf，并且假设：注入的烟道气与产出 CH_4 体积净比率为 0.73∶1，生产井口 N_2 含量超过 30% 就终止生产，煤层气采收率为 57%。在这些假设前提下，模拟结果表明，烟道气-ECBM 要求 CH_4 气体价格 1.58\$/Mscf，而 CO_2-ECBM 要求 CH_4 气体价格为 2.8\$/Mscf。

注入气体的收集、分离、压缩和运输以及注入管道之前所有处理成本都影响着封存 CO_2 的成本。如果考虑政府补贴，ECBM 的经济效益有上升空间。

4.5.6.2 利用微生物提高采收率

注气驱替技术提高了采收率，但借助微生物和注气驱替的结合又能进一步提高煤层气的采收率。利用微生物提高采收率的机理是：将微生物产生固氮酶或直接注入的固氮酶作为催化剂，它能迅速在几分钟或几秒钟内将 N_2 转化为氨气（如果没有固氮酶，氮气则只能在严格的 pH 值、温度、压力等储层条件下才可能转化为氨气），而煤层对氨气的吸附能力比 CH_4、CO_2、N_2 更强（表 4.5.20），将更多的甲烷置换出来。尽管氨气极易溶于水，但在储层条件下，氨气溶于水的量很少，因此损失在水中的少，大部分用于置换出甲烷（Vishnukumar，2007）。该技术的优点是：在酶的催化作用下，开发周期短，且酶的催化作用持久；氨气在煤层中的吸附能力很强，因此能最大限度地开采出甲烷，采收率较常规注气提高了 10%～14%；固氮酶对煤层和环境都无伤害；由于大于 70% 的氨气附着在煤层表面，采出的气体不需要分离（Vishnukumar，2007）。

表 4.5.20　三种气体在煤层中的吸附量（Vishnukumar，2007）

气　体	每克煤气体吸附体积（单位：cm^3）
N_2	8.0
CH_4	16.2
NH_3	181.0

有两种方式可以实现微生物和注气驱替技术的结合：（1）在注气之前先注入固氮厌氧微生物，让厌氧微生物附着在煤层表面之后，再注入 CO_2 和 N_2 的混合气体，这些微生物就将 N_2 转化为氨气，它的采收率比常规注气法提高了 8%～10%（Jadhav，2007）；（2）直接注入固氮酶，该方式的采收率比常规注气法提高了 12%～14%。方式（1）存在一些缺点：（1）培养微生物过程复杂，可能会产生其他微生物；（2）微生物对储层的 pH 值、温度等条件要求严格；（3）对环境存在一定的污染等。相比之下，方式（2）更可取。

4.5.6.2.1　注入微生物

煤是一种沉积岩石，它是无机、有机碎片的堆积。煤层一般包含有机植物体，比如木头、树叶、树枝、种子、花粉以及其他的水生、陆生作物。以微生物驱替高原油采收率为基础，可以利用这种技术提高煤层气的采收率。固氮细菌可用来固定氮气，二氧化碳固定菌可用来固定二氧化碳。在氮气和二氧化碳注入之后接种微生物这样能给细菌足够的时间在煤的基质上稳定下来，稳定后固氮菌与氮气反应生成氨，二氧化碳固定菌利用葡萄糖和二氧化碳进行二氧化碳固定并释放出甲烷。如果煤层气的埋深在 700～1000ft，那任何一种用来固定氮气和二氧化碳的细菌都将不能使用（Jadhav，2007）。

（1）固氮原理。

有一部分固氮菌能够将空气中的分子氮作为它们的氮来源，总所周知，固氮菌的固氮反应是将氮气转化为氨。这个过程可以分为两类：①非共生微生物（在土壤中自由生存）；②共生微生物（生存在植物的根中）。

固氮菌可与乙炔反应是在 20 世纪 60 年代中期发现的，这也引发了用来衡量固氮作用的技术的快速发展。该技术因其简便、快捷、相对便宜的优点而被广为采用。测试是要观测固氮酶与三键化合物反应生成乙烯，即

$$HC\equiv CH—H_2C=CH_2$$

相似的反应还有

$$N\equiv N\text{—}2NH_3$$

该技术包括对样品进行分析，在合适大小的器皿中观测固氮酶与乙炔的反应。经过一段时间的稳定期后，通过气液色谱法分析气相中的乙烯。产生的乙烯量就是固氮菌固氮作用的产物。

（2）二氧化碳固定原理。

这些原始细菌严格厌氧并且拥有获得电子的能力，因此可以消除二氧化碳形成甲烷。其中一些种类还属于自养生物，仅仅依靠氢气或是二氧化碳就能生存，别的种类就需要其他一些物质包括醋酸盐、氨基酸或是有机硫磺组分才能够生存。大部分的种属在综合培养液中比在无机培养液中生存的要好。

至少有两种不寻常的辅酶没有在其他细菌中发现：辅酶M（参与甲烷基转化反应），辅酶F420（一种核黄素组分，参与这些细菌的厌氧电子传递）。后一种辅酶在紫外线下会发荧光，因此可以用荧光显微镜观测到它的反应机制，这也使得辨别产烷生物非常方便。

氮气转化为氨可以采出更多的煤层气，氨气以及二氧化碳的阻滞时间都会被减少。煤层气的采出量能增加8%到10%，这是一种很有经济前途的方法。

4.5.6.2.2 注入固氮酶

注入固氮酶提高煤层气采收率的方法是 Vishnukumar（2007）首次提出的，以下内容主要基于他的研究成果。

（1）原理及步骤。

自然界中是以大气中氮气及其产物达到平衡实现氮循环，固氮只是这种循环的一部分，固氮由共生或非共生微生物完成。这两者中任何一种过程的工具都是固氮酶，其过程为

$$N_2 + 8H^+ \rightarrow 2NH_3 + H_2$$

$$N_2 + \underset{\text{（催化剂）} + \text{还原剂}}{\text{固氮酶}} \rightarrow NH_3$$

还原剂、水和其他物理条件（pH、环境温度、压力）都影响酶的活性。使用固氮酶就是因其应用范围广，并且在极端条件下也能有效。而细菌就没有这样的优势，它们只有非常有限的工作条件，易造成污染，容易产生不利于整个项目的生物物种。

由于首次提出该方法，就技术的整个应用机理进行分析概括，应用新技术的方法大致如下：

①从固氮菌中提取一种固氮酶；

②在适宜的媒介中保持酶稳定；

③选用一种半透膜尽量减小氮气和酶的损失；

④选用适合于注入酶的底物；

⑤注入氮气；

⑥在酶作用下，氮气连续地转化为氨；

⑦氨气通过半透膜进入煤层；

⑧由于氨气的高吸附性能，氨气选择性地被吸附到煤层表面；

⑨大量的甲烷将从煤层释放出来，最终达到提高采收率的目的。

该技术的可行性从选择性吸附原理和气体热力学性质得到了验证。

（2）固氮酶。

酶是生物细胞用来合成所需化合物的生物催化剂，一种胶体状蛋白质分子具有温度稳定

性和反应专一性，有利于提高反应活性和反应速度，生物酶是非常好的催化剂，具有以下两个优点：高度专一性和重复可利用。在适宜的温度和 pH 值条件下，催化剂可以提高化学反应速度，许多催化反应也可以在比较极端的条件下进行。反应具有高度专一性，特定酶只催化降解或者合成特定的化合物，且反应只需要少量的酶。一级反应一般作为常规酶动力学方程，每一个酶分子都有一个活性点，在这个活性点与底物（反应物）结合形成络合物（中间产物），在酶的作用下，形成期望产物。反应的简式为

$$E + S \rightarrow ES \rightarrow P + E$$

式中：E 代表酶；S 代表底物；ES 代表中间产物；P 代表产物。

固氮酶是一种能将 N_2 转化为 NH_3 的生物催化剂，固氮酶络合物包含两种蛋白质，固氮酶（Mo Fe 蛋白络合物或蛋白质 I ）和固氮酶还原酶（Fe 蛋白络合物或蛋白质 II ），这两种蛋白质暴露在有氧条件下将会发生不可逆的活性损失。

酶在石油行业的应用已有很长的历史，主要用来提高生物聚合物性能和作为生物聚合物破胶剂。目前已经扩展到用来就地产生有利的化学物质，据报道这种基于酶的方法主要是就地产生有机酸用来基质酸化，沟通天然裂缝，以及消除水平井伤害。这种生物处理方法能够提高碳氢化合物采收率和采出速度。在酶的作用下将氮气转化为氨需要的费用比其他方法要低很多，并且在自然条件下就可以进行。

（3）注入技术。

固氮酶的注入采用常规的地面氮气注入设备，且固氮酶和悬浮介质水同时注入，最佳 pH 值 6～8。由于固氮酶应用范围广，因此温度和压力对固氮酶影响相对较小。固氮酶不能大量消耗在煤层中，因此用一种半透膜来阻止固氮酶进入煤层。该半透膜与筛管一起连接在井筒孔眼前端套管上。这种特氟龙半透膜是一种工业聚合物，允许氨气通过，但阻止氮气通过。特氟龙是磺化聚四氟乙烯聚合物，稳定的聚四氟乙烯与磺酰基团相连，使特氟龙具有以下特性：

①非常高的阳离子导电性，因此成为理想的选择；

②耐化学腐蚀性；

③连接阴离子磺酰基团的特氟龙完全可以在 190℃高温下应用；

④选择性地允许水通过，特氟龙半透膜水化程度直接影响离子导电性和整个形态；

⑤注入固氮酶的同时，应该注入相应的底物（反应物）和还原剂，氮气注入是在固氮酶后进行的，且整个过程 pH 值维持在 6～8；

⑥氮气转换为氨气非常迅速，产生的氨气选择性地通过特氟龙半透膜和孔眼进入煤层裂缝，沿着主裂缝和割理进入煤层基质表面发生物理接触，从而进入物理吸附与解吸过程。

（4）技术可行性分析。

从表 4.5.20 可以看出氨气的吸附量比氮气、二氧化碳和甲烷的高，根据基本的竞争吸附理论，可以估算出应用该技术提高煤层气的采收率。因为，应用可溶性的氨气可计算出损失的氨气，而损失的氨气就是在储层条件下溶解到水里的那部分。氨气在储层条件下的溶解度就是氨气最小溶解量。

采用高吸附性氨气可以提高煤层气采收率。在以下情况下对气体吸附是有利的：

①孔隙中可产生一定程度的填实作用；

②压力增加，吸附量亦随之增加；

③一定大小和质量的分子可置换出与之类似的被吸收的气体分子；

④易压缩气体具有更高的吸附能力。

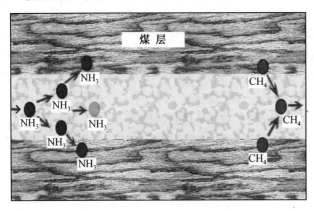

图 4.5.87 煤层中氨气的作用（据 Vishnukumar，2007）

氨气的所有特点均适合将其应用于提高煤层气采收率。另外，氨气还具有一个孤对电子，更易于吸附在煤的表面上。在煤的割理中，氨气分散为两相：溶解在水中；吸附于煤的表面上。

图 4.5.87 是氨气在煤层割理中的演变过程：少部分氨气溶解在煤层割理的自生水中，其余的氨气被吸收后继而释放出甲烷。据计算，吸附在煤表面上的氨气在 70% 以上。

由于氨气比二氧化碳和氮气在煤表面有更强的吸附能力，因此采用氨气提高煤层气采收率的效果比传统方法好。即便考虑损耗的氨气和溶解在煤层割理自生水中的氨气，采收率仍然提高了 12%～14% 左右。

4.5.6.3 其他开采技术

4.5.6.3.1 电磁加热法

电磁加热法是一种在垂直孔中沿孔的延伸方向，在煤层及煤层气储层加热，煤层气储层受热后压力降低，使得体积膨胀。在电磁加热法中，选用微波加热是最有效的，可直接将微波发生器置于孔下，利用仪器自身的重力使其与煤层气储层紧贴，同时在发生器上加驱动装置，使其在井下自由移动。目前，该方法很少采用。

4.5.6.3.2 超声波法

它也是提高煤层气采收率的一个新思路。由于超声波具有强烈的空化作用，机械震动作用和热效应作用，而它们能改善井底和地层中的流通条件及渗透性。超声波在媒质中传播时，水、煤、气等不同的声阻抗物质，其加速度和振幅都不同，两种物态界面的物质将发生相对运动，使吸附在煤层孔隙中的煤层气与煤层分离，且震动作用会使煤层毛细管孔径发生胀缩，降低了煤层孔隙的表面张力，吸附在煤孔隙表面的表面膜有可能破坏，有利于煤层气的脱离孔隙而汇集（于永江等，2008）。

4.5.6.4 地面采出水处理工艺

大多数煤层气盆地在生产煤层气时，需要从储层中排采出大量的水，一般每口井每分钟约能产出 5～30gal 的水，产出的水中一般都含煤屑，一些煤层气井中还会含有原油，因此水的处理是一个难题。产出的水和气经过气/水分离器而分离，并且煤屑也同时被除掉；然后气体中残余的水分一般采用甘醇进一步去除（Hamelinck，2000；Barzandji，2000）。

煤层产出水有的可以直接排放，有的则不可以，因为由于地质情况和含水层差异，不同煤层气井产出水的水质和水量差异很大。如果产出水中含有不溶解盐类物质（如氯化钠和重碳酸盐），以及其他不溶解固体物质和有机物，则需要进行处理方可排放。表 4.5.21 显示了美国煤层气井中排出废水的成分。

煤层气井产出水的 pH 值范围为 7～8，固溶物总含量（TDS）范围为 200－90000mg/

L，大多数情况下小于 30000mg/L（Ayers，1991）。一般情况下，水中含有阴离子（如 CO_3^{2-}、HCO_3^-、Cl^-、SO_4^{2-}）和阳离子（如 Na^+、K^+、Ca^{2+}、Mg^{2+}），离子含量在不断变化。在浅部煤层，由于受雨水的影响，固溶物总量和盐度比较低，产水量特别大，例如在美国 Black Warrior 盆地，1991 年 2800 口井产出 $15 \times 10^6 m^3$ 的水（Pashin，1997）。Davidson 等人（1995）总结了煤层气井和天然气井中产出水的主要成分及其含量，见表 4.5.21。产出的水一旦进入生物体内，就可能因为渗透压力不平衡和某种离子过多或过少，而对生物造成危害。在 CO_2-ECBM 开采中，CO_2 在高压下溶于水，形成碳酸使水成酸性。酸性水可溶解煤中某些矿物质，也可能与其他矿物质反应从而改变水中的成分。一般认为从 CO_2-ECBM 区域中产出的水含钙和镁元素较多，因为在酸性条件下它们易从煤中溶解出来。酸性水也可能影响水中溶解的有机物质含量，因为碳酸水溶液可以溶解煤中游离的有机碱，如喹啉等。

表 4.5.21 美国煤层气井和天然气井废水的成分（据 Davidson 等，1995）

参　数	煤层气	天然气
pH 值	7.8	7
主要成分（mg/L）		
所有不溶固体物质（TDS）	4000	20000～100000
所有悬浮固体物质（TSS）		1.0
Cl^-	2000	11000
SO_4^{2-}	12.9	0～400
HCO_3^-	597	
CO_3^{2-}	0.008	
F^-	2.6	
NO_3^-	3.0	
铁元素	10	
钙元素	89	
钠元素	1906	
钾	7.5	—
微量元素（μg/L）		
银	1.1	10～70
铝	40	—
砷	—	30
钡	2780	10～100
镉	5	30
铬	3	20～230
铜	5.6	0～100
汞	0.13	1
锂	92	—
锰	250	—
镍	29	100

参　数	煤层气	天然气
铅	55	100～170
锑	30	70
硒	25	60
锶	4000	—
碲	—	90
钒	5	—
锌	109	40～200
原油	—	3000～25000
苯酚	—	0～2000
苯	—	1000～4000
甲苯	—	0.2～12.3
二甲苯	—	500
苯乙烷	—	0～300
萘	—	30～900

　　产出水的水质决定了水的处理方法。煤层气井产出水的处理方法主要有三类方法：地表排放、注入更深的地层（特别是浓度高的废水）和将废水净化。废水过滤和净化常用的方法有：反渗析（如图4.5.88a）、冻融/蒸发、紫外线杀菌、氯消毒、离子交换（如图4.5.88b）、电渗析分离和蒸馏等。而在美国San Juan盆地，广泛采用的是重新注入地层的方法，在Black Warrior盆地多采用农田、植被灌溉或注入河流的方法。不过在排放前也要经过必要的处理。在废水沉淀前一般先采用充气除掉铁、锰元素，因为充气后亚铁和亚锰离子被氧化从而易沉淀下来。水池中的藻类减少了溶解的有机物浓度。但是沉淀和充气不能降低Cl^-，因此，废水中Cl^-含量影响着水的排放方式。

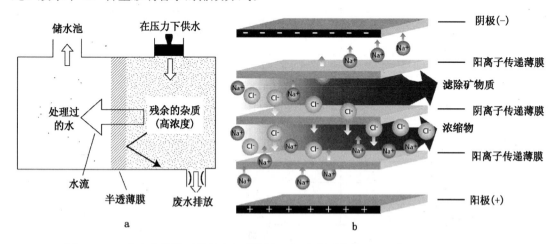

图4.5.88　废水净化的两种方法：反渗析（a）和离子交换（b）（据Davidson，1995）

附录 4. A 煤层气部分用到的单位与 国际单位的换算关系

文中部分数据使用的是非国际标准单位，包括一些图、表中的数据。如果将这些单位直接转换为国际单位，将会出现误差，甚至会失去原文中的意义。因此将本篇中部分用到的单位与国际单位的换算关系列出（表 4. A. 1）。

表 4. A. 1　单位换算表

单　位	国际标准单位
1psi（psia）	6. 894757 MPa
1bar	0. 1MPa，100kPa
1mi（mile）	1. 609344km，1690. 344m
1 ℉	$-17.222℃$
1ft³（SCF）	0. 0283168m³
1Bcf	$10^9 ft^3$，$0.283168 \times 10^9 m^3$
1Tcf	$10^{12} ft^3$，$0.0283168 \times 10^{12} m^3$
1BCM	$10^9 m^3$
1ft（foot）	0. 304m
1in（inch）	0. 0254m
1mD	$0.9869 \times 10^{-3} \mu m^2$

附录 4. B 煤层气和煤层气储层的常用参数

国内外对煤成熟度（即煤级）的分类方案有所不同，主要有美国所用的分类方案和国内煤矿工业所用的分类方案，如表 4.B.1 所示，其中还包含了煤层气的成因类型、气体生成量及所对应的煤级。

表 4.B.1 国内外煤阶对比和煤层气的形成阶段（据秦勇和曾勇，1996；苏现波和林晓英，2007）

变质程度	煤 级		R_o	V_R	温度(℃)	煤化作用过程中累计生成量(Ft/t)	煤层中气体生成示意图	甲烷生成特征	
	中国	美国							
未变质		植物体				1600 3200 4800		生物降解	生物气
低变质	褐	泥炭	0.2	68 64			热成因甲烷		
		褐煤	0.3	60 56			乙烷及其他烃类气体		
		亚烟煤	0.4	52 48	60				
中等变质	长烟煤	C	0.5 0.6	44				贫气	
	气煤	B 高挥发分烟煤	0.7 0.8	40		CO₂		热解	大量生气
	肥煤	A	1.0	36 32	135				
	焦煤	中挥发分烟煤	1.2 1.4	28 24					
	瘦煤	低挥发分烟煤	1.6 1.8	20 16					
高变质	贫煤	半无烟煤	2.0	12	165	N₂ CH₄			
	无烟煤三号	无烟煤	3.0	8 6	180 210				
		超无烟煤	4.0	4				裂解	甲烷裂解

煤层气和煤储层的常用参数在已公开出版的文献中公布的较多，本书将其总结如下，以供读者参考。这些参数包括煤层割理形成的过程（表 4.B.2），煤层气生成的阶段（表 4.B.3），煤层气中各气体成分的压缩系数（表 4.B.4）、临界温度和压力（表 4.B.5）、物理参数（表 4.B.7 和表 4.B.6）和溶解度（表 4.B.8）等。

表 4.B.2 煤化作用过程中地化作用过程和割理发育（据 Laubach 等，1998）

挥发性组分	镜质组反射率（%）
压实水漏失	0.2～0.4
最大构造水漏失速率	0.3～0.5
最大 CO_2 漏失速率	0.4～0.7

挥发性组分	镜质组反射率（%）
最高湿气/凝析气产量	0.5～1.1
最高甲烷产量	0.8～1.5
割理初始形成	0.3～0.5
割理发育	0.3～2.0＋
割理闭合	0.3～2.0＋

表 4.B.3　煤层气生产阶段及煤的成熟度（据 Scott 等，1994）

煤层气生成阶段	镜质组反射率（%）
原生生物成因甲烷	小于 0.30
早期热成因（热降解）	0.5～0.80
最大湿气产量	0.60～0.80
热成因甲烷开始强烈产出	0.80～1.00
次生裂解凝析甲烷开始产出	1.00～1.35
热成因甲烷最大产出时期	1.20～2.00
湿气产出结束	1.80
热成因甲烷产出结束	3.00
次生生物成因甲烷	0.30～1.50＋

表 4.B.4　甲烷气体压缩系数（据傅雪海等，2007）

甲烷压力 (MPa)	温度（℃）					
	0	10	20	30	40	50
0.1	1.00	1.04	1.05	1.12	1.16	1.20
1.0	0.97	1.02	1.06	1.10	1.14	1.18
2.0	0.95	1.00	1.04	1.08	1.12	1.16
3.0	0.92	0.97	1.02	1.06	1.10	1.14
4.0	0.90	0.95	1.00	1.04	1.08	1.12
5.0	0.87	0.93	0.98	1.02	1.06	1.11
6.0	0.85	0.90	0.95	1.00	1.05	1.10
7.0	0.83	0.88	0.93	0.98	1.04	1.09

表 4.B.5　甲烷和二氧化碳物理化学参数（据苏现波等，2008）

物理化学参数	CH_4	CO_2
临界温度（K）	190.6	304.2
临界压力（MPa）	4.62	7.39

表 4. B. 6   煤层气中常见组分的主要物理化学性质参数表（修改自张新民，2002）

气体成分	分子式	分子量	热值 (kJ/m³)	毒性	相对密度	熔点① (1atm) (℃)	沸点① (1atm) (℃)	临界温度 (℃)	临界压力 (10⁵Pa)	分子直径 (nm)	溶解度	颜色和气味
甲烷	CH₄	16.042	37618.46	无	0.544	−182.48	−161.49	−82.57	46.04	0.38	难溶	无色无味
乙烷	C₂H₆	30.069	65904.42	无	1.038	−183.23	−88.60	32.27	48.80	0.44		无色无嗅
丙烷	C₃H₈	44.095	93796.88	无	1.522	−187.69	−42.04	96.67	42.50	0.51		无色
正丁烷	C₄H₁₀	58.121	121542.80	无	2.006	−138.36	−0.50	152.03	38.00			无色
异丁烷				无	2.006	−159.61	−11.72	134.94	36.96	0.53		无色
正戊烷	C₅H₁₂	72.147	149393.40	无	2.491	−127.73	−36.07	196.50	33.69	0.58		无色
二氧化碳	CO₂	44.010	不可燃	无	1.519	−56.00	−78.50	31.06	73.85	0.39	易溶	无色、无嗅、略带酸味
氮	N₂	28.016	不可燃	无	0.967	−209.76	−195.78	−146.89	33.99	0.38		无色、无味、无嗅
硫化氢	H₂S	34.070	23734.55	有	1.17	−82.89	−60.33	100.39	90.05	0.36	易溶	无色、鸡蛋嗅味
氢	H₂	2.016	12072.22	无	0.069	−259.00	−252.70	−239.90	12.97	0.28	微溶	无色、无味、无嗅
氩	Ar		不可燃	无		−198.20	−185.87	−122.35	48.53	0.29		无色、无味、无嗅

① 1atm = 1.01325 × 10⁵ Pa。

表 4. B. 7   煤中吸附介质分子直径、沸点和分子自由程（0℃，0.101325 MPa）（据傅雪海等，2007）

吸附介质	CH₄	H₂O	N₂	CO₂	C₂H₆	H₂S	H₂
分子量	16.042	18.011	28.013	44.010	30.070	34.070	2.016
分子直径（nm）	0.33～0.42	0.29	0.32～0.38	0.33～0.47	0.44～0.55		0.289
临界温度（℃）	−82.57	347.1	−126.2	31.06	32.37	100.39	−239.90
临界压力（MPa）	4.604	21.83	3.399	7.384	4.880	9.05	1.297
平均自由程（nm）	53.0		74.6	83.9			
沸点/℃	−161.49	100	−195.80	−78.50	−88.60	−60.33	−252.70
动力黏度（×10⁻⁵Pa·s）	1.084		1.765	1.466			
偏心因子	0.008	0.344	0.040	0.225			
液态密度（g·cm⁻³）	0.425	0.998		0.777			
绝对密度（kg·m⁻³）(15.5℃)	0.677	1.00	0.182	1.858	1.269	1.48	
绝对密度（kg·m⁻³）(15.5℃)	0.554		0.967	1.519	1.038	1.178	0.069
热值（kJ·m⁻³）	37.62		不可燃	不可燃	65.90	23.73	12.07
溶解系数（m³/m³·atm）	0.033		0.016	0.87	0.047	2.58	

表 4. B. 8　不同温度、压力和不同矿化度下，甲烷在水中的溶解度（L/L）（据张新民等，2002）

水矿化度 (g/L)	温度 (℃)	压力（MPa）						
		1	2	3	5	7	10	15
蒸馏水	20	0.43	0.51	0.94	1.53	1.83	2.45	3.11
	40	0.43	0.51	087	1.29	1.65	2.12	2.88
	60	0.47	0.60	0.93	1.29	1.63	2.12	2.69
	80	0.46	0.74	0.91	1.33	1.59	2.04	2.42
0.5	20	0.21	0.63	1.04	1.42	1.97	2.38	2.83
	40	0.22	0.45	0.75	1.29	1.61	2.26	2.17
	60	0.35	0.58	0.75	1.03	1.34	1.74	2.38
	80	0.58	0.87	0.97	1.30	1.53	2.05	2.50
1.05	20	0.15	0.44	0.72	1.24	1.60	2.18	2.73
	40	0.21	0.43	0.63	1.15	1.43	2.02	2.57
	60	0.31	0.56	0.68	1.03	1.39	1.84	2.54
	80	0.45	0.89	1.08	1.31	1.50	2.06	2.63
2	20	0.05	0.37	0.67	1.14	1.60	2.00	2.05
	40	0.22	0.38	0.60	0.97	1.34	1.52	2.02
	60	0.31	0.49	0.74	1.07	1.35	1.75	2.29
	80	0.50	0.71	0.83	1.28	1.54	1.78	2.47
6	20	0.10	0.34	0.70	1.23	1.57	2.05	2.52
	40	0.22	0.36	0.64	0.99	1.35	1.74	2.25
	60	0.32	0.56	0.79	1.10	1.43	1.90	2.26
	80	0.64	0.86	1.05	1.42	1.76	2.20	2.36
30	20	0.13	0.24	0.60	1.03	1.43	1.84	1.98
	40	0.20	0.39	0.60	0.92	1.30	1.61	1.79
	60	0.25	0.58	0.74	0.98	1.29	1.64	1.90
	80	0.51	0.83	0.92	1.31	1.42	1.95	2.31
60	20	0.10	0.28	0.33	0.90	1.12	1.47	1.96
	40	0.20	0.32	0.47	0.73	1.02	1.32	1.60
	60	0.22	0.50	0.64	0.88	1.12	1.53	1.76
	80	0.46	0.84	0.89	1.14	1.56	1.64	1.96

　　煤岩的孔隙度可以用不同气体的吸附特征来测量。表 4. B. 9 为 Rodrigues 和 Lemos de Sousa（2002）利用气体吸附量不同进行的孔隙度测量结果。从表中数据可以看出各种气体的吸附量特征，以及吸附气体时煤岩的胀缩效应。

表 4. B. 9　不同气体测量的煤层孔隙与空余体积的结果（据 Rodrigues 和 Lemos de Sousa，2002）

样　品	实验次数	气体（cm³）							
		He		N₂		CH₄		CO₂	
		v_C	v_V	v_C	v_V	v_C	v_V	v_C	v_V
A	1	80. 83	114. 29	77. 21	117. 81	47. 57	147. 34	− 94. 11	289. 03
	2	81. 11	114. 01	76. 92	118. 1	47. 73	147. 18	− 92. 44	287. 36
	3	80. 63	114. 49	77. 32	117. 7	49. 18	145. 74	− 94. 38	289. 3
B	1	83. 37	111. 75	75. 22	119. 8	46. 53	148. 39	− 75. 52	270. 44
	2	83. 6	111. 52	75. 41	119. 61	50. 98	143. 94	− 73. 44	268. 36
	3	83. 55	111. 57	74. 98	120. 04	55. 46	139. 45	− 74. 35	269. 27

样品 A 中值镜质组反射率 0.73%，基质组分体积含量：镜质组 52%，壳质组 5%，惰质组 34%，灰质 9%；样品 B 中值镜质组反射率 0.73%，基质组分体积含量：镜质组 78%，壳质组 3%，惰质组 12%，灰质 7%。

　　煤岩岩石物理参数的超声波测量结果，但公开发表的测量结果却较少。从已有文献来看，主要有 Yao 等（2008）对不同岩性煤岩样品的测量结果（表 4. B. 10）和 Morcote 等（2010）对不同煤级煤岩样品的测量结果（表 4. B. 11 和表 4. B. 12）。

表 4. B. 10　不同岩性样品的实验室超声波测量结果（据 Yao 等，2008）

样　品	钻井	取样顶部深度（m）	取样底部深度（m）	岩性	盐水饱和密度（g/cm³）	孔隙度（%）	VP0	VS90V
772	A	2578. 84	2578. 90	Coal?	1. 73	4. 9	2. 56	1. 25
765	B	2745. 58	2745. 69	Coal	1. 37	4. 7	2. 32	1. 22
766	B	2745. 88	2746. 00	Shaly Coal	1. 38	7. 4	2. 41	1. 13
770	C	3063. 66	3063. 79	Silt Shale	2. 85	14. 7	3. 76	2. 05
771	C	3064. 53	3064. 66	Coal	1. 36	12. 0	2. 43	1. 09
769	C	3065. 33	3065. 44	Silty Coal	1. 63	N/A		1. 15
768	C	3068. 44	3068. 59	Coal	1. 44	11. 1	2. 42	1. 08

注：煤岩样品成熟度等数据未提供。

表 4. B. 11　超声波测量实验的煤岩样品（据 Morcote 等，2010）

样　品	地　　区	煤阶	测量方向（相对煤岩层理面）	密度（g/cm³）	孔隙度（%）
BKll	Breckenridge – KY	烛煤	平行	1. 14	1. 8
BKpp	Breckenridge – KY	烛煤	垂直	1. 11	2
HOpp	Hopkins – KY	烟煤	垂直	1. 34	4. 6
SCll	Spring Canyon – UT	烟煤	平行	1. 32	4. 9
SCpp	Spring Canyon – UT	烟煤	垂直	1. 3	4. 1
BMll	Buck Mountain – CO	亚无烟煤	平行	1. 56	4. 4
BMpp	Buck Mountain – CO	亚无烟煤	垂直	1. 57	3. 5
Bric	Brice? o – Colombia	无烟煤	不确定	1. 67	1. 5
Gib	Gibson – IN	烟煤（粉末）		1. 2	20

注：煤岩样品成熟度等数据未提供。

表 4. B. 12　不同煤级样品的超声波速度随围压变化而变化的测量结果（据 Morcote 等，2010）

样 品	升 压 过 程			卸 压 过 程		
	Pc (MPa)	v_P (km/s)	v_S (km/s)	Pc (MPa)	v_P (km/s)	v_S (km/s)
Gib	0	0.948	0.511	0	0.984	0.545
Gib	2.1	0.951	0.512	2.6	0.989	0.545
Gib	5.1	0.961	0.525	5.2	1.088	0.55
Gib	9.9	1.098	0.572	11	1.389	0.695
Gib	14.7	1.26	0.662	15.4	1.408	0.729
Gib	20.4	1.327	0.727	20.4	1.452	0.747
Gib	24.8	1.407	0.73	25.8	1.477	0.765
Gib	27.9	1.502	0.767			
BKpp	0	2.034	0.933	0	2.086	0.952
BKpp	0.5	2.054	0.939	0.5	2.118	0.96
BKpp	1	2.084	0.948	1.1	2.127	0.963
BKpp	2.6	2.13	0.962	2.6	2.151	0.965
BKpp	5	2.157	0.97	5.1	2.177	0.971
BKpp	10	2.181	0.974	10	2.202	0.974
BKpp	14.4	2.196	0.979	14.9	2.214	0.98
BKpp	20.6	2.208	0.983	20.3	2.225	0.984
BKpp	24.9	2.216	0.984	24.9	2.229	0.985
BKpp	34.4	2.242	0.989	29.4	2.244	0.989
BKpp	40	2.262	0.993			
BKll	0.2	2.148	1.034	0.1	2.17	1.038
BKll	0.6	2.154	1.034	0.6	2.176	1.039
BKll	1.6	2.165	1.037	1.1	2.183	1.042
BKll	2.6	2.175	1.039	2.5	2.19	1.0429
BKll	5.2	2.191	1.043	5.1	2.201	1.044
BKll	10.2	2.207	1.048	10.2	2.213	1.048
BKll	15	2.22	1.051	15.2	2.228	1.052
BKll	20	2.236	1.055	19.8	2.243	1.055
BKll	25	2.249	1.057	25.3	2.256	1.057
BKll	30	2.263	1.058	30.5	2.266	1.058
BKll	40.2	2.29	1.064			
HOpp	1	2.436	1.175	0	2.493	1.168
HOpp	2.5	2.496	1.18	0.6	2.497	1.173
HOpp	5	2.515	1.185	1.1	2.502	1.176
HOpp	9.5	2.535	1.191	2.5	2.517	1.181
HOpp	15	2.552	1.195	5.4	2.533	1.186
HOpp	19.9	2.572	1.199	10	2.548	1.194

样 品	升 压 过 程			卸 压 过 程		
	Pc (MPa)	v_P (km/s)	v_S (km/s)	Pc (MPa)	v_P (km/s)	v_S (km/s)
HOpp	25	2.576	1.203	15	2.561	1.197
HOpp	20.2	2.573	1.2			
SCpp	0.1	2.07	1.064	0.1	2.116	1.068
SCpp	0.7	2.097	1.069	0.6	2.133	1.072
SCpp	1.6	2.135	1.073	1.5	2.216	1.075
SCpp	3	2.208	1.077	3	2.234	1.082
SCpp	5.1	2.226	1.083	5.2	2.241	1.088
SCpp	10.2	2.238	1.093	10.4	2.27	1.098
SCpp	15.4	2.268	1.1	15.1	2.282	1.103
SCpp	20.2	2.288	1.104	20.3	2.307	1.107
SCpp	25.2	2.308	1.108	25.2	2.323	1.111
SCpp	30.1	2.323	1.111	30.4	2.348	1.114
SCpp	40	2.355	1.118			
SCll	0.1	2.214	0.958	0.1	2.287	1.033
SCll	0.8	2.235	0.991	0.9	2.318	1.036
SCll	1.6	2.248	1.013	1.6	2.343	1.056
SCll	3	2.288	1.054	3	2.41	1.095
SCll	4.9	2.318	1.093	5	2.443	1.121
SCll	9.9	2.443	1.127	10.1	2.521	1.14
SCll	14.9	2.493	1.14	15	2.546	1.149
SCll	19.8	2.525	1.149	20	2.567	1.156
SCll	25.1	2.546	1.156	25.4	2.571	1.161
SCll	29.7	2.571	1.161	30	2.584	1.165
SCll	40	2.604	1.169			
SCll	45	2.608	1.172			
BMpp	1.6	2.406	1.226	1.6	2.446	1.232
BMpp	2.5	2.428	1.235	2.6	2.468	1.237
BMpp	5.1	2.475	1.243	5.1	2.49	1.249
BMpp	10	2.496	1.254	10	2.499	1.255
BMpp	15	2.51	1.258	15.2	2.505	1.258
BMpp	19.8	2.522	1.26	20.2	2.52	1.26
BMpp	25.2	2.532	1.261	25.2	2.535	1.261
BMpp	29.8	2.545	1.262	30	2.549	1.262
BMpp	40	2.555	1.264			
BMll	0.6	2.75	1.345	0.6	2.756	1.372
BMll	1.6	2.771	1.363	1.7	2.795	1.38

样　品	升 压 过 程			卸 压 过 程		
	Pc（MPa）	v_P（km/s）	v_S（km/s）	Pc（MPa）	v_P（km/s）	v_S（km/s）
BMll	2. 6	2. 795	1. 38	2. 6	2. 814	1. 386
BMll	5. 1	2. 812	1. 397	5. 1	2. 828	1. 397
BMll	10. 1	2. 832	1. 406	10. 4	2. 843	1. 409
BMll	14. 9	2. 844	1. 412	15. 2	2. 854	1. 414
BMll	20	2. 858	1. 415	19. 5	2. 866	1. 416
BMll	25. 1	2. 869	1. 415	25	2. 884	1. 418
BMll	30	2. 875	1. 416	30. 4	2. 895	1. 418
BMll	40	2. 896	1. 419			
Bric	0	3. 337	1. 849	0	3. 425	1. 85
Bric	0. 1	3. 399	1. 851	0. 2	3. 428	1. 862
Bric	0. 6	3. 405	1. 855	0. 6	3. 443	1. 868
Bric	1. 5	3. 428	1. 858	1. 5	3. 454	1. 872
Bric	2. 6	3. 438	1. 865	2. 6	3. 461	1. 877
Bric	4. 9	3. 456	1. 882	5. 1	3. 467	1. 884
Bric	10	3. 469	1. 885	10	3. 474	1. 886
Bric	14. 7	3. 472	1. 885	14. 9	3. 476	1. 886
Bric	19. 7	3. 474	1. 886	20. 2	3. 479	1. 887
Bric	25. 1	3. 474	1. 886	25. 2	3. 48	1. 887
Bric	30. 2	3. 477	1. 887	30. 4	3. 481	1. 887

注：测量的煤岩样品来自 4. B. 11。

附录 4. C 煤层气储层和资源的评价标准

4. C. 1 煤层气储层孔隙和割理评价标准

国内对煤层气储层的孔隙和割理发育都有一定的评价标准，本书将其总结如下。其中包括割理系统常用的研究方法（表 4. C. 1）、连通性划分方案（表 4. C. 2）、密度级别划分方案（表 4. C. 3）和发育程度划分方案（表 4. C. 4）等。孔隙大小的分类标准主要有国际理论和应用化学联合会提供的分类标准（1972）及前苏联学者 Ходот（1966）的划分标准（表 4. C. 5）。

表 4. C. 1 煤层双重孔隙系统常用研究方法比较（据张新民等，2002）

研究方法			样品形式	研究方法概要	主要研究对象	研究尺度	测试结果
观察描述	室外	巷道井壁	煤层	定性和半定量研究煤层揭露面上的割理展布情况	割理	大于 1000μm	确定成因类型、观察连通性、统计割理优势方向和密度、拍摄照片等
		手标本	块样	从不同断面上定性和半定量研究割理的发育程度	割理	大于 100μm	
	室内	光学显微镜	抛光块样	在抛光面上定性和半定量研究割理发育情况	割理	大于 1μm	
		扫描电镜	块样的自然断面	在二维自然断面上定性和半定量研究割理和孔隙的发育情况	孔隙、割理	大于 0.1μm	
物理测试	室内	水孔隙率测定	碎粒样	用水测定真相对密度和用封腊法测定碎粒样的视相对密度	孔隙		孔隙率
		氦孔隙率测定	块样	在给定压力下，测样品置换氦的体积，激励不同压力区间的块体积	孔隙—割理	大于 0.2nm	孔隙率
		压汞试验	块样	在给定压力下，测样品的进汞量，绘制毛细管压力曲线	孔隙—割理	大于 4nm	孔容、孔径及其分布等
		二氧化碳吸附	粉末样	在一定的温度（-78℃或25℃）和不同压力下，测定煤对气体的吸附量，用 BET 方法计算	孔隙		比表面积
		低温氮吸附	粉末样	在液氮温度下（-196℃）和相对压力下，测样品的氮吸附量，绘制吸附等温线，用 BET 方法计算	孔隙	大于 0.6nm	比表面积、孔径及其分布等

表 4. C. 2 割理的连通性等级划分方案（据张新民等，2002）

评价项目	连通性等级评价		
	好	较好	差
割理形态	网状	一组平行面割理为主，端割理少见，阶梯状	短裂纹状，单个分散
充填状态	无	部分	多数

表 4.C.3 割理密度级别划分方案（据张新民等，2002）

统 计 方 法	割理密度级别		
	一级	二级	三级
肉眼（条/10cm）	大于 10	10～3	小于 3
光学显微镜（条/10cm）	大于 100	100～30	小于 30
扫描电镜（条/cm²）	大于 1000	1000～300	小于 300

表 4.C.4 割理发育程度划分方案（据张新民等，2002）

评 价 项 目	割理发育程度		
	发育	较发育	不发育
割理密度级别	一级	二级	三级
割理连通性	好	较好	差

表 4.C.5 煤层气储层常用的孔隙分类标准

研 究 者	分类标准（nm）				
国际理论和应用化学联合会（IUPAC，1972）	小于 0.8（亚微孔）	0.8～2（微孔）		2～50（中孔）	大于 50（大孔）
Ходот（1966）		小于 10（微孔）	10～100（小孔或过渡孔）	100～1000（中孔）	大于 1000（大孔）

4.C.2 煤层气资源评价方法

煤层是一种裂隙—孔隙型双重孔隙介质储集层，煤层气主要以吸附状态赋存于煤层中，导致煤层气井的动态和常规天然气井有明显不同。与其他评价方法相比，体积法更为适合煤层气资源量或储量的计算。国家新一轮全国油气资源评价（据国土资源部油气资源战略研究中心，2009）选择体积法作用主要的评价方法。

（1）在计算单元内可获得煤炭储量数据，或资源量数据（第三次全国煤田预测与评价结果），可采用下面公式计算煤层气地质资源量，即

$$G_i = \sum_{j=1}^{n} M_{rj} \cdot \overline{C}_j$$

式中：n 为计算单元中划分的次一级计算单元总数；G_i 为第 i 个计算单元的煤层气地质资源量，10^8m^3；M_{rj} 为第 j 个次一级计算单元的煤炭储量或资源量，10^8t；$\overline{C}_j$ 为第 j 个次一级计算单元的煤储层平均原地基含气量，m^3/t。

（2）在计算单元内尚未获得煤炭储量或资源量数据，则计算公式为

$$G_i = \sum_{j=1}^{n} 0.01 \cdot A_j \cdot \overline{h}_j \cdot \overline{D}_j \cdot \overline{C}_j$$

式中：n 为计算单元中划分的次一级计算单元总数；G_i 为第 i 个计算单元的煤层气地质资源量，10^8m^3；A_j 为第 j 个次一级计算单元的煤储层含气面积，km^2；$\overline{h}_j$ 为第 j 个次一级计算单元的煤储层平均厚度，m；$\overline{D}_j$ 为第 j 个次一级计算单元的煤储层平均原地基视密度，t/m^3；$\overline{C}_j$ 为第 j 个次一级计算单元的煤层平均原地基含气量，m^3/t；

（3）煤层气可采资源量评价方法。

在获取煤层气地质资源量后，乘以可采系数可计算出煤层气可采资源量，计算公式为

$$G_r = G_i \cdot R$$

式中：G_r 为煤层气可采资源量，10^8m^3；G_i 为煤层气地质资源量，10^8m^3；R 为煤层气可采系数。

4.C.3　煤层气关键参数研究与获取

（1）煤储层含气量。

煤储层含气量是煤层在地层条件下所含甲烷气体的总量，包括取心过程中的散失量、解吸量和残余量。含气量的确定有以下方法（国土资源部油气资源战略研究中心，2009）：

①实测法。

钻井取心获得的含气量为损失气量、解吸气量（模拟地下温度）和残余气量之和。可采用煤层气井中实测的煤层气含量，也可采用煤田勘探所实测的煤层气含量。

部分盆地内已多次开展过煤层气资源评价，积累了大量的数据和资料，更主要的是，这些数据和资料来源于煤田地质勘探和煤矿生产，是可靠的。因此，在分析整理前人成果的基础上，可直接编绘煤层埋深图、煤层厚度图、煤层含气量图。

②类比法。

在缺乏煤层气含量实测值的计算单元内，可以类比相邻或地质条件相似、具有相同埋深范围单元内的含气量值。在类比时，应注意研究煤层上覆有效地层厚度和含气量之间的关系，以便预测的含气量值更接近地质实际。

③推测法。

以获得浅部计算单元内含气量与深度的关系为前提，可推算地质条件相似的深部计算单元内的含气量值。根据实际情况，可选择梯度法、等温吸附法、测井曲线法和地质综合分析法。所有参与计算的煤层含气量均以原地基为准。

（2）煤层气风化带深度。

煤层气风化带深度指煤层埋藏于浅部，受到风化作用，其化学性质、物理性质以及含气性都发生了明显的变化。

①甲烷浓度—深度关系法。

由于煤层甲烷浓度和含气量纵向的变化趋势为由浅部向深部是逐渐增高的，因此，可利用甲烷浓度—深度关系获得甲烷浓度 80% 对应的深度；也可以利用甲烷浓度—含气量关系求得甲烷浓度 80% 对应的含气量，再利用含气量—深度资料获得该含气量对应的深度，该深度即为煤层气风化带界限。这是最常用的方法，在有实测甲烷浓度的煤田或矿区，一般采用这种方法。

②类比法。

对缺乏甲烷浓度的含气区或矿区，采用类比法。如苏浙皖边含气盆地群宜溧、常州、长广含气区无实测甲烷浓度资料，便与同一含气盆地群的苏州、锡澄虞、皖南宣泾区带类比，来获得风化带深度。

（3）可采系数。

本实施方案中的可采系数，是依据等温吸附试验结果、原始含气量和与排采废弃压力对应的含气量计算的理论值，可用来反映基于煤等温吸附特性的煤层气可采系数。计算公式为

$$G_i = \sum_{j=1}^{n} M_{rj} \cdot \overline{C}_j$$

为便于应用上式可变为

$$G_i = \sum_{j=1}^{n} 0.01 \cdot A_j \cdot \bar{h}_j \cdot \overline{D}_j \cdot \overline{C}_j$$

式中：C_a 为煤层气废弃时的煤层气含量，m^3/t；C_i 为煤储层原始含气量，m^3/t；V_L 为煤储层兰氏体积，m^3/t；P_L 为煤储层兰氏压力，MPa；P_a 为废弃压力，MPa

在新一轮资源评价中，当煤层埋深小于 1500m 时，采用公式直接计算煤层气资源可采系数。对埋深大于 1500m 的煤储层，不计算煤层气可采资源量。

（4）煤层气资源类别评价标准。

新一轮资源评价标准用于各种计算单元煤层气资源类别的评价。

将煤层气资源分为Ⅰ类、Ⅱ类和Ⅲ类三个资源类别。煤层气资源类别主要由单层煤厚、含气量、煤层埋深、煤层渗透率和煤层压力特征等五项参数决定。参数赋分标准见表 4.C.6：

五项参数分值相加，得到资源的评价总分。考虑不同的勘探程度，分以下三种情况确定资源类别：

①当五项因素同时参与评价时，Ⅰ类资源：积分＞180 分；Ⅱ类资源：180～140 分；Ⅲ类资源：＜140 分。

②当缺乏某一项参数时，Ⅰ类资源：积分＞160 分；Ⅱ类资源：160～120 分；Ⅲ类资源：＜120 分。

③当缺乏某两项参数时，Ⅰ类资源：积分＞110 分；Ⅱ类资源：110～70 分；Ⅲ类资源：＜70 分。

表 4.C.6　煤层气储层参与评价的因素及评价赋分标准（国土资源部油气资源战略研究中心，2009）

煤 级	单层煤厚（m）	分值	含气量（m³/t）	分值	埋深（m）	分值	渗透率（mD）	分值	压力状态	分值
气煤—无烟煤	大于 5	50	大于 10	50	300～1000	50	大于 1	50	正常—超压	50
褐煤—长焰煤	大于 10		大于 4		小于 500		大于 10		正常	
气煤—无烟煤	2～5	30	4～10	30	1000～1500	30	0.1～1	30	正常	30
褐煤—长焰煤	5～10		2～4		500～1000		5～10		欠压	
气煤—无烟煤	小于 2	20	小于 4	20	大于 1500	20	小于 0.1	20	欠压	20
褐煤—长焰煤	小于 5		小于 2		大于 1000		小于 5		欠压	

①煤层气综合评价参数和标准。

煤层气有利区带综合评价指标体系如表 4.C.7，自左至右的指标项层次结构中 8 个评价指标是基础，指标层向上组成评价条件层，也是分层次结构中，指标项煤层气资源规模及其可采性和开发利用属性的主要因素。

②资源条件及可采性。

资源条件及可采性（B_1）主要指煤层气资源规模及其本身固有的采出难易程度，是决定煤层气经济开发的内在因素。该评价条件由资源丰度（C_1）、地质资源量（C_2）、可采资源量（C_3）、资源类别（C_4）和煤系后期改造强度（C_5）五个评价指标组成。

表 4. C. 7　煤层气资源综合评价体系及特征分级标准（国土资源部油气资源战略研究中心，2009）

评价目标	评价条件	评价指标	指标特征分类			
			A	B	C	D
			75~100	50~75	25~50	0~25
含气区带 (A)	资源条件及可采性 (B_1)	资源丰度 (C_1)/($10^8 m^3 \cdot km^{-2}$)	大于1.5	1~1.5	0.5~1	小于0.5
		地质资源量 (C_2)/$10^8 m^3$	大于10000	1000~10000	200~1000	小于200
		可采资源量 (C_3)/$10^8 m^3$	大于1000	250~1000	50~250	小于50
		资源类别 (C_4)	50~100	20~50	10~0	小于10
		煤系后期改造强度 (C_5)	弱改造型	中间改造型	次强改造型	强改造型
	开发利用条件 (B_2)	市场需求 (C_6)	大	较大	中等	小
		地形条件 (C_7)	平原	丘陵、高原	黄土塬、山地	沙漠、戈壁
		基础设施 (C_8)	好	较好	一般	差

③开发利用条件。

开发利用条件（B_2）包括市场需求（C_6）、地形条件（C_7）和基础设施（C_8）三个指标，是煤层气经济开采的外在影响因素。市场需求（C_6）根据市场对煤层气需求的大小定性赋分；地形条件（C_7）根据丘陵、山地、平原等情况进行定性打分；基础设施（C_8）根据天然气利用的基础设施的有无或完善程度定性打分。

附录4.D 世界上不同国家（地区）煤层气及煤层气储层特征统计

煤层气储层特征与常规储层特征有较大差别，包括煤层气的赋存特征等多个方面。煤层气储层与常规砂岩储层的特征对比如表4.D.1所示。目前煤层气开发较为成熟的国家是美国和澳大利亚，但其他国家也进行了较多的实验研究。这里将不同煤层气地区（盆地）的气体特征和储层特征进行统计。统计内容包括不同盆地（地区）煤层气气体成分和同位素含量（表4.D.2），世界主要生物成因煤层气盆地的地化特征（表4.D.3）和部分煤层气盆地的吸附特征测量结果的统计（表4.D.4）。

表4.D.1 常规砂岩储层和煤储层的比较（据国土资源部油气资源战略研究中心，2009）

对比项目	常规砂岩储层	煤储层
储层岩性	矿物质	有机质
生气能力	无	有
气源	外源的	本层的
储气方式	圈闭	吸附为主
孔隙大小	大小不等	多为中孔（2~30nm）和微孔（<2nm），属微毛细管孔隙范围
孔隙结构	单孔隙结构或双重孔隙结构	双重孔隙结构
裂隙	发育或者不发育	有独特的割理、裂隙结构
渗透性	高低不等；岩性测定渗透率；对应力很不敏感；开采过程稳定	一般低于1mD；求渗透率不能单靠岩心测定；对应力很敏感；随开采时间延长有变好的趋势；强烈的非均质性
毛管压力	可成为油气排出的动力或阻力	微毛管发育，使水的相对渗透率急剧下降，使煤保持较高的束缚水饱和度，使气体的相对渗透率保持在较低水平
比表面积	一般砂岩约为1500 m^2/m^3	1g煤的比表面积可达100~400 m^2/m^3
储量估算	可用孔隙体积法	孔隙体积法不适用
开采范围	圈闭以内	较大的面积连片开采
井距（相对）	大	小
断裂	断层可起圈闭作用	断裂可起连通作用，但可提高渗透率
储层中的水	推进气的产出，无需先排水	阻碍气的产出，要先排水
产气量	高	低
储层压力	产气动力，同样的压降采出量小	储层降压产气，同样的压降采出量大
生产曲线	下降曲线	负下降曲线，产气量先上升，达到高峰后缓慢下降，持续很长的开采期
压裂	低渗透储层才需要压裂，容易产生新的裂缝，处理压力相对较低	一般要压裂，压裂后使原有的裂缝变宽，处理压力高，压裂液漏失量大
井壁稳定性	好	差，易坍塌，易堵塞
泥浆、水泥对储层的伤害	相对弱	严重，应尽力避免

表 4.D.2　世界主要煤层气盆地（地区）的煤层气气体成分和同位素含量（修改自 Rice, 1993）

煤层年代	煤阶 (R_o)	采样深度 (ft)	样品采出类型	湿度 (C_2+%)	CO_2含量 (%)	δ13C (‰) C_1	δ13C (‰) C_2	δ13C (‰) CO_2	δ1D_1 (‰)	参考文献
美国 Oklahoma 州 Arkoma 盆地宾夕法尼亚组	高挥发性烟煤 A～低挥发性烟煤 (0.9～1.7)	未提供	水平脱气井和岩心	0.1～4.3	0.1～1.6	-56～-38	—	—	—	Iannacchione 和 Puglio, 1979; Iannacchione 等, 1983
美国 Alabama 和 Mississippi 州 Black Warrior 盆地宾夕法尼亚组	高挥发性烟煤 A～中挥发性烟煤 (0.8～1.4)	1100～2500	生产井	0～4	0.1～0.2	-51.0～-41.9	—	—	—	Rice 等, 1989b; Pashin, 1991; Rice, 1993
加拿大阿尔伯塔省 Deep 盆地白垩系	中挥发性烟煤 (1.4)	10070～10080	解吸附和生产井实验	7.1～9.1	未提供	-40.9～37.3	-26.6～25.2	—	—	R E. Wyman, 1992
中国东部石炭系、二叠系和三叠系到新近系	亚烟煤 A 到无烟煤 (0.5～3.8)	430～14500	煤矿、井和筒煤热解实验	0～34	0.1～5.1	-66.9～-24.9	—	—	—	Dai 等, 1987
波兰 Lower Silesian 含煤盆地晚石炭系	中挥发性烟煤到亚无烟煤 (1.1～2.6)	约 1300～2700	解吸附和煤矿游离气	0.1～48.5	0.1～99.7	-66.1～-24.6	-27.8～-22.8	-26.6～+16.8	-256～-117	Kotarba, 1988, 1990
澳大利亚 Bowen 和 Sydney 盆地二叠系	高挥发性烟煤 B 到中挥发性烟煤 (0.7～1.2)	小于 1000	解吸附	小于 10	小于 99	约 -80～-24	—	-24.9～+16.7	-279～-171	Smith 等, 1985
美国 Colorado 州 Piceance 盆地白垩系	高挥发性烟煤 B 到低挥发性烟煤 (0.5～1.9)	800～7400	生产井和解吸附	0.1～17.8	0～25.4	-60.3～-29.1	-32.9～-30.5	-7.1～-7.0	—	Tremain 和 Toomey, 1983; Johnson 和 Rice, 1990; Reinecke 等, 1991; Rice, 1993
美国 Montana 和 Wyoming 州 Powder River 盆地古近系古新世	褐煤到亚烟煤 (0.3～0.4)	400～1800	生产井	0～0.1	1.4～3.2	-56.6～-53.8	—	—	-333～-307	Boreck 和 Weaver, 1984; Rice 和 Flores, 1991; Rice, 1993
美国 Colorado 和 New Mexico 州 San Juan 盆地白垩系	亚烟煤 A 到中挥发性烟煤 (0.5～1.5)	1100～3900	生产井	0～13.5	0.1～9.4	-46.6～-38.5	-31.1～-26.2	+6.8～+18.6	-231～-194	Rice 等, 1989a; Law, 1992; Rice, 1993

煤层年代	煤阶 (Ro)	采样深度 (ft)	样品采出类型	湿度 (C2+, %)	CO2含量 (%)	δ13C (‰) C1	δ13C (‰) C2	δ13C (‰) CO2	δ1D1 (‰)	参考文献
西德晚石炭系	高挥发性烟煤到无烟煤 (0.8~4.9)	海平面下约30~12700	煤矿井和煤中吸附筒中吸附和游离气	0~70.5	未提供	-70.4~-16.8	—	—	—	Colombo 等, 1970
美国 Colorado 州 Piceance 盆地	亚烟煤到烟煤 (0.5~2.17)	—	热解	0.02~1.77	18.9~87.2	—	—	—	—	zhang 等人, 2008
新西兰 Huntly, Ohai and Greymouth,	亚烟煤 C~A, 高挥发性烟煤 A (0.45~0.6)	315~420m	生产	—	3.54~6.88	-67.7~-58.7	—	—	-246~-206	Butland 和 Moore, 2008
美国 Indiana 州西南部		—	煤矿	—	0.1~1.23	—	-11.13~1.57	—	—	Solano-Acosta 等, 2008
美国 Forest City 盆地	-0.49~0.68	107~488m	生产	—		-224~-218	—	-5.91~6.83	-70.0~-57.6	McIntosh 等 2008
美国 Powder River 和 San Juan 盆地	亚烟煤 C~A, (0.45~0.53); 亚烟煤 C 到中-低挥发性烟煤 (0.55~0.82)	49~429m; 132~1190m		—	—		-25.8~-22.7 / -26.7~-26.2	—		Formolo 等 2008
中国安徽淮集地区	0.88~0.91	537.19~788.58m	岩心	—	0.51~1.93	-61.3~-50.7	-26.7~-15.9	-39.0~-6.0	—	Tao 等, 2007
波兰 Upper Silesian 盆地	0.59~1.23	323~920m	煤矿游离气	—	0.2~16.7	-79.9~-44.5	-24.6~-22.3	-27.2~-2.8	-202~-153	Kotarba, 2001
波兰 Lublin 盆地	0.67~0.71	864~882m	生产井,煤矿游离气	—	3.9~7.4	-67.3~-52.5	—	-13.7~-11.9	-201	Kotarba, 2001
波兰 Lower Silesian 盆地	烟煤煤到无烟煤 (1.08~4.28)	—	煤矿游离气	—	0.07~99.5	-66.1~-24.6	-27.8~-22.8	-26.6~-16.8	-266~-117	Kotarba, 2001
美国 Illinois 盆地东南部	高挥发性烟煤 C/B (0.55~0.8)	97~516m	岩心和生产	—	0.5~3.0	-66.6~-47.1	—	-23.4~11.4	-219~-187	Strapoc 等, 2007
加拿大 British Columbia 省东南部	—	—	测试井和测压井	—	—	-65.4~-51.8		—	—	Aravena 等, 2003
澳大利亚 Sydeny 和 Bowen 盆地	—	—	煤层	—	小于5	-50~-70	—	0~10	-152~-255	Smith 和 Robert, 1996

表 4.D.3　主要生物成因煤层气盆地的地化特征统计表（修改自 Wang 等，2010）

地　区	地球化学特征	气体形成类型	数据来源
澳大利亚 Sydney 和 Bowen 盆地	$C_1/C_2 \geq 1000$；$\delta^{13}C_1 = -6.0‰ \pm 1.0‰$；$\delta D_1 = -21.7‰ \pm 1.7‰$；$\Delta\delta^{13}C_{(CO-CH)} = 5.5‰ \pm 1.0‰$	次生生物成因：CO_2 还原作用	Smith 和 Pallasser，1996
波兰 Upper Silesian 盆地	$C_1/(C_2 + C_3) = 122 \sim 10000$；$\delta^{13}C_1 = -7.99‰ \sim -4.45‰$；$\delta D_1 = -20.2‰ \sim -15.3‰$	次生生物成因：CO_2 还原作用	Kotarba，2001
波兰 Lublin 盆地	$C_1/(C_2 + C_3) > 10000$；$\delta^{13}C_1 = -6.73‰ \sim -5.25‰$；$\delta D_1 = -20.1‰$	次生生物成因：CO_2 还原作用	Kotarba，2001
美国 Power River 盆地	$C1 = 86.4‰$；$\delta^{13}C_1 = -5.12‰ \sim 8.33‰$；$\delta D_1 = -29.1‰ \sim -32.8‰$	次生生物成因：醋酸发酵作用和 CO_2 还原作用；主要为 CO_2 还原作用	Romeo 等，2008
新西兰 Huntly, Ohai, Greymouth Coal seam	$C_1 = 89.16‰ \sim 96.40‰$；$\delta^{13}C_1 = -5.87‰ \sim -6.59‰$；$\delta D_1 = -20.4‰ \sim -24.6‰$	次生生物成因：CO_2 还原作用	Carol 和 Tim，2008
中国阜新盆地	$C_1 = 84.05‰ \sim 88.90‰$；$\Delta^{13}C_1 = -5.80‰ \sim -4.47‰$	次生生物分解作用	Zhu 等，2007
中国新集、李雅庄、恩洪盆地	$C_1/C_{1-5} > 0.99$；$\delta^{13}C_1 = -6.17‰ \sim -4.79‰$；$\delta D_1 = -24.4‰ \sim -19.6‰$	主要为生物成因，混合部分热成因	Tao 等，2005

注：$\delta^{13}C_1$ 和 δD_1 单位分别为标准的 PDB 和 SMOW。

表 4.D.4　世界上部分煤层气盆地煤岩样品气体吸附测量结果统计（据 Mazzotti 等，2009）

煤层气盆地或地区	但组分气体吸附实验					多组分气体吸附实验				
	煤样	气　体	P_{max}	方法	参考文献	煤样	混合气体	P_{max}	方法	参考文献
澳大利亚 Bowen 盆地	干	CO_2/CH_4	200	G	Bae 和 Bhatia，2006					
澳大利亚 Sydney 盆地	湿	CO_2	60	G	Saghafi 等，2007	干	$CO_2/CH_4/N_2$	52	V－C	Stevenson 等，1991
澳大利亚	干/湿	$CO_2/CH_4/N_2$	200	G	Sakurovs 等，2007　Day 等，2008a　Day 等，2008b					
中国沁水盆地	湿	CO_2/CH_4	100	V	Yu 等，2008					
德国 Warndt Colliery 煤矿	干/湿	CO_2	200	V	Siemons 和 Busch，2007					
英国 Nottinghamhamshire 煤矿	干/湿	CO_2	200	V	Siemons 和 Busch，2007					
意大利 Sulcis 煤	干	$CO_2/CH_4/N_2$	200	G	Ottiger 等，2006　Ottiger 等，2008a　Ottiger 等 2008b	干	$CO_2/CH_4/N_2$	150	G－C	Ottiger 等，2008a　Ottiger 等 2008b

煤层气盆地或地区	但组分气体吸附实验					多组分气体吸附实验				
	煤样	气体	P_{max}	方法	参考文献	煤样	混合气体	P_{max}	方法	参考文献
日本 Ishikar 煤田	干	$CO_2/CH_4/N_2$	60	V	Shimada 等，2005	干	$CO_2/CH_4/N_2$	60	V－C	Shimada 等，2005
波兰 Silesian 盆地	干/湿	CO_2/CH_4	200	V	Siemons 和 Busch，2007 Busch 等 2004	干/湿	$CO_2/CH_4/N_2$	230	V－C	Ceglarska－Stefanska 和 Zarebska，2005 Busch 等，2006
荷兰 Achter-hoek 地区	干/湿	CO_2/CH_4	200	V	Krooss 等 2002	干/湿	CO_2/CH_4	230	V－C	Busch，2006
美国 San Juan 盆地	湿	$CO_2/CH_4/N_2$	150	V	Fitzgerald 等，2005 DeGance 等，1993 Chaback 等，1996	湿	$CO_2/CH_4/N_2$	150	V－C	Fitzgerald 等，2005 DeGance 等，1993 Arri 等，1992 Fitzgerald 等，2006
美国 Argonne Premium	干/湿	CO_2	150	V/G	Siemons 和 Busch，2007 Goodman 等，2007 Busch 等 2007	干/湿	CO_2/CH_4	180	V－C	Busch 等，2006 Busch 等，2007 Busch 等 2003
美国 Black Warrior 盆地						湿	$CO_2/CH_4/N_2$	100	V－C	Chaback 等，1996

方法：V，体积测量法；G，重量测量法；C，气相色谱法法；P_{max}，最大压力，单位为 bar。

附录 4. E　煤层气主要勘探开发技术的应用和发展

煤层气开发需要钻井、完井和生产作业等各种关键技术，这些技术的需求和应用特征统计结果见表 4. E. 1。另外，煤层气测井技术中，目前主要用常规测井技术了对煤层气储层进行测量和评价。为此将各类煤层气储层测井评价技术（表 4. E. 2）和常用的煤层气测井方法与测井技术系列（表 4. E. 3）进行总结。

表 4. E. 1　煤层气开发所需的关键技术与应用（据 Jenkins 等，2008）

主要技术领域	技术需求	技术应用
钻井作业	快速、低成本钻井	高压喷注的连续油管系统
		遥感勘测和复合钻杆
		破坏性小的钻井液
	减少钻井轨迹	分支井
		储层下的抽取
	水平井的稳定性	复合式钻井和尾管系统
		机械尾管系统
		地质导向技术
完井作业	无污染固井	轻型固井材料
	地层入口	水力喷射
		高能激光射孔
	增强水力压裂的效果	裂缝检测技术，包括测斜仪和微地震
		破坏性小的压裂液
		轻质支撑剂
		有效的压裂技术（连续油管压裂技术、多段压裂技术等）
生产作业	人工举升/水处理	井底气、水分离和回注
		减少滤失和污染
		表面活性剂
		智能井
	增产	注入 CO_2 或 N_2
		优化水平井设计
		微生物提高采收率

表 4. E. 2　各类煤层气储层测井评价技术一览表（据王敦则等，2003）

技术类别	主要原理	优缺点评价
基于常规天然气储层评价思想的定性识别方法	类似于常规天然气储层的测井响应模式（例如，高阻、声波时差增大、低密度和高中子孔隙度等），基于已知煤储层上单条或几条测井曲线及其变换信息的变化规律，通过对这种规律的大量分析总结，提出其定性识别准则	只能作储层定性识别；且当某种（些）测井资料受到干扰时，其判别结果极有可能出错

技术类别	主要原理	优缺点评价
基于体积模型的储层评价方法	研究思想类似于传统的体积模型，同时也适当考虑了煤层气储层的若干特点。在煤层气储层的测井体积模型基础上，建立测井响应（声波、密度和电阻率等）与储层参数（孔隙度、含气饱和度等）之间的线性或非线性关系式，进而求取有关的储层参数	应用前提是假设煤储层结构具有均质性和各向同性，这显然与实际储层结构不符，因此该类方法计算结果还普遍存在一定误差。
基于概率统计模型的储层评价方法	把储层参数、定性识别结果和测井响应信息等都当作是随机变量，从概率统计理论的角度出发，对这些变量进行统计分析，从大量已知的实际资料统计分析中得到有关的储层评价数学表达式，从而实现储层评价的目的	应用前提是假设储层参数和测井信息服从某种概率统计分布，且储层评价结果与测井响应信息之间存在某种（线性或非线性）关系。如果条件不能满足，其计算结果难于满足储层评价的精度要求。
基于神经网络模型的储层评价方法	基于现代非线性储层评价方法可用于煤层气储层评价的全过程，即储层定性识别、储层参数的定量计算、储层的综合评价分析。神经网络煤储层评价方法，不用考虑具体的数学模型，神经网络就能所谓"隐式"，表达出煤储层评价结果与测井响应信息之间的复杂关系，从而达到储层评价的目的。目前，人们已提出了近百种神经网络模型	普遍认为，以 BP（误差反向传播）神经网络和自组织神经网络（无教师指导网络）方法理论较为完善、应用较为成熟。虽 BP 神经网络方法从目前来讲是应用效果较好的方法之一，但它仍然存在迭代速度慢和存在局部极小点等不足

表 4. E. 3　常用的煤层气测井方法与测井技术系列（据王敦则等，2003）

测井系列		测井方法	对煤层响应特征或测定参数	主要用途或目的	优点及使用限制条件/缺点评述
基本测井系列	岩性测井方法	自然电位测井	煤层多呈负值，有时也呈正值	用 SP 判断煤储层渗透性，预测厚煤层的煤层气产能	大多数情况下可用；易受电极电流、岩性、地层水电阻率及泥浆电阻率影响；预测煤层气产能时要做层厚、泥浆等影响因素校正；且只能用于特定区域，不能用于大面积对比
		自然伽马测井	纯煤层 GR 值很低，一般小于 70API	用 SP、GR 和 CAL 结合判别岩性，划分储层与非储层，确定地层水矿化度和泥质含量	黏土矿物出现引起较高读数；细砂含灰分通常对煤的自然伽马读数无影响
		井径测井	一般煤层 CAL 大于钻头 CAL，不规则	识别沉积相和沉积环境	井径曲线在煤层无特殊响应，井径大小受地层性质、钻井液柱压力、工程固井影响
	饱和度测井方法	双侧向—微球形聚焦电阻率测井	纯煤电阻率一般较高；R 烟煤很高，R 无烟煤很低	高阻煤层的准确判识；利用深、中电阻率曲线幅度差计算煤层次生孔隙度；计算煤层灰分及发热量，识别沉积相及沉积环境	深侧向电阻率（RLLD）；浅侧向电阻率（RLLS）和微球形聚焦电阻率（RMSF）；测井用于导电性泥浆所钻的井中；且煤中黏土质灰分常引起电阻率读数低
		双感应—八侧向测井	一般为高值	只能用于低阻煤层识别	受感应测井仪本身设计限制；当 R 煤 $< 200\Omega \cdot m$ 时效果好，当 $> 200\Omega \cdot m$ 时效果不佳

测井系列	测井方法	对煤层响应特征或测定参数	主要用途或目的	优点及使用限制条件/缺点评述
基本测井系列	孔隙度测井方法 — 补偿偿密度测井	一般 ρ 煤 $<1.7\mathrm{g/cm^3}$，其值和 ρ 围岩（$>2.3\mathrm{g/cm^3}$）区别明显	有效确定煤层埋深、厚度及煤层中的夹矸、评价煤质	在煤层段加测放大曲线（深度比例1/50，采样密度32点/m），能更准确划分煤层。井眼扩径时，体积密度曲线数值受井眼泥浆影响而减小，判断煤层时要结合 CAL，GR 等曲线
	中子孔隙度测井	煤层中子孔隙度一般40%~50%，与围岩的孔隙度区别明显	确定煤层埋深及厚度、定性判断煤质	在中子孔隙度曲线划分煤层时要考虑井径的影响，也要结合井径及自然伽马等曲线
	声波时差测井	煤层 Δt 大于 $400\mu\mathrm{s/m}$，高纵波、横波时差值，与砂泥岩、灰岩的时差值区别明显	识别砂泥岩、灰岩；与体积密度曲线结合，可用经验公式计算井眼剖面的机械力学参数	使用中要考虑井径的影响，需结合 CAL，GR 等曲线把煤层和泥岩区分开
	微电极测井	渗透率高时，曲线间差异大	定性判断煤储层渗透性、煤层割理发育情况	只能做小区域对比，同时还应考虑到井眼是否规则、各井泥浆性能是否一致
辅助测井系列	地层倾角测井		测量地层倾角、方位角	分析地层产状、识别裂缝，研究构造、沉积相、断层、不整合等
	声波全波列测井	测量地层纵波、横波及斯通利波信息	判断煤层、气层，计算岩石泊松比等机械力学参数，识别裂缝发育带，计算地层渗透率	这些测井方法的费用相对较高，在选择煤层气测井项目时，一般很少使用
	井下电视扫描（超声波成像）测井	测量井壁周围地层图像	判断岩性、层理、煤层，直观识别裂缝、洞穴及其产状	
	自然伽玛能谱测井	测量地层铀、钍、钾含量；在纯煤中显示低值	划分岩性、煤层、钾盐和放射性矿层，估算煤层灰分、黏土类型及含量，识别沉积相及沉积环境	富含钾、铀、钍的黏土杂质会增加仪器读数。细砂等灰分一般对应于低计数率
	声波变密度测井及脉冲回声测井	在煤（层）中无特殊响应	套管井固井质量检查	
	密度测井（伽马测井）	煤〔层〕为低密度值（高视孔隙度），且远远小于砂岩、碳酸盐岩	煤层气储层识别，确定储层厚度、进行煤层气储层评价以及井筒动态监测等；密度资料还可用于计算固定碳、灰分、水分、挥发分含量	细粒石英等灰分能增高密度值；与其相关联的光电效应（Pe）曲线在纯煤中为0.17~0.20，灰分的光电效应至少是煤的10倍而使其极度增高

测井系列	测井方法	对煤层响应特征或测定参数	主要用途或目的	优点及使用限制条件/缺点评述
辅助测井系列	中子测井	煤（层）呈高视孔隙度值		黏土矿物对煤的视孔隙度无大影响；细粒石英等灰分可能降低煤的视孔隙度。
	声波测井	煤（层）高孔隙度值（高传播时间）		黏土矿物出现对煤的视孔隙度无大影响；细粒石英等灰分可能降低煤的视孔隙度。
	中子能谱测井	对煤的元素组成以高精度响应	通常识别煤中的碳和氢，用于识别煤层和煤层气	灰分（包括黏土矿物）具指示更多元素的效应，可增加硅、钙、铁、铝和钾元素
	井斜测井	测量井眼的倾角和方位角	校正煤层和气层真垂直厚度及深度，计算煤层及油气层在地下的空间位置，评价钻井井身质量	

附录 4.F 世界上不同国家（地区）煤层气资源量及产量统计

煤层气产业开发较为成熟的国家是美国，另外我国煤层气产业也正在大力发展。因此本附录主要对我国和美国的煤层气资源量进行了统计。首先展示了世界煤层气的资源量（表4.F.1），统计结果来自 Kuskraa（2009）；然后将我国煤层气盆地资源量和分布（表4.F.2、表4.F.3、表4.F.4和表4.F.5）、含油气区带评价和分布（表4.F.6、表4.F.7和表4.F.8）和22个重点矿区煤层气资源量评价结果（表4.F.9）进行汇总，数据主要来自国土资源部油气资源战略研究中心统计结果（2009）；最后将美国的煤层气资源量及产量（表4.F.10、表4.F.11和表4.F.12）进行统计，数据来自美国能源情报署（EIA，2009）。

表 4.F.1 世界煤层气地质资源量和可采储量统计表（据 Kuuskraa，2009）

国家/地区	煤层气地质储量（Tcf）	煤层气可采储量（Tcf）
俄罗斯	450 - 2000 +	200
中国	700 - 1270	100
美国	500 - 1500	140
澳大利亚/新西兰	500 - 1000	120
加拿大	360 - 460	90
印度尼西亚	340 - 450	50
南非	90 - 220	30
西欧	200	20
乌克兰	170	25
土耳其	50 - 110	10
印度尼西亚	70 - 90	20
哈萨克斯坦	40 - 60	10
南美 + 墨西哥	50 +	10
波兰	20 - 50	5

表 4.F.2 中国煤层气资源大区分布（据国土资源部油气资源战略研究中心，2009）

大区名称	煤炭资源量（10^8t）	评价面积（km^2）	地质资源量（$10^8 m^3$）	资源丰度（$10^8 m^3 \cdot km^{-2}$）	可采资源量（$10^8 m^3$）	地质资源量所占比例（%）	可采资源量所占比例（%）
东部	16702.87	100434.93	113183.70	1.13	43176.69	30.75	39.72
中部	20627.95	128530.41	104676.36	0.81	19981.32	28.44	18.38
西部	18622.33	101334.21	103592.06	1.02	28583.20	28.14	26.29
南方	3568.17	44052.89	46621.85	1.06	16963.68	12.66	15.61
青藏	2.26	601.00	44.34	0.07	0.00	0.01	0.00
合计	59523.58	374953.44	368118.32	0.98	108704.88	100.00	100.00

表 4.F.3　中国煤层气资源深度分布表（据国土资源部油气资源战略研究中心，2009）

大区名称	深度（m）	煤炭资源量（10^8t）	地质资源量（10^8m³）	地质资源量所占比例（%）
东部	风化带下限－1000	9383.22	54207.62	47.89
	1000－1500	3971.00	29861.06	26.38
	1500－2000	3528.65	29115.01	25.72
中部	风化带下限－1000	7339.07	31116.13	29.73
	1000－1500	5579.05	30188.54	18.84
	1500－2000	7709.83	43371.69	41.43
西部	风化带下限－1000	6175.53	28887.19	27.89
	1000－1500	6074.54	35102.99	33.89
	1500－2000	6372.26	36901.88	38.23
南方	风化带下限－1000	2341.37	28452.71	61.03
	1000－1500	737.19	10959.14	23.51
	1500－2000	498.61	7210.00	15.46
青藏	风化带下限－1000	2.26	44.34	100.00
合计	风化带下限－1000	25241.44	142707.99	38.7
	1000－1500	16181.79	106111.73	28.83
	1500－2000	18100.35	119298.60	32.41

表 4.F.4　中国煤层气资源量在不同盆地的分布（据国土资源部油气资源战略研究中心，2009）

盆地	含气面积（×10^8km²）	资源量（10^{12}m³）
伊犁	0.60	1.21（侏罗系）
吐哈	0.94	2.12（西山窑组1.24；八道湾组0.88）
鄂尔多斯	10.18	9.82（石炭—二叠系5.92；侏罗系3.9）
滇黔桂	1.61	3.47（二叠系、三叠系）
准噶尔	2.17	3.87（西山窑组2.43；八道湾组1.44）
海拉尔	1.17	1.59（侏罗系）
二连	3.48	1.96（侏罗系）
沁水	2.68	3.97（山西组1.58；太原组2.39）
合计	22.83	28.01

表 4.F.5　中国主要含气区带的煤层气资源量分布表（据国土资源部油气资源战略研究中心，2009）

盆地名称	含气区带名称	地质资源量（10^8m³）	资源丰度（10^8m³·km⁻²）	可采资源量（10^8m³）
沁水	沁水	36171.39	1.57	9677.54
鄂尔多斯	东缘	34332.66	1.53	8121.18
鄂尔多斯	西缘	34174.08	0.82	3026.78
鄂尔多斯	中部	23419.10	0.61	5167.39

盆 地 名 称	含气区带名称	地质资源量 （$10^8 m^3$）	资源丰度 （$10^8 m^3 \cdot km^{-2}$）	可采资源量 （$10^8 m^3$）
吐哈	吐哈	21198.34	2.26	4100.46
准格尔	准南	20582.73	1.26	5986.20
二连	霍林河周缘	19622.74	0.7.	15663.98
滇东黔西	六盘水	17065.15	2.64	7299.72
塔里木	南缘	16012.62	0.41	5559.78
天山	伊犁	12164.30	2.01	5100.92
滇东黔西	织纳	11768.26	2.27	3425.03
准格尔	准东	11061.12	1.04	2001.19
海拉尔	伊敏	11012.03	1.65	2502.51
鄂尔多斯	南缘	6708.43	1.09	1555.24
准格尔	准北	6624.31	0.86	90.56
二连	霍林河	6193.89	0.90	5362.40
三塘湖	三塘湖	5942.14	2.15	1752.60
川南黔北	黔北	5222.73	0.61	1267.97
海拉尔	伊敏周缘	4945.81	0.78	2001.28
滇东黔西	贵阳	3861.35	1.01	1450.33
宁武	宁武	3643.58	2.12	1129.16
徐淮	淮南	3471.26	2.31	1034.30
塔里木	北缘	3325.95	2.95	1306.90
四川	永荣	2993.62	0.46	1264.75
沁水	霍西	2535.30	0.82	1042.59
滇东黔西	恩洪	2028.96	3.35	717.80
太行山东麓	焦作	1996.55	2.66	118.94
徐淮	淮北	1957.74	1.63	408.75
四川	华蓥山	1847.82	0.28	611.94
冀中	大城	1773.32	1.89	212.08
豫西		1728.53	1.95	272.39
太行山东麓	安鹤	1453.81	2.18	123.32
大同	大同	1428.11	2.99	470.63
三江—穆棱河	鸡西	1423.61	1.72	146.10
天山	尤尔都斯	1420.59	0.76	451.00
柴达木	柴北缘	1411.76	1.15	579.24
天山	焉耆	1349.29	1.45	588.41
天山	库米什	1345.36	0.80	531.29

盆 地 名 称	含气区带名称	地质资源量 ($10^8 m^3$)	资源丰度 ($10^8 m^3 \cdot km^{-2}$)	可采资源量 ($10^8 m^3$)
浑江—红阳	红阳	1148.68	1.08	400.15
京唐	开平	1143.87	2.19	241.20
川南黔西	芙蓉	1103.54	0.75	530.15
豫西	禹县	1001.51	0.81	208.04
合计		349597.93	1.05	103502.20
其他合计		18520.45	0.44	5202.72

表 4.F.6　含气区带综合评价结果（据国土资源部油气资源战略研究中心，2009）

区带类型	最有利区带	有利区带	较有利区带
区带个数/个	2	4	11
区带名称	沁水、鄂尔多斯盆地东缘	鄂尔多斯盆地南缘、宁武、安阳—鹤壁、松藻	淮南、伊犁、焉耆、大同、抚顺、红阳、焦作、铁法、淮南、阜新、芙蓉

表 4.F.7　评价煤矿煤层气资源大区分布（据国土资源部油气资源战略研究中心，2009）

大 区	地质资源量 ($10^8 m^3$)	剩余资源量 ($10^8 m^3$)	消耗资源量 ($10^8 m^3$)	可采资源量 ($10^8 m^3$)	剩余可采资源量 ($10^8 m^3$)
东部	1983.47	1721.47	262.00	487.34	460.48
中部	1787.71	1587.81	199.90	736.85	698.89
南方	304.94	261.04	43.90	111.25	100.39

表 4.F.8　综合评价流程（据国土资源部油气资源战略研究中心，2009）

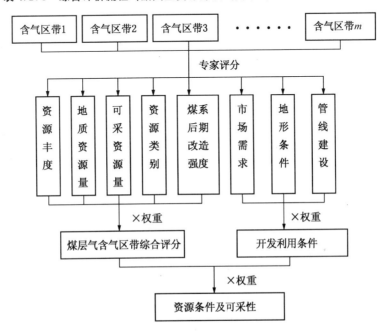

表 4. F. 9　全国 22 个重点矿区煤层气资源量评价结果汇总表（据国土资源部油气资源战略研究中心，2009）

矿区	地质资源量（$10^8 m^3$）	可采资源量（$10^8 m^3$）	消耗资源量（$10^8 m^3$）			剩余资源量（$10^8 m^3$）			
			风排消耗	抽放消耗	小计	剩余可采	剩余难采	残留区	小计
淮南	636.58	227.93	58.09	8.04	66.13	219.89	337.68	12.88	570.45
淮北	126.82	36.68	18.82	5.12	23.94	31.56	65.42	5.9	102.88
平顶山	361.29	80.97	33.82	1.37	35.19	79.6	240.04	6.46	326.10
永城	100.51	8.39	16.65	0	16.65	8.39	59.61	15.35	83.85
焦作	99.46	21.03	20.96	2.87	23.83	18.16	53.55	3.92	75.63
鹤壁	46.85	12.63	15.56	2.59	18.15	10.04	11.37	7.29	28.70
安阳	31.36	7.3	10.82	1.67	12.49	5.63	9.24	4	18.87
峰峰	373.92	53.62	27.29	2.32	29.61	51.3	268.4	24.61	344.31
邢台	43.12	6.13	2.24	0	2.24	6.13	34.69	0.06	40.88
鸡西	80.22	13.86	15.4	1.27	16.67	12.59	48.97	1.99	63.55
鹤岗	83.35	18.8	15.49	1.61	17.1	17.19	43.85	5.21	66.25
晋城	116.13	27.12	16.51	1.71	18.22	25.41	72.05	0.45	97.91
阳泉	323.07	81.53	69.08	32.44	101.52	49.09	155.82	16.64	221.55
韩城	111.53	33.02	15.48	0.64	16.12	32.38	62.02	1.01	95.41
澄合	0.4	0.2	0	0	0	0.2	0.2	0	0.40
柳林	1025.75	529.41	7.41	0.22	7.63	529.19	488.33	0.6	1018.12
汝箕沟	62.93	20.76	31.26	2.95	34.21	17.81	6.15	4.76	28.72
石炭井	17.89	1.12	6.33	0	6.33	1.12	9.41	1.03	11.56
石嘴山	11.84	1.07	4.24	0	4.24	1.07	5.8	0.73	7.60
二道岭	118.17	42.62	11.63	0	11.63	42.62	48.2	15.72	106.54
盘江	135.42	48.41	16.73	6.14	22.87	42.27	67.96	2.32	112.55
水城	169.54	62.84	16.31	4.72	21.03	58.12	84.74	5.63	148.49
合计	4076.12	1335.44	430.12	75.68	505.80	1259.76	2173.50	136.56	3570.32

表 4. F. 10　美国煤层气证实储量（据 EIA，2009a）

年份	美国煤层气证实储量（Bcf）	Alabama州煤层气证实储量（Bcf）	Colorado州煤层气证实储量（Bcf）	New Mexico州煤层气证实储量（Bcf）	Utah州煤层气证实储量（Bcf）	Wyoming州煤层气证实储量（Bcf）	Virginia州煤层气证实储量（Bcf）	东部各州煤层气证实储量（Bcf）	西部各州煤层气证实储量（Bcf）	其他各州煤层气证实储量（Bcf）
1989	3676	537	1117	2022						0
1990	5087	1224	1320	2510						33
1991	8163	1714	2076	4206						167
1992	10034	1968	2716	4724						626
1993	10184	1237	3107	4775						1065
1994	9712	976	2913	4137						1686
1995	10499	972	3461	4299						1767

年份	美国煤层气证实储量（Bcf）	Alabama州煤层气证实储量（Bcf）	Colorado州煤层气证实储量（Bcf）	New Mexico州煤层气证实储量（Bcf）	Utah州煤层气证实储量（Bcf）	Wyoming州煤层气证实储量（Bcf）	Virginia州煤层气证实储量（Bcf）	东部各州煤层气证实储量（Bcf）	西部各州煤层气证实储量（Bcf）	其他各州煤层气证实储量（Bcf）
1996	10566	823	3711	4180						1852
1997	11462	1077	3890	4351						2144
1998	12179	1029	4211	4232						2707
1999	13229	1060	4826	4080						3263
2000	15708	1241	5617	4278	1592	1540		1399	41	
2001	17531	1162	6252	4324	1685	2297		1453	358	
2002	18491	1283	6691	4380	1725	2371		1488	553	
2003	18743	1665	6473	4396	1224	2759		1528	698	
2004	18390	1900	5787	5166	934	2085		1620	898	0
2005	19892	1773	6772	5249	902	2446		1822	928	
2006	19620	2068	6344	4894	750	2448	1813	273	1030	
2007	21875	2127	7869	4169	922	2738	1948	393	1709	

表 4. F. 11　美国煤层气产量（据 EIA，2009b）

年份	美国煤层气证实储量（Bcf）	Alabama州煤层气证实储量（Bcf）	Colorado州煤层气证实储量（Bcf）	New Mexico州煤层气证实储量（Bcf）	Utah州煤层气证实储量（Bcf）	Wyoming州煤层气证实储量（Bcf）	Virginia州煤层气证实储量（Bcf）	东部各州煤层气证实储量（Bcf）	西部各州煤层气证实储量（Bcf）	其他各州煤层气证实储量（Bcf）
1989	91	23	12	56						0
1990	196	36	26	133						1
1991	348	68	48	229						3
1992	539	89	82	358						10
1993	752	103	125	486						18
1994	851	108	179	530						34
1995	956	109	226	574						47
1996	1003	98	274	575						56
1997	1090	111	312	597						70
1998	1194	123	401	571						99
1999	1252	108	432	582						130
2000	1379	109	451	550	74	133		58	4	
2001	1562	111	490	517	83	278		69	14	
2002	1614	117	520	471	103	302		68	33	
2003	1600	98	488	451	97	344		71	51	
2004	1720	121	520	528	82	320		72	77	0

年份	美国煤层气证实储量（Bcf）	Alabama州煤层气证实储量（Bcf）	Colorado州煤层气证实储量（Bcf）	New Mexico州煤层气证实储量（Bcf）	Utah州煤层气证实储量（Bcf）	Wyoming州煤层气证实储量（Bcf）	Virginia州煤层气证实储量（Bcf）	东部各州煤层气证实储量（Bcf）	西部各州煤层气证实储量（Bcf）	其他各州煤层气证实储量（Bcf）
2005	1732	113	515	514	75	336		90	89	
2006	1758	114	477	510	66	378	81	24	108	
2007	1754	114	519	395	73	401	85	31	136	

表 4. F. 12　美国煤层气证实储量、储量变化和产量统计（据 EIA，2011）

州和地区	证实储量	微调	增加量	减少量	销售	需求	其他	新增资源			证实储量
								新发现区块	老区块发现的新储量	产量估计	
	2008－12－31	（＋，－）	（＋）	（－）	（－）	（＋）	（＋）	（＋）	（＋）	（－）	12－31－09
Alaska	0	0	0	0	0	0	0	0	0	0	0
Lower 48 States	20798	－14	1563	2486	208	24	724	0	91	1914	18578
Alabama	1727	0	17	316	2	0	21	0	0	105	1342
Arkansas	31	0	3	0	31	22	0	0	0	3	22
California	0	0	0	0	0	0	0	0	0	0	0
Colorado	8238	0	126	566	0	0	48	0	0	498	7348
Florida	0	0	0	0	0	0	0	0	0	0	0
Kansas	301	－3	8	107	0	0	7	0	0	43	163
Kentucky	0	0	0	0	0	0	0	0	0	0	0
Louisiana	9	0	0	0	8	0	0	0	0	1	0
North Onshore	9	0	0	0	8	0	0	0	0	1	0
South Onshore	0	0	0	0	0	0	0	0	0	0	0
State Offshore	0	0	0	0	0	0	0	0	0	0	0
Michigan	0	0	0	0	0	0	0	0	0	0	0
Mississippi	0	0	0	0	0	0	0	0	0	0	0
Montana	75	0	0	29	0	0	3	0	0	12	37
New Mexico	3991	－9	443	353	33	2	37	0	0	432	3646
东部	530	0	0	30	0	0	0	0	0	26	474
西部	3461	－9	443	323	33	2	37	0	0	406	3172
New York	0	0	0	0	0	0	0	0	0	0	0
North Dakota	0	0	0	0	0	0	0	0	0	0	0
Ohio	1	0	0	1	0	0	0	0	0	0	0
Oklahoma	511	1	81	216	6	0	22	0	0	55	338

	证实储量	微调	增加量	减少量	销售	需求	其他	新 增 资 源			证实储量
								新发现区块	老区块发现的新储量	产量估计	
Pennsylvania	102	0	29	1	17	0	34	0	0	16	131
Texas	0	0	0	0	0	0	0	0	0	0	0
RRC District 1	0	0	0	0	0	0	0	0	0	0	0
RRC District 2 Onshore	0	0	0	0	0	0	0	0	0	0	0
RRC District 3 Onshore	0	0	0	0	0	0	0	0	0	0	0
RRC District 4 Onshore	0	0	0	0	0	0	0	0	0	0	0
RRC District 5	0	0	0	0	0	0	0	0	0	0	0
RRC District 6	0	0	0	0	0	0	0	0	0	0	0
RRC District 7B	0	0	0	0	0	0	0	0	0	0	0
RRC District 7C	0	0	0	0	0	0	0	0	0	0	0
RRC District 8	0	0	0	0	0	0	0	0	0	0	0
RRC District 8A	0	0	0	0	0	0	0	0	0	0	0
RRC District 9	0	0	0	0	0	0	0	0	0	0	0
RRC District 10	0	0	0	0	0	0	0	0	0	0	0
State Offshore	0	0	0	0	0	0	0	0	0	0	0
Utah	893	0	9	110	0	0	0	0	4	71	725
Virginia	1851	0	219	0	0	0	302	0	0	111	2261
West Virginia	246	0	19	38	0	0	24	0	0	31	220
Wyoming	2781	−4	609	725	111	0	226	0	87	535	2328
Federal Offshore	0	0	0	0	0	0	0	0	0	0	0
Miscellaneous（a）	41	1	0	24	0	0	0	0	0	1	17
U. S. Total	20798	−14	1563	2486	208	24	724	0	91	1914	18578

（a）包括 Illionois 州和 Indiana 州。

注：表中数据单位为 Tcf。

参 考 文 献

Ahmed Al–Jubori S J, Lambert W, Oscar A B, et al. 2009. 煤层气藏评价与开采技术新进展. 油气新技术, 21 (2): 4~13

AI–Khalifah K A, Horne R N. 1987. A new approach to multiphase well test analysis. SPE 16743

Airey E M. 1968. Gas emission from broken coal, an experimental and theoretical investigation. International Journal of Rock Mechanics and Mining Sciences, (5): 475~494

Akintunde O M, Harris J M, and Quan Y. 2004. Cross–well seismic monitoring of coal bed methane (CBM) production: A case study from the powder river basin of Wyoming. SEG Int'l Exposition and 74th Annual Meeting: 10~15

Al–Duhailan M A, and Lawton D C. 2010. Azimuthal AVO in coal beds, Western Canadian Basin: A promising method for characterizing fractures in unconventional gas reservoirs: SPE/DGS Annual Technical Symposium and Exhibition, SPE 136938

Al–Jubori A, Johnston S, Boyer C, et al. 2009. 煤层气藏评价与开采技术新进展油田新技术, 21 (2): 4~13

Aminian K, Ameri S, Bhavsar A, et al. 2004. Type curve for coalbed methane prediction. SPE Eastern Regional Meeting, Charleston, SPE 91482

Aminian K, Ameri S, Bhavsar A, et al. 2005. Type curves for production prediction and evaluation of coalbed methane reservoirs. SPE Eastern Regional Meeting, Morgantown, SPE 97957

Anbarici K, Ertekin T. 1990. A comprehensive study of pressure transient analysis with sorption phenomena for single–phase gas flow in coal seams. SPE 20568

Ancell, Lambert. 1980. Analysis of the coalbed degasification process at a seventeen well pattern in the Warrior Basin of Alabama. Presented at the 1980 SPE/DOE Symposium on Unconventional Gas ecovery held in Pittsburgh, SPE 8971

Antsiferov A V, Antsyferov A V, Glukhov, O O, et al. 2007. Seismic modeling when predicting probable coalbed methane (CBM) accumulation zones. EAGE 69th Conference & Exhibition~London, UK: 11~14

Arrey E N. 2004. Impact of Langmuir isotherm on production behavior of CBM reservoir. WV University

Arri, et al. 1992. Modeling coalbed methane production with binary gas sorption. SPE Rocky Mountain Regional Meeting held in Casper, Wyoming, SPE 24363

Arthur J D, Patton J, Richmond T, 2003. Overview of coalbed methane best management practices and mitigation techniques using geospatial techniques, SPE/EPA/DOE Exloration and Production Enviromental Conference, SPE 80986

Ayers W B, Jr, Kaiser W R, Laubach S E, et al. 1991. Geologic and hydrologic controls on the occurrence and producibility of coalbed methane, fruitland formation, San Juan basin, Report No. GRI~91/0072, Gas Research Institute, Chicago, IL

Ayers W B. 2002. Coalbed gas systems, resources, and production and a review of contrasting cases from the San Juan and Powder River basins. AAPG Bulletin, 86 (11): 1853~1890

Barzandji O H, Wolf K–H A A, Bruining J. 2000. Combination of laboratory experiments and field simulations on the improvement of CBM production by CO_2 injection. In Proceedings of the Second International Conference on Methane Mitigation, Novosibirsk, pp: 325~336

Beaton A, Langenberg W, and Pana C. 2006. Coalbed methane resources and reservoir characteristics from the Alberta Plains, Canada. International Journal of Coal Geology, 65: 93~113

Benedictus T, et al. 2008. CO_2 enhanced coalbed methane: the Kaniow demonstration study. First break,

26： 59~63

Bennett A J, Mccarroll B, Messmer R P. 1971. Molecular orbital approach to chemisorption： Ⅱ－atomic H, C, N, O and F on graphite. Physical Review, B3'(3)： 397~404

Bhavsar A. 2005. Prediction of coalbed methane reservoir performance with type curves. WV University

Boreham C J, Golding S D, and Glikson M. 1998. Factors controlling the origin of gas in Australian Bowen basin coals. Origin of gas in coal, 29 (1~3)： 347~362

Bumb A C. 1987. Unsteady－state flow of methane and water in coal beds. Ph D Dissertation, University of Wyoming

Busch A, Gensterblum Y, Bernhard M. 2004. Methane and carbon dioxide adsorption－diffusion experiments on coal： upscaling and modeling. International Journal of Coal Geology, 60： 151~168

Busch A, Gensterblum Y, Krooss B M. 2003. Methane and CO_2 sorption and desorption measurements on dry Argonne premium coals： pure components and mixtures. International Journal of Coal Geology, 55： 205~224

Bustin R M, and Clarkson C R. 1998. Geological controls on coalbed methane reservoir capacity and gas content. International Journal of Coal Geology, 38： 3~26

Bustin R M. 2009. Role of moisture in the adsorption and desorption of gas from coal. Geological Society of America Abstracts with Programs, 41 (7)： 550

Butland C I and Moore T A. 2008. Secondary biogenic coal seam gas reservoirs in New Zealand： A preliminary assessment of gas contents. International Journal of Coal Geology, 76： 151~165

Cameron J R, Palmer I D, Lukas A, Moschovidis Z. 2007. Effectiveness of horizontal wells in CBM. Coalbed Methane Symp, University of Alabama, Tuscaloosa, Alabama. SPE 0716

Cervi J. 1967. Behavior of Coal－Gas Reservoirs. SPE1973

Chaianansutcharit T, Chen H, and Teufel L W. 2001. Impacts of Permeability Anisotropy and Pressure Interference on Coalbed Methane (CBM) Production. SPE Rocky Mountain Petroleum Technology Conference, SPE 71069

Chakhmakhchev A. 2007. Worldwide Coalbed Methane Overview. SPE Hydrocarbon Economics and Evaluation Symposium, SPE 106850

Chalmers G R L and Bustin R M. 2007. On the effects of petrographic composition on coalbed methane sorption. International Journal of Coal Geology, 69： 288~304

Chase R W. 1980. Degasification of coal seams via vertical boreholes： a field and computer simulation study. Ph D Dissertation, The Pennsylvania State University

Chen S G, Yang R T. 1997. Unified mechanism of alkali and alkaline earth catalyzed gasification reactions of carbon by CO_2 and H2O. Energy & Fuels, 11 (2)： 421~427

Chen Z, Khaja N, Valencia K L et al. 2006. Formation damage induced by fracture fluids in coalbed methane reservoirs. SPE Asia Pacific Oil & Gas Cnference and Exhibition, SPE 101127

Cheng zhenglong, Xu Weiren, Tang Lida. 2007. Molecular Modelling Theory and Practice. Beijing： Chemical Industry Press, 69~72

Cheung K, Klassen P, Mayer B, et al. 2010. Major ion and isotope geochemistry of fluids and gases from coalbed methane and shallow groundwater wells in Alberta, Canada. Applied Geochemistry, 25： 1307~1329

Chopra S, and Marfurt K J. 2007. Seismic attributes for prospect identification and reservoir characterization. SEG

Chopra S, Marfurt K J, and Mai H T. 2009. Using 3D Rose diagrams for correlation of seismic fracture lineaments with similar lineaments from attributes and well log data. 79th Annual International Meeting, SEG, Expanded Abstracts, 3574~3578

Cinco H，Samaniego F. 1978. Transient pressure behavior for a well with a finite – conductivity vertical fracture. SPE Journal，8 (4)：253~264

Clarkson C R and Bustin R M. 2000. Binary gas adsorption/desorption isotherms：effect of moisture and coal composition upon carbon dioxide selectivity over methane. International Journal of Coal Geology，42：241~271

Clarkson C R and Bustin RM. 2010. Coalbed methane：current evaluation methods，future technical challenges. Society of Petroleum Engineers Unconventional Gas Conference，SPE 131791

Clarkson C R，Bustin R M. 2000. Binary gas adsorption/desorption isotherms：effect of moisture and coal composition upon carbon dioxide selectivity over methane. International Journal of Coal Geology，42：241~271

Clarkson C R. 2010. Coalbed methane current evaluation methods，future technical challenges. Society of Petroleum Engineers，SPE 131791

Clayton J L. 1998. Geochemistry of coalbed gas：A review. International Journal of Coal Geology，35：159~173

Connell L D and Detournay C. 2009. Coupled flow and geomechanical processes during enhanced coal seam methane recovery through CO_2 sequestration. International Journal of Coal Geology，77 (1-2)：222~233

Cox D O，Stevens S H，Hill D G，et al. 1993. Water disposal from coalbed methane wells in the San Juan basin，Society of Petroleum Engineers，SPE 26384

Crosdale P J，Beamish B B，and Valix M. 1998. Coalbed methane sorption related to coal composition. International Journal of Coal Geology，35：147~158

Cui X and Bustin R M. 2005. Volumetric strain associated with methane desorption and its impact on coalbed gas production from deep coal seams. American Association of Petroleum Geologists. Bulletin 89 (9)：1181~1202

Cui X，Bustin R M，and Dipple G. 2004. Differential transport of CO_2 and CH_4 in coalbed aquifers：Implications for coalbed gas distribution and composition. AAPG Bulletin，88 (8)：1149~1161

Cussler E. L. 2002. diffusion：mass transfer in fluid systems. Beijing：Chemical Industry Press

Davidson R M，Sloss L L，Clarke L B. 1995. Coalbed methane extraction，Report No. IEACR/76

Davis T L，Benson R D，Ansorger C，et al. 2007. Coal bed methane seismic monitoring，Rulison Field，Colorado. SEG/San Antonio Annual Meeting，2842~2846

Dawson G K W and Esterle J S. 2010. Controls on coal cleat spacing. International Journal of Coal Geology，82：213~218

Day S，Sakurovs R，Weir S. 2008. Supercritical gas sorption on moist coals. International Journal of Coal Geology，74：203~214

De Swaan O A. 1976. Analytic solutions for determining naturally fractured reservoir properties by well testing. SPE 5346

Deimbacher F X，Economides M J，Heinemann Z E，et al. 1992. Comparison of methane production from coalbeds using vertical or horizontal fractured wells. SPE 21280

Diamond W P and Schatzel S J. 1998. Measuring the gas content of coal：a review. International Journal of Coal Geology，35：311~331

Durucan S，Shi J Q. 2009. Improving the CO_2 well injectivity and enhanced coalbed methane production performance in coal seams. Interational Journal of Coal Geology，77：214~221

Earlougher R C J. 1977. Advances in well testing；society of petroleum engineers of aime：New York and Dallas，pp 74~89

EIA，Energy Information Administration. 2009a. http：//tonto. eia. doe. gov/dnav/ng/ng _ enr _ cbm _ a _ epg0 _ r51 _ bcf _ a. htm

EIA, Energy Information Administration. 2009b. http：//tonto. eia. doe. gov/dnav/ng/ng _ enr _ cbm _ a _ epg0 _ r52 _ bcf _ a. htm

EIA, Energy Information Administration. 2011. http：//www. eia. gov/oil _ gas/natural _ gas/data _ publications/natural _ gas _ monthly/ngm. html

Ely J W, Holditch S A, et al. 1990. How to develop a coalbed methane prospect: a case study of an exploratory five - spot well pattern in the Warrior Basin, Alabama. SPE 20666: 487~496

Enoh M. 2007. A tool to predict the production performance of vertical wells in a coalbed methane reservoir. WV University

Ertekin et al. 1986. Dynamic gas slippage: a unique dual - mechanism approach to the flow of gas in tight formations. SPE 12045

Ertekin T, Sung W. 1989. Pressure transient analysis of coal seams in the presence. SPE 19102

Ertekin, Sung, Schwerer. 1986. Production performance analysis of horizontal drainage wells for the degasification of coal seams. Presented at 61st Annual Technical Conference and Exhibition of the Society of Petroleum Engineers held in New Orleans LA, SPE 15453

Faiz M and Hendry P. 2006. Significance of microbial activity in Australian coal bed methane reservoirs - a review. Bulletin of Canadian Petroleum Geology, 54 (3): 261~272

Faiz, M and Hendry, P 2009, Microbial Activity in Australian CBM Reservoirs, AAPG Annual Convention, Search and Discovery Article JHJ80033

Field T. 2004. Surface to in - seam drilling—the Australian experience. Coalbed Methane Symposium, Tuscaloosa, Alabama. Paper 0408

Fisk J C, Marfurt K J, and Cooke D. 2010. Correlating heterogeneous production to seismic curvature attributes in an Australian coalbed methane field. SEG Annual Meeting, 2323~2328

Formolo M, Martini A, and Petsch S. 2008. Biodegradation of sedimentary organic matter associated with coalbed methane in the Powder River and San Juan Basins, USA. International Journal of Coal Geology, 76: 86~97

Frank X, Dietrich N. 2007. Bubble nucleation and growth in fluids. Chemical Engineering Science, 62: 7090~9097

Fu X, Qin Y, Wang G G X, et al. Evaluation of gas content of coalbed methane reservoirs with the aid of geophysical logging technology. Fuel, 88: 2269~2277

Gale J, Freund P. 2000. Coal bed methane enhancement with CO_2 sequestration worldwide potential. In Proceedings of the 21st World Gas Conference, Nice, France, 12

Garcla A. 2004. Development of production type curve for coalbed methane reservoirs. WV University

Gentizis T. 2008. Stability analysis of a horizontal coalbed methane well in the Rocky Mountain Front Ranges of southeast British Columbia. International Journal of Coal Geology, 2008, 77 (2009): 328~337

Gentzis T, Bolen D. 2008. The use of numerical simulation in predicting coalbed methane producibility from the Gates coals, Alberta Inner Foothills, Canada: Comparison with Mannville coal CBM production in the Alberta Syncline. International Journal of Coal Geology, 74 (3): 215~236

Gerami S, Pooladi - darvish M. 2008. Type curves for dry CBM reservoirs with equilibrium desorption. Journal of Canadian Petroleum Technology, 47 (7): 48~56

Gillies, et al. 1980. Utilization and recovery economics for vertical wells in coalbed methane, presented at the 1980 SPE/DOE Symposium on Unconventional Gas recovery held in Pittsburgh, SPE 8946

Given P H, Francis W. 1961. Coal: Its Formation and Composition, 2nd ed. London

Gorbachev A T, Alekseev G V, Vorozhtsov E V. 1973. Numerical calculations in three - dimensional cases of degassing of coal seams. Fiziko - Tekhnicheskie Problemy Razrabotki Poleznykh Isko - paemykh, (2):

83~92

Gray D. 2005. Seismic anisotropy in coal beds. SEG Annual Meeting, 142~145

Gray I. 1987. Reservoir engineering in coal seam: part2—observations of gas movement in coal seams. SPE 14479

Gray I. Reservoir engineering in coal seam: part1—the physical process of gas storage and movement in coal seams. SPE 12514, 1987

Groshong R H J, Pashin J C, and McIntyre M R. 2009. Structural controls on fractured coal reservoirs in the southern Appalachian Black Warrior foreland basin. Journal of Structural Geology, 31: 874~886

Growcock F B, Belkin and Fosdick, et al. 2005. Recent advance in Aphron drilling fluids. IADC/SPE Drilling Conference held in Miami, Florida. SPE 97982

Guo X, Du Z, Li S. 2003. Computer modeling and simulation of coalbed methane reservoir. presented at the SPE Eastern Regional/AAPG Eastern Section Joint Meeting held in Pittsburgh, Pennsylvania, SPE 84815

Guo X, Fu Y, Du Z, et al. 2004. Coupled flow simulation in coalbed methane reservoirs. presented at the 2004 SPE Eastern Regional Meeting held in Charleston, West Virginia, SPE 91414

Hall F E, Zhou C, Gasem K A M. 1994. Adsorption of pure methane, nitrogen, and carbon dioxide and their binary mixtures on wet Fruitland coal. In Proceedings of the Eastern Regional Conference & Exhibition of the Society of Petroleum Engineers, Charleston, WV, SPE29194

Ham Y and Kantzas A. 2008. Development of Coalbed methane in Australia: unique approaches and tools. CIPC/SPE Gas Technology Symposium, SPE 114992

Hamelinck C N, Faaij A P, Ruijg G J, Jansen D, et al. 2000. Potential for CO_2 sequestration and enhanced coalbed methane production in the Netherlands. NOVEM BV (Netherlands Agency for Energy and the Environment)

Harris S H, Smith R L, and Barker C E. 2008. Microbial and chemical factors influencing methane production in laboratory incubations of low rank subsurface coals. International Journal of Coal Geology, 76: 46~51

Hildebrand R, Bishop M, and Cronshaw M. 2009. Evaluating coalbed methane plays in Frontier Areas: From example from southern Africa. AAPG Annual Convention (oral)

Holditch S A, Asscocs I. 1993. Completion Methods in Coal − Seam Reservoirs. Journal of Petroleum Technology, SPE 20670, 45 (3)

Hossein J. 2006. Effects of resident water and non − equilibrium adsorption on the primary and enhanced coalbed methane gas recovery. The University of Arizona: 14~15

Iijima M. 1998. A feasible new flue gas CO_2 recovery technology for enhanced oil recovery. Presented at the SPE/DOE Improved Oil Recovery Symposium, Tulsa, SPE 398686

Ilk D. 2008. Exponential vs hyperbolic decline in tight gas sands understanding the origin and implications for reserve estimates using arps' decline curves. SPE 116731

International Energy Agency (IEA). 2008. World energy outlook, http://wwwieaorg/Textbase/about/copyrightasp

International Energy Agency. 2005. Resources to reserves, Oil & Gas Technologies for the Energy Markets of the Future

International Energy Agency. 2009. World energy outlook, http://wwwieaorg/Textbase/about/copyrightasp

International Energy Agency. 2010. World energy outlook, http://wwwieaorg/Textbase/about/copyrightasp

Jadhav M V. 2007. Enhanced coal bed methane recovery using microorganisms. Society of Petroleum Engineers, SPE 105117

Jalali J, Mohaghegh S D. 2004. A coalbed methane reservoir simulator designed and developed for the independent producers. presented at the 2004 SPE Eastern Regional Meeting held in Charleston, West Virginia, SPE 91414

Jenkins C D, DeGolyer, MacNaughton et al. 2008. Coalbed－ and shale－ gas reservoirs. SPE 103514

Jochen V A. 1994. Determine permeability in coal～bed methane reservoirs. SPE 28584

Johnson B A. 2010. Coalbed methane artificial lift challenges from Alberta's Mannville coal. Presentation at the Canadian Unconventional Resources & International Conference Held in Calgary, Alberta, Canada, CSUG/SPE 138098

Joubert J, Grein C, Bienstock D. 1973. Sorption of methane in moist coal. Fuel, 52: 181～185

Joubert J. 1974. Effect of moisture on the methane capacity of American coals. Fuel, 53: 186～191

Kamal M M. 1989. Pressure transient testing of methane producing coal－beds. SPE 19789

Karacan C Ö and Okandan E. 2000. Fracture/cleat analysis of coals from Zonguldak Basin (northwestern Turkey) relative to the potential of coalbed methane production. International Journal of Coal Geology, 44: 109～125

Karacan C O and Okandan E. 2001. Adsorption and gas transport in coal microstructure: investigation and evaluation by quantitative X－ray CT imaging. Fuel, 80: 509～520

Karagodin L N, Krigman R N, The use of hydraulic modeling to determine the natural gas permeability of coal seams. Fiziko－Tekhnicheskie Problemy Razrabotki Poleznykh Isko－paemykh, (4): 118～121

Karn F S, Friedel R A, Thames B M, et al. 1970. Gas transport through sections of solid coal. 49 (3), 249～256

Kazemi H, Gilman J R. 1992. Analytical and numerical solution of oil recovery from fractured reservoirs with empirical transfer functions. SPE 19849

Kazemi H. 1969. Effect of anisotropy and stratification on pressure transient analysis of wells with restricted flow entry. SPE 2153

Kefi S, Lee J, Nelson E, Hernandez A N. 2004. Expanding applications for viscoelastic surfactants. Oilfield Review, pp: 10～23

King et al. 1986. Numerical simulation of the transient behavior of coal－seam dega－sification wells, SPE Formation Evaluation

Kolesar et al. 1990. The unsteady－state nature of sorption and diffusion phenomena in the micropore structure of coal: part 1－theory and mathematical formulation. SPE Formation Evaluation

Kolesar J E. 1986. The unsteady－state nature of sorption and diffusion phenomena in the micropore structure of coal, SPE 15233

Koperna G J, et al. 2009. Carbon dioxide enhanced coalbed methane and storage: is there promise. SPE International Conference on CO_2 Capture, Storage, and Utilization held in San Diego, SPE 126627

Kotarba M J and Rice D D. 2001. Composition and origin of coalbed gases in the Lower Silesian basin, southwest Poland. Applied Geochemistry, 16: 895～910

Kotarba M J. 2001. Composition and origin of coalbed gases in the Upper Silesian and Lublin basins, Poland. Organic Geochemistry, 32: 163～180

Krooss B M, Bergen F V, and Gensterblum, Y, et al. 2002. High－pressure methane and carbon dioxide adsorption on dry and moisture－equilibrated Pennsylvanian coals. International Journal of Coal Geology, 51: 69～92

Kuuskraa V A. 2009. Worldwide Gas Shales and Unconventional Gas. A Status Report United Nations Climate Change Conference, Natural Gas, Renewable and Efficiency Pathways to a Low Carbon Economy, Copenhagen, Dec 2009

Lake L W. 1989. Enhanced oil recovery. Prentice Hall: Englewood Cliffs, NJ, pp: 1~550

Lamarre R A. 2003. Hydrodynamic and stratigraphic controls for a large coalbed methane accumulation in Ferron coals of east central Utah. International Journal of Coal Geology, 56: 97~110

LaReau, Brian, Pope, et al. 2007. Video microscopy of methane gas production from CBM coals. SPE Rocky Mountain Oil & Gas Technology Symposium, SPE 107711

Larsen J W. 2004. The effects of dissolved CO_2 on coal structure and properties. International Journal of Coal Geology, 57 (1): 63–70

Laubach S E, Marrett R A, Olson J E, et al. 1998. Characteristics and origins of coal cleat: a review. International Journal of Coal Geology, 35, 175~207

Law B E. 1993. The relation between coal rank and cleat spacing: implications for the prediction of permeability in coal. Proc Int Coalbed Methane Symp, II: 435~442

Laxminarayana C and Crosdale P J. 2002. Controls on methane sorption capacity of Indian coals. AAPG Bulletin, 86 (2): 201~212

Lehocky N and Jonkers J. 2008. CBM coal fracture orientation in vertical and horizontal wellbores from electrical images to optimize horizontal well placement. SPWLA 49th Annual Logging Symposium

Lespinasse D J and Ferguson R J. 2011. Fluid substitution in coalbeds. 73rd EAGE Conference & Exhibition Incorporating SPE Europec, 2011

Levy J, Day S J, and Killingley J S. 1997. Methane capacity of Bowen Basin coals related to coal properties. Fuel, 74, 1~7

Li D, Hendry P, and Faiz M. 2008. A survey of the microbial populations in some Australian coalbed methane reservoirs. International Journal of Coal Geology, 76: 14~24

Li H Z, Mouline Y, Midoux N. 2002. Modelling the bubble formation dynamics in non–Newtonian fuids. Chemical Engineering Science, 57: 339~346

Li H, Ogawa Y, and Shimada S. 2003. Mechanism of methane flow through sheared coals and its role on methane recovery: Fuel, 82: 1271~1279

Li L, Ryan A, Nenoff T M, et al, 2004. Purification of coal–bed methane produced water by zeolite membranes. SPE Annual Technical Conference and Exhibition held in Houston, Texas, USA, SPE 89892

Liu H H, Rutqvist J. 2009. A new coal–permeability model: internal swelling stress and fracture matrix interaction. Transport Porous Med, 82: 157~171

Logan TL. 1988. Horizontal drainhole drilling techniques used for coal seam resources exploitation. SPE presented at the SPE Annual Technical Conference and Exhibition, Houston. SPE 1825

Lonnes S B, Nygaard K J, Sorem W A, et al. 2005. Advanced Multizone Stimulation Technology. The 2005 SPE Annual Technical Conference and Exhibition held in Dallas, Texas, SPE 95778

Lukovits I. 1990. Harmonic force field between the (0001) surface of graphite and adsorbed methane. Vibrational Spectroscopy, 1: 135~137

Luo Z J, Yang X L, Zhao J F, et al. 2000. Research on numerical simulation of coalbed methane well. Journal of China University of Mining & Technology, 29 (3): 306~309.

Ma Q, Harpalani S, and Liu S. 2011. A simplified permeability model for coalbed methane reservoirs based on matchstick strain and constant volume theory. International Journal of Coal Geology, 85: 43~48

MacDonald D. 2006. Australian CSG horizontal drilling—some technical aspects. CBM—Unlocking a Global Resource. SPE–ATW, Beijing, China

Marfurt K J. 2010. Personal correspondence at the University of Oklahoma, Spring, 2010

Maricic N, Mohaghegh S D, Artun E. 2008. A parametric study on the benefits of drilling horizontal and multilateral wells in coalbed methane reservoirs. SPE Reservoir Evaluation & Engineering, SPE 96018

Marroquín I D and Hart B S. 2004. Seismic attribute based characterization of coalbed methane reservoirs: An example from the Fruitland Formation, San Juan basin, New Mexico. AAPG Bulletin, 88 (11): 1603~1621

Martin J C. 1959. Simplified equations of flow in gas drive reservoirs and the theoretical foundation of multiphase pressure buildup analyses. Trans. AIME, 189 (1): 309~314.

Mastalerz M, Gluskoter H, Rupp J. 2004. Carbon dioxide and methane sorption in high volatile bituminous coals from Indiana. International Journal of Coal Geology, 60: 43~45

Mavor M J, Owen L B, and Pratt T J. 1990. Measurement and evaluation of isotherm data. Proceedings of 65th Annual Technical Conference and Exhibition of the Society of Petroleum Engineers, SPE 20728: 157~170

Mazzotti M, Pini R, Storti G, et al. 2009. Enhanced coalbed methane recovery. J of Supercritical Fluids, 47: 619~627

Mazzotti M, Pini R, Storti G. 2009. Enhanced coalbed methane recovery. The Journal of Supercritical Fluidsof Supercritical Fluids, 47: 619~627

McCrank J and Lawton D C. 2009. Seismic characterization of a CO_2 flood in the Ardley coals, Alberta, Canada. The Leading Edge, 28 (7): 820~825

McCrank J, Lawton D C, Lu H, et al. 2007. Time-lapse AVO modeling for enhanced coalbed methane production. SEG/San Antonio 2007 Annual Meeting, 274~278

McIntosh J, Martini A, Petsch S, et al. 2008. Biogeochemistry of the Forest City Basin coalbed methane play. International Journal of Coal Geology, 76: 111~118

McMillan D W, Palanyk V S. 2007. CBM: fracture stimulation—an Australian experience. SPE Annual Technical Conference and Exhibition, SPE 110137

Meng Zhaoping, Tian Yongdong, Li Guofu. 2010. Theory and method of coalbed methane development geology. Beijing: Science Press, 166~167

Meszaros G. 2007. Geosteering horizontal coalbed methane reservoirs: a case study. GSPE Rocky Mountain Oil & Gas Technology Symposium, SPE 107714

Miller R D, Clough J G, Barker C E, et al. 2002. High-resolution seismic reflections to delineate coal beds >350 m deep, with some < 3 m thick, under Fort Yukon, Alaska. SEG Int'l Exposition and 72nd Annual Meeting, 6~11

Mohammad A, Arpana S, Rajiv S, et al. 2008. Cleat Characterization in CBM wells for completion Optimization. SPE Oil and Gas Technical Conference and Exhibition held in Mumbai, India, SPE 113600

Mohammad H S G, Shaikh S. 2010. Coalbed methane cementing best practices - Indian case history. The CPS/SPE International oil & Gas Conference and Exhibition in China, SPE 132214

Montoya A, Mondragon F, Truong T N. 2001. CO_2 adsorption on carbonaceous surfaces: a combined molecular modeling and experimental study. Prepr. Symp. - Am. Chem. Soc. , Div. Fuel Chem, 46 (1): 217~219.

Mora C A and Wattenbarger R A. 2009. Analysis and verification of dual porosity and CBM shape factors. Journal of Canadian Petroleum Technology, 48: 17~21

Morcote A, Mavko G, and Prasad M. 2010. Dynamic elastic properties of coal: Geophysics, 75 (6): 227~234

Nelson E B, Brow J E, et al. 1997. Polymer-Free Fluid for Fracturing. SPE Annal Technical Conference and Exhibiton, SPE 38622

Nelson E. 2008. Cavitation and under-reaming. Field Development Best Practices for Unconventional Gas Reservoirs. SPE~ATW, Barossa Valley, Australia

Noynaert S, Pumphrey D, Pink T, et al. 2007. Drilling for coalbed methane in the San Juan basin with coiled tubing: results, learnings, and a world first. SPE/IADC Drilling Conference, SPE 105874

Olsen T N et al. 2003. Improvement processes for coalbed natural gas completion and stimulation. Society of Petroleum Engineers, SPE 84122

Olsen T N, Brenize G, et al. 2004. Polymer - free fracutring fluid. exhibits improved cleanup for unconventional natural gas well applications. SPE presented at the SPE Eastern Regional Meeting. SPE 75684

Palmer I D, Mavor M, Gunter B. 2007. Permeability changes in coal seams during production and injection. International Coalbed Methane Symposium, University of Alabama, Tuscaloosa, Paper 0713.

Palmer I D. 2009. Permeability changes in coal: analytical modelling. International Journal of Coal Geology, 77 (1-2): 119~126

Palmer I, Moschovidis Z and Cameron J. 2005. Coal Failure and consequences for coalbed methane wells. SPE Annual Technical Conference and Exhibition, Texas, USA, SPE 96872

Palmer I, Cameron J. 2003. Coalbed methane completions: update on recent practices. Coalbed Methane Symposium. Canadian Institute, Calgary, Canada

Palmer I, Khodaverdian M, McLennan J, et al. 1995. Completions and stimulations for coalbed methane wells. SPE 30012

Palmer I, Mansoori J. 1998. How permeability depends on stress and pore pressure in coalbeds: a new model. SPEREE 1 (6): 539~544

Palmer I. Coalbed methane completions: a world view. Interational Journal of Coal Geology, 2010, 82: 184~195.

Pan Z and Connell L D. 2007. A theoretical model for gas adsorption - induced coal swelling. International Journal of Coal Geology, 69 (4): 243~252

Pan Z and Connell L D. 2009. Comparison of adsorption models in reservoir simulation of enhanced coalbed methane recovery and CO_2 sequestration in coal. International Journal of Greenhouse Gas Control, 3: 77~89

Pan Z, Connell L D, and Camilleri M. 2010. Laboratory characterisation of coal reservoir permeability for primary and enhanced coalbed methane recovery. International Journal of Coal Geology, 82: 252~261

Pashin J C, Hinkle F. 1997. Coalbed methane in alabama, Circular Report No. 192, Geological Survey of Alabama

Pashin J C. 1998. Stratigraphy and structure of coalbed methane reservoirs in the United States: An overview. International Journal of Coal Geology, 35: 209~240

Pashin J. 2008. Origin and consequences of variable gas saturation in coalbed methane reservoirs of the Black Warrior Basin. AAPG Annual Convention, Search and Discovery Article JHJ80034

Paul S, and Chatterjee R, Determination of in - situ stress direction from cleat orientation mapping for coal bed methane exploration in south - eastern part of Jharia coalfield, India. International Journal of Coal Geology, 2011, doi: 101016/jcoal201105003

Peng S, Chen H, Yang R, et al. 2006. Factors facilitating or limiting the use of AVO for coal~bed methane: Geophysics, 71 (4): 49~56

Perrine R L. 1956. Analysis of pressure build - up curves. Source Drilling and Production Practice, 8 (3): 482~509

Pitkin M, 2006. Delivering the goods CBM - Unlocking a Global Resource. SPE - ATW, Beijing, China. November.

Pitman J K, Pashin J C, Hatch J R, et al. 2003. Origin of minerals in joint and cleat systems of the Pottsville Formation, Black Warrior basin, Alabama: Implications for coalbed methane generation and production. AAPG Bulletin, 87 (5): 713~731

Pratikno H, Rushing J A, Blasingame T A. 2003. Decline curve analysis using type curves - fractured wells. SPE Annual Technical Conference and Exhibition, Colorado, USA, SPE 84287

Price H S, McCulloch R C, Edwards J C et al. A computer model study of methane migrationin coal beds. The Canadian Mining and metallurgical Bulletin, 66 (737): 103~112

Qiu H. 2009. Coalbed Methane Exploration in China. Search and Discovery Article ♯80038

Ramos A C B and Davis T L. 1997. 3D AVO analysis and modeling applied to fracture detection in coalbed methane reservoirs. Geophysics, 62 (6): 1683~1695

Ranjbar E and Hassanzadeh H. 2011. Matrix－fracture transfer shape factor for modeling flow of a compressible fluid in dual－porosity media. Advances in Water Resources, 34: 627~639

Raymond L J, Thomas F, David J C. 2002. Improving results of coalbed methane development strategies by integrating geomechanics and hydraulic fracturing technologies. SPE Asia Pacific Oil and Gas Conference and Exhibition, SPE 77824

Reeves S. 2001. Advanced reservoir modeling in desorption－controlled reservoirs. presented at the SPE Rocky Mountain Petroleum Technology Conference held in Keystone, Colorado, SPE 71090

Rice CA, Flores R M, Stricker G D, et al. 2008. Chemical and stable isotopic evidence for water/rock interaction and biogenic origin of coalbed methane, Fort Union Formation, Powder River Basin, Wyoming and Montana USA. International Journal of Coal Geology, 76: 76~85

Rice D D. 1993. Composition and origins of coalbed gas, In: Law BE, Rice D D, Eds. Hydrocarbons from Coal, AAPG studies in Geology, 38: 159~184

Richardson S E and Lawton D C. 2002. Time－lapse imaging of CO_2 injection into coalbed methane strata; a numerical modeling study. SEG Int'l Exposition and 72nd Annual Meeting, 6~11

Richardson S E, Lawton D C, and Margrave G F. 2003. Seismic methods in coalbed methane development, Red Deer, Alberta, Canada. SEG Annual Meeting, 22: 317~320

Roberts A. 2001. Curvature attributes and their application to 3－D interpreted horizons. First Break, 19: 85~99

Rodrigues C F, and Lemos de Sousa M J. 2002. The measurement of coal porosity with different gases. International Journal of Coal Geology, 48: 245~251

Rodvelt G, Toothman R, Willis S. 2001. Multiseam coal stimulation using coiled tubing fracturing and a unique bottomhole packer assembly. SPE Eastern Regional Meeting, SPE 72380

Ruger A and Tsvankin I. 1997. Using AVO for fracture detection: analytic basis and practical solutions. The Leading Edge, 16 (10): 1429~1438

Russell C, Vida A, Richardson C P. 1995. Treatment of fruitland coal production water with ion exchange media. In Proceedings of the International Unconventional Gas Symposium, University of Alabama, Tuscaloosa: 275~286

Sanchez M A. 2004. The impact of stimulation on production decline type curves for CBM wells. WV University

Sang S X, Zhu Y M, Zhang J. 2005. Influence of liquid water on coalbed methane adsorption: An experimental research on coal reservoirs in the south of Qinshui Basin. Chinese Science Bulletin, 50, 79~85

Saulsberry J L, Schafer P S, Schraufnagel RA, et al. 1996. A guide to coalbed methane reservoir engineering, Gas Research Institute Report GRI－94/0397

Schlachter G. 2007. Using wireline formation evaluation tools to characterize coalbed methane formations. SPE East Kentucky Symposium, SPE 111213

Scott A R, Kaiser W R, and Ayers W B. 1994. Thermogenic and secondary biogenic gases, San Juan Basin, Colorado and New Mexico: Implications for coalbed gas producibility. AAPG Bulletin, 78 (8): 1186~1209

Scott A R. 1993. Composition and origin of coalbed gases from selected basins in the United States. The

1993 international coalbed methane symposium proceedings, I: 207~216

Scott A R. 1999. Improving coal gas recovery with microbially enhanced coalbed methane, in: Mastalerz M, Glikson M, and Golding S D, Eds. Coalbed Methane: Scientific, Environmental, and Economic Evaluation Kluwer Academic Publishers, Dordrecht, The Netherlands, 89~110

Scott A R. 2002. Hydrogeologic factors affecting gas content distribution in coal beds. International Journal of Coal Geology, 50: 363~387

Seidle et al. 1990. Use of conventional reservoir models for coalbed methane simulation. presented at the International Technical Meeting Jointly hosted by the Petroleum Society of CIM and the Society of Petroleum Engineers in Calgary, SPE 21599

Seidle J P, Sigdestad C A, Raterman K T, Negahban S. 1997. Characterization of enhanced coalbed methane recovery injection wells. In Proceedings of the Society of Petroleum Engineers Annual Technical Conference and Exhibition, San Antonio, Texas, SPE 38861

Seidle J P. 1991. Long-term gas deliverability of a dewatered coalbed. SPE 21488

Seidle J P. 1991. Pressure fall-off tests of new coal wells. SPE 21809

Seidle J P. 1992. A numerical study of coal-bed dewatering. SPE 24358

Seidle J P. 2000. Reservoir engineering aspects of CO_2 sequestration in coals. In Proceedings of the Gas Technology Symposium, Calgary, Alberta, Canada, SPE/CERI 59788

Seidle J R, McAnear J F. 1995. Pressure falloff testing of enhanced coalbed methane pilot injection wells. In Proceedings of the The Annual Technical Conference & Exhibition of the Society of Petroleum Engineers, Dallas, TX, SPE 30731

Seidle. Long-term gas deliverability of a dewatered coalbed, pesented at the SPE Gas Technology Symposium held in Houston, Texas, SPE 21488, 1991

Shi J Q and Durucan S. 2004. Drawdown induced changes in permeability of coalbeds: a new interpretation of the reservoir response to primary recovery. Transport in Porous Media, 56: 1~16

Shi J Q and Durucan S. 2005. A model for changes in coalbed permeability during primary and enhanced methane recovery. SPEREE, 8: 291~299

Shi J Q, Durucan S. 2003. Gas Storage and flow in coalbed reservoirs: implementation of a bidisperse pore model for gas diffusion in coal matrix. SPE 84342

Shi J Q, Durucan S. 2008. Modeling of mixed~gas adsorption and diffusion in coalbed reservoirs. SPE 114197

Shuck E L, Davis T L, and Bensont R D. 1996. Multicomponent 3-D characterization of a coalbed methane reservoir. Geophysics, 61 (2): 315~330

Shuey R T. 1985. A simplification of the Zoeppritz equations. Geophysics, 50: 609~614

Sijacic D, Wolf K H A A, and Spetzler J. 2008. Ultrasonic experiments for time-lapse monitoring of CO_2 sequestration. SEG Las Vegas 2008 Annual Meeting, 3194~3198

Smith D M, Wiiiams F L. 1984. Diffusional effects in the recovery of methane from coalbed. SPE 10821

Smith J W and Pallasser R J. 1996. Microbial origin of Australian coalbed methane. AAPG Bulletin, 80: 891~897

Smith, Williams. 1980. Diffusional effects in the recovery of methane from coalbeds. SPE/DOE Symposium on Unconventional Gas ecovery held in Pittsburgh, SPE 10821

Solano-Acosta W, Mastalerz M, Schimmelmann A. 2007. Cleats and their relation to geologic lineaments and coalbed methane potential in Pennsylvanian coals in Indiana. International Journal of Coal Geology, 72: 187~208

Solano-Acosta W, Schimmelmann A, Mastalerz M, et al. 2008. Diagenetic mineralization in Pennsylvanian coals from Indiana, USA: 13C/12C and 18O/16O implications for cleat origin and coalbed methane generation. International Journal of Coal Geology, 73: 219~236

Spady D W, Udick T H, Zemlak W M. 1999. Ehancing production in multizone wells utilizing fracturing through coiled tubing . SPE presented at 1999 SPE Eastern Regional Meeting, SPE 57435

Speck T, Surface to in seam completions. 2008. Field development best practices for unconventional gas reservoirs, SPE－ATW, Barossa Valley, Australia

Spivey. 1995. Forecasting long － term gas production of dewatered coal seams and fractured gas shales. presented at the SPE Rocky Mountain Regional/Low－Permeability Reservoirs Symposium held in Denver, SPE 29580

Stanton R W, Burruss R C, Flores R M, Warwick P D. 2001. CO_2 adsorption in low－rank coals: progress toward assessing the nationwide capacity to store CO_2 in the subsurface. In Proceedings of the Eighteenth Annual International Pittsburgh Coal Conference, Newcastle, NSW, Australia, 1~2

Stevens S H, Spector D, Riemer P. 1998. Enhanced coalbed methane recovery using CO_2 injection: worldwide resource and CO_2 sequestration potential. In Proceedings of the International Oil & Gas Conference and Exhibition of the Society of Petroleum Engineers, Beijing, China, SPE 48881

Str? po? D, Mastalerz M, Eble C, et al. 2007. Characterization of the origin of coalbed gases in southeastern Illinois Basin by compound－specific carbon and hydrogen stable isotope ratios. Organic Geochemistry, 38: 267~287

Su X, Feng Y, Chen J, et al. 2001. The characteristics and origins of cleat in coal from Western North China. International Journal of Coal Geology, 47: 51~62

Su X, Zhang L, and Zhang R. 2003. The abnormal pressure regime of the Pennsylvanian No 8 coalbed methane reservoir in Liulin－Wupu District, Eastern Ordos Basin, China. International Journal of Coal Geology, 53: 227~239

Sun P. 2001. Study on the mechanism of interaction for coal and methane gas. Journal of Coal Science & Engineering, 7: 58~63

Tao M, Shi B, Li J, et al. 2007. Secondary biological coalbed gas in the Xinji area, Anhui province, China: Evidence from the geochemical features and secondary changes. International Journal of Coal Geology, 71: 358~370

Thomas. 2002. Advanced large－scale coalbed methane modelling using a conventional reservoir simulator. presented at the SPE Gas Technology Symposium held in Calgary, Alberta, Canada, SPE 75672

Thomsen L, Tsvankin I, and Mueller M C. 1995. Adaptation of split shear－wave techniques to coalbed methane exploration. SEG Annual Meeting Expanded Technical Program Abstracts with Biographies, 65: 301~304

Thomsen L. 1986. Weak elastic anisotropy. Geophysics, 51 (10): 1954~l966

Thomsen L. 1988. Reflection seismology over azimuthally anisotropic media. Geophysics, 53 (3): 304~313

Van Heek K H. 2000. Progress of coal science in the 20th century. Fuel, 79: 1~26

Vincent M. 2002. Proving it: a reviewof 80 published field studies demonstrating the importance of increased fracture conductivity. ATC, San Antonio, Texas. SPE 77675

Vishnukumar J N. 2007. Enhanced coal bed methane recovery using nitrogenase enzyme. SPE Annual Technical Conference and Exhibition, SPE 113033－STU

Voast W A V. 2003. Geochemical signature of formation waters associated with coalbed methane. AAPG Bulletin, 87 (4): 667~676

Von S H, Zupanik J, Wight D R, Stevens S H. 2004. Unconventional drilling methods for unconventional reservoirs in the US and Overseas. Paper presented at the International Coaled Methane Symposium, University of Alabama

Vorozhtsov E V, Gorbachev A T, Fedorov A V. 1975. Calculation of the motions of gas in a coal seam with a quasilinear law of filtration. Fiziko – Tekhnicheskie Problemy Razrabotki Poleznykh Isko – paemykh, (4): 83~91

Wang A, Qin Y, Wu Y, et al. 2010. Status of research on biogenic coalbed gas generation mechanisms. Mining Science and Technology, 20: 271~275

Wang B, Li J, Zhang Y, et al. 2009. Geological characteristics of low rank coalbed methane, China. Petrol Explor Develop, 36 (1): 30~34

Wang G X, Massarotto P, Rudolph V. 2009. An improved permeability model of coal for coalbed methane recovery and CO_2 geosequestration. International Journal of Coal Geology, 77, 127~136

Warren J E, Root P J. 1963. The behaviors of naturally fractured reservoir. SPE 426

Wei X R, Wang G X, Massarotto P, et al. 2007. A review on recent advances in the numerical simulation for coalbed methane recovery process. SPEREE, SPE 93101: 657~666

Wei X, Yan Y, Xu Z, et al. 2005. 3C – VSP imaging and absorption coefficient estimation. SEG Annual Meeting, 2665~2669

White C M, Smith D H, Jones K L, et al. 2005. Sequestration of carbon dioxide in coal with enhanced coalbed methane recovery, a review. Energy & Fuels, 19 (3): 659~724

Wolhart S L, Stutz H L, Mayerhofer M J. 2004. Applying advanced fracture diagnostics to optimize fracture stimulation in coalbed methane reservoir: case history of two fields in the rocky mountains. SPE Eastern Regional Meeting, SPE 91376

Wong S, Gunter W D, Mavor M J. 2000. Economics of CO_2 sequestration in coalbed methane reservoirs. In Proceedings of the Gas Technology Symposium, Calgary, Alberta, Canada, SPE/CERI 59785, 631~638

Wong, S, Gunter W D, Bachu S. 1999. Geological storage for CO_2: options for Alberta. In Proceedings of the Combustion Conference, Calgary, Canada, Paper No 990519

Wu Y, Liu J, Chen Z, et al. 2011. A dual poroelastic model for CO_2 – enhanced coalbed methane recovery. International Journal of Coal Geology, 86: 177~189

Wu Y, Liu J, Elsworth D, et al. 2010. Development of anisotropic permeability during coalbed methane production. Journal of Natural Gas Science and Engineering, 2: 197~210

Yang Y, Cloud T A, and Van Kirk C W. 2005. New applications of well log parameters in coalbed methane (CBM) reservoir evaluation at the Drunkards Wash Unit, Uinta Basin, Utah. SPE Eastern Regional Meeting, SPE 97988

Yao Q and Han D. 2008. Acoustic properties of coal from lab measurement. SEG Annual Meeting, 1815~1819

Yao Y B, Liu D M, Che Y, et al. Non – destructive characterization of coal samples from China using microfocus X~ray computed tomography. International Journal of Coal Geology, 2009, 80: 113~123

Yao Y B, Liu D M, Che Y, et al. Petrophysical characterization of coals by low – field nuclear magnetic resonance (NMR). Fuel, 2010, 89: 1371~1380

Yenugu M, Fisk J C, Marfurt K J, et al. 2010. Probabilistic Neural Network inversion for characterization of coalbed methane. SEG Annual Meeting, 2906~2910

Yi J, Akkutlu IY, and Deutsch C V. 2008. Gas transport in bidisperse coal particles: investigation for an effective diffusion coefficient in coal beds. Journal of Canadian Petroleum Technology, 47 (10): 20~26

Yu G, Vozoff K, and Durney D W. 1991. Effects of confining pressure and water saturation on ultrasonic compressional wave velocities in coals: International Journal of Rock Mechanics and Mining Sciences. 28 (6): 515~522

Yu G，Vozoff K，and Durney D W. 1993. The influence of confining pressure and water saturation on dynamic elastic properties of some Permian coals. Geophysics，58（1）：30～38

Yu H，Yuan J，Guo W，et al. 2008. A preliminary laboratory experiment on coalbed methane displacement with carbon dioxide injection. International Journal of Coal Geology，73：156～166

Zhang E，Hill R J，Katz B J，et al. 2008. Modeling of gas generation from the Cameo coal zone in the Piceance Basin，Colorado. AAPG Bulletin，92（8）：1077～1106

Zhang L H，et al. 2001. Application of black oil model to coalbed methane reservoir. Journal of Southwest Petroleum Institute，23（5）：26～28

Zhang S Y，Sang S X. 2008. Mechanism of liquid water influencing on methane adsorption of coals with different ranks. Acta Geologica Sinica，82（10）：1350～1354

Zhang S Y，Sang S X. 2009. Physical chemistry mechanism of influence of liquid water on coalbed methane adsorption. Procedia Earth and Planetary Science，1：263～268.

Zhang S，Tang S，Tang D，et al. 2010. The characteristics of coal reservoir pores and coal facies in Liulin district，Hedong coal field of China. International Journal of Coal Geology，81：117～127

Zhou Z，Ballentine C J，Kipfer R，et al. 2005. Noble gas tracing of groundwater/coalbed methane interaction in the San Juan Basin，USA. Geochemica et Cosmochimica Acta，69（23）：5413～5428

Zhu J，Jessen K，Kovscek A R，Franklin M O. 2002. Recovery of Coalbed Methane by Gas Injection. SPE/DOE Improved Oil Recovery Symposium，SPE 75255

Ziarani A S，Aguilera R，and Clarkson C R. 2011. Investigating the effect of sorption time on coalbed methane recovery through numerical simulation. Fuel，201103018

Zimmer U. 2010. Microseismic mapping of hydraulic treaments in coalbed–methane（CBM）formations：challenges and solutions. SPE Asia Pacific Oil & Gas Conference and Exhibition，SPE 132958

Zuber M D，Kuuskraa V A，Sawyer W. 1990. Optimizing well spacing and hydraulic–fracture design for economic recovery of coalbed methane. SPE 17726：98～102

陈昌国，魏锡文，鲜学福 . 2000. 用从头计算研究煤表面与甲烷分子相互作用 . 重庆大学学报（自然科学版），23（3）：77～79

陈润，秦勇，杨兆彪等 . 2009. 煤层气吸附及其地质意义煤炭科学技术，37（8）：103～107

陈同俊，崔若飞，刘恩儒 . 2009. VTI 型构造煤 AVO 正演模拟 . 煤炭学报，34（4）：438～442

陈正隆，徐为人，汤立达 . 2007. 分子模拟的理论与实践 . 北京：化学工业出版社，69～72

杜文凤，彭苏萍，韩毅 . 2008. 含煤地层转换波叠后横波波阻抗反演 . 地质学报，82（10）：1422～1427

段三明，聂百胜 . 1998. 煤层瓦斯扩散—渗流规律的初步研究 . 太原理工大学学报，29（4）：413～421

冯培文 . 2008. 潞安矿区煤层气生产井井网布置方法的探讨 . 中国煤炭地质，20（11）：21～23

付晓泰，王振平，卢双舫 . 1996. 气体在水中的溶解机理及溶解度方程 . 中国科学（B 辑）. 26（2）：126～130

傅爱萍，冯大诚，邓从豪 . 1998. 水在石墨（0001）面簇模型桥位上吸附的量子化学研究 . 高等学校化学学报，19（5）：792～795

傅雪海，秦勇，韦重韬 . 2007. 煤层气地质学 . 徐州：中国矿业大学出版社

傅雪海，秦勇，张万红等 . 2005. 基于煤层气运移的煤孔隙分形分类及自然分类研究 . 科学通报 . 50（增刊 1）：51～55

傅雪海等 . 2004. 甲烷在煤层水中溶解度的实验研究 . 天然气地球科学，15（4）：345～347

傅雪海等 . 2007. 煤层气地质学 . 徐州：中国矿业大学出版社

高德利，鲜保安 . 2007. 煤层气多分支井身结构设计模型研究 . 石油学报，28（6）：113～117

高鑫华，岳晓燕，吴东平 . 1998. 煤层气开采策略若干问题的探讨 . 天然气勘探与开发，21（1）：6～

12

国土资源部油气资源战略研究中心 . 2009. 新一轮全国油气资源评价，北京：中国大地出版社

韩永新，刘振庆 . 1997. 煤层气井试井测试方法 . 油气井测试，6（3）：59～63

韩永新，庄惠农 . 1999. 煤层气井注入/压降试井测平分析 . 油气井测试，8（1）：51～56

黄勇，熊涛 . 2008. 洞穴完井工艺在寿阳地区煤层气钻井中的应用 . 中国煤炭地质，20（2）：61～64

降文萍，崔永君，张群等 . 2006. 煤表面与 CH_4、CO_2 相互作用的量子化学研究 . 煤炭学报，31（2）：237～240

孔祥言 . 高等渗流力学 . 1999. 合肥：中国科学技术大学出版社：376～384

李明宅，徐凤银 . 2008. 煤层气储量评价方法与计算技术 . 中国石油勘探，13（5）：37～44

李明宅 . 2005. 沁水盆地枣园井网区煤层气采出程度 . 石油学报，26（1）：91～95

李晓平，赵必荣，蒙光尔等 . 1998. 气水同产井压力恢复测试分析的新方法 . 西南石油学院学报，20（4）：23～25

李新海等 . 1994. 析气界面上的气泡生长速率 . 化学反应工程与工艺，10（1）：98～102

刘洪林，李贵中，王烽等 . 2008. 沁水盆地煤层割理的充填特征及形成过程 . 地质学报，82（10）：1376～1381

刘洪林，王红岩，张建博 . 2000. 煤储层割理评价方法 . 天然气工业，20（4）：27～29

刘雯林 . 2009. 煤层气地球物理响应特征分析 . 岩性油气藏，21（2）：113～115

刘曰武，苏中良，方虹斌等 . 2010. 煤层气的解吸/吸附机理研究综述油气井测试，19（6）：37～44

骆祖江，杨锡禄，赵俊峰等 . 2000. 煤层气井数值模拟研究 . 中国矿业大学学报，29（3）：306～309

马永峰 . 2003. 美国西部盆地煤层气钻井和完井技术 . 石油钻采工艺，25（4）：32～33

孟召平，田永东，李国富 . 2010. 煤层气开发地质学理论与方法 . 北京：科学出版社，166～167

庞湘伟 . 2010. 煤层气含量快速测定方法 . 煤田地质与勘探，38（1）：29～32

彭苏萍，杜文凤，苑春方等 . 2008. 不同结构类型煤体地球物理特征差异分析和纵横波联合识别与预测方法研究 . 地质学报，82（10）：1311～1322

彭苏萍，高云峰，彭晓波等 . 2004. 淮南煤田含煤地层岩石物性参数研究 . 煤炭学报，29（2）：177～181

彭苏萍，高云峰，杨瑞召等 . 2005. AVO 探测煤层瓦斯富集的理论探讨和初步实践——以淮南煤田为例 . 地球物理学报，48（6）：1475～1486

钱进，崔若飞，陈同俊 . 2010. 含煤地层各向异性介质有限差分数值模拟 . 煤田地质与勘探，38（2）：63～67

钱凯，赵庆波，汪泽成等 . 1997. 煤层气甲烷勘探开发理论与实验测试技术 . 北京：石油工业出版社

乔磊，申瑞臣，黄洪春等 . 2007. 煤层气多分支水平井钻井工艺研究 . 石油学报，28（3）：112～115

秦勇，曾勇编译 . 煤层甲烷储层评价及生产技术 . 徐州：中国矿业大学出版社，1996

苏现波，陈润，林晓英等 . 2008. 吸附势理论在煤层气吸附/解吸中的应用 . 地质学报，82（10）：1382～1389

苏现波，冯艳丽，陈江峰 . 2002. 煤中裂隙的分类 . 煤田地质与勘探，30（4）：21～24

苏现波，林萌，林晓英等 . 2006. 吸附势理论在煤层甲烷吸附中的应用 . 中国煤层气，3（2）：28～30

孙斌，杨敏芳，孙霞 . 2010. 基于地震 AVO 属性的煤层气富集区预测 . 天然气工业，30（6）：15～18

孙培德 . 2000. 煤与甲烷气体相互作用机理的研究 . Coal，9（1）：18～21

王宝俊，李敏，赵清艳等 . 2004. 煤的表面电位与表面官能团间的关系 . 化工学报，55（8）：1329～1334

王敦则，蔚远江，覃世银等 . 2003. 煤层气地球物理测井技术发展综述 . 地球学报，24（4）：385～390

修书志，江新民 . 1999. 煤层压裂工艺技术初探 . 油气井测试，8（1）：45～50

杨蕾，同登科 . 2006. 变形介质煤层气双渗流动压力分析 . 天然气地球科学，17（3）：429～433

杨勤涛，成绥民，成珍等．2007．气水两相流试井解释理论模型及图版研究．油气井测试，16（3）：5～7

杨曙光，周梓欣，秦大鹏等．2010．新疆阜康市阜试1井煤层气产气分析及小井网布设建议．中国西部科技，9（26）：3～9

杨秀春，叶建平．2008．煤层气开发井网部署与优化方法．中国煤层气，5（1）：13～17

姚艳斌，刘大锰，蔡益栋等．2010a．基于NMR和X-CT的煤的孔裂隙精细定量表征．中国科学：地球科学，40（11）：1598～1607

姚艳斌，刘大锰，汤达祯等．2010b．沁水盆地煤储层微裂隙发育的煤岩学控制机理．中国矿业大学学报，39（1）：6～13

于永江，张春会，王来贵，2008．超声波干扰提高煤层气抽放率的机理，辽宁工程技术大学学报，27（6）：805～808

翟光明，何文渊．2008．抓住机遇，加快中国煤层气产业的发展．天然气工业，28（3）：1～4

张慧，王晓刚，员争荣等．2002．煤中显微裂隙的成因类型及其研究意义．岩石矿物学杂志，21（3）：278～284

张景来．2001．煤表面与高分子作用机理的量子化学研究．北京科技大学学报，23（1）：6～8

张俊虎，刘君．2008．煤层气井网布置优化设计的探讨．科技情报开发与经济，18（10）：210～211

张培河，李贵红，李建武．2006．煤层气采收率预测方法评述．煤田地质与勘探，34（5）：26～30

张培河，张群，王晓梅等．2006．煤层气开发井网优化设计——以新集矿区为例，煤田地质与勘探，34（3）：31～35

张松扬．2009．煤层气地球物理测井技术现状及发展趋势．测井技术，33（1）：9～14

张遂安．1996．选区煤层气开发利用规划编制方法探讨．中国煤层气，（1）：16～20

张先敏，同登科．2008．考虑井筒储集和表皮系数的煤层气三孔双渗模型．特种油气藏，15（2）：47～49

张新民，庄军，张遂安．2002．中国煤层气地质与资源评价，北京．科学出版社

张亚蒲，杨正明，李安启．2006．煤层气藏直井压裂开发数值模拟研究．石油天然气学报，28（3）：352～354

张振华，孙晗森，乔伟刚．2011．煤层气储层特征及钻井液选择．中国煤层气．8（2）：24～27

赵庆波，田文广．2008．中国煤层气勘探开发成果与认识．天然气工业，28（3）：16～18

赵燕云，程学礼．2004．甲烷与水分子氢键相互作用的理论研究．泰山学院学报，26（3）：58～62

郑玉柱，韩宝山．2005．煤层气采收率的影响因素及确定方法研究．天然气工业，25（1）：120～123

中华人民共和国国家标准．地勘时期煤层瓦斯含量测定方法（GB/T23249—2009）．中华人民共和国国家质量监督检验检疫总局和中国国家标准化管理委员会发布

中华人民共和国国家标准．煤层气含量测定方法（GB/T19559—2008）．中华人民共和国国家质量监督检验检疫总局和中国国家标准化管理委员会发布

周世宁，林柏泉．1992．煤层瓦斯赋存与流动理论．北京：煤炭工业出版社：122～127

附录参考文献

EIA，Energy Information Administration. 2009a. http：//tonto. eia. doe. gov/dnav/ng/ng _ enr _ cbm _ a _ epg0 _ r51 _ bcf _ a. htm

EIA，Energy Information Administration. 2009b. http：//tonto. eia. doe. gov/dnav/ng/ng _ enr _ cbm _ a _ epg0 _ r52 _ bcf _ a. htm

EIA，Energy Information Administration. 2011. http：//www. eia. gov/oil _ gas/natural _ gas/data _ publications/natural _ gas _ monthly/ngm. html

Jenkins C D, DeGolyer, MacNaughton et al. 2008. Coalbed and shale gas reservoirs. SPE 103514

Kuuskraa V A. 2009. Worldwide Gas Shales and Unconventional Gas. A Status Report United Nations Climate Change Conference, Natural Gas, Renewable and Efficiency Pathways to a Low Carbon Economy, Copenhagen, Dec 2009

Laubach S E, Marrett R A, Olson J E, et al. 1998. Characteristics and origins of coal cleat: a review. International Journal of Coal Geology, 35, 175~207

Mazzotti M, Pini R, Storti G, et al. 2009. Enhanced coalbed methane recovery. J of Supercritical Fluids, 47: 619~627

Morcote A, Mavko G, and Prasad M. 2010. Dynamic elastic properties of coal: Geophysics, 75 (6): 227~234

Rice D D. 1993. Composition and origins of coalbed gas, In: Law BE, Rice D D, Eds. Hydrocarbons from Coal, AAPG studies in Geology, 38: 159~184

Rodrigues C F, and Lemos de Sousa M J. 2002. The measurement of coal porosity with different gases. International Journal of Coal Geology, 48: 245~251

Scott A R, Kaiser W R, and Ayers W B. 1994. Thermogenic and secondary biogenic gases, San Juan Basin, Colorado and New Mexico: Implications for coalbed gas producibility. AAPG Bulletin, 78 (8): 1186~1209

Wang A, Qin Y, Wu Y, et al. 2010. Status of research on biogenic coalbed gas generation mechanisms. Mining Science and Technology, 20: 271~275

Yao Q and Han D. 2008. Acoustic properties of coal from lab measurement. SEG Annual Meeting, 1815~1819

傅雪海, 秦勇, 韦重韬. 2007. 煤层气地质学. 中国矿业大学出版社

国土资源部油气资源战略研究中心. 2009. 新一轮全国油气资源评价, 北京: 中国大地出版社

秦勇, 曾勇编译. 煤层甲烷储层评价及生产技术. 徐州: 中国矿业大学出版社, 1996

苏现波, 林晓英. 2007. 煤层气地质学. 北京: 煤炭工业出版社

苏现波, 陈润, 林晓英等. 2008. 吸附势理论在煤层气吸附/解吸中的应用. 地质学报, 82 (10): 1382~1389

王敦则, 蔚远江, 覃世银等. 2003. 煤层气地球物理测井技术发展综述. 地球学报, 24 (4): 385~390

张新民, 庄军, 张遂安. 2002. 中国煤层气地质与资源评价, 北京. 科学出版社

5 页 岩 气

与煤层气的全部或大部分吸附，致密砂岩气的全部或大部分游离不同，页岩气是吸附气和游离气共同存在于泥、页岩中的天然气。在北美地区，尤其是美国，页岩气产量在短短数年内大幅度增长，2010 年页岩气产量更占到美国天然气总产量的近 20％（Sutton 等，2010），而十年前这个数字才是 1.5％～2％。在最近的三年内，美国和加拿大的页岩气使得天然气价格从 2008 年的每 MBtu（million british thermal units）9 美元下降到 2009 年九月的每 MBtu 3 美元（IEA，2009），而且这两国可以不再进口天然气，俄罗斯不再能够控制欧洲的天然气供应。北美地区页岩气的爆发深刻的改变了当今国际社会中的经济及政治局势。

北美地区众多页岩气田的成功勘探开发，预示着页岩气资源的广阔前景。由于页岩的低孔、低渗特性，吸附—游离的赋存方式，其开采极为困难，还可能会对环境造成负面影响。这就对工程开发技术提出了挑战，新型的钻井、完井技术，尤其是水平井与水力压裂技术的结合，使得许多以前没有经济开采价值的页岩气藏得以开发。而在页岩气的整体勘探开发过程中，地质评价技术以及地球物理手段也为页岩气的高产做出了巨大贡献。

本部分以北美各大页岩气盆地的生产历史及相关可搜集的最新研究成果为基础，从页岩气的地质、地球化学、地球物理特征入手，阐述了其形成机理，渗流机理；总结了页岩气的成藏控制要素，主要地球物理特征；论述了针对性的岩石物理建模思想和方法，储层数值建模理念及方法；详细介绍了在页岩气勘探过程中应用到的较新且具针对性的地质评价、岩石物理测量及评价、测井评价、储量估算、基于寻找裂缝及脆性区的地震勘探等方法，和在生产过程中应用到的先进的钻、完井技术，储层改造及以微地震实时监控为主的监测技术，生产动态影响因素及产能预测等开发方法和技术。并对开发过程中遇到的环境问题及已使用的有效解决方法做了介绍。

5.1 概 述

5.1.1 页岩气的基本概念

顾名思义，页岩气最简单的定义就是还保留在生油岩层中的天然气。作为非常规能源之一，它既是常规天然气的潜在替代能源，也是清洁环保能源。页岩气成因复杂，可以生成于有机成因的各种阶段，有早期的生物作用生成的生物气，有进入生油窗之后的热成因气，也有石油、沥青等经裂解之后形成的裂解气。在气体组成上，页岩气以甲烷为主，含少量乙烷、丙烷等。页岩气主要由以吸附在干酪根、黏土颗粒、孔隙表面的吸附气和存在于裂缝、孔隙及其他储集空间内的游离气组成，还有极少的一部分以溶解状态存在于干酪根、沥青质及石油中，其中吸附气约占总气量的 20%～80%。页岩气在成藏上表现为典型的原地成藏模式，与油页岩、油砂、地沥青等差别较大，页岩既是页岩气生成的源岩，也是聚集和保存页岩气的储层和盖层。因此，有机质含量高的黑色页岩、高碳泥岩等常是最好的页岩气发育条件。页岩气储层致密，孔隙度一般为 4%～6%，渗透率小于 $0.001 \times 10^{-3} \mu m^2$。

页岩气发育具有广泛的地质意义，存在于几乎所有的盆地中，只是由于埋藏深度、含气饱和度等差别较大分别具有不同的工业价值。一般当泥岩或页岩储层有机碳含量大于 1%，镜质组反射率大于 0.4% 时，均认为具有形成工业价值气藏的基础条件。开发方式通常采用排气降压解析的思路进行。主要技术是复杂的钻井技术及完井技术。由于页岩气的致密性质，生产周期长成为了页岩气的一个显著的特点，一旦开采井的产量稳定，即可稳产 30～50a 以上，开采寿命长，就意味着可开发利用价值大，这也决定了它的发展潜力。

作为非常规能源，页岩气与煤层气和致密砂岩气有区别，致密和超致密砂岩气一般是经过长期持续沉积而成，渗透率低于 0.1mD，其砂岩主要由河道沉积砂和透镜状砂组成，储层表现为较强的非均质性和不连续性，气体主要储存在砂岩孔隙中；煤层气是自生自储式储层，其气体主要为吸附气，表现为较低的自然伽马值（小于 75API）生产后排水降压。而页岩气也是自生自储式气藏，吸附气、游离气共同存在，在一些情况下还有溶解气（图5.1.1）。

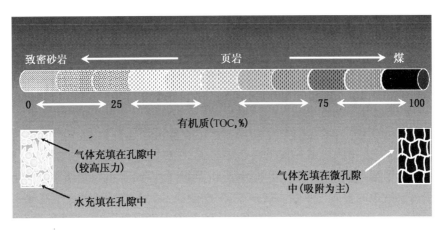

图 5.1.1 页岩气、煤层气、致密砂岩气的区别（据 Hartman, 2008）

5.1.2　页岩气资源量分布、开发历史及现状

从全世界范围来看，泥、页岩约占全部沉积岩的 60% ，页岩气资源前景巨大。全球页岩气资源分布广泛，资源量达到 456TCM（Trillion cubic meter）主要分布在北美，中亚和中国、拉丁美洲、中东和北非、前苏联等地（表 5.1.1，IEA，2009）。

表 5.1.1　全球页岩气分布的主要国家和地区（数据来自 World Energy Outlook 2009，IEA. 单位为 TCM）

地区或国家	页岩气储量（TCM）
中东及北非（Middle East and North Africa）	72
撒哈拉以南国家（Sub Saharan Africa）	8
前苏联（Former Soviet Union）	18
中亚及中国（Central Asia and China）	100
经合组织（OECD Pacific）	65
南亚国家（South Asia）	0
其他亚洲国家（Other Asia Pacific）	9
北美洲（North America）	109
拉丁美洲（Latin America）	60
中欧及东欧（Central and Eastern Europe）	1
西欧（Western Europe）	14

目前对页岩气进行商业开发的国家主要有美国和加拿大，其中尤以美国成就突出。一般认为中国有丰富的页岩气资源，但是页岩气的开发还处于萌芽阶段。澳大利亚也开始关注页岩气的评价及开发。欧洲对页岩气的开发比较乐观，一些大石油公司都将目光聚集于法国、波兰及瑞士等国的页岩气勘探，投入资金进行或者关注页岩气的地质储量及可采储量的评估。在南美洲，阿根廷和智利是比较受关注的国家。在亚洲，ONGC（印度）开始评估本国的页岩气的资源量（EIA，2009），并且印度投入巨大的资金投资北美的页岩气开发，这也是出于学习技术的目的，该国计划在 2012 年时开始勘察本国的页岩气资源。虽然如此，如同历史上所有工业的发展一样，页岩气工业的发展从开始到规模性生产都不是短期内能完成的，所以北美页岩气的兴起在近期内不会被其他国家复制。但是它必将改变世界油气资源勘探开发的格局。

5.1.2.1　北美页岩气的分布、历史及发展现状

页岩气的开发历史可以追溯到 19 世纪的美国阿巴拉契亚盆地，1821 年，美国东部泥盆系页岩中钻成第一口页岩气井，这口井仅 8m 深（Schlumberger，2005）；1914 年，发现第一个页岩气田（Big Sandy 气田）；在 19 世纪 30 年代，开始开发 Antrim 气田，到 19 世纪 80 年代，该盆地已经有 9000 余口井（Arthur，2009），在此时，Texas 州 Fort Worth 盆地的 Barnett 页岩的开发得到突破，1986 年，该页岩气盆地进行了第一次大型水力压裂，1992 年，该盆地进行了第一次水平钻井（Hayden 和 Pursel），由于不断进步的钻井技术及压裂技术的应用，该盆地的页岩气不断发展，至 2009 年底，北美共发现页岩气盆地 30 个，钻开发井 50000 余口，2009 年年产量 $950 \times 10^8 m^3$（95% 以上产自美国），占北美天然气总产量的 12% ，气采收率也得到较大的提高（EIA，2009）。

页岩气的发展过程可以分为四个阶段：第一阶段（1821—1978 年）：偶然发现阶段；第二阶段（1978—2003 年）：认识创新与技术突破阶段；第三阶段（2003—2006 年）：水平井与水力压裂技术推广应用阶段（大发展阶段）；第四阶段（2007 年至今）：全球化发展阶段。

作为一种天然气源，从最初的偶然钻遇到现在的大规模开发，虽然页岩气已经有 190 多年的开采历史，但到目前只有美国成功的对页岩气进行了大规模商业开发。最新数据显示，美国页岩气证实储量为 3840Tcf，约占世界页岩气预测总资源量的 25％，其中 66％集中在得克萨斯州（Texas）（EIA，2009），Barnett 页岩（Ft. Worth 盆地，Texas）、Fayetteville 页岩（Arkoma 盆地，Arkansas）、Haynesville—Bossier 页岩（Texas—Louisiana 盆地）和 Marcellus 页岩（Appalachian 盆地）是美国最活跃的生产基地（图 5.1.2），这五个盆地的总储量达到 3700Tcf。这些盆地的页岩都有不同之处，在开发上都存在挑战（Arthur，2008）。

图 5.1.2　北美的页岩气分布区域（NEB，2009）

截至 2006 年，美国有页岩气井 40000 余口。当年页岩气年生产量为 $311 \times 10^8 m^3$，占天然气总产量的 6％，参与页岩气开发的石油企业从 2005 年的 23 家发展到 2007 年的 64 家。页岩气已经成为美国的重要的替代能源。

北美页岩气分布于克拉通盆地、前陆盆地的侏罗系、泥盆系—密西西比系，富集多种成因、多种成熟度页岩气资源。Appalachian 地区 Devonian 页岩气盆地的 Antrim 页岩是美国最早开发的页岩，在 19 世纪 30 年代就开始开发，在 1980 年早期，那里就有 10000 口井，每年可以生产出 3～4BCM 的页岩气。North Texas 的 Barnett 页岩是美国第一块大规模商业化开采的页岩气田，有 40Tcf 的可采储量，并且在 2009 年之前生产页岩气总量已达到 4.8Tcf，Barnett 页岩的日产量已达到 5BCF/d（2009），这个数量相当于加拿大总天然气产量的（16.2BCF）年 1/3（2008），或者消费量（7.6BCF）的 2/3（2008）（NEB，2009）。Marcellus 页岩储量占了美国页岩气总储量的一半多，但之前未得到大规模开发，2008 年仅有不到 200 口的井，2010 年 5 月前有 3000 口钻井申请被批准，预示着该页岩进入大规模开发阶段（Robert 和 Ann，2010）。

美国页岩气的产量近几年快速增长（图 5.1.3）。1999 年产量为 380BCF，占当年美国天然气总产量 1.9%，2007 年产量达到 1184 BCF，2008 年更是 2022 BCF（EIA，2009），在美国天然气消费中的比重也越来越高，预计在 2035 年时会达到 5.6Tcf，占美国当年天然气消费量的 24%（EIA，2009；图 5.1.4）。

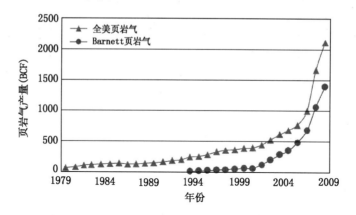

图 5.1.3　美国页岩气产量统计图（EIA，2009）

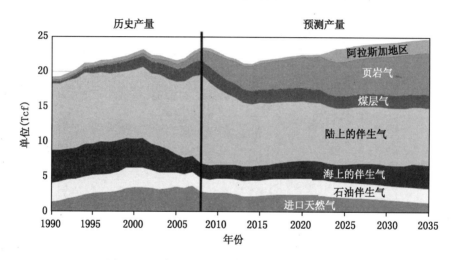

图 5.1.4　美国未来能源供应比例（EIA，2009）

　　加拿大是另一个对页岩气进行规模性开发的国家。加拿大页岩气资源分布广、层位多，预测页岩气资源量超过 1500Tcf，但只有有限的资源被开发利用，大规模的商业性开采尚未进行。自 2007 年开始，许多公司投入大量资金对页岩气进行开发，页岩气有望成为加拿大重要的天然气资源之一。

　　在加拿大，页岩分布广泛，包括传统的产气区域（Alberta，British Columbia，和 Saskatchewan），及非传统产气区域（Quebec，Nova Scotia，和 New Brunswick），但是目前情况还不确定，这是因为大多数的页岩气区产区还处于试验或者发展阶段，因此，在一个时期内，加拿大的整个页岩气潜力还不明确。如果开发被证明是成功的，加拿大的页岩气将会补偿该国常规天然气的衰退（NEB，2009）。加拿大页岩气主要集中于 British Columbia 东北的 Horn River 盆地的 Montney 页岩，在 Colorado Group of Alberta 和 Saskatchewan，Quebec 的 Utica 页岩及 New Brunswick 和 Nova Scotia 的 Horton Bluff 页岩，页岩气将会成为加拿大未来维持其天然气产量的主要手段，也将会使得加拿大成为纯天然气出口国。加拿大的页岩气主要受制于资源开采的可行性，比如清水、压裂支撑剂，或者能否钻出数千米长度的水平井。最后，在加拿大发展页岩气需要考虑到一些环境问题，我们不知道开发页岩气会对清水资源造成怎样的影响。对地面井场的问题并不需要考虑的太多，因为水平井技术的兴起使得十数口或者更多的井可以通过一个井位下钻，此外页岩气生产出来的二氧化碳可以被二氧化碳捕捉及回收装置进行处理。

5.1.2.2 页岩气在欧洲的分布发展

页岩气在北美的兴起促进了世界其他地区对页岩气资源的研究。普遍认为页岩气储层在世界上是广泛分布的。欧洲的非常规天然气储量的规模尚不得而知。国际能源组织（IEA预计其储量在 $3.5 \times 10^8 m^3$（IEA，2009）。这一数字远远低于美国及世界其他地区，但却差不多是欧洲常规能源的 6 倍（The Economist，2009）。IEA 预计，按照目前的水平，这一储量足以替代欧洲未来 40a 的天然气进口量。而其中将近一半蕴藏在页岩中；其余的则来自煤层气和致密砂岩气。德国地质科学研究中心正在石油公司的支持下，进行一项更为详细的评估，他们的主要目的是汇总欧洲的黑色页岩数据，分析页岩气形成的关键因素，并且探明资源评价的最关键因素。

一些世界级的大石油公司都将眼睛盯在欧洲，艾克森美孚正在德国的下萨克森钻探。康菲石油公司与一家总部位于马恩群岛的小公司 3 Legs Resources 联手，正在波兰的大片土地上勘探天然气。奥地利的 OMV 公司正在研究维也纳附近的地质结构。Shell 公司正把目标瞄准瑞典。一大批小公司也在其他国家寻找页岩气，托尼海沃德（BP 的老板）将这一变化称为"静悄悄的革命"，在整个欧洲大陆，一场由页岩气引起的土地资源争夺战正在悄悄进行。

在钻探后人们对欧洲页岩气的情况将会更加明了。Wood Mackenzie 能源公司认为波兰页岩的地质情况类似于 Barnett 页岩（The Economist，2009），尽管地质情况比较理想，但是欧洲的页岩气发展与美国相比还是有很多的困难。欧洲的大多数国家既缺少在美国页岩勘探中一马当先的小型勘探公司，又缺少大量彼此竞争的油气服务公司的支持，因而难以降低成本。事实上，在欧洲的页岩生产热潮中起主导作用的正是一度忽视美国非常规天然气的大公司。

勘探页岩也需要打很多井。比起美国广袤开阔的地理空间来，要在人口稠密的欧洲做到这一点有时候很难。即使是在美国，在地底引爆化学物进行压裂会对饮用水供应造成何种影响的担忧也一直让一些开发商头疼。最近，最大的页岩天然气开发公司之一，Chesapeake 能源公司就因为此类担忧而放弃了在纽约州的钻探计划。欧洲的消费者也不大可能忽略这类问题，尽管业内人士一再声称这类作法很安全。但是，一些国家会出于能源战略考虑而忽略这类担忧。无巧不巧的是，欧洲许多天然气前景最为光明的储藏地恰恰位于最受俄罗斯天然气进口依赖困扰的国家境内，比如波兰，匈牙利和乌克兰（图 5.1.5）。

一般当天然气价格达到 $9/Mbtu 时生产才是有利的，这比在当前全球生产过剩情况下的天然气时期价格高得多，但是还没有超过人们对未来几年的预期。尽管如此，欧洲国家并没有指望页岩在未来十年内对欧洲的能源供应产生实质影响，毕竟钻探还要花费一些时日。即使页岩气满足不了欧洲的期望，欧洲大陆却已经从中受益了：由于美国的天然气进口比预期的要少，从而间接支持了欧洲的供应，其天然气进口价格也因之下降了。

5.1.2.3 页岩气在中国的分布及开发现状

中国诸多盆地发育多套煤系及暗色泥岩、页岩互层，其中分布的大套致密砂岩中存在根

图 5.1.5　现阶段欧洲的页岩气勘探位置
（The Economist, 2008）

缘气、页岩气藏，还有不同规模的常规天然气。资料显示，中国南方海相页岩地层可能是页岩气的主要富集层位，松辽、鄂尔多斯、吐哈、准噶尔等陆相沉积盆地的页岩地层也有页岩气富集的地质基础、条件和显示（张鸿翔，2010）。根据地质历史及其演化特点，中国页岩气发育区划分为南方、华北—东北、西北及青藏四大区块（张金川等，2008；潘仁芳和黄晓松，2009）。

在中国，页岩气的勘探刚刚开始。20 世纪 60—90 年代，在常规油气勘探中，个别盆地在页岩中曾发现过泥页岩裂缝油气藏，针对这些发现，个别学者对泥页岩油气藏做过一些研究。2005 年以来，中国石油勘探开发研究院借鉴国外页岩气勘探开发的经验，加强了对中国页岩气资源的调查与成藏地质条件评价与研究（李建忠等，2009）。详细剖析了国外页岩气成藏的地质条件，系统总结了国外页岩气勘探开发技术。2004 年，国土资源部油气中心与中国地质大学（北京）开始调研中国页岩气资源状况。2009 年 10 月，国土资源部在重庆市綦江县启动了中国首个页岩气资源勘查项目，这标志着继美国和加拿大之后，中国正式开始这一新型能源页岩气资源的勘探开发（李立，2009）。2010 年 4 月，中国石油化工集团在安徽宣城—桐庐（中国石化）针对页岩气采集了第一条二维地震测线，2010 年 12 月，中国石化集团在四川省进行了首次大型水力压裂作业，获得了成功。这些都表明中国的页岩气在稳步发展。同时，一批专家、学者也对页岩气的成藏机理及本国页岩气蕴藏情况进行研究，对页岩气的资源量及富集情况做出了评价。

中国页岩气资源潜力大且地质条件优越，各地质历史时期的页岩地层均十分发育，既有有机质丰度达到很好～极好标准的南方海相页岩地层，也有北方湖相页岩地层。据研究，中国页岩气具有高有机质丰度，高有机质热演化程度及高后期改造程度等优良特点（张金川等，2009）。据估算，页岩气可采资源量约为 $26 \times 10^{12}\ m^3$，与美国大致相当（张金川等，2008；2009，张大伟，2010）。从现有资料分析，除分布在四川、鄂尔多斯、渤海湾、松辽、江汉、吐哈、塔里木和准噶尔等含油气盆地外，在广泛分布的海相页岩地层、海陆交互相页岩地层都有分布。海相富含有机质泥页岩主要发育于下古生界的下寒武统、下志留统——上奥陶统顶部，以扬子克拉通地区最为典型。上扬子地区下寒武统普遍发育的黑色泥页岩，有机碳含量较高，最高可达 12%，为中国页岩气勘探最有潜力的地区。以四川盆地为例，仅评价的寒武系和志留系两套页岩，页岩气资源量就相当于该盆地常规天然气资源量的 1.5～2.5 倍。但中国页岩气藏的储层与美国相比有差异：如四川盆地的页岩气层埋深比美国大，美国的页岩气层深度在 800～2600m，而四川盆地的页岩气层埋深在 2000～3500m，由此对开采技术、开发成本都有影响。

中国政府宣布本国页岩气的资源量为 900Tcf，即便仅有三分之一能够成为可开采的资源，这个数量也是极其巨大的。中国预计在 2015 年使得页岩气的产量达到 500Mmcf/d。中国石油（CNPC）和中国石化（Sinopec）现在都有自己的几口勘探井，这些或者是自己单独钻探，或者是与外国石油公司共同钻探。与这两家石油公司有合作关系的大石油公司有Conoco-Phillips（COP），BP 和 Shell 等。中国石化希望在 2015 年达到日产 240MCF，而其最高目标是有一天达到日产 3000MCF 的页岩气。中国石油的期望要低一些，他们希望在 2015 年的时候达到日产 50MCF。

5.2 地质特征与评价方法

页岩是一种广泛分布于地壳中的沉积岩。早年研究中常把页岩作为源岩和盖层，近年来逐渐认识到页岩也可以作为有利的储集层，北美页岩气勘探开发的成功证明了页岩中赋存着巨大的油气潜力。页岩气的形成较为普遍，但并不是全部具有开发价值，研究页岩气的地质特征和产量影响因素是评价其商业价值的前提条件。气体在页岩内的吸附和游离等复杂赋存状态，以及页岩的岩相和含气量在空间上的变化，为有利经济区的识别带来一定困难。现今页岩气的开发区块，大多满足一定参数标准，比如页岩埋深、厚度、有机质丰度和热成熟度等，地质、地化方法相结合是勘探与评价的重要手段。本部分将从页岩气的地质特征、评价要素等方面对页岩气进行详细的介绍。

5.2.1 形成与赋存特征

页岩气的形成是天然气在烃源岩中原位"滞留成藏"的结果，属自生自储式气藏，呈连续型分布，现今的保存状态基本上可以反映烃类运移的状况（U. S. Department of Energy，2009）。页岩既是页岩气生成的烃源岩，也是聚集和保存页岩气的储层和盖层。

页岩气赋存的形式多样，一部分以游离相态存在于裂缝、孔隙及其他储集空间中，这与常规天然气的储存形式相同；另一部分以吸附状态存在于干酪根、黏土颗粒及孔隙表面；还有极少量以溶解状态储存于干酪根、沥青、水和石油中。其中吸附气含量所占比例介于煤层气（吸附气含量常在85%以上）和常规圈闭气（吸附气含量通常忽略为零）之间（Hartman 等，2008）。

吸附气与游离气的含量呈互补的关系，所占比例与页岩的性质和气体保存条件有关。大量岩心实验表明，有机质成熟度高、含热成因气较多的页岩中，主要被游离气所饱和，吸附气所占比例在10%～50%；相反，有机质成熟度低、主要含生物成因气的页岩则主要被吸附气所饱和，游离气所占比例很小（Boyer 等，2006）。页岩内的溶解态天然气含量相对较少，仅在局部地区发育较多，例如加拿大 WSDB 盆地侏罗系页岩中，成熟度低而地层中残余液态烃较多时，很大一部分天然气溶解在沥青中（Ross 和 Bustin，2009）。

5.2.1.1 吸附气及影响因素

页岩气藏作为一种非常规天然气藏，在美国取得成功的勘探和开发，在很大程度上得益于成藏理论的进步和勘探技术的迅速发展，其中最主要的是认识到吸附气的赋存特点。

吸附是指固体或液体表面黏着的一层极薄的分子层（如固体、液体或气体分子），且它们与固体或液体表面处于接触状态（傅雪海等，2007）。与煤层气的吸附过程相同，页岩气的吸附作用又分为物理吸附和化学吸附，以物理吸附为主。物理吸附是由范德华力引起的可逆反应，需要消耗的吸附热量较少。当被吸附时，气体失去三个自由度中的一个，运动能量的损失转换成与吸附作用有关的热量。而化学吸附作用更强，主要以离子键吸附，反应更慢且不可逆，一般只限在单层，需要很大的能量才能把离子键打开而使甲烷解吸。

关于页岩气吸附特征的实例研究较多，页岩的吸附能力与总有机碳含量、矿物成分、储层温度、地层压力、页岩含水量、天然气组分和孔隙结构等因素有关。

（1）有机碳含量对吸附作用的影响。

在相同压力下，总有机含碳量较高的页岩中甲烷吸附量明显要高。其原因一方面是有机碳含量高往往意味着沉积了丰富的有机质，页岩的生气量大，单位体积内页岩的含气量就高；另一方面由于页岩中的有机质不仅是作为气体的母源，同时像是海绵一样将气体吸附在其表面。干酪根中微孔隙发育，且表面具有亲油性，因而对气态烃有较强的吸附能力。另外，气态烃在无定形和无结构基质的沥青体中的溶解作用，也对气体吸附有着不可忽视的贡献（张林晔等，2009）。

（2）黏土矿物对吸附作用的影响。

黏土矿物由于具有较高的微孔隙体积和较大的比表面积，对页岩气的吸附有重要作用（图 5.2.1）。Cheng 和 Huang（2004）研究了气体在吸附过程中对黏土矿物和干酪根的优先选择性问题，实验结果证实虽然在吸附载体的选择上不存在优先性，但干酪根的吸附能力要强于黏土；而黏土的吸附能力虽然相对较弱，但仍然占有很大比例而不可忽视。

页岩的矿物成分比较复杂，除黏土矿物以外，常含有石英、方解石、长石、云母等碎屑矿物和自生矿物，矿物组分相对含量的变化会影响岩石对气体的吸附能力。碳酸盐矿物和石英碎屑含量的增加，会减弱岩层对页岩气的吸附能力。此外由于伊利石、蒙脱石、高岭石等黏土矿物的自身结构不同，对气体的吸附能力也不相同。

（3）地层压力对吸附作用的影响。

页岩对气体的吸附能力随压力的增加而增加。Raut 等（2007）指出在压力较低的情况下，气体吸附需达到较高的结合能，当压力不断增大，所需结合能不断减少，气体的吸附量增加速度随之降低。Lu 等（1993）利用 Langmuir 等温吸附模型通过实验研究了美国多个盆地泥盆系页岩的吸附作用和温度压力之间的关系，证实吸附能力随着压力增高而增高，随着温度升高而降低（图 5.2.2）。在低压情况下，吸附气含量随压力升高迅速增加，而达到一定压力后增加缓慢。

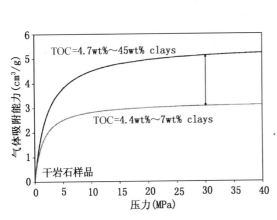

图 5.2.1　黏土矿物含量对吸附能力的影响
（据 Ross 和 Bustin，2007c）

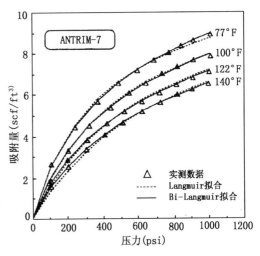

图 5.2.2　Antrim 页岩吸附能力岩心测量实验
（据 Lu 等，1993）

（4）储层温度对吸附作用的影响。

储层温度对甲烷吸附能力具有很大的影响，温度越高，甲烷吸附能力越小（图 5.2.2）。Ross 和 Bustin 等（2007b）研究了加拿大东北部上侏罗统 Gordondale 地层的页岩气地质储量，指出在压力为 60MPa、温度为 30℃时，样品的甲烷吸附能力为 0.05～2.00cm³/g。而 Besa River 和 Mattson 地层的储层温度为 127～150℃，严重制约了甲烷的吸附，故其甲烷的吸附能力均小于 0.01cm³/g，只有储层温度小于 81℃、有机质含量在 0.44wt%～3.67wt%、埋藏深度在 1539～2013m 的 Muskwa 地层的甲烷吸附能力较大，最高可达 0.70cm³/g（Ross 和 Bustin，2008）。

（5）天然气组分对吸附作用的影响。

实验研究发现乙烷、丙烷等碳氢化合物对活性炭吸附存储甲烷能力有显著的影响，当混合气体中含有乙烷（4.1%）和丙烷（2%）时，甲烷的吸附能力分别下降了 25% 和 27%。张淮浩等（2005）也发现乙烷和丙烷等气体能导致吸附剂吸附甲烷能力降低，利用体积吸附评价装置，在 20℃、充气压力 3.5MPa、放气压力 0.1MPa 条件下，对混合气体（CH_4：87.49%，C_2H_6：4.30%，C_3H_8：4.96%，CO_2：0.91%，N_2：1.83%，O_2：0.51%）进行连续 12 次循环充放气实验，发现甲烷的吸附容量下降了 27.5%。由此可见，由于生物成因气的乙烷和丙烷等高碳链烷烃含量较少，岩石对其吸附能力较强，如美国盆地的 Antrim 页岩产生物成因气，其吸附态页岩气占气体总量的 70%～75%（Martini，2003）。

（6）含水量对吸附作用的影响。

在页岩层中，含水量越高，水占据的孔隙空间就越大，从而减少了游离态烃类气体的容留体积和矿物表面吸附气体的表面位置，因此含水量相对较高的页岩，其气体吸附能力较小。

Ross 和 Bustin（2007b）发现仅在含水量较大（大于 4%）时，页岩对气体的吸附能力才有显著的降低（图 5.2.3），饱和水的样品的气体吸附量比干燥样品低 40%。此外，页岩层中含水量的增加，可能会导致天然气相态的改变，因为当页岩层中孔隙水增加时，天然气溶解于孔隙水中的量就会增加，从而使一定数量的游离态和吸附态页岩气溶于水，呈溶解态存在（Ross 和 Bustin，2008）。

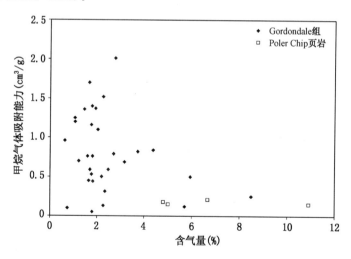

图 5.2.3　甲烷吸附量与含水量的关系图（据 Ross 和 Bustin，2007b）

（7）微孔对吸附作用的影响。

微孔的孔隙平均宽度小于 2nm，对吸附态页岩气的存储具有重要的影响。微孔总体积越大，比表面积越大，对气体分子的吸附能力也就越强，主要是由于微孔孔道的孔壁间距非常小，因此表面与吸附质分子间的相互作用更加强烈（Castello，2002）。

研究页岩气的吸附特征具有重要的意义。首先，它可以评价页岩对气体的吸附能力，估算页岩气的地质储量；其次，评价在生产过程中随压力降低时的释放的解吸附的气体体积（评价时还要考虑吸附气和游离气的关系）；第三，可以确定临界解吸压力，这对生产开发具有指导作用。

5.2.1.2 游离气及影响因素

游离态的页岩气存储机理与常规油气藏相似，这部分气体服从一般气体方程，其含量的大小取决于孔隙体积、温度，气体压力和气体压缩系数。在页岩气中占到高达 15%～80% 的比例，因此游离气的定量描述对页岩气也是十分重要的（Lewis 等，2004）

页岩的孔隙度和孔径大小决定着其内游离气的含量。当页岩孔隙的孔径较大时，气体分子就以游离态存储于孔隙中。孔隙容积越大，则所含游离态气体含量就越高。Ross 等 (2007) 发现当孔隙度从 0.5% 增加到 4.2% 时，游离态气体的含量从原来的 5% 上升到 50%。

页岩内微裂隙的发育也常常使游离气富集。微裂隙是游离气的另一种主要储集空间 (Jarvie 等，2007)，长度为微米级至纳米级。由于页岩的低孔低渗特征，大量的游离态气体的聚积往往依赖于页岩中大量存在的微裂隙。微裂隙的成因多种多样，页岩在生烃过程中，随着烃类生成量的增加，内压增大，当达到突破压力后，会形成大量的微裂隙，为烃类排出提供通道，同时也形成新的储集空间。在成岩过程中，矿物相的变化也会使微裂隙形成。同时在构造运动过程中也会形成大量的微裂隙。

游离气的储存与压力温度关系密切。如图 5.2.4 所示，游离气随着压力的增加表现出平稳增加的趋势，而吸附气在低压范围内随压力增高含量增加明显。由于压力往往与页岩的埋深有关，因此随着埋深的增加游离气含量逐步增加。实验结果显示，在 1150m 左右游离气和吸附气的含量基本相等，但埋深达到 2800m 左右时，游离气含量达到吸附气的 2 倍以上 (李玉喜等，2011)。游离气含量取决于储层压力，孔隙度和含气饱和度，在页岩气中占到高达 15%～80% 的比例，因此游离气的定量描述对页岩气也是十分重要的（Lewis 等，2004）。

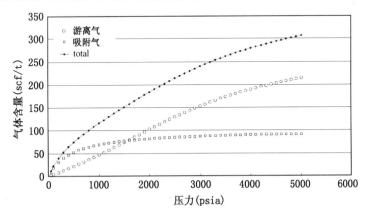

图 5.2.4 游离气、吸附气及其与压力之间的关系（据 Lewis 等，2004）

5.2.1.3 溶解气及影响因素

溶解气指地下条件下，溶解在地层水、沥青等液体中的天然气。目前对溶解气单独的研究较少，通过对测定吸附作用过程的分析，发现吸附气和溶解气很难区分（Ross 和 Bustin，2007）。在计算天然气地质储量的解吸试验中，也将溶解气与吸附气一起考虑。

溶解气的含量取决于地层水的含量和矿化度、地层中残留烃的类型和含量、温度、压力以及气体类型。温度对气体溶解度的影响较复杂，一般温度小于80℃时，随温度升高溶解度降低；当温度大于80℃时，溶解度随温度升高而增加。当压力增大时，溶解度会逐渐增大。另外，实验研究还表明在相同的压力和温度下，甲烷的溶解度随地层水矿化度的增加而逐渐降低。

当页岩成熟度较低时，地层中往往有大量残余液态烃类残留，如沥青等，在特定条件下会溶解部分气体。残余烃类的种类和数量取决于页岩的成熟度和烃类转化率，进而会影响溶解气含量。

5.2.2 地质综合评价

尽管页岩分布十分广泛，但只有部分区域具有商业开发价值。在页岩气选区之前，北美的勘探开发公司通常要在确定天然气成因、页岩气分布面积、有效厚度、可能的生产机制以及基本控制影响经济效益的不利因素之后，才可能有效动用页岩气储量。因此，与常规油气藏钻井之后随即投产的模式不同，页岩气资源投入商业开发的前提是综合评价。

关于页岩气区块的评价问题，前人从不同角度进行过很多研究。从评价流程考虑，Slatt等（2008）指出首先应该从岩心数据出发，研究不同尺度的沉积相，岩相和层序地层特征，生物学以及地球化学特征；其次要联系测井数据，包括成像测井，研究页岩气地层的测井特征，以及相对应地层的地震响应；第三是研究页岩的岩石物理学特征和力学性质；四是页岩的有机质地化特征，这是影响产气量至关重要的因素。

从影响页岩气藏的聚集和开采的内部和外部的具体因素来考虑，又包括气体成因类型、埋藏环境、沉积背景和岩相特征、有机质类型和丰度、热演化程度、矿物成分和结构、孔渗特征等。页岩是否具有足够大的面积、厚度和可采储量，也是控制经济效益的关键因素。

5.2.2.1 气体成因类型

在成因来源方面，页岩中的天然气具有几乎所有可能的有机成因类型，包括了未成熟的生物气、低熟—未熟气、高—过成熟气、二次生气等多种，覆盖了生物化学、热解及裂解等几乎所有可能的有机生气作用模式。这些类型都可以在美国不同的页岩盆地中找到存在实例。

（1）生物成因气，是有机质在微生物降解作用下的产物。在埋藏阶段的早期成岩作用过程中，或在近代富含细菌的大气降水的侵入中，厌氧微生物的活动形成了生物成因气。目前，研究者一般把生物成因型页岩气藏分为两类：

①早成型，又称为原生生物成因气，是指页岩在早期成岩作用过程中，微生物作用使有机质发生一系列复杂变化过程所生成的气体，形成的气藏的平面形态为毯状。该类页岩气及其伴生地层水的绝对年龄一般较大，而且由于早期生物成因气常形成于地表或浅层，极易扩散到大气中或溶解在水中，加上成熟度低的有机质对气体的吸附能力很弱，因此只有少量的气体保存下来。

②晚成型，又称为次生生物成因气，是指页岩地层经后期构造作用抬升到近地表并遭受剥蚀，由于埋藏变浅后微生物通过流动水运移到页岩地层中，在适当的温度、盐度下通过降解和代谢作用形成甲烷和二氧化碳等气体的过程。这部分气体往往包含生物对早期热成因气体的氧化分解作用的结果，即混合成因气。由于受构造的控制，次生生物气藏的平面形态往往为环状，气体形成时间一般较晚，页岩气与伴生地层水的绝对年龄接近现代。现今开采的

生物成因气大多属于晚成型，与裂缝和相关的水文地质条件关系密切。

（2）热成因气，是在页岩达到一定温度和压力的条件下，有机质发生一系列物理化学变化生成的，可以通过干酪根的直接热降解生成，或者低熟生物气再次裂解，及油、沥青等达到高成熟时二次裂解生成（图 5.2.5）。

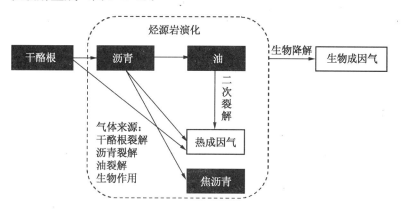

图 5.2.5　不同成因页岩气的演化过程（据 Jarvie 等，2007）

控制热成因气生成的关键因素是有机质的成熟度，这往往与盆地的构造运动和热史有关，北美大多数页岩气区块都以热成因为主，其中 Barnett 页岩是典型模式。

气体成因的主导类型决定了页岩中气体的分布特征。对于微生物成因气占主导地位的成藏组合来说，水文地质十分重要；而对于热成因气占主导地位的储气区来说，勘探应该关注盆地中埋深较深、热成熟度更高的层段，地层水文化学特征与油藏特征描述并不相关。

识别页岩系统中的天然气成因对估算区域内的天然气地质储量和制定勘探战略是极为重要的。如果在完井前尽快确定气体的成因，那么就能加快对这些资源的认识并决定勘探战略。利用现有资料，包括岩屑、岩心等进行分析，甚至在获得目的层段的产气样本之前，来识别出生物成因气及热成因气，可以保证勘探更有效、更经济。

Martini 等（2008）研究认为鉴定页岩气成因的比较敏感的地化参数包括：①伴生水的碱度以及可溶解的非有机碳（DIC）中的 $\delta^{13}C$；②甲烷和伴生水中的 δ^2H；③二氧化碳中的 $\delta^{13}C$。而其他常用的指示物，例如甲烷中的 $\delta^{13}C$ 以及 $C_1/[C_2+C_3]$，已证实并不十分可靠。

实验室测试结果表明，相比单一热成因的岩心，含有生物成因气的岩心有明显更多的总吸附气含量，比单一的热成因气更有生产价值（Martini，2003；2008）。

5.2.2.2　埋深、压力和温度

控制页岩气藏的因素可以分为内部因素和外部因素：内部因素是指页岩本身的因素，外部影响因素主要是页岩的埋藏环境，包括深度、压力和温度等。正确评价这些参数的作用及其影响，对合理评价页岩气藏的经济效益具有重要意义。

5.2.2.2.1　埋深

页岩的埋深直接控制着气藏的经济价值。美国发现的页岩气藏埋深分布范围很广：埋藏最浅的 Michigan 盆地 Antrim 页岩，深度范围 600～2200ft，以产生物气为主；Illinois 盆地 New Albany 页岩气藏，深度范围 500～4900ft，产出混合成因气，浅层以生物气为主；Appalachian 盆地的泥盆纪页岩，包括最浅的 Ohio 页岩，深度为 2000～5000ft，较深的 Marcellus 页岩 4000～8500ft，最深的 Utica 页岩达到 12000ft；Lewis 深度为 3000～6000ft；

Texas 盆地的 Barnett 页岩深度段 4500～9000ft；Arkoma 盆地 Fayetteville 和 Caney 页岩气藏平均分布较深，为 6000～8500ft 等（Martini 等，2008；U. S. Department of Energy，2009）。

由此可见，页岩气藏深度变化较大，深度不是页岩气藏发育的决定因素，关键问题是该页岩气藏是否具有商业开发价值。美国正在开采的页岩气盆地的埋深都不是很大，大多都是以浅层开采为主，这是由于过高的埋深会加大勘探的难度及成本。中国近年来对页岩气的工业化开发聚集了较多的注意力，但中国页岩普遍埋深较深，达到 15000～21000ft，且地表情况复杂（邹才能等，2010）。虽然深度会导致开发成本相对较高，但是随着埋深的增大，温度压力不断升高，有机质的演化程度也会更高，会更有利于气体的生成。随着技术进步及对能源的不断需求，人们会越来越关注埋深较深的页岩气。

5.2.2.2.2　压力

压力是控制页岩气生产的重要因素之一。从美国正在开发的页岩气储层来看，页岩气藏既有高地层压力，也有低地层压力（图 5.2.6）。一般来说，地层压力较小的页岩地层以生物成因气为主导，如 Antrim 页岩；而成熟度高的热成因页岩气藏的发育通常与高地层压力保持一致。

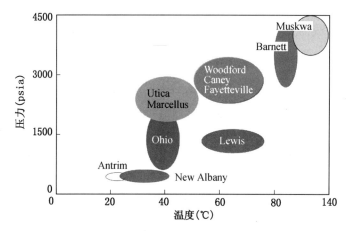

图 5.2.6　美国主要页岩气开发区压力与温度分布（据 Bustin 等，2009）

地层压力的升高首先与生烃有关。根据成藏机理分析，由于低孔低渗特征，页岩中，特别是厚度大的页岩中常常出现异常压力。随着埋深的加大和温度的升高，当烃源岩进入生油窗后，干酪根开始转化成烃类。与此同时，一部分黏土矿物，如蒙脱石，脱水向伊利石或高岭石转化，这些过程产生的大量流体首先要进入烃源岩的孔隙空间中。但是由于泥岩的孔隙度和孔喉半径小，孔隙之间连通性差，流体很难排出，势必引起孔隙内压力增大，形成异常压力。而异常高压的存在通常会阻碍压实作用，于是处于异常高压带内的烃源岩通常比相同埋深泥岩的孔隙度要高得多（苗建宇，2003），这为页岩气的大量聚集提供了更好的储层条件。

地层压力在很大程度上还受到构造的抬升或沉降运动的影响。由于页岩地层压力的封闭性较强，已经成藏的页岩气发生相对的构造运动时，原始的页岩气藏会产生更高或相对降低的异常地层压力。同时水平方向的构造挤压作用也对页岩气藏地层压力的发育产生重要影响。

随压力的增大，无论以何种赋存方式存在的气体，含量都呈增大趋势，但由于储集空间有限，压力增大到一定程度以后，含气量增加速率变缓。当压力较低时，吸附态气体含量相对较高，如 San Juan 盆地 Lewis 页岩气藏具有异常低地层压力梯度，为 4197kPa/m，吸附态天然气含量高达 88%；而压力高时，气体赋存常以游离态为主，如 Fort Worth 盆地 Barnett 页岩气藏具有微超高压力梯度的特征，其吸附态气体的含量较少（Curtis 等，2002）。在开采过程中，当钻遇高压地层时，压力可能会导致吸附气的释放缓慢，但是会产出更多的游离气，在开发早期获得较高的经济效益（King，2010）。

压力对页岩的渗透率也有很大的影响，Soeder（1988）认为 Marcellus 页岩的渗透率取决于压力，并随着围压的增长而降低。Bustin 等（2008）研究了压力对 Barnett、Muskwa、Ohio 和 Woodford 页岩的影响，结果显示围压对页岩渗透率的影响要远大于压实的砂岩或者碳酸盐岩。

由此可见，地层压力对页岩气的形成、富集和开采都具有重要的影响，不仅影响了气体的含量和赋存状态，页岩的渗流特征和气体的产出，还在很大程度上决定了地层的岩石力学性质和压裂造缝的效果，因此对地层压力特征进行详尽分析是页岩气生产评价的关键之一。

5.2.2.2.3　温度

温度影响了页岩气的成藏过程。页岩必须在一定的温度和压力条件下，达到一定的成熟度才能大量生烃，因此对盆地的热史进行分析是页岩气进行开采之前的必要步骤。

储层温度主要影响着吸附气体的含量，地层温度越高，对页岩气的储集越不利。因为在相同压力下，温度越高，气体分子的运动速度加快，降低了吸附态天然气的含量。这也是 Fort Worth 盆地 Barnett 页岩气藏中吸附气含量比例较低的原因之一。但另一方面高温又往往与地层高压相伴随，随着地温的不断增加，吸附气的比例下降，而游离气的比例不断增加。因此当地层温度较高时，页岩对游离气的储集能力变得非常重要（Bustin 等，2009）。

5.2.2.3　岩相类型

页岩气能否达到经济开采的标准和产气页岩的岩相特征密切相关，具有经济价值的页岩至少要满足两点基本条件：含有丰富的有机质和较多的脆性矿物成分，这种类型的页岩一般沉积在有限的局部地区和特殊地质时期（Bowker 等，2007）。寻找有利的页岩区块，首先要从宏观上研究页岩发育的构造背景和沉积环境，确定优质源岩发育的盆地和地层年代，在此基础上进一步研究页岩的微观岩相，找出最有利于压裂开采的页岩储层。

5.2.2.3.1　形成环境

最有利的页岩气开采的岩石类型，往往沉积在缺氧还原环境下，一般由于水循环受到限制、生物需氧量超出供应量等原因形成，以海进体系域为佳；同时需要大量微体生物残骸沉积，使页岩中含有较多的生物硅质或钙质，以及较少的黏土含量，从而使页岩具有很高的脆性。

富含有机质页岩可以沉积于多种多样的环境中，但页岩沉积初期的有机物的丰富程度、成岩过程中的有机物质保存完好程度，以及陆源碎屑物的供给，都会对页岩有机质丰度产生重要影响。对北美已开采的页岩气区块的沉积环境研究显示，页岩多沉积在特殊的构造背景形成的缺氧环境下。聂海宽和张金川（2010）将美国主要页岩沉积环境归为三类，包括：（1）克拉通盆地内坳陷沉积，该类实例较少，主要代表为美国的 Antrim 和 New Albany 页岩。在泥盆纪，随着全球相对海平面的上升，Michigan 和 Illinois 盆地被海水淹没，成为页岩沉积的浅海环境，在这一时期形成的泥盆系富含有机质的黑色页岩在从加拿大中西部到美国东南部的北美地台广泛分布。(2) 被动大陆边缘裂谷和缓坡陆棚环境，该环境在上升洋流控制下携带生物大量繁殖所需要的营养物质，表层海水中生物大量繁殖，这些生物死亡后在海底迅速大量堆积，耗尽海底中的氧而形成强还原环境，有利于有机质保存。(3) 前陆挠曲形成滞留盆地。特殊构造背景阻止了水的侧向流动，表层含氧水与深层水的混合受阻，有利于还原环境的形成和有机质的保存。

美国 Forth Worth 盆地中 Barnett 页岩的沉积属于第三种沉积环境下的典型实例。Loucks 等（2007）研究了该页岩的沉积环境，文中引用了 Blakey（2005）全球板块重建的结果，表明 Fort Worth 盆地在密西西比纪位于劳亚大陆和冈瓦纳大陆之间快速接近时形成的一个狭窄的内陆航道上（图 5.2.7），该航道西部以宽阔的浅水碳酸盐岩陆棚为界，东部以岛弧链为界，沿劳亚古大陆的南部和东南边缘延伸，并穿过美国当时的整个南部区域。Forth Worth 盆地是劳亚古大陆南部前缘的一个前陆盆地，由于航道内部海洋环流受限，造成 Barnett 地层出现严重的缺氧环境。

美国 Appalachian 盆地泥盆系 Ohio 页岩也形成在一定的特殊构造背景下。Curtis 等（2002）认为 Ohio 页岩中有利层段的形成与 Rome 地槽有关（图 5.2.8）。Rome 地槽是由于晚元古代被动大陆边缘破裂形成的复杂的地堑系统，后发展为 Iapetus 海。在随后的大地构造运动中，组成地堑的断层再次活动，晚泥盆纪在陆内浅海的底部形成了凹陷，这些凹陷控制了 Ohio 页岩 Huron 组下部和 West Falls 组 Rhinestreet 页岩的藻类有机质的保存状况。由于水循环不好限制了氧气的注入，这些凹陷内部极可能是缺氧环境。同时有机质的保存还与水中海藻植物的周期性大量发育有关。海藻的蓬勃发育造成有机质的大量聚集，并且消耗尽了氧分子的供给，使藻类物质大量保存下来，甚至在凹陷边缘之上也有有机质的大量沉积。

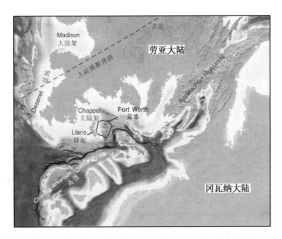

图 5.2.7 Fort Worth 盆地在密西西比纪晚期（3.25 亿年前）南部中陆地区区域古地理学的大致位置（经 Blakey 重建的全球板块，2005）

图 5.2.8 Ohio 页岩 Huron 组下部的有机碳含量（*TOC*）分布图（Curtis，2002）

适宜的古地理和古气候环境对优质页岩的形成也十分重要。北美地区高质量的海相页岩多发育在海进体系域时期，富含养分的上升洋流夹带着来自深海动植物残骸的充足养分，使生物产率高，形成较强还原环境，而赤道附近海域发育的放射虫，为页岩的沉积提供了大量的硅质，有条件形成脆性高的页岩储层。

5.2.2.3.2　岩相类型和识别

在过去很长一段时间内，大部分页岩的沉积都被认为是"均匀的，不变的"，岩相类型在一定范围内变化不大，但近年来研究发现很多产气页岩并非如此。例如，在美国 Texa 州的 Newark East 油田，通过岩心描述和薄片分析，发现 Barnett 页岩的岩相共有 9 种不同的类型，非均质性非常强。这些不同的岩相在垂向上呈旋回性沉积，有时候沉积厚度用肉眼很难区分。识别出这些岩相可以提供与形成过程有关的信息进而对盆地进行评价，并选取最佳的压裂层位。因此区分岩相及分析它们的层序特征必须作为页岩气储层描述的第一步（Slatt 等，2008）。

Jacobi 等（2009）根据测井数据对美国 Arkoma 盆地的 Woodford 和 Caney 页岩进行了地球化学和岩石力学特征研究，进而确定进行压裂生产的有利层段。Woodford 页岩层（晚泥盆—早密西西比系）位于盆地深部，Caney 页岩层位于浅部（密西西比系），中间的被 Mayes 组的厚层含泥质粉砂的灰岩层分开，页岩由一系列具有易裂性的黑色含碳硅质页岩组成，其中高脆性的岩层是气藏开发的重要目标。

使用地球化学测井探测仪可以研究地层中不同化学元素含量的变化，由于 U 对海平面变化引起氧化还原环境的变化较为敏感，但是 Th 相对不敏感（Jacobi 等，2008），因此认为 U 浓度和 Th/U 值的波动对应于海平面的升降。Arkoma 盆地是一个局限性前陆盆地，海平面的升降不仅导致了泥盆纪和密西西比纪盆地氧化还原环境的变化，还引起了沉积岩相的变化，海进期和海退期这两种情况的区别如下：

（1）海进时期盆地处于缺氧环境下，沉积硅质，有机质丰富的泥岩沉积物来自深海环境，盆地条件变化的标志是 U 急剧增加，Th/U 值降低到 2 以下。

（2）海退期形成浅水的、氧化作用较强的水体环境，在这种环境中形成较少的有机质，但是碎屑岩、粉砂质泥岩和碳酸质泥岩较容易形成。这些情况反映出过渡海相环境部分受陆源沉积物供给的影响，U 急剧降低，Th/U 值升高到 2 以上。

同时根据地球化学仪器测定的地层中不同矿物的组成成分还可以计算出有机碳的含量（TOC）和脆性矿物的比例，运用这些结果可以对 Woodford 和 Caney 页岩划分出 5 个重要岩性层，这 5 个层对于人工压裂措施很重要，Jacobi 等（2009）按照如下标准划分岩相：

（1）富硅—有机泥岩：Th/U<2，高 U 值，高 TOC，高石英含量；

（2）少量硅—有机泥岩：Th/U <2，高 U 值，高 TOC，低石英含量；

（3）硅质泥岩：Th/U>2，低 U 值，低 TOC，高石英含量；

（4）碳酸质泥岩：基于方解石、白云石和磷铁矿这三种碳酸盐岩矿物的总含量进行区分；

（5）低有机泥岩：Th/U<2，高 U 值，低 TOC，低石英含量。

这种岩相区分的模式被 Mitra 等（2010）分别应用在美国 Barnett、Woodford、Haynesville 和 Marcellus 页岩上，也取得了较好效果。

实际上，要区分出对开采有利的页岩岩相，还需要通过对储层的基岩物性深入研究，并综合多种资料，例如岩心、岩屑及测井等，了解不同的岩石学、矿物学及干酪根含量信息，以此来确定气体生成的有利层段。对这些层段的原地地层压力和孔隙度的认识非常重要，它可以为原地天然气的水力压裂增产措施提供帮助。这些物性资料往往是通过取心资料分析获取的，而取心过程常是耗时耗钱的。而测井方法可以提供一个地区的层序解释和构造信息的主要数据。用测井曲线进行层序分析，在纵向上识别出有利岩相的特殊响应特征，以及横向上井与井之间的相关性，并将岩心、岩相与常规测井曲线响应进行标定，进而利用测井数据进行地层评价，来寻找适合页岩气开采的层段，是十分重要的手段（具体将在5.3.2节详细阐述）。

5.2.2.4 有机物特征

只有当页岩是有效的烃源岩时，才有可能形成具有商业价值的页岩气富集区域。这些页岩是否能够生烃，生油还是生气，主要取决于页岩所包含的有机物的总量和类型、是否存在促成化学分解的微量元素，以及有机质热演化的过程和程度等。页岩气的富集需要丰富的烃源物质基础，要求生烃有机质含量达到一定标准，富含有机质的黑色泥页岩通常是页岩气成藏的最好储层。对于热成因的气体，还需要有机质的热演化程度达到一定的标准。一般情况下，页岩气区块的经济价值与其有机质的地球化学特征密切相关，如有机质丰度、类型、成熟度等，以下予以重点介绍。

5.2.2.4.1 有机质丰度

有机质丰度是生烃强度的主要影响因素，与常规气藏相同，不管是生物成因气还是热成因气，源岩都需要充足的有机质，高丰度的有机质既是生烃的物质基础，也是页岩气吸附的重要载体。常用的有机质丰度指标主要包括有机碳含量（TOC）、岩石热解参数、氯仿沥青"A"和总烃（HC）含量等。

（1）有机碳含量。

总有机碳含量（TOC）是国内外普遍采用的有机质丰度指标，指烃源岩中的油气逸出后，岩石中残留下来的有机质中的碳含量，又称为剩余有机碳含量（张厚福，1999），一般在实验室测定其数值。由于生油岩内只有很少一部分有机质转化成油气离去，大部分仍残留在地层中，并且碳又是在有机质中所占比例最大、最稳定的元素，所以剩余有机碳含量能够近似地表示生油岩内的有机质丰富程度。

TOC值在实验室通过样品燃烧测量得到。将去杂质处理后重量为1克（0.0022lb）的粉碎岩样置于1200℃（2192°F）温度下燃烧，干酪根中的碳就被转换成一氧化碳和二氧化碳。碳的具体转化数量可以在红外线室中测定，然后转换成总有机碳含量，以岩石质量百分比的形式进行记录。如果最初的筛选测试证明岩样有机碳含量高，则将对这些岩样进行更多测试。

TOC的测量可以在岩心，岩屑和露头等不同样品上进行，但是需要注意，一方面成熟的地下岩心和未成熟的露头上总碳含量的差别很大（Montgomery等，2005），另一方面，通过岩屑测得的TOC含量通常比岩心要低2.36倍（Jarvie等，2005），与TOC有关的其他的地化参数也会因此受到影响而出现误差。

关于页岩气藏形成的有机碳下限值，很多学者都进行过研究，Schmoker（1981）认为产气页岩的有机碳平均含量下限值大约为2wt%；Bowker（2007）则认为一个有经济价值的开发目标有机碳下限值为2.5%～3wt%。Barnett页岩Newark East气田岩心分析的平均有机碳含量较高，为4%～5wt%。Appalachian盆地Ohio页岩Huron下段的总有机碳含量约为1wt%，产气层段的总有机碳含量可达2wt%。

TOC值常可表征含气量大小，特别是当两者呈现正相关的情况下。美国的多处研究实例显示，页岩气含量与TOC含量之间存在正相关关系（Decker等，1993；Boyer等，2006），有机质中的纳米级微孔隙是页岩气吸附的重要载体。由于有机碳的吸附特征，其含量直接控制着页岩的吸附含气量，所以，要获得具有工业价值的页岩气藏，有机碳的平均含量应大于 2wt%，随着开采技术的进步该下限值可能会降低。

但是页岩气的气体含量并不是仅受控于有机碳含量，而是多重因素制约，与矿物类型、孔隙结构和气体的主要赋存状态有关。Ross 等（2009）研究了加拿大 WSDB 盆地的泥盆—密西西比（D-M）页岩和侏罗系页岩，结果显示 D-M 页岩吸附气的含量与 TOC 呈线性关系，但成熟度不高的侏罗系页岩中，气体主要为溶解态，含量与 TOC 并无明显关系。

（2）岩石热解参数。

对于 TOC 含量较高的岩石，为了进一步描述有机质的丰富程度，许多地球化学实验室都采用法国石油研究院开发的 Rock-Eval 热解技术（Boyer 等，2006）分析岩样。岩石热解试验中不同温度下的排出物分别为：游离态挥发烃（S1），高温裂解产物（S2）和二氧化碳（S3）（图 5.2.11），单位均为（mg HC/g Rock）。HI 表示含氢指数（S2/TOC * 100 (mg HC/g TOC)）。PI 表示生产指数（S1/(S1 + S2)），值为 0~1。

该技术已经成为烃源岩地球化学测试的工业标准方法，测试过程中只需使用 50～100mg 的粉碎岩石，整个测试过程也只需大约 20min。在热解测试中，每个岩样都需要在各个不同的温度控制范围内受热。在受热的第一阶段加热至 300℃（572℉），游离烃从岩石基质中释放出来。在第二阶段温度增加到 550℃（1022℉），释放出热裂解作用形成的挥发性碳氢化合物。除碳氢化合物外，干酪根在温度从 300℃增加到 390℃（572℉至 734℉）的过程中还释放出二氧化碳。热力作用下的有机化合物成分则可以通过火焰电离检测器测得。上述测量结果和温度数据被记录在图表中后显示出三个明显的峰值（图 5.2.9）。这三个峰值提供了干酪根中氢、碳和氧相对含量的信息，为确定干酪根的类型及油气潜能提供了依据，其中表征有机质丰度的热解参数是生烃潜量（S1 + S2）。

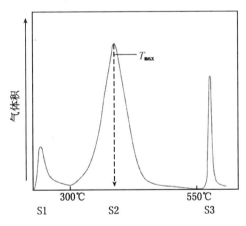

图 5.2.9　Rock-Eval 热分解过程示意图（据 Boyer 等，2006）

（3）原始有机碳含量的计算。

烃源岩的有机碳由三个基本部分组成：①烃类中的有机碳，实验室中获取，记作 C_{HC}；②可转变为烃类的有机碳 C_C，称为转换碳、反应碳或不稳定碳；③碳质残留物 C_R，由于缺少氢从而无法生成烃类，称为惰性碳、无生命碳或残余碳。

利用有机碳含量评价有机质丰度时需要注意，随着页岩成熟度的上升，页岩总有机碳含量会下降。随着有机物的逐渐成熟，C_C 逐渐转化为烃类，随着排烃的进行，TOC 逐渐降低

至 C_R。一般页岩气产量高的地区烃源岩成熟度也高，对有机碳含量的分析既要重视源岩原始有机质丰度与生烃潜力，又要关注页岩储层残余有机碳含量的作用（李新景等，2009）。因此需要通过研究烃源岩有机碳组成，将高熟 TOC 恢复到 TOC_o（原始有机碳）进行计算（Jarvie 等，2007）。

在已知干酪根类型的基础上，通过确定烃源岩的原始有机碳含量可以定量估计它能产生的烃类总量。高勘探程度区域的烃源岩一般都已达到热成熟，因此无法直接确定其原始值。通过了解有机碳的组成成分可以在一定程度上帮助理解如何将 TOC 还原为 TOC_o。本节阐述中加入的下标 o 和 pd 分别表示原始（orginal）和现今（present day）。

①热解实验计算。

Jarvie 等（2007）对 Barnett 页岩的研究显示，Lampasas 县未成熟的露头样品（镜质组反射率为 0.48%）的平均原始氢指数（HI_o）为 475mg HC/g TOC，有机碳总量 TOC 平均高达 11.47 wt%。平均生烃潜力（岩石热解参数 S2）为 54.43mg HC/g rock，每英亩产石油 1192 bbl（0.15m³/m³）。然而，远在盆地西南部边缘 Brown 县 Explo Oil Inc.3 Mitcham 井的低热成熟度（镜质组反射率为 0.6%）岩屑的平均原始氢指数（HI_o）为 392 mg HC/g TOC，比 Lampasa 县露头样品的数值低，有机碳总量 TOC 为 4.67wt%，S2 值为 18.17mg HC/g rock，每英亩产石油 398bbl（0.05 m³/m³）。

取自 Wise 及 Tarrant 县的主要产区（平均镜质组反射率为 1.67%）的六口井中的 290 块高成熟度 Barnett 页岩岩心样品的现今 TOC 均值为 4.48wt%。由于 TOC 值通常显示为对数分布，故平均值不一定能代表有机碳总量。然而这个数值和井与井之间得到的数据的平均值是一致的，其范围为 4wt%~5wt% TOC，从岩石热解参数 S1 和 S2 中移除残余的 C_{CHC}，得到 C_{Rpd} 为 4.43wt%。

图 5.2.10 为根据以上实测数据绘制的有机碳含量（TOC）和 Rock－Eval 热解参数（S2）交会图，S2 是在标准 Rock－Eval 热解温度（300~600℃）下裂解的产物（mg HC/g rock）。实心大方块代表未成熟到低成熟样品，斜率和 x 轴截距表示 HI_o 和 C_R；空心小方块代表高成熟（镜质组反射率平均为 1.8%）岩心数据。由实心方块指向 x 轴的实线代表从低

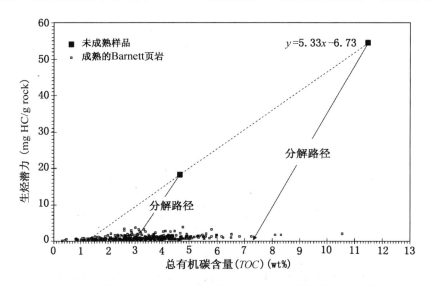

图 5.2.10　生烃潜力（S2）和有机碳含量（TOC）交会图（据 Jarvie 等，2007）

成熟度到高成熟度的分解路径。

根据低成熟度岩屑和未成熟露头样品在图上的数据点，线性优化后得到的斜率显示 HI_o 为 533mg HC/g TOC（图 5.2.10），因此 HI 范围为 392～533 mg HC/g TOC。由图 5.2.10 知，x 轴截距代表未生成烃的惰性碳含量，为 1.26wt%。然而，由于有机质分解，高成熟度的 C_R 往往比原始 C_R 值高出了 10%～20%。C_R 的增加原因，可能是芳构化和缩聚作用，或者是石油二次裂解生气过程中产生的残余碳的富集。

②干酪根光学特性计算。

Jarvie 等（2007）使用了另外一种确定 TOC_o 的方法，首先通过直接观察干酪根光学特性确定各类型的百分比，由下面的公式计算得到平均 HI_o（平均值由 Jones（1984）提供的 HI 范围确定）。

$$HI_o = \left(\frac{\% type\, \text{I}}{100} \times 750 \right) + \left(\frac{\% type\, \text{II}}{100} \times 450 \right) + \left(\frac{\% type\, \text{III}}{100} \times 125 \right) + \left(\frac{\% type\, \text{IV}}{100} \times 50 \right)$$

(5.2.1)

例如，Barnett 页岩含 95% 的 II 型干酪根和 5% 的 III 型干酪根，计算得到的 HI_o 值为 434mg HC/g TOC。若含 100% 的 II 型干酪根，HI_o 为 450 HC/g TOC。

转换率（TR_{HI}）反映的是 HI_o 到现今值 HI_{pd} 的变化，也包含了早期游离烃含量从原始生产指数（PI_o）到现今含烃量（PI_{pd}）的变化。可以利用 Claypool 公式计算转化率，即

$$TR_{HI} = 1 - \frac{HI_{pd} \left[1200 - HI_o (1 - PI_o) \right]}{HI_o \left[1200 - HI_{pd} (1 - PI_{pd}) \right]}$$

(5.2.2)

这个公式结合了计算干酪根转化率的 Pelet 公式，假设烃类中含碳量为 83.33%，生成烃的最大值为 1200。$PI_o = 0.02$，该方法对 PI 值并不十分敏感。

一旦通过计算或测量低成熟的岩石样品确定了 HI_o 和 TR_{HI} 的值，TOC_o 可以利用以下公式计算，即

$$TOC_o = \frac{HI_{pd} \left(\frac{TOC_{pd}}{1+k} \right) (83.33)}{\left[HI_o (1 - TR_{HI}) \left(83.33 - \left(\frac{TOC_{pd}}{1+k} \right) \right) \right] - \left[HI_{pd} \left(\frac{TOC_{pd}}{1+k} \right) \right]}$$

(5.2.3)

式中：烃的含碳量平均值为 83.33；k 是一个修正系数。对于 II 型干酪根而言，高成熟度下残留碳 C_R 的增加值为 15%（I 型为 50%，III 型为 0），此时修正系数 k 为 $TR_{HI} * C_R$。

例如当 Barnett 页岩含有 95% 的 II 型干酪根和 5% 的 III 型干酪根，转换率为 0.95 时，根据以上公式，计算其 TOC_o 为 6.41%。由此可得平均原始 HI_o 值为 434mg HC/g TOC，C_{Ro} 为 4.09wt%。转化成烃类的有机碳含量 C_C 值为 2.32wt%，可以计算得 $S2_o$ 的值为 27.84mg HC/g Rock 或每英亩产石油 609bbl（0.082m³/m³）。根据 Jarvie 和 Lundell（1991）和 Montgomery 等（2005）的校准数据，计算出由于热成熟度的升高导致的这些量的变化情况，如表 2.2.1 所示。

5.2.2.4.2 干酪根类型

（1）干酪根的分类。

干酪根是有机质的主体，为生物体的遗骸在特殊环境下保存，并经热力转化后，形成的不溶于非氧化性的酸、碱和非极性有机溶剂的分散有机质，并最终可以生成油或气。

可以从光学和化学两种特征研究干酪根的类型，根据干酪根的光学特征，孢粉学家可将其分为藻质、无定形、草质、木质和煤质五种组分。煤岩学家将其划分为腐泥组、壳质组、

镜质组和惰质组（张厚福等，1999）。根据干酪根的化学组成，又将干酪根分为四大类，每种类型都直接关系到其所要产出的碳氢化合物的类型（图 5.2.11）。

第一类干酪根：主要产生在湖泊环境，有时也可以在海洋环境下形成。该类干酪根来源于藻类、浮游物或其他被沉积岩中的细菌或微生物完全分解的物质。干酪根含氢量高，含氧量低，易于产油，但也可以产气，主要取决于热演化阶段。这类干酪根不常见，其形成的油气储量仅占世界油气储量的 2.7%。

第二类干酪根：通常形成于中等深度的海洋还原环境下。主要源自细菌分解后的浮游生物的遗骸，含氢量高，含碳量低，在温度和成熟度逐渐增加的情况下可以形成油或气。该类干酪根与硫有关，硫要么以黄铁矿和游离硫的形式存在，要么存在于干酪根的组织结构中。

第三类干酪根：主要来源于沉积在浅海到深海环境或非海洋环境下的陆地植物遗骸。与前两种干酪根相比，其含氢量低，含氧量高，因此主要产生干气。

第四类干酪根：来源于经腐蚀后再次沉积的古沉积环境。在沉积前，该沉积物可能已经在湿地或泥土中受到风蚀、燃烧或生物氧化。该类干酪根由含碳量高，不含氢的残余有机物组成，被认为是一种不具备形成碳氢化合物潜能的"废碳"。

（2）干酪根的类型的鉴别方法。

Rock-Eval 岩石热解参数可以用于划分有机质的类型。最常用的是根据氢指数 HI 和氧指数 OI 的关系确定有机质类型参数。这两个参数与干酪根元素组成存在密切的关系，并且氢指数与 H/C 原子比、氧指数与 O/C 原子比有良好的相关性，因此这两个参数交会可以显示出与元素原子比相似的类型划分效果。

Ross 和 Bustin（2007）使用 Rock-Eval 热解分析法研究了加拿大 WSCB 盆地哥伦比亚省东北部下侏罗统 Gordondale 段富有机质页岩，根据分解过程中的氢氧指示判定岩石中主要为Ⅰ型和Ⅱ型干酪根，含少量Ⅲ型（图 5.2.12）。

气相色谱分析也是区分有机质类型的方法之一。使用姥鲛烷/植烷（Pr/Ph）比值和含硫量来识别有机质类型的指标：Pr/Ph<1 表示在缺氧条件下沉积的Ⅰ型、Ⅱ型或Ⅱ-S 型有机质，Pr/Ph=1～3 表示Ⅱ型有机质，Pr/Ph>3 表示Ⅲ型有机质。Fort Worth 盆地原油呈现的 Pr/Ph 比值介于 1～2 之间（图 5.2.13）。

根据干酪根的光学特征观察也可以对其类型进行鉴别，Jarvie 等（2007）对 Barnett 页岩直接观测发现其组成物质中含 95%～100% 的无定形有机质，偶见藻类含硫树脂，其中也存在少量陆生有机物，与热解分析法确定的类型一致。

（3）干酪根类型的影响。

Ⅰ型和Ⅱ型干酪根主要以生油为主，Ⅲ型干酪根主要以生气为主。根据干酪根的化学组成和结构特征，热成熟过程中各阶段的产气率会有较大变化。在实验室条件下，不同升温速率下有机质的成气转化基本一致，但主生气期（天然气的生成量占总生气量的 70%～80%）对应的 R_o 值各不相同。Ⅰ型干酪根 1.2%～2.3%，Ⅱ型干酪根 1.1%～2.6%，Ⅲ型干酪根 0.7%～2.0%，海相石油 1.5%～3.5%。

对于 R_o 相同的页岩来说，如果干酪根类型不同，则有机质的转化率会有差异。Jarvie 和 Lundell（2001）针对不同烃源岩给出了精确的测量结果：在 R_o 为 0.80%、恒定加热率为 3.3JC/m·a 的情况下低硫Ⅱ型干酪根（Barnett 页岩）有 27% 的转化率，而Ⅲ型干酪根只有 9% 的转化率，Barnett 页岩 Monterey 组样品（高硫高氧）却有 56% 的转化率。因此，有机质的类型决定了页岩的油气窗范围和有机质的转化率。

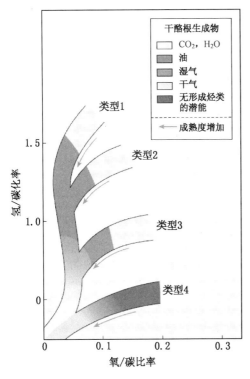

图 5.2.11　干酪根的热演化（据 Boyer 等，2006）

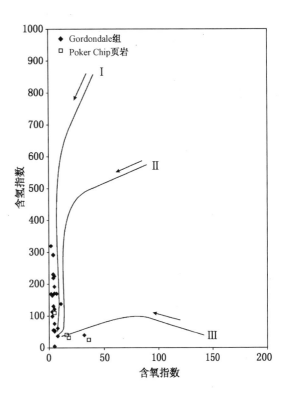

图 5.2.12　干酪根类型识别图
（据 Ross 和 Bustin，2007）

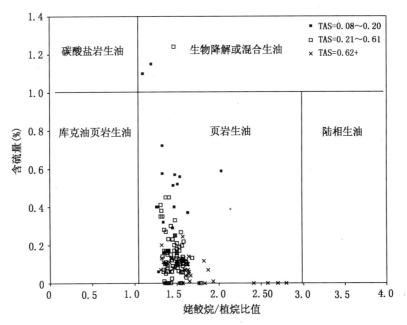

图 5.2.13　Pr/Ph 比值与含硫重量（据 Hill 等，2007）

尽管有机质转化率有差异，但不同干酪根类型的页岩中都生成了大量的气体。美国页岩气盆地的页岩中的干酪根主要以Ⅰ型和Ⅱ型为主，也有部分Ⅲ型干酪根。其中 Barnett 页岩主要为Ⅱ型干酪根，地层中的石油和伴生气最初直接来自干酪根分解（镜质组反射率大于

1.1%），而核心产气区 Newark East 气田生成的天然气，可能包含大量后期石油和沥青在更高的成熟度（镜质组反射率大于 1.1%）下产生的二次裂解气（Jarvie 等，2007）。

干酪根的类型对烃源岩层的总产气数量的影响不大，有机质的总量和热成熟度才是决定源岩产气能力的重要参量。但不同的干酪根具有不同的分子结构，在相同的热演化程度下，具有不同的孔隙结构和比表面积，它们会影响天然气的吸附率和扩散率，一般情况下，Ⅰ型和Ⅱ型具有更强的吸附能力。

5.2.2.4.3 成熟度的评估

页岩中丰富的有机质是生成油气的物质基础，但只有在有机质达到一定的热演化程度才能开始大量生烃，因此成熟度是生烃的重要控制因素。

页岩气的生成贯穿于有机质向烃类演化的整个过程。不同类型的有机质在不同演化阶段生气量不同，但页岩中只要有烃类气体生成，它们就有可能在页岩中聚集起来形成气藏。对于生物成因为主的页岩气产区如 Antrim 页岩，镜质组反射率仅有 0.4%～0.6%。但对于热成因页岩气富集区的形成，首要条件就是热演化要达到生气窗，例如热成因为主的 Barnett 页岩的镜质组反射率平均达到 1.7%。

热成熟度是导致页岩气生产高流量的关键地球化学参数。以 Barnett 页岩为例，前人研究认为其高含气量是由以下几个因素影响的：生烃总量大（由有机质丰度、生烃潜力、页岩厚度决定的），热成熟度高，残留的液态烃二次裂解生气。Barnett 页岩成熟度低的区域，天然气流量较低，这一现象可能是生气量少，以及残留液态烃类流体堵塞孔喉共同造成的。同时与低成熟度相比，较高成熟度下生成的气体有更干的趋势（Hill 等，2007），有利于页岩气的吸附和产出。

测定成熟度有多种方法：直接观测法（镜质组反射率 R_o）、化学评价法等，也可以根据测井数据计算成熟度指数，结合生产数据判断油气窗。

（1）直接观测法。

镜质组反射率（R_o）是目前被认为是研究干酪根热演化和成熟度的最佳参数之一。作为干酪根的一个关键部分，镜质组是植物细胞壁中木质素和纤维素受热转变后形成的一种发光物质。在干酪根热演化的过程中，镜质组经历复杂的、不可逆转的芳构化反应，导致反射率增大，这是一种不可逆的反应。因此镜质组反射率是衡量生油岩经历的时间—古地温、有机质热成熟度的良好指标。

测定镜质组反射率，需要对干酪根或整块岩石进行显微镜下观察，然后通过光电倍增管记录下颗粒的反射率。通过配有油浸物镜及光度计的显微镜可以测量反射率。根据玻璃或矿物反射率标准仔细对镜质组反射率进行刻度，反射率测量反映反射到原油中的光度百分比（R_o）。如果通过多个岩样测试后确定了镜质组反射率均值，则该均值被称为 R_m。

一般情况下成熟度值高（$R_o > 1.5$）意味着主要生成干气；成熟度值中等，在 $1.1% < R_o < 1.5%$ 时气有不断向油转化的趋势，在 $0.8% < R_o < 1.1%$ 范围能够发现湿气；R_o 值低（$0.6% < R_o < 0.8%$）时主要产油；而 $R_o < 0.6%$ 则表明干酪根发育不成熟。不同类型的干酪根具有不同的化学结构，其中不同强度的化学键的相对丰度不同，造成成熟相对时间有所差别，因此在应用镜质组反射率判断有机质的成熟度时，对不同类型的干酪根应有所区别。

（2）化学评价法。

R_o 判断成熟度具有一定的局限性，应与其他测量结果权衡比较后才能应用。通常使用其他化学评价方法弥补 R_o 法的不足，包括 Rock – Eval 热解法、有机质转化率、残留烃指纹标记、气体组分分析等（Jarvie 等，2007）。

①热解法：Rock‐Eval 热解分析法是判断成熟度的常用方法之一，碳氢化合物释放量最大时的温度与 S2 高点对应，称作 T_{max}（图 5.2.9），样品的热成熟与 T_{max} 有关，随着页岩成熟度的提高 T_{max} 增大。

②有机质转化率：在对生油和生气能力进行评估时，热成熟度与有机质转化程度和最终烃的保存都有直接关系。成熟门限是由有机质分解率决定的。Waples 和 Marze（1998）证明镜质组的动态变化和烃类的生成是交叉关联的，但没有提出通用的关联式。因此虽然通常会通过成熟度参数，例如镜质组反射率来判断油气窗，但也可以通过测定有机质的变化来直接估算转换率，例如计算干酪根的转换率。

如 2.2.4.1 节所述，有机质的转化率可以通过低成熟度到高成熟度 TR_{HI} 值的变化来估算，TR_{HI} 为百分比形式表示干酪根的转化量。假设 Barnett 页岩的平均 HI_o 值为 434 mg HC/g TOC，根据公式 5.2.2，只要通过 HI_{pd} 值就能求得转化率 TR_{HI}。例如，HI_{pd} 为 28mg HC/g TOC（高成熟 Barnett 页岩岩心），表明 Barnett 页岩有大约 93％ 的有机质转化为烃类和残留碳。对于 Montague 县的 Oryx 1 Grant 井的低成熟岩心样品的 HI_{pd} 为 300 mg HC/g TOC，TR_{HI} 仅仅为 31％，这就解释了为什么 Oryx 1 Grant 井没有出现较高产气量，而是在该县的常规储层中发现了石油。

必须强调的是一组 HI_o 和 TR_{HI} 的值只对应于某一种特定干酪根类型，对于其他类型的干酪根不适用。可以通过对不同成熟度样品的扩展分析来估算 TR_{HI}，或者通过公式 5.2.1 中所示的干酪根显微组分计算 HI_o。

HI_{pd} 和 TR_{HI} 对于预测页岩油气窗很有效。当有机质的转化率达到约 80％ 时（初级凝析湿气窗），TR_{HI} 随 HI_{pd} 变化的敏感度很关键。实验测得，对于未成熟的 Barnett 页岩样品，HI_o 值在 ±50 mg HC/g TOC 区间内浮动，而 TR_{HI} 的误差却只有 ±2.5％（高成熟时 ±1.4％，中等成熟度时大约 ±10％）。对于高成熟 Barnett 页岩热成因气系统来说，从生油窗初期到生气窗末期的数据点可以推导出 TR_{HI} 值，其结果等效于镜质组反射率（Jarvie 等，2005）。生气窗初期 TR_{HI} 为 80％，干气窗则要求 TR_{HI} 大于 90％。

转化率分析方法可以与镜质组反射率数据相结合。这些结果之间往往有些许的不同，为了解答这些出现不同之处的原因还需要更深入的解释和分析（Montgomery 等，2005）。在油藏评价时，将利用光学和化学特征分别解释后的地球化学数据预测的油气窗进行叠合，重叠部分的勘探风险小，不重叠的部分风险大，从而增加判断的准确性。

③页岩中残留烃类的识别：对页岩中的残留烃进行评价也是必要的。Barnett 页岩的研究显示，存在大量残余液态烃的地层，表现出气流量较低，生产曲线迅速下降和具有较少的天然气可采量等特征。气相色谱图的指纹分析中可以观察到，当页岩中含有 C_{20} 以上的石蜡或者不溶的复杂混合物时，相比较于不含有长链烃和不溶混合物的页岩，气流量低得多。有机物中 C_{20} 以上的石蜡含量较高的页岩样品有较低的气油比（GOR），相反 C_{20} 以上的石蜡含量较少（小于 5％）的页岩样品有较高的气油比（大于 3500scf/bbl 石油；623 m^3/m^3）。

将气相色谱分析中各种可溶复合物含量按柱状表示，X 轴代表种类，Y 轴代表含量。Barnett 页岩残留烃气相色谱指纹测试结果显示，一些未知的石油成分，例如大量的石蜡以及不溶复杂混合物会堵塞孔隙吼道从而限制天然气流量（图 5.2.14a）。若其他参数都一样，当 C_{20} 以下烃类的含量占到气相色谱图面积的 95％ 以上时（例如：只有凝析油存在，图 5.2.14b），那么可以预见其气流量和气油比都会较高。

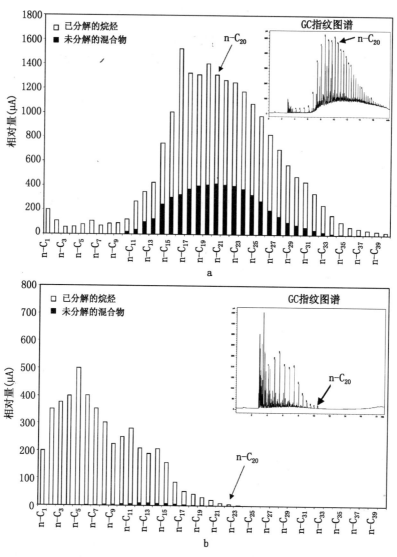

图 5.2.14　Barnett 页岩可溶提取物气相色谱柱状图（据 Jarvie 等，2007）

a—生油窗内；b—生气窗内

④成熟度的综合解释：Jarvie 等（2007）在运用各种光学及化学方法估算有机质转化和成熟度的基础上，制得多元页岩气风险图（图 5.2.15），图中包含镜质组反射率、有机质转化率和热成熟度的其他各种化学评估参量。

该图中淡灰色阴影区域表示当具有高有机质转化率时，低孔低渗页岩也具有高气流量（大于 1mmcf/d）潜力；深灰色阴影区域表示具有低有机质转化率的类似页岩，其气流量将较低。两条虚线连接的分别是高产气井 MEC 2 Sims 和不产气井 Oryx 1 Grant 的对应参数值。

该页岩气风险图可以很简单地对比各种不同的成熟度参数，判断气体流量，方便在最初的经济评价中应用，并已在其他地区多例页岩气研究中的成为参考标准（Hartwig 和 Schulz，2010）。

（3）测井数据与生产数据结合评价法。

Zhao 等（2007）以 Barnett 页岩为例，给出了利用测井曲线和原始气油比进行成熟度评

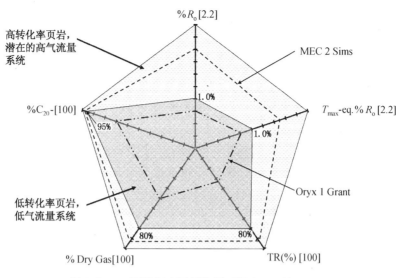

图 5.2.15　页岩气多元风险图（据 Jarvie 等，2007）

价的方法。利用裸眼电缆测井研究页岩烃源岩的历史很悠久。通过伽马能谱测井、电阻率测井和体积密度测井，可以对页岩作为烃源岩或储集层的潜力进行评估。Zhao 等通过中子测井、感应测井和体积密度（或孔隙度）测井分析确定成熟度指数（MI）并解释其岩石物理意义，并将 MI 与原始气油比（GOR）相关联，确定了生气窗的热成熟度。

由测井曲线计算 MI 是在以下几个合理假设基础上通过统计计算得到的。①Barnett 页岩既是源岩又是储集岩，并且页岩中没有发生明显的气体二次运移；②页岩中的含气饱和度水平随着热成熟度的提高而增大；③在油气生成的过程中，通过排出游离水以及周期性的高压和不断升高的温度导致的蒙脱石向伊利石转化的过程中生成水，从而使页岩本身的含水量降低。此外在进一步的演化和热裂解过程中，有机质和烃类物质中的烃链变短。随着成熟过程中烃类和水都从页岩中排出，使得氢元素含量降低。

为了计算含气饱和度和 MI，首先必须估算页岩的基质孔隙度。估算基质孔隙度需要用到岩心测量的数据，根据岩心测量得到的孔隙度数据，与体积密度—孔隙度曲线进行对比，得到二者之差。将差值应用到测井曲线上可获得页岩实际的总孔隙度和有效基质孔隙度。

利用简单的 Archie 公式可以估算油气饱和度。Barnett 页岩中 TOC 按体积百分比为 7%～9%，与岩石总体积相比只占很少的比例。由于页岩中剩余烃类主要为气体，分子量小，表面张力较低。经过对岩心的简单试验显示，Barnett 页岩尤其是生气窗区域内主要为水湿性。在电场内水湿性岩石可转移阳离子和阴离子，因此 Archie 公式可用于估算含水饱和度 S_{ui}。

$$S_{ui} = \left(\frac{R_w}{\phi_{di}^m R_t} \right)^{1/2} \tag{5.2.4}$$

式中：R_w 为地层水电阻率；ϕ_{di} 是根据体积密度—孔隙度校正后的基质孔隙度；R_t 为深地层电阻率；m 为岩石胶结指数。

在一定的参数设定基础上用测井数据选出可能的储层。在 Barnett 页岩的实例研究中，根据已知量建立计算成熟度指数 MI 的统计方程，该指数可以反映随着热成熟度不断提高时页岩中的岩石物理变化。方程为

$$MI = \sum_{i=1}^{N} \frac{N}{\phi_{ni}(1-S_{wi})^{1/2}} \tag{5.2.5}$$

式中：N 是每一取样深度上符合假设条件的采样点总数；ϕ_{ni} 是每一取样深度上符合条件采样点的中子孔隙度；S_{wi} 是每一取样深度上符合条件采样点的含水饱和度。

在 Zhao 等（2007）的研究实例中，只选出原始测井数据中密度孔隙度不小于 9％（基质密度为 2.71g/cm³），含水饱和度不大于 75％ 的数据作为计算用的数字测井采样点，这是由于之前假设只有高于最小孔隙度和最小含烃饱和度的页岩可以作为烃源岩和储集岩，受到的岩性变化的影响最小。方程中中子孔隙度的影响要大于含烃饱和度的影响，因为含烃饱和度取平方根与 MI 呈倒数关系。中子孔隙度 ϕ_{ni} 较低说明含气饱和度较高、烃链较短，页岩中含水少，反映出较高的成熟度。当同样的高含烃饱和度（$1-S_{wi}$）时，中子孔隙度低，说明含气饱和度高，热成熟度高；若中子孔隙度也高，则说明含气饱和度低，热成熟度也低。最终影响 MI 的因素包括密度孔隙度、测井曲线的可靠性和曲线校正等。

根据原始气油比与成熟度指数之间的关系，可以进一步确定热成熟度的等级。将一口井投产后第一个月的累计产气量除以累计产油量（或凝析油产量），就得到了原始气油比。原始气油比代表了页岩储层中烃类物质的原始性质。随着不断开采，储层压力降低，导致储层内发生气液分离。与产气相比，油的产量递减的更快，因此一口井中的气油比会逐渐增加。常规储层中气油比的变化只能反映二次运移和聚集过程中的重力分离，但由于页岩中没有明显的烃类侧向运移和聚集，原始气油比通常能够反映井位处页岩的热成熟度。

如图 5.2.16 为 Barnett 页岩 44 口井计算的 MI 和原始 GOR 间的关系图，原始 GOR 采用 10 倍的对数刻度，MI 采用线性刻度。在这样的坐标系下 MI 和原始 GOR 之间呈线性关系，根据这种关系可以描述成熟度。

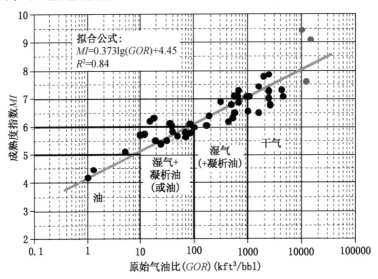

图 5.2.16 Barnett 页岩 MI（线性刻度）与 GOR（对数刻度）之间的关系
（据 Zhao 等，2007）

5.2.2.4.4 有机质碳化孔隙的计算

热成熟度与页岩的总孔隙度有关。页岩中的孔隙度很大一部分是由有机质中的纳米级微孔隙构成的，干酪根生烃的热转化会导致高含碳量残渣的形成，以及岩石骨架中孔隙度的增加（图 5.2.17）。分子结构的变化不仅提供了更多的孔隙空间，并且使得表面积增大，加强了吸附能力。

有机质孔隙结构变化示意图

图 5.2.17　干酪根随成熟度增长分子结构发生变化示意图（据 Ross，2010）

干酪根经过热转化变为烃类，形成了残余碳。虽然 TOC 含量通常以质量百分比表示，但它的体积百分比大约有质量百分比的两倍高。在有机质密度为 $1.18g/cm^3$ 的情况下，平均 TOC 的质量百分比为 6.41%，其体积百分比为 12.7%，说明残余碳中含大量的微孔隙。Jarvie 和 Lundell（1991）实验数据显示，当热成熟度处于干气窗时（例如镜质组反射率大于 1.4%），有机质分解能产生大约 4.3% 的孔隙度（见表 5.2.1）。

表 5.2.1　Jarvie 和 Lundell（1991）实验数据显示的 TOC，C_C，C_R 变化以及随热成熟度的升高增大的孔隙度

R_o (%)	TOC_{pd} (wt%)	TOC_o 的变化 (%)	C_C * (wt%)	C_C 转化率 (%)	TR_{HI} (%)	C_R * (wt%)	C_R 的增加 (%)	C_C 降解导致的潜在的孔隙度 (vol%)
0.55	6.41	0.0	2.32	0	0	4.09	0.0	0
0.85	5.50	14.2	1.16	50	41	4.34	6.1	2.4
1.40	4.85	24.3	0.23	90	86	4.62	13.0	4.3

5.2.2.5　无机矿物的影响

美国页岩气项目开发早期，主要勘探目标是天然裂缝相对发育区带。随着现代钻完井技术发展，人工压裂水平提高，加之 Barnett 页岩的成功开发，地质和工程专家认识到对页岩储层进行改造的能力同等重要。因此对岩石矿物组分的识别对页岩气的有利区选取是十分重要的，矿物分析是页岩气勘探开发过程中的重点关注问题。

总体来看，页岩的无机矿物组分主要可归为三类：碎屑矿物（石英和长石）、黏土矿物和自生非黏土矿物（主要是碳酸盐矿物，其次为硫酸盐矿物等）（苗建宇等，2003）。无机矿物的相对含量的变化主要影响了页岩的岩石力学性质，使得天然裂缝的发育和压裂增产的效果都有巨大的差异，并且在一定程度上造成基质孔隙结构的不同，影响气体了的吸附能力和储存能力。

5.2.2.5.1　矿物影响岩石脆性

由于页岩的低渗透特征，实现页岩气增产最有效的办法是人工压裂造缝，因此易于压裂是实现页岩气经济开采的必要条件。此外，页岩气中很大一部分产量来自于游离气的贡献，由于页岩的低孔隙度，游离气的存储往往依赖于成岩作用和构造运动中产生的大量的微裂隙。因此需要岩石具有很高的脆性，这取决于其矿物组成。

目前已开发生产的页岩气区块的岩石中都含有较少的黏土矿物和较多的脆性矿物，尤

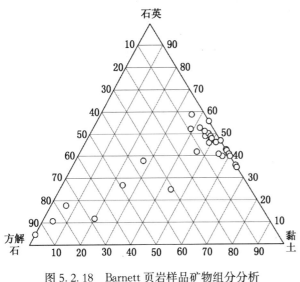

图 5.2.18　Barnett 页岩样品矿物组分分析
（据 Jarvie 等，2007）

其是石英。比如 Barnett 页岩中富含硅质（体积占到 35％～50％）（图 5.2.18），黏土矿物较少（小于 35％）（Montgomery 等，2005），局部常见碳酸盐岩和少量黄铁矿和磷灰石（Loucks，2007），很多研究者认为富含大量脆性矿物是 Barnett 页岩能够通过压裂造缝获得高产的关键因素（Jarvie 等，2007）。构成 Antrim 页岩的主要矿物组成也是石英、碳酸盐和黏土，次要组成矿物为黄铁矿、干酪根、长石、高岭石和绿泥石（Manger 等，1991），气体的生产速度依赖于地层天然裂缝的发育程度，而天然裂缝发育程度受到页岩的矿物组成的影响。

Bustin 等（2009）形象地阐述了页岩脆性的问题。如图 5.2.19，美国 Fort Worth 盆地 Barnett 页岩和加拿大 WCSB 盆地上白垩统的页岩都是对页岩气产生有利的暗色富有机质页岩。Barnett 页岩富含大量硅质，具有较高的杨氏模量和低的泊松比，像玻璃一样具有很强的脆性，在外力作用下越易形成天然裂缝和诱导裂缝，形成多树—网状结构缝，有利于页岩气开采。而上白垩统富含黏土，像海绵一样塑性很强，吸收能量，其自身的易裂性以形成平面裂缝为主，不利于页岩气的储存和产出，压裂效果不如富硅质页岩好。

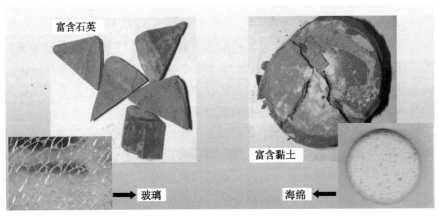

图 5.2.19　富硅质页岩与富黏土页岩的性状对比（据 Bustin 等，2009）

常用的分析矿物组成的方法较多（详见 5.3.1.1 节），比如通过岩心薄片鉴定和 X 射线衍射（XRD）分析等，也可以通过测井资料确定页岩中复杂的矿物成分。斯伦贝谢的 ECS（元素俘获能谱）探头应用中子感生的俘获自然伽马能谱可以测定页岩中硅、钙、硫、铁、钛、钆、氯、钡和氢的含量，通过 SpectroLith 岩性处理解释技术，可以确定地层中黏土、石英—长石—云母、碳酸盐、黄铁矿或硬石膏的含量。哈里伯顿公司推出的元素分析仪器——GEM 仪器，能够对复杂矿物地层进行快速精确评价，并进行全面的元素分析，补充现有的随钻钻屑评价服务。与实时数据采集软件结合，可以快速准确地提供现场与边远地区的地层元素可视化结果。在测井行业，GEM 是第一个测量镁元素的仪器，并改善了泥质与页岩中铝的测量。镁是碳酸盐岩和片状硅酸盐常见的成分，也是迄今为止最难测量的元素，对储层描述非常重要。用新增的元素（镁、铝和锰）测量，可以更好地确定矿物成分，改善孔隙度、饱和度、渗透率的评价效果，测量膨胀黏土和岩石力学性质。

5.2.2.5.2 矿物影响孔隙度

矿物成分不仅造成岩石在力学性质上的差异，也在一定程度上影响页岩的孔隙特征。

页岩的孔隙度大小与石英和黏土含量的比例有关。Ross 等（2007）研究了加拿大 WCSB 盆地下侏罗统的 Gordondale 页岩的孔隙特征，其矿物组分为石英、碳酸盐岩（含少量白云石的方解石）以及黏土（主要为伊利石），少量的细晶磷灰石、钾长石和黄铁矿。结果显示，富含黏土的页岩孔隙度比富含硅质的页岩总孔隙度大（如图 5.2.20），总孔隙度随着 Si/Al 比的降低而加大。富黏土（低 Si/Al）孔隙大小分布的峰值为小于 10nm，总孔隙度平均为 3.4%，这种孔隙与黏土薄片之间形成的开启孔隙有关。而富硅页岩（高 Si/Al）显示几乎没有小于 50nm 的孔隙，总孔隙度为平均小于 1%。由于实验中采用的方法压汞法测定的最小孔隙直径为 7.5nm，所以未测到与有机物有关的微孔隙。

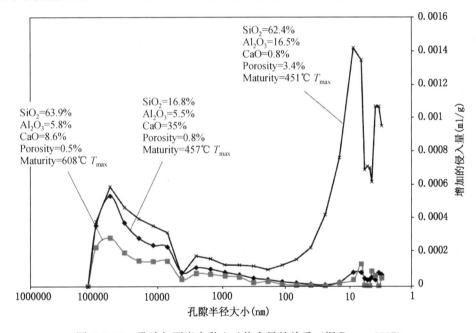

图 5.2.20 孔隙与页岩中黏土矿物含量的关系（据 Ross，2007）

页岩孔隙度大小不仅与黏土含量有关，也受到碳酸盐矿物含量的影响，并随着碳酸盐矿物成分的增多而孔隙度变小（图 5.2.21）。同时页岩中硅质矿物的沉积物来源也会影响孔隙特征（Bustin 等，2009）。当页岩沉积在深水环境时，陆源碎屑物较少，沉积物主要为深海软泥，岩石中的石英矿物主要来自放射虫等生物残骸，这种页岩具有很低基质孔隙度。如果石英矿物主要来自陆源碎屑物，页岩的孔隙度较高。但是，这种差别对孔隙度影响不大，而页岩中的有机质丰度一般与生物成因硅质含量呈正相关，随陆源碎屑物的增多而减小，生物硅含量多的页岩往往是更好的产气区，因此在选择有利岩石类型时往往更应重视有机质的丰

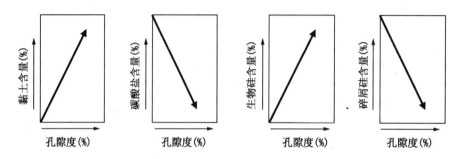

图 5.2.21 页岩中黏土、碳酸盐和石英矿物组分对孔隙度的影响（据 Bustin 等，2009）

度而忽略孔隙的差异。

5.2.2.5.3 矿物对气体的吸附

页岩气不仅吸附在有机质上，同时黏土成分也是重要的吸附载体，黏土薄片如伊利石具有吸附气体的微孔隙结构。一般情况下气体以干酪根的吸附为主，但有一些研究人员认为，在 TOC 含量低的情况下伊利石可以作为吸附的载体来弥补 TOC 含量的不足。Schettler（1990）认为 Appalachian 盆地页岩的吸附能力主要和伊利石有关，干酪根的吸附次之。

Ross 和 Bustin（2009）研究了页岩中的无机矿物组分对孔隙结构的影响及在吸附和储存能力上的差异。研究显示黏土矿物的内部结构也可以吸附气体，数量取决于黏土矿物的类型。伊利石、蒙脱石和高岭石的吸附等温线分别有较大差异，伊利石对气体的吸附能力远大于蒙脱石和高岭石（图 5.2.22）。造成这种差异的原因可能是黏土薄片的非正则曲面之间具有大量微孔隙，而这种孔隙的结构可能与黏土自身晶体的大小有关。

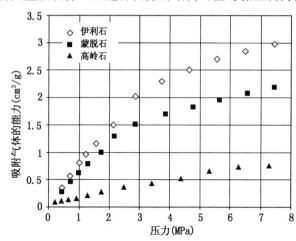

图 5.2.22 不同矿物对甲烷的吸附能力实验
（据 Ross 和 Bustin，2009）

黏土矿物由于具有较大的表面积，对气体有较强的吸附能力，能够增加地层中的吸附气含量，但是太多的黏土使页岩的可塑性变强。虽然石英和碳酸盐矿物含量的增加，将降低页岩的孔隙，使游离气的储集空间减少，但是脆性矿物含量的增加，使页岩具有高的杨氏模量，提高岩石的易压裂性，这对页岩气的生产至关重要；同时脆性矿物含量高的地层在岩石的成岩过程中更易产生微裂隙，为游离气提供储集空间，并提高地层渗透率。

因此对页岩气储层的矿物评价时，必须在黏土矿物和脆性矿物之间进行权衡。有利目标的选择必须考虑储层的资源量（游离气＋吸附气）与易压裂性的匹配关系。对于有机质含量高的页岩，更应重视岩石的脆性。

5.2.2.6 储层孔渗特征

在常规储层分析中，孔隙度和渗透率是储层特征研究中最重要的两个参数。但页岩中的孔隙和渗透特征都比较复杂，目前尚没有被很好地认识。它与常规油气储层和胶结程度较高的无机矿物都大不一样。

虽然要产出天然气必须经过运移通过页岩的孔隙空间，但孔隙比常规砂岩储层要小1000倍。连接孔隙的通道（孔喉）也十分的小，只有20个甲烷分子那么大。因此，页岩具有非常低的渗透率。但是，页岩中存在的裂缝可能会作为通道提高页岩的渗透率（NEB，2009）。

5.2.2.6.1 孔隙特征

自从页岩气系统成为商业开采的目标以来，对泥岩属性的研究很多。其中很大一部分研究集中在泥岩的孔隙特征上。

根据国际应用和理论化学联合组织对孔隙的分类，把小于2nm的孔隙称为微孔（micropore），2～50nm称为中孔（mesopore），大于50nm称为大孔（macropore）。页岩气在不同规模孔隙中具有不同的赋存状态，较小孔隙中为多层吸附至毛细管凝聚，在大孔隙以压缩或溶解态赋存。

对页岩中不同级别的孔隙，应使用不同尺度的观察和测量方式（图5.2.23）研究孔隙特征（Bustin 等，2009）。根据孔隙的光学散射特征，使用不同的仪器和方法，如光学显微镜、扫描电子显微镜、透射电子显微镜、小角X射线散射（SAXS）可以观测到孔隙由宏观到亚微观的不同级别的结构。又根据页岩的孔隙大小对流体的渗透能力的影响，不同级别孔隙对应不同的测量手段：使用常规测孔隙度的方法研究开启的大孔隙；使用氮气低压等温吸附（基于BET理论）和压汞法研究较小的中孔；对于压汞法等无法测量的极小的微孔，使用CO_2低压等温吸附（基于D-R方程）测量孔隙表面积。

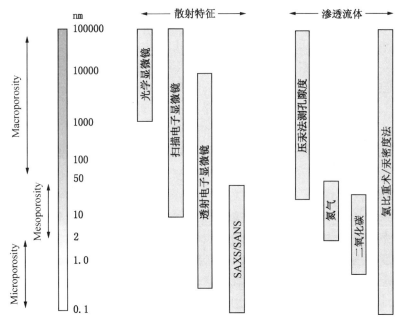

图5.2.23 不同级别的孔隙大小对应不同的观测手段（据Bustin 等，2009）

页岩中的孔隙由有机质中的微孔隙和无机矿物孔隙两部分组成。Loucks 等（2009）用光学方法研究了Barnett硅质泥岩的孔隙特征。研究发现岩石中主要为三种类型的纳米级孔隙。其中大部分孔隙分布在干酪根颗粒内部（图5.2.24a），多数干酪根颗粒都包含着数以百计的孔隙，孔隙形状不规则、类似于泡沫、横截面是椭圆形，大小范围5～750nm，这些有机质里面的纳米孔隙是最主要的孔隙类型，在5.2.2.3节已经阐述，这种孔隙往往与热演化有关。另外发现一些孔隙分布在成束状平行排列的岩石薄片上，作为粒内孔发育在有机颗粒上，或者作为粒间孔发育在颗粒之间（图 5.2.24b），但是这种模式不是很常见。局部还有数量不多的一些孔隙，作为黄铁矿结核的内部的纳米至微米级晶间孔，分布在胶结很好的基质内，与有机质不连通。

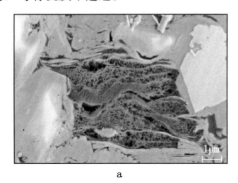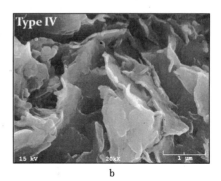

图 5.2.24　有机质内的孔隙（据 Wang 等，2009）（a）和矿物之间的孔隙
（据 Metwally，2010）（b）

Wang 等（2009）认为有机质中的孔隙是最重要的孔隙类型，比矿物之间的孔隙多 5 倍以上。有机质孔隙分布在 5～1000nm 范围间，既可以吸附气也可以储存游离气。

因此页岩的孔隙度大小受到多方面因素的影响，首先是有机质丰度，多处研究显示孔隙度与 TOC 含量成正相关关系，并且随着页岩成熟度的增高，有机质碳化孔隙的增加，孔隙度上升；其次如 5.2.2.5.2 所述，孔隙的结构和孔隙度大小受到矿物组分的影响；除此之外，孔隙度还会随着成岩压实和围压的增大等原因减小（Bustin 等，2009）。

页岩的孔隙度大小直接控制着游离态天然气的含量。一些科学家认为 Barnett 页岩最高产的 Newark East 气田中大约一半天然气储存在基质孔隙中（Bowker，2003）。而后来根据实际资料显示甚至可能远高于 50% 的天然气储量储存在基质孔隙中。因此对于成熟度高的高温高压页岩区块，游离气往往占很大的比例。要充分评估新勘探远景带的有利情况，必须知道孔隙度和含水饱和度。

5.2.2.6.2　渗透特征

渗透率在页岩气的压裂设计和生产过程中是至关重要的。页岩中有两种渗透率需要考虑：基质渗透率和系统总渗透率。页岩的基质渗透率非常低，一般为 $10^{-4}\sim10^{-8}$mD，由页岩类型、孔隙度、围压和孔隙压力等共同决定（Wang 等，2009；Bustin 等，2008）。系统总渗透率等价于基质渗透率加上裂缝系统的渗透率。

通常认为计算页岩的渗透率只能利用岩心测量结果，不能直接利用测井资料确定页岩的渗透率和扩散系数，Lewis（2004）则认为渗透率不仅可以通过岩心分析精确地测量，而且在建立局部地区标准以后还可以利用测井资料进行估算。

实验室测渗透率时可以使用取心或者岩屑作为样品（图 5.2.25）。Luffel 等（1993）设计了使用岩屑测量页岩渗透率的方法，排除了天然和诱导裂缝对测量结果的影响。因为有机质孔隙之间往往是通过微裂隙连通的，所以用岩屑测出来的孔隙之间的连通性可能会大大降低了，渗透率要远远小于岩心测量的结果。虽然有机质中的大量纳米级孔隙和页岩中的天然微裂隙对页岩气产量来说至关重要，但实在太过微观，很难适当地在实验中进行定量或者进

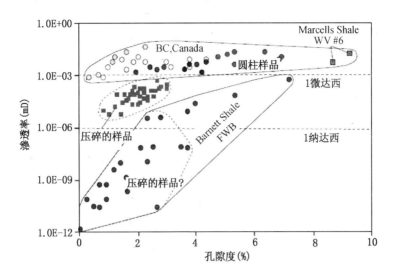

图 5.2.25　北美页岩气产区孔隙度和渗透率的关系（利用岩心
（圆柱样品）和岩屑（压碎的样品）测量）（据 Wang 等，2009）

行储层建模模拟。

最终能够影响页岩气产量升降和采收率的是系统总渗透率，由多种因素累积而成。Wang 等（2009）认为页岩中的有机质不仅提供气体的储存空间，干酪根上大量的微孔隙对渗透性也有很大贡献，是基质中的主要渗流路径之一。另外由于页岩的基质渗透率非常低，平均喉道半径不到 0.005um，因此不同级别的裂缝在提高渗透率过程中起到重要作用。页岩中的纳米级微裂隙对提高孔隙间的连通性至关重要，裂缝也起到一定的影响，但最终需要人工压裂措施形成大量的诱导缝，将内部的孔洞裂缝连通起来，形成连通的网络（图 5.2.26）。

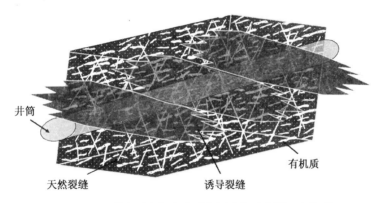

图 5.2.26　形成页岩气高渗透率因素的示意图：有机质、
天然裂缝和诱导缝（据 Wang 等，2009）

渗透率大小是判断页岩气藏是否具有经济开发价值的重要参数。TerraTek 公司的研究人员曾将各个不同类型的页岩和不同盆地中的井产能与基质渗透率数值做过比较。这些分析得到的经验表明，渗透率低于 100nD 是经济开采页岩气远景区的下限。

5.2.2.6.3　天然裂缝的作用

裂缝在页岩气的运移、储集和生产过程中具有非常重要的作用。对于不同地质条件下的页岩气区块，天然裂缝的存在具有不同的影响，目前尚存在争议。

开启的天然裂缝对气藏起到双重作用：一方面有助于页岩层中游离态天然气体积的增加和吸附态天然气的解吸，改善储层渗透性。另一方面，如果裂缝规模过大，可能导致天然气的散失。同时，大量的裂缝往往是被方解石和石英等矿物填充的，填充的裂缝虽然无法提高储集空间和渗透率，但这种裂缝的存在会对水力压裂的效果造成比较复杂的影响。

（1）开启天然裂缝对气藏的影响。

早期的美国页岩气开发将页岩气藏定义为裂缝性油气系统（Curtis，2002），勘探开发以寻找天然裂缝发育区为主。如 Michigan 盆地泥盆系的 Antrim 页岩，作为美国开发最早的页岩气区块代表，裂缝在气体的生成和开采中起到重要作用。该地区页岩气具有双重成因，勘探重点集中在北部盆地边缘浅层生物气。北部生产区中主要有两组天然的裂缝系统，一组北东向和另一组北西向，为近直立的共轭断裂，纵穿整个泥盆系。这些裂缝通常未被胶结或者仅有很薄的方解石包覆层（Martini 等，1998），在露头上可见其垂直延伸距离为几米，水平延伸范围达几十米。该区生物气的形成与活跃的淡水交换密切相关，因此裂缝的发育十分重要。Marini 等（1998）提出了一个裂缝发育和古生代冰川的动态联系模式，因为多期冰碛层的覆盖加强了天然裂缝的扩张，从而使大气水渗入（重新注入）而支持了细菌产生甲烷。裂缝不仅是地层水的通道，也是页岩气的运聚路径。在 Antrim 区之外也曾经尝试在富有机质和天然气的页岩中开采，但它们的天然裂缝都很少，因此渗透率低（Hill 和 Nelson，2000）。有实例表明，早在 1990 年曾在北部生产带以南和东部的 Antrim 页岩中钻遇到甲烷，但由于渗透率有限而阻碍了生产。因此尽管大型的天然裂缝会造成天然气的逃逸，使剩余气以吸附为主，但在 Antrim 区域是起到正面影响的。

随着页岩气开采技术的发展和区域的扩大，尤其是 Barnett 页岩的成功开发，人们对天然裂缝有了更深层次的认识。Barnett 页岩作为最有代表性的热成因气开发区块，开启天然裂缝的作用是最有争议的问题之一，最初进行该区块研究时很多人都认为，天然裂缝对于 Barnett 的页岩开采很关键，但随着开发的深入发现情况并非如此。假使页岩中存在很多的开启裂缝，则会造成天然气逃逸进入上覆岩石，导致储层内的气体聚集少得多；并且裂缝的存在会显著降低页岩的孔隙压力，页岩内部不再具有超压特征，从而降低天然气地质储量。Bowker（2007）认为，页岩不仅仅是气藏，还是天然气源岩、储层和盖层，假如盖层破裂并失效，储层中的天然气由于失去游离气而少得多，只有吸附气保留在页岩中，因此大型的天然裂缝在热成因气的保存上可能起到破坏的作用，强烈的构造活动不利于该类型气藏的保存。但是研究表明页岩中的微裂隙往往对产量具有正面的影响（Bowker，2003），比如为游离气的储存提供了大量的空间，这些裂隙是在成岩作用阶段，在烃源岩的热演化和烃类的排替过程中形成的（Jarvie 等，2001），页岩气藏主要靠这些微裂隙运聚，对于微裂隙的影响需要更进一步的研究（Montgomery 等，2005）。

（2）填充的天然裂缝对压裂效果的影响。

很多地质学家认为在 Barnett 几乎不存在开启的天然裂缝（除极少个例之外）。但这并不意味着天然裂缝不发育，而是大多数为方解石或其他物质填充。尽管这种裂缝无法提供游离气的储存空间，但很多研究人员相信它对于压裂作业的效果有重要的影响。

对填充裂缝的研究集中在两点上，一是这种裂缝能否提高地层渗透率，二是能否促进或阻碍水力压裂的效果（Gale，2007）。Rivera 的实验对这两点进行了研究与验证（Bowker，2007），假如在一块处于各向异性侧向应力下的厚玻璃块上钻一个洞，然后用水对孔压裂，玻璃会沿着一个平面破裂；假如首先将玻璃粉碎然后粘合在一起，重复上述过程则玻璃将会沿着多个平面破裂。另一方面，假使一块金属板上产生一条裂缝，通过在裂缝的顶端钻一个孔分散引起裂缝传播的应力，会阻碍裂缝的继续传播，说明了诱导缝传播过程中遇到的天然裂缝起到了阻碍作用。在 Barnett 地区位于构造变化剧烈的部位的井，比如临近断层或者位于喀斯特有关的垮塌的周围，这些被认为是天然裂缝比较发育的地方，相比其他构造较平缓地方的井，通常产量都会更低。很多人认为这是由于填充缝的存在破坏了地层的机械完整性，一方面会阻碍诱导缝的传播，另一方面使得水力压裂作业的能量和压裂液沿断裂面分流并进入下伏的多孔饱含水的 Ellenburger 地层（Bowker，2007），因此位于可识别的大断层附近的井，通常都有较低的气产量和较多的水产出（Montgomery 等，2005）。随着 Barnett 页岩开发的深入，很多人认为对页岩气藏的勘探不是寻找裂缝，而是寻找易扩散、高气体含量和能进行压裂的页岩区。

Gale 等（2007）反驳了天然裂缝对生产不重要的观点，他认为，在 Barnett 的裂缝研究显示，虽然观察到的绝大多数裂缝是封闭的，但是它们可能遵循指数规律的开度分布，因此较宽的裂缝有开启的可能。虽然他认为在 New albany 页岩观察到的被石英填充的裂缝胶结比较坚固而不易开启（Gale 和 Stephen，2009），但是在 Barnett 页岩中，大多数裂缝被方解石填充。由于填充物通常没有与岩壁胶结，会形成地质上的脆弱面，很容易在压裂的过程中重新开启并提高局部的渗透率。在对 Barnett 页岩的微震监控过程中，也发现人工裂缝会促使天然裂缝开启，并由此形成一个复杂的网络。因此尽管裂缝在有些特殊地质情况下会造成不利的影响，但存在于几乎所有的产量较大的页岩气开采过程中，对增产措施是有利的。

通过页岩中的天然裂缝系统来发展水力压裂是比较复杂的，要优化水力压裂处理措施，必须对天然裂缝系统进行表征，并明确地层内应力情况。但是如果知道了裂缝系统及应力的发展，这个过程也许是可以预测的（King，2010）。

5.2.2.7　含气量的估算

有经济价值的页岩气远景带必须在页岩内有足够的天然气地质储量（Gas in place）。页岩气的生产井是否可以长期保持经济产量，主要取决于原始天然气储量、完井质量及基岩渗透率这三个因素。其中天然气地质储量通常是远景区经济评价的关键参数，其重要性高于基岩渗透率和完井质量（Boyer 等，2006）。

计算页岩气地质储量的方法包括静态法和动态法。动态法需要有已生产若干年的生产井所获得的生产动态变化数据，因此在开发早期进行地质评价时一般采用静态法。

容积法是静态法估算资源量的基本方法，分为确定性容积法和基于概率统计的容积法。确定性的容积法在北美应用的最普遍，这种方法在进行储量计算时要为每一个参数确定一个平均值，因此要求计算的同一区块内具有相似的构造条件和储气条件。基于概率统计的容积法在全球范围内应用的越来越多，这种方法在计算时引入概率表示的参数，能够全方位描述每个参数的值，在某种程度上能够反映参数的空间多样性和储层结构的结构复杂性。

容积法计算时，通过从测井、岩心数据、流体样品和试井数据等获得关键储层参数（孔隙度、含水饱和度和地层体积系数等），估算出储层总的孔隙体积和吸附能力，进而预测原地气体含量。最终计算的气体含量准确度取决于预测的等效孔隙度和含气饱和度的精度，页岩的有效净厚度和面积。

页岩的有效净厚度是决定页岩气能否实现经济开采的关键因素之一，控制着页岩气藏的经济效益。页岩有效厚度的下限不是固定值，随着页岩气钻、完井技术的进步而变化。北美在页岩气藏开发的早期是打直井，当时确定的页岩有效厚度下限值较大。目前，由于水平井钻井技术和水力压裂、分段压裂等完井技术的成功应用，页岩有效厚度已大大下降。将来在技术进一步提高、开发成本不断降低的情况下，只要是在技术允许范围内的页岩厚度都会是有效页岩厚度。页岩厚度与页岩的含气量可以互补，比如有机质含量高且成熟度高的页岩厚度可而适当降低，而含气量低的地层可以由厚度的增大而弥补。

Hartman 等（2008）采用下式计算页岩气地质储量，即

$$GIP = 1359.7A \times h \times \rho \times G_{ct} \tag{5.2.6}$$

式中：A 表示页岩含气面积；h 表示页岩储层有效净厚度；ρ 是储层体积密度；G_{ct} 表示总的原地天然气含量（Total gas content）。

计算原地天然气含量 G_a 是估算地质储量的关键步骤。因为在页岩中，天然气以不同的热力学状态存在，即以吸附、游离和溶解气状态存在，因此 G_a 通常认为与以下因素有关（Ambrose 等，2010）：

体积分量，G_f，以游离态存储在孔隙空间中的烃。通过标准储层评价经过修改后方法，可以对游离气体积进行量化。

面分量，G_a，由物理作用吸附在微孔隙和黏土巨大表面积上的气体。通过建立平衡的吸附等温线，利用测量的吸附等温线的参数，可以对吸附气体积进行量化。

体积分量，G_{so}，溶解到液态烃中的气体。

体积分量，G_{sw}，溶解到地层水中的气体。通过计算溶解度可以估计出溶解气的体积。虽然在传统上人们认为它不重要，但是最近的一项研究表明，在小的孔隙中，地层流体中的气体溶解度显著增加（Diaz-Campos 等，2009）。

因此，Ambrose 等（2010）用下式计算原地气体含量 G_{st}，即

$$G_{ct} = G_f + G_a + G_{so} + G_{sw} \tag{5.2.7}$$

其中

$$G_f = 32.0368 \frac{\phi(1 - S_w - S_o)}{\rho_b B_g} \tag{5.2.8}$$

$$G_a = G_{sL} \frac{P}{P + P_L} \tag{5.2.9}$$

$$G_{so} = \frac{32.0368}{5.6146} \frac{\phi S_o R_{so}}{\rho B_o} \tag{5.2.10}$$

$$G_{sw} = \frac{32.0368}{5.6146} \frac{\phi S_w R_{sw}}{\rho B_w} \tag{5.2.11}$$

式中：B_g，B_o，B_w 分别表示气、油、水体积因子；S_o，S_w 分别表示含油、含气饱和度；R_{so} 和 R_{sw} 分别表示气体在油和水中的溶解度；ρ_b 表示岩石体积密度；ϕ 表示孔隙度；G_{sL}，P_L 和 P，分别表示等温吸附实验中的 Langmuir 吸附气能力，Langmuir 压力和储层压力，将在后面详述。

在当前的行业标准计算中，方程（5.2.10）和（5.2.11）尚没有应用。因此将溶解在液态烃和地层水中的溶解气，和有机质中的吸附气视为一体，在吸附试验中分析，方程（5.2.7）可简化为：

$$G_{st} = G_f + G_a \tag{5.2.12}$$

计算页岩气的气体含量时假设方程（5.2.12）右边的两个体积分别可以独立估算。通过分类测定页岩中的游离气和吸附气，得到页岩气总含气量，是目前应用最广的页岩气含气量

测定方法。确定在油藏条件下游离气与吸附气的比例后，地学家可以运用多种手段评估天然气地质储量。

5.2.2.7.1 吸附气含量

吸附气含量主要通过岩心的实验室测量得到，也有可以在实验室测量的基础上进一步根据测井曲线估算。在开发页岩气钻井活动早期，取心在地层评价方案中具有重要的意义。页岩取心测试的结果为地学家确定地质储量提供了直接数据。

使用岩心计算气体含量时，采集样品的方法对计算的气体含量的可靠性有巨大的影响。实际上并不存在所谓最好的取心办法，而是要根据所取样品的深度和分布，以及仪器作用范围所受到深度的限制，决定使用那种方法取心。进行解吸试验时，在短时间内从地下取出的大块完整的岩心进行计算可以获得最准确的结果，连续电缆取心可以满足这一要求，比常规取心方法耗时短，效果好，但成本很高。在浅层，常规的取心方法就可以提供较好结果并且成本较低。而对深一些的井，钻进式井壁取心是个不错的选择（Waechter 等，2004）。Decker（1993）对钻进式井壁取心和完整岩心的解吸气体含量测试的比较显示，两种样品测量结果具有相同的精度。因此从经济成本的角度来讲，对同样的样品，钻进式井壁取心是更好的选择。

（1）解吸法。

解吸法是利用解吸罐直接测定新鲜岩样中甲烷含量的一种方法，该方法最开始成熟应用于煤层气的气体测量，目前也被应用在页岩气的早期地质评价中。测得的气体包括逸散气（lost gas）、解吸气（desorbeb gas）和残余气（residual gas）。逸散气是指从钻头钻开岩样到岩样被放到解吸罐之前自然析出的天然气，通常依据前几个小时的解吸资料推测；解吸气是指岩样被置于解吸罐中自然脱出的天然气；残余气是指解吸结束后仍然残留在岩样中的天然气。

解吸实验分为几个阶段：首先在井场取样，对样品进行整理并封存在解吸罐中。同时准确地记录获取样品的时间、岩样在井筒内的时间、到达地表时间、密封样品的时间以及岩样的重量、性质、温度和大气压等参数。之后进入解吸阶段，在一个尽可能均衡降温的装置内。每隔一段固定的时间间隔，读取一次气体的散失量。在野外解吸进行一段时间之后将解吸罐送往配有特殊设备的实验室继续解吸，直到每周的解吸率下降到预定的界限。解吸结束后对残余样品进行球磨实验，并采用降温过程释放气体，计算研磨后释放的残余气体体积（图5.2.27）。

合适的采样方法和样品处理过程是测量原地吸附气量的关键因素，尤其是关于逸散气的估算问题。逸散气为岩心地层钻开后到装罐前散失的气量。逸散气的确定目前有多种方法，其中，直接法被广泛应用，假设损失气量与解吸时间的平方根成正比，可以恢复损失气量。但采用线性回归被认为是不准确的，目前经改进采用曲线回归。计算吸附气的方法比较简单，只需将解吸过程中测得的气体体积转化成比标准温压下的体积。残余气可以经球磨试验后计算，由于在页岩中难以产出，若占的比例过高则井产量会很低。

解吸实验提供直接的实验室测量数据，评估页岩气的组成和分馏的时间，为进一步的等温吸附分析提供更多的信息，同时释放气体的变化率指示了页岩基质的相对扩散率。但解吸试验只测量释放出来的天然气总量，而不测量吸附气及游离气的具体比例，也不对其与压力之间的依赖关系进行评价，因而还必须进行其他测量。

（2）等温吸附法。

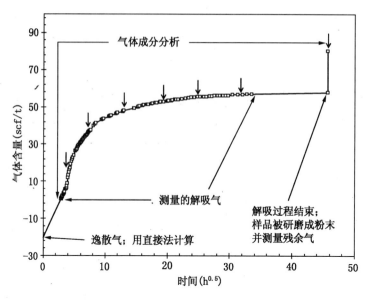

图 5.2.27　解吸法测得的逸散气、解吸气和残余气（据 Hartman 等，2008）

等温吸附法是目前页岩气评价中计算吸附气含量最有效的手段。在恒定的温度和压力变化条件下的吸附过程称为等温吸附，描述等温吸附压力与吸附量之间关系的曲线，称为等温吸附线。其中页岩气等温吸附试验常使用 Langmuir 等温吸附模型，

在 Langmuir 等温吸附模型下，在相对低压时随着吸附空间被持续填充，吸附气增加较快。等温吸附线的起始斜率很大，在高压下达到饱和吸附气不再增加，等温线趋于平缓。

Langmuir 等温线涉及两个参数：Langmuir 体积和 Langmuir 压力。可用如下公式表示，即

$$V_E = \frac{V_L P}{P_L + P} \tag{5.2.13}$$

式中：V_E 表示在均衡压力 P_g 下单位体积储层里吸附气的体积；V_L 是基于单层吸附的 Langmuir 体积，即最大吸附体积；P 指气体压力；P_L 是 Langmuir 压力，当压力为 P_L 时吸附气的体积恰好为 Langmuir 体积的一半。

吸附在干酪根表面上的气体与页岩中游离态的气体处于平衡状态。Langmuir 等温线可以描述某一恒定温度下的这种平衡关系。实验室工作人员将一压碎的页岩岩样加热以排除其所吸附的天然气，随后将岩样置于一密封容器内，在温度恒定的甲烷环境下不断对其加大压力，测得其所吸附的天然气量，将结果与 Langmuir 方程拟合后就形成等温线。

由于 Langmuir 吸附线是在特定的 TOC 含量和特定温度下被测量的。当测得的 Langmuir 参数被应用在储层中时，必须要经过校正来适应这两个条件的变化。温度的校正方程如下（Lewis 等，2004），即

$$V_{lt} = 10^{(-c_3 \cdot (T + c_4))} \tag{5.2.14}$$

$$P_{lt} = 10^{(c_7 \cdot (T + c_8))} \tag{5.2.15}$$

$$c_4 = \log V_L + (c_3 g T_i) \tag{5.2.16}$$

$$c_8 = \log P_L + (-c_7 g T_i) \tag{5.2.17}$$

式中：T_i 表示等温吸附试验时的压力和温度，T 表示储层的温度。$c_3 = 0.0027$，$c_7 = 0.005$，

常数 c_3 和 c_7 最初来自煤层气的研究，P_{lt}，V_{lt} 表示经温度校正后的 Langmuir 压力和 Langmuir 体积（scf/t）。

假使气体只是吸附在干酪根上，对有机碳含量也需要进行一个校正，来适应储层有机碳含量的变化。可以用一个简单的线性关系方程式表示，即

$$V_{lc} = V_{lt} g \frac{TOC_{lg}}{TOC_{iso}} \tag{5.2.18}$$

式中：TOC_{iso} 表示等温吸附试验的岩心有机碳含量（wt%），TOC_{lg} 表示储层的有机碳含量，V_{lc} 表示经过温度和 TOC 含量校正后的在储层条件下的 Langmuir 体积（scf/t）。

将以上方程结合，得到计算吸附气的方法，即

$$V = \frac{V_{lc} P}{P_{lt} + P} \tag{5.2.19}$$

（3）测井曲线估算法。

由于页岩的非均质特征，单靠岩心测量难以描述吸附气含量在空间上的变化，并且成本高、耗费大。研究者们往往将岩心测量吸附气的结果与测井数据结果相结合，通过测井曲线估算区域的地质储量。

Decker（1993）利用 Michigan 盆地 Antrim 页岩中天然气含量与 TOC 含量、体积密度之间的关系，估算总天然气地质储量。Antrim 页岩属于低熟气，天然气的存储以吸附态为主，当有机质富集时气体含量超过孔隙游离气体的 6～8 倍。原地总气体含量可以使用小罐解吸附法来测量。由于交会图显示总气体含量和有机物含量成正比，与密度成反比，通过拟合这种线性关系可以使用裸眼测井的体积密度曲线来近似计算天然气储量。综合利用现场的气体解吸测试，密度和含气量之间的关系，以及密度测井曲线，可以实现在第一时间由测井曲线迅速定位定量地预测 Antrim 页岩地层的含气量。

这种方法将天然气储量直接与密度建立关系，认为页岩气只吸附在有机质上，并且没有考虑到有机质以外其他影响密度变化的因素，具有很大的误差。随着页岩气工业技术的进步，研究者们提出更精确的吸附气计算方法。斯伦贝谢公司通过综合应用常规三组合和地球化学测井资料，可以确定页岩中的 TOC 含量，然后将 Langmuir 吸附试验的结果与 TOC 曲线结合起来，计算得到更高精度的吸附气的含量（图5.2.28）。

5.2.2.7.2　游离气含量

游离气一般根据方程（5.2.8）进行计算，计算时需要知道页岩中的孔隙度和含油、气、水饱和度。

孔隙度和含流体饱和度的实验室测量有多种方法，一项用于专门分析低渗透率、低孔隙度地层岩样的技术是由斯伦贝谢旗下的 TerraTek 公司开发的。这种被称为致密岩石分析（TRA）的专有热解技术可以对含气页岩岩样提供综合评价（表5.2.2）。

等温吸附参数是油藏压力的函数，可以用来直接评估页岩吸附天然气的最大能力。TRA 含气孔隙度数据也是油藏压力的函数，可直接提供游离气测量结果。吸附等温线测得的吸附气含量和含气孔隙度计算的游离气含量，二者的结果相加，与解吸法测量数据结合，能提供完整的页岩含气量的描述结果。该信息为开发中的油气藏模拟提供了关键数据，并能指示游离气和吸附气对诱发裂缝系统的相对贡献。

同样，由于页岩的非均质性，通过岩心测量的数据难以完整地反映游离气含量在空间上的变化。通过测井数据也可以估算页岩孔隙空间内的游离气体积，斯伦贝谢的 ELAN 岩石物理解释方法，可以利用 Platform Express 和 ECS 测井得到的数据，对矿物成分、干酪根、

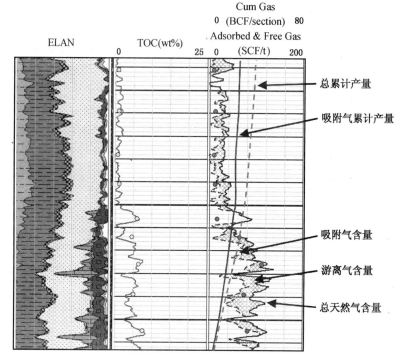

图 5.2.28　ELANplus 多矿物测井分析软件计算的气体含量（据 Lewis 等，2004）
第一列为不同矿物组分；第二列为测井解释 TOC 含量，黄色散点为岩心测量 TOC 结果；第
三列为气体含量计算结果：黑色虚线是吸附气含量，灰色阴影为游离气含量，蓝色实线为吸
附气累计产量，红色虚线为天然气总累计产量，红色散点为岩心小罐解吸试验测得的天然气
含量。参见书后彩页

表 5.2.2　TerraTek 致密岩石分析技术（Boyer 等，2006）（TRA 岩心测试对颗粒密度、孔隙度、流体饱和度、渗透率和含气页岩总有机质含量等进行分析和描述）

岩样	体积密度（g/cm³）	颗粒密度（g/cm³）	干颗粒密度（g/cm³）	孔隙度（%）	含水饱和度（%）	含气饱和度（%）	可动油饱和度（%）	含气孔隙度（%）	束缚烃饱和度（%）	束缚黏土水（%）	渗透率（nD）	总有机质含量（wt%）
1	2.48	2.622	2.645	6.65	15.16	81.4	3.43	5.42	0.5	6.21	270	3.77
2	2.436	2.559	2.584	6.26	18.5	76.44	5.05	4.79	1.29	7.03	230	6.75
3	2.48	2.633	2.652	6.87	15.43	83.9	0.66	5.77	0.5	6.8	270	3.36
4	2.327	2.487	2.509	7.74	13.09	83.02	3.87	6.43	0.73	6.67	347	7.41

含气孔隙度和含水孔隙度进行定量分析，量化总孔隙度和有效孔隙度、含水饱和度、总有机物含量等。同时核磁共振等测井方法也可以有效测量页岩孔隙度（Jacobi 等，2009）。因此研究者在计算游离气含量时往往在岩心测量的基础上，与测井数据相结合分析。

　　计算游离气含量对黏土矿物含量的精确定量十分重要，尤其在需要考虑孔隙和束缚水准确计算含气饱和度时。由于大部分页岩中都难以将水分减去，对页岩中水的样品研究非常少，因此很难根据测井数据计算准确的含气饱和度，根据岩心测量结果进行校正是最好的方法。图 5.2.28 显示的是通过测井数据，根据公式（5.2.8）和（5.2.9）计算的天然气地质储量与岩心测量结果对比。其中红色散点为小罐解吸试验测得的气体含量。

5.2.2.7.3 估算中的误差及校正

页岩气天然气地质储量的计算目前仍然存在着很多的误差，面临着诸多挑战。有时候计算得到的数据过高或过低，生产数据与原地天然气储量计算的不匹配等现象时有发生，需要思考并完善计算的方法和精度。

Busin 等（2008）认为计算天然气含量的一个误差的来源是由于在计算游离气含量时，由于使用了氦测量孔隙度所导致的错误。如图 5.2.29 所示，不同的气体分子大小不同，因此对甲烷气体的页岩气储存来说，页岩中的一部分小于甲烷分子大小的孔隙应该是无效的。实验的结果显示使用氦测孔隙度之后的误差与甲烷气体相比达到一到几个百分比，进而会导致游离气的计算出现错误。

另一方面，Busin 等（2008）认为小罐气体解吸附法，这种对煤层气使用的技术被用到页岩上，并没有考虑到页岩的特殊性以及吸附气和游离气的组成，会导致计算出现很大的错误。由于页岩的低渗透率和扩散率，在取心的过程中，游离气，溶解气和吸附气从岩心中流出是需要时间的。因此用电缆取下的岩心迅速解吸附，会同时捕获到很多的游离气和吸附气，难以进行区分。因此，煤层气中对释放的气体全是吸附气的假设应用在页岩气就会导致很严重的错误，并且预测逸散气时这个错误被放

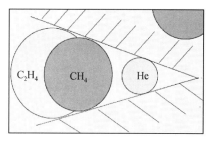

图 5.2.29　不同气体分子直径大小的
比较及在测量孔隙度时造成的误差
（据 Busin 等，2009）

大了。煤层气中计算总气体含量常用的方法是认为"解吸附"的气体就是吸附气，测量游离气的方法是使用氦测量孔隙度，然后测含水饱和度。如果在页岩中也使用这种方法，就把解吸附时包含的那部分游离气计算了两次。解吸附过程中包含游离气的多少取决于很多因素，包括样品回收的时间，储层压力和温度，页岩的渗流特征，取心时气体的流出率等，因此这个误差的大小很难系统地纠正。很多证据证实了误差的存在，最直接的证据就是解吸实验得到的气体通常超过等温吸附试验中吸附气体的能力（图 5.2.30）。

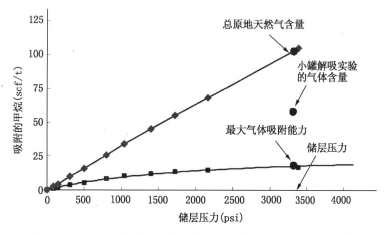

图 5.2.30　Mario 泥盆纪页岩小罐解吸气体含量与吸附等温气体、
总原地天然气含量的关系（据 Bustin 等，2008）

Lewis 等（2004）也认为小罐解吸法对描述页岩含气量不像 Langmuir 等温吸附分析那么有用，一方面因为解吸法中逸散气难以准确计算，会导致潜在的误差；另一方面难以区分

出解吸气体中的吸附气与游离气。Langmuir 等温吸附是更为理想的分析手段。这种方法不会受到逸散气估算的误差影响，也不会混淆吸附气和游离气，只需要 Langmuir 体积、Langmuir 压力、TOC 含量和储层的温度、压力就可以计算出吸附气含量。等温吸附法的理论缺陷是它测量的是页岩可以吸附的最大气体含量，有时可能会过高估计吸附气的体积。

Ambrose 等（2010）基于新的孔隙尺度观察方法认为，按照常规方法计算总的储气能力和原地的气体产量被高估了。错误源自于被吸附气相占据的孔隙体积在计算时没有考虑，因此在计算游离气时这部分空间被重复地计算了。通过建立新的岩石物理模型以及公式对这一误差进行校正（图 5.2.31）。

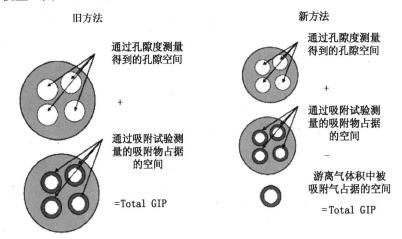

图 5.2.31　考虑吸附气占据空间与原始计算方法的区别（据 Ambrose 等，2010）

为了正确计算游离气的和原地总气含量，必须确定吸附气体占据的体积并且将其从游离气计算中去除。因此，Ambrose 等建议把用来计算游离气储存能力的方程（5.2.8）的标准计算式修改为

$$G_f = \frac{32.0368}{B_g}\left[\frac{\phi(1-S_w)}{\rho_b} - \frac{1.318\times10^{-6}\hat{M}}{\rho_S}\left(G_{sL}\frac{p}{p+p_L}\right)\right] \tag{5.2.20}$$

式中：$\hat{M}$ 表示天然气分子的摩尔重量；ρ_S 表示吸附态甲烷的密度。

要计算被吸附相占据的体积，必须要知道有机孔隙中吸附气体的密度。吸附相气体密度的测量是比较困难的，由于甲烷与有机质壳壁之间附加的相互作用，甲烷的局部密度在孔隙中会变化并且和它的平均体密度也不同。此外，页岩气中，在储层温度明显比天然气临界温度高的地方，是很难研究相变的，很难确定吸附气是以液体还是气体的形式存在。Ambrose 等使用分子动力学方法进行模拟，同时根据 Langmuir 理论，估计和分析在典型的初始储层压力和温度条件下的吸附相密度，最后认为甲烷的密度通常等于 0.37g/cm³，这个值与实验和数值工程都相对应，并且它对压力和温度几乎没有依赖。

校正之后的公式考虑了被吸附气占据的孔隙体积，这种误差对于一个 100nm 的孔隙，是非常微不足道的，但对一个 10nm 的孔隙，是相当大的。因此对含有大量微孔隙的页岩来说，校正后的计算方法显然更为合理。

为了量化校正以后的影响，Ambrose 等在两个页岩样品上比较了旧方法和新方法对比的结果。第一个页岩具有较低的吸附气体体积，而第二个页岩具有较高的吸附气体体积。使用 0.37g/cm³ 作为吸附甲烷密度。两个页岩的其他参数如下：

Shale A：（低吸附能力）   Shale B：（高吸附能力）

$\phi = 0.06$ $\doteq 0.06$

$S_w = 0.35$ $= 0.35$

$S_o = 0.0$ $= 0.0$

$B_g = 0.0046$ $= 0.0046$

$\hat{M} = 20\text{lb/lb} - \text{mol}$ $= 20\text{lb/lb} - \text{mol}$

$G_{sL} = 50\text{scf/t}$ $= 120\text{scf/t}$

$P = 4000\text{psia}$ $= 4000\text{psia}$

$T = 180\text{℉}$ $= 180\text{℉}$

$p_L = 1150\text{psia}$ $= 1800\text{psia}$

$\rho_b = 5.2.5\text{g/cm}^3$ $= 5.2.5\text{g/cm}^3$

$\rho_s = 0.37\text{g/cm}^3$ $= 0.37\text{g/cm}^3$

使用旧的原地气体计算方法，页岩 A 中游离的、吸附的和总的气体含量为

$$G_f = 32.0368 \frac{\phi(1 - S_w)}{\rho_b B_g} = 35.2.0368 \frac{0.06(1 - 0.35)}{2.5 \cdot 0.0046} = 108.6\text{scf/t}$$

$$G_a = G_{sL} \frac{P}{P + P_L} = 50 \frac{4000}{4000 + 1150} = 38.8\text{scf/t}$$

$$G_{st} = G_f + G_a = 108.6\text{scf/t} + 38.8\text{scf/t} = 147.7\text{scf/t}$$

使用新的原地气体计算方法，页岩 A 中游离的、吸附的和总的气体含量为

$$G_f = \frac{32.0368}{B_g} \left[\frac{\phi(1 - S_w)}{\rho_b} - \frac{1.318 \times 10^{-6} \hat{M}}{\rho_s} \left(G_{sL} \frac{p}{p + p_L} \right) \right]$$

$$= \frac{32.0368}{0.0046} \left[\frac{0.06(1 - 0.35)}{2.5} - \frac{1.318 \times 10^{-6} \cdot 20}{0.37} \left(50 \frac{4000}{4000 + 1150} \right) \right] = 89.4\text{scf/t}$$

$$G_a = 50 \frac{4000}{4000 + 1150} = 38.8\text{scf/t}$$

$$G_{st} = 89.4\text{scf/t} + 38.8\text{scf/t} = 128.2\text{scf/t}$$

页岩 A 的游离的和总的气体储集能力减小 17.7％和 13.0％。

使用旧的原地气体含量计算方法，页岩 B 中吸附气体含量为 82.8scf/t，游离气体含量为 108.6scf/t，总的气体含量为 191.4scf/t。

使用新的原地气体含量计算方法，页岩 B 中吸附气体含量为 82.8scf/t，游离气体含量为 67.6scf/t，总的气体含量为 150.4scf/t。

页岩 B 的游离的和总的气体储集能力减小 37.8％和 21.4％。

从结果可以看出，当吸附气含量高时，校正前后的气体含量计算结果差别更大。校正后的资源量计算方法考虑了吸附气占据的孔隙体积，在一定程度上减小了误差。

5.2.2.8 小结

页岩气藏形成的关键在于各种地质条件的综合，构造背景和有利的沉积环境是形成页岩气的前提条件，盆地的水文地质条件和热史是形成不同成因气体的诱导因素，埋深、厚度、岩石的力学特性、孔渗特征、天然气地质储量是决定页岩气区块是否具有经济开采价值的关键因素。

储层性质最佳的页岩通常含油和含水饱和度低、气体饱和度高，相对渗透率也较高。这类页岩中有机质含量在中等以上，有机质成熟度高，在埋藏过程中孔隙保存较好。虽然通过

压裂增产技术增加裂缝来提高渗透率，是产生到经济性气流的关键，也还必须保证页岩中有足够的多气体含量（无论是热成因还是生物成因）。因此，对天然气地质储量进行评估十分必要。实验室测量必须能够对天然气和流体饱和度、孔隙度、基质渗透率、有机物含量和成熟度、有机物在恒定油藏温度下吸附天然气的能力（是油藏压力的函数）等进行直接评价。

最后，测井分析数据，特别是根据岩心分析所得的经过实际油藏性质标定后的测井分析数据，是用来进行天然气地质储量进行可靠预测的基础。以测井资料为基础的地层评价模型也可以用于预测横向范围有限区域内邻井中的特性，从而有助于对盆地的非均质性进行评价。

但页岩气的生产不能总依赖完美的地质和地球化学因素同时出现，对不同的地质情况应具体分析，其中一个因素不好（比如低含气量）就可能被其他因素弥补（比如很厚的储层）。评价页岩气藏的潜力涉及对多种因素正反面影响的权衡，难以以某一种标准模式来衡量所有的页岩（King，2010）。随着越来越多区域的成功开采运作，人们对其储层、所适用的技术和成功经验的认识在不断变化。综合运用已有的各种页岩资料并采用各种先进的分析手段，有望使页岩气勘探取得事半功倍的效果。

5.3 页岩气地球物理方法应用

页岩气作为一种非常规能源，低孔低渗的特征使其具有非常低的自然生产能力，因此，利用工程压裂技术进行地层改造对页岩气的开采是必不可少的，它能够提高储层的连通空间和泄流面积，极大的刺激页岩气的生产。除了低孔低渗特征外，储层的非均质性和各向异性等突出问题给工程开发方案的制定提出了严峻的挑战。一个成功开发方案的制定是建立在对储层地质、地球化学和油藏物理特征充分认识的基础之上的，它需要多学科知识的综合应用。

地球物理方法手段在页岩气勘探开发过程中起到了重要的技术支持作用，它在研究储层的复杂特征方面具有独特的优势。测井技术具有比较高的分辨率，对储层的刻画较为精细，而地震技术具有比较强的宏观控制能力，对于研究储层的横向非均质性非常有利。测井和地震技术的有效结合能够实现对储层特征全面的认识，为开发方案提供一些参考。由于页岩气储层的特殊性给地球物理学科提出了新的具体需求，从这些需求出发，这里将详细阐述地球物理技术在以下几个方面的应用：

（1）岩石物理建模和分析。由于页岩往往被看作是良好的盖层，使得对页岩性质的研究相对匮乏，随着页岩气勘探开发的日益兴起，人们对页岩的岩石物理性质和微观结构的研究逐渐重视。页岩岩心的实验室测量近些年来也得到广泛应用。通过不同的测量设备研究页岩的孔隙度、渗透率、饱和度、力学性质和有机质等特征，使人们对页岩本身的认识更加清晰。页岩的微观结构相对常规储层（砂岩等）更加复杂，它的孔隙和颗粒的尺度更小，矿物组分更加多样，而且岩石骨架结构中还伴有有机质的存在，使得常规的岩石物理模型很难适用，也就推动了页岩微观结构的研究和岩石物理建模方法的发展。不断进行的研究旨在提出一种全面合理的页岩微观结构模型，使得对页岩弹性性质的模拟更加方便可行，从而能够更加直观有效的分析页岩宏观性质与岩石微观结构之间的依赖关系。

（2）页岩地层评价。因为不同地区页岩的性质差异较大，开发前景也相差甚远，因此在开发之前要对页岩地层的开发潜力进行定性和定量评估。对页岩气储层进行评价，主要考虑它的生烃能力、储集运移能力和力学性质。测井方法在页岩地层评价中起到了重要作用，通过与储层的近距离接触，能够真实准确的反映储层的相关特征，而且具有相对较高的分辨率。通过多种测井方法综合应用，能够对页岩气储层进行全面评估。除进行地层评价以外，测井方法在研究储层的横向复杂特征方面也具有一定的用途，这主要体现为水平井的随钻测井技术（LWD）。在水平钻井的过程中同时测井，能够更加精确刻画储层的横向变化，对优化钻井方案和后期的压裂方案都有帮助，从而提高页岩气的开采量。

（3）有利压裂区域的预测。在确定了具有开发价值的页岩层段后，水平井钻井轨迹的设计是决定页岩气采收率的关键。为了能够保证水平井钻遇页岩气储层的"甜点"区域，需要对这些"甜点"位置的空间分布进行预测，从而保证页岩气的高产。地震技术在预测有利压裂区域方面具有明显优势，它能够反映的储层特征范围较广，而且在测井等先验信息作为约束的条件下，能够预测得到比较可靠的储层分布，从而划定比较有利的压裂区域。评价一个区域是否有利于压裂，主要考虑三个方面的因素：页岩的脆性、原始微裂缝的发育和地层的应力场分布，这就需要运用 AVO 和方位 AVO 等地震方法技术。勘探开发实践表明：高脆性、原始裂缝较发育以及水平闭合压力较小的区域是比较理想的压裂区。

（4）工程压裂监测。压裂措施是否有效与页岩气的增产密切相关，评价压裂效果好坏的关键在于监测液压裂缝的发育模式。工程压裂的目的是产生新的复杂的裂缝网络，并且能够最大程度上沟通原始发育的裂缝，以增加页岩的储集和连通空间，为页岩吸附气的解析和运移提供足够的通道。利用微地震技术进行裂缝诊断是目前页岩气开发中常用而且有效的一种监测方式。随着页岩气勘探开发的不断发展，实时微地震监测技术也随之诞生，它允许在压裂的同时对裂缝进行监测，使得裂缝按照设想的最优模式发展，这对于实际生产的益处是不言而喻的。

5.3.1 岩石物理

页岩占据了地球上沉积岩中 75％ 以上的比例，在全球范围内的分布十分广泛。但是，由于页岩往往被看作是优质的烃源岩和盖层，使得对页岩的关注和研究比较少，制约了石油工作者对页岩的真正认识。随着对油气富集规律认识的革新，页岩气作为一种自生自储式的非常规油气藏越来越受到世人的关注，从而推动了对页岩岩石物理特征的研究，只有知其本，才能为后续的勘探开发铺平道路。实验室岩心测量是认识页岩特征最直接有效的手段，它能够对页岩性质进行全面的分析。以下将首先从实验室测量角度来介绍页岩的岩石物理特征以及常用的一些测量方法。

5.3.1.1 基于实验室测量的页岩评价

5.3.1.1.1 页岩气储层地层评价标准

页岩气井的产能在很大程度上取决于页岩气储层的质量和工程压裂的有效性，对于页岩气储层的评价直接关系到页岩气开采的经济价值。在地层评价过程中，主要聚焦在三个方面：储层的生烃潜力、储集空间和力学性质，这三方面反映了页岩气的潜在储备量以及工程开采的难易程度。影响以上储层特征的主要因素有岩石物理参数如孔隙度、渗透率、饱和度、弹性性质和各向异性等，以及地质和地球化学参数如埋深、厚度、温度、成熟度和有机质丰度（TOC）等。对于定量评价页岩气储层质量的参数非常多，在多年页岩气勘探开采的经验中，工程作业者总结了针对页岩储层评价的一些标准，尽管这些标准在不同的地区会有所差异，但是总体上能够反映页岩气的真正开采价值。在此给出工业界中一般使用的页岩地层评价标准，如表 5.3.1 所示。在表 5.3.2 中，给出了部分储层评价参数的数据来源。从该表中可以看出，可以从不同角度和不同尺度计算得到这些评价参数，其中实验室测量和测井曲线计算是获取储层评价标准最常用最有效的方法，在页岩地层评价中起到了关键性作用。

表 5.3.1 页岩气储层地层评价标准（修改于 Sondergeld 等，2010）

评 价 参 数	基 本 要 求
埋深	干气窗内的最浅深度
厚度	大于 30m
温度	大于 230℉
总有机碳含量	大于 2％
热成熟度	R_o 大于 1.4％
储气量（自由和吸附）	大于 100BCF/section

评 价 参 数	基 本 要 求
矿物组分	石英或方解石含量大于 40%
	黏土矿物含量小于 30%
	蒙脱石等膨胀性黏土矿物含量低
气体成分	CO_2、N_2 和 H_2S 含量低
最佳气体类型	热成因
裂缝类型	垂直方向和水平方向
	开放式和被石英或方解石填充
储层垂向非均质性	越小越好
孔隙压力	大于 0.5psi/ft
水平闭合压力	小于 2000psi/ft
渗透率	大于 100NanoDacry
总孔隙度	大于 4%
充气孔隙度	大于 2%
含水饱和度	小于 40%
含油饱和度	小于 5%
泊松比（静态）	小于 0.25
杨氏模量	大于 3000MPa

表 5.3.2　表 5.3.1 中部分评价参数的数据来源（据 Sondergeld 等，2010）

评价参数	数 据 来 源
弹性参数	双极子声波成像（动态）；基于岩心的应力应变试验（静态）
流体性质	泥浆测井；压力—体积—温度（PVT）；粒子动态分析（PDA）；压力梯度
自由和吸附气体	简解吸和兰格缪尔吸附
成熟度	镜质组反射率 R_o；煤素质；岩石热解（RockEval）
渗透率	注射脱离试验（IFOT）；高压压汞毛细管压力测量（MICP）；粒子动态分析；核磁共振（NMR）
裂缝和闭合压力	注射脱离试验；基于测井的双极子声波成像
孔隙压力	注射脱离试验；粒子动态分析；基于测井的浸入法
孔隙度	气体膨胀；高压压汞毛细管压力测量；核磁共振
矿物成分	X 射线衍射（XRD）；全硫计数；傅里叶变换红外透射光谱分析（FTIR）；电感耦合等离子体—质谱（ICP-MS）；扫描电子显微镜成像（SEM）
温度	分流器回流模拟计算机方法；注射脱离试验
总有机碳含量	碳硫仪；岩石热解法
含水饱和度	岩心提取；测井计算

5.3.1.1.2　实验室页岩性质评价方法

（1）页岩组分。

页岩储层相对于砂岩储层在组成上最大的差别在于页岩含有丰富的有机质，而且岩石的矿物组分更加复杂。这两个因素使得有关页岩性质的研究变得困难，因此，研究页岩的组分是基础也是关键。在表 5.3.1 页岩地层评价标准中，页岩的矿物组分需要满足 4 个基本条件而且 TOC 不得小于 2％，这就要求对其进行定量分析。实验室定量分析页岩矿物组成的方法包括 XRD（X 射线衍射）、FTIR（傅里叶变换红外透射光谱分析）（Sondergeld 和 Rai，1992；Ballard，2007）和 XRF（X 射线荧光分析），还可以通过元素捕获工具获得元素丰度，然后通过重构方法确定岩石的矿物组分。

页岩主要由石英、碳酸盐和黏土矿物组成，由于黏土矿物的种类比较多，而且页岩中还可能含有其他的一些副矿物，使得页岩的岩石物理分析非常具有挑战性。在早期阶段，使用 XRD 方法确定页岩主要的矿物组分。该方法对矿物的分析比较全面，但是对富含黏土矿物的页岩来讲，如果没有进行黏土分离，那么估算的石英含量将会比真实值偏高，如图 5.3.1a 所示。FTIR 方法能够克服上述缺点，而且实施起来快速而且有效，如图 5.3.2b 所示，利用 FTIR 方法测量的黏土体积与测井资料吻合度较高。但是，它的缺点在于进行矿物分析之前必须除掉有机质。有些实验室利用 XRF 方法来确定富含黏土页岩的矿物组分（Ross 和 Bustin，2006），该方法能够定量分析元素丰度，然后将丰度按照化学计算分配给各种矿物，因为多余的碳元素被分配给了干酪根，所以 XRF 方法不会高估石英的含量。

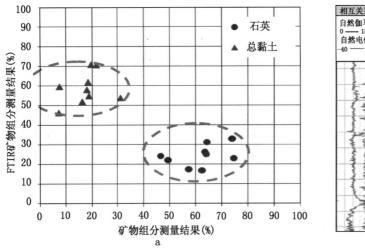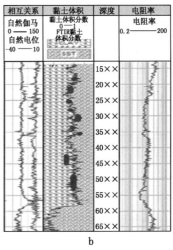

图 5.3.1　XRD 与 FTIR 测量的石英（圆形）和总黏土矿物（三角形）的体积分数（a），以及 FTIR 分析的黏土体积分数同测井计算的黏土体积分数的结果对比（b）（据 Sondergeld 等，2010）

实验室测量 TOC 的方法主要有两种：碳硫仪法和岩石热解法。碳硫仪法把粉末状的页岩岩心烧成二氧化碳，如果能确保在燃烧前用盐酸把无机碳完全消除掉，则该方法就可以用来测量总有机碳含量。岩石热解法将有机质热解后给出 S1、S2 和 S3 峰值的定义，分别代表蒸馏所获得的液态碳氢化合物、可自由转换的干酪根含量和无机二氧化碳的释放量。也就是说，该方法能够用来定量分析页岩气的产量（生产指数）、干酪根转换潜力（含氢指数）和岩石二氧化碳的含量（含氧指数）。

（2）孔隙度测量。

页岩孔隙度非常小，而且影响因素非常多，主要有：①孔隙中的水（毛细管水和黏土束缚水）和液态烃的排出；②由于渗透率很低，使得流体（汞和水）和气体（氦气、氮气和甲烷等）完全进入孔隙是非常困难的；③吸附效应的影响；④岩心的尺寸、粉碎方法以及粉碎岩样的称重；⑤孔隙压力和上覆地层静压力产生的微裂缝的影响。实验室测量孔隙度的方法有很多，也在不断进步。Soeder（1988）测量了 Appalachian 盆地东部泥盆纪页岩的孔隙度，并在测量过程中提到了上述几个影响因素，其用吸附性气体甲烷代替氮气来测量孔隙度，发现视孔隙度随着压力的增加而增大。Luffel 和 Guidry（1992）以及 Easley 等（2007）提出了利用化学和热重的方法驱除页岩孔隙中残留的液态烃。

Luffel 和 Guidry（1992）提出了粉碎岩心的孔隙度测量方法，用来增加孔隙体系的接触面积，他们认为页岩内部的孔隙一般都是连通的，但是孔隙之间的通道非常小，即便使用分子直径较小的氦气，使其完全进入页岩内部的孔隙并达到平衡稳定的状态也需要花费很长的时间。通过岩心粉碎方法能够使得气体更加容易充满孔隙空间，提高孔隙度测量的精度。Luffel 和 Guidry（1992）将岩心粉碎的方法用于富含干气的 5 个泥盆纪页岩岩心，测量结果表明：利用岩心粉碎方法测量的孔隙度比岩心整体测量的值要高 0.1% 左右。但是，岩心粉碎方法也存在一定的问题，例如岩心粉碎过程中岩心的清洗和粉碎方法以及颗粒体积测量过程中的质量守恒（Karastathis，2007）。当岩心较大时，较小的质量损失是可以接受的。然而，处理小体积岩样时需要在粉碎前后保持岩样的质量不变，因此质量守恒是岩心粉碎方法中应该特别注意的一个问题。实验室中还有一些其他测量孔隙度的直接方法，Sondhi 和 Solano（2009）提出了热解重量分析方法（TGA）来测量孔隙度，此外，利用高压压汞毛细管压力测量（MICP）和核磁共振（NMR）方法也能够测量孔隙度。

（3）渗透率测量。

实验室中有三种常用的渗透率测量方法：压力脉冲衰减法、压力衰减法和稳定状态法。这三种方法可以在不同围岩压力和孔隙压力条件下，利用粉碎岩心或者整个岩心进行测量，压力脉冲衰减和压力衰减对渗透率超低的页岩更加适用。另外一种被称为"脱气性"的技术已经被应用到页岩的渗透率测量中（Luffel 等，1993）。用脉冲衰减技术和"脱气"方法测量泥盆纪页岩的渗透率结果表明：使用脉冲衰减法的测量结果比用脱气方法测量的要小，不论是采用粉碎岩心法还是整体法。

Cui 等（2009）指出粉碎岩心法测量的渗透率结果依赖于粉碎岩样的颗粒大小（图5.3.2），从该图中可以看出，随着粉碎颗粒尺寸的增加，渗透率测量结果也在逐渐增大。他同时指出，渗透率的测量应该在高孔隙压力和围压条件下进行。因为岩心采样时的应力消除，会导致原始地层中产出原本不存在的裂缝产生，从而使得渗透率增加。而且，如果没有围压的约束，将使得对页岩渗透率的预测过于乐观，同样也会影响孔隙度的测量结果。岩心粉碎方法原本是为了消除在采样过程中产生的裂缝的影响，但往往是在很小的孔隙压力以及没有围压的条件下进行的。由于生产者对地下真实的渗透率比较感兴趣，那么就需要在接近地下真实的孔隙压力和围压条件下测量渗透率，这也就导致了一些矛盾。渗透率随压力的变化规律对于工程开采是非常重要的，图5.3.3描述了渗透率随静压力的变化规律，两者基本上是线性变化关系。由于页岩的弹性各向异性，导致渗透率也存在各向异性现象，在图5.3.3中同样能够观察到，渗透率各向异性的强度约为 100∶1。

（4）饱和度测量。

在商业实验室中通常使用流体萃取方法来测量烃类饱和度，主要有两种方法：以 Dean Stark 为基础的甲苯蒸馏法和甑蒸法。Dean Stark 萃取方法采用时间序列，将甲苯加热到 111℃ 时提取出岩心内的流体。由于实验室没有提供萃取时间以及在不同时间段内提取的流体体积，这就很难辨认在不同时间段萃取的流体类型。对含气页岩来说，萃取的总流体体积

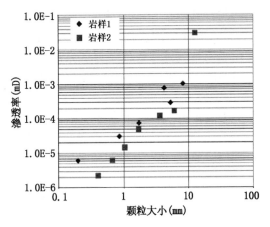

图 5.3.2 渗透率测量结果随颗粒尺寸的变化规律
（据 Cui 等，2009）

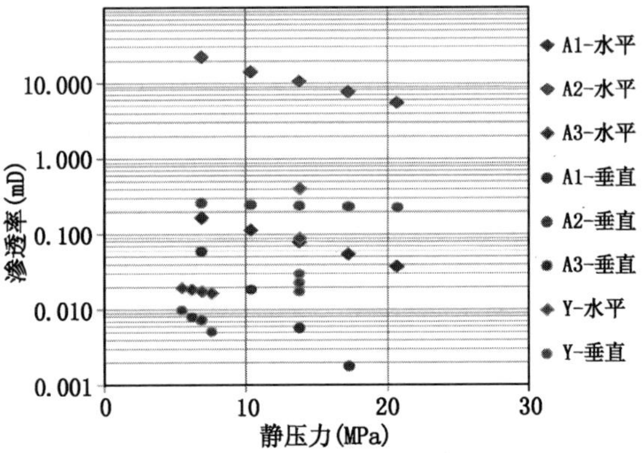

图 5.3.3 页岩渗透率的压力敏感性和各向异性
（据 Sondergeld 等，2010）

被认为是由自由水和一些毛细管束缚水构成，对于黏土束缚水是否被移除尚不完全清楚，干酪根和沥青在 Dean Stark 萃取过程中不会受到破坏。甑蒸法采用的是设计好的温度时间序列，温度随时间是逐渐增加的，在不同的温度时间段能够萃取出不同的流体。图 5.3.4 给出了理论的温度时间序列以及在不同的阶段能够萃取出的流体类型。甑蒸法的优势在于不同的温度下能够分离出自由水和黏土束缚水的体积，所测量的结果包括水、气、可动油、束缚水和束缚烃。不幸的是，商业实验室测量用到的温度时间序列也没有公布。

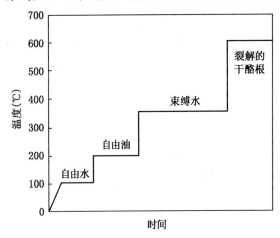

图 5.3.4 理论的甑蒸法温度时间序列
（据 Mavor，2009）

（5）力学性质。

页岩属于典型的 VTI 介质，具有 5 个独立的弹性系数，如果是在页岩中发育垂直于层理方向的裂缝系统，那么理论上需要确定 7 个独立的弹性系数，但是在实际应用中，根据不同的目的将其简化为 VTI 介质或者是 HTI 介质。页岩 VTI 各向异性成因可以归结为以下几个方面：黏土矿物的定向排列（Tosaya，1982；Jones 和 Wang，1981；Johnston 和 Christensen，1995；Hornby，1998）、干酪根（Vernik 和 Landis，1996）、定向排列的微裂缝（Hornby 等，1994）、各向异性的应力场（Sayers，1999；Holt

等，1991）和孔隙流体间相互的物理化学作用（Liu 等，1994）。对于页岩力学性质，主要研究的是杨氏模量和泊松比，通过微观性质到宏观性质的过渡，来研究页岩速度变化的规律。常规研究页岩力学性质的方法主要有两种：静态测量方法和动态测量方法，静态方法通过测量应力应变来计算弹性系数，动态方法通过测量纵横波速度来计算弹性系数。介质的杨氏模量和泊松比、弹性刚度系数和纵横波速度之间具有一定的关系，弹性系数与纵横波速度满足关系式（5.3.1），即

$$v_{P11} = \sqrt{\frac{c_{11}}{\rho}}, v_{P33} = \sqrt{\frac{c_{33}}{\rho}}$$

$$v_{S11} = \sqrt{\frac{c_{66}}{\rho}}, v_{S13} = \sqrt{\frac{c_{44}}{\rho}}$$

$$C_{13} = -C_{44} + \left[(C_{11} + C_{44} - 2\rho v_P^2(45°))(C_{33} + C_{44} - 2\rho v_P^2(45°)) \right] \quad (5.3.1)$$

式中：v_{P11} 表示平行于页岩层理方向的纵波速度；v_{P33} 表示垂直于页岩层理方向的纵波速度；v_{S12} 表示平行于页岩层理方向传播且偏振方向与页岩层理方向平行的横波速度；v_{S13} 表示平行于页岩层理方向传播且偏振方向与页岩层理方向垂直的横波速度；v_P（45°）表示与页岩层理成 45°角方向传播的纵波速度；C_{ij} 表示页岩的弹性刚度系数。

弹性刚度系数与杨氏模量和泊松比满足关系式（5.3.2），即

$$E_1 = \frac{D}{C_{11}C_{33} - C_{13}^2}, E_3 = \frac{D}{C_{11}^2 - C_{12}^2}$$

$$v_{12} = \frac{C_{12}C_{33} - C_{13}^2}{C_{11}C_{33} - C_{13}^2}, v_{13} = \frac{C_{13}(C_{11} - C_{12})}{C_{11}C_{33} - C_{13}^2}, v_{31} = \frac{C_{13}}{C_{11} + C_{12}} \quad (5.3.2)$$

式中：E_1 表示水平方向上的杨氏模量；E_3 表示垂直方向的杨氏模量；v_{12} 表示平行于页岩层理方向的泊松比；v_{13} 和 v_{31} 均表示垂直页岩层理方向的泊松比；$D = \begin{vmatrix} C_{11} & C_{12} & C_{13} \\ C_{12} & C_{11} & C_{13} \\ C_{13} & C_{13} & C_{33} \end{vmatrix}$。

弹性刚度系数与 Thomsen 各向异性参数满足关系式（5.3.3），即

$$\alpha_0 = \sqrt{\frac{C_{33}}{\rho}}, \beta_0 = \sqrt{\frac{C_{44}}{\rho}}$$

$$\varepsilon = \frac{C_{11} - C_{33}}{2C_{33}}, \gamma = \frac{C_{66} - C_{44}}{2C_{44}} \quad (5.3.3)$$

$$\delta = \frac{(C_{13} + C_{44})^2 - (C_{33} - C_{44})^2}{2C_{33}(C_{33} - C_{44})}$$

式中：α_0 表示垂直页岩层理方向传播的纵波相速度；β_0 表示垂直于页岩层理方向传播的横波相速度；ε 是表征纵波各向异性强度的物理量；γ 表示横波各向异性强度的物理量；δ 表示连接水平方向和垂直方向上纵波速度的一个物理量。

因此，如果实验室测量能够得到其中的任意一组数据，就能够通过关系式换算得到其他的弹性参数，从而比较全面的分析页岩的力学特征。下面简单介绍两种测量方法的基本原理和思路。对于实验室应力应变测量，根据广义胡克定律，可以得到柔度系数矩阵，即

$$\begin{bmatrix} e_{xx} \\ e_{yy} \\ e_{zz} \\ e_{yz} \\ e_{zx} \\ e_{xy} \end{bmatrix} = \begin{bmatrix} S_{11} & S_{12} & S_{13} & 0 & 0 & 0 \\ S_{12} & S_{11} & S_{13} & 0 & 0 & 0 \\ S_{13} & S_{13} & S_{33} & 0 & 0 & 0 \\ 0 & 0 & 0 & S_{44} & 0 & 0 \\ 0 & 0 & 0 & 0 & S_{44} & 0 \\ 0 & 0 & 0 & 0 & 0 & S_{66} \end{bmatrix} \begin{bmatrix} \sigma_{xx} \\ \sigma_{yy} \\ \sigma_{zz} \\ \sigma_{yz} \\ \sigma_{zx} \\ \sigma_{xy} \end{bmatrix} \quad (5.3.4)$$

在实验测量过程中，只在一个轴向施加压力，同时测量三个不同方向的应变。要得到全部的柔度系数，通常选择 0°、45° 和 90°岩心，这里的角度定义为与页岩对称轴之间的夹角。利用 0°岩心测量能够得到 S_{11}、S_{12}、S_{13} 和 S_{66}，利用 45°岩心测量能够得到 S_{44} 和 S_{33}，利用 90°岩心测量能够得到 S_{33}。将柔度系数矩阵转化为弹性系数，进而求取其他参数，用于研究

页岩的弹性性质。实验室测量过程中，对于应变感应器的布置方法，Niandou 等（1997）进行了比较详细的介绍。

随着测量仪器的进步，目前对于应力应变测量可以达到很高的精度。比如新出现的纳米压痕仪在应变测量中起到很好的作用，它能够测量在微小应力（小于 $1000\mu N$）下的微小形变（$100nm \sim 100\mu m$），使得对于页岩弹性性质的研究达到前所未有的尺度，在此基础上建立了 GeoGenome 岩石物理模型。图 5.3.5a 为纳米压痕仪装置示意图，图 5.3.5b 表示的是测量得到的位移—应力曲线，图 5.3.5c 表示纳米鉴定的一个最小锥形单元，边长为 $4\mu m$，位移为 $500nm$。对岩心进行多次纳米级别的压痕鉴定，得到多条位移—应力曲线，从而可以用来计算页岩的弹性参数，例如硬度和弹性模量等，计算方法在式（5.3.5）中给出，即

$$H = \frac{P}{A_c}$$

$$M = \frac{1}{2}\sqrt{\frac{\pi}{A_c}}\frac{dP}{dh}$$ (5.3.5)

$$M_{iso} = \frac{E}{1 - v^2}$$

式中：H 表示页岩的硬度；M 表示鉴定的弹性模量；P 表示加载的应力最大值；h 表示压痕位移；A_c 表示纳米锥形压痕与岩石的接触面积。

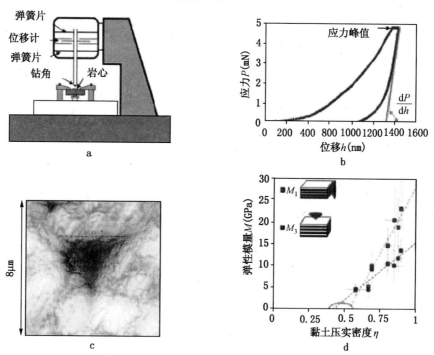

图 5.3.5　纳米压痕仪装置（a）；测量的典型应力—位移曲线（b）；Wordfold 岩心的纳米鉴定
痕迹（c）；鉴定测量的弹性模量与压实密度的交会图（d）（修改于 Abousleiman 等，2009）

对于各向同性介质，测量得到的 M 值与杨氏模量和泊松比具有一定的联系，式（5.3.5）给出其表达式。

对于实验室速度测量的方法，它的优点在于只需要一块岩心，通过同时测量多种速度来计算介质的相关参数，研究页岩弹性性质的变化，图 5.3.6 表示的是实验室进行页岩速度测

量的装置示意图。通过速度测量计算出的弹性系数是动态参数，在工程上一般使用的是静态弹性系数，因此一般情况下要进行校正。通过测井曲线计算得到的弹性系数也是动态参数，也需要进行实验室校正。

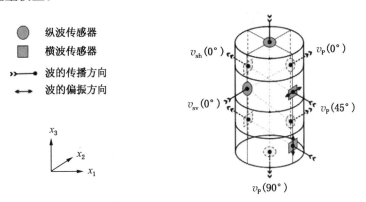

图 5.3.6　实验室速度测量仪器装置（据 Sarout 等，2007）

无论是静态测量还是动态测量，测量过程中的压力场控制是非常重要的。实验室通常采用各向同性的压力场，即围压条件。但是真实的应力场并不是各向同性的，研究各向异性应力场下的页岩各向异性特征更加有意义，该部分内容将在 5.3.1.2 中进行详细介绍。通过研究不同应力场下的弹性性质，对压力场预测会有一定的指导作用。常规的应力场预测方法是基于各向同性介质模型的，在此基础上考虑压力各向异性，但是这种预测是不够准确的。通过研究各向异性压力场下的各向异性特征，能够为基于各向异性模型的压力预测方法提供一些思路和建议。

5.3.1.1.3　实验室测量面临的挑战

（1）纳米级孔隙结构。

页岩的粒度分布小于 $62\mu m$，孔隙和孔喉的大小分布在相当小的范围内，基本在小于微孔隙（小于 $0.1\mu m$）到纳米（nm）范围内变化。测量这种小尺度岩石的孔隙度就变得比较困难，需要对实验室用到的测量流体的分子尺寸有一定的了解。比如，Washburm 方程（Washburn，1921）表明在进行 MICP 测量时，在 60kpsi 的压力条件下，大于 3.8nm 的孔隙喉道才能保证水银能够完全充填页岩的孔隙空间，孔隙喉道太小则有效孔隙体几乎不连通，导致即使高压也不能将水银完全注入页岩孔隙。表 5.3.3 给出了实验室或油田生产时经常使用的测量气体或液体的分子直径的大小，包括了两种测量结果，一种是根据范德瓦尔斯方程并且假定孔隙为球形孔隙的前提下计算得到的，还有一些是从不同文献中总结出来的分子直径大小。

表 5.3.3　通过范德瓦尔斯方程估算以及文献总结出的测量液的分子直径（①Weast，1972；②Fishbane，2005；③Bondi，1964；④Inagaki，1994；⑤Hirschfelder，1954；⑥Sing，2004）（据 Sondergeld 等，2010）

元　素	①范德瓦尔斯球形直径（nm）	②范德瓦尔斯分子直径（nm）	③分子直径（nm）	④分子直径（nm）	⑤分子直径（nm）	⑥分子直径（nm）
氢气（H_2）	0.370	0.240		0.293		0.240
氦气（He）	0.356	0.280		0.256		
氮气（N_2）	0.421	0.310	0.315		0.360	0.315

元　素	①范德瓦尔斯球形直径（nm）	②范德瓦尔斯分子直径（nm）	③分子直径（nm）	④分子直径（nm）	⑤分子直径（nm）	⑥分子直径（nm）
氧气（O_2）	0.393	0.304	0.292	0.358	0.350	0.298
氖气（Ne）	0.320	0.308	0.256	0.275		0.282
氩气（Ar）	0.395	0.376	0.294	0.340	0.340	0.288
氙气（Xe）	0.460	0.432				0.342
水银（Hg）	0.319	0.310	0:314		0.270	0.280
水（H_2O）	0.388	0.278			0.330	0.282
二氧化碳（CO_2）	0.434	0.323	0.323	0.407	0.380	0.387
甲烷（CH_4）	0.434		0.380	0.382		0.436
硫化氢（H_2S）	0.402					0.255
乙烷（C_2H_6）	0.496					0.550
甲醇（CH_3OH）	0.504				0.430	0.410
丙烷（C_3H_8）	0.544				0.430	0.628
正丁烷（$n-C_4H_{10}$）	0.616				0.500	0.540
异丁烷（$iso-C_4H_{10}$）					0.590	0.540
苯（C_6H_6）	0.653				0.620	0.430
戊烷（C_5H_{12}）	0.653					0.430
甲苯	0.654					0.620
己烷（C_6H_{14}）	0.692					

（2）复杂的流态模型。

从微米级到纳米级的孔隙结构控制着页岩气的储量及气体在孔隙之间的流动模式。在连通性好的孔隙喉道之间，气体的流动遵循达西定律，并被称为连续流和无滑移流。当考虑纳米孔隙中的气体时，气体滑脱效应和表面交互张力（扩散）作用就会起主导作用，从而使得气体的流动模式不再满足达西定律，而常规测量使用的计算公式都是基于达西定律的，导致测量结果不够准确，因此，许多科研工作者通过修正达西定律计算得到的渗透率，使结果更加真实。最近基于努森流动参数建立了连续统一的流态模型（Karniadakis 和 Beskok，2002；Florence 等，2007；Civan，2009；Javadpour，2007），该模型拓宽了达西方程的应用条件，使得在超低渗透率（小于 $1\mu D$）的情况下，当流态由滑移流变成过渡流和扩散流时都能够适用，具体的渗流机理请参照图 5.4.7。

（3）吸附效应的影响。

在油藏条件下测量渗透率时，必须考虑干酪根和黏土表面的气体吸附作用，否则就会导致渗透率测量结果偏低（Cui 等，2009），干酪根表面的气体吸附作用在工业界中已经被广泛认识，而黏土矿物的吸附作用仍然没有被很好的认识。Hartman 等（2008）在一定的温度和湿度范围内研究了伊利石—甲烷的气体等温吸附线，被测试的页岩岩样包含 67% 的伊利石和 33% 的石英。当压力为 2500psi，温度介于 75℃ 到 25℃ 范围内时，湿度在 2.33wt% 到 0.77wt% 变化时，所测量的甲烷气体吸附量比较可观，从 8.61scf/t 到 88.03scf/t，从而说明黏土矿物的气体吸附效应还是比较明显的，在测量渗透率时应该予以考虑。

（4）缺乏统一的实验室测量标准。

实验室对常规储层岩石的测量适用于 API-RP40（API 1998）所建立的标准测量准则。RP40 共分为 8 个部分，不仅描述了常用的岩心测量流程，还包括一些有挑战性的岩石测量，例如多孔的碳酸盐岩、石膏储层和煤层的一些特殊的测量方法技术。Bustin 等（2008）指出对于页岩气储层没有标准的实验室测量准则，也没有哪个商业实验室提供了详细的实验室测量准则。最近发表的页岩测量标准是由 Luffel 和 Guidr（1989，1992），Luffel 等（1993）和 Guidry 等（1995）提出的 GRI 方法。然而，并不是所有实验室都严格遵守 GRI 标准，他们在该方法基础之上进行了修改来形成自己的独立标准。正是由于没有统一的实验室测量标准，导致不同实验室对于同一岩心的测量结果都会存在很大差异，阻碍了测量数据的充分利用。

5.3.1.2 含气页岩的弹性性质

对于大多数页岩来讲，它们都含有大量的黏土矿物，在外界压力作用下能够表现出较强的可塑性。但是，对于含气页岩来讲，工程压裂时选择的优质页岩层段一般都含有丰富的石英矿物，以保证压裂过程中产生丰富的裂缝。正是由于矿物组分上的一些差异，使得含气页岩和常规页岩在外界压力作用下表现出的弹性性质存在很大差异。例如，通常认为页岩埋藏深度越深，上覆地层压力也就越大，因而会表现出更强的各向异性。但是，并不是所有页岩的各向异性强度都是随着上覆地层压力的增加而增强的，该结论对于塑性页岩比较适用，但是对于脆性页岩不一定成立，因为它在外力作用下表现出较强的脆性，岩石很容易破裂。因此，研究含气页岩在不同应力场下的弹性性质是有必要的。为了文中叙述方便，对用到的一些速度参数进行统一说明，v_{pv} 表示垂直于页岩层理方向传播的纵波速度，v_{ph} 表示平行于页岩层理方向传播的纵波速度，v_{sv} 表示平行于页岩层理方向传播时，极化方向为垂直页岩层理方向的横波速度，v_{sh} 表示平行于页岩层理方向传播时，极化方向也平行于页岩层理方向的横波速度。

实验室测量过程中有多种压力概念：围压、静压力、有效压力、差压和平均有效压力，地球物理工作者在使用这些压力时往往会产生混淆。对此，Dewhurst（2006）总结了压力概念的含义。围压表示周围压力的大小，它是一种球形分布的各向同性的压力场；静压力表示围压与孔隙压力的差值，一般用来等效上覆地层的静压力；有效压力指的是围压与带系数孔隙压力的差值；差压表示的是最大主应力和最小主应力之间的差值，有时候人们也用它来表示静压力，此时会造成使用上的混乱，因此，一般不建议使用差压来表示围压与孔隙压力的差值；平均有效压力表示的是三个主应力求和后的平均值。因此，研究页岩在不同压力场下的弹性性质时，可以将压力场分为各向同性和各向异性两种。在各向同性压力场下，围压和静压力的概念是经常使用的，而在各向异性压力场下，差压和平均有效压力的概念是经常使用的。

5.3.1.2.1 各向同性压力场的弹性性质

早期人们对页岩弹性性质的研究往往是建立在各向同性压力场条件下的，即在围压条件下，而且没有控制孔隙压力，大多数采用的是利用干岩心进行页岩弹性性质的研究。随着人们对于孔隙压力重要性的认识，开始在试验中控制流体压力，使得测量结果能够更加准确的反映页岩的地下特征。以下讨论页岩的弹性性质时，是在各向同性压力场和控制孔隙压力的条件下进行的，而且在此仅仅进行理论分析和解释，并没有给出相关的实验室测量结果图件，详情可以参考 Jones 和 Wang（1981）以及 Podio 等（1968）。

（1）速度变化规律。

随着围压的增大，v_{pv} 和 v_{ph}、v_{sv} 和 v_{sh} 都在增加，这种现象是很好理解的。由于压力的不断增加，垂直裂缝和水平裂缝都会发生闭合，岩石的孔隙度减小，矿物颗粒之间的接触更加紧密，从而导致速度的增加。但是纵波的增加程度要大于横波，从而说明横波对于围压并不是很敏感。在压力增加过程中，虽然纵横波速度都在增大，但是垂向速度始终会小于水平速度，这充分说明了页岩的 VTI 各向异性特征。

（2）弹性系数变化规律。

从速度的变化规律可以直接推测出页岩弹性系数的变化，C_{11}、C_{33}、C_{44} 和 C_{66} 在增大。C_{11} 和 C_{33} 的增加程度远远大于 C_{44} 和 C_{66}，说明不同的弹性系数对围压变化的敏感性也不同。如果将弹性刚度系数转化为杨氏模量和泊松比，垂向和水平的杨氏模量和泊松比都在增加，说明随着围压的增加，页岩表现出更强的抗压缩性，而横向上的膨胀性也在增强。

（3）各向异性变化规律。

虽然 v_{pv} 和 v_{ph} 都在增加，但是速度差异基本保持不变或者变化较小；弹性系数 C_{11} 和 C_{33} 之间的差异、水平和垂向上的杨氏模量比值也基本保持不变。也就是说，在各向同性压力场下，各向异性参数 ε 和 γ 也基本不变。

（4）页岩湿度的影响。

Podio 等（1968）对于 Green River 的干页岩和湿页岩分别进行了研究，由于流体的存在，湿页岩的体积密度比干页岩的体积密度要大。在相同的围压条件下，湿页岩的纵波速度比干页岩的纵波速度要高，而横波速度比干页岩的要低，无论是纵波速度还是横波速度，随压力的变化程度相比干页岩要明显很多。对于页岩的弹性刚度系数而言，除了 C_{66} 以外，湿页岩的弹性刚度系数都要大于干页岩的弹性刚度系数。对于杨氏模量和泊松比而言，由于流体的存在，杨氏模量（垂向和水平）的值减小，说明页岩的抗压缩能力减小。泊松比（垂向和水平）增加，说明页岩横向的膨胀性增强。总体上说，由于流体的存在，页岩的可塑性增强。

5.3.1.2.2 各向异性压力场的弹性性质

各向异性的压力场能够反映地下真实情况，从而模拟页岩的破碎机理。实验室通过单轴和三轴测试均能够实现各向异性的压力场分布模拟。对于单轴测试而言，可以在任意轴向施加压力，而在其他方向上应力为零，而三轴测试方法在围压的基础上，在某个轴向施加压力，这两种方法都能够实现各向异性的压力场模拟。随着轴向压力增加，压力各向异性增强，施加压力的方向对应最大主应力的方向，由于地下水平方向上肯定存在应力，因此，三轴测试模拟的压力场更加真实，一般采用该方法来研究各向异性压力场下的页岩性质。根据施加应力方向的不同，可以分为垂向压力各向异性和水平压力各向异性，分别对应垂向上的最大应力和水平方向上的最大应力。虽然实际上地下三个主应力一般均不相等，实验室的压力各向异性和真实情况仍然存在差异，但是相比各向同性的压力场要真实很多。需要指出的是，对于含气页岩来讲，它的矿物组分中石英的含量较高，而黏土矿物的含量相对较少，因此，它表现出较强的脆性，相比于其他页岩，它的可塑性和成层性要差很多，而且含气页岩更加容易发育裂缝。这也就会导致在不同压力变化条件下，脆性页岩和塑性页岩的反映存在强烈的差异。这也从另外一个角度强调了研究含气页岩在各向异性压力场下的弹性性质的重要性。

（1）垂向压力各向异性。

在通常情况下，地下应力场表现为垂向压力各向异性，能够代表正常的地质沉积环境。

在研究压力各向异性时，一般固定围压大小，在轴向上施加不同的应力形成不同强度的压力各向异性。随着差压的增加，平行于层理方向的裂缝会首先闭合，而且会诱导裂缝沿最小主应力的方向发育，即垂直于页岩层理方向的裂缝发育。伴随差压继续增加，张性裂缝会向剪切裂缝过渡发展，最终达到较为稳定的状态。在此过程中，岩石颗粒之间的接触会更加紧密，矿物颗粒沿水平方向的定向排列也会更加有规律。因此，v_{pv} 会逐渐增加，而由于垂向裂缝的发育，导致 v_{ph} 会逐渐减小，但是 v_{ph} 仍然会大于 v_{pv}，即页岩的 VTI 各向异性特征没有发生变化，只不过纵波各向异性程度 ε 在减小。同时，v_{sv} 和 v_{sh} 都会降低，而 v_{sv} 减弱相对缓慢，这也意味着横波的各向异性程度 γ 也在减小，但是始终保持 v_{sh} 大于 v_{sv}。与速度的变化相对应，页岩的弹性系数 C_{33} 增加，C_{11}、C_{44} 和 C_{66} 却在减小。Kuila 等（2007）对于垂向压力各向异性下的弹性性质进行了讨论，其实验结果与上述的理论分析相一致。

在研究各向同性压力场时，只存在围压一个单变量，而在研究各向异性压力场时，往往是固定围压，研究不同差压下的弹性性质，这样就多了一个压力变量。为了能够减少变量以便研究，一般采用平均有效压力的概念，既能减少研究压力的个数，也能体现压力的各向异性。在压差为零的条件下，平均有效压力的大小与围压相同。因此，一般研究在不同的平均有效压力条件下，含气页岩的弹性性质的变化规律。Pervukhina 等（2008）对 Officier 盆地的两套页岩进行了垂向各向异性压力场的弹性性质研究，图 5.3.7 反映了弹性参数和速度随平均有效压力的变化规律，从图中可以看出这种变化规律是成段分布的，其中的每一段表示在围压固定不同差压条件下的测量结果，我们上述的理论分析正是针对单独一段来讲的。因此，在进行分析时一定要注意区分横坐标轴，否则会形成错误的理解。在该图中，如果单独分析每一段的变化，与理论分析结果是非常吻合的。但是，从整体上看这种变化规律就截然

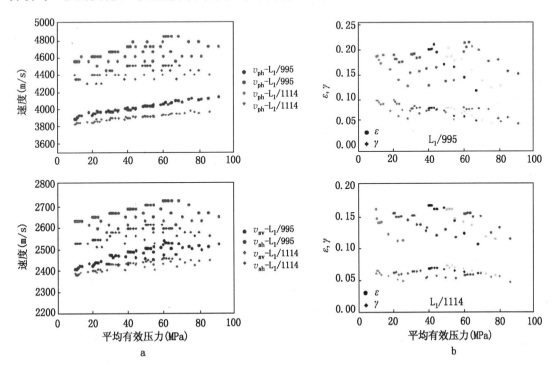

图 5.3.7 Officer 盆地页岩在垂向各向异性压力场下的速度变化规律（a），以及各向异性参数的变化规律（b）（据 Pervukhina 等，2008）

参见书后彩页

不同了。随着平均有效压力的增加，v_{pv} 和 v_{ph}、v_{sv} 和 v_{sh} 都在增加，而且各向异性参数受平均有效压力的影响非常小，受差压的影响比较大，在单独一段曲线内，随着差压的增加，各向异性参数减小非常明显。

（2）水平压力各向异性。

对于水平各向异性压力场，其水平方向上的某个主应力是最大的，而其他两个主应力设为相同。当围压固定时，随着差压的增加，垂直于页岩层理方向的裂缝首先闭合，由于平行于页岩层理方向的裂缝发育在水平方向，也就是对应着最大主应力的方向，在实验过程中，这些裂缝都会始终保持张开，而且可能会发育更多平行页岩层理方向的裂缝。在此过程当中，垂直于页岩层理方向的纵波和横波速度会稍微减小，而平行于层理方向上的纵波速度和横波速度将会增大，这也就意味着弹性系数 C_{33} 和 C_{44} 会减小，C_{11} 和 C_{66} 会增大，同时纵波各向异性参数 ε 会增大，横波各向异性参数 γ 也会增大。Pervukhina 等（2008）对北海地区的页岩进行了水平各向异性压力场的弹性性质研究，如图 5.3.8 所示，体现了页岩的弹性性质随平均有效压力的变化规律。随着平均有效压力增加，垂直和平行于页岩层理的纵横波速度都在增加，而各向异性参数 ε 和 γ 却在减小。Dewhurst 等（2006）对页岩在水平各向异性压力场下的弹性性质变化也进行了较为详细的研究和讨论。

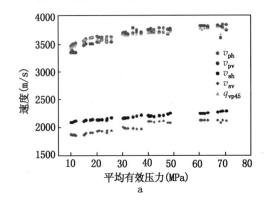 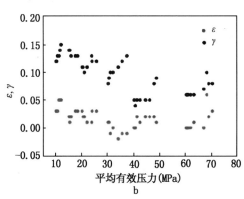

图 5.3.8　北海某页岩岩样在水平各向异性压力场下的弹性性质变化规律（据 Pervukhina 等，2008）

参见书后彩页

（3）压力各向异性的影响。

通过以上各向同性和各向异性压力场下的页岩弹性性质研究可以发现，在不同的压力场作用下，页岩所表现出的弹性性质变化规律的差异是很明显的，通常情况下仅仅研究各向同性压力场下的弹性性质是不够的，因为地下真实的应力场分布并不是各向同性的。在通常情况，利用速度与静压力的线性关系来预测孔隙压力，这种预测方法存在一定的问题，因为静压力表示的是上覆地层压力与孔隙压力的差值，即垂向上的有效压力，在这里并没有考虑水平应力对速度大小的影响。Dewhurst 等（2006）指出，页岩的速度伴随平均有效压力的变化相比于静压力的变化要更加敏感而且具有线性相关性，因此，在孔隙压力预测时，应该尽量利用速度与平均有效压力之间的线性关系。与此同时，通过实验室测量各向同性压力和各向异性压力场下页岩的弹性性质变化规律，能够更好的指导工程作业者对于页岩性质的认识，能够对实际生产中出现的一些问题做出合理的解释。

5.3.1.2.3　页岩的速度频散特征

对于页岩的频散问题，目前研究的比较少。对于孔隙度稍大的页岩，它的频散特征是比较明显的。在 Pierre 地区的页岩，通过 VSP 获得的纵波速度要比声波测井计算的低 6%（White 等，1983），实验室通过超声波测量的页岩速度要比声波测井计算的高很多（Hornby 等，1995），这都在一定程度上说明了页岩存在的速度频散现象。Duranti 等（2005）从不同频率范围和不同尺度出发，采用零频率的微米压痕仪、实验室分频测量方法（0.3～2000Hz）、超声波测量（0.8MHz）、声波测井（8000Hz）和 VSP 资料（0～100Hz），来研究页岩的频散特征，发现有些弹性系数具有明显的频散效应，而有些弹性系数基本上不受频率的影响，而页岩中的速度则表现出比较明显的频散特征，如图 5.3.9a 所示。相对而言，Rituparna 等（2010）通过不同频率范围内的应力应变测量，来研究 Mancos B 页岩的频散特征，结果并没有发现比较明显的弹性系数或者速度的频散效应，如图 5.3.9b 所示。究其原因，主要由于 Mancos B 页岩的孔隙度相对较小，速度的频散现象基本观察不到。

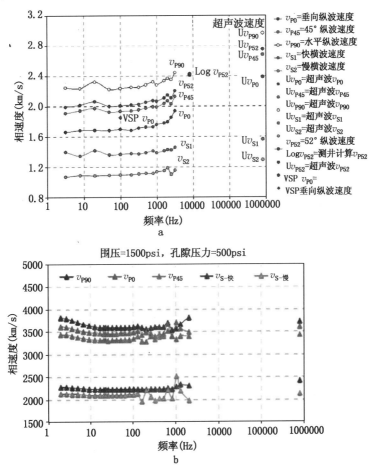

图 5.3.9　West African 页岩的速度频散特征（a）（据 Duranti 等，2005），以及
Mancos B 页岩的速度频散特征（b）（据 Rituparna 等，2010）

参见书后彩页

5.3.1.3　岩石物理建模

岩石物理建模主要是通过研究岩石的微观结构对宏观性质的影响，从而建立两者之间的定量对应关系。将储层的物性参数与它的弹性性质或者速度建立起对应关系是非常关键而且有意义的，通过岩石物理建模能够使测井信息和地震信息得到更加充分的应用，而且对于通

过地震预测储层特征能够起到一定的约束和验证作用。传统的岩石物理建模方法在很大程度上依赖于一些经验公式，例如速度和孔隙度、泥质含量以及其他一些重要参数之间的关系公式，这些经验公式在砂岩储层以及白云岩储层中获得了非常成功的应用。在此基础之上，Xu 和 White（1995）建立了地震波速度同砂岩孔隙度和泥质含量等物性参数之间的关系。但是这些常规的岩石物理方法对于页岩来讲基本上都不适用。

页岩的微观结构比较复杂，影响页岩弹性性质的因素多种多样，复杂的矿物组分（黏土矿物和非黏土矿物）、有机质、黏土颗粒的定向排列以及微裂缝等对页岩弹性性质都会产生影响，而且页岩具有典型的各向异性特征，这都是常规岩石物理建模所没有遇到的难题。另外，与非黏土矿物（石英等）不同，不同的黏土矿物例如高岭石、伊利石等，它们的弹性参数没有固定的参考值，不同文献中使用的弹性参数差异比较大。综合以上因素的影响，建立适用于的页岩岩石物理模型非常有必要。

为了简化页岩复杂的形态和各向异性特征，一般将页岩看作是层状的线性弹性介质、线性的孔隙弹性介质或者是 VTI 介质进行研究，将介质的弹性性质同 Thomsen 参数建立一定的联系。Jakobsen 等（2000）提出了利用等效介质理论来模拟黏土—流体页岩模型的弹性响应特征，在这种模型下，影响页岩弹性各向异性的主要因素是矿物颗粒的形状以及排列方式。Sayers（2005）和 Johansen 等（2004）对页岩的弹性各向异性进行了理论模拟，他们也是假设矿物颗粒的形状和排列方式是引起弹性各向异性的主要原因。但是，要准确获得矿物颗粒的形状和排列方式是比较麻烦的，需要通过扫描电子显微镜成像（SEM）。影响页岩弹性各向异性的还有一个因素，就是微裂缝。对于微裂缝引起的页岩弹性各向异性特征，许多科研工作者也进行了大量的研究（Thomsen，1995；Hudson 等，1996；Hudson 等，2001；Gurevich，2003）。尽管这些岩石物理模型方法能够定性分析页岩弹性性质的变化，但是每种方法的应用有其局限性，没有一种方法能够与多种页岩岩心的实验室测量结果完全吻合。而且，上述的建模思想都没有考虑黏土矿物本身的弹性性质对页岩弹性各向异性的影响，因为相比其他影响因素，黏土矿物的弹性参数没有一个标准参考值，而且页岩黏土矿物的组合方式复杂多变。

随着页岩实验室测量技术的进步，尤其是纳米压痕仪的诞生，使得对于页岩微观结构的认识达到纳米级尺度，从而推动了更加精确的页岩岩石物理模型的建立。Abousleiman（2010）在其文章中将这种先进的岩石物理模型定义为 GeoGenome 模型，在此引用这个说法。Ortega 等（2009）对 GeoGenome 模型的建立进行了详细的描述，并且通过实验室超声脉冲速度测量（UPV）结果进行了对比验证，证实了该方法的有效性。Pervukhina（2008）也利用该岩石物理模型对页岩弹性性质进模拟，并且与 UPV 测量结果进行了对比分析。目前，基于 GeoGenome 建模思想，形成了一套综合利用测井资料来预测页岩的弹性参数的方法，Abousleiman（2010）通过测井资料利用该方法预测了页岩的弹性性质，并且与声波扫描测井和 UPV 测量结果进行了对比分析，三者的结果基本一致，而且利用 GeoGenome 模型能够预测得到声波扫描测井不能够得到的弹性参数。在此，对于 Geogenome 模型的基本建模思路和应用进行简要介绍。

5.3.1.3.1 建模思想

对于页岩弹性性质的模拟大多考虑的是黏土颗粒的定向排列方式和颗粒形状，这种研究的尺度级别大概在微米范围内。在纳米压痕技术的帮助下，能够在纳米级尺度下观察页岩的微观结构，发现在页岩的黏土颗粒中存在一个最基本的单位黏土颗粒，在此称之为各向异性元。该各向异性元具有固定不变的弹性刚度系数，而且不受黏土矿物组分的影响。该各向异性元表示最微观的页岩结构单元，从它出发，利用等效介质理论，逐步将研究尺度放大，从而得到页岩整体表现出的等效弹性刚度系数，进行可以用来研究页岩的杨氏模量、泊松比以及速度等弹性参数。图 5.3.10 表示的是页岩多尺度结构的岩石物理建模思想，以及从中抽象出来的微观介质结构模型，其中级别 Ⅱ 和级别 Ⅲ 的成像结果来自于 SEM，级别 Ⅰ 的成像结果来自透射电子显微镜成像（TEM）。级别 Ⅰ 对应的岩石物理微观机制便是各向异性元，它的尺度达到了纳米级别。下面将从三个不同的尺度介绍 GeoGenome 模型的建模过程。

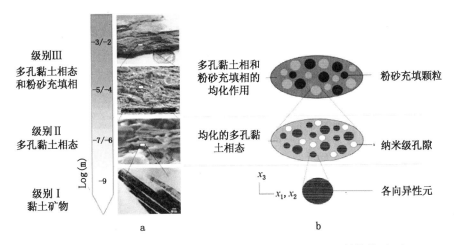

图 5.3.10　页岩的多尺度结构建模思想（a）；抽象的微观结构模型（b）

（据 Ortega 等，2009）

（1）级别 Ⅰ——各向异性元。

实验室利用纳米鉴定方法对不同矿物组分和孔隙度的页岩进行了实验，发现黏土矿物颗粒是决定页岩弹性性质的主要因素，而这些固相黏土颗粒的弹性性质主要由各向异性元决定，它具有固定不变的弹性刚度系数矩阵，用式（5.3.6）来表示。

$$C^s = \begin{bmatrix} C_{11}^s = 44.9 & C_{12}^s = 21.7 & C_{13}^s = 18.1 & 0 & 0 & 0 \\ C_{12}^s = 21.7 & C_{11}^s = 44.9 & C_{13}^s = 18.1 & 0 & 0 & 0 \\ C_{13}^s = 18.1 & C_{13}^s = 18.1 & C_{33}^s = 24.2 & 0 & 0 & 0 \\ 0 & 0 & 0 & 2C_{66}^s = 23.2 & 0 & 0 \\ 0 & 0 & 0 & 0 & 2C_{44}^s = 7.4 & 0 \\ 0 & 0 & 0 & 0 & 0 & 2C_{44}^s = 7.4 \end{bmatrix}$$

（5.3.6）

（2）级别 Ⅱ——孔隙黏土相。

从图 5.3.10 中可以看出，纳米级孔隙和各向异性元构成了级别 Ⅱ 尺度上的微观结构模型，在此将其称为多孔黏土相态。对于级别 Ⅱ 所对应的岩石微观结构，当纳米级孔隙被完全压实时，即当压实密度为 1 时，级别 Ⅱ 所表现出的等效弹性刚度系数与各向异元的完全相同，即完全压实的多孔黏土相态可以由各向异性元完全等效表示。在孔隙没有被完全压实的情况下，以往的研究都是将各向异性归结为由黏土颗粒的定向排列和形状引起的。而经过纳米技术鉴定后，将这两个因素统一整合为一个影响因素，该影响因素就是页岩的压实密度。通过对不同页岩进行的纳米鉴定结果表明，在级别Ⅱ所对应的尺度上，页岩的弹性模量 M 与压实密度基本上呈线性关系，如图 5.3.11 所示。图 5.3.11a 表示的是 Benchmark 页岩 G-03 的纳米鉴定结果，图 5.3.11b 表示的是六个不同地区页岩的测量结果。从图中可以看出，两者具有非常相似的趋势。而且当压实密度为 1 时，它们都对应着相同的弹性模量，也就是各向异性元所表现出的弹性模量。图中的压实密度对应着一个阈值，只有超过这个阈值，多孔黏土相态才能表现出一定的刚性。当压实密度很小时，颗粒的排列基本上是随机无序的，对外界应力的作用表现为消耗，并不表现出抵抗，因而也谈不上刚性，只有超过一定的压实密度才会表现出来，而这个阈值的大小主要受颗粒形状的影响。球形颗粒一般对应着较大的阈值 0.5，其他不规则颗粒对应的阈值会小于 0.5，但是相差不会很大。当压实密度大于某个阈值时，多孔黏土相态表现出的弹性各向异性特征与页岩压实密度具有非常密切的联系。这样可以将研究黏土颗粒的定向排列和颗粒形状两个因素整合为压实密度一个因素。如果不考虑页岩的有机质成分，那么压实密度定义如式（5.3.7），即

$$\eta = \frac{f^c}{1 - f^{inc}} = 1 - \frac{\phi}{1 - f^{inc}} \tag{5.3.7}$$

式中：η 表示压实密度；ϕ 表示总孔隙度；f^c 表示黏土的体积分数；f^{inc} 表示粉砂充填物的体积分数。

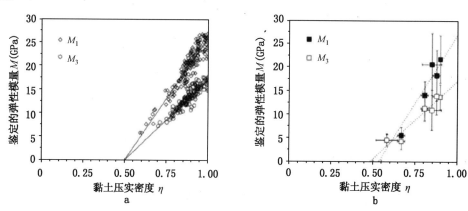

图 5.3.11　多孔黏土相态的弹性模量与黏土压实密度交会图（据 Ortega 等，2009）

通过对多种页岩样品的多孔黏土相态（级别Ⅱ）进行纳米鉴定，都能够得到类似于图 5.3.11 所示的分布特征，从而推动了纳米级岩石物理模型—GeoGenome 模型的建立。多孔黏土相态的弹性响应特征符合经典的各向异性孔隙弹性特征规律。由于多孔黏土相态主要由纳米级孔隙和各向异性元组成，它的弹性刚度系数是两者均化的结果。式（5.3.8）表示的是级别Ⅱ表现出的等效弹性系数矩阵。

$$C^I_{\text{hom}} = \eta C^s : \overline{A}^s \tag{5.3.8}$$

式中：C^I_{hom} 表示的是级别Ⅱ的等效弹性刚度系数矩阵；$\overline{A}^s$ 表示的是四阶应变集中张量。

从式（5.3.8）中可以看出，各向异性元的弹性系数 C^s 处于中心地位，$\overline{A}^s$ 在公式中所起的作用是将固态黏土相和纳米孔隙相的形态特征转化到微观结构，即该项考虑了孔隙和颗粒形状对等效弹性系数的影响。计算 $\overline{A}^s$ 可以采用自相容方法，在此就不再赘述，详情请参考 Zaoui（2002），在此仅仅给出 $\overline{A}^s$ 的计算表达式（5.3.9），即

$$\bar{A}^{s} = (I + P^{SC} : (C^{s} - C^{SC}))^{-1} : \overline{(I + P^{SC} : (C^{s} - C^{SC}))^{-1}}^{-1} \qquad (5.3.9)$$

式中：$I = \frac{1}{2}(\delta_{ik}\delta_{jl} + \delta_{il}\delta_{jk})$；$P^{SC}$ 表示四阶的 Hill 张量；C^{SC} 表示的是等效介质的弹性刚度矩阵，也就是说 $C^{SC} = C_{hom}^{l}$。

图 5.3.12 表示的是级别 Ⅱ 对应的微观结构建模思路，在这个模型中并没有定量讨论由于颗粒的定向排列和颗粒形状的影响，而是建立了一个等效的各向异性模型，该模型的核心是各向异性元，而且假定了球形的接触方式，从而减少由于复杂的颗粒形状引入一些额外的各向异性项。那么对于级别 Ⅱ 所示的微观结构模型，由于沉积史和黏土矿物内在特征所导致的各向异性可以用各向异性元的弹性系数来完全表示，唯一变化的参数是黏土颗粒的压实密度，该密度的大小其实反映的就是页岩的沉积背景。压实密度大，则表示沉积时间较长，因而黏土颗粒的定向排列会更加有规律，表现出的弹性各向异性特征会更加明显。

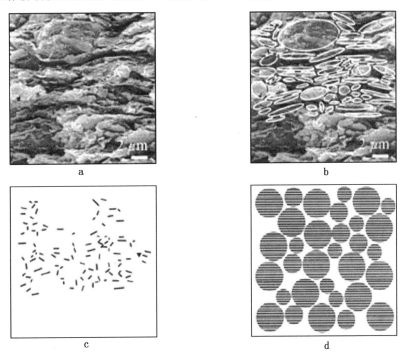

图 5.3.12　Benchmark 页岩 G-03 岩样的 SEM 成像结果（a）；颗粒形状痕迹的
卡通示意图（b）；颗粒接触表面轨迹的卡通示意图（c）；基于球形随机
接触假设建立的微观结构简化模型（d）（据 Ortega 等，2009）

对于级别 Ⅱ 尺度上的微观结构模型，在上述讨论过程中没有考虑有机质的影响。但是对于含气页岩来讲，有机质的大量存在是不争的事实。因为只有具有丰富的有机质含量，才具有可观的天然气储量，才会使得页岩地层具有开采价值。而有机质是影响页岩弹性各向异性特征的重要方面，因此，对于级别 Ⅱ 尺度上的微观结构模型要考虑有机质的影响，要对式（5.3.8）进行一定的修正，使其适用于富含有机质的页岩。通过 SEM 和 TEM 成像观察页岩内部的有机质，能够发现有机质以不同尺寸的聚合物形式存在，尺度在微米甚至亚微米的范围内。考虑到干酪根尺度的大小，将干酪根对页岩弹性性质的影响整合到各向异性元的弹性刚度系数中，即将各向异性元和干酪根看作是一个基本单位，得到均化的弹性刚度系数，在式（5.3.10）中给出。

$$C_{\text{hom}}^s = C^k + (1 - f^k)(C^s - C^k) : \overline{A}^s \qquad (5.3.10)$$

式中：C_{hom}^s 表示由干酪根和各向异性元均化的弹性刚度系数；C^k 表示干酪根的弹性刚度系数；f^k 表示干酪根的相对体积分数，即干酪根体积/（干酪根体积 + 黏土体积）。

对于干酪根本身的弹性刚度系数，在式（5.3.11）中给出，即

$$C^k = 3k^k J + 2g^k K \qquad (5.3.11)$$

式中：$J_{ijkl} = \dfrac{1}{3}(\delta_{ij}\delta_{kl})$；$K = I - J$；$k^k = 6.8\text{GPa}$；$g^k = 3.6\text{GPa}$。

在该模型当中，将干酪根有机质看作是固相，干酪根与各向异性元之间的相互作用也是采用自相容方法计算得到，其计算方法仍然利用式（5.3.9）。此外，模型中仍然假设干酪根是球形分布的。将式（5.3.10）看作是新的等效各向异性元的弹性刚度系数，带入式（5.3.8）可以得到级别Ⅱ尺度上考虑有机质影响后得到的多孔黏土相态的等效弹性刚度系数，如式（5.3.12），即

$$C_{\text{hom}}^I = \eta' C_{\text{hom}}^s : \overline{A}^s \qquad (5.3.12)$$

此时压实密度参数 η' 的表达形式也要进行相应的改变，如式（5.3.13），即

$$\eta' = 1 - \frac{\phi}{1 - f^{inc} - f^k} \qquad (5.3.13)$$

（3）级别Ⅲ——由多孔黏土相态和粉砂充填相态组成。

对于毫米甚至亚毫米尺度上的页岩弹性性质的研究，已经成为描述含气页岩宏观性质的重点内容。在这个尺度范围内，页岩可以看作是多孔黏土相态和粉砂充填相态组成。目前，页岩宏观弹性性质的研究主要依赖于实验室对纵横波速度的测量结果（UPV）。对于级别Ⅲ所对应的模型，其等效的弹性刚度系数是多孔黏土相态和粉砂充填相态的均化结果，利用微观的孔隙弹性力学理论，得到排水条件下级别Ⅲ模型所表现出的等效弹性刚度系数，在式（5.3.14）中给出其表达式，即

$$C_{\text{hom}}^{II} = C_{\text{hom}}^I + f^{inc}(C^{inc} - C_{\text{hom}}^I) : \overline{A}^{inc} \qquad (5.3.14)$$

式中：C_{hom}^{II} 表示级别Ⅲ模型表现出的等效弹性刚度系数；C_{hom}^I 采用的是式（5.3.12）中的表达式；f^{inc} 表示的是粉砂充填相的体积分数；C^{inc} 表示的是粉砂充填相态的弹性刚度系数；$\overline{A}^{inc}$ 表示粉砂相和黏土相之间的相互力学作用。

C^{inc} 的表达式在式（5.3.15）中给出，即

$$C^{inc} = 3k^{inc} J + 2g^{inc} K \qquad (5.3.15)$$

如果假设粉砂充填相的矿物主要是石英，它的体积模量和剪切模量通过查阅参考文献和工具书（Mavko 等，1998），最终确定 $k^{inc} = 37.9\text{GPa}$，$g^{inc} = 44.3\text{GPa}$。

对于不排水情况，要在式（5.3.14）的基础上进行修改，流体密度与孔隙流体压力具有一定的关系，如式（5.3.16）所示，即

$$\rho^{ft} = \rho_0^{ft}\left(1 + \frac{P}{k^{ft}}\right) \qquad (5.3.16)$$

式中：ρ_0^{ft} 表示参考流体密度；k^{ft} 表示流体剪切模量；P 表示孔隙流体压力。

根据式（5.3.16），利用经典的孔隙弹性平衡方程能够得到不排水条件下的等效弹性刚度系数，如式（5.3.17）所示，即

$$C_{\text{hom}}^{II,un} = C_{\text{hom}}^{II} + (MB \otimes B)^{II} \qquad (5.3.17)$$

式中：M^{II} 表示整体 Biot 模量；B^{II} 表示二阶 Biot 系数张量；$\otimes$ 表示张量积。对于 M^{II} 和 B^{II}

具体计算表达式在此就不再给出，请参考 Ortega 等（2009）。

（4）模型思想总结。

通过将页岩分为不同尺度的微观模型，利用微观的孔隙弹性力学理论，模型不断从微观上升到宏观，最终建立了页岩宏观的弹性性质与微观结构之间的关系。从微观向宏观过渡的过程中，起到关键作用的几个表达式分别为式（5.3.6）、（5.3.10）、（5.3.12）、（5.3.14）和（5.3.17）。其中，式（5.3.6）表示的是最微观的结构，代表了各向异性元恒定不变的弹性刚度系数，式（5.3.10）表示纳米级别尺度上有机质和各向异性元的均化作用，式（5.3.12）表示的是微米尺度上多孔黏土相态的弹性刚度系数，式（5.3.14）和式（5.3.17）表示的是毫米尺度上页岩宏观的弹性刚度系数，一个在排水条件下，一个在不排水条件下。在上述公式中，C^s 为固定不变量，C^k 和 C^{inc} 按照式（5.3.11）和式（5.3.15）进行计算得到，在模型中该值一般就固定不变了，$\overline{A}^{inc}$ 和 $\overline{A}^s$ 通过自相容方法也能够得到其理论结果，作为 GeoGenome 模型的输入，并且一般保持不变。

对于 GeoGenome 模型来讲，它具有三个相对独特的参数，也是该模型中的可变参数，需要通过实验室测量或者测井计算提供，分别为 η'、f^{inc} 和 f^k。通过这三个参数来表征不同压实密度的页岩宏观的弹性性质。对于富含有机质的含气页岩来讲，f^{inc} 和 f^k 的计算方法在式（5.3.18）和式（5.3.19）中给出。

$$f^{inc} = (1 - \phi) \frac{\sum_{k=1}^{totalsilt} \frac{m_k}{\rho_k}}{\sum_{k=1}^{totalsilt} \frac{m_k}{\rho_k} + \sum_{i=1}^{total\,ker\,ogen} \frac{m_i}{\rho_i} + \sum_{j=1}^{totalclay} \frac{m_j}{\rho_j}} \tag{5.3.18}$$

$$f^k = \frac{\sum_{i=1}^{total\,ker\,ogen} \frac{m_i}{\rho_i}}{\sum_{i=1}^{total\,ker\,ogen} \frac{m_i}{\rho_i} + \sum_{j=1}^{totalclay} \frac{m_j}{\rho_j}} \tag{5.3.19}$$

因此，利用 GeoGenome 模型进行页岩弹性性质的预测分析，最重要的就是提供这三个输入资料，通过模型能够获得页岩等效的弹性刚度系数矩阵，进而能够计算得到反映页岩弹性性质的一些关键参数。在计算这三个输入参数时，确定页岩的总孔隙度 ϕ、页岩的矿物组分（黏土和非黏土矿物）以及有机质的体积分数是至关重要的，通过测井曲线和实验室测量都能够得到这些参数，为 GeoGenome 模型提供输入，从而也使得测井方法在预测页岩弹性性质方面取得了新的突破。

为了验证该模型的有效性，Ortega 等（2009）利用多地区不同的页岩岩心，从不同的尺度级别上验证了该方法的有效性，通过不同模型预测结果与实验室纳米鉴定结果以及 UPV 测量结果进行对比（图 5.3.13），结果表明模型的预测结果与实验室测量结果基本一致，从而推动了 GeoGenome 模型的应用。

5.3.1.3.2 模型优势和适用条件

GeoGenome 模型主要模拟由于黏土颗粒的定向排列和颗粒形状引起的各向异性，它的优势在于利用压实密度来整合以上两个因素的影响，并且发现了页岩中存在的纳米级尺度的各向异性元。在模型设计过程中，没有考虑由于微裂缝引起的各向异性，该模型适用于等径孔隙或者是硬孔隙，即页岩中的孔隙对压力的敏感性非常小的情况。同时，模型也没有考虑喷射流引起的刚性增强的现象。

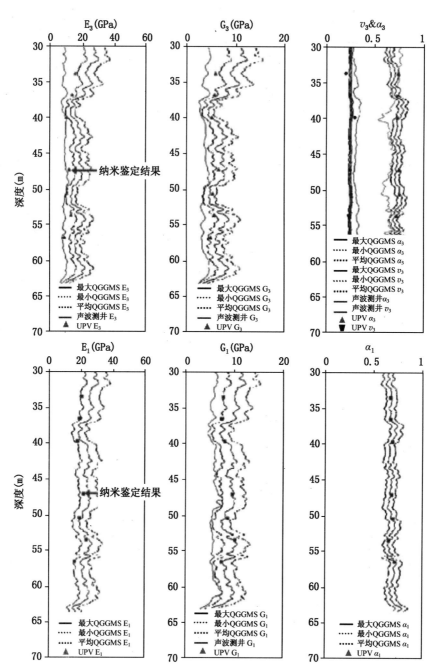

图 5.3.13　GeoGenome 模型预测结果与声波扫描测井预测结果和 UPV 测量结果进行对比

（据 Abousleiman 等，2010）

5.3.1.3.3　模型应用

目前 GeoGenome 模型模拟页岩弹性性质方法得到非常好的应用，尤其是实验室和测井技术方面。目前研究弹性性质比较先进的方法有纳米压痕技术和 UPV 测量技术，通过它们能够提取有关页岩的弹性参数。而测井技术方面，利用声波测井能够计算有关页岩的弹性参数，但是它计算得到的弹性参数不够全面，平行于页岩层理方向上的几个弹性参数是得不到的。而通过 GeoGenome 模型能够计算得到非常全面的页岩弹性参数，因此使得测井方法在反映页岩特征方面的应用取得突破。无论从实验室还是测井方面，都能够提供 GeoGenome 模型所需要的输入参数，对于实验室测量而言，利用 XRD 等方法能够确定页岩的矿物组分，通过碳硫仪和岩石热解能够提供有机质丰度，孔隙度参数通过实验室也能够得到；对于测井方法来讲，通过元素捕获能谱测井（ECS）能够提供精确的矿物组分，通过密度和中子测井能够提供密度和孔隙度参数，同时通过测井曲线也能够计算得到有机质丰度。Abousleiman 等（2010）利用该模型，通过测井资料（ECS、密度测井和中子孔隙度测井）提供输入参数，预测得到反映页岩弹性性质的参数例如杨氏模量、泊松比、剪切模量和 Biot 孔隙压力系数，并且将结果同实验室 UPV 测量和声波扫描测井计算结果进行了对比。图 5.3.13 中红点表示纳米压痕技术鉴定结果，虚线表示模型预测的最大和最小值，主要是为了检验在测井方法提取的孔隙度和矿物组分不够准确的前提下，模型预测结果的误差到底会有多大。通过将模型预测结果同 UPV 测量、声波扫描测井以及纳米鉴定结果进行对比，它们表现出非常高的吻合度。而且通过模型能够预测平行页岩层理方向的杨氏模量 E_1 和孔隙压力系数 α_1。通过该模型拓宽了测井方法在预测页岩弹性性质的应用。

5.3.1.4 地震岩石物理分析

岩石物理建模和岩石物理分析是岩石物理研究的两个重要方面，岩石物理建模是为了模拟介质的弹性性质所提出的一种等效模型，而岩石物理分析则是基于合适的岩石物理模型，分析岩石的微观结构对宏观响应特征的影响。在地球物理领域，地震岩石物理的发展越来越受到重视。对于常规的油气储层而言，重点在于研究岩石的岩性、孔隙大小、孔隙类型、孔隙流体、流体饱和度和频率参数等对岩石弹性性质的影响，从而建立储层物性参数与地震响应特征之间的关系。通过选择优势的地震手段和地震属性，达到有效预测储层信息的目的。

页岩地震岩石物理的核心在于分析微观孔隙、矿物组分和有机质等参数对地球物理响应的影响，这种响应可以是纵横波速度、纵横波波阻抗、纵横波速度比以及各向异性强度等宏观特征。通过分析宏观响应特征的变化，可以帮助选择最优的地震属性，通过地震反演等方法提取这些属性的空间分布，希望达到能够直接预测页岩气储层特征的目的。Zhu 等（2011）对页岩有机质丰度和矿物组分引起的地球物理响应特征的变化进行了研究，其中地球物理响应特征选取了纵波阻抗和纵横波速度比，通过这种定性分析，能够直观的理解有机质和矿物组分对纵波速度以及纵横波速度比的影响。如果从地震资料中能够提取出这些属性参数，就能够反过来直接推测页岩气储层的有机质丰度分布情况。

Zhu 等（2011）根据页岩矿物组分的不同将页岩分成了富含硅质页岩和富含黏土页岩两大类型，划分条件和标准在图 5.3.14 予以说明。在进行岩石物理模拟时做了以下假设条件：（1）对于富含硅质的页岩，TOC 与石英含量成正比，而与黏土含量成反比。对于富含黏土的页岩，TOC 与方解石含量成正比，与黏土和石英矿物成微弱的反比关系；（2）TOC 与孔隙度具有一定的线性关系，其经验公

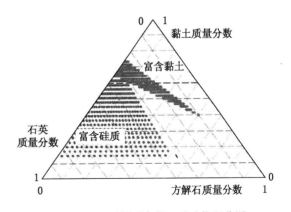

图 5.3.14 不同页岩的三重矿物组分图
（Passey 等，2010）

该图表示的是不同矿物组分的质量分数，散点表示的是不同页岩的矿物组分

式为：$\rho = 0.03 + 0.04 * TOC/TOC_{max}$，其中 $TOC_{max} = 8\%$，表示有机质最大的质量分数；
（3）气体饱和度为 50%；（4）黏土矿物和有机质的体积模量和剪切模量在计算过程中保持不变。利用上述假定的模型参数，运用相关岩石物理模型，能够模拟得到页岩等效的纵波阻抗以及纵横波速度比的变化规律。在此模拟的是等效速度，并没有考虑速度的各向异性。

图 5.3.15 所示是通过岩石物理模拟得到的两种不同种类页岩的等效纵波阻抗和纵横波速度比交会图，从图中能够分析矿物组分和 TOC 的影响。对于富含硅质的页岩（图 5.3.15a），TOC 随着石英含量的增加而增大，当 TOC 达到最大值 8% 时，石英质量分数达到 85%，而黏土和方解石质量分数分别为 15% 和 0%，如图中 b 点位置。由于有机质相比石英和方解石等矿物具有较小的速度和密度，它的存在会降低纵波阻抗。因此，在 TOC 最大值的 b 点，其纵波阻抗会很小。但是，该点对应石英含量的最高值，而且黏土矿物含量也非常少，在一定程度上弥补了部分波阻抗，使得纵波阻抗不会产生剧烈的下降。对于图中 a 点，该点对应于黏土矿物含量最高的位置，由于富含硅质的页岩，TOC 与黏土矿物成反比，因此，a 点对应 TOC 最小的位置。虽然黏土矿物的速度不是很高，但是由于基本上不含有有机质，因此使得该点的纵波阻抗处于中等，比 b 点大而比 c 点小。对于 c 点，该位置处 TOC 相对很小，而且含有非常少的黏土矿物，该点对应的纵波阻抗值最大。对于纵横波速度比，石英矿物的纵横波速度比相比黏土和方解石要小很多，因此，b 点对应纵横波速度比最小的位置，而 a 点对应纵横波速度比最大的位置，c 点的纵横波速度比处于两者之间。从图 5.3.15a 中可以看出，对于富含硅质的页岩，如果利用地震属性来判断页岩有机质是否发育，那么使用纵横波速度比要比纵波阻抗效果好。因为，a 点（有机质最为发育）和 b 点（有机质最不发育）的纵波阻抗差异相对较小，而纵横波速度比差异非常明显，有利于对比分析。

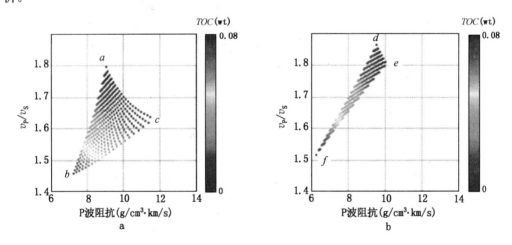

图 5.3.15 富含硅质页岩的 P 波阻抗和 v_P/v_S 交会图（a），以及富含黏土页岩的
P 波阻抗和 v_P/v_S 交会图（b）（据 Zhu 等，2011）
点 a、b、c 分别表示黏土、石英和方解石质量分数最高的位置；点 d、e、f 分别表示
黏土、石英和方解石质量分数最高的位置。参见书后彩页

分析图 5.3.15b 所示的纵波阻抗和纵横波速度比交会结果，对于富含黏土的页岩，TOC 与方解石含量成正比，与石英和黏土具有微弱的反比关系，因此，图中 f 点对应着 TOC 最大的位置，该点处方解石含量最高。与图 5.3.15a 不同，如果通过地震属性区别烃

源页岩和非烃源页岩，纵波阻抗相比纵横波速度比具有一定的优势，因为烃源页岩和非烃源页岩具有更加明显的纵波阻抗差异。由于 f 点对应 TOC 的最大值，也就是烃源页岩的标志，它具有高的方解石含量，而且具有很高的黏土矿物含量，尽管方解石具有较高的纵波速度，但是有机质和黏土矿物的大量存在使得纵波阻抗发生非常明显的降低。对于非烃源页岩的 d 点，它具有较高的纵波阻抗，因此，使得 d 点和 f 点具有非常明显的纵波阻抗差异。对于富含黏土的页岩来讲，由于黏土矿物的含量不会很低，导致整体表现出较高的纵横波速度比，非烃源页岩和烃源页岩的纵横波速度比差异不会太明显。因此，对于图 5.3.15b，纵波阻抗属性是比较理想的地震属性，用来预测页岩地层的有机质丰度。

尽管 Zhu 等（2011）只研究了 TOC 和矿物组分对于纵波阻抗和纵横波速度比的影响，但他同时指出，其他的岩石物理参数，例如孔隙度和孔隙流体等，也会影响页岩的宏观地球物理响应，而且横波阻抗以及速度各向异性强度等地震属性也可以用来预测页岩的储层相关特征。他们还指出，有机质丰度会影响页岩各向异性的强弱，有机质越丰富，页岩的各向异性越强，这可能是由于有机质的定向排列导致的。因此，利用速度各向异性强度也可以用来定性预测页岩的有机质丰度分布。Vanorio 等（2008）在分析统计页岩岩心的基础上，总结建立了有机质的成熟度与页岩速度各向异性强度之间的关系，如图 5.3.16 所示。从图中可以看出，对于非成熟的页岩，各向异性强度较小，而且各向异性对于压力的敏感性也较小。对于过成熟的页岩，各向异性强度也比较小，但各向异性对压力的敏感性却很高。这主要是由于不同成熟度阶段各向异性的主导因素不同。在非成熟阶段，各向异性主要受干酪根定向排列的影响，而在过成熟阶段，则主要受裂缝的影响。对于处于成熟阶段的页岩，无论是早期成熟阶段还是成熟峰值阶段，都具有较高的各向异性强度，成熟峰值阶段相比早期成熟阶段具有更高的各向异性压力敏感性特征。因此，如果能够从地震资料中提取出速度各向异性的强度，并且结合各向异性强度的压力敏感性大小，也能够定性反映页岩成熟度的变化。

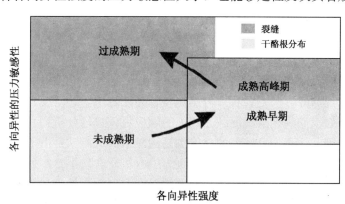

图 5.3.16　各向异性强度与有机质成熟度的关系（据 Vanorio 等，2008）

地震岩石物理与正演模拟技术相结合的思路是比较新颖的。Zhu 等（2011）基于岩石物理建模和地震正演模拟，提出了一套比较完整的页岩气储层预测和识别的方法思路，如图 5.3.17 所示。该综合分析预测的主要思路分为以下几部分：（1）首先从地质模型中提取相关的岩石物理模型；（2）通过岩石物理建模能够获取正演模拟需要的弹性参数，并且能够进行岩石物理分析，优选最敏感的地震属性，为后续储层预测和识别提供理论参考依据；（3）通过正演模拟得到地震响应，从而赋予地震反射同相轴更多的物理意义和地质意义；（4）利用正演模拟得到的地震波场进行波阻抗反演和岩性反演，得到一系列反映储层特征的参数。根据（2）中分析优选的最佳属性，进行储层相关性质的预测和评价；（5）将地震预测的结果与实际地质模型进行对比，可以分析和评价地震属性预测页岩气储层特征的可行性和误差，为实际地震资料的应用提供依据。从图中可以看出，岩石物理建模、地震正演和地震反演是整个研究思路的核心。地震岩石物理和正演技术的结合在页岩气储层预测中能够起到非常重要的作用。

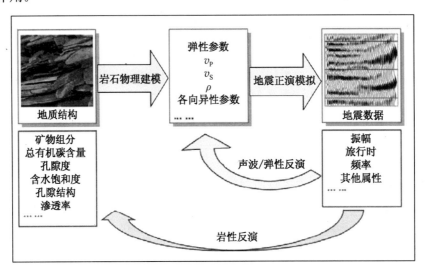

图 5.3.17　综合的预测和识别页岩气储层的研究思路（Zhu 等，2011）

5.3.2　测井技术应用

5.3.2.1　页岩气储层的常规测井曲线响应

由于页岩气与常规气一样，是不导电介质，具有密度小、含氢指数低、传播速度慢等物理特性。因此，含气页岩的测井响应应该不同于非含气页岩，利用页岩气储层在常规测井曲线上的响应特征，通过测井解释资料，不仅可以识别储层，还能够进行地层评价。识别页岩气储层所需要的常规测井方法主要有：自然伽马、井径、中子、密度、声波时差和电阻率测井。以下依次对页岩气储层在常规测井曲线上的响应特征进行分析：

（1）自然伽马测井：页岩气储层的自然伽马值显示高值，这是由于：①页岩中泥质含量较高，泥质含量越高放射性就越强；②含气页岩中有机质含量丰富，通常情况下干酪根形成于一个使铀沉淀的还原环境，从而具有较强的放射性，导致自然伽马值升高。

（2）井径测井：页岩一般表现为扩径，而且有机质含量越高，扩径越明显。

（3）声波时差测井：页岩气储层的声波时差值显示为高值，并伴有周波跳跃现象，这是由于：①页岩气的存在使得声波速度降低，声波时差增大；②声波在有机质中传播的速度较低，含气页岩中含有大量有机质，导致声波时差增大。如果声波时差值偏小，则说明页岩地层中有机质丰度低，经济开采价值不大；③含气页岩内部发育裂缝，遇到裂缝气层会发生周波跳跃现象，或者曲线突然拔高。

（4）中子测井：页岩气储层中子测井显示为高值。中子测井反映的是地层中的含氢量，也就是地层孔隙度。中子测井值升高的原因为：①在页岩气储层中，含气会导致中子密度值减小，但是束缚水会使中子密度值增大，由于页岩中束缚水饱和度要大于含气饱和度，因此，两者综合的效果还是会使页岩气的中子密度值升高；②页岩气储层中有机质的氢含量使得中子密度值升高。

（5）地层密度测井：地层密度显示为低值。地层密度值实际上测量的是地层的电子密度，而电子密度相当于地层体积密度。页岩密度为低值，比砂岩和碳酸岩的地层密度值低，但是比煤层和硬石膏的地层密度值高出很多。对于含气页岩储层来讲，随着有机质和烃类气体含量增加，将会使地层密度值变得更低，如果页岩气储层中发育裂缝，也会使地层密度测井值降低。

（6）岩性密度测井：岩性密度表现为低值。岩性密度测井的 Pe 值可以用来指示岩性，用于识别页岩中的黏土矿物类型。页岩矿物组分的变化，将导致单位体积页岩岩性密度测井值发生变化。

（7）电阻率测井：页岩的深浅电阻率总体低值局部副值。页岩气的电阻率受到很多因素的影响，主要有：①页岩泥质含量高，束缚水饱和度高，而这两者的电阻率都很低；②页岩气储层低孔低渗，使得泥浆滤液侵入范围很小，侵入带影响很小，深浅曲线值非常相近，这反映了页岩气储集层的渗透率值低；③有机质电阻率高，干酪根的电阻率为无限大，含气页岩中有机质丰度高，会进一步导致电阻率测井值升高。

在表 5.3.4 中对页岩气储层的常规测井响应特征进行了总结，图 5.3.18 展示了实际测量的页岩气储层的常规测井曲线，与普通页岩相比，含气页岩具有自然伽马强度高、电阻率大、地层密度低和光电效应低的典型特征。

表 5.3.4　页岩气储层的常规测井响应特征

测井曲线	输出参数	曲 线 特 征	影 响 因 素
自然伽马	自然放射性	高值，局部低值	泥质含量越高，自然伽马值越大，有机质中可能含有高放射性物质
井径	井眼直径	扩径	泥岩地层扩径明显，有机质的存在使得扩径更加严重
声波时差	时差曲线	较高，有周波跳跃现象	有机质丰度高，声波时差大；含气量增加，声波值变大；遇裂缝发生周波跳跃；井径扩大
中子	中子孔隙度	高值	束缚水使孔隙度测量值升高；含气量增加使测量值偏低
地层密度	地层密度	中低值	含气量增加使得密度降低，有机质发育使密度降低，裂缝地层的密度相对偏低，井径扩对地层密度也会产生影响
岩性密度	有效光电吸收截面指数	低值	岩性密度：泥岩＜页岩＜砂岩，烃类、气体引起测量值偏小；裂缝带局部曲线降低
深浅电阻率	深、浅探测电电阻率	总体低值，局部高值；深浅侧向曲线几乎重合	泥质和束缚水均使电阻率降低，有机质干酪根电阻率极大，测量值局部为高值

5.3.2.2　测井评价基本方法

从测井资料中准确分析有关页岩气储层的物性参数和地化参数，在页岩地层评价中占据着非常重要的地位。不同的服务公司都发展了其独特的页岩地层的测井评价方法，这些方法都是在常规测井分析理论的基础上发展得到的。与常规储层预测不同，页岩气储层的关键在于对生烃潜力和力学特征的评价和认识，这就意味着从测井曲线中分析估算页岩的有机质丰度、成熟度、孔隙度、矿物组分和弹性参数成为重点。但是由于页岩的矿物组分非常复杂而

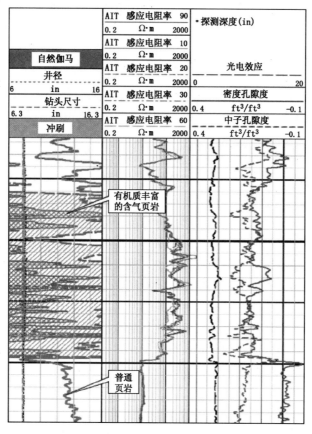

图 5.3.18　页岩气储层的实际测井响应曲线（据 SHELL，2006）

参见书后彩页

且次生矿物发育，使得对页岩储层的认识变得相当困难，矿物组分分析是页岩气储层评价的重点和基础。为了获取这些参数，要充分发挥常规测井和先进测井技术的优势，综合多种测井技术对页岩地层进行全面评价。表 5.3.5 中总结了页岩气储层评价中几种常用的测井方法以及它们的主要用途，在实际页岩气生产中，这些测井技术在地层评价中发挥了重要作用，通过不同的测井技术相结合，最终能够获取有关储层的重要参数信息。

表 5.3.5　地层评价中常用的测井方法及其主要用途

	测 井 方 法	主 要 用 途
常规测井方法	密度测井	测量地层密度、岩性密度和孔隙度
	中子测井	测量地层孔隙度
	声波时差测井	测量孔隙度
	自然伽马测井	测量泥质含量
	电阻率测井	测量地层电阻率
非常规测井方法	元素捕获能谱测井	测量地层的地球化学元素含量
	核磁共振测井	测量孔隙度
	声波扫描测井	估算地层的弹性参数
	地层微电阻率成像	井中裂缝成像分析

通过以上一系列测井方法技术相结合，试图对页岩气储层进行以下评估：（1）估算页岩有机质丰度和成熟度，对页岩地层的产气量进行评估；（2）预测页岩的矿物组分和弹性性质，对页岩的工程开采难易程度进行评估；（3）计算孔隙度、饱和度等物性参数，对页岩储层的储集空间和连通性进行评价；（4）利用成像测井，分析页岩气储层中发育的天然裂缝。如何综合利用多种测井方法进行页岩地层评价，这是石油工作者十分关注的，在此总结了常用的基本分析方法。页岩气储层和常规储层最直接的差异在于它含有丰富的有机质，当计算其他储层参数时一般都要考虑有机质的影响，需要有机质作为已知的输入条件。因此，预测页岩的有机质丰度是基础，将当作重点进行介绍，对于其他储层参数的估算方法简要介绍其方法和思想。

5.3.2.2.1 有机质丰度估算方法

页岩含有丰度的有机质，由于有机质的存在，会使得测井曲线发生相应的变化。正是由于这种差异，才使得利用测井技术预测 TOC 有理论依据。表5.3.6总结了由于存在有机质所导致的常规测井响应特征的变化（Fertl 和 Chinliger，1988；Passey 等，1990）。利用不同的特征差异，就能够得到不同的 TOC 估算方法。有的方法仅仅利用了单方面的特征差异，例如只利用自然伽马强度的差异或者密度差异，而有些方法则利用了多种特征的差异，例如 $\Delta LogR$ 方法。表5.3.7总结了计算 TOC 的几种方法思路，总体来讲，主要是利用了有机质密度低、含有放射性元素、饱含孔隙和电阻率无穷大的特征。

表 5.3.6　有机质导致的页岩气储层测井响应特征的变化（据 Sondergeld 等，2010）

测 井 方 法	测井响应特征的变化
自然伽马测井	由于Ⅱ型干酪根含有丰富的铀，使得自然伽马曲线升高
总伽马强度测井	由于有机质富含大量的铀，使得自然伽马曲线升高
体积密度测井	由于有机质相对页岩骨架具有较低的密度，使得体积密度曲线下降
声波时差测井	由于声波在有机质中的传播速度相对较小，使得声波时差增大
中子测井	有机质存在会使地层孔隙度增加
电阻率测井	由于有机质是非导电物质，使得电阻率曲线升高

表 5.3.7　利用测井曲线计算 TOC 的方法（修改于 Sondergeld 等，2010）

方法名称	方法描述	参考文献
能谱伽马	利用铀含量与 TOC 之间具有的近似线性关系，估算 Appachan Devonian 页岩的 TOC	Fertl 和 Chilinger，1998
伽马强度	通过总伽马强度估算 TOC	Fertl 和 Chilinger，1988
体积密度	通过建立体积密度和 TOC 质量分数之间的经验关系式来估算 TOC	Schmoker，1979
$\Delta LogR$	孔隙度和电阻率重叠法	Passey 等，1990
脉冲中子—能谱伽马	利用脉冲中子矿物和能谱伽马来识别额外的碳含量，从而估算 TOC	Pemper 等，2009
神经网络	利用常规测井曲线来预测 TOC	Rezaee 等，2007
密度—核磁共振—地球化学测井	通过密度和 NMR 测井计算包含有机质在内的页岩骨架密度，通过地球化学测井计算不含有机质的页岩骨架密度，利用两个密度的差异预测 TOC	Jacobi 等，2008

对于表 5.3.7 中所列出的方法，在应用时需要注意很多问题。能谱伽马方法利用了铀和 *TOC* 之间的线性经验关系，对于不同的地区，铀含量和 *TOC* 并不一定具有非常好的对应关系，即使具有对应关系，也不一定是线性关系，但是该方法提供了一种估算 *TOC* 的方法思路，不同的地区可以根据实际情况来判断该方法是否适用。就方法本身而言，它对于含有重铀矿物或重铀黏土的页岩是不适用的，当页岩中含有自生的钙质磷酸盐矿物时（磷灰石等），由于这种矿物富含铀，会导致伽马曲线的升高，使得 *TOC* 预测结果相比真实值偏高，在实际应用之前首先要进行校正，才能获得比较准确的 *TOC*。图 5.3.19 表示在 Barnett 地区利用铀 - *TOC* 的经验线性关系式来分析 *TOC*，由于该地区页岩中富含大量的磷酸盐矿物，使得预测结果偏高，如图 5.3.19a，经过校正后的 *TOC* 预测结果会更加准确，如图 5.3.19b。如果利用体积密度来预测 *TOC*，同样应该考虑矿物组分的影响。因为磷灰石、黄铁矿和菱铁矿等矿物的存在，会使得岩石骨架的密度升高，从而影响 *TOC* 的预测精度，此时也要进行校正。因此，利用密度预测 *TOC* 的方法适用于整个区域矿物组分基本一致的条件，而且孔隙度、流体性质以及有机质密度在区域范围内变化不大。

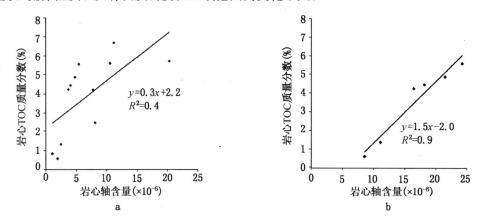

图 5.3.19　Barnett 页岩 *TOC* 质量分数与铀含量的原始经验关系式（a），
以及校正后关系式（b）（据 Jacobi 等，2008）

前面所提到的方法是直接关系法，也是绝对关系法，Passey 等（1990）提出了 ΔLogR 方法，利用孔隙度和电阻率交会分析，从中估算 *TOC*。使用 ΔLogR 方法需要满足以下两个条件：（1）烃源岩或非烃源岩地层中含有相似的黏土矿物或导电矿物（黄铁矿）；（2）对页岩的成熟度有所认识。如果不同地层之间黄铁矿含量的差异比较大，则该方法会过低估算 *TOC*。这是由于黄铁矿是一种导电物质，导致岩石的电阻率降低，使用减弱的 ΔLogR 值所计算的 *TOC* 就会偏小。对于过成熟的页岩，该方法估算的 *TOC* 也会偏低。为了弥补这个缺点，Sondergeld 等（2010）在原始 Passey 经验公式的基础上进行了修改，得到式（5.3.20）。

$$TOC = \Delta logR * 10^{(2.207 - 0.1688 * LOM)} * C \qquad (5.3.20)$$

式中：ΔlogR 表示两条电阻率曲线的幅度差异；*LOM* 表示有机变质作用和成熟度的等级；*C* 表示一个大于 1 的乘法算子。

图 5.3.20 显示的是利用 ΔlogR 方法计算得到的两种 *TOC* 结果，一种是基于原始 Passey 公式得到的，另外一种是基于式（5.3.20））预测得到的。从记录 4 的对比中可以发现，原始 Passey 公式预测的 *TOC* 偏低，而经过修正后的预测结果与实验室测量结果基本一致。

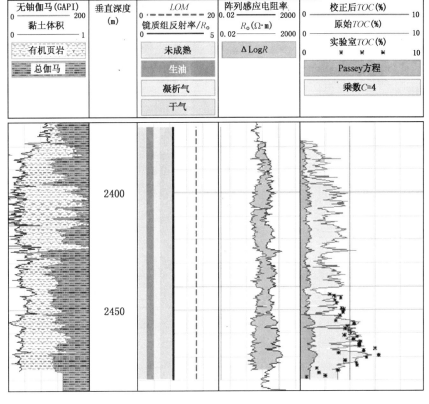

自然伽马—黏土体积	深度	成熟度/LOM	ΔLogR	有机质丰度/TOC

图 5.3.20　利用 Horn River 盆地 Muskw 井资料估算的 TOC 结果（据 Sondergeld 等，2010）
记录 1 表示黏土体积，记录 2 表示成熟度，记录 3 表示 ΔLogR 曲线，
记录 4 表示估算的 TOC 值。参见书后彩页

　　神经网络方法在预测局部特征时具有好的效果，但是在运用该方法时，要求储层内部具有相似的矿物组分和成熟度，不同储层在矿物组分和成熟度上的差异也很小。目前比较新颖的 TOC 计算方法是由 Pemper 等（2009）提出的，他利用脉冲中子矿物测井和伽马能谱测井得到各种地层元素的含量，在建立综合的矿物组分模型时将有机质考虑在内，通过元素分配获得最佳的矿物模型，多余的碳元素分配给干酪根，从而能够估算出 TOC。Jacobi 等（2008）利用两种测量密度的差异来预测 TOC，主要利用了 NMR、密度测井和地球化学测井。通过 NMR 能够获得比较准确的页岩孔隙度，通过密度测井能够得到地层的体积密度，假如孔隙流体的密度已知，那么利用 NMR 和密度测井就能够估算出岩石骨架的密度，此时的密度包含了有机质的影响。通过地球化学测井能够得到页岩的矿物组分，因而可以计算出不包含有机质的岩石骨架密度，两个密度的差异大小就可以衡量 TOC。与此同时，利用地球化学测井同样能够预测 TOC，可以将两种预测结果进行对比。图 5.3.21 显示了利用密度差异方法得到的 TOC 预测结果。记录 3 表示两种岩石骨架密度的差异，差异程度越大，说明页岩的有机质含量越高，此时记录 2 中所对应的地层密度表现为低值，而孔隙度表现为高值，这种现象和表 5.3.6 中的结论是一致的。通过两种密度的差异，能够将其转化为 TOC 质量分数，在记录 4 中以绿颜色表示，其中灰色表示的是利用地球化学测井直接预测的 TOC。如果给定的孔隙流体密度比较准确的话，那么两种方法预测的 TOC 结果应该是基本

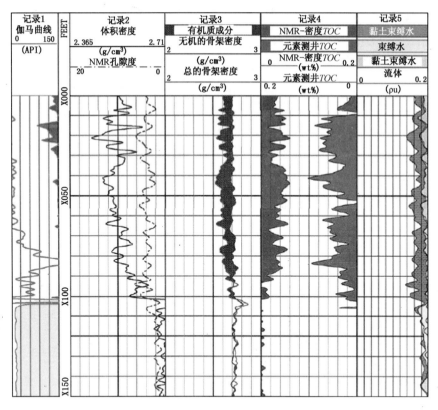

图 5.3.21　利用 Barnett 某井的 NMR 和密度测井资料进行 TOC 预测，并与地球化学
测井预测的 TOC 结果进行对比（据 Jacobi 等，2008）

参见书后彩页

一致的。记录 4 中的绿色区域和灰色区域的形态基本一致，从而说明了该方法预测 TOC 的
可行性。

利用测井曲线同样能够估算页岩的成熟度，Zhao 等（2007）综合利用电阻率测井、中
子测井和密度测井成功预测了 Barnett 地区干酪根的成熟度指数，该方法在 5.2.2.4.3 中已
经进行了详细介绍。

5.3.2.2.2　其他储层参数估算方法

（1）矿物组分估算方法。

页岩具有非常复杂的矿物组分，它不仅影响页岩的弹性性质，而且对有机质含量的预测
也会产生影响，因此矿物组分的预测非常关键。目前比较先进的测井方法为元素捕获能谱测
井（ECS），它能够直接测量地层元素的含量，通过元素分配的方法进行岩石矿物组分建模，
进行综合的矿物组分分析。如果利用常规的测井方法确定页岩的矿物组分，则需要综合多种
测井曲线，并且需要实验室提供矿物组分测量结果作为验证和约束条件。Sondergeld 等
（2010）提出了一种综合分析思路，需要以下输入条件：①XRD 或者 FTIR 确定的实验室矿
物组分；②从校正后的伽马曲线中得到的准确黏土体积分数；③已知的 TOC 体积分数曲
线；④常规的中子测井、体积密度测井、岩性密度测井、声波测井和电阻率测井曲线。将
TOC 作为输入，实验室矿物组分结果作为参考和约束条件，使用概率性的最小二乘方法分
配不同的矿物组分，用以拟合测井曲线，将与测井曲线达到最佳拟合时的矿物组分模型看作

是比较合理的。这种计算矿物组分的方法是比较稳定的，不会出现多解现象，除非所需求解的矿物组分的种类比测井曲线的种类还要多，此时可能需要增加测井数据的种类来消除多解性。

（2）弹性参数估算方法。

常规测井曲线中能够计算岩石弹性参数的方法主要是声波测井，Grieser 和 Bray（2007）以及 Rickman 等（2008）通过测量全波列的声波测井曲线，计算得到 E 和 ν。计算页岩弹性参数的主要目的是用于划分页岩的脆性程度。根据不同的 E 和 ν 组合可以用来将页岩划分为脆性页岩和塑性页岩。若页岩的 $E<34.5\mathrm{MPa}$ 且 $\nu<0.25$，则一般被认为页岩是脆性的。页岩的脆性与岩石的矿物组分也是密切相关的，通过矿物组分也能间接反映页岩脆性的大小。Barnett 脆性最高的页岩富含大量的石英矿物，而脆性最低的页岩富含大量的黏土矿物，对于富含碳酸盐矿物的页岩来讲，其脆性一般。所以根据石英、碳酸盐和黏土矿物的比例，可以定义页岩的脆性指数：脆性指数（％）＝石英／（石英＋碳酸岩＋黏土）。通过实际应用对比可以发现，两种预测标准得到的页岩脆性程度基本一致。

（3）孔隙度估算方法。

从测井曲线中准确估算孔隙度，对页岩地层评价的储集能力评价非常重要。常规的密度、中子和声波时差测井是计算岩石孔隙度的基础方法，但是由于复杂的矿物组分、干酪根和微米至纳米级的孔隙结构，给孔隙度计算方法带来了挑战，但是利用常规测井方法计算孔隙度的思想仍然在页岩气工业生产中起着重要作用，它是其他综合方法的基础。下面以常规的密度测井为基础，介绍利用它计算孔隙度的基本思想，该方法思路在如今页岩气勘探开发比较活跃的地区仍然常常被用到。

利用密度测井合理估算孔隙度的方法，首先应该考虑所有影响岩石密度的因素，然后建立起孔隙度和密度的关系。对于页岩来讲，比较全面反映总孔隙度（ϕ_T）、总有机质体积分数（TOC）和不同组分密度之间的关系在式（5.3.21）中给出。

$$\rho_b = \rho_g \phi_T (1 - S_{wT}) + \rho_w \phi_T S_{wT} + \rho_m (1 - \phi_T - TOC) + \rho_{TOC} TOC \qquad (5.3.21)$$

式中：ρ_b 表示密度测井得到的地层体积密度，$\mathrm{g/cm^3}$；ρ_g 表示气体密度，$\mathrm{g/cm^3}$；ρ_w 表示地层水密度，$\mathrm{g/cm^3}$；ρ_m 表示岩石骨架颗粒密度，$\mathrm{g/cm^3}$；ρ_{TOC} 表示有机质密度，$\mathrm{g/cm^3}$；S_{wT} 表示总含水饱和度，dec；TOC 表示利用测井曲线计算得到的有机质体积分数。

如果使用式（5.3.21）来计算孔隙度，需要测井资料提供 TOC 体积分数。通过测井方法得到的有机质丰度一般都是质量分数，Spears 和 Jackson（2009）以及 Herron 和 Len-Tendre（1990）提出了 TOC 质量分数和体积分数之间的换算关系式（5.3.22），即

$$TOC = \frac{w_{TOC}}{\rho_{TOC}} \rho_b \qquad (5.3.22)$$

式中：w_{TOC} 表示测井计算的有机质质量分数。

如果使用实验室测量的 TOC 质量分数，仍然按照式（5.3.22）进行转化，那么式中的 ρ_b 要进行修正，因为通过测井计算得到的地层密度包括了孔隙流体的影响，而实验室测量的地层密度不包括流体的影响，经过修正后，得到式（5.3.23），即

$$TOC = \frac{w_{TOCL}}{\rho_{TOC}} (\rho_b - \phi_T \rho_{fl}) \qquad (5.3.23)$$

式中：w_{TOCL} 表示实验室测量的有机质质量分数；ρ_{fl} 表示复合流体（水＋气）部分对地层体积密度的贡献，ρ_{fl} 的具体表达式在式（5.3.24）中给出。

$$\rho_{fl} = \rho_g (1 - S_{wT}) + \rho_w S_{wT} \qquad (5.3.24)$$

结合式（5.3.21）、（5.3.23）和（5.3.24），能够计算得到 ϕ_T，其结果为式（5.3.25），该结果是利用实验室测量的有机质质量分数得到的。如果利用测井计算得到的有机质质量分数，结合式（5.3.21）和（5.3.22），得到式（5.3.26）所示的结果。

$$\phi_T = \frac{\rho_m - \rho_b \left(\rho_m \dfrac{w_{TOCL}}{\rho_{TOC}} - w_{TOCL} + 1 \right)}{\rho_m - \rho_{fl} + w_{TOCL}\rho_{fl} \left(1 - \dfrac{\rho_m}{\rho_{TOC}} \right)} \qquad (5.3.25)$$

$$\phi_T = \frac{\rho_m - \rho_b \left(\rho_m \dfrac{w_{TOC}}{\rho_{TOC}} - w_{TOC} + 1 \right)}{\rho_m - \rho_{fl}} \qquad (5.3.26)$$

利用中子测井和声波时差测井也需要考虑有机质的影响，得到相应的孔隙度计算公式。虽然常规孔隙度测井能够考虑有机质存在的影响，但是对于矿物组分的剧烈变化无能为力。由于矿物组分的剧烈变化，使得地层密度和岩性密度都会发生变化，从而导致常规中子孔隙度、密度孔隙度和声波孔隙度的计算结果非常不稳定。目前对于致密地层孔隙度测量非常有效的测井方法为核磁共振测井（NMR），该方法不受矿物组分变化的影响，也不受有机质成分的影响，能够直接测量孔隙中流体的氢含量，能够消除常规孔隙度测井方法的许多缺陷。NMR 能够适应储层的横向变化，而且它测量得到的孔隙度结果不受流体体积误差的影响。图 5.3.22 表示的是 Barnett 某井测量得到的孔隙度结果，从图中可以看出，中子测井计算得到的孔隙度基本上都大于 10%，而 NMR 测量得到的孔隙度在 4%～6% 左右，实验室测量的孔隙度结果与 NMR 结果基本吻合，说明中子测井得到的孔隙度往往比真实值要大，从而说明 NMR 在测量致密地层孔隙度上的优势。在 X100 以下，三条测井曲线基本重合，原因是该处为石灰岩地层。

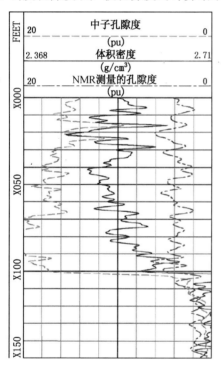

图 5.3.22　Barnett 某井的 NMR 孔隙度、中子孔隙度和密度测井曲线
（据 Jacobi 等，2008）

5.3.2.3　Barnett 页岩的测井综合评价实例

Barnett 页岩的勘探开发技术已非常成熟，许多新兴的页岩勘探区在一定程度上都借鉴了 Barnett 页岩的成功开发经验。由于 Barnett 页岩储层岩相变化比较复杂，使得储层的地质力学特征以及其他物理性质在横向上变化比较剧烈。在进行地层改造之前，要对页岩地层进行综合评价。为了能够准确分析 Barnett 页岩的有机质丰度、矿物组分、孔隙度和力学特征，Jacobi 等（2008）在综合利用多种测井方法的基础上，提出了比较完整的地层评价思路，称其为地层评价专家系统，用来描述页岩储层内部的各种特征，最终确定比较有利的开采目的层段。尽管该研究思路是针对 Barnett 页岩，但是其基本思想值得学习和借鉴。综合评价过程中，使用的测井方法主要有密度、中子、声波、核磁共振、电阻率成像测井和地球化学测井，能

够反映页岩气储层的岩相和矿物组成、有机质丰度和成熟度、孔隙度和饱和度以及原始裂缝的发育程度，将这些参数输入到专家分析系统中，对地层作出评价和分类。

在进行测井综合分析之前，Jacobi等（2008）首先利用钍铀比，对Fortworth盆地的沉积演化史进行分析。图5.3.23表示的是Barnett页岩下段地层的铀含量和钍铀比交会图，从图中能够分析出不同深度上的地层当时所处的沉积环境是海退还是海进，同时能够反映出沉积过程中海平面上升和下降的情况，从而可以进行宏观沉积层序的划分。沉积层序的划分有助于分析和理解不同深度上地层岩相的变化，使得测井综合评价结果具有合理的地质含义。

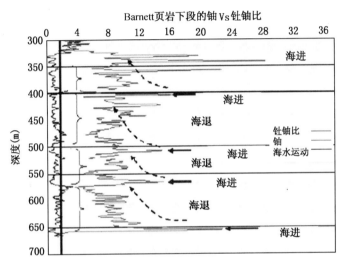

图5.3.23　Barnett页岩下段的铀和钍铀比交会结果（据Jacobi等，2008）

5.3.2.3.1　综合评价整体研究思路

Barnett地区使用的地球化学测井方法主要有地层岩性勘探测井（FLEX[sm]）和能谱测井II（SLII[sm]），它们能够提供地层中硅、钙、铁、钛、钆、氯、镁、铝和碳元素的含量，而且能够探测具有自然放射性的钾、铀和钍元素的含量（Pemper等，2006）。利用这些地球化学元素数据，能够比较全面的分析页岩的矿物组分，包括石英、钾长石、斜长石、方解石、白云石、菱铁矿、黄铁矿、石膏、蒙脱石、伊利石、绿泥石、高岭石、海绿石和磷灰石等矿物组分，同时也能估算有机碳含量。将钍、铀、钙、碳和硅元素的含量作为输入，同时输入计算得到的方解石、白云石和黄铁矿的矿物组分，结合地层层序的划分结果，通过专家系统进行判别分析，将Barnett页岩划分成许多不同的岩相。对于岩相的划分标准和思路，在图5.3.24中给出，它也就代表了专业综合分析系统的基本思想。从图中可以看出，主要的岩相包括有机质丰富的页岩（黑色页岩）、非硅质的有机质丰富页岩（无硅质黑色页岩）、低有机质丰度页岩、硅质泥岩、钙质泥岩、富含磷酸盐泥岩、富含磷酸盐区域和富含黄铁矿区域。

低有机质丰度页岩和非硅质有机质丰富页岩在Barnett地区基本不发育，从烃源岩潜力和弹性性质来讲，它们也都不属于优质的页岩类型。富含磷酸盐、富含黄铁矿和钙质泥岩，均被认为是没有工业开采价值的岩相类型，而且还可能会消耗压裂过程中的能量，使得压裂效果变差，因此，在压裂过程中要尽量避开这些岩相区域。富含硅质的泥岩在Barnett地区发育规模最大，它的沉积主要受到逐渐下降的海平面的控制。由于该类岩相含有非常高的硅

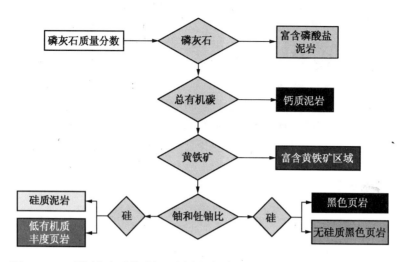

图 5.3.24　利用专家系统进行不同岩相划分的简要思路流程（Barnett 页岩）

（据 Jacobi 等，2008）

参见书后彩页

质矿物，对工程压裂是非常有利的。而且它能够大量捕获在压裂过程中从有机质丰富页岩中解析出来的页岩气体，因此，这种岩性被认为是 Barnett 地区优质的页岩类型。有机质丰富页岩在 Barnett 地区发育规模也比较大，该类岩相富含有机质，从烃源岩潜力来讲是比较优质的岩相类型，但是与硅质泥岩相比，它含有的硅质矿物相对较少，对工程压裂不是十分有利。综合考虑之下，选择富含硅质泥岩作为优势岩相。

利用地球化学测井进行不同岩相的划分是综合评价的第一步，它仅仅考虑了页岩的矿物组分和有机质丰度，下一步工作就是对这些岩相进行综合评价，判断哪些岩相是最佳的工程压裂对象，哪些岩相对工程压裂会产生危害。其中需要主要考虑页岩的孔隙度、岩石力学特征和有机质含量。利用密度测井和 NMR 测井曲线，能够计算得到地层密度和岩石孔隙度参数，通过声波测井和矿物组分数据，能够计算有关页岩的弹性参数：杨氏模量、泊松比和可压缩强度（UCS），通过地球化学测井能够计算得到 TOC，计算方法为式（5.3.27），即

$$TOC = C_{total} - C_{alcite} - C_{dolomite} - C_{siderite} \tag{5.3.27}$$

式中：C_{total} 表示经过元素测井得到的总碳含量；C_{alcite}、$C_{dolomite}$、$C_{siderite}$ 分别表示方解石、白云石和菱铁矿中的碳含量。

综合使用测井资料提取的多种岩石性质参数，最终判断最优的工程压裂区域。判别标准和思路如图 5.3.25 所示，从图中可以看出，对于硅质泥岩来讲，只有当其 UCS 值小于某个临界值范围内并且 TOC 大于某个临界值时，才能将其看作是工程压裂的优选区域。而对于钙质页岩，当其 UCS 大于某个临界值范围而且 TOC 小于某个临界值时，将其看作是影响工程压裂效果的区域，因为它们将消耗压裂过程中的能量，在工程压裂过程中要尽量避开这些区域。

通过专家系统的综合分析，最终目的是划定最佳的有利压裂区域。为了能够增强这种预测的稳定性和可靠性，可以使用成像测井资料进行综合对比验证，从而提高工程开采的有效性。

5.3.2.3.2　地层综合评价结果

根据上述专家系统的分析研究思路，利用 Barnett 地区的井资料，可以对页岩地层进行综合评价，确定最佳的压裂层段。Jacobi 等（2008）利用 Barnett 地区的三口井资料进行了

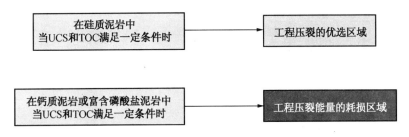

| 在硅质泥岩中
当UCS和TOC满足一定条件时 | → | 工程压裂的优选区域 |
| 在钙质泥岩或富含磷酸盐泥岩中
当UCS和TOC满足一定条件时 | → | 工程压裂能量的耗损区域 |

图 5.3.25　工程压裂优选区的判别标准（据 Jacobi 等，2008）

参见书后彩页

综合评价分析，需要的输入数据和专家系统的综合分析结果在图 5.3.27 中予以展示，在此仅给出♯1 的综合分析结果。图 5.3.26 表示的是所有输入测井曲线的道头和输出结果代表的地质含义。从左到右分别表示：（1）伽马曲线（绿色）、井径（红色）和自然电位（黑色虚线）；（2）深度；（3）电阻率；（4）体积密度（蓝色）、中子孔隙度（红色）和光电吸收截面指数（粉红色）；（5）钾元素质量分数（wt%）（红色）和钍元素含量（ppm）（蓝色）；（6）硅元素质量分数（wt%）（黄色）和钙元素质量分数（wt%）（浅蓝色）；（7）镁元素质量分数（wt%）（深蓝色）和铁元素质量分数（wt%）（棕色）；（8）铝元素质量分数（wt%）（灰色）和硫元素质量分数（wt%）（粉红色）；（9）碳元素质量分数（wt%）（绿色）和钛元素质量分数（wt%）（品红色）；（10）UCS（MPa）；（11）TOC 质量分数（wt%）；（12）铀

图 5.3.26　与图 5.3.27 相对应的测井曲线的道头信息（修改于 Jacobi 等，2008）

参见书后彩页

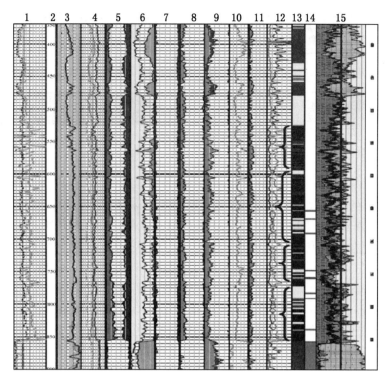

图 5.3.27　♯1 的测井综合评价结果（修改于 Jacobi 等，2008）

参见书后彩页

含量（ppm）和钍/铀（蓝色）；（13）岩相分类（颜色和图 5.3.24 相对应）；（14）地层压力效果（颜色和图 5.3.25 相对应）；（15）矿物组分的质量分数（wt%）。

通过专家系统分析，能够很好的描述页岩气储层复杂的特征，从而提供一个优选方案，以供开发设计参考。从第 15 个记录中可以看出 Barnett 页岩复杂的矿物组分。其中，伊利石（深灰色）质量分数从 20%～30%，蒙脱石（浅灰色）质量分数从 2%～5%，石英（黄色）质量分数从 40%～60%，同时也含有不同质量分数的黏土矿物和碳酸盐岩矿物。同时，也含有斜长石（红色交叉线）、钾长石（绿色交叉线）和少量的黄铁矿（红色）、菱铁矿（橘黄色）和磷灰石（浅绿色）等矿物组分，而且这些矿物的含量在不断变化。有机质也作为岩石骨架在记录 15 中给出了它的质量分数，所有这些矿物组分和 TOC 含量均是通过地层元素含量（记录 5～记录 9），通过元素分配的方法进行岩石矿物组分建模计算得到的。

从记录 13 中可以发现，♯1 含有三种主要的岩相类型：硅质泥岩（黄色）、有机质丰富页岩（黑色）和钙质页岩（蓝色）。从记录 10 中的铀含量和钍铀比的变化关系，并且结合岩相的变化规律，可以发现 Barnett 页岩下段存在四个主要的沉积层序，在图 5.3.27 的记录 13 中用黑色的大括号标出。沉积层序的开端对应于铀含量的尖脉冲峰值和钍铀比降低到最低点，随后铀含量逐渐降低而钍铀比逐渐升高。第二个沉积旋回又始于铀含量的尖脉冲峰值和钍铀比降低到最低点，反复存在四个主要的沉积旋回。在每一个沉积旋回开端，都沉积了大量的有机质丰富页岩（黑色），然后硅质泥岩和有机质丰富页岩交替沉积。

在分析 Barnett 地层岩相变化的同时，也要进行最佳有利压裂区域的预测。记录 14 表示不同深度上地层进行工程压裂的效果，其中绿色表示最佳的压裂层段，而红色表示最差的压裂层段。从记录 14 可以看出，尽管硅质泥岩在 Barnett 地区大量发育，但是能够成为优选的工程压裂区域的数量和体积并不是很大，说明这些硅质泥岩没有达到 UCS 或者 TOC 含量应该满足的标准。对于优选的硅质泥岩，它应该具有较小的 UCS 值和较大的 TOC 含量（3%～5%），由于要综合考虑这两个因素，使得很多岩相并不能够成为优质的压裂区域。对于有机质丰富的页岩（黑色），它同样占据了较大的体积，但是由于含有的硅质相对较少，不如硅质泥岩的脆性程度高，使得压裂产生的裂缝发育密度会相对降低，而且裂缝发育的距离也不会很远，从而会影响页岩气的开采量。通过综合评价分析，能够得到垂向上有利压裂层段的分布位置，为工程开采方案的制定提供一定的参考依据。

5.3.2.4 随钻测井应用

对于垂直井，许多工程作业者往往倾向于使用大量的测井信息进行地层评价，典型的测井方案包括四联测井（伽马测井、电阻率测井、密度测井、中子孔隙度和声波测井）、方位井孔成像测井和能谱测井。在某些情况下，还会将核磁共振和岩心测量信息结合起来使用，用来认识储层岩石物理特征和力学性质。随着技术的进步，越来越多的页岩气生产者开始钻水平井，以期达到通过增加储层接触面积来提高单井产量的目的。对于水平井而言，电缆测井需要耗费大量的成本和时间，而且技术实现也比较困难。因此，通常只能利用垂直井的测井数据描述非常窄的水平范围内的储层特征。而且，对于页岩气的开发而言，通常的误解是不管井布置在地下构造的哪个位置，只要水力压裂能够将井和储层连通，就能够获得页岩气的高产。因此，许多工程作业者认为，仅仅采用简单的伽马测井来指引水平井钻井轨迹是足够而且划算的。然而，开发实践表明，储层的非均质性使得不同的水平井的页岩气产能存在很大的差异，这就需要对储层的横向分布特征有进一步深入的认识。而且，通过伽马测井引导钻井轨迹会产生很大的误差，使得地质模型的建立相对不够准确。

为了能够更加精确描述储层横向分布特征并且高精度的指引水平井钻井轨迹，水平井随钻测井（LWD）技术发挥了重要作用。随着技术的发展，大部分的电缆传输测量在随钻测井中都可以实现，获得大量有用的储层评价信息，并且能够确定最佳的钻井轨迹，降低钻井风险和井眼不稳定问题，提高钻井速率（ROP），构造解释优化更新，提高完井质量。基于垂直井储层评价的思想，最佳的水平测井组合包括四联测井、斯通利慢度测井、方位井孔成像测井、井径和能谱测井。由于随钻测井能够提供较高的遥测速率，保证了关键性的测量信息能够在钻井的同时被传送出来，以便进行实时的解释和监控，高精度的引导水平钻井的轨迹，同时，通过及时测量的测井信息对目标层段进行更加精细可靠的描述，用以定位储层中最佳的"甜点"区域，优化完井设计，全面提高储层的采收率。

5.3.2.4.1 钻井轨迹定位

当垂直井的井底钻具组合穿过地层时，通过伽马测井可以提供简单的相关性分析，然而，当平行于地层层理面进行钻井时，构造的解释就变得非常复杂，在这种情况下使用无方位的伽马测井资料进行相关分析得不到唯一的地质模型。伽马测井结果的微小变化可能就会导致钻井向上或向下穿过地层，然而这种微小变化可能仅仅是由于检测到了相邻平行薄层内的放射性而已。因此，在这种情况下，即使对于一个有经验的地质学家，想要做出正确的构造解释也是很不现实的。

例如，图 5.3.28 显示了使用伽马测井相关分析得到的两种可能的构造解释结果，模型 1 被解释为有 95% 的横向面积位于目标区域内，而模型 2 则只有 15%。实际生产中是按照模型 1 的解释结果进行钻井轨迹控制的。然而后期实践证明，这口水平井的压裂措施是失败的，通过下套管后的测井资料证实，模型 2 的解释结果是正确的。通过这个实例可以看出，仅仅使用伽马测井引导钻井轨迹会产生两种截然不同的解释结果，而错误的解释结果付出的代价是非常惨重的。

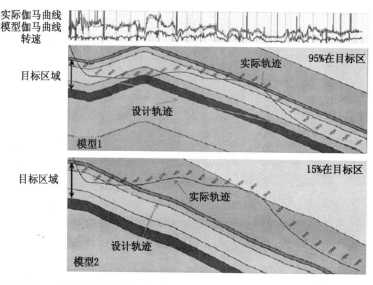

图 5.3.28　通过伽马测井互相关分析得到两种不同的构造解释结果模型

(据 Han 等，2010)

参见书后彩页

通过 LWD 记录的多种测井资料，可以得到更加精确的钻井轨迹导向方法。由于页岩具有非常好的成层性，使得井孔成像成为非常理想的地质导向工具。在水平井钻井过程中，薄互层之间的强烈差异比较容易识别和解释。井孔成像不仅可以揭示地质特征，还可以用于地层倾角信息的提取，用来验证构造解释模型的准确性，通过井孔成像，能够将钻井轨迹的误差控制在非常小的范围内，使其尽量钻遇储层内的"甜点"位置，如图 5.3.29 所示。

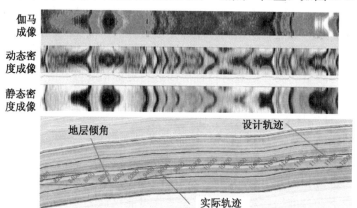

图 5.3.29　通过实时的密度测井和伽马成像测井识别具有强烈

差异的薄互层（修改于 Han 等，2010)

静态密度测井在整个井中使用相同的色标，而动态密度测井随着深度增加会调整色标，以便更好地显示层间差异。通过密度成像可以提取地层倾角信息来验证地质模型的有效性。

短的绿色线表示的是解释的地层倾角，红线表示的是实际钻井轨迹。参见书后彩页

5.3.2.4.2 储层横向特征评价

（1）实时岩石物理特征描述。

随钻测井具有非常高的实时数据传输速率和先进的数据压缩能力，在钻井的同时能够将测量的信息传递到地面进行处理分析，从而可以对储层的横向特征进行描述，进行实时岩石物理特征评价。在图 5.3.30 中，主要显示了钻井过程中测量的测井曲线，并且得到了一些初步的储层特征分析结果，在图中可以看出，该水平井纵向上的跨度还是比较大的，不同的深度值代表了横向上的位置，通过分析不同深度值上的页岩储层特征，能够比较稳定的评价储层特征的横向变化规律，这种实时解释结果有助于改进水平钻井的实施方案，保证水平井尽最大可能钻遇储层的甜点区域。

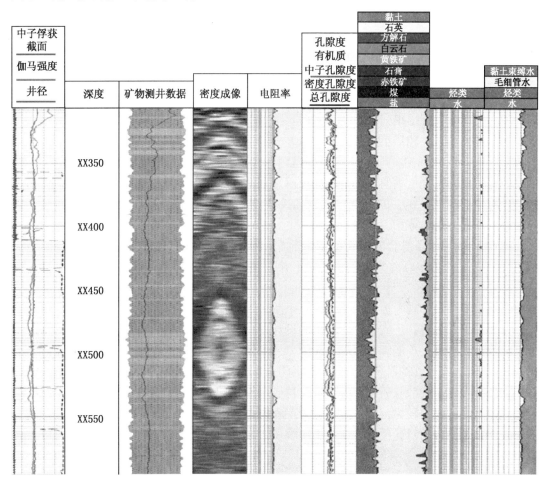

图 5.3.30　LWD 实时岩石物理分析描述储层横向特征的变化（据 Han 等，2010）

从左到右分别为：（1）井径、伽马和中子俘获测井曲线；（2）深度；（3）用不同颜色显示的矿物组分
随页岩体积的变化；（4）井孔的全方位密度成像；（5）电阻率测井；（6）孔隙度测井；（7）不同
深度上的矿物组分；（8）储层的横向有机质丰度；（9）流体信息。参见书后彩页

（2）裂缝识别。

在 LWD 中，通过井孔成像能够更加精确的定位储层内部的裂缝，对后续的工程压裂非常有益。常用的裂缝检测方法一般为高分辨率的电阻率井孔成像，可以清楚观察到裂缝的发育，天然裂缝、由钻井导致的裂缝或井孔破裂产生的裂缝均能够被识别出来，结合其他的岩

石物理数据，可以进行综合定量的裂缝分析，用以计算裂缝密度、裂缝长度和裂缝开度（Lei 等，2007）。由于受到泥浆的影响，要获得高分辨率的侧向电阻率成像是非常困难的。在油基泥浆基环境中，可以使用的井孔成像一般限制为密度和伽马成像。尽管这些成像结果的分辨率相比电阻率成像的要低，但在高角度井中，也能检测出比较薄的薄互层，这主要是因为当井的倾斜度增加时，裂缝在薄层中的暴露部分就会被放大，这有助于使用较低垂直分辨率的成像工具探测较小的裂缝。

由于斯通利波对张开裂缝具有较高的敏感性，利用斯通利测井是进行裂缝探测和描述的又一种方法。通过建立 Tezuka 模型和波场分离，能够识别下行的裂缝反射同相轴对井孔的影响。通过与成像测井识别的裂缝做对比，可以区别闭合和张开的裂缝系统，这对于工程压裂也是非常重要的，因为闭合裂缝常常是水力压裂的优选目标，而张开裂缝会消耗部分压裂的能量。

（3）应力场分析。

通过声波测井能够得到纵波和横波慢度，它们目前最重要的用途是被用来分析地下应力场。在均匀各向同性介质中，通常使用 2D 的孔隙弹性应力方程来进行压力场分析。但是对于页岩，它本身表现出很强的 VTI 各向异性特征，当井穿过页岩地层时会产生大角度裂缝，使得水平方向的最大和最小主应力之间的差异增加，此时，页岩通常表现为 VTI 和 HTI 性质共存。无论是 HTI 还是 TTI，都需要运用各向异性条件下的孔隙应力方程进行压力场分析，因此需要同时测量垂向和水平的杨氏模量和泊松比作为输入。通过随钻声波测井资料，能够计算储层横向上相关的力学参数如杨氏模量、泊松比、无围压下的抗压强度（UCS）、应力梯度和应力走向等。

图 5.3.31 显示了综合的储层横向特征描述结果，主要包括了储层的岩石物理特征和力学特征，从图中记录 11 中可以看出，水平井钻井过程中在横向上穿越了多组薄互层，而且这些薄互层在深度上的变化规律与应力场的变化非常吻合。通过分析储层横向上的最小压力分布情况，能够更好判断多期压裂分为几个阶段，每个阶段的起始位置如何确定，当宏观的压裂方案设计好之后，还能够更加精确的设计射孔群的布置位置，以最大限度提高储层的连通空间，提高页岩气产能。在压裂过程中，最小闭合压力较小的区域是最优的压裂区段，如图 5.3.32 所示，尽管将射孔群放置在水平闭合压力较高的位置（蓝色区域），但是通过对裂缝进行监测发现，大部分的裂缝能量被转移到了水平闭合压力较小的位置（红色区域），红色区段中裂缝的发育较为密集，这也就为工程压裂提出了正确的指导。为了能够最高效的利用压裂能量，最佳的射孔位置是在水平闭合压力较小的位置，而不是水平闭合压力较大的位置。

5.3.3 地震技术应用

通过地震解释识别泥页岩地层相对比较容易但是识别含气页岩储层则面临很多挑战，因为页岩气储层内部特征复杂，微裂缝和断裂系统发育，储层非均质性、各向异性以及储层内部的压力场分析等都是比较困难的问题，因此如何更好地利用地震技术使以上几个难题得到一定程度的解决，进而为提高开发的成功率服务，是本节阐述的核心。

5.3.3.1 有利脆性区域预测

5.3.3.1.1 脆性预测理论基础

页岩的脆性对工程压裂裂缝的发育模式有非常重要的影响，页岩的脆性越高，越容易产

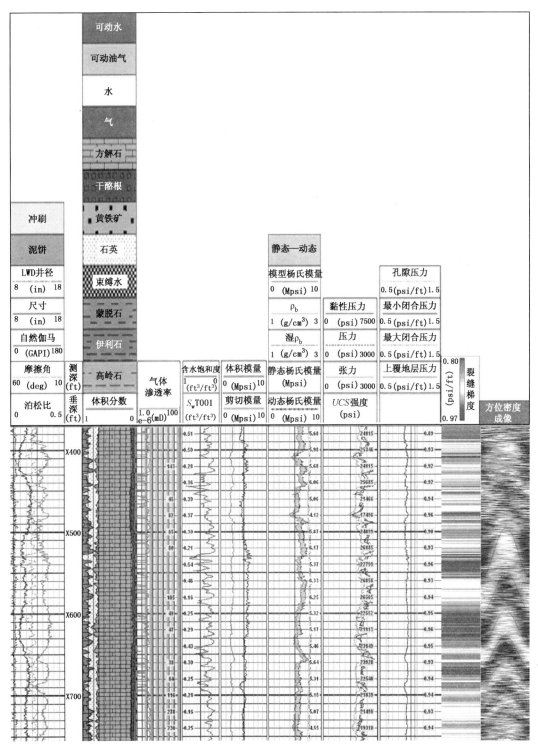

图 5.3.31 通过密度和声波测井作为输入计算得到的页岩气储层的横向力学性质（据 Han 等，2010）
从左到右的曲线类型依次表示：①伽马测井、井径和泊松比；②测量深度；③矿物组分；④渗透率；⑤流体饱和度；
⑥体积模量和剪切模量；⑦静态和动态杨氏模量；⑧UCS、压缩和拉伸强度；⑨孔隙压力、上覆地层压力、水平方向
上的最小闭合压力和最大闭合压力；⑩最小闭合压力的彩色表示方法，红色代表低值，蓝色代表高值；⑪水平井的方
位密度成像结果。参见书后彩页

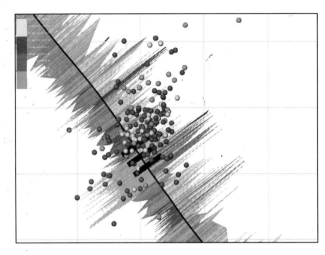

图 5.3.32　最小闭合压力的差异导致裂缝的
发育规模相差甚远（据 Han 等，2010）
参见书后彩页

生裂缝，因此，在寻找有利压裂区域时，分析页岩的脆性是非常重要的一个方面。决定页岩脆性的是它的力学性质，工程上通常使用杨氏模量和泊松比作为评价页岩脆性的标准。杨氏模量和泊松比表示岩石在外界应力作用下的反映，杨氏模量的大小标志着材料的刚性，杨氏模量越大，说明岩石越不容易发生形变；泊松比的大小标志着材料的横向变形系数，泊松比越大，说明岩石在压力作用下越容易膨胀。不同的杨氏模量和泊松比的组合表示岩石具有不同的脆性，杨氏模量越大，泊松比越低，页岩的脆性越高。

图 5.3.33 展示了不同杨氏模量和泊松比组合所具有的脆性指数，箭头方向表示页岩脆性增加的方向，也就是杨氏模量的高值和泊松比的低值区域，这就为利用弹性参数反演方法来预测页岩脆性提供了一定的理论依据。

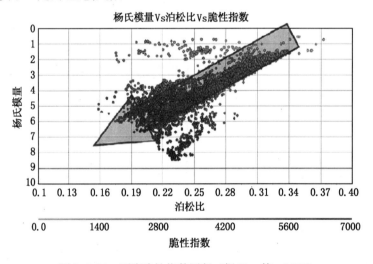

图 5.3.33　页岩脆性指数图版（据 Dan 等，2010）

　　在实际应用时，往往需要首先建立页岩脆性的定量评价标准，工程上通常采用的是 E 和 ν 两个弹性参数，如果能够计算得到页岩储层的弹性参数，就能够对页岩的脆性进行类别划分。对于页岩气勘探开发时间较长的地区，这种评价标准相对比较容易建立，通过统计有利开发区页岩的杨氏模量和泊松比，就能够建立起适用于该地区的页岩脆性评价标准。图 5.3.34（Grigg，2004）显示的是 Barnett 地区优势页岩的弹性参数统计结果，从图中可以看出，杨氏模量有利范围大约为 4～5MMpsi，泊松比的有利范围大约为 0.2～0.3，而且两者之间具有非常好的线性关系，其线性经验关系式在图中也列出。通过圈定有利的杨氏模量和泊松比的分布范围以及之间的相互关系，可以用于后续页岩地层的脆性评价。

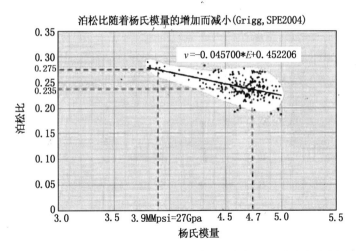

图 5.3.34　Barnett 页岩杨氏模量和泊松比之间的经验公式示意图

（据 Grigg，2004）

虽然工程上习惯使用 E 和 ν 评价页岩脆性，但是地震 AVO 反演的输出结果通常是拉梅常数，因此，我们希望通过 $\lambda\rho$ 和 $\mu\rho$ 能够直接反映页岩的脆性。为了达到这个目的，就要充分利用 λ 和 μ 与 E 和 ν 之间的关系，即

$$\lambda = \frac{E\nu}{(1+\nu)(1-2\nu)} \tag{5.3.28}$$

$$\mu = \frac{E}{2(1+\nu)} \tag{5.3.29}$$

$$E = \frac{\mu(3\lambda+2\mu)}{(\lambda+\mu)} \tag{5.3.30}$$

$$\nu = \frac{\lambda}{2(\lambda+2\mu)} = \frac{1}{2\left(1+2\frac{\mu}{\lambda}\right)} \tag{5.3.31}$$

从定性的角度出发，根据式（5.3.29），μ 与 E 和 ν 之间的关系相对较为简单，高 E 值和低 ν 值会导致高 μ 值，这也就意味着，高 μ 值表示页岩的脆性较高。再根据式（5.3.28），λ 与 E 和 ν 之间的关系相对比较复杂，高 E 值和低 ν 值不一定会使得 λ 值为高值或者低值，这就说明利用 λ 不能很好地评价页岩脆性。再根据式（5.3.31），低 ν 值会使得 λ/μ 为低值。因此，通过分析以上关系式，发现利用拉梅常数也能够直接进行页岩的脆性预测，这就为利用 AVO 反演预测脆性页岩的分布奠定了理论基础，并且得到定性评价页岩脆性的基本结论：利用 μ 和 λ/μ 可以直接预测页岩的脆性，高 μ 值和低 λ/μ 值预示页岩具有较高的脆性，而单独利用 λ 值大小不能分析页岩的脆性。

在实际应用时，如果利用 AVO 反演预测页岩脆性，同样也需要建立拉梅常数评价页岩脆性的标准。从工程开发角度，一般获得的是 E 和 ν 的有利分布范围，如图 5.3.34 所示。如果能够将有利的 E 和 ν 分布范围转化到拉梅常数域，就能够获得有利的拉梅常数分布范围，从而可以对 AVO 反演结果进行定性和定量解释。但是，由于 λ 和 μ 与 E 和 ν 具有非常复杂的关系，使得这种转化相对比较困难。Goodway 等（2010）在其文中讨论了一种比较方便的转化方法，在此对该方法进行简单介绍。

（1）首先根据式（5.3.28），研究 λ 与 E 和 ν 的关系，研究时保持 ν 为常量，绘制出以 E

为纵轴、以 λ 为横轴的交会图,如图 5.3.35 所示,其中不同颜色的虚斜线表示在 ν 固定的前提下,得到的 E 和 λ 的线性关系;

(2) 根据式(5.3.30),研究 E 与 λ 和 μ 之间的关系,研究时保持 μ 不变,如图 5.3.35 所示,其中不同颜色的曲线代表 μ 值固定的前提下,得到的 E 和 λ 的关系;

(3) 利用该方法,就将 λ、μ、E 和 ν 四个物理参量都融入到图 5.3.35 中。然后将图 5.3.34 中总结的 E 和 ν 的线性关系投影到图 5.3.35 中,得到图中橘黄色的弯线,并且能够确定曲线中的哪一段对应脆性的页岩(黑色矩形框内),哪一段对应塑性的页岩(蓝色三角框内);

(4) 根据 Barnett 页岩有利的 E 和 $($ 的分布范围,将其投影到图 5.3.35 中,得到图中橘黄色椭圆所对应的橘黄色弯线部分,与该部分曲线对应的 μ 和 λ/μ 的分布范围便代表了 Barnett 地区脆性页岩的拉梅常数应该满足的条件,也就成功建立了利用拉梅常数预测页岩脆性的评价标准。

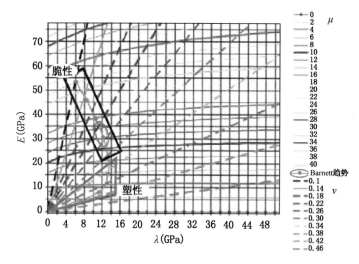

图 5.3.35　E 和 λ 的交会图(μ 和 ν 保持常数不变)(据 Goodway 等,2010)

参见书后彩页

根据 Goodway 等(2010)提出的转化方法,得到图 5.3.35,通过分析该图,得到以下几点结论:

(1) 在图 5.3.34 中,由于 E 和 ν 具有线性关系,因此脆性页岩和塑性页岩的分界线不是非常明显。但是在图 5.3.35 中所示的 $E-\lambda$ 交会图中,脆性页岩和塑性页岩分别位于弯曲线的两侧,从而能够非常清晰的分辨塑性页岩和脆性页岩。

(2) 通过分析图中橘黄色椭圆所对应的弯线可以发现,脆性页岩位于高 μ 值、低 ν 以及低 λ/μ 值的区域,这与上述定性分析的结论相一致。通过对比塑性页岩和脆性页岩的 λ 值分布,可以发现,两种页岩的 λ 值分布基本是重合的,也就是说,单独利用 λ 不能确定页岩的脆性。

(3) 将图 5.3.34 中 Barnett 脆性页岩有利的 E 和 ν 分布范围,投影到图 5.3.35 中。从图中可以确定出拉梅常数的定量评价标准。μ 值在 $10 \sim 16\text{GPa}$ 之间变化,λ/μ 比值变化范围是 $0.78 \sim 1.08$。由于 λ 不能区分页岩脆性,因此没有给出其具体的分布范围。

通过以上定性分析和定量关系转化,建立了拉梅常数评价页岩脆性的标准,用以解释

AVO 反演结果。通过 AVO 反演可以输出 $\lambda\rho$ 和 $\mu\rho$ 的交会图，利用该图可以进行岩性解释和页岩的脆性识别，从而确定有利的脆性区域，如图 5.3.36 所示。除了 $\lambda\rho$ 和 $\mu\rho$ 以外，还包括孔隙度和泊松比参数，箭头表示孔隙度增加的方向。通过该 $\lambda\rho$-$\mu\rho$ 交会图，主要进行岩性识别和页岩脆性划分，图中的岩石主要是来自加拿大西部的页岩和碳酸盐岩以及 Barnett 地区的两种页岩，在图中只标出了它们的 EUR 值。从图中可以看出，塑性页岩对应较低的 μ 值和较高的 λ/μ 值，这与上述的分析结论是完全一致的。加拿大西部的含气页岩（红色和绿色）和 Barnett 地区的含气页岩（黄色箭头）均远离塑性区域，即具有较高的 μ 值和较低的 λ/μ 值，通过 AVO 反演成功预测了页岩的脆性。

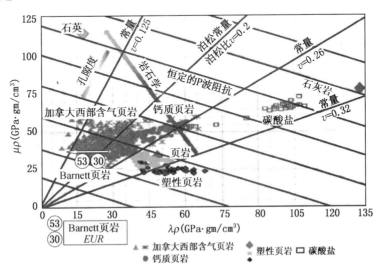

图 5.3.36　$\lambda\rho$ 和 $\mu\rho$ 的交会图（据 Goodway 等，2010）
背景是纯矿物点，斜线是泊松比常量和 P 波阻抗。参见书后彩页

从图 5.3.36 中还可以观察到，虽然利用 μ 和 λ/μ 能够区分脆性页岩和塑性页岩，但是不能区分加拿大西部的含气页岩（绿色）和钙质页岩（蓝色），它们都具有较高的 μ 和较低的 ν。由于钙质页岩会吸收工程压裂的能量，因此在工程施工时要尽量避开。观察图 5.3.36 可以发现，含气页岩和钙质页岩的 λ 值相差很大，含气页岩具有相对更低的 λ，因此可以将两者分开。虽然前面提到，λ 或者 $\lambda\rho$ 在预测页岩脆性时起不到直接作用，但是并不代表它没有用处。不仅如此，Barnett 页岩气开采量的变化（黄色箭头）与 $\lambda\rho$ 的降低直接对应，随着 $\lambda\rho$ 的减小，Barnett 页岩气 EUR 从 30 增长到 53，也就是说 $\lambda\rho$ 越低，预示着更高的采收量。由此可见，$\lambda\rho$ 与页岩气的产量具有更加紧密的关系，究其原因，很可能是由于 $\lambda\rho$ 与地下应力场的分布密切相关，低 $\lambda\rho$ 值预示着较低的水平闭合压力，因此工程压裂更加容易产生裂缝，导致了页岩气产量的差异。从该点上可以看出，决定页岩气产量的因素并不仅仅是页岩的脆性，地下应力场的分布也是非常重要的。因此，当判断最佳的有利压裂区域时，要同时考虑页岩的脆性和地下应力场的分布，寻找页岩的脆性区域和水平闭合压力较小的区域作为最佳的工程压裂区。有关利用 AVO 反演进行地下应力场的预测，将在后续 3.3.3 详细讨论。

通过 AVO 反演也能够输出纵横波速度比，速度与拉梅常数具有一定的联系，因此利用纵横波速度比也能够进行页岩脆性的预测。式（5.3.32）给出了纵横波速度比与拉梅常数之间的关系，从这种关系中可以看出，纵横波速度比较小的区域是有利的脆性区域，纵横波速度比大的区域相对难压裂，这为利用速度比进行页岩脆性预测提供了理论依据。

$$\frac{v_P}{v_S} = \sqrt{\frac{\lambda + 2\mu}{\mu}} = \sqrt{\frac{\lambda}{\mu} + 2} \tag{5.3.32}$$

5.3.3.1.2　各向同性 AVO 反演应用实例

　　通过实验室测量和测井计算方法能够得到的页岩弹性参数，但其空间分布是有限的，因此在预测有利压裂区域方面显得无能为力，而地震技术在此方面具有独特的优势，通过地震反演得到拉梅常数的空间分布规律，可以确定脆性页岩的空间展布，从而可以划定有利压裂区域的边界。虽然页岩具有 VTI 各向异性特征，但是目前常规的 AVO 反演方法都是各向同性的，在预测页岩的有利压裂区域时，基本上采用的都是各向同性的 AVO 反演方法。Goodway 等（2010）以 Barnett 页岩 AVO 反演为例，讨论利用各向同性 AVO 反演方法预测脆性页岩的空间分布。

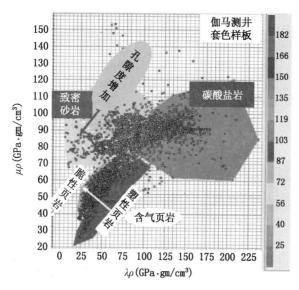

图 5.3.37　井位置处的 $\lambda\rho$ 和 $\mu\rho$ 交会图
（据 Goodway 等，2010）
参见书后彩页

　　通过 AVO 反演得到 $\lambda\rho$ 和 $\mu\rho$ 的 3D 空间分布数据体，提取井位置处的反演结果，制作 $\lambda\rho$－$\mu\rho$ 交会图（图 5.3.37），通过对其进行解释，可以得到不同岩性和页岩脆性的划分，并且勾划出不同的多边形。通过与井资料和岩心资料进行标定校正，使得这种解释结果可靠准确。然后将这种解释结果等效到反演后的 3D 地震属性体上，根据反演的结果可以对 3D 地震资料的反射同相轴进行解释，从而可以观察到地震反射同相轴所代表的储层类型。图 5.3.38 显示了其中一条测线的标定结果，从中能够观察到脆性页岩的空间分布。脆性页岩使用的是浅灰色表示，塑性页岩采用的是深灰色表示，两种不同品质的页岩无论在横向上还是在纵向上，都是相互交错的，充分说明了页岩的非均质性，同时强调了对于精细预测有利脆性区域的空间分布的重要性，即使在一口高产页岩井的周围再次钻探一口井，其页岩气的产量也可能会相差很大，这种差异很大程度上来源于页岩内部横向上的非均质性问题。

5.3.3.1.3　预测效果的验证

　　为了说明通过地震技术预测有利压裂区域的有效性，对压裂过程中裂缝的发育进行监测，然后将地震预测的有利压裂区与微地震事件的分布结果进行对比，从而证明了这种预测的准确性。图 5.3.39 表示的是通过 AVO 反演获得泊松比的空间分布，然后进行有利压裂区的预测，从工程压裂微地震的监测结果表明，裂缝发育的位置和地震预测非常吻合，裂缝主要发育在泊松比值较低的位置。图 5.3.40 表示的是利用 v_P/v_S 预测的有利压裂区域，从微地震事件的分布来看，裂缝主要发育在 v_P/v_S 低值的区域，这与前面讨论的结论是一致

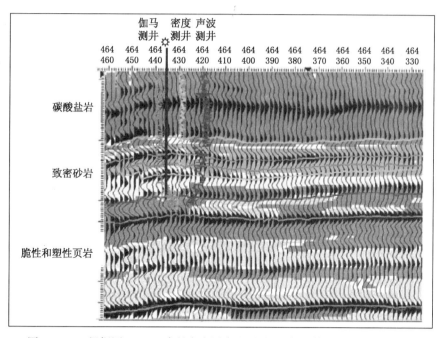

伽马 密度 声波
测井 测井 测井

| 464 | 464 | 464 | 464 | 464 | 464 | 464 | 464 | 464 | 464 | 464 | 464 | 464 | 464 |
| 460 | 450 | 440 | 430 | 420 | 410 | 400 | 390 | 380 | 370 | 360 | 350 | 340 | 330 |

碳酸盐岩

致密砂岩

脆性和塑性页岩

图 5.3.38　根据图 5.3.37 中的交会图多边形对 3D 数据体中的某条测线剖面
进行解释的结果（据 Goodway 等，2010）

参见书后彩页

的。通过这两个应用实例的分析可以说明，地震反演方法在页岩有利压裂区域的预测方面能够起到非常重要的作用。

5.3.3.2　基于 AVO 反演的压力场分析

在 5.3.1 中曾经指出，在预测有利压裂区域时要同时考虑页岩的脆性和应力场分布，而且还发现 $\lambda\rho$ 与页岩气的产量密切相关，主要原因就是 λ 能够反映地下应力场的分布。因此希望通过 AVO 反演分析能够分析地下应力场的变化，从而预测有利的压裂区域。为了达到这个目的，就要研究拉梅常数与地下应力场的关系，从而将其作为指导进行 AVO 反演结果的解释。在此，首先回顾一下压力预测的基本思想和方法原理。

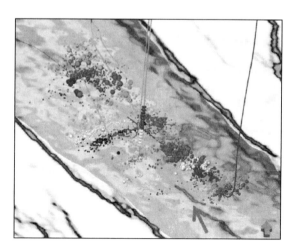

图 5.3.39　有利压裂区域泊松比分布以及微地震
事件的分布（据 Mark 等，2010）
暖颜色表示泊松比比较小的区域，冷颜色表示泊松
比比较大的区域。参见书后彩页

5.3.3.2.1　压力预测方法思路

早期的压力预测方法都是基于各向同性介质模型的，利用柔度系数矩阵来建立水平方向主应力和上覆地层压力之间的关系，在进行预测时做了一些假设条件。假设水平方向上的压力场是各向同性的，而且在水平方向上不存在应变，只有在垂向上发生应变。根据柔度系数矩阵得到水平方向上的应变，如式（5.3.33），即

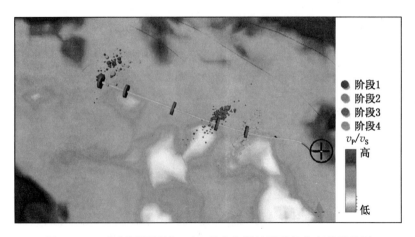

图 5.3.40　有利压裂区域 v_P/v_S 分布与微地震事件分布的重叠图

（据 Close 等，2010）

暖颜色表示低 v_P/v_S，冷颜色表示高 v_P/v_S，红色圆盘表示压裂起始点。参见书后彩页

$$e_{xx} = \frac{\sigma_{xx}}{E} - \upsilon \frac{\sigma_{yy}}{E} - \upsilon \frac{\sigma_{zz}}{E} \qquad (5.3.33)$$

式中：σ_{xx} 和 σ_{yy} 均表示水平方向上的主应力大小；σ_{zz} 表示垂直方向上主应力的大小，也就相当于上覆地层压力；E 和 υ 分别代表杨氏模量和泊松比；e_{xx} 表示水平方向上的应变。

由于假设水平方向上位移为零，且 $\sigma_{xx} = \sigma_{yy}$，那么利用式（5.3.33）可以计算得到水平方向的主应力，它与上覆地层压力建立了直接的联系，如式（5.3.34），即

$$\sigma_{xx} = \frac{\upsilon}{1-\upsilon}\sigma_{zz} \qquad (5.3.34)$$

根据式（5.3.34），如果能够计算出上覆地层压力，就能够计算得到水平方向的主应力大小，这也是长期以来压力预测的主要思想，上覆地层压力可以通过利用埋藏深度计算得到。但是，通过长期的开发实践表明，利用该式预测的压力存在很大误差。原因就在于这种压力预测方法过于理想化，没有考虑地下多种因素的影响，例如孔隙压力和构造运动等，因此需要对预测结果进行校正。Biot（1957）在计算水平方向主应力时引入了孔隙压力的校正项，使得计算结果更加准确。Bourgoyne（1986）在此基础之上，又增加了由于构造运动引起的压力各向异性项。总之，在对式（5.3.34）进行修正时，人们引入了多种校正项，目的是使得预测结果与实际测量结果相符合。通过将孔隙压力和构造运动等因素整合到水平方向上的主应力计算中，这种经过校正后的水平方向主应力更加具有实际地质意义，将其称为水平方向上的最小闭合压力，即岩石破裂产生裂缝所需的最小压力。水平闭合压力越小，工程压裂时越容易产生裂缝，从而提高页岩的产量。因此，水平井一般要沿着最小闭合压力的方向进行钻井，而且在压裂射孔时射孔群一般会布置在水平闭合压力较小的位置。因此，预测水平闭合压力的空间分布对于工程开采非常重要。通过地震手段试图能够得到宏观而且准确的压力场预测，为工程施工方案的制定提供参考。

Sayers（2010）将最小水平闭合压力与岩石弹性参数之间建立了关系式（5.3.35），即

$$\sigma_{xx} = \frac{\upsilon}{1-\upsilon}(\sigma_{zz} - B_V P_p) + B_H P_p + \frac{E}{1-\upsilon^2}(e_{xx} + \upsilon e_{yy}) \qquad (5.3.35)$$

式中：σ_{xx} 表示最小的水平闭合压力；σ_{zz} 表示上覆地层压力；P_p 表示孔隙压力；e_{xx} 和 e_{yy} 表示 x 方向和 y 方向的应变大小；B_H 和 B_V 表示水平和垂直方向的孔隙—弹性常数。

利用式（5.3.35）便可以通过研究页岩的弹性性质来反映地下应力场变化情况。从地震反演角度，需要建立最小闭合压力与拉梅常数之间的关系，Goodway（2010）给出了它们之间的关系表达式（5.3.36），即

$$\sigma_{xx} = \boxed{\frac{\lambda}{\lambda + 2\mu}} \left[\left(\boxed{\sigma_{zz} - B_V P_p} \right) + \boxed{2\mu e_{yy} \left(\frac{e_{yy}^2 - e_{xx}^2}{e_{yy}^2} \right)} \right] + \boxed{B_H P_p} \qquad (5.3.36)$$

式中：μe_{yy} 表示水平方向的最大主应力。

通过式（5.3.35）可以看出，增加杨氏模量会增大最小水平闭合压力的大小，从而导致压裂能量的增加，而杨氏模量增加意味页岩具有很好的脆性，两者之间存在不统一性。而泊松比对于页岩的脆性和最小压力的预测结果是一致的，低泊松比对应着较高的脆性和较低的闭合压力。因此，仅仅从杨氏模量判断有利压裂区域是不够准确的，要将杨氏模量和泊松比结合，在保证页岩脆性的同时，也能够使得最小闭合压力不会很大。通过比较式（5.3.35）和（5.3.36）可以看出，利用拉梅常数表示的最小水平闭合压力，其物理意义更加直观，而且影响因素更加明显，式中对最小水平闭合压力的影响主要可以分为三个部分：上覆地层静压力、水平方向的最大主应力、水平方向上的孔隙压力。为了能够直观分析影响最小闭合压力的几个关键因素，将式（5.3.36）进行变形，而且取 $B_H = B_V = 1$，得到式（5.3.37），即

$$\boxed{\sigma_{xx} - P_p} = \frac{\lambda}{\lambda + 2\mu} \boxed{\left[\sigma_{zz} - P_p \right]} + \frac{\lambda}{\lambda + 2\mu} \boxed{\left[2\mu e_{yy} \left(\frac{e_{xx}^2 - e_{yy}^2}{e_{yy}^2} \right) \right]} \qquad (5.3.37)$$

式中：$\sigma_{xx} - P_p$ 表示的是有效闭合压力（第一个框）；$\sigma_{zz} - P_p$ 表示的是上覆地层静压力（第二个框）；第三个框内表示的是构造运动项。

通过这种变形来研究岩石的弹性性质项 $\lambda/\lambda + 2\mu$、孔隙压力以及构造运动对有效闭合压力的影响。Perez（2011）对它们之间的影响作了详细的讨论。图 5.3.41 表示的以有效闭合压力为纵轴、以上覆地层静压力为横轴，分别研究岩石的弹性性质、孔隙压力以及构造运动对有效闭合压力的影响。在图 5.3.41a、b 中，均没有考虑式（5.3.37）中第三个框所表示的构造项的影响，因此，有效闭合压力、弹性性质项和上覆地层静压力之间具有典型的线性关系。在图 5.3.41a 中可以看出，在上覆压力静压力相同的条件下，随着 $\lambda/\lambda + 2\mu$ 的增加，有效闭合压力也在增加，因此从工程压裂角度出发，$\lambda/\lambda + 2\mu$ 值越小越好。通过分析图 5.3.41b 可以发现，在 $\lambda/\lambda + 2\mu$ 保持不变的条件下，即保持斜率不变，随着孔隙压力的增加，上覆地层静压力在减小，因此有效闭合压力也在减小。这也就意味着孔隙压力越大越好。通过分析图 5.3.41c 可以发现，构造运动项会使得有效闭合压力—上覆地层静压力的关系曲线向上或者向下平移，即改变了直线的截距，不同的构造运动形式会使得闭合压力发生不同的变化。当 $e_{yy} - e_{xx} > 0$ 时，有效闭合压力增加，而当 $e_{yy} - e_{xx} < 0$ 时，有效闭合压力会减小。因此，$e_{yy} - e_{xx} < 0$ 的情况对工程压力十分有利，这也就意味着垂直于裂缝方向具有较大的应变，而平行于裂缝方向具有较小的应变。

通过分析图 5.3.41，分别研究了岩石的弹性性质项、孔隙压力和构造运动项对有效闭合压力的影响，并且得到了初步的结论。如果想利用 AVO 反演结果来预测最小闭合压力的空间分布，我们就要将弹性性质项、孔隙压力和构造运动项与介质的拉梅常数建立一定的联系。利用这种联系进行过渡，从而希望通过拉梅常数能够直接反映储层的最小闭合压力分布，为圈定更加有利的压裂区域提供参考依据。

Perez 在图 5.3.41 分析的基础之上，将这种关系转换到了 $\lambda\rho - \mu\rho$ 域，用来研究 $\lambda\rho$、$\mu\rho$

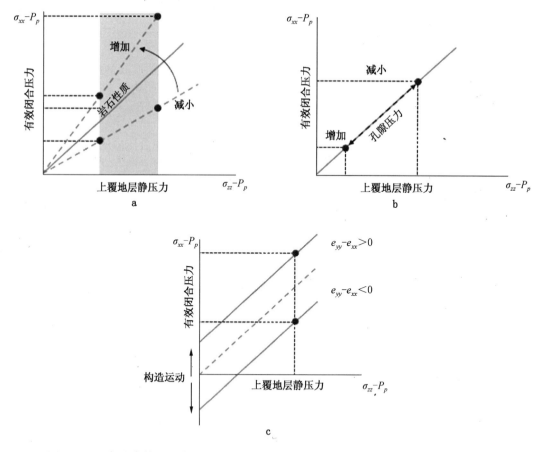

图 5.3.41　拉梅常数对有效闭合压力的影响（a）；孔隙压力对有效闭合压力的影响（b）；
构造运动对有效闭合压力的影响（c）（据 Perez 等，2011）

与岩石的弹性性质项、孔隙压力和构造运动项之间的关系，如图 5.3.42 所示，其中纵坐标为 $\mu\rho$，横坐标为 $\lambda\rho$。图 5.3.42a 为弹性性质项 $\lambda/\lambda + 2\mu$ 与 $\lambda\rho$ 和 $\mu\rho$ 的关系，在 $\lambda\rho - \mu\rho$ 交会图中，它们的关系表现为一条直线。根据图 5.3.41a 中得到的结论，m 值越小闭合压力也就越小。因此，在图 5.3.42a 中，$\mu\rho/\lambda\rho$ 越大表示 m 值越小，对应较小的有效闭合压力较小，因此，λ/μ 越小越好。同理，分析图 5.3.42b 发现，孔隙压力越大，$\lambda\rho$ 越小，$\mu\rho$ 的大小基本不受影响。因此，低 $\lambda\rho$ 值代表高的孔隙压力，也就预示着较小的有效闭合压力。分析图 5.3.42c 发现，对于高 $\mu\rho$ 和低 $\lambda\rho$ 值对应着垂直于裂缝走向的方向，也就是说与最小主应力的方向基本一致。因此，综合分析图 5.3.42，可以得到以下结论：（1）低 λ/μ 值对应较小 m 值，也就意味着较小的最小闭合压力；（2）低 $\lambda\rho$ 值意味着较高的孔隙压力，从而预示较小的最小闭合压力；（3）高 $\mu\rho$ 值和低 $\lambda\rho$ 值的方向对应与裂缝走向垂直的方向，因而预示着较小的最小闭合压力。在井约束条件下，可以对它们之间的这种关系进行控制和校正，因此，利用以上结论就可以对 AVO 反演结果进行直接解释，从而预测最小闭合压力的空间分布。在 5.3.3.1 中，已经讨论了如何利用拉梅常数预测页岩脆性的方法，综合脆性预测结果和最小闭合压力的预测结果，能够更好的圈定有利的压裂区域，为水平钻井的轨迹设计和工程压裂方案的制定提供参考依据。

　　通过方位 AVO 能够识别页岩中裂缝发育的信息，可以用来验证压力场预测的准确性，因

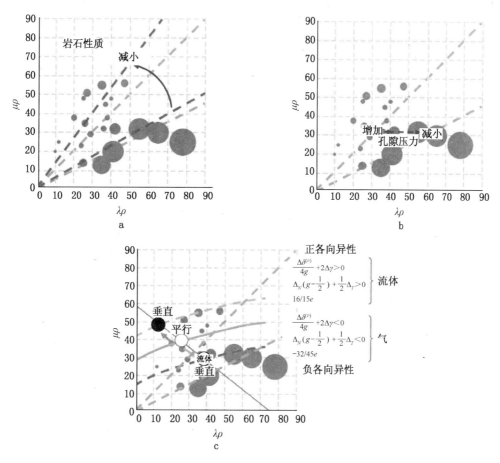

图 5.3.42　拉梅常数与岩石性质的关系（a）；拉梅常数与孔隙压力的关系（b）；
以及拉梅常数与构造应力之间的关系（c）（据 Perez 等，2011）
大的圆圈表示大的纵横波阻抗值

为裂缝发育的走向一般对应着最小主应力的方向。Downton 和 Roure（2010）介绍了一种 AVAZ 同时弹性反演的方法，它能够反演得到各向同性介质背景下的弹性参数，进行页岩脆性和最小闭合压力的预测分析，并且能够同时反演得到描述裂缝发育密度和走向信息。基于该反演方法，图 5.3.43 显示了最小闭合压力的空间分布预测结果，图中冷颜色表示闭合压力较小的区域，暖颜色表示闭合压力较大的区域，而水平井钻井轨迹一般都远离了暖颜色区域，从而说明利用地震手段进行压力预测具有一定的可行性。

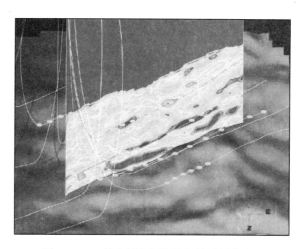

图 5.3.43　最小闭合压力的空间预测分布图
（据 Monk 等，2011）
参见书后彩页

5.3.3.2.2 各向异性对压力预测的影响

最初的压力预测的思想来自于各向同性介质下的虎克定律。通过对式（5.3.34）得到的水平方向闭合压力进行校正，使得计算结果与测量结果接近。但是，从根本上讲，计算最小闭合压力的公式是在各向同性介质条件下推导出来的，即使进行了孔隙压力和构造运动项的校正，也是不够准确的。原因在于它没有从根本上解决由于介质各向异性引起的压力预测误差，而页岩具有明显的 VTI 各向异性特征，基于各向同性假设的最小闭合压力预测方法仍然存在一些缺陷，因此，在各向异性介质模型条件下，进行孔隙压力和构造项的校正，才能使得计算结果更加精确，但是这种方法仍然不够成熟，在工程开采中也没有被广泛使用，但是这应该引起人们足够的重视。在此主要介绍基于各向异性模型进行压力预测的方法，以及介质各向异性对于压力预测产生的影响，从而进一步强调介质各向异性对于压力预测的重要性。

基于各向异性模型进行压力预测时，首先没有考虑孔隙压力和构造应力的影响，从各向异性的柔度系数矩阵出发，预测水平方向上主应力的大小，其基本假设条件也是水平方向上没有应变，那么在各向异性介质中，水平方向上的位移在式（5.3.38）中给出，即

$$e_{xx} = \frac{\sigma_{xx}}{E_{xx}} - \upsilon_{xy}\frac{\sigma_{yy}}{E_{yy}} - \upsilon_{xz}\frac{\sigma_{zz}}{E_{zz}}$$

$$e_{yy} = \frac{\sigma_{yy}}{E_{yy}} - \upsilon_{yx}\frac{\sigma_{xx}}{E_{xx}} - \upsilon_{yz}\frac{\sigma_{zz}}{E_{zz}}$$

$$(5.3.38)$$

式中：E_{xx}、E_{yy} 和 E_{zz} 分别表示三个主应力方向上的杨氏模量；υ_{xy}、υ_{yx}、υ_{xz} 和 υ_{yz} 分别表示在不同主应力方向上的泊松比大小。

根据水平方向上的位移为零，得到水平方向上的主应力大小，在式（5.3.39）中给出，即

$$\sigma_{xx} = \sigma_{zz}\frac{E_{xx}}{E_{zz}}\left(\frac{\upsilon_{yz}\upsilon_{xy} + \upsilon_{xz}}{1 - \upsilon_{xy}\upsilon_{yx}}\right)$$

$$\sigma_{yy} = \sigma_{zz}\frac{E_{yy}}{E_{zz}}\left(\frac{\upsilon_{xz}\upsilon_{yx} + \upsilon_{yz}}{1 - \upsilon_{yx}\upsilon_{xx}}\right)$$

$$(5.3.39)$$

对于 VTI 介质来讲，满足式（5.3.40），即

$$E_{xx} = E_{yy}$$

$$\upsilon_{xy} = \upsilon_{yx}, \upsilon_{xz} = \upsilon_{yz}$$

$$(5.3.40)$$

结合式（5.3.39）和式（5.3.40）可以计算得到 VTI 各向异性条件下的水平方向主应力大小，如式（5.3.41）所示，即

$$\sigma_{xx} = \frac{E_x}{E_z}\left(\frac{\upsilon_{xz}}{1 - \upsilon_{xy}}\right)\sigma_{zz}$$

$$(5.3.41)$$

通过式（5.3.41）计算得到的水平方向主应力的大小同样没有考虑孔隙压力和构造运动项的影响。尽管如此，对比式（5.3.41）和式（5.3.34）可以发现，由于两者都没有考虑孔隙压力和构造运动项的影响，基于各向同性模型预测得到的水平主应力要小于基于各向异性模型预测得到的水平主应力，原因在于 E_{xx} 和 υ_{xz} 要远比 E_{zz} 和 υ_{xy} 大。因此，在工程上预测的水平主应力大小往往比实际值要小，除了孔隙压力和构造运动的影响外，忽略介质各向异性的影响也是其中一个原因。

在式（5.3.41）的基础上，考虑孔隙压力和构造运动的影响，得到式（5.3.42），利用该式进行压力预测应该是最佳的选择，相对式（5.3.36）它的优势在于它建立在各向异性介

质模型基础之上。

$$\sigma_{xx} = \frac{C_{13}}{C_{33}}(\sigma_{zz} - B_v P_p) + B_H P_p + \left(C_{11}\frac{C_{13}^2}{C_{33}}\right)\varepsilon_H \qquad (5.3.42)$$

式中：ε_H 表示由于构造运动引起的应变项。

Suárez－Rivera 等（2009）通过实际的物理模型试验，采用各向同性压力计算方法和各向异性压力计算方法得到了闭合压力的计算结果，在物理模型中，没有考虑构造运动引起的水平方向的应变，但是考虑了孔隙压力的影响。图 5.3.44 所示的是利用两种不同模型计算得到的最小水平闭合压力的大小，从图中可以看出，利用各向同性模型预测的结果要明显小于各向异性模型预测的结果。而且，利用各向同性模型预测的储层和围岩之间的压力差异也明显小于各向异性模型。因此，在工程生产中，使用各向异性介质模型下的压力场预测方法应该是更准确的，但是它需要输入更多的参数，例如水平方向和垂直方向上的杨氏模量和泊松比，要获取这些参数相对费时费力，也就在一定程度上制约了这种方法思路的应用。Suárez－Rivera 等（2006）详细讨论了介质各向异性对压力场以及井孔稳定性的影响。

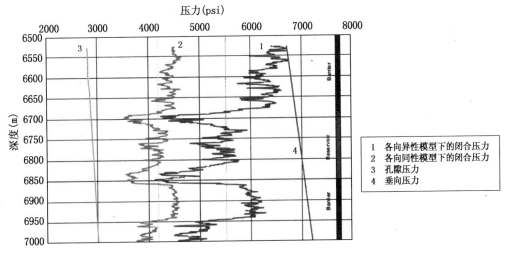

图 5.3.44　各向同性模型和各向异性模型预测的最小水平闭合压力结果对比

（修改于 Suárez－Rivera 等，2009）

5.3.3.3　裂缝和断层预测

原始裂缝的发育在页岩气开采中扮演着两种角色。在大多数情况下，裂缝发育不仅可以为页岩气的游离富集提供储集和渗透空间，增加页岩气游离态天然气的含量，也有助于吸附态天然气的解吸，并成为页岩气运移、开采的通道，这体现了裂缝发育的极大优势。但是，裂缝的发育有可能对已经趋于稳定的页岩气藏产生破坏作用。一方面，裂缝与大型断裂连通，这对于页岩气的保存极为不利；同时，地层水也会通过裂缝进入页岩储层，使气井见水早，含水上升快，甚至可能发生暴性水淹。因此，正确认识裂缝的优势和弊端，对于页岩气中裂缝的发育进行全面的分析，从而确定出更加可行可靠的工程开采方案。原始裂缝的发育往往受到断层的控制，因此，对于断层的识别也很有必要。通过分析断层和裂缝组成的断裂系统，能够分析裂缝所能够起到的作用，避免裂缝与断层沟通，造成页岩气的流散。断层对于工程压裂也会产生一定的影响，由于断层的阻碍作用，对压裂过程中产生的裂缝起到阻碍作用，因此，工程压裂一般会避开断层比较发育的位置。

5.3.3.3.1 地震属性预测断层

通过地震属性分析（振幅属性、相干属性和曲率属性等）能够比较准确地识别出断层。曲率属性是目前比较新的断裂识别属性分析技术，能够识别出地下的微小形变，提高断层的识别精度。曲率属性不仅能够更好的识别断层，而且它与页岩气的产量也具有一定的联系。在绝对曲率值比较大的区域，裂缝会比较发育，从而对应着高产的油气井位置，究其原因可能有两个：（1）绝对曲率值较大的区域，原始裂缝比较发育；（2）绝对曲率值较大的区域对应着页岩内部的脆弱面，在压裂过程中容易产生裂缝。图 5.3.45 反映了曲率属性平面分布与工程开采产油量和产气量的关系，高产井的位置主要分布在最大负曲率的区域（Guo 等，2010）。

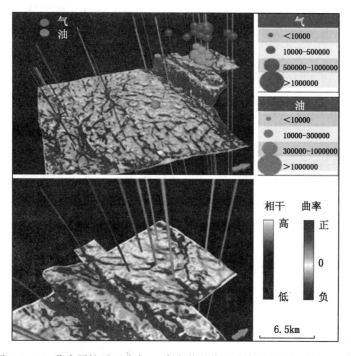

图 5.3.45　曲率属性平面分布 vs 高产井的位置分布（据 Guo 等，2010）

5.3.3.3.2　AVAZ 裂缝识别基本原理

地震 AVO 技术在地球物理领域发挥了重要作用，能够用于提取地下的流体和岩性信息，AVO 技术的基础是 Zoeppritz 方程，目前通常使用的是纵波 Zoeppritz 方程，它反映了纵波入射到反射界面时的反射和透射特征。为了能够利用 Zoeppritz 方程进行 AVO 分析，要对 Zoeppritz 方程进行不同形式的简化。对于各向同性的 AVO 方程，目前最常用的是 Shuey（1985）三项简化式，即

$$R_{PP}(\theta) = A + B\sin^2\theta + C\tan^2\theta\sin^2\theta$$

$$A = \frac{1}{2}\left(\frac{\Delta Z}{Z}\right), B = \frac{1}{2}\left[\frac{\Delta\alpha}{\alpha} - \left(\frac{2\bar\beta}{\bar\alpha}\right)^2 \frac{\Delta G}{G}\right], C = \frac{1}{2}\left(\frac{\Delta\alpha}{\alpha}\right) \qquad (5.3.43)$$

式中：θ 表示入射角；α 表示纵波速度；β 表示横波速度；$Z = \rho\alpha$ 表示纵波阻抗；$G = \rho\beta^2$ 代表剪切模量；$\Delta\alpha$、ΔZ 和 ΔG 表示反射界面两侧相应物理量的差异。

第一项 A 表示的是纵波垂直入射时的反射系数，当入射角度不为零时，由式（5.3.43）可见，反射系数随入射角的变化而变化，而决定这种变化的因子有 B 和 C。当入射角为中等

角度时，反射系数的变化主要由第二项 B 来决定，因此通常将 B 看作是中等入射角度下的 AVO 梯度项。当入射角很大时，就要考虑第三项 C 对反射系数的影响。在实际应用过程中，由于入射角的范围一般不会太大，因此，往往将式（5.3.43）进一步简化，得到两项的 shuey 简化式（5.3.44），通过各向同性 AVO 反演能够得到一系列 AVO 属性进行流体探测和岩性分析，其中 AVO 梯度项 B 是经常使用的 AVO 属性。

$$R_{PP}(\theta) = A + B\sin^2\theta \tag{5.3.44}$$

当地下发育裂缝时，振幅不仅会随偏移距发生变化，而且也会随方位角发生变化，而这种变化规律正好可以被用来进行裂缝识别。为了能够利用振幅随偏移距和方位角的变化进行裂缝预测，就要得到类似于式（5.3.43）的简化式，Ruger（1997）在式（5.3.43）的基础上考虑到了振幅随方位角的变化规律，将方位角因素整合到式（5.3.43）中，得到 AVAZ 的三项简化公式（5.3.45），即

$$R_{PP}(\theta,\phi) = A + (B_{iso} + B_{ani})\sin^2\theta + (C_{iso} + C_{ani})\tan^2\theta\sin^2\theta$$

$$A = \frac{1}{2}\left(\frac{\Delta Z}{Z}\right), B_{iso} = \frac{1}{2}\left[\frac{\Delta\alpha}{\bar\alpha} - \left(\frac{2\bar\beta}{\alpha}\right)^2\frac{\Delta G}{G}\right], B_{ani} = \frac{1}{2}\left[\Delta\delta + 2\left(\frac{2\bar\beta}{\alpha}\right)^2\Delta\gamma\right]\cos^2\phi$$

$$C_{iso} = \frac{1}{2}\left(\frac{\Delta\alpha}{\alpha}\right), C_{ani} = \frac{1}{2}(\Delta\delta\sin^2\phi\cos^2\phi + \Delta\varepsilon\cos^4\phi) \tag{5.3.45}$$

式中：ϕ 表示方位角，该角度代表的是与 HTI 对称轴的夹角。

在实际应用过程中，通常也采用两项的 Shuey 简化式进行 AVAZ 反演，即

$$R_{pp}(\theta,\phi) = A + B'\sin^2\theta$$
$$B' = B_{iso} + B_{ani} \tag{5.3.46}$$

从理论角度出发，如果能够获取任意三个方位角（ϕ_1、ϕ_2 和 ϕ_3）上的地震数据体，通过 AVAZ 反演能够获得这三个方向上的 AVO 梯度 B'。通过求解式（5.3.47），就可以计算得到 B_{iso}、B_{ani} 和 ϕ_{sym}，ϕ_{sym} 表示的是 HTI 对称轴所对应的方位角，从而也就能够确定裂缝的走向。从式（5.3.45）可以看出，B_{ani} 与裂缝的各向异性参数密切相关，通过各向异性强度来反映裂缝发育的密度。因此，通过 AVAZ 反演方法能够很好的识别裂缝发育的走向和密度。

$$B'(\phi_1) = B_{iso} + B_{ani}\cos^2(\phi_1 - \phi_{sym})$$
$$B'(\phi_2) = B_{iso} + B_{ani}\cos^2(\phi_2 - \phi_{sym})$$
$$B'(\phi_3) = B_{iso} + B_{ani}\cos^2(\phi_3 - \phi_{sym}) \tag{5.3.47}$$

对于实际资料而言，往往包含有非常严重的噪声，使得反演方法非常不稳定，不能够准确获取裂缝发育的走向和密度，反演结果基本不可用。目前，最理想的 AVAZ 反演方法使用的是全方位角的 3D 地震资料，能够获取比较稳定和可靠的裂缝反演结果。但是，由于全方位角的资料采集费用较高，目前利用窄方位角资料也同样能够反演裂缝信息，结果相对也比较稳定和准确。

5.3.3.3.3 AVAZ 响应特征

根据 Ruger（1997）的简化公式，不论是两项方程还是三项方程，都能够通过 AVAZ 进行裂缝走向和密度的定量反演。现在从定性角度出发，简单讨论由于裂缝存在引起的 AVAZ 响应特征。对于各向同性的 AVO 方法来讲，它具有非常明确的 AVO 分类，而且每一类 AVO 特征都与纵横波速度比有直接的关系，从而通过分析 AVO 的类型，能够对 AVO 数据体进行解释。当然，我们也希望通过研究由于裂缝存在引起的 AVAZ 响应特征，对偏移距—方位角的振幅数据体进行定性解释，同时为裂缝的定量反演提供一定的依据。如果我

们获得了偏移距—方位角的振幅数据体，希望通过分析不同方位角上振幅随偏移距的变化规律，能够定性分析裂缝的走向或者密度。但是，这是比较困难的，原因是由于 AVAZ 的响应特征具有多解性，即垂直于裂缝方向上的 AVO 梯度可能为正也可能为负，而平行于裂缝方向上的 AVO 梯度同样可能为正或者为负。因此，在偏移距—方位角的振幅数据体上，即使能够分析出不同方向上的 AVO 梯度的正负，也不能有效地对该振幅数据体做出合理的解释，因此，通过分析不同方位上的 AVO 梯度类型，很难对裂缝发育信息做出定性解释。

如果通过正演模拟的方法能够模拟地下真实地层的 AVAZ 响应特征，就可以将其作为理论依据对振幅数据体进行解释。图 5.3.46 表示的是 Williams 和 Jenner 模型的 AVAZ 响应特征，从图中可以看出，在垂直裂缝方向上，振幅随偏移距逐渐减小，即具有负 AVO 梯度；在平行于裂缝的方向上，振幅随偏移距基本不变或者稍微增加，即具有正或者零值的 AVO 梯度。图 5.3.47 表示的使用 Ruger（1997）AVAZ 公式进行模拟的 AVAZ 响应，在垂直裂缝的方向，振幅随偏移距是逐渐增加的，即具有正的 AVO 梯度；在平行于裂缝的方向上，振幅随偏移距是逐渐减小的，即具有负的 AVO 梯度。对比分析图 5.3.46 和图 5.3.47 的模型 AVAZ 响应，可以发现，两者恰好是相反的，这也充分说明了 AVAZ 响应特征的多解性，同时通过正演模拟能够为 AVAZ 定性解释提供一定的依据。对于 AVAZ 响应特征的多解性，Thomsen（1995）提出了一种相对比较通用的 AVAZ 响应特征，他指出，虽然垂直裂缝方向和垂直裂缝方向的 AVO 梯度变化不一，但是平行裂缝方向上的 AVO 梯度的绝对值相对较小，也就是说不论 AVO 梯度为正还是为负，平行于裂缝方向上振幅随偏移距的变化相对缓慢，而垂直于裂缝方向上振幅随偏移距的变化相对更加剧烈，这可以作为 AVAZ 定性解释的一种更加合理的理论依据。Goodway 等（2010）通过 AVAZ 正演模拟也提出了一种相对比较通用的 AVAZ 响应特征，主要适用于具有椭圆各向异性的裂缝模型。

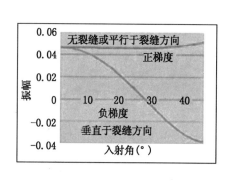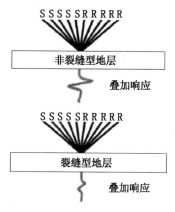

图 5.3.46　AVAZ 叠加响应的变化（据 Goodway 等，2010）

平行裂缝方向表现为叠加强振幅，垂直裂缝方向表现为叠加弱振幅

5.3.3.3.4　3D 地震数据检测裂缝实例

裂缝的发育程度对页岩气的最终采收率具有关键影响，通过地震方位各向异性特征预测裂缝在非常规气田勘探开发中发挥越来越重要的作用。通过 3D 分方位采集的地震资料，利用上述提到的 AVAZ 反演方法能够很好的识别裂缝的走向和密度信息。Gray（2008）利用地震手段很好预测了页岩气储层中的裂缝发育模式。下面对其预测方法和预测结果进行简要介绍。

地震方位各向异性有两种观察方式：振幅随入射角和方位角（AVAZ）的各向异性以及速度随入射角和方位角（VVAZ）的各向异性。当使用类似于共炮检距共方位角数据体

（COCA）显示时，两种类型的各向异性特征都可以观察到。在图5.3.48代表COCA数据体，图中相邻白色虚线间的地震记录具有相同的偏移距，不同的白色线条表示不同的偏移距。在固定的偏移距下，将不同方位角上的数据进行叠加，叠加范围分别为0~10°、10°~20°、20°~30°、…，170°~180°。从图中可以看出在方位角为140°的东南方向具有更大的速度（较小的旅行时间），炮检距越大，这种现象越来越明显。正是由于在CO-CA中能够观察到VVAZ现象，因此在利用AVAZ进行裂缝反演时，就要消除这种影响，使得提取的振幅真正来自地下同一反射点。因此，在分析AVAZ前，必须进行分方位动校正，即NMOZ。图5.3.49中为经过

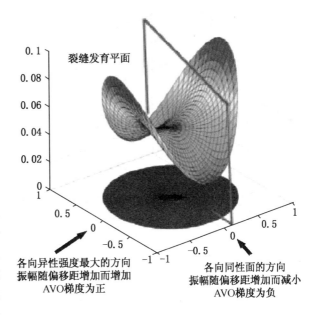

图5.3.47　根据 Ruger 方程模拟的 HTI 介质中的 AVAZ
响应特征（据 Goodway 等，2010）

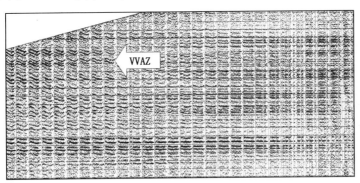

图5.3.48　在 COCA 数据体上观察到的 VVAZ 各向异性特征
（据 Gray，2006）

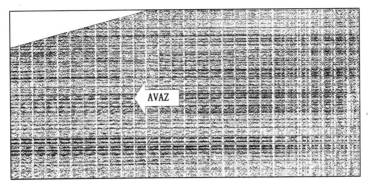

图5.3.49　经过 NMOZ 校正后在 COCA 数据体上观察 AVAZ 的
各向异性特征（据 Gray，2006）

NMOZ 校正后的 COCA 数据体，从中也可以发现正弦形式的变化规律，这些变化的强度随着炮检距的增加而增加。Gray 利用宽方位地震资料进行储层裂隙预测时，还有一些假设条

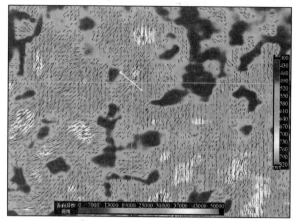

件：（1）在储层和围岩之间的弹性系数、纵波速度、横波速度和密度的差异较小；（2）弱各向异性假设；（3）储层表现为水平的横向各向同性（HTI）介质，也就是说，在某一深度压力作用下，储层包含单一的、垂直、均衡的裂隙；（4）地震波以较小的入射角度（小于 35°）穿过储层；（5）反射点的地震波方位角与炮点—检波点方位角是一样的。图 5.3.50 显示的是 Goodway 等（2006）利用 AVAZ 反演方法得到的页岩气储层中的裂缝发育的走向和密度，对工程开发方案的制定起到了非常重要的指导作用。

图 5.3.50　通过 AVAZ 反演得到有关页岩气储层中裂缝发育的密度和走向的详细图解（据 Goodway，2006）

白色所示为水平井轨迹，它穿越中等强度的裂缝，裂缝为北北东走向

5.3.4　微地震技术

5.3.4.1　微地震技术简介

5.3.4.1.1　基本原理

微地震监测技术就是通过观测、分析工程生产中所产生的微地震事件来监测生产活动的一门地球物理技术，其基础是声发射学和地震学。所谓声发射指的是材料内部应变能量快速释放而产生的瞬态弹性波现象。1956 年，德国学者 Kaiser 发现，声发射活动对材料载荷历史的最大载荷值具有记忆能力，这一现象被称为 Kaiser 效应。1963 年，Goodman 指出岩石材料也具有一定的 Kaiser 效应之后，Kaiser 效应被广泛应用于地震学领域，成为利用微地震监测技术估计地下岩层中地应力大小的理论基础。与地震勘探相反，微地震监测的震源的位置、发震时刻、震源强度都是未知的，而确定这些因素则恰恰成为微地震监测的首要任务，完成这一任务的方法主要是借鉴天然地震学的方法和思路。

地下岩石因破裂而产生的声发射现象称之为微地震事件。微地震事件主要发生在裂隙之类的断面上，裂隙范围通常只有 1～10m。地层内地应力呈各向异性分布，剪切应力自然聚集在断面上，通常情况下这些断裂面是稳定的。然而，当原来的应力受到生产活动干扰时，岩石中原来存在的或新产生的裂缝周围地区就会出现应力集中、应变能增高的现象。当外力增加到一定程度时，原有裂缝的缺陷地区就会发生微观曲伏或变形，导致裂缝扩展，从而使应力松弛，储层能量的一部分以弹性波（声波）的形式释放出来而产生微小的地震，即所谓的微地震。对微地震事件的定位也就是对震源位置的定位，也就代表了裂缝发育的位置。注入作业期间引发的微地震事件在空间和时间上的分布都是复杂的，但不是随机的，在 1km 范围内可以用适当的灵敏仪器检测到。大多数微地震事件频率范围介于 200～1500Hz 之间，持续时间小于 15ms，能量介于里氏 −3 到 +1 级。在地震记录上，微地震事件一般表现为清晰的脉冲。微地震事件越弱，其频率越高，持续时间越短，能量越小，破裂的长度就越短。因此，微地震信号很容易受其周围噪声的影响或遮蔽。另一方面，在传播过程中，由于岩石

介质的吸收作用以及不同的地质环境的限制，其能量也会受到影响。

5.3.4.1.2　微地震定位方法

目前，微地震事件的定位方法可以分为两种：直接定位和相对定位。直接定位方法主要有以下三种：利用单个三分量检波器接收到的所有信息进行震源定位，也称为全息成像方法（Albright 和 Hanold，1976）；多个检波器按照三角形状分布，结合纵波和横波的初至时间对裂缝进行定位（Gibowicz 等，1994）；利用初至波相位对微地震事件进行定位（Drew 等，2005；Rentsch 等，2007）。微地震事件的直接定位精度受检波器的布置方式以及速度模型精度的影响，尤其对于页岩气储层，速度的各向异性特征比较明显，准确速度场的建立相对更加困难，基于各向同性介质模型的速度场会引起震源定位的误差。初至时间以及相位拾取的不准确也会影响微地震事件的定位精度。相对定位方法与直接定位方法相比，具有一定的优势。在相对定位方法中，首先选择信噪比高的微地震信号（主事件），运用直接定位方法对其进行定位，然后利用同相轴之间的相关性，实现能量较弱同相轴的相对定位（Reyes - Montes 等，2009）。由于主同相轴和弱同相轴受地层速度的影响基本一致，受近地表引起的静校正量也基本一致，因此，使用相对定位方法能够降低速度模型和静校正对微地震事件定位的影响，从而提高定位精度。

5.3.4.1.3　页岩气开发中的微地震应用简介

工程压裂技术对于页岩气开发是不可或缺的，压裂过程中裂缝的发育程度和模式将直接控制着页岩气的开采量。为了能够对裂缝的发育进行监测，微地震技术在其中发挥了重要作用。通过对地下裂缝进行成像，能够对压裂措施的有效性进行评价，而且能够提供宝贵的工程方案修改意见，促进压裂措施的优化。在页岩气勘探开发领域，利用微地震进行裂缝监测并且最早实现对地下裂缝的定位和成像的案例是在 Barnett 页岩中进行的，图 5.3.51 表示的是页岩气开发史上的第一幅液压裂缝成像平面图，从该图中可以看出工程压裂产生的裂缝系统远比工程作业人员想象的要复杂的多，而且裂缝发育的模式与页岩气产量密切相关，在以后的工程方案设计中，开始考虑裂缝发育的复杂程度和模式。微地震技术在整个 Barnett 地区的页岩气开发过程中起着非常重要的作用，是工程开采能够有效完成的关键保障。

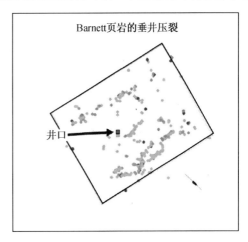

图 5.3.51　Barnett 第一幅微地震裂缝
成像平面图（据 Zinno，2011）

随着微地震技术在页岩气开发中的应用日益成熟，它也推动了先进压裂方案的诞生，水平井压裂技术离不开微地震监测的贡献。通过微地震监测表明，水平井压裂技术产生的裂缝系统远比直井压裂产生的裂缝系统更加复杂，而且能够促进裂缝的平面发育，有效提高页岩气储层的泄流面积，因此，水平井压裂具有更高的页岩气产能，约为直井压裂的 3 倍左右。而在水平井压裂技术中，多期水平井压裂又能够扩大裂缝发育的规模，图 5.3.52 表示的是多期水平井压裂的微地震事件平面分布图，从图中可以看出使用该种压裂方法能够取得非常理想的裂缝发育模式。

微地震方法的应用不仅体现在对裂缝进行成像上，随着工程作业者对微地震技术的认识

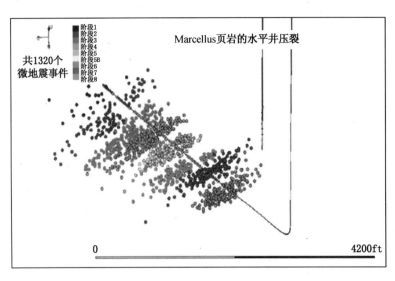

图 5.3.52　水平井多期压裂的裂缝发育模式（据 Zinno，2011）

参见书后彩页

更加清楚，对微地震数据的利用愈加充分。利用微地震资料能够对复杂的液压裂缝网络系统进行裂缝建模，离散网络模型（DFN）是比较常用的裂缝建模方法，在裂缝模型的基础上进行综合的油藏模拟，估算产能。工程开采实践表明，微地震监测到的裂缝总体积、裂缝密度和裂缝发育复杂程度与页岩气产能直接相关，因此可以用来预测页岩气产能的大小。不仅如此，微地震资料也能够用于工程压裂过程中应力场变化的监测。目前，伴随着计算机等硬件设备的不断发展和更新，实时微地震监测技术已经日趋成熟，它能够与压裂措施同步执行，从而实时监测地下裂缝的发育和压裂液的分布，为及时调整和优化压裂措施提供了条件，使得压裂能够有效避开地质盲区，降低勘探风险。

5.3.4.2　实时微地震监测

微地震技术在页岩气开发中扮演着重要角色，能够提供有关地下裂缝形态的详细信息。随着计算机等硬件设备的快速发展，实时微地震监测已经成为现实，它不仅具有常规微地震监测的优势，而且能够完成边压裂边成像的监测任务，给工程开发带来的好处是不言而喻的。下面就实时微地震监测系统和它的用途实例进行介绍。

（1）实时的真正含义。

"实时"这个专业术语来自早期的模拟程序，最初的"实时"是指能够以与真实过程相匹配的速度进行模拟。现在大多使用"实时"这个名词表示具有足够快的计算速度。对于微地震监测系统而言，它的"实时"含义在于：实时的采集、处理和显示系统，它不仅要求成像的正确性，要求更多的是成像的速度和可视化。

（2）数据采集系统。

数据采集系统由一串 3C 高保真的检波器组成，这些检波器被放置在井中一定的深度处，采样频率高达 0.5ms，能够通过电缆高速传输到地面接收装置。信号由地面接收装置传输到处理系统可以通过以下方式：①如果处理装置与采集装置相距很近，可以采用以太网电缆进行传输；②如果处理装置与采集装置相距很远，可以采用无线电进行传输；③如果距离非常遥远，那么可以采用加密的卫星连接方式进行数据传输。对于采集系统而言，从微地震事件发生到信号采集再到数据处理系统，耗费的时间是非常短的，能够满足实时的要求。

（3）数据处理系统。

对于一个典型的伪实时处理系统，纵波和横波的初至时间都是需要人工拾取的，或者使用一些伪自动化的时间拾取算法进行拾取，但最终还是需要有经验的地球物理工作人员进行检查。如果仅仅考虑包含八个 3C 检波器的采集系统，在任意一个时窗内都有 24 道可供研究，如果采用 6 个检波器来确定微地震震源的位置，那么需要 12 次初至时间拾取，对于一个有经验的地球物理工作者来讲大概需要半分钟。在 Barnett 页岩地层中，一个典型的水平井压裂分为 5 个阶段，每个阶段将持续 2～4h，平均每个阶段有 200 个同相轴，这就意味着整个压裂过程会产生 1000 左右的同相轴，需要进行 2000 次初至时间的拾取，这大概需要 15h 进行人工拾取。整个工程压裂的时间和初至拾取的时间基本相当，后续的资料处理和成像定位还需要一定的时间，使得实时监测根本无法实现。而且在人工拾取的过程中，不能保证拾取的初至时间是完全正确的，将导致微地震事件的定位不够准确。

相比之下，使用连续空间成像方法，自动拾取微地震信号的初至时间，使得处理效率大大提高，保证了实时监测的可行性。Drew 等（2004，2005）对这种自动拾取方法进行了详细的讨论。这种方法同时也增强了初至时间拾取的准确度，是一种稳定的全自动同相轴检测和定位方法。快速的初至时间的拾取为后续处理和定位成像奠定了基础，也保证了处理系统的实时性。

（4）数据可视化。

为了尽可能大的提升实时处理获得的微地震成像结果的价值，成像结果的可视化是非常关键的，它能够让工程作业者直观的观察裂缝的发育模式，监测裂缝是否在有利的目的区域传播，如果发现裂缝向含水区域、枯竭区域以及偏离目标区域以外的方向发育，可以及时调整压裂措施或者进行洗井。及时停止压裂执行能够节省压裂液和清洗费用。此外，如果能够在第一时间发现裂缝向目标区域以外发育，那么可以降低压裂液的泵送率，目的为了减缓裂缝发育的高度，增加裂缝在平面的发育长度。图 5.3.53 表示的是实时监测的微地震事件空间分布以及工程压裂措施的相关参数。从图中可以看出，实时微地震监测能够将成像可视化结果与多种数据参数同时显示，有助于解释和分析压裂产生的裂缝系统。

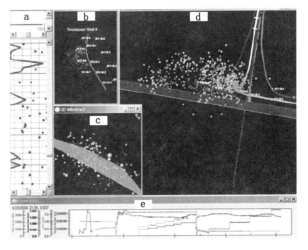

图 5.3.53　微地震事件发生的深度（a）；水平井的射孔间隔平面分布图（b）；通过微地震事件分布预测的裂缝发育平面（c）；压裂过程中裂缝发育模式的 3D 显示结果（d）；工程压裂参数随时间的变化规律（e）

（据 Le Calvez 等，2007）

参见书后彩页

5.4 开发工程与工艺

页岩气主要以吸附及游离态储存在页岩中，页岩的分布范围广、厚度大。但是致密的页岩储层孔隙度、渗透率极低。除极少数天然裂缝十分发育的页岩气储层可以直接投入生产外，其余90％以上的页岩气井需要采取压裂等增产措施沟通天然裂缝，提高井筒附近储集层导流能力，所以提高页岩的渗透性、扩大页岩的暴露面就成为页岩气开采的主要思路。需要说明的是，页岩气的开发并不需要排水降压，页岩中游离相天然气的采出，能够达到压力降低的目的，从而导致吸附相气体解吸，达到进一步提高天然气产能并实现长期稳产的目的。由于低孔低渗储层天然气的产量和采收率较低，因此页岩气的最终采收率依赖于有效的压裂措施，压裂技术直接影响着页岩气井的经济效益。

水平井可以增大气井的泄气面积，并且能够连通更多的裂缝系统。水力压裂技术能够极大地增加气井的产能和采收率，因为这项技术，页岩气的开采变的经济可行。多层压裂技术、清水压裂技术、重复压裂技术、同步压裂技术及这些技术之间的结合，能够大幅提高页岩气井的产量。

此外，目前对于页岩气的渗流机理认识不清楚，很多都是直接借用煤层气的渗流方程，但由于页岩气和煤层气的赋存方式、产气机理以及储层条件存在着一定的差别，因此页岩气渗流理论并不能简单引用煤层气的理论，需对其进行深入的研究。

页岩气的储量是个重要的参数，它直接决定着气藏的开发规模。由于页岩气中既存在吸附气又存在游离气，因此页岩气的储量计算方法与常规气藏有较大的区别，需研究准确计算页岩气储量的方法。

正是由于页岩气藏的特殊性，其产能变化规律也存在着自身的特殊性，既不同于常规气藏也不同于煤层气藏。页岩气单井日产量初期产量较高，之后产量迅速减小，日产气量逐渐稳定，生产周期较长，一般可维持 $10\sim30a$，因此有必要对其产量变化进行预测研究。

数值模拟技术对于任何油气田开发来说都是非常重要的，它可以为气田的开发方案提供依据。目前页岩气的开发必须进行压裂增产措施，因此在页岩气的数值模拟中必须考虑水力压裂。

5.4.1 渗流机理研究

5.4.1.1 页岩气赋存方式

页岩气可以在页岩的天然裂缝和有效的大孔隙中以游离态存在，而在干酪根和黏土颗粒表面以吸附状态存在，极少量在干酪根、液态原油甚至残留水中以溶解状态存在。页岩气以游离态和吸附态为主，溶解态含量很少。早在1996年，胡文瑄等就指出，在 $CH_4 - CO_2 - H_2O$ 三元体系中，作为天然气主要成分的 CH_4，其溶解态含量仅占总含量的 0.1%。气体在页岩层中以何种相态存在，主要取决于它们在流体体系的溶解度。即未饱和时，只存在吸附态和溶解态；而一旦达到饱和，就会出现游离态。在气体赋存方式方面，页岩气和煤层气的不同之处在于页岩气藏中存在着大量的游离气。对于页岩气的赋存方式在5.2节中有较为详细的论述，此处不再赘述。

5.4.1.2 页岩气与煤层气的共同点和区别

我国煤层气地质研究较深入，但是开发的相关技术、装备及队伍还略显薄弱；我国页岩气开发尚处于起步阶段，如何快速、经济、持续、高效地开发页岩气藏至关重要。

表 5.4.1 对煤层气和页岩气储层特征及开发特征进行了对比。

表 5.4.1 煤层气和页岩气储层特征及开发特征对比表

		页 岩 气	煤 层 气
成藏特征		自生自储	自生自储
有机物质量含量		大于 50%	小于 50%
孔隙类型		基质孔隙、天然裂缝等	基质孔隙、割理、裂缝等
气体的赋存方式		以吸附气为主	以吸附气为主
三种气占总气量的比例	吸附气	一般介于 20%～85%	一般介于 80%～90%
	游离气	一般介于 25%～30%	一般介于 8%～12%
	溶解气	一般小于 0.1%	一般小于 1%
基质孔隙中气的赋存方式		吸附气、游离气和溶解气	吸附气、游离气和溶解气
基质孔隙直径		一般介于 5～1000 nm	一般介于 0.4～2960 nm
总孔隙度		一般介于 4%～6%	一般介于 5.84%～10.51%
基质渗透率		一般小于 10^{-3} mD	一般小于 10^{-3} mD
裂缝渗透率		一般介于 0.01～0.1 mD	一般介于 0.1～100 mD
有效厚度		30～300 m	20～100 m
解吸类型		Langmuir 等温解吸方程	Langmuir 等温解吸方程
基质气体的流动方式		Knudsen 扩散、Fick 扩散	Fick 扩散
是否需要排水采气		否	是
开采技术		水平井、压裂技术	直井、水平井、压裂技术
生产曲线示意图			
		实线—气的日产量；虚线—水的日产量	

煤层气和页岩气无论从宏观上的成藏特征、多孔介质类型以及开采方法和技术，还是从微观上天然气赋存特征、基质孔隙尺度以及基质吸附气的解吸和流动特征方面，都具有类似性，但也有一定的区别，而且页岩气的开发很大程度上借鉴于已有的煤层气的开发经验，从而研究符合页岩气和煤层气的统一的微观吸附、解吸特征以及开发流动规律。

5.4.1.2.1 赋存方式对比

页岩气和煤层气的赋存方式都有三种，即吸附气、游离气和溶解气。对于页岩气来说，吸附气一般介于 20%～85%，游离气一般介于 25%～30%，溶解气一般小于 0.1%；而对于煤层气来说，吸附气一般介于 80%～90%，游离气一般介于 8%～12%，溶解气一般小于 1%。

对于页岩气的赋存状态问题，Ancell 等人通过实验研究发现，页岩气中存在许多极小的矿物颗粒，从而能形成很小的流动通道，这些通道以其巨大的比表面积吸附气体（Ancell，1979 年）。后来 Curtis 进一步研究发现，页岩气总共以三种方式存在于页岩储层中：天然裂缝或者粒间孔隙中的游离气，干酪根和黏土颗粒表面的吸附气，以及干酪根和沥青中的溶解气（Curtis，2002）。Javadpour 等（2009）认为天然气在页岩干酪根内部的赋存状态为：以游离气占据纳米孔隙，以吸附气的形式吸附在干酪根表面，以溶解气的形式分布在干酪根物质内部。

5.4.1.2.2　产气机理对比

对于煤层气的开发，首先需要进行排水降压，以此解析出吸附气；而对于页岩气的开发并没有排水的阶段，是通过采出游离气达到降压的目的，解析出吸附气。由于页岩气藏中基本不存在可动水，仅存在束缚水，因此在其开发过程中，并不需要进行排水，所以，页岩气的开发与煤层气开发的中后期很类似，即煤层气排水后的开发阶段。因此完全简单照搬煤层气的产气机理、渗流模型是不正确的。

5.4.1.2.3　基质裂缝特征对比

页岩气和煤层气都属于双孔介质，同时具有基质和裂缝，但由于储层的不同，也存在一定的差异。页岩气藏的基质孔隙直径一般介于 5~1000 nm，而煤层气藏的基质孔隙直径一般介于 0.4~2960nm，其渗透率都小于 10^{-3}mD，因此对于基质特征，页岩气和煤层气差别不大。对于裂缝来说，页岩气藏的裂缝渗透率一般介于 0.01~0.1mD，而煤层气藏的裂缝渗透率一般介于 0.1~100mD，因此煤层气藏的裂缝渗透率明显高于页岩气藏的裂缝渗透率，从而导致页岩气藏的产量较低。

5.4.1.3　页岩气藏基质孔隙降压解吸游离气扩散理论

5.4.1.3.1　Langmuir 理论——单分子层吸附

Langmuir 模型是法国化学家 Langmuir 在 1916 年研究固体表面的吸附特性时，从动力学观点出发，提出的单分子层吸附的状态方程，适用于无孔固体。其基本假设条件为吸附剂表面均匀光洁，固体表面能量均一，仅形成单分子层，被吸附的气体分子之间没有相互作用力，吸附平衡时处于一种动态平衡。虽然页岩吸附页岩气不完全符合 Langmuir 方程所要求的条件，但是由于页岩吸附页岩气的等温线与单分子层的等温线形式相同，所以国内外的研究者都运用 Langmuir 模型来计算吸附量。但是也有学者认为，对于具有复杂孔隙结构的煤，Langmuir 单分子吸附模型在理论上是值得怀疑的。

$$V = \frac{V_m bp}{1 + bp} = \frac{abp}{1 + bp} = \frac{V_L}{P + P_L} \tag{5.4.1}$$

式中：V 为吸附量，cm^3/g；V_m 为 Langmuir 吸附常数，cm^3/g；b 为 Langmuir 压力常数，1/MPa，与吸附剂、吸附质的特征及温度有关，为吸附速度常数与解吸速度常数的比值，反映煤的内表面对气体的吸附能力；P 为气体压力，MPa；V_L 为 Langmuir 体积，代表最大吸附能力，其物理意义是：在给定的温度下，页岩吸附甲烷达到饱和时的吸附量。

Langmuir 模型假设温度不变，而实际中，温度会影响气体的吸附能力，特别是当温度较高的时候吸附的气量相对较少，由于其未考虑温度的影响，所以称之为"等温吸附曲线"。

依此方程，给定温度条件，便可计算任何压力下的吸附气量。但是，对于吸附解吸过程的数学描述和物理描述存在着一定差异。在理论上，压力趋于无穷大时，气体储集能力将无限接近 Langmuir 体积，但并不会达到 Langmuir 体积，而实际中，当压力达到临界压力时吸附气才会发生解吸，此时的解吸过程符合 Langmuir 模型的描述。

气体解吸的另一个问题是解吸时间，有时压力低于临界压力后，气体并不会立刻解吸出来。当压力达到解吸压力的时间与真正发生解吸的时间间隔称作解吸时间。为了简化，一般假设解吸是瞬时发生的。

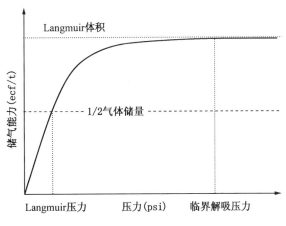

图 5.4.1　气体吸附解吸典型曲线

5.4.1.3.2　BET 理论多分子层吸附

1938 年，Brunauer、Emmett、Teller 以 Langmuir 单分子吸附理论为基础，从经典的统计理论导出了 BET 多分子层理论模型，这个模型的假设条件是存在发生多层吸附的气体分子间的范德华力，被吸附分子之间没有相互作用力，第二层以上的各层吸附热相同但是与第一层的吸附热不同。另外，同一表面的不同位置所吸附的气体分子数量不一定相同，这说明不是一层吸附分子铺满后再进行下一层，每一层都有可能有空的吸附位，吸附层不是连续的。还有吸附只发生在直接暴露的气相的表面上，这个理论适合于化学性质均匀的表面。

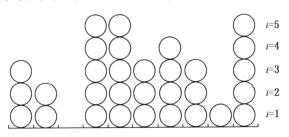

图 5.4.2　多分子层吸附模型

多分子层的吸附模型如图 5.4.2 所示。在第一层，与 Langmuir 理论相同。当达到动态吸附平衡时，没有被吸附质分子填充的位置，即空吸附位上吸附的速度与第一层脱离吸附的速度相同。从第二层开始，吸附分子与固体表面之间的相互作用力减小，吸附主要是由吸附气体分子之间的相互作用力引起，被认为与气体液化的过程相类似。

较高的压力比较适合多分子层吸附，其存在的可能性比较大。适用公式见式（5.4.2）

$$V = \frac{V_m CP}{P_0 - P\left[1 + \dfrac{(C-1)P}{P_0}\right]} \tag{5.4.2}$$

$$C = e^{\dfrac{E_1 - E_L}{RT}} \tag{5.4.3}$$

式中：P_0 为实验温度下吸附质的饱和蒸汽压，MPa；V_m 为 BET 方程单分子层吸附量，cm^3/g；C 为和吸附热及被吸附气体液化有关的常数；E_1 为第一吸附层的吸附热；E_L 为气体的液化热。

与 Langmuir 理论不同，虽然 BET 理论也假设存在了吸附位，但并不要求一定是特异吸附位。在 BET 的物理吸附中，由于吸附质几乎完全覆盖了团体的表面，所以由一个被吸附的气体分子的占有面积以及单分子层的吸附量，可以求出固体的比表面积（specific surface area），这是 BET 吸附模型的一个重要用途。

5.4.1.3.3 吸附势理论——DR 方程

早在 1914 年，Polanyi 已经对吸附势进行了定性的描述，所以，吸附势理论也被称作 Polanyi 吸附势理论。吸附势理论是用来描述多分子层吸附的一种理论模型。它的出发点是固体存在着吸附势能场，如同地球存在引力场而使空气在地球表面附近包覆成大气层一样。而吸附就是气体分子掉入了固体表面势能场的过程。诞生近一百年的吸附势理论与 Langmuir 理论和 BET 理论最大的不同之处便在于吸附势能场。所以，吸附密度与距离固体表面的远近有密切联系。按照空间分布规律，吸附势与之所对应的曲线是唯一的，这个曲线被称作吸附特性曲线。

DR（Dubinin Radushkevich）方程对等温吸附进行了定量描述，是 Polanyi 吸附势理论的一种推导。Dubinin 学派在 Polanyi 吸附势理论的基础上提出了微孔容积填充理论，适用于微孔固体。这种理论认为吸附机理并非是分子层的吸附，而是吸附质分子在微小的孔隙中的聚集。因为微孔的孔径极小，孔隙壁与孔隙壁之间产生了叠加的力场，所以微孔对吸附质分子产生了更强的吸引力。需要注意的是，被吸附的分子并不是覆盖住孔隙，而是以类似液体的状态对微孔体积进行填充。微孔容积填充理论将吸附势定义为：1mol 气体变成微孔内的吸附相时所需要的功。并且认为吸附势的大小与温度的高低没有关系，因此，同一条特征曲线可以用来描述不同温度下的吸附状况。这种模型自身没有专门描述吸附等温线的公式，一般需要运用图解法进行计算。DR 方程存在的主要的限制条件是：仅适用于填充率 $\theta > 15\%$ 的吸附过程，并且微孔材料需要是均质的。

$$V = V_0 \exp\left[-K\left(\frac{RT}{\beta}\ln\frac{P}{P_0}\right)^2 \right] \tag{5.4.4}$$

$$C = e\frac{E_1 - E_L}{RT} \tag{5.4.5}$$

式中：V 为吸附量，m^3/g；V_0 为每克微孔体积（视为完全充满吸附气体分子），m^3/g；β 为吸附质亲和系数；K 为与孔隙结构有关的参数；P 为平衡气体压力，MPa；R 为普氏常数，为 $8.314J \cdot mol^{-1}K^{-1}$；$T$ 为平衡温度，K；P_0 为实验温度下吸附质的饱和蒸气压，MPa。

5.4.1.3.4 扩散机理

气体的扩散是指气体分子由高浓度区向低浓度区自发运动的过程。从分子运动学的角度来说，气体扩散实际上是气体分子做不规则的热运动的结果。可以用努森数将扩散分为最普通的 Fick 型扩散、Knudsen 型扩散以及过渡型扩散。

努森数可以用下式来表示孔隙直径以及分子运动的平均自由程的相对大小，即

$$K_n = \frac{d}{\lambda} \tag{5.4.6}$$

式中：d 为孔隙的平均直径，m；λ 为气体分子的平均自由程，m。

当 $K_n \geq 10$ 的时候，气体分子的平均自由程远远小于孔隙直径（见图 5.4.3）。这个时候碰撞主要发生在自由的气体分子之间，而分子和孔隙壁的碰撞机会相对来说比较小。这类扩散依然遵循 Fick 定律，所以称作 Fick 型扩散。

当 $K_n \leq 0.1$ 的时候，孔隙直径远远小于气体分子的平均自由程（见图 5.4.4）。这个时候自由的甲烷气体分子之间的碰撞机会相对较少，而分子和孔隙壁的碰撞起了主导作用。这种不再遵循 Fick 定律的碰撞，被称作 Knudsen 型扩散。

当 $0.1 < K_n < 10$ 的时候，气体分子的平均自由程与孔隙直径相接近（见图 5.4.5）。这个时候，游离气体分子之间的碰撞与分子跟孔隙壁之间的碰撞都很重要。所以这种类型的扩

图 5.4.3 Fick 型扩散

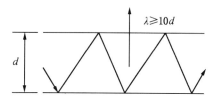

图 5.4.4 Knudsen 型扩散

散介于 Fick 型扩散以及 Knudsen 型扩散之间，被称作过渡型扩散。

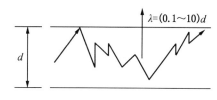

图 5.4.5 过渡型扩散

5.4.1.4 页岩气藏基质孔隙降压解吸游离气非线性渗流理论

页岩基质的孔隙半径和渗透率都很小，因此基质中的流体流动属于非达西流动。这与煤层气中的基质孔隙降压解吸游离气非线性渗流理论相似，详见 4.5.1.2.4 节。

5.4.1.5 页岩气藏基质孔隙降压解吸溶解气扩散理论

页岩气藏基质孔隙降压解吸溶解气扩散理论与煤层气中理论相似，详见 4.5.1.2.3 节。

5.4.1.6 页岩气藏裂缝游离气达西渗流理论

页岩气藏中存在着大量的裂缝，裂缝的孔隙半径和渗透率都较大，裂缝中的流体满足达西定律。详见 4.5.1.2.5 节。

5.4.1.7 页岩气产气机理

5.4.1.7.1 气体以渗流的方式在基质中运移

基于前人研究的双孔气体吸附模型，Schepers 等（2009）提出了一种针对页岩气流动机理的模型（图 5.4.6）：（1）吸附气扩散进入裂缝系统的同时也会扩散进入基质孔隙；（2）流体在基质孔隙中的流动和流体在基质微观孔隙到裂缝系统的流动都遵循达西定律，换言之，多孔介质中的流动是由压差造成的。

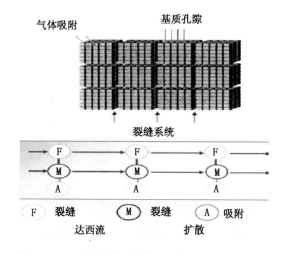

图 5.4.6 页岩气的概念模型（据 Schepers，2009）

Schepers 给出了描述页岩气藏的三孔双渗模型，但是，由于着重强调以上两点，模型忽略了其他一些因素。对于第一点，吸附气扩散进入裂缝系统的同时也会扩散进入基质孔隙，这是由于基质固体颗粒不仅仅存在于基质的表面，也存在于裂缝空间的表面。尽管与基质表面的固体颗粒区域相比，裂缝中固体颗粒的区域很小，但此影响并不能忽略，因为裂缝是被基质包围的。对于第二点，页岩气从基质到裂缝中的运移机理尤为重要。Schepers 认为此阶段的气相运移为多孔介质的流动。Zuber 等（2002）也有相似的观点，如图 5.4.7 所示。

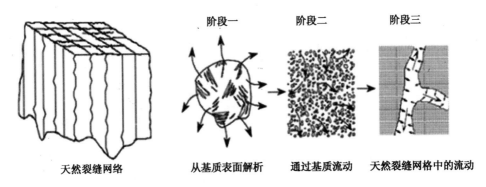

| 天然裂缝网络 | 阶段一 从基质表面解析 | 阶段二 通过基质流动 | 阶段三 天然裂缝网格中的流动 |

图 5.4.7　页岩气的运移（据 Zuber，2002）

Wang 和 Reed（2009）详细分析了页岩气的渗流机理，其中包括页岩气在孔隙和裂缝中的流动机理。基质孔隙又可细分为无机质孔隙和有机质孔隙两种类型，而裂缝包括了天然裂缝和水力压裂的诱导缝。基质中有机质形成的孔隙相当于多孔介质，尽管还不十分清楚气体在有机物中的流动机理。

Song（2010）认为目前并没有足够的证据表明页岩气基质中没有扩散作用，但其仍然认为即使有扩散作用的存在，但多孔介质中的渗流仍起主导作用。总的来说，描述页岩气基质的扩散模型都是借鉴于煤层气的，而页岩气通过基质的运移机理与煤层气的运移机理可能差距很大。

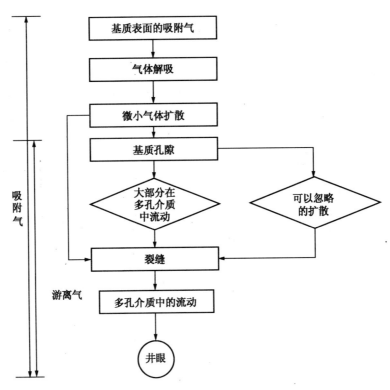

图 5.4.8　页岩气运移机理（据 Song，2010）

Song 将页岩气的运移过程描述为：由于压差驱动，游离气从基质孔隙（原生孔隙）中流入裂缝系统（次生孔隙），类似于多孔介质中的流体渗流，而扩散作用可能也存在，但作用较小可以忽略。这样游离气就可以通过裂缝而流入井筒。只有当孔隙压力降低后吸附气才会发生解吸，吸附的气体分子能够运移或扩散到孔隙颗粒表面。扩散发生在很小的孔隙中，这些微孔隙往往可以忽略。吸附气解吸成游离气后的运移过程与原始游离气的运移相同，因此在基质孔隙系统和裂缝系统中的渗流机理是相同的。

基于以上过程，Song（2010）提出了更为适合于页岩气藏的"三孔双渗"模型，其中基质孔隙、裂缝和气体吸附为三种储集气体的有效孔隙，而基质孔隙和裂缝为两种具有渗透性的多孔介质，可为气体提供渗流的通道，如图 5.4.9 所示。

游离气的运移机理

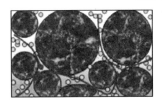 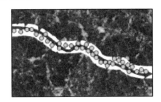

游离气在基质空隙中的流动　　　　　游离气在裂缝系中的流动

吸附气和游离气运移机理

 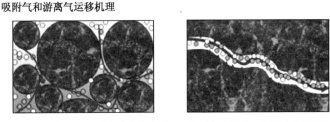

解吸气在基质空隙和裂缝中流动　　解吸气和游离气在基质空隙中的流动　　解吸气和游离气在裂缝中的流动

● 吸附气　　● 游离气　　○ 解吸气　　—— 解吸　　——→ 多孔介质中的流动

图 5.4.9　页岩气中气体流动机制示意图（据 Song，2010）

参见书后彩页

综上所述，以上学者都认为页岩基质孔隙相当于多孔介质，而一般研究认为页岩基质孔隙渗透率过低而忽略了这点。

5.4.1.7.2　气体以扩散的方式在基质中运移

并非所有人都认同基质孔隙类似于多孔介质的观点。Rushing 等（2008）认为在煤层气中，基质中的气体运移是由浓度差造成的，因为渗透率过低时，气体无法通过达西流动运移。这种机理是否适合页岩气有待进一步的验证，因为虽然煤层气和页岩气有许多相似之处，但毕竟还存在着一定的区别。

页岩具有双重孔隙特征：包含原生孔隙（微孔隙和中孔隙）系统和次生孔隙（大孔隙和天然裂缝）系统。原生的孔隙系统储存着绝大部分的天然气，而次生的孔隙系统提供了气体向井筒流动的通道。原生孔隙中的气体储存量由吸附作用控制。由于孔隙尺寸很小，原生孔隙基本不具备渗透能力，气体分子的运移是由浓度梯度产生的扩散作用控制的。次生孔隙系统中的流体流动受达西规律控制，即流动速率与渗透率和压力梯度有关。

Sondergeld（2010）描述了页岩气藏中不同的流动状态和孔隙类型。图 5.4.11 中，左边描述了基质和裂缝系统，展示了解吸过程，气体在基质中以扩散的方式运移，而在天然裂缝系统中的流动为达西流。图 5.4.11 中右图表明基质中气体通过吸附、解吸、扩散来流动，

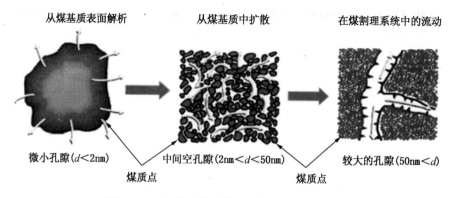

图 5.4.10　气体运移示意图（据 Rushing，2008）

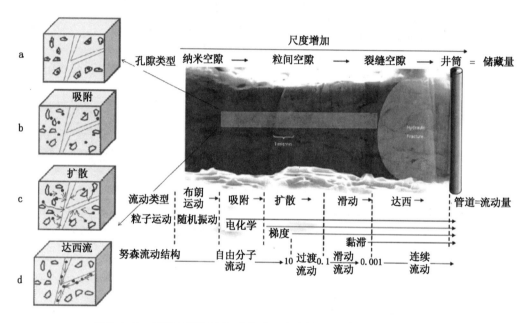

图 5.4.11　页岩气藏里的流动类型和流动状态（据 Dahaghi，2010）

对于孔隙半径较小的区域，气体以 Knudsen 扩散的方式流动，而对于孔隙半径相对较大的区域（天然裂缝系统）中的气体以达西流的方式流动。

当页岩气藏的压力下降至临界解吸压力之下时，甲烷就从原生孔隙中释放出来并进入到次生孔隙，天然裂缝附近的原生孔隙中的吸附气体浓度降低。气体浓度的减少产生了浓度梯度，浓度梯度导致气体以扩散的方式从微孔隙向中孔隙运移。随压力的降低，吸附气体会持续解吸并释放出来（Reznik，1984）。

5.4.1.8　渗流模型

5.4.1.8.1　孔隙介质中气体的宏观流动

流体流经多孔介质的连续性方程或质量守恒方程为（Bird，2007）：

$$\frac{\partial \rho}{\partial t} = -(\nabla \cdot \rho u) \tag{5.4.7}$$

式中：ρ 为密度，kg/m^3；t 为时间，s；u 为速度，m/s。

气体流动过程中重力影响可以忽略，因此在几十到几百个微米的毛孔中速度项可以用简化的达西公式来表示。

$$u = -\frac{k}{\mu}(\nabla p)$$ (5.4.8)

式中：k 为渗透率，m^2；μ 为流体黏度，$pa \cdot s$；p 为压力，kPa。

将方程（5.4.8）式代入方程（5.4.7）式可以得到：

$$\frac{\partial \rho}{\partial t} = -\left[\nabla \cdot \rho\left(\frac{k}{\mu}\nabla p\right)\right]$$ (5.4.9)

式（5.4.9）是可压缩流体在几十到几百个微米的孔隙系统中流动的通用方程，在常规气藏气体流动中得到广泛应用。然而对于纳米级孔隙的泥页岩储层，达西渗流是不适用的。不同的模拟方法，如分子直径（MD）、直接模拟蒙特卡罗（DSMC）、伯内特方程和 Lattice-Boltzmann（LB）都能用来模拟纳米孔隙中的气体流动。然而这些模拟方法的计算值偏高，不能用于孔隙直径超过几个微米的系统。

5.4.1.8.2 纳米孔隙中的气体流动

纳米孔隙中气体流动的质量流量是 Knudsen 扩散和压力差流动的和，如下方程

$$J = J_a + J_D$$ (5.4.10)

式中：J 为总质量流量，$mol/s/m^2$。

方程右边第一项是由压力差引起的平流，第二项是 Javadpour 提出的 Knudsen 扩散（Javadpour，2007），对于页岩气或者泥岩系统，有

$$J_a = U \cdot \nabla c$$ (5.4.11)

$$J_D = -D_K : \nabla \nabla c$$ (5.4.12)

式中：D_K 为 Knudsen 扩散系数；c 为浓度，mol。

（1）纳米孔隙中的 Knudsen 扩散流动。

Roy 等（2003）表示纳米孔隙中的努森扩散可以用压力梯度来表示。忽略黏度影响的努森扩散质量流量可以表示为

$$J_D = \frac{MD_K}{10^4 RT}\nabla P$$ (5.4.13)

式中：M 为摩尔质量，$kg/kmol$；R 为气体常数，$8.314 J/mol/K$；T 为温度，K。

努森扩散常数定义为

$$D_K = \frac{2r}{3}\left(\frac{8RT}{\pi M}\right)^{0.5}$$ (5.4.14)

（2）纳米孔隙中基于压力差的气体流动。

由 Hagen-poiseuille 的方程推导出来，即

$$J_a = -\frac{\rho r^2}{8\mu}\nabla p$$ (5.4.15)

利用理想气体公式将密度与压力联系起来，可以得到

$$J_a = -\frac{r^2}{8\mu}\frac{\rho_1}{p_1} p \nabla p$$ (5.4.16)

式中：ρ_1 为孔隙入口端密度，kg/m^3；p_1 为孔隙入口端的压力，kPa。

将孔隙长度加入到方程中，有

$$\rho_{avg} = 0.5(\rho_1 + \rho_2) \tag{5.4.17}$$

$$P_{avg} = 0.5(P_1 + P_2) \tag{5.4.18}$$

得出

$$J_a = \frac{r^2}{8\mu} \frac{\rho_{avg}}{L} \Delta p \tag{5.4.19}$$

式中：ρ_{avg} 为平均密度，kg/m^3。

纳米级孔隙中存在滑脱效应，纳米孔隙表面的滑脱速度可以影响气体流动，Brown 等人提出一个无量纲的系数 F 来修正管道中的滑脱速度，即

$$F = 1 + \left(\frac{8\pi RT}{M}\right)^{0.5} \frac{\mu}{p_{avg}} \left(\frac{2}{\alpha} - 1\right) \tag{5.4.20}$$

式中：α 为切向冲量常数，或是气体分子在管壁镜像的反射分量，α 的值从 0 到 1 变化。取决于管壁的光滑程度和气体类型，温度和压力。泥岩中精确的 α 值需要由实验确定。

由于 Brown 的模型是用来研究大管道中的低压气体流动，而我们是要研究纳米孔隙中的高压气体流动，气体分子平均自由程和管道（孔隙）直径的比值决定了存在滑脱的气体流动的努森常数，它在两个系统中的范围相同。

考虑了努森扩散和滑脱流动的纳米孔隙总质量流量表达式为

$$J = -\left[\frac{2rM}{3 \times 10^3 RT}\left(\frac{8RT}{\pi M}\right)^{0.5} + F\frac{r^2\rho_{avg}}{8\mu}\right]\frac{(p_2 - p_1)}{L} \tag{5.4.21}$$

式中：r 为孔隙半径，m。

上式表明，孔隙半径越小 F 值越大，压力越低 F 值越大。

5.4.1.8.3　现有的渗流模型

Kucuk（1980）提出了泥盆纪页岩气解吸渗流模型。

（1）假设条件。

气体的运移仅发生在裂缝系统和基质系统之间，且基质中的气体流向裂缝系统中，基质均匀分布在裂缝系统中，基质孔隙水中气体的解吸是均匀的。

（2）渗流方程。

裂缝渗流方程为

$$\nabla\left[\rho\frac{k_f}{\mu}\nabla p_f\right] + w_m(p_f, t) = \frac{\partial}{\partial t}(\phi_f\rho) \tag{5.4.22}$$

$$w_m(p_f, t) = -\frac{\rho_m A_m k_m}{V_m} \frac{1}{\mu}\left(\frac{\partial p_m}{\partial n}\right)_{surface} \tag{5.4.23}$$

基质渗流方程为

$$\nabla\left[\rho_m\frac{k_m}{\mu}\nabla p_m\right] + w_d = \frac{\partial}{\partial t}(\phi_m\rho_m) \tag{5.4.24}$$

$$w_d = -M\left(\frac{\mathrm{d}c_d}{\mathrm{d}p_m}\right)\frac{\partial p_m}{\partial t} \tag{5.4.25}$$

式中：$\dfrac{\mathrm{d}c_d}{\mathrm{d}p_m}$ 为等温吸附解吸实验的斜率；k_m 为基质渗透率；c_d 为吸附在孔隙表明的气体的浓度；w_d 为解析速度；p_m 为基质压力；ϕ_m 为基质孔隙度；k_f 为裂缝渗透率；ρ 为气体密度；w_m 为单位体积下的质量流量；p_f 为裂缝压力；ϕ_f 为基质孔隙度。

Ozkan（2010）提出了页岩气扩散渗流模型。

（1）假设条件。

基质的形状为球形，在基质表面的压力是均匀分布的，在储层中是径向流动，在基质内的流动是球形流动，考虑基质中气体的扩散（图 5.4.12）。

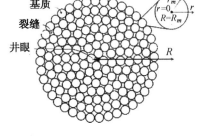

图 5.4.12 双孔双渗流入瞬变模型

（2）渗流方程。

圆形基质中的渗流：

$$-\frac{1}{r^2}\frac{\partial}{\partial r}(r^2\rho_g v_m) = \frac{\partial}{\partial t}(\rho_g \phi_m) \qquad (5.4.26)$$

定义基质单元中径向流动速度为 v_m，总单元中径向流速度为 v_{prm}，扩散速度为 v_{srm} 并且

$$v_m = v_{prm} + v_{srm} \qquad (5.4.27)$$

其中

$$v_{prm} = -\frac{k_m}{\mu_g}\frac{\partial p_m}{\partial r} \qquad (5.4.28)$$

$$v_{srm} = -\frac{M_g D_m}{\rho_g}\frac{\partial C_m}{\partial r} \qquad (5.4.29)$$

裂缝中的渗流：

$$-\frac{1}{r}\frac{\partial}{\partial r}(r\rho_g v_{rf}) + F(r,t) = \frac{\partial}{\partial t}(\rho_g \phi_f) \qquad (5.4.30)$$

其中裂缝中的渗流速度为

$$v_{rf} = -\frac{k_f}{\mu_g}\left(\frac{\partial p_f}{\partial r}\right) \qquad (5.4.31)$$

$$F(r,t) = -\frac{2}{h_f}\left(\rho_g \frac{k_m}{\mu_g}\frac{\partial p_m}{\partial r}\right)_{(r=r_m,r_m,t)} \qquad (5.4.32)$$

式中：M_g 为气体的分子量；D_m 为气体的扩散系数；$F(r,t)$ 为一个源代表从单位基质中流入到裂缝的质量流量。

Cao（2010）提出了页岩气的渗流模型。

（1）假设条件。

存在气水两相，气水之间没有质量交换，双孔双渗孔隙结构，孔隙和基质中充有游离气和水，一些解吸气储存在基质中，基质和孔隙之间的压力在任何时刻都达到动态平衡，解吸气的解析用 Langmuir 曲线来描述，扩散服从 Fick 定理，油藏与流体的温度恒定，不考虑毛管力的影响，考虑应力敏感的影响。

（2）渗流方程。

①运动方程。

气相渗流速度为

$$v_g^m = -\left(\frac{K_g^m}{\mu_g} \cdot \nabla p_g + \frac{D_g^m}{C_g^m} \cdot \nabla C_g^m\right) \qquad (5.4.33)$$

$$v_g^f = -\left(\frac{K_g^f}{\mu_g} \cdot \nabla p_g + \frac{D_g^f}{C_g^f} \cdot \nabla C_g^f\right) \qquad (5.4.34)$$

水相渗流速度为

$$v_w^m = -\frac{K_w^m}{\mu_w} \cdot \nabla p_w^m \qquad (5.4.35)$$

$$v_w^f = -\frac{K_w^f}{\mu_w} \cdot \nabla \, p_w^f \tag{5.4.36}$$

②连续性方程。

基质中气相物质平衡方程为

$$\frac{\partial}{\partial t}\left(\frac{C_g^m p_g^m}{Z}\right) = \nabla \left(\frac{p_g^m K_g^m}{Z\mu_g}\nabla \, p^m + D_g^m \nabla \frac{p_g^m}{Z} + \frac{D_g^m p_g^m}{C_g^m Z}\nabla \, C_g^m\right) - \frac{RT}{M}(q_g^{mf} + p_g^m) \tag{5.4.37}$$

基质中水相物质平衡方程为

$$\frac{\partial}{\partial t}\left(\frac{\phi_m s_w^m}{B_w}\right) = \nabla \left(\frac{K_w^m}{B_w \mu_w}\nabla \, p_w^m\right) - \frac{RT}{M}(q_w^{mf} + q_w^m) \tag{5.4.38}$$

裂缝中气相物质平衡方程为

$$\frac{\partial}{\partial t}\left(\frac{C_g^f p_g^f}{Z}\right) = \nabla \left(\frac{p_g^f K_g^f}{Z\mu_g}\nabla \, p^f + D_g^f \nabla \frac{p_g^f}{Z} + \frac{D_g^f p_g^f}{C_g^f Z}\nabla \, C_g^f\right) + \frac{RT}{M}(q_g^{mf} - p_g^f) \tag{5.4.39}$$

裂缝中水相相物质平衡方程为

$$\frac{\partial}{\partial t}\left(\frac{\phi_f s_w^f}{B_w}\right) = \nabla \left(\frac{K_w^f}{B_w \mu_w}\nabla \, p_w^f\right) + \frac{RT}{M}(q_w^{mf} - q_w^f) \tag{5.4.40}$$

裂缝和基质中气相的浓度为

$$C_g^m = \phi_m s_g^m \tag{5.4.41}$$

$$C_g^f = \phi_m s_g^f \tag{5.4.42}$$

饱和度方程为

$$s_g^m + s_w^m = 1 \tag{5.4.43}$$

$$s_g^f + s_w^f = 1 \tag{5.4.44}$$

压力方程为　　$p_g^f = p_w^f$,　$p_g^m = p_w^m$

③扩散方程/解吸方程以及两者之间的沟通桥梁。

假设在基质中气的解吸是稳定扩散，则

$$\frac{\mathrm{d}C_g^m(t)}{\mathrm{d}t} = D_g^m F_s \left[V_E(p_g) - C_g^m(p_g)\right] \tag{5.4.45}$$

当 $p_g^m < p_d$ 时，用兰格缪尔方程计算 V_E，即

$$V_E(p_g^m) = V_L \frac{p_g}{p_g + p_L} \tag{5.4.46}$$

当 $p_g^m \geqslant p_d$ 时

$$V_E(p_g^m) = V_E(p_d) \tag{5.4.47}$$

对于稳态流动，耦合沟通方程为

$$q_g^{mf} = \frac{\alpha K_m}{2\mu p_x}\left[(p_g^m)^2 - (p_g^f)^2\right] \tag{5.4.48}$$

所以页岩气中的浓度方程为

$$\frac{\mathrm{d}C_g^m(t)}{\mathrm{d}t} = D_g^m F_s \left[V_E(p_g) - C_g^m(p_g)\right] - \frac{\alpha K_m}{2\mu_g F_G p_x}\left[(p_g^m)^2 - (p_g^f)^2\right] \tag{5.4.49}$$

从基质到裂缝中的气相通道方程为

$$q_g^{mf} = -F_G \frac{\mathrm{d}C_g^m}{\mathrm{d}t} \tag{5.4.50}$$

从基质到裂缝中的水相通道方程为

$$q_w^{mf} = \frac{\partial K_m}{\mu}(p_w^m - p_w^f) \tag{5.4.51}$$

考虑应力敏感的影响，孔隙度和渗透率的变化为

$$\phi_f = \phi_{fi} + \phi_{fi} c_p (p_g - p_i) - c_m (1 - \phi_{fi}) \frac{p_d - p_x}{V_E(p_d) - V_E(p_x)} [V_E(p_g) - V_E(p_d)] \quad (5.4.52)$$

其中

$$c_m = \frac{1}{V_m} \frac{\mathrm{d}V_m}{\mathrm{d}p_g} \quad (5.4.53)$$

当 $p_i \geqslant p_k$

$$K = K_i \exp[-a_{k1}(p_i - p_g)] \quad (5.4.54)$$

当 $p_i < p_k$

$$K = K_i \exp[-a_{k1}(p_i - p_k)] \cdot \exp[-a_{k2}(p_k - p_g)] \quad (5.4.55)$$

如果假设已知初始条件和边界条件，则未知的参数有：p_g^f，p_g^m，p_w^f，p_w^m，s_g^f，s_g^m，s_w^f，s_w^m。由于忽略毛管力的影响，p_g^f，p_g^m，s_g^f，s_w^m，$\bar{s_g^m}$，s_g^f 几个参数可以由（5.4.37）（5.4.38）（5.4.39）（5.4.40）（5.4.43）（5.4.44）方程求出。在离散化之后，方程能够通过全隐式的方法求解出来。

5.4.2　水平井钻完井技术

每一块页岩的特征都是不一样的（King，2009），因此需要寻找合适的钻井和完井技术。实践证明，水平井是开采页岩气的最好井型。水平井的关键问题是井身结构设计，钻井工艺的选择，钻井实施，固井与完井方法。在进行水平井设计时，需要确定造斜和钻水平段的最优化方法和技术，特定的随钻工具使井身保持在目的层段，这是非常重要的。由于要保证井的稳定性、可靠性及完井的顺利进行，套管设计必须予以重视。在页岩中，由于地层较薄，机械承受能力较低，水平井钻井面临着严峻的挑战。快速、高效的钻进及钻具控制是保证钻井经济性的必然要求，在整个钻井过程中，扭矩和井筒阻力是需要分析的重要因素；通过流体的水力学和流变学特性进行管柱结构的设计和控制也是经济性钻井的重要手段。控制压力钻井（MPD）[包括欠平衡技术（UBD）] 有利于快速的钻进并提高钻井的稳定性，如果控制压力钻井技术与旋转控制系统相结合，将极大的提高钻井效率。先进的钻井参数分析对页岩气水平井的实现有重大作用，且选择较好的参数往往是有可能实现的。机械钻速（ROP）分析方法在优化施工参数和设备选择上也是很有用的。像造斜方法与参数，水平段长度及完井阶段等关键参数可以由大量的实验与工程师的经验得到。导向技术及各种信息处理技术的应用，使得智能化钻井成为提高经济效益的极好方法。适合的钻完井方法是实现经济效益最大化的重要手段与保证。

5.4.2.1　水平井的优势

页岩气的钻井方式主要是直井和水平井（如图5.4.13）。2002年以前，直井是美国页岩气开发的主要钻井方式，随着2002年 Devon 能源公司在 Barnett 页岩的7口试验水平井取得巨大成功，美国工业界开始大力推广水平钻井，现在水平井已成为页岩气开发的主要钻井方式。虽然该技术并不是一项新技术，但对页岩气开发具有重大的意义。现以 Barnett 页岩为例，1981年 Mitchell 能源公司开始在该地区钻了第一口直井，15年后井的数量才超过300口；2002年，在收购 Mitchell 公司后，Devon 能源公司开始在该地区钻水平井，之后 Barnett 页岩气水平井完井数迅速增加，截至2005年，水平井数量已超过2000口；2003—2007年 Barnett 页岩水平井累计达4960口，占该页岩气生产井总数的50%以上，2007年完

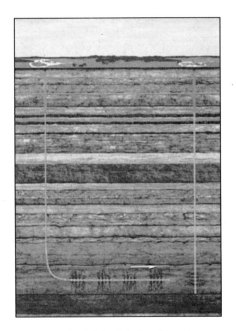

图 5.4.13 水平井与垂直井（据 Arthur2009）
参见书后彩页

钻 2219 口水平井，占该年页岩气完井数的 94%。在 20 世纪 90 年代晚期，美国大约有 40 具水平钻机，占当时钻机的 6%，2008 年 4 月这个数量上升到 519 具，占当时的 28%（EIA，2008；Arthur 等，2009）。通过这些页岩气井的数量及钻井公司的水平井钻机数量的变化可以看到水平井的发展及重要性。

现在直井主要用于实验，提供储层特征参数，获得钻井、压裂参数并优化水平井钻井方案。水平井则主要用来生产，以获得更大的储层泄流面积，得到更高的天然气产量。水平井发展经历了单支水平井、多分支水平井、丛式井、PAD 钻井的发展历程。在页岩气中进行水平井钻井费用比较高昂，花费主要包括钻水平井的技术费用及钻井所用到的较多的时间，还有针对水平井压裂所需要的技术费用及所要多花费的时间。通常的，仅钻井费用就需数百万美元，甚至上千万美元（NEB，2009）。当然的，并不是所有的气藏都需要水平井，对于埋藏较浅的部分生物成因的页岩气使用垂直井进行开发就已经足够了。

虽然水平井的花费比垂直井高约 2~3 倍，但其产量却是垂直井的 15~20 倍（Harding 等，2009）。与此同时，现在的钻井技术已可以使得钻头转向及准确进入一个狭窄的定向垂直窗口，即可以较轻易的控制井轨迹及侧向位置，这也就使得页岩气资源能够较容易的从相同储层但面积远大于垂直井的空间内流出。如图 5.4.14 所示，一个长度为 100ft（31m），直径为 8.5 英寸的直井与地层的接触面积约为 222ft²（20.6m²），而在地层中钻一口长度为 2000ft（610m），直径为 8.5in 的水平井则可以将井筒与地层的接触面积增加 20 倍。在直井中造一条 150ft（45m）长的裂缝之后，井筒与地层接触面积可以达到一口未处理直井的 270

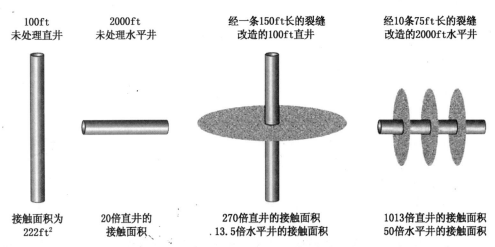

| 100ft 未处理直井 | 2000ft 未处理水平井 | 经一条150ft长的裂缝改造的100ft直井 | 经10条75ft长的裂缝改造的2000ft水平井 |

接触面积为 222ft² ｜ 20倍直井的接触面积 ｜ 270倍直井的接触面积 13.5倍水平井的接触面积 ｜ 1013倍直井的接触面积 50倍水平井的接触面积

图 5.4.14　直井压裂、水平井压裂的暴露面积比较（据 Bader AI‐Matar 等，2008）

倍或者一口 2000ft 未处理水平井的 13.5 倍。对一口 2000ft 的水平井进行压裂，假设仅形成 10 个 75ft（23m）长的裂缝，其井筒与地层的接触面积也将分别是未处理直井的 1013 倍和一口未处理水平井的 50 倍（Bader AI – Matar 等，2008）

　　另外，由于单个水平井可以控制地下较大储层面积，也就代替了附近数口垂直井，尤其是多分支水平井等，一口水平井的地面设备就可以覆盖地下大面积的储层，这对环境的保护是非常有利的，既降低了井数，又降低了对地面环境的美观及对当地居民的影响。降低了井的数量同时也降低了对交通的压力（压裂用水、钻井用水等可以使用管道来运送，比卡车运送更加有利（Arthur，2009）。

　　水平井可以穿过尽可能长的页岩层，为压裂扩大页岩的暴露面提供比较长的井轨迹，并连通天然裂缝（图 5.4.15）。页岩中总是存在天然裂缝，这些裂缝由上覆地层压力及地壳运动产生，储层中存在的压力决定了裂缝的几何形态，在页岩中，裂缝大都是垂直方向（LisaSumi，2008），垂直井能够穿过的垂直裂缝非常少，而水平井可以连通更多的这样的裂缝，因此无论是与天然裂缝的接触，或者通过储层改造制造的诱导缝，水平井都会比垂直井多得多。

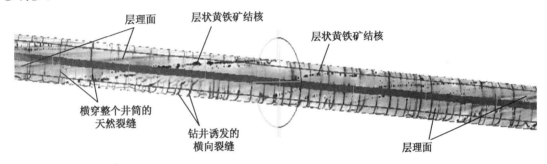

图 5.4.15　钻井穿过裂缝（据 Boyer 等，2006）

FMI 全井眼微电阻率扫描成像测井显示出水平井钻遇的裂缝和层理特征。钻井诱发的裂缝沿着钻井轨迹顶部和底部出现，但沿着该井筒侧面终止，井筒侧面的应力最高。井筒钻穿的原有天然裂缝以垂直线的形态穿过井筒的顶部、底部和侧面。图中颜色较深的黄铁矿结核非常明显，与层理面平行出现。参见书后彩页

5.4.2.2　钻井设计

　　水平井的目标是增大排液能力，在此基础上尽可能节约资本，提高效率。井身结构设计对页岩气水平钻井来说至关重要。良好的井身结构设计有利于节约钻、完井费用和管理成本。井眼坍塌、转盘扭矩和曳力及完井方法等是设计中需要着重分析与考虑的。套管和水泥固井设计对井筒稳定至关重要。由于页岩气完井和生产的独特性，对生产管柱有特殊的要求。页岩气藏的排液机制是另外一个挑战，分段的完井和输送方法设计必须进行认真研究。造斜、增斜、开窗位置等的设计对于扭矩和曳力的最小化、施工的安全、井身的稳固，排液和生产动态最大化是非常最要的（Harding，2009）。

5.4.2.2.1　井身结构设计

　　页岩作为储层的不利因素使得选择井眼位置及确定水平井的井眼轨迹成为一个难点，但又是直接影响到井产量及经济效益的关键因素。在美国的页岩气开发过程中，首先，会根据页岩类型、有机质含量、成熟度、孔隙度、渗透率、含气饱和度以及裂缝发育等因素综合判断，将符合一定条件的页岩作为开发目标；接着需要考虑的是岩石内是否具备足够的通道以使天然气流入井筒，在地面得到开采。在页岩中，气源岩中裂缝引起的渗透性在一定程度上

可以补偿基质的低渗透率。据美国的开发经验，虽然可以通过压裂等储层改造技术改变页岩的低渗透率特性，但是绝大部分高产井是位于天然裂缝发育较密集的位置，因此页岩气的开发者应事先考虑系统渗透率，即由页岩基质和天然裂缝决定的综合渗透率，水平井需要尽量穿过天然裂缝较发育的层位。储层改造对井眼穿过的岩石有一定的要求，脆性较高的岩石在遇到压力时更容易裂开，所以水平井位与井眼方位应选择在有机质与硅质富集、裂缝发育程度较高的页岩区及层位。

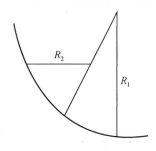

图 5.4.16 页岩层中井眼轨迹的变化（据 Harding, 2009）
页岩层中井眼轨迹是逐渐变化的，这样会减少岩层里的重力滑动时间和钻具卡槽，长的半径（R_1）垂直所指的位置应该在目的层

页岩地层容易坍塌，这是由页岩的富黏土性质决定的，通过选用合适的钻井泥浆可以减轻或者避免这个问题。井壁的坍塌问题还可以通过小半径增斜来缓解，但是这样花在滑动造斜上的时间就会增多，将增加钻井时间及成本，这是我们所不愿见到的。造斜主要依靠能够弯曲的泥浆马达，为了减小扭矩、阻力和钻具卡槽现象，需要一个井眼角度逐渐变化的过程，井眼角度应该在页岩的顶层或者更上的位置就开始变化（图 5.4.16），在目的层时，井眼应该变为水平。

水平井的方位角及进尺对页岩气的产量有重要影响。理论上讲，水平井的井轨迹应该平行于地层最小水平主应力的方向。首先，这对压裂是有好处的，在压裂过程中，水平井压裂产生的裂缝有横向缝，轴（径）向缝与水平缝，其类型取决于储层的应力状态与井轨迹的方向。井筒平行于最小主应力方向（即缝沿最小水平渗透率方向），则产生横向缝；如果水平井筒垂直于最小水平主应力方向（即缝沿最大水平渗透率方向），则产生轴（径）向缝；当井筒并不与最大、最小水平井主应力方向一致时，则产生斜交裂缝。面积最大且最稳定的是正交横向缝（图 5.4.17）。因此沿最小水平主应力方向钻井可以产生诱导裂缝，并且在后期的压裂（主要）过程中也生成更多的与井径垂直的诱导裂缝，这样可以使更多的天然裂缝与诱导裂缝彼此连通，增大岩石裸露面积，提高页岩气采收率。水平井钻井方向沿最小主应力方向还有利于在压裂过程中压裂液流入井筒和生产过程中流体流出井筒，提高流体流动的速率，并且对钻速的提高也是有利的。

在井轨迹的设计过程中，需要对地质，测井、地震等信息综合分析。最早出现的确定井轨迹的方法是利用泥页岩的高伽马特性，在钻井时使钻头沿着确定的高伽马值钻进，应用效果也较好，可以使大多数的水平井打在所确定的目

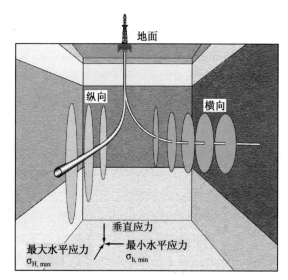

图 5.4.17 应力方向与水平井轨迹方向的关系影响到水力压裂裂缝的种类（据 Schlumberger, 2009）
水平井中的横向裂缝可以极大的增加气井与页岩气层的接触面。横向裂缝是裂缝方向与井筒垂直的裂缝。可以通过沿最小水平应力方向钻进的井进行压裂产生。纵向裂缝与井筒平行。是通过对沿最大水平应力方向所钻的井进行压裂产生的

标层内（Kok，2010），如图 5.4.18 所示，在 Woodford 页岩气藏的一个层位中，通过垂直井的测井曲线分析可见页岩的伽马值明显高，伽马曲线的峰值是 700GAPI，甚至更高，最终确定的区分界限是 150GAPI 和 30GAPI，所选的储层主体厚 190ft，在该层段内，电阻率变化也较明显，在储层边界的顶部为 20Ω·m，而在储层的底部为 40Ω·m，其间的电阻率显高值，水平井沿顶底层间的中线钻进。在较大范围展布的泥页岩层中，这些特征在横向上一般是连续的，所以可以用于指导水平井的钻进。当然的，在一定的目标层内进行钻井需要精确的地质导向技术（Harding，2009）。

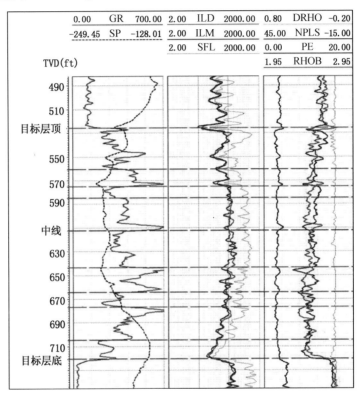

图 5.4.18　利用伽马测井曲线确定水平井的位置及指导水平井的经轨迹

（据 Kok，2010）

　　但是，单独利用无方位指示的一个自然伽马数值所得到的结果是不稳定的，有可能会出现差错。而且，没有结论性的解释将会对井轨迹穿过区域的曲线识别造成消极的影响。已经发展的较为成熟的随钻测井（LWD）及随钻测量技术（MWD）技术已经广泛应用于水平钻井中进行实时定向控制和钻进定位。随钻测井可以提供较多的测井数据，比如电阻率，电阻率成像，密度成像等，对这些数据进行实时的综合分析，选择最有利的钻井方向。在页岩气的水平钻井中最好的方法是利用多方位的密度及中子测量仪和浅侧向电阻率（比伽马测井能更精确地反映岩性）的侧向测井工具，利用得到的一系列数据进行建模以确定井轨迹，精确的情况下理论与实际井轨迹之间的误差能够达到 10ft 之内（Kok，2010）。随钻测井在本篇第三章有较详细的论述。总之，这些技术可以优化气藏进入点，保持钻井在气藏最优位置，避免井轨迹钻出气藏。

　　当然，三维地震在确定井眼轨迹的过程中是必须的，在能够确定具体泥页岩位置时，可以通过地震资料得到该泥页岩在空间的分布，这对井眼轨迹的设计及参数制定是很有利的，尤其是当泥页岩层的横向分布比较复杂时。如图5.4.19所示，综合各种资料在地震剖面图上确定目标页岩层，并确定井轨迹的变化角度与变化位置，图中井眼轨迹需要经过两个背斜，一个向斜，如此复杂的地层没有地震技术的指导是不可想象的。除此之外，三维地震数据常常被用来鉴别异常构造带，如断层和尖灭，这些因素影响水平井的钻进；还被用来寻找油气聚集带，预测潜在的压裂漏失层和含水层的渗透率；预测诱导裂缝的倾向。总之，综合采用随钻测井，地质导向技术，地震数据可以确保在目标区内钻井，并且躲开断层和其他复杂构造区，以免钻穿目标区或者发生井漏，并且形成较连续的井轨迹。

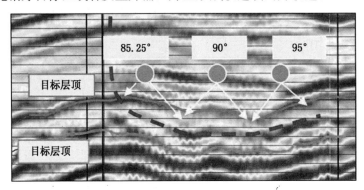

图5.4.19　用地震技术设计并确定井轨迹（据Kok，2010）

井轨迹经过了较为复杂的地质构造，角度需要经过两次较大的调整，

井轨迹在目标层顶底之间都是可以接受的

除利用随钻测井实时指导井轨迹之外，随钻成像测井系统已被应用于解决水平井测井存在的一些问题，应用该系统可以在整个井筒范围内进行电阻率成像和井筒地层倾角分析。成像测井能够提供构造信息、地层信息和力学特性信息，这些信息都可以用于优化完井作业。成像能够提供信息，将地层天然裂缝和钻井诱导裂缝进行比较，帮助作业者确定射孔和储层改造的最佳位置。还可以识别地震资料无法识别的断层及与之相关的下伏卡斯特白云岩中产水的天然裂缝群。另外，在进行加密钻井时，井眼成像有助于识别邻井中的水力裂缝，从而帮助作业者将注意力集中在原先未被压裂的储层的增产改造上。井中是否存在钻井诱导裂缝以及裂缝的方向如何，对确定整个水平井的应力变化及力学特性非常有用，而且在减轻页岩井完井难度及降低相关费用方面也起到一定作用。

根据经验，大部分作业者将水平井的水平段位置选在页岩层的中部或接近中部（图5.4.18，图5.4.19），比如在Barnett，Woodford，Marcellus页岩都将井轨迹选在页岩层的中部，但是Hynesville页岩中的井选在接近页岩层的底部，或者在距离顶部55％～60％的地方布井（Chevron等，2010）。其实在布井技术上并无太大的区别，但是大多数的作业者相信如果将水平段选在中部，通过压裂增产对提高产气量是有帮助的。实际上，当储层岩石机械强度发生显著变化时，作业者需要明白，水平段选择在储层中部可能不是最佳的位置。

5.4.2.2.2　套管设计

一旦设计好造斜、增斜位置及水平段等的整体架构，接着需要进行套管设计。选择套管的等级和内径等基本问题不再论述。在页岩气中钻水平井的最好方法是在导向钻孔钻进的过程中不断下入中间套管，这种操作方法可以稳定上覆地层，为钻井工具在增斜及角度变化时提供稳定的压力。对页岩气藏，连续多段的不用水泥胶结套管或者尾管完井的方法是较常用的，这些系统使用能够允许机械或者液压驱动的滑套。如图 5.4.20，一系列不同大小尺寸的堵塞球在压裂后被投入井中，封堵已压裂的部分，同时打开下一段套管。当然的，在极其致密的页岩中，由于其稳固性及遇钻井液和压裂液不易垮塌，可以使用裸眼完井，并且在一些区域裸眼完井很常见，许多油服公司都提供裸眼完井服务。

越来越好的技术被作业者用于加长水平段尺寸及增加完井段数。依据页岩的特性，在一些情况下水泥完井可能是需要的，此时，由于要使用合适的封堵器，需要采用较大尺寸的生产套管。

图 5.4.20　在压裂处理时连续尺寸的堵塞球以一定次序进入滑套内，打开处理井段，并且密封已处理井段
（据 Harding，2009）

5.4.2.2.3　钻井液

钻井液的优化对机械钻速的提高和减少对环境影响起到关键作用。众所周知，一般的页岩地层容易坍塌，坍塌程度由泥质含量及其致密程度控制。并且由于可能含有诸如蒙脱石等的水敏性岩石，导致遇水发生膨胀，这些对钻井过程不利，这就需要根据不同的环境、条件经过分析配制不同的钻井液。首要的是分析地下的岩石成分，最精确的方法是进行岩屑分析，可以使用 X 射线衍射法（X-ray diffraction）确定黏土矿物成分。最简单的方法是：泥浆设计师可以利用一个简单的小实验来判断泥页岩的水敏性及其程度，即将岩屑放在水中观察岩屑的体积膨胀程度。一般用油基泥浆来避免泥页岩的遇水膨胀问题，为了节省费用，对于浅层及井穿过的非泥页岩或遇水不膨胀的地层可以使用水基泥浆（Harding，2009）。例如，Barker Hughes 公司在美国不同的页岩气盆地钻井时使用不同的钻井液：在 Barnett 使用水基泥浆，油基泥浆/盐水，密度小于 10.0ppg；在 Haynescille 使用水基泥浆到造斜点，其后（造斜段及水平段）使用油基泥浆，密度在 12.0～16.5ppg；在 Marcellus 使用充气浆到造斜点，然后使用水基泥浆或者合成油基泥浆，其密度在 11.5～14.0ppg；在 Eagle Ford 上部地层使用盐水泥浆，其他地方使用油基泥浆，其密度小于 11.0～12.0ppg。最近，有些地区实验使用压缩空气取代泥浆在页岩中钻井，该法可以降低钻井的费用，主要包括泥浆的费用，并且可以减少钻井时间。空气所起的作用与泥浆一样，即润滑，冷却钻具及移走碎屑。但是气体钻井局限于压力较低的地层，比如在 New York 的 Marcellus 页岩使用气体钻井得到较好的效果（Kennedy，2000；U. S. Department of Energy，2009）。

5.4.2.3　影响钻井过程的因素

页岩气的水平钻井成本非常昂贵，在设备、材料等不可变的情况下，钻井速度是影响费用的决定因素，钻井过程中要尽量提高钻井速度。选择合适的钻头，水动力的改善，泥浆的优选，及井底钻具的选择与组合无疑能够提高机械钻速。

5.4.2.3.1　水动力特征和井眼清洗

众所周知，钻井的穿透速度受水动力特征影响。当量循环密度、磨阻损失、喷嘴特性、流体的流变学特性及井眼轨迹都对水动力有影响作用。在水平钻井中，井眼清洗对减小扭矩和曳力，提高机械钻速，保持井眼的完整性和缓解卡钻有重要作用。但是井眼清洗在页岩的水平钻井中是有难度的。在杨氏模量较高的岩层内，需要用聚晶金刚石复合刀片（PDC）钻头，它在割裂岩石时保留体积较大的钻屑，这也就降低了对井筒清洗的压力（Harding，2009）。

不合适的井眼清洗会降低机械钻速，造成压力损失，并且可能使得钻头的扭矩和曳力增大，造成造角增大。Ozbayoglu 等（2008）证明在打大斜度井时管道的旋转是影响井筒清洗的重要因素，在将管道旋转速度增大到 40RPM 时，井筒清洗效率可以提高 2 倍（图5.4.21）。

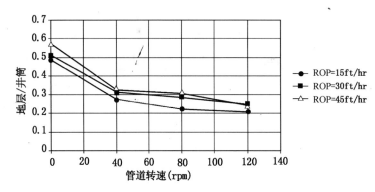

图 5.4.21　在一定厚度的地层中管道旋转速度对井眼清洗的
影响（水基泥浆，水平井）（据 Ozbayoglu，2008）

流体流动速率是影响井眼清洗的第二个重要的因素。图 5.4.22 给出了不同旋转速度下的流体流动速率对井眼清洗的影响（Ozbayoglu，2008）。在页岩钻井中，得到较大的碎屑是允许的。然而，由于较高的流体流动速度被用来补偿较低的旋转速度，在滑动过程中很难得到临界速度。较好的方法是使用低黏度的携屑剂，这些携屑剂能够到达典型的高黏度钻井液不能够到达的位置，从而将岩屑带出。

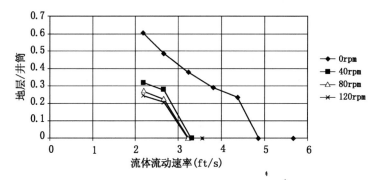

图 5.4.22　流体流动速度对井眼清洗的影响（水基泥浆，水平井）
（据 Ozbayoglu，2008）

在作业者能够保持旋转速度的理想状态下，临界速度可以降低 33％（Ozbayoglu，2008）。伴随着旋转导向系统（RSS，Rotory steerable system）的出现，即使在造斜时旋转也可以实现。旋转不仅是井筒清洗的关键，还可以将压力转移到钻头上，也就提高了钻井效率，使钻井速度更快并有助于减小钻具的磨损。

除此之外。影响机械钻速的重要因素是泥浆比重或者当量循环密度，其对坚硬岩石的影响更加显著，泥浆比重应该保持尽可能的低。另一个方面，钻井工程师必须总是保持地层压力和裂缝梯度之间的平衡。过高的压力梯度将会导致大量的泥浆损失；泥浆比重低于地层压力又会导致严重的井喷（图 5.4.23）。

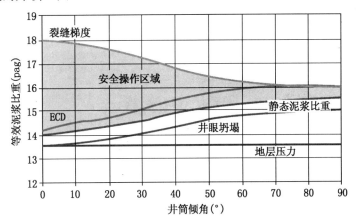

图 5.4.23　倾角对井筒稳固性的影响
地层压力低于压裂梯度，两者在 50°后时达到相关（据 Harding，2009）

　　在这种不平常的安全区域进行钻井时需要考虑使用欠平衡钻井（UBD）或者控制压力钻井（MPD）技术。在渗透率很低的页岩中，传统方式的液体排出不太可能，所以欠平衡钻井在页岩气里可以得到较好的应用效果。当然，如果碰到了不可预测的井中孔洞，则会造成泥浆漏失，影响钻井速度并造成安全事故，有可能存在的较多的自然裂缝群也会引起严重的钻井事故。因此有专家认为控制压力钻井是页岩气开发中最好的钻井方法（Harding 等，2009）。控制压力钻井需要作业者能够更加严密的控制静态泥浆的比重和当量循环密度（ECD），根据流入和损失实时调整泥浆体积。将连续油管（CTD）与控制压力钻井相结合进行钻井的潜力很大，利用连续油管技术，钻井及循环不会停止，意味着随当量循环密度的变化，静态泥浆比重不会发生变化，这对节省泥浆有利，并且精细的控制对中间套管也是有利的。

　　连续油管钻井的缺陷是管子不能够旋转。在前文解释过，对于页岩气水平井的井筒清洗来说，管子的旋转是必须的。旋转的连续套管钻井的钻机可能能够解决该问题（Harding 等，2009），但有待于它的出现与实现。如果和旋转导向系统（RSS）结合使用，钻井速度可以得到极大提高，钻井费用也能够得到控制，那么水平井也会廉价一些。由于页岩气开发具有边缘特征，所以快捷而便宜的钻井在不稳定的价格环境里也可以得到整个资源。在旋转导向系统（RSS）中，作业者可以从"推靠钻头系统（push the bit）"到"指向钻头系统（point the bit）"技术之间进行选择（图 5.4.24）。"推靠钻头系统"的旋转导向系统通过一侧的推板（PAD）来控制钻头的方向；"指向钻头系统"通过精确的井轨迹倾斜方向来操作。现在一些服务公司提供混合系统，这些系统具有两者的优点，但还不是很成熟，并且存在经济成本较高的问题。

　　另外，钻井需要强调针对专门的储层或者目的。为了得到经济上的成功，地面拖行技术是一个较好的选择，该技术支持对井架和井架底座的较容易的移动。

5.4.2.3.2　合理选择操作参数和设备

　　前文说明了水力特性和井筒清洗对水平井的钻井是至关重要的。如果完成了合适的井筒清洗，那么机械钻速会被钻压、压差、每分钟的钻速、扭矩、每分钟的冲程及泵压所控制。

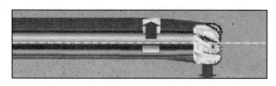

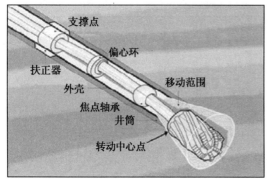

图5.4.24 基于推靠钻头系统 "Push-the-bit" 和
指向钻头系统 "point-the-bit" 的旋转导向系统
（RSS）（据 Harding，2009）

合适参数的选择能够有效的提高机械钻速，这些参数通过使用一些现成的软件就可以容易的获得，比如 Epoch 和 Pason（Harding，2009）。将参数设置在一定范围内，经过数次迭代就会得到经过校正的较优的参数。

MSE（Mechanical specific energy）法是一个比较先进的方法，主要用于识别无效的钻井参数及钻井设备（Harding，2009）。有效的钻井是指不用耗费多余的能量就可以得到较高的机械钻速，当然的，对拥有同样的机械钻速的钻井过程，滥用钻头和钻杆等设备造成维修成本增加和设备使用寿命减小的钻井是低效率的钻井操作而不属于有效钻井。简单地说，MSE 是指将平衡的能量输入具有无限抗压强度的地层。如果这一点能够达到，那么有效的、稳定的、快速的钻进将成为可能，而不会将能量浪费在其他方面。例如，我们在使用手提式电钻的时候，如果使用较小的压力，那么钻头将不会钻进木头的表面，如果使用较大的压力，钻头就会过热或者陷入停滞，或者陷落，而且过程不稳定，这种陷落经常伴随着凿岩锤效应（jack hammer effect），这对钻头的寿命、泥浆马达甚至钻杆具有严重破坏作用。

MSE 可以表示为

$$MSE \approx \frac{InputEnergy}{OutputROP} \approx UnconfinedCompressiveStrength \qquad (5.4.56)$$

或

$$MSE = 3 \times \left(\frac{480 \times Tor \times RPM}{Dia^2 \times ROP} + \frac{4 \times WOB}{Dia^2 \times \pi} \right) \qquad (5.4.57)$$

式中：Tor 为扭矩；Dia 为钻头的直径；WOB 为钻压；RPM 为每分钟的钻速。

这个公式是由 Dupriest 等（2005）所推导的经验公式，他发现钻进能量输入的结果等于当机械钻速最大时的无限抗压强度（UCS）。MSE 在钻井过程中能够得到钻井低效率的原因并即时的反馈给作业者。

在页岩地层中，钻头泥包是一个很常见的问题。大斜度的水平井会有额外的"黏滞滑动（静摩擦力与动摩擦力交替变换时所产生）"问题，摩擦导致钻杆接触井筒，钻杆与井筒之间的随意的撞击就会导致这种"黏滞滑动"的产生。Chen 等研究表明："黏滑"有三种产生机理：轴向机理、侧面机理和扭力机理，它们的影响是巨大的（Chen 等，2006）。"黏滞滑动"现象可以在钻杆、钻具和钻头上的任意位置发生。早期使用 MSE 确定"黏滑"，对增强机械钻速和延长设备的使用寿命至关重要。可以通过减小每分钟的钻速或者钻压，增加每分钟的冲程数来减小"黏滞滑动"，或是增加钻井液的润滑来减小"黏滞滑动"。通常，调节操作参数去匹配无限抗压强度将会有助于保证钻井效率。

除了对钻井参数的选择有帮助之外，MSE 也被用来优选钻头和钻杆等设备。从本质上说，这是一个故障检修的过程。如果为了优化 MSE，一个参数超过了它所代表的物理意义的极限，那么就必须选择另外的设备。

在页岩地层中，由于水平钻井过程中需要较大的角度及页岩井壁的易塌陷性，较大的扭矩范围是必要的（即提高扭矩的上限），还需要强度较高的钻杆，由于钛金属比钢更耐腐蚀，有弹性，并且强度高（与 S-135 的钢相比，钛在强度重量比值上比钢高出 1.54 倍），所以钛金属钻杆对于一个半径较短（即角度变化大）的水平井是较好的选择，另一个可选择的方法是双肩钻杆（double-shoulder drill pipe），这样的连接使压力分配更均匀，允许补偿扭矩，最终可以有比较大的的扭矩容量（Chandler，2007）。这样的设计也会改善水力学条件（图 5.4.25）。

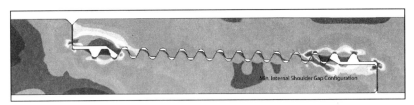

图 5.4.25　有限元分析表明，在内肩使较大的扭矩分布在更细的剖面上时，
应力也能得到合理的分布（据 Chandler，2007）

通过机械钻速分析可以对钻井液进行优化。另外对于大扭矩和黏滞滑动问题，钻压由于沿着钻杆的摩擦而损失，那么作用到岩石上的能量将遭到削减，有效的钻井也就不可能达到了。对于这个问题，最普通的解决方法是在钻井液中加入润滑剂。柴油和汽油是很好的钻井润滑剂，它们能够起到充足的润滑作用并且不会被页岩吸收，也就避免了可能的页岩膨胀。然而，低苯胺点的润滑剂能够使井下马达的橡胶定子膨胀，使它被卡住，这样就需要专门的橡胶定子。还可以选择一些其他的合成润滑剂，比如利用植物油或矿物油制造的润滑剂，这些润滑剂可以提供比较好的润滑效果并且苯胺点不是很高。在选择材料的过程中，适用性和成本是应该考虑的主要问题。蜡球以及其同类产品被用来充当滚珠轴承，来减小扭矩和磨阻，并得到较好的效果。但是要考虑其能否与已配制好的泥浆系统相兼容。

钻头和井下组合钻具（Bit and BHA）的选择也受益于机械钻速分析。正像所看到的 MSE 中的能量输入部分，旋转是必备的。因此，旋转导向系统在水平钻井中有极大的优势。或多或少的聚晶金刚石复合片切削结构可以被用来优化 MSE，这取决于地层的无限抗压强度、杨氏模量、顶部驱动和钻杆的最大扭矩。为获得更强的切削结构，需要聚晶金刚石复合片上有较少的刀片，这可以使得其在坚硬的地层中钻进速度更快。但是，在钻井监测中监测到的过大的扭矩或黏滑特征显示需要使用较弱的切削刀片，较短尺寸的弱切削刀片有助于定向控制（图 5.4.26）。

小井眼钻井（slimhole drilling）是提高钻速的一种好的方法，在横向上它需要钻的岩石更少。限制小井眼钻井的使用是马达的尺寸，常规钻井所使用的马达太大。在科学研究中钻深井的马达可以引入到小井眼钻井中来。后文将详细介绍现阶段在页岩气中使用的和开始使用的先进钻井技术。

5.4.2.4　几种先进的钻井技术

前文零散的提到了一些在页岩气钻井中应用效果较好的钻井方法和技术。实际上大部分水平井钻井作业采用泥浆系统、井下钻具以及定向设备等常规钻井装备和技术。页岩的特殊

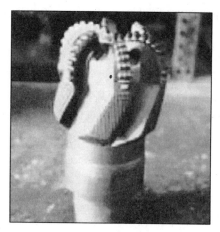

图 5.4.26　短尺寸有助于定向控制，长尺寸的
改善井的同心度（据 Harding，2009）

性，水平井本身的钻井难度，尤其是在经济因素等的驱动下，页岩气开发中的钻井技术不断发展。负压或控压以保护低渗储层的欠平衡钻井技术，不用起下套管的连续油管技术，边下套管边钻进的套管钻井技术，节约费用的小井眼技术，以及导向钻井技术，信息控制的智能钻井等都已使用于或正在试验于页岩气的开发中。单独来说，这些技术都有各自的优点，适用于不同的情况。很多情况下，在现在页岩气的水平井钻井中，这些技术都是互相组合应用的，最常见的就是在各类钻井技术中都用到导向技术，相应的也都可以称为导向钻井技术。我们对各类比较先进的且已经在使用的钻井技术进行简单的介绍。

5.4.2.4.1　欠平衡钻井

常规的钻井属于过平衡钻井，钻井液压力大于地层流体压力，小于地层破裂压力，这样做主要是防止井喷。但是对于低渗透的页岩气储层，高压钻井会导致钻井液侵入而伤害储层。要保护储层，就需要对钻井压力进行控制，控制压力钻井［Managed pressure drilling (MPD)］的使用也理所当然。欠平衡钻井（UBD，Underbalanced drilling）实际上是现在使用非常普遍的一项控压钻井技术。

欠平衡钻井时，人们有意识地在裸眼井段，使井筒压力低于地层压力，当钻遇渗透性地层时，地层流体会不断流入井筒并循环到地面加以控制。欠平衡钻井的主要优点是：（1）减少储层伤害，在欠平衡钻井过程中，驱使钻井液侵入储层的正压力不存在了，因此，钻井液也不再侵入储层。尤其在较长井段的水平井中，产层较长时间侵泡在钻井液中，伤害更大，欠平衡钻井很好的解决了这个问题。对水敏性的泥页岩来说，使用空气作为循环介质进行钻井，可以不伤害或较低伤害的打开地层，提高页岩气的勘探开发水平；（2）欠平衡钻井可以提高钻速，井筒中压力的降低，使得井底被钻的岩石更容易破碎，并且减少了"压持作用"，钻头能够连续切削岩石而不是将压力耗在碾压已经破碎的岩屑上，即欠平衡钻井在相同钻压下，可以得到更高的钻速。同时，由于低密度钻井循环物质的使用，使得钻头寿命更长；（3）避免井漏，常规钻井中，在钻遇裂缝、低压或者高渗储层时，会发生井漏，这大大增加了钻井成本，既包括钻井液的成本，也包括堵漏的费用，负压钻井可以很好的解决这个问题；（4）减少卡钻，常规钻井中，滤液进入地层，在井壁上形成泥饼，若钻柱嵌入泥饼，那么井筒与泥饼内液体在大面积上的压差，会导致支持钻柱运动的轴向力超过其抗拉强度，造成压差卡钻，欠平衡钻井可以在一定程度上减轻这种问题。

欠平衡钻井也有缺点，它是一种高风险的钻井作业，由于钻井液压力较小，容易引发井壁失稳和井喷事故，必须具有相应的套管和增加一整套地面控制装置，故所需费用一般高于近平衡钻井。在页岩的钻井过程中，用到的主要是气体钻井，充气钻井液钻井，及低密度的泥浆钻井。现在的欠平衡钻井主要与导向技术结合，在页岩中得到较好的效果。

5.4.2.4.2　连续油管钻井

连续油管（Coiled tubular drilling，CT）是相对于常规螺纹联接油管而言的，它又称为挠性油管、蛇形管或盘管。传统的油气井钻井作业中，操作者要使用平均长度为 9.144m 的钻杆一节一节地连接起来并通过井架支撑。而连续油管是卷绕在卷筒上拉直后直接下井的长油管，实用且作业效率高。常见的连续油管是高强度的低碳合金钢钢管（杨氏模量 203.8GPa、屈服强度（492.0～632.2MPa），连续油管作业最初用于下入生产油管内完成特定的修井作业（如洗井、打捞等）。到 20 世纪 90 年代，连续油管作业装置已被誉为"万能作业设备"，广泛应用于油气田修井、钻井、完井、测井等作业。连续油管也可以用来在现有井中开窗侧钻、取心或电测、下尾管并固井、冲洗作业等。在完井过程中，可使用钻井用连续油管作业机直接进行射孔、增产措施、地层诱喷以及下入连续油管作为生产管柱进行生产等（Seale，2008）。采用连续油管技术进行水平井欠平衡钻井是钻采页岩气、提高最终采收率的重要技术（Lohoefer，2005），这样做的最大优点是井控安全，操作简便灵活，不接单根，不必压井就可以进行换钻头和起下钻作业。在钻井工程中，连续油管的应用包括：取心、安放造斜器和开窗侧钻、无线随钻测量、导向工具的有线测量、下尾管和悬挂器等（Lohoefer，2005）。连续油管钻井与常规钻井相比，主要有以下几方面的优点：（1）能够安全地实现欠平衡压力钻井作业，有利于保护油气层，提高钻速。连续油管没有接头，为实现欠平衡钻井创造了有利条件。安装在防喷器上方的环形橡胶，其作用相当于始终处于关闭状态的环形防喷器，它能在钻进和起下钻作业过程中密封环空，使钻井作业得以在欠平衡压力下进行，从而可防止地层伤害并提高钻速；（2）在钻进过程中不需停泵接单根，可实现钻井液的连续循环，减少了起下钻时间，缩短了钻井周期，提高了作业速度和安全性，避免因接单根可能引起井喷和卡钻事故的发生；（3）连续油管钻井也特别适用于小眼井钻井、老井侧钻、老井加深。在老井侧钻或加深作业中，因连续油管直径小可进行过油管作业，无需取出老井中现有的生产设备，从而实现边采边钻的目的，可显著节约钻井成本；（4）地面设备少，占地面积小，特别适合于条件受限制的地面或海上平台作业，能减少对周围环境的影响，降低井场建设和维护费用，同时设备移运安装快捷、方便、灵活；（5）连续油管内可以内置电缆，有利于实现自动控制和随钻测量；同时减少作业人员（East，2005）。

连续油管的也有其缺点：（1）因连续油管不能像常规钻杆那样旋转，无法搅动可能形成的岩屑床，造成井眼清洗较难，增大了卡钻的风险；（2）连续油管内径较小，泥浆在管内摩擦压耗太高，限制了泥浆排量；（3）钻压、转矩、水力参数和井底钻具组合受到限制；（4）连续油管使用寿命较短。连续油管钻井中所选择的泥浆，需要既不损坏泥浆马达橡胶定子，同时又能最大限度地减少连续油管内的摩擦压力损失，使泥浆在环空中具有足够的携岩能力。连续油管钻井所应用的泥浆循环系统与小眼井钻井所使用的泥浆循环系统大致一样。与常规钻井相比，其泥浆循环系统的容积要小一些。固控设备也包括振动筛、除砂器、除泥器和离心机。泥浆泵的功率应满足井下泥浆马达和井眼清洁的要求。

用连续油管钻定向井和水平井过程中，在下部钻具组合中应配有弯接头和定向工具。用常规钻柱钻定向井或水平井时，底部钻具组合的工具面方位可在地面通过转动钻柱进行调整。但用连续油管钻井时，因连续油管不能旋转，必须用一种专门的井下工具即定向工具来调整底部钻具组合的工具面方位（图 5.4.27）。

5.4.2.4.3 套管钻井

套管钻井（Drilling with casing technology）是指以套管柱取代钻杆柱实施钻井作业，套管柱向井下传递机械能量和水力能量，边钻进边下套管，钻达设计井深后留在井内作完井管柱，随即固井、完井，在钻进中井眼始终有套管。它简化了井身结构，减少了起下钻、下套管作业，可及时调整不正确性问题并封隔复杂层段，有效降低了不确定性地层和复杂

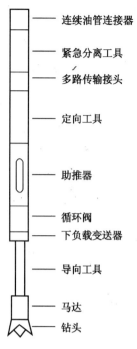

图 5.4.27 连续油管井
下钻具组合（BHA）

连续油管连接器

紧急分离工具

多路传输接头

定向工具

助推器

循环阀
下负载变送器

导向工具

马达

钻头

地层中井下的复杂情况和事故风险，缩短了建井周期，降低了成本。

5.4.2.4.4 小井眼钻井

关于小井眼的意义非常多，世界上不同的国家，不同的石油公司及有关专家的定义都不一样。但从两个方面定义小井眼是大家都承认的：（1）依据环空尺寸大小；（2）依据经过一口井的90%井深的最大钻头尺寸或井眼直径，目前比较普遍的定义是：90%的井身直径小于 $\phi177.8mm$ 到70%的井身直径小于 $\phi127mm$ 之间的井为小井眼井。

小井眼钻井对钻头，泥浆和井下动力钻具，井控等钻井技术与设备有一定要求，当然这都是由其井径较小造成的。小井眼钻井的优点是：井眼小节约钻井液用量，环隙小节约水泥；所用钻具尺寸及套管尺寸小可节约钢材；由于小井眼所用钻具和套管尺寸小，所以选用的钻机和相应设备减少，相应的减少了运输量及劳动费用，又降低了能源消耗；设备少就是减少了占地面积，也就降低了对土地的要求。而钻井液的处理又得益于用量少，相应的对井场的环境污染小，总之小井眼钻井相比较常规钻井能够有效的降低钻井成本，保护自然环境。

小井眼有很多优点，并不是说小井眼可以完全代替大井眼，它的应用范围仍有一定的局限性，相对大井眼来说也存在不少缺点：（1）小井眼井的产量受到限制；（2）分层压裂及大排量压裂，分层开发受到限制；（3）测井工具受到限制，现有测井仪器一般都有一定的体积，还不能完全满足各种小井眼井的测井需要，所以需要特殊的测井方法及仪器；（4）钻井工具受限制，品种少，难以达到要求。

根据小井眼钻井选用钻机类型，钻井方式及相关设备、装置、小井眼钻井方式可以分成以下三种基本方式：（1）小井眼连续取心钻井；（2）旋转式钻井：主要通过转盘钻或顶部驱动钻来完成小井眼钻井；（3）井下马达钻井：使用井下马达完成小井眼钻井可以有几种方式：①由钻具连接井下马达，通过马达转动完成钻井工作，在钻井时可通过钻具和助推器给钻头加压；②挠曲油管配合井下马达，通过马达转动完成钻井工作，但钻井时必须通过助推器给钻头加压；③转盘和井下马达同时转动完成钻井工作，水平井主要用这种钻井方法。

由于小井眼环隙小，循环压降高，在钻井施工中会出现一系列问题，因此所使用的钻井液比常规钻井液要求的更为严格。小井眼钻井液必须满足小井眼钻井及取心要求：（1）固相含量低，防止离心作用而将固相沉积在钻杆内壁上，当然对低速钻机来说可能影响小些；（2）由于小井眼环隙小、压降高，所以要求钻井液黏度低；（3）有抑制膨胀剂崩塌、使页岩稳定并能使井眼接近标准尺寸；（4）有携带固相能力；（5）滤失小，泥饼薄且有弹性；（6）由于循环时间短、散热差、所以要求钻井液热稳定性要好，小井眼由于套管与井壁的环空间隙小，为了提高固井质量及水泥环的强度，一些公司研制了流变性好的水泥浆和高强度水泥，并认为套管外的环空间隙一般不小于13mm。

小井眼套管刚度比大井眼套管刚度小，所以固井后由于水泥浆放热造成的膨胀，可能导致套管弯曲，因此在固井时要充分使用扶正器，保证套管居中。由于环隙小，水泥环薄，为了提高固井质量，除提高水泥浆质量外，需要在固井施工作中实时精细的控制水泥浆密度及高能搅拌混合器，增加水泥的水化程度。

目前小井眼技术多与连续油管技术（CT）相结合。连续油管尺寸小，强度高，用其进行小井眼钻井具有独特的优势，既体现了小井眼钻井技术的优点，又显示出连续油管钻井技术所具有的常规钻井技术不能比拟的优越性，在经济上能够取得较大的成功。并且将大大地降低钻井成本和钻井对产层造成的损害，能给钻井人员提供一个安全的工作环境，能在海上及陆上边远地区、环境敏感地区和一些恶劣自然环境下进行常规钻井技术所不能完成的作业，并且比常规钻井技术更易于实现自动化、智能化钻井，此技术有着巨大的市场潜力。除此之外，小井眼钻井使得操作场地大大减小，经常的，小井眼钻井的场地仅需要常规钻井的场地的四分之一。另外，小井眼钻井降低了噪声，在邻近居民社区时，这点是非常重要的。小井眼 CT 钻井通过减小井眼尺寸，大大减少了钻屑和泥浆体积，从而减少了废液、废气的产生。这样与钻井液使用和处理有关的运输和环境问题也明显减少。

小井眼钻井工具与导向工具结合组成小井眼定向钻井工具，可用于钻小井眼水平井的定向钻井导向系统包括导向马达、MWD 和稳定器，利用该系统在造斜段和直井段不需要起下钻就能够控制钻头轨迹，该系统由两种类型的导向钻进，一是定向组合，二是转盘。在定向钻井情况下，钻柱不旋转，钻头通过井下马达来驱动。现在主要使用的导向系统是带有弯外壳的螺杆钻具和带稳定器的马达（图 5.4.28）。

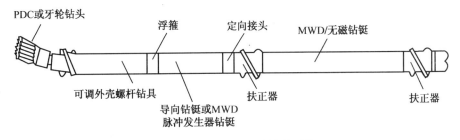

图 5.4.28　小井眼导向钻井系统

另外，对于同样的流体侵入量，小井眼相比较于常规井眼，流体在环空占的体积大，上返速度快，对溢流很敏感。小井眼可使用常规的完井方法（裸眼完井、尾管注水泥完井、割缝衬管完井等）。常用单筒完井法，可降低小井眼完井费用，增大小井眼油气流动通道，提高小井眼油气产量。单筒完井的特点是生产管柱（油管柱）封固到井口，直接用做采油通道。也称"无油管完井"。小井眼是一项系统工程。小井眼的测井、完井、试井、射孔、采油和修井等技术都与生产密不可分，这些技术的不断发展将进一步推动小井眼的广泛应用。

5.4.2.4.5　导向钻井系统

实钻井眼轨迹通常是在复杂的三维地层空间中变化，看不见、摸不着，尤其是在定向井、水平井、大位移井、分支井及复杂结构井等特殊工艺钻井中，如何有效地测量和控制实钻井眼的轨迹变化，甚至达到"看着打，随意打"的理想境界，是油气钻井向自动化和智能化方向发展的重要研究课题之一。经过不断地研究，在 20 世纪 90 年代国内外就已经掌握了井下动力导向钻井系统及可变径稳定器等技术。

由高效能钻头，导向动力钻具和随钻测井/随钻测量（LWD/MWD）相组合，并与计算机软件结合，组成导向钻井系统，使用这种系统可以实时变更定向和开转盘两种工作，连续完成定向造斜、增斜，扭方位等操作，而不用起钻变更钻具组合就能快速钻出高质量的水平井。导向钻井系统按照不同的分类方式可以分为不同类型：（1）按导向工具分，导向钻井可以分为滑动导向钻井和旋转导向钻井两种。滑动式导向钻井作业时，钻柱不转而是随钻头向前滑动推进，存在的问题是：①钻柱的扭矩、磨阻问题；②井眼清洗问题；③机械钻速慢；④钻头选型受限。旋转导向作业时，钻柱随钻头一起转动。井眼清洗较好，但阻力矩、钻头扭矩可能导致下部钻柱扭转振动，而且投资大；但可以提高井眼质量，减少长水平段下套管时的风险，减少用定向马达时定向和滑动所用的时间，提高整体机械钻速，降低整体成本（Hughes，2010）。与滑动式导向钻井与相比较，得到的井眼轨迹变化更平滑（图 5.4.29）。（2）按导向方式分，可分为几何导向钻井和地质导向钻井两种。几何导向：由井下随钻测量工具测量的几何参数，如井斜、方位和工具面的数值传给控制系统，由控制系统及时纠正和控制井眼轨迹；地质导向：在拥有几何导向能力的同时，又能根据随钻测井/随钻测量（LWD/MWD）测得的地质参数，实时控制井眼轨迹，使钻头沿着地层中的最优位置前进。

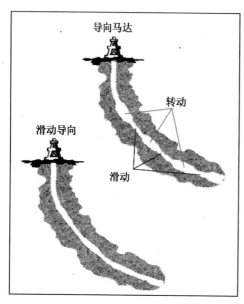

图 5.4.29　旋转导向与导向马达钻井的对比
（据 Hughes，2010）
滑动式导向钻井工具在滑动过程中由于扭矩与拖曳等问题，会造成井轨迹不光滑，方向也不好把握，旋转导向钻井优于滑动导向

常规定向钻井技术可能在井筒造斜过程中受到由滑动和旋转引起的扭矩和曳力的影响，限制横向位移，加大测井难度。解决这个问题的方法是在钻弯曲度不大的井时，采用旋转导向系统。旋转导向钻井技术是目前导向钻井技术中最好的方法，被称为钻井业中的一个革命性的进步，它能够使钻杆转向，在转向仪器上，主要靠一个系统的传感器和踢垫，需要时踢垫张开使钻具按要求的方向移动（图 5.4.30），在这个过程中，较大的载荷和扭矩被应用在钻头上，因此钻井速率更高（Harding，2009）。其优点是：在钻柱旋转的情况下具有导向能力，配有全系列标准的地层参数及钻井参数检测仪器，有能力进行地面——井下双向通讯；定向钻井时不需要特殊的钻井参数，就可以保证最优的钻井过程；导向自动控制，确保准确光滑的井眼轨迹。

在旋转导向钻井中的关键技术是随钻测井技术（LWD）和随钻测量技术（MWD），这些技术不光可以使水平井精确定位，还可以通过监测井下和地面的钻井参数，评价钻井的好坏，提前预知钻井中出现的危险，比如井壁是否稳固，井壁的干净程度等，它还提供优化钻井的信息，减轻震动和摇摆，并且是地层评价中的重要信息，借此也可以引导中靶地质目标。最终，可以降低钻井的时间及花费（Han，2010）。

国外应用较成功的旋转导向钻井系统大致有：贝克休斯（Baker Hughes）的 Auto Track 系列，斯伦贝谢（Shlumberger）的 PowerDrive 系列，哈里伯顿（Halliburton）的 Geo - Pilot 系列等。其中，Auto Track 和 Geo - Pilot 是不旋转外筒式闭环自动导向钻井系统，即滑动导向，PowerDrive 是全自动导向钻井系统，即旋转导向。

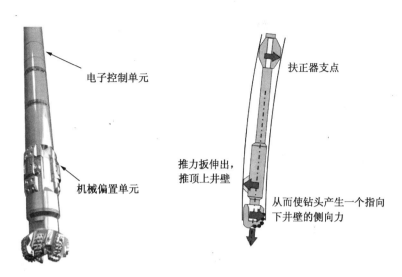

图 5.4.30　旋转导向系统的转向工具示意图（据 Schlumberger，2004）

（1）PowerDrive 系统由稳定平台和翼肋支出及控制机构组成（图5.4.31）。PowerDrive 系统的支撑翼肋的支出动力来源是钻井过程中钻柱内外的钻井液压差。控制轴从稳定平台延伸到下部的翼肋支出控制机构，底端固定上盘阀，由稳定平台控制上盘阀的转角。下盘阀固定于井下偏置工具内部，随钻柱一起转动，其上的液压孔分别与翼肋支撑液压腔相通。在井下工作时，由稳定平台控制上盘阀的相对稳定性；随钻柱一起旋转的下盘阀上的液压孔将依次与上盘阀上的高压孔接通，使钻柱内部的高压钻井液通过该临时接通的液压通道进入相关的翼肋支撑液压腔，在钻柱内外钻井液压差的作用下，将翼肋支出。

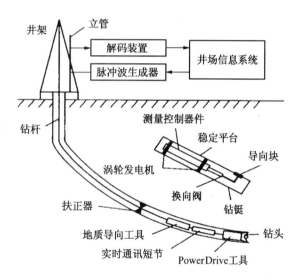

图 5.4.31　PowerDrive 系统主要组成部分

PowerDrive 系统将旋转钻井条件下测得的井斜角、方位角和工具面角等数据上传到地面，地面计算机监控系统根据实钻井眼与设计井眼的相对位置来产生改变工具面角等参数的下传指令，井下微处理器分析脉冲信号加以识别，与储存在仪器里的指令对比后，由井下旋转导向工具执行指令。

PowerDrive 系列有其特点：钻具旋转时进行纠斜（不需滑动钻进），自动感应井斜，并进行自动化纠斜，无线控制；所有部件都旋转；减少摩擦力和阻力（钻压和扭矩传输更有效）；降低卡钻风险；井眼更平滑（低狗腿度）；减少井眼净化问题；由于对钻压的解放，可以最大限度提高钻速；可以划眼和倒划眼；提高井身质量，降低每米成本（Schlumberger，2004）。

（2）Auto 旋转导向钻井系统由地面与井下双向通讯系统（地面监控计算机、解码系统

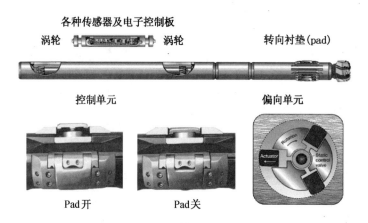

各种传感器及电子控制板

涡轮 涡轮 转向衬垫(pad)

控制单元 偏向单元

Pad开 Pad关

图 5.4.32 上图为 PowerDrive 整体组合示意图，下图为 PowerDrive5
推力板伸/缩示意图（据 Shlumberger 2011）

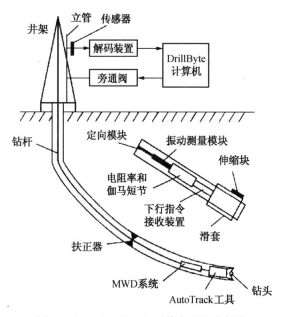

图 5.4.33 AutoTrack 系统主要组成部分

及钻井液脉冲信号发生装置），导向工具（AutoTrack 工具），MWD/LWD 组成（图 5.4.32）。

AutoTrack RCLS 系统的井下偏置导向工具由不旋转外套和旋转心轴两大部分通过上下轴承连接形成一可相对转动的结构。旋转心轴上接钻柱，下接钻头，起传递钻压、扭矩和输送钻井液的作用。不旋转外套上设置有井下 CPU、控制部分和支撑翼肋。

（3）Geo - Pilot 旋转导向是靠不旋转外筒与旋转心轴之间的一套偏置机构使旋转心轴偏置，从而为钻头提供了一个与井眼轴线不一致的倾角。其偏置机构是一套由几个可控制的偏心圆环组合形成的偏心机构，当井下自动控制完成之后，该机构将相对于不旋转外套固定，从而始终将旋转心轴向固定方向偏置，提供方向固定的倾角。

5.4.2.4.6 闭环式钻井

闭环系统实际上是电子信息工程与机械工程中的一个术语，又叫反馈控制系统，是指系统的输出量对系统的控制作用有直接影响的控制系统。它是基于反馈原理建立的自动控制系统，而反馈原理，就是根据系统输出变化的信息来进行控制，即通过比较系统行为（输出）与期望行为（输出）之间的偏差，并消除偏差以获得预期的系统性能。在反馈控制系统中，既存在由输入端到输出端的信号前向通路，也包含从输出端到输入端的信号反馈通路，两者组成一个闭合的回路。反馈控制是自动控制的主要形式。在工程上常把在运行中使输出量和期望值保持一致的反馈控制系统称为自动调节系统，而把用来精确地跟随或复现某种过程的反馈控制系统称为伺服系统或随动系统。

旋转闭环钻井系统是一种智能化、自动化的定向钻井系统，是把电子模块和有关的模块如传感器等与控制的计算机系统连接。开环钻井系统必须有人工干预，而闭环系统则不需要人工干预。闭环钻井过程即是利用在钻井过程中得到的钻井信息及地下地质等信息实时指导及控制钻井过程。在此过程中，钻井过程中的自动导向及实施监测自然是关键技术，因此在钻井业界多将此技术称为闭环式自动导向钻井技术，该技术是 20 世纪 90 年代初期发展起来的一项尖端自动化钻井新技术，是当今世界上钻井技术发展的最高阶段。

闭环钻井系统是集成化技术，其关键技术主要包括：随钻测量和随钻地层评价技术，它主要包括随钻测量（MWD），随钻测井（LWD），随钻地震（SWD），还有近钻头随钻测斜器，随钻测量技术不仅能够实时获得必要的工程参数，还能随钻评价地层。还需要能保径防偏磨的高进尺、高钻速的 PDC 等新型钻头和井下水力推进器等工具。能有效预测、计算、评价和监测真实管柱摩擦阻力和摩擦扭矩的理论与方法，随钻动态设计井身轨迹的理论和方法。总之，闭环式导向钻井对人力的需求少，对作业者的技术水平要求高，对各种工具及器材的要求苛刻。但是作为智能化的一个过程，该技术可以极大的提高钻井效率及钻井精度，达到较高的经济效益。

闭环式钻井系统与导向钻井分不开。在闭环式自动导向钻井中，钻井过程主要由智能化井下自动导向系统来判断、处理、执行、完成。该系统主要由两大部分组成：井下旋转自动导向钻井系统和地面监控系统，这两大部分由双向通讯技术连接形成了闭环自动导向钻井系统。该系统的形成与发展一方面是钻井自动化发展的趋势所向，另一方面，也是为了满足越来越苛刻的油藏开发条件。在过去 10a 间，国外一些大公司一直在围绕这两大方面进行研究，并取得了重大突破。国外在 1994 年就已推出了全自动化钻机样机。实际上，贝克休斯的 Auto Track 系统，斯伦贝谢的 Power Drive 系统，以及哈里伯顿的 Geo - Pilot 系统等都可以认为是或近于闭环式钻井系统。

闭环式钻井系统主要应用液压信息，主信息来自钻井立管的液流，并通过液流把井下系统与地面系统连接起来，形成闭环信息流程，达到可遥控闭环钻井的要求。井下闭环控制着导向工具和钻具，钻井由井下泥浆脉冲遥测和一种地面——钻具连通闭环共同完成。因为不需要像使用井下马达那样监测立管压力，所以司钻在控制室工作而不是在钻井平台上。在每次新的测量完成后，地面计算机系统将重新计算并设计井眼轨迹；同时，MWD 操作人员保持操作软件连续地采集和解释井下数据（图 5.4.34）。

5.4.2.5　多分支水平井的优点及应用

为了利益最大化，开发者总是寻求最优的方法，因此也发展出了多种水平井，在页岩气开发中，由

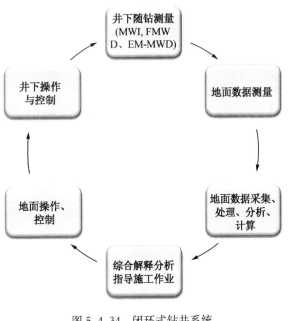

图 5.4.34　闭环式钻井系统

于页岩储层的低孔低渗，其储存气体的能力并不是很高，经济的开采就是要使用经济的技术开采出足够多的天然气。有时候即便使用水力压裂技术，在这样的超低渗透率的储层中也很难使得地层连通起来，因此，井的数量就必须增加，为了降低花费，开发者采用一切可以省钱的钻井方法，这就导致了丛式井和多分支井等的应用与发展。这些钻井方法，大都是利用一个井场，甚至于一个井筒钻出尽可能大的覆盖地下体积的许多井。总体来说，水平井大致可以分为单支水平井，多支水平井，丛式水平井等。

丛式井是指在一个井场内有计划的钻出两口或者两口以上的定向井组。每一个定向井组又包括数个水平分支井，原来丛式井大都应用于海上钻井，昂贵的钻井平台使得必须想办法在一个井口中覆盖地下各个方向上的大面积储层，在低渗透的页岩中，这种方法也起到很好的作用，并且保护环境，减少了运输等费用，对成本能起到较好的控制作用。

如图 5.4.35，是 Halliburton 公司的一个钻井实例，在一个井场中钻出四组共 20 个水平井，这些井覆盖了地下大面积的储层，并且该井是在城市周边，城市地下的气藏也得到有效的开发。

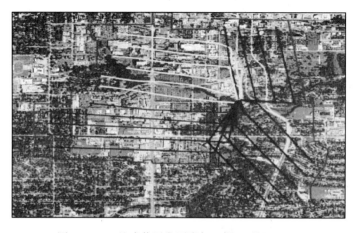

图 5.4.35　丛式井开发页岩气（据 Halliburton）

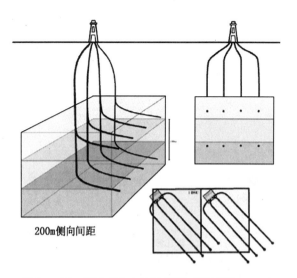

200m 侧向间距

图 5.4.36　双层多分支井示意图（据 NEB, 2009）

多分支井（多底井），可从一个主井筒内侧钻出若干个分支井筒，并且各分支井都能重入和投产。如果各分支井都是水平井，则称为多分支水平井。多分支井既可钻新井，也可用于老井侧钻，但只适用于油气开发目的。由于多分支水平井克服了常规水平井"一井一层"的不足，可实现"一井多层"（图5.4.36），并共用一个主井筒及地面采油气设施，钻井费用少，故单井产量高，提高采收率效果好。页岩中，分支井的数量很多，在常规气中，一般是用一个。多分支井在较少的地面井场及钻井台上钻出许多延伸数公里，包括较大的面积的井来。这也正是多分支井的主要优点，即井眼与油藏的接触面积很大，也就增加了产量或注入量，并提高了采收率。同时，该钻井方法很好的解决了开发中的物流问题；使钻井平台集束化；即自中心位置钻多口以上的井，公用钻机和泥浆池，可移动架上的压裂泵，方便压裂液的运送及回流收集，页岩气的初始调节和压缩，页岩气的外输；还可以保护环境，节省修路等运输费用（Kennedy，Hughes，2009）。

多分支井有多种排列形式，从一个分支井眼到呈水平扇形、垂直多层或反向双支排列的多个分支井眼。分支井眼采用裸眼完井方式和"降斜"衬管的非固井或固井完井方式——套管不与主井眼连接。其他的完井设计在分支井眼衬管与主井眼套管之间的连接部位使用机械装置，提供牢固的连接、液压密封和选择性进入。

像其他任何一种完井方法一样，多分支井衬管通常包含套管外封隔器，确保层间封隔或使用机械筛管进行防砂。各分支井眼的生产可以混合在仪器或通过分离的油管柱流向地面。现在生产井可以安装先进的完井设备，监测和控制每个分支井眼的流量。因此，钻井和完井的风险随井身结构、连接方式、完井要求和井下设备的情况而变化。

从经济上考虑，多分支井的价格并不代表两口或多口井的价格。在某些情况下，两分支井完井可以使井的产量提高一倍，但根据行业平均水平，一般可使产量提高30%～60%。从历史上看，要使多分支井的效益好，资本支出的增加不应超过50%。这意味着总体建井的经济效益可提高40%。最佳的多分支井完井方案将依据对油藏生产特性预测结果产生的一些候选方案的经济评价结果制定（Fraija，2002）。

在多数情况下，需要用单井或油田模型进行数值模拟，提供准确的预测，并在此基础上得到基本项目经济分析结果。与解析模型相比，数值模拟需要对目标油藏有更多的了解，花费更多的时间建立模型，以及需要更长的计算时间。然而，数值模型能够考虑如多相流与重力、复杂油藏形态和各向异性油藏等因素的影响。ECLIPSE油藏模拟软件中的多段井模块，可以模拟通过井眼、环空、分支井眼和完井阀的流动和摩擦压力损失。这种先进的模拟功能提供了更可靠的多分支井生产特性估算。

多分支井主井眼损坏会损失分支井眼提供的产量。多分支井的完井从力学原理上比常规井更复杂，依赖于新型工具和井下系统。多分支井钻井和完井作业期间的井控难度大，而且长时间井下修井作业或油藏管理会带来更大的风险。除了要根据不同的油藏应用情况选择适当的多分支井结构外，工程师还必须确定分支井眼与主井眼连接部位的力学和水力整合程度。

在设计多分支井完井方案时，需要考虑的第一个因素是该井是新井还是老井，如果是新井，工程师可以自由灵活的自上而下的进行设计，建立最佳的分支井眼长度和油管尺寸，从而确定主要和中间套管尺寸。虽然已有井中的完井方式和井身结构都产生一定的限制，但许多老井仍旧采用多分支井技术进行重钻。另一个考虑的因素是连接类型（图5.4.37），我们知道，分支井有6种连接类型，这取决于各分支井眼需要的机械强度与压力密封性、地层应力和对再进入分支井眼的需要。无连接结构的裸眼分支井眼足以满足混合开采分支井眼的要求，在致密地层或不需要再进入分支井眼的情况下，也不需要连接系统。如果希望在分支井眼进行选择性的开采或注入，且连接部位位于弱胶结地层或需要再进入，则第六级连接系统非常适用。另外，也是最重要的，即对气藏的了解。在探井和早期开发井中，可能没有充足的信息帮助设计复杂的井眼轨迹。在这种情况下，作业者可以先钻一口低成本的直井，此直井应该有发展为分支井的可能性。也可以利用水平井和多分支井从一个地面井位更好的圈定

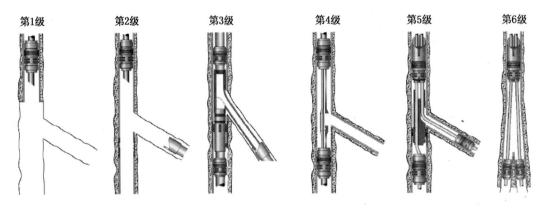

图 5.4.37 多分支井的连接种类（据 Fraija 等，2002）

气藏。在气藏开发以后的阶段，可以得到大量可供参考的信息，因此可以设计出更为复杂的井眼轨迹，以便穿过特殊的地层或者漏掉的储藏。

根据 1999 年 7 月 26 日在苏格兰阿伯丁举行的多分支井技术新进展（TAML）论坛公布的定义和 2002 年 7 月提案的新的修订案划分，这些标准根据机械复杂程度，连接性能和抗液压能力将连接分为 6 级。其中：第一级，裸眼侧钻或无机械支撑连接；第二级，主井眼下套管固井，分支井眼尾裸眼或下降斜衬管；第三级，主井眼下套管并固井，分支井眼下非固井衬管并采用机械完井方式与主井眼连接；第四级，主井眼下套管并固井，分支井眼下固井衬管并采用机械方式与主井眼连接；第五级，主井眼下套管并固井，分支井眼下非固井或固井套管，靠主井眼内的辅助完井设备提供水力和液压密封性——封隔器、密封装置和管柱；第六级，主井眼下套管并固井，分支井眼下非固井或固井衬管，由主套管在与分支井眼衬管交汇部位提供具有水力和液压密封性，不需要在主井眼下辅助完井设备。

5.4.2.6 完井

石油工程里的完井定义为：使井眼与油气储集层（产层）连通的工序，是衔接钻井工程和采油工程而又相对独立的工程，包括从钻开油气层开始，到下生产套管、注水泥固井、射孔、下生产管柱、排液直至投产的系统工程。由于页岩气的特殊性，考虑本书的目的，在论述中，我们将各个工序按照在页岩气中的重点程度分开来写，比如固井独立论述，但不是否定与完井概念的关系。在每一部分，我们都试图强调某一个有关于页岩气开发比较重要的问题，但是该问题肯定与别的问题或者工序有联系。

5.4.2.6.1 固井

对于页岩气井来说，水泥固井面临一个特殊的挑战。由于井壁的可能的坍塌和膨胀，井眼尺寸需要大于套管尺寸，这将增加窜流的可能性。在固井时，当套管与井壁的一面胶结较好时，往往会使得另一面不能胶结的较好而造成液体互窜，解决这个问题的较好的方法是使用泡沫水泥固井。泡沫水泥具有浆体稳定、密度低、渗透率低、失水小、抗拉强度高等特点，可以膨胀扩大并填充井中位置较高部位的洞（图 5.4.38），因此具有良好的固井防窜效果，能解决低压易漏长封固段复杂井的固井问题，而且水泥侵入距离短，可以减小储层损害。泡沫水泥固井比常规水泥固井产气量平均高出 23%。在美国 Oklahoma 的 Woodford 页岩储层中的一项研究显示，即便在较高的压裂压力之下，泡沫固井也能够进行较稳固的分层隔离。在安装过程，泡沫水泥的柔性有助于防止井壁坍塌。并且带有延展性的固井泡沫补偿了页岩的较低的抗压强度。

除了使用泡沫水泥之外，页岩气的固井还会用到酸溶性水泥、泡沫酸溶性水泥以及火山灰＋H级水泥等四种类型，火山灰＋H级水泥成本最低，泡沫酸溶性水泥和泡沫水泥成本相当，高于其他两种水泥，是火山灰＋H级水泥成本的1.45倍。

美国Barnett页岩完井中使用酸溶性水泥固井，酸溶性水泥提高了碳酸钙的含量，当遇到酸性物质时水泥将会溶解，接触时间及溶解度影响其溶解过程。溶解能力是碳酸钙比例及接触时间的函数。常规水泥也是溶于酸的，但达

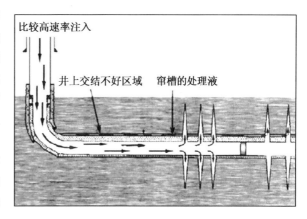

图5.4.38　固井水泥较好的对套管下部交结，
上部窜槽（据 Ringhisen，2008）

不到酸溶性水泥的程度，常规水泥溶解度一般为25％，酸溶性水泥溶解度为92％，较容易进行酸化压裂。

泡沫酸溶性水泥由泡沫水泥和酸溶性水泥构成，具有泡沫和酸溶性水泥的特点与优点，典型的泡沫酸溶水泥由H级普通水泥加上碳酸钙组成，以提高酸的溶解性，用氮气产生泡沫，该类型水泥的固井不仅能够避免水泥凝固过程中的井壁坍塌，而且能够提高压裂能力。

火山灰＋H级水泥体系通过调整泥浆密度来改变水泥强度，用来有效防止漏失，同时有利于水力压裂造缝，流体漏失添加剂和防漏剂的使用能有效防止水泥进入页岩层，这种水泥能够经受比常规水泥更高的压力。

5.4.2.6.2　完井方式

完井直接关系到页岩气的采收率，在完井过程中既要提高储层渗透率，又要避免地层损害。一般情况下，从事页岩气开发的公司认为，页岩气井的完井难于钻井。难点集中在：完井方式的选择关系到成本、工程的可施行性及后期压裂的效果，选择的完井方式合适，则易于实施，能够降低成本并为压裂创造有利条件，最终提高采收率；固井水泥配制及工艺处理不当，则会损害低渗透率的页岩气储层，很难在短时期内得到改善，这对后期压裂也会造成较大的影响，直接影响页岩气的采收率及最终井的产量。

在直井中应用水力压裂技术可以将井筒与储层的接触面积扩大数百倍，而在水平井中，通过压裂，井筒与储层的接触面积会呈指数增长。尽管在许多大斜度井中，水平井中应用压裂技术的成果令人鼓舞，但是在很多情况下不能得到预期的经济效果或产量，问题存在于最初的完井技术。为了最大限度的提高井筒与地层的接触面积，这些油气井通常采用裸眼完井，或者是在产层段利用割缝衬管或预射孔衬管完井。在裸眼井完井中，利用常规的泵入法几乎不可能有效的对水平井段进行增产处理，因为在这种情况下，在地层中精确的布置压裂液和酸液难度太大。利用标准技术通常只能处理井筒上部或底部，流体几乎没有任何机会流入中部或下部层段。如图5.4.39，在Barnett页岩气井的水平井段，裸眼完井过程中采集了微地震数据。监测井（绿色）中的多分量传感器显示几乎所有的泵入增产处理液都被井底部或上部层段所吸收（蓝色），结果该井中地层下部大部分层段没有得到增产处理（Bader AI-Matar，2008）。

如果作业者选择水泥胶结套管方式进行水平井完井，就可以方便的隔离和处理单个产

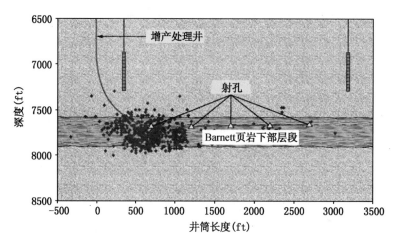

图 5.4.39　裸眼水平井压裂（据 Matar，2008）

参见书后彩页

层。但是，多层增产措施存在成本问题，主要的花费在多次起下管柱增加了完井工时，使得增产措施经常变的得不偿失。

为了控制成本，增加产量，获得较好的效益，各种服务公司都努力在固井完井、裸眼完井等方面实现单次作业就对多个产层进行增产处理的压裂系统。连续油管的使用在这些技术中起到极大的作用。

由于页岩气的低孔低渗特性，水平井的完井与后期的储层改造——压裂增产措施不能够完全的区分开来，完井的工具往往就是后期压裂的工具，在一些情况下，完井就是压裂改造。对页岩气的完井与压裂，我们虽然分开来介绍，但是并没有将它们严格的进行区分，在完井这部分尽量只介绍完井方法，在压裂部分，则主要强调压裂的设计、实施、监测及一些压裂技术。在论述的过程中，我们尽量避免重复。

页岩气水平井的完井方式主要包括套管固井后射孔完井、尾管固井后射孔完井、裸眼射孔完井、组合式桥塞完井、机械式组合完井等。

套管固井后射孔完井（图 5.4.38）是在下入套管并固井后，从工具喷嘴喷射出高速流体射穿套管和岩石，达到射孔的目的，通过拖动管柱进行多层作业，免去下封隔器或桥塞，缩短了完井时间，工艺相对成熟简单，有利于后期多段压裂，缺点是可能造成水泥浆对储层的伤害，美国大多数页岩气的水平井进行套管射孔完井。

尾管固井后射孔完井的优点是有利于多级射孔分段压裂，成本适中，但工艺相对复杂，固井难度较大，可能造成水泥浆对储层伤害。裸眼射孔完井能够有效避免水泥对储层的伤害，避免注水泥时压裂地层，避免水泥浸入地层的原有孔隙中，工艺相对简单，成本相对较低，缺点是后期多级射孔分段压裂难度较大，不易控制，后期完井措施难度加大。尾管固井后射孔完井及裸眼射孔完井在页岩气钻完井中不常用。

组合式桥塞完井是在套管中使用组合式桥塞分隔各段，分别进行射孔或压裂（图 5.4.40），这是页岩气水平井最常用的完井方法，其工艺是下套管、固井、射孔、分离井筒，但因需要在施工中射孔、坐封桥塞、钻桥塞，也是最耗时的一种方法。

机械式组合完井是目前国外采用的一种新技术，采用特殊的滑套结构和膨胀封隔器，适用于水平裸眼井段限流压裂，一趟管柱即可完成固井和分段压裂施工。施工时将完井工具串

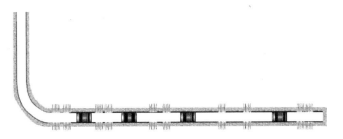

图 5.4.40　组合式桥塞完井（套管水泥固井，射孔）

（据 Lohoefer 等，2006；Seale，2008）

下入水平井段，悬挂器坐封后，注入酸溶性水泥固井。井口泵入压裂液，先对水平井段最末端第一段实施压裂，然后通过井口落球系统操控滑套，依次逐段进行压裂。最后放喷洗井，将球回收后即可投产。膨胀封隔器的橡胶在遇到油气时会自动发生膨胀，封隔环空、隔离生产层，膨胀时间也可控制，目前主要有 Halliburton 公司的 Delta Stim 完井技术，在压裂部分还将谈到这个问题。

5.4.2.6.3　射孔优化技术

定向射孔的目的是沟通裂缝和井筒，减少井筒附近裂缝的弯曲程度，进而减少井筒附近的压力损失，为压裂时产生的流体提供通道。通过大量页岩气井的开发实践，开发人员总结出定向射孔时应遵循的原则，即在射孔过程中，主要射开低应力区、高孔隙度区、石英富集区和富干酪根区，采用大孔径射孔可以有效减少井筒附近流体的阻力。在水平井中射孔时，射孔垂直向上或向下。利用成像测井定性可以确定井眼中的应力状态、断层、天然裂缝以及水力压裂裂缝，沿井眼的应力各向异性信息等都可以得到识别，这些信息可以优化射孔定位，避免在断层附近射孔，也就防止了裂缝延伸至可能含水的区域。

在成像测井工艺出现之前，射孔作业是沿井眼均匀地留出射孔弹束空间，射孔弹束在高应力区冒险定位，然而在高应力区造一条裂缝，造缝压力可能比在低应力环境中高 50% 以上，这增加了作业难度和经济费用。Barnett 页岩段的大量成像测井分析表明在侧钻井中，井眼周围 15%～25% 为高应力区域。采用成像测井能够衡量井眼周围的应力可变性，并能精确地进行射孔定位，区别开高应力区和低应力区。在多样的应力环境和每个压裂段有多个射孔束时，了解应力分布有助于优化水力压裂。因为成像测井也可以指示井眼中断层的位置，所以成像测井的使用还可以避免在断层附近射孔。这样就防止了裂缝延伸至可能含水的区域。

足够的射孔弹束间距可以防止裂缝连通，以利于多条平行裂缝延伸（如果不限制裂缝生长）。过去的微地震研究已证明，应力盲区有负向脉冲和正向脉冲。如果射孔弹束间距太小，应力盲区可能限制射孔弹束间裂缝的发育，加大水平段端部与尾部射孔处裂缝的不均衡发育。然而，如果两个射孔弹束的间距适当，那么裂缝的发育就会沿正交方向增强。相对于裂缝的长度来说，裂缝高度的影响范围较小，所以闭合应力主要受裂缝高度因素影响并随裂缝间距的增加而减小。Barnett 页岩裂缝的高度取决于面积，典型的裂缝高度为 300～400ft。据大量的微地震研究，为了减少裂缝的冲突，最佳射孔弹束间距应该大于裂缝高度的 1.5 倍。

5.4.3 压裂技术

页岩气藏投入开发后，初期产量来自页岩的裂缝和基质孔隙，随着地层压力降低，页岩中的吸附气逐渐解析，进入储集层基质中成为游离气，经天然和人工压裂裂缝系统流入井底，即吸附气的解析是页岩气开采的重要机制之一。由此必须对页岩气储层进行改造才能够有效的开发。Schlumberger 等从事石油、天然气工业的服务公司认为，页岩气的储层改造技术主要为压裂技术，并且几乎所有的页岩气井都需要进行压裂处理（Frantz 和 Jochen，2005）。压裂（Hydraulic fracturing）是利用地面高压泵组，以超过地层吸液能力的大排量将压裂液泵入井内而在井底或封隔器封堵的井间产生高压，当该压力超过井壁附近地应力并达到岩石抗张强度时，就会使地层产生裂缝。继续注入压裂液使裂缝逐渐延伸；随后注入带有支撑剂的混砂液，使水力裂缝继续延伸并在缝中充填支撑剂。停泵后，由于支撑剂对裂缝壁面的支撑作用，在地层中形成一定长度、宽度的填砂裂缝，从而实现油气井增产和注水井增注。压裂除了增加储层导流能力，也起到消除钻井过程中泥浆所造成的阻碍流体流动的障碍的作用（Arthur，2009）。

压裂可以通过常规油管或连续油管进行施工。压裂的关键在压裂液的配制，通过不同的添加剂改善页岩气层的渗透率，提高导流能力，优化页岩气的生产条件，减小地层损害；通过不同的支撑剂的选择，达到经济高效的目的。

现在的压裂是综合地质、地震、工程等各种信息，利用多种复杂技术，设计并完成有效、经济的压裂处理。其中比较先进的技术包括计算机模拟、微地震裂缝成像、测斜仪分析等。

5.4.3.1 压裂的影响因素

储层改造是非常复杂的一个综合性工程，其花费也较高，为了经济而高效的施工，就需要在压裂前进行综合的分析与设计。在不同的盆地和不同的井中，压裂的基本理论都一样，但具体细节是不同的（Arthur，2009）。这就需要对施工位置及区域地质条件进行详细的了解，不同的页岩厚度、地层压力、岩石的可压缩性及刚性等条件对压裂都有不同的要求。一般情况下，压裂从储层综合性评价开始，得到各种储层特征相关的数据，这些数据来源于地球物理测井、岩心分析、井产量分析等。所需要的数据包括页岩的厚度、岩石特征、压力结构、孔隙度、渗透率、饱和度、岩性数据、天然裂缝特征（方向，高度，长度，宽度等）、当前的区域及井周围应力分布等。这些参数决定着哪里需要新的裂缝，哪里可以制造出裂缝，这些裂缝又将如何发展等问题（Arthur，2009）。通过对各种资料的收集，建立复杂的数学模型来模拟、分析影响压裂的因素，进而设计、优化压裂过程，以最大限度的扩大压裂效果。

5.4.3.1.1 页岩气压裂的特点

对于常规储层的水力压裂措施，是使用高黏度的液体来降低裂缝的复杂程度，形成二维裂缝，并使用高浓度的、大颗粒的支撑剂进行充填。然而，对于页岩储层的增产措施，则经常使用低黏度的液体（水）来形成复杂的裂缝并且要降低小粒径支撑剂的聚集浓度。在页岩气藏中，水力压裂处理会形成大规模的交叉的裂缝群，并且裂缝的发展会受到多种影响，比如断层会使得水力压裂裂缝的发展更加复杂。

在致密气和常规储层中，经常通过假设简单的、平面的双翼裂缝来模拟生产，这种裂缝可以提供可靠的水力连续性。这种普遍的方法的缺点是无法得到最佳的压裂设计（Vincent，

2009）。尽管如此，模拟简化了的平面状态的水力压裂裂缝对明确裂缝性能有作用。

可以直接将水力压裂裂缝的几何形态和导流能力体现在储层的数字模型中，来生成与历史匹配的生产数据，从而对二维水力裂缝建模，可以为优化压裂设计提供较好的裂缝性能参数。通过模拟多重平面横向裂缝，二维建模可以得到与历史拟合的生产数据并可应用于水平井的完井（图 5.4.41）。应用于常规致密气井的储层模拟方法可以应用于非常规储层，但是需要在模型中添加复杂的裂缝网络。

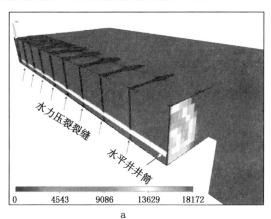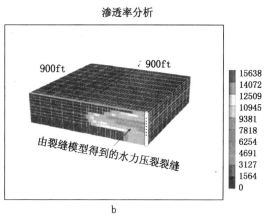

图 5.4.41　平面水力压裂裂缝的渗透率模拟（据 Cipolla，2009）

a—垂直井；b—水平井。参见书后彩页

与致密气藏不同，在页岩储层中，水力压裂裂缝在页岩储层中的延伸通常是很复杂且不可预测的。在致密气中，主要水力压裂裂缝线性延伸，与次要裂缝和天然裂缝交叉（图 5.4.42b），而页岩气藏水力压裂裂缝网络非常复杂，覆盖面积也更大，将近百万平方英尺的储层表面积与井筒相连通（图 5.4.42a）。显而易见的，由非平面的水力裂缝延伸的模型的发展可以模拟更加复杂的裂缝网络。在页岩气中，通常使用水平井进行开发，因此模拟也应该以水平井的为主。

随着裂缝复杂度的提高，对井的生产的评价很难得到唯一解。有限的岩心分析可用来估算非常规气藏基质渗透率和未支撑裂缝导流能力，但是这些测试也有不确定性。虽然微地震图可以提供与储层体积相关的丰富的信息来帮助我们了解裂缝的复杂程度，但它不能提供关于裂缝间距和支撑剂位置的详细信息。此外，通常的页岩气藏模型会忽略水的产出和气体的解吸以简化模拟，因此不可能精确的确定基质渗透率、网格尺寸、导流能力以及通过历史拟合生产数据得到主裂缝导流能力，但是得到这些参数的合理范围就足够了，评价它们对于井生产能力的影响，识别基本的生产趋势可以为提高增产措施设计和完井方式选择提供重要的参考意见。使用储层模拟技术使得作业者对非常规气藏生产的主要影响因素得到较好的了解。了解了主控因素，就可以通过改进这些因素以提高采收率，比如发展新的完井方式、使用新的支撑剂和导流技术、更多级的压裂措施等，增加裂缝网格尺寸和复杂程度等。

另外，通过模拟程序可以预测裂缝在三个方向上的几何伸展，即预测裂缝的长度、高度以及可能的延伸方向（图 5.4.43）（Schlumberger，2008），这些模型大都是利用裂缝传播公式来预测裂缝的发展，允许地质学家和工程师通过设置不同的参数来进行压裂设计（支撑剂的体积、类型，流体及添加剂）来评估裂缝在储层中的产生、延伸。还可以使得设计者能够利用在压裂过程中收集到的数据来评估压裂出的裂缝的成功与否，通过这样的分析，工程

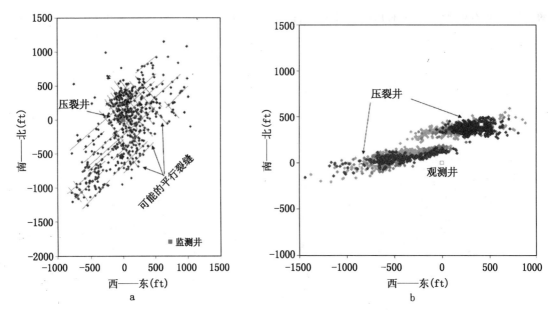

图 5.4.42　页岩气与致密气中压裂裂缝的平面展布（据 Cipolla，2009）

a—页岩气，直井，Barnett 页岩气；b—致密气 Grand Valley 气田，直井

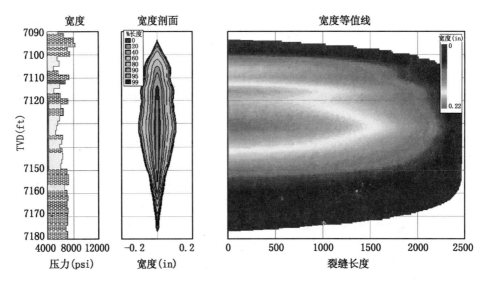

图 5.4.43　三维裂缝模拟（模拟裂缝的长、宽、高）（据 U.S. Department of Energy，2009）

参见书后彩页

师可以优化压裂设计及其实施方法。现在已经有很多比较完备的模型，每一种模型都有其独特的作用和特点。

像增产措施、完井方式以及资源开采方式等一样，发展储层模拟方法来精确描述储层复杂的生产机制是很重要的。Cipolla 等在 2008，2009 年写了数篇页岩气储层模拟及生产评价文章，对影响页岩气生产的各种因素都做了详细的模拟研究，可以作为我们的参考。

5.4.3.1.2　支撑剂的分布

微地震监测可以提供页岩气藏中裂缝的延展范围、方向等信息，但是很难从总体上评价增产措施的有效程度，并不知道裂缝的开启、闭合程度及裂缝网络的导流能力。因此，模拟这些复杂储层的生产并评价井的生产能力，提高处理设计效果和完善完井方式是非常重要的。模拟非常规气藏井生产能力的一个重要要求是对裂缝网络导流能力和主要水力裂缝（如果存在）的特征进行描述。要得到压裂裂缝网络的泄流能力需解决三个关键的问题：（1）裂缝中支撑剂的分布方式；（2）支撑裂缝网络的导流能力怎样；（3）未支撑裂缝的导流能力怎样。一般情况下，当裂缝延伸比较复杂时，支撑剂的输送不可能被可靠的模拟，也就很难预测裂缝网络中支撑剂的位置。支撑剂在裂缝网络中的分布有两种情形：（1）支撑剂均匀分布在复杂的裂缝网络系统中；（2）支撑剂集中在主要的裂缝中，而该裂缝与其他未充填的复杂裂缝网络连通（图5.4.44）。

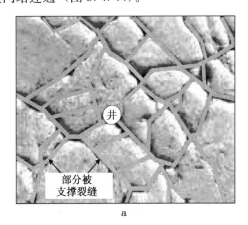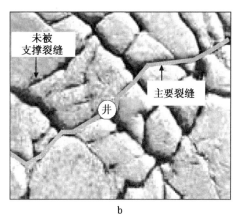

图5.4.44　支撑剂在裂缝网络中的分布形式（据Cipolla，2009）

a—支撑剂在裂缝中均匀分布；b—支撑剂在主要裂缝中分布

对于页岩气开发常用的水平井来说，压裂产生的裂缝网络面积较大。支撑剂如何分布对页岩气的生产有利需要探讨，他们利用Barnett页岩中的一个压裂数据进行一个简单的计算。由微地震数据可以得到裂缝长度、高度和网络宽度，压裂使用了60000bbl水和385000lb$_m$支撑剂，形成了总长为3000ft、宽为2000ft、高为300ft的复杂的裂缝网络。那么假设一个长为200ft的正方形的网格块，该复杂裂缝网络的表面积为20000000ft^2。如果支撑剂在裂缝网络中均匀分布（图5.4.44a），支撑剂的平均浓度将很小，若网格块尺寸为200ft，则浓度低于0.02lb$_m$/ft^{2}或更低。一层20/40目石英砂支撑剂的浓度约为0.15lb$_m$/ft^2，若要达到这样的铺设面积，则需要超过3000000lb$_m$的支撑剂。若在裂缝网格中铺置一层石英砂，将会使用超过400000000lb$_m$的砂子。显而易见，将385000lb砂子统一铺置在复杂的裂缝网络中必将导致砂子浓度较低而收效甚微，这样未支撑裂缝的导流能力将是影响井生产能力的主控因素（Cipolla，2008；Cipolla，2009）。

如果支撑剂仅铺置在主要裂缝中（图5.4.44b），则主裂缝的平均支撑剂浓度为0.43lb$_m$/ft^2。这样的浓度将在主裂缝中产生较高的导流能力，使得裂缝网络和井筒的连通性更好，那么导流能力将得到较大提高。然而，这种情况假设没有支撑剂进入裂缝网络而且产量将受到未支撑裂缝导流能力的限制。这些简单的计算表明了解未支撑裂缝和部分支撑裂缝网络的导流能力对于页岩气未来的开发有着很重要的作用。

图5.4.45展示了实验测试的部分支撑裂缝和未支撑裂缝与闭合压力之间的近似关系。估算的导流能力对很多页岩气藏都很合理。底部黑色曲线表示了一个未闭合裂缝的导流能

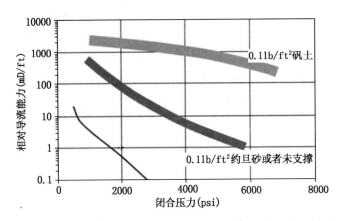

图 5.4.45　未支撑和部分支撑裂缝的导流能力与闭合压力的关系
（据 Cipolla，2008；Cipolla，2009）

力，该裂缝的两个壁面在闭合时是相互对齐的。如果裂缝壁面是对齐的，按照现有页岩区块的研究经验来看，未支撑裂缝在闭合应力超过 3000psi 时，其导流能力将很低。然而，如果裂缝的两个壁面产生错动或者被部分支撑，浓度为 0.1 lb/ft²，那么裂缝的导流能力将会显著提高。不幸的是，当裂缝部分充填时，两侧的高应力将很容易使石英砂产生破裂。这时，裂缝导流能力可通过使用高强度的支撑剂如烧结铝矾土来提高（顶部曲线）。页岩储层中常用的压裂措施可能导致裂缝中的平均支撑剂浓度远小于 0.1 lb/ft²，并且大多数情况下，由于存在支撑剂大量的破裂和嵌入，部分充填不可能在实质上改变裂缝导流能力。但是，在很多页岩气藏中，有可能发生剪切作用使得裂缝壁面发生错动，结果使导流能力提高到 0.5～5mD/ft。这些关于未支撑裂缝导流能力的估算为评价井的生产能力和增产措施设计提供了一个起点。下一步要做的是整合未支撑缝导流能力数据，预测或者专门通过实验来测量基质渗透率，用微地震图和储层模型提供的信息来评价增产设计和完井方式。

5.4.3.1.3　裂缝网络尺寸及间距

当压裂裂缝体积（SRV）增加时，气体采收率会得到较大提高，这也是进行大规模水力压裂的原因。较小的网络间距（意味着更加复杂的裂缝网络）会扩大泄流面积，提高采收率。

这里给出了一个例子，间距为 200ft 和 100ft 的裂缝网络生产一年后的压力分布如图 5.4.46 所示，小间距的裂缝网络的压力下降的更快。由图中气体采收率—时间关系曲线图可见，随裂缝间距尺寸的降低，气体采收率提高明显。因此可以得到这样的结论，该井完井和压裂的手段是将裂缝复杂程度最大化，包括减小射孔间距和水平井多段压裂，使用小粒径的支撑剂将压裂液分流，制造新裂缝，提高注入速率，减小裂缝间距。对水平井同时或交替的进行压裂可以集中增产措施的能量。

图 5.4.47 是不同导流能力的网络再生产一年后的压力变化，可见导流能力越高，压力下降越快，而当裂缝网络导流能力太小时，致密储层的气体不能有效排出；由天然气总产量—时间关系曲线图可以得知，裂缝网络导流能力对井的生产能力和气的采收率有着重要的影响。裂缝导流能力为 50mD/ft 甚至更高将会使复杂的裂缝网络中生产速率和气的采收率达到最大，即便是基质渗透率只有 0.0001mD。通过对裂缝网络间距及导流能力的模拟，可以帮助优化压裂设计。需要说明，可以通过改进支撑剂的强度、大小、体积等来提高裂缝导流

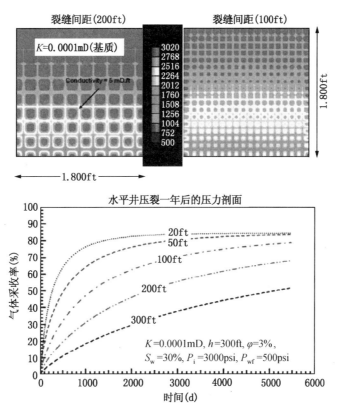

图 5.4.46 裂缝空间对采收率的影响（据 Cipolla, 2009）
图中分别为：不同的裂缝间距下经过一年的生产岩石中压力剖面；不同裂缝
间距下气体采收率—时间关系曲线

能力。

对于支撑剂仅铺设在主裂缝中的情形，主裂缝的导流能力将由支撑剂类型和浓度决定。图 5.4.48 模拟了一个水平井经套管完井的情形，当主裂缝导流能力较高时，渗流效果较好，而平均铺设时，渗流效果变差，气的采收率降低。

由此可以知道，如果可以形成一个相对高导流能力的主裂缝，则主裂缝间距的影响是很小的，那么就可以减少压裂的段数。如果没有形成高导流能力的主裂缝，通过增加压裂段数来减小主裂缝的间距将极大影响生产速率和气体的采收率。因此能否形成高导流能力的主裂缝对生产成本的影响是很大的。

因此可知，裂缝导流能力对页岩气的开采是非常重要的，没有足够的导流能力，即使是最复杂的裂缝网络也没有经济效益。Cipolla 给出了基质渗透率为 0.01mD 和 0.0001mD，裂缝网络分别为小（300ft×2000ft）和大（1000ft×2000ft）时充分开发所需要的裂缝导流能力。如图 5.4.49 所示，若存在无限导流能力的主裂缝时，将显著减小所需裂缝网络的导流能力，例如，基质渗透率为 0.0001mD 时，若存在无限导的主裂缝，则充分开发大区块所需的裂缝网络导流能力将从 71mD/ft 下降到 2.8mD/ft。实际上现有水力压裂处理所形成的裂缝导流能力并不能满足充分开发储层的需要，除非形成相对高的裂缝导流能力的主裂缝（Cipolla, 2009）。

在基质渗透率很低且裂缝网络复杂的页岩气储层中，形成高于裂缝网络 5～10 倍导通能

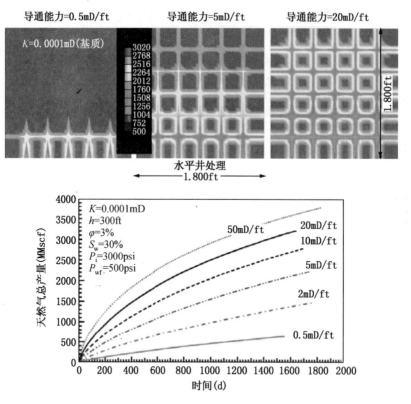

图 5.4.47　导流能力对气体生产量的影响（据 Cipolla，2009）

图中为：不同导通能力下一年后的压力剖面和不同导通能力下天然气总产量——时间关系曲线图

力的主裂缝将显著提高生产速率和采收率。通常，主裂缝的渗透率能达到 20～200mD 将形成相对高的导流能力，但是由于支撑剂分布不规则、液体伤害、非达西流和支撑剂嵌入等因素，在生产分析中通常难以达到这种渗透性，这也意味着作业者有充分的机会改善页岩气的完井性能。

页岩气数值模拟通常没有考虑气体解吸对井生产能力和采收率的影响。但是在含有大量吸附气的页岩气储层中，对解吸气的模拟是必要的。Cipolla 等人（2009）通过模拟研究及对实际数据进行分析，认为在含有 40％吸附气的 Barnett 页岩中，解吸气的作用可以将气体最终采收率提高 5％～15％。气体解吸主要发生在生产的后期，即致密基质中的压力低到能够解吸出大量的气体时；而在初期，解吸气对生产曲线的影响微乎其微。在 Marcellus 页岩气中也是类似的，当裂缝网络间距增大时，产生吸附气的难度是加大的（Cipolla，2009）。总的来说，解吸气的产量对很多页岩气区块的经济开发可能是一个次要因素（Cipolla，2009）。

基质渗透率对于生产速率和气体采收率的影响远远比网格尺寸的影响要小。也就是说，只要形成复杂的裂缝网络，致密基质岩石就可以有效地泄流。那么，压裂的主要目标就是想尽办法形成复杂的裂缝网络。

5.4.3.1.4　其他影响因素

以上部分讲述了压裂的一些参数对生产的影响。实际上，理解储层特征与地层压力之间的关系是压裂设计需要考虑的最根本因素（Arthur，2009），它决定了能否压裂及压裂效果

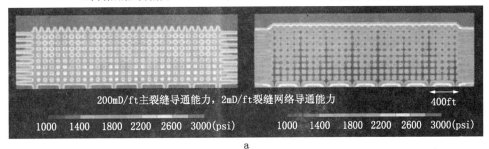

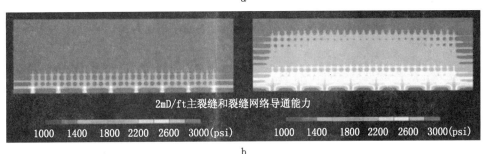

图 5.4.48　主裂缝支撑与平均支撑的对比（据 Cipolla，2009）

上部 a 图是主裂缝导流能力为 100mD/ft 时储层生产 3 个月和一年后压力的分布情形；

下部 b 图是支撑剂平均铺设时导流能力为 2mD/ft 的压力分布

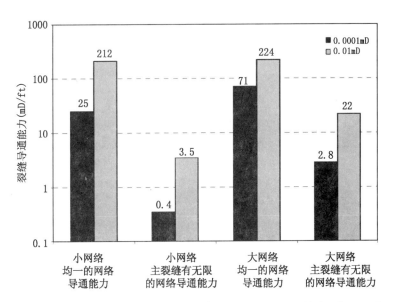

图 5.4.49　达到第一次生产产量最大化的 90％时所需的网络导通能力（据 Cipolla，2009）

的好坏。储层的两个因素能够促进页岩的压裂效果：一个是刚性颗粒的存在，比如石英（或少量的石灰岩），它能够增加岩石的脆性，使得岩石在压力增加时会像玻璃一样破碎；而柔软的泥质会吸收更多的压力，在压裂液的压力下会弯曲而不是断裂（NEB，2009）。另一个因素是页岩的内部应力，在页岩气生成的过程中，作为源岩的页岩中会形成超高应力，由于渗透率较低，大部分的气体不能够流出而是保留在原地，从而增加了岩石的内部压力。这样，这些页岩比常压的页岩更容易达到破裂点，人工创造出的裂缝也可以延伸的更远一些。作业者需要考虑地层的应力方向来预测裂缝的可能生长方向。在储层中的不同位置，由于地层的不同特征，主应力是发生变化的。最大主应力及各力的方向非常重要，因为它们决定了需要用怎样的压力来创造裂缝及其方向（Arthur，2009）：裂缝平行于最大水平主应力方向，垂直于最小水平主应力方向。天然裂缝的方向影响到水平井的侧钻方向，射孔的位置及方向，而水平井与射孔方向的选择又会对压裂产生很大的影响，可以说，水平井的方向决定了能否有效的进行压裂（图 5.4.17），如果钻井方向与最大应力成一定角度，或打钻间隔时间较长，将产生多条横向裂缝或者横向裂缝走向复杂（Wei 和 Economides，2005）。除侧向井轨迹的方位外，射孔的方向影响到压裂及井的生命，当射孔方向正确的时候，在压裂过程中会生成较好的裂缝。

无论地层渗透率是多少，选择品质较好的支撑剂和使用大量的支撑剂效果会较好。另外，油井和气井的差别在于气井中有明显的湍流效应，这是由于气体的流动速率较高。在渗透率较高的油气藏湍流效应更加显著。通过水力压裂垂直井产生径向流动，气藏中的湍流效应会大幅度降低，但是由于水平井和裂缝间存在很小的接触面，横向压裂气使水平井中的湍流效应增强，且在近井地带作用显著。在研究气藏水平井横向交错裂缝的效果时，必须考虑湍流效应的影响。设计裂缝时，需要使得裂缝的尺寸最佳，宽度和长度满足一定的比值，一般要求裂缝宽度是支撑剂最大直径的三倍。在实际中，可以通过调整支撑剂尺寸得到满足需要的裂缝尺寸。支撑剂质量的好坏也直接影响压裂效果（Wei 和 Economides，2005）。总之，综合考虑各种因素，才能有较大的流体驱替区域、有效的裂缝空间和较高的流体流动速率，从而才会有较高的生产速率及最终产量。

在压裂设计过程中需要考虑的另一个问题是裂缝曲折度，曲折度是指裂缝面的方向相对于一个平面的变化的快慢。曲折度的大小直接影响压裂的效果，包括物质的流出难度及摩擦力的大小。当曲折度较大时，作为支撑剂的砂子的运送也成为较难的问题，需要以较高的速率泵入压裂液及保持压力的稳定（Wei 和 Economides，2005）。

监测技术是优化压裂的重要技术，通过微地震成像技术和测斜仪技术来观察压裂过程中出现的裂缝的位置及几何形态等（Wei 和 Economides，2005），可以用这些方法来精确评价压裂创造出来的裂缝是否成功，也使得工程师们能够用监测数据指导压裂设计，后文将较详细地谈到。

5.4.3.2 压裂液及添加剂

上文说过，页岩气开发中压裂处理都是将数百万加仑的混砂压裂液连续地泵入地下，制造裂缝网络。压裂液起着传递压力、形成和延伸裂缝、携带支撑剂的作用，其重要性不言而喻。按照组成结构，压裂液由三部分组成：基液、添加剂与支撑剂。基液由水或油组成；添加剂由凝胶、聚合物、减阻剂、破胶剂等组成；支撑剂是砂、陶粒、矾土凝结砂或者其他颗粒。

在压裂之前，需要根据目的层位的综合地质情况进行考虑，从而设计出最经济的压裂液配制与使用方式。实际上，这部分内容属于压裂设计的内容。

5.4.3.2.1 压裂液及添加剂

按照压裂过程进行区分，压裂液一般由前置液、携砂液、顶替液组成（Kennedy 和 Hughes，2010）。前置液的主要作用是压裂裂缝，降低井底温度，减少携砂液滤失及防砂卡等，要求有较大的体积。携砂液是将支撑剂带入裂缝，并且起到继续扩张裂缝，降低地层温度的作用，要求有较高的携砂能力。顶替液的作用是将砂进一步顶入裂缝，有中间顶替液和尾注顶替液，用量需要适当。压裂液的主要要求是滤失低、携砂能力强、摩阻低、比重大、稳定性好、配伍性好、残渣少、易于返排、货源广、价格便宜以及便于配制等。按照基液的种类，压裂液可以分为：水基压裂液、油基压裂液、乳化压裂液、酸基压裂液、泡沫压裂液和液化汽压裂液。需要根据具体的页岩盆地及层位情况选择压裂液的类型，一般考虑的比较多的因素是深度和压力梯度的大小，在浅层一般使用泡沫压裂液，地层压力梯度较小时也使用泡沫压裂液。

就美国的生产经验来看，页岩的开发绝大部分使用水基压裂液，在其中加入了其他添加剂，水是一种低黏度流体，更容易产生复杂的裂缝网络。添加剂的种类及数量依据各井的情况而定。每一种添加剂都有特定的作用（Schlumberger，2008），典型的压裂处理会根据将被处理的页岩的特征及水基的特性使用占水体数量较少的 3～12 种化学添加剂。以水为主的混合减阻剂的压裂液，也就是一般说的光滑水（slickwater）已经成为页岩处理中广泛使用的压裂液。减阻剂的目的是降低压裂液及支撑剂泵入目标区域时的摩擦阻力，保持较高的泵入速率，比单独使用水时所需压力低。其他的较主要的添加剂有：杀虫剂，用来避免微生物的生长以免堵塞裂缝；还原剂及其他的稳定剂来避免对金属套管的腐蚀；酸被用来移除侵入井壁的钻井泥浆。压裂液不光是在地层中创造裂缝，还将支撑剂（页岩中通常使用硅质的沙粒）运送到压裂缝中并沉积下来。

由于各盆地及页岩层的特性不同，在不同的区域压裂液的配制会按照不同的需要发生变化，没有统一的标准。图 5.4.50 为 Fayetteville 页岩盆地的一个水平井的压裂液的配制数据，其中 99.5% 的是混砂水，只有 0.5% 的成分是添加剂。在目前各公司所用的压裂液中，大部分添加剂都在 0.5%～2% 之间，而混砂水占 98%～99.5%。一些作用相似的添加剂在不同井中所起的作用也是类似的。各公司之间添加剂的配制公式差别很小。尽管压裂液有许多添加剂，但是对于每一次压裂工作来说，都只是按照需要使用几种合适的添加剂（表5.4.2）。

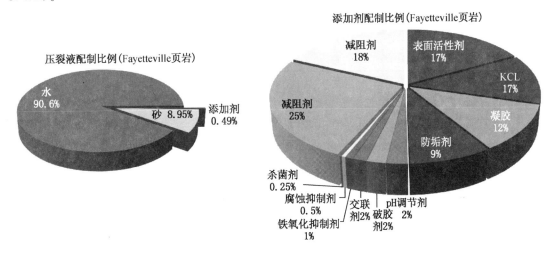

图 5.4.50　Fayetteville 页岩中的水资源及添加剂的配制（数据来自 Arthur，2008）

除水之外，盐酸是用量最大的液体，在使用过程中根据不同的需要配制成不同的浓度。水的黏性太低限制了其携带支撑剂的能力，因此在一些特殊情况下，线性的或者交联的凝胶

表 5.4.2 压裂液中的添加剂，主要的成分及用途（据 Arthur，2008；Wei 和 Economides，2009）

添加剂的类型	主要的化合物	目 的	主要成分的主要用途
酸（15%）	盐酸	清洗在钻井及射孔过程中对井壁的污染及溶蚀胶结，以利于压裂液的注入	水消毒剂
杀菌剂	戊二醛，苯乙哌啶酮等	阻止地层内的细菌生长，以避免对管道的腐蚀及结垢	消毒剂，医用消毒液
破胶剂	过硫酸铵，过氧化氢	使黏稠压裂液有控制的降解成为低黏度的压裂液	化妆品
腐蚀抑制剂	二甲基的甲酰胺	避免酸对钢铁成分的管道、套管、工具及储存罐等的腐蚀	制药，制丙烯酸纤维，塑胶工业
交联剂	硼酸盐	当温度升高的时候保持液体的黏性	水槽清洁，肥皂，化妆品
减阻剂	聚丙烯酰胺	降低管道与流体之间的摩擦	水处理，土壤调节
	矿物油		化妆去除剂，膨化剂，糖果
凝胶	胍胶，树脂，羟乙基纤维素	提高水溶液黏度，使水密度增加以停砂	化妆工具，牙膏，调味品，冰激凌
KCl（黏土稳定剂）	氯化钾	制造盐水（避免水敏性的地层遇水发生膨胀）	低钠盐水的替代品
铁氧化抑制剂	柠檬酸	避免铁的氧化	食品添加剂，饮料及食品的芳香剂，柠檬饮料
氧化剂	亚硫酸铵	将氧从水中移除以保护管道不受腐蚀	化妆品，食品，饮料处理剂，水处理剂
PH 调节剂	碳酸钾或者碳酸钠	控制特定交联剂和交联时间所以要求的 pH 值	洗涤苏打，清洁剂，肥皂，水软化剂，陶品和玻璃制造
支撑剂	硅，石英砂	使得裂缝保持开启，以使气体流出	饮用水过滤器，混凝土等建筑用材
水垢抑制剂	乙烯，乙二醇	避免水垢在管道中沉淀	汽车防冻剂，居室清洁，防冰剂
表面活性剂	异丙醇	增加压裂液的黏性	玻璃清洗剂，止汗药，染发剂

被用来增加压裂液的黏性。凝胶剂需要根据地层的特征，比如厚度、孔隙度、渗透率、温度和压力进行选择。为了增加并保持黏性，需要增加聚合物的聚集程度，交联剂可以被用来增加分子的重量，也就增加了黏度（Wei 和 Economides，2005）。

含有胶体的压裂液进入裂缝中后需要尽快的破胶，以使携带的支撑剂快速的沉降，否则当压裂液退出的时候会将支撑剂带出裂缝，这样会严重影响压裂作业的效果。一般情况下，地层温度达到225℃以上时聚合体凝胶会发生破裂，因此也不需要破胶剂。但是在页岩及井筒中，温度较低，很难达到这样的条件，因此需要破胶剂来降低压裂液的黏度，以使压裂液较快的释放支撑剂并加速完井后水的回流。最常用的破胶剂是过氧化氢，在一定的时间内，破胶剂会降低液体的黏度。

在压裂过程中，需要针对性的选择添加剂，以减少对储层的伤害，即压裂液可能造成的黏土膨胀、堵塞等对储层的破坏。

使用化学试剂及类似的任何大量的化学药品，如果处理不善都会造成很大的危害。可以想象，如果这些化学试剂进入食物或者饮用水中，对人的身体和环境都会造成很大的破坏。所以在现场及运输过程中，对添加剂的密封及使用都需要格外仔细。

5.4.3.2.2 支撑剂的要求

支撑剂（proppant）是在压裂过程中进入诱导裂缝、保存在裂缝中分隔并有效支撑裂缝两个壁面，使裂缝始终保持开启状态的固体颗粒。支撑剂能够有效消除所进入地层中的大部分径向流，使地层流体以线性流方式流动。也就是说通过支撑剂的作用，裂缝的渗透率比地层渗透率将会大几个数量级。因此在压裂过程中，支撑剂是非常重要的。

支撑剂需要满足一些要求：（1）强度高，保证在高闭合压力作用下仍能获得最有效的支撑裂缝。支撑剂类型及组成不同，其强度也不同，强度越高，承压能力越大；（2）粒径均匀，支撑剂粒径均匀可提高支撑剂的承压能力及渗透性；（3）杂质少，支撑剂中的杂质是指混在支撑剂中的易溶于水、酸等溶剂中的能够堵塞支撑裂缝孔隙而降低裂缝导流能力的物质，比如在支撑砂中所含有的的碳酸盐、长石、铁的氧化物及黏土等矿物质；（4）密度低，由于是由液体输送进入裂缝，所以支撑剂的体积密度最好小于 $2000kg/m^3$，以利于压裂液输送支撑剂并有效充填裂缝；（5）高温盐水中呈化学惰性，不与压裂液及储层流体发生化学反应，以避免污染支撑裂缝；（6）货源充足，价格便宜。

目前使用的支撑剂都是部分地满足上述要求，有些要求在当前尚难以实现，只能依靠科学技术的进步逐步达到。

在页岩气的开发中，最常用到的支撑剂是轻砂，石英砂表现为硬度大，受压时变形小，在高闭合压力下仍然能够提供一定的或者较高的渗透能力。除砂之外，常用的支撑剂是树脂包裹的砂、强度中等的陶粒、强度较高的烧结的矾土和氧化锆。陶粒在承受高闭合压力和上覆岩石重力作用时，其细粒结构可使颗粒变形而不致破碎，甚至在高温盐水的浸泡下也可以抵抗压力的破坏。树脂包裹的砂石经常被用于压裂的最后一段。树脂被用来增加支撑剂的强度，及在一定温度下融化作为胶体将砂体颗粒黏结起来，增大支撑剂的体积，它们在裂缝中的聚集使得前边进入的支撑剂不能够随着回流水退出（Wei 和 Economides，2005）。

除了选择良好的支撑剂，还应注意支撑剂在实际生产中出现的问题，如支撑剂沉积（由于液体黏度低于悬浮支撑剂的门限压力）、支撑剂返排等。可以通过向压裂液中加入表面活性剂、纤维材料、变形粒子等解决这些问题。了解支撑剂的类型及在闭合应力下的状态，支撑剂的性能评价指标和各种因素对支撑裂缝导流能力的影响，是正确选择和使用支撑剂的基础。

一般情况下，支撑剂的要求是在较高压力环境下能够保持较高的强度（Schein，2004；Brannon，2009）。而随着支撑剂材料强度的提高，密度也随着增大，颗粒密度的增加，直接导致了输送支撑剂的难度加大，尤其是在光滑水中，这又使得支撑剂在水力压裂裂缝里不能够均匀的分布，较高的密度又会导致在地层中出现桥堵。为解决这些问题，2004 年，出现了一种适合于储层温度及压力的高强度超低密度压裂支撑剂（ULW，Ultra lightweight），其比重较低，一般为 1.25～1.75，比普通石英砂（比重为 2.65）低得多。已证明，这种支撑剂可以在 8000psi 的压力下及超过 275℃ 的温度下保持其性能（Schein，2004；Brannon，2009），最原始的这类支撑剂是树脂处理过的密度在 1.25 左右的碎胡桃壳，经过树脂处理可以产生巨大的共价键力，增加了颗粒变形的能力，提高了抗压强度（图 5.4.51）。

现在推广使用的 ULW 支撑剂是经过热处理的树脂裹碎胡桃核，经过热处理，这种支撑

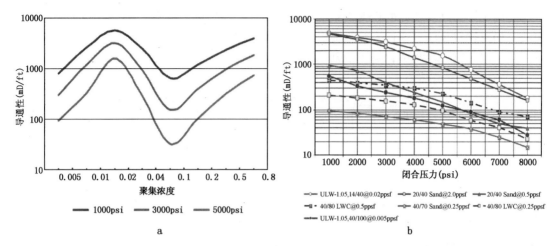

图 5.4.51　支撑剂的聚集厚度与导通能力关系图（a）（150℉，ULW1.05 支撑剂单层分布），
以及支撑剂类型导通能力及闭合压力的关系图（b）（据 Brannon，2009）
图中 LWC 指轻质陶粒，SAND 指砂，ULW 指超轻支撑剂 MWH 指需要的运送速率

剂的密度得到降低。而低密度支撑剂能够在低排量、低黏度的压裂液中很好的输送，如图 5.4.52，在同样的条件下，ULW 支撑剂沉降速率要比砂及陶瓷颗粒慢，20/40 目的砂或者陶瓷粒的沉降速率为 16ft/min，而比重为 1.05 的 40/100 目尺寸的支撑砂沉降速率为 0.08 ft/min；ULW 支撑剂需要的压裂液的横向速度要比其他支撑剂小的多，对 20/40 目的砂子，需要至少 8.1ft/min 的速度，而 40/80 目的 LWC 支撑剂需要 1.9ft/min，14/40 目的 ULW 支撑剂只需要 0.35ft/min，也就是说 ULW 支撑剂能够运送到裂缝的更深处，通常情况下，越短的运送距离意味着越小的支撑面积和压裂效率。

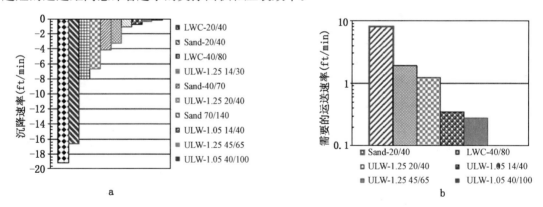

图 5.4.52　支撑剂的类型、大小与沉积速率关系图（a），以及支撑剂类型与需要的
运送速度关系图（b）（据 Brannon，2009）
图中 LWC 指轻质陶粒，SAND 指砂，ULW 指超轻支撑剂 MWH 指需要的运送速率

　　ULW 支撑剂进入裂缝的深度较深，最后生成的裂缝半径就会比较大，铺砂面积也相应的增大（图 5.4.53）这直接提高了裂缝的导流性（Wood，2003；Kendrick，2005），降低支撑剂密度还可以减少配制压裂液的复杂性从而减少对压裂裂缝及储层的伤害（Brannon，2009）。

　　但是，超轻支撑剂也有不同的类型及大小，它们的密度、球度、大小、强度各有不同，

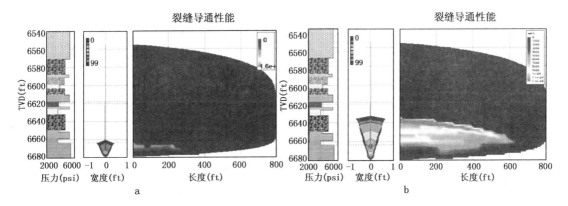

图 5.4.53　使用砂与超轻支撑剂压裂后的对比效果对比（据 Wood，2003）

a—轻砂支撑，b—超轻支撑剂支撑，相比较而言，超轻支撑剂支撑裂缝宽度增大，铺沙面积增大

参量不同的支撑剂也各有优点与缺点。在使用之前应该对各种不同的支撑剂的抗冲击能力、抗压强度、随压力的变形以及导流能力进行测试，根据井所在的地质条件、井的压裂需求选择最优的支撑剂。

5.4.3.3　页岩气水平井的压裂过程

现在的页岩气开采大都使用水平井，水平井的侧钻长度一般在 1000ft 到 5000ft，在这样的长度上，不可能利用一个压力将整个水平井段充分的压裂，况且，由于页岩层一般都较薄，在整个井径通过的长度上，构造、岩性等特征都会发生变化，因此，压裂处理经常被分为许多独立的小段进行，每一段根据各自不同的情况，使用不同的压裂液、不同浓度的支撑剂和不同的压力，以期达到最好的效果。压裂以不同的方式进行，整个压裂过程与在垂直井中的压裂一样。

在该单级增产措施中，将许多装满水的压裂罐运往井场并放置在井场周围（图 5.4.54）。泵送装置、管汇和监测设备等则被放置在井场中心附近的井口周围。由于采用了新的完井方法，现在所需的材料和设备少了很多。现在，作业者将井筒分成一些小层段，并对其实施多级增产处理。这一新方法改善了油气井动态，并降低了完井成本。

图 5.4.54　Barnett 页岩大型水力压裂作业现场（据 Boyer 等，2006）

非常重要的一点是：在压裂之前，作业者需要研究压裂是否会与当地的政策法规冲突，是否会对环境和居民造成影响，并处理好这些问题。作业者需要对井（套管，水泥固井的可

靠程度）、井头仪器、设备等进行详细的检查，确保它们在压裂过程中能够正常的工作，保证仪器在压裂过程中能够经受巨大的压力及流体高速泵入的影响（Harper，2008）。

准备并确保了设备的可适用性及井的可靠性之后，即可进行压裂。第一步（如果需要）是压入酸化剂（Hydrochloric acid）来清洁由钻井及固井造成的井壁及其周围的泥饼和水泥；第二步是压入前置液，大量的光滑水被压入地层引起地层破裂，形成裂缝，此时使用的压裂液是在清水之中加入了一些减阻剂等化学试剂，以使压裂液可以更快的进入地层，前置液仅占全部压裂液的 20％左右；第三步是泵入含支撑剂的压裂液，作业者泵入更大量的含有少量细沙的压裂液，在接下来的操作中，不断泵入数量和大小都逐渐增加的优质细沙以使得压开的裂缝保持开启；第四步是清洗，注入清洗液，清除井壁、管路及其周围的的支撑剂。在一些压裂处理中，需要两种或者更多种类的支撑剂来支撑井孔中多种尺寸的裂缝，例如在 Barnett 页岩的一次压裂中，先后使用多种粒径的支撑剂，首先压入 100 目的砂子，接着是 40/70 目的砂子，接着是 30/50 目的砂子，最后是由一层树脂包裹的 30/50 目的砂子。支撑剂的浓度也是先小后大，最初的低支撑剂浓度一般在 0.1lb/gal，增加的比率具有一定的规律，一般是以 0.2ppg 的比率增加。最后是回收注入的液体（Kennedy，Baker Hughes，2009）。图 5.4.55 给出了一个整体的压裂过程。

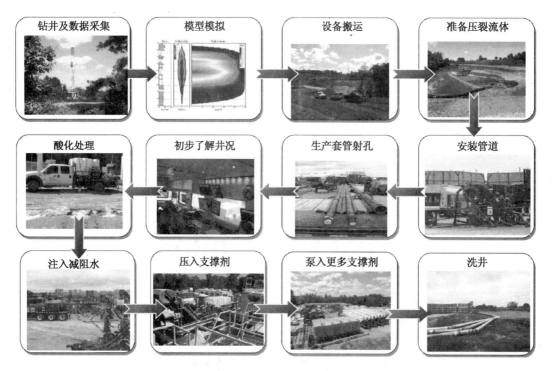

图 5.4.55　压裂的一个完整过程（据 Wei 和 Economides，2005）

在压裂处理中，需要一些特殊的设备。这些设备包括储存罐、泵、化学运输车及多种多样的连接用的管道。储存罐用来储存配制压裂液的大量的清水。配有小型泵的化学运输车用来将化学试剂从一个井点运送到另外的井点，并泵送到混合器中。

通过实时监测，服务公司和作业者可以优化压裂处理。首先，作业者需要确保裂缝不传播出目的层而伸展到邻近的地层，这是因为如果裂缝穿出目的层，将会浪费掉材料、时间和金钱。在 Barnett 页岩的一些例子中，裂缝穿过目的层会导致气体的流失和邻层的水的流入，这样又会给收集处理废水造成额外的压力。

5.4.3.4 压裂诊断与监测

在压裂过程中，作业者会近距离对压裂进行监控，通过在不连续的井段进行压裂作业并实时监控岩石的开裂、岩石刚性的变化、压力的变化等，作业者可以不断地对压裂处理进行修正与优化，这样就可以实时指导诱导裂缝的位置。对压裂的监控与诊断是提高压裂技术水平极其重要的技术。

压裂的诊断与监测可以分为间接方法、直接的近井地带监测和直接的远井地带监测。间接方法主要指压裂中及压裂后井中压力分析和在井生产过程中的产量数据及其变化，通过这些数据间接的推断裂缝的长度、高度、宽度、导流能力以综合判断压裂效果。其中通过压力分析判断压裂效果及裂缝情况是建立在一定的油藏模拟模型基础之上的，受制于模型的精确程度。

近井地带直接监测方法主要是指测井方法及放射性示踪剂法。通过生产测井得到产量数据、各压裂段和层位裂缝的高度及导流能力，生产测井需要在洗井后马上进行。在裸眼井中根据井眼成像测井可以明确的看到压裂的裂缝的倾角、方位等信息。还可以通过井径测井判断压裂所造成的裸眼井结果。另外，斯伦贝谢使用一个配有光纤线的连续油管直接在井底实时采集以压力为主的数据（Bader，2008），带有光纤的连续油管配备有一个井底传感器组件，能够实时将井底深度、温度和压力数据传输到地面。此外光纤可以以 3ft 为间隔单位采集分散的温度读数。仪器串所采集的数据通过光纤输送到一个电子组件中。利用电子组件将光纤信号转化为无线电信号后，再将数据传输到控制室，从而使作业人员可以在控制室通过一个指令接收软件程序远程获得数据信息。通过示踪剂法可以监测井眼周围支撑剂的分布情况、裂缝导流能力、最小裂缝高度、识别裂缝扩展的扭曲情况和支撑剂输送情况等（Woodroof，2003）。

远井直接监测方法是在数十到数百英尺之外布置仪器，对压裂进行检测，提供的是宏观尺寸。现在一般采用测斜仪或者微地震进行监测。通过这两种方法可以得到裂缝的长度、高度、方位、位置等信息，且比较准确。

微地震监测监测在压裂过程中地层破裂产生的地震波，并对破裂的位置进行定位。监测过程所用到的技术与监测天然地震的是一样的。需要在观察井中放入检波器，监测压裂过程中产生的地震波，可以确定裂缝的缝高、缝长和方位。在压裂过程中微地震监测是一个动态的过程，对压裂进行实时监测。微地震监测给工程师提供了智能的定位与控制油藏的方法，通过在井中监控油藏的环境来为新井的压裂结果做预测（图 5.4.56）。可以说，水力压裂作业在与实时监控技术相结合极大地提高了压裂效率与效果。

水力裂缝测斜仪是利用水力压裂过程中在裂缝周围岩石中形成一定规则的形变，通过分析变形造成的倾角变化得到水力裂缝的几何形态与方位的一种监测技术（Wei 和 Economides，2005）。测斜仪可以放在距井点一定距离的地面或者紧紧地贴在附近的一口井中的岩石上。测斜仪可以测量到倾斜的两个正交的方向，这些数据又可以转换为由压裂引起的应变。工程人员就可以由应变来确定压裂造成的岩石破裂的位置，可以直接测量水力压裂的裂缝缝高与缝宽（图 5.4.57）。

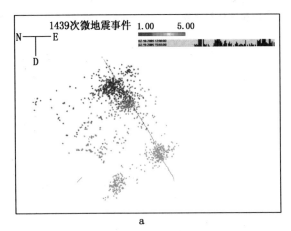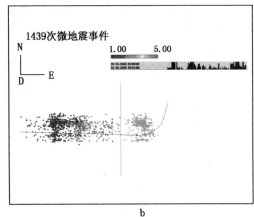

图 5.4.56 水平井的水力压裂微地震监测成像图（Schlumberger，2005）

a—平面图；b—剖面图

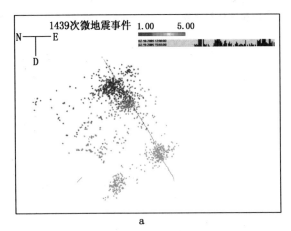

图 5.4.57 在水力压裂造缝过程中
测斜仪的使用

（据 Siebrits 等，2000；Stutz 等，2002）

我们总结了远近压裂监测的两种方法各自的优缺点，见表 5.4.3。

另外，在压裂过程中，作业者和服务公司会连续记录整个处理过程的信息，比如井头到井底的压力变化、泵入的流体流速变化、压裂液的密度变化等。监测还会跟踪所使用的每一种添加剂及水的体积，并且确保器械能够合理地使用（Arthur，2009；Wei 和 Economides，2005）。

5.4.3.5 不同的压裂技术

压裂技术出现于 19 世纪 50 年代，在发展过程中，出现了多种压裂方法，这些方法的基本原理都是一样的，只是实施过程和所用工具及材料逐渐的发生变化。以下内容对各种压裂方法进行了简要的介绍与总结（表5.4.4）。

表 5.4.3 主要压裂监测技术总结与比较

方 法	仪器位置	出现年代	监测内容	监测范围	优 缺 点
井中微地震监测技术	井下	20 世纪 80 年代末	裂缝高度、长度、方位角	井下仪器周围 615m	技术含量高、精度高、成果丰富，但需要监测井，成本高，软硬件设备昂贵
地面测斜仪水力压裂监测技术	地面	20 世纪 80 年代末	裂缝方位、倾角	地下 3000m，1500m 以上精度在 5rad，2000m 时为 10rad	不用监测井，方便，成本低，但精度低

5.4.3.5.1 泡沫压裂技术

对于埋藏较浅、地层压力相对较低、渗透率较小、孔隙度低的页岩气藏进行增产改造时，

表 5.4.4　各种不同的压裂方法对比表

技术名称	技术特点	适用性
多级压裂	多段压裂，分段压裂，技术成熟，应用广泛	产层较多，水平井段较长的井
清水压裂	减阻水为压裂液的主要成分，成本较低，但携砂能力有限	适用于天然裂缝系统发育的井
水力喷射压裂	定位准确，无需机械封隔，节省作业时间	尤其适用于裸眼井完井的生产井
重复压裂	通过重新打开裂缝或裂缝重新取向增产	老井，产能下降的井
同步压裂	多口井同时作业，节省作业时间且效果好于多段顺序压裂	井眼密度大，井位距离近
氮气泡沫压裂	地层伤害小、滤失低、携砂能力强	水敏性地层和埋深较浅的井
大型水力压裂	使用大量凝胶，完井成本较高，地层伤害大	对储层无特备要求，适用广泛

一般采用液氮或二氧化碳泡沫压裂作业。该措施适用于低压低渗、水敏性储层，具有用水量少、造缝率高、滤失性低、返排及携砂能力强、摩阻低以及对储层伤害小等特点，并且这种压裂成本低，比如氮气泡沫压裂的成本仅是普通压裂的四分之一，目前仅使用在一些特殊条件的压裂作业中，主要是较浅的地层。

5.4.3.5.2　水力压裂技术

作为一种储层改造技术，水力压裂在页岩气中的应用彻底改变了页岩气的开发状况。以开发的最早且最为成功的 Barnett 页岩为例（图 5.4.58），在其开发过程中曾采用过多种增产措施，当然的，这些方法大都是在 Barnett 页岩进行了其在页岩气开发中的第一次应用。在 20 世纪 80 年代中期之前，对 Barnett 页岩下部采用二氧化碳和氮气泡沫增产处理。随后又实施了大型水力压裂措施。大型水力压裂需要数额极其巨大的交联凝胶和支撑砂。增产作业虽然提高了最终采收率，但是昂贵的完井费用和低天然气价格使经济效益不佳。直到 1997 年，停止了大型水力压裂作业，此时 Mitchell 能源公司开始对使用减阻水的增产措施进行评估。减阻水所包含的交联液大约是大型压裂措施的两倍，而泵入的支撑剂体积还不到大型水力压裂的 10%。与大型水力压裂相比，虽然在油气井动态方面改善不是很明显，但

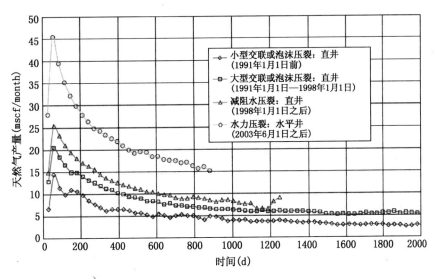

图 5.4.58　采用新技术改善井动态。多年来随着钻井和压裂技术的不断发展，
Barnett 页岩增产作业的效果不断得到改善（Boyer 等，2006）

其成本却下降了 65% 左右。现在，减阻水增产措施已成为 Barnett 页岩中最为常见的增产措施。而且，增产作业费用的下降允许作业者对 Barnett 页岩上部层段实施完井，从而使估算最终采收率提高 20% 以上。

在常规储层开发中，一般凝胶作为压裂液会得到较好的效果，因为凝胶携砂能力较高，但是，在页岩气中，凝胶压裂所造成的压裂裂缝的体积明显小于水力压裂，水力压裂的产气量也必然要高于凝胶压裂（图 5.4.59）。水力压裂已经成为页岩气开发的共识。

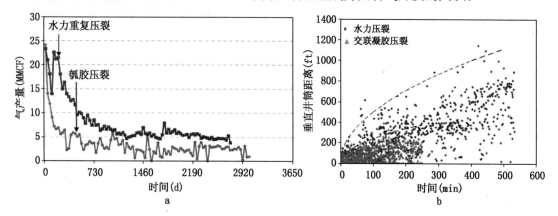

图 5.4.59 利用瓠胶压裂与水力压裂的其产量（a）（据 Cipolla，2009），以及交联凝胶压裂与水力压裂产生的裂缝微地震图（b）（据 Cipolla，2008）

现在水力压裂技术已经扩展到 Haynesville，Marcellus，Woodford，Fayetteville 等页岩气藏，并且已经成为页岩气开采的标准压裂方法。水力压裂比常规的水加砂压裂需要更多的水，使用的压裂液实际上是包含有大量支撑剂的以水为基的低黏性流体。这种压裂方法被用于较深的具有较高地层压力的页岩，而氮气泡沫压裂被用于较浅的具有较低地层压力的储层（Frantz 和 Jochen，2005）。

水力压裂处理过程中，要针对目标页岩层的特征（包括厚度、局部应力条件、压缩性和刚性等）进行模拟与实验。在对一口井（水平井或垂直井）实施压裂措施之前，通常会进行一系列的测试，以确保井、井口设备和压裂设备的正常工作，并经得起压裂设备的压力和泵率，还需要根据具体的情况设计合适的压裂液。

5.4.3.5.3 水力喷射压裂

水力喷射压裂是根据水动力学动量——冲量原理，固体颗粒受水载体加载，高速冲击套管和近井地层，形成一定深度的直井及射孔孔眼，然后加大压力和砂比，沿孔眼扩张成裂缝。早期，由于水力喷射压裂的成本太高，并且在射孔时使用常规的联作射孔就可以达到同样的效果，所以很少使用到它，近年来，由于石油、天然气价格的飙升，使用水力喷射射孔可以产生有效的裂缝，提高井的经济效益。在更多情况下，水压射孔已经被证实是唯一能够有效产生裂缝的方法。尤其是将水力射孔与水力压裂联合，对于需要压裂的井，在停产期间可泵入支撑剂以产生多条裂缝，利用多段的方式可以显著提高产量和经济效益。水力喷射压裂适用于硬度适中和硬度较高的地层（Daniel 等，2008）。

当页岩储层有较多的天然裂缝时，如果用常规的方式对裸眼井进行压裂，大而裸露的井壁表面会使流体大量损失，从而影响增产效果。水力喷射压裂能够在裸眼井中不使用密封元件而维持较低的井筒压力，迅速、准确地压开多条裂缝（Daniel 等，2008）。水力喷射压裂能够用于水平井的分段压裂，不受完井方式的限制，尤其适用在裸眼完井的井眼中，但是受到压裂井深和加砂规模的限制。连续油管的使用使得水力喷射压裂的经济性也得到更大的优化，因为连续油管可以做更多的工作，所以压裂时间会降低，这对经济成本的控制是有意义的，通常，使用连续油管技术从井底开始压裂，压裂一段回拉拖动工具再压第二段。但是，水力喷射压裂需要极高的喷射速度，也就意味着极高的压力，对于最常见的 0.25in 直径的射流喷嘴，喷嘴出口速度需要超过 2bbl/min。对于 0.3125in 的喷嘴，喷嘴出口速度超过 3bbl/min 以上，这样大的压力对工具的损坏是较为严重的（Daniel 等，2008），这对压裂效果是有严重影响的，因此需要优选喷嘴尺寸与质量。

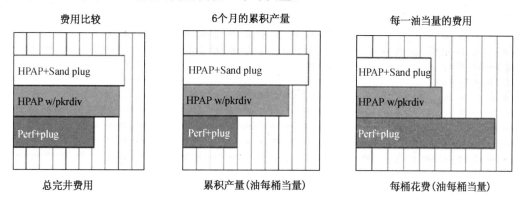

图 5.4.60　使用三种压裂方法的产量及费用比较（据 Daniel 等，2008）

图中 HPAP（Hydrajet perf‑annular path）指水力射孔—环空共同注入，Sand plug 指砂塞，

Perf 指常规联作射孔，Plug 指堵塞

5.4.3.5.4　重复压裂技术

随着生产时间的推移，地层孔隙压力的变化会导致地应力改变，从而引起支撑剂破碎、压实及嵌入，裂缝导流能力降低，直至失效。自 1999 年开始，逐步将原来适用于较柔软的、较浅的地层中的重复压裂技术应用于致密的页岩气地层（Siebrits 等，2000）。即对已经有过压裂历史的页岩气井再一次进行压裂，重建储层到井中的流动通道，增加裂缝网络，提高生产能力（Siebrits 等，2000）。根据国外的重复压裂实践，重复压裂有三种方式：（1）在层内压出新裂缝，这实质上是对重复压裂的早期认识，严格地讲应当属于分层压裂的技术范畴；（2）继续延伸原有裂缝，这类井只需要加砂重新撑开原有裂缝，穿透堵塞带就可以获得不同程度的效果。另外，压裂改造规模不够，或者支撑裂缝短，或者裂缝导流能力低，这类井必须加大压裂规模继续延伸原有裂缝，或者提高砂量以增加裂缝导流能力。这是目前最通常的重复压裂概念。为了获得较长的增产有效期，必须优化设计重复压裂规模（液量、砂量）；（3）改向重复压裂（Refracture Reorientation），这是目前页岩气中较常用的重复压裂方法。当原有裂缝控制的气产量已接近全部采出，裂缝成了水的主要通道，但某些井在现有采出条件下尚控制有一定的剩余可采储量。这时如果采取延伸原有裂缝的常规重复压裂方法肯定不会有好的效果。最好的办法是将原有裂缝堵死后重新压裂，在与原有裂缝呈一定角度方向上造新缝，这样既可堵水，又可重新构建流体流动体系，增加生产量。即研究了一种高强度的裂缝堵剂封堵原有裂缝，当堵剂泵入井内后有选择性地进入并封堵原有裂缝，但不能渗入地层孔隙而堵塞岩石孔隙，同时在井筒周围能够有效地封堵射孔孔眼。然后采用定向射孔技术重新射孔以保证在不同于原有裂缝的方位（最佳方位是垂直于原有裂缝的方位）重新

定向射孔以保证重复压裂时使裂缝改向，也即形成新的裂缝，从而采出最小主应力方向或接近最小主应力方向的天然气。

重复压裂可以有效改善单井产量与生产动态特性，在页岩气井生产中起着积极作用，压裂后产量接近甚至超过初次压裂时期（Halliburton，2007；图5.4.61）。在 Barnett 页岩的生产中，多数井都会进行重新压裂处理，经验表明，如果要使重复压裂获得成功，必须在压裂后产生更长或导流能力更好的被支撑裂缝，或者使作业井具有比重复压裂前更好的连通净产层。实现这些目标需要掌握更多关于储层和生产井状况的资料，以便了解重复增产措施获得成功的原因，并以此为基础改进以后的施工措施。评估重复压裂前后的平均储层压力、渗透率厚度乘积和有效裂缝长度与导流能力，能够使工程师们确定重新压裂前生产井产能不好的原因，以及重复压裂成功或失败的因素。所以重复压裂的实施离不开室内实验的帮助，需要在实验室模拟实际条件，确定重复压裂的过程及在各方向上需要的压力大小，确定射孔位置及方向等。

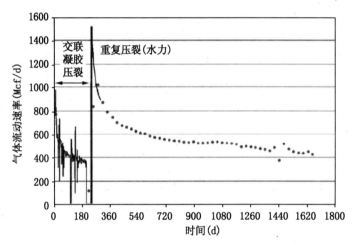

图5.4.61　重复压裂前后井产量变化（据 Siebrits 等，2000）
通过重复压裂，流体流动速率得到明显提高，且可以保持较高的产气速率色日期增长

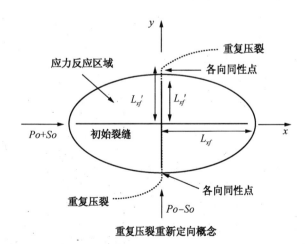

图5.4.62　重复压裂裂缝延伸示意图
（据 Siebrits 等，2000）

一般重复压裂都是在已生产了几年的井中进行的，图5.4.62是重定向重复压裂的理论示意图。该图显示了通过垂直井的一个水平剖面，该剖面包含了一个东西向的初始裂缝。在初始裂缝制造出来之后，长时间的生产会使得围绕着井眼和初始裂缝的一个椭圆形局部区域的孔隙压力重新分布，孔隙压力的降低会改变油藏的应力分布。数值模拟显示，随着时间的变化，总的平行于初始裂缝的水平分量会比垂直于初始裂缝的水平分量降低的快，在局部会沿着假设的重新压裂的方向延伸。如果诱导应力

的变化足够克服初始的水平应力分量，那么围绕着井轴及初始裂缝的椭圆区域里的最小主应力会变为最大主应力。在这种情况下，重新压裂的裂缝方位会与初始裂缝相差 $90°$，直到它达到椭圆应力区域反转临界点。这个临界点叫做各向同性点，是具有相等的水平应力的点。我们可以期望重新压裂的裂缝开始转向的距离是超过各向同性点的 L''_{xf} 处（各向同性点是在 L'_{xf}）。在两水平应力相等的以外部分，新裂缝的方向与原始裂缝相同或在原始裂缝平面上发展。各向同性点所在的位置比初始裂缝穿透的距离少了一半。但是，裂缝的刚性延展了重新压裂的裂缝在垂向上的穿透能力，使得其超过了各向同性点。到各向同性点的距离是由最大的初始水平应力、初始裂缝的穿透能力、生产速率、油藏渗透率及区域内和区域外的弹性参量对比等因素决定的，在作业中需要考虑这些参数。如果渗透性是各向异性的，那么在裂缝附近的椭圆形区域内，应力的衰减规律将更加复杂。重复压裂的关键是裂缝转向，这在均质性地层中是可以实现的，比如 Barnett 页岩中，但是在非均质性强的地层中，并不是每次重复压裂都能够使裂缝转向，所以评估并选择重复压裂的井是实施重复压裂的重要因素。

在重复压裂过程中，水的使用量也扩大了好多倍。据 Halliburton 公司的报告：在最初的完井之后，大约会有 10％的 GIP（Gas in place）可以被采出，经过重复压裂之后，采收率会增加 8％到 10％。在最初的层段上经过简单的重复射孔，需要泵入的压裂液比初次的增加了 25％，但是会产生比初次更高的产量。Barnett 页岩的的重复压裂的次数上升速度很快，在一些例子中，重复压裂的次数会达到 10 次以上（图 5.4.63）。

5.4.3.5.5　水平井分段压裂

水平井压裂技术已成为低渗透油气藏及裂缝性油气藏开发的一项重要技术。正是水平井钻井及水平井压裂技术的结合使得页岩气得以飞速发展。通过在 Barnett 页岩中的实验，压裂可以将初始产气速率提高 2～3 倍。在水平井段采用分段压裂，能有效产生裂缝网络，极大的提高最终采收率，同时节约成本。最初水平井的压裂段数一般采用单段或两段，目前已增至数十段。贝克休斯 2010 年 5 月利用其 Frac-Point EX 多段压裂系统在 Williston 盆地的 Bakken 页岩成功进行了一次 24 段完

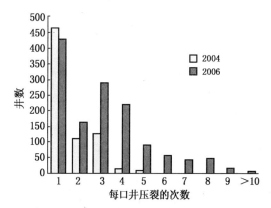

图 5.4.63　Barnett 页岩气井的压裂次数分布图
（据 Sumi，2008）

井作业。该项目是球阀式隔离层带项目中段数最多的压裂作业之一。其隔离技术可结合使用桥塞（每级处理后钻掉，直至推至更深处）、膨胀式封隔器、凝胶塞或渐进脱砂法。处理工艺和储层特性将决定选用何种封隔方法。

水平井分段压裂利用封隔器或其他材料将水平井分为多段，在水平井筒内对各段进行压裂，既可以一次压裂一个井段，逐段压裂，又可以同时对多段压裂。该技术既可用于单一储层区域，也可用于储层中几个不相连区域。作业者可以使用桥塞、连续油管、封隔器以及整体隔离系统对各段进行完井压裂，从而达到缩短作业时间和降低成本的要求。

在工艺上，分段的方法很多，比较常用的有使用封隔器进行机械分层、堵塞球分层、填砂分层、限流分层和暂堵剂分层等。

其中，封隔器机械分层比较常用，可以在套管井中使用，也可以在裸眼井中使用。其原

理为使用一定的封隔器将水平井段按照压裂设计分为许多不同的层段，在每一层段进行单独压裂，这样可以增强压裂的目的性，并且可以使用封隔器隔开页岩中的不稳定部分，得到较好的效果（图 5.4.64）。在裸眼井中对封隔器有一定的要求，由于裸眼井径的不规则，较难严密封隔，为此也发展出了许多专门的封隔器，比如膨胀封隔器（图 5.4.65）。

图 5.4.64　在裸眼井中使用封隔器对压裂段进行机械封隔（据 Seale，2008）
可以通过封隔器进行多段封隔压裂，并且将不稳定井段隔开，避免压裂事故与作业困难

封隔器分段压裂可以分为两种：（1）逐级上提管柱分段压裂，利用喷砂器的节流压差座封封隔器，反洗井替液解封封隔器，采取上提管柱的方式，实现一趟管柱完成多个层段的压裂；（2）不动管柱多级分段压裂，利用喷砂器的节流压差坐封封隔器，利用投球的方式实现分段压裂，实现不动管柱一趟管柱完成多个层段的压裂，这种方法可以保证多段压裂的针对性，但是工具能否顺利通过弯曲段、压裂后封隔器胶筒回收、管柱卡砂处理等问题是制约因素。

在这种作业中需要使用适合于各种完井方法和压裂处理的封隔器，很显然的，封隔系统质量的好坏及是否适用对整个压裂结果的影响是很大的。在套管井中需要套管封隔器，裸眼井中需要专门针对裸眼井的封隔器，各石油大公司都有自己的完井系统，其中也都包含有各种各样的配套封隔器，比如 Halliburton 的 Swellpacker 封隔系统系统；Baker Hughes 的 FracPoint 系统等。如图 5.4.65，Baker Hughes 公司的的 FracPoint TM 完井系统，其中的尾管上部悬挂封隔器系统是一次下入，运用液压将封隔器座封，整体铸造适合大扭矩；膨胀封隔器使用了一定的胶皮，使得在遇水遇油时能够自我膨胀封隔环空。

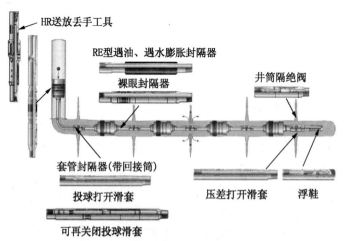

图 5.4.65　Baker Hughes 的 FracPoint TM 系统（据 Baker Hughes，2010）

孔眼堵塞球技术的基本原理是堵球由压裂液进入井中，经压裂管柱，最后到达流体所进入的射孔孔眼。堵塞球接触孔眼后，必将阻止液体流进孔眼，因此，在孔眼内外出现压差，使堵塞球在压差的作用下牢牢的坐在孔眼上，切断液体进入地层的通道，只要井筒压力超过了周围的地层压力，堵塞球就会堵住孔眼。该技术不用重复起下射孔工具，简易省时。但是对堵塞球有要求：堵球的大小和比重应该保证在液体携带下进入并堵住孔眼，堵球应该十分坚固，以免在现场实际压裂压差下从孔眼中挤出，压裂时堵塞球能够严密封住孔眼，压裂后容易从孔眼中脱落并沉落井底。图5.4.66示意性的表示了一个利用堵球法进行分层压裂的过程，将射孔枪下入井中并对最底一层射孔并压裂，在压开一层后，将若干堵球随液体泵入井中，堵球将孔眼堵住，同时，射孔枪上提并在下一层射孔压裂。通常把这种方法叫做堵球转向压裂技术。

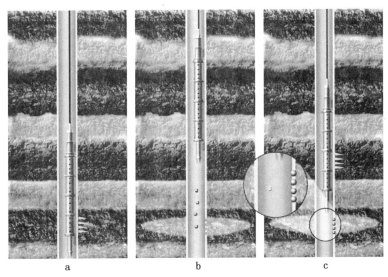

图 5.4.66　堵球封堵技术示意图（据 Bader Al‒Matar 等，2008）
Schlumberger 的 PerFRAC 技术，下部的射孔作业完成（a），则将射孔枪沿井眼
上提，将其定位后为下一组射孔作业做准备；随后对该射孔层段进行压裂（b），
封堵球的作用是隔离处理过的产层，以便对下一个产层进行处理（c）

填砂压裂技术，是先射开最下部生产层段，压裂后用冲洗液将砂子送到井底形成砂柱封堵，重复上述过程，到全部层段选择性压裂结束为止，最后利用在井场的压裂车将砂子从井底反循环带出；这种方法可以射开一层压裂一层，再射开一层压裂一层；也可以一开始便射开全部层段，封隔器座在最底部压裂段的上部进行压裂，然后用砂柱封堵，再将封隔器提到上一层的上部，重复这一过程即可压开全部层段，最后通过反循环把砂柱冲出（图5.4.67）。与此类似技术还有使用液体胶塞作为封堵剂的。

限流法分段压裂技术，是通过控制各层的射孔孔眼数及孔眼直径的办法限制各段的射流能力以达到压开各层的目的。依靠各段射孔数不同产生的节流压差进行限流分段。压开一个以上的射孔段，井底注入压力必须超过每一压裂层段的地层原始破裂压力，为此必须限制孔眼的大小和数目。孔眼摩阻大小直接与压裂液通过孔眼的流量有关，因此提高泵注排量，必将增大孔眼摩阻，每个射孔孔眼好象是一个井下油嘴，提高排量，井底压力随即上升，直到另一层压开。限流法的特点是在完井射孔时，要按照压裂的要求设计射孔方案，包括孔眼位

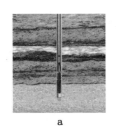 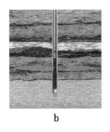 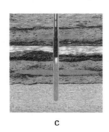 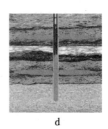

a   b   c   d

图 5.4.67　填砂法封堵压裂技术示意图（Bader 等，2008）

a—切割射孔；b—沿环空向下泵入压裂液；c—在置放好隔离产层的砂堵后，

进行下一组射孔；d—压裂结束后取回砂堵

置、孔眼密度及孔径，从而压裂成为完井的一个组成部分。由于压裂施工一开始就形成最高压力、最大排量，因此压裂层段很快相继压开。如果地面排量足够大，压裂过程可以进行到全部射孔层段压开或者直至注入压力达到套管允许的最大压力为止。限流压裂法从施工角度讲比较方便简单，对于处理多段和小段很有成效，虽然有时功率费用较高，但由于能在一次施工中压开多段，总的压裂成本仍较低。该技术的缺点是裂缝是否压开，裂缝数无法确定，易砂堵。

现在出现了利用水平井分段压裂滑套进行水平井压裂的技术（比如 Halliburton 的 Delta Stim 系统；Baker Hughes 的 FracPoint 系统等）。水平井分段压裂滑套是实现该技术的核心部件，滑套可以通过投球（图 5.4.68）或连续油管/普通油管下入机械/液压开关工具（图 5.4.69）进行开关。投球法开关滑套是通过投入一系列尺寸不同的球连续地将不同尺寸的滑套打开、关闭，可以一次性安装多达 10 个增产滑套。进行多次开/关增产滑套机械操作，从而实现日后多个油层生产，滑套数量没有限制。该技术总的过程是：打开增产滑套；沟通产层进行压裂施工；防止产层喷出；冲刷清洗井筒；施工结束后增产滑套即可作为生产工具进行生产。使用滑套完井可以缩短完井周期、提高产量、实现管柱全通径（钻掉投球和球座）、实现增产措施的正确定位和封隔、实现多层连续施工作业、封隔水层、无需射孔以及降低了成本。

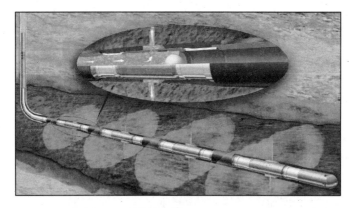

图 5.4.68　投球法打开压裂滑筒（据 Halliburton，Delta Stim 完井系统）

需要说明的是，水平井裂缝形态取决于储层地应力状态，受最小主应力原理控制。高渗透地层中纵向裂缝会有较好的增产效果，但是在像页岩气这样的低渗油气藏中横向压裂水平井的产能较高（图 5.4.70）。通过精心设计水平井水平段井轨迹方向可以在压裂中获得横向

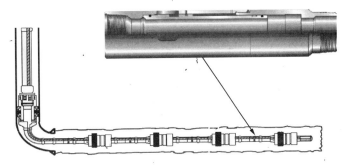

图 5.4.69　压差法打开滑筒（据 Baker Hughes，FracPoint TM 系统）

裂缝。如果水平井眼处于净轴向拉力状态，则可获得直接开裂的横向裂缝。在水平井眼走向垂直于理论裂缝平面的情况下，要使裸眼水平井段处于净拉力状态，地层应力必须满足一定的条件。在裸眼井中，由于井眼周围的应力集中是井斜角度的函数，其破裂压力必然与井斜有关。破裂压力的大小随主应力间差别的减小而增大。

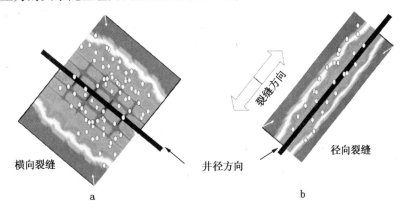

图 5.4.70　井径方向不同造成的压裂后泄流面积比较（据斯图尔特·李，Halliburton）
a—水平井沿最小应力方向，形成垂直于井筒的裂缝，有较大泄流面积；b—井筒沿最大应力
方向，形成径向裂缝，有较小泄流面积。图中颜色代表压力变化，圆圈代表微地震记录

5.4.3.5.6　同步压裂技术

同步压裂（Simultaneous Fracturing，Simo-Fracs）指对两口或两口以上的有一定距离的井（Offset Wells）进行同时压裂。最早是 2006 年在美国 Ft. Worth 盆地的 Barnett 页岩中实施，作业者在水平井段相隔 152～305 m 的两口大致平行的水平井、配对井之间进行同步压裂，得到很好的效果。最初是两口互相接近且深度大致相同水平井间的同时压裂，目前已发展到 3 口、甚至 4 口井间同时压裂，可以认为同步压裂是最新的压裂技术。同步压裂大都是在相近或相同的深度，沿着最小主应力的方向钻进的水平井中的相对井段进行同时压裂，通常先在分支端部同时压裂，然后从端部到根部的多级依次同步压裂，目的是通过利用裂缝周围的张性应力区域，使临近诱导水力裂缝充分接近。在不同深度的相邻水平井水平段，垂直交错布局不仅可以利用缝梢的张性区域，还能够利用裂缝顶部和底部的张性区域，使诱导缝距离很近。同步压裂与微地震监测相结合，能够迅速提高产层的有效产量。在超低渗透率页岩中，由于几乎没有任何液体漏失到基岩中，因此压裂不必同时进行，可以首先完成一口井的全部压裂，然后关井保持诱导裂缝周围的张性压力，再进行邻井压裂。同步压裂

的操作效率很高：（1）若对从同一井头中钻出两口水平井进行压裂，仅需要一个增产队和一个射孔队。两队来回在两井间作业，可以高效的完成作业；（2）如果有两口井及以上的井进行同步压裂，需要设计一个有效的完井程序。例如，同时压裂四口水平井，那么应先压裂外面的一口井，然后压裂里面的一口井，这样一个相对密集的裂缝网络就建立起来了。处理规模可以根据井的压裂顺序调整，完井顺序与井距、构造地质学、地面后勤工作、以及所需的水力裂缝密度和裂缝长度之比有关。(3) 完全压裂一口水平井，在压裂液开始返排之前，完成邻井的压裂，在这个过程中利用了第一口井的压力系统。这个过程所得到的结果与上边的方法一致，但是可以由一个作业小组完成（Waters 等，2009）。

相对常规的单井压裂来说，同步压裂能够让被压裂的两口井的裂缝都达到最大化，获得收益的速度更快。在同步压裂中，压裂液及支撑剂在高压下从一口井沿最短距离向另一口井运移，增加了裂缝网络的密度及表面积，利用井间连通的优势来增大工作区裂缝的的程度和强度，最大限度地连通天然裂缝，从而获得近距离的高渗透率路径，快速提高页岩气井的产量。同步压裂对页岩气井短期内增产非常明显，而且对工作区环境影响小，完井速度快，节省压裂成本，是页岩气开发中后期比较常用的压裂技术。如图 5.4.71，在 Woodford 页岩气盆地内的一个实验中，试验了 2.59km² 面积内的 4 口井。每口井分 5～7 级压裂，每级压裂段长度 500ft，每段分四组相隔 125ft 的射孔群进行注入压裂，单级减阻水压裂液用量 10000bbls，100 目砂支撑剂 75000lbs，30/50 目砂支撑剂 200000lbs，注入速率 80bpm。在多井内同时压裂，压裂按照地应力、井长度等因素分为多段进行，利用微地震监测压裂效果。在这种大规模的压裂中，地下形成的裂缝群受地质特征影响较大，比如断层。通过同步多段压裂处理，地下裂缝网络沟通较好，在前 7d 里，同步压裂井的初期采气速度大于单独压裂井，东部的采气速度上升 20%，西部上升 72%，对于同步压裂井来说，30d 内的平均日产气量西部较低，东部较高，很好的提高了初始采气速率，对长期的生产能力影响不大（图 5.4.72）。

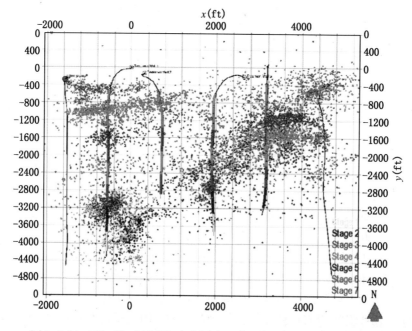

图 5.4.71　Woodford 页岩气多井同步压裂示意图（据 Waters，2009）

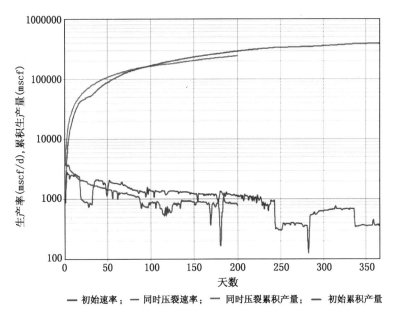

图 5.4.72　单井压裂与多井同时压裂后的的产量对比（据 Waters，2009）

横坐标下方图例：—— 初始速率；—— 同时压裂速率；—— 同时压裂累积产量；—— 初始累积产量

　　同步水力压裂技术在增加渗流面积的同时也带来了很多操作上的好处。这个地区的常规压裂水平井在许多情况下会发生水淹，原因是这些水平井已经没有能力去卸载压裂液。裂缝系统内的流体入侵到井中会导致气流率下降。裂缝面处流体入侵低压地层会对生产造成影响，碎屑和偏移同样有可能降低裂缝的导流能力，在某些情况下，产气率可以恢复到先前既定的趋势。即便如此，在停工期间，最好的方案也存在着未采出气体的漏失问题。

　　一旦有经济效益的区块被确定，在不影响生产井的情况下，可以通过同时对多口井进行钻探和完井来开发这个地区。这样可以节省井的成本，同时可以排除邻近生产井中的水，而且在很短的时间内就可以完井。此外，操作人员可以通过同时处理一组井的方式来提高气井的产量，并且可以降低生产阻碍、减少修井作业、排出产出水，加快气田的开发。

5.4.3.6　完井压裂方法选择

　　许多关于页岩气开发的文章都给出了某一个页岩中的某一区块的较好的完井方法，但是很少有文章给出选择完井方法的逻辑思路与方法。对页岩气的开发来说，经济上的最优化又是最重要的，由于页岩在纵向上和横向上的变化很大，且经济环境一直处于变动中，所以找到最好的完井方法是很难的。Chevron 等（2010）年总结了美国五大页岩盆地的开发中的完井技术，并与其储层特征相联系，考虑了天然气价格、完井成本及其变化、页岩的经济指标并进行了敏感性分析，确定了在价格波动环境下进行页岩气完井的最优方法。最终设计出了完井的决策流程图（图 5.4.73）。在这个流程图中，用到的最主要的信息是页岩的储层特征，比如沉积环境、总有机碳含量（TOC）、平均含气量、页岩构造、地层孔隙度、厚度和油藏压力、页岩气的储层方式等。这些因素对页岩气开发的影响上文都有论述。

　　另外，根据页岩气的开发对钻井液的要求及经济上的最优化，需要衡量钻井液的使用。Chevron 等给出了一个根据气藏参数选择完井液的流程图，如图 5.4.74 所示。

　　使用的完井方法和使用的完井液体的类型决定于不同气田的地质参数的截断值。图中所用到的参数是各已开发的气田总结出来的较为标准的和实用的参数，但是相信随着科技的进

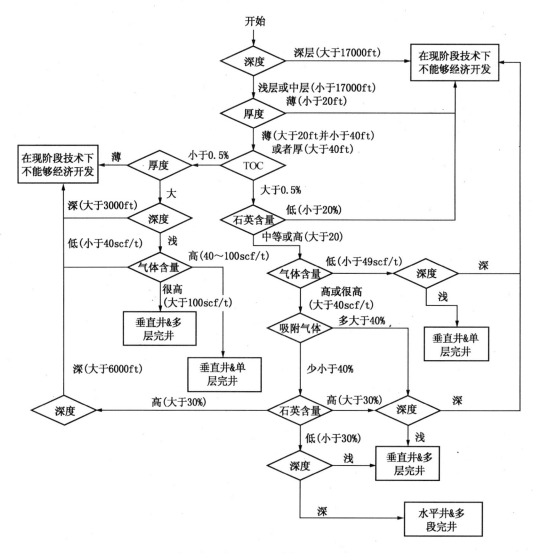

图 5.4.73　选择井方位和完井方式的决策图（据 Chevron 等，2010 年）

步，特征参数的确定及截断值的门槛将会发生变化。

　　将流程图编制程序，即可进行完井作业方法的确定。该方法不仅适用于美国 5 大页岩气盆地，同时还可以应用于具有相似地质特征的页岩气田及其他非常规能源，比如致密气和煤层气。

　　这个方法或者程序被称为非常规油气资源向导（Unconventional Gas Resource（UGR）Advisor）。可以为非常规气藏的开发提供基本思想、建议、意见和最优方法（Chevron 等，2010）（图 5.4.75）。如 BASIN 模块用其来对一个盆地进行模拟计算，其中收集了美国已经开发的页岩盆地的各种信息，通过对比，可以使开发者知道北美洲的哪一两个盆地最类似于目标盆地及某个特定的地层特征。随着对类似盆地的了解，PRISE 模块可以估算技术上的可采气量。D&C Advisor 模块用来提供关于钻井、完井和增产措施的建议。Utility program 模块用来帮助用户理解背景知识，同时为用户提供支持，以便使用户在需要的情况下做出更详细的分析。得克萨斯州 A&M 大学的研究小组目前仍然在进一步开发 UGR Advisor，其整个软件包的完成日期是在 2011 年底。

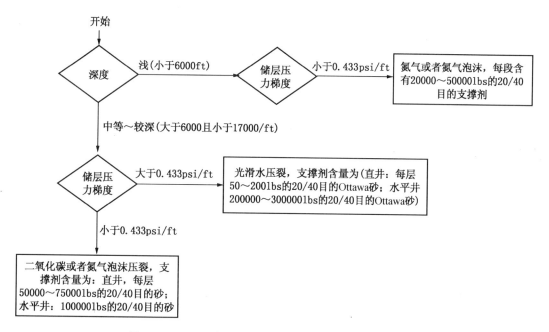

图 5.4.74 选择完井液决策图（据 Chevron 等，2010 年）

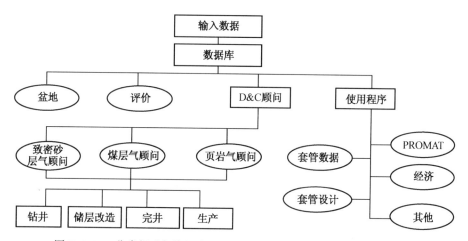

图 5.4.75 非常规油气资源向导程序模块图（据 Chevron 等，2010 年）

5.4.4 页岩气藏储量计算

页岩气藏原始储量是确定开发规模和开发设计所必须的参数。由于页岩气藏是一种非常规气藏，所以页岩气藏的特殊性导致其储量计算方法有别于常规气藏。本章（节）总结了计算页岩气原始储量的方法，主要有静态法（容积法）和动态法（包括物质平衡法等）。此外，页岩气藏最终可采储量也对气藏的开发有着重要的指导意义，因此本章（节）还简要介绍了页岩气藏最终可采储量的计算方法。

5.4.4.1 静态法计算地质储量

静态法也称为容积法，计算储量的一般公式是

$$G = Ah\phi S_{gi} / B_{gi}$$

(5.4.58)

式中：G 为页岩气地质储量，m^3；A 为含气面积，m^2；h 为有效高度，m；ϕ 为有效孔隙度，%；S_{gi} 为原始含气饱和度，%；B_{gi} 为原始天然气体积系数。

如果考虑到开发过程中吸附气和游离气存在动态平衡，并且这种平衡与气藏压力密切相关，那么评价时加入压力因素会使评价结果更接近实际值，即

$$G_y = V_b \cdot P \cdot K \cdot S_g \tag{5.4.59}$$

式中：G_y 为基质游离气含量，cm^3/g；V_b 为基质中游离气有效孔隙体积，cm^3；P 为气体压力，MPa；K 为甲烷压缩系数，MPa^{-1}；S_g 为含气饱和度。

显然式（5.4.58）和（5.4.59）只是一般的干气藏储量计算式，只考虑了储层中的游离气。而页岩气藏中大量的天然气是以吸附态吸附在有机质或者固体颗粒表面，因此式（5.4.58）和（5.4.59）不适合于页岩气藏储量计算，只适合用于勘探初期原始条件下。为了完整的计算页岩气的储量，还要加上储层中吸附气的含量。

$$G_a = 0.01 A h \rho_c C_c \tag{5.4.60}$$

式中：G_a 为基质吸附气储量，$10^8 m^3$；ρ_c 为基质的平均密度，t/m^3；C_c 为基质吸附气含量，m^3/t。

利用（5.4.58）和（5.4.60）便可由静态法计算出页岩气藏的原始地质储量。静态法计算的关键是确定游离气的有效孔隙度、含气饱和度以及基质吸附气含量。但是，由于对有效孔隙的估算存在许多人为因素的影响，其估算量往往要大于实际生产量，与动态法相比，一般包含更大的误差和不确定性，比较适合开发设计前的储量预测。

5.4.4.2 动态法计算地质储量

动态法是利用气藏压力、产量等随时间变化的生产动态资料（生产数据）计算得到动态储量，用来对原始静态储量进行检验。常用来计算页岩气藏储量的动态分析方法包括物质平衡法、压力/累计产量法、递减曲线分析法等。

5.4.4.2.1 物质平衡法

物质平衡方程是一种用来确定常规气藏原始天然气储量和生产动态的基本方法。常规天然气藏的物质平衡方程为

$$G_p = \frac{G(B_g - B_{gi}) + 5.615(W_e - W_p B_w)}{B_g} \tag{5.4.61}$$

式中：G_p 为累计采气量，$10^8 m^3$；G 为页岩气地质储量，$10^8 m^3$；B_{gi} 为原始压力下天然气体积系数；B_g 为目前压力下天然气体积系数；W_e 为累计天然水侵量，$10^8 m^3$；W_p 为累计采出水量，$10^8 m^3$；B_w 为地层水体积系数。

以 $\frac{p}{Z}$ 的形式表示为

$$G_p = \frac{Z_{SC} T_{SC}}{p_{SC} T} \left[\frac{p_i V_{b2} \varphi_i}{Z_i} - \frac{p[V_{b2} \varphi_i - 5.615(W_e - W_p B_w)]}{Z} \right] \tag{5.4.62}$$

式（5.4.62）中：Z_i 为目前压力下的天然气偏差系数；V_{b2} 为次生孔隙的体积。

其中

$$G_p = G \left[\frac{p_i}{Z_i} - \frac{p}{Z} \right] \tag{5.4.63}$$

页岩气藏吸附储存的气体通常用 Langmuir 等温吸附方程来计算，即

$$G_{VE} = C_{VL} \frac{p}{p_L + p} \tag{5.4.64}$$

式中：C_{VL} 表示 Langmuir 体积常数，scf/ft^3，P_L 表示 Langmuir 压力常数，MPa；C_{VE} 表示压力 P 下所对应吸附气含量，scf/ft^3，C_{VE} 转换为地层条件下的吸附气含量为

$$C_{ME} = \frac{P_{SC}}{Z_{SC}RT_{SC}}C_{VE} \tag{5.4.65}$$

将（5.4.62）与（5.4.65）联立后，经整理就可得到双重孔隙系统下页岩气藏物质平衡方程（King 1990）

$$G_p = \frac{V_{b2}\phi_i Z_{SC}T_{SC}}{P_{SC}T}\left(\left[\frac{(1-S_{ui})P_i}{Z_i} + \frac{RTC_{MEi}}{\phi_i}\right] - \left\{\frac{[1-C_\phi(P_i-P)](1-\bar{S}_w)P}{Z} + \frac{RTC_{ME}}{\phi_i}\right\}\right) \tag{5.4.66}$$

其中

$$\bar{S}_w = \frac{S_{ui}\left[1 + C_w(P_i - P)\right] + \dfrac{5.615(W_e - B_w W_p)}{\phi_i V_{b2}}}{\left[1 - C_\phi(P_i - P)\right]} \tag{5.4.67}$$

方程（5.4.67）是裂缝孔隙系统中的水相物质平衡方程。通过引入拟气体体积偏差因子 Z^*，可将（5.4.66）转化为与常规气藏相似的形式，即

$$G_p = \frac{V_{b2}\phi_i Z_{SC}T_{SC}}{P_{SC}T}\left(\frac{P_i}{Z_i^*} - \frac{P}{Z^*}\right) \tag{5.4.68}$$

其中拟气体体积偏差因子 Z^* 的表达式为

$$Z^* = \frac{Z}{\left[1 - C_\phi(P_i - P)\right](1 - \bar{S}_w) + \dfrac{ZRTC_{ME}}{\phi_i P}} \tag{5.4.69}$$

下面是利用物质平衡方程计算原始地质储量的步骤：

（1）假设井控的体积范围内的裂缝孔隙体积为 V_{b2}；

（2）根据方程（5.4.67）计算该压力点的平均含水饱和度；

（3）根据方程（5.4.69）计算该压力点的 Z^*；

（4）根据各压力点下的 $\left(\dfrac{P}{Z^*},\ G_p\right)$ 描点；

（5）对 $\left(\dfrac{P}{Z^*},\ G_p\right)$ 点进行线性拟合确定斜率 m；

（6）根据斜率 m 求出裂缝孔隙的体积（V_{b2}），其方程为

$$V_{b2} = \frac{-mP_{SC}T}{\phi_i Z_{SC}T_{SC}} \tag{5.4.70}$$

（7）将上步计算出的 V_{b2} 值代入第 2 步，重复直至收敛；

（8）根据最后收敛的 V_{b2} 值计算气体的原始储量。

上述为 King 对于页岩气藏物质平衡法（压降法）的基本推导过程和储量计算步骤，后来 Seidle 在研究煤层气藏物质平衡法时指出，King 方法的迭代求解较为繁琐，因此提出了更为简便的线性化方程，利用 Seidle 的方程，根据累计产气量所在坐标上的截距即可直接确定原始地质储量（Seidle，2008）。由于煤层气和页岩气藏同属吸附性气藏，因此 Seidle 的方法可供参考。此外，在实际应用压降法时，往往面临平均地层压力缺乏，或平均地层测取不准确的问题，因此研究和应用流动物质平衡法评价页岩气动态储量更具有重要意义，具体可参考 Clarkson 于 2007 年发表的 "*Production data analysis of CBM wells*" 一文。

5.4.4.2.2 Palacio 和 Blasingame 方法

Palacio 和 Blasingame（1993）指出如果用拟时间来分析问题的话，那么就可以利用

Fetkovich（1980）的调和递减（$b = 1$）方程来模拟产量变化和压力变化。Palacio 和 Blasingame 提出利用数据拟合的方法可以计算原始地质储量。

Fetkovich 的调和递减方程为

$$q_g(t) = \frac{q_{gi}}{\left[1 + D_i t_{ca}^*\right]} \tag{5.4.71}$$

式中：D_i 为 Arps 初始递减速率；t_{ca}^* 为标准拟物质平衡时间。

用无因次量形成表达为

$$q_{dD} = \frac{q_{gi}}{\left[1 + t_{dD}\right]} \tag{5.4.72}$$

式中：q_{dD} 为无因次产气速度；t_{dD} 为无因次时间。

引入含吸附气的气相物质平衡方程为

$$\frac{\left[m(p_i) - m(p_{wf})\right]}{q_g(t)} = \frac{\left[m(p_i) - m(p_{wf})\right]}{q_{gi}} + \frac{2p_i}{GZ_i^* \mu_i c_{ti}^*} t_{ca}^* \tag{5.4.73}$$

式中：$m(p_i)$ 为初始拟压力；$m(p_{wf})$ 为井底流压拟压力；Z_i^* 为初始偏差系数；c_{ti}^* 为原始地层压力下综合压缩系数。

将方程

$$q_{gi} = J\left[m(p_i) - m(p_{wf})\right] \tag{5.4.74}$$

式中：J 为采气指数。

和方程

$$m_{BDF} = \frac{2p_i}{GZ_i^* \mu_i c_{ti}^*} \tag{5.4.75}$$

式中：m_{BDF} 为边界控制流区域直线斜率。

代入方程（5.4.71）得

$$\frac{\left[m(p_i) - m(p_{wf})\right]}{q_g(t)} = \frac{1}{J}(Jm_{BDF}t_{ca}^* + 1) \tag{5.4.76}$$

方程（5.4.76）可以变形为

$$\frac{q_g(t)}{J\left[m(p_i) - m(p_{wf})\right]} = \frac{1}{(Jm_{BDF}t_{ca}^* + 1)} \tag{5.4.77}$$

将方程（5.4.75）代入方程（5.4.77）得

$$\frac{q_g(t)}{q_{gi}} = \frac{1}{(Jm_{BDF}t_{ca}^* + 1)} \tag{5.4.78}$$

即

$$q_{dD} = \frac{q_{gi}}{\left[1 + t_{dD}\right]} \tag{5.4.79}$$

其中

$$q_{dD} = \frac{q_g(t)}{q_{gi}} = \frac{q_g(t)}{J\left[m(p_i) - m(p_{wf})\right]} \tag{5.4.80}$$

$$t_{dD} = D_i t_{ca}^* = Jm_{BDF}t_{ca}^* \tag{5.4.81}$$

$$J = \frac{q_g(t)}{\left[m(p_i) - m(p_{wf})\right]} \bigg/ q_{dD} \tag{5.4.82}$$

可见推导出的方程（5.4.82）与 Palacio 和 Blasingame 给出的方程（5.4.73）一致。当 $\dfrac{q_g(t)}{\left[m(p_i) - m(p_{wf})\right]}$ 和 t_{ca}^* 的数据被画在双对数坐标上时，得出的曲线与 Fetkovich 的调和

递减曲线精确的重合。

将方程（5.4.82）和（5.4.75）代入方程（5.4.81）并整理得

$$G = \frac{\left(\dfrac{q_g(t)}{[m(p_i)-m(p_{wf})]}\right)_{P.M}}{(q_{Dd})_{M.P}} \frac{2p_i}{Z_i^* \mu_i c_{ti}^*} \frac{(t_{ca}^*)_{M.P}}{(t_{Dd})_{M.P}} \tag{5.4.83}$$

式中 $M.P$ 代表数据点拟合。利用方程（5.4.83）便可计算包含吸附气的页岩气藏原始地质储量。

5.4.4.2.3 Lbrahim，Wattenbarger 和 Helmy 方法

Lbrahim，Wattenbarger 和 Helmy 提出如果用标准拟时间叠加（$Super-t_n$）来代替 t_{ca}^* 的话，便可以用方程（5.4.74）来估计原始地质储量。考虑到吸附气的存在，他们用 $Super-t_{ca}^*$ 来代替 $Super-t_n$。

将方程（5.4.74）用 $Super-t_n^*$ 的形式重写，得

$$\frac{[m(p_i)-m(p_{wf})]}{q_g(t)} = \frac{[m(p_i)-m(p_{wf})]}{q_{gi}} + \frac{2p_i}{GZ_i^*\mu_i c_{ti}^*} Super-t_n^* \tag{5.4.84}$$

其中（$Super-t_n^*$）和斜率分别表示为

$$(Super-t_n^*) = \left[\sum_{i-1}^{n} \frac{\Delta q_{gi}}{q_{gn}}(t_n^*-t_{1=1}^*) \right] \tag{5.4.85}$$

$$m_{BDF} = \frac{2p_i}{GZ_i^*\mu_i c_{ti}^*} \tag{5.4.86}$$

Lbrahim，Wattenbarger 和 Helmy 通过绘制 $\dfrac{[m(p_i)-m(p_{wf})]}{q_g}$ 和（$Super-t_n^*$）的函数曲线（如图 5.4.76）计算的原始地质储量为

$$G = \frac{2p_i}{m_{PSS}Z_i^*\mu_i c_{ti}^*} \tag{5.4.87}$$

应该注意到这里的（$Super-t_n^*$）就等于 Palacio 和 Blasingame 方法中的拟物质平衡时间 t_{ca}^*。

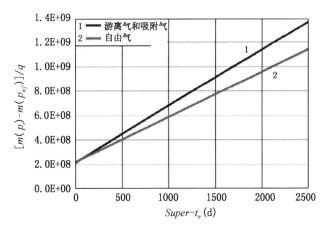

图 5.4.76 Lbrahim，Wattenbarger 和 Helmy 建立的函数曲线

5.4.4.2.4 Anderson 模型

Anderson（2010）提出了一个形式相近的方程，即

$$\frac{q_g(t)}{[m(p_i)-m(p_{wf})]}=\frac{q_{gi}}{[m(p_i)-m(p_{wf})]}+\frac{2Jp_iq_g(t)}{GZ_i^*\mu_ic_{ti}^*[m(p_i)-m(p_{wf})]}t_{ca}^* \qquad (5.4.88)$$

该方程是一个斜率为 J/G 的线性方程。Anderson 通过在笛卡儿坐标下绘制标态采气指数和标态累计产量的曲线（图 5.4.77），直接得到了原始地质储量。

标态采气指数和标态累计产量由下列式子给出，即

$$标态采气指数=\frac{q_g}{[m(p_i)-m(p_{wf})]} \qquad (5.4.89)$$

$$标态累计产量=\frac{2Jp_iq_g}{Z_i^*\mu_ic_{ti}^*[m(p_i)-m(p_{wf})]}t_{ca}^* \qquad (5.4.90)$$

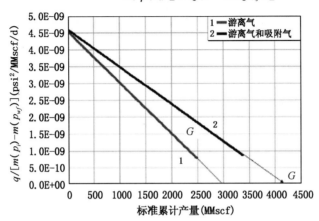

图 5.4.77　Anderson 标态采气指数与标态累计产量曲线

曲线延长线与 x 轴的交点即为原始地质储量

5.4.4.2.5　瞬态流动数据法

因为页岩的渗透率非常低，所以流体在页岩气藏中的瞬态线性流动会持续很长一段时期，从而可以运用分析解法来估计原始地质储量。Ibrahim 和 Wattenbarger 在年提出了利用瞬态流动结束时间（t_{esr}）来估计孔隙体积的方程（Ibrahim，Wattenbarger，2005），其早期形式为：

$$V_p=f_{cp}\frac{200.8T}{(\mu c_i)_i}\left(\frac{\sqrt{t_{esr}}}{\overline{m_4}}\right) \qquad (5.4.91)$$

式中：V_p 为孔隙体积；f_{cp} 为斜率修正因子；t_{esr} 为瞬态流结束时间；$\overline{m_4}$ 为 $\frac{[m(p_i)-m(p_{wf})]}{q_g}$ 和 $\sqrt{t}$ 直线的斜率。

又有

$$V_p=\phi V_B \qquad (5.4.92)$$

式中：V_B 为基质总体积。

代入方程（5.4.91），得

$$V_B=f_{cp}\frac{200.8T}{(\mu c_i)_i}\left(\frac{\sqrt{t_{esr}}}{m_{CPL}}\right) \qquad (5.4.93)$$

式中：$\overline{m_{CPL}}$ 为瞬态流区域直线斜率。

又包含吸附气的原始地质储量可表示为

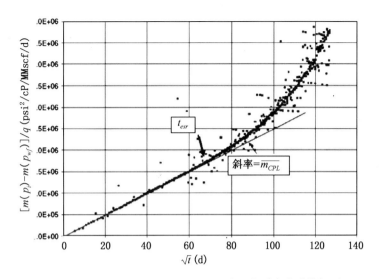

图 5.4.78　Ibrahim 和 Wattenbarger 建立的瞬态流动数据图

$$G = V_B \left[\left(\frac{\phi S_{gi}}{B_{gi}} \right) + \left(V_L \frac{p_i}{p_i + p_L} \right) \right] \qquad (5.4.94)$$

将方程（5.4.93）代入方程（5.4.94），得

$$G = f_{cp} \frac{200.8T}{\phi (\mu c_t^*)_i} \left(\frac{\sqrt{t_{esr}}}{m_{CPL}} \right) \left[\left(\frac{\phi S_{gi}}{B_{gi}} \right) + \left(V_L \frac{p_i}{p_i + p_L} \right) \right] \qquad (5.4.95)$$

上式便可用来计算含吸附气的原始地质储量。

其中

$$c_t^* = S_g \left[c_g + c_d \right] \qquad (5.4.96)$$

式中：c_g 为游离气压缩系数；c_d 为吸附气压缩系数；f_{cp} 为压降影响造成斜率误差的修正因子，其表达式为

$$f_{cp} = 1 - 0.0852(D_D) - 0.0857(D_D)^2 \qquad (5.4.97)$$

式中：D_D 为无因次压力降，表达式为

$$D_D = \frac{m(p_i) - m(p_{wf})}{m(p_i)} \qquad (5.4.98)$$

5.4.4.3　最终可采储量计算方法

Valko（2009）提出了一种估计页岩气藏原始地质储量的经验方法，该方法通过研究 Barnett 页岩气藏 7000 多口井的生产数据而得出，并且仅仅需要知道产量就可以运用该方法。

下式为该方法的数学表达式，即

$$rp = 1 - \frac{Q}{EUR} = 1 - \frac{Q_D}{EUR_D} = \frac{1}{\Gamma \left(\frac{1}{n} \right)} \Gamma \left[\frac{1}{n}, -\ln q_D \right] \qquad (5.4.99)$$

式中：rp 为由无因次产量算得的可采储量；Q 为累积产量；EUR 为预计最终可采储量；Q_D 为无因次累积产量；EUR_D 为无因次 EUR；q_D 为无因次产量；n 为模型参数。

这是一个包含了两个 Γ 函数的简单方程。对于每个产量数据点，我们都能通过给参数 n 赋一个值来计算它的潜在采收率。虽然该模型的导出还包含了一个未知参数 τ，但通过取代

q_D、Q_D 和 EUR_D 的表达式可以使得不需要参数 τ 就能计算可采储量。

其中

$$q_D = \frac{q}{q_i} \qquad (5.4.100)$$

$$Q_D = \frac{Q}{q_i} \qquad (5.4.101)$$

$$EUR_D = \frac{EUR}{q_i} \qquad (5.4.102)$$

生产数据分析步骤如下：

（1）准备一系列包含 q_D 和 Q_D 的数据；

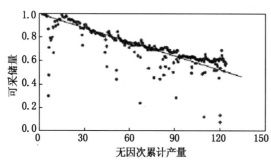

图 5.4.79　Valko 法估计最终可采储量

（2）给参数 n 假定一个值，利用方程 (5.4.99) 计算可采储量 rp；

（3）绘制 rp 和 Q_D 的数据图（如图 5.4.79），将 q_D 和 Q_D 的表达式代入方程 (5.4.99) 可以证明形成的图线是一条直线，这条直线在 x 轴上的截距就是 EUR_D，并且从理论上说该直线在 y 轴上的截距应该等于 1；

（4）预计最终可采储量可由上述直线在 x 轴上的截距得出；

（5）将上述直线实际上在 y 轴上的截距与理论值相比较，如果实际截距不等于 1，那么就要调整参数 n 的值。

5.4.5　页岩气藏开发动态分析

页岩气虽然储量很大，但我们最关心的还是页岩气藏本身的产能，本节就着重研究页岩气的产能特征及其产能的预测方法。

5.4.5.1　页岩气产能变化规律及影响因素

5.4.5.1.1　页岩气产能特征

页岩气藏的产能变化规律与煤层气和常规气藏都不相同，具有自身的特点。

（1）常规天然气的产能变化特征。

由图 5.4.80 可以看出常规天然气的生产分为 4 阶段：①产能建设阶段：随着生产井的不断投产，整个气藏的采气速度逐渐提高，最终达到开发设计规定要求；②稳产阶段：该阶段采气规模大、采气速度高、采出程度高、持续时间长；③递减阶段：以定压降产的方式生产，产量逐步递减、采气速度下降；④后期阶段：后期生产阶段压力较低、产量较小、地层压力接近枯竭，需要依靠增压设备才能维持较低的产量。

（2）煤层气产能特征。

煤层气的生产过程分为三阶段：①早期排水降压阶段：主要产水，随着压力降低到临界解吸压力以下，气体开始解吸，并从井口产出；②中期稳定生产阶段：随着排水持续，产气量逐渐上升并趋于稳定，出现高峰产气，产水量逐渐下降；③后期产量下降阶段：当大量气体被采出后，煤基质中解吸的气体开始逐渐减少，尽管排水作业仍在继续，但产气量下降，产出少量或微量的水（图 5.4.81）。

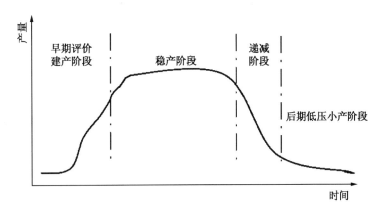

图 5.4.80 常规气藏的生产曲线

（3）页岩气产能特征。

页岩气的产量变化曲线如图 5.4.82 所示。单井产气量逐渐上升，一般在开采的 2a 后达到高峰（前 5a 一直较高），此后缓慢降低。与常规天然气的单井生产相比，页岩气单井日产量较小（一般小于 1000m³/d），但是，日产气量稳定，产量下降较慢，生产周期较长，一般可维持 10～30a。

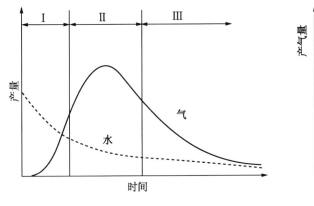

图 5.4.81 煤层气的生产曲线

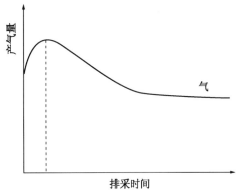

图 5.4.82 页岩气的生产曲线

生产早期，页岩气的产量以游离气为主，天然气产量快速下降并达到稳定，稳定期的产量主要是基质孔隙里的游离气和解吸气。

在相同储层条件下，页岩气井达到拟稳态流动的时间要比常规气井晚得多，说明页岩气井生产过程中压力传播要慢一些，其生产周期也比常规气井的生产周期长。

5.4.5.1.2 影响因素

李建秋（2011）根据 Stehfest 方法对 Laplace 空间 q_D 进行反演，可得到无因次产量和无因次时间的关系（Stehfest，1970），然后考虑相关影响因素，可得到图 5.4.83 至图 5.4.89（李建秋，2011）。

（1）边界距离对产能递减的影响。

图 5.4.83 表明随着时间的推移，气井产能逐渐降低，其中为 q_D 无因次产量，t_D 为无因次时间。经过初期不稳定渗流阶段的平稳递减到达边界后，产能迅速下降，流动达到拟稳

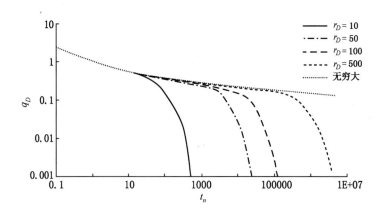

图 5.4.83　边界距离对产能递减的影响（据李建秋，2011）

态。边界距离越远，进入拟稳态流动的时间越晚。随着边界越来越远，产能递减曲线趋于无限大储层形态。

（2）Langmuir 压力对产能递减的影响。

图 5.4.84 反映了 Langmuir 压力对产能递减的影响，在 Langmuir 体积相同的情况下，Langmuir 压力越大压力传播越慢。

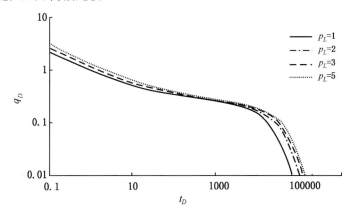

图 5.4.84　Langmuir 压力对产能递减的影响（据李建秋，2011）

（3）Langmuir 体积对产能递减的影响。

图 5.4.85 反映了 Langmuir 体积对产能递减的影响，在 Langmuir 压力相同的情况下，Langmuir 体积越大压力传播就越慢。进一步对比可以看出，Langmuir 体积的影响是线性的，而 Langmuir 压力的影响是非线性的。

（4）弹性储容比 ω 对压裂页岩气井产能动态曲线的影响。

图 5.4.86 反映了弹性储容比 ω 对压裂页岩气井产能动态曲线的影响，弹性储容比对裂缝流动阶段的产能影响显著，弹性储容比越小产量越低。

（5）窜流系数 λ 对压裂页岩气井产能动态曲线的影响。

图 5.4.87 反映了窜流系数 λ 对压裂页岩气井产能动态曲线的影响，窜流系数越大，窜流发生的时间越早，窜流阶段的产量越高。

（6）裂缝长度 x_f 对压裂页岩气井产能动态曲线的影响。

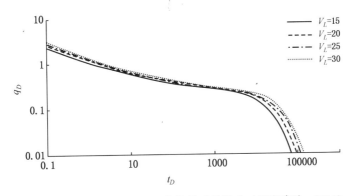

图 5.4.85　Langmuir 体积对产能递减的影响（据李建秋，2011）

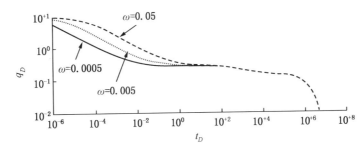

图 5.4.86　弹性储容比 ω 对压裂页岩气井产能动态曲线的影响（据李建秋，2011）

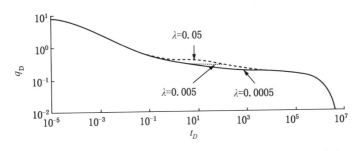

图 5.4.87　窜流系数 λ 对压裂页岩气井产能动态曲线的影响（据李建秋，2011）

图 5.4.88 反映了裂缝长度 x_f 对压裂页岩气井产能动态曲线的影响，压裂裂缝长度只能短期增加产量，压裂裂缝长度越长产量越高在后期产能基本一致。

（7）边界对压裂页岩气井动态产能曲线的影响。

图 5.4.89 反映了边界对压裂页岩气井动态产能曲线的影响，压力波传到边界时产量急剧下降边界越大，压力波到达边界的时间越长。

5.4.5.2　产能预测方法

过去几年里，美国页岩气产量在石油天然气产量中的比重越来越大（Baihly，2010），但是页岩气藏的递减曲线描述存在很大的争议，因为达到废弃产气速度的时间没有得到解决。现在预测产能的方法主要有物质平衡分析方法，数值模拟方法，递减曲线分析方法。但是物质平衡方法很少用于页岩气藏的产能预测，这是由于页岩气藏生产过程中长期的关井而很难获得准确的页岩气藏的压力值。而数值模拟法预测比较准确，但需要大量的气藏参数，

— *1051* —

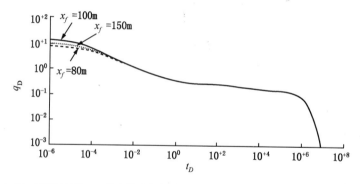

图 5.4.88　裂缝长度 x_f 对压裂页岩气井产能动态曲线的影响（据李建秋，2011）

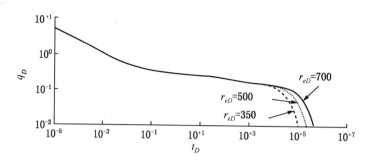

图 5.4.89　边界对压裂页岩气井动态产能曲线的影响（据李建秋，2011）

而递减曲线法预测产量比较简单和快速（Baihly，2010）。

5.4.5.2.1　递减曲线法

由于页岩气藏渗透率极小，常规的递减曲线法对其产能预测有较大的误差，所以应对传统的递减曲线法进行修正，提出适合页岩气的递减曲线法，以便准确地预测产能。

（1）常规的递减曲线法。

常规的递减曲线公式可以用 Arps 经典公式表示（Aprs，1945），即

$$q(t) = \frac{q_i}{[1 + bD_it]^{1/b}} \tag{5.4.103}$$

式中：q 为 t 时刻产气速度；q_i 为初时刻产气速度；D_i 为初时刻递减速率；b 为递减指数。

公式（5.4.103）表征的是双曲线递减模型，b 的取值在 0 到 1 之间。

当 $b=0$ 时，公式（5.4.103）变为指数递减模型，即

$$q(t) = q_i \mathrm{e}^{-Dt} \tag{5.4.104}$$

当 $b=1$ 时，公式（5.4.103）变为调和递减模型，即

$$q(t) = \frac{q_i}{[1 + D_it]} \tag{5.4.105}$$

由公式（5.4.103）（5.4.104）（5.4.105）可得出相应模型的累计产量；

双曲线递减模型的累计产量为

$$N_P = \frac{q_i^b}{[1+b]D_i}\big[q_i^{(1-b)} - q^{1-b}\big] \tag{5.4.106}$$

式中：N_P 为累计产量。

指数递减模型的累计产量为

$$N_P = \frac{q_i - q}{D_i} \qquad (5.4.107)$$

调合递减模型的累计产量为

$$N_P = \frac{q_i}{D_i} \ln(q_i/q) \qquad (5.4.108)$$

需要特别指出的是，当递减指数 $b > 0.5$ 时，井呈现多相流状态，这时递减指数 b 对未来产能的变化规律起着决定性的作用。

常规的递减曲线法（Arps 公式）对常规油气藏产能预测比较准确，但是用常规的递减曲线法预测页岩气井产能存在较大误差，由于基质中的不稳定流动和不同层位的流动状态会发生改变。

前面提到，页岩气藏极低的渗透率导致用常规的递减曲线法（Arps 公式）很难精确的预测产能变化。气体需要很长的时间达到稳定的流动，所以 Arps 公式中的递减指数 b 的取值不能仅限于 0 到 1 这个范围了，对于页岩气藏，b 的取值可能大于 1。

（2）Backward 方法。

由于在基质中，气体是不稳定流动，为了准确的预测其产能变化规律，我们应该对常规递减曲线法进行修正。Backward 方法就是建立在此基础上，该方法有两种处理方式：认为开始十年的生产数据是可靠的，用 6～10a 的生产数据用来进行历史拟合，预测未来 50a 的生产状况。第二种处理方式认为开始 5a 的生产数据是可靠的，用 3～5a 的生产数据进行历史拟合，预测未来 55a 的生产状况（cheng，1980）。

（3）Ilk 方法。

Ilk 方法是得克萨斯 A&M 的 Llk 教授最先提出来的，该方法用指数递减损失函数（power law rate loss）来近似描述产量递减函数，这种方法预测页岩气产能变化规律比 Aprs 的双曲线递减曲线要精确（Llk，2008）。

指数递减损失方法可以用于不稳定流、过渡型和边界流态模型，重要的是预测压裂页岩气井的产量趋势也比较准确，在指数递减损失方法中，参数 D_∞ 开始值设定为零，然后根据边界流的情况确定更适合情况的 D_∞ 值。参数 D_∞ 值在一个很大的范围内变化（有一个下限值），对公式的影响是有限的。

指数递减损失递减曲线法公式和双曲线递减曲线法类似，也是用来预测产量。

因为该公式中是用参数 t^n 代替 Arps 递减公式中的 t 来表征压裂或者不压裂井的不稳定流态现象，因而用此公式预测的产量曲线与生产数据比较吻合，所以这种方法精度比较高。

递减率定义为

$$D_\infty = \frac{1}{q} \times \frac{dq}{dt} \qquad (5.4.109)$$

指数递减比定义为

$$D = D_\infty + D_1 t^{-(1-n)} \qquad (5.4.110)$$

指数递减损失法的产量递减公式为

$$q = q_i \exp[D_\infty t - D_i t^n] \qquad (5.4.111)$$

式（5.4.109）（5.4.110）（5.4.111）中：q_i 为 $t = 0$ 时刻的产量，即初始产量。

D_1 为在一个单位时刻递减常数（$t = 1$ 天）；D_∞ 为初时刻的递减常数；D_i 为递减常数，$D_i = D_1/n$；n 为时间指数；q 为累计产量。

（4）Backward & Ilk 方法。

此方法是将上述的 Backward 方法和 Ilk 方法结合起来预测产量变化规律的方法，能有效的预测页岩气产能变化规律。其原理是，使用 Backward 方法中对数据的处理方式，然后用 Ilk 方法中指数递减损失递减曲线来预测页岩气产能变化规律。

（5）产量递减法在页岩气动态分析过程中不太适用。

页岩气藏产量递减阶段出现得较晚，并且即使页岩气井（藏）进入了产量递减阶段，产量递减速度也比较缓慢，因此较早、较准确地确定产量递减指数比较困难，这使得常规产量递减分析法在页岩气藏中不太适用。

5.4.5.2.2 数值模拟方法

数值模拟是适用于多领域综合性知识的最有力的工具。数值模拟的基础是数值模型，这些模型模拟了页岩气藏总的流体行为和驱动机理。三维模型由地质学、地球物理学、岩石物理学、工程数据和解释结果综合产生。模型可以用来预测和确认储层以及气田的开发方案，诸如开发条件和不同的开采方式等。数值模拟是一项被人们广泛认同的对超低渗页岩气藏的开发有很大帮助的技术。在建模的过程中要根据实际数据估计许多参数，所以经常会有不确定性。一个可靠的页岩气藏模型在输入所有数据后能够表征现时的生产历史。验证一个油气藏模型的准确性的最可靠的方法之一就是比较实际气藏的井的产能和模型预测的井的产能情况。

页岩气气藏一般会进行水力压裂措施，产生复杂的人工裂缝，页岩气藏的基质渗透率极低，一般为 0.0001~0.00001D，并且优先考虑用水平井进行开采。所以油藏数值模拟是一种较好的方法预测和评估井的生产情况。尽管目前有两种方法（半解吸解和解吸解）（Medeiros，2007）描述天然裂缝中的液体流动，但是天然裂缝解吸解很难捕捉到页岩基质中长时间不稳定流的情况（由于页岩气基质中的渗透率极低）。但是天然裂缝流体流动解吸解常用于页岩气的数模中来增加程序运行时间，因为目前很难找到描述页岩气基质中长时间不稳定流的方法。建立页岩气藏模型先将整个油藏离散化，包括天然裂缝、水力压裂裂缝、基质块和未实施增产措施的区域。

首先建立有效、准确的模型去描述不稳定流动模型和水平井水力压裂裂缝中的非达西产量。如图 5.4.90：（1）用双渗透率模型去描述整个裂缝网络，包括增产的区域和非增产的

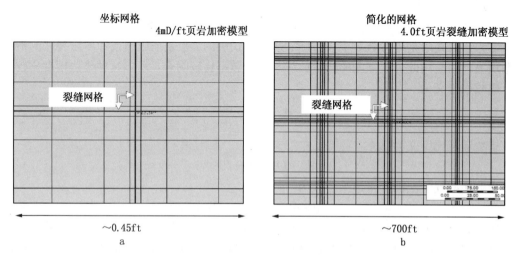

图 5.4.90　a 图中井网（43×43 局部加密网格，每个裂缝网格宽 0.001ft）和 b 图中简化网格（9×9 局部加密网格，每个裂缝网格宽为 2ft）（据 Cipolla，2009）

区域；（2）在增产的区域内利用局部加密法进行网格加密（Cipolla，Carbo，2009）。

我们针对 Barnett 页岩气藏进行模拟，参数见表 5.4.5。

表 5.4.5　Barnett 页岩气藏参数（据 Carbo，2009）

厚　　　度	7000ft
地层压力	3800psi
气孔压力梯度	0.54psi/ft
关闭压力	5000psi
孔隙度	0.03
基质渗透率	1×10^{-5}mD
含水饱和度	30%
页岩气藏温度	180°F
井底流压	1000psi

根据表 5.4.5 的参数然后用图 5.4.90a，b 两种网格划分模拟出来的产量曲线如图 5.4.91。

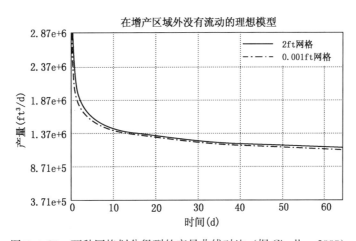

图 5.4.91　两种网格划分得到的产量曲线对比（据 Cipolla，2009）

可以看出来两种网格划分得到的产量曲线比较接近。通过以上分析我们可以得出：双渗透率模型对预测页岩气产能是有效的方法。因为双渗透率模型考虑到了所有区域（增产区域和非增产区域）这一点对页岩气很重要。

5.4.6　页岩气的数值模拟

与常规油气藏相似，非常规气藏同样具有复杂的地质条件和岩石系统，以及各向异性等特点（Newsham，2001）。然而，非常规气藏通常有非常精细的岩石颗粒结构，气体只能在纳米级的孔喉和孔隙中储存和流动，并且在这些岩石颗粒中包括有可以吸附气体的有机质和黏土。页岩气藏的孔隙尺寸大小为微米级到纳米级（Sondergeld，2010），但是大多数的致密气藏的尺寸是微米级或者更大。页岩气和致密气藏系统都有储存在岩石基质孔隙里的游离气。页岩气的不同之处在于：很大一部分气体吸附在有机质和泥土的表面区域上。吸附气与游离气的比例与岩石中的有机质含量、孔隙大小及分布、矿物成分、成岩作用、岩石性质、储层压力和温度等有重要联系。

裂缝是获得高产的关键因素，在页岩中，围绕井孔的裂缝越多，气体的生产速率越快。由于页岩的低渗透性，最好的压裂处理是能够尽可能大的暴露页岩而使压力降低，这样有利于气体的流出。大范围的页岩储藏的压力在开采的数十年时间里会有较小的变化。单井中会由于裂缝的关闭而产生较大的压降，往往比储层的变化造成的压降要大。使页岩有较好的产量的关键是支撑剂在页岩中合适的分布以保持裂缝的开启。但是页岩中复杂的裂缝网络使得裂缝建模成为难点。

解吸现象在很多页岩气藏的开采过程中扮演很重要的角色，但是建立受解吸现象控制的超低渗页岩气藏的模型是一项具有挑战性的工作。虽然地层中很大一部分气体来源于吸附气，但基质的超致密性和高的井底压力使得这部分气体很难被采出。

5.4.6.1 页岩气数值模拟的理论依据

数值模拟是适用于多领域综合性知识的最有力的工具。数值模拟的基础是数值模型，这些模型模拟了页岩气藏总的流体行为，岩石和驱动机理。三维模型由地质学、地球物理学、岩石物理学、工程数据和解释结果综合产生。模型可以用来预测和确认储层以及设计气田的开发方案。储层建模和模拟是一项被人们广泛认同的对超低渗页岩气藏的开发有很大帮助的技术。在模拟的过程中要根据实际数据估计许多参数，所以经常会有不确定性。一个可靠的页岩气藏模型在输入所有数据后能够表征现时的生产历史。验证一个油气藏模型的准确性的最可靠的方法之一就是比较实际气藏的井的产能和模型预测的井的产能情况。

5.4.6.1.1 建立离散化裂缝网络模型

一个离散化裂缝网络（DFN）就是用一组平面代替裂缝。相同时间产生的相同类型的裂缝归为一组裂缝的集合。每个裂缝网络拥有最少一组裂缝集合，但是很多裂缝网络拥有不止一组裂缝集合。通过成像测井可以识别出典型的裂缝集合、裂缝起源、裂缝倾向和其他参数。

用于模拟流动的离散化裂缝网络（DFN）的发展是一个多步的过程。裂缝网络可以通过直接输入参数来建立，也可以通过统计的数据随机产生（图5.4.92）。

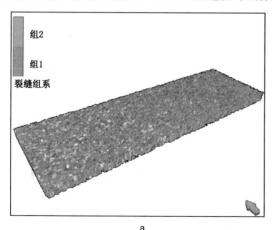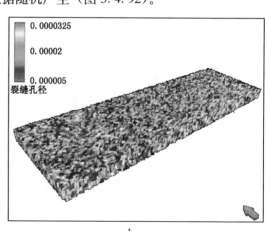

图 5.4.92　离散化裂缝网络建模

a—裂缝组；b—裂缝孔径（据 Dahaghi，2010）

裂缝网络由裂缝分布、裂缝几何形态（形状和长度）、裂缝方向（由平均倾角、平均倾斜方位角和密度来决定）和裂缝孔径（一个张开裂缝的垂直宽度）来表征。

　　从油气藏动态模拟的实用性来讲，DFN 模型只有升级至所需的网络属性后才能使用。对于双重介质（双重孔隙或双孔/双渗）的渗流模拟，新网格的属性包括裂缝渗透率、裂缝孔隙度和形状因子（基质—孔隙系统）（图 5.4.93）。

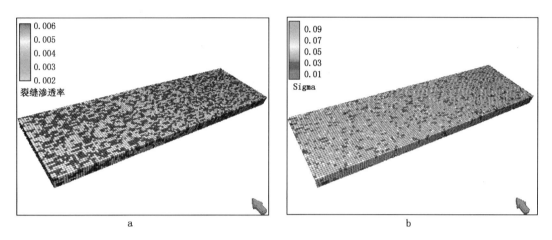

图 5.4.93　升级的裂缝特性——在 i 方向上的裂缝渗透率（a）及 Sigma（b）（据 Dahaghi，2010）

　　σ 因子是连接基质和裂缝特性的一个因子，用来描述多孔介质中双孔/双渗模型的基质和裂缝之间的流体窜流。裂缝表面和页岩基质的相互作用使得岩石基质中的驱替成为可能，这种作用可能会增加页岩基质中的可采储气量。在给定单元内根据裂缝间隔 L 在 i，j，k 方向的网格坐标得出 σ 的数学表达式为

$$\sigma = 4 \times \left(\frac{1}{L_i^2} + \frac{1}{L_j^2} + \frac{1}{L_k^2} \right) \tag{5.4.112}$$

　　$\sigma = 0$ 表示基质和裂缝之间没有联系。

　　裂缝孔隙度表示为

$$\phi_f = 总裂缝区域 \times 裂缝孔径 / 单元的体积$$

用于升级离散化裂缝网格属性的方法有 Oda 方法和基于流量的方法。

　　Oda 方法基于几何学和裂缝在每个单元的分布，用一种快速的统计方法建立渗透率张量。它没有考虑裂缝之间的连通性，在裂缝密度较低时会低估裂缝的渗透率。

　　基于流量的方法为每个网格单元都建立了一个有限元网格，对离散化裂缝的每个升级的网格进行三次小规模的流动模拟来获得三个主要方向的渗透率。这种方法的缺点是耗时，但是可以提供更准确的结果。

5.4.6.1.2　水力裂缝数值模拟

　　水平井可以大大提高气产量，尽管一口水平井的成本是直井的两倍左右，但其最终采收率却是直井的三倍。不过，页岩气藏的井都需要进行水力压裂措施来提高经济效益。

　　一个典型的完井措施包括对最小主应力方向的侧面进行射孔，将侧面分成几段，每段从根部开始，分为 2～4 个射孔段进行改造处理。这样将段与段分隔开，接着继续进行处理。

水力压裂裂缝的传播是受原始地应力、储层压力、岩石基质和天然裂缝系统控制的。页岩气生产所要关心的一个重要问题是水力压裂裂缝的生长和这些裂缝是怎样与原有的天然裂缝相互联系的。因此，即便在许多页岩中天然裂缝已填充，但是识别天然裂缝的特征对于水力压裂的成功设计有着重要的意义。

为了对水力裂缝周围的压力分布有更好的估计以更准确地建立裂缝模型，可以应用对数局部网格加密技术（图 5.4.94）。这种技术在局部网格加密中采用不等间距获得合适的瞬时压力。精细的网格可以表现水力裂缝的特征和裂缝的导流能力（裂缝导流能力可以用裂缝渗透率（mD）和裂缝宽度（ft）的乘积来计算）。无量纲的裂缝导流能力相互关系用下式表示，即

$$F_{CD} = \frac{k_f \cdot w_f}{k \cdot X_f} \tag{5.4.113}$$

式中：k_f 为裂缝渗透率；w_f 为裂缝宽度；k 为地层渗透率（处理前）；X_f 为裂缝半长。

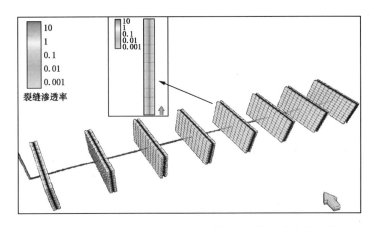

图 5.4.94　水力裂缝及其周围的对数加密网格（非全局网格）
（据 Dahaghi，2010）

5.4.6.1.3　非达西渗流建模

通过增加表皮因子，可以将由组分决定的流体添加到井附近气体流动的非达西渗流（由于裂缝和周围的高流量产生的紊流）模型里：

$$S \rightarrow S + D|q| \tag{5.4.114}$$

q 表示游离气流入井筒的速率。如果井与多个网格单元连通，则刻度 D 必须使得其可用于线性流动而不是极好的流体流动。

岩块之间的非达西效应可以用 Forchheimer 对标准达西方程的修正来处理（Holditch 和 Morse，1976）。非达西流动系数 β 的单位为 $atma \cdot s^2 \cdot g^{-1}$。

$$\frac{\mathrm{d}P}{\mathrm{d}x} = \left(\frac{\mu}{Kk_r A}\right)q + \beta\rho\left(\frac{q}{A}\right)^2 \tag{5.4.115}$$

式中：q 是体积流动速率；K 是岩石渗透率；k_r 是相对渗透率；A 是流体流动的横截面积；μ 是流体黏度；ρ 是流体密度；$\frac{\mathrm{d}P}{\mathrm{d}x}$ 是区域的压力梯度。

5.4.6.2 数值模拟流程与敏感性分析

5.4.6.2.1 数值模拟流程

根据以上理论，Dahaghi 曾经提出了一个数值模拟流程（图 5.4.95），他的最终目的是模拟二氧化碳在页岩中的注入和封存，但其前边整体是对页岩进行模拟，在页岩气的开发中应该是比较具有代表性的（Dahaghi，2010）。

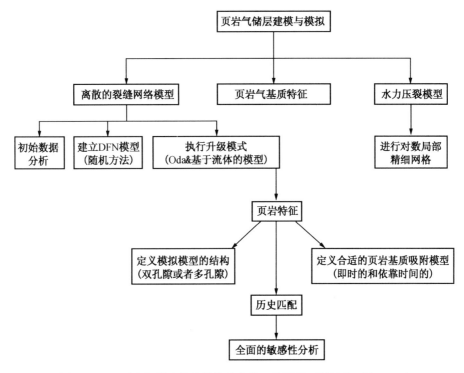

图 5.4.95　页岩气藏建模和模拟的完整工作流程（据 Dahaghi，2010）

非常规能源的开发需要收集和分析大量的数据，这是一个相当大的投资工程，对这些资料的充分利用是必要的。通过模拟对不同的开发方案进行评估，对影响页岩气开发各种因素进行敏感性分析以实现最佳商业决策，使页岩气的开发经济可行且更有效。

5.4.6.2.2 敏感性分析

敏感性分析是用定量方法来确定参数改变对模拟结果的影响，目的是量化模型中由裂缝和页岩基质属性等不确定性因素对模型及其结果的影响。它是模型参数对模型影响大小的工具，在模型与实际情况的匹配和正确预测结果方面最具影响。它提供了一种思想，关键参数应该在模型标定过程中加以调节（图 5.4.96）。

模型参数的敏感性通常用一个跟该参数有关的相对变化率来表示。如果输入参数或者边界条件的一个很小的变化量可以引起输出结果的很大的变化，那么这个模型对那个参数或边界条件就是敏感的。当然的，敏感性分析是针对某一个模型来说的。举例来说，对于 Kalantari - Dahaghi 的模型，经过对不同参数的实验，最后得出的模型敏感性分析结果认为：天然裂缝渗透率、σ 和水力裂缝参数（包括裂缝间隔、高度、半长和导通率）等对生产有重要影响。通过这种分析，就可以制定水力压裂计划。这也充分地说明，数值模拟是页岩气藏开发的关键技术。

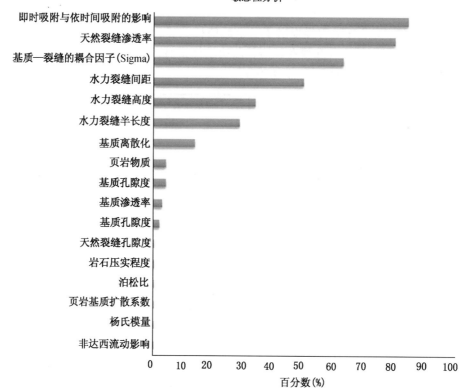

图 5.4.96　敏感性分析（Dahaghi，2010）

5.5 水资源及环境问题

页岩气藏的渗透率极低，若不进行压裂改造，气井的产能会很低，因此对于页岩气藏都会采用压裂措施，而目前多选择水力压裂的方式进行储层改造，再加之钻井时所需的钻井液，导致页岩气藏开发时需要大量的水，因此水资源和水的运输对于页岩气藏的开发非常重要。

当今，全球越来越重视环境问题，在页岩气藏的开发过程中，会造成环境的破坏，因此需研究如何降低环境的污染程度。另外，部分页岩气藏中含有二氧化碳气体，因此对二氧化碳的收集、利用及处理成为亟待解决的问题。

5.5.1 页岩气生产过程中水资源问题

在钻井及压裂过程中的用水问题讨论的文章很少，但一些大公司（Schlumberger，2005，2008）及政府的能源报告（IEA，2009）都会谈到这个问题。

一般在页岩气开发过程中垂直井的钻井及压裂会用到大量的水及砂（对于垂直井，在Marcellus 有数据为 $8 \times 10^5 \sim 2.5 \times 10^5$ gal 的水，在 Barnett 为 1.2×10^6 gal 的水。水平井的用水量就更加巨大，一般需要 $3 \times 10^6 \sim 4 \times 10^6$ gal 的水（Arthur，2009，Daniel 和 William，2009）。现在的页岩气井大都进行重复压裂措施，有的甚至重复压裂 10 次以上（Halliburton，2007），在产量翻番的同时，对水量的需求也随着翻番。但是伴随着技术和钻进方法的进步，每英尺在所需要水量将会逐渐的下降。

钻井和压裂中所用到的水一般来自地表水，比如河流和湖泊，地下水，从城市废水处理厂处理过的工业废水及生活废水，私人存水，及经过处理的循环水。在绝大部分地区，页岩气都还是一个新鲜事物，这种对大量水的需求会对水的供应及基础设施造成很大的挑战。也许该挑战能够促使开发者和当地居民合作解决并有效的处理水问题（Arthur，2009）。在美国及加拿大的一些地区，获得足够多的水来进行页岩气开发而不影响当地社区的用水是页岩气开发的核心问题。当有许多种水资源可供选择时，获得水的条件也会变得更加复杂。除此之外，当地关于水的法律及规章制度也是如何合理用水需要考虑的关键问题。

在开发之前，需要仔细考虑水源及水的运输问题。一些服务公司获取水资源的主要手段是从地下抽取（Daniel 和 William，2009），在 Barnett 页岩气中大都采取这种方法。还有一些服务公司通过在井周围的一些区域建设具有一定储存能力的装置来收集地表水，还有的在丰水季节从水量较充沛的河流中获取水资源并加以储存，在枯水季节使用，通过这种方式，可以避免对当地居民用水的影响（图 5.5.1）。但是，这样又出现了很多问题，由于压裂的用水量巨大，储存收集到的水需要建立许多容积较大的储存罐及其他储存设备，同时，开发商还面临着严峻的运输问题及高昂的运输费用。

图 5.5.1 压裂之前的水资源储备
（据 Hayes，2008）

5.5.2 生产过程中的环境问题及其处理

压裂作业结束后，气体流出地面的同时会带出大量的水，称之为返排水。其来源主要有两个：第一是地层水；第二也是最主要的，钻井及压裂过程中注入地下的压裂液及钻井液。这些水绝大部分会返排回地面（Daniel 和 William，2009）。这两方面使得返排水的量极其巨大，在美国 Barnett 页岩中，平均生产每千立方英尺的气体就会产出 1638gal 的水，在 Denty County，平均每千立方英尺的气体就会产出 1113gal 的水（Wolfe，2007）。

在水力压裂中，添加剂中包括有减阻剂、杀虫剂、表面活性剂及膨胀抑制剂等化学制剂。尽管在压裂液中添加剂的百分比一般不足 0.5%，但是由于基数较大，化学制剂的量也是巨大的（Daniel 和 William，2009）。地下岩层中一般会含有放射性物质，比如铀、钍及它们的同位素（USGS，1999）等；还有一些重金属元素，比如砷，铬，钴等，还可能含有酸性物质，比如黄铁矿及硫化物；还有大量的卤化物，溴化物（Daniel 和 William，2009）。大量的水及添加剂的注入，会使得岩石中的这些物质溶解或者生成有毒的气体（比如二氧化硫）并伴随着水流出。因此，对返排水处理不善，则会对地表环境，地下水及当地的居民造成很大的伤害，而处理这些物质，在技术上有难度，在经济上代价很高（Daniel 和 William，2009）。

作业者通过多种手段或者方法来处理返排水，主要有三种方法：重新注入地下；处理为无污染的水；循环利用。重新注入地下是最经济的方法，但是这需要一定的条件，注入的地层需要像储层一样，有一定的孔隙度、较高的渗透率，否则是不可行的。在注入过程中，要严格避免污水进入地下水层，一旦窜入地下水层，将会给地下水造成灾难性的破坏。Barnett 页岩区选择页岩之下 1.5mile 的 Ellenburger 地层作为回流水的注入层（图 5.5.2），其上有数公里厚的页岩作为与地下水封隔的保护层。对保护环境有效果的方法是对这些返排水进行净化处理，一般通过开发者自备的处理系统或者当地的污水处理厂对返排水进行处理，但是这些处理厂需要有足够强的处理能力。另外，一般的页岩气开发场地不会在城市周边，将污水运送到处理机构的费用将是比较高的（Harper，2008；Wei 和 Economides，2009）。在 Marcellus 页岩区，返排水通过废水处理设备进行处理。

零排放系统（ZLD）则是另外一个可供选择的方法，ZLD 流程将废水通过两个设备——固体—蒸发器和结晶器进行处理，蒸发器将不易溶于水中的物质分离出来，而结晶器是对经蒸发器后的废水进行处理，废水通过一条管道，由于在管道中压力比较低，液体容易达到沸点，剩下的液体蒸发，盐结晶而出（Robert 和 Ann，2010），图 5.5.3 展示了压裂过程中水的使用及后期处理。

压裂及重复压裂过程中要将数百万加仑的水运送到井场，在压裂过程中，给井头输送大量的水时需要超过上百条水管。随着压裂的结束，又有大量的返排水需要处理，又需要大量的运输设备及处理能力，大量的运送工具对乡间道路将会造成很大的压力，整个施工阶段都会有噪声污染，这些过程都会影响当地居民的正常生活（Sumi，2008）。这些都是需要考虑的。

美国及加拿大都制定了大量的法律（U. S. Department of Energy 等，2009）来规范油气勘探中的用水，包括页岩气的勘探与生产，这些法律有国家的，州的及各地的。有规范在压裂过程中的水资源利用的，也有规范返排水的收集及处理的，还有限制钻井、压裂施工及生产过程中的噪声，废弃物，污染气体排放的法律法规。这些详细的法律法规对保护环境，节约用水，保护当地社区利益，最大限度的生产出气体都是非常有利的。或许其他开发页岩气的国家或者地区都需要借鉴作为开发先导的美国在政策及法律法规上面的经验。

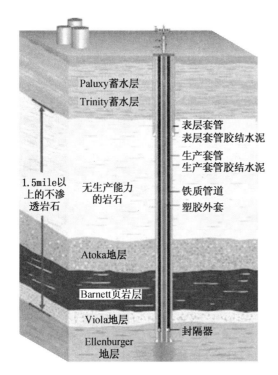

图 5.5.2 Barnett 页岩中将回流水压入地下
（据 Natural Gas Production，2010）

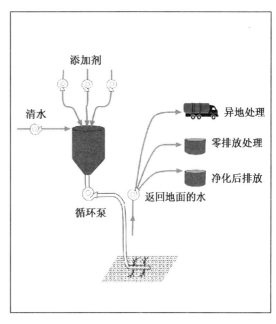

图 5.5.3 美国页岩气压裂过程中水的使用及处理
（据 Robert 和 Ann，2010）

5.5.3 二氧化碳的收集、利用与封存

许多天然气藏中含有部分二氧化碳及其他气体，有的含量还很高。比如在加拿大的 Horn River 盆地所产的气体中，天然气的产量较低，而产出的气体中包含有高达 12％的二氧化碳，远远高于加拿大其他地区的二氧化碳含量（2％）（NEB，2009）。造成这种情况的原因是：在较深的盆地中，地下温度超高，将一部分甲烷、有机物质、碳酸盐矿物转化为二氧化碳。这些二氧化碳会造成较大的危害。首先，大量的二氧化碳大都被直接排放在大气中，会加重环境污染（温室效应）；其次，含有的二氧化碳及二氧化硫等酸性气体会对管道和仪器造成腐蚀及其他安全隐患（NEB，2009）。因此，如何对大量的二氧化碳的收集、利用及处理成为现实存在的问题，加拿大 2009 年的能源报告中就严肃的提出了这个问题（NEB，2009）。

许多天然气的生产中需要用其他的气体进入储层进行驱替。在加拿大西部的许多天然气产地在生产丙烷，丁烷，戊烷及其他高密度的气体资源时都需要这种处理过程。在煤层气里用二氧化碳等气体进行驱替是提高气体产量的较为人们认可的技术。

在页岩气藏的开采中，至今还没有进行注气开采的现场应用案例（Dahaghi，2010），仅有少量的数值模拟及可行性研究（Dahaghi，2010；NEB，2009）。在其他类的天然气开采中，注入气体一般用氮气、二氧化碳或者两种气体的混合气。根据不同的机理选择这些气体，可以提高天然气的采收率。氮气极易从空气中获得，且是一种非活性气体，注入储层后可以降低孔隙中游离气体中甲烷的局部压力而增强解吸作用。

理论上，页岩气超低的渗透率使得吸附气的生产需要相对较低的压力。并且页岩基质对

CO₂的吸附性比甲烷更强，它被优先吸附到原生孔隙系统中。CO₂的吸附将 CH₄ 从原生孔隙中驱出来并使其进入次生孔隙系统。这样，次生孔隙系统的压力也增加，随后，CH₄ 得以生产，而 CO₂ 则保留在了页岩层中。这对增加页岩气产能和二氧化碳的封存都是有益的。Dahaghi 利用数值模拟对二氧化碳在页岩中的作用进行了研究，他选用一个较小的且经过很好标定的页岩储层。该井生产甲烷 5a，然后停产并连续以较低的速率注入二氧化碳，持续五年，接着停止注入并开井生产。在之后的 20a 中，生产的气体中没有二氧化碳，也就是二氧化碳都被封存于页岩基质中（图 5.5.4，Dahaghi，2010）。

图 5.5.5 说明了在初始生产的 5a 中（2008 年 10 月至 2013 年 10 月）和 2013 年 11 月关井并开始注入 CO₂ 时的压力分布情况。2018 年 10 月是注入 CO₂ 后的最后一个月，在 2018 年 11 月停注，接着开始生产一直到 2038 年 10 月。在图中可以清楚的看到，注入二氧化碳

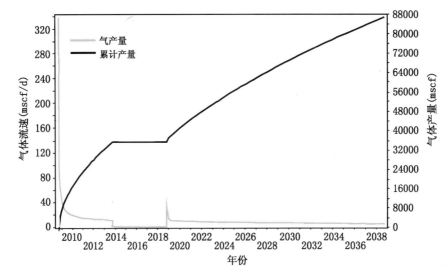

图 5.5.4　气体生产率和二氧化碳注入量随时间变化曲线图（据 Dahaghi，2010）

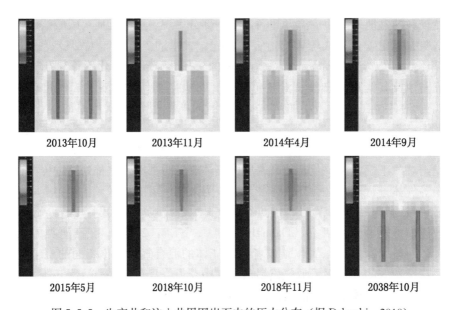

图 5.5.5　生产井和注入井周围岩石中的压力分布（据 Dahaghi，2010）

增加了储层压力。这与需要足够的压降来加快页岩基质中甲烷的解吸是矛盾的。尽管如此，模拟结果显示所有注入的二氧化碳都被页岩基质吸收，相应的甲烷析出并流到裂缝中。

图 5.5.6 显示的是注入前的 2013 年 10 月，注入的第一个月的 2013 年 11 月和生产 20a 后（2038 年 10 月）页岩基质中甲烷摩尔密度分布情况。可以很清晰的看到，甲烷摩尔密度的浓度很明显增加。若此模拟合适，未来二氧化碳将会使用到页岩气的开采中，同时，页岩气藏也是封存二氧化碳的很好的对象。

加拿大 British Columbia 地方政府正在鼓励 Horn River 盆地在页岩气开发过程中对二氧化碳进行回收（CCS）。Spectra Energy 公司和 EnCana 公司计划建立一个回收厂来处理 Horn River 盆地泥盆系的在地下数千米深的地层中的二氧化碳（NEB，2009）（图 5.5.7）。

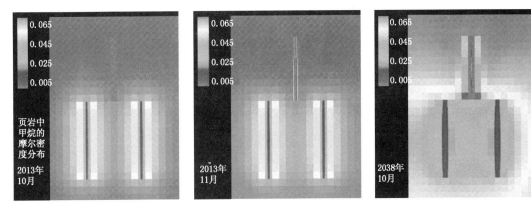

图 5.5.6　二氧化碳注入前后岩石中的甲烷摩尔密度（据 Dahaghi，2010）

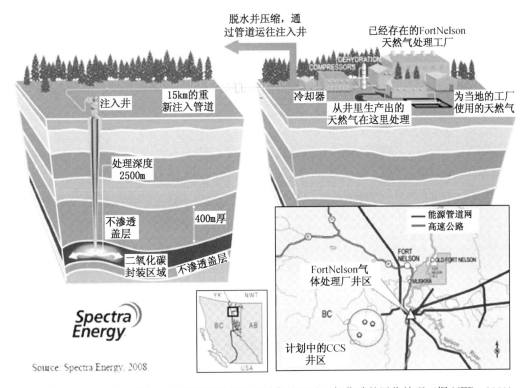

图 5.5.7　在 FortNelson 近郊进行天然气的采集处理及二氧化碳的回收处理（据 NEB，2009）

图中的 CCS 指二氧化碳的回收（Carbon capture and sequestration）

并且 EnCana 公司准备将回收的部分二氧化碳用来注入储层以提高附近页岩气的采收率，当然该部分用于采油单位使用。Spectra Energy 公司计划钻探两口井来试验二氧化碳回收及使用的可行性。在其他一些盆地或者页岩气产区，由于气体中的二氧化碳含量较少，所以公众还没有讨论对二氧化碳的回收问题。总之，二氧化碳的回收及利用需要在经济上加以仔细计算与考虑。但是随着温室效应的加剧，二氧化碳的处理必将得到越来越多的重视。

5.6 页岩气勘探开发的典型实例

近年来，随着页岩气藏开发技术的发展，天然气价格的增加，越来越多的页岩气田投入了开发。这里详细介绍美国的 Barnett 页岩气田和加拿大 Horn River 页岩气田的开发实例，为其他的页岩气田的开发提供一些借鉴。

5.6.1 美国 Barnett 页岩的开发

Barnett 页岩位于美国 Texas 州北部，Fort Worth 盆地，属中—老 Mississippian 纪富有机质黑色页岩。Barnett 页岩气是自生、自储、自盖式的整装性质的非常规天然气（Montgomery 等，2007）。最初，在超低渗透的页岩中开发页岩气是不经济的。然而，基于地质和工程学的研究与分析，以及有效的完井技术使得页岩气井的产量不断上升。1981 年至 1990 年期间，Barnett 气田开发较为缓慢，仅有 100 口井。1998 年，水力压裂技术取代了凝胶压裂技术，并且完井技术得到了重大突破。1997 年至 2006 年间，共有超过 5829 口气井投入生产，且不断有新井投产（Martineau，2005）。气田主要被分为两个区域：初始核心区，这里 Barnett 页岩位于 Viola 灰岩之上；延伸区，其中 Barnett 页岩位于 Ellenberger 群之上（Martineau，2007）。2002 年之前，垂直井是主要的钻井方法。Devon 能源公司在核心区和延伸区内钻了 7 口实验水平井，取得了巨大的成功，这促使大量作业者将钻井方式由垂直井变为水平井，且推广到延伸区。现在，Barnett 页岩是世界上开发最成功的页岩气田，2009 年前共产天然气 4.8Tcf（NEB，2009），年增长率超过 10%（Bowker，2007）。2007 年 USGS 估计未发现的储量为 26.2Tcf，许多专家相信该页岩气最终将成为美国最大的天然气田（图 5.6.1）。Barnett 的成功不是运气或者偶然，而是科学研究、工程技术的创新，开发者坚持不懈的共同结果。它代表了页岩气开发的最新进展，是页岩气开发可参考的最好例子。

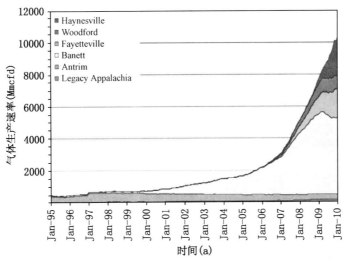

图 5.6.1　美国各盆地页岩气生产速率图（据 Sutton，2010）

参见书后彩页

5.6.1.1　地质背景

5.6.1.1.1　区域概况

Fort Worth 盆地位于 Texas 州中北部，是一个南北向的海槽，面积约为 15000mile^2，它是晚古生代 Ouachita 造山运动期间形成的若干前陆盆地中的一个，该造山运动是由碰撞构造运动引起的冲断——褶皱变形重大构造事件，Ouachita 逆冲褶皱带前缘构成了 Fort Worth 盆地的东界（图 5.6.2）。与其走向相同的盆地有 Black Warrior、Arkoma、Kerr、Val Verde 和 Marfa 等（Pollastro 等，2007）。盆地向北逐渐变深，轴与 Muenster 背斜大致平行，该背斜位于盆地的北北东方向，与盆地紧邻，在整个宾夕法尼亚系沉积早期和中期，因 Ouachita 褶皱带向东抬升，盆地对面的转枢线及所形成的界线向西和西北偏移。红河背斜和与 Muenster 背斜以断裂为界的基底隆起，形成了盆地北缘。

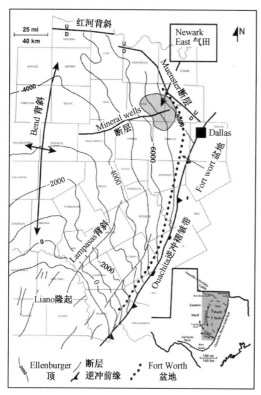

图 5.6.2　美国 Texas 州北部 Fort Worth 盆地 Barnett 页岩地层分布、构造特征、区域横断面
（据 Loucks 和 Ruppel，2007）

盆地向西逐渐变浅，与一系列平缓的正构造相连接，包括 Bend 背斜，Concho 背斜。Bend 背斜是一个向北倾伏的大型褶皱，从 Texas 中部的 Liano 隆起一直向北延伸，没有经历过活跃的抬升，它是盆地最西面的转枢线。Liano 隆起是穹窿状构造，前寒武系和古生界岩石暴露出地表，形成了盆地南界的一部分。盆地南部有 Lampass 背斜，它与 Ouachita 构造前缘平行。Fort Worth 盆地其他构造包括：大小断层；局部褶皱；裂缝；Ellenburger 群的卡斯特地貌；冲断——褶皱构造。大型基底逆断层，决定了红河背斜与 Muenster 背斜的南缘。盆地北部存在局部断块，东部存在冲断——褶皱构造。此外，Barnett 页岩产区的一个重要构造是 Mineral Wells 断层，其走向为东北——西南，这是一个周期性运动的基底断层，它对 Bend 群砾石层的沉积、Barnett 页岩沉积形态和整个盆地的热史都有影响，还控制着盆地北部 Boonsville 气田的石油伴生气的运移和分布，并控制着 Barnett 页岩天然气的生产。

在图中可见 Newark East 气田属于 Barnett 页岩盆地的核心产区，Newark East 气田面积为 1016km^2，包括了该盆地北部的数个县，地层有 300～500ft 厚，储层属于高压储层（0.52psi/ft），75% 的气藏位于 6500～8500ft 的深度范围内。该气田是 Barnett 页岩的核心产区，在 2000 年，它就已经成为 Texas 州月产量最高的气田。预测地质储量将达到 200Tcf。

整个 Barnett 沉积物由近海泥质流、浊流以及岩屑流从大陆架或者上部含氧大陆斜坡运移的岩屑组成。部分生物沉积还来自于更浅的、含氧更高的水流。据估计 Barnett 地层沉积物形成于 2500a 前。尽管其亚相不同，但是在整个时间跨度上沉降类型极为相似。

在 Newark East 气田的钻井常规取心中可见到与断层走向相关的天然裂缝。近期在 Boonsville 气田开展的三维地震研究表明，从密西西比系——中宾夕法尼亚统存在小规模的断裂和局部沉降，它们与下伏的奥陶系 Ellenburger 群的卡斯特发育和溶解塌陷有关。

5.6.1.1.2 地层学和岩相

Barnett 断面下伏密西西比系 Chappel 灰岩、中——上奥陶统 Viola 地层和 Simpson 碳酸盐岩、下奥陶统 Ellenburger 群。在盆地的大部分地区，Barnett 页岩地层位于时间跨度至少 $1 \times 10^8 a$ 的不整合地层之上，上覆宾夕法尼亚系 Marble Falls 序列。中间夹有 Forestburg 灰岩的 Barnett 地层可以分为三层，没有灰岩区域的 Barnett 地层通常作为一个单元（图 5.6.4）。

Barnett 地层是典型的页岩气系统，包括生、储、盖层。它是与外海连通性较差的深水前陆盆地沉积（Loucks 和 Ruppel，2007），

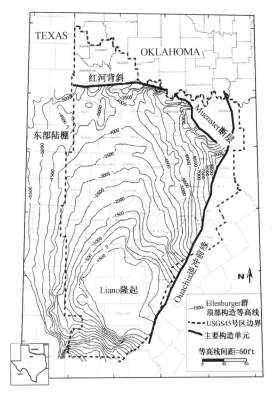

图 5.6.3　Texas 州中北部 Fort Worth 盆地 Bend 背斜地区和 Ellenburger 群顶界综合构造等高线图
（据 Pollastro 等，2007）

在大部分沉积过程中，底水为静海有机质，因而产生了丰富的油源岩以及大量的梅状黄铁矿。地层中包含多种岩相，除骨架碎屑地层外，这些岩石主要为细粒（黏土—粉砂）沉积物。根据岩石矿物学、生物群和结构，可以将岩相分为主要的三种：（1）非层状—层状硅质泥岩；（2）层状黏土灰泥岩（泥灰岩）；（3）骨架泥质泥粒灰岩（Loucks 和 Ruppel，2007）。这些岩相均含有黄铁矿和磷酸盐（磷灰石）特别是在硬灰层中较为常见。除此之外，Barnett 地层还包含多种次要的岩石类型及其结核体和硬灰岩层。

总的来说，上部 Barnett 地层主要由各种硅质泥岩夹杂少量灰泥岩和骨架泥粒灰岩组成，但 Forestburg 层段全部由层状泥质灰泥岩组成。

岩心分析和 X 射线衍射（XRD）分析结果表明：Barnett 岩层通常含有不超过三分之一的黏土矿物（图 5.6.5）。这些黏土矿物主要为含微量蒙皂石的伊利石。到目前为止，二氧化硅（黏土—粉砂结晶石英）是 Barnett 岩层的主要矿物，局部常见碳酸盐岩（黏土—粉砂结晶方解石和白云石）、少量黄铁矿和磷酸盐（磷灰石）。Barnett 地层的碳酸盐岩主要以化石层的形式存在。

一般认为页岩具有可裂变性，但来自 Barnett 的岩心并不具有可裂变性，因此，可以说它是硅质泥岩，或者在某些情况下为细粒粉砂岩。Barnett 地层通常是层状岩层，主要由细粒球状粒和骨架细岩屑组成，而某些薄层单元，为较大的骨架物质。岩石普遍被压实，这掩盖了其原生结构。

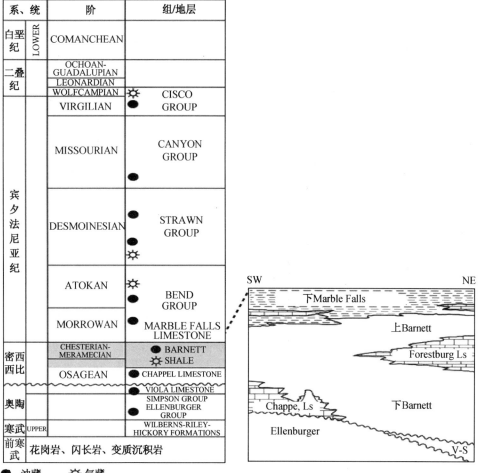

图 5.6.4 Fort Worth 盆地综合地层柱状图（据 Montgomery，2005）

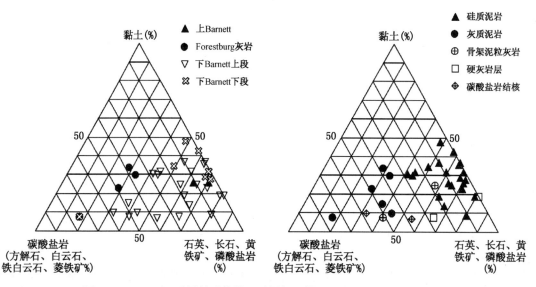

图 5.6.5 Barnett 地层的矿物学三元图解（据 Loucks 和 Ruppel，2007）

Forestburg 组灰岩包含了几乎等量的碳酸盐、黏土、石英、黄铁矿以及磷酸盐，Barnett 岩石所含的方解石少于 Forestburg 组，主要为各种石英混合物、长石以及其他矿物。最下部的 Barnett 岩石碳酸盐岩含量最少，但泥岩含量最高。

5.6.1.1.3 地化特征

Hill 和 Jarvie 等通过在 Texas 州 Wise 县的 Newark East 地区收集的资料进行地化分析，得出了详细的地化分析结果（Hill 等；Jarvie 等，2007）。总结出了低孔、低渗页岩是否具有较高成熟度的最小值和最佳值（表 5.6.1）。

表 5.6.1 低孔、低渗页岩是否具有较高成熟度的最小值和最佳值（据 Jarvie 等，2007）

参数	R_o（%）	T_{max}（℃）	TR（%）	HI_{pd}（mg HC/g TOC）	干气	C_{20+}（%）
最小	1.00	455	80	76～100	80	5
较好	1.20	465	90	50～75	90	3
最好	1.40	475	95	50	95	1

Hill 和 Jarvie 认为，Barnett 页岩富含有机质，干酪根主要为 II 型，平均 TOC 为 6.41%，氢指数约为 434mgHC/gTOC，原始生烃潜力为 27.84mgHC/g 岩石或 609bbl/（0.083m³/m³）。低渗透性 Barnett 页岩的吸附能力强，其内部残留大量原油，这些原油在成熟后裂解成气，加之干酪根初次裂解气，使页岩具有较高的含气量。

Barnett 页岩气属热成因气，生物成因烃来源少，气体成熟度数据说明页岩气和石油共生，包含裂解气。在地层上，可以划分为含热成熟度较低气体的新储层和含热成熟度较高气体的老储层，但宾夕法尼亚系 Strawn 群例外，所含气体热成熟度包含低热与高热。

为寻找页岩热成因气高产地区，Hill 和 Jarvie 等运用直接观察法与地化资料评价烃源岩成熟度，采用数值模拟来确定有机质转化程度。他们认为，用镜质组反射率评价成熟度时，必须辅以化学手段。海相页岩中镜质组很少，所以需要建立整个井眼的镜质组反射率剖面，对有机质成熟度和转化率的化学评价，如 Rock-Eval T_{max}（热成熟度），TR_{HI}（转化率）气体成分以及同位素等，都是辅助性的化学技术，同时也有必要对烃类进行评价，以确保系统中没有高分子重质油组分残留，这些组分在低成熟区（富含油）通过吸附作用抑制气体流动。

总之，与其他页岩气盆地相比，Barnett 页岩具有一定的特殊性：第一，储层巨厚，相比较其他页岩来说压力较高；第二，气体完全是热成因的，在很大范围上与石油共生；第三，该页岩经历了复杂的，多相的热史，使得地化特征成为评估生产特征的核心；第四，天然裂缝不是储层可开发的必备条件，还导致部分气井中的产量降低。

5.6.1.2 页岩气的开发

Mitchell 能源公司最初主要进行浅层 Boonsvilleq 气田（Bend 砾岩气）开发，经过 30a 的开发后，产量逐渐递减，因此迫切需要找到稳产的方法。公司在 Atokan Bend 段地层钻了很多井，以对 Mississippian 生物礁、Viola 和 Ellenburger 地层进行测试，钻穿了 Barnett 页岩，并且钻遇了大量的天然气显示，但是被认为是无价值的"页岩气"。20 世纪 80 年代早期，Mitchell 能源公司首次在 Barnett 页岩完井后，钻了 36 口深探井来控制地层界面。对于其中的 MEC1C. W. Wslay 井，使用氮气泡沫压裂，12a 内产量为 $212×10^6$ ft³，关井两年后采用大型凝胶进行二次压裂，在两年半内取得 $29×10^6$ ft³ 的产量。然后再次关井两年，再采用水力（加砂）压裂，获得 $1007\times10^6\,ft^3$。目前该井产量为 $6.3\times10^6\,ft^3/$月。截至 2006 年 9 月，这口最初被认为是无经济价值的气井已总计产气 $1.348\times10^9\,ft^3$。很明显，过去的几十年中，压裂技术和其效果都发生了巨大的发展。

最初促使页岩气开采技术发展的动力是《联邦税法》关于非常规燃料生产税减免这一政策的出台。这一减免政策适用于 1979 年 12 月 31 日至 1993 年 1 月 1 日之间所钻的致密地层气井所产的并且在 2003 年 1 月前出售的天然气。尽管到 2006 年时该法律的限制期限已经到期，但是 Texas 州继续减免致密气藏的开采税。Barnett 页岩气藏符合该减免政策，因此税收鼓励政策得以继续保持（Martineau，2007）。

Barnett 页岩经历了 5 个不同的发展阶段。随着人们对页岩气完井和开采技术的改进以及对页岩气藏认识的提高，页岩气出现广阔的前景。例如，储量评估值由 1990 年的 $1.4\times10^{12}\,ft^3$ 增至 2004 年的 $26.2\times10^{12}\,ft^3$，页岩的厚度、矿物成分、天然气饱和度并没有发生变化，而储量却在不断的上升，其原因在于页岩气地质储量评估、钻井设计和完井技术等技术和工艺的进步。在过去的几年中，钻井和增产措施取得了巨大的进步，此外，数千口垂直井资料和越来越多的水平井资料使得对 Barnett 页岩的了解更加深入。

页岩气开发经历的五个基本阶段如下：（1）钻垂直井，对下 Barnett 页岩进行泡沫压裂（$1.5\times10^5\sim3\times10^5\,gal$）氮气辅助，20/40 目砂子（$3\times10^5\sim5\times10^6\,lb$），泵入速率约为 40bbl/min。1981—1985 年使用该技术。（2）钻垂直井，只使用交联凝胶对下 Barnett 页岩进行压裂，将用量增加至 $4\times10^5\sim6\times10^5\,gal$，用砂子 $1\times10^6\sim1.5\times10^6\,gal$，直至 1995 年，一直使用氮气辅助、并加入降滤失剂、表面活性剂、黏土稳定剂。1995 年后，减去了氮气和降滤失剂。这种大型水力压裂技术在 1985—1997 年间使用。（3）钻垂直井，用大约 $9\times10^5\,gal$ 和 $5\times10^5\,lb$ 清水分别对上部和下部 Barnett 页岩进行压裂，20/40 目砂总用量为 $2\times10^5\,lb$，压裂速度约为 $50\sim70bbl/min$。不需要使用黏土稳定剂和表面活性剂，且在大部分地区，可以不用泵增压，这种简单的水力压裂或加砂压裂可比凝胶压裂节约成本 $50\%\sim60\%$，从 1998 年至今一直是垂直井的压裂方式。（4）1997 年，随着水力压裂的盛行，最初对由凝胶压裂的井在能量衰竭后，用清水进行二次压裂，可使产量达到甚至超过初次产量，且可采储量增加了 60%。最初由凝胶压裂的井可使用与新钻垂直水力压裂井相同的水量和砂量进行二次压裂。二次压裂技术始于 1999 年。（5）在 Barnett 下部钻水平井，水平段长度 $1000\sim3500ft$，用 $2\times10^6\sim6\times10^6\,gal$ 清水和 $4\times10^5\sim1\times10^6\,lb$ 砂进行压裂。压裂速度为 $50\sim100bbl/min$，此技术始于 2003 年。水平井在延伸区域的广泛应用主要是由于它可以减少压裂 Ellenburger 地层的风险，大部分区域的 Ellenburger 地层产水，压裂将带来水处理问题。2006 年，一种新的"即时压裂（同步压裂）"技术出现，即作业者在相隔 $500\sim1000ft$ 的距离上对相对应的两口井进行同时压裂。

图 5.6.6 为 Barnett 页岩气田 1982—2006 年生产井数的变化。在气田开发的前 10a，只有 100 口气井完井。在随后的 5a 内，又增加了 275 口井。1997 年后，由于水力压裂技术的成功，在随后的 8a 内共有 5829 口气井完井。当气田范围扩大到 Wise 县和 Denton 县之外时，Barnett 气田发现了新的区块，例如 Jack 县的 JMG Mag 气田、Johnson 县的 Cleburne 气田、Montague 县的 St. Joe Ridge 气田等。至 2006 年 7 月，气田累积产气 $2.3\times10^{12}\,ft^3$，当前产量为 $20\times10^8\,ft^3/d$。

由 Barnett 页岩的发展经历可以看到，水平井技术及水力压裂技术是提高 Barnett 页岩勘探开发成功率的两项关键技术。此外，超轻质、高强度支撑剂也是较为重要的一项技术

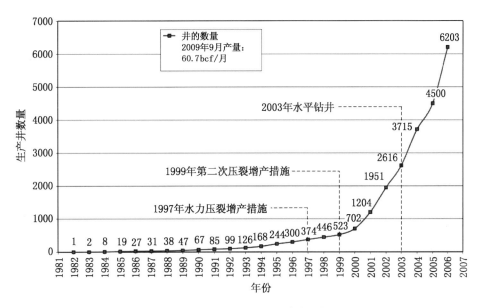

图 5.6.6　Barnett 页岩产气井数随时间变化曲线（据 Martineau，2007）

（Martineau，2007）。

（1）水平井技术。

Barnett 页岩气田的成功一定程度上归功于水平井技术的成功。水平井对于页岩气来说是一项革命性的技术（Montgomery 等，2005），单井产量远远高于直井，并且在直井收效甚微的地区，水平井具有较好的效果（Read，2007）。不同地区页岩气产量与水平井的方位角度及进尺有关，最有效的水平井进尺介于 914.4～1219.2m，包括造斜井段。Johnson 地区来自核心区的早期产量数据表明最适宜的方位角介于 102°～140°或者 300°～320°，但是这一关系也并不适用于 Barnett 整个层位。沿这两个角度范围钻探的井位与主要断裂体系大体平行，并能产生横向水力裂缝，为气体从低渗透储层中进入相互连通的天然或者人工诱导裂缝网络的运移提供最大的接触表面积。大量的水平井是在 2002 年之后才开始利用的。

1992 年该区块曾经试钻了一口水平井，但是产量低于大部分直井，所以很长时间内没有再进行水平井的实验，以一个例子对一项技术的可行与否做出判断明显是不合理的，这也直接导致了水平井这项最后被证明是非常有效的技术推迟使用。

水平井在没有压裂之前是不具备产气能力的（Montgomery 等，2005），通过在直井压裂过程中形成的微地震监测裂缝成像图及测斜仪测量结果，认为水力压裂能够使得垂直井形成巨大的泄流面积。根据这些信息，作业者假设与诱导裂缝正交的水平井在压裂时，能够生成数个相互平行的裂缝，这样也会使得泄流面积得到极大的提高。初始的产量是支持这种假设的，初始产气速率是垂直井的 2～3 倍（图 5.6.7）。综合的储层评价可以确定最优的井轨迹。

部分情况下，可能存在某些岩石阻碍裂缝的生长，在这些障碍存在的位置，作业者会使用无水泥胶结的生产套管，并使用单段或多段压裂。在不存在岩性障碍或不影响裂缝的位置，则使用水泥胶结生产套管，并采用多段压裂技术，压裂液的体积为每段 $7.5 \times 10^5 \sim 2 \times 10^6$ gal，具体值取决于每段的长度。

水平井技术有两个主要的优点：第一是多段水平井压裂能够有效的增加产量；第二是由于存在影响裂缝发育的岩性，多段水平井的压裂会比直井更有效，其裂缝也不会延伸出储层

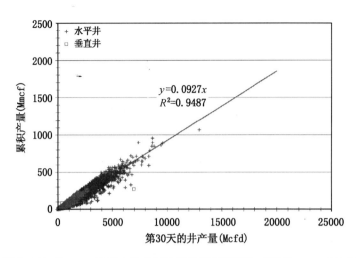

图 5.6.7　Barnett 地区水平井与垂直井的产量对比（据 Sutton，2010）

图中，纵坐标为 4 个月的累积产量，横坐标为第 30 天的日产量

外部。由测试、分析、以及实践证实，多段水平井完井对页岩气的开发是至关重要的。

　　图 5.6.8 展示了 Barnett 页岩 Newark East 气田的生产史，这在石油和天然气行业中是比较有代表性的，其明显的特点是从 1999 年开始气体产量幅度增长。气田生产的另一个特点是 1999 年以前完钻的井在 2003 年的总产量高于 1998 年的总产量。1999 年产量增长有两个原因：一是实际天然气地质储量接近以前认识的 4 倍；二是水力压裂在该区块取得了成功应用，显著降低了钻井的总成本。基于以上认识，对现有井再次进行了增产处理，缩短井距，在以前无产量的上部 Barnett 页岩成功实现了完井，并且远景带的经济性获得了极大的改善。由于加强了对 Barnett 页岩的认识，产量曲线平稳增长（图 5.6.8）。

　　需要说明的是，简单的水平井钻探与完井技术并不能够保证开发的成功率。Barnett 的许多水平井钻遇较差的储层，或者在钻进、完井及运行过程中遇到低产量的问题。

　　（2）水力压裂技术。

　　1997—1998 年，水力压裂技术第一次应用于 Barnett 页岩气田，不久就成为了主要的压裂方法。水力压裂技术比凝胶简单，只有水和减阻剂，而凝胶成分复杂，有水、聚合物、交联剂及缓冲液等组成。两者之中都含有一些添加剂，如杀虫剂，表面活性剂及大分子物质，其组分依具体的工程设计的要求或者目的而定。减阻水代替凝胶在不减产的前提下为该层节约 30％的成本。典型的直井压裂技术每一英尺至少需要 220～2400gal 的流体，其中有大量的支撑剂，支撑剂目前主要使用粒级为 40/70 目及 20/40 目的 Ottawa 砂子，注入速率一般为 40～85lb/min。

　　Barnett 页岩中，压裂技术主要针对可承受高压的厚层段，对于较薄的地区及下 Viola 压裂障碍消失或者有问题的地区，施加的压力较低。典型的水平井压裂需要分多段进行，即在泵入压裂液的过程中，需要根据不同的段泵入含不同浓度支撑剂的压裂液。一般，将支撑剂泵入储层深处有四种方法：提高注入速率、提高压裂流体的黏度、降低充填物的粒级以及降低支撑物的密度。提高注入速率是有效的措施，但在下部 Wet Ellenburger 等裂缝发育的层段不适用。用交联凝胶剂提高黏度可以携带更多的支撑剂，并使其运移到地层更深处，然而，交联凝胶产生的可能是简单裂缝，不可能为气体运移提供更多的通道，并且成本较高。有时降低支撑剂粒级也是可供选择的办法，较之大颗粒，小直径支撑剂颗粒可以进入较窄的

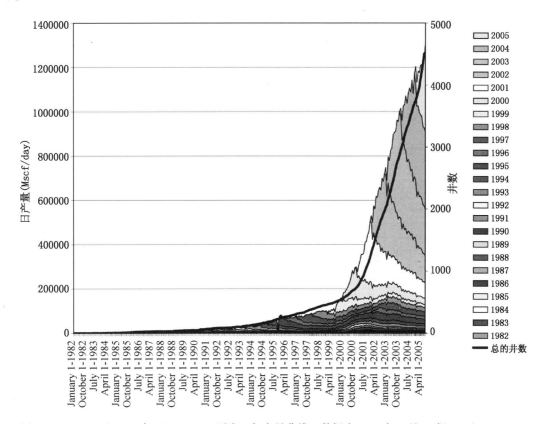

图 5.6.8　Newark East 气田（Barnett 页岩）年产量曲线（数据在 2005 年 5 月）（据 Bowker，2007）

裂缝中，并且需要较小的流动速度来保持它们向地层中运移。超轻支撑剂在 Barnett 页岩的开发中也显示了较好的效果。这一类支撑剂在将来必将得到更为普遍的应用。

在 Barnett 页岩中，直井的初始生产速率是 $0.5\sim2.0$Mmcf/day，原估计每口井的最终产率在 $1.0\sim2.5$Bcf 之间，但是有的已经达到了 7.0Bcf（Montgomery 等，2005），这归功于重复压裂技术，单次的重复压裂会使得每口井的平均产量提高 0.5Bcf，对早期开发的井进行多次重复压裂处理已经非常普遍。

水平井分布于 Newark East 气田的南部，西部及东部，这些井都经过压裂处理。在 Newark East 气田，水平井的初始产量大都在 $1.5\sim8.1$Mmcf/d，在该气田外，产气速率是 $1.0\sim3.0$Mmcf/d，其变换范围是比较大的，但是平均值是 2.5Bcf。

无论是垂直井还是水平井，其生产速率都有一个特点，即随时间急剧下降，然后较平稳的生产数十年。重复压裂对老井的增产有很大的作用，尤其是对那些在 19 世纪 90 年代之前就已经生产的井，当然的，当新井生产几年后，也会使用该技术增加产量。在许多例子中，经过重复压裂之后的井产气速率会达到初始速率，有的甚至会超过初始产气速率。

在图 5.6.9 中，初始压裂是在下 Barnett 页岩中使用大约 1×10^6gal 的凝胶压裂液和 2×10^5lb 的支撑剂。在重复压裂中，上、下 Barnett 页岩每井段使用 6.2×10^5gal 的水和 5.4×10^4lb 的 20/40 目砂子。在 2004 年 5 月，该井生产了 0.76Bcf，其中 0.52Bcf（68%）的产量是由重复压裂贡献的。

早期生产速率较低，且经历了长期的平稳生产过程；在使用新的水力重复压裂后，生产速率急剧上升，该井为 Michell Energy 2 Boyed Townsite 井，最终估计产量为 0.85Bcf。

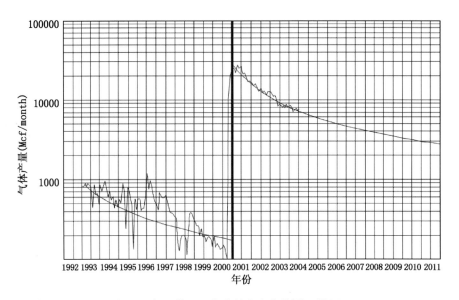

图 5.6.9　Newark East 气田的一口老井的生产曲线图（据 Montgomey，2005）

Newark East 气田的产量自 19 世纪 80 年代开始稳定的攀升（图 5.6.10），1999 年后生产速率递增加快，当采用水力压裂技术后，上 Barnett 页岩也成为可开发区域，当重复压裂被大规模的应用后，整个页岩气的产量都得到较大的提高。

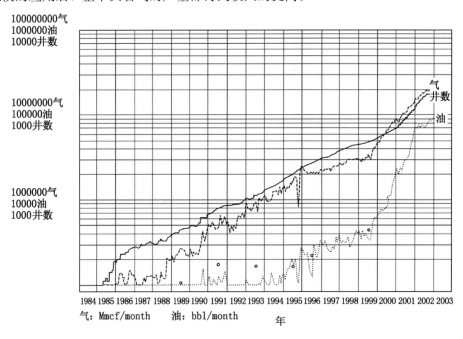

图 5.6.10　Newark East 气田的碳氢化合物产量及井数量增长虚线（据 Montgomey，2005）

　　另外，对比 Tarrant 中部地区的累积气产量，发现采用同时压裂技术的井要比未采用的产量更高一些。其采用该技术的井也在短期内产量增大，这项技术有着广阔的发展前景。
　　需要强调的是，成功的压裂依赖于上部和下部岩性的遮挡，这种遮挡允许内部的诱导裂缝产生并避免上部和下部流体的进入。在 Barnett 页岩中，形成遮挡层的是上部的大理石层和下部的 Viola-Simpson 层段，尤其是在产量较高的下 Barnett 页岩，其下部是高含水的卡斯特类型岩层，及天然裂缝大量发育的 Ellenburger 组岩层。在 Fort Worth 盆地的一些区域里，Viola-Simpson 含水区域使得完井的难度增大，一些区域里，断层将低 Paleozoic 和 Mississippian 区域的水导入了 Barnett 页岩中。

5.6.1.3 页岩气的产量特点

页岩气的生产的特点是：无论水平井或者垂直井，在初期都会经过一个产气峰值，之后会很快的下降。其原因是储层特征（巨大的地质储量及极小的渗透率）和完井方法（使储层岩石的暴露面积尽可能的增大），并且不同井间产量的变化非常大。如图 5.6.11，对于不同的井，其生产速率由于区域地质情况及其他因素不同而不同，但都是初始产量低，然后上升并很快达到最高产量，紧接着又逐渐下降，并在一个较长的时间段内平稳生产。

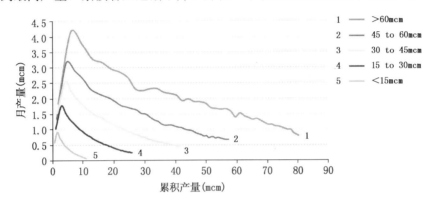

图 5.6.11　Barnett 页岩水平井气体生产速率与采收率变化图（据 WEO，2009）

Barnett 页岩气井的产量递减速率远高于常规气的产量递减速率。平均数据显示，水平井第二年的生产速率比第一年降低 39%，第三年比第一年降低 50%（图 5.6.12）。下降速率会随着时间逐渐降低，但是其数值仍然较高，也就是说，绝大部分可采收资源在最初几年就会得到开采。在十二个月后，月产量会比达到峰值时的产量下降 57%，相比较与水平井，垂直井的变化速率会更快，第二年的产量会比第一年的降低 42%，第三年会下降 55%。

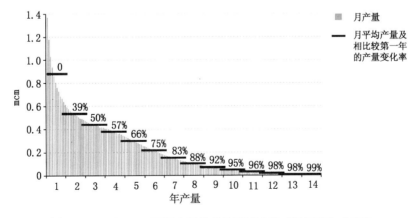

图 5.6.12　Barnett 页岩水平井产量递减速率（据 WEO，2009）

由于页岩气的开发扩大到更大的区域（包括一些储量较小、产量较小的区域），所以整个区域内的最高采收率并没有因为水平井的广泛使用得到极大的提高（核心区的产量的提升是不可否认的)。

　　由于 Barnett 页岩的可采资源量及生产速率的变化范围较大,因此其经济价值,尤其是现净利润也变化很大。据估计水平井的现净利润为 $\$ 5.8 \times 10^5$/井 (以 2008 年钻井费用,10% 的折扣率,$\$ 6$/Mbtu)。水平井的平均利润接近于 0,也就是说,近一半的井在产出价格为 $\$ 6$/Mbtu 时是无利可图的。根据同样的假设,垂直井的平均净利润 (花费较少同时产量也少) 少于 $\$ 1 \times 10^5$,其分布规律类似,但整体要低:60% 的单井是亏损的。

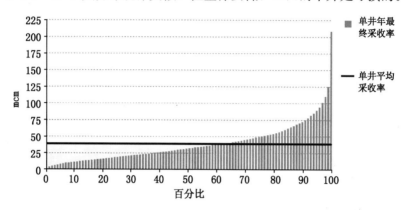

图 5.6.13　Barnett 页岩水平井最终可采收资源量 (据 WEO,2009)

　　在 Barnett 页岩里,净利润的范围根据不同区域的地质背景而变化,在一些主要生产区域里,资本的回收率达到 10% 时,气的产出价格需要在 $\$ 4$/Mbtu 至 $\$ 13$/Mbtu (图 5.6.14)。在图 5.6.14 中可以看到,有一半以上的水平井分布于两个产量较高的县:Johnson 和 Tarrant,少于 2% 的井分布于两个产量最少的县:Jack 和 Erath。

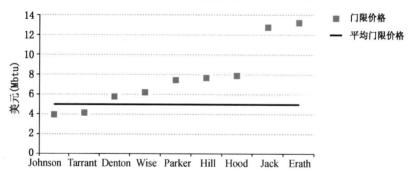

图 5.6.14　在 Barnett 页岩里的一些主要生产区域里,资本的回收率达到
10% 时气体价格需要达到的数值 (据 WEO,2009)
这些门限值是整个县的所有开发者的数据的平均值,单独的区域或者
开发者会因为其自身的技术及区域特性而不同

5.6.1.4　气藏潜力及限制因素

　　最新的实验室分析,热成熟度研究,地下成像和观测到的生产数据显示烃类分布于 Fort Worth 盆地和背斜的较大区域中,油气远景区达 $2.8 \times 10^4 \text{mile}^2$。在这些区域内,Barnett 页岩被认为有巨大的潜力,连续的油藏区域面积为 7000mile^2,其镜质组反射率在 1.1%。最有潜力的区域累积达 1800mile^2,处于盆地的东北部。潜力比较大的区域特征为:(1) 在上部及下部都有阻止诱导缝发育的障碍岩石存在; (2) Barnett 页岩较厚 (大于

350ft）；（3）Barnett 页岩的 *TOC* 值平均达 3.5% 或者更多；（4）R_o 超过了 1.3%；（5）T_{max} 值超过 450℃（Montgomery 等，2005）。根据 USGS 及盆地研究机构的评估，Barnett 页岩的资源量为 2.7Tcf（Montgomery 等，2005），最近 USGS 完成了一个 Bend arch - Fort Worth 盆地的资源评估，估计总的未发现的页岩气资源量为 26.2Tcf 及 10^9 bbl 的液化气，非官方的 Devon 能源组织认为在 Fort Worth 盆地北部的 Barnett 页岩中的地质储量可达 142.5Bcf/mile^2。这预示着 Newark East 气田的地质储量可达 57Tcf，而盆地最有潜力的地区的地质储量可达 256.5Tcf。

尽管 Fort Worth 盆地的绝大多数区域都是页岩气的潜力产区，但是在 Newark East 气田外部得到较好的开发还需克服地质和地化造成的限制条件。这些因素可以概括如下：

（1）沿着东北方向，从最东端的 Johnson 县直到最西端的 Tarrant 县，及中部的广大区域中，Barnett 下部都是遭受侵蚀的 Viola - Simpson 区域（对水力压裂裂缝延伸障碍较小），形成了卡斯特特征岩层，还有含水的 Ellenburger 组，都会使得水进入地层。

（2）在 Newark East 气田西北部的 Viola - Simpson 区域中，孔隙度增加和含水饱和度增加的区域，比如 Wise County 西北地区，还包括下 Barnett 页岩下的含水碳酸盐岩，都增加了水进入的可能性。

（3）沿着东西方向通过北部 Dallas 和 Tarrants 中部存在未压实的 Marble Falls 地层（对裂缝的生长有较高的阻碍作用）。在上 Barnett 页岩压裂时，诱导裂缝有进入含水—气的 Pennsylvanian 碎屑岩地层的可能。

（4）在盆地西部和北部的高热成熟区域里，页岩处于生油窗内，渗透率的约束使得生成气体或者凝析气有一定的难度。

（5）在盆地最东端的高热成熟和井深的区域里，Quachita 逆断层和生长带的前缘附近或者下部，需要较高的钻井费用，较高的井底温度，及低热的（较干）气体都会影响经济效益。

随着勘探、开发的推进，许多运作成本也在不断的增加（Read 和 White，2007），主要包括：

（1）钻机的更新换代及同一批钻机的周转；
（2）压力泵装备及压力装备操控人员的紧缺；
（3）水源；
（4）钻井许可证及城市日常事宜。

钻机等装备的更新换代对于 Barnett 页岩和其他区块的勘探开发有积极作用。开发者将会对大功率、钻深井钻机进行较大投资。压力泵供应紧缺有两个原因：第一，钻机数量的不断增加及每口井所需要的压裂作业；第二，用于压裂水源的紧缺。由于各油气公司在 Fort Worth 盆地极其周边地区勘探开采工作的进行，这些地区的土地部分被划为商业用途或者居民用地，一些勘探开发许可证问题及城市环境保护法令问题也日益突出。土地拥有者正在面临棘手问题，并会提高租赁价格，要求获取更大的权力，制定更为苛刻的钻探许可证获取条件（Read 和 White，2007）。

5.6.2 加拿大 Horn River 盆地页岩

Horn River 盆地位于加拿大 British Columbia（BC）北部，沿西北边界分布，离 Alberta 的 Edmonton750mile（图 5.6.15）。其页岩分布面积达 3×10^6 acre，主要位于 Fort Nelson。许多公司在该地区评估页岩气储量并投入开发，该盆地的页岩气开发经济效益越来越明显。Horn River 盆地的页岩属于泥盆系，其储量、生产和开采等条件和美国 Barnett 页岩的情况比较相似。

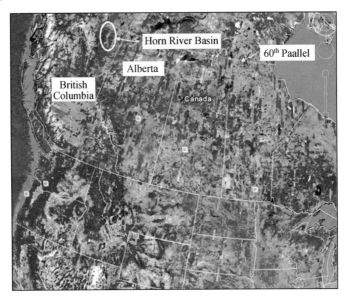

图 5.6.15　Horn River 盆地分布位置图（据 Reynolds，2010）

盆地内对 Mississippian 系和泥盆系碳酸盐岩储层的勘探始于 19 世纪 50 年代后期，2002 年之前共有约 300 口井。目前正在勘探的一块泥盆系页岩是 Cordova 地槽，它位于 Alberta - BC 边界，据 Horn River 盆地东部 100mile，约有 1×10^6 acre。

由于早期有常规油气的开采，所以该地有一定的油气管道与装备，这对页岩气的开采与运输有利。

Horn River 盆地的页岩气开采难度很大，该地区位置偏僻，交通不发达，要将大型的设备和大量的水、支撑剂运送进去非常困难，同时，气体运输价格将增加约 $1 至 $1.5/Mcf，这对页岩气的商业化开发是非常不利的。此区域内存在大量的低洼沼泽地带，在夏季进入更加困难，许多公司选择在冬季道路结冰后作业，这样容易将所需的仪器运入。在冬季，盆地的气温会达到零下 40°F，在这种温度下进行压裂难度较大。BC 政府和开发者的修路计划对页岩气的开发是有意义的，但其实施还需要数年。

大约在 2000—2002 年间，工业界开始对 Horn River 页岩表现出浓厚的兴趣。这个时间刚好是美国几个页岩气盆地在经济上得到成功开发的时候，美国一些开发页岩气的公司将相关技术引入加拿大。据一些公司的实践，开发泥盆系的页岩气要比开发埋藏更深的常规气更有优势（Reynolds，2010）。2007 年一个评估机构认为 British Columbia 盆地的页岩气田的地质储量为 250～1000Tcf。2009 年另一家评估机构认为 Horn River 的储量达到 500 Tcf。2009 年，British Columbia 油气委员会审核通过了 38 个实验项目计划，其中有 21 个是在 Horn River 页岩。该计划的目的是寻找合适的钻井、完井和生产方法。该计划预计在三年内收集到钻井、完井、岩心、压力及气体生产等相关数据。在 Horn River 盆地的勘探开发中，最活跃的公司是 Encana Corp，从 2001 年该公司就开始在该盆地生产页岩气，截至 2010 年，共拥有 90 多口气井（垂直井与水平井）（Reynolds，2010）。直井多用来评价，生产井大都是经压裂处理多分支水平井。一旦证实在盆地内开采页岩气是经济的，那么预计水平井井数在 2020 年之前会达到 1200 口以上。一些统计机构认为 Horn River 盆地现在的生产速率为 100Mmscf/d，预计 2015 年的产量将会超过 4Bcf/d（图 5.6.15）（Reynolds，2010）。

5.6.2.1 地质简介

Horn River 盆地中—上泥盆系富含具高吸附能力的泥页岩。泥页岩又分为 Evie，Otter Park 及 Muskwa（图 5.6.17）。Evie 和 Muskwa 组地层富含高硅质和有机质物质，是页岩气开发的主要目的层段。Evie/Otter Park 组有时候会被中泥盆系的碳酸盐岩分隔开来，这层碳酸盐岩有约 150ft 厚，在盆地的部分区域内发育。

Horn River 盆地沉积物主要为灰黑色富有机质泥页岩，含黄铁矿、

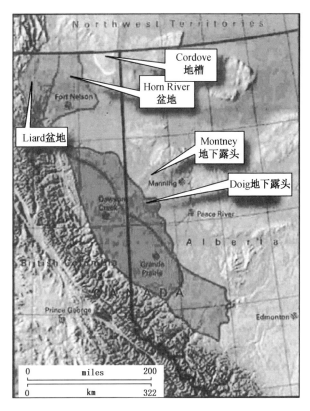

图 5.6.16　加拿大西部的主要页岩盆地（据 Reynolds，2010）

	Basinal succession	Platform succession
Upper Devoian	Fort Simpson Shale	
	Muskwa	Muskwa
		上 Keg River
	Otter Park	
Middle Devoian	Slave Pt/Sulphur Point basinal equivalents	
		Sulphur Point
	Evie	上 Keg River
	下 Keg River	

图 5.6.17　Horn River 盆地泥盆系地层分布图（据 Reynolds，2010）

钙质和硅质。页岩沉积于海平面快速上升期的陆棚上，此时沉积空间增长速率大于物质沉积速率，且为缺氧环境，这些对保存有机质都是有利的。

盆地内，页岩由西北向东南方向逐渐变薄，在西北部页岩厚度有 450～500ft，在东南的 Peace River 背斜附近约为 150ft。

Muskwa 组地层平均深度为 8500ft，西北部温度为 347℃，压力为 7250psi。页岩气储层特征参数参见表 5.6.2。

表 5.6.2　Horn river 盆地页岩气主要参数（据 Reynolds，2010）

	高	低	平均
厚度（ft）	558	180	450
基质渗透率（nD）	450	150	300
气体饱和度（%）	6.2	3.2	3.5
成熟度（R_o）	2.8	2.2	2.5
TOC（%）	5.7	2	3
硅质含量（%）	65	30	62
储层温度（℉）	347	275	
储层压力（psi）	4250	5500	
原始的天然气地质储量（Bcf/s）	250	150	175

　　图 5.6.18 为一口裸眼井的综合解释结果，图 5.6.19 为上 Muskwa 组的岩心照片。在测井曲线上，页岩层的伽马值较高。由于含有较多的有机物质，所以岩心的颜色为黑色，并有天然裂缝。有些地区在压裂前就有天然气的产出，也证明了天然裂缝的发育。研究显示，下 Evie 和上 Muskwa 组页岩矿物成分不同，Evie 组含较多碳酸盐岩（平均 54%），平均含石英 31%；Muskwa 组含碳酸盐岩量较少（平均 9.5%），石英含量较高（平均 62%）。这两层

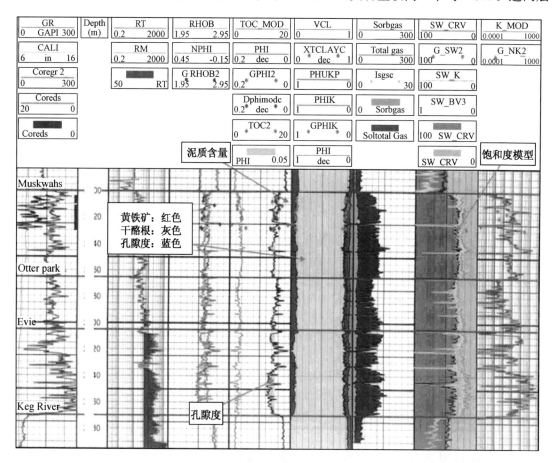

图 5.6.18　上 Muskwa 组测井资料综合解释结果（据 Reynolds，2010）

岩石中泥质含量都较少（Reynolds, 2010），石英含量的增多使得岩石的脆性增强，诱导裂缝也越容易出现。

Muskwa层页岩的吸附气含量为31scf/t，TOC为4%，根据页岩的厚度和TOC，估计吸附气的含量占地质储量的15%~25%。

天然气主要为甲烷（粗略估计约占总气量的89%），二氧化碳（平均占10%）及氮气（约占1%），还含有极少量的二氧化硫。二氧化碳的变化范围在9%~14%，随热成熟度的上升其含量增大。

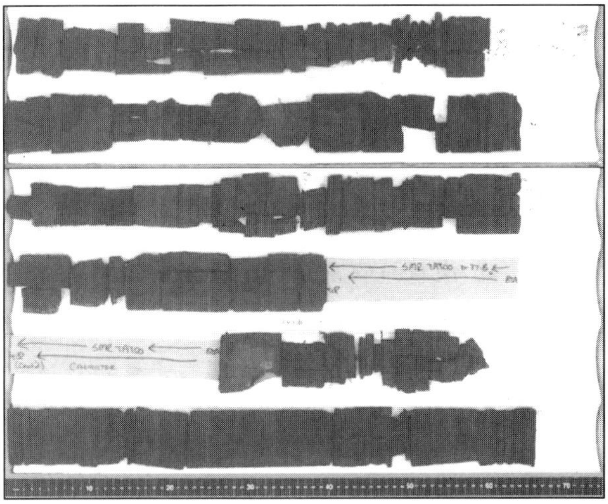

图5.6.19　上 Muskwa 岩心照片（据 Reynolds, 2010）

5.6.2.2　开发技术

5.6.2.2.1　新型的钻井和完井技术

在 Horn River 盆地页岩开发早期使用直井及常规的水力压裂技术，水力压裂规模较小，在压裂之前使用注入压裂诊断技术以获得井底压力、闭合压力、滤失类型、储层压力、及储层流体流动能力等参数。这些参数有利于水平井的完井设计，比如当裂缝压力梯度在0.9~1.1psi/ft，井底温度在300~500°F时，水平井的套管要有较高的破裂压力以经受压裂液的高速泵入，当储层含有少量的二氧化碳和二氧化硫时需要特殊钢材做成的生产套管以防腐蚀。早期的水平井套管数据如下：

表层套管：9⅝in，53.6lb/ft，K-55ST&C 在脱插销上部，约2500ft；使用水基泥浆；

技术套管：7in，26lb/ft，P-110，LT&C，在 Muskwa 上部使用（井轨迹近似90°）；

生产套管：4.5in，13.5lb/ft，P-110，LT&C 在整个水平段，水泥胶结，用油基泥浆。

早期，大多数的水平井使用4.5in，L-80或者 P-110 生产套管，使用可经11.6~15.1lb/ft 的 LT&C 的环箍。大多数作业者选择使用水泥胶结套管。一般，3000ft 的水平井段可分为4~6级进行压裂（垂深11000ft），当压裂液以较高的速度泵入时会有较高的磨阻。泵入的速率为60~100bbl/min，在井头需要最高10000psi 的压力。

射孔和段间封隔是通过下入射孔枪及桥塞进行的，一般下入工具使用连续油管，这种技术在多分支水平井压裂中非常有效，在美国的 Barnett 页岩和加拿大的 Montney 页岩都得到了较好的验证。钻井和完井技术在不断的进步，成本不断降低。在2007年至2008年时，每口井的钻井费用为 12×10^6，2009年时就已经降低为 9×10^6，并且压裂段数增多，长度加大。有报告（Apache Corp, 2009）显示，钻井的天数由30d（该公司第一口井）下降为16d。每口井的钻井和套管费用仅为 $3.5~4MM。

开发早期，直井的压裂处理都采用单段或双段，每段支撑剂平均用量约为 1.25×10^5 lbs~3.25×10^5 lbs，光滑水的用量约为 6×10^3~1.5×10^4 bbls，支撑剂使用50/140或者40/70目的 Ottawa 砂，最大浓度为近2lb/gal。许多作业者通过增加每段的支撑剂数量和压裂液的用量来增加初始产量，2010年的数据为每段使用 6.5×10^5 lbs 的支撑剂，2.5×10^4~3×10^4 bbls 的水，这种趋势也存在于 Barnett 页岩中。最大的支撑剂浓度保持在1~2lb/gal，注

入速率在 $60\sim100$ bbl/min，需要压力 $9\times10^3\sim1.2\times10^4$ psig（4.5in 套管井），其压力稍低于 5.5in 套管井。一些作业者注入较大的尾随支撑剂，比如 40/70 甚至 30/60 目的砂，其目的是在靠近井筒的部位保持较高的导通性。一些作业者使用 15% 的盐酸来帮助初始造缝，在酸液进入射孔之后，可以降低地层压力。在水平井作业中，通过包括微地震在内的监测技术来监控和优化裂缝的位置。这种技术首先是在其他页岩中使用的，微地震有助于作业者明确裂缝的方向、开启面积和空间体积。化学示踪剂也被用来进行压裂监测。低温压裂液（温度在 50°F）对热值较高的岩石中压裂造缝是有好处的。

图 5.6.20 典型的 Multi 区域的钻井场地
（据 Reynolds，2010）

5.6.2.2.2 钻井井台

为了减少对地面的损害和降低钻井费用，作业者采取 Pad 钻井技术，即使用大于常规的井台，这些井台可以容纳多于两台钻机共同钻井，并允许较大型的作业同时进行（图 5.6.20）。Horn River 设计的井台预计可以在一个较薄的页岩层段内钻出 28 个分支井段（图 5.6.21），但目前还仅仅是一个构想。

钻井作业需要使用大型的钻机、泵，在冬天还需要锅炉，正常情况下每台钻机每天大约需要 1800gal 柴油。在偏远的 Horn River 盆地，运输及储存如此大量的柴油需要巨大的投资。许多报告中都在提到能否直接使用近区域内产出的原始天然气驱动钻机以降低钻井费用，虽然还没有实现，但是提供了一种经济的、有效的降低钻井费用的思路。

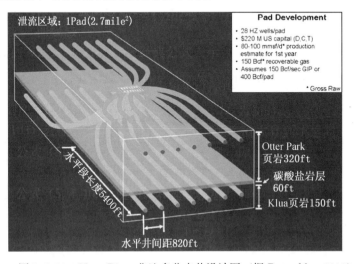

图 5.6.21 Horn River 盆地多分支井设计图（据 Reynolds，2010）

5.6.2.2.3 水力压裂处理

水平井一般分 20 段以上进行压裂，总共需要 13×10^6 lbs 的支撑剂及 6×10^5 bbls 的水。在偏僻的地区满足压裂用水量是极大的挑战：在压裂过程中每天需要将 4×10^4 bbls 的水和超过 1MMlbs 的支撑剂运入场地，将如此大量的支撑剂和水运进偏远的地区是非常困难的，水源主要使用天然湖泊的清水资源，但是必须得到 BC 油气发展委员会许可，该限制主要是为了更加经济合理的使用清水资源。

每天，泵、钻机、卡车等的运转需要 1.1×10^4 gal 的柴油；冬天，还需要大量的柴油来制造热量以对管道、仪器、水箱进行加温以避免冻结；压裂过程中需要较多的人力，在作业高峰期需要超过 125 人，泵入作业需要 24h 不间断进行。

最初，每段水平井的压裂费用在 $\$7.5 \times 10^5$，现在已降低到约 $\$3 \times 10^5$。并且效率已经很高，每口井可以进行更多段的压裂。

该盆地内有一些层位（Debolt 和 Elkton 碳酸盐岩储层）产出盐水，深度在 1200～2600ft，这些层位有较高的孔隙度和渗透率。或许可以使用这些水进行压裂处理，但是这些水中含有一定的酸性物质，因此需要在地面进行处理。

5.6.2.2.4　井的产量及预测

许多公司宣布了他们在 Horn River 盆地较高的初始生产速率，其中有：2008 年 2 月，EOG 宣布位于 Muskwa 层内的部分完井三口水平井的产气速率分别为 5.0，4.2，3.5Mmscf/d；Apache 宣布 2008 年 4 月完井的三口八段水平井的产气速率分别为 8.8，6.1 和 5.3Mmscf/d；Nexen 宣布在 2008 年 4 月，该公司的一口两段水平井的产气速率为 2Mmscf/d；EOG 宣布 2009 年夏天完井的三口水平井的初始产量分别为 23.4，19.3，17.2Mmscf/d；Encana 宣布在 2009 年夏天完井的 12 段和 14 段水平井分别产气 10，11Mmscf/d。

产气速率的下降是页岩气藏开发的一个重要问题，往往是在投产的第一年内产气速率就快速下降，并且不能够准确预测生产速率，盆地内保持最长生产时间的水平井大约生产了 18 个月，在此期间内单井最大产量约为 500Mmscf，图 5.6.22 给出了这些开发早期的生产曲线。

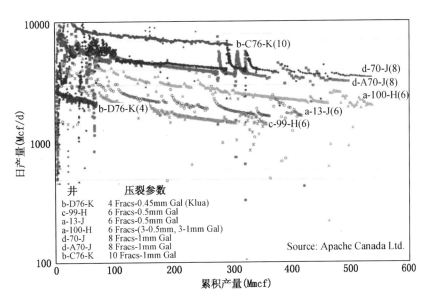

图 5.6.22　早期水平井产量变化图（据 Reynolds，2010）

5.6.2.3　生产和运营问题

5.6.2.3.1　开发中的挑战

虽然页岩气的开发前景很好，但是在开发中还面临着许多挑战：（1）在盆地的西北，储层温度为347℉，地层压力为7250psi，储层气体中含有9%～14%的CO_2和H_2S，在高压、高温环境下，管道的腐蚀是较为严重的，因此需要特殊钢材的生产管柱；（2）按4Bcf/d的天然气产量生产，CO_2生产速率为400Mmscf/d，因此必须在地面进行脱CO_2处理，或者在地下盐水层处理CO_2。Spectra Energy公司在Fort Nelson的二氧化碳收集与存储（CCS）工程是世界上最大的CCS工程，它使用地下盐水层储集CO_2；（3）压裂处理中，压裂液高速泵入，这需要能够经受较高压力的套管，并且需要知道在什么情况下套管会破裂；（4）在较高的产气速率下，刚出井的气体温度会高达230℉，因此在压缩及送入管道之前需要降温处理；（5）以较高的生产速率进行生产时，管道会受热膨胀，封隔器也会随着移动，因此，地面的操作要允许环空液体膨胀，工程生产需要避免封隔器的失效和井下的漏失；（6）管道的选择对增加气产量的影响很大。由于天然气较高的腐蚀性，环空液流是可选择的。

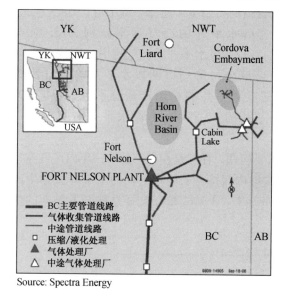

Source: Spectra Energy

图5.6.23　HRB区域管线机气田基础设施图
（据Reynolds，2010）

5.6.2.3.2　基础设施问题

为满足大量天然气生产的需求，现有的管道和处理厂等基础设施需要检修、升级，开发者还需要考虑气体进入市场的大量的人力和物力。

图5.6.23给出了盆地已有的气体运输管道、压缩泵站及处理厂位置。最主要的处理设施位于Fort Nelson，由Spectra Energy能源公司修建。长1800英里的出口管线将气体运送到美国的Vancouver。这些管道的运送能力达到2Bcf/d，其中有1.3Bcf/d是运送到美国的。Fort Nelson处理厂的处理能力为约500Mmscf/d，具备CO_2和酸处理装置。表5.6.3给出了盆地内正在建的基础设施项目。

表5.6.3　正在建的基础设施项目（据Reynolds，2010）

公司名称	工　程	处理能力（Mmcf/d）	完工时间
Spectra Energy	Ft Nelson处理厂级收集装置升级	1000	2011
	Cabin处理设施	250	2012
Encana	Cabin气体处理厂1	400	2012
	Cabin气体处理厂1	400	?
TCPL	从Cabin到西北处Alberta系统主线的管道，45mile–30″	400	2012
itimat LNG Pacifiv Trail Pipeline	LNG液化及出口终端	670	2013
	运量为500～700Mmscf/d，30″–290km的管道	700	2013

5.6.2.3.3 发展的经济和费用总结

British Columbia 政府鼓励对页岩气的开发，其规划主要有：（1）深度矿权计划，将减少垂深大于6234ft的水平井；（2）夏天钻井授权，减少钻完井费用大于$\$1\times10^5$的开发项目的审批；（3）基础设施计划，减少在道路和管道上花费高于总花费的50%的项目的审批；（4）纯利润规划，生产者在初始产量中花费较多的比例来缴纳矿权费用，在其后的产量中缴纳较少的比例。

面对北美市场供大于求的局面，再加之较低的天然气价格，开发者需要有完备的发展计划。花费资本钻水平井、实验完井技术、试井解释都是很必要的。就目前形势来看，开发费用在不断降低，而预测的最终产量在不断上升，所以页岩气田的经济效益越来越高。

5.7 油页岩和页岩油

油页岩属于非常规油气资源，以丰富的资源、有利的特性和开发利用的可行性而被列为 21 世纪非常重要的接替能源来弥补这个差距（张杰等，2004；Bunger 等，2004）。如折算成发热量，它的储量在化石燃料中仅次于煤而列第二位（Hou，1998）。美国、日本、澳大利亚、巴西、约旦和瑞典等国家，都对油页岩的特性及能源利用进行了深入的研究，并将油页岩列为 21 世纪非常重要的补充能源（Carter 等，1990；Roberts 等，1992；Roberts 等，1992；Harada，1991；Dung，1990；Gannon 和 Wright，1998）。2004 年美国能源部能源信息管理局预测：随着油价的不断升高，常规和非常规石油资源量的成本差距将会缩小。最终由于价格上升和技术发展综合因素作用，使非常规石油资源量转化为常规石油资源量。

油页岩的开发利用已有近 200 年历史，出现过 3 个生产高峰期（Dyni，2003；Brendowk，2003）。油页岩的生产始于 1839 年法国 Autun 油页岩矿床开采开始，到 20 世纪 30 年代，世界油页岩年产量达到第一个高峰——5×10^6 t（Arro 等，2003）。40 年代由于第一次世界大战的影响，油页岩年产量明显下降。二战期间石油需求量剧增，油价猛涨，不少国家兴起了油页岩开发热潮，达到第二个高峰—3.7×10^7 t，中国是这个时期油页岩主要生产国家之一，而之后中国油页岩产量的低谷和大庆油田投产密切相关（刘招君和杨虎林，2009）。20 世纪 70 年代出现世界能源危机，各国都在为寻求新的能源而努力，油页岩的开发与利用又重新得到了重视。美国、日本、德国、巴西、原苏联等国家研究了各种油页岩干馏炼制页岩油的方法，部分国家形成工业化生产规模，油页岩利用率快速增长，所以 1980 年出现第 3 个高峰期，产量达到历史上的最高水平（4.54×10^7 t）。自 1980 年以后，由于石油被大量发现和开发，油价大幅下降，油页岩年产量趋于下降。到 2000 年，油页岩产量只有 1.6×10^7 t。

目前，世界上 69% 的油页岩用来发热、发电；25% 的油页岩用来提炼页岩油；6% 的油页岩用来做建筑材料和其他方面的用途。油页岩工业主要分布在爱沙尼亚、巴西、德国、俄罗斯和以色列等国（Grinberg，2000）。21 世纪，随着世界能源消费量的猛增，能源消费呈多元化趋势，加之油页岩综合利用的发展，使油页岩的利用率又有增长的趋势。

但是，油页岩是一种发热值低、含油率低、灰分高的固体化石燃料，开发利用成本高，在常规化石能源价格较低的时候，开采油页岩就不经济。因此，提高资源开发利用效率，减少资源开发利用过程中对环境和生态的破坏，走综合开发利用的道路，是世界油页岩资源开发的最佳选择。

5.7.1 油页岩的资源分布及开发现状

5.7.1.1 油页岩资源量及分布

关于油页岩的生成，多有争论。归纳来看，应该有以下几点：古生代油页岩多为海相页岩与碳酸盐岩共生，中新生代多以湖相沉积与煤共生为主（朱亚杰，1984）；陆相油页岩形成环境和煤系地层类似，湖相油页岩则来源于淡水或咸水藻类，海相油页岩则来源于海水中各种浮游藻类（WEC，2007）。从世界范围来看，埋藏深度大多在 1000 米以内，埋深不够是油页岩资源没有大量转化成为石油的重要原因。

美国、俄罗斯、刚果（前扎伊尔）、中国、巴西、意大利、摩洛哥、约旦、澳大利亚和爱沙尼亚是集中了世界上油页岩资源的 98％（图 5.7.1）。其中美国，是全球油页岩资源最丰富的国家，资源量约占全球的 72％（Bunger，2004；DOE，2007），为 20850×10^8 bbl；俄罗斯、刚果和中国的资源量依次为 2740×10^8 bbl、1000×10^8 bbl 和 990×10^8 bbl（WEC，2007）；中国的油页岩储量居世界第 4 位（Knutson 等，1990；张杰等）。

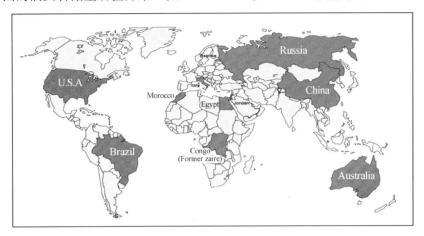

图 5.7.1　世界油页岩资源分布国家

油页岩不仅资源丰富，而且分布相对集中。世界上最主要的油页岩矿是：美国科罗拉多州 Piceance 盆地、犹他州 Uinta 盆地、怀俄明州 Green River 盆地（始新世）和 Washakie 盆地，集中美国油页岩资源量的大约 70％；以及巴西南部的二叠纪的 Irati 页岩，前苏联地区的油页岩矿。

据中国第三次资源评价结果（MLR，2007），油页岩主要集中分布在东部区和中部区：东部区油页岩地质资源为 2523.8×10^8 bbl，中部区油页岩地质资源为 1179.87×10^8 bbl，青藏区油页岩地质资源为 881.95×10^8 bbl，西部区油页岩地质资源为 547.91×10^8 bbl，南方区油页岩地质资源为 142.65×10^8 bbl，分别占全国油页岩资源的 48％、22％、17％、10％和3％。约 85％以上分布在吉林省、辽宁省和广东省。

油页岩中所含石油的重量百分数称为含油率（ω），含油率与发热值近似成正比关系。世界上油页岩的开发利用主要方面之一，就是采用干馏技术炼制页岩油。对于干馏炼油而言，它表示油页岩的品位。世界各国油页岩含油率相差很大，一般为 5％～19％。世界上只有爱沙尼亚油页岩是高品位的。

美国关于油页岩的研究走在世界前列。现行美国最新的评价标准将油页岩分为三级：5～10gal/t、10～25gal/t、25～100gal/t，折算成含油率即：$1.62％ < \omega \leqslant 3.25％$、$3.25％ < \omega \leqslant 8.12％$、$8.12％ < \omega \leqslant 32.48％$。通常认为，产油率高于 8.12％（25gal/t）的有经济开发价值。

从表 5.7.1 中可以看出，按照美国油页岩评价标准，美国油页岩资源 1/2 为低品位，1/3 为中品位，1/6 为高品位。这也说明，世界上油页岩尽管资源量巨大，但可开发利用的比例并不高。对于美国而言，资源量巨大高品质的总量仍然非常可观。尽管很多地区都有油页岩资源，但是科罗拉多、怀俄明和犹他州是最有希望近期开发的地区。

表 5.7.1　美国油页岩丰度（数据来源：Duncan 和 Swanson，有修改）

单位：10^9 bbl	丰度（gal/t）		
	5～10	10～25	25～100
科罗拉多、怀俄明和犹他州	4000	2800	1200
部分中部和东部州	2000	1000	大量
阿拉斯加州	大量	200	250
总数	6000 +	4000	2000 +

　　超过 2.5×10^5 个 Green River 油页岩的岩心和露头样品的分析化验数据显示，Mahogany 地区是 Green River 组 Parachute Creek 段的最富集层位（Biglarbigi，2007）。这套地层相对较浅，水平层理发育良好，资源品质确定性高。美国西部油页岩的资源丰度远比阿拉斯加北坡和阿尔伯达的油砂高（Bunger 等，2004）（图 5.7.2），在科罗拉多州西部 1225 平方英里的范围内的 Piceance 盆地，聚集了 Green River 组 80% 的油气可采资源量。

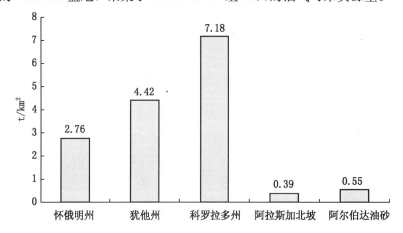

图 5.7.2　不同地区资源密度比较（据 Bunger 等，2004；Biglarbigi，2008）

　　随着油页岩的开采、干馏等新技术的不断提高，中国新的评价体系把油页岩边界品位含油率（ω）定为 3.5%。并按不同品级（$3.5\% < \omega \leqslant 5\%$、$5\% < \omega \leqslant 10\%$、$\omega > 10\%$）、不同埋藏深度（$D \leqslant 100m$、$D > 1000m$）、不同地理环境（平原、丘陵、山地、沙漠、黄土塬、高原、戈壁、湖沼等）分别进行统计资源量。再根据油页岩矿地质特征，对我国各油页岩矿藏进行经济技术可行性分析，最终对各盆地油页岩资源进行综合分类。

　　中国油页岩资源中，$5\% < \omega \leqslant 10\%$ 的油页岩资源为 1952.97×10^8 bbl，$\omega > 10\%$ 的油页岩资源为 928.67×10^8 bbl，分别占全国油页岩资源的 37% 和 18%。由于中国油页岩评价界限高于美国，因此虽然比例上和美国情况类似，油页岩含油率情况中等偏好。松辽盆地、鄂尔多斯盆地和准噶尔盆地的油页岩资源占全国的 76.79%。

5.7.1.2　页岩油产量情况

　　页岩油早期的生产主要分布在苏格兰、爱沙尼亚、中国、德国、俄罗斯，到 1961 年为止，总共生产出约 4×10^8 页岩油，其中主要是上述五个国家；后期巴西开始生产页岩油，1961—2000 年间，世界上主要生产页岩油的国家是中国、巴西和爱沙尼亚（图 5.7.3）产量约为 $280 \sim 300 \times 10^8$ bbl。

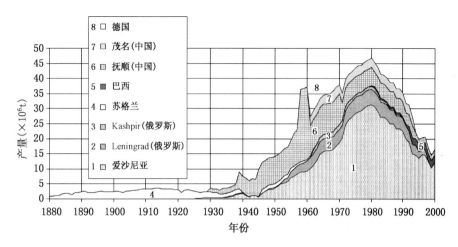

图 5.7.3　世界页岩油生产历史，1880—2000 年（据 WEC，2004）

20 世纪 80 年代起，巴西正在进行相当规模的页岩油生产（图 5.7.4），中国和爱沙尼亚的规模略小；21 世纪初，澳大利亚也进行页岩油生产，同时爱沙尼亚和中国产量增长很快，2007 年 WEC 发布的年报显示，2005 年，巴西、中国和爱沙尼亚的年产量分别是 $15.9 \times 10^4 t$、$18 \times 10^4 t$ 和 $34.5 \times 10^4 t$（WEC，2007），这三个国家页岩油的产量之和基本相当于世界上目前的页岩油产量。下面分别对这三个国家产量数据进行统计。

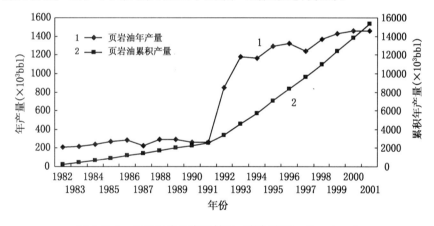

图 5.7.4　巴西页岩油产量情况（数据来源：Petrobras）

巴西页岩油的产量主要来自于二叠纪的 Irati 页岩，从图 5.7.4 可以看出，截止到 2001 年，巴西页岩油累积产量约为 $15 \times 10^6 bbl$，2001 年产量为 $146 \times 10^4 bbl$。

结合页岩油的生产历史可以看出，爱沙尼亚是世界上页岩油产量最多的国家。其油页岩的主要层系是奥陶系，并且产率高（24～28gal/t）。爱沙尼亚页岩油开采始于 1916 年，主要是地下开采和露天开采两种方式，1980 年达到产量高峰，约为 $30 \times 10^6 t$，之后开始下降，1995 年约为 $12 \times 10^6 t$（图 5.7.3）。随着 21 世纪初油价走高，爱沙尼亚的产量稳步回升。从 1921 年到 2000 年，估计爱沙尼亚页岩油累积产量为 $160 \times 10^6 t$。

中国最主要的油页岩分布在吉林省桦甸、辽宁省抚顺和广东省茂名地区，年代为志留纪—古近纪，其中主要是古近纪。中国的油页岩主要用于生产页岩油，始于 1929 年。从那时起，页岩油的产量逐年增长，1960 年达到峰值；后随着大庆油田的发现，产量开始下降，

1999 年仅为 6×10^4 t（图 5.7.3）。估计中国油页岩工业 75 年累积产量约为 25×10^6 t（183×10^6 bbl）。2005 年，中国页岩油产量为 18×10^4 t；2008 年底，运行中的抚顺炉为 220 台，页岩油产量之和为 33×10^4 t（WEC，2009）。

美国尽管是世界上油页岩资源最丰富的国家，但是基本上油页岩的开发处于试验阶段，有很多新的方法和技术，代表性的主要有 Shell 地下转化技术（Shell，2007；Crawford，2009）、ExxonMobil 电动压裂技术（Crawford，2009）、Schlumberger 无线电频率技术（Crawford，2009；DOE，2008）等。但是经济效果不好，同时对环境潜在的危害难以准确估计，基本上处于停滞阶段。

5.7.1.3 页岩油储量情况

由于对大多数油页岩了解较少，因此储量主要是估计的或者根据经验计算的。资源量最大的国家是美国，俄罗斯储量仅次于美国，这两个国家油页岩资源基本上都没有投入开发。此外的主要的几个产页岩油的国家储量分别为：爱沙尼亚 220×10^8 bbl（Kattai 和 Lokk，1998），巴西 28.8×10^8 bbl（Petrobras 提供），中国 80.1×10^8 bbl（图 5.7.5）（MLR，2007）。

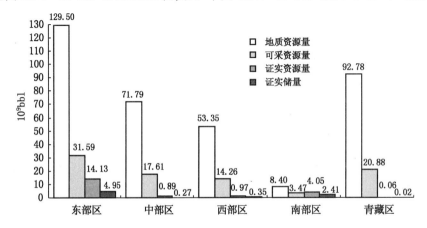

图 5.7.5　中国油页岩资源和页岩油资源（数据来源：MLR，2007）

美国和俄罗斯的油页岩并没有进入开发阶段。但是，根据油页岩常规开发技术分析可知，资源量转化为储量的平均比例是 7%，从油页岩中提取页岩油的平均比例是 6%。因此，美国页岩油的证实储量为 1470×10^8 bbl。美国油页岩资源量占世界的 72%，因此，世界页岩油的证实储量为 2029×10^8 bbl。

5.7.2　页岩油的开发技术及环境问题

5.7.2.1　油页岩原位开采技术

在过去近 200 年油页岩的开发历史中，提炼页岩油的方法主要是两大类：地面干馏（Surface retorting）技术和原位开采（In－situ technology）技术。前者是目前应用成熟的工业化技术。截至 2009 年底，原位开采技术还处于试验阶段，没有真正投入工业开发和应用。地面干馏是将油页岩经露天开采运输到地面，并经过破碎、筛选，选取所需的粒度或块度，进一步在干馏炉中低温热解生成页岩油、页岩气及页岩半焦（刘招君和杨虎林，2009）。原位开采是在地表对地下油页岩矿层进行加热和裂解，使油气成熟的自然进程加快，促使其转化为高品质的油或气，再通过相关通道将油、气分别提取出来。

5.7.2.1.1 Shell 地下转化技术

从 1980 年开始, Shell 公司开始进行油页岩开发技术的研究。目前, 在科罗拉多 Ma-hogany 地区进行的页岩油开采技术实验, 称为油页岩地下转化工艺 (In - situ conversion process, ICP) (Shell, 2006; 2007; Crawford 等, 2009)。利用电加热器给地下油页岩层加热, 将地下 1000~2000ft (300~600m) 深处的油页岩加热到 650~750℉ (360~416℃), 加快干酪根自然成熟进度, 使其中的有机质干酪根热解生成油气的一种地下转化工艺。将干酪根加热裂解为小分子烃类可以得到轻质凝析油 (约占 2/3) 和伴生气 (约占 1/3), 然后再用常规采油工艺将产出的油气输送到地面加工装置进行加工。ICP 流程见图 5.7.6a。

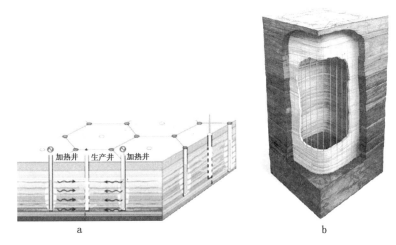

图 5.7.6 ICP 技术 (a) 和冷冻墙 (b)

(据 Crawford 等, 2009; DOE, 2008; McKinzie 等, 2008)

ICP 流程大致分为五个过程: 钻井、向岩层输送热量、有机质高温裂解、油气采集和地面油气分离 (刘招君和杨虎林, 2009)。ICP 技术应用取决于油页岩矿床埋深、厚度和地下水的赋存条件, 由冷冻墙、加热、生产和地面装置区 4 部分组成。通过加热井对油页岩层加热, 将油气驱赶到生产井区, 继而在地面收集油气。而冷冻墙技术的作用是防止地层水流入生产区产生污染和减少油气产品散失。

对于就地开采技术而言, 地下水的保护显得尤为重要。下图 5.7.7 即是建立在油页岩开发区和潜在地下水源区之间的非渗透性屏障一冰墙 (冷冻墙) 的实施示意图。这项技术目前应用于 Shell 公司的科罗拉多州的开发试验区中, 冰墙围绕油页岩热解开发区域建立, 通过岩石中的天然裂缝, 冷冻地下水形成冰墙 (Shell, 2006; 2007; Crawford 等, 2009) (图 5.7.7b), 达到保护地下水水源目的。同时, 开采油页岩热解区中的油气, 一旦热解结束, 开发区域处理足够清洁后, 消融冰墙, 地下水依旧可以从开发区域流过。外界的水无法进入热解生产区, 而生产区也由于外围的高压而不会泄漏污染物到外部空间中, 从而保证了生产过程中的环境污染降低到最小。

目前, 这套开采技术已经在 Mahogany 地区进入商业开发阶段, 其商业开发和前期试验阶段的数据基本吻合。在商业开发中发现, 地面条件的改变对页岩油的质量有影响: 降低加热速度可以提高页岩油质量, 增加压力可以提高页岩油中氢的含量。在 Bill McKinzie 最新的研究报告中的数据显示 (McKinzie, 2010), 冰墙的温度已经能够达到 - 53℃, 硫含量为零，开发过程中油损为 0.5％，开发的温度不用太高，在 90％采收率的情况下，只需要 219℃就可以实现，比之前试验的温度降低了近 40℃。

Shell 公司希望这种缓慢、低温的转化过程，能减少与比传统的干馏开采技术相比，有以下几个方面的优势：不需要开采，消耗水量少，是常规油页岩干馏工艺的 10％左右；可以开发中深层油页岩；碳排放更低，对环境的影响较小。但是 ICP 对原料要求较高，适用于丰度介于 24.7bbl 油当量/m² 至 247bbl 油当量/m² 之间的高品质油页岩。

5.7.2.1.2 ExxonMobil 电动压裂（Electrofrac）技术

ExxonMobil 公司的地下油页岩电动压裂技术包括 3 个步骤：水动力压裂油页岩、用导电材料充填裂缝形成加热单元（Crawford 等，2009）、加热并采集热解产物。Exxon 公司的技术思路是，通过水平井将油页岩沉积层压开形成垂直裂缝，形成一个传导单元，用加热井对地下油页岩层进行加热，当加热达到热解温度时，热解产物便会通过这些裂缝进入采油井。流程图见图 5.7.8。

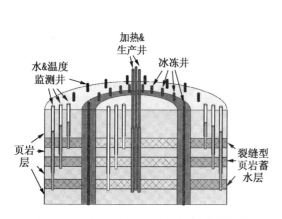

图 5.7.7　油页岩就地开采地下水保护措施
（据 Intek Inc，2008；McKinzie 和 Vinegar，2008）

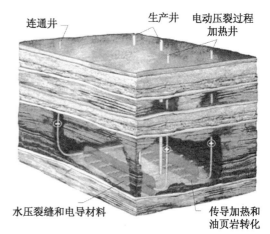

图 5.7.8　ExxonMobil 公司的电动压裂技术
（据 Crawford，2009；DOE，2008）

5.7.2.1.3 Schlumberger 无线电频率（Radio frequency）技术

这项技术首先是由 Raytheon 公司和 CF 技术公司共同开发的，包括无线电频率和临界流体两个部分（图 5.7.9）。2007 年，CF 公司将整套技术卖给 Schlumberger 公司，后者计划将该技术商业化并用于油页岩和重油项目（Crawford 等，2009；DOE，2008）。

和常规油气开发一样，先钻井到油页岩目的层，而后放置无线电频率天线到油页岩区域传播震荡能量从而加热油页岩达到热解温度。与此同时，地面设施用于分离 CO_2 并将其注入地下，而用超临界 CO_2 可以把产生的页岩油驱赶集中到生产井（图 5.7.9）。Schlumberger 公司希望这种自回收装置可以在开发过程中实现碳的零排放。和其他地下开发技术相比，该技术不需要持续数年的加热，仅需要加热几个月就可以开始生产。而且，该技术可以实现对目标区直接持续的加热，从而保证生产的持续性。但是，和 Shell 等公司同类技术相比，该技术的缺点是要求利用大量电能产生无线电频率来实现生产，能源消耗过高。

5.7.2.2　油页岩特殊地球物理响应及在原位开采中的应用

5.7.2.2.1　高丰度油页岩的岩石物理特性

长期以来，评价干酪根最主要的指标都是地球化学指标，例如成熟度、镜质组反射率和含油度（丰度）等参数。Tiziana Vanorio 等（Vanoria，2009）在对高丰度油页岩岩石物理特性的研究过程中发现，岩石物理各向异性参数和地球化学指标成熟度之间存在复杂的相关性。

岩石压力各向异性 Thomsen 参数 ε 和成熟度之间存在一定的规律性。研究结果显示，当各向异性对于压力的敏感性和成熟度呈现负相关（Vanorio 等，2008）；当样品成熟度从早成熟到过成熟逐步增加时，各项异性参数 ε 减小。但压力的大小差异对两者之间变化的趋势影响有限，即使压力相差

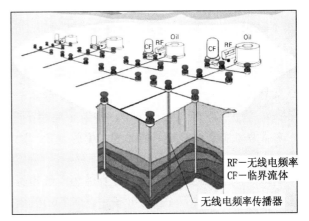

图 5.7.9　Schlumberger 无线电震荡技术
（据 Crawford 等，2009；DOE，2008）

十倍（例如 5MPa 和 50MPa），成熟度和 ε 之间差异并不大。

当镜质组反射率 $R_o < 0.65\%$ 时（未成熟阶段），试验结果显示较低的压力敏感性，但是随着 R_o 增加各向异性参数 ε 增大；当 $R_o > 0.65\%$ 时，试验结果显示高的压力敏感性，随着 R_o 增加，ε 减小。压力的敏感性正是速度变化的一种间接体现。

Tiziana Vanorio 等人的研究得到这样的结论：高丰度油页岩的各向异性特征和油页岩的成熟度之间存在复杂的关系。图 5.7.10 可以作为一个示意性的概括，展示了各向异性/速度对于压力的敏感性和各向异性大小之间的关系。通过样品在共焦激光扫描显微镜（Confocal laser scanning microscopy，CLSM）下的分析，证明干酪根中的显微组分的分布和组成与裂隙是影响各向异性参数的两个最主要因素，根据各向异性的变化特点，可以划分为三个阶段：

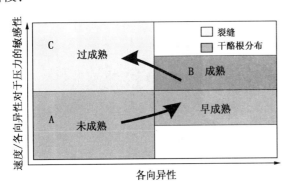

图 5.7.10　油页岩各向异性和成熟度之间
关系的总结示意图

（1）当油页岩处于未成熟阶段时，R_o 介于 $0.2\% \sim 0.65\%$ 之间，各向异性随着成熟度的增加而增加。各向异性/速度对于压力较低的敏感性说明各向异性变化趋势在高压条件下较稳定，即表明裂隙的贡献非常有限，干酪根显微组分的成分和组成是控制或影响各向异性参数大小的关键因素（A 区域）。

（2）岩石在成熟点（peak maturity）时，各向异性最大。从未成熟阶段过渡到成熟阶段，镜质组反射率增加，同时裂隙发育（由速度对于压力的敏感性体现），两者均是此时各向异性大小的主要贡献（B 区域）。

（3）最后，各向异性在过成熟阶段降低，微裂隙应该是此阶段最主要各向异性的贡献因素，高的速度对于压力的敏感性也正是这一情况的体现（C 区域）。

岩石物理分析和 CLSM 成像技术的结合，不仅对于高品位油页岩的分析具有重要意义，而且也探索出了一个推断干酪根组分的弹性属性的方法。将 CLSM 成像技术和纳米压痕技

术（nanoindentation techniques）相结合，可以更精确的测量干酪根的弹性属性（Zeszotars-ki 等，2003），同时监测其化学荧光属性特征的变化情况。只有真正搞清显微组分的类型和分布等问题，才能建立更准确的物理模型，从而指导油页岩的原位开发技术。

5.7.2.2.2 剪切模量在油页岩原位开采中的应用

和其他流体油类不同，油页岩中的干酪根在室温下是固体，而高温下会呈现液态。原位开采技术在加热油页岩的过程中，使得干酪根由固态变为液态，从而导致其物理属性（速度、各向异性和衰减响应）的改变。据此可知，地球物理技术可以在监控这类储层中发挥重要作用。

可以考虑用于检测的模量主要有体积模量和剪切模量。在室温条件下，干酪根可以检测到横波，在高温条件下干酪根处于液态时剪切模量为零。但是在任何温度下油页岩的体积模量都不等于零，而且随着温度升高体积模量的变化要比剪切模量的变化小。因此，研究剪切模量更有意义，使得多分量数据的采集更为关键和重要。Jyoti Behura 和 Mike Batzle 等人在 2009 年首次对科罗拉多州绿河盆地（Green River Basin）的不同含油量的油页岩样品进行了剪切模量变化的试验研究，取得了很好的效果（Behura，2009）。试验选取的温度为原位就地开采温度范围 0～350℃（增量 20℃），地震波频率带宽为 0.01～80Hz（增量为 0.1Hz）。通过 Behura 等人的研究有三点重要发现：

（1）油页岩的刚性模量和衰减的变化与温度存在很强的相关性。加热熔融干酪根，将极大降低横波波速，体现在速度各向异性参数 γ 在 150℃ 左右出现一个极值。因此，储层区将由于加热导致横波波速降低和衰减的明显增加。这一差异在横波振幅和旅行时上也有清晰的体现。

（2）加热油页岩的过程对其速度和衰减各向异性产生很大改变，这一点在 SH 波的速度各向异性参数 γ 和 γ_Q 都有所体现（图 5.7.11）。干酪根的熔融导致 γ 增加，干酪根的减少使得 γ 降低，因此，γ 可以作为干酪根熔融度的指示剂。SH 波的速度和衰减各向异性同样可以用于油页岩储层加热区加热程度的识别标志。

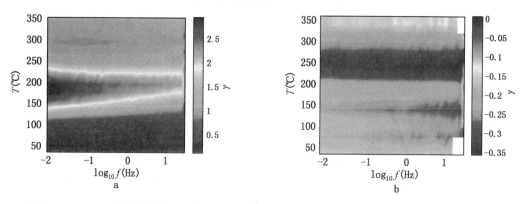

图 5.7.11 SH 波速度各向异性参数 γ 在高品位油页岩（a）和低品位油页岩（b）上的差异

（据 Behura 等，2009）

（3）通过高品位油页岩和低品位油页岩的比较，证实油页岩属性随温度变化的特征和有机质含量密切相关。低品位油页岩的储能模量（Storage moduli）和 Q 值（Q 是一个物理学上的常用概念，和衰减因子 ζ 成反比例，$Q = 1/\tan\zeta$）都要高于高品位油页岩，而高品位油页岩横波速度和衰减各向异性的变化都要大于低品位油页岩（图 5.7.11）。因此，可以应用地震数据评价油页岩的丰度。

综上所述，上述试验测量技术得到的成果可以直接应用于油页岩储层的地震资料分析。油页岩的剪切模量对温度的高敏感性使得 4D 多分量地震分析应用于该类储层前景广阔。

5.7.2.3 油页岩地面干馏技术

油页岩地面干馏技术加热方式有内热式和外热式，目前应用于工业生产的都是内热式加热方式，这种方式进一步可以分为气体热载体法和固体热载体法（刘招君和杨虎林，2009）。气体热载体法主要有爱沙尼亚的 Kiviter 炉技术、巴西 Petrosix 技术和中国抚顺炉技术；固体热载体法主要有爱沙尼亚 Galoter 炉技术和加拿大的 ATP（Alberta Taciuk Process）干馏技术。

5.7.2.3.1 巴西 Petrosix 炉

Petrosix 炉是巴西国家石油公司（Petrobras）20 世纪 50 年代开发的设备，用于提取页岩油。Petrosix 炉是直立圆筒型干馏炉（Gas combustion retort，GCR）（刘招君和杨虎林，2009；钱家麟，2006），是目前世界上单台容量最大的热解干馏炉（刘招君和杨虎林，2009；Sun 等，2007）。

Petrosix 炉分为干馏段和冷却段。干馏过程中，温度约为 500℃，干馏出口油气经过旋分器、热解炉和喷淋塔冷凝，最终回收页岩油。一部分冷干馏气，作为燃料气在加热炉中燃烧放出热量；另一部分冷干馏气加热后，作为热干馏循环气进入干馏炉中加热并干馏页岩，页岩半焦冷却后从炉底水封排出（图 5.7.12）。

它的突出优点是：（1）炉底不进空气，因此油收率高达 85%～90%，油损小（10%～15%），处理能力大；（2）副产品为高热值煤气和液化气，经济效益高；（3）年运行天数可达 340 天左右；（4）对环境和健康的影响较小（WEC，2007；Sun 等，2007）。

目前运行的两台，一台每日处理块页岩 1800t，另一台日处理块页岩 6000t，合计日产页岩油 550t（3870bbl）、120t 煤气、液化气 45t 和硫磺 75t（DOE，2008）。

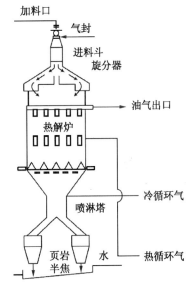

图 5.7.12　Petrobras 的 petrosix 技术流程
（据 Sun，2007；Qian 和 Wang，2006）

5.7.2.3.2 抚顺炉

抚顺式干馏炉是中国油页岩工业用小型炉，在中国抚顺已有 70 多年的工业应用历史（Hou，1998）。由加料设备、炉体和除灰设备三部分组成，单炉日处理油页岩能量为 100～200t。2007 年，运行中的抚顺炉约为 180 台；2008 年底，增加到 220 台（WEC，2009）。其生产过程大体可以分为三步：首先，页岩矿的原页岩经破碎后得到块页岩（8～75mm），自干馏炉顶部送入上半段干馏炉内；其次，在固定床状态下向下运动并被加热（温度达到约 500℃）、完成干馏过程；最后，所生成的页岩油气和煤气自炉上部逸出，经后续装置使页岩油和煤气分离；页岩油冷凝回收，煤气在加热炉内加热后返回干馏炉作为热源循环使用；半焦（废渣）进入下半段，与自炉底进入的空气、水蒸气相遇而气化燃烧，生成页岩灰从炉底排出（Sun 等，2007）。

它的突出优点是：结构、系统简单；造价低，建设期短；运行操作方便，安全可靠；运行天数在 350d 以上；尤其适用于低品位油页岩。

但是，它也有很多问题：（1）页岩利用率低：入厂页岩经破碎后，只有块页岩入干馏炉炼油，20%～25%的 8mm 以下碎屑页岩被舍弃；（2）油收率低：块页岩入炉炼油，油收率仅 60%～65%（WEC，2007；He 和 Song，2005）；（3）半焦利用有限：干馏过程中半焦燃烧燃烧不完全，生成的灰渣水浸后排出，热损失占页岩发热值的 20%～30%。

5.7.2.3.3 爱沙尼亚 Kiviter 炉

爱沙尼亚油页岩工业干馏炼油起步于 1924 年，主要使用两种干馏炉。老式页岩干馏炉称为 Kiviter 炉（图 5.7.13），是垂直圆筒型气燃式，中等生产能力，日处理 1000t 块状（10～125mm）页岩，产油率 75%～80%。Viru Keemia Group（VKG）运行两台日处理能力 1000t 的 Kiviter 炉（DOE，2005）。

Kiviter 炉的干馏段采用百叶窗结构，气体热载体从侧方向横向通过固体页岩料层，炉上部和中部两侧有燃烧室，通入空气和循环气进行燃烧，生成的热烟气进入干馏室，加热自上而下的油页岩（薄层干馏），生成的蒸汽油和气径向导出，页岩半焦被炉下部的冷循环干馏气冷却后水封排出（图 5.7.13）。

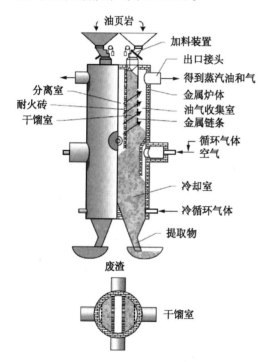

图 5.7.13 Kiviter 干馏炉示意图及工作流程
（据 Crawford，2008）

5.7.2.3.4 爱沙尼亚 Galoter 炉

爱沙尼亚新式页岩干馏炉是 Galoter 炉，它是垂直转筒式固燃型炉，日处理能力 3000t 块状页岩，是巴西 Petrosix 炉的一半，是老式 Kiviter 炉的三倍。可以有效利用页岩碎屑，整个过程热效率更高，耗能更少，产油率 85%～90%，同样生产高热值的煤气，但所产重油比例较大。虽然 Galoter 炉设计比 Kiviter 炉复杂（图 5.7.14），但运行更稳定，年工作时间记录达 6200h。

将粒度小于 25mm 的颗粒页岩经过螺旋式进料器进入离心风机（P-1→1），使用高温的烟道气自下而上通过空气喷流式干燥器对页岩颗粒进行气升式加热干燥（1→AFD→2），升温至 200℃左右，进入预热式混合器，页岩灰与干页岩混合，其重量比为 3：1（2→3）。混合物进入反应炉，在反应炉内停留约 20min。页岩发生热解后生成的半焦、页岩油、页岩气降温后（大约 500℃）离开反应炉，进入灰分分离器，依靠重力进行初步分选（15）。分选出的固体料物进入灰分分离器底部，含粉尘的油气则进入串联的二级除尘旋分器，自旋分器顶部逸出的油气进入湿式净化系统，继而进入精馏塔，产出中、重质页岩油（轻质成分少），最后进入冷凝器（15→11）。干馏气则经过压缩，作为气体燃料进入电站锅炉作为燃料气（15→G-1→8/14）。混合着页岩灰的半焦，进入螺旋输送器，达到空气喷流式燃烧器（3→5→AFC），将半焦高温下燃烧成页岩灰（温度约为 800℃），进入页岩灰旋分器，之后得到

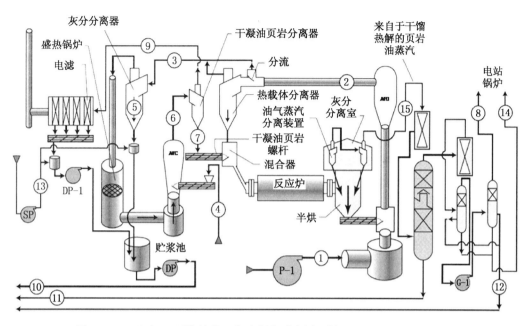

图 5.7.14　Galoter 干馏炉的工作流程和示意图（据 Qian 和 Wang，2006）

AFC—空气喷流式燃烧器（Aerofountain combustor）；AFD—空气喷流式干燥器（Aerofountain dryer）；P-1—离心风机（centrifugal air blower）；DP—排泥泵（Dredge pump）；DP-1—用于电滤器的小型排泥泵（Small dredge pump for electric filter）；SP—循环水排水泵（Pump for settled recycle water）；G-1—离心式煤气鼓风机（centrifugal gas blower）

的烟气进入废热锅炉和气流式干燥器，用于干燥油页岩。

5.7.2.3.5　ATP 技术

ATP 技术的主炉是由一个卧式回转窑构成，包含两个同心圆筒（图 5.7.15）。内筒有两个密封室，用于油页岩的预热和干馏，外筒为燃烧区，烧后的页岩沿外筒逆向流动，并将热量传给内筒中正向移动的页岩。因此热效率和产油率很高，产油率达到 90%。1976 年该技术的开发是为了用于加拿大 Alberta 油砂，继而改进用于油页岩提炼。目前，商业化的装置在澳大利亚昆士兰用于 Stuart 油页岩资源的开采，页岩油年产量超过 150×10^4 bbl。

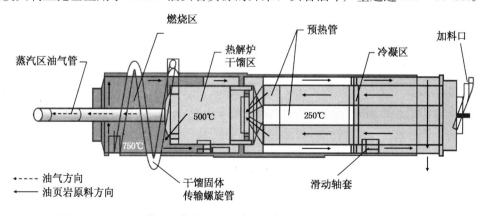

图 5.7.15　ATP 装置工作流程和示意图（据 DOE，2008；张秋民，2006）

ATP 技术下一步改进目标是增加页岩油气的产量，提高热效率，减少过程中用水量，生产过程中产生尽量少的半焦（废渣），加强环境安全措施。

5.7.2.4 油页岩的综合开发利用

由于油页岩开发的特殊性，对于目前主要开发方式—干馏提炼页岩油工业，必须做到综合、多途径开发利用油页岩，实现资源的一次开发利用，提高资源利用率，并最大限度减少环境污染。

干馏中小块碎屑页岩的解决办法目前主要有两类：

（1）大中型油页岩炼油厂采用大型油页岩干馏设备 ATP 炉、Petrosix 炉和 Galoter 炉，可以实现处理小于 25mm 的页岩矿，提高经济利用价值；

（2）中小型干馏炼油厂可以使用小型设备，如抚顺炉和 Kiviter 炉，目前采用流化床快速热裂解技术对小颗粒油页岩加工制油，使油页岩尾矿得到充分有效的利用（Chen 和 Dong，2007）。

半焦（废渣）是油页岩开采最大的污染源。重金属燃烧产生的有害气体造成空气和地下水体的污染，而且世界大部分油页岩资源品位较低，灰分含量高，是人类的生产和生活潜在污染源。目前，主要应用在以下几方面：

（1）废渣制备优质水泥和高岭土。实验证实，在水泥中加入废渣，能够改良水泥的性能，变废为宝，增强水泥的硬度和抗冻能力，降低渗透性（Hanni，1996）。对废渣采用强磁选、酸浸、氯化焙烧等提纯作业，可制取优质锻烧高岭土（魏明安，2002；杜玉成，2003）。

（2）废渣制备天然橡胶填料。中国茂名石化公司利用废渣制取填料，成本低，工艺简单，改善了产品性能，使得新材料具有更好的耐热性、耐磨性、硬度、尺寸稳定性和抗老化性（肖其海，1995）。

（3）废渣处理废气和污水。废渣中含有酸性、基性和中性氧化物，由于是在较高温度下形成的，具有高的孔隙度（Al-Qodah Z，2000），吸附性较强。在 650～750℃下废气处理中，半焦可以有效的吸附废气中 60%～70% 的 SO_2。污水处理方面，利用半焦和臭氧制成的有机络合物能减少污水中 30% 的 COD（化学需氧量）（Hanni，1996）。另外，废渣还可以制备半焦沸石，处理来自化工厂、钢厂的污水（于廷云，1994）。废渣用于废气和污水处理，不但成本低廉，而且处理效果较好。

5.7.2.5 油页岩综合集成利用技术

在中国油页岩开发实践的过程中，摸索出一条适合中国油页岩开发的有效途径。建立油页岩矿、干馏炼油厂、循环流化床发电厂和建材厂原本属于四个行业的企业之间的产业链，共同组成联合企业。其中干馏厂采用 Petrosix 炉，发电厂采用循环流化床锅炉作为发电设备，工作流程如下（图 5.7.16）：

（1）页岩矿生产得到的油页岩进入干馏炼油厂；

（2）在干馏炼油厂干馏得到页岩油和煤气等产品，而生产排放的碎屑页岩、半焦（灰渣）、多余煤气进入循环流化床锅炉发电厂，用于生产电力和蒸汽；

（3）电力送入电网，蒸汽可供提供给干馏厂和建材厂，用于再生产；

（4）电厂产生的灰渣，全部送入建材厂，用于建筑材料的生产再加工。

如此，油页岩从一种资源转化为页岩油、电力和煤气和建筑材料，最终实现无固体废物排放的综合利用，以页岩矿厂年产油页岩 $320 \times 10^4 t$ 来计算经济效益，具体数据如图 5.7.16 所示：页岩矿、干馏厂、发电厂和建材厂的链式联合企业，年销售总收入为 22.21 亿元，利润 10.78 亿元。对每吨油页岩而言，产值为油页岩矿开发产值的 9.92 倍；利润为油页岩矿

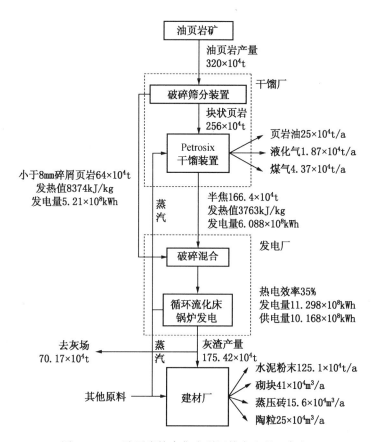

图 5.7.16 油页岩综合集成利用技术流程（参考）

产值的 22.47 倍。为干馏产值的 2 倍，利润为干馏产值的 1.71 倍。

5.7.2.6 油页岩的开发对环境的影响

油页岩的开发对一个地区的生态系统、大气和地下水等，会对人类的生活环境存在一定的影响，但决不会是一场灾难或者无法克服。而且，油页岩的原位地下开发技术充分考虑控制潜在的负面环境因素。随着油页岩的开发利用，以及人们对环境意识的增强，使得必须考虑其对环境的影响。对环境的影响主要有两个方面：空气和水。

（1）空气质量和 CO_2 的排放。

当油页岩达到热解干酪根需要的温度时，就会释放出页岩油和页岩气。因此，对于空气的影响取决于过程中的温度和所采用的控制技术。

根据所采用的过程，干馏油页岩所释放的气体包括硫和氮的氧化物、颗粒物质、水蒸气、CO_2 和烃类气体，以及少量的潜在危险物会排放到空气中。

根据美国内政部土地管理局（Department of Interior Bureau of Land Management，BLM）2007 年 12 月的环境影响声明，对于一年生产 150×10^4 t 页岩油的露天干馏油页岩项目，会排放 80.2×10^4 t 的 CO_2（DOI，2007）。这是干馏过程主要产生的排放物，其他排放碳的途径包括点火燃烧装置、电路系统、产生氢气装置、废气燃烧、柴油机燃烧和开矿产生的甲烷气体。

一些技术可以捕获气流中大部分的 CO_2。例如氨吸收装置就是很有效的一种，可以实现 CO_2 的分离。分离 CO_2 的技术不仅在常规油气储层中油页岩的开发具有新的前景和机会，也有利于发展增强煤层中煤层气的捕获技术。

（2）用水量和水质。

油页岩工业需要用大量的水，同时开发过程会对地表和地下水产生较大的影响。油页岩地区的用水不仅仅只影响开发地区，而且会影响河流下游地区。

油页岩开发主要所需的水主要用于开采操作、开掘、基础设施等。最近的评估显示，油页岩工业的新式干馏方法用水量大约是产油量的 1～3 倍（Cameron，2006）。

一个日产 250×10^4 bbl 页岩油的工程，总的日用水量大约是 $(1.05 \sim 3.15) \times 10^8$ gal，同时，由于工业带来的人口增加会增加每天 4800×10^4 gal 的用水量（Wood，2006）。

表 5.7.2　美国油页岩工业相关用水需求量（据 Wood，2006）

页岩油产量（kbbl/d）	500	1000	2500
油页岩工业用水需求（$\times 10^6$ gal/d）	21～63	42～126	105～315
预计工业带动的人口增长（人数）	96000	177000	433000
人口增长相应增加的用水需求（$\times 10^6$ gal）	13	24	58
总计用水需求（$\times 10^6$ gal/d）	34～74	86～150	163～373

另一种途径，是利用页岩中本身所含水来进行开发。以科罗拉多、怀俄明和犹他州西部的油页岩为例，页岩含水量较高，大约 30～40gal/t，更为普遍的是每吨含水 2～5gal。大部分页岩中的水都能回收，并且再用于油页岩的开发中。生产过程中的水含有的有机质或无机质可以通过传统的过滤技术去除，因此水的循环和再利用可以大大减少用水量。

附录 5.A 美国页岩气盆地分布及产量、储量数据

美国是世界上页岩气开发最早，也是最成功的国家，其资源储量巨大。其页岩盆地分布范围广，数量多（图5.A.1），开发盆地也较多（表5.A.1）。美国的开发经验及技术值得学习，可经济开发的页岩在各类地质参数上都有一定的门限，其数值对评估其他地区的页岩及判断其是否可开发上有一定的价值，因此，我们给出了美国主要页岩气产地三年的资源量、产量数据变化表（表5.A.1），但是随着开发的深入，这些数据是发生变化的。还给出了美国主要页岩气盆地的的主要地质参数表（表5.A.2，表5.A.3）。

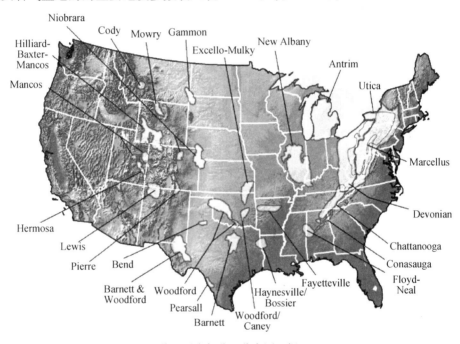

图 5.A.1 美国页岩气盆地分布图（据 EIA，2009）

表 5.A.1 美国著名页岩气盆地的产量与证实储量统计表（2008—2009）（据 EIA，单位：BCF）

页岩气盆地	2008 产量	2008 储量	2009 产量	2009 储量	2008—2009 的变化量 产量	2008—2009 的变化量 储量
Barnett	1501	22492	1745	26493	318	4001
Haynesville/Bossier	25	1031	321	10468	296	9437
Fayetteville	279	3833	527	9070	248	5237
Woodford	168	3845	249	6389	81	2544
Marcellus	2	102	76	4478	74	4376
Antrim	122	2894	132	2499	14	−395
Sub-total	2097	34197	3050	59397	953	25200
OtherShalePlays	19	231	60	1247	41	1016
AllU.S. ShalePlays	2116	34428	3110	60644	994	26216

表 5.A.2　美国各页岩气盆地主要参数数据表

页岩名称	盆地	盆地类型	埋深 (ft)	厚度	有效厚度	TOC (%)	Ro (%)	总孔隙度 (%)	含水孔隙度 (%)	脆度石英含量 (%)	储层压力 (psi)	压力梯度 (psi/m)	含气量 (scm/ton)	吸附气百分比 (%)
Antrim	Michigan	Intracratonic basin	500~2500	76~232	64~195	1~20	0.4~0.6	2.0~10	4		400~600	1.15	1.13~21.83	0.7
New Albany	Illinois		600~4900	100~400	46~139	1~25	0.4~1.0	5.0~15	5		400~600	4.84	1.13~21.64	40~60
Marcellus	Appalachian	Foreland basin	5000~9000	100~400		2.0~7.0	0.6~1.0	10			1800~2700			
Ohio/Chattanooga	Appalachian		1640~8200	1860~5667	27~84	0~4.5	0.4~1.3	2~11	2		600~1800	0.49~1.31	1.70~21.83	0.5
Utica	Quebec Basin		1640~8200	457~1394		0.5~2.5	0.6~1.0			0.6	1800~2700			
Utica2	Quebec Basin		328~1640	304~929		0.5~3.0	0.6~1.0			0.6	1800~2700			
Utica3	Quebec Basin		1640~9842	304~929		0.5~5.0	0.6~1.0			0.6	1800~2700			
Woodford	Arkoma Basin			150	150	3.0~14.0	1.0~1.85	2~7.5			2400~3300			
Caney			6500~8500	400	290	3.0~14.0	1.0~1.85				2400~3300			
Mancos	Uinta, San Juan Basin			3000~3800		1.0~4.0	>1.1							60~88
Lewis	Uinta, San Juan Basin		3000~5000	185~566	186~567	0.45~2.5	1.6~1.88	0.5~5.5	1~3.5		1000~1500	4.97	0.37~1.27	60~88

页岩名称	盆 地	盆地类型	埋深 (ft)	厚度	有效厚度	TOC (%)	Ro (%)	总孔隙度 (%)	含水孔隙度 (%)	石英含量 (%)	储层压力 (psi)	压力梯度 (psi/m)	含气量 (scm/ton)	吸附气百分比 (%)
Barnett	Forth Worth Basin	Wedge~shaped foreland basin	6000~8000	185~566	50~200	3.0~5.0	1.1~1.4	1~6	2.5	10~60	2500~4200	12.21	8.49~91.91	40~60
Fayetteville	Arkoma Basin		3000~5000	10~400	18	3.0~14.0	2.5	6~12			2400~3300			
Pearsall	Maverick Basin	Shallow marine carbonate platform		500~600		0.17~2.97	1.5~2.5							
Haynesville/Bossier	Louisiana Salt basin	Intrashelf basin	10000~15000	>400		2.9~6.9	0.4~2.0			20~60				
Hermosa Group	Paradox Basin			<30		1.0~4.0								
Manning Canyon (Doughnut) Shale	Castle Valley		6500~11850	>1000		1.0~4.0	1.2~1.5							
Hovenweep、Gothic Chimney Rock shales	Paradox Basin			<80		1.2		2~3						
Cumnock	Deep River Basin		<3000	400		>1.4	0.8~3.2				300~900			
Manning Canyon	Oquirrh Basin		7470	>1200	>500		1.3~1.4							
Barnett	Delaware Basin		7000~18000	270~420		4.4	1.6~2.27	14~18		25~40				0.47

表 5. A. 3　美国各页岩气盆地主要参数表

盆　　地	盆地类型	地 层 年 代	井成本（＄1000）	完井成本（＄1000）	天然气地质储量（tcf/section）
Michigan	Intracratonic basin	Devonian	180～250	25～50	35～76
Illinois		Devonian	125～150	25	86～160
Appalachian	Foreland basin	Middle Devonian	3500		
Appalachian		Devonian	200～300	25～50	225～248
Quebec Basin		Middle Ordovician			
Quebec Basin		Middle Ordovician			
Quebec Basin		Middle Ordovician			
Arkoma Basin		Devonian + Missis sippian		4500	
		Mississippian			
Uinta，San Juan Basin		Upper Cretaceous			
Uinta，San Juan Basin		Upper Cretaceous	250～300	100～300	96. 8
Forth Worth Basin	Wedge－shaped foreland basin	Mississippian	450～600	100～150	54～202
Arkoma Basin		Mississippian	2900		
Maverick Basin	Shallow marine carbonate platform	Lower Cretaceous			
Louisiana Salt basin	Intrashelf basin	upper Jurassic (Kimmeridgian)	10000		＞1000
Paradox Basin					
Castle Valley					
Paradox Basin		Middle to Upper Paleozoic			
Deep River Basin		Upper Triassic (Carnian)			
Oquirrh Basin		Late Mississippian－Early Pennsylvanian			
Delaware Basin			15000		

附录 5.B 加拿大页岩气盆地分布、资源量和页岩主要特征参数

加拿大是除美国之外另一个大规模开采页岩气的国家，但其页岩气开发还未大规模商业化进行，所以其对自身所拥有的页岩气储量及其参数并不是很清楚，这里给出了其页岩气盆地分布图（图 5.B.1），及主要参数表（表 5.B.1）。

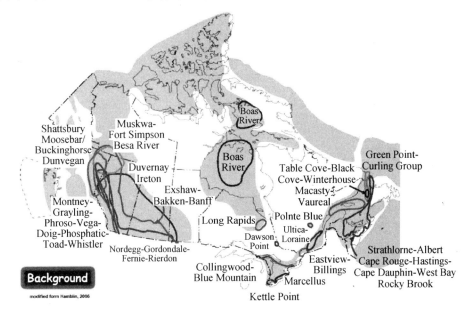

图 5.B.1 加拿大页岩气盆地分布图（据 NEB，2009）

表 5.B.1 加拿大各页岩气盆地的页岩特征参数表（主要据 NEB，2009）

地层年代	LateDevonian	Triassic	Middle Cretaceous	Upper Ordovician	Early Mississippian	Lower Jurassic
埋深（m）	2500~3000	1700~4000	300	500~3300	1120~2000+	
厚度（m）	150	300+	17~350	90~300	150+	25~30
有效厚度（m）		40~50				
~C（%）	0.5~6.0	1~7	0.5~12	0.3~2.25		0.8~11.8
R_o	2.2~2.8	0.8~2.5	生物气	1.1~4	1.53~2.03	<1.2
总孔隙度（%）	3.2~6.2	1.0~6.0	<10	2.2~3.7	2	0.5~4.2
石英含量（%）	45~65	20~60		5~25	38	70
吸附气百分比（%）	3400%	20~36		35~50		
井成本（Million $）	7~10	5~8	0.35（vertical）	5~9		
产气量（mcf/day）	100	376	3	1	0.15	
天然气地质储量（Bcf/section）	60~318+	8~160	22~622	5~210	72.4~600+	1~31.4

附录 5.C 欧洲页岩气盆地分布图及主要盆地特征参数表

前文中，概述了 IEA 给出的欧洲的页岩气储量（IEA，2009），2011 年欧洲 EAGE 年会上 Roelofsen 等给出了一组新的数据，在文中我们依然采用 IEA 的数据，但是新的数据及理论录出以备考。欧洲的页岩气勘探已经开始，在北欧，接近 200000 平方公里的的区块值得勘探。HIS-CERA 研究的 35 个页岩气盆地（图 5.C.1）的页岩分布地质年代主要为古生代，侏罗系（图 5.C.2）。总地质储量估计超过 5500Tcf（157Tcm）。但是可采收率比常规气藏低的多。

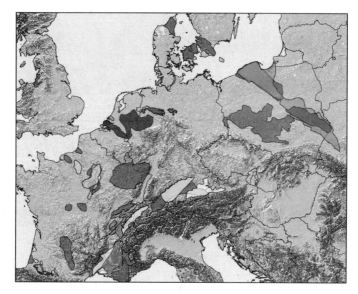

图 5.C.1 欧洲页岩气盆地勘探区域（据 Roelofsen 等，2011）

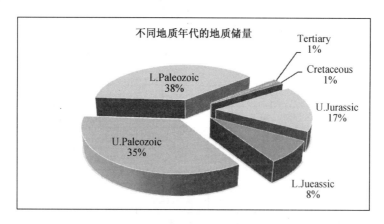

图 5.C.2 欧洲 HIS-CERA 研究的盆地地质年代分布
（据 Roelofsen 等，2011）

绝大部分（73%）的地质储量处于古生代（paleozoic），其次是侏罗系（Jurassic）

附录 5.D 欧洲及世界其他地区页岩气资源量及页岩气特征

除美国、加拿大之外，其他国家的页岩气勘探大都刚刚开始，较准确的数据很少，包括储量、地质参数等。零星有文章谈到这些参数，本附录将这些参数列出以备考（表 5.D.1）。

表 5.D.1 欧洲及世界其他地区页岩气资源量及地质参数表

	Ca2blackshale	～urnaisian/ lower visean	Middle visean	Upper visean	West phalian A/B	West phalian A/B	La Luna and Chipaque	Villeta	Hot Shale
国家	Germany	Germany	Germany	Germany	Germany	Germany	Spanish	Spanish	North Africa
盆地	North German Basin and Thuringian Basin	North German Basin	North German Basin	North German Basin	North German Basin	North German Basin	Eastern Cordillera		Ghadames Basin
盆地类型	Intra－continental basin	Intra－continental basin	Intra－continental basin	Intra－continental basin	Intra－continental basin	Intra－continental basin			Intracra～nicpolycyclicintra continental basin
地层年代	Upper Permian	Carboniferous	Carboniferous	Carboniferous	Carboniferous	Carboniferous	Cretaceous (Turonian－Coniancian)	Albian～Cenomanian	Silurian
埋深 (m)	3800；1250～3250	2500～5500	1500～4500	1000～4000	3200～6100	2500～5400			
厚度 (m)	5～10 (6.00)	400～1100	600～800	＞400	100～600	425～600	200～500		30
TOC (%)	0.15～0.6；0.3～0.8	0.2～0.9	0.5～1.1	0.6～1.2	0.6～1.7	0.25～0.5	1～8 （平均4.5）和2	1～2	
R_o (%)	＞1.0；0.7～1.0	3.2～4.1	0.3～0.5	0.4～0.6	1.6～2.2	1.3～1.8	0.5～2 （平均1.4）	＞2.5	
总孔隙度 (%)									1.5～5.1
石英含量 (%)		10～20	/	＞20	20～60	20～40			

附录 5. E 中国页岩发育盆地主要信息

中国真正意义上的页岩气热是从 2009 年开始的，虽然有学者及部分机构在对中国的页岩气地质条件及储量进行进行调查，但是目前还没有很值得信赖的官方的页岩气储量、地质特征数据，根据搜罗到的页岩的地质参数，这里给出了中国页岩盆地部分参数表（表5. E. 1）。

表 5. E. 1 中国页岩盆地主要参数表

页岩名称	地层年代	埋深（m）	TOC（%）	R_o（%）
柴达木	第四系	0～800	0.3～0.6	0.2～0.5
渤海湾	古近系	230～1800	0.3～33.0	0.3～1.0
松辽	白垩系	>100	2.2	0.7～3.3
松辽	白垩系	100～350	0.7～1.5	1.5～3.9
羌塘盆地	中侏罗统	400～600	0.3～6.2	1.4
吐哈	中、下侏罗统	50～600	1.3～20.0	0.4～1.1
准噶尔	中侏罗统	350～400	0.2～6.4	0.6～2.5
四川	上三叠统	150～1000	1.0～4.5	1.0～2.2
鄂尔多斯	三叠系	50～120	0.6～5.8	0.7～1.1
南方（扬子）	上二叠统	20～2000	0.4～22.0	0.8～3.0
鄂尔多斯	石炭—二叠系	60～200	2.0～3.0	>1.3
南方（扬子）	下志留统	30～100	0.5～3.0	2.0～3.0
南方（扬子）	下寒武统	20～700	1.0～4.0	3.0～6.0

附录 5.F 页岩的柔、硬分类准则

在页岩储层的开发中，不同软、硬的岩石对技术、工具及材料有不同的要求。在某些情况下，软的岩石是不能够得到有效开发，文中使用了在工程上对岩石的柔、硬分类表（表5.F.1）。

表 5.F.1 岩石的柔、硬分类表（据 McDaniel，2007；2008）

岩 石 分 类	渗透率范围	杨氏模量范围
为固结岩石	1.5～5D	1～20000
柔性/弱固结岩石	0.1～2D	0.05～0.6e6
中等硬度/固结	0.5～200mD	0.8～3e6
硬/固结较好	0.1～50mD	4～7e6
非常硬/渗透率较低	0.05～10mD	8e6

附录5.G 页岩气开发过程中入口大小对应的最大流入速率

压裂液通过不同尺寸的管径时,需要保持一定的流入速率才能形成较高的压力,但是过高的压力会对仪器,管道造成破坏,所以需要保持相对适当的速率,也即保持适当的压力,McDaniel(2008)给出了页岩气开发过程中与入口大小对应的最大流入速率(表5.G.1,表5.G.2)。

表5.G.1 不同管径的最大流入速率与最小流入速率参数表(据 McDaniel,2008)

入口大小	最大速率流入,bbl/min	最大流入速率,m³/min
2	9.3	1.48
29/16	15.3	2.43
3	21	3.34
4	37.3	5.93
41/16	38.5	6.12

表5.G.2 1.75inch 的连续套管在不同尺寸的套管中的最大速率(据 McDaniel,2008)

套管尺寸(inch)	套管 ID(inch)	最大的流入速率(bbl/min)	最大的流入速率(m³/min)
31/2	2.76	9.3	1.48
41/2	3.92	25.1	3.99
51/2	4.57	36.4	5.79
7	6.25	74.1	11.78

附录 5. H 页岩气开发参数

对于页岩气开发过程中的关键参数及所用材料，并未有总结与归纳，可参考的只能是各大公司的开发实例，本文对 Halliburton，BakerHughes 公司在北美页岩气的开发过程中使用的一些参数进行总结，但是在实际开发中，肯定是不能够套用这些数据的，必须根据现场条件进行选择。

表 5. H. 1 Halliburton 公司在美国各页岩气盆地使用的压裂参数（据斯图尔特·李，Halliburton）

	Barnett	Haynesville	Marcellus	Woodford	Bakken	Eagleford
TVD	7000～8000	8000～14000	6500～7500	7000～13000	7450～11010	6000～13000
垂直长度（ft）	3000～5000	4000～7600	4000～5500	3000～5000	3800～9800	3500～4500
压裂段数	4～6	12～14	6～19	6～12	5～37	7～17
使用的压裂液/每段（bbl）	17100	10000	10000	17000	8100	12500
Sks/段	3500	3500	4000	3500	1000	2500
泵入速率（bbl/min）	70～80	70	80	70～90	18～60	35～100
平均压力（psi）	3000～5000	11000～15000	6500～8700	5000～13000	2800～8000	9000～12500
压裂液中的支撑剂（ppg/gal）	0.57	1.0	2.5	1.0	3.25	1.15
流体类型	清水，线性凝胶液	清水，线性凝胶液，交联剂	清水，线性凝胶液，交联剂	清水，线性凝胶液	清水，线性凝胶液，交联剂	清水，线性凝胶液，交联剂
支撑剂类型	100mesh 40/70 砂 30//50 砂	100mesh 40/70 砂 30/50 砂	100mesh 40/70 砂 30/50 砂	100mesh 40/70 砂 30/50 陶瓷粒	100mesh 40/70 砂 30/50 砂	100mesh 40/70 砂 30/50 砂

表 5. H. 2 BakerHughes 在北美的作业中使用的压裂参数表（据 BakerHughes，2010）

页岩	段数	每段的长度（ft）	完井方法	液体类型	液体体积（bbl/段）	支撑剂类型	支撑剂，总的（lbs）
Barnett	7～9	300～400	堵塞器，射孔	酸，光滑水	14000	Ottawa 白砂	550000
Fayetteville	8～11	250～300	堵塞器，射孔，裸眼井	酸，光滑水	6500	Ottawa 白砂	300000
Haynesville	8～11	300	堵塞器，射孔，裸眼井	酸，光滑水，聚合物	11400	其他	330000
Marcellus	6～8	300～400	堵塞器，射孔，裸眼井	酸，光滑水	16000	Ottawa 白砂	785000
Woodford	8～10	250	堵塞器，射孔，裸眼井	酸，光滑水	18500	矾土砂/其他	255000
Eagle Ford	8～10	350	堵塞器，射孔，	酸，光滑水	12800	Ottawa 白砂	300000

附录 5.I   选择压裂液的标准及方法

不同的储层条件在压裂过程中需要不同的压裂液类型及相应的体积和浓度，选择标准是个问题，在读文献的过程中，我们遇到了两种选择压裂液的方法，一种是根据岩石的类型选择，即根据岩石是塑性还是脆性进行选择（表 5.I.1），一种是根据埋深厚度选择（文中 4.3.6 节）。在表 5.I.1 中，如果地层是欠压实地层，使用泡沫或气体作为辅助物。

附表 5.I.1   利用岩石性质选择压裂液参数表（据 Kundert. D 和 Mullen. M，2009）

岩 石 特 征	压裂液类型	流体体积	支撑剂浓度
脆性（Brittle）	光滑水	大	低
层状（Laminated）	混合物		
塑形的（ductile）	线性凝胶或者交联凝胶	小	高

附录5.J 页岩气开发的逻辑步骤与数据需求

页岩气在开发过程中有一定的逻辑与顺序，在每一步又需要特定的数据，这是需要经过不断的实践总结才能得出来的，这里给出了美国的页岩气的开发逻辑步骤及所需要的数据（表5.J.1）。

表 5. J. 1 页岩气开发逻辑步骤及所需数据

地球物理和岩石结构分析	综合的勘探战略	地质数据	地化数据	储层参数	测井数据和刻度	岩石机械特征
断层	其他的钻井目标区域	岩心和岩屑分析	TOC	压力梯度（过压或低压）	中子俘获测井	压力剖面
区域构造	下部构造	总厚度及有效厚度	干酪根类型	温度	FMI	水平井钻进方向原则
裂缝角度和闭合度	各工作单位的协同	泥/砂互层	自由/吸附气	深度	岩心	杨氏模量
2D & 3D资料	利益分割	矿物	镜质组反射率	孔隙度	产量测井	泊松比
航磁数据		有机质含量	氢指示因子	渗透率	微地震	杨氏模量
		泥质 & 敏感性	生油岩评价仪	DST/PTA	岩相构造	脆性控制因素
		泥岩岩性	变压系数	水的润湿性	压裂示踪剂测井	DFIT
		天然裂缝	气体数量（干气%）			钻井报告（机械钻速，漏失率等）
		微/大裂缝	湿气数量			
		孔隙大小分布	油气组成			
		岩石界面	油气特征参数			
		流体接触	石蜡分析			
		水文地质学	其他有机质含量			
		成岩作用	GOR			
		SEM/TEM	气体比热			
		天然气露头	其他气体含量（CO2 H2S）			
		相分布	蜘蛛图（多边形评价图）			
		烃类运移通道	水的成分			
		垂直井或者水平井				

参 考 文 献

Abousleiman Y, Tran M, Hoang S, et al. 2009. Geomechanics field characterization of the two prolific us midwest gas plays with advanced wire-line logging tools. Proceedings of the 2009 SPE Annual Technical Conference and Exhibition, SPE 124428

Abousleiman Y, Tran M, Hoang S, et al. 2010. Geomechanics field characterization of Woodford Shale and Barnett Shale with advanced logging tools and nano-indentation on drill cuttings. The Leading Edge, 30 (3): 274~282

Adekoya F. 2009. Production decline analysis of horizontal well in gas shale reservoirs. Petroleum & Natural Gas Engineering

Al-Ahmadi H A, Almarzooq A M, and Wattenbarger R A. 2010. Application of linear flow analysis to shale gas wells — field cases. SPE 130370

Albright J N and Hanold R J. 1976. Seismic mapping of hydraulic fractures made in basement rocks. Proceedings of the Energy Research and Development Administration ERDA Symposium on Enhanced Oil and Gas Recovery

Al-Qodah Z. Adsorption of dyes using shale oil ash. water research. 2000, 34 (17): 4295-4303

Ambrose R J, Hartman R C, Diaz-Campos M, et al. 2010. New pore-scale consideration for shale gas in place calculations. SPE Unconvetional Gas Conference, SPE 131772

Anderson D M, Nobakht M, Moghadam S, and Mattar L. 2010. Analysis of production data from fractured shale wells. SPE 131787

Arps J J. 1945. Analysis of decline curves. Trans, AIME, 160: 228~247

Arro H, Prikk A, Pihu T. Calculation of qualitative and quantitative composition of Estonian oil shale and its combustion products. Fuel. 2003, 82 (18): 2179~2195

Arthur J D, Bohm B, and Layne M. 2008. Allconsulting hydraulic fracturing considerations for natural gas wells of the marcellus shale. Presented at the GWPC Annual Forum in Cincinnati, OH

Arthur J D, Bohm B, Layne M. 2009. Evaluating implications of hydraulic fracturing in shale gas reservoirs. SPE 121038

Bader AI-Matar, Majdi AI-Mutawa, Muhammad A. 2008. 多级压裂方法及其应用. 油田新技术, 夏季刊

Baihly J, Altman R, Malpani R, et al. 2010. Shale gas production decline trend comparison over time and basins. SPE 135555

Ballard B D. 2007. Quantitative mineralogy of reservoir rocks using fourier transform infrared spectroscopy. SPE Annual Technical Conference and Exhibition, SPE 113023

Behura J, Batzle M, Hofmann R, et al. The shear properties of oil shales. The Leading Edge. 2009, 28: 850~855

Biglarbigi K. 2007. Potential development of United States oil shale resources. EIA Energy Outlook Conference. Washington, DC

Biglarbigi K. 2008. unlocking ten trillion barrels of global oil shale resources. SPE Distinguished Lecturer Program

Biot M A and Willis D G. 1957. The elastic coefficients of the theory of consolidation. Journal Applied Mechanics, 24: 594~601

Bird R B, Stewart W E, and Lightfoot E N. 2007. Transport phenomena. Second Edition

Bird R B, Stewart W E, and Lightfoot E N. 2009. Transport phenomena second edition, John Wiley & Sons, Inc, Hoboken, Nj

Blakey R. 2005. Paleogeography and geologic evolution of North America: images that track the ancient landscapes of North America: http: //jan. ucc. nau. edu/~rcb7/nam. html (accessed September 8, 2006)

Bourgoyne A T. 1986. Applied drilling engineering. SPE Textbook Series, 2: 502

Bowder K A. 2007. Barnett shale gas production, Fort Worth basin: issues and discussion. AAPG Bulletin, 91 (4): 523~533

Bowker K A. 2003. Recent developments of the Barnett Shale play, Fort Worth Basin. West Texas Geological Society Bulletin, 42 (6): 4~11

Boyer C, Kieschnick J, Suarez-Rivera R, et al. 页岩气藏的开采. 油田新技术. 2006 夏季刊

Brannon H D, Starks II T R, 2009. Maximizing return on fracturing investment by using ultra-lightweight proppants to optimaize effective fracture area: can less really deliver more. SPE 11938

Brendowk. Global oil shale issues and perspectives. Oil Shale. 2003, 20 (1): 81~92

Brister R, Oberkircher J. 2000. The optimum junction depth for multilateral wells. SPE 64699

Bunger J W, Crawford P M, Johnson H R. Is oil shale America's answer to peak oil challenge? Oil & Gas Journal. 2004, 8: 16~24

Bustin R M, Bustin A, Ross D, et al. 2009. Shale gas opportunities and challenges. Search and Discovery, Articles # 40382. Adapted from oral presentation at AAPG Annual Convention

Bustin R M and Bustin A, Cui X et al. 2008. Impact of shale properties on pore structure and storage characteristics. SPE Shale Gas Production Conference, SPE 119892

Bustin R M, Bustin A, Ross D, et al. 2009. Shale gas opportunities and challenges. Search and Discovery Articles # 40382

Cameron C. 2006. Energy Demands on Water Resources. Report to congress on the interdependency of energy and water, Draft, Sandia National Laboratories

Carter S D, Rob T L, Rabel A M. 1990. Processing of eastern US oil shale in a multistage fluidized bed system. Fuel, 69 (9): 1124~1127

Castello D L, Alcaniz Monge J, Casa~Lillo M A, et al. 2002. Advances in the study of methane storage in porous carbonaceous materials. Fuel, 81: 1777~1803

Chandler R B, Muradov A, Jellison M J, et al. Drill faster, deeper, and further with ultrahigh-torque third generation double shoulder

Chen D C, Comeaux B, Gillespie G, et al. 2006. Real-time downhole torsional vibration monitor for improving tool performance and bit design. IADC/SPE 99193

Chen M, Dong L. 2007. Studies on experiment of instant pyrolysis oil shale of small size for shale oil. Clean Coal Technology, 13 (5): 35~37

Cheng A L and Huang W L. 2004. Selective adsorption of hydrocarbon gases on clays and organic matter. Organic Geochemistry, 35: 413~423

Chevron A A, Wei Y, and Cheng K. A. 2010. Technical economic study of completions in five emerging US gas shales. SPE 135396

Cipolla A L, Lolon E P. 2009. Reservoir and production evaluation and shale gas reservoirs. IPTC 13185

Cipolla C L, Carbo E P, Erdle J C, et al. 2009. CMG Modeling well performance in shale-gas reservoirs, SPE 125532

Cipolla C L, Ceramics C, Lolon E P, et al. 2009. Reservoir modeling and production evaluation in shale gas reservoirs. IPTC 13185

Cipolla C L, Warpinski N R, Mayerhofer M J, et al. 2008. The relationaship betwwen fracture complexity, reservoir properties, and fracture treatment design. SPE 115769

Civan F. 2008. Effective correlation of apparent gas permeability in tight porous media. Transport Porous

Media, 82 (2): 375~384

Close D, Stirling S, Horn F, et al. 2010. Tight gas geophysics: AVO inversion for reservoir characterization. CSEG Recorder, 35 (5): 29~35

Cramer D. Stimulating Unconventional Reservoirs: Lessons Learned, Successful Practices, Areas for Improvement. SPE 114172

Crawford P M, Biglarbigi K, Knaus E. 2009. New approaches overcome past technical issues. Oil & Gas Journal, 1 (4): 44-47

Crawford P M. Advances in World Oil Shale Production Technologies. SPE ATCE [C] . 2008

Cui X, Bustin M M and Bustin R M. 2009. Measurements of gas permeability and diffusivity of tight reservoir rocks: different approaches and their applications. Geofluids, 9 (3): 208~223

Curtis J B. 2002. Fractured shale-gas systems. AAPG Bulletin, 86 (11): 1921~1938

Dan B, Simon H, Jennifer M, et al. 2010. Petro-physical evaluation for enhancing hydraulic stimulation in horizontal shale gas wells. SPE Annual Technical Conference and Exhibition, SPE 132990

Daniel J and William M K. 2009. Water resources and natural gas production from the Marcellus shale. USGS_ Fact sheet, P3032

Decker A D, Hill D G and Wicks D E. 1993. Log-based gas content and resource estimates for the Antrim Shale, Michigan Basin. SPE Rocky Mountain Regional/Low Permeability Reservoirs Symposium, SPE 25910

Dewhurst D N and Siggins A F. 2006. Impact of fabric, micro-cracks and stress field on shale anisotropy. Geophysical Journal International, 165 (1): 135~148

Diaz-Campos M, Akkutlu I Y and Sigal R F. 2009. A molecular dynamics study on natural gas solubility enhancement in water confined to small pores. SPE Annual Technical Conference and Exhibition, SPE 124491

DOE. 2007. Oil Shale and Other Unconventional Fuels Activities. US Department of Energy

DOE. 2008. Secure Fuels From Domestic Resources. US Department of Energy

DOI. 2007. Programmatic Environmental Impact Statement. US Department of Interior, Bureau of Land Management

Downton J and Roure B. 2010. Azimuthal simultaneous elastic inversion for fracture detection. 80th SEG Annual Meeting, 263~267

Drew J, Bennett L, Le Calvez J, et al. 2004. Challenges in acoustic emission detection and analysis for hydraulic fracture monitoring. International Acoustic Emission Symposium, 23~27

Drew J, Leslie D, Armstrong P, et al. 2005. Automated microseismic event detection and location by continuous spatial mapping. SPE Annual Technical Conference and Exhibition, SPE 95513

Duncan D C, Swanson V E. 1965. Organic-Rich Shales of the United States and World Land Areas. US Geological Survey

Dung N V. 1990. Yields and chemical characteristics of products from fluidized bed steam retorting of condor and Stuart oil shale effect of pyrolysis temperature. Fuel, 69 (3): 367~375

Duong A N, Phillips C. 2010. An unconventional rate decline approach for tight and fracture-dominated gas wells. CSUG/SPE 137748

Dupriest F E, Koederitz W L. 2005. Maximizing drill rates with real-time surveillance of mechanical specific energy. SPE/IADC 92194

Duranti L, Ewy R and Hofmann R. 2005. Dispersive and attenuative nature of shales: multiscale and multifrequency observations. 75th SEG Annual Meeting, 1577~1580

Dyni J. R. Geology and resources of some world oil shale deposits. Oil Shale. 2003, 20 (3): 193~252

Easley G, Sigal R, and Rai C. 2007. Thermogravimetric analysis of barnett shale samples. International

Symposium of the Society of Core Analysts, SCA2007 - 45

East L, Rosato J, Farabee M, et al. 2005. Packerless multistage fracture - stimulation method using CT perforating and annular path pumping. SPE 96732

EIA (U. S. Energy Information Administration) 2011. http: //www. eia. gov/oil _ gas/natural _ gas/data _ publications/natural _ gas _ monthly/ngm. html

EIA. 2008. Is U. S. Natural Gas Production Increasing? http: //tonto. eia. doe. gov/energy _ in _ brief/natural _ gas _ production. cfm

Fertl W H and Chilingar G V. 1986. Total organic carbon content determined from well logs. SPE Annual Technical Conference and Exhibition, SPE 15812

Fetkovich M J. 1980. Decline curve analysis using type curves. Journal of Petroleum Technology. June, 1065~1077

Florence F A, Rushing J A, Newsham K E, et al. 2007. Improved permeability prediction relations for low permeability sands. Rocky Mountain Oil & Gas Technology Symposium of Society of Petroleum Engineers, SPE 107954

Folarin Adekoya. 2009. Production decline analysis of horizontal well in gas shale reservoirs. Petroleum & Natural Gas Engineering

King G R. 1990. Material balance techniques for coal seam and Devonian shale. SPE 20730

Gale J F W and Laubach S E. 2009. Natural fractures in the new Albany shale and their importance for shale - gas production, Available online at http: //newalbanyshale. org/ Publications/Papers/Natural% 20fractures%20in%20New%20Albany%20Shale%20Gale _ Laubach. pdf

Gale J F W, Reed R M, and Holder J. 2007. Natural fractures in the Barnett Shale and their importance for hydraulic fracture treatments. AAPG Bulletin, 91 (4): 603~622

Gannon A J, Wright B C. 1998. Progress in continuing oil shale project studies. Fuel, 67 (10): 1394 - 1396

Gibowicz S J and Kijko A. 1994. An introduction to mining seismology. Academic Press Inc

Goodlow K, Huizenga R, and McCasland M. 2009. Multilateral completions in the Granite Wash: Two case studies. SPE 120478

Goodway B, Perez M, Varsek J, et al. 2010. Seismic petrophysics and isotropic - anisotropic AVO methods for unconventional gas exploration. The Leading Edge, 29 (12): 1500~1508

Goodway B, Varsek J, Abaco C. 2006. Practical applications of p - wave AVO for unconventional gas resource plays. Recorder, 31 (4): 52~65

Grieser B and Bray J. 2007. Identification of production potential in unconventional reservoirs. SPE Production and Operations Symposium, SPE 10662

Griffin L G, Wright C A, Davis E J, et al. Surface and Downhole Tiltmeter Mapping: An Effective Tool for Monitoring Downhole Drill Cuttings Disposal

Grigg M. 2004. Emphasis on mineralogy and basin stress for gas shale exploration. SPE meeting on Gas Shale Technology Exchange

Grinberg A, Keren M, Podshivalov V. 2000. Producing electricity from Israel oil shale with PFBC technology. Oil Shale

Guidry F K, Luffel D L, and Curtis J B. 1995. Development of laboratory and petrophysical techniques for evaluating shale reservoirs. GRI Final Technical Report, GRI - 95/0496

Guo Y X, Zhang K, and Marfurt K J. 2010. Seismic attribute illumination of Woodford Shale faults and fractures, Arkoma Basin, OK. 80th SEG Annual Meeting, 1372~1376

Gurevich B. 2003. Elastic properties of saturated porous rocks with aligned fractures. Journal of Applied

Geophysics, 54 (3-4): 203~218

Han S Y, Kok J C L, Tollefsen E M, et al. 2010. Shale gas reservoir characterization using LWD in real time. Canadian Unconventional Resources & International Petroleum Conference, CSUG/SPE 137607

Hanni R. 1996. Energy and Valuble Material by-product from Firing Estonian Oil Shale. Waste Management, 16 (1-3): 97~99

Harada K. 1991. Research and development of oil shale in Japan. Fuel, 71 (9): 1121~1125

Harding N, Smith S, Shelton S, et al. 2009. Modren shale gas horizontal drilling: review of best practices for exploration phase planning and execution. China Petroleum Exploration, (3): 41~50

Harper J. 2008. The Marcellus Shale-An Old "New" Gas Reservoir in Pennsylvania. Pennsylvania Geology, 28 (1)

Hartman R C, Lasswell P, and Bhatta N. 2008. Recent advances in the analytical methods used for shale gas reservoir gas-in-place assessment. Search and Discovery Article #40317

Hartwig A, Schulz H. 2010. Applying classical shale gas evaluation concepts to Germany—Part I: The basin and slope deposits of the Stassfurt Carbonate (Ca2, Zechstein, Upper Permian) in Brandenburg. Chemie der Erde 70 S3, 77~91

He Y, Song Y. 2005. Oil shale synthesis Utilization. Coal Processing & Comprehensive Utilization, 1 (1): 53~56

Herron S L, and LeTendre L. 1990. Wireline source-rock evaluation in the paris basin. AAPG Studies in Geology, 30: 57~71

Hickey J J and Henk B. 2007. Lithofacies summary of the Mississippian Barnett Shale, Mitchell 2 T. P. Sims well, Wise County, Texas. AAPG Bulletin, 91 (4): 437~443

Hill D G and Nelson C R. 2000. Gas productive fractured shales—an overview and update: Gas TIPS, 6 (2): 4~13

Hill R J, Jarvie D M and Zumberg J, et al. 2007. Oil and gas geochemistry and petroleum systems of the Fort Worth Basin. AAPG Bulletin, 91 (4): 445~473

Hill R J, Zhang E, Katz B J, et al. 2007. Modeling of, gas generation from the Barnett Shale, Fort Worth Basin, Texas. AAPG Bulletin, 91 (4): 501~521

Holt R M, Fjær E, Raaen A M, et al. 1991. Influence of stress state and stress history on acoustic wave propagation in sedimentary rocks, in shear waves in marine sediments. 167~174

Hornby B E, Johnson C D, and Cook J M. 1994. Ultrasonic laboratory measurements of the elastic properties of shales. 64th SEG Annual International Meeting, 1117~1120

Hornby B E, Miller D E, Esmersoy C, et al. 1995. Ultrasonic to seismic measurements of shale anisotropy in a North Sea well. 65th SEG Annual International Meeting, 17~21

Hornby B E. 1998. Experimental laboratory determination of the dynamic elastic properties of wet, drained shales. Journal of Geophysical Research, 103 (B12): 945~964

Hou X L. 1998. Prospect of oil shale and shale oil industry. Proceedings International Conference on oil shale and shale oil

Hudson J A, Liu E and Crampin S. 1996. The mechanical properties of materials with interconnected cracks and pores. Geophysical Journal International, 124 (1): 105~112

Hudson J A, Pointer T and Liu E. 2001. Effective medium theories for fluid-saturated materials with aligned cracks. Geophysical Prospecting, 49 (5): 509~522

Ibrahim M, and Wattenbarger R A. 2005. Analysis of rate dependence in transient linear flow in gases. PETSOC 2005-057

Ibrahim M, Wattenbarger R A, and Helmy W. 2003. Determination of OGIP for tight gas wells-new methods. PETSOC 2003 - 012

Jacobi D, Breig J, LeCompte B et al. 2009. Effective geochemical and geomechanical characterization of shale gas reservoirs from the wellbore environment: Caney and the Woodford Shale. SPE Annual Technical Conference and Exhibition, SPE 124231

Jakobsen M and Johansen T A. 2000. Anisotropic approximations for mudrocks: Aseismic laboratory study. Geophysics, 65 (6): 1711~1725

Jarvie D M and Lundell L L. 1991. Hydrocarbon generation modeling of naturally and artificially matured Barnett Shale, Fort Worth Basin, Texas. Southwest Regional Geochemistry Meeting

Jarvie D M, and Lundel L L. 2001. Amount, type, and kineticsof thermal transformation of organic matter in the Miocene Monterey Formation. in Isaacs C M and Rullkotter J, eds. , The Monterey Formation: From rocks to molecules: New York, Columbia University Press, chapter 15: 268~295

Jarvie D M, Claxton B L, Henk F et al. 2001. Oil and shale gas from the Barnett Shale, Fort Worth basin, Texas. AAPG Annual Meeting Program, 10: A100

Jarvie D M, Hill R J and Pollastro R M. 2005. Assessment of the gas potential and yields from shales: The Barnett Shale model. Oklahoma Geological Survey Circular 110: Unconventional Gas of the Southern Mid - Continent Symposium, Oklahoma City: 37~50

Jarvie D M, Hill R J, Ruble T E, et al. 2007. Unconventional shale - gas systems: The Mississippian Barnett Shale of north - central Texas as one model for thermogenic shale - gas assessment. AAPG Bulletin, 91 (4): 475~499

Jason Baihly, Raphael Altman, Raj Malpani, et al. 2010. Shale gas production decline trend comparison over time and basins. SPE 135555

Javadpour F, Fisher D, and Unsworth M. 2007. Nanoscale gas flow in shale sediments. Journal of canadian petroleum technology. 46 (10): 55~61

Javadpour F. 2009. Nanopores and apparent permeability of gas flow in mudrocks (shales and siltstone) . Journal of Canadian Petroleum Technology, 48 (8): 16~21

Jeffrey Kok, Brad Moon, Shim Yen Han, et al. 2010. The significance of accurate well placement in the shale gas plays. SPE 138438

Johansen T A, Ruud B O and Jakobsen M. 2004. Effect of grain scale alignment on seismic anisotropy and reflectivity of shales. Geophysical Prospecting, 52 (2): 133~149

Johnston J E and Christensen N I. 1995. Seismic anisotropy of shales. Journal of Geophysical Research, 100 (B4): 5991~6003

Jones L E A and Wang H F. 1981. Ultrasonic velocities in Cretaceous shales from the Williston Basin. Geophysics, 46 (3): 288~297

Jones R W. 1984. Comparison of carbonate and shale source rocks, in J. Palacas, ed. . Petroleum geochemistry and source rock potential of carbonate rocks. AAPG Studies in Geology 18: 163~180

José Fraija, Hervé Ohmer, Tom Pulick, et al. 多底分支井建井技术新进展. 油田新技术, 2002 年秋季刊

Joseph H, Frantz Jr, and Valerie J. 2005. ShaleGas. Schlumberger,

Kalantari - Dahaghi. 2010. A Numerical simulation and modeling of enhanced gas recovery and CO2 sequestration in shale gas reservoirs: a feasibility study. SPE 139701

Karastathis A. 2007. Petrophysical measurements on tight gas shale. MS Thesis, University of Oklahoma

Karniadakis G E and Beskok A. 2002. Micro - flows, Fundamentals and Simulation. Springer - Verlag, New York

Kattai V, Lokk U. 1998. Historical review of the kukersite oil shale exploration in Estonia. Oil Shale, 15

（2）：102～110

Kendrick D E，Puskar M P. 2005. and Schlotterbeck S T. Ultra－lightweight proppants：afield study in the big sandy field of Eastern Kentucky. SPE98006

Kennedy J. 2000. Technology Limits Environmental Impact of Drilling. Drilling Contractor，33～35，July/August

Kennedy，Baker Hughes. 2010. 页岩气藏开发生产周期中常见的技术难题与挑战．中美油气技术研讨会，PPT

Ketter A A，Daniels J L，Heinze J R，and Waters G A. Field Study Optimizing Completion Strategies for Fracture Initiation in Barnett Shale Horizontal Wells. SPE 103232

King G E. 2009. Thirty Years of Gas Shale Fracturing：What Have We Learned? SPE 133456

King G R. 1990. Material balance techniques for coal seam and devonian shale. SPE 20730

Kinley T J，Cook L W，B reyer J A，et al. 2008. Hydrocarbon potential of the Barnett shale（Mississippian）delaw are basin，West Texas and Southeastern New Mexico. AAPG Bulletin，92（8）：967～991

Knutson C F，Dana G F，Kattai V. 1990. Development s in oil shale in 1989. AAPG Bulletin，74（10B）：372～379

Kuila U，Dewhurst D N，Siggins A F，et al. 2007. Stress orientation and ultrasonic anisotropy in low porosity shale. 77th SEG Annual Meeting，1540～1543

Kuuskraa V A，Sedwick K，and Yost Ⅱ A B. 1985. Technically recoverable Devonian shale gas in Ohio，West Virginia and Kentucky. Eastern Regional Meeting，SPE 14503

Lei X，Cai J，Yang S D，et al. 2007. Fully integrated solution for LWD resistivity image application a case study from Beibu Gulf，China. Presented in SPWLA Formation Evaluation in Horizontal Wells，Mumbai，India，19～20 March

Lewis R，Ingraham D，Pearcy M et al. 2004. New evaluation techniques for gas shale reservoirs. Mark of Schlumberger

Liu X，Vernik L，Nur A. 1994. Effects of saturating fluids on seismic velocities in shales. 64th SEG Annual International Meeting，1121～1124

Lohoefer D，Athans J，Seale R. 2006. New Barnett Shale Horizontal Completion Lowers Cost and Improves Efficiency. SPE 103046

Loucks R G and Ruppel S C. 2007. Mississippian Barnett Shale：Lithofacies and depositional setting of a deep－water shale－gas succession in the Fort Worth Basin，Texas. AAPG Bulletin，91（4）：579～601

Loucks R G，Reed R M，Ruppel S C，et al. 2009. Morphology，genesis，and distribution of nanometer－scale pores in siliceous mudstones of the Mississippian Barnett Shale. Journal of Sedimentary Research，79（12）：848～861

Lu X C，Li F C and Watson A T. 1993. Adsorption studies of natural gas storage in Devonian Shales. SPE Annual Technical Conference and Exhibition，SPE 26632

Luffel D L and Guidry F K. 1989. Reservoir rock properties of Devonian shale from core and log analysis. Society of Core Analysts Conference，Paper 8910

Luffel D L and Guidry F K. 1992. New core analysis methods for measuring reservoir rock properties of Devonian Shale. SPE 20571，J. Pet. Tech. ，1182～1190

Luffel D L，Guidry F K，and Curtis J B. 1992. Evaluation of Devonian shale with new core and log analysis methods. SPE 21297，J. Pet. Tech，1192～1197

Luffel D L，Hopkins C W and Schettler P D. 1993. Matrix permeability measurement of gas producing shale. Society of Petroleum Engineers，SPE 26633

Manger K C，Oliver S J P，Curtis J B，et al. 1991. Geologic influences on location and production of

Antrim Shale gas. Presentation at the Rocky Mountain Regional Meeting and Low – Permeability Reservoirs Symposium，SPE 21854

Mark N，Wayne H，David C，et al. 2010. Surface seismic to microseismic：An integrated case study from exploration to completion in the Montney shale of NE British Columbia，Canada. 80th SEG Annual International Meeting，2095~2099

Martineau D F. 2007. History of the Newark East field and the Barnett Shale as a gas reservoir. AAPG Bulletin，91（4）：399~403

Martini A M，Walter L M，and McIntosh J C. 2008. Identification of microbial and thermogenic gas components from Upper Devonian black shale cores，Illinois and Michigan basins. AAPG Bulletin，92（3）：327~339

Martini A M，Walter L M，Budai J M，et al. 1998. Genetic and temporal relations between formation waters and biogenic methane：Upper Devonian Antrim Shale，Michigan basin，USA：Geochimica et Cosmochimica Acta，62：1699~1720

Martini A M，Walter L M，Ku C W，et al. 2003. Microbial production and modification of gases in sedimentary basins：A geochemical case study from a Devonian shale gas play，Michigan basin. AAPG Bulletin，87（8）：1355~1375

Mavko G，Mukerji T，and Dvorkin J. 1998. The rock physics handbook. Cambridge University Press

Mavor M. 2003. Barnett shale gas in place volume including sorbed and free gas volume. AAPG Southwest Section Meeting

Mavor M. 2009. Shale gas core analysis overview. Oral presentation given at the SPWLA Topical Conference on Petrophysical Evaluation of Unconventional Reservoirs，Philadelphia，Pennsylvania，15~19

McDaniel B W，Surjaatmadja J B，and East L E. 2008. Use of hydrajet perforating to improve fracturing success sees global expansion. SPE 114695

McDaniel B W. 2007. A review of design considerations for fracture stimulation of highly deviated wellbores. SPE 111211

McKinzie B，Vinegar H，Day M. 2008. Successful test of a frozen ground barrier to flow. Shell Exploration & Production

McKinzie B. 2010. The future of oil shale. The Oil Drum，1~5

Metwally Y and Chesnokov E M. 2010. Measuring gas shale permeability tensor in the lab scale. SEG Denver 2010 Annual Meeting

MLR. 200. 7 第三次国家资源评价（China 3rd National Petroleum Assessment）. 北京，中华人民共和国国土资源部（The Ministry of Land and Resources P. R. C）

Monk D，Close D，Perez M，et al. 2011. Shale gas and geophysical developments. CSEG Recorder，36（1）：34~38

Montgomery S L，Jarvie D M，Bowker K A，et al. 2005. Mississippian Barnett Shale，Fort Worth basin，north – central Texas：Gas – shale play with multi – trillion cubic foot potential. AAPG Bulletin，89（2）：155~175

Mutalik P N，et al. 2008. Case History of Sequential and Simultaneous Fracturing of the Barnett Shale in Parker County. SPE 116124

Nasr – EI – Din H A，AI – Habib N S，AI – Khamis M，et al. 2005. A novel technique to acidize multilateral open hole ER horizontal wells drilled in carbonate formations. SPE 93500

Natural Gas Production. 2010. http//www. askchesapeake. com/Barnett – Shale/Production/Pages/ information. aspx

NEB（National energy board），Office national de I' énergie，Energy Briefing Note. A primer for understanding Canadian shale gas. 2009

Niandou H, Shao J F, Henry J P, et al. 1997. Laboratory investigation of the mechanical behaviour of Tournemire Shale. International Journal of Rock Mechanics and Mining Sciences, 34: 3~16

Ortega J A, Ulm F – J, Abousleiman Y. 2009. The nanogranular acoustic signature of shale. Geophysics, 74 (3): 65~84

Ozbayoglu M E, Saasen A, Sorgun M. 2008. Effect of pipe rotation on hole cleaning for water – based drilling fluids in horizontal and deviated wells. IADC/SPE 114965

Palacio J C, and Blasingame T A. 1993. Decline~curve analysis using type curves~analysis of gas well production data. SPE 25909

Passey Q R, Creaney S, Kulla J B, et al. 1990. A practical model for organic richness from porosity and resistivity logs. AAPG Bulletin, 74 (12): 1777~1794

Pemper R, Han X, Mendez F, et al. 2009. The direct measurement of carbon in wells containing oil and natural gas using a pulsed neutron mineralogy tool. SPE Annual Technical Conference and Exhibition, SPE 124234

Pemper R, Sommer A, Guo P, et al. 2006. A new pulsed neutron sonde for derivation of formation lithology and mineralogy, SPE 102770

Perez M, Close D, Goodway B, et al. 2011. Workflows for integrated seismic interpretation of rock properties and geomechanical data: Part 1 – Principles and Theory. CSEG – CSPG – CWLS Convention Extended Abstracts

Pervukhina M, Dewhurst D, Gurevich B, et al. 2008. Stress – dependent elastic properties of shales: measurements and modeling. The Leading Edge, 27 (6): 772~779

Peter P Valkó and Lee W J. 2010. A better way to forecast production from unconventional gas wells. SPE 134231

Podio A L, Gregory A R and Gray K E. 1968. Dynamic properties of dry and water – saturated Green River shale under stress. SPE I, 389~404

Pollastro R M, Jarvie D M, Hill R J, et al. 2007. Geologic framework of the Mississippian Barnett Shale, Barnett – Paleozoic total petroleum system, Bend arch – FortWorth Basin, Texas. 91 (4): 405~436

Pollastro R M. 2007. Total petroleum system assessment of undiscovered resources in the giant Barnett Shale continuous (unconventional) gas accumulation, Fort Worth Basin, Texas. AAPG Bulletin, 91 (4): 551~578

Qian J, Wang J. 2006. World Oil Shale Retorting Technologies. International Conference on Oil Shale, paper No. rtos – A118

Raut U, Fam M, Teolis B D, et al. 2007. Characterization of porosity in vapor~deposited am orphous solid water from methane ad sorption. The Journal of Chemical Physics, 127: 1~6

Rentsch S, Buske S, Luth S, et al. 2007. Fast location of seismicity: A migration – type approach with application to hydraulic – fracturing data. Geophysics, 72 (1): 33~40

Reyes – Montes J M, Pettitt W S, Hemmings B, et al. 2009. Application of relative location techniques to Induced microseismicity from hydraulic fracturing. SPE Annual Technical Conference and Exhibition held in New Orleans, SPE 124620

Reynolds M M, Munn D L. 2010. Development update for an emerging shale gas giant field – Horn River Basin, British Columbia, Canada

Rezaee M R, Slatt R M, and Sigal R F. 2007. Shale gas rock properties prediction using artificial neural network technique and multi regression analysis, an example from a North American shale gas reservoir. Australian Society of Exploration Geophysicists

Rickards A R, Brannon H D, Wood W D, et al. 2003. High strength, ultra lightweight proppant lends new dimensions to hydraulic fracturing applications. SPE84308

Rickman R，Mullen M，Petre E，et al. 2008. A Practical use of shale petrophysics for stimulation design optimization：All shale plays are not clones of the Barnett shale. SPE Annual Technical Conference and Exhibition，SPE 115258

Rituparna S and Mike B. 2010. Anisotropic elastic moduli of the Mancos B Shale－An experimental study. 80th SEG Annual Meeting，2600～2604

Robert K. Barker Hughes. 2010. 页岩气藏开发生产周期中常见的技术问题与挑战. 中美油气技术研讨会

Roberts M J，Rue D，Lau F S. 1992. Pressurized fluidized bed hydroretorting of six eastern shale in batch and continues laboratory scale reactors. Fuel，71（3）：335～340

Roberts M J，Rue K，Lau F S. 1992. Pressurized fluidized－bed hydroretorting of raw and beneficiated eastern oil shale. Fuel，71（12）：1433～1439

Ross D and Bustin R M. 2007. Impact of mass balance calculations on adsorption capacities in microporous shale gas reservoirs. Available online at www. Sciencedirect. com：Fuel 86：2696～2706

Ross D and Bustin R M. 2007. Shale gas potential of the Lower Jurassic Gordondale Member，northeastern British Columbia，Canada. Bulletin of Canadian Petroleum Petroleum Geology，55（1）：51～75

Ross D J K and Bustin R M. 2008. Characterizing the shale gas resource potential of Devonian～mississippian strata in the western Canada sedimentary basin：Application of an integrated formation evaluation. AAPG Bulletin，92（1）：87～125

Ross D J K，and Bustin M B. 2006. Sediment geochemistry of the lower Jurassic Gordondale Member. Northeastern British Columbia. Bulletin of Canadian Petroleum Geology，54：337～365

Ross D and Bustin R M. 2009. The importance of shale composition and pore structure upon gas storage potential of shale gas reservoirs. Marine and Petroleum Geology，26：916～927

Roy S，Raju R，Chuang H F，et al. 2003. Modeling gas flow through microchannels and nanopores. Journal of Applied Physics，93（8）：4870－4879

Rüger A and Tsvankin I. 1997. Using AVO for fracture detection：Analytic basis and practical solutions. The Leading Edge，16（10）：1429～1434

Rushing J A，Perego A D，and Blasingame T A. 2008. Applicability of the Arps rate－time relationships for evaluating decline behavior and ultimate gas recovery of coalbed methane wells. CIPC/SPE Gas Technology Symposium Joint Conference. SPE 114515

Sarout J，Molez L，Guéguen Y，et al. 2007. Shale dynamic properties and anisotropy under triaxial loading：Experimental and theoretical investigations. Physics and Chemistry of the Earth，Parts A/B/C，32：896～906

Sayers C M. 1996. Stress－dependent seismic anisotropy of shales. Geophysics，64（1）：93～98

Sayers C M. 2005. Seismic anisotropy of shales. Geophysical Prospecting，53（5）：667～676

Sayers C M. 2010. Geophysics under stress：Geomechanical applications of seismic and borehole acoustic waves. DISC

Schein G W，Canan P A. 2004. Ultra－lightweight proppant：their use and application in the Barnett shale. SPE 90838

Schepers K C，Gonzalez R J，Koperna G J，et al. 2009. Reservoir modeling in support of shale gas exploration. SPE 123057

Schettler P D and Parmely C R. 1990. Physicochemical properties of methane storage and transport in Devonian shale. Annual technical report，June 1989－May 1990

Schlumberger. 2006. Shale gas A supplement to oil and gas investor

Schlumberger. Fracturing. http：//www. slb. com/content/services/stimulation/fracturing/index. asp?

Accessed. September 2008

Schmoker J W. 1979. Determination of organic content of appalachian devonian shales from formation - density logs. AAPG Bulletin, 63: 1504~1509

Schmoker J W. 1981. Determination of organic matter content of Appalachian Devonian shales from gamma ray logs. AAPG Bulletin, 65 (7): 1285~1298

Seale R, Donaldson J, Athans J. 2008. Multistage fracturing system: improving operational efficiency and production. SPE 104557 Seekinggalpha. 2010. India and China will Soon Produce Natural Gas from Shale. http: //www. cippe. com. cn/cippeen/html/content _ 739. html

Shell. 2006. E - ICP project plan of operation oil shale research and development project. Shell Frontier Oil and Gas Inc

Shell. 2007. Technology to secure our energy future - mahogany research project. Shell Frontier Oil and Gas Inc

Shlumberger. http: //www. Slb. com/services/~/media/Video/drilling/directional _ drilling/ powerdrive _ module. ashx

Shuey R T. 1985. A simplification of the Zoeppritz equations: Geophysics, 50 (4): 609~615

Siebrits E, Elbel J L, Hoover R S, et al. 2000. Refracture Reorientation Enhances Gas Production in Barnett Shale Tight Gas Wells. SPE 63030

Slatt R M, Philp R P and Marfurt K J. 2008. Workflow for stratigraphic characterization of unconventional gas shales. SPE Shale Gas Production Conference, SPE 119891

Soeder D J. 1998. Porosity and permeability of eastern Devonian gas shale. SPE Form Eval, 116~124

Sondergeld C H and Rai C S. 1992. A new exploration tool: Quantitative core characterization. PAGEOPH, 141: 249~268

Sondergeld C H, Newsham K E, Comisky J T. 2010. Petrophysical consideration in evaluating and producing shale gas resources. SPE 131768

Sondhi N and Solano L P. 2009. Application of thermogravimetric and fourier transform infrared spectroscopy analysis in determining heating protocols for porosity measurements in shales. SPWLA Annual Meeting

Song B. 2010. Pressure transient analysis and production analysis for New Albany ahale gas wells. Texas A&M University

Spears R W and Jackson S L. 2009. Development of a predictive tool for estimating well performance in horizontal shale gas wells in the barnett shale, North Texas, USA. Petrophysics, 50 (1): 19~31

Strapoć D, Mastalerz M, Schimmelmann A, et al. 2010. Geochemical constraints on the origin and volume of gas in the New Albany Shale (Devonian - Mississippian), eastern Illinois Basin. AAPG Bulletin, 94 (11): 1713~1740

Stutz H L, Victor D J, Fisher M K, et al. 2002. Calibrating coal bed methane fracture geometry in the Helper Utah Field using treatment well tiltmeters. SPE 77443

Suárez - Rivera R, Deenadayalu C, and Yang Y K. 2009. Unlocking the unconventional oil and gas reservoirs: The effect of laminated heterogeneity in wellbore stability. Offshore Technology Conference, OTC 20269

Suárez - Rivera R, Green S J, McLennan J, et al. 2006. Effect of layered heterogeneity on fracture initiation in tight gas shales. SPE Annual Technical Conference and Exhibition, SPE 103327

Sun J, Wang Q, Sun D. 2007. Integrated Technology for Oil Shale Comprehensive Utilization and Cycling Economy. Modern Electric Power, 24 (5): 57~67

Sutton R P, Cox S A, Barree R D. 2010. Shale Gas Plays: A Performance Perspective. Tight Gas Completions Conference, SPE 138447

Swaco M. 2006. Reclaim Technology: The system that extends the life of oil — and synthetic — base drilling fluids while reducing disposal and environmental costs. Published by M — I LLC

The Economist. Dec 3rd 2009. The hunt for shale gas in Europe. http: //www. economist. com/node/ 15022457? story _ id = 15022457

Thomsen L. 1995. Elastic anisotropy due to aligned cracks in porous rock: Geophysical Prospecting, 43 (6): 805~829

Tosaya C A. 1982. Acoustical properties of clay — bearing rocks. Ph. D. thesis, Stanford University

US Department of Energy, Office of Fossil Energy, National Technology Laboratory, Ground Water Protection Council. 2009. Modern shale gas — development in the United States: A Primer

Valkó P P, and John L W. 2010. A better way to forecast production from unconventional gas wells. SPE 134231

Valko P P. 2009. Assigning value to stimulation in the Barnett Shale: A simultaneous analysis of 7000 plus production histories and well completion records, SPE 119369

Vanorio T, Mukerji T, and Mavko G. 2008. Emerging methodologies to characterize the rock physics properties of organic — rich shales. The Leading Edge, 27 (6): 780~787

Vernik L and Landis C. 1996. Elastic anisotropy of source rocks: Implications for hydrocarbon generation and primary migration. AAPG Bulletin, 80: 531~544

Vincent M C. 2009. Examining our Assumptions — Have Oversimplifications Jeopardized Our Ability to Design Optimal Fracture Treatments. SPE119143

Waechter N B, Hampton G L, and James C S. 2004. Overview of coal and shale gas measurement: field and laboratory procedures. Published in the Proceedings of the 2004 International Coalbed Methane Symposium

Wang F P and Reed R M, John A, et al. 2009. Pore networks and fluid flow in gas shales. SPE Annual Technical Conference and Exhibition, SPE 124253

Waples D W and Marzi R W. 1998. The universality of the relationship between vitrinite reflectance and transformation ratio. Organic Geochemistry, 28 (6): 383~388

Washburn E W. 1921. Note on a method of determining the distribution of pore sizes in a porous material. Proceedings of the National Academy of Science, 115~116

Waters G, Dean B, and Downie Robert. 2009. Simultaneous hydraulic fracturing of adjacent horizontal wells in the woodford shale. SPE 119635

WEC. 2004. Survey of Energy Resources. World Energy Council, 75~77

WEC. 2007. Survey of Energy Resources. World Energy Council, 106~130

WEC. 2009. Survey of Energy Resources. World Energy Council, 17~19

Wei Y and Economides M J. 2005. Transverse hydraulic fractures from a horizontal well. SPE 94671

White J E, Martineau — Nicoletis L, and Monash C. 1983. Measured anisotropy in Pierre shale. Geophysical Prospecting, 31 (5): 709~725

Wood T. 2006. Water Resources for Oil Shale. Oil & Gas Journal

Wood W D, Brannon H D, Rickards A R, et al. 2003. Ultra — lightweight proppant development yields exciting new opportunities in hydraulic fracturing design. SPE 84309

Woodroof R A, Asadi M, Warren M N. 2003. Monitoring fracturing fluid flowback and optimizing fracturing fluid cleanup using chemical frac tracers. SPE82221

Wylde J J, 2010. Clariant increasing lazy gas well production: a field wide case history in northern Alberta. CSUG/SPE 134143

WEO (World Energy Outlook) . 2009. Intenational energy agency

Xu S and White R E. 1995. A new velocity model for clay — sand mixtures. Geophysical Prospecting, 43:

91～118

Zaoui A. 2002. Continuum micromechanics：survey. Journal of Engineering Mechanics ASCE，128（8）：808～816

Zhao H，Givens N B，and Curies B. 2007. Thermal maturity of the Barnett Shale determined from well-log analysis. AAPG Bulletin，91（4）：535～549

Zhu Y P，Liu E R，Martinez A，et al. 2011. Understanding geophysical responses of shale gas plays. The Leading Edge，30（3）：332～338

Zuber M D，Williamson J R，Hill D G. et al. 2002. A comprehensive reservoir evaluation of a shale reservoir-The new Albany shale. Annual Technical Conference and Exhibition，SPE 77469

杜玉成，刘燕琴. 2003. 某油页岩尾渣制备优质煅烧高岭土的研究. 矿冶，12（1）：56～59

傅雪海，秦勇，韦重韬. 2007. 煤层气地质学. 徐州：中国矿业大学出版社

李建秋，段永刚. 2011. 页岩气无限导流压裂井压力动态分析. 天然气工业

李新景，胡素云，程克明. 2007. 北美裂缝性页岩气勘探开发的启示. 石油勘探与开发，34（4）：392～400

李新景，吕宗刚，董大忠等. 2009. 北美页岩气资源形成的地质条件. 天然气工业，29（5）：27～32

李玉喜，乔德武，蒋文利等. 2011. 页岩气含气量和页岩气地质评价综述. 地质通报，30（2～3）：303～317

刘招君，杨虎林. 2009. 中国油页岩. 北京，石油工业出版社，127～140

吕亮，Schlumberger. 2004. PowerV 旋转导向垂直钻井系统. PPT

苗建宇，祝总棋，刘文荣等. 2003. 济阳坳陷古近系—新近系泥岩孔隙结构特征. 地质论评，49（3）：330～335

聂海宽，张金川，张培先等. 2009. 福特沃斯盆地 Barnett 页岩气藏特征及启示. 地质科技情报，28（2）：87～93

聂海宽，张金川. 2010. 页岩气藏分布地质规律与特征. 中南大学学报（自然科学版），41：（2）：700～707

蒲泊伶，包书景，王毅等. 2008. 页岩气成藏条件分析——以美国页岩气盆地为例. 石油地质与工程，22（3）：33～36

钱家麟，王剑秋，李术元. 2006. 世界油页岩综述. 中国能源，28（8）：16～19

斯图尔特·李，Halliburton. 页岩气增产（压裂）工艺. PPT

魏明安. 2002. 油页岩综合利用途径探讨. 矿冶，11（2）：32～34

肖其海. 1995. 油页岩灰填充母料的研制. 塑料科技，2：5～8

于廷云，孙桂大. 1994. 抚顺油页岩灰分检测与利用的可能性. 抚顺石油学院学报，14（1）：12～14

张厚福，方朝亮，高先志等. 1999. 石油地质学. 北京：石油工业出版社

张淮浩，陈进富，李兴存等. 2005. 天然气中微量组分对吸附剂性能的影响. 石油化工，34（7）：656～659

张杰，金之钧，张金川. 2004. 中国非常规油气资源潜力及分布. 当代石油石化，12（10）：17～19

张金川，姜生玲，唐玄等. 2004. 页岩气成藏机理和分布. 天然气工业，24（7）：15～18

张林晔，李政，朱日房. 2009. 页岩气的形成与开发. 天然气工业，29（1）：1～5

张秋民，关君，何德民. 2006. 几种典型的油页岩干馏技术. 吉林大学学报（地球科学版），36（6）：1019～1026

朱亚杰. 1984. 油页岩科学研究论文集. 东营：华东石油学院

邹才能，董大忠，王社教等. 2010. 中国页岩气形成机理、地质特征及资源潜力. 石油勘探与开发，37（6）：641～653

附录参考文献

Chelini V，Muttoni A，Mele M，et al. 2010. Gas－shale reservoir characterization：a North Africa case. SPE Annual Technical Conference and Exhibition. SPE 134292

Curtis J B. 2002. Fractured shale－gas systems. AAPG Bulletin，86（11）：1921～1938

EIA（U. S. Energy Information Administration）2011. http：//www. eia. gov/oil＿gas/natural＿gas/data＿publications/natural＿gas＿monthly/ngm. html

Hackley P C，Dennen K，Gesserman R. 2009. Preliminary investigation of the thermal maturity of Pearsall Formation Shales in the Maverick Basin，South Texas. Adapted from oral presentation at AAPG Annual Convention. Search and Discovery Article ＃110081

Hammes U and Carr D L. 2009. Sequence stratigraphy，depositional environments，and production fairways of the Haynesville shale－gas. Adapted from oral presentation at AAPG Annual Convention. Search and Discovery Article ＃110084

Hartwig A，Konitzer S，Boucsein B，et al. 2010. Applying classical shale gas evaluation concepts to Germany—Part Ⅱ：Carboniferous in Northeast Germany. Chemie der Erde 70（2010）S3，93～106

IEA（Intenational energy agency）. 2009. World Energy Outlook.

Kennedy，Baker Hughes. 2010. 页岩气藏开发生产周期中常见的技术难题与挑战. 中美油气技术研讨会，PPT

Kundert D and Mullen M. Properevaluation of shale gas reservoirs leads to a more effective hydraulic－fracture stimulation. SPE 123586

McDaniel B W，Surjaatmadja J B，and East L E. 2008. Use of hydrajet perforating to improve fracturing success sees global expansion. SPE 114695

McDaniel B W. 2007. A review of design considerations for fracture stimulation of highly deviated wellbores. SPE 111211

NEB（National energy board）. 2009. Office national de I'énergie，Energy Briefing Note. A primer for understanding Canadian shale gas.

Reimers D. 2008. U. S. Shale gas－trends and expansion. Prepared for presentation at AAPG Annual Convention. Search and Discovery Article ＃110073

Roelofsen J，Chungkham P，Parry J. Shale gas plays in Europe － the geological framework of unconventional gas play resources and risk. The 73rd EAGE conference ＆exhibition in corporating SPEEuropec，D010，2011

Schamel S. 2008. Utah shale gas a developing resource play. Prepared for presentation at AAPG Annual Convention. Search and Discovery Article ＃110067

Schmaker R. C. 1982. A detailed geologic study of three fractured Devonian shale gas fields in the Appalachian Basin. SPE 10791

Shaw J C，Reynolds M M，Burke L H. Shalegasproductionpotentialandtechnical

Wickstrom C W. 2008. Woodford shale gas in Oklahoma. Prepared for oral presentation at AAPG Annual Convention. Search and Discovery Article ＃110068

陈更生，董大忠，王世谦等. 2009. 页岩气藏形成机理与富集规律初探. 天然气工业，（5）：17～21.

聂海宽，唐玄，边瑞康. 2009. 页岩气成藏控制因素及中国南方页岩气发育有利区预测石油学报，30（4）：484～491

聂海宽，张金川. 2010. 页岩气藏分布地质规律与特征. 中南大学学报（自然科学版）. 41（2）：700～708

斯图尔特．李，Halliburton. 页岩气增产（压裂）工艺．PPT

张金川，姜生玲，唐玄等．2009. 我国页岩气富集类型及资源特点．天然气工业，29（12）：109～114.

张林晔，李政，朱日房．2009. 页岩气的形成与开发．天然气工业，29（1）：1～5

邹才能，董大忠，王社教等．2010. 中国页岩气形成机理、地质特征及资源潜力．石油勘探与开发，37（6）：641～653

6 天然气水合物

天然气水合物（Natural Gas Hydrate，简称 Gas Hydrate）因其外观像冰而且遇火即可燃烧，所以又被称作"可燃冰"。它是在一定条件（合适的温度、压力、气体饱和度、水的盐度、pH 值等）下由水和天然气混合时形成类冰的笼形结晶化合物，自然界形成的天然气水合物主要气体成分为甲烷，对甲烷分子含量超过 99% 的天然气水合物通常称为甲烷水合物（Methane Hydrate）。

天然气水合物是 20 世纪科学考察中发现的一种新的矿产资源，在自然界广泛分布在大陆、岛屿的斜坡地带、主动和被动大陆边缘的隆起处、极地大陆架以及海洋和一些内陆湖的深水环境。据统计，全球天然气水合物的含碳量约为其他已探明化石能源（煤、石油、天然气）含碳量的两倍。在标准状况下，一单位体积的甲烷水合物分解可产生 164 单位体积的甲烷气体，是常规天然气能量密度的 2～5 倍。因此，天然气水合物是迄今为止所知的最具价值的海底能源矿产资源，很可能在 21 世纪成为煤、石油、天然气之后的替代能源。

天然气水合物勘探技术包括地震勘探和电磁、重力、地化和微地貌探测等非地震勘探方法，地震资料是用来证明海底存在水合物的最常见的证据。与游离气和水相比，天然气水合物具有高速度、高电阻率的特征。地层中水合物发育的沉积层与之下游离气藏或水可能存在较大的波阻抗差而形成强反射，因其通常和海底平行、与沉积层序斜交，被称为似海底反射（Bottom simulation reflaction，简称 BSR）。然而，BSR 只是由于上下层速度差异形成，有BSR 并不一定代表存在水合物。并且，对断裂和泥火山等构造有关的水合物矿藏，其 BSR特征往往不明显或者不存在，这种情况下，需要综合地质背景和重力、电磁、地化和微地貌等多种探测手段进行勘探。当然，最直接有效的方法是通过钻探的测井记录和取心分析。

天然气水合物开发目前主要考虑的是先将地层中的水合物进行分解，再按照常规气藏的开发方法进行开采。传统开发方案有注热法、降压法和注化学试剂法。（1）注热开采法是直接对天然气水合物层进行加热，使天然气水合物层的温度超过其平衡温度，从而促使天然气水合物分解为水与天然气的开采方法；（2）降压开采法是通过降低压力促使天然气水合物分解的开采方法。减压途径主要有两种：①采用低密度泥浆钻井达到减压目的；②当天然气水合物层下方存在游离气或其他流体时，通过泵出天然气水合物层下方的游离气或其他流体来降低天然气水合物层的压力；（3）化学试剂注入法是通过向天然气水合物层中注入某些化学试剂，如盐水、甲醇、乙醇、乙二醇、丙三醇等，破坏天然气水合物藏的相平衡条件，促使天然气水合物更容易分解。此外，通过向地层注入 CO_2 直接置换出甲烷也是目前研究的热点。

天然气水合物的开发还存在钻井风险和影响海底的稳定性等方面的问题，此外，甲烷还是一种强温室效应的气体（是 CO_2 的 20 倍），水合物分解后气体的有效收集也是面临的主要问题之一。天然气水合物开发的成本问题，目前水合物的各类开采方式代价较高，还需要建造配套的管道，公路等生产基础设施，因此，天然气水合物的开发优先考虑的是成熟的油气生产基地，可以直接对其生产和输送设施加以改进，像美国的墨西哥湾，阿拉斯加北斜坡等区域。

本部分首先介绍了天然气水合物形成的地质条件和储层特征，然后介绍了针对海底天然气水合物的地震勘探和重力、电磁等非地震勘探最新技术进展，分析了天然气水合物矿藏的测井响应特征，结合岩石物理模型对储层孔隙度、饱和度进行估算用于储量预测。最后，论述了天然气水合物开发过程中的深水区的钻井问题，水合物的开采方式总结，以及商业化生产所面临的挑战。

6.1 天然气水合物基本概念

6.1.1 水合物的基本性质

天然气水合物是在一定的温度和压力条件下由水和天然气混合时形成的笼形结晶化合物。它可用 $M \cdot nH_2O$ 来表示，M 代表水合物中的气体分子，n 为水分子数。组成天然气的成分如 CH_4、C_2H_6、C_3H_8、C_4H_{10} 等同系物以及 CO_2、N_2、H_2S 等可形成单种或多种天然气水合物，除了气体，有些流体，象氧杂环戊烷也可以和水分子结合形成水合物。自然界形成天然气水合物的主要气体为甲烷，对甲烷分子含量超过 99% 的天然气水合物通常称为甲烷水合物。Makogon（1997）用以下方程描述了甲烷水合物的形成，即

$$CH_4 + N_H H_2O(水) \Leftrightarrow CH_4 \cdot nH_2O + \Delta H_1 \qquad (6.1.1)$$

$$CH_4 + N_H H_2O(冰) \Leftrightarrow CH_4 \cdot nH_2O + \Delta H_2 \qquad (6.1.2)$$

式中：N_H 为水分子数，对甲烷水合物，N_H 近似为 6（Sloan 和 Koh，2008）。水合物的形成是放热反应，分解吸收热量。对上式中水合物的形成，$\Delta H_1 = 54.2 kJ/mol$，$\Delta H_2 = 18.1 kJ/mol$。

在天然气水合物的笼形结构中，水分子形成外围框架结构，气体作为客体分子被关在笼中，当大约 90% 的笼子被气体分子填充时形成水合物。气体分子与水分子通过范德华力相结合，因为缺少化学键的作用，客体分子可以在笼中自由旋转，这个现象可以通过光谱技术观察到（Gutt 等，1999）。目前为止已发现三种类型的天然气水合物的结构（Sloan，1998），即 I 类、II 类和 H 类（图 6.1.1）。I 类结构的水合物为立方晶体结构，笼状框架中只能容纳甲烷、乙烷以及一些非烃类的小气体分子（如氮气，二氧化碳、硫化氢等）。II 类结构的水合物为菱形晶体结构，笼状结构较大，可以容纳从甲烷到异丁烷（$C_1 \sim iC_4$）分子。而 H 类结构水合物与冰类似为六方晶体结构，具有最大的笼状框架，可以容纳分子直径大于 iC_4 的有机气体分子。I 类结构在自然界中最广泛存在，其次是 II 类，自然界中 H 类非常稀少，该类型水合物曾经在墨西哥湾被发现（Sassen 和 Macdonald，1994）。受气源成因

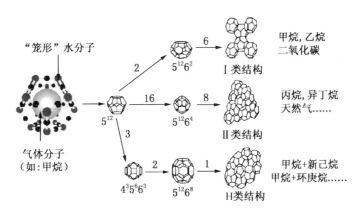

图 6.1.1　天然气水合物的三类分子结构（据 Grove，2005）
（图中笼形结构下方数字代表晶体结构，如 5^{12} 代表晶体结构为五边形
十二面体；箭头上数字为不同水合物类型所需笼子数目）

的影响，生物成因的水合物气体成分相对单一，主要为厌氧细菌还原生成的甲烷，表现为Ⅰ类结构；热成因的水合物气源来源于深部油气的裂解，气体成分比较复杂，可能包含Ⅱ类和H类结构。

天然气水合物的密度可以在 $0.8 \sim 1.2 g/cm^3$ 之间变化，取决于形成水合物的气体成分，温度，压力以及分子结构。甲烷水合物的密度近似为 $0.91 g/cm^3$，$1m^3$ 甲烷水合物在常温常压下能分解成 $164m^3$ 甲烷和 $0.8m^3$ 水（Makogon，1997）。与石油和煤炭相比，天然气水合物是一种高效清洁的能源。

天然气水合物成为近期的研究热点主要出于以下三个方面的考虑：首先是考虑将天然气水合物作为潜在的未来能源，全球天然气水合物的含碳量约为其他已探明化石能源（煤，石油，天然气）含碳量的两倍（Kvenvolden，2003）；其次甲烷还是一种温室效应气体，天然气水合物的大量分解足以引起全球气候的变化；最后，天然气水合物沿斜坡、断层泄露还可能引发海啸等地质灾害。此外，Hammerschmidt（1934）证实了在温度压力合适的情况下，天然气水合物也可能在油气运输管道中形成而造成堵塞。随着勘探走向深海和永冻土区域，这种情况可能经常发生，对油气运输来讲，抑制水合物在管道中形成也是当前热门课题。

6.1.2　水合物相平衡条件及资源分布特点

充足的气源、合适的温度压力和储集空间是形成天然气水合物的基本要求。自然界中的天然气水合物赋存于海底沉积物和永久冻土带中。研究表明全世界 90% 的海洋中某一深度下均有适宜水合物存在的温度压力环境。天然气水合物稳定带（Gas Hydrate Stable Zone，简称 GHSZ）控制着天然气水合物的成矿作用、分布规律和演化过程。水合物稳定带厚度与水深、底层水温度、压力、地温梯度、孔隙水盐度、天然气成分有关。在该深度范围内，只要沉积物中有足够的孔隙空间，充足的甲烷来源和水，就有可能形成天然气水合物。

6.1.2.1　水合物的相平衡条件

受温度压力条件限制，目前已发现的自然界中水合物存在于两种不同环境：北极永久冻土和深海沉积物中。海底存在大量的水合物因为海洋沉积物中的甲烷菌非常活跃产生大量的甲烷（Claypool 和 Kaplan，1974）。甲烷形成后在合适的温度和压力下与孔隙水化合形成甲烷水合物。水合物的形成不仅受到地温梯度的影响，还受到地表温度、地层压力、沉积物中气体成分和流体含盐度的影响，具体分析如下：

（1）地层的温度和压力。

地层温度和压力是影响水合物稳定的主要因素。受地表温度、地温梯度和地层埋深等的影响，在纯水—甲烷体系中，大陆极地地区（地表温度低于 $0℃$）甲烷水合物深度上限是 150m；大洋中（海底温度约为 $0 \sim 3℃$）甲烷水合物一般产于水深 300m 以下的沉积层中（Makogon，1997）。海底温度可以通过直接测量获得准确数据，海水温度随水深变化而变化。在低纬度地区，受大气温度的影响，海水水温较高，并且具有较高的变化区间；在中高纬度地区，海水温度及变化梯度均低于低纬度地区。

（2）地温梯度。

地温梯度直接对地层温度产生影响，从而影响水合物在地层中的相平衡条件，是决定水合物稳定带厚度的一项重要参数。相同水深条件下，通常在高地温梯度区域水合物稳定带相对较薄，而低地温梯度区域水合物稳定带相对较厚。地温梯度是地壳内部热流和岩石热导率的函数，与热流成正比，与沉积物的热导率成反比。不同沉积盆地或者同一沉积盆地不同构造部位，由于沉积物岩石成分、密度、孔隙度和含水量等因素限制，其热导率也会在横向和垂向上有所变化，而具有不同的地温梯度，从而水合物稳定带厚度也不一样。例如，在泥底辟构造中，由于泥岩热导率差，导致泥底辟内部温度高，而上覆地层温度低，泥底辟之上水合物稳定带变厚；与此相反，盐底辟之上水合物稳定带厚度则变薄。此外，深部大断裂和火山活跃带均能导致局部地温的升高，使得水合物稳定带变薄。

（3）气体成分。

相同温度压力条件下，气体成分差异也会对水合物厚度产生影响。Max 等（1996）通过对甲烷—纯水体系的物化条件试验说明，当甲烷中加入少量其他气体（如二氧化碳、乙烷）时，水合物—气体相边界将发生移动，水合物稳定性增强，水合物稳定带变厚。

（4）孔隙水含盐度。

孔隙水含盐度变化会影响水合物稳定带厚度。当孔隙水盐度增加时，水合物—气体相边界将向左发生移动，水合物稳定带变薄（图 6.1.2）。在一定区域内海水的盐度在横向和垂向是变化的，因此在不同部位，水合物稳定带底界面的深度也不一样。一般情况下，海水深度小于150m时，含盐度随水深增大而增加，当水深在150～500m时，含盐度随水深增大而减小；当水深500～1500m时，含盐度又随水深增大而增加；当水深大于1500m时，含盐度基本稳定在34.6‰左右。

图 6.1.2 显示了甲烷水合物维持稳定所需要的温度和压力条件。由图中可以看出甲烷水合物在高温下保持稳定需要更高的压力（例如，高于15℃时维持稳定需要大于10MPa的压力）。水合物稳定相边界取决于气体成分和离子浓度，一方面，在压力相同条件下，添加少量的二氧化碳、硫化氢、乙烷或丙烷，可以将稳定曲线推至更高的温度，增加甲烷水合物的稳定性；另一方面，孔隙流体盐度的增加，会抑制水合物的稳定性。与纯水相比，在盐水饱和度为33%时，水合物分解温度将下降1.1℃（Dickens 和 Hunt，1994）。此外，深海沉积物的物理性质和表面化学特征也会影响天然气水合物的稳定性，同时降低稳定带的厚度，但是目前的研究一般不考虑这些因素（Clennell 等，1999）。水合物稳定带厚度主要取决于地温梯度和海水深度，随着水深的增加而增厚；当水深不变时，水合物厚度取决于地温梯度。

图 6.1.3 显示受温度及压力条件限制，海底沉积物中天然气水合物稳定带（GHSZ）分布。一般情况下，海水温度随深度增加而降低，海底之下地层温度主要受地温场影响。海洋环境温度压力场与水合物稳定相边界共同定义了 GHSZ。由于天然气水合物密度比水小，海水中如果存在水合物将会浮至水面发生分解，因此，海洋中水合物存在于海底沉积物孔隙中。

术语"GHSZ"并不意味着该区域内一定有水合物，而是如果有水合物形成，可以在此区域内稳定存在。除压力、温度以及海水盐度等控制参数之外，还需要有充足的甲烷来源，只有在孔隙流体中甲烷浓度大于该压力和温度下的溶解度时候才能形成水合物。天然气水合物在陆缘普遍存在，因为这些区域有大量泥沙涌入，携带的大量有机质被迅速掩埋，在缺氧条件下有机质转化成甲烷。

6.1.2.2　水合物资源分布

受温度压力条件限制，目前发现的天然气水合物主要存在于北极永久冻土，内陆深湖盆沉积物，以及外大陆架和陆坡的浅海沉积物中。在不同地质背景中，天然气水合物出现形式也不同。如图 6.1.4 所示，在海洋环境中，天然气水合物可以是填充在砂岩孔隙和泥岩裂缝中的分散颗粒，同时也可以存在于细粒沉积物的裂缝、纹层形成的复杂网络结构中，水合物

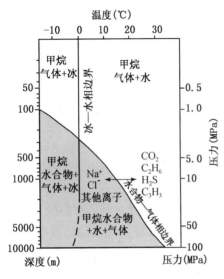

图 6.1.2 天然气水合物稳定相图
（据 Kvenvolden，1998）

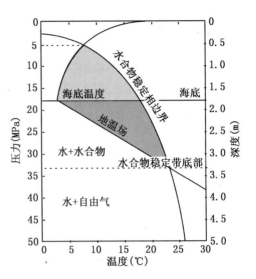

图 6.1.3 海底天然气水合物稳定带
（Gas Hydrate Stable Zone，简称 GHSZ）
（据 Buffett 和 Archer，2004）

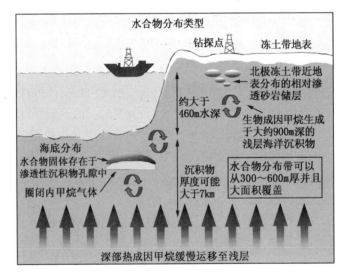

图 6.1.4 天然气水合物冻土带及海底分布特征
（据 Sloan 和 Koh，2008）

层之下往往存在气藏而表现为地震资料上的 BSR 反射特征。而冻土带相关的天然气水合物主要局限存在于砂岩沉积物的孔隙中（Boswell 等，2008）。

从全球水合物资源的分布来看，海洋中的天然气水合物资源量超出永久冻土中天然气水合物资源量两个量级（Sloan 和 Koh，2008）。在地球表面，海洋和永久冻土中的面积分别占据 70% 和 7%，相对而言，海洋中的天然气水合物储量更大。天然气水合物在海底储层的资源量占总资源量的 99% 左右，大部分发育于泥岩裂缝和致密砂岩的非渗透性储层（Bosswell 和 Collet，2006）。

与传统气藏开发类似，天然气水合物开采的初级目标是那些流体的连通性较好的区域。水合物形成的地质环境多样性造成了天然气水合物产状的多样性。Boswell 和 Collett（2006）使用未来生产的相对前景作为分析准则，确定了天然气水合物资源金字塔中资源分类的几个关键点（图 6.1.5），显示了不同类型水合物矿藏资源量和开发的可行性。图 6.1.5 中其中最有前景的资源在顶部，技术上最有挑战性的在底部。金字塔形状反应了一个资源组分布的自然趋势，含量最丰富的元素通常也最难获取利润。

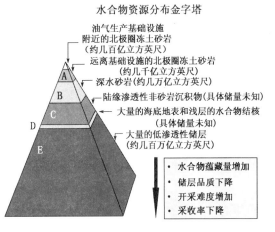

水合物资源分布金字塔

图 6.1.5　天气水合物资源分布金字塔
（据 Bosswell 和 Collet，2006）

最具有商业化开发潜力的天然气水合物资源金字塔塔顶。此类型天然气水合物存在于北极冻土带优质砂岩储层，并且具有很高的饱和度，水合物赋存区域为成熟的油气生产基地，可以对现有生产设备进行改造，象美国的阿拉斯加北斜坡区和加拿大的麦肯齐地区。目前估算该类资源含气量 33Tcf（万亿立方英尺，Trillion cubic feet）。模型研究表明，技术上可采量达到 12Tcf。

第二层的水合物资源为较次一级的水合物矿藏，存在于阿拉斯加北斜坡区类似的地质环境的岩层中（不连续圈闭，在高质量砂岩藏中具有高饱和度），但是远离现有的生产基础设施。美国地质勘探局估计北坡带所有的天然气地质储量达到 590Tcf（Collett，2005）。

第三层的资源包括中等浓度的天然气水合物，这些水合物形成于海洋环境中的优质砂岩矿藏。受深水中开发高成本的影响，这种资源的具体规模目前还未知。然而，据美国矿产管理处的一项评估项目表明这种资源在浅部砂质沉积中有大量的储量（Ray，2005）。此类资源的例子有墨西哥湾（Smith 等，2006），日本近海 Nankai 海槽（Fujii 等，2005），以及最近温哥华近海的 Cascadia 陆缘区域（Reidel 等，2005）。

第四层为海底泥岩储层中的大量天然气水合物沉积。裂缝型泥岩水合物矿藏在某些地区很常见，泥岩厚层中纹理大量发育，并且填充有高浓度的水合物（Boswell 等，2007）。然而，与颗粒支撑的高渗透性砂岩储层不同，从裂缝型泥岩储层中分离甲烷存在许多问题，主要是地质动力学的严峻挑战，以及开发对储层完整性和油井稳定性的影响（Rutqvi 和 Moridis，2007）。要使裂缝型泥岩沉积中水合物的开发变得可行，还需对目前生产技术进行改进。

第五层为高纯度的天然气水合物聚集直接暴露在或者接近于海底，并且延伸到未知深度（Boswell 和 Collett，2006）。这类储层具有普遍性和容易发生变化的特点，其潜在储量有限，并且在水合物资源总量中占据的比重还不清楚。尽管如此，使用传统的油井技术从这类沉积中开采甲烷在技术上是可行的（因为接近海底），但是如果尝试海底采矿技术可能会很困难（可能会严重影响敏感的海底生态系统）。

在天然气水合物资源金字塔的底部（第六层）是弥散型水合物藏，典型的有卡罗莱纳近海的 Blake Ridge 水合物藏（Borowski，2004）。天然气水合物在大量的细密纹理中相对均匀分布，具有较低的饱和度（平均 2%～4%，估计最高是 5%～12%）。这类资源在全球天然气水合物资源量中占据最大比重（约数百万亿立方英尺的天然气地质储量）。不幸的是，以目前的技术来看，从这些高度分散的资源中开采天然气，其经济采收率前景较差（Moridis 和 Sloan，2007）。

6.1.3　水合物研究现状

自然界天然气水合物于 19 世纪 60 年代首次被证实（Makogon，1965）。天然气水合物的勘探和开采是 21 世纪的一个重要课题。许多国家，包括美国，俄罗斯，日本，印度，中国，韩国等，都启动了一系列针对天然气水合物勘探和开发的国家级研究计划。并且，许多国家在大学实验室对天然气水合物进行严格的理论研究。遗憾的是，即便是基础研究，大部分的研究计划都是独立进行，科技水平存在差异，实验结果也没能引起工业界的重视。因此，各国之间应该加强技术合作，共同提高对天然气水合物勘探和开采的认识。

6.1.3.1　勘探和开发现状

最初观测到海洋沉积物中的水合物是通过地震数据的"似海底反射"或者称 BSR。BSR 通常发生在基于热力学预测的天然气水合物稳定带的底部。水合物稳定性受温度影响，BSR 所在深度为海底沉积物地热梯度的划定提供了参考。BSR 的负极性说明随深度增加，波阻抗值有所下降。BSR 反射在地震资料上特征明显，具有与海底近似平行、相位反转、与沉积层系斜交、BSR 之上出现振幅空白带等的特点（图 6.1.6）。测井上天然气水合物层具有高纵波速度、高电阻率和扩径严重等的特点。大洋钻探计划（Ocean Drilling Program 简称 ODP）已经对环太平洋边缘大陆斜坡（秘鲁，智力，哥斯达黎加，俄勒冈州/华盛顿，日本），以及大西洋的美国被动边缘（Blake Ridge）等多个 BSR 区域进行了岩心取样，目的是想了解海洋中水合物特征、分布以及富集规律。

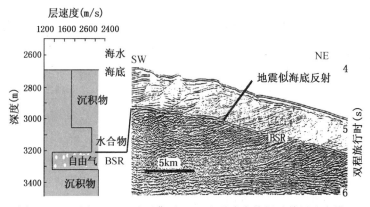

图 6.1.6　Blake Ridge 地区典型 BSR 地震响应特征及其层速度模型

（据 Paull 等，1996）

水合物目前的勘探方法包括地震、重力、热流扩散、电磁技术，其中最普遍使用的为地震勘探。地震勘探频率范围一般为 30～120Hz，对应分辨率 12～24m，通过二维地震数据的 BSR 现象来确定水合物底界面。然而，二维地震数据并没有解决一些主要问题，比如，不能体现储层中水合物的饱和度情况，并且地震勘探在水合物层之下为干层或水合物层饱和度较低引起的没有 BSR 或者 BSR 不明显条件下是失效的。

天然气水合物赋存在沉积物孔隙中会引起沉积物物理特性发生变化。相对于海底浅层沉积物，水合物具有高纵波速度和横波速度的特点，含天然气水合物的沉积层纵波速度一般会有所提高（Dillon 和 Paull，1983）。水合物在地层中的赋存状态分为胶结型和非胶结型，在胶结条件下，水合物附着于沉积物颗粒表面或者作为骨架的一部分，沉积物纵、横波速度均有明显提高，并且深度胶结导致在整个储层段速度差异不明显，出现空白反射特征；在非胶结条件下，水合物分散于孔隙流体中填充孔隙，此时沉积物纵波速度仍有所提高然而横波速度变化不明显。此外，天然气水合物还是很好的绝缘体，含天然气水合物的沉积层往往具有更高的电阻率。天然气水合物导致地震速度和电阻率的增加，可以被当做评估天然气水合物饱和度的重要性质。

图 6.1.6 显示了 Blake Ridge 地区水合物层与之下游离气层的阻抗差距形成的 BSR。尽管地震反射的一些细节特征还不完全清楚，很显然 BSR 与水合物层下部游离气引起的地层速度突然降低关系密切（Paull 等，1996）。理论模型研究表明 BSR 并不是水合物存在的必要条件，因为在水合物层下方没有游离气层情况下 BSR 并不存在，事实上，也在没有 BSR 的沉积物中发现了水合物（Xu 和 Ruppel，1999）。此外，基于地震 BSR 分析的估算水合物饱和度模型容易受一些较差约束参数的影响，估算结果需通过水合物饱和度的现场取样测量进行修正。

目前，天然气水合物唯一的商业开采为 20 世纪 70 年代俄罗斯西伯利亚的麦索亚哈气田生产，人们发现在气田压力下降关井一段时间后，储层压力得以回升，后经证实为之上层段水合物的分解造成。之后，多国联合对加拿大麦肯齐地区的一口井进行了试采分析。

在天然气水合物的开采上，目前考虑的是先将地层水合物分解再进行天然气采集。常规工业开采中的降压法和注热法都是考虑打破天然气水合物的稳定条件使其分解，注化学试剂法通过添加盐类，甲醇等抑制水合物的形成来降低水合物分解所需的温压条件。针对不同类型的储层，不同方法的开发效果有明显差异。如对分散型储层，注热法开采效率低而降压法作用明显。目前更多的是这些开采方法的配合使用。

开采所主要考虑的问题不是潜在的资源量而是开采的花费和多少资源量可以被开采出来。开采效率的限制条件有地质和热动力条件，同时还有天然气水合物的分布情况。天然气水合物必须先经分解产气。因此，大量开采出来的天然气将被用于加热储层。部分地区计算显示，天然气水合物的开采效率可以达到 $50\%\sim75\%$，但对全球潜在资源量来讲，开采效率可能只有 $17\%\sim20\%$（Collett，2005）。

6.1.3.2　主要国家和地区研究现状

在美国，水合物研究包括模拟实验研究和阿拉斯加北斜坡区以及墨西哥海湾（这两个区域也是美国天然气水合物的开发目标）为重点的现场研究（Collett，2007）。这两个区域同时存在完善的石油装备系统，重点钻井和运输基础设施，允许通过对现有的设施进行改造钻采天然气水合物。很可能美国国内水合物的生产最早会在阿拉斯加进行，水合物生产的气体不仅可以用于当地的油气田开发作业，还可以在建立了输气管道之后进行商业销售。然而，美国国内从墨西哥湾水合物中生产天然气可能性是也是很高的。尽管受更复杂的开发条件和高昂的近海开发成本限制，但是墨西哥湾具有更高的管道运输能力，更容易进入国际市场。

日本对水合物开采制定了严谨的研究计划。日本在东海岸 Nankai 海槽的天然气水合物浊流砂岩储层进行了大量钻探研究（Takahashi 和 Tsuji，2005）。Fujii 等（2005）描述了 Nankai 海域天然气水合物产状的多样性，Kurihara 等（2005）讨论了在不同地质条件下天然气水合物开采的经济性。预计到 2016 年，日本的水合物开采技术可能会最接近商业化生产。日本还与加拿大等国家合作在加拿大北极地区从事水合物科学研究和生产测试。

加拿大已经启动了一个大型的天然气水合物研究和开发项目，研究了 Mallik 生产现场试验（Dallimore 和 Collett，2005），最显著进展是从水合物中生产天然气的尝试。

印度政府也资助了一项全国性的大型天然气水合物项目，以满足其日益增长的天然气需求。对传统油气资源开发过程中获得的地震数据（印度陆缘获得）进行分析发现了天然气水合物分布的地震响应特征（Collett，2004），从而推动了 2006 年的科学考察。这次考察证实有四处近海区域沉积中赋存有大量水合物，并且对水合物沉积层进行了大量取心。最值得关注的是在 Krishna—Godowari 盆地发现了 130m 厚的裂缝型泥岩，并且在页岩油藏中发现了天然气水合物（Collett 等，2006）。

中国从事天然气水合物研发已经有 10a 以上（Fan 等，2005）。2007 年初，在中国南海进行了早期钻井和取心项目。考察发现，在一些未变形和黏土为主的沉积中，天然气水合物饱和度高达 40%（Zhang 等，2007）。与印度之前的考察一样，这些结果都是没有预料到的。

韩国启动了一个重要的研究项目，目的是评估朝鲜东海地区天然气水合物的潜在资源量。韩国地质调查局在 2000—2004 年的早期研究表明，在郁龙盆地有大量的天然气水合物存在（Park，2006），大量的数值模拟研究结果证实了这些沉积物中含有潜在产量的可能性（Moridis 等，2007）。2007 年末，韩国东海岸钻探和取心项目的报告报导了几个上百米厚的产层，与 2006 年在印度海上发现的裂缝型页岩沉积有类似的特征。

其他国家和地区（比如：挪威，墨西哥，台湾，越南，马来西亚）由政府资助的研究项目要么已经着手开始准备，或者正在调查研究从水合物沉积中生产天然气的潜力。研究该项目的国家和地区数量还将继续增加，在欧洲，像 Hydratech 和 Hydramed 项目都得到了欧盟资金支持。然而目前，这些项目都倾向于基础科学和环境问题的研究。

天然气水合物科学的主要贡献者是综合大洋钻探项目以及前人所提出的一系列现场考察，综合大洋钻探项目包括 1982 年在危地马拉近海海洋天然气水合物的早期研究，秘鲁近海，Blake Ridge（南卡罗莱纳州近海），NanKai 海槽，Hydrate Ridge（俄勒冈近海）的创新考察。最近在温哥华岛近海 Cascadia 增生楔处进行了系统的天然气水合物取样。这项考察得到了一系列重要的发现，包括孔隙水中天然气水合物溶解度/甲烷饱和度的重要性方面的新观点，储层岩性在决定天然气水合物浓度方面的主要影响程度（Reidel 等，2005）。

水合物研究领域具有高难度和高投入的特点，需致力于国际合作项目，结合人才和资源优势。加拿大的麦肯齐三角洲（西北地区）的 Mallik 项目（2002 年），参与研究包括来自五个国家（日本，加拿大，美国，印度和德国）的 7 个组织以及国际大陆科学钻探计划。目前国际合作项目包括 Mallik 2007—2008 项目（Dallimore 等，2007）（日本和加拿大）。其他双边合作项目，比如，美国—印度（Collett 等，2006），美国—中国。

6.2 水合物成藏模式与地质特征

充足的气源、合适的温度压力和地质构造条件是形成天然气水合物的基本要求。在主动陆缘、被动陆缘和内陆深水湖盆环境的浅表层沉积中，均可赋存水合物。在极地与高纬度地区，自然界温度较低，无需太高压力即可形成水合物，如阿拉斯加、加拿大和俄罗斯北部的永久冻土带以及近海陆架海底。在海域由于水层本身压力，水合物可以在较高温度下形成，通常在水深 300~2000m 处（压力约为 20~200atm）温度约 15~25℃时，水合物仍然可以形成并且稳定存在。

根据水合物中甲烷的 $\delta^{13}C$（碳同位素）组成、水合物气体成分 R（$R = CH_4/(C_2H_6 + C_3H_8)$）的比例关系，可以判断生物气和热解气。若 $\delta^{13}C$ 小于 $-60‰$，R 值大于 1000，则为生物气；反之，则为热解气。

水合物的成藏模式包括成岩型、构造型和混合型。（1）成岩型水合物的形成与分布主要受沉积因素控制，成矿气体以生物气为主，既有原地生成也有孔隙流体运移生成。在富含碳沉积区，甲烷气主要在水合物稳定带内生成，水合物的生成与沉积作用同时发生，水合物可以在垂向上的任何位置生成，并且在相对渗透层中富集；（2）构造型水合物藏气源为深部热解气，沿底辟、断层等构造运移至浅层，在水合物稳定带与水化合形成水合物。构造成因水合物藏具有分布集中的特点，是目前开发的重点；（3）混合型水合物藏是指水合物在形成过程中同时受成岩和构造作用控制，气源成分既有沿断裂或者底辟快速运移的热成因气，又有通过孔隙从侧向或者水平运移来的浅层生物气，通过成岩—渗流混合成矿作用，在渗透性相对较高的沉积物中形成水合物。

6.2.1 水合物成藏地质构造背景

构造型天然气水合物矿藏是指与构造活动有关或直接赋存于构造体内的水合物矿藏。气体沿断裂、泥火山或其他构造通道从深部快速运移至水合物稳定域中形成水合物矿藏。分布区域如 Hydrate Ridge 地区的主动陆缘增生楔构造带、挪威西北部被动陆缘的滑塌构造带以及黑海的泥火山构造带等。根据构造控制因素，陆缘地区主要有俯冲—增生、断裂—褶皱、底辟或泥火山、滑塌 4 种成矿地质模式，形成增生楔型和海脊型、盆缘斜坡型、埋藏背斜型、断裂—褶皱型、滑塌构造型和底辟型等 6 类水合物矿藏（Baba 和 Yamada，2004）。

6.2.1.1 主动陆缘水合物成藏构造背景

主动陆缘由沟—弧—盆系组成，洋壳下插至陆壳之下，大洋板块沉积物被刮落下来，堆积于海沟的陆侧斜坡形成增生楔（accretion wedge 或 accretion prism）。增生楔是主动陆缘的一种主要构造单元，沿板块活动边界发育深海沟，靠陆地一侧存在由多个逆冲岩席组成的复合体，其后往往发育成沉积型弧前盆地。大洋板块、海沟中的物质在板块俯冲过程中被刮落下来，并且通过叠瓦状的冲断层或褶皱冲断等各种机制叠加到上覆板块，沿海沟内壁形成复杂的地质体。俯冲增生的方式包括刮落作用和底侵作用。前者指俯冲板块上的沉积物沿基底滑脱面被刮落下来，通过叠瓦状冲断作用添加于上覆板块或者增生楔前缘；后者指俯冲物质从上覆板块与俯冲板块之间楔入，添加于上覆板块或者增生楔底部，导致增生楔逐渐加厚和抬升（图 6.2.1）。主动陆缘独特的成矿环境有利于天然气水合物成藏，是水合物大规模

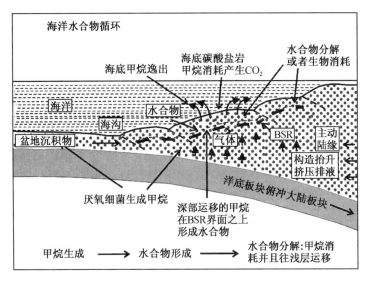

图 6.2.1　主动陆缘增生楔构造成藏模式（据 Hyndman，2002）

发育的有利区域。区域内水合物成藏均与构造活动密切相关，且往往出现水合物存在的地震标志—似海底反射（BSR）。

　　主动陆缘在东太平洋、西太平洋、印度洋沿岸均有分布。东太平洋海沟俯冲带南起设得兰海沟，北迄俄勒冈，为全球典型的主动陆缘构造带。自南部设得兰海沟往北经智利三联点附近连接秘鲁海沟，中美洲海槽区、加利福尼亚边缘至俄勒冈滨外及 Cascadia 俯冲带海沟东侧陆坡盖层之下均有增生楔发育，是主动陆缘地区水合物发育的有利场所。西太平洋沿岸也有几处主动陆缘增生楔的变形前缘至下斜坡处发现有水合物 BSR 显示，如台湾碰撞带西南近海的增生楔、日本南海海槽及西北靠大陆一侧的增生楔等，部分地区已经钻探证实。印度西部陆缘的陆坡区发现有与水合物相关的地震反射异常、地球化学异常、海底麻坑地貌以及上覆水体中的甲烷冷喷溢口等现象揭示了水合物的存在。此外，印度洋西北部的阿曼湾内莫克兰俯冲带及增生楔也是水合物发育的理想区域（金庆焕等，2006）。

　　主动陆缘及其增生楔是水合物发育常见的典型区域，其独特的成矿地质环境，在浅层内往往可以发现水合物存在的地震标志－BSR，是水合物大规模发育的区域。一方面，由于大洋板块的俯冲构造作用，富含有机质的洋壳沉积物被刮落带到增生楔，不断堆积到变形前锋，俯冲带附近沉积物不断加厚，深部具备充足的气源条件；另一方面，在俯冲形成增生楔过程中，由于构造挤压作用形成叠瓦状逆冲断层，增生楔沉积物加厚，荷载增加，重力和构造挤压大大减少了孔隙度及流体平流影响，导致水合物脱水，脱气，增生楔内部压力得以释放，深部流体携带甲烷沿着断层迅速向上排出，在水合物稳定带的浅部地层形成水合物藏。主动陆缘成藏地质模式及地震响应特征主要分为以下几个方面（张光学等，2006）：

　　（1）增生楔型和海脊型。

　　增生楔型水合物矿藏形成于增生楔处（图 6.2.2a），BSR 特征清晰且连续，分布范围较广，埋藏较浅，振幅空白带明显，主要与构造抬升有关。海脊型水合物矿藏形成于增生楔顶部的上陆坡处（图 6.2.2b），BSR 反射特征清晰，分布范围有限，埋藏较浅，多因构造抬升过程中的底辟作用形成。

　　（2）盆缘斜坡型。

盆缘斜坡型水合物矿藏形成于沉积盆地的边缘部位（图 6.2.2c），沿水平地层发育 BSR，与地层有轻微斜交，分布范围有限，埋藏浅，振幅空白带不明显。在活动陆缘的弧前盆地及被动陆缘沉积盆地边缘，由于盆地整体沉降、盆缘隆升，流体携带成矿气体沿盆地边缘侧向迁移，在浅部形成水合物矿藏。

（3）埋藏背斜型。

在挤压应力的作用下，盆地内地层褶皱变形，形成背斜构造，随盆地整体沉降，其上再接受沉积，在背斜顶部或侧翼部位形成 BSR（图 6.2.2d）。这种类型的 BSR 与地层斜交，分布范围有限，埋藏浅，与流体沿垂（侧）向迁移有关。在活动陆缘的弧前盆地，盆地中心的地层，因挤压可形成埋藏背斜型天然气水合物矿藏。

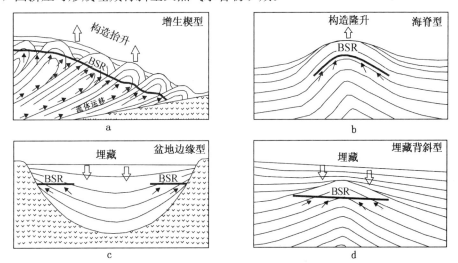

图 6.2.2　主动陆缘与构造活动有关的水合物矿藏及其 BSR（据 Baba 和 Yamada，2004）

6.2.1.2　被动陆缘水合物成藏构造背景

被动陆缘是指构造上长期处于相对稳定状态的大陆边缘。被动陆缘主要分布于大西洋和印度洋周边，约占大陆边缘的 60%，具有宽阔的陆架、较缓的陆坡和平坦的陆裙等地貌单元。在这些地区的大陆架—斜坡区或者陆坡—陆隆区边缘处，以重力驱动的拉升构造作用发育了一系列平行于海岸线的离散大陆边缘盆地。在这些大陆边缘的陆坡、岛屿、海山、内陆海、边缘海盆地、和海底扩张盆地等的表层沉积物或者沉积岩中赋存有水合物，是水合物发育的有利场所。

被动陆缘深水区往往发育有多期叠合盆地，深部新生代残留盆地常形成常规气藏，其气体多以热成因气为主，它们沿断裂向中部的新生代沉积盆地内迁移，并且与新生代成熟的烃类混合，然后沿区域不整合面向海底浅层运移，在适宜的温度压力下形成水合物。被动陆缘因其具有充足的物质来源，良好的运移通道以及合适的温度压力条件，是水合物聚集的有利场所。海底早期的沉降和张裂活动，接受了巨厚沉积物，其底部的裂谷和漂移层序中发育湖相黑色烃源岩、页岩等优质烃源岩，上覆的巨厚沉积物足以使源岩达到成熟，有机质分解出的烃类气体以及深部源岩中的烃类气体沿大断裂或者区域不整合面向上运移，在合适的温度压力条件下形成水合物（金庆焕等，2006）。对被动陆缘而言，海台区水合物的气源以深部热成因气垂向迁移为主，海底扇以及深海平原区以生物气水平迁移为主，而海槽与底辟区则以混合气为主。

被动陆缘水合物矿藏形成的理想场所包括大西洋沿岸海域、南极大陆、北冰洋周边的多数地区。如图 6.2.3 所示，被动陆缘构造活动相对较弱，但由于（泥）火山、海底重力滑塌、断裂及底辟等的作用，于陆坡、内陆海、边缘海深水盆地等区域经常发育有断裂—褶皱构造、底辟构造、海底滑坡等多种构造，与之伴生的沉积物中往往形成断裂—褶皱型、底辟型和海底滑塌型水合物矿藏（张光学等，2006），具体分析如下：

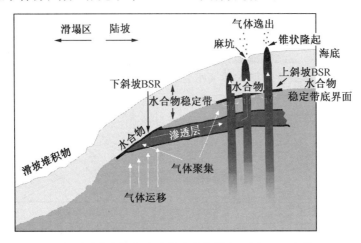

图 6.2.3　被动陆缘滑塌与底辟构造成藏模式（据 Bouriak 等，2000）

（1）断裂—褶皱构造型。

被动陆缘深水盆地、海隆或海台脊部是断裂及褶皱构造时常发育的部位，深部通常发育多条断层，浅部地层发育褶皱，或褶皱与断层伴生，两者构成断裂—褶皱构造（图 6.2.4a）。在断裂—褶皱带内，断裂成为气体运移通道，褶皱则可适时圈闭住运移来的气体，在合适的温度压力条件下形成断裂—褶皱型水合物藏。由于浅部沉积层褶皱变形及断裂作用，BSR 显示出轻微上隆并被断层错断，部分气体可通过断层再向上运移进入水体而形成"冷溢气口"，并在海底形成"麻坑"地貌，发育各种化能自养生物群落。在墨西哥湾、Blake Ridge、印度西部陆坡、阿拉斯加北部 Beaufort 海均发现断裂—褶皱型水合物矿藏。

（2）滑塌构造型。

滑塌构造是指在重力作用下，海底沉积物沿滑移面发生滑塌，于低地形处堆积而成的一种杂乱构造（图 6.2.3）。通常有大量水合物与之伴生，因此，称之为滑塌型水合物矿藏，常发育于坡折带或陡峭的陆坡上。滑塌构造是水合物形成与分布的有利地质体，沉积物由于受到侧向压实作用导致流体大量排放，气体向浅部扩散、渗滤进而形成水合物。同时滑塌构造也可能是水合物分解后的产物，水合物分解释压，造成岩层松散导致滑塌，如挪威海 Storegga 滑塌区即为典型的滑塌型水合物矿藏。滑塌作用既有利于水合物聚集成藏，也能对早期水合物矿藏起一定的破坏作用。

（3）底辟或泥火山型。

在地质应力驱使下，深部或层间的塑性物质（泥质、盐丘）及高压流体发生垂向流动，致使沉积盖层上拱形成底辟构造。当塑性流刺穿海底时，即形成泥火山（图 6.2.4b）。当含有过饱和气体的流体从深部向上运移到浅部的底辟构造或泥火山附近时，由于受到快速冷却作用，在泥火山周围形成了底辟型水合物矿藏。这类矿藏的水合物往往呈环带状分布在底辟构造或泥火山周围，有的直接出露于海底。在底辟周围可见清晰的 BSR 显示。在泥火山口

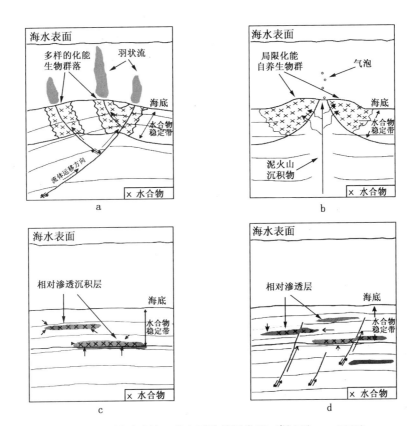

图 6.2.4　被动陆缘四种主要的储层类型（据 Milcov，2003）
a—断裂系统形成的构造聚集；b—泥火山形成的构造聚集；
c—地层内聚集；d—混合成因聚集

周围常发育大量的化能自养生物群，如美国东部的南卡罗来纳近海、布莱克海台、非洲西海岸的刚果扇北部、尼日尔三角洲、我国冲绳海槽等地均发育有（泥、盐）底辟型水合物矿藏，而黑海、里海、墨西哥湾、鄂霍次克海、挪威海、格陵兰南部海域和贝加尔湖等区域均已发现泥火山型水合物矿藏。

此外，被动陆缘还可能发育有成岩型（图 6.2.4c）和混合型（图 6.2.4d）水合物藏。成岩型水合物的形成与分布主要受沉积物中总有机碳（TOC）含量限制，成矿气体以生物气为主，既有原地生成也有孔隙流体运移形成，水合物的生成与沉积作用同时发生，并且在相对渗透层中富集；混合型水合物气藏成矿气体还包括沿断层和裂缝运移的深部气源。这两类水合物藏的共同特点是储层大面积分布、然而整体饱和度较低。开发的重点应该选取相对渗透区域（砂岩或者是裂缝发育带），在地震上响应通常为水合物稳定带之内的亮点。

6.2.2　烃类气体生成体系

在甲烷等烃类气体最初来源问题上，一般认为，它们要么由沉积物中有机质转化而来，抑或直接来源于深部的热解气，即两种主要成因来源：一是浅层生物成因，二是深层热解成因（Claypool 和 Kaplan，1974），少数地区天然气水合物包含了两种成因的烃类气体。生物成因天然气的显著特点是成分单一，主要为甲烷；而热解成因天然气成分相对复杂。只有当溶于流体中的甲烷过饱和时（超过在海水中的溶解度）且甲烷流量超过其对应的甲烷扩散传输速率临界值时才能形成天然气水合物。

6.2.2.1 气源成因

生物成因甲烷主要由近表层沉积物中的有机质原地氧化分解后经过微生物（比如甲烷菌）的还原作用形成甲烷。通过二氧化碳还原反应（$CO_2 + 4H_2 \rightarrow CH_4 + 2H_2O$）以及醋酸根发酵作用（$CH_3COOH + 4H_2 \rightarrow CH_4 + CO_2$）形成。$CO_2$还原作用产生的甲烷量依赖于溶解$H_2$的供应量，醋酸根发酵产生的甲烷量则受到醋酸根量的限制，而这些最终均取决于沉积物有机质的含量。沉积物中总有机碳（TOC）含量决定着环境的还原条件和醋酸根的含量，因此微生物成因的甲烷产量从根本上取决于沉积物中有机质的含量。海底沉积物中有机碳的分析研究表明，水合物赋存区域浅表层沉积物的有机碳含量一般较高（$TOC \geqslant 1\%$），比如在 Guatemala 滨海含水合物的沉积物中有机碳含量为 $2.0\% \sim 3.5\%$（Gornitz，1994）。有机碳含量低于 0.5% 则难以形成水合物（Waseda，1998）。

生物成因甲烷形成于浅层沉积物并且在形成水合物之前运移距离也相对较短，通常从几十到数百米（Milkov，2005）。Reed 等（2002）通过包含天然气水合物的深海沉积物来分析细菌数量、活跃程度、代谢速率和使用分子遗传学估算生物多样性，结果表明，甲烷菌数量随深度增加而减少。对 Blake Ridge 和 Hydrate Ridge 两地区调查显示，在水合物稳定带之内和之下均存在大量活跃的甲烷菌（Wellsbury 等，2000）。

热成因天然气来源于深部石油或天然气的热解。在深部沉积物中，地热对高阶有机质热解生成天然气，热解气产生的温度范围为 $50 \sim 200°C$（经典有机质形成演化理论认为，干酪根在温度超过 $120°C$ 发生热降解，形成甲烷等一系列小分子烃类物质）。气体（甲烷至丁烷）生成率与温度有关。由典型的海底地温梯度 $20 \sim 50°C$ 每千米来计算得知，要生成足够量的热解气以形成水合物，沉积层深度需超过 1km。因为热成因气源深度明显大于水合物稳定带深度，所以热成因气在水合物稳定带内聚集成藏需要运移通道，这种运移通道可以是断层、泥火山等构造。

形成天然气水合物的水的来源有两类，一是随甲烷一起被运移过来的水；另外一种是从沉积物中原地萃取，随着甲烷的不断供给和水合物的形成，纯水从周围的沉积物中渗透扩散到反应带内。海底浅层沉积物中水几乎无处不在，因此海底沉积物中水通常不是水合物形成的限制因素。

6.2.2.2 气源判别

在生物作用生成甲烷的过程中，会出现较大的碳同位素分馏（一般为 $60\% \sim 70\%$），而热解成因水合物中的烃类碳同位素较少出现分馏，其碳同位素组成与沉积物有机质碳同位素组成比较接近。Kvenvolden（1995）统计了世界各地水合物样品，结果表明，不同成因的甲烷气具有完全不同的碳同位素组成。细菌成因的甲烷气 $\delta^{13}C$ 值非常低，一般为 $-50\% \sim -100\%$，而热成因的甲烷气 $\delta^{13}C$ 较高，一般为 $-25\% \sim -50\%$（表 6.2.1）。

表 6.2.1　三种不同来源甲烷气的识别标志（据 Kvenvolden，1995）

成因类型	CH_4/C_2H_6	$CH_4/(C_2H_6 + C_3H_8)$	$\delta^{13}C = (^{13}C/^{12}C)$（‰）	生成深度
微生物生成	高（$\sim 10^4$）	>1000	$-50 \sim -100$	浅
有机质热解生成	低（~ 10）	<100	$-25 \sim -50$	较深
岩浆源	高（10^3）		$-15 \sim -18$	深

根据水合物中甲烷的碳同位素组成，以及气体成分的比值 R（$R = CH_4/(C_2H_6 + C_3H_8)$），可以区分生物气和热解气。Matsumoto（2000）曾利用甲烷 $\delta^{13}C$ 值和气体成分比值 R 来判断不同成因的水合物，热分解成因的甲烷气具有高的 $\delta^{13}C$ 值（大于 $-50‰$）和低的 R 值（小于 100）；而细菌成因的甲烷气具有低的 $\delta^{13}C$ 值（小于 $-60‰$）和高的 R 值（大于 1000）；混合成因的甲烷气介于两者之间（图 6.2.5）。

此外，根据水合物中甲烷的 δD 值组成还可以进一步判别微生物的成因方式（图 6.2.6）。如果甲烷由 CO_2 还原生成，那么甲烷中氢来源于周围的水；而当甲烷由醋酸根发酵形成时，甲烷中有 3/4 的氢来源于有机质，只有 1/4 来源于水，从而导致 δD 组成的差别。通过 CO_2 还原形成的甲烷 δD 值大于 $-250‰$（SMOW 标准），典型值为 $-191‰ \pm 19‰$；通过醋酸根发酵形成的甲烷的 δD 值小于 $-250‰$，一般为 $-355‰ \sim -290‰$。

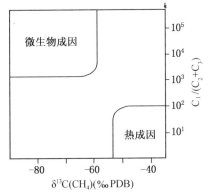

图 6.2.5　甲烷的碳同位素和烃类气体组成判别气体成因（据 Claypool 和 Kvenvolden，1983）

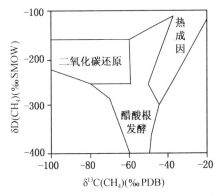

图 6.2.6　甲烷的碳、氢同位素判别气体成因（据 Claypool 和 Kvenvolden，1983）

尽管存在热解成因和混合成因的天然气来源，在自然界中天然气水合物大部分是由生物成因的天然气形成的。图 6.2.7 显示了四个典型区域不同气源成因的水合物炭和氢同位素特征，据此可以判断出 Nankai 海槽和 Blake Ridge 地区水合物主要为生物成因，而墨西哥湾和 Haakon Mosby 泥火山地区水合物为混合成因。

6.2.3　储层类型

沉积物中水合物主要有四种存在方式：（1）占据粗粒沉积物的孔隙；（2）分散在细沉积物形成结核；（3）充填裂隙；（4）含少量水合物的块状体。图 6.2.8 显示了多期次研究考察活动收集

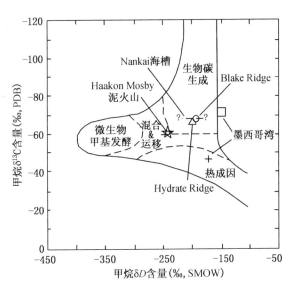

图 6.2.7　几个典型水合物聚集区气源成因与样品中碳和氢同位素之间的关系（据 Milkov 和 Sassen，2001）

到的水合物分布于不同沉积模式下岩心照片。表 6.2.2 描述了这些不同模式下水合物储层的特征。研究海底之下水合物的稳定性和生产开发需要了解这些地质框架下水合物的沉积模

式。水合物的沉积模式受多种因素共同控制：

(1) 沉积层存在断层或者裂缝（Milkov 和 Sassen，2002）；

(2) 运移的气体量。气体的大量运移有利于形成巨厚的水合物储层；

(3) 沉积物中的地应力机制的影响（Kleinberg，2006）。

从普遍意义上来说，弥散型水合物存在于粗砾的沉积物颗粒中；岩脉型、地层型水合物经常分布在分选良好的沉积物中。当水合物在砂泥岩中形成时，水合物结晶产生的巨大压力经常引起沉积物变形（Sassen，2007）。然而该结晶产生压力的具体大小目前还未知。

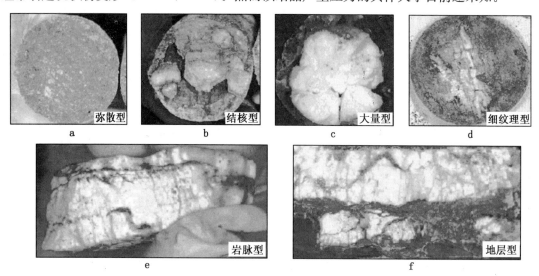

图 6.2.8　天然气水合物赋存主要几种分布模式的代表性岩心（据 Shipboard science party，1996）

表 6.2.2　天然气水合物赋存的主要几种分布模式（据 Shipboard science party，1996）

储 层 类 型	描　　述
地层型（Layer）	平板状水合物层与沉积层序平行切割岩心，厚度一般为几厘米
透镜型（Lens）	具有边缘有逐渐变细特征的水合物层
岩脉型（vein）	扁平状水合物层与沉积层序斜交切割岩心，厚度一般为几厘米
细纹理型（veinlet）	一毫米或者更薄的扁平状水合物层，通常毗邻脉络或储层并且在互相垂直方向
结核型（Nodular）	圆或扁圆形，直径一般 1～5cm
弥散型（Disseminated）	直径小于 3mm 的水合物颗粒分布于整个沉积物中
大量型（Massive）	岩心中水合物大于 10cm 厚，并且沉积物夹层小于 25%

基于海底沉积物中的地震速度异常，对水合物或者游离气在沉积物中的富集程度的最新估计显示：(1) 在被动陆缘构造区域约占 1%～10% 的孔隙空间，增生楔区域为 5%～30%；(2) 在所有的构造环境中，多 BSR 游离气富集区小于 4%（通常小于 1%）的孔隙空间；(3) 在海底地表构造附近水合物富集可以达到 80%～100%。

以 Hankou Mosby 泥火山型水合物藏为例，对泥火山型水合物储层及其丰度进行具体分析。挪威格林兰海的 Hankou Mosby 泥火山是由于冰川期的低密度生物硅埋藏在高密度的海洋沉积物之下造成的压力上升引起（Bohrmann 和 Torres，2006），水合物气体成因包含生物和热成因。用一个温度模型（图 6.2.9）来表示地层深部气源如何快速运移到海底浅层。由深部高速运移到海底近地表的大量游离气与水结合形成水合物，在这些松软沉积物中水合物可以自身形成骨架，大量聚集。与弥散型的生物成因水合物藏相比，与断裂和底辟构造有关的水合物藏是目前开发的重点。

图 6.2.10 中 a 区为无水合物区，b～d 区为水合物发育区。其中，b 区水合物含量 0%～10%，c 区水合物含量 10%～20%，d 区少量。泥火山中心最热处不发育水合物，往外侧逐渐发育水合物距离泥火山中心较远的地方，沉积物中水合物含量一般在 0%～10% 之间平均为 5%，再往外就到了水合物含量的最高值区（平均 10%～20%）。

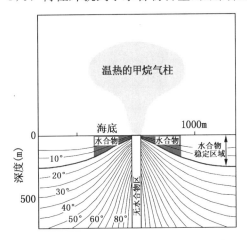

图 6.2.9　Hankou Mosby 泥火山地区水合物
分布模式受地温梯度影响示意图
（Ginsburg 等，1999）
水合物的生成同时受温度场和甲烷运移速度的影响

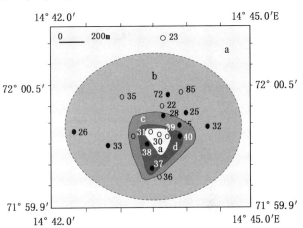

图 6.2.10　Hankou Mosby 泥火山水合物含量变化及
其钻孔站位分布图（Ginsburg 等，1999）
虚线所示为水合物外围边界，图中数字的空心圆表示未发现
水合物站位，实心圆为发现水合物站位，实心正方形
为海底即见到水合物的站位

6.2.4　水合物相关的地球化学特征

20 世纪 80 年代后期，地球化学方法开始运用于水合物的形成标志、赋存特征以及成藏气体来源等方面的研究。水合物地球化学研究范围涉及水合物组成成分，沉积物中气体及其孔隙水化学成分和同位素组成、气体成因、物质来源、成藏机制、资源量的计算以及环境变化等各个方面。通过这些研究，目前对海洋中水合物的结构、形成和稳定存在的地球化学边界条件、水合物的气体来源、气源成因以及水合物探测的地球化学标志有了较为深刻的认识。目前，水合物地化研究主要侧重于作为水合物藏探测的方法。

天然气水合物赋存区域和地震 BSR 的出现并不存在一一对应的关系，大洋钻探计划（ODP）的资料表明，有些采集到天然气水合物的地方没有出现 BSR，而出现 BSR 的地方也不一定存在天然气水合物。应用天然气水合物地球化学识别标志结合地球物理等其他调查手段，综合判断天然气水合物的存在，对于进一步认识天然气水合物的成分、物化性质及其形成机制、资源量估算等有着重要的指导意义。

6.2.4.1　海底浅层烃类丰度异常

由深部运移的热成因气或者浅层生物气与水在合适温度压力条件下形成的水合物。其形成条件和稳定分布受温度、压力、气体成分以及流体盐度等条件影响。海底热流、构造运动等都会破坏水合物的稳定性，导致水合物的分解，造成烃类气体的释放；同时，受地温梯度影响，随着沉积物埋深的增大会引起沉积物温度升高，导致深部水合物分解，烃类气体向浅层运移。另一方面，烃类气体供给充分、运移速度相对较快的情况下，烃类气体除一部分在水合物稳定带形成水合物之外，其余部分继续向浅层运移，造成了水合物层之上的富气环境，这些烃类气体一般以两种形式存在：游离气和吸附气。

（1）浅层游离气异常。

海水环境中含有大量的溶解硫酸盐，硫酸盐是海洋沉积物早期成岩过程中孔隙水的重要组成部分。由于在海底浅层硫酸盐还原带中存在厌氧甲烷氧化作用：$CH_4 + SO_4^{2-} \rightarrow HCO_3^- + HS^- + H_2O$，从深部运移的烃类气体在硫酸盐还原带将被大量消耗而难以到达海底浅表层（Borowski 等，1996）。但是在水合物或者常规气藏赋存较浅的情况下，水合物分解形成的大量烃类气体很快穿过硫酸盐还原带，造成海水或浅表层沉积物中存在高浓度的游离烃。这种情况下，高丰度的游离烃以及相关的其他地球化学特征就可以直接指示下伏沉积物中的常规气藏或者水合物藏（Kvenvolden 等，2000）。

（2）浅层吸附气异常。

烃类气体运移过程中，受生物和化学降解作用的改造，这些作用的结果常常使浅层沉积物发生蚀变，形成自生矿物，这些新生矿物中往往包含大量烃类气体。与海水和沉积物孔隙水的溶解气不同，烃类气体被矿物吸附后便处于相对稳定的环境中。这种环境限制了后期生物和化学作用对烃类的氧化和改造作用，因此次生矿物中包含或吸附的烃类气体能够准确的反映烃类物质进入矿物时的信息。将矿物中吸附包含的烃类气体释放出来，较游离气可以更准确的判断海底深部的水合物或常规油气藏的存在。

6.2.4.2　水体甲烷探测

海洋甲烷气体渗流是一种世界性的现象。溢出的甲烷气体若释放到大气中，将会比同等量的二氧化碳气体产生更为严重的温室效应。海水中甲烷气泡的散逸经常与海底天然气水合物沉积有关，例如，2002 年，在墨西哥湾甲烷气体溢出点的海底以下 3～9m 处的岩心中见到了水合物，而在相邻的盆地中没有取到水合物。在天然气水合物富集区域，海平面升降等因素会造成水合物分解，而分解的甲烷气体沿海底断层系统、底辟系统等气体通道上升到海底进入近海底的水体中。进入底层水体的甲烷气体是以小气泡的方式存在。利用水下声波探测方法能够检测到水体中甲烷气体异常。将回声探测仪安装在船上，向海底发射单束超声波，声波在碰到甲烷气泡后会反射回去。甲烷气泡在超声波回声图上的形状类似"火焰"，所以这套水合物探测技术又称为水体甲烷火焰探测技术（栾锡武等，2008）。

2001 年，德国研发了一种新的水下声波探测仪器，被称为"GasQuant"，该技术针对回声探测器做了改进，采用多波束、原位气体渗透监测系统可远距离监测甲烷气泡，不扰乱气泡真实溢漏处的流体系统（图 6.2.11）。与传统回声探测仪相比，该技术有更高的时间（脉冲间隔 4s）和空间（沿波束方向 10cm）分辨率，可更加快速、有效地检测出海底甲烷溢漏口，为海底天然气水合物勘探提供帮助（Schneider 等，2008）。

另一方面，溢出的甲烷气体会

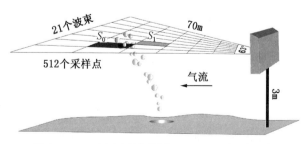

图 6.2.11　水下声波探测仪 GasQuant 探测甲烷
（据 Schneider 等，2008）

使得溢出点的温度异常，附近区域海水表面会出现卫星热红外亮温增温现象。研究海面卫星热红外增温异常与海底天然气水合物藏区分布的关系，可以利用卫星热红外亮温异常探测深水海域天然气水合物藏。国际海洋全球变化研究（IMAGES）和大西洋古海洋及地球化学（PAGE）项目在 2002 年 6 月搭乘 Marion Dufresne 号在墨西哥湾地区开展了一个航次的调查（图 6.2.12）。通过对西北墨西哥湾大陆坡天然气水合物资源区及其周围海区的卫星热红外海面亮温变化情况进行分析，研究卫星热红外亮温异常与深水海域天然气水合物藏分布的关系。

6.2.4.3　孔隙水的地化异常分析

海底沉积环境下，原始孔隙水离子浓度相对较高，天然气水合物在结晶过程中只吸收孔隙中的水而排出盐分使得附近流体盐度增加。随着埋深的增加，沉积物被压缩，孔隙度下降，孔隙流体被排出并向上运移，从含水合物层运移上来的孔隙流体具有明显的高氯离子浓度（图 6.2.13）。随着时间的推移和对流扩散等作用，水合物储层周围孔隙水的盐度下降并趋于平衡。钻探伴随的水合物分解使得孔隙水增加而造成氯离子浓度的降低，因此，孔隙水的氯离子浓度异常是存在水合物的标志之一。图 6.2.14 为 Mount Elbert 井孔隙水氯离子浓度分析结果与饱和度的对比关系。从

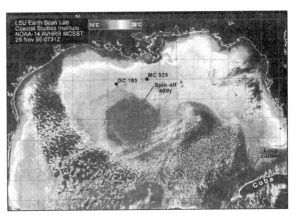

图 6.2.12　墨西哥湾海水表面温度分布的卫星热红外拍摄图（据 Hardage 等，2006）
（海水表面的热温度异常与水合物分解后甲烷间歇性释放有关，通过长期的卫星热红外拍摄海水表面温度分布，可以初步划定水合物有利勘探区域）。参见书后彩页

图中可以看出，氯离子浓度与水合物饱和度为近似的反比关系，这也为从孔隙水氯离子浓度估算水合物饱和度信息提供了新的思路。

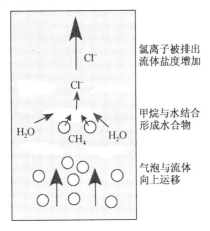

图 6.2.13　天然气水合物形成过程的排盐作用示意图（据 Torres 等，2004）

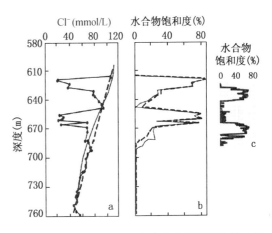

图 6.2.14　Mount Elbert 井水合物储层段孔隙水氯离子异常的指示效应（据 Lee 和 Collett，2011）

DSDP 和 ODP 有关航次对钻孔沉积物孔隙水组成进行了大量的研究（Kvenvolden，1990）。结果显示，在水合物赋存区，沉积物孔隙水的组成和离子浓度在剖面上经常表现出

一系列的地球化学异常，这些异常被认为是水合物存在的良好指示。一般情况下，孔隙水离子浓度与水合物饱和度关系的研究都是通过穿透水合物储层的钻孔分析。然而对无水合物赋存的浅表层，沉积物孔隙水的离子浓度如何变化才能指示深部可能存在的水合物藏是地化勘探急需解决的问题，目前还处于探索阶段。

值得注意的是，水合物赋存区沉积物孔隙水的氯离子浓度的降低必定伴随有 $\delta^{18}O$ 值的增加。单纯的沉积物孔隙水的氯离子浓度的降低并不能完全指示水合物的存在。例如，泥岩的排液作用也可能引起氯离子异常

Borowski 等（1999）研究表明，陆缘深水沉积物中孔隙水硫酸盐含量的变化可以更好的指示水合物存在。天然气水合物赋存区域沉积物中 SO_4^{2-} 离子浓度同样呈现降低的趋势，其原因除了上述水合物形成过程导致的孔隙水淡化外，富烃类流体（主要是 CH_4）在向海底运移的过程中，甲烷气体还原海底沉积物中的 SO_4^{2-} 而将之不断消耗，从而造成 SO_4^{2-} 浓度自海底向水合物稳定带的降低趋势。进一步分析表明，在深水沉积物中，硫酸盐—甲烷界面通常大于 50m，而在水合物出现的地区，受甲烷的氧化作用强烈影响，孔隙水硫酸盐含量迅速下降，从而使得沉积物中硫酸盐—甲烷界面（SMI）相对较浅。全球范围内水合物分布区的钻孔 95％具有较浅的 SMI 以及硫酸盐含量的急剧变化。孔隙水硫酸盐含量的急剧线性变化以及较浅的 SMI 说明存在大量的甲烷快速运移。

另外，Brooks 等（1991）研究证明，含水合物浅表层沉积物中存在 H_2S 含量异常。对有水合物的钻孔沉积物的气体含量分析表明，它们均含有 H_2S 气体，而不含水合物的沉积物样品基本不含 H_2S 气体。

6.2.5 水合物溢气口的微生物及海底微地貌特征

深海海底缺少日光照射和营养物质的供应，生物密度非常低。而海底浅表层天然气水合物的存在和甲烷气体的释放给一部分局限化能自然生物的生存提供了有利条件，造成局部的高密度生物群。生物对甲烷消耗产生大量的 CO_2，与海水中 Ca^{2+} 结合生成自生碳酸盐岩。水合物独有的物理化学性质和自然条件下易变的地质动力学特征决定其与海底微地貌有着内在联系。与水合物形成、分解过程相关的微地貌有冷溢气口、麻坑、泥火山、海底滑坡等，以及伴生的生物群落，自生碳酸盐岩结壳以及出露海底的水合物。这些微生物与海底微地貌特征与水合物有着紧密的联系，是寻找水合物的重要线索。

6.2.5.1 微生物及微地貌特征

（1）化能自养生物群落。

水合物溢气口的化能自养生物群落，是一种以溢出的天然气为其能量进行生物化学代谢过程的特殊生物组合，包括双壳类、蠕虫类和细菌席等。这些化能自养生物群落集中活动于水合物溢气口周围，随着溢气口的消失而消亡，如图 6.2.15a 所示细菌席一般出现在硫化物流量高的地方，适应低硫化浓度的蛤类多分布在细菌席周围。水合物分解产生的甲烷促进了溢气口周围整个生态系统的活动，而其中与硫酸根盐有关的甲烷缺氧氧化反应（Anaerobic Methane Oxidation 简称 AMO）是其主要的驱动力（Suess 等，2001）。水合物溢气口周围的生物群落直接靠 AMO 反应产生的硫化氢生存，所需要的氧气则由硫化物的氧化提供（Sahling 等，2001）。

（2）自生碳酸盐岩。

自生碳酸盐岩是水合物溢气口的沉积产物之一。在海底浅表层沉积物中，水合物分解

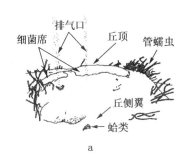

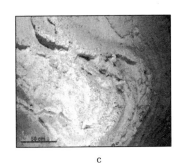

图 6.2.15　水合物出露区域海底微地貌及局限化能自养生物群

a—水合物溢气口的化能自养生物群示意图（据 Sassen 等，1999）；b—水合物出露区的冰毛虫

（据 MacDonald 等，2003）；c—水合物溢气口的自生碳酸盐岩（据 Wang 等，2008）

后，释放出大量的甲烷气体，通过扩散或沿断裂系统向海底表层运移，流体中 CH_4 经微生物氧化作用转化为 CO_2 后，与海水中 Ca^{2+} 结合形成碳酸盐岩。其物质来源，形成环境、形成作用等方面与传统海水来源碳的碳酸盐岩类不同，因此经常用 Chomoherm 表示，以表示和传统海水来源碳的碳酸盐岩 Bioherm、Lithoherms、Pseduobioherms、Biostromes 区别（Roberts 等，1994）。这些自生矿物沉积于海底，呈岩隆（carbonate—buildup）、结壳（carbonate crusts）、结核（carbonate nidules）和烟囱（carbonate chimney）或与水合物沉积交错呈岩互层等形式出现。

自生碳酸盐岩以镁方解石、白云石和文石为主，与传统碳酸盐岩的区别在于其碳元素为微生物成因，具有特别轻的碳同位素值，其 $\delta^{13}C$ 值在 $-70‰ \sim -30‰$ 之间（Ritger，1987），并且往往有贝类、蚌类、管状蠕虫类、菌席等微生物与之伴生。据此可判断天然气水合物的存在，然而深水常规油气藏气体的溢出也同样可以形成类似的矿物，因此，自生矿物在探测水合物藏中只能作为间接标准。

（3）其他自生矿物特征。

由于浅层沉积物中含有存在大量的 CH_4 氧化菌、H_2S 氧化菌和硫酸盐还原菌，水合物分解释放的甲烷往浅层运移穿过硫酸根还原带时，甲烷被氧化、硫酸根被还原，反应将按照下式进行：$CH_4 + SO_4^{2-} \rightarrow HCO_3^- + HS^- + H_2O$。化学反应的结果在孔隙水中产生出大量的 HCO^{3-} 使环境的碱度增加，有利于 CO_3^{2-} 的聚集，与海水或者更深处的 Ca^{2+}、Mg^{2+} 等离子结合可形成文石、方解石或其他碳酸盐矿物。而 HS^- 进一步还原还可以与水体中 Fe^{2+}、Ca^{2+}、Ba^{2+} 等离子结合生成硫化物、硫酸盐矿物等，硫化物主要成分为黄铁矿，硫酸盐主要有重晶石和石膏。其中，黄铁矿是海洋沉积物中分布最广的自生硫化物；重晶石（$BaSO_4$）的溶解度很低，流体中含少量 SO_4^{2-} 即可生成，且往往与硫化物共生；当沉积物中溶解的 Ca^{2+} 和 SO_4^{2-} 超过其溶解度时，便生成石膏，在温度高于 42℃ 或者盐度大于 23.3%时，生成硬石膏。自生石膏与其他自生矿物如碳酸盐和重晶石一样，是水合物识别标志之一。

6.2.5.2　天然气水合物的地貌探测

水合物形成、分解的动态过程中海底表层形成了诸如泥火山、麻坑等与之相关的特殊微地貌特征。针对天然气水合物这一特殊性质，发展了一套针对水合物的微地貌调查方法，主要包括旁声呐和浅地层综合测量技术、多波多束地形测量技术、海底机器人和直视观测技术以及辅助性测量技术（如水下定位等）。

（1）声学测量。

声学测量是一种通过声学原理测量水深的快速高效的间接手段。声学测量技术的发展，特别是多波多束地形测量、旁声呐和浅地层综合测量等技术的发展，彻底改变了对海底环境的测绘、地形地貌成像及了解和解释的方式，大大降低了大范围海底地形成像的成本，为各种主题的海洋地质调查提供了基础数据。

①多波束地形测量。

多波束测深系统以条带测量的方式，可以对海底进行100％的全覆盖测量，每个条带的覆盖宽度可以达到水深的数倍。应用这种高新技术，不仅可以获得高精度的水深地形数据，还可以同时获得类似侧扫声纳测量的海底声像图，为人们提供了直观的海底形态。多波速测深系统可用于与水合物相关的地形调查，大致圈定与水合物分布相关的麻坑、泥火山等微地貌。以多波束测深系统、差分GPS系统、自动数字化成图系统集合而成的全覆盖高精度海底地形地貌探测技术，在世界的水合物调查中得到充分的应用。在美国墨西哥湾、Cascadia近海的Hydrate Ridge，以及新西兰等地，通过多波束地形测量和大地深拖调查，发现了很多海底滑坡、麻坑、泥火山等与天然气水合物相关的微地貌（图6.2.16）（Roberts等，2010）。

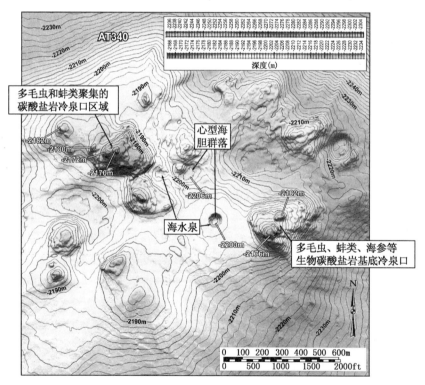

图6.2.16　墨西哥湾多波速水深测量海底地形地貌成像（据Roberts等2010）

参见书后彩页

②侧扫声呐和浅地形综合测量。

侧扫声呐是利用接收的回波强度探测海底地貌和水下物体的设备，又称旁侧声呐或海底地貌仪。其换能器阵装在船壳内或拖曳体上，航行时向两侧下方发射扇形波束的声脉冲。波束平面垂直于航行方向，沿航线方向波束宽度很窄，以保证有较高分辨率；垂直于航线方向的波束宽较宽，以保证一定的扫描宽度。工作时发射出的声波投射在海底的区域呈长条形，换能器阵接收来自照射区各点的反向散射信号，经放大、处理并记录，在记录条纸上显示出海底的图像（图6.2.17）。侧扫声呐能直观地提供海底形态的声成像，还可以利用海底底质声波的吸收和反射不同的特性，判断海底组成情况，但声图像只能由目标影子长度等参数估计目标的高度。

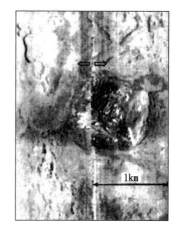

图6.2.17 黑海泥火山地区地形
地貌调查侧扫声呐数据成像
（据 Limonov 等，1997）

侧扫声呐和浅层地形综合测量是进行水合物微地貌高分辨率声学调查的必要手段，它发射能有效分辨出几米大小的与水合物相关的微地貌，被广泛用于海底水合物的微地貌探测。

（3）光声学测量及海底作业。

光学测量是对海底，目标进行近距离直视观测的先进调查方法，也是对水下目标进行直接分析和取样作业的支撑技术。

①海底直视观测技术。

海底照相和海底摄像（电视）是直接观测海洋目标的主要方法，海底照相的清晰度相对较高，但调查效率低，非实时观测；海底摄像是随着数字图像传输技术、复合光缆应用技术和高清晰数字摄像机技术发展起来的海底（深海）光学直视探查技术，同时也是海底探查作业设备（如 ROV）的关键支撑技术。通过海底拍照或海底摄像可对目标进行直接取样，在海底调查中，常能在与水合物相关微地貌附近拍到化能生物群落或是出露的天然气水合物等直接证据（图6.2.18）。

②海底探查作业技术。

随着人类对海洋油气资源开发和利用的不断增加，远程操纵潜水设备（ROV）、自主式无人无缆水下机器人（AUV）作为能够完成水下作业任务的重要工具，成为水合物调查必不可少的海底探查作业手段。它们的工作平台上主要包括多波速水深测量，旁侧声呐等水深测量工具以及海底照相等直视观测设备提供自动的二维、三维数字图件，能满足近海底微地貌观测的高分辨率、高精度调查分析的需要。

2006—2007年，在墨西哥湾进行的一系列海底地形地貌调查，以 AUV，ROV 为载体，综合应用多波束地形测量、回波地貌探测多种等声波探测手段以及海底摄像技术取样，及三维地震资料，针对较少有研究的北部大陆坡上的天然气气流溢出点进行观测及采样，该气流溢出点有可能发育大量天然气水合物（图6.2.19）。

③水下（微地貌）调查辅助技术。

数据采集和综合处理技术包括高精度水下定位技术和海底微地貌数据化数据分析处理及合成输出等硬软件技术，是开展高精度水合物微地貌调查工作中不可缺少的技术手段。在深水区海底水合物调查工作应用较多并受到广泛好评的设备包括 Sonardyne 公司制造并与 Simrad 公司 HPR 系统配合使用的 7899 型深水水下定位系统，该设备体积小、功率大，被广泛应用在水下机器人和各种水下测量拖拽的长基线或超短基线定位（金庆焕等，2006）。

图 6.2.18　加利福尼亚附近海岸海底生物群落和水合物相关地貌（据 Paull 等，2008）

a—由 ROV 上的视像设备得到的海底裂缝，该处有连续的气体冒出；b—有白色流苏边的橙色微生物垫与
含蛤蚌海床的接触；c—含蚌类的紧密压实的海床；d—含蚌类化石的碳自生碳酸盐岩

6.2.6　典型区域构造成藏分析

构造型水合物藏形成于孔隙流体高速运移的环境（Xu 和 Ruppel，1999），比如：墨西哥湾西北部、Hydrate Ridge 以及 Haakon Mosby 泥火山等都是典型的构造型天然气水合物聚集区域。虽然水深和构造背景不同，但是这些区域的水合物藏有很多相似特征。对 Sea-soo 附近的天然气水合物进行采样和露头观测发现，常见有冷喷溢口以及局限化能生物群等地貌特征。在浅层沉积物中，天然气水合物大部分以块状和结核状等形式出现，并且在裂缝孔隙中大量填充。构造活动区域沉积物中水合物浓度相对较高，因为气体沿高渗透断裂通道快速从深部运移到浅层。在石油丰富地区，例如墨西哥湾，天然气水合物通常是和油联系的。以下从典型被动陆缘墨西哥湾和主动陆缘 Hydrate Ridge 区域分析构造型成藏模式特征以及对这些地区展开的研究。

6.2.6.1　墨西哥湾

墨西哥湾为被动陆缘，持续稳定的沉降使得墨西哥湾沉积了巨厚的以海相地层为主的中生代地层。大量的构造、地层和复合型圈闭为油气富集提供了有利的场所。同时，经断裂、褶皱、盐丘穿刺等地质活动对油气藏的改造，部分油气往浅层运移过程中发生裂解形成轻质烃类，在水合物稳定带与水化合形成水合物。在北部陆坡区，有 50 多处热解成因和生物成因的天然气水合物产地，水深约 440～2400m，既有结构Ⅰ型微生物成因甲烷水合物，也有

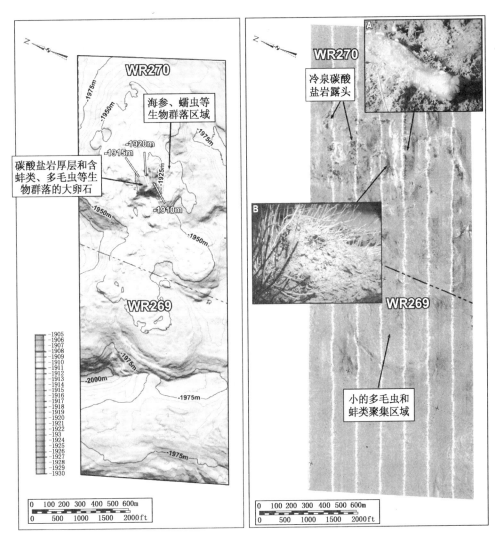

图 6.2.19　墨西哥湾天然气气流排放点取样（据 Roberts 等，2010）

a—多波束地形地貌成像；b—为相应的回波图像；图 a、图 b 为气流排放点海底摄像图。参见书后彩页

　　热解成因的结构Ⅱ型和 H 型天然气水合物，它们产在海底表层沉积物中或其下的较深层沉积物中，天然气水合物中所含的气体除甲烷外，还有乙烷、丙烷、正丁烷、异丁烷，甚至还含有异戊烷。显然，墨西哥湾北部陆坡区天然气水合物以深部运移烃类气体供应为主，并伴有浅部微生物烃类气体的混合，它们共同形成了该区天然气水合物的烃类生成体系。

　　墨西哥湾同其他发现水合物区域（Blake Ridge，CostaRica Margin，Cascadia Margin，Nankai Accretionary Margin）的主要区别在于它独特的构造特征。在其他陆缘，天然气水合物稳定区域（GHSZ）顶部位于距离海底几十到几百米。墨西哥湾天然气水合物则是从海底表面到内部储层以不同形态出现。在北部陆坡区断裂和盐底辟异常发育。各种微渗漏现象也很普遍，在空间上这些构造与天然气水合物产出密切相关。深部产出的热解成因气和浅层生物成因气混合形成水合物，在海底表层还存在着大量化能生物群落的油气微渗漏区，这些微渗漏现象本质上是深部盐底辟及各种断裂系的综合外在表现形式，并且通常与深部油气藏联系在一起（图 6.2.20）。

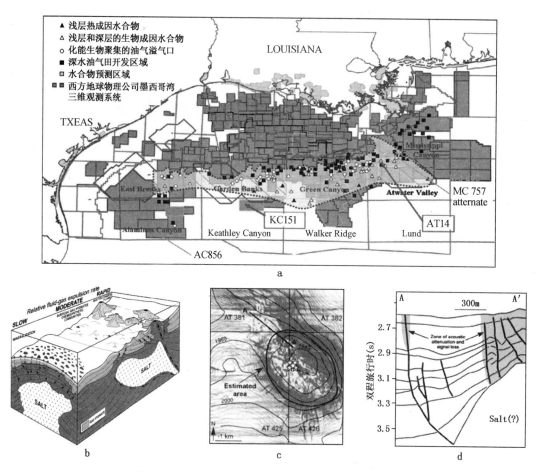

图 6.2.20　墨西哥湾水合物分布及构造成藏地质特征

a—墨西哥湾油气资源与水合物预测分布区域（据 Dai 等，2008）墨西哥湾水合物为混合成因气源并且通常和深部油气
伴生；b—盐丘穿刺形成的底辟与断裂成藏系示意图（据 Harry 等，2006）盐丘穿刺及断裂为深部油气运移至浅层
提供了渗流通道；c—水合物聚集区在平面及剖面分布（据 Dai 等，2008）水合物沿断层分布与构造活动联系紧密，
在地震上显示振幅衰减特征

　　水合物在地震资料上的 BSR 特征在墨西哥湾很少见，并且没有发现水合物存在和地震
响应之间的联系。墨西哥湾北部陆坡区天然气水合物常富集在构造地貌附近，如与盐底辟有
关的断裂及收缩盆地的边缘，这些断裂或盆地边缘充当着流体从深部油气储集体向浅部运移
的通道。烃类气体沿着断裂和各种微渗漏系及由盐底辟作用形成的各种通道系垂向和侧向运
移即可构成天然气水合物的流体运移体系。同时，这些断裂和各种微渗漏系及由盐底辟作用
形成的各种通道系，特别由盐底辟作用形成的各种微型盆地的边界空间有利于天然气水合物
的赋存，共同形成该区域天然气水合物成藏富集体系。

　　Whelan 等（2005）根据对墨西哥湾北部陆坡区等的观测，对该地区各种微渗漏现象及
烃类气体运移与天然气水合物之间的关系进行总结后认为，在热解成因石油与深部烃类气体
产生和生物成因甲烷产生并混合之后，两种来源的烃类气体均可通过断裂或裂隙快速向上运
移，或者通过扩散方式相对缓慢地穿过沉积物，最终进入浅层烃类富集区。

　　当然，上述两种烃类气体运移方式中：大多数烃类气体直接穿越了烃类富集区，继续向
上运移直至海底地表，在合适的温压条件下很容易形成天然气（甲烷）水合物。并在有利聚

集区域内沉积，或者烃类气体渗漏至上覆水体中；如果甲烷的浓度没有达到其饱和度，甲烷会以溶解态形式存在并且大部分会在水体中被生物降解消耗；当甲烷的浓度比较高，就可形成气泡，如果在海底沉积物与海水界面以上 100m 内甲烷仍以气泡形式存在，则甲烷可能渗漏到大气中，在一些情况下，气泡常被油膜包裹；化能自养生物群落则趋于在天然气水合物表面及气体渗漏区附近的微生物菌席中聚集（卢振权等，2008）。

6.2.6.2 Hydrate Rdige 地区

Cascadia 主动陆缘 Hydrate Rdige 是一个长 25km、宽 15km 的增生脊，位于俄勒冈州外聚合大陆边缘（图 6.2.21）。沉积物由粉砂质、砂质浊积体组成；地形上由南峰、北峰及它们之间的鞍部组成；北峰所在的水深约 600m，南峰水深约 800m。海底微地貌探测显示有大量气体渗漏现象或自生碳酸盐、天然气水合物、化能生物群落等产出，近些年 ODP146、ODP204、IODP311 航次在该区开展了大量有关天然气水合物的调查。

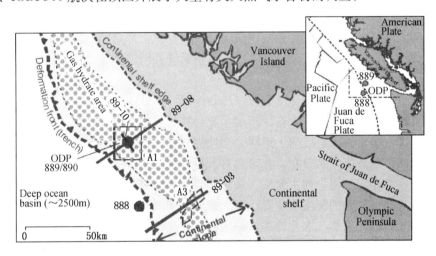

图 6.2.21　Cascadia 陆缘 Hydrate Ridge 预测水合物分布区域及 OPD 站点位置（Riedel 等，2001）

Hydrate Rdige 地区的水深条件足以使得海底及其以下至 BSR 处（海底以下 115～135m）均位于天然气水合物稳定带之内。各种替代指标显示天然气水合物既有直接产于海底表层沉积物中，也有分布在海底以下至 BSR 层段之间的沉积物中；其中，块状天然气水合物透镜体在地形高处可以产于海底至其下约 30m 之间的沉积物中；总体上，由随钻测量的电阻率剖面、热红外温度测量剖面、钻探取样结果揭示的天然气水合物在垂向上分布不均匀。

Hydrate Rdige 区天然气水合物的分子和同位素属性显示它们的气体有两种不同来源，且按不同的比例混合而成，一种是深部油气提供相对成熟的热解烃类气体，另一种是微生物产生的烃类气体，其中，热解成因的烃类气体产自于深度可达 2～2.5km 处，它们在进入水合物稳定带的运移过程中与其他微生物成因烃类气体发生混合。Lu 等（2001）对孔隙水中碘含量和[129]I 同位素组成的分析表明，大多数碘来源于深部始新世的增生沉积物，还有少量来源于中新世，由于碘和甲烷强烈相关性及流体运移参数的相似性，表明形成天然气水合物的绝大部分甲烷也来自深部始新世的增生沉积物。因此，该区域天然气水合物的烃类生成体系主要由深部运移烃类气体提供，同时还有少量原地微生物成因气体的加入，在某些局部还可能以原地微生物成因的烃类气体为主。

烃类气体的分子和同位素特征还显示，烃类气体除了存在垂向运移作用外，还存在侧向运移作用，共同形成水合物的大面积分布。烃类气体垂向运移现象非常发育，以致海底经常可见到大量向上冒出的气泡。在天然气水合物稳定带内，离海底数十米之间的沉积中，存在着大量被天然气水合物封堵的游离气体。在 Hydrate Rdige 区地震剖面上存在着一系列特殊的构造，充当烃类气体的运移通道，甚至在天然气水合物稳定带中，这些构造可以直接成为天然气水合物的储集空间。

Trehu 等（2004）进一步分析 Hydrate Rdige 地区天然气水合物三维产状，认为天然气水合物在沉积物中的含量特征与不同级次断裂（系）的空间分布存在着较好的对应关系。在平面上，天然气水合物含量最高的位置正好是 Hydrate Rdige 区流体最活跃的脊部峰顶区域，这些强烈的流体活动正好与其下的断裂或流体运移通道系统相互联系，彼此在空间和成因上紧密相关。

Milkov 等（2005）指出 Hydrate Rdige 区南部峰脊处的高含量天然气水合物可能与烃类气体从深部向天然气水合物稳定带相对快速运移作用有关，并总结出进入到天然气水合物稳定带内的气体流量、流体运移通道、微生物产气量最终共同控制着该区天然气水合物的分布与含量。

根据地质、地球物理、地球化学资料，Milkov 等（2005）提出 Hydrate Rdige 区南峰天然气水合物形成聚集的模式，即来自深部增生复合体的热解成因和微生物成因混合游离烃类气体和溶解烃类气体沿着反射层向上运移，当烃类气体到达天然气水合物稳定带内便开始在沉积物孔隙空间形成天然气水合物，此时含有天然气水合物的沉积物渗透性下降；随着天然气水合物继续在其稳定带沉积物中聚集，从深部运移来的游离气体被上覆的天然气水合物和反射层之上的渗透性较差的泥层覆盖阻挡而形成层状圈闭；当气柱达到某一最大高度，足以抵消其上覆泥质盖层和天然气水合物的封盖阻力时，气体的持续供应将形成超压，并且会降低泥质封盖层的有效应力；这样最终将促使烃类气体通过泥岩层孔隙和裂缝垂向泄漏至天然气水合物稳定带浅部；在浅部沉积物中，超过溶解度部分的烃类气体将转化为天然气水合物。

以上描述基本反映了该区天然气水合物成藏系统的特征，即天然气水合物大多形成于由相对浅部沉积物中微生物产生的烃类气体和相对深部 2~2.5km 热解产生的烃类气体混合后形成；混合成因气体主要沿着断层层运移至天然气水合物稳定带内；天然气水合物将优先在烃类流体运移通道内及周围形成（卢振权等，2008）。

6.2.7 水合物资源量的估算

许多学者对水合物的储量进行过估算，Makogon（1966）首次提出了自然界存在水合物的思想并且通过实验证实，他同时第一次提出了估算地下水合物储量的办法，Milkov（2004）做了大量的研究工作详尽描述了水合物资源的估算。目前对天然气水合物资源量的估算大体可以从四个不同角度入手：一是以水合物赋存状态为研究对象；二是以水合物的地球物理、地球化学等勘探资料为研究对象；三是以水合物的气源为研究对象；四是以水合物的形成机制为研究对象。其中第一种方法是计算水合物资源量的基本方法，其余三种为辅助手段目的是获取计算水合物的相关参数。

6.2.7.1 水合物资源评价方法

目前主要从估算水合物稳定带厚度和孔隙水中水合物的饱和度来对水合物资源进行评

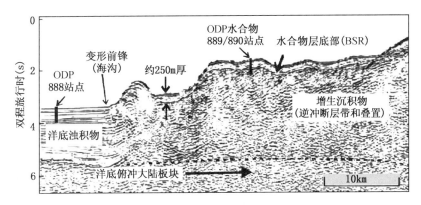

图 6.2.22　Cascadia 主动陆缘 ODP889/890 站点地震资料
显示明显的 BSR 特征（Riedel 等，2001）

价。在估算水合物稳定带厚度方面，地震勘探中水合物 BSR 等特征能较为合理的描述水合物储层的厚度和平面展布特征。通过建立岩石物理模型以及与随钻测井资料结合的办法可以对饱和度进行估算。但是，由于水合物不稳定，采样过程容易分解，直接测定其饱和度比较困难。地球化学方法通过分析水合物形成与分解过程造成孔隙水中离子浓度以及同位素的变化特征对水合物饱和度进行估算。具体分析如下。

（1）地球物理方法在水合物资源评价中的应用。

地球物理方法在水合物资源评价中发挥着重要作用，国外许多学者对此进行过大量的探索研究。Scholl 和 Hart（1993）以及 Korenaga 等（1997）曾先后利用时间平均方程来估算含水合物沉积层的孔隙度和饱和度。Dillon 等（1993）则利用加权平均方程来进行相应的计算；Yuan 等（1996）从实测资料出发，首先从岩心和测井数据中推算出声波速度与孔隙度的关系，然后根据 BSR 处的速度计算出相应的孔隙度，并将结果与正常沉积物的孔隙度相比较，最后根据其差值来求取水合物饱和度。

Ecker 等（2000）进一步对上述方法进行了修正，首先利用水合物区的地震资料来求取地层速度，并建立速度与孔隙度、有效压力、和孔隙中水合物的饱和度等参数相联系的岩石物理模型，进而推导出水合物饱和度与层速度的数学模型。该模型是在 Dvorkin 等（1993）提出的不含水合物的未固结沉积物模型的基础上建立的，首先假设无水合物和游离气的沉积物中，孔隙度是沉积物埋藏深度的单调函数，进而拟合出含水合物和游离气层段上下地层的孔隙度，最后根据所得到的孔隙度和声波速度计算饱和度。

海底含水合物沉积层的厚度，通常可以利用压力—温度曲线来确定。由于水合物相平衡理论上限是海水温度梯度线与水合物平衡曲线的交点，因而水合物稳定带的上边界通常为海底，顶界面深度为海水深度，其底界面深度可由地温场和水合物相平衡曲线的交点来确定。

Hyndman 等（1992）根据水合物相平衡条件实验数据以及海水状态方程，得到海水中最常见的甲烷稳定性边界值，给出了吻合度较好的甲烷—海水稳定的 P–T 关系式，即

$$P = 2.8074023 + aT + bT^2 + cT^3 + dT^4 \qquad (6.2.1)$$

式中：$a = 1.559474 \times 10^{-1}$；$b = 4.8275 \times 10^{-2}$；$c = -2.78083 \times 10^{-3}$；$d = 1.5922 \times 10^{-4}$；$P$ 为压力（MPa）；T 为温度（℃）。

地层温度（T）与海底温度、地温梯度和地层深度的关系式为

$$T = T_0 + T_g \times Z \qquad (6.2.2)$$

式中：T_0 为海底温度（℃）；T_g 为地温梯度（℃/m）；Z 为地层深度（m）；T 为深度 Z 时的沉积物温度（℃）。

压力 P 与深度的关系式为

$$P = [(1 + C_1) \times D + C_2 \times D^2] \times 10^{-2} \tag{6.2.3}$$

式中：$D = Z_0 + Z$；$C_1 = [5.92 + 5.25\sin^2(Lat)] * 10^{-3}$；$C_2 = 2.21 * 10^{-6}$。

式中：Z_0 为水深值（m）；Lat 为纬度。将式子（6.2.2）转化为 Z 并且代入（6.2.3）得到

$$P = \{(1 + C_1)[Z_0 + (T - T_0) \times T_g] + C_2[Z_0 + (T - T_0) \times T_g]^2\} \times 10^{-2} \tag{6.2.4}$$

式（6.2.1）与式（6.2.4）为相同单位沉积物中压力与温度的关系式，可以在一个算法中求解。

在计算中，地层压力与海底温度可以由实测数据得到，地温梯度是计算水合物厚度的最关键参数，如果有研究区域的实测数据，便可以利用实测数据进行计算。在无实测数据的情况下，可以根据区域热流值计算。热流是热导率与温度梯度的函数，一般与洋壳年龄有关。因此，在已知海底扩张速度时，热流与其距扩散中心的距离有关。在假定沉积物热导率为常数的基础上，可以获得地壳年龄与地温梯度的关系式。

通常，在地温梯度较低，沉积物较厚的大陆边缘，BSR 出现的深度相对较大。对于生物成因甲烷的形成，必须有超过 30m/Ma 的沉积速率，超过 0.5% 的有机碳和大于 10ml/L 的残留甲烷量。为估计平均沉积速率超过 30m/Ma 的地区的沉积层厚度，必须计算压实后沉积物的厚度。在这种情况下，沉积物的体积 S（孔隙度的倒数）为

$$S = 1 - (0.707e^{-0.633Z}) \tag{6.2.5}$$

式中：Z 为沉积物埋藏深度。假定沉积层平均体积与该层的中间体积相等，当一个新的沉积覆盖于原来的沉积物之上时，埋深和体积都会增加，沉积层压实后新体积（S'）和新厚度（T'）的关系式为：$T' = T(S/S')$

利用这个关系式可以获得累积的压实沉积物厚度值，该值符合下列二次函数式

$$A = 0.334 + 0.667C + 1.4634C^2 \quad (0 < C < 0.7) \tag{6.2.6}$$

式中：A 为累积沉积物厚度（km）；C 为观测到的压实的沉积物厚度（km）。

（2）地球化学在水合物资源评价中的应用。

沉积物中水合物的饱和度是评估水合物资源量的重要参数之一。但是，由于水合物不稳定，采样过程容易分解，直接测定其饱和度比较困难。除了上面提到的可以用地球物理方法来求取外，还可以通过地球化学的方法求取。

水合物富集 ^{18}O 同位素而不含 Cl^-，实际测定的沉积物孔隙水 Cl^- 的浓度和 ^{18}O 组成的异常都是由于水合物的分解造成的。假设沉积物孔隙水 Cl^- 的浓度背景就是海水的 Cl^- 含量，原来孔隙水的 ^{18}O 组成通过曲线拟合得到，这样沉积物孔隙水的 Cl^- 含量异常和 ^{18}O 组成可以用于粗略估计水合物的饱和度。

Paull 等（1995）根据孔隙水 Cl^- 含量异常计算出 Blake Ridge 水合物饱和度最高为 14%，其中 ODP994、995、997 站位钻孔水合物的饱和度分别为 1.3%、1.8%、2.4%，由于沉积物孔隙水原来的氯离子浓度不一定与海水的氯离子浓度相等，所以，这一方法估算的结果并不完全准确。Matsumoto 等（2000）分别利用最新的氧同位素分馏数据，通过孔隙水的 $\delta^{18}O$ 和 Cl^- 含量分别对 ODP164 航次 994、997 站位钻孔的水合物饱和度进行计算。结果显示，利用不同参数计算出的同一站位水合物饱和度存在明显差异。利用沉积物孔隙水 $\delta^{18}O$ 组成计算得出的 994、997 站位水合物的饱和度分别为 6.2% 和 12%，几乎是通过孔隙

水 Cl⁻ 含量计算得出的这两个站位水合物饱和度的两倍。

由于沉积物中原地孔隙水的 Cl⁻ 含量、$\delta^{18}O$ 和 δD 同位素组成难以确切的知道，通常采用海水的 Cl⁻ 含量来代替原地孔隙水的 Cl⁻ 含量并通过曲线拟合来确定原地孔隙水 $\delta^{18}O$ 同位素组成，这种做法虽然简单，实际上却并不准确。同时冷却对 Cl⁻ 含量、$\delta^{18}O$ 影响的差异以及样品本身可能发生的去离子化作用，都可以导致在利用不同参数计算时出现偏差。

水合物产气因子是指水合物在常温常压下转化为气体所扩大的体积倍数。产气因子与水合物指数、气体/水的体积比、气体充填率、水合物密度等参数具有明显的对应关系。

6.2.7.2　资源量的估算方法

水合物资源量的估算主要有以下方法：（1）用 HYACINTH 压力取心器，现场对岩心所含气体进行恢复；（2）稀释孔隙水氯离子法，适用于水合物形成时候，生成速率足够低，盐通过对流或者发散作用被排出的情况；（3）用红外照相机（IR）检测温度异常法，对取出岩心的水合物分解引起的冷点进行分析；（4）井中电阻率、密度和声波等地球物理测量，估算井中水合物的分布；（5）通过反演等手段将井中资料推广到全区，估算区域水合物分布。方法（1）、（2）能对局部水合物含量进行精确估算，方法（3）、（5）能得到较好的空间平均，但是定量估算水合物含量还需要其他方法进行调整和修正。

Gornitz（1994）和 Collett（2000）提出的计算水合物资源量的方法，核心思想沿袭了传统油气评价中的体积法，方程为

$$H_G = A_H \times \Delta Z_H \times \Phi \times H \times E \qquad (6.2.7)$$

式中：A_H 为水合物分布面积；ΔZ_H 为平均厚度；Φ 为沉积物平均孔隙度；H 为饱和度；E 为产气因子。

公式（6.2.7）中需要计算的参数包含以下几个方面：

（1）水合物分布面积。

有两种计算方法：①地震资料充分解释基础上圈定 BSR 分布面积；②根据水合物形成的温度压力条件，针对研究区水深、海底温度、地热条件预测水合物可能分布区域面积。

（2）水合物沉积层厚度。

可以通过四种方法计算：①钻井和测井资料；②地震资料的空白带或者其他属性；③速度剖面中速度异常层段；④地温压力条件估算。

（3）水合物的孔隙度。

有钻井情况下直接实测获得，无钻井情况下根据地震资料或者综合考虑地层深度岩性情况通过类比获得。

（4）饱和度。

由于保温保压取心的困难，难以通过钻井取心分析饱和度，通过地球化学氯离子异常以及地震资料结合岩石物理理论计算获得。

以下从 ODP164 航次 18 号测线对计算可燃冰稳定带厚度的参数进行具体分析。

（1）考虑因素。

海底水合物稳定带厚度需要受以下因素影响：海底温度和深度、地温梯度以及孔径分布。它们与水合物的相平衡压力共同决定水合物的稳定状态。

①地温梯度。

计算海洋沉积物温度时，首先需要准确知道该处地温梯度。海洋沉积物温度的急剧增长会使水合物稳定带变薄。Gornitz 和 Fung（1994）用海洋地温梯度的平均值来预测海洋里的

可燃冰中甲烷量。然而，地温梯度在不同地区有所差异，详细资料可以从国际热流委员会编纂的19807份全球数据点中获得（Gosnold，2001）。

②海底温度和深度。

由1988年世界海洋地图地图册编纂的洋底温度根据深度从1～5℃变化（比如印度洋，其海底温度为1.5℃），这种温度条件足够使水合物稳定存在。内陆海和海湾（地中海、黑海、墨西哥湾）底部温度一般比海洋底部的温度要高。因此，每个内陆海的海底温度用平均值（Antonov等，1998）。海底深度从高分辨率的深度测量数据中获得（Miller等，2000）。

③孔径分布。

在精确预测海底稳定可燃冰区间时要用到沉积物的孔径分布。沉积物按孔径大小差异大致可以分为三种类型：a. 黏土是所有沉积物中孔径最小的；b. 泥质沙岩次之；c. 沙砾岩孔径最大。Dewhurst等（1999）测量了固结压力和沉积物颗粒大小对不同沉积物物理性质的影响。对伦敦不同泥土样本采用水银侵入测定法来测定孔径分布，结果表明，当样本中黏土含量增加时，固结压力变大，平均孔径减小。Henry等（1999）在海洋沉积物的孔径分布预测上没有考虑孔径固结压力的影响，导致预期的平均孔径比在标准状态下洋底的测量值大。

随着压力增加，孔径正态分布的标准偏差变小。不同孔径中的水有着不同的冰点，ODP164航次994站点的研究表明，在冰点温度之上，孔径分布对预计的水合物稳定带厚度影响较小。Paull等（1996）研究证实在孔径标准偏差范围内，对可燃冰稳定带厚度的最大影响为10m（图6.2.23）。

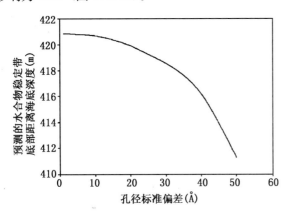

图6.2.23　水合物稳定带底部深度与孔径标准偏差关系（据Klauda和Sandler，2003）

（2）水合物饱和度预测。

孔隙内水合物的饱和度对水合物总量的精确计算有重要作用。在之前大多数估计中，全球可燃冰稳定区域内饱和度都被假定为5％～10％之间。然而，对不同区域，水合物中甲烷成因不同，甲烷生成和运移速率也不相同，这些因素会造成可燃冰饱和度在不同区域和同一区域不同部位的差异。比如：Blake Ridge地区，孔隙中水合物饱和度在2％～7％之间变化；而智利Triple Junction地区，孔隙中水合物饱和度可以达到18％。

Davie和Buffett（2001）提出了用于确定孔隙内饱和度的转化模式，考虑因素包括沉积物孔隙中的甲烷、有机碳、氯离子、和水合物含量。该模式认为海水中甲烷浓度高于甲烷溶解度时，可燃冰开始富集，当甲烷浓度小于海水中甲烷溶解度时，可燃冰开始分解。甲烷菌对海底有机碳的分解是甲烷的主要来源。这个转换模式可以偏微分方程表达为

$$\phi \frac{\partial h}{\partial t} + \nabla (v_s \Phi h) = R_h (c_m - c_{eq}) \tag{6.2.8}$$

$$\frac{\partial \alpha}{\partial t} = -v_s \nabla \alpha - \lambda \alpha \tag{6.2.9}$$

$$\phi(1-h)\frac{\partial c_m}{\partial t} + uf \nabla c_m = \nabla\left[Dm\phi(1-h)\nabla c_m\right] + (c_m - c_h)R_h(c_m - c_h) + \left(\frac{16\rho_s(1-\phi)}{30\rho_f}\right)\lambda\alpha$$

$$(6.2.10)$$

式中：h 为可燃冰的体积百分数；ϕ 为孔隙度；c_m 为甲烷在液态水中的浓度；c_h 为甲水合物浓度；α 为有机碳的质量百分数；ρ_s 是沉积物的密度；ρ_f 是海水的密度；假定 D_m 是甲烷在海水中的扩散系数；R_h 为可燃冰的增长速率，分别为常量 $10^{-9}\,\mathrm{m^2\,s^{-1}}$ 和 $10^{-8}\,\mathrm{s^{-1}}$。我们只考虑 Z 方向（海底深度方向）上的沉积物速度和流体速度。

$$v_s = \left(\frac{1-\phi(0)}{1-\phi(z)}\right)s_z \qquad\qquad (6.2.11)$$

$$uf = (1-\phi(0))\left[\frac{\phi_L}{1-\phi_L} - \frac{\phi(z)h(z)}{1-\phi(z)}\right]s_z \qquad\qquad (6.2.12)$$

式中：S 为沉积速率。Davie 和 Buffett（2001）用指数递减方式，由水合物稳定带底部的水合物饱和度 C_{ep}（T_{max}）计算水合物平均饱和度（C_{ep}）：

$$c_{eq}(T) = c_{eq}(T_{max})\exp\left[(T-T_{max})/T\right] \qquad\qquad (6.2.13)$$

式中：T 为 10℃，C_{ep}（T_{max}）由 Henry 定律和海水常数确定（Cramer，1984）。

由上述稳态方程可知，对水合物饱和度影响最大的参数是沉积速率、沉积物有机碳含量、以及甲烷的生成速率。然而，水合物稳定带厚度，地温梯度，还有孔径分布都会对水合物饱和度估算造成影响。

水合物藏大多形成于始新世和中新世，在漫长的地质时期过程中，比如从冰川期到温暖干旱期的气候变化可能导致稳态方程参数的浮动。然而，由于并不完全理解这些影响因素，这些参数都假定为常量并和现今值相同。因此，在假定稳定状态结果就是现今的状态情况下，转换方程的初始状态就是大多数现代陆缘的形成时期。

（3）应用效果分析。

Davie 和 Buffett（2001）基于 ODP994、995、997 站点的地质数据，应用上述稳态方程估算 ODP164 航次 18 号测线剖面水合物饱和度，并和实测结果进行对比分析，在校正之后得到具有代表意义的区域甲烷生成速率 λ 值。

由于海洋沉积物中的甲烷生成速率 λ 未知，在假设 λ 为 $3\times10^{-13}\,\mathrm{s^{-1}}$ 情况下，Davie 和 Buffett（2001）推算 BSR 与之上 200m 区域内的可燃冰饱和度为 9%，这个数值大于 Holbrook（1996）测量得到的 5%～7%，通过校正，得到了与水合物稳定带水合物饱和度一致的最优 λ 值（$6.15\times10^{-14}\,\mathrm{s^{-1}}$），并且该值在所考虑的区域有代表意义。

图 6.2.24 显示 ODP164 航次的 18 号测线地震剖面。在对可燃冰稳定带的预测中，假定地温梯度和沉积类型为 ODP994、995 和 997 站点的平均值，声波速度为 ODP 初始报告中的评价值。图中的粗黑线是用孔径变化模型预测的似海底反射界面，圆圈代表体积相平衡预测的似海底反射界面（假设为无穷大孔径）。从地震图像中可以看出，第一条黑线的似海底反射与模型预测结果一致并且与不规则的海底近似平行。虚线和空圆圈是没有似海底反射的预测区。空白带标出的是弱振幅区域，该区域孔隙内可能含有可燃冰，地层也可能因可燃冰的存在而胶结。

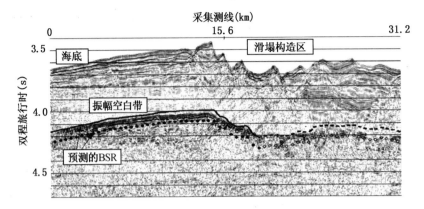

图 6.2.24　ODP164 航次 18 号测线剖面估算的水合物区域（黏土含量取 85.2%）

6.3 水合物地震勘探技术

水合物地震勘探最早是在 19 世纪 70 年代在海洋沉积物中发现的似海底反射（BSR），BSR 被当作是水合物稳定带的底界面的标志，代表水合物层以及下覆游离气层的声波阻抗差异。人们采取不同的方法尝试从地震反射振幅中提取水合物或者游离气的饱和度信息。通过建立合理的岩石物理模型研究速度与孔隙度、饱和度以及水合物在沉积层中赋存状态的联系；采取随钻测量和岩心分析的办法尽量恢复水合物原位地层信息；应用一些先进的地震处理技术加强对水合物的识别和预测，比如 AVO 正演和反演技术、全波形反演技术、以及声波阻抗反演技术。

目前，水合物评价采用的地震数据大多数情况下为三维地震数据，这些数据采集的目的各不相同，比如，为了深层油气勘探（尤其在 Mallik 地区、阿拉斯加北斜坡带、墨西哥湾）。这些数据的采集并不是以浅层成像为目的。未来水合物地震采集技术必然朝着高频率，小面元以提高垂向和横向分辨率，并且，多分量地震技术（OBS，OBC）可以得到横波信息，也是未来重点发展方向。

水合物地震勘探是一个多学科综合的研究，其他用于水合物的地震勘探技术包括 Mallik 地区采用的连井地震成像，墨西哥湾试验的垂直地震采集系统，多频率地震成像，以及地震衰减和各向异性的测试。并且，地球物理成像技术需要结合地质背景对水合物的含量和分布进行预测。地震和电磁技术的综合应用降低了单独使用声波或者电磁技术探测的风险。

6.3.1 天然气水合物岩石物理研究

岩石的物性是地球物理方法研究的基础，岩石物理研究是连接水合物地震属性、电磁特征与沉积的物性特征的桥梁。虽然水合物可以在实验室人工合成，且在世界很多地方的大陆边缘和冻土带也已通过钻探获取了水合物岩样，但由于水合物稳定存在是需要一定的温压条件，因此至今为止仍没有很好地了解含水合物沉积的岩石物理特征。目前，对纯水水合物已有较多的岩石物性测量数据（见附录）。但对海水水合物沉积，则缺少实验室、岩心测量。虽然困难重重，科学家们仍试图建立含水合物沉积岩石物性与水合物饱和度的关系，以认识各种地球物理特征，估算水合物的蕴藏量（宋海斌，2001）。

6.3.1.1 水合物岩石物理速度建模

天然气水合物岩石物理建模的重要目标之一就是定量表征天然气水合物藏，从地震测量中计算出天然气水合物的饱和度，找到沉积物的弹性特征和天然气水合物的饱和度甚至是孔隙度、渗透率的关系。水合物岩石物理建模通常定义以下四个天然气水合物系统的弹性特性（1）水合物沉积环境围岩的弹性性质；（2）充填天然气水合物后的弹性性质；（3）沉积物中天然气水合物的含量；（4）水合物在沉积物中分布的几何细节。根据天然气水合物与沉积物的关系，图 6.3.1 给出了水合物填充孔隙的几种模式。

前人基于不同的沉积模式提出了很多有关水合物沉积的速度模型，这些模型从不同方面体现了水合物沉积层的弹性性质，主要包括：（1）各种平均时间方程（Miller 等，1991；Bangs 等，1993；Wood 等，1994）；（2）加权方程（Lee 等，1996；Lee 和 Collett，1999，2001）；（3）胶结模型（Dvorkin 和 Nur，1993；Guerin 等，1999；Sakai，1999）；（4）孔

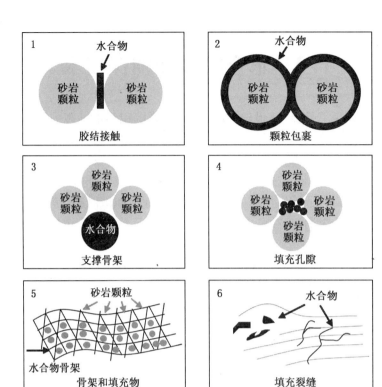

图 6.3.1　天然气水合物沉积层的微结构模型（修改于 Dai，2004）

隙填充模型（Hyndman 和 Spence，1992）；（5）有效介质理论（Helgerud 等，1999；Jakobsen 等，2000）。

　　天然气水合物沉积在疏松的海底浅层，除了早期的时间平均方程外，大多数岩石物理模型是基于松散沉积物接触模型，如描述颗粒材料弹性特性的 Hertz‑Mindlin 接触理论、胶结模型和 Walton 的光滑模型等。大量的实验测量及测井数据都表明，水合物的存在会使得沉积层弹性速度（纵波速度和横波速度）增大，而水合物沉积层速度增大的原因主要是由于水合物对沉积颗粒的胶结作用还是仅仅因为它的出现导致孔隙度降低（未压实），学术上存在两种不同的理论。

　　胶结模型（Dvorkin 和 Nur，1996）认为天然气水合物沉积层弹性速度的增大主要是因为它对松散颗粒的胶结作用。在该模型中，水合物存在于颗粒间接触点（图 6.3.1 模式 1）或将颗粒包裹（图 6.3.1 模式 2），胶结作用使原颗粒沉积物变得更坚固，因此弹性速度也相应增大。

　　孔隙填充模型（Hyndman 和 Spence，1992）认为水合物分散在松散的颗粒间，成为支撑骨架的一部分（图 6.3.1 模式 3），或者仅仅是与孔隙流体一起填充了孔隙，使得孔隙度降低（图 6.3.1 模式 4）；而含水合物沉积物的速度增加只与沉积物的孔隙度降低有关。

　　近来一些研究更倾向于天然气水合物的出现导致孔隙度降低（孔隙填充模型）而不是砂岩颗粒边界胶结作用（胶结模型）（Ecker 等，1998；Helgerud 等，1999；Sakai，1999；Lee 和 Collett，2001）。一些研究认为，与测井岩心数据相比，胶结模型在水合物含量很低时预测的速度过高，而当水合物含量明显增大时，该模型预测的速度相对较平稳，没有明显增大，因此预测的效果不是很好。

图 6.3.1 所示的模式 5 是另一种包裹模型，该模型认为水合物为主要骨架支撑，沉积颗粒离散分布其中。前 5 种模式都是各向同性的，然而一些水合物岩心证据显示浅层泥质沉积物的裂缝中也有水合物填充（图 6.3.1 模式 6）。至今为止，并没针对水合物提出各向异性模型，一般用诸如加权模型等经验公式描述这类水合物模型的弹性性质。

下面详细介绍几种典型的岩石物理模型。

6.3.1.1.1　时间平均方程

Wyllie 时间平均方程是最简单水合物沉积层速度与水合物饱和度、孔隙度等之间的关系式。许多学者（Sholl 和 Hart，1993、Wood 等，1994 和 Korenaga 等，1997）通过利用 Wyllie 时间平均方程来建立天然气水合物饱和度与纵波速度的关系，并由它直接估算天然气水合物沉积层中水合物的含量。

利用 willy 时间平均方程，计算饱和水合物沉积层速度以及饱和水层速度。

$$\frac{1}{V_{hsat}} = \frac{\phi}{V_h} + \frac{1-\phi}{V_{ma}} \tag{6.3.1}$$

$$\frac{1}{V_{wsat}} = \frac{\phi}{V_w} + \frac{1-\phi}{V_{ma}} \tag{6.3.2}$$

式中：V_{hsat}、V_{wsat} 和 V_{ma} 分别为饱和水合物沉积层、饱和水层以及岩石骨架的速度；V_h、V_w 分别为纯水水合物和纯水速度；ϕ 为孔隙度。再次利用时间平均方程，可计算水合物饱和度为 S 的沉积层速度。

$$\frac{1}{V_P} = \frac{S}{V_{hsat}} + \frac{1-S}{V_{wsat}} \tag{6.3.3}$$

式中：V_P、V_{wsat} 分别为水合物沉积层速度和饱和水沉积层速度。由上面三个公式可得到水合物饱和度与含水合物沉积层的纵波速度简单的关系式，即

$$\frac{1}{V_P} = \frac{1-\phi}{V_{ma}} + \frac{(1-S)\phi}{V_w} + \frac{S\phi}{V_h} \tag{6.3.4}$$

Wyllie 时间平均方程简单、易快速实现，但它是在对压实的岩石的观测中得到的经验关系式，不适用于高孔隙未压实的沉积层，而天然气水合物正是在这种疏松的海底浅层地层成藏。因此，Wyllie 时间平均方程直接计算疏松层水合物沉积速度或水合物饱和度并不可行（Dvorkin，2003）。

6.3.1.1.2　加权方程

与时间平均方程对应，基于 Wood 方程（1941）的三相速度方程为：

$$\frac{1}{\rho V_P^2} = \frac{1-\phi}{\rho_{ma} V_{ma}^2} + \frac{(1-S)\phi}{\rho_w V_w^2} + \frac{S\phi}{\rho_w V_h^2} \tag{6.3.5}$$

$$\rho = (1-\phi)\rho_{ma} + (1-S)\phi\rho_w + S\phi\rho_h \tag{6.3.6}$$

式中：ρ 为含水合物沉积的密度；ρ_w 为孔隙流体（一般为海水）的密度；ρ_h 为水合物密度；ρ_{ma} 为岩石骨架的密度。

时间平均方程描述的是固态的速度关系，而 Wood 方程描述的是悬浮体的速度关系。对高孔隙非固结的海洋沉积物速度和孔隙度关系，前者估计偏高，后者估计偏低。因此，Lee 等（1996）由实验室数据以及测井数据观测，提出了加权方程：

$$\frac{1}{V_P} = \frac{W(1-S)^n\phi}{V_{P1}} - \frac{1-W(1-S)^n\phi}{V_{P2}} \tag{6.3.7}$$

式中：V_{P1} 为 Wood 方程计算的含水合物沉积层速度；V_{P2} 为时间平均方程得到的含水合物沉

积速度；W 为加权因子；n 为模拟水合物在沉积层中状态的参数。由于缺乏实际水合物速度与饱和度的数据，因此，两个参数不好确定。一般而言 $W>1$ 倾向于 Wood 方程，而 $W<1$ 则倾向于时间平均方程。当 n 增加时，加权方程快速地接近时间平均方程。对横波速度，Lee 等（1996）作了简单假设，认为横波速度与纵波速度一样，会随着水合物饱和度增加而增大。有以下公式：

$$V_S = V_P[\alpha(1-\phi) + \beta\phi S + \gamma\phi(1-S)] \tag{6.3.8}$$

式中：$\alpha = V_S/V_P \mid_{\text{matrix}}$，$\beta = V_S/V_P \mid_{\text{hydrate}}$，$\gamma = V_S/V_P \mid_{\text{fluid}}$；$V_{Sma} = 3.89 - 7.07\phi - 2.04C$，表示沉积骨架的横波速度；$C$ 为黏土泥质在骨架中所占的百分比。

大量的岩心测量以及测井数据表明基于时间平均方程得到加权方程能够在一定程度上表示速度与孔隙度和水合物含量的关系，但是这种加权仅仅是数学上变换，不具有任何物理意义，并且缺乏普遍适用性。另外，用加权方程计算得到的含水合物沉积层的纵横波速度比与测量值不是很吻合。

6.3.1.1.3　水合物沉积的 Biot-Gassmann 理论

Lee（2002）基于 Biot-Gassmann（1956）理论，提出一种预测水合物速度的新方法。该方法假设沉积物的速度比（横波速度比纵波速度）与岩石骨架的速度比和孔隙度成比例，并且明确使用了由加权方程或有效介质理论得到水合物沉积数据拟合计算的 Biot 系数。

该模型认为水合物使得沉积物的孔隙度降低，水合物可视为组成岩石骨架的一部分，在 Hill（1952）平均公式的基础上用加权平均的方式将水合物引入计算岩石骨架的弹性模量，即

$$k_{\text{ma}} = \frac{1}{2}\left[\sum_{i=1}^{3} f_i k_{\text{ma}}^i + \left(\sum_{i=1}^{3} \frac{f_i}{k_{\text{ma}}^i}\right)^{-1}\right] \tag{6.3.9}$$

$$\mu_{\text{ma}} = \frac{1}{2}\left[\sum_{i=1}^{3} f_i \mu_{\text{ma}}^i + \left(\sum_{i=1}^{3} \frac{f_i}{\mu_{\text{ma}}^i}\right)^{-1}\right] \tag{6.3.10}$$

$$\rho_{\text{ma}} = \sum_{i=1}^{3} f_i \rho_{\text{ma}}^i \tag{6.3.11}$$

式中：$f_1 = \frac{(1-\phi)(1-C_v)}{(1-\phi_f)}$，$f_2 = \frac{(1-\phi)C_v}{(1-\phi_f)}$，$f_3 = \frac{S\phi'}{(1-\phi_f)}$。$\phi_f = (1-S)\phi$，表示含水孔隙度；$C_v$ 为骨架中的泥质含量。

Gassmann 方程（1951）利用骨架模量（k_{ma}）和 Biot 系数（β），提供了岩石的体积模量与其结构和骨架模量之间的关系式，即

$$k = k_{\text{ma}}(1-\beta) + \beta^2 M \tag{6.3.12}$$

式中：$\frac{1}{M} = \frac{(\beta-\phi)}{k_{\text{ma}}} + \frac{\phi}{k_f}$；$k_f$ 为孔隙流体的体积模量。

利用水饱和沉积物的纵横波速度关系（Lee 等，1996），即

$$V_S = V_P\alpha(1-\phi) \tag{6.3.13}$$

式中：$\alpha = (V_P/V_S)^{-1} \mid_{\text{matric}}$，是岩石骨架的纵横波速度比的倒数。所以，由公式（6.3.12）和公式（6.3.13）可得到沉积物的剪切模量，即

$$\mu = \frac{\mu_{\text{ma}} k_{\text{ma}}(1-\beta)(1-\phi)^2 + \mu_{\text{ma}}\beta^2 M(1-\phi)^2}{k_{\text{ma}} + 4\mu_{\text{ma}}[1-(1-\phi)^2]/3} \tag{6.3.14}$$

公式（6.3.12）和公式（6.3.14）中的 Biot 系数是孔隙度的函数，由 Krief 等人（1990）给出，即

$$(1-\beta)=(1-\phi)^{3.8} \quad (6.3.15)$$

图 6.3.2 给出了利用公式 （6.3.15），以及加权方程、有效介质模型和 Krief 等人（1990）计算的 Biot 系数 β（数据表见附录）。计算过程中，泥质含量被假设为零。当孔隙度 $\phi > 0.5$ 时，三组数据计算的 Biot 系数 β 相差不大；而当 $\phi < 0.4$ 时，三者计算的差异很明显。给定孔隙度值，β 减小，则速度增大。Lee 认为加权方程或是有效介质理论模型计算得到的 β 适合于反映未压实沉积物的剪切模量与其骨架剪切模量间的关系。下面给出了加权方程数据所拟合的 Biot 系数 β，即

$$\beta = \frac{A_1 - A_2}{1 + e^{(\phi + 0.56468)/0.10817}} + A_2$$

$$(6.3.16)$$

式中：$A_1 = -183.05186$；$A_2 = 0.99494$；拟合的相关系数 $R^2 = 0.999964$。

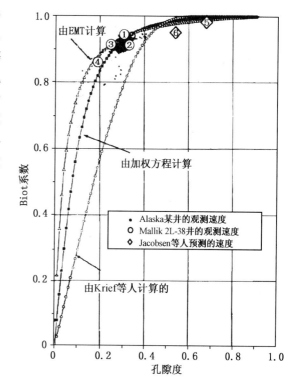

图 6.3.2　三组数据（有效介质模型，加权方程和 Alaska 测井数据（据 Krief，1990））计算的 Biot 系数曲线；以及由美国阿拉斯加州测井横波速度（灰色圆点），Mallik 2L-38 井不同深度的平均横波度（标号 1～4 和空心圆）及 Jakobsen 等人（1999）预测的横波速度（菱形点）计算的 Biot 系数

6.3.1.1.4　有效介质理论模型

水合物成藏于疏松海底浅层，高孔隙度的海洋沉积物可看成"颗粒系统（Granular system）"，其弹性波速度与孔隙度、有效压力、矿物组成、孔隙充填物的弹性性质、以及水、游离气与水合物的饱和度有关，而水合物的形成可能会填充孔隙空间而降低了孔隙度、改变颗粒间的接触方式。

基于有效介质理论，Helgerud 等（1999）提出了 Hashin - Shtrikman - Hertz - Mindlin 理论预测水合物沉积速度。该模型认为水合物对岩石颗粒并未起到胶结作用，并假定两种情况：第一种假定水合物是孔隙流体的一部分，并影响孔隙流体的压缩系数；第二种假设水合物是固体骨架的一部分，水合物的存在降低了孔隙度，改变了矿物组成的弹性模量，但没有使骨架硬化。

该模型首先计算干岩石的体积模量，设临界孔隙度为 ϕ_c 大约在 $36\% \sim 40\%$ 以内，利用 Hertz - Mindlin 接触理论（Mindlin，1949）计算干岩石的体积模量（K_{HM}）与剪切模量（G_{HM}）。

$$K_{HM} = \left[\frac{m^2 (1-\phi_c)^2 G^2 P}{18\pi^2 (1-\nu)^2} \right]^{\frac{1}{3}} \quad (6.3.17)$$

$$G_{HM} = \frac{5-4\nu}{5(2-\nu)} \left[\frac{3m^2 (1-\phi_c)^2 G^2 P}{2\pi^2 (1-\nu)^2} \right]^{\frac{1}{3}} \quad (6.3.18)$$

式中：K、G 和 ν 分别为岩石骨架的体积模量、剪切模量和泊松比；平均配位数 m 表示平均每个球形颗粒接触的颗粒数，一般约为 8～9 个（Dvorkin 和 Nur，1996）。P 为有效压力，

即

$$P = (1 - \phi)(\rho_b - \rho_w)gh \tag{6.3.19}$$

式中：ρ_b、ρ_w 分别为骨架与流体的密度；g 为重力加速度，h 为深度。

根据修改后的 Hashin – Shtrikman 下边界（Dvorkin 和 Nur，1996），当孔隙度 $\phi < \phi_c$ 时，干岩石骨架的体积模量和剪切模量为

$$K_{dry} = \left[\frac{\phi/\phi_c}{K_{HM} + \frac{4}{3}G_{HM}} + \frac{1 - \phi/\phi_c}{K + \frac{4}{3}G} \right]^{-1} - \frac{4}{3}G_{HM} \tag{6.3.20}$$

$$G_{dry} = \left[\frac{\phi/\phi_c}{G_{HM} + Z} + \frac{1 - \phi/\phi_c}{G + Z} \right]^{-1} - Z \tag{6.3.21}$$

当 $\phi \geqslant \phi_c$ 时

$$K_{dry} = \left[\frac{\phi/\phi_c}{K_{HM} + \frac{4}{3}G_{HM}} + \frac{1 - \phi/\phi_c}{K + \frac{4}{3}G} \right]^{-1} - \frac{4}{3}G_{HM} \tag{6.3.22}$$

$$G_{dry} = \left[\frac{\phi/\phi_c}{G_{HM} + Z} + \frac{1 - \phi/\phi_c}{G + Z} \right]^{-1} - Z \tag{6.3.23}$$

式中：$Z = \frac{G_{HM}}{6}\left[\frac{9K_{HM} + 8G_{HM}}{K_{HM} + 2G_{HM}} \right]$；$K$、$G$ 分别矿物组成的体积模量与剪切模量，根据 Hill 平均，有

$$K = \frac{1}{2}\left[\sum_{i=1}^{L} f_i k_i + \left(\sum_{i=1}^{L} \frac{f}{k_i} \right)^{-1} \right] \tag{6.3.24}$$

$$G = \frac{1}{2}\left[\sum_{i=1}^{L} f_i G_i + \left(\sum_{i=1}^{L} \frac{f}{G_i} \right)^{-1} \right] \tag{6.3.25}$$

式中：f_i 为第 i 种矿物组分在固体部分所占的百分比，K_i、G_i 分别为矿物组分的体积模量与剪切模量。

根据 Gassmann 方程，饱和流体沉积物的体积模量与剪切模量为

$$K_{sat} = K \frac{\phi K_{dry} - (1 + \phi)K_f K_{dry}/K + K_f}{(1 - \phi)K_f + \phi K - K_f K_{dry}/K} \tag{6.3.26}$$

$$G_{sat} = G_{dry} \tag{6.3.27}$$

式中：K_f 为流体的体积模量，若认为水合物与水同时存在于孔隙中，仍可以流动，视水合物为流体的一部分，则

$$K_f = \frac{S_w}{K_w} + \frac{1 - S_w}{K_h} \tag{6.3.28}$$

若认为水合物为骨架的一部分，这时天然气水合物的存在会使得孔隙度降低，则减小的孔隙度为

$$\phi_r = \phi S_w = \phi(1 - S_h) \tag{6.3.29}$$

根据 Hill 平均方程，将水合物视为骨架的一部分。

沉积物密度 ρ 由骨架密度和流体密度得到

$$\rho = \rho_b(1 - \phi) + \rho_w \phi \tag{6.3.30}$$

最后，纵横波速度由弹性模量和密度得到

$$V_P = \sqrt{\frac{K_{sat} + 4/3G_{sat}}{\rho}} \tag{6.3.31}$$

$$V_S = \sqrt{\frac{G_{sat}}{\rho}} \tag{6.3.32}$$

欠压实的松散沉积模型目前被广泛应用于水合物速度模拟以及地震上由速度估算水合物含量（Helgerud，1999；Sakai，1999；Ecker 等，2000 年），与实际钻测井数据吻合的较好。

6.3.1.1.5 其他计算松散沉积物的干岩石模量的接触模型

（1）胶结模型。

Dvorkin 和 Nur（1996）提出胶结模型，可以用来计算胶结物沉积在颗粒接触面上的干岩石的体积模量和剪切模量。胶结物是弹性的，并且它的性质可能与球体颗粒的性质不同。他们认为，水合物对沉积的砂岩颗粒有胶结作用，包括接触胶结（图 6.3.1 模式 1）和包裹颗粒（图 6.3.1 模式 2）两种方式，且它的弹性性质与砂岩颗粒不同。

假设无天然气水合物时的松散砂岩骨架是平均配位数 $C = 9$ 等球体紧密排列，设定初始的孔隙度，颗粒中加入水合物起到减小孔隙度和增加颗粒集合体（骨架）的有效模量的作用。这种有效干岩石的体积模量和剪切模量为

$$K_{dry} = \frac{1}{6}C(1 - \phi_c)M_h\hat{S}_n \tag{6.3.33}$$

$$G_{dry} = \frac{3}{5}K_{dry} + \frac{3}{20}C(1 - \phi_c)G_h\hat{S}_\tau \tag{6.3.34}$$

$$M_h = \rho_h V_{Ph}^2 \tag{6.3.35}$$

$$G_h = \rho_h V_{Sh}^2 \tag{6.3.36}$$

式中：ρ_h 是水合物的密度；V_{Ph} 和 V_{Sh} 是水合物的纵横波速度；M_h 和 G_h 分别为水合物的体积模量和剪切模量。参数 $\hat{S}_n$ 和 $\hat{S}_\tau$ 分别是与胶结的两颗粒组合体的正向和剪切刚度成比例，它们取决于胶结水合物的含量，由以下关系式确定，即

$$\hat{S}_n = A_n\alpha^2 + B_n\alpha + C_n \tag{6.3.37}$$

$$\hat{S}_\tau = A_\tau\alpha^2 + B_\tau\alpha + C_\tau \tag{6.3.38}$$

其中

$$A_n = -0.024153\Lambda_n^{-1.3646}$$

$$B_n = 0.20405\Lambda_n^{-0.89008}$$

$$C_n = 0.00024649\Lambda_n^{-1.9864}$$

$$A_\tau = -10^{-2}(2.26\nu^2 + 2.07\nu + 2.3)\Lambda_\tau^{0.079\nu^2 + 0.1754\nu - 1.342}$$

$$B_\tau = (0.0573\nu^2 + 0.0937\nu + 0.202)\Lambda_\tau^{0.0274\nu^2 + 0.0529\nu - 0.8765}$$

$$C_\tau = -10^{-4}(9.654\nu^2 + 4.945\nu + 3.1)\Lambda_\tau^{0.01867\nu^2 + 0.4011\nu - 1.8186}$$

$$\Lambda_n = \frac{2G_h}{\pi G}\frac{(1 - \nu)(1 - \nu_h)}{1 - 2\nu_h}, \Lambda_\tau = \frac{G_h}{\pi G}$$

式中：G 和 ν 为颗粒的剪切模量和泊松比；ν_h 为水合物泊松比；a 是接触胶结层的半径；R 为颗粒半径。

接触胶结水合物的含量 α 可由胶结层半径 a 与颗粒半径的比值 R 的比表示，即

$$\alpha = \frac{a}{R} \tag{6.3.39}$$

接触胶结层的半径 a 不一定直接与胶结的含量有关；部分胶结物可能沉淀在接触点之外。然

而，如果假设砂岩孔隙减少只与胶结水合物有关，并假设特定沉积模型，可把参数 α 与孔隙度相联系。如图 6.3.1 模式 1 颗粒接触模式——全部水合物沉淀在颗粒接触处，得到

$$\alpha = 2\left[\frac{S\phi_c}{3C(1-\phi_c)}\right]^{0.25} \tag{6.3.40}$$

而图 6.3.1 模式 2 包裹颗粒模式，即水合物均匀地沉淀在颗粒表面，即

$$\alpha = 2\left[\frac{2S\phi_c}{3(1-\phi_c)}\right]^{0.5} \tag{6.3.41}$$

用上述模型计算出水合物干岩石的体积模量和剪切模量后，利用公式（6.3.24）至公式（6.3.27）和公式（6.3.30）至公式（6.3.32）计算出水合物沉积层的速度。

（2）Walton 模型。

Walton 模型（Walton，1987）中，假设两个颗粒组合体的正向和剪切形变同时产生。这一假设产生的结果与 Hertz-Mindlin 模型给出的结果有所不同。Sava 和 Hardage（2006）基于假设颗粒为理想光滑球体的状况下，用该模型计算水合物沉积的干岩石模量，并作了一系列的正演。

在静水压力 P 的条件下，等同球体的排列是各向同性的。对于光滑球体条件，孔隙中无流体，即

$$G_{\text{eff}} = \frac{1}{10}\sqrt[3]{\frac{3(1-\phi)^2 C^2 P}{\pi^4 B^2}}, \quad K_{\text{eff}} = \frac{5}{3}G_{\text{eff}} \tag{6.3.42}$$

$$B = \frac{1}{4\pi}\left(\frac{1}{G} + \frac{1}{G+\lambda}\right) \tag{6.3.43}$$

式中：λ 是砂岩颗粒的拉梅系数；静水压力 P 由公式（6.3.19）给出。明显地，集合体的有效密度为

$$\rho_{\text{eff}} = (1-\phi)\rho \tag{6.3.44}$$

同样的，由此得到干岩石的体积模量与剪切模量后，利用公式（6.3.24）至公式（6.3.27）和公式（6.3.30）至公式（6.3.32）计算出水合物沉积层的速度。

6.3.1.2　天然气水合物沉积的弹性性质与岩石物性

水合物稳定存在需要一定温压条件实验室岩心测量水合物岩石物性通常难以实现。因此，测井数据以及速度模型正演就成了主要的观测手段。测井数据速度模型正演模拟以及大陆边缘不含水合物与游离气沉积物的岩石物性对比，证实水合物的存在会造成纵波速度、横波速度的增加、泊松比减小、密度减小或基本不变、电阻率增加、热导率减小。水合物速度模型已由最初简单的 Willy 公式发展到较为复杂的加权模型、有效介质模型等，研究人员对模型的优劣、应用范围和应用效果都有深入研究。利用岩石物理模型进行正演研究可以分析天然气水合物沉积层的弹性性质，帮助地球物理学家找到具有商业价值的天然气水合物藏。

6.3.1.2.1　正演模型 1

Dvorkin 等（2003）利用有效介质模型进行了一系列水合物正演模拟，研究水合物层的弹性性质，并得到了一些有效的结论。设正演模型的孔隙度为 20%～40%，天然气水合物饱和度从 0～100%，其余的孔隙空间被盐水充填的砂岩层，其矿物成分为 90% 的石英和 10% 的黏土。

图 6.3.3 显示结果表明在特定的孔隙度的情况下，天然气水合物含量越高，P 波速度越大，泊松比越小。利用图 6.3.3 可从测井数据或波阻抗反演数据获得总孔隙度和天然气水合物饱和度。

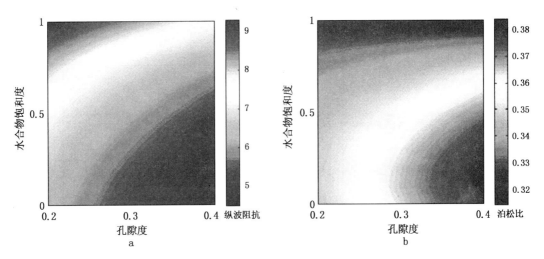

图 6.3.3　10%泥质含量的含水砂岩层中 P 波波阻抗和泊松比与孔隙度和天然气
水合物饱和度的关系（据 Dvorkin 等，2003）

参见书后彩页

图 6.3.4 是含泥 10%和 20%，孔隙度为 40%的砂岩中 P 波波阻抗和泊松比的关系。在天然气水合物富集的地方，黏土含量的细微变化对其弹性性质影响较小。泊松比和 P 波波阻抗的范围分别是 0.31～0.33 和 7～9km/s・g/cm³。

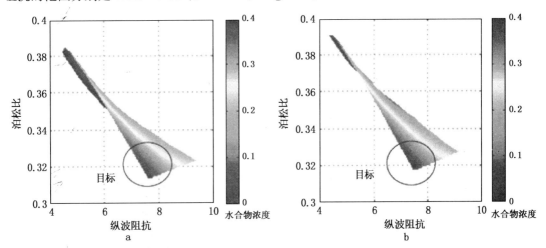

图 6.3.4　岩石中天然气水合物富集程度与 P 波波阻抗和泊松比分别在泥质含量 10% （a） 和
20% （b） 的含水砂岩中的关系（据 Dvorkin 等，2003）

参见书后彩页

图 6.3.5 中给出模型结果包括：含泥 10%和 20%的含天然气水合物的砂岩；泥质含量 0～100%的含水的砂岩或页岩；泥质含量 10%～20%的含气砂岩，三个模型孔隙度均为 40%。图 6.3.5a，含天然气水合物的砂岩在波阻抗泊松比平面图中用红色标出，含天然气的砂岩为黄色区域，含水砂岩或页岩为蓝绿色区域。富含天然气水合物的砂岩储层，有相对高的波阻抗和中等或较高的泊松比。图 6.3.5b 是同样的模型数据但用纵波速度和纵横波速比表示的水合物砂岩储层。

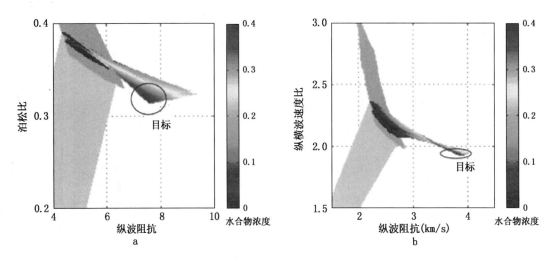

图 6.3.5　天然气水合物的含量和纵波阻抗与泊松比（a）、纵波速与 v_P/v_S（b）的关系
（据 Dvorkin 等，2003）

参见书后彩页

6.3.1.2.2　正演模型 2

建立一个页岩中夹杂倾斜砂岩层的垂向剖面模型（图 6.3.6）。页岩饱含水、砂岩层的储层孔隙在上部含有饱和度为 50% 的天然气水合物，在下部含有大约 20% 的天然气。这样的结构就像海底天然气水合物稳定区的底界处天然气水合物和天然气的接触部位。一些地震记录显示，在天然气水合物和天然气的界面处有很大的波阻抗差，从而产生强地震反射。

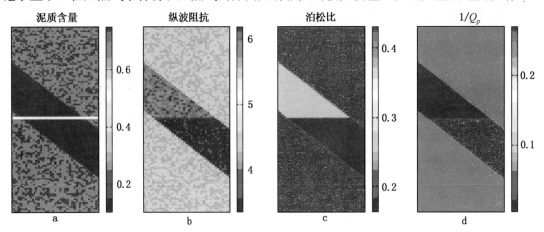

图 6.3.6　页岩中倾斜砂岩层的视剖面（据 Dvorkin 等，2003）

a—模型示意图，泥质含量在砂岩中小，在页岩中，水平白线是天然气水合物和天然气的界面；b—P 波波阻抗；

c—泊松比；d—反演品质因子。参见书后彩页

垂向视剖面图中的沉积物的弹性属性同样是由上述天然气水合物模型计算得到。如果孔隙空间中没有天然气水合物，这个模型就成了胶结模型。图 6.3.6 是模拟的 P 波阻抗和泊松比。

正演结果与预期一致，含水合物砂岩与含气砂岩界面处存在强波阻抗差。含水合物砂岩的纵波阻抗比页岩还大。这样的高阻抗性质可用来指示水底浅层环境下松散沉积物的含水合物砂岩储层。

由弹性波阻抗反演得到的泊松比是天然气的有效指示。含天然气的砂岩的泊松比降至了0.2，含天然气水合物的砂岩和页岩的泊松比大于0.3。含水合物砂岩的泊松比比页岩小，并且也应该小于饱含水的砂岩（图6.3.5）。所以，泊松比和阻抗，可以来指示含天然气水合物的砂岩。

从地震数据中合理地提取波的衰减信息可能是反映地下储层特征的重要属性（图6.3.7）。例如，水合物胶结的砂岩有较大的波阻抗和衰减品质因子；相反，含气砂岩有较小的波阻抗和衰减品质因子。

6.3.1.2.3 从波阻抗得到天然气水合物的饱和度

岩石物理模拟的最终目标是从地震数据中确定孔隙中天然气水合物的饱和度。目前已经建立P波阻抗和孔隙中的天然气水合物含量的关系。所以，波阻抗反演是天然气水合物藏表征的有效技术。

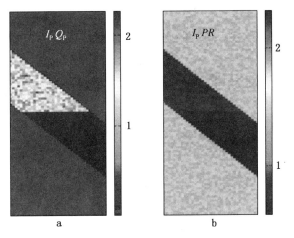

图6.3.7　页岩中倾斜砂岩层的视剖面
（据Dvorkin等，2003）

a—波阻抗与品质因子的乘积除以1000；b—波阻抗和泊松比的乘积。参见书后彩页

然而，多种因素影响含天然气水合物砂层的弹性属性。孔隙流体的体积模量和密度以及不同的压力，这些因素还相对容易界定。可是其他因素（孔隙度、黏土含量、天然气水合物饱和度）是不可能从P波阻抗来精确预测的。

假设水合物胶结砂岩的总孔隙度在20%～30%内，黏土含量在5%～15%内。模型推导图表（图6.3.8）提供了天然气水合物饱和度和纵波阻抗关系的合理区域。例如，测得的纵

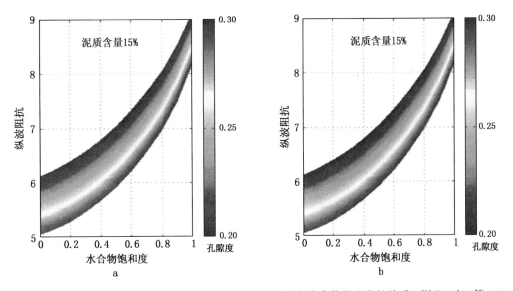

图6.3.8　不同孔隙度下P波波阻抗（km/s·g/cm³）与天然气水合物饱和度的关系（据Dvorkin等，2003）

a—泥质含量5%，b—泥质含量15%。参见书后彩页

波阻抗是 7km/s·g/cm³，天然气水合物饱和度在 45％～80％之间，通过对储层属性更严格的假设，可以进一步减小饱和度的这种不确定性。

图 6.3.9 展示的是波阻抗与泊松比的交会图，可以用声波阻抗或弹性波阻抗来区分天然气水合物和天然气。更加精确的结果应该由对应的水合物和含水砂岩在交会图中的位置的变化来确定。由于对于不同地区复杂的砂泥岩沉积，尚未有统一的岩石物理模型。模拟的最终效果必须通过具体的例子做合成地震记录模拟来得到。

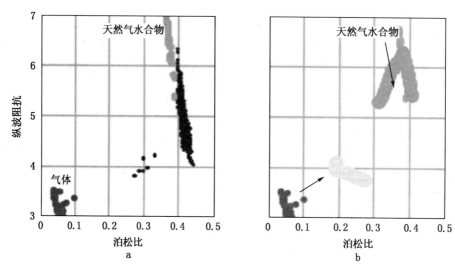

图 6.3.9　泊松比与纵波阻抗交会图（据 Dvorkin 等，2003）

a—原始测井数据；b—处理后的数据

6.3.1.3　天然气水合物的 AVA 特征

6.3.1.3.1　PP 和 PS 波 AVA 岩石物理建模

为了评价 AVA 技术在研究天然气水合物系统上的潜在价值，Sava 和 Hardage（2006）在文章中对天然气水合物稳定带沉积物与下部游离气藏间界面的 PP 和 PS 反射波的响应（图 6.3.10）进行了正演模拟。他们选用了理想光滑球体的 Walton 模型来计算干岩石的体积模量与剪切模量。

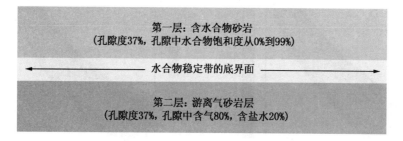

图 6.3.10　设定天然气水合物稳定区带底部的模型（BHSZ）

（据 Sava 和 Hardage，2006）

在 AVA 建模中，假定天然气水合物主要以分散的形式填充在松散的颗粒间，如图 6.3.1 模式 3 和模式 4 所示。

图 6.3.11 显示天然气水合物作为支撑骨架的模式的 PP（a）和 PS（b）反射 AVA 建模的结果。每段曲线对应沉积物中不同的天然气水合物饱和度，从 0 变化到 99%。在该模型中，我们看到了在小入射角度（近偏移距）的反射轴比在大入射角（远偏移距）时能更好地区分天然气水合物浓度的变化。

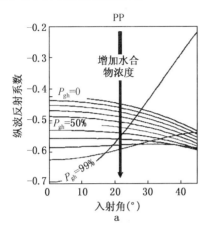
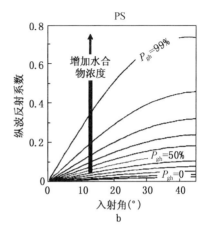

图 6.3.11　承重骨架水合物模式的水合物稳定带底部和其下游离气藏分界面的
PP 波（a）和 PS 波（b）反射系数随入射角变化的函数，每一个曲线对应于
不同的水合物饱和度（据 Sava 和 Hardage，2006）

随着水合物饱和度的增加到 70% 以后，PP 波从第 3 类 AVA 响应变为第 4 类响应。出现这种变化的主要原因是由于游离气层之上的高浓度的水合物层的横波速度明显增加（图 6.3.5），并表现为第 4 类 PP 波 AVA 响应。当入射角大于 $20°$ 时，PS 波 AVA 入射角的对天然气水合物浓度响应比 PP 波更敏感。利用转换 PS 波的 AVA 信息，能够更好地预测模式 3 介质的水合物饱和度。

图 6.3.12 显示 PP（a）和 PS（b）反射系数的 AVA 建模结果，该模型中天然气水合物是作为填充孔隙的一部分（图 6.3.1 模式 4）。在这种情况下，只有 PP 波反射显示对天然气

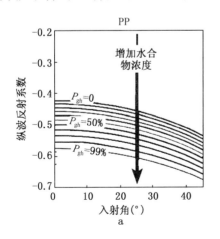
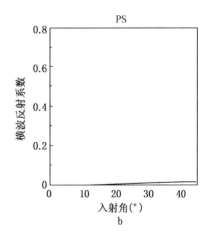

图 6.3.12　孔隙填充水合物模式的水合物稳定带底部和其下游离气藏分界面的
PP 波（a）和 PS 波（b）反射系数随入射角变化的函数，每一个曲线对应于
不同的水合物饱和度（据 Sava 和 Hardage，2006）

水合物饱和度敏感。图 6.3.12a 中所有 PP 波随入射角变化的反射系数都是第 3 类响应。孔隙中填充水合物的沉积物的剪切强度不随水合物饱和度变化而变化，它的横波速度和下部游离气层的相似。因此，所有 PS 反射很微弱，且随着天然气水合物浓度增加基本不变化。

图 6.3.11 和图 6.3.12 中显示的模拟结果表明 PP 波反射不能区分两个天然气水合物模型（模式 3 和模式 4）；然而，两个模型的 PS 波反射显然是不同，利用它可以区分天然气水合物在主沉积物中是充当骨架（模式 3）还是填充孔隙（模式 4）。因此，多分量地震技术——利用转换 PS 波的 AVA 响应，是探测天然气水合物与主沉积物关系的有效的技术手段（图 6.3.11 和图 6.3.12）。结合纵横波波速比以及纵波和转换波的 AVA 分析可以提高预测深水天然气水合物含量的准确性。

6.3.1.3.2 对比岩石物理模拟结果和实验结果

图 6.3.13 和图 6.3.1.14 中，图 a 显示的是美国乔治亚理工学院的 Yun 等人在实验室测量的纵波速度和横波速度与天然气水合物饱和度的函数；图 b 给出的是岩石物理模型（模式 3，组成承重骨架的天然气水合物）结果。松散沉积物的岩石物理模型中，假设砂岩颗粒的临界孔隙为 0.37；同样的，用于实验室测量的砂岩样品的孔隙度也为 0.37。模型中使用的有效压力为 0.01MPa，而实验室的平均有效压力也约为 0.01MPa。

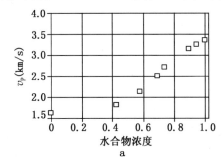 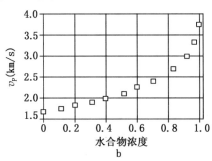

图 6.3.13 纵波速度与孔隙天然气水合物饱和度的实验室结果（a）和岩石物理
模拟结果（b）对比（据 Sava 和 Hardage 等 2006）

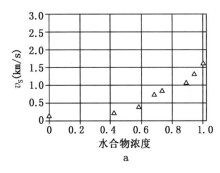 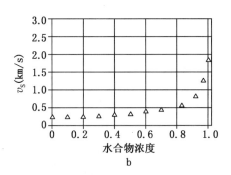

图 6.3.14 横波速度与孔隙天然气水合物饱和度的实验室结果（a）和
岩石物理模拟结果（b）对比（据 Sava 和 Hardage 等 2006）

图 6.3.13 显示在实验室测量和岩石物理模型（模式 3）的水合物模拟中，纵波速度随着天然气水合物浓度增加。纵波速度呈非线性增长，当孔隙中的水合物饱和度超过 50% 时，速度增长的更快。而当天然气水合物浓度小于 50% 时，纵波速度随水合物饱和度的增加而

增长缓慢。由图 6.3.13 可以观测到，纵波速度作为天然气水合物饱和度的函数，其实验室测量和岩石物理模拟结果具有很好的一致性，这表明了用于数值模拟中的数学结构和物理概念是合理的。

图 6.3.14 显示在实验室测量和天然气水合物岩石物理模型模拟中，横波速度随着天然气水合物含量的增加而增大。同样的，当孔隙中的天然气水合物饱和度超过 50％ 时，横波速度增长变快；而天然气水合物饱和度小于 50％ 时，横波速度增长较慢。实验室测量的横波速度和岩石物理模型结果的一致性表明模式 3 能对水合物沉积在深水、松散的近海底介质进行很好的模拟。

6.3.2 水合物岩心分析及测井技术

包含水合物的岩心在多次科学考察活动中曾被发现（Shipboard Scientific Party，1996；2003）。海上水合物勘探主要以大洋钻探计划（主要针对 Blake Ridge，Cascadia Margin，以及 Hydate Ridge 地区）和美国能源部（主要针对墨西哥湾，印度沿海）的地质调查为主；永冻土带水合物勘探主要由加拿大地质调查局（主要针对加拿大西北部的 Mallik 地区）以及美国能源部（主要针对阿拉斯加的 Elbert 地区）完成保压取心以及岩心分析技术是水合物研究的重要组成部分，水合物取心分析研究面临巨大的挑战，很难保证含水合物取出来的岩心与地下赋存状态一致或者比较一致。

测井技术对描述水合物储层特征非常重要。测井分析揭示水合物存在时引起的物理性质差异，包括纵、横波速度增加，电阻率升高等的异常。其他测井信息（比如伽马、孔隙度和密度测井）被用于评价岩性（砂岩还是泥岩，颗粒大小等），也是评价水合物赋存状态的重要参考依据。水合物测井评价包括核磁测井、声波测井以及探测裂缝的电阻率成像测井。测井技术分电缆测井和随钻测井，电缆测井是对已经存在的井筒放入仪器进行测量，随钻测井是在钻探过程中测量。电缆测井和随钻测井各有其优缺点，电缆测井测试时，水合物已经暴露一段时间，并且海底浅层松软沉积物垮塌对井筒造成的堵塞有时让电缆测井失败，但是，与随钻测井相比，电缆测井具有更高的分辨率。

6.3.2.1 水合物取心技术

理想条件下，水合物取心设备必须保温保压，然而实际上只做到保压，温度变化在取心过程中只是被降到尽可能的低。深海钻探计划（DSDP）和大洋钻探计划（ODP）开发的压力岩心取心器（PCS）已成功应用于 ODP164、201、204 等航次的钻探取样工作中，其缺点在于取心率较低，由于没有解决保温问题，不能在取样结束后无压降地取出样品供后续实验室进行相关分析。后来在 Mallik 三角洲、"Nankai 海槽"海洋探井中使用了日本的保温、保压取样器（PTCS）。距 PCS 成功应用之后，欧盟研发出了天然气水合物高压取心装置（hydrate autoclave coring equipment 简称 HYACE）该系统可以在一定压力和人工控制的温度下对样品进行无损物化分析，其包含一个能在对岩心物理性质测量过程中维持其压力的实验室传送腔，便于将岩心转移至实验室的压力腔内，实现实验室室内的保真分析。

（1）保压取心器 PCS。

PCS 是一种自由下落式展开、液压驱动、钢缆回收的保压取心工具，它既采用了传统的油田压力取心技术，又采用了 DSDP 计划发展起来的取心技术。理论上在 70MPa 的高压下 PCS 可取到长 86 cm、直径 42mm 的岩心样品。PCS 在 Leg146 等航次取得了接近原位压力的岩心、气体和水样品。

（2）保温保压取心器 PTCS。

PTCS 是由日本石油公司石油开发技术中心委托美国 Aumann & Associates 进行设计、制作和室内试验，其总体结构和工作原理与 ODP－PCS 相似。保温功能主要通过岩心衬管和内管之间增加保温材料和注入液态氮，并在钻进过程中配合泥浆冷却装置和低温泥浆实现。

日本在"Nankai 海槽"海洋探井使用保温保压取心器在主孔及追加探井进行了取心，其中，主孔从海面以下 1175～1254m 井段共取心 27 次，进尺 79m，取岩心 2911m，岩心采收率 37%；追加探井从海面以下 1149～1233m 井段的 4 层水合物层，共取心 12 次，进尺 36m，取岩心 1619m，岩心采收率 47%。

（3）欧盟保压取心装置 HYACE 系统。

HYACE 系统是另一种保持原位压力的沉积物取心器，为适应不同地质条件，HYACE 系统又分为压力采样器 FPC（Fugro Pressure Corer）和旋转式采样器 HRC（Hyace Rotary Corer）两种。FPC 利用震动冲击装置驱动钻头前部的取心筒，可贯入沉积物中 1m 左右。当采样完成后，钢缆提升取心筒至压力腔，通过一个特殊的翻板阀密封保持压力，最高保持压力为 25MPa。该冲击式采样器适用于在非岩性沉积物（从软泥、砂到砂砾）中取心，样品直径 58mm。HRC 利用反转马达驱动钻头前部管靴，可深入沉积物达 1m 左右，与 FPC 类似，HRC 也是通过一个特殊的翻板阀密封保持压力，最高压力可达 25MPa。该旋转式采样器可在硬质岩的沉积物中采样，样品直径 50mm。

Fugro 压力取心器和 Hyace 旋转取心器克服了 PCS 的大多数缺点。这两种取心器最大的优点是取得的岩心能在没有压力损失的情况下从取心器中转移至实验室的腔体内，用于原位静水压力下的测量。因为这两种取心器都是在一个不旋转的钻杆内利用"干"切割岩心的原理实现的，较其他在钻头部位利用钻井液或水进行冲洗的工具，其可能获取所受污染相对较小（这对于微生物和地质化学应用非常重要）的高质量的岩心样品。HRC 还具有在硬岩石地层中钻进的能力。这两种取心器的主要缺点在于适用性仍然不如 PCS，它们最大的工作压力为 25MPa。

6.3.2.2 水合物岩心分析技术

用于含水合物沉积物的岩心取样的类型包括常规的沉积物岩心（非保压）和保压取样岩心。关键岩心性质的分析主要涉及多孔介质中的热分解动力学机制、岩石物理性质、水合物地球化学性质等几个方面。

（1）岩心热成像分析技术。

Weinberger 等（2005）介绍了一种用于岩心恢复和估算水合物浓度的方法。在目标层段保压取心，然后通过降压法进行热成像。因为水合物的分解吸收热量，在岩心中水合物的分解部位将形成"冷点"。这些"冷点"可以通过红外线摄像机进行识别，从而恢复岩心中水合物的初始位置。

常规岩心的热成像观测，主要借助于一台放在自动轨道上的红外线摄影机来完成。将红外线摄影机放置在岩心的顶端开始测试，由计算机控制的自动轨道主要引导摄影机的移动。控制计算机和轨道的软件实时自动连续成像，直接产生完整的岩心热成像以提供观察。每个岩心都产生一个合成热成像图，用不同的颜色表示不同热数据，以确定岩心中水合物的位置及其含量。

（2）岩心孔隙中气体的成分分析。

水合物常规取心如果出现有膨胀的孔隙，每个岩心要对 2～3 个膨胀的孔隙取样作气相色谱分析以确定气体的成分。刺破岩心中的孔隙，抽取出气体并注入气相色谱仪进行分析。对每个孔的数据都要编译电子数据表，包括甲烷、乙烷、丙烷等含量。取样时一般假定样品受到空气污染，在样品分析数据需进行污染校正。

（3）沉积物孔隙水的分析。

对每个孔的沉积物样品（包括常规和保压取心）进行孔隙水压榨取样，孔隙水样品用作盐度、氯离子浓度和硫酸根离子浓度分析。通过测量参数来计算孔隙水淡化率和气体水合物含量（以孔隙空间百分比表示）。每个孔都要做一张电子数据表。记录内容包括孔隙水盐度、氯离子浓度、硫酸盐含量及计算气体水合物作为孔隙空间百分比的含量。并作出盐度、氯离子浓度和硫酸盐含量随孔深变化关系图及气体水合物含量与孔深的关系图。

（4）岩心的非破坏性测试。

常规岩心的非破坏性测试使用标准的多探测器岩心测井仪（MSCL–S）对沉积物特征进行测试。对每个岩心的数据编制电子数据表，包括伽马密度，纵波速度，电阻系数，磁化率。并提供伽马密度，纵波速度，电阻系数，磁化率与孔深的关系图。

为了掌握水合物在压力高达 250bar 条件下在沉积物中水合物的结构，保压岩心的非破坏性测试（FPC&HRC）使用多探头岩心测井仪（MSCL–P）进行非破坏性分析。对每个岩心数据编制数据电子表，包括伽马密度、纵波速度与岩心深度的关系图、X–射线图。

（5）保压取样岩心的甲烷含量确定。

保压取样岩心经 MSCL–P 系统测试之后，将选取的岩心慢慢减压，收集和测试所释放的气体，用以分析水合物气体成分。确定所选择保压岩心的总甲烷含量（溶解的甲烷，甲烷水合物和游离甲烷气），计算甲烷水合物和甲烷游离气含量。由计算机控制的压力测量系统用来监控压力，气体体积采用液体替代来测量，气体成分使用气相色谱仪进行测试。

利用岩心中的甲烷，根据气体体积、岩心孔隙率和水合物底界三者来计算沉积物中天然气水合物的饱和度。每个岩心的数据都要编制数据电子表，包括甲烷含量，计算气体水合物含量（占孔隙的百分比），提供气体水合物含量与孔深关系图。

（6）岩心分析实验室介绍。

Mallik 移动岩心实验室具备分析标准岩心特性的能力，并包含专门设计用于测量天然气水合物地层性质的装置。2003—2004 年，该实验室在保持温度不变的情况下完成了对整体岩心和取自整体岩心上 1 寸薄片的测量。整体岩心测量包括岩心伽马纪录、红外温度、CT 扫描以及核磁共振（NMR）等测量。薄片测量包括体积量、颗粒密度、在限制压力下的氦孔隙性和渗透性、P 波和 S 波的速度、电阻率以及热传导率。对于天然气水合物样品，NMR 系统主要用于确定分解过程中不同步骤下样品的流体体积，记录释放的气体体积和成分。设计的移动岩心实验室具有以下特点：①自储存单元；②需要能源供应；③操作的控制气温在 –40℃ 至 45℃ 之间；④可以利用卡车或直升机运送。四个相互连接的实验室可以分别进行不同的岩心处理和分析：第一个实验室进行速度、电阻率以及热传导率的测试；第二个实验室进行 NMR 测量和天然、气水合物分解、尺寸以及岩心清洗和干燥工作；第三个实验室进行多孔性、颗粒密度、饱和系统、计算系统工作；第四个实验室进行全岩心测量和岩心处理。

ODP Joides 钻探船上配备了 7 级综合实验室，几个主要级别的实验室具体作用如下：一级和二级实验室主要用于冷冻岩心存储；三级岩心试验室的窄通道上配备有低温磁力计和用于测量岩心外部温度的红外照相机以及照相平台，能够进行速度和剪切强度轨迹的测试、物理性质测试以及抗硫化氢能力的检测；四级为化学试验室和生物试验室，对送至该试验室的样品进行无机和有机成分的分析；五级实验室配有能用于孔隙测试的相关装置和仪器。

6.3.2.3 水合物测井技术

天然气水合物在地表温压条件下不稳定，使得水合物的实验研究变得困难，因此在原始地层压力和温度条件下测量水合物储层物理特性的测井方法对发现和研究水合物来说具有十分重要的意义。井筒地球物理测井对水合物的性质提供直接的、深度上连续的、最接近自然状态下的测量值，为水合物充填裂缝和孔隙、沉积物颗粒、水和游离气等的复杂系统分析提供了可靠信息。现场最常用的水合物测井指示因子为高电阻率、高纵波速度、低核磁共振测井孔隙度异常（Mathews，1996）。到目前为止，已有的水合物钻孔勘探中几乎都使用了测井方法，测井对识别水合物沉积层的有很好的效果。在水合物钻探过程中，一个区块往往要钻几口井，分别用于随钻测井、钻探取心及电缆测井等。随钻测井与电缆测井是在钻井的不同阶段进行，其测井方法原理基本相同。

6.3.2.3.1 几种测井方法的基本原理介绍

（1）电缆测井。

电缆测井是一项广泛使用的常规油气检测技术，它能提取水合物分布和饱和度等的信息，也适用于水合物勘探。电缆测井是在钻井结束后，紧接着把测井仪器放入井筒，井信息通过电缆或者连接探针传到地表。电缆测井主要分为四个方面：电阻率、电磁、核磁共振和声波测井。

①电阻率测井。

天然气水合物储层的电阻率及声波速度明显偏高，因此电阻率测井和声波测井是识别天然气水合物的有效方法。另外，精确的评价天然气水合物储层还需要结合其他测井方法进行综合评价。

②电磁波传播测井。

电磁波传播测井由于具有较高的垂向分辨率，对于较薄的地层显示出较其他测井方法具有精细评价饱和度的优势。Mallik 5L‒38井曾用过电磁波传播测井仪（Dallimore，2005）。电磁波传播测井的垂向分辨率高于5cm，用来测量水合物的原位介电特性，据此计算水合物饱和度。

③核磁共振测井。

核磁共振测井仪器仅对孔隙中的液态水有响应而对水合物没有响应，因此，有利于对自由水、束缚水及水合物所占的孔隙空间详细评价。核磁测井的精细解释尚需建立在实验分析的基础上，如果与密度孔隙度测井结合起来，可能是获取天然气水合物饱和度的最简单同时也是最可靠的手段。

④声波测井。

与含气储层相比，含水合物的沉积层具有高纵、横波速度的特点。大量的经验模型用以预测水合物对弹性波速度影响，如时间平均方程、等效介质理论、孔隙填充模型、胶结理论、加权方程及改进的Biot‒Gassmann理论等。而偶极声波测井能准确测量地层各向异性及应力分布。

冻土带地区可以获得高质量的电缆测井数据，但在海海底浅层几乎不可能得到完整而且深度连续的电缆测井数据。距离海底深度范围（80～100m）的松软地层在钻井过程中容易垮塌，钻进过程中需下入套管以维持井眼稳定性。并且，套管之下地层也可能被井壁垮塌物堵塞，因为水合物层段在钻井过程中或者钻后会迅速分解。

（2）随钻测井（Logging while drilling 简称 LWD）技术。

在过去的几十年，随钻测井技术发展迅速。随钻测井仪器直接置于钻头上方，与等深度间隔采样的电缆测井相比，随钻测井是在变速情况（与钻头钻进速度有关）下等时间间隔采集数据的。随钻测井设备包括电阻率、密度、声波和自然伽马测井。随钻测井的中子孔隙度测井垂向分辨率约为30cm，密度和伽马约为15cm，这还取决于钻井速率。电阻率垂向分辨率可以达到5～10cm。受仪器因素的影响，随钻声波测井在地层速度高于1.7km/s时能得到可靠的测量值，在此速度之下测量值往往不准确（Goldberg 等，2003）。

LWD测量在钻孔之后及钻探或取心作业所引起的负面效应之前进行，由于钻探和测量相距的时间较短，相对于电缆测井而言钻井液对井壁的侵入处于轻微阶段。LWD设备由电池提供电源并使用可擦写编程的只读存储器芯片来存储测井数据。LWD仪器以等时间间隔的方式开展测量并与钻井架上监控时间和钻探深度的系统同步。钻探之后，将LWD仪器收上来下载数据。井上和井下时钟的同步使得能将时—深数据与井下时间测量数据合并成一个深度测量的数据文件，并将最终的深度测量数据传送到船上实验室进行整理和解释。

天然气水合物钻探中随钻测井的主要目的之一是为了确定合适的取心位置。随钻测井与随钻测量（Measurement While Drilling 简称 MWD）通常同时进行。LWD和MWD仪器测量不同的参数，MWD仪器位于紧邻钻头之上的钻环中，用于测量井下钻探参数（如钻头重量、扭矩等）。LWD和MWD的差别是LWD数据记录并保存在井下内存中，在仪器到达海面之后取出数据，而MWD数据是通过钻杆内的流体以调制压力波（或泥浆脉冲）的形式传输到地面，能够进行实时监控。在LWD和MWD两种仪器联合使用情况下，MWD可以同时将两种数据向井上传输。

与电缆测井相比，随钻资料更真实反应地层情况。因为随钻测井是在钻井过程中直接测量，可以避免受钻井液浸泡和井筒清理等行为对井筒周围地层性质的影响。并且，随钻测井能得到海底浅层的测井信息，而这部分地层常常发育有天然气水合物层，因此它非常适合于水合物勘探。

出于特殊环境下钻井安全的考虑，随钻测井已成为水合物开发的例行项目而引起广泛关注。近些年，随钻测井工具经常与随钻测量数据（MWD）传输能力联系在一起，用随钻测量数据传输，随钻测井数据在地表几乎可以实时观测。实时监测集中在两个重要方面：①水合物稳定带之下的游离气藏；②可能造成井喷的过压力区。为识别这些地质灾害，异常压力测量（PWD）被作为主要的预测工具，预测潜在的气藏区或者过压区域（Trehu，2003）。异常压力测量值在游离气藏（灾害1）区下降而在过压力区（灾害2）增加。随钻异常响应几乎都为突发情况，因此需要快速做出反应。在水合物稳定带内不含气或者只含少量气的情况下，随钻监测在水合物储层足够保证钻井安全。此外，随钻测井和电缆测井结合，通过声波波形相干，电阻率、核磁测井、体密度等测井记录建立一个图版，在水合物开发项目中多参数共同参与指导钻井安全。

6.3.2.3.2　测井岩心数据解释

水合物储层在不同尺度上体现非均质性特征，岩心分析数据反映的尺度从厘米到米，相对而言，测井资料反映几十到上千倍的尺度，地震资料反映的是百万倍尺度的构造信息。测井资料是联系岩心数据和区域地质背景和地震响应特征的联系和纽带。测井岩心数据解释主要是对储层中孔隙度和水合物饱和度进行估算。

孔隙度测井建立在电磁、核磁共振和声波测井综合解释的基础上。孔隙度的确定具有重要意义，因为不同类型的水合物藏具有不同的分布特征，对孔隙度测量的影响也不一样。为了进行评价，常结合不同的测井数据对孔隙度进行最优估计。

中子孔隙度测井与地层中子发散的测量值有关。中子发散受地层总含氢量控制，当总含氢量高时，大部分中子被降速和俘获，返回的中子减少，估算出的孔隙度值高。这种方法假设只考虑孔隙流体的氢含量，不考虑地层基质中的氢含量差异，测量值经常受到泥岩储层的氢含量影响。

大多数岩石的电阻率是由孔隙流体控制的。岩石和孔隙流体之间电阻率的关系可由 Archie（1942）经验公式来表述，即

$$R_t = a R_w \Phi^{-m} S_w^{-n}$$

式中：R_t 为地层的电阻率（$\Omega \cdot m$）；R_w 为地层水电阻率（$\Omega \cdot m$）；Φ 为地层岩石孔隙度（%）；S_w 为含水饱和度（%）；a、m、n 为经验参数。

孔隙水的含量及其矿化度是影响地层电阻率最重要的因素。影响地层电阻率的其他因素包括烃类（包括天然气水合物）的体积、孔隙的几何结构以及导电矿物等。由于冰和天然气水合物均为绝缘体，天然气水合物沉积层和冻土带沉积层的电阻率主要由未冻结的孔隙流体矿化度或孔隙水所决定。Archie 公式仅仅是水饱和地层电阻率和含水饱和度之间的一个经验公式。

6.3.2.3.3 水合物测井评价

天然气水合物储层测井评价的关键问题之一是建立合适的储层评价模型。根据岩心观察，天然气水合物在永久冻土带及海洋沉积物中的分布主要有以下四种情况：弥散型，结核型，板块状和大量型。其中永久冻土带分为冻土层内及冻土层下这两类水合物储层，二者的根本区别在于：冻土层之下孔隙中的流体为自由水，而在冻土层内部孔隙中的流体含部分冰。海洋天然气水合物也分为两类：一类为流体部分为自由水，另一类为流体部分含游离气。

天然气水合物具有独特的化学成分、电阻率和声学性质，通过了解天然气水合物储层的这些特征有可能获得沉积物孔隙度和含天然气水合物饱和度信息，这同时也是两个最难确定的储层参数。钻井分析是获取孔隙度及饱和度的重要数据来源，目前大部分的天然气水合物测井评价技术还是定性的，借用的是常规油气勘探开发使用的测井评价方法。为了证明标准的石油测井评价技术在评价天然气水合物储层中的有效性，还需要进行大量的实验室模拟和现场测量。

6.3.2.3.4 实例介绍

由于水合物不稳定性造成的取心困难，测井技术在识别含天然气水合物层位中起着关键作用。通过随钻电阻率测井、声波测井、密度测井及井径测井通常可以很好地识别出含天然气水合物层位。天然气水合物层测井曲线的特征一般表现为：电阻率增大，声波速度增大，密度降低，井径曲线幅值较为稳定水合物在测井曲线上电阻率、体密度略高（Bünz 等，2005）。

图6.3.15 为墨西哥湾 KC151 - 2 和 KC151 - 3 井的测井记录，包括井径曲线、自然伽马曲线、中子孔隙度曲线、体积密度曲线、声波速度曲线和电阻率曲线。除声部速度来自井 KC151 - 3 外，其他曲线均来自井 KC151 - 2，该井横波测井速度曲线品质有问题，所以在

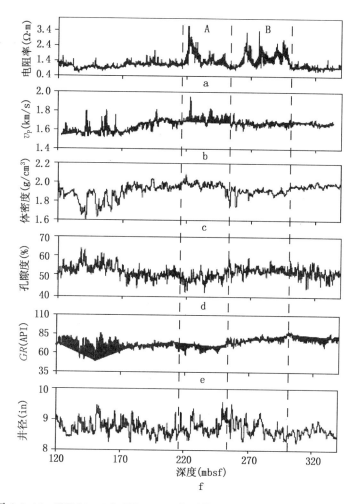

图 6.3.15　KC151-2 和 KC151-3 的测井记录（据 Ashwani Dev，2010）
KC151-3 井与 KC151-2 井间距 10m，KC151-3 井提供声波时差和岩心分析数据。
垂直的虚线将 A 区可能的水合物分布带与 B 区分解的水合物带分开。测井曲线包
括 a—电阻率曲线，b—声波速度曲线，c—体积密度曲线，d—中子孔隙度
曲线，e—自然伽马曲线，f—井径曲线

分析过程中未使用（Collett，2006）。使用深电阻率测井曲线是因为其受井眼条件影响较小。

通过声波曲线和电阻率曲线的变化识别出了井上 A 和 B 两个段（图 6.3.15a）。对于 210~250mbsf（blow seafloor，简称 bsf 海底之下深度）的 A 段，从 210mbsf 附近开始电阻率和声波速度增大，反映水合物的存在。对于 B 段（250~300mbsf），电阻率和自然伽马曲线呈逐渐增大趋势，而声波速度却相对减小，该现象有两种可能：一是钻井过程中水合物解离产生了淡水，致使水合物浓度降低，二是存在少量的游离气。KC151-2 井和 KC151-3 井相距只有 10m，但两口井 B 段电阻率和声波曲线差距明显，说明这两口井之间，水合物沉积不连续。岩心分析未发现实体水合物，但岩心温度测试数据显示存在低温异常点，一种含有气泡的松软泡沫状沉积结构表明了天然气水合物的存在（Collett，2006），那些气泡很可能是在钻井过程中温压平衡遭破坏导致水合物分解产生。

水合物晶格中的氢键非常牢固，因此具有较高的电阻率。天然气水合物饱和度可以通过直接阿尔奇方法计算得出，Collett（1998）对该方法做过详细的说明。该方法中，不含水合

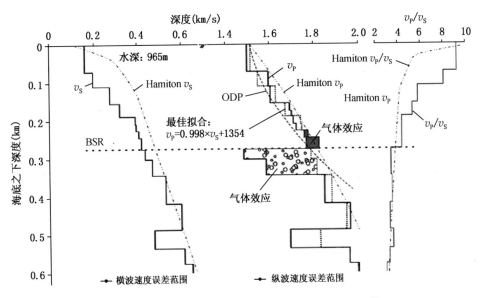

图 6.3.16　KC151-2 和 KC151-3 井的速度特征（据 Bünz 等，2005）

物的沉积物的电阻率 R_0（z）可以通过不含水合物段（深度小于 210mbsf 或者大于 300mbsf）的深度（m）与电阻率（Ω）的二次多项式拟合来计算，利用速度相关参数识别 BSR（图 6.3.16）。

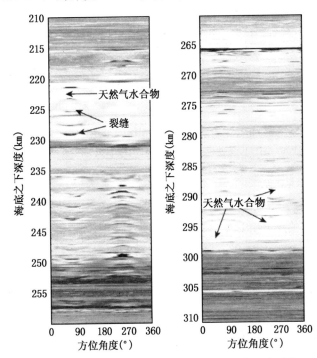

图 6.3.17　墨西哥湾 KC151-2 井 A、B 段电阻率成像
（据 Dai 等，2008）

图中最高电阻率值为 3.6Ω·m（白色），最低电阻率值为 0.5Ω·m（黑色），其余颜色表示中间值。正弦曲线样特征指示裂缝。220～230mbsf 之间的白色部分表示裂缝孔隙中存在高阻水合物。不同深度的平均电阻率值如图 a 所示

地层微电阻率扫描成像测井（FMS）在水合物识别中是一种重要方法，其基本原理是采用了侧向测井的屏蔽原理，它利用多极板上的多排纽扣状的小电极向井壁地层发射电流，测量每个纽扣电极发射的电流强度，从而反映井壁地层电阻率的变化，由于电极接触的岩石成分、结构及所含流体的不同，由此引起电流的变化，电流的变化反映井壁各处的岩石电阻率的变化，据此可显示电阻率的井壁成像。Dev 和 McMechan（2010）在北美东南部边缘的墨西哥湾利用 FMS 技术成功识别了水合物，该技术主要是利用流体差异引起电流的不同导致电阻率的变化而成。

图 6.3.17 是 KC151-2 井 220～230mbsf（A 段）和 262～300mbsf（B 段）随钻电阻率成像图，由图可以看出，两段地层裂缝比较发育

（正弦曲线），电阻率较高（明亮部分）；水合物充填在裂缝中。Collett（2006）认为这些裂缝为近垂直的裂缝。由于盐基钻井泥浆的侵入，一些正弦曲线边界处的电阻率非常低。由于分辨率的原因，图中的曲线无法反映这些细节信息。有一种解释认为，从 A 段到 B 段是一个电阻率由高到低的过渡段，自然伽马值的逐渐增大和体积密度值相对减小可以支持这一观点。

6.3.3　地震资料处理技术

研究天然气水合物的地震处理与常规油气勘探的地震数据处理基本上是一样的。油气勘探中的新处理技术（包括叠前偏移）常常应用于水合物地震资料的处理分析，以取得高质量的地震剖面。AVO 分析相关的高分辨、真振幅处理等技术均出现在水合物勘探的研究文献中。

早期 BSR 研究的主要手段主要有：垂直入射或零炮检距、近炮检距地震数据的振幅分析和波形正演模拟对比。振幅分析一般指通过球面扩散校正与振幅标定求得 BSR 的反射系数。振幅标定一般通过计算海底反射系数完成，而海底反射系数为经球面扩散校正后第一个海底多次波与海底反射的振幅比。

Spence 等（2010）对地震数据中水合物指示因子做了一个总结，介绍了建立地震速度与水合物饱和度的关系，并且给出了一些实际的例子。Chen 等（2010）介绍了 AVO 技术定量研究 BSR 上下界面的水合物和游离气的饱和度，以及 AVO 反演的不确定性分析。Minshull 等（2010）介绍了海底地震勘探（OBS）技术对水合物沉积层信息的提取，同时也介绍了全波形反演技术。最新研究显示多分量地震技术在提高分辨率和对水合物估算提供额外的约束信息方面作用巨大。然而，使用多分量地震数据探测横波信息非常复杂，要求检波器置于海底，并且在海底浅层的松软沉积物中接收到的转换横波能量可能很弱。

波形正演模拟通常用简单的褶积模型（反射系数序列与震源子波褶积）完成，用不同参数（主要是厚度变化）的层状模型正演计算分析水合物与游离气的地震响应，多次波的影响一般忽略不计。

地震阻抗反演（声波阻抗和弹性阻抗）在区域水合物评价中被证明是有效的（Dai 等，2004）。垂直地震剖面（VSP）技术用于水合物探测和评价，主要与大洋钻探计划和综合大洋钻探计划有关。地震成像的方法广泛应用于水合物勘探，在目前虽然已经取得了一些进展（比如，阿拉斯加北斜坡带以及墨西哥湾的水合物钻探开发），但是，如何从地震记录上有效识别和定量研究水合物，仍旧存在巨大的挑战。BSR 并非是水合物存在的唯一指示因子，并且 BSR 没有给出储层的细节信息。水合物含量高的区域，像砂岩，很多地方已经进行了准确的地震成像，并且钻前基于地震速度的饱和度估计也基本和测井和取心数据吻合。然而，在水合物含量较小的区域不容易被识别，并且，地震勘探在有些地方是失效的（比如，水合物冷喷溢口），特征为大量水合物出露或者于海底地表发育有大量自生碳酸盐岩。

6.3.3.1　水合物储层地震响应特征

地震 BSR 是位于水合物稳定带底部的强反射。BSR 之上为水合物储层，之下为含自由气的沉积层。高振幅和负极性的反射特征是由于上下波阻抗的巨大差距造成的。水合物通常在水深大于 600m 的地方存在，位于海底之下 $100\sim400$m 的层段。水合物的底界面是相边界面而不是岩性界面。如果温度和压力水平方向不发生变化，BSR 将穿过沉积层序，这通常被认为是水合物存在的地震特征。

图 6.3.18 是某海域的三维叠前时间偏移地震剖面。从图中可以看出海底底辟、气窗和断裂发育，深部气体沿断层向海底运移形成的海底麻坑地貌也很明显。区域内多其次的沉积物提供了丰富的气源条件，底辟以及断裂为气源运移提供了良好的通道，是水合物发育的有利场所。

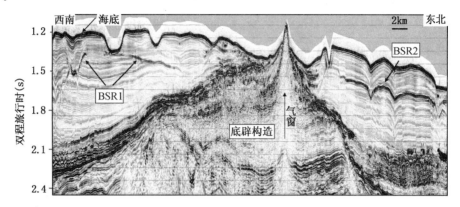

图 6.3.18 某海上区块地震资料的典型 BSR 特征
区域内存在强烈的底辟构造运动，与之伴生有大量挤压作用形成的断裂，断裂和底辟为深部烃类向
海底浅层运移提供了通道。含气流体沿近似垂直运移形成的气窗空白带效应非常明显。
大量气体快速向上运移造成海底滑塌形成麻坑地貌

垂直或者近似垂直的空白反射带（气窗）通常被解释成为流体向上运移的标志。这些构造特征经常引起水合物的大量形成和富集。气窗有时候和海底甲烷冷喷溢口、麻坑、泥火山、自生碳酸盐岩或者是大量的化能自养生物聚集相联系。许多气窗从水合物稳定带底界面之下产生，但并不是所有气窗都延伸到地表。需要指出的是地震上大部分的气窗都是垂向夸大了，地震资料显示气窗的水平方向与垂直方向相比非常窄，实际上，在没有垂向夸大的情况下，横向宽度应该和垂向长度近似或者更宽 Ridel 等（2006）。

从地震剖面上可以看出有两种类型的 BSR：（1）图中左侧的 BSR1，水合物在运移通道中形成，断层或者断裂为水合物赋存提供了储集空间。这类 BSR 与海底麻坑联系紧密，分布范围小，并且从严格意义上讲，BSR1 并不与海底平行，只是与水合物形成和聚集有关；（2）图中右侧的 BSR2，具有明显与海底平行、极性反转、BSR 之上出现振幅空白带的特征。只要有充足的气源供应和储集空间，此类型的 BSR 可以在工区内广泛分布。

图 6.3.19 显示工区内 BSR 分布与浅层河道平面分布图。可以看出，大面积的 BSR 平面分布与河道分布近似，浅层河道沉积物中的大量有机质在还原环境下，可能为水合物的生成提供了充足的气源成分。工区西北部区域河道不发育，但是可以看到大量的海底麻坑地貌，深部的热成因气可能是该部分 BSR 形成的主要因素。

在水合物赋存区域经常可以看到局部高振幅 BSR 特征，被作为指示水合物的直接指示因子。Blake Ridge 和 Gorman 等（2002）研究发现 BSR 之上存在局部亮点，而在 BSR 之下的振幅空白则带指示水合物层之下的自由气。Gorman 等（2002）认为高振幅代表高浓度水合物的薄层，而低振幅气窗则代表气体运移的断层或者裂缝系统。在 Nankai 海槽、Baba 和 Yamada（2004）也观测到 BSR 之上正极性的高振幅反射，并把这些亮点解释成为高浓度水合物赋存的砂岩储层。在 Blake Ridge 和 Nankai 海槽，亮点反射同时伴随着高的纵波速度特征。然而，同时也应该注意到，纯净的甲烷水合物密度约为围岩的一半，而纵波速度约为

BSR分布 河道分布

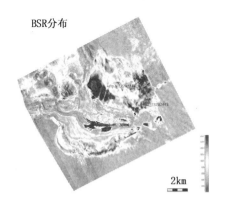 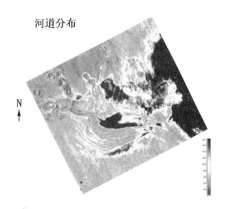

N

2km

图 6.3.19 工区内 BSR 及其河道分布图

BSR 平面分布为沿工区内 BSR 分布深度进行层位追踪，并提取均方根振幅信息。图中红色区域表示
低振幅分布区域、无 BSR 强反射特征，白色和黑色区域为高振幅分布区域，黑色越重，表示 BSR
越强；河道分布平面图中黑色区域表示河道，可以看出，河流从西南方向到东北流向大海。
图中西北角出现大量与深部气运移有关的麻坑地貌。参见书后彩页

围岩的两倍。大量聚集的水合物藏的阻抗比围岩高或者是低还受地质条件限制。以下对不同
类型 BSR 具体分析：

（1）强振幅大面积分布型 BSR（图 6.3.20）。

强振幅大面积分布的 BSR 需要大量气体的快速运移，浅层有机碳富集处，并且有良好
的储集空间是该类型 BSR 发育的理想场所。

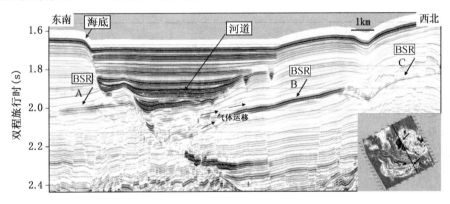

图 6.3.20 强振幅大面积分布的 BSR 地震剖面特征

图中 A，B，C 三处 BSR 位于近似同一深度段，A 和 C 处 BSR 振幅较弱，B 处很强。B 处 BSR 层之
下的断裂发育比 A 和 C 处更差，出现如此之强的 BSR 反射可能与左侧浅层河道大量的气体侧向
运移有关。其气源成分既有可能是河道中沉积的有机质在还原状态下生成的烃类气体；也有
可能来自深部沿断裂运移，河道沙只是提供了良好的侧向运移通道

（2）亮点型 BSR（图 6.3.21）。

地震 BSR 显示上下层速度差异，BSR 之下孔隙流体含少量气就能引起纵波速度巨大变
化。因此很难判定 BSR 特征指示的是高饱和度的水合物还是底部的游离气（甚至是低饱和
度的游离气）。日本 Nankai 海槽以及美国东海岸的 Blake Ridge 地区发现大量 BSR 分布，其
钻探结果往往令人失望，水合物饱和度较低，大部分区域不具有开发价值。因此，对这些区
域寻找高孔隙度、高渗透率的储层具有重要意义。

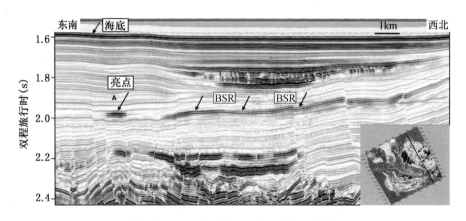

图 6.3.21　亮点型 BSR 的地震剖面特征

亮点型 BSR 出现在低孔低渗围岩背景下的局部高孔高渗区域，围岩生成和运移的烃类气体在亮点处富集，与水化合形成水合物藏。此类型的水合物藏具有规模小，然而饱和度高的特点，是勘探开发的重点目标之一。比如日本 Nankai 海槽对 BSR 分布区域钻探结果显示整体水合物饱和度不高，但是在部分亮点区域得到高质量储层（Tsuji 等，2009）

（3）沿运移通道分布型 BSR（图 6.3.22）。

在水合物稳定带之上只要有合适的储集空间，孔隙流体中甲烷浓度大于溶解度时就有可能形成水合物。工区内沿断层运移通道分布的 BSR 一般小范围分布，在平面上显示为颗粒状，并且与海底麻坑地貌联系紧密。

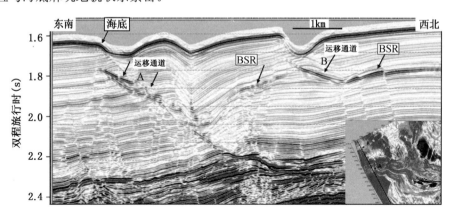

图 6.3.22　沿运移通道分布的 BSR 地震剖面特征

图中可以清晰的看到深部气源向海底的运移通道以及大量气体释放形成的海底表面塌陷（海底麻坑）地貌。水合物在海底浅层的运移通道中形成，断层或者断裂为水合物赋存提供了储集空间。此类BSR 海底麻坑联系紧密，分布范围小，并不与海底平行，只是与水合物形成和聚集有关

（4）双 BSR 或者多 BSR（图 6.3.23）。

双 BSR 或者多 BSR 曾在多个地区（Blake Ridge，Storegga Slide 等）出现，在黑海地区曾发现有 5 个 BSR。这些 BSR 的反射极性都为负，在每层 BSR 之下只包含少量气。现在对多 BSR 的解释包括：

①温压的变化导致天然气水合物稳定带底界的变动。一个现代的 BSR 伴随一个之前残留 BSR，也就是在之前地质时期的稳定带内生成的水合物层的残留痕迹；

②水合物气体的成分差异造成，不同气体形成的水合物有其独立的稳定带，水合物复杂的成分形成多层BSR。

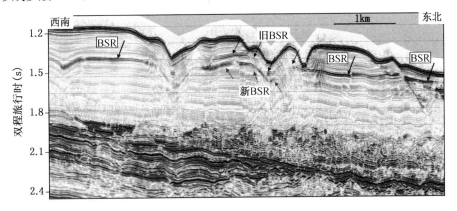

图6.3.23　双BSR分布的地震剖面特征

水合物的形成与分解受温度压力条件限制，海底的地质活动以及海平面的变化都有可能造成旧BSR的分解和新BSR的形成。图中黑色箭头标志出一组在海底滑塌之前存在的BSR，可以看出并不与现有海底平行，在滑塌构造部位，部分旧BSR已逐步分解；同时，滑塌造成了水合物稳定带底界面的降低，一组新的BSR正逐步形成

目前对双BSR的解释还存在一些问题，例如对第一种解释，没有足够的证据证明之前含天然气水合物层底界会在沉积物中会留下痕迹、这样的边界在几千年的压实过程中能够保存，以及其边界在地震剖面上可以追踪；对第二种解释，首先要有足够证据证明不同BSR层气体成分确实有变化，其次要分析不同的、离散的气体组分在相同的沉积物中是怎么分离出来的，并且这样的离散气体组分为什么只出现在特定区域而不是广大的区域。对双BSR或者多BSR的研究还需要更深入的了解天然气水合物形成机制、分布规律及其地质历史中的演变过程。

6.3.3.2　水合物相关的AVO特征

AVO（Amplitude Versus Offset）技术是利用地层的纵、横波特性以及由此形成的地震反射振幅与偏移距的变化关系来判断地层岩性和物性的一项地震勘探技术。从20世纪80年代开始，AVO技术被广泛地应用到石油天然气勘探中并取得了极大的成功。由于水合物沉积层所特有的纵横波特性，AVO分析与反演技术在天然气水合物的研究中被广泛应用。

最早关于BSR的AVO研究是为了在钻前确认BSR之下的气藏，目标集中于分析地震BSR是由于水合物还是气藏引起。Andreassen（1995）通过建立物理模型的办法，研究了厚度差异、水合物和自由气饱和度差异的AVO正演结果，并与阿拉斯加北部Beaufort海域的地震数据进行对比。结果显示，只有在游离气饱和度合理的情况下正演数据与实测数据匹配；模型中水合物层、游离气层以及水饱和层的横波速度对AVO合成曲线影响很大。

之后，Andreassen（1997）应用相同的弹性参数（纵、横波速度，密度）进行AVO正演分析，不过此次假设水合物层饱和度为0～100%，游离气层含气饱和度0～3%。通过与实测数据对比发现，BSR之下至少会有少量气存在，但仅凭AVO曲线不足以判断含气饱和度。Ecker等（1998）则采用基于岩石物理模型分析的办法合成地震道集，用以解译BSR的AVO特征，通过对Blake Ridge陆缘的BSR地震资料分析发现BSR为水合物沉积层与下覆游离气层分界面，并且BSR振幅随着偏移距的增大明显负向增大。这种现象是因为BSR

之上的 P 波速度大于 BSR 之下的 P 波速度，同时 BSR 之上的 S 波速度小于 BSR 之下的 S 波速度。通过 AVO 特征和速度分析的结果对水合物沉积层内部结构进行研究，得出了 BSR 之上沉积物未固结、水合物分散于孔隙流体、占据大量孔隙空间、孔隙渗透率很差的认识。

在海洋勘探中，AVO 分析被用于研究地震 BSR 特征，BSR 系数相对于海底反射为负极性，对应着 BSR 层之下纵波速度的降低。速度降低的原因可能是 BSR 之上的水合物层引起，也可能是之下的游离气藏引起，还可能是受两者的综合影响。近似代表垂直反射的叠后资料仅仅提供了纵波速度差异信息，不能用于判断究竟是水合物还是自由气造成地震 BSR，然而叠前资料引入了横波信息，有助于 BSR 的成因分析。

Zoeppritz 方程是 AVO 理论的基础。这个方程描述了非零入射角平面波的反射系数、透射系数与界面两侧介质弹性参数与入射角的关系。但是，该方程涉及的参数多、计算工作量太大，且许多参数在地震资料的反演中难以准确确定。因此，许多研究者对该公式进行了简化推导（如 Aki 和 Richards，1980；Smith 和 Gidlow，1987；Goodway 等，1997）。在过去，出于计算效率的考虑推动了 AVO 方程的近似。然而现在，计算水平的提高已经允许应用使用完全形式的 Zoeppritz 方程。

利用 AVO 技术，首先要确定研究区域岩石物性参数，计算目的层附近单层和薄互层的 AVO 曲线，确认目的层存在 AVO 振幅异常和异常类型。其次，结合理论 AVO 曲线，设计正确的地震资料采集系统。第三，在资料处理中特别要注意保持原始资料有效波振幅，并消除其他与岩石物性和入射角无关的因素对反射振幅的影响，如球面扩散、倾斜和界面弯曲等。第四，将 CMP 道集上目的层的 AVO 曲线与理论 CDP 道集的 AVO 特征相比较，并结合其他地震、测井和地质资料做综合解释。

（1）水合物 AVO 正演模拟。

海洋中水合物 AVO 研究集中在通过改变 BSR 上下层水合物和自由气饱和度来正演 AVO 道集与实际的 AVO 曲线相匹配。为了得到 AVO 道集，首先需要建立合理的岩石物理模型计算水合物和自由气层的弹性参数。然后利用 Zoeppritz 方程计算 BSR 的 AVO 响应特征。最简单的模型中，BSR 为两个各向同性半无限空间分界面，水合物层上覆含气储层，只需要代入 Zoeppritz 方程计算一次反射系数。对于复杂模型，可以近似为模型由各向同性薄层组成，通过射线追踪的办法正演模拟。

（2）AVO 对数据处理的要求。

AVO 分析面临的难题是地震数据的保幅处理。数据采集的原因造成近偏移距的数据地震波传播时间短，能量损失小，远道传播时间长，能量耗散严重，未经处理的地震数据不适合做 AVO 分析。AVO 保幅处理相关的地震资料"三高"（高保真、高分辨率、高信噪比）处理是在真振幅恢复和保持振幅相对关系的基础上，提高地震资料的信噪比和分辨率，目的是突出水合物沉积层的地震特征，为岩性反演处理和包括 BSR 在内的地震标志的识别提供高质量的基础技术资料。目前进行地震资料的精细保幅处理还存在以下技术难点：

①大部分的噪声剔除软件在剔除噪声的同时也损坏了地震振幅的相对关系；

②地震叠加处理在提高地震资料信噪比的同时，也对地震振幅起到了改造作用，使叠加振幅不能代表垂直入射反射振幅，降低了地震振幅的保真程度；

③现有的地震处理方法技术在提高分辨率的同时，对地震振幅起到了改造的负作用。

针对以上的技术难点并结合海域天然气水合物的地震反射机理，重点进行地震资料的叠前去噪、能量衰减分析和补偿、高精度速度分析、保持振幅反褶积和保持振幅叠加处理，便可得到高品质的"三高"处理资料。精细"三高"处理是水合物地震识别处理的关键，它对提高地震资料的品质和利用率有着至关重要的作用。

（3）BSR 相关的 AVO 研究缺陷。

BSR 相关的 AVO 正演研究最大的缺陷在于并未考虑 AVO 的不适定性问题，这些问题与 AVO 数据的多解性和不确定性有关。Yuan 等（1999）发现 AVO 数据具有多解性，高饱和度水合物层上覆低饱和度游离气层时 BSR 的 AVO 特征与低饱和度水合物层上覆高饱和度气层区别不明显。AVO 不适定性问题的定量研究需要在地震资料保幅处理的基础上采取反演的办法进行全局搜索加以解决（Ridel 等，2003）。线性反演假设模型参数的不确定性服从高斯分布，这个假设在强非线性的 AVO 问题中并不适用。因此，为了对模型和地震数据的不确定性更准确求解，需要引入非线性反演（比如：贝叶斯反演方法）。

虽然非线性反演思路提供了最准确的模型参数估计值，但是计算量庞大（比如：相对于截距—梯度反演方法），并且算法通常设计为解决单一 CDP 道集（或者超道集）的 AVO 问题，离应用到整个地震剖面或者是用于探测 AVO 异常带还有一定的距离。为了量化分析模型参数中的不确定性和真正的检测出 AVO 异常，一个解决这类问题的途径是先用截距—梯度等反演方法探测整个地震剖面的 AVO 异常带，然后挑选合适的 CDP 道集进行非线性 AVO 反演分析。

（4）BSR 相关的 AVO 特征实例研究。

Chen 等（2007）通过建立 BSR 之上为水合物层 BSR 之下为含气储层的数学模型，在正演道集基础上上添加不同程度随机噪声的办法，研究不同因素对 AVO 反演的影响。结果表明影响 AVO 反演结果的最主要因素按从大到小分别为：未知量的个数、入射角范围以及地震资料的噪声水平。AVO 反演结果显示，多道地震数据的 AVO 反演并不能求取出 BSR 上、下层所有的弹性参数（纵、横波速度，密度）。影响 AVO 不确定性最重要的因素是上层介质属性的先验约束信息以及地震数据的角道集范围。数据并没有提供足够的信息用于准确估计水合物和自由气含量。

图 6.3.19 为对某海域的叠前多道地震数据分析，图 6.3.19a 为叠加地震剖面和图 6.3.19b 为叠前 AVO 道集。在叠加资料剖面上 BSR 连续且明显，具有与海底平行、切割沉积层序、与海底反射极性相反的特点。对图 6.3.19 中三角形对应的 CDP 点抽取叠前 AVO 道集分析，发现在叠前道集上 BSR 的 AVO 特征明显，反射极性与海底相反，并且随着入射角度的增加反射系数负向降低，具有第四类 AVO 特征。

6.3.3.3　多波多分量地震技术

BSR 作为水合物指示因子已被广泛使用。然而，如果只有声波地震资料，BSR 则只能表示上下界面的纵波阻抗差异，受岩性变化、流体等其他因素影响，在没有水合物区域也可能存在 BSR。海底多波多分量地震技术考虑在地震资料中引入横波信息，根据 BSR 上下界面的纵横波速度差异对水合物储层进行识别。

OBS（Ocean Bottom seismometers）是一种将检波器直接放置在海底的地震观测系统。在海洋地球物理调查和研究中，可以用海洋人工震源及 OBS 探测海底地质构造、天然气水合物和游离气、海底油气资源、调查地下岩层岩性、确定海底的弹性参数、黏弹性参数和各向异性参数等等。当今国外一些发达国家已纷纷投入大量人力物力进行海底地震仪的研制和应用研究，并借助海底地震仪对天然气水合物底部的似海底反射界面（BSR）开展了广角反射和层析成像研究工作，取得了很好的效果。

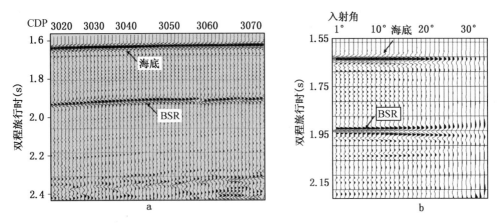

图 6.3.24　(a) 叠加地震剖面;(b) 叠前 AVO 角道集,θ 为入射角

　　海底电缆地震技术的发展和处理方法的改进使得在海洋环境下获得横波数据成为可能。综合分析纵、横波能成功的分辨岩性和孔隙流体,避免了只分析 P 波造成的不确定情况。在天然气水合物勘探中,利用横波速度异常可以辨别水合物是作为沉积颗粒的胶结或者直接作为骨架支撑,还是分散赋存于孔隙流体中。水合物作为胶结和支撑骨架时,横波速度随水合物含量增加而递增,而分散赋存于孔隙流体中对横波影响不大。

　　下面从挪威 Storegga slide 地区北翼的多分量数据进行说明。

　　挪威 Storegga slide 北部陆缘地震资料出现 BSR 特征,水合物富集于 BSR 之上约 50m 厚地层。约 8200 年以前,该地区曾发生多期次的海底火山活动,Bouriak 等 (2000) 认为 Storegga slide 地区水合物气源为热成因,深部气源顺着断裂通道运移至水合物稳定带。该处 BSR 特征为与海底平行和切割沉积地层,在地层中以反射突然增强作为分界面的特点 (图 6.3.25)。

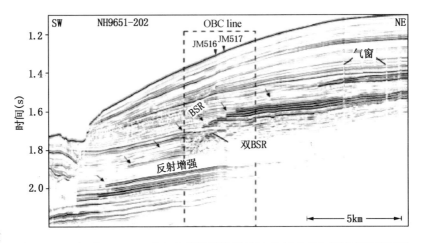

图 6.3.25　挪威 Storegga slide 北部陆缘地震 BSR 特征及多分量地震采集区域

(据 Bünz 等,2005)

此处 BSR 特征为底部强反射界面的边界,BSR 只在 OBC 采集位置出现连续的强反射。虚线

表示的是 OBC 电缆采集区域;三角形表示 OBS 的位置

6.3.3.3.1　OBC 与 OBS

　　海底水合物大量的赋存区域的水深都小于 2000m，在海底拖缆技术（Ocean Bottom Cable，简称 OBC）的长度范围内。通过对水下检波器和三个正交分量检波器的高密度采样，可以得到四分量的 OBC 数据用于进一步的处理和分析，比如横波成像。然而，这些数据经常受限于短时间的单道记录，并且公开的水合物赋存区域 OBC 数据较少。大量的海底水合物地震调查采用自动记录的海底检波器（Ocean Bottom Hydrophones，简称 OBH）或者称为 OBS。

　　图 6.3.26 为挪威 Storegga slide 地区 OBS JM516 数据体和 OBC CRG195 的反射纵波分量和转换横波分量对比。可以看出，与 OBS 地震记录相比较，OBC 地震数据能够观测到更深处的地震反射。这是因为 OBC 装置有更大的空气枪震源，能够产生能量更强的转换波，因此，OBC 数据比 OBS 的水平分量可以显示更强的转换横波信息。OBS 数据横波分量的主频带较低（15～30Hz），纵波分量主频带（80～100Hz）。横波速度低，但速度梯度很大，容易造成横波高频成分的衰减，尤其在海底层的松散沉积物中（Hamilton，1976）。

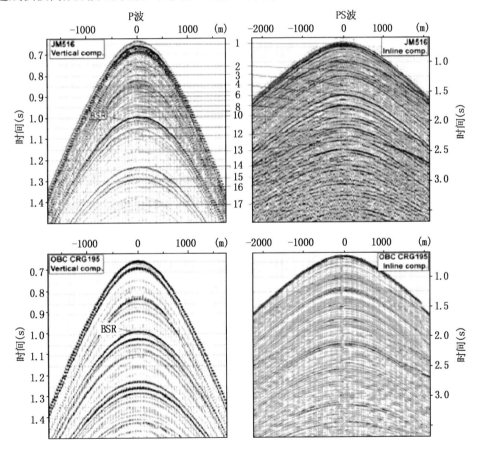

图 6.3.26　OBS JM516 与 OBC CRG195 炮集资料对比（据 Bünz 等，2005）
OBC 震源能量大于 OBS，产生转换波能量更强，够观测到更深处的地震反射；
OBS 数据频率高，与 OBC 相比，在浅层具有更高的分辨率

　　图 6.3.27 为 OBC 的纵波分量和转换横波分量，地震数据经叠前滤波（3～125Hz）、真振幅恢复、预测反褶积、动校正、和叠后偏移处理。非垂直入射的纵波在岩性分界面反射产

生转换横波分量。理论上，波的转换是无止境的，由于波在反射、透射、波形转换过程中能量损失严重。因此，经多次转换波的能量可以忽略。

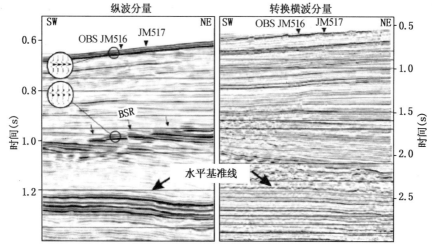

图 6.3.27　OBC 约 4km 的纵波和横波叠加剖面（据 Bünz 等，2005）

注意时间轴的区别，横波速度比纵波速度低具有更高分辨率。三角形表示的是 OBS 位置。

在纵波分量中心显示出 BSR 反射特征，与海底反射比较时可以发现相位反转

6.3.3.3.2　横波分析

　　OBS 数据的转换横波表现为低振幅、低频率的反射特征，横波速度与直达波近似。转换横波包含大量有关储层各向异性的信息。因此，横波资料被用于旅行时反演分析。然而，横波反演面临两个主要问题：首先，在建模和反演过程中，需要对每个横波反射特征都需指定层界面的先验信息来约束，并且，可能出现子波相位差异和地震速度差异交替出现的情况。其次，转换横波的传播路径近似垂直，意味着传播时间的差异大部分来源于入射纵波。这两个问题都表明，只有在纵波速度模型精确建立的基础上才可以进行横波旅行时分析。在此分析的基础上，横波可以和纵波一样进行正演模拟和层析反演。储层垂向速度梯度的约束很差进一步限制了射线路径的追踪，因此，只有将大量的层序解释的边界包含进模型中才能提取出横波速度准确的细节信息。

6.3.3.3.3　频率差异引起的 BSR 特征变化

　　高分辨率的 OBS 地震数据上很难观测到连续的 BSR 切割沉积层序，通常只是在水合物稳定带底部表现出单个的、水平变化的强反射振幅和波形（图 6.3.28a）；而在低分辨率 OBC 的垂直分量在斜坡上的同样位置显示出一个很清晰的 BSR（图 6.3.28b），这是由于采集系统频率成分差异造成的（Chapman 等，2002）。基于 P 波数据的反演和基于旅行时信息对横波速度进行估算，可以得到含水合物或气体地层的平均速度，进而可以估算出 BSR 之上的天然气水合物和之下的自由气体含量。

　　Chapman 等（2002）研究表明，BSR 位置与水合物和游离气层的分布有关，可以通过模拟地质模型一些可能的地震 AVO 响应特征来进行反射振幅分析。不同的模型能产生相同的 AVO 特征，因此，对振幅特征的分析很难。通过地震观测和 AVO 响应，可以得到合理的地质模型，用该模型与实际数据作对比时可以忽略振幅问题。常用的水合物和自由气体界面模型主要有两个：（1）水合物楔状模型，即在 BSR 下不存在气体；（2）BSR 下含有游离气层模型（Hyndman 和 Spence，1992）。不同的地震分辨率能提供不同的图像，在高分辨

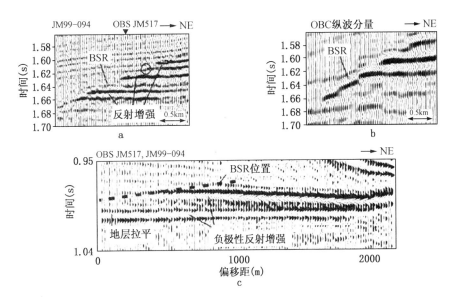

图 6.3.28　BGHS 的地震反射振幅和波形特征（据 Bünz 等，2005）

（a，b）用不同的分辨率成像时，斜坡上相同部分显示了不同的 BSR 特征。高分辨率
SCS 数据把 BSR 当做增强反射的边界，而 OBC 测线显示连续的 BSR 反射。对（a）中
的圆圈区域的 OBS 数据进行 AVO 分析显示在（c），OBS JM517 在斜坡上部测线 JM99-
094 的偏移距道集上，BSR 上没有显示出清晰的正反射，相反的，BSR 之下它包含高
振幅反射，解释为存在自由气体。两个负波阻抗表示两个区域中地震速度降低。振幅
特性沿着偏移距变化很大。对一个水平同相轴拉平有助于直接比较波形和振幅

率单道地震剖面（SCS）中，我们很难观测到合理的 BSR，而只是发现一些所谓的增强反
射。这个事实说明气体不仅存在于水合物层之下的圈闭，而且存在一些岩性圈闭中。对这些
岩性体追踪发现它能穿过 BSR（如图 6.3.28a 中的圆圈表示）。这些岩性圈闭的存在，使得
气体能在渗透性沉积物中富集和运移。BSR 之上反射振幅比之下低很多，是因为 BSR 之下
存在了气体后，界面上下波阻抗差距增大，结显示为很强负极性的反射振幅。在 OBS 数据上
也观察到了相同的结果（图 6.3.28c）。在水平同相轴拉平之后可以直接进行波形和振幅对比。

　　解释认为，BSR 之上沉积层因水合物部分饱和引起 P 波速度增加，而 BSR 之下沉积层
因为含气导致 P 波速度严重降低。将这个 BSR 特征不明显解释为水合物富集的沉积层之下，
自由气在特殊岩性体中不均匀分布引起。预计地质体的渗透率差异控制了气体的分布和运移
（Bouriak 等，2000）。

　　如果在水合物层之下不存在气体，孔隙中含少量水合物不会声波阻抗的较大变化。振幅
异常和增强反射几乎都是因为含游离气的缘故。在含少量水合物地区，可以用水合物楔状模
型（Korenaga 等，1997）。在富含水合物区域，水合物产生的波阻抗占整体的 15%，只有
很高的水合物含量能够产生可以辨别的振幅变化（Hornbach 等，2003）。OBC 数据的 S 波
速度和 S 波分量显示，水合物含量变化对 S 波信号的影响很微弱。

6.3.3.3.4　OBS 数据的 AVO 特征分析

　　模拟 AVO 特征有两个步骤。第一，通过得到的 P 波分量的弹性参数确定速度剖面，以
及通过反演和模拟比较它们的速度；第二，确定是否因为存在气体而有波阻抗的明显降低。
通过计算 Zoeppritz 方程得到正确的各项同性反射系数。然而为了解释 AVO 的特征，Bort-

feld 近似提出更进一步解释，正如下面写出的流体和刚性物质的反射系数关系式，即

$$R(\theta) = \frac{1}{2}\ln\left(\frac{\alpha_2\rho_2\cos\theta_1}{\alpha_1\rho_1\cos\theta_2}\right) + \left(\frac{\sin\theta_1}{\alpha_1}\right)^2(\beta_1^2 - \beta_2^2)\left(2 + \frac{\ln(\rho_2 - \rho_1)}{\ln(\beta_2 - \beta_1)}\right) \tag{6.3.45}$$

流体因子项   刚性项

式中：$R(\theta)$ 为反射系数；α 为 P 波速度；β 为 S 波速度；ρ 为密度；θ_1 为入射角；θ_2 为反射角或透射角；α、β 和 ρ 的下标分别表示上层和下层两个半区域空间。

图 6.3.29a 表示的是 OBS JM516 的 P 波和 S 波的 AVO 响应。假定水合物与气体边界的密度是 1870kg/m³。为确定 OBS JM516 的速度，假设反射振幅主要受流体因素的影响。在 2000m 的偏移距上，对刚度项最大影响也不会超过 2%。用已有的 P 波和 S 波速度经验关系得到 P 波背景速度，在孔隙中进行水合物、气体和盐水的流体替代，流体替代例子的刚度曲线与气体替代的刚度曲线相同。

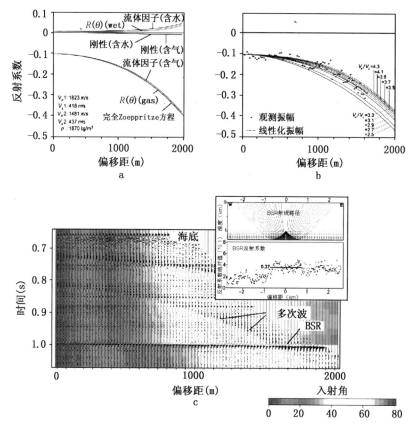

图 6.3.29 OBS JM516 的 AVO 响应特征（据 Bünz 等，2005）

a—浅层 AVO 响应主要受岩石孔隙充填物的影响，孔隙含气与含水对刚度的影响一样；b—
AVO 响应特征显示储层含气且与模型正演得到的 S 波速度一致；c—对偏移距道集进行动
校正处理，颜色的背景表示 OBS 入射角的变化，右上角 OBS 射线路径图显示 OBS 对 BSR
界面的覆盖区域，从 SCS 数据中得出 BSR 平均反射系数为 0.37

含游离气体例子的 AVO 曲线的形状与计算出来的水合物与气体边界的 AVO 曲线相似，都是水合物分散在孔隙空间中（Ecker 等，1998）。然而，P 波的振幅极易受孔隙中的自由气体的影响（哪怕是很小含量）；如果存在少量气体，AVO 响应主要受气体的影响，只有储层中水合物占很高含量（饱和度大于 20%）条件下才能产生 AVO 异常。但是，如果水合物

作为沉积物的胶结物，小含量的水合物就能引起 P 波和 S 波速度明显增加（Ecker 等，1998）。如果 S 波速度差异较大，刚度项将受到影响，同时引起 AVO 异常。AVO 曲线的形状与水合物和含气饱和度一致，同样也说明了 BSR 主要由于气体产生。

由 Warner（1990）方法可以得到 BSR 反射系数（图 6.3.29b）。AVO 资料偏移距分布范围 0～0.5km，这个区域内反射系数没有大的变化，不需要在 AVO 数据中做相应的校正。因为不能确定垂直入射时的反射系数，所以通过线性标准化 AVO 数据来与模型数据直接对比。从几何因素考虑得到的 AVO 响应存在的问题，和在天然气水合物与气体边界面上振幅的影响的问题，发现模拟的 AVO 曲线与 OBS 数据的 AVO 异常近似，表示存储层含气（图 6.3.29c）。从 AVO 数据（Kelly 和 Skidmore 2001）线性拟合并且与不同的模型比较，即 v_P/v_S 值随着 S 波速度变化，得出最佳的拟合 v_P/v_S 值为 3.3，这与从速度分析得到的 v_P/v_S 值 3.4 非常近似。

6.3.3.4 地震弹性参数反演与属性分析

天然气水合物和游离气的地震识别与预测已经从对叠后地震数据分析到对叠前地震数据分析，由早期的研究振幅响应，波形特征及速度结构的分析发展到利用多种反演技术对地震数据提取多属性、多弹性参数综合分析。在水合物波阻抗反演中，目前主要分为两大类：一类是建立在较精确的波动理论的基础上的，这类反演方法精确，但计算量大，其代表方法为全波形反演；另一类是以地震褶积模型为基础的反演方法，其中以反射系数为基础的直接反演方法有递推法、道积分法等，还有以正演模型为基础的迭代反演法，主要包括无井资料的广义线性反演和有井的宽带约束反演法及多参数约束反演法。从声波阻抗及弹性阻抗反演、AVO 反演、叠前波形反演、多波多分量反演及综合反演来介绍水合物反演技术及其应用实例。

如果只地震剖面上反射特征来识别 BSR，并据此特征来确定水合物及游离气的存在，受人为因素大，识别精度难以保证。鉴于 BSR 与水合物之间的不确定关系，Riedel 等（2009）采取声波阻抗及 Lu 和 McMechan（2004）弹性阻抗反演来识别 BSR 界面、水合物及游离气。弹性阻抗反演方法认为声波阻抗是弹性阻抗在零度入射角情况下的特例，可以用与声波阻抗相同的形式定义与入射角相关的纵波反射系数，这样就可以利用声波阻抗反演的约束稀疏脉冲反演方法对不同角道集叠加剖面进行弹性阻抗反演，获得不同角度范围的弹性阻抗剖面，进而对这些弹性阻抗数据采用线性拟合的方法求取纵波速度、横波速度和密度。

（1）叠前弹性反演实例分析。

地震数据为构造解释提供了一个几何框架，而地震反演能够给出含水合物及游离气沉积物的弹性属性的估计。通过地震构造和反演属性的结合，能够很好的阐明局部构造背景与天然气水合物系统之间的关系。通过结合测井和二维、三维地震 P 波阻抗来分析局部构造特征对天然气水合物及游离气的沉积和分布的影响，从而证实了一种定量的综合研究方法。确定水合物及游离气的分布、岩性对它们的控制作用，以及天然气水合物稳定性（温度、压力、盐度、气体可用性）的变化，这种变化是由沿东西向断裂带活动的盐构造导致的。通过分析测井数据、二维、三维地震数据、以及波阻抗反演数据来实现这一目标。

图 6.3.30 为某海域 BSR 三维叠前反演结果，从反演结果的三维波阻抗数据体上可以看出高阻抗水合物的分布，以及 BSR 之下的低阻游离气分布带（图 6.3.30b），反演结果上对水合物敏感的参数包括纵波阻抗、纵横波速度比、以及截距—梯度乘积属性，横波变化不明显。

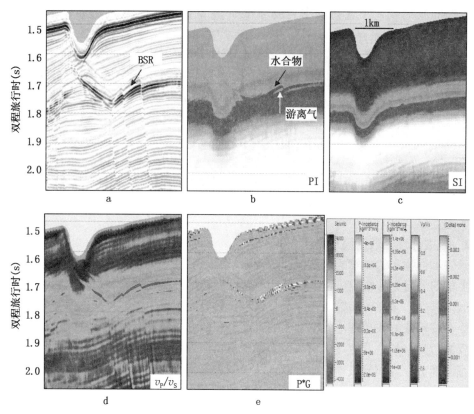

图 6.3.30　BSR 叠前反演剖面特征

a 为地震剖面；b~e 为叠前反演结果剖面，其中 b 为纵波阻抗，c 为横波阻抗，

d 为纵横波速度比，e 为截距和梯度的乘积

　　图 6.3.31 显示工区内 BSR 的平面分布特征，水合物体现高纵横波速度比，高截距—梯度值的特点。BSR 在不同属性结果中保存一致。这也证实了工区内 BSR 大面积分布，优质 BSR 发育区域与河道有关。

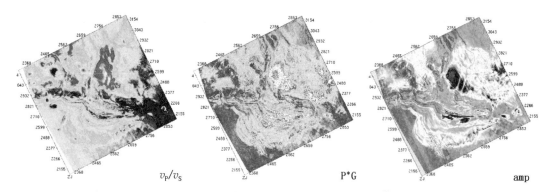

图 6.3.31　不同属性表示的 BSR 平面分布特征

从图中可以看出纵横波速度比、截距—梯度乘积属性以及均方根振幅所显示的 BSR 平面分布
区域大致相同，这也证实了工区内 BSR 大面积分布，优质 BSR 发育区域与河道有关

　　（2）地震属性识别技术。

　　地震剖面上的似海底反射层 BSR（Bottom Simulating Reflecor）通常被作为海底天然气

水合物识别的重要标志（Lee and Dillon，2001），并且认为 BSR 代表着天然气水合物稳定带的底界，即含水合物沉积层与含游离气沉积层或含水合物沉积层与含海水沉积层的相边界（Shoar 等，2009）。BSR 大致与海底平行、与海底反射极性相反、强反射振幅和与沉积层斜交的特征。一般在底辟的顶部和两侧受牵引的地层中发现 BSR，并且在 BSR 之上出现空白带；同时，BSR 与海底反射同相轴的极性相反。在 BSR 及水合物的识别上，除地震剖面上直接识别外，还可以通过地震属性分析、地震叠前波形反演等技术来识别。

①水合物地震属性分析技术。

地震属性就是地震数据体通过特定的数学算法得到特定数据体，这个数据体就被称为地震属性体。针对天然气水合物这一特定目标，地震属性在此方面有助于对水合物的识别。水合物存在的两大标志分别为 BSR 和振幅空白带，这些标志在地震剖面上可以直接看出，也可以通过地震属性（Shoar 等，2009；Riedel 等，2001）进一步证实。Shoar 等（2009）发现相对阻抗可以确定振幅空白带的存在；Dvorkin and Uden（2004）证实吸收衰减可以检测水合物储层及其下的自由气；另外，Riedel（2001）发现利用层拉平后地震切片及反演波阻抗切片技术以及瞬时振幅和频率属性均可识别水合物的分布。

②水合物叠前地震反演技术。

弹性阻抗反演及 AVO 反演的假设条件仅适用于简单的地质模型。在地质模型为薄层以及大偏移距采集的地震数据上，地震反射波将受到层间多次波和转换波的严重干扰，此时以振幅信息为基础的弹性阻抗反演及 AVO 反演的波形反演将不会得到可信的结果。所以能够模拟全波形的叠前全波形反演可以很好的解决这个问题。

波形反演是一个强非线性问题，地震波形反演的目的是获取一个预测地震记录与实测地震记录拟合最佳的地质模型，其优点是反演依据充分，计算值与实测的对比参照是波形整体，可以有效地排除偶然因素的影响，从而提高了计算的可靠性和稳定性。并且如果采用完全非线性地震波形反演方法，地震速度波场的所有波长分量都是可观测的。通过叠前全波形反演得到的速度结构被进一步应用于研究水合物与游离气的分布、厚度和饱和度等的研究。

叠前反演使用 AVO 信息，能够准确地模拟所有层间多次波、模式转换和透射效应，从而获得的地球物理特性比叠后反演更加详细。然而利用完全信息的非线性全波形反演运算量巨大，并且受噪声影响严重。Mallick 等（2000）提出把叠前反演和叠后反演结合起来，仅在几个控制点上进行叠前反演得到 P 波阻抗和 S 波阻抗作为反演的低频趋势，然后进行叠后反演。该方法有效地解决了大数据反演问题，尤其是在无钻井地区的深水环境中，就可以得到可靠的阻抗和泊松比信息，这种方法非常有效。

综合反演是一种把叠后反演和叠前反演结合起来的反演方法，能够在合理的时间内对地震数据体进行弹性反演。该方法采用基因遗传算法，在叠前数据的任意控制点上进行波形反演，建立弹性模型，应用这些弹性模型作为低频背景趋势进行叠后反演。反演得到 P 波阻抗和 S 波阻抗剖面后，其他的属性参数，如纵横波速度比、泊松比和拉梅参数等就很容易获得。

6.4 天然气水合物 CESM 成像

6.4.1 海洋电磁勘探概述

海洋可控源电磁法（m - CSEM，marine control - source electromagnetic）是一种通过在近海底或海底人工激发并接收电磁场信号测量海底地层电阻率的方法。近 10 年来，已成功地将其应用于海洋油气的勘探以及海底浅层地质构造成像。这项技术最初仅限于学术研究，并没有工业应用。20 世纪 90 年代，随着人类油气勘探从陆地走向海洋，在深海环境下勘探面临着诸如地震技术的不完善，深海探井造价昂贵等的技术上及经济上的挑战，使得人们不得不寻求以别的方式采集数据体，以求获得更多的信息，降低勘探风险。海洋 CSEM 作为对油气的直接探测逐渐走向深海油气勘探工业应用。随着技术的不断发展与进步，在 2000—2002 年，海洋 CSEM 被证明能够成功的对目标层进行电阻率评价，深度可达到几千米深。海洋 CSEM 技术的快速发展使其与三维地震相结合成为目前海洋油气勘探的重要手段（Constable 和 Srnka，2007）。

天然气水合物作为在一种在未来极具潜力的海洋油气资源，由于其特殊的稳定条件一般存在于海底表面或海底浅部地层，与周围孔隙海水相比具有很高的电阻率。这使得它非常适合于使用 CSEM 进行勘探。

（1）CSEM 探测天然气水合物的意义。

天然气水合物需要在一定的温压条件下才能稳定存在，因此很难用钻井取心的方法对它进行观测。而水合物在地震上最明显的标志是似海底反射（BSR），它指示的是天然气水合物稳定带的底界面，之下往往还存在一个游离气藏；对于稳定带的上界面在地震上无法识别。在墨西哥湾等一些地方已经证明存在天然气水合物在地震上不一定有"BSR"存在。其次，地震勘探虽然可以精细刻画油气构造，但不能区分构造中所含的物质。因此，单靠地震勘探难以很好的识别天然气水合物。水合物具有低导电性的特征，使得其通过电阻率测井可以使很好识别，但它只是对局部的探测。而海洋 CSEM 技术可以得到天然气水合物的体电阻率，并能计算出水合物的含量，能够识别地震上所不能识别的水合物沉积，有效地提高了钻探成功率，降低勘探风险，节约勘探费用。

（2）海洋可控源电磁法原理简述。

海洋是一个特殊的电磁环境，电磁波信号在海水中的传播满足扩散方程而不是波动方程，信号在高阻层中扩散的快，传播的远。较低的信号频率或传导媒质的电导率低，则有较大的趋肤深度，有利于信号的扩散传播（罗维斌，2008），因此 CSEM 有利于对高阻层的分辨。与海底地层相比，由于海水具有很强的导电性，经海底地层传播的信号将较早到达接收器而经海水传播的信号将最晚到达，即在适当的收发距下这两个电磁能量到达的时间是分开的，不会对有效信号产生干扰，它们的到达时间可以直接指示海底电阻率的变化。

在海底地层中，孔隙中海水的电阻率比沉积物基质要低好几个数量级，因此，电阻率主要由孔隙流体所决定。在天然气水合物大量聚集区域，孔隙被水合物所填充。天然气水合物的电阻率要比孔隙水的电阻率高 1~3 个数量级。天然气水合物层的高电阻率与围岩的低电阻率形成明显的电性差异。因此，能分辨电阻率差异的可控源低频电磁测深法成为探测海底油气藏及天然气水合物的有效方法。

6.4.2 电偶极—偶极法

一般来说，一套海洋可控源电磁法仪器设备包括一个信号发射器和多个电磁接收器（图6.4.1），以及电缆和作业船等。根据系统响应的不同可分为时间域和频率域两种方法。时间域观测应用了宽频带的场源信号，能够减少空气波的干扰影响（空气与地层相比具有较大的趋肤深度，因而电磁波经空气以光速先到达，会严重干扰从地层到达的电磁波），适合于陆地勘探及浅海勘探（水深小于300m）。而海洋勘探面对的是海水与海底地层界面，海水趋肤深度大大小于地层，深海（水深小于等于300m）环境下不存在空气波干扰。频率域观测能将信号能量都集中在一个频率，能够得到更大的信噪比和更长的收发距。

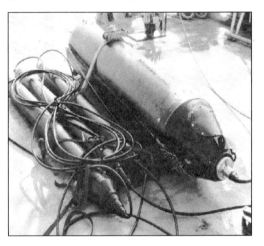

图6.4.1 电磁系统仪器照片（据 Evans，2007）
该系统由三个主要部分组成：甲板电子仪器，发射偶极和接收器串；接收器串由三个接收偶极组成

电偶极—偶极法是最普通的时间域海洋电磁勘探方法，一般采用的海底偶极阵列，包括一个一定偶极距的偶极—偶极发射器（Tx），发射一定时间周期的双向振幅方波信号；拖拽在发射器后不同收发距（一般为几百米）的两个电磁接收器（Rx），同时记录波至时间、振幅和信号波形（图6.4.2）。为了保证偶极阵列紧贴在海床上，会在发射器前方固定一个重物。海底偶极子列阵与共轴海洋电缆相连，拖在作业船后一定距离以外；信号源安置在船上，通过共轴电缆传到发射偶极子Tx上。为了得到清晰的数据，阵列需要在观测点停留；得到数据后再沿测线拖拽至另一点。在两个观测点之内移动时所记录的数据因为有噪声而不能用。

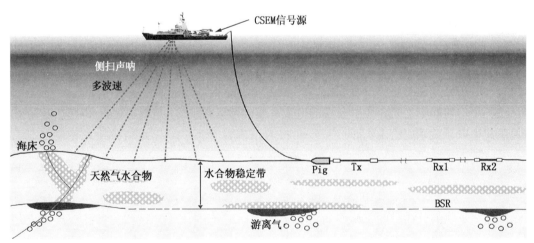

图6.4.2 时间域海洋 CSEM 探测观测系统（据 Schwalenberg 等，2010）

电偶极—偶极法发射接收一定频带的信号，能够减少空气波的干扰，适合于浅海勘探。这种海底偶极子阵列的探测深度仅限与在海底顶部几十米到几百米的范围，探测深度范围十分有限；但它对海底表层的疏松沉积物和浅层的天然气水合物沉积有较好的勘探效果。

6.4.3　长收发距瞬变电磁勘探法（LOTEM）

6.4.3.1　LOTEM方法

长收发距瞬变电磁勘探法，简称"LOTEM（the long－offset transeint EM）"，是基于陆地设备的海洋电磁勘探方法，它能够检测到几千米深度范围内的油气响应，特别针对深埋藏、薄的油气或水合物层，并能有效对抗空气波干扰，适合与近岸大陆架等浅海区域以及永冻土带的天然气水合物探测。

图6.4.3给出了典型的LOTEM测量排布设计：通常，以一个偶极距约为1km的接地电偶极子为发射器，x方向定义为平行于发射偶极方向；接收器沿着与地震采集类似的方式排布。在每一个接收点，测量多个方向上的电场或磁场。很多研究中，用感应线圈作为传感器来接收激发的各个方向磁场的时间。

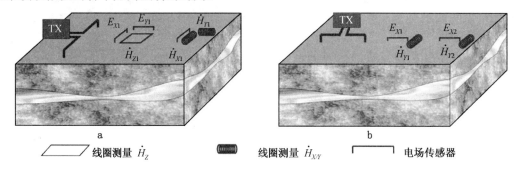

图6.4.3　LOTEM观测设计示意（据Scholl等，2008）

a—侧面测线（broadside）结构；b—主测线（in－line）结构

LOTEM对主测线或侧面测线的排布没有严格的要求。然而，在排列方式上还是有一些几何优势的。在侧面测线结构上（图6.4.3a），一个水平层的 E_y（x方向电场分量）和 H_x（y方向磁场分量）$\equiv 0$；在主测线结构上（图6.4.3b），H_z（z方向磁场分量）也是如此。任何这些方向上接收的信号都表明地下有多维电阻性构造，并能利用该信号分析地下的电阻结构。

当 $t=0$s 时，LOTEM发射器电流的状态改变——发射器内的电流接通、切断或极性反转，它所引起的地下电流系统遵循楞次定律。电流系统随着时间向下及向外扩散，扩散过程中所有的电场分量和磁场分量由RXs接收到。

在一个均匀的半空间介质中激发的电流系统的最大深度 Z_d 与电祖率 R 和真空磁导率 μ_0 的关系式由以下关系式给出，即

$$Z_d = \sqrt{\frac{2Rt}{\pi\mu_0}} \approx 1262\sqrt{Rt} \qquad (6.4.1)$$

式中：t 表示发射器Tx改变状态后激发的电流的传播时间；Z_d 表示深度。所以，探测更大的深度需要更长的传播时间。典型的LOTEM的时间范围从几毫秒到几秒甚至是几十秒不等，对应典型的电阻率 R，探测的深度范围也由几十米到几千米。虽然 Z_d 不依赖于Tx与Rx间收发距，但是某个时间或频率的信号振幅却依赖于收发距。因此，给定相关时间范围内的数据，有效的探测深度主要由信噪比和收发距决定。总之，最理想的收发距会随着探测的目标深度增加而增大。

由于不同的发射器会激发不同的电流系统，发射器和接收器的类型是相关的。磁偶极发

射器只能在地层表面产生平行电流系统，而电偶极发射器能激发水平和垂直分量的信号；另一方面，磁场接收器只能感应到表面的水平电流系统，而电偶极接收器对整个电场都敏感。

垂直分量电流受电阻层的影响很大，因为它必须穿过电阻层。在这个过程中电磁场会扭曲产生变化。相反的，平行电流系统将会跳过电阻层，直接传播到深部地层。因此，它受电阻层影响较小。

发射器内电流的接通和切断会产生电磁场。每一个 LOTEM 分量上，测量的接通电压 U_{on}（t）和切断电压 U_{off}（t）有下面的关系，即

$$U_{on}(t) = U_{DC}(t) - U_{off}(t) \tag{6.4.2}$$

式中：U_{DC}（t）是稳定状态下直流电（DC）的电压值。因为测量任一分量上的时间时，U_{DC}（t）$=0$，所以 U_{on}（t）$= -U_{off}$（t）。

6.4.3.2　一维模型的分辨力

图 6.4.4 显示的模型是根据加拿大 Mallik 地区永冻土内的水合物层给出的模型。岩心显示在该区 300～700m 的未压实或欠压实的疏松层中发育有天然气水合物。而电阻率测井曲线显示大约在 890～1140m 有电阻率最大约为 120Ω·m 的高阻层，其上或其下层段的电阻率只有几个欧姆米。而该区使得电阻率增大的孔隙充填物主要有冰、天然气水合物和游离天然气。测井曲线显示该层段为天然气水合物层。

在给定信噪比下，进行分辨率的研究。一般的，在经过数据叠加和精细的数据流程处理以后，LOTEM 的每个电场和磁场分量的基本噪声分别为 10^{-10} V/m^2 和 10^{-8} V/m^2。

图 6.4.5 分别显示了侧面测线和主测线上不同收发距的 E_x 和 H_z。TX 长为 1km，电流接通至 60A（图 6.4.5a、c、e），或电流从 60A 切断（图 6.4.5b、d）。图中曲线由图 6.4.4 给出的模型计算而得，若没有天然气水合物，则模型中的第 5 层电阻率 R_5 设置为背景电阻率 3Ω·m。

电流接通的瞬间大约 30ms 的时候，曲线开始有变化。随着收发距的增加，信号强度减弱，特别在电场域；但信号强度要大于噪声强度。最佳收发距就是在该距离下目的层电阻的变化能够在电流瞬变中电阻率产生最大的绝对值变化。在图 6.4.4 显示的模型中，最佳的收发距是在 2～3km 之间。选择收发距为 3km 来进行接下来的正演。

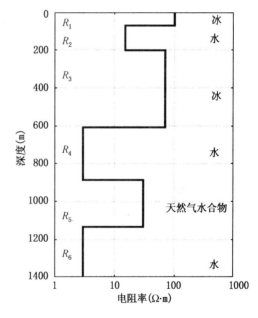

图 6.4.4　Mallik 的水合物模型（据 Scholl，2008）

图 6.4.6 展示的是不同分量的电磁场对不同水合物含量百分比（即目标层的不同的电阻率）的敏感性。模型中水合物层的电阻率 R_5 从 3Ω·m（不含水合物）到 100Ω·m（高含量的水合物）。磁场分量 H_z 与电场分量有明显的区别。磁场分量 H_z 曲线从 R_5 一开始增大就明显分开，而当 R_5 增大超过 30Ω·m 以后，这种差别变小。因为对垂直电流系统的敏感性，曲线只能在电场分量上区分高阻层。总之，磁场分量只能总体上的探测到目的层电阻率的增大，但是如果没有电场分量就不能得到到增大的量。

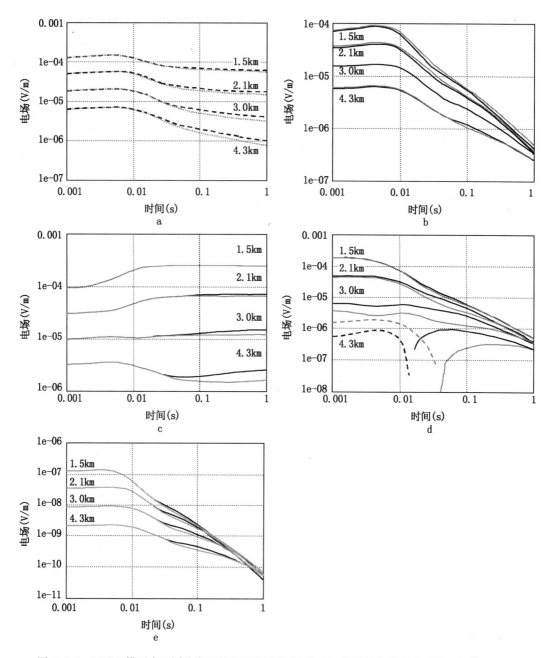

图 6.4.5 Mallik 模型中不同收发距的 LOTEM 的 E_x 和 H_z 分量的曲线响应（据 Scholl，2010）

a—电流接通，侧面测线 E_x 分量；b—电流切断，侧面测线 E_x 分量；c—电流接通，主测线 E_x 分量；
d—电流切断，主测线 E_x 分量；e—侧面测线 H_z 分量；黑色线：水合物电阻率 $R_5 = 30\Omega \cdot m$；
灰色线：$R_5 = 3\Omega \cdot m$；实线：正；虚线：负

目的层电阻率的变化在实际电磁场可测量并不代表就能够通过 LOTEM 数据得到。与很多地球物理方法一样，LOTEM 也存在着噪声以及数据采集不完整的影响。所以会发现不同的模型都能与数据吻合的很好，模型不是唯一的。非线性反演算法对其有很好的解释。

非线性反演算法常用于解释 LOTEM 数据。算法中，先假定初始的电阻率模型，正演的曲线结果与实测曲线进行比较；然后，改变模型，使之比之前的模型所得的曲线与实测吻

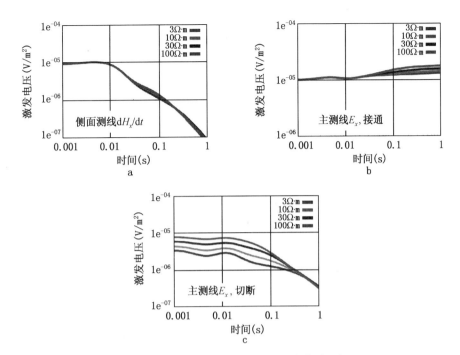

图 6.4.6　Mallik 模型中不同的电阻率所对应的响应曲线（据 Scholl，2008）

a—侧面测线的磁场分量对时间的倒数 $\mathrm{d}H_z/\mathrm{d}t$；b—电流接通，主测线电场分量 E_x；

c—电流切断，主测线电场分量 E_x

合的更好。显然这个过程的结果是非唯一的，并依赖初始模型、模型的离散化以及平滑等增强模型稳定性的其他处理。

图 6.4.7 显示的是对 Mallik 模型的非线性反演的结果。反演前，先在数据中加入标准差为 5％或 $10^{-10}\,\mathrm{V/m^2}$（H_z）、$10^{-8}\,\mathrm{V/m^2}$（E_x）的高斯背景噪声，相应地，将会产生一定的反演估计误差（图 6.4.8）。

采用 Marquardt 反演，由图 6.4.4 给出的 11 个参数（6 个电阻率和 5 个层厚）的 6 层模型作为反演的初始模型，在反演过程中，通过不断改变这些参数，其他参数以 20％的量随机改变。当权重 rms≤1 时，Marquardt 反演停止，也就是说计算的模型曲线与实测曲线的误差取的是平均值。灰色线表示模型计算的结果，黑色线是用于对比的原模型。

图 6.4.7 中的灰色线指示了改变模型参数而不会降低数据吻合度的范围。目的层的深度或层厚以及电阻率改变太大以至于无法判断是否存在高阻层。为了更清楚地了解，右边直方图给出了统计各种模型计算的目的层的深度或电阻率；黑色线是实际值。标出直方图中接近于真实值的结果，发现这些反演大多数是以接近于实际的 R_5 的值为初始值。

磁导率分量（$\mathrm{d}H_z/\mathrm{d}t$）的结果（图 6.4.7a）显示了磁场分量对高电阻率目标层的局限性。在所有的三个高电阻率带，等效模型的电阻率高达 $500\,\Omega\cdot\mathrm{m}$，甚至更高。而直方图显示的目的层电阻率值的范围在 $3\sim600\,\Omega\cdot\mathrm{m}$。然而，边界在 609m 处，要比其他的分量结果更好。LOTEM E_x 分量的结果（图 6.4.7b）不如预期那样好，甚至更差。少数与数据吻合的模型结果也非常模糊。而两者结合可以非常明显的减少这种不确定性（图 6.4.7c）。

6.4.3.3　天然气水合物复杂电阻率分布模型

6.4.3.3.1　非均质水合物层

水平层状模型的研究对于测量参数的确定和总分辨率的分析是非常有效的。当然，实际

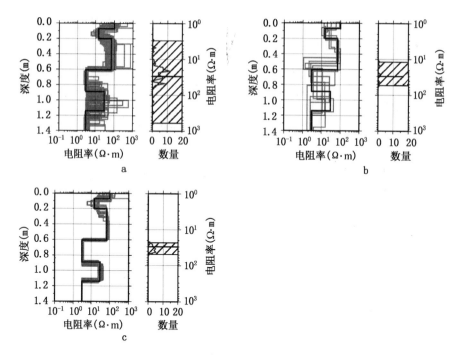

图 6.4.7 不同参数模型下 LOTEM 数据的反演结果对比（据 Scholl，2008）

其中黑色线是原始的 Mallik 地质模型，灰色线是反演结果，右边给出的直方图是对 800~1200m
深度内高阻层反演结果的统计分析。a—侧面测线的磁场分量对时间的倒数 $\mathrm{d}H_z/\mathrm{d}t$ 反演
的结果；b—电流切断，主测线电场分量 E_x 反演的结果；c—两者联合反演的结果

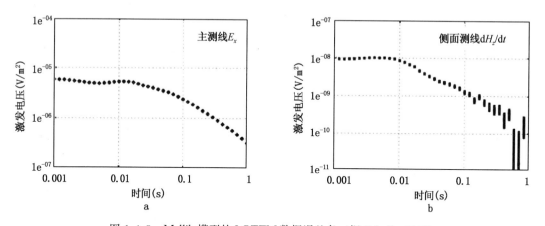

图 6.4.8 Mallik 模型的 LOTEM 数据误差条（据 Scholl，2008）

地层并不是均质和严格水平的。Collett 等人（Collett，2005）发现水合物带能被分为 2~3
个水合物薄层。另外，测井曲线显示这些水合物层具有很强的非均质性。这与 Riedel 等人
（Riedel，2006）观测到的海洋水合物结果一致。小尺度的非均质性层用基于扩散场的地面
EM 勘探方法无法分分辨，而是反映在总的体电阻率上。

如果这种非均质性具有某种几何关系，则会引起地层在不同方向上表现为不同的电阻
率，也就是说地层的电阻率具有各向异性。在沉积环境中，这种电阻各向异性经常发生，如
砂泥岩互层的情况。由于泥岩比砂岩电阻率低，会使地层呈现垂直层状的电阻各向异性。

一些数据表明，虽然天然气水合物层形成电阻各向异性的过程不尽相同，但是实际上确实存在这样的各向异性，垂直方向上电阻率要比水平方向上大 10 倍。所有的电磁数据显示，仅 LOTEN 的 E_x 分量能探测到这种各向异性。

将 Mallik 模型（图 6.4.4）中的第五层天然水合物层分为两个薄高阻层（如图 6.4.9 中黑线所示），并对其进行和图 6.4.7 中的反演相同的过程，得到的结果由图中灰色线表示。虽然，与模型的不吻合度小于等于 1，但是从地面电磁勘探结果中仍很难找到能够分辨水合物薄层的电阻结构，甚至在 LOTEM 的各个分量的联合反演结果也是如此。

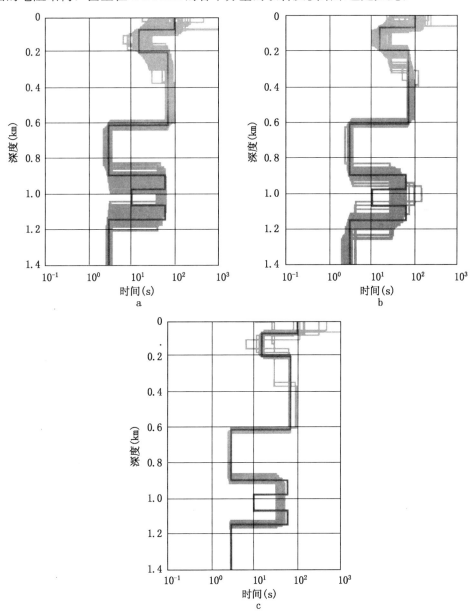

图 6.4.9　以黑色线为模型的计算数据的一维联合反演（据 Scholl，2010）
灰色线：不吻合度 rms≤1 的反演结果；a—电流切断，H_z 分量和侧面测线 E_x 分量；b—电流
接通，H_z 分量和主测线 E_x 分量；c—电流切断，H_z 分量和主测线 E_x 分量

6.4.3.3.2 大尺度电阻结构的多维解释

瞬变电磁方法（TEM）的多维正演需要付出昂贵的计算代价。依据问题和算法的复杂程度，计算的每个过程都需要花费几分钟到几个小时不等。所以，TEM 数据的常规解释主要是依靠一维反演和多维模型。方法的敏感性最主要还是由发射设备（TX）和接收设备（RX）决定，但是很大程度上受到 TX 和 RX 之间的电阻结构的影响。因此，即便是在观测点周围，也不能忽视地下岩石的三维电阻结构。

由于 LOTEM 定义的收发距很大，为了适应于一维反演解释，在几十平方公里的大片区域都被近似为一维结构。为了阐述多维电阻结构对 LOTEM 数据的影响，采用 Druskin 和 Knizhnerman（1988，1994，1999）编写的三维时间域正演模型代码对一个二维水合物模型进行正演计算。

图 6.4.10a 显示了计算的模型数据。在 x 方向上的 1km 长的偶极 TXs 内，60A 的电流在 $t = 0$ 时刻切断。图中反演结果数据指示的是 TX 与 RX 的中点位置。数据是由离接收器 TX 的中心点约 2.9km（TX 中心点到 RX 距离的中点）处，时间在 1ms 至 1s 之间的主测线 E_x 计算而来。TX - RX 装置每间隔 1km 移动穿过测量体。

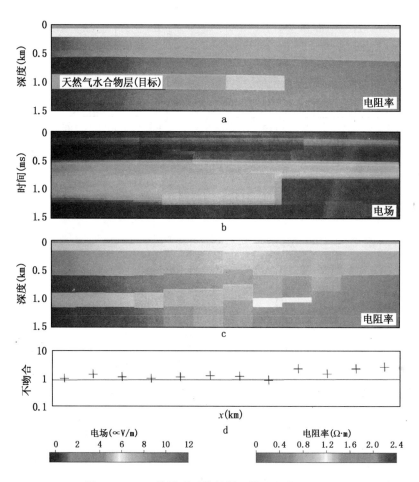

图 6.4.10 二维模型反演结果（据 Scholl，2010）

a—电阻率模型；b—TX - RX 的电场响应；c—电阻率反演结果；d—不吻合程度

图 6.4.10b 给出了就时间对数 $\left(\dfrac{\mathrm{d}E}{\mathrm{d}\log t} = t\,\dfrac{\mathrm{d}E}{\mathrm{d}t}\right)$ 衍生的电场。注意即便是均匀半空间也会有一个不仅依赖于模型而且还与 TX‐RX 收发距有关的模式。所以，与其他测量点间的比较只能选择相同的收发距的曲线。显然，深部的高电阻的天然气水合物层在100ms左右产生了一个正异常，而观测点右侧没有出现这种现象。目的层‐2~0km处电阻率的增大产生了更大异常。由图中可以看出电场能够基本反映出目的层的总体结构。

为了得到更加确切的结果，图6.4.10c给出了 E_x 数据的一维反演结果。反演之前，先在电流切断信号上加入标准差为0.5%或是10nV/m的高斯背景噪声。假设初始模型是已知的。

反演结果很大程度上依赖于初始模型。下面给出三个初始模型：（1）模型一，由钻井得到的初始模型（图6.4.4）；（2）模型二，与模型一相同，只是第五层天然气水合物层的电阻率 R_5 设定为背景电阻率 $3\Omega\cdot\mathrm{m}$；（3）模型三，在目的层处没有特殊地层出现。后两个模型代表的是没有水合物但是自由参数的数目不同的情况。

图6.4.10c和图6.4.10d分别给出了 TX 与 RX 中点下的反演结果和相应的不吻合度。尽管有多维效应和模型不确定性的影响，但是反演结构仍然能够很好的重构地下的电阻结构，不吻合度很低。

6.4.4　天然气水合物频率域 CSEM 勘探

6.4.4.1　频率域 CSEM 法

频率域 CSEM 勘探通常以电偶极发射器为信号源，发射频率为 0.1~10Hz 的几个离散的低频信号，将发射器下沉至海底或近海底（约50~100m）；同时，将多个接收器以不同的收发距沿测线排布在海底（图6.4.11）。收发距主要由发射的信号频率和所测地层的电阻率决定，由零到几千米不等；不同收发距的接收器可得到不同深度范围的有效信号，长收发距可以探测更深的地层，最深可到几千米。偶极场源沿测线拖动一次完成一个频率的测量，要完成几个频率的电磁场测量，场源要来回拖动几次。

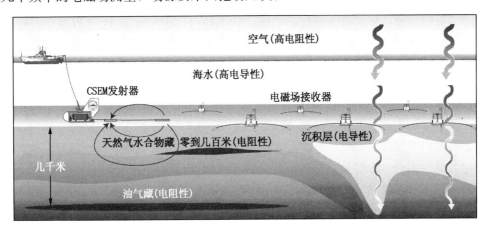

图 6.4.11　频率域海洋 CSEM 探测观测系统（修改于 Constable 和 Srnka，2007）

频率域 CSEM 法易受空气波的干扰，不适于近海岸等浅水环境勘探，但其探测深度范围大，信号强度大，对于深海油气探测有很好的应用效果。目前深海海洋勘探的工业应用多采用频率域信号。

6.4.4.2 天然气水合物频率域 CSEM 探测正演

很大一部分的海域天然气水合物沉积于海底浅层构造或海底表面,这部分松散沉积层是地壳和海洋的关键交界处。针对这种浅层水合物成像 CSEM 技术要做适当的改进,如提高发射信号的频率,减少接收距。Weitemeyer(2006)针对浅层水合物用一维正演模型模拟了径向模式电场的响应(即发射器与接收器在同一测线内)(图 6.4.12)。模型假设海水深910m,离海底地层45m处有一厚度为90m的天然气水合物层,沉积层与水合物层的电阻率分别为1Ω·m和2Ω·m。正演结果表明,高频率(大于10Hz)、短收发距(小于2000m)时,能得到较强的水合物层信号。然而,高频信号衰减快,信噪比低,一般的接收器难以得到清晰的信号。这就需要选择适当的频率在高频信号、短接收距得到强的水合物信号与低频信号、长接收距得到高信噪比信号之间权衡。

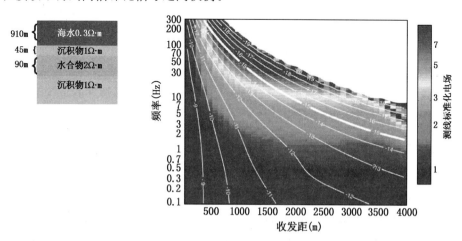

图 6.4.12 一维模型正演的电磁强度与信号频率、收发距的关系(据 Weitemeyer 等,2006)

理想状况下,我们当然希望选择一个宽频带的信号及宽收发距系统观测水合物层的各种响应,然而实际测量无法实现。正演模拟时,则可选择方波信号,它会产生一个基波和几个几次谐波。通过观察选择对水合物层最敏感的频率信号。由图 6.4.12 可以看出,5Hz 作为一个基波可以探测收发距在 3000m 以后的水合物层信号。而其他基谐波(15Hz,25Hz,35Hz)可以检测到更短收发距内的水合物信号。

针对海底上部地层地质成像和水合物探测,有研究人员设计了一种被称为“Vulcan”的新型的三轴电场接收器接收。该仪器采用固定的收发距(一般为短收发距,大约几百米),有效深度范围大约为海底上部几百米的地层,通过接收三个分量的全电场数据可以非常灵敏检测到来自浅层的高频率、短收发距信号;并在美国墨西哥湾一些水合物聚集区域取得了很好的应用效果,实例一将详细介绍利用 Vulcan 接收短收发距信号并结合常规海底接收器勘探水合物方法和应用效果。

提取图 6.4.12 中的 5Hz 的水平切片可得到响应的电场大小与收发距的对应关系(图6.4.13)。图 6.4.13 给出了针对沉积物层、沉积物层—薄水合物层—沉积物层和沉积物层—厚水合物层这三个模型所提取的5Hz 水平切片。由图 6.4.13 可知随着收发距的增大,每一个模型都引起了不同的电场衰减。最强的信号来自于薄层的电场响应,而信号最微弱的是沉积物层半空间响应。这表明 CSEM 可以测量模拟的水合物层的存在以及厚度。

另外,导航误差对短收发距的影响要明显大于长收发距。由于使用短收发距,导航对天

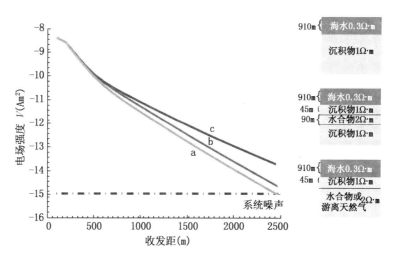

图 6.4.13　不同的天然气水合物正演模型得到的电磁强度与收发距的关系
（据 Weitemeyer 等，2006）

然气水合物的探测十分重要。图 6.4.14 给出了 2Ω·m 和 1Ω·m 的一维半空间电场响应，由此可看出，水合物模型的电场大小的半空间响应在 1～2Ω·m。图中还给出了收发距误差范围在 100m 以内和 200m 以内的电场响应范围；这些误差会使得电场大小表现的比期望值更强或更弱。

6.4.5　天然气水合物饱和度

通过 CSEM 数据能获得的物理参数是电阻率 ρ，或者其倒数电导率 σ。对于海相沉积而言，电导率是最重要的参数，可以判别孔隙度，孔隙流体（孔隙流体一般为海水）和孔隙流体的连通性。因为沉

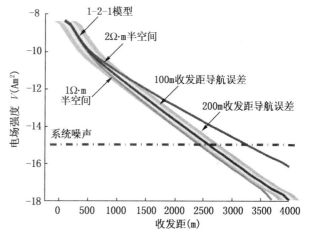

图 6.4.14　不同的天然气水合物正演模型下导航误差所引起的电场强度差异（据 Weitemeyer 等，2006）
源信号频率为 5Hz。图中不同灰度表示不同的模型曲线；由亮到暗分别为：100m 收发距导航误差，200m 误差，1Ω·m 半空间模型，2Ω·m 半空间模型和黑色线：水合物层状模型

积物颗粒基质本身是基本不导电的，海底地层的导电性主要依赖于孔隙中的海水。海水的导电性主要基于温度和矿化度，一般海床处海水的电导率 $\sigma = 3.0～3.5 S/m$，对应的电阻率 $R = 0.286～0.33 Ω·m$。海水的物性可以通过诸如电导率—温度—深度（CTD）之类的方法测量，例如新西兰 Hikurangi 陆源 Opouaew 海岸的 CTD 数据显示该处海底的电导率为 3.5S/m。一般较浅海床沉积段的电阻为 0.8～1.5Ω·m。

天然气水合物本身是绝缘的，它在稳定区内具有多种分布方式。现在观察到的，有填充在孔隙中的，有沿颗粒接触面分布的，有填充在裂缝里的，有的直接取代了厘米级甚至米级体积的沉积物。在所有的实例中，基本都发现了大量的水合物形态。阿尔奇孔隙度—电阻率

经验关系（1942）为通过电阻率确定平均天然气水合物饱和度提供了简单易行的方法，是针对沉积颗粒和海水组成的双相孔隙体积，即

$$R = AR_f \theta^{-m} \tag{6.4.3}$$

式中：R 是沉积层电阻率；R_f 是海水电阻率；θ 是沉积物孔隙度；A 是常数，通常用来描述饱和度；m 是胶结因子。如果有第三相存在，比如说天然气水合物，这个关系就变为

$$R = AR_f S_f^{-n} \theta^{-m} \tag{6.4.4}$$

式中：S_f 是孔隙水饱和度因子；n 是饱和系数，一般和 m 相等；而 S_h =（$1 - S_f$）和天然气水合物饱和度的级数相关。

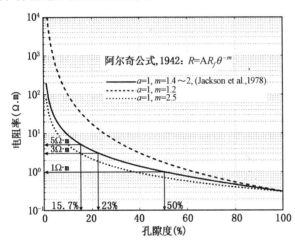

图 6.4.15　两相体系的阿尔奇经验公式所得到的电阻率与孔隙度的关系（据 Evans 等，1999 修改）

海水电阻率设为 0.3Ω·m。胶结因子取决于颗粒的形状，随着深度增大，颗粒成为次球状，m 值增大。应用杰克逊设定的阿尔奇参数，地层电阻率为 1Ω·m，平均孔隙度 50%，当孔隙度在 23% 时，对应的电阻率为 3Ω·m，而体孔隙度低于 16% 时，体电阻率为 5Ω·m

尽管阿尔奇公式是基于实验观测建立起来的，但是大量数据和实验研究证明在饱含流体的介质中电阻率与孔隙度之间的关系很好地符合这个公式（Schwartz 和 Kimminau，1987；Evans，1994）。图 6.4.15 展示了不同 m 值背景下的阿尔奇电阻率—孔隙度关系，m 一般随着沉积厚度增加、颗粒次球化而增大。Jackson 等（1978）发现，很多天然或人造海水取样的胶结因子 m 是在 1.4~2 之间。基于这些结果，可以得到，平均孔隙度为 50% 时，相关的地层电阻率是 1Ω·m。当孔隙度在 23% 时，对应的电阻率为 3Ω·m，而体孔隙度低于 16% 时，体电阻率为 5Ω·m。这清楚地说明了对于确定区域性的孔隙度递减，如当孔隙流体被像天然气水合物之类的导电物质替代的时候，电阻率是很稳定有效的参数。

当天然气水合物呈现固态层状或者不受孔隙结构限制的时候，阿尔奇关系就不适用了。然而，一般来说，CSEM 体系测到的平均沉积物体积都是以米或者几百米数量级的。因此，阿尔奇法则可以用于通过 CSEM 数据确定海底地层平均水合物饱和度。

另一种实用的方法是 HS 边界（Hisolated—granules bounds）。各向同性双相介质正常边界都是用 HS 边界给定，该边界假设介质中相互独立的颗粒处于悬浮状态（Hashin 和 Shtrikman，1962）。HS 上边界只有理论指导作用而没有实际意义，而 HS 下边界给出的是导电骨架内的电阻性内含物的复合电导率的理论最小值，非常适合于天然气水合物以孤立颗粒的形式分散在沉积物内部的模型。

对比阿尔奇公式以及 HS 下边界这两种模型（图 6.4.16），当水合物饱和度在 10%~20% 时，水合物的存在对地层电阻率表现为适度但可以测量的影响；当水合物饱和度增到一定程度以后，无论选择哪种模型，这种影响都很剧烈。

6.4.6 实例研究

经过 20 多年的发展，海洋可控源电磁法已经趋于成熟。最近几年，在 CSEM 已经成功的应用于天然气水合物的勘探。钻探资料证明，美国墨西哥湾等地的某些天然气水合物区域应用 CSEM 方法有响应，而地震上无 BSR 显示。此外，在新西兰等地也有这方面的应用。下面将详细介绍两个应用实例。

6.4.6.1 实例一墨西哥湾水合物 CSEM 探测

2008 年 8 月 7 日到 26 日，研究人员在美国墨西哥湾用 Roger Revelle 号进行了天然气水合物的 CSEM 探测。该地区发

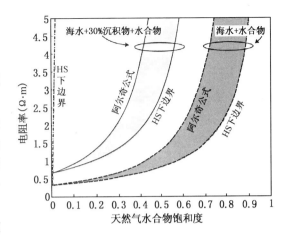

图 6.4.16 对比阿尔奇公式与 Hashin-Shtrikman 上、下边界得到的不同天然气水合物饱和度对应的电阻率（用海水—水合物混合模型和海水—水合物—沉积物混合模型计算）（据 Weitemeyer 等，2006）

现的天然气水合物的证据主要来自于直接观察海床的露头以及浅层钻井取心，但缺少地下水合物存在的地球物理证据，地震剖面上几乎没有出现通常被认为是地下水合物指示的"BSR"。因而，选择在水合物可能存在的位置，进行 CSEM 探测地下水合物探测。

图 6.4.17 显示了研究所选择的四个区域：Green Canyon 955（GC955），Mississipi Canyon 118（MC118）、Alaminos Canyon 818（AC818）和 Walker Ridge 313（WR 313）。下面主要介绍的是 AC818 和 GC955，这两个区域都是墨西哥湾油气水合物联合工业项目（JIP）提出的钻井区。最后的结果显示，CSEM 测量得到的电阻率剖面与已知的地质情况及钻探结果吻合的很好。

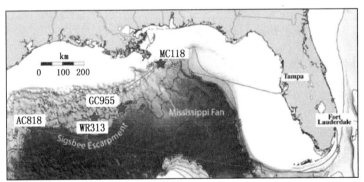

图 6.4.17 墨西哥湾海底 CSEM 探测的四个区域：Alaminos Canyon 818（AC 818），Walker Ridge 313（WR 313），Green Canyon 955（GC 955），和 Mississippi Canyon 118（MC 118）（据美国国家地球物理数据中心）

6.4.6.1.1 测量方法

（1）设备。

这次项目使用的是频率域测量，共设计了 18 条发射器大线，部署了比普通测量更多的海底电磁接收器（OBEM）（最多一次达到了 30 个），记录了除垂向磁场以外每个电磁分量；

另外，针对浅层水合物沉积的特点，使用了一种新的接收设备——固定收发距三轴向电场接收器（Vulcan），将其拖拽在发射器后面 300m 左右的位置。最后的结果表明，两种接收器的测量的结果一致且在对地层的敏感性方面互为补充。Vulcan 对海底上部几百米深的地层敏感，而 OBEM 能较为准确的测量深部沉积地层，二者结合能得到较好的效果。其他设备还包括两个发射器，发射的频率在 0.5～50Hz，为所有的发射位提供了连续的小炮检距数据。

（2）数据处理及视电阻率剖面分析。

首先用 FFT 将采集的数据从时间域转到频率域，然后采用 60s 时窗进行叠加，并融合发射器的导航参数。利用 Dipole1D 代码（2009），每一次叠加的发射器和接收器几何关系用来产生不同电阻率的一维半空间正演模型。极化椭圆的主轴方向被用来选择符合记录数据的半空间正演模型，来得到每个发射接收对的视电阻率。最后，利用视电阻率剖面投影技术成像。图 6.4.18 简要的显示了收发距投射到深度域的成像原理，收发距越大，数据点投影越深。来自 OBEM 接收的数据投射的是发射点与接收点间的中心点，并用一个与收发距成正比的伪深度表示。

Vulcan 视电阻率剖面是通过接收三个分量电场测量得到全电场值。同样，Vulcan 数据也采用了近似的处理方法和成像原理，用正演模型来计算频率域的视电阻率，然后将视电阻率投射到中心点的每个频率对应的不同趋肤深度。低频率信号对应较大的趋肤深度，即能探测到更深的地层（图 6.4.18）。

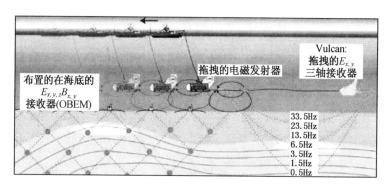

图 6.4.18　海底 CSEM 系统测量地层电阻率示意图

（据 Weitemeyer 和 Constable，2010）

视电阻率剖面提供了一种观察电阻率横向变化的方法，并且给出了定性的深度关系。然而，他们不能提供量化的深度信息，因此下面图中的深度范围不能作为正式数据使用。

6.4.6.1.2　结果讨论与解释

（1）Green Canyon 955（GC955）。

GC955 位于 Sigsbee 陡坡的朝海方向，中等水深（大约在 1900～2200m），有诸如泥火山等明显的水合物地表特征证据，具有良好的勘探前景。该位置还是 Green Canyon 的入口处，沉积物在此进入到深海中，发育河道，其底部沉积了河道砂。地震剖面上有证据表明，水合物稳定带附近的河道砂发育有气藏，因而 JIP 的钻探目标就是这里的河道砂。

在进行 CSEM 探测期间，钻井工作也在 wellJHJ02 的区块进行；为了避开钻杆，20 个 OBEM 接收器和两条 CSEM 测线需要绕开 JIP 钻探区（图 6.4.19a）。南—北电磁测线（N—S CSEM line）穿过一个突起的盐丘区域，而它上面的砂岩层被区域性泥页岩层封闭。

裂缝在这里为流体提供了运移通道。该盐丘，呈沙漏状，向南延伸到 Walker Ridge，表现为大面积分布的区域特征。而含水合物的河道砂在地震上的特征表现为灰色阴影。东—西电磁测线（E—W CSEM line）也会穿过这个区域。该区东面有一个马蹄形的断裂面，可能是由于水流和重力作用形成的内部垮塌。类似的过程也可能发生在东—西测线之下盐丘东面的区域。

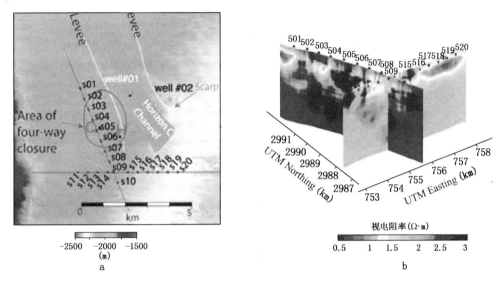

图 6.4.19　GC 955 观测系统解释图（a）和 0.5Hz OBEM 数据伪剖面（b）

（据 Weitemeyer 和 Constable，2010）

参见书后彩页

图 6.4.19b 展示了基频为 0.5Hz 的 OBEM 数据视电阻率剖面。一个明显的特点就是南—北电磁测线的深部的电阻率比东—西线要高，这可能是由于沿南—北线的盐丘造成，而东—西线垂直于该盐丘，所以受到的影响较小。在 GC955 的 "H" 井和 "Q" 井中发现了天然气水合物，而以含水合物为目标的砂岩都落在了盐丘上部范围内。受水合物分解或是游离气的影响，最后取消了常规油气井 "Q" 的开采。南—北测线的视电阻率剖面上 s05 处的阴影部分表现为高电阻，与 "Q" 井发现的水合物吻合。

图 6.4.20 显示了 Vulcan 数据和两个不同基频的 OBEM 数据的东—西测线视电阻率剖面。三张图片都说明：测线东部（s16 到 s20）导电性强，中间的等深斜坡（s15，s09 和 s14）是一个电阻率高的区域，西部高地势处（s11 到 s13）导电性高低相间。OBEM 数据显示的 s11 下高电阻区域在 Vulcan 数据中也能观察到，但是由于 Vulcan 和 OBEM 不同几何关系投射的视电阻率不同而发生抵消。JIP 项目中在盐丘域旁边的 H 井，位于 s09 和 s15 之间约 1km 以北。H 井钻井发现了裂缝中充满了水合物的页岩面，且在更深的地层中还发现一个天然气水合物和水层交替出现的砂岩储层，该储层大致在 s15 和 s14 之间。

东部位于 s16 和 s20 之间电导性好的连续区域是 JIP 钻探的多孔性河道砂向南的扩展。在河道砂的轴上进行的钻探（I 井，s16～s20）结果发现该处主要为含水砂岩，含有极少量水合物或游离气，与 CSEM 探测结果吻合。

（2）Mississippi Canyon 118（MC118）。

MC118 位于水深相对较浅（800～900m）的大陆坡上，在密西西比峡谷（Mississippi

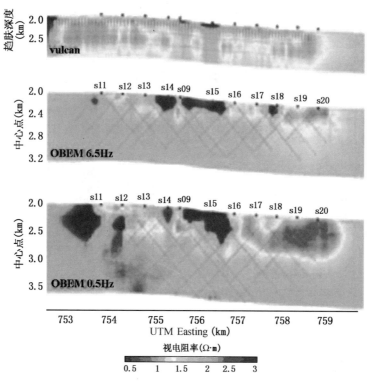

图 6.4.20　GC 955 东—西电磁测线伪剖面 Vulcan 数据，6.5 Hz OBEM 数据和
0.5 Hz OBEM 数据（据 Weitemeyer 和 Constable，2010）

参见书后彩页

Canyon）以东，是美国矿产资源局（MMS）指定的水合物观测点。在观测点南部中心位置
有一个 1km² 的泥火山，包含了三个火山口且与大量的水合物露头相关，但是迄今为止那里
在深度上还没有水合物存在的直接证据。

　　该区的观测系统为一个 6×4 的观测阵列，共 24 个 OBEM 接收器，每条接收线大约间
隔 500m，且以网格的形式拖拽十条发射器。流体通道与高地周围的断裂有关，这些裂缝由
盐丘底劈构造向上挤压形成的，深度估计大于 300m，通过这些通道甲烷气体向上运移到海
底。沉积物包括夹杂着少量含虫孔砂岩的半深海泥岩和火山口附近的复杂化能生物群落所形
成的自生碳酸盐岩。三个火山口沉积的复杂岩系分别用 SE，SW 和 NW 表示。SE 地势低且
没有明显的甲烷气体溢出，但是依靠甲烷生存的蚌壳类生物生活的痕迹为过去地质活动提供
了证据。SW 地势较高，也有较大的甲烷溢出。NW 地势较低且有少量的甲烷溢出。

　　Vulcan 视电阻率剖面（图 6.4.21）表明 MC118 处地层整体电导性很强，其背景电阻率
为 0.5~1Ω·m，除 SE 外其他两处没有明显特征。在交会处，拖拽测线相互间没有影响。
SE 处交汇的三条测线分别显示为高的电阻率特征。穿过 SE 和 SW 两个复杂岩系的东—西
测线被声呐测线 119 覆盖，将声呐空白带与电阻率进行对比。MC118 的声空白带与自生碳
酸盐和游离气或天然气水合物相关。SE 处的蚌类痕迹表明之前甲烷运移通道可能因为水合
物的形成堵塞。SE 的电阻带在深度上向下延伸，而且和声空白带吻合，表明水合物在该地
区的确存在。另一方面，朝向 SW 的声空白带和浅水碳酸盐岩相关，但是与海底电阻无关；
这在电阻率上区分水合物和碳酸盐岩来说很重要。

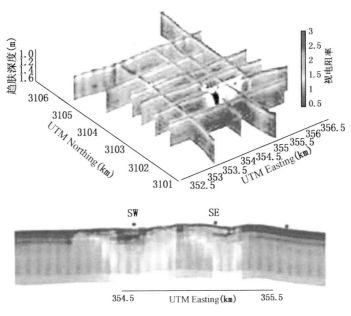

图 6.4.21　MC 118 工区 Vulcan 数据电阻率成像

（据 Weitemeyer 和 Constable，2010）

剖面图为穿过 SE 火山口杂岩体的东—西测线 Line 5 视电阻率剖面

图 6.4.22 给出了 6.5Hz 的 OBEM 视电阻率剖面，与 Vulcan 结果一致。三条 CSEM 测线独立地显示了当背景电阻率为 $1\Omega \cdot m$ 时 SE 复杂岩系处的电阻带。OBEM 数据对海底地层几公里以上的沉积物比较敏感，而 Vulcan 数据只对上部几百米的数据敏感。OBEM 数据是对一个更大更深沉积体进行采用，因此，OBEM 数据的背景电阻率会被略微提高。S9 处的 OBEM 数据与 Vulcan 数据结果的不一致，其原因可能是由于导航误差所致。

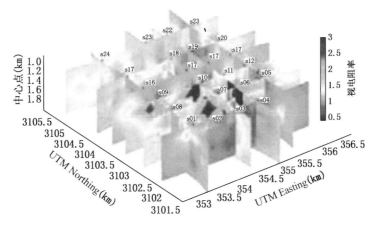

图 6.4.22　MC 118 工区 6.5Hz OBEM 视电阻率视电阻率剖面

（据 Weitemeyer 和 Constable，2010）

6.4.6.2　实例二—新西兰 Wairarapa 地区 Opouawe 边岸 CESM 探测（Schwalenberg 等，2010）

Wairarapa 地区是北新西兰岛东岸 Hikurangi Margin 中心南缘的一部分，是澳洲—太平洋版块向西俯冲形成的主动陆缘体系。中心部分的希古郎基台地，是一块抬升的洋壳，厚度约为 10～15km，正以很慢的速度（约 40～50mm/a）、较低的角度（大约 3°）斜插在澳洲板块之下（Barns 等，2010）。希古郎基陆缘存在着大量的断裂、气窗等流体通道，它导致了现在分布广泛的溢气口，并形成了一些化能生物群落，这些微地貌特征都与天气水合物的形成有关。针对这些气体渗漏区，研究人员已经做了大量的工作，如气源，运移路径，以及构造俯冲地质背景等；并在 R/V Tangaroa 的 TAN0616 航线和 R/V Sonne 的 SO191 航线上，通过海底摄像等视像采集和声学测量数据中发现了溢气口和溢出的甲烷气。目前在希古郎基陆缘发现的所有的气体溢气口都位于俯冲断层脊部高部位，这说明了气体溢漏区和主断层之间有明确关系（Barns 等，2010）。

为了更好的研究这些溢气口的特征以及其与天然气水合物的形成关系，研究人员在该区内的溢气口进行了海洋 CSEM 探测，并结合地化、地热特征，分析该区域的天然气水合物藏的分布以及成藏模式。

图 6.4.23 是 Wairarapa 研究工区的地图。现已确定 North Tower，South Tower，Pukeko，Takahe 和 Tui 这几个活跃的气体溢漏区。布置的两条 CSEM 测线分别贯穿了 South Tower－Pukeko 溢漏区（测线 1），和 North Tower－South Tower 溢漏区（测线 2）。为了方便对比，其他实验的具体位置已经在地图上标出了。

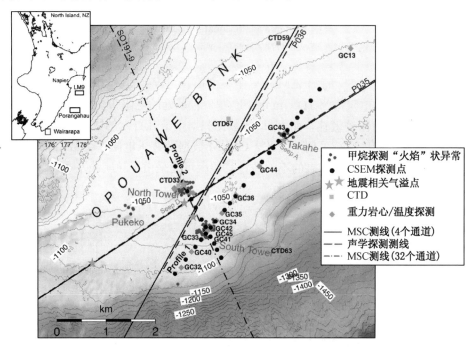

图 6.4.23　Wairarapa 区 Opouawe 边岸的深海测深图（据 Schwalenberg 等，2010）

6.4.6.2.1　测量方法

（1）测量设备。

本实验采用的是时间域信号，接收器记录了波至时间、振幅和信号波形。所选设备是一套由多伦多大学设计的独特的底部牵引型电子偶极间系统。该系统包括一个偶极矩 5A×124m 的发射偶极子（Tx）和两个接收偶极子（R×1，R×2），分别拖在 Tx 后面 172m（R×1）和 275m（R×2）（图 6.4.2）。整个海底偶极子阵列长达 360m，前端固定了一个被称为"猪"的重物。信号源安置在船上，由共轴的海洋电缆将信号传至发射偶极子 Tx 上。由于受到共轴电缆计量上的限制，实验发射的是周期为 4.6s、双向振幅为 ±5A 的矩形波信号。

Ag/AgCl 电极镶嵌在其中一个 15m 长的接收偶极的末端。每个接收偶极都配备了自给电池供电的电子组件，该组件可以在采样率为 1ms 的条件下，记录电极间的电压，并将其数字化。电子部件和电池组都在固定在 Rx 前端的的压力桶里。

实验过程中，在陆上安置了另一个同样的电子组件，该组件与两个海底接收器同步接收发射的信号。为了给仪器定位，"猪"上面还固定了一个声波脉冲转换器。列阵沿着测线拖拽在海床上。不过，为了保证能获得清晰准确的数据，列阵要在一系列溢气口停留。在溢气口之间内运行时所记录的数据因为有噪声而不能用。目前溢漏区之间平均间隔距离在 250m，最小距离 150m。数据显示，发射和接收偶极子之间最大的构造响应大约是在 Tx 和 Rx 的中间位置下面的沉积物。

（2）数据分析。

在每个测量点测量周围电场的似连续周期序列大概是 15min，由两个接收器在天然气溢气口测量可得到一个叠加数据体。图 6.4.24 展示了接收器 R×2 沿测线 1 记录的所有的叠加数据体。溢气口 3~7 位于 South Tower，与测线上其他的溢气口截然不同。这些渗透点的振幅更高，信号到达更早。这些都说明了在海床某深度下存在高阻物质。

接收器获得的数据是基于对源信号脉冲响应的褶积。一维反演能得到海底地层的电阻率。用 C. Scholl（多伦多大学，2007，未公开

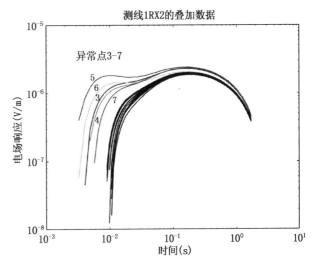

图 6.4.24　R×2 沿测线 1 接收到的叠加数据制成的双对数交会图（据 Katrin Schwalenberg 等，2010）

软件）提供的程序可计算视电阻率剖面和一维层状模型。将源函数、接收的叠加数据体和误差输入程序。程序还需要输入一个均匀介质或是水平层状半空间介质的初始模型，以及预先设定好水深和海水导电率。用 Marquardt 反演计算出视电阻率，然后运用 Occam 反演找到层状模型解。然而，反演并非唯一的过程，需要基于数据结果的吻合程度和合理性选择合适的模型。

6.4.6.2.2　CESM 探测结果

（1）测线 1。

图 6.4.25a 展示了沿测线 1 的视电阻率。两个接收器获得的 CSEM 数据体进行了分别反演（蓝线：R×1，红线：R×2），和联合反演（黑线）。图中，South Tower 天然气溢漏区的视电阻率特别高（达 10Ω·m 以上），剖面上其他区域的视电阻率都维持在 1.1~1.5 Ω·m 这样一个正常范围之内。当只用 R×1 获得的数据时，South Tower 出现的视电阻率异常要小很多，而只使用 R×2 的数据时，视电阻率剖面显示就和联合反演的结果比较接近。这说明，在 South Tower 下深部存在诸如天然气水合物之类的高电阻物质，且海床之下两个接收器的中心点对 R×2 采集的数据影响最大。

在 Takahe 溢漏区的周围，联合反演得到的视电阻率和 R×2 单独反演数据得到的视电

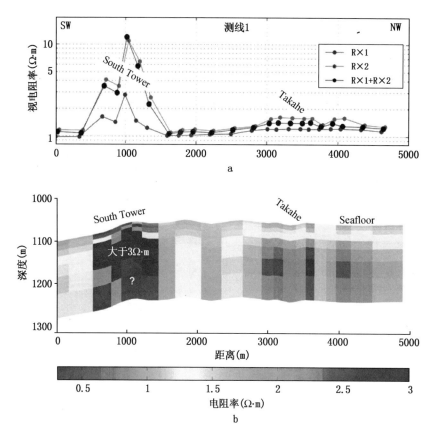

图 6.4.25　测线 1 视电阻率剖面（据 Katrin Schwalenberg 等，2010）

a—测线 1 得到的视电阻率，R×1（红线）和 R×2（蓝线）反别反演；

b—应用 Occam 反演得到的一维反演结果。参见书后彩页

阻率较测线的溢气口以外其他地方的要略微高一些。

利用一维层状模型的 R×1 和 R×2 联合反演可得到每个测量点的垂直构造。在图 6.4.17b 中，将单个模型拼接在一起进行二维显示，结果显示出在浅层接近海床处有一个高导层，是海底表层的高孔隙度沉积。在 South Tower 区海床以下 40 米到 80 米处有一个电阻率在 3Ω·m 以上的高阻异常厚层，它的局部电阻率超过 10Ω·m。在 Takahe 区深度 40m 以下电阻率也有略微的升高。这里的电阻异常区比较分散，不像 South Tower 区那么明显。然而，从海床渗漏的天然气与中间的高电阻层显然具有一定的相关性，而在该深度之下的高电阻层则要归因于天然气水合物层的存在。在 South Tower 区的高阻层之下出现了高导层，它的导电性与海水一个级别，甚至更强。目前，我们仍然不太确定什么导致了高导层的出现。可能的解释是：①模型的深部用数据无法解决，而反演算法可能导致不合理的高导层出现；②电阻是围绕油气溢出点呈三维分布的，而一维近似可能产生高导的假象；③最后一次数据的校正误差对模型深部比较敏感，导致了低电场出现，从而产生高导；④在水合物形成中的排盐过程可能导致了地层导电性明显上升。

（2）测线 1 的天然气水合物饱和度。

图 6.4.26 表示了通过视电阻率剖面获得的视孔隙度（黑线），由于工区没有岩心和测井数据，因此阿尔奇参数依经验值设为 $A=1$，$m=2$（公式 6.4.1）。不过，在 $m=2$ 的条件

下，溢漏区以外的溢气口得到视孔隙度大约是 50%，与沿测线的重力岩心获得的较浅沉积物的孔隙度一致（图 6.4.26）。在 North Tower 研究区，视孔隙度明显有所降低。Takahe 周围的孔隙度也稍低一些。用公式（6.4.2）计算了分散的天然气水合物饱和度，在再乘以背景孔隙度 50% 后，得到了总体积百分比（图 6.4.26 中的灰色线）。South Tower 以外的天然气水合物饱和度接近 0。在 South Tower，我们发现了非常可观的天然气水合物层，总的体积百分比大约在 13%～34%，厚度估计至少 50m。将胶结因子 m 下调成 1.8 或上调成 2.2，相应的，天然气水合物饱和度则会上升或下降 2%。估计 Takahe 水合物饱和度只比区域平均水平高 2%～3%。这并不排除 Takahe 之下有分散的天然气水合物或小气藏的存在。由于选用的 CSEM 阵列探测的深度范围的限制，测量的结果无法确定在大约海床下 600m 的 BSR 附近是否存在更多的天然气水合物。

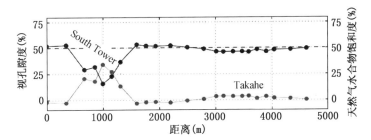

图 6.4.26　测线 1 所计算的视电阻率（黑色线）和天然气水合物
饱和度（灰色线）（据 Katrin Schwalenberg 等，2010）

（3）测线 2。

沿着 CSEM 测线 2 只有来自于第二接收器的（R×2）数据可用。图 6.4.27a 显示的视电阻率剖面呈现出了高值和两处 North Tower 和 South Tower 的气体溢漏区有关的异常。测线 2 的一维层状模型反演结果如图 6.4.17b 所示。可以注意到，图 6.4.25 和图 6.4.27 是用的不同的色标。在海底上部 80m 的地层中，除了测线的东南端，其余的电阻率都在 2.5 $\Omega \cdot m$ 以上。因此对该图的解释结果要谨慎，因为只有一个接收器，所以垂向分辨率比较低。特别是 80～100m 以下的电导区没有像测线 1 的结果那样得到了充分的认识。不过，一维层状模型的数据吻合度要好于图 6.4.27a 中视电阻率。研究认为沿测线 2 观测到的高电阻率说明了在海床下有大规模的天然气水合物成藏。在测线 1 与测线 2 的交会处，两条测线分别测得的视电阻率在数值上是一致的，这也支持了测线 2 的结果。

6.4.6.2.3　结果讨论

Opouawe 边岸得到的高电阻异常说明 North Tower 和 South Tower 海床下一定深度处有数量可观的天然气水合物聚集，Takahe 也有稍小规模的水合物。另外，游离的天然气也会造成电阻率高值，特别是在海底浅层天然气溢气口处。但游离气的规模不会很大，至少没有大到可以导致电阻率异常。游离气很可能被束缚在断层面上，或者裂缝和断裂里。常规条件下，假设甲烷会通过沉积层溶解处向上运移，在水合物稳定带（GHSZ）形成天然气水合物。沿着深断裂流体流相应的会很高，游离气可能通过各种路径向上运移到海床。

近海底或是海底表面上的厌氧环境下产生的碳酸盐岩也有很高的电阻性。声学地质调查数据和视像观测显示，在 Opouawe 边岸的气体渗漏区广泛分布着碳酸盐岩斑块。地震上，分别在 South Tower 和 Takahe 附近的两个气溢区海底以下 25m 和 10m 深处观测到强振幅

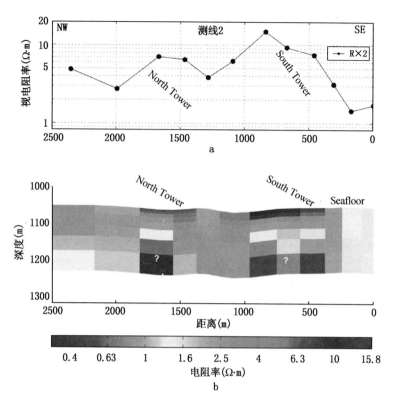

图 6.4.27　测线 2 的视电阻率（a）和一维模型拼接显示气渗区下浅层存在
大约 60m 厚的高阻层（b）（据 Katrin Schwalenberg 等，2010）

参见书后彩页

反射，讨论认为这些反射可能是由天然气水合物或碳酸盐岩壳引起的（Netzeband 等，2010）。然而目前仍没有进一步的证据表明气渗区下确实存在大量的碳酸盐岩。虽然存在厚碳酸盐岩壳，的确会对地层电阻率造成影响，但是不会是导致电阻高异常的全部原因。

相反的，天然气水合物则会大面积的形成和分布。很多海上钻探项目的井中都发现了厚层天然气水合物，如温哥华岛近岸的 Cascadia 陆缘和印度近岸。

在 Opouawe 边岸，CSEM 结果显示天然气水合物形成于气体渗漏区内的中等深度地层内。目前在溢漏区尚未显示有大量天然气水合物存在的迹象，至少在海底最上部的 100m 内没有。此处背景电阻率一般在 1.1～1.3Ω·m，可能含有少量分散的天然气水合物（小于 3%），而电阻率的相对大小可能是由于沉积物非均质性造成的。天然气水合物也可能存在于深部靠近 BSR 处，而仪器无法测得深部区域的数据。

对 South Tower 下的天然气水合物的体积进行估算，图 6.4.26 中给出的天然气水合物的饱和度是发射和接受偶极子之间、深度上大约到半收发距的三维区域的平均值。保守估计，假设每个异常区地下都有直径 100m，厚度 50m 的圆柱状天然气水合物层，利用天然气水合物的饱和度估算出 3-7 号溢漏区的天然气水合物体积，最后得到所有异常区的体积总和是 $4.46 \times 10^5 m^3$。设公式（6.4.4）中的胶结因子 $m = 1.8$，其结果是 $4.82 \times 10^5 m^3$，设 $m = 2.2$，结果是 $4.07 \times 10^5 m^3$；估算误差大约在 10% 左右。天然气水合物和游离气的比例是 1：182STP（标准温压条件下，比如 $P = 1bar$，$T = 25℃$，天然气水合物密度为 g/cm³，理想配比 $CH_4 \times 5.9H_2O$），相应的游离气体积是 $8.12 \times 10^7 m^3$。

(1) 地化分析。

用一根四米长的重力岩心提取器沿着 CSEM 测线采集岩心样品，做地化分析（Bialas 等，2007）。在过 South Tower 剖面的三段岩心（图 6.4.23 中的 GC40、GC41、GC42）数据表明，生物地球化学方面开始受有机物质降解作用，后来主要受控于甲烷厌氧氧化作用（AMO）（图 6.4.28）。这是典型的甲烷气侵作用的结果，来自于下部地层的甲烷消耗了孔隙水溶解的硫酸盐。从西南方观测气溢漏区，孔隙水的曲线图没有显现出明显的曲率，表明有大量的流体向上部流动，同时曲线的形态也显示了气泡引发的水洗现象。另外，下部甲烷气的大量充注导致气溢漏区硫酸盐的起始消耗深度变浅。因此，我们可以断定，甲烷气主要是以气泡的形式穿过沉积层并运送至海底表面。部分气泡会溶于孔隙水中，进而影响厌氧甲烷氧化作用的进行。于是，通过观察硫酸盐溶解的梯度变化，可判断出 GC41 和 GC42 气溢点附近的甲烷气有可能出现在沉积地层表面以下 10～15m 的范围内。

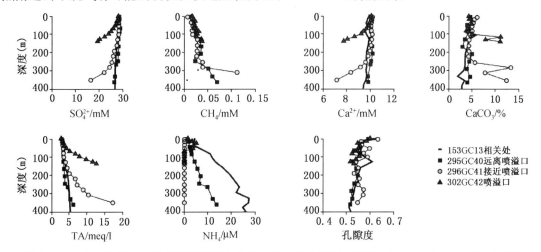

图 6.4.28   South Tower 沿 CSEM 剖面 1 的岩心地球化学数据（据 Katrin Schwalenberg 等，2010）
向着气渗区的方向，甲烷流量上升，说明 AMO 响应区和相关的钙质碳酸盐岩变浅了（见 SO_4^{2-}，TA，Ca^{2+}，$CaCO_3$ 正切面图）。在相同的方向上，NH_4^+ 浓度降低了，说明有机质降解度在下降

(2) 地热研究。

CSEM 测线 1 的地热数据由一个固定在重力取心器上有效长度为 2m 的 THP 温度传感器测得。在 Takahe，地热测量在气溢点（GC43）内进行，除此之外其他所有的地热数据都是在气体溢漏区之外采集。假设正常的热导率值介于 0.8～1.1W/（m·K）范围内且基底水流的温度差异的影响很小可以忽略不记，由此可估算出 BSR 区域热流值的范围在 35～45mW/m²；而在气溢区外，地热数据的分布范围是 24～49 mK/m，恰好位于估算的 BSR 区域热流值的范围内。在 Takahe 区内（GC43）最上部的 2.5m 地层中发现了天然气水合物和游离气填充在地层脉络内（图 6.4.29），同时在此处观测到了最大的地热梯度值——119mW/m（热流值在 95～130mW/m²）。这种热异常意味着热驱动的流体排放作用会阻碍天然气水合物的形成，这也能解释 Takahe 下水合物富集程度很低的现象。

图 6.4.30 给出的是基于上述提到的 CESM、地震、地化、地热等各种观测手段所得的 CSEM 测线 1 剖面的概念模型。CSEM 结果表明在近海底表面存在疏松的高孔隙度和高电导性的沉积层。流体和气体向上运移主要是沿着切穿 BSR 的断层进行的，而甲烷气有可能通过裂缝、浅层多孔隙沉积物等各种方式运移至海底。在 South Tower 下面，天然气水合物

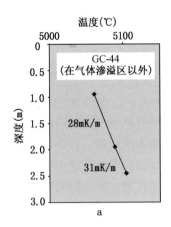
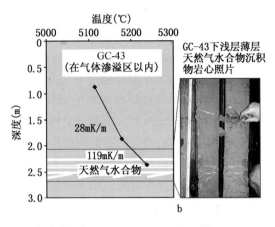

图 6.4.29 测线 1 上两个热流探测点的温度—深度变化（据 Katrin Schwalenberg 等，2010）

GC44（a）位于 Takahe 之外，呈现出的是常规近线性的热量梯度。GC43（b），显示的是非线性上升的趋势，说明气渗区内有较高的热流。GC43 是测线 1 上唯一的溢漏区，在其海床下大约 2.5m 处发现了薄层状天然气水合物

在地层中部聚集成藏。这个最好的天然气水合物藏也可能是浅层游离气的气源—天然气从 GHSZ 顶部的水合物中分离出来，运移至浅层。深层碳酸盐岩风化壳也可能是在溢漏活动之后形成的。天然气通过浅层的裂隙和断裂到达海底，并释放到海水中，在水合物回声探测图上呈火焰状。South tower 地区的地化曲线还表明，游离甲烷气以气泡的形式运移，且部分气泡溶解在孔隙水中。在 North tower 附近的地震剖面中观察到 BSR 之上的强振幅反射现象也说明了这一点。在图 6.4.30 中，我们在研究 North Tower 气溢点 D 中线形的画法和设计概论模型的特点时，均是假设 South Tower 有着相似的气体溢漏构造。Takahe 地区的气溢点在地震上以气窗的形式存在，BSR 下的天然气由此运移到海底。该区观测到的高的热流值也说明了，深部天然气水合物的稳定条件被打破了，水合物稳定存在主要限于浅部地层。浅部地层岩心中观测到的天然气水合物以及 CSEM 数据中间地层的略微升高的电阻率值可能是地层中饱含了天然气和天然气水合物的结果。

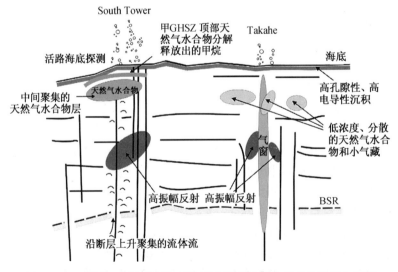

图 6.4.30 测线 1 剖面基于地球物理方法和地球化学的地质概念模型

（据 Katrin Schwalenberg 等，2010）

6.4.7 未来发展趋势

近 20 年多来 CSEM 技术发展得非常迅速，无论是在仪器、软件还是方法技术上都取得了很大的进步。目前，CSEM 技术工业应用上仍采用的是二维测线观测，近期，很多研究及应用针对这种二维观测系统进行了改进，采取了拓宽的发射信号频带，部署更多的接收装置以及连续的数据采集的新的数据观测系统。三维的模型和反演在学术研究上已经能够实现，而将 CSEM 技术在商业应用上推广到三维勘探，及用于储层监测的四维电磁时移勘探将是未来的发展趋势之一。另外，深化研究采集垂直电场数据，解决浅海勘探空气波干扰问题使 CSEM 更好的适用于浅海勘探，以及采集频率域有效的相位数据，获得稳定相位系统都是近年来研究的热点问题。

6.5　开采技术与工程工艺

6.5.1　天然气水合物的开采方式

由于天然气水合物的开发面临着经济和技术上的可行性问题，天然气水合物的开采技术尚处于实验阶段，唯一的工业开采的天然气水合物气田是位于极地永冻土带的俄罗斯 Messoyaha 天然气水合物气田，而海底天然气水合物的开发至今仍处于概念模式阶段。

水合物的形成和稳定存在需要一定的温度压力条件（温度 $0\sim10℃$，压力 10MPa 以上），人为地打破这种平衡，造成天然气水合物的分解，是目前开发天然气水合物中甲烷资源的主要方法。目前许多有关天然气水合分解的动力学问题尚不清楚，开采技术和工艺还只停留在理论和实验阶段。

目前研究的天然气水合物开采方法主要有：（1）降压法，在一定的温度条件下，通过降低压力，使水合物层的压力低于天然气水合物的相平衡压力。（2）加热法，在一定的压力条件下，通过加热使水合物层的温度高于天然气水合物分解的相平衡温度。（3）使用化学试剂（盐、甲醇等）改变水合物主、客分子间的温度和压力平衡条件（Makogon，1997）。长期的生产方案通常是这三种主要方法的组合（Moridis 和 Reagan，2007）。

6.5.1.1　加热法

加热法主要是将蒸汽、热水、热盐水或其他热流体从地面注入到天然气水合物储层，也可采用开采重油时使用的就地燃烧法或者电加热、电磁加热、微波加热法等。总之，只要能促使温度上升使得水合物分解的方法都可称为加热法。通过加热地层可以提高局部储集层的温度，破坏水合物的氢链，从而造成天然气水合物分解，进而开采天然气（如图 6.5.1 所示）。这种开采方式具有热量直接、作用效果迅速、水合物分解效果明显等优点；另外可以控制加热位置，使储层在技术所能达到的情况下就满足给热需求，而且具有环境影响小、适用于多种不同储藏特性等优点（Makogon，1997）。此开采方式可以用式：$Mg \cdot nH_2O \xrightarrow{Heat} M$ (g) $+ nH_2O$ 来表示天然气水合物分解形式。但该方法普遍存在热损失严重的问题，因此其热效率问题有待于进一步研究，而且水合物层的低渗透性也可能会使得热流体注入困难。

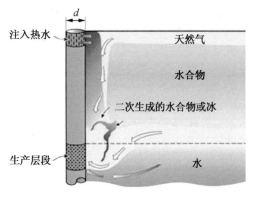

图 6.5.1　加热法开采天然气水合物示意图
（据 Moridis 等，2007）

6.5.1.1.1　加热法研究概况

近年来，随着对水合物开采研究的日益深入，在水合物热采研究方面取得了巨大的进展。Holder 第一次从热力学的角度论证了热力开采技术的可行性（Holder 等，1982）；McGuire 提出了两种不同热量输送控制方式的热采技术方法（前缘驱替模型（Frontal - sweep model）和裂缝流动模型（Fracture - flow model））。McGuire 模拟研究了向水合物层注入热水或蒸汽的开采方式，并分析了孔隙度、渗透率、储层厚度、注入温度以及裂缝尺寸的影响，研究结果表明：若水合物在较高的渗透率或储层下方存在一个可供热盐水注入的含水层时，热开采技术是最具吸引力的开采方法（McGuire，1982）；Selim 建立了在热力作用下的一维水合物分解模型，并在此基础上推导了解析解（Selim，1985），发现水合物的分解前缘的移动速度与时间 $t^{-1/2}$ 成正比，水合物的分解速度与孔隙介质的孔隙度有关，而与渗透率无关。然而，Selim 建立的该热开采模型只考虑了水合物区的传热规律，而没有考虑已分解区的传热问题。Kamath 通过实验结证明，循环注入热盐水的开采效果在第一类热激开采中更理想，能量效率也更高（Kamat，1998）；同时研究者们发现多井注入生产比单井生产有利。Morrids 发展了水合物藏三维通用模型，但是模型过于复杂，只能通过数值解法求得温度场的分布（Moridis，2004）。在水合物注热开采过程中，一个同时考虑分解区和水合物区的传热规律并推导解析解的数学方法对定量理解热力法开采水合物过程中的传热过程、热力开采热效率评价等有着重要的作用。Moridis 等在 2002 年对不含游离气的水合物藏中水合物的开发方式及敏感因素进行了评价，结果表明，注热温度、注热速度、渗透率、初始水合物饱和度及初始水合物藏的温度对水合物的产出有较大影响，而岩石和水合物的比热等对水合物产气量影响不大（Moridis 等，2002）。

6.5.1.1.2　加热法数值模型

大量的实验证明循环注入热水对水合物的开采更有效，针对循环注热的水合物开采方法 Basinev 等（2005）提出了一项热力学技术，研究影响加热法开采天然气水合物的因素。这种开采模型是通过在地下深处用热水加热下覆地层使天然气水合物分解。通过一个环形闭路形式的结构可使这一技术得以实现，整个系统需要天然气水合物地层与饱和有高温水下覆地层相联通。下覆地层的热水被注入到含水合物地层，这样，就形成了最合适水合物分解的 PVT 条件。在水合物分解出气和水后，一部分水又重新形成水合物，另一部分返回到下覆地层中。

（1）模型描述。

考虑在三维情况下，注入热水的同时进行降压，甲烷水合物在多孔介质中分解。在初始条件下，流体满足热动力和水动力平衡（甲烷、水和水合物），岩石和水合物不可压缩、稳定不变。假设水不可压缩，水相和气相满足达西定律，同时考虑毛管压力和重力。随着压力降低到平衡压力以下，甲烷水合物分解为水和甲烷气。

在该模型中，假设水合物的成分只有水和甲烷，分解后就会有一个甲烷气体分子和 5.75 个水分子。

①质量守恒方程。

对于水合物分解中的每一相在多孔介质中的物理描述都是基于质量守恒的，方程应用如下。

水质量守恒：

$$\frac{\partial}{\partial t}\left[m(1-s_h)s_w^*\rho_w\right] + \nabla \cdot \rho_w \overrightarrow{w_w} = q_w \tag{6.5.1}$$

气质量守恒：

$$\frac{\partial}{\partial t}\left[m(1-s_h)(1-s_w^*)\rho_g\right] + \nabla \cdot \rho_g \overrightarrow{w_g} = q_g \tag{6.5.2}$$

水合物的质量守恒：

$$\frac{\partial}{\partial t}\left[ms_h\rho_h\right] = -q_h \tag{6.5.3}$$

在这些平衡方程中又增加了饱和度的平衡：

$$s_h + (1 - s_h)(s_w^* + s_g^*) = 1 \tag{6.5.4}$$

式中：下标 g、h、w 分别表示气、水合物和水；m、ρ、s 代表孔隙度、密度和饱和度；s^* 为拟饱和度；t 表示时间；$\vec{w}$ 和 q 分别表示气相和液相的渗流速度和质量流量。对于水合物，q 表示所分解的质量。

为了转化为多孔介质中的原始含水、含气饱和度，拟饱和度应按以下方程进行转化，即

$$s_h = (1 - s_h)s_l^*$$
$$l = w, g \tag{6.5.5}$$

②运动方程。

用达西定律表示两相（气和水）渗流：

$$\vec{w}_w = -\frac{K k_{rw}}{u_w} \nabla(p_w - \rho_w g z) \tag{6.5.6}$$

$$\vec{w}_g = -\frac{K k_{rg}}{u_g} \nabla(p_g - \rho_g g z) \tag{6.5.7}$$

式中：u 和 k_r 表示每一相的黏度和相对渗透率，水和气的相对渗透率是由实验确定；K 和 p 分别表示绝对渗透率和压力；g 为重力加速度，z 为深度。绝对渗透率与水合物饱和度有关，部分孔隙体积被不可流动的水合物占据，多孔介质中水合物的分解使得流体渗透性增强。其中 K 可用如下关系式表示，即

$$K = K_0(1 - s_h)^N \tag{6.5.8}$$

其中：K_0 是水合物饱和度为 0 时（$s_h = 0$）的初始绝对渗透率；N 是取决于岩石孔隙结构的参数。

③水合物分解。

水合物分解动态模型 Kim-Bishnoi 被应用于研究中，每体积水合物分解所产生的天然气的量，取决于气—水—水合物平衡体系中气的逸度 f_{eq} 和游离气的在孔隙中的逸度 f_g。由于我们假设模型中只有甲烷，可以用压力代替逸度。

$$q_g = K_B M_g A_{HS} m s_h [p_{eq}(T) - p_g] \tag{6.5.9}$$

式中：M 是摩尔质量；A_{HS} 是水合物表面积；p_{eq} 是平衡压力；K_B 是运动速率常数。K_B 由下式确定，即

$$K_B = k_d^0 e^{-\frac{\Delta E}{RT}} \tag{6.5.10}$$

式中：k_d^0、ΔE、R、T 分别代表分解固有常数、活化能、气体常数和相应的温度。

$$T = \alpha_1 \ln p_{eq} + \alpha_2 \tag{6.5.11}$$

α_1 和 α_2 为实验系数，在该模拟中：$\alpha_1 = 10.0$，$\alpha_2 = 126.3$。

式（6.5.12）和式（6.5.13）表示了形成水与水合物分解的质量。

$$q_w = M_w n p_g / M_g \tag{6.5.12}$$

$$q_h = M_h p_g / M_g \tag{6.5.13}$$

④能量守恒。

假设流入多孔介质的水和气不足以影响加热变化，能量平衡方程为

$$(\rho C)_e \frac{\partial T}{\partial t} + Q_h + Q_{out} - \nabla \cdot [(\rho_w \vec{w}_w C_w + \rho_g \vec{w}_g C_g)T] = \nabla \cdot (\lambda_e \cdot \nabla T) \tag{6.5.14}$$

$$(\rho C)_e = (1 - m)\rho_s C_s + m s_h \rho_h C_h + m(1 - s_h)s_w^* \rho_w C_w + m(1 - s_h)(1 - s_w^*)\rho_g C_g \tag{6.5.15}$$

$$\lambda_e = (1-m)\lambda_s + ms_h\lambda_h + m(1-s_h)s_w^*\lambda_h + m(1-s_h)(1-s_w^*)\rho\lambda_g \qquad (6.5.16)$$

式中：e 和 s 分别表示有效值和固体（岩石）；C 和 λ 是热量和热传导率。Q_h 为单位体积水合物分解时的散热率；Q_{out} 为在水合物形成边界周围形成单位体积水合物的散热率。其中散热率从以下方程可以获得，即

$$Q_h = -q_h\frac{E_D}{M_h} \qquad (6.5.17)$$

式中：E_D 是每摩尔水合物分解所需能量。

（2）数值模拟及结果分析。

式（6.5.3）至式（6.5.5）和式（6.5.16）包含了多变量耦合的偏微分方程，可以采用不同的方法求解，独立的变量有压力、水饱和度、水合物饱和度，以及温度。

根据假设的含有天然气水合物的地层模型，对采收率进行了大量研究。图 6.5.2 显示了模型中的一段。它是一个平行六面体，被分为小块，其大小相应地在 x、y、z 方向上为 44m、40m、11m，基本小块大小为 4m×4m×1m，总共有 1210 块。我们假设孔隙介质各个方向上是均质的，且饱含水合物、水和甲烷，最开始就满足热动力和水动力平衡。表 6.5.1 提供了模型的参量和物性。

初始条件采用静水压力分布和统一的温度。地层底部水相的初始压力为 7.90MPa、初始温度 285K，原始含水、气、水合物饱和度分别为 0.4、0.2、0.4。水平井（分段 1）中注入热水的温度为 300K。流体是在恒压条件下生产的，水平井（分段 2）中压力梯度设定为 0.5MPa/m。模型的外边界没有流动，温度定为 285K。

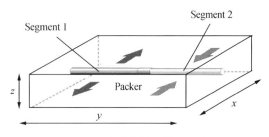

图 6.5.2　水合物储层模型示意图
（据 Basniev 等，2005）

在一开始注入热水，流体就通过水平井从地层中采出。8h 后，水合物分解，流动呈拟稳态特征。图 6.5.3 表示了地层中水合物分解产生的水和气被释放后，整个地层段的产水、产气变化趋势。

表 6.5.1　模型物性参数表

	岩石	水	天然气	水合物
m fraction	0.2	—	—	—
K（m^{-2}）	0.1×10^{-12}	—	—	—
ρ_{STD}（kg/m^3）	2000	1000	0.668	914
C［$kJ/(kg\cdot K)$］	0.920	4.200	2.093	2.700
λ［$W/(m\cdot K)$］	1.9	0.58	7.3×10^{-3}	2.0
A_{HS}（m^{-1}）	—	—	—	375
ΔE（J/mol）	—	—	—	8152
K_d^0（$mol/m^2\cdot Pa\cdot s$）	—	—	—	1.24×10^{-5}
E_D（J/mol）	—	—	—	54000

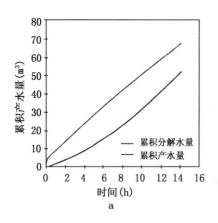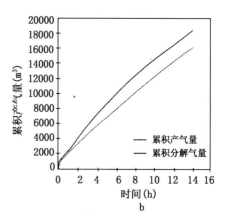

图 6.5.3　在标准条件下水合物分解累积产水量（a）和累积产气量（b）（据 Basniev 等，2005）

从上述实验可以看出循环加热是开采含水合物气田最有效的一种方法，这种方法就是通过向水合物气藏的下覆地层注入热量，从而达到水合物分解条件。通过对比累积分解水量与累积产水的关系图（图 6.5.3a），可以看出：累产水远远低于累积分解水，分解产生的水绝大部分被留在了地层里。

由于模型中没有游离气，所以生产井产出的气都是由水合物分解得来的。通过对比累积产气与累积分解气关系图（图 6.5.3b），可以发现初始阶段累积产气量约等于累积分解气量。这是由于初始阶段，只是生产井周围的水合物发生了分解，此时水合物分解得到的气离生产井近，并且由于近井区域水合物分解，使得地层的有效渗透率增大，气体的流动阻力小，因此，分解出来的气体基本可以完全产出。但是，一段时间之后，由于水合物分解的水大部分留在了地层中并占据了地层中的大部分孔隙空间，使得地层的有效渗透率降低，累积分解的气体量大于累积产气量。最终，仍有一部分分解气留在地层中没有被产出来。另外，气体的渗流能力是造成这一结果的另一原因，因为当气体的饱和度低于束缚气的饱和度时，气体是不会渗流的。

6.5.1.1.3　热开采效率分析

对天然气水合物储层加热开采来说，目前的主要问题是除了技术可行性外，还有就是经济可行性问题。这里从能量的角度进行分析，使用 Selim 等 1990 年给出的在注入蒸汽条件下的初始参数，即水合物地层初始温度为 275K，压力为 7.5MPa，维持注入处温度为 563.5K，对输入的热量进行分析。

（1）热效率分析。

输入水合物地层的热量，一部分用于水合物的分解、一部分用于加热水合物地层多孔介质以及分解出的水和气、另一部分通过移动边界传导到相邻未分解水合物地层。定义热效率（为用于水合物分解的热量与输入热量之比，即：

$$\eta = Q_H / (Q_H + Q_R + Q_{inH}) \tag{6.5.18}$$

式中：$Q_H = (\Delta H_{Diss} K S_H \rho_1 \sqrt{t}) / M$、$Q_R = \int_0^t (C_{Re} + C_{gw}) \, q_g \Delta T dt$、$Q_{inH} = \dfrac{2k_2 \, (T_H - T_p) \, e^{-K^2/4\alpha_2}}{\sqrt{\pi \alpha_2} \, \mathrm{erfc}\left(\dfrac{K}{2\sqrt{\alpha_2}}\right)} \sqrt{t}$

分别是用于水合物分解、用于加热岩石和传导进入水合物区的热量；ΔH_{Diss} 为水合物分解比焓；S_H 为水合物饱和度；ρ_1 为已分解的天然气水合物储层的密度；M 为水合物的分子量；

C_{gw} 为气水的有效比热；q_g 为水合物的分解速率；T_H 和 T_p 分别为水合物储层的初始温度和水合物在压力 P 下的平衡温度；α_2 为水合物储层的热扩散系数；t 为注入热量的时间；K 为一个取决于水合物储层热物理性质的常数。

图 6.5.4 绘出了热效率 η、用于加热水合物地层的热比率，以及通过移动边界传递给未分解水合物的热比率与 C_{Re} 的关系（水饱和度 $S_H = 0.3$）。从图中可以看出，水合物地层多孔介质有效比热直接影响到热力法开采水合物过程中热量的分配，并由此影响开采的热效率。随着 C_{Re} 从 50J/mol·K 增加到 1000J/mol·K，热效率从 63% 逐步减少到 50.4%，而用于加热水合物地层的热比率则从 13.1% 逐步增加到 30%。通过移动边界传递给未分解水合物区的热比率基本保持不变。在注入蒸汽初始条件下，该值大约为 20%。该值正比于未分解水合物区的热传导系数 k_2。k_2 越小，则该值越小。

图 6.5.5 给出了热效率 η 与水饱和度 S_H 的关系（$\rho_R C_R = 1000J/m^3·K$，ρ_R 和 C_R 分别为多孔介质密度和比热）。从图中可以看出，随着 S_H 的增加，热效率逐步增加。到一个临界值（大约 0.5）后，热效率反而减少了。这主要是由于随着 S_H 的增加，尽管多孔介质的有效比热逐步减少，但用于加热分解出的水所需的热量逐步增加，从而导致热效率反而减少。当然在实际地层中，岩石的孔隙度一般为 30% 左右，在这个范围内，随着 S_H 的增加，热效率将显著增加。

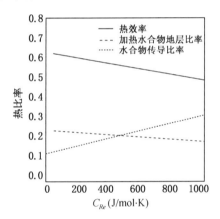

图 6.5.4　热比率与地层热物性参数的关系
（据唐良广等，2008）

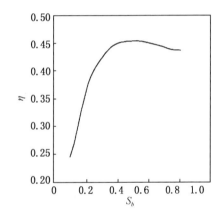

图 6.5.5　热效率与水饱和度关系
（据唐良广等，2008）

（2）能量效率分析。

能量效率 ξ，即开采出的天然气的热值与输入的能量之比，有助于对热力法开采水合物的经济性做一评估。假设天然气的开采效率为 α（该值随着地层压力的减小而显著增加），输入热量的有效利用率为 β（该参数主要考虑从地面注入热量时，在管道、井筒内的热损失，以及通过地层盖顶的散热等对效率的影响），天然气的热值为 M_{gas}。则定义能量效率为

$$\xi = \frac{Q_{gas} M_{gas} \alpha}{(Q_H + Q_R + Q_{mH})/\beta} \tag{6.5.19}$$

图 6.5.6 给出了能量效率与地层有效比热的关系（$S_H = 0.3$，$\alpha = 0.9$）。从图中可以看出：当 $C_{Re} = 50J/mole·K$ 时，在不考虑其他热损失的情况下，能量效率可以达到 7.0。在水合物饱和度 S_H 只有 0.3 的情况下，这个能量效率是比较可观的；当 $C_{Re} = 1000J/mol·K$，输入热量损失率为 50% 的情况下，其能量效率只有 1.7。在这种情况下，再考虑其他投资，

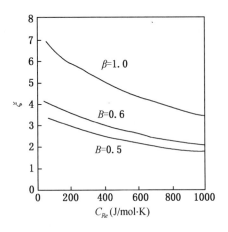

图 6.5.6　能量效率与地层热物性参数的关系
（据唐良广等，2008）

则使用加热法开采天然气水合物就基本不具备商业开采价值。

输入水合物地层的热量可以分为三部分，即用于水合物分解的热量、加热水合物地层多孔介质以及分解出的水和气的热量，以及通过移动边界传导的热量。通过模拟实验结果表明，水合物开采过程中的热效率主要取决于岩石地层的有效比热，水合物在地层中的饱和度、水合物地层的热传导系数。当注入热水后，水合物开始分解，此时气体的产生速率随时间增加而增加到最大值后，产气速率开始降低。但是产水速率在整个分解过程中近乎保持恒定。注入热水温度与速率以及水合物在沉积物中的饱和度都会影响热力法开采的能量效率。在实验环境下，高的水合物饱和度、低的注入热水温度与速率会得到较高的能量效率。

6.5.1.1.4　结论与建议

天然气水合物开采是一个系统工程，必须借助实验、数学模拟和现场测试相结合的方式进行综合、系统的研究。迄今为止，尽管全球已发现的天然气水合物产地已接近 120 处，但只有 20 余处采到实物样品，进行过试采研究的则更少。在开采研究实践方面，全世界已进行的 3 处天然气水合物试采研究都集中于陆上冻土区，包括前苏联西西伯利亚的麦索亚哈气田、美国阿拉斯加北部斜坡区及加拿大西北部 Mallik 三角洲地区。与海域环境相比，冻土区的天然气水合物赋存于较低的温压条件下，在开采工艺与作业施工方面都更适于开采研究。其中，加拿大、日本、美国等多国在 2002 年联合对 Mallik 地区 5L-38 井开展了小规模天然气水合物注热试采，对 907~920m 之间共 13m 厚的水合物层注入 80℃ 的热流体进行了 5d 多的加热法试生产，共生产出 468m³ 天然气（如图 6.5.7 所示）；并通过对注热试采时的压力、温度、水和气体流量等参数的测量，证实了通过热激发方法开采天然气水合物的可行性。但如何完善天然气水合物开采技术、减少开采成本，则需要通过实验室和数学模拟进行进一步的研究和优化。

热开采技术作为一种强化开采措施，可以弥补自然开采过程中地层能量不断衰减的缺点。国内外针对热开采技术已开展了很多相关的基础实验研究和数学分析及模拟研究，但是依然存在下列一些亟待解决的问题（宋永臣，2009）：

（1）注入热流体开采法可实现循环注热，且作用方式较快。同时，电磁加热等加热方式的不断改进，促进了热开采法的发展。但该方法至今尚未很好地解决热利用效率较低的问题，而且只能进行局部加热，因此有待进一步完善。

（2）天然气水合物热采条件下的热动力

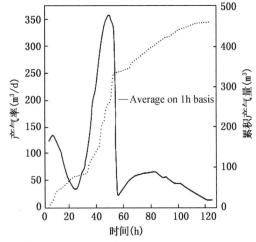

图 6.5.7　Mallik 5L-38 井天然气水合物加热试采结果（据 Dallimore S R，2005）

学研究已基本能满足对水合物热力分解理论的基本要求。沉积物或多孔介质中水合物的检测由于涉及的因素较多，目前只有有限的几种检测手段，难以满足深入研究的需求。

（3）热开采数学模型研究已从简单的能量平衡模型、一维单相解析模型发展到复杂的三维多相数值模型。目前单个模型或多个模型的综合分析能够初步估算实际水合物藏的开采。但很大一部分模型（见表 6.5.2）以单相流体流动（气体流动）为前提，忽略了水的流动等相关问题，认为在水合物储层中分解的水并不影响气体流动，然而，水的出现将会降低气体的相对渗透性和减少气体的产生。对于气体/液体等水合物分解产物在分解过程中的特性研究更少，但它们对注热开采的影响却较大，在数值模拟中必须考虑这些因素的影响。

表 6.5.2　水合物热力学模型比较（宋永臣，2009）

热开采模型	热传导		流体流动		动力学	解决方案
	传导	对流	气	水		
Holder 等	Y	—	Y	—	—	①
McGuire	Y	—	Y	Y	—	②
Jamaluddin 等	Y	—	Y	—	Y	①
Selim 等	Y	Y	Y	—	—	②
Durgust 等	Y	Y	Y	—	—	①
Swinkels	Y	Y	Y	Y	—	①
Moridis 等	Y	Y	Y	Y	Y	①

模型包含的趋势特征：①数值模型；②解析模型。

（4）水合物储层内天然气水合物的受热分解会引起沉积物的力学性质变化，这种变化又可能影响沉积物孔隙体积，进而影响渗透率等开采因数，如果处理不当就会发生大面积的天然气水合物层破坏，甚至将导致灾难性事件。虽然已经开展了这方面的研究工作，但对这些实际问题的研究却很有限，如何利用实验和数学模拟的方法进行验证，对今后的实际开采具有重要的意义。

（5）模型求解过程中采用的参数还不是十分准确，如在水合物存在的情况下，多孔介质中的渗透率、热传导系数等需要通过更准确的实验测量，同时在多孔介质中水合物的分解反应动力学理论需要进一步完善发展。

6.5.1.2　降压法

天然气水合物的降压法开采是通过降低压力而引起天然气水合物稳定的相平衡曲线的移动，从而达到促使天然气水合物分解的目的。其一般是通过钻井降低水合物层下覆游离气聚集层中天然气压力，与天然气接触的水合物变得不稳定并且分解为天然气和水。由于气体被抽取，上覆水合物稳定带压力降低并继续分解成游离气。这种方法最适合那些天然气分布广且上部有盖层的水合物储层（Max，1999）。

图 6.5.8 是 2008 年 Mallik 气田降压开测试采用的完井方式。在射孔上部位置安装了一台电潜泵（ESP），通过降低井中液面水平来降低地层压力。安装了防砂筛管以阻止砂从疏松地层流入井眼。水合物分解产生气体和水，气水分离后，气体排出到地面，产出水取样之后重新回注到单独的水处理井中。

6.5.1.2.1　甲烷水合物降压开采的机理

天然气水合物是在特定的温度和压力条件下形成的，从图 6.5.9 所示的相态变化示意图上可以看出，在某一临界温度 T_d 下，当压力将至该温度下的临界压力 P_d 时，水合物将发生分解。同样在一定的临界压力 P_d 下，温度提升至该压力下的临界温度 T_d 时，水合物将发生分解（据孙超，2007）。

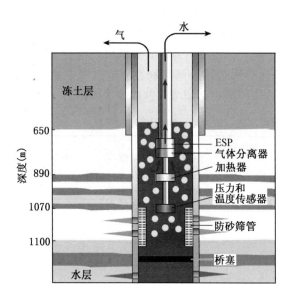

图 6.5.8　降压法开采天然气水合物示意图
（据 Yamamoto 和 Dallimore 的资料修改）

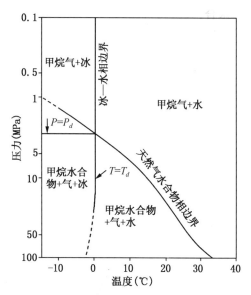

图 6.5.9　天然气水合物相态变化示意图
（据 collett 等，2000，修改）

　　开采天然气水合物中的天然气首先必须采取措施破坏天然气水合物相平衡条件，使水合物分解为水及天然气，然后才能采出。由于在永冻区地层随着深度增加，压力增加但温度也增加，当达到一定深度时，虽然压力增加但温度增加使得地层温度超过了该压力下水合物的临界温度。天然气与水不能形成水合物以游离流体状态存在，因而可以直接先抽取这部分流体，使水合物矿层加压，将天然气分解出来而被采出。

　　采用降压法开采，是从井的下部抽取岩层中的流体，当压力降至水合物矿层的温度的临界压力以下时，水合物即发生分解，其分解过程可以分为个步骤（据孙超，2007）：

　　(1) 水合物粒子表面的笼形格子结构的解构，这一过程可以由下面的化学反应来描述，即 $CH_4 + n(H_2O) \leftrightarrow CH_4 \cdot n(H_2O)$。

　　(2) 客体分子由表面的解吸过程。水合物分解发生在固体表面，而不是在固体内部；分解过程为吸热过程，并假定分解过程中固体粒子保持恒温。随着分解的进行，水合物粒子数减少，气体在固体表面产生，产生的气体进入主体气相。假定气体的物质的量随着气体水合物的分解而增加，气体由水合物释放的速率 v 可以用式（6.5.20）表示，即

$$v = \frac{dn_H}{dt} \tag{6.5.20}$$

式中：n_H 为水合物中气体的物质的量，单位为 mol；t 为水合物的分解时间，单位为 min。

　　从已形成天然气水合物地层中开采出天然气，实际上就是天然气水合物形成的逆反应，即水合物的分解过程。在地层中水合物分解和生成如图 6.5.10 表示。由水合物分解前缘将地层分成两个区域，在分解前缘下边靠近井筒区域为 1 区，此区域的压力低于水合物分解压力 P_d，水合物分解成天然气和水；在分解前缘上边区域为 2 区，此区域的压力高于 P_d，水

合物没有分解。水合物分解前缘边界是由地层压力 P 和温度 T 等于水合物的分解温度 T_d 和分解压力 P_d 时各点组成的曲面，即 $P = P_d$、$T = T_d$，由于不同的地层、不同的钻井方式导致 P、T 的分布形式不同，同样 T_d 和 P_d 也有所不同，因此水合物分解前缘边界曲面的确定对水合物的开采非常重要。水合物分解前缘边界曲面的确定实际上就是确定 T_d、P_d，常用的方法是利用 Marshall 等人实验测定的天然气压力—温度平衡相图（如图 6.5.11 所示）的回归公式确定，即

$$P_d = 0.0279T_d^2 - 14.903T_d + 1991.62 \tag{6.5.21}$$

式中：P_d 的单位是 MPa，T_d 的单位是 K。据此可以确定 T_d、P_d，进而确定水合物分解前缘边界曲面。

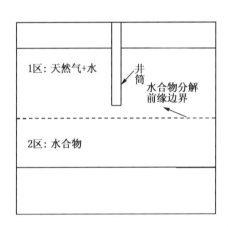

图 6.5.10　地层中天然气水合物生成、分解示意图

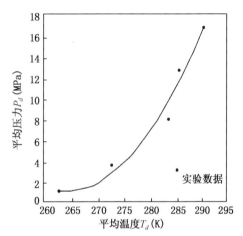

图 6.5.11　天然气水合物压力平衡相图
（据 Marshall 等，1964）

6.5.1.2.2　甲烷水合物降压开采模型

由于水合物储层都是在海底或永冻土等极地环境中，给天然气水合物的开采带来了极大的困难。而运用数值模拟方法来评价水合物的开采方式，可以作为对实验研究和实际水合物藏开采实验的指导和补充。因此，各国的学者针对水合物降压开采方法进行相关的研究，建立了水合物降压开采的实验和数值模型。Yousif（Yousif，1990）和 Sloan（Sloan，1991）等人用 Berea 固结岩心进行了 NGH 的合成及降压分解实验，用电阻率测量了水合物分解速率及分解前缘位置，另外还建立了一个 NGH 降压分解的解析模型，引入了 Kim - Bishnoi 的分解动力学模型，考虑了分解后生成的水的流动以及变渗透率的情况，但未考虑温度变化对于水合物分解的影响。Kono 等（Kono，2002）进行了沉积物中的天然气水合物的合成与降压分解实验，并计算了水合物分解的动力学参数。Wonmo 等人（Wonmo 等，2000；2003；2004）首先对 Berea 岩心的 NGH 相平衡条件进行了研究，随后又分别利用降压、注入甲醇和注热水的方法对多孔介质中的水合物进行分解，并对分解后的气体与水的流动特性进行了研究。Moridis 和 Kowalsky 等首先对第 2 类和第 3 类天然气水合物储层的开采进行了研究（Moridis 等，2004；Moridis 和 Kowalsky，2005）。随后 Moridis 等对第 1 类天然气水合物的开采方法进行研究（Moridis 等，2007）。Moridis 通过数值模拟，在考虑了水合物分解的热传导作用和动力学关系的基础上计算和评估了使用降压法开采第一类水合物储层的潜力，发现通过常规的技术进行降压开采就可以在第 1 类水合物储层中稳定快速的生产天然

气。同时还发现毛细管压力和渗透率是影响水合物降压开采的关键因素，但是目前对它们的了解仍然很有限（Moridis 等，2007）。

目前虽然对水合物藏开采提出了很多有价值的降压开采模型并进行了大量的模拟实验研究，但考虑结冰及冰融化的模型并不多见，且大部分计算未得到实验验证（白玉湖等，2009）。为此，白玉湖等人系统地考虑了气—水—水合物—冰相多相渗流过程、水合物分解动力学过程、水合物相变过程、冰—水相变过程、热传导、热对流过程、渗透率变化等对水合物分解以及产气和产水的影响，建立了降压法开采的数学模型。

在白玉湖等人提出的降压法开采水合物模型中，考虑了 3 种组分和 4 种相态。其中：3 种组分分别为：水合物、甲烷气和水；4 种相态分别为：气相、水相、水合物相、冰相。由于降压法开采天然气水合物藏的过程中涉及复杂的物理机制，因此从目前的研究进展出发，模型中引入了一些基本假设：（1）模型中只考虑甲烷气形成的 SI 型水合物，而不考虑盐的影响；（2）模型中冰的成分为纯水，气相中只含有甲烷气体；（3）认为水相和气相的渗流符合达西定律；（4）质量传输中，不考虑分子扩散及水动力学扩散。则有以下降压法开采天然气水合物藏的数学模型（白玉湖等，2009）：

（1）气相控制方程。

$$\frac{\partial(\phi \rho_g s_g)}{\partial t} = \nabla \cdot \left(\frac{\rho_g k_g}{\mu_g} \nabla p_g \right) + \overline{m}_g + q_g \tag{6.5.22}$$

（2）水相控制方程。

$$\frac{\partial[\phi(\rho_w s_w + \rho_I s_I)]}{\partial t} = \nabla \cdot \left(\frac{\rho_w k_w}{\mu_w} \nabla p_w \right) + \overline{m}_w + q_w \tag{6.5.23}$$

（3）水合物相控制方程。

$$\frac{\partial(\phi \rho_h s_h)}{\partial t} = -\overline{m}_h \tag{6.5.24}$$

（4）能量方程。

$$\frac{\partial(C_t T)}{\partial t} = \nabla \cdot \left(T C_W \frac{\rho_w k_w}{\mu_W} \nabla p_w \right) + \nabla \cdot \left(T C_{pg} \frac{\rho_g k_g}{\mu_g} \nabla p_g \right)$$
$$+ \nabla \cdot (K_t \nabla T) - \overline{m}_h \nabla H_h + \overline{m}_1 \nabla H_1 + q_e \tag{6.5.25}$$

式中：$C_t = \phi (\rho_w s_w C_W + \rho_g s_g C_{Vg} + \rho_h s_h C_h + \rho_I s_I C_I) + \rho_r C_r (1-\phi)$；

$C_t = \phi (s_W K_W + s_g K_g + s_h K_h + s_I K_I) + K_r (1-\phi)$；

$q_g = \dfrac{\pi \rho_g k k_{rg} (p_f - p_g)}{2 \mu_g \ln \dfrac{r_{ew}}{r_w}} \delta (x-x_0, y-y_0, z-z_0)$；

$q_w = \dfrac{\pi \rho_w k k_{rw} (p_f - p_w)}{2 \mu_w \ln \dfrac{r_{ew}}{r_w}} \delta (x-x_0, y-y_0, z-z_0)$。

（5）饱和度方程为。

$$s_w + s_g + s_h + s_I = 1 \tag{6.5.26}$$

（6）毛管力方程为。

$$p_c = p_w - p_g \tag{6.5.27}$$

（7）水相和岩石状态方程。

假设储层的岩石和流体是微可压缩的，则有

$$\rho_w = \rho_{w0}[1 - c_w(p_w - p_{w0})] \tag{6.5.28}$$

$$\phi = \phi_0 \left[1 + c_\phi \left(\frac{p_w - p_g}{2} - \frac{p_{w0} - p_{g0}}{2} \right) \right] \tag{6.5.29}$$

数值计算中的边界条件：$p(0, 0, 0, t) = p_{gp}$，$T(0, 0, 0, t) = T_{gp}$，$\rho_g v_{gn} = \dfrac{\rho_g k_g}{\mu_g}$

$\nabla p_g = 0$，$\rho_w v_{wn} = \dfrac{\rho_w k_w}{\mu_w} \Delta p_w = 0$；初始条件：$p_g \mid_{t=0} = p_i$，$s_h \mid_{t=0} = s_{hi}$，$s_{wi} \mid_{t=0} = s_{wi}$、

$T \mid_{t=0} = T_i$。其中：ρ_g、ρ_w、ρ_h、ρ_I、ρ_r 分别为气相、水相、水合物、冰相和岩石骨架的密度；ϕ 为孔隙度；s_g、s_w、s_h、s_I 分别为气相、水相、水合物和冰相的饱和度；p_w、p_g、p_f 分别为水相、气相及生产井底的压力；k_g、k_w 分别为气相、水相的渗透率；$\overline{m}_h$、$\overline{m}_g$ 和 $\overline{m}_w$ 分别为水合物分解速率、水合物分解的产气和产水速率；C_w、C_{Vg}、C_r、C_h、C_I 分别为水的比热、气体的等容比热、气体的等压比热、岩石骨架的比热、水合物以及冰的比热；K_w、K_g、K_r、K_h、K_I 分别为水、气、岩石骨架、水合物和冰的导热系数；c_w、c_φ 分别为水相、岩石孔隙的压缩系数；ρ_{w0} 和 ρ_{g0} 分别为水相和气相的参考压力；r_w 和 r_{ew} 分别为生产井的半径、供液半径；$\delta(x, y, z)$ 为 δ 函数；x_0、y_0、z_0 为生产井点的坐标；v_{gn} 和 v_{wn} 分别为气相和水相的渗流速度；ΔH_h 为水合物分解的相变潜热；q_e 为从储层的底层和盖层所传递的能量；ΔH_I 为水结冰时的相变潜热。

由于天然气水合物的特殊性，水合物的形成和分解除了涉及到热力学机制外，还有动力学等一系列复杂的物理过程。因此，补充下面的一些方程。

（1）水合物分解动力学模型。

在该降压开采模型中采用了 Kim - Bishnoi 模型描述水合物的合成和分解动力学过程，即

$$\overline{m}_g = k_d A_s (f_{eq} - f) \tag{6.5.30}$$

式中：A_s 为比面；k_d 为水合物的分解速率常数；f 为当地气体的逸度；f_{eq} 为水气平衡时的气体逸度。

（2）绝对渗透率模型。

渗透率是影响水合物降压开采的重要因素之一，随着水合物的分解，储层绝对渗透率会发生变化，采用幂率模型估计当地的绝对渗透率，即

$$\frac{k}{k_0} = \frac{\phi_e}{\phi_0} \left(\frac{\phi_e}{\phi_0} \cdot \frac{1 - \phi_0}{1 - \phi_e} \right)^{2\beta} \tag{6.5.31}$$

式中：k 为当地的绝对渗透率；ϕ_0 为整体孔隙度；k_0 为水合物完全分解后的绝对渗透率，是与孔隙度 ϕ_0 相对应的渗透率，即最大渗透率；ϕ_0 为有效孔隙度，$\phi_e = \varphi_0 (1 - s_h - s_I)$，该变量把水合物和冰的饱和度考虑在内；$\beta$ 为确定绝对渗透率随孔隙度变化而变化的指数。

对于相对渗透率模型和毛管力模型，则通常采用修改的 Brooks - Corey 模型来描述：

$$k_{rg} = k_{rg}^0 (s_g^{e^*})^{n_G}, k_{rw} = k_{rw}^0 (s_w^{e^*})^{n_W}, p_c = p_{ce}^0 (s_w^{e^*})^{n_C} \tag{6.5.32}$$

其中：k_{rg}^0、k_{rw}^0 为相对渗透率曲线的末端值；n_G、n_W 分别为与气相、水相对应的指数；p_{ce} 为进口的毛管压力；n_C 表示与孔隙结构相关的指数。

由于水合物的特殊性，对饱和度作了修正，采用有效流动空间上的有效饱和度的定义方法，则各个相态的饱和度修正为：$s_g^{e^*} = \dfrac{s_g^e - s_{gr}^e}{1 - s_{Wr}^e - s_{gr}^e}$、$s_w^{e^*} = \dfrac{s_w^e - s_{wr}^e}{1 - s_{wr}^e - s_{gr}^e}$、$s_g^e = \dfrac{s_g}{s_g + s_w}$、$s_w^e = $

$\dfrac{s_w}{s_g + s_w}$、$s_{gr}^e = \dfrac{s_{gr}}{s_g + s_w}$ 和 $s_{wr}^e = \dfrac{s_{wr}}{s_g + s_w}$。

（3）水合物及水的相平衡模型。

水合物相平衡曲线的数学表达式如下所示：

$$
\begin{cases}
\begin{aligned}
&\exp(-43.8921173434628 + 0.776302133739303T \\
&\quad -7.27291427030502 \times 10^{-3}T^2 + 3.85413985900724 \times 10^{-5}T^3 \\
&\quad -1.03669656828834 \times 10^{-7}T^4 \\
&\quad +1.09882180475307 \times 10^{-10}T^5),\ T<273.2\mathrm{K}, \\
&\exp(-1.9413850446456 \times 10^5 + 3.31018213397926 \times 10^3 T \\
&\quad -22.5540264493806T^2 + 0.076755911778705973 \\
&\quad -1.30465829788791 \times 10^{-4}T^4 \\
&\quad +8.8606531668757 \times 10^{-8}T^5),\ T \geqslant 273.2\mathrm{K}
\end{aligned}
\end{cases}
\tag{6.5.33}
$$

在实际水合物存在的压力范围内（几兆帕到几十兆帕之间），压力对水冰点的影响非常微弱，因此，水—冰的相平衡曲线可以采用一条直线的形式表示，即：$T = T_{qb}$。

因此，在考虑冰水相变存在时，水合物藏中可能存在相态组合系统包括：冰—水合物（I+H），气—冰（G+I），气—冰—水合物（G+I+H），水—水合物（W+H），水—气（W+G），水—气—水合物（W+G+H），水—冰—水合物（W+I+H），水—冰—气（W+I+G）、水—气—水合物—冰（W+G+H+I）多种相态系统组合，可见，水合物藏开采过程中相态系统变化非常复杂。

（4）水合物相变吸热模型。

水合物分解是一个吸热过程，每千克水合物分解需要吸收的热量为

$$\Delta H = AT + B \tag{6.5.34}$$

式中：A、B 为常数，$A = -1050\mathrm{J/(kg\ (K))}$，$B = 3527000\mathrm{J/kg}$。

6.5.1.2.3 数值模型求解方法

当考虑冰的存在对水合物分解的影响时，水合物藏中存在众多的相态组合系统。如果仍然采用传统方法对系统进行求解就会导致很大的计算量。而基本变量转换方法却可以很好地处理此类问题。所谓的基本变量就是从离散的控制方程中直接求解出的基本未知量，对每一个网格而言，基本变量的选择都是从系统所涉及的变量中选取，如压力、各相饱和度、温度等。在降压法开采水合物藏的系统中，压力总被当作基本变量，饱和度（水、气、水合物、冰）基本变量则是根据各相所处的相态来确定。其中基本变量的选取是依据系统内水相和冰相转换而确定的，表6.5.3中列出了含水相系统的三种相态变化情况（据白玉湖等，2009）。

表6.5.3 相态及与之对应的基本变量（据白玉湖等，2009）

状 况	相态（富含水相）	基 本 变 量
Pha1	水（W）	P_g，S_w，S_h，T
Pha2	水—冰（W+I）	P_g，S_w，S_h，S_I
Pha3	冰（I）	P_g，S_h，S_I，T

在每一个时间步内，首先确定每一个网格所处的相态组合情况，然后确定所要求解的基本变量，从而可确定所要求解的控制方程。当网格处于Pha1时，需要求解方程（6.5.22）至方程（6.5.25），方程（6.5.23）中不用考虑冰影响；当网格处于Pha2时，不用求解方程（6.5.25）；当网格处于Pha3时，需要求解方程（6.5.22）至方程（6.5.25），其中方程

（6.5.23）中不考虑水影响。采用有限差分方法对控制方程进行离散，对流项采用迎风格式，扩散项采用二阶中心差分格。先显式求解水合物的饱和度，然后隐式求解气相压力，再求解相关相饱和度，最后采用隐式方法求解能量方程得到温度的分布（Bai, 2007）。经过大量的试算发现，在一维系统（模型长度为 100m）中，空间步长为 2m，时间步长为 5s，在三维系统（长宽分别为 140m，厚度为 60m）中，网格尺寸 14m×14m×15m，时间步长 1000s，即可达到所需要的精度。

假设模拟水深为 400m，水合物层位于海床下 200m 深。以表 6.5.4 中的参数为例，计算了一维和三维水合物藏降压法开采过程中各物理参数的变化规律，如水、冰、气及水合物饱和度，各相压力，温度，产气、产水速度，累积产气、产水量等。图 6.5.12 给出了一维水合物层中温度的时空变化规律。可以看出，水合物分解吸热导致了水合物层中有冰的形成。在降压初期，由于水合物的快速分解而吸收大量的能量，但周围环境的能量又不能及时地传递过来补充能量的损失，因而，降压初期层中温度迅速降低，本算例中温度降至 −6℃ 左右。随着开采的不断进行，热量通过热传导和对流不断地向近井区域流动，在后续的时刻，地层的温度略有回升。此外，由于水形成冰的过程也会有一定的能量释放出来，这会在一定程度上阻止了地层温度的下降。在水合物分解过程中涉及的传热过程包括：热量在温度梯度的驱动下，以热传导方式流向低温区域，热量以对流方式随流体流向或者离开低温区域，水合物分解的吸热，水形成冰的放热过程等。

表 6.5.4 模型中的参数表（据白玉湖等，2009）

参　　数	取　值	参　数	取　值
c_W （Pa^{-1}）	5.0×10^{-10}	n_G	1.5
c_ϕ （Pa^{-1}）	8.0×10^{-10}	n_W	5.0
K_W （$W \cdot K^{-1} \cdot m^{-1}$）	0.56	β	3.0
K_g	0.07	ϕ_0	0.3
K_r	3	k_0 （m^2）	3.97×10^{-13}
K_h	0.49	s_{wi}	0.2
K_I	3.4	s_{hi}	0.62
C_W （$J \cdot kg^{-1} \cdot K^{-1}$）	4211	p_i （Pa）	6.0×10^6
C_r （$J \cdot kg^{-1} \cdot K^{-1}$）	840	p_{gp} （Pa）	1.0×10^6
C_h （$J \cdot kg^{-1} \cdot K^{-1}$）	1800	ρ_I （$kg \cdot m^{-3}$）	900
C_{vg} （$J \cdot kg^{-1} \cdot K^{-1}$）	2206	ρ_r （$kg \cdot m^{-3}$）	2.5×10^3
C_I （$J \cdot kg^{-1} \cdot K^{-1}$）	2100	μ_g （$Pa \cdot s$）	1.0×10^{-5}
T_i （K）	280.0	r_g m	0.1
k_{0i} （$mol \cdot m^{-2} \cdot Pa^{-1} \cdot s^{-1}$）	3.6×10^4	ρ_h （$kg \cdot m^{-3}$）	910
ρ_w （$k \cdot gm^{-3}$）	1000	μ_w （$Pa \cdot s$）	1.0×10^{-3}

图 6.5.13 给出了一维水合物层中的水相饱和度的时空变化规律。图 6.5.13 中的几个时间步都具有相似的曲线形状，由于计算中给定的井底温度高于冰点，所以井底水的饱和度维持在较高的水平，而曲线中间阶段水饱和度为零，这说明水合物层中的温度低于水的冰点，水以固态冰的形是存在。在水合物分解的前沿位置，水的饱和度明显高于层中初始的饱和

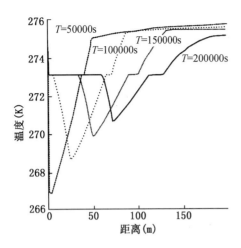

图 6.5.12　一维开采过程中温度随时间和
空间变化规律（据白玉湖等，2009）

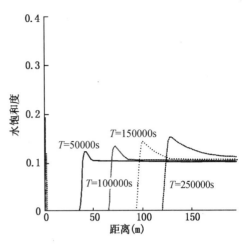

图 6.5.13　一维开采过程中水相饱和度随时间和
空间的变化规律（据白玉湖等，2009）

度，说明水合物分解产生了水，这些水向井底流动的过程中，在温度低于冰点时，会有一部分结成冰，形成冰水混合物，若温度进一步降低，则可能全部的水都形成冰，此时层中只有气体在流动。

图 6.5.14 给出了三维水合物藏产气速度随时间的变化规律。总体来看，产气速度可分为 3 个阶段，第一个阶段是产气速度快速增长的阶段（本算例从第 1 天到第 10 天）；第二个阶段为产气速度缓慢下降阶段（从第 10 天到第 80 天左右），该阶段持续的时间比较长；第三个阶段为产气速度快速下降阶段（第 80 天以后）。生产初始阶段，降压使得在井底附近产生很大的压力梯度，气体迅速流进井筒；另一方面，开始阶段水合物的快速分解也在短时间内产生大量的气体，这两方面原因造成了产气速度快速增加并在较短的时间内达到了最大值。在第二个阶段，由于初期水合物的快速分解，消耗了地层中的压力和能量，水合物层的温度降低，从而导致了水合物的分解速度变慢；另一方面，近井区游离气体在初始阶段已快速流出，而远井区的游离气体由于地层压力梯度的变缓不能快速地流向井底，从而产气速度有所下降。在第三个阶段，由于大量的水合物已经分解完毕，水合物藏中的能量消耗殆尽，温度降低，压力也降低，此时井底的产气速度迅速下降，最后水合物分解完毕后，层中的压力平稳，压力梯度很小，气体在很小压力梯度下缓慢地流动，产气速度很低。可见，在实际开采时，仅仅依靠降压开采可能导致水合物藏内结冰严重，开采能量供给不足。因此，可以先采用成本很低的降压法，等到产气的速度下降时，再转换开采方法，如采用注入化学试剂法或加热法等。

图 6.5.15 给出了三维水合物藏中产水速度随时间的变化规律。可见产水速度可分为 3 个阶段，第一个阶段为产水速度上升阶段（本算例从开始产水到第 50 天），第二阶段为产水速度缓慢下降阶段（第 50 天到第 80 天），第三个阶段为产水速度快速下降阶段（第 80 天到第 100 天）。在第一个阶段，虽然水合物分解产生了大量的水，但由于水的流度要低于气相的流度，因而气体先于水流进井筒，形成了优势的连续流动通道，水则有一小部分在慢慢地流向井筒。当气体流动的优势逐渐减弱，而水则逐渐地取代气体占据了流动空间，参与流动的水相越来越多，产水速度越来越大，最后达到了最大值。而后进入第二阶段，随水合物的分解产水量逐渐减少，产水速度开始缓慢下降。造成产水速度下降的另一个原因是地层中的水

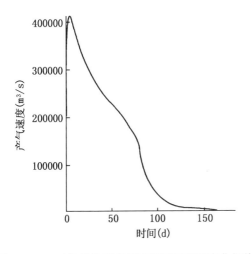

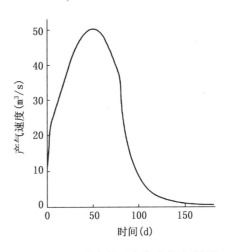

图 6.5.14　三维条件下产气速度随时间的变化规律
（据白玉湖等，2009）

图 6.5.15　三维条件下产水速度随时间的
变化规律（据白玉湖等，2009）

逐渐形成冰，在计算中发现，在第 46 天时层中形成了冰，冰的形成消耗了一部分水。第三阶段为产水速度快速下降阶段，在该阶段一方面水合物分解产生的水也有限，另外，层中的压力衰减也很严重，水渗流的压力梯度也变小，再加上冰的大量形成，导致了产水速度的迅速降低。从图中可看出本算例最大的产水速度达到了每天 $50m^3$，因此在降压法开采水合物时，应考虑一定的水处理设备。应该指出的是，本文的工作是建立在储层岩石是微可压缩的基础上，只考虑了岩石孔隙度随压力的变化，不涉及到水合物分解之后岩石骨架的变形破坏。实际上，若水合物层的胶结程度不好或者水合物作为岩石的胶结物质，水合物分解之后，确会引起岩石骨架的变形、破坏，甚至引起海底的沉降（据白玉湖等，2009）。

6.5.1.2.4　结论与建议

降压开采水合物无热量消耗和损失，可行性较高。其特点是经济、简便易行、无需增加设备，是所有开采方法中的首选有效的方法，有良好的应用前景。但是单一使用减压法开采天然气水合物的速度很慢且由于实际天然气水合物藏中水合物分解将导致其周围砂岩温度大幅降低，如果上下盖层向储集层的热流量无法及时补充储集层的热损失，即会出现分解出的水结冰堵塞气层，降压开采也会中断。因此，降压法和加热法的组合会更有利于水合物的开采。

借助实验、数学模拟和现场测试相结合的方式进行综合、系统的研究发现，水合物饱和度分布、储层水溶液的盐浓度等因素对水合物降压开发动态具有明显的影响。水合物饱和度分布的不均一性使瞬时产气量有较大的波动，也直接影响到压力场和温度场的分布；降压幅度主要影响最终产出气体的总量；在不考虑地层结冰的情况下，降压幅度越大，累积产气量百分比越大。降压速度对产气速率影响较大，在不考虑结冰的情况下，降压速度越快，产气速率越高。但当最终压力相同时，降压速度只影响开采过程的持续时间，最终累积产气量百分比基本一致。降压速度越慢，当压力降到相同水平时累积产气量百分比越大，特别在降压初期这一现象更明显。因此，对实际水合物藏的开采，在一定的降压幅度下，可适当降低降压速度，这样虽然延长了开采时间，但可得到较高的最终气体采收率。

另外，在加拿大西北地区的 Mallik 天然气水合物气田和阿拉斯加的 Mount Elbert 远景区试采实验结果显示，永冻土地区只要通过适合极地条件的常规油气田技术降压，即可实现从水合物中开采天然气。而随着水合物的分解，可供流体流动的孔隙空间也会随之发生变化，当井中压力降到水合物稳定压力以下，就会导致孔隙空间中的水合物发生分解，有效生产率增加（Richard 等，2010）。但是，短期的生产测试并不一定能显示出天然气水合物储层在完全开发条件下的生产动态（据 Yamamoto 等，2010），还应继续加强对水合物形成和分解机理的研究，进一步完善开采理论和提高开采技术，开发更加经济有效的水合物开采模型，为实现水合物商业开采提供保障和依据。

6.5.1.3　注入抑制剂法

注入抑制剂开采是通过注入化学抑制剂如盐水、甲醇、乙醇、乙二醇、丙三醇等（Kvenvolden，1998；Sung 等，2002），以改变水合物形成的相平衡条件，改变天然气水合物稳定层的温压条件，使水合物不在稳定，促使部分天然气水合物分解（如图 6.5.16 所示）。

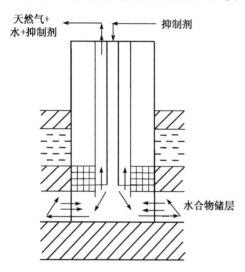

图 6.5.16　注化学剂法开采天然气水合物示意图

注入抑制剂法生产天然气水合物类似于热刺激作用，不同的是一个靠化学方法分解水合物，而另一个是通过加热融化。值得注意的是，虽然化学试剂法不需要注入热量，但是水合物分解时要从周围环境中吸取热量，这种状况类似于在冰里加盐使冰分解。如果盐是加到冰水混合物中，则冰要从水中吸热才能融化。当水的温度降低到一定程度后，冰将不会再继续融化。同样当抑制剂持续注入水合物层，水合物层的温度也将持续降低，直到水合物重新达到稳定状态。从这方面来看，化学试剂法与加热法相比并没有什么优势。但是，若将化学试剂法与加热法配合使用，仍有很大的潜力（Ogasawara 等，2005）。注化学剂的法的缺点是对环境存在潜在的污染风险。

实验室研究表明，天然气水合物的溶解速率与抑制剂浓度、注入速度、压力、抑制剂液的温度及水合物和抑制剂的接触面积有关。麦索亚哈气田水合物开采初期，有两口井在其底部层段注入甲醇后其产量增加了 6 倍；在美国阿拉斯加的永冻土层水合物中做过实验，在成功地移动相边界方面比较有效，获得明显的气体回收。

由于化学试剂的最大缺陷是费用昂贵，因此开发经济而又有效的化学试剂是关键，而且化学试剂法也是当前管道中水合物防治的常用技术。化学试剂的性质应满足下列要求：

（1）能有效地降低水合物生成的温度；

（2）与气液组分不发生反应；

（3）不增加气体和燃烧产物的毒性；

（4）不腐蚀设备和管道，完全溶于水，可再生；

（5）低黏度和低蒸汽压，低凝固点，价格低廉。

化学抑制剂可以分为三类：热力学抑制剂、动力学抑制剂和防聚剂。传统的以热力学为基础的水合物抑制剂都具有耗量大、成本高、毒性强等缺点，已经不能满足目前的需求。近年来人们又发现了另外两种新型的抑制技术，即以表面活性剂为基础的防聚技术和阻止晶核成长的动力学技术。正在开发的新型水合物抑制剂为动力学抑制剂和防聚剂，它们抑制水合物生成的机理与传统的热力学抑制剂不同，加入量少，一般浓度低于1％，成本较低，经济可行。

6.5.1.3.1　热力学抑制剂

热力学抑制剂指醇类及无机盐制剂，包括甲醇、乙二醇、异丙醇、氨和氯化钙等，其作用机理是通过抑制剂分子与水合物分子的竞争力，可以改变水溶液或水合物相的化学势，改变水和气体分子之间的热力学平衡条件，使得水合物分解曲线移向较低温度或较高压力，从而达到促使水合物分解的目的。

应用最广泛的热力学抑制剂有醇类（甲醇）、乙二醇和离子盐。醇类添加会影响天然气水合物晶体的形态及凝聚特征，分解效果取决于醇类的注入速率、注入时间、注入量等参数。研究表明，热力学抑制剂必须应用在高浓度下，在水溶液中浓度一般为10％～60％（重量百分比），低浓度（1％～5％）的热力学抑制剂非但不能起到抑制效果，而且实际甚至可以促使水合物的形成和生长。

常用的盐类抑制剂通常都是电解质，即他们的水溶液含的不是单分子，而是离子，而且他们的电离度很高（约为100％），具有很高的介电常数的水是最强的电离溶液。当固体盐溶于水中时会离解，这时在溶液中同时出现带不同电荷离子，这些离子的出现会引起水的结晶构成破坏和分子键能的变化，实验也表明水的结构状态对水合物生成过程具有影响。根据盐在水中的溶解质、稳定性、成本和抑制能力等方面考虑，最适合的电解质有下列盐类：$LiCl$、$Mg(NO_3)_2$、$Al_2(NO_3)_3$、$MgCl_2$、$NaCl$ 等。$NaCl$ 是较好的热力学抑制剂，虽然 Na_2CO_3 的溶解性要比 $NaCl$ 好，但是 $NaCl$ 的抑制效果要更好。

醇类抑制水合物的实质与电解质是一样的，不同的是醇类在不同的压力和低浓度下不但不会降低，反而会增加水合物生成的温度，只有在高浓度下才会降低水合物的生成温度。根据醇类抑制效果依次为：甲醇、乙醇、异丙醇等，目前工业生产中热力学抑制剂使用最多的是乙二醇。

大量的实验证明盐类抑制剂的最大问题是有一定的腐蚀性，而且在低蒸汽压力下不蒸发。而使用乙二醇做抑制剂相对要比甲醇的成本低，而且安全性高以及对环境的影响小。因此，乙二醇是热力学抑制剂的最佳选择。虽然这只是一个简单的考虑，但是大量的注入抑制剂法实验证实了这一判段。

除了上述的醇类和盐类抑制剂外，还有很多高效复合抑制剂在近几年不断问世。这些抑制剂除了可以降低水合物形成的温度外，还可以克服像盐类抑制剂的腐蚀性问题。曾经有报道过一种有50％的丙醇、20％～28％的氯化铝和1％～5％的kalapin（Ⅱ），其余为水的复合型抑制剂。这种抑制剂的用量一般为 $0.002.8kg/m^3$ 天然气。通过实验证明这种抑制剂可以使水合物的温度降低35°左右，仿佛效果也可以高达90％以上，防止盐类沉积的效率为25％～93.3％。

传统的热力学抑制剂由于其本身用量多、成本高，而且相应的运输、储存、泵送及注入成本也相应地较高，而且污染环境，使用起来既不方便也不经济，通常在生产下游回收，并进行循环使用。同时使用热力学化学试剂涉及环境保护问题，对造成的污水进行处理，又增加了额外费用。

6.5.1.3.2 动力学抑制剂

水合物动力学抑制剂（KI）是相对于传统的热力学抑制剂而言的，是根据其对水合物成核、生长及化学作用而言的，是指一些水溶性和水分散性的聚合物。通过显著降低水合物成核速率、延缓或阻止临界晶核的生成、干扰水合物晶体的优先生长方向及影响水合物晶体定向稳定性等方式抑制水合物的生成或促使水合物分解。在水合物成核和生长初期，动态抑制剂吸附于水合物颗粒的表面，活性剂环状结构通过氢键与水合物晶体结合，从而防止或延缓水合物的进一步生长。研究发现，少量动态抑制剂的添加将改变结构Ⅱ型水合物生长习性，在结构Ⅰ中添加抑制剂则会引起晶体的迅速分支。抑制剂浓度较高时（约为 0.1%），对于结构Ⅰ和Ⅱ都停止生长。

在常见的动力学抑制剂中，性能较好的有：

（1）聚 N-乙烯基吡咯烷酮（PVP）。PVP 被认为是第一代动力学抑制剂，此类抑制剂的结构特征是聚乙烯链上具有一个五元内酰胺环，它的相对分子质量为 10000～350000。特别要注意的是，Long 等（1994）的研究结果表明，PVP 在 285K 时具有较好的抑制性能，当温度降低到 277K 时，反而会促进水合物的生成。

（2）聚 N-乙烯基己内酰胺（PVCap）。

（3）N-乙烯基吡咯烷酮、N-乙烯基内酰胺。

（4）由 N-乙烯基吡咯烷酮和 N-乙烯基内酰胺按 1:1 形成的共聚物（VP/VC）。值得注意的是，乙二醇醚类试剂在低浓度下并不能抑制水合物的生成，但却能作为增强剂提高 VC—713、PVCap 或 VC/VP 的抑制性能，其中官能团中含有 3 个或 4 个碳原子的乙二醇醚类试剂（如乙二醇丁醚）的协同增效作用最强。

目前，文献中报道的动力学抑制剂主要有表面活性剂类和聚合物类抑制剂。从应用现状来看，聚合物类抑制剂性能最好，应用更广泛。科罗拉多矿院（CSM）以及一些石油公司（如 EXXON）等开发出较为成熟的产品。

6.5.1.3.3 防聚剂

防聚剂（AA）多为聚合物和表面活性剂。防聚剂并不依赖热力学条件发生功效，因此防聚剂的应用的压力和温度范围较广，但是其作用效率受到盐、聚合物和水等组分的影响。可作为防聚剂的表面活性剂包括及芳香族磺硫盐及烷基聚苷，Uradahr 等提出了采用烷基己氧苯基化合物等表面活性剂作为防聚剂。防聚剂大致有：烷基芳基磺硫盐、烷基配醣烷基苯基羟乙基盐、四乙氯基盐、胆汁酸类，改性的糖类同时具有 AA 和 KI 的功效，聚丙烯酰胺的效果最差。

防聚剂的加入导致水合物形成变形的晶格，这些晶格虽能促进水合物的生成，但由于晶体缺陷也限制了晶粒的尺寸。同时由于防聚剂的烃基在水合物晶体表面形成了亲油壁垒，阻止了水扩散到晶体表面，从而达到了抑制的作用。

防聚剂主要是一些表面活性剂和低分子聚合物，它并不能抑制水合物晶体的形成，而是通过分散作用防止水合物晶体的聚集。使水合物呈微小颗粒悬浮于烃（油）相流体中，随生产流体一起浆状输送，而不发生沉积或堵塞。防聚剂的作用效果几乎不受过冷度影响，也与流体在水合物生成区域的停留时间无关，但与油相组成、含水量和水相含盐量有关。该类产品的使用要求有足够的液态烃（油）存在以便能携带水合物微粒，因而只适合于油田或凝析气田系统的水合物控制。

目前，防聚剂仅在防止水合物的生成方面的应用。防聚剂的效果主要取决于在注入点处的混合情况以及在管道内的扰动情况。近几年，防聚剂在陆地上和海上都进行了试验，但尚未正式使用。表面活性剂的价格昂贵，单纯地使用表面活性剂做防聚剂成本太高，因此一般把防聚剂和热力学抑制剂及动力学抑制剂混合使用，这样取得的经济效果较好。

6.5.1.3.4　结论与建议

动力学抑制剂和防聚剂与热力学抑制剂相比在经济性上的优势明显，随着人们对环境保护的重视，开发性能优良、价格低廉的动力学抑制剂是当前研究的热点。新型抑制剂的研发需要了解水合物抑制的微观机理，但是有关的机理尚不清楚，人们只能通过大量的实验来筛选抑制剂，具有加大的随机性和盲目性。因此建立可靠的水合物成核、生长和抑制微观机理模型，在模型的指导下开发和筛选新型抑制剂，是以后动力学抑制剂的发展方向。

注入抑制剂法开采简单、使用方便。最大的缺陷是费用昂贵，而且作用缓慢。深海中天然气水合物所处的地层压力较高，不易采用这种方法。因此，化学抑制剂法研究主要应研究抑制剂的化学结构、物理性质、成本分析、安全浓度值、环境影响和脱水能力等（Ayhan Demirbas，2010），开发出适合深海环境使用，而且既经济有效的新型抑制剂。另外，与加热法和降压法结合使用还有很大的潜力。

6.5.1.4　二氧化碳置换法

近年来，国外有些学者通过大量的研究，在常规的三种开采方案的基础上，提出了一种新的甲烷水合物分子控制开采方案—二氧化碳置换法。用二氧化碳置换法开采水合物可以把工业生产中产生的二氧化碳气体注入天然气水合物储层中，把二氧化碳以水合物的形式储存在海底，这样可以有效的减缓因二氧化碳引起的温室效应；另一方面，用二氧化碳置换甲烷过程中可以完整地保存水合物沉积层，避免因为水合物的开采而引起的海洋地质灾害。

图 6.5.17 给出了二氧化碳置换法开采海底水合物开发的一种设想。开采前，预先在海洋钻探设施（海洋平台）上，穿过深水，在海底甲烷水合物层中钻 3 口井（保持一定距离），分别下入隔水管柱（密封套管）。当基底下存在游离气时，伴随游离气开采，储层压力下降，促使上部水合物裂解。不论基底下有无游离气，都需要通过隔离管先向水合物层注入高温海水，使水合物裂解。通过另一隔离管提取甲烷气体（靠水合物裂解产生的甲烷气压力上逸）。开采后，通过另一隔离管柱，将产生气后的残流水中注入二氧化碳，回收甲烷燃烧的废气，使之在地层中生成二氧化碳水合物。最后，使地球变暖的二氧化碳气体固定在地层中。

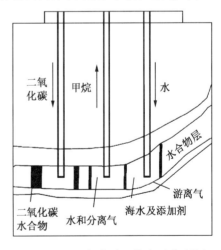

图 6.5.17　二氧化碳置换法开采天然气水合物示意图（据张新军，2008）

6.5.1.4.1　二氧化碳置换的可行性研究

二氧化碳置换法开采天然气水合物藏的动力学可行性研究就是研究完成二氧化碳置换甲烷过程所需要的时间以及实现这一过程的具体步骤。目前，通过建立二氧化碳置换反应动力学模型确定各因素对反应速率作用效果的理论研究还处于起步阶段，因此，目前主要是通过实验测定不同条件下的置换反应速率。

Masaki Ota 的研究结果显示二氧化碳置换甲烷的反应相当缓慢，如果采取外部刺激措施来提高反应速率，则该技术将不具备实用价值。基于此，McGrail 等提出用二氧化碳乳化液注入水合物沉积层，目的是充分利用水和二氧化碳混合体系的物性使置换反应得到强化。然而二氧化碳乳化液置换技术仍处于研究阶段，相关详细报道很少。为了从微观角度研究置换反应机理，通常采用拉曼光谱技术和核磁共振技术对反应过程进行分析。Masaki 借助激光拉曼技术分析小晶穴与中晶穴在置换过程中的不同表现，发现由于二氧化碳分子直径大于小晶穴的直径而不能进入小晶穴中，为维持置换过程中水合物的稳定性，部分甲烷分子会重新占据小晶穴，导致甲烷水合物小晶穴的分解速率远低于中晶穴的分解速率。根据实验结果，二氧化碳置换甲烷的反应只可能发生在中晶穴中，即使二氧化碳占据全部的中晶穴，仍将会有 1/4 的甲烷残留在水合物晶体中。因此，二氧化碳置换法开采天然气水合物藏产率不会达到 100％（Masaki，2005）。

二氧化碳置换甲烷技术的热力学可行性主要是通过以下几个方面判断：（1）确定甲烷、二氧化碳以及其混合气体水合物在不同温度和压力条件下的相平衡条件，分析二氧化碳水合物和甲烷水合物的热力学稳定性及置换反应驱动力；（2）测定甲烷水合物的分解所需的热量以及二氧化碳水合物的生成热释放的热量，确定置换反应的 Gibbs 自由能，以判断化学反应方向；（3）确定在不同温压条件下置换达到平衡时气相与水合物相的组成成分，从而判断甲烷与二氧化碳在两相中的分布与选择性，以此推断甲烷生成量与二氧化碳注入量之间的关系。

目前，科学家们已获得不同条件下甲烷、二氧化碳及其混合气体水合物的热力学数据。Anderson 在 2003 年研究甲烷、二氧化碳、水三元系统的相平衡（气体—液体—水合物）时发现，温度低于 283K 时二氧化碳水合物的相平衡压力比甲烷水合物的相平衡压力低，说明二氧化碳水合物的热力学稳定性比甲烷水合物的热力学稳定性强。Akihiro 在测定冰点以下甲烷与二氧化碳混合气体水合物的平衡压力和温度时也发现了同样的规律（Akihiro，2005）。研究发现在相同温度下，随着甲烷含量的增加，平衡压力显著提高，表明二氧化碳置换反应存在着相当大的驱动力。根据化学热力学基础理论，自发的化学反应总是向着 Gibbs 自由能减小的方向进行，因此二氧化碳置换甲烷的反应会自发进行。根据 Masaki 在 2006 年通过测定不同温度压力条件下达平衡时气相与水合物相的组成的实验研究，发现在一定的压力条件下甲烷在气相与水合物相的分配系数与温度成正比，而二氧化碳的分配系数与温度成反比。通过对其进行物料衡算，得出甲烷水合物的分解量与二氧化碳水合物的生成量成线性关系，且随温度的升高而增加的结论。Masaki 又对实验数据的关联性进行分析后认为甲烷与二氧化碳的置换反应主要发生在水合物相。除此之外，由于天然水合物沉积层中存在大量多孔矿物质，影响甲烷、二氧化碳的扩散及水合物的结晶成核，导致甲烷水合物转化为二氧化碳水合物的热力学条件发生改变。为了解自然界中水合物的平衡特性，Smith 在 2004 年利用多孔玻璃模拟了矿物质的孔穴分布，研究甲烷、二氧化碳在不同孔穴直径玻璃中的平衡压力和温度，得出的结论是孔穴直径越小，平衡压力越高，而平衡温度越低的。这个结论对于预测二氧化碳置换反应条件而言具有重要指导意义。

虽然从热力学角度讲，二氧化碳置换甲烷的可行性毋庸置疑，但动力学可行性的研究表明置换反应的速率很小，这也成为制约该技术发展的瓶颈。因此，采用各种手段强化置换过程，应作为该技术能否在水合物工业开采中使用的关键因素之一。

6.5.1.4.2   二氧化碳置换开采水合物的数值模型

二氧化碳置换法开采天然气水合物的研究具有非常重要的意义，因此，自从该方法提出后就有很多学者对其进行研究。最早由 Ohgaki 等（1996）、Hirohama 等（1996）和 Komai 等（1997）对二氧化碳置换天然气水合物中甲烷的水合物开采方法的可行性进行研究，随后很多学者又对二氧化碳—甲烷置换技术进行了进一步深入的研究。Smith 等人评估了在天然气水合物层中孔隙介质下二氧化碳置换法的可行性和热力学特性，发现孔径减小使得甲烷、二氧化碳水合物的分解热减低（Smith 等，2001）。Rice 提出了用二氧化碳置换法从海底开发水合物的方案（Rice，2003；2006）。McGrail 提出二氧化碳以乳液的形式注入水合物沉积层，充分利用 H_2O 与二氧化碳混合物体系的物性使置换反应得到强化（McGrail，2004）。White 和 McGrail（2006）分别用实验和数值模拟的手段证明了用二氧化碳乳化液置换水合物中的甲烷的可行性。Castaldi 等人研究了在井底燃烧法生产天然气水合物和储存二氧化碳技术的可行性（Castaldi 等，2007）。但是，除了说明了需要平衡二氧化碳水合物形成的速率和甲烷水合物的分解速率外，没有对其他的技术细节进行说明。实验证明该方法具有热力学优势，但实施中仍有一些技术上的挑战。2010 年 ConocoPhillips 公司在 Bergen 大学通过岩心实验证明了用二氧化碳置换水合物中甲烷的可行性（Castaldi 等，2010）。但是，目前对该技术的研究仍然处在实验室模拟阶段，仍然还没有实际开采实验研究的例子。

目前，关于二氧化碳在孔隙介质驱替甲烷水合物的模型试验还很少见，Jyoti Phirani 和 Kishore 在 2010 年做了关于二氧化碳置换开次天然气水合物的数值模型的实验，模型中综合考虑了动力学和热力学条件，在实验室和现场测试多孔介质中的二氧化碳驱替的可行性和影响因素。假设数值模型有五个组成部分（甲烷、二氧化碳、水、甲烷水合物和二氧化碳水合物）和六个相态（气相、水相、富二氧化碳液相、冰、甲烷水合物、二氧化碳水合物）。水和气体（二氧化碳或甲烷）转换成相应的水合物时要用到相平衡条件，反之亦然。二氧化碳和甲烷的气相和液相的计算用到了 Peng－Robinson 方程，而水相中的气体的组成部分和气相中水的组成部分用溶解度方程计算（Carroll 等，1999）。

（1）动力学模型。

水合物的形成和分解动力学可以用气体的消耗率方程描述，即

$$r^m = kA_s(f - f_{eq}) \tag{6.5.35}$$

式中：r^m 是甲烷或二氧化碳的消耗率；k 是水合物形成或分解的动力学常数；A_s 为反应表面积；f 是给定压力条件下的逸度；f_{eq} 为在一定温度下气体的平衡逸度。水合物和水的消耗率可以由下式计算，即

$$r^w = nr^m \qquad r^h = nr^m \tag{6.5.36}$$

式中：r^w 和 r^h 分别为水合水合物的消耗率；n 为水合物的水合作用数。式（6.5.35）中的气体逸度 f 和 f_{eq} 可以用 Peng－Robinson 状态方程是计算。

气体、水和水合物之间的转换方向有驱动力（$p_G > p_s$）决定。当（$f - f_{eq}$）是正向的时候会形成水合物，即在那个温度（$r_m > 0$）条件下气体的压力大于平衡压力。另一方面，若 $p_G > p_s$（这里 p_G 是现实的压力，p_s 是平衡压力），此时 $f - f_{eq}$ 是负的，并且水合物倾向于分解，即（$r_m < 0$）。如果 $p_G = p_s$，而且（$f - f_{eq} = 0$），表示达到一个平衡状态（$r_m = 0$）。对于水合物分解，动力学常数 k 可以用 Arrhenius－type 方程表示：

$$K = K_0 \exp\left(-\frac{Ea}{RT}\right) \tag{6.5.37}$$

式中：k_0 是内在的动力学常数；Ea 为活化能；R 为气体常数（8.314J/mol·K）。对于甲烷水合物在无盐相系统中，$k_0 = 3.6 \times 10^4$ mol/m^2·Pa，$Ea/R = 9752.73$K。二氧化碳水合物在

无盐系统中的 $k_0 = 1.83 \times 10^5 \, \text{mol/m}^2 \cdot \text{Pa}$，$Ea/R = 12374.308\text{K}$。测量水合物的形成动力学常数比测量水合物分解动力学参数困难，现在还没有简单有效的方法用来测量这些动力学参数。Englezos 等（Englezos 等，1987a）测量了甲烷气体和水形成甲烷水合物的形成。结果表明甲烷水合物的形成更依赖于温度。在 Jyoti Phirani 等人的模型研究试验中，水合物形成动力学参数假设为一个常数，并且默认为是 Englezos（1987a）等测量值的平均，即 $0.5875 \times 10^{-1} \, \text{mol/m}^2 \cdot \text{Pa} \cdot \text{s}$。对于二氧化碳水合物的形成速率常数使用的是 Malegaonkar 等（Malegaonkar 等，1997 年）在 1997 年试验得到的数据，近似为 $0.35 \times 10^{-10} \, \text{mol/m}^2 \cdot \text{Pa} \cdot \text{s}$。

式（6.5.35）中反应的表面积 A_s 在多孔介质系统中仍然是很难确定的，因为很难检测毛细孔中的水合物。但是，仍有很多学者经研究提出了一些近视的计算方法来计算二氧化碳转换反应的表面积。Jyoti Phirani 等人的模型试验使用的是 Yousif 等人在 1991 年提出的反应面积计算公式，即

$$A_s = \sqrt{\frac{\phi_e^3}{2K}} \tag{6.5.38}$$

式中：K 是多孔介质的渗透率，ϕ_e 是有效孔隙度。毛孔内的流体体积不断改变是由于多孔介质孔隙中的水合物形成与分解。在计算过程中绝对的孔隙度是恒定的，有效孔隙率的计算方法为

$$\phi_e = \phi(S_{FL} + S_{AQ}) \tag{6.5.39}$$

式中：S_{FL} 为流体相饱和度；S_{AQ} 是水相饱和度（富水相）。Masuda 等人（Masuda 等，2002）使用以下方程计算置换反应的表面积 A_s，即

$$A_s = \phi S_H A_{Si} \tag{6.5.40}$$

式中：A_{si} 被认为是一个常数 3.75×10^5。而在目前的研究中，大多数人都是使用 Sun 和 Mohanty（2005）所使用置换反应计算方法的方法。他们认为

$$A_s = \Gamma A_p \tag{6.5.41}$$

式中：A_p 是毛孔的表面积；Γ 是活跃在水合物动力学中的孔隙表面面积。Γ 的值取决于实际的过程，在 Sun 和 Mohanty 于 2005 年所著的文章中有详细阐述。在水合物形成的动力学研究中，水合物的成核过程在方程（6.5.35）中被忽略，它假定了多孔介质为水合物的形成成核作用提供位置。

（2）相组成。

该系统可以有六个阶段（气相、水相、富二氧化碳液相，冰、甲烷水合物、二氧化碳水合物）和五个组分（甲烷、二氧化碳、水、甲烷水合物和二氧化碳水合物）。

对于相组成，Malegaonkar 等人做了如下假设：①可以忽视表面吸附的任何岩石组分；②水合物阶段各有各自水合物组件，即甲烷水合物相只有一个甲烷水合物作为一个组件和二氧化碳水合物只有水合物相的二氧化碳水合物的组成部分；③冰相成分只有水；④气体相由甲烷、二氧化碳和水组成；⑤水相由水、甲烷和二氧化碳组成；⑥液相由二氧化碳、甲烷和水（数量有限）组成。

为了以后使用方便，用以下符号来代表不同阶段和组分，这些相符号在描述组成部分的属性时使用更加方便。甲烷水合物：HM；二氧化碳水合物：HC；冰：IC；水溶液：AQ；流体：FL；气体：GS；液体：LQ。水：W；甲烷：m；二氧化碳：c；甲烷水合物：hm；二氧化碳水合物：cm。

在上述假设的基础上，每个组分的质量可以用一个单位体积表示为

$$M^w = \rho_{AQ}S_{AQ}X^w_{AQ} + \rho_{IC}S_{IC} + \rho_{GS}X^w_{GS} + \rho_{LQ}S_{LQ}X^w_{LQ}$$

$$M^m = \rho_{AQ}S_{AQ}X^m_{AQ} + \rho_{GS}S_{GS}X^m_{GS} + \rho_{LQ}S_{LQ}X^m_{LQ}$$

$$M^c = \rho_{AQ}S_{AQ}X^c_{AQ} + \rho_{GS}S_{GS}X^c_{GS} + \rho_{LQ}S_{LQ}X^c_{LQ} \qquad (6.5.42)$$

$$M^{hm} = \rho_{HM}S_{HM}$$

$$M^{hc} = \rho_{HC}S_{HC}$$

式中：S_i 是相态 i 的饱和度；X^j_i 是相态 i 中组分 j 的质量分数；ρ_i 是相态 i 的密度。

对于相饱和度，必须有下面的方程，即

$$\sum_{i=AQ,GS,LQ,IC,HM,HC} S_i = 1 \qquad (6.5.43)$$

对于组分中的气体相、液体相和水相，即

$$X^w_{GS} + X^c_{GS} + X^m_{GS} = 1$$

$$X^w_{LQ} + X^c_{LQ} + X^m_{LQ} = 1$$

$$X^w_{AQ} + X^c_{AQ} + X^m_{AQ} = 1 \qquad (6.5.44)$$

在流体相中甲烷和二氧化碳是已知的情况下，可以用一种快速计算方法找到给定流体相饱和度中液体和气体组分。为了找到流体相中的水和水相中的二氧化碳气体和甲烷气体，我们使用了溶解度方程和 Henry 定律。这些函数和定律的细节在 Mohanty 和 Sun（2005）的文章中做了详细的论述。

假设固相的密度 ρ_{HM}、ρ_{HC} 和 ρ_{IC} 是固定的。研究中 ρ_{HM}、ρ_{HC} 和 ρ_{IC} 的值分别给定为 0.9、0.91 和 0.917（Sloan，1998）。气体和液体相密度 ρ_{GS} 和 ρ_{LQ} 分别由 Peng‐Robinson EOS 给定。根据 CRC 手册和 Physics（2004/2005）给定的数据，水相密度是一个与压力、温度和盐性有关的函数。

（3）内能。

假设 $U = \phi$（$\rho_{GS}S_{GS}U_{GS} + \rho_{AQ}S_{AQ}U_{AQ} + \rho_{HM}S_{HM}U_{HM} + \rho_{IC}S_{IC}U_{IC} + \rho_{HC}S_{HC}U_{HC} + \rho_{LQ}S_{LQ}U_{LQ}$）$+ (1 - \phi)\rho_S U_S$ 为每个体积单元的内能。其中 U_j 是第 j 阶段的特定内能（J/kg）。ϕ 是多孔介质的孔隙度。上述公式中下标 S 代表沉积物阶段，这种表示方法在集中转换中是不灵活的，但在热传导过程中起着重要的作用。沉积密度 ρ_S 是根据岩石矿物学赋值。U_{AQ}、U_{HM}、U_{HC} 和 U_{IC} 的计算已经在 Sun 和 Mohanty（2005）的文章中做了详细的阐述，这里将不再做说明。Peng‐Robinson EOS 已经对 U_{LQ} 和 U_{GS} 做过了总结和评价并对热力学总能量做了评估。

（4）驱替模型。

固相（MH、HC、IC）假设是不变的。在水合物的形成和分解过程中流体相得对流通常情况下是缓慢的。因此，关于多相流的达西定律可以用来解决不同相之间的对流（Lake，1989）。

$$\bar{\nu}_j = -\frac{\bar{K}k_{rj}}{\mu_j}(\nabla p_j + \rho_j \bar{g}) \qquad (6.5.45)$$

式中：$\bar{\nu}_j$ 是相 j 的达西速度（$j = GS$、AQ、LQ）；$\bar{K}$ 为绝对渗透率张量；k_{rj}、μ_j 和 p_j 分别是相 j 的相对渗透率、黏度和压力；g 为重力加速度。

绝对渗透率使用 Civan 于 2001 年提出的幂函数模型计算，而相对渗透率使用 Brooks‐Corey 关系式计算。假设液体相和气相之间没有毛细压力，此时假定流体相和水相之间存在的毛细管压力，并且使用 Brooks‐Corey 模型计算毛细管压力。

Selim 和 Sloan 对气体的黏度系数做了很多的研究，他们认为气体的黏度系数 μ_{GS} 是温度和气体密度的函数。假定水相的黏度系数 μ_{AQ} 为定值 1cp。根据 Fong（1996）得到的关系式可以计算液相的黏度系数 μ_{LQ}。假设整体转换只发生在对流过程中，并且模拟过程中的物理发散和扩散等价于数值色散，那么相 i（$i = m$、w、c）的质量通量 F^i 可以表示为

$$F^i = \rho_{GS}\nu_{GS}X^i_{GS} + \rho_{AQ}\nu_{AQ}X^i_{AQ} + \rho_{LQ}\nu_{LQ}X^i_{LQ} \qquad (6.5.46)$$

热传导可以在对流和传导过程中发生。热流密度的计算方法可以由下式计算，即

$$F^i = \rho_{GS}\nu_{GS}H_{GS} + \rho_{AQ}\nu_{AQ}H_{AQ} + \rho_{LQ}\nu_{LQ}H_{LQ} - \lambda \nabla T \qquad (6.5.47)$$

式中：H_j（$j = GS$、AQ、LQ）是相 j 的比热焓；λ（W/m·K）为有效热传导系数。关于 H_{GS}、H_{LQ} 和 H_{AQ} 的计算在 Sun 和 Mohanty（2005）的文章中有详细的阐述，这里将不再叙述。

方程（6.5.45）中的黏滞系数 μ 被认为是一个与温度 T 和密度 ρ_{GS} 有关的函数，而水相的黏度系数 μ_{AQ} 被假定为一个常数，流体黏度系数则 μ_{LQ} 使用 Fong 等（1996）得出的关系式计算。

（5）控制方程及数值解。

质量平衡方程为

$$\frac{\partial}{\partial t}(\phi M^m) + \nabla \cdot \overline{F}^m = -MW^m r^m + q^m \qquad (6.5.48a)$$

$$\frac{\partial}{\partial t}(\phi M^c) + \nabla \cdot \overline{F}^c = -MW^c r^c + q^c \qquad (6.5.48b)$$

$$\frac{\partial}{\partial t}(\phi M^w) + \nabla \cdot \overline{F}^w = -MW^w r^w + q^w \qquad (6.5.48c)$$

$$\frac{\partial}{\partial t}(\phi M^{hm}) = -MW^{hm} r^{hm} \qquad (6.5.48d)$$

$$\frac{\partial}{\partial t}(\phi M^{hc}) = -MW^{hc} r^{hc} \qquad (6.5.48e)$$

能量守恒方程为

$$\frac{\partial}{\partial t}(\phi U) + \nabla \cdot \overline{F}^e = -q^e \qquad (6.5.49)$$

根据二氧化碳和甲烷的热力学性质对上述方程求解，二氧化碳水合物和甲烷水合物相图、相组成以及"渗流模型"所描述的内能、水合物分解和形成的动力学、渗流和溶质运移模型部分。在上述方程中 MW^i 是组分 i 的分子质量。水合物的形成和分解的热量包含在内能计算的能量均衡方程中。

有限体积法被用来离散空间上的控制方程。这个离散化方法可以灵活的选择使用任何坐标系统。时间域的向后欧拉法离散化控制方程提供了一种全隐式的解决方案。相流动是采用迎风格式进行处理。离散化后的每一个网格都是由六个质量和能量守恒的非线性方程所控制。对每一个格子区块，这些方程包含热力学、动力学、渗流和溶质运移模型，同时利用溶质运移方程和热传导方程连接不同的网格。

主要变量定义取决于特定的网格对应的相条件。现实中，根据压力和饱和度条件把水相系统分为三种状况。这种分类方法类似于 Sun 和 Mohanty（2005）在文献中使用的方法。我们所考虑的三种状况如表 6.5.5 中所描述。

S_{FL} 是相饱和流体相，X^c_{FL} 是流体相中的二氧化碳浓度。在给定压力和温度条件下，S_{GS} 和 S_{LQ} 不是主要的变量。主要变量的值可以通过求解控制方程得到，次要变量计算可以从上

表 6.5.5　主要变量转换方法中考虑的状况（据 Jyoti 等，2010）

状　况	富含水相	变　量
1	AQ	P，S_{AQ}，S_{HM}，S_{FL}，X_{FL}^C，T $(S_{IC}=0)$
2	$AQ-IC$	P，S_{AQ}，S_{HM}，S_{FL}，X_{FL}^C，S_{IC} $(T=T_{ql})$
3	IC	P，S_{IC}，S_{HM}，S_{FL}，X_{FL}^C，T $(S_{AQ}=0)$

面所述的方程求解得到或者是通过求解热力学方程得到。由 S_{IC} 和 S_{AQ} 决定当前相态和状况。如果 $S_{IC}>0$ 和 $S_{AQ}>0$，使用状况 2，并且使用相应的主要变量。如果只有 $S_{AQ}>0$，那么使用状况 1，选择相应的主要变量。如果只有 $S_{IC}>0$，那么使用状况 3，以及选择对应的主要变量。如果 $S_{AQ}=0$ 和 $S_{IC}=0$，则检查网格的温度以确定阶段的状态。如果 $T>T_{ql}$，使用状况 1；如果 $T<T_{ql}$，使用状况 3；如果 $T=T_{ql}$，则使用状况 3。在富含水相中，根据网格的相态切换主要的变量。如果一个网格有冰和水存在，那么该点温度必须与四相点的温度相同，冰和水才可以共存。因此，在表 6.5.5 第二种状况中温度不是主要变量。如果在模拟过程中冰相消失，那么现在的状态不在四相点上。水相饱和度和温度是主要的变量，此时，冰饱和度是已知的，并且等于 0。如果水相消失，那么我们从状况 2 移动到状况 3。

我们使用牛顿迭代法解离散方程，类似于 Sun 和 Mohanty（2005）使用的方法。在牛顿—拉弗森法中使用 PVSM 方法是为了检验每个牛顿—拉弗森迭代过程的相态。

6.5.1.4.3　数值模拟结果与分析

利用上节所述模型，模拟二氧化碳驱替开采甲烷水合物。有一个饱含水和甲烷水合物的 12cm 的岩心。水的初始饱和度为 0.6 和甲烷水合物的初始饱和度为 0.4。初始压力在温度为 278K 情况下假定为 6.1MPa。在这种压力和温度条件下，甲烷以水合物的形式存在。图 6.5.18 显示了所用的岩心模拟示意图。纯二氧化碳在压力为 6.11MPa 和温度为 278K 时从左边界注入。在这种压力和温度条件下，二氧化碳以液态形式存在。右边界的压力维持在 6.09MPa。岩心的压降为 0.02MPa。用一维仿真分析二氧化碳注入上面描述的甲烷水合物模型，模拟区域划分了 10 个网格，连续注射 50h 的二氧化碳。

随着液相的二氧化碳进入岩心，甲烷的局部压力随着二氧化碳摩尔分数增加而降低，但是，流体相饱和度却随着二氧化碳摩尔分数的增加而增加。这意味着，甲烷的平衡逸度（逸度是在当前的温度和水合物形成的压力）大于实际甲烷气体的逸度。

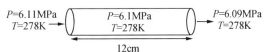

图 6.5.18　岩心模型示意图（据 Jyoti 等，2010）

甲烷水合物分解和甲烷摩尔分数随着流体相的增加而增加。纯二氧化碳的注入的推动分解的甲烷向下流。在注入二氧化碳 50h 内已有 15％ 的甲烷水合物分解。图 6.5.19 显示了累计产的气体量和水量以及注入二氧化碳剂量。如果所有的孔隙被水合物填充，那么总产气量（二氧化碳或甲烷气）是 160 倍孔隙容量。甲烷水合物的饱和度为 0.4，因此，大约有 40 倍孔隙容量的甲烷气体。如图 6.5.19 所示，当我们注入 15 孔隙容积的二氧化碳 50h 后，只能开采到 0.8 孔隙容量的甲烷和 2.6 孔隙容量的二氧化碳，而且有少量的水通过生产界面被排出。

（1）原位概况。

图 6.5.20 显示了纵向原位概况。图 6.5.20a 显示了饱和度剖面，而图 6.5.20b 显示二氧化碳注入流体相中 5h 后的温度剖面。由于二氧化碳 从左边注入，流体相取代水相，因此

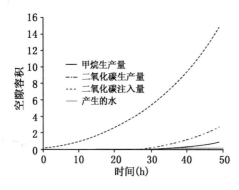

图 6.5.19 累积生产的甲烷气、二氧化碳以及
注入的二氧化碳量（据 Jyoti 等，2010）

左边水饱和度降低，流体饱和度增加。流体相是一种混合气体（富甲烷）和液体（富二氧化碳）。在最初阶段注入流体相二氧化碳的摩尔分数是非常高的（约为 1.0），其中的流体相为液体二氧化碳。但很快甲烷水合物就开始分解，同时甲烷和二氧化碳混合气体在中心温度压力条件下以气体形式溢出。由于气体的流动性要比水相强。因此，气体的饱和度不会迅速的增加。

图 6.5.20a 给出了甲烷水合物饱和度剖面，图 6.5.20b 显示了气体相二氧化碳的摩尔数。由于高摩尔分数的二氧化碳从左侧注入，所以在流

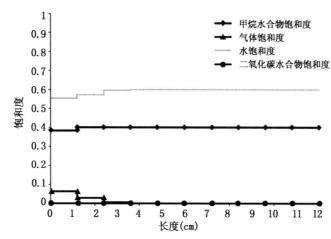

图 6.5.20a 5h 后的饱和度剖面图（据 Jyoti 等，2010）

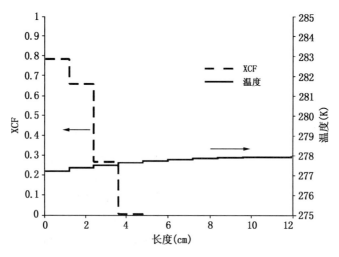

图 6.5.20b 5h 后的 XCF（流体相中二氧化碳的摩尔分子数）和
温度剖面图（据 Jyoti 等，2010）

体相里甲烷的均衡逸度高于实际的逸度。甲烷水合物分解降低了左边界甲烷水合物的饱和度，如图 6.5.20a 所示。由于液体相中二氧化碳的逸度大于二氧化碳的均衡逸度，二氧化碳水合物在注入边界开始形成，但是其饱和度变化不大。图 6.5.20b 显示了注入二氧化碳 5h 后的温度状况。由于分解是一个吸热过程，所以注入边界附近的水合物的分解温度降低。

图 6.5.21 为注入二氧化碳 50h 后原位剖面。图 6.5.21a 为 50h 后饱和度剖面。饱和度剖面表明，早期注入的气体突破岩心，并且在注入边界持续增加。在 Buckley–Leverette 类型的问题中，这是不利于运移率的典型情况。在现实情况中，用气体取代水是伴随着从甲烷水合物中产生甲烷气和从二氧化碳水合物中分解出二氧化碳。图 6.5.21a 显示水相饱和度从左到右先降低后增加。水相饱和度的平均值约为 0.5，由于流体相的突破，水相饱和度随着时间的变化一直在减小。在开始的几个网格中，由于甲烷水合物已经分解，水相饱和度降低。同时空间已经被流体相、水相、二氧化碳相占据，这也导致水相饱和度稍微的增加。图 6.5.21b 显示了气相二氧化碳的摩尔分数。甲烷分子都沿着边界形成，至少是在注入边界附近。图 6.5.21a 显示了注入 50h 后的二氧化碳水合物的饱和度。二氧化碳水合物饱和度随着距离增加而减少，如同流体相的二氧化碳分子数随着时间和距离增加而减少。如图 6.5.21b 所示，由于 50h 后甲烷水合物的分解速度减小，水合物的分解而导致注入边界压力增加。大部分水合物已经分解，同时气相二氧化碳分子数增加导致高的二氧化碳水合物形成率，并释放热量（放热反应）。在以动力学为基础的假设条件下，甲烷水合分解前缘移动速度很慢，大约为 1/40cm/h。

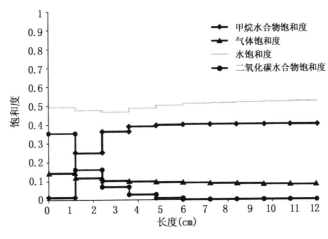

图 6.5.21a　50h 后的饱和度剖面图（据 Jyoti 等，2010）

（2）敏感性分析。

关于二氧化碳置换法开采水合物的敏感性分析是关于初始压力、温度、甲烷水合物分解率和二氧化碳水合物的生成速率的分析。

①反应速率。

图 6.5.22 显示了 50h 后甲烷水合物和二氧化碳水合物饱和度剖面的三种情况：基本情况、烷水合物反应发生率 1/10 的基本情况和二氧化碳水合物反应发生率 1/10 的基本情况。图 6.5.22a 给出了甲烷水合物饱和度剖面。当甲烷水合物分解速率是基本情况的 1/10 时，甲烷水合物的分解是最少的。但只有当甲烷水合物分解率下降二氧化碳碳水合物的形成率才会降低（图 6.5.22b）。二氧化碳水合物形成率的降低，导致二氧化碳水合物的形成减少，

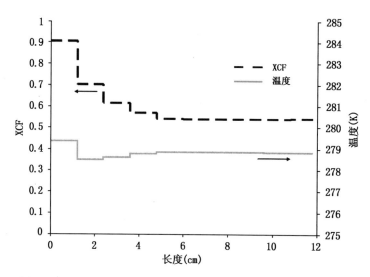

图 6.5.21b 50h 后的 XCF（流体相中二氧化碳的摩尔分子数）和
温度剖面图（据 Jyoti 等，2010）

所以释放的能量也减少，因此，进而导致甲烷水合物分解减少。如果甲烷水合物分解率较低，而且二氧化碳水合物形成释放的能量不能有效的利用，同时由于温度升高将导致形成的二氧化碳水合物更少。

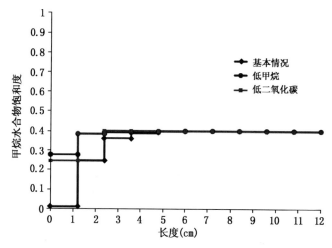

图 6.5.22a 50h 后甲烷水合物在不同反应速率下的饱和度（据 Jyoti 等，2010）

②初始压力和温度。

图 6.5.23 显示了甲烷水合物和二氧化碳水合物在不同的初始压力和温度条件下的饱和度（50h 后）。图 6.5.23a 为甲烷水合物饱和度剖面，由图可知，如果温度保持不变而压力增加（5.1MPa、6.1MPa 和 7.1MPa），甲烷水合物分解率降低。只是当温度从 278K 升高到 280K 时，初始的压力和温度条件不再保持均衡。最初的水合物饱和度一直逐渐降低直到达到平衡（因为水合物分解而导致温度降低）。然后在原来的情况下分解沿着相同路径进行。最后，甲烷饱和度在各种初始温压条件下达到一致。其中值得注意的是，在初始条件下（$P = $ 7.1MPa 和 $T = 280K$），甲烷水合物的分解率逐渐降低。因此，若初始条件沿着甲烷水合物平

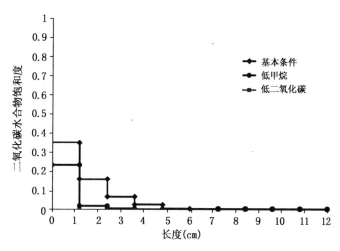

图 6.5.22b　50h 后二氧化碳水合物在不同反应速率下的饱和度（据 Jyoti 等，2010）

衡曲线上升，甲烷水合物的分解将变得更困难。

　　图 6.5.23b 为在相同的条件下 50h 后的二氧化碳水合物饱和度剖面。结果表明，当压力很高时，二氧化碳水合物的形成很容易。二氧化碳水合物在注入边界附近形成，阻塞了通往岩心的通道。随着压力的减小，水合物的形成沿着岩心变得平缓。当初始温度较高时，二氧化碳分压较低的气相中存在少量的甲烷，因此最初形成的二氧化碳较少。但是，最终二氧化碳水合物饱和度剖面并没有太大的不同。

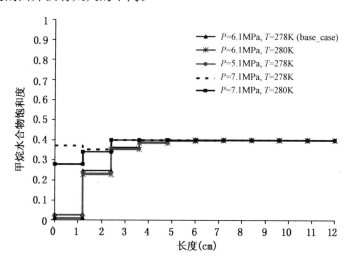

图 6.5.23a　不同初始条件下甲烷水合物的饱和度剖面（50h 后）（据 Jyoti 等，2010）

　　当初始状态上移到甲烷水合物平衡线之上，流体相和液相同时存在。液相的黏滞性比气相强，因此，把水从液体二氧化碳中置换出要更有效率。图 6.5.23c 为两种情况下的流体饱和度。根据水合物相平衡条件，当压力在 10MPa 以上时甲烷水合物变的比二氧化碳水合物更稳定。这就意味着分解甲烷水合物和形成二氧化碳水合物都需要高流体相和高摩尔分子数的二氧化碳和较低的操作压力。

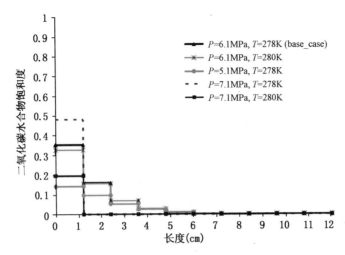

图 6.5.23b 不同初始条件下二氧化碳水合物的
饱和度剖面（50h 后）（据 Jyoti 等，2010）

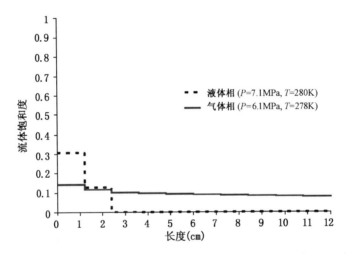

图 6.5.23c 不同初始平衡条件下流体相的饱和度剖面（50h 后）（据 Jyoti 等，2010）

6.5.1.4.4 结论与建议

二氧化碳注入的数值模拟显示：由于气态或液态的二氧化碳取代水的运移率较低，导致了流体饱和度很低。由于不断释放甲烷（由于甲烷水合物分解）而持续降低的流体相中应存在二氧化碳，以便形成二氧化碳水合物。分解甲烷水合物所需的能量从二氧化碳水合物形成释放的能量中得到，这样岩心的温度得以保持稳定。根据动力学假设，在基本初始条件下的甲烷水合物分解的前缘移动得很慢，速度大约为 1/40cm/h。只有在流体相中保持较高的二氧化碳摩尔分子数和在较低的压力条件下操作，才可以通过二氧化碳驱替法从甲烷水合物中生产天然气。

二氧化碳置换法开采水合物还存在着各种技术难关尚未得到很好的解决，制约着其在工业开采中的实现（李芳芳等，2010）。首先二氧化碳置换甲烷 水合物过程中的反应速率很慢且随着反应的进行迅速降低；此外，由于二氧化碳分子的直径介于甲烷水合物小晶穴和中晶穴之间，甲烷水合物小晶穴的分解速率远低于中晶穴，即使置换反应完全，仍有部分甲烷残留在水合物晶体中；其次，一定的压力条件下甲烷水合物的分解温度比液态二氧化碳形成的水合物温度高，如果二氧化碳不能转化为甲烷水合物，而是以液态形式储存起来，那么海底水合物就会失去稳定性。因此，对于二氧化碳置换法开采水合物的储层温度和压力条件，多孔介质的特性必须经过严格的选择。总之，二氧化碳置换法开采天然气水合物目前只是一种概念上的模式，尚处于初步研究阶段。

6.5.2 钻井技术

在水合物层钻井过程中会引起水合物的分解，而水合物的分解可能会引起钻井液气化，从而导致泥浆密度降低、改变泥浆的流动性能、降低泥浆的流体静压力和促进水合物的进一步分解。这也可能会导致井陉扩大，甚至是井壁坍塌。另一方面，水合物的分解会导致沉积物的力学和岩石物理学特性的改变，像增大渗透率和降低沉积物的强度等。这些问题都可能引起天然气水合物井的不稳定，使钻井风险增大。

在陆地冻土区，由于地层比较硬，可以采用常规的技术避免水合物层钻井风险。若在深海钻井，工程师们就必须要完全了解水合物引起的钻井风险（Schofield，1997），提前确定会出现什么问题和采取什么措施去避免这些问题。目前，一般采取冷却钻井液、降低泥浆比重、在钻井液中加入化学抑制剂和活动添加剂、使用高标水泥固井等措施来避免水合物层钻井的风险（Freij－Ayoub 等，2007）。另外，可以通过数值模拟导致水合物层井壁的不稳定机制，评估泥浆比重、成分、温度等参数，确保安全作业。

6.5.2.1 井位调查

为了保证天然气水合物钻井作业的安全，井位调查非常重要。井位调查的内容主要包括：海底地形、海底有无异物、有无浅层气、海底面附近地基强度等。

井位调查的目的主要是避免由于天然气水合物分解造成的承载力丧失和海底地基沉陷的危险，以及天然气水合物分解造成井陉扩大后套管、井口装置、防喷器失稳，进而导致井喷。

虽然，探查天然气水合物的方法很多，但确定天然气水合物层分布的技术可靠性较差。根据 BSR 等地震勘探结果，目前掌握的天然气水合物层分布的技术尚不可靠，虽然可以根据 BSR 探测水合物层底界面位置，但这种对应关系并不是完全对应的，在目前的钻探中发现有 BSR 的地方没有水合物，而在钻遇水合物的地方却会发生没有 BSR 的现象。因此，为了安全地实施钻井作业，必须在以往井位调查的基础上，实施海底面以下 $100\sim200m$ 的勘察取心钻进，以确认地基强度（郭平等，2006）。

6.5.2.2 钻井方法及井喷控制

6.5.2.2.1 钻井方法

根据在钻井过程中是否允许水合物大量分解，可将水合物地层钻井方法分为两类，即分解抑制法和分解容许法（郭平等，2006）。

所谓分解抑制法，即通过提高钻井液密度来增大井内压力，同时利用泥浆冷却装置，使循环钻井液维持在一个较低的温度下，这样就可以使地层中的水合物处于相平衡状态的钻进方法。而分解容许法则是使用低密度、未经冷却的泥浆诱发水合物分解，但其分解程度受人为控制。分解产生的气体通过回转分流器和大容量低压气体分离器进行处理。这样，钻井机械钻速就会受到气体处理能力的限制，而在换钻头、取岩心、电测井和下套管、水泥固井等作业时，又需要使水合物停止分解，此时再向井内送入重泥浆，抑制水合物的分解。

分解容许法类似于欠平衡钻井原理，但如果需要取心的话，该方法不适用。从钻井安全、可靠的角度来讲，一般都采用分解抑制法钻井。

6.5.2.2.2 井喷控制

永冻土地区的地层比较硬，因此，对这些地区的天然气水合物钻井可能发生的井喷，一般采用传统方法进行控制。海洋钻进中，对井喷控制中防喷器内水合物再生的防治研究比较多，但还没有关于水合物层井喷控制的研究实例。

水合物层钻井中发生井喷主要是由钻遇水合物层时水合物分解引起的。因此，如果在钻前预测可能发生井喷地层的深度、气体产生条件、地层压力，并采取恰当的防治措施就可以避免井喷事故的发生。但是目前预测水合物层的深度是很困难的。虽然可以用 BSR、平衡条件等在一定程度上可以预测水合物层的顶底深度，但是其精度很有问题。根据 ODP164 航次调查结果确认，用平衡条件预测的水合物层顶底深度比实际深度深几十米甚至上百米。同时水合物层下部游离气带的预测也是很困难的。

另外，在钻井过程中，只有及时的探测到是否钻到水合物层或下覆游离气层，才能及时地采取相应的措施，减少井喷事故发生的可能性。根据以往的实践，通过钻头钻进尺度判断是否钻进水合物层或下覆游离气层是很困难的。而且很难判断喷出的气体是浅层气还是水合物分解的气体。依照现在的技术，虽然可以用 NWD、LWD 等通过波速测井等探测，但这些探测方法都有一定的滞后性，很难满足井喷探测的要求。

传统的井喷控制方法都是以略高于地层压力降井底压力保持在一定值，防止流体进入井内。根据水合物的相平衡条件，水合物层产生气体不仅取决于地层压力，还取决于温度、化学环境等，因此控制的原则不同。另外，井喷的发生受周围环境压力、温度以及钻进深度的制约，要掌握实际情况，就需要进一步研究水合物的分解速度，还要考虑硫化氢等酸性气体存在的可能性。可以借鉴永冻土区钻进水合物层井喷的控制方法。

此外，在井喷控制中还要防治水合物再生。首先是要尽量阻止气体进入井内，维持钻井液的循环状态，使井内的温度、压力、化学环境达不到水合物生成的条件。除了利用钻井液控制外，还要考虑水合物再生的速度和海底用防喷器等特殊设备。当水合物再生时，除去再生的水合物要困难得多。另外，还可以通过从压井管线中注入抑制剂等方法出去水合物。

虽然很多学者对井喷控制做了很多的研究工作，并取得了很多有用的成果。但是，根据天然气水合物的物理力学性质、分布和成藏环境的特点，要有效地控制天然气水合物钻井时发生的井喷，还必须对下面问题进行研究（郭平等，2006）：

（1）研究天然气水合物在原位地层中的热稳定数学模型，以便预测原位天然气水合物的热稳定性；

（2）研究天然气水合物层下有无下覆游离气层的识别方法；正确地探测、识别下覆游离气层顶界面的方法；

（3）研究井内地层温度及井内泥浆温度模拟模型，分析泥浆在低温环境下性状变化，开发能在低温条件下也能保持良好流变特性的泥浆；

（4）研究能抑制天然气水合物再生成和控制天然气水合物生成速度方法，以及开发井内气体的分流方法；

（5）开发天然气水合物钻井的井控模拟程序。

6.5.2.3 套管程序及井眼稳定性分析

表层套管实际上是第一个下入井眼中的导管，主要是为了防止井眼坍塌。然而，在深水钻井操作中，导管比较长，并且用水泥固定。在深水钻井操作中的表层套管不仅用于防止井眼的坍塌（沉积岩的冲刷），而且承载完井系统和套管的管柱的重量。因此，它是井眼的基础，并且它的稳定性是分析井眼完整性的一个重要因素。在墨西哥湾深水中所钻的 344 口井中，百分之八十九的表层套管位于 304m 以上（Smith 等，2005），上述数据中表层套管放置的平均深度是 563m。在大部分地方，其低于或者接近天然气水合物稳定区域的标准（Smith 等，2005）。

之前曾有过钻井过程中井眼出现问题的一些报道。这些问题伴随着在钻取永冻土地区含天然气水合物地层时出现，例如：卡钻，轻微井喷，井喷，沉陷，气体溢出和差的固井作业（Nimblett 等，2007）。在海洋环境中，出现这些事故的原因可能和没有识别天然气水合物的压力有关。此外，缺少在海洋钻井环境中导致天然气水合物分解的钻井知识也是一个很重要的影响因素（Nimblett 等，2007）。在海洋钻井环境中，地震测量和钻井操作不能为天然气水合物的沉积特征提供准确的数据。另外，这个部分的测井数据受到井眼清洗和从海水到加重泥浆钻井泥浆的变化的影响很大，不能作为地层的相关分析提供可靠的数据。为了评价天然气水合物地层中钻井危害性，以及预测可能出现的问题，以便提前采取措施避免事故的发生，必须认真考虑这些重要的问题（Nimblett 等，2007）。

深海环境井眼中含天然气水合物的地层的套管问题是井眼稳定的重要因素之一，目前已经引起很多学者的重视。但是，我们目前缺乏合适的工具去预测含天然气水合物地层的井眼中套管的稳定性，当寻找深水生产平台去减轻危害时，这已经导致避开天然气水合物地层和钻斜井。这些方案将增加深水油气田开发的成本。

6.5.2.3.1 套管程序和固井方法

在钻取含天然气水合物的地层时，要下入套管（表层套管）。随着钻井技术的进步和井眼深度的增加，在套管内部钻井泥浆的温度由于地温梯度而升高。深水中天然气水合物的出现对深海钻井是一个巨大的挑战。钻开天然气水合物岩层可以使天然气水合物分解，然后使天然气释放出来。释放出来的天然气使钻井泥浆的密度降低，因此施加在井眼上的压力也降低了。钻井泥浆压力对井眼产生机械支撑作用，而钻井泥浆压力的进一步减小会导致井眼坍塌和卡钻。在含天然气水合物的沉积层中，和钻井操作有关的问题包括在下入第一层套管（表层套管）后重新进行的钻井操作或者热烃的生产中的套管稳定性问题。在钻井操作中高温泥浆的循环和完井后热烃的生产能够使海底岩层中的天然气水合物分解。如果地层的渗透率很低，那么在天然气水合物分解过程中所产生的流体将不能流动。这种低渗透率地层会导致下入套管（表层套管）后要承载高孔隙压力，而高孔隙压力会影响套管（表层套管）的稳定性。套管的稳定性与所承载压力的大小和套管的长度有很大的关系（据 Tohidi 等，2010）。

随着钻井技术的进步和井眼深度的增加，在套管内部钻井泥浆的温度由于地温梯度而升高。一般来说，套管内部钻井泥浆的温度要略高于套管下面的含有天然气水合物的地层的温度（除非人为的降温）。因此，在套管内部的钻井泥浆和下入套管后的含天然气水合物地层之间存在热交换（如图 6.5.24 所示）。

热流将使套管下面的含天然气水合物地层的温度升高，从而导致天然气水合物分解。由于使天然气水合物脱离其原始地层，分解过程降低了含天然气水合物地层的机械强度。在下套管和固井后，天然气水合物的分解过程中所产生的流体增加了地层的孔隙压力，其主要是因为地层渗透率很低（如图 6.5.25 所示）。正如图 6.5.25 所示，在套管下面存在一个高压区。从钻井工程的角度来说，设计套管（表层套管）主要是为了抵抗内部和爆炸的高压力。然而，在这种情况下，套管在预先没有设计的情况下使用（内部高压）。在下套管和固井后，天然气水合物的分解过程中所产生的流体增加了地层的孔隙压力，其主要依靠地层的渗透率（如图 6.5.25 所示）。如图 6.5.25 所示，在套管下面存在一个高压区。从钻井工程的角度来说，设计套管（表层套管）主要是为了抵抗内部和爆炸的高压力。然而，套管时在预先没有设计的情况下使用的（内部高压）（据 Tohidi 等，2010）。因此，在深海环境常规油气田的开发中，套管稳定性分析是一个重要的问题。

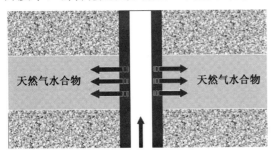 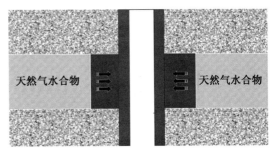

图 6.5.24　钻井过程中套管下面的地层供热示意图（据 Tohidi 等，2010）　　图 6.5.25　钻井过程中天然气水合物分解孔隙压力增加示意图（据 Tohidi 等，2010）

　　制定天然气水合物钻井套管管理程序、固井计划时应考虑的主要问题有下套管深度、固井井段、固井材料等。天然气水合物钻井导管的下入深度需满足下述条件（据郭平等，2006）：

（1）下至能够支承隔水管、防喷器以及后续下入套管等井口荷载的深度；

（2）套管深度处地层强度应能够承受充满隔水管的泥浆的静水压力；

（3）套管下入深度应比天然气水合物层顶层深度浅。

　　在固井时首先要考虑天然气水合物分解后即使丧失其井段套管支撑力，上部井段也能够支撑套管、井口装置、防喷器等；其次，要防止井眼扩大后天然气水合物层对套管压曲；最后，要隔断深部层和天然气水合物层。因此，在确定下套管深度和固井井段时需要准确的井位调查资料，同时应通过 MWD/LWD（随钻测井）实时测量井孔内的变化情况。

　　海底天然气水合物钻井的固井材料可以应用永冻土区天然气水合物钻井的固井材料和技术。目前，冻土区钻井一般使用强度高、胶结好、候凝时间在 16h 以下的水泥。但是，同时必须解决好下述问题（据郭平等，2006）：

（1）应尽可能降低水泥固化时的水化反应热，同时不影响水泥固化强度的增长；

（2）应防止泥浆循环将深部地热传至套管外侧引起周围天然气水合物分解；

（3）需要防止环隙气流。

6.5.2.3.2　套管稳定性分析

　　套管的稳定性分析是井眼设计中的一个重要部分，因此有必要去研发一种工具用来预测含天然气水合物地层井眼中套管的稳定性。标准的套管设计考虑到来自地层均匀载荷下的套管，没有考虑到套管、地层、水泥之间的相互影响多所需套管强度的影响（Berger 等，2004）。事实上没有一种可行的分析方法确定影响级别的大小。为了研究非均匀载荷对套管稳定性的影响，Berger 等（2004）和 Fleckenstein 等（2005）开发了一种简单的数值模拟工具，但没有考虑到孔隙介质的影响和天然气水合物的出现。

到目前为止，对含天然气水合物地层进行的大部分模拟研究都和水合物的生产相关，最近才有关于含天然气水合层中井眼中潜在问题的研究。基于 1999—2000 年在 Nankai Trough 进行的钻井操作，Yamamoto 等（Yamamoto 等，2005）认为：对于不含水合物的疏松地层，井眼的稳定性是一个很重要的问题。他们总结说：井眼的稳定性在含天然气水合物地层钻井中更重要。最近，位于深海环境中，较深部分的含天然气水合物的地层中井眼的稳定性分析已经吸引了很多专家的注意。Freij－Ayoub 等（2007）开发了一种模型，研究在天然气水合物的分解过程中，含天然气水合物地层中井眼中套管的稳定性。然而，在天然气水合物的分解过程中，这个模型没有考虑非均匀套管的载荷。关于套管的非均匀载荷，有很多原因。套管偏心和水泥中的气窜（气体运移）是导致套管非均匀载荷的两种主要来源。考虑到套管的均匀和非均匀载荷，Salehabadi 等（2008，2009）研发了一种模型，使用 ABAQUS 研究含天然气水合物地层中井眼的稳定性，在该模型把固井操作中的气窜作为套管非均匀载荷的一个来源。Tohidi 等人在 2010 年通过研究建立了一种将套管偏心作为套管非均匀载荷的一种主要来源的模型，下面将详细的介绍这一模型。

（1）数值模型。

模型中把井眼看成是简单应变状态。假设地层都是均质的，并且假设井都是直井。根据 Birchwood（2005）文献中的描述，假设原地层的应力都是均匀的，同时必须考虑套管（内部压力）内的钻井泥浆对套管的机械长度的影响（除了套管的坍塌长度）。假设仅通过传导发生的热交换，并且地层的渗透率非常低以至于天然气水合物分解所产生的水和气不能流动。传热的条件与水力以及机械的形变条件相耦合。模拟的详细过程以及用来描述模型的控制方程 Salehabadi 等人分别在 2008 年和 2009 年做了详细的阐述（Salehabadi 等，2008，2009），这里将不在做详细说明。模型的数值模拟流程如图 6.5.26 所示。在模型中所用到的所有材料均来自可以获得的文献（Callister，2007；Birchwood，等，2005，Freij－Ayoub，等，2007a，2007b；Fleckenstein，等，2005；Moridis and Kowalsky，2006）。

（2）界面相互作用。

水泥和地层表面的相互作用通过定义一种相互作用模型来模拟，如图 6.5.27 所示。可以通过修正模型使地层和水泥表面不能互相联通，但是允许它们解黏。预先设置的张应力在解黏之前可以传导。模型中没有考虑传导的张应力，因此，界面相互作用模型可以得到修正，以致水泥和地层表面可以相互滑动。而在本文所用的模型中，我们假设水泥和地层有很好的胶结能力，以致这两个面没有相对滑动，套管和水泥胶结的很好。

（3）模型物质的属性。

①地层。

为了使模型更加接近原始地层的特征，除了考虑一般的地层特征外还考虑了力学特征和热力学特征。这里分别从地层的一般属性（包括密度和水合物的饱和度）、力学属性（包括杨氏模量、泊松比、内聚力、摩擦角）

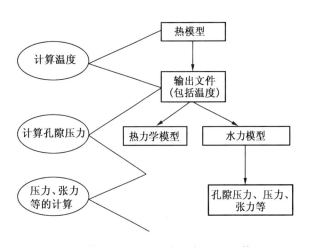

图 6.5.26　计算机处理过程图解（据 Tohidi 等，2010）

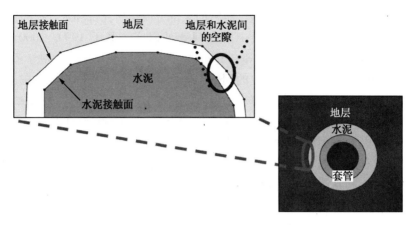

图 6.5.27 接触面相互作用机理 (据 Tohidi 等，2010)

以及热力学属性（包括热导率和热容）等三个方面来描述地层的特征。地层模型的这些属性参数如表 6.5.6 所示。

表 6.5.6 含水合物地层属性 (据 Tohidi 等，2010)

一般属性参数	
密度（kg·m⁻³）	2200
水合物饱和度（%）	20
力学属性参数	
杨氏模量（MPa）	807.6
泊松比	0.4
内聚力（MPa）	3.2
摩擦角（°）	30
热力学属性参数	
热导率（W·m⁻¹·K⁻¹）	1.4
热容量（J·K⁻¹·kg⁻¹）	1900

②套管。

关于天然气水合物井的套管程序以及套管固井所需材料的基本要求已经在上一节中做了说明。深海水合物井中套管研究需要充分考虑海底井口装置等的承载力、抗压屈性和绝热性。承载力及抗压屈性需要结合固井井段方案进行研究；绝热性需要结合固井材料的绝热性进行研究。水合物层段需要较强的绝热性，可使用绝热套管，目前使用的绝热套管式加热绝热材料的特殊双壁管。

在文中所述的模型研究中所用套管的基本属性如表 6.5.7 所示。套管模型的材料要具有弹性，或者是用符合 Von Mises 标准的塑性材料做成。

③水泥。

当主应力分量主要压缩力时，认为水泥是一种弹塑性材料。当主应力分量是应力到达断裂面时才产生拉力时，水泥发生流动和凝固，并且认为水泥产生了断裂。检测裂缝及其延伸方向有利于后面的计算。但是根据探测，裂缝可能打开或者闭合。在这个研究中使用的水泥模型的细节可以在其他的相关研究中找到（ABAQUS V6.8 使用手册）。

表 6.5.7 套管的属性参数（据 Tohidi 等，2010）

厚度（m）	0.025
屈服力（MPa）	375
Weight（kg·m^{-1}）	494
杨氏模量（GPa）	210
泊松比	0.3
密度（kg·m^{-3}）	8000
热膨胀系数（K^{-1}）	12.42×E^{-6}
热导率（Wm^{-1}·K^{-1}）	15
热容量（JK^{-1}·kg^{-1}）	450

水泥的机械性质影响套管中所产生应力的大小。因此，为了调查不同机械性质的水泥对套管稳定性的影响，在这个模型中使用两种不同机械性质的水泥的公式，其主要是为浅层设计的。公式 1 包含水泥和硅质材料的混合物，30％的依水的重量计算的乳状液（BWOW），用 0.04 立方米的水和每袋水泥混合成密度为 1481.43kg/cm^3（12.1ppg）的液体。公式 2 包含水泥和火山灰的混合物。每袋硅粉 4.5kg，30％的乳状液（BWOW），用 0.02m^3 的水和每袋水泥混合成密度为 1689.56kg/cm^3（13.8ppg）的液体（Fleckenstein，等，2005）。在钻取含天然气水合物地层的下覆地层过程中，水泥的热流量直接和水泥的热性质相关。其中，热性质是指热传导和热存储能力。另外也这样定义：高热性质的水泥具有高热传导能力和低热存储能力，低热性质的水泥具有低热传导能力和高热存储能力。如果水泥的热性质很高，那么通过地层的热流量将使更多的天然气水合物分解。如果水泥的热性质很低，那么反过来也是对的。为了调查不同热性质的水泥对套管稳定性的影响，在这个模型中使用两种不同热性质的水泥系统。系统 A 具有高热传导能力和低热存储能力（高热性质），然而系统 B 具有低热传导能力和高热存储能力（低热性质）。水泥浆的性质如表 6.5.8 所示。

表 6.5.8 水泥的属性参数（据 Tohidi 等，2010）

普通属性	公式 ♯1	公式 ♯2
厚度（m）	0.05	0.05
密度（kg·m^{-3}）	2200	2200
Weight（kg·m^{-1}）	1481.43	1689.56
力学属性	公式 ♯1	公式 ♯2
杨氏模量（GPa）	4.75	5.51
泊松比	0.42	0.32
压缩强度（MPa）	6.89	17.24
抗拉强度（MPa）	0.207	1.37
热力学属性	系统 A	系统 B
热膨胀系数（K^{-1}）	4.33×E^{-6}	4.33×E^{-6}
热导率（Wm^{-1}·K^{-1}）	2.4	0.006
热容（JK^{-1}·kg^{-1}）	835	2100

用于 Nankai Trough 地区对勘探井进行固井的水泥是 TLC 水泥，这种水泥是由哈里伯顿公司发明（Matsuzawa 等，2006）。它具有低密度、低水合作用的热量、低热传导能力和在低温环境下有很好的抗压缩强度的性质。在工程中经常试验使用低热传导能力的水泥。

④地层中的流体。

假设地层流体是单相的（如水相）。用于模型中的地层流体的性质如表 6.5.9 所示。

表 6.5.9　地层流体的属性参数（据 Tohidi 等，2010）

密度（kg·m^{-3}）	1000
热膨胀系数（K^{-1}）	0.0003
热导率（Wm^{-1}·K^{-1}）	0.6
热容（JK^{-1}·kg^{-1}）	4181.3

⑤钻井液（马庆涛等，2010）。

在水合物井的钻井过程中，钻井液控制主要有三方面含义：一是抑制孔内露出的水合物分解；二是诱发水合物分解；三是抑制钻井液中水合物在生成。

由于在钻井过程中的水合物分解，分解产生的气体极易在钻井液中再次生成水合物，堵塞钻井液循环或钻进系统的其他管路，并导致钻井液的失水而影响其流动性。针对这些问题，主要通过采用抑制水合物生成的钻井液体系、控制钻井液体系的性能（温度、密度）来抑制水合物的再生。此外，钻井液还应该具有良好的泥页岩稳定性，有效封堵地层孔隙，稳定的弱胶结地层，同时满足环保要求，综合成本低。从钻井液性能的角度来看，钻井液的密度、流变性、失水造壁性、低温稳定性、泥饼的性状等是保证井壁稳定和井内流动安全的关键参数。此外，钻井液还应该具有良好的泥页岩稳定性，有效封堵地层孔隙，稳定的弱胶结地层，同时满足环保要求，综合成本低。从钻井液性能的角度来看，钻井液的密度、流变性、失水造壁性、低温稳定性、泥饼的性状等是保证井壁稳定和井内流动安全的关键参数。

a. 钻井液密度。

钻井液密度是钻井液设计中最重要的参数是保持井壁稳定的关键。通过调整钻井液密度，井内的静液柱压力就会发生相应变化。在水合物地层钻井时，使用较高的钻井液密度有利于水合物地层的稳定。但海底水合物地层由于位于海底浅表层，强度非常低。如钻井液压力过高，超过地层的破裂梯度，就会造成钻井液漏失，地层被压裂，并使水合物大量分解溢出造成严重事故。而且，较高的钻井液密度循环对泥浆泵的要求很高，还会使钻井机械速度大大降低。井壁上一点，受地应力和钻井液液柱压力的作用。如果钻井液密度太低，井壁就会在压力作用下发生坍塌，因此，钻井液的密度必须在一个范围内进行调节，即由坍塌压力和压裂梯度所确定的钻井液安全密度窗口。

根据摩尔—库伦准则，井壁发生坍塌时，所对应的钻井液密度为

$$\rho_m = \frac{3\delta_{h1} - \delta_{h2} - 2CK + \alpha P_p(K^2 - 1)}{K^2 H} \times 100 \qquad (6.5.50)$$

式中：$K = \text{ctg}\left(45° - \frac{\Phi}{2}\right)$；$H$ 为井深，m；ρ_m 为钻井液密度，g/cm^3；C 为岩石黏聚力，MPa；δ_{h1}、δ_{h2} 为地应力，MPa；α 为有效应力系数；P_p 为孔隙压力。

井壁压裂所对应的钻井液密度则为

$$\rho_f = \frac{3\delta_{h2} - \delta_{h1} - \alpha P_p + S_t}{H} \times 100 \qquad (6.5.51)$$

式中：S_t 为地层的抗拉强度。

因此，钻井液所容许的密度范围为：$\rho_m \leqslant \rho \leqslant \rho_f$。在本文的研究中，我们使用钻井液的密度为 1040.67kg/cm³（8.5ppg）。

b. 失水造壁和封堵能力。

钻井液侵入水合物地层后，会向井壁渗透产生渗透压力，导致井眼周围的孔隙压力发生变化，从而影响地层坍塌压力和破裂压力。渗透作用下，坍塌压力提高，破裂压力降低，使井壁更易坍塌和更易压裂，降低了井壁稳定性。侵入的钻井液量越多，侵入范围越广，对井壁稳定越不利。因此，必须控制钻井液的滤失量，即要在井壁上形成一层致密的不渗透泥皮，把循环钻井液与地层隔离开。所以在水合物赋存地层钻井时，钻井液的造壁性和封堵能力对井壁稳定也相当关键，应选择造壁快、滤饼质量高、滤失量小的钻井液。

c. 钻井液流变性和流动稳定性。

钻井液在低温下流变性能会降低，即黏度和切力大幅增加，甚至产生胶凝，钻井液黏度过高会导致开泵困难，对钻井机械速度也会产生影响。钻井液在低温下的流动性能也很重要当温度过低时钻井液可能会凝固，可通过加入无机盐的方法降低其凝固点，维持其流动状态。

d. 低温稳定性。

天然气水合物主要赋存于极地冻土和海洋深水环境中，由于水合物赋存地层埋藏深度距地表和海底较浅，因而导致钻井液循环温度较低。在低温情况下，钻井液各项性能特别是流变性会发生较大变化，具体表现在黏度和切力增加、循环压力增加，这对井壁稳定不利。所以，钻井液的低温性能是钻井液设计时必须要考虑的。

e. 泥页岩水化抑制性。

海底地层固结性差，强度低。如果钻井液在井壁处形成一层半透膜，让地层中的水分往井眼内单向流动，这样就能阻止地层水化分散，有利于保持地层的稳定。钻井液的水化抑制性能一般通过页岩回收率、针入度、膨胀量等实验进行评价。

最后，从钻井液成本的角度出发，所选择的钻井液材料应该是容易获取的，最好能够就地取材。在海洋深水区钻井，使用海水配浆能够大幅降低钻井液费用。

常用的钻井液类型主要有水基和油基两大类。在应用水基钻井液进行钻探方面，挪威采用无机盐（NaCl）和其他有机盐组成的高浓度含盐钻井液在抑制水合物再生方面去的了较好的效果。另外，据 Ouar 研究，盐和蒙脱土、水解聚丙烯酰胺等组成的钻井液也有较好的热力学抑制性能。从抑制水合物再生来看，水基钻井液体系要优于油基钻井液。

（4）均匀套管。

含天然气水合物地层中井眼套管的稳定性用均匀的、圆形模型来模拟。模型中所用到的初始状态的一些参数如表 6.5.10 所示。

表 6.5.10 初始状态（据 Tohidi 等，2010）

初始温度（K）	288
初始孔隙压力（MPa）	18
初始水平压力（MPa）	24

假设该井眼所用的钻头的尺寸是 36 寸,套管尺寸是 30 寸(表层套管)。套管的等级大概是 J‑55,其最大的屈服强度是 375MPa。含天然气水合物地层的原始温度是 Moridis(2006)的估计值,大概是 288K。并且在钻取较深的部分时,钻井泥浆的温度大约是 298K。

①模型的几何尺寸。

在二维平面中模拟井眼,把套管、水泥环和地层看做是一组同心圆,如图 6.5.28 所示。合适的边界条件用于边缘地区去模拟边缘地区的条件,如图 6.5.28 所示。为了准确地描述边缘地区的情况对井眼区域的影响,总的模型的大小要比井眼大 100 倍(Bobet 等,2003)。套管、水泥和地层的基础是平面应力以及八节点的连续介质元素。地层因素包含附加的自由度去适应孔隙压力。

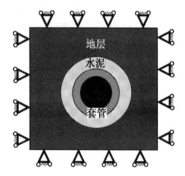

图 6.5.28　应用于该研究中的圆形模型的几何尺寸(据 Tohidi 等,2010)

②模拟的顺序。

a. 平衡阶段。

通过对模型施加一个初始的温度和压力,使得模型达到温压平衡。这个阶段详细描述了初始阶段的有效应力、温度、孔隙压力,并且确定了沿油藏边界的位移。在后面的阶段中油藏的应力保持不变。在这个过程的过中,模型的初始位移为 0。这是非常重要的,因为套管和水泥仅仅在钻井操作后产生的载荷下发生变形。套管和水泥在原始的载荷下不应该变形。

b. 钻井阶段。

在钻井操作阶段,地层模型中与井孔相当的一个圆柱体将被取出。这个圆柱体在取出之前是处原始应力平衡状态下。圆柱体的取出导致施加在圆柱体地层中作用力的消失,而取代圆柱体的钻井液对周围的地层产生一个静液压力(由于钻井液的密度高于地层流体的密度)。钻井液的密度不能有效地维持地层的平衡,这将使地层中产生附加的压力去维持平衡。为了模拟周围地层中由于钻井操作而产生的附加压力,要消除这个阶段模型中井眼内的因素。

c. 下套管和固井阶段。

钻完井后,应该马上下套管和注水泥固井。因此,在这个阶段中,还要在模型中增加套管和水泥这两个元素,与此同时套管的内表面将会施加一个等同于钻井泥浆的静液压力的力(内部压力)。开启套管和水泥这两个元素后,套管和水泥界面的相互作用有联系。另外,下入套管和注入水泥固井后,水泥和地层表面的相互作用也产生了。

d. 钻进下覆地层阶段。

当钻进到下覆地层时,为了激发地层与钻井泥浆的热交换,将井眼的温度增加 10K。因为地层渗透率很低,所以天然气水合物分解所产生的天然气和水不能运移出井眼区域。这种情况导致地层孔隙压力的增加。

③热力模型。

热力模型的尺寸大小和水力机械模型相同,但是其中的要素不同。热模型中的网格的密度和元素的形状和水力机械模型非常相似。仅仅通过增加套管节点的温度,使其温度比开始的温度高 10K,此时,作为瞬间的热交换的热分析通过热传导作用来进行。在天然气水合物分解的过程的计算中没有考虑热量吸收。在第一次使用热模型的同时,水力机械模型也在使用。但是,下套管和注水泥固井后,温度才开始升高。当温度有差值后,这个温差作为这个模型的热量输出的温度分布将被保存在文件中，而这个文件最后将会运用到水力机械模型中进行分析，并且还要使用每一个节点的温度去计算天然气水合物分解的压力。为了准确地得到温度的变化，在水力机械模型中，应合理地调节时间差值。

（5）非均匀的套管。

常规的套管都是以套管上均匀载荷为基础而设计的，没有考虑套管、水泥和地层之间的相互作用。因此，常规的套管设计没有考虑套管的非均匀载荷。对于套管的非均匀载荷存在很多原因，而偏心套管和水泥中的孔隙（Salehabadi 等，2008，2009）是套管非均匀载荷的两个主要来源。

①套管偏心。

套管偏心是指在下套管工作完成后，套管没有位于井眼中间。尤其从固井的角度来说，套管偏心非常重要。通过在套管和环空（套管和井筒之间的体积）之间循环已经配置好的水泥浆来进行固井操作。水泥浆应该从下到上注入套管和井筒之间的整个环空，这在钻井工程中称为水泥返高。水泥浆没有到达表面（没有水泥返高）的其中一个原因是在疏松的地层中出现井眼扩大。如果套管不在井眼的中间，那么固井操作后套管周围的水泥环就不是均匀的，这将导致一些安全问题，并且在固井后其他的一些井眼操作中也可能会出现问题。为此工程师们设计了一种扶正器来校正套管在井中的位置。如果套管上有很多扶正器，那么在下套管过程中将会产生很大的摩擦力，有可能引起卡钻。从另一方面来说，如果套管上的扶正器的数量太少，那么，套管不会位于井眼的中央，这些将导致后来的问题发生。决定扶正器的数量和位置超出了这个研究的范围。在日本海岸（Nankai Through）的含天然气水合物的地层中钻井时，固井操作时没有水泥返回到表面，这最可能是由于井眼扩大导致套管偏心引起的。

含天然气水合物地层一般都是非常疏松的地层。所以，在这种类型的地层中进行钻井和固井时，常常会出现清洗和井眼扩大的问题。因此，在套管上使用足够多的扶正器使其位于井眼的中央是有必要的。如果清洗井眼时，套管上没有足够多的扶正器，那么，套管偏心是不可避免的（Matsuzawa，等，2006）。由于天然气水合物钻井中套管的稳定性很重要，因此，使用两个数学模型来调查套管偏心（非均匀载荷）对含天然气水合物地层的套管稳定性的影响。这个套管上初始的情况和物质的性质都和均质套管相同。

②偏心率。

图 6.5.29 和图 6.5.30 分别是中心和偏心套管的图解。

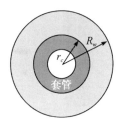
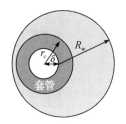

图 6.5.29　中心套管图解（据 Tohidi 等，2010）　　　图 6.5.30　偏心套管图解（据 Tohidi 等，2010）

在该研究中，偏心率定义为

$$偏心率 = \frac{\delta}{(R_w - r_c)} \times 100 \tag{6.5.52}$$

式中：δ 为井眼中心和套管的偏离程度；R_w 是井筒半径（m）；r_c 是套管的半径（m）。

偏心率在 0 到 100% 的范围内变化，在这个范围内，套管接触到井眼的内壁（砂平面），并且水泥环的厚度为 0。在本文的研究中考虑到两个偏心率，分别为 20% 和 40%。模型的大小、形状和网格的密度相当于以前提到的均质模型。

③热模型。

当水泥环的厚度不同时，不同偏心率模型的温度分布也不同。因此，根据每一种水力机械模型研发了两种热模型。网格的密度和元素的类型和水力机械模型相同。这些模型是为了在从文件中获取温度时，防止网格的不兼容性。

④模拟顺序。

非均匀套管的模拟顺序与均匀套管模拟时相同。

6.5.2.3.3　模拟结果和稳定性分析

（1）均匀套管。

在均匀套管中数值模拟的温度分布和孔隙压力分布如图 6.5.31～图 6.5.34 所示。这些温度和孔隙压力的变换是由于天然气水合物的分解所产生的。

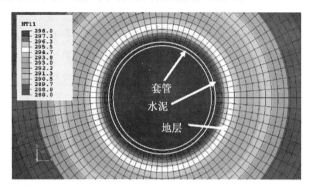

图 6.5.31　基于系统 A 具有热性质水泥的井眼附近的
温度分布（K）（据 Tohidi 等，2010）

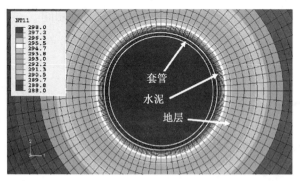

图 6.5.32　基于系统 B 具有热性质水泥的井眼附近的
温度分布（K）（据 Tohidi 等，2010）

从上面的图可以得到，温度和压力在地层中是均匀分布的。当使用系统 A 的水泥热性能模拟时，得到的温度和空隙压力要比使用系统 B 模拟得到的温度和空隙压力更高一些。模拟结果也表明井眼附近的孔隙压力要比其他区域高一些。以井眼为中心；压力沿着井半径

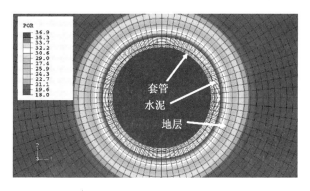

图 6.5.33　基于系统 A 具有热性质水泥的井眼的
孔隙压力分布（MPa）（据 Tohidi 等，2010）

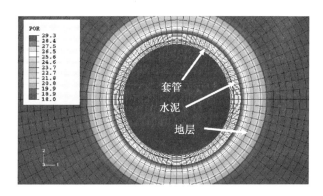

图 6.5.34　基于系统 B 具有热性质水泥的井眼的
孔隙压力分布（MPa）（据 Tohidi 等，2010）

方向逐渐降低。到地层中时，压力降到原始地层压力。

（2）非均匀套管。

图 6.5.35～图 6.5.38 显示的是在非均匀套管中，偏心率为 20% 和 40% 时温度分布和由于天然气水水合物分解产生的压力。它们分别位于 A 系统中具有热性质的水泥的井眼的周围。

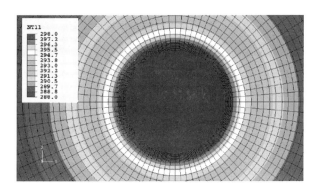

图 6.5.35　基于系统 A 的具有热性质的水泥和 20% 偏心度的
井眼周围的温度分布（K）（据 Tohidi 等，2010）

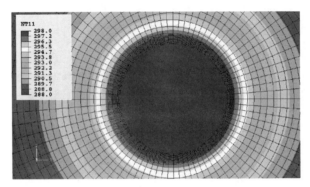

图 6.5.36　基于系统 A 的具有热性质的水泥和 40% 偏心度的
井眼周围的温度分布（K）（据 Tohidi 等，2010）

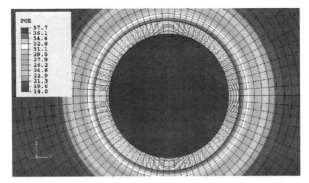

图 6.5.37　基于系统 A 的具有热性质的水泥和 20% 偏心度的
井眼周围的孔隙压力分布（MPa）（据 Tohidi 等，2010）

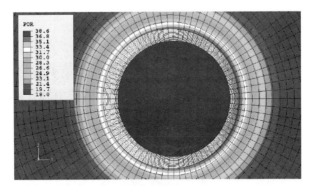

图 6.5.38　基于系统 A 的具有热性质的水泥和 40% 偏心度的
井眼周围的孔隙压力分布（MPa）（据 Tohidi 等，2010）

　　当环空中的水泥环厚度不均匀时，地层中的温度分布在具有套管偏心的井眼周围的分布是不均匀的。如图 6.5.35 和图 6.5.36 所示，当套管右侧的水泥环比左侧的水泥环薄时，套管右侧的温度高于套管左侧的温度。孔隙压力的分布形式和温度的分布形式相同，如图 6.5.37 和图 6.5.38 所示。套管右侧的孔隙压力（和温度的大小相似）比左侧的高，因此，套管并不是均匀地分布在地层中。均质条件下，套管中所产生冯米泽斯应力的最大值，20% 和 40% 的套管的偏心率，如表 6.5.11 所示。

表 6.5.11　水合物分解后在套管中所产生冯米泽斯应力的最大值（据 Tohidi 等，2010）

套管离心率	最大冯米泽斯应力							
	公式 #1				公式 #2			
	系统 A—热力学属性	压力增加量	系统 B—热力学属性	压力增加量	系统 A—热力学属性	压力增加量	系统 B—热力学属性	压力增加量
0	174.6	0	66.97	0	185.5	0	75.7	0
20	211	20.84	72.66	8.49	221.2	19.24	81.05	7.06
40	281.6	61.28	140.2	109.34	290.9	58.81	148.3	95.90

　　表 6.5.11 表明钻取井（天然气水合物的分解）眼下面的部分后，在套管中所产生冯米泽斯应力的最大值比较高。数据表明，无论水泥的机械性质如何，在相同的条件下，用低热性质的水泥进行固井的井眼中，套管的冯米泽斯应力的最大值要比用高热性质的水泥进行固井的井眼中套管的冯米泽斯应力的最大值要小。在天然气水合物地层的井眼中使用这种水泥的好处也得到了证实。表 6.5.11 也表明不管水泥的机械性质如何，用高热性质的水泥进行固井时，套管中的冯米泽斯应力的最大值不会因为增加套管的偏心度而有很大幅度的增加。然而，用低热性质的水泥进行固井时，套管中的冯米泽斯应力的最大值会随着套管的偏心度的增加而增大。实际钻井过程中，在含水合物的地层中使用低热性质的水泥浆去减少通过水泥的热传导，因此，相应地减少了套管下面水合物的分解和孔隙压力增加。假设下套管过程是成功的，并且套管位于井筒中间，这个研究的结果证实了在含天然气水合物的地层井眼中使用这种类型的水泥的好处。

　　（3）小结。

　　数值模型用于分析由于套管偏心，在均匀和非均匀载荷情况下，在含天然气水合物地层井眼中套管的稳定性。在这种研发的模型中，由于天然气水水合物的分解所产生的流体不能在井眼中流动。在模型中使用的假定的边界和参数的条件下，发现用低热性质的水泥（不论水泥的机械性质如何）固井的中心套管中所产生的冯米泽斯应力的最大值要比用高热性质的水泥进行固井的中心套管的冯米泽斯应力的最大值要小。如图 6.5.39 所示。

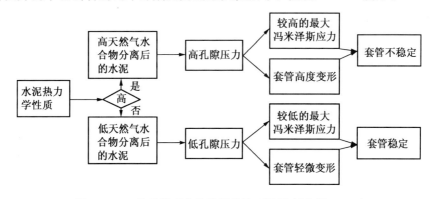

图 6.5.39　均质模型中的结果总结（据 Tohidi 等，2010）

　　然而，当套管偏心时，则上面的逆向思维是正确的。假设下套管过程是成功的，并且套管位于井筒中间，这个研究的结果证实了在含天然气水合物的地层井眼中使用低热性质的水泥更有利。否则，在随后的操作中，套管中所产生的应力有可能导致套损。

6.5.2.4 钻井取心技术

钻探取样是识别水合物最直接有效的方法，天然气水合物勘探和开发研究的关键之一是取心技术。因为海域天然气水合物多赋存于洋底深层，所以在天然气水合物钻井取心过程中，深水深层取心十分重要。深水浅层取样器在洋底取心深度不超过10m，即使能取得天然气水合物岩心，也无法准确地判断整个天然气水合物储层的埋藏深度、规模，以及岩石稳定性等重要信息，只有进行洋底深部钻探，才能取得矿床评价所需真实信息。因此利用钻探工程获取岩心是深海天然气水合物勘探开发取得突破的关键，同时也是计算储量、制定开发方案的重要依据。

通过对取得的样品（岩土样、天然气水合物样、气样、水样）进行全面分析，测试得出可靠的地下地质信息，可以为以后的工业开发提供有利的资料，同时也为天然气水合物藏开采方法的研究提供一些有利的参数。一般来说天然气水合物样品测试的内容包括：

（1）沉积岩类型、岩石稳定性、剪切强度；孔隙率、渗透性、有机物含量、绝对年龄；

（2）海底地层水与沉积物孔隙水中的甲烷浓度和盐度（氯离子异常）、孔隙水压力和同位素组成；

（3）天然气水合物样的温度、压力、声速、光通率、晶体结构、水气比、气体物质组成与含量、气体同位素组成、天然气水合物在岩石样品中的饱和度等。

天然气水合物钻探取心获得的岩心资料结合物探测井信息资料进行研究，能够确定天然气水合物赋存区的位置、深度、面积、产状、规模、物性，进行矿床评价及储量计算；可以研究天然气水合物的成因、烃类来源、微生物活动以及对天然气水合物形成和分解的影响；研究海底模拟反射层（BSR）及其特性；研究含有天然气水合物的沉积层的稳定性及产生滑坡的可能性，以便在钻探施工及开采时采取相应的措施。

为了能获取保持在原始压力条件下的沉积物岩心，科学家们开始研制保压取心筒（PCB）（Gerald，1997；Paull，1997；Pettigrew，1992），希望在受控状态下使保持在原始压力下的天然气水合物样品发生分解，以供地球化学分析之用。同时，根据观察到的气压变化与化学组成判断天然气水合物的存在并研究天然气水合物的成因和来源。20世纪80年代前期，科学家们在美国布莱克海脊DSDP503站位对保压取心筒Ⅲ型进行了现场试验，这标志着PCB-Ⅲ型作为先进的海底钻探设备开始进入实际应用阶段。在此基础上，1995年11—12月，在布莱克海脊，ODP第164航次首次系统全面地进行了使用保压取心器（PCS）取样的尝试并取得了部分成功。该保压取心器在海底以下0～400m深度范围内以及较低的沉积物固结程度条件下所获得的取心效果是令人满意的。80年代前期，科学家们在美国布莱克海底高原DSDP503站位对保压取心筒Ⅲ型进行了现场试验，这标志着PCB-Ⅲ型作为先进的海底钻探设备开始进入实际应用阶段。在此基础上，1995年11—12月，在布莱克海底高原，ODP第164航次首次系统全面地进行了使用保压取心器（PCS）取样的尝试并取得了部分成功。该保压取心器在海底以下0～400m深度范围内以及较低的沉积物固结程度条件下所获得的取心效果是令人满意的。但是当超过400m深度或沉积层固结程度较高时，使用这种类型的保压取心器进行取心的效果并不理想。

随着对天然气水合物的深入研究，保压取心器技术也不断完善和发展。目前，研究人员针对海底沉积物的不同类型设计了3种类型的保压取心器。（1）推进型保压取心器：适用于对黏土质含天然气水合物沉积层进行钻探和取心。（2）推进型保压取心器：适用于对黏土质含天然气水合物沉积层进行穿透和取心。ODP第164航次在布莱克海底高原沉积物上部100～

200m 曾遇到这种沉积类型。（3）旋转型保压取心器：具旋转钻进和切割功能，适于对较深层位和比黏土质更坚硬、固结程度更高的含天然气水合物沉积层进行取心。（4）撞击型保压取心器：具有摆动锤和撞击功能，适于对坚硬的、固结程度很好的颗粒石英砂岩层、硬砂岩层和卵石层等一些被认为是极难取心的层位进行取心。

要获得高保真的水合物岩样，无论采用哪种取心装置都需要采用温度比较低的钻井液，并采用合适的循环速度、钻井速度和转速，以抑制原地和未卡断岩心前取样器中水合物的分解。要获得高保真的水合物岩样，无论采用哪种取心装置都需要采用温度比较低的钻井液，并采用合适的循环速度、钻井速度和转速，以抑制原地和未卡断岩心前取样器中水合物的分解。在钻井液系统中，钻井液抑制应根据工区实际需要进行选择。

6.5.3　环境问题

天然气水合物是一种在低温、高压环境下，形成的结晶状固态化合物。人们在关注其具有潜在的巨大资源量的同时，往往忽视了天然气水合物所带来的负面环境效应和灾害影响。近年来的研究表明，因海底天然气水合物的分解而导致沉积物胶结强度和坡体稳定性的降低，是海底滑坡产生的重要原因之一。当海底发生滑坡时，可引发海啸，对海岸环境和生命财产造成巨大破坏。另一方面，由于天然气水合物中两种温室气体—甲烷和二氧化碳，其分解气体进入大气圈后，可对全球气候变暖产生重要影响。地质历史时期天然气水合物大规模的分解可直接导致某些物种，特别是海底单细胞生物的灭绝。

6.5.3.1　天然气水合物对海底环境的影响

天然气水合物最主要的灾害效应是其在海底的分解能诱发海底滑坡。正常地质背景下，在没有天然气水合物的沉积层中，大量微生物或热成因的甲烷和水在沉积孔隙空间内自由运移，而在水合物开始形成后，甲烷和水被固定，使孔隙空间减小并导致流体的运移速度变慢。尽管水合物本身能作为稳定的胶结物，但它代替液态水占据了孔隙空间，使矿物胶结和固结成岩的沉积学过程受到阻碍。当更多的水合物形成时，沉积物对气体或液体的渗透率降低。最终水合物可以占据水合物稳定带沉积物内的大部分空间。连续的形成使水合物的埋藏逐渐加深，最终埋藏深度的温度和压力将超过能使它稳定的范围，这时固态的天然气水合物将分解为气体和水，因此水合物稳定带底部的固结程度将降低，并且由于气体释放形成超压，在重力或地震扰动的条件下就有可能在脆弱带崩塌和海底滑坡（Dillon 等，2003）。

大陆斜坡上的连续沉积和沉积物的深部埋藏也能造成水合物的分解，任何已形成的水合物都将在连续沉积的情况下埋藏得更深，由于地温梯度和连续沉积，水合物甚至将被埋藏到某一深度，那里的温度将不再使水合物稳定，为了调整和适应这种新的温压条件，天然气水合物将发生分解。这时在水合物稳定带底部将产生一种强化的流状岩层，同样也会造成海底斜坡崩塌形成碎屑流、滑塌和滑坡（Dillon 等，2003）（图 6.5.40）。海洋调查表明，与水合物有联系的海底滑坡通常具有以下三个特征：（1）可发生于坡度小于或等于 5°的海底斜坡上；（2）滑坡体的顶部深度接近于天然气水合物分布带的顶部深度；（3）在滑坡体下面的沉积物层中几乎没有天然气水合物（Leynaud 等，2004；Borowski 等，1999）。

现在已经查清楚，世界各大陆边缘的海底滑塌、滑坡和浊流作用大多与海底天然气水合物分解有关。最明显的例子是挪威大陆架，地震波资料显示该区域有着明显的似海底反射面（BSR），这是水合物存在的标志之一，然而它也是世界上最大的海底滑坡—Storrega 滑坡发生所在地。通过一系列研究表明这个滑坡的发生是由海平面下降造成水合物分解的结果。

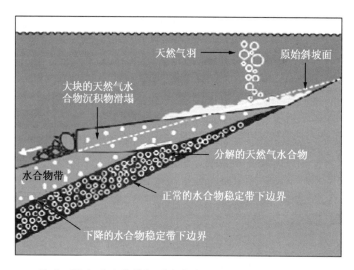

图 6.5.40　海底天然气水合物分解诱发海底滑坡示意图（据 McIver 等，1982）

海底天然气水合物也是造成其他一些海洋灾害的原因。由于水合物中含有超出自身体积 100 倍以上的气体，若遇断裂等构造作用，将引起水合物在瞬间爆炸般地分解，可形成密度为 0.1kg/m³ 的气、水混合物，并在海面上形成强大的水动力流、涡流和气旋。轮船、飞机、海上钻井设施遭遇这种环境会迅速沉到海底（Dillon 等，2003）。

由于受研究手段和条件（主要依靠地震反射剖面和岩心取样）的限制，对这种由天然气水合物分解诱发的海底滑坡体性质和滑坡动力学的认识远不及对陆地滑坡的认识完善，今后应在天然气水合物蕴藏区域沉积物的力学特性和响应、数值模拟以及触发机制等方面多做工作。

6.5.3.2　天然气水合物对海底生态系统的影响

天然气水合物开采过程中释放的大量甲烷常和海水中的 O_2 反应生成二氧化碳，而二氧化碳又会与礁石中的 $CaCO_3$ 反应生成 $Ca(HCO_3)_2$。海底 O_2 的大量消耗造成了一些喜氧生物群的萎缩，甚至出现物种灭绝，同时也会造成生物礁退化，破坏海洋生态平衡。

根据 ODP690 孔和 ODP865 的高分辨率炭同位素记录（Kennett 等，1991；Bralower，1995），Dickens 等人（Dickens 等，1997）认为从天然气水合物中突然释放出的大量甲烷气体，是导致古新世与始新世分界面上（55Ma 前）大量海洋动物灭绝的原因。在这次事件中，陆地生物、海洋表层生物和海洋底层厌氧生物并未受影响，但底部沉积物中生物碳酸盐壳体却发生了溶解。这表明氧浓度在海洋底层或近底层减小了，而溶解二氧化碳浓度和酸度在底层却增加了。深层水温度在 1000a 内从 11℃ 增加至 14℃。通过大量的研究表明天然气水合物的急剧分解是导致这一时期海洋底栖生物灭绝的原因。Bains 等（Bains 等，1999）随后对 ODP1051B 和 ODP690B 孔的研究也为发生在 55Ma 前的这次海洋动物的灭绝提供了证据，并指出这次天然气水合物的分解是一次全球性，而非局部或区域性的事件。Katz 等也发现，ODP1051 孔的古新世与始新世分界面上 55％ 的有孔虫种类发生了消失，并且 60％ 的种类消失是伴随着碳同位素比值的偏移立即产生的，这同样为天然气水合物的分解是这次事件产生的原因提供了强有力的证据。

生物多样性是人类赖以生存的条件，也是经济得以持续发展的基础。海洋生物多样性对调节和维持生态平衡，稳定环境具有重要作用。但由于海洋生态系统和生物多样性是很脆弱的，一旦遭到破坏，则很难再恢复。大规模天然气水合物分解导致海底生物灭绝的地史事件表明，如何有效地保护脆弱的海洋生态系统和生物多样性，是天然气水合物开采过程中必须重视和谨慎对待的问题之一，也是关系到人类可持续发展的重大问题之一。

6.5.3.3 天然气水合物对气候变化的影响

甲烷气体是大气的重要组成成分之一，虽然在大气中甲烷含量仅为二氧化碳的 0.5%，但甲烷的温室效应要远比二氧化碳强得多，约为二氧化碳的 20 倍。天然气水合物在开采过程中随着压力、温度的变化必然会造成部分水合物的分解并释放到大气中去，加重温室效应。更为严重的是，伴随全球变暖，海水水温、地层温度上升以及海平面上升海底静压力的变化，极地永久冻土带之下或海底的天然气水合物会自动分解，大气的温室效应将进一步加剧。加拿大福特斯洛普天然气水合物层正在融化就是一个例证。

天然气水合物与全球变暖关系的研究也日益受到重视。然而，研究者们对从天然气水合物中释放出的温室气体量是否足以导致全球变暖尚有争议。Kvenvolden 认为，现在天然气水合物分解产生的甲烷量可能还不够多，并不能显著地影响全球气候变暖（Kvenvolden，1988）。Max 和 Lowrie 则指出，既然从天然气水合物中释放出的气体很大部分可以溶解于海水中或立即被硫酸盐氧化，那么实际到达大气层中的温室气体量并不多（Max 等，1996）。但 Paull 等研究后认为，从天然气水合物中释放出的甲烷能在一定时期内达到峰值，并可导致全球气温上升（Paull，1991）。Paull 的观点在随后的研究中多次被证实。南极冰心记录也显示，地史上大气中甲烷量的增加趋势与全球变暖趋势相平行，这表明甲烷在全球升温过程中扮演着重要的角色。研究者们将某一时期大量甲烷从天然气水合物中急剧释放出来的现象形象地称作"甲烷嗝"（methane burp）。Kerr 认为，这些释放出来的甲烷可能被氧化形成二氧化碳，最终进入大气中，可使地球温度升高 4～8℃（Kerr，1999）。

研究表明，大规模天然气水合物的分解可导致全球气温上升；另一方面，全球气温上升也可引发天然气水合物的分解。但如何定量地准确评价天然气水合物与全球变暖的关系，仍然是亟待解决的问题。以下工作将成为今后这方面研究的重点：（1）准确评价全球变暖对天然气水合物分解的影响；（2）模拟从天然气水合物中释放出的甲烷气体对大气的影响；（3）定量评估地质尺度上从天然气水合物中释放的甲烷量；（4）结合天然气水合物沉积的现代和历史数据，建立全球气候变化模型。

6.5.3.4 天然气水合物对海洋工程的影响

天然气水合物分解使地层内部承载力的不均匀将威胁到海洋工程的安全，如造成钻井平台桩腿的不均匀沉降，使平台倾斜甚至翻倒等；另外，气体的突然释放会对管道产生破坏作用，特别是高压浅层气释放时会造成套管侵蚀，甚至会造成井喷和引起平台燃烧，造成生命及财产的损失（如图 6.5.41）。因此，研究天然气水合物分解引起的海底滑坡，评价其对未来天然气水合物开发的安全性和可持续性具有重要的科学指导意义及实用价值（Nisbet 等，1998；Rothwell 等，1998）。

钻井活动会造成地层的温度和压力发生变化，导致天然气水合物层的不稳定。墨西哥湾、西非、巴西深水作业中多次遇到水合物堵塞水下防喷器，拖延了井控时间、导致防喷器无法连接、堵塞压井管线和井筒，产生严重的井控问题（Hampton 等，1996）；水合物还可能破坏导向基座和水下生产设备，并在海底设备上形成大量的水合物，影响正常作业。同样，人类对海底进行石油勘探和开发有关的钻井、铺设管线等，钻井把深部热流体带入浅部含水合物地层来，将会破坏了水合物存在的温度压力条件，可能导致水合物分解。在此类地

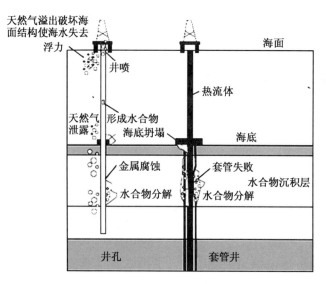

图6.5.41 天然气水合物引起的钻井问题

层钻井时井壁岩层失稳垮塌、井涌或井漏等问题会更加突出，当井眼打开，引起其胶结或骨架支撑作用的固态水合物分解时，分解本身就会使井壁坍塌。分解后气体急骤膨胀，从而引发事故，使井陉扩大、套管被压扁、井口装置失掉承载能力，出现井涌、井喷，污染周围环境，井周出现溶洞，地基下沉，产生海底地基沉降等重大事故，甚至灾难性的地质塌陷，海底滑坡和海水毒化等灾害。分解产生的部分气体进入井内同钻井液一起上返到地面，在这过程中如果井内温压条件合适，它们又会重新在钻井管线和阀门特别是防喷器内形成水合物，导致循环管道被堵塞等钻井事故发生。因此，井壁易失稳和井内事故易发是水合物地层钻井的一个主要特性（Sultan 等，2007；Henry 等，2002；Masson，1993）。

天然气水合物分解还会对立柱甚至整个钻井平台、水下生产设施、管线、上部设施造成危害；而且水合物分解产生大量气体，也可能导致海底滑坡和土体不稳，大量的碎屑、块体流动，将冲塌钻井平台，造成巨大财产损失。其次，水合物分解后也会带来风险。水合物分解后，海底地层的力学性能发生变化，由此可能导致海底大面积的滑坡。很多海洋石油生产设施坐落在水合物稳定在之上，因此水合物的分解会直接威胁海底油气生产设施，导致平台下沉，管线毁坏等。此外，深水海底管线及水下井口等都会因其长期面临着水合物而存在着潜在的危险。

附录6.A 全球资源量及分布特征

　　自 20 世纪 70 年代以来，许多学者相继对全球陆地冻土带和海洋天然气水合物的资源量进行了预测。由于评价方法的差异和对实际资料的掌握程度不同，预测结果往往差距很大，并且各类估算在计算全球水合物资源量时都带有推测性和不确定性。从表 6.A.1 可以看出不同学者预测的最大差异可以高达 5 个数量级，但我们同时应该注意到，即使是基于最保守的估计，水合物资源潜力也是巨大的。随着对水合物勘探程度的深入，全球水合物资源将不断得到修正，精度也会进一步提高。

表 6.A.1　世界天然气水合物储量估算

冻土带水合物储量		海底水合物储量	
含气量（m³）	参考文献	含气量（m³）	参考文献
1.4×10^{13}	Meyer（1981）	3.1×10^{13}	Meyer（1981）
3.1×10^{13}	Mclver（1981）	$(5 \sim 25) \times 10^{15}$	Trofimuk 等（1977）
5.7×10^{13}	Trofimuk 等（1977）	2×10^{16}	Kvenvolden（1988）
7.4×10^{13}	Macdonald（1990）	2.1×10^{16}	Macdonald（1990）
3.4×10^{13}	Dobrynin 等（1981）	7.6×10^{18}	Dobrynin 等（1981）

　　表 6.A.2 为世界范围传统天然气藏与水合物天然气藏含气量对比，我们首先可以看到甲烷水合物的含气量远远超过常规气藏的含气量；其次，水合物资源量在世界范围内的分布差异也很大，其中北美、拉丁美洲以及前苏联占据了水合物资源量的 3/4，其中原因与这几个地方的勘探程度是有紧密联系的。

表 6.A.2　世界范围传统天然气藏与水合物天然气藏含气量（Milkov，2003）

区　　域	常规气藏（TCM）	甲烷水合物（TCM）
北美	32.82	6853
拉丁美洲及加勒比海	21.1	5139
西欧	15.27	856
中欧和东欧	2.05	0
前苏联	117	4711
中东和北非	77.2	214
撒哈拉以南非洲	13.9	429
中亚和中国	10.07	429
太平洋经济合作发展组织	2.68	1713
其他环太平洋亚洲地区	11.18	214
南亚	4.72	429
总计	310.3	20987

TCM：万亿立方米。

表 6.A.3 为海洋水合物全球热点研究区域水合物分布范围与储层特征，可以看出水合物在海底水深 600～5500m 均有分布，储层深度距离海底 0～500m 范围。从表中可以看出，水合物稳定带厚度基本与水的深度成正比，与地温梯度成反比（HSF 代表水合物稳定带底界面）。

表 6.A.3 天然气水合物全球热点研究区域水合物分布范围与储层特征（据 Makogon，2007）

地　区	水深（m）	储层深度（m）	BSR（m）	HFZ边界	储层温度（℃）
California	600	600～660		680	5
Cascadia Margin	700	760～790	800	800	6
Nankai Trough	945	1141～1210	1210	1450	11
Missssippy Canyon	1330	1365～1470		1650	7
Guaternala-4	1720	1870～2120		2250	9.5
Mexico-1	1770	1950～2170	2540	2400	7
Mexico-3	1950	2050～2212	2750	2750	7.2
Guaternala-3	2000	2450～2500	2500	2500	18
Black Sea	2020	2030～2040		2520	3.5
Guaternala-1	2400	2750～2800		2950	15.6
GOM-A	2420	2440～2480		2750	4
Japan Sea	2600	2600～2650	2650	3450	17
Mexico-2	2900	3000～3077	3700	3750	5.2
Costa Rica	3100	3400～3439		4000	10
Atl-Blake R.	3230	3450～3480	3900	3900	11.5
Peru-Chile-2	3900	3950～4000	4300	4300	10
Nankai-Jap	4700	4800～4870		4900	4
Peru-Chile-1	5070	5200～5260	5700	5700	6.5
Guaternala-2	5480	5820～5880		6640	9.1

水合物中的烃类气体成分可以来自于深部油气的热解即热成因气，也可以是浅层甲烷菌的还原反应产生的甲烷即生物成因气。热成因气和生物成因气的一个显著区别是烃类气体成分的差异。热成因气成分复杂；而生物成因气成分基本为单一的甲烷，甲烷纯度通常可以达到 95% 以上。表 6.A.4 为全球热点研究区域水合物烃类气体成分分析对比，据此可以初步进行水合物气源成因分析。

表 6.A.4 全球热点研究区域水合物组成成分（据 Taylor，2002）

区　域	C_1	C_2	C_3	$i-C_4$	nC_4	C_5^+	CO_2	N_2
Haakou Mosby 泥火山	99.5	0.1	0.1	0.1	0.1	0.1		
日本 Nankai 海槽	99.37						0.63	
Bush Hill（White*）	72.1	1.5	13.1	2.4	1.0	0.0		
Bush Hill（Yellow*）	73.5	11.5	11.6	2.0	1.0	0.3	0.1	
Green Canyon（White*）	66.5	8.9	15.8	7.2	1.4	0.2		

区　　域	C_1	C_2	C_3	$i-C_4$	nC_4	C_5^+	CO_2	N_2
Green Canyon（Yellow*）	69.5	8.6	15.2	5.4	1.2	0.0		
Bush Hill*	29.7	15.3	36.6	9.7	4.0	4.8		
Messoykha	98.7	0.03					0.5	0.77
加拿大 Mallik	99.7	0.03					0.27	
Nankai 海槽*	94.3	2.6	0.57	0.09	0.08		0.24	1.4
美国 Blake Ridge	99.98	0.02						

水合物藏开发可行性需要考虑的问题有区域资源量、储层质量（孔隙度、渗透率）以及是否靠近原有油气基础设施等多种因素。最具开发潜力的水合物藏为构造成因并且原本就为油气生产基地的优质储层（如墨西哥湾西北部），以及地层成因分散型储层中的相对渗透区域（如 Hydrate Ridge）。

表 6.A.5　全球主要天然气水合物聚集区域的地质特征和储量（Milkov, 2003）

特　　征	墨西哥湾西北部（构造成因）	Hydrate Ridge	Hakkon mosby 泥火山	Blake Ridge	Nankai Trough	墨西哥湾西北部*（地层成因）
水深（m）	440~2500	700~1000	1250~1260	1000~4000	700~3500	615~2500
区域面积（km²）	23000	375	1.8	26000	32000	22500
水合物顶界面深度（m）	0~1900（岩心和建模数据）	0~200（岩心和地震资料 BSR）	0~160（岩心和建模数据）	58~620（18口井和 BSR 数据）	50~500（单井和 BSR 数据）	20~1500（单井和建模数据）
水合物成因	深部气源快速运移到浅层的热，微生物，或混合成因			主要由原地或者深部气源缓慢运移到浅层的微生物成因		
水合物浓度（%）	平均20~30，最高100	最高20~60	最高25	平均2，最高14	平均10，最高30	最高1~2
资源量（m³）	$(8~11)\times10^8$	无报道	3×10^8	2.8×10^{13}	最高 6×10^{13}	$(2~)\times10^{12}$
平均资源密度（m³/km²）	$(4~5)\times10^8$	无报道	1.7×10^8	12×10^8	最高 18.4×10^8	1×10^8
渗透性	高（裂缝）	高（裂缝）	高（裂缝）	低（基质）	低（基质）	低（基质）
采收率	高	高	高	低	较低	低
开发成本	低	较低	低	高	高	高
生产成本	低	低	低	高	较高	高
基础设施	完备	无	无	无	无	完备
经济可行性	高	较高	低	低	较高	低

附录6.B 中国海域天然气水合物资源分布预测

我国蕴藏有丰富的水合物资源，陆地如青藏高原，海洋如南海神狐海域等已经钻探取心证实，预示着我国巨大的水合物资源前景。表6.B.1显示多位学者对我国陆地及东南沿海水合物资源的评价结果。表6.B.2显示我国南海不同区域的水合物资源量预测结果。

表6.B.1 中国天然气水合物资源量预测表（张树林，2008）

作者	年份	地区	资源量	备注
陈多福	2005	青藏高原	$1.2 \times 10^{11} \sim 2.4 \times 10^{14}$	假设10%的冻土发育水合物
陈多福	2005	藏北羌塘盆地	$3.4 \times 10^{10} \sim 6.9 \times 10^{13}$	假设10%的冻土发育水合物
曾维平	2003	南海南部	$6.1 \times 10^{12} \sim 10.2 \times 10^{12}$	
王淑红	2005	南海南部	4.8×10^{15}	
陈多福	2004	琼东南盆地	1.6×10^{12}	
张树林	2007	白云凹陷及周边	8.7×10^{12}	
姚伯初	2001	整个南海	4.3×10^{13}	
梁金强	2006	整个南海	6.5×10^{13}	
葛倩	2006	整个南海	6.0×10^{12}	
方银霞	2001	东海冲绳海槽	2.4×10^{13}	

表6.B.2 中国南海海域水合物远景区水合物分布面积及厚度（金庆焕等，2002）

区 块	分布面积（km²）	有效面积（km²）	厚度（m）
台西南	39 903.8	23 942.3	252（67～321）
东沙南	25 609.9	12 845.5	213（121～253）
神狐东	16 487.1	6 594.8	153（58～217）
西沙海槽	10 386.3	5 712.4	249（47～389）
西沙北	17 117.2	8 558.6	192（102～251）
西沙南	15 305.8	6 122.3	107（52～197）
中建南	42 115.3	12 634.6	122（76～221）
万安北	18 906.5	7 562.6	197（126～215）
北康北	52 426.4	26 123.2	194（57～311）
南沙中	27 518.3	8 255.5	186（95～234）
礼乐东	24 938.5	7 481.5	116（70～178）
合计	290 616.1	125 833.3	

附录 6.C 水合物岩石物理性质

水合物与冰具有类似的外观和相似的物理性质，因此通常放到一起做为比较。表 6.C.1 为冰与纯净的甲烷水合物物理性质的对比。

表 6.C.1 冰与纯水合物物理性质（据 Dvorkin，2000）

性　质	冰	结构 Ň 水合物	结构 Ò 水合物
密度（$10^3 kg/m^3$）	0.917	0.79（空） 0.91（甲烷） 1.73（氙）	0.77（空） 0.88（丙烷） 0.97（THF）
纵波速度（m/s）	3845	3650	3240，3690
横波速度（m/s）	1957	1890	1650，1892
纵横波速度比	1.96	1.93	1.95
泊松比	0.325	0.317	0.32
剪切模量（GPa）	3.5	3.2	2.4，3.2
等压体积模量（GPa）	8.9	7.7	5.6，7.8
等温体积模量（GPa）	8.6	7.2	5.0，7.5
等压杨氏模量（GPa）	9.3	8.5	6.3，8.3
等温杨氏模量（GPa）	9.0	7.9	6.1，8.1
热容（J/g・K）	2.014 2.097	2.088 2.003	2.029
焓（J/g）	334	1.46 437	77 369
热膨胀系数（$10^{-6}/K$）	53 56	87 104	64
热导率（W/m・K）	2.23	0.49	0.51
介电常数	94	58	58

由于取心的困难，水合物储层的弹性性质研究通常基于正演模拟得到。表 6.C.2 为 David（2003）用于正演模拟选取的水合物储层相关参数。表 6.C.3 为 Helgerud 等（1999）利用有效介质模型计算水合物弹性速度所使用的参数，这些参数大多数来源于实验数据或者是实际测井数据。表 6.C.4 为 Lee（2002）根据美国 Alaska 油田，加拿大 Mallik 2L-38 井和速度预测数据统计水合物沉积的纵横波速度、孔隙度。

表 6.C.2 水合物相关沉积物的密度与弹性模量（据 David，2003）

	砂岩	水	水合物	泥质
密度（g/cm^3）	2.65	1.03	0.90	2.58
K（GPa）	36.6	2.5	7.9	20.9
G（GPa）	45.0		3.3	6.8
M（GPa）	96.6	2.5	12.3	30.0

表 6. C. 3　利用有效介质模型计算水合物弹性速度所使用的参数（据 Helgerud 等，1999）

测　　量	使　用　值	来　　源
泥质含量	0.3	测井数据
砂岩剪切模量	45GPa	Helgerud 等，1999
砂岩体积模量	36GPa	Helgerud 等，1999
泥质剪切模量	6.85GPa	Helgerud 等，1999
泥质体积模量	20.9GPa	Helgerud 等，1999
水合物剪切模量	2.54GPa	Sloan，1998
水合物体积模量	6.41GPa	Sloan，1998
砂岩密度	2.65g/cm³	Helgerud 等，1999
泥质密度	2.58g/cm³	Helgerud 等，1999
水合物密度	0.91g/cm³	Sloan，1998
临界孔隙度	0.38	Nur 等，1998
砂岩颗粒接触数	9	Dvorkin 和 Nur，1996

用 Sloan（1998）给出的密度计算的纵横波速度。

表 6. C. 4　据美国 Alaska 油田，加拿大 Mallik 井 2L‐38 和速度预测数据统计水合物沉积的纵横波速度、孔隙度（据 Lee，2002）

孔隙度	v_P（km/s）	v_S（km/s）	来源标记
0.3±0.03	2.37±0.12	1.00±0.10	Alaska 井深度 545～666m 无水合物沉积
0.31±0.03	2.37±0.15	0.82±0.12	Mallik 井 2L‐38 深度 863～897m 无水合物沉积
0.33±0.03	2.39±0.07	1.03±0.07	Mallik 井 2L‐38 深度 1109～1145m 无水合物沉积
0.25±0.03	2.40±0.11	0.99±0.08	Mallik 井 2L‐38 深度 897～1109m 无水合物沉积
0.19±0.03	2.82±0.40	1.23±0.27	Mallik 井 2L‐38 深度 897～1109m 水合物沉积
0.68	1.587	0.463	Jalsobsen 等（2000）深度 100m 处预测速度
0.54	1.829	0.731	Jalsobsen 等（2000）深度 400m 处预测速度

附录6.D 天然气水合物开采

由于天然气水合物的开发面临着经济和技术上的可行性问题，天然气水合物的开采技术尚处于实验阶段，而数学模型是研究水合物开采技术的有效手段。表6.D.1给出了目前文献中已发展的水合物开采数学模型。根据应用范围，将其分为三大类：热力模型、降压模型

表6.D.1 天然气水合物开采数学模型比较（据张郁，2010）

模型		考虑因素					
		传热	流动	分解动力特征	抑制剂	维数	求解方法
热力模型	Holder 等	—	—	—	—	0	解析
	McGuire	传导	—	—	—	1	解析
	Selim 与 Sloan	传导	—	—	—	1	解析
	Kamath 与 Godbole	传导	—	—	√	柱坐标	解析
	Jamaluddin 等	传导		√	—	1	数值
	Selim 与 Sloan	对流传导	气流动	—	—	1	解析
	Das 与 Srivastava	传导	—	—	—	柱坐标	数值
	Ceyhan 与 Parlaktuna	传导	—	—	—	1	解析
	唐良广 等	传导	—	—	—	1	解析
	Tsimpanogiannis 与 Lichtner	对流传导	气流动	—	—	1	解析
降压模型	Holder 与 Angert	传导	气流动	—	—	3	数值
	Burshears 等	传导	气、水流动	—	—	3	数值
	Yousif 等	—	气、水流动	√	—	1	数值
	Sung 等	—	气、水流动	√	—	3	数值
	Goel 等	—	气流动	√	—	柱坐标	解析
	喻西崇 等	对流传导	气流动	—	—	柱坐标	解析
	Ji 等	对流传导	气流动	—	—	柱坐标	解析
	Liu 等	对流传导	气、水流动	—	—	1	数值
	Liu 等	对流传导	气、水流动	—	—	柱坐标	数值
	Sun 等	对流传导	气、水流动	√	—	1	数值
	Sun 与 Mohanty 等	对流传导	气、水流动	√	—	3	数值
	Nazridoust 与 Ahmadi	对流传导	气、水流动	√	—	柱坐标	数值
	Bai 等	对流传导	气、水流动	√	—	3	数值
	Bai 等	对流传导	气、水流动	√	—	3	数值
	Song 与 Liang	对流传导	气、水流动	√	—	2	数值
综合模型	Swinkels 与 Drenth	对流传导	气、水流动	√	—	3	数值
	Masuda 等	对流传导	气、水流动	√	—	3	数值
	Hong 与 Darvish	对流传导	气、水流动	√	—	2	数值
	Moridis 与 Collett	对流传导	气、水流动	√	√	3	数值

注：√表示模型考虑该种因素。

和综合模型。另外，水合物开采过程是一个多孔介质中的传热、传质多相流动过程，其开采过程存在水合物分解、传热、气水在多孔介质中的流动三种机理。因此，不同的模型所考虑的因素，包括对流或传导传热、气或水流动、分解动力特性、注入抑制剂、模型的维数等。

目前，针对天然气水合物的开采方式主要有：加热法、降压法、注入抑制剂法和 CO_2 置换法。对比了解每种方法都有各自的优缺点（表 6. D. 2），对水合物开采方法的进一步研究有重要的意义。

表 6. D. 2　天然气水合物开采方式比较

开采方式	作用机理	优　点	缺　点
加热法	升高天然气水合物地层的温度，使得地层温度高于水合物的平衡温度，从而促使水合物的分解	起效速度快，水合物分解效果明显；环境影响小、适用于多种不同储藏特性	需要较多的能量，热量损失大，热效率较低，成本较高
降压法	降低天然气水合物层的压力，使得地层压力低于水合物的平衡压力，从而促使水合物的分解	技术难度小，成本低	起效速度慢，效率低
注入抑制剂法	降低水合物的冻结点，改变水合物沉积的理化性质	方法简单，初始输入能量低	化学试剂用量大，成本高，毒性强，对环境的影响大，需要分离
CO_2 置换法	在一定的温度条件下，天然气水合物稳定所保持稳定所需的压力比二氧化碳水合物更高，因此某一特定的压力范围内，天然气水合物会分解，而二氧化碳水合物则会形成并保持稳定	减少因二氧化碳引起的温室效应；保持水合物沉积层的完整性，避免因开采天然气水合物而引起海洋地质灾害	开采速率慢；对水合物储层开采不完全，而且对储层介质的特性要求严格

参 考 文 献

Alexei V, Milkova, Roger Sassen. 2003. Preliminary assessment of resources and economic potential of individual gas hydrate accumulations in the Gulf of Mexico continental slope. Marine and Petroleum Geology, 20 (2003), 111~128

Antonov J, Levitus S, Boyer T P, et al. 1998. World Ocean Atlas 1998 (Vol. 1). Temperature of the Atlantic Ocean, Washington, DC: US Gov. Printing Office

Archie G E. 1942. The electrical resistivity log as an aid in determining some reservoir characteristics. Journal of Petroleum Technology, 5: 1~8

Ashwani D, George A, McMechan. 2010. Interpreting structural controls on hydrate and free-gas accumulation using well and seismic information from the Gulf of Mexico. Geophysics, 75 (1): B35~B46

Ayhan Demirbas. 2010. Methane hydrates as potential energy resource: Part 2-Methane production processes from gas hydrates. Energy Conversion and Management, 51: 1562~1571

Baba K, Yamada Y. 2004. BSRs and associated reflections as an indicator of gas hydrate and free gas accumulation: an example of accretionary prism and forearc basin system along the Nankai Trough, off central Japan. Resource Geology, 54 (1): 11~24

Bains S, Corfield R M S, Norris R D. 1999. Mechanisms of climate warming at the end of the Paleocene. Science, 285: 724~727

Bangs N L, Sawyer D S, and Golovchenko X. 1993. Free gas at the base of the gas hydrate zone in the vicinity of the Chile triple junction. Geology, 21: 905~908

Barnes P M, Lamarc G, Bialas J, et al. 2010. Tectonic and geological framework for gas hydrates and cold seeps on the Hikurangi subduction margin, New Zealand. Marine Geology, 272: 26~48

Basniev K, Nifantov A, Shchebetov A. 2005. Thermal Method of Gas Hydrate Fields Development. 13th European Symposium on Improved Oil Recovery — Budapest, Hungary: 1~8

Borowski W S, Paull C K, and Ussler W. 1999. Global and local variations of interstitial sulfate gradients in deep-water, continental margin sediments: Sensitivity to underlying methane and gas hydrates. Marine Geology, 159: 131~154

Borowski W S. 2004. A review of methane and gas hydrates in the dynamic, stratified system of the Blake Ridge region, offshore southeastern North America. Marine Geology, 202: 295~311

Boswell R and Collett T. 2006. The Gas Hydrate Resource Pyramid, Fire In The Ice, R&D Program Newsletter Fall2006, http://www.netl.doe.gov/technologies/oil-gas/publications/Hydrates/Newsletter/HMNewsFall06.Pdf

Boswell R. 2007. Resource potential of methane hydrate coming into focus, JPSE, 56, 9~13

Bralower T J. 1995. Late Paleocene to Eocene pale oceanography of the equatorial Pacific Ocean: stable isotopes recorded at ocean drilling program site 865, Allison Guyot. Pale oceanography, 10: 841~865

Brooks J M, Field M E, and Kennicutt M C. 1991. Observation of gas hydrate in marine sediments, offshore northern California. Marine Geology, 96 (1): 103~139

Bünz S, Mienert J, and Vanneste1 M et al. 2005. Gas hydrates at the Storegga Slide: Constraints from an analysis of multicomponent, wide-angle seismic data. Geophysics. 70 (5): B19~B34

Castaldi M J, Zhou Y, Yegulalp T M. 2007. Down-hole combustion method for gas production from methane hydrates. Journal of Petroleum Science and Engineering, 56: 176~185

Claypool G W, Kvenvolden K A. 1983. Methane and other hydrocarbon gases in marine sediments: Ann. Rev. Earth Planetary Science, 11: 299~327

Claypool G E, Kaplan, I R. 1974. The origin and distribution of methane in marine sediments. In: Kaplan I R (Editor), Natural Gases in Marine Sediments. Plenum Press, New York, 99~139

Clennell M B, Martin H, James S B et al. 1995. Formation of natural gas hydrates in marine sediment 1: Conceptual model gas hydrate growth conditioned by sediment properties. Journal of Geophysical Research, 104 (B10): 22985~23003

Collett T and Lee M. 2006. Well Log Analysis: Tiger Shark AC 818 No. 1, U. S. Geological Survey, internal memo

Collett T S, Lewis R E, and Dallimore S R. 2005. Mallik 5L - 38 gas hydrate production research well downhole well - log and core montages in Scientific resaults from Mallik 2002 Gas Hydrate Production Research Well Program, edited by Dallimore S R and Collett T S. Mackenzie Delta, Northwest Territories, Canada: Geological survey of Canada Bulletin 585

Collett T, Lee M. 2006. Well Log Analysis: Tiger Shark AC 818 No. 1, U. S. Geological Survey, internal memo

Collett T. 2004. Gas hydrates as a future energy resource. (http: //www. agiweb. org/geotimes/nov04/ feature futurehydrates. html)

Collett T. 2007. Arctic Gas Hydrate Energy Assessment Studies, The Arctic Energy Summit, ANCHORAGE, ALASKA, OCTOBER 2007: 15~18

Collett T, Lewis R E, and Dallimore S R. 2005. Mallik 5L - 38 gas hydrate production research well downhole well - log and core montages. In: S. R. Dallimore and T. Collett (Editors), GSC Bulletin 585: Scientific results from the Mallik 2002 gas hydrate production well program, Mackenzie Delta, Northwest Territories, Canada. Geological Survey of Canada, 23

Constablel S and Srnka L J. 2007. An introduction to marine controlled - source electromagnetic methods for hydrocarbon exploration. Geophysics, 72 (2): WA3~WA12

Cote M M and Wright J F. 2010. Geological potential for sequestration of CO_2 as gas hydrate in the Alberta portion of the western Canada sedimentary basin, CSUG/SPE 138121

Dai J, Xu H, Snyder F, et al. 2004. Detection and estimation of gas hydrates using rock physics and seismic inversion: Examples from the northern deepwater Gulf of Mexico. 24 (1): 60~66

Dallimore S R and 2006 - 08 Mallik Team. 2007. Community Update on the 2006 - 2008 JOGMEC/NRCan/ Aurora Mallik Gas Hydrate

Dallimore S R, Collett T S. 2005. Scientific Results from the Mallik 2002 Gas Hydrate Production Research Well Program, Mackenzie Delta, Northwest Territories, Canada, Geological Survey of Canada Bulletin 585

Dallimore S R, Collett T S. 2005. Summary and Implications of the Mallik 2002 Gas Hydrate Production Research Well Program [R] . Ottawa: Geological Survey of Canada, Bulletin 585

Davie M K, Buffett B A. 2001. A numerical model for the formation of gas hydrate below the seafloor. Journal of Geophysical Research - Solid Earth, 106 (B1), 497~514

Desa E. 2001. Submarine methane hydrates potential fuel resource of the 21st century. Proc AP Akad Sci, 5: 101~114

Dewhurst D N, Aplin A C, Sarda J P. 1999. Influence of clay fraction on pore - scale properties and hydraulic conductivity of experimentally compacted mudstones. Journal of Geophysical Research - Solid Earth, 104 (B12), 29261~29274

Dickens G R and Quinby - Hunt M S. 1994. Methane hydrate stability in seawater. Geophysical research letters, 21: 2115~2118

Druskin V L and Knizhnerman L A. 1988. A spectral semi - discrete method for the numerical solution of 3D - nonstationary problems in electrical prospecting. Physics of the Solid Earth, 24: 641~648

Druskin V L and Knizhnerman L A. 1994. Spectral approach to solving three – dimensional Maxwell's diffusion equations in the time and frequency domains. Radio Science, 29: 937~953

Druskin V L, Knizhnerman L A, and Lee P. 1999. New spectral Lanczos decomposition method for induction modeling in arbitrary 3 – D geometry. Geophysics, 64: 701~706

Dvorkin J and Nur A. 1993. Rock physics for characterization of gas hydrate in The future of energy gases, edited by Howell D G. . U. S. Geol. Surv. Prof. Paper 1570: 293~298

Dvorkin J and Nur A. 2003. Rock physics of a gas hydrate reservoir. The Leading Edge, 842~847

Ecker C, Lumlet D, Dvorkin J, et al. 1998. Sediments within gas hydrates: Internal structure from seismic AVO. Geophysics, 63: 1659~1669

Evans R L, Law L K, Louis B, et al. 1999. The shallow porosity structure of the continental shelf of the Eel Shelf, Northern California: results of a towed electromagnetic survey. Marine Geology, 154: 211~226

Evans R L. 1994. Constraints on the large scale porosity of young oceanic crust from seismic and resistivity data. Geophysical Journal International, 119: 869~879

Evans R L. 2007. Using CSEM techniques to map the shallow section of seafloor: From the coastline to the edges of the continental slope. Geophysics, 72 (2): 1402~1411

Freij – Ayoub R, Tan C, Clennell B, et al. 2007. A Wellbore Stability Model for Hydrate Bearing Sediments. Journal of Petroleum Science and Engineering, 57 (1 – 2): 209~220

Fujii T, Nakamizu M, Tsuji Y, Okui T, et al. 2005. Modes of occurrence and accumulation mechanism of methane hydrate – result of METI exploration test wells "Tokai – oki to Kumano – nada"; Paper 3041, proceeding, ICGH2005, 3, 974~979

George J. Moridis, Michael B. 2007. Kowalsky, Depressurization – Induced Gas Production From Class 1 Hydrate Deposits, SPE 97266

Ginsburg G, Milkov A V, Soloviev V A, et al. 1999. Gas hydrate accumulation at the Håkon Mosby Mud Volcano. Geo – Marine Letters, 19: 57~67

Gornitz V, Fung I. 1994. Potential distribution of methane hydrates in the world's oceans. Global Biogeochemical Cycles, 8 (3), 335~347

Gosnold W D. 2001. The global heat flow database. International Heat Flow Commission

Grover T. 2008. Natural gas hydrates – issues for gas production and issues for gas production and geotechnical stability. PhD thesis, Texas A&M University

Guerin G. , Goldberg D, and Meltser A. 1999. Characterization of in situ elastic properties of gas hydrate – bearing sediments on the Blake Ridge. Geophysical Research, 104: 17781~17795

Gutt C, Asmussen B, Press W, et al. 1999. Quantum rotations in natural methane catharses from the Pacific seafloor. Europhysics Letters, 48: 269 – 275

Hammerschmidt E G. 1934. Formation of gas hydrates in natural gas transmission lines. Industrial and Engineering Chemistry, 26 (8): 851~855

Harry H, Roberts B A. 2006. Seafloor reflectivity – An important seismic property for interpreting fluid/gas expulsion geology and the presence of gas hydrate. The leading edge, May, 620~628

Hashin Z, Shtrikman S. 1962. A variational approach to the theory of effective magnetic permeability of multiphase materials. Journal of Applied Physics, 33: 3125~3131

Helgerud M B, Dvorkin J, Nur A, et al. 1999. Elastic – wave velocity in marine sediments with gas hydrates: Effective medium modeling. Geophysical Research Letters, 26: 2021~2024

Henry S, Pettingill, Paul Weimer. 2002. Worldwide deepwater exploration and production: Past, present and future. The Leading Edge, 21 (4): 371~376

Hirohama S, Shimoyama Y, Wakabayashi A, et al. 1996. Conversion of CH4 – hydrate to CO2 – hydrate in liquid CO_2. Journal of Chemical Engineering of Japan, 29 (6): 1014~1020

Holder G D, Angert P F, John V T. 1982. 3A Thermal Dynamic Evaluation of Thermal Recovery of Gas From Hydrates in Earth. Journal of Petroleum Technology, 7 (1): 1127~1132

Hyndman R D and Dallimore S R. 2001. Natural gas hydrate studies in Canada. CSEG Recorder May: 11~20

Hyndman R D and Spence G D. 1992. A seismic study of methane hydrate marine bottom simulating reflectors. Geophysical Research, 97: 6683~6698

Jackson P D, Taylor - Smith D, and Stanford P N. 1978. Resistivity - porosity - particle shape relationships for marine sands. Geophysics, 43: 1250~1268

Jakobsen M, Hudson J A, Minshull T A, et al. 2000. Elastic properties of hydrate - bearing sediments using effective medium theory. Geophysical Research, 105: 561~577

Jyoti Phirani and Kishore K. 2010. Kinetic Simulation of CO_2 Flooding of Methane Hydrates, SPE 134178

Kamath V A. 1998. A Perspective on Gas Production from Hydrate [A] . The JNOC's Methane Hydrate International Symposium [C] . Chiba City: Japan National Oil Corporation, 87~92

Kennett J P, Stott L D. 1991. Abrupt deep sea warming, pale oceanographic changes and benthic extinctions at the end of the Paleocene. Nature, 3 (53): 319~322

Kerr R A. 1999. A smoking gun for an ancient methane discharge. Science, 286: 1465

Klauda J B, Sandler S I. 2003. Predictions of gas hydrate phase equilibria and amounts in natural sediment porous media. Marine and Petroleum Geology. 20: 459~470

Kleinberg R L. 2006. New deposit accumulation model for marine gas hydrates, Offshore Technology Conference. Society of Petroleum Engineers, Houston, Texas

Komai T, Yamamoto Y, and Ikegami S. 1997. Equilibrium properties and kinetics of methane and carbon dioxide gas hydrate formation/dissociation. Proceedings of American Chemical Society Fuel Chemistry Division, 42 (2): 568~572

Kono H O, Narasimhan S, Song F, et al. 2002. Synthesis of methane gas hydrate in porous sediments and its dissociation by depressurizing. Powder Technol, 122 (2): 239~246

Kvenvolden K A. 1988. Methane Hydrates and Global Climate. Global Biogeochemical Cycles, 2: 221~229

Kvenvolden K A. 1995. A review of the geochemistry of methane in nature gas hydrate. Organic Geochemistry, 23 (11~12): 997~1008

Kvenvolden K A. 1998. A primer on the Geological Occurrence of Gas Hydrate. Geol Soc London Spec Publ, 137: 9~30

Kvenvolden K A. 1988. Methane hydrate - a major reservoir of carbon in the shallow geosphere? Chemical Geology, 71: 41~51

Lee M W, Hutchinson D R, Collett T S, et al. 1996. Seismic velocities for hydrate - bearing sediments using weighted equation. Geophysical Research, 101: 20347~20358

Lee M W. 2002. Biot - Gassmann theory for velocities of gas hydrate - bearing sediments. Geophysics, 67 (6): 1712~1719

Li G, Li X - S, Tang L - G, et al. 2007. Experimental investigation of production behavior of methane hydrate under ethylene glycol injection in unconsolidated sediment. Energy Fuels, 21: 3388~3393

Limonov A F, Weering C E, Kenyon N H, et al. 1997. Seabed morphology and gas venting in the Black Sea mudvolcano area: Observations with the MAK - 1 deep - tow sidescan sonar and bottom profiler. Marine Geology, 137: 121~136

Lu S M, McMechan G A. 2004. Elastic impedance inversion of multi - channel seismic data from unconsolidated sediments containing gas hydrate and free gas. Geophysics, 69 (1): 164~179

MacDonald I R, Sager W W, Peccini M B. 2003. Gas hydrate and chemosynthetic biota in mounded bathymetry at mid－slope hydrocarbon seeps: Northern Gulf of Mexico. Marine Geology 198 (2003): 133~158

Makogon Y F. 1965. Hydrate formation in gas bearing beds under permafrost conditions. Gazovaia Promyshlennost. 5, 14~15

Makogon Y F. 1966. Specialties of exploitation of the natural gas hydrate fields in permafrost conditions. Vniiegazprom, 11 (4): 1~12

Makogon Y F. 1997. Hydrates of hydrocarbons. Penn Well, Tulsa, Oklahoma

Marc－André P, Chen, Michael Riedel, et al. 2007. AVO inversion of BSRs in marine gas hydrate studies GEOPHYSICS, 72 (2): C31~C43

Masson D G, Huggett Q J, Brnndsen. 1993. The surface texture of the Saharan debris flow deposit and some speculations on submarine debris flow processes. Sedimentology, 40 (33): 583~598

Matsumoto R and Borowski W. 2000. Gas hydrate estimates from newly determined oxygen isotopic fractionation and $\delta^{18}O$ anomalies of interstitial waters: Leg 164, Blake Ridge, in Paull C, Matsumoto R, Wallace P J, and Dillon W P, Proc. ODP, Sci. Results, Volume 164: College Station, TX (Ocean Drilling Program), 196: 203~206

Max M D and Lowrie A. 1996. Oceanic methane hydrates: A "Frontier" gas resource. Journal of Petroleum Geology, 19 (1): 41~56

McGrail B P, Zhu T, Hunter R B, et al. 2004. A new method for enhanced production of gas hydrates with CO_2. Gas Hydrates: Energy Resource Potential and Associated Geologic Hazards, American Association of Petroleum Geologists

Michael R, Gilles B, Stephanie M, et al. 2009. Acoustic impedance inversion and seismic reflection continuity analysis for delineating gas hydrate resources near the Mallik research sites, Mackenzie Delta, Northwest Territories, Canada. Geophysics, 74 (5): B125~B137

Milkov A V and Sassen R. 2000. Thickness of the gas hydrate stability zone, Gulf of Mexico continental slope. Marine and Petroleum Geology, 17: 981~991

Milkov A V and Sassen R. 2001. Economic geology of offshore gas hydrate accumulations and provinces. Marine and Petroleum Geology, 19: 1~11

Milkov A V and Sassen R. 2003. Preliminary assessment of resources and economic potential of individual gas hydrate accumulations in the Gulf of Mexico

Miller J J, Lee M W, and von Huene R. . 1991. An analysis of a seismic reflection from the base of a gas hydrate zone, offshore Peru. AAPG Bull, 75: 910~924

Miller M, Smith W H F, Kuhn J, Sandwell D T. 2000. An interactive global map of sea floor topography based on satellite altimetry and ship depth soundings. NOAA Laboratory for Satellite Altimetry

Moridis G J, Reagan M T, Kim S J, et al. 2007. Evaluation of the Gas Production Potential of Marine Hydrate

Moridis J S, Coll Ett T S. 2004. Numerical studies of gas production from class 2 and class 3 hydrate accumulations at the Mallik site. Mackenzie Delta, Canada. Journal of Petroleum Technology: 175~183

Naudts L, Greinert J, Poort J, et al. 1997. Active venting sites on the gas－hydrate－bearing Hikurangi Margin, off New Zealand: Diffusive－versus bubble－released methane. Marine Geology, 272: 233~250

Netzeband G. , Krabbenhoeft A, Zillmer M, et al. 2010. The structures beneath submarine methane seeps: Seismic evidence from Opouwe Bank, Hikurangi Margin, New Zealand. Marine Geology, 272: 59~70

Ogasawara K, Yamasaki A, Kiyono F, et al. 2005. Development of new apparatus for measuring dissociation rate of a methane hydrate under flow condition of water. In: Proceedings of the fifth international conference on gas hydrates. Tronheim (Norway), 12～16

Ohgaki K, Takano K, Sangawa H, et al. 1996. Methane exploitation by carbon dioxide from gas hydrates-Phase equilibria for CO_2-CH_4 mixed hydrate system. Journal of Chemical Engineering of Japan, 29 (3), 478～483

Park K P. 2006. "Gas Hydrate Exploration in Korea", Proceedings of the 2nd International Symposium on Gas Hydrate Technology, Daejeon, Korea, Nov. 1～2

Paull C K, Matsumoto R, Wallace P J, et al. 1996. Sites 994, 995, and 996. Proceedings of the Ocean Drilling Program, Initial Reports, 164, 99

Paull C K, Normark W R, Ussler W, et al. 2008. Association among active seafloor deformation, mound formation, and gas hydrate growth and accumulation within the seafloor of the Santa Monica Basin, offshore California. Marine Geology, 250, 258～275

Paull C K, Matsumoto R, Wallace P J. 1996. Proceedings of the ODP, Initial Reports, College Station, TX, 623

Paull C, Dillon W P. Natural gas hydrates, Occurrence, distribution, and detection, Geophysical Monograph, 124, 87～98

Reed D W, Fujita Y, Delwiche M E, et al. 2002. Microbial communities from methane-hydrate bearing deep marine sediments in a fore arc basin. Applied Environmental Microbiology, 3759～3770

Rice W. 2003. Proposed System for Hydrogen Production from Methane Hydrate with Sequestering of Carbon Dioxide Hydrate. Journal of Energy Resource Technology (ASME), 125 (4), 253～256

Rice W. 2006. Hydrogen production from methane hydrate with sequestering of carbon dioxide. International Journal of Hydrogen Energy, 31 (14), 1955～1963

Birchwood R, Boswell R. 2010. Development of natural gas hydrate. Oil field new technology, 22 (1), 18～33

Riedel M, Collett T S, Malone M J, et al. 2006. Proceedings of the Integrated Ocean Drilling Program, IODP Management International

Riedel M, Spence G D, Chapman R. 2001. Deep-sea gas hydrates on the northern Cascadia margin. January 2001 The leading edge, 87～92

Ritger S, Carson B, Suess E. 1987. Methane-derived antigenic carbonates formed by subduction-induced pore-water expulsion along the Oregon/Washington margin. Geological society of American bulletin, 98, 147～156

Robert H H, Aharon P. 1994. Hydrocarbon-derived carbonate build-ups of the northern Gulf of Mexico continental slope, a review of submersible investigations. Geo-Marine Letters, 14, 135～148

Roberts H H, Shedd W, Hunt J. 2010. Dive site geology, DSV ALVIN (2006) and ROV JASON II (2007) dives to the middle-lower continental slope, northern Gulf of Mexico. Deep-Sea Research II, 57, 1837～1858

Rutqvist J, Moridis G J. 2007. Numerical Studies of Geotechnical Stability of Hydrate-Bearing Sediments, OTC-18860

Sakai A. 1999. Velocity analysis of vertical seismic profiles (VSP) survey at JAPEX/JNOC/GSC Mallik 2L-38 gas hydrate research well, and related problems for estimating gas hydrate concentration in Scientific results from JAPEX/JNOC/GSC Mallik 2L-38 gas hydrate research well, Mackenzie Delta, Northwest Territories edited by Dallimore S R et al. Canada, Geol. Surv. Can. Bull, 544, 323～340

Sassen R, Joye S, and Sweet S T et al. 1999. Thermogenic gas hydrates and hydrocarbon gases in complex chemosynthetic communities, Gulf of Mexico continental slope. Organic Geochemistry. 30, 485～497

Sassen R. 2007. Deputy Director, Resource Geochemistry, Geochemical and Environmental Research

Group, Texas A&M University – College Station, Personal Communication

Sassen R, Macdonald I R. 1994. Evidence of structure H hydrate, Gulf of Mexico continental slope. Organic Geochemistry, 22 (6): 1029~1032

Sava D and Hardage B A. 2006. Rock physics characterization of hydrate – bearing deepwater sediments. The Leading Edge, 26 (5): 616~619

Schneider J, Deimling J, Greinert J, et al. 2008. Gasquant – hydroacoustic monitoring of a natural gas seep field (Tommeliten, North Sea). The 6th International Conference on Gas Hydrates

Schofield T R, Judzis A, and Yousif M. 1997. Stabilization of in – Situ Hydrates Enhances Drilling Performance and Rig Safety. Paper presented at the SPE Annual Technical Conference and Exhibition, San Antonio, Texas, USA, SPE 38568

Scholl C, Mir R, Willoughby E C, and Edwards R N. 2008. Resovlving resistive anomalies due to gas hydrate using elelctromagnetic imaging methods. The 6th International Conference on Gas Hydrates

Scholl C. 2010. Resolving an onshore gas – hydrate layer with long – offset transient electromagnetics (LOTEM) in Geophysical Characterization of Gas Hydrate edited by Riedel M et al. Tulsa: SEG

Schwalenberg K, Haeckel M, Poort J, et al. 2010. Evaluation of gas hydrate deposits in an active seep area using marine controlled source electromagnetics: Results from Opouawe Bank, Hikurangi Margin, New Zealand. Marine Geology, 272: 79~88

Schwartz L M and Kimminau S. 1987. Analysis of electrical conduction in the grain consolidation model. Geophysics, 52: 1402~1411

Selim M S, Sloan E D. 1985. Moldeling of the Dissociation of an In – Situ Hydrate. SPE 13597. In: California Regional Meeting. Sakerafii, California

Shipboard Scientific Party. 1996. In: C. K. Paul R, Matsumoto P J, Wallace N R, Black W S, Borowski et al. (Editors), Proceedings of Ocean Drilling Program, Initial Reports, 164, College Station, Texas

Shipboard Scientific Party. 2003. Leg 204 Summary. In: A. M. Trehu G. Bohrmann F R, Rack M E. Torres N L. Bangs et al. (Editors), Proceedings of Ocean Drilling Program, Initial Reports, 204, College Station, Texas, 1~75

Sloan E D, Koh C. 2008. Clathrate Hydrates of Nautral Gases. 3rd Edition, Marcel Decker, Inc. , New York, NY

Sloan E D. 1998. Physical/chemical properties of gas hydrates and application to world margin stability and climatic change, in Henriet J P and Mienert J, (eds.), Gas Hydrates: Relevance to World Margin

Suess E, Torres M E, Bohrmann G, et al. 2001. Sea floor methane hydrates at Hydrate Ridge, Cascadia Margin, in American Geophysical Union

Sultan N, Voisset M, Marsset B, et al. 2007. Potential role of compressional structures in generating submarine slope failures in the Niger delta. Marine Geology, 237 (3~4): 169~190

Sung W, Lee H, and Lee C. 2002. Numerical study for production performances of a methane hydrate reservoir stimulated by inhibitor injection. Energy Sources: 24: 499~512

Taylor C, Qwan J. Recent Advances in the Study of Gas Hydrates [C]. New York: Kluwer Academic/Plenum Publishers, 2004. 75~88

Tohidi B. Salehabadi M, Jin M, et al. 2010. The Effect of Casing Eccentricity on the Casing Stability Analysis of a Wellbore Drilled in Gas Hydrate Bearing Sediments, SPE 131236

Torres M E, Wallmann K, Tréhu A M, et al. 2004. Gas hydrate growth, methane transport, and chloride enrichment at the southern summit of Hydrate Ridge, Cascadia margin off Oregon. Earth and Planetary Science Letters, 226: 225~241

Tréhu A M, Long P E, Torres M E, et al. 2004. Three – dimensional distribution of gas hydrate beneath southern Hydrate Ridge: constraints from ODP Leg 204. Earth and Planetary Science Letters, 222: 845~862

Waseda A. 1998. organic carbon content, bacteria methane genesis, and accumulation processes of gas hydrates in marine sediments. Geochemical Journal, 32 (3): 143~157

Weitemeyer K A and Constable S. 2010. Mapping shallow geology and gas hydrate with marine CSEM surveys. First Break, 28: 97~102

Weitemeyer K A, Constable S, and Key K. 2006. Marine EM techniques for gas – hydrate detection and hazard mitigation. The Leading Edge, 26 (5): 629~632

Weitemeyer K A, Constable S, Key K, et al. 2006. First results from a marine controlled – source electromagnetic survey to detect gas hydrates offshore Oregon. Geophysical Research Letters, 33: L03304

Wellsbury P, Goodman K, Cragg B A, et al. 2000. The geomicrobiology of deep marine sediments from Blake Ridge containing methane hydrate (Sites 994, 995 and 997), in Paull, C., Matsumoto, R., Wallace, P. J., and Dillon, W. P., eds., Proceeding of ODP, Volume 164: 379~391

White M D, McGrail B P. 2006. STOMP – HYD: A new numerical simulator for analysis of methane hydrate production from geologic formations. In Proceedings of 2nd International Symposium on Gas Hydrate Technology, 1 – 2 November, KIGAM, Daejeon, Korea

White M D. 2011. Impact of Kinetics on the Injectivity of Liquid CO_2 into Arctic Hydrates, OTC 22151

Wonmo S, Hoseob L, Hojoon Y. 2004. An experimental study for hydrate dissociation phenomena an d gas flowin analysis by electric heating method in porous rocks. Korean Chem Eng Res, 42 (1): 115~120

Wonmo S, Hoseob L, Sunjoon K. 2003. Experimental investigation of production behaviors of methane hydrate saturated in porous rock. Energy Sources, 25: 845~856

Wood W T, Stoffa P L, and Shipley T H. 1994. Quantitative detection of methane hydrate through high – resolution seismic velocity analysis. Geophysical Research, 99: 9681~9695

Xu W and Ruppel C. 1999. Predicting the occurrence, distribution, and evolution of methane gas hydrate in porous marine sediments. Journal of Geophysical Research, 104: 5081~5095

Yousif M H, Sloan E D. 1990. Depressurizati0n of natural gas hydrate in berea sandstone cores. Journal of Inclusion Phenomena and Molecular Recognition in Chemistry, 8: 71~88

Yunshuen Wang, San – Hsiung Chung*, Song – Chuen Chen, et al. Geological and geochemical characteristics of the prospects of gas hydrate in the accretionary wedge, offshore southwestern Taiwan. The 6th International Conference on Gas Hydrates (ICGH 2008). 2008

Zhang H, Yang S, Wu N, et al. 2007. Successful and surprising results for China's first gas hydrate drilling expedition, Fire In The Ice, NETL Methane Hydrates R&D Program Newsletter, Fall 2007 (http://www. netl. doe. gov/technologies/oil – gas/publications/Hydrates/Newsletter/HMNewsFall07. pdf)

白玉湖, 李清平, 李相方. 2009. 降压法开采海洋水合物藏的数值模拟. 中国科学 E 辑: 技术科学, 39 (2): 368~375

樊燕, 刘道平, 谢应明等. 2007. 用 CO_2 置换水合物沉积层中 CH_4 可行性分析. 天然气地球科学, 18 (2): 317~320

郭平, 刘世鑫, 杜建芬. 2006. 天然气水合物藏开发. 北京: 石油工业出版社

金庆换, 光学, 杨木壮等. 2006. 天然气水合物资源概论. 科学出版社

刘峰. 2010. 南海北部陆坡天然气水合物分解引起的海底滑坡与环境风险评价. 北京: 中国科学院研究生院

卢振权, 吴能友, 陈建文等. 2008. 试论天然气水合物成藏系统. 现代地质, 22 (3): 363~375

栾锡武, 赵克斌, 孙冬胜等. 2008. 海域天然气水合物勘测的地球物理方法. 地球物理学进展, 23 (1): 210~219

罗维斌，汤井田 . 2008. 海底油气藏及天然气水合物的时频电磁辨识 . 地球物理学进展，23（6）：1841～1848

马庆涛，张卫东，刘玉明 . 2010. 天然气水合物钻井中的地质灾害分析 . 海洋科学集刊，第 50 集：72～78

宋海冰 . 2003. 天然气水合物的地球物理研究 . 北京海洋出版社

宋永臣，阮徐可，梁海峰等 . 2009. 天然气水合物热开采技术研究进展 . 过程工程学报，9（5）：1035～1040

孙超 . 2007. 陆地永冻区天然气水合物降压法开采的研究 . 辽宁工程技术大学

唐良广，冯自平，沈志远等 . 2007. 热力法开采地层天然气水合物的热动力评价 . 工程热物理学报，28（1）：5～8

吴志强，陈建文，龚建明等 . 2006. 海域天然气水合物地球物理勘探进展 . 海洋地质动态，22（12）：9～13

张光学，祝有海，梁金强等 . 2006. 构造控制型天然气水合物矿藏及其特征 . 现代地质，20（14）：605～612

张新军 . 2008. 天然气水合物藏降压开采实验与数值模拟 . 青岛：中国石油大学（华东）

附录参考文献

Lee M W. 2002. Biot－Gassmann theory for velocities of gas hydrate－bearing sediments. Geophysics，67（6）：1712～1719

Meyer R F. 1981. Speculations on oil and gas resource in small fileds and unconventional deposits. Long term energy resource. Boston：Pitman publishing. 49～72

Kvenvolden K A. 1988. Methane hydrate—a major reservoir of carbon in the shallow geosphere? Chemical Geology 71：41～51

MacDonald G. J. 1990. The future of methane as an energy resource. Annual Review of Energy 15：53～83

Taylor C. 2002. Formation studies of methane hydrates with surfactants. 2nd International Workshop on Methane Hydrates，October 2002，Washington

Trofimuk A A，Cherskiy N V，Tsarev V P. 1977. The role of continental glaciation and hydrate formation on petroleum occurrences. In：Meyer, R. F. （Ed.），Future Supply of Nature－made Petroleum and Gas. Pergamon，New York，919～926

Dobrynin V. M，Korotajev Y P，Plyuschev D V. 1981. Gas hydrates－one of the possible energy sources. In：Meyer, R. G., Olson, J. C. （Eds.），Long－Term Energy Resources. Pitman，Boston，MA，727～729

Milkov A V. 2004. Global estimates of hydrate－bound gas in marine sediments：how much is really out there? Earth－Science Reviews 66（2004）：183～197

Milkov A. V，Sassen R. 2003. Preliminary assessment of resources and economic potential of individual gas hydrate accumulations in the Gulf of Mexico continental slope. Marine and Petroleum Geology 20，111～128

Makogon Y F，Holditch S A，Makogon T Y. 2007. Natural gas hydrates－A potential energy source for the 21st century. Journal of Petroleum Science and Engineering. 56（1－3）：14～31

金庆焕等 . 2006. 天然气水合物资源概论 . 北京：科学出版社

张郁，李小森，李刚等 . 2010. 天然气水合物分解和开采机理及数学模型研究综述，24（5）：979～985

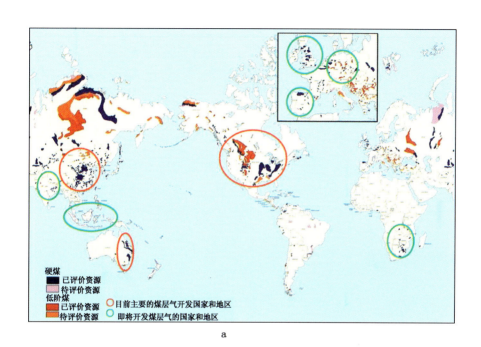

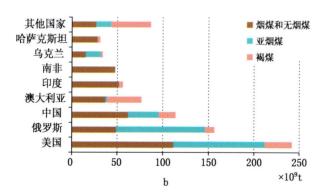

图 4.1.1　世界煤炭资源分布（a 图据 Hildebrand，2009；b 图据 IEA，2008）

a—世界硬煤（高级煤）和低级煤资源的分布和主要煤层气开发国家和地区分布；

b—世界煤炭资源较丰富的国家及其煤炭等级

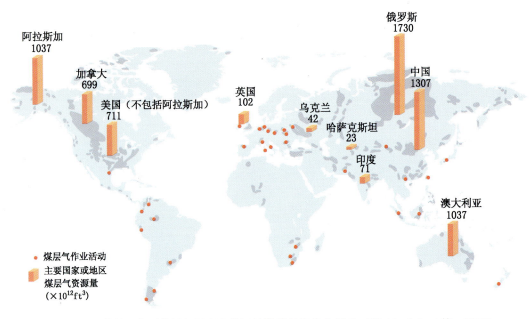

图 4.1.2 世界上主要煤层气国家和地区的资源量及作业活动（据 Al-Jubori 等，2009）

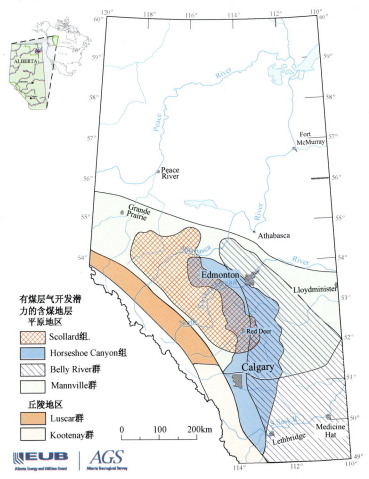

图 4.1.5 加拿大 Alberta 省有煤层气勘探开发潜力的
含煤地层的分布（据 Beaton 等，2006）

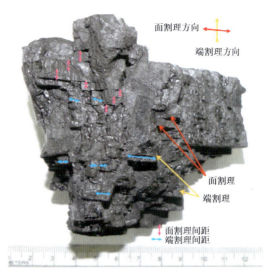

图 4.2.16　煤岩中的面割理和端割理，割理方向和割理间距（据 Paul 和 Chatterjee，2011）

样品来自印度 Jharia 煤田，煤样中显示面割理和端割理呈相互垂直的两组相交

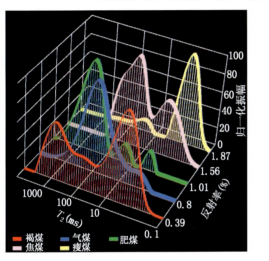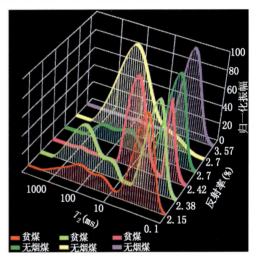

图 4.4.7　不同成熟度煤岩的核磁共振 T_2 谱特征（据姚艳斌等，2010a）

图中显示不同成熟度煤样（饱和水状态下）的核磁共振 T_2 谱分别反映的孔隙度特征；从褐煤到焦煤，煤中
微小孔减少，而中大孔增多；从焦煤到瘦贫煤，微小孔急剧增加；无烟煤主要以微小孔为主

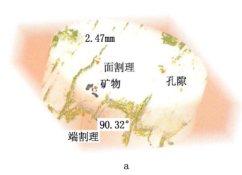
a

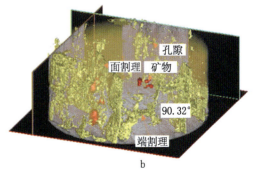
b

图 4.4.10　煤岩的孔裂隙和矿物的三维表面（a）和立体（b）模型图（据姚艳斌等，2010a）

图中为鄂尔多斯盆地侏罗系煤层煤样，R_o 为 0.39%；图中煤基质设为透明，割理和孔隙以橙色表示，
矿物分别用黑色（a）和红棕色（b）表示

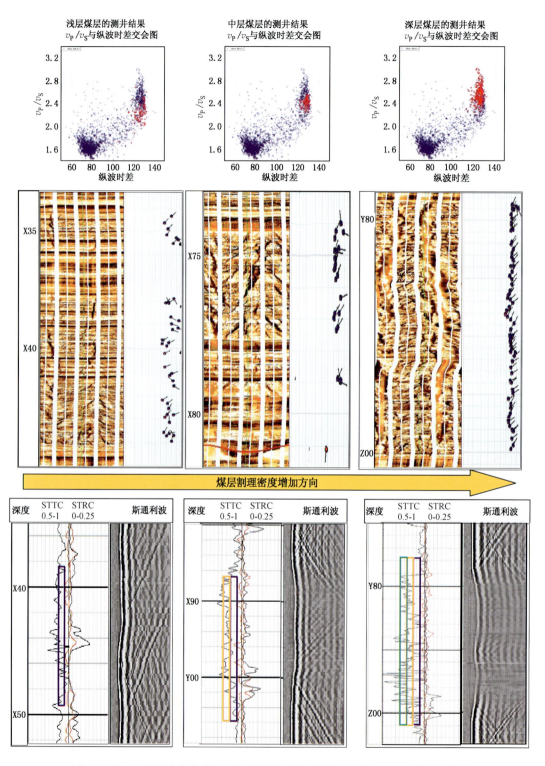

图 4.4.13　面割理密度与弹性属性结果对比图（修改自 Mohammad 等，2008）

v_P/v_S 与纵波时差交会图中，红色部分为煤层的 v_P/v_S，三个交会图中纵波时差值近似，而 v_P/v_S 值则有差异；与成像测井结果的对比显示，v_P/v_S 随着割理密度增加而增加；斯通利波反射系数（STRC）和透射系数（STTC）显示分别为成像测井结果中的下部；STTC 值的蓝色、橙色和绿色框表示的值范围分别为 0.95～0.85，0.85～0.75 和 0.75～0.65

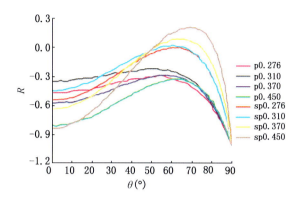

图 4.4.15　不同煤型煤岩在顶底板不同时模拟得到
AVO 响应（据彭苏萍等，2008）

图中 p 表示顶板为砂岩的模型的 AVO 响应；sp 表示顶板为泥
岩的模型的 AVO 响应；数字表示模型中煤岩的泊松比值，对
应的煤岩类型与表 4.4.5 中数据一致

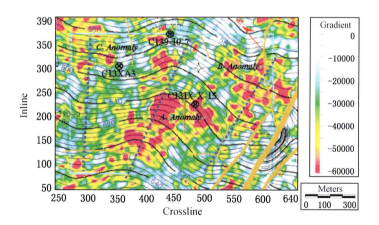

图 4.4.16　淮南某区块煤层底界面的 AVO 梯度异常显示瓦斯富集区
（据 Peng，2006）

图中黑线代表等 T_0 构造线，蓝色虚线表示褶皱轴部，棕色粗线表示断层，淡蓝色
矩形表明满覆盖次数勘探区边界；图中梯度异常低值（绝对值大）处为瓦斯富集
区，共有 A、B、C 三处异常区域（图中的 A‒Anomaly、B‒Anomaly 和 C‒
Anomaly）

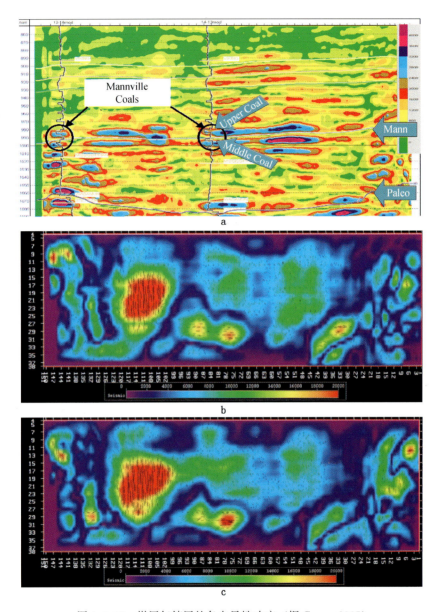

图 4.4.19　煤层气储层的各向异性响应（据 Gary，2005）

a—各向异性剖面特征；b—Mannville 组上部煤层各向异性横向分布特征；c—Mannville 组中部煤层各向异性横向分布特征；上部煤层和中部煤层在平面上的差异，反映了两个煤层各向异性特征的差异

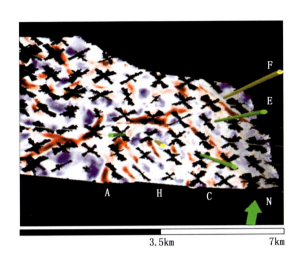

图 4.4.22 沿地震层位的 3D 玫瑰图特征
（据 Fisk，2010）

图为澳大利亚 Queensland 省 Bowen 盆地二叠—三叠系
煤层顶部反射层的 3D 玫瑰图。图中高产的 A、C 井
附近显示出强双向趋势，低产的 H、F 井附近则显示
出单向趋势

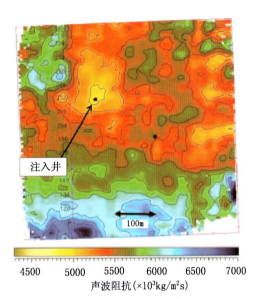

图 4.4.26 沿 Lower Ardley 煤组地震层位的
最小声波阻抗分布图（据 McCrank 等，2009）

图中注入井附近阻抗较低范围，可能为注入的
气体取代煤层中的水后，导致阻抗的降低

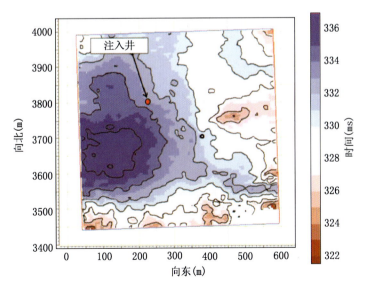

图 4.4.27 沿 Lower Ardley 煤组地震层位的时间构造图
（据 McCrank 等，2009）

注入井东北侧（右上方）为构造高部位区域，与图 4.4.26
中低阻抗区域一致，可以作为 CO_2 沿此区域运移的证据

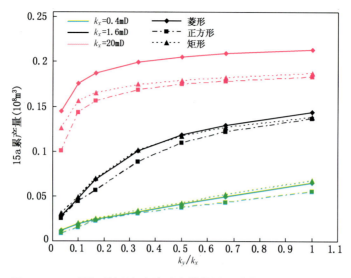

图 4.5.26　不同面割理方向渗透率煤储层三种井网开发效果对比

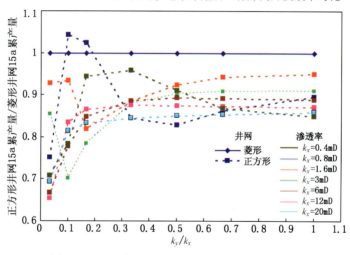

图 4.5.27　正方形井网与菱形井网开发效果对比

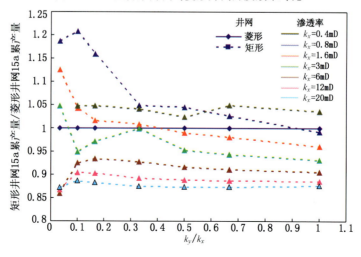

图 4.5.28　矩形井网与菱形井网开发效果对比

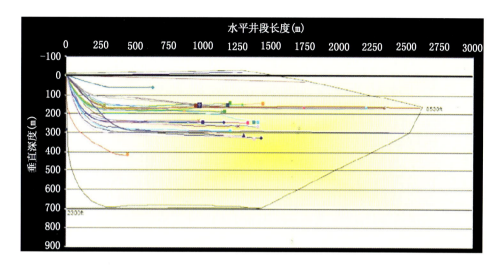

图 4.5.53　澳大利亚水平钻井长度包络线。最长水平井段可达 8530ft

（据 MacDonald，2006；Palmer，2010）

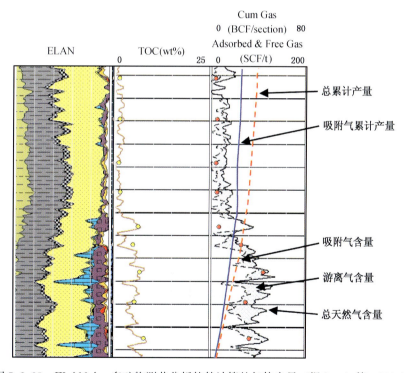

图 5.2.28　ELANplus 多矿物测井分析软件计算的气体含量（据 Lewis 等，2004）
第一列为不同矿物组分；第二列为测井解释 *TOC* 含量，黄色散点为岩心测量 *TOC* 结果；第
三列为气体含量计算结果：黑色虚线是吸附气含量，灰色阴影为游离气含量，蓝色实线为吸
附气累计产量，红色虚线为天然气总累计产量，红色散点为岩心小罐解吸试验测得的天然气
含量

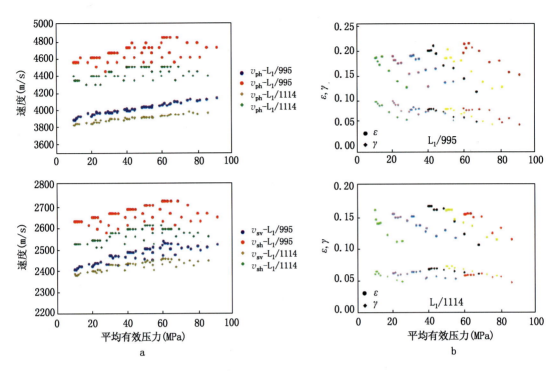

图 5.3.7 Officer 盆地页岩在垂向各向异性压力场下的速度变化规律（a），以及
各向异性参数的变化规律（b）（据 Pervukhina 等，2008）

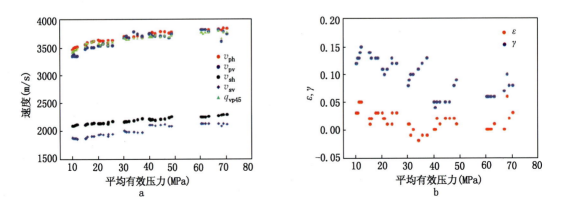

图 5.3.8 北海某页岩岩样在水平各向异性压力场下的弹性性质变化规律
（据 Pervukhina 等，2008）

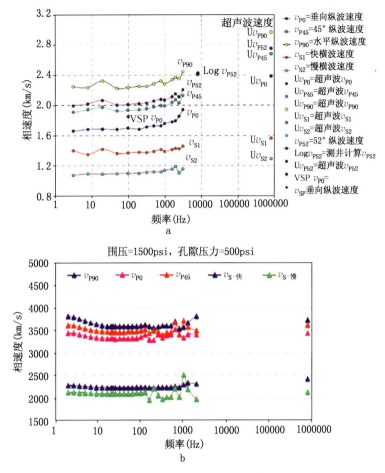

图 5.3.9　West African 页岩的速度频散特征（a）（据 Duranti 等，2005），以及
Mancos B 页岩的速度频散特征（b）（据 Rituparna 等，2010）

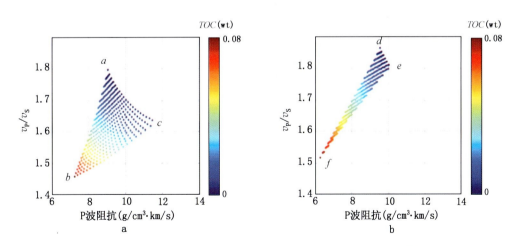

图 5.3.15　富含硅质页岩的 P 波阻抗和 v_P/v_S 交会图（a），以及富含黏土页岩的
P 波阻抗和 v_P/v_S 交会图（b）（据 Zhu 等，2011）

点 a、b、c 分别表示黏土、石英和方解石质量分数最高的位置；点 d、e、f 分别表示
黏土、石英和方解石质量分数最高的位置

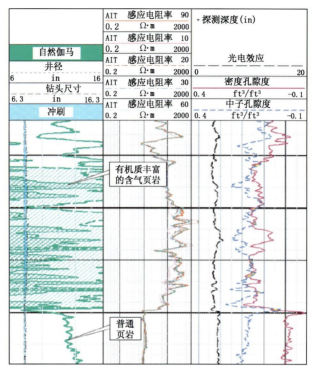

图 5.3.18　页岩气储层的实际测井响应曲线（据 SHELL，2006）

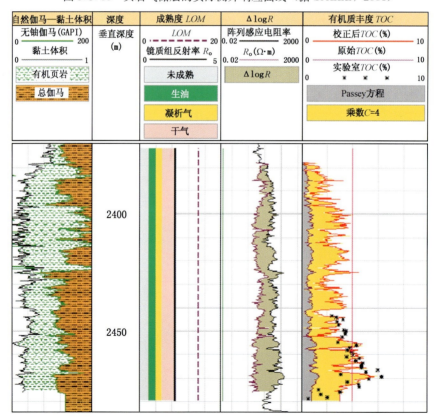

图 5.3.20　利用 Horn River 盆地 Muskw 井资料估算的 TOC 结果（据 Sondergeld 等，2010）

记录 1 表示黏土体积，记录 2 表示成熟度，记录 3 表示 ΔlogR 曲线，记录 4 表示估算的 TOC 值

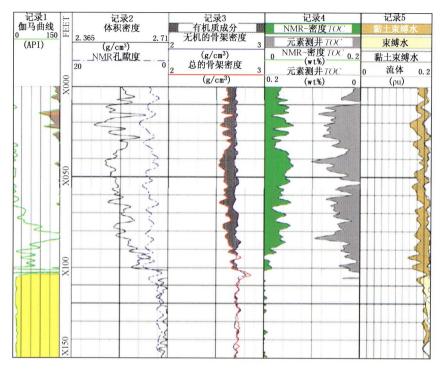

图 5.3.21 利用 Barnett 某井的 NMR 和密度测井资料进行 TOC 预测，并与地球化学
测井预测的 TOC 结果进行对比（据 Jacobi 等，2008）

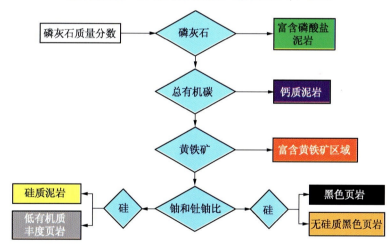

图 5.3.24 利用专家系统进行不同岩相划分的简要思路流程（Barnett 页岩）
（据 Jacobi 等，2008）

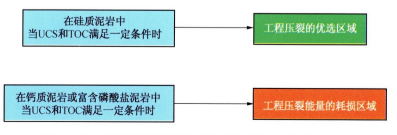

图 5.3.25 工程压裂优选区的判别标准（据 Jacobi 等，2008）

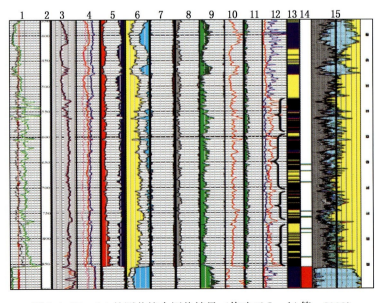

相互关系	深度	电阻率	孔隙度	钾—铀	硅—钙	镁—铁	铝—硫	碳—钛	力学性质	有机质	地球化学	岩相	压裂效果	矿物组分(wt%)

图 5.3.26　与图 5.3.27 相对应的测井曲线的道头信息（修改于 Jacobi 等，2008）

图 5.3.27　♯1 的测井综合评价结果（修改于 Jacobi 等，2008）

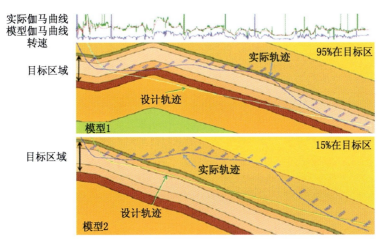

图 5.3.28　通过伽马测井互相关分析得到两种不同的构造解释结果模型
（据 Han 等，2010）

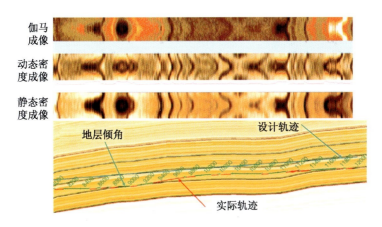

图 5.3.29　通过实时的密度测井和伽马成像测井识别具有强烈差异的薄互层
（修改于 Han 等，2010）

静态密度测井在整个井中使用相同的色标，而动态密度测井随着深度增加会调整色标，以便更好地显示层间差异。通过密度成像可以提取地层倾角信息来验证地质模型的有效性。短的绿色线表示的是解释的地层倾角，红线表示的是实际钻井轨迹

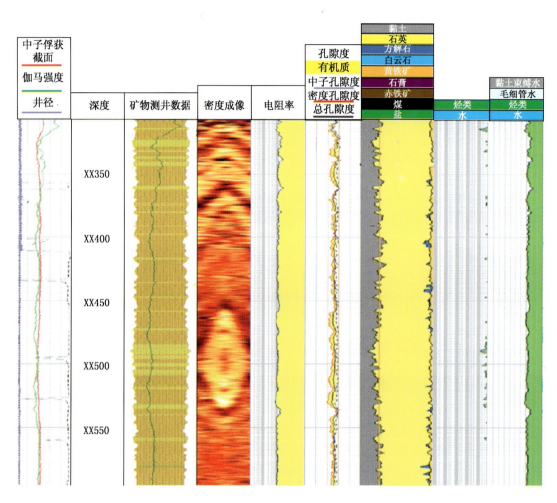

图 5.3.30　LWD实时岩石物理分析描述储层横向特征的变化（据 Han 等，2010）

从左到右分别为：（1）井径、伽马和中子俘获测井曲线；（2）深度；（3）用不同颜色显示的矿物组分
随页岩体积的变化；（4）井孔的全方位密度成像；（5）电阻率测井；（6）孔隙度测井；（7）不同
深度上的矿物组分；（8）储层的横向有机质丰度；（9）流体信息

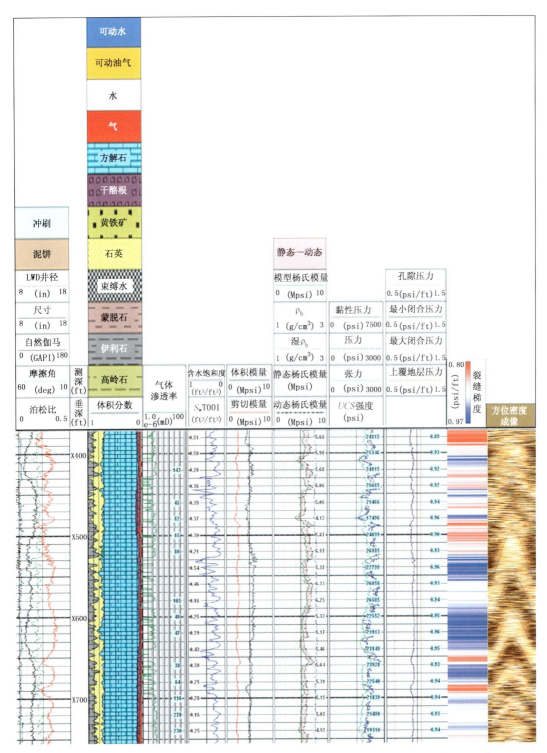

图 5.3.31 通过密度和声波测井作为输入计算得到的页岩气储层的横向力学性质（据 Han 等，2010）

从左到右的曲线类型依次表示：①伽马测井、井径和泊松比；②测量深度；③矿物组分；④渗透率；⑤流体饱和度；⑥体积模量和剪切模量；⑦静态和动态杨氏模量；⑧UCS、压缩和拉伸强度；⑨孔隙压力、上覆地层压力、水平方向上的最小闭合压力和最大闭合压力；⑩最小闭合压力的彩色表示方法，红色代表低值，蓝色代表高值；⑪水平井的方位密度成像结果

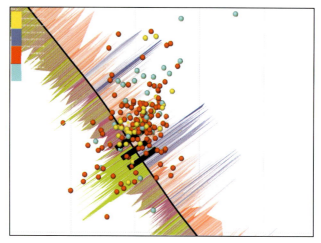

图 5.3.32　最小闭合压力的差异导致裂缝的发育规模相差甚远（据 Han 等，2010）

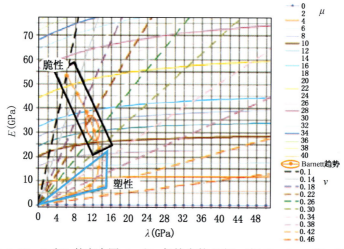

图 5.3.35　E 和 λ 的交会图（μ 和 ν 保持常数不变）（据 Goodway 等，2010）

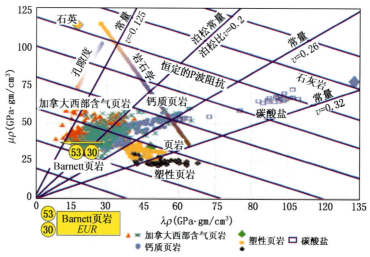

图 5.3.36　$\lambda\rho$ 和 $\mu\rho$ 的交会图（据 Goodway 等，2010）
背景是纯矿物点，斜线是泊松比常量和 P 波阻抗

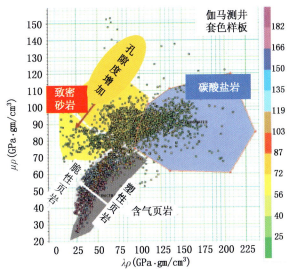

图 5.3.37 井位置处的 $\lambda\rho$ 和 $\mu\rho$ 交会图 (据 Goodway 等，2010)

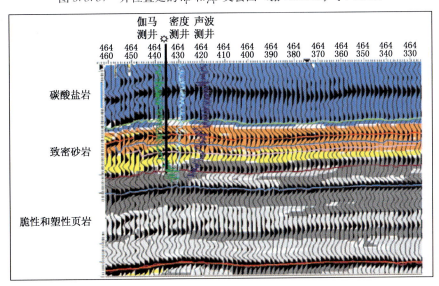

图 5.3.38 根据图 5.3.37 中的交会图多边形对 3D 数据体中的某条测线剖面
进行解释的结果 (据 Goodway 等，2010)

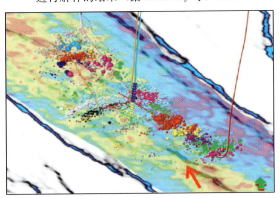

图 5.3.39 有利压裂区域泊松比分布以及微地震事件的分布 (据 Mark 等，2010)
暖颜色表示泊松比较小的区域，冷颜色表示泊松比较大的区域

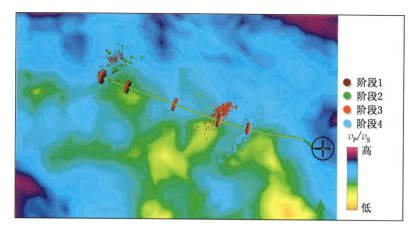

图 5.3.40　有利压裂区域 v_P/v_S 分布与微地震事件分布的重叠图（据 Close 等，2010）
暖颜色表示低 v_P/v_S，冷颜色表示高 v_P/v_S，红色圆盘表示压裂起始点

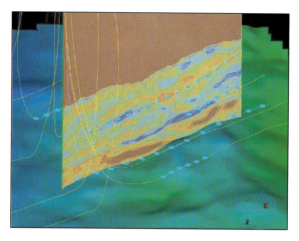

图 5.3.43　最小闭合压力的空间预测分布图（据 Monk 等，2011）

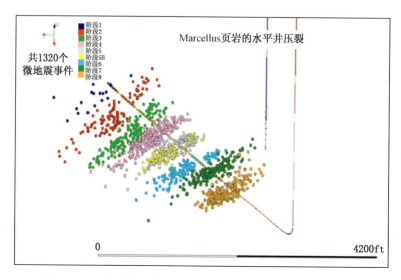

图 5.3.52　水平井多期压裂的裂缝发育模式（据 Zinno，2011）

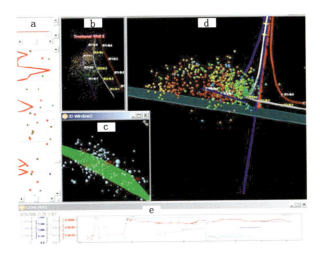

图 5.3.53　微地震事件发生的深度（a）；水平井的射孔间隔平面分布图（b）；通过微地震事件分布预测的裂缝发育平面（c）；压裂过程中裂缝发育模式的 3D 显示结果（d）；工程压裂参数随时间的变化规律（e）

（据 Le Calvez 等，2007）

游离气的运移机理

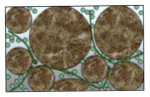 

游离气在基质空隙中的流动　　　　　　游离气在裂缝系中的流动

吸附气和游离气运移机理

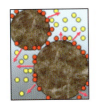 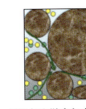 

解吸气在基质空隙和裂缝中流动　　解吸气和游离气在基质空隙中的流动　　解吸气和游离气在裂缝中的流动

● 吸附气　　● 游离子　　● 解吸气　　→ 解吸　　→ 多孔介质中的流动

图 5.4.9　页岩气中气体流动机制示意图（据 Song，2010）

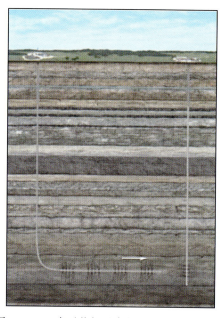

图 5.4.13 水平井与垂直井（据 Arthur2009）

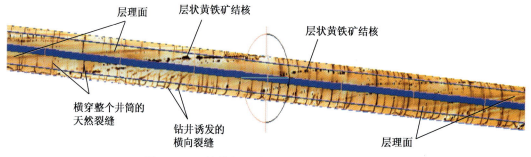

图 5.4.15 钻井穿过裂缝（据 Boyer 等，2006）

FMI 全井眼微电阻率扫描成像测井显示出水平井钻遇的裂缝和层理特征。钻井诱发的裂缝沿着钻井轨迹顶部和底部出现，但沿着该井筒侧面终止，井筒侧面的应力最高。井筒钻穿的原有天然裂缝以垂直线的形态穿过井筒的顶部、底部和侧面。图中颜色较深的黄铁矿结核非常明显，与层理面平行出现

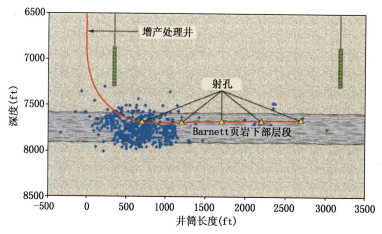

图 5.4.39 裸眼水平井压裂（据 Matar，2008）

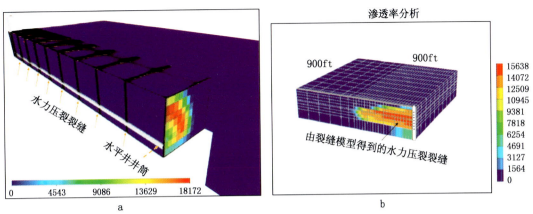

图 5.4.41　平面水力压裂裂缝的渗透率模拟（据 Cipolla，2009）

a—垂直井；b—水平井

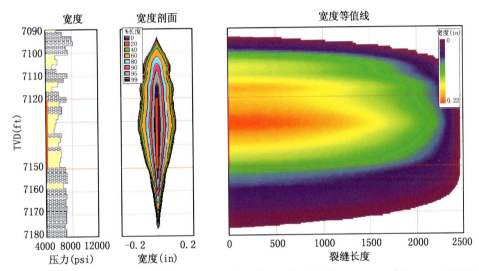

图 5.4.43　三维裂缝模拟（模拟裂缝的长、宽、高）（据 U. S. Department of Energy，2009）

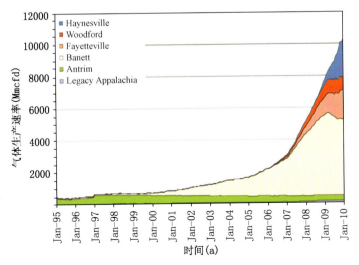

图 5.6.1　美国各盆地页岩气生产速率图（据 Sutton，2010）

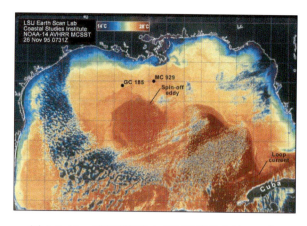

图 6.2.12 墨西哥湾海水表面温度分布的卫星热
红外拍摄图（据 Hardage 等，2006）
海水表面的热温度异常与水合物分解后甲烷间歇性释放
有关，通过长期的卫星热红外拍摄海水表面温度分布，
可以初步划定水合物有利勘探区域

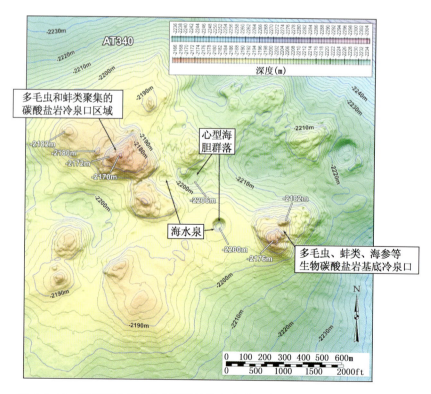

图 6.2.16 墨西哥湾多波速水深测量海底地形地貌成像（据 Roberts 等 2010）

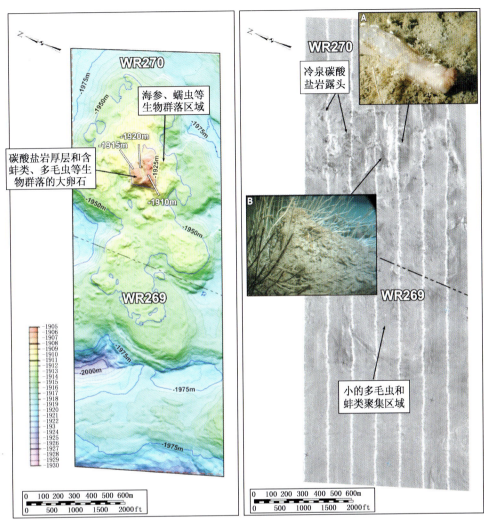

图 6.2.19　墨西哥湾天然气气流排放点取样（据 Roberts 等，2010）

a—多波束地形地貌成像；b—为相应的回波图像；图 a、图 b 为气流排放点海底摄像图

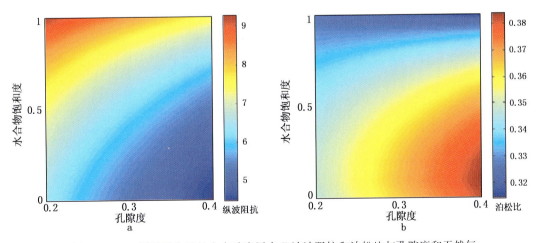

图 6.3.3　10％泥质含量的含水砂岩层中 P 波波阻抗和泊松比与孔隙度和天然气
水合物饱和度的关系（据 Dvorkin 等，2003）

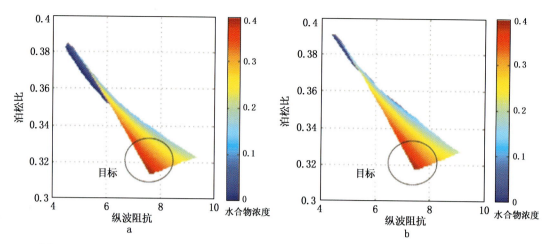

图 6.3.4　岩石中天然气水合物富集程度与 P 波波阻抗和泊松比分别在泥质含量 10%（a）和 20%（b）的含水砂岩中的关系（据 Dvorkin 等，2003）

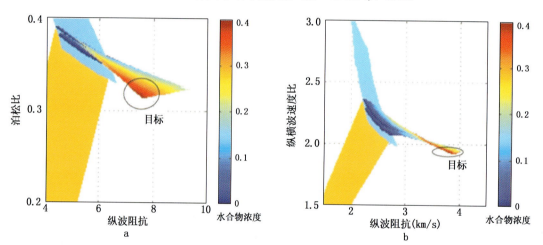

图 6.3.5　天然气水合物的含量和纵波阻抗与泊松比（a）、纵波速与 v_P/v_S（b）的关系 （据 Dvorkin 等，2003）

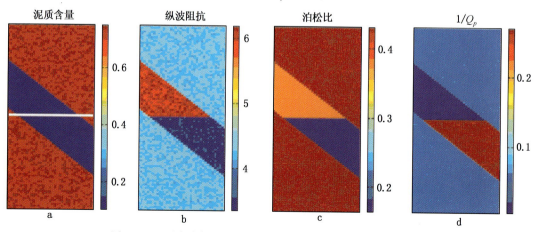

图 6.3.6　页岩中倾斜砂岩层的视剖面（据 Dvorkin 等，2003）

a—模型示意图，泥质含量在砂岩中小，在页岩中，水平白线是天然气水合物和天然气的界面；b—P 波波阻抗； c—泊松比；d—反演品质因子

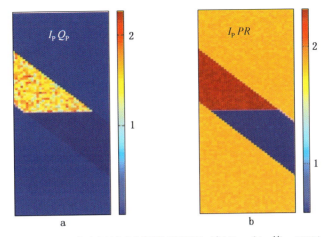

图 6.3.7　页岩中倾斜砂岩层的视剖面（据 Dvorkin 等，2003）

a—波阻抗与品质因子的乘积除以 1000；b—波阻抗和泊松比的乘积

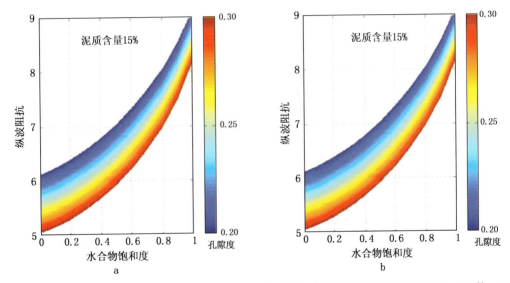

图 6.3.8　不同孔隙度下 P 波波阻抗（km/s·g/cm³）与天然气水合物饱和度的关系（据 Dvorkin 等，2003）

a—泥质含量 5%，b—泥质含量 15%

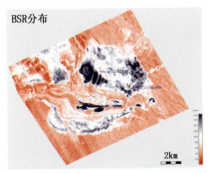
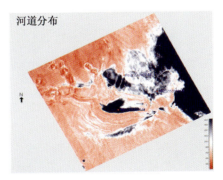

图 6.3.19　工区内 BSR 及其河道分布图

BSR 平面分布为沿工区内 BSR 分布深度进行层位追踪，并提取均方根振幅信息。图中红色区域表示低振幅分布区域、无 BSR 强反射特征，白色和黑色区域为高振幅分布区域，黑色越重，表示 BSR 越强；河道分布平面图中黑色区域表示河道，可以看出，河流从西南方向到东北流向大海。图中西北角出现大量与深部气运移有关的麻坑地貌

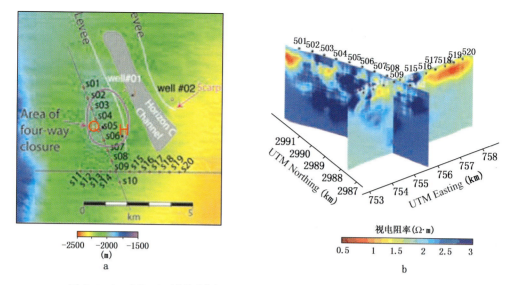

图 6.4.19　GC 955 观测系统解释图（a）和 0.5Hz OBEM 数据伪剖面（b）

（据 Weitemeyer 和 Constable，2010）

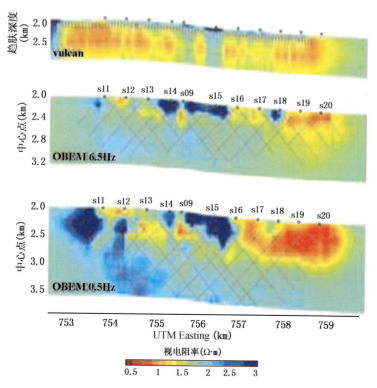

图 6.4.20　GC 955 东—西电磁测线伪剖面 Vulcan 数据，6.5 Hz OBEM 数据和

0.5 Hz OBEM 数据（据 Weitemeyer 和 Constable，2010）

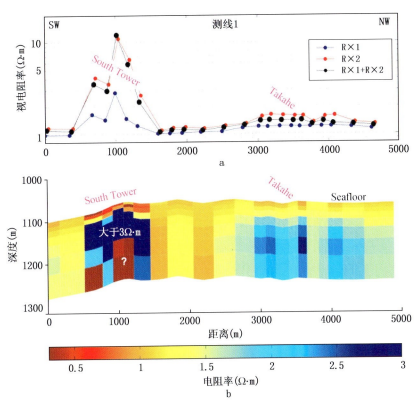

图 6.4.25 测线 1 视电阻率剖面（据 Katrin Schwalenberg 等，2010）

a—测线 1 得到的视电阻率，R×1（红线）和 R×2（蓝线）反别反演；b—应用 Occam 反演得到的一维反演结果

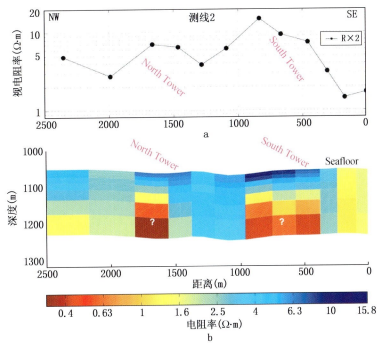

图 6.4.27 测线 2 的视电阻率（a）和一维模型拼接显示气渗区下浅层存在
大约 60m 厚的高阻层（b）（据 Katrin Schwalenberg 等，2010）

作 者 介 绍

孙赞东，男，汉族，1961年生，湖北黄冈人。现任中国石油大学（北京）地质地球物理综合研究中心主任，特聘教授，博士生导师，中国石油东方地球物理公司高级技术顾问。1984年毕业于原江汉石油学院，1987—1989年华东石油学院北京研究生部研究生，1993年和1999年分别获加拿大卡尔加里大学硕士、博士学位。长期致力于储层预测（融岩石物理、保幅分析、叠前反演为一体）、各向异性和多波多分量等方面的研究，是公认的碳酸盐岩储层预测及开发地震专家。地质、地球物理、油藏工程三结合，采集、处理和解释一体化是其特长，尤其在复杂碳酸盐岩储层研究方面掌握和研发了大量国际先进技术，并具有丰富的实践经验。

迄今为止，已有近30年从事国内外知名大石油公司（1984—1987年，原中国石油工业部石油勘探开发科学研究院；1993—1994年，Schlumberger；1994—2007年，ExxonMobil；1994—2002年，ESSO Canada；2002—2007年，ExxonMobil URC）在全球范围内的石油勘探、开发与生产，以及技术研发工作经验。从1996年作为主要科学家负责长达6年的加拿大西部油砂开采的开发地震研究，给加拿大冷湖油田储层预测改善和提高采收率做出了巨大贡献，整体油砂采收率提高了25%（由原来采收率的25%提升至50%），并成为业界的领导者。先后负责西非深水浊积岩储层开发地震的采集、处理、解释一体化研究（为ExxonMobil盈利最高的项目），中东碳酸盐岩储层综合预测研究（为ExxonMobil在中东赢得很多机会），并在加拿大B.C.省东北部的天然气勘探中参与高产井的部署等。2000年被ESSO加拿大公司总裁授予有突出贡献科学家。2005—2006年度被录入美国企业管理家与职业人员名人录（注册于美国国会图书馆）。SEG（美国勘探地球物理学家学会）、CSEG（加拿大勘探地球物理学家学会）、AAPG（美国地质家学会）的积极会员，APEGGA（加拿大阿尔伯塔省职业地质、地球物理家及工程师学会）会员，中国石油学会地球物理专业委员会会员，SEG全球事务理事会理事、开发与生产委员会、研究委员会委员，曾任SEG、CSEG年会分会主席及CSEG杂志编审。被SEG推选为2011年SEG D&P（开发与生产）高峰论坛主席。2012年SEG东亚和南亚荣誉讲员。

孙赞东现执教于中国石油大学（北京），牵头建立了中国石油大学地质地球物理综合研究中心。自回国以来，孙赞东踏实勤奋，潜心钻研，致力于研究发展最先进的综合地球物理技术，提高岩性油气藏的勘探效率，降低开发成本，为发展适合中国石油经济的全球勘探战略提供技术支持，为中国石油工业培养在全球市场上具竞争力的高级人才。先后负责参与国家973项目、省部级重大专项、中国石油科研生产项目近20项，成功举办地质地球物理综合研究中心年会三届，发表SCI/EI论文20余篇，国际高水平会议文章30余篇，申请国家专利4项，出版专著两部。在我国西部塔里木盆地复杂碳酸盐岩储层预测、南海油气资源预测和辽河兴马地区陆相深水重力沉积精细储层预测方面取得了突破性进展，为推动中国石油勘探与开发技术的进步做出了重要贡献。近年来，孙赞东带领团队深入研究非常规油气勘探开发技术，努力为能源可持续性发展做贡献。

贾承造，男，石油地质学家与石油勘探专家，中国科学院院士，中共党员。1948年3月出生于甘肃省兰州市，1975年毕业于新疆工学院地质系，1987年毕业于南京大学地质系，获构造地质与地球物理专业理学博士学位。1989—2000年一直从事塔里木盆地的地质科研工作。1996—1997年在美国Exxon石油公司做访问学者。2003年被评选为中国科学院院士。曾任塔里木石油勘探开发指挥部总地质师、副指挥、中国石油天然气股份有限公司总地质师兼中国石油勘探开发研究院院长、中国石油天然气股份有限公司副总裁。

贾承造同志于1995年被中国石油天然气总公司评为陆上石油工业特等劳动模范和杰出科技工作者，1998获国家有突出贡献的中青年科学技术管理专家称号，享受政府特殊津贴，2001年获国家四部委"九五"科技攻关突出贡献者称号，2002年被中组部和人事部评为全国50名杰出专业技术人才之一。截至2008年9月，共获得国家科技进步一等奖2项，二等奖3项，三等奖1项，省部级特等奖1项，一等奖2项，二等奖2项，2000年获第九届孙越崎能源大奖，2008年获何梁何利基金科学与技术创新奖。

贾承造院士长期从事石油天然气地质与盆地构造理论研究和天然气勘探工作，为我国石油工业油气勘探和地质科学发展做出重大贡献。他奠定了塔里木盆地构造地质学与油气勘探理论的基础，总结和发展了前陆冲断带煤成烃超高压大气田形成的地质理论和叠合复合盆地石油地质理论。在1989—2000年期间，他直接参加和负责布置指挥塔里木盆地油气勘探，为克拉2大气田的发现和西气东输工程做出了突出贡献。2000—2008年，他担任中国石油天然气股份有限公司总地质师、副总裁，负责组织布置中国石油的全国油气勘探工作，他直接参加地质研究，提出并建立了中国岩性地层油气藏石油地质新观点、新理念，推动了我国岩性地层油气藏的大规模勘探和重大发现；系统研究了中国叠合盆地中下部组合（深层）石油地质，为开辟我国陆上新的天然气富集区做出了贡献。这些也为近十年来我国石油天然气重大发现和产量增长做出了重要贡献。

贾承造同志热爱祖国的石油事业，长期工作在科研和勘探生产第一线，他在科研生产中实事求是，勤奋刻苦，坚持野外地质实践。他为人敦厚朴实、尊重前辈、学风严谨，深受同行的好评。贾承造院士在国内外公开发表论文219篇（SCI收录28篇，EI收录40篇，SCI引用358次），出版专著19部（第一作者15部）。

贾承造院士现担任中国石油学会理事长，政协第十一届全国委员会委员，国家重大专项"大型油气田与煤层气开发"专职技术责任人、技术总师，国务院能源委员会专家委员，国家"973计划"专家顾问委员会能源组组长，北京大学、南京大学、浙江大学、中国石油大学（北京）、中国地质大学（北京）兼职教授。

李相方，男，汉族，1955年生，山东阳谷县人。博士，中国石油大学（北京）教授，油气田开发工程博士生导师，兼安全技术及工程博士生导师。1982年1月毕业于华东石油学院自动化系，留校在开发系钻井教研室从事油气钻井工程教学科研工作。1988年12月获石油大学钻井工程硕士学位，1992年12月获石油大学钻井工程博士学位，并分配到石油大学（北京）石油工程系任教。1993年12月晋升油气井工程学科副教授，1995年6月破格晋升油气井工程学科教授，1998年12月聘为油气田开发工程学科博士生导师，2006年12月聘为安全技术及工程学科博士生导师。1993年9月至1994年12月任石油大学（北京）石油工程系副主任，1995年1月至2008年1月任石油大学（北京）石油天然气工程学院院长。1982—1988年，主要从事综合录井软硬件及其在钻井工程中的应用研究；1989—1998年，主要从事井控技术与油气井测试技术研究；1999年至今，主要从事天然气藏（低渗气藏、异常高压气藏、凝析气藏、火山岩气藏、煤层气藏、页岩气藏等）开发技术研究，并从事部分井控技术研究。

李相方教授自"九五"以来，先后负责或参与多项国家863、973、重大专项、支撑计划等研究课题，以及中国石油天然气集团公司委托课题，先后负责国家自然科学基金5项。在学术杂志发表学术论文257多篇，其中被SCI、EI和ISTP检索60多篇。主编与参编教材与论著7部。现任中国石油学会天然气专业委员会副主任、北京石油学会理事兼石油工程专业委员会主任、中国工程热物理学会多相流专业委员会委员。在国内《石油学报》等13家学术期刊任编委。